MANUAL DE
ANÁLISE DE DADOS

ESTATÍSTICA E MACHINE LEARNING COM EXCEL®, SPSS®, STATA®, R® E PYTHON®

LUIZ PAULO **FÁVERO** | PATRÍCIA **BELFIORE**

MANUAL DE
ANÁLISE
DE DADOS

**ESTATÍSTICA E MACHINE LEARNING COM
EXCEL®, SPSS®, STATA®, R® E PYTHON®**

gen | **LTC**

2ª
EDIÇÃO

- **Atendimento ao cliente: (11) 5080-0751 | faleconosco@grupogen.com.br**

- Direitos exclusivos para a língua portuguesa
Copyright © 2024, 2025 (2ª impressão) by
LTC | Livros Técnicos e Científicos Editora Ltda.
Uma editora integrante do GEN | Grupo Editorial Nacional
Travessa do Ouvidor, 11
Rio de Janeiro – RJ – 20040-040
www.grupogen.com.br

- Capa: Leônidas Leite
- Imagem de capa: iStockphoto | SeanPavonePhoto
- Editoração eletrônica: Set-up Time Artes Gráficas
- Ficha catalográfica

CIP-BRASIL. CATALOGAÇÃO NA PUBLICAÇÃO
SINDICATO NACIONAL DOS EDITORES DE LIVROS, RJ

F277m
2. ed.
Fávero, Luiz Paulo

Manual de análise de dados: estatística e machine learning com Excel®, SPSS®, Stata®, R® e Python® / Luiz Paulo Fávero, Patrícia Belfiore. - 2. ed. [2ª Reimp.] - Rio de Janeiro: LTC, 2025.

Apêndice
Inclui bibliografia e índice
resolução dos exercícios
ISBN 978-85-9515-992-1

1. Engenharia - Processamento de dados. 2. Programação (Computadores). 3. Programação orientada a objetos (Computação). 4. Estatística matemática. 5. Análise multivariada. I. Belfiore, Patrícia. II. Título.

23-86022

CDD: 005.43
CDU: 004.451

Gabriela Faray Ferreira Lopes - Bibliotecária - CRB-7/6643

ASSOCIAÇÃO
BRASILEIRA
DE DIREITOS
REPROGRÁFICOS

Respeite o direito autoral

A Gabriela e Luiz Felipe.

Quando uma criatura humana desperta para um grande sonho e sobre ele lança toda a força de sua alma, o universo passa a conspirar a seu favor.

Johann Wolfgang von Goethe

OS AUTORES

LUIZ PAULO FÁVERO é professor titular da Faculdade de Economia, Administração, Contabilidade e Atuária da Universidade de São Paulo (FEA/USP), onde leciona disciplinas de Análise de Dados, Modelagem Multivariada, *Machine Learning* e Pesquisa Operacional em cursos de graduação, mestrado e doutorado. Tem Pós-Doutorado em Econometria e Modelagem de Dados pela Columbia University, em Nova York. É livre-docente pela FEA/USP (ênfase em Modelagem Quantitativa e Machine Learning). É graduado em Engenharia Civil pela Escola Politécnica da USP (POLI/USP), pós-graduado em Administração pela Fundação Getulio Vargas (FGV/SP) e obteve os títulos de mestre e doutor em Administração (ênfase em Microeconometria) pela FEA/USP. Participou de cursos de Modelagem Econométrica na California State University (CSU) e na Universidad de Salamanca, e de *Cases Studies* na Harvard Business School (HBS). É orientador nos programas de mestrado e doutorado na FEA/USP e na POLI/USP. É professor visitante da Universidade Federal de São Paulo (UNIFESP) e professor em cursos de pós-graduação (especialização e MBA) das instituições USP, FGV/SP, Fundação Dom Cabral, Fundação para Pesquisa e Desenvolvimento da Administração, Contabilidade e Economia (Fundace), Fundação Instituto de Administração (FIA) e Fundação Instituto de Pesquisas Econômicas (Fipe). É coordenador-geral do MBA USP/Esalq em Data Science & Analytics e do MBA USP/Esalq em Engenharia de Software. É sócio da Montvero Consultoria e Treinamento e membro do Board of Directors do Global Business Research Committee (GBRC). É autor dos livros *Data Science for Business and Decision Making* (edições em inglês e coreano), *Análise de Dados: Modelos de Regressão com Excel®, Stata® e SPSS®, Análise de Dados: Técnicas Multivariadas Exploratórias com SPSS® e Stata®, Métodos Quantitativos com Stata®, Análise de Dados: Modelagem Multivariada para Tomada de Decisões, Pesquisa Operacional para cursos de Engenharia* e *Pesquisa Operacional para cursos de Administração, Contabilidade e Economia* e coautor dos títulos *Contemporary Studies in Economics and Financial Analysis* e *Trends in International Trade Issues*. É autor de artigos publicados em diversos congressos nacionais e internacionais e em periódicos científicos, incluindo *Journal of Applied Econometrics, Mathematics, International Journal of Bank Marketing, Emerging Markets Finance and Trade, Finance Research Letters, Central European Journal of Operations Research, Algorithms, Benchmarking, Journal of Behavioral Finance, Revista Brasileira de Estatística, RAUSP, Contabilidade & Finanças, Produção, Estudos Econômicos, Revista de Administração Contemporânea*, entre outros. É finalista do Prêmio Jabuti nas áreas de Economia, Administração e Negócios.

PATRÍCIA BELFIORE é professora associada da Universidade Federal do ABC (UFABC), onde leciona disciplinas de Estatística, Pesquisa Operacional, Planejamento e Controle de Produção e Logística para o curso de Engenharia de Gestão. É mestre em Engenharia Elétrica e doutora em Engenharia de Produção pela Escola Politécnica da Universidade de São Paulo (POLI/USP). Possui Pós-Doutorado em Pesquisa Operacional e Modelagem Quantitativa pela Columbia University, em Nova York. Participa de diversos projetos de pesquisa e consultoria nas áreas de modelagem, otimização e simulação. Lecionou disciplinas de Pesquisa Operacional, Análise Multivariada de Dados e Gestão de Operações e Logística em cursos de graduação e mestrado no Centro Universitário da FEI e na Escola de Artes, Ciências e Humanidades da Universidade de São Paulo (EACH/USP). Seus principais interesses de pesquisa situam-se na área de modelagem, otimização combinatória e heurísticas para tomada de decisões. É autora dos livros *Data Science for Business and Decision Making* (edições em inglês e coreano), *Estatística Aplicada à Administração, Contabilidade e Economia com Excel® e SPSS®, Análise de Dados: Técnicas Multivariadas Exploratórias com SPSS® e Stata®, Métodos Quantitativos com Stata®, Análise de Dados: Modelagem Multivariada para Tomada de Decisões, Pesquisa Operacional para cursos de Engenharia, Pesquisa Operacional para cursos de Administração, Contabilidade e Economia* e *Redução de Custos em Logística*. É autora de artigos publicados em diversos congressos nacionais e internacionais e em periódicos científicos, incluindo *European Journal of Operational Research, Computers & Industrial Engineering, Central European Journal of Operations Research, International Journal of Management, Produção, Gestão & Produção, Transportes, Estudos Econômicos*, entre outros. É finalista do Prêmio nas áreas de Economia, Administração e Negócios.

Temos observado uma tendência crescente no interesse da utilização de dados para a resolução dos mais variados tipos de problemas práticos. Vários fatores têm contribuído para tal fenômeno. Numa lista não exaustiva, podemos incluir três grandes direcionadores. O primeiro deles diz respeito à própria disponibilidade crescente de dados, principalmente em decorrência da massa de informações que trafegam e são diariamente armazenadas e disponibilizadas na rede de computadores da Internet. O segundo diz respeito aos grandes avanços tecnológicos observados nas áreas de processamento de dados, Tecnologia da Informação e Comunicação (TIC), métodos quantitativos e Inteligência Artificial (IA). O terceiro diz respeito ao fato de que a modelagem com dados tem proporcionado vantagens competitivas em qualquer campo onde haja competição acirrada e onde a inteligência informacional possa ser um diferencial competitivo.

Esse processo tem motivado empresas, governos, universidades e laboratórios de pesquisa a demandarem uma quantidade crescente de profissionais para lidar com diferentes desafios operacionais envolvendo dados e informações. Tais desafios incluem a seleção, a coleta e o registro sistemático e estruturado dos dados de interesse. Adicionalmente, faz-se necessária a manipulação e o tratamento desses dados, de modo a extrairmos informações estratégicas. Finalmente, cabe disponibilizarmos e reportarmos tais informações para o agente tomador de decisão, da forma mais clara, intuitiva e objetiva possível.

Nossa capacidade de produzir informação estratégica a partir de dados cresceu de forma exponencial na última década. Todo esse avanço tem sido possível graças à contribuição de diferentes tipos de habilidades profissionais. Dentre estas, cabe ao ramo da Análise e Ciência de Dados a tarefa de reunir e interpretar dados estruturados e não estruturados e de reportar informações estratégicas relevantes.

A formação de um cientista de dados passa necessariamente por um treinamento interdisciplinar, que envolve elementos de Ciência da Computação, Estatística, Matemática Aplicada, Ciências Sociais Aplicadas e Ciências Cognitivas, que inclui estudos e pesquisas em IA. O treinamento padrão em Ciência de Dados pode exigir que o docente, o estudante ou o profissional selecione, acumule e consulte um volume muito grande e disperso de materiais e referências bibliográficas.

Um problema adicional nesses casos é que nem todos os autores compartilham das mesmas preferências metodológicas (métodos estatísticos e tipos de algoritmos) e operacionais (uso de softwares e pacotes estatísticos) ao buscarem solução para um mesmo tipo de problema. Acumular o máximo de conhecimento possível em determinada área de conhecimento é algo certamente louvável e enriquecedor. Por outro lado, ter que lidar com um volume muito grande e heterogêneo de materiais bibliográficos e ferramentas (*toolkit*) tende a dificultar e encarecer o aprendizado (não somente em termos pecuniários), limitando assim a disseminação do conhecimento.

Nesse sentido, o presente Manual se apresenta como uma das referências mais importantes e completas já disponível em língua portuguesa. Material valioso para o ensino e para o aprendizado da análise de dados. Trata-se de um clássico, uma referência bibliográfica indispensável ao profissional que objetiva desempenhar Ciência de Dados em alto nível. Os autores são muito bem-sucedidos na tarefa de equilibrarem teoria e prática, de modo que este Manual tem contribuído com o aprendizado de uma ampla variedade de leitores heterogêneos.

O Manual é composto por três grandes blocos temáticos. O primeiro deles trata de **Estatística Aplicada** e é composto por oito capítulos, que abordam tópicos de estatística descritiva, probabilidade e inferência. O segundo bloco temático trata de **Técnicas Multivariadas Exploratórias** e é composto por três capítulos, que abordam os tópicos de análise de agrupamento, análise fatorial por componentes principais e análise de correspondência. O terceiro e último bloco temático trata de **Técnicas Multivariadas Confirmatórias** e é composto por sete capítulos, que abordam diferentes métodos de modelos de regressão, incluindo modelos de regressão linear e não linear (simples e múltipla), modelos logísticos de classificação (binários e multinomiais), modelos de contagem (Poisson, binomial negativo e *zero-inflated*), modelos de dados de painel (longitudinais e multinível), modelos de análise de sobrevivência e de correlação canônica.

Cada capítulo é estruturado respeitando uma mesma estrutura didática de apresentação. Em um primeiro momento são introduzidos os conceitos pertinentes a cada técnica (estatística ou aprendizado de máquina), sempre acompanhados das respectivas resoluções algébricas, comumente disponibilizadas em Microsoft Excel®. Na sequência, são disponibilizados exercícios resolvidos por meio de comandos e programações em diferentes pacotes estatísticos: SPSS®, Stata®, R® e Python®.

Os autores realizaram um verdadeiro *tour de force* para produzir este *Manual de Análise de Dados* completo e de excelente qualidade. O leitor interessado em análise de dados certamente encontrará nesta obra um dos melhores materiais disponíveis na literatura especializada.

Luiz A. Esteves, PhD
São Paulo, 08 de agosto de 2022

PREFÁCIO

CONTEXT

With recent advances in technology, most organizations (businesses institutions, companies, and many others such as research institutes and public sector firms) are able to collect large volumes of data with relative ease. In light of this technology and data expansion scenario, the role of statistics for data analysis has gained enormous importance, and clearly has become a source of competitive advantage.

A collection of data that is large and often complex is known as **Big Data**. The typical big data collection is characterized by five dimensions related to the generation and availability of data: volume, velocity, variety, variability, and complexity. In this context, it is difficult and often impossible to process the data using hand-on data management tools, or traditional data processing applications.

Data processing requires both classical multivariate methods and advanced techniques for modern data analysis. This book integrates the two strands into a coherent treatment, drawing together theory, data, computation and recent research.

In many business contexts, data analysis is the first and the only step for problem solution. Acting on the solution and the information as a next critical step, organizations can make good decisions. The goal of this book is to emphasize the hierarchy between data, information, and knowledge in this new big data scenario, showing how data treatment and analysis can lead to better decision making.

When the knowledge so obtained were used to decide future courses of action in a business system, a broader concept is required, i.e., **Business Analytics (BA)**. This term implies the analysis of very large data sets using quantitative methods to uncover the patterns in the data and then taking actions based on this information, and resulting in competitive advantages for companies compared to their competitors. The methods in this book are essentially what the field of Business Analytics is all about.

AIMS AND SCOPE

This book teaches the principles of data analysis for use in academic and organizational environments. The approach accentuates the importance of applied modeling for decision making, and the principal statistical techniques and multivariate modeling are the result of several years of study and research.

The *Manual de Análise de Dados* covers data analysis and multivariate statistical methods, and highlights applications to problems associated mostly, but not exclusively, with Business, Management and the Social Sciences. Its specific applications to fields such as Marketing, Finance, Accounting, Economics, Actuarial Sciences, Engineering, Strategy, Human Resources, Operations Management and Logistics, distinguish it from competing titles, and its focused presentation makes it accessible to readers with a variety of backgrounds.

SOFTWARE

The use of Big Data in decision making requires professional software, including IBM SPSS Statistics Software®, Stata Statistical Software®, R® and Python®. With four of the most popular modeling software programs worldwide, researchers can develop appropriate and robust models for any situation. The book shows how powerful softwares as SPSS, Stata, R and Python can be used to create graphical and numerical outputs in a matter of seconds, focusing on in-depth interpretation of the results, sensitivity analysis, and alternative modeling approaches.

The choice of software depends on the aim and field of research. SPSS was originally designed and developed for social sciences. SPSS is preferred by non-statisticians as it has a user-friendly interface and drop down menus, not requiring the insertion modeling commands. It is used in areas such as Marketing, Human Resources, and Strategy. IBM bought SPSS in 2009.

Stata is popular in areas such as finance, economics, accounting, actuarial and health sciences because of its ability to process and analyze extremely large data sets. It is faster and more powerful compared to SPSS and other statistical software, because it contains complex models and a collection of advanced statistical procedures, which makes a researcher feels more like an expert in using it. It is the least expensive of the statistical software packages that entail costs.

R is a programming language for statistical computing and graphics supported by the R Core Team and the R Foundation for Statistical Computing. Created by statisticians Ross Ihaka and Robert Gentleman as a programming language to teach introductory statistics at the University of Auckland, R is used among dataminers, bioinformaticians and statisticians for data analysis and developing statistical software. Ihaka and Gentleman first shared binaries of R on the data archive StatLib and the s-news mailing list in August 1993 and, since then, users have created packages to augment the functions of the R language.

Python was created by Guido van Rossum, and first released on February 1991. The name of the Python programming language comes from an old BBC television comedy sketch series called Monty Python's Flying Circus. Python is maintained by the Python Software Foundation, a non-profit membership organization and a community devoted to developing, improving, expanding, and popularizing the Python language and its environment. Users have also created packages to augment the functions of the Python language.

In short, SPSS focuses on ease of use and it should be suitable for most beginners and some intermediate readers, while Stata focuses on power and it should be suitable for intermediate and most advanced users. R and Python are intended for more advanced users who want to develop advanced programming codes and graphics using object-oriented programming languages.

For each chapter, a practical example is presented, which is solved first algebraically and then using Stata Statistical Software® and IBM SPSS Statistics Software®. The programming codes (all commented) in R and Python for carrying out the modeling and obtaining the outputs and graphics presented before are offered in the final sections of each chapter. The complete scripts with each of these codes are part of the companion material for this book.

WHO SHOULD READ THIS BOOK?

Depending on the expectations and aims of the reader, different types of backgrounds are needed. A broad group of readers may want to focus on **applying the methods** of this book to a particular dataset, and interpreting the results using statistical software, focusing on the generation of information and the improvement of knowledge through decision making. These readers should have experience in the analysis of data combined with some basic knowledge of statistics, focusing on the basic ideas and properties of each method and leaving out the advanced sections of each chapter. They can benefit from the many examples and discussions of the analysis for the different data sets. This broad group of readers usually includes undergraduate students in Business Administration, Accounting, Actuarial Sciences, Psychology, Medicine and Health, and other fields of knowledge related to Human and Biomedical Sciences (in some cases related to Exact Sciences), besides business professionals, consultants, executive education courses and MBAs.

Readers interested in understanding the **theoretical ideas** (how the chosen method deals with data, what its limitations might be and what alternatives are worth considering) should have a good background in statistics and mathematics. By reading this book they will be able to understand the principles of each method, what is required and which ideas can be adapted. This broad group includes graduate students and could also include undergraduate students in Engineering, Mathematics, Statistics and other fields of knowledge related to Exact Sciences.

I believe that the *Manual de Análise de Dados* is aimed both at researchers who, for different reasons, are interested specifically for statistics and multivariate modeling, and those who wish to deepen their knowledge through the use of Excel, SPSS, Stata, R and Python.

This book presents theories and uses examples drawn from real data sets obtained from different sources, such as the United Nations, International Transparency, *Forbes,* Gapminder, World Bank, and Compustat Global (Wharton). It introduces comprehensive coverage of exploratory techniques and regression models, including algebraic resolutions and applications in multidisciplinary settings.

TEACHING FROM THIS BOOK

Each chapter of the *Manual de Análise de Dados* uses the same didactic format, which enhances the learning process. Relevant concepts are initially introduced for every statistical or multivariate technique, always accompanied by the algebraic resolution of a practical and real example, often in Excel. In sequence, the same exercises are solved in Stata Statistical Software® and IBM SPSS Statistics Software®. At the end of each chapter, commented codes in R and Python referring to the same exercises are offered. These codes are also part of the companion material for this book.

This approach facilitates the study of each technique and the analysis of results. In addition, the practical application of modeling in Stata and SPSS and the codes in R and Python also benefits researchers as results may, at any moment, be compared to those already estimated or calculated algebraically in the previous sections of each chapter. This format also provides readers an opportunity to execute the software.

At the conclusion of each chapter complementary exercises are provided with answers available at the end of the book. The data sets are available on the web, hosted by GEN | Grupo Editorial Nacional. The book is 1,200 pages long, which is a reasonable length for this type of book.

I am very glad to write this preface, and I express my sincere thanks to Professors Luiz Paulo Fávero and Patrícia Belfiore for their efforts to write this very relevant and unique book.

Joseph F. Hair, Jr.
University of South Alabama, Mobile, Alabama, USA

Este livro, em que são abordadas as principais **técnicas estatísticas** e de **modelagem multivariada**, é resultado de vários anos de estudo e pesquisa e enfatiza a importância da **análise de dados** em ambientes acadêmicos e organizacionais, podendo ser considerado o principal fruto de inúmeras discussões e elucubrações sobre a importância da **modelagem aplicada** voltada à **tomada de decisão**.

Neste novo milênio, no que diz respeito à geração e disponibilidade de dados, a humanidade tem presenciado e aprendido a conviver com a ocorrência simultânea de cinco características, ou dimensões: **volume**, **velocidade**, **variedade**, **variabilidade** e **complexidade** dos dados.

O **volume** exacerbado de dados é oriundo, entre outras razões, do aumento da capacidade computacional, do incremento do monitoramento dos fenômenos e do próprio surgimento das mídias sociais. A **velocidade** com que dados passam a ser disponibilizados para tratamento e análise, em razão de novas formas de coleta que utilizam etiquetas eletrônicas e sistemas de antena de radiofrequência, também é visível e vital para os processos de tomada de decisão em ambientes cada vez mais competitivos. A **variedade** refere-se aos diferentes formatos em que são acessados os dados, como textos, indicadores, bases secundárias ou até mesmo discursos, e uma análise convergente pode também propiciar melhor processo decisório. A **variabilidade** dos dados relaciona-se, para além das três dimensões anteriores, com fenômenos cíclicos ou sazonais, por vezes em alta frequência, diretamente observáveis ou não, e que determinado tratamento pode gerar informações diferenciadas ao pesquisador. Por fim, mas não menos relevante, a **complexidade** dos dados, principalmente para grandes volumes, reside no fato de que muitas fontes podem ser acessadas, com códigos, periodicidades ou critérios distintos, o que faz com que seja exigido do pesquisador um processo de controle gerencial sobre os dados para fins de análise integrada e tomada de decisão.

Conforme mostra a Figura A.1, a combinação dessas cinco dimensões de geração e disponibilidade de dados recebe o nome de *Big Data*, termo tão frequente atualmente em ambientes acadêmicos e organizacionais.

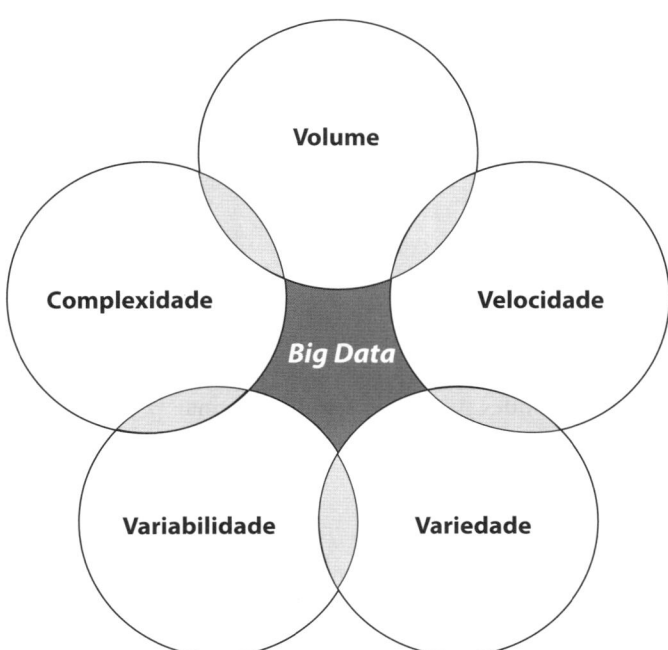

Figura A.1 Dimensões da geração e disponibilidade de dados e o *Big Data*.

Essas cinco dimensões que definem o *Big Data* não podem ser suportadas sem que sejam acompanhadas do aprimoramento de softwares profissionais, entre os quais o IBM SPSS Statistics Software®, o Stata Statistical Software®, o R® e o Python® que, além de oferecerem uma enorme capacidade de processamento de bases de dados, são capazes de elaborar os mais diversos testes e modelos apropriados e robustos a cada situação e de acordo com o que o pesquisador e o tomador de decisão desejam. E essas são as principais razões que têm levado organizações atuantes nos mais diversos setores a investirem na estruturação e no desenvolvimento de áreas multidisciplinares conhecidas por *Business Analytics*, que possuem o objetivo principal de analisar dados e gerar informações, permitindo a criação de uma **capacidade preditiva em tempo real** da organização frente ao mercado e aos competidores.

No ambiente acadêmico, obviamente, não pode ser diferente. O aprimoramento das técnicas de pesquisa e do manuseio de softwares modernos, aliado à compreensão, por parte de pesquisadores das mais diversas áreas de estudo, sobre a importância da estatística e da modelagem de dados para a definição de objetivos e para a fundamentação de hipóteses de pesquisa alicerçadas em teorias subjacentes, tem gerado trabalhos mais consistentes e rigorosos do ponto de vista metodológico e científico.

Entretanto, conforme costumava afirmar o célebre filósofo austríaco, naturalizado britânico, Ludwig Joseph Johann Wittgenstein, apenas o rigor metodológico e a existência de autores que pesquisam mais do mesmo assunto podem gerar uma profunda falta de oxigênio no mundo acadêmico. Além da disponibilidade de dados, de softwares apropriados e de uma adequada teoria subjacente, é de fundamental importância que o pesquisador também faça uso de sua **intuição** e **experiência** na definição dos objetivos e construção das hipóteses, inclusive no que diz respeito à decisão de estudar o comportamento de novas e, por vezes, inimagináveis variáveis em seus modelos. Isso, acreditem, também poderá gerar informações interessantes e inovadoras para a tomada de decisão!

O princípio básico do livro consiste em explicitar, a todo instante, a hierarquia entre **dados**, **informação** e **conhecimento** neste novo cenário em que vivemos. Os dados, quando tratados e analisados, transformam-se em informações. Já o conhecimento é gerado no momento em que tais informações são reconhecidas e aplicadas na tomada de decisão. Analogamente, a hierarquia reversa também pode ser aplicada, visto que o conhecimento, quando difundido ou explicitado, torna-se uma informação que, quando desmembrada, tem capacidade para gerar um conjunto de dados. A Figura A.2 apresenta essa lógica.

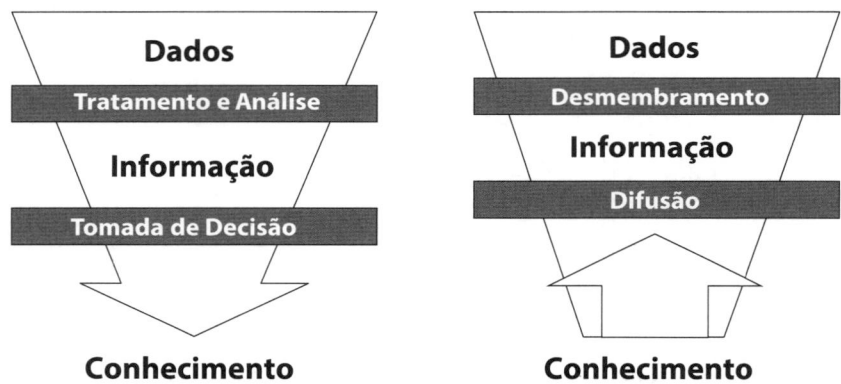

Figura A.2 Hierarquia entre dados, informação e conhecimento.

O livro está estruturado em três grandes partes, da seguinte forma:

PARTE I: ESTATÍSTICA APLICADA

Parte I.1   Introdução

Capítulo 1   Tipos de Variáveis e Escalas de Mensuração e Precisão

Parte I.2   Estatística Descritiva

Capítulo 2   Estatística Descritiva Univariada

Capítulo 3   Estatística Descritiva Bivariada

Parte I.3   Estatística Probabilística

Capítulo 4   Introdução à Probabilidade

Capítulo 5   Variáveis Aleatórias e Distribuições de Probabilidade

Cada capítulo está estruturado dentro de uma mesma lógica didática de apresentação, o que, acreditamos, favorece o aprendizado. Inicialmente, são introduzidos os conceitos pertinentes a cada técnica estatística ou multivariada, sempre acompanhados da resolução algébrica, muitas vezes em Excel®, de exercícios práticos a partir de bases de dados elaboradas prioritariamente com foco didático. Na sequência, os mesmos exercícios são resolvidos nos pacotes estatísticos Stata Statistical Software® e IBM SPSS Statistics Software®. Nas seções finais de cada capítulo, são oferecidos os códigos comentados em R® e Python® para a resolução dos mesmos exercícios e obtenção dos *outputs* e gráficos apresentados. Esses códigos também fazem parte do material complementar deste livro, juntamente com os bancos de dados em formatos .xls (Excel), .sav (SPSS), .dta (Stata), .RData (R) e .csv (utilizado nos *scripts* em Python).

Acreditamos que essa lógica facilita o estudo e o entendimento sobre a utilização correta de cada uma das técnicas e sobre a análise dos resultados. Além disso, a aplicação prática das modelagens em R, Python, Stata e SPSS também traz benefícios ao pesquisador, à medida que os resultados podem, a todo instante, ser comparados com aqueles já estimados ou calculados algebricamente nas seções anteriores de cada capítulo, além de propiciar uma oportunidade de manuseio desses importantes softwares.

Enquanto os exercícios dos capítulos das Partes I e II são resolvidos inicialmente em SPSS e, na sequência, em Stata, os exercícios dos capítulos da Parte III são resolvidos e apresentados em ordem inversa, visto que, assim, podemos aproveitar ao máximo as qualidades de cada um dos softwares. Na sequência, são apresentados os respectivos códigos comentados em R e Python para a resolução dos mesmos exercícios e obtenção dos mesmos *outputs* e gráficos. Ao final de cada capítulo, são propostos exercícios complementares, cujas respostas, apresentadas por meio de *outputs* gerados em SPSS (Partes I e II) e Stata (Parte III), estão disponibilizadas ao final do livro. As bases de dados, *scripts* em R e Python e respectivos Projects estão disponíveis para download nas aberturas de capítulo.

O usufruto de todos os benefícios e potencialidades das técnicas estatísticas e multivariadas será sentido pelo pesquisador na medida em que seus procedimentos sejam cada vez mais exercitados. Como existem diversos métodos, deve-se ter cautela na definição da técnica, visto que a escolha das alternativas mais adequadas para o tratamento dos dados depende fundamentalmente deste tempo de prática e exercício.

A utilização adequada das técnicas apresentadas no livro por professores, estudantes e executivos pode embasar mais fortemente a percepção inicial de pesquisa, o que oferece suporte à tomada de decisão. O processo de geração de conhecimento de um fenômeno depende de um **plano de pesquisa bem estruturado**, com a definição das variáveis a serem levantadas, do dimensionamento da amostra, do processo de formação do banco de dados e da importante escolha da técnica a ser utilizada.

Dessa maneira, acreditamos que o livro seja voltado tanto para pesquisadores que, por diferentes razões, se interessem especificamente por estatística e modelagem multivariada, quanto para aqueles que desejarem aprofundar seus conhecimentos por meio da utilização dos softwares Excel, SPSS, Stata, R e Python.

Este livro é recomendado a alunos de graduação e pós-graduação *stricto sensu* em Administração, Engenharia, Economia, Contabilidade, Atuária, Estatística, Psicologia, Medicina e Saúde e demais campos do conhecimento relacionados com as Ciências Humanas, Exatas e Biomédicas. É destinado também a alunos de cursos de extensão, de pós-graduação *lato sensu* e de MBAs, assim como a profissionais de empresas, consultores e demais pesquisadores que têm, como principais objetivos, o tratamento e a análise de dados com vistas à elaboração de modelagens de dados, à geração de informações e ao aprimoramento do conhecimento por meio da tomada de decisão.

Aos pesquisadores que utilizarem este livro, desejamos que surjam formulações de questões de pesquisa adequadas e cada vez mais interessantes, que sejam desenvolvidas análises e construídos modelos confiáveis, robustos e úteis à tomada de decisão, que a interpretação dos *outputs* seja mais amigável e que a utilização dos softwares SPSS, Stata, R e Python resulte em importantes e valiosos frutos para novas pesquisas e novos projetos.

Aproveitamos para agradecer a todos que contribuíram para que esta obra se tornasse realidade. Expressamos aqui os mais sinceros agradecimentos aos profissionais da Montvero Consultoria e Treinamento Ltda., da International Business Machines Corporation© (Armonk, Nova York), da StataCorp LP© (College Station, Texas) e das Editoras GEN | LTC e Elsevier. Também agradecemos aos Professores Joseph F. Hair, Jr. e Luiz Alberto Esteves por terem escrito os prefácios com extrema dedicação, gentileza e cordialidade. Por fim, mas não menos importante, agradecemos aos professores, alunos e funcionários da Universidade de São Paulo (USP) e da Universidade Federal do ABC (UFABC).

Enfatizamos que sempre serão muito bem-vindas contribuições, críticas e sugestões, a fim de que sejam incorporadas para o aprimoramento constante desta obra.

Luiz Paulo Fávero
Patrícia Belfiore

SUMÁRIO

CAPÍTULO *3*

ESTATÍSTICA DESCRITIVA BIVARIADA **97**

PARTE *I.4*   Estatística Inferencial

CAPÍTULO 6
AMOSTRAGEM **181**

CAPÍTULO 7
TESTES DE HIPÓTESES **203**

CAPÍTULO 8
TESTES NÃO PARAMÉTRICOS 257

PARTE **II**   Técnicas Multivariadas Exploratórias

CAPÍTULO 9

ANÁLISE DE AGRUPAMENTOS **325**

CAPÍTULO *10*
ANÁLISE FATORIAL POR COMPONENTES PRINCIPAIS. **399**

CAPÍTULO *11*
ANÁLISE DE CORRESPONDÊNCIA SIMPLES E MÚLTIPLA **459**

PARTE **III**   Técnicas Multivariadas Confirmatórias: Modelos de Regressão

PARTE *III.1*   Modelos Lineares Generalizados

CAPÍTULO 12

MODELOS DE REGRESSÃO SIMPLES E MÚLTIPLA.. **539**

CAPÍTULO 13

MODELOS DE REGRESSÃO LOGÍSTICA BINÁRIA E MULTINOMIAL **641**

CAPÍTULO 14

MODELOS DE REGRESSÃO PARA DADOS DE CONTAGEM: POISSON E
BINOMIAL NEGATIVO **731**

PARTE *III.2* **Modelos de Regressão para Dados em Painel**

CAPÍTULO **15**

MODELOS LONGITUDINAIS DE REGRESSÃO PARA DADOS EM PAINEL **833**

CAPÍTULO **16**

MODELOS MULTINÍVEL DE REGRESSÃO PARA DADOS EM PAINEL **901**

PARTE *III.3* **Outros Modelos de Regressão**

CAPÍTULO *17*
MODELOS DE REGRESSÃO PARA DADOS DE SOBREVIVÊNCIA: RISCOS PROPORCIONAIS DE COX **989**

CAPÍTULO *18*
MODELOS DE REGRESSÃO COM MÚLTIPLAS VARIÁVEIS DEPENDENTES: CORRELAÇÃO CANÔNICA **1059**

PARTE *I*

ESTATÍSTICA APLICADA

A origem da estatística remonta a tempos antigos, em que vários povos já coletavam e registravam dados censitários para eventual tomada de decisão. Também eram realizadas estimativas das riquezas individuais e familiares, e cálculos de arrecadação de impostos eram feitos com base nas informações obtidas. A própria Bíblia traz informações estatísticas sobre a evolução ou involução territorial de diversos povos.

A palavra **estatística** vem de *status*, que significa Estado em latim. O termo era utilizado para descrever e designar um conjunto de dados relativos aos Estados, tornando a estatística um meio de administração para os governantes com a finalidade de controle fiscal e segurança nacional. No século XIX, ela começou a ganhar importância em outras áreas do conhecimento humano. Já a partir do século XX, passou a ser utilizada, nas grandes empresas e organizações, com o enfoque da qualidade total, tornando-se um atributo de diferencial competitivo. Nesse contexto, a estatística desenvolveu-se, ao longo dos séculos, alicerçada em conjuntos de métodos e processos destinados a estudar e medir os fenômenos coletivos.

Nesse sentido, **a estatística pode ser definida como a ciência que tem por objetivo a coleta, a análise e a interpretação de dados qualitativos e quantitativos**. Ou ainda, como um **conjunto de métodos para coleta, organização, resumo, análise e interpretação de dados para tomada de decisões**.

Sua evolução deve-se aos avanços computacionais, tornando-se mais acessível aos seus usuários e permitindo aplicações cada vez mais sofisticadas em diferentes áreas do conhecimento. A disponibilidade de um conjunto completo de ferramentas estatísticas (incluindo estatísticas descritivas, testes de hipóteses, intervalos de confiança, planejamento de experimentos, ferramentas da qualidade, cálculos de confiabilidade e sobrevivência etc.), a criação de gráficos complexos, a elaboração de modelos de previsão ou a determinação de como um conjunto de variáveis se comporta, na alteração de uma ou mais variáveis presentes em outro conjunto, são mecanismos atualmente possíveis graças ao desenvolvimento de softwares estatísticos e de machine learning como o SPSS, o Stata, o R e o Python entre tantos outros, e seriam inimagináveis sem a existência deles.

A estatística está dividida em três grandes partes: **estatística descritiva ou dedutiva**, **estatística probabilística** e **estatística inferencial ou indutiva**, conforme mostra a Figura I.1. Alguns autores, porém, consideram a estatística probabilística como parte da estatística inferencial.

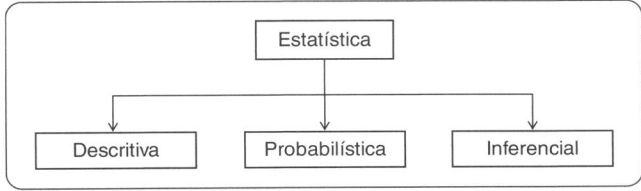

Figura I.1 Áreas da estatística.

Optamos, com base em razões didáticas e conceituais, por abordar, na Parte I, as principais áreas da estatística, ficando os capítulos estruturados em quatro subpartes distintas, a saber:

PARTE I.1: INTRODUÇÃO

Capítulo 1: Tipos de Variáveis e Escalas de Mensuração e Precisão

PARTE I.2: ESTATÍSTICA DESCRITIVA

Capítulo 2: Estatística Descritiva Univariada

Capítulo 3: Estatística Descritiva Bivariada

PARTE I.3: ESTATÍSTICA PROBABILÍSTICA

Capítulo 4: Introdução à Probabilidade

Capítulo 5: Variáveis Aleatórias e Distribuições de Probabilidade

PARTE I.4: ESTATÍSTICA INFERENCIAL

Capítulo 6: Amostragem

Capítulo 7: Testes de Hipóteses

Capítulo 8: Testes Não Paramétricos

A Figura I.2 mostra como as áreas da estatística se inter-relacionam.

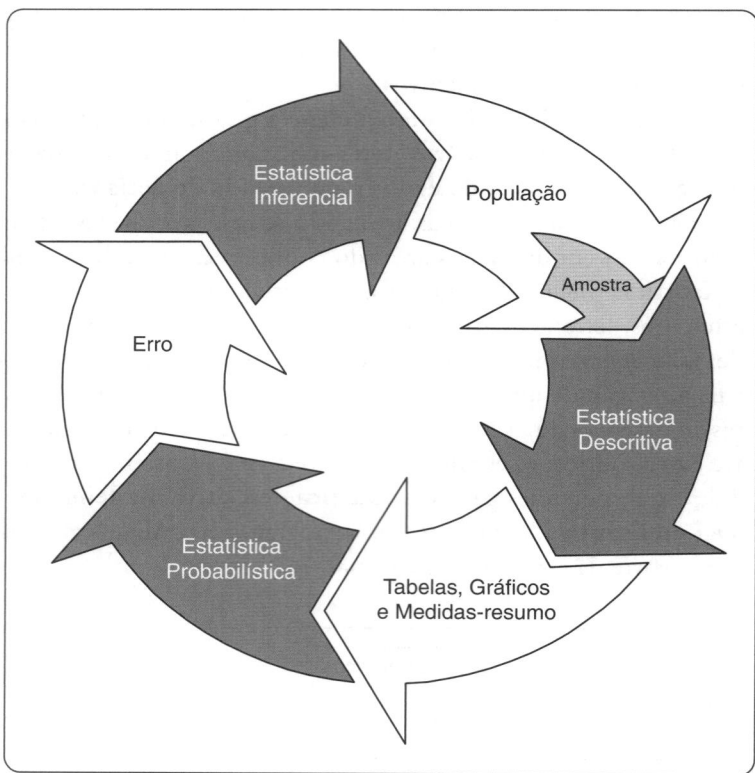

Figura I.2   Inter-relação entre as áreas da estatística.

Dentre os elementos básicos da estatística, podemos citar **população** (ou **universo**), **amostra**, **censo**, **variável**, **dados** e **parâmetros**. As definições de cada termo estão a seguir.

População ou Universo

Conjunto que contém todos os indivíduos, objetos ou elementos a serem estudados, que apresentam uma ou mais características em comum. Por exemplo, podemos citar o conjunto de idades de todos os alunos do Colégio São Pedro, o conjunto de rendas de todos os habitantes de Curitiba, o conjunto de pesos de todas as crianças nascidas em Goiânia etc.

Amostra

Subconjunto extraído da população para análise, devendo ser representativo daquele grupo. A partir das informações colhidas na amostra, os resultados obtidos poderão ser utilizados para generalizar, inferir ou tirar conclusões acerca dessa população (inferência estatística).

O processo de escolha de uma amostra da população é denominado **amostragem**.

Como exemplo, podemos citar o caso em que a população é representada por todos os eleitores brasileiros e a amostra é extraída de municípios representativos, onde os eleitores são escolhidos de acordo com a proporcionalidade de gênero, idade, grau de instrução e classe social.

Censo

Censo, ou recenseamento, é o estudo dos dados relativos a todos os elementos da população. A Organização das Nações Unidas (ONU) define censo como o **conjunto das operações que consiste em recolher, agrupar e publicar dados demográficos, econômicos e sociais relativos a determinado momento ou em certos períodos, a todos os habitantes de um país ou território**.

Um censo pode custar muito caro e demandar um tempo considerável, de forma que um estudo considerando parte dessa população pode ser uma alternativa mais simples, rápida e menos custosa.

Como exemplos, podemos citar o estudo do grau de escolaridade de todos os habitantes brasileiros, o estudo sobre a renda e saúde dos aposentados brasileiros, a pesquisa de emprego e desemprego da população ativa de São Paulo etc.

Variável

É uma característica ou atributo que se deseja observar, medir ou contar, a fim de se obter algum tipo de conclusão. Como exemplos, podemos citar o setor de atuação, o faturamento ou a quantidade de funcionários de empresas listadas na Bolsa de Valores de São Paulo.

Dados

Os dados podem ser considerados a matéria-prima de qualquer análise estatística e de qualquer modelagem exploratória ou confirmatória. A partir deles, podem ser obtidas informações de interesse correspondentes a uma ou mais variáveis.

Parâmetros

Medidas estatísticas numéricas que precisam ser estimadas a partir de critérios ou métodos definidos pelo pesquisador para representar determinadas características da população geralmente desconhecidas.

Cada capítulo da Parte I está estruturado dentro de uma mesma lógica de apresentação. Inicialmente, são introduzidos os conceitos, sempre com o uso de bases de dados que possibilitam, em um primeiro momento, a resolução algébrica de exercícios práticos. Na sequência, os mesmos exercícios são resolvidos nos pacotes estatísticos IBM SPSS Statistics Software® e Stata Statistical Software®. Por fim, são apresentados os códigos comentados em R® e Python® para a resolução dos mesmos exercícios. Acreditamos que essa lógica facilita o estudo e o entendimento sobre a utilização correta de cada conceito. Além disso, a aplicação prática das técnicas em SPSS, Stata, R e Python também traz benefícios ao pesquisador, à medida que os resultados podem, a todo instante, ser comparados com aqueles já calculados algebricamente nas seções anteriores de cada capítulo, além de propiciar a oportunidade de manuseio desses importantes softwares. Ao final de cada capítulo, são propostos exercícios complementares, cujas respostas são disponibilizadas ao final do livro.

INTRODUÇÃO

## CAPÍTULO 1

Tipos de Variáveis e Escalas de Mensuração e Precisão

*Então disse Deus: **π**, i, 0 e 1, e fez-se o Universo.*
Leonhard Euler

Ao final deste capítulo, você será capaz de:

Bancos de Dados, Códigos e Projects deste capítulo

- Compreender a importância da definição das escalas de mensuração das variáveis para a elaboração de pesquisas e para o tratamento e análise de dados.
- Estabelecer diferenças entre as variáveis métricas ou quantitativas e variáveis não métricas ou qualitativas.
- Identificar as circunstâncias em que cada tipo de variável deve ser utilizado, em função dos objetivos de pesquisa.
- Utilizar o tratamento estatístico adequado para cada tipo de variável.

1.1. INTRODUÇÃO

Variável é uma característica da população (ou amostra) em estudo, possível de ser medida, contada ou categorizada.

O tipo de variável coletada é crucial no cálculo de estatísticas descritivas e na representação gráfica de resultados, bem como na escolha de métodos estatísticos a serem utilizados para analisar os dados.

Segundo Freund (2006), os dados estatísticos constituem a matéria-prima das pesquisas estatísticas, surgindo sempre em casos de mensurações ou registro de observações.

Este capítulo descreve os tipos de variáveis existentes (métricas ou quantitativas e não métricas ou qualitativas), bem como as respectivas escalas de mensuração (nominal e ordinal para variáveis qualitativas e intervalar e razão para variáveis quantitativas). A classificação dos tipos de variáveis em função do número de categorias e escalas de precisão também é apresentada (binária e policotômica para variáveis qualitativas e discreta e contínua para variáveis quantitativas).

1.2. TIPOS DE VARIÁVEIS

As variáveis podem ser classificadas como não métricas (também conhecidas como qualitativas ou ainda categóricas) ou métricas, também conhecidas como quantitativas (Figura 1.1). As variáveis **não métricas ou qualitativas** representam características de um indivíduo, objeto ou elemento que não podem ser medidas ou

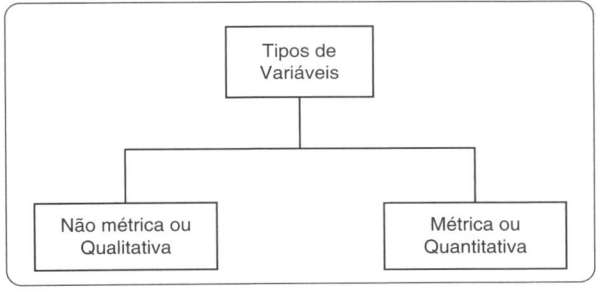

Figura 1.1 Tipos de variáveis.

quantificadas; as respostas são dadas em categorias. Já as variáveis **métricas ou quantitativas** representam características de um indivíduo, objeto ou elemento resultantes de uma contagem (conjunto finito de valores) ou de uma mensuração (conjunto infinito de valores).

1.2.1. Variáveis não métricas ou qualitativas

Conforme será visto no Capítulo 2, a representação das características da variável não métrica ou qualitativa pode ser feita por meio de tabelas de distribuição de frequências ou de forma gráfica, sem o cálculo de medidas de posição, dispersão e de formato. A única exceção é em relação à moda, medida que fornece o valor mais frequente de uma variável, podendo também ser aplicada para variáveis não métricas.

Imagine que um questionário será aplicado para levantar dados da renda familiar de uma amostra de consumidores, com base em determinadas faixas salariais. A Tabela 1.1 apresenta as categorias das variáveis.

Tabela 1.1 Faixas de renda familiar × classe social.

Classe	Salários mínimos (SM)	Renda familiar (R$)
A	Acima de 20 SM	Acima de R$ 15.760,00
B	10 a 20 SM	De R$ 7.880,00 a R$ 15.760,00
C	4 a 10 SM	De R$ 3.152,00 a R$ 7.880,00
D	2 a 4 SM	De R$ 1.576,00 a R$ 3.152,00
E	Até 2 SM	Até R$ 1.576,00

Observe que ambas as variáveis são qualitativas, já que os dados são representados por faixas. Porém, é muito comum a classificação incorreta por parte dos pesquisadores quando a variável apresenta valores numéricos nos dados. Nesse caso, é possível apenas o cálculo de frequências, e não de medidas-resumo, como média e desvio-padrão.

As frequências obtidas para cada faixa de renda são apresentadas na Tabela 1.2.

Tabela 1.2 Frequências × faixas de renda familiar.

Frequência	Renda familiar (R$)
10%	Acima de R$ 15.760,00
18%	De R$ 7.880,00 a R$ 15.760,00
24%	De R$ 3.152,00 a R$ 7.880,00
36%	De R$ 1.576,00 a R$ 3.152,00
12%	Até R$ 1.576,00

Um erro comum encontrado em trabalhos que utilizam variáveis qualitativas representadas por números é o cálculo da média da amostra, ou de qualquer outra medida-resumo. O pesquisador calcula, inicialmente, a média dos limites de cada faixa, supondo que esse valor corresponde à média real dos consumidores situados naquela faixa; mas como a distribuição dos dados não é necessariamente linear ou simétrica em torno da média, essa hipótese é muitas vezes violada.

Para que haja condições de se calcular medidas-resumo, como média e desvio-padrão, a variável em estudo deve ser, necessariamente, quantitativa.

1.2.2. Variáveis métricas ou quantitativas

As variáveis quantitativas podem ser representadas de forma gráfica (gráfico de linhas, dispersão, histograma, ramo-e-folhas e *boxplot*), por meio de medidas de posição ou localização (média, mediana, moda, quartis, decis e percentis), medidas de dispersão ou variabilidade (amplitude, desvio-médio, variância, desvio-padrão, erro-padrão e coeficiente de variação) ou, ainda, por meio das medidas de forma como assimetria e curtose, conforme será estudado no Capítulo 2.

Estas variáveis podem ser discretas ou contínuas. As variáveis discretas podem assumir um conjunto finito ou enumerável de valores que são provenientes, frequentemente, de uma contagem, por exemplo, o número de filhos (0, 1, 2, ...). Já as variáveis contínuas assumem valores pertencentes a um intervalo de números reais, por exemplo, peso ou renda de um indivíduo.

Imagine um banco de dados com nome, idade, peso e altura de 20 pessoas, como mostra a Tabela 1.3.

Tabela 1.3 Banco de dados de 20 pessoas.

Nome	Idade (anos)	Peso (kg)	Altura (m)
Mariana	48	62	1,60
Roberta	41	56	1,62
Luiz	54	84	1,76
Leonardo	30	82	1,90
Felipe	35	76	1,85
Marcelo	60	98	1,78
Melissa	28	54	1,68
Sandro	50	70	1,72
Armando	40	75	1,68
Heloísa	24	50	1,59
Júlia	44	65	1,62
Paulo	39	83	1,75
Manoel	22	68	1,78
Ana Paula	31	56	1,66
Amélia	45	60	1,64
Horácio	62	88	1,77
Pedro	24	80	1,92
João	28	75	1,80
Marcos	49	92	1,76
Celso	54	66	1,68

Os dados estão disponíveis no arquivo **VarQuanti.sav**. Para classificar as variáveis no software SPSS (Figura 1.2), vamos clicar no menu **Variable View**. Repare que a variável *Nome* é qualitativa (do tipo *string*) e medida em escala nominal (coluna **Measure**). Já as variáveis *Idade*, *Peso* e *Altura* são quantitativas (do tipo **Numeric**) e medidas na forma escalar (**Scale**). As escalas de mensuração das variáveis serão estudadas com mais detalhes na seção 1.3.

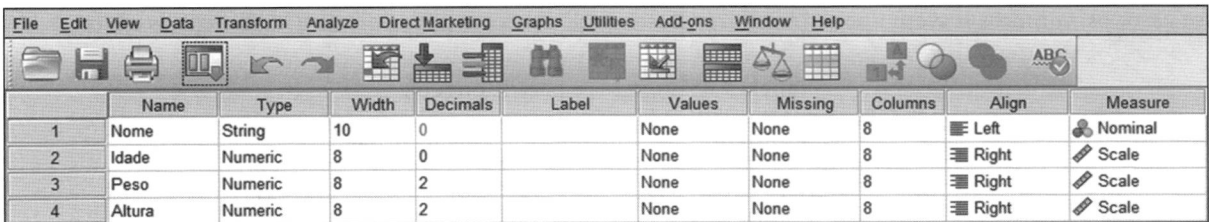

Figura 1.2 Classificação das variáveis.

1.3. TIPOS DE VARIÁVEIS × ESCALAS DE MENSURAÇÃO

As variáveis ainda podem ser classificadas de acordo com o nível ou escala de mensuração. **Mensuração** é o processo de atribuir números ou rótulos a objetos, pessoas, estados ou eventos de acordo com as regras específicas para representar quantidades ou qualidades dos atributos. **Regra** é um guia, método ou comando que indica ao investigador como medir o atributo. **Escala** é um conjunto de símbolos ou números, construído com base em uma regra, e aplica-se a indivíduos ou a seus comportamentos ou atitudes. A posição de um indivíduo na escala é baseada na posse dele do atributo que a escala deve medir.

Existem diversas taxonomias encontradas na literatura para classificar as escalas de mensuração dos tipos de variáveis (Stevens, 1946; Hoaglin *et al.*, 1983). Utilizaremos a classificação de Stevens em função de sua simplicidade, de sua grande utilização, além do uso de sua nomenclatura em softwares estatísticos.

Segundo Stevens (1946), as escalas de mensuração das variáveis não métricas, categóricas ou qualitativas podem ser classificadas como nominal e ordinal, enquanto as variáveis métricas ou quantitativas se classificam em escala intervalar e de razão (ou proporcional), como mostra a Figura 1.3.

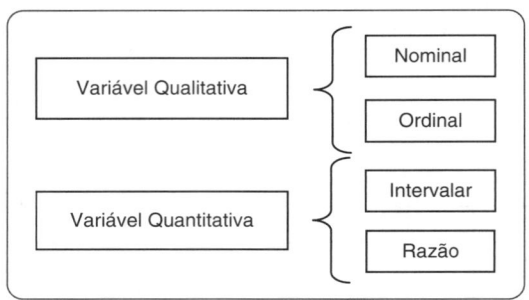

Figura 1.3 Tipos de variáveis × Escalas de mensuração.

1.3.1. Variáveis não métricas – escala nominal

A escala nominal classifica as unidades em classes ou categorias em relação à caraterística representada, não estabelecendo qualquer relação de grandeza ou de ordem. É denominada nominal porque as categorias se diferenciam apenas pelo nome.

Podem ser atribuídos rótulos numéricos às categorias das variáveis, porém, operações aritméticas como adição, subtração, multiplicação e divisão sobre esses números não são admissíveis. A escala nominal permite apenas algumas operações aritméticas mais elementares. Por exemplo, pode-se contar o número de elementos de cada classe ou ainda aplicar testes de hipóteses referentes à distribuição das unidades da população nas classes. Dessa forma, a maioria das estatísticas usuais, como média e desvio-padrão, não tem sentido para variáveis qualitativas de escala nominal.

Como exemplos de variáveis não métricas em escalas nominais, podemos mencionar profissão, religião, cor, estado civil, localização geográfica ou país de origem.

Imagine uma variável não métrica relativa ao país de origem de um grupo de 10 grandes empresas multinacionais. Para representar as categorias da variável *País de origem*, podemos utilizar números, atribuindo o valor 1 para Estados Unidos, 2 para Holanda, 3 para China, 4 para Reino Unido e 5 para Brasil, como mostra a Tabela 1.4. Nesse caso, os números servem apenas como rótulos ou etiquetas para identificar e classificar os objetos.

Tabela 1.4 Empresas e país de origem.

Empresa	País de origem
Exxon Mobil	1
JP Morgan Chase	1
General Electric	1
Royal Dutch Shell	2
ICBC	3
HSBC Holdings	4
PetroChina	3
Berkshire Hathaway	1
Wells Fargo	1
Petrobras	5

Esta escala de mensuração é conhecida como escala nominal, ou seja, os números são atribuídos aleatoriamente às categorias dos objetos, sem nenhum tipo de ordenação. Para representar o comportamento dos dados de natureza nominal, podem-se utilizar estatísticas descritivas como tabelas de distribuição de frequências, gráficos de barras ou setores ou, ainda, o cálculo da moda (Capítulo 2).

Neste momento, apresentaremos o processo para criação de rótulos (*labels*) para variáveis qualitativas em escala nominal, por meio do software SPSS (*Statistical Package for the Social Sciences*). A partir daí, poderemos elaborar tabelas e gráficos de frequências absolutas e relativas.

Antes de criarmos o banco de dados, definiremos as características das variáveis em estudo no ambiente **Variable View** (visualização das variáveis). Para isso, clique na respectiva planilha que está disponível na parte inferior esquerda do Editor de Dados ou clique duas vezes sobre a coluna **var**.

A primeira variável, denominada *Empresa*, é do tipo *string*, isto é, seus dados estão inseridos na forma de caracteres ou letras. Definiu-se que o número máximo de caracteres da respectiva variável é 18. Na coluna *Measure*, define-se a escala de mensuração da variável *Empresa*, que é nominal.

A segunda variável, denominada *País*, é do tipo numérica, já que seus dados estão inseridos na forma de números. Porém, os números são utilizados simplesmente para categorizar ou rotular os objetos, de modo que a escala de mensuração da respectiva variável também é nominal.

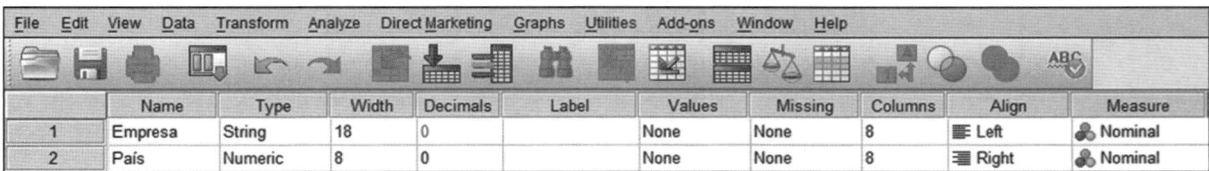

Figura 1.4 Definição das características das variáveis no ambiente **Variable View**.

Para que possamos inserir os dados da Tabela 1.4, vamos retornar ao ambiente **Data View**. As informações devem ser digitadas como mostra a Figura 1.5 (as colunas representam as variáveis e as linhas representam as observações ou indivíduos).

	Empresa	País	var
1	Exxon Mobil	1	
2	JP Morgan Chase	1	
3	General Electric	1	
4	Royal Dutch Shell	2	
5	ICBC	3	
6	HSBC Holdings	4	
7	PetroChina	3	
8	Berkshire Hathaway	1	
9	Wells Fargo	1	
10	Petrobras	5	

Figura 1.5 Inserção dos dados da Tabela 1.4 no ambiente **Data View**.

Como a variável *País* está representada na forma de números, é necessário que sejam atribuídos rótulos a cada categoria da variável, como mostra a Tabela 1.5.

Tabela 1.5 Categorias atribuídas aos países.

Categoria	País
1	Estados Unidos
2	Holanda
3	China
4	Reino Unido
5	Brasil

Para isso, devemos clicar em **Data → Define Variable Properties...** e selecionar a variável *País*, de acordo com as Figuras 1.6 e 1.7.

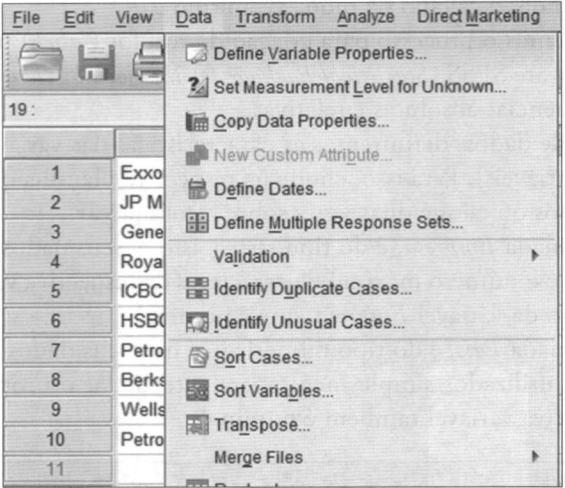

Figura 1.6 Criação de rótulos para cada categoria da variável nominal.

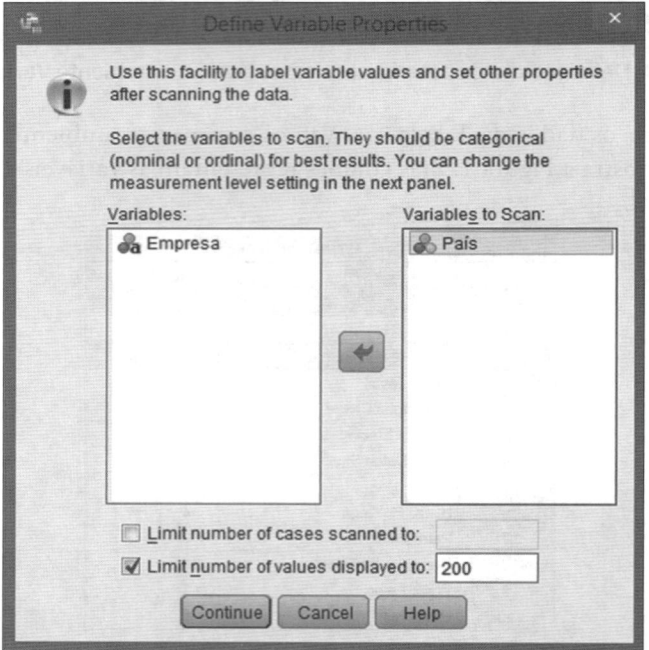

Figura 1.7 Seleção da variável nominal *País*.

Como a escala de mensuração nominal da variável *País* já foi definida na coluna **Measure** do ambiente **Variable View**, podemos notar que ela já aparece corretamente na Figura 1.8. A definição dos rótulos (*labels*) de cada categoria deve ser elaborada neste momento e também pode ser visualizada na mesma figura.

O banco de dados passa a ser visualizado com os nomes dos rótulos atribuídos, como mostra a Figura 1.9. Clicando no ícone 🔣 **Value Labels**, localizado na barra de ferramentas, é possível alternar entre os valores numéricos da variável nominal ou ordinal e seus respectivos rótulos.

Com o banco de dados estruturado, é possível elaborar tabelas e gráficos de frequências absolutas e relativas por meio do SPSS.

As estatísticas descritivas para representar o comportamento de uma única variável qualitativa e de duas variáveis qualitativas serão estudadas nos Capítulos 2 e 3, respectivamente.

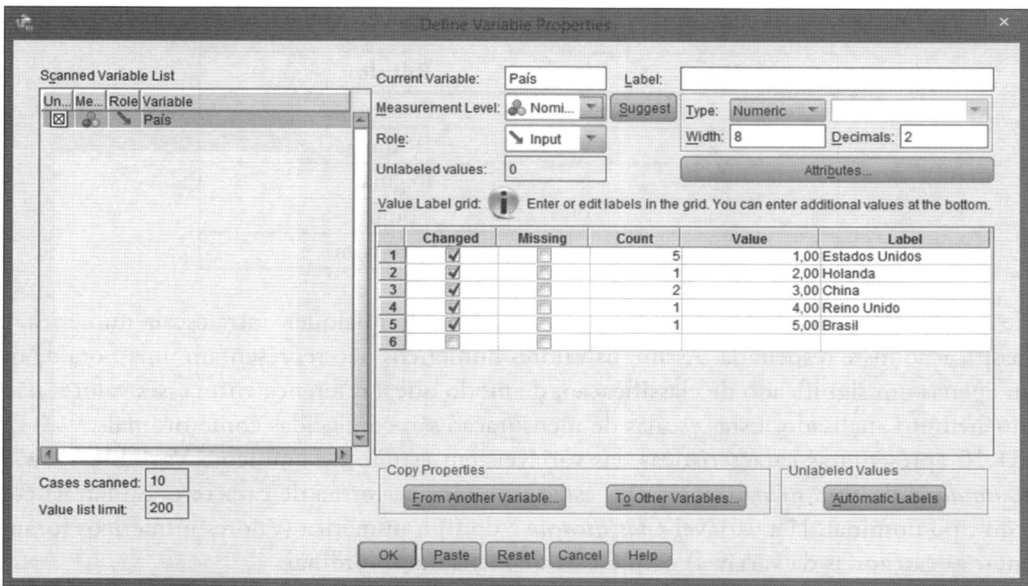

Figura 1.8 Definição dos rótulos da variável *País*.

	Empresa	País	var
1	Exxon Mobil	Estados Unidos	
2	JP Morgan Chase	Estados Unidos	
3	General Electric	Estados Unidos	
4	Royal Dutch Shell	Holanda	
5	ICBC	China	
6	HSBC Holdings	Reino Unido	
7	PetroChina	China	
8	Berkshire Hathaway	Estados Unidos	
9	Wells Fargo	Estados Unidos	
10	Petrobras	Brasil	

Figura 1.9 Banco de dados com rótulos.

1.3.2. Variáveis não métricas – escala ordinal

Uma variável não métrica em escala ordinal classifica as unidades em classes ou categorias em relação à característica representada, estabelecendo uma relação de ordem entre as unidades das diferentes categorias. A escala ordinal é uma escala de ordenação, designando uma posição relativa das classes segundo uma direção. Qualquer conjunto de valores pode ser atribuído às categorias das variáveis, desde que a ordem entre elas seja respeitada.

Assim como na escala nominal, operações aritméticas (somas, diferenças, multiplicações e divisões) entre esses valores não fazem sentido. Desse modo, a aplicação das estatísticas descritivas usuais também é limitada para variáveis de natureza nominal. Como o número das escalas tem apenas um significado de classificação, as estatísticas descritivas que podem ser utilizadas para dados ordinais são as tabelas de distribuições de frequência, gráficos (incluindo o de barras e setores) e o cálculo da moda, conforme será estudado no Capítulo 2.

Exemplos de variáveis ordinais incluem opinião e escalas de preferência de consumidores, grau de escolaridade, classe social, faixa etária etc.

Imagine uma variável não métrica denominada *Classificação* que mede a preferência de um grupo de consumidores em relação a uma marca de vinho. A criação dos rótulos para cada categoria da variável ordinal está especificada na Tabela 1.6. O valor 1 é atribuído à pior classificação, o valor 2 para a segunda pior e assim sucessivamente, até o valor 5 para a melhor classificação, como mostra esta tabela.

Tabela 1.6 Classificação dos consumidores em relação a uma marca de vinho.

Valor	Rótulo
1	Péssimo
2	Ruim
3	Regular
4	Bom
5	Muito bom

Em vez de utilizar as escalas de 1 a 5, poderíamos ter atribuído qualquer outra escala numérica, desde que a ordem de classificação fosse respeitada. Assim, os valores numéricos não representam uma nota de qualidade do produto, têm apenas um significado de classificação, de modo que a diferença entre esses valores não representa a diferença do atributo analisado. Estas escalas de mensuração são conhecidas como ordinais.

A Figura 1.10 apresenta as características das variáveis em estudo no ambiente **Variable View** do SPSS. A variável *Consumidor* é do tipo *string* (seus dados estão inseridos na forma de caracteres ou letras) com escala de mensuração do tipo nominal. Já a variável *Classificação* é do tipo numérica (valores numéricos foram atribuídos para representar as categorias da variável) com escala de mensuração ordinal.

O procedimento para a criação dos rótulos de variáveis qualitativas em escala ordinal é o mesmo daquele já apresentado para as variáveis nominais.

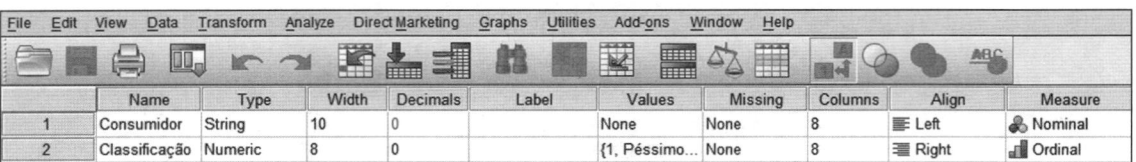

Figura 1.10 Definição das características das variáveis no ambiente **Variable View**.

1.3.3. Variável quantitativa – escala intervalar

De acordo com a classificação de Stevens (1946), as variáveis métricas ou quantitativas possuem dados em escala intervalar ou de razão.

A escala intervalar, além de ordenar as unidades quanto à característica mensurada, possui uma unidade de medida constante. A origem ou o ponto zero dessa escala de medida é arbitrário e não expressa ausência de quantidade.

Um exemplo clássico de escala intervalar é a temperatura medida em graus Celsius (ºC) ou Fahrenheit (ºF). A escolha do zero é arbitrária e diferenças de temperaturas iguais são determinadas por meio da identificação de volumes iguais de expansão no líquido usado no termômetro. Dessa forma, a escala intervalar permite inferir diferenças entre unidades a serem medidas, porém, não se pode afirmar que um valor em um intervalo específico da escala seja múltiplo de outro. Por exemplo, suponha dois objetos medidos a uma temperatura de 15 ºC e 30 ºC, respectivamente. A mensuração da temperatura permite determinar o quanto um objeto é mais quente que o outro, porém, não se pode afirmar que o objeto com 30 ºC está duas vezes mais quente que o outro com 15 ºC.

A escala intervalar é invariante sob transformações lineares positivas, de modo que uma escala intervalar pode ser transformada em outra por meio de uma transformação linear positiva. A transformação de graus Celsius em Fahrenheit é um exemplo de transformação linear.

A maioria das estatísticas descritivas pode ser aplicada para dados de variável com escala intervalar, com exceção de estatísticas baseadas na escala de razão, como o coeficiente de variação.

1.3.4. Variável quantitativa – escala de razão

Analogamente à escala intervalar, a escala de razão ordena as unidades em relação à característica mensurada e possui uma unidade de medida constante. Por outro lado, a origem (ou ponto zero) é única e o valor zero expressa ausência de quantidade. Dessa forma, é possível saber se um valor em um intervalo específico da escala é múltiplo de outro.

Razões iguais entre valores da escala correspondem a razões iguais entre unidades mensuradas. Assim, escalas de razão são invariantes sob transformações de proporções positivas. Por exemplo, se uma unidade tem 1 metro e outra 3 metros, pode-se dizer que a última tem altura três vezes superior à da primeira.

Dentre as escalas de medida, a escala de razão é a mais elaborada, pois permite o uso de todas as operações aritméticas. Além disso, todas as estatísticas descritivas podem ser aplicadas para dados de uma variável expressa em escala de razão.

Exemplos de variáveis cujos dados podem estar na escala de razão incluem renda, idade, quantidade produzida de determinado produto e distância percorrida.

1.4. TIPOS DE VARIÁVEIS × NÚMERO DE CATEGORIAS E ESCALAS DE PRECISÃO

As variáveis qualitativas ou categóricas também podem ser classificadas em função do número de categorias: a) dicotômicas ou binárias (*dummies*), quando assumem apenas duas categorias; b) policotômicas, quando assumem mais de duas categorias.

Já as variáveis métricas ou quantitativas também podem ser classificadas em função da escala de precisão: discretas ou contínuas.

Essa classificação pode ser visualizada na Figura 1.11.

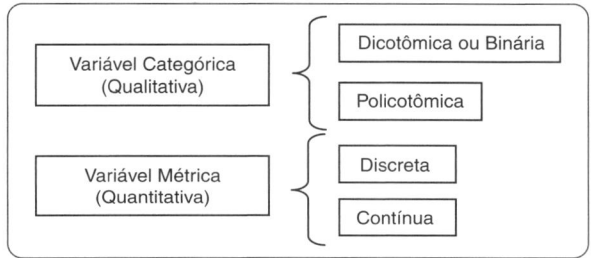

Figura 1.11 Variáveis qualitativas × Número de categorias e variáveis quantitativas × Escalas de precisão.

1.4.1. Variável dicotômica ou binária (*dummy*)

Uma variável dicotômica ou binária (*dummy*) pode assumir apenas duas categorias, sendo que os valores 0 ou 1 são atribuídos a essas categorias. O valor 1 é atribuído quando a característica de interesse está presente na variável e o valor 0, ou caso contrário. Como exemplos, temos: fumantes (1) e não fumantes (0), país desenvolvido (1) e subdesenvolvido (0), pacientes vacinados (1) e não vacinados (0).

As técnicas multivariadas de dependência têm como objetivo especificar um modelo que possa explicar e prever o comportamento de uma ou mais variáveis dependentes por meio de uma ou mais variáveis explicativas. Muitas dessas técnicas, incluindo a análise de regressão simples e múltipla, regressão logística binária e multinomial, regressão para dados de contagem e correlação canônica, entre outras, podem ser facilmente e coerentemente aplicadas com o uso de variáveis explicativas não métricas, desde que transformadas em variáveis binárias que representem as categorias da variável qualitativa original. Nesse sentido, uma variável qualitativa com n categorias pode, por exemplo, ser representada por $(n - 1)$ variáveis binárias.

Por exemplo, imagine uma variável denominada *Avaliação*, expressa pelas categorias *boa*, *média* ou *ruim*. Assim, duas variáveis binárias podem ser necessárias para representar a variável original, dependendo dos objetivos do pesquisador, conforme mostra a Tabela 1.7.

Tabela 1.7 Criação de variáveis binárias (*dummies*) para a variável *Avaliação*.

Avaliação	Variáveis binárias (*dummies*)	
	D_1	D_2
Boa	0	0
Média	1	0
Ruim	0	1

Mais detalhes sobre a definição de variáveis *dummy* em modelos de dependência serão discutidos no Capítulo 12, inclusive com a apresentação das operações para a sua criação em softwares como o Stata.

1.4.2. Variável policotômica

Uma variável qualitativa pode assumir mais do que duas categorias e, nesse caso, é chamada policotômica. Como exemplos, podemos citar a classe social (baixa, média e alta) e o grau de escolaridade (ensino fundamental, ensino médio, ensino superior e pós-graduado).

1.4.3. Variável quantitativa discreta

Conforme descrito na seção 1.2.2, as variáveis quantitativas discretas podem assumir um conjunto finito ou enumerável de valores que são provenientes, frequentemente, de uma contagem, como, por exemplo, a quantidade de número de filhos (0, 1, 2, ...), a quantidade de senadores eleitos ou a quantidade de carros fabricados em determinada fábrica.

1.4.4. Variável quantitativa contínua

As variáveis quantitativas contínuas, por sua vez, são aquelas cujos possíveis valores pertencem a um intervalo de números reais e que resultam de uma mensuração métrica, por exemplo, peso, altura ou o salário de um indivíduo (Bussab e Morettin, 2011).

1.5. CÓDIGOS EM R PARA O EXEMPLO DO CAPÍTULO

```r
# Pacotes utilizados
library(tidyverse) #carregar outros pacotes do R
library(knitr) #formatação de tabelas
library(kableExtra) #formatação de tabelas

# Carregamento da base de dados
load(file = "VarQuanti.RData")

# Visualização da base de dados
VarQuanti %>%
  kable() %>%
  kable_styling(bootstrap_options = "striped",
              full_width = F,
              font_size = 25)

# Escalas de mensuração das variáveis
sapply(VarQuanti, FUN = class)
glimpse(VarQuanti)
```

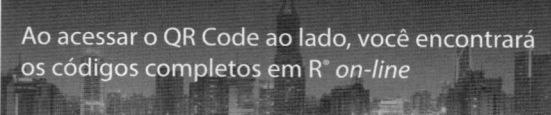

Ao acessar o QR Code ao lado, você encontrará os códigos completos em R® *on-line*

1.6. CÓDIGOS EM PYTHON PARA O EXEMPLO DO CAPÍTULO

```python
# Importação dos pacotes necessários
import pandas as pd #manipulação de dado em formato de dataframe

# Carregamento da base de dados
df = pd.read_csv('VarQuanti.csv', delimiter=',')
```

```
# Visualização da base de dados
df

# Escalas de mensuração das variáveis
df.info()
```

Ao acessar o QR Code ao lado, você encontrará os códigos completos em Python® *on-line*

1.7. CONSIDERAÇÕES FINAIS

Os dados, quando tratados e analisados por meio das mais variadas técnicas estatísticas, transformam-se em informações, dando suporte para a tomada de decisão.

Esses dados podem ser métricos (quantitativos) ou não métricos (categóricos ou qualitativos). Os dados métricos representam características de um indivíduo, objeto ou elemento resultantes de contagem ou mensuração (pesos de pacientes, idade, taxa Selic, entre outros). No caso dos dados não métricos, essas características não podem ser medidas ou quantificadas (respostas do tipo sim ou não, grau de escolaridade, entre outras).

Segundo Stevens (1946), as escalas de mensuração das variáveis não métricas ou qualitativas podem ser classificadas como nominal e ordinal, enquanto as variáveis métricas ou quantitativas se classificam em escala intervalar e de razão (ou proporcional).

Muitos dados podem ser coletados tanto na forma métrica quanto não métrica. Suponha que se deseja avaliar a qualidade de determinado produto. Para isso, podem ser atribuídas notas de 1 a 10 em relação a determinados atributos, assim como pode ser elaborada uma escala Likert a partir de informações estabelecidas. De maneira geral, sempre que possível, as perguntas devem ser elaboradas na forma quantitativa, de modo que não se perca informações dos dados.

Para Fávero *et al.* (2009), a elaboração do questionário e a definição das escalas de mensuração das variáveis vai depender de diversos aspectos, incluindo os objetivos de pesquisa, a modelagem a ser adotada para atingir tais objetivos, o tempo médio para aplicação do questionário e a forma de coleta. Um banco de dados pode apresentar tanto variáveis em escalas métricas como não métricas, não precisando se restringir a apenas um tipo de escala. Essa combinação pode propiciar pesquisas interessantes e, juntamente com as modelagens adequadas, podem gerar informações voltadas à tomada de decisão.

O tipo de variável coletada é crucial no cálculo de estatísticas descritivas e na representação gráfica de resultados, bem como na escolha de métodos estatísticos a serem utilizados para analisar os dados.

1.8. EXERCÍCIOS

1) Qual a diferença entre variáveis qualitativas e quantitativas?

2) O que são escalas de mensuração e quais os principais tipos? Quais as diferenças existentes?

3) Qual a diferença entre variáveis discretas e contínuas?

4) Classifique as variáveis a seguir segundo as seguintes escalas: nominal, ordinal, binária, discreta ou contínua.
   a) Faturamento da empresa.
   b) *Ranking* de desempenho: bom, médio e ruim.
   c) Tempo de processamento de uma peça.
   d) Número de carros vendidos.
   e) Distância percorrida em km.
   f) Municípios do Grande ABC.
   g) Faixa de renda.
   h) Notas de um aluno: A, B, C, D, O ou R.

   i) Horas trabalhadas.

   j) Região: Norte, Nordeste, Centro-Oeste, Sul e Sudeste.

   k) Localização: Barueri ou Santana de Parnaíba.

   l) Tamanho da organização: pequeno, médio e grande porte.

   m) Número de dormitórios.

   n) Classificação de risco: elevado, médio, especulativo, substancial, em moratória.

   o) Casado: sim ou não.

5) Um pesquisador deseja estudar o impacto da aptidão física na melhoria da produtividade de uma organização. Como seria uma eventual descrição das variáveis binárias, para inclusão neste modelo, a fim de representar a variável *aptidão física*? As possíveis categorias da variável são: (a) ativo e saudável; (b) aceitável (poderia ser melhor); (c) não suficientemente boa; (d) sedentário.

PARTE *1.2*

ESTATÍSTICA DESCRITIVA

## CAPÍTULO 2

Estatística Descritiva Univariada

A matemática é o alfabeto que Deus usou para escrever o Universo.
Galileu Galilei

Ao final deste capítulo, você será capaz de:

- Compreender os principais conceitos de estatística descritiva univariada.
- Escolher o(s) método(s) adequado(s), incluindo tabelas, gráficos e/ou medidas-resumo, para descrever o comportamento de cada tipo de variável.
- Representar a frequência da ocorrência de um conjunto de observações por meio das tabelas de distribuições de frequências.
- Representar a distribuição de uma variável com gráficos.
- Utilizar medidas de posição ou localização (tendência central e separatrizes) para representar um conjunto de dados.
- Medir a variabilidade de um conjunto de dados por meio das medidas de dispersão.
- Utilizar medidas de assimetria e curtose para caracterizar a forma da distribuição dos elementos da população amostrados em torno da média.
- Gerar tabelas, gráficos e medidas-resumo por meio do Excel, do IBM SPSS Statistics Software® e do Stata Statistical Software®.
- Implementar códigos em R® e Python® para a geração de tabelas, gráficos e medidas-resumo.

Bancos de Dados, Códigos e Projects deste capítulo

2.1. INTRODUÇÃO

A estatística descritiva descreve e sintetiza as características principais observadas em um conjunto de dados por meio de tabelas, gráficos e medidas-resumo, permitindo ao pesquisador melhor compreensão do comportamento dos dados. A análise é baseada no conjunto de dados em estudo (amostra), sem tirar quaisquer conclusões ou inferências acerca da população.

Pesquisadores podem fazer uso da estatística descritiva para estudar uma única variável (estatística descritiva univariada), duas variáveis (estatística descritiva bivariada) ou mais de duas variáveis (estatística descritiva multivariada). Neste capítulo, estudaremos os conceitos de estatística descritiva envolvendo uma única variável.

A estatística descritiva univariada contempla os seguintes tópicos: a) a frequência de ocorrência de um conjunto de observações por meio de tabelas de distribuições de frequências; b) a representação da distribuição de uma variável por meio de gráficos; e c) medidas representativas de uma série de dados, como medidas de posição ou localização, medidas de dispersão ou variabilidade e medidas de forma (assimetria e curtose).

Os quatro maiores objetivos deste capítulo são: (1) introduzir os conceitos relativos às tabelas, gráficos e medidas-resumo mais usuais em estatística descritiva univariada, (2) apresentar suas aplicações em exemplos reais, (3) gerar tabelas, gráficos e medidas-resumo por meio do Excel e dos softwares SPSS, Stata, R e Python e (4) discutir os resultados obtidos.

Conforme descrito no capítulo anterior, antes de iniciarmos o uso da estatística descritiva, é necessário identificarmos o tipo de variável a ser estudada. O tipo de variável é crucial no cálculo de estatísticas descritivas e na representação gráfica de resultados. A Figura 2.1 apresenta as estatísticas descritivas univariadas que serão estudadas neste capítulo, representadas por meio de tabelas, gráficos e medidas-resumo, para cada tipo de variável. A Figura 2.1 resume as seguintes informações:

a) As estatísticas descritivas utilizadas para representar o comportamento dos dados de uma variável qualitativa são tabelas de distribuição de frequência e gráficos.

b) A tabela de distribuição de frequências para uma variável qualitativa representa a frequência de ocorrências de cada categoria da variável.

c) A representação gráfica de variáveis qualitativas pode ser ilustrada por meio de gráficos de barras (horizontal e vertical), de setores ou pizzas e do diagrama de Pareto.

d) Para as variáveis quantitativas, as estatísticas descritivas mais utilizadas são gráficos e medidas-resumo (medidas de posição ou localização, dispersão ou variabilidade e medidas de forma). A tabela de distribuição de frequências também pode ser utilizada para representar a frequência de ocorrências de cada valor possível de uma variável discreta ou, ainda, para representar a frequência dos dados de variáveis contínuas agrupadas em classes.

e) A representação gráfica de variáveis quantitativas é geralmente ilustrada por meio de gráficos de linhas, gráfico de pontos ou dispersão, histograma, gráfico de ramo-e-folhas e *boxplot* (diagrama de caixa).

f) As medidas de posição ou localização podem ser divididas em medidas de tendência central (média, moda e mediana) e medidas separatrizes (quartis, decis e percentis).

g) As medidas de dispersão ou variabilidade mais utilizadas são amplitude, desvio-médio, variância, desvio-padrão, erro-padrão e coeficiente de variação.

h) As medidas de forma incluem medidas de assimetria e curtose.

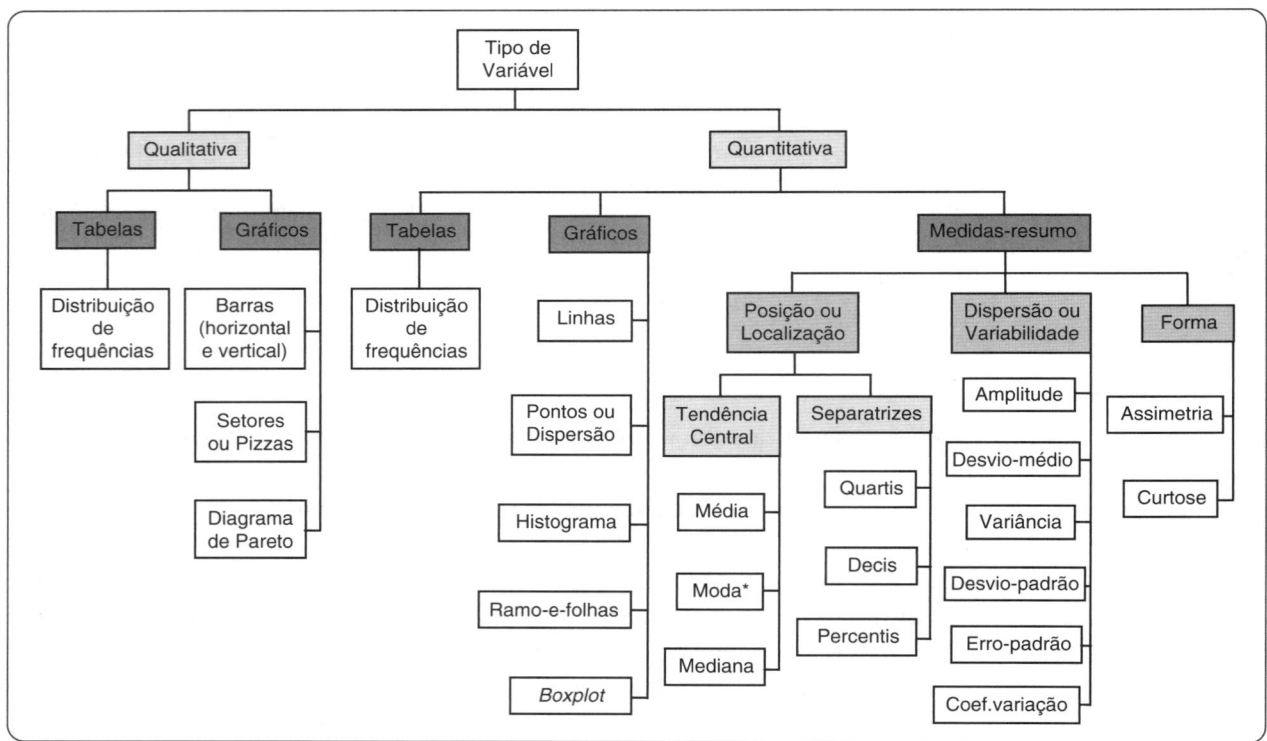

Figura 2.1 Estatísticas descritivas univariadas em função do tipo de variável.
*A moda que fornece o valor mais frequente de uma variável é a única medida-resumo que também pode ser utilizada para variáveis qualitativas.
Fonte: Adaptada de McClave *et al.* (2009).

2.2. TABELA DE DISTRIBUIÇÃO DE FREQUÊNCIAS

As tabelas de distribuições de frequências podem ser utilizadas para representar a frequência de ocorrências de um conjunto de observações de variáveis qualitativas ou quantitativas.

No caso de variáveis qualitativas, a tabela representa a frequência de ocorrências de cada categoria da variável. Para as variáveis quantitativas discretas, a frequência de ocorrências é calculada para cada valor discreto da variável. Já os dados das variáveis contínuas são agrupados inicialmente em classes, e a partir daí são calculadas as frequências de ocorrências para cada classe.

Uma tabela de distribuição de frequências compõe os seguintes cálculos:

a) **Frequência absoluta (F_i):** número de ocorrências de cada elemento i na amostra.
b) **Frequência relativa (Fr_i):** porcentagem relativa à frequência absoluta.
c) **Frequência acumulada (F_{ac}):** soma de todas as ocorrências até o elemento analisado.
d) **Frequência relativa acumulada (Fr_{ac}):** porcentagem relativa à frequência acumulada (soma de todas as frequências relativas até o elemento analisado).

2.2.1. Tabela de distribuição de frequências para variáveis qualitativas

Por meio de um exemplo prático, construiremos a tabela de distribuição de frequências, com os cálculos da frequência absoluta, frequência relativa, frequência acumulada e frequência relativa acumulada para cada categoria da variável qualitativa analisada.

■ **EXEMPLO 1**

O Hospital Santo Augusto de Anjo realiza mensalmente 3.000 transfusões de sangue em pacientes internados. Para que o hospital consiga manter seus estoques, são necessárias 60 doações de sangue por dia. A Tabela 2.1 apresenta o total de doadores para cada tipo sanguíneo em determinado dia. Construa a tabela de distribuição de frequências para o problema em questão.

Tabela 2.1 Total de doadores para cada tipo sanguíneo.

Tipo sanguíneo	Doadores
A+	15
A-	2
B+	6
B-	1
AB+	1
AB-	1
O+	32
O-	2

■ **SOLUÇÃO**

A tabela completa de distribuição de frequências para o Exemplo 1 está representada a seguir (Tabela 2.2).

Tabela 2.2 Distribuição de frequências do Exemplo 1.

Tipo sanguíneo	F_i	Fr_i (%)	F_{ac}	Fr_{ac} (%)
A+	15	25	15	25
A-	2	3,33	17	28,33
B+	6	10	23	38,33
B-	1	1,67	24	40
AB+	1	1,67	25	41,67
AB-	1	1,67	26	43,33
O+	32	53,33	58	96,67
O-	2	3,33	60	100
Soma	**60**	**100**		

2.2.2. Tabela de distribuição de frequências para dados discretos

Por meio da tabela de distribuição de frequências, podemos calcular a frequência absoluta, a frequência relativa, a frequência acumulada e a frequência relativa acumulada para cada possível valor da variável discreta.

Diferente das variáveis qualitativas, no lugar das possíveis categorias devem constar os possíveis valores numéricos. Para facilitar o entendimento, os dados devem estar representados em ordem crescente.

■ **EXEMPLO 2**

Um restaurante japonês está definindo o novo *layout* das mesas e, para isso, fez um levantamento do número de pessoas que almoçam e jantam em cada mesa ao longo de uma semana. A Tabela 2.3 mostra os 40 primeiros dados coletados. Construa a tabela de distribuição de frequências para esses dados.

Tabela 2.3 Número de pessoas por mesa.

2	5	4	7	4	1	6	2	2	5
4	12	8	6	4	5	2	8	2	6
4	7	2	5	6	4	1	5	10	2
2	10	6	4	3	4	6	3	8	4

■ **SOLUÇÃO**

Na Tabela 2.4, cada linha da primeira coluna representa um possível valor numérico da variável analisada. Os dados são ordenados de forma crescente. A tabela completa de distribuição de frequências para o Exemplo 2 está representada a seguir.

Tabela 2.4 Distribuição de frequências para o Exemplo 2.

Número de pessoas	F_i	Fr_i (%)	F_{ac}	Fr_{ac} (%)
1	2	5	2	5
2	8	20	10	25
3	2	5	12	30
4	9	22,5	21	52,5
5	5	12,5	26	65
6	6	15	32	80
7	2	5	34	85
8	3	7,5	37	92,5
10	2	5	39	97,5
12	1	2,5	40	100
Soma	**40**	**100**		

2.2.3. Tabela de distribuição de frequências para dados contínuos agrupados em classes

Conforme descrito no Capítulo 1, as variáveis quantitativas contínuas são aquelas cujos possíveis valores pertencem a um intervalo de números reais. Dessa forma, não faz sentido calcular a frequência para cada valor possível, já que eles raramente se repetem. Torna-se interessante agrupar os dados em classes ou faixas.

O intervalo a ser definido entre as classes é arbitrário. Porém, devemos tomar cuidado se o número de classes for muito pequeno, pois as informações são perdidas; por outro lado, se o número de classes for muito grande, o resumo das informações fica prejudicado (Bussab e Morettin, 2011). O intervalo entre as classes não precisaria ser constante, mas por uma questão de simplicidade, assumiremos o mesmo intervalo.

Os seguintes passos devem ser tomados para a construção de uma tabela de distribuição de frequências para dados contínuos:

Passo 1: Ordenar os dados de forma crescente.

Passo 2: Determinar o número de classes (k), utilizando uma das opções a seguir:

   a) Expressão de Sturges → $k = 1 + 3,3 \cdot \log(n)$
   b) Pela expressão $k = \sqrt{n}$

em que n é o tamanho da amostra.

O valor de k deve ser um número inteiro.

Passo 3: Determinar o intervalo entre as classes (h), calculado como a amplitude da amostra (A = valor máximo – valor mínimo) dividido pelo número de classes:

$$h = A/k$$

O valor de h é aproximado para o maior inteiro.

Passo 4: Construir a tabela de distribuição de frequências (calcular a frequência absoluta, a frequência relativa, a frequência acumulada e a frequência relativa acumulada) para cada classe.

O limite inferior da primeira classe corresponde ao valor mínimo da amostra. Para determinar o limite superior de cada classe, devemos somar o valor de h ao limite inferior da respectiva classe. O limite inferior da nova classe corresponde ao limite superior da classe anterior.

■ EXEMPLO 3

Considere os dados da Tabela 2.5 referentes às notas dos 30 alunos matriculados na disciplina de Mercado Financeiro. Construa uma tabela de distribuição de frequências para o problema em questão.

Tabela 2.5 Notas dos 30 alunos na disciplina de Mercado Financeiro.

4,2	3,9	5,7	6,5	4,6	6,3	8,0	4,4	5,0	5,5
6,0	4,5	5,0	7,2	6,4	7,2	5,0	6,8	4,7	3,5
6,0	7,4	8,8	3,8	5,5	5,0	6,6	7,1	5,3	4,7

OBS.: Para determinar o número de classes, utilizar a expressão de Sturges.

■ SOLUÇÃO

Aplicaremos os quatro passos para a construção da tabela de distribuição de frequências do Exemplo 3, cujas variáveis são contínuas:

Passo 1: Vamos ordenar os dados em forma crescente, conforme mostra a Tabela 2.6.

Tabela 2.6 Dados da Tabela 2.5 ordenados de forma crescente.

3,5	3,8	3,9	4,2	4,4	4,5	4,6	4,7	4,7	5
5	5	5	5,3	5,5	5,5	5,7	6	6	6,3
6,4	6,5	6,6	6,8	7,1	7,2	7,2	7,4	8	8,8

Passo 2: Determinaremos o número de classes (k) pela expressão de Sturges:

$$k = 1 + 3,3 \cdot \log(30) = 5,87 \cong 6$$

Passo 3: O intervalo entre as classes (h) é dado por:

$$h = \frac{A}{k} = \frac{(8,8-3,5)}{6} = 0,88 \cong 1$$

Passo 4: Por fim, construiremos a tabela de distribuição de frequências para cada classe.

O limite inferior da primeira classe corresponde à nota mínima 3,5. A partir desse valor, devemos somar o intervalo entre as classes (1), de forma que o limite superior da primeira classe será 4,5. A segunda classe se inicia a partir desse valor, e assim sucessivamente, até que a última classe seja definida. Utilizaremos a notação ⊢ para determinar que o limite inferior está incluído na classe e o limite superior, não. A tabela completa de distribuição de frequências para o Exemplo 3 (Tabela 2.7) está apresentada a seguir.

Tabela 2.7 Distribuição de frequências para o Exemplo 3.

Classe	F_i	Fr_i (%)	F_{ac}	Fr_{ac} (%)
3,5 ⊢ 4,5	5	16,67	5	16,67
4,5 ⊢ 5,5	9	30	14	46,67
5,5 ⊢ 6,5	7	23,33	21	70
6,5 ⊢ 7,5	7	23,33	28	93,33
7,5 ⊢ 8,5	1	3,33	29	96,67
8,5 ⊢ 9,5	1	3,33	30	100
Soma	**30**	**100**		

2.3. REPRESENTAÇÃO GRÁFICA DE RESULTADOS

O comportamento dos dados de variáveis qualitativas e quantitativas também pode ser representado graficamente. O gráfico é uma representação de dados numéricos, na forma de figuras geométricas (diagramas, desenhos ou imagens), permitindo ao leitor interpretação rápida e objetiva desses dados.

Na seção 2.3.1 são ilustradas as principais representações gráficas para variáveis qualitativas: gráfico de barras (horizontal e vertical), gráfico de setores ou pizza e diagrama de Pareto.

A representação gráfica de variáveis quantitativas é geralmente ilustrada por meio de gráficos de linhas, gráfico de pontos ou dispersão, histograma, gráfico de ramo-e-folhas e *boxplot* (diagrama de caixa), conforme mostra a seção 2.3.2.

O gráfico de barras (horizontal e vertical), o gráfico de setores ou pizza, o diagrama de Pareto, o gráfico de linhas, o gráfico de pontos ou dispersão e o histograma serão construídos a partir do Excel. O *boxplot* e o histograma serão gerados por meio do SPSS, do Stata, do R e do Python.

Para criar um gráfico no Excel, os dados e os nomes das variáveis devem ser tabulados antecipadamente e selecionados em uma planilha. O próximo passo consiste em clicar no menu **Inserir** e, no grupo **Gráficos**, selecionar o tipo de gráfico desejado (colunas, linhas, pizza, barras, área, dispersão, outros gráficos). O gráfico será gerado automaticamente na tela, podendo ser personalizado de acordo com as suas preferências.

O Excel oferece uma variedade de estilos, *layouts* e formatação de gráficos. Para utilizá-los, basta selecionar o gráfico plotado e clicar no menu **Design**, **Layout** ou **Formatar**. No menu **Layout**, por exemplo, estão disponíveis vários recursos como **Título do Gráfico**, **Títulos dos Eixos** (exibe o nome do eixo horizontal e vertical), **Legenda** (mostra ou oculta uma legenda), **Rótulos de Dados** (permite inserir o nome da série ou categoria e os valores dos rótulos no local desejado), **Tabela de Dados** (mostra a tabela de dados abaixo do gráfico, com ou sem códigos de legenda), **Eixos** (permite personalizar a escala dos eixos horizontal e vertical), **Linhas de Grade** (exibe ou oculta linhas de grade horizontais e verticais), entre outros. Os ícones Título do Gráfico, Títulos dos Eixos, Legenda, Rótulos de Dados e Tabela de Dados pertencem ao grupo **Rótulos**, enquanto os ícones Eixos e Linhas de Grade concernem ao grupo **Eixos**.

2.3.1. Representação gráfica para variáveis qualitativas

2.3.1.1. Gráfico de barras

Este tipo de gráfico é bastante utilizado para variáveis qualitativas nominais e ordinais, mas também pode ser usado para **variáveis quantitativas discretas**, pois permite investigar a presença de tendência de dados.

Como o próprio nome diz, o gráfico representa, por meio de barras, as frequências absolutas ou relativas de cada possível categoria (ou valor numérico) de uma variável qualitativa (ou quantitativa). No **gráfico de barras vertical**, cada categoria da variável é representada no eixo das abscissas por uma barra de largura constante, e a altura da respectiva barra indica a frequência da categoria no eixo das ordenadas. Já no **gráfico de barras horizontal**, cada categoria da variável é representada no eixo das ordenadas por uma barra de altura constante, e o comprimento da respectiva barra indica a frequência da categoria no eixo das abscissas.

Vamos agora construir o gráfico de barras horizontal e vertical a partir de um exemplo prático.

■ EXEMPLO 4

Um banco elaborou uma pesquisa de satisfação com 120 clientes buscando medir o grau de agilidade no atendimento (excelente, bom, regular e ruim). As frequências absolutas para cada categoria estão representadas na Tabela 2.8. Construa um gráfico de barras vertical e horizontal para o problema em questão.

Tabela 2.8 Frequências de ocorrências por categoria.

Satisfação	Frequência absoluta
Excelente	58
Bom	18
Regular	32
Ruim	12

■ **SOLUÇÃO**

Construiremos os gráficos de barras vertical e horizontal do Exemplo 4 no Excel.

Inicialmente, os dados da Tabela 2.8 devem estar tabulados e selecionados em uma planilha. Assim, podemos clicar no menu **Inserir** e, no grupo **Gráficos**, selecionar a opção **Colunas.** O gráfico é gerado automaticamente na tela.

Na sequência, para personalizar o gráfico, devemos, ao clicar nele, selecionar os seguintes ícones no menu **Layout**: a) **Títulos dos Eixos**: selecionaremos o título do eixo horizontal (*Satisfação*) e do eixo vertical (*Frequência*); b) **Legenda**: para ocultar a legenda, devemos clicar em **Nenhum**; c) **Rótulos de Dados**: clicando em **Mais opções de Rótulo de Dados**, a opção **Valor** deve ser selecionada em **Conteúdo do Rótulo** (ou selecionamos diretamente a opção **Extremidade Externa**).

A Figura 2.2 apresenta o gráfico de barras vertical do Exemplo 4 construído no Excel.

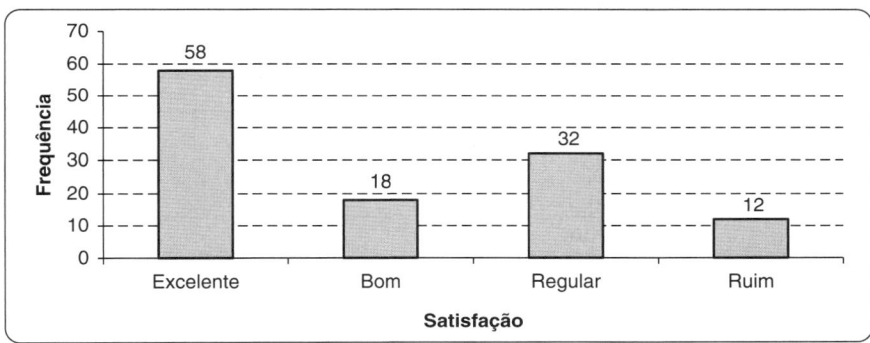

Figura 2.2 Gráfico de barras vertical para o Exemplo 4.

Podemos verificar, pela Figura 2.2, que as categorias da variável analisada estão representadas no eixo das abscissas por barras da mesma largura e suas respectivas alturas indicam as frequências no eixo das ordenadas.

Para a construção do gráfico de barras horizontal, devemos selecionar a opção **Barras** em vez de Colunas. Os demais passos seguem a mesma lógica. A Figura 2.3 representa os dados de frequência da Tabela 2.8 por meio de um gráfico de barras horizontal construído no Excel.

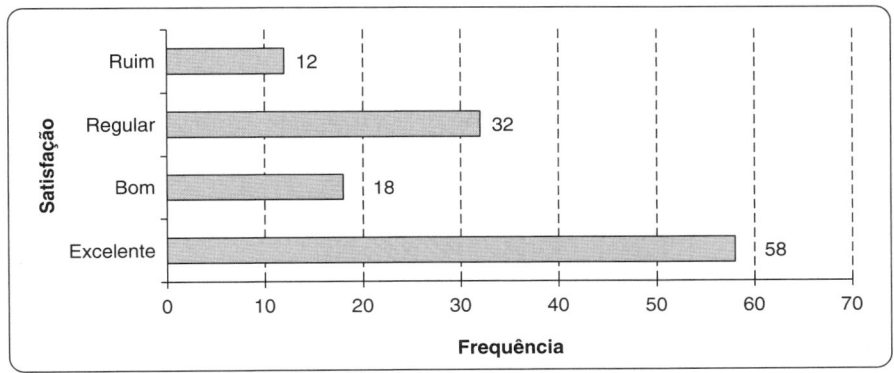

Figura 2.3 Gráfico de barras horizontal para o Exemplo 4.

O gráfico de barras horizontal da Figura 2.3 representa as categorias da variável no eixo das ordenadas e suas respectivas frequências no eixo das abscissas. Para cada categoria da variável, desenha-se uma barra com comprimento correspondente à sua frequência.

Este gráfico oferece, portanto, apenas informações relativas ao comportamento de cada categoria da variável original e à elaboração de investigações acerca do tipo de distribuição, não permitindo o cálculo de medidas de posição, dispersão, assimetria ou curtose, já que a variável em estudo é qualitativa.

2.3.1.2. Gráfico de setores ou pizza

Outra forma de representar dados qualitativos, em termos de frequência relativa (porcentagem), consiste na elaboração de gráficos de setores ou pizza. O gráfico corresponde a um círculo de raio arbitrário (todo) dividido em setores ou pizzas de diversos tamanhos (partes do todo).

Este gráfico permite ao pesquisador a oportunidade de visualizar os dados como fatias de pizza ou porções de um todo. Construiremos a seguir o gráfico de setores ou pizza a partir de um exemplo prático.

■ EXEMPLO 5

Uma pesquisa eleitoral foi aplicada na cidade de São Paulo para verificar a preferência dos eleitores em relação aos partidos na próxima eleição à prefeitura. A porcentagem de eleitores por partido está representada na Tabela 2.9. Construa um gráfico de setores ou pizza para o Exemplo 5.

Tabela 2.9 Porcentagem de eleitores por partido.

Partido	Porcentagem
PMDB	18
Rede	22
PDT	12
PSDB	25
PC do B	8
PV	5
Outros	10

■ SOLUÇÃO

Construiremos o gráfico de setores ou pizza do Exemplo 5 a partir do Excel. A sequência de passos é semelhante à apresentada no Exemplo 4, porém, selecionaremos a opção **Pizza** no grupo **Gráficos** do menu **Inserir**. A Figura 2.4 apresenta o gráfico de pizza obtido pelo Excel para os dados apresentados na Tabela 2.9.

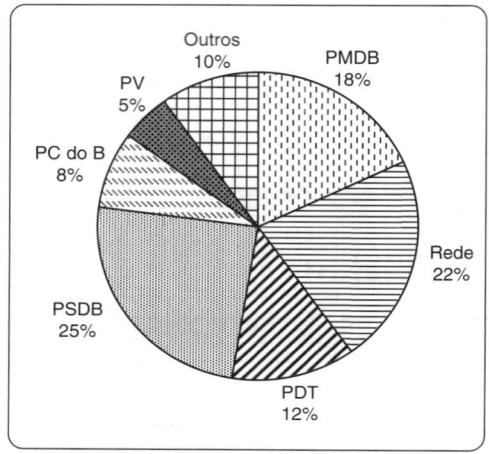

Figura 2.4 Gráfico de pizza do Exemplo 5.

2.3.1.3. Diagrama de Pareto

O diagrama de Pareto é uma das ferramentas da Qualidade e tem como objetivo investigar os tipos de problemas e, consequentemente, identificar suas respectivas causas, de forma que uma ação possa ser tomada a fim de reduzi-las ou eliminá-las.

O diagrama de Pareto é um gráfico de barras vertical combinado com um gráfico de linhas. As barras representam as frequências absolutas de ocorrências dos problemas e as linhas representam as frequências relativas acumuladas. Os problemas são ordenados em forma decrescente de prioridade. Ilustraremos a seguir um exemplo prático do diagrama de Pareto.

■ **EXEMPLO 6**

Uma empresa fabricante de cartões de crédito e magnéticos tem como objetivo reduzir o número de cartões defeituosos. O inspetor de qualidade classificou a amostra de 1.000 cartões coletada durante uma semana de produção, de acordo com os tipos de defeitos detectados, como mostra a Tabela 2.10. Construa o diagrama de Pareto para o problema em questão.

Tabela 2.10 Frequências de ocorrências de cada defeito.

Tipo de defeito	Frequência absoluta (F_i)
Amassado	71
Perfurado	28
Impressão ilegível	12
Caracteres errados	20
Números errados	44
Outros	6
Total	**181**

■ **SOLUÇÃO**

O primeiro passo para a construção do diagrama de Pareto é ordenar os defeitos por ordem de prioridade (da maior frequência para a menor). O gráfico de barras representa a frequência absoluta de cada defeito. Para a construção do gráfico de linhas, é necessário calcular a frequência relativa acumulada (%) até o defeito analisado. A Tabela 2.11 apresenta a frequência absoluta para cada tipo de defeito, em ordem decrescente, e a frequência relativa acumulada (%).

Tabela 2.11 Frequência absoluta para cada defeito e frequência relativa acumulada (%).

Tipo de defeito	Número de defeitos	% acumulado
Amassado	71	39,23
Números errados	44	63,54
Perfurado	28	79,01
Caracteres errados	20	90,06
Impressão ilegível	12	96,69
Outros	6	**100**

Construiremos a seguir o diagrama de Pareto para o Exemplo 6 por meio do Excel, a partir dos dados da Tabela 2.11.

Inicialmente, os dados da Tabela 2.11 devem estar tabulados e selecionados em uma planilha do Excel. No grupo **Gráficos** do menu **Inserir**, vamos escolher a opção **Colunas** (e o subtipo colunas agrupadas). Repare que o gráfico é gerado automaticamente na tela, porém, tanto os dados de frequência absoluta como os de frequência relativa acumulada são representados em colunas. Para alterar o tipo de gráfico referente à porcentagem acumulada, devemos clicar com o botão direito sobre qualquer barra da respectiva série e selecionar a opção **Alterar Tipo de Gráfico de Série**, seguido por um gráfico de linhas com marcadores. O gráfico resultante é o diagrama de Pareto.

Para personalizar o diagrama de Pareto, devemos utilizar os seguintes ícones no menu **Layout**: a) **Títulos dos Eixos**: para o gráfico de barras, selecionamos o título do eixo horizontal (*Tipo de defeito*) e do eixo vertical (*Frequência*); para o gráfico de linhas, atribuímos o nome *Percentual* ao eixo vertical; b) **Legenda**: para ocultar a legenda, devemos clicar em **Nenhum**; c) **Tabela de Dados**: selecionaremos a opção **Mostrar Tabela de Dados com Códigos de Legenda**; d) **Eixos**: a unidade principal dos eixos verticais para ambos os gráficos é fixada em 20 e o valor máximo do eixo vertical para o gráfico de linhas, em 100.

A Figura 2.5 apresenta o gráfico gerado pelo Excel que corresponde ao diagrama de Pareto do Exemplo 6.

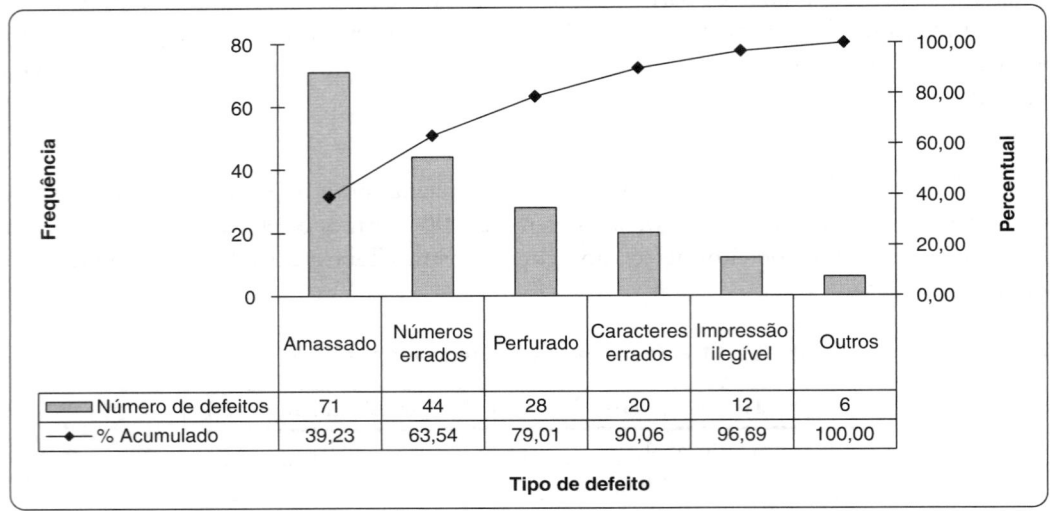

Figura 2.5 Diagrama de Pareto para o Exemplo 6.

2.3.2. Representação gráfica para variáveis quantitativas

2.3.2.1. Gráfico de linhas

No gráfico de linhas, pontos são representados pela intersecção das variáveis envolvidas no eixo das abscissas (X) e das ordenadas (Y), e os mesmos são ligados por segmentos de reta.

Apesar de considerar dois eixos, o gráfico de linhas será utilizado neste capítulo para representar o comportamento de uma única variável. O gráfico mostra a evolução ou tendência dos dados de uma variável quantitativa, geralmente contínua, em intervalos regulares. Os valores numéricos da variável são representados no eixo das ordenadas e o eixo das abscissas mostra apenas a distribuição dos dados de forma uniforme. Ilustraremos a seguir um exemplo prático do gráfico de linhas.

■ **EXEMPLO 7**

O supermercado Barato & Fácil registrou a porcentagem de perdas nos últimos 12 meses (Tabela 2.12) e, a partir daí, adotará novas medidas de prevenção. Construa um gráfico de linhas para o Exemplo 7.

Tabela 2.12 Porcentagem de perdas nos últimos 12 meses.

Mês	Perdas (%)
Janeiro	0,42
Fevereiro	0,38
Março	0,12
Abril	0,34
Maio	0,22
Junho	0,15
Julho	0,18
Agosto	0,31
Setembro	0,47
Outubro	0,24
Novembro	0,42
Dezembro	0,09

■ SOLUÇÃO

Para construir o gráfico de linhas do Exemplo 7 a partir do Excel, no grupo **Gráficos** do menu **Inserir**, devemos escolher a opção **Linhas**. Os demais passos seguem a mesma lógica dos exemplos anteriores. O gráfico completo está ilustrado na Figura 2.6.

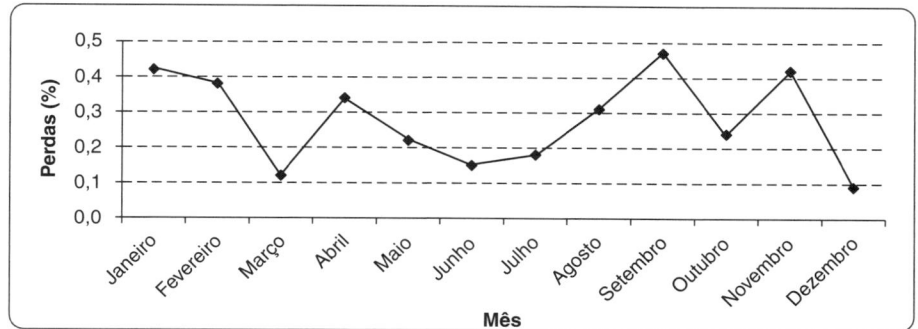

Figura 2.6 Gráfico de linhas para o Exemplo 7.

2.3.2.2. Gráfico de pontos ou dispersão

O gráfico de pontos ou dispersão é muito semelhante ao gráfico de linhas; a maior diferença entre eles está na forma como os dados são plotados no eixo das abscissas.

Analogamente ao gráfico de linhas, os pontos são representados pela intersecção das variáveis envolvidas no eixo das abscissas e das ordenadas, porém, eles não são ligados por segmentos de reta.

O gráfico de pontos ou dispersão estudado neste capítulo é utilizado para mostrar a evolução ou tendência dos dados de uma única variável quantitativa, semelhante ao gráfico de linhas, porém, em intervalos irregulares (em geral). Analogamente ao gráfico de linhas, os valores numéricos da variável são representados no eixo das ordenadas e o eixo das abscissas representa apenas o comportamento dos dados ao longo do tempo.

No próximo capítulo, veremos como o diagrama de dispersão pode ser utilizado para descrever o comportamento de duas variáveis simultaneamente (análise bivariada). Os valores numéricos de uma variável serão representados no eixo das ordenadas, e da outra no eixo das abscissas.

■ EXEMPLO 8

A empresa Papermisto é fornecedora de três tipos de matérias-primas para produção de papel: celulose, pasta mecânica e aparas. Para manter seus padrões de qualidade, a fábrica faz uma inspeção rigorosa dos seus produtos durante cada fase de produção. Em intervalos irregulares, o operador deve verificar as características estéticas e dimensionais do produto selecionado com instrumentos especializados. Por exemplo, na etapa de armazenamento da celulose, o produto deve ser empilhado em fardos com um peso de aproximadamente 250 kg por unidade. A Tabela 2.13 apresenta registros dos pesos desses fardos coletados ao longo das últimas 5 horas, em intervalos irregulares variando de 20 a 45 minutos. Construa um gráfico de dispersão para o Exemplo 8.

Tabela 2.13 Evolução do peso do fardo ao longo do tempo.

Tempo (min)	Peso (kg)
30	250
50	255
85	252
106	248
138	250
178	249
198	252
222	251
252	250
297	245

■ **SOLUÇÃO**

Para a construção do gráfico de dispersão do Exemplo 8 no Excel, no grupo **Gráficos** do menu **Inserir**, devemos escolher a opção **Dispersão**. Os demais passos seguem a mesma lógica dos exemplos anteriores. O gráfico pode ser visualizado na Figura 2.7.

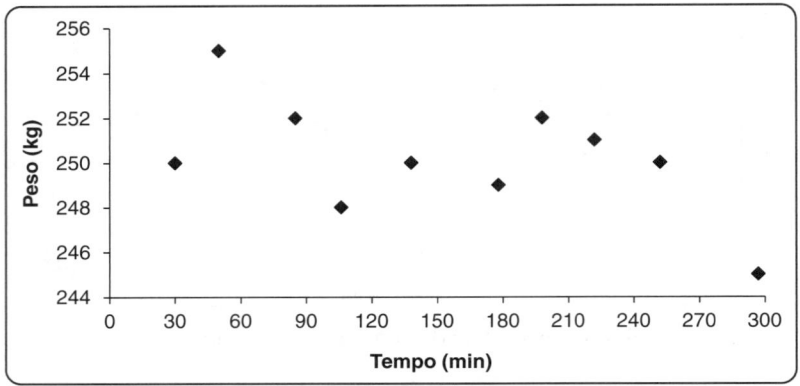

Figura 2.7 Gráfico de dispersão para o Exemplo 8.

2.3.2.3. Histograma

O histograma é um gráfico de barras vertical que representa a distribuição de frequências de uma variável quantitativa (discreta ou contínua). Os valores da variável em estudo são representados no eixo das abscissas (a base de cada barra, de largura constante, representa cada valor possível da variável discreta ou cada classe de valores contínuos, ordenados em forma crescente). Já a altura das barras no eixo das ordenadas representa a distribuição de frequências (absoluta, relativa ou acumulada) dos respectivos valores da variável.

O histograma é muito semelhante ao diagrama de Pareto, sendo também uma das sete ferramentas da qualidade. Enquanto o diagrama de Pareto representa a distribuição de frequências de uma variável qualitativa (tipos de problema) cujas categorias representadas no eixo das abscissas são ordenadas por prioridade (da categoria com maior frequência para a menor), o histograma representa a distribuição de frequências de uma variável quantitativa cujos valores representados no eixo das abscissas são ordenados em forma crescente.

O primeiro passo para a criação de um histograma é, portanto, a construção da tabela de distribuição de frequências. Conforme apresentado nas seções 2.2.2 e 2.2.3, para cada valor possível de uma variável discreta ou para classe de dados contínuos, calcula-se a frequência absoluta, relativa, acumulada e relativa acumulada. Os dados devem ser ordenados em forma crescente.

O histograma é então construído a partir dessa tabela. A primeira coluna da tabela de distribuição de frequências que apresenta os valores numéricos ou classes de valores da variável em estudo será representada no eixo das abscissas, e a coluna de frequência absoluta (ou relativa, acumulada ou relativa acumulada) será representada no eixo das ordenadas.

Muitos softwares estatísticos geram o histograma automaticamente a partir dos valores originais da variável quantitativa em estudo, sem a necessidade do cálculo das frequências. Apesar de o Excel possuir a opção de construção de um histograma a partir das ferramentas de análise, mostraremos como construí-lo a partir do gráfico de colunas em função da simplicidade.

■ **EXEMPLO 9**

Um banco nacional está contratando novos gerentes para atendimento a pessoas jurídicas, a fim de melhorar o nível de serviço de seus clientes. A Tabela 2.14 mostra o número de empresas atendidas diariamente em uma das principais agências da capital. Construa um histograma a partir desses dados pelo Excel.

Tabela 2.14 Número de empresas atendidas diariamente.

13	11	13	10	11	12	8	12	9	10
12	10	8	11	9	11	14	11	10	9

■ **SOLUÇÃO**

O primeiro passo é a construção da tabela de distribuição de frequências:

Tabela 2.15 Distribuição de frequências para o Exemplo 9.

Número de empresas	F_i	Fr_i (%)	F_{ac}	Fr_{ac} (%)
8	2	10	2	10
9	3	15	5	25
10	4	20	9	45
11	5	25	14	70
12	3	15	17	85
13	2	10	19	95
14	1	5	20	100
Soma	**20**	**100**		

A partir dos dados da Tabela 2.15, podemos construir um histograma de frequência absoluta, relativa, acumulada ou relativa acumulada pelo Excel. O histograma construído será o de frequências absolutas.

Dessa forma, devemos tabular e selecionar as duas primeiras colunas da Tabela 2.15 (exceto a última linha **Soma**) em uma planilha do Excel. No grupo **Gráficos** do menu **Inserir**, escolheremos a opção **Colunas**.

Vamos clicar no gráfico gerado para personalizá-lo. No menu **Layout**, selecionamos os seguintes ícones: a) **Títulos dos Eixos**: selecione o título do eixo horizontal (*Número de empresas*) e do eixo vertical (*Frequência absoluta*); b) **Legenda**: para ocultar a legenda, deve-se clicar em **Nenhum**. O histograma gerado pelo Excel pode ser visualizado na Figura 2.8.

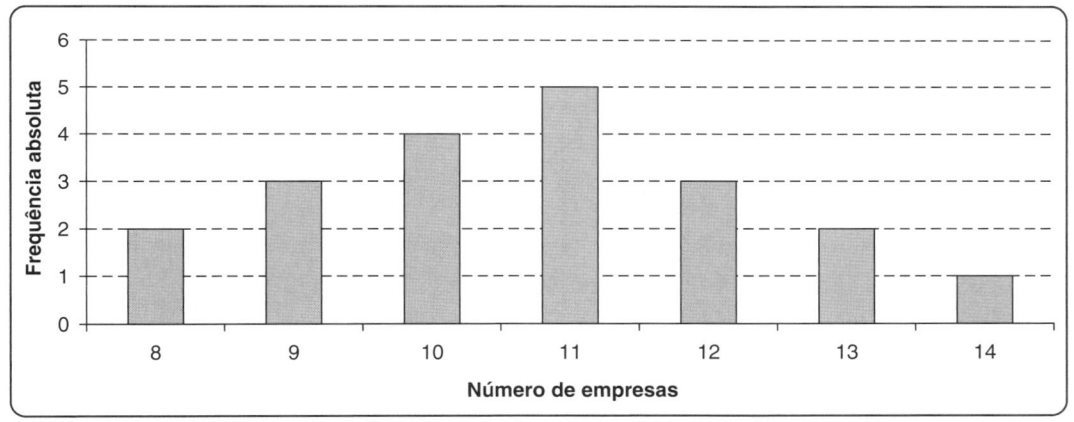

Figura 2.8 Histograma de frequências absolutas gerado pelo Excel para o Exemplo 9.

Conforme mencionado, muitos pacotes computacionais, incluindo o SPSS, o Stata, o R e o Python geram automaticamente o histograma a partir dos dados originais da variável em estudo (conforme este exemplo, a partir dos dados da Tabela 2.14), sem a necessidade do cálculo das frequências. Além disso, esses pacotes têm a opção de plotagem da curva normal.

A Figura 2.9 apresenta o histograma gerado pelo SPSS (com a opção de curva normal) a partir dos dados da Tabela 2.14. Veremos detalhadamente nas seções 2.6, 2.7, 2.8 e 2.9 como esse histograma pode ser construído a partir dos softwares SPSS, Stata, R e Python, respectivamente.

Repare que os valores da variável discreta são representados no centro da base.

Para variáveis contínuas, considere os dados da Tabela 2.5 (Exemplo 3) referentes às notas dos alunos na disciplina de mercado financeiro. Esses dados foram ordenados em forma crescente, conforme apresentado na Tabela 2.6.

A Figura 2.10 apresenta o histograma gerado pelo software SPSS (com a opção de curva normal) a partir dos dados da Tabela 2.5 ou da Tabela 2.6.

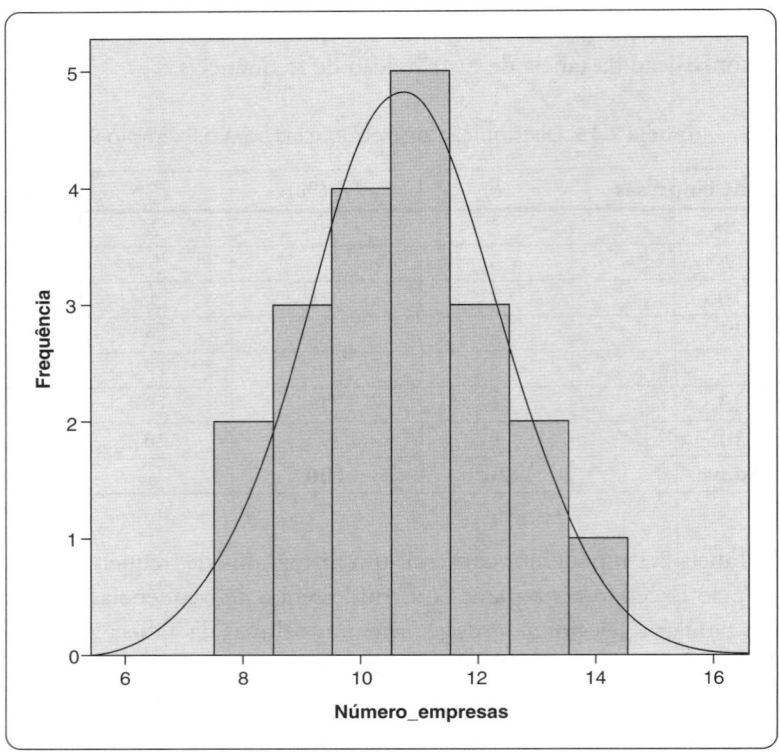

Figura 2.9 Histograma gerado pelo SPSS para o Exemplo 9 (dados discretos).

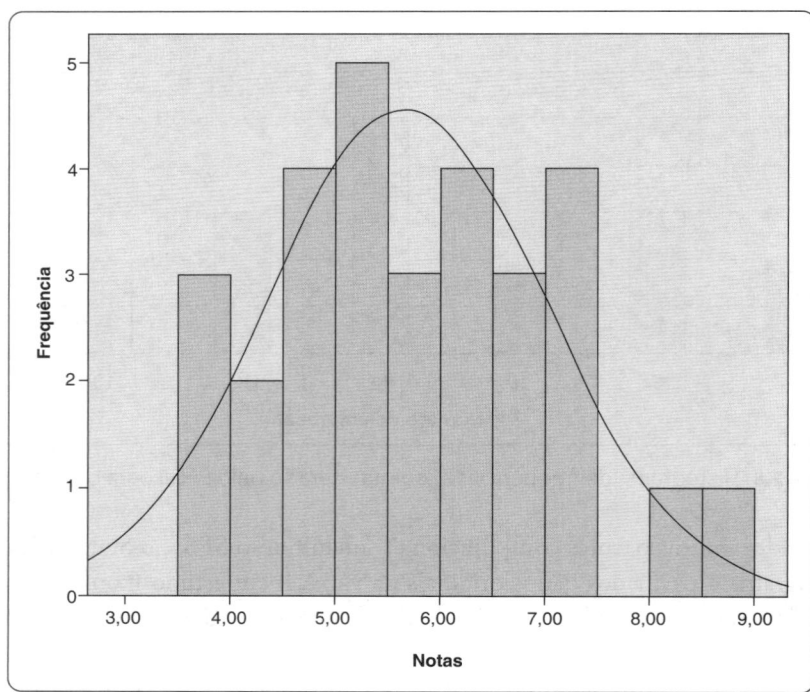

Figura 2.10 Histograma gerado pelo SPSS para o Exemplo 3 (dados contínuos).

Repare que os dados foram agrupados considerando um intervalo entre as classes de $h = 0,5$, diferentemente do Exemplo 3, que considerou $h = 0,1$. Os limites inferiores das classes são representados do lado esquerdo da base da barra e os limites superiores (não incluídos na classe) do lado direito; a altura da barra representa a frequência total na classe. Por exemplo, a primeira barra representa a classe 3,5 ⊢ 4,0, existindo 3 valores nesse intervalo (3,5; 3,8 e 3,9).

2.3.2.4. Gráfico de ramo-e-folhas

Tanto o gráfico de barras quanto o histograma representam a distribuição de frequências de uma variável. O gráfico de ramo-e-folhas é uma alternativa para representar distribuições de frequências de variáveis quantitativas discretas e contínuas com poucas observações, com a vantagem de manter o valor original de cada observação (possibilita a visualização de toda a informação dos dados).

A representação de cada observação no gráfico é dividida em duas partes, separadas por uma linha vertical: o ramo que fica do lado esquerdo dessa linha representa o(s) primeiro(s) dígito(s) da observação; a folha que fica do lado direito da linha e representa o(s) último(s) dígito(s) da observação. A escolha do número de dígitos iniciais que irá compor o ramo ou o número de dígitos complementares que irá compor a folha é arbitrária; os ramos geralmente compõem os dígitos mais significativos e as folhas os menos significativos.

Os ramos são representados em uma única coluna e seus diferentes valores ao longo de várias linhas. Para cada ramo representado do lado esquerdo da linha vertical, têm-se as respectivas folhas exibidas do lado direito ao longo de várias colunas. Tanto os ramos quanto as folhas devem estar ordenados em forma crescente de valores. Nos casos em que houver muitas folhas por ramo, pode-se ter mais de uma linha com o mesmo ramo. A escolha do número de linhas é arbitrária, assim como a definição do número ou do intervalo de classes em uma distribuição de frequências.

Para a construção do gráfico de ramo-e-folhas, podemos seguir a seguinte sequência de passos:

Passo 1: Ordenar os dados em forma crescente, para facilitar a visualização dos dados.

Passo 2: Definir o número de dígitos iniciais que irão compor o ramo ou o número de dígitos complementares que irão compor a folha.

Passo 3: Construir os ramos, representados em uma única coluna do lado esquerdo da linha vertical. Seus diferentes valores são representados ao longo de várias linhas, em ordem crescente. Quando o número de folhas por ramo for muito grande, criam-se duas ou mais linhas para o mesmo ramo.

Passo 4: Colocar as folhas correspondentes aos respectivos ramos, do lado direito da linha vertical, ao longo de várias colunas (em ordem crescente).

■ EXEMPLO 10

Uma empresa de pequeno porte levantou a idade de seus funcionários, conforme mostra a Tabela 2.16. Construa um gráfico de ramo-e-folhas.

Tabela 2.16 Idade dos funcionários.

44	60	22	49	31	58	42	63	33	37
54	55	40	71	55	62	35	45	59	54
50	51	24	31	40	73	28	35	75	48

■ SOLUÇÃO

Para construção do gráfico de ramo-e-folhas, aplicaremos os quatro passos descritos anteriormente:

Passo 1: Inicialmente, devemos ordenar os dados em forma crescente, conforme mostra a Tabela 2.17.

Tabela 2.17 Idade dos funcionários em ordem crescente.

22	24	28	31	31	33	35	35	37	40
40	42	44	45	48	49	50	51	54	54
55	55	58	59	60	62	63	71	73	75

Passo 2: O passo seguinte para a construção de um gráfico de ramo-e-folhas é a definição do número de dígitos iniciais da observação que irá compor o ramo. Os dígitos complementares irão compor a folha. Nesse exemplo, todas as observações são compostas por dois dígitos; os ramos correspondem às dezenas e as folhas correspondem às unidades.

Passo 3: O próximo passo consiste na construção dos ramos. Pela Tabela 2.17, podemos verificar que existem observações que iniciam com as dezenas 2, 3, 4, 5, 6 e 7 (ramos). O ramo com maior frequência é o 5 (8 observações), sendo possível representar todas as suas folhas em uma única linha. Logo, teremos uma única linha por ramo. Os ramos são então representados em uma única coluna do lado esquerdo da linha vertical, em ordem crescente, conforme mostra a Figura 2.11.

```
2 |
3 |
4 |
5 |
6 |
7 |
```

Figura 2.11 Construção dos ramos para o Exemplo 10.

Passo 4: E, por fim, colocaremos as folhas correspondentes a cada ramo, do lado direito da linha vertical. As folhas são representadas em ordem crescente ao longo de várias colunas. Por exemplo, o ramo 2 contém as folhas 2, 4 e 8; já o ramo 5 contém as folhas 0, 1, 4, 4, 5, 5, 8 e 9, representadas ao longo de 8 colunas. Se esse ramo fosse dividido em duas linhas, a primeira linha conteria as folhas de 0 a 4 e a segunda linha as folhas de 5 a 9.

A Figura 2.12 apresenta o gráfico de ramo-e-folhas para o Exemplo 10.

```
2 | 2  4  8
3 | 1  1  3  5  5  7
4 | 0  0  2  4  5  8  9
5 | 0  1  4  4  5  5  8  9
6 | 0  2  3
7 | 1  3  5
```

Figura 2.12 Gráfico de ramo-e-folhas para o Exemplo 10.

■ EXEMPLO 11

A temperatura média, em graus Celsius, registrada durante os últimos 40 dias em Porto Alegre está listada na Tabela 2.18. Construa o gráfico de ramo-e-folhas para o Exemplo 11.

Tabela 2.18 Temperatura média em graus Celsius.

8,5	13,7	12,9	9,4	11,7	19,2	12,8	9,7	19,5	11,5
15,5	16,0	20,4	17,4	18,0	14,4	14,8	13,0	16,6	20,2
17,9	17,7	16,9	15,2	18,5	17,8	16,2	16,4	18,2	16,9
18,7	19,6	13,2	17,2	20,5	14,1	16,1	15,9	18,8	15,7

■ SOLUÇÃO

Aplicaremos novamente os quatro passos para a construção do gráfico de ramo-e-folhas, desta vez considerando variáveis contínuas.

Passo 1: Inicialmente, ordenaremos os dados em forma crescente, como mostra a Tabela 2.19.

Tabela 2.19 Temperatura média em ordem crescente.

8,5	9,4	9,7	11,5	11,7	12,8	12,9	13,0	13,2	13,7
14,1	14,4	14,8	15,2	15,5	15,7	15,9	16,0	16,1	16,2
16,4	16,6	16,9	16,9	17,2	17,4	17,7	17,8	17,9	18,0
18,2	18,5	18,7	18,8	19,2	19,5	19,6	20,2	20,4	20,5

Passo 2: Neste exemplo, as folhas correspondem ao último dígito; os dígitos restantes (à esquerda) correspondem aos ramos.

Passos 3 e 4: Os ramos variam de 8 a 20. O ramo com maior frequência é o 16 (7 observações), de modo que suas folhas podem ser representadas em uma única linha. Para cada ramo, colocam-se as respectivas folhas. A Figura 2.13 apresenta o gráfico de ramo-e-folhas para o Exemplo 11.

```
 8 | 5
 9 | 4   7
10 |
11 | 5   7
12 | 8   9
13 | 0   2   7
14 | 1   4   8
15 | 2   5   7   9
16 | 0   1   2   4   6   9   9
17 | 2   4   7   8   9
18 | 0   2   5   7   8
19 | 2   5   6
20 | 2   4   5
```

Figura 2.13 Gráfico de ramo-e-folhas para o Exemplo 11.

2.3.2.5. *Boxplot* ou diagrama de caixa

O *boxplot* (diagrama de caixa) é uma representação gráfica de cinco medidas de posição ou localização de determinada variável: valor mínimo, primeiro quartil (Q_1), segundo quartil (Q_2) ou mediana (*Md*), terceiro quartil (Q_3) e valor máximo. A partir de uma amostra ordenada, a mediana corresponde à posição central e os quartis às subdivisões da amostra em quatro partes iguais, cada uma contendo 25% dos dados.

Dessa forma, o primeiro quartil (Q_1) descreve 25% dos primeiros dados (ordenados em forma crescente); o segundo quartil corresponde à mediana (50% dos dados ordenados situam-se abaixo dela e os 50% restantes acima dela) e o terceiro quartil (Q_3) corresponde a 75% das observações. A medida de dispersão proveniente dessas medidas de localização é a chamada **amplitude interquartil (AIQ)** ou **intervalo interquartil (IQR)** e corresponde à diferença entre Q_3 e Q_1.

A utilização do gráfico permite avaliar a simetria e distribuição dos dados, e também propicia a perspectiva visual da presença ou não de dados discrepantes (*outliers* univariados), uma vez que esses dados encontram-se acima dos limites superior e inferior. A representação do diagrama pode ser visualizada na Figura 2.14.

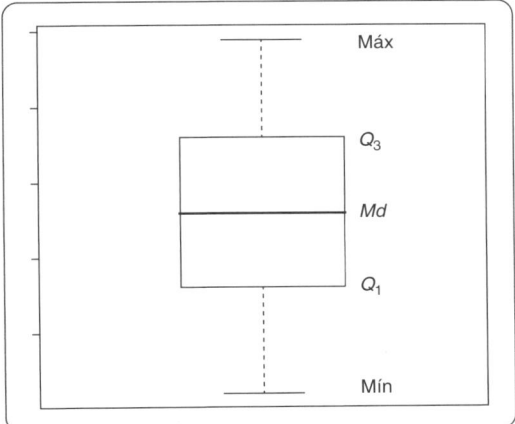

Figura 2.14 *Boxplot*.

Os cálculos da mediana e do primeiro e terceiro quartis e a investigação sobre a existência de *outliers* univariados serão estudados nas seções 2.4.1.1, 2.4.1.2 e 2.4.1.3, respectivamente. Nas seções 2.6.3, 2.7, 2.8 e 2.9 estudaremos como construir o diagrama de caixa nos softwares SPSS, Stata, R e Python, respectivamente, a partir de um exemplo prático.

2.4. MEDIDAS-RESUMO MAIS USUAIS EM ESTATÍSTICA DESCRITIVA UNIVARIADA

As informações contidas em um conjunto de dados podem ser resumidas por meio de medidas numéricas adequadas, chamadas **medidas-resumo**.

As medidas-resumo mais utilizadas em estatística descritiva univariada têm como objetivo principal a representação do comportamento da variável em estudo por meio de seus valores centrais e não centrais, suas dispersões ou formas de distribuição dos seus valores em torno da média.

As medidas-resumo que serão estudadas neste capítulo são: medidas de posição ou localização (medidas de tendência central e medidas separatrizes), medidas de dispersão ou variabilidade e medidas de forma, como assimetria e curtose.

Essas medidas são calculadas para variáveis **métricas, ou quantitativas**. A única exceção é em relação à **moda**, que é uma medida de tendência central que fornece o valor mais frequente de determinada variável, podendo assim também ser calculada para variáveis não métricas ou qualitativas.

2.4.1. Medidas de posição ou localização

Essas medidas fornecem valores que caracterizam o comportamento de uma série de dados, indicando a posição ou localização dos dados em relação ao eixo dos valores assumidos pela variável ou característica em estudo.

As medidas de posição ou localização são subdivididas em medidas de tendência central (média, mediana e moda) e medidas separatrizes (quartis, decis e percentis).

2.4.1.1. Medidas de tendência central

As medidas de tendência central mais utilizadas referem-se à média aritmética, à mediana e à moda.

2.4.1.1.1. Média aritmética

A média aritmética pode ser a medida representativa de uma população com N elementos, representada pela letra grega μ, ou a medida representativa de uma amostra com n elementos, representada por $\overline{X}$.

CASO 1 **Média aritmética simples para dados discretos e contínuos não agrupados**

A média aritmética simples, ou simplesmente média, é a soma do total de valores de determinada variável (discreta ou contínua) dividida pelo número total de observações. Assim, a média aritmética amostral de determinada variável X ($\overline{X}$) é:

$$\overline{X} = \frac{\sum_{i=1}^{n} X_i}{n} \qquad (2.1)$$

em que n é o número total de observações no conjunto de dados e X_i, para $i = 1, ..., n$, representa cada um dos valores da variável X.

■ **EXEMPLO 12**

Calcule a média aritmética simples para os dados da Tabela 2.20 referentes às notas dos alunos de pós-graduação na disciplina de Métodos Quantitativos.

Tabela 2.20 Notas dos alunos.

5,7	6,5	6,9	8,3	8,0	4,2	6,3	7,4	5,8	6,9

■ SOLUÇÃO

A média é simplesmente calculada como a soma de todos os valores da Tabela 2.20 dividida pelo número total de observações, conforme segue:

$$\overline{X} = \frac{5,7 + 6,5 + \ldots + 6,9}{10} = 6,6$$

A função **MÉDIA** do Excel calcula a média aritmética simples do conjunto de valores selecionados. Suponha que os dados da Tabela 2.20 estejam disponíveis da célula A1 até a célula A10. Para o cálculo da média, basta inserir a expressão **=MÉDIA(A1:A10)**.

Outra forma de calcular a média pelo Excel, assim como outras medidas descritivas como mediana, moda, variância, desvio-padrão, erro-padrão, assimetria e curtose que serão estudadas ainda neste capítulo, é pelo suplemento **Ferramentas de Análise** (seção 2.5).

CASO 2   Média aritmética ponderada para dados discretos e contínuos não agrupados

No cálculo da média aritmética simples, todas as ocorrências têm a mesma importância ou peso. Quando se deseja atribuir diferentes pesos (p_i) para cada valor i da variável X, utiliza-se a média aritmética ponderada:

$$\overline{X} = \frac{\sum_{i=1}^{n} X_i \cdot p_i}{\sum_{i=1}^{n} p_i} \qquad (2.2)$$

Se os pesos estiverem expressos em termos percentuais (peso relativo – pr), a expressão (2.2) resume-se a:

$$\overline{X} = \sum_{i=1}^{n} X_i \cdot pr_i \qquad (2.3)$$

■ EXEMPLO 13

Na escola da Vanessa, a média anual de cada matéria é calculada a partir das notas obtidas ao longo dos quatro bimestres, com os respectivos pesos: 1, 2, 3 e 4. A Tabela 2.21 apresenta as notas de matemática da aluna em cada bimestre. Calcule a média anual de Vanessa na matéria.

Tabela 2.21 Notas de matemática da aluna Vanessa.

Período	Nota	Peso
1º Bimestre	4,5	1
2º Bimestre	7,0	2
3º Bimestre	5,5	3
4º Bimestre	6,5	4

■ SOLUÇÃO

A média anual é calculada utilizando o critério de média aritmética ponderada. Aplicando a expressão (2.2) para os dados da Tabela 2.21, obtemos:

$$\overline{X} = \frac{4,5 \times 1 + 7,0 \times 2 + 5,5 \times 3 + 6,5 \times 4}{1 + 2 + 3 + 4} = 6,1$$

■ EXEMPLO 14

Uma carteira de ações é composta por cinco ativos. A Tabela 2.22 apresenta o retorno médio de cada ativo no último mês, assim como a respectiva porcentagem investida. Determine o retorno médio da carteira.

Tabela 2.22 Retorno de cada ação e porcentagem investida.

Ativo	Retorno (%)	% Investimento
Banco do Brasil ON	1,05	10
Bradesco PN	0,56	25
Eletrobrás PNB	0,08	15
Gerdau PN	0,24	20
Vale PN	0,75	30

■ SOLUÇÃO

O retorno médio da carteira (%) corresponde ao somatório dos produtos entre o retorno médio de cada ativo (%) e a respectiva porcentagem investida e, utilizando a expressão (2.3), temos que:

$$\overline{X} = 1{,}05 \times 0{,}10 + 0{,}56 \times 0{,}25 + 0{,}08 \times 0{,}15 + 0{,}24 \times 0{,}20 + 0{,}75 \times 0{,}30 = 0{,}53\%$$

CASO 3 Média aritmética para dados discretos agrupados

Quando os valores discretos de X_i se repetem, os dados são agrupados em uma tabela de frequência. Para o cálculo da média aritmética, utilizaremos o mesmo critério da média ponderada, porém, os pesos para cada X_i passam a ser representados por frequências absolutas (F_i) e, em vez de n observações com n diferentes valores, teremos n observações com m diferentes valores (dados agrupados):

$$\overline{X} = \frac{\sum_{i=1}^{m} X_i \cdot F_i}{\sum_{i=1}^{m} F_i} = \frac{\sum_{i=1}^{m} X_i \cdot F_i}{n} \tag{2.4}$$

Se a frequência dos dados estiver expressa em termos de porcentagem relativa à frequência absoluta (frequência relativa – Fr), a expressão (2.4) resume-se a:

$$\overline{X} = \sum_{i=1}^{m} X_i \cdot Fr_i \tag{2.5}$$

■ EXEMPLO 15

Uma pesquisa de satisfação com 120 entrevistados avaliou o desempenho de uma seguradora de saúde, por meio das notas atribuídas que variam de 1 a 10. Os resultados da pesquisa são apresentados na Tabela 2.23. Calcule a média aritmética para o Exemplo 15.

Tabela 2.23 Tabela de frequência absoluta.

Notas	Número de entrevistados
1	9
2	12
3	15
4	18
5	24
6	26
7	5
8	7
9	3
10	1

■ **SOLUÇÃO**

A média aritmética do Exemplo 15 é calculada a partir da expressão (2.4):

$$\overline{X} = \frac{1 \times 9 + 2 \times 12 + \ldots + 9 \times 3 + 10 \times 1}{120} = 4,62$$

CASO 4 **Média aritmética para dados contínuos agrupados em classes**

Para o cálculo da média aritmética simples, da média aritmética ponderada e da média aritmética para dados discretos agrupados, X_i representa cada valor i da variável X.

Já para dados contínuos agrupados em classes, cada classe não tem valor único definido, e sim um conjunto de valores. Para que a média aritmética possa ser calculada nesse caso, assume-se que X_i é o ponto médio ou central da classe i ($i = 1, \ldots, k$), de modo que as expressões (2.4) ou (2.5) são reescritas em função do número de classes (k):

$$\overline{X} = \frac{\displaystyle\sum_{i=1}^{k} X_i \cdot F_i}{\displaystyle\sum_{i=1}^{k} F_i} = \frac{\displaystyle\sum_{i=1}^{k} X_i \cdot F_i}{n} \tag{2.6}$$

$$\overline{X} = \sum_{i=1}^{k} X_i \cdot Fr_i \tag{2.7}$$

■ **EXEMPLO 16**

A Tabela 2.24 apresenta as classes de salários pagos aos funcionários de determinada empresa e suas respectivas frequências absolutas e relativas. Calcule o salário médio.

Tabela 2.24 Classes de salários (R$ 1.000,00) e respectivas frequências absolutas e relativas.

Classe	F_i	Fr_i (%)
1 ⊢ 3	240	17,14
3 ⊢ 5	480	34,29
5 ⊢ 7	320	22,86
7 ⊢ 9	150	10,71
9 ⊢ 11	130	9,29
11 ⊢ 13	80	5,71
Soma	**1.400**	**100**

■ **SOLUÇÃO**

Considerando X_i o ponto médio da classe i e aplicando a expressão (2.6), temos que:

$$\overline{X} = \frac{2 \times 240 + 4 \times 480 + 6 \times 320 + 8 \times 150 + 10 \times 130 + 12 \times 80}{1.400} = 5,557$$

ou ainda, pela expressão (2.7):

$$\overline{X} = 2 \times 0,1714 + 4 \times 0,3429 + \ldots + 10 \times 0,0929 + 12 \times 0,0571 = 5,557$$

Portanto, o salário médio é de R$ 5.557,14.

2.4.1.1.2. Mediana

A mediana (*Md*) é uma medida de localização do centro da distribuição de um conjunto de dados ordenados de forma crescente. Seu valor separa a série em duas partes iguais, de modo que 50% dos elementos são menores ou iguais à mediana e os outros 50% são maiores ou iguais à mediana.

CASO 1 **Mediana para dados discretos e contínuos não agrupados**

A mediana da variável X (discreta ou contínua) pode ser calculada da seguinte forma:

$$Md(X) = \begin{cases} \dfrac{X_{\frac{n}{2}} + X_{\left(\frac{n}{2}\right)+1}}{2}, \text{ se } n \text{ for par} \\[2mm] X_{\frac{(n+1)}{2}}, \text{ se } n \text{ for ímpar} \end{cases} \tag{2.8}$$

em que n é o número total de observações e $X_i \leq \ldots \leq X_n$, tal que X_i é a menor observação ou o valor do primeiro elemento e X_n é a maior observação ou o valor do último elemento.

■ **EXEMPLO 17**

A Tabela 2.25 apresenta a produção mensal de esteiras de determinada empresa em determinado ano. Calcule a mediana.

Tabela 2.25 Produção mensal de esteiras em determinado ano.

Mês	Produção (unidades)
Jan.	210
Fev.	180
Mar.	203
Abr.	195
Maio	208
Jun.	230
Jul.	185
Ago.	190
Set.	200
Out.	182
Nov.	205
Dez.	196

■ **SOLUÇÃO**

Para o cálculo da mediana, as observações são ordenadas em forma crescente. Temos, portanto, a ordenação das observações e as respectivas posições:

$$180 < 182 < 185 < 190 < 195 < 196 < 200 < 203 < 205 < 208 < 210 < 230$$
$$1^\text{o} \quad 2^\text{o} \quad 3^\text{o} \quad 4^\text{o} \quad 5^\text{o} \quad 6^\text{o} \quad 7^\text{o} \quad 8^\text{o} \quad 9^\text{o} \quad 10^\text{o} \quad 11^\text{o} \quad 12^\text{o}$$

A mediana será a média entre o sexto e o sétimo elemento, uma vez que n é par, ou seja:

$$Md = \frac{X_{\frac{12}{2}} + X_{\left(\frac{12}{2}\right)+1}}{2}$$

$$Md = \frac{196 + 200}{2} = 198$$

O Excel calcula a mediana de um conjunto de dados por meio da função **MED**.

Note que a mediana não considera a ordem de grandeza dos valores da variável original. Se, por exemplo, o maior valor fosse 400 em vez de 230, a mediana seria exatamente a mesma, porém, com uma média muito mais alta.

A mediana também é conhecida por 2º quartil (Q_2), 50º percentil (P_{50}) ou 5º decil (D_5). Essas definições serão estudadas com mais detalhes nas próximas seções.

CASO 2 **Mediana para dados discretos agrupados**

Aqui, o cálculo da mediana é semelhante ao caso anterior, porém, os dados estão agrupados em uma tabela de distribuição de frequências.

Analogamente ao caso 1, se n for ímpar, a posição do elemento central será $(n + 1)/2$. Podemos verificar na coluna de frequência acumulada o grupo que contém essa posição e, consequentemente, seu valor correspondente na primeira coluna (mediana).

Se n for par, verifica(m)-se o(s) grupo(s) que contém(êm) as posições centrais $n/2$ e $(n/2) + 1$ na coluna de frequência acumulada. Se ambas as posições corresponderem ao mesmo grupo, obtém-se diretamente seu valor correspondente na primeira coluna (mediana). Se cada posição corresponder a um grupo distinto, a mediana será a média entre os valores correspondentes definidos na primeira coluna.

■ **EXEMPLO 18**

A Tabela 2.26 apresenta o número de dormitórios de 70 imóveis em um condomínio fechado localizado na região metropolitana de São Paulo, e suas respectivas frequências absolutas e acumuladas. Calcule a mediana.

Tabela 2.26 Distribuição de frequências.

Número de dormitórios	F_i	F_{ac}
1	6	6
2	13	19
3	20	39
4	15	54
5	7	61
6	6	67
7	3	70
Soma	**70**	

Como n é par, a mediana será a média entre os valores que ocupam as posições $n/2$ e $(n/2) + 1$, ou seja:

$$Md = \frac{X_{\frac{n}{2}} + X_{\left(\frac{n}{2}\right)+1}}{2} = \frac{X_{35} + X_{36}}{2}$$

Pela Tabela 2.26, podemos verificar que o terceiro grupo contém todos os elementos entre as posições 20 e 39 (incluindo 35 e 36), cujo valor correspondente é 3. Portanto, a mediana é:

$$Md = \frac{3+3}{2} = 3$$

CASO 3 **Mediana para dados contínuos agrupados em classes**

Para variáveis contínuas agrupadas em classes em que os dados estão representados em uma tabela de distribuição de frequências, aplicam-se os seguintes passos para o cálculo da mediana:

Passo 1: Calcular a posição da mediana, independente se n é par ou ímpar, por meio da seguinte expressão:

$$\text{Pos}(Md) = n/2 \tag{2.9}$$

Passo 2: Identificar a classe que contém a mediana (classe mediana) a partir da coluna de frequência acumulada.

Passo 3: Calcular a mediana pela seguinte expressão:

$$Md = LI_{Md} + \frac{\left(\dfrac{n}{2} - F_{ac(Md-1)}\right)}{F_{Md}} \times A_{Md} \tag{2.10}$$

em que:

LI_{Md} = limite inferior da classe mediana;
F_{Md} = frequência absoluta da classe mediana;
$F_{ac(Md-1)}$ = frequência acumulada da classe anterior à classe mediana;
A_{Md} = amplitude da classe mediana;
n = número total de observações.

■ EXEMPLO 19

Considere os dados do Exemplo 16 referentes às classes de salários pagos aos funcionários de uma empresa e suas respectivas frequências absolutas e acumuladas (Tabela 2.27). Calcule a mediana.

Tabela 2.27 Classes de salários (R$ 1.000,00) e respectivas frequências absolutas e acumuladas.

Classe	F_i	F_{ac}
1 ⊢ 3	240	240
3 ⊢ 5	480	720
5 ⊢ 7	320	1.040
7 ⊢ 9	150	1.190
9 ⊢ 11	130	1.320
11 ⊢ 13	80	1.400
Soma	**1.400**	

■ SOLUÇÃO

No caso de dados contínuos agrupados em classes, aplicaremos os seguintes passos para o cálculo da mediana:

Passo 1: Inicialmente, calculamos a posição da mediana:

$$\text{Pos}(Md) = \frac{n}{2} = \frac{1.400}{2} = 700$$

Passo 2: Pela coluna de frequência acumulada, podemos verificar que a posição da mediana pertence à segunda classe (3 ⊢ 5).

Passo 3: Cálculo da mediana:

$$Md = LI_{Md} + \frac{\left(\dfrac{n}{2} - F_{ac(Md-1)}\right)}{F_{Md}} \times A_{Md}$$

em que:

$$LI_{Md} = 3 \qquad F_{Md} = 480 \qquad F_{ac(Md-1)} = 240 \qquad A_{Md} = 2 \qquad n = 1.400$$

Portanto, temos que:

$$Md = 3 + \frac{(700 - 240)}{480} \times 2 = 4,916 \, (R\$ \, 4.916,67)$$

2.4.1.1.3. Moda

A moda (Mo) de uma série de dados corresponde à observação que ocorre com maior frequência. A moda é a única medida de posição que também pode ser utilizada para variáveis qualitativas, já que essas variáveis permitem apenas o cálculo de frequências.

CASO 1 **Moda para dados não agrupados**

Considere um conjunto de observações X_1, X_2, ..., X_n de determinada variável. A moda é o valor que aparece com maior frequência.

O Excel retorna a moda de um conjunto de dados por meio da função **MODO**.

■ **EXEMPLO 20**

A produção de cenouras em determinada empresa é composta por cinco etapas, incluindo a fase de acabamento. A Tabela 2.28 apresenta o tempo médio de processamento (segundos) nesta fase para 20 observações. Calcule a moda.

Tabela 2.28 Tempo de processamento da cenoura na fase de acabamento (em segundos).

45,0	44,5	44,0	45,0	46,5	46,0	45,8	44,8	45,0	46,2
44,5	45,0	45,4	44,9	45,7	46,2	44,7	45,6	46,3	44,9

■ **SOLUÇÃO**

A moda é 45,0 que é o valor mais frequente do conjunto de observações da Tabela 2.28. Esse valor poderia ser determinado diretamente pelo Excel utilizando a função **MODO**.

CASO 2 **Moda para dados qualitativos ou discretos agrupados**

Para dados qualitativos ou quantitativos discretos agrupados em uma tabela de distribuição de frequências, o cálculo da moda pode ser obtido diretamente da tabela; é o elemento com maior frequência absoluta.

■ **EXEMPLO 21**

Uma emissora de TV entrevistou 500 telespectadores buscando analisar suas preferências por categorias de interesse. O resultado da pesquisa está listado na Tabela 2.29. Calcule a moda.

Tabela 2.29 Preferências dos telespectadores por categorias de interesse.

Categorias de interesse	F_i
Filmes	71
Novelas	46
Jornalismo	90
Humor	98
Esporte	120
Shows	35
Variedades	40
Soma	**500**

■ **SOLUÇÃO**

Pela Tabela 2.29, podemos verificar que a moda corresponde à categoria *Esporte* (maior frequência absoluta). A moda é, portanto, a única medida de posição que também pode ser utilizada para variáveis qualitativas.

CASO 3 **Moda para dados contínuos agrupados em classes**

Para dados contínuos agrupados em classes, existem diversos procedimentos para o cálculo da moda, como o **método de Czuber** e o **método de King**.

O método de Czuber consiste nas seguintes etapas:

Passo 1: Identificar a classe que contém a moda (classe modal), que é aquela com maior frequência absoluta.

Passo 2: Calcular a moda (*Mo*):

$$Mo = LI_{Mo} + \frac{F_{Mo} - F_{Mo-1}}{2 \cdot F_{Mo} - (F_{Mo-1} + F_{Mo+1})} \times A_{Mo} \qquad (2.11)$$

em que:

LI_{Mo} = limite inferior da classe modal;

F_{Mo} = frequência absoluta da classe modal;

F_{Mo-1} = frequência absoluta da classe anterior à classe modal;

A_{Mo+1} = frequência absoluta da classe posterior à classe modal;

A_{Mo} = amplitude da classe modal.

Já o **método de King** consiste nas seguintes etapas:

Passo 1: Identificar a classe modal (com maior frequência absoluta).

Passo 2: Calcular a moda (*Mo*) pela seguinte expressão:

$$Mo = LI_{Mo} + \frac{F_{Mo+1}}{F_{Mo-1} + F_{Mo+1}} \times A_{Mo} \qquad (2.12)$$

em que:

LI_{Mo} = limite inferior da classe modal;

F_{Mo-1} = frequência absoluta da classe anterior à classe modal;

F_{Mo+1} = frequência absoluta da classe posterior à classe modal;

A_{Mo} = amplitude da classe modal.

■ EXEMPLO 22

Um conjunto de dados contínuos com 158 observações está agrupado em classes com as respectivas frequências absolutas, conforme mostra a Tabela 2.30. Determine a moda utilizando o método de Czuber.

Tabela 2.30 Dados contínuos agrupados em classes e respectivas frequências.

Classe	F_i
01 ⊢ 10	21
10 ⊢ 20	36
20 ⊢ 30	58
30 ⊢ 40	24
40 ⊢ 50	19
Soma	**158**

■ SOLUÇÃO

Considerando dados contínuos agrupados em classes, podemos aplicar o método de Czuber para o cálculo da moda:

Passo 1: Pela Tabela 2.30, podemos verificar que a classe modal é a terceira (20 ⊢ 30), já que possui a maior frequência absoluta.

Passo 2: Cálculo da moda (*Mo*):

$$Mo = LI_{Mo} + \frac{F_{Mo} - F_{Mo-1}}{2 \cdot F_{Mo} - (F_{Mo-1} + F_{Mo+1})} \times A_{Mo}$$

em que:

$$LI_{Mo} = 20 \qquad F_{Mo} = 58 \qquad F_{Mo-1} = 36 \qquad A_{Mo+1} = 24 \qquad A_{Mo} = 10$$

Portanto, temos que:

$$Mo = 20 + \frac{58 - 36}{2 \times 58 - (36 + 24)} \times 10 = 23{,}9$$

■ **EXEMPLO 23**

Considere novamente os dados do exemplo anterior. Aplique o método de King para determinar a moda.

■ **SOLUÇÃO**

Pelo Exemplo 22, vimos que:

$$LI_{Mo} = 20 \qquad F_{Mo+1} = 24 \qquad F_{Mo-1} = 36 \qquad A_{Mo} = 10$$

Aplicando a expressão (2.12):

$$Mo = LI_{Mo} + \frac{F_{Mo+1}}{F_{Mo-1} + F_{Mo+1}} \times A_{Mo} = 20 + \frac{24}{36+24} \times 10 = 24$$

2.4.1.2. Medidas separatrizes

Segundo Bussab e Morettin (2011), a utilização apenas de medidas de tendência central pode não ser adequada para representar um conjunto de dados, uma vez que esses também são afetados por valores extremos e, apenas com o uso destas medidas, não é possível que o pesquisador tenha uma ideia clara de como a dispersão e a simetria dos dados se comportam. Como alternativa, podem ser utilizadas medidas separatrizes, como quartis, decis e percentis. O 2° quartil (Q_2), 5° decil (D_5) ou 50° percentil (P_{50}) correspondem à mediana, sendo, portanto, medidas de tendência central.

Quartis

Os quartis (Q_i, i = 1, 2, 3) são medidas de posição que dividem um conjunto de dados, ordenados em forma crescente, em quatro partes com dimensões iguais.

Assim, o **1° Quartil** (Q_1 ou 25° percentil) indica que 25% dos dados são inferiores a Q_1 ou que 75% dos dados são superiores a Q_1.

O **2° Quartil** (Q_2 ou 5° decil ou 50° percentil) corresponde à mediana, indicando que 50% dos dados são inferiores ou superiores a Q_2.

Já o **3° Quartil** (Q_3 ou 75° percentil) indica que 75% dos dados são inferiores a Q_3 ou que 25% dos dados são superiores a Q_3.

Decis

Os decis (D_i, i = 1, 2, ..., 9) são medidas de posição que dividem um conjunto de dados, ordenados em forma crescente, em 10 partes iguais.

Desta forma, o **1° decil** (D_1 ou 10° percentil) indica que 10% dos dados são inferiores a D_1 ou que 90% dos dados são superiores a D_1.

O **2° decil** (D_2 ou 20° percentil) indica que 20% dos dados são inferiores a D_2 ou que 80% dos dados são superiores a D_2.

E assim sucessivamente, até o **9° decil** (D_9 ou 90° percentil), que indica que 90% dos dados são inferiores a D_9 ou que 10% dos dados são superiores a D_9.

Percentis

Os percentis (P_i, i = 1, 2, ..., 99) são medidas de posição que dividem um conjunto de dados, ordenados em forma crescente, em 100 partes iguais.

Dessa maneira, o **1º percentil** (P_1) indica que 1% dos dados é inferior a P_1 ou que 99% dos dados são superiores a P_1.

O **2º percentil** (P_2) indica que 2% dos dados são inferiores a P_2 ou que 98% dos dados são superiores a P_2.

E assim sucessivamente, até o **99º percentil** (P_{99}), que indica que 99% dos dados são inferiores a P_{99} ou que 1% dos dados é superior a P_{99}.

CASO 1 **Quartis, decis e percentis para dados discretos e contínuos não agrupados**

Se a posição do quartil, decil ou percentil desejado for um número inteiro ou estiver exatamente entre duas posições, o cálculo do respectivo quartil, decil ou percentil é facilitado. Porém, isso nem sempre acontece (imagine uma amostra com 33 elementos cujo objetivo é calcular o 67º percentil), de modo que existem vários métodos propostos para esse cálculo que levam a resultados próximos, mas não idênticos.

Apresentaremos um método simples e genérico que pode ser aplicado para o cálculo de qualquer quartil, decil ou percentil de ordem *i*, considerando dados discretos e contínuos não agrupados:

Passo 1: Ordenar as observações em forma crescente.

Passo 2: Determinar a posição do quartil, decil ou percentil desejado de ordem *i*:

$$\textbf{Quartil} \rightarrow \text{Pos}(Q_i) = \left[\frac{n}{4} \times i \right] + \frac{1}{2}, \quad i = 1, 2, 3 \tag{2.13}$$

$$\textbf{Decil} \rightarrow \text{Pos}(D_i) = \left[\frac{n}{10} \times i \right] + \frac{1}{2}, \quad i = 1, 2, ..., 9 \tag{2.14}$$

$$\textbf{Percentil} \rightarrow \text{Pos}(P_i) = \left[\frac{n}{100} \times i \right] + \frac{1}{2}, \quad i = 1, 2, ..., 99 \tag{2.15}$$

Passo 3: Calcular o valor do quartil, decil ou percentil correspondente à respectiva posição.

Suponha que $\text{Pos}(Q_1) = 3,75$, isto é, o valor de Q_1 está entre a 3ª e 4ª posição (75% mais próximo da 4ª posição e 25%, da 3ª posição). Dessa forma, o cálculo de Q_1 será a soma do valor correspondente à 3ª posição multiplicado por 0,25 com o valor correspondente à 4ª posição multiplicado por 0,75.

■ **EXEMPLO 24**

Considere os dados do Exemplo 20 referentes ao tempo médio de processamento da cenoura na fase de acabamento, conforme especificado na Tabela 2.28. Determine Q_1 (1º quartil), Q_3 (3º quartil), D_2 (2º decil) e P_{64} (64º percentil).

Tabela 2.28 Tempo de processamento da cenoura na fase de acabamento (em segundos).

45,0	44,5	44,0	45,0	46,5	46,0	45,8	44,8	45,0	46,2
44,5	45,0	45,4	44,9	45,7	46,2	44,7	45,6	46,3	44,9

■ **SOLUÇÃO**

Para dados contínuos não agrupados, devemos aplicar os seguintes passos para determinação dos quartis, decis e percentis desejados:

Passo 1: Ordenar as observações em forma crescente.

1º	2º	3º	4º	5º	6º	7º	8º	9º	10º
44,0	44,5	44,5	44,7	44,8	44,9	44,9	45,0	45,0	45,0

11º	12º	13º	14º	15º	16º	17º	18º	19º	20º
45,0	45,4	45,6	45,7	45,8	46,0	46,2	46,2	46,3	46,5

Passo 2: Cálculo das posições de Q_1, Q_3, D_2 e P_{64}:

a) $\text{Pos}(Q_1) = \left[\dfrac{20}{4} \times 1 \right] + \dfrac{1}{2} = 5,5$

b) $\text{Pos}(Q_3) = \left[\dfrac{20}{4} \times 3 \right] + \dfrac{1}{2} = 15,5$

c) $\text{Pos}(D_2) = \left[\dfrac{20}{10} \times 2 \right] + \dfrac{1}{2} = 4,5$

d) $\text{Pos}(P_{64}) = \left[\dfrac{20}{100} \times 64 \right] + \dfrac{1}{2} = 13,3$

Passo 3: Cálculo de Q_1, Q_3, D_2 e P_{64}:

a) $\text{Pos}(Q_1) = 5,5$ significa que seu valor correspondente está 50% próximo da posição 5 e 50%, da posição 6, ou seja, o cálculo de Q_1 é simplesmente a média dos valores correspondentes às duas posições:

$$Q_1 = \frac{44,8 + 44,9}{2} = 44,85$$

b) $\text{Pos}(Q_3) = 15,5$ significa que o valor desejado está entre as posições 15 e 16 (50% próximo da 15ª posição e 50%, da 16ª posição), de modo que Q_3 pode ser calculado como:

$$Q_3 = \frac{45,8 + 46}{2} = 45,9$$

c) $\text{Pos}(D_2) = 4,5$ significa que o valor desejado está entre as posições 4 e 5, de modo que D_2 pode ser calculado como:

$$D_2 = \frac{44,7 + 44,8}{2} = 44,75$$

d) $\text{Pos}(P_{64}) = 13,3$ significa que o valor desejado está 70% mais próximo da posição 13 e 30%, da posição 14, de modo que P_{64} pode ser calculado como:

$$P_{64} = (0,70 \times 45,6) + (0,30 \times 45,7) = 45,63$$

Interpretação

$Q_1 = 44,85$ indica que, em 25% das observações (as cinco primeiras observações listadas no passo 1), o tempo de processamento da cenoura na fase de acabamento é inferior a 44,85 segundos, ou que em 75% das observações (as 15 observações restantes), o tempo de processamento é superior a 44,85.

$Q_3 = 45,9$ indica que, em 75% das observações (15 delas), o tempo de processamento é inferior a 45,9 segundos, ou que em cinco observações, o tempo de processamento é superior a 45,9.

$D_2 = 44,75$ indica que, em 20% das observações (4 delas), o tempo de processamento é inferior a 44,75 segundos, ou que em 80% das observações (16 delas), o tempo de processamento é superior a 44,75.

$P_{64} = 45,63$ indica que, em 64% das observações (12,8 delas), o tempo de processamento é inferior a 45,63 segundos, ou que, em 36% das observações (7,2 delas), o tempo de processamento é superior a 45,63.

O Excel calcula o quartil de ordem i ($i = 0, 1, 2, 3, 4$) por meio da função **QUARTIL**. Como argumentos da função, devemos definir a matriz ou conjunto de dados em que desejamos calcular o respectivo quartil (não precisa estar em ordem crescente), além do quarto desejado (valor mínimo = 0; 1º quartil = 1; 2º quartil = 2, 3º quartil = 3; valor máximo = 4).

O k-ésimo percentil ($k = 0, ..., 1$) também pode ser calculado no Excel por meio da função **PERCENTIL**. Como argumentos da função, devemos definir a matriz desejada, além do valor de k (por exemplo, no caso do P_{64}, $k = 0,64$).

O cálculo dos quartis, decis e percentis pelos softwares estatísticos SPSS, Stata, R e Python será demonstrado nas seções 2.6, 2.7, 2.8 e 2.9, respectivamente.

Esses softwares utilizam dois métodos para o cálculo de quartis, decis ou percentis. Um deles é chamado **Tukey's Hinges** e corresponde ao método utilizado neste livro. O outro refere-se à **Média Ponderada** (*Weighted Average Method*), cujos cálculos são mais complexos. Já o Excel implementa outro algoritmo que chega a resultados próximos.

CASO 2 Quartis, decis e percentis para dados discretos agrupados

Aqui, o cálculo dos quartis, decis e percentis é semelhante ao caso anterior, porém, os dados estão agrupados em uma tabela de distribuição de frequências.

Na tabela de distribuição de frequências, os dados devem estar ordenados de forma crescente com as respectivas frequências absolutas e acumuladas. Primeiro, devemos determinar a posição do quartil, decil ou percentil desejado de ordem *i* por meio das expressões (2.13), (2.14) ou (2.15), respectivamente. Na sequência, a partir da coluna de frequência acumulada, devemos verificar o(s) grupo(s) que contém essa posição. Se a posição for um número discreto, seu valor correspondente é obtido diretamente na primeira coluna. Se a posição for um número fracionário, por exemplo, 2,5, porém, se tanto a 2ª como a 3ª posição pertencerem ao mesmo grupo, seu respectivo valor também será obtido diretamente. Por outro lado, se a posição for um número fracionário, por exemplo, 4,25, e as posições 4 e 5 pertencerem a grupos diferentes, devemos calcular a soma do valor correspondente à 4ª posição multiplicado por 0,75 com o valor correspondente à 5ª posição multiplicado por 0,25 (semelhante ao caso 1).

■ EXEMPLO 25

Considere os dados do Exemplo 18 referentes ao número de dormitórios de 70 imóveis em um condomínio fechado localizado na região metropolitana de São Paulo, e suas respectivas frequências absolutas e acumuladas (Tabela 2.26). Calcule Q_1, D_4 e P_{96}.

Tabela 2.26 Distribuição de frequências.

Número de dormitórios	F_i	F_{ac}
1	6	6
2	13	19
3	20	39
4	15	54
5	7	61
6	6	67
7	3	70
Soma	**70**	

■ SOLUÇÃO

Calcularemos as posições de Q_1, D_4 e P_{96} por meio das expressões (2.13), (2.14) e (2.15), respectivamente, e seus correspondentes valores:

a) $\text{Pos}(Q_1) = \left[\dfrac{70}{4} \times 1\right] + \dfrac{1}{2} = 18$

Pela Tabela 2.26, podemos verificar que a posição 18 pertence ao segundo grupo (2 dormitórios), de modo que $Q_1 = 2$.

b) $\text{Pos}(D_4) = \left[\dfrac{70}{10} \times 4\right] + \dfrac{1}{2} = 28,5$

Pela coluna de frequência acumulada, podemos verificar que as posições 28 e 29 pertencem ao terceiro grupo (3 dormitórios), de modo que $D_4 = 3$.

c) $\mathrm{Pos}(P_{96}) = \left[\dfrac{70}{100} \times 96 \right] + \dfrac{1}{2} = 67,7$

ou seja, P_{96} está 70% mais próximo da posição 68 e 30%, da posição 67. Por meio da coluna de frequência acumulada, verificamos que a posição 68 pertence ao sétimo grupo (7 dormitórios) e a posição 67 ao sexto grupo (6 dormitórios), de modo que P_{96} pode ser calculado como:

$$P_{96} = (0,70 \times 7) + (0,30 \times 6) = 6,7$$

Interpretação

$Q_1 = 2$ indica que 25% dos imóveis têm menos do que 2 dormitórios ou que 75% dos imóveis têm mais do que 2 dormitórios.

$D_4 = 3$ indica que 40% dos imóveis têm menos do que 3 dormitórios ou que 60% dos imóveis têm mais do que 3 dormitórios.

$P_{96} = 6,7$ indica que 96% dos imóveis têm menos do que 6,7 dormitórios ou que 4% dos imóveis têm mais do que 6,7 dormitórios.

CASO 3 **Quartis, decis e percentis para dados contínuos agrupados em classes**

Para dados contínuos agrupados em classes em que os dados estejam representados em uma tabela de distribuição de frequências, devemos aplicar os seguintes passos para o cálculo dos quartis, decis e percentis:

Passo 1: Calcular a posição do quartil, decil ou percentil desejado de ordem i por meio das seguintes expressões:

$$\textbf{Quartil} \rightarrow \mathrm{Pos}(Q_i) = \frac{n}{4} \times i, \quad i = 1, 2, 3 \tag{2.16}$$

$$\textbf{Decil} \rightarrow \mathrm{Pos}(D_i) = \frac{n}{10} \times i, \quad i = 1, 2, ..., 9 \tag{2.17}$$

$$\textbf{Percentil} \rightarrow \mathrm{Pos}(P_i) = \frac{n}{100} \times i, \quad i = 1, 2, ..., 99 \tag{2.18}$$

Passo 2: Identificar a classe que contém o quartil, decil ou percentil desejado de ordem i (classe quartil, classe decil ou classe percentil) a partir da coluna de frequência acumulada.

Passo 3: Calcular o quartil, decil ou percentil desejado de ordem i por meio das seguintes expressões:

$$\textbf{Quartil} \rightarrow Q_i = LI_{Q_i} + \left(\frac{\mathrm{Pos}(Q_i) - F_{ac(Q_i-1)}}{F_{Q_i}} \right) \times A_{Q_i} \quad i = 1, 2, 3 \tag{2.19}$$

em que:

LI_{Q_i} = limite inferior da classe quartil;

$F_{ac(Q_i-1)}$ = frequência acumulada da classe anterior à classe quartil;

F_{Q_i} = frequência absoluta da classe quartil;

A_{Q_i} = amplitude da classe quartil.

$$\textbf{Decil} \rightarrow D_i = LI_{D_i} + \left(\frac{\mathrm{Pos}(D_i) - F_{ac(D_i-1)}}{F_{D_i}} \right) \times A_{D_i} \quad i = 1, 2, ..., 9 \tag{2.20}$$

em que:

LI_{D_i} = limite inferior da classe decil;

$F_{ac(D_i-1)}$ = frequência acumulada da classe anterior à classe decil;

F_{D_i} = frequência absoluta da classe decil;

A_{D_i} = amplitude da classe decil.

$$\text{Percentil} \rightarrow P_i = LI_{P_i} + \left(\frac{\text{Pos}(P_i) - F_{ac(P_i-1)}}{F_{P_i}} \right) \times A_{P_i} \quad i = 1, 2, \ldots, 99 \tag{2.21}$$

em que:

LI_{P_i} = limite inferior da classe percentil;

$F_{ac(P_i-1)}$ = frequência acumulada da classe anterior à classe percentil;

F_{P_i} = frequência absoluta da classe percentil;

A_{P_i} = amplitude da classe percentil.

■ EXEMPLO 26

Uma pesquisa sobre as condições de saúde de 250 pacientes coletou informações sobre o peso deles. Os dados estão agrupados em classes, como mostra a Tabela 2.31. Calcule o primeiro quartil, o sétimo decil e o percentil de ordem 60.

Tabela 2.31 Tabela de distribuição de frequências absolutas e acumuladas do peso dos pacientes agrupados em classes.

Classe	F_i	F_{ac}
50 ⊢ 60	18	18
60 ⊢ 70	28	46
70 ⊢ 80	49	95
80 ⊢ 90	66	161
90 ⊢ 100	40	201
100 ⊢ 110	33	234
110 ⊢ 120	16	250
Soma	**250**	

■ SOLUÇÃO

Para o cálculo de Q_1, D_7 e P_{60}, aplicaremos os três passos descritos, conforme segue:

Passo 1: Calcularemos a posição do primeiro quartil, sétimo decil e do 60º percentil por meio das expressões (2.16), (2.17) e (2.18), respectivamente:

$$1\text{º Quartil} \rightarrow \text{Pos}(Q_1) = \frac{250}{4} \times 1 = 62{,}5$$

$$7\text{º Decil} \rightarrow \text{Pos}(D_7) = \frac{250}{10} \times 7 = 175$$

$$60\text{º Percentil} \rightarrow \text{Pos}(P_{60}) = \frac{250}{100} \times 60 = 150$$

Passo 2: Identificaremos a classe que contém Q_1, D_7 e P_{60} a partir da coluna de frequência acumulada da Tabela 2.31:

Q_1 pertence à 3ª classe (70 ⊢ 80)

D_7 pertence à 5ª classe (90 ⊢ 100)

P_{60} pertence à 4ª classe (80 ⊢ 90)

Passo 3: Calcularemos Q_1, D_7 e P_{60} a partir das expressões (2.19), (2.20) e (2.21), respectivamente:

$$Q_1 = LI_{Q_1} + \left(\frac{\text{Pos}(Q_1) - F_{ac(Q_1-1)}}{F_{Q_1}} \right) \times A_{Q_1} = 70 + \left(\frac{62{,}5 - 46}{49} \right) \times 10 = 73{,}37$$

$$D_7 = LI_{D_7} + \left(\frac{Pos(D_7) - F_{ac(D_7-1)}}{F_{D_7}} \right) \times A_{D_7} = 90 + \left(\frac{175 - 161}{40} \right) \times 10 = 93,5$$

$$P_{60} = LI_{P_{60}} + \left(\frac{Pos(P_{60}) - F_{ac(P_{60}-1)}}{F_{P_{60}}} \right) \times A_{P_{60}} = 80 + \left(\frac{150 - 95}{66} \right) \times 10 = 88,33$$

Interpretação

Q_1 = 73,37 indica que 25% dos pacientes têm peso inferior a 73,37 kg ou que 75% dos pacientes têm peso superior a 73,37 kg.

D_7 = 93,5 indica que 70% dos pacientes têm peso inferior a 93,5 kg ou que 30% dos pacientes têm peso superior a 93,5 kg.

P_{60} = 88,33 indica que 60% dos pacientes têm peso inferior a 88,33 kg ou que 40% dos pacientes têm peso superior a 88,33 kg.

2.4.1.3. Identificação de existência de *outliers* univariados

Um conjunto de dados pode conter algumas observações que apresentam um grande afastamento das restantes ou são inconsistentes. Essas observações são designadas por *outliers* ou, ainda, por valores atípicos, discrepantes, anormais ou extremos.

Antes de decidir o que será feito com as observações *outliers*, devemos ter o conhecimento das causas que levaram a tal ocorrência. Em muitos casos, essas causas podem determinar o tratamento adequado dos respectivos *outliers*. As principais causas estão relacionadas a erros de medição, de execução e variabilidade inerentes aos elementos da população.

Existem vários métodos de identificação de *outliers*: *boxplot*, modelos de discordância, teste de Dixon, teste de Grubbs, *Zscores*, entre outros. No apêndice do Capítulo 9 (Análise de Agrupamentos) será apresentado um método bastante recente e eficiente para a detecção de *outliers* multivariados (algoritmo ***Blocked Adaptive Computationally Efficient Outlier Nominators***).

A existência de *outliers* por meio do *boxplot* (a construção do *boxplot* foi estudada na seção 2.3.2.5) é identificada a partir da AIQ (**amplitude interquartil**), que corresponde à diferença entre o terceiro e o primeiro quartil:

$$AIQ = Q_3 - Q_1 \qquad (2.22)$$

Note que AIQ é o comprimento da caixa. Quaisquer valores situados abaixo de Q_1 ou acima de Q_3 por mais 1,5·AIQ serão considerados **outliers moderados** e serão representados por círculos, podendo ainda ser aceitos na população com alguma suspeita. Assim, o valor X^o de uma variável é considerado um *outlier* moderado quando:

$$X^o < Q_1 - 1,5 \cdot AIQ \qquad (2.23)$$

$$X^o > Q_3 + 1,5 \cdot AIQ \qquad (2.24)$$

Ou ainda, quaisquer valores situados abaixo de Q_1 ou acima de Q_3 por mais $3 \cdot AIQ$ serão considerados **outliers extremos** e serão representados por asteriscos. Assim, o valor X^* de uma variável é considerado um *outlier* extremo quando:

$$X^* < Q_1 - 3 \cdot AIQ \qquad (2.25)$$

$$X^* > Q_3 + 3 \cdot AIQ \qquad (2.26)$$

A Figura 2.15 ilustra o *boxplot* com a identificação de *outliers*.

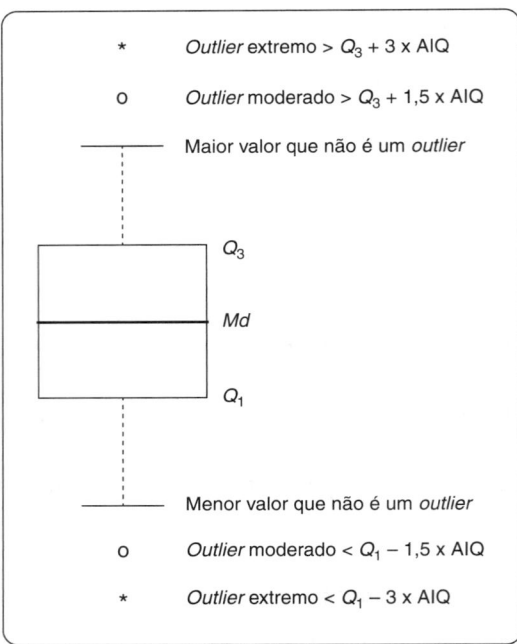

Figura 2.15 *Boxplot* com identificação de *outliers*.

■ EXEMPLO 27

Considere os dados ordenados do Exemplo 24 referentes ao tempo médio de processamento da cenoura na fase de acabamento:

44,0	44,5	44,5	44,7	44,8	44,9	44,9	45,0	45,0	45,0
45,0	45,4	45,6	45,7	45,8	46,0	46,2	46,2	46,3	46,5

em que: Q_1 = 44,85, Q_2 = 45, Q_3 = 45,9, média = 45,3 e moda = 45.

Verifique se há *outliers* moderados e extremos.

■ SOLUÇÃO

Para verificar se há um possível *outlier*, devemos calcular:

$$Q_1 - 1,5 \cdot (Q_3 - Q_1) = 44,85 - 1,5 \cdot (45,9 - 44,85) = 43,275.$$

$$Q_3 + 1,5 \cdot (Q_3 - Q_1) = 45,9 + 1,5 \cdot (45,9 - 44,85) = 47,475.$$

Como não há nenhum valor da distribuição fora deste intervalo, concluímos que não há *outliers* moderados. Obviamente, não é necessário calcular o intervalo para *outliers* extremos.

Caso seja identificado apenas um *outlier* em determinada variável, o pesquisador poderá tratá-lo por meio de alguns procedimentos existentes, por exemplo, a eliminação completa desta observação. Por outro lado, se houver mais de um *outlier* para uma ou mais variáveis individualmente, a exclusão de todas as observações pode gerar uma redução significativa do tamanho da amostra. Para evitar esse problema, é muito comum que observações consideradas *outliers* para determinada variável tenham seus valores atípicos substituídos pela média da variável, excluídos os *outliers* (Fávero *et al.*, 2009).

Os autores citam outros procedimentos para o tratamento de *outliers*, como a substituição por valores de uma regressão ou a winsorização, que elimina, de forma ordenada, um número igual de observações de cada lado da distribuição.

Fávero *et al.* (2009) também ressaltam a importância do tratamento de *outliers* quando o pesquisador tem interesse de investigar o comportamento de determinada variável sem a influência de observações com valores atípicos.

Por outro lado, se a intenção for justamente analisar o comportamento dessas observações atípicas ou de criar subgrupos por meio de critérios de discrepância, talvez a eliminação dessas observações ou a substituição dos seus valores não seja a melhor solução.

2.4.2. Medidas de dispersão ou variabilidade

Para estudar o comportamento de um conjunto de dados, utilizam-se medidas de tendência central, medidas de dispersão, além da natureza ou forma de distribuição dos dados. As medidas de tendência central determinam um valor representativo do conjunto de dados. Para caracterizar a dispersão ou variabilidade dos dados, são necessárias medidas de dispersão.

As medidas de dispersão mais comuns referem-se à amplitude, ao desvio-médio, à variância, ao desvio-padrão, ao erro-padrão e ao coeficiente de variação (*CV*).

2.4.2.1. Amplitude

A medida mais simples de variabilidade é a **amplitude total**, ou simplesmente amplitude (*A*), que representa a diferença entre o maior e o menor valor do conjunto de observações:

$$A = X_{máx} - X_{mín} \tag{2.27}$$

2.4.2.2. Desvio-médio

O desvio é a diferença entre cada valor observado e a média da variável. Assim, para dados populacionais, seria representado por $(X_i - \mu)$, e para dados amostrais por $(X_i - \overline{X})$.

O desvio-médio, ou **desvio-médio absoluto**, representa a média aritmética dos desvios absolutos (em módulo).

CASO 1 **Desvio-médio para dados discretos e contínuos não agrupados**

O desvio-médio (D_m) considera a soma dos desvios absolutos de todas as observações dividido pelo tamanho da população (*N*) ou da amostra (*n*):

$$D_m = \frac{\sum_{i=1}^{N} |X_i - \mu|}{N} \text{ (para a população)} \tag{2.28}$$

$$D_m = \frac{\sum_{i=1}^{N} |X_i - \overline{X}|}{n} \text{ (para amostras)} \tag{2.29}$$

■ **EXEMPLO 28**

A Tabela 2.32 apresenta as distâncias percorridas (em km) por um veículo para a entrega de 10 encomendas ao longo do dia. Calcule o desvio-médio.

Tabela 2.32 Distâncias percorridas (km).

12,4	22,6	18,9	9,7	14,5	22,5	26,3	17,7	31,2	20,4

■ **SOLUÇÃO**

Para os dados da Tabela 2.32, temos que $\overline{X}$ = 19,62. Aplicando a expressão (2.29), obtemos o desvio-médio:

$$D_m = \frac{|12,4 - 19,62| + |22,6 - 19,62| + \quad + |20,4 - 19,62|}{10} = 4,98$$

O desvio-médio pode ser calculado diretamente pelo Excel utilizando a função **DESV.MÉDIO**.

CASO 2   Desvio-médio para dados discretos agrupados

Para dados agrupados, representados em uma tabela de distribuição de frequências por m grupos, o cálculo do desvio-médio é:

$$D_m = \frac{\sum_{i=1}^{m}|X_i - \mu| \cdot F_i}{N} \text{ (para a população)} \quad (2.30)$$

$$D_m = \frac{\sum_{i=1}^{m}|X_i - \overline{X}| \cdot F_i}{n} \text{ (para amostras)} \quad (2.31)$$

lembrando que $\overline{X} = \dfrac{\sum_{i=1}^{m}X_i \cdot F_i}{n}$.

■ EXEMPLO 29

A Tabela 2.33 apresenta o número de gols efetuados pelo time do Ubatuba nos últimos 30 jogos, com as respectivas frequências absolutas. Calcule o desvio-médio.

Tabela 2.33 Distribuição de frequências do Exemplo 29.

Número de gols	F_i
0	5
1	8
2	6
3	4
4	4
5	2
6	1
Soma	30

■ SOLUÇÃO

A média é $\overline{X} = \dfrac{0 \times 5 + 1 \times 8 + \quad + 6 \times 1}{30} = 2{,}133$. O desvio-médio pode ser determinado a partir dos cálculos apresentados na Tabela 2.34.

Tabela 2.34 Cálculos para o desvio-médio do Exemplo 29.

Número de gols	F_i	$|X_i - \overline{X}|$	$|X_i - \overline{X}| \cdot F_i$
0	5	2,133	10,667
1	8	1,133	9,067
2	6	0,133	0,800
3	4	0,867	3,467
4	4	1,867	7,467
5	2	2,867	5,733
6	1	3,867	3,867
Soma	30		41,067

Logo, $D_m = \dfrac{\sum_{i=1}^{m}|X_i - \overline{X}| \cdot F_i}{n} = \dfrac{41{,}067}{30} = 1{,}369$

CASO 3 **Desvio-médio para dados contínuos agrupados em classes**

Para dados contínuos agrupados em classes, o cálculo do desvio-médio é:

$$D_m = \frac{\sum_{i=1}^{k} |X_i - \mu| \cdot F_i}{N} \text{ (para a população)} \qquad (2.32)$$

$$D_m = \frac{\sum_{i=1}^{k} |X_i - \overline{X}| \cdot F_i}{n} \text{ (para amostras)} \qquad (2.33)$$

Repare que as expressões (2.32) e (2.33) são semelhantes às expressões (2.30) e (2.31), respectivamente, exceto que, em vez de m grupos, consideram-se k classes. Além disso, X_i representa o ponto médio ou central de cada classe i, sendo $\overline{X} = \dfrac{\sum_{i=1}^{k} X_i \cdot F_i}{n}$, conforme apresentado na expressão (2.6).

■ **EXEMPLO 30**

Uma pesquisa com 100 recém-nascidos coletou informações sobre o peso dos bebês, a fim de detectar a sua variação em função de fatores genéticos. A Tabela 2.35 apresenta os dados agrupados em classes e suas respectivas frequências absolutas. Calcule o desvio-médio.

Tabela 2.35 Peso dos recém-nascidos (em kg) agrupados em classes.

Classe	F_i
2,0 ⊢ 2,5	10
2,5 ⊢ 3,0	24
3,0 ⊢ 3,5	31
3,5 ⊢ 4,0	22
4,0 ⊢ 4,5	13
Soma	

■ **SOLUÇÃO**

Inicialmente, devemos calcular $\overline{X}$:

$$\overline{X} = \frac{\sum_{i=1}^{k} X_i \cdot F_i}{n} = \frac{2,25 \times 10 + 2,75 \times 24 + 3,25 \times 31 + 3,75 \times 22 + 4,25 \times 13}{100} = 3,270$$

O desvio-médio pode ser determinado a partir dos cálculos apresentados na Tabela 2.36.

Tabela 2.36 Cálculos para o desvio-médio do Exemplo 30.

Classe	F_i	X_i	$|X_i - \overline{X}|$	$|X_i - \overline{X}| \cdot F_i$
2,0 ⊢ 2,5	10	2,25	1,02	10,20
2,5 ⊢ 3,0	24	2,75	0,52	12,48
3,0 ⊢ 3,5	31	3,25	0,02	0,62
3,5 ⊢ 4,0	22	3,75	0,48	10,56
4,0 ⊢ 4,5	13	4,25	0,98	12,74
Soma	100			46,6

Logo, $D_m = \dfrac{\sum_{i=1}^{k} |X_i - \overline{X}| \cdot F_i}{n} = \dfrac{46,6}{100} = 0,466$

2.4.2.3. Variância

A variância é uma medida de dispersão ou variabilidade que avalia o quanto os dados estão dispersos em relação à média aritmética. Assim, quanto maior a variância, maior a dispersão dos dados.

CASO 1 **Variância para dados discretos e contínuos não agrupados**

Em vez de considerar a média dos desvios absolutos, conforme visto na seção anterior, é mais comum o cálculo da média dos desvios quadrados, medida conhecida como variância:

$$\sigma^2 = \frac{\sum_{i=1}^{N}(X_i - \mu)^2}{N} = \frac{\sum_{i=1}^{N}X_i^2 - \frac{\left(\sum_{i=1}^{N}X_i\right)^2}{N}}{N} \text{ (para a população)} \tag{2.34}$$

$$S^2 = \frac{\sum_{i=1}^{n}(X_i - \overline{X})^2}{n-1} = \frac{\sum_{i=1}^{n}X_i^2 - \frac{\left(\sum_{i=1}^{n}X_i\right)^2}{n}}{n-1} \text{ (para amostras)} \tag{2.35}$$

A relação entre a variância amostral (S^2) e a variância populacional (σ^2) é dada por:

$$S^2 = \frac{N}{n-1} \cdot \sigma^2 \tag{2.36}$$

■ EXEMPLO 31

Considere os dados do Exemplo 28 referentes às distâncias percorridas (em km) por um veículo para a entrega de 10 encomendas ao longo do dia. Calcule a variância.

Tabela 2.32 Distâncias percorridas (km).

12,4	22,6	18,9	9,7	14,5	22,5	26,3	17,7	31,2	20,4

■ SOLUÇÃO

Vimos no Exemplo 28 que $\overline{X}$ = 19,62. Aplicando a expressão (2.35), temos:

$$S^2 = \frac{(12,4 - 19,62)^2 + (22,6 - 19,62)^2 + \dots + (20,4 - 19,62)^2}{9} = 41,94$$

A variância amostral pode ser calculada diretamente pelo Excel utilizando a função **VAR**. Para o cálculo da variância populacional, devemos utilizar a função **VARP**.

CASO 2 **Variância para dados discretos agrupados**

Para dados agrupados, representados em uma tabela de distribuição de frequências por m grupos, a variância pode ser calculada da seguinte forma:

$$\sigma^2 = \frac{\sum_{i=1}^{m}(X_i - \mu)^2 \cdot F_i}{N} = \frac{\sum_{i=1}^{m}X_i^2 \cdot F_i - \frac{\left(\sum_{i=1}^{m}X_i \cdot F_i\right)^2}{N}}{N} \text{ (para a população)} \tag{2.37}$$

$$S^2 = \frac{\sum_{i=1}^{m}(X_i - \overline{X})^2 \cdot F_i}{n-1} = \frac{\sum_{i=1}^{m} X_i^2 \cdot F_i - \dfrac{\left(\sum_{i=1}^{m} X_i \cdot F_i\right)^2}{n}}{n-1} \textbf{ (para amostras)}$$

(2.38)

sendo $\overline{X} = \dfrac{\sum_{i=1}^{m} X_i \cdot F_i}{n}$.

■ EXEMPLO 32

Considere os dados do Exemplo 29 referentes ao número de gols efetuados pelo time do Ubatuba nos últimos 30 jogos, com as respectivas frequências absolutas. Calcule a variância.

■ SOLUÇÃO

Conforme calculado no Exemplo 29, a média é $\overline{X} = 21{,}33$. A variância pode ser determinada a partir dos cálculos apresentados na Tabela 2.37.

Tabela 2.37 Cálculos para a variância.

Número de gols	F_i	$(X_i - \overline{X})^2$	$(X_i - \overline{X})^2 \cdot F_i$
0	5	4,551	22,756
1	8	1,284	10,276
2	6	0,018	0,107
3	4	0,751	3,004
4	4	3,484	13,938
5	2	8,218	16,436
6	1	14,951	14,951
Soma	**30**		**81,467**

Logo, $S^2 = \dfrac{\sum_{i=1}^{m}(X_i - \overline{X})^2 \cdot F_i}{n-1} = \dfrac{81{,}467}{29} = 2{,}809$

CASO 3 **Variância para dados contínuos agrupados em classes**

Para dados contínuos agrupados em classes, o cálculo da variância é:

$$\sigma^2 = \frac{\sum_{i=1}^{k}(X_i - \mu)^2 \cdot F_i}{N} = \frac{\sum_{i=1}^{k} X_i^2 \cdot F_i - \dfrac{\left(\sum_{i=1}^{k} X_i \cdot F_i\right)^2}{N}}{N} \textbf{ (para a população)}$$

(2.39)

$$S^2 = \frac{\sum_{i=1}^{k}(X_i - \overline{X})^2 \cdot F_i}{n-1} = \frac{\sum_{i=1}^{k} X_i^2 \cdot F_i - \dfrac{\left(\sum_{i=1}^{k} X_i \cdot F_i\right)^2}{n}}{n-1} \textbf{ (para amostras)}$$

(2.40)

Repare que as expressões (2.39) e (2.40) são semelhantes às expressões (2.37) e (2.38), respectivamente, exceto que, em vez de m grupos, consideram-se k classes.

■ **EXEMPLO 33**

Considere os dados do Exemplo 30 referentes ao peso dos recém-nascidos agrupados em classes com as respectivas frequências absolutas. Calcule a variância.

■ **SOLUÇÃO**

Conforme calculado no Exemplo 30, temos que $\bar{X}$ = 3,270.

A variância pode ser determinada a partir dos cálculos apresentados na Tabela 2.38.

Tabela 2.38 Cálculos para a variância do Exemplo 33.

Classe	F_i	X_i	$(X_i - \bar{X})^2$	$(X_i - \bar{X})^2 \cdot F_i$
2,0 ├ 2,5	10	2,25	1,0404	10,404
2,5 ├ 3,0	24	2,75	0,2704	6,4896
3,0 ├ 3,5	31	3,25	0,0004	0,0124
3,5 ├ 4,0	22	3,75	0,2304	5,0688
4,0 ├ 4,5	13	4,25	0,9604	12,4852
Soma	**100**			**34,46**

Logo, $S^2 = \dfrac{\sum\limits_{i=1}^{k}(X_i - \bar{X})^2 \cdot F_i}{n-1} = \dfrac{34,46}{99} = 0,348$

2.4.2.4. Desvio-padrão

Como a variância considera a média dos desvios quadrados, seu valor tende a ser muito grande e de difícil interpretação. Para resolver esse problema, extrai-se a raiz quadrada da variância, medida conhecida como desvio-padrão. É calculado por:

$$\sigma = \sqrt{\sigma^2} \textbf{ (para a população)} \tag{2.41}$$

$$S = \sqrt{S^2} \textbf{ (para amostras)} \tag{2.42}$$

■ **EXEMPLO 34**

Considere novamente os dados dos Exemplos 28 ou 31 referentes às distâncias percorridas (em km) pelo veículo. Calcule o desvio-padrão.

Tabela 2.32 Distâncias percorridas (km).

12,4	22,6	18,9	9,7	14,5	22,5	26,3	17,7	31,2	20,4

■ **SOLUÇÃO**

Temos que $\bar{X}$ = 19,62. O desvio-padrão é a raiz quadrada da variância, já calculada no Exemplo 31:

$$S = \sqrt{\frac{(12,4-19,62)^2 + (22,6-19,62)^2 + ... + (20,4-19,62)^2}{9}} = \sqrt{41,94} = 6,476$$

O desvio-padrão de uma amostra pode ser calculado diretamente pelo Excel utilizando a função **DESVPAD**. Para o cálculo do desvio-padrão populacional, utiliza-se a função **DESVPADP**.

■ **EXEMPLO 35**

Considere os dados dos Exemplos 29 ou 32 referentes ao número de gols efetuados pelo time do Ubatuba nos últimos 30 jogos, com as respectivas frequências absolutas. Calcule o desvio-padrão.

■ SOLUÇÃO

A média é $\bar{X}$ = 2,133. O desvio-padrão é a raiz quadrada da variância, podendo assim ser determinado a partir dos cálculos da variância já efetuados no Exemplo 32, conforme demonstrado na Tabela 2.37.

Tabela 2.37 Cálculos para a variância.

Número de gols	F_i	$(X_i - \bar{X})^2$	$(X_i - \bar{X})^2 \cdot F_i$
0	5	4,551	22,756
1	8	1,284	10,276
2	6	0,018	0,107
3	4	0,751	3,004
4	4	3,484	13,938
5	2	8,218	16,436
6	1	14,951	14,951
Soma	**30**		**81,467**

Logo, $S = \sqrt{\dfrac{\sum_{i=1}^{m}(X_i - \bar{X})^2 \cdot F_i}{n-1}} = \sqrt{\dfrac{81,467}{29}} = \sqrt{2,809} = 1,676$

■ EXEMPLO 36

Considere os dados dos Exemplos 30 ou 33 referentes ao peso dos recém-nascidos agrupados em classes com as respectivas frequências absolutas. Calcule o desvio-padrão.

■ SOLUÇÃO

Tem-se que $\bar{X}$ = 3,270. O desvio-padrão é a raiz quadrada da variância, podendo assim ser determinado a partir dos cálculos da variância já efetuados no Exemplo 33, conforme demonstrado na Tabela 2.38.

Tabela 2.38 Cálculos para a variância do Exemplo 33.

Classe	F_i	X_i	$(X_i - \bar{X})^2$	$(X_i - \bar{X})^2 \cdot F_i$
2,0 ⊢ 2,5	10	2,25	1,0404	10,404
2,5 ⊢ 3,0	24	2,75	0,2704	6,4896
3,0 ⊢ 3,5	31	3,25	0,0004	0,0124
3,5 ⊢ 4,0	22	3,75	0,2304	5,0688
4,0 ⊢ 4,5	13	4,25	0,9604	12,4852
Soma	**100**			**34,46**

Logo, $S = \sqrt{\dfrac{\sum_{i=1}^{k}(X_i - \bar{X})^2 \cdot F_i}{n-1}} = \sqrt{\dfrac{34,46}{99}} = \sqrt{0,348} = 0,59$

2.4.2.5. Erro-padrão

O erro-padrão é o desvio-padrão da média. É obtido dividindo-se o desvio-padrão pela raiz quadrada do tamanho da população ou amostra, conforme segue:

$$\sigma_{\bar{X}} = \frac{\sigma}{\sqrt{N}} \text{ (para a população)} \tag{2.43}$$

$$S_{\bar{X}} = \frac{S}{\sqrt{n}} \text{ (para amostras)} \tag{2.44}$$

Quanto maior o número de medições, melhor será a determinação do valor médio (maior precisão), em razão da compensação dos erros aleatórios.

■ EXEMPLO 37

Uma das etapas para o preparo e uso do concreto corresponde à mistura dele na betoneira. As Tabelas 2.39 e 2.40 apresentam os tempos de mistura do concreto (em segundos) considerando uma amostra de 10 e 30 elementos, respectivamente. Calcule o erro-padrão para os dois casos e interprete os resultados.

Tabela 2.39 Tempo de mistura do concreto para uma amostra com 10 elementos.

124	111	132	142	108	127	133	144	148	105

Tabela 2.40 Tempo de mistura do concreto para uma amostra com 30 elementos.

125	102	135	126	132	129	156	112	108	134
126	104	143	140	138	129	119	114	107	121
124	112	148	145	130	125	120	127	106	148

■ SOLUÇÃO

Inicialmente, calcularemos o desvio-padrão para as duas amostras:

$$S_1 = \sqrt{\frac{(124-127,4)^2 + (111-127,4)^2 + \dots + (105-127,4)^2}{9}} = 15,364$$

$$S_2 = \sqrt{\frac{(125-126,167)^2 + (102-126,167)^2 + \dots + (148-126,167)^2}{29}} = 14,227$$

Para o cálculo do erro-padrão, devemos aplicar a expressão (2.44):

$$S_{\overline{X}_1} = \frac{S_1}{\sqrt{n_1}} = \frac{15,364}{\sqrt{10}} = 4,858$$

$$S_{\overline{X}_2} = \frac{S_2}{\sqrt{n_2}} = \frac{14,227}{\sqrt{30}} = 2,598$$

Apesar da pequena diferença no cálculo do desvio-padrão, podemos verificar que o erro-padrão da primeira amostra é quase o dobro comparado com a segunda amostra. Portanto, quanto maior o número de medições, maior a precisão.

2.4.2.6. Coeficiente de variação

O coeficiente de variação (*CV*) é uma medida de dispersão relativa que fornece a variação dos dados em relação à média. Quanto menor for o seu valor, mais homogêneos serão os dados, ou seja, menor será a dispersão em torno da média. Pode ser calculado como:

$$CV = \frac{\sigma}{\mu} \times 100 \quad (\%) \textbf{ (para a população)} \tag{2.45}$$

$$CV = \frac{S}{\overline{X}} \times 100 \quad (\%) \textbf{ (para amostras)} \tag{2.46}$$

Um *CV* pode ser considerado baixo, indicando um conjunto de dados razoavelmente homogêneo, quando for menor do que 30%. Se esse valor for acima de 30%, o conjunto de dados pode ser considerado heterogêneo. Entretanto, esse padrão varia de acordo com a aplicação.

■ **EXEMPLO 38**

Calcule o coeficiente de variação para as duas amostras do exemplo anterior.

■ **SOLUÇÃO**

Aplicando a expressão (2.46), temos que:

$$CV_1 = \frac{S_1}{\bar{X}_1} \times 100 = \frac{15{,}364}{127{,}4} \times 100 = 12{,}06\%$$

$$CV_2 = \frac{S_2}{\bar{X}_2} \times 100 = \frac{14{,}227}{126{,}167} \times 100 = 11{,}28\%$$

Estes resultados confirmam a homogeneidade dos dados da variável em estudo para as duas amostras. Concluimos, portanto, que a média é uma boa medida para representação dos dados.

Passaremos agora para o estudo das medidas de assimetria e curtose.

2.4.3. Medidas de forma

As medidas de assimetria (*skewness*) e curtose (*kurtosis*) caracterizam a forma da distribuição dos elementos da população amostrados em torno da média (Maroco, 2014).

2.4.3.1. Medidas de assimetria

As medidas de assimetria referem-se à forma da curva de uma distribuição de frequências. Para uma curva ou distribuição de frequências simétrica, a média, a moda e a mediana são iguais. Para uma curva assimétrica, a média distancia-se da moda, e a mediana situa-se em uma posição intermediária. A Figura 2.16 apresenta uma distribuição simétrica.

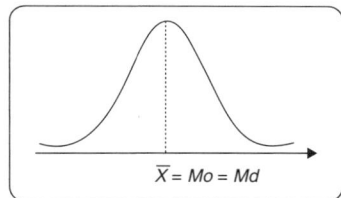

Figura 2.16 Distribuição simétrica.

Por outro lado, se a distribuição de frequências se concentrar do lado esquerdo, de modo que a cauda à direita seja mais alongada que a cauda à esquerda, teremos uma **distribuição assimétrica positiva** ou **à direita**, como mostra a Figura 2.17. Nesse caso, a média apresenta um valor maior do que a mediana, e esta, por sua vez, apresenta um valor maior do que a moda ($Mo < Md < \bar{X}$).

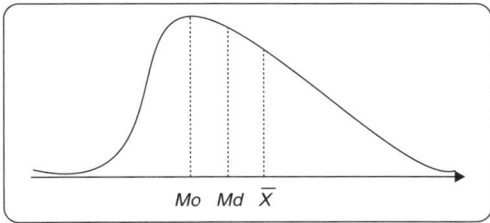

Figura 2.17 Assimetria à direita ou positiva.

Ou ainda, se a distribuição de frequências se concentrar do lado direito, de modo que a cauda à esquerda seja mais alongada que a cauda à direita, teremos uma **distribuição assimétrica negativa** ou **à esquerda**, como mostra a Figura 2.18. Nesse caso, a média apresenta um valor menor do que a mediana, e esta, por sua vez, apresenta um valor menor do que a moda ($\bar{X} < Md < Mo$).

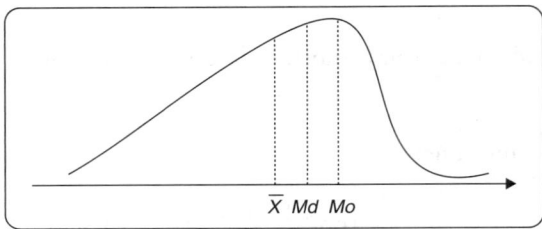

Figura 2.18 Assimetria à esquerda ou negativa.

2.4.3.1.1. Primeiro coeficiente de assimetria de Pearson

O 1º coeficiente de assimetria de Pearson (A_{S_1}) é uma medida de assimetria proporcionada pela diferença entre a média e a moda, ponderada por uma medida de dispersão (desvio-padrão):

$$A_{S_1} = \frac{\mu - Mo}{\sigma} \textbf{ (para a população)} \tag{2.47}$$

$$A_{S_1} = \frac{\overline{X} - Mo}{S} \textbf{ (para amostras)} \tag{2.48}$$

que possui a seguinte interpretação:

se A_{S_1} = 0, a distribuição é simétrica;
se A_{S_1} > 0, a distribuição é assimétrica positiva (à direita);
se A_{S_1} < 0, a distribuição é assimétrica negativa (à esquerda).

■ **EXEMPLO 39**

A partir de um conjunto de dados, foram extraídas as seguintes medidas: $\overline{X}$ = 34,7, Mo = 31,5, Md = 33,2 e S = 12,4. Classifique o tipo de assimetria e calcule o 1º coeficiente de assimetria de Pearson.

■ **SOLUÇÃO**

Como $Mo < Md < \overline{X}$, temos uma distribuição assimétrica positiva (à direita). Aplicando a expressão (2.48), podemos determinar o 1º coeficiente de assimetria de Pearson:

$$A_{S_1} = \frac{\overline{X} - Mo}{S} = \frac{34,7 - 31,5}{12,4} = 0,258$$

A classificação da distribuição como assimétrica positiva também pode ser interpretada pelo valor de A_{S_1} > 0.

2.4.3.1.2. Segundo coeficiente de assimetria de Pearson

Para evitar o uso da moda no cálculo da assimetria, devemos adotar uma relação empírica entre a média, a mediana e a moda: $\overline{X} - Mo = 3 \cdot (\overline{X} - Md)$, que corresponde ao 2º coeficiente da assimetria de Pearson (A_{S_2}):

$$A_{S_2} = \frac{3 \cdot (\mu - Md)}{\sigma} \textbf{ (para a população)} \tag{2.49}$$

$$A_{S_2} = \frac{3 \cdot (\overline{X} - Md)}{S} \textbf{ (para amostras)} \tag{2.50}$$

Da mesma forma, temos que:

Se A_{S_2} = 0, a distribuição é simétrica;
Se A_{S_2} > 0, a distribuição é assimétrica positiva (à direita);
Se A_{S_2} < 0, a distribuição é assimétrica negativa (à esquerda).

O $1^{\underline{o}}$ e o $2^{\underline{o}}$ coeficientes de assimetria de Pearson permitem a comparação entre duas ou mais distribuições e a avaliação de qual delas é mais assimétrica. O seu valor em módulo indica a intensidade da assimetria, isto é, quanto maior o coeficiente de assimetria de Pearson, mais assimétrica é a curva. Logo:

Se $0 < |A_S| < 0{,}15$, a assimetria é fraca;
Se $0{,}15 \leq |A_S| \leq 1$, a assimetria é moderada;
Se $|A_S| > 1$, a assimetria é forte.

■ **EXEMPLO 40**

A partir dos dados do Exemplo 39, calcule o $2^{\underline{o}}$ coeficiente de assimetria de Pearson.

■ **SOLUÇÃO**

Aplicando a expressão (2.50), chegamos a:

$$A_{S_2} = \frac{3 \cdot (\overline{X} - Md)}{S} = \frac{3 \cdot (34{,}7 - 33{,}2)}{12{,}4} = 0{,}363$$

Analogamente, como $A_{S_2} > 0$, confirmamos que a distribuição é assimétrica positiva.

2.4.3.1.3. Coeficiente de assimetria de Bowley

Outra medida de assimetria é o coeficiente de assimetria de Bowley (A_{S_B}), também conhecido como **coeficiente quartílico de assimetria**, calculado a partir de medidas separatrizes como o primeiro e o terceiro quartis, além da mediana:

$$A_{S_B} = \frac{Q_3 + Q_1 - 2 \cdot Md}{Q_3 - Q_1} \tag{2.51}$$

Da mesma forma, temos que:

Se $A_{S_B} = 0$, a distribuição é simétrica;
Se $A_{S_B} > 0$, a distribuição é assimétrica positiva (à direita);
Se $A_{S_B} < 0$, a distribuição é assimétrica negativa (à esquerda).

■ **EXEMPLO 41**

Calcule o coeficiente de assimetria de Bowley para o seguinte conjunto de dados, já ordenados de forma crescente:

$$24 < 25 < 29 < 31 < 36 < 40 < 44 < 45 < 48 < 50 < 54 < 56$$
$$1^{\underline{o}} \quad 2^{\underline{o}} \quad 3^{\underline{o}} \quad 4^{\underline{o}} \quad 5^{\underline{o}} \quad 6^{\underline{o}} \quad 7^{\underline{o}} \quad 8^{\underline{o}} \quad 9^{\underline{o}} \quad 10^{\underline{o}} \quad 11^{\underline{o}} \quad 12^{\underline{o}}$$

■ **SOLUÇÃO**

Temos que $Q_1 = 30$, $Md = 42$ e $Q_3 = 49$. Logo, podemos determinar o coeficiente de assimetria de Bowley:

$$A_{S_B} = \frac{Q_3 + Q_1 - 2 \cdot Md}{Q_3 - Q_1} = \frac{49 + 30 - 2 \cdot (42)}{49 - 30} = -0{,}263$$

Como $A_{S_B} < 0$, concluímos que a distribuição é assimétrica negativa (à esquerda).

2.4.3.1.4. Coeficiente de assimetria de Fisher

A última medida de assimetria estudada é conhecida como o coeficiente de assimetria de Fisher (g_1), calculado a partir do terceiro momento em torno da média (M_3), conforme apresentado em Maroco (2014):

$$g_1 = \frac{n^2 \cdot M_3}{(n-1) \cdot (n-2) \cdot S^3} \tag{2.52}$$

em que:

$$M_3 = \frac{\sum_{i=1}^{n}(X_i - \overline{X})^3}{n}$$
(2.53)

que possui a mesma interpretação dos demais coeficientes de assimetria, ou seja:

se $g_1 = 0$, a distribuição é simétrica;
se $g_1 > 0$, a distribuição é assimétrica positiva (à direita);
se $g_1 < 0$, a distribuição é assimétrica negativa (à esquerda).

O coeficiente de assimetria de Fisher pode ser calculado por meio do Excel utilizando a função **DISTORÇÃO** (ver Exemplo 42) ou pelo suplemento **Ferramentas de Análise** (seção 2.5). Seu cálculo pelo software SPSS será apresentado na seção 2.6.

2.4.3.1.5. Coeficiente de assimetria no Stata

O coeficiente de assimetria no software Stata é calculado a partir do segundo e do terceiro momento em torno da média, conforme apresentado por Cox (2010):

$$A_S = \frac{M_3}{M_2^{3/2}}$$
(2.54)

em que:

$$M_2 = \frac{\sum_{i=1}^{n}(X_i - \overline{X})^2}{n}$$
(2.55)

que possui a mesma interpretação dos demais coeficientes de assimetria, ou seja:

se $A_S = 0$, a distribuição é simétrica;
se $A_S > 0$, a distribuição é assimétrica positiva (à direita);
se $A_S < 0$, a distribuição é assimétrica negativa (à esquerda).

2.4.3.2. Medidas de curtose

Além das medidas de assimetria, as medidas de curtose também podem ser utilizadas para caracterizar a forma da distribuição da variável em estudo.

A curtose pode ser definida como o grau de achatamento de uma distribuição de frequências (altura do pico da curva) em relação a uma distribuição teórica que geralmente corresponde à distribuição normal.

Quando a forma da distribuição não for muito achatada e nem muito alongada, com aparência semelhante à da curva normal, é denominada **mesocúrtica**, como pode ser visto na Figura 2.19.

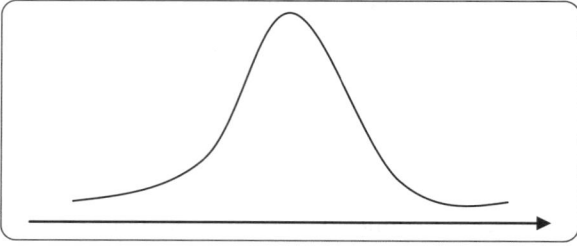

Figura 2.19 Curva mesocúrtica.

Por outro lado, quando a distribuição apresentar uma curva de frequências mais achatada que a curva normal, é denominada **platicúrtica**, como mostra a Figura 2.20.

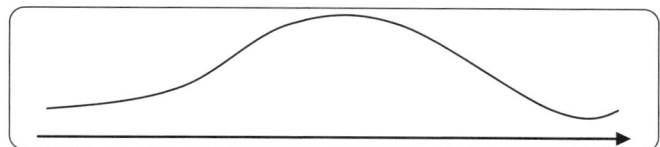

Figura 2.20 Curva platicúrtica.

Ou ainda, quando a distribuição apresentar uma curva de frequências mais alongada que a curva normal, é denominada **leptocúrtica**, de acordo com a Figura 2.21.

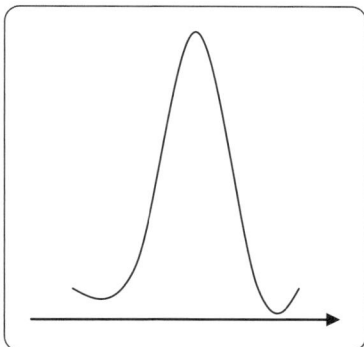

Figura 2.21 Curva leptocúrtica.

2.4.3.2.1. Coeficiente de curtose

Um dos coeficientes mais utilizados para medir o grau de achatamento ou curtose de uma distribuição é o **coeficiente percentílico de curtose**, ou simplesmente **coeficiente de curtose (k)**, calculado a partir do intervalo interquartil, além dos percentis de ordem 10 e 90:

$$k = \frac{Q_3 - Q_1}{2 \cdot (P_{90} - P_{10})} \tag{2.56}$$

com a seguinte interpretação:

se k = 0,263, diz-se que a curva é mesocúrtica;
se k > 0,263, diz-se que a curva é platicúrtica;
por fim, se k < 0,263, diz-se que a curva é leptocúrtica.

2.4.3.2.2. Coeficiente de curtose de Fisher

Outra medida bastante utilizada para medir o grau de achatamento ou curtose de uma distribuição é o coeficiente de curtose de Fisher (g_2), calculado a partir do quarto momento em torno da média (M_4), conforme apresentado em Maroco (2014):

$$g_2 = \frac{n^2 \cdot (n+1) \cdot M_4}{(n-1) \cdot (n-2) \cdot (n-3) \cdot S^4} - 3 \cdot \frac{(n-1)^2}{(n-2) \cdot (n-3)} \tag{2.57}$$

em que:

$$M_4 = \frac{\sum_{i=1}^{n}(X_i - \overline{X})^4}{n} \tag{2.58}$$

que possui a seguinte interpretação:

se g_2 = 0, a curva apresenta uma distribuição normal (mesocúrtica);
se g_2 < 0, a curva é muito achatada (platicúrtica);
se g_2 > 0, a curva é muito alongada (leptocúrtica).

Muitos programas estatísticos, entre eles o SPSS, utilizam o coeficiente de curtose de Fisher para calcular o grau de achatamento ou curtose (seção 2.6). No Excel, a função **CURT** calcula o coeficiente de curtose de Fisher (Exemplo 42), podendo ainda ser calculado por meio do suplemento **Ferramentas de Análise** (seção 2.5).

2.4.3.2.3. Coeficiente de curtose no Stata

O coeficiente de curtose no Stata é calculado a partir do segundo e do quarto momento em torno da média, conforme apresentado por Bock (1975) e Cox (2010):

$$k_S = \frac{M_4}{M_2^2} \tag{2.59}$$

que possui a seguinte interpretação:

se $k_S = 3$, a curva apresenta uma distribuição normal (mesocúrtica);
se $k_S < 3$, a curva é muito achatada (platicúrtica);
se $k_S > 3$, a curva é muito alongada (leptocúrtica).

■ **EXEMPLO 42**

A Tabela 2.41 apresenta o histórico de cotações da ação Y ao longo de um mês, resultando em uma amostra com 20 períodos (dias úteis). Calcule:

a) o coeficiente de assimetria de Fisher (g_1);
b) o coeficiente de assimetria utilizado no Stata;
c) o coeficiente de curtose de Fisher (g_2);
d) o coeficiente de curtose utilizado no Stata.

Tabela 2.41 Cotação da ação Y ao longo do mês.

18,7	18,3	18,4	18,7	18,8	18,8	19,1	18,9	19,1	19,9
18,5	18,5	18,1	17,9	18,2	18,3	18,1	18,8	17,5	16,9

■ **SOLUÇÃO**

A média e o desvio-padrão dos dados da Tabela 2.41 são $\overline{X} = 18,475$ e $S = 0,6324$, respectivamente. Temos que:

a) Coeficiente de assimetria de Fisher (g_1):
É calculado a partir do terceiro momento em torno da média (M_3):

$$M_3 = \frac{\sum_{i=1}^{n}(X_i - \overline{X})^3}{n} = \frac{(18,7 - 18,475)^3 + \dots + (16,9 - 18,475)^3}{20} = -0,0788$$

Logo, temos que:

$$g_1 = \frac{n^2 \cdot M_3}{(n-1)\cdot(n-2)\cdot S^3} = \frac{(20)^2 \cdot (-0,079)}{19 \cdot 18 \cdot (0,6324)^3} = -0,3647$$

Como $g_1 < 0$, podemos concluir que a curva de frequências se concentra do lado direito e tem uma cauda mais longa à esquerda, ou seja, a distribuição é assimétrica à esquerda ou negativa.

O Excel calcula o coeficiente de assimetria de Fisher (g_1) por meio da função **DISTORÇÃO**. O arquivo **Cotações.xls** apresenta os dados da Tabela 2.41 em uma planilha, das células A1:A20. Assim, para o seu cálculo, basta inserir a expressão **=DISTORÇÃO(A1:A20)**.

b) Coeficiente de assimetria utilizado no software Stata:

É calculado a partir do segundo e do terceiro momento em torno da média:

$$M_2 = \frac{\sum_{i=1}^{n}(X_i - \overline{X})^2}{n} = \frac{(18,7 - 18,475)^2 + \ldots + (16,9 - 18,475)^2}{20} = 0,3799$$

$$M_3 = -0,0788$$

Seu cálculo é:

$$A_S = \frac{M_3}{M_2^{3/2}} = -0,3367$$

que tem a mesma interpretação do coeficiente de assimetria de Fisher.

c) Coeficiente de curtose de Fisher (g_2):

É calculado a partir do quarto momento em torno da média (M_4):

$$M_4 = \frac{\sum_{i=1}^{n}(X_i - \overline{X})^4}{n} = \frac{(18,7 - 18,475)^4 + \ldots + (16,9 - 18,475)^4}{20} = 0,5857$$

O cálculo de g_2 é, por conseguinte:

$$g_2 = \frac{n^2 \cdot (n+1) \cdot M_4}{(n-1) \cdot (n-2) \cdot (n-3) \cdot S^4} - 3 \cdot \frac{(n-1)^2}{(n-2) \cdot (n-3)}$$

$$g_2 = \frac{(20)^2 \cdot 21 \cdot 0,5857}{19 \cdot 18 \cdot 17 \cdot (0,6324)^4} - 3 \cdot \frac{(19)^2}{18 \cdot 17} = 1,7529$$

Podemos concluir, portanto, que a curva é alongada ou leptocúrtica.

A função **CURT** do Excel calcula o coeficiente de curtose de Fisher (g_2). Para esse cálculo a partir do arquivo **Cotações.xls**, devemos inserir a expressão **=CURT(A1:A20)**.

d) Coeficiente de curtose no software Stata:

É calculado a partir do segundo e do quarto momento em torno da média:

$M_2 = 0,3799$ e $M_4 = 0,5857$, como já calculado. Logo:

$$k_S = \frac{M_4}{M_2^2} = \frac{0,5857}{(0,3799)^2} = 4,0586$$

Como $k_S > 3$, a curva é alongada ou leptocúrtica.

Apresentaremos nas próximas cinco seções como gerar tabelas, gráficos e medidas-resumo por meio do Excel e dos softwares SPSS, Stata, R e Python, a partir dos dados do Exemplo 42.

2.5. EXEMPLO PRÁTICO EM EXCEL

A seção 2.3.1 ilustrou a representação gráfica de variáveis qualitativas por meio de gráficos de barras (horizontal e vertical), de setores ou pizzas e do diagrama de Pareto. Apresentamos como cada um desses gráficos pode ser obtido pelo Excel. Já a seção 2.3.2 ilustrou a representação gráfica de variáveis quantitativas por meio de gráficos de linhas, pontos ou dispersão, histograma, entre outros. Analogamente, foi apresentado como a maioria deles pode ser obtido pelo Excel.

A seção 2.4 apresentou as principais medidas-resumo, incluindo medidas de tendência central (média, moda e mediana), medidas separatrizes (quartis, decis e percentis), medidas de dispersão ou variabilidade (amplitude, desvio-médio, variância, desvio-padrão, erro-padrão e coeficiente de variação), além de medidas de forma como assimetria e curtose. Assim, apresentamos como estas podem ser calculadas a partir das funções do Excel, exceto as que não estão disponíveis.

Esta seção apresenta como obter estatísticas descritivas (como média, erro-padrão, mediana, moda, desvio-padrão, variância, curtose, assimetria, entre outras), por meio do suplemento **Ferramentas de Análise** do Excel.

Para tal, consideraremos o problema apresentado no Exemplo 42, cujos dados estão disponíveis em Excel no arquivo **Cotações.xls**, reproduzidos nas células A1:A20, conforme mostra a Figura 2.22.

	A
1	18,7
2	18,3
3	18,4
4	18,7
5	18,8
15	18,2
16	18,3
17	18,1
18	18,8
19	17,5
20	16,9

Figura 2.22 Base de dados em Excel – Preço da ação *Y*.

Para ativar o suplemento **Ferramentas de Análise** no Excel, inicialmente devemos clicar no menu **Arquivo** e em **Opções**, conforme mostra a Figura 2.23.

Figura 2.23 Menu **Arquivo**, com destaque para **Opções**.

Será então aberta a caixa de diálogo **Opções do Excel**, conforme mostra a Figura 2.24. A partir dela, selecionamos a opção **Suplementos**. Na caixa **Suplementos**, devemos escolher a opção **Ferramentas de Análise** e clicar em **Ir**.

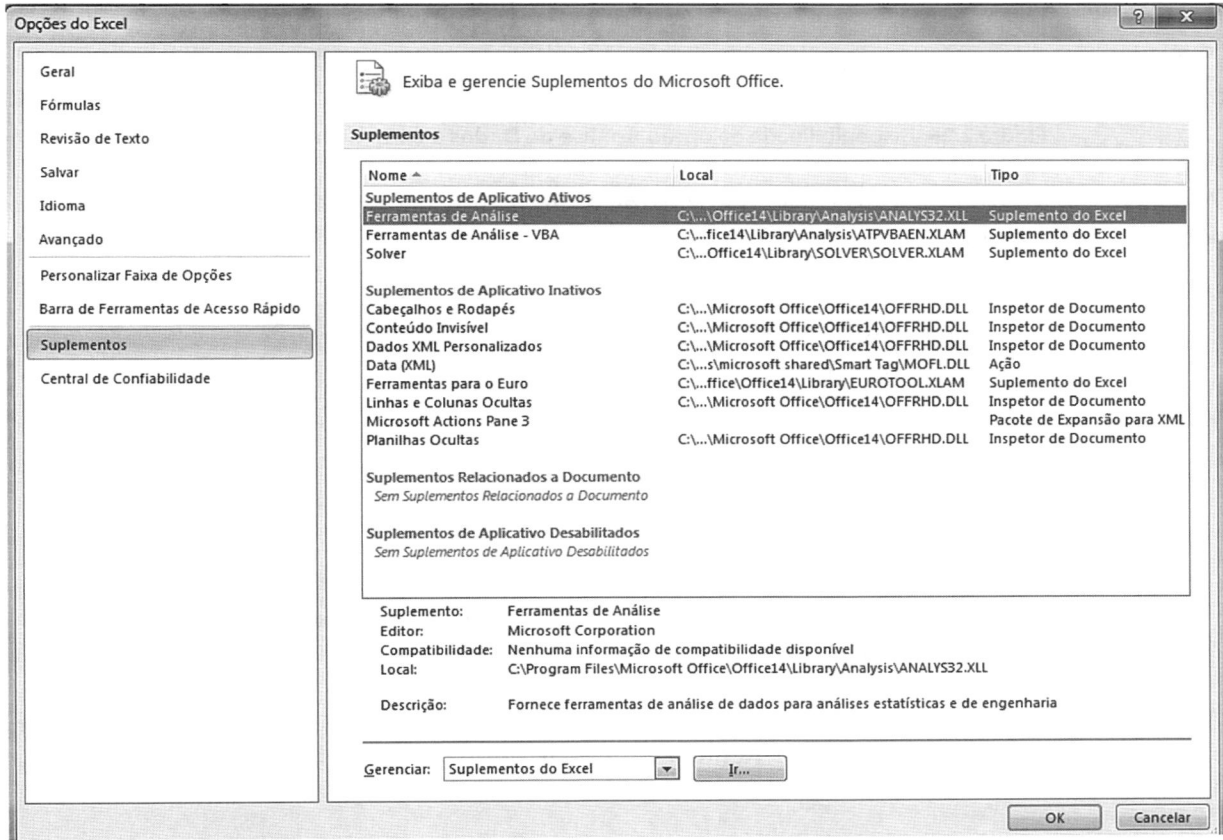

Figura 2.24 Caixa de diálogo **Opções do Excel**.

Dessa forma, aparecerá a caixa de diálogo **Suplementos**, conforme mostra a Figura 2.25. Dentre os suplementos disponíveis, devemos escolher a opção **Ferramentas de Análise** e clicar em **OK**.

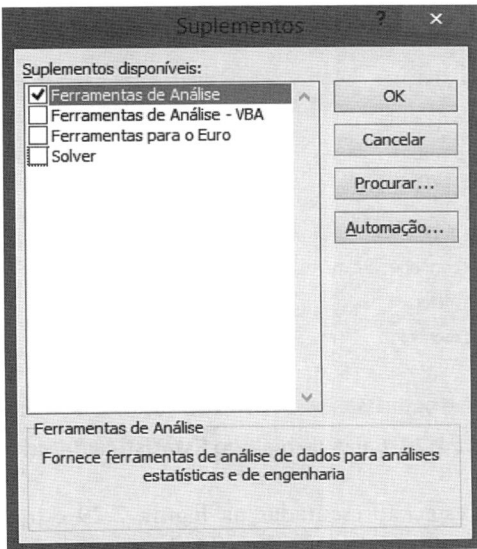

Figura 2.25 Caixa de diálogo **Suplementos**.

Assim, a opção **Análise de Dados** passará a estar disponível no menu **Dados**, dentro do grupo **Análise**, conforme mostra a Figura 2.26.

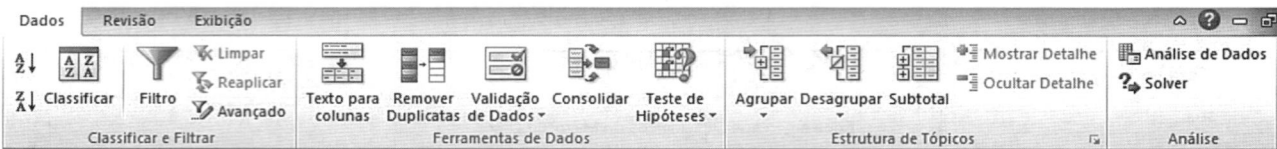

Figura 2.26 Disponibilidade da opção **Análise de Dados** a partir do menu **Dados**.

A Figura 2.27 apresenta a caixa de diálogo **Análise de dados**. Repare que diversas ferramentas de análise estão disponíveis. Vamos escolher a opção **Estatística descritiva** e clicar em **OK**.

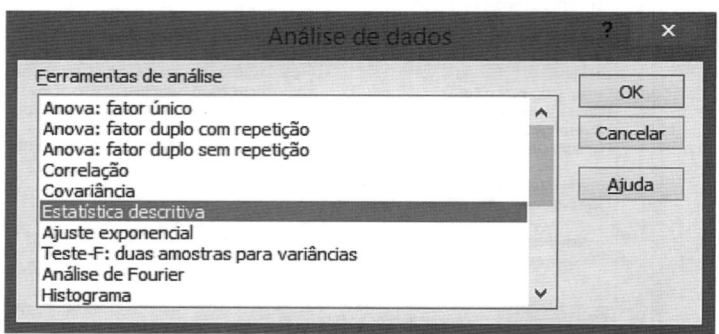

Figura 2.27 Caixa de diálogo **Análise de dados**.

A partir da caixa de diálogo **Estatística descritiva** (Figura 2.28), devemos selecionar o intervalo de entrada (A1:A20) e, em **Opções de saída**, escolher **Resumo estatístico**. Os resultados podem ser exibidos em uma nova planilha ou em uma nova pasta de trabalho. Por fim, clicaremos em **OK**.

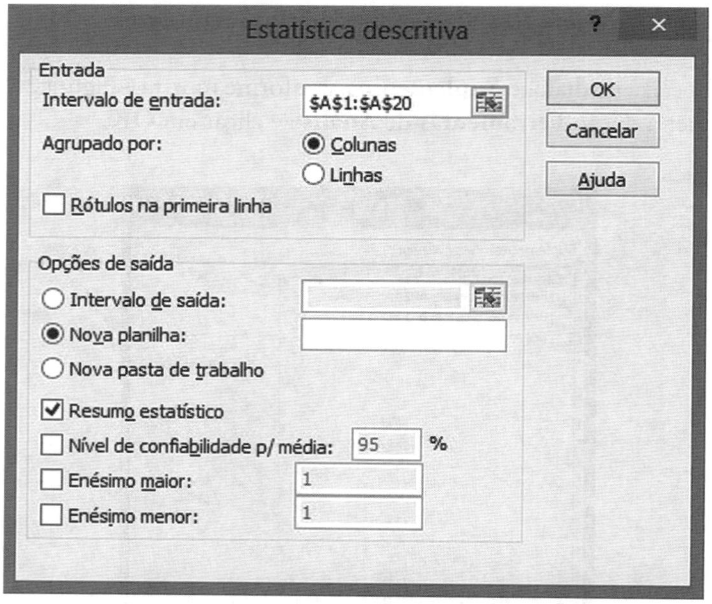

Figura 2.28 Caixa de diálogo **Estatística descritiva**.

As estatísticas descritivas geradas estão apresentadas na Figura 2.29 e incluem medidas de tendência central (média, moda e mediana), medidas de dispersão ou variabilidade (variância, desvio-padrão e erro-padrão) e medidas de forma (assimetria e curtose). A amplitude pode ser calculada a partir da diferença entre os valores máximo e mínimo da amostra. Conforme mencionado nas seções 2.4.3.1 e 2.4.3.2, a medida de assimetria calculada pelo Excel (a partir da função **DISTORÇÃO** ou pela Figura 2.28) corresponde ao coeficiente de assimetria de Fisher (g_1) e a medida de curtose calculada (a partir da função **CURT** ou pela Figura 2.28) corresponde ao coeficiente de curtose de Fisher (g_2).

	A	B
1	*Coluna1*	
2		
3	Média	18,475
4	Erro padrão	0,141398094
5	Mediana	18,5
6	Modo	18,8
7	Desvio padrão	0,632351501
8	Variância da amostra	0,399868421
9	Curtose	1,75287467
10	Assimetria	-0,364691378
11	Intervalo	3
12	Mínimo	16,9
13	Máximo	19,9
14	Soma	369,5
15	Contagem	20

Figura 2.29 Estatísticas descritivas geradas pelo Excel.

2.6. EXEMPLO PRÁTICO NO SOFTWARE SPSS

Esta seção apresenta, a partir de um exemplo prático, como obter as principais estatísticas descritivas univariadas estudadas neste capítulo pelo IBM SPSS Statistics Software©, incluindo tabelas de distribuição de frequências, gráficos (histograma, ramo-e-folhas, *boxplot*, barras, setores ou pizzas), medidas de tendência central (média, moda e mediana), medidas separatrizes (quartis e percentis), medidas de dispersão ou variabilidade (amplitude, variância, desvio-padrão, erro-padrão, entre outras) e medidas de forma (assimetria e curtose). A reprodução das imagens nesta seção tem autorização da International Business Machines Corporation©.

Os dados apresentados no Exemplo 42 compõem a base de entrada do SPSS e estão disponíveis no arquivo **Cotações.sav**, conforme mostra a Figura 2.30.

	Preço
1	18,7
2	18,3
3	18,4
4	18,7
5	18,8
6	18,8
7	19,1
8	18,9
9	19,1
10	19,9

Figura 2.30 Base de dados no SPSS – Preço da ação *Y*.

Para obtermos tais estatísticas descritivas, devemos clicar em **Analyze → Descriptive Statistics**. A partir daí, três opções podem ser utilizadas: **Frequencies**, **Descriptives** e **Explore**.

2.6.1. Opção Frequencies

Esta opção pode ser utilizada tanto para variáveis **qualitativas** como **quantitativas**, e disponibiliza tabelas de distribuição de frequências, assim como medidas de tendência central (média, mediana e moda), medidas separatrizes (quartis e percentis), medidas de dispersão ou variabilidade (amplitude, variância, desvio-padrão, erro-padrão, entre outras) e medidas de assimetria e curtose. A opção **Frequencies** também plota gráficos de barras, pizzas ou histogramas (com ou sem curva normal).

Portanto, a partir do menu **Analyze → Descriptive Statistics**, devemos escolher a opção **Frequencies...**, como mostra a Figura 2.31.

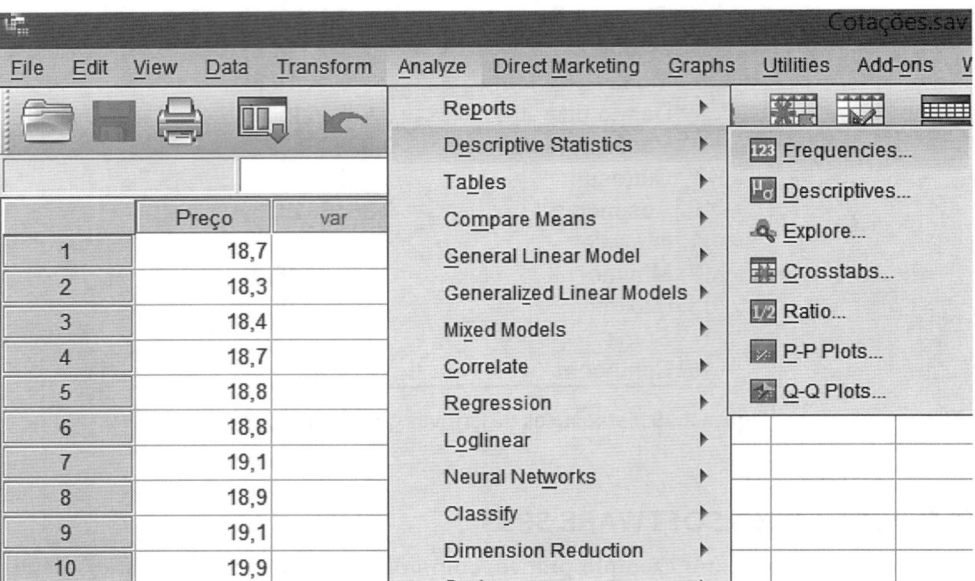

Figura 2.31 Estatística descritiva no SPSS – Opção **Frequencies**.

Será aberta, portanto, a caixa de diálogo **Frequencies**. A variável em estudo (Preço da ação, denominada *Preço*) deve ser selecionada em **Variable(s)** e a opção **Display frequency tables** deve estar ativada para que a tabela de distribuição de frequências seja exibida (Figura 2.32).

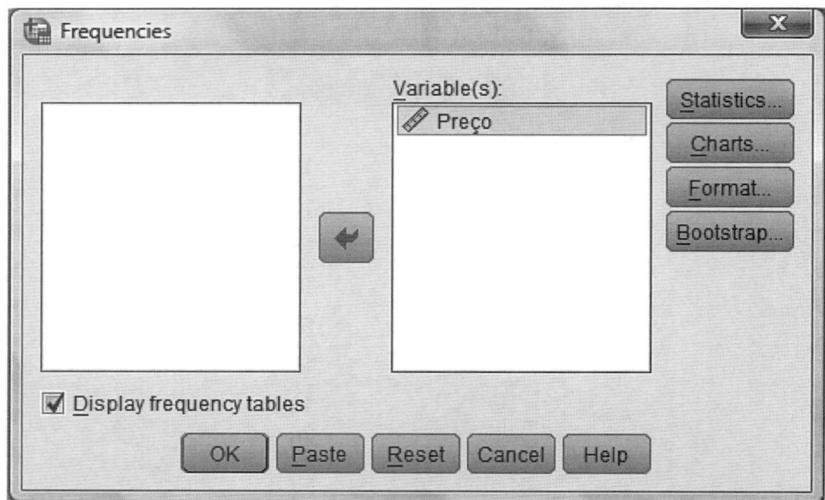

Figura 2.32 Caixa de diálogo **Frequencies**: seleção da variável e exibição da tabela de frequências.

O próximo passo consiste em clicarmos no botão **Statistics...** para a seleção das medidas-resumo de interesse (Figura 2.33).

Dentre as medidas separatrizes, selecionaremos a opção **Quartiles** (que calcula o primeiro e o terceiro quartis, além da mediana). Para obtermos o cálculo do percentil de ordem i (i = 1, 2, ..., 99), devemos selecionar a opção **Percentile(s)** e adicionar a ordem desejada. Nesse caso, optou-se pelo cálculo dos percentis de ordem 10 e 60.

Já as medidas de tendência central que selecionaremos serão **Mean** (média), **Median** (mediana) e **Mode** (moda).

Como medidas de dispersão, selecionaremos **Std. deviation** (desvio-padrão), **Variance** (variância), **Range** (amplitude) e **S.E. mean** (erro-padrão médio).

Por fim, selecionaremos as duas medidas de forma da distribuição: **Skewness** (assimetria) e **Kurtosis** (curtose).

Para retornar à caixa de diálogo **Frequencies**, devemos clicar em **Continue**.

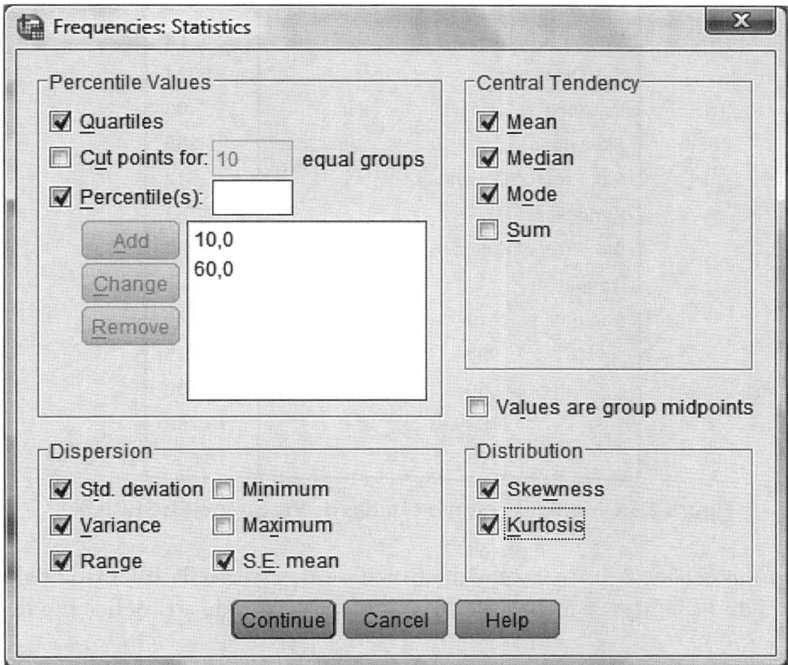

Figura 2.33 Caixa de diálogo **Frequencies: Statistics**.

Na sequência, clicaremos no botão **Charts...** e selecionaremos o gráfico de interesse. Como opções, temos o gráfico de barras (**Bar charts**), o gráfico de setores ou pizzas (**Pie charts**) ou o histograma (**Histograms**). Selecionaremos o último gráfico com a opção plotagem da curva normal (Figura 2.34). Os gráficos de barras ou pizzas podem ser exibidos em termos de frequência absoluta (**Frequencies**) ou frequência relativa (**Percentages**). Para retornar novamente à caixa de diálogo **Frequencies**, devemos clicar em **Continue**.

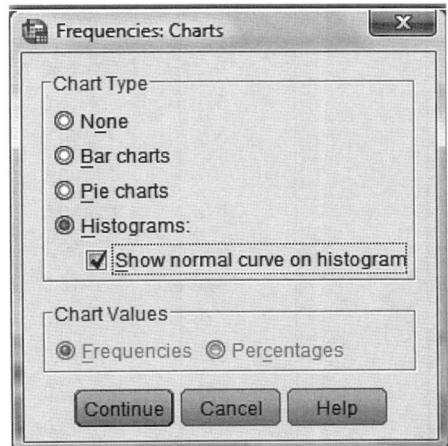

Figura 2.34 Caixa de diálogo **Frequencies: Charts**.

Finalmente, clicaremos em **OK**. A Figura 2.35 apresenta os cálculos das medidas-resumo selecionadas na Figura 2.33.

Statistics

Preço

N	Valid	20
	Missing	0
Mean		18,475
Std. Error of Mean		,1414
Median		18,500
Mode		18,8
Std. Deviation		,6324
Variance		,400
Skewness		-,365
Std. Error of Skewness		,512
Kurtosis		1,753
Std. Error of Kurtosis		,992
Range		3,0
Percentiles	10	17,540
	25	18,125
	50	18,500
	60	18,700
	75	18,800

Figura 2.35 Medidas-resumo obtidas de **Frequencies: Statistics**.

Conforme estudado nas seções 2.4.3.1 e 2.4.3.2, a medida de assimetria calculada pelo SPSS corresponde ao coeficiente de assimetria de Fisher (g_1) e a medida de curtose corresponde ao coeficiente de curtose de Fisher (g_2), respectivamente.

Ainda na Figura 2.35, repare também que os percentis de ordem 25, 50 e 75, que correspondem ao primeiro quartil, mediana e terceiro quartil, respectivamente, foram calculados automaticamente. O método utilizado para o cálculo dos percentis foi o da Média Ponderada.

Já a tabela de distribuição de frequências está ilustrada na Figura 2.36.

Preço

		Frequency	Percent	Valid Percent	Cumulative Percent
Valid	16,9	1	5,0	5,0	5,0
	17,5	1	5,0	5,0	10,0
	17,9	1	5,0	5,0	15,0
	18,1	2	10,0	10,0	25,0
	18,2	1	5,0	5,0	30,0
	18,3	2	10,0	10,0	40,0
	18,4	1	5,0	5,0	45,0
	18,5	2	10,0	10,0	55,0
	18,7	2	10,0	10,0	65,0
	18,8	3	15,0	15,0	80,0
	18,9	1	5,0	5,0	85,0
	19,1	2	10,0	10,0	95,0
	19,9	1	5,0	5,0	100,0
	Total	20	100,0	100,0	

Figura 2.36 Distribuição de frequências.

A primeira coluna representa a frequência absoluta de cada elemento (F_i), a segunda e a terceira colunas representam a frequência relativa de cada elemento (Fr_i – %) e a última coluna representa a frequência relativa acumulada (Fr_{ac} – %).

Ainda na Figura 2.36, podemos perceber que todos os valores ocorreram uma única vez. Como temos uma variável quantitativa contínua com 20 observações e nenhuma repetição, a elaboração de gráficos de barras ou de pizza não agregaria informação ao pesquisador, isto é, não propiciaria boa visualização de como se comportam os valores do preço da ação em termos de faixas. Dessa forma, preferiu-se a elaboração de um histograma com faixas previamente definidas. O histograma gerado pelo SPSS com a opção de plotagem da curva normal está ilustrado na Figura 2.37.

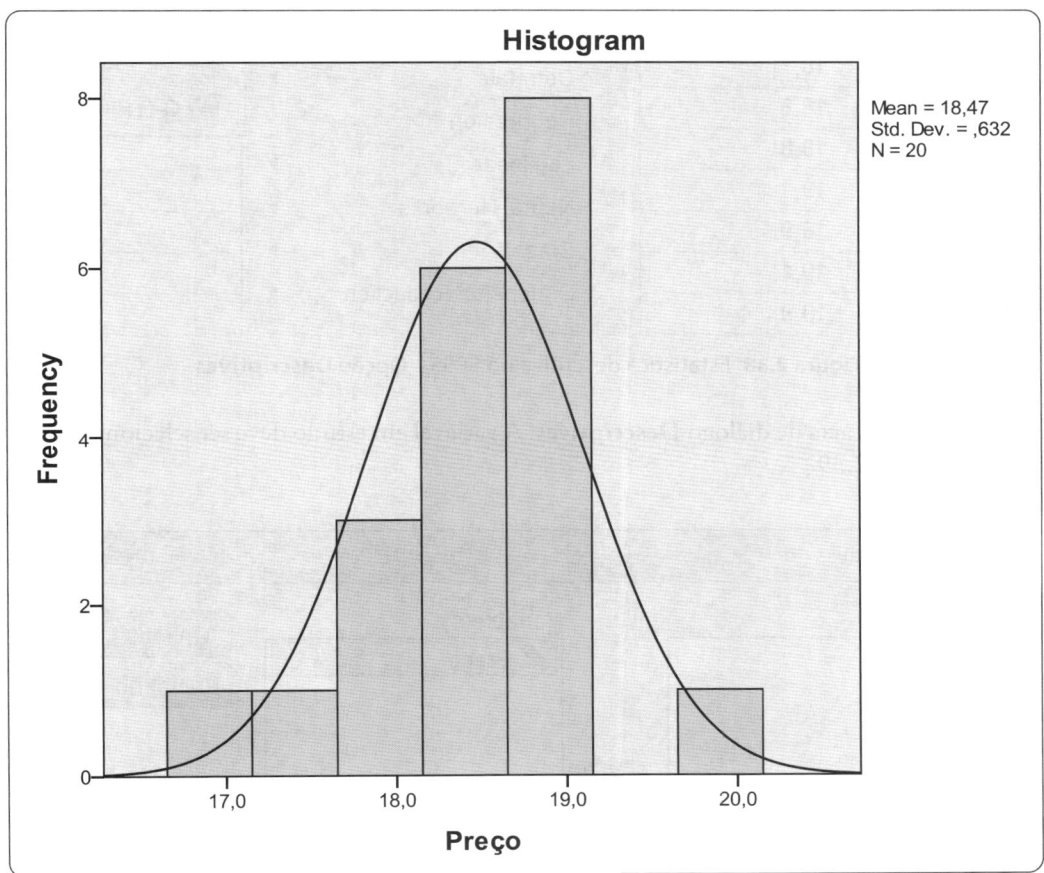

Figura 2.37 Histograma com curva normal obtido de **Frequencies: Charts**.

2.6.2. Opção Descriptives

Diferentemente da opção **Frequencies**, que também possui a alternativa de tabela de distribuição de frequências, além de gráficos de barras, pizzas ou histograma (com ou sem curva normal), a opção **Descriptives** disponibiliza apenas medidas-resumo (é indicada, portanto, para variáveis **quantitativas**). Ainda assim, medidas de tendência central como mediana e moda não são disponibilizadas, nem medidas separatrizes como quartis e percentis.

Para usá-la, vamos clicar no menu **Analyze → Descriptive Statistics** e escolher a opção **Descriptives...**, como mostra a Figura 2.38.

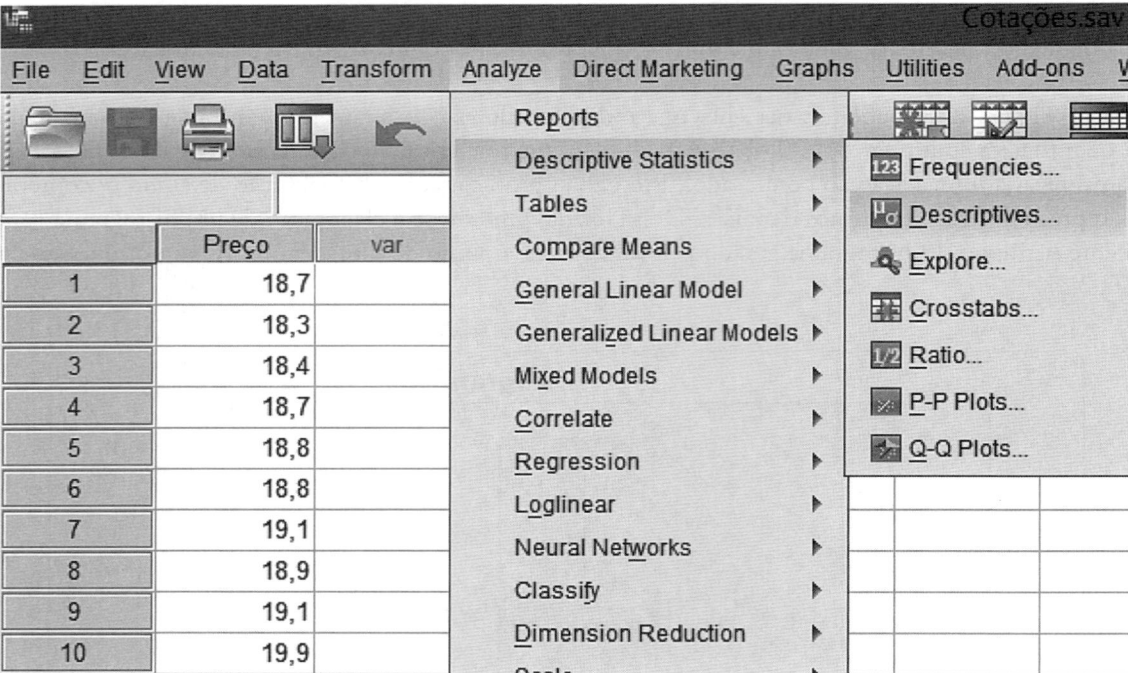

Figura 2.38 Estatística descritiva no SPSS – Opção **Descriptives**.

Será aberta, portanto, a caixa de diálogo **Descriptives**. A variável em estudo deve ser selecionada em **Variable(s)**, conforme mostra a Figura 2.39.

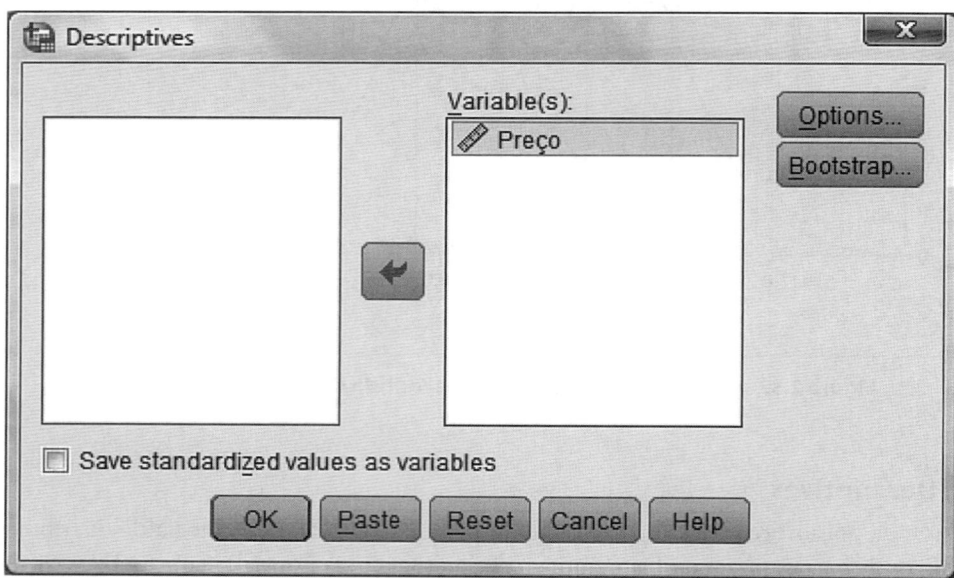

Figura 2.39 Caixa de diálogo **Descriptives**: seleção da variável.

Vamos clicar no botão **Options...** e selecionar as medidas-resumo de interesse (Figura 2.40). Repare que foram selecionadas as mesmas medidas-resumo do comando **Frequencies**, exceto a mediana, a moda, além dos quartis e percentis que não estão disponíveis, como já mencionado. Cliquemos em **Continue** para retornar à caixa de diálogo **Descriptives**.

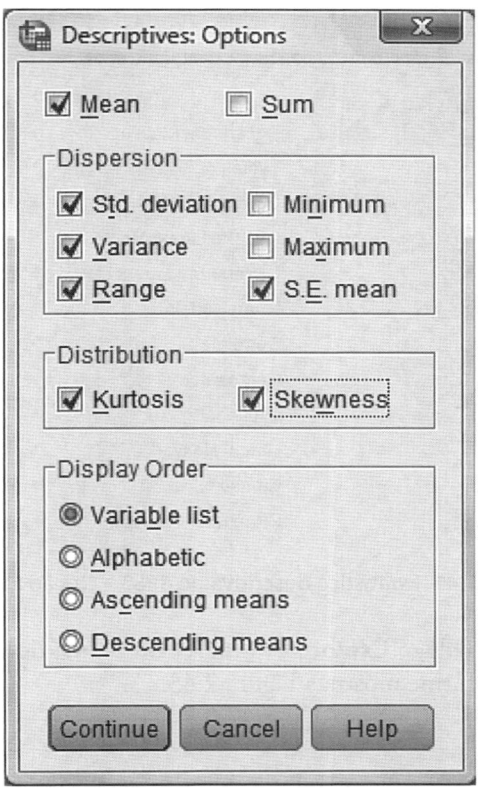

Figura 2.40 Caixa de diálogo **Descriptives: Options**.

Finalmente, vamos clicar em **OK**. Os resultados estão disponíveis na Figura 2.41.

Descriptive Statistics

	N	Range	Mean		Std. Deviation	Variance	Skewness		Kurtosis	
	Statistic	Statistic	Statistic	Std. Error	Statistic	Statistic	Statistic	Std. Error	Statistic	Std. Error
Preço	20	3,0	18,475	,1414	,6324	,400	-,365	,512	1,753	,992
Valid N (listwise)	20									

Figura 2.41 Medidas-resumo obtidas de **Descriptive: Options**.

2.6.3. Opção Explore

A opção **Explore** também não disponibiliza a tabela de distribuição de frequências, como ocorre para a opção **Frequencies**. Com relação aos tipos de gráficos, diferentemente desta última opção, que oferece gráficos de barras, pizzas e histograma, a opção **Explore** apresenta os gráficos de ramo-e-folhas, *boxplot*, além do histograma, porém, sem a alternativa de plotagem da curva normal. Com relação às medidas-resumo, a opção **Explore** disponibiliza medidas de tendência central como média e mediana (não há a opção da moda), medidas separatrizes como percentis (de ordem 5, 10, 25, 50, 75, 90 e 95), medidas de dispersão como amplitude, variância, desvio-padrão etc. (não calcula o erro-padrão), além de medidas de assimetria e curtose. Esta opção é indicada, portanto, para o cálculo de estatísticas descritivas de variáveis **quantitativas**.

Dessa forma, a partir do menu **Analyze → Descriptive Statistics**, escolheremos a opção **Explore...**, conforme mostra a Figura 2.42.

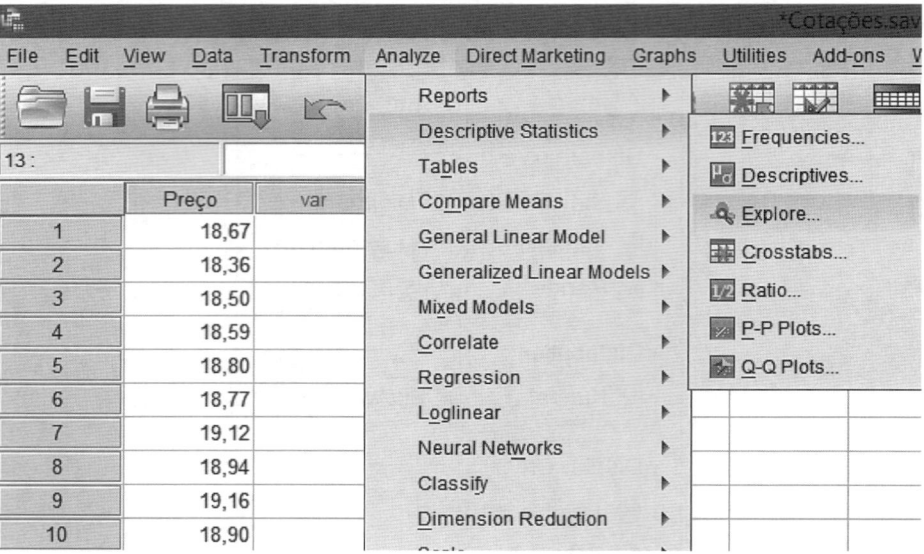

Figura 2.42 Estatística descritiva no SPSS – Opção **Explore**.

Será aberta, portanto, a caixa de diálogo **Explore**. A variável em estudo deve ser selecionada na lista de variáveis dependentes (**Dependent List**), conforme mostra a Figura 2.43.

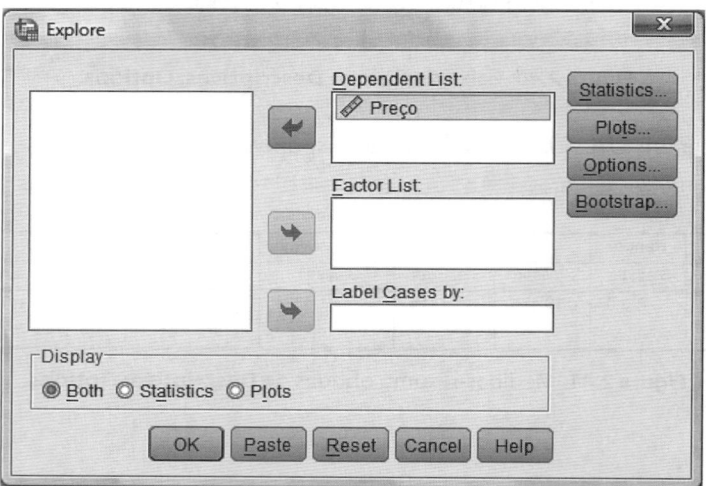

Figura 2.43 Caixa de diálogo **Explore**: seleção da variável.

Em seguida, devemos clicar no botão **Statistics...** que abrirá a caixa **Explore: Statistics**, e selecionar as opções **Descriptives**, **Outliers** e **Percentiles**, conforme mostra a Figura 2.44.

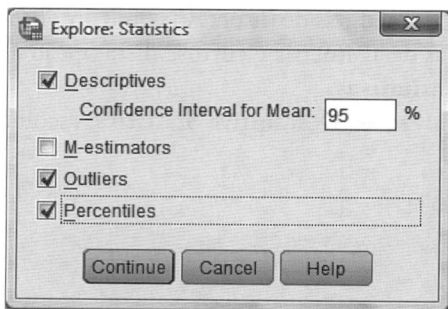

Figura 2.44 Caixa de diálogo **Explore: Statistics**.

Vamos clicar no botão **Continue** para retornar à caixa **Explore**. Na sequência, devemos clicar no botão **Plots...** que abrirá a caixa **Explore: Plots**, e selecionar os gráficos de interesse, conforme mostra a Figura 2.45. Neste caso, foram selecionados **Boxplots: Factor levels together** (os *boxplots* resultantes estarão juntos no mesmo gráfico), **Stem-and-leaf** (ramo-e-folhas) e o histograma (repare que não há a opção de plotagem da curva normal). Devemos clicar novamente em **Continue** para retornar à caixa de diálogo **Explore**.

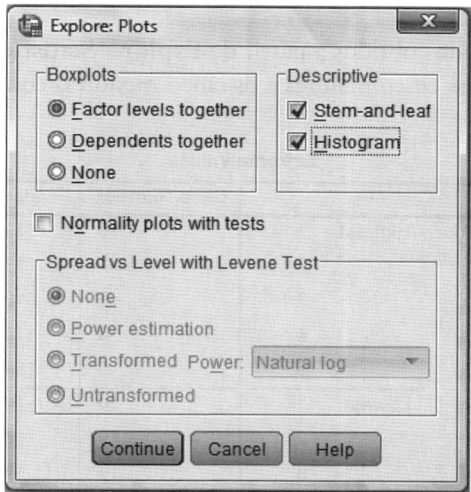

Figura 2.45 Caixa de diálogo **Explore: Plots**.

Finalmente, clicaremos em **OK**. Os resultados obtidos estão ilustrados a seguir.

A Figura 2.46 apresenta os resultados obtidos a partir de **Explore: Statistics**, opção **Descriptives**.

Descriptives

			Statistic	Std. Error
Preço	Mean		18,475	,1414
	95% Confidence Interval for Mean	Lower Bound	18,179	
		Upper Bound	18,771	
	5% Trimmed Mean		18,483	
	Median		18,500	
	Variance		,400	
	Std. Deviation		,6324	
	Minimum		16,9	
	Maximum		19,9	
	Range		3,0	
	Interquartile Range		,7	
	Skewness		-,365	,512
	Kurtosis		1,753	,992

Figura 2.46 Resultados obtidos a partir da opção **Descriptives**.

Já a Figura 2.47 apresenta os resultados obtidos a partir de **Explore: Statistics**, opção **Percentiles**. Foram calculados os percentis de ordem 5, 10, 25 (Q_1), 50 (mediana), 75 (Q_3), 90 e 95, segundo dois métodos: *Weighted Average* (Média Ponderada) e *Tukey's Hinges*. Este último corresponde ao método proposto neste capítulo (seção 2.4.1.2 – caso 1). Assim, aplicando as expressões da seção 2.4.1.2 para esse exemplo, chegamos aos mesmos resultados da Figura 2.47 referentes ao método *Tukey's Hinges* para os cálculos de P_{25}, P_{50} e P_{75}. Nesse exemplo, coincidentemente, o valor de P_{75} foi igual para os dois métodos, mas costuma divergir.

Percentiles

		Percentiles						
		5	10	25	50	75	90	95
Weighted Average (Definition 1)	Preço	16,930	17,540	18,125	18,500	18,800	19,100	19,860
Tukey's Hinges	Preço			18,150	18,500	18,800		

Figura 2.47 Resultados obtidos a partir da opção **Percentiles**.

A Figura 2.48 apresenta os resultados obtidos a partir de **Explore: Statistics**, opção **Outliers**. São apresentados os valores extremos da distribuição (os cinco maiores e os cinco menores) com as respectivas posições encontradas no banco de dados.

Extreme Values

			Case Number	Value
Preço	Highest	1	10	19,9
		2	7	19,1
		3	9	19,1
		4	8	18,9
		5	5	18,8[a]
	Lowest	1	20	16,9
		2	19	17,5
		3	14	17,9
		4	17	18,1
		5	13	18,1

a. Only a partial list of cases with the value 18,8 are shown in the table of upper extremes.

Figura 2.48 Resultados obtidos a partir da opção **Outliers**.

Já os gráficos gerados a partir das opções selecionadas em **Explore: Plots** (histograma, ramo-e-folhas e *boxplot*) estão representados nas Figuras 2.49, 2.50 e 2.51, respectivamente.

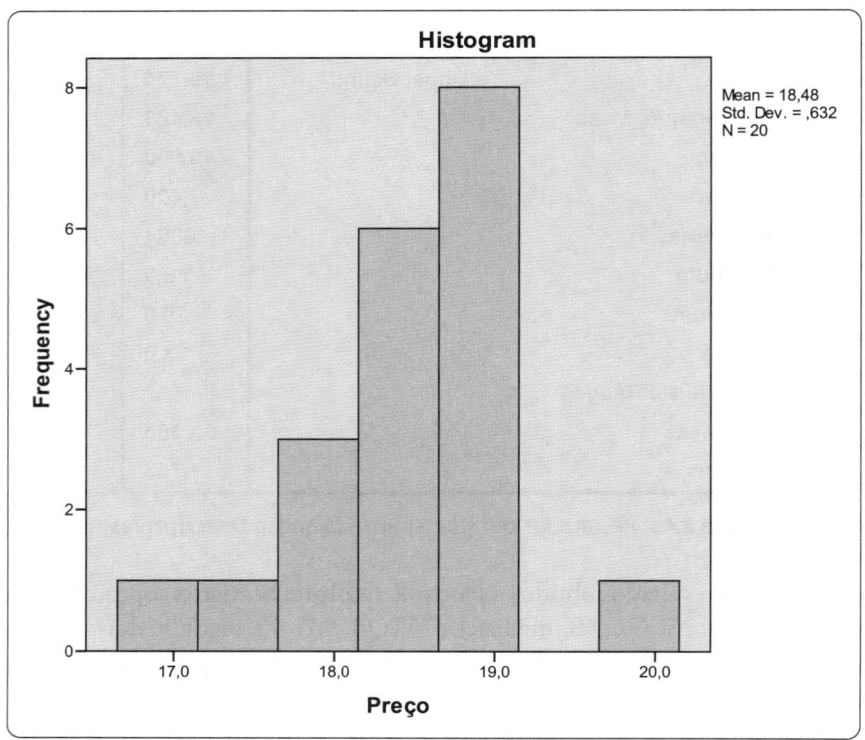

Figura 2.49 Histograma gerado a partir da caixa de diálogo **Explore: Plots**.

Obviamente, o histograma gerado pela Figura 2.49 é o mesmo da opção **Frequencies** (Figura 2.37), porém, sem a curva normal, já que a opção **Explore** não disponibiliza esta função.

```
Preço Stem-and-Leaf Plot
  Frequency     Stem &  Leaf
     1,00 Extremes      (=<16,9)
      ,00       17 :
     2,00       17 :  59
     6,00       18 :  112334
     8,00       18 :  55778889
     2,00       19 :  11
     1,00 Extremes      (>=19,9)

 Stem width:        1,0
 Each leaf:       1 case(s)
```

Figura 2.50 Gráfico de ramo-e-folhas gerado a partir da caixa de diálogo **Explore: Plots**.

A Figura 2.50 mostra que os dois primeiros dígitos do número (parte inteira, antes da vírgula) compõem o ramo e as casas decimais correspondem à folha. Adicionalmente, o ramo 18 está representado em duas linhas já que contém várias observações.

Vimos na seção 2.4.1.3 como calcular um *outlier* extremo pelas expressões $X^* < Q_1-3.(Q_3-Q_1)$ e $X^* > Q_3+3.(Q_3-Q_1)$. Se considerarmos que $Q_1=18,15$ e $Q_3=18,8$, tem-se que $X^* < 16,2$ ou $X^* > 20,75$. Como não há observações fora desses limites, conclui-se que não existem *outliers* extremos.

Repetindo o mesmo procedimento para *outliers* moderados, isto é, aplicando as expressões $X° < Q_1-1,5.(Q_3-Q_1)$ e $X° > Q_3+1,5.(Q_3-Q_1)$, podemos verificar que existe 1 observação com valor menor do que 17,175 (20ª observação) e outra com valor maior do que 19,775 (10ª observação). Esses valores são então considerados *outliers* moderados.

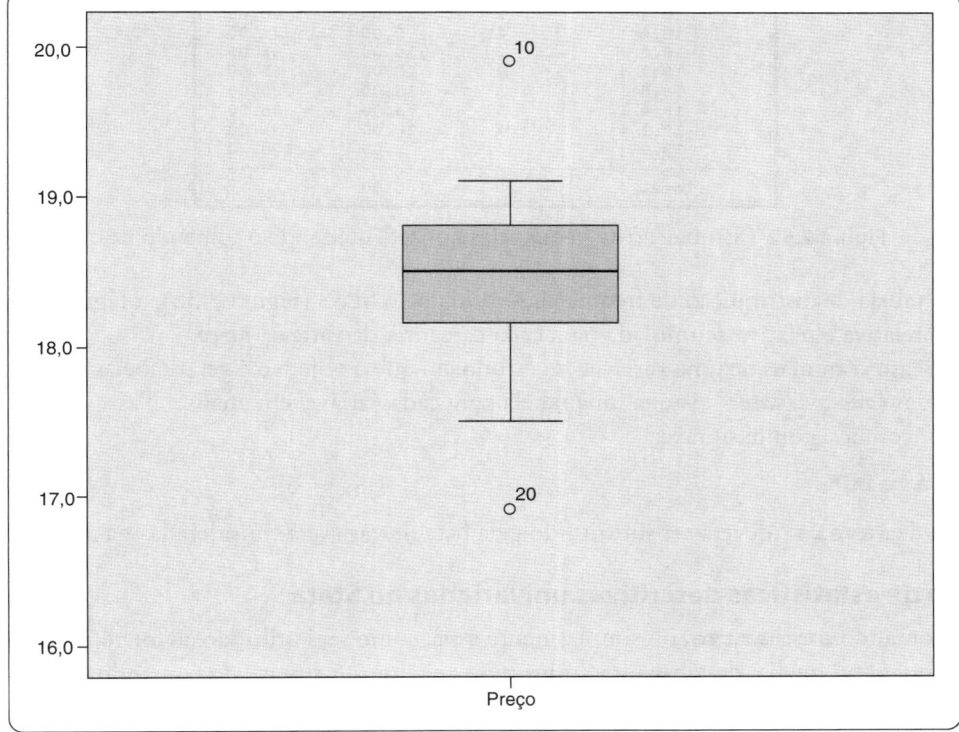

Figura 2.51 *Boxplot* gerado a partir da caixa de diálogo **Explore: Plots**.

O *boxplot* da Figura 2.51 mostra que as observações 10 e 20 com valores 19,9 e 16,9, respectivamente, são *outliers* moderados (representados por círculos), propiciando ao pesquisador, em função de seus objetivos de pesquisa, a decisão de mantê-las, excluí-las (a análise pode ser prejudicada em função da redução do tamanho da amostra), ou substituir seus valores pela média da variável.

Ainda na Figura 2.51, os valores de Q_1, Q_2 (*Md*) e Q_3 correspondem a 18,15, 18,5 e 18,8, respectivamente, que são aqueles obtidos pelo método *Tukey's Hinges* (Figura 2.47), considerando todas as 20 observações iniciais. Portanto, as medidas de posição do *boxplot* (Q_1, *Md* e Q_3), com exceção dos valores mínimo e máximo, são calculadas sem a exclusão dos *outliers*.

2.7. EXEMPLO PRÁTICO NO SOFTWARE STATA

As mesmas estatísticas descritivas obtidas na seção anterior por meio do software SPSS serão calculadas nesta seção por meio do Stata Statistical Software®. Os resultados serão comparados àqueles obtidos algebricamente e também por meio do SPSS. A reprodução das imagens apresentadas nesta seção tem autorização da StataCorp LP©. Os dados do Exemplo 42 que compõem a base de entrada do Stata estão disponíveis no arquivo **Cotações.dta**.

2.7.1. Tabelas de distribuição de frequências univariadas no Stata

Por meio do comando **tabulate**, ou simplesmente **tab**, como será utilizado ao longo do livro, podemos obter tabelas de distribuição de frequências para determinada variável. A sintaxe do comando é:

```
tab variável*
```

em que o termo **variável*** deverá ser substituído pelo nome da variável considerada na análise.

A Figura 2.52 mostra os *outputs* gerados a partir do comando **tab preço**.

```
. tab preço

      preço |      Freq.     Percent        Cum.
------------+-----------------------------------
       16.9 |          1        5.00        5.00
       17.5 |          1        5.00       10.00
       17.9 |          1        5.00       15.00
       18.1 |          2       10.00       25.00
       18.2 |          1        5.00       30.00
       18.3 |          2       10.00       40.00
       18.4 |          1        5.00       45.00
       18.5 |          2       10.00       55.00
       18.7 |          2       10.00       65.00
       18.8 |          3       15.00       80.00
       18.9 |          1        5.00       85.00
       19.1 |          2       10.00       95.00
       19.9 |          1        5.00      100.00
------------+-----------------------------------
      Total |         20      100.00
```

Figura 2.52 Distribuição de frequências no Stata utilizando o comando **tab**.

Assim como a tabela de distribuição de frequências obtida pelo SPSS (Figura 2.36), a Figura 2.52 fornece a frequência absoluta, relativa e relativa acumulada para cada categoria da variável *preço*.

Considere um caso com mais de uma variável em estudo em que o objetivo é gerar tabelas de distribuição de frequências univariadas (*one-way tables*), isto é, uma tabela para cada variável em análise. Nesse caso, devemos utilizar o comando **tab1**, com a seguinte sintaxe:

```
tab1 variáveis*
```

em que o termo **variáveis*** deverá ser substituído pela lista de variáveis consideradas na análise.

2.7.2. Resumo de estatísticas descritivas univariadas no Stata

Por meio do comando **summarize**, ou simplesmente **sum**, como será utilizado ao longo do livro, podemos obter medidas-resumo como média, desvio-padrão, mínimo e máximo. A sintaxe do comando é:

```
sum variáveis*
```

em que o termo **variáveis*** deverá ser substituído pela lista de variáveis a serem consideradas na análise. Se nenhuma variável for especificada, as estatísticas serão calculadas para todas as variáveis do banco de dados.

Por meio da opção **detail**, podemos obter estatísticas adicionais, como o coeficiente de assimetria, coeficiente de curtose, os quatro menores e maiores valores, assim como diversos percentis. A sintaxe do comando é:

sum variáveis*, detail

Portanto, para os dados disponíveis do nosso exemplo no arquivo **Cotações.dta**, devemos digitar inicialmente o seguinte comando:

sum preço

obtendo-se as estatísticas da Figura 2.53.

```
. sum preço

    Variable |        Obs        Mean    Std. Dev.        Min        Max
-------------+--------------------------------------------------------
       preço |         20      18.475    .6323515       16.9       19.9
```

Figura 2.53 Medidas-resumo a partir do comando **sum** do Stata.

Para a obtenção das estatísticas descritivas adicionais, devemos digitar o seguinte comando:

sum preço, detail

A Figura 2.54 apresenta os *outputs* gerados.

```
. sum preço, detail

                            preço
-------------------------------------------------------------
      Percentiles      Smallest
 1%       16.9           16.9
 5%       17.2           17.5
10%       17.7           17.9        Obs                  20
25%       18.15          18.1        Sum of Wgt.          20

50%       18.5                       Mean             18.475
                        Largest      Std. Dev.       .6323515
75%       18.8           18.9
90%       19.1           19.1        Variance        .3998684
95%       19.5           19.1        Skewness       -.3367495
99%       19.9           19.9        Kurtosis        4.058596
```

Figura 2.54 Estatísticas adicionais utilizando a opção **detail**.

Como mostra a Figura 2.54, a opção **detail** fornece o cálculo de percentis de ordem 1, 5, 10, 25, 50, 75, 90, 95 e 99. Esses resultados são obtidos pelo método *Tukey's Hinges*. Vimos, por meio da Figura 2.47 do software SPSS, os resultados dos percentis de ordem 25, 50 e 75 obtidos pelo mesmo método.

A Figura 2.54 também fornece os 4 menores e maiores valores da amostra analisada, assim como os coeficientes de assimetria e curtose. Repare que esses valores coincidem com aqueles calculados nas seções 2.4.3.1.5 e 2.4.3.2.3, respectivamente.

2.7.3. Cálculo de percentis no Stata

A seção anterior apresentou o cálculo dos percentis de ordem 1, 5, 10, 25, 50, 75, 90, 95 e 99 pelo método *Tukey's Hinges*.

Por outro lado, a partir do comando **centile**, podemos especificar os percentis a serem calculados. O método utilizado nesse caso é o da Média Ponderada (*Weight Average*). A sintaxe do comando é:

centile variáveis*, centile (números*)

em que o termo **variáveis*** deverá ser substituído pela lista de variáveis a serem consideradas na análise, e o termo **números*** pela lista de números que representam a ordem dos percentis a serem reportados.

Suponha, portanto, que tenhamos o objetivo de calcular os percentis de ordem 5, 10, 25, 60, 64, 90 e 95 para a variável *preço*, pelo método da Média Ponderada. Para isso, devemos utilizar o seguinte comando:

centile preço, centile (5 10 25 60 64 90 95)

Os resultados são apresentados na Figura 2.55.

```
. centile preço, centile (5 10 25 60 64 90 95)

                                         -- Binom. Interp. --
    Variable | Obs  Percentile    Centile    [95% Conf. Interval]
    ---------+------------------------------------------------------
       preço |  20          5      16.93         16.9     18.06946*
             |             10      17.54         16.9     18.15694*
             |             25     18.125      17.50411     18.45885
             |             60       18.7      18.31119     18.87417
             |             64     18.744      18.40077     18.98594
             |             90       19.1         18.8        19.9*
             |             95      19.86      18.93054        19.9*

* Lower (upper) confidence limit held at minimum (maximum) of sample
```

Figura 2.55 Resultados obtidos pelo comando **centile** do Stata.

Vimos, por meio da Figura 2.35, os resultados do software SPSS para os percentis de ordem 10, 25, 50, 60 e 75 utilizando o mesmo método. A Figura 2.47 do SPSS também disponibilizou o cálculo dos percentis de ordem 5, 10, 25, 50, 75, 90 e 95 pelo método da Média Ponderada. O único percentil que não havia sido especificado anteriormente foi o de ordem 64; os demais coincidem com os resultados das Figuras 2.35 e 2.47.

2.7.4. Gráficos no Stata: histograma, ramo-e-folhas e *boxplot*

O Stata disponibiliza uma série de gráficos, incluindo gráfico de barras, setores ou *pizza*, diagrama de dispersão, histograma, ramo-e-folhas, *boxplot* etc. Apresentaremos a seguir como obter o histograma, gráfico de ramo-e-folhas e *boxplot* no Stata para os dados disponíveis no arquivo **Cotações.dta**.

2.7.4.1. Histograma

O histograma no Stata pode ser obtido para variáveis contínuas e discretas. No caso de variáveis contínuas, para obtenção de um histograma de frequências absolutas, com a opção de plotagem da curva normal, devemos digitar a seguinte sintaxe:

histogram variável*, frequency normal

ou simplesmente:

hist variável*, freq norm

como será utilizado ao longo do livro. Conforme mencionado, o termo **variável*** deve ser substituído pelo nome da variável em estudo.

Para variáveis discretas, devemos incluir o termo **discrete**:

hist variável*, discrete freq norm

Retornando aos dados do Exemplo 42, para obtermos um histograma de frequências com a opção de plotagem da curva normal, devemos digitar o seguinte comando:

hist preço, freq norm

O *output* gerado está representado na Figura 2.56.

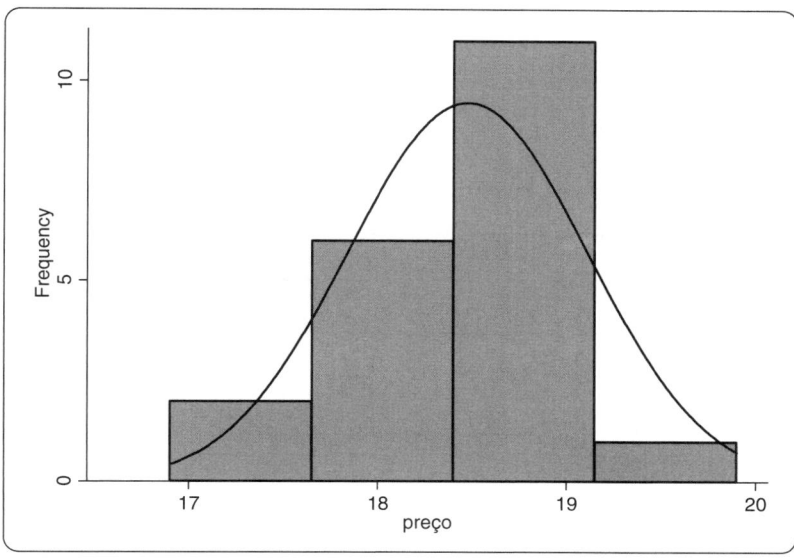

Figura 2.56 Histograma de frequências no Stata.

2.7.4.2. Ramo-e-folhas

O gráfico de ramo-e-folhas no Stata pode ser obtido a partir do comando **stem**, seguido do nome da variável em estudo. Para os dados do arquivo **Cotações.dta**, basta digitarmos o seguinte comando:

stem preço

O *output* gerado está representado na Figura 2.57.

```
. stem preço

Stem-and-leaf plot for preço

preço rounded to nearest multiple of .1
plot in units of .1

  16. | 9
  17* |
  17. | 59
  18* | 112334
  18. | 55778889
  19* | 11
  19. | 9
```

Figura 2.57 Gráfico de ramo-e-folhas no Stata.

2.7.4.3. *Boxplot*

Para obtenção do *boxplot* pelo software Stata, devemos utilizar a seguinte sintaxe:

graph box variáveis*

em que o termo **variáveis*** deverá ser substituído pela lista de variáveis a serem consideradas na análise, de modo que é gerado um gráfico para cada variável.

Para os dados do Exemplo 42, o comando é:

graph box preço

O gráfico está representado na Figura 2.58.

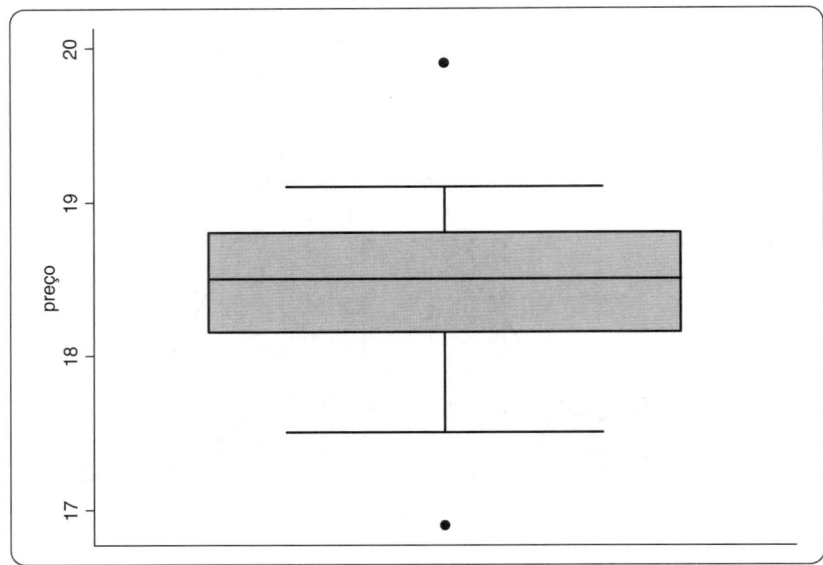

Figura 2.58 *Boxplot* no Stata.

que corresponde ao mesmo gráfico da Figura 2.51 gerado pelo SPSS.

2.8. CÓDIGOS EM R PARA O EXEMPLO DO CAPÍTULO

```
# Pacotes utilizados
library(tidyverse) #carregar outros pacotes do R
library(knitr) #formatação de tabelas
library(kableExtra) #formatação de tabelas
library(questionr) #tabela de frequências - função freq
library(e1071) #medidas de assimetria e curtose
library(plotly) #plataforma gráfica

# Carregamento da base de dados 'Cotações'
load(file = "Cotações.RData")

# Visualização da base de dados 'Cotações'
Cotações %>%
  kable() %>%
  kable_styling(bootstrap_options = "striped",
                full_width = F,
                font_size = 20)

# Tabela de frequências da variável 'preço'
table(Cotações$preço)
freq(Cotações$preço)

# Estatísticas descritivas univariadas da variável 'preço'
summary(Cotações$preço)
mean(Cotações$preço)
median(Cotações$preço)
min(Cotações$preço)
max(Cotações$preço)
quantile(Cotações$preço, .25)
quantile(Cotações$preço, .75)
```

```r
sd(Cotações$preço)
var(Cotações$preço)

# Medidas de assimetria e curtose para a variável 'preço'
skewness(Cotações$preço, type = 1) # igual ao Stata
skewness(Cotações$preço, type = 2) # igual ao SPSS
kurtosis(Cotações$preço, type = 2) # igual ao SPSS

# Gráficos: histograma, ramo-e-folhas e boxplot para a variável 'preço'
# Histograma simples
hist(Cotações$preço)

# Histograma por meio da função 'ggplot'
Cotações %>%
  ggplot(aes(x = preço)) +
  geom_histogram(aes(y = ..density..),
                 color = "grey50",
                 fill = "darkorchid",
                 bins = 7,
                 alpha = 0.6) +
  labs(x = "Preço",
       y = "Frequência") +
  theme(panel.background = element_rect("white"),
        panel.grid = element_line("grey95"),
        panel.border = element_rect(NA),
        legend.position = "bottom")

# Histograma com curva normal por meio da função 'ggplot'
Cotações %>%
  ggplot(aes(x = preço)) +
  geom_histogram(aes(y = ..density..),
                 color = "grey50",
                 fill = "darkorchid",
                 bins = 7,
                 alpha = 0.6) +
  stat_function(fun = dnorm,
                args = list(mean = mean(Cotações$preço),
                            sd = sd(Cotações$preço)),
                aes(color = "Curva Normal Teórica"),
                size = 2) +
  scale_color_manual("Legenda:",
                     values = "darkorchid") +
  labs(x = "Preço",
       y = "Frequência") +
  theme(panel.background = element_rect("white"),
        panel.grid = element_line("grey95"),
        panel.border = element_rect(NA),
        legend.position = "bottom",
        plot.title = element_text(size=15)
  ) +
  ggtitle("Histograma da variável 'preço' com curva normal por meio da função 'ggplot'")

# Gráfico de ramo-e-folhas para a variável 'preço'
```

```r
stem(Cotações$preço, scale = 2)
# O argumento 'scale = 2' faz com que o gráfico seja aproximadamente
#duas vezes maior que o padrão.

# Boxplot da variável 'preço'
# Boxplot simples
boxplot(Cotações$preço)

boxplot(Cotações$preço,
        ylab = "Preço",
        main = "Preço",
        notch = FALSE,
        varwidth = FALSE,
        col = c("lightblue")
)

# Boxplot por meio da função 'ggplot'
Cotações %>%
  ggplot(aes(y = preço, x = "")) +
  geom_boxplot(fill = "lightblue",        # cor da caixa
               alpha = 0.7,               # transparência
               color = "black",           # cor da borda
               outlier.colour = "red",    # cor dos outliers
               outlier.shape = 15,        # formato dos marcadores dos outliers
               outlier.size = 2.5) +      # tamanho dos marcadores dos outliers
  geom_jitter() +
  labs(y = "Preço") +
  theme(panel.background = element_rect("white"),
        panel.grid = element_line("grey95"),
        panel.border = element_rect(NA),
        legend.position="none",
        plot.title = element_text(size=15)
        ) +
  ggtitle("Boxplot da variável 'preço' por meio da função 'ggplot'") +
  xlab("")
```

Ao acessar o QR Code ao lado, você encontrará os códigos completos em R® *on-line*

2.9. CÓDIGOS EM PYTHON PARA O EXEMPLO DO CAPÍTULO

```python
# Importação dos pacotes necessários
import pandas as pd #manipulação de dados em formato de dataframe
import numpy as np #biblioteca para operações matemáticas multidimensionais
from scipy.stats import skew #cálculo da assimetria
from scipy.stats import kurtosis #cálculo da curtose
import seaborn as sns #biblioteca de visualização de informações estatísticas
import matplotlib.pyplot as plt #biblioteca de visualização de dados
import stemgraphic #biblioteca para elaboração do gráfico de ramo-e-folhas
from scipy.stats import norm #para plotagem da distribuição normal no histograma
```

```python
# Carregamento da base de dados 'Cotações'
df_cotacoes = pd.read_csv('Cotações.csv', delimiter=',')

# Visualização da base de dados 'Cotações'
df_cotacoes
# Tabela de frequências absolutas (contagem) e relativas (%) da variável 'preco'
contagem = df_cotacoes['preco'].value_counts()
percent = df_cotacoes['preco'].value_counts(normalize=True)
pd.concat([contagem, percent], axis=1, keys=['contagem', '%'], sort=True)

# Estatísticas descritivas univariadas da variável 'preco'
df_cotacoes['preco'].describe()

# Medidas de assimetria e curtose para a variável 'preco'
skew(df_cotacoes, axis=0, bias=True) # igual ao Stata
skew(df_cotacoes, axis=0, bias=False) # igual ao SPSS
kurtosis(df_cotacoes, axis=0, bias=False) # igual ao SPSS

# Histograma da variável 'preco'
plt.figure(figsize=(15,10))
sns.histplot(data=df_cotacoes, x='preco', bins=7, color='darkorchid')
plt.xlabel('Preço', fontsize=20)
plt.ylabel('Frequência', fontsize=20)
plt.show()

# Histograma com Kernel density estimation (KDE)
plt.figure(figsize=(15,10))
sns.histplot(data=df_cotacoes, x='preco', kde=True, bins=7, color='darkorchid')
plt.xlabel('Preço', fontsize=20)
plt.ylabel('Frequência', fontsize=20)
plt.legend(['Kernel density estimation (KDE)'], fontsize=17)
plt.show()

# Histograma com curva normal
plt.figure(figsize=(15,10))
mu, std = norm.fit(df_cotacoes['preco'])
plt.hist(df_cotacoes['preco'], bins=7, density=True, alpha=0.6, color='silver')
xmin, xmax = plt.xlim()
x = np.linspace(xmin, xmax, 100)
p = norm.pdf(x, mu, std)
plt.plot(x, p, 'k', linewidth=2, color='darkorchid')
plt.xlabel('Preço', fontsize=20)
plt.ylabel('Densidade', fontsize=20)
plt.legend(['Curva Normal'], fontsize=17)
plt.show()

# Gráfico de ramo-e-folhas para a variável 'preco'
stemgraphic.stem_graphic(df_cotacoes['preco'], scale = 0)

# Boxplot da variável 'preco' - pacote 'matplotlib'
plt.figure(figsize=(15,10))
```

```
plt.boxplot(df_cotacoes['preco'])
plt.title('Preço', fontsize=17)
plt.ylabel('Preço', fontsize=16)
plt.show()
# Boxplot da variável 'preco' - pacote 'seaborn'
plt.figure(figsize=(15,10))
sns.boxplot(df_cotacoes['preco'], linewidth=2, orient='v', color='purple')
sns.stripplot(df_cotacoes['preco'], color="orange", jitter=0.1, size=7)
plt.title('Preço', fontsize=17)
plt.xlabel('Preço', fontsize=16)
plt.show()
```

Ao acessar o QR Code ao lado, você encontrará os códigos completos em Python® on-line

2.10. CONSIDERAÇÕES FINAIS

Neste capítulo, estudamos a estatística descritiva para uma única variável (estatística descritiva univariada), a fim de obtermos melhor compreensão sobre o comportamento de cada variável por meio de tabelas, gráficos e medidas-resumo, identificando tendências, variabilidade e *outliers*.

Antes de iniciarmos o uso da estatística descritiva, é necessário identificarmos o tipo de variável a ser estudada. O tipo de variável é crucial no cálculo de estatísticas descritivas e na representação gráfica de resultados.

As estatísticas descritivas utilizadas para representar o comportamento dos dados de uma variável qualitativa são tabelas de distribuição de frequência e gráficos. A tabela de distribuição de frequências para uma variável qualitativa representa a frequência de ocorrências de cada categoria da variável. A representação gráfica de variáveis qualitativas pode ser ilustrada por meio de gráficos de barras (horizontal e vertical), de setores ou pizza e do diagrama de Pareto.

Para as variáveis quantitativas, as estatísticas descritivas mais utilizadas são os gráficos e as medidas-resumo (medidas de posição ou localização, dispersão ou variabilidade e medidas de forma). A tabela de distribuição de frequências também pode ser utilizada para representar a frequência de ocorrências de cada valor possível de uma variável discreta ou, ainda, para representar a frequência dos dados de variáveis contínuas agrupadas em classes. A representação gráfica de variáveis quantitativas é geralmente ilustrada por meio de gráficos de linhas, gráfico de pontos ou dispersão, histograma, gráfico de ramo-e-folhas e *boxplot* (diagrama de caixa).

2.11. EXERCÍCIOS

1) Quais estatísticas podem ser utilizadas (e em quais situações) para representar o comportamento de uma única variável (quantitativa ou qualitativa)?

2) Quais as limitações ao se utilizarem apenas medidas de tendência central no estudo de determinada variável?

3) Como pode ser verificada a existência de *outliers* em determinada variável?

4) Descreva cada uma das medidas de dispersão ou variabilidade.

5) Qual a diferença entre o 1º e o 2º coeficientes de Pearson utilizados como medidas de assimetria de uma distribuição?

6) Qual o melhor gráfico a ser construído para que se verifique a posição, a assimetria e a discrepância nos dados?

7) No caso do gráfico de barras e do diagrama de dispersão, qual deve ser a natureza dos dados a serem utilizados?

8) Quais gráficos são mais adequados para representar dados qualitativos?

9) A Tabela 2.42 apresenta o número de automóveis vendidos por uma concessionária ao longo dos últimos 30 dias. Construa uma tabela de distribuição de frequências para esses dados.

Tabela 2.42 Número de automóveis vendidos.

7	5	9	11	10	8	9	6	8	10
8	5	7	11	9	11	6	7	10	9
8	5	6	8	6	7	6	5	10	8

10) Uma pesquisa sobre as condições de saúde de 50 pacientes coletou informações referentes aos seus pesos (Tabela 2.43). Construa a tabela de distribuição de frequências para este problema.

Tabela 2.43 Peso dos pacientes.

60,4	78,9	65,7	82,1	80,9	92,3	85,7	86,6	90,3	93,2
75,2	77,3	80,4	62,0	90,4	70,4	80,5	75,9	55,0	84,3
81,3	78,3	70,5	85,6	71,9	77,5	76,1	67,7	80,6	78,0
71,6	74,8	92,1	87,7	83,8	93,4	69,3	97,8	81,7	72,2
69,3	80,2	90,0	76,9	54,7	78,4	55,2	75,5	99,3	66,7

11) Em uma indústria de eletrodomésticos, na etapa de produção do componente porta, o inspetor de qualidade verifica o total de peças rejeitadas por tipo de falha (desalinhamento, risco, deformação, desbotamento e oxigenação), conforme mostra a Tabela 2.44.

Tabela 2.44 Total de peças rejeitadas por tipo de falha.

Descrição da falha	Total
Desalinhamento	98
Risco	67
Deformação	45
Desbotamento	28
Oxigenação	12
Total	**250**

Pede-se:
- **a)** Construa uma tabela de distribuição de frequências.
- **b)** Elabore o gráfico de setores ou pizza, além do diagrama de Pareto.

12) Para a conservação do açaí, é necessário um conjunto de procedimentos como branqueamento, pasteurização, congelamento e desidratação. Os arquivos **Desidratação.xls**, **Desidratação.sav**, **Desidratação.dta, Desidratação.RData** e **Desidratação.csv** apresentam o tempo de processamento (em segundos) na fase de desidratação ao longo de 100 períodos. Pede-se:
- **a)** Calcule as medidas de posição referentes à média aritmética, à mediana e à moda.
- **b)** Calcule o primeiro e o terceiro quartis e veja se há indícios de existência de *outliers*.
- **c)** Calcule os percentis de ordem 10 e 90.
- **d)** Calcule os decis de ordem 3 e 6.
- **e)** Calcule as medidas de dispersão (amplitude, desvio-médio, variância, desvio-padrão, erro-padrão e coeficiente de variação).
- **f)** Verifique se a distribuição é simétrica, assimétrica positiva ou assimétrica negativa.

g) Calcule o coeficiente de curtose e classifique o grau de achatamento da distribuição (mesocúrtica, platicúrtica ou leptocúrtica).

h) Construa o histograma, o gráfico de ramo-e-folhas e o *boxplot* para a variável em estudo.

13) Em determinada agência bancária, coletou-se o tempo médio de atendimento (em minutos) de uma amostra de 50 clientes para três tipos de serviços. Os dados são apresentados nos arquivos **Serviços.xls**, **Serviços.sav**, **Serviços.dta**, **Serviços.RData** e **Serviços.csv**. Compare os resultados dos serviços com base nas seguintes medidas:

a) Medidas de posição (média, mediana e moda).

b) Medidas de dispersão (variância, desvio-padrão e erro-padrão).

c) Primeiro e terceiro quartis; verifique se há indícios de existência de *outliers*.

d) Coeficiente de assimetria de Fisher (g_1) e coeficiente de curtose de Fisher (g_2). Classifique a simetria e o grau de achatamento de cada distribuição.

e) Para cada uma das variáveis, construa o gráfico de barras, o *boxplot* e o histograma.

14) Um passageiro coletou o tempo médio de percurso (em minutos) de um ônibus na linha Vila Mariana – Jabaquara, ao longo de 120 dias (Tabela 2.45).

Tabela 2.45 Tempo médio de percurso em 120 dias.

Tempo	Número de dias
30	4
32	7
33	10
35	12
38	18
40	22
42	20
43	15
45	8
50	4

Pede-se:

a) Calcule a média aritmética, a mediana e a moda.

b) Calcule Q_1, Q_3, D_4, P_{61} e P_{84}.

c) Há indícios de existência de *outliers*?

d) Calcule a amplitude, a variância, o desvio-padrão e o erro-padrão.

e) Calcule o coeficiente de assimetria de Fisher (g_1) e o coeficiente de curtose de Fisher (g_2). Classifique a simetria e o grau de achatamento de cada distribuição.

f) Elabore os gráficos de barras e de ramo-e-folhas, o histograma e o *boxplot*.

15) A fim de melhorar a qualidade do serviço, uma empresa varejista coletou o tempo médio de atendimento, em segundos, de 250 funcionários. Os dados foram agrupados em classes, com as respectivas frequências absolutas e relativas, conforme mostra a Tabela 2.46.

Tabela 2.46 Tempo médio de atendimento.

Classe	F_i	Fr_i (%)
30 ⊢ 60	11	4,4
60 ⊢ 90	29	11,6
90 ⊢ 120	41	16,4
120 ⊢ 150	82	32,8
150 ⊢ 180	54	21,6
180 ⊢ 210	33	13,2
Soma	**250**	**100**

Pede-se:

a) Calcule a média aritmética, a mediana e a moda.
b) Calcule Q_1, Q_3, D_2, P_{13} e P_{95}.
c) Verifique se há indícios de existência de *outliers*.
d) Calcule a amplitude, a variância, o desvio-padrão e o erro-padrão.
e) Calcule o primeiro coeficiente de assimetria de Pearson e o coeficiente de curtose. Classifique a simetria e o grau de achatamento da distribuição.
f) Elabore o histograma.

16) Um analista financeiro pretende comparar o preço de duas ações ao longo do último mês. Os dados estão listados na Tabela 2.47.

Tabela 2.47 Preço das ações.

Ação A	Ação B
31	25
30	33
24	27
24	34
28	32
22	26
24	26
34	28
24	34
28	28
23	31
30	28
31	34
32	16
26	28
39	29
25	27
42	28
29	33
24	29
22	34
23	33
32	27
29	26

Elabore uma análise comparativa do preço das duas ações, com base em:

- **a)** Medidas de posição como média, mediana e moda.
- **b)** Medidas de dispersão como amplitude, variância, desvio-padrão e erro-padrão.
- **c)** Existência de *outliers*.
- **d)** Simetria e grau de achatamento da distribuição.
- **e)** Gráficos de linhas, dispersão, ramo-e-folhas, histograma e *boxplot*.

17) Com o objetivo de determinar padrões sobre os investimentos em hospitais paulistas (R$ milhões), um órgão do Governo do Estado de São Paulo levantou os dados referentes a 15 hospitais, como mostra a Tabela 2.48.

Tabela 2.48 Investimento em 15 hospitais do Estado de São Paulo.

Hospital	Investimento
A	44
B	12
C	6
D	22
E	60
F	15
G	30
H	200
I	10
J	8
K	4
L	75
M	180
N	50
O	64

Pede-se:

- **a)** Calcule a média aritmética e o desvio-padrão da amostra.
- **b)** Elimine os possíveis *outliers*.
- **c)** Calcule novamente a média e o desvio-padrão da amostra resultante (sem os *outliers*).
- **d)** Explique o que podemos afirmar sobre o desvio-padrão da nova amostra (sem os *outliers*).

## CAPÍTULO 3

Estatística Descritiva Bivariada

Os números governam o mundo.
Platão

Ao final deste capítulo, você será capaz de:

- Compreender os principais conceitos de estatística descritiva bivariada (que envolve duas variáveis).
- Escolher o(s) método(s) adequado(s), incluindo tabelas, gráficos e/ou medidas-resumo, para descrever o comportamento das variáveis.
- Estudar as associações entre duas variáveis qualitativas por meio de tabelas de contingência e medidas de associação como qui-quadrado (para variáveis nominais e ordinais), coeficiente *Phi*, coeficiente de contingência e coeficiente *V* de Cramer (todos para variáveis nominais) e coeficiente de Spearman (para variáveis ordinais).
- Estudar as correlações entre duas variáveis quantitativas por meio de tabelas de distribuição conjunta de frequências, gráficos como o diagrama de dispersão e medidas de correlação como a covariância e o coeficiente de correlação de Spearman.
- Gerar tabelas, gráficos e medidas-resumo por meio do IBM SPSS Statistics Software® e do Stata Statistical Software®.
- Implementar códigos em R® e Python® para a geração de tabelas, gráficos e medidas-resumo.

Bancos de Dados, Códigos e Projects deste capítulo

3.1. INTRODUÇÃO

O capítulo anterior trata da estatística descritiva para uma única variável (estatística descritiva univariada). Este capítulo apresenta os conceitos de estatística descritiva envolvendo duas variáveis (análise bivariada).

A análise bivariada tem como objetivo, portanto, estudar as relações (associações para variáveis qualitativas e correlações para variáveis quantitativas) entre duas variáveis. As relações podem ser estudadas por meio da distribuição conjunta de frequências (tabelas de contingência ou de classificação cruzada – *cross-tabulation*), representações gráficas e, ainda, por meio de medidas-resumo.

A análise bivariada será estudada a partir de duas situações distintas:

a) quando duas variáveis são qualitativas;
b) quando duas variáveis são quantitativas.

A Figura 3.1 apresenta as estatísticas descritivas bivariadas que serão estudadas neste capítulo, representadas por meio de tabelas, gráficos e medidas-resumo, e apresenta as seguintes informações:

a) As estatísticas descritivas utilizadas para representar o comportamento dos dados de duas variáveis qualitativas são: a) tabelas de distribuição conjunta de frequência, nesse caso específico também denominadas tabelas de contingência ou tabelas de classificação cruzada (*cross-tabulation*); b) gráficos, como mapas perceptuais provenientes da técnica de análise de correspondência (a ser estudada no Capítulo 11); c) medidas de associação, como a estatística qui-quadrado (utilizada para variáveis qualitativas nominais e ordinais), o coeficiente *Phi*, o coeficiente de contingência e o coeficiente *V* de Cramer (todos baseados no qui-quadrado e utilizados para variáveis nominais), além do coeficiente de Spearman (para variáveis qualitativas ordinais).

b) No caso de duas variáveis quantitativas, utilizaremos tabelas de distribuição conjunta de frequências, representações gráficas, como o diagrama de dispersão, além de medidas de correlação, como a covariância e o coeficiente de correlação de Pearson.

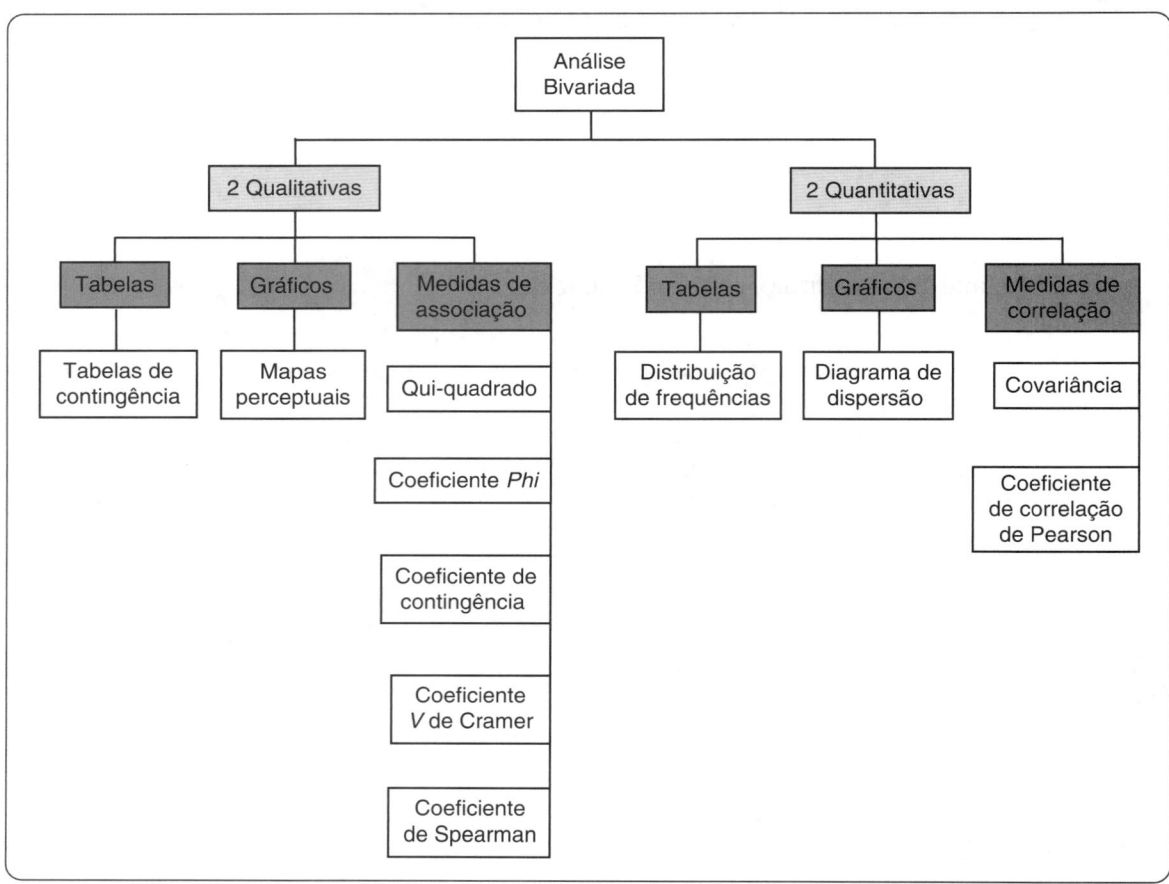

Figura 3.1 Estatísticas descritivas bivariadas em função do tipo de variável.

3.2. ASSOCIAÇÃO ENTRE DUAS VARIÁVEIS QUALITATIVAS

O objetivo é avaliar se existe relação entre as variáveis qualitativas ou categóricas estudadas, além do grau de associação entre elas. Isto pode ser feito por meio de tabelas de distribuições de frequências, medidas-resumo como o qui-quadrado (utilizado para variáveis nominais e ordinais), o coeficiente *Phi*, o coeficiente de contingência e o coeficiente *V* de Cramer (para variáveis nominais), e o coeficiente de Spearman (para variáveis ordinais), além de representações gráficas como mapas perceptuais provenientes da análise de correspondência, a ser estudada no Capítulo 11.

3.2.1. Tabelas de distribuição conjunta de frequências

A forma mais simples de resumir um conjunto de dados provenientes de duas variáveis qualitativas é por meio de uma tabela de distribuição conjunta de frequências, neste caso específico denominada **tabela de contingência** ou **tabela de classificação cruzada** (***cross-tabulation***) ou, ainda, **tabela de correspondência** que exibe, de forma conjunta, as frequências absolutas ou relativas das categorias da variável *X*, representada no eixo das abscissas, e da variável *Y*, representada no eixo das ordenadas.

É comum adicionarmos à tabela de contingência os **totais marginais** que correspondem à soma das linhas da variável *X* e à soma das colunas da variável *Y*. Ilustraremos essa análise por meio de um exemplo baseado em Bussab e Morettin (2011).

EXEMPLO 1

Um estudo foi feito com 200 indivíduos para analisar o comportamento conjunto da variável X (operadora de plano de saúde) com a variável Y (nível de satisfação). A tabela de contingência exibindo a distribuição conjunta de frequências absolutas das variáveis, além dos totais marginais, está representada na Tabela 3.1. Esses dados estão disponíveis no software SPSS no arquivo **PlanoSaude.sav**.

Tabela 3.1 Distribuição conjunta de frequências absolutas das variáveis em estudo.

Operadora	Nível de satisfação			Total
	Baixo	Médio	Alto	
Total Health	40	16	12	**68**
Viva Vida	32	24	16	**72**
Mena Saúde	24	32	4	**60**
Total	**96**	**72**	**32**	**200**

O estudo também pode ser realizado com base nas frequências relativas, conforme estudado no Capítulo 2, para problemas univariados. Bussab e Morettin (2011) apresentam três formas de ilustrar a proporção de cada categoria:

a) em relação ao total geral;
b) em relação ao total de cada linha;
c) em relação ao total de cada coluna.

A escolha de cada opção varia de acordo com o objetivo do problema. Por exemplo, a Tabela 3.2 apresenta a distribuição conjunta de frequências relativas das variáveis em estudo em relação ao total geral.

Tabela 3.2 Distribuição conjunta de frequências relativas das variáveis em estudo em relação ao total geral.

Operadora	Nível de satisfação			Total
	Baixo	Médio	Alto	
Total Health	20%	8%	6%	**34%**
Viva Vida	16%	12%	8%	**36%**
Mena Saúde	12%	16%	2%	**30%**
Total	**48%**	**36%**	**16%**	**100%**

Inicialmente, analisaremos os totais marginais das linhas e colunas que fornecem as distribuições unidimensionais de cada variável. Os totais marginais das linhas correspondem às somas das frequências relativas de cada categoria da variável *Operadora* e os totais marginais das colunas correspondem às somas de cada categoria da variável *Nível de satisfação*. Assim, podemos concluir que 34% dos indivíduos pertencem à operadora Total Health, 36% à Viva Vida e 30% à Mena Saúde. Analogamente, concluímos que 48% dos indivíduos estão insatisfeitos com as operadoras (baixo nível de satisfação), 36% classificaram o nível de satisfação como médio e apenas 16% como alto.

Com relação à distribuição conjunta de frequências relativas das variáveis em estudo (tabela de contingência), podemos afirmar, por exemplo, que 20% dos indivíduos pertencem à operadora Total Health e classificaram o nível de satisfação como baixo. A mesma lógica é aplicada para as demais categorias da tabela de contingência.

Já a Tabela 3.3 apresenta a distribuição conjunta de frequências relativas das variáveis em estudo em relação ao total de cada linha.

Tabela 3.3 Distribuição conjunta de frequências relativas das
variáveis em estudo em relação ao total de cada linha.

Operadora	Nível de satisfação			Total
	Baixo	Médio	Alto	
Total Health	58,8%	23,5%	17,6%	**100%**
Viva Vida	44,4%	33,3%	22,2%	**100%**
Mena Saúde	40%	53,3%	6,7%	**100%**
Total	**48%**	**36%**	**16%**	**100%**

Podemos verificar, a partir da Tabela 3.3, que a proporção de indivíduos da operadora Total Health e com nível de satisfação baixo é de 58,8% (40/68), com nível da satisfação médio é de 23,5% (16/68) e com nível de satisfação alto é de 17,6% (12/68). A soma das proporções da respectiva linha é 100%. A mesma lógica é aplicada para as demais linhas.

Por fim, a Tabela 3.4 apresenta a distribuição conjunta de frequências relativas das variáveis em estudo em relação ao total de cada coluna.

Tabela 3.4 Distribuição conjunta de frequências relativas das
variáveis em estudo em relação ao total de cada coluna.

Operadora	Nível de satisfação			Total
	Baixo	Médio	Alto	
Total Health	41,7%	22,2%	37,5%	**34%**
Viva Vida	33,3%	33,3%	50%	**36%**
Mena Saúde	25%	44,4%	12,5%	**30%**
Total	**100%**	**100%**	**100%**	**100%**

Dessa forma, a proporção de indivíduos com nível de satisfação baixo e da operadora Total Health é de 41,7% (40/96), da operadora Viva Vida é de 33,3% (32/96) e da operadora Mena Saúde é de 25% (24/96). A soma das proporções da respectiva coluna é 100%. A mesma lógica é aplicada para as demais colunas.

Elaboração de tabelas de contingência por meio do software SPSS

As tabelas de contingência do Exemplo 1 serão geradas por meio do SPSS. A reprodução das imagens neste capítulo tem autorização da International Business Machines Corporation©.

Inicialmente, definiremos as propriedades de cada variável no SPSS. As variáveis *Operadora* e *Nível de satisfação* são qualitativas, mas são representadas inicialmente na forma de números, como mostra o arquivo **PlanoSaude_SemRotulo.sav**. Assim, rótulos correspondentes a cada categoria das duas variáveis devem ser criados, de modo que:

Rótulos da variável *Operadora*:

1 = *Total Health*
2 = *Viva Vida*
3 = *Mena Saúde*

Rótulos da variável *Nível de satisfação*, denominada simplesmente *Satisfacao*:

1 = *Baixo*
2 = *Médio*
3 = *Alto*

Logo, devemos clicar em **Data → Define Variable Properties...** e selecionar as variáveis de interesse, de acordo com as Figuras 3.2 e 3.3.

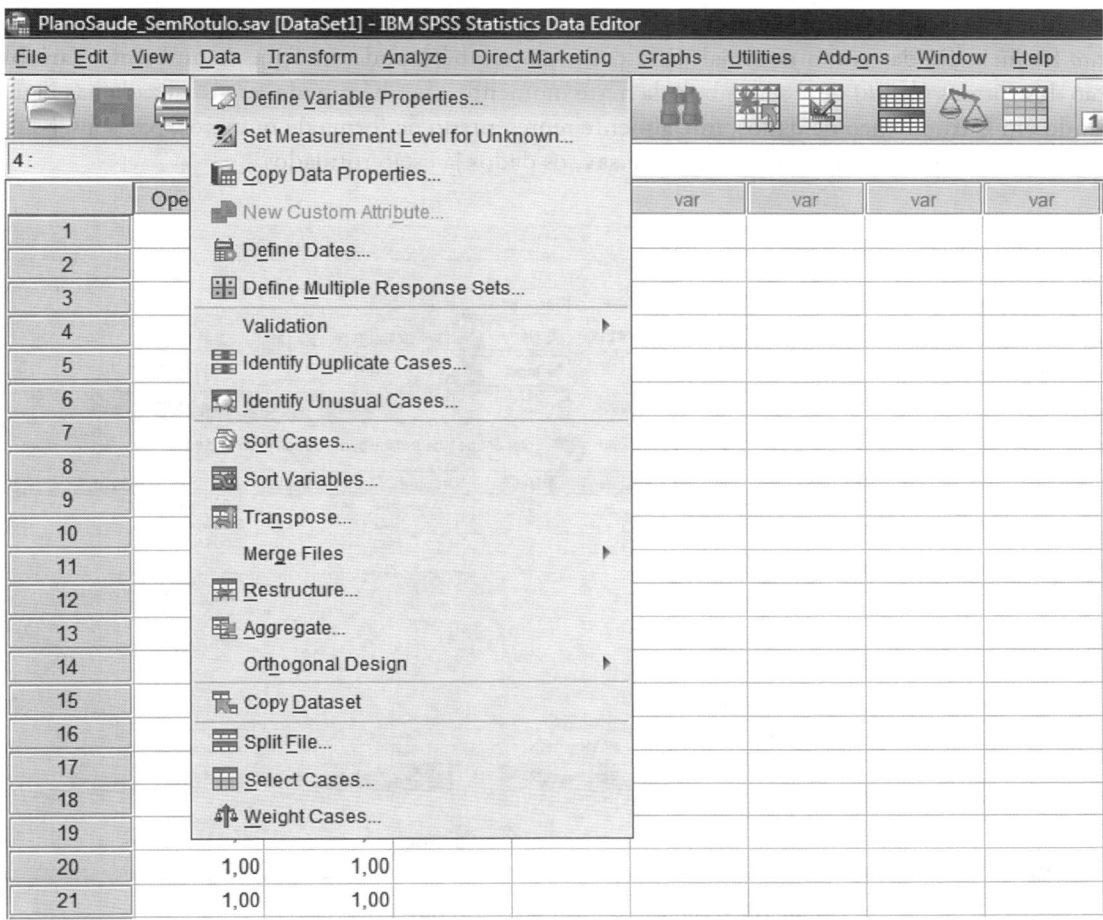

Figura 3.2 Definindo as propriedades da variável no SPSS.

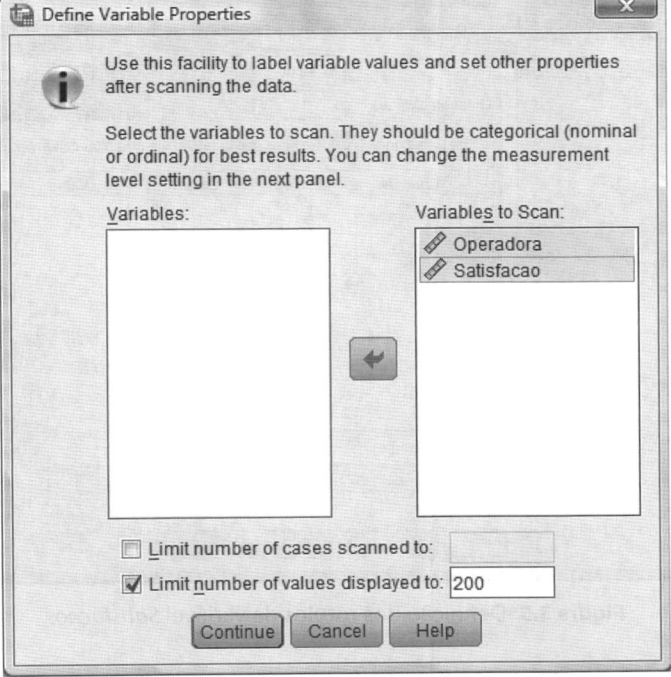

Figura 3.3 Seleção das variáveis de interesse.

Em seguida, devemos clicar em **Continue**. Note, por meio das Figuras 3.4 e 3.5, que as variáveis *Operadora* e *Satisfacao* foram definidas como nominal. Essa definição também pode ser feita no ambiente **Variable View**. A definição dos rótulos (*labels*) deve ser elaborada neste momento e também pode ser visualizada nas Figuras 3.4 e 3.5. Clicando em **OK**, o banco de dados, inicialmente representado na forma de números, passa a ser substituído pelos respectivos rótulos. No arquivo **PlanoSaude.sav**, os dados já estão rotulados.

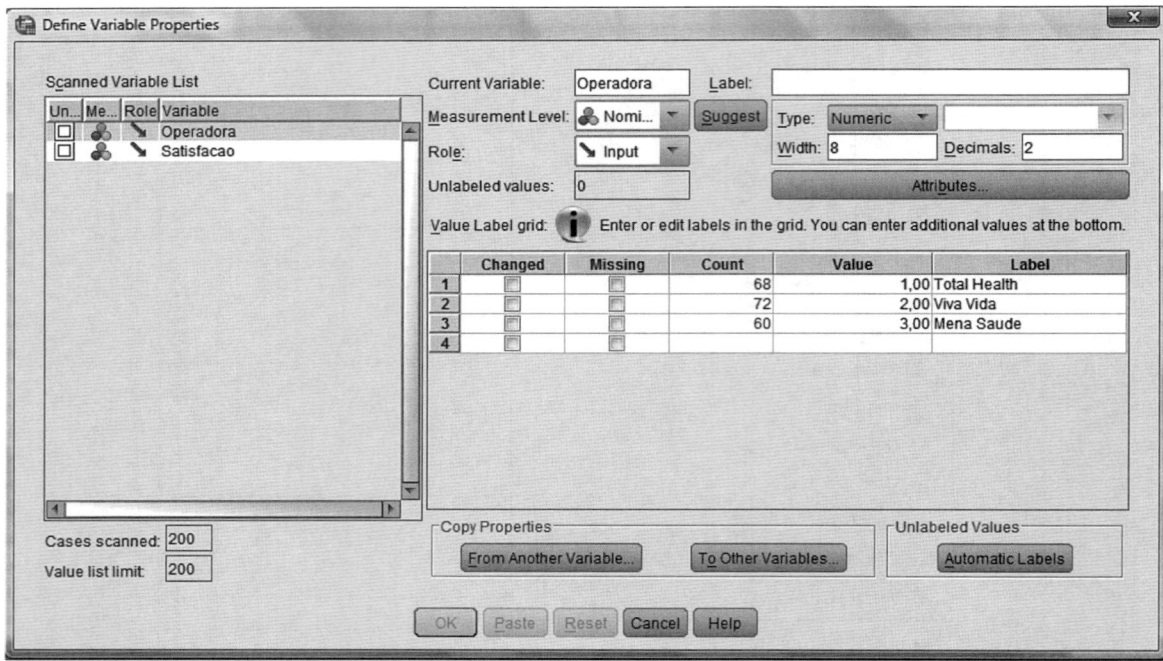

Figura 3.4 Definição dos rótulos da variável *Operadora*.

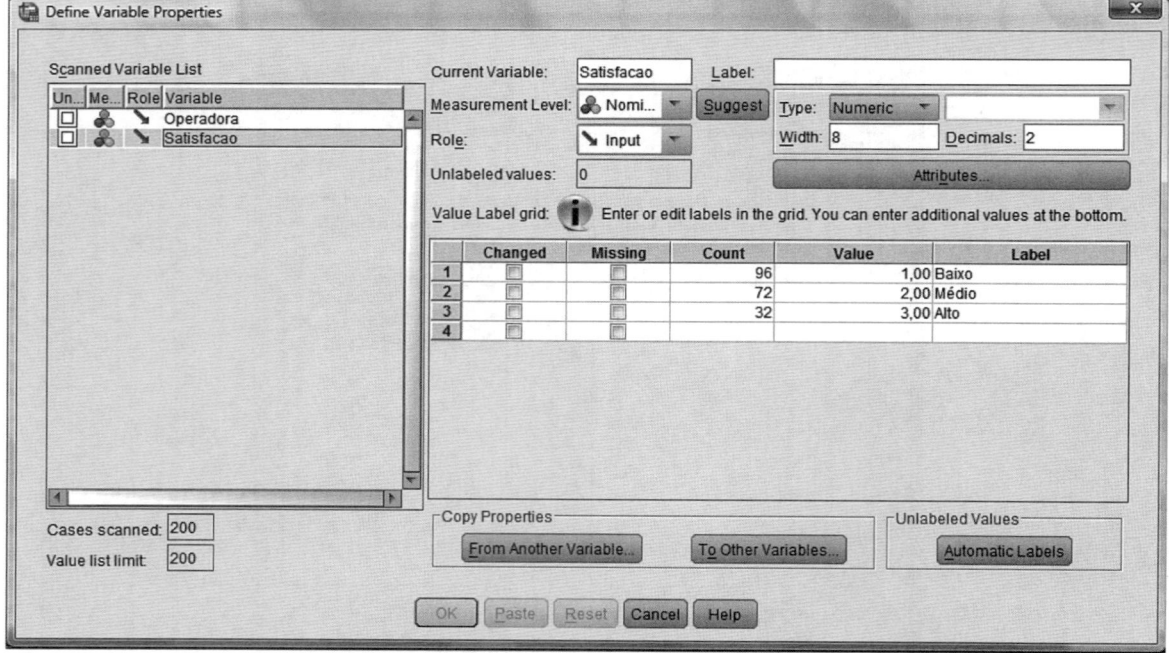

Figura 3.5 Definição dos rótulos da variável *Satisfacao*.

Para a criação de tabelas de contingência (*cross-tabulation*), vamos clicar no menu **Analyze → Descriptive Statistics → Crosstabs...**, conforme mostra a Figura 3.6.

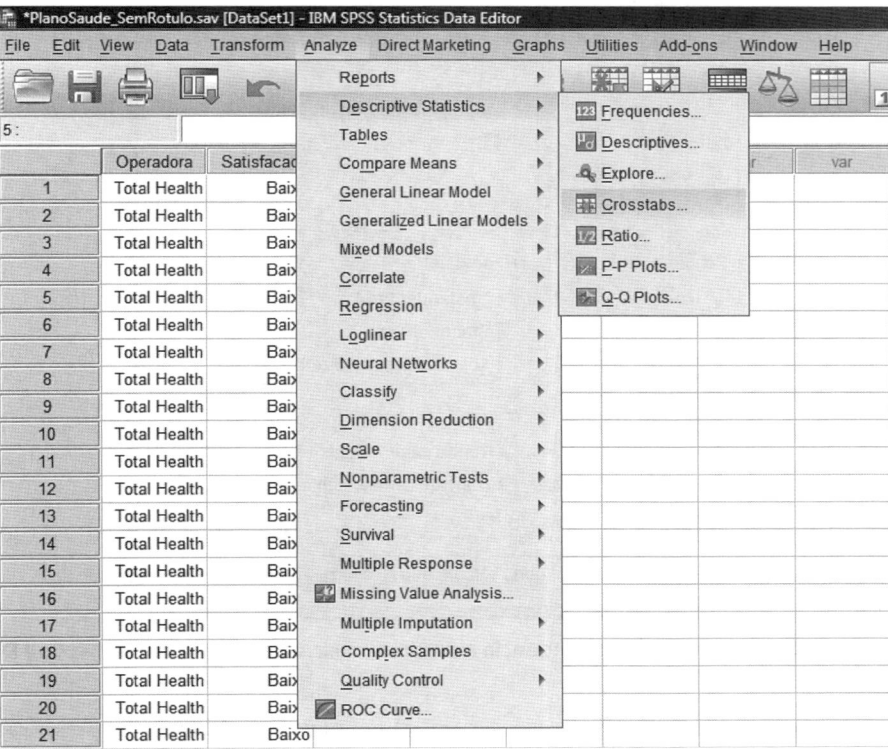

Figura 3.6 Elaboração de tabelas de contingência (*cross-tabulation*) no SPSS.

Selecionaremos a variável *Operadora* em **Row(s)** (Linhas) e a variável *Satisfacao* em **Column(s)** (Colunas). Em seguida, devemos clicar no botão **Cells...** (Células), conforme mostra a Figura 3.7.

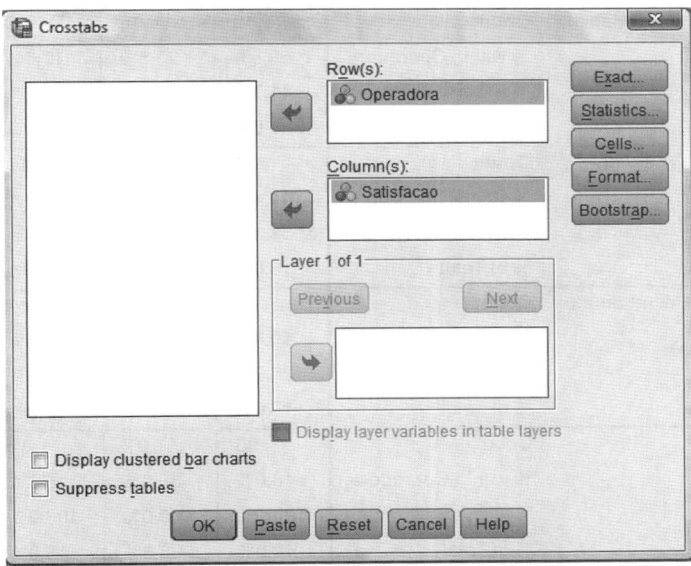

Figura 3.7 Criando uma tabela de contingência.

Para a criação de tabelas de contingência que representem a distribuição conjunta de frequências absolutas das variáveis observadas, a distribuição conjunta de frequências relativas em relação ao total geral, a distribuição conjunta de frequências relativas em relação ao total de cada linha e a distribuição conjunta de frequências relativas em relação ao total de cada coluna (Tabelas 3.1 a 3.4), devemos, a partir da caixa de diálogo **Crosstabs: Cell Display** (aberta após o clique no botão **Cells...**), selecionar a opção **Observed** em **Counts** e as opções **Row**, **Column** e **Total** em **Percentages**, como mostra a Figura 3.8. Por fim, vamos clicar em **Continue** e **OK**.

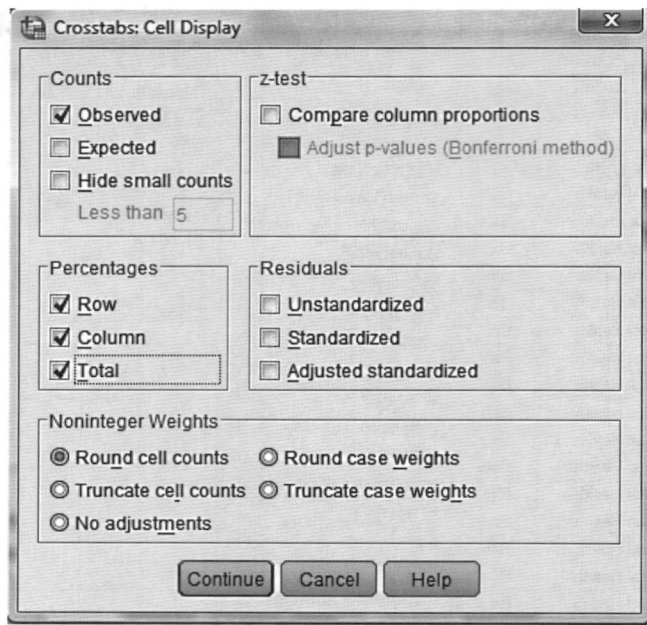

Figura 3.8 Criação de tabelas de contingência a partir da caixa de diálogo **Crosstabs: Cell Display**.

A tabela de contingência (tabela de classificação cruzada) gerada pelo SPSS está representada na Figura 3.9. Repare que os dados gerados são exatamente iguais àqueles representados nas Tabelas 3.1 a 3.4.

Operadora * Satisfacao Crosstabulation

| | | | Satisfacao | | | |
			Baixo	Médio	Alto	Total
Operadora	Total Health	Count	40	16	12	68
		% within Operadora	58,8%	23,5%	17,6%	100,0%
		% within Satisfacao	41,7%	22,2%	37,5%	34,0%
		% of Total	20,0%	8,0%	6,0%	34,0%
	Viva Vida	Count	32	24	16	72
		% within Operadora	44,4%	33,3%	22,2%	100,0%
		% within Satisfacao	33,3%	33,3%	50,0%	36,0%
		% of Total	16,0%	12,0%	8,0%	36,0%
	Mena Saude	Count	24	32	4	60
		% within Operadora	40,0%	53,3%	6,7%	100,0%
		% within Satisfacao	25,0%	44,4%	12,5%	30,0%
		% of Total	12,0%	16,0%	2,0%	30,0%
Total		Count	96	72	32	200
		% within Operadora	48,0%	36,0%	16,0%	100,0%
		% within Satisfacao	100,0%	100,0%	100,0%	100,0%
		% of Total	48,0%	36,0%	16,0%	100,0%

Figura 3.9 Tabela de classificação cruzada (*cross-tabulation*) gerada pelo SPSS.

Elaboração de tabelas de contingência por meio do software Stata

Estudamos no Capítulo 2 como criar tabelas de distribuição de frequências para uma única variável no Stata, por meio do comando **tabulate** ou, simplesmente, **tab**. No caso de duas ou mais variáveis, se o objetivo for gerar tabelas de distribuição de frequências univariadas para cada variável em análise, devemos utilizar o comando **tab1**, seguido da lista de variáveis.

A mesma lógica deve ser aplicada para a criação de tabelas de distribuição de frequências conjuntas (tabelas de contingência). Para gerar uma tabela de contingência no Stata a partir das frequências absolutas das variáveis observadas, devemos utilizar a seguinte sintaxe:

tabulate variável1* variável2*

ou, simplesmente:

tab variável1* variável2*

em que os termos **variável1*** e **variável2*** devem ser substituídos pelos nomes das respectivas variáveis.

Se, além da distribuição conjunta de frequências absolutas das variáveis observadas, quisermos obter a distribuição conjunta de frequências relativas em relação ao total de cada linha, ao total de cada coluna e ao total geral, devemos utilizar a seguinte sintaxe:

tabulate variável1* variável2*, row column cell

ou, simplesmente:

tab variável1* variável2*, r co ce

Considere um caso com mais de duas variáveis em estudo, em que o objetivo é gerar tabelas de distribuição de frequências bivariadas (*two-way tables*) para todas as combinações de variáveis, duas a duas. Nesse caso, utilizaremos o comando **tab2**, com a seguinte sintaxe:

tab2 variáveis*

em que o termo **variáveis*** deverá ser substituído pela lista de variáveis consideradas na análise.

Analogamente, para obtermos, além da distribuição conjunta das frequências absolutas, as distribuições conjuntas das frequências relativas por linha, por coluna e pelo total geral, devemos utilizar a seguinte sintaxe:

tab2 variáveis*, r co ce

As tabelas de contingência do Exemplo 1 serão geradas agora a partir do software Stata. Os dados estão disponíveis no arquivo **PlanoSaude.dta**.

Assim, para a obtenção da tabela de distribuição conjunta de frequências absolutas, frequências relativas por linha, frequências relativas por coluna e frequências relativas pelo total geral, devemos digitar o seguinte comando:

tab operadora satisfacao, r co ce

Os resultados estão ilustrados na Figura 3.10 e são semelhantes àqueles apresentados na Figura 3.9 (SPSS).

```
. tab operadora satisfacao, r co ce

+-------------------+
| Key               |
|-------------------|
|     frequency     |
|   row percentage  |
| column percentage |
|  cell percentage  |
+-------------------+

              |          satisfacao
   operadora  |    baixo     médio      alto |     Total
--------------+---------------------------------+----------
 total health |       40        16        12 |        68
              |    58.82     23.53     17.65 |    100.00
              |    41.67     22.22     37.50 |     34.00
              |    20.00      8.00      6.00 |     34.00
--------------+---------------------------------+----------
    viva vida |       32        24        16 |        72
              |    44.44     33.33     22.22 |    100.00
              |    33.33     33.33     50.00 |     36.00
              |    16.00     12.00      8.00 |     36.00
--------------+---------------------------------+----------
   mena saúde |       24        32         4 |        60
              |    40.00     53.33      6.67 |    100.00
              |    25.00     44.44     12.50 |     30.00
              |    12.00     16.00      2.00 |     30.00
--------------+---------------------------------+----------
        Total |       96        72        32 |       200
              |    48.00     36.00     16.00 |    100.00
              |   100.00    100.00    100.00 |    100.00
              |    48.00     36.00     16.00 |    100.00
```

Figura 3.10 Tabela de contingência gerada pelo Stata.

3.2.2. Medidas de associação

As principais medidas que representam a associação entre duas variáveis qualitativas são:

a) a estatística qui-quadrado (χ^2), utilizada para variáveis qualitativas **nominais** e **ordinais**;

b) o coeficiente *Phi*, o coeficiente de contingência e o coeficiente *V* de Cramer, aplicados para variáveis **nominais** e baseados no qui-quadrado;

c) o coeficiente de Spearman para variáveis **ordinais**.

3.2.2.1. Estatística qui-quadrado

A estatística qui-quadrado (χ^2) mede a discrepância entre uma tabela de contingência observada e uma tabela de contingência esperada, partindo da hipótese de que não há associação entre as variáveis estudadas. Se a distribuição de frequências observadas for exatamente igual à distribuição de frequências esperadas, o resultado da estatística qui-quadrado é zero. Assim, um valor baixo de χ^2 indica independência entre as variáveis.

A estatística χ^2 é dada por:

$$\chi^2 = \sum_{i=1}^{I} \sum_{j=1}^{J} \frac{(O_{ij} - E_{ij})^2}{E_{ij}} \tag{3.1}$$

em que:

O_{ij}: quantidade de observações na *i*-ésima categoria da variável *X* e na *j*-ésima categoria da variável *Y*;

E_{ij}: frequência esperada de observações na *i*-ésima categoria da variável *X* e na *j*-ésima categoria da variável *Y*;

I: quantidade de categorias (linhas) da variável *X*;

J: quantidade de categorias (colunas) da variável *Y*.

■ **EXEMPLO 2**

Calcule a estatística χ^2 para o Exemplo 1.

■ **SOLUÇÃO**

A Tabela 3.5 apresenta os valores observados da distribuição com as respectivas frequências relativas ao total geral da linha. O cálculo também poderia ser efetuado em relação ao total geral da coluna, chegando ao mesmo resultado da estatística χ^2.

Tabela 3.5 Valores observados de cada categoria com as respectivas proporções em relação ao total geral da linha.

Operadora	Nível de satisfação			Total
	Baixo	**Médio**	**Alto**	**Total**
Total Health	40 (58,8%)	16 (23,5%)	12 (17,6%)	**68 (100%)**
Viva Vida	32 (44,4%)	24 (33,3%)	16 (22,2%)	**72 (100%)**
Mena Saúde	24 (40%)	32 (53,3%)	4 (6,7%)	**60 (100%)**
Total	**96 (48%)**	**72 (36%)**	**32 (16%)**	**200 (100%)**

Os dados da Tabela 3.5 apontam uma dependência entre as variáveis. Supondo que não houvesse associação entre as variáveis, seria esperada a proporção de 48% em relação ao total da linha para as três operadoras no nível de satisfação baixo, 36% para o nível médio e 16% para o nível alto. O cálculo dos valores esperados é apresentado na Tabela 3.6. Por exemplo, o cálculo da primeira célula é 0,48 × 68 = 32,64.

Tabela 3.6 Valores esperados da Tabela 3.5, assumindo a não associação entre as variáveis.

Operadora	Nível de satisfação			Total
	Baixo	**Médio**	**Alto**	**Total**
Total Health	32,6 (48%)	24,5 (36%)	10,9 (16%)	**68 (100%)**
Viva Vida	34,6 (48%)	25,9 (36%)	11,5 (16%)	**72 (100%)**
Mena Saúde	28,8 (48%)	21,6 (36%)	9,6 (16%)	**60 (100%)**
Total	**96 (48%)**	**72 (36%)**	**32 (16%)**	**200 (100%)**

Para o cálculo da estatística χ^2, devemos aplicar a expressão (3.1) para os dados das Tabelas 3.5 e 3.6. O cálculo de cada termo $\dfrac{(O_{ij} - E_{ij})^2}{E_{ij}}$ está representado na Tabela 3.7, juntamente com a medida χ^2 resultante da soma das categorias.

Conforme será estudado no Capítulo 7, que trata de testes de hipóteses, o nível de significância α indica a probabilidade de rejeitar determinada hipótese quando ela for verdadeira. Já o *P-value* representa a probabilidade associada ao valor observado da amostra, indicando o menor nível de significância que levaria à rejeição da hipótese suposta. Em outras palavras, *P-value* representa um índice decrescente de confiabilidade de um resultado; quanto mais baixo seu valor, menos se pode acreditar na hipótese suposta.

No caso da estatística χ^2, cujo teste supõe a não associação entre as variáveis analisadas, a maioria dos softwares estatísticos, incluindo o SPSS, o Stata, o R e o Python, calcula o correspondente *P-value*. Assim, para um nível de confiança de 95%, se *P-value* < 0,05, a hipótese é rejeitada e podemos afirmar que há associação entre as variáveis. Por outro lado, se *P-value* > 0,05, conclui-se pela independência das variáveis. Todos esses conceitos serão estudados detalhadamente no Capítulo 7. No Capítulo 11, utilizaremos esses conceitos no estudo da técnica bivariada de análise de correspondência.

O Excel calcula o *P-value* da estatística χ^2 por meio da função **TESTE.QUI**. Para isso, basta selecionarmos o conjunto de células correspondentes aos valores observados ou reais e o conjunto de células dos valores esperados.

Tabela 3.7 Cálculo da estatística χ^2.

Operadora	Nível de satisfação		
	Baixo	**Médio**	**Alto**
Total Health	1,66	2,94	0,12
Viva Vida	0,19	0,14	1,74
Mena Saúde	0,80	5,01	3,27
Total	$\chi^2 = 15{,}861$		

Resolução da estatística qui-quadrado por meio do software SPSS

Analogamente ao Exemplo 1, o cálculo da estatística qui-quadrado (χ^2) pelo SPSS também é gerado a partir do menu **Analyze → Descriptive Statistics → Crosstabs...**. Selecionaremos novamente a variável *Operadora* em **Row(s)** e a variável *Satisfacao* em **Column(s)**. Inicialmente, para gerarmos os valores observados e esperados em caso de não associação entre as variáveis (dados das Tabelas 3.5 e 3.6), devemos clicar no botão **Cells...** e selecionar as opções **Observed** e **Expected** em **Counts**, a partir da caixa de diálogo **Crosstabs: Cell Display** (Figura 3.11). Na mesma caixa, para gerarmos os resíduos padronizados ajustados, necessitamos selecionar a opção **Adjusted standardized** em **Residuals**. Os resultados são apresentados na Figura 3.12.

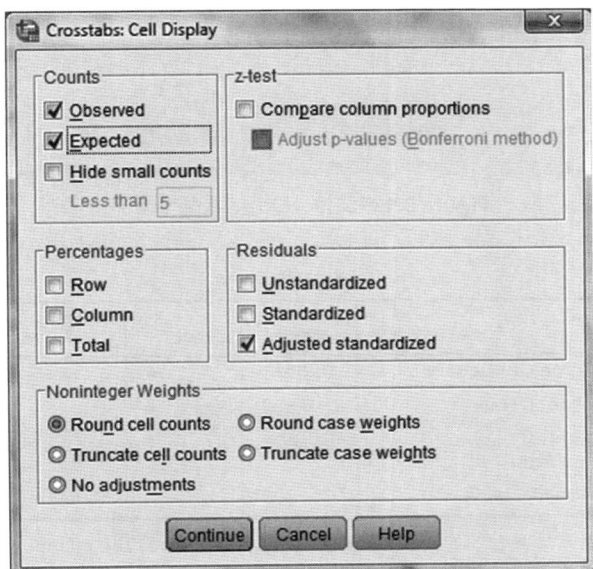

Figura 3.11 Gerando a tabela de contingência com as frequências observadas, as frequências esperadas e os resíduos.

Operadora * Satisfacao Crosstabulation

			Satisfacao			Total
			Baixo	Médio	Alto	
Operadora	Total Health	Count	40	16	12	68
		Expected Count	32,6	24,5	10,9	68,0
		Adjusted Residual	2,2	-2,6	,5	
	Viva Vida	Count	32	24	16	72
		Expected Count	34,6	25,9	11,5	72,0
		Adjusted Residual	-,8	-,6	1,8	
	Mena Saúde	Count	24	32	4	60
		Expected Count	28,8	21,6	9,6	60,0
		Adjusted Residual	-1,5	3,3	-2,4	
Total		Count	96	72	32	200
		Expected Count	96,0	72,0	32,0	200,0

Figura 3.12 Tabela de contingência com os valores observados, os valores esperados e os resíduos, assumindo a não associação entre as variáveis.

Para o cálculo da estatística χ^2, no botão **Statistics...**, devemos selecionar a opção **Chi-square** (Figura 3.13). E, por fim, vamos clicar em **Continue** e **OK**. O resultado é apresentado na Figura 3.14.

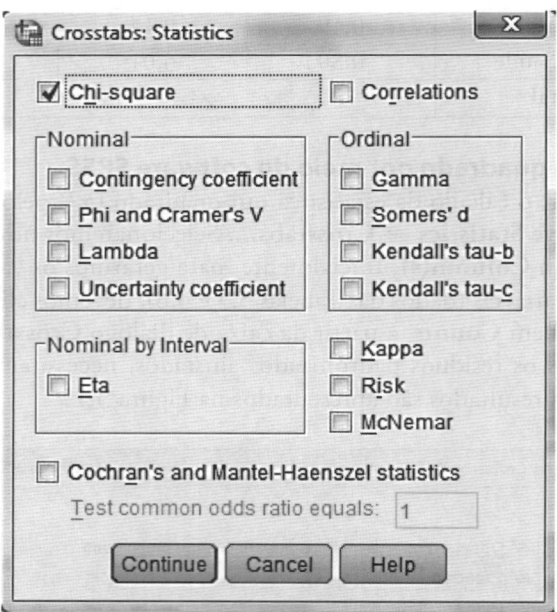

Figura 3.13 Seleção da estatística χ^2.

Chi-Square Tests

	Value	df	Asymp. Sig. (2-sided)
Pearson Chi-Square	15,861[a]	4	,003
Likelihood Ratio	16,302	4	,003
Linear-by-Linear Association	,429	1	,512
N of Valid Cases	200		

a. 0 cells (,0%) have expected count less than 5. The minimum expected count is 9,60.

Figura 3.14 Resultado da estatística χ^2.

Pela Figura 3.14, podemos verificar que o valor de χ^2 é 15,861, semelhante ao calculado na Tabela 3.7. Observamos também que o menor nível de significância que levaria à rejeição da hipótese de não associação entre as variáveis (*P-value*) é 0,003. Como 0,003 < 0,05 (para um nível de confiança de 95%), a hipótese nula é rejeitada, o que permite concluir que há associação entre as variáveis.

Procedimento similar também será realizado quando do estudo da técnica bivariada de análise de correspondência no Capítulo 11.

Resolução da estatística χ^2 por meio do software Stata

Vimos na seção 3.2.1 como elaborar tabelas de contingência no Stata por meio do comando **tabulate** ou, simplesmente, **tab**. Além das frequências observadas, esse comando também disponibiliza as frequências esperadas por meio da opção **expected** ou, simplesmente, **exp**, assim como o cálculo da estatística χ^2 utilizando a opção **chi2**, ou apenas **ch**. Para os dados do Exemplo 1 disponíveis no arquivo **PlanoSaude.dta**, para obtermos as tabelas de distribuição de frequências observadas e esperadas, juntamente com o cálculo da estatística χ^2, utilizaremos o seguinte comando:

```
tab operadora satisfacao, exp ch
```

Porém, o comando **tab** não permite que sejam gerados os resíduos nos *outputs*. Como alternativa, o comando **tabchi** foi desenvolvido a partir de um módulo de tabulação criado por Nicholas J. Cox, fazendo com que os resíduos padronizados ajustados sejam também calculados. Para que esse comando seja utilizado, devemos inicialmente digitar:

```
findit tabchi
```

e instalá-lo no *link* **tab_chi from http://fmwww.bc.edu/RePEc/bocode/t**. Feito isso, podemos digitar o seguinte comando:

```
tabchi operadora satisfacao, a
```

O resultado está ilustrado na Figura 3.15 e é semelhante àqueles apresentados nas Figuras 3.12 e 3.14 do software SPSS. Repare que, diferentemente do comando **tab**, que requer a opção **exp** para que sejam geradas as frequências esperadas, o comando **tabchi** já as disponibiliza automaticamente.

```
. tabchi operadora satisfacao, a

        observed frequency
        expected frequency
        adjusted residual

------------------------------------------
             |         satisfacao
   operadora |   baixo    médio     alto
-------------+----------------------------
total health |      40       16       12
             |  32.640   24.480   10.880
             |   2.199   -2.637    0.456
             |
   viva vida |      32       24       16
             |  34.560   25.920   11.520
             |  -0.755   -0.589    1.800
             |
  mena saúde |      24       32        4
             |  28.800   21.600    9.600
             |  -1.482    3.343   -2.357
------------------------------------------

        Pearson chi2(4) =  15.8606   Pr = 0.003
likelihood-ratio chi2(4) =  16.3023   Pr = 0.003
```

Figura 3.15 Resultado da estatística χ^2 no Stata.

Também faremos uso desses procedimentos quando do estudo da técnica bivariada de análise de correspondência no Capítulo 11.

3.2.2.2. Outras medidas de associação baseadas no qui-quadrado

As principais medidas de associação baseadas na estatística qui-quadrado (χ^2) são: *Phi*, *V* de Cramer e coeficiente de contingência (*C*), todas aplicadas para variáveis qualitativas **nominais**.

Em geral, um coeficiente de associação ou correlação é uma medida que varia entre 0 e 1, apresentando valor 0 quando não houver relação entre as variáveis e valor 1 quando forem relacionadas perfeitamente. Veremos como cada um dos coeficientes estudados nesta seção se comportam em relação a essas características.

a) Coeficiente *Phi*

O coeficiente *Phi* é a medida de associação mais simples para variáveis nominais baseada no χ^2, podendo ser expresso da seguinte forma:

$$Phi = \sqrt{\frac{\chi^2}{n}} \tag{3.2}$$

Para que *Phi* varie apenas entre 0 e 1, é necessário que a tabela de contingência seja de dimensão 2 × 2.

■ EXEMPLO 3

A fim de oferecer serviços de qualidade que atendam às expectativas de seus clientes, a empresa Ivanblue, que atua no ramo de moda masculina, está investindo em estratégias de segmentação de mercado. Atualmente, a empresa possui quatro lojas na cidade de Campinas, localizadas nas regiões Norte, Centro, Sul e Leste, e comercializa quatro tipos de roupa: gravata, camisa social, camisa polo e calça. A Tabela 3.8 apresenta dados da compra de 20 consumidores, como o tipo de roupa e a localização da loja. Verifique se há associação entre as duas variáveis utilizando o coeficiente *Phi*.

Tabela 3.8 Dados de compra de 20 consumidores.

Consumidor	Roupa	Região
1	Gravata	Sul
2	Camisa polo	Norte
3	Camisa social	Sul
4	Calça	Norte
5	Gravata	Sul
6	Camisa polo	Centro
7	Camisa polo	Leste
8	Gravata	Sul
9	Camisa social	Sul
10	Gravata	Centro
11	Calça	Norte
12	Calça	Centro
13	Gravata	Centro
14	Camisa polo	Leste
15	Calça	Centro
16	Gravata	Centro
17	Calça	Sul
18	Calça	Norte
19	Camisa polo	Leste
20	Camisa social	Centro

■ SOLUÇÃO

Utilizando o procedimento descrito na seção anterior, o valor da estatística qui-quadrado é $\chi^2 = 18,214$. Logo:

$$Phi = \sqrt{\frac{\chi^2}{n}} = \sqrt{\frac{18,214}{20}} = 0,954$$

Como o número de categorias de ambas as variáveis é 4, nesse caso, a condição $0 \leq Phi \leq 1$ não é válida, dificultando a interpretação da intensidade da associação.

b) Coeficiente de contingência

O coeficiente de contingência (C), também conhecido como **coeficiente de contingência de Pearson**, é outra medida de associação para variáveis nominais baseada na estatística χ^2, sendo representado pela seguinte expressão:

$$C = \sqrt{\frac{\chi^2}{n + \chi^2}} \tag{3.3}$$

em que n corresponde ao tamanho da amostra.

O coeficiente de contingência (C) tem como limite inferior o valor 0, indicando que não existe relação entre as variáveis; porém, o limite superior de C varia em função da quantidade de categorias, de modo que:

$$0 \leq C \leq \sqrt{\frac{q-1}{q}} \tag{3.4}$$

em que:

$$q = \text{mín}(I, J) \tag{3.5}$$

sendo I a quantidade de linhas e J a quantidade de colunas de uma tabela de contingência.

Quando $C = \sqrt{\dfrac{q-1}{q}}$, existe uma associação perfeita entre as variáveis, porém, esse limite nunca assume o valor 1. Dois coeficientes de contingência só podem então ser comparados se ambos forem definidos a partir de tabelas com a mesma quantidade de linhas e colunas.

■ EXEMPLO 4

Calcule o coeficiente de contingência (C) para os dados do Exemplo 3.

■ SOLUÇÃO

O cálculo de C é:

$$C = \sqrt{\frac{\chi^2}{n + \chi^2}} = \sqrt{\frac{18,214}{20 + 18,214}} = 0,690$$

Como a tabela de contingência é de dimensão 4×4 ($q = \text{mín}(4,4) = 4$), os valores que C pode assumir pertencem ao intervalo:

$$0 \leq C \leq \sqrt{\frac{3}{4}} \rightarrow 0 \leq C \leq 0,866$$

Podemos concluir que existe associação entre as variáveis.

c) Coeficiente V de Cramer

Outra medida de associação para variáveis nominais baseada na estatística χ^2 é o **coeficiente V de Cramer**, calculado por:

$$V = \sqrt{\frac{\chi^2}{n \cdot (q-1)}} \tag{3.6}$$

em que $q = \text{mín}(I, J)$, conforme apresentado na expressão (3.5).

Para tabelas de contingência de dimensão 2×2, a expressão (3.6) resume-se a $V = \sqrt{\dfrac{\chi^2}{n}}$, que corresponde ao coeficiente *Phi*.

O coeficiente V de Cramer é uma alternativa ao coeficiente *Phi* e ao coeficiente de contingência (C), e seu valor está sempre limitado ao intervalo [0,1], independentemente da quantidade de categorias nas linhas e colunas:

$$0 \leq V \leq 1 \tag{3.7}$$

O valor 0 indica que as variáveis não têm nenhum tipo de associação e o valor 1 revela que elas são perfeitamente associadas. O coeficiente V de Cramer permite, portanto, comparar tabelas de contingência de diferentes dimensões.

■ **EXEMPLO 5**

Calcule o coeficiente V de Cramer para os dados do Exemplo 3.

■ **SOLUÇÃO**

$$V=\sqrt{\frac{\chi^2}{n\cdot(q-1)}}=\sqrt{\frac{18{,}214}{20\cdot 3}}=0{,}551$$

Como $0 \leq V \leq 1$, existe associação entre as variáveis, porém, considerada não muito forte.

Resolução dos Exemplos 3, 4 e 5 (cálculo dos coeficientes *Phi*, de contingência e *V* de Cramer) por meio do SPSS

Na seção 3.2.1, apresentamos como criar rótulos correspondentes às categorias das variáveis a partir do menu **Data → Define Variable Properties...**. O mesmo procedimento deve ser aplicado para os dados da Tabela 3.8 (não podemos nos esquecer de definir o tipo das variáveis como nominal). O arquivo **Sementação_Mercado.sav** disponibiliza esses dados já tabulados no SPSS.

Analogamente ao cálculo da estatística χ^2, o cálculo dos coeficientes *Phi*, de contingência (C) e V de Cramer pelo SPSS também são gerados a partir do menu **Analyze → Descriptive Statistics → Crosstabs...**. Vamos selecionar a variável *Roupa* em **Row(s)** e a variável *Região* em **Column(s)**.

No botão **Statistics...**, selecionaremos agora as opções **Contingency coefficient** e **Phi and Cramer's V** (Figura 3.16). Repare que esses coeficientes são calculados para variáveis nominais. Os resultados das estatísticas são apresentados na Figura 3.17.

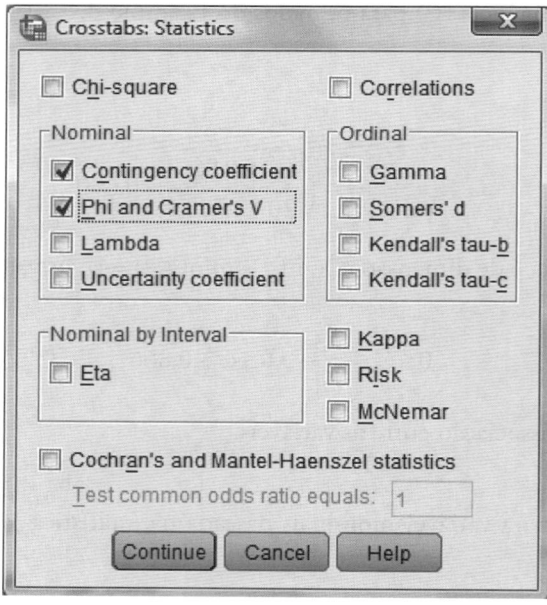

Figura 3.16 Seleção do coeficiente de contingência e dos coeficientes *Phi* e *V* de Cramer.

Symmetric Measures

		Value	Approx. Sig.
Nominal by Nominal	Phi	,954	,033
	Cramer's V	,551	,033
	Contingency Coefficient	,690	,033
N of Valid Cases		20	

Figura 3.17 Resultado do coeficiente de contingência e dos coeficientes *Phi* e *V* de Cramer.

Para os três coeficientes, o *P-value* de 0,033 (0,033 < 0,05) indica que há associação entre as variáveis em estudo.

Resolução dos Exemplos 3 e 5 (cálculo dos coeficientes *Phi* e *V* de Cramer) por meio do Stata

O Stata calcula os coeficientes *Phi* e *V* de Cramer por meio do comando **phi**. Dessa forma, os mesmos serão calculados para os dados do Exemplo 3 disponíveis no arquivo **Segmentação_Mercado.dta**.

Para que o comando **phi** seja utilizado, devemos inicialmente digitar:

findit phi

e instalá-lo no *link* **snp3.pkg from http://www.stata.com/stb/stb3/**. Feito isso, podemos digitar o seguinte comando:

phi roupa região

Os resultados são apresentados na Figura 3.18. Repare que o coeficiente *Phi* no Stata é chamado **Cohen's w**. Já o coeficiente *V* de Cramer é denominado **Cramer's phi-prime**.

```
. phi   roupa região

                |                    região
        roupa   |    norte   centro      sul    leste  |    Total
----------------+-----------------------------------------+----------
       gravata  |       0        3        3        0   |        6
 camisa social  |       0        1        2        0   |        3
   camisa polo  |       1        1        0        3   |        5
         calça  |       3        2        1        0   |        6
----------------+-----------------------------------------+----------
        Total   |       4        7        6        3   |       20

             Pearson chi2(9) =   18.2143   Pr = 0.033
Cramer's phi-prime =   0.5510      Cohen's w = 0.9543
```

Figura 3.18 Cálculo dos coeficientes *Phi* e *V* de Cramer pelo Stata.

3.2.2.3. O coeficiente de Spearman

O coeficiente de Spearman (r_{sp}) é uma medida de associação entre duas variáveis qualitativas **ordinais**.

Inicialmente, devemos ordenar o conjunto de dados da variável X e da variável Y de forma crescente. A partir dessa ordenação, é possível criar postos ou *rankings*, denotados por k ($k = 1, ..., n$). A atribuição desses postos é feita isoladamente para cada variável. O posto 1 é então atribuído ao menor valor da variável, o posto 2 ao segundo menor valor, e assim por diante, até o posto n para o maior valor. Em caso de empate entre os valores de ordem k e $k + 1$, devemos atribuir o posto $k + 1/2$ para ambas as observações.

O cálculo do coeficiente de Spearman pode ser elaborado por meio da seguinte expressão:

$$r_{sp} = 1 - \frac{6\sum_{k=1}^{n} d_k^2}{n \cdot (n^2 - 1)} \tag{3.8}$$

em que:

n: número de observações (pares de valores);
d_k: diferença entre os postos de ordem k.

O coeficiente de Spearman é uma medida que varia entre -1 e 1. Se $r_{sp} = 1$, todos os valores de d_k são nulos, indicando que todos os postos são iguais para as variáveis X e Y (associação positiva perfeita). O valor $r_{sp} = -1$ é encontrado quando $\sum_{k=1}^{n} d_k^2 = \frac{n \cdot (n^2 - 1)}{3}$ atingir seu valor máximo (há a inversão nos valores dos postos das variáveis), indicando uma associação negativa perfeita. Quando $r_{sp} = 0$, não há associação entre as variáveis X e Y. A Figura 3.19 apresenta o resumo dessa interpretação.

Figura 3.19 Interpretação do coeficiente de Spearman.

Essa interpretação é semelhante ao do coeficiente de correlação de Pearson que será estudado na seção 3.3.3.2.

■ **EXEMPLO 6**

O coordenador do curso de graduação em Administração está analisando se existe algum tipo de associação entre as notas de 10 alunos em duas disciplinas: Simulação e Finanças. Os dados do problema estão representados na Tabela 3.9. Calcule o coeficiente de Spearman.

Tabela 3.9 Notas das disciplinas de Simulação e Finanças dos 10 alunos analisados.

Aluno	Notas	
	Simulação	Finanças
1	4,7	6,6
2	6,3	5,1
3	7,5	6,9
4	5,0	7,1
5	4,4	3,5
6	3,7	4,6
7	8,5	6,8
8	8,2	7,5
9	3,5	4,2
10	4,0	3,3

■ **SOLUÇÃO**

Para o cálculo do coeficiente de Spearman, inicialmente, atribuiremos postos a cada categoria de cada variável em função dos respectivos valores, como mostra a Tabela 3.10.

Tabela 3.10 Postos das disciplinas de Simulação e Finanças dos 10 alunos.

Aluno	Postos		d_k	d_k^2
	Simulação	Finanças		
1	5	6	-1	1
2	7	5	2	4
3	8	8	0	0
4	6	9	-3	9
5	4	2	2	4
6	2	4	-2	4
7	10	7	3	9
8	9	10	-1	1
9	1	3	-2	4
10	3	1	2	4
Soma				40

Aplicando a expressão (3.8), temos:

$$r_{sp} = 1 - \frac{6\sum_{k=1}^{n} d_k^2}{n \cdot (n^2 - 1)} = 1 - \frac{6 \times 40}{10 \times 99} = 0,758$$

O valor 0,758 indica uma associação positiva forte entre as variáveis.

Cálculo do coeficiente de Spearman por meio do software SPSS

O arquivo **Notas.sav** apresenta os dados do Exemplo 6 (postos da Tabela 3.9) tabulados em escala ordinal (definida no ambiente **Variable View**).

Analogamente ao cálculo da estatística χ^2 e dos coeficientes *Phi*, de contingência (C) e V de Cramer, o coeficiente de Spearman também pode ser gerado pelo SPSS a partir do menu **Analyze → Descriptive Statistics → Crosstabs...**. Vamos selecionar a variável *Simulação* em **Row(s)** e a variável *Finanças* em **Column(s)**.

No botão **Statistics...**, selecionaremos a opção **Correlations** (Figura 3.20). Clicaremos em **Continue** e, na sequência, em **OK**. O resultado do coeficiente de Spearman é apresentado na Figura 3.21.

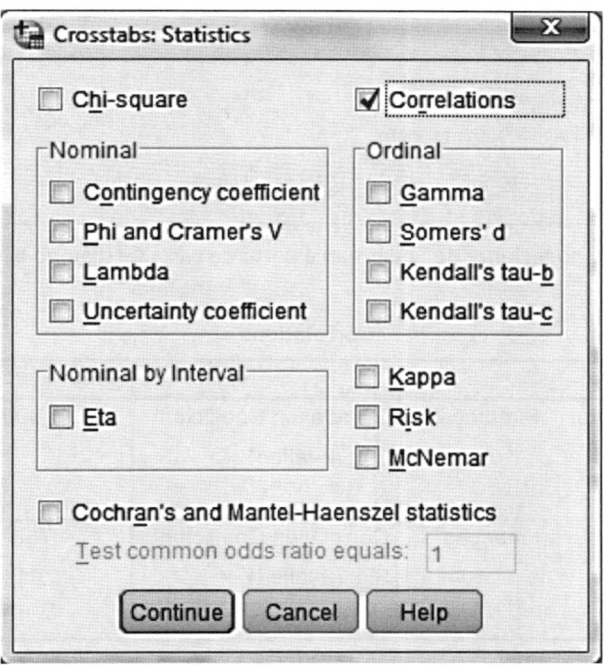

Figura 3.20 Cálculo do coeficiente de Spearman a partir da caixa de diálogo **Crosstabs: Statistics**.

Symmetric Measures

		Value	Asymp. Std. Error[a]	Approx. T[b]	Approx. Sig.
Interval by Interval	Pearson's R	,758	,069	3,283	,011[c]
Ordinal by Ordinal	Spearman Correlation	,758	,074	3,283	,011[c]
N of Valid Cases		10			

a. Not assuming the null hypothesis.
b. Using the asymptotic standard error assuming the null hypothesis.
c. Based on normal approximation.

Figura 3.21 Resultado do coeficiente de Spearman a partir da caixa de diálogo **Crosstabs: Statistics**.

O *P-value* de 0,011 < 0,05 (sob hipótese de não associação entre as variáveis) indica que há associação entre as notas de Simulação e Finanças a 95% de confiança.

O cálculo do coeficiente de Spearman também pode ser gerado a partir do menu **Analyze** → **Correlate** → **Bivariate...**. Devemos selecionar as variáveis de interesse, além do coeficiente de Spearman, como mostra a Figura 3.22. Vamos clicar em **OK**, resultando na Figura 3.23.

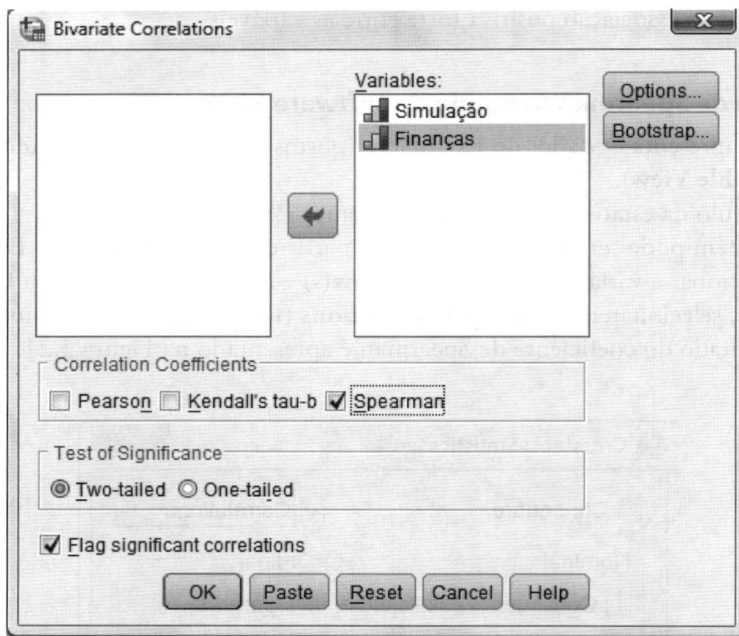

Figura 3.22 Cálculo do coeficiente de Spearman a partir da caixa de diálogo **Bivariate Correlations**.

Correlations

			Simulação	Finanças
Spearman's rho	Simulação	Correlation Coefficient	1,000	,758*
		Sig. (2-tailed)	.	,011
		N	10	10
	Finanças	Correlation Coefficient	,758*	1,000
		Sig. (2-tailed)	,011	.
		N	10	10

*Correlation is significant at the 0.05 level (2-tailed).

Figura 3.23 Resultado do coeficiente de Spearman a partir da caixa de diálogo **Bivariate Correlations**.

Cálculo do coeficiente de Spearman por meio do software Stata

O coeficiente de Spearman no Stata é calculado a partir do comando **spearman**. Assim, para os dados do Exemplo 6 disponíveis no arquivo **Notas.dta**, devemos digitar o seguinte comando:

```
spearman simulação finanças
```

Os resultados são apresentados na Figura 3.24.

```
. spearman simulação finanças

 Number of obs =        10
Spearman's rho =      0.7576

Test of Ho: simulação and finanças are independent
     Prob > |t| =      0.0111
```

Figura 3.24 Resultado do coeficiente de Spearman no Stata.

3.3. CORRELAÇÃO ENTRE DUAS VARIÁVEIS QUANTITATIVAS

O objetivo nesta seção é avaliar se existe relação entre as variáveis quantitativas estudadas, além do grau de correlação entre elas. Isto pode ser feito por meio de tabelas de distribuições de frequências, representações gráficas, como o diagrama de dispersão, além de medidas de correlação, como a covariância e o coeficiente de correlação de Pearson.

3.3.1. Tabelas de distribuição conjunta de frequências

O mesmo procedimento apresentado para variáveis qualitativas pode ser utilizado para representar a distribuição conjunta de variáveis quantitativas e analisar as possíveis relações entre as respectivas variáveis. Analogamente ao estudo da estatística descritiva univariada, dados contínuos que não se repetem com certa frequência podem ser agrupados em intervalos de classes.

3.3.2. Representação gráfica por meio de um diagrama de dispersão

A correlação entre duas variáveis quantitativas pode ser representada de forma gráfica por meio de um **diagrama de dispersão**. Ele representa graficamente os valores das variáveis X e Y em um plano cartesiano. Um diagrama de dispersão permite, portanto, avaliar:

a) se existe ou não alguma relação entre as variáveis em estudo;
b) o tipo de relação entre as duas variáveis, isto é, a direção em que a variável Y aumenta ou diminui em função da variação de X;
c) o grau de relação entre as variáveis;
d) a natureza da relação (linear, exponencial etc.).

A Figura 3.25 apresenta um diagrama de dispersão em que a relação entre as variáveis X e Y é linear positiva forte, isto é, a variação de Y é diretamente proporcional à variação de X, o grau de relação entre as variáveis é forte e a natureza da relação é linear.

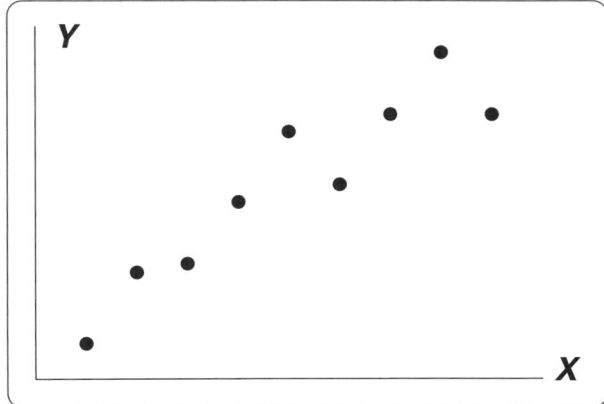

Figura 3.25 Relação linear positiva forte.

Se todos os pontos estiverem contidos em uma reta, temos um caso em que a relação é linear perfeita, conforme mostra a Figura 3.26.

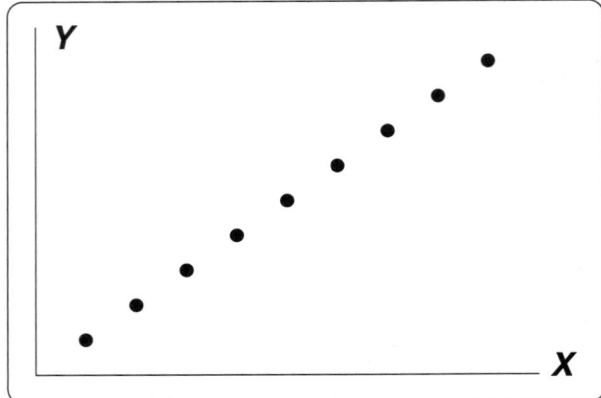

Figura 3.26 Relação linear positiva perfeita.

Já as Figuras 3.27 e 3.28 apresentam um diagrama de dispersão em que a relação entre as variáveis X e Y é linear negativa forte e linear negativa perfeita, respectivamente.

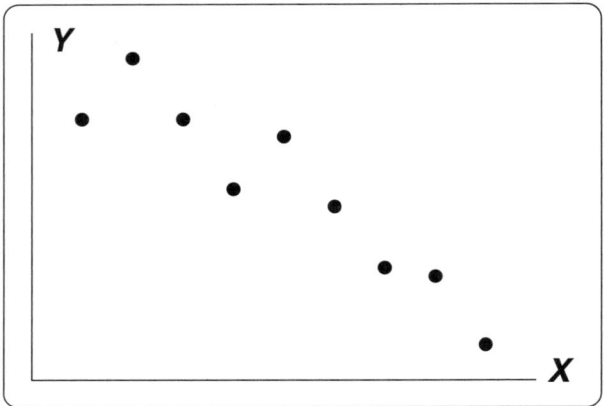

Figura 3.27 Relação linear negativa forte.

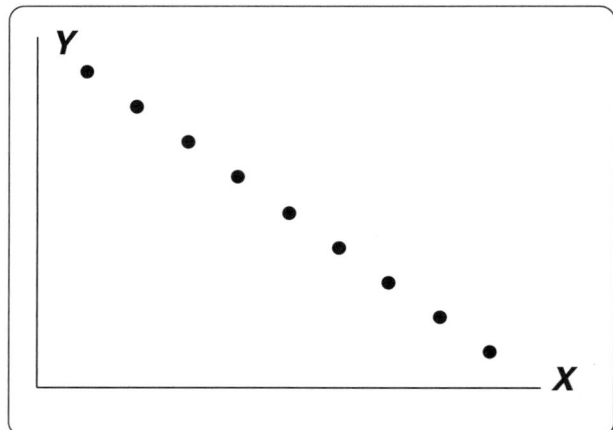

Figura 3.28 Relação linear negativa perfeita.

Por fim, podemos estar diante de um caso em que não há nenhuma relação entre as variáveis X e Y, conforme mostra a Figura 3.29.

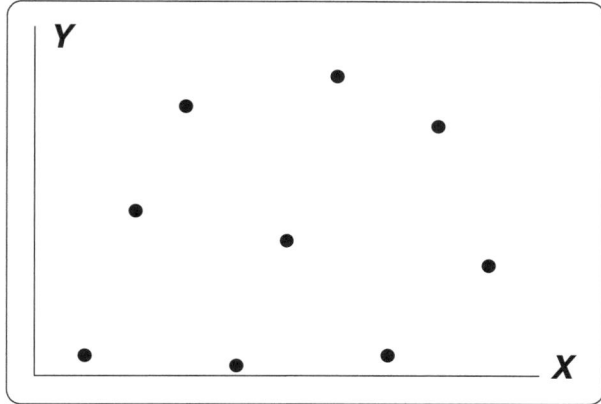

Figura 3.29 Não existe relação entre as variáveis *X* e *Y*.

Gerando um diagrama de dispersão no SPSS

■ EXEMPLO 7

Vamos abrir o arquivo **Renda_Estudo.sav** no SPSS. O objetivo é analisar a correlação entre as variáveis *Renda Familiar* e *Anos de Estudo* por meio de um diagrama de dispersão. Para isso, vamos clicar em **Graphs → Legacy Dialogs → Scatter/Dot...** (Figura 3.30). Na janela **Scatter/Dot** da Figura 3.31, escolheremos o gráfico do tipo **Simple Scatter**. Clicando em **Define**, será aberta a caixa de diálogo **Simple Scatterplot**, como mostra a Figura 3.32. Selecionaremos a variável *Renda Familiar* no eixo *Y* e a variável *Anos de Estudo* no eixo *X*. E, na sequência, clicaremos em **OK**. O gráfico de dispersão gerado está representado na Figura 3.33.

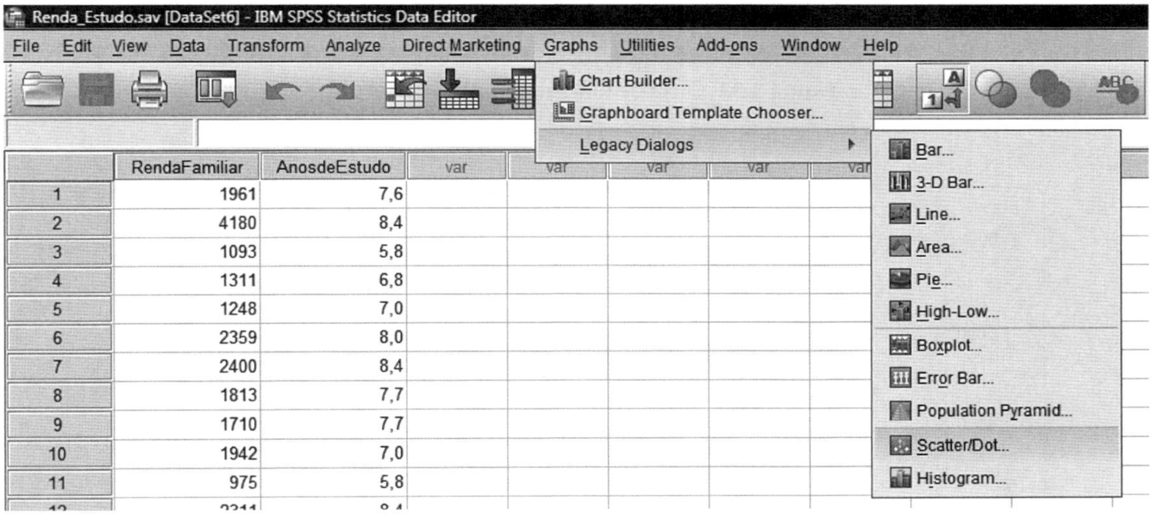

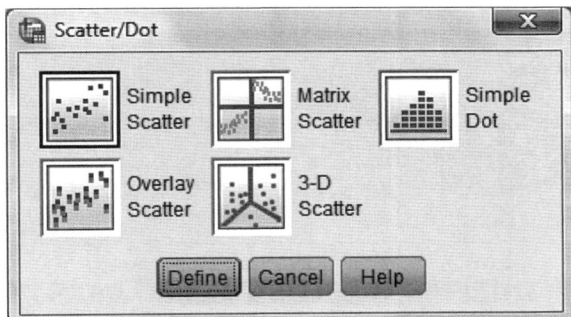

Figura 3.30 Gerando um diagrama de dispersão no SPSS.

Figura 3.31 Selecionando o tipo de gráfico.

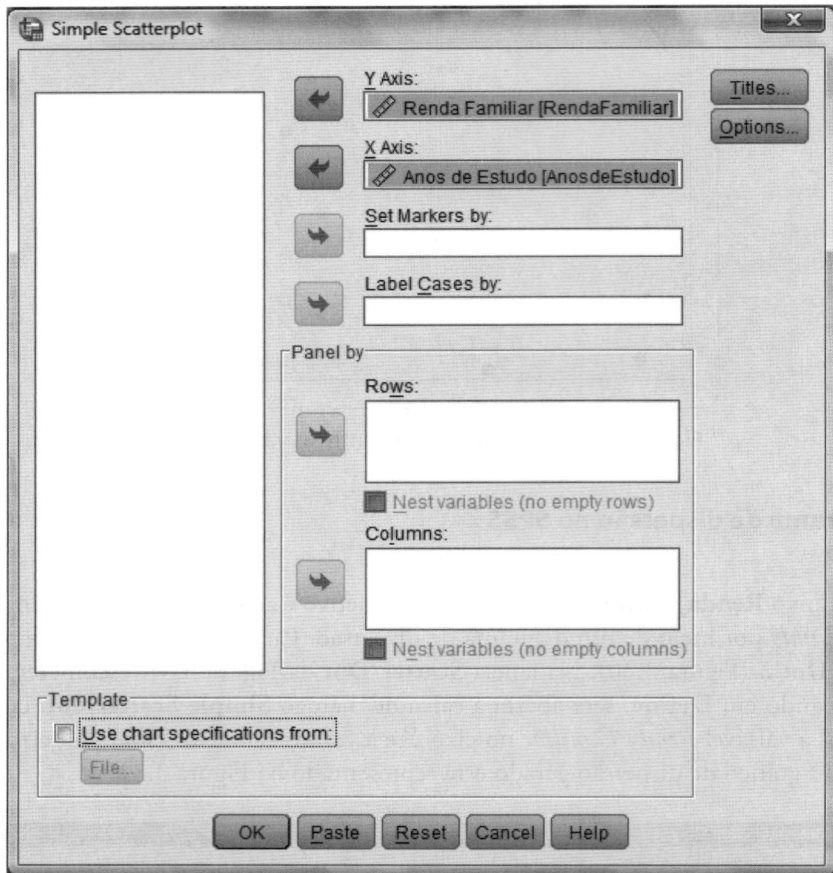

Figura 3.32 Caixa de diálogo **Simple Scatterplot**.

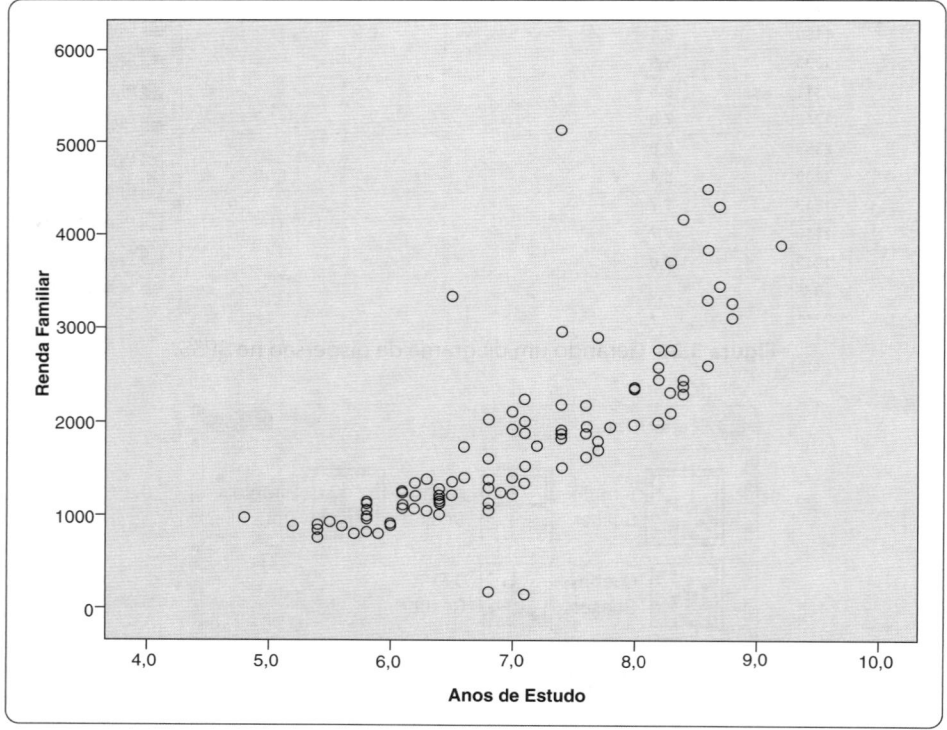

Figura 3.33 Diagrama de dispersão das variáveis *Renda Familiar* e *Anos de Estudo*.

Pela Figura 3.33, podemos verificar uma correlação positiva forte entre as variáveis *Renda Familiar* e *Anos de Estudo*. Portanto, quanto maior o número de anos estudados, maior será a renda familiar, mesmo que não haja, necessariamente, relação causa e efeito.

O gráfico de dispersão também pode ser gerado pelo Excel selecionando-se a opção **Dispersão**.

Gerando um diagrama de dispersão no Stata

Os dados do Exemplo 7 também estão disponíveis no software Stata a partir do arquivo **Renda_Estudo.dta**. As variáveis em estudo denominam-se *rendafamiliar* e *anosdeestudo*.

O diagrama de dispersão no Stata é gerado a partir do comando **twoway scatter** (ou, simplesmente, **tw sc**) seguido pelas variáveis de interesse. Assim, para analisar a correlação entre as variáveis *Renda Familiar* e *Anos de Estudo* por meio de um diagrama de dispersão no Stata, devemos digitalizar o seguinte comando:

```
tw sc rendafamiliar anosdeestudo
```

O diagrama de dispersão resultante está representado na Figura 3.34.

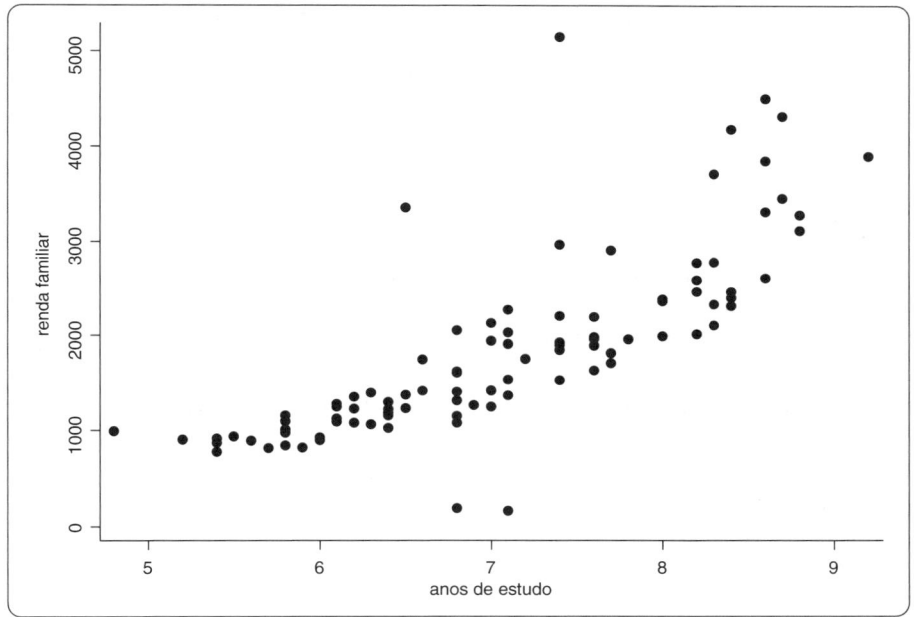

Figura 3.34 Diagrama de dispersão no Stata.

3.3.3. Medidas de correlação

As principais medidas de correlação utilizadas para variáveis quantitativas são a covariância e o coeficiente de correlação de Pearson.

3.3.3.1. Covariância

A covariância mede a variação conjunta entre duas variáveis quantitativas X e Y, e sua expressão é dada por:

$$\text{cov}(X,Y) = \frac{\sum_{i=1}^{n}(X_i - \overline{X}) \cdot (Y_i - \overline{Y})}{n-1}$$

(3.9)

em que:

X_i: i-ésimo valor de X;

Y_i: i-ésimo valor de Y;

$\overline{X}$: média dos valores de X_i;

$\overline{Y}$: média dos valores de Y_i;

n: tamanho da amostra.

Uma das limitações da covariância é que a medida depende do tamanho da amostra, podendo levar a uma estimativa ruim em casos de pequenas amostras. O coeficiente de correlação de Pearson é a alternativa para esse problema.

■ **EXEMPLO 8**

Considere novamente os dados do Exemplo 7 referentes às variáveis *Renda Familiar* e *Anos de Estudo*. Os dados também estão disponíveis em Excel no arquivo **Renda_Estudo.xls**. Calcule a covariância da matriz de dados das duas variáveis.

■ **SOLUÇÃO**

Aplicando a expressão (3.9), chegamos a:

$$\text{cov}(X,Y)=\frac{(7,6-7,08)\cdot(1.961-1.856,22)+ \quad +(5,4-7,08)\cdot(775-1.856,22)}{95}=\frac{72.326,93}{95}=761,336$$

A covariância pode ser calculada pelo Excel utilizando-se a função **COVAR**. Porém, o termo do denominador é *n* em vez de *n*-1 (a expressão é aplicada para a população em vez da amostra). Devemos selecionar o intervalo de células de cada variável; o resultado da covariância pelo Excel é de 753,405.

Mostraremos também como a covariância pode ser calculada pelo SPSS na próxima seção, juntamente com o coeficiente de correlação de Pearson. O SPSS considera a mesma expressão apresentada nesta seção.

3.3.3.2. Coeficiente de correlação de Pearson

O coeficiente de correlação de Pearson (ρ) é uma medida que varia entre -1 e 1. Por meio do sinal, é possível verificar o tipo de relação linear entre as duas variáveis analisadas (direção em que a variável *Y* aumenta ou diminui em função da variação de *X*); quanto mais próximo dos valores extremos, mais forte é a correlação entre elas. Logo:

- Se ρ for positivo, existe uma relação diretamente proporcional entre as variáveis; se $\rho = 1$, tem-se uma correlação linear positiva perfeita.
- Se ρ for negativo, existe uma relação inversamente proporcional entre as variáveis; se $\rho = -1$, tem-se uma correlação linear negativa perfeita.
- Se ρ for nulo, não existe correlação entre as variáveis.

A Figura 3.35 apresenta um resumo da interpretação do coeficiente de correlação de Pearson.

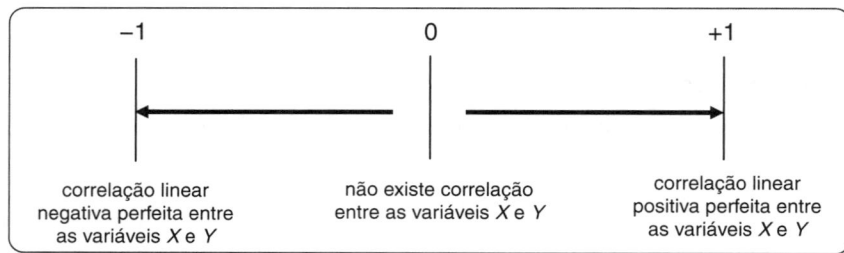

Figura 3.35 Interpretação do coeficiente de correlação de Pearson.

O coeficiente de correlação de Pearson (ρ) pode ser calculado como a razão entre a covariância de duas variáveis e o produto dos desvios-padrão (S) de cada uma delas, conforme segue:

$$\rho=\frac{\text{cov}(X,Y)}{S_X\cdot S_Y}=\frac{\dfrac{\sum_{i=1}^{n}(X_i-\overline{X})\cdot(Y_i-\overline{Y})}{n-1}}{S_X\cdot S_Y} \tag{3.10}$$

Como $S_X = \sqrt{\dfrac{\sum_{i=1}^{n}(X_i - \overline{X})^2}{n-1}}$ e $S_Y = \sqrt{\dfrac{\sum_{i=1}^{n}(Y_i - \overline{Y})^2}{n-1}}$, conforme estudamos no Capítulo 2, a expressão (3.10) passa a ser:

$$\rho = \frac{\sum_{i=1}^{n}(X_i - \overline{X}) \cdot (Y_i - \overline{Y})}{\sqrt{\sum_{i=1}^{n}(X_i - \overline{X})^2} \cdot \sqrt{\sum_{i=1}^{n}(Y_i - \overline{Y})^2}} \tag{3.11}$$

No Capítulo 10, faremos uso com frequência do coeficiente de correlação de Pearson quando do estudo da análise fatorial.

■ EXEMPLO 9

Abra novamente o arquivo **Renda_Estudo.xls** e calcule o coeficiente de correlação de Pearson entre as duas variáveis.

■ SOLUÇÃO

O cálculo do coeficiente de correlação de Pearson, por meio da expressão (3.10), é:

$$\rho = \frac{\text{cov}(X,Y)}{S_X \cdot S_Y} = \frac{761,336}{970,774 \cdot 1,009} = 0,777$$

O cálculo também poderia ser efetuado pela expressão (3.11) que independe do tamanho da amostra. O resultado indica uma correlação positiva forte entre as variáveis *Renda Familiar* e *Anos de Estudo*.

O Excel também calcula o coeficiente de correlação de Pearson por meio da função **PEARSON**.

Resolução dos Exemplos 8 e 9 (cálculo da covariância e do coeficiente de correlação de Pearson) pelo SPSS

Vamos abrir novamente o arquivo **Renda_Estudo.sav**. Para o cálculo da covariância e do coeficiente de correlação de Pearson pelo SPSS, vamos clicar em **Analyze → Correlate → Bivariate...**. Será aberta a janela **Bivariate Correlations**. Selecionaremos as variáveis *Renda Familiar* e *Anos de Estudo*, além do coeficiente de correlação de Pearson, como mostra a Figura 3.36. No botão **Options...**, devemos selecionar a opção **Cross-product deviations and covariances**, de acordo com a Figura 3.37. Clicaremos em **Continue** e, na sequência, em **OK**. Os resultados das estatísticas são apresentados na Figura 3.38.

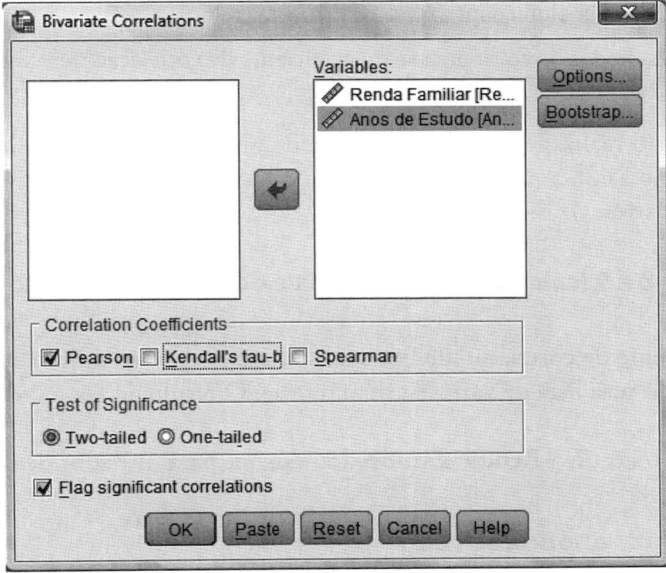

Figura 3.36 Caixa de diálogo **Bivariate Correlations**.

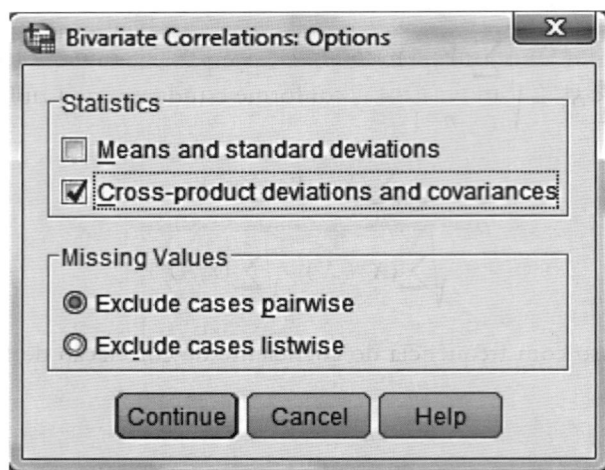

Figura 3.37 Selecionando a estatística da covariância.

Correlations

		Renda Familiar	Anos de Estudo
Renda Familiar	Pearson Correlation	1	,777**
	Sig. (2-tailed)		,000
	Sum of Squares and Cross-products	89528286,40	72326,925
	Covariance	942403,015	761,336
	N	96	96
Anos de Estudo	Pearson Correlation	,777**	1
	Sig. (2-tailed)	,000	
	Sum of Squares and Cross-products	72326,925	96,700
	Covariance	761,336	1,018
	N	96	96

**Correlation is significant at the 0.01 level (2-tailed).

Figura 3.38 Resultados da covariância e do coeficiente de correlação de Pearson pelo SPSS.

De maneira semelhante ao realizado para o coeficiente de Spearman, o coeficiente de correlação de Pearson também pode ser gerado pelo SPSS a partir do menu **Analyze → Descriptive Statistics → Crosstabs...** (opção **Correlations** no botão **Statistics...**).

Resolução dos Exemplos 8 e 9 (cálculo da covariância e do coeficiente de correlação de Pearson) pelo Stata

Para o cálculo do coeficiente de correlação de Pearson no Stata, devemos utilizar o comando **correlate** ou, simplesmente, **corr**, seguido pela lista de variáveis de interesse. O resultado é a matriz de correlação entre as respectivas variáveis.

Vamos abrir novamente o arquivo **Renda_Estudo.dta**. Assim, para os dados desse arquivo, podemos digitar o seguinte comando:

```
corr rendafamiliar anosdeestudo
```

O resultado está ilustrado na Figura 3.39.

```
. corr rendafamiliar anosdeestudo
(obs=96)

             | rendaf~r anosde~o
-------------+------------------
rendafamil~r |   1.0000
anosdeestudo |   0.7773    1.0000
```

Figura 3.39 Resultado do coeficiente de correlação de Pearson no Stata.

Para o cálculo da covariância, devemos utilizar a opção **covariance**, ou apenas **cov**, ao final do comando **correlate** (ou, simplesmente, **corr**). Assim, para gerar a Figura 3.40, devemos digitar o seguinte comando:

```
corr rendafamiliar anosdeestudo, cov
```

```
. corr rendafamiliar anosdeestudo, cov
(obs=96)

             | rendaf~r anosde~o
-------------+------------------
rendafamil~r |   942403
anosdeestudo |   761.336  1.01789
```

Figura 3.40 Resultado da covariância no Stata.

3.4. CÓDIGOS EM R PARA OS EXEMPLOS DO CAPÍTULO

```
# Pacotes utilizados
library(tidyverse) #carregar outros pacotes do R
library(knitr) #formatação de tabelas
library(kableExtra) #formatação de tabelas
library(sjPlot) #tabelas de contingência
library(DescTools) #diferentes medidas de associação
library(vcd) #diferentes medidas de associação
library(lsr) #coeficiente V de Cramer
library(rcompanion) #coeficiente V de Cramer
library(correlation) #gráfico da correlação de Pearson
library(PerformanceAnalytics) #gráfico da correlação de Pearson com histogramas
library(plotly) #plataforma gráfica

# Carregamento da base de dados 'PlanoSaude'
load(file = "PlanoSaude.RData")

# Visualização da base de dados
PlanoSaude %>%
  kable() %>%
  kable_styling(bootstrap_options = "striped",
                full_width = F,
                font_size = 20)

# Tabela de contingência para as variáveis 'operadora' e 'satisfacao'
table(PlanoSaude$operadora, PlanoSaude$satisfacao)

# Exemplo de uma tabela de contingências mais elegante
sjt.xtab(var.row = PlanoSaude$operadora,
         var.col = PlanoSaude$satisfacao)

# Exemplo de uma tabela de contingências mais elegante, com a distribuição
#conjunta de frequências relativas em relação ao total de cada linha,
```

```r
#ao total de cada coluna e ao total geral
sjt.xtab(var.row = PlanoSaude$operadora,
         var.col = PlanoSaude$satisfacao,
         show.cell.prc = TRUE, #frequências relativas em relação ao total geral
         show.row.prc = TRUE, #frequências relativas em relação ao total de cada linha
         show.col.prc = TRUE) #frequências relativas em relação ao total de cada coluna

# Medida de associação - estatística qui-quadrado e teste
qui2 <- chisq.test(PlanoSaude$operadora, PlanoSaude$satisfacao)
qui2

qui2$statistic
qui2$parameter
qui2$p.value
qui2$method

# Exemplo de uma tabela de contingências mais elegante, com valores observados
#e esperados
sjt.xtab(var.row = PlanoSaude$operadora,
         var.col = PlanoSaude$satisfacao,
         show.exp = TRUE) #valores esperados

# Valores observados, esperados
qui2$observed #valores observados
qui2$expected #valores esperados
qui2$residuals #Resíduos padronizados
qui2$stdres #Resíduos padronizados ajustados

# Carregamento da base de dados 'Segmentação_Mercado'
load(file = "Segmentação_Mercado.RData")

# Visualização da base de dados
Segmentação_Mercado %>%
  kable() %>%
  kable_styling(bootstrap_options = "striped",
                full_width = F,
                font_size = 20)

# Coeficiente de contingência
ContCoef(Segmentação_Mercado$roupa, Segmentação_Mercado$regiao, correct = FALSE)

# Coeficiente V de Cramer
cramerV(Segmentação_Mercado$roupa, Segmentação_Mercado$regiao, bias.correct = FALSE)

cramersV(Segmentação_Mercado$roupa, Segmentação_Mercado$regiao)

# Diferentes medidas de associação
Assocs(table(Segmentação_Mercado$roupa, Segmentação_Mercado$regiao))

assocstats(xtabs(~Segmentação_Mercado$roupa + Segmentação_Mercado$regiao))

# Carregamento da base de dados 'Notas'
load(file = "Notas.RData")
```

```r
# Visualização da base de dados
Notas %>%
  kable() %>%
  kable_styling(bootstrap_options = "striped",
                full_width = F,
                font_size = 20)

# Coeficiente de correlação de Spearman
cor.test(Notas$simulação, Notas$finanças, method = "spearman",
         alternative = "two.sided")

# Carregamento da base de dados 'Renda_Estudo'
load(file = "Renda_Estudo.RData")

# Visualização da base de dados
Renda_Estudo %>%
  kable() %>%
  kable_styling(bootstrap_options = "striped",
                full_width = F,
                font_size = 20)

# Diagrama de dispersão
ggplotly(
  ggplot(Renda_Estudo, aes(x = anosdeestudo, y = rendafamiliar)) +
    geom_point(color = "darkblue", size = 2.5) +
    xlab("Anos de Estudo") +
    ylab("Renda Familiar") +
    theme_light()
)

# Medidas de correlação
# Covariância
cov(Renda_Estudo$rendafamiliar, Renda_Estudo$anosdeestudo)

# Coeficiente de correlação de Pearson
cor(Renda_Estudo$rendafamiliar, Renda_Estudo$anosdeestudo)

# Gráfico da correlação de Pearson
Renda_Estudo %>%
  correlation(method = "pearson") %>%
  plot()

# Gráfico da correlação de Pearson com histogramas das variáveis
chart.Correlation(Renda_Estudo, histogram = TRUE)
```

Ao acessar o QR Code ao lado, você encontrará os códigos completos em R® *on-line*

3.5. CÓDIGOS EM PYTHON PARA OS EXEMPLOS DO CAPÍTULO

```python
# Importação dos pacotes necessários
import pandas as pd #manipulação de dados em formato de dataframe
```

```python
from scipy.stats import chi2_contingency #estatística qui-quadrado
from scipy.stats.contingency import association #medidas de associação
import matplotlib.pyplot as plt #biblioteca de visualização de dados
import seaborn as sns #biblioteca de visualização de informações estatísticas
import numpy as np #biblioteca para operações matemáticas multidimensionais
from scipy.stats import pearsonr #cálculo da correlação de Pearson
# Carregamento da base de dados 'PlanoSaude'
df_planosaude = pd.read_csv('PlanoSaude.csv', delimiter=',')

# Visualização da base de dados 'PlanoSaude'
df_planosaude

# Tabela de contingência para as variáveis 'operadora' e 'satisfacao'
# Tabela completa com soma nas linhas e colunas
tabela_completa = pd.crosstab(df_planosaude['operadora'],
                              df_planosaude['satisfacao'], margins=True)
tabela_completa

# Tabela de contingência propriamente dita
tabela_conting = pd.crosstab(df_planosaude['operadora'],
                             df_planosaude['satisfacao'])
tabela_conting

# Medida de associação - estatística qui-quadrado e teste
chi2, pvalor, df, freq_esp = chi2_contingency(tabela_conting)
pd.DataFrame({'Qui-quadrado':[chi2],
              'Graus de liberdade':[df],
              'p-value':[pvalor]})

# Resíduos da tabela de contingência
residuos = tabela_conting - freq_esp
residuos

# Carregamento da base de dados 'Segmentação_Mercado'
df_segmentacao = pd.read_csv('Segmentação_Mercado.csv', delimiter=',')

# Visualização da base de dados 'Segmentação_Mercado'
df_segmentacao

# Tabela de contingência para as variáveis 'roupa' e 'regiao'
tabela_conting = pd.crosstab(df_segmentacao['roupa'],
                             df_segmentacao['regiao'])
tabela_conting

# Medidas de associação
# Coeficiente de contingência
association(tabela_conting, method='pearson')

# Coeficiente V de Cramer
association(tabela_conting, method='cramer')

# Carregamento da base de dados 'Notas'
df_notas = pd.read_csv('Notas.csv', delimiter=',')
```

```python
# Visualização da base de dados 'Notas'
df_notas

# Coeficiente de correlação de Spearman
df_notas.corr(method="spearman")
# Carregamento da base de dados 'Renda_Estudo'
df_renda = pd.read_csv('Renda_Estudo.csv', delimiter=',')

# Visualização da base de dados 'Renda_Estudo'
df_renda

# Diagrama de dispersão
plt.figure(figsize=(15,10))
sns.scatterplot(data=df_renda, x='anosdeestudo', y='rendafamiliar')
plt.xlabel('Anos de Estudo', fontsize=16)
plt.ylabel('Renda Familiar', fontsize=16)
plt.show

# Medidas de correlação
# Covariância
np.cov(df_renda['rendafamiliar'], df_renda['anosdeestudo'])

# Coeficiente de correlação de Pearson
# Maneira 1
df_renda.corr(method="pearson")

# Maneira 2 (pacote numpy)
np.corrcoef(df_renda['rendafamiliar'], df_renda['anosdeestudo'])

# Maneira 3 (pacote scipy.stats)
pearsonr(df_renda['rendafamiliar'], df_renda['anosdeestudo'])

# Mapa de calor com correlação entre as variáveis
plt.figure(figsize=(15,10))
sns.heatmap(df_renda.corr(), annot=True, cmap = plt.cm.viridis,
            annot_kws={'size':20})
plt.show

# Gráfico com diagramas de dispersão e histogramas das variáveis
plt.figure(figsize=(15,10))
sns.pairplot(df_renda)
plt.show

# Gráfico com diagramas de dispersão, histogramas das variáveis e
#correlações de Pearson

# Definição da função 'corrfunc'
def corrfunc(x, y, **kws):
    (r, p) = pearsonr(x, y)
    ax = plt.gca()
    ax.annotate("r = {:.2f} ".format(r),
                xy=(.1, .9), xycoords=ax.transAxes)
    ax.annotate("p = {:.3f}".format(p),
                xy=(.4, .9), xycoords=ax.transAxes)
```

```
plt.figure(figsize=(15,10))
graph = sns.pairplot(df_renda)
graph.map(corrfunc)
plt.show()
```

Ao acessar o QR Code ao lado, você encontrará os códigos completos em Python® *on-line*

3.6. CONSIDERAÇÕES FINAIS

Este capítulo apresentou os principais conceitos da estatística descritiva com enfoque para o estudo da relação entre duas variáveis (análise bivariada). Estudamos as relações entre duas variáveis qualitativas (associações) e entre duas variáveis quantitativas (correlações). Para cada situação, foram apresentadas diversas medidas, tabelas e gráficos que permitem melhor compreensão do comportamento dos dados. A Figura 3.1 resume essas informações.

A geração e a interpretação de distribuições de frequências, de representações gráficas, além de medidas-resumo (medidas de posição ou localização e medidas de dispersão ou variabilidade), podem propiciar ao pesquisador melhor compreensão e visualização do comportamento dos dados para duas variáveis simultaneamente. Técnicas mais avançadas podem ser aplicadas futuramente sobre o mesmo conjunto de dados, para que pesquisadores aprofundem seus estudos em análise bivariada, com o intuito de aprimorar a qualidade da tomada de decisão.

3.7. EXERCÍCIOS

1) Quais estatísticas descritivas podem ser utilizadas (e em quais situações) para representar o comportamento de duas variáveis qualitativas simultaneamente?

2) E para representar o comportamento de duas variáveis quantitativas?

3) Em que situações devem ser utilizadas tabelas de contingência?

4) Quais as diferenças entre a estatística qui-quadrado (χ^2), o coeficiente *Phi*, o coeficiente de contingência, o coeficiente *V* de Cramer e o coeficiente de Spearman?

5) Quais as principais medidas-resumo para representar o comportamento dos dados entre duas variáveis quantitativas. Descreva cada uma delas?

6) Com o objetivo de identificar o comportamento do consumidor inadimplente em relação aos seus hábitos de pagamento, foi realizada uma pesquisa com informações sobre a faixa etária do respondente e o grau de inadimplência. O objetivo é determinar se existe associação entre as variáveis. Com base nos arquivos **Inadimplência.sav**, **Inadimplência.dta**, **Inadimplência.RData** e **Inadimplência.csv**, pede-se:

    a) Construa as tabelas de distribuição conjunta de frequências para as variáveis *faixa_etária* e *inadimplência* (frequências absolutas, frequências relativas em relação ao total geral, frequências relativas em relação ao total de cada linha, frequências relativas em relação ao total de cada coluna e frequências esperadas).

    b) Determine a porcentagem de indivíduos na faixa etária entre 31 e 40 anos.

    c) Determine a porcentagem de indivíduos muito endividados.

    d) Determine a porcentagem daqueles que são da faixa etária de até 20 anos e que não têm dívidas.

    e) Determine, dentre os indivíduos da faixa etária acima de 60 anos, a porcentagem daqueles que são pouco endividados.

    f) Determine, dentre os indivíduos mais ou menos endividados, a porcentagem daqueles que pertencem à faixa etária entre 41 e 50 anos.

    g) Verifique se há indícios de dependência entre as variáveis.

    h) Confirme o item anterior usando a estatística χ^2.

i) Calcule os coeficientes *Phi*, de contingência e *V* de Cramer, confirmando se há ou não associação entre as variáveis.

7) Os arquivos **Motivação_Empresas.sav**, **Motivação_Empresas.dta, Motivação_Empresas.RData** e **Motivação_ Empresas.csv** apresentam um banco de dados com as variáveis *Empresa* e *Grau de Motivação* (*Motivação*), obtidas por meio de uma pesquisa realizada com 250 funcionários (50 respondentes para cada uma das 5 empresas pesquisadas), com o intuito de avaliar o grau de motivação dos funcionários em relação a empresas, consideradas de grande porte. Dessa forma, pede-se:

a) Construa as tabelas de contingência de frequências absolutas, frequências relativas em relação ao total geral, frequências relativas em relação ao total de cada linha, frequências relativas em relação ao total de cada coluna e frequências esperadas.

b) Calcule a porcentagem de respondentes muito desmotivados.

c) Calcule a porcentagem de respondentes da empresa A e que estão muito desmotivados.

d) Calcule a porcentagem de respondentes motivados na empresa D.

e) Calcule a porcentagem de respondentes pouco motivados na empresa C.

f) Determine, dentre os respondentes que estão muito motivados, a porcentagem daqueles que pertencem à empresa B.

g) Verifique se há indícios de dependência entre as variáveis.

h) Confirme o item anterior usando a estatística χ^2.

i) Calcule os coeficientes *Phi*, de contingência e *V* de Cramer, confirmando se há ou não associação entre as variáveis.

8) Os arquivos **Avaliação_Alunos.sav**, **Avaliação_Alunos.dta, Avaliação_Alunos.RData** e **Avaliação_Alunos.csv** apresentam as notas de 0 a 10 de 100 alunos de uma universidade pública em relação às seguintes disciplinas: Pesquisa Operacional, Estatística, Gestão de Operações e Finanças. Verifique se há correlação entre os seguintes pares de variáveis, elaborando o diagrama de dispersão e calculando o coeficiente de correlação de Pearson:

a) Pesquisa Operacional e Estatística.

b) Gestão de Operações e Finanças.

c) Pesquisa Operacional e Gestão de Operações.

9) Os arquivos **Supermercados_Brasileiros.sav**, **Supermercados_Brasileiros.dta, Supermercados_Brasileiros. RData** e **Supermercados_Brasileiros.csv** apresentam dados de faturamento e número de lojas dos 20 maiores supermercadistas brasileiros em determinado ano (fonte: ABRAS – Associação Brasileira de Supermercados). Pede-se:

a) Elabore o diagrama de dispersão para as variáveis *faturamento × número de lojas*.

b) Calcule o coeficiente de correlação de Pearson entre as duas variáveis.

c) Exclua os quatro maiores grupos supermercadistas em faturamento, assim como o grupo AM/PM Comestíveis Ltda., e elabore novamente o diagrama de dispersão.

d) Calcule novamente o coeficiente de correlação de Pearson entre as duas variáveis estudadas.

ESTATÍSTICA PROBABILÍSTICA

## CAPÍTULO 4

Introdução à Probabilidade

*Você quer ficar o resto da sua vida vendendo água com açúcar
ou você quer uma chance de mudar o mundo?*
Steve Jobs

Ao final deste capítulo, você será capaz de:

- Diferenciar a estatística probabilística da estatística descritiva e em quais situações deve ser utilizada.
- Descrever como surgiu a probabilidade e sua evolução.
- Compreender os conceitos e terminologias relativos à teoria das probabilidades.
- Prever a ocorrência de um ou mais eventos utilizando a teoria das probabilidades.
- Entender como a análise combinatória pode ser utilizada para o cálculo de probabilidades.

4.1. INTRODUÇÃO

Na parte anterior estudamos a estatística descritiva, que retrata e sintetiza as características principais observadas em um conjunto de dados por meio de tabelas de distribuição de frequências, gráficos e medidas-resumo, permitindo ao pesquisador melhor compreensão dos dados.

Já a estatística probabilística utiliza a teoria das probabilidades para explicar a frequência de ocorrência de determinados eventos *incertos*, de forma a estimar ou prever a ocorrência de eventos futuros. Por exemplo, no lançamento de um dado, não sabemos ao certo qual elemento será sorteado, de modo que a probabilidade pode ser utilizada para indicar a possibilidade da ocorrência de determinado evento.

Segundo Bruni (2011), a história da probabilidade se iniciou, provavelmente, com o homem primitivo, a fim de compreender melhor os fenômenos incertos da natureza. Já no século XVII, surgiu a teoria das probabilidades para explicar os eventos incertos. O estudo da probabilidade evoluiu para planejar jogadas ou traçar estratégias voltadas para jogos de azar. Atualmente, é aplicada também para o estudo da inferência estatística, a fim de generalizar o universo dos dados.

Este capítulo tem como objetivo apresentar os conceitos e terminologias relacionados à teoria das probabilidades, assim como sua aplicação.

4.2. TERMINOLOGIA E CONCEITOS

4.2.1. Experimento aleatório

Um **experimento** consiste em qualquer processo de observação ou medida. Um **experimento aleatório** é aquele que gera resultados imprevisíveis, de modo que, se o processo for repetido inúmeras vezes, torna-se impossível prever seu resultado. O lançamento de uma moeda ou de um dado são exemplos de experimentos aleatórios.

4.2.2. Espaço amostral

O **espaço amostral** S consiste em todos os possíveis resultados de um experimento.

Por exemplo, no lançamento de uma moeda, podemos obter cara (k) ou coroa (c). Logo, $S = \{k, c\}$. Já no lançamento de um dado, o espaço amostral é representado por $S = \{1, 2, 3, 4, 5, 6\}$.

4.2.3. Eventos

O **evento** é qualquer subconjunto de um espaço amostral.

Por exemplo, o evento A contém apenas as ocorrências pares do lançamento de um dado. Logo, $A = \{2, 4, 6\}$.

4.2.4. Uniões, intersecções e complementos

Dois ou mais eventos podem formar uniões, intersecções e complementos.

A **união** de dois eventos A e B, representada por $A \cup B$, resulta em um novo evento contendo todos os elementos de A, B ou ambos, e pode ser ilustrada de acordo com a Figura 4.1.

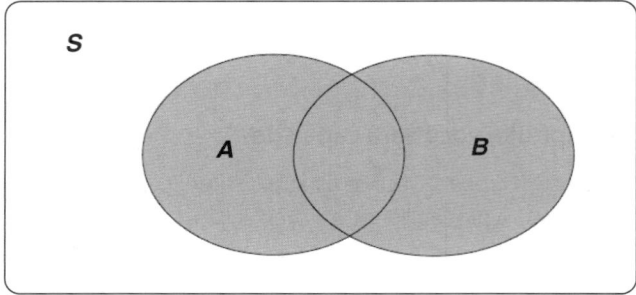

Figura 4.1 União de dois eventos $(A \cup B)$.

A **intersecção** de dois eventos A e B, representada por $A \cap B$, resulta em um novo evento contendo todos os elementos que estejam, simultaneamente, em A e B, e pode ser ilustrada de acordo com a Figura 4.2.

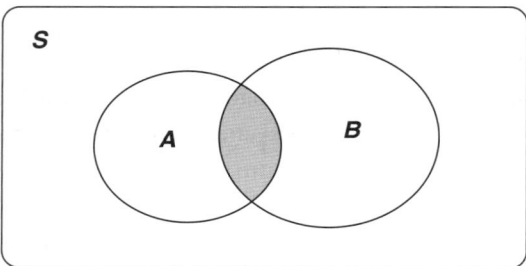

Figura 4.2 Intersecção de dois eventos $(A \cap B)$.

O **complemento** de um evento A, representado por A^c, é o evento que contém todos os pontos de S que não estejam em A, como mostra a Figura 4.3.

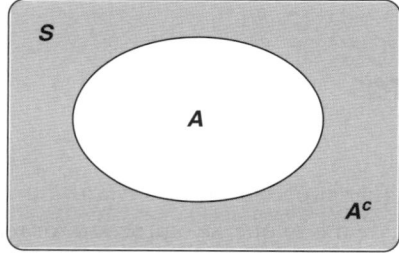

Figura 4.3 Complemento do evento A.

4.2.5. Eventos independentes

Dois eventos A e B são **independentes** quando a probabilidade de ocorrência de B **não** for condicional à probabilidade de ocorrência de A. O conceito de probabilidade condicional será estudado na seção 4.5.

4.2.6. Eventos mutuamente excludentes

Eventos **mutuamente excludentes** ou **exclusivos** são aqueles que não têm elementos em comum, de forma que eles não podem ocorrer simultaneamente. A Figura 4.4 ilustra dois eventos A e B mutuamente excludentes.

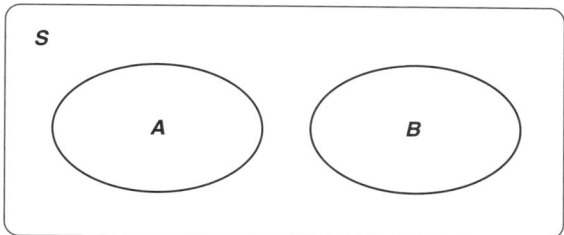

Figura 4.4 Eventos A e B mutuamente excludentes.

4.3. DEFINIÇÃO DE PROBABILIDADE

A probabilidade de ocorrência de determinado evento A no espaço amostral S é dada pela razão entre o número de casos favoráveis ao evento (n_A) e o número total de possíveis casos (n):

$$P(A) = \frac{n_A}{n} = \frac{\text{número de casos favoráveis ao evento } A}{\text{número total de possíveis casos}} \tag{4.1}$$

■ **EXEMPLO 1**

No lançamento de um dado, qual a probabilidade da ocorrência de um número par?

■ **SOLUÇÃO**

O espaço amostral é dado por $S = \{1, 2, 3, 4, 5, 6\}$. O evento de interesse é $A = \{$número par de um dado$\}$, de modo que $A = \{2, 4, 6\}$. A probabilidade de ocorrência de A é, portanto:

$$P(A) = \frac{3}{6} = \frac{1}{2}$$

■ **EXEMPLO 2**

Uma urna contém 3 bolas brancas, 2 bolas vermelhas, 4 bolas amarelas e 2 bolas pretas. Qual a probabilidade de que uma bola vermelha seja sorteada?

■ **SOLUÇÃO**

Dado um total de 11 bolas e considerando $A = \{$a bola é vermelha$\}$, a probabilidade é:

$$P(A) = \frac{\text{número de bolas vermelhas}}{\text{número total de bolas}} = \frac{2}{11}$$

4.4. REGRAS BÁSICAS DA PROBABILIDADE

4.4.1. Campo de variação da probabilidade

A probabilidade de um evento A ocorrer é um número entre 0 e 1:

$$0 \leq P(A) \leq 1 \tag{4.2}$$

4.4.2. Probabilidade do espaço amostral

O espaço amostral S tem probabilidade igual a 1:

$$P(S) = 1 \tag{4.3}$$

4.4.3. Probabilidade de um conjunto vazio

A probabilidade de um conjunto vazio (ϕ) ocorrer é nula:

$$P(\phi) = 0 \tag{4.4}$$

4.4.4. Regra de adição de probabilidades

A probabilidade de ocorrência do evento A, do evento B ou de ambos pode ser calculada como:

$$P(A \cup B) = P(A) + P(B) - P(A \cap B) \tag{4.5}$$

Se os eventos A e B forem **mutuamente excludentes**, isto é, $A \cap B = \phi$, a probabilidade de ocorrência de um deles é igual à soma das probabilidades individuais:

$$P(A \cup B) = P(A) + P(B) \tag{4.6}$$

A expressão (4.6) pode ser estendida para n eventos (A_1, A_2, ..., A_n) mutuamente excludentes:

$$P(A_1 \cup A_2 \cup ... \cup A_n) = P(A_1) + P(A_2) + ... + P(A_n) \tag{4.7}$$

4.4.5. Probabilidade de um evento complementar

Se A^c for o evento complementar de A, então:

$$P(A^c) = 1 - P(A) \tag{4.8}$$

4.4.6. Regra da multiplicação de probabilidades para eventos independentes

Se A e B forem dois eventos **independentes**, a probabilidade de ocorrência conjunta deles é igual ao produto de suas probabilidades individuais:

$$P(A \cap B) = P(A) \cdot P(B) \tag{4.9}$$

A expressão (4.9) pode ser estendida para n eventos (A_1, A_2, ..., A_n) independentes:

$$P(A_1 \cap A_2 \cap ... \cap A_n) = P(A_1) \cdot P(A_2) \cdot ... \cdot P(A_n) \tag{4.10}$$

■ **EXEMPLO 3**

Uma urna contém bolas numeradas de 1 a 60 que têm a mesma probabilidade de serem sorteadas. Pede-se:

   a) Defina o espaço amostral.
   b) Calcule a probabilidade de que a bola sorteada seja ímpar.
   c) Calcule a probabilidade de que a bola sorteada seja um número múltiplo de 5.
   d) Calcule a probabilidade de que a bola sorteada seja ímpar ou um número múltiplo de 5.
   e) Calcule a probabilidade de que seja sorteado um número múltiplo de 7 ou múltiplo de 10.
   f) Calcule a probabilidade de que não seja sorteado um número múltiplo de 5.
   g) Uma bola é sorteada ao acaso e reposta à urna. Uma nova bola passa a ser sorteada. Calcule a probabilidade da primeira ser par e da segunda ser maior que 40.

■ **SOLUÇÃO**

   a) $S = \{1, 2, 3, ..., 60\}$
   b) $A = \{1, 3, 5, ..., 59\}$, $P(A) = \dfrac{30}{60} = \dfrac{1}{2}$
   c) $A = \{5, 10, 15, ..., 60\}$, $P(A) = \dfrac{12}{60} = \dfrac{1}{5}$
   d) Seja $A = \{1, 3, 5, ..., 59\}$ e $B = \{5, 10, 15, ..., 60\}$. Como A e B não são eventos mutuamente excludentes, já que têm elementos em comum (5, 15, 25, 35, 45, 55), aplicamos a expressão (4.5):

$$P(A \cup B) = P(A) + P(B) - P(A \cap B) = \frac{1}{2} + \frac{1}{5} - \frac{6}{60} = \frac{3}{5}$$

e) Nesse caso, A = {7, 14, 21, 28, 35, 42, 49, 56} e B = {10, 20, 30, 40, 50, 60}. Como os eventos são mutuamente excludentes ($A \cap B = \phi$), aplicamos a expressão (4.6):

$$P(A \cup B) = P(A) + P(B) = \frac{8}{60} + \frac{6}{60} = \frac{7}{30}$$

f) Nesse caso, A = {números múltiplos de 5} e A^c = {números que não são múltiplos de 5}. A probabilidade do evento complementar A^c é, portanto:

$$P(A^c) = 1 - P(A) = 1 - \frac{1}{5} = \frac{4}{5}$$

g) Como os eventos são independentes, aplica-se a expressão (4.9):

$$P(A \cap B) = P(A) \cdot P(B) = \frac{1}{2} \times \frac{20}{60} = \frac{1}{6}$$

4.5. PROBABILIDADE CONDICIONAL

Quando os eventos não forem independentes, devemos utilizar o conceito de probabilidade condicional. Considerando dois eventos A e B, a probabilidade de ocorrência de A, dado que B ocorreu, é chamada **probabilidade condicional de A dado B** e é representada por $P(A|B)$:

$$P(A \mid B) = \frac{P(A \cap B)}{P(B)} \tag{4.11}$$

Um evento A é dito independente de B se:

$$P(A|B) = P(A) \tag{4.12}$$

■ **EXEMPLO 4**

Um dado é lançado. Qual a probabilidade de obter o número 4, sendo que o número sorteado foi par?

■ **SOLUÇÃO**

Nesse caso, A = {número 4} e B = {número par}. Aplicando a expressão (4.11), temos que:

$$P(A \mid B) = \frac{P(A \cap B)}{P(B)} = \frac{1/6}{1/2} = \frac{1}{3}$$

4.5.1. Regra da multiplicação de probabilidades

A partir da definição de probabilidade condicional, a regra da multiplicação permite que calculemos a probabilidade da ocorrência simultânea de dois eventos A e B como a probabilidade de um deles multiplicada pela probabilidade condicional do outro, dado que o primeiro evento ocorreu:

$$P(A \cap B) = P(A) \cdot P(B \mid A) = P(B) \cdot P(A \mid B) \tag{4.13}$$

A regra da multiplicação pode ser estendida para três eventos A, B e C:

$$P(A \cap B \cap C) = P(A) \cdot P(B \mid A) \cdot P(C \mid A \cap B) \tag{4.14}$$

Esta é apenas uma das seis maneiras em que a expressão (4.14) pode ser escrita.

■ **EXEMPLO 5**

Uma urna contém 8 bolas brancas, 6 bolas vermelhas e 4 bolas pretas. Sorteia-se, inicialmente, uma bola que não é reposta na urna. Uma nova bola passa a ser sorteada. Qual a probabilidade de ambas as bolas serem vermelhas?

■ **SOLUÇÃO**

Diferentemente do exemplo anterior, que calculava a probabilidade condicional de um único evento, o objetivo nesse caso é calcular a probabilidade de ocorrência simultânea de dois eventos. Os eventos também não são independentes, já que não há reposição da primeira bola na urna.

Seja o evento A = {a primeira bola é vermelha} B = {a segunda bola é vermelha}, para o cálculo de $P(A \cap B)$, devemos aplicar a expressão (4.13):

$$P(A \cap B) = P(A) \cdot P(B|A) = \frac{6}{18} \cdot \frac{5}{17} = \frac{5}{51}$$

■ **EXEMPLO 6**

Uma empresa sorteará um carro para um de seus clientes que estão localizados em diferentes regiões do Brasil. A Tabela 4.1 apresenta os dados referentes aos clientes, por sexo e cidade. Determine:

a) Qual a probabilidade de ser sorteado um cliente do sexo masculino?
b) Qual a probabilidade de ser sorteado um cliente do sexo feminino?
c) Qual a probabilidade de ser sorteado um cliente de Curitiba?
d) Qual a probabilidade de ser sorteado um cliente de São Paulo, dado que é do sexo masculino?
e) Qual a probabilidade de ser sorteado um cliente do sexo feminino, dado que é de Aracaju?
f) Qual a probabilidade de ser sorteado um cliente de Salvador e do sexo feminino?

Tabela 4.1 Distribuição de frequências absolutas segundo sexo e cidade.

Cidade	Masculino	Feminino	Total
Goiânia	12	14	**26**
Aracaju	8	12	**20**
Salvador	16	15	**31**
Curitiba	24	22	**46**
São Paulo	35	25	**60**
Belo Horizonte	10	12	**22**
Total	**105**	**100**	**205**

■ **SOLUÇÃO**

a) A probabilidade do cliente ser do sexo masculino é 105/205 = 21/41.
b) A probabilidade do cliente ser do sexo feminino é 100/205 = 20/41.
c) A probabilidade do cliente ser de Curitiba é 46/205.
d) Considerando que A = {São Paulo} e B = {sexo masculino}, a $P(A|B)$ é calculada de acordo com a expressão (4.11):

$$P(A|B) = \frac{P(A \cap B)}{P(B)} = \frac{35/205}{105/205} = \frac{1}{3}$$

e) Considerando que A = {sexo feminino} e B = {Aracaju}, a $P(A|B)$ é:

$$P(A|B) = \frac{P(A \cap B)}{P(B)} = \frac{12/205}{20/205} = \frac{3}{5}$$

f) Seja A = {Salvador} e B = {sexo feminino}, a $P(A \cap B)$ é calculada de acordo com a expressão (4.13):

$$P(A \cap B) = P(A) \cdot P(B|A) = \frac{31}{205} \cdot \frac{15}{31} = \frac{3}{41}$$

4.6. TEOREMA DE BAYES

Imagine que a probabilidade de determinado evento foi calculada. Porém, novas informações foram adicionadas ao processo, de modo que a probabilidade deve ser recalculada. A probabilidade calculada inicialmente é chamada probabilidade *a priori*; a probabilidade com as novas informações adicionadas é chamada probabilidade *a posteriori*. O cálculo da probabilidade *a posteriori* é baseado no teorema de Bayes e está descrito a seguir.

Considere B_1, B_2, ..., B_n eventos mutuamente excludentes, tal que $P(B_1) + P(B_2) + ... + P(B_n) = 1$. Já A é um evento qualquer que ocorrerá em conjunto ou como consequência de um dos eventos B_i (i = 1, 2, ..., n). A probabilidade de ocorrência de um evento B_i, dada a ocorrência do evento A, é calculada como:

$$P(B_i|A) = \frac{P(B_i \cap A)}{P(A)} = \frac{P(B_i) \cdot P(A|B_i)}{P(B_1) \cdot P(A|B_1) + P(B_2) \cdot P(A|B_2) + ... + P(B_n) \cdot P(A|B_n)} \qquad (4.15)$$

em que:

$P(B_i)$ é a probabilidade *a priori*;

$P(B_i|A)$ é a probabilidade *a posteriori* (probabilidade de B_i depois da ocorrência de A).

■ EXEMPLO 7

Considere três urnas idênticas U_1, U_2 e U_3. A urna U_1 contém duas bolas, uma amarela e outra vermelha. Já a urna U_2 contém três bolas azuis, enquanto a urna U_3 contém duas bolas vermelhas e uma amarela. Escolhe-se ao acaso uma das urnas e retira-se uma bola. Verifica-se que a bola escolhida é amarela. Qual a probabilidade de que a urna U_1 tenha sido escolhida?

■ SOLUÇÃO

Definiremos os seguintes eventos:

B_1 = escolha da urna U_1;

B_2 = escolha da urna U_2;

B_3 = escolha da urna U_3;

A = escolha da bola amarela.

O objetivo é calcularmos $P(B_1|A)$, sabendo que:

$P(B_1)$ = 1/3, $P(A|B_1)$ = 1/2;

$P(B_2)$ = 1/3, $P(A|B_2)$ = 0;

$P(B_3)$ = 1/3, $P(A|B_3)$ = 1/3.

Logo, temos que:

$$P(B_1|A) = \frac{P(B_1 \cap A)}{P(A)} = \frac{P(B_1) \cdot P(A|B_1)}{P(B_1) \cdot P(A|B_1) + P(B_2) \cdot P(A|B_2) + P(B_3) \cdot P(A|B_3)}$$

$$P(B_1|A) = \frac{\dfrac{1}{3} \cdot \dfrac{1}{2}}{\dfrac{1}{3} \cdot \dfrac{1}{2} + \dfrac{1}{3} \cdot 0 + \dfrac{1}{3} \cdot \dfrac{1}{3}} = \frac{3}{5}$$

4.7. ANÁLISE COMBINATÓRIA

A análise combinatória é um conjunto de procedimentos que calcula a quantidade de diferentes grupos que podem ser formados selecionando-se um número finito de elementos de um conjunto. Arranjos, combinações e permutações são os três tipos principais de agrupamentos e são aplicáveis à probabilidade. A probabilidade de um evento é, então, a razão entre o número de resultados do evento de interesse e o número total de resultados no espaço amostral (quantidade total de arranjos, combinações ou permutações).

4.7.1. Arranjos

Um arranjo calcula a quantidade possível de agrupamentos com elementos distintos de determinado conjunto. Bruni (2011) define arranjo como o estudo da quantidade de maneiras em que se pode organizar uma amostra de objetos, extraída de um universo maior e em que a alteração da ordem dos objetos organizados seja relevante.

Dado n diferentes objetos, se o objetivo for escolher p desses objetos (n e p são inteiros, $n \geq p$), o número de arranjos ou maneiras possíveis de se fazer isso é representado por $A_{n,p}$ e calculado como:

$$A_{n,p} = \frac{n!}{(n-p)!} \tag{4.16}$$

■ **EXEMPLO 8**

Considere um conjunto com três termos: $A = \{1, 2, 3\}$. Se esses termos fossem tomados 2 a 2, quantos arranjos seriam possíveis? Qual a probabilidade de que o elemento 3 esteja na segunda posição?

■ **SOLUÇÃO**

A partir da expressão (4.16), temos que:

$$A_{n,p} = \frac{3!}{(3-2)!} = \frac{3 \times 2 \times 1}{1} = 6$$

Esses arranjos são: (1,2), (1,3), (2,1), (2,3), (3,1) e (3,2). No arranjo, a ordem como os elementos estão dispostos é relevante. Por exemplo, $(1,2) \neq (2,1)$.

Definidos todos os arranjos, fica fácil calcularmos a probabilidade. Como temos 2 arranjos em que o elemento 3 está na segunda posição, dado um total de 6 arranjos, a probabilidade é 2/6 = 1/3.

■ **EXEMPLO 9**

Calcule o número de maneiras possíveis de se colocar 6 automóveis em 3 vagas. Qual a probabilidade de que o automóvel 1 esteja na primeira vaga?

■ **SOLUÇÃO**

Pela expressão (4.16), temos que:

$$A_{6,3} = \frac{6!}{(6-3)!} = \frac{6 \times 5 \times 4 \times 3!}{3!} = 120$$

Dos 120 possíveis arranjos, em 20 deles o automóvel 1 está na primeira posição: (1,2,3), (1,2,4), (1,2,5), (1,2,6), (1,3,2), (1,3,4), (1,3,5), (1,3,6), (1,4,2), (1,4,3), (1,4,5), (1,4,6), (1,5,2), (1,5,3), (1,5,4), (1,5,6), (1,6,2), (1,6,3), (1,6,4), (1,6,5). Logo, a probabilidade é 20/120 = 1/6.

4.7.2. Combinações

A combinação é um caso particular do arranjo em que **não importa a ordem** com que os elementos são organizados.

Dados n diferentes objetos, o número de maneiras ou combinações de organizar p desses objetos é representado por $C_{n,p}$ (n elementos combinados p a p) e calculado como:

$$C_{n,p} = \binom{n}{p} = \frac{n!}{p!(n-p)!} \tag{4.17}$$

■ **EXEMPLO 10**

Em uma turma com 20 alunos, de quantas maneiras podem ser formados grupos de 4 alunos?

■ **SOLUÇÃO**

Como a ordem dos elementos do grupo não é relevante, devemos aplicar a expressão (4.17):

$$C_{20,4} = \binom{20}{4} = \frac{20!}{4!(20-4)!} = \frac{20 \times 19 \times 18 \times 17 \times 16!}{24 \cdot (16)!} = 4.845$$

Assim, 4.845 diferentes grupos podem ser formados.

■ **EXEMPLO 11**

Marcelo, Felipe, Luiz Paulo, Rodrigo e Ricardo foram brincar em um parque de diversão. O próximo brinquedo escolhido é de apenas 3 lugares, de forma que 3 deles serão escolhidos aleatoriamente. Qual a probabilidade de que Felipe e Luiz Paulo estejam no brinquedo?

■ **SOLUÇÃO**

O número total de combinações é:

$$C_{5,3} = \binom{5}{2} = \frac{5!}{3!\,2!} = \frac{5 \times 4 \times 3!}{3!\,2} = 10$$

As 10 possibilidades são:

Grupo 1: Marcelo, Felipe e Luiz Paulo
Grupo 2: Marcelo, Felipe e Rodrigo
Grupo 3: Marcelo, Felipe e Ricardo
Grupo 4: Marcelo, Luiz Paulo e Rodrigo
Grupo 5: Marcelo, Luiz Paulo e Ricardo
Grupo 6: Marcelo, Rodrigo e Ricardo
Grupo 7: Felipe, Luiz Paulo e Rodrigo
Grupo 8: Felipe, Luiz Paulo e Ricardo
Grupo 9: Felipe, Rodrigo e Ricardo
Grupo 10: Luiz Paulo, Rodrigo e Ricardo

A probabilidade é, portanto, 3/10.

4.7.3. Permutações

A permutação é um arranjo em que todos os elementos do conjunto são selecionados. É, portanto, o número de maneiras com que n elementos podem ser agrupados, trocando-se a ordem deles. O número de permutações possíveis é representado por P_n e pode ser calculado como:

$$P_n = n! \tag{4.18}$$

■ **EXEMPLO 12**

Considere um conjunto com três elementos, A = {1, 2 , 3}. Qual é o número total de permutações possíveis?

■ **SOLUÇÃO**

$P_3 = 3! = 3 \times 2 \times 1 = 6$. São elas: (1,2,3), (1,3,2), (2,1,3), (2,3,1), (3,1,2) e (3,2,1).

■ **EXEMPLO 13**

Uma indústria fabrica 6 produtos distintos. A sequência de produção pode ocorrer de quantas maneiras?

■ **SOLUÇÃO**

Para determinar o número de sequências possíveis de produção, basta aplicarmos a expressão (4.18):

$$P_6 = 6! = 6 \times 5 \times 4 \times 3 \times 2 \times 1 = 720$$

4.8. CONSIDERAÇÕES FINAIS

Este capítulo apresentou os conceitos e terminologias relacionados à teoria das probabilidades, assim como sua aplicação prática. A teoria das probabilidades é utilizada para avaliar a possibilidade de ocorrência de eventos incertos, tendo sua origem na compreensão de fenômenos naturais incertos, evoluindo para o planejamento de jogos de azar e, atualmente, sendo aplicada para o estudo da inferência estatística.

4.9. EXERCÍCIOS

1) Dois times de futebol jogarão a prorrogação de um jogo com morte súbita. Defina o espaço amostral.

2) Qual a diferença entre eventos mutuamente excludentes e eventos independentes?

3) Em um baralho com 52 cartas, determine:

   a) A probabilidade de que uma carta de copas seja sorteada.
   b) A probabilidade de que uma dama seja sorteada.
   c) A probabilidade de que uma carta com figura (valete, dama ou rei) seja sorteada.
   d) A probabilidade de que uma carta sem figura seja sorteada.

4) Um lote de produção contém 240 peças, das quais 12 delas são defeituosas. Uma peça é sorteada ao acaso. Qual a probabilidade de que ela não seja defeituosa.

5) Um número é escolhido aleatoriamente entre 1 e 30. Pede-se:

   a) Defina o espaço amostral.
   b) Determine a probabilidade de que esse número seja divisível por 3.
   c) Determine a probabilidade de que esse número seja múltiplo de 5.
   d) Determine a probabilidade de que esse número seja divisível por 3 ou múltiplo de 5.
   e) Determine a probabilidade de que esse número seja par, dado que é múltiplo de 5.
   f) Determine a probabilidade de que esse número seja múltiplo de 5, dado que é divisível por 3.
   g) Determine a probabilidade de que esse número não seja divisível por 3.
   h) Suponha que sejam escolhidos dois números, cada um deles de forma aleatória, determine a probabilidade de que o primeiro número seja múltiplo de 5 e o segundo seja ímpar.

6) Dois dados são lançados simultaneamente. Determine:

   a) O espaço amostral.
   b) A probabilidade de que ambos os números sejam pares.
   c) A probabilidade de que a soma dos pontos seja 10.
   d) A probabilidade de que o produto dos pontos seja 6.
   e) A probabilidade de que a soma dos pontos seja 10 ou 6.
   f) A probabilidade de que o número sorteado no primeiro dado seja ímpar ou que o número sorteado no segundo dado seja múltiplo de 3.
   g) A probabilidade de que o número sorteado no primeiro dado seja par e que o número sorteado no segundo dado seja múltiplo de 4.

7) Qual a diferença entre arranjos, combinações e permutações?

## CAPÍTULO 5

Variáveis Aleatórias e Distribuições de Probabilidades

Aquilo a que chamamos acaso não é, e não pode deixar de ser, senão a causa ignorada de um efeito conhecido.

Voltaire

Ao final deste capítulo, você será capaz de:

- Compreender os conceitos relativos às variáveis aleatórias discretas e contínuas.
- Calcular a esperança, a variância e a função de distribuição acumulada de variáveis aleatórias discretas e contínuas.
- Descrever os principais tipos de distribuição de probabilidades para variáveis aleatórias discretas: uniforme discreta, Bernoulli, binomial, geométrica, binomial negativa, hipergeométrica e Poisson.
- Descrever os principais tipos de distribuição de probabilidades para variáveis aleatórias contínuas: uniforme, normal, exponencial, Gama, qui-quadrado (χ^2), t de *Student* e F de Snedecor.
- Determinar a distribuição mais adequada para determinado conjunto de dados.

5.1. INTRODUÇÃO

Nos Capítulos 2 e 3, estudamos diversas estatísticas para descrever o comportamento de dados quantitativos e qualitativos, incluindo distribuições de frequências amostrais. Neste capítulo, estudaremos as distribuições de probabilidades das populações (para variáveis quantitativas). A distribuição de frequência de uma amostra é uma estimativa da distribuição de probabilidade da população correspondente. Quando o tamanho da amostra for considerada grande, a distribuição de frequência de determinada variável dessa amostra pode seguir, aproximadamente, a distribuição de probabilidade da mesma variável para a população (Martins e Domingues, 2011).

Segundo os autores, para a elaboração de pesquisas empíricas, bem como para solução de diversos problemas práticos, o estudo da estatística descritiva é de importância fundamental. Porém, quando o objetivo é estudar variáveis de uma população, a distribuição de probabilidade passa a ser mais adequada.

Este capítulo apresenta o conceito de variáveis aleatórias discretas e contínuas, as principais distribuições de probabilidades para cada um dos tipos de variável aleatória, assim como o cálculo da esperança e da variância de cada distribuição de probabilidade.

Para variáveis aleatórias discretas, as distribuições de probabilidades mais utilizadas são a uniforme discreta, Bernoulli, binomial, geométrica, binomial negativa, hipergeométrica e de Poisson. Já para variáveis aleatórias contínuas, estudaremos a distribuição uniforme, normal, exponencial, Gama, qui-quadrado (χ^2), t de *Student* e F de Snedecor.

5.2. VARIÁVEIS ALEATÓRIAS

Conforme estudamos no capítulo anterior, o conjunto de todos os resultados possíveis de um experimento aleatório é denominado **espaço amostral**. Para descrever esse experimento, é conveniente associar valores numéricos aos elementos do espaço amostral. A variável aleatória pode ser caracterizada como variável que apresenta um valor único para cada elemento, sendo esse valor determinado aleatoriamente.

Consideremos ε um experimento aleatório e S o espaço amostral associado ao experimento. A função X que associa a cada elemento $s \in S$ um número real $X(s)$ é denominada **variável aleatória**. As variáveis aleatórias podem ser discretas ou contínuas.

5.2.1. Variável aleatória discreta

Uma **variável aleatória discreta** é aquela que assume valores em um conjunto enumerável, não podendo assumir, portanto, valores decimais ou não inteiros. Como exemplos de variáveis aleatórias discretas, podemos mencionar a quantidade de filhos, de funcionários em uma empresa ou de automóveis produzidos em determinada fábrica.

5.2.1.1. Esperança de uma variável aleatória discreta

Seja X uma variável aleatória discreta que pode assumir os valores $\{x_1, x_2, ..., x_n\}$ com as respectivas probabilidades $\{p(x_1), p(x_2), ..., p(x_n)\}$. A função $\{x_i, p(x_i), i = 1, 2, ..., n\}$ é chamada função de probabilidade da variável aleatória X e associa, a cada valor de X_i, a sua probabilidade de ocorrência:

$$p(x_i) = P(X = x_i) = p_i, \quad i = 1, 2, ..., n \tag{5.1}$$

de modo que $p(x_i) \geq 0$ para todo x_i e $\sum_{i=1}^{n} p(x_i) = 1$

A esperança (valor esperado ou médio) de X é dada pela expressão:

$$E(X) = \sum_{i=1}^{n} x_i \cdot P(X = x_i) = \sum_{i=1}^{n} x_i \cdot p_i \tag{5.2}$$

A expressão (5.2) é semelhante àquela utilizada para a média no Capítulo 2, em que, no lugar das probabilidades p_i, tinham-se as frequências relativas Fr_i. A diferença entre p_i e Fr_i é que a primeira corresponde a valores de um modelo teórico pressuposto e a segunda a valores observados da variável. Como p_i e Fr_i têm a mesma interpretação, todas as medidas e gráficos apresentados no Capítulo 2, baseados na distribuição de Fr_i, possuem um correspondente na distribuição de uma variável aleatória. A mesma interpretação é válida para outras medidas de posição e variabilidade, como a mediana e o desvio-padrão (Bussab e Morettin, 2011).

5.2.1.2. Variância de uma variável aleatória discreta

A variância de uma variável aleatória discreta X é a média ponderada das distâncias entre os valores que X pode assumir e a esperança de X, em que os pesos são as probabilidades dos possíveis valores de X. Se X assumir os valores $\{x_1, x_2, ..., x_n\}$, com as respectivas probabilidades $\{p_1, p_2, ..., p_n\}$, então sua variância é dada por:

$$Var(X) = \sigma^2(X) = E[(X - E(X))^2] = \sum_{i=1}^{n} [x_i - E(X)]^2 \cdot p_i \tag{5.3}$$

Em alguns casos, é conveniente utilizar o desvio-padrão de uma variável aleatória como medida de variabilidade. O desvio-padrão de X é a raiz quadrada da variância:

$$\sigma(X) = \sqrt{Var(X)} \tag{5.4}$$

■ **EXEMPLO 1**

Suponha que a venda mensal de imóveis por determinado corretor segue a distribuição de probabilidade da Tabela 5.1. Determine o valor esperado de venda mensal, assim como sua variância.

Tabela 5.1 Venda mensal de imóveis e respectivas probabilidades.

x_i (vendas)	0	1	2	3
$p(x_i)$	2/10	4/10	3/10	1/10

■ **SOLUÇÃO**

O valor esperado de venda mensal é:

$$E(X) = 0 \times 0{,}20 + 1 \times 0{,}40 + 2 \times 0{,}30 + 3 \times 0{,}10 = 1{,}3$$

A variância pode ser calculada como:

$$Var(X) = (0 - 1,3)^2 \cdot 0,2 + (1 - 1,3)^2 \cdot 0,4 + (2 - 1,3)^2 \cdot 0,3 + (3 - 1,3)^2 \cdot 0,1 = 0,81$$

5.2.1.3. Função de distribuição acumulada de uma variável aleatória discreta

A função de distribuição acumulada (f.d.a.) de uma variável aleatória X, denotada por $F(x)$, corresponde à soma das probabilidades dos valores de x_i menores ou iguais a x:

$$F(x) = P(X \leq x) = \sum_{x_i \leq x} p(x_i) \tag{5.5}$$

As seguintes propriedades são válidas para a função de distribuição acumulada de uma variável aleatória discreta:

$$0 \leq F(x) \leq 1 \tag{5.6}$$

$$\lim_{x \to \infty} F(x) = 1 \tag{5.7}$$

$$\lim_{x \to -\infty} F(x) = 0 \tag{5.8}$$

$$a < b \to F(a) \leq F(b) \tag{5.9}$$

■ **EXEMPLO 2**

Para os dados do Exemplo 1, calcule $F(0,5)$, $F(1)$, $F(2,5)$, $F(3)$, $F(4)$ e $F(-0,5)$.

■ **SOLUÇÃO**

a) $F(0,5) = P(X \leq 0,5) = \dfrac{2}{10}$

b) $F(1) = P(X \leq 1) = \dfrac{2}{10} + \dfrac{4}{10} = \dfrac{6}{10}$

c) $F(2,5) = P(X \leq 2,5) = \dfrac{2}{10} + \dfrac{4}{10} + \dfrac{3}{10} = \dfrac{9}{10}$

d) $F(3) = P(X \leq 3) = \dfrac{2}{10} + \dfrac{4}{10} + \dfrac{3}{10} + \dfrac{1}{10} = 1$

e) $F(4) = P(X \leq 4) = 1$

f) $F(-0,5) = P(X \leq -0,5) = 0$

Em resumo, a função de distribuição acumulada da variável aleatória X do Exemplo 1 é dada por:

$$F(x) = \begin{cases} 0 & \text{se } x < 0 \\ 2/10 & \text{se } 0 \leq x < 1 \\ 6/10 & \text{se } 1 \leq x < 2 \\ 9/10 & \text{se } 2 \leq x < 3 \\ 1 & \text{se } x \geq 3 \end{cases}$$

5.2.2. Variável aleatória contínua

Uma **variável aleatória contínua** é aquela que pode assumir diversos valores em um intervalo de números reais. Como exemplos de variáveis aleatórias contínuas, podemos citar a renda familiar, o faturamento da empresa ou a altura de determinada criança.

Uma variável aleatória contínua X está associada a uma função $f(x)$, denominada função densidade de probabilidade (f.d.p.) de X, que satisfaz a seguinte condição:

$$\int_{-\infty}^{+\infty} f(x)dx = 1, \quad f(x) \geq 0 \tag{5.10}$$

Para quaisquer a e b, tal que $-\infty < a < b < +\infty$, a probabilidade de que a variável aleatória X assuma valores nesse intervalo é:

$$P(a \leq X \leq b) = \int_{a}^{b} f(x)dx \tag{5.11}$$

que pode ser representada graficamente, como mostra a Figura 5.1.

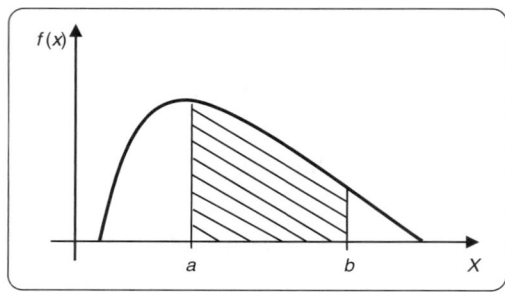

Figura 5.1 Probabilidade de X assumir valores no intervalo $[a, b]$.

5.2.2.1. Esperança de uma variável aleatória contínua

A esperança matemática (valor esperado ou médio) de uma variável aleatória contínua X com função densidade de probabilidade $f(x)$ é dada pela expressão:

$$E(X) = \int_{-\infty}^{+\infty} x \cdot f(x)dx \tag{5.12}$$

5.2.2.2. Variância de uma variável aleatória contínua

A variância de uma variável aleatória contínua X com função densidade de probabilidade $f(x)$ é calculada como:

$$Var(X) = E(X^2) - [E(X)]^2 = \int_{-\infty}^{\infty} (x - E(X))^2 f(x)dx \tag{5.13}$$

■ **EXEMPLO 3**

A função densidade de probabilidade de uma variável aleatória contínua X é dada por:

$$f(x) = \begin{cases} 2x, & 0 < x < 1 \\ 0, & \text{para quaisquer outros valores} \end{cases}$$

Calcule $E(X)$ e $Var(X)$.

■ **SOLUÇÃO**

$$E(X) = \int_{0}^{1} (x \cdot 2x)dx = \int_{0}^{1} (2x^2)dx = \frac{2}{3}$$

$$E(X^2) = \int_{0}^{1} (x^2 \cdot 2x)dx = \int_{0}^{1} (2x^3)dx = \frac{1}{2}$$

$$VAR(X) = E(X^2) - [E(X)]^2 = \frac{1}{2} - \left(\frac{2}{3}\right)^2 = \frac{1}{18}$$

5.2.2.3. Função de distribuição acumulada de uma variável aleatória contínua

Como no caso de variáveis aleatórias discretas, podemos calcular probabilidades associadas a uma variável aleatória contínua X a partir de uma função de distribuição acumulada.

A função de distribuição acumulada $F(x)$ de uma variável aleatória contínua X com função densidade de probabilidade $f(x)$ é definida por:

$$F(x) = P(X \leq x), \quad -\infty < x < \infty \tag{5.14}$$

A expressão (5.14) é semelhante à apresentada para o caso discreto, na expressão (5.5). A diferença é que, para variáveis contínuas, a função de distribuição acumulada é uma função contínua, sem saltos.

De maneira análoga à expressão (5.11), podemos escrever que:

$$F(x) = \int_{-\infty}^{x} f(x)dx \tag{5.15}$$

Da mesma forma que para as variáveis aleatórias discretas, valem as seguintes propriedades para a função de distribuição acumulada de uma variável aleatória contínua:

$$0 \leq F(x) \leq 1 \tag{5.16}$$

$$\lim_{x \to \infty} F(x) = 1 \tag{5.17}$$

$$\lim_{x \to -\infty} F(x) = 0 \tag{5.18}$$

$$a < b \to F(a) \leq F(b) \tag{5.19}$$

■ **EXEMPLO 4**

Consideremos novamente a função densidade de probabilidade do Exemplo 3:

$$f(x) = \begin{cases} 2x, & 0 < x < 1 \\ 0, & \text{para quaisquer outros valores} \end{cases}$$

Calcule a função de distribuição acumulada de X.

■ **SOLUÇÃO**

$$F(x) = P(X \leq x) = \int_{-\infty}^{x} f(x)dx = \int_{-\infty}^{x} 2x\,dx = \begin{cases} 0 & \text{se } x \leq 0 \\ x^2 & \text{se } 0 < x \leq 1 \\ 1 & \text{se } x > 1 \end{cases}$$

5.3. DISTRIBUIÇÕES DE PROBABILIDADES PARA VARIÁVEIS ALEATÓRIAS DISCRETAS

Para variáveis aleatórias discretas, as distribuições de probabilidades mais utilizadas são a uniforme discreta, Bernoulli, binomial, geométrica, binomial negativa, hipergeométrica e Poisson.

5.3.1. Distribuição uniforme discreta

É a mais simples das distribuições discretas de probabilidade e recebe o nome uniforme porque todos os possíveis valores da variável aleatória têm a mesma probabilidade de ocorrência.

Uma variável aleatória discreta X que assume os valores $x_1, x_2, ..., x_n$ tem distribuição uniforme discreta com parâmetro n, denotada por $X \sim U_d\{x_1, x_2, ..., x_n\}$, se sua função de probabilidade é dada por:

$$P(X = x_i) = p(x_i) = \frac{1}{n}, \; i = 1, 2, ..., n \tag{5.20}$$

podendo ser representada graficamente como mostra a Figura 5.2.

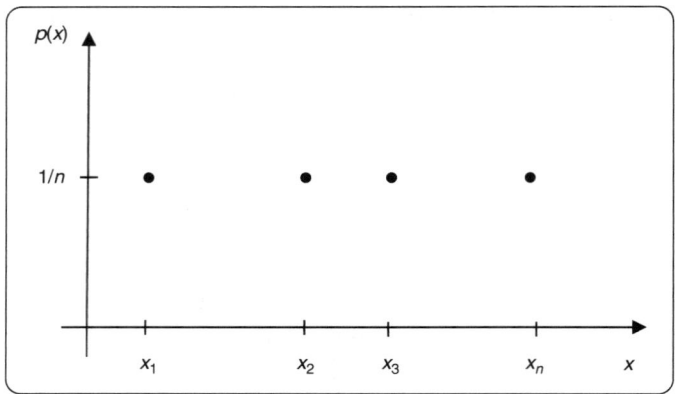

Figura 5.2 Distribuição uniforme discreta.

A esperança matemática de X é dada por:

$$E(X) = \frac{1}{n} \cdot \sum_{i=1}^{n} x_i \tag{5.21}$$

A variância de X é calculada a partir de:

$$Var(X) = \frac{1}{n} \cdot \left[\sum_{i=1}^{n} x_i^2 - \frac{\left(\sum_{i=1}^{n} x_i \right)^2}{n} \right] \tag{5.22}$$

E a função de distribuição acumulada (f.d.a.) é:

$$F(X) = P(X \leq x) = \sum_{x_i \leq x} \frac{1}{n} = \frac{n(x)}{n} \tag{5.23}$$

em que $n(x)$ é o número de $x_i \leq x$, como mostra a Figura 5.3.

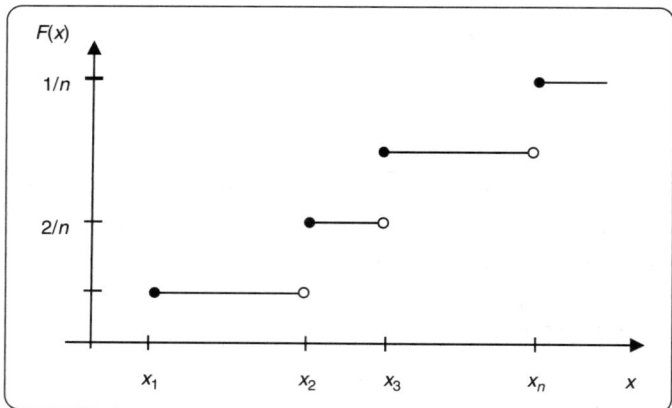

Figura 5.3 Função de distribuição acumulada.

■ EXEMPLO 5

Um dado não viciado é lançado, de modo que a variável aleatória X representa o valor da face voltada para cima. Determine a distribuição de X, além da esperança e variância de X.

■ **SOLUÇÃO**

A distribuição de X está representada na Tabela 5.2.

Tabela 5.2 Distribuição de X.

X	1	2	3	4	5	6	**Soma**
$f(x)$	1/6	1/6	1/6	1/6	1/6	1/6	**1**

Temos que:

$$E(X) = \frac{1}{6} \cdot (1+2+3+4+5+6) = 3{,}5$$

$$Var(X) = \frac{1}{6} \cdot \left[(1+2^2 + \ldots + 6^2) - \frac{(21)^2}{6} \right] = \frac{35}{12} = 2{,}917$$

5.3.2. Distribuição de Bernoulli

O **experimento de Bernoulli** é um experimento aleatório que fornece apenas dois resultados possíveis, convencionalmente denominados sucesso ou fracasso. Como exemplo de um experimento de Bernoulli, podemos citar o lançamento de uma moeda, cujos resultados possíveis são cara e coroa.

Para determinado experimento de Bernoulli, vamos considerar a variável aleatória X que assume o valor 1 no caso de sucesso e 0 no caso de fracasso. A probabilidade de sucesso é representada por p e a probabilidade de fracasso por $(1 - p)$ ou q. A distribuição de Bernoulli fornece, portanto, a probabilidade de sucesso ou fracasso da variável X na realização de **um único experimento**. Podemos dizer, portanto, que a variável X segue uma distribuição de Bernoulli com parâmetro p, denotada por $X \sim \text{Bern}(p)$, se sua função de probabilidade for dada por:

$$P(X = x) = p(x) = \begin{cases} q = 1 - p, & \text{se } x = 0 \\ p, & \text{se } x = 1 \end{cases} \tag{5.24}$$

que também pode ser representada da seguinte forma:

$$P(X = x) = p(x) = p^x \cdot (1 - p)^{1 - x}, \ x = 0,1 \tag{5.25}$$

A função de probabilidade da variável aleatória X está representada na Figura 5.4.

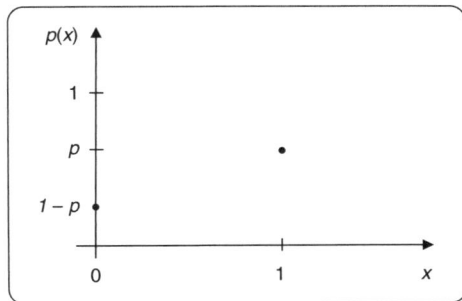

Figura 5.4 Função de probabilidade da distribuição de Bernoulli.

É fácil verificarmos que o valor esperado de X é:

$$E(X) = p \tag{5.26}$$

com variância de X sendo:

$$Var(X) = p \cdot (1 - p) \tag{5.27}$$

A função de distribuição acumulada (f.d.a.) de Bernoulli é dada por:

$$F(x)=P(X \le x)=\begin{cases}0, & se\, x<0 \\ 1-p, & se\, x\le0<1 \\ 1, & se\, x\ge1\end{cases} \tag{5.28}$$

que pode ser representada pela Figura 5.5.

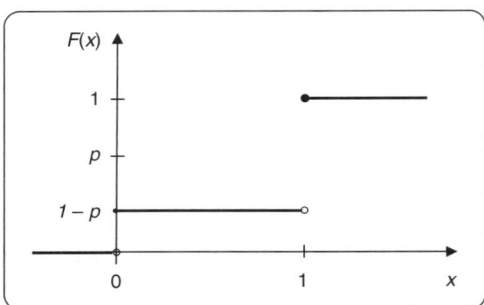

Figura 5.5 F.d.a. da distribuição de Bernoulli.

É importante mencionar que usaremos os conhecimentos sobre a distribuição de Bernoulli quando estudarmos os modelos de regressão logística binária (Capítulo 13).

■ EXEMPLO 6

A final da Copa Interclubes de Futsal ocorrerá entre as equipes A e B. A variável aleatória X representa o time vencedor da Copa. Sabe-se que a probabilidade da equipe A ser vencedora é 0,60. Determine a distribuição de X, além da esperança e variância de X.

■ SOLUÇÃO

A variável aleatória X pode assumir apenas dois valores:

$$X =\begin{cases}1, & se\ a\ equipe\ A\ for\ vencedora \\ 0, & se\ a\ equipe\ B\ for\ vencedora\end{cases}$$

Como trata-se de um único jogo, a variável X segue uma distribuição de Bernoulli com parâmetro $p = 0,60$, denotada por $X \sim Bern(0,6)$, de modo que:

$$P(X =x)= p(x)=\begin{cases}q=0,4, & se\ x=0\ (equipe\ B) \\ p=0,6, & se\ x=1\ (equipe\ A)\end{cases}$$

Temos que:

$$E(X) = p = 0,6$$

$$Var(X) = p(1 - p) = 0,6 \times 0,4 = 0,24$$

5.3.3. Distribuição binomial

Um **experimento binomial** consiste em n repetições independentes de um experimento de Bernoulli com probabilidade p de sucesso, probabilidade essa que permanece constante em todas as repetições.

A variável aleatória discreta X de um modelo binomial corresponde ao número de sucessos (k) nas n repetições do experimento. Então, X tem distribuição binomial com parâmetros n e p, denotada por $X \sim b(n, p)$, se sua função de distribuição de probabilidade for dada por:

$$f(k) = P(X = k) = \binom{n}{k} \cdot p^k \cdot (1-p)^{n-k}, \ k = 0, 1, ..., n \tag{5.29}$$

em que $\binom{n}{k} = \dfrac{n!}{k!(n-k)!}$

A média de X é dada por:

$$E(X) = n \cdot p \tag{5.30}$$

Já a variância de X pode ser expressa por:

$$Var(X) = n \cdot p \cdot (1-p) \tag{5.31}$$

Podemos notar que a média e a variância da distribuição binomial são iguais à média e à variância da distribuição de Bernoulli, multiplicadas por n, que representa o número de repetições de um experimento de Bernoulli.

A Figura 5.6 apresenta a função de probabilidade da distribuição binomial para $n = 10$ e valores de p iguais a 0,3, 0,5 e 0,7.

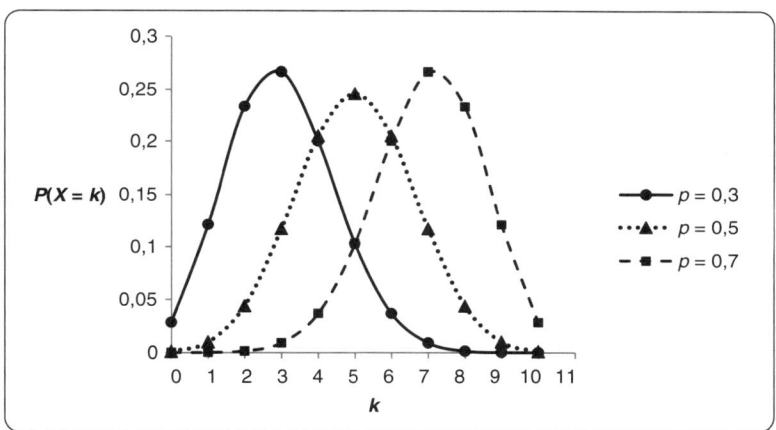

Figura 5.6 Função de probabilidade da distribuição binomial para $n = 10$.

A partir da Figura 5.6, podemos verificar que, para $p = 0,5$, a função de probabilidade é simétrica em torno da média. Se $p < 0,5$, a distribuição é assimétrica positiva, observando maior frequência para valores menores de k e uma cauda mais longa à direita. Se $p > 0,5$, a distribuição é assimétrica negativa, observando maior frequência para valores maiores de k e uma cauda mais longa à esquerda.

Vale salientar que faremos uso dos conhecimentos sobre a distribuição binomial quando estudarmos os modelos de regressão logística multinomial (Capítulo 13).

Relação entre a distribuição binomial e a de Bernoulli

Uma distribuição binomial com parâmetro $n = 1$ é equivalente a uma distribuição de Bernoulli:

$$X \sim b(1, p) \equiv X \sim \text{Bern}(p)$$

■ **EXEMPLO 7**

Determinada peça é produzida em uma linha de produção. A probabilidade de que a peça não tenha defeitos é de 99%. Se forem produzidas 30 peças, qual a probabilidade de que pelo menos 28 delas esteja em boas condições? Determine também a média e a variância da variável aleatória.

■ **SOLUÇÃO**

Temos que:

X = variável aleatória que representa o número de sucessos (peças em boas condições) nas 30 repetições;

$p = 0,99$ = probabilidade de que a peça esteja em boas condições;

$q = 0,01$ = probabilidade de que a peça seja defeituosa;

$n = 30$ repetições;

k = número de sucessos.

A probabilidade de que pelo menos 28 peças não estejam defeituosas é dada por:

$$P(X \geq 28) = P(X = 28) + P(X = 29) + P(X = 30)$$

$$P(X = 28) = \frac{30!}{28!2!} \cdot \left(\frac{99}{100}\right)^{28} \cdot \left(\frac{1}{100}\right)^{2} = 0,0328$$

$$P(X = 29) = \frac{30!}{29!1!} \cdot \left(\frac{99}{100}\right)^{29} \cdot \left(\frac{1}{100}\right)^{1} = 0,224$$

$$P(X = 30) = \frac{30!}{30!0!} \cdot \left(\frac{99}{100}\right)^{30} \cdot \left(\frac{1}{100}\right)^{0} = 0,7397$$

$$P(X \geq 28) = 0,0328 + 0,224 + 0,7397 = 0,997$$

A média de X é expressa por:

$$E(X) = n \cdot p = 30 \times 0,99 = 29,7$$

E a variância de X é:

$$Var(X) = n \cdot p \cdot (1 - p) = 30 \times 0,99 \times 0,01 = 0,297$$

5.3.4. Distribuição geométrica

A **distribuição geométrica**, assim como a binomial, considera sucessivos ensaios de Bernoulli independentes, todos com probabilidade de sucesso p. Porém, em vez de utilizar um número fixo de tentativas, elas serão realizadas até que o primeiro sucesso seja obtido. A distribuição geométrica apresenta duas parametrizações distintas.

A primeira parametrização considera sucessivos ensaios de Bernoulli independentes, com probabilidade de sucesso p em cada ensaio, até que ocorra um sucesso. Nesse caso, não podemos incluir o zero como um possível resultado, de modo que o domínio é suportado pelo conjunto {1, 2, 3, ...}. Por exemplo, podemos considerar a quantidade de lançamentos de uma moeda até a primeira cara, a quantidade de peças produzidas até a próxima defeituosa etc.

A segunda parametrização conta o número de falhas ou fracassos antes do primeiro sucesso. Como aqui é possível obter sucesso já no primeiro ensaio de Bernoulli, incluímos o zero como resultado possível, de modo que o domínio é suportado pelo conjunto {0, 1, 2, 3, ...}.

Seja X a variável aleatória que representa o número de tentativas até o primeiro sucesso. A variável X tem distribuição geométrica com parâmetro p, denotada por $X \sim \text{Geo}(p)$, se sua função de probabilidade for dada por:

$$f(x) = P(X = x) = p \cdot (1 - p)^{x - 1}, \qquad x = 1, 2, 3, \ldots \tag{5.32}$$

Para o segundo caso, consideremos Y a variável aleatória que representa o número de falhas ou fracassos antes do primeiro sucesso. A variável Y tem distribuição geométrica com parâmetro p, denotada por $Y \sim \text{Geo}(p)$, se sua função de probabilidade for dada por:

$$f(y) = P(Y = y) = p \cdot (1 - p)^{y}, \qquad y = 0, 1, 2, \ldots \tag{5.33}$$

Em ambos os casos, a sequência de probabilidades é uma progressão geométrica.

A função de probabilidade da variável X está representada graficamente na Figura 5.7, para $p = 0,4$.

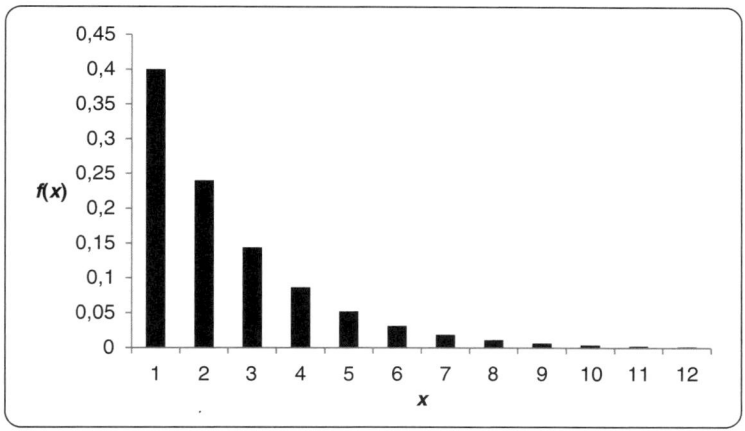

Figura 5.7 Função de probabilidade da variável X com parâmetro $p = 0,4$.

O cálculo do valor esperado e da variância de X é:

$$E(X) = \frac{1}{p} \tag{5.34}$$

$$Var(X) = \frac{1-p}{p^2} \tag{5.35}$$

De forma equivalente, para a variável Y, temos que:

$$E(Y) = \frac{1-p}{p} \tag{5.36}$$

$$Var(Y) = \frac{1-p}{p^2} \tag{5.37}$$

A distribuição geométrica é a única distribuição discreta que tem a propriedade da falta de memória (no caso das distribuições contínuas, veremos que a distribuição exponencial também apresenta essa propriedade). Isso significa que, se um experimento for repetido antes do primeiro sucesso, então, dado que o primeiro sucesso ainda não ocorreu, a função de distribuição condicional do número de tentativas adicionais não depende do número de fracassos ocorridos até então.

Assim, para quaisquer dois inteiros positivos s e t, se X for maior do que s, então a probabilidade de que X seja maior do que $s + t$ é igual à probabilidade incondicional de X ser maior do que t:

$$P(X > s + t \mid X > s) = P(X > t) \tag{5.38}$$

■ EXEMPLO 8

Uma empresa fabrica determinado componente eletrônico, de modo que, ao final do processo, cada componente é testado, um a um. Suponha que a probabilidade de um componente eletrônico estar defeituoso seja de 0,05. Determine a probabilidade de que o primeiro defeito seja encontrado no oitavo componente testado. Calcule também o valor esperado e a variância da variável aleatória.

■ SOLUÇÃO

Temos que:

X = variável aleatória que representa o número de componentes eletrônicos testados até o primeiro defeito;

$p = 0,05$ = probabilidade de que o componente esteja defeituoso;

$q = 0,95$ = probabilidade de que o componente esteja em boas condições.

A probabilidade de que o primeiro defeito seja encontrado no oitavo componente testado é dada por:

$$P(X = 8) = 0,05 \cdot (1 - 0,05)^{8-1} = 0,035$$

A média de X é expressa por:

$$E(X) = \frac{1}{p} = 20$$

E a variância de X é:

$$Var(X) = \frac{1-p}{p^2} = \frac{0,95}{0,0025} = 380$$

5.3.5. Distribuição binomial negativa

A **distribuição binomial negativa**, também conhecida como **distribuição de Pascal**, realiza sucessivos ensaios de Bernoulli independentes (com probabilidade de sucesso constante em todas as tentativas) até atingir um número prefixado de sucessos (k), ou seja, o experimento continua até que sejam observados k sucessos.

Seja X a variável aleatória que representa o número de tentativas realizadas (ensaios de Bernoulli) até conseguir o k-ésimo sucesso. A variável X tem distribuição binomial negativa, denotada por $X \sim \text{bn}(k, p)$, se sua função de probabilidade for dada por:

$$f(x) = P(X = x) = \binom{x-1}{k-1} \cdot p^k \cdot (1-p)^{x-k}, \quad x = k, k+1, \dots \tag{5.39}$$

A representação gráfica de uma distribuição binomial negativa com parâmetro $k = 2$ e $p = 0,4$ está na Figura 5.8.

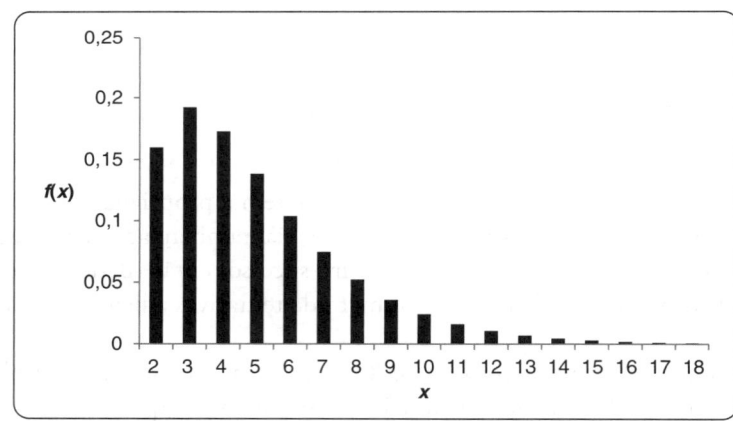

Figura 5.8 Função de probabilidade da variável X com parâmetro $k = 2$ e $p = 0,4$.

O valor esperado de X é:

$$E(X) = \frac{k}{p} \tag{5.40}$$

com variância:

$$Var(X) = \frac{k \cdot (1-p)}{p^2} \tag{5.41}$$

Relação entre a distribuição binomial negativa e a binomial

A distribuição binomial negativa está relacionada com a distribuição binomial. Na binomial, devemos fixar o tamanho da amostra (número de ensaios de Bernoulli) e observar o número de sucessos (variável aleatória).

Na binomial negativa, devemos fixar o número de sucessos (k) e observar o número de ensaios de Bernoulli necessários para obter k sucessos.

Relação entre a distribuição binomial negativa e a geométrica

A distribuição binomial negativa com parâmetro $k = 1$ é equivalente à geométrica:

$$X \sim \text{bn}(1, p) \equiv X \sim \text{Geo}(p)$$

Ou ainda, uma série binomial negativa pode ser considerada a soma de séries geométricas.

É importante mencionar que faremos uso dos conhecimentos sobre a distribuição binomial negativa quando estudarmos os modelos de regressão para dados de contagem (Capítulo 14).

■ EXEMPLO 9

Suponha que um aluno acerte três questões a cada cinco testes. Seja X o número de tentativas até o décimo segundo acerto. Determine a probabilidade de que o aluno precise fazer 20 questões para acertar 12.

■ SOLUÇÃO

Temos que:

$$k = 12 \qquad p = 3/5 = 0{,}6 \qquad q = 2/5 = 0{,}4$$

X = número de tentativas até o décimo segundo acerto, isto é, $X \sim \text{bn}(12; 0{,}6)$. Logo:

$$f(20) = P(X = 20) = \binom{20-1}{12-1} \cdot 0{,}6^{12} \cdot 0{,}4^{20-12} = 0{,}1078 = 10{,}78\%$$

5.3.6. Distribuição hipergeométrica

A **distribuição hipergeométrica** também está relacionada com um experimento de Bernoulli. Porém, diferentemente da amostragem binomial, em que a probabilidade de sucesso é constante, na distribuição hipergeométrica, como a amostragem é sem reposição, à medida que os elementos são retirados da população para formar a amostra, o tamanho da população diminui, fazendo com que a probabilidade de sucesso varie.

A distribuição hipergeométrica descreve o número de sucessos na amostra de n elementos, extraída de uma população finita sem reposição. Por exemplo, consideremos uma população com N elementos, dos quais M possuem determinado atributo. A distribuição hipergeométrica descreve a probabilidade de que, em uma amostra com n elementos distintos extraídos aleatoriamente da população sem reposição, exatamente k possuem tal atributo (k sucessos e $n - k$ fracassos).

Seja X uma variável aleatória que representa o número de sucessos obtidos a partir dos n elementos retirados da amostra. A variável X segue uma distribuição hipergeométrica com parâmetros N, M, n, denotada por $X \sim \text{Hip}(N, M, n)$, se sua função de probabilidade for dada por:

$$f(k) = P(X = k) = \frac{\binom{M}{k} \cdot \binom{N-M}{n-k}}{\binom{N}{n}}, \quad 0 \le k \le \text{mín}(M, n) \tag{5.42}$$

A representação gráfica de uma distribuição hipergeométrica com parâmetros $N = 200$, $M = 50$ e $n = 30$ está na Figura 5.9.

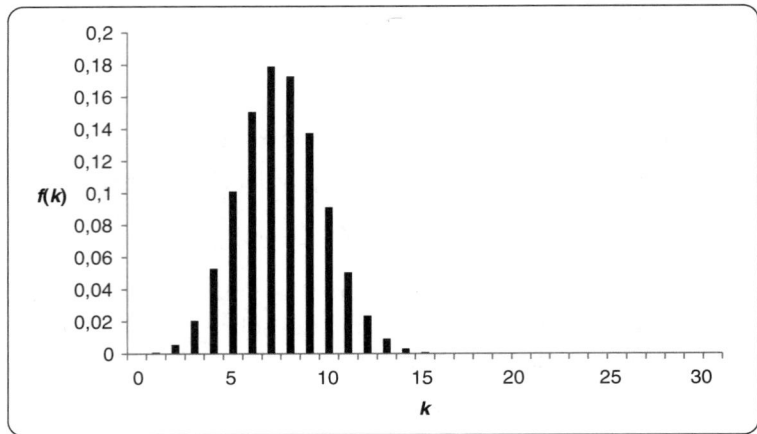

Figura 5.9 Função de probabilidade da variável X com parâmetros $N = 200$, $M = 50$ e $n = 30$.

A média de X pode ser calculada como:

$$E(X) = \frac{n \cdot M}{N} \tag{5.43}$$

com variância:

$$Var(X) = \frac{n \cdot M}{N} \cdot \frac{(N - M) \cdot (N - n)}{N \cdot (N - 1)} \tag{5.44}$$

Aproximação da distribuição hipergeométrica pela binomial

Seja X uma variável aleatória que segue uma distribuição hipergeométrica com parâmetros N, M e n, denotada por $X \sim \text{Hip}(N, M, n)$. Se a população for grande quando comparada ao tamanho da amostra, a distribuição hipergeométrica pode ser aproximada por uma distribuição binomial com parâmetros n e $p = M/N$ (probabilidade de sucesso em um único ensaio):

$$X \sim \text{Hip}(N, M, n) \approx X \sim \text{b}(n, p), \text{ com } p = M/N$$

■ EXEMPLO 10

Uma urna contém 15 bolas, das quais 5 delas são vermelhas. São escolhidas 7 bolas ao acaso, sem reposição. Determine:

   a) A probabilidade de que exatamente duas bolas vermelhas sejam sorteadas.
   b) A probabilidade de que pelo menos duas bolas vermelhas sejam sorteadas.
   c) O número esperado de bolas vermelhas sorteadas.
   d) A variância do número de bolas vermelhas sorteadas.

■ SOLUÇÃO

Seja X a variável aleatória que representa o número de bolas vermelhas sorteadas. Temos que $N = 15$, $M = 5$ e $n = 7$.

   a) $P(X = 2) = \dfrac{\dbinom{M}{k} \cdot \dbinom{N - M}{n - k}}{\dbinom{N}{n}} = \dfrac{\dbinom{5}{2} \cdot \dbinom{10}{5}}{\dbinom{15}{7}} = 39,16\%$

   b) $P(X \geq 2) = 1 - P(X < 2) = 1 - [P(X = 0) + P(X = 1)] = 1 - \dfrac{\dbinom{5}{0} \cdot \dbinom{10}{7}}{\dbinom{15}{7}} - \dfrac{\dbinom{5}{1} \cdot \dbinom{10}{6}}{\dbinom{15}{7}} = 81,82\%$

c) $E(X) = \dfrac{n \cdot M}{N} = \dfrac{7 \cdot 5}{15} = 2,33$

d) $Var(X) = \dfrac{n \cdot M}{N} \cdot \dfrac{(N-M) \cdot (N-n)}{N \cdot (N-1)} = \dfrac{7 \times 5}{5} \times \dfrac{10 \times 8}{15 \times 14} = 0,8889 = 88,89\%$

5.3.7. Distribuição Poisson

A **distribuição Poisson** é utilizada para registrar a ocorrência de eventos raros, com probabilidade de sucesso muito pequena ($p \to 0$), em determinada exposição (por exemplo, em determinado intervalo de tempo ou espaço).

Diferentemente do modelo binomial, que fornece a probabilidade do número de sucessos em um intervalo discreto (n repetições de um experimento), o modelo Poisson fornece a probabilidade do número de sucessos em determinado intervalo contínuo (tempo, área, entre outras possibilidades de exposição). Como exemplos de variáveis que representam a distribuição Poisson, podemos mencionar a quantidade de clientes que chegam à fila por unidade de tempo, a quantidade de defeitos por fábrica, a quantidade de acidentes por município etc. Podemos notar que as unidades de medida de exposição (tempo, unidade fabril e município, nessas situações) são contínuas, mas a variável aleatória (número de ocorrências) é discreta.

A distribuição Poisson apresenta as seguintes hipóteses:

(i) Eventos definidos em intervalos não sobrepostos são independentes.

(ii) Em intervalos de mesmo comprimento, as probabilidades de ocorrência de um mesmo número de sucesso são iguais.

(iii) Em intervalos muito pequenos, a probabilidade de ocorrência de mais de um sucesso é desprezível.

(iv) Em intervalos muito pequenos, a probabilidade de um sucesso é proporcional ao comprimento do intervalo.

Consideremos uma variável aleatória discreta X que representa a quantidade de sucessos (k) em determinada unidade de tempo, de área, entre outras possibilidades. A variável aleatória X, com parâmetro $\lambda \geq 0$, apresenta distribuição Poisson, denotada por $X \sim \text{Poisson}(\lambda)$, se sua função de probabilidade é dada por:

$$f(k) = P(X=k) = \frac{e^{-\lambda} \cdot \lambda^k}{k!}, \quad k = 0,1,2,\ldots \tag{5.45}$$

em que:
e: base do logaritmo neperiano (ou natural), sendo $e \cong 2,718282$;
λ: taxa média estimada de ocorrência do evento de interesse para dada exposição (intervalo de tempo, área etc.).

A Figura 5.10 apresenta a função de probabilidade da distribuição Poisson para λ = 1, 3 e 6.

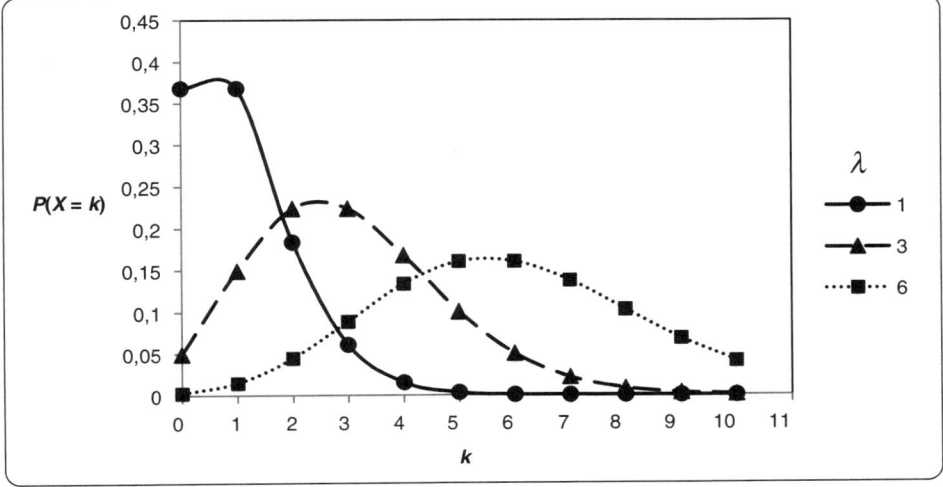

Figura 5.10 Função de probabilidade de Poisson.

Na distribuição Poisson, a média é igual à variância, conforme deduziremos no Capítulo 14:

$$E(X) = Var(X) = \lambda \tag{5.46}$$

Vale salientar que usaremos os conhecimentos sobre a distribuição Poisson quando estudarmos os modelos de regressão para dados de contagem (Capítulo 14).

Aproximação da distribuição binomial pela de Poisson

Seja X uma variável aleatória que segue uma distribuição binomial com parâmetros n e p, denotada por $X \sim b(n, p)$. Quando o número de repetições de um experimento aleatório for muito grande ($n \to \infty$) e a probabilidade de sucesso for muito pequena ($p \to 0$), de tal forma que $n \cdot p = \lambda =$ constante, a distribuição binomial aproxima-se da de Poisson:

$$X \sim b(n, p) \approx X \sim \text{Poisson}(\lambda), \qquad \text{com } \lambda = n \cdot p$$

■ EXEMPLO 11

Suponha que o número de clientes que chegam a um banco siga uma distribuição Poisson. Verifica-se que, em média, chegam 12 clientes por minuto. Calcule: a) probabilidade de chegada de 10 clientes no próximo minuto; b) probabilidade de chegada de 40 clientes nos próximos 5 minutos; c) média e variância de X.

■ SOLUÇÃO

Temos que $\lambda = 12$ clientes por minuto.

a) $P(X = 10) = \dfrac{e^{-12} \cdot 12^{10}}{10!} = 0{,}1048$

b) $P(X = 8) = \dfrac{e^{-12} \cdot 12^{8}}{8!} = 0{,}0655$

c) $E(X) = Var(X) = \lambda = 12$

■ EXEMPLO 12

Determinada peça é produzida em uma linha de produção. A probabilidade de que essa peça seja defeituosa é de 0,01. Se forem produzidas 300 peças, qual a probabilidade de que nenhuma delas seja defeituosa?

■ SOLUÇÃO

Este exemplo caracteriza-se por uma distribuição binomial. Como o número de repetições é grande e a probabilidade de sucesso é pequena, a distribuição binomial pode ser aproximada por uma distribuição Poisson com parâmetro $\lambda = n \cdot p = 300 \times 0{,}01 = 3$, de modo que:

$$P(X = 0) = \frac{e^{-3} \cdot 3^{0}}{0!} = 0{,}05$$

O Quadro 5.1 apresenta o resumo das distribuições discretas estudadas nesta seção, incluindo o cálculo da função de probabilidade da variável aleatória, os parâmetros da distribuição e o cálculo do valor esperado e da variância de X.

Quadro 5.1 Distribuições para variáveis discretas.

Distribuição	Função de Probabilidade – $P(X)$	Parâmetros	$E(X)$	$Var(X)$
Uniforme discreta	$\dfrac{1}{n}$	n	$\dfrac{1}{n} \cdot \sum_{i=1}^{n} x_i$	$\dfrac{1}{n} \cdot \left[\sum_{i=1}^{n} x_i^2 - \dfrac{\left(\sum_{i=1}^{n} x_i \right)^2}{n} \right]$
Bernoulli	$p^x \cdot (1-p)^{1-x}, x = 0, 1$	p	p	$p \cdot (1-p)$
Binomial	$\dbinom{n}{k} \cdot p^k \cdot (1-p)^{n-k}, k=0,1,...,n$	n, p	$n \cdot p$	$n \cdot p \cdot (1-p)$
Geométrica	$P(X) = p \cdot (1-p)^{x-1}, x = 1, 2, 3, ...$ $P(Y) = p \cdot (1-p)^{y}, y = 0, 1, 2, ...$	p	$E(X) = \dfrac{1}{p}$ $E(Y) = \dfrac{1-p}{p}$	$Var(X) = \dfrac{1-p}{p^2}$ $Var(Y) = \dfrac{1-p}{p^2}$
Binomial negativa	$\dbinom{x-1}{k-1} \cdot p^k \cdot (1-p)^{x-k}, x = k, k+1, ...$	k, p	$\dfrac{k}{p}$	$\dfrac{k \cdot (1-p)}{p^2}$
Hipergeométrica	$\dfrac{\dbinom{M}{k} \cdot \dbinom{N-M}{n-k}}{\dbinom{N}{n}}, 0 \le k \le \min(M,n)$	N, M, n	$\dfrac{n \cdot M}{N}$	$\dfrac{n \cdot M}{N} \cdot \dfrac{(N-M) \cdot (N-n)}{N \cdot (N-1)}$
Poisson	$\dfrac{e^{-\lambda} \cdot \lambda^k}{k!}, k = 0, 1, 2, ...$	λ	λ	λ

5.4. DISTRIBUIÇÕES DE PROBABILIDADES PARA VARIÁVEIS ALEATÓRIAS CONTÍNUAS

Para as variáveis aleatórias contínuas, estudaremos as distribuições uniforme, normal, exponencial, Gama, qui-quadrado (χ^2), t de *Student* e F de Snedecor.

5.4.1. Distribuição uniforme

A **distribuição uniforme** é a mais simples para variáveis aleatórias contínuas, sendo utilizada para modelar a ocorrência de eventos cuja probabilidade é constante em intervalos de mesma amplitude.

Uma variável aleatória X tem distribuição uniforme no intervalo $[a, b]$, denotada por $X \sim U[a, b]$, se sua função densidade de probabilidade for dada por:

$$f(x) = \begin{cases} 1/(b-a), & \text{se } a \le x \le b \\ 0 & , \text{ caso contrário} \end{cases} \tag{5.47}$$

que pode ser representada graficamente, como mostra a Figura 5.11.

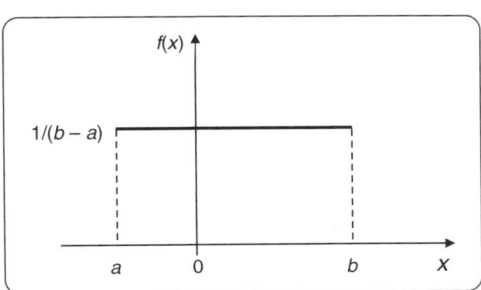

Figura 5.11 Distribuição uniforme no intervalo $[a, b]$.

A esperança de X é calculada pela expressão:

$$E(X) = \int_a^b x \frac{1}{b-a} dx = \frac{a+b}{2}$$ (5.48)

E a variância de X é:

$$Var(X) = E(X^2) - [E(X)]^2 = \frac{(b-a)^2}{12}$$ (5.49)

Já a função de distribuição acumulada da distribuição uniforme é dada por:

$$F(x) = P(X \le x) = \int_a^x f(x)dx = \int_a^x \frac{1}{b-a} dx = \begin{cases} 0 & , \text{ se } x < a \\ \frac{x-a}{b-a} & , \text{ se } a \le x < b \\ 1 & , \text{ se } x \ge b \end{cases}$$ (5.50)

■ **EXEMPLO 13**

A variável aleatória X representa o tempo de utilização dos caixas eletrônicos de um banco (em minutos) e segue uma distribuição uniforme no intervalo [1, 5]. Determine:

a) $P(X < 2)$
b) $P(X > 3)$
c) $P(3 < X < 4)$
d) $E(X)$
e) $Var(X)$

■ **SOLUÇÃO**

a) $P(X < 2) = F(2) = (2 - 1)/(5 - 1) = 1/4$

b) $P(X > 3) = 1 - P(X < 3) = 1 - F(3) = 1 - (3 - 1)/(5 - 1) = 1/2$

c) $P(3 < X < 4) = F(4) - F(3) = (4 - 1)/(5 - 1) - (3 - 1)/(5 - 1) = 1/4$

d) $E(X) = \frac{(1+5)}{2} = 3$

e) $Var(X) = \frac{(5-1)^2}{12} = \frac{4}{3}$

5.4.2. Distribuição normal

A **distribuição normal**, também conhecida como **distribuição Gaussiana**, é a distribuição de probabilidade mais utilizada e importante, pois permite modelar uma infinidade de fenômenos naturais, estudos do comportamento humano, processos industriais, entre outros, além de possibilitar o uso de aproximações para o cálculo de probabilidades de muitas variáveis aleatórias.

Uma variável aleatória X com média $\mu \in \Re$ e desvio-padrão $\sigma > 0$ tem distribuição normal ou Gaussiana, denotada por $X \sim N(\mu, \sigma^2)$, se a sua função densidade de probabilidade for dada por:

$$f(x) = \frac{1}{\sigma \cdot \sqrt{2\pi}} \cdot e^{-\frac{(x-\mu)^2}{2 \cdot \sigma^2}}, \quad -\infty \le x \le +\infty$$ (5.51)

cuja representação gráfica está ilustrada na Figura 5.12.

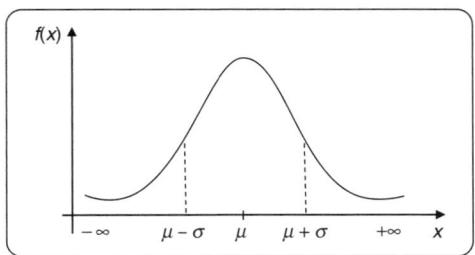

Figura 5.12 Distribuição normal.

A Figura 5.13 mostra a área sob a curva normal em função do número de desvios-padrão.

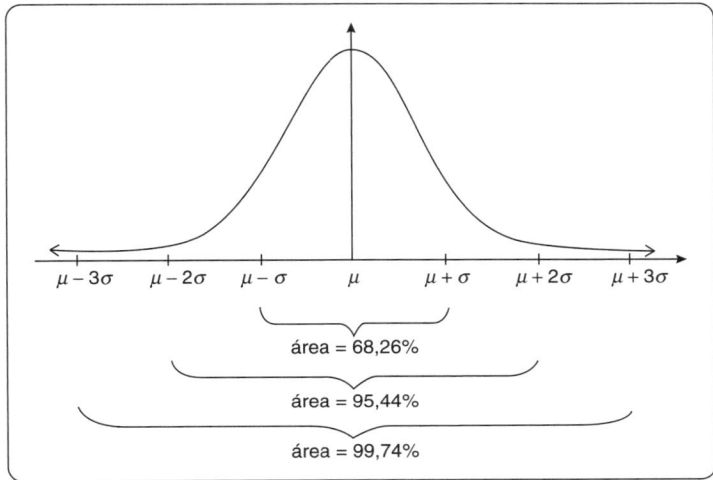

Figura 5.13 Área sob a curva normal.

A partir da Figura 5.13, podemos observar que a curva tem formato de sino e é simétrica em torno do parâmetro μ, e quanto menor o parâmetro σ, mais concentrada é a curva em torno de μ.

Na distribuição normal, a média de X é, portanto:

$$E(X) = \mu \tag{5.52}$$

E a variância de X é:

$$Var(X) = \sigma^2 \tag{5.53}$$

Para obtermos, a partir da distribuição normal, a **distribuição normal padrão** ou **distribuição normal reduzida**, a variável original X é transformada em uma nova variável aleatória Z, com média zero ($\mu = 0$) e variância 1 ($\sigma^2 = 1$):

$$Z = \frac{X - \mu}{\sigma} \sim N(0, 1) \tag{5.54}$$

O *score* Z representa o número de desvios-padrão que separa uma variável aleatória X da média.

Esse tipo de transformação, conhecida por ***Zscores***, é muito utilizada para a padronização de variáveis, pois não altera a forma da distribuição da variável original e gera uma nova variável com média zero e variância 1. Dessa forma, quando muitas variáveis com diferentes métricas ou ordens de grandeza estiverem sendo utilizadas em determinada modelagem, o processo de padronização *Zscores* fará com que todas as novas variáveis padronizadas apresentem média zero e variância 1, o que propicia, por exemplo, o cálculo de medidas de distância entre observações, conforme estudaremos no Capítulo 9.

A função densidade de probabilidade da variável aleatória Z reduz-se a:

$$f(z) = \frac{1}{\sqrt{2\pi}} \cdot e^{-\frac{z^2}{2}}, \quad -\infty \leq z \leq +\infty \tag{5.55}$$

cuja representação gráfica está ilustrada na Figura 5.14.

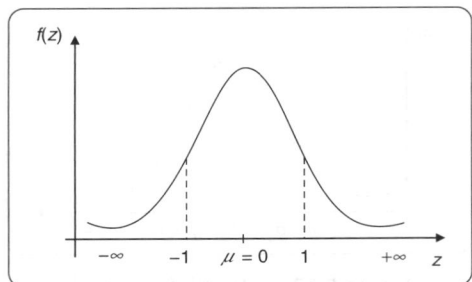

Figura 5.14 Distribuição normal padrão.

A função de distribuição acumulada $F(x_c)$ de uma variável aleatória X com distribuição normal é obtida integrando-se a expressão (5.51) de $-\infty$ até x_c, isto é:

$$F(x_c) = P(X \leq x_c) = \int_{-\infty}^{x_c} f(x)dx \tag{5.56}$$

A integral na expressão (5.56) corresponde à área, sob $f(x)$, de $-\infty$ a x_c, como mostra a Figura 5.15.

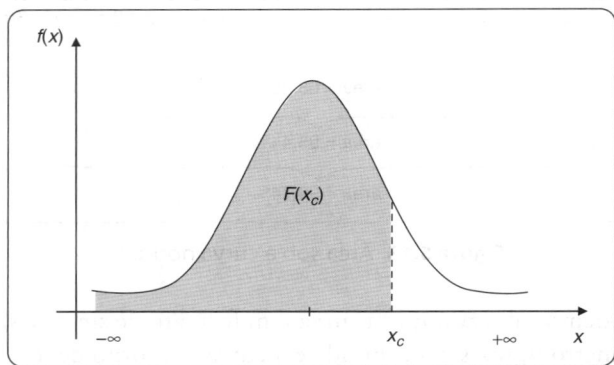

Figura 5.15 Representação gráfica de $P(X \leq x_c)$ para uma variável aleatória com distribuição normal.

No caso específico da distribuição normal padrão, a função de distribuição acumulada é:

$$F(z_c) = P(Z \leq z_c) = \int_{-\infty}^{z_c} f(z)dz = \frac{1}{\sqrt{2\pi}} \int_{-\infty}^{z_c} e^{-\frac{z^2}{2}}dz \tag{5.57}$$

Para uma variável aleatória Z com distribuição normal padrão, suponhamos agora que o objetivo seja calcular $P(Z > z_c)$. Temos que:

$$P(Z > z_c) = \int_{z_c}^{\infty} f(z)dz = \frac{1}{\sqrt{2\pi}} \int_{z_c}^{\infty} e^{-\frac{z^2}{2}}dz \tag{5.58}$$

A Figura 5.16 representa essa probabilidade.

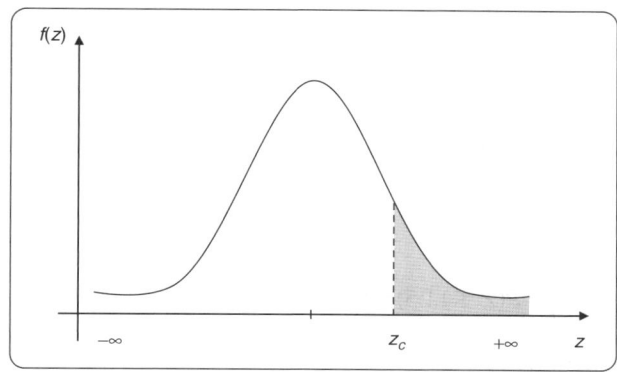

Figura 5.16 Representação gráfica de $P(Z > z_c)$ para uma variável aleatória com distribuição normal padrão.

A Tabela E do apêndice do livro fornece o valor de $P(Z > z_c)$, ou seja, a probabilidade acumulada de z_c a $+ \infty$ (área em cinza sob a curva normal padrão).

Aproximação da distribuição binomial pela normal

Seja X uma variável aleatória que apresenta distribuição binomial com parâmetros n e p, denotada por $X \sim$ b (n, p). À medida que o número médio de sucessos e o número médio de fracassos tende ao infinito ($n \cdot p \to \infty$ e $n \cdot (1 - p) \to \infty$), a distribuição binomial aproxima-se de uma normal com média $\mu = n \cdot p$ e variância $\sigma^2 = n \cdot p \cdot (1 - p)$:

$$X \sim \text{b}(n, p) \approx X \sim \text{N}(\mu, \sigma^2), \qquad \text{com } \mu = n \cdot p \text{ e } \sigma^2 = n \cdot p \cdot (1 - p)$$

Alguns autores admitem que a aproximação da binomial pela normal é adequada quando $n \cdot p > 5$ e $n \cdot (1 - p) > 5$, ou ainda quando $n \cdot p \cdot (1 - p) \geq 3$. Uma regra ainda mais conservadora exige que $n \cdot p > 10$ e $n \cdot (1 - p) > 10$.

Porém, como se trata de uma aproximação discreta a partir de uma contínua, recomenda-se maior precisão, por meio da correção de continuidade, que consiste em transformar, por exemplo, $P(X = x)$ no intervalo $P(x - 0,5 < X < x + 0,5)$.

Aproximação da distribuição Poisson pela normal

Analogamente à distribuição binomial, a distribuição Poisson também pode ser aproximada por uma normal. Seja X uma variável aleatória que apresenta distribuição Poisson com parâmetro λ, denotada por $X \sim \text{Poisson}(\lambda)$. À medida que $\lambda \to \infty$, a distribuição Poisson aproxima-se de uma normal com média $\mu = \lambda$ e variância $\sigma^2 = \lambda$:

$$X \sim \text{Poisson}(\lambda) \approx X \sim \text{N}(\mu, \sigma^2), \quad \text{com} \quad \mu = \lambda \quad \text{e} \quad \sigma^2 = \lambda$$

Em geral, admite-se que a aproximação da distribuição Poisson pela normal é adequada quando $\lambda > 10$. Novamente, recomenda-se utilizar a correção de continuidade $x - 0,5$ e $x + 0,5$.

■ EXEMPLO 14

Sabe-se que a espessura média dos abrigos para mangueira produzidos em uma fábrica (X) segue uma distribuição normal com média 3 mm e desvio-padrão 0,4 mm. Determine:

a) $P(X > 4,1)$
b) $P(X > 3)$
c) $P(X \leq 3)$
d) $P(X \leq 3,5)$
e) $P(X < 2,3)$
f) $P(2 \leq X \leq 3,8)$

■ SOLUÇÃO

As probabilidades serão calculadas com base na Tabela E do apêndice do livro, que fornece o valor de $P(Z > z_c)$:

a) $P(X > 4,1) = P\left(Z > \dfrac{4,1-3}{0,4}\right) = P(Z > 2,75) = 0,0030$

b) $P(X > 3) = P\left(Z > \dfrac{3-3}{0,4}\right) = P(Z > 0) = 0,5$

c) $P(X \leq 3) = P(Z \leq 0) = 0,5$

d) $P(X \leq 3,5) = P\left(Z \leq \dfrac{3,5-3}{0,4}\right) = P(Z \leq 1,25) = 1 - P(Z > 1,25)$

$= 1 - 0,1056 = 0,8944$

e) $P(X < 2,3) = P\left(Z < \dfrac{2,3-3}{0,4}\right) = P(Z < -1,75) = P(Z > 1,75) = 0,04$

f) $P(2 \leq X \leq 3,8) = P\left(\dfrac{2-3}{0,4} \leq Z \leq \dfrac{3,8-3}{0,4}\right) = P(-2,5 \leq Z \leq 2)$

$= P(Z \leq 2) - P(Z < -2,5) = [1 - P(Z > 2)] - P(Z > 2,5) =$

$= [1 - 0,0228] - 0,0062 = 0,971$

5.4.3. Distribuição exponencial

Outra distribuição importante e com aplicações em confiabilidade de sistemas e teoria das filas é a **exponencial**. Tem como principal característica a propriedade de não possuir memória, isto é, o tempo de vida futuro (*t*) de determinado objeto tem a mesma distribuição, independente do seu tempo de vida passada (*s*), para quaisquer *s*, *t* > 0, conforme mostra a expressão (5.38), reproduzida novamente a seguir:

$$P(X > s + t \mid X > s) = P(X > t)$$

Uma variável aleatória contínua X tem distribuição exponencial com parâmetro $\lambda > 0$, denotada por $X \sim \exp(\lambda)$, se sua função densidade de probabilidade for dada por:

$$f(x) = \begin{cases} \lambda \cdot e^{-\lambda \cdot x} & \text{, se } x \geq 0 \\ 0 & \text{, se } x < 0 \end{cases} \tag{5.59}$$

A Figura 5.17 representa a função densidade de probabilidade da distribuição exponencial para parâmetros $\lambda = 0,5$, $\lambda = 1$ e $\lambda = 2$.

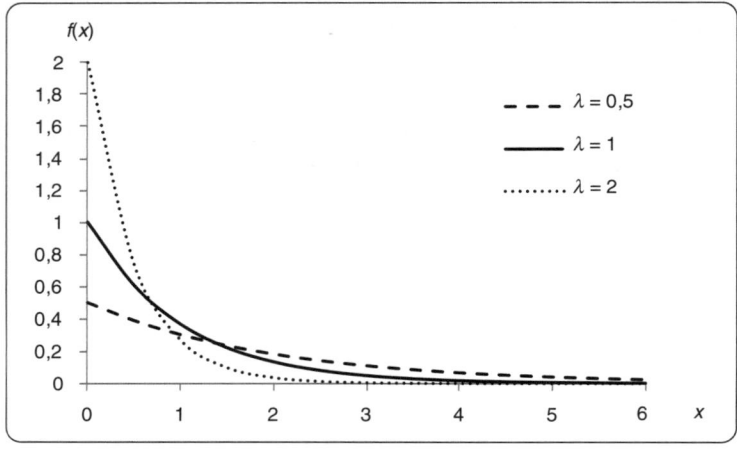

Figura 5.17 Distribuição exponencial para $\lambda = 0,5$, $\lambda = 1$ e $\lambda = 2$.

Podemos notar que a distribuição exponencial é assimétrica positiva (à direita), observando maior frequência para valores menores de x e uma cauda mais longa à direita. A função de densidade assume valor λ quando $x = 0$, e tende a zero à medida que $x \to \infty$; quanto maior o valor de λ, mais rapidamente a função tende a zero.

Na distribuição exponencial, a média de X é:

$$E(X) = \frac{1}{\lambda} \tag{5.60}$$

a variância de X é:

$$Var(X) = \frac{1}{\lambda^2} \tag{5.61}$$

E a função de distribuição acumulada $F(x)$ é dada por:

$$F(x) = P(X \leq x) = \int_0^x f(x)dx = \begin{cases} 1 - e^{-\lambda \cdot x} & , \text{ se } x \geq 0 \\ 0 & , \text{ se } x < 0 \end{cases} \tag{5.62}$$

de onde podemos concluir que:

$$P(X > x) = e^{-\lambda \cdot x} \tag{5.63}$$

Em confiabilidade de sistemas, a variável aleatória X representa a **duração de vida**, isto é, o tempo em que um componente ou sistema mantém a sua capacidade de trabalho, fora do intervalo de reparos e acima de um limite especificado (rendimento, pressão, entre outros exemplos). Já o parâmetro λ representa a **taxa de falha**, ou seja, a quantidade de componentes ou sistemas que falham em um intervalo de tempo estabelecido:

$$\lambda = \frac{\text{número de falhas}}{\text{tempo de operação}} \tag{5.64}$$

As principais medidas de confiabilidade são: a) Tempo médio para falhar (MTTF – *Mean Time to Failure*) e b) Tempo médio entre falhas (MTBF – *Mean Time Between Failures*). Matematicamente, MTTF e MTBF são iguais à média da distribuição exponencial e representam o tempo médio de vida. Assim, a taxa de falha também pode ser calculada como:

$$\lambda = \frac{1}{\text{MTTF} \cdot \text{MTBF}} \tag{5.65}$$

Em teoria das filas, a variável aleatória X representa o tempo médio de espera até a próxima chegada (tempo médio entre duas chegadas de clientes). Já o parâmetro λ representa a **taxa média de chegadas**, ou seja, o número esperado de chegadas por unidade de tempo.

Relação entre a distribuição Poisson e a exponencial

Se o número de ocorrências de um processo de contagens segue a distribuição Poisson (λ), então as variáveis aleatórias *tempo até a primeira ocorrência* e *tempo entre quaisquer ocorrências sucessivas* do processo referido têm distribuição exp(λ).

■ **EXEMPLO 15**

O tempo de vida útil de um componente eletrônico segue uma distribuição exponencial com vida média de 120 horas. Determine:

a) Probabilidade de um componente falhar nas primeiras 100 horas de funcionamento.

b) Probabilidade de um componente durar mais do que 150 horas.

■ **SOLUÇÃO**

Seja $\lambda = 1/120$ e $X \sim$ exp($1/120$). Logo:

a) $P(X \leq 100) = \int_0^{100} 120 \cdot e^{-\frac{x}{120}} dx = -\frac{120 \cdot e^{-\frac{x}{120}}}{120} \Bigg|_0^{100} = -e^{-\frac{x}{120}} \Bigg|_0^{100} = -e^{-\frac{100}{120}} + 1 = 0{,}5654$

b) $P(X > 150) = \int_{150}^{\infty} 120 \cdot e^{-\frac{x}{120}} dx = -\frac{120 \cdot e^{-\frac{x}{120}}}{120} \Bigg|_{150}^{\infty} = -e^{-\frac{x}{120}} \Bigg|_{150}^{\infty} = e^{-\frac{150}{120}} = 0{,}2865$

5.4.4. Distribuição Gama

A **distribuição Gama** é uma das mais gerais, de modo que outras distribuições, como a Erlang, exponencial e qui-quadrado (χ^2) são casos particulares. Assim como a distribuição exponencial, é também muito utilizada em confiabilidade de sistemas. A distribuição Gama tem também aplicações em fenômenos físicos, processos meteorológicos, teoria de riscos de seguros e teoria econômica.

Uma variável aleatória contínua X tem distribuição Gama com parâmetros $\alpha > 0$ e $\lambda > 0$, denotada por $X \sim \text{Gama}(\alpha, \lambda)$, se sua função densidade de probabilidade for dada por:

$$f(x) = \begin{cases} \dfrac{\lambda^\alpha}{\Gamma(\alpha)} \cdot x^{\alpha-1} \cdot e^{-\lambda \cdot x} & \text{, se } x \geq 0 \\ 0 & \text{, se } x < 0 \end{cases} \tag{5.66}$$

em que $\Gamma(\alpha)$ é a função Gama, dada por:

$$\Gamma(\alpha) = \int_0^{\infty} e^{-x} \cdot x^{\alpha-1} \, dx, \alpha > 0 \tag{5.67}$$

A função densidade de probabilidade Gama, para alguns valores de α e λ, está representada na Figura 5.18.

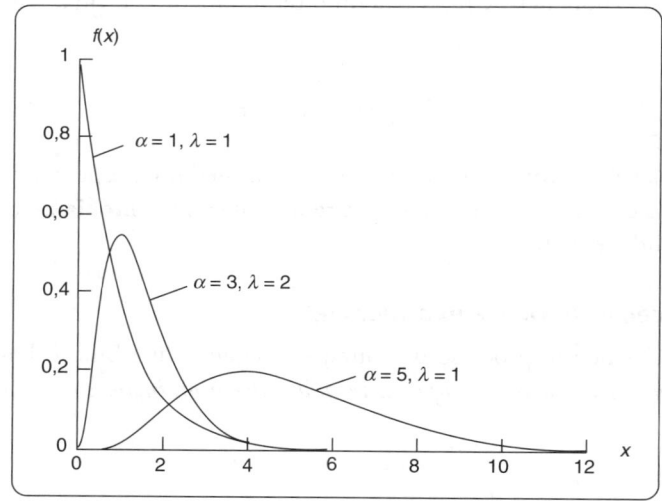

Figura 5.18 Função densidade de probabilidade Gama para alguns valores de α e λ.

Fonte: Navidi (2012).

Podemos notar que a distribuição Gama é assimétrica positiva (à direita), observando maior frequência para valores menores de x e uma cauda mais longa à direita. Porém, à medida que α tende ao infinito, a distribuição torna-se simétrica. Observamos também que quando $\alpha = 1$, a distribuição Gama é igual à exponencial. E ainda, que quanto maior o valor de λ, mais rapidamente a função de densidade tende a zero.

O valor esperado de X pode ser calculado como:

$$E(X) = \alpha \cdot \lambda \tag{5.68}$$

Já a variância de X é dada por:

$$Var(X) = \alpha \cdot \lambda^2 \tag{5.69}$$

E a função de distribuição acumulada é:

$$F(x) = P(X \leq x) = \int_0^x f(x)dx = \frac{\lambda^\alpha}{\Gamma(\alpha)} \int_0^x x^{\alpha-1} \cdot e^{-\lambda x} dx \tag{5.70}$$

Casos particulares da distribuição Gama

Uma distribuição Gama com parâmetro α inteiro positivo é denominada **distribuição Erlang**, de modo que:

$$\text{Se } \alpha \text{ for inteiro positivo} \Rightarrow X \sim \text{Gama}(\alpha,\lambda) \equiv X \sim \text{Erlang}(\alpha,\lambda)$$

Conforme mencionado, uma distribuição Gama com parâmetro $\alpha = 1$ é denominada **distribuição exponencial**:

$$\text{Se } \alpha = 1 \Rightarrow X \sim \text{Gama}(\alpha,\lambda) \equiv X \sim \exp(\lambda)$$

Ou, ainda, uma distribuição Gama com parâmetro $\alpha = n/2$ e $\lambda = 1/2$ é denominada **distribuição qui-quadrado com ν graus de liberdade**:

$$\text{Se } \alpha = n/2, \lambda = 1/2 \Rightarrow X \sim \text{Gama}(n/2, 1/2) \equiv X \sim \chi^2_{\nu=n}$$

Relação entre a distribuição Poisson e a Gama

Na distribuição Poisson, busca-se determinar o número de ocorrências de um evento no período fixado. Já a distribuição Gama determina o tempo necessário para a obtenção de um número especificado de ocorrências do evento.

5.4.5. Distribuição qui-quadrado

Uma variável aleatória contínua X tem **distribuição qui-quadrado** com ν graus de liberdade, denotada por $X \sim \chi^2_\nu$, se sua função densidade de probabilidade for dada por:

$$f(x) = \begin{cases} \dfrac{1}{2^{\nu/2} \cdot \Gamma(\nu/2)} \cdot x^{(\nu/2)-1} \cdot e^{-x/2}, & x > 0 \\ 0 & , \quad x < 0 \end{cases} \tag{5.71}$$

em que $\Gamma(\alpha) = \int_0^\infty e^{-x} \cdot x^{\alpha-1} dx$

A distribuição χ^2 pode ser simulada a partir da distribuição normal. Consideremos $Z_1, Z_2, ..., Z_\nu$ variáveis aleatórias independentes com distribuição normal padrão (média zero e desvio-padrão 1). Então, a soma dos quadrados das ν variáveis aleatórias será uma distribuição qui-quadrado com ν graus de liberdade:

$$\chi^2_\nu = Z_1^2 + Z_2^2 + ... + Z_\nu^2 \tag{5.72}$$

Esta distribuição apresenta uma curva assimétrica positiva, e sua representação gráfica, para diferentes valores de ν, está ilustrada na Figura 5.19.

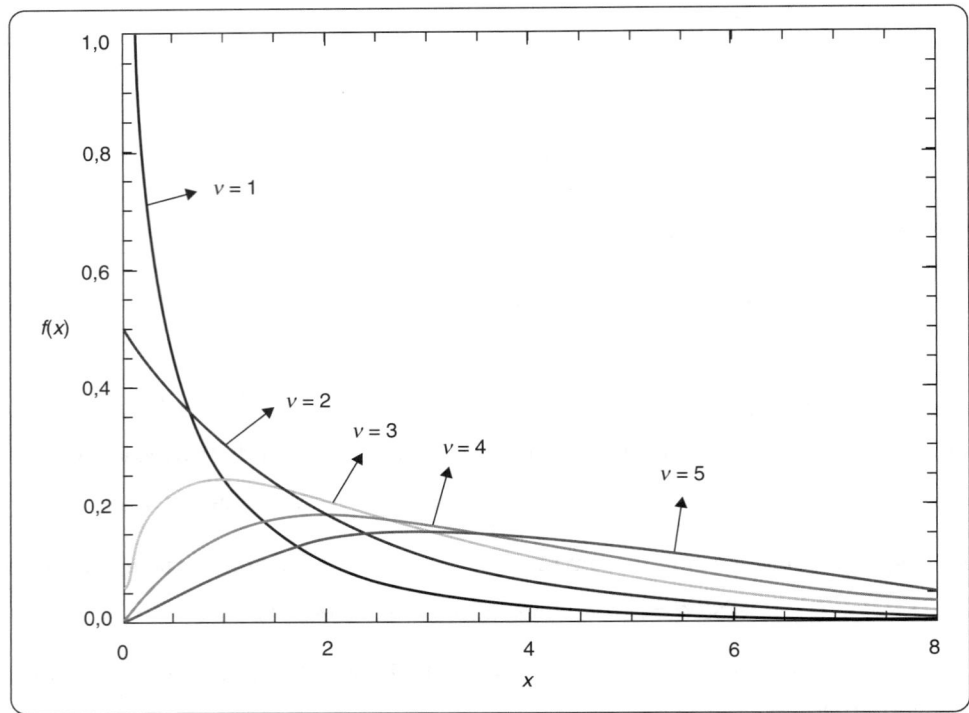

Figura 5.19 Distribuição χ^2 para diferentes valores de ν.

Como a distribuição χ^2 é proveniente da soma dos quadrados de ν variáveis aleatórias que apresentam distribuição normal com média zero e variância 1, para valores elevados de ν, a distribuição χ^2 aproxima-se de uma distribuição normal padrão, como pode ser observado a partir da Figura 5.19 (Fávero *et al.*, 2009). Podemos notar também que a distribuição χ^2 com 2 graus de liberdade equivale a uma distribuição exponencial com $\lambda = 1/2$.

O valor esperado de X pode ser calculado como:

$$E(X) = \nu \qquad (5.73)$$

Já a variância de X é dada por:

$$Var(X) = 2 \cdot \nu \qquad (5.74)$$

E a função de distribuição acumulada é:

$$F(x_c) = P(X \le x_c) = \int_{-\infty}^{x_c} f(x)dx = \frac{\gamma\left(\nu/2, x_c/2\right)}{\Gamma(\nu/2)} \qquad (5.75)$$

em que $\gamma(a,x_c) = \int_0^{x_c} x^{a-1} \cdot e^{-x} dx$

Se o objetivo for calcular $P(X > x_c)$, temos que:

$$P(X > x_c) = \int_{x_c}^{\infty} f(x)dx \qquad (5.76)$$

que pode ser representada por meio da Figura 5.20.

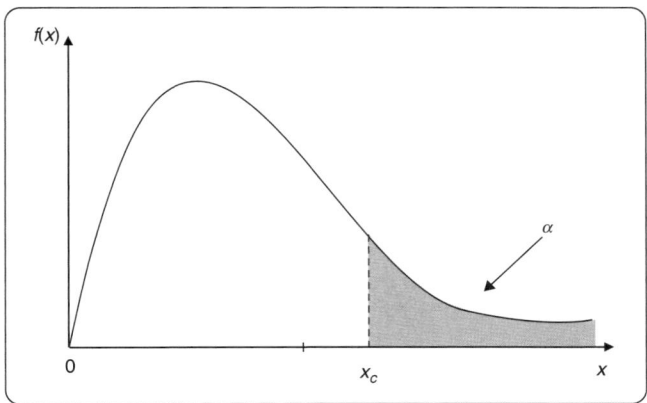

Figura 5.20 Representação gráfica da $P(X > x_c)$ para uma variável aleatória com distribuição χ^2.

A distribuição χ^2 possui diversas aplicações em inferência estatística. Devido à sua importância, a distribuição χ^2 está tabulada para diferentes valores do parâmetro ν (Tabela D do apêndice do livro). Essa tabela fornece os valores críticos de x_c tal que $P(X > x_c) = \alpha$; em outras palavras, podemos obter o cálculo das probabilidades e da função densidade de probabilidade acumulada para diferentes valores de x da variável aleatória X.

■ **EXEMPLO 16**

Suponha que a variável aleatória X siga uma distribuição qui-quadrado (χ^2) com 13 graus de liberdade. Determine:

a) $P(X > 5)$
b) O valor x tal que $P(X \leq x) = 0,95$
c) O valor x tal que $P(X > x) = 0,95$

■ **SOLUÇÃO**

Por meio da tabela de distribuição χ^2 (Tabela D do apêndice do livro), para $\nu = 13$, temos que:

a) $P(X > 5) = 97,5\%$
b) 22,362
c) 5,892

5.4.6. Distribuição *t* de *Student*

A **distribuição *t* de *Student*** foi desenvolvida por William Sealy Gosset e é uma das principais distribuições de probabilidades, com inúmeras aplicações em inferência estatística.

Vamos supor uma variável aleatória Z que tenha distribuição normal com média zero e desvio-padrão 1, e uma variável aleatória X com distribuição qui-quadrado com ν graus de liberdade, de modo que Z e X sejam independentes. Uma variável aleatória contínua T pode então ser definida como:

$$T = \frac{Z}{\sqrt{X/\nu}} \tag{5.77}$$

Podemos dizer que a variável T possui distribuição t de *Student* com ν graus de liberdade, denotada por $T \sim t_\nu$ se sua função densidade de probabilidade for dada por:

$$f(t) = \frac{\Gamma\left(\dfrac{\nu+1}{2}\right)}{\Gamma\left(\dfrac{\nu}{2}\right) \cdot \sqrt{\pi \nu}} \cdot \left(1 + \frac{t^2}{\nu}\right)^{-\frac{\nu+1}{2}}, \; -\infty < t < \infty \tag{5.78}$$

em que $\Gamma(\alpha) = \int_0^\infty e^{-x} \cdot x^{\alpha-1} dx$

A Figura 5.21 exibe o comportamento da função densidade de probabilidade da distribuição *t* de *Student* para diferentes graus de liberdade ν, em comparação com a distribuição normal padrão.

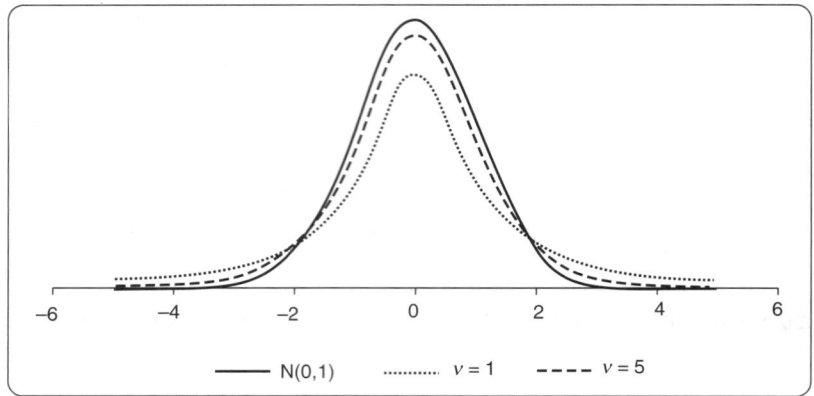

Figura 5.21 Função densidade de probabilidade da distribuição *t* de *Student* para diferentes valores de ν e comparação com a distribuição normal padrão.

Podemos notar que a distribuição *t* de *Student* é simétrica em torno da média, com formato de sino, e assemelha-se a uma distribuição normal padrão, porém, com caudas mais largas, podendo gerar valores mais extremos que aqueles presentes em uma distribuição normal.

O parâmetro ν (número de graus de liberdade) define e caracteriza a forma da distribuição *t* de *Student*; quanto maior for o valor de ν, mais a distribuição *t* de *Student* se aproxima de uma normal padrão.

O valor esperado de *T* é dado por:

$$E(T) = 0 \tag{5.79}$$

Já a variância de *T* pode ser calculada como:

$$Var(T) = \frac{\nu}{\nu - 2} \quad , \nu > 2 \tag{5.80}$$

E a função de distribuição acumulada é dada por:

$$F(t_c) = P(T \leq t_c) = \int_{-\infty}^{t_c} f(t)dt \tag{5.81}$$

Se o objetivo for calcular $P(T > t_c)$, temos que:

$$P(T > t_c) = \int_{t_c}^{\infty} f(t)dt \tag{5.82}$$

conforme mostra a Figura 5.22.

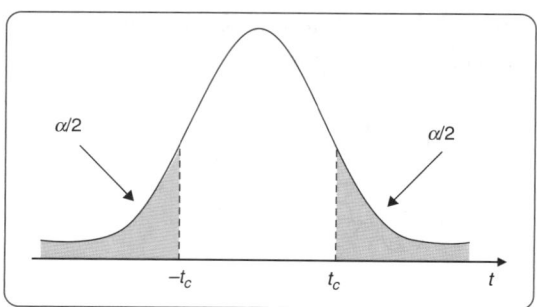

Figura 5.22 Representação gráfica da distribuição *t* de *Student*.

Assim como as distribuições normal e qui-quadrado (χ^2), a distribuição t de *Student* tem inúmeras aplicações em inferência estatística, de modo que existe uma tabela para obtenção das probabilidades, em função de diferentes valores do parâmetro ν (Tabela B do apêndice do livro). Essa tabela fornece os valores críticos de t_c tal que $P(T > t_c) = \alpha$; em outras palavras, podemos obter o cálculo das probabilidades e da função densidade de probabilidade acumulada para diferentes valores de t da variável aleatória T.

Faremos uso da distribuição t de *Student* quando estudarmos os modelos de regressão simples e múltipla (Capítulo 12).

■ EXEMPLO 17

Suponha que a variável aleatória T segue uma distribuição t de *Student* com 7 graus de liberdade. Determine, por meio da Tabela B do apêndice:

a) $P(T > 3,5)$
b) $P(T < 3)$
c) $P(T < -0,711)$
d) O valor t tal que $P(T \leq t) = 0,95$
e) O valor t tal que $P(T > t) = 0,10$

■ SOLUÇÃO

a) 0,5%
b) 99%
c) 25%
d) 1,895
e) 1,415

5.4.7. Distribuição *F* de Snedecor

A **distribuição *F* de Snedecor**, também conhecida como **distribuição de Fisher**, é frequentemente utilizada em testes associados à análise de variância (ANOVA), para comparação de médias de mais de duas populações.

Consideremos as variáveis aleatórias contínuas Y_1 e Y_2, de modo que:

- Y_1 e Y_2 são independentes;
- Y_1 tem distribuição qui-quadrado com ν_1 graus de liberdade, denotada por $Y_1 \sim \chi^2_{\nu_1}$;
- Y_2 tem distribuição qui-quadrado com ν_2 graus de liberdade, denotada por $Y_2 \sim \chi^2_{\nu_2}$.

Definiremos uma nova variável aleatória contínua X tal que:

$$X = \frac{Y_1 / \nu_1}{Y_2 / \nu_2} \tag{5.83}$$

Então, dizemos que X tem uma distribuição F de Snedecor com ν_1 e ν_2 graus de liberdade, denotada por $X \sim F_{\nu_1, \nu_2}$, se sua função densidade de probabilidade for dada por:

$$f(x) = \frac{\Gamma\left(\dfrac{\nu_1 + \nu_2}{2}\right) \cdot \left(\dfrac{\nu_1}{\nu_2}\right)^{\nu_1/2} \cdot x^{(\nu_1/2)-1}}{\Gamma\left(\dfrac{\nu_1}{2}\right) \cdot \Gamma\left(\dfrac{\nu_2}{2}\right) \cdot \left[\left(\dfrac{\nu_1}{\nu_2}\right) \cdot x + 1\right]^{(\nu_1 + \nu_2)/2}}, \quad x > 0 \tag{5.84}$$

em que $\Gamma(\alpha) = \displaystyle\int_0^\infty e^{-x} \cdot x^{\alpha-1} dx$

A Figura 5.23 exibe o comportamento da função densidade de probabilidade da distribuição F de Snedecor para diferentes valores de ν_1 e ν_2.

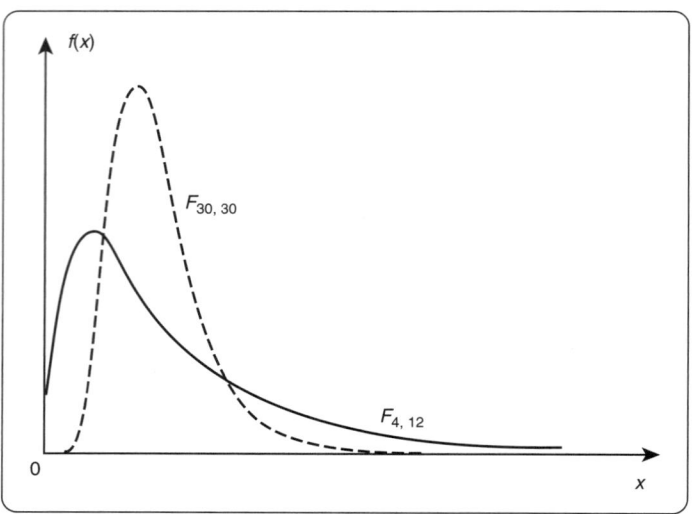

Figura 5.23 Função densidade de probabilidade para $F_{4,12}$ e $F_{30,30}$.

Podemos notar que a distribuição F de Snedecor é assimétrica positiva (à direita), observando maior frequência para valores menores de x e uma cauda mais longa à direita. Porém, à medida que v_1 e v_2 tendem ao infinito, a distribuição torna-se simétrica.

O valor esperado de X é calculado como:

$$E(X)=\frac{v_2}{v_2-2}, \qquad \text{para } v_2 > 2 \tag{5.85}$$

Já a variância de X é dada por:

$$Var(X)=\frac{2\cdot v_2^2\cdot(v_1+v_2-2)}{v_1\cdot(v_2-4)\cdot(v_2-2)^2}, \qquad \text{para } v_2 > 4 \tag{5.86}$$

Assim como as distribuições normal, qui-quadrado (χ^2) e t de *Student*, a distribuição F de Snedecor apresenta diversas aplicações em inferência estatística, de modo que existe uma tabela para obtenção das probabilidades e da função de distribuição acumulada, em função de diferentes valores dos parâmetros v_1 e v_2 (Tabela A do apêndice do livro). Essa tabela fornece os valores críticos de F_c tal que $P(X > F_c) = \alpha$.

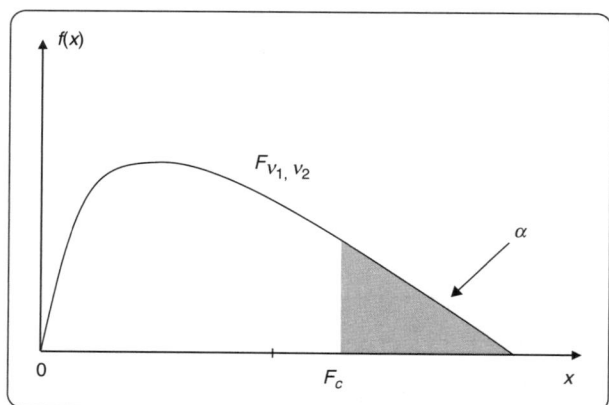

Figura 5.24 Valores críticos da distribuição F de Snedecor.

Usaremos a distribuição F de Snedecor quando estudarmos os modelos de regressão simples e múltipla (Capítulo 12).

Relação entre a distribuição *t* de *Student* e *F* de Snedecor

Consideremos uma variável aleatória T com distribuição t de *Student* com v graus de liberdade. Então, o quadrado da variável T tem distribuição F de Snedecor com $v_1 = 1$ e v_2 graus de liberdade, como demonstram Fávero *et al.* (2009). Assim:

Se $T \sim t_v$, então $T^2 \sim F_{1, v2}$

■ EXEMPLO 18

Suponha que a variável aleatória X siga uma distribuição F de Snedecor com $v_1 = 6$ graus de liberdade no numerador e $v_2 = 12$ graus de liberdade no denominador, isto é, $X \sim F_{6,12}$. Determine:

a) $P(X > 3)$
b) $F_{6,12}$ com $\alpha = 10\%$
c) O valor x tal que $P(X \leq x) = 0{,}975$

■ SOLUÇÃO

Por meio da tabela de distribuição F de Snedecor (Tabela A do apêndice do livro), para $v_1 = 6$ e $v_2 = 12$, temos que:

a) $P(X > 3) = 5\%$
b) $2{,}33$
c) $3{,}73$

O Quadro 5.2 apresenta o resumo das distribuições contínuas estudadas nesta seção, incluindo o cálculo da função de probabilidade da variável aleatória, os parâmetros da distribuição e o cálculo do valor esperado e da variância de X.

Quadro 5.2 Distribuições para variáveis contínuas.

Distribuição	Função de Probabilidade – $P(X)$	Parâmetros	$E(X)$	$Var(X)$
Uniforme	$\dfrac{1}{b-a}, a \leq x \leq b$	a, b	$\dfrac{a+b}{2}$	$\dfrac{(b-a)^2}{12}$
Normal	$\dfrac{1}{\sigma \cdot \sqrt{2\pi}} \cdot e^{\frac{(x-\mu)^2}{2\sigma^2}}, -\infty \leq x \leq +\infty$	μ, σ	μ	σ^2
Exponencial	$\lambda \cdot e^{-\lambda x}, x \geq 0$	λ	$\dfrac{1}{\lambda}$	$\dfrac{1}{\lambda^2}$
Gama	$\dfrac{\lambda^\alpha}{\Gamma(\alpha)} \cdot x^{\alpha-1} \cdot e^{-\lambda x}, x \geq 0$	α, λ	$\alpha \cdot \lambda$	$\alpha \cdot \lambda^2$
Qui-quadrado (χ^2)	$\dfrac{1}{2^{v/2} \cdot \Gamma(v/2)} \cdot x^{(v/2)-1} \cdot e^{-x/2}, x > 0$	v	v	$2 \cdot v$
t de *Student*	$\dfrac{\Gamma\left(\dfrac{v+1}{2}\right)}{\Gamma\left(\dfrac{v}{2}\right) \cdot \sqrt{\pi v}} \cdot \left(1 + \dfrac{t^2}{v}\right)^{-\frac{v+1}{2}}, -\infty < t < \infty$	v	0	$\dfrac{v}{v-2}$
F de Snedecor	$\dfrac{\Gamma\left(\dfrac{v_1+v_2}{2}\right) \cdot \left(\dfrac{v_1}{v_2}\right)^{v_1/2} \cdot x^{(v_1/2)-1}}{\Gamma\left(\dfrac{v_1}{2}\right) \cdot \Gamma\left(\dfrac{v_2}{2}\right) \cdot \left[\left(\dfrac{v_1}{v_2}\right) \cdot x + 1\right]^{(v_1+v_2)/2}}$, $x > 0$	v_1, v_2	$\dfrac{v_2}{v_2-2}$	$\dfrac{2 \cdot v_2^2 \cdot (v_1 + v_2 - 2)}{v_1 \cdot (v_2 - 4) \cdot (v_2 - 2)}$

5.5. CONSIDERAÇÕES FINAIS

Este capítulo apresentou as principais distribuições de probabilidades utilizadas em inferência estatística, incluindo as distribuições para variáveis aleatórias discretas (uniforme discreta, Bernoulli, binomial, geométrica, binomial negativa, hipergeométrica e Poisson) e para variáveis aleatórias contínuas (uniforme, normal, exponencial, Gama, qui-quadrado (χ^2), t de *Student* e F de Snedecor).

Na caracterização das distribuições de probabilidades, é de grande importância a utilização de medidas que indiquem aspectos relevantes da distribuição, como medidas de posição (média, mediana e moda), medidas de dispersão (variância e desvio-padrão) e medidas de assimetria e curtose.

O entendimento dos conceitos relativos à probabilidade e distribuições de probabilidades auxilia o pesquisador no estudo de tópicos sobre inferência estatística, incluindo testes de hipóteses paramétricos e não paramétricos, análise multivariada por técnicas exploratórias e estimação de modelos de regressão, conforme estudaremos ao longo deste livro.

5.6. EXERCÍCIOS

1) Em uma linha de produção de calçados, a probabilidade de que uma peça defeituosa seja produzida é de 2%. Para um lote de 150 peças, determine a probabilidade de que, no máximo, duas peças sejam defeituosas. Calcule também a média e a variância.

2) A probabilidade de que um aluno resolva determinado problema é de 12%. Se 10 alunos são selecionados ao acaso, qual a probabilidade de que exatamente um deles tenha sucesso?

3) Um vendedor de telemarketing vende um produto a cada 8 clientes contatados. O vendedor prepara uma lista de clientes. Determine a probabilidade de que o primeiro produto seja vendido na quinta ligação, além do valor esperado das vendas e a respectiva variância.

4) A probabilidade de acerto de um jogador em uma cobrança de pênalti é de 95%. Determine a probabilidade de que o jogador necessite realizar 33 cobranças para fazer 30 gols, além da média de cobranças.

5) Suponha que, em determinado hospital, 3 pacientes são operados diariamente de cirurgia do estômago, seguindo uma distribuição Poisson. Calcule a probabilidade de que 28 pacientes sejam operados na próxima semana (7 dias úteis).

6) Suponha que determinada variável aleatória X siga uma distribuição normal com $\mu = 8$ e $\sigma^2 = 36$. Determine as seguintes probabilidades:

   a) $P(X \leq 12)$
   b) $P(X < 5)$
   c) $P(X > 2)$
   d) $P(6 < X \leq 11)$

7) Considere a variável aleatória Z com distribuição normal padrão. Determine o valor crítico z_c tal que $P(Z > z_c) = 80\%$.

8) No lançamento de 40 moedas honestas, determine as probabilidades de:

   a) Saírem exatamente 22 caras.
   b) Saírem mais de 25 caras.

   Resolva este exercício aproximando a distribuição pela normal.

9) O tempo até a falha de um dispositivo eletrônico segue uma distribuição exponencial com uma taxa de falha por hora de 0,028. Determine a probabilidade de um dispositivo escolhido ao acaso sobreviver:

   a) 120 horas.
   b) 60 horas.

10) Certo tipo de equipamento segue uma distribuição exponencial com vida média de 180 horas. Determine:

    a) A probabilidade de o equipamento durar mais de 220 horas.

    b) A probabilidade de o equipamento durar, no máximo, 150 horas.

11) A chegada dos pacientes em um laboratório segue uma distribuição exponencial com taxa média de 1,8 paciente por minuto. Determine:

    a) A probabilidade de que a chegada do próximo paciente demore mais de 30 segundos.

    b) A probabilidade de que a chegada do próximo paciente demore, no máximo, 1,5 minuto.

12) O tempo entre as chegadas dos clientes em um restaurante segue uma distribuição exponencial com média de 3 minutos. Determine:

    a) A probabilidade de que mais de 3 clientes cheguem em 6 minutos.

    b) A probabilidade de que o tempo até a chegada do quarto cliente seja inferior a 10 minutos.

13) Uma variável aleatória X possui distribuição qui-quadrado com $\nu = 12$ graus de liberdade. Qual é o valor crítico x_c tal que $P(X > x_c) = 90\%$?

14) Suponha agora que X siga uma distribuição qui-quadrado com $\nu = 16$ graus de liberdade. Determine:

    a) $P(X > 25)$

    b) $P(X \leq 32)$

    c) $P(25 < X \leq 32)$

    d) O valor x tal que $P(X \leq x) = 0,975$

    e) O valor x tal que $P(X > x) = 0,975$

15) Uma variável aleatória T segue uma distribuição t de *Student* com $\nu = 20$ graus de liberdade. Determine:

    a) O valor crítico t_c tal que $P(-t_c < t < t_c) = 95\%$

    b) $E(T)$

    c) $Var(T)$

16) Suponha agora que T siga uma distribuição t de *Student* com $\nu = 14$ graus de liberdade. Determine:

    a) $P(T > 3)$

    b) $P(T \leq 2)$

    c) $P(1,5 < T \leq 2)$

    d) O valor t tal que $P(T \leq t) = 0,90$

    e) O valor t tal que $P(T > t) = 0,025$

17) Considere uma variável aleatória X que segue uma distribuição F de Snedecor com $\nu_1 = 4$ e $\nu_2 = 16$ graus de liberdade, isto é, $X \sim F_{4,16}$. Determine:

    a) $P(X > 3)$

    b) $F_{4,16}$ com $\alpha = 2,5\%$

    c) O valor x tal que $P(X \leq x) = 0,99$

    d) $E(X)$

    e) $Var(X)$

PARTE 1.4

ESTATÍSTICA INFERENCIAL

CAPÍTULO 6

Amostragem

Nossa razão se obscurece ao considerarmos que as inúmeras estrelas fixas que brilham no céu não têm outro fim senão o de iluminar mundos onde reinam o pranto, a dor e, no melhor dos casos, só vinga o aborrecimento; pelo menos a julgar pela amostra que conhecemos.

Arthur Schopenhauer

Ao final deste capítulo, você será capaz de:

Bancos de Dados, Códigos e Projects deste capítulo

- Caracterizar as diferenças entre população e amostra.
- Descrever as principais técnicas de amostragem aleatória e não aleatória, assim como suas vantagens e desvantagens.
- Escolher a técnica de amostragem adequada para o estudo em questão.
- Calcular o tamanho da amostra em função da precisão e do grau de confiança desejado, para cada tipo de amostragem aleatória.

6.1. INTRODUÇÃO

Conforme discutido na Introdução, **população** é o conjunto com todos os indivíduos, objetos ou elementos a serem estudados, que apresentam uma ou mais características em comum. O **censo** é o estudo dos dados relativos a todos os elementos da população.

Segundo Bruni (2011), as populações podem ser finitas ou infinitas. As **populações finitas** são de tamanho limitado, permitindo que seus elementos sejam contados; já as **populações infinitas** são de tamanho ilimitado, não permitindo a contagem dos elementos.

Como exemplos de populações finitas, podemos mencionar a quantidade de empregados em determinada empresa, de associados em um clube, de produtos fabricados em determinado período etc. Quando o número de elementos da população, embora possa ser contado, for muito grande, assumimos que a população é infinita. São exemplos de populações consideradas infinitas a quantidade de habitantes no mundo, de residências existentes no Rio de Janeiro, de pontos em uma reta etc.

Dessa forma, existem situações em que o estudo com todos os elementos da população é impossível ou indesejável, de modo que a alternativa seja extrair um subconjunto da população em análise, denominado **amostra**. A amostra deve ser representativa da população em estudo, daí a importância deste capítulo. A partir das informações colhidas na amostra e utilizando procedimentos estatísticos apropriados, os resultados obtidos podem ser utilizados para generalizar, inferir ou tirar conclusões acerca da população (inferência estatística).

Para Fávero *et al.* (2009) e Bussab e Morettin (2011), raramente é possível obtermos a distribuição exata de uma variável, devido ao alto custo, ao tempo despendido e às dificuldades de levantamento de dados. Dessa forma, a alternativa é selecionarmos parte dos elementos da população (amostra) e, a partir dela, inferirmos propriedades para o todo (população).

Existem, basicamente, dois tipos de amostragem: (1) amostragem probabilística ou aleatória e (2) amostragem não probabilística ou não aleatória. Na amostragem aleatória, as amostras são obtidas aleatoriamente, ou seja, a probabilidade de cada elemento da população fazer parte da amostra é igual. Já na amostragem não aleatória, a probabilidade de alguns ou de todos os elementos da população pertencer à amostra é desconhecida.

A Figura 6.1 apresenta as principais técnicas de amostragem aleatória e não aleatória.

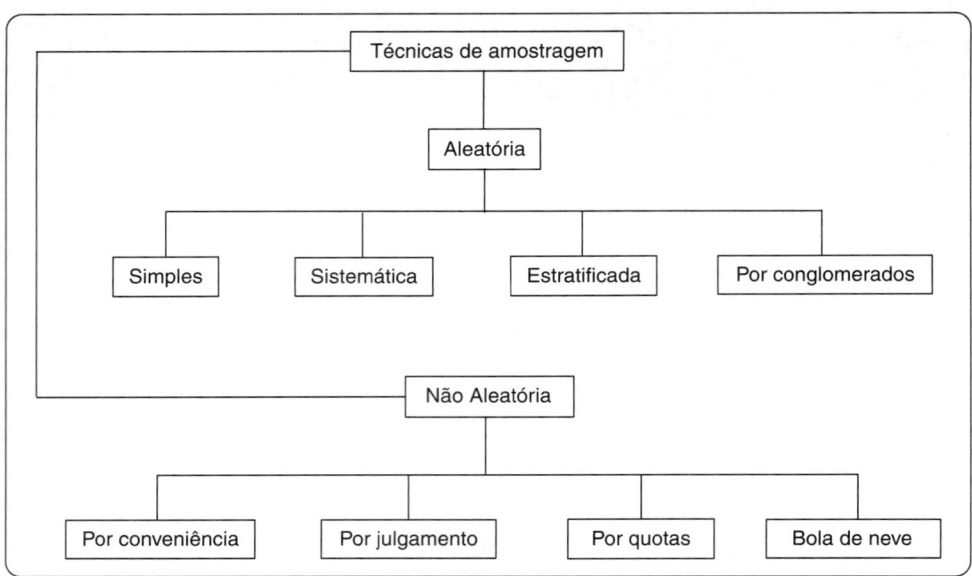

Figura 6.1 Principais técnicas de amostragem.

Fávero *et al.* (2009) apresentam as vantagens e desvantagens das técnicas aleatórias e não aleatórias. Com relação às técnicas de amostragem aleatória, as principais vantagens são: (a) os critérios de seleção dos elementos estão rigorosamente definidos, não permitindo que a subjetividade dos investigadores ou do entrevistador intervenha na escolha dos elementos; (b) a possibilidade de determinar matematicamente a dimensão da amostra em função da precisão e do grau de confiança desejado para os resultados. Por outro lado, as principais desvantagens são: (a) dificuldade em obter listagens ou regiões atuais e completas da população; (b) a seleção aleatória pode originar uma amostra muito dispersa geograficamente, aumentando os custos, o tempo envolvido no estudo e a dificuldade de coleta de dados.

Em relação às técnicas de amostragem não aleatória, as vantagens referem-se ao menor custo, ao menor tempo de estudo e à menor necessidade de mão de obra. Como desvantagens, podemos listar: (a) há unidades do universo que não têm possibilidade de serem escolhidas; (b) pode ocorrer um viés de opinião pessoal; (c) não se sabe com que grau de confiança as conclusões obtidas podem ser inferidas para a população. Essas técnicas não utilizam um método aleatório para seleção dos elementos da amostra, de modo que não há garantia de que a amostra selecionada seja representativa da população (Fávero *et al.*, 2009).

A escolha da técnica de amostragem deve levar em conta os objetivos da pesquisa, o erro aceitável nos resultados, a acessibilidade aos elementos da população, a representatividade desejada, o tempo dispendido e a disponibilidade de recursos financeiros e humanos.

6.2. AMOSTRAGEM PROBABILÍSTICA OU ALEATÓRIA

Neste tipo de amostragem, as amostras são obtidas de forma aleatória, ou seja, a probabilidade de cada elemento da população fazer parte da amostra é igual, e todas as amostras selecionadas são igualmente prováveis.

Nesta seção, estudaremos as principais técnicas de amostragem probabilística ou aleatória: (a) amostragem aleatória simples, (b) amostragem sistemática, (c) amostragem estratificada, (d) amostragem por conglomerados.

6.2.1. Amostragem aleatória simples

Segundo Bolfarine e Bussab (2005), a amostragem aleatória simples (AAS) é o método mais simples e mais importante para a seleção de uma amostra.

Considere uma população ou universo (U) com N elementos:

$$U = \{1, 2, ..., N\}$$

O planejamento e seleção da amostra, de acordo com Bolfarine e Bussab (2005), envolvem os seguintes passos:

a) Utilizando um procedimento aleatório (por exemplo, por meio de tabela de números aleatórios ou urna), devemos sortear com igual probabilidade um elemento da população U.

b) Repetimos o processo anterior até que seja retirada uma amostra com n observações (o cálculo do tamanho da amostra aleatória simples será estudado na seção 6.4).

c) Quando o elemento sorteado for removido de U antes do próximo sorteio, teremos o processo **AAS sem reposição**. Caso seja permitido o sorteio de uma unidade mais de uma vez, estaremos diante do processo **AAS com reposição**.

De acordo com Bolfarine e Bussab (2005), do ponto de vista prático, a AAS sem reposição é muito mais interessante, pois satisfaz o princípio intuitivo de que não se ganha mais informação caso uma mesma unidade apareça mais de uma vez na amostra. Por outro lado, a AAS com reposição traz vantagens matemáticas e estatísticas, como a independência entre as unidades sorteadas. Estudaremos a seguir cada uma delas.

6.2.1.1. Amostragem aleatória simples sem reposição

De acordo com Bolfarine e Bussab (2005), a AAS sem reposição opera da seguinte forma:

a) Todos os elementos da população são numerados de 1 a N:

$$U = \{1, 2, ..., N\}$$

b) Utilizando um procedimento de geração de números aleatórios, devemos sortear, com igual probabilidade, uma das N observações da população.

c) Sorteamos um elemento seguinte, com o elemento anterior sendo retirado da população.

d) Repetimos o procedimento até que n observações tenham sido sorteadas (o cálculo de n está explicitado na seção 6.4.1).

Neste tipo de amostragem, há $C_{N,n} = \binom{N}{n} = \dfrac{N!}{n!(N-n)!}$ possíveis amostras de n elementos que podem ser extraídas a partir da população, e cada amostra tem a mesma probabilidade, $1 \Big/ \binom{N}{n}$, de ser selecionada.

■ **EXEMPLO 1 – AMOSTRAGEM ALEATÓRIA SIMPLES SEM REPOSIÇÃO**

A Tabela 6.1 refere-se ao peso (kg) de 30 peças. Extraia, sem reposição, uma amostra aleatória de tamanho $n = 5$. Quantas amostras diferentes de tamanho n podem ser extraídas da população? Qual a probabilidade de que uma amostra seja selecionada?

Tabela 6.1 Peso (kg) de 30 peças.

6,4	6,2	7,0	6,8	7,2	6,4	6,5	7,1	6,8	6,9	7,0	7,1	6,6	6,8	6,7
6,3	6,6	7,2	7,0	6,9	6,8	6,7	6,5	7,2	6,8	6,9	7,0	6,7	6,9	6,8

■ **SOLUÇÃO**

As 30 peças foram numeradas de 1 a 30, como mostra a Tabela 6.2.

Tabela 6.2 Numeração das peças.

1	2	3	4	5	6	7	8	9	10	11	12	13	14	15
6,4	6,2	7,0	6,8	7,2	6,4	6,5	7,1	6,8	6,9	7,0	7,1	6,6	6,8	6,7
16	**17**	**18**	**19**	**20**	**21**	**22**	**23**	**24**	**25**	**26**	**27**	**28**	**29**	**30**
6,3	6,6	7,2	7,0	6,9	6,8	6,7	6,5	7,2	6,8	6,9	7,0	6,7	6,9	6,8

Por meio de um procedimento aleatório (por exemplo, podemos utilizar a função **ALEATÓRIOENTRE** do Excel), foram selecionados os seguintes números:

02   03   14   24   28

As peças associadas a esses números constituem a amostra aleatória selecionada.

Há $\begin{pmatrix} 30 \\ 5 \end{pmatrix} = \dfrac{30 \cdot 29 \cdot 28 \cdot 27 \cdot 26}{5!} = 142.506$ amostras diferentes.

A probabilidade de que determinada amostra seja selecionada é 1/142.506.

6.2.1.2. Amostragem aleatória simples com reposição

De acordo com Bolfarine e Bussab (2005), a AAS com reposição opera da seguinte forma:

a) Todos os elementos da população são numerados de 1 a N:

$$U = \{1, 2, ..., N\}$$

b) Utilizando um procedimento de geração de números aleatórios, devemos sortear, com igual probabilidade, uma das N observações da população.

c) Repomos essa unidade na população e sorteamos o elemento seguinte.

d) Repetimos o procedimento até que n observações tenham sido sorteadas (o cálculo de n está explicitado na seção 6.4.1).

Neste tipo de amostragem, há N^n amostras possíveis de n elementos que podem ser extraídas a partir da população, e cada amostra tem a mesma probabilidade, $1/N^n$, de ser selecionada.

■ EXEMPLO 2 – AMOSTRAGEM ALEATÓRIA SIMPLES COM REPOSIÇÃO

Refaça o Exemplo 1 considerando amostragem aleatória simples com reposição.

■ SOLUÇÃO

As 30 peças foram numeradas de 1 a 30. Por meio de um procedimento aleatório (por exemplo, podemos utilizar a função **ALEATÓRIOENTRE** do Excel), sorteamos a primeira peça da amostra (12). Essa peça é reposta e o segundo elemento é sorteado (33). O procedimento é repetido até que tenham sido sorteadas 5 peças:

12   33   02   25   33

As peças associadas a esses números constituem a amostra aleatória selecionada.
Há $30^5 = 24.300.000$ amostras diferentes.
A probabilidade de que determinada amostra seja selecionada é 1/24.300.000.

6.2.2. Amostragem sistemática

Segundo Costa Neto (2002), quando os elementos da população estiverem ordenados e forem retirados periodicamente, teremos uma amostragem sistemática. Assim, por exemplo, em determinada linha de produção, podemos retirar um elemento a cada 50 itens produzidos.

Como vantagens da amostragem sistemática, em relação à amostragem aleatória simples, podemos mencionar que é executada com maior rapidez e menor custo, além de estar bem menos sujeita a erros do entrevistador durante a pesquisa. A principal desvantagem é a possibilidade de existirem ciclos de variação, especialmente se o período de ciclos coincidir com o período de retirada dos elementos da amostra. Por exemplo, suponha que a cada 60 peças produzidas em determinada máquina, uma peça seja inspecionada; porém, ocorre regularmente nessa máquina uma falha, de modo que, a cada 20 peças produzidas, uma é defeituosa.

Supondo que os elementos da população estejam ordenados de 1 a N e que já conhecemos o tamanho da amostra (n), a amostragem sistemática opera da seguinte forma:

a) Devemos determinar o intervalo de amostragem (k), obtido pelo quociente entre o tamanho da população e o tamanho da amostra:

$$k = \frac{N}{n}$$

Esse valor deve ser arredondado para o inteiro mais próximo.

b) Nesta fase, introduzimos um elemento de aleatoriedade, escolhendo a unidade de partida. O primeiro elemento escolhido $\{X_1\}$ pode ser um elemento qualquer entre 1 e k.

c) Escolhido o primeiro elemento, a cada k elementos, um novo elemento é retirado da população. O processo é repetido até atingir o tamanho da amostra (n):

$$X_1, X_1 + k, X_1 + 2k, ..., X_1 + (n-1)k$$

■ EXEMPLO 3 – AMOSTRAGEM SISTEMÁTICA

Imagine uma população com N = 500 elementos ordenados. Deseja-se retirar uma amostra com n = 20 elementos dessa população. Aplique o procedimento da amostragem sistemática.

■ SOLUÇÃO

a) O intervalo de amostragem (k) é:

$$k = \frac{N}{n} = \frac{500}{20} = 25$$

b) O primeiro elemento escolhido $\{X\}$ pode ser um elemento qualquer entre 1 e 25; suponha que X = 5.

c) Como o primeiro elemento da amostra é X = 5, o segundo elemento será X = 5 + 25 = 30, o terceiro elemento será X = 5 + 50 = 55, e assim sucessivamente, de modo que o último elemento da amostra será X = 5 + 19 × 25 = 480:

$$A = \left\{ \begin{array}{l} 5, 30, 55, 80, 105, 130, 155, 180, 205, 230, 255, 280, 305, 330, 355, 380, \\ 405, 430, 455, 480 \end{array} \right\}$$

6.2.3. Amostragem estratificada

Neste tipo de amostragem, uma população heterogênea é estratificada ou dividida em subpopulações ou estratos homogêneos, e, em cada estrato, uma amostra é retirada. Desta forma, definimos, inicialmente, o número de estratos e obtemos, assim, o tamanho de cada um deles; para cada estrato, especificamos quantos elementos serão retirados da subpopulação, podendo ser uma alocação uniforme ou proporcional. Segundo Costa Neto (2002), a **amostragem estratificada uniforme**, em que sorteamos número igual de elementos em cada estrato, é recomendada quando os estratos forem aproximadamente do mesmo tamanho. Já na **amostragem estratificada proporcional**, o número de elementos em cada estrato é proporcional ao número de elementos existentes no estrato.

Segundo Freund (2006), se os elementos selecionados em cada estrato constituírem amostras aleatórias simples, o processo global (estratificação seguida de amostragem aleatória) será chamado de **amostragem aleatória estratificada (simples)**.

A amostragem estratificada, segundo Freund (2006), opera da seguinte forma:

a) Uma população de tamanho N é dividida em k estratos de tamanhos $N_1, N_2, ..., N_k$.

b) Para cada estrato, uma amostra aleatória de tamanho n_i (i = 1, 2, ..., k) é selecionada, resultando em k subamostras de tamanhos $n_1, n_2, ..., n_k$.

Na **amostragem estratificada uniforme**, temos que:

$$n_1 = n_2 = ... = n_k \tag{6.1}$$

de modo que o tamanho da amostra extraída de cada estrato é:

$$n_i = \frac{n}{k}, \quad \text{para } i = 1, 2, ..., k \tag{6.2}$$

em que $n = n_1 + n_2 + ... + n_k$.

Já na **amostragem estratificada proporcional**, temos que:

$$\frac{n_1}{N_1} = \frac{n_2}{N_2} = ... = \frac{n_k}{N_k} \qquad (6.3)$$

Na amostragem estratificada proporcional, o tamanho da amostra extraída de cada estrato pode ser obtido de acordo com a seguinte expressão:

$$n_i = \frac{N_i}{N} \cdot n, \quad \text{para } i = 1, 2, ..., k \qquad (6.4)$$

Como exemplos de amostragem estratificada, podemos citar a estratificação de uma cidade em bairros, de uma população por sexo ou faixa etária, de consumidores por segmento ou de alunos por escola.

O cálculo do tamanho da amostra estratificada será estudado na seção 6.4.3.

■ EXEMPLO 4 – AMOSTRAGEM ESTRATIFICADA

Considere um clube que possui $N = 5.000$ associados. A população pode ser dividida por faixa etária, com o objetivo de identificar as principais atividades praticadas por cada faixa: até 4 anos; 5 a 11 anos; 12 a 17 anos; 18 a 25 anos; 26 a 36 anos; 37 a 50 anos; 51 a 65 anos; acima de 65 anos. Temos que $N_1 = 330$, $N_2 = 350$, $N_3 = 400$, $N_4 = 520$, $N_5 = 650$, $N_6 = 1030$, $N_7 = 980$, $N_8 = 740$. Deseja-se extrair uma amostra estratificada de tamanho $n = 80$ da população. Qual deve ser o tamanho da amostra extraída de cada estrato, no caso de amostragem uniforme e de amostragem proporcional?

■ SOLUÇÃO

Para amostragem uniforme, $n_i = n/k = 80/8 = 10$. Logo, $n_1 = ... = n_8 = 10$.

Para amostragem proporcional, calculamos $n_i = \frac{N_i}{N} \cdot n$, para i = 1, 2, ..., 8:

$$n_1 = \frac{N_1}{N} \cdot n = \frac{330}{5.000} \cdot 80 = 5,3 \cong 6, \qquad n_2 = \frac{N_2}{N} \cdot n = \frac{350}{5.000} \cdot 80 = 5,6 \cong 6$$

$$n_3 = \frac{N_3}{N} \cdot n = \frac{400}{5.000} \cdot 80 = 6,4 \cong 7, \qquad n_4 = \frac{N_4}{N} \cdot n = \frac{520}{5.000} \cdot 80 = 8,3 \cong 9$$

$$n_5 = \frac{N_5}{N} \cdot n = \frac{650}{5.000} \cdot 80 = 10,4 \cong 11, \qquad n_6 = \frac{N_6}{N} \cdot n = \frac{1.030}{5.000} \cdot 80 = 16,5 \cong 17$$

$$n_7 = \frac{N_7}{N} \cdot n = \frac{980}{5.000} \cdot 80 = 15,7 \cong 16, \qquad n_8 = \frac{N_8}{N} \cdot n = \frac{740}{5.000} \cdot 80 = 11,8 \cong 12$$

6.2.4. Amostragem por conglomerados

Na amostragem por conglomerados, a população total deve ser subdividida em grupos de unidades elementares, denominados conglomerados. A amostragem é feita a partir dos grupos e não dos indivíduos da população. Dessa forma, devemos sortear aleatoriamente um número suficiente de conglomerados e os objetos deste constituirão a amostra. Esse tipo de amostragem é denominado **amostragem por conglomerados em um estágio**.

Segundo Bolfarine e Bussab (2005), uma das inconveniências da amostragem por conglomerados está no fato de que os elementos dentro de um mesmo conglomerado tendem a apresentar características similares. Os autores demonstram que, quanto mais parecidos forem os elementos dentro do conglomerado, menos eficiente é o procedimento. Cada conglomerado deve ser um bom representante do universo, ou seja, deve ser heterogêneo, contendo todos os tipos de participantes. É o oposto da amostragem estratificada.

De acordo com Martins e Domingues (2011), a amostragem por conglomerados é uma amostragem aleatória simples em que as unidades amostrais são os conglomerados, porém menos custosa.

Quando sorteamos elementos dentro dos conglomerados selecionados, temos uma **amostragem por conglomerados em dois estágios**: no primeiro estágio, sorteamos os conglomerados e, no segundo, sorteamos os elementos. O número de elementos a serem sorteados depende da variabilidade dentro do conglomerado; quanto maior for a variabilidade, mais elementos devem ser sorteados; por outro lado, quando as unidades dentro do conglomerado forem muito parecidas, não é recomendável e necessário o sorteio de todos os elementos, pois eles trarão o mesmo tipo de informação (Bolfarine e Bussab, 2005). A amostragem por conglomerados pode ser generalizada para vários estágios.

As principais vantagens que justificam a grande utilização da amostragem por conglomerados são: (a) muitas populações já estão agrupadas em subgrupos naturais ou geográficos, facilitando sua aplicação; (b) permite uma redução substancial nos custos de obtenção da amostra, sem comprometer sua precisão. Em resumo, é rápida, barata e eficiente. A única desvantagem é que os conglomerados raramente são do mesmo tamanho, dificultando o controle da amplitude da amostra. Entretanto, para contornar esse problema, recorreremos a determinadas técnicas estatísticas.

Como exemplos de conglomerados, podemos citar a produção de uma fábrica dividida em linhas de montagem, trabalhadores de uma empresa divididos por área, estudantes de um município divididos por escolas ou a população de um município dividida em distritos.

Considere a seguinte notação para a amostragem por conglomerados:

N: tamanho da população;
M: número de conglomerados em que a população foi dividida;
N_i: tamanho do conglomerado i ($i = 1, 2, ..., M$);
n: tamanho da amostra;
m: número de conglomerados sorteados ($m < M$);
n_i: tamanho do conglomerado i da amostra ($i = 1, 2, ..., m$), tal que $n_i = N_i$;
b_i: tamanho do conglomerado i da amostra ($i = 1, 2, ..., m$), tal que $b_i < n_i$.

Em resumo, a **amostragem por conglomerados em um estágio** adota o seguinte procedimento:

a) A população é dividida em M conglomerados ($C_1, ..., C_M$) de tamanhos não necessariamente iguais.

b) Segundo um plano amostral, geralmente AAS, sorteamos m conglomerados ($m < M$).

c) Todos os elementos de cada conglomerado sorteado constituem a amostra global $\left(n_i = N_i \text{ e } \sum_{i=1}^{m} n_i = n \right)$.

O cálculo do número de conglomerados (m) será estudado na seção 6.4.4.

Já a **amostragem por conglomerados em dois estágios** opera da seguinte forma:

a) A população é dividida em M conglomerados ($C_1, ..., C_M$) de tamanhos não necessariamente iguais.

b) Devemos sortear m conglomerados no primeiro estágio, segundo algum plano amostral, geralmente AAS.

c) De cada conglomerado i sorteado de tamanho n_i, sorteamos b_i elementos no segundo estágio, conforme o mesmo ou outro plano amostral $\left(b_i < n_i \text{ e } n = \sum_{i=1}^{m} b_i \right)$.

■ EXEMPLO 5 – AMOSTRAGEM POR CONGLOMERADOS EM UM ESTÁGIO

Considere uma população com $N = 20$ elementos, $U = \{1, 2, ..., 20\}$. A população é dividida em 7 conglomerados: $C_1 = \{1, 2\}$, $C_2 = \{3, 4, 5\}$, $C_3 = \{6, 7, 8\}$, $C_4 = \{9, 10, 11\}$, $C_5 = \{12, 13, 14\}$, $C_6 = \{15, 16\}$, $C_7 = \{17, 18, 19, 20\}$. O plano amostral adotado manda sortear três conglomerados ($m = 3$) por amostragem aleatória simples sem reposição. Supondo que foram sorteados os conglomerados C_1, C_3 e C_4, determine o tamanho da amostra, além dos elementos que constituirão a amostragem por conglomerados em um estágio.

■ SOLUÇÃO

Na amostragem por conglomerados em um estágio, todos os elementos de cada conglomerado sorteado constituem a amostra, de modo que $M = \{C_1, C_3, C_4\} = \{(1, 2), (6, 7, 8), (9, 10, 11)\}$. Portanto, $n_1 = 2$, $n_2 = 3$ e $n_3 = 3$, sendo $n = \sum_{i=1}^{3} n_i = 8$.

■ EXEMPLO 6 – AMOSTRAGEM POR CONGLOMERADOS EM DOIS ESTÁGIOS

O Exemplo 5 será estendido para o caso de amostragem por conglomerados em dois estágios. Assim, a partir dos conglomerados sorteados no primeiro estágio, o plano amostral adotado manda sortear um único elemento com igual probabilidade de cada conglomerado $\left(b_i = 1, \quad i = 1, 2, 3 \quad \text{e} \quad n = \sum_{i=1}^{m} b_i = 3 \right)$, o que resulta no seguinte resultado:

Estágio 1: $M = \{C_1, C_3, C_4\} = \{(1, 2), (6, 7, 8), (9, 10, 11)\}$
Estágio 2: $M = \{1, 8, 10\}$

6.3. AMOSTRAGEM NÃO PROBABILÍSTICA OU NÃO ALEATÓRIA

Nos métodos de amostragem não probabilística, as amostras são obtidas de forma não aleatória, ou seja, a probabilidade de alguns ou de todos os elementos da população pertencerem à amostra é desconhecida. Assim, não é possível estimar o erro amostral e nem generalizar os resultados da amostra para a população, já que aquela não é representativa desta.

Para Costa Neto (2002), esse tipo de amostragem é muitas vezes empregado pela simplicidade ou impossibilidade de obtermos amostras probabilísticas, como seria desejável.

Devemos, portanto, ter cuidado ao optar pela utilização desse tipo de amostragem, uma vez que ela é subjetiva, baseada nos critérios e julgamentos do pesquisador, e a variabilidade amostral não pode ser estabelecida com precisão.

Nesta seção, estudaremos as principais técnicas de amostragem não probabilística ou não aleatória: (a) amostragem por conveniência, (b) amostragem por julgamento ou intencional, (c) amostragem por quotas, (d) amostragem de propagação geométrica ou bola de neve.

6.3.1. Amostragem por conveniência

A amostragem por conveniência é empregada quando a participação é voluntária ou os elementos da amostra são escolhidos por uma questão de conveniência ou simplicidade, por exemplo, amigos, vizinhos ou estudantes. A vantagem desse método é que ele permite obter informações de maneira rápida e barata.

Entretanto, o processo amostral não garante que a amostra seja representativa da população, devendo ser empregado apenas em situações extremas e em casos especiais que justifiquem a sua utilização.

■ EXEMPLO 7 – AMOSTRAGEM POR CONVENIÊNCIA

Um pesquisador deseja estudar o comportamento do consumidor em relação a determinada marca e, para isso, desenvolve um plano de amostragem. A coleta de dados é feita por meio de entrevistas com amigos, vizinhos e colegas de trabalho. Isto representa uma **amostragem por conveniência**, uma vez que essa amostra não é representativa da população.

É importante ressaltar que, se a população for muito heterogênea, os resultados da amostra não podem ser generalizados para essa população.

6.3.2. Amostragem por julgamento ou intencional

Na amostragem por julgamento ou intencional, a amostra é escolhida segundo a opinião ou julgamento prévio de um especialista. Seu risco é decorrente de um possível equívoco por parte do pesquisador em seu prejulgamento.

O emprego desse tipo de amostragem requer conhecimento da população e dos elementos selecionados.

■ EXEMPLO 8 – AMOSTRAGEM POR JULGAMENTO OU INTENCIONAL

Uma pesquisa busca identificar as razões que levaram um grupo de trabalhadores de uma empresa a entrar em greve. Para isso, o pesquisador entrevista os principais líderes dos movimentos sindicais e políticos, bem como os trabalhadores sem qualquer envolvimento em movimentos dessa natureza.

Como o tamanho da amostra é pequeno, não é possível generalizar os resultados para a população, já que a amostra não é representativa dessa população.

6.3.3. Amostragem por quotas

A amostragem por quotas apresenta maior rigor quando comparada às demais amostragens não aleatórias. Para Martins e Domingues (2011), é um dos métodos de amostragem mais utilizados em pesquisas de mercado e de opinião eleitoral.

A amostragem por quotas é uma variação da amostragem por julgamento. Inicialmente, fixamos as quotas com base em determinado critério; dentro das quotas, a seleção dos itens da amostra depende do julgamento do entrevistador. A amostragem por quotas também pode ser considerada a versão não probabilística da amostragem estratificada.

A amostragem por quotas consiste em três passos:

a) Selecionamos as variáveis de controle ou as características da população consideradas relevantes para o estudo em questão.

b) Determinamos a proporção da população (%) para cada uma das categorias das variáveis relevantes.

c) Dimensionamos as quotas (número de pessoas a serem entrevistadas que possuem as características determinadas) para cada entrevistador, de modo que a amostra tenha proporções iguais à da população.

As principais vantagens da amostragem por quotas são o baixo custo, a rapidez e a conveniência ou a facilidade para o entrevistador selecionar elementos. Porém, como a seleção dos elementos não é aleatória, não há garantia de que a amostra seja representativa da população, não sendo possível generalizar os resultados da pesquisa para a população.

■ EXEMPLO 9 – AMOSTRAGEM POR QUOTAS

Deseja-se realizar uma pesquisa de opinião pública para as eleições de prefeito em determinado município com 14.253 eleitores. A pesquisa tem como objetivo identificar as intenções de votos por sexo e faixa etária. A Tabela 6.3 apresenta as frequências absolutas para cada par de categorias das variáveis analisadas. Aplique a amostragem por quotas, considerando que o tamanho da amostra é de 200 eleitores e o número de entrevistadores é 2.

Tabela 6.3 Frequências absolutas para cada par de categorias.

Faixa etária	Masculino	Feminino	Total
16 e 17	50	48	**98**
18 a 24	1.097	1.063	**2.160**
25 a 44	3.409	3.411	**6.820**
45 a 69	2.269	2.207	**4.476**
> 69	359	331	**690**
Total	**7.184**	**7.060**	**14.244**

■ SOLUÇÃO

a) As variáveis relevantes para o estudo são *sexo* e *faixa etária*.

b) A proporção da população (%) para cada par de categorias das variáveis analisadas está detalhada na Tabela 6.4.

Tabela 6.4 Proporção da população para cada par de categorias.

Faixa etária	Masculino	Feminino	Total
16 e 17	0,35%	0,34%	**0,69%**
18 a 24	7,70%	7,46%	**15,16%**
25 a 44	23,93%	23,95%	**47,88%**
45 a 69	15,93%	15,49%	**31,42%**
> 69	2,52%	2,32%	**4,84%**
% do Total	**50,44%**	**49,56%**	**100,00%**

c) Multiplicando cada célula da Tabela 6.4 pelo tamanho da amostra (200), obtemos o dimensionamento das quotas que compõem a amostra global, como mostra a Tabela 6.5.

Tabela 6.5 Dimensionamento das quotas.

Faixa etária	Masculino	Feminino	Total
16 e 17	1	1	2
18 a 24	16	15	31
25 a 44	48	48	96
45 a 69	32	31	63
> 69	5	5	10
Total	102	100	202

Considerando que há dois entrevistadores, a quota para cada um será:

Tabela 6.6 Dimensionamento das quotas por entrevistador.

Faixa etária	Masculino	Feminino	Total
16 e 17	1	1	2
18 a 24	8	8	16
25 a 44	24	24	48
45 a 69	16	16	32
> 69	3	3	6
Total	52	52	104

OBS.: Os dados das Tabelas 6.5 e 6.6 foram arredondados para cima, resultando num total de 202 eleitores na Tabela 6.5 e 104 eleitores na Tabela 6.6.

6.3.4. Amostragem de propagação geométrica ou bola de neve (*snowball*)

A amostragem de propagação geométrica ou bola de neve é bastante utilizada quando os elementos da população são raros, de difícil acesso ou desconhecidos.

Nesse método, devemos identificar um ou mais indivíduos da população-alvo, e estes identificarão outros indivíduos pertencentes à mesma população. O processo é repetido até que seja alcançado o objetivo proposto, ou **ponto de saturação**. O ponto de saturação é atingido quando os últimos entrevistados não acrescentam novas informações relevantes à pesquisa, repetindo, assim, conteúdos de entrevistas anteriores.

Como vantagens, podemos listar: (a) permite ao pesquisador localizar a característica desejada da população; (b) facilidade de aplicação, pois o recrutamento é feito por meio da indicação de outras pessoas pertencentes à população; (c) baixo custo, pois necessita de menos planejamento e pessoas; (d) é eficiente ao penetrar em populações de difícil acesso.

■ **EXEMPLO 10 – AMOSTRAGEM POR BOLA DE NEVE**

Determinada empresa está recrutando profissionais com um perfil específico. O grupo contratado inicialmente indica outros profissionais com o mesmo perfil. O processo se repete até que seja contratado o número necessário de funcionários. Temos, portanto, um exemplo de **amostragem por bola de neve**.

6.4. TAMANHO DA AMOSTRA

De acordo com Cabral (2006), existem seis fatores determinantes para o cálculo do tamanho da amostra:

1) Características da população, como variância (σ^2) e dimensão (N).
2) Distribuição amostral do estimador utilizado.
3) Precisão e confiança requeridas nos resultados, sendo necessário especificar o erro de estimação (B) que é a máxima diferença que o investigador admite entre o parâmetro populacional e a estimativa obtida a partir da amostra.
4) Custo: quanto maior o tamanho da amostra, maior será o custo incorrido.

5) Custo *versus* erro amostral: devemos selecionar uma amostra de tamanho maior para reduzir o erro amostral ou devemos reduzir o tamanho da amostra a fim de minimizar os recursos e esforços incorridos, garantindo assim melhor controle dos entrevistadores, taxa de resposta mais alta e exata e melhor processamento das informações?

6) As técnicas estatísticas que serão utilizadas: algumas técnicas estatísticas exigem uma amostra de dimensão maior que outras.

A amostra selecionada deve ser representativa da população. Com base em Ferrão *et al.* (2001), Bolfarine e Bussab (2005) e Martins e Domingues (2011), esta seção apresenta o cálculo do tamanho da amostra para média (variável quantitativa) e proporção (variável binária) de populações finitas e infinitas, com erro máximo de estimação B e para cada tipo de amostragem aleatória (simples, sistemática, estratificada e por conglomerados).

No caso de amostras não aleatórias, dimensionamos o tamanho da amostra com base em um eventual orçamento ou, então, adotamos determinada dimensão já utilizada com sucesso em estudos anteriores com as mesmas características. Uma terceira alternativa seria calcular o tamanho de uma amostra aleatória e utilizar tal dimensão como referência.

6.4.1. Tamanho da amostra aleatória simples

Esta seção apresenta o cálculo do tamanho da amostra aleatória simples para estimar média (variável quantitativa) e proporção (variável binária) de populações finitas e infinitas, com erro máximo de estimação B.

O erro de estimação (B) para a média é a máxima diferença que o investigador admite entre μ (média populacional) e $\bar{X}$ (média da amostra), isto é, $B \geq |\mu - \bar{X}|$.

Já o erro de estimação (B) para a proporção é a máxima diferença que o investigador admite entre p (proporção da população) e $\hat{p}$ (proporção da amostra), isto é, $B \geq |p - \hat{p}|$.

6.4.1.1. Tamanho da amostra para estimar a média de uma população infinita

Se a variável escolhida for quantitativa e a população infinita, o tamanho de uma amostra aleatória simples, tal que $P(|\bar{X} - \mu| \leq B) = 1 - \alpha$, pode ser calculado como:

$$n = \frac{\sigma^2}{B^2 / z_\alpha^2} \tag{6.5}$$

em que:

σ^2: variância populacional;

B: erro máximo de estimação;

z_α: abscissa da distribuição normal padrão, fixado um nível de significância α.

De acordo com Bolfarine e Bussab (2005), para determinar o tamanho da amostra é preciso fixar o erro máximo de estimação (B), o nível de significância α (traduzido pelo valor tabelado z_α) e possuir algum conhecimento *a priori* da variância populacional (σ^2). Os dois primeiros são fixados pelo pesquisador, enquanto o terceiro exige mais trabalho.

Quando não conhecemos σ^2, seu valor deve ser substituído por um estimador inicial razoável. Em muitos casos, uma amostra piloto pode fornecer informação suficiente sobre a população. Em outras situações, pesquisas amostrais efetuadas anteriormente sobre a população também podem fornecer estimativas iniciais satisfatórias para σ^2. Por fim, alguns autores sugerem o uso de um valor aproximado para o desvio-padrão, dado por $\sigma \cong$ amplitude / 4.

6.4.1.2. Tamanho da amostra para estimar a média de uma população finita

Se a variável escolhida for quantitativa e a população finita, o tamanho de uma amostra aleatória simples, tal que $P(|\bar{X} - \mu| \leq B) = 1 - \alpha$, pode ser calculado como:

$$n = \frac{N \cdot \sigma^2}{(N-1) \cdot \dfrac{B^2}{z_\alpha^2} + \sigma^2} \tag{6.6}$$

em que:

N: tamanho da população;

σ^2: variância populacional;

B: erro máximo de estimação;

z_α: abscissa da distribuição normal padrão, fixado um nível de significância α.

6.4.1.3. Tamanho da amostra para estimar a proporção de uma população infinita

Se a variável escolhida for binária e a população infinita, o tamanho de uma amostra aleatória simples, tal que $P(|\hat{p} - p| \leq B) = 1 - \alpha$, pode ser calculado como:

$$n = \frac{p \cdot q}{B^2 / z_\alpha^2} \tag{6.7}$$

em que:

p: proporção da população que contém a característica desejada;

$q = 1 - p$;

B: erro máximo de estimação;

z_α: abscissa da distribuição normal padrão, fixado um nível de significância α.

Na prática, não conhecemos o valor de p, e devemos, portanto, encontrar sua estimativa ($\hat{p}$). Mas se esse valor também for desconhecido, devemos admitir que $\hat{p} = 0,50$, obtendo assim um tamanho conservador, isto é, maior do que o necessário para garantir a precisão imposta.

6.4.1.4. Tamanho da amostra para estimar a proporção de uma população finita

Se a variável escolhida for binária e a população finita, o tamanho de uma amostra aleatória simples, tal que $P(|\hat{p} - p| \leq B) = 1 - \alpha$, pode ser calculado como:

$$n = \frac{N \cdot p \cdot q}{(N-1) \cdot \dfrac{B^2}{z_\alpha^2} + p \cdot q} \tag{6.8}$$

em que:

N: tamanho da população;

p: proporção da população que contém a característica desejada;

$q = 1 - p$;

B: erro máximo de estimação;

z_α: abscissa da distribuição normal padrão, fixado um nível de significância α.

■ EXEMPLO 11 – CÁLCULO DO TAMANHO DA AMOSTRA ALEATÓRIA SIMPLES

Considere a população de moradores de um condomínio ($N = 540$). Deseja-se estimar a idade média dos condôminos. Com base em pesquisas passadas, pode-se obter a estimativa para σ^2 de 463,32. Suponha que uma amostra aleatória simples será retirada da população. Admitindo que a diferença entre a média amostral e a verdadeira média populacional seja, no máximo, de 4 anos, com um nível de confiança de 95%, determine o tamanho da amostra a ser coletada.

■ SOLUÇÃO

O valor de z_α para $\alpha = 5\%$ (teste bilateral) é 1,96. O tamanho da amostra, a partir da expressão (6.6), é:

$$n = \frac{N \cdot \sigma^2}{(N-1) \cdot \dfrac{B^2}{z_\alpha^2} + \sigma^2} = \frac{540 \times 463,32}{539 \times \dfrac{4^2}{1,96^2} + 463,32} = 92,38 \cong 93$$

Assim, se coletarmos uma amostra aleatória simples de pelo menos 93 moradores da população, podemos inferir, com nível de confiança de 95%, que a média amostral ($\overline{X}$) diferirá, no máximo, em 4 anos da verdadeira média populacional (μ).

■ EXEMPLO 12 – CÁLCULO DO TAMANHO DA AMOSTRA ALEATÓRIA SIMPLES

Deseja-se estimar a proporção de eleitores insatisfeitos com o governo de determinado político. Admite-se que a verdadeira proporção é desconhecida, assim como sua estimativa. Supondo que uma amostra aleatória simples será retirada da população infinita e admitindo erro amostral de 2% e nível de significância de 5%, determine o tamanho da amostra.

■ SOLUÇÃO

Como não conhecemos o verdadeiro valor de p, nem sua estimativa, vamos admitir que $\hat{p} = 0,50$. Aplicando a expressão (6.7) para estimar a proporção de uma população infinita, temos que:

$$n = \frac{p \cdot q}{B^2 / z_\alpha^2} = \frac{0,5 \times 0,5}{0,02^2 / 1,96^2} = 2.401$$

Portanto, entrevistando aleatoriamente 2.401 eleitores, podemos inferir sobre a verdadeira proporção de eleitores insatisfeitos, com erro máximo de estimação de 2% e nível de confiança de 95%.

6.4.2. Tamanho da amostra sistemática

Na amostragem sistemática, vamos utilizar as mesmas expressões da amostragem aleatória simples (conforme estudado na seção 6.4.1), de acordo com o tipo de variável (quantitativa ou qualitativa) e população (infinita ou finita).

6.4.3. Tamanho da amostra estratificada

Esta seção apresenta o cálculo do tamanho da amostra estratificada para estimar média (variável quantitativa) e proporção (variável binária) de populações finitas e infinitas, com erro máximo de estimação B.

O erro de estimação (B) para a média é a máxima diferença que o investigador admite entre μ (média populacional) e $\bar{X}$ (média da amostra), isto é, $B \geq |\mu - \bar{X}|$.

Já o erro de estimação (B) para a proporção é a máxima diferença que o investigador admite entre p (proporção da população) e $\hat{p}$ (proporção da amostra), isto é, $B \geq |p - \hat{p}|$.

Utilizaremos a seguinte notação para o cálculo do tamanho da amostra estratificada, conforme segue:

k: número de estratos;
N_i: tamanho do estrato i, $i = 1, 2, \ldots, k$;
$N = N_1 + N_2 + \ldots + N_k$ (tamanho da população);
$W_i = N_i / N$ (peso ou proporção do estrato i, com $\sum_{i=1}^{k} W_i = 1$);
μ_i: média populacional do estrato i;
σ_i^2: variância populacional do estrato i;
n_i: número de elementos selecionados aleatoriamente do estrato i;
$n = n_1 + n_2 + \ldots + n_k$ (tamanho da amostra);
$\bar{X}_i$: $\bar{X}$ média amostral do estrato i;
S_i^2: variância amostral do estrato i;
p_i: proporção de elementos que possui a característica desejada no estrato i;
$q_i = 1 - p_i$.

6.4.3.1. Tamanho da amostra estratificada para estimar a média de uma população infinita

Se a variável escolhida for quantitativa e a população infinita, o tamanho da amostra estratificada, tal que $P(|\bar{X} - \mu| \leq B) = 1 - \alpha$, pode ser calculado como:

$$n = \frac{\sum_{i=1}^{k} W_i \cdot \sigma_i^2}{B^2 / z_\alpha^2} \tag{6.9}$$

em que:
$W_i = N_i / N$ (peso ou proporção do estrato i, com $\sum_{i=1}^{k} W_i = 1$);
σ_i^2: variância populacional do estrato i;
B: erro máximo de estimação;
z_α: abscissa da distribuição normal padrão, fixado um nível de significância α.

6.4.3.2. Tamanho da amostra estratificada para estimar a média de uma população finita

Se a variável escolhida for quantitativa e a população finita, o tamanho da amostra estratificada, tal que $P(|\bar{X} - \mu| \leq B) = 1 - \alpha$, pode ser calculado como:

$$n = \frac{\sum_{i=1}^{k} N_i^2 \cdot \sigma_i^2 / W_i}{N^2 \cdot \dfrac{B^2}{z_\alpha^2} + \sum_{i=1}^{k} N_i \cdot \sigma_i^2} \tag{6.10}$$

em que:

N_i: tamanho do estrato i, i = 1, 2, ..., k;

σ_i^2: variância populacional do estrato i;

$W_i = N_i / N$ (peso ou proporção do estrato i, com $\sum_{i=1}^{k} W_i = 1$);

N: tamanho da população;

B: erro máximo de estimação;

z_α: abscissa da distribuição normal padrão, fixado um nível de significância α.

6.4.3.3. Tamanho da amostra estratificada para estimar a proporção de uma população infinita

Se a variável escolhida for binária e a população infinita, o tamanho da amostra estratificada, tal que $P(|\hat{p} - p| \leq B) = 1 - \alpha$, pode ser calculado como:

$$n = \frac{\sum_{i=1}^{k} W_i \cdot p_i \cdot q_i}{B^2 / z_\alpha^2} \tag{6.11}$$

em que:

$W_i = N_i / N$ (peso ou proporção do estrato i, com $\sum_{i=1}^{k} W_i = 1$);

p_i: proporção de elementos que possui a característica desejada no estrato i;

$q_i = 1 - p_i$;

B: erro máximo de estimação;

z_α: abscissa da distribuição normal padrão, fixado um nível de significância α.

6.4.3.4. Tamanho da amostra estratificada para estimar a proporção de uma população finita

Se a variável escolhida for binária e a população finita, o tamanho de uma amostra estratificada, tal que $P(|\hat{p} - p| \leq B) = 1 - \alpha$, pode ser calculado como:

$$n = \frac{\sum_{i=1}^{k} N_i^2 \cdot p_i \cdot q_i / W_i}{N^2 \cdot \dfrac{B^2}{z_\alpha^2} + \sum_{i=1}^{k} N_i \cdot p_i \cdot q_i} \tag{6.12}$$

em que:

N_i: tamanho do estrato i, i = 1, 2, ..., k;

p_i: proporção de elementos que possui a característica desejada no estrato i;

$q_i = 1 - p_i$;

$W_i = N_i / N$ (peso ou proporção do estrato i, com $\sum_{i=1}^{k} W_i = 1$);

N: tamanho da população;

B: erro máximo de estimação;

z_α: abscissa da distribuição normal padrão, fixado um nível de significância α.

■ EXEMPLO 13 – CÁLCULO DO TAMANHO DA AMOSTRA ESTRATIFICADA

Uma universidade possui 11.886 alunos matriculados em 14 cursos de graduação, divididos em três grandes áreas: Exatas, Humanas e Biológicas. A Tabela 6.7 apresenta o número de alunos matriculados por área. Uma pesquisa será realizada a fim de estimar o tempo médio de estudo semanal dos alunos (em horas). Com base em amostras piloto, obtêm-se as seguintes estimativas para as variâncias nas áreas de Exatas, Humanas e Biológicas: 124,36, 153,22 e 99,87, respectivamente. As amostras selecionadas devem ser proporcionais ao número de alunos por área. Determine o tamanho da amostra, considerando erro de estimação de 0,8 e nível de confiança de 95%.

Tabela 6.7 Alunos matriculados por área.

Área	Alunos matriculados
Exatas	5.285
Humanas	3.877
Biológicas	2.724
Total	**11.886**

■ SOLUÇÃO

Pelos dados do enunciado, temos que:

$$k = 3, \quad N_1 = 5.285, \quad N_2 = 3.877, \quad N_3 = 2.724, \quad N = 11.886, \quad B = 0,8$$

$$W_1 = \frac{5.285}{11.886} = 0,44, \quad W_2 = \frac{3.877}{11.886} = 0,33, \quad W_3 = \frac{2.724}{11.886} = 0,23$$

Para $\alpha = 5\%$, temos que $z_\alpha = 1,96$. Com base na amostra piloto, devemos utilizar as estimativas para σ_1^2, σ_2^2 e σ_3^2. O tamanho da amostra é calculado a partir da expressão (6.10):

$$n = \frac{\sum_{i=1}^{k} N_i^2 \sigma_i^2 / W_i}{N^2 \dfrac{B^2}{z_\alpha^2} + \sum_{i=1}^{k} N_i \sigma_i^2}$$

$$n = \frac{\left(\dfrac{5.285^2 \times 124,36}{0,44} + \dfrac{3.877^2 \times 153,22}{0,33} + \dfrac{2.724^2 \times 99,87}{0,23} \right)}{11.886^2 \times \dfrac{0,8^2}{1,96^2} + \left(5.285 \times 124,36 + 3.877 \times 153,22 + 2.724 \times 99,87 \right)} = 722,52 \cong 723$$

Como a amostragem é proporcional, podemos obter o tamanho de cada estrato pela expressão $n_i = W_i \times n$ ($i = 1, 2, 3$):

$$n_1 = W_1 \times n = 0,44 \times 723 = 321,48 \cong 322$$
$$n_2 = W_2 \times n = 0,33 \times 723 = 235,83 \cong 236$$
$$n_3 = W_3 \times n = 0,23 \times 723 = 165,70 \cong 166$$

Assim, para realizar a pesquisa, devemos selecionar 322 alunos da área de Exatas, 236 de Humanas e 166 de Biológicas. A partir da amostra selecionada, podemos inferir, com nível de confiança de 95%, que a diferença entre a média amostral e a verdadeira média populacional será de, no máximo, 0,8 hora.

■ EXEMPLO 14 – CÁLCULO DO TAMANHO DA AMOSTRA ESTRATIFICADA

Considere a mesma população do exemplo anterior, porém, o objetivo agora é estimar, para cada área, a proporção de alunos que trabalham. Com base em uma amostra piloto, têm-se as seguintes estimativas por área: $\hat{p}_1 = 0,3$ (Exatas), $\hat{p}_2 = 0,6$ (Humanas) e $\hat{p}_3 = 0,4$ (Biológicas). O tipo de amostragem utilizada nesse caso é uniforme. Determine o tamanho da amostra, considerando erro de estimação de 3% e nível de confiança de 90%.

■ SOLUÇÃO

Como não conhecemos o verdadeiro valor de p para cada área, utilizamos sua estimativa. Para nível de confiança de 90%, temos que $z_\alpha = 1,645$. Aplicando a expressão (6.12) da amostragem estratificada para estimar a proporção de uma população finita, temos que:

$$n = \frac{\sum_{i=1}^{k} N_i^2 \cdot p_i \cdot q_i / W_i}{N^2 \cdot \frac{B^2}{z_\alpha^2} + \sum_{i=1}^{k} N_i \cdot p_i \cdot q_i}$$

$$n = \frac{5.285^2 \times 0,3 \times 0,7/0,44 + 3.877^2 \times 0,6 \times 0,4/0,33 + 2.724^2 \times 0,4 \times 0,6/0,23}{11.886^2 \times \frac{0,03^2}{1,645^2} + 5.285 \times 0,3 \times 0,7 + 3.877 \times 0,6 \times 0,4 + 2.724 \times 0,4 \times 0,6}$$

$$n = 644,54 \cong 645$$

Como a amostragem é uniforme, temos que $n_1 = n_2 = n_3 = 215$.

Portanto, para realizar a pesquisa, devemos selecionar aleatoriamente 215 alunos de cada área. A partir da amostra selecionada, podemos inferir, com nível de confiança de 90%, que a diferença entre a proporção amostral e a verdadeira proporção populacional será de, no máximo, 3%.

6.4.4. Tamanho da amostra por conglomerados

Esta seção apresenta o cálculo do tamanho da amostra por conglomerados em um único estágio e em dois estágios.

Consideremos a seguinte notação para o cálculo do tamanho da amostra por conglomerados:

N: tamanho da população;
M: número de conglomerados em que a população foi dividida;
N_i: tamanho do conglomerado i, $i = 1, 2, ..., M$;
n: tamanho da amostra;
m: número de conglomerados sorteados ($m < M$);
n_i: tamanho do conglomerado i da amostra sorteada no primeiro estágio ($i = 1, 2, ..., m$), tal que $n_i = N_i$;
b_i: tamanho do conglomerado i da amostra sorteada no segundo estágio ($i = 1, 2, ..., m$), tal que $b_i < n_i$;
$\overline{N} = N / M$ (tamanho médio dos conglomerados da população);
$\overline{n} = n / m$ (tamanho médio dos conglomerados da amostra);
X_{ij}: j-ésima observação no conglomerado i;
σ_{dc}^2: variância populacional dentro dos conglomerados;
σ_{ec}^2: variância populacional entre os conglomerados;
σ_i^2: variância populacional dentro do conglomerado i;
μ_i = média populacional dentro do conglomerado i;
$\sigma_c^2 = \sigma_{dc}^2 + \sigma_{ec}^2$ (variância populacional total).

Segundo Bolfarine e Bussab (2005), o cálculo de σ_{dc}^2 e σ_{ec}^2 é dado por:

$$\sigma_{dc}^2 = \frac{\sum_{i=1}^{M} \sum_{j=1}^{N_i} (X_{ij} - \mu_i)^2}{N} = \frac{1}{M} \cdot \sum_{i=1}^{M} \frac{N_i}{\overline{N}} \cdot \sigma_i^2 \qquad (6.13)$$

$$\sigma_{ec}^2 = \frac{1}{N} \cdot \sum_{i=1}^{M} N_i \cdot (\mu_i - \mu)^2 = \frac{1}{M} \cdot \sum_{i=1}^{M} \frac{N_i}{\overline{N}} \cdot (\mu_i - \mu)^2 \qquad (6.14)$$

Supondo que todos os conglomerados têm tamanhos iguais, as expressões anteriores resumem-se a:

$$\sigma^2_{dc} = \frac{1}{M} \cdot \sum_{i=1}^{M} \sigma^2_i \qquad (6.15)$$

$$\sigma^2_{ec} = \frac{1}{M} \cdot \sum_{i=1}^{M} (\mu_i - \mu)^2 \qquad (6.16)$$

6.4.4.1. Tamanho da amostra por conglomerados em um estágio

Esta seção apresenta o cálculo do tamanho da amostra por conglomerados em um estágio para estimar a média (variável quantitativa) de uma população finita e infinita, com erro máximo de estimação B.

O erro de estimação (B) para a média é a máxima diferença que o investigador admite entre μ (média populacional) e $\overline{X}$ (média da amostra), isto é, $B \geq |\mu - \overline{X}|$.

6.4.4.1.1. Tamanho da amostra para estimar a média de uma população infinita

Se a variável escolhida for quantitativa e a população infinita, o número de conglomerados sorteados no primeiro estágio (m), tal que $P(|\overline{X} - \mu| \leq B) = 1 - \alpha$, pode ser calculado como:

$$m = \frac{\sigma^2_c}{B^2 / z^2_\alpha} \qquad (6.17)$$

em que:
$\sigma^2_c = \sigma^2_{dc} + \sigma^2_{ec}$, conforme expressões (6.13) a (6.16);
B: erro máximo de estimação;
z_α: abscissa da distribuição normal padrão, fixado um nível de significância α.

Se os conglomerados forem de tamanhos iguais, Bolfarine e Bussab (2005) demonstram que:

$$m = \frac{\sigma^2_e}{B^2 / z^2_\alpha} \qquad (6.18)$$

Segundo os autores, em geral, σ^2_c é desconhecido e tem que ser estimado a partir de amostras piloto ou obtido a partir de pesquisas amostrais anteriores.

6.4.4.1.2. Tamanho da amostra para estimar a média de uma população finita

Se a variável escolhida for quantitativa e a população finita, o número de conglomerados sorteados no primeiro estágio (m), tal que $P(|\overline{X} - \mu| \leq B) = 1 - \alpha$, pode ser calculado como:

$$m = \frac{M \cdot \sigma^2_c}{M \cdot \dfrac{B^2 \cdot \overline{N}^2}{z^2_\alpha} + \sigma^2_c} \qquad (6.19)$$

em que:
M: número de conglomerados em que a população foi dividida;
$\sigma^2_c = \sigma^2_{dc} + \sigma^2_{ec}$, conforme expressões (6.13) a (6.16);
B: erro máximo de estimação;
$\overline{N} = N / M$ (tamanho médio dos conglomerados da população);
z_α: abscissa da distribuição normal padrão, fixado um nível de significância α.

6.4.4.1.3. Tamanho da amostra para estimar a proporção de uma população infinita

Se a variável escolhida for binária e a população infinita, o número de conglomerados sorteados no primeiro estágio (m), tal que $P(|\hat{p} - p| \leq B) = 1 - \alpha$, pode ser calculado como:

$$m = \frac{1/M \cdot \sum_{i=1}^{M} \dfrac{N_i}{\overline{N}} \cdot p_i \cdot q_i}{B^2 / z^2_\alpha} \qquad (6.20)$$

em que:

M: número de conglomerados em que a população foi dividida;

N_i: tamanho do conglomerado i, i = 1, 2, ..., M;

$\overline{N}$ = N / M (tamanho médio dos conglomerados da população);

p_i: proporção de elementos que possui a característica desejada no conglomerado i;

$q_i = 1 - p_i$;

B: erro máximo de estimação;

z_α: abscissa da distribuição normal padrão, fixado um nível de significância α.

6.4.4.1.4. Tamanho da amostra para estimar a proporção de uma população finita

Se a variável escolhida for binária e a população finita, o número de conglomerados sorteados no primeiro estágio (m), tal que $P(|\hat{p} - p| \leq B) = 1 - \alpha$, pode ser calculado como:

$$m = \frac{\sum_{i=1}^{M} \frac{N_i}{\overline{N}} \cdot p_i \cdot q_i}{M \cdot \dfrac{B^2 \cdot \overline{N}^2}{z_\alpha^2} + \frac{1}{M} \cdot \sum_{i=1}^{M} \frac{N_i}{\overline{N}} \cdot p_i \cdot q_i} \tag{6.21}$$

em que:

M: número de conglomerados em que a população foi dividida;

N_i: tamanho do conglomerado i, i = 1, 2, ..., M;

$\overline{N}$ = N / M (tamanho médio dos conglomerados da população);

p_i: proporção de elementos que possui a característica desejada no conglomerado i;

$q_i = 1 - p_i$;

B: erro máximo de estimação;

z_α: abscissa da distribuição normal padrão, fixado um nível de significância α.

6.4.4.2. Tamanho da amostra por conglomerados em dois estágios

Nesse caso, supomos que todos os conglomerados têm o mesmo tamanho. Com base em Bolfarine e Bussab (2005), consideremos a seguinte função de custo linear:

$$C = c_1 \cdot n + c_2 \cdot b \tag{6.22}$$

em que:

c_1: custo de observação de uma unidade do primeiro estágio;

c_2: custo de observação de uma unidade do segundo estágio;

n: tamanho da amostra no primeiro estágio;

b: tamanho da amostra no segundo estágio.

O tamanho ótimo de b que minimiza a função de custo linear é dado por:

$$b^* = \frac{\sigma_{dc}}{\sigma_{ec}} \cdot \sqrt{\frac{c_1}{c_2}} \tag{6.23}$$

■ EXEMPLO 15 – CÁLCULO DO TAMANHO DA AMOSTRA POR CONGLOMERADOS

Considere a população de sócios de determinado clube paulista (N = 4.500). Deseja-se estimar a nota média (0 a 10) de avaliação dos sócios em relação aos principais atributos que o clube oferece. A população é dividida em 10 grupos de 450 elementos, com base no registro de identificação de cada sócio. A estimativa da média e variância populacional por grupo, a partir de pesquisas anteriores, consta na Tabela 6.8. Supondo que a amostragem por conglomerados é baseada em um único estágio, determine o número de conglomerados que deve ser sorteado, considerando B = 2% e α = 1%.

Tabela 6.8 Média e variância populacional por grupo.

i	1	2	3	4	5	6	7	8	9	10
μ_i	7,4	6,6	8,1	7,0	6,7	7,3	8,1	7,5	6,2	6,9
σ_i^2	22,5	36,7	29,6	33,1	40,8	51,7	39,7	30,6	40,5	42,7

■ **SOLUÇÃO**

A partir dos dados do enunciado, temos que:

$$N = 4.500, \quad M = 10, \quad \overline{N} = 4.500/10 = 450, \quad B = 0,02 \quad \text{e} \quad z_\alpha = 2,575.$$

Como todos os conglomerados têm tamanhos iguais, o cálculo de σ_{dc}^2 e σ_{ec}^2 é dado por:

$$\sigma_{dc}^2 = \frac{1}{M} \cdot \sum_{i=1}^{M} \sigma_i^2 = \frac{22,5 + 36,7 + \cdots + 42,7}{10} = 36,79$$

$$\sigma_{ec}^2 = \frac{1}{M} \cdot \sum_{i=1}^{M} (\mu_i - \mu)^2 = \frac{(7,4 - 7,18)^2 + \cdots + (6,9 - 7,18)^2}{10} = 0,35$$

Logo, $\quad \sigma_c^2 = \sigma_{dc}^2 + \sigma_{ec}^2 = 36,79 + 0,35 = 37,14$

O número de conglomerados a serem sorteados em um estágio, para uma população finita, é dado pela expressão (6.19):

$$m = \frac{M \cdot \sigma_c^2}{M \cdot \dfrac{B^2 \cdot \overline{N}^2}{z_\alpha^2} + \sigma_c^2} = \frac{10 \times 37,14}{10 \times \dfrac{0,02^2 \times 450^2}{2,575^2} + 37,14} = 2,33 \cong 3$$

Portanto, a população de $N = 4.500$ sócios é dividida em $M = 10$ conglomerados de tamanhos iguais ($N_i = 450$, $i = 1, \ldots, 10$). Do total de conglomerados, devemos sortear aleatoriamente $m = 3$ conglomerados. No caso da amostragem por conglomerados em um único estágio, todos os elementos de cada conglomerado sorteado constituem a amostra global ($n = 450 \times 3 = 1.350$).

A partir da amostra selecionada, podemos inferir, com nível de confiança de 99%, que a diferença entre a média amostral e a verdadeira média populacional será de, no máximo, 2%.

O Quadro 6.1 apresenta a síntese das expressões utilizadas no cálculo do tamanho da amostra para a média (variável quantitativa) e a proporção (variável binária) de populações finitas e infinitas, com erro máximo de estimação B, para cada tipo de amostragem aleatória (simples, sistemática, estratificada e por conglomerados).

Quadro 6.1 Expressões para o cálculo do tamanho das amostras aleatórias.

Tipo de amostra aleatória	Estimação de média (população infinita)	Estimação de média (população finita)	Estimação de proporção (população infinita)	Estimação de proporção (população finita)
Simples	$n = \dfrac{\sigma^2}{B^2/z_\alpha^2}$	$n = \dfrac{N \cdot \sigma^2}{(N-1) \cdot \dfrac{B^2}{z_\alpha^2} + \sigma^2}$	$n = \dfrac{p \cdot q}{B^2/z_\alpha^2}$	$n = \dfrac{N \cdot p \cdot q}{(N-1) \cdot \dfrac{B^2}{z_\alpha^2} + p \cdot q}$
Sistemática	$n = \dfrac{\sigma^2}{B^2/z_\alpha^2}$	$n = \dfrac{N \cdot \sigma^2}{(N-1) \cdot \dfrac{B^2}{z_\alpha^2} + \sigma^2}$	$n = \dfrac{p \cdot q}{B^2/z_\alpha^2}$	$n = \dfrac{N \cdot p \cdot q}{(N-1) \cdot \dfrac{B^2}{z_\alpha^2} + p \cdot q}$
Estratificada	$n = \dfrac{\sum_{i=1}^{k} W_i \cdot \sigma_i^2}{B^2/z_\alpha^2}$	$n = \dfrac{\sum_{i=1}^{k} N_i^2 \cdot \sigma_i^2/W_i}{N^2 \cdot \dfrac{B^2}{z_\alpha^2} + \sum_{i=1}^{k} N_i \cdot \sigma_i^2}$	$n = \dfrac{\sum_{i=1}^{k} W_i \cdot p_i \cdot q_i}{B^2/z_\alpha^2}$	$n = \dfrac{\sum_{i=1}^{k} N_i^2 \cdot p_i \cdot q_i/W_i}{N^2 \cdot \dfrac{B^2}{z_\alpha^2} + \sum_{i=1}^{k} N_i \cdot p_i \cdot q_i}$
Por conglomerados (em um estágio)	$m = \dfrac{\sigma_c^2}{B^2/z_\alpha^2}$	$m = \dfrac{M \cdot \sigma_c^2}{M \cdot \dfrac{B^2 \cdot \overline{N}^2}{z_\alpha^2} + \sigma_c^2}$	$m = \dfrac{1/M \cdot \sum_{i=1}^{M} \dfrac{N_i}{\overline{N}} \cdot p_i \cdot q_i}{B^2/z_\alpha^2}$	$m = \dfrac{\sum_{i=1}^{M} \dfrac{N_i}{\overline{N}} \cdot p_i \cdot q_i}{M \cdot \dfrac{B^2 \cdot \overline{N}^2}{z_\alpha^2} + 1/M \cdot \sum_{i=1}^{M} \dfrac{N_i}{\overline{N}} \cdot p_i \cdot q_i}$

6.5. CONSIDERAÇÕES FINAIS

Raramente é possível obtermos a distribuição exata de uma variável ao selecionarmos todos os elementos da população, devido ao alto custo, ao tempo despendido e às dificuldades de levantamento de dados. Dessa forma, a alternativa é selecionarmos parte dos elementos da população (amostra) e, a partir dela, inferirmos propriedades para o todo (população). Como a amostra deve ser representativa da população, a escolha da técnica de amostragem é fundamental nesse processo.

As técnicas de amostragem podem ser classificadas em dois grandes grupos: amostragem probabilística ou aleatória e amostragem não probabilística ou não aleatória. Dentre as principais técnicas de amostragem aleatória, destacamos: amostragem aleatória simples (com e sem reposição), sistemática, estratificada e por conglomerados. As principais técnicas de amostragem não aleatórias são: amostragem por conveniência, por julgamento ou intencional, por quotas e bola de neve. Cada uma das técnicas apresenta vantagens e desvantagens, e a escolha da mais adequada deve levar em consideração as características de cada estudo.

Este capítulo também apresentou o cálculo do tamanho da amostra para estimar a média e a proporção de populações infinitas e finitas, para cada tipo de amostragem aleatória. Já para a definição do tamanho de amostras não aleatórias, o pesquisador deve basear-se em um eventual orçamento e até mesmo partir de uma dimensão já utilizada com sucesso em estudos anteriores com características similares. Outra alternativa seria calcular o tamanho de uma amostra aleatória e tê-la como referência.

6.6. EXERCÍCIOS

1) Qual a importância da amostragem?

2) Quais as diferenças entre as técnicas de amostragem aleatória e não aleatória? Em que casos elas devem ser utilizadas?

3) Qual a diferença entre a amostragem estratificada e por conglomerados?

4) Quais as vantagens e limitações de cada técnica de amostragem?

5) Qual tipo de amostragem é utilizado no sorteio da Mega-Sena?

6) Para verificar se uma peça atende a determinadas especificações de qualidade, a cada lote de 150 peças produzidas, retira-se uma unidade ao acaso e inspecionam-se todas as características de qualidade. Qual o tipo de amostragem utilizada nesse caso?

7) Suponha que a população do município de Porto Alegre esteja dividida por nível de escolaridade. Assim, para cada faixa, será entrevistada uma porcentagem da população. Qual o tipo de amostragem utilizada nesse caso?

8) Em uma linha de produção, um lote de 1.500 peças é produzido a cada hora. De cada lote, retira-se ao acaso uma amostra de 125 unidades. Em cada unidade da amostra, inspecionam-se todas as características de qualidade para verificar se a peça é defeituosa ou não. Qual o tipo de amostragem utilizada nesse caso?

9) A população do município de São Paulo está dividida em 96 distritos. Desse total, serão sorteados aleatoriamente 24 distritos e, para cada um deles, será entrevistada uma pequena amostra da população, em uma pesquisa de opinião pública. Qual o tipo de amostragem utilizada?

10) Deseja-se estimar a taxa de analfabetismo em um município com 4 mil habitantes com 15 anos ou mais. Com base em pesquisas passadas, estima-se que $\hat{p} = 0,24$. Uma amostra aleatória será retirada da população. Supondo erro máximo de estimação de 5% e nível de confiança de 95%, qual deve ser o tamanho da amostra?

11) A população de determinado município com 120 mil habitantes está dividida em cinco regiões (Norte, Sul, Centro, Leste e Oeste). A Tabela 6.9 apresenta o número de habitantes por região. Uma amostra aleatória será coletada em cada região a fim de estimar a idade média dos habitantes. As amostras selecionadas devem ser proporcionais ao número de habitantes por região. Com base em amostras piloto, obtêm-se as seguintes estimativas para as variâncias nas cinco regiões: 44,5 (Norte), 59,3 (Sul), 82,4 (Centro), 66,2 (Leste) e 69,5 (Oeste). Determine o tamanho da amostra, considerando erro de estimação de 0,6 e nível de confiança de 99%.

Tabela 6.9 Número de habitantes por região.

Região	Habitantes
Norte	14.060
Sul	19.477
Centro	36.564
Leste	26.424
Oeste	23.475

12) Considere um município com 120 mil habitantes. Deseja-se estimar a porcentagem da população que vive em áreas urbanas e rurais. O plano de amostragem utilizado divide o município em 85 distritos de tamanhos diferentes. Do total de distritos, deseja-se selecionar parte deles e, para cada distrito sorteado, serão selecionados todos os habitantes. Os arquivos **Distritos.xls**, **Distritos.RData** e **Distritos.csv** apresentam o tamanho de cada distrito, assim como a porcentagem estimada da população urbana e rural. Supondo erro máximo de estimação de 10% e nível de confiança de 90%, determine o total de distritos a serem sorteados.

CAPÍTULO 7

Testes de Hipóteses

Devemos investigar e aceitar os resultados. Se não resistem a estes testes,
até as palavras de Buda devem ser rejeitadas.
Dalai Lama

Ao final deste capítulo, você será capaz de:

- Compreender como os testes de hipóteses estão inseridos na estatística inferencial.
- Conceituar os testes de hipóteses e seus objetivos, assim como o procedimento para sua construção.
- Classificar os testes de hipóteses como paramétricos e não paramétricos, e definir os conceitos e suposições dos testes paramétricos (os testes não paramétricos serão estudados no próximo capítulo).
- Estabelecer as vantagens e desvantagens dos testes paramétricos.
- Estudar os principais tipos de testes de hipóteses paramétricos.
- Compreender as suposições inerentes a cada um dos testes paramétricos.
- Saber quando utilizar cada um dos testes paramétricos.
- Elaborar cada teste por meio do IBM SPSS Statistics Software® e do Stata Statistical Software®.
- Implementar códigos em R® e Python® para a elaboração de cada teste estudado.
- Interpretar os resultados obtidos.

Bancos de Dados,
Códigos e Projects
deste capítulo

7.1. INTRODUÇÃO

Conforme apresentamos anteriormente, um dos problemas a serem resolvidos pela inferência estatística é o de testar hipóteses. Uma **hipótese estatística** é uma suposição sobre determinado parâmetro da população, como média, desvio-padrão, coeficiente de correlação etc. Um **teste de hipótese** é um procedimento para decisão sobre a veracidade ou falsidade de determinada hipótese. Para que uma hipótese estatística seja validada ou rejeitada com certeza, seria necessário examinarmos toda a população, o que na prática é inviável. Como alternativa, extraímos uma amostra aleatória da população de interesse. Como a decisão é tomada com base na amostra, podem ocorrer erros (rejeitar uma hipótese quando ela for verdadeira ou não rejeitar uma hipótese quando ela for falsa), como será visto mais adiante.

O procedimento e os conceitos necessários para a construção de um teste de hipótese serão apresentados a seguir. Vamos considerar X uma variável associada a uma população e θ, determinado parâmetro dessa população.

Devemos definir a hipótese a ser testada sobre o parâmetro θ dessa população, que é chamada de hipótese nula:

$$H_0: \theta = \theta_0 \tag{7.1}$$

Definiremos também a hipótese alternativa (H_1), caso H_0 seja rejeitada, que pode ser caracterizada da seguinte forma:

$$H_1: \theta \neq \theta_0 \tag{7.2}$$

e o teste é chamado de **teste bilateral (ou bicaudal)**.

O nível de significância (α) de um teste representa a probabilidade de rejeitar a hipótese nula quando ela for verdadeira (é um dos dois tipos de erros que podem ocorrer, conforme veremos a seguir). A região crítica (RC) de um teste bilateral é representada por duas caudas de tamanhos iguais, respectivamente nas extremidades esquerda e direita da curva de distribuição, e cada uma delas corresponde à metade do nível de significância α, conforme mostra a Figura 7.1.

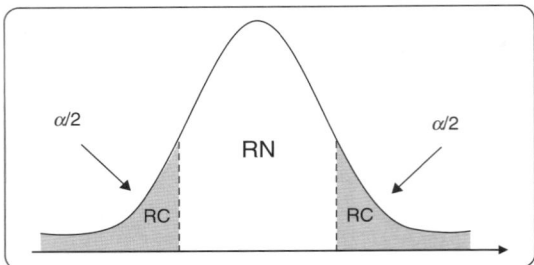

Figura 7.1 Região crítica (RC) de um teste bilateral, com destaque também para a região de não rejeição da hipótese nula (RN).

Outra forma de definir a hipótese alternativa (H$_1$) seria:

$$H_1: \theta < \theta_0 \tag{7.3}$$

e o teste é chamado **unilateral (ou unicaudal) à esquerda**.

Nesse caso, a região crítica está na cauda esquerda da distribuição e corresponde ao nível de significância α, como mostra a Figura 7.2.

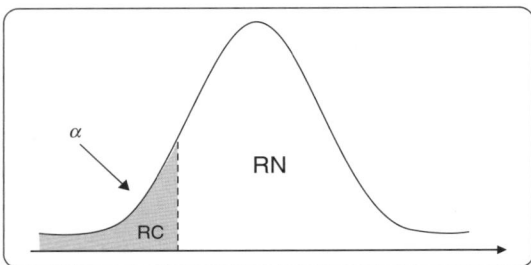

Figura 7.2 Região crítica (RC) de um teste unilateral à esquerda, com destaque também para a região de não rejeição da hipótese nula (RN).

Ou ainda, a hipótese alternativa poderia ser:

$$H_1: \theta > \theta_0 \tag{7.4}$$

e o teste é chamado **unilateral (ou unicaudal) à direta**. Nesse caso, a região crítica está na cauda direita da distribuição e corresponde ao nível de significância α, como mostra a Figura 7.3.

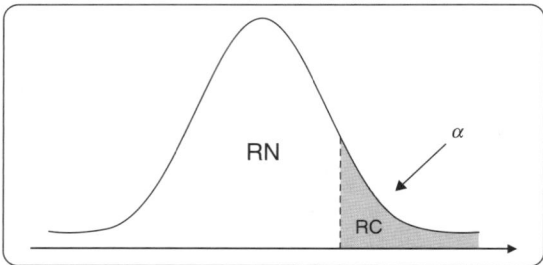

Figura 7.3 Região crítica (RC) de um teste unilateral à direita, com destaque também para a região de não rejeição da hipótese nula (RN).

Assim, quando o objetivo for verificar se um parâmetro é significativamente superior ou inferior a determinado valor, utilizamos um teste unilateral. Por outro lado, se o objetivo for verificar se um parâmetro é diferente de determinado valor, utilizamos o teste bilateral.

Definida a hipótese nula a ser testada, por meio de uma amostra aleatória coletada na população, comprovamos ou não tal hipótese. Como a decisão é tomada com base na amostra, dois tipos de erros podem ocorrer:

Erro do tipo I: Rejeitar a hipótese nula quando ela for verdadeira. A probabilidade desse tipo de erro é representada por α:

$$P(\text{erro do tipo I}) = P(\text{rejeitar } H_0 \mid H_0 \text{ é verdadeira}) = \alpha \qquad (7.5)$$

Erro do tipo II: Não rejeitar a hipótese nula quando ela for falsa. A probabilidade desse tipo de erro é representada por β:

$$P(\text{erro do tipo II}) = P(\text{não rejeitar } H_0 \mid H_0 \text{ é falsa}) = \beta \qquad (7.6)$$

O Quadro 7.1 apresenta os tipos de erros que podem ocorrer em um teste de hipótese.

Quadro 7.1 Tipos de erros.

Decisão	H_0 é verdadeira	H_0 é falsa
Não rejeitar H_0	Decisão correta $(1 - \alpha)$	Erro do tipo II (β)
Rejeitar H_0	Erro do tipo I (α)	Decisão correta $(1 - \beta)$

O procedimento para a construção dos testes de hipóteses envolve as seguintes etapas:

Passo 1: Escolher o teste estatístico adequado, dado o intuito do pesquisador.

Passo 2: Apresentar a hipótese nula H_0 e a hipótese alternativa H_1 do teste.

Passo 3: Fixar o nível de significância α.

Passo 4: Calcular o valor observado da estatística do teste com base na amostra extraída da população.

Passo 5: Determinar a região crítica do teste em função do valor de α fixado no Passo 3.

Passo 6: Decidir – se o valor da estatística pertencer à região crítica, rejeitar H_0; caso contrário, não rejeitar H_0.

Segundo Fávero *et al.* (2009), a maioria dos softwares estatísticos, entre eles o SPSS, o Stata, o R e o Python, calcula o *P-value* (*P*-valor ou valor-*P*) que corresponde à probabilidade associada ao valor da estatística do teste calculado a partir da amostra. O *P-value* indica o menor nível de significância observado que levaria à rejeição da hipótese nula. Assim, rejeitamos H_0 se $P \leq \alpha$.

Se utilizarmos o *P-value* em vez do valor crítico da estatística, os Passos 5 e 6 da construção dos testes de hipóteses serão:

Passo 5: Determinar o *P-value* que corresponde à probabilidade associada ao valor da estatística do teste calculado no Passo 4.

Passo 6: Decidir – se o valor de *P-value* for menor do que o nível de significância α estabelecido no Passo 3, rejeitar H_0; caso contrário, não rejeitar H_0.

7.2. TESTES PARAMÉTRICOS

Os testes de hipóteses dividem-se em paramétricos e não paramétricos. Neste capítulo, estudaremos apenas os testes paramétricos. Os testes não paramétricos serão estudados no próximo capítulo.

Os testes paramétricos envolvem parâmetros populacionais. Um parâmetro é qualquer medida numérica ou característica quantitativa que descreve a população; são valores fixos, usualmente desconhecidos e representados por caracteres gregos, como a média populacional (μ), o desvio-padrão populacional (σ), a variância populacional (σ^2) etc.

Quando as hipóteses forem formuladas sobre os parâmetros da população, o teste de hipótese é chamado paramétrico. Nos testes não paramétricos, as hipóteses são formuladas sobre características qualitativas da população.

Os métodos paramétricos são então aplicados para dados quantitativos e exigem suposições fortes para sua validação, incluindo:

i) as observações devem ser independentes;
ii) a amostra deve ser retirada de populações com determinada distribuição, geralmente a normal;

iii) as populações devem ter variâncias iguais para testes de comparação de duas médias populacionais empa-relhadas ou k médias populacionais ($k \geq 3$);

iv) as variáveis em estudo devem ser medidas em escala intervalar ou de razão, do modo que seja possível uti-lizar operações aritméticas sobre os respectivos valores.

Estudaremos os principais testes paramétricos, incluindo testes de normalidade, testes de homogeneidade de variâncias, teste t de *Student* e suas aplicações, além da ANOVA e suas extensões. Todos eles serão resolvidos de forma analítica e também por meio dos softwares SPSS, Stata, R e Python.

Para verificar a normalidade univariada dos dados, os testes mais utilizados são os de Kolmogorov-Smirnov, de Shapiro-Wilk e de Shapiro-Francia. Para a comparação da homogeneidade de variâncias entre populações, temos os testes χ^2 de Bartlett (1937), C de Cochran (1947), $F_{máx}$ de Hartley (1950) e F de Levene (1960).

Descreveremos o teste t de *Student* para três situações: testar hipóteses sobre uma média populacional, testar hipóteses para comparar duas médias independentes e para comparar duas médias emparelhadas.

A Análise de Variância (ANOVA) é uma extensão do teste t de *Student* e é utilizada para comparar médias de mais de duas populações. Neste capítulo, serão descritas a ANOVA de um fator, a ANOVA de dois fatores e a sua extensão para mais de dois fatores.

7.3. TESTES PARA NORMALIDADE UNIVARIADA

Dentre os testes de normalidade univariada, os mais utilizados são: Kolmogorov-Smirnov, Shapiro-Wilk e Shapiro-Francia.

7.3.1. Teste de Kolmogorov-Smirnov

O teste de Kolmogorov-Smirnov (K-S) é um teste de aderência, isto é, compara a distribuição de frequências acumuladas de um conjunto de valores amostrais (valores observados) com uma distribuição teórica. O objetivo é testar se os valores amostrais são oriundos de uma população com suposta distribuição teórica ou esperada, nesse caso, a distribuição normal. A estatística do teste é o ponto de maior diferença (em valor absoluto) entre as duas distribuições.

Para utilização do teste de K-S, a média e o desvio-padrão da população devem ser conhecidos. Para pequenas amostras, o teste perde potência, de modo que deve ser utilizado em amostras grandes ($n \geq 30$).

O teste de K-S assume as seguintes hipóteses:

H_0: a amostra provém de uma população com distribuição $N(\mu, \sigma)$.
H_1: a amostra não provém de uma população com distribuição $N(\mu, \sigma)$.

Conforme especificado em Fávero *et al.* (2009), seja $F_{esp}(X)$ uma função de distribuição esperada (normal) de frequências relativas acumuladas da variável X, em que $F_{esp}(X) \sim N(\mu, \sigma)$, e $F_{obs}(X)$ a distribuição de frequências relativas acumuladas observada da variável X. O objetivo é testar se $F_{obs}(X) = F_{esp}(X)$, contra a alternativa de que $F_{obs}(X) \neq F_{esp}(X)$.

A estatística do teste é:

$$D_{cal} = máx\{|F_{esp}(X_i) - F_{obs}(X_i)|; |F_{esp}(X_i) - F_{obs}(X_{i-1})|\}, \text{ para } i = 1, \ldots, n. \tag{7.7}$$

em que:
$F_{esp}(X_i)$: frequência relativa acumulada esperada na categoria i;
$F_{obs}(X_i)$: frequência relativa acumulada observada na categoria i;
$F_{obs}(X_{i-1})$: frequência relativa acumulada observada na categoria $i-1$.

Os valores críticos da estatística de Kolmogorov-Smirnov (D_c) estão na Tabela G do apêndice do livro. Essa tabela fornece os valores críticos de D_c, tal que $P(D_{cal} > D_c) = \alpha$ (para um teste unilateral à direita). Para que a hi-pótese nula H_0 seja rejeitada, o valor da estatística D_{cal} deve pertencer à região crítica, isto é, $D_{cal} > D_c$; caso con-trário, não rejeitamos H_0.

O *P-value* (probabilidade associada ao valor da estatística calculada D_{cal} a partir da amostra) também pode ser obtido da Tabela G. Nesse caso, rejeitamos H_0 se $P \leq \alpha$.

■ EXEMPLO 1 – APLICAÇÃO DO TESTE DE KOLMOGOROV-SMIRNOV

A Tabela 7.1 apresenta os dados de produção mensal de máquinas agrícolas de uma empresa nos últimos 36 meses. Verifique se os dados da Tabela 7.1 são provenientes de uma população com distribuição normal, considerando α = 5%.

Tabela 7.1 Produção de máquinas agrícolas nos últimos 36 meses.

52	50	44	50	42	30	36	34	48	40	55	40
30	36	40	42	55	44	38	42	40	38	52	44
52	34	38	44	48	36	36	55	50	34	44	42

■ SOLUÇÃO

Passo 1: Como o objetivo é verificar se os dados da Tabela 7.1 são provenientes de uma população com distribuição normal, o teste indicado é o de Kolmogorov-Smirnov (K-S).

Passo 2: As hipóteses do teste de K-S para este exemplo são:

H_0: a produção de máquinas agrícolas na população segue distribuição $N(\mu, \sigma)$.
H_1: a produção de máquinas agrícolas na população não segue distribuição $N(\mu, \sigma)$.

Passo 3: O nível de significância a ser considerado é de 5%.

Passo 4: Todos os passos necessários para o cálculo de D_{cal} a partir da expressão (7.7) estão especificados na Tabela 7.2.

Tabela 7.2 Cálculo da estatística de Kolmogorov-Smirnov.

X_i	[a]F_{abs}	[b]F_{ac}	[c]$Frac_{obs}$	[d]Z_i	[e]$Frac_{esp}$	$\|F_{esp}(X_i) - F_{obs}(X_i)\|$	$\|F_{esp}(X_i) - F_{obs}(X_{i-1})\|$
30	2	2	0,056	-1,7801	0,0375	0,018	0,036
34	3	5	0,139	-1,2168	0,1118	0,027	0,056
36	4	9	0,250	-0,9351	0,1743	0,076	0,035
38	3	12	0,333	-0,6534	0,2567	0,077	0,007
40	4	16	0,444	-0,3717	0,3551	0,089	0,022
42	4	20	0,556	-0,0900	0,4641	0,092	0,020
44	5	25	0,694	0,1917	0,5760	0,118	0,020
48	2	27	0,750	0,7551	0,7749	0,025	0,081
50	3	30	0,833	1,0368	0,8501	0,017	0,100
52	3	33	0,917	1,3185	0,9064	0,010	0,073
55	3	36	1	1,7410	0,9592	0,041	0,043

[a] Frequência absoluta.
[b] Frequência (absoluta) acumulada.
[c] Frequência relativa acumulada observada de X_i.
[d] Valores padronizados de X_i de acordo com a expressão $Z_i = \dfrac{X_i - \overline{X}}{S}$.

[e] Frequência relativa acumulada esperada de X_i e corresponde à probabilidade obtida na Tabela E do apêndice do livro (tabela de distribuição normal padrão) a partir do valor de Z_i.

O valor real da estatística de K-S com base na amostra é, então, $D_{cal} = 0,118$.

Passo 5: De acordo com a Tabela G do apêndice do livro, para n = 36 e α = 5%, o valor crítico da estatística de Kolmogorov-Smirnov é $D_c = 0,23$.

Passo 6: Decisão – como o valor calculado não pertence à região crítica ($D_{cal} < D_c$), a hipótese nula não é rejeitada, o que nos permite concluir, ao nível de confiança de 95%, que a amostra é obtida de uma população com distribuição normal.

Se utilizarmos o *P-value* em vez do valor crítico da estatística, os Passos 5 e 6 serão:

Passo 5: De acordo com a Tabela G do apêndice do livro, para uma amostra de tamanho $n = 36$, a probabilidade associada à estatística $D_{cal} = 0,118$ tem como limite inferior $P = 0,20$.

Passo 6: Decisão – como $P > 0,05$, não rejeitamos H_0.

7.3.2. Teste de Shapiro-Wilk

O teste de Shapiro-Wilk (S-W) é baseado em Shapiro e Wilk (1965) e pode ser aplicado para amostras de tamanho $4 \leq n \leq 2.000$, sendo uma alternativa ao teste de normalidade de Kolmogorov-Smirnov (K-S) no caso de pequenas amostras ($n < 30$).

Analogamente ao teste de K-S, o teste de normalidade de S-W assume as seguintes hipóteses:

H_0: a amostra provém de uma população com distribuição $N(\mu, \sigma)$.
H_1: a amostra não provém de uma população com distribuição $N(\mu, \sigma)$.

O cálculo da estatística de Shapiro-Wilk (W_{cal}) é dado por:

$$W_{cal} = \frac{b^2}{\sum_{i=1}^{n}\left(X_i - \overline{X}\right)^2} \text{ , para } i = 1, \ldots, n. \tag{7.8}$$

e

$$b = \sum_{i=1}^{n/2} a_{i,n} \cdot \left(X_{(n-i+1)} - X_{(i)}\right) \tag{7.9}$$

em que:
$X_{(i)}$ são as estatísticas de ordem i da amostra, ou seja, a i-ésima observação ordenada, de modo que $X_{(1)} \leq X_{(2)} \leq \ldots \leq X_{(n)}$;
$\overline{X}$ é a média de X;
$a_{i,n}$ são constantes geradas das médias, variâncias e covariâncias das estatísticas de ordem de uma amostra aleatória de tamanho n a partir de uma distribuição normal. Seus valores são apresentados na Tabela H_2 do apêndice do livro.

Pequenos valores de W_{cal} indicam que a distribuição da variável em estudo não é normal. Os valores críticos da estatística de Shapiro-Wilk (W_c) estão na Tabela H_1 do apêndice do livro. Diferente da maioria das tabelas, essa tabela fornece os valores críticos de W_c, tal que $P(W_{cal} < W_c) = \alpha$ (para um teste unilateral à esquerda). Para que a hipótese nula H_0 seja rejeitada, o valor da estatística W_{cal} deve pertencer à região crítica, isto é, $W_{cal} < W_c$; caso contrário, não rejeitamos H_0.

O *P-value* (probabilidade associada ao valor da estatística calculada W_{cal} a partir da amostra) também pode ser obtido da Tabela H_1. Nesse caso, rejeitamos H_0 se $P \leq \alpha$.

■ EXEMPLO 2 – APLICAÇÃO DO TESTE DE SHAPIRO-WILK

A Tabela 7.3 apresenta os dados de produção mensal de aviões de uma empresa aeroespacial nos últimos 24 meses. Verifique se os dados da Tabela 7.3 são provenientes de uma população com distribuição normal, considerando $\alpha = 1\%$.

Tabela 7.3 Produção de aviões nos últimos 24 meses.

28	32	46	24	22	18	20	34	30	24	31	29
15	19	23	25	28	30	32	36	39	16	23	36

■ SOLUÇÃO

Passo 1: Para um teste de normalidade em que $n < 30$, o teste indicado é o de Shapiro-Wilk (S-W).

Passo 2: As hipóteses do teste de S-W para este exemplo são:

H_0: a produção de aviões na população segue distribuição normal $N(\mu, \sigma)$.
H_1: a produção de aviões na população não segue distribuição normal $N(\mu, \sigma)$.

Passo 3: O nível de significância a ser considerado é de 1%.

Passo 4: O cálculo da estatística de S-W para os dados da Tabela 7.3, de acordo com as expressões (7.8) e (7.9), está detalhado a seguir.

Inicialmente, para o cálculo de b, devemos classificar os valores da Tabela 7.3 em ordem crescente, como mostra a Tabela 7.4.

Tabela 7.4 Valores da Tabela 7.3 classificados em ordem crescente.

15	16	18	19	20	22	23	23	24	24	25	28
28	29	30	30	31	32	32	34	36	36	39	46

O procedimento completo para o cálculo de b, a partir da expressão (7.9), está especificado na Tabela 7.5. Os valores de $a_{i,n}$ foram obtidos da Tabela H_2 do apêndice do livro.

Tabela 7.5 Procedimento para o cálculo de b.

i	$n-i+1$	$a_{i,n}$	$X_{(n-i+1)}$	$X_{(i)}$	$a_{i,n}(X_{(n-i+1)} - X_{(i)})$
1	24	0,4493	46	15	13,9283
2	23	0,3098	39	16	7,1254
3	22	0,2554	36	18	4,5972
4	21	0,2145	36	19	3,6465
5	20	0,1807	34	20	2,5298
6	19	0,1512	32	22	1,5120
7	18	0,1245	32	23	1,1205
8	17	0,0997	31	23	0,7976
9	16	0,0764	30	24	0,4584
10	15	0,0539	30	24	0,3234
11	14	0,0321	29	25	0,1284
12	13	0,0107	28	28	0,0000
					b = 36,1675

Temos que $\sum_{i=1}^{n}\left(X_i - \overline{X}\right)^2 = (28-27,5)^2 + \ \cdots \ + (36-27,5)^2 = 1.388$

Logo, $W_{cal} = \dfrac{b^2}{\sum_{i=1}^{n}\left(X_i - \overline{X}\right)^2} = \dfrac{(36,1675)^2}{1.338} = 0,978$

Passo 5: De acordo com a Tabela H_1 do apêndice do livro, para $n = 24$ e $\alpha = 1\%$, o valor crítico da estatística de Shapiro-Wilk é $W_c = 0,884$.

Passo 6: Decisão – a hipótese nula não é rejeitada, já que $W_{cal} > W_c$ (a Tabela H_1 fornece os valores críticos de W_c, tal que $P(W_{cal} < W_c) = \alpha$), o que nos permite concluir, ao nível de confiança de 99%, que a amostra é obtida de uma população com distribuição normal.

Se utilizarmos o *P-value* em vez do valor crítico da estatística, os Passos 5 e 6 serão:

Passo 5: De acordo com a Tabela H_1 do apêndice do livro, para uma amostra de tamanho $n = 24$, a probabilidade associada à estatística $W_{cal} = 0,978$ (*P-value*) está entre 0,50 e 0,90 (uma probabilidade de 0,90 está associada ao valor $W_{cal} = 0,981$).

Passo 6: Decisão – como $P > 0,01$, não rejeitamos H_0.

7.3.3. Teste de Shapiro-Francia

Este teste é baseado em Shapiro e Francia (1972). De acordo com Sarkadi (1975), os testes de Shapiro-Wilk (S-W) e Shapiro-Francia (S-F) têm a mesma forma, sendo diferentes apenas na definição dos coeficientes. Além disso, o cálculo do teste de S-F é muito mais simples, podendo ser considerado uma versão simplificada do teste de S-W. Apesar da simplicidade, é tão robusto quanto o teste de Shapiro-Wilk, tornando-se um substituto de S-W.

O teste de Shapiro-Francia pode ser aplicado para amostras de tamanho $5 \leq n \leq 5.000$, sendo similar ao teste de Shapiro-Wilk para grandes amostras.

Analogamente ao teste de S-W, o teste de S-F assume as seguintes hipóteses:

H_0: a amostra provém de uma população com distribuição $N(\mu, \sigma)$.
H_1: a amostra não provém de uma população com distribuição $N(\mu, \sigma)$.

O cálculo da estatística de Shapiro-Francia (W'_{cal}) é dado por:

$$W'_{cal} = \left[\sum_{i=1}^{n} m_i \cdot X_{(i)} \right]^2 \Bigg/ \left[\sum_{i=1}^{n} m_i^2 \cdot \sum_{i=1}^{n} (X_i - \overline{X})^2 \right], \text{ para } i = 1, \ldots, n \qquad (7.10)$$

em que:

$X_{(i)}$ são as estatísticas de ordem i da amostra, ou seja, a i-ésima observação ordenada, de modo que $X_{(1)} \leq X_{(2)} \leq \ldots \leq X_{(n)}$;

m_i é o valor esperado aproximado da i-ésima observação (*Zscore*). Os valores de m_i são aproximados por:

$$m_i = \Phi^{-1} \cdot \left(\frac{i}{n+1} \right) \qquad (7.11)$$

em que Φ^{-1} corresponde ao inverso da distribuição normal padrão com média zero e desvio-padrão 1. Esses valores podem ser extraídos da tabela E do apêndice do livro.

Pequenos valores de W'_{cal} indicam que a distribuição da variável em estudo não é normal. Os valores críticos da estatística de Shapiro-Francia W'_c estão na Tabela H_1 do apêndice do livro. Diferente da maioria das tabelas, essa tabela fornece os valores críticos de W'_c, tal que $P(W'_{cal} < W'_c) = \alpha$ (para um teste unilateral à esquerda). Para que a hipótese nula H_0 seja rejeitada, o valor da estatística W'_{cal} deve pertencer à região crítica, isto é, $W'_{cal} < W'_c$; caso contrário, não rejeitamos H_0.

O *P-value* (probabilidade associada ao valor da estatística calculada W'_{cal} a partir da amostra) também pode ser obtido da Tabela H_1. Nesse caso, rejeitamos H_0 se $P \leq \alpha$.

■ EXEMPLO 3 – APLICAÇÃO DO TESTE DE SHAPIRO-FRANCIA

A Tabela 7.6 apresenta os dados de produção diária de bicicletas de determinada empresa nos últimos 60 dias. Verifique se os dados são provenientes de uma população com distribuição normal, considerando $\alpha = 5\%$.

Tabela 7.6 Produção de bicicletas nos últimos 60 dias.

85	70	74	49	67	88	80	91	57	63	66	60
72	81	73	80	55	54	93	77	80	64	60	63
67	54	59	78	73	84	91	57	59	64	68	67
70	76	78	75	80	81	70	77	65	63	59	60
61	74	76	81	79	78	60	68	76	71	72	84

■ SOLUÇÃO

Passo 1: A normalidade dos dados pode ser verificada pelo teste de Shapiro-Francia.

Passo 2: As hipóteses do teste de S-F para este exemplo são:

H_0: a produção de bicicletas na população segue distribuição normal $N(\mu, \sigma)$.
H_1: a produção de bicicletas na população não segue distribuição normal $N(\mu, \sigma)$.

Passo 3: O nível de significância a ser considerado é de 5%.

Passo 4: O procedimento para o cálculo da estatística de S-F, para os dados da Tabela 7.6, está detalhado na Tabela 7.7.

Tabela 7.7 Procedimento para o cálculo da estatística de Shapiro-Francia.

i	$X_{(i)}$	$i / (n+1)$	m_i	$m_i \cdot X_{(i)}$	m_i^2	$(X_i - \bar{X})^2$
1	49	0,0164	-2,1347	-104,5995	4,5569	481,8025
2	54	0,0328	-1,8413	-99,4316	3,3905	287,3025
3	54	0,0492	-1,6529	-89,2541	2,7319	287,3025
4	55	0,0656	-1,5096	-83,0276	2,2789	254,4025
5	57	0,0820	-1,3920	-79,3417	1,9376	194,6025
6	57	0,0984	-1,2909	-73,5841	1,6665	194,6025
7	59	0,1148	-1,2016	-70,8960	1,4439	142,8025
8	59	0,1311	-1,1210	-66,1380	1,2566	142,8025
			...			
60	93	0,9836	2,1347	198,5256	4,5569	486,2025
			Soma	**574,6704**	**53,1904**	**6.278,8500**

Logo, $W'_{cal} = (574,6704)^2/(53,1904 \times 6.278,8500) = 0,989$.

Passo 5: De acordo com a Tabela H_1 do apêndice do livro, para $n = 60$ e $\alpha = 5\%$, o valor crítico da estatística de Shapiro-Francia é $W'_c = 0,9625$.

Passo 6: Decisão – a hipótese nula não é rejeitada, já que $W'_{cal} > W'_c$ (a Tabela H_1 fornece os valores críticos de W'_c, tal que $P(W'_{cal} < W'_c) = \alpha$), o que nos permite concluir, ao nível de confiança de 95%, que a amostra é obtida de uma população com distribuição normal.

Se utilizarmos o *P-value* em vez do valor crítico da estatística, os Passos 5 e 6 serão:

Passo 5: De acordo com a Tabela H_1 do apêndice do livro, para uma amostra de tamanho $n = 60$, a probabilidade associada à estatística $W'_{cal} = 0,989$ (*P-value*) é maior do que 0,10.

Passo 6: Decisão – como $P > 0,05$, não rejeitamos H_0.

7.3.4. Resolução dos testes de normalidade por meio do software SPSS

Os testes de normalidade de Kolmogorov-Smirnov e Shapiro-Wilk podem ser elaborados por meio IBM SPSS Statistics Software®. Já o teste de Shapiro-Francia será elaborado por meio do software Stata, como veremos na próxima seção. Nas seções seguintes, realizaremos esses testes em R e Python.

Com base no procedimento que será descrito a seguir, o SPSS apresenta os resultados dos testes de K-S e de S-W para a amostra selecionada. A reprodução das imagens nesta seção tem autorização da International Business Machines Corporation©.

Consideremos os dados do Exemplo 1 que estão disponíveis no arquivo **Produção_MáquinasAgrícolas.sav**. Vamos abrir o arquivo e selecionar o menu **Analyze → Descriptive Statistics → Explore...**, como mostra a Figura 7.4.

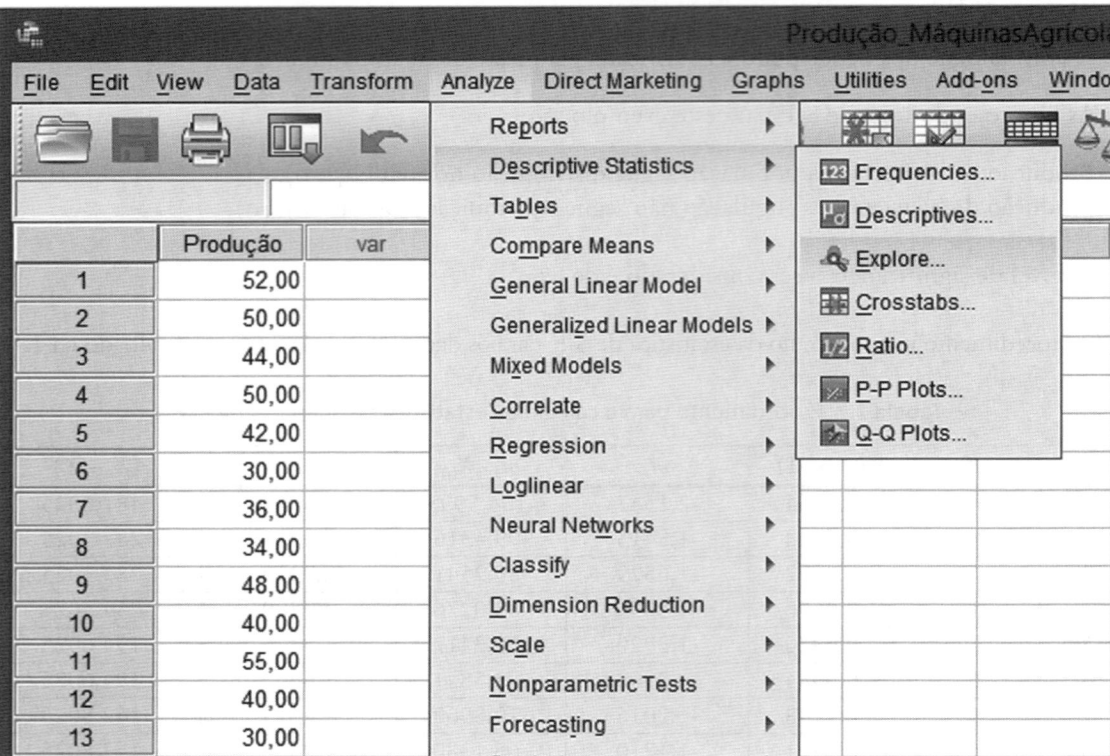

Figura 7.4 Procedimento para a elaboração do teste de normalidade univariada no SPSS.

A partir da caixa de diálogo **Explore**, devemos selecionar a variável de interesse em **Dependent List**, como mostra a Figura 7.5. Vamos clicar no botão **Plots...** (será aberta a caixa de diálogo **Explore: Plots**) e selecionar a opção **Normality plots with tests** (Figura 7.6). Por fim, clicaremos em **Continue** e em **OK**.

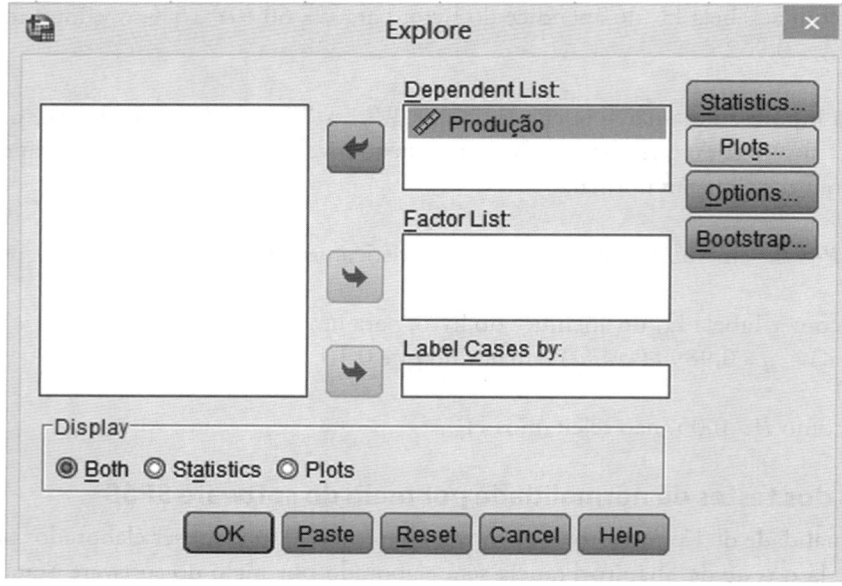

Figura 7.5 Seleção da variável de interesse.

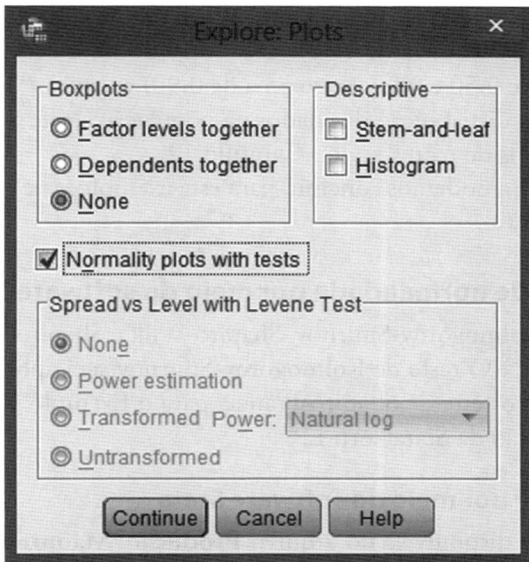

Figura 7.6 Seleção do teste de normalidade no SPSS.

Os resultados dos testes de normalidade de Kolmogorov-Smirnov e Shapiro-Wilk, para os dados do Exemplo 1, estão na Figura 7.7.

Tests of Normality

	Kolmogorov-Smirnov[a]			Shapiro-Wilk		
	Statistic	df	Sig.	Statistic	df	Sig.
Produção	,118	36	,200*	,957	36	,167

a. Lilliefors Significance Correction.
*. This is a lower bound of the true significance.

Figura 7.7 Resultados dos testes de normalidade para o Exemplo 1 no SPSS.

De acordo com a Figura 7.7, o resultado da estatística de K-S foi de 0,118, semelhante ao valor calculado no Exemplo 1. Como a amostra possui mais de 30 elementos, devemos utilizar apenas o teste de K-S para verificação da normalidade dos dados (o teste de S-W foi aplicado para o Exemplo 2). De qualquer forma, o SPSS também disponibiliza o resultado da estatística de S-W para a amostra selecionada.

Conforme apresentado na introdução deste capítulo, o SPSS calcula o *P-value* que corresponde ao menor nível de significância observado que levaria à rejeição da hipótese nula. Para os testes de K-S e S-W, respectivamente, o *P-value* corresponde ao menor valor de P a partir do qual $D_{cal} > D_c$ e $W_{cal} < W_c$. Conforme mostra a Figura 7.7, o valor de P para o teste de K-S foi de 0,200 (essa probabilidade também pode ser extraída da Tabela G do apêndice do livro, conforme apresentado no Exemplo 1). Como $P > 0,05$, não rejeitamos a hipótese nula, o que nos permite concluir, ao nível de confiança de 95%, que a distribuição dos dados é normal. O teste de S-W também permite concluir que a distribuição dos dados apresenta aderência à distribuição normal.

Aplicando o mesmo procedimento para verificação da normalidade dos dados do Exemplo 2 (os dados estão disponíveis no arquivo **Produção_Aviões.sav**), obtemos os resultados da Figura 7.8.

Tests of Normality

	Kolmogorov-Smirnov[a]			Shapiro-Wilk		
	Statistic	df	Sig.	Statistic	df	Sig.
Produção	,094	24	,200*	,978	24	,857

a. Lilliefors Significance Correction.
*. This is a lower bound of the true significance.

Figura 7.8 Resultados dos testes de normalidade para o Exemplo 2 no SPSS.

Analogamente ao Exemplo 2, o resultado do teste de S-W foi 0,978. O teste de K-S não foi aplicado para este exemplo em função do tamanho da amostra ($n < 30$). O *P-value* do teste de S-W é 0,857 (vimos no Exemplo 2 que essa probabilidade estaria entre 0,50 e 0,90, e próxima de 0,90) e, como $P > 0,01$, a hipótese nula não é rejeitada, o que permite concluir que a distribuição dos dados na população segue a distribuição normal. Faremos uso deste teste na estimação de modelos de regressão, no Capítulo 12.

A partir do teste de K-S, também podemos concluir, para este exemplo, que a distribuição dos dados é aderente à distribuição normal.

7.3.5. Resolução dos testes de normalidade por meio do software Stata

Os testes de normalidade de Kolmogorov-Smirnov, Shapiro-Wilk e Shapiro-Francia podem ser elaborados por meio do Stata Statistical Software®. O teste de Kolmogorov-Smirnov será aplicado para o Exemplo 1, o teste de Shapiro-Wilk para o Exemplo 2 e o teste de Shapiro-Francia para o Exemplo 3. A reprodução das imagens apresentadas nesta seção tem autorização da StataCorp LP©.

Teste de Kolmogorov-Smirnov por meio do software Stata

Os dados do Exemplo 1 estão disponíveis no arquivo **Produção_MáquinasAgrícolas.dta**. Vamos abrir esse arquivo e verificar que o nome da variável em estudo é *produção*.

Para a elaboração do teste de Kolmogorov-Smirnov pelo Stata, devemos especificar a média e o desvio-padrão da variável de interesse na sintaxe do teste, de modo que o comando **summarize** ou, simplesmente, **sum**, deve ser digitado inicialmente, seguido pela respectiva variável:

```
sum produção
```

e obtemos a Figura 7.9. Podemos verificar, portanto, que a média é 42,63889 e o desvio-padrão é 7,099911.

```
. sum produção

    Variable |        Obs        Mean    Std. Dev.        Min        Max
-------------+--------------------------------------------------------
    produção |         36    42.63889    7.099911         30         55
```

Figura 7.9 Estatísticas descritivas da variável *produção*.

O teste de Kolmogorov-Smirnov é dado pelo seguinte comando:

```
ksmirnov produção = normal((produção-42.63889)/7.099911)
```

O resultado obtido encontra-se na Figura 7.10. Podemos verificar que o valor da estatística do teste é semelhante ao calculado no Exemplo 1 e pelo software SPSS. Como $P > 0,05$, concluímos que a distribuição dos dados é normal.

```
. ksmirnov produção=normal(( produção-42.63889)/7.099911)

One-sample Kolmogorov-Smirnov test against theoretical distribution
            normal(( produção-42.63889)/7.099911)

Smaller group       D       P-value  Corrected
----------------------------------------------
produção:         0.1184    0.364
Cumulative:      -0.1001    0.486
Combined K-S:     0.1184    0.694       0.622

Note: ties exist in dataset;
      there are 11 unique values out of 36 observations.
```

Figura 7.10 Resultados do teste de Kolmogorov-Smirnov para o Exemplo 1 no Stata.

Teste de Shapiro-Wilk por meio do software Stata

Os dados do Exemplo 2 estão disponíveis no arquivo **Produção_Aviões.dta**. Para a elaboração do teste de Shapiro-Wilk pelo Stata, a sintaxe do comando é:

```
swilk variáveis*
```

em que o termo **variáveis*** deve ser substituído pela lista de variáveis consideradas. Para os dados do Exemplo 2, temos uma única variável, denominada *produção*, de modo que o comando a ser digitado é:

swilk produção

O resultado do teste de Shapiro-Wilk está ilustrado na Figura 7.11. Como $P > 0,05$, concluímos que a amostra provém de uma população com distribuição normal.

```
. swilk produção

                  Shapiro-Wilk W test for normal data

    Variable |    Obs          W          V          z      Prob>z
-------------+-------------------------------------------------------
    produção |     24    0.98017      0.535     -1.276     0.89900
```

Figura 7.11 Resultados do teste de Shapiro-Wilk para o Exemplo 2 no Stata.

Faremos uso desse teste na estimação de modelos de regressão, no Capítulo 12.

Teste de Shapiro-Francia por meio do software Stata

Os dados do Exemplo 3 estão disponíveis no arquivo **Produção_Bicicletas.dta**. Para a elaboração do teste de Shapiro-Francia pelo Stata, a sintaxe do comando é:

sfrancia variáveis*

em que o termo **variáveis*** deve ser substituído pela lista de variáveis consideradas. Para os dados do Exemplo 3, temos uma única variável, denominada *produção*, de modo que o comando a ser digitado é:

sfrancia produção

O resultado do teste de Shapiro-Francia está na Figura 7.12. Podemos verificar que o valor é semelhante ao calculado no Exemplo 3 ($W' = 0,989$). Como $P > 0,05$, concluímos que a amostra provém de uma população com distribuição normal.

```
. sfrancia produção

                 Shapiro-Francia W' test for normal data

    Variable |    Obs         W'         V'          z      Prob>z
-------------+-------------------------------------------------------
    produção |     60    0.98922      0.649     -0.828     0.79618
```

Figura 7.12 Resultados do teste de Shapiro-Francia para o Exemplo 3 no Stata.

Também faremos uso desse teste na estimação de modelos de regressão, no Capítulo 12.

7.4. TESTES PARA HOMOGENEIDADE DE VARIÂNCIAS

Uma das condições para se aplicar um teste paramétrico para comparação de k médias populacionais é que as variâncias das populações, estimadas a partir de k amostras representativas, sejam homogêneas ou iguais. Os testes mais utilizados para verificação da homogeneidade de variâncias são os testes χ^2 de Bartlett (1937), C de Cochran (1947), $F_{máx}$ de Hartley (1950) e F de Levene (1960).

Na hipótese nula dos testes de homogeneidade de variância, as variâncias das k populações são homogêneas. Na hipótese alternativa, pelo menos uma variância populacional é diferente das demais. Ou seja:

$$H_0 : \sigma_1^2 = \sigma_2^2 = ... = \sigma_k^2$$
$$H_1 : \exists_{i,j} : \sigma_i^2 \neq \sigma_j^2 \, (i, j = 1, ..., k) \tag{7.12}$$

7.4.1. Teste χ^2 de Bartlett

O teste original proposto para verificar a homogeneidade de variâncias entre grupos é o teste χ^2 de Bartlett (1937). Esse teste é muito sensível aos desvios de normalidade, sendo o teste de Levene uma alternativa nesse caso.

A estatística de Bartlett é calculada a partir de q:

$$q=(N-k)\cdot\ln\left(S_p^2\right)-\sum_{i=1}^{k}(n_i-1)\cdot\ln\left(S_i^2\right)$$ (7.13)

em que:

n_i, $i = 1, \ldots, k$ é o tamanho de cada amostra i, de modo que $\sum_{i=1}^{k} n_i = N$;

S_i^2, $i = 1, \ldots, k$ é a variância em cada amostra i;

e

$$S_p^2 = \frac{\sum_{i=1}^{k}(n_i-1)\cdot S_i^2}{N-k}$$ (7.14)

Um fator de correção c é aplicado à estatística q, com a seguinte expressão:

$$c=1+\frac{1}{3\cdot(k-1)}\cdot\left(\sum_{i=1}^{k}\frac{1}{n_i-1}-\frac{1}{N-k}\right)$$ (7.15)

de modo que a estatística de Bartlett (B_{cal}) segue aproximadamente uma distribuição qui-quadrado com $k-1$ graus de liberdade, ou seja:

$$B_{cal}=\frac{q}{c} \sim \chi_{k-1}^2$$ (7.16)

Pelas expressões anteriores, verificamos que, quanto maior a diferença entre as variâncias, maior também será o valor de B. Por outro lado, se todas as variâncias amostrais forem iguais, seu valor será zero. Para confirmar se a hipótese nula de homogeneidade de variâncias será ou não rejeitada, o valor calculado deve ser comparado com o valor crítico da estatística (χ_c^2), que está disponível na Tabela D do apêndice do livro.

Essa tabela fornece os valores críticos de χ_c^2, tal que $P(\chi_{cal}^2 > \chi_c^2) = \alpha$ (para um teste unilateral à direita). Assim, rejeitamos a hipótese nula se $B_{cal} > \chi_c^2$. Por outro lado, se $B_{cal} \leq \chi_c^2$, não rejeitamos H_0.

O *P-value* (probabilidade associada à estatística χ_{cal}^2) também pode ser obtido a partir da Tabela D. Nesse caso, rejeitamos H_0 se $P \leq \alpha$.

■ EXEMPLO 4 – APLICAÇÃO DO TESTE χ^2 DE BARTLETT

Um supermercadista deseja estudar o número de clientes atendidos diariamente para tomar decisões estratégicas de operações. A Tabela 7.8 apresenta os dados de três lojas ao longo de duas semanas. Verifique se as variâncias entre os grupos são homogêneas. Considere $\alpha = 5\%$.

Tabela 7.8 Número de clientes atendidos por dia e por loja.

	Loja 1	Loja 2	Loja 3
Dia 1	620	710	924
Dia 2	630	780	695
Dia 3	610	810	854
Dia 4	650	755	802
Dia 5	585	699	931
Dia 6	590	680	924
Dia 7	630	710	847
Dia 8	644	850	800
Dia 9	595	844	769
Dia 10	603	730	863
Dia 11	570	645	901
Dia 12	605	688	888
Dia 13	622	718	757
Dia 14	578	702	712
Desvio-padrão	**24,4059**	**62,2466**	**78,9144**
Variância	**595,6484**	**3.874,6429**	**6.227,4780**

■ SOLUÇÃO

Se aplicarmos o teste de normalidade de Kolmogorov-Smirnov ou de Shapiro-Wilk aos dados da Tabela 7.8, verificaremos que a distribuição dos mesmos apresenta aderência à normalidade, ao nível de significância de 5%, de modo que o teste χ^2 de Bartlett pode ser aplicado para comparar a homogeneidade de variâncias entre os grupos.

Passo 1: Como o objetivo é comparar a igualdade de variâncias entre os grupos, podemos utilizar o teste χ^2 de Bartlett.

Passo 2: As hipóteses do teste χ^2 de Bartlett para este exemplo são:

H$_0$: as variâncias populacionais dos 3 grupos são homogêneas.

H$_1$: as variâncias populacionais de pelo menos um grupo é diferente das demais.

Passo 3: O nível de significância a ser considerado é de 5%.

Passo 4: O cálculo completo da estatística χ^2 de Bartlett está detalhado a seguir. Inicialmente, calculamos o valor de S_p^2, de acordo com a expressão (7.14):

$$S_p^2 = \frac{13 \cdot (595,65 + 3.874,64 + 6.227,48)}{42 - 3} = 3.565,92$$

Assim, podemos calcular q por meio da expressão (7.13), de modo que:

$$q = 39 \cdot \ln(3.565,92) - 13 \cdot [\ln(595,65) + \ln(3.874,64) + \ln(6.227,48)] = 14,94$$

O fator de correção c da estatística q é calculado a partir da expressão (7.15):

$$c = 1 + \left(\frac{1}{3 \cdot (3-1)}\right) \cdot 3 \cdot \left(\frac{1}{13} - \frac{1}{42-3}\right) = 1,0256$$

Por fim, calculamos B_{cal}:

$$B_{cal} = \frac{q}{c} = \frac{14,94}{1,0256} = 14,567$$

Passo 5: De acordo com a Tabela D do apêndice do livro, para $v = 3 - 1$ graus de liberdade e $\alpha = 5\%$, o valor crítico do teste χ^2 de Bartlett é $\chi_c^2 = 5,991$.

Passo 6: Decisão – como o valor calculado pertence à região crítica ($B_{cal} > \chi_c^2$), a hipótese nula é rejeitada, o que nos permite concluir, ao nível de confiança de 95%, que a variância populacional de pelo menos um grupo é diferente das demais.

Se utilizarmos o *P-value* em vez do valor crítico da estatística, os Passos 5 e 6 serão:

Passo 5: De acordo com a Tabela D do apêndice do livro, para $v = 2$ graus de liberdade, a probabilidade associada à estatística $\chi_{cal}^2 = 14,567$ (*P-value*) é inferior à 0,005 (uma probabilidade de 0,005 está associada à estatística $\chi_{cal}^2 = 10,597$).

Passo 6: Decisão – como $P < 0,05$, rejeitamos H$_0$.

7.4.2. Teste C de Cochran

O teste C de Cochran (1947) compara o grupo com maior variância em relação aos demais. O teste exige que os dados apresentem distribuição normal.

A estatística C de Cochran é dada por:

$$C_{cal} = \frac{S_{máx}^2}{\sum_{i=1}^{k} S_i^2} \qquad (7.17)$$

em que:

$S_{máx}^2$ é a maior variância da amostra;

S_i^2 é a variância da amostra i, $i = 1, ..., k$.

De acordo com a expressão (7.17), se todas as variâncias forem iguais, o valor da estatística C_{cal} é $1/k$. Quanto maior a diferença de $S_{máx}^2$ em relação às demais variâncias, o valor de C_{cal} aproxima-se de 1. Para confirmar se a hipótese nula será ou não rejeitada, o valor calculado deve ser comparado com o valor crítico da estatística de Cochran (C_c), que está disponível na Tabela M do apêndice do livro.

Os valores de C_c, variam em função do número de grupos (k), do número de graus de liberdade $v = máx(n_i - 1)$ e do valor de α. A Tabela M fornece os valores críticos de C_c tal que $P(C_{cal} > C_c) = \alpha$ (para um teste unilateral à direita). Assim, rejeitamos H_0 se $C_{cal} > C_c$; caso contrário, não rejeitamos H_0.

■ EXEMPLO 5 – APLICAÇÃO DO TESTE C DE COCHRAN

Elabore o teste C de Cochran para os dados do Exemplo 4. O objetivo aqui é comparar o grupo com maior variabilidade em relação aos demais.

■ SOLUÇÃO

Passo 1: Como o objetivo é comparar o grupo com maior variância (grupo 3 – ver Tabela 7.8) em relação aos demais, o teste indicado é o C de Cochran.

Passo 2: As hipóteses do teste C de Cochran para este exemplo são:

H_0: a variância populacional do grupo 3 é igual às demais.

H_1: a variância populacional do grupo 3 é diferente das demais.

Passo 3: O nível de significância a ser considerado é de 5%.

Passo 4: A partir da Tabela 7.8, podemos observar que $S_{máx}^2 = 6.227,48$. Logo, o cálculo da estatística C de Cochran é dado por:

$$C_{cal} = \frac{S_{máx}^2}{\sum_{i=1}^{k} S_i^2} = \frac{6.227,48}{595,65 + 3.874,64 + 6.227,48} = 0,582$$

Passo 5: De acordo com a Tabela M do apêndice do livro, para $k = 3$, $v = 13$ e $\alpha = 5\%$, o valor crítico da estatística C de Cochran é $C_c = 0,575$.

Passo 6: Decisão – como o valor calculado pertence à região crítica ($C_{cal} > C_c$), a hipótese nula é rejeitada, o que nos permite concluir, ao nível de confiança de 95%, que a variância populacional do grupo 3 é diferente das demais.

7.4.3. Teste $F_{máx}$ de Hartley

O teste $F_{máx}$ de Hartley (1950) possui estatística que representa a relação entre o grupo com maior variância ($S_{máx}^2$) e o grupo com menor variância ($S_{mín}^2$):

$$F_{máx, cal} = \frac{S_{máx}^2}{S_{mín}^2} \qquad (7.18)$$

O teste assume que o número de observações por grupo é igual ($n_1 = n_2 = ... = n_k = n$). Se todas as variâncias forem iguais, o valor de $F_{máx}$ será 1. Quanto maior a diferença entre $S_{máx}^2$ e $S_{mín}^2$, maior também será o valor de

$F_{máx}$. Para confirmar se a hipótese nula de homogeneidade de variâncias será ou não rejeitada, o valor calculado deve ser comparado com o valor crítico da estatística ($F_{máx,c}$) que está disponível na Tabela N do apêndice do livro. Os valores críticos variam em função do número de grupos (k), do número de graus de liberdade $v = n - 1$ e do valor de α, e essa tabela fornece os valores críticos de $F_{máx,c}$, tal que $P(F_{máx,cal} > F_{máx,c}) = \alpha$ (para um teste unilateral à direita). Assim, rejeitamos a hipótese nula H_0 de homogeneidade de variâncias se $F_{máx,cal} > F_{máx,c}$; caso contrário, não rejeitamos H_0.

O *P-value* (probabilidade associada à estatística $F_{máx,cal}$) também pode ser obtido a partir da Tabela N do apêndice do livro. Nesse caso, rejeitamos H_0 se $P \leq \alpha$.

■ EXEMPLO 6 – APLICAÇÃO DO TESTE $F_{máx}$ DE HARTLEY

Elabore o teste $F_{máx}$ de Hartley para os dados do Exemplo 4. O objetivo aqui é comparar o grupo com maior variabilidade com o grupo com menor variabilidade.

■ SOLUÇÃO

Passo 1: Como o objetivo é comparar o grupo com maior variância (grupo 3 – ver Tabela 7.8) com o grupo com menor variância (grupo 1), o teste indicado é o $F_{máx}$ de Hartley.

Passo 2: As hipóteses do teste $F_{máx}$ de Hartley para este exemplo são:

H_0: a variância populacional do grupo 3 é igual à do grupo 1.
H_1: a variância populacional do grupo 3 é diferente da do grupo 1.

Passo 3: O nível de significância a ser considerado é de 5%.

Passo 4: A partir da Tabela 7.8, podemos observar que $S_{mín}^2 = 595,65$ e $S_{máx}^2 = 6.227,48$. Logo, o cálculo da estatística do teste $F_{máx}$ de Hartley é dado por:

$$F_{máx,\,cal} = \frac{S_{máx}^2}{S_{mín}^2} = \frac{6.227,48}{595,65} = 10,45$$

Passo 5: De acordo com a Tabela N do apêndice do livro, para $k = 3$, $v = 13$ e $\alpha = 5\%$, o valor crítico do teste é $F_{máx,c} = 3,953$.

Passo 6: Decisão – como o valor calculado pertence à região crítica ($F_{máx,cal} > F_{máx,c}$), a hipótese nula é rejeitada, o que nos permite concluir, ao nível de confiança de 95%, que a variância populacional do grupo 3 é diferente da do grupo 1.

Se utilizarmos o *P-value* em vez do valor crítico da estatística, os Passos 5 e 6 serão:

Passo 5: De acordo com a Tabela N do apêndice do livro, a probabilidade associada à estatística $F_{máx,c} = 10,45$ (*P-value*), para $k = 3$ e $v = 13$, é inferior à 0,01.

Passo 6: Decisão – como $P < 0,05$, rejeitamos H_0.

7.4.4. Teste *F* de Levene

A vantagem do teste *F* de Levene, em relação aos demais testes de homogeneidade de variâncias, é que ele é menos sensível aos desvios de normalidade, além de ser considerado um teste mais robusto.

A estatística do teste de Levene é dada pela expressão (7.19) e segue, aproximadamente, uma distribuição *F* com $v_1 = k - 1$ e $v_2 = N - k$ graus de liberdade, para um nível de significância α:

$$F_{cal} = \frac{(N-k)}{(k-1)} \cdot \frac{\sum_{i=1}^{k} n_i \cdot (\overline{Z}_i - \overline{Z})^2}{\sum_{i=1}^{k} \sum_{j=1}^{n_i} (Z_{ij} - \overline{Z}_i)^2} \underset{sob \, H_0}{\sim} F_{k-1, \, N-k, \, \alpha}$$

(7.19)

em que:

n_i é a dimensão de cada uma das k amostras ($i = 1, \ldots, k$);

N é a dimensão da amostra global ($N = n_1 + n_2 + \ldots + n_k$);

$Z_{ij} = |X_{ij} - \overline{X}_i|$, $i = 1, \ldots, k$ e $j = 1, \ldots, n_i$;

X_{ij} é a observação j da amostra i;

$\overline{X}_i$ é a média da amostra i;

$\overline{Z}_i$ é a média de Z_{ij} na amostra i;

$\overline{Z}$ é a média de Z_i na amostra global.

Uma expansão do teste de Levene pode ser encontrada em Brown e Forsythe (1974).

A partir da tabela de distribuição F (Tabela A do apêndice do livro), podemos determinar os valores críticos da estatística de Levene ($F_c = F_{k-1, N-k, \alpha}$). A Tabela A fornece os valores críticos de F_c, tal que $P(F_{cal} > F_c) = \alpha$ (tabela unilateral à direita). Para que a hipótese nula H_0 seja rejeitada, o valor da estatística deve pertencer à região crítica, isto é, $F_{cal} > F_c$. Se $F_{cal} \leq F_c$, não rejeitamos H_0.

O *P-value* (probabilidade associada à estatística F_{cal}) também pode ser obtido a partir da Tabela A. Nesse caso, rejeitamos H_0 se $P \leq \alpha$.

■ EXEMPLO 7 – APLICAÇÃO DO TESTE DE LEVENE

Elabore o teste de Levene para os dados do Exemplo 4.

■ SOLUÇÃO

Passo 1: O teste de Levene pode ser aplicado para verificar a homogeneidade de variâncias entre os grupos, sendo mais robusto que os demais testes.

Passo 2: As hipóteses do teste de Levene, para este exemplo, são:

H_0: as variâncias populacionais dos 3 grupos são homogêneas.
H_1: a variância populacional de pelo menos um grupo é diferente das demais.

Passo 3: O nível de significância a ser considerado é de 5%.

Passo 4: O cálculo da estatística F_{cal}, de acordo com a expressão (7.19), está detalhado a seguir.

Tabela 7.9 Cálculo da estatística F_{cal}.

i	X_{1j}	$Z_{1j} = \|X_{1j} - \overline{X}_1\|$	$Z_{1j} - \overline{Z}_1$	$(Z_{1j} - \overline{Z}_1)^2$
1	620	10,571	-9,429	88,898
1	630	20,571	0,571	0,327
1	610	0,571	-19,429	377,469
1	650	40,571	20,571	423,184
1	585	24,429	4,429	19,612
1	590	19,429	-0,571	0,327
1	630	20,571	0,571	0,327
1	644	34,571	14,571	212,327
1	595	14,429	-5,571	31,041
1	603	6,429	-13,571	184,184
1	570	39,429	19,429	377,469

(Continua)

Tabela 7.9 Cálculo da estatística F_{cal}. (*Continuação*)

1	605	4,429	-15,571	242,469
1	622	12,571	-7,429	55,184
1	578	31,429	11,429	130,612
	$\overline{X}_1 = 609,429$	$\overline{Z}_1 = 20$		**soma = 2.143,429**

i	X_{2j}	$Z_{2j} = \|X_{2j} - \overline{X}_2\|$	$Z_{2j} - \overline{Z}_2$	$(Z_{2j} - \overline{Z}_2)^2$
2	710	27,214	-23,204	538,429
2	780	42,786	-7,633	58,257
2	810	72,786	22,367	500,298
2	755	17,786	-32,633	1.064,890
2	699	38,214	-12,204	148,940
2	680	57,214	6,796	46,185
2	710	27,214	-23,204	538,429
2	850	112,786	62,367	3.889,686
2	844	106,786	56,367	3.177,278
2	730	7,214	-43,204	1.866,593
2	645	92,214	41,796	1.746,899
2	688	49,214	-1,204	1,450
2	718	19,214	-31,204	973,695
2	702	35,214	-15,204	231,164
	$\overline{X}_2 = 737,214$	$\overline{Z}_2 = 50,418$		**soma = 14.782,192**

i	X_{3j}	$Z_{3j} = \|X_{3j} - \overline{X}_3\|$	$Z_{3j} - \overline{Z}_3$	$(Z_{3j} - \overline{Z}_3)^2$
3	924	90,643	24,194	585,344
3	695	138,357	71,908	5.170,784
3	854	20,643	-45,806	2.098,201
3	802	31,357	-35,092	1.231,437
3	931	97,643	31,194	973,058
3	924	90,643	24,194	585,344
3	847	13,643	-52,806	2.788,487
3	800	33,357	-33,092	1.095,070
3	769	64,357	-2,092	4,376
3	863	29,643	-36,806	1.354,691
3	901	67,643	1,194	1,425
3	888	54,643	-11,806	139,385
3	757	76,357	9,908	98,172
3	712	121,357	54,908	3.014,906
	$\overline{X}_3 = 833,36$	$\overline{Z}_3 = 66,449$		**soma = 19.140,678**

Logo, o cálculo de F_{cal} é realizado da seguinte forma:

$$F_{cal} = \frac{(42-3)}{(3-1)} \cdot \frac{14 \cdot (20-45,62)^2 + 14 \cdot (50,418-45,62)^2 + 14 \cdot (66,449-45,62)^2}{2.143,429 + 14.782,192 + 19.140,678}$$

$$F_{cal} = 8,427$$

Passo 5: De acordo com a Tabela A do apêndice do livro, para $v_1 = 2$, $v_2 = 39$ e $\alpha = 5\%$, o valor crítico do teste é $F_c = 3,24$.

Passo 6: Decisão – como o valor calculado pertence à região crítica ($F_{cal} > F_c$), a hipótese nula é rejeitada, o que nos permite concluir, ao nível de confiança de 95%, que a variância populacional de pelo menos um grupo é diferente das demais.

Se utilizarmos o *P-value* em vez do valor crítico da estatística, os Passos 5 e 6 serão:

Passo 5: De acordo com a Tabela A do apêndice do livro, para $v_1 = 2$ e $v_2 = 39$, a probabilidade associada à estatística $F_{cal} = 8,427$ (*P-value*) é inferior à 0,01.

Passo 6: Decisão – como $P < 0,05$, rejeitamos H_0.

7.4.5. Resolução do teste de Levene por meio do software SPSS

A reprodução das imagens nesta seção tem autorização da International Business Machines Corporation©. Para testar a homogeneidade de variâncias entre os grupos, o SPSS utiliza o teste de Levene. Os dados do Exemplo 4 estão disponíveis no arquivo **Atendimentos_Loja.sav**. Para a elaboração do teste, devemos clicar em **Analyze → Descriptive Statistics → Explore...**, conforme mostra a Figura 7.13.

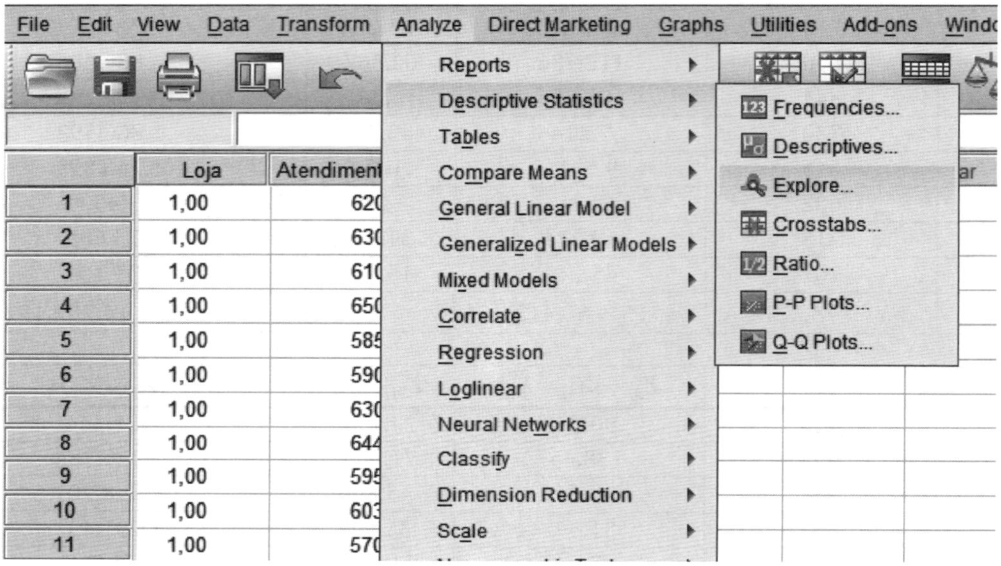

Figura 7.13 Procedimento para a elaboração do teste de Levene no SPSS.

Vamos incluir a variável *Atendimentos* na lista de variáveis dependentes (**Dependent List**) e a variável *Loja* na lista de fatores (**Factor List**), conforme mostra a Figura 7.14.

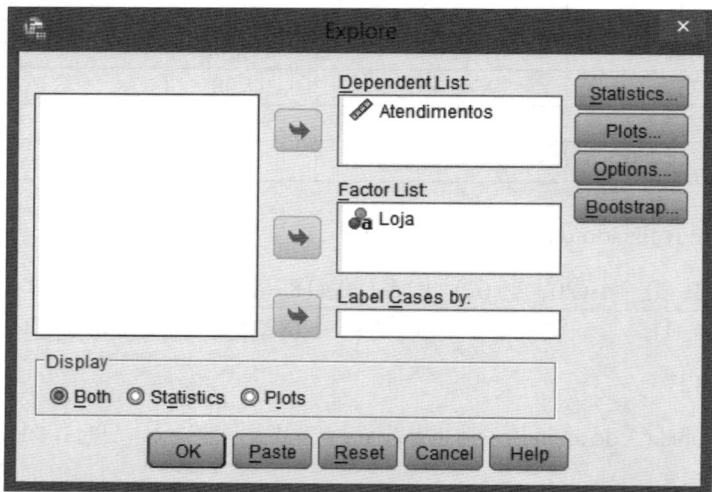

Figura 7.14 Seleção das variáveis para a elaboração do teste de Levene.

A seguir, devemos clicar em **Plots...** e selecionar a opção **Untransformed** em **Spread vs Level with Levene Test**, conforme mostra a Figura 7.15.

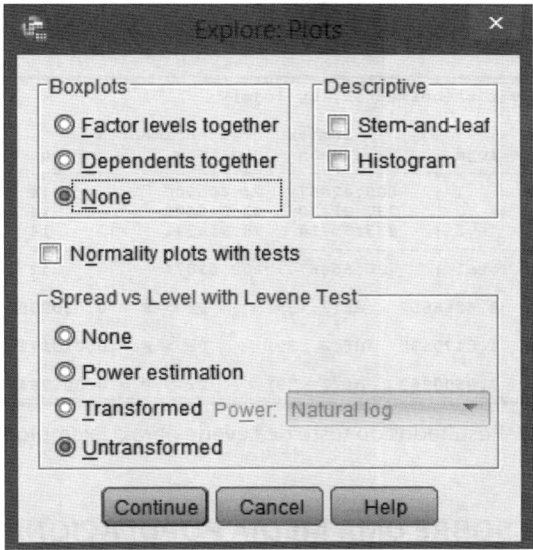

Figura 7.15 Continuação do procedimento para a elaboração do teste de Levene.

Por fim, clicaremos em **Continue** e **OK**. O resultado do teste de Levene também pode ser obtido pelo teste ANOVA, clicando-se em **Analyze → Compare Means → One-Way ANOVA...**. Na opção **Options...**, devemos selecionar a alternativa **Homogeneity of variance test**.

Test of Homogeneity of Variances

Atendimentos

Levene Statistic	df1	df2	Sig.
8,427	2	39	,001

Figura 7.16 Resultados do teste de Levene para o Exemplo 4 no SPSS.

O valor da estatística de Levene é 8,427, exatamente igual ao calculado anteriormente. Como o nível de significância observado é 0,001, valor inferior a 0,05, o teste apresenta rejeição da hipótese nula, o que nos permite concluir, ao nível de confiança de 95%, que as variâncias populacionais não são homogêneas.

7.4.6. Resolução do teste de Levene por meio do software Stata

A reprodução das imagens apresentadas nesta seção tem autorização da StataCorp LP©.

A estatística do teste de Levene de igualdade de variâncias é calculada no Stata por meio do comando **robvar** (teste robusto de igualdade de variâncias), a partir da seguinte sintaxe:

```
robvar variável*, by(grupos*)
```

em que o termo **variável*** deve ser substituído pela variável quantitativa estudada e o termo **grupos*** pela variável categórica que os representa.

Vamos abrir o arquivo **Atendimentos_Loja.dta** que contém os dados do Exemplo 7. Os três grupos estão representados pela variável *loja* e o número de clientes atendidos pela variável *atendimentos*. O comando a ser digitado é, portanto:

```
robvar atendimentos, by(loja)
```

O resultado do teste está representado na Figura 7.17. Podemos verificar que o valor da estatística (8,427) é semelhante ao calculado no Exemplo 7 e também ao gerado no SPSS, assim como o cálculo da probabilidade associada à estatística (0,001). Como $P < 0,05$, a hipótese nula é rejeitada, o que nos permite concluir, ao nível de confiança de 95%, que as variâncias não são homogêneas.

```
. robvar atendimentos, by(loja)

                      Summary of atendimentos
           loja |        Mean    Std. Dev.        Freq.
    ------------+------------------------------------------
              1 |    609.42857   24.405908           14
              2 |    737.21429   62.246629           14
              3 |    833.35714   78.914371           14
    ------------+------------------------------------------
          Total |    726.66667  109.59074            42

    W0  =  8.4266657    df(2, 39)      Pr > F = 0.00090845

    W50 =  4.8479595    df(2, 39)      Pr > F = 0.01317209

    W10 =  7.8500863    df(2, 39)      Pr > F = 0.00136452
```

Figura 7.17 Resultados do teste de Levene para o Exemplo 7 no Stata.

7.5. TESTES DE HIPÓTESES SOBRE UMA MÉDIA POPULACIONAL (μ) A PARTIR DE UMA AMOSTRA ALEATÓRIA

O objetivo é testar se uma média populacional assume ou não determinado valor.

7.5.1. Teste z quando o desvio-padrão populacional (σ) for conhecido e a distribuição for normal

Esse teste é aplicado quando uma amostra aleatória de tamanho n for extraída de uma população com distribuição normal com média (μ) desconhecida e desvio-padrão (σ) conhecido. Caso a distribuição da população não seja conhecida, é necessário trabalhar com amostras grandes ($n > 30$), pois o teorema do limite central garante que, à medida que o tamanho da amostra cresce, a distribuição amostral de sua média aproxima-se cada vez mais de uma distribuição normal.

Para um teste bilateral, as hipóteses são:

H_0: a amostra provém de uma população com determinada média ($\mu = \mu_0$).
H_1: contesta a hipótese nula ($\mu \neq \mu_0$).

A estatística do teste utilizada aqui refere-se à média amostral ($\overline{X}$). Para que a média da amostra possa ser comparada ao valor tabelado, deve ser padronizada, de modo que:

$$Z_{cal} = \frac{\overline{X} - \mu_0}{\sigma_{\overline{X}}} \sim N(0, 1), \text{ em que } \sigma_{\overline{X}} = \frac{\sigma}{\sqrt{n}} \tag{7.20}$$

Os valores críticos da estatística (z_c) são apresentados na Tabela E do apêndice do livro. Essa tabela fornece os valores críticos de z_c, tal que $P(Z_{cal} > z_c) = \alpha$ (para um teste unilateral à direita). Para um teste bilateral, devemos considerar $P(Z_{cal} > z_c) = \alpha/2$, já que $P(Z_{cal} < -z_c) + P(Z_{cal} > z_c) = \alpha$. A hipótese nula H_0 de um teste bilateral é rejeitada se o valor da estatística z_{cal} pertencer à região crítica, isto é, se $Z_{cal} < -z_c$ ou $Z_{cal} > z_c$; caso contrário, não rejeitamos H_0.

As probabilidades unilaterais associadas à estatística Z_{cal} (P) também podem ser obtidas a partir da Tabela E. Para um teste unilateral, consideramos que $P = P_1$. Para um teste bilateral, essa probabilidade deve ser dobrada ($P = 2.P_1$). Assim, para ambos os testes, rejeitamos H_0 se $P \leq \alpha$.

■ EXEMPLO 8 – APLICAÇÃO DO TESTE z PARA UMA AMOSTRA

Um fabricante de cereais afirma que a quantidade média de fibra alimentar em cada porção do produto é, no mínimo, de 4,2 g com um desvio-padrão de 1 g. Uma agência de saúde deseja verificar se essa afirmação procede, coletando uma amostra aleatória de 42 porções, em que a quantidade média de fibra alimentar é de 3,9 g. Com um nível de significância de 5%, existem evidências para rejeitar a afirmação do fabricante?

■ **SOLUÇÃO**

Passo 1: O teste adequado para uma média populacional com σ conhecido, considerando uma única amostra de tamanho $n > 30$ (distribuição normal), é o teste z.

Passo 2: As hipóteses do teste z, para este exemplo, são:

H_0: $\mu \geq 4{,}2$ g (alegação do fornecedor).
H_1: $\mu < 4{,}2$ g.

que corresponde a um teste unilateral à esquerda.

Passo 3: O nível de significância a ser considerado é de 5%.

Passo 4: O cálculo da estatística Z_{cal}, de acordo com a expressão (7.20), é:

$$Z_{cal} = \frac{\overline{X} - \mu_0}{\sigma / \sqrt{n}} = \frac{3{,}9 - 4{,}2}{1 / \sqrt{42}} = -1{,}94$$

Passo 5: De acordo com a Tabela E do apêndice do livro, para um teste unilateral à esquerda com $\alpha = 5\%$, o valor crítico do teste é $z_c = -1{,}645$.

Passo 6: Decisão – como o valor calculado pertence à região crítica ($Z_{cal} < -1{,}645$), a hipótese nula é rejeitada, o que nos permite concluir, ao nível de confiança de 95%, que a quantidade média de fibra alimentar do fabricante é menor que 4,2 g.

Se, em vez de compararmos o valor calculado com o valor crítico da distribuição normal padrão, utilizarmos o cálculo do *P-value*, os Passos 5 e 6 serão:

Passo 5: De acordo com a Tabela E do apêndice do livro, para um teste unilateral à esquerda, a probabilidade associada ao valor da estatística $Z_{cal} < -1{,}94$ é 0,0262 (*P-value*).

Passo 6: Decisão – como $P < 0{,}05$, a hipótese nula é rejeitada, o que nos permite concluir, ao nível de confiança de 95%, que a quantidade média de fibra alimentar do fabricante é menor que 4,2 g.

7.5.2. Teste *t* de *Student* quando o desvio-padrão populacional (σ) não for conhecido

O teste *t* de *Student* para uma amostra é aplicado quando não conhecemos o desvio-padrão da população (σ), de modo que seu valor é estimado a partir do desvio-padrão da amostra (S). Porém, ao substituirmos σ por S na expressão (7.20), a distribuição da variável passa a não ser mais normal, tornando-se uma distribuição *t* de *Student* com $n - 1$ graus de liberdade.

Analogamente ao teste z, o teste *t* de *Student* para uma amostra assume as seguintes hipóteses para um teste bilateral:

H_0: $\mu = \mu_0$
H_1: $\mu \neq \mu_0$

E o cálculo da estatística passa a ser:

$$T_{cal} = \frac{\overline{X} - \mu_0}{S / \sqrt{n}} \sim t_{n-1} \tag{7.21}$$

O valor calculado deve ser comparado com o valor tabelado da distribuição *t* de *Student* (Tabela B do apêndice do livro). Essa tabela fornece os valores críticos de t_c, tal que $P(T_{cal} > t_c) = \alpha$ (para um teste unilateral à direita). Para um teste bilateral, temos que $P(T_{cal} < -t_c) = \alpha/2 = P(T_{cal} > t_c)$, como mostra a Figura 7.18.

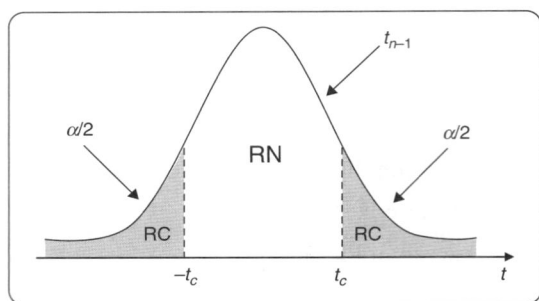

Figura 7.18 Região de não rejeição (RN) e região crítica (RC) da distribuição *t* de *Student* para um teste bilateral.

Portanto, para um teste bilateral, a hipótese nula é rejeitada se $T_{cal} < -t_c$ ou $T_{cal} > t_c$; se $-t_c \leq T_{cal} \leq t_c$, não rejeitamos H_0.

As probabilidades unilaterais associadas à estatística T_{cal} (P_1) também podem ser obtidas a partir da Tabela B. Para um teste unilateral, temos que $P = P_1$. Para um teste bilateral, essa probabilidade deve ser dobrada ($P = 2.P_1$). Assim, para ambos os testes, rejeitamos H_0 se $P \leq \alpha$.

■ EXEMPLO 9 – APLICAÇÃO DO TESTE *t* DE *STUDENT* PARA UMA AMOSTRA

O tempo médio de processamento de determinada tarefa em uma máquina tem sido de 18 minutos. Foram introduzidos novos conceitos para reduzir o tempo médio de processamento. Dessa forma, após certo período, coletou-se uma amostra de 25 elementos, obtendo-se o tempo médio de 16,808 minutos com desvio-padrão de 2,733 minutos. Verifique se esse resultado evidencia uma melhora no tempo médio de processamento. Considere $\alpha = 1\%$.

■ SOLUÇÃO

Passo 1: O teste adequado para uma média populacional com σ desconhecido é o teste *t* de *Student*.

Passo 2: As hipóteses do teste *t* de *Student* para este exemplo são:

H_0: $\mu = 18$
H_1: $\mu < 18$

que corresponde a um teste unilateral à esquerda.

Passo 3: O nível de significância a ser considerado é de 1%.

Passo 4: O cálculo da estatística T_{cal}, de acordo com a expressão (7.21), é:

$$T_{cal} = \frac{\overline{X} - \mu_0}{S/\sqrt{n}} = \frac{16,808 - 18}{2,733/\sqrt{25}} = -2,18$$

Passo 5: De acordo com a Tabela B do apêndice do livro, para um teste unilateral à esquerda com 24 graus de liberdade e $\alpha = 1\%$, o valor crítico do teste é $t_c = -2,492$.

Passo 6: Decisão – como o valor calculado não pertence à região crítica ($T_{cal} > -2,492$), a hipótese nula não é rejeitada, o que nos permite concluir, ao nível de confiança de 99%, que não houve melhora no tempo médio de processamento.

Se, em vez de compararmos o valor calculado com o valor crítico da distribuição *t* de *Student*, utilizarmos o cálculo do *P-value*, os Passos 5 e 6 serão:

Passo 5: De acordo com a Tabela B do apêndice do livro, para um teste unilateral à esquerda com 24 graus de liberdade, a probabilidade associada ao valor da estatística $T_{cal} = -2{,}18$ está entre 0,01 e 0,025 (*P-value*).

Passo 6: Decisão – como $P > 0{,}01$, não rejeitamos a hipótese nula.

7.5.3. Resolução do teste *t* de *Student* a partir de uma única amostra por meio do software SPSS

A reprodução das imagens nesta seção tem autorização da International Business Machines Corporation©.

Se desejarmos comparar médias a partir de uma única amostra, o SPSS disponibiliza o teste *t* de *Student*. Os dados do Exemplo 9 estão disponíveis no arquivo **Exemplo9_Test_t.sav**. O procedimento para aplicação do teste a partir do Exemplo 9 será descrito a seguir. Vamos inicialmente clicar em **Analyze → Compare Means → One-Sample T Test...**, conforme apresentado na Figura 7.19.

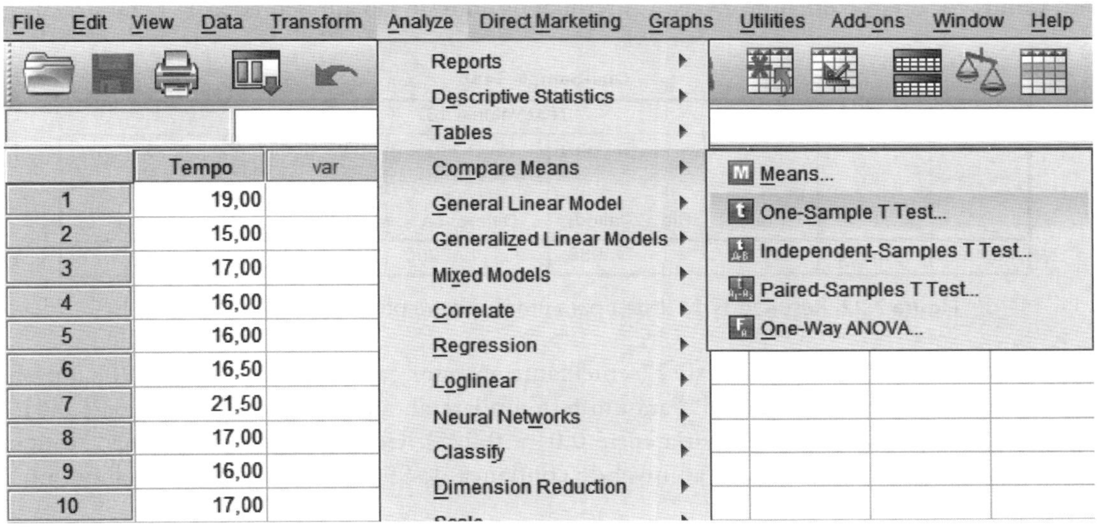

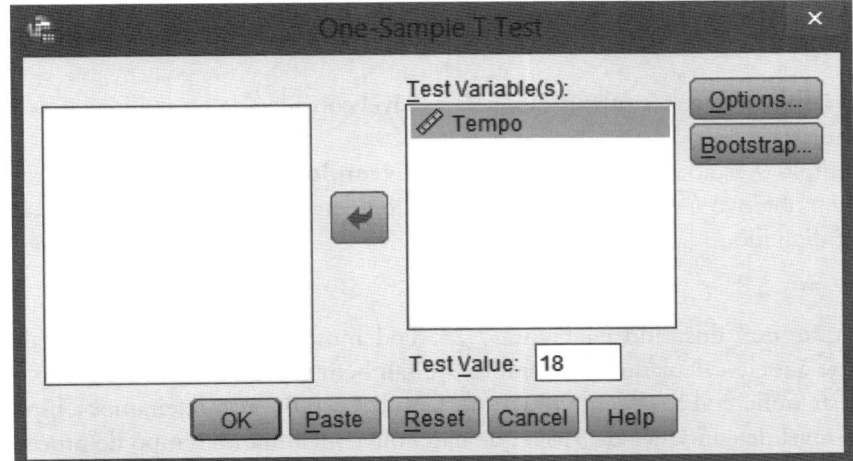

Figura 7.19 Procedimento para a elaboração do teste *t* a partir de uma amostra no SPSS.

Devemos selecionar a variável *Tempo* e especificar o valor de 18 que será testado em **Test Value**, conforme mostra a Figura 7.20.

Figura 7.20 Seleção da variável e especificação do valor a ser testado desejado.

A seguir, devemos clicar em **Options...** para definir o nível de confiança desejado.

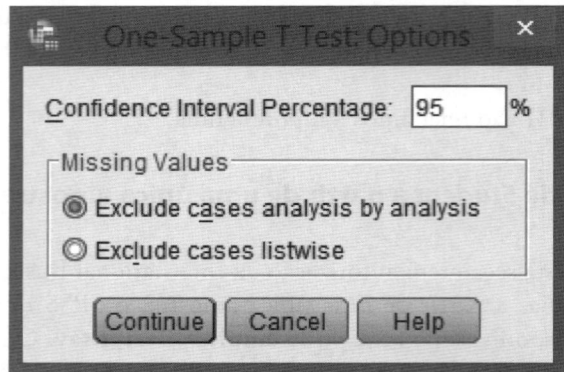

Figura 7.21 Opções – Definição do nível de confiança.

Por fim, vamos clicar em **Continue** e **OK**. Os resultados do teste são apresentados na Figura 7.22.

One-Sample Test

	Test Value = 18					
					95% Confidence Interval of the Difference	
	t	df	Sig. (2-tailed)	Mean Difference	Lower	Upper
Tempo	-2,180	24	,039	-1,19200	-2,3203	-,0637

Figura 7.22 Resultados do teste *t* para uma amostra para o Exemplo 9 no SPSS.

Essa figura apresenta o resultado do teste *t* (semelhante ao valor calculado no Exemplo 9) e a probabilidade associada (*P-value*) para um teste bilateral. Para um teste unilateral, a probabilidade associada é 0,0195 (vimos no Exemplo 9 que essa probabilidade estaria entre 0,01 e 0,025). Como 0,0195 > 0,01, não rejeitamos a hipótese nula, o que nos permite concluir, ao nível de confiança de 99%, que não houve melhora no tempo de processamento.

7.5.4. Resolução do teste *t* de *Student* a partir de uma única amostra por meio do software Stata

A reprodução das imagens apresentadas nesta seção tem autorização da StataCorp LP©.

O teste *t* de *Student* é elaborado no Stata a partir do comando **ttest**. Para uma média populacional, a sintaxe do teste é:

```
ttest variável* == #
```

em que o termo **variável*** deve ser substituído pela variável considerada na análise e **#** pelo valor da média populacional a ser testado.

Os dados do Exemplo 9 estão disponíveis no arquivo **Exemplo9_Test_t.dta**. Nesse caso, a variável analisada denomina-se *tempo* e o objetivo é verificar se o tempo médio de processamento permanece 18 minutos, de modo que o comando a ser digitado é:

```
ttest tempo == 18
```

O resultado do teste está ilustrado na Figura 7.23. Podemos verificar que o valor calculado da estatística (-2,180) é semelhante àquele calculado no Exemplo 9 e também gerado no SPSS, assim como a probabilidade associada para um teste unilateral à esquerda (0,0196). Como *P* > 0,01, não rejeitamos a hipótese nula, o que nos permite concluir, ao nível de confiança de 99%, que não houve melhora no tempo de processamento.

```
. ttest tempo == 18

One-sample t test
------------------------------------------------------------------------------
Variable |     Obs       Mean    Std. Err.   Std. Dev.   [95% Conf. Interval]
---------+--------------------------------------------------------------------
   tempo |      25     16.808    .5466846    2.733423    15.6797     17.9363
------------------------------------------------------------------------------
    mean = mean(tempo)                                          t =  -2.1804
Ho: mean = 18                                   degrees of freedom =       24

    Ha: mean < 18              Ha: mean != 18              Ha: mean > 18
 Pr(T < t) = 0.0196      Pr(|T| > |t|) = 0.0393       Pr(T > t) = 0.9804
```

Figura 7.23 Resultados do teste *t* para uma amostra para o Exemplo 9 no Stata.

7.6. TESTE *t* DE *STUDENT* PARA COMPARAÇÃO DE DUAS MÉDIAS POPULACIONAIS A PARTIR DE DUAS AMOSTRAS ALEATÓRIAS INDEPENDENTES

O teste *t* para duas amostras independentes é aplicado para comparar as médias de duas amostras aleatórias (X_{1i}, $i = 1, ..., n_1$; X_{2j}, $j = 1, ..., n_2$) extraídas da mesma população. Nesse teste, a variância populacional é desconhecida.

Para um teste bilateral, na hipótese nula as médias populacionais são iguais; se as médias populacionais forem diferentes, a hipótese nula é rejeitada, de modo que:

H_0: $\mu_1 = \mu_2$
H_1: $\mu_1 \neq \mu_2$

O cálculo da estatística T depende da comparação das variâncias populacionais entre os grupos.

CASO 1 $\sigma_1^2 \neq \sigma_2^2$

Considerando que as **variâncias populacionais são diferentes**, a estatística T é dada por:

$$T_{cal} = \frac{\left(\overline{X}_1 - \overline{X}_2\right)}{\sqrt{\dfrac{S_1^2}{n_1} + \dfrac{S_2^2}{n_2}}} \tag{7.22}$$

E o número de graus de liberdade é dado por:

$$v = \frac{\left(\dfrac{S_1^2}{n_1} + \dfrac{S_2^2}{n_2}\right)^2}{\dfrac{\left(S_1^2/n_1\right)^2}{\left(n_1-1\right)} + \dfrac{\left(S_2^2/n_2\right)^2}{\left(n_2-1\right)}} \tag{7.23}$$

CASO 2 $\sigma_1^2 = \sigma_2^2$

Quando as **variâncias populacionais forem homogêneas**, o cálculo da estatística T será dado por:

$$T_{cal} = \frac{\left(\overline{X}_1 - \overline{X}_2\right)}{S_p \cdot \sqrt{\dfrac{1}{n_1} + \dfrac{1}{n_2}}} \tag{7.24}$$

em que:

$$S_p = \sqrt{\frac{(n_1-1)\cdot S_1^2 + (n_2-1)\cdot S_2^2}{n_1 + n_2 - 2}} \tag{7.25}$$

sendo que T_{cal} segue uma distribuição *t* de *Student* com $v = n_1 + n_2 - 2$ graus de liberdade.

O valor calculado deve ser comparado com o valor tabelado da distribuição t de *Student* (Tabela B do apêndice do livro). Essa tabela fornece os valores críticos de t_c, tal que $P(T_{cal} > t_c) = \alpha$ (para um teste unilateral à direita). Para um teste bilateral, temos que $P(T_{cal} < -t_c) = \alpha/2 = P(T_{cal} > t_c)$ como mostra a Figura 7.24.

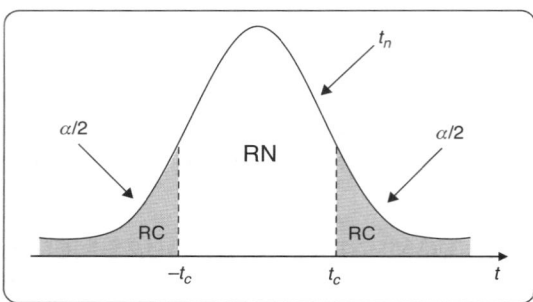

Figura 7.24 Região de não rejeição (RN) e região crítica (RC) da distribuição t de *Student* para um teste bilateral.

Portanto, para um teste bilateral, se o valor da estatística pertencer à região crítica, isto é, se $T_{cal} < -t_c$ ou $T_{cal} > t_c$, o teste oferece condições à rejeição da hipótese nula. Por outro lado, se $-t_c \leq T_{cal} \leq t_c$, não rejeitamos H_0.

As probabilidades unilaterais associadas à estatística T_{cal} (P_1) também podem ser obtidas a partir da Tabela B. Para um teste unilateral, temos que $P = P_1$. Para um teste bilateral, essa probabilidade deve ser dobrada ($P = 2 \cdot P_1$). Assim, para ambos os testes, rejeitamos H_0 se $P \leq \alpha$.

■ **EXEMPLO 10 – APLICAÇÃO DO TESTE t DE *STUDENT* PARA DUAS AMOSTRAS INDEPENDENTES**

Um engenheiro de qualidade desconfia que o tempo médio de fabricação de determinado produto plástico pode depender da matéria-prima utilizada que é proveniente de dois fornecedores. Uma amostra com 30 observações de cada fornecedor é coletada para teste e os resultados são apresentados nas Tabelas 7.10 e 7.11. Para o nível de significância $\alpha = 5\%$, verifique se há diferença entre as médias.

Tabela 7.10 Tempo de fabricação utilizando matéria-prima do fornecedor 1.

22,8	23,4	26,2	24,3	22,0	24,8	26,7	25,1	23,1	22,8
25,6	25,1	24,3	24,2	22,8	23,2	24,7	26,5	24,5	23,6
23,9	22,8	25,4	26,7	22,9	23,5	23,8	24,6	26,3	22,7

Tabela 7.11 Tempo de fabricação utilizando matéria-prima do fornecedor 2.

26,8	29,3	28,4	25,6	29,4	27,2	27,6	26,8	25,4	28,6
29,7	27,2	27,9	28,4	26,0	26,8	27,5	28,5	27,3	29,1
29,2	25,7	28,4	28,6	27,9	27,4	26,7	26,8	25,6	26,1

■ **SOLUÇÃO**

Passo 1: O teste adequado para a comparação de duas médias populacionais com σ desconhecido é o teste t de *Student* para duas amostras independentes.

Passo 2: As hipóteses do teste t de *Student* para este exemplo são:

H_0: $\mu_1 = \mu_2$
H_1: $\mu_1 \neq \mu_2$

Passo 3: O nível de significância a ser considerado é de 5%.

Passo 4: A partir dos dados das Tabelas 7.10 e 7.11, calculamos $\overline{X}_1$ = 24,227, $\overline{X}_2$ = 27,530, S_1^2 = 1,810 e S_2^2 = 1,559. Considerando que as variâncias populacionais são homogêneas, de acordo com a solução elaborada no SPSS, usaremos as expressões (7.24) e (7.25) para o cálculo da estatística T_{cal}, conforme segue:

$$S_p = \sqrt{\frac{29 \cdot 1,810 + 29 \cdot 1,559}{30 + 30 - 2}} = 1,298$$

$$T_{cal} = \frac{24,277 - 27,530}{1,298 \cdot \sqrt{\frac{1}{30} + \frac{1}{30}}} = -9,708$$

com quantidade de graus de liberdade v = 30 + 30 − 2 = 58.

Passo 5: A região crítica do teste bilateral, considerando v = 58 graus de liberdade e α = 5%, pode ser definida a partir da tabela de distribuição t de *Student* (Tabela B do apêndice do livro), como mostra a Figura 7.25.

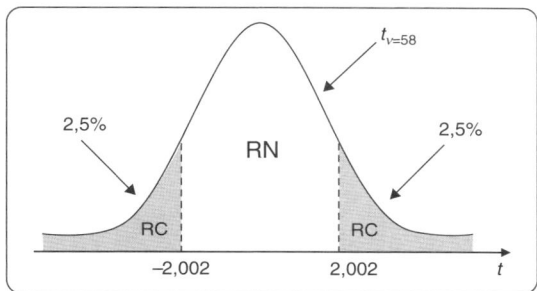

Figura 7.25 Região crítica do Exemplo 10.

Para um teste bilateral, cada uma das caudas corresponde à metade do nível de significância α.

Passo 6: Decisão – como o valor calculado pertence à região crítica, isto é, T_{cal} < −2,002, devemos rejeitar a hipótese nula, o que nos permite concluir, ao nível de confiança de 95%, que as médias populacionais são diferentes.

Se, em vez de compararmos o valor calculado com o valor crítico da distribuição t de *Student*, utilizarmos o cálculo do *P-value*, os Passos 5 e 6 serão:

Passo 5: De acordo com a Tabela B do apêndice do livro, para um teste unilateral à direita com v = 58 graus de liberdade, a probabilidade P_1 associada ao valor da estatística T_{cal} = 9,708 é inferior à 0,0005. Para um teste bilateral, essa probabilidade deve ser dobrada ($P = 2 \cdot P_1$).

Passo 6: Decisão – como P < 0,05, a hipótese nula é rejeitada.

7.6.1. Resolução do teste *t* de *Student* a partir de duas amostras independentes por meio do software SPSS

Os dados do Exemplo 10 estão disponíveis no arquivo **Test_t_Duas_Amostras_Independentes.sav**. O procedimento para resolução do teste *t* de *Student* para a comparação de duas médias populacionais a partir de duas amostras aleatórias independentes no SPSS está descrito a seguir. A reprodução das imagens nesta seção tem autorização da International Business Machines Corporation©.

Devemos clicar em **Analyze → Compare Means → Independent-Samples T Test...**, conforme mostra a Figura 7.26.

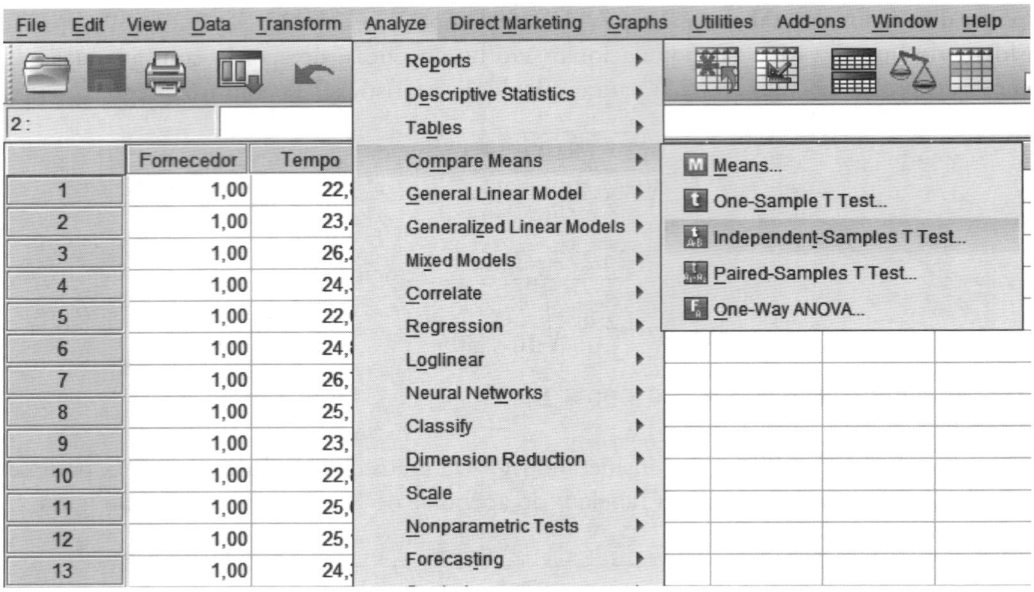

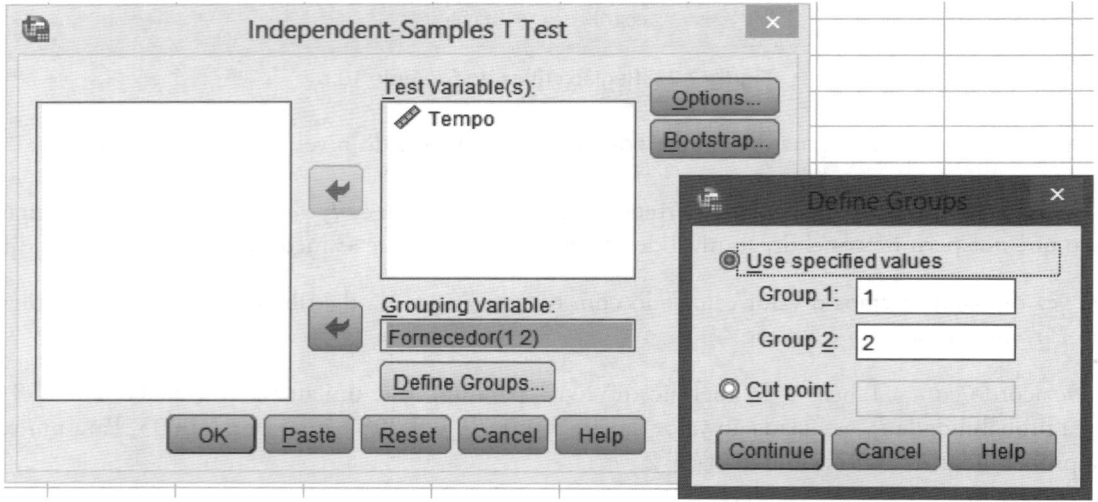

Figura 7.26 Procedimento para a elaboração do teste *t* a partir de duas amostras independentes no SPSS.

Vamos incluir a variável *Tempo* em **Test Variable(s)** e a variável *Fornecedor* em **Grouping Variable**. Na sequência, devemos clicar no botão **Define Groups...** para definir os grupos (categorias) da variável *Fornecedor*, como mostra a Figura 7.27.

Figura 7.27 Seleção das variáveis e definição dos grupos.

Se o nível de confiança desejado pelo pesquisador for diferente de 95%, devemos selecionar o botão **Options...** para alterá-lo. Por fim, vamos clicar em **OK**. Os resultados do teste são apresentados na Figura 7.28.

Independent Samples Test

		Levene's Test for Equality of Variances		t-test for Equality of Means					95% Confidence Interval of the Difference	
		F	Sig.	t	df	Sig. (2-tailed)	Mean Difference	Std. Error Difference	Lower	Upper
Tempo	Equal variances assumed	,156	,694	-9,708	58	,000	-3,25333	,33510	-3,92412	-2,58255
	Equal variances not assumed			-9,708	57,679	,000	-3,25333	,33510	-3,92420	-2,58247

Figura 7.28 Resultados do teste *t* para duas amostras independentes para o Exemplo 10 no SPSS.

O valor da estatística do teste t é -9,708 e a probabilidade bilateral associada é 0,000 ($P < 0,05$), o que leva à rejeição da hipótese nula e nos permite concluir, ao nível de confiança de 95%, que as médias populacionais são diferentes. Podemos notar que a Figura 7.28 também apresenta o resultado do teste de Levene. Como o nível de significância observado é 0,694, valor superior a 0,05, podemos também concluir que as variâncias são homogêneas ao nível de confiança de 95%.

7.6.2. Resolução do teste t de *Student* a partir de duas amostras independentes por meio do software Stata

A reprodução das imagens apresentadas nesta seção tem autorização da StataCorp LP©.

O teste t para comparação de médias de dois grupos independentes no Stata é gerado a partir da seguinte sintaxe:

```
ttest variável*, by(grupos*)
```

em que o termo **variável*** deve ser substituído pela variável quantitativa em análise e o termo **grupos*** pela variável categórica que os representa.

Os dados do Exemplo 10 estão disponíveis no arquivo **Test_t_Duas_Amostras_Independentes.dta**. A variável *fornecedor* discrimina os grupos de fornecedores; os valores para cada grupo de fornecedor estão especificados na variável *tempo*. Dessa forma, devemos digitar o seguinte comando:

```
ttest tempo, by(fornecedor)
```

O resultado do teste está ilustrado na Figura 7.29. Podemos verificar que o valor calculado da estatística (-9,708) é semelhante ao calculado no Exemplo 10 e também gerado no SPSS, assim como a probabilidade associada para um teste bilateral (0,000). Como $P < 0,05$, a hipótese nula é rejeitada, o que nos permite concluir, ao nível de confiança de 95%, que as médias populacionais são diferentes.

```
. ttest tempo, by(fornecedor)

Two-sample t test with equal variances
-----------------------------------------------------------------------------
  Group |     Obs        Mean    Std. Err.   Std. Dev.   [95% Conf. Interval]
--------+--------------------------------------------------------------------
      1 |      30    24.27667    .2456371     1.34541    23.77428    24.77905
      2 |      30       27.53    .2279418    1.248489    27.06381    27.99619
--------+--------------------------------------------------------------------
combined|      60    25.90333    .2691582    2.084891    25.36475    26.44192
--------+--------------------------------------------------------------------
   diff |            -3.253333    .3351045               -3.924118   -2.582549
-----------------------------------------------------------------------------
   diff = mean(1) - mean(2)                                  t =  -9.7084
Ho: diff = 0                                  degrees of freedom =       58

   Ha: diff < 0                 Ha: diff != 0                Ha: diff > 0
 Pr(T < t) = 0.0000       Pr(|T| > |t|) = 0.0000       Pr(T > t) = 1.0000
```

Figura 7.29 Resultados do teste t para duas amostras independentes para o Exemplo 10 no Stata.

7.7. TESTE t DE *STUDENT* PARA COMPARAÇÃO DE DUAS MÉDIAS POPULACIONAIS A PARTIR DE DUAS AMOSTRAS ALEATÓRIAS EMPARELHADAS

Este teste é aplicado para verificar se as médias de duas amostras emparelhadas ou relacionadas, extraídas da mesma população (antes e depois) com distribuição normal, são ou não diferentes significativamente. Além da normalidade dos dados de cada amostra, o teste exige a homogeneidade das variâncias entre os grupos.

Ao contrário do teste t para duas amostras independentes, devemos calcular, inicialmente, a diferença entre cada par de valores na posição i ($d_i = X_{antes,i} - X_{depois,i}$, $i = 1, \ldots, n$) e, a partir daí, testar a hipótese nula de que a média das diferenças na população é zero.

Para um teste bilateral, temos que:

$H_0: \mu_d = 0$, $\mu_d = \mu_{antes} - \mu_{depois}$
$H_1: \mu_d \neq 0$

A estatística do teste é:

$$T_{cal} = \frac{\bar{d} - \mu_d}{S_d / \sqrt{n}} \sim t_{v=n-1} \tag{7.26}$$

em que:

$$\bar{d} = \frac{\sum_{i=1}^{n} d_i}{n} \tag{7.27}$$

e

$$S_d = \sqrt{\frac{\sum_{i=1}^{n} \left(d_i - \bar{d}\right)^2}{n-1}} \tag{7.28}$$

O valor calculado deve ser comparado com o valor tabelado da distribuição t de *Student* (Tabela B do apêndice do livro). Essa tabela fornece os valores críticos de t_c, tal que $P(T_{cal} > t_c) = \alpha$ (para um teste unilateral à direita). Para um teste bilateral, temos que $P(T_{cal} < -t_c) = \alpha/2 = P(T_{cal} > t_c)$, como mostra a Figura 7.30.

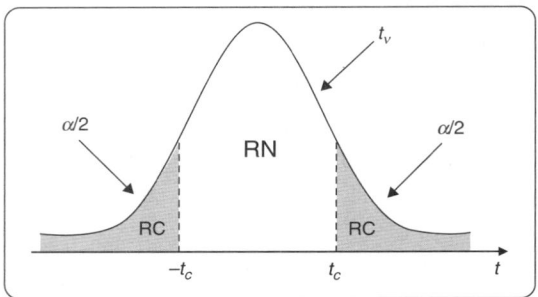

Figura 7.30 Região de não rejeição (RN) e região crítica (RC) da distribuição t de *Student* para um teste bilateral.

Portanto, para um teste bilateral, a hipótese nula é rejeitada se $T_{cal} < -t_c$ ou $T_{cal} > t_c$; se $-t_c \leq T_{cal} \leq t_c$, não rejeitamos H_0.

As probabilidades unilaterais associadas à estatística T_{cal} (P_1) também podem ser obtidas a partir da Tabela B. Para um teste unilateral, temos que $P = P_1$. Para um teste bilateral, essa probabilidade deve ser dobrada ($P = 2 \cdot P_1$). Assim, para ambos os testes, rejeitamos H_0 se $P \leq \alpha$.

■ EXEMPLO 11 – APLICAÇÃO DO TESTE t DE *STUDENT* PARA DUAS AMOSTRAS EMPARELHADAS

Um grupo de 10 operadores de máquinas, responsável por realizar determinada tarefa, é treinado para executar a mesma tarefa mais eficientemente. Para verificar se há redução no tempo de execução da tarefa, mede-se o tempo gasto por cada operador, antes e depois do treinamento. Teste a hipótese de que as médias populacionais das duas amostras emparelhadas são semelhantes, isto é, de que não há redução no tempo de execução da tarefa após o treinamento. Considere $\alpha = 5\%$.

Tabela 7.12 Tempo gasto por operador antes do treinamento.

3,2	3,6	3,4	3,8	3,4	3,5	3,7	3,2	3,5	3,9

Tabela 7.13 Tempo gasto por operador depois do treinamento.

3,0	3,3	3,5	3,6	3,4	3,3	3,4	3,0	3,2	3,6

■ SOLUÇÃO

Passo 1: O teste adequado, nesse caso, é o teste t de *Student* para duas amostras emparelhadas.

Como o teste exige a normalidade dos dados de cada amostra e a homogeneidade de variâncias entre os grupos, os testes de K-S ou S-W, além do teste de Levene, devem ser aplicados para tal verificação. Conforme veremos mais adiante na solução deste exemplo pelo SPSS, todas essas suposições serão validadas.

Passo 2: As hipóteses do teste t de *Student*, para este exemplo, são:

H_0: $\mu_d = 0$
H_1: $\mu_d \neq 0$

Passo 3: O nível de significância a ser considerado é de 5%.

Passo 4: Para o cálculo da estatística T_{cal}, inicialmente devemos calcular d_i:

Tabela 7.14 Cálculo de d_i.

$X_{antes,\ i}$	3,2	3,6	3,4	3,8	3,4	3,5	3,7	3,2	3,5	3,9
$X_{depois,\ i}$	3,0	3,3	3,5	3,6	3,4	3,3	3,4	3,0	3,2	3,6
d_i	0,2	0,3	-0,1	0,2	0	0,2	0,3	0,2	0,3	0,3

$$\bar{d} = \frac{\sum_{i=1}^{n} d_i}{n} = \frac{0,2 + 0,3 + \ \ + 0,3}{10} = 0,19$$

$$S_d = \sqrt{\frac{(0,2-0,19)^2 + (0,3-0,19)^2 + \ \ + (0,3-0,19)^2}{9}} = 0,137$$

$$T_{cal} = \frac{\bar{d}}{S_d / \sqrt{n}} = \frac{0,19}{0,137 / \sqrt{10}} = 4,385$$

Passo 5: A região crítica do teste bilateral pode ser definida a partir da tabela de distribuição t de *Student* (Tabela B do apêndice do livro), considerando $\nu = 9$ graus de liberdade e $\alpha = 5\%$, como mostra a Figura 7.31.

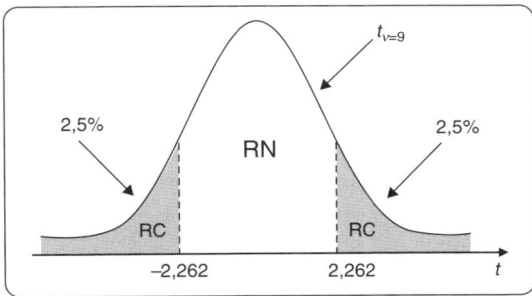

Figura 7.31 Região crítica do Exemplo 11.

Para um teste bilateral, cada cauda corresponde à metade do nível de significância α.

Passo 6: Decisão – como o valor calculado pertence à região crítica ($T_{cal} > 2,262$), a hipótese nula é rejeitada, fato que permite concluirmos que existe diferença significativa entre o tempo dos operadores antes e depois do treinamento, ao nível de confiança de 95%.

Se, em vez de compararmos o valor calculado com o valor crítico da distribuição t de *Student*, utilizarmos o cálculo do *P-value*, os Passos 5 e 6 serão:

Passo 5: De acordo com a Tabela B do apêndice do livro, para um teste unilateral à direita com $\nu = 9$ graus de liberdade, a probabilidade P_1 associada ao valor da estatística $T_{cal} = 4,385$ está entre 0,0005 e 0,001. Para um teste bilateral, essa probabilidade deve ser dobrada ($P = 2 \cdot P_1$), de modo que $0,001 < P < 0,002$.

Passo 6: Decisão – como $P < 0,05$, a hipótese nula é rejeitada.

7.7.1. Resolução do teste *t* de *Student* a partir de duas amostras emparelhadas por meio do software SPSS

Inicialmente, devemos testar a normalidade dos dados de cada amostra, assim como a homogeneidade de variância entre os grupos. Utilizando os mesmos procedimentos descritos nas seções 7.3.3 e 7.4.5 (os dados devem ser tabelados da mesma forma que na seção 7.4.5), obtemos as Figuras 7.32 e 7.33.

Tests of Normality

	Amostra	Kolmogorov-Smirnov[a]			Shapiro-Wilk		
		Statistic	df	Sig.	Statistic	df	Sig.
Tempo	Antes	,134	10	,200[*]	,954	10	,715
	Depois	,145	10	,200[*]	,920	10	,353

a. Lilliefors Significance Correction.
*. This is a lower bound of the true significance.

Figura 7.32 Resultados dos testes de normalidade no SPSS.

Test of Homogeneity of Variances

Tempo

Levene Statistic	df1	df2	Sig.
,061	1	18	,808

Figura 7.33 Resultados do teste de Levene no SPSS.

Pela Figura 7.32, concluímos que há normalidade dos dados para cada amostra. A partir da Figura 7.33, podemos concluir que as variâncias entre as amostras são homogêneas.

A reprodução das imagens nesta seção tem autorização da International Business Machines Corporation©. Para aplicarmos o procedimento de solução do teste *t* de *Student* para duas amostras emparelhadas no SPSS, devemos abrir o arquivo **Test_t_Duas_Amostras_Emparelhadas.sav**. Vamos clicar no menu **Analyze → Compare Means → Paired-Samples T Test...**, conforme mostra a Figura 7.34.

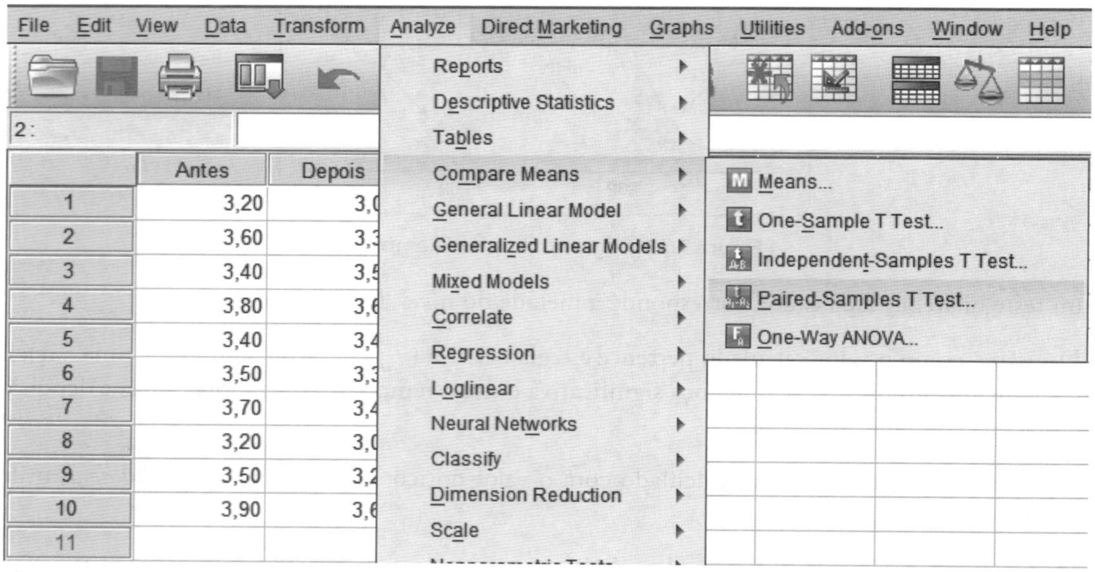

Figura 7.34 Procedimento para a elaboração do teste *t* a partir de duas amostras emparelhadas no SPSS.

Devemos selecionar a variável *Antes* e deslocá-la para *Variable1*, assim como a variável *Depois* para *Variable2*, conforme mostra a Figura 7.35.

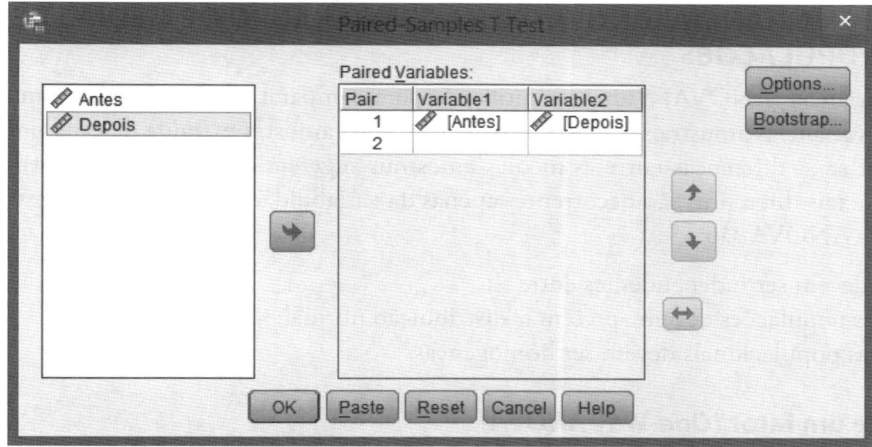

Figura 7.35 Seleção das variáveis a serem emparelhadas.

Se o nível de confiança desejado for diferente de 95%, devemos clicar em **Options...** para alterá-lo. Por fim, vamos clicar em **OK**. Os resultados do teste são apresentados na Figura 7.36.

Paired Samples Test

		Paired Differences							
					95% Confidence Interval of the Difference				
		Mean	Std. Deviation	Std. Error Mean	Lower	Upper	t	df	Sig. (2-tailed)
Pair 1	Antes - Depois	,19000	,13703	,04333	,09197	,28803	4,385	9	,002

Figura 7.36 Resultados do teste *t* para duas amostras emparelhadas para o Exemplo 11 no SPSS.

O valor do teste *t* é 4,385 e o nível de significância observado para um teste bilateral é 0,002, valor inferior a 0,05, o que nos leva a rejeição da hipótese nula e nos permite concluir, ao nível de confiança de 95%, que existe diferença significativa entre os tempos dos operadores antes e depois do treinamento.

7.7.2. Resolução do teste *t* de *Student* a partir de duas amostras emparelhadas por meio do software Stata

O teste *t* para comparação de médias de dois grupos emparelhados será resolvido no Stata para os dados do Exemplo 11. A reprodução das imagens apresentadas nesta seção tem autorização da StataCorp LP©.

Vamos abrir, portanto, o arquivo **Test_t_Duas_Amostras_Emparelhadas.dta**. As variáveis emparelhadas denominam-se *antes* e *depois*. Nesse caso, devemos digitar o seguinte comando:

ttest antes == depois

O resultado do teste está ilustrado na Figura 7.37. Podemos verificar que o valor calculado da estatística (4,385) é semelhante ao calculado no Exemplo 11 e no software SPSS, assim como a probabilidade associada à estatística para um teste bilateral (0,0018). Como *P* < 0,05, rejeitamos a hipótese nula de que os tempos dos operadores antes e depois do treinamento sejam iguais, ao nível de confiança de 95%.

```
. ttest antes == depois

Paired t test
------------------------------------------------------------------------------
Variable |     Obs        Mean    Std. Err.   Std. Dev.   [95% Conf. Interval]
---------+--------------------------------------------------------------------
   antes |      10        3.52    .0742369    .2347575    3.352065    3.687935
  depois |      10        3.33    .0683943    .2162817    3.175281    3.484719
---------+--------------------------------------------------------------------
    diff |      10         .19    .0433333    .137032     .0919732    .2880268
------------------------------------------------------------------------------
     mean(diff) = mean(antes - depois)                       t =     4.3846
 Ho: mean(diff) = 0                          degrees of freedom =          9

 Ha: mean(diff) < 0           Ha: mean(diff) != 0           Ha: mean(diff) > 0
 Pr(T < t) = 0.9991        Pr(|T| > |t|) = 0.0018         Pr(T > t) = 0.0009
```

Figura 7.37 Resultados do teste *t* para duas amostras emparelhadas para o Exemplo 11 no Stata.

7.8. ANÁLISE DE VARIÂNCIA (ANOVA) PARA COMPARAÇÃO DE MÉDIAS DE MAIS DE DUAS POPULAÇÕES

A Análise de Variância (ANOVA) é um teste utilizado para comparar médias de três ou mais populações, por meio da análise de variâncias amostrais. O teste se baseia em uma amostra extraída de cada população, com o intuito de determinar se as diferenças entre as médias amostrais sugerem diferenças significativas entre as médias populacionais, ou se tais diferenças são decorrentes apenas da variabilidade implícita da amostra.

As suposições da ANOVA são:

i) as amostras devem ser independentes entre si;
ii) os dados nas populações devem apresentar distribuição normal;
iii) as variâncias populacionais devem ser homogêneas.

7.8.1. ANOVA de um fator (*One-Way ANOVA*)

A ANOVA de um fator, conhecida em inglês como *One-Way ANOVA*, é a extensão do teste t de *Student* para duas médias populacionais, o que permite ao pesquisador a comparação de três ou mais médias populacionais.

A hipótese nula do teste afirma que as médias populacionais são iguais; se existir pelo menos um grupo com média diferente dos demais, a hipótese nula é rejeitada.

Para Fávero *et al.* (2009), a ANOVA de um fator permite verificar o efeito de uma variável explicativa de natureza qualitativa (fator) em uma variável dependente de natureza quantitativa. Cada grupo inclui as observações da variável dependente em uma categoria do fator.

Supondo que amostras independentes de tamanho n sejam extraídas de k populações ($k \geq 3$) e que as médias dessas populações possam ser representadas por $\mu_1, \mu_2, ..., \mu_k$, a análise de variância testa as seguintes hipóteses:

$$H_0: \mu_1 = \mu_2 = ... = \mu_k$$
$$H_1: \exists_{(i,j)} \ \mu_i \neq \mu_j, \ i \neq j \tag{7.29}$$

Segundo Maroco (2014), de forma genérica, as observações para este tipo de problema podem ser representadas de acordo com o Quadro 7.2.

Quadro 7.2 Observações da ANOVA de um fator.

Amostras ou grupos			
1	**2**	**...**	**k**
Y_{11}	Y_{12}	...	Y_{1k}
Y_{21}	Y_{22}	...	Y_{2k}
...	...	...	...
$Y_{n_1 1}$	$Y_{n_2 2}$	...	$Y_{n_k k}$

em que Y_{ij} representa a observação i da amostra ou grupo j ($i = 1, ..., n_j$; $j = 1, ..., k$) e n_j é a dimensão da amostra ou grupo j. A dimensão da amostra global é $N = \sum_{i=1}^{k} n_i$. Pestana e Gageiro (2008) apresentam o seguinte modelo:

$$Y_{ij} = \mu_i + \varepsilon_{ij} \tag{7.30}$$

$$Y_{ij} = \mu + (\mu_i - \mu) \cdot \varepsilon_{ij} \tag{7.31}$$

$$Y_{ij} = \mu + \alpha_i + \varepsilon_{ij} \tag{7.32}$$

em que:
μ é a média global da população;
μ_i é a média da amostra ou grupo i;
α_i é o efeito da amostra ou grupo i;
ε_{ij} é o erro aleatório.

A ANOVA presume, portanto, que cada grupo seja oriundo de uma população com distribuição normal, média μ_i e variância homogênea, ou seja, $Y_{ij} \sim N(\mu_i, \sigma)$, o que resulta na hipótese de que os erros apresentam distribuição normal com média zero e variância constante, ou seja, $\varepsilon_{ij} \sim N(0, \sigma)$, além de serem independentes (Fávero *et al.*, 2009).

As hipóteses da técnica são testadas a partir do cálculo das variâncias dos grupos, daí o nome ANOVA. A técnica envolve o cálculo das variações entre os grupos $(\overline{Y}_i - \overline{Y})$ e dentro de cada grupo $(Y_{ij} - \overline{Y}_i)$. A soma dos quadrados dos erros (SQU) dentro dos grupos é calculada por:

$$SQU = \sum_{i=1}^{k} \sum_{j=1}^{n_j} (Y_{ij} - \overline{Y}_i)^2 \tag{7.33}$$

Já a soma dos quadrados dos erros entre os grupos, ou soma dos quadrados do fator (SQF), é dada por:

$$SQF = \sum_{i=1}^{k} n_i \cdot (\overline{Y}_i - \overline{Y})^2 \tag{7.34}$$

Logo, a soma total é:

$$SQT = SQU + SQF = \sum_{i=1}^{k} \sum_{j=1}^{n_i} (Y_{ij} - \overline{Y})^2 \tag{7.35}$$

Segundo Fávero *et al.* (2009) e Maroco (2014), a estatística da ANOVA é dada pela divisão entre a variância do fator (SQF dividido por $k - 1$ graus de liberdade) e a variância dos erros (SQU dividido por $N - k$ graus de liberdade), de modo que:

$$F_{cal} = \frac{\dfrac{SQF}{k-1}}{\dfrac{SQU}{N-k}} = \frac{QMF}{QME} \tag{7.36}$$

em que:
QMF representa o quadrado médio do fator (estimativa da variância do fator);
QME representa o quadrado médio dos erros (estimativa da variância do modelo).

O Quadro 7.3 resume os cálculos da ANOVA de um fator.

Quadro 7.3 Cálculos da ANOVA de um fator.

Fonte de variação	Soma dos quadrados	Graus de liberdade	Quadrados médios	F
Entre os grupos	$SQF = \sum_{i=1}^{k} n_i \left(\overline{Y}_i - \overline{Y}\right)^2$	$k - 1$	$QMF = \dfrac{SQF}{k-1}$	$F = \dfrac{QMF}{QME}$
Dentro dos grupos	$SQU = \sum_{i=1}^{k} \sum_{j=1}^{n_i} (Y_{ij} - \overline{Y}_i)^2$	$N - k$	$QME = \dfrac{SQU}{N-k}$	
Total	$SQT = \sum_{i=1}^{k} \sum_{j=1}^{n_i} (Y_{ij} - \overline{Y})^2$	$N - 1$		

Fonte: Fávero *et al.* (2009) e Maroco (2014).

O valor de F pode ser nulo ou positivo, mas nunca negativo. A ANOVA requer, portanto, uma distribuição F assimétrica à direita.

O valor calculado (F_{cal}) deve ser comparado com o valor tabelado da distribuição F (Tabela A do apêndice do livro). Essa tabela fornece os valores críticos de $F_c = F_{k-1, N-k, \alpha}$, tal que $P(F_{cal} > F_c) = \alpha$ (para um teste unilateral à direita). Portanto, a hipótese nula da ANOVA de um fator é rejeitada se $F_{cal} > F_c$; caso contrário ($F_{cal} \leq F_c$), não rejeitamos H_0.

Faremos uso desses conceitos na estimação de modelos de regressão, no Capítulo 12.

■ **EXEMPLO 12 – APLICAÇÃO DA ANOVA DE UM FATOR**

Uma amostra de 32 produtos é coletada para analisar a qualidade do mel de três fornecedores. Uma das medidas de qualidade do mel é a porcentagem de sacarose, que normalmente varia de 0,25 a 6,5%. A Tabela 7.15 apresenta a porcentagem de sacarose para a amostra coletada de cada fornecedor. Verifique se há diferenças desse indicador de qualidade entre os três fornecedores, considerando o nível de significância de 5%.

Tabela 7.15 Porcentagem de sacarose para os três fornecedores.

Fornecedor 1 ($n_1 = 12$)	Fornecedor 2 ($n_2 = 10$)	Fornecedor 3 ($n_3 = 10$)
0,33	1,54	1,47
0,79	1,11	1,69
1,24	0,97	1,55
1,75	2,57	2,04
0,94	2,94	2,67
2,42	3,44	3,07
1,97	3,02	3,33
0,87	3,55	4,01
0,33	2,04	1,52
0,79	1,67	2,03
1,24		
3,12		
$\overline{Y}_1 = 1,316$	$\overline{Y}_2 = 2,285$	$\overline{Y}_3 = 2,338$
$S_1 = 0,850$	$S_2 = 0,948$	$S_3 = 0,886$

■ **SOLUÇÃO**

Passo 1: O teste adequado, nesse caso, é a ANOVA de um fator.

Inicialmente, devemos verificar os pressupostos de normalidade para cada grupo e de homogeneidade de variâncias entre os grupos por meio dos testes de Kolmogorov-Smirnov, Shapiro-Wilk e Levene. As Figuras 7.38 e 7.39 apresentam os resultados obtidos a partir do software SPSS.

Tests of Normality

	Fornecedor	Kolmogorov-Smirnov[a]			Shapiro-Wilk		
		Statistic	df	Sig.	Statistic	df	Sig.
Sacarose	1,00	,202	12	,189	,915	12	,246
	2,00	,155	10	,200[*]	,929	10	,438
	3,00	,232	10	,137	,883	10	,142

a. Lilliefors Significance Correction.
*. This is a lower bound of the true significance.

Figura 7.38 Resultados dos testes de normalidade no SPSS.

Test of Homogeneity of Variances

Sacarose

Levene Statistic	df1	df2	Sig.
,337	2	29	,716

Figura 7.39 Resultados do teste de Levene no SPSS.

Como o nível de significância observado dos testes de normalidade para cada grupo e do teste de homogeneidade de variâncias entre os grupos é superior a 5%, podemos concluir que cada um dos grupos apresenta dados com distribuição normal e que as variâncias entre os grupos são homogêneas, ao nível de confiança de 95%. Como os pressupostos da ANOVA de um fator foram atendidos, a técnica pode ser aplicada.

Passo 2: A hipótese nula da ANOVA, para este exemplo, afirma que não há diferenças no teor de sacarose dos três fornecedores; se existir pelo menos um fornecedor com média populacional diferente dos demais, a hipótese nula será rejeitada. Sendo assim, temos que:

H_0: $\mu_1 = \mu_2 = \mu_3$

H_1: $\exists_{(i,j)}\ \mu_i \neq \mu_j$, $i \neq j$ ($i, j = 1, 2, 3$)

Passo 3: O nível de significância a ser considerado é de 5%.

Passo 4: O cálculo da estatística F_{cal} está especificado a seguir.

Para este exemplo, sabemos que $k = 3$ grupos e a dimensão da amostra global é $N = 32$. A média da amostra global é $\overline{Y} = 1,938$.

A soma dos quadrados do fator (SQF) é:

$$SQF = 12 \cdot (1,316 - 1,938)^2 + 10 \cdot (2,285 - 1,938)^2 + 10 \cdot (2,338 - 1.938)^2 = 7,449$$

Logo, o quadrado médio do fator (QMF) é:

$$QMF = \frac{SQF}{k-1} = \frac{7,449}{2} = 3,725$$

O cálculo da soma dos quadrados dos erros (SQU) está detalhado na Tabela 7.16.

Tabela 7.16 Cálculo da soma dos quadrados dos erros (SQU).

Fornecedor	Sacarose	$Y_{ij} - \overline{Y}_i$	$(Y_{ij} - \overline{Y}_i)^2$
1	0,33	-0,986	0,972
1	0,79	-0,526	0,277
1	1,24	-0,076	0,006
1	1,75	0,434	0,189
1	0,94	-0,376	0,141
1	2,42	1,104	1,219
1	1,97	0,654	0,428
1	0,87	-0,446	0,199
1	0,33	-0,986	0,972
1	0,79	-0,526	0,277
1	1,24	-0,076	0,006
1	3,12	1,804	3,255
2	1,54	-0,745	0,555
2	1,11	-1,175	1,381
2	0,97	-1,315	1,729
2	2,57	0,285	0,081
2	2,94	0,655	0,429
2	3,44	1,155	1,334
2	3,02	0,735	0,540
2	3,55	1,265	1,600
2	2,04	-0,245	0,060
2	1,67	-0,615	0,378
3	1,47	-0,868	0,753
3	1,69	-0,648	0,420
3	1,55	-0,788	0,621
3	2,04	-0,298	0,089
3	2,67	0,332	0,110
3	3,07	0,732	0,536
3	3,33	0,992	0,984
3	4,01	1,672	2,796
3	1,52	-0,818	0,669
3	2,03	-0,308	0,095
SQU			**23,100**

Logo, o quadrado médio dos erros é:

$$QME = \frac{SQU}{N-k} = \frac{23,100}{29} = 0,797$$

O valor da estatística F_{cal} é, portanto:

$$F_{cal} = \frac{QMF}{QME} = \frac{3,725}{0,797} = 4,676$$

Passo 5: De acordo com a Tabela A do apêndice do livro, o valor crítico da estatística é $F_c = F_{2,29;5\%} = 3,33$.

Passo 6: Decisão – como o valor calculado pertence à região crítica ($F_{cal} > F_c$), rejeitamos a hipótese nula, o que nos permite concluir, ao nível de confiança de 95%, que existe pelo menos um fornecedor com média populacional diferente dos demais.

Se, em vez de compararmos o valor calculado com o valor crítico da distribuição F de *Snedecor*, utilizarmos o cálculo do *P-value*, os Passos 5 e 6 serão:

Passo 5: De acordo com a Tabela A do apêndice do livro, para $v_1 = 2$ graus de liberdade no numerador e $v_2 = 29$ graus de liberdade no denominador, a probabilidade associada ao valor da estatística $F_{cal} = 4,676$ está entre 0,01 e 0,025 (*P-value*).

Passo 6: Decisão – como $P < 0,05$, a hipótese nula é rejeitada.

Resolução da ANOVA de um fator por meio do software SPSS

A reprodução das imagens nesta seção tem autorização da International Business Machines Corporation©. Os dados do Exemplo 12 estão disponíveis no arquivo **ANOVA_Um_Fator.sav**. Vamos inicialmente clicar no menu **Analyze → Compare Means → One-Way ANOVA...**, conforme mostra a Figura 7.40.

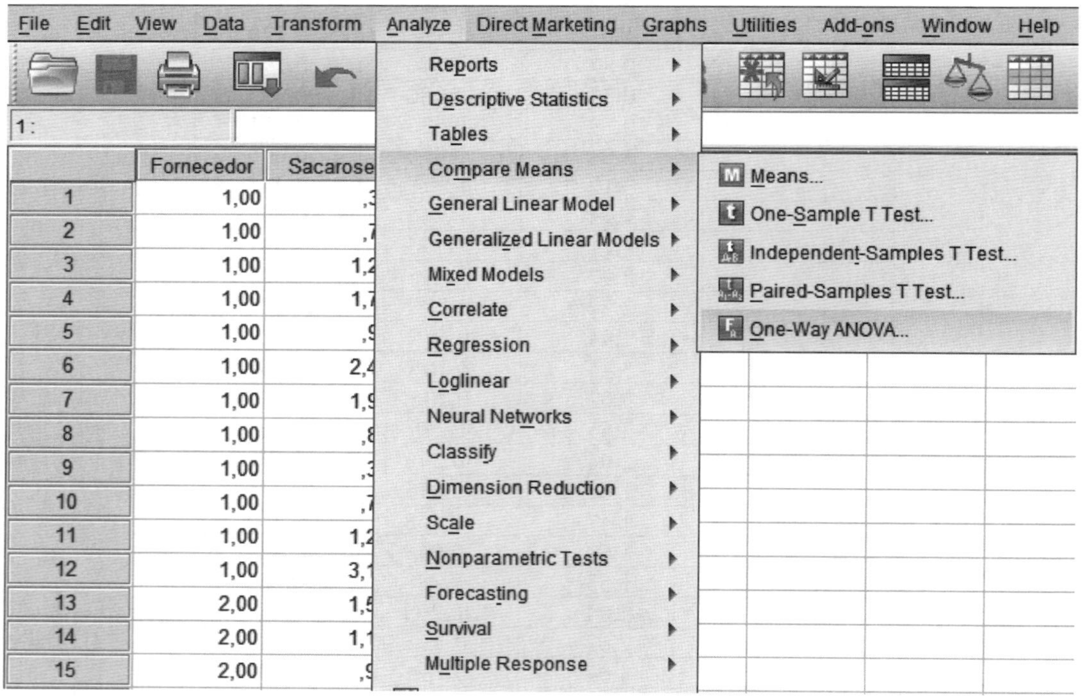

Figura 7.40 Procedimento para a elaboração da ANOVA de um fator (*One-way ANOVA*) no SPSS.

Vamos incluir a variável *Sacarose* na lista de variáveis dependentes (**Dependent List**) e a variável *Fornecedor* na caixa **Factor**, de acordo com a Figura 7.41.

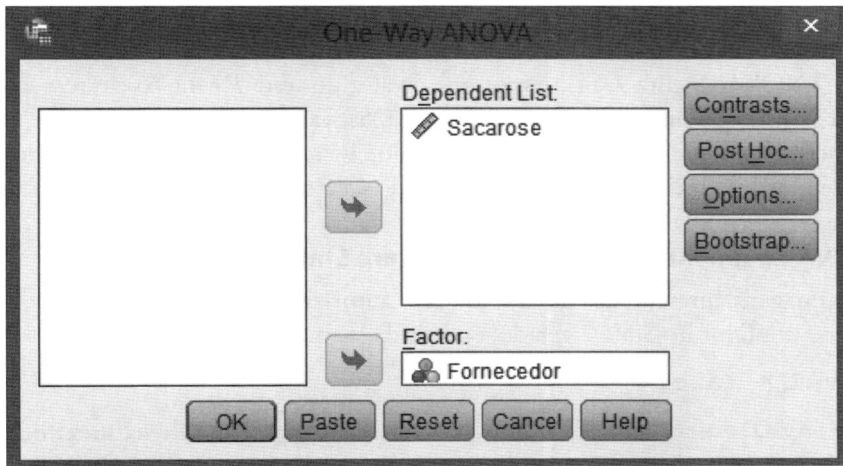

Figura 7.41 Seleção das variáveis.

Devemos clicar, na sequência, no botão **Options...** e escolher a opção **Homogeneity of variance test** (teste de Levene para homogeneidade de variâncias). Por fim, vamos clicar em **Continue** e **OK** para obtermos o resultado do teste de Levene, além da tabela ANOVA. Como a ANOVA não disponibiliza o teste de normalidade, ele deve ser obtido aplicando o mesmo procedimento descrito na seção 7.3.3.

Tests of Normality

	Fornecedor	Kolmogorov-Smirnov[a]			Shapiro-Wilk		
		Statistic	df	Sig.	Statistic	df	Sig.
Sacarose	1,00	,202	12	,189	,915	12	,246
	2,00	,155	10	,200[*]	,929	10	,438
	3,00	,232	10	,137	,883	10	,142

a. Lilliefors Significance Correction.
*. This is a lower bound of the true significance.

Figura 7.42 Resultados dos testes de normalidade para o Exemplo 12 no SPSS.

Test of Homogeneity of Variances

Sacarose

Levene Statistic	df1	df2	Sig.
,337	2	29	,716

Figura 7.43 Resultados do teste de Levene para o Exemplo 12 no SPSS.

ANOVA

Sacarose

	Sum of Squares	df	Mean Square	F	Sig.
Between Groups	7,449	2	3,725	4,676	,017
Within Groups	23,100	29	,797		
Total	30,549	31			

Figura 7.44 Resultados da ANOVA de um fator para o Exemplo 12 no SPSS.

De acordo com a Figura 7.42, podemos verificar que cada um dos grupos apresenta dados com distribuição normal. E, pela Figura 7.43, concluímos que as variâncias entre os grupos são homogêneas.

A partir da tabela ANOVA (Figura 7.44), temos que o valor do teste F é 4,676 e o respectivo *P-value* é 0,017 (vimos no Exemplo 12 que esse valor estaria entre 0,01 e 0,025), valor inferior a 0,05, o que nos leva à rejeição da hipótese nula e nos permite concluir, ao nível de confiança de 95%, que pelo menos uma das médias populacionais é diferente das demais (há diferenças na porcentagem de sacarose no mel dos três fornecedores).

Resolução da ANOVA de um fator por meio do software Stata

A reprodução das imagens apresentadas nesta seção tem autorização da StataCorp LP©.

O teste ANOVA de um fator no Stata é gerado a partir da seguinte sintaxe:

```
anova variávely* fator*
```

em que o termo **variável_y*** deve ser substituído pela variável dependente de natureza quantitativa e o termo **fator*** pela variável explicativa de natureza qualitativa.

Os dados do Exemplo 12 estão disponíveis no arquivo **Anova_Um_Fator.dta**. A variável dependente quantitativa denomina-se *sacarose* e o fator é representado pela variável *fornecedor*. Dessa forma, devemos digitar o seguinte comando:

```
anova sacarose fornecedor
```

O resultado do teste está ilustrado na Figura 7.45. Podemos verificar que o valor calculado da estatística (4,68) é semelhante àquele calculado no Exemplo 12 e também gerado no SPSS, assim como a probabilidade associada ao valor da estatística (0,017). Como $P < 0,05$, a hipótese nula é rejeitada, o que nos permite concluir, ao nível de confiança de 95%, que pelo menos uma das médias populacionais é diferente das demais.

```
. anova sacarose fornecedor

                     Number of obs =       32    R-squared       =  0.2438
                     Root MSE      = .892488    Adj R-squared  =  0.1917

        Source |  Partial SS     df       MS              F    Prob > F
    -----------+----------------------------------------------------------
         Model |  7.44918576      2   3.72459288         4.68     0.0174
               |
     fornecedor |  7.44918576      2   3.72459288         4.68     0.0174
               |
      Residual |  23.099502      29   .796534551
    -----------+----------------------------------------------------------
         Total |  30.5486877      31   .98544154
```

Figura 7.45 Resultados da ANOVA de um fator para o Exemplo 12 no Stata.

7.8.2. ANOVA fatorial

A ANOVA fatorial é uma extensão da ANOVA de um fator, assumindo os mesmos pressupostos, porém considerando dois ou mais fatores. A ANOVA fatorial presume que a variável dependente de natureza quantitativa seja influenciada por mais de uma variável explicativa de natureza qualitativa (fator). Ela também testa as possíveis interações entre os fatores, por meio do efeito resultante da combinação do nível i do fator A com o nível j do fator B, conforme versam Pestana e Gageiro (2008), Fávero *et al.* (2009) e Maroco (2014).

Para Pestana e Gageiro (2008) e Fávero *et al.* (2009), o objetivo da ANOVA fatorial é determinar se as médias para cada nível do fator são iguais (efeito isolado dos fatores na variável dependente) e verificar a interação entre os fatores (efeito conjunto dos fatores na variável dependente).

Para fins didáticos, a ANOVA fatorial será descrita para o modelo de dois fatores.

7.8.2.1. ANOVA de dois fatores (*Two-Way ANOVA*)

Segundo Fávero *et al.* (2009) e Maroco (2014), as observações da ANOVA de dois fatores (*Two-Way ANOVA*) podem ser representadas, de forma genérica, como mostra o Quadro 7.4. Para cada célula, verificamos os valores da variável dependente nos fatores A e B em estudo.

Quadro 7.4 Observações da ANOVA de dois fatores.

		Fator B			
		1	**2**	...	**b**
Fator A	**1**	Y_{111}	Y_{121}		Y_{1b1}
		Y_{112}	Y_{122}	...	Y_{1b2}
		...	...		...
		Y_{11n}	Y_{12n}		Y_{1bn}
	2	Y_{211}	Y_{221}		Y_{2b1}
		Y_{212}	Y_{222}	...	Y_{2b2}
		...	...		...
		Y_{21n}	Y_{22n}		Y_{2bn}
	...	...	...	...	...
	a	Y_{a11}	Y_{a21}		Y_{ab1}
		Y_{a12}	Y_{a22}	...	Y_{ab2}
		...	...		...
		Y_{a1n}	Y_{a2n}		Y_{abn}

Fonte: Fávero *et al.* (2009) e Maroco (2014).

em que Y_{ijk} representa a observação k ($k = 1, \ldots, n$) do nível i do fator A ($i = 1, \ldots, a$) e do nível j do fator B ($j = 1, \ldots, b$).

Inicialmente, para verificarmos os efeitos isolados dos fatores A e B, devemos testar as seguintes hipóteses (Fávero *et al.*, 2009 e Maroco, 2014):

$$\text{H}_0^A: \mu_1 = \mu_2 = \ldots = \mu_a$$

$$\text{H}_1^A: \exists_{(i,i')} \; \mu_i \neq \mu_{i'}, \; i \neq i' \, (i, i' = 1, \ldots, a) \tag{7.37}$$

e

$$\text{H}_0^B: \mu_1 = \mu_2 = \ldots = \mu_b$$

$$\text{H}_1^B: \exists_{(j,j')} \; \mu_j \neq \mu_{j'}, j \neq j' \, (j, j' = 1, \ldots, b) \tag{7.38}$$

Já para verificarmos o efeito conjunto dos fatores na variável dependente, devemos testar as seguintes hipóteses (Fávero *et al.*, 2009 e Maroco, 2014):

$$\text{H}_0: \gamma_{ij} = 0, \text{ para } i \neq j \text{ (não há interação entre os fatores } A \text{ e } B)$$

$$\text{H}_1: \gamma_{ij} \neq 0, \text{ para } i \neq j \text{ (há interação entre os fatores } A \text{ e } B) \tag{7.39}$$

O modelo apresentado por Pestana e Gageiro (2008) pode ser descrito como:

$$Y_{ijk} = \mu + \alpha_i + \beta_j + \gamma_{ij} + \varepsilon_{ijk} \tag{7.40}$$

em que:

μ é a média global da população;

α_i é o efeito do nível i do fator A, dado por $\mu_i - \mu$;

β_j é o efeito do nível j do fator B, dado por $\mu_j - \mu$;

γ_{ij} é a interação entre os fatores;

ε_{ijk} é o erro aleatório que apresenta distribuição normal com média zero e variância constante.

Para padronizar os efeitos dos níveis escolhidos dos dois fatores, devemos assumir que:

$$\sum_{i=1}^{a} \alpha_i = \sum_{j=1}^{b} \beta_j = \sum_{i=1}^{a} \gamma_{ij} = \sum_{j=1}^{b} \gamma_{ij} = 0 \tag{7.41}$$

Vamos considerar $\overline{Y}$, $\overline{Y}_{ij}$, $\overline{Y}_i$ e $\overline{Y}_j$ a média geral da amostra global, a média por amostra, a média do nível i do fator A e a média do nível j do fator B, respectivamente.

Podemos descrever a soma dos quadrados dos erros (SQU) como:

$$SQU = \sum_{i=1}^{a} \sum_{j=1}^{b} \sum_{k=1}^{n} (Y_{ijk} - \overline{Y}_{ij})^2 \tag{7.42}$$

Já a soma dos quadrados do fator A (SQF_A), a soma dos quadrados do fator B (SQF_B) e a soma dos quadrados da interação (SQ_{AB}) estão representadas, respectivamente, nas expressões (7.43), (7.44) e (7.45) a seguir:

$$SQF_A = b \cdot n \cdot \sum_{i=1}^{a} \left(\overline{Y}_i - \overline{Y} \right)^2 \tag{7.43}$$

$$SQF_B = a \cdot n \cdot \sum_{j=1}^{b} \left(\overline{Y}_j - \overline{Y} \right)^2 \tag{7.44}$$

$$SQ_{AB} = n \cdot \sum_{i=1}^{a} \sum_{j=1}^{b} \left(\overline{Y}_{ij} - \overline{Y}_i - \overline{Y}_j + \overline{Y} \right)^2 \tag{7.45}$$

Nesse sentido, a soma dos quadrados totais pode ser escrita conforme segue:

$$SQT = SQU + SQF_A + SQF_B + SQ_{AB} = \sum_{i=1}^{a} \sum_{j=1}^{b} \sum_{k=1}^{n} (Y_{ijk} - \overline{Y})^2 \tag{7.46}$$

Assim, a estatística da ANOVA para o fator A é dada por:

$$F_A = \frac{\dfrac{SQF_A}{a-1}}{\dfrac{SQU}{(n-1) \cdot ab}} = \frac{QMF_A}{QME} \tag{7.47}$$

em que:
QMF_A é o quadrado médio do fator A;
QME é o quadrado médio dos erros.

Já a estatística da ANOVA para o fator B é dada por:

$$F_B = \frac{\dfrac{SQF_B}{b-1}}{\dfrac{SQU}{(n-1) \cdot ab}} = \frac{QMF_B}{QME} \tag{7.48}$$

em que:
QMF_B é o quadrado médio do fator B.

E a estatística da ANOVA para a interação é representada por:

$$F_{AB} = \frac{\dfrac{SQ_{AB}}{(a-1) \cdot (b-1)}}{\dfrac{SQU}{(n-1) \cdot ab}} = \frac{QM_{AB}}{QME} \tag{7.49}$$

em que:

QM_{AB} é o quadrado médio da interação.

Os cálculos da ANOVA de dois fatores estão resumidos no Quadro 7.5.

Quadro 7.5 Cálculos da ANOVA de dois fatores.

Fonte de variação	Soma dos quadrados	Graus de liberdade	Quadrados médios	F
Fator A	$SQF_A = b \cdot n \cdot \sum_{i=1}^{a} \left(\overline{Y}_i - \overline{Y} \right)^2$	$a - 1$	$QMF_A = \dfrac{SQF_A}{a-1}$	$F_A = \dfrac{QMF_A}{QME}$
Fator B	$SQF_B = a \cdot n \cdot \sum_{j=1}^{b} \left(\overline{Y}_j - \overline{Y} \right)^2$	$b - 1$	$QMF_B = \dfrac{SQF_B}{b-1}$	$F_B = \dfrac{QMF_B}{QME}$
Interação	$SQ_{AB} = n \cdot \sum_{i=1}^{a} \sum_{j=1}^{b} \left(\overline{Y}_{ij} - \overline{Y}_i - \overline{Y}_j + \overline{Y} \right)^2$	$(a-1) \cdot (b-1)$	$QM_{AB} = \dfrac{SQ_{AB}}{(a-1) \cdot (b-1)}$	$F_{AB} = \dfrac{QM_{AB}}{QME}$
Erro	$SQU = \sum_{i=1}^{a} \sum_{j=1}^{b} \sum_{k=1}^{n} \left(Y_{ijk} - \overline{Y}_{ij} \right)^2$	$(n-1) \cdot ab$	$QME = \dfrac{SQU}{(n-1) \cdot ab}$	
Total	$SQT = \sum_{i=1}^{a} \sum_{j=1}^{b} \sum_{k=1}^{n} \left(Y_{ijk} - \overline{Y} \right)^2$	$N - 1$		

Fonte: Fávero *et al.* (2009) e Maroco (2014).

Os valores calculados das estatísticas (F_A^{cal}, F_B^{cal} e F_{AB}^{cal}) devem ser comparados com os valores críticos obtidos a partir da tabela de distribuição F (Tabela A do apêndice do livro): $F_A^c = F_{a-1,(n-1)ab,\alpha}$, $F_B^c = F_{b-1,(n-1)ab,\alpha}$ e $F_{AB}^c = F_{(a-1)(b-1),(n-1)ab,\alpha}$. Para cada estatística, se o valor pertencer à região crítica ($F_A^{cal} > F_A^c$, $F_B^{cal} > F_B^c$, $F_{AB}^{cal} > F_{AB}^c$), devemos rejeitar a hipótese nula. Caso contrário, não rejeitamos H_0.

■ EXEMPLO 13 – APLICAÇÃO DA ANOVA DE DOIS FATORES

Uma amostra com 24 passageiros que viajam no percurso São Paulo–Campinas em determinada semana é coletada. São analisadas as seguintes variáveis: (1) tempo de viagem em minutos, (2) companhia de ônibus escolhida e (3) dia da semana. O objetivo é verificar se existe relação entre tempo de viagem e a companhia de ônibus, entre tempo de viagem e o dia da semana, e entre a companhia de ônibus e o dia da semana. Os níveis considerados na variável *companhia de ônibus* são: empresa A (1), empresa B (2) e empresa C (3). Já os níveis referentes ao dia da semana são: segunda-feira (1), terça-feira (2), quarta-feira (3), quinta-feira (4), sexta-feira (5), sábado (6) e domingo (7). Os resultados da amostra são apresentados na Tabela 7.17 e também estão disponíveis no arquivo **ANOVA_Dois_Fatores.sav**. Teste as hipóteses em questão, considerando o nível de significância de 5%.

Tabela 7.17 Dados do Exemplo 13 (aplicação da ANOVA de dois fatores).

Tempo (min)	Companhia	Dia da semana
90	2	4
100	1	5
72	1	6
76	3	1
85	2	2
95	1	5
79	3	1
100	2	4

(Continua)

Tabela 7.17 Dados do Exemplo 13 (aplicação da ANOVA de dois fatores) (*Continuação*).

Tempo (min)	Companhia	Dia da semana
70	1	7
80	3	1
85	2	3
90	1	5
77	2	7
80	1	2
85	3	4
74	2	7
72	3	6
92	1	5
84	2	4
80	1	3
79	2	1
70	3	6
88	3	5
84	2	4

Resolução da ANOVA de dois fatores por meio do software SPSS

A reprodução das imagens nesta seção tem autorização da International Business Machines Corporation©.

Passo 1: O teste adequado, nesse caso, é a ANOVA de dois fatores.

Inicialmente, devemos verificar se há normalidade da variável *Tempo* (métrica) no modelo (conforme mostra a Figura 7.46). De acordo com essa figura, podemos concluir que a variável *Tempo* possui distribuição normal, ao nível de confiança de 95%. A hipótese de homogeneidade de variâncias será verificada no Passo 4.

Tests of Normality

	Kolmogorov-Smirnov[a]			Shapiro-Wilk		
	Statistic	df	Sig.	Statistic	df	Sig.
Tempo	,126	24	,200*	,956	24	,370

a. Lilliefors Significance Correction.
*. This is a lower bound of the true significance.

Figura 7.46 Resultados dos testes de normalidade no SPSS.

Passo 2: A hipótese nula H_0 da ANOVA de dois fatores, para este exemplo, assume que as médias populacionais de cada nível do fator *Companhia* e de cada nível do fator *Dia da semana* são iguais, isto é, H_0^A: $\mu_1 = \mu_2 = \mu_3$ e H_0^B: $\mu_1 = \mu_2 = \ldots = \mu_7$.

A hipótese nula H_0 também afirma que não há interação entre o fator *Companhia* e o fator *Dia da semana*, isto é, H_0: $\gamma_{ij} = 0$, para $i \neq j$.

Passo 3: O nível de significância a ser considerado é de 5%.

Passo 4: As estatísticas F da ANOVA para o fator *Companhia*, para o fator *Dia da semana* e para a interação *Companhia * Dia da semana* serão obtidas por meio do software SPSS, de acordo com o procedimento especificado a seguir.

Para tanto, vamos clicar no menu **Analyze → General Linear Model → Univariate...**, conforme mostra a Figura 7.47.

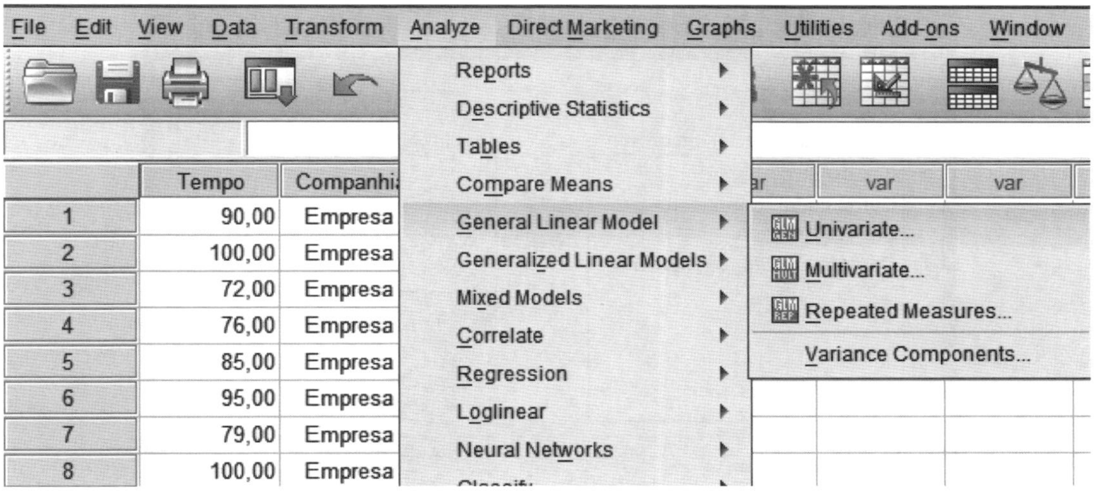

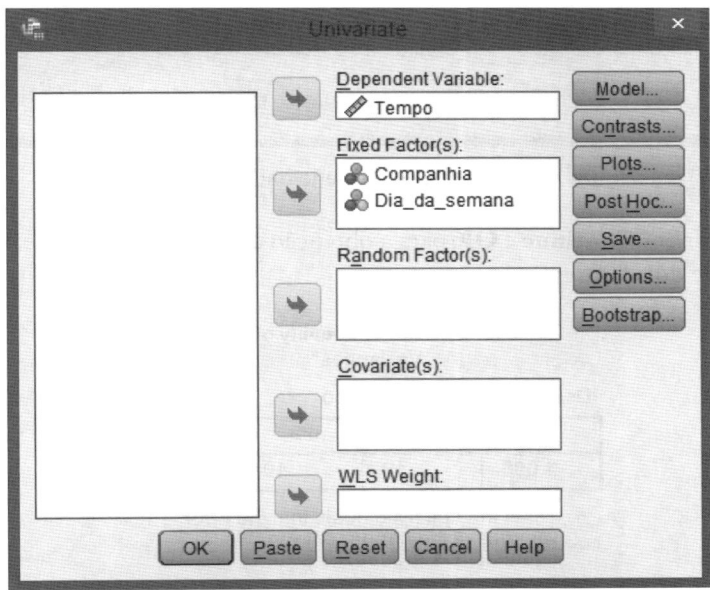

Figura 7.47 Procedimento para a elaboração da ANOVA de dois fatores no SPSS.

Na sequência, vamos incluir a variável *Tempo* na caixa das variáveis dependentes (**Dependent Variable**) e as variáveis *Companhia* e *Dia_da_semana* na caixa de fatores fixos (**Fixed Factor(s)**), como mostra a Figura 7.48.

Figura 7.48 Seleção das variáveis para a elaboração da ANOVA de dois fatores.

Este exemplo é baseado na ANOVA do tipo I, em que os fatores são fixos. Se um dos fatores fosse escolhido aleatoriamente, ele seria inserido na caixa **Random Factor(s)**, resultando em um caso de ANOVA do tipo III. O botão **Model...** define o modelo de análise de variância a ser testado. Por meio da opção **Contrasts...**, podemos avaliar se uma categoria de um dos fatores é diferente significativamente das demais categorias do mesmo fator. Os gráficos podem ser gerados por meio da opção **Plots...**, permitindo assim a visualização da existência ou não de interações entre os fatores. Já o botão **Post Hoc...** permite que sejam feitas comparações de múltiplas médias. E, por fim, a partir do botão **Options...**, podemos obter estatísticas descritivas e o resultado do teste de Levene de homogeneidade de variâncias, bem como selecionar o nível de significância apropriado (Fávero *et al.*, 2009 e Maroco, 2014).

Portanto, como queremos testar a homogeneidade de variâncias, devemos selecionar, em **Options...**, a opção **Homogeneity tests**, conforme mostra a Figura 7.49.

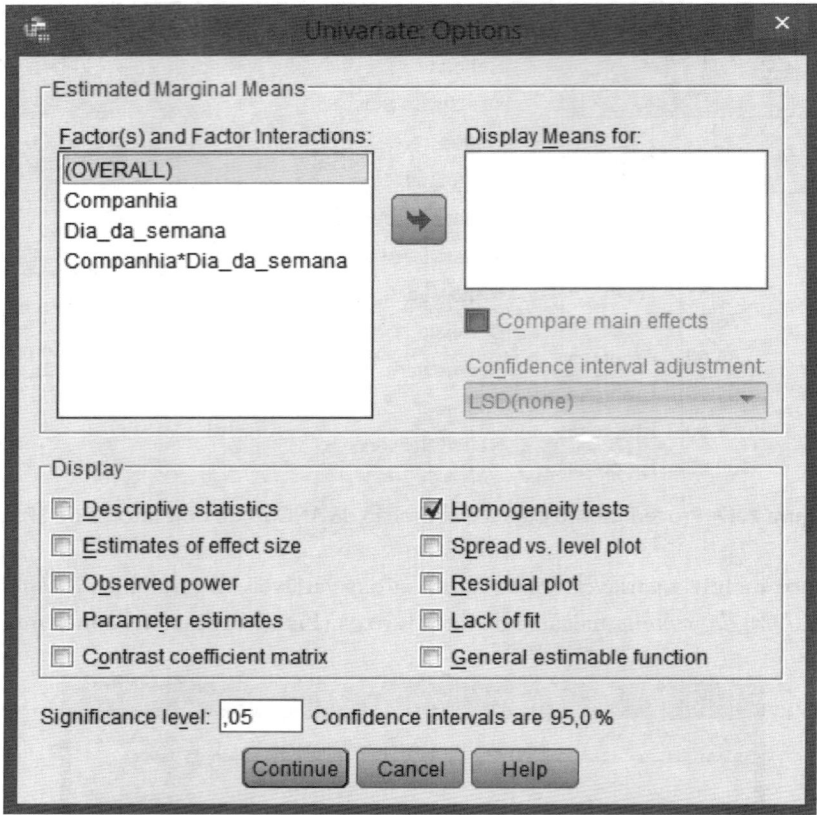

Figura 7.49 Teste de homogeneidade das variâncias.

Finalmente, vamos clicar em **Continue** e **OK** para a obtenção do teste de Levene de homogeneidade de variâncias e da tabela ANOVA de dois fatores.

Levene's Test of Equality of Error Variances[a]

Dependent Variable:Tempo

F	df1	df2	Sig.
1,096	13	10	,451

Tests the null hypothesis that the error variance of the dependent variable is equal across groups.

a. Design: Intercept + Companhia + Dia_semana + Companhia * Dia_semana

Figura 7.50 Resultados do teste de Levene no SPSS.

A partir da Figura 7.50, verificamos que as variâncias entre os grupos são homogêneas ($P = 0,451 > 0,05$).

Já pela Figura 7.51, podemos concluir que não existem diferenças significativas entre os tempos de viagem das companhias analisadas, ou seja, o fator *Companhia* não apresenta efeito significativo sobre a variável *Tempo* ($P = 0,330 > 0,05$).

Por outro lado, concluímos que existem diferenças significativas entre os dias da semana, isto é, o fator *Dia_da_semana* tem efeito significativo sobre a variável *Tempo* ($P = 0,003 < 0,05$).

Por fim, concluímos que não existe uma interação significativa, ao nível de confiança de 95%, entre os dois fatores *Companhia* e *Dia_da_semana*, já que $P = 0,898 > 0,05$.

Tests of Between-Subjects Effects

Dependent Variable:Tempo

Source	Type III Sum of Squares	df	Mean Square	F	Sig.
Corrected Model	1501,042[a]	13	115,465	4,753	,009
Intercept	117283,924	1	117283,924	4828,155	,000
Companhia	60,332	2	30,166	1,242	,330
Dia_da_semana	1116,751	6	186,125	7,662	,003
Companhia * Dia_da_semana	37,190	5	7,438	,306	,898
Error	242,917	10	24,292		
Total	166251,000	24			
Corrected Total	1743,958	23			

a. R Squared = ,861 (Adjusted R Squared = ,680)

Figura 7.51 Resultados da ANOVA de dois fatores para o Exemplo 13 no SPSS.

Solução da ANOVA de dois fatores por meio do software Stata

A reprodução das imagens apresentadas nesta seção tem autorização da StataCorp LP©.

O comando **anova** no Stata especifica a variável dependente em análise, assim como os respectivos fatores. As interações são especificadas utilizando o caractere **#** entre os fatores. Desse modo, a ANOVA de dois fatores é gerada por meio da seguinte sintaxe:

anova variável$_Y$* fator$_A$* fator$_B$* fator$_A$#fator$_B$

ou, simplesmente:

anova variável$_Y$* fator$_A$*##fator$_B$*

em que o termo **variável$_y$*** deve ser substituído pela variável dependente de natureza quantitativa e os termos **fator$_A$*** e **fator$_B$*** pelos respectivos fatores.

Se digitarmos apenas a sintaxe **anova variável$_Y$* fator$_A$* fator$_B$***, será elaborada apenas a ANOVA para cada fator, e não entre os fatores.

Os dados do Exemplo 13 estão disponíveis no arquivo **ANOVA_Dois_Fatores.dta**. A variável dependente de natureza quantitativa denomina-se *tempo* e os fatores correspondem às variáveis *companhia* e *dia_da_semana*. Dessa forma, devemos digitar o seguinte comando:

anova tempo companhia##dia_da_semana

Os resultados estão representados na Figura 7.52 e são semelhantes aos apresentados no software SPSS, o que nos permite concluir, ao nível de confiança de 95%, que apenas o fator *dia_da_semana* tem efeito significativo sobre a variável *tempo* ($P = 0,003 < 0,05$), e que não existe interação significativa entre os dois fatores analisados ($P = 0,898 > 0,05$).

```
. anova tempo companhia##dia_da_semana

                     Number of obs =      24    R-squared     =  0.8607
                     Root MSE      = 4.92866    Adj R-squared =  0.6796
          Source |   Partial SS    df       MS            F     Prob > F
-----------------+----------------------------------------------------
           Model |  1501.04167     13   115.464744       4.75    0.0092
                 |
       companhia |   60.331761      2   30.1658805       1.24    0.3298
     dia_da_se~a |   1116.7505      6   186.125084       7.66    0.0028
companhia#dia_da_se |  37.189862     5    7.4379724       0.31    0.8982
                 |
        Residual |  242.916667     10   24.2916667
-----------------+----------------------------------------------------
           Total |  1743.95833     23   75.8242754
```

Figura 7.52 Resultados da ANOVA de dois fatores para o Exemplo 13 no Stata.

7.8.2.2. ANOVA com mais de dois fatores

A ANOVA de dois fatores pode ser generalizada para três ou mais fatores. Segundo Maroco (2014), o modelo torna-se muito complexo, já que o efeito de múltiplas interações pode confundir o efeito dos fatores. O modelo genérico com três fatores apresentado pelo autor é:

$$Y_{ijkl} = \mu + \alpha_i + \beta_j + \gamma_k + \alpha\beta_{ij} + \alpha\gamma_{ik} + \beta\gamma_{jk} + \alpha\beta\gamma_{ijk} + \varepsilon_{ijkl} \tag{7.50}$$

7.9. CÓDIGOS EM R PARA OS EXEMPLOS DO CAPÍTULO

```r
# Pacotes utilizados
library(tidyverse) #carregar outros pacotes do R
library(knitr) #formatação de tabelas
library(kableExtra) #formatação de tabelas
library(nortest) #teste de Shapiro-Francia pela função sf.test
library(car) #teste de Levene pela função leveneTest
library(plotly) #plataforma gráfica


# Carregamento da base de dados 'Produção_MáquinasAgrícolas'
load(file = "Produção_MáquinasAgrícolas.RData")


# Visualização da base de dados
Produção_MáquinasAgrícolas %>%
  kable() %>%
  kable_styling(bootstrap_options = "striped",
                full_width = F,
                font_size = 20)


# Teste de Kolmogorov-Smirnov
ks.test((Produção_MáquinasAgrícolas$produção
        - mean(Produção_MáquinasAgrícolas$produção))/
          (sd(Produção_MáquinasAgrícolas$produção)),
        "pnorm", alternative = "two.sided")


# Carregamento da base de dados 'Produção_Aviões'
load(file = "Produção_Aviões.RData")


# Visualização da base de dados
Produção_Aviões %>%
  kable() %>%
  kable_styling(bootstrap_options = "striped",
                full_width = F,
                font_size = 20)


# Teste de Shapiro-Wilk
shapiro.test(Produção_Aviões$produção)


# Carregamento da base de dados 'Produção_Bicicletas'
load(file = "Produção_Bicicletas.RData")


# Visualização da base de dados
Produção_Bicicletas %>%
  kable() %>%
  kable_styling(bootstrap_options = "striped",
```

```
                        full_width = F,
                        font_size = 20)


# Teste de Shapiro-Francia
sf.test(Produção_Bicicletas$produção)
```

Ao acessar o QR Code ao lado, você encontrará os códigos completos em R® *on-line*

7.10. CÓDIGOS EM PYTHON PARA OS EXEMPLOS DO CAPÍTULO

```python
# Importação dos pacotes necessários
import pandas as pd #manipulação de dados em formato de dataframe
from scipy import stats #testes estatísticos
from statstests.tests import shapiro_francia #teste de Shapiro-Francia
import seaborn as sns #biblioteca de visualização de informações estatísticas
import numpy as np #biblioteca para operações matemáticas multidimensionais
import matplotlib.pyplot as plt #biblioteca de visualização de dados
from scipy.stats import f_oneway #biblioteca para one-way ANOVA
import statsmodels.api as sm #estimação de modelo para two-way ANOVA
from statsmodels.formula.api import ols #estimação de modelo para two-way ANOVA


# Carregamento da base de dados 'Produção_MáquinasAgrícolas'
df_maquinas = pd.read_csv('Produção_MáquinasAgrícolas.csv', delimiter=',')


# Visualização da base de dados 'Produção_MáquinasAgrícolas'
df_maquinas


# Teste de Kolmogorov-Smirnov
stat, p = stats.kstest((df_maquinas['produção']
                        -df_maquinas['produção'].mean())/df_maquinas['produção'].std(),
                        "norm", alternative='two-sided')


# Interpretação
print('Statistics=%.4f, p-value=%.4f' % (stat, p))
alpha = 0.05 #nível de significância
if p > alpha:
        print('Não se rejeita H0')
else:
        print('Rejeita-se H0')


# Carregamento da base de dados 'Produção_Aviões'
df_avioes = pd.read_csv('Produção_Aviões.csv', delimiter=',')


# Visualização da base de dados 'Produção_Aviões'
df_avioes


# Teste de Shapiro-Wilk
stat, p = stats.shapiro(df_avioes['produção'])
```

```python
# Interpretação
print('Statistics=%.4f, p-value=%.4f' % (stat, p))
alpha = 0.05 #nível de significância
if p > alpha:
    print('Não se rejeita H0')
else:
    print('Rejeita-se H0')


# Carregamento da base de dados 'Produção_Bicicletas'
df_bicicletas = pd.read_csv('Produção_Bicicletas.csv', delimiter=',')

# Visualização da base de dados 'Produção_Bicicletas'
df_bicicletas

# Teste de Shapiro-Francia
# Instalação e carregamento da função 'shapiro_francia' do pacote
#'statstests.tests'
# Autores do pacote: Luiz Paulo Fávero e Helder Prado Santos
# https://stats-tests.github.io/statstests/
# pip install statstests
shapiro_francia(df_bicicletas['produção'])


# Interpretação
teste_sf = shapiro_francia(df_bicicletas['produção']) #criação do objeto 'teste_sf'
teste_sf = teste_sf.items() #retorna o grupo de pares de valores-chave no dicionário
method, statistics_W, statistics_z, p = teste_sf #definição dos elementos da lista
(tupla)
print('Statistics W=%.5f, p-value=%.6f' % (statistics_W[1], p[1]))
alpha = 0.05 #nível de significância
if p[1] > alpha:
    print('Não se rejeita H0 - Distribuição aderente à normalidade')
else:
    print('Rejeita-se H0 - Distribuição não aderente à normalidade')
```

Ao acessar o QR Code ao lado, você encontrará os códigos completos em Python® *on-line*

7.11. CONSIDERAÇÕES FINAIS

Este capítulo apresentou os conceitos e objetivos dos testes de hipóteses paramétricos, assim como os procedimentos gerais para a construção de cada um deles.

Foram estudados os principais tipos de testes e as situações em que cada um deles deve ser utilizado. Além disso, foram estabelecidas as vantagens e desvantagens de cada teste, assim como suas suposições.

Estudamos os testes de normalidade (Kolmogorov-Smirnov, Shapiro-Wilk e Shapiro-Francia), os testes de homogeneidade de variâncias (χ^2 de Bartlett, C de Cochran, $F_{máx}$ de Hartley e F de Levene), o teste t de *Student* para uma média populacional, para duas médias independentes e para duas médias emparelhadas, assim como a ANOVA e suas extensões.

Seja qual for o objetivo principal para a aplicação, os testes paramétricos podem propiciar a colheita de bons e interessantes frutos de pesquisa úteis à tomada de decisão. O uso correto de cada teste, a partir da escolha consciente do software de modelagem, deve sempre ser feito com base na teoria subjacente e sem desprezar a experiência e a intuição do pesquisador.

7.12. EXERCÍCIOS

1) Em quais situações são aplicados os testes paramétricos? E quais são os pressupostos desses testes?

2) Quais as vantagens e desvantagens dos testes paramétricos?

3) Quais os principais testes paramétricos para verificação de normalidade dos dados? Em quais situações deve-se utilizar cada um deles?

4) Quais os principais testes paramétricos para verificação de homogeneidade de variâncias entre grupos? Em quais situações deve-se utilizar cada um deles?

5) Para testar uma única média populacional, pode-se utilizar o teste z e o teste t de *Student*. Em quais casos cada um deles deve ser aplicado?

6) Quais os principais testes de comparação de médias? Quais os pressupostos de cada teste?

7) Os dados de venda mensal de aviões ao longo do último ano estão na tabela a seguir. Verifique se há normalidade dos dados. Considere $\alpha = 5\%$.

Jan.	Fev.	Mar.	Abr.	Maio	Jun.	Jul.	Ago.	Set.	Out.	Nov.	Dez.
48	52	50	49	47	50	51	54	39	56	52	55

8) Teste a normalidade dos dados de temperatura listados a seguir ($\alpha = 5\%$):

12,5	14,2	13,4	14,6	12,7	10,9	16,5	14,7	11,2	10,9	12,1	12,8
13,8	13,5	13,2	14,1	15,5	16,2	10,8	14,3	12,8	12,4	11,4	16,2
14,3	14,8	14,6	13,7	13,5	10,8	10,4	11,5	11,9	11,3	14,2	11,2
13,4	16,1	13,5	17,5	16,2	15,0	14,2	13,2	12,4	13,4	12,7	11,2

9) A tabela a seguir apresenta as médias finais de dois alunos em nove disciplinas. Verifique se há homogeneidade de variâncias entre os alunos ($\alpha = 5\%$).

Aluno 1	6,4	5,8	6,9	5,4	7,3	8,2	6,1	5,5	6,0
Aluno 2	6,5	7,0	7,5	6,5	8,1	9,0	7,5	6,5	6,8

10) Um fabricante de iogurtes desnatados afirma que a quantidade de calorias em cada pote é 60 cal. Para verificar se essa informação procede, uma amostra aleatória com 36 potes é coletada, observando-se que a quantidade média de calorias é de 65 cal com desvio-padrão 3,5. Aplique o teste adequado e verifique se a afirmação do fabricante é verdadeira, considerando o nível de significância de 5%.

11) Deseja-se comparar o tempo médio de espera para atendimento (min) em 2 hospitais. Para isso, coletou-se uma amostra com 20 pacientes em cada hospital. Os dados estão disponíveis nas tabelas a seguir. Verifique se há diferenças entre os tempos médios de espera nos dois hospitais. Considere $\alpha = 1\%$.

Hospital 1

72	58	91	88	70	76	98	101	65	73
79	82	80	91	93	88	97	83	71	74

Hospital 2

66	40	55	70	76	61	53	50	47	61
52	48	60	72	57	70	66	55	46	51

12) Trinta adolescentes com nível de colesterol total acima do permitido foram submetidos a um tratamento que consistia em dieta e atividade física. As tabelas a seguir apresentam os índices de colesterol LDL (mg/dL) antes e depois do tratamento. Verifique se o tratamento foi eficaz (α = 5%).

Antes do tratamento

220	212	227	234	204	209	211	245	237	250
208	224	220	218	208	205	227	207	222	213
210	234	240	227	229	224	204	210	215	228

Depois do tratamento

195	180	200	204	180	195	200	210	205	211
175	198	195	200	190	200	222	198	201	194
190	204	230	222	209	198	195	190	201	210

13) Uma empresa aeronáutica produz helicópteros civis e militares a partir de suas três fábricas. As tabelas a seguir apresentam as produções mensais de helicópteros nos últimos 12 meses para cada fábrica. Verifique se há diferença entre as médias populacionais. Considere α = 5%.

Fábrica 1

24	26	28	22	31	25	27	28	30	21	20	24

Fábrica 2

28	26	24	30	24	27	25	29	30	27	26	25

Fábrica 3

29	25	24	26	20	22	22	27	20	26	24	25

Testes Não Paramétricos

A Matemática possui uma força maravilhosa capaz de nos fazer compreender muitos mistérios de nossa fé.
São Jerônimo

Ao final deste capítulo, você será capaz de:

- Identificar em quais situações devem ser aplicados os testes não paramétricos.
- Perceber como os testes não paramétricos diferenciam-se dos paramétricos.
- Compreender as suposições inerentes aos testes de hipóteses não paramétricos.
- Estudar os principais tipos de testes não paramétricos.
- Saber quando utilizar cada um dos testes não paramétricos.
- Listar as vantagens e desvantagens dos testes não paramétricos.
- Elaborar cada teste por meio do IBM SPSS Statistics Software® e do Stata Statistical Software®.
- Implementar códigos em R® e Python® para a elaboração de cada teste estudado.
- Interpretar os resultados obtidos.

Bancos de Dados, Códigos e Projects deste capítulo

8.1. INTRODUÇÃO

Conforme estudado no capítulo anterior, os testes de hipóteses se dividem em paramétricos e não paramétricos. Os testes paramétricos, aplicados para dados de natureza quantitativa, formulam hipóteses sobre os parâmetros da população, como a média populacional (μ), o desvio-padrão populacional (σ), a variância populacional (σ^2), a proporção populacional (p) etc.

Os testes paramétricos exigem suposições fortes em relação à distribuição dos dados. Por exemplo, em muitos casos, devemos supor que as amostras sejam retiradas de populações cujos dados apresentem distribuição normal. Ou ainda, para testes de comparação de duas médias populacionais emparelhadas ou k médias populacionais ($k \geq 3$), as variâncias populacionais devem ser homogêneas.

Já os **testes não paramétricos** podem formular hipóteses sobre características qualitativas da população, podendo então ser aplicados para dados de natureza qualitativa, em escala nominal ou ordinal. Como as suposições em relação à distribuição dos dados são em menor número e mais fracas do que as provas paramétricas, são também conhecidos como **testes livres de distribuição**.

Os testes não paramétricos são uma alternativa aos paramétricos quando suas hipóteses forem violadas. Por exigirem um número menor de pressupostos, são mais simples e de fácil aplicação, porém, menos robustos quando comparados aos testes paramétricos.

Em resumo, as principais vantagens dos testes não paramétricos são:

a) Podem ser aplicados em grande variedade de situações, pois não exigem premissas rígidas sobre a população, como ocorre com os métodos paramétricos. Em particular, os métodos não paramétricos não exigem que as populações apresentem dados com distribuição normal.

b) Diferente dos métodos paramétricos, os não paramétricos podem ser aplicados para dados qualitativos, em escala nominal e ordinal.

c) São fáceis de aplicar, pois envolvem cálculos mais simples quando comparados aos métodos paramétricos.

As principais desvantagens são:

a) No caso de dados quantitativos, como eles devem ser transformados em dados qualitativos para aplicação dos testes não paramétricos, perdemos muita informação.

b) Como os testes não paramétricos são menos eficientes do que os paramétricos, necessitamos de maior evidência (uma amostra maior ou com diferenças maiores) para rejeitar a hipótese nula.

Assim, como os testes paramétricos são mais poderosos do que os não paramétricos, isto é, têm maior probabilidade de rejeição da hipótese nula quando esta realmente for falsa, eles devem ser escolhidos desde que todas as suposições sejam satisfeitas. Por outro lado, os testes não paramétricos são uma alternativa aos paramétricos quando as hipóteses forem violadas ou para os casos em que as variáveis forem qualitativas.

Os testes não paramétricos são classificados de acordo com o nível de mensuração das variáveis e o tamanho da amostra. Para uma única amostra, estudaremos o teste binomial, o qui-quadrado (χ^2) e o dos sinais. O teste binomial é aplicado para variáveis de natureza binária, o teste χ^2 pode ser aplicado tanto para variáveis de natureza nominal quanto ordinal e o teste dos sinais é aplicado apenas para variáveis ordinais.

Já no caso de duas amostras emparelhadas, os principais testes são o de McNemar, o dos sinais e o de Wilcoxon. Enquanto o teste de McNemar é aplicado para variáveis qualitativas que assumem apenas duas categorias (binárias), o teste dos sinais e o teste de Wilcoxon são aplicados para variáveis ordinais.

Considerando duas amostras independentes, podemos destacar o teste χ^2 e o teste U de Mann-Whitney. Enquanto o χ^2 pode ser aplicado para variáveis nominais ou ordinais, o teste U de Mann-Whitney considera apenas variáveis ordinais.

Para k amostras emparelhadas ($k \geq 3$), temos o teste Q de Cochran que considera variáveis binárias e o teste de Friedman que considera variáveis ordinais.

Por fim, no caso de mais de duas amostras independentes, estudaremos o teste χ^2 para variáveis nominais ou ordinais e o teste de Kruskal-Wallis para variáveis ordinais.

O Quadro 8.1 apresenta esta classificação.

Quadro 8.1 Classificação dos testes estatísticos não paramétricos.

Dimensão	Nível de mensuração	Teste não paramétrico
Uma amostra	Binária	Binomial
	Nominal ou ordinal	χ^2
	Ordinal	Teste dos sinais
Duas amostras emparelhadas	Binária	Teste de McNemar
	Ordinal	Teste dos sinais Teste de Wilcoxon
Duas amostras independentes	Nominal ou ordinal	χ^2
	Ordinal	U de Mann-Whitney
k amostras emparelhadas	Binária	Q de Cochran
	Ordinal	Teste de Friedman
k amostras independentes	Nominal ou ordinal	χ^2
	Ordinal	Teste de Kruskal-Wallis

Fonte: Adaptado de Fávero *et al.* (2009).

Os testes não paramétricos em que o nível de mensuração das variáveis é ordinal também podem ser aplicados para variáveis quantitativas, mas só devem ser utilizados nesses casos quando as hipóteses dos testes paramétricos forem violadas.

8.2. TESTES PARA UMA AMOSTRA

Neste caso, uma amostra aleatória é extraída da população e testamos a hipótese de que os dados apresentam determinada característica ou distribuição. Dentre os testes estatísticos não paramétricos para uma única amostra, podemos destacar o teste binomial, o teste χ^2 e o teste dos sinais. O teste binomial é aplicado para dados de natureza binária, o teste χ^2 para dados de natureza nominal ou ordinal e o teste dos sinais é aplicado para dados ordinais.

8.2.1. Teste binomial

O teste binomial é aplicado para uma amostra independente em que a variável de interesse (X) é binária (*dummy*) ou dicotômica, isto é, tem apenas duas possibilidades de ocorrência: sucesso ou fracasso. Por conveniência, costumamos denotar o resultado $X = 1$ como sucesso e o resultado $X = 0$ como fracasso. A probabilidade de sucesso, ao selecionarmos determinada observação, é representada por p, e a probabilidade de fracasso, por q, de modo que:

$$P[X=1]=p \quad e \quad P[X=0]=q=1-p$$

Para um teste bilateral, devemos considerar as seguintes hipóteses:

H_0: $p = p_0$
H_1: $p \neq p_0$

O número de sucessos (Y) ou o número de resultados do tipo [$X = 1$] em uma sequência de N observações, segundo Siegel e Castellan Jr. (2006), é:

$$Y = \sum_{i=1}^{N} X_i$$

Para os autores, em uma amostra de tamanho N, a probabilidade de obtenção de k objetos em uma categoria e $N - k$ objetos na outra categoria é dada por:

$$P[Y=k]=\binom{N}{k} \cdot p^k \cdot q^{N-k} \qquad k=0, 1, ..., N \tag{8.1}$$

em que:
p: probabilidade de sucesso;
q: probabilidade de fracasso, sendo:

$$\binom{N}{k}=\frac{N!}{k!(N-k)!}$$

A Tabela F_1 do apêndice do livro fornece a probabilidade de $P[Y = k]$ para diversos valores de N, k e p.

Porém, quando testamos hipóteses, devemos utilizar a probabilidade de obtenção de valores maiores ou iguais ao valor observado, de modo que:

$$P(Y \geq k)=\sum_{i=k}^{N} \binom{N}{i} \cdot p^i \cdot q^{N-i} \tag{8.2}$$

Ou a probabilidade de obtenção de valores menores ou iguais ao valor observado:

$$P(Y \leq k)=\sum_{i=0}^{k} \binom{N}{i} \cdot p^i \cdot q^{N-i} \tag{8.3}$$

De acordo com Siegel e Castellan Jr. (2006), quando $p = q = $ ½, em vez de calcularmos as probabilidades com base nas expressões apresentadas, é mais conveniente utilizarmos a Tabela F_2 do apêndice do livro. Essa tabela fornece as probabilidades unilaterais, sob a hipótese nula H_0: $p = 1/2$, de obtermos valores tão ou mais extremos do que k, sendo k a menor das frequências observadas ($P(Y \leq k)$). Devido à simetria da distribuição binomial, quando $p = $ ½, temos que $P(Y \geq k) = P(Y \leq N - k)$. Um teste unilateral é usado quando predissermos qual das duas categorias deve conter o menor número de casos. Para um teste bilateral (quando a predição simplesmente referir-se ao fato de que as duas frequências serão diferentes), basta duplicarmos os valores da Tabela F_2.

Esse valor final obtido denomina-se *P-value* que, conforme apresentado no Capítulo 7, corresponde à probabilidade (unilateral ou bilateral) associada ao valor observado da amostra. O *P-value* indica o menor nível de significância observado que levaria à rejeição da hipótese nula. Assim, rejeitamos H_0 se $P < \alpha$.

No caso de **grandes amostras** ($N > 25$), a distribuição amostral da variável Y aproxima-se de uma distribuição normal padrão, de modo que a probabilidade pode ser calculada pela seguinte estatística:

$$Z_{cal} = \frac{|N \cdot \hat{p} - N \cdot p| - 0,5}{\sqrt{N \cdot p \cdot q}} \qquad (8.4)$$

em que $\hat{p}$ refere-se à estimativa amostral da proporção de sucessos para que testemos H_0.

O valor de Z_{cal} calculado por meio da expressão (8.4) deve ser comparado com o valor crítico da distribuição normal padrão (Tabela E do apêndice do livro). Essa tabela fornece os valores críticos de z_c, tal que $P(Z_{cal} > z_c) = \alpha$ (para um teste unilateral à direita). Para um teste bilateral, temos que $P(Z_{cal} < -z_c) = \alpha/2 = P(Z_{cal} > z_c)$.

Portanto, para um teste unilateral à direita, a hipótese nula é rejeitada se $Z_{cal} > z_c$. Já para um teste bilateral, rejeitamos H_0 se $Z_{cal} < -z_c$ ou $Z_{cal} > z_c$.

■ EXEMPLO 1 – APLICAÇÃO DO TESTE BINOMIAL PARA PEQUENAS AMOSTRAS

Um grupo de 18 alunos que faz um curso intensivo de inglês é submetido a duas formas de aprendizagem. No final do curso, cada aluno escolhe o método de ensino de sua preferência, como mostra a Tabela 8.1. Espera-se que não exista diferença entre os métodos de ensino. Teste a hipótese nula ao nível de significância de 5%.

Tabela 8.1 Frequências obtidas após a escolha dos alunos.

Eventos	Método 1	Método 2	Total
Frequência	11	7	18
Proporção	0,611	0,389	1,0

■ SOLUÇÃO

Antes de iniciarmos o procedimento geral da construção de testes de hipóteses, denotaremos alguns parâmetros para facilitar a compreensão.

A escolha do método será denotada como: $X = 1$ (método 1) e $X = 0$ (método 2). A probabilidade de escolha do método 1 é representada por $P[X = 1] = p$ e do método 2 por $P[X = 0] = q$. O número de sucessos ($Y = k$) corresponde ao total de resultados do tipo $X = 1$, de modo que $k = 11$.

Passo 1: O teste adequado é o binomial, já que os dados estão categorizados em duas classes.

Passo 2: Pela hipótese nula, não existem diferenças entre as probabilidades de escolha dos dois métodos, ou seja:

H_0: $p = q = 1/2$
H_1: $p \neq q$

Passo 3: O nível de significância a ser considerado é de 5%.

Passo 4: Temos que $N = 18$, $k = 11$, $p = 1/2$ e $q = 1/2$. Devido à simetria da distribuição binomial, quando $p = 1/2$, $P(Y \geq k) = P(Y \leq N - k)$, isto é, $P(Y \geq 11) = P(Y \leq 7)$. Dessa forma, calcularemos $P(Y \leq 7)$ por meio da expressão (8.3) e demonstraremos como essa probabilidade pode ser obtida diretamente da Tabela F_2 do apêndice do livro.

A probabilidade de que no máximo sete alunos escolham o método 2 é dada por:

$$P(Y \leq 7) = P(Y = 0) + P(Y = 1) + \dots + P(Y = 7)$$

$$P(Y = 0) = \frac{18!}{0!18!} \cdot \left(\frac{1}{2}\right)^0 \cdot \left(\frac{1}{2}\right)^{18} = 3{,}815 \cdot E - 06$$

$$P(Y = 1) = \frac{18!}{1!17!} \cdot \left(\frac{1}{2}\right)^1 \cdot \left(\frac{1}{2}\right)^{17} = 6{,}866 \cdot E - 05$$

$$\vdots$$

$$P(Y = 7) = \frac{18!}{7!11!} \cdot \left(\frac{1}{2}\right)^7 \cdot \left(\frac{1}{2}\right)^{11} = 0{,}121$$

Portanto:

$$P(Y \leq 7) = 3,815 \cdot \text{E-06} + \ldots + 0,121 = 0,240$$

Como $p = 1/2$, a probabilidade $P(Y \leq 7)$ poderia ser obtida diretamente da Tabela F_2 do apêndice do livro. Para $N = 18$ e $k = 7$ (menor frequência observada), a probabilidade unilateral associada é $P_1 = 0,240$.

Como estamos diante de um teste bilateral, esse valor deve ser dobrado ($P = 2 \cdot P_1$), de modo que a probabilidade bilateral associada seja $P = 0,480$.

Obs.: No procedimento geral de testes de hipóteses, o Passo 4 corresponde ao cálculo da estatística do teste com base na amostra. Já o Passo 5 determina a probabilidade associada ao valor da estatística do teste obtido no Passo 4. No caso do teste binomial, o Passo 4 já calcula diretamente a probabilidade associada ao valor da estatística.

Passo 5: Decisão – como a probabilidade associada é maior do que α ($P = 0,480 > 0,05$), não rejeitamos H_0, o que nos permite concluir, ao nível de confiança de 95%, que não existem diferenças nas probabilidades de escolha do método 1 ou 2.

■ EXEMPLO 2 – APLICAÇÃO DO TESTE BINOMIAL PARA GRANDES AMOSTRAS

Refaça o exemplo anterior considerando os seguintes resultados:

Tabela 8.2 Frequências obtidas após a escolha dos alunos.

Eventos	Método 1	Método 2	Total
Frequência	18	12	30
Proporção	0,6	0,4	1,0

■ SOLUÇÃO

Passo 1: Vamos aplicar o teste binomial.

Passo 2: Pela hipótese nula, não existem diferenças entre as probabilidades de escolha dos dois métodos, ou seja:

H_0: $p = q = 1/2$
H_1: $p \neq q$

Passo 3: O nível de significância a ser considerado é de 5%.

Passo 4: Como $N > 25$, podemos considerar que a distribuição amostral da variável Y aproxima-se de uma normal padrão, de modo que a probabilidade pode ser calculada a partir da estatística Z:

$$Z_{cal} = \frac{|N \cdot \hat{p} - N \cdot p| - 0,5}{\sqrt{N \cdot p \cdot q}} = \frac{|30 \cdot 0,6 - 30 \cdot 0,5| - 0,5}{\sqrt{30 \cdot 0,5 \cdot 0,5}} = 0,913$$

Passo 5: A região crítica de uma distribuição normal padrão (Tabela E do apêndice do livro), para um teste bilateral em que $\alpha = 5\%$, está ilustrada na Figura 8.1.

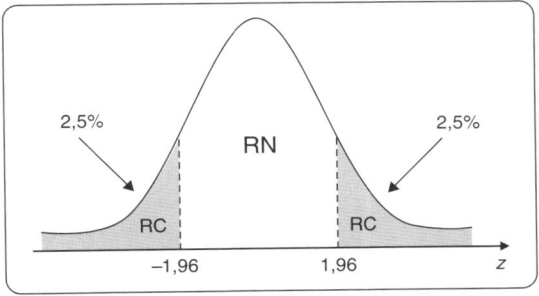

Figura 8.1 Região crítica do Exemplo 2.

Para um teste bilateral, cada uma das caudas corresponde à metade do nível de significância α.

Passo 6: Decisão – como o valor calculado não pertence à região crítica, isto é, $-1,96 \leq Z_{cal} \leq 1,96$, a hipótese nula não é rejeitada, o que nos permite concluir, ao nível de confiança de 95%, que não existem diferenças nas probabilidades de escolha entre os métodos ($p = q = ½$).

Se utilizarmos o *P-value* em vez do valor crítico da estatística, os Passos 5 e 6 serão:

Passo 5: De acordo com a Tabela E do apêndice do livro, a probabilidade unilateral associada à estatística é $Z_{cal} = 0,913$ é $P_1 = 0,1762$. Para um teste bilateral, essa probabilidade deve ser dobrada (*P-value* = 0,3524).

Passo 6: Decisão – como $P > 0,05$, não rejeitamos H_0.

8.2.1.1. Resolução do teste binomial por meio do software SPSS

O Exemplo 1 será resolvido por meio do IBM SPSS Statistics Software®. A reprodução das imagens nesta seção tem autorização da International Business Machines Corporation©.

Os dados estão disponíveis no arquivo **Teste_Binomial.sav**. O procedimento para resolução do teste binomial pelo SPSS é descrito a seguir. Selecionaremos **Analyze → Nonparametric Tests → Legacy Dialogs → Binomial...**

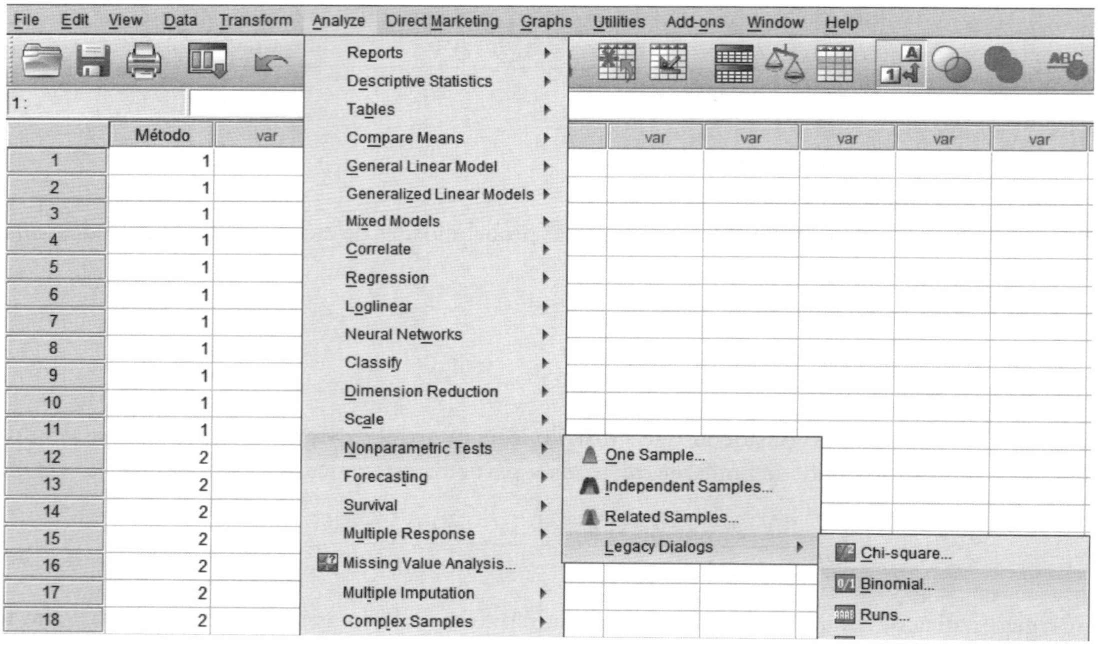

Figura 8.2 Procedimento para a elaboração do teste binomial no SPSS.

Vamos, inicialmente, inserir a variável *Método* em **Test Variable List**. Em **Test Proportion**, devemos definir $p = 0,50$, já que a probabilidade de sucesso e fracasso é a mesma.

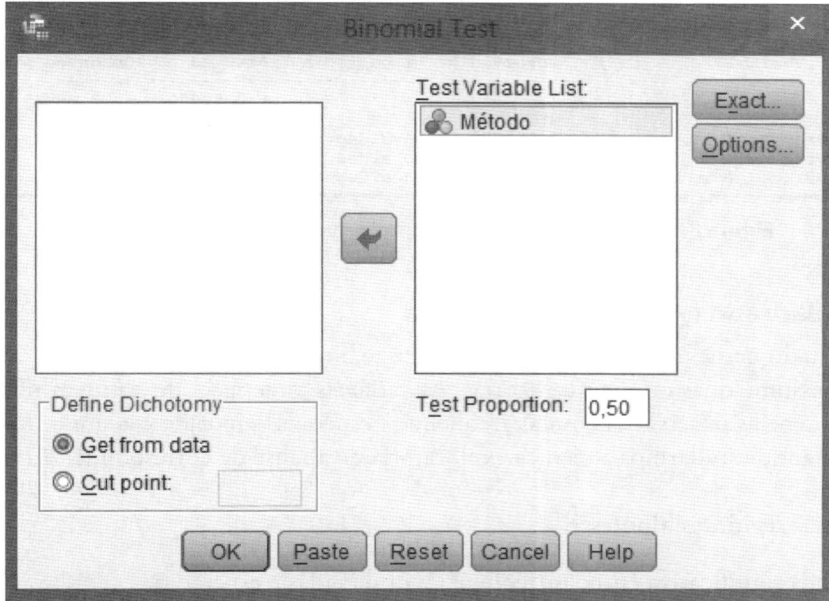

Figura 8.3 Seleção da variável e da proporção para o teste binomial.

Por fim, clicamos em **OK**. Os resultados são apresentados na Figura 8.4.

Binomial Test

		Category	N	Observed Prop.	Test Prop.	Exact Sig. (2-tailed)
Método	Group 1	1	11	,61	,50	,481
	Group 2	2	7	,39		
	Total		18	1,00		

Figura 8.4 Resultados do teste binomial para o Exemplo 1 no SPSS.

A probabilidade associada para um teste bilateral é $P = 0{,}481$, semelhante ao valor calculado no Exemplo 1. Como *P-value* é maior do que α ($0{,}481 > 0{,}05$), não rejeitamos H_0, o que nos permite concluir, ao nível de confiança de 95%, que $p = q = \frac{1}{2}$.

8.2.1.2. Resolução do teste binomial por meio do software Stata

O Exemplo 1 também será resolvido por meio do Stata Statistical Software®. A reprodução das imagens apresentadas nesta seção tem autorização da StataCorp LP©. Os dados estão disponíveis no arquivo **Teste_Binomial.dta**.

A sintaxe do teste binomial no Stata é:

```
bitest variável* = #p
```

em que o termo **variável*** deve ser substituído pela variável considerada na análise e **#p** pela probabilidade de sucesso especificada na hipótese nula.

Para o Exemplo 1, a variável estudada é denominada *método* e, pela hipótese nula, não existem diferenças na escolha entre os dois métodos, de modo que o comando a ser digitado é:

```
bitest método = 0.5
```

O resultado do teste binomial está ilustrado na Figura 8.5. Podemos verificar que a probabilidade associada para um teste bilateral é $P = 0{,}481$, semelhante ao valor calculado no Exemplo 1 e também obtido por meio do software SPSS. Como $P > 0{,}05$, não rejeitamos H_0, o que nos permite concluir, ao nível de confiança de 95%, que $p = q = \frac{1}{2}$.

```
. bitest método = 0.5

    Variable |        N   Observed k   Expected k   Assumed p   Observed p
-------------+-------------------------------------------------------------
           m |       18            7            9     0.50000     0.38889

 Pr(k >= 7)              = 0.881058  (one-sided test)
 Pr(k <= 7)              = 0.240341  (one-sided test)
 Pr(k <= 7 or k >= 11)   = 0.480682  (two-sided test)
```

Figura 8.5 Resultados do teste binomial para o Exemplo 1 no Stata.

8.2.2. Teste qui-quadrado (χ^2) para uma amostra

O teste χ^2 apresentado nesta seção é uma extensão do teste binomial e é aplicado a uma única amostra em que a variável em estudo assume duas ou mais categorias. As variáveis podem ser de natureza nominal ou ordinal. O teste compara as frequências observadas com as frequências esperadas em cada categoria, e será também utilizado no Capítulo 11 quando estudarmos a técnica exploratória de análise de correspondência (naquela situação, de maneira bivariada).

O teste χ^2 assume as seguintes hipóteses:

H_0: não há diferença significativa entre as frequências observadas e esperadas.
H_1: há diferença significativa entre as frequências observadas e esperadas.

A estatística do teste, análoga à da expressão (3.1) do Capítulo 3, é dada por:

$$\chi^2_{cal} = \sum_{i=1}^{k} \frac{(O_i - E_i)^2}{E_i}$$

(8.5)

em que:
O_i: quantidade de observações na i-ésima categoria;
E_i: frequência esperada de observações na i-ésima categoria quando H_0 não for rejeitada;
k: quantidade de categorias.

Os valores de χ^2_{cal} seguem, aproximadamente, uma distribuição χ^2 com $v = k - 1$ graus de liberdade. Os valores críticos da estatística qui-quadrado (χ^2_c) são apresentados na Tabela D do apêndice do livro, que fornece os valores críticos de χ^2_c, tal que $P(\chi^2_{cal} > \chi^2_c) = \alpha$ (para um teste unilateral à direita). Para que a hipótese nula H_0 seja rejeitada, o valor da estatística χ^2_{cal} deve pertencer à região crítica (RC), isto é, $\chi^2_{cal} > \chi^2_c$; caso contrário, não rejeitamos H_0.

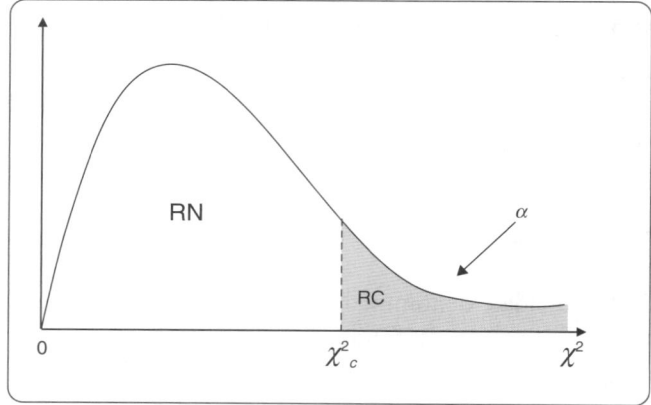

Figura 8.6 Distribuição χ^2, com destaque para a região crítica (RC) e de não rejeição da hipótese nula (RN).

O *P-value* (probabilidade associada ao valor da estatística calculada χ^2_{cal} a partir da amostra) também pode ser obtido da Tabela D. Nesse caso, rejeitamos H_0 se $P \le \alpha$.

■ EXEMPLO 3 – APLICAÇÃO DO TESTE χ^2 PARA UMA AMOSTRA

Uma loja de doces caseiros deseja verificar se o número de brigadeiros vendidos diariamente varia em função do dia da semana. Para isso, uma amostra é coletada ao longo de uma semana, escolhida aleatoriamente, e os resultados são apresentados na Tabela 8.3. Teste a hipótese de que as vendas independem do dia da semana. Considere α = 5%.

Tabela 8.3 Frequências observadas *versus* frequências esperadas.

Eventos	Dom.	Seg.	Ter.	Qua.	Qui.	Sex.	Sáb.
Frequências observadas	35	24	27	32	25	36	31
Frequências esperadas	30	30	30	30	30	30	30

■ SOLUÇÃO

Passo 1: Pelo teste adequado para comparar as frequências observadas com as esperadas de uma amostra com mais de duas categorias é o χ^2_c para uma única amostra.

Passo 2: Pela hipótese nula, não existem diferenças significativas entre as vendas observadas e esperadas para cada dia da semana; já pela hipótese alternativa, há diferença em pelo menos um dia da semana:

H_0: $O_i = E_i$
H_1: $O_i \neq E_i$

Passo 3: O nível de significância a ser considerado é de 5%.

Passo 4: O valor da estatística do teste é dado por:

$$\chi^2_{cal} = \sum_{i=1}^{k} \frac{(O_i - E_i)^2}{E_i} = \frac{(35-30)^2}{30} + \frac{(24-30)^2}{30} + \quad + \frac{(31-30)^2}{30} = 4{,}533$$

Passo 5: A região crítica do teste χ^2, considerando α = 5% e v = 6 graus de liberdade, está representada na Figura 8.7.

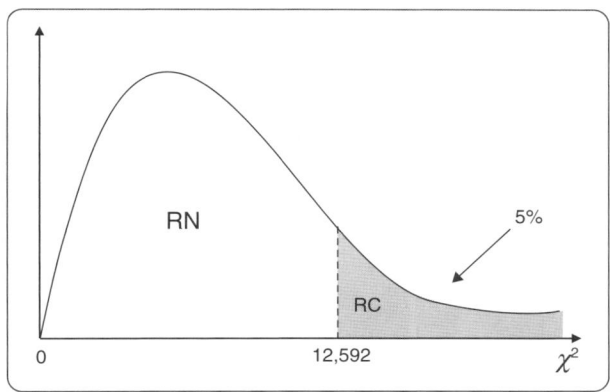

Figura 8.7 Região crítica do Exemplo 3.

Passo 6: Decisão – como o valor calculado não pertence à região crítica, isto é, χ^2_{cal} < 12,592, a hipótese nula não é rejeitada, o que nos permite concluir, ao nível de confiança de 95%, que a quantidade de brigadeiros vendidos diariamente não varia em função do dia da semana.

Se utilizarmos o *P-value* em vez do valor crítico da estatística, os passos 5 e 6 da construção dos testes de hipóteses serão:

Passo 5: De acordo com a Tabela D do apêndice do livro, para v = 6 graus de liberdade, a probabilidade associada ao valor da estatística χ^2_{cal} = 4,533 (*P-value*) está entre 0,1 e 0,9.

Passo 6: Decisão – como P > 0,05, não rejeitamos a hipótese nula.

8.2.2.1. Resolução do teste χ^2 para uma amostra por meio do software SPSS

A reprodução das imagens nesta seção tem autorização da International Business Machines Corporation©.

Os dados do Exemplo 3 estão disponíveis no arquivo **Qui-Quadrado_Uma_Amostra.sav**. O procedimento para aplicação do teste χ^2 no SPSS está descrito a seguir. Vamos, inicialmente, clicar em **Analyze → Nonparametric Tests → Legacy Dialogs → Chi-Square...**, como mostra a Figura 8.8.

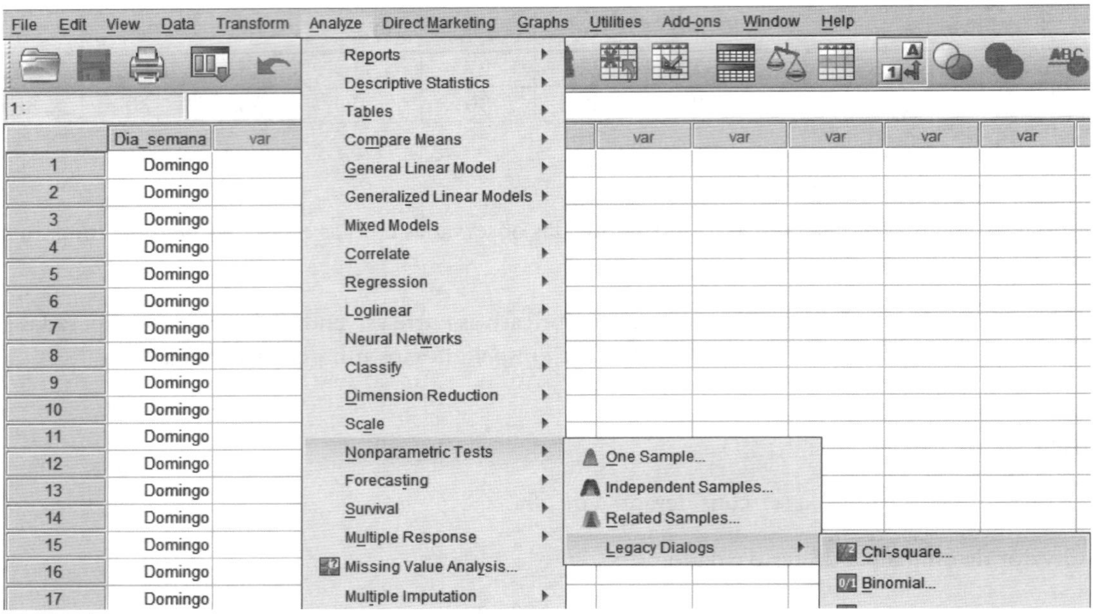

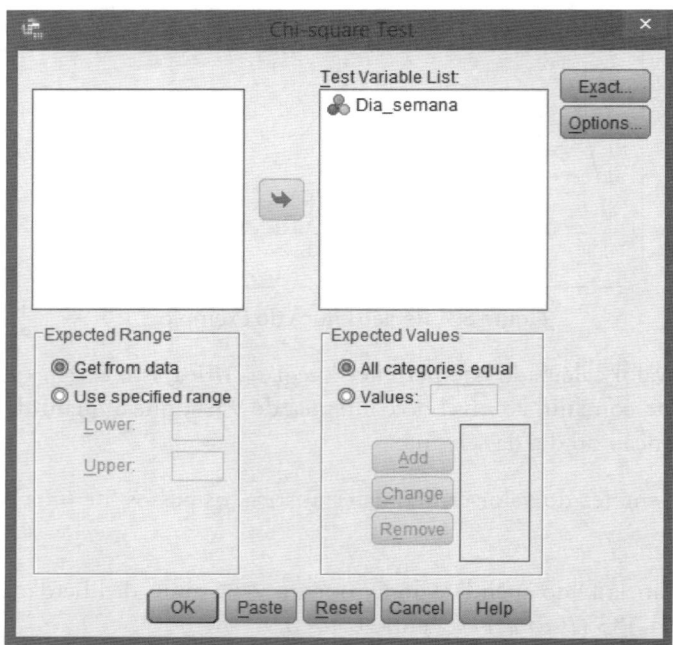

Figura 8.8 Procedimento para a elaboração do teste χ^2 no SPSS.

Na sequência, devemos inserir a variável *Dia_semana* em **Test Variable List**. A variável em estudo apresenta sete categorias. As opções **Get from data** e **Use specified range** (**Lower** = 1 e **Upper** = 7) em **Expected Range** geram os mesmos resultados. As frequências esperadas para as sete categorias são iguais; dessa forma, devemos selecionar a opção **All categories equal** em **Expected Values**, conforme mostra a Figura 8.9.

Figura 8.9 Seleção da variável e dos procedimentos para a elaboração do teste χ^2.

Por fim, podemos clicar em **OK** e obter os resultados do teste χ^2, como mostra a Figura 8.10.

Test Statistics

	Dia_semana
Chi-Square	4,533[a]
df	6
Asymp. Sig.	,605

a. 0 cells (,0%) have
expected frequencies
less than 5. The
minimum expected cell
frequency is 30,0.

Figura 8.10 Resultados do teste χ^2 para o Exemplo 3 no SPSS.

O valor da estatística χ^2 é, portanto, 4,533, semelhante ao valor calculado no Exemplo 3. Como o *P-value* = 0,605 > 0,05 (vimos no Exemplo 3 que 0,1 < *P* < 0,9), não rejeitamos H$_0$, o que nos permite concluir, ao nível de confiança de 95%, que as vendas independem do dia da semana.

8.2.2.2. Resolução do teste χ^2 para uma amostra por meio do software Stata

A reprodução das imagens apresentadas nesta seção tem autorização da StataCorp LP©.

Os dados do Exemplo 3 estão disponíveis no arquivo **Qui-Quadrado_Uma_Amostra.dta**. A variável em estudo denomina-se *dia_da_semana*.

O teste χ^2 para uma amostra no Stata pode ser obtido a partir do comando **csgof** (*chi-square goodness of fit*) que permite comparar a distribuição de frequências observadas com as esperadas de determinada variável categórica com mais de duas categorias.

Para que esse comando seja utilizado, devemos inicialmente digitar:

findit csgof

e instalá-lo no *link* **casgof from http://www.ats.ucla.edu/stat/stata/ado/analysis**. Feito isso, podemos digitar o seguinte comando:

csgof dia_da_semana

O resultado está ilustrado na Figura 8.11. Podemos verificar que o resultado do teste é semelhante ao calculado no Exemplo 3 e no software SPSS, assim como a probabilidade associada à estatística.

```
. csgof dia_da_semana

+-------------------------------------------+
| dia_da~a    expperc    expfreq    obsfreq |
|-------------------------------------------|
| domingo    14.28571         30         35 |
| segunda    14.28571         30         24 |
|   terça    14.28571         30         27 |
|  quarta    14.28571         30         32 |
|  quinta    14.28571         30         25 |
|-------------------------------------------|
|   sexta    14.28571         30         36 |
|  sábado    14.28571         30         31 |
+-------------------------------------------+

chisq(6) is 4.53, p = .6049
```

Figura 8.11 Resultados do teste χ^2 para o Exemplo 3 no Stata.

8.2.3. Teste dos sinais para uma amostra

O teste dos sinais é uma alternativa ao teste *t* para uma única amostra aleatória quando a distribuição dos dados da população não for aderente à distribuição normal. A única pressuposição exigida pelo teste dos sinais é que a distribuição da variável seja contínua.

O teste dos sinais é baseado na mediana da população (μ). A probabilidade de obtermos um valor amostral inferior à mediana e de obtermos um valor amostral superior à mediana são iguais ($p = \frac{1}{2}$). A hipótese nula do teste é de que μ seja igual a determinado valor especificado pelo investigador (μ_0). Para um teste bilateral, temos que:

H_0: $\mu = \mu_0$
H_1: $\mu \neq \mu_0$

Os dados quantitativos são convertidos para sinais de (+) ou de (-), isto é, valores superiores à mediana (μ_0) passam a ser representados com sinal de (+) e valores inferiores a μ_0 com sinal de (-). Dados com valores iguais a μ_0 são excluídos da amostra. O teste dos sinais é aplicado, portanto, para dados de natureza ordinal, e oferece baixo poder ao pesquisador, já que essa conversão faz com que ocorra considerável perda de informação em relação aos dados originais.

Pequenas amostras

Denotemos por N o número de sinais positivos e negativos (tamanho da amostra descontando os empates) e k o número de sinais que corresponde à menor frequência.

Para pequenas amostras ($N \leq 25$), faremos o uso do teste binomial com $p = \frac{1}{2}$ e calcularemos $P(Y \leq k)$. Essa probabilidade pode ser obtida diretamente da Tabela F_2 do apêndice do livro.

Grandes amostras

Quando $N > 25$, a distribuição binomial aproxima-se da distribuição normal. O valor de Z é dado por:

$$Z = \frac{(X \pm 0{,}5) - N/2}{0{,}5 \cdot \sqrt{N}} \sim N(0, 1) \tag{8.6}$$

em que X corresponde à menor ou maior frequência. Se X representar a menor frequência, devemos calcular $X + 0{,}5$. Por outro lado, se X representar a maior frequência, devemos calcular $X - 0{,}5$.

■ **EXEMPLO 4 – APLICAÇÃO DO TESTE DOS SINAIS PARA UMA ÚNICA AMOSTRA**

Estima-se que a idade mediana de aposentadoria em determinada cidade brasileira seja de 65 anos. Uma amostra aleatória de 20 aposentados é extraída da população e os resultados estão na Tabela 8.4. Teste a hipótese nula de que $\mu = 65$, ao nível de significância de 10%.

Tabela 8.4 Idade de aposentadoria.

59	62	66	37	60	64	66	70	72	61
64	66	68	72	78	93	79	65	67	59

■ **SOLUÇÃO**

Passo 1: Como os dados não seguem distribuição normal, o teste adequado para testar a mediana da população é o dos sinais.

Passo 2: As hipóteses do teste são:

H_0: $\mu = 65$
H_1: $\mu \neq 65$

Passo 3: O nível de significância a ser considerado é de 10%.

Passo 4: Calcularemos $P(Y \leq k)$.

Para facilitar a compreensão, ordenaremos os dados da Tabela 8.4 de forma crescente, como mostra a Tabela 8.5.

Tabela 8.5 Dados da Tabela 8.4 ordenados de forma crescente.

37	59	59	60	61	62	64	64	65	66
66	66	67	68	70	72	72	78	79	93

Excluindo o valor 65 (empate), temos que o número de sinais (-) é 8, o número de sinais (+) é 11 e $N = 19$.

A partir da Tabela F_2 do apêndice do livro, para $N = 19$, $k = 8$ e $p = 1/2$, a probabilidade unilateral associada é $P_1 = 0,324$. Como estamos diante de um teste bilateral, esse valor deve ser dobrado, de modo que a probabilidade bilateral associada seja de 0,648 (*P-value*).

Passo 5: Decisão – como *P-value* é maior do que α (0,648 > 0,10), não rejeitamos H_0, fato que nos permite concluir, ao nível de confiança de 90%, que $\mu = 65$.

8.2.3.1. Resolução do teste dos sinais para uma amostra por meio do software SPSS

A reprodução das imagens nesta seção tem autorização da International Business Machines Corporation©.

O SPSS disponibiliza o teste dos sinais apenas para duas amostras relacionadas (2 *Related Samples)*. Assim, para utilizarmos o teste para uma única amostra, devemos criar nova variável com *n* valores (tamanho da amostra incluindo empates), todos iguais a μ_0. Os dados do Exemplo 4 estão disponíveis no arquivo **Teste_Sinais_Uma_Amostra.sav**.

O procedimento para aplicação do teste dos sinais no SPSS está ilustrado a seguir. Inicialmente, devemos clicar em **Analyze → Nonparametric Tests → Legacy Dialogs → 2 Related Samples...**, como mostra a Figura 8.12.

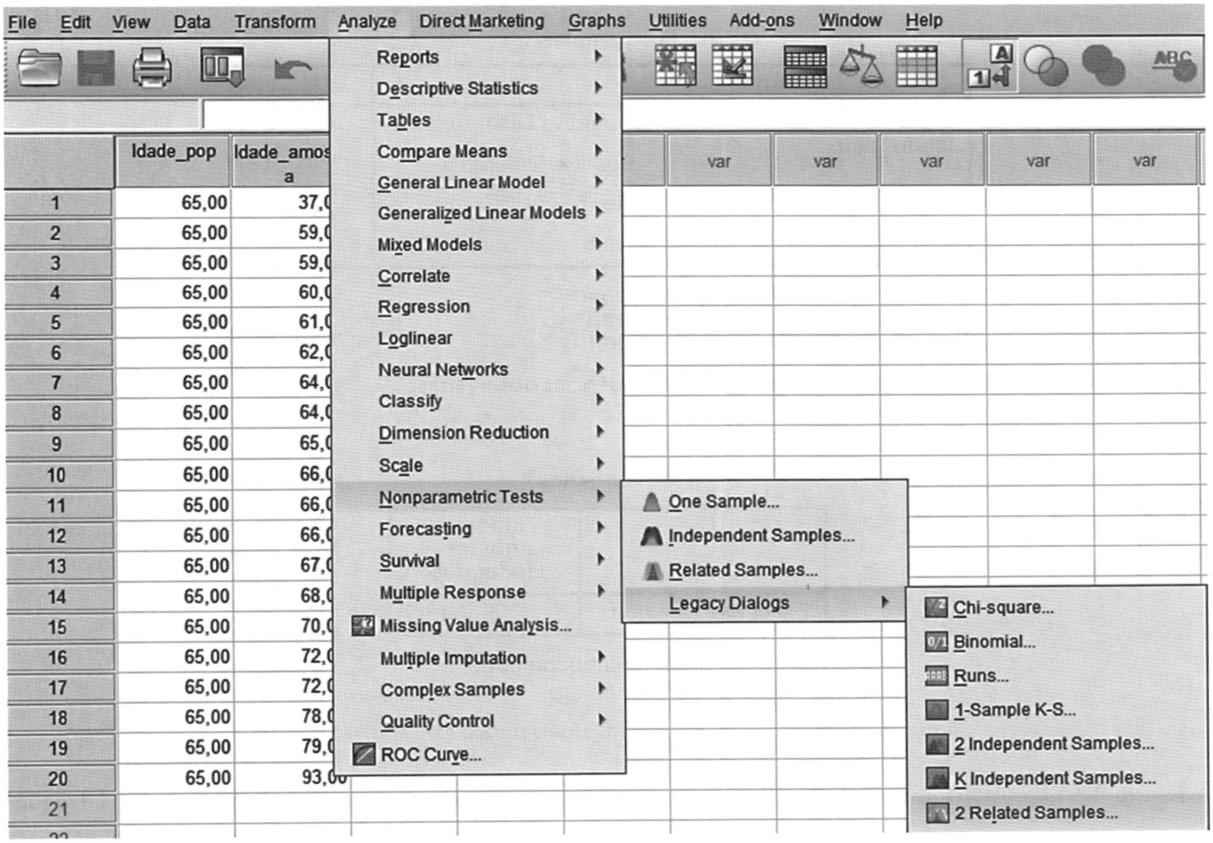

Figura 8.12 Procedimento para a elaboração do teste dos sinais no SPSS.

Na sequência, devemos inserir a variável 1 (*Idade_pop*) e a variável 2 (*Idade_amostra*) em **Test Pairs**. Marcaremos também a opção referente ao teste dos sinais (**Sign**) em **Test Type**, como mostra a Figura 8.13.

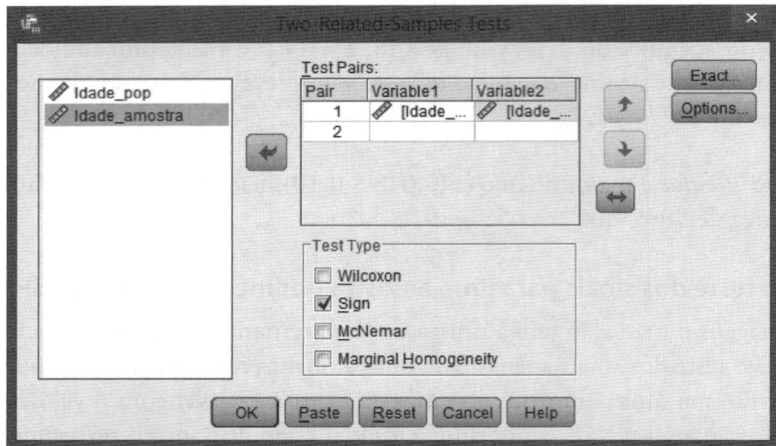

Figura 8.13 Seleção das variáveis e do teste dos sinais.

Na sequência, podemos clicar em **OK** para a obtenção dos resultados do teste dos sinais, conforme mostram as Figuras 8.14 e 8.15.

Frequencies

		N
Idade_amostra - Idade_pop	Negative Differences[a]	8
	Positive Differences[b]	11
	Ties[c]	1
	Total	20

a. Idade_amostra < Idade_pop
b. Idade_amostra > Idade_pop
c. Idade_amostra = Idade_pop

Figura 8.14 Frequências observadas.

Test Statistics[b]

	Idade_amostra - Idade_pop
Exact Sig. (2-tailed)	,648[a]

a. Binomial distribution used.
b. Sign Test

Figura 8.15 Estatística do teste dos sinais para o Exemplo 4 no SPSS.

A Figura 8.14 apresenta as frequências de sinais negativos e positivos, o número total de empates e a frequência total.

A Figura 8.15 apresenta a probabilidade associada para um teste bilateral, que é semelhante ao valor encontrado no Exemplo 4. Como $P = 0,648 > 0,10$, não rejeitamos a hipótese nula, o que nos permite concluir, ao nível de confiança de 90%, que a idade mediana de aposentadoria é de 65 anos.

8.2.3.2. Resolução do teste dos sinais para uma amostra por meio do software Stata

A reprodução das imagens apresentadas nesta seção tem autorização da StataCorp LP©.

Diferente do software SPSS, o Stata disponibiliza o teste dos sinais para uma amostra. O teste dos sinais para uma única amostra e o teste para duas amostras emparelhadas no Stata podem ser obtidos a partir do comando `signtest`.

A sintaxe do teste para uma amostra é:

```
signtest variável* = #
```

em que o termo **variável*** deve ser substituído pela variável considerada na análise e **#** pelo valor da mediana populacional a ser testada.

Os dados do Exemplo 4 estão disponíveis no arquivo **Teste_Sinais_Uma_Amostra.dta**. A variável analisada denomina-se *idade* e o objetivo é verificarmos se a idade mediana de aposentadoria é igual a 65 anos. O comando a ser digitado é, portanto:

```
signtest idade = 65
```

O resultado do teste está ilustrado na Figura 8.16. Analogamente aos resultados apresentados no Exemplo 4 e também gerados no SPSS, o número de sinais positivos é 11, o número de sinais negativos é 8 e a probabilidade associada para um teste bilateral é 0,648. Como $P > 0,10$, não rejeitamos a hipótese nula, o que nos permite concluir, ao nível de confiança de 90%, que a idade mediana de aposentadoria é de 65 anos.

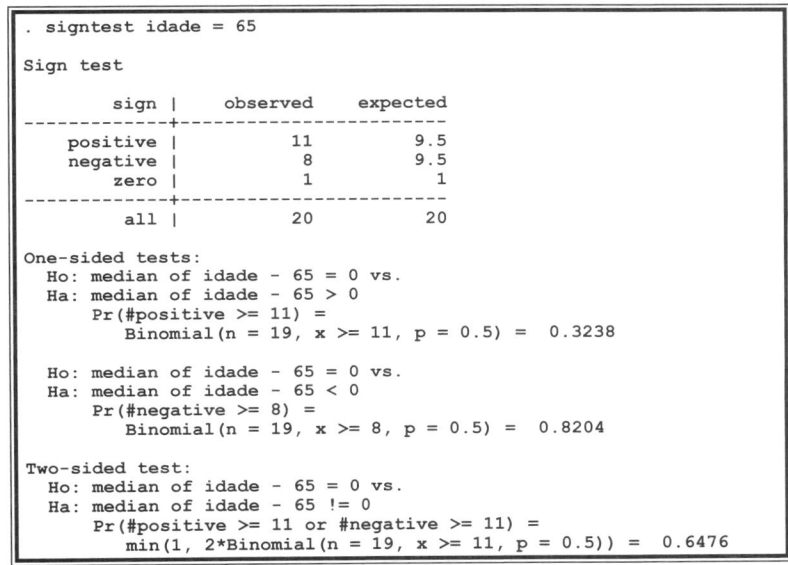

Figura 8.16 Resultados do teste dos sinais para o Exemplo 4 no Stata.

8.3. TESTES PARA DUAS AMOSTRAS EMPARELHADAS

Esses testes investigam se duas amostras estão, de alguma forma, relacionadas entre si. Os exemplos mais comuns analisam uma situação antes e depois de um acontecimento. Estudaremos o teste de McNemar para variáveis binárias e os testes dos sinais e de Wilcoxon para variáveis de natureza ordinal.

8.3.1. Teste de McNemar

O teste de McNemar é aplicado para testar a significância de mudanças em duas amostras relacionadas a partir de variáveis qualitativas ou categóricas que assumem apenas duas categorias (variáveis binárias). O objetivo do teste é verificar se há mudanças significativas antes e depois da ocorrência de determinado evento. Para isto, utilizaremos uma tabela de contingência 2 × 2, como mostra a Tabela 8.6.

Tabela 8.6 Tabela de contingência 2 × 2.

Antes	Depois +	Depois -
+	A	B
-	C	D

De acordo com Siegel e Castellan Jr. (2006), os sinais (+) e (-) são utilizados para representar as possíveis mudanças nas respostas *antes* e *depois*. As frequências de cada ocorrência estão representadas nas respectivas células da Tabela 8.6.

Por exemplo, se houver mudanças da primeira resposta (+) para a segunda resposta (-), o resultado será contabilizado na célula superior direita, de modo que B representa o número total de observações que apresentam mudança no comportamento de (+) para (-).

Analogamente, se houver mudanças da primeira resposta (-) para a segunda resposta (+), o resultado será contabilizado na célula inferior esquerda, de modo que C representa o número total de observações que apresentam mudança no comportamento de (-) para (+).

Por outro lado, enquanto A representa o número total de observações que permanecem com a mesma resposta (+) antes e depois, D representa o número total de observações com a mesma resposta (-) nos dois períodos.

Desse modo, o número total de indivíduos que mudam de resposta pode ser representado por $B + C$.

Pela hipótese nula do teste, o número total de mudanças em cada direção é igualmente provável, isto é:

$H_0: P(B \rightarrow C) = P(C \rightarrow B)$
$H_1: P(B \rightarrow C) \neq P(C \rightarrow B)$

A estatística de McNemar, segundo Siegel e Castellan Jr. (2006), é calculada com base na estatística qui-quadrado (χ^2) apresentada na expressão (8.5), ou seja:

$$\chi^2_{cal} = \sum_{i=1}^{2} \frac{(O_i - E_i)^2}{E_i} = \frac{(B - (B+C)/2)^2}{(B+C)/2} + \frac{(C - (B+C)/2)^2}{(B+C)/2} = \frac{(B-C)^2}{B+C} \sim \chi^2_1 \tag{8.7}$$

De acordo com os mesmos autores, um fator de correção deve ser utilizado para que uma distribuição χ^2 contínua aproxime-se de uma distribuição χ^2 discreta, de modo que:

$$\chi^2_{cal} = \frac{(|B-C|-1)^2}{B+C} \quad \text{com 1 grau de liberdade} \tag{8.8}$$

O valor calculado deve ser comparado com o valor crítico da distribuição χ^2 (Tabela D do apêndice do livro). Essa tabela fornece os valores críticos de χ^2, tal que $P(\chi^2_{cal} > \chi^2_c) = \alpha$ (para um teste unilateral à direita). Se o valor da estatística pertencer à região crítica, isto é, se $\chi^2_{cal} > \chi^2_c$, rejeitamos H_0; caso contrário, não devemos rejeitar H_0.

A probabilidade associada à estatística χ^2_{cal} (*P-value*) também pode ser obtida a partir da Tabela D. Nesse caso, a hipótese nula é rejeitada se $P \leq \alpha$; caso contrário, não rejeitamos H_0.

■ EXEMPLO 5 – APLICAÇÃO DO TESTE DE MCNEMAR

Estava para ser votado no Senado o fim da aposentadoria integral para os servidores públicos federais. Com o objetivo de verificar se essa medida traria alguma mudança na procura por concursos públicos, foi feita uma entrevista com um grupo de 60 trabalhadores antes e depois da reforma, para que eles indicassem sua preferência em trabalhar em uma instituição particular ou pública. Os resultados estão na Tabela 8.7. Teste a hipótese de que não houve mudança significativa nas respostas dos trabalhadores antes e depois da reforma previdenciária. Considere $\alpha = 5\%$.

Tabela 8.7 Tabela de contingência.

Antes da reforma	Depois da reforma	
	Particular	Pública
Particular	22	3
Pública	21	14

■ SOLUÇÃO

Passo 1: O teste adequado para testar a significância de mudanças do tipo *antes* e *depois* em duas amostras relacionadas, aplicado a variáveis nominais ou categóricas, é o teste de McNemar.

Passo 2: Pela hipótese nula, a reforma não seria eficiente para mudar as preferências em uma direção particular. Em outras palavras, entre aqueles trabalhadores que mudaram suas preferências, a probabilidade de que eles troquem a preferência de particular para pública depois da reforma é igual à probabilidade de que eles troquem de pública para particular. Ou seja:

H_0: P(Particular → Pública) = P(Pública → Particular).
H_1: P(Particular → Pública) ≠ P(Pública → Particular).

Passo 3: O nível de significância a ser considerado é de 5%.

Passo 4: O valor da estatística teste, de acordo com a expressão (8.7), é:

$$\chi^2_{cal} = \frac{(|B-C|)^2}{B+C} = \frac{(|3-21|)^2}{3+21} = 13,5 \text{ com } v = 1$$

Se utilizarmos o fator de correção, o valor da estatística a partir da expressão (8.8) passa a ser:

$$\chi^2_{cal} = \frac{(|B-C|-1)^2}{B+C} = \frac{(|3-21|-1)^2}{3+21} = 12,042 \text{ com } v = 1$$

Passo 5: O valor do qui-quadrado crítico (χ^2_c), obtido a partir da Tabela D do apêndice do livro, considerando α = 5% e v = 1 grau de liberdade, é 3,841.

Passo 6: Decisão – como o valor calculado pertence à região crítica, isto é, $\chi^2_{cal} > 3,841$, rejeitamos a hipótese nula, o que nos permite concluir, ao nível de confiança de 95%, que houve mudanças significativas na escolha de se trabalhar em uma instituição particular ou pública após a reforma previdenciária.

Se utilizarmos o *P-value* em vez do valor crítico da estatística, os Passos 5 e 6 serão:

Passo 5: De acordo com a Tabela D do apêndice do livro, para v = 1 grau de liberdade, a probabilidade associada à estatística χ^2_{cal} = 12,042 ou 13,5 (*P-value*) é inferior à 0,005 (uma probabilidade de 0,005 está associada à estatística χ^2_{cal} = 7,879).

Passo 6: Decisão – como $P < 0,05$, devemos rejeitar H_0.

8.3.1.1. Resolução do teste de McNemar por meio do software SPSS

O Exemplo 5 será resolvido por meio do software SPSS. A reprodução das imagens nesta seção tem autorização da International Business Machines Corporation©.

Os dados estão disponíveis no arquivo **Teste_McNemar.sav**. O procedimento para aplicação do teste de McNemar no SPSS está apresentado a seguir. Vamos clicar em **Analyze → Nonparametric Tests → Legacy Dialogs → 2 Related Samples...**, conforme mostra a Figura 8.17.

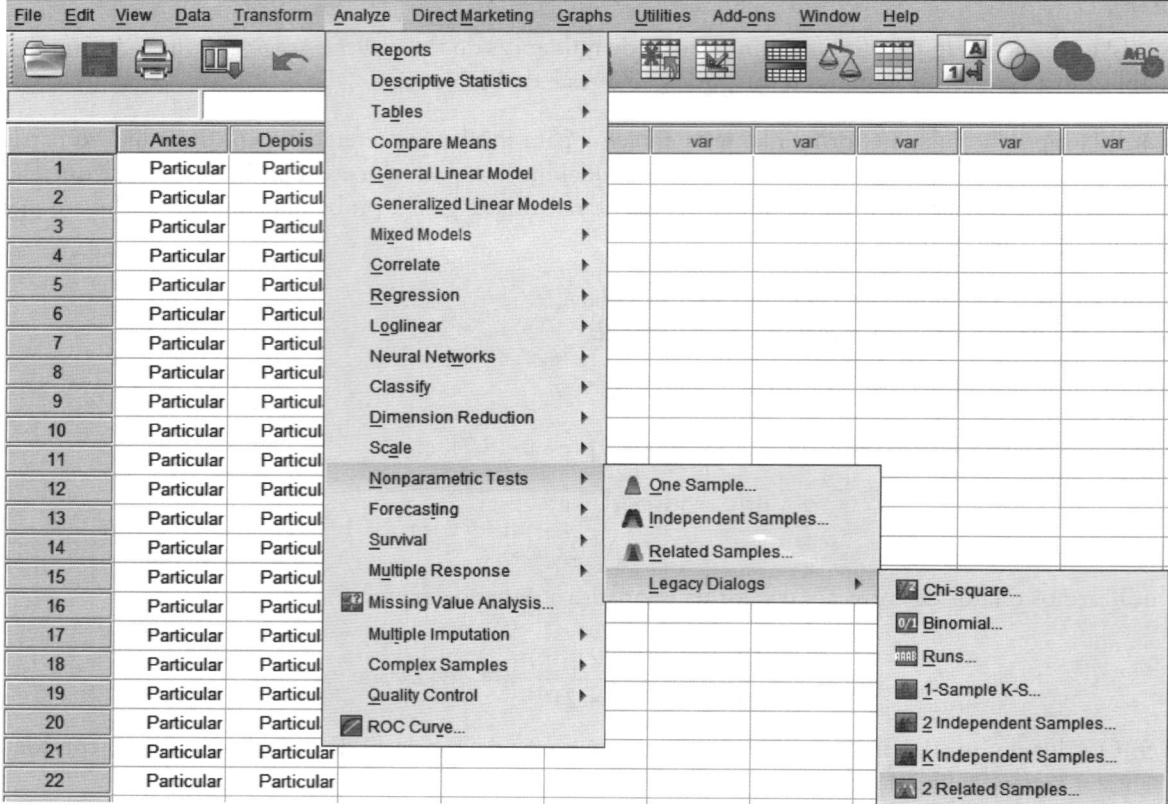

Figura 8.17 Procedimento para a elaboração do teste de McNemar no SPSS.

Na sequência, devemos inserir a variável 1 (*Antes*) e a variável 2 (*Depois*) em **Test Pairs**. Vamos selecionar a opção do teste de **McNemar** em **Test Type**, como mostra a Figura 8.18.

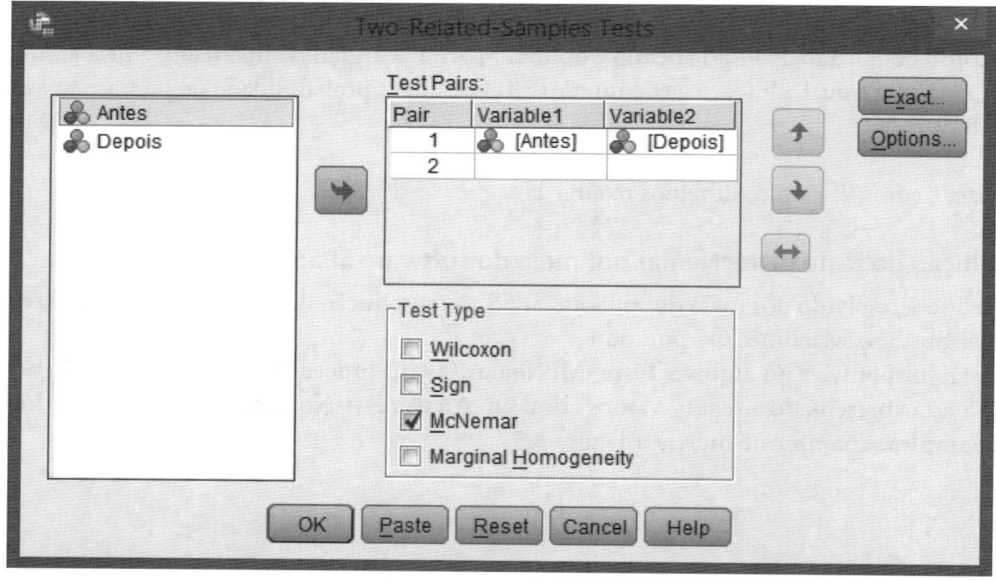

Figura 8.18 Seleção das variáveis e do teste de McNemar.

Por fim, devemos clicar em **OK** para obter as Figuras 8.19 e 8.20. A Figura 8.19 apresenta as frequências observadas antes e depois da reforma (tabela de contingência). O resultado do teste de McNemar é apresentado na Figura 8.20.

Antes & Depois

Antes	Depois	
	Particular	Pública
Particular	22	3
Pública	21	14

Figura 8.19 Frequências observadas.

Test Statistics[b]

	Antes & Depois
N	60
Exact Sig. (2-tailed)	,000[a]

a. Binomial distribution used.
b. McNemar Test

Figura 8.20 Significância estatística do teste de McNemar para o Exemplo 5 no SPSS.

De acordo com a Figura 8.20, o nível de significância observado do teste de McNemar é 0,000, valor inferior a 5%, de modo que a hipótese nula é rejeitada. Portanto, podemos concluir, com 95% de nível de confiança, que houve uma mudança significativa na escolha de se trabalhar em uma instituição pública ou particular após a reforma previdenciária.

8.3.1.2. Resolução do teste de McNemar por meio do software Stata

O Exemplo 5 também será resolvido por meio do software Stata. A reprodução das imagens apresentadas nesta seção tem autorização da StataCorp LP©. Os dados estão disponíveis no arquivo **Teste_McNemar.dta**.

O teste de McNemar pode ser elaborado no Stata a partir do comando **mcc** seguido das variáveis emparelhadas. Para o nosso exemplo, as variáveis emparelhadas denominam-se *antes* e *depois*, de modo que o comando a ser digitado é:

mcc antes depois

O resultado do teste de McNemar está ilustrado na Figura 8.21. Podemos verificar que o valor da estatística é 13,5, semelhante ao valor calculado pela expressão (8.7) sem o fator de correção. O nível de significância observado do teste é 0,000, inferior a 5%, o que nos permite concluir, ao nível de confiança de 95%, que houve uma mudança significativa antes e depois da reforma.

O resultado do teste de McNemar também poderia ter sido obtido por meio do comando **mcci 14 21 3 22**.

```
. mcc antes depois

                     | Controls              |
Cases                | Exposed   Unexposed   |      Total
---------------------+-----------------------+-----------
         Exposed |       14          21      |        35
       Unexposed |        3          22      |        25
---------------------+-----------------------+-----------
           Total |       17          43      |        60

McNemar's chi2(1) =      13.50    Prob > chi2 = 0.0002
Exact McNemar significance probability      = 0.0003

Proportion with factor
        Cases     .5833333
        Controls  .2833333          [95% Conf. Interval]
                  ---------          --------------------
        difference       .3      .142452    .457548
        ratio      2.058824      1.388881   3.051921
        rel. diff. .4186047      .2483414   .5888679

        odds ratio        7      2.090126   36.65157   (exact)
```

Figura 8.21 Resultados do teste de McNemar para o Exemplo 5 no Stata.

8.3.2. Teste dos sinais para duas amostras emparelhadas

O teste dos sinais também pode ser aplicado para duas amostras emparelhadas. Nesse caso, o sinal é dado pela diferença entre os pares, isto é, se a diferença resultar em um número positivo, cada par de valores é substituído por um sinal de (+). Por outro lado, se o resultado da diferença for negativo, cada par de valores é substituído por um sinal de (-). Em caso de empate, os dados são excluídos da amostra.

Analogamente ao teste dos sinais para uma única amostra, o teste dos sinais apresentado nesta seção também é uma alternativa ao teste t para a comparação de duas amostras relacionadas quando a distribuição dos dados não for aderente à distribuição normal. Os dados quantitativos são, nesta situação, transformados em dados ordinais. O teste dos sinais é, portanto, menos poderoso que o teste t, pois utiliza como informação apenas o sinal da diferença entre os pares.

Pela hipótese nula, a mediana da população das diferenças (μ_d) é zero. Para um teste bilateral, temos, portanto, que:

$H_0: \mu_d = 0$
$H_1: \mu_d \neq 0$

Em outras palavras, testamos a hipótese de que não há diferenças entre as duas amostras (as amostras são provenientes de populações com a mesma mediana e distribuição contínua), isto é, o número de sinais (+) é igual ao número de sinais (-).

O mesmo procedimento apresentado na seção 8.2.3 para uma única amostra será utilizado para o cálculo da estatística dos sinais no caso de duas amostras emparelhadas.

Pequenas amostras

Denotamos por N o número de sinais positivos e negativos (tamanho da amostra descontando os empates) e k o número de sinais que corresponde à menor frequência. Se $N \leq 25$, faremos uso do teste binomial com $p = \frac{1}{2}$ e calcularemos $P(Y \leq k)$. Essa probabilidade pode ser obtida diretamente da Tabela F_2 do apêndice do livro.

Grandes amostras

Quando $N > 25$, a distribuição binomial aproxima-se da distribuição normal, e o valor de Z passa a ser dado pela expressão (8.6), reproduzida novamente a seguir:

$$Z = \frac{(X \pm 0,5) - N/2}{0,5 \cdot \sqrt{N}} \sim N(0, 1)$$

em que X corresponde à menor ou maior frequência. Se X representar a menor frequência, devemos utilizar $X + 0,5$. Por outro lado, se X representar a maior frequência, devemos utilizar $X - 0,5$.

■ EXEMPLO 6 – APLICAÇÃO DO TESTE DOS SINAIS PARA DUAS AMOSTRAS EMPARELHADAS

Um grupo de 30 operários é submetido a um treinamento com o objetivo de melhorar a produtividade. O resultado, em número médio de peças produzidas por hora para cada funcionário, antes e depois do treinamento, é apresentado na Tabela 8.8. Teste a hipótese nula de que não ocorrem alterações na produtividade antes e depois do treinamento. Considere $\alpha = 5\%$.

Tabela 8.8 Produtividade antes e depois do treinamento.

Antes	Depois	Sinal da diferença
36	40	+
39	41	+
27	29	+
41	45	+
40	39	-
44	42	-
38	39	+

(Continua)

Tabela 8.8 Produtividade antes e depois do treinamento (*Continuação*).

Antes	Depois	Sinal da diferença
42	40	-
40	42	+
43	45	+
37	35	-
41	40	-
38	38	0
45	43	-
40	40	0
39	42	+
38	41	+
39	39	0
41	40	-
36	38	+
38	36	-
40	38	-
36	35	-
40	42	+
40	41	+
38	40	+
37	39	+
40	42	+
38	36	-
40	40	0

■ SOLUÇÃO

Passo 1: Como os dados não seguem distribuição normal, o teste dos sinais pode ser uma alternativa ao teste t para duas amostras emparelhadas.

Passo 2: A hipótese nula assume que não há diferença na produtividade antes e depois do treinamento, ou seja:

H_0: $\mu_d = 0$
H_1: $\mu_d \neq 0$

Passo 3: O nível de significância a ser considerado é de 5%.

Passo 4: Como $N > 25$, a distribuição binomial aproxima-se de uma normal, e o valor de Z é dado por:

$$Z = \frac{(X \pm 0,5) - N/2}{0,5 \cdot \sqrt{N}} = \frac{(11 + 0,5) - 13}{0,5 \cdot \sqrt{26}} = -0,588$$

Passo 5: Com o auxílio da tabela de distribuição normal padrão (Tabela E do apêndice do livro), devemos determinar a região crítica (RC) para um teste bilateral, conforme mostra a Figura 8.22.

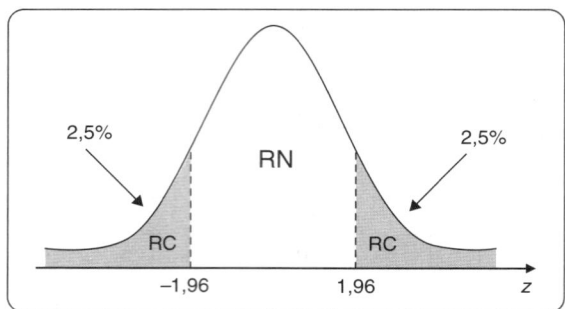

Figura 8.22 Região crítica do Exemplo 6.

Passo 6: Decisão – como o valor calculado não pertence à região crítica, isto é, $-1,96 \leq Z_{cal} \leq 1,96$, a hipótese nula não é rejeitada, o que nos permite concluir, ao nível de confiança de 95%, que não existe diferença na produtividade antes e depois do treinamento.

Se, em vez de compararmos o valor calculado com o valor crítico da distribuição normal padrão, utilizarmos o cálculo do *P-value*, os Passos 5 e 6 serão:

Passo 5: De acordo com a Tabela E do apêndice do livro, a probabilidade unilateral associada à estatística $Z_{cal} = -0,59$ é $P_1 = 0,278$. Para um teste bilateral, essa probabilidade deve ser dobrada (*P-value* = 0,556).

Passo 6: Decisão – como $P > 0,05$, rejeitamos a hipótese nula.

8.3.2.1. Resolução do teste dos sinais para duas amostras emparelhadas por meio do software SPSS

A reprodução das imagens nesta seção tem autorização da International Business Machines Corporation©.

Os dados do Exemplo 6 estão disponíveis no arquivo **Teste_Sinais_Duas_Amostras_Emparelhadas.sav**. O procedimento para a elaboração do teste dos sinais para duas amostras emparelhadas no SPSS está ilustrado a seguir. Devemos clicar em **Analyze → Nonparametric Tests → Legacy Dialogs → 2 Related Samples...**, como mostra a Figura 8.23.

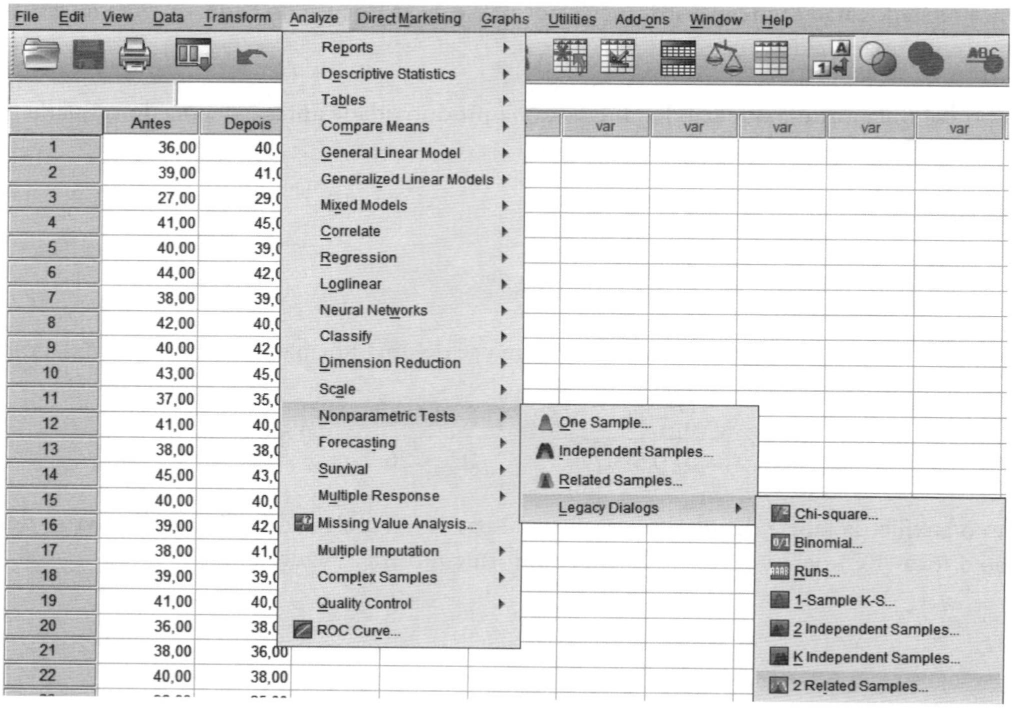

Figura 8.23 Procedimento para a elaboração do teste dos sinais no SPSS.

Na sequência, vamos inserir a variável 1 (*Antes*) e a variável 2 (*Depois*) em **Test Pairs**. Marcaremos a opção referente ao teste dos sinais (**Sign**) em **Test Type**, como mostra a Figura 8.24.

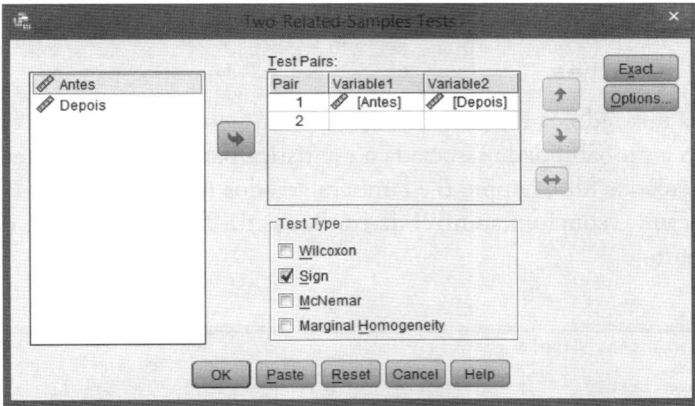

Figura 8.24 Seleção das variáveis e do teste dos sinais.

Por fim, clicamos em **OK** e obtemos os resultados do teste dos sinais para duas amostras emparelhadas (Figuras 8.25 e 8.26).

Frequencies

		N
Depois - Antes	Negative Differences[a]	11
	Positive Differences[b]	15
	Ties[c]	4
	Total	30

a. Depois < Antes
b. Depois > Antes
c. Depois = Antes

Figura 8.25 Frequências observadas.

Test Statistics[a]

	Depois - Antes
Z	-,588
Asymp. Sig. (2-tailed)	,556

a. Sign Test

Figura 8.26 Estatística do teste dos sinais (duas amostras emparelhadas) para o Exemplo 6 no SPSS.

A Figura 8.25 apresenta as frequências de sinais negativos e positivos, o número total de empates e a frequência total.

A Figura 8.26 apresenta o resultado do teste z, além da probabilidade P associada para um teste bilateral, valores semelhantes aos calculados no Exemplo 6. Como *P-value* = 0,556 > 0,05, a hipótese nula não é rejeitada, o que nos permite concluir, ao nível de confiança de 95%, que não há diferença na produtividade antes e depois do treinamento.

8.3.2.2. Resolução do teste dos sinais para duas amostras emparelhadas por meio do software Stata

A reprodução das imagens apresentadas nesta seção tem autorização da StataCorp LP©.

Os dados do Exemplo 6 também estão disponíveis no Stata no arquivo **Teste_Sinais_Duas_Amostras_Emparelhadas.dta**. As variáveis emparelhadas denominam-se *antes* e *depois*.

Conforme estudamos na seção 8.2.3.2 para uma única amostra, o teste dos sinais no Stata é realizado a partir do comando **signtest**. No caso de duas amostras emparelhadas, devemos utilizar o mesmo comando, porém seguido pelos nomes das variáveis emparelhadas, com o sinal de igualdade entre elas, já que o objetivo é testar a igualdade das respectivas medianas. O comando a ser digitado para o nosso exemplo é, portanto:

signtest depois = antes

O resultado do teste está ilustrado na Figura 8.27 e inclui o número de sinais positivos (15), o número de sinais negativos (11), assim como a probabilidade associada à estatística para um teste bilateral ($P = 0,557$). Esses valores são semelhantes aos calculados no Exemplo 6 e também gerados no SPSS. Como $P > 0,05$, devemos rejeitar a hipótese nula, o que nos permite concluir, ao nível de confiança de 95%, que não há diferença na produtividade antes e depois do treinamento.

```
. signtest depois = antes

Sign test

        sign |     observed      expected
-------------+----------------------------
    positive |         15            13
    negative |         11            13
        zero |          4             4
-------------+----------------------------
         all |         30            30

One-sided tests:
  Ho: median of depois - antes = 0 vs.
  Ha: median of depois - antes > 0
      Pr(#positive >= 15) =
        Binomial(n = 26, x >= 15, p = 0.5) =   0.2786

  Ho: median of depois - antes = 0 vs.
  Ha: median of depois - antes < 0
      Pr(#negative >= 11) =
        Binomial(n = 26, x >= 11, p = 0.5) =   0.8365

Two-sided test:
  Ho: median of depois - antes = 0 vs.
  Ha: median of depois - antes != 0
      Pr(#positive >= 15 or #negative >= 15) =
        min(1, 2*Binomial(n = 26, x >= 15, p = 0.5)) =   0.5572
```

Figura 8.27　Resultados do teste dos sinais (duas amostras emparelhadas) para o Exemplo 6 no Stata.

8.3.3. Teste de Wilcoxon

Analogamente ao teste dos sinais para duas amostras emparelhadas, o teste de Wilcoxon é uma alternativa ao teste t quando a distribuição dos dados não for aderente à distribuição normal.

O teste de Wilcoxon é uma extensão do teste dos sinais, porém, mais poderoso. Além da informação sobre a direção das diferenças para cada par, o teste de Wilcoxon leva em consideração a magnitude da diferença dentro dos pares (Fávero *et al.*, 2009). Os fundamentos lógicos e o método utilizado no teste de Wilcoxon estão descritos a seguir, baseado em Siegel e Castellan Jr. (2006).

Consideremos d_i a diferença entre os valores para cada par de dados. Inicialmente, vamos colocar em ordem crescente todos os d_i's pelo seu valor absoluto (sem considerar o sinal) e calcular os respectivos postos usando essa ordenação. Por exemplo, o posto 1 é atribuído ao menor $|d_i|$, o posto 2 ao segundo menor, e assim sucessivamente. Ao final, deve ser atribuído o sinal da diferença d_i para cada posto. A soma dos postos positivos é representada por S_p e a soma dos postos negativos por S_n.

Eventualmente, os valores para determinado par de dados são iguais ($d_i = 0$). Nesse caso, eles são excluídos da amostra. É o mesmo procedimento adotado no teste dos sinais, de modo que o valor de N representa o tamanho da amostra descontando esses empates.

Pode ocorrer ainda outro tipo de empate, em que duas ou mais diferenças tenham o mesmo valor absoluto. Nesse caso, o mesmo posto será atribuído aos empates, que corresponderá à média dos postos que teriam sido atribuídos se as diferenças fossem distintas. Por exemplo, suponha que três pares de dados indiquem as seguintes diferenças: –1, 1 e 1. A cada par é atribuído o posto 2, que corresponde à média entre 1, 2 e 3. O próximo valor, pela ordem, receberá o posto 4, já que os postos 1, 2 e 3 já foram utilizados.

A hipótese nula assume que a mediana das diferenças na população (μ_d) seja zero, ou seja, as populações não diferem em localização. Para um teste bilateral, temos que:

$H_0: \mu_d = 0$
$H_1: \mu_d \neq 0$

Em outras palavras, devemos testar a hipótese de que não há diferenças entre as duas amostras (as amostras são provenientes de populações com a mesma mediana e a mesma distribuição contínua), isto é, a soma dos postos positivos (S_p) é igual à soma dos postos negativos (S_n).

Pequenas amostras

Se $N \leq 15$, a Tabela I do apêndice do livro mostra as probabilidades unilaterais associadas aos diversos valores críticos de S_c ($P(S_p > S_c) = \alpha$). Para um teste bilateral, este valor deve ser dobrado. Se a probabilidade obtida (*P-value*) for menor ou igual a α, devemos rejeitar H_0.

Grandes amostras

À medida que N cresce, a distribuição de Wilcoxon aproxima-se de uma distribuição normal padrão. Assim, para $N > 15$, devemos calcular o valor da variável z que, segundo Siegel e Castellan Jr. (2006), Fávero *et al.* (2009) e Maroco (2014), é dado por:

$$Z_{cal} = \frac{\min(S_p, S_n) - \dfrac{N \cdot (N+1)}{4}}{\sqrt{\dfrac{N \cdot (N+1) \cdot (2N+1)}{24} - \dfrac{\sum_{j=1}^{g} t_j^3 - \sum_{j=1}^{g} t_j}{48}}} \tag{8.9}$$

em que:

$\dfrac{\sum_{j=1}^{g} t_j^3 - \sum_{j=1}^{g} t_j}{48}$ é um fator de correção quando houver empates;

g: número de grupos de postos empatados;
t_j: número de observações empatadas no grupo j.

O valor calculado deve ser comparado com o valor crítico da distribuição normal padrão (Tabela E do apêndice do livro). Essa tabela fornece os valores críticos de z_c, tal que $P(Z_{cal} > z_c) = \alpha$ (para um teste unilateral à direita). Para um teste bilateral, temos que $P(Z_{cal} < -z_c) = P(Z_{cal} > z_c) = \alpha/2$. A hipótese nula H_0 de um teste bilateral é rejeitada se o valor da estatística Z_{cal} pertencer à região crítica, isto é, se $Z_{cal} < -z_c$ ou $Z_{cal} > z_c$; caso contrário, não rejeitamos H_0.

As probabilidades unilaterais associadas à estatística Z_{cal} (P_1) também podem ser obtidas a partir da Tabela E. Para um teste unilateral, consideramos $P = P_1$. Para um teste bilateral, essa probabilidade deve ser dobrada ($P = 2.P_1$). Assim, para ambos os testes, rejeitamos H_0 se $P \leq \alpha$.

■ EXEMPLO 7 – APLICAÇÃO DO TESTE DE WILCOXON

Um grupo de 18 alunos do 3º ano do ensino médio é submetido a um exame de proficiência na língua inglesa, sem nunca ter feito um curso extracurricular. O mesmo grupo de alunos é submetido a um curso intensivo de inglês por 6 meses e, ao final, fazem novamente o exame de proficiência. Os resultados são apresentados na Tabela 8.9. Teste a hipótese de que não ocorrem melhoras antes e depois do curso. Considere $\alpha = 5\%$.

Tabela 8.9 Notas antes e depois do curso intensivo.

Antes	Depois
56	60
65	62
70	74
78	79
47	53
52	59
64	65
70	75
72	75
78	88
80	78
26	26
55	63
60	59
71	71
66	75
60	71
17	24

■ SOLUÇÃO

Passo 1: Como os dados não seguem distribuição normal, o teste de Wilcoxon pode ser aplicado, sendo mais poderoso do que o teste dos sinais para duas amostras emparelhadas.

Passo 2: Pela hipótese nula, não há diferença no desempenho dos alunos antes e depois do curso, ou seja:

H_0: $\mu_d = 0$
H_1: $\mu_d \neq 0$

Passo 3: O nível de significância a ser considerado é de 5%.

Passo 4: Como $N > 15$, a distribuição de Wilcoxon aproxima-se de uma normal. Para a determinação do valor de z, inicialmente calcularemos d_i e os respectivos postos, como mostra a Tabela 8.10.

Tabela 8.10 Cálculo de d_i e respectivos postos.

Antes	Depois	d_i	Posto de d_i
56	60	4	7,5
65	62	-3	-5,5
70	74	4	7,5
78	79	1	2
47	53	6	10
52	59	7	11,5
64	65	1	2
70	75	5	9
72	75	3	5,5
78	88	10	15

(Continua)

Tabela 8.10 Cálculo de d_i e respectivos postos (*Continuação*).

Antes	Depois	d_i	Posto de d_i
80	78	-2	-4
26	26	0	
55	63	8	13
60	59	-1	-2
71	71	0	
66	75	9	14
60	71	11	16
17	24	7	11,5

Como há dois pares de dados com valores iguais ($d_i = 0$), eles são excluídos da amostra, de modo que $N = 16$. A soma dos postos positivos é $S_p = 2 + \ldots + 16 = 124,5$. A soma dos postos negativos é $S_n = 2 + 4 + 5,5 = 11,5$. Dessa forma, podemos calcular o valor de z por meio da expressão (8.9):

$$Z_{cal} = \frac{\min(S_p, S_n) - \dfrac{N \cdot (N+1)}{4}}{\sqrt{\dfrac{N \cdot (N+1) \cdot (2N+1)}{24} - \dfrac{\displaystyle\sum_{j=1}^{g} t_j^3 - \sum_{j=1}^{g} t_j}{48}}} = \frac{11,5 - \dfrac{16 \cdot 17}{4}}{\sqrt{\dfrac{16 \cdot 17 \cdot 33}{24} - \dfrac{59 - 11}{48}}} = -2,925$$

Passo 5: Com o auxílio da tabela de distribuição normal padrão (Tabela E do apêndice do livro), determinamos a região crítica (RC) para o teste bilateral, conforme mostra a Figura 8.28.

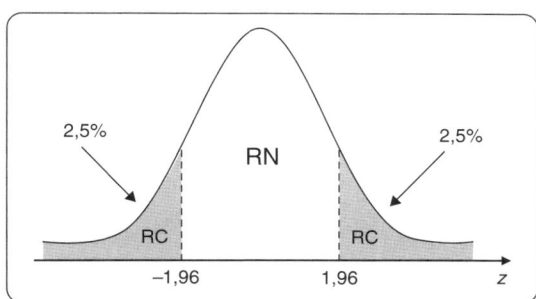

Figura 8.28 Região crítica do Exemplo 7.

Passo 6: Decisão – como o valor calculado pertence à região crítica, isto é, $Z_{cal} < -1,96$, a hipótese nula é rejeitada, o que nos permite concluir, ao nível de confiança de 95%, que existe diferença no desempenho dos alunos antes e depois do curso.

Se, em vez de compararmos o valor calculado com o valor crítico da distribuição normal padrão, utilizarmos o cálculo do *P-value*, os Passos 5 e 6 serão:

Passo 5: De acordo com a Tabela E do apêndice do livro, a probabilidade unilateral associada à estatística $Z_{cal} = -2,925$ é $P_1 = 0,0017$. Para um teste bilateral, essa probabilidade deve ser dobrada (*P-value* = 0,0034).

Passo 6: Decisão – como $P < 0,05$, devemos rejeitar a hipótese nula.

8.3.3.1. Resolução do teste de Wilcoxon por meio do software SPSS

A reprodução das imagens nesta seção tem autorização da International Business Machines Corporation©.

Os dados do Exemplo 7 estão disponíveis no arquivo **Teste_Wilcoxon.sav**. O procedimento para a elaboração do teste de Wilcoxon para duas amostras emparelhadas no SPSS está ilustrado a seguir. Clicaremos em **Analyze → Nonparametric Tests → Legacy Dialogs → 2 Related Samples...**, como mostra a Figura 8.29.

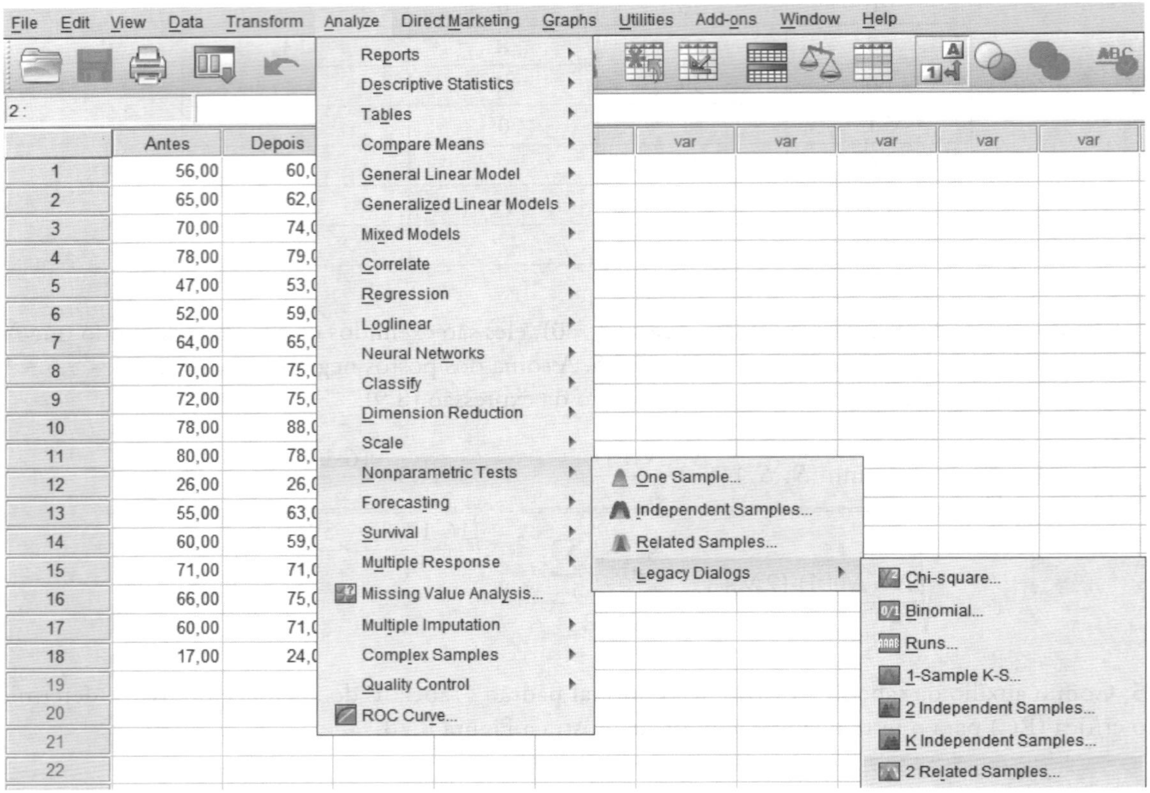

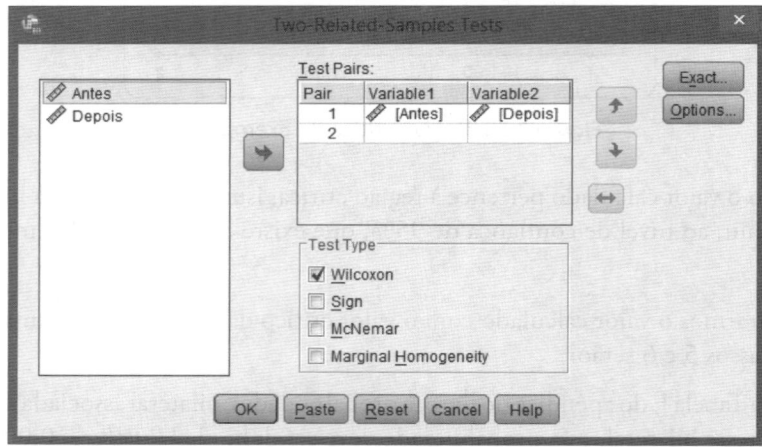

Figura 8.29 Procedimento para a elaboração do teste de Wilcoxon no SPSS.

Vamos, inicialmente, inserir a variável 1 (*Antes*) e a variável 2 (*Depois*) em **Test Pairs**. Marcaremos a opção referente ao teste de Wilcoxon em **Test Type**, como mostra a Figura 8.30.

Figura 8.30 Seleção das variáveis e do teste de Wilcoxon.

Por fim, clicamos em **OK** e obtemos os resultados do teste de Wilcoxon para duas amostras emparelhadas (Figuras 8.31 e 8.32).

Ranks

		N	Mean Rank	Sum of Ranks
Depois - Antes	Negative Ranks	3[a]	3,83	11,50
	Positive Ranks	13[b]	9,58	124,50
	Ties	2[c]		
	Total	18		

a. Depois < Antes
b. Depois > Antes
c. Depois = Antes

Figura 8.31 Postos.

Test Statistics[b]

	Depois - Antes
Z	-2,925[a]
Asymp. Sig. (2-tailed)	,003

a. Based on negative ranks.
b. Wilcoxon Signed Ranks Test

Figura 8.32 Estatística do teste de Wilcoxon para o Exemplo 7 no SPSS.

A Figura 8.31 apresenta o número de postos negativos, positivos e empatados, além da média e da soma dos postos positivos e negativos.

A Figura 8.32 apresenta o resultado do teste z, além da probabilidade P associada para um teste bilateral, valores semelhantes aos encontrados no Exemplo 7. Como $P\text{-value} = 0,003 < 0,05$, devemos rejeitar a hipótese nula, o que nos permite concluir, ao nível de confiança de 95%, que há diferença no desempenho dos alunos antes e depois do curso.

8.3.3.2. Resolução do teste de Wilcoxon por meio do software Stata

A reprodução das imagens apresentadas nesta seção tem autorização da StataCorp LP©.

Os dados do Exemplo 7 estão disponíveis no arquivo **Teste_Wilcoxon.dta**. As variáveis emparelhadas denominam-se *antes* e *depois*.

O teste de Wilcoxon no Stata é realizado a partir do comando **signrank** seguido pelo nome das variáveis emparelhadas com sinal de igualdade entre elas. Para o nosso exemplo, devemos digitar o seguinte comando:

```
signrank antes = depois
```

O resultado do teste está ilustrado na Figura 8.33. Como $P < 0,05$, rejeitamos a hipótese nula, o que nos permite concluir, ao nível de confiança de 95%, que há diferença no desempenho dos alunos antes e depois do curso.

```
. signrank antes = depois

Wilcoxon signed-rank test

        sign |      obs    sum ranks    expected
-------------+---------------------------------
    positive |        3         17.5          84
    negative |       13        150.5          84
        zero |        2            3           3
-------------+---------------------------------
         all |       18          171         171

unadjusted variance      527.25
adjustment for ties       -0.88
adjustment for zeros      -1.25
                         ----------
adjusted variance        525.13

Ho: antes = depois
          z =   -2.902
   Prob > |z| =    0.0037
```

Figura 8.33 Resultados do teste de Wilcoxon para o Exemplo 7 no Stata.

8.4. TESTES PARA DUAS AMOSTRAS INDEPENDENTES

Nesses testes, buscamos comparar duas populações representadas por suas respectivas amostras. Diferente dos testes para duas amostras emparelhadas, aqui não é necessário que as amostras sejam do mesmo tamanho. Dentre os testes para duas amostras independentes, podemos destacar o teste qui-quadrado (para variáveis nominais ou ordinais) e o teste de Mann-Whitney (para variáveis ordinais).

8.4.1. Teste qui-quadrado (χ^2) para duas amostras independentes

Na seção 8.2.2, o teste χ^2 foi aplicado para uma única amostra em que a variável em estudo era qualitativa (nominal ou ordinal). Aqui o teste será aplicado para duas amostras independentes, a partir de variáveis qualitativas nominais ou ordinais. Esse teste já foi estudado no Capítulo 3 (seção 3.2.2), para verificar se existe associação entre duas variáveis qualitativas, e será descrito novamente nesta seção.

O teste compara as frequências observadas em cada uma das células da tabela de contingência com as frequências esperadas. O teste χ^2 para duas amostras independentes assume as seguintes hipóteses:

H_0: não há diferença significativa entre as frequências observadas e esperadas.
H_1: há diferença significativa entre as frequências observadas e esperadas.

A estatística χ^2 mede, portanto, a discrepância entre uma tabela de contingência observada e uma tabela de contingência esperada, partindo da hipótese de que não há associação entre as categorias das duas variáveis estudadas. Se a distribuição de frequências observadas for exatamente igual à distribuição de frequências esperadas, o resultado da estatística χ^2 será igual a zero. Assim, um valor baixo de χ^2 indica independência entre as variáveis.

Conforme já apresentado na expressão (3.1) do Capítulo 3, a estatística χ^2 para duas amostras independentes é dada por:

$$\chi^2 = \sum_{i=1}^{I} \sum_{j=1}^{J} \frac{(O_{ij} - E_{ij})^2}{E_{ij}} \tag{8.10}$$

em que:
O_{ij}: quantidade de observações na i-ésima categoria da variável X e na j-ésima categoria da variável Y;
E_{ij}: frequência esperada de observações na i-ésima categoria da variável X e na j-ésima categoria da variável Y;
I: quantidade de categorias (linhas) da variável X;
J: quantidade de categorias (colunas) da variável Y.

Os valores de χ^2_{cal} seguem, aproximadamente, uma distribuição χ^2 com $v = (I-1) \cdot (J-1)$ graus de liberdade. Os valores críticos da estatística qui-quadrado (χ^2_c) estão na Tabela D do apêndice do livro. Essa tabela fornece os valores críticos de χ^2_c, tal que $P(\chi^2_{cal} > \chi^2_c) = \alpha$ (para um teste unilateral à direita). Para que a hipótese nula H_0 seja rejeitada, o valor da estatística χ^2_{cal} deve pertencer à região crítica, isto é, $\chi^2_{cal} > \chi^2_c$; caso contrário, não rejeitamos H_0.

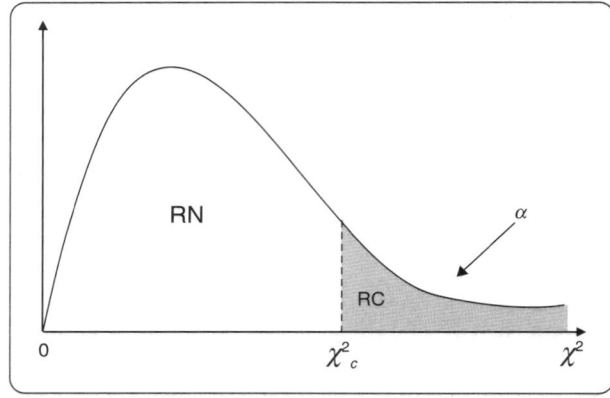

Figura 8.34 Distribuição χ^2.

No Capítulo 11, utilizaremos esses conceitos no estudo da técnica bivariada de análise de correspondência.

■ EXEMPLO 8 – APLICAÇÃO DO TESTE χ^2 PARA DUAS AMOSTRAS INDEPENDENTES

Consideremos novamente o Exemplo 1 do Capítulo 3, que se refere a um estudo realizado com 200 indivíduos com o intuito de analisar o comportamento conjunto da variável X (*Operadora de plano de saúde*) com a variável Y (*Nível de satisfação*). A tabela de contingência exibindo a distribuição conjunta de frequências absolutas das variáveis, além dos totais marginais, está representada na Tabela 8.11. Teste a hipótese de que não há associação entre as categorias das duas variáveis, considerando $\alpha = 5\%$.

Tabela 8.11 Distribuição conjunta de frequências absolutas das variáveis em estudo.

Operadora	Nível de satisfação			Total
	Baixo	**Médio**	**Alto**	**Total**
Total Health	40	16	12	**68**
Viva Vida	32	24	16	**72**
Mena Saúde	24	32	4	**60**
Total	**96**	**72**	**32**	**200**

■ SOLUÇÃO

Passo 1: O teste adequado para comparar as frequências observadas em cada célula de uma tabela de contingência com as frequências esperadas é o χ^2 para duas amostras independentes.

Passo 2: Pela hipótese nula, não existem associações entre as categorias das variáveis *Operadora* e *Nível de satisfação*, isto é, as frequências observadas e esperadas são iguais para cada par de categorias das variáveis. A hipótese alternativa afirma que há diferenças em pelo menos um par de categorias, ou seja:

H_0: $O_{ij} = E_{ij}$
H_1: $O_{ij} \neq E_{ij}$

Passo 3: O nível de significância a ser considerado é de 5%.

Passo 4: Para o cálculo da estatística, é necessário comparar os valores observados com os esperados. A Tabela 8.12 apresenta os valores observados da distribuição com as respectivas frequências relativas sobre o total geral da linha. O cálculo também poderia ser efetuado em relação ao total geral da coluna, chegando ao mesmo resultado da estatística χ^2.

Tabela 8.12 Valores observados de cada categoria com as respectivas proporções em relação ao total geral da linha.

Operadora	Nível de satisfação			Total
	Baixo	**Médio**	**Alto**	**Total**
Total Health	40 (58,8%)	16 (23,5%)	12 (17,6%)	**68 (100%)**
Viva Vida	32 (44,4%)	24 (33,3%)	16 (22,2%)	**72 (100%)**
Mena Saúde	24 (40%)	32 (53,3%)	4 (6,7%)	**60 (100%)**
Total	**96 (48%)**	**72 (36%)**	**32 (16%)**	**200 (100%)**

Os dados da Tabela 8.12 apontam uma dependência entre as variáveis. Supondo que não houvesse associação entre as variáveis, seria esperada uma proporção de 48% em relação ao total da linha para as três operadoras no nível de satisfação baixo, 36% no nível médio e 16% no nível alto. Os cálculos dos valores esperados estão na Tabela 8.13. Por exemplo, o cálculo da primeira célula é 0,48 × 68 = 32,6.

Tabela 8.13 Valores esperados da Tabela 8.12 assumindo a não associação entre as variáveis.

Operadora	Nível de satisfação			Total
	Baixo	Médio	Alto	
Total Health	32,6 (48%)	24,5 (36%)	10,9 (16%)	**68 (100%)**
Viva Vida	34,6 (48%)	25,9 (36%)	11,5 (16%)	**72 (100%)**
Mena Saúde	28,8 (48%)	21,6 (36%)	9,6 (16%)	**60 (100%)**
Total	**96 (48%)**	**72 (36%)**	**32 (16%)**	**200 (100%)**

Para o cálculo da estatística χ^2, devemos aplicar a expressão (8.10) para os dados das Tabelas 8.12 e 8.13. O cálculo de cada termo $\dfrac{(O_{ij}-E_{ij})^2}{E_{ij}}$ está representado na Tabela 8.14, juntamente com a medida χ^2_{cal} resultante da soma das categorias.

Tabela 8.14 Cálculo da estatística.

Operadora	Nível de satisfação		
	Baixo	Médio	Alto
Total Health	1,66	2,94	0,12
Viva Vida	0,19	0,14	1,74
Mena Saúde	0,80	5,01	3,27
Total	$\chi^2_{cal} = 15,861$		

Passo 5: A região crítica (RC) da distribuição χ^2 (Tabela D do apêndice do livro), considerando $\alpha = 5\%$ e $v = (I-1) \cdot (J-1) = 4$ graus de liberdade, está representada na Figura 8.35.

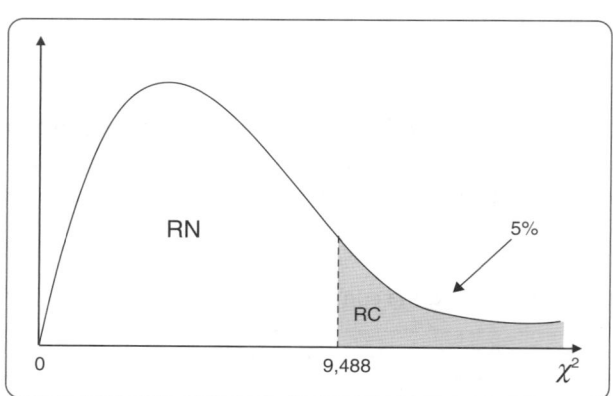

Figura 8.35 Região crítica do Exemplo 8.

Passo 6: Decisão – como o valor calculado pertence à região crítica, isto é, $\chi^2_{cal} > 9,488$, devemos rejeitar a hipótese nula, o que nos permite concluir, ao nível de confiança de 95%, que existe associação entre as categorias das variáveis.

Se utilizarmos o *P-value* em vez do valor crítico da estatística, os Passos 5 e 6 serão:

Passo 5: De acordo com a Tabela D do apêndice do livro, a probabilidade associada à estatística $\chi^2_{cal} = 15,861$, para $v = 4$ graus de liberdade, é inferior à 0,005.

Passo 6: Decisão – como $P < 0,05$, rejeitamos H_0.

8.4.1.1. Resolução do teste χ^2 por meio do software SPSS

A reprodução das imagens nesta seção tem autorização da International Business Machines Corporation©.

Os dados do Exemplo 8 estão disponíveis no arquivo **PlanoSaude.sav**. Para o cálculo da estatística χ^2 para duas amostras independentes, devemos clicar em **Analyze → Descriptive Statistics → Crosstabs...** Vamos inserir a variável *Operadora* em **Row(s)** e a variável *Satisfacao* em **Column(s)**, conforme mostra a Figura 8.36.

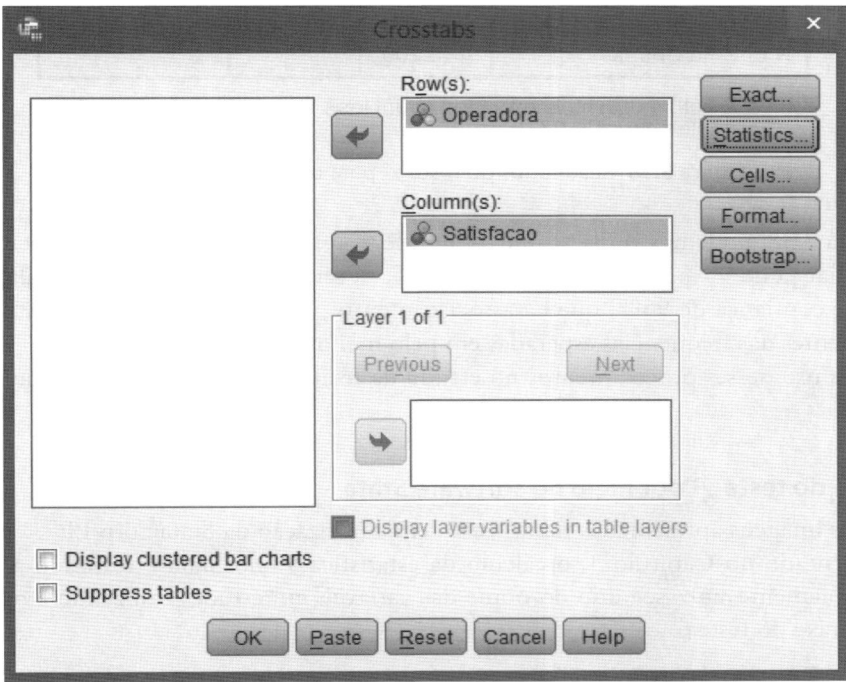

Figura 8.36 Seleção das variáveis.

No botão **Statistics...**, selecionaremos a opção **Chi-square**, conforme mostra a Figura 8.37. Por fim, devemos clicar em **Continue** e **OK**. O resultado está na Figura 8.38.

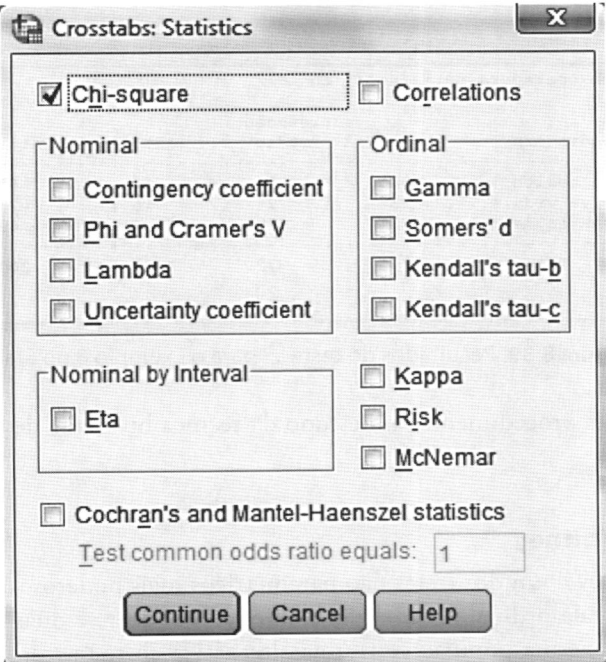

Figura 8.37 Seleção da estatística χ^2.

Chi-Square Tests

	Value	df	Asymp. Sig. (2-sided)
Pearson Chi-Square	15,861[a]	4	,003
Likelihood Ratio	16,302	4	,003
Linear-by-Linear Association	,429	1	,512
N of Valid Cases	200		

a. 0 cells (,0%) have expected count less than 5. The minimum expected count is 9,60.

Figura 8.38 Resultados do teste χ^2 para o Exemplo 8 no SPSS.

A partir da Figura 8.38, podemos verificar que o valor de χ^2 é 15,861, semelhante ao calculado no Exemplo 8. Para o nível de confiança de 95%, como $P = 0,003 < 0,05$, devemos rejeitar a hipótese nula, o que nos permite concluir, ao nível de confiança de 95%, que há associação entre as categorias das variáveis, isto é, as frequências observadas são diferentes das frequências esperadas em pelo menos um par de categorias.

Também faremos uso desses procedimentos no estudo da técnica bivariada de análise de correspondência no Capítulo 11.

8.4.1.2. Resolução do teste χ^2 por meio do software Stata

A reprodução das imagens apresentadas nesta seção tem autorização da StataCorp LP©.

Conforme apresentado no Capítulo 3, o cálculo da estatística χ^2 no Stata é realizado a partir do comando **tabulate**, ou simplesmente **tab**, seguido do nome das variáveis em estudo, utilizando a opção **chi2**, ou simplesmente **ch**. A sintaxe do teste é:

```
tab variável1* variável2*, ch
```

Os dados do Exemplo 8 também estão disponíveis no arquivo **PlanoSaude.dta**. As variáveis em estudo denominam-se *operadora* e *satisfação*. Assim, devemos digitar o seguinte comando:

```
tab operadora satisfacao, ch
```

Os resultados estão na Figura 8.39 e são semelhantes aos apresentados no Exemplo 8 e no software Stata.

```
. tab operadora satisfacao, ch

             |            satisfacao
   operadora |     baixo      médio      alto |     Total
-------------+---------------------------------+----------
total health |        40         16        12 |        68
   viva vida |        32         24        16 |        72
   mena saúde |        24         32         4 |        60
-------------+---------------------------------+----------
       Total |        96         72        32 |       200

        Pearson chi2(4) =  15.8606   Pr = 0.003
```

Figura 8.39 Resultados do teste χ^2 para o Exemplo 8 no Stata.

Também faremos uso desses procedimentos no estudo da técnica bivariada de análise de correspondência no Capítulo 11.

8.4.2. Teste *U* de Mann-Whitney

O teste *U* de Mann-Whitney é um dos testes não paramétricos mais poderosos, aplicado para variáveis quantitativas ou qualitativas em escala ordinal, e tem como objetivo verificar se duas amostras não pareadas ou independentes são extraídas da mesma população. É uma alternativa ao teste *t* de *Student* quando a hipótese de normalidade for violada ou quando o tamanho da amostra for pequeno, podendo ser considerado a versão não paramétrica do teste *t* para duas amostras independentes.

Como os dados originais são transformados em postos (ordenações), perdemos alguma informação, ou seja, o teste *U* de Mann-Whitney não é tão poderoso como o teste *t*.

Diferente do teste *t*, que verifica a igualdade das médias de duas populações independentes e com dados contínuos, o teste *U* de Mann-Whitney testa a igualdade das medianas. Para um teste bilateral, a hipótese nula é de que a mediana das duas populações seja igual, isto é:

$H_0: \mu_1 = \mu_2$
$H_1: \mu_1 \neq \mu_2$

O cálculo da estatística *U* de Mann-Whitney está especificado a seguir, para pequenas e grandes amostras.

Pequenas amostras

Método:

a) Consideremos N_1 o tamanho da amostra com menor quantidade de observações e N_2 o tamanho da amostra com maior quantidade de observações. Assumimos que as duas amostras sejam independentes.

b) Para aplicar o teste *U* de Mann-Whitney, devemos juntar as duas amostras numa única amostra combinada que será formada por $N = N_1 + N_2$ elementos. Porém, devemos identificar a amostra de origem de cada observação na amostra combinada, que deve ser ordenada de forma crescente com postos atribuídos a cada observação. Por exemplo, o posto 1 é atribuído à menor observação e o posto *N* à maior observação. Caso haja empates, atribuímos a média dos postos correspondentes.

c) Em seguida, devemos calcular a soma dos postos para cada amostra, isto é, calcular R_1 que corresponde à soma dos postos da amostra com menor número de observações e R_2 que corresponde à soma dos postos da amostra com maior número de observações.

d) Assim, podemos calcular as quantidades U_1 e U_2 da seguinte forma:

$$U_1 = N_1 \cdot N_2 + \frac{N_1 \cdot (N_1 + 1)}{2} - R_1 \tag{8.11}$$

$$U_2 = N_1 \cdot N_2 + \frac{N_2 \cdot (N_2 + 1)}{2} - R_2 \tag{8.12}$$

e) A estatística *U* de Mann-Whitney é dada por:

$$U_{cal} = \text{mín}(U_1, U_2)$$

A Tabela J do apêndice do livro apresenta os valores críticos de *U*, tal que $P(U_{cal} < U_c) = \alpha$ (para um teste unilateral à esquerda), para valores de $N_2 \leq 20$ e níveis de significância de 0,05, 0,025, 0,01 e 0,005. Para que a hipótese nula H_0 do teste unilateral à esquerda seja rejeitada, o valor da estatística U_{cal} deve pertencer à região crítica, isto é, $U_{cal} < U_c$; caso contrário, não rejeitamos H_0. Para um teste bilateral, devemos considerar $P(U_{cal} < U_c) = \alpha/2$, já que $P(U_{cal} < U_c) + P(U_{cal} > U_c) = \alpha$.

As probabilidades unilaterais associadas à estatística U_{cal} (P_1) também podem ser obtidas a partir da Tabela J. Para um teste unilateral, temos que $P = P_1$. Para um teste bilateral, essa probabilidade deve ser dobrada ($P = 2.P_1$). Assim, rejeitamos H_0 se $P \leq \alpha$.

Grandes amostras

À medida que o tamanho da amostra cresce ($N_2 > 20$), a distribuição de Mann-Whitney aproxima-se de uma distribuição normal padrão.

O valor real da estatística *Z* é dado por:

$$Z_{cal} = \frac{(U - N_1 \cdot N_2 / 2)}{\sqrt{\frac{N_1 \cdot N_2}{N \cdot (N-1)} \cdot \left(\frac{N^3 - N}{12} - \frac{\sum_{j=1}^{g} t_j^3 - \sum_{j=1}^{g} t_j}{12} \right)}} \tag{8.13}$$

em que:

$\dfrac{\sum_{j=1}^{g} t_j^3 - \sum_{j=1}^{g} t_j}{12}$ é um fator de correção quando houver empates;

g: número de grupos de postos empatados;
t_j: número de observações empatadas no grupo j.

O valor calculado deve ser comparado com o valor crítico da distribuição normal padrão (Tabela E do apêndice do livro). Essa tabela fornece os valores críticos de z_c, tal que $P(Z_{cal} > z_c) = \alpha$ (para um teste unilateral à direita). Para um teste bilateral, temos que $P(Z_{cal} < -z_c) = P(Z_{cal} > z_c) = \alpha/2$. Portanto, para um teste bilateral, a hipótese nula é rejeitada se $Z_{cal} < -z_c$ ou $Z_{cal} > z_c$.

As probabilidades unilaterais associadas à estatística Z_{cal} ($P_1 = P$) também podem ser obtidas a partir da Tabela E. Para um teste bilateral, essa probabilidade deve ser dobrada ($P = 2.P_1$). Assim, a hipótese nula é rejeitada se $P \leq \alpha$.

■ EXEMPLO 9 – APLICAÇÃO DO TESTE *U* DE MANN-WHITNEY PARA PEQUENAS AMOSTRAS

Com o objetivo de avaliar a qualidade de duas máquinas, são comparados os diâmetros das peças produzidas (em mm) em cada uma delas, como mostra a Tabela 8.15. Utilize o teste adequado, ao nível de significância de 5%, para testar se as duas amostras provêm ou não de populações com medianas iguais.

Tabela 8.15 Diâmetro de peças produzidas em duas máquinas.

Máq. A	48,50	48,65	48,58	48,55	48,66	48,64	48,50	48,72
Máq. B	48,75	48,64	48,80	48,85	48,78	48,79	49,20	

■ SOLUÇÃO

Passo 1: Aplicando o teste de normalidade para as duas amostras, podemos verificar que os dados da máquina B não seguem distribuição normal. Dessa forma, o teste adequado para comparar as medianas de duas populações independentes é o teste U de Mann-Whitney.

Passo 2: Pela hipótese nula, os diâmetros medianos das peças nas duas máquinas são iguais, de modo que:

H_0: $\mu_A = \mu_B$
H_1: $\mu_A \neq \mu_B$

Passo 3: O nível de significância a ser considerado é de 5%.

Passo 4: Cálculo da estatística U:

a) $N_1 = 7$ (tamanho da amostra da máquina B)
   $N_2 = 8$ (tamanho da amostra da máquina A)

b) Amostra combinada e respectivos postos (Tabela 8.16):

Tabela 8.16 Dados combinados.

Dados	Máquina	Postos
48,50	A	1,5
48,50	A	1,5
48,55	A	3
48,58	A	4
48,64	A	5,5
48,64	B	5,5
48,65	A	7
48,66	A	8
48,72	A	9
48,75	B	10
48,78	B	11
48,79	B	12
48,80	B	13
48,85	B	14
49,20	B	15

c) $R_1 = 80,5$ (soma dos postos da máquina B com menor número de observações);
$R_2 = 39,5$ (soma dos postos da máquina A com maior número de observações).

d) Cálculo de U_1 e U_2:

$$U_1 = N_1 \cdot N_2 + \frac{N_1 \cdot (N_1 + 1)}{2} - R_1 = 7 \cdot 8 + \frac{7 \cdot 8}{2} - 80,5 = 3,5$$

$$U_2 = N_1 \cdot N_2 + \frac{N_2 \cdot (N_2 + 1)}{2} - R_2 = 7 \cdot 8 + \frac{8 \cdot 9}{2} - 39,5 = 52,5$$

e) Cálculo da estatística U de Mann-Whitney:

$$U_{cal} = \text{mín}(U_1, U_2) = 3,5$$

Passo 5: De acordo com a Tabela J do apêndice do livro, para $N_1 = 7$, $N_2 = 8$ e $P(U_{cal} < U_c) = \alpha/2 = 0,025$ (teste bilateral), o valor crítico da estatística U de Mann-Whitney é $U_c = 10$.

Passo 6: Decisão – como o valor da estatística calculada pertence à região crítica, isto é, $U_{cal} < 10$, a hipótese nula é rejeitada, o que nos permite concluir, ao nível de confiança de 95%, que as medianas das duas populações são diferentes.

Se utilizarmos o *P-value* em vez do valor crítico da estatística, os Passos 5 e 6 serão:

Passo 5: De acordo com a Tabela J do apêndice do livro, a probabilidade P_1 unilateral associada à estatística $U_{cal} = 3,5$, para $N_1 = 7$ e $N_1 = 8$, é inferior a 0,005. Para um teste bilateral, essa probabilidade deve ser dobrada ($P < 0,01$).

Passo 6: Decisão – como $P < 0,05$, devemos rejeitar H_0.

■ **EXEMPLO 10 – APLICAÇÃO DO TESTE *U* DE MANN-WHITNEY PARA GRANDES AMOSTRAS**
Conforme descrito anteriormente, à medida que o tamanho da amostra cresce ($N_2 > 20$), a distribuição de Mann-Whitney aproxima-se de uma distribuição normal padrão. Apesar dos dados do Exemplo 9 representarem uma amostra pequena ($N_2 = 8$), qual seria o valor de *z* nesse caso, utilizando a expressão (8.13)? Interprete o resultado.

■ **SOLUÇÃO**

$$Z_{cal} = \frac{(U - N_1 \cdot N_2 / 2)}{\sqrt{\dfrac{N_1 \cdot N_2}{N \cdot (N-1)} \cdot \left(\dfrac{N^3 - N}{12} - \dfrac{\sum\limits_{j=1}^{g} t_j^3 - \sum\limits_{j=1}^{g} t_j}{12} \right)}} = \frac{(3,5 - 7 \cdot 8 / 2)}{\sqrt{\dfrac{7 \cdot 8}{15 \cdot 14} \left(\dfrac{15^3 - 15}{12} - \dfrac{16 - 4}{12} \right)}} = -2,840$$

O valor crítico da estatística z_c para um teste bilateral, ao nível de significância de 5%, é –1,96 (Tabela E do apêndice do livro). Como $Z_{cal} < -1,96$, a hipótese nula também é rejeitada por meio da estatística z, o que nos permite concluir, ao nível de confiança de 95%, que as medianas populacionais são diferentes.

Em vez de compararmos o valor calculado com o valor crítico, poderíamos obter o valor do *P-value* diretamente da Tabela E. Assim, a probabilidade unilateral associada à estatística $Z_{cal} < -2,840$ é $P_1 = 0,0023$. Para um teste bilateral, essa probabilidade deve ser dobrada (*P-value* = 0,0046).

8.4.2.1. Resolução do teste de Mann-Whitney por meio do software SPSS

A reprodução das imagens nesta seção tem autorização da International Business Machines Corporation©.

Os dados do Exemplo 9 estão disponíveis no arquivo **Teste_Mann-Whitney.sav**. Como o grupo 1 é aquele com o menor número de observações, em **Data → Define Variable Properties...**, atribuímos o valor 1 ao grupo B e o valor 2 ao grupo A.

Para elaborarmos o teste de Mann-Whitney no software SPSS, devemos clicar em **Analyze → Nonparametric Tests → Legacy Dialogs → 2 Independent Samples...**, conforme mostra a Figura 8.40.

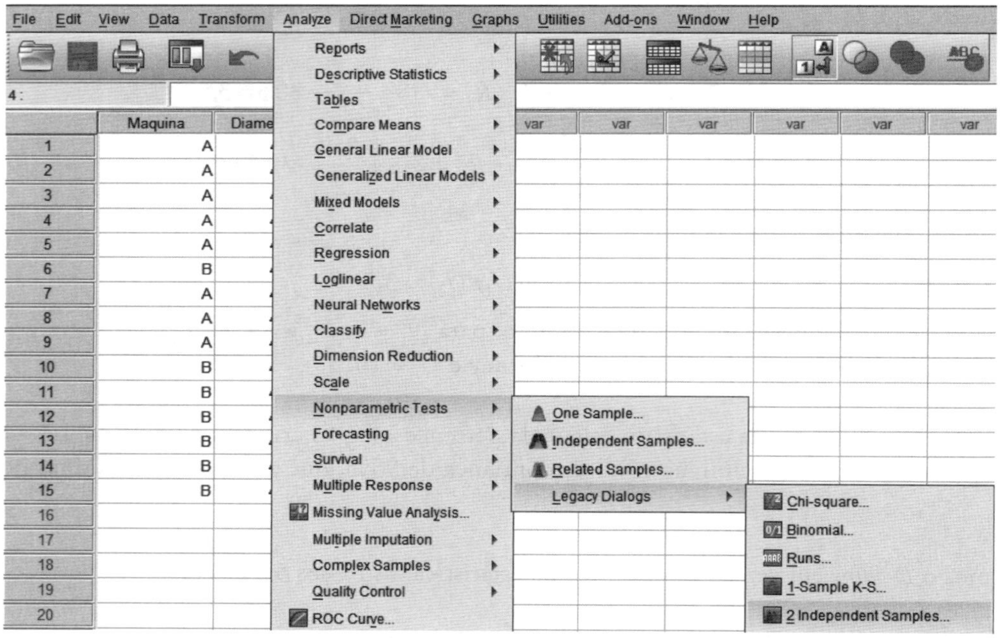

Figura 8.40 Procedimento para a elaboração do teste de Mann-Whitney no SPSS.

Na sequência, devemos inserir a variável *Diametro* na caixa **Test Variable List** e a variável *Maquina* em **Grouping Variable**, definindo os respectivos grupos. Selecionaremos a opção **Mann-Whitney U** em **Test Type**, conforme mostra a Figura 8.41.

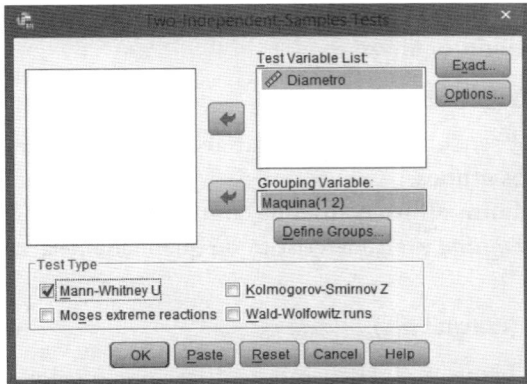

Figura 8.41 Seleção das variáveis e do teste de Mann-Whitney.

Por fim, vamos clicar em **OK** para obter as Figuras 8.42 e 8.43. A Figura 8.42 apresenta a média e a soma dos postos para cada grupo, enquanto a Figura 8.43 oferece as estatísticas do teste.

Ranks

	Maquina	N	Mean Rank	Sum of Ranks
Diametro	B	7	11,50	80,50
	A	8	4,94	39,50
	Total	15		

Figura 8.42 Postos.

Test Statistics[b]

	Diametro
Mann-Whitney U	3,500
Wilcoxon W	39,500
Z	-2,840
Asymp. Sig. (2-tailed)	,005
Exact Sig. [2*(1-tailed Sig.)]	,002[a]

a. Not corrected for ties.
b. Grouping Variable: Maquina.

Figura 8.43 Estatísticas do teste de Mann-Whitney para o Exemplo 9 no SPSS.

Os resultados da Figura 8.42 são semelhantes aos calculados no Exemplo 9.

De acordo com a Figura 8.43, o resultado da estatística U de Mann-Whitney é 3,50, semelhante ao valor calculado no Exemplo 9. A probabilidade bilateral associada à estatística U é $P = 0,002$ (vimos no Exemplo 9 que essa probabilidade é inferior a 0,01). Para os mesmos dados do Exemplo 9, se fosse calculada a estatística Z e a respectiva probabilidade bilateral associada, o resultado seria $Z_{cal} = -2,840$ e $P = 0,005$, semelhantes aos valores calculados no Exemplo 10. Para os dois testes, como a probabilidade bilateral associada é menor do que 0,05, a hipótese nula é rejeitada, o que nos permite concluir, ao nível de confiança de 95%, que as medianas das duas populações são diferentes.

8.4.2.2. Resolução do teste de Mann-Whitney por meio do software Stata

A reprodução das imagens apresentadas nesta seção tem autorização da StataCorp LP[©].

O teste de Mann-Whitney é elaborado no Stata a partir do comando `ranksum` (teste de igualdade para dados não emparelhados), por meio da seguinte sintaxe:

```
ranksum variável*, by(grupos*)
```

em que o termo `variável*` deve ser substituído pela variável quantitativa estudada e o termo `grupos*` pela variável categórica que representa os grupos.

Vamos abrir o arquivo **Teste_Mann-Whitney.dta** que contém os dados dos Exemplos 9 e 10. Os dois grupos estão representados pela variável *maquina* e a característica de qualidade pela variável *diametro*. O comando a ser digitado é, portanto:

```
ranksum diametro, by(maquina)
```

Os resultados obtidos estão na Figura 8.44. Podemos verificar que o valor da estatística (2,840) corresponde ao valor calculado no Exemplo 10 para grandes amostras, a partir da expressão (8.13). A probabilidade associada à estatística para um teste bilateral é 0,0045. Como $P < 0,05$, devemos rejeitar a hipótese nula, o que nos permite concluir, ao nível de confiança de 95%, que as medianas populacionais são diferentes.

```
. ranksum diametro, by(maquina)

Two-sample Wilcoxon rank-sum (Mann-Whitney) test

     maquina |      obs    rank sum    expected
-------------+---------------------------------
           b |        7        80.5          56
           a |        8        39.5          64
-------------+---------------------------------
    combined |       15         120         120

unadjusted variance        74.67
adjustment for ties        -0.27
                      ----------
adjusted variance          74.40

Ho: diametro(maquina==b) = diametro(maquina==a)
             z =   2.840
    Prob > |z| =   0.0045
```

Figura 8.44 Resultados do teste de Mann-Whitney para os Exemplos 9 e 10 no Stata.

8.5. TESTES PARA *k* AMOSTRAS EMPARELHADAS

Esses testes analisam as diferenças entre *k* (três ou mais) amostras emparelhadas ou relacionadas. Segundo Siegel e Castellan Jr. (2006), a hipótese nula a ser testada é de que *k* amostras tenham sido extraídas de uma mesma população. Os principais testes para *k* amostras emparelhadas são o teste *Q* de Cochran (para variáveis de natureza binária) e o teste de Friedman (para variáveis de natureza ordinal).

8.5.1. Teste *Q* de Cochran

O teste *Q* de Cochran para *k* amostras emparelhadas é uma extensão do teste de McNemar para duas amostras, e tem por objetivo testar a hipótese de que as frequências ou proporções de três ou mais grupos relacionados são diferentes significativamente entre si. Da mesma forma que no teste de McNemar, os dados são de natureza binária.

Segundo Siegel e Castellan Jr. (2006), o teste *Q* de Cochran compara as características de diversos indivíduos ou do mesmo indivíduo observado sob condições distintas. Por exemplo, podemos analisar se *k* itens são diferentes significativamente para *N* indivíduos. Ou ainda, podemos ter apenas um item para analisar e o objetivo é comparar a resposta de *N* indivíduos sob *k* condições distintas.

Vamos supor que os dados de estudo estejam organizados em uma tabela com *N* linhas e *k* colunas, em que *N* é o número de casos e *k* o número de grupos ou condições. Pela hipótese nula do teste *Q* de Cochran, não há diferenças entre as frequências ou proporções de sucesso (*p*) dos *k* grupos relacionados, isto é, a proporção de uma resposta desejada (sucesso) é a mesma em cada coluna. Pela hipótese alternativa, há diferenças entre pelo menos dois grupos, de modo que:

$H_0: p_1 = p_2 = \ldots = p_k$

$H_1: \exists_{(i,j)}\ p_i \neq p_j\ ,\ i \neq j$

A estatística Q de Cochran é dada por:

$$Q_{cal} = \frac{k \cdot (k-1) \cdot \sum_{j=1}^{k}(G_j - \overline{G})^2}{k \cdot \sum_{i=1}^{N} L_i - \sum_{i=1}^{N} L_i^2} = \frac{(k-1) \cdot \left[k \cdot \sum_{j=1}^{k} G_j^2 - \left(\sum_{j=1}^{k} G_j \right)^2 \right]}{k \cdot \sum_{i=1}^{N} L_i - \sum_{i=1}^{N} L_i^2}$$ (8.14)

que segue aproximadamente uma distribuição χ^2 com $k-1$ grau de liberdade, em que:

G_j: número total de sucessos na j-ésima coluna;
$\overline{G}$: média dos G_j;
L_i: número total de sucessos na i-ésima linha.

O valor calculado deve ser comparado com o valor crítico da distribuição χ^2 (Tabela D do apêndice do livro). Essa tabela fornece os valores críticos de χ^2_c, tal que $P(\chi^2_{cal} > \chi^2_c) = \alpha$ (para um teste unilateral à direita). Se o valor da estatística pertencer à região crítica, isto é, se $Q_{cal} > \chi^2_c$, devemos rejeitar H_0; caso contrário, não rejeitamos H_0.

A probabilidade associada à estatística calculada (*P-value*) também pode ser obtida a partir da Tabela D. Nesse caso, a hipótese nula é rejeitada se $P \le \alpha$; caso contrário, não rejeitamos H_0.

■ EXEMPLO 11 – APLICAÇÃO DO TESTE Q DE COCHRAN

Deseja-se avaliar o grau de satisfação de 20 consumidores em relação a três supermercados, com o intuito de investigar se os clientes estão satisfeitos (*score* 1) ou não (*score* 0) em relação à qualidade, à diversidade e ao preço dos produtos de cada supermercado. Verifique a hipótese de que a probabilidade de uma boa avaliação por parte dos clientes é a mesma para os três supermercados, considerando o nível de significância de 10%. A Tabela 8.17 apresenta os resultados da avaliação.

Tabela 8.17 Resultados da avaliação para os três supermercados.

Consumidor	A	B	C	L_i	L_i^2
1	1	1	1	3	9
2	1	0	1	2	4
3	0	1	1	2	4
4	0	0	0	0	0
5	1	1	0	2	4
6	1	1	1	3	9
7	0	0	1	1	1
8	1	0	1	2	4
9	1	1	1	3	9
10	0	0	1	1	1
11	0	0	0	0	0
12	1	1	0	2	4
13	1	0	1	2	4
14	1	1	1	3	9
15	0	1	1	2	4
16	0	1	1	2	4
17	1	1	1	3	9
18	1	1	1	3	9
19	0	0	1	1	1
20	0	0	1	1	1
Total	$G_1 = 11$	$G_2 = 11$	$G_3 = 16$	$\sum_{i=1}^{20} L_i = 38$	$\sum_{i=1}^{20} L_i^2 = 90$

■ **SOLUÇÃO**

Passo 1: O teste adequado para comparar proporções de três ou mais grupos emparelhados é o teste Q de Cochran.

Passo 2: Pela hipótese nula, a proporção de sucessos (*score* 1) é a mesma para os três supermercados; pela hipótese alternativa, a proporção de clientes satisfeitos é diferente para pelo menos dois supermercados, de modo que:

$H_0: p_1 = p_2 = p_3$
$H_1: \exists_{(i,j)}\, p_i \neq p_j, \, i \neq j$

Passo 3: O nível de significância a ser considerado é de 10%.

Passo 4: O cálculo da estatística Q de Cochran, a partir da expressão (8.14), é dado por:

$$Q_{cal} = \frac{(k-1)\cdot\left[k\cdot\sum\limits_{j=1}^{k}G_j^2 - \left(\sum\limits_{j=1}^{k}G_j\right)^2\right]}{k\cdot\sum\limits_{i=1}^{N}L_i - \sum\limits_{i=1}^{N}L_i^2} = \frac{(3-1)\cdot\left[3\cdot(11^2+11^2+16^2)-38^2\right]}{3\cdot38-90} = 4{,}167$$

Passo 5: A região crítica (RC) da distribuição χ^2 (Tabela D do apêndice do livro), considerando $\alpha = 10\%$ e $\nu = k - 1 = 2$ graus de liberdade, está representada na Figura 8.45.

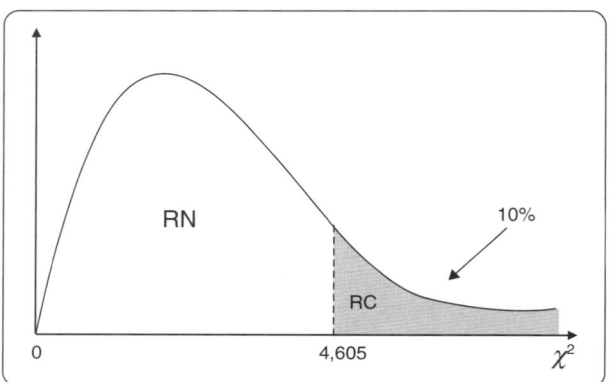

Figura 8.45 Região crítica do Exemplo 11.

Passo 6: Decisão – como o valor calculado não pertence à região crítica, isto é, $Q_{cal} < 4{,}605$, a hipótese nula não é rejeitada, o que nos permite concluir, ao nível de confiança de 90%, que a proporção de clientes satisfeitos é igual para os três supermercados.

Se utilizarmos o *P-value* em vez do valor crítico da estatística, os Passos 5 e 6 serão:

Passo 5: De acordo com a Tabela D do apêndice do livro, para $\nu = 2$ graus de liberdade, a probabilidade associada à estatística $Q_{cal} = 4{,}167$ é maior do que 0,10 (*P-value* > 0,10).

Passo 6: Decisão – como $P > 0{,}10$, não devemos rejeitar H_0.

8.5.1.1. Resolução do teste *Q* de Cochran por meio do software SPSS

A reprodução das imagens nesta seção tem autorização da International Business Machines Corporation©.

Os dados do Exemplo 11 estão disponíveis no arquivo **Teste_Q_Cochran.sav**. O procedimento para a elaboração do teste Q de Cochran no SPSS está detalhado a seguir. Inicialmente, vamos clicar em **Analyze → Nonparametric Tests → Legacy Dialogs → K Related Samples...**, conforme mostra a Figura 8.46.

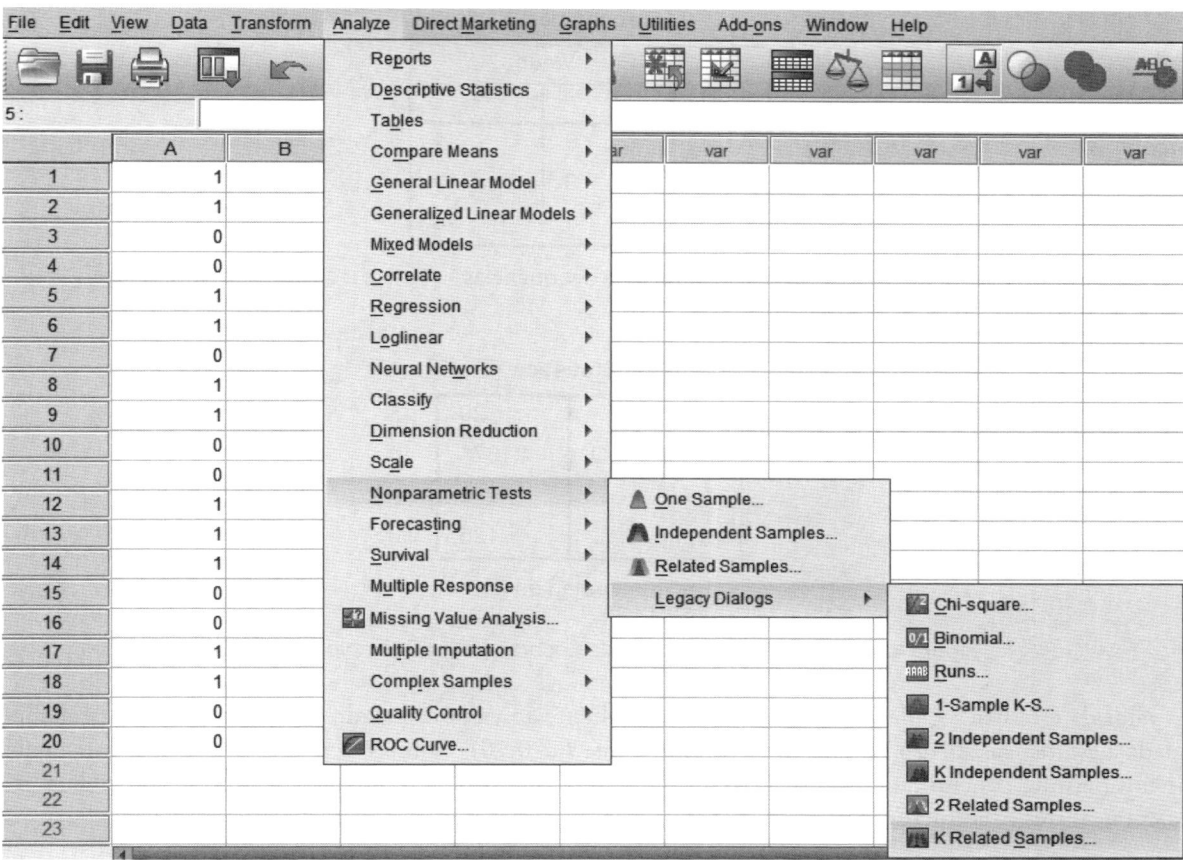

Figura 8.46 Procedimento para a elaboração do teste Q de Cochran no SPSS.

Na sequência, devemos inserir as variáveis A, B e C na caixa **Test Variables**, e selecionar a opção **Cochran's Q** em **Test Type**, como mostra a Figura 8.47.

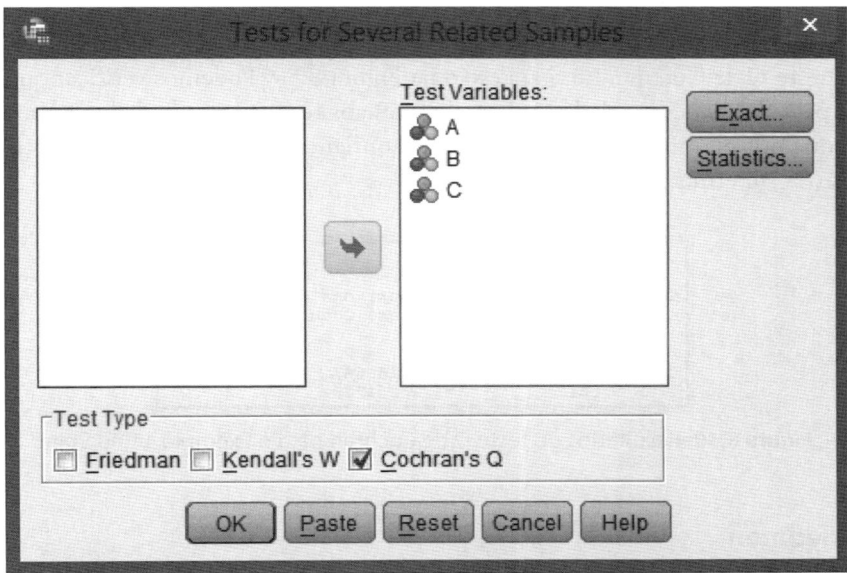

Figura 8.47 Seleção das variáveis e do teste Q de Cochran.

Por fim, vamos clicar em **OK** para obter os resultados do teste. A Figura 8.48 apresenta as frequências de cada grupo e a Figura 8.49 oferece o resultado da estatística.

Frequencies

	Value	
	0	1
A	9	11
B	9	11
C	4	16

Figura 8.48 Frequências.

Test Statistics

N	20
Cochran's Q	4,167[a]
df	2
Asymp. Sig.	,125

a. 1 is treated as a
success.

Figura 8.49 Estatísticas do teste Q de Cochran para o Exemplo 11 no SPSS.

O valor da estatística Q de Cochran é 4,167, semelhante ao valor calculado no Exemplo 11. A probabilidade associada à estatística é 0,125 (vimos no Exemplo 11 que $P > 0,10$). Como $P > \alpha$, a hipótese nula não é rejeitada, o que nos permite concluir, ao nível de confiança de 90%, que não há diferenças na proporção de clientes satisfeitos entre os três supermercados.

8.5.1.2. Resolução do teste Q de Cochran por meio do software Stata

A reprodução das imagens apresentadas nesta seção tem autorização da StataCorp LP©.

Os dados do Exemplo 11 também estão disponíveis no arquivo **Teste_Q_Cochran.dta**. O comando utilizado para a elaboração do teste é **cochran** seguido pelas k variáveis emparelhadas. No nosso caso, as variáveis que representam os três supermercados denominam-se a, b e c, de modo que o comando a ser digitado é:

```
cochran a b c
```

Os resultados do teste Q de Cochran no Stata estão na Figura 8.50. Podemos verificar que o resultado da estatística e a respectiva probabilidade associada são semelhantes aos resultados calculados no Exemplo 11 e também gerados no SPSS, o que nos permite concluir, ao nível de confiança de 90%, que a proporção de clientes insatisfeitos é igual para os três supermercados.

```
. cochran a b c

Test for equality of proportions of nonzero
outcomes in matched samples (Cochran's Q):

Number of obs       =         20
Cochran's chi2(2)   =   4.166667
Prob > chi2         =     0.1245
```

Figura 8.50 Resultados do teste Q de Cochran para o Exemplo 11 no Stata.

8.5.2. Teste de Friedman

O teste de Friedman é aplicado para variáveis quantitativas ou qualitativas em escala ordinal e tem como objetivo verificar se k amostras emparelhadas são extraídas da mesma população. É uma extensão do teste de Wilcoxon para três ou mais amostras emparelhadas. É também uma alternativa à Análise de Variância quando suas hipóteses (normalidade dos dados e homogeneidade das variâncias) forem violadas ou quando o tamanho da amostra for pequeno.

Os dados são representados em uma tabela de dupla entrada com N linhas e k colunas, em que as linhas representam os diversos indivíduos ou conjuntos correspondentes de indivíduos, e as colunas representam as diversas condições.

A hipótese nula do teste de Friedman assume, portanto, que as k amostras (colunas) sejam provenientes da mesma população ou de populações com a mesma mediana (μ). Para um teste bilateral, temos que:

H_0: $\mu_1 = \mu_2 = \ldots = \mu_k$
H_1: $\exists_{(i,j)}\ \mu_i \neq \mu_j,\ i \neq j$

Para aplicar a estatística de Friedman, devemos atribuir postos de 1 a k a cada elemento de cada linha. Por exemplo, o posto 1 é atribuído à menor observação da linha e o posto N à maior observação. Caso haja empates, atribuímos a média dos postos correspondentes.

A estatística de Friedman é dada por:

$$F_{cal} = \frac{12}{N \cdot k \cdot (k+1)} \cdot \sum_{j=1}^{k} (R_j)^2 - 3 \cdot N \cdot (k+1) \tag{8.15}$$

em que:
N: número de linhas;
k: número de colunas;
R_j: soma dos postos na coluna j.

Porém, segundo Siegel e Castellan Jr. (2006), quando houver empates entre os postos do mesmo grupo ou linha, a estatística de Friedman precisa ser corrigida para considerar as mudanças na distribuição amostral, conforme segue:

$$F'_{cal} = \frac{12 \cdot \sum_{j=1}^{k} (R_j)^2 - 3 \cdot N^2 \cdot k \cdot (k+1)^2}{N \cdot k \cdot (k+1) + \dfrac{\left(N \cdot k - \sum_{i=1}^{N} \sum_{i=1}^{g_i} t_{ij}^3 \right)}{(k-1)}} \tag{8.16}$$

em que:
g_i: número de conjuntos de observações empatadas no i-ésimo grupo, incluindo os conjuntos de tamanho 1;
t_{ij}: tamanho do j-ésimo conjunto de empates no i-ésimo grupo.

O valor calculado deve ser comparado com o valor crítico da distribuição amostral. Quando N e k são pequenos ($k = 3$ e $3 < N < 13$, ou $k = 4$ e $2 < N < 8$, ou $k = 5$ e $3 < N < 5$), devemos utilizar a tabela K do apêndice do livro, que apresenta os valores críticos da estatística de Friedman (F_c), tal que $P(F_{cal} > F_c) = \alpha$ (para um teste unilateral à direita). Para valores de N e k elevados, a distribuição amostral pode ser aproximada pela distribuição χ^2 com $v = k - 1$ grau de liberdade.

Portanto, se o valor da estatística F_{cal} pertencer à região crítica, isto é, se $F_{cal} > F_c$ para N e K pequenos ou $F_{cal} > \chi_c^2$ para N e K elevados, devemos rejeitar a hipótese nula. Caso contrário, não rejeitamos H_0.

■ EXEMPLO 12 – APLICAÇÃO DO TESTE DE FRIEDMAN

Uma pesquisa é realizada para verificar a eficácia do café da manhã na redução de peso e, para tal, 15 pacientes são acompanhados durante três meses. São coletados dados referentes ao peso dos pacientes durante três períodos diferentes, conforme mostra a Tabela 8.18: antes do tratamento (AT), pós-tratamento (PT) e depois de três meses de tratamento (D3M). Verifique se o tratamento oferece algum resultado. Considere $\alpha = 5\%$.

Tabela 8.18 Peso dos pacientes em cada período.

Paciente	Período		
	AT	**PT**	**D3M**
1	65	62	58
2	89	85	80
3	96	95	95
4	90	84	79
5	70	70	66
6	72	65	62
7	87	84	77
8	74	74	69
9	66	64	62
10	135	132	132
11	82	75	71
12	76	73	67
13	94	90	88
14	80	80	77
15	73	70	68

■ SOLUÇÃO

Passo 1: Como os dados não seguem distribuição normal, o teste de Friedman é uma alternativa à ANOVA para verificar se as três amostras emparelhadas são extraídas da mesma população.

Passo 2: Pela hipótese nula, não há diferenças entre os tratamentos; pela hipótese alternativa, o tratamento oferece algum resultado, de modo que:

$H_0: \mu_1 = \mu_2 = \mu_3$
$H_1: \exists_{(i,j)}\ \mu_i \neq \mu_j,\ i \neq j$

Passo 3: O nível de significância a ser considerado é de 5%.

Passo 4: Para o cálculo da estatística de Friedman, devemos atribuir postos de 1 a 3 a cada elemento de cada linha, como mostra a Tabela 8.19. Caso haja empates, atribuímos a média dos postos correspondentes.

Tabela 8.19 Atribuição de postos.

Paciente	Período		
	AT	**PT**	**D3M**
1	3	2	1
2	3	2	1
3	3	1,5	1,5
4	3	2	1
5	2,5	2,5	1
6	3	2	1
7	3	2	1
8	2,5	2,5	1
9	3	2	1
10	3	1,5	1,5
11	3	2	1
12	3	2	1
13	3	2	1
14	2,5	2,5	1
15	3	2	1
R_j	43,5	30,5	16
Média dos postos	2,900	2,030	1,067

Conforme mostra a Tabela 8.19, há duas observações empatadas no paciente 3, duas no paciente 5, duas no paciente 8, duas no paciente 10 e duas no paciente 14. Portanto, o número total de empates de tamanho 2 é 5 e o número total de empates de tamanho 1 é 35. Logo:

$$\sum_{i=1}^{N}\sum_{j=1}^{g_i} t_{ij}^3 = 35 \times 1 + 5 \times 2^3 = 75$$

Como há empates, o valor real da estatística de Friedman é calculado a partir da expressão (8.16), conforme segue:

$$F_{cal}^{'} = \frac{12 \cdot \sum_{j=1}^{k}(R_j)^2 - 3 \cdot N^2 \cdot k \cdot (k+1)^2}{N \cdot k \cdot (k+1) + \dfrac{\left(N \cdot k - \sum_{i=1}^{N}\sum_{j=1}^{g_i} t_{ij}^3\right)}{(k-1)}} = \frac{12 \cdot (43{,}5^2 + 30{,}5^2 + 16^2) - 3 \cdot 15^2 \cdot 3 \cdot 4^2}{15 \cdot 3 \cdot 4 + \dfrac{(15 \cdot 3 - 75)}{2}}$$

$$F_{cal}^{'} = 27{,}527$$

Se aplicássemos a expressão (8.15) sem o fator de correção, o resultado do teste de Friedman seria 25,233.

Passo 5: Como $k = 3$ e $N = 15$, será utilizada a distribuição χ^2. A região crítica (RC) da distribuição χ^2 (Tabela D do apêndice do livro), considerando $\alpha = 5\%$ e $\nu = k - 1 = 2$ graus de liberdade, está representada na Figura 8.51.

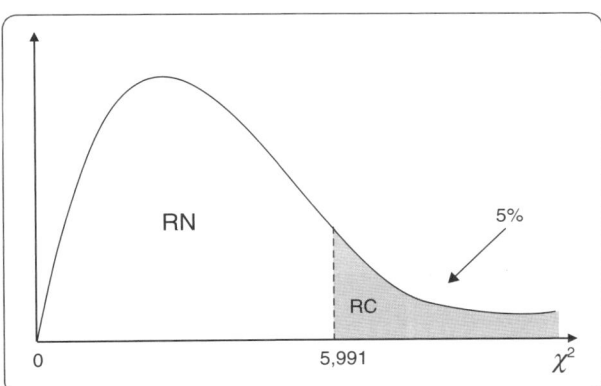

Figura 8.51 Região crítica do Exemplo 12.

Passo 6: Decisão – como o valor calculado pertence à região crítica, isto é, $F_{cal}^{'} > 5{,}991$, rejeitamos a hipótese nula, o que nos permite concluir, ao nível de confiança de 95%, que o tratamento oferece resultado.

Se utilizarmos o *P-value* em vez do valor crítico da estatística, os Passos 5 e 6 serão:

Passo 5: De acordo com a Tabela D do apêndice do livro, para $\nu = 2$ graus de liberdade, a probabilidade associada à estatística $F_{cal}^{'} = 27{,}527$ é menor do que 0,005 (*P-value* < 0,005).

Passo 6: Decisão – como $P < 0{,}05$, devemos rejeitar H_0.

8.5.2.1. Resolução do teste de Friedman por meio do software SPSS

A reprodução das imagens nesta seção tem autorização da International Business Machines Corporation©.

Os dados do Exemplo 12 estão disponíveis no arquivo **Teste_Friedman.sav**. Para a elaboração do teste de Friedman no SPSS, vamos inicialmente clicar em **Analyze → Nonparametric Tests → Legacy Dialogs → K Related Samples...**, como mostra a Figura 8.52.

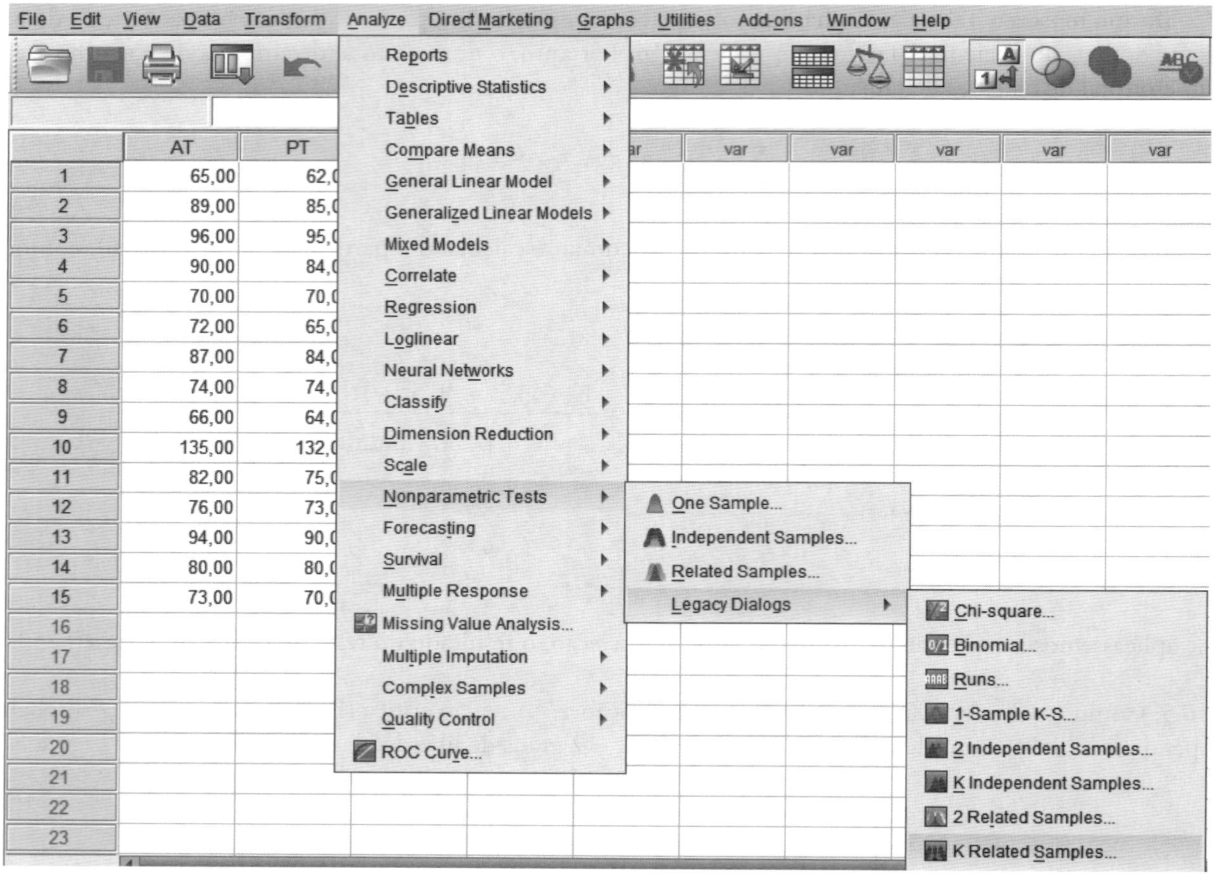

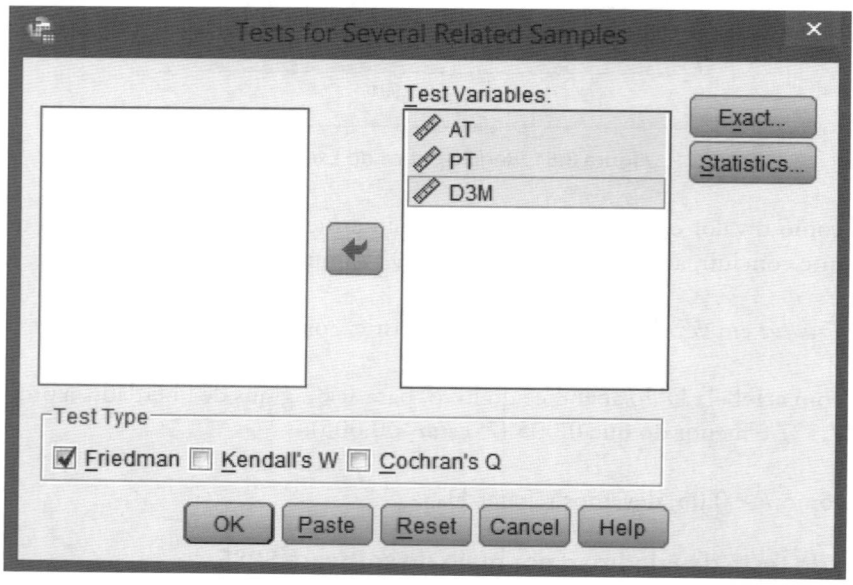

Figura 8.52 Procedimento para a elaboração do teste de Friedman no SPSS.

Na sequência, devemos inserir as variáveis *AT*, *PT* e *D3M* na caixa **Test Variables**, e selecionar a opção **Friedman** em **Test Type**, como mostra a Figura 8.53.

Figura 8.53 Seleção das variáveis e do teste de Friedman.

Por fim, vamos clicar em **OK** para obter os resultados do teste de Friedman. A Figura 8.54 apresenta as médias dos postos, semelhantes aos valores calculados na Tabela 8.19.

Ranks

	Mean Rank
AT	2,90
PT	2,03
D3M	1,07

Figura 8.54 Média dos postos.

O valor da estatística de Friedman e o nível de significância do teste estão na Figura 8.55.

Test Statistics[a]

N	15
Chi-Square	27,527
df	2
Asymp. Sig.	,000

a. Friedman Test

Figura 8.55 Resultados do teste de Friedman para o Exemplo 12 no SPSS.

O valor do teste é 27,527, semelhante ao calculado no Exemplo 12. A probabilidade associada à estatística é 0,000 (vimos no Exemplo 12 que essa probabilidade é menor do que 0,005). Como $P < 0,05$, rejeitamos a hipótese nula, fato que nos permite concluir, ao nível de confiança de 95%, que o tratamento oferece resultado.

8.5.2.2. Resolução do teste de Friedman por meio do software Stata

A reprodução das imagens apresentadas nesta seção tem autorização da StataCorp LP©.

Os dados do Exemplo 12 estão disponíveis no arquivo **Teste_Friedman.dta**. As variáveis em estudo denominam-se *at*, *pt* e *d3m*.

O teste de Friedman no Stata é elaborado a partir do comando **friedman**. Para que este comando seja utilizado, devemos inicialmente digitar:

```
findit friedman
```

e instalá-lo no *link* **friedman from http://www.stata.com/stb/stb3**.

A elaboração do teste de Friedman no Stata exige que os dados estejam transpostos. Porém, antes de transpô-los, devemos armazenar as variáveis por meio do comando **keep**, para que os dados iniciais sejam salvos. Assim, devemos digitar:

```
keep at pt d3m
```

Na sequência, vamos digitar o comando **xpose**, que transpõe todas as variáveis em observações e vice-versa:

```
xpose, clear
```

Após o comando **xpose**, podemos verificar que os dados foram transformados em *n* variáveis (número de observações iniciais).

Por fim, vamos digitar o seguinte comando:

```
friedman v1-v15
```

já que o atual banco de dados passa a conter 15 variáveis após a transposição. Por meio da Figura 8.56, podemos verificar que a estatística de Friedman no Stata (25,233) é calculada a partir da expressão (8.15), sem o fator de correção. A probabilidade associada à estatística é 0,000 (a hipótese nula é rejeitada), o que nos permite concluir, ao nível de confiança de 95%, que há diferenças entre os tratamentos.

```
. keep at pt d3m

. xpose, clear

. friedman v1 - v15
Friedman =  25.2333
Kendall =   0.8411
p-value =   0.0000
```

Figura 8.56 Resultados do teste de Friedman para o Exemplo 12 no Stata.

8.6. TESTES PARA k AMOSTRAS INDEPENDENTES

Estes testes têm por finalidade avaliar se k amostras independentes são provenientes da mesma população. Dentre os testes mais utilizados para mais de duas amostras independentes, temos o teste χ^2 para variáveis de natureza nominal ou ordinal e o teste de Kruskal-Wallis para variáveis de natureza ordinal.

8.6.1. Teste χ^2 para k amostras independentes

Enquanto na seção 8.2.2 o teste χ^2 foi aplicado para uma única amostra, na seção 8.4.1 esse teste foi aplicado para duas amostras independentes. Em ambos os casos, a natureza da(s) variável(is) é qualitativa (nominal ou ordinal). O teste χ^2 para k amostras independentes ($k \geq 3$) é uma extensão direta do teste para duas amostras independentes.

Os dados são disponibilizados em uma tabela de contingência $I \times J$. Enquanto as linhas representam as diferentes categorias de determinada variável, as colunas representam os diferentes grupos. A hipótese nula do teste é de que as frequências ou proporções em cada uma das categorias da variável analisada é a mesma em cada grupo, de modo que:

H_0: não há diferença significativa entre os k grupos.
H_1: há diferença significativa entre os k grupos.

A estatística qui-quadrado é dada pela expressão (8.10), não reproduzida novamente aqui.

■ EXEMPLO 13 – APLICAÇÃO DO TESTE χ^2 PARA k AMOSTRAS INDEPENDENTES

Uma empresa quer avaliar se a produtividade dos funcionários depende ou não do turno de trabalho. Para isso, coleta dados de produtividade (baixa, média e alta) de todos os funcionários em cada turno. Os dados estão na Tabela 8.20. Teste a hipótese de que os grupos provenham da mesma população, ao nível de significância de 5%.

Tabela 8.20 Frequência de respostas por turno (valores esperados entre parêntesis).

Produtividade	Turno 1	Turno 2	Turno 3	Turno 4	Total
Baixa	50 (59,3)	60 (51,9)	40 (44,4)	50 (44,4)	**200 (200)**
Média	80 (97,8)	90 (85,6)	80 (73,3)	80 (73,3)	**330 (330)**
Alta	270 (243,0)	200 (212,6)	180 (182,2)	170 (182,2)	**820 (820)**
Total	**400 (400)**	**350 (350)**	**300 (300)**	**300 (300)**	**1350 (1350)**

■ SOLUÇÃO

Passo 1: O teste adequado para comparar k amostras independentes ($k \geq 3$), no caso de dados qualitativos em escala nominal ou ordinal, é o teste χ^2 para k amostras independentes.

Passo 2: Pela hipótese nula, a frequência de indivíduos em cada uma das categorias do nível de produtividade é a mesma para cada um dos turnos, de modo que:

H_0: não há diferença significativa na produtividade entre os 4 turnos.

H_1: há diferença significativa na produtividade entre os 4 turnos.

Passo 3: O nível de significância a ser considerado é de 5%.

Passo 4: O cálculo da estatística χ^2 é dado por:

$$\chi^2_{cal} = \frac{(50-59,3)^2}{59,3} + \frac{(60-51,9)^2}{51,9} + \frac{(40-44,4)^2}{44,4} + \frac{(50-44,4)^2}{44,4} +$$

$$\frac{(80-97,8)^2}{97,8} + \frac{(90-85,6)^2}{85,6} + \frac{(80-73,3)^2}{73,3} + \frac{(80-73,3)^2}{73,3} +$$

$$\frac{(270-243,0)^2}{243,0} + \frac{200-212,6)^2}{212,6} + \frac{(180-182,2)^2}{182,2} + \frac{(170-182,2)^2}{182,2}$$

$$= 13,143$$

Passo 5: A região crítica (RC) da distribuição χ^2 (Tabela D do apêndice do livro), considerando α = 5% e $v = (3-1) \cdot (4-1) = 6$ graus de liberdade, está representada na Figura 8.57.

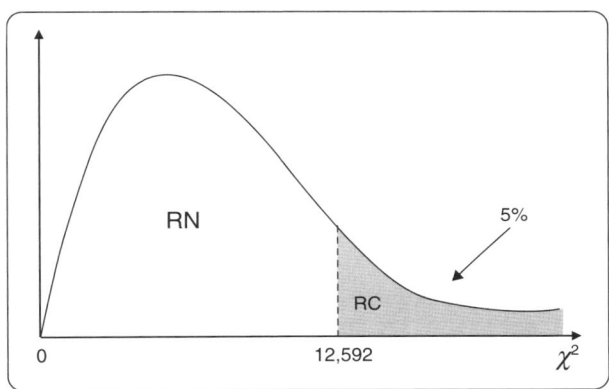

Figura 8.57 Região crítica do Exemplo 13.

Passo 6: Decisão – como o valor calculado pertence à região crítica, isto é, $\chi^2_{cal} > 12,592$, devemos rejeitar a hipótese nula, o que nos permite concluir, ao nível de confiança de 95%, que há diferença na produtividade entre os 4 turnos.

Se utilizarmos o *P-value* em vez do valor crítico da estatística, os Passos 5 e 6 serão:

Passo 5: De acordo com a Tabela D do apêndice do livro, a probabilidade associada à estatística χ^2_{cal} = 13,143, para v = 6 graus de liberdade, está entre 0,05 e 0,025.

Passo 6: Decisão – como $P < 0,05$, rejeitamos H_0.

8.6.1.1. Resolução do teste χ^2 para *k* amostras independentes por meio do software SPSS

A reprodução das imagens nesta seção tem autorização da International Business Machines Corporation©.

Os dados do Exemplo 13 estão disponíveis no arquivo **Qui-Quadrado_k_Amostras_Independentes.sav**. Vamos clicar em **Analyze → Descriptive Statistics → Crosstabs....** Na sequência, devemos inserir a variável *Produtividade* em **Row(s)** e a variável *Turno* em **Column(s)**, como mostra a Figura 8.58.

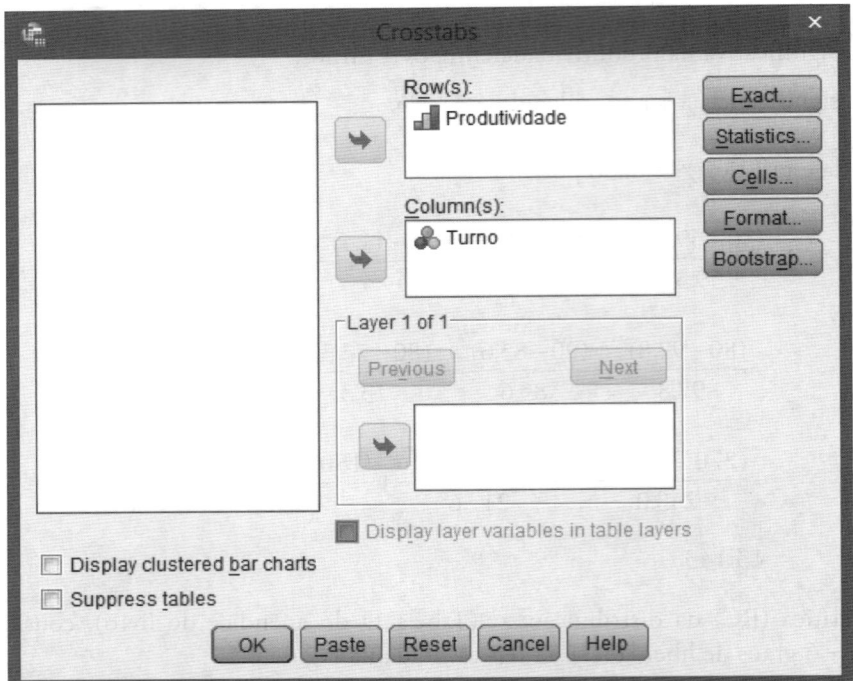

Figura 8.58 Seleção das variáveis.

No botão **Statistics...**, selecionaremos a opção **Chi-square**, conforme mostra a Figura 8.59. Caso desejarmos obter a tabela de distribuição de frequências observadas e esperadas, no botão **Cells...** devemos selecionar as opções **Observed** e **Expected** em **Counts**, como mostra a Figura 8.60. Por fim, vamos clicar em **Continue** e **OK**. Os resultados são apresentados nas Figuras 8.61 e 8.62.

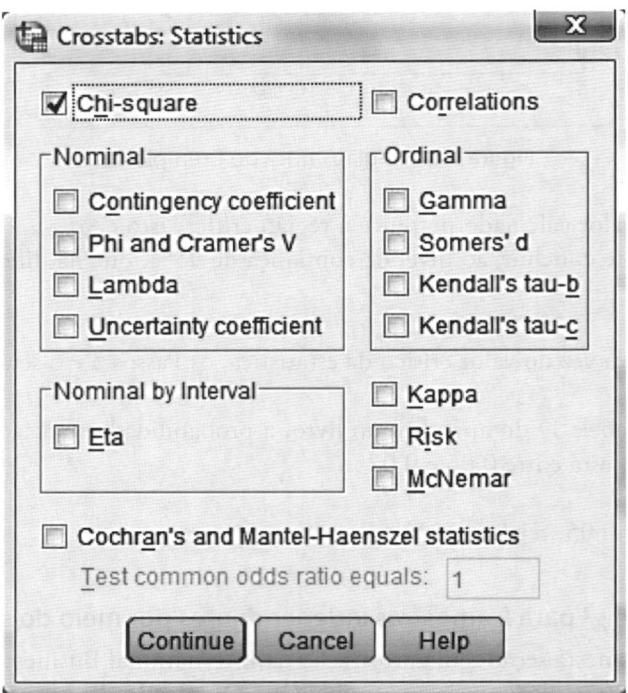

Figura 8.59 Seleção da estatística χ^2.

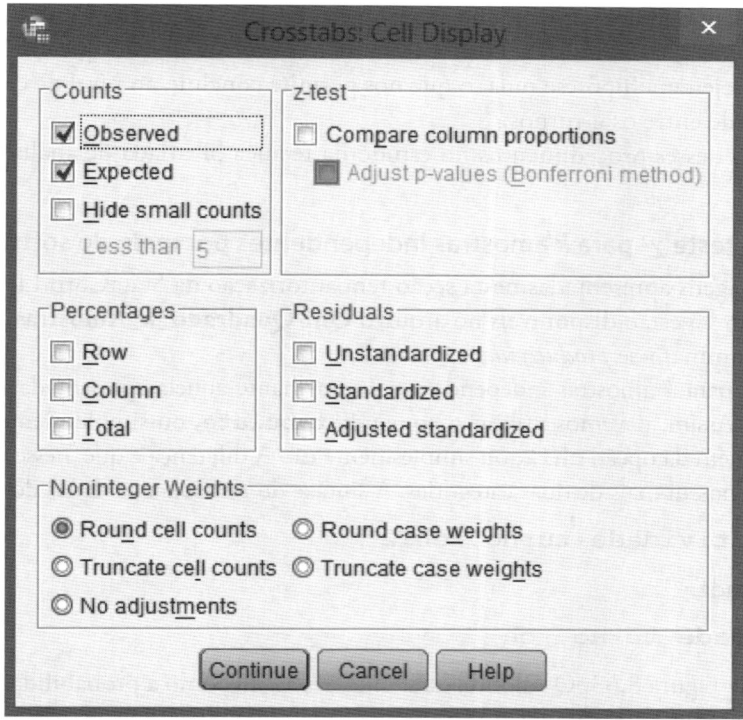

Figura 8.60 Seleção da tabela de distribuição de frequências observadas e esperadas.

Produtividade * Turno Crosstabulation

				Turno			
			1,00	2,00	3,00	4,00	Total
Produtividade	Baixa	Count	50	60	40	50	200
		Expected Count	59,3	51,9	44,4	44,4	200,0
	Média	Count	80	90	80	80	330
		Expected Count	97,8	85,6	73,3	73,3	330,0
	Alta	Count	270	200	180	170	820
		Expected Count	243,0	212,6	182,2	182,2	820,0
Total		Count	400	350	300	300	1350
		Expected Count	400,0	350,0	300,0	300,0	1350,0

Figura 8.61 Distribuição de frequências observadas e esperadas.

Chi-Square Tests

	Value	df	Asymp. Sig. (2-sided)
Pearson Chi-Square	13,143[a]	6	,041
Likelihood Ratio	13,256	6	,039
Linear-by-Linear Association	5,187	1	,023
N of Valid Cases	1350		

a. 0 cells (,0%) have expected count less than 5. The minimum expected count is 44,44.

Figura 8.62 Resultados do teste χ^2 para o Exemplo 13 no SPSS.

A partir da Figura 8.62, podemos verificar que o valor de χ^2 é 13,143, semelhante ao calculado no Exemplo 13. Para o nível de confiança de 95%, como $P = 0,041 < 0,05$ (vimos no Exemplo 13 que essa probabilidade está entre 0,025 e 0,05), devemos rejeitar a hipótese nula, o que nos permite concluir, ao nível de confiança de 95%, que há diferença na produtividade entre os 4 turnos.

Também faremos uso desses procedimentos no estudo da técnica bivariada de análise de correspondência no Capítulo 11.

8.6.1.2. Resolução do teste χ^2 para *k* amostras independentes por meio do software Stata

A reprodução das imagens apresentadas nesta seção tem autorização da StataCorp LP©.

Os dados do Exemplo 13 estão disponíveis no arquivo **Qui-Quadrado_k_Amostras_Independentes.dta**. As variáveis em estudo denominam-se *produtividade* e *turno*.

A sintaxe do teste χ^2 para *k* amostras independentes é semelhante àquela apresentada na seção 8.4.1 para duas amostras independentes. Assim, devemos utilizar o comando **tabulate**, ou simplesmente **tab**, seguido do nome das variáveis em estudo, além da opção **chi2**, ou simplesmente **ch**. A diferença é que, nesse caso, a variável categórica que representa os grupos possui mais de duas categorias. A sintaxe do teste para os dados do Exemplo 13 é, portanto:

```
tabulate produtividade turno, chi2
```

ou, de maneira simplificada:

```
tab produtividade turno, ch
```

Os resultados estão na Figura 8.63. O valor da estatística χ^2, assim como a probabilidade associada à estatística, são semelhantes aos resultados apresentados no Exemplo 13 e também gerados pelo SPSS.

```
. tab produtividade turno, ch

produtividade |                   turno
              |     1        2        3        4 |     Total
--------------+--------------------------------------+----------
         alta |   270      200      180      170 |       820
        baixa |    50       60       40       50 |       200
        media |    80       90       80       80 |       330
--------------+--------------------------------------+----------
        Total |   400      350      300      300 |     1,350

          Pearson chi2(6) =  13.1429    Pr = 0.041
```

Figura 8.63 Resultados do teste χ^2 para o Exemplo 13 no Stata.

Também faremos uso desses procedimentos no estudo da técnica bivariada de análise de correspondência no Capítulo 11.

8.6.2. Teste de Kruskal-Wallis

O teste de Kruskal-Wallis tem por objetivo verificar se *k* amostras independentes ($k > 2$) são provenientes da mesma população. É uma alternativa à Análise de Variância quando as hipóteses de normalidade dos dados e igualdade das variâncias forem violadas, quando o tamanho da amostra for pequeno ou, ainda, quando a variável for medida em escala ordinal. Para $k = 2$, o teste de Kruskal-Wallis é equivalente ao teste de Mann-Whitney.

Os dados são apresentados em uma tabela de dupla entrada com N linhas e k colunas, em que as linhas representam as observações e as colunas representam as diversas amostras ou grupos.

A hipótese nula do teste de Kruskal-Wallis assume que as *k* amostras sejam provenientes da mesma população ou de populações idênticas com a mesma mediana (μ). Para um teste bilateral, temos que:

$H_0: \mu_1 = \mu_2 = \ldots = \mu_k$
$H_1: \exists_{(i,j)} \mu_i \neq \mu_j, i \neq j$

Seja N o número total de observações da amostra global. No teste de Kruskal-Wallis, todas as N observações são organizadas em uma única série e atribuímos postos a cada elemento da série. Assim, o posto 1 é atribuído à menor observação da amostra global, o posto 2 à segunda menor observação, e assim sucessivamente, até o posto N. Caso haja empates, atribuímos a média dos postos correspondentes.

A estatística de Kruskal-Wallis (H) é dada por:

$$H_{cal} = \frac{12}{N \cdot (N+1)} \cdot \sum_{j=1}^{k} \frac{R_j^2}{n_j} - 3 \cdot (N+1) \qquad (8.17)$$

em que:

k: número de amostras ou grupos;

n_j: número de observações na amostra ou grupo j;

N: número de observações na amostra global;

R_j: soma dos postos na amostra ou grupo j.

Porém, segundo Siegel e Castellan Jr. (2006), quando houver empates entre dois ou mais postos, independente do grupo, a estatística de Kruskal-Wallis precisa ser corrigida para considerar as mudanças na distribuição amostral, de modo que:

$$H'_{cal} = \frac{H}{1 - \dfrac{\sum_{j=1}^{g} \left(t_j^3 - t_j \right)}{\left(N^3 - N \right)}} \qquad (8.18)$$

em que:

g: número de agrupamentos de postos diferentes empatados;

t_j: número de postos empatados no j-ésimo agrupamento.

Segundo Siegel e Castellan Jr. (2006), o objetivo da correção para empates é aumentar o valor de H, tornando o resultado mais significativo.

O valor calculado deve ser comparado com o valor crítico da distribuição amostral. Se $k = 3$ e n_1, n_2, $n_3 \leq 5$, devemos utilizar a Tabela L do apêndice do livro, que apresenta os valores críticos da estatística de Kruskal-Wallis (H_c), tal que $P(H_{cal} > H_c) = \alpha$ (para um teste unilateral à direita). Caso contrário, a distribuição amostral pode ser aproximada pela distribuição χ^2 com $v = k - 1$ grau de liberdade.

Portanto, se o valor da estatística H_{cal} pertencer à região crítica, isto é, se $H_{cal} > H_c$ para $k = 3$ e n_1, n_2, $n_3 \leq 5$, ou $H_{cal} > \chi_c^2$ para outros valores, a hipótese nula é rejeitada, o que nos permite concluir que não há diferença entre as amostras. Caso contrário, não rejeitamos H_0.

■ EXEMPLO 14 – APLICAÇÃO DO TESTE DE KRUSKAL-WALLIS

Um grupo de 36 pacientes com mesmo nível de estresse é submetido a 3 diferentes tratamentos, isto é, 12 pacientes são submetidos ao tratamento A, outros 12 ao tratamento B e os 12 restantes ao tratamento C. Ao final do tratamento, cada paciente é submetido a um questionário que avalia o nível de estresse, classificado em três fases: fase de resistência para aqueles que apresentam até 3 pontos, fase de alerta a partir de 6 pontos e fase de exaustão a partir de 8 pontos. Os resultados estão na Tabela 8.21. Verifique se os três tratamentos conduzem a resultados iguais. Considere nível de significância de 1%.

Tabela 8.21 Nível de estresse depois do tratamento.

Tratamento A	6	5	4	5	3	4	5	2	4	3	5	2
Tratamento B	6	7	5	8	7	8	6	9	8	6	8	8
Tratamento C	5	9	8	7	9	11	7	8	9	10	7	8

■ SOLUÇÃO

Passo 1: Como a variável é medida em escala ordinal, o teste apropriado para verificar se as três amostras independentes são extraídas da mesma população é o teste de Kruskal-Wallis.

Passo 2: Pela hipótese nula, não há diferença entre os tratamentos; pela hipótese alternativa, há diferença entre pelo menos dois tratamentos, de modo que:

H_0: $\mu_1 = \mu_2 = \mu_3$
H_1: $\exists_{(i,j)}\ \mu_i \neq \mu_j,\ i \neq j$

Passo 3: O nível de significância a ser considerado é de 1%.

Passo 4: Para o cálculo da estatística de Kruskal-Wallis, devemos atribuir postos de 1 a 36 a cada elemento da amostra global, como mostra a Tabela 8.22. Em caso de empates, atribuímos a média dos postos correspondentes.

Tabela 8.22 Atribuição de postos.

													Soma	Média
A	15,5	10,5	6	10,5	3,5	6	10,5	1,5	6	3,5	10,5	1,5	**85,5**	**7,13**
B	15,5	20	10,5	26,5	20	26,5	15,5	32,5	26,5	15,5	26,5	26,5	**262**	**21,83**
C	10,5	32,5	26,5	20	32,5	36	20	26,5	32,5	35	20	26,5	**318,5**	**26,54**

Como há empates, a estatística de Kruskal-Wallis é calculada a partir da expressão (8.18). Inicialmente, calculamos o valor de H:

$$H_{cal} = \frac{12}{N \cdot (N+1)} \cdot \sum_{j=1}^{k} \frac{R_j^2}{n_j} - 3 \cdot (N+1) = \frac{12}{36 \cdot 37} \cdot \frac{85,5^2 + 262^2 + 318,5^2}{12} - 3 \cdot 37$$

$$H_{cal} = 22,181$$

Podemos verificar, a partir das Tabelas 8.21 e 8.22, que há oito grupos empatados. Por exemplo, há dois grupos com pontuação 2 (com posto de 1,5), dois grupos com pontuação 3 (com posto de 3,5), três grupos com pontuação 4 (com posto de 6), e assim sucessivamente, até quatro grupos com pontuação 9 (com posto de 32,5). A estatística de Kruskal-Wallis é corrigida para:

$$H_{cal}' = \frac{H}{1 - \dfrac{\sum\limits_{j=1}^{g}\left(t_j^3 - t_j\right)}{\left(N^3 - N\right)}} = \frac{22,181}{1 - \dfrac{\left(2^3 - 2\right) + \left(2^3 - 2\right) + \left(3^3 - 3\right) + \ \ + \left(4^3 - 4\right)}{\left(36^3 - 36\right)}} = 22,662$$

Passo 5: Como n_1, n_2, $n_3 > 5$, será utilizada a distribuição χ^2. A região crítica (RC) da distribuição χ^2 (Tabela D do apêndice do livro), considerando $\alpha = 1\%$ e $v = k - 1 = 2$ graus de liberdade, está representada na Figura 8.64.

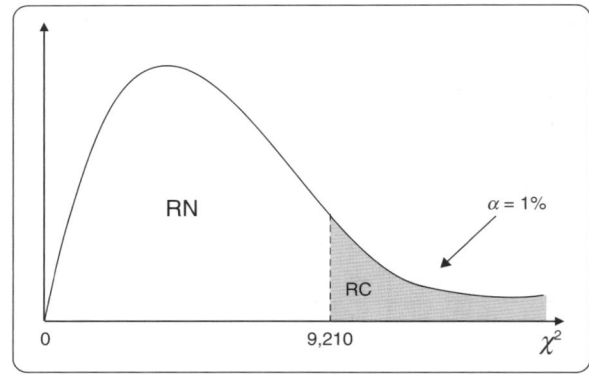

Figura 8.64 Região crítica do Exemplo 14.

Passo 6: Decisão – como o valor calculado pertence à região crítica, isto é, $H'_{cal} > 9{,}210$, devemos rejeitar a hipótese nula, o que nos permite concluir, ao nível de confiança de 99%, que há diferença entre os tratamentos.

Se utilizarmos o *P-value* em vez do valor crítico da estatística, os Passos 5 e 6 serão:

Passo 5: De acordo com a Tabela D do apêndice do livro, para $v = 2$ graus de liberdade, a probabilidade associada à estatística $H'_{cal} = 22{,}662$ é menor do que 0,005 (*P-value* < 0,005).

Passo 6: Decisão – como $P < 0{,}01$, rejeitamos H_0.

8.6.2.1. Resolução do teste de Kruskal-Wallis por meio do software SPSS

A reprodução das imagens nesta seção tem autorização da International Business Machines Corporation©.

Os dados do Exemplo 14 estão disponíveis no arquivo **Teste_Kruskal-Wallis.sav**. Para a elaboração do teste de Kruskal-Wallis no SPSS, vamos clicar em **Analyze → Nonparametric Tests → Legacy Dialogs → K Independent Samples...**, como mostra a Figura 8.65.

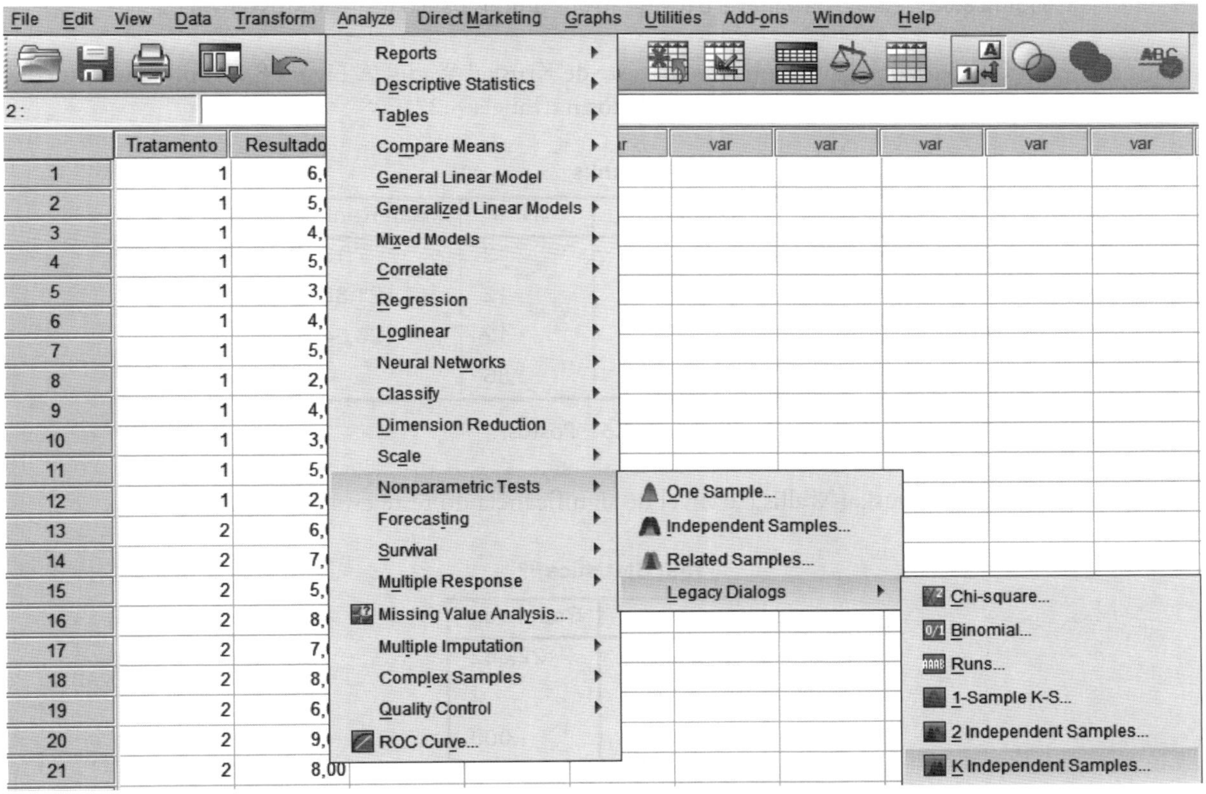

Figura 8.65 Procedimento para a elaboração do teste de Kruskal-Wallis no SPSS.

Na sequência, devemos inserir a variável *Resultado* na caixa **Test Variable List**, definir os grupos da variável *Tratamento* e selecionar o teste de Kruskal-Wallis, conforme mostra a Figura 8.66.

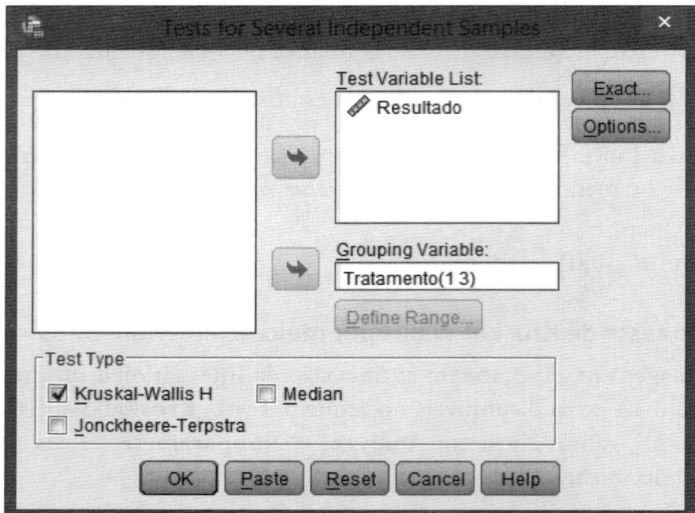

Figura 8.66 Seleção da variável e definição dos grupos para o teste de Kruskal-Wallis.

Vamos clicar em **OK** para obter os resultados do teste de Kruskal-Wallis. A Figura 8.67 apresenta a média dos postos para cada grupo, semelhante aos valores calculados na Tabela 8.22.

Ranks

	Tratamento	N	Mean Rank
Resultado	1	12	7,13
	2	12	21,83
	3	12	26,54
	Total	36	

Figura 8.67 Postos.

O valor da estatística de Kruskal-Wallis e o nível de significância do teste estão na Figura 8.68.

Test Statistics[a, b]

	Resultado
Chi-Square	22,662
df	2
Asymp. Sig.	,000

a. Kruskal Wallis Test
b. Grouping Variable: Tratamento

Figura 8.68 Resultados do teste de Kruskal-Wallis para o Exemplo 14 no SPSS.

O valor do teste é 22,662, semelhante ao valor calculado no Exemplo 14. A probabilidade associada à estatística é 0,000 (vimos no Exemplo 14 que essa probabilidade é menor do que 0,005). Como $P < 0,01$, rejeitamos a hipótese nula, o que nos permite concluir, ao nível de confiança de 99%, que há diferença entre os tratamentos.

8.6.2.2. Resolução do teste de Kruskal-Wallis por meio do software Stata

A reprodução das imagens apresentadas nesta seção tem autorização da StataCorp LP©.

O teste de Kruskal-Wallis no Stata é elaborado a partir do comando `kwallis`, por meio da seguinte sintaxe:

```
kwallis variável*, by(grupos*)
```

em que o termo **variável*** deve ser substituído pela variável quantitativa ou ordinal estudada e o termo **grupos*** pela variável categórica que representa os grupos.

Vamos abrir o arquivo **Teste_Kruskal-Wallis.dta** que contém os dados do Exemplo 14. Os três grupos estão representados pela variável *tratamento* e a característica analisada pela variável *resultado*. O comando a ser digitado é, portanto:

```
kwallis resultado, by(tratamento)
```

O resultado do teste está na Figura 8.69. Analogamente aos resultados apresentados no Exemplo 14 e gerados pelo software SPSS, o Stata calcula o valor da estatística original (22,181) e com fator de correção quando houver empates (22,662). A probabilidade associada à estatística é 0,000, rejeitamos a hipótese nula, o que nos permite concluir, ao nível de confiança de 99%, que há diferença entre os tratamentos.

```
. kwallis resultado, by(tratamento)

Kruskal-Wallis equality-of-populations rank test

    +------------------------------+
    | tratam~o | Obs | Rank Sum |
    |----------+-----+-----------|
    |        1 | 12  |    85.50  |
    |        2 | 12  |   262.00  |
    |        3 | 12  |   318.50  |
    +------------------------------+

chi-squared =       22.181 with 2 d.f.
probability =        0.0001

chi-squared with ties =     22.662 with 2 d.f.
probability =        0.0001
```

Figura 8.69 Resultados do teste de Kruskal-Wallis para o Exemplo 14 no Stata.

8.7. CÓDIGOS EM R PARA OS EXEMPLOS DO CAPÍTULO

```r
# Pacotes utilizados
library(tidyverse) #carregar outros pacotes do R
library(knitr) #formatação de tabelas
library(kableExtra) #formatação de tabelas
library(BSDA) #teste dos sinais
library(DescTools) #teste dos sinais e teste Q de Cochran
library(nonpar) #teste dos sinais
library(reshape2) #função melt para transformação do dataset em formato long

# Carregamento da base de dados 'Teste_Binomial'
load(file = "Teste_Binomial.RData")

# Visualização da base de dados
Teste_Binomial %>%
  kable() %>%
  kable_styling(bootstrap_options = "striped",
                full_width = F,
                font_size = 20)

# Determinação do número de valores iguais a '1' na variável 'metodo'
k <- sum(Teste_Binomial$metodo == Teste_Binomial$metodo[1])
k

# Dimensão da variável 'metodo'
n <- length(Teste_Binomial$metodo)
n
```

```
# Teste binomial para verificação se os dois grupos não apresentam proporções
#estatisticamente diferentes (p = q = 0.5), ao nível de confiança de 95%
# Teste bilateral (argumento 'two.sided')
binom.test(k, n, p = 0.5,
           alternative = "two.sided",
           conf.level = 0.95)


# Carregamento da base de dados 'Qui_Quadrado_Uma_Amostra'
load(file = "Qui_Quadrado_Uma_Amostra.RData")


# Visualização da base de dados
Qui_Quadrado_Uma_Amostra %>%
  kable() %>%
  kable_styling(bootstrap_options = "striped",
                full_width = F,
                font_size = 20)


# Tabela de frequências para a variável 'dia_da_semana'
freq <- table(Qui_Quadrado_Uma_Amostra$dia_da_semana)
freq


# Teste qui-quadrado para uma amostra
chisq.test(freq)
```

Ao acessar o QR Code ao lado, você encontrará os códigos completos em R® on-line

8.8. CÓDIGOS EM PYTHON PARA OS EXEMPLOS DO CAPÍTULO

```python
# Importação dos pacotes necessários
import pandas as pd #manipulação de dados em formato de dataframe
from scipy import stats #testes estatísticos
import numpy as np #biblioteca para operações matemáticas multidimensionais
from scipy.stats import chisquare #teste qui-quadrado
import statsmodels.stats.descriptivestats as smsd #teste dos sinais
from statsmodels.stats.contingency_tables import mcnemar #teste de McNemar
from scipy.stats import wilcoxon #teste de Wilcoxon
from scipy.stats import mannwhitneyu #teste de Mann-Whitney
from mlxtend.evaluate import cochrans_q #teste de Cochran
from scipy.stats import kruskal #teste de Kruskal-Wallis


# Carregamento da base de dados 'Teste_Binomial'
df_binomial = pd.read_csv('Teste_Binomial.csv', delimiter=',')


# Visualização da base de dados 'Teste_Binomial'
df_binomial


# Determinação do número de valores iguais a '1' na variável 'metodo'
freq = pd.Series(df_binomial['metodo']).value_counts()
k = freq.get(1)


# Dimensão da variável 'metodo'
n = df_binomial.shape[0]
```

```
# Teste binomial para verificação se os dois grupos não apresentam proporções
#estatisticamente diferentes (p = q = 0.5), ao nível de confiança de 95%
# Teste bilateral (argumento 'two-sided')
p = stats.binom_test(k, n, p=0.5, alternative='two-sided')

# Interpretação
print('p-value=%.4f' % (p))
alpha = 0.05 #nível de significância
if p > alpha:
    print('Não se rejeita H0')
else:
    print('Rejeita-se H0')

# Carregamento da base de dados ' Qui_Quadrado_Uma_Amostra '
df_qui1 = pd.read_csv('Qui_Quadrado_Uma_Amostra.csv', delimiter=',')

# Visualização da base de dados 'Qui_Quadrado_Uma_Amostra'
df_qui1

# Tabela de frequências para a variável 'dia_da_semana'
freq = df_qui1['dia_da_semana'].value_counts(sort=False)

# Teste qui-quadrado para uma amostra
stat, p = chisquare(freq)

# Interpretação
print('Statistics=%.4f, p-value=%.4f' % (stat, p))
alpha = 0.05 #nível de significância
if p > alpha:
    print('Não se rejeita H0')
else:
    print('Rejeita-se H0')
```

Ao acessar o QR Code ao lado, você encontrará os códigos completos em Python® on-line

8.9. CONSIDERAÇÕES FINAIS

Enquanto estudamos os testes paramétricos no capítulo anterior, este capítulo foi inteiramente destinado ao estudo dos testes não paramétricos.

Os testes não paramétricos são classificados de acordo com o nível de mensuração das variáveis e o tamanho da amostra. Dessa forma, para cada situação, foram estudados os principais tipos de testes não paramétricos existentes. Além disso, foram estabelecidas as vantagens e desvantagens de cada teste, assim como suas suposições.

Para cada teste não paramétrico, foram apresentados os principais conceitos inerentes, as hipóteses nula e alternativa, as respectivas estatísticas e a resolução dos exemplos propostos por meio dos softwares SPSS, Stata, R e Python.

Seja qual for o objetivo principal para a aplicação, os testes não paramétricos podem propiciar a colheita de bons e interessantes frutos de pesquisa úteis à tomada de decisão. O uso correto de cada teste, a partir da escolha consciente do software de modelagem, deve sempre ser feito com base na teoria subjacente e sem desprezar a experiência e a intuição do pesquisador.

8.10. EXERCÍCIOS

1) Em quais situações são aplicados os testes não paramétricos?

2) Quais as vantagens e desvantagens dos testes não paramétricos?

3) Quais as diferenças entre o teste dos sinais e o teste de Wilcoxon para duas amostras emparelhadas?

4) Qual teste é uma alternativa ao teste t para uma amostra quando a distribuição dos dados não for aderente à distribuição normal?

5) Um grupo de 20 consumidores fez um teste de degustação com dois tipos de café (A e B). Ao final, escolheram uma das marcas, como mostra a tabela a seguir. Teste a hipótese nula de que não há diferença na preferência dos consumidores, ao nível de significância de 5%.

Eventos	Marca A	Marca B	Total
Frequência	8	12	20
Proporção	0,40	0,60	1,00

6) Um grupo de 60 leitores fez uma avaliação de três livros de romance e, ao final, escolheram uma das três opções, como mostra a tabela a seguir. Teste a hipótese nula de que não há diferença na preferência dos leitores, ao nível de significância de 5%.

Eventos	Livro A	Livro B	Livro C	Total
Frequência	29	15	16	60
Proporção	0,483	0,250	0,267	1,00

7) Um grupo de 20 adolescentes fez a dieta dos pontos por um período de 30 dias. Verifique se houve redução de peso depois da dieta. Considere $\alpha = 5\%$.

Antes	Depois
58	56
67	62
72	65
88	84
77	72
67	68
75	76
69	62
104	97
66	65
58	59
59	60
61	62
67	63
73	65
58	58
67	62
67	64
78	72
85	80

8) Com o objetivo de comparar o tempo médio de atendimento de determinado serviço em duas agências bancárias, foram coletados dados de 22 clientes de cada agência, como mostra a tabela a seguir. Utilize o teste

adequado, ao nível de significância de 5%, para testar se as duas amostras provêm ou não de populações com medianas iguais.

Agência A	Agência B
6,24	8,14
8,47	6,54
6,54	6,66
6,87	7,85
2,24	8,03
5,36	5,68
7,09	3,05
7,56	5,78
6,88	6,43
8,04	6,39
7,05	7,64
6,58	6,97
8,14	8,07
8,3	8,33
2,69	7,14
6,14	6,58
7,14	5,98
7,22	6,22
7,58	7,08
6,11	7,62
7,25	5,69
7,5	8,04

9) Um grupo de 20 alunos do curso de Administração avaliou o nível de aprendizado a partir de três disciplinas cursadas na área de Métodos Quantitativos Aplicados, respondendo se o nível de aprendizado foi alto (1) ou baixo (0). Os resultados estão na tabela a seguir. Verifique se a proporção de alunos com alto nível de aprendizado é a mesma para cada disciplina. Considere o nível de significância de 2,5%.

Aluno	A	B	C
1	0	1	1
2	1	1	1
3	0	0	0
4	0	1	0
5	0	1	1
6	1	1	1
7	1	0	1
8	0	1	1
9	0	0	0
10	0	0	0
11	1	1	1
12	0	0	1
13	1	0	1
14	0	1	1
15	0	0	1
16	1	1	1
17	0	0	1
18	1	1	1
19	0	1	1
20	1	1	1

10) Um grupo de 15 consumidores avaliou o nível de satisfação (1 – baixo, 2 – médio e 3 – alto) de três serviços bancários diferentes. Os resultados estão na tabela a seguir. Verifique se há diferença entre os três serviços. Considere o nível de significância de 5%.

Consumidor	A	B	C
1	3	2	3
2	2	2	2
3	1	2	1
4	3	2	2
5	1	1	1
6	3	2	1
7	3	3	2
8	2	2	1
9	3	2	2
10	2	1	1
11	1	1	2
12	3	1	1
13	3	2	1
14	2	1	2
15	3	1	2

PARTE *II*

TÉCNICAS MULTIVARIADAS EXPLORATÓRIAS

Duas ou mais variáveis podem se relacionar de diversas formas. Enquanto um pesquisador pode ter interesse, por exemplo, no estudo da inter-relação de variáveis categóricas (ou não métricas), a fim de avaliar a existência de eventuais **associações** entre suas categorias, outro pesquisador pode desejar criar indicadores de desempenho (novas variáveis) a partir da existência de **correlações** entre as variáveis originais métricas. Um terceiro ainda pode ter interesse na identificação de grupos homogêneos eventualmente formados a partir da existência de similaridades das variáveis entre observações de determinado banco de dados. Em todas essas situações, o pesquisador poderá fazer uso de **técnicas multivariadas exploratórias**.

As técnicas multivariadas exploratórias, também conhecidas como **técnicas de interdependência**, podem ser utilizadas em provavelmente todos os campos do conhecimento humano em que o pesquisador tenha o objetivo de estudar a **relação entre variáveis** de determinado banco de dados, sem que haja a intenção de se criarem modelos confirmatórios, ou seja, sem que seja necessária a elaboração de inferências sobre os achados para outras observações que não as consideradas na análise propriamente dita, visto que modelos ou equações não são estimados para previsão de comportamento dos dados. Essa característica é crucial para diferenciar as técnicas estudadas na Parte II do livro daquelas consideradas de dependência, como os modelos de regressão simples e múltipla, os modelos de regressão logística binária e multinomial, os modelos de regressão para dados de contagem, os modelos de regressão para dados em painel, entre outros, estudados na Parte III.

Não existe, portanto, a definição de uma variável preditora em modelos exploratórios e, neste sentido, seus principais objetivos referem-se à **redução** ou **simplificação estrutural** dos dados, à **classificação** ou **agrupamento** de observações e variáveis, à investigação da existência de **correlação** entre variáveis métricas ou **associação** entre variáveis categóricas e entre suas categorias, à elaboração de *rankings* de desempenho de observações a partir de variáveis e à construção de **mapas perceptuais**. As técnicas exploratórias são consideradas extremamente relevantes para que se desenvolvam **diagnósticos** acerca do comportamento dos dados em análise, e, neste sentido, seus mais diversos procedimentos são comumente adotados de forma preliminar, ou até mesmo simultânea, à aplicação de determinado modelo confirmatório.

Optamos, com base em critérios didáticos e conceituais, por abordar, na Parte II, os três principais conjuntos de técnicas multivariadas exploratórias existentes, ficando os capítulos estruturados da seguinte maneira:

Capítulo 9: Análise de Agrupamentos

Capítulo 10: Análise Fatorial por Componentes Principais

Capítulo 11: Análise de Correspondência Simples e Múltipla

A decisão sobre a técnica utilizada também passa pela escala de mensuração das variáveis disponíveis no banco de dados, que podem ser **categóricas** ou **métricas** (ou até mesmo **binárias**, um caso particular de categorização). O próprio tipo de questionamento, quando do levantamento dos dados, pode fazer, em algumas situações, com que a resposta se dê de forma categórica ou métrica, o que irá privilegiar o uso de uma ou mais técnicas em detrimento de outras. Dessa forma, a definição preliminar, clara e precisa dos objetivos de pesquisa é fundamental para que sejam obtidas variáveis na escala de mensuração adequada à aplicação de determinada técnica que servirá de **ferramenta** para o atingimento dos objetivos propostos.

A Figura II.1 apresenta a relação entre os capítulos da Parte II e as escalas de mensuração das variáveis, para o conjunto de técnicas exploratórias abordadas no livro, também conhecidas por **técnicas não supervisionadas de** *machine learning* (*unsupervised machine learning techniques*).

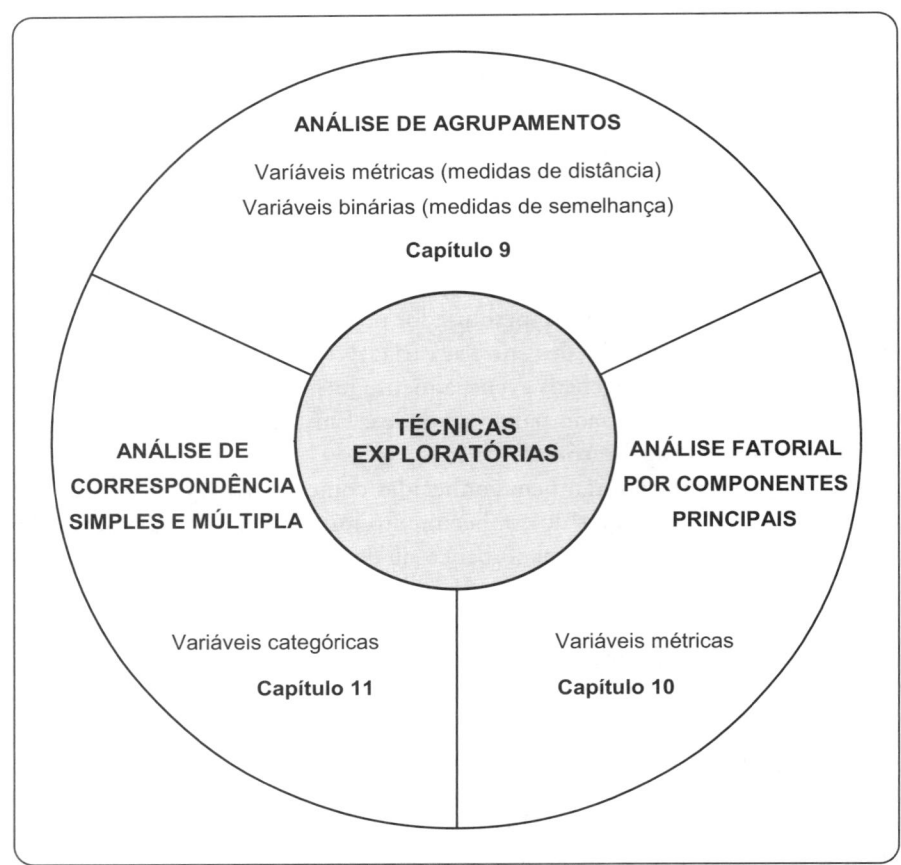

Figura II.1 Capítulos da Parte II, técnicas exploratórias e escalas de mensuração das variáveis.

Enquanto as técnicas de **análise de agrupamentos** (Capítulo 9), cujos procedimentos podem ser **hierárquicos** ou **não hierárquicos**, são utilizadas quando se deseja estudar comportamentos semelhantes entre observações (indivíduos, empresas, municípios, países, entre outros exemplos) em relação a determinadas variáveis métricas ou binárias e eventual existência de *clusters* homogêneos (agrupamento de observações), a **análise fatorial** (Capítulo 10) pode ser escolhida como a técnica a ser utilizada quando o intuito principal for a criação de novas variáveis (fatores, ou agrupamento de variáveis) que capturem o comportamento conjunto das variáveis originais métricas. Ainda no Capítulo 9, são apresentados os procedimentos para elaboração da técnica de **escalonamento multidimensional** no SPSS, no Stata e no R (bem como o algoritmo **DBSCAN** – *density-based spatial clustering of applications with noise* – no Python), que pode ser considerada uma extensão natural da análise de agrupamentos e tem por principais objetivos a determinação de posições relativas (coordenadas) de cada observação do banco de dados e a construção de gráficos bidimensionais em que são projetadas essas coordenadas.

Já as técnicas de **análise de correspondência** (Capítulo 11) são muito úteis quando o pesquisador tem a intenção de estudar eventuais **associações** entre variáveis e entre suas respectivas categorias. Enquanto a **análise de correspondência simples** é aplicada para o estudo da relação de interdependência de apenas duas variáveis categóricas, o que a caracteriza como técnica bivariada, a **análise de correspondência múltipla** pode ser utilizada para um número maior de variáveis categóricas, sendo, de fato, uma técnica multivariada.

O Quadro II.1 apresenta os principais objetivos de cada uma das técnicas exploratórias abordadas na Parte II.

Quadro II.1 Técnicas exploratórias e principais objetivos.

Técnica exploratória		Escala de mensuração	Principais objetivos
Análise de agrupamentos	Hierárquicos	Métricas ou binárias	Ordenamento e alocação das observações em grupos homogêneos internamente e heterogêneos entre si.
			Definição de uma quantidade interessante de grupos.
	Não hierárquicos	Métricas ou binárias	Avaliação da representatividade de cada variável para a formação de uma quantidade previamente estabelecida de grupos.
			Identificação, a partir de uma quantidade definida de grupos, da alocação de cada observação.
Análise fatorial por componentes principais		Métricas	Identificação de correlações entre variáveis originais para a criação de fatores que representam a combinação daquelas variáveis (redução ou simplificação estrutural).
			Verificação da validade de constructos previamente estabelecidos.
			Elaboração de *rankings* por meio da criação de indicadores de desempenho a partir dos fatores.
			Extração de fatores ortogonais para posterior uso em técnicas multivariadas confirmatórias que necessitem de ausência de multicolinearidade.
Análise de correspondência	Simples	Categóricas	Avaliação da existência de associação significativa entre duas variáveis categóricas e entre as categorias de cada uma delas.
			Determinação de coordenadas das categorias para a construção de mapas perceptuais.
	Múltipla	Categóricas	Avaliação da existência de associação significativa entre três ou mais variáveis categóricas e entre as categorias de cada uma delas.
			Determinação de coordenadas das categorias para a construção de mapas perceptuais.

Cada capítulo está estruturado de acordo com a mesma lógica de apresentação. Inicialmente, introduzimos os conceitos pertinentes a cada técnica, sempre acompanhados da resolução algébrica de exercícios práticos a partir de bases de dados elaboradas prioritariamente com foco didático. Na sequência, os mesmos exercícios são resolvidos nos pacotes IBM SPSS Statistics Software®, Stata Statistical Software®, R® e Python®. Acreditamos que essa lógica facilite o estudo e o entendimento da utilização correta de cada uma das técnicas e a análise dos resultados obtidos. Além disso, a aplicação prática das modelagens em SPSS, Stata, R e Python também traz benefícios ao pesquisador, na medida em que os resultados podem, a todo instante, ser comparados com os já obtidos algebricamente nas seções iniciais de cada capítulo, além de propiciar uma oportunidade de manuseio desses importantes softwares. Ao final de cada capítulo, são propostos exercícios complementares, cujas respostas estão disponibilizadas ao final do livro.

## CAPÍTULO 9

Análise de Agrupamentos

*Talvez Hamlet esteja certo. Podemos estar vivendo reclusos numa
casca de noz, mas nos considerando reis do espaço infinito.*
Stephen Hawking

Ao final deste capítulo, você será capaz de:

- Estabelecer as circunstâncias a partir das quais a análise de agrupamentos pode ser utilizada.
- Saber calcular, entre duas observações, as diferentes medidas de distância (dissimilaridade) para variáveis métricas e de semelhança (similaridade) para variáveis binárias.
- Compreender os diferentes esquemas de aglomeração hierárquicos em análise de agrupamentos, bem como saber fazer a interpretação de dendrogramas com foco na alocação das observações em cada grupo.
- Entender o esquema de aglomeração não hierárquico *k-means* e saber diferenciá-lo dos esquemas hierárquicos.
- Elaborar a análise de agrupamentos de maneira algébrica e por meio do IBM SPSS Statistics Software® e do Stata Statistical Software® e interpretar seus resultados.
- Implementar códigos em R® e Python® para a elaboração da análise de agrupamentos e a interpretação dos resultados.

*Bancos de Dados,
Códigos e Projects
deste capítulo*

9.1. INTRODUÇÃO

A **análise de agrupamentos** representa um conjunto de técnicas exploratórias muito úteis e que podem ser aplicadas quando há a intenção de se verificar a existência de **comportamentos semelhantes entre observações** (indivíduos, empresas, municípios, países, entre outros exemplos) em relação a determinadas variáveis e o objetivo de se criarem grupos, ou *clusters*, em que prevaleça a **homogeneidade interna**. Nesse sentido, esse conjunto de técnicas, também conhecido por **análise de conglomerados** ou **análise de *clusters***, tem por objetivo principal a alocação de observações em uma quantidade relativamente pequena de agrupamentos **homogêneos internamente e heterogêneos entre si** e que representem o comportamento conjunto das observações a partir de determinadas variáveis. Ou seja, as observações de determinado grupo devem ser relativamente semelhantes entre si, em relação às variáveis inseridas na análise, e consideravelmente diferentes das observações de outros grupos.

As técnicas de análise de agrupamentos são consideradas **exploratórias**, ou de **interdependência**, uma vez que suas aplicações não apresentam caráter preditivo para outras observações não presentes inicialmente na amostra, e a inclusão de novas observações no banco de dados torna necessária a reaplicação da modelagem, para que, eventualmente, sejam gerados novos agrupamentos. Além disso, a inclusão de nova variável também pode fazer com que haja um rearranjo completo das observações nos grupos.

O pesquisador pode optar por elaborar uma análise de agrupamentos quando tiver o objetivo de **ordenar e alocar as observações em grupos** e, a partir de então, estudar qual a quantidade interessante de *clusters* formados, ou pode, a *priori*, definir a quantidade de grupos que deseja formar, embasado por determinado critério, e verificar como se comportam o ordenamento e a alocação das observações naquela quantidade especificada de grupos. Independentemente da natureza do objetivo, a análise de agrupamentos continuará exploratória. Caso um pesquisador tenha a intenção de utilizar uma técnica para, de fato, confirmar o estabelecimento dos grupos e tornar a análise preditiva, poderá fazer uso, por exemplo, de técnicas como **análise discriminante** ou **regressão logística multinomial**.

A elaboração da análise de agrupamentos não exige conhecimento de álgebra matricial ou de estatística, ao contrário de técnicas como análise fatorial e análise de correspondência. O pesquisador interessado em aplicar uma análise de agrupamentos necessita, a partir da **definição dos objetivos de pesquisa**, escolher determinada

medida de distância ou de semelhança, que servirá de base para que as observações sejam consideradas menos ou mais próximas, e determinado **esquema de aglomeração**, que deverá ser definido entre os **métodos hierárquicos e não hierárquicos**. Dessa forma, terá condições de analisar, interpretar e comparar os resultados.

É importante ressaltar que resultados obtidos por meio de esquemas de aglomeração hierárquicos e não hierárquicos podem ser comparados, e, nesse sentido, o pesquisador tem a liberdade de elaborar a técnica, fazendo uso de um ou outro método, e reaplicá-la, se julgar necessário. **Enquanto os esquemas hierárquicos permitem a identificação do ordenamento e da alocação das observações, oferecendo possibilidades para que o pesquisador estude, avalie e decida sobre a quantidade de agrupamentos formados, nos esquemas não hierárquicos, parte-se de uma quantidade conhecida de *clusters* e, a partir de então, é elaborada a alocação das observações nesses *clusters*, com posterior avaliação da representatividade de cada variável para a formação deles.** Portanto, o resultado de um método pode servir de *input* para a realização do outro, tornando a **análise cíclica**. A Figura 9.1 apresenta a lógica a partir da qual a análise de agrupamentos pode ser elaborada.

Quando da escolha da medida de distância ou de semelhança e do esquema de aglomeração, devem ser levados em consideração aspectos como a quantidade previamente desejada de agrupamentos, definida com base em algum critério de alocação de recursos, bem como determinadas restrições que podem levar o pesquisador a optar por uma solução específica. Conforme discutem Bussab *et al.* (1990), critérios diferentes a respeito de medidas de distância e de esquemas de aglomeração podem levar a formações distintas de agrupamentos, e a homogeneidade desejada pelo pesquisador depende fundamentalmente dos objetivos estipulados na pesquisa.

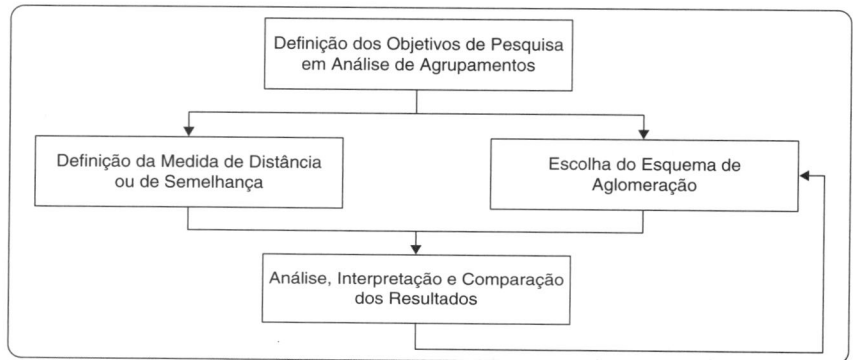

Figura 9.1 Lógica para elaboração da análise de agrupamentos.

Imagine que um pesquisador tenha interesse em estudar a relação de interdependência entre indivíduos de uma população de determinado município com base apenas em duas variáveis métricas (idade, em anos, e renda média familiar, em R$). Seu intuito é avaliar a eficiência de programas sociais voltados à área da saúde e, com base nessas variáveis, propor uma quantidade ainda desconhecida de novos programas voltados a grupos homogêneos de pessoas. Após a coleta dos dados, o pesquisador elaborou um gráfico de dispersão, como o apresentado na Figura 9.2.

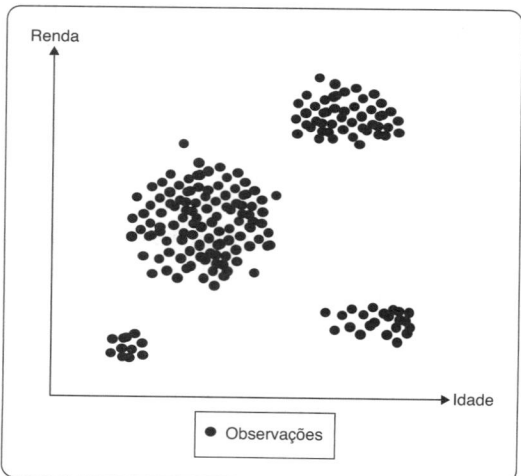

Figura 9.2 Gráfico de dispersão de indivíduos para *renda* e *idade*.

Com base no gráfico da Figura 9.2, o pesquisador identificou quatro *clusters*, destacando-os em novo gráfico (Figura 9.3).

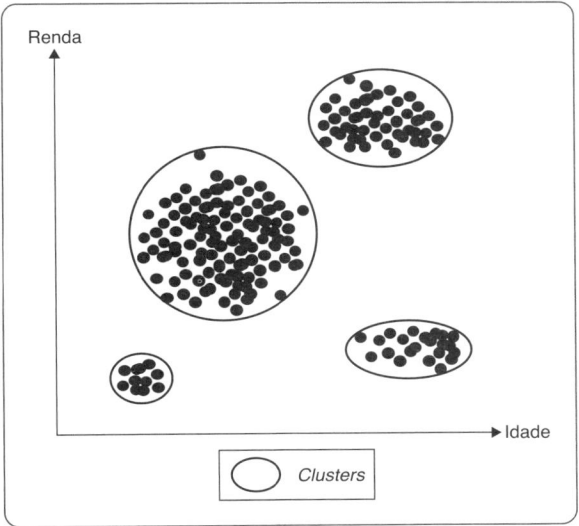

Figura 9.3 Destaque para a formação de quatro *clusters*.

A partir da formação desses *clusters*, o pesquisador resolveu elaborar uma análise acerca do comportamento das observações em cada grupo ou, mais precisamente, sobre a variabilidade existente dentro dos agrupamentos e entre eles, a fim de poder embasar, de maneira clara e consciente, sua decisão a respeito da alocação dos indivíduos nesses quatro novos programas sociais. A fim de ilustrar essa questão, o pesquisador elaborou o gráfico da Figura 9.4.

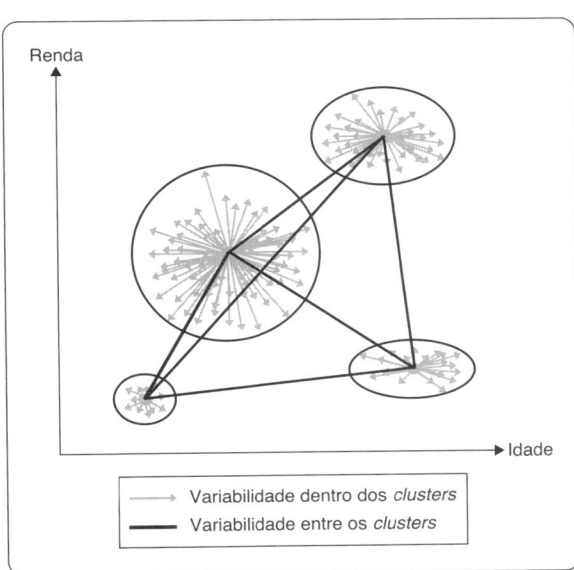

Figura 9.4 Ilustração sobre a variabilidade dentro dos *clusters* e entre eles.

Com base nesse gráfico, o pesquisador pôde perceber que os grupos formados apresentavam bastante homogeneidade interna, com determinado indivíduo apresentando maior proximidade com outros indivíduos do mesmo grupo do que com indivíduos de outros grupos. Essa é a essência fundamental da análise de agrupamentos.

Caso a quantidade de programas sociais a serem oferecidos à população (quantidade de *clusters*) já tivesse sido imposta ao pesquisador, por razões relativas a restrições orçamentárias, jurídicas ou políticas, ainda assim poderia ser utilizada a análise de agrupamentos para, apenas e tão somente, ser determinada a alocação dos indivíduos do município naquela quantidade de programas (grupos).

Tendo concluído a pesquisa e alocado os indivíduos nos diferentes programas sociais voltados à área da saúde, o pesquisador resolveu elaborar, no ano seguinte, a mesma pesquisa com os indivíduos do mesmo município. Porém, nesse ínterim, um grupo de bilionários em idade avançada resolveu se mudar para a cidade, e, ao elaborar o novo gráfico de dispersão, o pesquisador percebeu que aqueles quatro *clusters* nitidamente formados no ano anterior já não existiam mais, visto que sofreram um processo de fusão quando da inclusão dos bilionários. O novo gráfico de dispersão encontra-se na Figura 9.5.

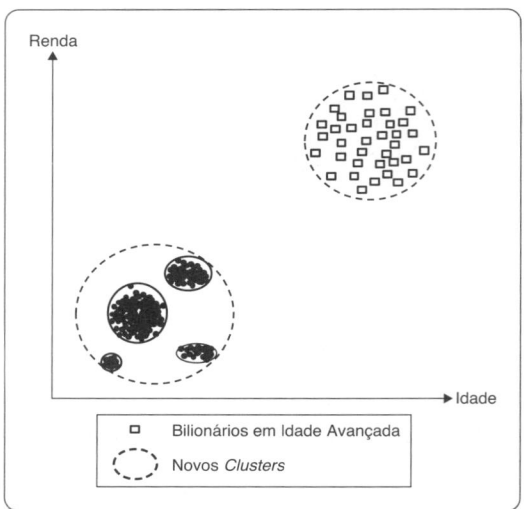

Figura 9.5 Rearranjo dos *clusters* na presença de bilionários em idade avançada.

Essa nova situação exemplifica a importância de que a **análise de agrupamentos seja sempre reaplicada quando da inclusão de novas observações** (e também novas variáveis), o que descaracteriza e inviabiliza totalmente seu poder preditivo, conforme discutimos.

Mais que isso, esse exemplo demonstra ser recomendável, antes da elaboração de qualquer análise de agrupamentos, que o pesquisador estude o comportamento dos dados e verifique a existência de observações discrepantes em relação a determinadas variáveis, visto que **a formação de *clusters* é bastante sensível à presença de *outliers***. A **exclusão** ou a **retenção** de *outliers* na base, entretanto, vai depender dos objetivos de pesquisa e da natureza dos dados, já que, se determinadas observações representarem aberrações em termos de valores das variáveis, em comparação às demais observações, e acabarem por formar *clusters* pequenos, insignificantes ou até mesmo individuais, podem, de fato, ser excluídas. Por outro lado, caso essas observações representem um ou mais grupos relevantes, ainda que diferentes dos demais, devem ser considerados na análise e, quando da reaplicação da técnica, podem ser separadas para que outras segmentações sejam mais bem estruturadas em novos grupos, formados com maior homogeneidade interna.

Ressaltamos que os métodos de análise de agrupamentos são considerados **procedimentos estáticos**, já que a inclusão de novas observações ou variáveis pode alterar os *clusters*, tornando obrigatória a elaboração de uma nova análise.

Nesse exemplo, percebemos que as variáveis originais a partir das quais são estabelecidos os grupos são métricas, visto que a análise de agrupamentos partiu do estudo do **comportamento de distâncias (medidas de dissimilaridade)** entre as observações. Em alguns casos, conforme estudaremos ao longo do capítulo, podem ser elaboradas análises de *clusters* a partir do **comportamento de semelhanças (medidas de similaridade)** entre observações que apresentam variáveis binárias. É comum, entretanto, que pesquisadores façam uso do **incorreto procedimento de ponderação arbitrária** em variáveis qualitativas como, por exemplo, variáveis em **escala Likert**, para, a partir de então, ser aplicada uma análise de agrupamentos. **Isso é um erro grave**, já que existem técnicas exploratórias destinadas exclusivamente ao estudo do comportamento de variáveis qualitativas, por exemplo, a análise de correspondência.

Historicamente, embora muitas medidas de distância e de semelhança remontem ao final do século XIX e início do século XX, a análise de agrupamentos, como conjunto de técnicas mais estruturado, teve origem na Antropologia, com Driver e Kroeber (1932), e na Psicologia, com Zubin (1938a e 1938b) e Tryon (1939), conforme discutem Reis (2001) e Fávero *et al.* (2009). Com o reconhecimento dos procedimentos de aglomeração e classificação de observações como método científico, aliado ao profundo desenvolvimento computacional, verificado principalmente após a década de 1960, a utilização da análise de agrupamentos passa a ser mais frequente após a publicação da relevante obra de Sokal e Sneath (1963), em que são realizados procedimentos para comparar as similaridades biológicas de organismos com características semelhantes e as respectivas espécies.

Atualmente, a análise de agrupamentos apresenta vasta possibilidade de aplicação em áreas como comportamento do consumidor, segmentação de mercado, estratégia, ciência política, economia, finanças, contabilidade, atuária, engenharia, logística, ciência da computação, educação, medicina, biologia, genética, bioestatística, psicologia, antropologia, demografia, geografia, ecologia, climatologia, geologia, arqueologia, criminologia e perícia, entre outras.

Neste capítulo, trataremos das técnicas de análise de agrupamentos, com os seguintes objetivos: (1) introduzir os conceitos; (2) apresentar, de maneira algébrica e prática, o passo a passo da modelagem; (3) interpretar os resultados obtidos; e (4) propiciar a aplicação das técnicas em SPSS, Stata, R e Python. Seguindo a lógica proposta no livro, será inicialmente elaborada a solução algébrica de um exemplo vinculada à apresentação dos conceitos. Somente após a introdução dos conceitos serão apresentados os procedimentos para a elaboração das técnicas em SPSS, Stata, R e Python.

9.2. ANÁLISE DE AGRUPAMENTOS

Muitos são os procedimentos para que seja elaborada uma análise de agrupamentos, visto que existem diferentes medidas de distância ou de semelhança para, respectivamente, variáveis métricas ou binárias. Além disso, definida a medida de distância ou de semelhança, o pesquisador ainda precisa determinar, entre diversas possibilidades, o método de aglomeração das observações, a partir de determinados critérios hierárquicos ou não hierárquicos. Nesse sentido, o que inicialmente parece trivial, ao se desejar agrupar observações em *clusters* internamente homogêneos, pode se tornar um tanto complexo, na medida em que **há uma multiplicidade de combinações entre diferentes medidas de distância ou de semelhança e métodos de aglomeração**. É de fundamental importância, portanto, que o pesquisador defina, com base na teoria subjacente e em seus objetivos de pesquisa, bem como em sua experiência e intuição, os critérios a partir dos quais as observações serão alocadas em cada um dos grupos.

Nas seções seguintes, apresentaremos o desenvolvimento teórico da técnica, bem como a elaboração de um exemplo prático. Nas seções 9.2.1 e 9.2.2, são apresentados e discutidos os conceitos pertinentes às medidas de distância e de semelhança e aos métodos de aglomeração, respectivamente, sempre acompanhados de resoluções algébricas elaboradas a partir de um banco de dados.

9.2.1. Definição das medidas de distância ou de semelhança em análise de agrupamentos

Conforme discutimos, a primeira etapa para a elaboração de uma análise de agrupamentos consiste em definir a medida de distância (dissimilaridade) ou de semelhança (similaridade) que servirá de base para que cada observação seja alocada em determinado grupo.

As medidas de distância são frequentemente utilizadas quando as variáveis do banco de dados forem essencialmente métricas, visto que, quanto maiores as diferenças entre os valores das variáveis de duas determinadas observações, menor a similaridade entre elas ou, em outras palavras, maior a dissimilaridade.

Já as medidas de semelhança são frequentemente utilizadas quando as variáveis forem binárias, e o que interessa é a frequência dos pares de respostas convergentes 1-1 ou 0-0 de duas determinadas observações. Nesse caso, quanto maior a frequência de pares convergentes, maior a semelhança (similaridade) entre as observações.

Exceção a essa lógica está na medida de correlação de Pearson entre duas observações, calculada a partir de variáveis métricas, porém com características de similaridade, conforme veremos na próxima seção.

Enquanto estudaremos as medidas de dissimilaridade para variáveis métricas na seção 9.2.1.1, a seção 9.2.1.2 é destinada ao estudo das medidas de similaridade para variáveis binárias.

9.2.1.1. Medidas de distância (dissimilaridade) entre observações para variáveis métricas

Imagine que tenhamos a intenção de calcular, para uma situação hipotética, a distância entre duas determinadas observações i (i = 1, 2) provenientes de um banco de dados que apresenta três variáveis métricas (X_{1i}, X_{2i}, X_{3i}), com valores na mesma unidade de medida. Esses dados encontram-se na Tabela 9.1.

Tabela 9.1 Parte de banco de dados com duas observações e três variáveis métricas.

Observação i	X_{1i}	X_{2i}	X_{3i}
1	3,7	2,7	9,1
2	7,8	8,0	1,5

A partir desses dados, é possível ilustrarmos a configuração das duas observações em um espaço tridimensional, visto que temos exatamente três variáveis. A Figura 9.6 apresenta a posição relativa de cada observação, com destaque para a distância entre elas (d_{12}).

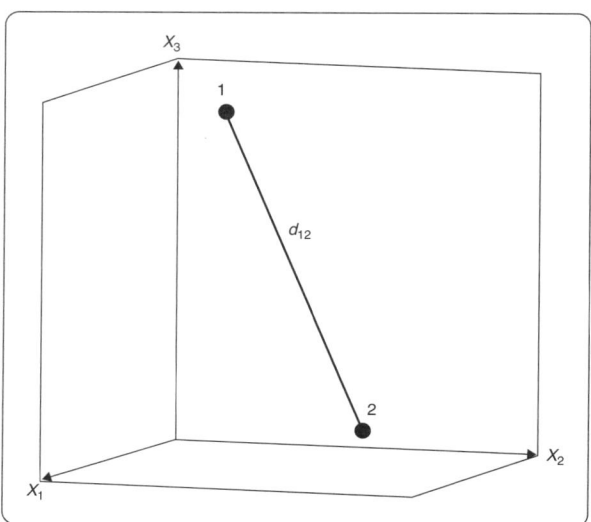

Figura 9.6 Gráfico de dispersão tridimensional para situação hipotética com duas observações e três variáveis.

A distância d_{12}, que é uma medida de dissimilaridade, pode ser facilmente calculada fazendo uso, por exemplo, de sua projeção sobre o plano horizontal formado pelos eixos X_1 e X_2, chamada de distância d'_{12}, conforme mostra a Figura 9.7.

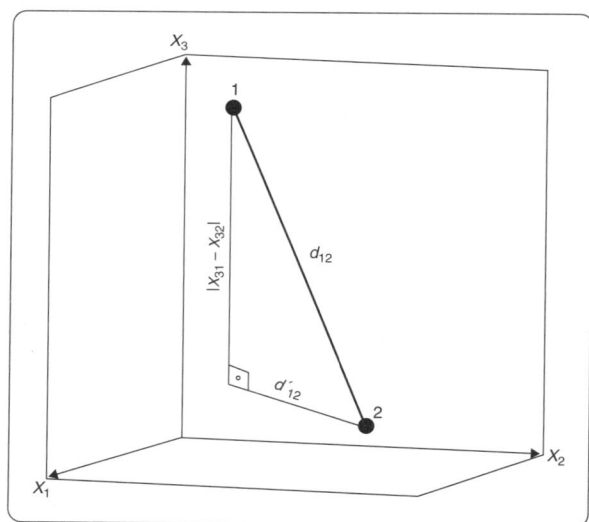

Figura 9.7 Gráfico tridimensional com destaque para a projeção de d_{12} sobre o plano horizontal.

Dessa forma, com base na conhecida expressão da **distância de Pitágoras** para triângulos retângulos, podemos determinar d_{12} por meio da seguinte expressão:

$$d_{12} = \sqrt{(d'_{12})^2 + (X_{31} - X_{32})^2}$$

(9.1)

sabendo-se que $|X_{31} - X_{32}|$ é a distância das projeções verticais (eixo X_3) dos pontos 1 e 2.

Entretanto, também não conhecemos a distância d'_{12} e, dessa forma, precisamos novamente recorrer à expressão de Pitágoras, agora fazendo uso das distâncias das projeções dos Pontos 1 e 2 sobre os outros dois eixos (X_1 e X_2), conforme mostra a Figura 9.8.

Logo, podemos escrever que:

$$d'_{12} = \sqrt{(X_{11} - X_{12})^2 + (X_{21} - X_{22})^2} \tag{9.2}$$

e, substituindo (2) em (1), temos que:

$$d_{12} = \sqrt{(X_{11} - X_{12})^2 + (X_{21} - X_{22})^2 + (X_{31} - X_{32})^2} \tag{9.3}$$

que é a expressão da distância (medida de dissimilaridade) entre os Pontos 1 e 2, também conhecida por expressão da **distância euclidiana**.

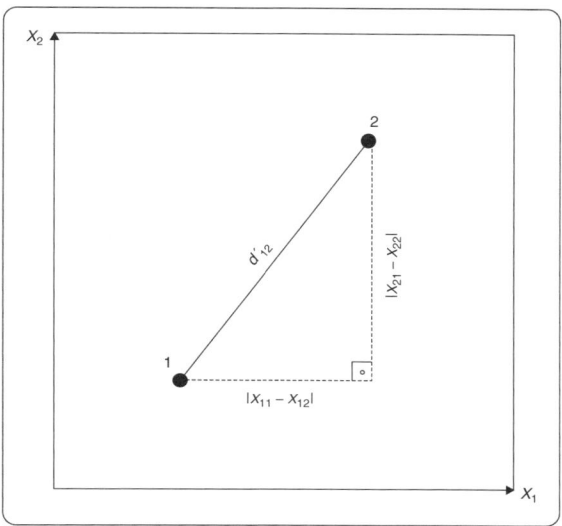

Figura 9.8 Projeção dos pontos no plano formado por X_1 e X_2 e destaque para d'_{12}.

Portanto, para os dados do nosso exemplo, temos que:

$$d_{12} = \sqrt{(3{,}7 - 7{,}8)^2 + (2{,}7 - 8{,}0)^2 + (9{,}1 - 1{,}5)^2} = 10{,}132$$

cuja unidade de medida é a mesma das variáveis originais do banco de dados. É importante ressaltar que, caso as variáveis não se apresentem na mesma unidade de medida, um **procedimento de padronização dos dados** precisará ser elaborado preliminarmente, conforme discutiremos mais adiante.

Podemos generalizar esse problema para uma situação em que o banco de dados apresente n observações e, para cada observação i ($i = 1, ..., n$), valores correspondentes a cada uma das j ($j = 1, ..., k$) variáveis métricas X, conforme mostra a Tabela 9.2.

Tabela 9.2 Modelo geral de um banco de dados para elaboração da análise de agrupamentos.

Observação i	Variável j			
	X_{1i}	X_{2i}	⋮	X_{ki}
1	X_{11}	X_{21}		X_{k1}
2	X_{12}	X_{22}		X_{k2}
⋮	⋮	⋮		
p	X_{1p}	X_{2p}		X_{kp}
⋮	⋮	⋮	...	
q	X_{1q}	X_{2q}		X_{kq}
⋮	⋮	⋮		...
n	X_{1n}	X_{2n}		X_{kn}

Logo, a expressão (9.4), com base na expressão (9.3), apresenta a definição geral da distância euclidiana entre duas observações quaisquer p e q.

$$d_{pq} = \sqrt{(X_{1p} - X_{1q})^2 + (X_{2p} - X_{2q})^2 + \dots + (X_{kp} - X_{kq})^2} = \sqrt{\sum_{j=1}^{k}(X_{jp} - X_{jq})^2} \qquad (9.4)$$

Embora a distância euclidiana seja a mais comumente utilizada em análises de agrupamentos, existem outras medidas de dissimilaridade que podem ser utilizadas, e a adoção de cada uma delas depende dos pressupostos e dos objetivos do pesquisador. Na sequência, apresentamos outras medidas de dissimilaridade que podem ser utilizadas:

- **Distância quadrática euclidiana:** alternativamente à distância euclidiana, pode ser utilizada quando as variáveis apresentarem pequena dispersão de seus valores, fazendo com que o uso da distância euclidiana ao quadrado facilite a interpretação dos *outputs* da análise e a alocação das observações nos grupos. Sua expressão é dada por:

$$d_{pq} = (X_{1p} - X_{1q})^2 + (X_{2p} - X_{2q})^2 + \dots + (X_{kp} - X_{kq})^2 = \sum_{j=1}^{k}(X_{jp} - X_{jq})^2 \qquad (9.5)$$

- **Distância de Minkowski:** é a expressão de medida de dissimilaridade mais geral a partir da qual outras derivam. É dada por:

$$d_{pq} = \left[\sum_{j=1}^{k}(\mid X_{jp} - X_{jq}\mid)^m \right]^{\frac{1}{m}} \qquad (9.6)$$

em que m assume valores inteiros e positivos (m = 1, 2, ...). Podemos verificar que a distância euclidiana é um caso particular da distância de Minkowski, quando m = 2.

- **Distância de Manhattan:** também conhecida por **distância absoluta** ou **bloco**, não leva em consideração a geometria triangular inerente à expressão inicial de Pitágoras e considera apenas as diferenças entre os valores de cada variável. Sua expressão, também um caso particular da distância de Minkowski quando m = 1, é dada por:

$$d_{pq} = \sum_{j=1}^{k} \mid X_{jp} - X_{jq}\mid \qquad (9.7)$$

- **Distância de Chebychev:** também conhecida por **distância infinita** ou **máxima**, é um caso particular da distância de Manhattan por considerar, para duas determinadas observações, apenas a máxima diferença entre todas as j variáveis em estudo. Sua expressão é dada por:

$$d_{pq} = \text{máx} \mid X_{jp} - X_{jq} \mid \qquad (9.8)$$

também um caso particular da distância de Minkowski quando m = ∞.

- **Distância de Canberra:** utilizada para os casos em que as variáveis apresentam apenas valores positivos, assume valores entre 0 e j (número de variáveis). Sua expressão é dada por:

$$d_{pq} = \sum_{j=1}^{k} \frac{\mid X_{jp} - X_{jq}\mid}{(X_{jp} + X_{jq})} \qquad (9.9)$$

Na presença de variáveis métricas, o pesquisador ainda pode fazer uso da **correlação de Pearson**, que, embora não seja uma medida de dissimilaridade (na realidade, é uma medida de similaridade), pode propiciar informações importantes quando o intuito for agrupar linhas do banco de dados. A expressão da correlação de Pearson entre os valores de duas observações quaisquer p e q pode ser escrita como:

$$\rho_{pq} = \frac{\sum_{j=1}^{k} (X_{jp} - \overline{X}_p) \cdot (X_{jq} - \overline{X}_q)}{\sqrt{\sum_{j=1}^{k} (X_{jp} - \overline{X}_p)^2} \cdot \sqrt{\sum_{j=1}^{k} (X_{jq} - \overline{X}_q)^2}} \tag{9.10}$$

em que $\overline{X}_p$ e $\overline{X}_q$ representam, respectivamente, a média de todos os valores das variáveis para as observações p e q, ou seja, a média de cada uma das linhas do banco de dados.

Podemos notar, portanto, que estamos lidando com um coeficiente de correlação entre linhas, e não entre colunas (variáveis), o mais comum em análise de dados, e seus valores variam entre −1 e 1. **O coeficiente de correlação de Pearson pode ser utilizado como medida de similaridade entre as linhas do banco de dados em análises que envolvem, por exemplo, séries de tempo, ou seja, para os casos em que as observações representam períodos.** Nesse caso, o pesquisador pode ter a intenção de estudar correlações entre períodos distintos, para investigar, por exemplo, uma eventual **recorrência de comportamento em linha para o conjunto de variáveis**, o que pode fazer determinados períodos, não necessariamente subsequentes, serem agrupados por similaridade de comportamento.

Voltando aos dados apresentados na Tabela 9.1, podemos calcular as diferentes medidas de distância entre as observações 1 e 2, dadas pelas expressões (9.4) a (9.9), assim como a medida de similaridade correlacional, dada pela expressão (9.10). A Tabela 9.3 apresenta esses cálculos e os respectivos resultados.

Com base nesses resultados, podemos verificar que medidas diferentes geram resultados distintos, o que pode fazer as observações serem alocadas em diferentes agrupamentos homogêneos, dependendo da escolha da medida para análise, conforme discutem Vicini e Souza (2005) e Malhotra (2012). Nesse sentido, é de fundamental importância que o pesquisador sempre embase sua escolha e tenha em mente as razões que o levaram a utilizar determinada medida, em detrimento das demais. A própria utilização de mais de uma medida, quando da análise do mesmo banco de dados, pode sustentar essa decisão, visto que os resultados podem, nesse caso, ser comparados.

Tabela 9.3 Medidas de distância e de similaridade correlacional entre as observações 1 e 2.

Observação i	X_{1i}	X_{2i}	X_{3i}	Média
1	3,7	2,7	9,1	**5,167**
2	7,8	8,0	1,5	**5,767**

Distância euclidiana

$$d_{12} = \sqrt{(3,7 - 7,8)^2 + (2,7 - 8,0)^2 + (9,1 - 1,5)^2} = 10,132$$

Distância quadrática euclidiana

$$d_{12} = (3,7 - 7,8)^2 + (2,7 - 8,0)^2 + (9,1 - 1,5)^2 = 102,660$$

Distância de Manhattan

$$d_{12} = |3,7 - 7,8| + |2,7 - 8,0| + |9,1 - 1,5| = 17,000$$

Distância de Chebychev

$$d_{12} = |9,1 - 1,5| = 7,600$$

Distância de Canberra

$$d_{12} = \frac{|3,7 - 7,8|}{(3,7 + 7,8)} + \frac{|2,7 - 8,0|}{(2,7 + 8,0)} + \frac{|9,1 - 1,5|}{(9,1 + 1,5)} = 1,569$$

Correlação de Pearson (similaridade)

$$\rho_{12} = \frac{(3,7 - 5,167) \cdot (7,8 - 5,767) + (2,7 - 5,167) \cdot (8,0 - 5,767) + (9,1 - 5,167) \cdot (1,5 - 5,767)}{\sqrt{(3,7 - 5,167)^2 + (2,7 - 5,167)^2 + (9,1 - 5,167)^2} \cdot \sqrt{(7,8 - 5,767)^2 + (8,0 - 5,767)^2 + (1,5 - 5,767)^2}} = -0,993$$

Esse caso fica bastante visível quando incluímos uma terceira observação na análise, conforme mostra a Tabela 9.4.

Tabela 9.4 Parte de banco de dados com três observações e três variáveis métricas.

Observação i	X_{1i}	X_{2i}	X_{3i}
1	3,7	2,7	9,1
2	7,8	8,0	1,5
3	8,9	1,0	2,7

Enquanto a distância euclidiana sugere que as observações mais similares (menor distância) são a 2 e a 3, por meio da distância de Chebychev as observações 1 e 3 são as mais similares. A Tabela 9.5 apresenta essas distâncias para cada par de observações, com destaque, em negrito, para o menor valor de cada distância.

Tabela 9.5 Distância euclidiana e de Chebychev entre os pares de observações da Tabela 9.4.

Distância	Par de observações 1 e 2	Par de observações 1 e 3	Par de observações 2 e 3
Euclidiana	$d_{12} = 10,132$	$d_{13} = 8,420$	$\boldsymbol{d_{23} = 7{,}187}$
Chebychev	$d_{12} = 7,600$	$\boldsymbol{d_{13} = 6{,}400}$	$d_{23} = 7,000$

Portanto, em determinado esquema de aglomeração, teríamos, apenas em função da escolha da medida de dissimilaridade, agrupamentos iniciais distintos.

Além da decisão sobre a escolha da medida de distância, o pesquisador também deve verificar se os dados precisam ser preliminarmente tratados. Nos exemplos abordados até o presente momento, tomamos o cuidado de apresentar variáveis métricas sempre com valores na mesma unidade de medida (por exemplo, notas de Matemática, Física e Química, que variam de 0 a 10). Entretanto, caso as variáveis sejam medidas em unidades distintas (por exemplo, renda em R$, escolaridade em anos de estudo e quantidade de filhos), a intensidade das distâncias entre as observações poderá ser influenciada arbitrariamente pelas variáveis que eventualmente apresentarem maior magnitude de seus valores, em detrimento das demais. Nessas situações, o pesquisador deve padronizar os dados, a fim de que a arbitrariedade das unidades de medida seja eliminada, fazendo cada variável ter a mesma contribuição sobre a medida de distância considerada.

O método mais comumente utilizado para padronização de variáveis é conhecido por **procedimento Zscores**, em que, para cada observação i, o valor de uma nova variável padronizada ZX_j é obtido pela subtração do correspondente valor da variável original X_j pela sua média e, na sequência, o valor resultante é dividido pelo seu desvio-padrão, conforme apresentado na expressão (9.11).

$$ZX_{ji} = \frac{X_{ji} - \overline{X}_j}{s_j} \tag{9.11}$$

em que $\overline{X}$ e s representam a média e o desvio-padrão da variável X_j. Dessa forma, independentemente da magnitude dos valores e da natureza das unidades de medida das variáveis originais de um banco de dados, todas as respectivas variáveis padronizadas pelo procedimento *Zscores* terão média igual a 0 e desvio-padrão igual a 1, o que garante a eliminação de eventuais arbitrariedades das unidades de medida sobre a distância entre cada par de observações. Além disso, o procedimento *Zscores* tem a vantagem de não alterar a distribuição da variável original.

Portanto, caso as variáveis originais apresentem unidades de medida distintas, as expressões das medidas de distância (9.4) a (9.9) devem ter os termos X_{jp} e X_{jq} substituídos, respectivamente, por ZX_{jp} e ZX_{jq}. O Quadro 9.1 apresenta essas expressões, com base nas variáveis padronizadas.

Embora a correlação de Pearson não seja uma medida de dissimilaridade (na realidade, é uma medida de similaridade), é relevante comentar que seu uso também requer que as variáveis sejam padronizadas por meio do procedimento Zscores caso não apresentem as mesmas unidades de medida. Caso o intuito fosse agrupar variáveis, que é o objetivo do próximo capítulo (análise fatorial), a padronização de variáveis por meio do procedimento *Zscores* seria, de fato, irrelevante, dado que a análise consistiria em avaliar a correlação entre colunas do banco de dados. Como o objetivo do presente capítulo, por outro lado, é agrupar linhas do banco de dados que representam as observações, a padronização das variáveis faz-se necessária para a elaboração de uma correta análise de agrupamentos.

Quadro 9.1 Expressões das medidas de distância com variáveis padronizadas.

Medida de distância (dissimilaridade)	Expressão
Euclidiana	$d_{pq} = \sqrt{\sum_{j=1}^{k} (ZX_{jp} - ZX_{jq})^2}$
Quadrática euclidiana	$d_{pq} = \sum_{j=1}^{k} (ZX_{jp} - ZX_{jq})^2$
Minkowski	$d_{pq} = \left[\sum_{j=1}^{k} (|ZX_{jp} - ZX_{jq}|)^m \right]^{\frac{1}{m}}$
Manhattan	$d_{pq} = \sum_{j=1}^{k} |ZX_{jp} - ZX_{jq}|$
Chebychev	$d_{pq} = \text{máx} |ZX_{jp} - ZX_{jq}|$
Canberra	$d_{pq} = \sum_{j=1}^{k} \dfrac{|ZX_{jp} - ZX_{jq}|}{(ZX_{jp} + ZX_{jq})}$

9.2.1.2. Medidas de semelhança (similaridade) entre observações para variáveis binárias

Imagine agora que tenhamos a intenção de calcular a distância entre duas determinadas observações i ($i = 1, 2$) provenientes de um banco de dados que apresenta sete variáveis ($X_{1i}, ..., X_{7i}$), porém, todas referentes à presença ou ausência de características. Nessa situação, é comum que a presença ou ausência de determinada característica seja representada por uma **variável binária**, ou *dummy*, que assume valor 1, caso a característica ocorra, e 0, caso contrário. Esses dados encontram-se na Tabela 9.6.

É importante ressaltar que o artifício das variáveis binárias não gera problemas de **ponderação arbitrária**, oriunda das categorias das variáveis, ao contrário do que ocorreria caso fossem atribuídos valores discretos (1, 2, 3, ...) para cada categoria de cada variável qualitativa. Nesse sentido, caso determinada variável qualitativa apresente k categorias, serão necessárias (k-1) variáveis binárias que representarão a presença ou a ausência de cada uma das categorias, ficando todas as variáveis binárias iguais a 0 para o caso de ocorrer a categoria de referência.

Tabela 9.6 Parte de banco de dados com duas observações e sete variáveis binárias.

Observação i	X_{1i}	X_{2i}	X_{3i}	X_{4i}	X_{5i}	X_{6i}	X_{7i}
1	0	0	1	1	0	1	1
2	0	1	1	1	1	0	1

Portanto, fazendo uso da expressão (9.4), podemos calcular a distância quadrática euclidiana entre as observações 1 e 2, conforme segue:

$$d_{12} = \sum_{j=1}^{7} (X_{j1} - X_{j2})^2 = (0-0)^2 + (0-1)^2 + (1-1)^2 + (1-1)^2 + (0-1)^2 + (1-0)^2 + (1-1)^2 = 3$$

que representa o número total de variáveis com diferenças de resposta entre as observações 1 e 2.

Logo, para duas quaisquer observações p e q, quanto maior a quantidade de respostas iguais (0-0 ou 1-1), menor a distância quadrática euclidiana entre elas, visto que:

$$(X_{jp} - X_{jq})^2 = \begin{cases} 0 \text{ se } X_{jp} = X_{jq} = \begin{cases} 0 \\ 1 \end{cases} \\ 1 \text{ se } X_{jp} \neq X_{jq} \end{cases} \tag{9.12}$$

Conforme discutem Johnson e Wichern (2007), cada parcela da distância representada pela expressão (9.12) é considerada uma medida de dissimilaridade, uma vez que quantidades maiores de discrepâncias de resposta resultam em maiores distâncias quadráticas euclidianas. Por outro lado, os cálculos ponderam igualmente os pares de respostas 0-0 e 1-1, sem importância relativa superior ao par de respostas 1-1 que, em muitos casos, é um indicador mais forte de similaridade que o par de respostas 0-0. Por exemplo, ao se agruparem pessoas, o fato de duas delas comerem lagosta todos os dias é uma evidência mais forte de similaridade que a ausência dessa característica para ambas.

Nesse sentido, muitos autores, com o intuito de que fossem criadas medidas de semelhança entre observações, propuseram a utilização de coeficientes que levassem em consideração a similaridade de respostas 1-1 e 0-0, sem que necessariamente esses pares tivessem a mesma importância relativa. Para que possamos apresentar essas medidas, é necessário construir uma tabela de frequências absolutas de respostas 0 e 1 para cada par de observações quaisquer p e q, conforme mostra a Tabela 9.7.

Tabela 9.7 Frequências absolutas de respostas 0 e 1 para duas observações p e q.

Observação q \ Observação p	1	0	Total
1	a	b	$a + b$
0	c	d	$c + d$
Total	$a + c$	$b + d$	$a + b + c + d$

Com base nesta tabela, apresentamos, a seguir, as principais medidas de semelhança existentes, lembrando que a adoção de cada uma depende dos pressupostos e dos objetivos do pesquisador.

- **Medida de emparelhamento simples:** é a medida de similaridade mais utilizada para variáveis binárias, sendo discutida e utilizada por Zubin (1938a) e Sokal e Michener (1958). Essa medida, que iguala os pesos das respostas convergentes 1-1 e 0-0, tem sua expressão dada por:

$$s_{pq} = \frac{a+d}{a+b+c+d} \tag{9.13}$$

- **Medida de Jaccard:** embora tenha sido primeiramente proposta por Gilbert (1894), levou esse nome por ter sido discutida e utilizada em dois seminais trabalhos desenvolvidos por Jaccard (1901, 1908). Essa medida não leva em conta a frequência do par de respostas 0-0, considerada irrelevante. Entretanto, é possível que ocorra uma situação em que todas as variáveis sejam iguais a 0 para duas determinadas observações, ou seja, somente exista frequência na célula d da Tabela 9.7. Nesse caso, softwares como o Stata apresentam medida de Jaccard igual a 1, o que faz sentido do ponto de vista de similaridade. Sua expressão geral é dada por:

$$s_{pq} = \frac{a}{a+b+c} \tag{9.14}$$

- **Medida de Dice:** embora conhecida apenas por esse nome, foi sugerida e discutida por Czekanowski (1932), Dice (1945) e Sørensen (1948). É similar ao coeficiente de Jaccard, porém dobra o peso sobre a frequência de pares de respostas em convergência do tipo 1-1. Assim como naquele caso, softwares como o Stata apresentam medida de Dice igual a 1 para os casos em que todas as variáveis sejam iguais a 0 para duas determinadas observações, evitando, assim, a indefinição do cálculo. Sua expressão é dada por:

$$s_{pq} = \frac{2a}{2 \cdot a + b + c} \tag{9.15}$$

- **Medida antiDice:** proposta inicialmente por Sokal e Sneath (1963) e Anderberg (1973), a nomenclatura antiDice decorre do fato de que esse coeficiente dobra o peso sobre as frequências de pares de respostas diferentes do tipo 1-1, ou seja, dobra o peso sobre as divergências de respostas. Assim como as medidas de Jaccard e de Dice, a medida antiDice também ignora a frequência de pares de respostas 0-0. Sua expressão é dada por:

$$s_{pq} = \frac{a}{a + 2 \cdot (b+c)} \tag{9.16}$$

- **Medida de Russell e Rao:** também bastante utilizada, privilegia, no cálculo de seu coeficiente, apenas as similaridades das respostas 1-1. Foi proposta por Russell e Rao (1940), tendo sua expressão dada por:

$$s_{pq} = \frac{a}{a+b+c+d} \tag{9.17}$$

- **Medida de Ochiai:** embora conhecida por esse nome, foi proposta inicialmente por Driver e Kroeber (1932), sendo utilizada posteriormente por Ochiai (1957). Esse coeficiente é indefinido quando uma ou ambas as observações estudadas apresentarem os valores de todas as variáveis iguais a 0. Entretanto, se ambos os vetores apresentarem todos os valores iguais a 0, softwares como o Stata oferecem medida de Ochiai igual a 1. Se esse fato ocorrer para apenas um dos dois vetores, a medida de Ochiai é considerada igual a 0. Sua expressão é dada por:

$$s_{pq} = \frac{a}{\sqrt{(a+b)\cdot(a+c)}} \tag{9.18}$$

- **Medida de Yule:** proposta por Yule (1900) e utilizada por Yule e Kendall (1950), essa medida de semelhança para variáveis binárias oferece como resposta um coeficiente que varia de −1 a 1. Conforme podemos verificar, por meio de sua expressão apresentada a seguir, o coeficiente gerado é indefinido se um ou ambos os vetores comparados apresentarem todos os valores iguais a 0 ou 1. Softwares como o Stata geram medida de Yule igual a 1, se $b = c = 0$ (convergência total de respostas), e igual a −1, se $a = d = 0$ (divergência total de respostas).

$$s_{pq} = \frac{a \cdot d - b \cdot c}{a \cdot d + b \cdot c} \tag{9.19}$$

- **Medida de Rogers e Tanimoto:** essa medida, que dobra o peso das respostas discrepantes 0-1 e 1-0 em relação ao peso das combinações de respostas convergentes do tipo 1-1 e 0-0, foi inicialmente proposta por Rogers e Tanimoto (1960). Sua expressão, que passa a ser igual à da medida antiDice quando a frequência de respostas 0-0 for igual a 0 ($d = 0$), é dada por:

$$s_{pq} = \frac{a+d}{a+d+2\cdot(b+c)} \tag{9.20}$$

- **Medida de Sneath e Sokal:** ao contrário da medida de Rogers e Tanimoto, essa medida, proposta por Sneath e Sokal (1962), dobra o peso das respostas convergentes do tipo 1-1 e 0-0 em relação ao das demais combinações de respostas (1-0 e 0-1). Sua expressão, que passa a ser igual à da medida Dice quando a frequência de respostas do tipo 0-0 for igual a 0 ($d = 0$), é dada por:

$$s_{pq} = \frac{2\cdot(a+d)}{2\cdot(a+d)+b+c} \tag{9.21}$$

- **Medida de Hamann:** Hamann (1961) propõe essa medida de semelhança para variáveis binárias com o intuito de que fossem subtraídas as frequências de respostas discrepantes (1-0 e 0-1) do total de respostas convergentes (1-1 e 0-0). Esse coeficiente, que varia de −1 (divergência total de repostas) a 1 (convergência total de respostas), é igual a duas vezes a medida de emparelhamento simples menos 1. Sua expressão é dada por:

$$s_{pq} = \frac{(a+d)-(b+c)}{a+b+c+d} \tag{9.22}$$

Assim como o elaborado na seção 9.2.1.1 em relação às medidas de dissimilaridade aplicadas a variáveis métricas, vamos voltar aos dados apresentados na Tabela 9.6, com o intuito de calcular as diferentes medidas de similaridade entre as observações 1 e 2, que apresentam apenas variáveis binárias. Para tanto, devemos, a partir daquela tabela, construir a tabela de frequências absolutas de respostas 0 e 1 para as referidas observações (Tabela 9.8).

Tabela 9.8 Frequências absolutas de respostas 0 e 1 para as observações 1 e 2.

Observação 2 \ Observação 1	1	0	Total
1	3	2	5
0	1	1	2
Total	4	3	7

Logo, fazendo uso das expressões (9.13) a (9.22), temos condições de calcular as medidas de similaridade propriamente ditas. A Tabela 9.9 apresenta os cálculos e os resultados de cada medida.

Tabela 9.9 Medidas de semelhança (similaridade) entre as observações 1 e 2.

Emparelhamento simples	Jaccard
$s_{12} = \dfrac{3+1}{7} = 0,571$	$s_{12} = \dfrac{3}{6} = 0,500$
Dice	**AntiDice**
$s_{12} = \dfrac{2 \cdot (3)}{2 \cdot (3) + 2 + 1} = 0,667$	$s_{12} = \dfrac{3}{3 + 2 \cdot (2 + 1)} = 0,333$
Russell e Rao	**Ochiai**
$s_{12} = \dfrac{3}{7} = 0,429$	$s_{12} = \dfrac{3}{\sqrt{(3+2) \cdot (3+1)}} = 0,671$
Yule	**Rogers e Tanimoto**
$s_{12} = \dfrac{3 \cdot 1 - 2 \cdot 1}{3 \cdot 1 + 2 \cdot 1} = 0,200$	$s_{12} = \dfrac{3+1}{3 + 1 + 2 \cdot (2 + 1)} = 0,400$
Sneath e Sokal	**Hamann**
$s_{12} = \dfrac{2 \cdot (3+1)}{2 \cdot (3+1) + 2 + 1} = 0,727$	$s_{12} = \dfrac{(3+1) - (2+1)}{7} = 0,143$

Analogamente ao discutido quando do cálculo das medidas de dissimilaridade, é visível que medidas de similaridade diferentes geram resultados distintos, o que pode fazer, quando da elaboração do método de aglomeração, que as observações sejam alocadas em diferentes agrupamentos homogêneos, dependendo da escolha da medida para análise.

Lembramos que não faz sentido algum aplicar o procedimento de padronização *Zscores* para o cálculo das medidas de semelhança discutidas nesta seção, visto que as variáveis utilizadas para a análise de agrupamentos são binárias.

Nesse momento, é importante ressaltar que, em vez de serem utilizadas medidas de semelhança para a definição de *clusters* quando da presença de variáveis binárias, é bastante comum que se definam agrupamentos a partir de coordenadas de cada observação, que podem ser geradas quando da elaboração de uma **análise de correspondência** (simples ou múltipla), técnica exploratória aplicada apenas e tão somente a bancos de dados que oferecem variáveis qualitativas, com o intuito de elaborar **mapas perceptuais** construídos com base nas frequências das categorias de cada uma das variáveis em análise. Essa técnica será estudada no Capítulo 11.

Definida a medida a ser utilizada, com base nos objetivos de pesquisa, na teoria subjacente e em sua experiência e intuição, o pesquisador deve partir para a definição do esquema de aglomeração. Os principais esquemas em análise de agrupamentos serão estudados na próxima seção.

9.2.2. Esquemas de aglomeração em análise de agrupamentos

Conforme discutem Vicini e Souza (2005) e Johnson e Wichern (2007), na análise de agrupamentos, a escolha do método de aglomeração, também conhecido como **esquema de aglomeração**, é tão importante quanto a definição da medida de distância (ou de semelhança), e essa decisão também precisa ser tomada com base naquilo que o pesquisador pretende em termos de objetivos de pesquisa.

Os esquemas de aglomeração podem ser classificados, basicamente, em dois tipos, conhecidos por **hierárquicos** e **não hierárquicos**. Enquanto os primeiros caracterizam-se por privilegiar uma estrutura hierárquica (passo a passo) para a formação dos agrupamentos, os esquemas não hierárquicos utilizam algoritmos para maximizar a homogeneidade dentro de cada agrupamento, sem que haja um processo hierárquico para tal.

Os esquemas de aglomeração hierárquicos podem ser **aglomerativos** ou **divisivos**, dependendo do modo como é iniciado o processo. Caso todas as observações sejam consideradas separadas e, a partir de suas distâncias (ou semelhanças), sejam formados grupos até que se chegue a um estágio final com apenas um agrupamento, então esse processo é conhecido como aglomerativo. Dentre os esquemas hierárquicos aglomerativos, são mais comumente utilizados aqueles que apresentam **método de encadeamento** do tipo **único** (*nearest neighbor* ou *single linkage*), **completo** (*furthest neighbor* ou *complete linkage*) ou **médio** (*between groups* ou *average linkage*). Por outro lado, caso todas as observações sejam consideradas agrupadas e, estágio após estágio, sejam formados grupos menores pela separação de cada observação, até que essas subdivisões gerem grupos individuais (ou seja, observações totalmente separadas), então, estaremos diante de um processo divisivo.

Já os esquemas de aglomeração não hierárquicos, entre os quais o mais popular é o procedimento **k-means**, ou **k-médias**, referem-se a processos em que são definidos centros de aglomeração a partir dos quais são alocadas as observações pela proximidade a eles. Ao contrário dos esquemas hierárquicos, em que o pesquisador pode estudar as diversas possibilidades de alocação das observações e até definir uma quantidade interessante de *clusters* com base em cada um dos estágios de agrupamento, um esquema de aglomeração não hierárquico requer a estipulação, *a priori*, da quantidade de *clusters* a partir da qual serão definidos os centros de aglomeração e alocadas as observações. É por essa razão que se recomenda a elaboração de um esquema de aglomeração hierárquico preliminarmente à de um esquema não hierárquico, quando não há uma estimativa razoável da quantidade de *clusters* que podem ser formados a partir das observações do banco de dados e com base nas variáveis em estudo.

A Figura 9.9 apresenta a lógica dos esquemas de aglomeração em análise de agrupamentos.

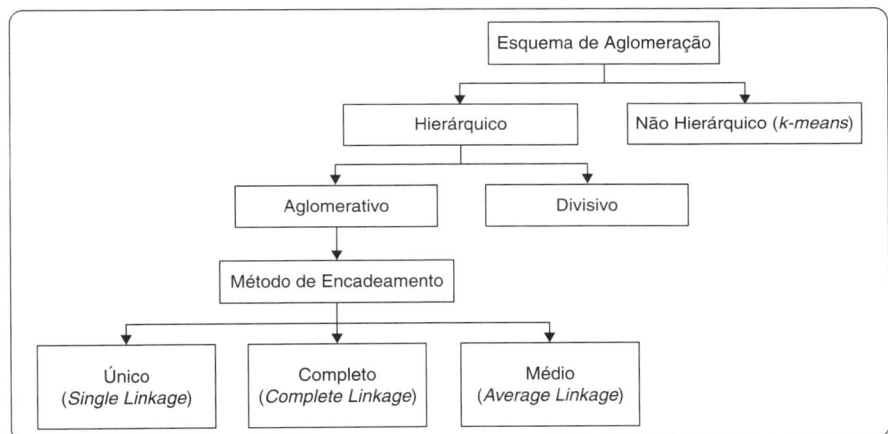

Figura 9.9 Esquemas de aglomeração em análise de agrupamentos.

Enquanto estudaremos os esquemas de aglomeração hierárquicos na seção 9.2.2.1, a seção 9.2.2.2 é destinada ao estudo do esquema de aglomeração não hierárquico *k-means*.

9.2.2.1. Esquemas de aglomeração hierárquicos

Nesta seção, apresentaremos os principais esquemas hierárquicos aglomerativos, em que são formados agrupamentos cada vez maiores a cada estágio de aglomeração pela junção de novas observações ou grupos, em função de determinado critério (método de encadeamento) e com base na medida de distância escolhida. Na seção 9.2.2.1.1 serão apresentados os principais conceitos pertinentes a esses esquemas, e na seção 9.2.2.1.2 será elaborado um exemplo prático resolvido algebricamente.

9.2.2.1.1. Notação

Três são os principais métodos de encadeamento em esquemas hierárquicos aglomerativos, conforme mostra a Figura 9.9: método de encadeamento único (*nearest neighbor* ou *single linkage*), completo (*furthest neighbor* ou *complete linkage*) e médio (*between groups* ou *average linkage*).

A Tabela 9.10 apresenta, de forma ilustrativa, a distância a ser considerada em cada estágio de aglomeração, em função do método de encadeamento escolhido.

Tabela 9.10 Distância a ser considerada em função do método de encadeamento.

Método de encadeamento	Ilustração	Distância (dissimilaridade)
Único (*nearest neighbor* ou *single linkage*)		d_{23}
Completo (*furthest neighbor* ou *complete linkage*)		d_{15}
Médio (*between groups* ou *average linkage*)		$\dfrac{d_{13}+d_{14}+d_{15}+d_{23}+d_{24}+d_{25}}{6}$

O método de encadeamento único privilegia as menores distâncias (daí vem a nomenclatura *nearest neighbor*) para que sejam formados novos agrupamentos a cada estágio de aglomeração pela incorporação de observações ou grupos. Nesse sentido, **sua aplicação é recomendável para os casos em que as observações sejam relativamente afastadas**, isto é, diferentes, e deseja-se formar agrupamentos levando-se em consideração um mínimo de homogeneidade. Por outro lado, sua análise fica prejudicada quando da existência de observações ou agrupamentos pouco afastados entre si, conforme mostra a Figura 9.10.

Já o método de encadeamento completo vai em direção contrária, ou seja, privilegia as maiores distâncias entre as observações ou grupos para que sejam formados novos agrupamentos (daí, a nomenclatura *furthest neighbor*) e, dessa maneira, sua adoção é **recomendável para os casos em que não exista considerável afastamento entre as observações** e o pesquisador tenha a necessidade de identificar heterogeneidades entre elas.

Por fim, no método de encadeamento médio dois grupos sofrem fusão com base na **distância média entre todos os pares de observações pertencentes a esses grupos** (daí, a nomenclatura *average linkage*). Dessa forma, embora ocorram alterações no cálculo das medidas de distância entre os agrupamentos, o método de encadeamento médio acaba por preservar a solução de ordenamento das observações em cada grupo, oferecida pelo método de encadeamento único, caso haja um considerável afastamento entre as observações. O mesmo vale em relação à solução de ordenamento oferecida pelo método de encadeamento completo, caso as observações sejam bastante próximas entre si.

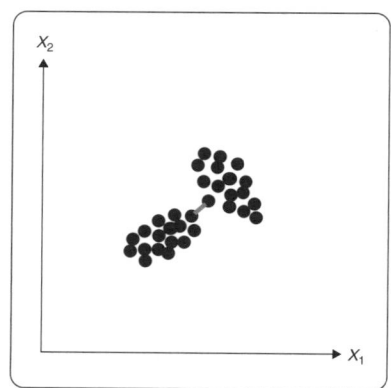

Figura 9.10 Método de encadeamento único – Análise prejudicada na existência de observações ou agrupamentos pouco afastados.

Johnson e Wichern (2007) propõem uma sequência lógica de passos para que se facilite o entendimento da análise de agrupamentos, elaborada por meio de determinado método hierárquico aglomerativo:

1. Sendo n a quantidade de observações de um banco de dados, devemos dar início ao esquema de aglomeração com exatamente n grupos individuais (estágio 0), de modo que teremos inicialmente uma matriz de distâncias (ou de semelhanças) $\mathbf{D_0}$ composta pelas distâncias entre cada par de observações.

2. No primeiro estágio, devemos escolher a menor distância entre todas as que compõem a matriz $\mathbf{D_0}$, ou seja, aquela que une as duas observações mais similares. Nesse exato momento, deixamos de ter n grupos individuais para termos $(n - 1)$ grupos, sendo um deles formado por duas observações.

3. No estágio de aglomeração seguinte, devemos repetir o estágio anterior, porém agora levando em consideração a distância entre cada par de observações e entre o primeiro grupo já formado e cada uma das demais observações, com base em um dos métodos de encadeamento adotado. Em outras palavras, teremos, após o primeiro estágio de aglomeração, uma matriz $\mathbf{D_1}$, com dimensões $(n - 1) \times (n - 1)$, em que uma das linhas será representada pelo primeiro par agrupado de observações. No segundo estágio, consequentemente, um novo grupo será formado pelo agrupamento de duas novas observações ou pela junção de determinada observação ao primeiro grupo já formado anteriormente, no primeiro estágio.

4. O processo anterior deve ser repetido $(n - 1)$ vezes, até que reste apenas um único grupo formado por todas as observações. Em outras palavras, no estágio $(n - 2)$ teremos uma matriz $\mathbf{D_{n-2}}$ que conterá apenas a distância entre os dois últimos grupos remanescentes, antes da fusão final.

5. Por fim, a partir dos estágios de aglomeração e das distâncias entre os agrupamentos formados, é possível construir um gráfico em formato de árvore, que resume o processo de aglomeração e explicita a alocação de cada observação em cada agrupamento. Esse gráfico é conhecido como **dendrograma** ou **fenograma**.

Portanto, os valores que compõem as matrizes $\mathbf{D}$ de cada um dos estágios serão função da medida de distância escolhida e do método de encadeamento adotado. Imagine, em determinado estágio de aglomeração s, que um pesquisador agrupe dois *clusters M* e *N* já formados anteriormente, contendo, respectivamente, m e n observações, a fim de que seja formado o *cluster MN*. Na sequência, tem a intenção de agrupar *MN* com outro *cluster W*, com w observações. Como sabemos que a decisão de escolha do próximo agrupamento será sempre a menor distância entre cada par de observações ou grupos nos métodos hierárquicos aglomerativos, o esquema de aglomeração será de fundamental importância para que sejam analisadas as distâncias que comporão cada matriz $\mathbf{D_s}$. A partir dessa lógica, e com base na Tabela 9.10, apresentamos, a seguir, o critério de cálculo da distância, inserida na matriz $\mathbf{D_s}$, entre os *clusters MN* e *W*, em função do método de encadeamento:

- **Método de encadeamento único (*nearest neighbor* ou *single linkage*)**

$$d_{(MN)W} = \min\{d_{MW};\, d_{NW}\} \tag{9.23}$$

em que d_{MW} e d_{NW} são as distâncias entre as observações mais próximas dos *clusters M* e *W* e dos *clusters N* e *W*, respectivamente.

- **Método de encadeamento completo (*furthest neighbor* ou *complete linkage*)**

$$d_{(MN)W} = \max\{d_{MW};\, d_{NW}\} \tag{9.24}$$

em que d_{MW} e d_{NW} são as distâncias entre as observações mais distantes dos *clusters M* e *W* e dos *clusters N* e *W*, respectivamente.

- **Método de encadeamento médio (*between groups* ou *average linkage*)**

$$d_{(MN)W} = \frac{\sum_{p=1}^{m+n} \sum_{q=1}^{w} d_{pq}}{(m+n) \cdot (w)} \tag{9.25}$$

em que d_{pq} representa a distância entre qualquer observação p do cluster *MN* e qualquer observação q do *cluster W*, e $m+n$ e w representam, respectivamente, a quantidade de observações nos *clusters MN* e *W*.

Na próxima seção, apresentaremos um exemplo prático que será resolvido algebricamente, a partir do qual os conceitos referentes aos métodos hierárquicos aglomerativos poderão ser fixados.

9.2.2.1.2. Exemplo prático de análise de agrupamentos com esquemas de aglomeração hierárquicos

Imagine que o professor de uma faculdade, bastante preocupado com a capacidade de aprendizado dos alunos em sua disciplina de métodos quantitativos, tenha o interesse em alocá-los em grupos com a maior homogeneidade possível, com base nas notas obtidas no vestibular em disciplinas consideradas quantitativas (Matemática, Física e Química).

Nesse sentido, o professor fez um levantamento sobre essas notas, que variam de 0 a 10, e, dado que realizará uma análise de agrupamentos inicialmente de maneira algébrica, resolveu trabalhar, para efeitos didáticos, apenas com cinco alunos. O banco de dados encontra-se na Tabela 9.11.

Tabela 9.11 Exemplo: Notas de Matemática, Física e Química no vestibular.

Estudante (observação)	Nota de Matemática (X_{1i})	Nota de Física (X_{2i})	Nota de Química (X_{3i})
Gabriela	3,7	2,7	9,1
Luiz Felipe	7,8	8,0	1,5
Patrícia	8,9	1,0	2,7
Ovídio	7,0	1,0	9,0
Leonor	3,4	2,0	5,0

Com base nos dados obtidos, é construído o gráfico da Figura 9.11, e, como as variáveis são métricas, será adotada a medida de dissimilaridade conhecida por distância euclidiana para a análise de agrupamentos. Além disso, **como todas as variáveis apresentam valores na mesma unidade de medida (notas de 0 a 10), não será necessária, nesse caso, a elaboração da padronização pelo procedimento *Zscores*.**

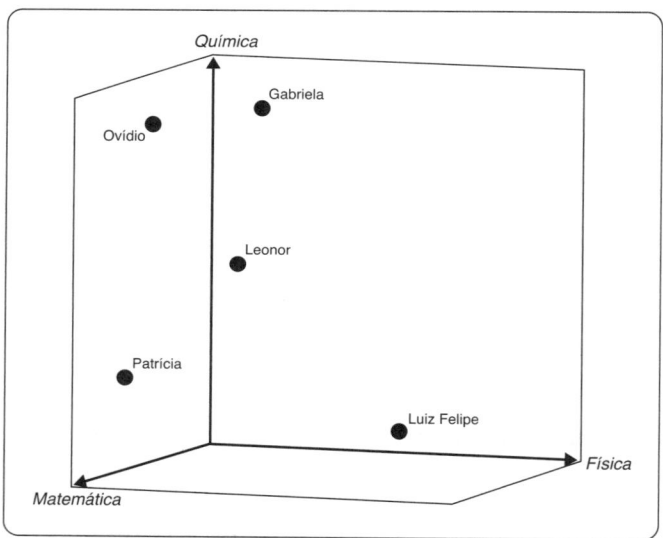

Figura 9.11 Gráfico tridimensional com posição relativa dos cinco estudantes.

Nas próximas seções, serão elaborados os esquemas hierárquicos aglomerativos com base na distância euclidiana, por meio dos três métodos de encadeamento estudados.

9.2.2.1.2.1. Método de encadeamento único (*nearest neighbor* ou *single linkage*)

A partir dos dados apresentados na Tabela 9.11, iremos, neste momento, elaborar uma análise de agrupamentos por meio de um esquema de aglomeração hierárquico com método de encadeamento único. Inicialmente, definimos a matriz $\mathbf{D_0}$, composta pelas distâncias euclidianas (dissimilaridades) entre cada par de observações, conforme segue:

$$
D_0 = \begin{array}{c|ccccc}
 & \textbf{Gabriela} & \textbf{Luiz Felipe} & \textbf{Patrícia} & \textbf{Ovídio} & \textbf{Leonor} \\
\hline
\textbf{Gabriela} & 0{,}000 & & & & \\
\textbf{Luiz Felipe} & 10{,}132 & 0{,}000 & & & \\
\textbf{Patrícia} & 8{,}420 & 7{,}187 & 0{,}000 & & \\
\textbf{Ovídio} & 3{,}713 & 10{,}290 & 6{,}580 & 0{,}000 & \\
\textbf{Leonor} & 4{,}170 & 8{,}223 & 6{,}045 & 5{,}474 & 0{,}000 \\
\end{array}
$$

É importante mencionar que, neste momento inicial, cada observação é considerada um *cluster* individual, ou seja, no estágio 0, temos 5 *clusters* (tamanho da amostra). Em destaque, na matriz D_0, está a menor distância entre todas as observações e, portanto, serão inicialmente agrupadas, no primeiro estágio, as observações **Gabriela** e **Ovídio**, que passam a formar um novo *cluster*.

Para que seja elaborado o próximo estágio de aglomeração, devemos construir a matriz D_1, em que são calculadas as distâncias entre o *cluster* **Gabriela-Ovídio** e as demais observações, ainda isoladas. Dessa forma, por meio do método de encadeamento único e com base na expressão (9.23), temos que:

$$d_{\text{(Gabriela-Ovídio)Luiz Felipe}} = \textbf{mín } \{\textbf{10,132; 10,290}\} = 10{,}132$$

$$d_{\text{(Gabriela-Ovídio)Patrícia}} = \textbf{mín } \{\textbf{8,420; 6,580}\} = 6{,}580$$

$$d_{\text{(Gabriela-Ovídio)Leonor}} = \textbf{mín } \{\textbf{4,170; 5,474}\} = 4{,}170$$

A matriz D_1 encontra-se a seguir:

$$
D_1 = \begin{array}{c|cccc}
 & \textbf{Gabriela Ovídio} & \textbf{Luiz Felipe} & \textbf{Patrícia} & \textbf{Leonor} \\
\hline
\textbf{Gabriela Ovídio} & 0{,}000 & & & \\
\textbf{Luiz Felipe} & 10{,}132 & 0{,}000 & & \\
\textbf{Patrícia} & 6{,}580 & 7{,}187 & 0{,}000 & \\
\textbf{Leonor} & 4{,}170 & 8{,}223 & 6{,}045 & 0{,}000 \\
\end{array}
$$

Da mesma forma, na matriz D_1 está em destaque a menor distância entre todas. Portanto, no segundo estágio, é inserida a observação **Leonor** no *cluster* já formado **Gabriela-Ovídio**. As observações **Luiz Felipe** e **Patrícia** permanecem ainda isoladas.

Para que possamos dar o próximo passo, devemos construir a matriz D_2, em que são calculadas as distâncias entre o *cluster* **Gabriela-Ovídio-Leonor** e as duas observações remanescentes. Analogamente, temos que:

$$d_{\text{(Gabriela-Ovídio-Leonor)Luiz Felipe}} = \textbf{mín } \{\textbf{10,132; 8,223}\} = 8{,}223$$

$$d_{\text{(Gabriela-Ovídio-Leonor)Patrícia}} = \textbf{mín } \{\textbf{6,580; 6,045}\} = 6{,}045$$

A matriz D_2 pode ser escrita como:

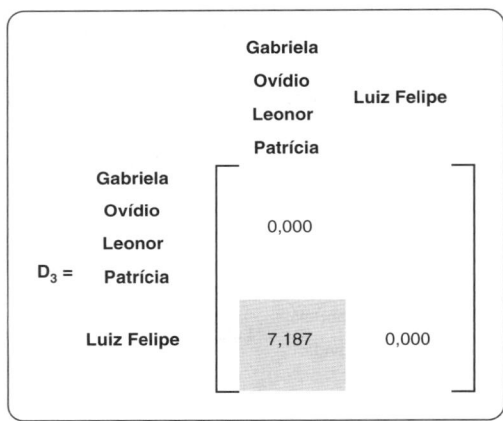

$$D_2 = \begin{array}{c|ccc} & \begin{array}{c}\text{Gabriela} \\ \text{Ovídio} \\ \text{Leonor}\end{array} & \text{Luiz Felipe} & \text{Patrícia} \\ \hline \begin{array}{c}\text{Gabriela} \\ \text{Ovídio} \\ \text{Leonor}\end{array} & 0{,}000 & & \\ \text{Luiz Felipe} & 8{,}223 & 0{,}000 & \\ \text{Patrícia} & 6{,}045 & 7{,}187 & 0{,}000 \end{array}$$

No terceiro estágio de aglomeração, é incorporada a observação **Patrícia** no *cluster* **Gabriela-Ovídio-Leonor**, visto que a correspondente distância é a menor entre todas as apresentadas na matriz D_2. Portanto, podemos escrever a matriz D_3, que se encontra na sequência, levando em consideração o seguinte critério:

$$d_{(\text{Gabriela-Ovídio-Leonor-Patrícia}) \text{ Luiz Felipe}} = \textbf{mín } \{\textbf{8,223; 7,187}\} = 7{,}187$$

$$D_3 = \begin{array}{c|cc} & \begin{array}{c}\text{Gabriela} \\ \text{Ovídio} \\ \text{Leonor} \\ \text{Patrícia}\end{array} & \text{Luiz Felipe} \\ \hline \begin{array}{c}\text{Gabriela} \\ \text{Ovídio} \\ \text{Leonor} \\ \text{Patrícia}\end{array} & 0{,}000 & \\ \text{Luiz Felipe} & 7{,}187 & 0{,}000 \end{array}$$

Por fim, no quarto e último estágio, todas as observações estão alocadas no mesmo agrupamento, encerrando-se, assim, o processo hierárquico. A Tabela 9.12 apresenta um resumo desse esquema de aglomeração elaborado por meio do método de encadeamento único.

Tabela 9.12 Esquema de aglomeração pelo método de encadeamento único.

Estágio	Agrupamento	Observação agrupada	Menor distância euclidiana
1	Gabriela	Ovídio	3,713
2	Gabriela – Ovídio	Leonor	4,170
3	Gabriela – Ovídio – Leonor	Patrícia	6,045
4	Gabriela – Ovídio – Leonor – Patrícia	Luiz Felipe	7,187

Com base nesse esquema de aglomeração, podemos construir um gráfico em formato de árvore, conhecido como **dendrograma** ou **fenograma**, cujo intuito é ilustrar o passo a passo dos agrupamentos e facilitar a visualização da alocação de cada observação em cada estágio. O dendrograma encontra-se na Figura 9.12.

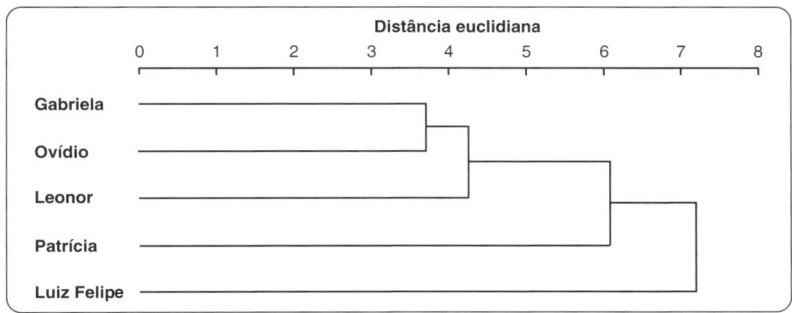

Figura 9.12 Dendrograma – Método de encadeamento único.

Por meio das Figuras 9.13 e 9.14, temos condições de interpretar o dendrograma construído.

Inicialmente, traçamos três linhas (I, II e III) ortogonais às linhas do dendrograma, conforme mostra a Figura 9.13, que permitem identificar as quantidades de agrupamentos em cada estágio de aglomeração, bem como as observações em cada *cluster*.

Assim, a linha I "corta" o dendrograma imediatamente após o primeiro estágio de aglomeração e, neste momento, podemos verificar que existem quatro *clusters* (quatro encontros com as linhas horizontais do dendrograma), um deles formado pelas observações **Gabriela** e **Ovídio**, e os demais, pelas observações individuais.

Já a linha II encontra três linhas horizontais do dendrograma, o que significa que, após o segundo estágio, em que foi incorporada a observação **Leonor** ao agrupamento já formado **Gabriela-Ovídio**, existem três *clusters*.

Por fim, a linha III é desenhada imediatamente após o terceiro estágio, em que ocorre o agrupamento da observação **Patrícia** com o *cluster* **Gabriela-Ovídio-Leonor**. Como são identificados dois encontros entre essa linha e as linhas horizontais do dendrograma, verificamos que a observação **Luiz Felipe** permanece isolada, enquanto as demais formam um único agrupamento.

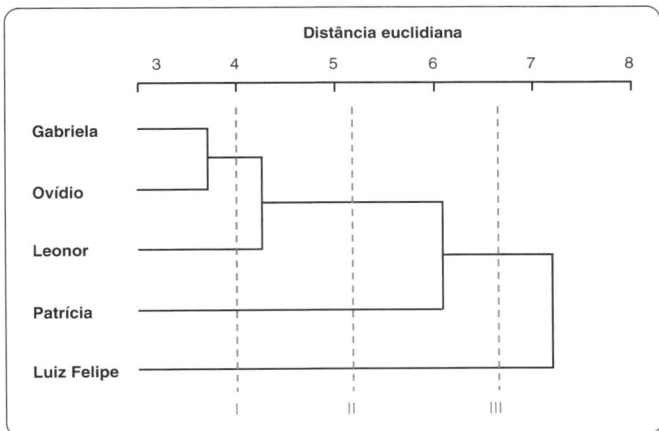

Figura 9.13 Interpretação do dendrograma – Quantidade de *clusters* e alocação das observações.

Além de propiciar o estudo sobre a quantidade de *clusters* em cada estágio de aglomeração, bem como sobre a alocação das observações, o dendrograma também permite que o pesquisador analise a magnitude dos saltos de distância para que se estabeleçam os agrupamentos. Um salto com magnitude elevada, em comparação aos demais, pode indicar que determinada observação ou *cluster* consideravelmente distintos estejam incorporados a agrupamentos já formados, o que fornece subsídios ao estabelecimento de uma solução da quantidade de agrupamentos sem a necessidade de um próximo estágio de aglomeração.

Embora se saiba que a determinação taxativa de uma solução da quantidade de *clusters* pode prejudicar a análise, o estabelecimento de um indício dessa quantidade, dados a medida de distância utilizada e o método de encadeamento adotado, pode fazer o pesquisador compreender mais razoavelmente as características das observações que levaram a esse fato. Além disso, como a quantidade de agrupamentos é importante para a elaboração de esquemas de aglomeração não hierárquicos, essa informação (considerada *output* do esquema hierárquico) pode servir de *input* para o procedimento *k-means*.

A Figura 9.14 apresenta três saltos de distância (A, B e C), referentes a cada um dos estágios de aglomeração, e, a partir de sua análise, podemos verificar que o salto B, que representa a incorporação da observação **Patrícia** ao *cluster* já formado **Gabriela-Ovídio-Leonor**, é o maior dos três. Assim, caso haja a intenção de definir uma quantidade interessante de agrupamentos nesse exemplo, o pesquisador pode optar pela solução com três *clusters* (linha II da Figura 9.13), sem o estágio em que é incorporada a observação **Patrícia**, visto que possivelmente apresenta características não tão homogêneas que inviabilizam sua inclusão no *cluster* já formado, dado o grande salto de distância. Nesse caso, portanto, teríamos um agrupamento formado por **Gabriela**, **Ovídio** e **Leonor**, outro formado apenas por **Patrícia** e um terceiro formado apenas por **Luiz Felipe**.

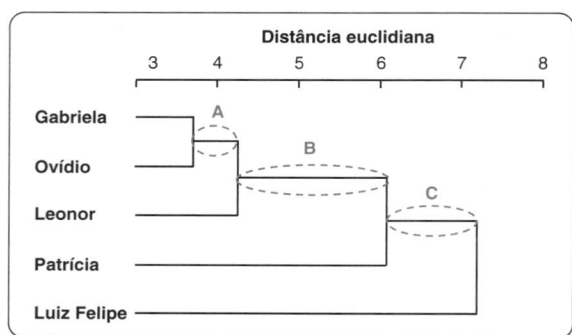

Figura 9.14 Interpretação do dendrograma – Saltos de distância.

Um **critério muito útil para a identificação da quantidade de *clusters***, quando do uso de medidas de dissimilaridade em métodos aglomerativos, consiste em **identificar um considerável salto de distância** (quando possível) e definir a quantidade de agrupamentos formados no estágio de aglomeração imediatamente anterior ao grande salto, visto que **saltos muito elevados podem incorporar observações com características não tão homogêneas**.

Além disso, é relevante também comentar que, caso os saltos de distância de um estágio para outro sejam pequenos, pela existência de variáveis com valores muito próximos para as observações, o que pode dificultar a leitura do dendrograma, **o pesquisador poderá fazer uso da distância quadrática euclidiana, a fim de que os saltos fiquem mais nítidos e explicitados**, facilitando a identificação dos agrupamentos no dendrograma e propiciando melhores argumentos para a tomada de decisão.

Softwares como o SPSS, o Stata, o R e o Python apresentam dendrogramas com medidas de distância rescalonadas, a fim de facilitar a interpretação da alocação de cada observação e a visualização dos grandes saltos de distância.

A Figura 9.15 apresenta, de forma ilustrativa, como podem ser estabelecidos os agrupamentos após a elaboração do método de encadeamento único.

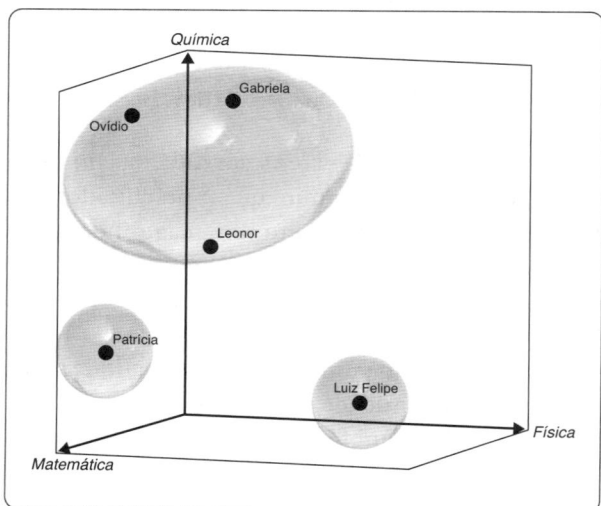

Figura 9.15 Sugestão de agrupamentos formados após o método de encadeamento único.

Na sequência, elaboraremos o mesmo exemplo, porém fazendo uso dos métodos de encadeamento completo e médio, a fim de que possam ser comparados os ordenamentos das observações e os saltos de distância.

9.2.2.1.2.2. Método de encadeamento completo (*furthest neighbor* ou *complete linkage*)

A matriz $\mathbf{D_0}$, reproduzida a seguir, é obviamente a mesma, e a menor distância euclidiana, em destaque, ocorre entre as observações **Gabriela** e **Ovídio**, que passam a formar o primeiro agrupamento. Ressalta-se que o primeiro agrupamento será sempre o mesmo, independentemente do método de encadeamento adotado, visto que o primeiro estágio sempre levará em consideração a menor distância entre dois pares de observações ainda isoladas.

		Gabriela	Luiz Felipe	Patrícia	Ovídio	Leonor
	Gabriela	0,000				
	Luiz Felipe	10,132	0,000			
$\mathbf{D_0} =$	Patrícia	8,420	7,187	0,000		
	Ovídio	3,713	10,290	6,580	0,000	
	Leonor	4,170	8,223	6,045	5,474	0,000

No método de encadeamento completo, devemos fazer uso da expressão (9.24), a fim de que possa ser construída a matriz $\mathbf{D_1}$, conforme segue:

$$d_{(\text{Gabriela-Ovídio})\text{Luiz Felipe}} = \textbf{máx \{10,132; 10,290\}} = 10,290$$

$$d_{(\text{Gabriela-Ovídio})\text{Patrícia}} = \textbf{máx \{8,420; 6,580\}} = 8,420$$

$$d_{(\text{Gabriela-Ovídio})\text{Leonor}} = \textbf{máx \{4,170; 5,474\}} = 5,474$$

A matriz $\mathbf{D_1}$ encontra-se a seguir, e, por meio dela, podemos verificar que a observação **Leonor** será incorporada ao *cluster* formado por **Gabriela** e **Ovídio**. Novamente, o menor valor, entre todos apresentados na matriz $\mathbf{D_1}$, encontra-se em destaque.

		Gabriela Ovídio	Luiz Felipe	Patrícia	Leonor
	Gabriela Ovídio	0,000			
	Luiz Felipe	10,290	0,000		
$\mathbf{D_1} =$	Patrícia	8,420	7,187	0,000	
	Leonor	5,474	8,223	6,045	0,000

Assim como o verificado quando da elaboração do método de encadeamento único, aqui, as observações **Luiz Felipe** e **Patrícia** também permanecem isoladas neste estágio. As diferenças entre os métodos começam a surgir na sequência. Vamos, portanto, construir a matriz $\mathbf{D_2}$, fazendo uso dos seguintes critérios:

$$d_{(Gabriela-Ovídio-Leonor)Luiz\ Felipe} = \textbf{máx \{10,290; 8,223\}} = 10,290$$

$$d_{(Gabriela-Ovídio-Leonor)Patrícia} = \textbf{máx \{8,420; 6,045\}} = 8,420$$

A matriz $\mathbf{D_2}$ pode ser escrita como:

$$
\mathbf{D_2} =
\begin{array}{c|ccc}
 & \begin{array}{c}\text{Gabriela}\\\text{Ovídio}\\\text{Leonor}\end{array} & \text{Luiz Felipe} & \text{Patrícia} \\
\hline
\begin{array}{c}\text{Gabriela}\\\text{Ovídio}\\\text{Leonor}\end{array} & 0,000 & & \\
\text{Luiz Felipe} & 10,290 & 0,000 & \\
\text{Patrícia} & 8,420 & 7,187 & 0,000
\end{array}
$$

No terceiro estágio de aglomeração, um novo agrupamento é formado pela fusão das observações **Patrícia** e **Luiz Felipe**, visto que o critério *furthest neighbor* adotado pelo método de encadeamento completo faz a distância entre essas duas observações ser a menor entre todas calculadas para a construção da matriz $\mathbf{D_2}$. Note, portanto, que, nesse estágio, ocorrem diferenças em relação ao método de encadeamento único no que diz respeito ao ordenamento e à alocação das observações em grupos.

Para a construção da matriz $\mathbf{D_3}$, portanto, devemos levar em consideração o seguinte critério:

$$d_{(Gabriela-Ovídio-Leonor)\ (Luiz\ Felipe-Patrícia)} = \textbf{máx \{10,290; 8,420\}} = 10,290$$

$$
\mathbf{D_3} =
\begin{array}{c|cc}
 & \begin{array}{c}\text{Gabriela}\\\text{Ovídio}\\\text{Leonor}\end{array} & \begin{array}{c}\text{Luiz Felipe}\\\text{Patrícia}\end{array} \\
\hline
\begin{array}{c}\text{Gabriela}\\\text{Ovídio}\\\text{Leonor}\end{array} & 0,000 & \\
\begin{array}{c}\text{Luiz Felipe}\\\text{Patrícia}\end{array} & 10,290 & 0,000
\end{array}
$$

Da mesma forma, no quarto e último estágio, todas as observações estão alocadas no mesmo *cluster*, visto que há o agrupamento de **Gabriela-Ovídio-Leonor** com **Luiz Felipe-Patrícia**. A Tabela 9.13 apresenta um resumo desse esquema de aglomeração, elaborado por meio do método de encadeamento completo.

Tabela 9.13 Esquema de aglomeração pelo método de encadeamento completo.

Estágio	Agrupamento	Observação agrupada	Menor distância euclidiana
1	Gabriela	Ovídio	3,713
2	Gabriela – Ovídio	Leonor	5,474
3	Luiz Felipe	Patrícia	7,187
4	Gabriela – Ovídio – Leonor	Luiz Felipe – Patrícia	10,290

O dendrograma desse esquema de aglomeração encontra-se na Figura 9.16. Podemos inicialmente verificar que o ordenamento das observações é diferente do observado no dendrograma da Figura 9.12.

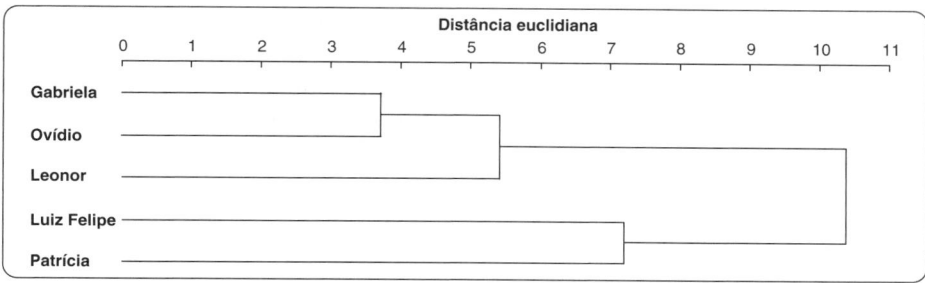

Figura 9.16 Dendrograma – Método de encadeamento completo.

Analogamente ao realizado no método anterior, optamos por desenhar duas linhas verticais (I e II) sobre o maior salto de distância, conforme podemos observar na Figura 9.17.

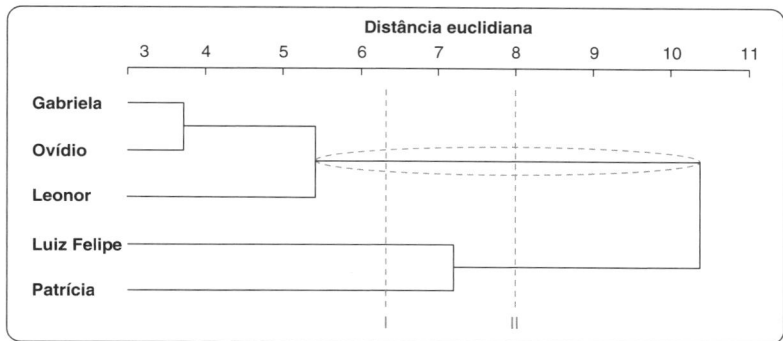

Figura 9.17 Interpretação do dendrograma – *Clusters* e salto de distância.

Logo, caso o pesquisador opte por considerar três *clusters*, a solução ficará igual àquela encontrada anteriormente pelo método de encadeamento único, sendo um composto por **Gabriela**, **Ovídio** e **Leonor**, outro, por **Luiz Felipe**, e um terceiro, por **Patrícia** (linha I da Figura 9.17). Entretanto, caso opte por definir dois agrupamentos (linha II), a solução será diferente, visto que, nesse caso, o segundo *cluster* será formado por **Luiz Felipe** e **Patrícia**, enquanto no caso anterior, era formado apenas por **Luiz Felipe**, já que a observação **Patrícia** fora alocada no primeiro *cluster*.

Analogamente ao realizado no método anterior, a Figura 9.18 apresenta, de forma ilustrativa, como podem ser estabelecidos os agrupamentos após a elaboração do método de encadeamento completo.

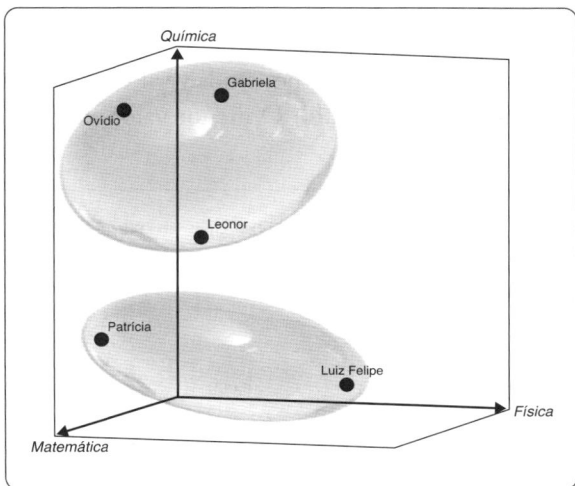

Figura 9.18 Sugestão de agrupamentos formados após o método de encadeamento completo.

A definição do método de aglomeração pode ser embasada pela aplicação do método de encadeamento médio, em que dois grupos sofrem fusão com base na distância média entre todos os pares de observações pertencentes a esses grupos. Portanto, conforme discutimos, **caso o método mais adequado seja o de encadeamento único pela existência de observações com considerável afastamento, o ordenamento e a alocação das observações serão mantidos pelo método de encadeamento médio.** Por outro lado, **os *outputs* desse método apresentarão consistência com a solução obtida pelo método de encadeamento completo no que diz respeito ao ordenamento e à alocação das observações, caso estas sejam bastante similares nas variáveis em estudo.**

Neste sentido, é recomendável que o pesquisador aplique os três métodos de encadeamento quando da elaboração de análise de agrupamento por meio de esquemas de aglomeração hierárquicos. Vamos, portanto, ao método de encadeamento médio.

9.2.2.1.2.3. Método de encadeamento médio (*between groups* ou *average linkage*)

Inicialmente, reproduzimos a seguir a matriz de distâncias euclidianas entre cada par de observações (matriz D_0), com destaque novamente para a menor distância entre elas.

	Gabriela	Luiz Felipe	Patrícia	Ovídio	Leonor
Gabriela	0,000				
Luiz Felipe	10,132	0,000			
Patrícia	8,420	7,187	0,000		
Ovídio	3,713	10,290	6,580	0,000	
Leonor	4,170	8,223	6,045	5,474	0,000

$D_0 =$ (à esquerda da matriz)

Com base na expressão (9.25), temos condições de calcular os termos da matriz D_1, dado que já é formado o primeiro *cluster* **Gabriela-Ovídio**. Assim, temos que:

$$d_{(Gabriela-Ovídio)Luiz\ Felipe} = \frac{10,132 + 10,290}{2} = 10,211$$

$$d_{(Gabriela-Ovídio)Patrícia} = \frac{8,420 + 6,580}{2} = 7,500$$

$$d_{(Gabriela-Ovídio)Leonor} = \frac{4,170 + 5,474}{2} = 4,822$$

A matriz D_1 encontra-se a seguir, e, por meio dela, podemos verificar que a observação **Leonor** é novamente incorporada ao *cluster* formado por **Gabriela** e **Ovídio**. O menor valor, entre todos apresentados na matriz D_1, também se encontra em destaque.

	Gabriela Ovídio	Luiz Felipe	Patrícia	Leonor
Gabriela Ovídio	0,000			
Luiz Felipe	10,211	0,000		
Patrícia	7,500	7,187	0,000	
Leonor	4,822	8,223	6,045	0,000

$D_1 =$ (à esquerda da matriz)

Para a construção da matriz D_2, em que são calculadas as distâncias entre o *cluster* **Gabriela-Ovídio-Leonor** e as duas observações remanescentes, devemos elaborar os seguintes cálculos:

$$d_{\text{(Gabriela-Ovídio-Leonor) Luiz Felipe}} = \frac{10,132 + 10,290 + 8,223}{3} = 9,548$$

$$d_{\text{(Gabriela-Ovídio-Leonor) Patrícia}} = \frac{8,420 + 6,580 + 6,045}{3} = 7,015$$

Note que as distâncias utilizadas para o cálculo das dissimilaridades a serem inseridas na matriz D_2 são as medidas euclidianas originais entre cada par de observações, ou seja, são provenientes da matriz D_0. A matriz D_2 encontra-se a seguir:

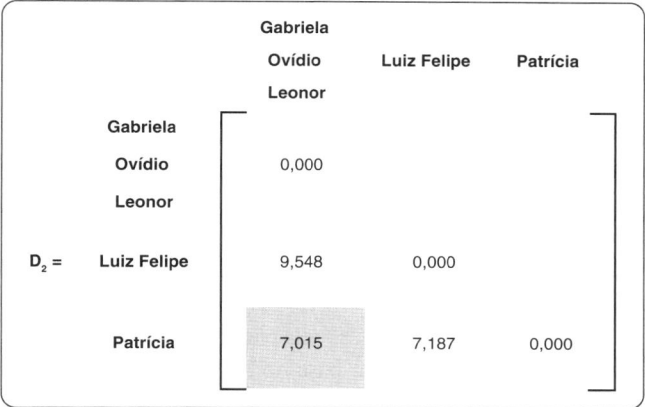

Assim como verificado quando da elaboração do método de encadeamento único, aqui, a observação **Patrícia** também é incorporada ao *cluster* já formado por **Gabriela**, **Ovídio** e **Leonor**, permanecendo isolada a observação **Luiz Felipe**. Por fim, a matriz D_3 pode ser construída a partir do seguinte cálculo:

$$d_{\text{(Gabriela-Ovídio-Leonor-Patrícia)Luiz Felipe}} = \frac{10,132 + 10,290 + 8,223 + 7,187}{4} = 8,958$$

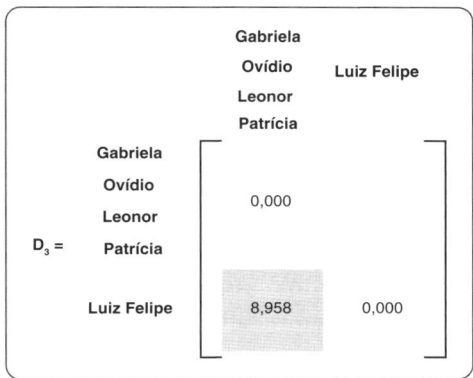

Novamente, no quarto e último estágio, todas as observações estão no mesmo agrupamento. A Tabela 9.14 e a Figura 9.19 apresentam, respectivamente, o resumo desse esquema de aglomeração e o correspondente dendrograma resultante desse método de encadeamento médio.

Tabela 9.14 Esquema de aglomeração pelo método de encadeamento médio.

Estágio	Agrupamento	Observação agrupada	Menor distância euclidiana
1	Gabriela	Ovídio	3,713
2	Gabriela – Ovídio	Leonor	4,822
3	Gabriela – Ovídio – Leonor	Patrícia	7,015
4	Gabriela – Ovídio – Leonor – Patrícia	Luiz Felipe	8,958

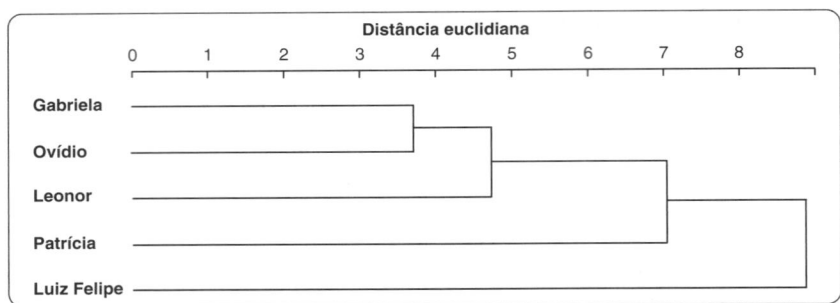

Figura 9.19 Dendrograma – Método de encadeamento médio.

Podemos verificar que a Tabela 9.14 e a Figura 9.19, embora com outros valores de distância, apresentam o mesmo ordenamento e a mesma alocação de observações nos agrupamentos que os apresentados, respectivamente, na Tabela 9.12 e na Figura 9.12, obtidos quando da elaboração do método de encadeamento único.

Nesse sentido, podemos afirmar que as observações são consideravelmente distintas em relação às variáveis estudadas, fato comprovado pela consistência de respostas obtidas pelos métodos de encadeamento único e médio. Caso as observações fossem mais similares, fato não observado no gráfico da Figura 9.11, a consistência de respostas ocorreria entre os métodos de encadeamento completo e médio, conforme já discutido. Portanto, **a elaboração inicial de gráficos de dispersão, quando possível, pode auxiliar o pesquisador, ainda que de forma preliminar, na escolha do método a ser adotado**.

Os esquemas de aglomeração hierárquicos são bastante úteis para oferecer uma possibilidade de que seja analisada, de forma exploratória, a similaridade entre observações com base no comportamento de determinadas variáveis. É de fundamental importância, todavia, que o pesquisador compreenda que **esses métodos não são conclusivos** em si mesmos e mais de uma resposta pode ser obtida, dependendo do que se deseja e do comportamento dos dados.

Além disso, é preciso que o pesquisador tenha consciência sobre a sensibilidade desses métodos em relação à presença de *outliers*. **A existência de uma observação muito discrepante pode fazer outras observações, não tão similares entre si, serem alocadas em um mesmo agrupamento pelo fato de se diferenciarem mais substancialmente da considerada *outlier***. Portanto, é recomendável que sucessivas aplicações de esquemas hierárquicos aglomerativos com o método de encadeamento escolhido sejam elaboradas, e, em cada aplicação, seja identificada uma ou mais observações consideradas *outliers*. Esse procedimento tornará a análise de agrupamentos mais confiável, visto que poderão ser formados *clusters* cada vez mais homogêneos. O pesquisador tem a liberdade de caracterizar a observação mais discrepante como aquela que acabou por ficar isolada após o penúltimo estágio de aglomeração, caso aconteça, ou seja, antes da fusão total. Porém, muitos são os métodos para que se defina um *outlier*. Barnett e Lewis (1994), por exemplo, citam quase 1.000 artigos provenientes da literatura sobre *outliers*, e, para efeitos didáticos, discutiremos, no apêndice deste capítulo, um efetivo procedimento em Stata para a detecção de *outliers* quando de uma análise multivariada de dados.

É relevante também enfatizar, conforme discutimos na presente seção, que diferentes métodos de encadeamento, quando da elaboração de esquemas hierárquicos aglomerativos, devem ser aplicados ao mesmo banco de dados, e os **dendrogramas resultantes**, **comparados**. Esse procedimento auxiliará o pesquisador em sua tomada de decisão, tanto em relação à escolha de uma interessante quantidade de agrupamentos quanto em relação ao ordenamento das observações e à alocação de cada uma nos diferentes *clusters* formados. Isso propiciará inclusive que se tome uma decisão coerente em relação à quantidade de agrupamentos que poderá ser considerada *input* de uma eventual análise não hierárquica.

Por fim, mas não menos importante, vale a pena comentar que os esquemas de aglomeração apresentados nesta seção (Tabelas 9.12, 9.13 e 9.14) oferecem **valores crescentes das medidas de agrupamento pelo fato de ter sido adotada uma medida de dissimilaridade** (distância euclidiana) como critério de comparação entre as observações. Caso tivéssemos escolhido a correlação de Pearson entre as observações, medida de similaridade também utilizada para variáveis métricas, conforme discutimos na seção 9.2.1.1, **os valores das medidas de agrupamento nos esquemas de aglomeração seriam decrescentes**. Este último fato também ocorre para análises de agrupamento em que são utilizadas medidas de semelhança (similaridade), como as estudadas na seção 9.2.1.2, para avaliar o comportamento de observações com base em variáveis binárias.

Na próxima seção elaboraremos, de forma algébrica, o mesmo exemplo por meio da aplicação do esquema de aglomeração não hierárquico *k-means*.

9.2.2.2. Esquema de aglomeração não hierárquico *k-means*

Dentre os esquemas de aglomeração não hierárquicos, o procedimento *k-means* é o mais utilizado por pesquisadores em diversos campos do conhecimento. Dado que a quantidade de *clusters* é definida preliminarmente pelo pesquisador, esse procedimento pode ser elaborado após a aplicação de um esquema hierárquico aglomerativo quando não se tem ideia da quantidade de *clusters* que podem ser formados e, nessa situação, o *output* obtido por esse procedimento pode servir de *input* para o não hierárquico.

9.2.2.2.1. Notação

Assim como a elaborada na seção 9.2.2.1.1, apresentamos, a seguir, uma sequência lógica de passos, com base em Johnson e Wichern (2007), para que seja facilitado o entendimento da análise de agrupamentos, elaborada por meio do procedimento *k-means*:

1. Definimos a quantidade inicial de *clusters* e os respectivos centroides. O objetivo é dividir as observações do banco de dados em *K clusters*, de modo que aquelas dentro de cada *cluster* estejam mais próximas entre si se comparadas a qualquer outra pertencente a um diferente. Para tal, as observações precisam arbitrariamente ser alocadas nos *K clusters*, a fim de que possam ser calculados os respectivos centroides.
2. Devemos selecionar determinada observação que se encontra mais próxima de um centroide e realocá-la nesse *cluster*. Neste momento, outro *cluster* acaba de perder aquela observação, e, portanto, devem ser recalculados os centroides do *cluster* que a recebe e os do *cluster* que a perde.
3. Devemos proceder com o passo anterior até que não seja mais possível realocar observação alguma por maior proximidade a um centroide de outro *cluster*.

A coordenada $\overline{x}$ de um centroide deve ser recalculada quando da inclusão ou exclusão de determinada observação p no respectivo *cluster*, com base nas seguintes expressões:

$$\overline{x}_{novo} = \frac{N \cdot \overline{x} + x_p}{N + 1}, \text{ caso a observação } p \text{ seja inserida no } cluster \text{ em análise} \qquad (9.26)$$

$$\overline{x}_{novo} = \frac{N \cdot \overline{x} + x_p}{N - 1}, \text{ caso a observação } p \text{ seja excluída do } cluster \text{ em análise} \qquad (9.27)$$

em que N e $\overline{x}$ referem-se, respectivamente, à quantidade de observações no *cluster* e à coordenada de seu centroide antes da realocação daquela observação. Além disso, x_p refere-se à coordenada da observação p que sofreu mudança de *cluster*.

A Figura 9.20 apresenta, para duas variáveis (X_1 e X_2), uma situação hipotética que representa o término do procedimento *k-means*, em que não é mais possível realocar observação alguma pelo fato de não mais haver maiores proximidades a centroides de outros agrupamentos.

A matriz de distâncias entre as observações não precisa ser definida a cada passo, ao contrário dos esquemas de aglomeração hierárquicos, o que reduz a exigência em relação à capacidade computacional, permitindo que os esquemas de aglomeração não hierárquicos possam ser aplicados a bancos de dados consideravelmente maiores que aqueles tradicionalmente estudados por meio de esquemas hierárquicos.

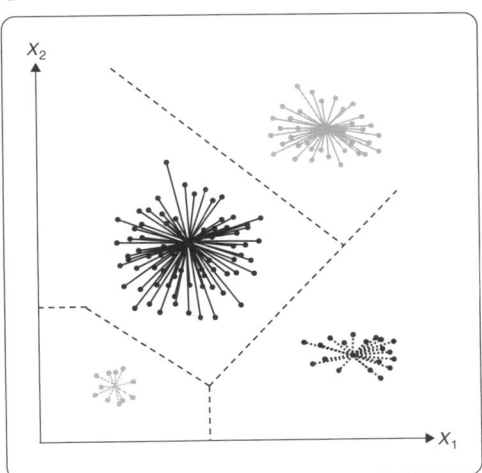

Figura 9.20 Situação hipotética que representa o término do procedimento *k-means*.

Além disso, lembramos que as variáveis devem ser padronizadas antes da elaboração do procedimento *k-means*, assim como nos esquemas de aglomeração hierárquicos, caso os respectivos valores não estejam na mesma unidade de medida.

Finalmente, após a conclusão desse procedimento, é importante que o pesquisador estude se os valores de determinada variável métrica diferem-se entre os grupos definidos, ou seja, se a variabilidade entre os *clusters* é significativamente superior à variabilidade interna a cada *cluster*. O teste *F* da análise de variância de um fator (em inglês, *one-way analysis of variance* ou *one-way ANOVA*) permite que seja elaborada essa análise, sendo que suas hipóteses nula e alternativa podem ser definidas da seguinte maneira:

H_0: a variável em análise apresenta a mesma média em todos os grupos formados.

H_1: a variável em análise apresenta média diferente em pelo menos um dos grupos em relação aos demais.

Dessa forma, um único teste *F* pode ser aplicado para cada variável, com o intuito de se avaliar a existência de pelo menos uma diferença entre todas as possibilidades de comparações, e, nesse sentido, a principal vantagem de sua aplicação reside no fato de que não precisam ser elaborados ajustes em relação a dimensões discrepantes dos grupos para se analisarem diversas comparações. Por outro lado, a rejeição da hipótese nula, a determinado nível de significância, não permite que o pesquisador saiba qual(is) grupo(s) é(são) estatisticamente diferente(s) dos demais em relação à variável em análise.

A expressão da estatística *F*, correspondente a esse teste, é dada pela seguinte expressão:

$$F = \frac{variabilidade\ entre\ os\ grupos}{variabilidade\ dentro\ dos\ grupos} = \frac{\dfrac{\sum\limits_{k=1}^{K} N_k \cdot (\overline{X}_k - \overline{X})^2}{K-1}}{\dfrac{\sum\limits_{ki}(X_{ki} - \overline{X}_k)^2}{n-K}} \tag{9.28}$$

em que N representa a quantidade de observações no *k*-ésimo *cluster*, $\overline{X}_k$ é a média da variável X no mesmo *k*-ésimo *cluster*, $\overline{X}$ é a média geral da variável X e X_{ki} é o valor que a variável X assume para determinada observação i presente no *k*-ésimo *cluster*. Além disso, K representa a quantidade de grupos (*clusters*) a serem comparados, e n, o tamanho da amostra.

Fazendo uso da estatística *F*, o pesquisador terá condições de identificar as variáveis cujas médias mais se diferem entre os grupos, ou seja, aquelas que mais contribuem para a formação de pelo menos um dos K *clusters* (maior estatística *F*), bem como aquelas que não contribuem para a formação da quantidade sugerida de agrupamentos, a determinado nível de significância.

Na próxima seção, apresentaremos um exemplo prático que será resolvido por meio de solução algébrica, a partir do qual os conceitos referentes ao procedimento *k-means* poderão ser fixados.

9.2.2.2.2. Exemplo prático de análise de agrupamentos com esquema de aglomeração não hierárquico *k-means*

Para resolução algébrica do esquema de aglomeração não hierárquico *k-means*, faremos uso dos dados de nosso próprio exemplo, que se encontram na Tabela 9.11 e são reproduzidos na Tabela 9.15.

Tabela 9.15 Exemplo: Notas de Matemática, Física e Química no vestibular.

Estudante (observação)	Nota de Matemática (X_{1i})	Nota de Física (X_{2i})	Nota de Química (X_{3i})
Gabriela	3,7	2,7	9,1
Luiz Felipe	7,8	8,0	1,5
Patrícia	8,9	1,0	2,7
Ovídio	7,0	1,0	9,0
Leonor	3,4	2,0	5,0

Softwares como o SPSS utilizam a distância euclidiana como padrão de medida de dissimilaridade, razão pela qual elaboraremos os procedimentos algébricos com base nessa medida. Esse critério inclusive permitirá que os resultados obtidos sejam comparados com os encontrados quando da elaboração dos esquemas de aglomeração hierárquicos na seção 9.2.2.1.2, visto que, naquelas situações, também foi utilizada a distância euclidiana. Da mesma forma, não será também necessária a padronização das variáveis pelo procedimento *Zscores*, já que apresentam valores na mesma unidade de medida (notas de 0 a 10). Caso contrário, **é de fundamental importância que o pesquisador padronize as variáveis antes da elaboração do procedimento *k-means*.**

Fazendo uso da sequência lógica apresentada na seção 9.2.2.2.1, vamos elaborar o procedimento *k-means* com $K = 3$ *clusters*. Essa quantidade de agrupamentos pode ser oriunda de uma decisão do pesquisador pautada por determinado critério preliminar ou escolhida com base nos *outputs* dos esquemas de aglomeração hierárquicos. No nosso caso, a decisão foi tomada com base na comparação dos dendrogramas já elaborados e pela semelhança dos *outputs* obtidos pelos métodos de encadeamento único e médio.

Assim, precisamos alocar arbitrariamente as observações em três *clusters*, a fim de que possam ser calculados os respectivos centroides. Portanto, podemos definir que as observações **Gabriela** e **Luiz Felipe** formam o primeiro *cluster*, **Patrícia** e **Ovídio**, o segundo, e **Leonor**, o terceiro. A Tabela 9.16 apresenta a formação arbitrária desses *clusters* preliminares, bem como o cálculo das coordenadas dos respectivos centroides, o que possibilita o passo inicial do algoritmo do procedimento *k-means*.

Tabela 9.16 Alocação arbitrária das observações em $K = 3$ *clusters* e cálculo das coordenadas dos centroides – Passo inicial do procedimento *k-means*.

Agrupamento	Coordenadas dos centroides		
	Variável		
	Nota de Matemática	Nota de Física	Nota de Química
Gabriela Luiz Felipe	$\dfrac{3,7 + 7,8}{2} = 5,75$	$\dfrac{2,7 + 8,0}{2} = 5,35$	$\dfrac{9,1 + 1,5}{2} = 5,30$
Patrícia Ovídio	$\dfrac{8,9 + 7,0}{2} = 7,95$	$\dfrac{1,0 + 1,0}{2} = 1,00$	$\dfrac{2,7 + 9,0}{2} = 5,85$
Leonor	3,40	2,00	5,00

Com base nessas coordenadas, construímos o gráfico da Figura 9.21, que apresenta a alocação arbitrária de cada observação em seu *cluster*, bem como os respectivos centroides.

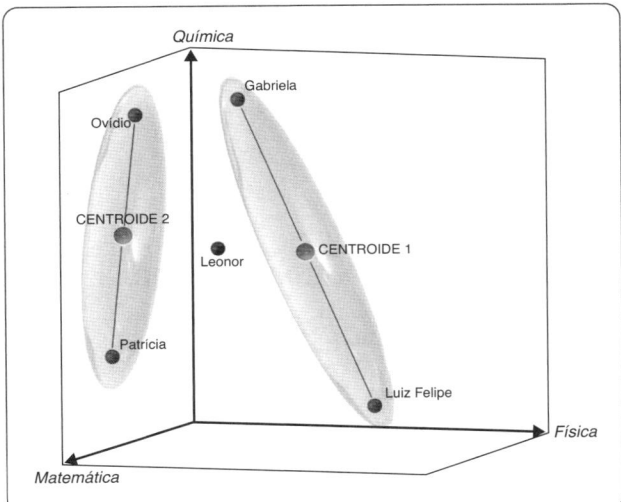

Figura 9.21 Alocação arbitrária das observações em $K = 3$ *clusters* e respectivos centroides – Passo inicial do procedimento *k-means*.

Com base no segundo passo da sequência lógica apresentada na seção 9.2.2.2.1, devemos escolher determinada observação e calcular a distância entre ela e os centroides de todos os agrupamentos, supondo que seja ou não realocada em cada *cluster*. Selecionando, por exemplo, a primeira observação (**Gabriela**), vamos calcular as distâncias entre ela e os centroides dos agrupamentos já formados (**Gabriela-Luiz Felipe**, **Patrícia-Ovídio** e **Leonor**) e, na sequência, supor que ela deixe seu *cluster* (**Gabriela-Luiz Felipe**) e seja inserida em um dos outros dois agrupamentos, formando o *cluster* **Gabriela-Patrícia-Ovídio** ou o **Gabriela-Leonor**. Assim, a partir das expressões (9.26) e (9.27), devemos recalcular as coordenadas dos novos centroides, simulando que, de fato, ocorra a realocação de **Gabriela** para um dos dois *clusters*, conforme mostra a Tabela 9.17.

Tabela 9.17 Simulação de realocação de Gabriela e cálculo das coordenadas dos novos centroides.

Agrupamento	Simulação	Coordenadas dos centroides		
		Variável		
		Nota de Matemática	Nota de Física	Nota de Química
Luiz Felipe	Exclusão de **Gabriela**	$\dfrac{2 \cdot (5,75) - 3,70}{2-1} = 7,80$	$\dfrac{2 \cdot (5,35) - 2,70}{2-1} = 8,00$	$\dfrac{2 \cdot (5,30) - 9,10}{2-1} = 1,50$
Gabriela Patrícia Ovídio	Inclusão de **Gabriela**	$\dfrac{2 \cdot (7,95) + 3,70}{2+1} = 6,53$	$\dfrac{2 \cdot (1,00) + 2,70}{2+1} = 1,57$	$\dfrac{2 \cdot (5,85) + 9,10}{2+1} = 6,93$
Gabriela Leonor	Inclusão de **Gabriela**	$\dfrac{1 \cdot (3,40) + 3,70}{1+1} = 3,55$	$\dfrac{1 \cdot (2,00) + 2,70}{1+1} = 2,35$	$\dfrac{1 \cdot (5,00) + 9,10}{1+1} = 7,05$

Obs.: Note que os valores calculados das coordenadas do centroide de **Luiz Felipe** são exatamente iguais às coordenadas originais dessa observação, conforme mostra a Tabela 9.15.

Nesse sentido, a partir das Tabelas 9.15, 9.16 e 9.17, podemos calcular as seguintes distâncias euclidianas:

- **Suposição de que Gabriela não seja realocada:**

$$d_{\text{Gabriela-(Gabriela-Luiz Felipe)}} = \sqrt{(3,70-5,75)^2 + (2,70-5,35)^2 + (9,10-5,30)^2} = 5,066$$

$$d_{\text{Gabriela-(Patrícia-Ovídio)}} = \sqrt{(3,70-7,95)^2 + (2,70-1,00)^2 + (9,10-5,85)^2} = 5,614$$

$$d_{\text{Gabriela-Leonor}} = \sqrt{(3,70-3,40)^2 + (2,70-2,00)^2 + (9,10-5,00)^2} = 4,170$$

- **Suposição de que Gabriela seja realocada:**

$$d_{\text{Gabriela-Luiz Felipe}} = \sqrt{(3,70-7,80)^2 + (2,70-8,00)^2 + (9,10-1,50)^2} = 10,132$$

$$d_{\text{Gabriela-(Gabriela-Patrícia-Ovídio)}} = \sqrt{(3,70-6,53)^2 + (2,70-1,57)^2 + (9,10-6,93)^2} = 3,743$$

$$d_{\text{Gabriela-(Gabriela-Leonor)}} = \sqrt{(3,70-3,55)^2 + (2,70-2,35)^2 + (9,10-7,05)^2} = 2,085$$

Como **Gabriela** encontra-se mais próxima do centroide de **Gabriela-Leonor** (menor distância euclidiana), devemos realocar essa observação no *cluster* formado inicialmente apenas pela observação **Leonor**. Logo, o *cluster* em que a observação **Gabriela** estava inicialmente (**Gabriela-Luiz Felipe**) acaba de perdê-la, passando a observação **Luiz Felipe** a compor um *cluster* individual; portanto, devem ser recalculados os centroides do *cluster* que a recebe e do que a perde. A Tabela 9.18 apresenta a formação dos novos *clusters*, assim como o cálculo das coordenadas dos respectivos centroides.

Tabela 9.18 Novos centroides com realocação de Gabriela.

Agrupamento	Coordenadas dos centroides		
	Variável		
	Nota de Matemática	Nota de Física	Nota de Química
Luiz Felipe	7,80	8,00	1,50
Patrícia Ovídio	7,95	1,00	5,85
Gabriela Leonor	$\frac{3,7+3,4}{2}=3,55$	$\frac{2,7+2,0}{2}=2,35$	$\frac{9,1+5,0}{2}=7,05$

Com base nessas novas coordenadas, podemos construir o gráfico que se encontra na Figura 9.22.

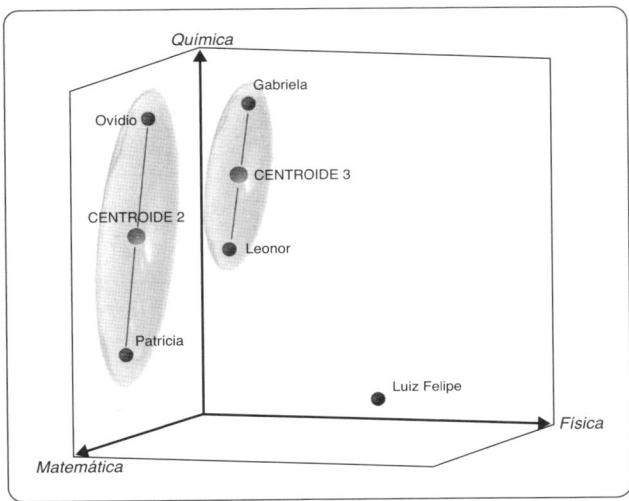

Figura 9.22 Novos *clusters* e respectivos centroides – Realocação de **Gabriela**.

Vamos proceder novamente com o passo anterior. Como a observação **Luiz Felipe** está, neste momento, isolada, vamos simular a realocação da terceira observação (**Patrícia**). Devemos calcular as distâncias entre ela e os centroides dos agrupamentos já formados (**Luiz Felipe**, **Patrícia-Ovídio** e **Gabriela-Leonor**) e, na sequência, supor que ela deixe seu *cluster* (**Patrícia-Ovídio**) e seja inserida em um dos outros dois agrupamentos, formando o *cluster* **Luiz Felipe-Patrícia** ou o **Gabriela-Patrícia-Leonor**. Também com base nas expressões (9.26) e (9.27), devemos recalcular as coordenadas dos novos centroides, simulando que de fato ocorra a realocação de **Patrícia** para um desses dois *clusters*, conforme mostra a Tabela 9.19.

Tabela 9.19 Simulação de realocação de Patrícia – Passo seguinte do algoritmo do procedimento *k-means*.

Agrupamento	Simulação	Coordenadas dos centroides		
		Variável		
		Nota de Matemática	Nota de Física	Nota de Química
Luiz Felipe Patrícia	Inclusão de **Patrícia**	$\frac{1\cdot(7,80)+8,90}{1+1}=8,35$	$\frac{1\cdot(8,00)+1,00}{1+1}=4,50$	$\frac{1\cdot(1,50)+2,70}{1+1}=2,10$
Ovídio	Exclusão de **Patrícia**	$\frac{2\cdot(7,95)-8,90}{2-1}=7,00$	$\frac{2\cdot(1,00)-1,00}{2-1}=1,00$	$\frac{2\cdot(5,85)-2,70}{2-1}=9,00$
Gabriela Patrícia Leonor	Inclusão de **Patrícia**	$\frac{2\cdot(3,55)+8,90}{2+1}=5,33$	$\frac{2\cdot(2,35)+1,00}{2+1}=1,90$	$\frac{2\cdot(7,05)+2,70}{2+1}=5,60$

Obs.: Note que os valores calculados das coordenadas do centroide de **Ovídio** são exatamente iguais às originais dessa observação, conforme mostra a Tabela 9.15.

Analogamente ao realizado quando da simulação de realocação de **Gabriela**, vamos calcular, com base nas Tabelas 9.15, 9.18 e 9.19, as distâncias euclidianas entre **Patrícia** e cada um dos centroides:

- **Suposição de que Patrícia não seja realocada:**

$$d_{\text{Patrícia-Luiz Felipe}} = \sqrt{(8,90-7,80)^2 + (1,00-8,00)^2 + (2,70-1,50)^2} = 7,187$$

$$d_{\text{Patrícia-(Patrícia-Ovídio)}} = \sqrt{(8,90-7,95)^2 + (1,00-1,00)^2 + (2,70-5,85)^2} = 3,290$$

$$d_{\text{Patrícia-(Gabriela-Leonor)}} = \sqrt{(8,90-3,55)^2 + (1,00-2,35)^2 + (2,70-7,05)^2} = 7,026$$

- **Suposição de que Patrícia seja realocada:**

$$d_{\text{Patrícia-(Luiz Felipe-Patrícia)}} = \sqrt{(8,90-8,35)^2 + (1,00-4,50)^2 + (2,70-2,10)^2} = 3,593$$

$$d_{\text{Patrícia-Ovídio}} = \sqrt{(8,90-7,00)^2 + (1,00-1,00)^2 + (2,70-9,00)^2} = 6,580$$

$$d_{\text{Patrícia-(Gabriela-Patrícia-Leonor)}} = \sqrt{(8,90-5,33)^2 + (1,00-1,90)^2 + (2,70-5,60)^2} = 4,684$$

Tendo em vista que a distância euclidiana entre **Patrícia** e o *cluster* **Patrícia-Ovídio** é a menor, não iremos realocá-la para outro agrupamento e manteremos, nesse momento, a solução apresentada na Tabela 9.18 e na Figura 9.22.

Na sequência, vamos elaborar o mesmo procedimento, porém simulando a realocação da quarta observação (**Ovídio**). Analogamente, devemos, portanto, calcular as distâncias entre essa observação e os centroides dos agrupamentos já formados (**Luiz Felipe**, **Patrícia-Ovídio** e **Gabriela-Leonor**) e, em seguida, fazer a suposição de que ela deixe seu *cluster* (**Patrícia-Ovídio**) e seja inserida em um dos outros dois agrupamentos, formando o *cluster* **Luiz Felipe-Ovídio** ou o **Gabriela-Ovídio-Leonor**. Novamente por meio das expressões (9.26) e (9.27), podemos recalcular as coordenadas dos novos centroides, simulando que de fato ocorra a realocação de **Ovídio** para um desses dois *clusters*, conforme mostra a Tabela 9.20.

Tabela 9.20 Simulação de realocação de Ovídio – Novo passo do algoritmo do procedimento *k-means*.

Agrupamento	Simulação	Coordenadas dos centroides		
		Variável		
		Nota de Matemática	Nota de Física	Nota de Química
Luiz Felipe Ovídio	Inclusão de **Ovídio**	$\frac{1\cdot(7,80)+7,00}{1+1}=7,40$	$\frac{1\cdot(8,00)+1,00}{1+1}=4,50$	$\frac{1\cdot(1,50)+9,00}{1+1}=5,25$
Patrícia	Exclusão de **Ovídio**	$\frac{2\cdot(7,95)-7,00}{2-1}=8,90$	$\frac{2\cdot(1,00)-1,00}{2-1}=1,00$	$\frac{2\cdot(5,85)-9,00}{2-1}=2,70$
Gabriela Ovídio Leonor	Inclusão de **Ovídio**	$\frac{2\cdot(3,55)+7,00}{2+1}=4,70$	$\frac{2\cdot(2,35)+1,00}{2+1}=1,90$	$\frac{2\cdot(7,05)+9,00}{2+1}=7,70$

Obs.: Note que os valores calculados das coordenadas do centroide de **Patrícia** são exatamente iguais às originais dessa observação, conforme mostra a Tabela 9.15.

A seguir, encontram-se os cálculos das distâncias euclidianas entre **Ovídio** e cada um dos centroides, elaborados a partir das Tabelas 9.15, 9.18 e 9.20:

- **Suposição de que Ovídio não seja realocado:**

$$d_{\text{Ovídio-Luiz Felipe}} = \sqrt{(7,00-7,80)^2 + (1,00-8,00)^2 + (9,00-1,50)^2} = 10,290$$

$$d_{\text{Ovídio-(Patrícia-Ovídio)}} = \sqrt{(7,00-7,95)^2 + (1,00-1,00)^2 + (9,00-5,85)^2} = 3,290$$

$$d_{\text{Ovídio-(Gabriela-Leonor)}} = \sqrt{(7,00-3,55)^2 + (1,00-2,35)^2 + (9,00-7,05)^2} = 4,187$$

- **Suposição de que Ovídio seja realocado:**

$$d_{\text{Ovídio-(Luiz Felipe-Ovídio)}} = \sqrt{(7,00-7,40)^2 + (1,00-4,50)^2 + (9,00-5,25)^2} = 5,145$$

$$d_{\text{Ovídio-Patrícia}} = \sqrt{(7,00-8,90)^2 + (1,00-1,00)^2 + (9,00-2,70)^2} = 6,580$$

$$d_{\text{Ovídio-(Gabriela-Ovídio-Leonor)}} = \sqrt{(7,00-4,70)^2 + (1,00-1,90)^2 + (9,00-7,70)^2} = 2,791$$

Nesse caso, como a observação **Ovídio** encontra-se mais próxima do centroide de **Gabriela-Ovídio-Leonor** (menor distância euclidiana), devemos realocar essa observação no *cluster* formado inicialmente por **Gabriela** e **Leonor**. Portanto, a observação **Patrícia** passa a formar um *cluster* individual. A Tabela 9.21 apresenta as coordenadas dos centroides dos *clusters* **Luiz Felipe**, **Patrícia** e **Gabriela-Ovídio-Leonor**.

Tabela 9.21 Novos centroides com realocação de Ovídio.

Agrupamento	Coordenadas dos centroides		
	Variável		
	Nota de Matemática	Nota de Física	Nota de Química
Luiz Felipe	7,80	8,00	1,50
Patrícia	8,90	1,00	2,70
Gabriela Ovídio Leonor	4,70	1,90	7,70

Não iremos elaborar o procedimento proposto para a quinta observação (**Leonor**), visto que ela já sofreu fusão com a observação **Gabriela** logo no primeiro passo do algoritmo. Podemos considerar que o procedimento *k-means* esteja encerrado, uma vez que não é mais possível realocar qualquer observação por maior proximidade a um centroide de outro *cluster*. A Figura 9.23 apresenta a alocação de cada observação em seu *cluster*, bem como os respectivos centroides. Note que a solução obtida é igual à encontrada por meio dos métodos de encadeamento único (Figura 9.15) e médio, quando da elaboração dos esquemas de aglomeração hierárquicos.

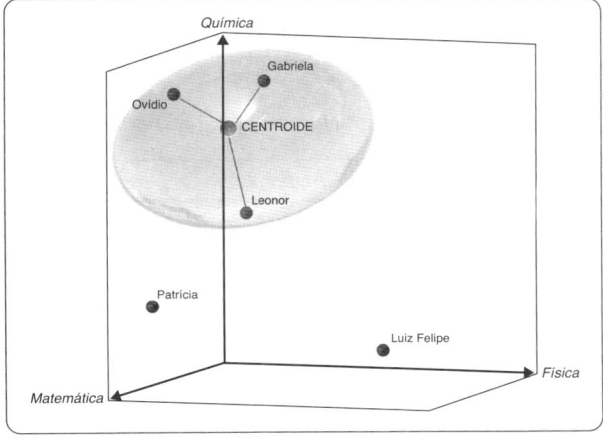

Figura 9.23 Solução do procedimento *k-means*.

Conforme já discutimos, podemos verificar que a matriz de distâncias entre as observações não precisa ser definida a cada passo do algoritmo referente ao procedimento *k-means*, ao contrário dos esquemas de aglomeração hierárquicos, o que reduz a exigência em relação à capacidade computacional, permitindo que os esquemas de aglomeração não hierárquicos possam ser aplicados a bancos de dados consideravelmente maiores que os tradicionalmente estudados por meio de esquemas hierárquicos.

A Tabela 9.22 apresenta as distâncias euclidianas entre cada observação do banco de dados original e os centroides de cada um dos *clusters* formados.

Tabela 9.22 Distâncias euclidianas entre observações e centroides dos *clusters*.

Estudante (Observação)	Agrupamento		
	Luiz Felipe	**Patrícia**	**Gabriela Ovídio Leonor**
Gabriela	10,132	8,420	1,897
Luiz Felipe	0,000	7,187	9,234
Patrícia	7,187	0,000	6,592
Ovídio	10,290	6,580	2,791
Leonor	8,223	6,045	2,998

Ressaltamos que esse algoritmo pode ser elaborado com outra alocação preliminar das observações nos *clusters* além da escolhida nesse exemplo. **A reaplicação do procedimento *k-means* com diversas escolhas arbitrárias, dada a quantidade *K* de *clusters*, permite que o pesquisador avalie a estabilidade do procedimento de agrupamento e embase, de maneira consistente, a alocação das observações nos grupos.**

Após a conclusão desse procedimento, é de fundamental importância que verifiquemos, por meio do teste *F* da análise de variância de um fator (*one-way analysis of variance* ou *one-way ANOVA*), se os valores de cada uma das três variáveis consideradas na análise são estatisticamente diferentes entre os três *clusters*. Para facilitar o cálculo das estatísticas *F* correspondentes a esse teste, elaboramos as Tabelas 9.23, 9.24 e 9.25, que apresentam as médias por *cluster* e geral das variáveis *matemática*, *física* e *química*, respectivamente.

Tabela 9.23 Médias por *cluster* e geral da variável *matemática*.

Cluster 1	*Cluster* 2	*Cluster* 3
$X_{\text{Luiz Felipe}} = 7,80$	$X_{\text{Patrícia}} = 8,90$	$X_{\text{Gabriela}} = 3,70$
		$X_{\text{Ovídio}} = 7,00$
		$X_{\text{Leonor}} = 3,40$
$\bar{X}_1 = 7,80$	$\bar{X}_2 = 8,90$	$\bar{X}_3 = 4,70$
$\bar{X} = 6,16$		

Tabela 9.24 Médias por *cluster* e geral da variável *física*.

Cluster 1	*Cluster* 2	*Cluster* 3
$X_{\text{Luiz Felipe}} = 8,00$	$X_{\text{Patrícia}} = 1,00$	$X_{\text{Gabriela}} = 2,70$
		$X_{\text{Ovídio}} = 1,00$
		$X_{\text{Leonor}} = 2,00$
$\bar{X}_1 = 8,00$	$\bar{X}_2 = 1,00$	$\bar{X}_3 = 1,90$
$\bar{X} = 2,94$		

Tabela 9.25 Médias por *cluster* e geral da variável *química*.

Cluster 1	*Cluster* 2	*Cluster* 3
$X_{\text{Luiz Felipe}} = 1,50$	$X_{\text{Patrícia}} = 2,70$	$X_{\text{Gabriela}} = 9,10$
		$X_{\text{Ovídio}} = 9,00$
		$X_{\text{Leonor}} = 5,00$
$\overline{X}_1 = 1,50$	$\overline{X}_2 = 2,70$	$\overline{X}_3 = 7,70$
$\overline{X} = 5,46$		

Logo, com base nos valores apresentados nessas tabelas e fazendo uso da expressão (9.28), temos condições de calcular as variabilidades entre os grupos e dentro deles para cada uma das variáveis, bem como as respectivas estatísticas *F*. As Tabelas 9.26, 9.27 e 9.28 apresentam esses cálculos.

Tabela 9.26 Variabilidades e estatística *F* para a variável *matemática*.

Variabilidade entre os grupos	$\dfrac{(7,80-6,16)^2 + (8,90-6,16)^2 + 3\cdot(4,70-6,16)^2}{3-1} = 8,296$
Variabilidade dentro dos grupos	$\dfrac{(3,70-4,70)^2 + (7,00-4,70)^2 + (3,40-4,70)^2}{5-3} = 3,990$
F	$\dfrac{8,296}{3,990} = 2,079$

Obs.: O cálculo da variabilidade dentro dos grupos levou em consideração apenas o *cluster* 3, visto que os demais apresentam variabilidade igual a 0 por serem formados por uma única observação.

Tabela 9.27 Variabilidades e estatística *F* para a variável *física*.

Variabilidade entre os grupos	$\dfrac{(8,00-2,94)^2 + (1,00-2,94)^2 + 3\cdot(1,90-2,94)^2}{3-1} = 16,306$
Variabilidade dentro dos grupos	$\dfrac{(2,70-1,90)^2 + (1,00-1,90)^2 + (2,00-1,90)^2}{5-3} = 0,730$
F	$\dfrac{16,306}{0,730} = 22,337$

Obs.: Igual à da tabela anterior.

Tabela 9.28 Variabilidades e estatística *F* para a variável *química*.

Variabilidade entre os grupos	$\dfrac{(1,50-5,46)^2 + (2,70-5,46)^2 + 3\cdot(7,70-5,46)^2}{3-1} = 19,176$
Variabilidade dentro dos grupos	$\dfrac{(9,10-7,70)^2 + (9,00-7,70)^2 + (5,00-7,70)^2}{5-3} = 5,470$
F	$\dfrac{19,176}{5,470} = 3,506$

Obs.: Igual à da Tabela 9.26.

Vamos agora analisar a rejeição ou não da hipótese nula dos testes *F* para cada uma das variáveis. Como existem dois graus de liberdade para a variabilidade entre os grupos ($K - 1 = 2$) e dois graus de liberdade para a variabilidade dentro dos grupos ($n - K = 2$), temos, por meio da Tabela A do apêndice do livro, que $F_c = 19,00$ (*F* crítico ao nível de significância de 5%). Dessa forma, apenas para a variável *física* podemos rejeitar a hipótese nula de que todos os grupos formados possuem a mesma média, uma vez que *F* calculado $F_{cal} = 22,337 > F_c = F_{2;2;2,5\%} = 19,00$.

Logo, para essa variável, existe pelo menos um grupo que apresenta média estatisticamente diferente dos demais. Para as variáveis *matemática* e *química*, no entanto, não podemos rejeitar a hipótese nula do teste ao nível de significância de 5%.

Softwares como o SPSS, o Stata, o R e o Python não oferecem, diretamente, o F_c para os graus de liberdade definidos e determinado nível de significância. Todavia, oferecem o nível de significância do F_{cal} para esses graus de liberdade. Assim, em vez de analisarmos se $F_{cal} > F_c$, devemos verificar se o nível de significância do F_{cal} é menor que 0,05 (5%). Portanto:

Se *Sig. F* (ou *Prob. F*) < 0,05, existe pelo menos uma diferença entre os grupos para a variável em análise.

O nível de significância do F_{cal} pode ser obtido no Excel por meio do comando **Fórmulas → Inserir Função → DISTF**, que abrirá uma caixa de diálogo como a apresentada na Figura 9.24.

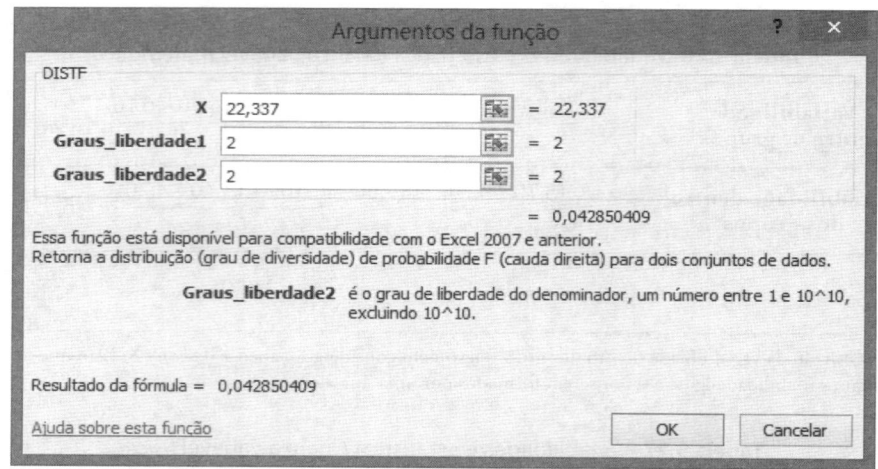

Figura 9.24 Obtenção do nível de significância de *F* (comando **Inserir Função**).

Conforme podemos observar por meio dessa figura, o *sig. F* para a variável *física* é menor que 0,05 (*sig. F* = 0,043), ou seja, existe pelo menos uma diferença entre os grupos para essa variável ao nível de significância de 5%. Um pesquisador interessado poderá realizar o mesmo procedimento para as variáveis *matemática* e *química*. A Tabela 9.29 apresenta, de forma resumida, os resultados da análise de variância de um fator, com as variabilidades de cada variável, as estatísticas *F* e os respectivos níveis de significância.

Tabela 9.29 Análise de variância de um fator (ANOVA).

Variável	Variabilidade entre os grupos	Variabilidade dentro dos grupos	F	Sig. F
matemática	8,296	3,990	2,079	0,325
física	16,306	0,730	22,337	0,043
química	19,176	5,470	3,506	0,222

A tabela de **análise de variância de um fator ainda permite que o pesquisador identifique as variáveis que mais contribuem para a formação de pelo menos um dos *clusters***, por possuírem média estatisticamente diferente em pelo menos um dos grupos em relação aos demais, visto que elas apresentarão maiores valores da estatística *F*. É relevante comentar que **os valores da estatística *F* são bastante sensíveis ao tamanho da amostra**, e, nesse caso, as variáveis *matemática* e *química* acabaram por não apresentar médias estatisticamente diferentes entre os três grupos, muito em função de a amostra ser reduzida (apenas cinco observações).

Ressaltamos que essa **análise de variância de um fator também pode ser realizada logo após a aplicação de determinado esquema de aglomeração hierárquico**, visto que depende apenas da classificação das observações em grupos. O único cuidado que o pesquisador deve ter, ao comparar os resultados obtidos por um esquema hierárquico com os obtidos por um esquema não hierárquico, é em relação à adoção da mesma medida de distância em ambas as situações. **Alocações diferentes das observações em uma mesma quantidade de *clusters* podem ocorrer caso sejam utilizadas medidas distintas de distância em um esquema hierárquico e em um esquema não hierárquico; portanto, podem ser calculados valores diferentes das estatísticas *F* nas duas situações.**

De maneira geral, caso haja uma ou mais variáveis que não contribuam para a formação da quantidade sugerida de agrupamentos, recomendamos que o **procedimento seja reaplicado sem sua presença**. Nessas situações, poderá ocorrer a alteração da quantidade de agrupamentos e, caso o pesquisador veja a necessidade de embasar o *input* inicial a respeito da quantidade *K* de *clusters*, **poderá inclusive fazer uso de um esquema hierárquico aglomerativo sem a presença daquelas variáveis antes da reaplicação do procedimento *k-means*, o que tornará a análise cíclica.**

Além disso, a existência de *outliers* pode gerar *clusters* com considerável dispersão, e o **tratamento da base de dados com foco na identificação de observações muito discrepantes passa a ser um procedimento recomendável** antes da elaboração de esquemas de aglomeração não hierárquicos. No apêndice deste capítulo, será apresentado um importante procedimento em Stata para a detecção de *outliers* multivariados.

Assim como os esquemas de aglomeração hierárquicos, **o procedimento não hierárquico *k-means* não pode ser utilizado como técnica isolada** com a finalidade de que seja tomada uma decisão conclusiva a respeito do agrupamento de observações. **O comportamento dos dados, o tamanho da amostra e os critérios adotados pelo pesquisador podem ser bastante sensíveis para a alocação das observações e a formação de *clusters*.** A combinação dos *outputs* encontrados com os provenientes de outras técnicas pode mais fortemente embasar as escolhas do pesquisador e propiciar maior transparência no processo decisório.

Ao término da análise de agrupamentos, como os *clusters* **formados podem ser representados no banco de dados por uma nova variável qualitativa** com termos vinculados a cada observação (*cluster* 1, *cluster* 2, ..., *cluster* *K*), a partir dela, podem ser elaboradas outras técnicas multivariadas exploratórias, como análise de correspondência, a fim de que se estude, dependendo dos objetivos do pesquisador, uma eventual associação entre os agrupamentos e as categorias de outras variáveis qualitativas.

Essa nova variável qualitativa, que representa a alocação de cada observação, pode também ser utilizada como **explicativa** de determinado fenômeno em modelos multivariados confirmatórios, por exemplo, modelos de regressão múltipla, desde que transformada em variáveis *dummy* que representem as categorias (*clusters*) dessa nova variável gerada na análise de agrupamentos. Por outro lado, tal procedimento somente faz sentido quando há o intuito de elaborar um **diagnóstico** acerca do comportamento da variável dependente, sem que haja a intenção de previsões. Como uma nova observação não possui seu posicionamento em determinado *cluster*, a obtenção de sua alocação somente é possível ao se incluir tal observação em nova análise de agrupamentos, a fim de que seja obtida uma nova variável qualitativa e, consequentemente, novas *dummies*.

Ademais, essa nova variável qualitativa também pode ser considerada dependente de um modelo de regressão logística multinomial, permitindo que o pesquisador avalie as probabilidades que cada observação tem de pertencer a cada um dos *clusters* formados, em função do comportamento de outras variáveis explicativas não inicialmente consideradas na análise de agrupamentos. Ressaltamos, da mesma forma, que esse procedimento depende dos objetivos e do constructo estabelecido de pesquisa e apresenta caráter de diagnóstico do comportamento das variáveis na amostra para as observações existentes, sem finalidade preditiva.

Por fim, se os agrupamentos formados apresentarem **substancialidade** em relação à quantidade de observações alocadas, podem inclusive ser aplicadas, com o uso de outras variáveis, **técnicas confirmatórias específicas para cada *cluster* identificado**, a fim de que possam eventualmente ser gerados modelos mais bem ajustados.

Na sequência, o mesmo banco de dados será utilizado para que se elaborem análises de agrupamentos nos softwares SPSS, Stata, R e Python. Enquanto na seção 9.3 serão apresentados os procedimentos para elaboração das técnicas estudadas no SPSS, assim como seus resultados, na seção 9.4 serão apresentados os comandos para realização dos procedimentos no Stata, com respectivos *outputs*. As seções 9.5 e 9.6 são destinadas à apresentação dos códigos comentados em R e Python, respectivamente, para a elaboração dos procedimentos referentes à análise de agrupamentos estudados neste capítulo.

9.3. ANÁLISE DE AGRUPAMENTOS COM ESQUEMAS DE AGLOMERAÇÃO HIERÁRQUICOS E NÃO HIERÁRQUICOS NO SOFTWARE SPSS

Nesta seção, apresentaremos o passo a passo para a elaboração do nosso exemplo no IBM SPSS Statistics Software®. O principal objetivo é propiciar ao pesquisador uma oportunidade de elaborar análises de agrupamentos com esquemas hierárquicos e não hierárquicos nesse software, dada sua facilidade de manuseio e a didática das operações. A cada apresentação de um *output*, faremos menção ao respectivo resultado obtido quando da solução algébrica nas seções anteriores, a fim de que o pesquisador possa compará-los e formar seu conhecimento e erudição sobre o tema. A reprodução das imagens nesta seção tem autorização da International Business Machines Corporation©.

9.3.1. Elaboração de esquema de aglomeração hierárquico no software SPSS

Voltando ao exemplo apresentado na seção 9.2.2.1.2, lembremos que nosso professor tem o interesse de agrupar estudantes em *clusters* homogêneos em relação a notas (de 0 a 10) obtidas no vestibular nas disciplinas de Matemática, Física e Química. Os dados encontram-se no arquivo **Vestibular.sav** e são exatamente iguais aos apresentados na Tabela 9.11. Nesta seção, realizaremos a análise de agrupamentos fazendo uso da distância euclidiana entre as observações e levando em consideração apenas o método de encadeamento único.

Para que seja elaborada uma análise de agrupamentos por meio de um método hierárquico no SPSS, devemos clicar em **Analyze → Classify → Hierarchical Cluster...** Uma caixa de diálogo como a apresentada na Figura 9.25 será aberta.

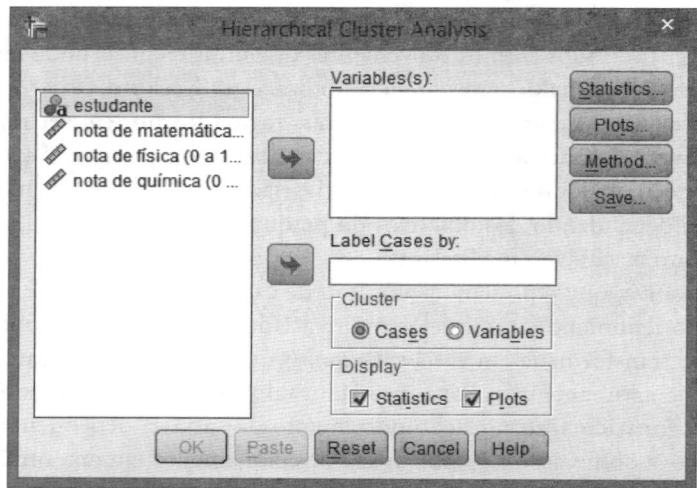

Figura 9.25 Caixa de diálogo para elaboração da análise de agrupamentos com método hierárquico no SPSS.

Na sequência, devemos inserir as variáveis originais de nosso exemplo (*matemática*, *física* e *química*) em **Variables** e a variável que identifica as observações (*estudante*) em **Label Cases by**, conforme mostra a Figura 9.26. Caso o pesquisador não possua uma variável que represente o nome das observações (neste caso, uma *string*), poderá deixar este último campo sem preenchimento.

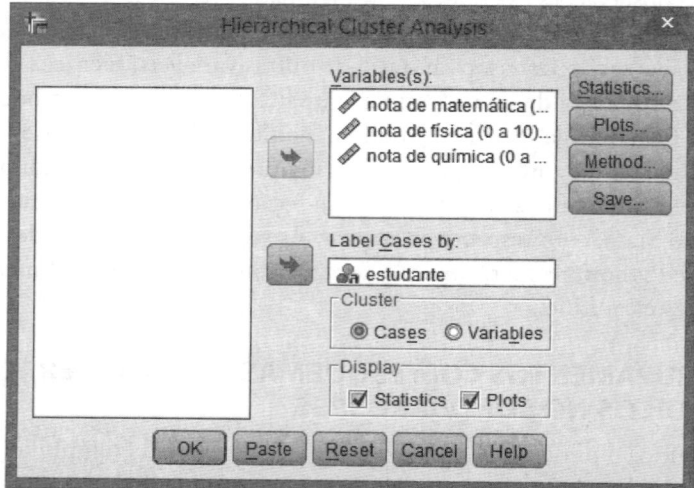

Figura 9.26 Seleção das variáveis originais.

No botão **Statistics...**, marcaremos primeiramente as opções **Agglomeration schedule** e **Proximity matrix**, que fazem com que sejam apresentados, nos *outputs*, a tabela com o esquema de aglomeração, elaborada com base na medida de distância a ser escolhida e no método de encadeamento a ser definido, e a matriz de distâncias entre cada par de observações, respectivamente. Ainda manteremos a opção **None** em **Cluster Membership**. A Figura 9.27 mostra como ficará essa caixa de diálogo.

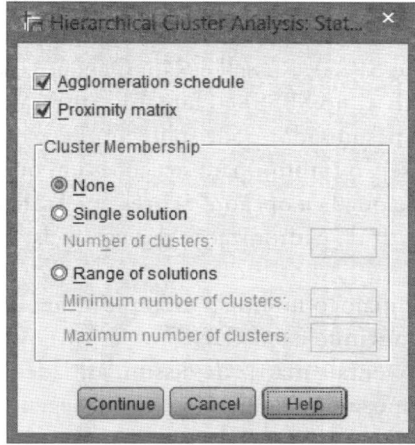

Figura 9.27 Seleção das opções que geram o esquema de aglomeração
e a matriz de distâncias entre pares de observações.

Ao clicarmos em **Continue**, voltaremos para a caixa de diálogo principal da análise de agrupamentos hierárquicos. Na sequência, devemos clicar no botão **Plots...** Conforme mostra a Figura 9.28, iremos selecionar a opção **Dendrogram** e a opção **None** em **Icicle**.

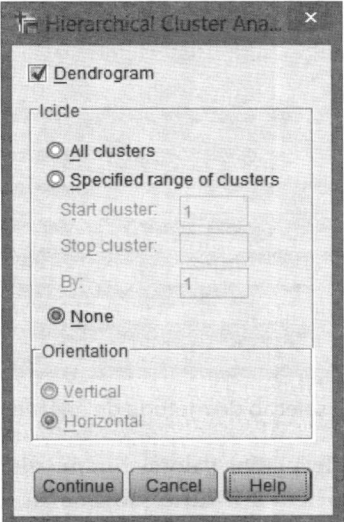

Figura 9.28 Seleção da opção que gera o dendrograma.

Da mesma forma, vamos clicar em **Continue** para que retornemos à caixa de diálogo principal.

Em **Method...**, que é a caixa de diálogo mais importante da análise de agrupamentos hierárquicos, devemos escolher o método de encadeamento único, também conhecido por *nearest neighbor* ou *single linkage*. Portanto, em **Cluster Method**, vamos selecionar a opção **Nearest neighbor**. Um curioso pesquisador poderá verificar que os métodos de encadeamento completo (**Furthest neighbor**) e médio (**Between-groups linkage**), estudados na seção 9.2.2.1, também estão disponíveis para seleção nesta opção.

Além disso, como as variáveis do banco de dados são métricas, vamos escolher uma das medidas de dissimilaridade dispostas em **Measure → Interval**. A fim de que seja mantida a mesma lógica utilizada quando da resolução algébrica de nosso exemplo, escolheremos a distância euclidiana como medida de dissimilaridade e, portanto, devemos selecionar a opção **Euclidean distance**. Pode-se verificar também que, nessa opção, estão dispostas as outras medidas de dissimilaridade estudadas na seção 9.2.1.1, como a distância quadrática euclidiana, Minkowski, Manhattan (**Block**, no SPSS), Chebychev e a própria correlação de Pearson que, embora seja uma medida de similaridade, também é utilizada para variáveis métricas.

É importante mencionar que, embora não façamos uso de medidas de semelhança neste exemplo, pelo fato de não estarmos trabalhando com variáveis binárias, algumas medidas de similaridade podem ser selecionadas caso seja a situação com que se depare o pesquisador. Portanto, conforme estudamos na seção 9.2.1.2, podem ser selecionadas, em **Measure → Binary**, as medidas de emparelhamento simples (**Simple matching**, no SPSS), Jaccard, Dice, AntiDice (**Sokal and Sneath 2**, no SPSS), Russell e Rao, Ochiai, Yule (**Yule's Q**, no SPSS), Rogers e Tanimoto, Sneath e Sokal (**Sokal and Sneath 1**, no SPSS) e Hamann, entre outras.

Ainda na mesma caixa de diálogo, o pesquisador pode solicitar que a análise de agrupamentos seja elaborada a partir das variáveis padronizadas. Caso seja o intuito, para situações em que as variáveis originais apresentem unidades de medida distintas, pode ser selecionada a opção **Z scores** em **Transform Values → Standardize**, que fará todos os cálculos serem elaborados a partir da padronização das variáveis, que passarão a apresentar médias iguais a 0 e desvios-padrão iguais a 1.

Feitas essas considerações, a caixa de diálogo no nosso exemplo ficará conforme mostra a Figura 9.29.

Na sequência, podemos clicar em **Continue** e em **OK**.

O primeiro *output* (Figura 9.30) apresenta a matriz de dissimilaridades $\mathbf{D_0}$ composta pelas distâncias euclidianas entre cada par de observações. Podemos notar, inclusive, que, na legenda, consta o dizer "*This is a dissimilarity matrix*". Caso essa matriz fosse composta por medidas de semelhança, oriundas de cálculos elaborados a partir de variáveis binárias, o dizer seria "*This is a similarity matrix*".

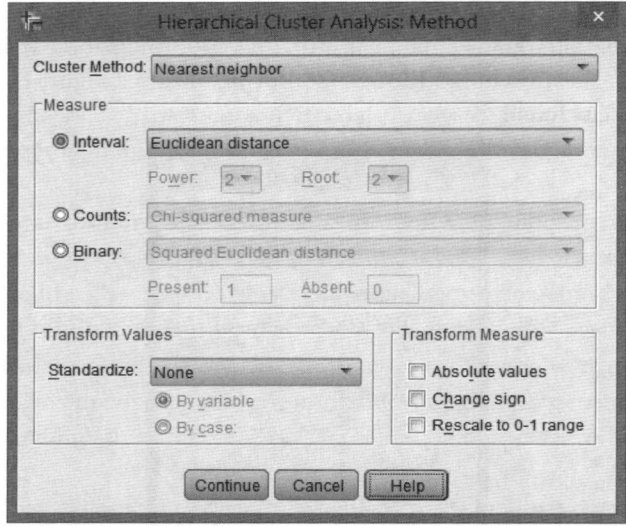

Figura 9.29 Caixa de diálogo para seleção do método de encadeamento e da medida de distância.

Por meio dessa matriz, que é igual àquela cujos valores foram calculados e apresentados na seção 9.2.2.1.2, podemos verificar que as observações **Gabriela** e **Ovídio** são as mais similares (menor distância euclidiana) em relação às variáveis *matemática*, *física* e *química* ($d_{\text{Gabriela-Ovídio}} = 3,713$).

Proximity Matrix

Case	Euclidean Distance				
	1:Gabriela	2:Luiz Felipe	3:Patrícia	4:Ovídio	5:Leonor
1:Gabriela	,000	10,132	8,420	3,713	4,170
2:Luiz Felipe	10,132	,000	7,187	10,290	8,223
3:Patrícia	8,420	7,187	,000	6,580	6,045
4:Ovídio	3,713	10,290	6,580	,000	5,474
5:Leonor	4,170	8,223	6,045	5,474	,000

This is a dissimilarity matrix

Figura 9.30 Matriz de distâncias euclidianas (medidas de dissimilaridade) entre pares de observações.

Portanto, no esquema hierárquico apresentado na Figura 9.31, o primeiro estágio de aglomeração justamente ocorre pela fusão desses dois estudantes, com **Coefficient** (distância euclidiana) igual a 3,713. Note que as colunas **Cluster Combined Cluster 1** e **Cluster 2** referem-se a observações isoladas, quando ainda não incorporadas a determinado agrupamento ou a *clusters* já formados. Obviamente, no primeiro estágio de aglomeração, o primeiro *cluster* é formado pela fusão de duas observações isoladas.

Agglomeration Schedule

Stage	Cluster Combined		Coefficients	Stage Cluster First Appears		Next Stage
	Cluster 1	Cluster 2		Cluster 1	Cluster 2	
1	1	4	3,713	0	0	2
2	1	5	4,170	1	0	3
3	1	3	6,045	2	0	4
4	1	2	7,187	3	0	0

Figura 9.31 Esquema hierárquico de aglomeração – Método de encadeamento único e distância euclidiana.

Na sequência, no segundo estágio, a observação **Leonor** (5) é incorporada ao *cluster* já formado anteriormente por **Gabriela** (1) e **Ovídio** (4). Podemos verificar que, em se tratando do método de encadeamento único, a distância considerada para a aglomeração de **Leonor** foi a menor entre essa observação e **Gabriela** ou **Ovídio**, ou seja, o critério adotado foi:

$$d_{\text{(Gabriela-Ovídio) Leonor}} = \textbf{mín \{4,170; 5,474\}} = 4,170$$

Podemos notar também que, enquanto as colunas **Stage Cluster First Appears Cluster 1** e **Cluster 2** indicam em qual estágio anterior cada correspondente observação foi incorporada a determinado agrupamento, a coluna **Next Stage** mostra em qual futuro estágio o respectivo *cluster* receberá uma nova observação ou agrupamento, dado que estamos lidando com um método aglomerativo.

No terceiro estágio, ao *cluster* já formado, **Gabriela-Ovídio-Leonor**, é incorporada a observação **Patrícia** (3), respeitando-se o seguinte critério de distância:

$$d_{\text{(Gabriela-Ovídio-Leonor) Patrícia}} = \textbf{mín \{8,420; 6,580; 6,045\}} = 6,045$$

E, por fim, no quarto e último estágio, dado que temos cinco observações, a observação **Luiz Felipe**, ainda isolada (note que a última observação a ser incorporada a um *cluster* corresponde ao último valor igual a 0 na coluna **Stage Cluster First Appears Cluster 2**), passa a ser incorporada ao *cluster* já formado pelas demais observações, encerrando-se o esquema aglomerativo. A distância considerada nesse estágio é dada por:

$$d_{\text{(Gabriela-Ovídio-Leonor-Patrícia) Luiz Felipe}} = \textbf{mín \{10,132; 10,290; 8,223; 7,187\}} = 7,187$$

Com base na ordenação das observações no esquema de aglomeração e nas distâncias utilizadas como critério de agrupamento, pode ser construído o dendrograma, que se encontra na Figura 9.32. Note que as medidas de distância são rescalonadas para a construção dos dendrogramas no SPSS, a fim de que possa ser facilitada a interpretação da alocação de cada observação nos *clusters* e, principalmente, a visualização dos maiores saltos de distância, conforme discutimos na seção 9.2.2.1.2.1.

O ordenamento das observações no dendrograma corresponde ao que foi apresentado no esquema de aglomeração (Figura 9.31) e, a partir da análise da Figura 9.32, é possível identificar que o maior salto de distância ocorre quando da fusão de **Patrícia** com o *cluster* já formado **Gabriela-Ovídio-Leonor**. Esse salto já podia ter sido identificado no esquema de aglomeração da Figura 9.31, visto que um grande aumento de distância ocorre quando se passa do segundo para terceiro estágio, ou seja, quando se incrementa a distância euclidiana de 4,170 para 6,045 (44,96%) para que novo *cluster* possa ser formado pela incorporação de outra observação. Portanto, podemos optar pela configuração existente ao final do segundo estágio de aglomeração, em que são formados três *clusters*. Conforme discutimos na seção 9.2.2.1.2.1, **o critério para a identificação da quantidade de *clusters* que leva em consideração o estágio de aglomeração imediatamente anterior a um grande salto é bastante útil e muito adotado.**

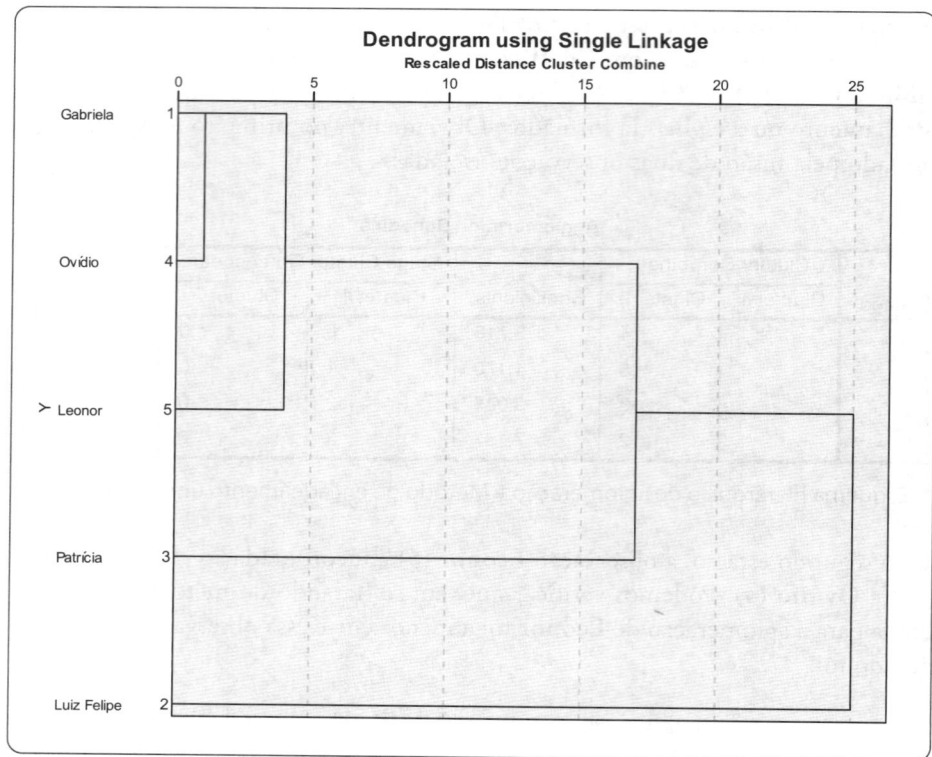

Figura 9.32 Dendrograma – Método de encadeamento único e distâncias euclidianas reescalonadas no SPSS.

A Figura 9.33 apresenta uma linha vertical (tracejada) que "corta" o dendrograma na região em que ocorrem os maiores saltos. Neste momento, como acontecem três encontros com linhas do dendrograma, podemos identificar três correspondentes *clusters*, formados, respectivamente, por **Gabriela-Ovídio-Leonor**, **Patrícia** e **Luiz Felipe**.

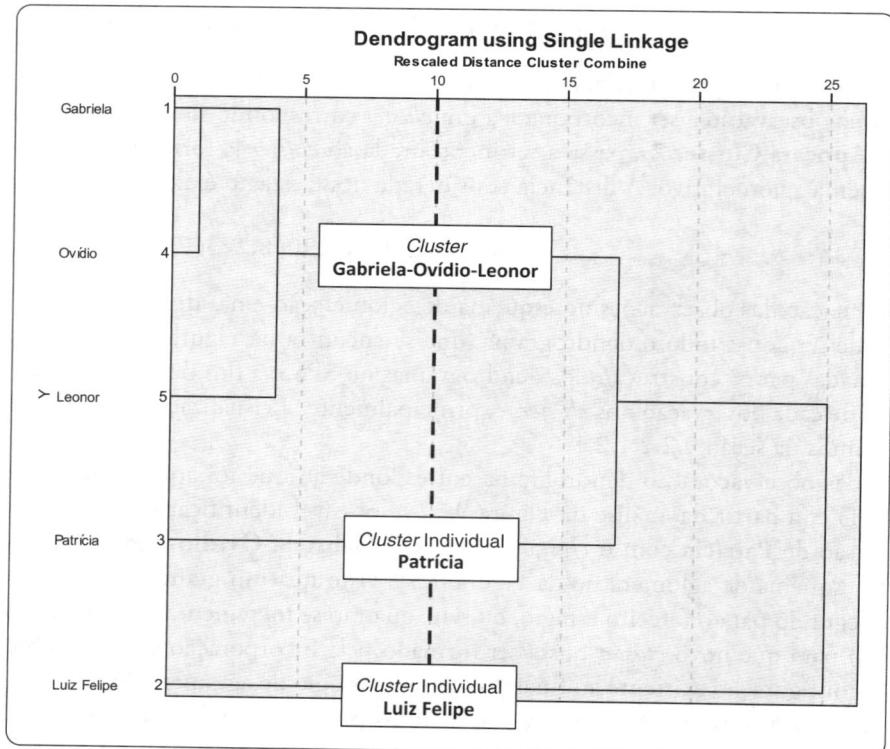

Figura 9.33 Dendrograma com identificação dos *clusters*.

Conforme discutimos, **é comum encontrarmos dendrogramas que ofereçam certa dificuldade para que se identifiquem saltos de distância**, muito em função da existência de observações consideravelmente similares no banco de dados em relação a todas as variáveis em análise. Nessas situações, é recomendável que se utilize a **medida de distância quadrática euclidiana e método de encadeamento completo** (*furthest neighbor*). **Essa combinação de critérios é bastante popular em bases de dados com observações muito homogêneas.**

Adotada a solução com três *clusters*, podemos novamente clicar em **Analyze → Classify → Hierarchical Cluster...** e, no botão **Statistics...**, selecionar a opção **Single solution** em **Cluster Membership**. Nessa opção, devemos inserir o número 3 em **Number of clusters**, conforme mostra a Figura 9.34.

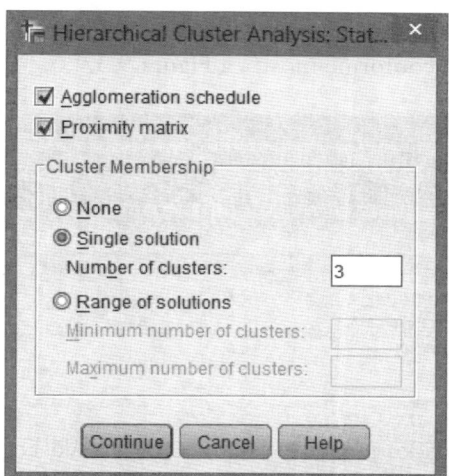

Figura 9.34 Definição da quantidade de *clusters*.

Ao clicarmos em **Continue**, retornaremos à caixa de diálogo principal da análise de agrupamentos. No botão **Save...**, vamos agora selecionar a opção **Single solution** e, da mesma forma, inserir o número 3 em **Number of clusters**, conforme mostra a Figura 9.35, a fim de que nova variável correspondente à alocação das observações nos agrupamentos seja disponibilizada no banco de dados.

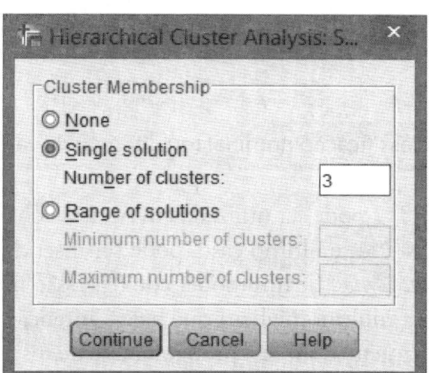

Figura 9.35 Seleção da opção para salvar a alocação das observações nos *clusters* como nova variável no banco de dados – Procedimento hierárquico.

Na sequência, podemos clicar em **Continue** e em **OK**.

Embora os *outputs* gerados sejam os mesmos, é importante notar que uma nova tabela de resultados é apresentada, correspondente à alocação propriamente dita das observações nos *clusters*. A Figura 9.36 mostra, para três agrupamentos, que, enquanto as observações **Gabriela**, **Ovídio** e **Leonor** formam um único *cluster*, nomeado por 1, as observações **Luiz Felipe** e **Patrícia** formam dois *clusters* individuais, nomeados, respectivamente, por 2 e 3. Embora as nomeações sejam numéricas, é importante ressaltar que representam apenas **rótulos** (**categorias**) de uma variável qualitativa.

Cluster Membership

Case	3 Clusters
1:Gabriela	1
2:Luiz Felipe	2
3:Patrícia	3
4:Ovídio	1
5:Leonor	1

Figura 9.36 Alocação das observações nos *clusters*.

Ao elaborarmos o procedimento descrito, podemos verificar que é gerada uma nova variável no banco de dados, chamada pelo SPSS de *CLU3_1*, conforme mostra a Figura 9.37.

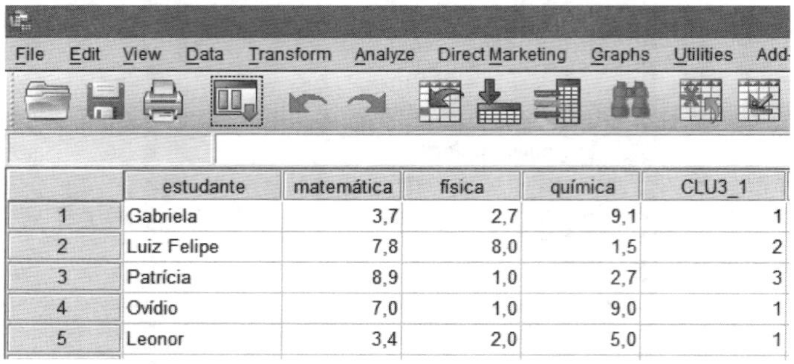

	estudante	matemática	física	química	CLU3_1
1	Gabriela	3,7	2,7	9,1	1
2	Luiz Felipe	7,8	8,0	1,5	2
3	Patrícia	8,9	1,0	2,7	3
4	Ovídio	7,0	1,0	9,0	1
5	Leonor	3,4	2,0	5,0	1

Figura 9.37 Banco de dados com nova variável *CLU3_1* – Alocação de cada observação.

A natureza dessa nova variável é automaticamente classificada pelo software como **Nominal**, ou seja, qualitativa, conforme podemos comprovar na Figura 9.38, que pode ser obtida ao clicarmos em **Variable View**, no canto inferior esquerdo da tela do SPSS.

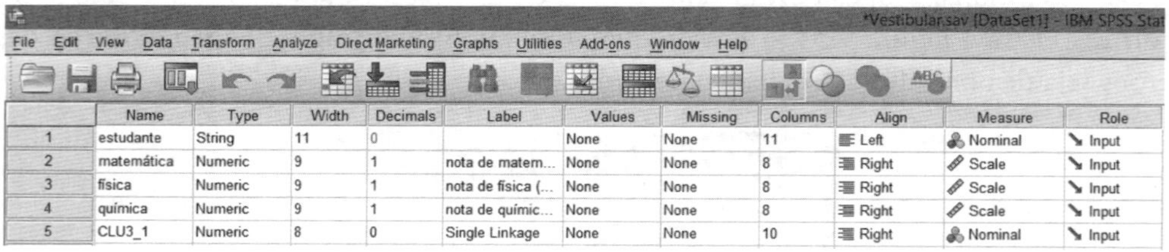

	Name	Type	Width	Decimals	Label	Values	Missing	Columns	Align	Measure	Role
1	estudante	String	11	0		None	None	11	Left	Nominal	Input
2	matemática	Numeric	9	1	nota de matem...	None	None	8	Right	Scale	Input
3	física	Numeric	9	1	nota de física (...	None	None	8	Right	Scale	Input
4	química	Numeric	9	1	nota de químic...	None	None	8	Right	Scale	Input
5	CLU3_1	Numeric	8	0	Single Linkage	None	None	10	Right	Nominal	Input

Figura 9.38 Classificação nominal (qualitativa) da variável *CLU3_1*.

Conforme discutimos, a variável *CLU3_1* pode ser utilizada em outras técnicas exploratórias, como análise de correspondência, ou em técnicas confirmatórias. Neste último caso, pode ser inserida, por exemplo, no vetor de variáveis explicativas (desde que transformada para *dummies*) de um modelo de regressão múltipla, ou como variável dependente de determinado modelo de regressão logística multinomial em que haja a intenção de estudar o comportamento de outras variáveis não inseridas na análise de agrupamentos sobre a probabilidade de inserção de cada observação em cada um dos *clusters* formados. Essa decisão, no entanto, depende dos objetivos e do constructo de pesquisa.

Neste momento, o pesquisador pode considerar a análise de agrupamentos com esquemas de aglomeração hierárquicos finalizada. Entretanto, com base na criação da nova variável *CLU3_1*, poderá ainda estudar, por meio da análise de variância de um fator, se os valores de determinada variável diferem-se entre os *clusters* formados, ou seja, se a variabilidade entre os grupos é significativamente superior à variabilidade interna a cada um deles. Mesmo que a análise não tenha sido elaborada quando da resolução algébrica dos esquemas hierárquicos, visto que optamos por realizá-la apenas após o procedimento *k-means*, na seção 9.2.2.2.2, mostraremos a seguir como pode ser aplicada neste momento, visto que já temos a alocação das observações nos grupos.

Para tanto, vamos clicar em **Analyze → Compare Means → One-Way ANOVA...** Na caixa de diálogo que será aberta, devemos inserir as variáveis *matemática*, *física* e *química* em **Dependent List** e a variável *CLU3_1* (*Single Linkage*) em **Factor**. A caixa de diálogo ficará conforme mostra a Figura 9.39.

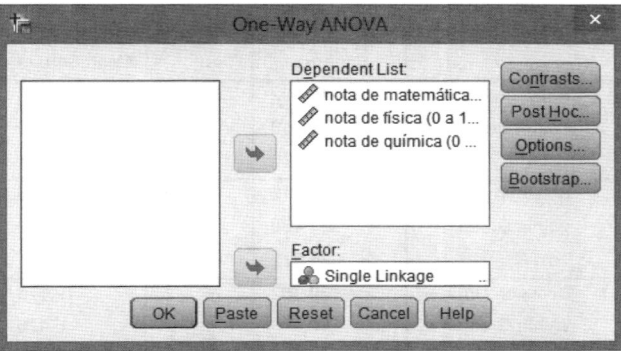

Figura 9.39 Caixa de diálogo com seleção das variáveis para elaboração da análise de variância de um fator no SPSS.

No botão **Options...**, marcaremos as opções **Descriptive** (em **Statistics**) e **Means plot**, como mostra a Figura 9.40.

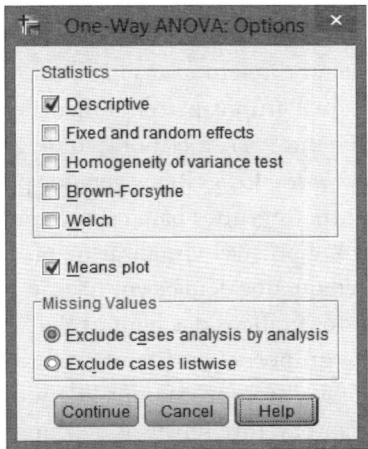

Figura 9.40 Seleção de opções para realização da análise de variância de um fator.

Na sequência, podemos clicar em **Continue** e em **OK**.

Enquanto a Figura 9.41 apresenta as estatísticas descritivas dos *clusters* por variável, de forma correspondente às Tabelas 9.23, 9.24 e 9.25, a Figura 9.42 faz uso desses valores e apresenta o cálculo das variabilidades entre os grupos (**Between Groups**) e dentro dos grupos (**Within Groups**), bem como as estatísticas F para cada variável e os respectivos níveis de significância. Podemos verificar que esses valores correspondem aos calculados algebricamente na seção 9.2.2.2.2 e apresentados na Tabela 9.29.

Descriptives

		N	Mean	Std. Deviation	Std. Error	95% Confidence Interval for Mean		Minimum	Maximum
						Lower Bound	Upper Bound		
nota de matemática (0 a 10)	1	3	4,700	1,9975	1,1533	-,262	9,662	3,4	7,0
	2	1	7,800	.	.	.	.	7,8	7,8
	3	1	8,900	.	.	.	.	8,9	8,9
	Total	5	6,160	2,4785	1,1084	3,083	9,237	3,4	8,9
nota de física (0 a 10)	1	3	1,900	,8544	,4933	-,222	4,022	1,0	2,7
	2	1	8,000	.	.	.	.	8,0	8,0
	3	1	1,000	.	.	.	.	1,0	1,0
	Total	5	2,940	2,9186	1,3052	-,684	6,564	1,0	8,0
nota de química (0 a 10)	1	3	7,700	2,3388	1,3503	1,890	13,510	5,0	9,1
	2	1	1,500	.	.	.	.	1,5	1,5
	3	1	2,700	.	.	.	.	2,7	2,7
	Total	5	5,460	3,5104	1,5699	1,101	9,819	1,5	9,1

Figura 9.41 Estatísticas descritivas dos *clusters* por variável.

ANOVA

		Sum of Squares	df	Mean Square	F	Sig.
nota de matemática (0 a 10)	Between Groups	16,592	2	8,296	2,079	,325
	Within Groups	7,980	2	3,990		
	Total	24,572	4			
nota de física (0 a 10)	Between Groups	32,612	2	16,306	22,337	,043
	Within Groups	1,460	2	,730		
	Total	34,072	4			
nota de química (0 a 10)	˙Between Groups	38,352	2	19,176	3,506	,222
	Within Groups	10,940	2	5,470		
	Total	49,292	4			

Figura 9.42 Análise de variância de um fator – Variabilidades entre grupos e dentro dos grupos, estatísticas *F* e níveis de significância por variável.

A partir da Figura 9.42, podemos verificar que o *sig. F* para a variável *física* é menor que 0,05 (*sig. F* = 0,043), ou seja, existe pelo menos um grupo que apresenta média estatisticamente diferente dos demais ao nível de significância de 5%. Porém, o mesmo não pode ser dito em relação às variáveis *matemática* e *química*.

Embora tenhamos uma ideia acerca de qual grupo apresenta média estatisticamente diferente dos demais para a variável *física*, com base nos *outputs* da Figura 9.41, a elaboração de gráficos pode facilitar ainda mais a análise das diferenças de médias das variáveis por *cluster*. Os gráficos gerados pelo SPSS (Figuras 9.43, 9.44 e 9.45) permitem que visualizemos essas diferenças entre os grupos para cada variável analisada.

Logo, a partir do gráfico da Figura 9.44, é possível visualizar que o grupo 2, formado apenas pela observação **Luiz Felipe**, apresenta, de fato, média diferente dos demais em relação à variável *física*.

Além disso, embora notemos, a partir dos gráficos das Figuras 9.43 e 9.45, que existem diferenças de médias das variáveis *matemática* e *química* entre os grupos, essas diferenças não podem ser consideradas estatisticamente significantes, ao nível de significância de 5%, visto que estamos lidando com uma quantidade muito pequena de observações, e os valores da estatística *F* são bastante sensíveis ao tamanho da amostra. Essa análise gráfica torna-se bastante útil quando do estudo de bancos de dados com uma quantidade maior de observações e variáveis.

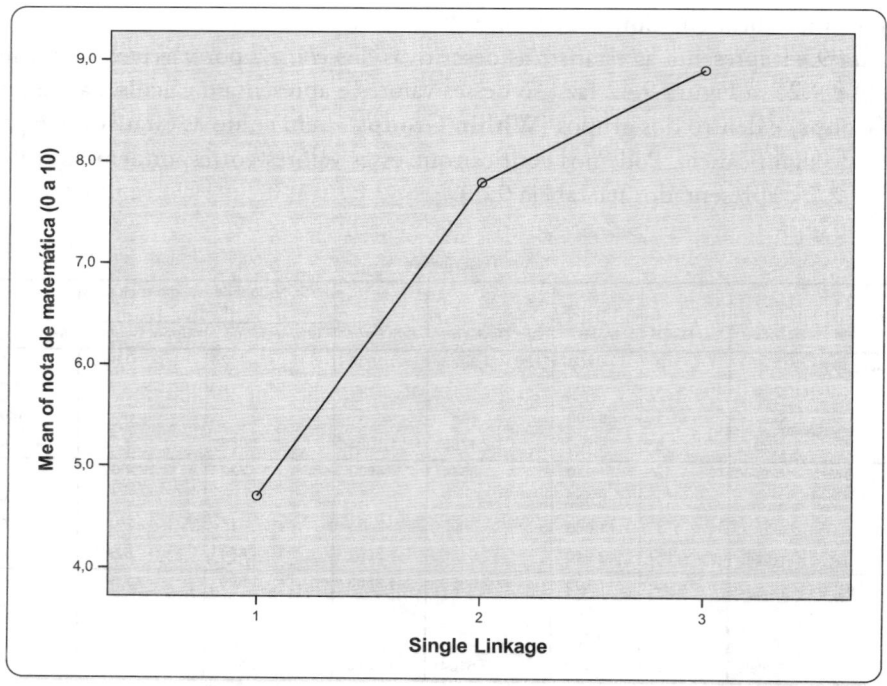

Figura 9.43 Médias da variável *matemática* nos três *clusters*.

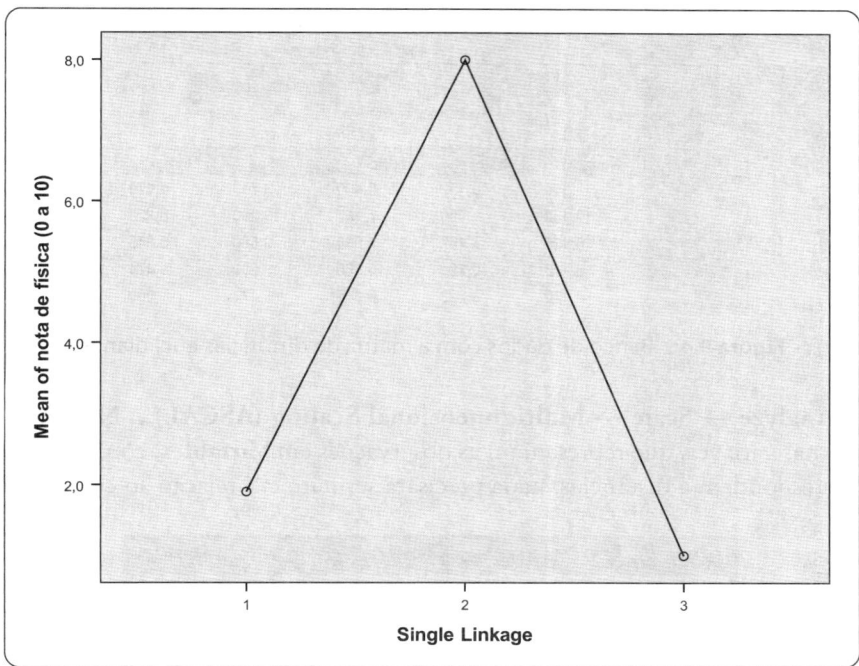

Figura 9.44 Médias da variável *física* nos três *clusters*.

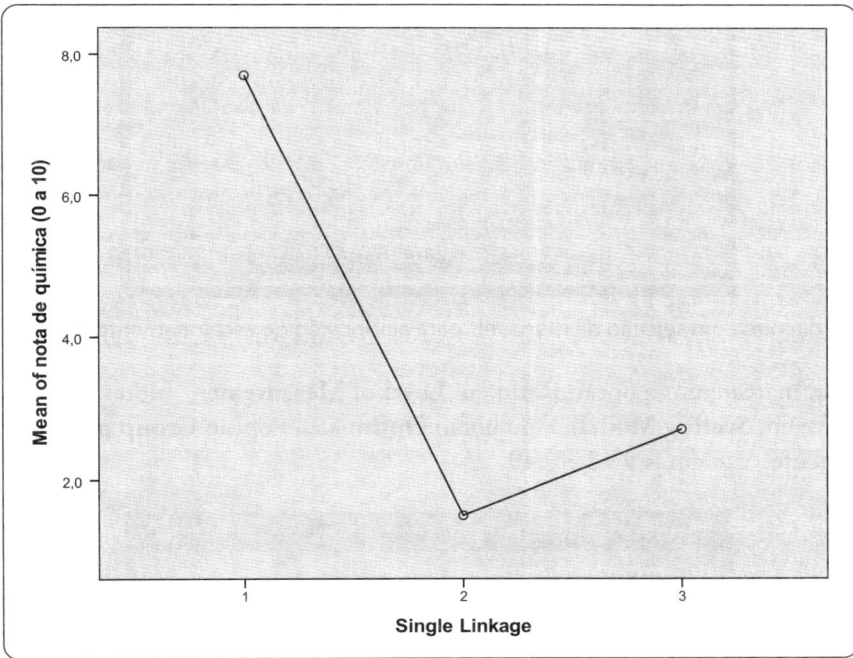

Figura 9.45 Médias da variável *química* nos três *clusters*.

Por fim, o pesquisador pode ainda complementar sua análise elaborando um procedimento conhecido por **escalonamento multidimensional**, já que o uso da matriz de distâncias pode propiciar a elaboração de um gráfico que permite a visualização das posições relativas de cada observação de forma bidimensional, independentemente da quantidade total de variáveis.

Para tanto, devemos estruturar um novo banco de dados, formado justamente pela matriz de distâncias. Para os dados de nosso exemplo, podemos abrir o arquivo **VestibularMatriz.sav**, que contém a matriz de distâncias euclidianas apresentada na Figura 9.46. Note que as colunas desse novo banco de dados se referem às observações do banco de dados original, assim como as linhas (matriz quadrada de distâncias).

Figura 9.46 Banco de dados com a matriz de distâncias euclidianas.

Vamos clicar em **Analyze → Scale → Multidimensional Scaling (ASCAL)...** Na caixa de diálogo que será aberta, devemos inserir as variáveis que representam as observações em **Variables**, conforme mostra a Figura 9.39. Como os dados já correspondem a distâncias, nada precisará ser feito em relação ao campo **Distances**.

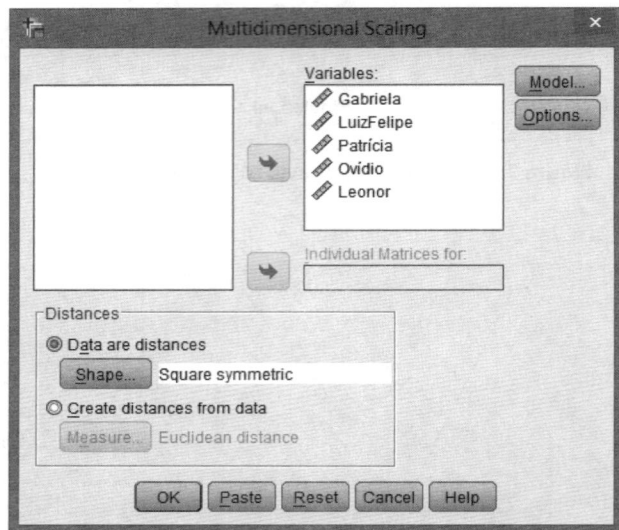

Figura 9.47 Caixa de diálogo com seleção das variáveis para elaboração de escalonamento multidimensional no SPSS.

No botão **Model...**, marcaremos a opção **Ratio** em **Level of Measurement** (note que já está selecionada a opção **Euclidean distance** em **Scaling Model**) e, no botão **Options...**, a opção **Group plots** em **Display**, conforme mostram, respectivamente, as Figuras 9.48 e 9.49.

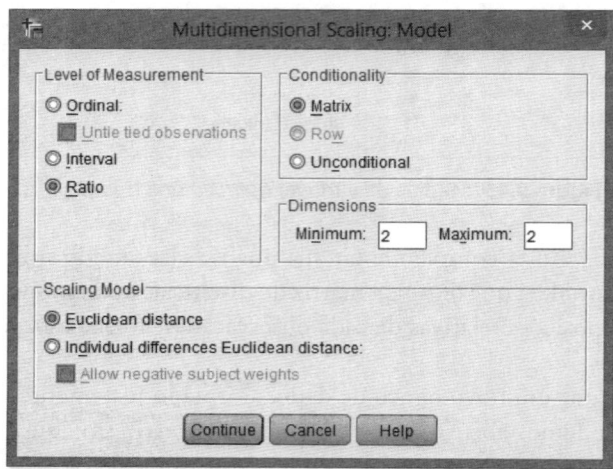

Figura 9.48 Definição da natureza da variável correspondente à medida de distância.

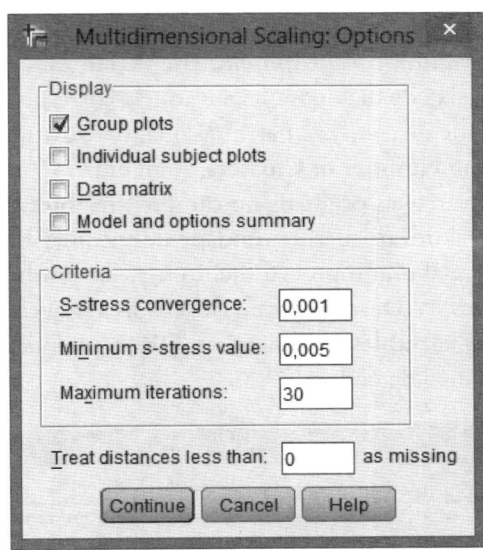

Figura 9.49 Seleção de opção para elaboração de gráfico bidimensional.

Na sequência, podemos clicar em **Continue** e em **OK**.

A Figura 9.50 apresenta o gráfico com as posições relativas das observações projetadas em um plano.

Esse tipo de gráfico é bastante útil quando se deseja elaborar apresentações didáticas sobre o agrupamento de observações (indivíduos, empresas, municípios, países, entre outros exemplos) e facilitar a interpretação dos *clusters*, principalmente quando há uma quantidade relativamente grande de variáveis no banco de dados.

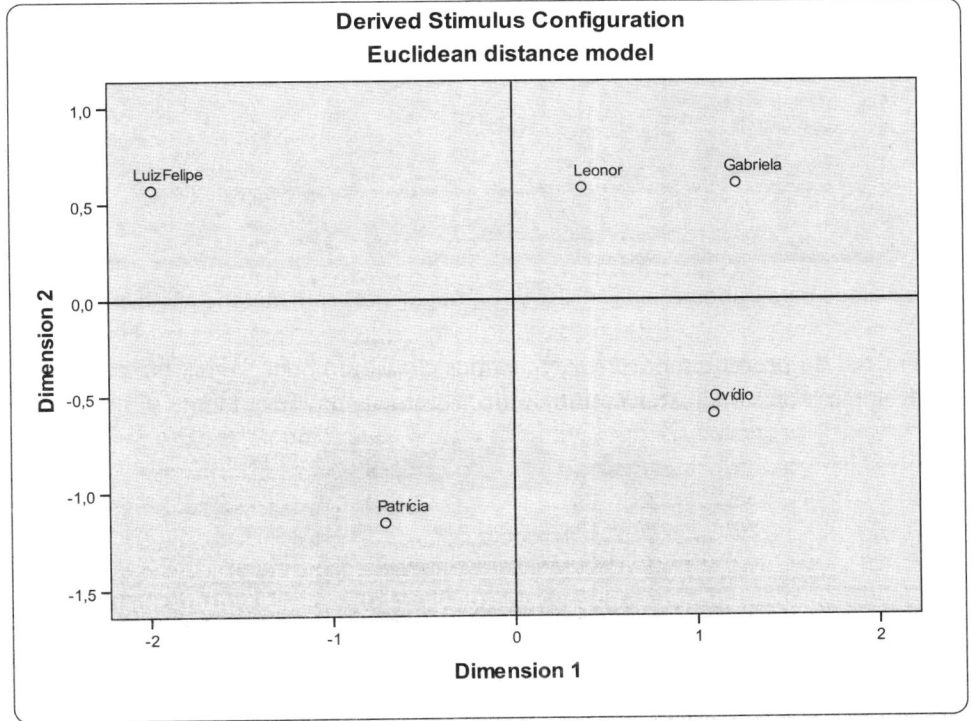

Figura 9.50 Gráfico bidimensional com as posições relativas projetadas das observações.

9.3.2. Elaboração do esquema de aglomeração não hierárquico *k-means* no software SPSS

Mantendo a lógica proposta no capítulo, elaboraremos, a partir do mesmo banco de dados, uma análise de agrupamentos com base no esquema de aglomeração não hierárquico *k-means*. Portanto, devemos novamente fazer uso do arquivo **Vestibular.sav**.

Para tanto, devemos clicar em **Analyze → Classify → K-Means Cluster...** Na caixa de diálogo que será aberta, devemos inserir as variáveis *matemática, física* e *química* em **Variables**, e a variável *estudante* em **Label Cases by**. A principal diferença entre essa caixa de diálogo inicial e aquela correspondente ao procedimento hierárquico refere-se à determinação da quantidade de *clusters* a partir da qual o algoritmo *k-means* será elaborado. Em nosso exemplo, vamos inserir o número 3 em **Number of Clusters**. A Figura 9.51 mostra como ficará a caixa de diálogo.

Podemos notar que inserimos as variáveis originais no campo **Variables**. Esse procedimento é aceitável, visto que, para nosso exemplo, possuem valores na mesma unidade de medida. Entretanto, caso esse fato não se verifique, o pesquisador deverá, antes de elaborar o procedimento *k-means*, padronizá-las pelo procedimento *Zscores*, em **Analyze → Descriptive Statistics → Descriptives...**, inserir as variáveis originais em **Variables** e selecionar a opção **Save standardized values as variables**. Ao clicar em **OK**, o pesquisador irá verificar que novas variáveis padronizadas passarão a compor o banco de dados.

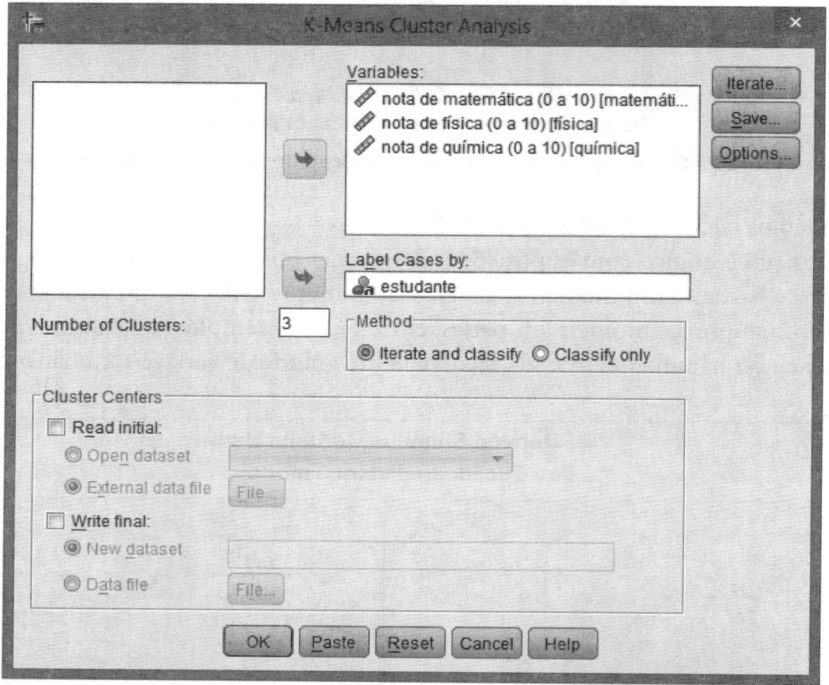

Figura 9.51 Caixa de diálogo para elaboração da análise de agrupamentos com método não hierárquico *k-means* no SPSS.

Voltando à tela inicial do procedimento *k-means*, vamos clicar no botão **Save...** Na caixa de diálogo que será aberta, devemos selecionar a opção **Cluster membership**, conforme mostra a Figura 9.52.

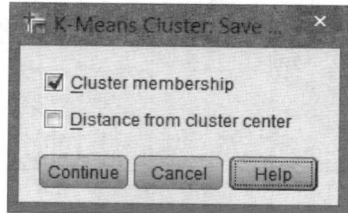

Figura 9.52 Seleção da opção para salvar a alocação das observações nos *clusters* como nova variável no banco de dados – Procedimento não hierárquico.

Ao clicarmos em **Continue**, voltaremos à caixa de diálogo anterior. No botão **Options...**, vamos selecionar as opções **Initial cluster centers, ANOVA table** e **Cluster information for each case**, em **Statistics**, conforme mostra a Figura 9.53.

Na sequência, podemos clicar em **Continue** e em **OK**. É importante mencionar que o SPSS já utiliza como padrão a distância euclidiana como medida de dissimilaridade quando da elaboração do procedimento *k-means*.

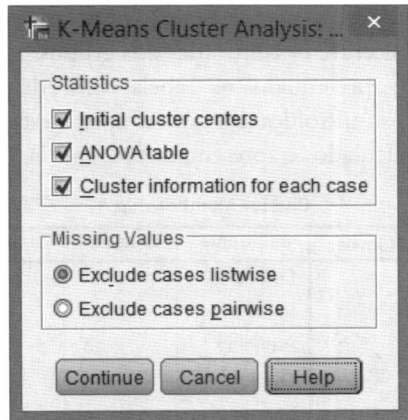

Figura 9.53 Seleção de opções para realização do procedimento *k-means*.

Os dois primeiros *outputs* gerados referem-se ao passo inicial e ao procedimento iterativo do algoritmo *k-means*. São apresentadas as coordenadas dos centroides no passo inicial e, por meio dos quais, podemos perceber que o SPSS considera que os três *clusters* sejam formados, respectivamente, pelas três primeiras observações do banco de dados. Embora essa decisão seja diferente da adotada por nós na seção 9.2.2.2.2, essa escolha é puramente arbitrária, e, conforme poderemos verificar adiante, não afetará em nada a formação dos *clusters* no passo final do algoritmo *k-means*.

Enquanto a Figura 9.54 apresenta os valores propriamente ditos das variáveis originais para as observações **Gabriela**, **Luiz Felipe** e **Patrícia** (conforme mostra a Tabela 9.15) como coordenadas dos centroides dos três grupos, na Figura 9.55 podemos verificar, após a primeira iteração do algoritmo, que a mudança de coordenada do centroide do primeiro *cluster* é de 1,897, que corresponde exatamente à distância euclidiana entre a observação **Gabriela** e o *cluster* **Gabriela-Ovídio-Leonor** (conforme mostra a Tabela 9.22). Nessa última figura, ainda é possível verificar a menção, em seu rodapé, à medida de 7,187, que corresponde à distância euclidiana entre as observações **Luiz Felipe** e **Patrícia**, que permanecem isoladas após o procedimento iterativo.

Initial Cluster Centers

	Cluster		
	1	2	3
nota de matemática (0 a 10)	3,7	7,8	8,9
nota de física (0 a 10)	2,7	8,0	1,0
nota de química (0 a 10)	9,1	1,5	2,7

Figura 9.54 Passo inicial do algoritmo *k-means* – Centroides dos três grupos como coordenadas das observações.

Iteration History[a]

Iteration	Change in Cluster Centers		
	1	2	3
1	1,897	,000	,000
2	,000	,000	,000

a. Convergence achieved due to no or small change in cluster centers. The maximum absolute coordinate change for any center is ,000. The current iteration is 2. The minimum distance between initial centers is 7,187.

Figura 9.55 Primeira iteração do algoritmo *k-means* e mudança nas coordenadas dos centroides.

As três figuras seguintes referem-se ao estágio final do algoritmo *k-means*. Enquanto o *output* **Cluster Membership** (Figura 9.56) mostra a alocação de cada observação em cada um dos três *clusters*, bem como as distâncias euclidianas entre cada observação e o centroide do respectivo grupo, o *output* **Distances between Final Cluster Centers** (Figura 9.58) apresenta as distâncias euclidianas entre os centroides dos grupos. Esses dois *outputs* trazem valores já calculados algebricamente na seção 9.2.2.2.2 e apresentados na Tabela 9.22. Além disso, o *output* **Final Cluster Centers** (Figura 9.57) apresenta as coordenadas dos centroides dos grupos após o estágio final desse procedimento não hierárquico, que correspondem aos valores já calculados e apresentados na Tabela 9.21.

Cluster Membership

Case Number	estudante	Cluster	Distance
1	Gabriela	1	1,897
2	Luiz Felipe	2	,000
3	Patrícia	3	,000
4	Ovídio	1	2,791
5	Leonor	1	2,998

Figura 9.56 Estágio final do algoritmo *k-means* – Alocação das observações e distâncias a centroides de respectivos *clusters*.

Final Cluster Centers

	Cluster		
	1	2	3
nota de matemática (0 a 10)	4,7	7,8	8,9
nota de física (0 a 10)	1,9	8,0	1,0
nota de química (0 a 10)	7,7	1,5	2,7

Figura 9.57 Estágio final do algoritmo *k-means* – Coordenadas dos centroides dos *clusters*.

Distances between Final Cluster Centers

Cluster	1	2	3
1		9,234	6,592
2	9,234		7,187
3	6,592	7,187	

Figura 9.58 Estágio final do algoritmo *k-means* – Distâncias entre os centroides dos *clusters*.

O *output* **ANOVA** (Figura 9.59) é análogo àquele apresentado na Tabela 9.29 da seção 9.2.2.2.2 e na Figura 9.42 da seção 9.3.1 e, por meio do qual, podemos verificar que apenas a variável *física* apresenta média estatisticamente diferente em pelo menos um dos grupos formados em relação aos demais, ao nível de 5% de significância.

Conforme discutimos anteriormente, caso uma ou mais variáveis não estejam contribuindo para a formação da quantidade sugerida de agrupamentos, sugere-se que o algoritmo seja reaplicado sem a presença dessas variáveis. O pesquisador pode inclusive fazer uso de um procedimento hierárquico sem a presença das referidas variáveis antes da reaplicação do procedimento *k-means*. Para os dados de nosso exemplo, entretanto, a análise se tornaria univariada pela exclusão das variáveis *matemática* e *química*, o que comprova o **risco que o pesquisador assume ao trabalhar com bancos de dados muito pequenos em análise de agrupamentos**.

ANOVA

	Cluster		Error			
	Mean Square	df	Mean Square	df	F	Sig.
nota de matemática (0 a 10)	8,296	2	3,990	2	2,079	,325
nota de física (0 a 10)	16,306	2	,730	2	22,337	,043
nota de química (0 a 10)	19,176	2	5,470	2	3,506	,222

The F tests should be used only for descriptive purposes because the clusters have been chosen to maximize the differences among cases in different clusters. The observed significance levels are not corrected for this and thus cannot be interpreted as tests of the hypothesis that the cluster means are equal.

Figura 9.59 Análise de variância de um fator no procedimento *k-means* – Variabilidades entre grupos e dentro dos grupos, estatísticas *F* e níveis de significância por variável.

É importante mencionar que o *output* **ANOVA** deve ser utilizado apenas para o estudo das variáveis que mais contribuem para a formação da quantidade especificada de *clusters*, visto que esta é escolhida para que sejam maximizadas as diferenças entre as observações alocadas em grupos distintos. Portanto, como explicita o rodapé desse *output*, não se pode utilizar a estatística *F* com o intuito de verificar a igualdade ou não dos grupos formados. Por essa razão, não é raro que encontremos na literatura o termo ***pseudo F*** para essa estatística.

Por fim, a Figura 9.60 mostra a quantidade de observações em cada um dos *clusters*.

Number of Cases in each Cluster

Cluster	1	3,000
	2	1,000
	3	1,000
Valid		5,000
Missing		,000

Figura 9.60 Quantidade de observações em cada *cluster*.

Analogamente ao procedimento hierárquico, podemos verificar que é gerada uma nova variável (obviamente qualitativa) no banco de dados após a elaboração do procedimento *k-means*, chamada pelo SPSS de *QCL_1*, conforme mostra a Figura 9.61.

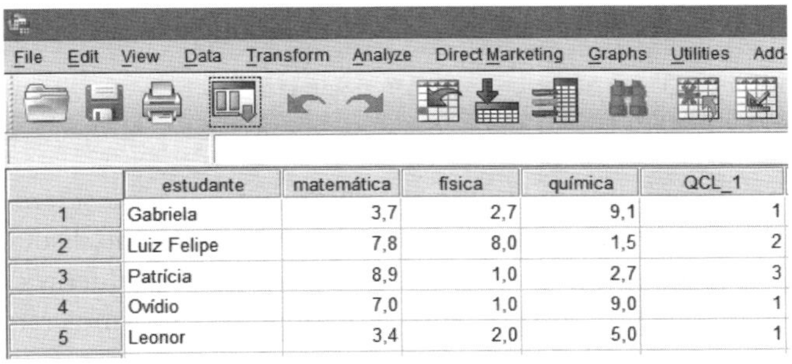

	estudante	matemática	física	química	QCL_1
1	Gabriela	3,7	2,7	9,1	1
2	Luiz Felipe	7,8	8,0	1,5	2
3	Patrícia	8,9	1,0	2,7	3
4	Ovídio	7,0	1,0	9,0	1
5	Leonor	3,4	2,0	5,0	1

Figura 9.61 Banco de dados com nova variável *QCL_1* – Alocação de cada observação.

Essa variável acabou sendo idêntica à variável *CLU3_1* (Figura 9.37) neste exemplo. Porém, esse fato nem sempre acontece para uma quantidade maior de observações e nos casos em que são utilizadas medidas de dissimilaridade distintas nos procedimentos hierárquico e não hierárquico.

Apresentados os procedimentos para aplicação da análise de agrupamentos no SPSS, partiremos para a elaboração da técnica no Stata.

9.4. ANÁLISE DE AGRUPAMENTOS COM ESQUEMAS DE AGLOMERAÇÃO HIERÁRQUICOS E NÃO HIERÁRQUICOS NO SOFTWARE STATA

Apresentaremos agora o passo a passo para a elaboração de nosso exemplo no Stata Statistical Software®. Nosso objetivo, nesta seção, não é discutir novamente os conceitos pertinentes à análise de agrupamentos, mas propiciar ao pesquisador uma oportunidade de elaborar a técnica por meio dos comandos desse software. A cada apresentação de um *output*, faremos menção ao respectivo resultado obtido quando da aplicação da técnica de forma algébrica e também por meio do SPSS. A reprodução das imagens apresentadas nesta seção tem autorização da StataCorp LP©.

9.4.1. Elaboração de esquemas de aglomeração hierárquicos no software Stata

Já partiremos, portanto, para o banco de dados elaborado pelo professor a partir dos levantamentos das notas de Matemática, Física e Química obtidas no vestibular por cinco alunos. O banco de dados encontra-se no arquivo **Vestibular.dta** e é exatamente igual ao apresentado na Tabela 9.11 da seção 9.2.2.1.2.

Inicialmente, podemos digitar o comando **`desc`**, que possibilita a análise das características do banco de dados, como a quantidade de observações, a quantidade de variáveis e a descrição de cada uma. A Figura 9.62 apresenta o primeiro *output* do Stata.

```
. desc

  obs:            5
  vars:           4
  size:          135 (99.9% of memory free)
--------------------------------------------------------------------------------
              storage  display   value
variable name  type    format    label     variable label
--------------------------------------------------------------------------------
estudante      str11   %11s
matemática     float   %9.1f               nota de matemática (0 a 10)
física         float   %9.1f               nota de física (0 a 10)
química        float   %9.1f               nota de química (0 a 10)
--------------------------------------------------------------------------------
Sorted by:
```

Figura 9.62 Descrição do banco de dados **Vestibular.dta**.

Conforme já discutimos, como as variáveis originais apresentam valores na mesma unidade de medida, não é necessário padronizá-las pelo procedimento *Zscores* nesse exemplo. Entretanto, caso o pesquisador deseje, poderá obter as variáveis padronizadas por meio dos seguintes comandos:

egen zmatemática = std(matemática)

egen zfísica = std(física)

egen zquímica = std(química)

Inicialmente, vamos obter a matriz de distâncias entre os pares de observações. De maneira geral, a sequência de comandos para a obtenção de matrizes de distância ou de semelhança no Stata é:

matrix dissimilarity D = variáveis*, opção*

matrix list D

em que o termo **variáveis*** deverá ser substituído pela lista de variáveis a serem consideradas na análise, e o termo **opção*** deverá ser substituído pelo termo correspondente à medida de distância ou de semelhança que se deseja utilizar. Enquanto o Quadro 9.2 apresenta os termos do Stata correspondentes a cada uma das medidas para variáveis métricas estudadas na seção 9.2.1.1, o Quadro 9.3 apresenta os termos referentes às medidas utilizadas para variáveis binárias estudadas na seção 9.2.1.2.

Quadro 9.2 Termos do Stata correspondentes às medidas para variáveis métricas.

Medida para variáveis métricas	Termo do Stata
Euclidiana	L2
Quadrática euclidiana	L2squared
Manhattan	L1
Chebychev	Linf
Canberra	Canberra
Correlação de Pearson	corr

Quadro 9.3 Termos do Stata correspondentes às medidas para variáveis binárias.

Medida para variáveis binárias	Termo do Stata
Emparelhamento simples	matching
Jaccard	Jaccard
Dice	Dice
AntiDice	antiDice
Russell e Rao	Russell
Ochiai	Ochiai
Yule	Yule
Rogers e Tanimoto	Rogers
Sneath e Sokal	Sneath
Hamann	Hamann

Portanto, como desejamos obter a matriz de distâncias euclidianas entre os pares de observações, a fim de que seja mantido o critério adotado no capítulo, devemos digitar a seguinte sequência de comandos:

```
matrix dissimilarity D = matemática física química, L2
matrix list D
```

O *output* gerado, que se encontra na Figura 9.63, está em conformidade com o apresentado na matriz $\mathbf{D_0}$ da seção 9.2.2.1.2.1, e também na Figura 9.30 quando da elaboração da técnica no SPSS (seção 9.3.1).

```
. matrix dissimilarity D = matemática física química, L2

. matrix list D

symmetric D[5,5]
            obs1        obs2        obs3        obs4        obs5
obs1           0
obs2   10.132127           0
obs3   8.4196199   7.1867934           0
obs4   3.7134889   10.290287   6.5802734           0
obs5   4.1701323   8.2225301   6.0448321   5.4735728           0
```

Figura 9.63 Matriz de distâncias euclidianas entre pares de observações.

Na sequência, vamos partir para a realização da análise de agrupamentos propriamente dita. O comando geral para a elaboração de uma análise de agrupamentos por meio de um esquema hierárquico no Stata é dado por:

```
cluster método* variáveis*, measure(opção*)
```

em que, além da substituição dos termos **variáveis*** e **opção***, conforme discutimos anteriormente, devemos substituir o termo **método*** pelo correspondente ao método de encadeamento escolhido pelo pesquisador. O Quadro 9.4 apresenta os termos do Stata referentes aos métodos estudados na seção 9.2.2.1.

Quadro 9.4 Termos do Stata correspondentes aos métodos de encadeamento em esquemas hierárquicos de aglomeração.

Método de encadeamento	Termo do Stata
Único	singlelinkage
Completo	completelinkage
Médio	averagelinkage

Portanto, para os dados de nosso exemplo e seguindo o critério adotado ao longo do capítulo (método de encadeamento único com distância euclidiana – termo **L2**), devemos digitar o seguinte comando:

```
cluster singlelinkage matemática física química, measure(L2)
```

Em seguida, podemos digitar o comando **cluster list**, que faz com que sejam apresentados, de forma resumida, os critérios utilizados pelo pesquisador para a elaboração da análise de agrupamentos hierárquicos. A Figura 9.64 apresenta os *outputs* gerados.

```
. cluster singlelinkage matemática física química, measure(L2)
cluster name: _clus_1

. cluster list
_clus_1 (type: hierarchical,  method: single,  dissimilarity: L2)
      vars: _clus_1_id (id variable)
            _clus_1_ord (order variable)
            _clus_1_hgt (height variable)
     other:cmd: cluster singlelinkage matemática física química, measure(L2)
           varlist: matemática física química
           range: 0 .
```

Figura 9.64 Elaboração da análise de agrupamentos hierárquicos e resumo dos critérios adotados.

A partir da Figura 9.64 e da análise do banco de dados, podemos verificar que três novas variáveis são criadas, referentes à identificação de cada observação (_clus_1_id), ao ordenamento das observações quando dos agrupamentos (_clus_1_ord) e às distâncias euclidianas utilizadas para que se agrupe nova observação em cada um dos estágios de aglomeração (_clus_1_hgt). A Figura 9.65 mostra como fica o banco de dados após a elaboração dessa análise de agrupamentos.

	estudante	matemática	física	química	_clus_1_id	_clus_1_ord	_clus_1_hgt
1	Gabriela	3.7	2.7	9.1	1	2	7.1867934
2	Luiz Felipe	7.8	8.0	1.5	2	3	6.0448321
3	Patrícia	8.9	1.0	2.7	3	1	3.7134889
4	Ovídio	7.0	1.0	9.0	4	4	4.1701323
5	Leonor	3.4	2.0	5.0	5	5	.

Figura 9.65 Banco de dados com as novas variáveis.

É importante mencionar que o Stata apresenta a variável _clu_1_hgt com valores defasados em uma linha, o que pode tornar a análise um pouco confusa. Nesse sentido, enquanto a distância de 3,713 refere-se à fusão entre as observações **Ovídio** e **Gabriela** (primeiro estágio do esquema de aglomeração), a distância de 7,187 corresponde à fusão entre **Luiz Felipe** e o *cluster* já formado por todas as demais observações (último estágio do esquema de aglomeração), conforme já mostravam a Tabela 9.12 e a Figura 9.31.

Logo, para que o pesquisador corrija este problema de defasagem e obtenha o real comportamento das distâncias em cada novo estágio de aglomeração, poderá digitar a sequência de comandos a seguir, cujo *output* se encontra na Figura 9.66. Note que uma nova variável é criada (*dist*) e corresponde à correção da defasagem da variável _clu_1_hgt (termo [_n-1]), apresentando o valor de cada distância euclidiana para que se estabeleça um novo agrupamento em cada estágio do esquema de aglomeração.

```
gen dist = _clus_1_hgt[_n-1]
replace dist=0 if dist==.
sort dist
list estudante dist
```

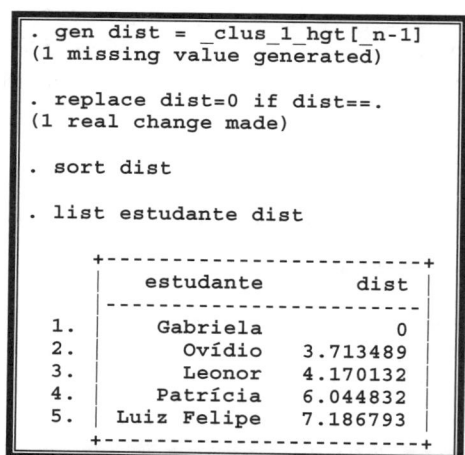

Figura 9.66 Estágios do esquema de aglomeração e respectivas distâncias euclidianas.

Elaborada essa etapa, podemos solicitar que o Stata construa o dendrograma, digitando um dos dois equivalentes comandos:

```
cluster dendrogram, labels(estudante) horizontal
```

ou

```
cluster tree, labels(estudante) horizontal
```

O gráfico gerado encontra-se na Figura 9.67.

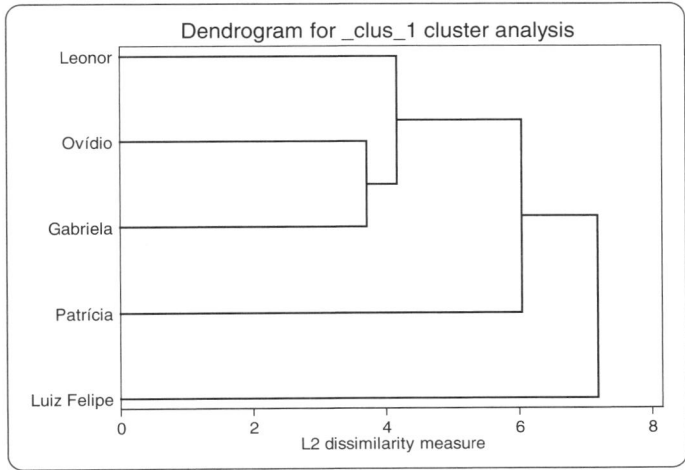

Figura 9.67 Dendrograma – Método de encadeamento único e distâncias euclidianas no Stata.

Podemos notar que o dendrograma construído pela Stata, em termos de distâncias euclidianas, é igual ao apresentado na Figura 9.12, elaborada quando da resolução algébrica da modelagem, porém difere-se daquele construído pelo SPSS (Figura 9.32) por não considerar medidas rescalonadas. Independentemente desse fato, vamos adotar como possível solução uma quantidade de três *clusters*, sendo um formado por **Leonor**, **Ovídio** e **Gabriela**, outro, por **Patrícia**, e um terceiro, por **Luiz Felipe**, já que os critérios discutidos sobre grandes saltos de distância nos levam coerentemente a essa decisão.

Para que seja gerada uma nova variável, correspondente à alocação das observações nos três *clusters*, devemos digitar a sequência de comandos a seguir. Note que nomeamos essa nova variável de *cluster*. O *output* da Figura 9.68 mostra a alocação das observações nos grupos e é equivalente ao apresentado na Figura 9.36 (SPSS).

```
cluster generate cluster = groups(3), name(_clus_1)
sort _clus_1_id
list estudante cluster
```

```
. cluster generate cluster = groups(3), name(_clus_1)

. sort _clus_1_id

. list estudante cluster

     +----------------------+
     |    estudante   cluster |
     |----------------------|
  1. |     Gabriela        3 |
  2. |  Luiz Felipe        1 |
  3. |     Patrícia        2 |
  4. |       Ovídio        3 |
  5. |       Leonor        3 |
     +----------------------+
```

Figura 9.68 Alocação das observações nos *clusters*.

Finalmente, vamos estudar, por meio da análise de variância de um fator (ANOVA), se os valores de determinada variável diferem-se entre os grupos representados pelas categorias da nova variável qualitativa *cluster* gerada no banco de dados, ou seja, se a variabilidade entre os grupos é significativamente superior à variabilidade interna a cada um deles, seguindo a lógica proposta na seção 9.3.1. Para tanto, vamos digitar os seguintes comandos, em que são relacionadas individualmente as três variáveis métricas (*matemática*, *física* e *química*) com a variável *cluster*:

```
oneway matemática cluster, tabulate
oneway física cluster, tabulate
oneway química cluster, tabulate
```

Os resultados da ANOVA para as três variáveis estão na Figura 9.69.

```
. oneway matemática cluster, tabulate

               | Summary of nota de matemática (0 a
               |              10)
       cluster |      Mean    Std. Dev.        Freq.
---------------+-------------------------------------
            1  |      7.8        0.0              1
            2  |      8.9        0.0              1
            3  |      4.7        2.0              3
---------------+-------------------------------------
       Total   |      6.2        2.5              5

                     Analysis of Variance
       Source            SS        df      MS              F      Prob > F
-----------------------------------------------------------------------------
Between groups      16.5919981      2   8.29599906        2.08     0.3248
 Within groups       7.97999966     2   3.98999983
-----------------------------------------------------------------------------
       Total         24.5719978     4   6.14299944

. oneway física cluster, tabulate

               | Summary of nota de física (0 a 10)
       cluster |      Mean    Std. Dev.        Freq.
---------------+-------------------------------------
            1  |      8.0        0.0              1
            2  |      1.0        0.0              1
            3  |      1.9        0.9              3
---------------+-------------------------------------
       Total   |      2.9        2.9              5

                     Analysis of Variance
       Source            SS        df      MS              F      Prob > F
-----------------------------------------------------------------------------
Between groups      32.6119999      2     16.306          22.34    0.0429
 Within groups       1.46000008     2   .730000038
-----------------------------------------------------------------------------
       Total         34.072         4   8.51799999

. oneway química cluster, tabulate

               | Summary of nota de química (0 a 10)
       cluster |      Mean    Std. Dev.        Freq.
---------------+-------------------------------------
            1  |      1.5        0.0              1
            2  |      2.7        0.0              1
            3  |      7.7        2.3              3
---------------+-------------------------------------
       Total   |      5.5        3.5              5

                     Analysis of Variance
       Source            SS        df      MS              F      Prob > F
-----------------------------------------------------------------------------
Between groups      38.3520014      2   19.1760007        3.51     0.2219
 Within groups      10.9400011      2   5.47000053
-----------------------------------------------------------------------------
       Total         49.2920025     4   12.3230006
```

Figura 9.69 ANOVA paras as variáveis *matemática*, *física* e *química*.

Os *outputs* dessa figura, que apresentam os resultados das variabilidades entre os grupos (**Between groups**) e dentro dos grupos (**Within groups**), as estatísticas *F* e os respectivos níveis de significância (*Prob. F*, ou **Prob > F** no Stata) para cada variável, são iguais aos calculados algebricamente e apresentados na Tabela 9.29 (seção 9.2.2.2.2) e também na Figura 9.42 quando da elaboração deste procedimento no SPSS (seção 9.3.1).

Portanto, conforme já discutimos, podemos verificar que, enquanto para a variável *física* existe pelo menos um *cluster* que apresenta média estatisticamente diferente dos demais, ao nível de significância de 5% (*Prob.*

F = 0,0429 < 0,05), as variáveis *matemática* e *química* não possuem médias estatisticamente diferentes entre os três grupos formados para essa amostra e ao nível de significância estipulado.

É importante lembrar que, caso exista uma quantidade maior de variáveis que apresentem *Prob. F* menor que 0,05, aquela considerada mais discriminante dos grupos é a com maior estatística *F* (ou seja, menor nível de significância *Prob. F*).

Mesmo podendo finalizar a análise hierárquica neste momento, o pesquisador tem a opção de elaborar um escalonamento multidimensional, a fim de visualizar as projeções das posições relativas das observações em um gráfico bidimensional, assim como realizado na seção 9.3.1. Para tanto, poderá digitar o seguinte comando:

```
mds matemática física química, id(estudante) method(modern)
measure(L2) loss(sstress) config nolog
```

Os *outputs* gerados encontram-se nas Figuras 9.70 e 9.71, sendo que o gráfico desta última figura corresponde ao apresentado na Figura 9.50.

```
. mds  matemática física química, id(estud) method(modern) measure(L2) loss(sstress)
config nolog
(transform(identity) assumed)

Modern multidimensional scaling
    dissimilarity: L2, computed on 3 variables

    Loss criterion: sstress = raw_sstress/norm(distances^2)
    Transformation: identity (no transformation)

                                        Number of obs     =          5
                                        Dimensions        =          2
    Normalization: principal            Loss criterion    =     0.1095

Configuration in 2-dimensional Euclidean space (principal normalization)

    estudante |        dim1          dim2
    ----------+-----------------------------
     Gabriela |      3.9262        1.9516
       Ovídio |      3.5524       -1.9206
      Leonor  |      1.2243        1.8871
     Patrícia |     -2.2858       -3.7417
  Luiz_Felipe |     -6.4170        1.8237
    ----------------------------------------
```

Figura 9.70 Elaboração do escalonamento multidimensional no Stata.

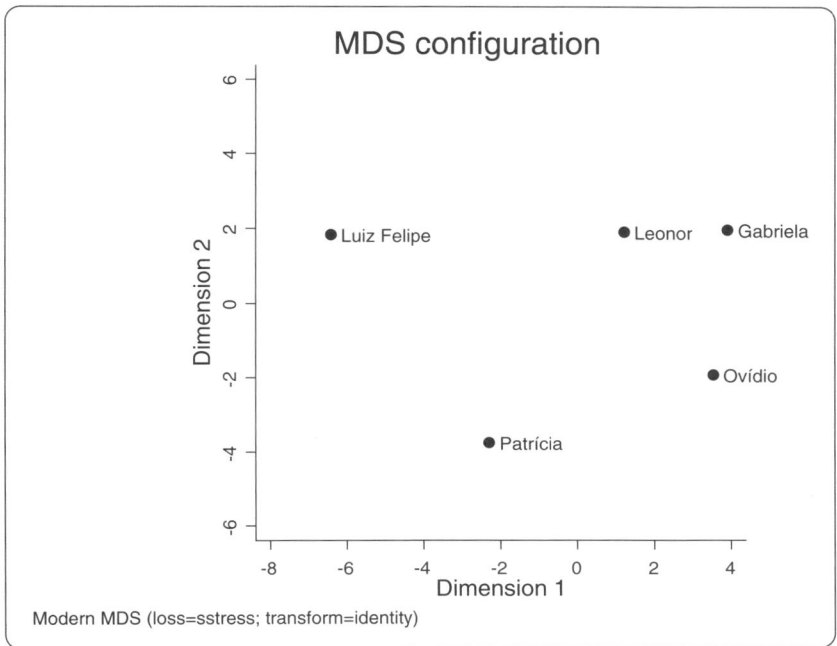

Figura 9.71 Gráfico com projeções das posições relativas das observações.

Apresentados os comandos para a realização da análise de agrupamentos com esquema de aglomeração hierárquico no Stata, partiremos para a elaboração do esquema de aglomeração não hierárquico *k-means* no mesmo software.

9.4.2. Elaboração do esquema de aglomeração não hierárquico *k-means* no software Stata

Para que realizemos o procedimento *k-means* aos dados do arquivo **Vestibular.dta**, devemos digitar o seguinte comando:

```
cluster kmeans matemática física química, k(3) name(kmeans)
measure(L2) start(firstk)
```

em que o termo **k(3)** é *input* para que o algoritmo seja elaborado com três agrupamentos. Além disso, definimos que uma nova variável com a alocação das observações nos três grupos será gerada no banco de dados com o nome *kmeans* (termo **name(kmeans)**), e a medida de distância utilizada será a distância euclidiana (termo **L2**). Além disso, o termo **firstk** especifica que as coordenadas das primeiras *k* observações da amostra serão utilizadas como centroides dos *k clusters* (no nosso caso, *k* = 3), o que corresponde exatamente ao critério adotado pelo SPSS, conforme discutimos na seção 9.3.2.

Na sequência, podemos digitar o comando **cluster list kmeans** para que sejam apresentados, de forma resumida, os critérios adotados para a elaboração do procedimento *k-means*.

Os *outputs* da Figura 9.72 mostram o que é gerado pelo Stata após a digitação dos dois últimos comandos.

```
. cluster kmeans matemática física química, k(3) name(kmeans) measure(L2) start(firstk)

. cluster list kmeans
kmeans  (type: partition,  method: kmeans,  dissimilarity: L2)
      vars: kmeans (group variable)
     other: cmd: cluster kmeans matemática física química, k(3) name (kmeans)
measure(L2) start(firstk)
           varlist: matemática física química
           k: 3
           start: firstk
           range: 0 .
```

Figura 9.72 Elaboração do procedimento não hierárquico *k-means* e resumo dos critérios adotados.

Os dois comandos seguintes geram, nos *outputs* do software, duas tabelas referentes, respectivamente, à quantidade de observações em cada um dos três *clusters* formados, bem como a alocação de cada observação nesses grupos:

```
table kmeans
```
```
list estudante kmeans
```

A Figura 9.73 mostra esses *outputs*.

```
. table kmeans

---------------------
 kmeans |    Freq.
--------+------------
      1 |       3
      2 |       1
      3 |       1
---------------------

. list estudante kmeans

     +---------------------+
     |  estudante   kmeans |
     |---------------------|
  1. |   Gabriela        1 |
  2. | Luiz Felipe       2 |
  3. |   Patrícia        3 |
  4. |    Ovídio         1 |
  5. |    Leonor         1 |
     +---------------------+
```

Figura 9.73 Quantidade de observações em cada *cluster* e alocação das observações.

Esses resultados correspondem ao encontrado quando da resolução algébrica do procedimento *k-means* na seção 9.2.2.2.2 (Figura 9.23) e ao obtido quando da elaboração desse procedimento por meio do SPSS na seção 9.3.2 (Figuras 9.60 e 9.61).

Embora tenhamos condições de elaborar uma análise de variância de um fator para as variáveis originais do banco de dados, a partir da nova variável qualitativa gerada (*kmeans*), optamos por não realizar esse procedimento aqui, visto que já o fizemos para a variável *cluster* gerada na seção 9.4.1 após o procedimento hierárquico, que é exatamente igual à variável *kmeans* neste caso.

Por outro lado, apresentamos, para efeitos didáticos, o seguinte comando, que permite que as médias de cada variável nos três *clusters* sejam geradas, para efeitos de comparação:

```
tabstat matemática física química, by(kmeans)
```

O *output* gerado encontra-se na Figura 9.74, e equivale ao apresentado nas Tabelas 9.23, 9.24 e 9.25.

```
. tabstat matemática física química, by(kmeans)

Summary statistics: mean
  by categories of: kmeans

kmeans |   matemá~a     física    química
-------+--------------------------------------
     1 |        4.7        1.9        7.7
     2 |        7.8          8        1.5
     3 |        8.9          1        2.7
-------+--------------------------------------
 Total |       6.16       2.94       5.46
-------+--------------------------------------
```

Figura 9.74 Médias por *cluster* e geral das variáveis *matemática*, *física* e *química*.

Por fim, o pesquisador pode ainda elaborar um gráfico que mostra as inter-relações das variáveis, duas a duas. Esse gráfico, conhecido por **matrix**, pode propiciar ao pesquisador melhor entendimento sobre como as variáveis se relacionam, oferecendo inclusive sugestões acerca do posicionamento relativo das observações de cada *cluster* nessas inter-relações. Para a construção do gráfico, que se encontra na Figura 9.75, devemos digitar o seguinte comando:

```
graph matrix matemática física química, mlabel(kmeans)
```

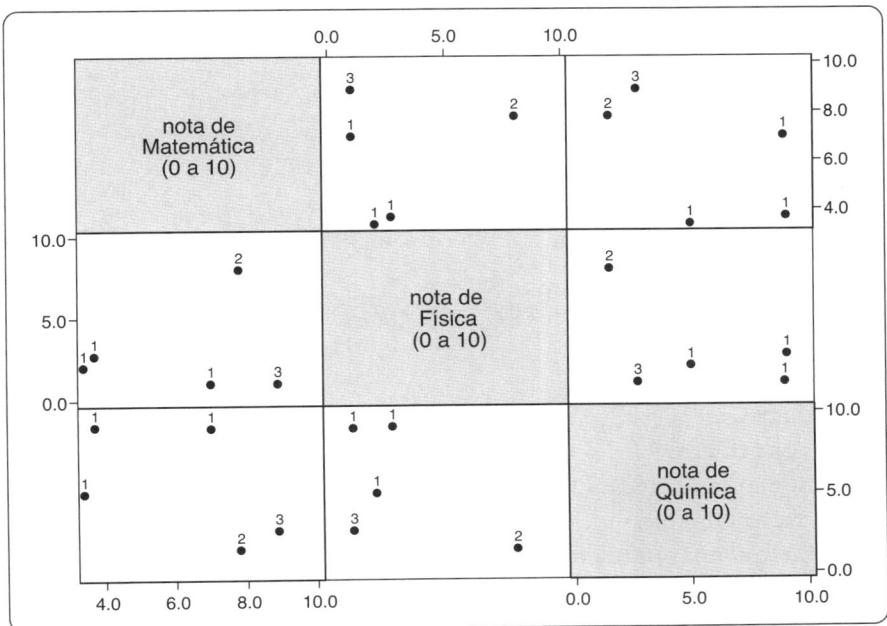

Figura 9.75 Inter-relação das variáveis e posição relativa das observações de cada *cluster* – Gráfico **matrix**.

Obviamente, este gráfico poderia também ter sido construído na seção anterior, porém optamos por apresentá-lo apenas ao término da elaboração do procedimento *k-means* no Stata. Por meio de sua análise, é possível verificarmos, entre outros fatos, que a consideração apenas das variáveis *matemática* e *química* não é suficiente para que sejam afastadas as observações **Luiz Felipe** e **Patrícia** (*clusters* 2 e 3, respectivamente), sendo necessária a consideração da variável *física* para que esses dois estudantes sejam, de fato, alocados em *clusters* distintos quando da formação de três agrupamentos. Embora seja um tanto quanto óbvio quando analisamos os dados na própria base, o gráfico torna-se bastante útil para amostras maiores e com uma quantidade considerável de variáveis, fato que multiplicaria essas inter-relações.

9.5. CÓDIGOS EM R PARA OS EXEMPLOS DO CAPÍTULO

```r
# Pacotes utilizados
library(plotly) #plataforma gráfica
library(tidyverse) #carregar outros pacotes do R
library(ggrepel) #geoms de texto e rótulo para 'ggplot2' que ajudam a
                 #evitar sobreposição de textos
library(knitr) #formatação de tabelas
library(kableExtra) #formatação de tabelas
library(reshape2) #função 'melt'
library(plot3D) #gráficos 3D com função 'scatter3D'
library(car) #gráficos 3D com função 'scatter3d'
library(cluster) #função 'agnes' para elaboração de clusters hierárquicos
library(factoextra) #função 'fviz_dend' para construção de dendrogramas
library(robustX) #função 'mvBACON' para identificação de outliers multivariados

# Carregamento da base de dados 'Vestibular'
load(file = "Vestibular.RData")

# Visualização da base de dados
Vestibular %>%
  kable() %>%
  kable_styling(bootstrap_options = "striped",
                full_width = FALSE,
                font_size = 20)

# Gráfico 3D com scatter
rownames(Vestibular) <- Vestibular$estudante

scatter3D(x = Vestibular$fisica,
          y = Vestibular$matematica,
          z = Vestibular$quimica,
          phi = 0, bty = "g", pch = 20, cex = 2,
          xlab = "Fisica",
          ylab = "Matematica",
          zlab = "Quimica",
          main = "Vestibular",
          clab = "Nota de Quimica")>
  text3D(x = Vestibular$fisica,
         y = Vestibular$matematica,
         z = Vestibular$quimica,
         labels = rownames(Vestibular),
         add = TRUE, cex = 1)
```

```
# Forma interativa de visualização tridimensional dos dados
scatter3d(quimica ~ matematica + fisica,
          data = Vestibular,
          surface = FALSE,
          point.col = "deepskyblue1")

# Forma interativa de visualização tridimensional dos dados com destaque por
#estudante
scatter3d(quimica ~ matematica + fisica,
          groups = factor(Vestibular$estudante),
          data = Vestibular,
          surface = FALSE)

# Estatísticas descritivas das variáveis do dataset
summary(Vestibular)
```

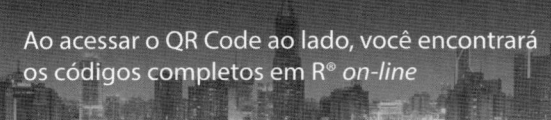 

Ao acessar o QR Code ao lado, você encontrará os códigos completos em R® *on-line*

9.6. CÓDIGOS EM PYTHON PARA OS EXEMPLOS DO CAPÍTULO

```
# Nossos mais sinceros agradecimentos aos Professores Helder Prado Santos e
#Wilson Tarantin Junior pela contribuição com códigos e revisão do material.

# Importação dos pacotes necessários
import pandas as pd #manipulação de dados em formato de dataframe
from scipy import stats #testes estatísticos e padronização Zscores pela função 'zscore'
import numpy as np #biblioteca para operações matemáticas multidimensionais
import plotly.graph_objs as go #gráfico 3D
import matplotlib.pyplot as plt #biblioteca de visualização de dados
import seaborn as sns #biblioteca de visualização de informações estatísticas
import plotly.express as px #biblioteca para gráficos interativos
import plotly.io as pio #biblioteca para gráficos interativos
pio.renderers.default = 'browser' #biblioteca para gráficos interativos
from scipy.spatial import distance_matrix #construção da matriz de dissimilaridades
import scipy.cluster.hierarchy as sch #elaboração de clusterização hierárquica
from sklearn.cluster import AgglomerativeClustering #definição dos clusters
from sklearn.cluster import KMeans #elaboração de clusterização não hierárquica k-means
import statsmodels.api as sm #biblioteca de modelagem estatística
from statsmodels.formula.api import ols #para elaboração de ANOVA
from sklearn.preprocessing import StandardScaler #padronização de variáveis para o
#método DBSCAN pelo 'scikit-learn'
from sklearn.cluster import DBSCAN #método DBSCAN pelo 'scikit-learn'

# Carregamento da base de dados 'Vestibular'
df_vestibular = pd.read_csv('Vestibular.csv', delimiter=',')

# Visualização da base de dados 'Vestibular'
df_vestibular
```

```python
# Características das variáveis do dataset
df_vestibular.info()

# Gráfico interativo 3D com scatter
trace = go.Scatter3d(
    x=df_vestibular['fisica'],
    y=df_vestibular['matematica'],
    z=df_vestibular['quimica'],
    mode='markers',
    marker={
        'size': 10,
        'opacity': 0.8,
    },
)


layout = go.Layout(
    margin={'l': 0, 'r': 0, 'b': 0, 't': 0},
    width=800,
    height=800,
)


data = [trace]


plot_figure = go.Figure(data=data, layout=layout)
plot_figure.update_layout(scene = dict(
                          xaxis_title='fisica',
                          yaxis_title='matematica',
                          zaxis_title='quimica'))
plot_figure.show()

# Estatísticas descritivas das variáveis do dataset
df_vestibular.describe()
```

Ao acessar o QR Code ao lado, você encontrará os códigos completos em Python® *on-line*

9.7. CONSIDERAÇÕES FINAIS

Muitas são as situações em que o pesquisador pode desejar agrupar observações (indivíduos, empresas, municípios, países, partidos políticos, espécies vegetais, entre outros exemplos) a partir de determinadas variáveis métricas ou até mesmo binárias. A criação de agrupamentos homogêneos, a redução estrutural dos dados e a verificação da validade de constructos previamente estabelecidos são algumas das principais razões que levam o pesquisador a optar por trabalhar com a análise de agrupamentos.

Esse conjunto de técnicas permite que os mecanismos de tomada de decisão sejam mais bem estruturados e justificados a partir do comportamento e da relação de interdependência entre as observações de determinado banco de dados. Como a variável que representa os *clusters* formados é qualitativa, os *outputs* da análise de agrupamentos podem servir de *inputs* em outras técnicas multivariadas, tanto exploratórias, quanto confirmatórias.

É fortemente recomendável que o pesquisador justifique, com clareza e transparência, a escolha da medida que servirá de base para que as observações sejam consideradas mais ou menos similares, bem como as razões que o levam à definição de esquemas de aglomeração não hierárquicos ou hierárquicos e, neste último caso, à determinação dos métodos de encadeamento.

A evolução da capacidade computacional e o desenvolvimento de novos softwares com recursos bastante aprimorados fizeram surgir, nos últimos anos, novas e esmeradas técnicas de análise de agrupamentos que utilizam algoritmos cada vez mais requintados e voltados à tomada de decisão nos mais diversos campos do conhecimento, sempre com o objetivo principal de agrupar observações frente a determinados critérios. Neste capítulo, entretanto, procuramos oferecer uma visão geral sobre os principais métodos de análise de agrupamentos, considerados também os mais populares.

Finalmente, ressaltamos que a aplicação desse importante conjunto de técnicas deve ser sempre feita por meio do correto e consciente uso do software escolhido para a modelagem, com base na teoria subjacente e na experiência e intuição do pesquisador.

9.8. EXERCÍCIOS

1) O departamento de concessão de bolsas de estudo de uma faculdade deseja investigar a relação de interdependência entre os estudantes ingressantes em determinado ano letivo, com base apenas em duas variáveis métricas (idade, em anos, e renda média familiar, em R$). O objetivo é propor uma quantidade ainda desconhecida de novos programas de concessão de bolsas voltados a grupos homogêneos de alunos. Para tanto, foram coletados os dados dos 100 novos estudantes e elaborada uma base, que se encontra nos arquivos **Bolsa de Estudo.sav**, **Bolsa de Estudo.dta**, **Bolsa_de_Estudo.RData** e **Bolsa_de_Estudo.csv**, com as seguintes variáveis:

Variável	Descrição
estudante	Variável *string* que identifica o estudante ingressante na faculdade.
idade	Idade do estudante (anos).
renda	Renda média familiar (R$).

Pede-se:

a) Elabore uma análise de agrupamentos por meio de um esquema de aglomeração hierárquico, com método de encadeamento completo (*furthest neighbor*) e distância quadrática euclidiana. Apresente apenas a parte final da tabela do esquema de aglomeração e discuta os resultados. **Lembrete:** Como as variáveis possuem unidades distintas de medida, é necessária a aplicação do procedimento de padronização *Zscores* para a correta elaboração da análise de agrupamentos.

b) Com base na tabela do item anterior e no dendrograma, pergunta-se: Há indícios de serem formados quantos agrupamentos de estudantes?

c) É possível identificar um ou mais estudantes muito discrepantes dos demais em relação às duas variáveis em análise?

d) Se a resposta do item anterior for positiva, elabore novamente a análise de agrupamentos hierárquicos com os mesmos critérios, porém, agora, sem o(s) estudante(s) considerado(s) discrepante(s). A partir da análise dos novos resultados, podem ser identificados novos agrupamentos?

e) Discuta como a presença de *outliers* pode prejudicar a interpretação dos resultados em análise de agrupamentos.

2) A diretoria de marketing de um grupo varejista deseja estudar eventuais discrepâncias existentes em suas 18 lojas espalhadas em três regionais distribuídas pelo território nacional. A direção da companhia, a fim de manter e preservar a imagem e a identidade da marca, deseja saber se as lojas são homogêneas em relação à percepção dos consumidores sobre atributos como atendimento, sortimento e organização. Dessa forma, foi inicialmente elaborada uma pesquisa com amostras de clientes em cada loja, a fim de que fossem coletados dados referentes a esses atributos, definidos com base na nota média obtida (0 a 100) em cada estabelecimento comercial.

Na sequência, foi elaborado o banco de dados de interesse, que contém as seguintes variáveis:

Variável	Descrição
loja	Variável *string* que varia de 01 a 18 e que identifica o estabelecimento comercial (loja).
regional	Variável *string* que identifica cada regional (Regional 1 a Regional 3).
atendimento	Avaliação média dos consumidores sobre o atendimento (nota de 0 a 100).
sortimento	Avaliação média dos consumidores sobre o sortimento (nota de 0 a 100).
organização	Avaliação média dos consumidores sobre a organização da loja (nota de 0 a 100).

Os dados encontram-se nos arquivos **Regional Varejista.sav**, **Regional Varejista.dta.**, **Regional_Varejista. RData** e **Regional_Varejista.csv**. Pede-se:

a) Elabore uma análise de agrupamentos por meio de um esquema de aglomeração hierárquico, com método de encadeamento único e distância euclidiana. Apresente a matriz de distâncias entre cada par de observações. **Lembrete:** Como as variáveis possuem a mesma unidade de medida, não é necessária a aplicação do procedimento de padronização *Zscores*.

b) Apresente e discuta a tabela do esquema de aglomeração.

c) Com base na tabela do item anterior e no dendrograma, pergunta-se: Há indícios de serem formados quantos agrupamentos de lojas?

d) Elabore um escalonamento multidimensional e, na sequência, apresente e discuta o gráfico bidimensional gerado com as posições relativas das lojas.

e) Elabore uma análise de agrupamentos por meio do procedimento *k-means*, com a quantidade de agrupamentos sugerida no item (c), e interprete, considerando o nível de significância de 5%, a análise de variância de um fator para cada variável considerada no estudo. Qual variável mais contribui para a formação de pelo menos um dos *clusters* formados, ou seja, qual delas é a mais discriminante dos grupos?

f) Existe correspondência entre as alocações das observações nos grupos obtidas pelos métodos hierárquico e não hierárquico?

g) É possível identificar associação entre alguma regional e determinado grupo discrepante de lojas, o que poderia justificar a preocupação da diretoria em relação à imagem e à identidade da marca? Caso a resposta seja afirmativa, elabore novamente a análise de agrupamentos hierárquicos com os mesmos critérios, porém, agora, sem esse grupo discrepante de lojas. A partir da análise dos novos resultados, pode-se visualizar, de forma mais nítida, as diferenças entre as demais lojas?

3) Um analista do mercado financeiro decide elaborar uma pesquisa com presidentes e diretores de grandes empresas atuantes nos setores de saúde, educação e transporte, a fim de investigar o modo como são realizados as operações das companhias e os mecanismos que regem os processos decisórios. Para tanto, elaborou um questionário com 50 perguntas, cujas respostas são apenas dicotômicas, ou binárias. Após a aplicação do questionário, obteve um retorno de 35 empresas e, a partir de então, estruturou o banco de dados, presente nos arquivos **Pesquisa Binária.sav**, **Pesquisa Binária.dta.**, **Pesquisa_Binaria.RData** e **Pesquisa_Binaria. csv**. De maneira genérica, as variáveis são:

Variável	Descrição
q1 a q50	50 variáveis *dummy* que se referem ao modo como são realizados as operações e os processos de tomada de decisão nas empresas.
setor	Setor de atuação da empresa (critério Bovespa).

O principal objetivo do analista é verificar se empresas atuantes no mesmo setor apresentam similaridades em relação ao modo como são realizados as operações e os processos de tomada de decisão, ao menos na perspectiva dos próprios gestores. Para tanto, após a coleta dos dados, pode ser elaborada uma análise de agrupamentos. Pede-se:

a) Com base na análise de agrupamentos hierárquicos elaborada com método de encadeamento médio (*between groups*) e medida de semelhança (similaridade) de emparelhamento simples para variáveis binárias, analise o esquema de aglomeração gerado.

b) Interprete o dendrograma.

c) Verifique se existe correspondência entre as alocações das empresas nos *clusters* e os respectivos setores de atuação, ou, em outras palavras, se as empresas atuantes no mesmo setor apresentam similaridades em relação ao modo como são realizados as operações e os processos de tomada de decisão.

4) O proprietário de uma empresa hortifrúti decide monitorar as vendas de seus produtos ao longo de 16 semanas (4 meses). O objetivo principal é verificar se existe recorrência do comportamento de vendas de três principais produtos (banana, laranja e maçã) após certo período, em função das oscilações semanais de preços dos produtores, repassados aos consumidores e que podem afetar as vendas. Os dados encontram-se nos arquivos **Hortifrúti.sav**, **Hortifrúti.dta**, **Hortifruti.RData** e **Hortifruti.csv**, que apresentam as seguintes variáveis:

Variável	Descrição
semana	Variável *string* que varia de 1 a 16 e identifica a semana em que as vendas foram monitoradas.
semana_mês	Variável *string* que varia de 1 a 4 e identifica a semana de cada um dos meses.
banana	Quantidade de bananas vendidas na semana (un.).
laranja	Quantidade de laranjas vendidas na semana (un.).
maçã	Quantidade de maçãs vendidas na semana (un.).

Pede-se:

a) Elabore uma análise de agrupamentos por meio de um esquema de aglomeração hierárquico, com método de encadeamento único (*nearest neighbor*) e medida de correlação de Pearson. Apresente a matriz de medidas de similaridade (correlação de Pearson) entre cada linha do banco de dados (períodos semanais). **Lembrete:** Como as variáveis possuem a mesma unidade de medida, não é necessária a aplicação do procedimento de padronização *Zscores*.

b) Apresente e discuta a tabela do esquema de aglomeração.

c) Com base na tabela do item anterior e no dendrograma, pergunta-se: Há indícios de recorrência do comportamento conjunto de vendas de banana, laranja e maçã em determinadas semanas?

Detecção de *Outliers* Multivariados

Embora a detecção de *outliers* seja extremamente importante quando da aplicação de praticamente todas as técnicas em análise multivariada de dados, optamos por inserir este apêndice no presente capítulo em razão de a análise de agrupamentos representar o primeiro conjunto estudado de técnicas exploratórias, cujos *outputs* podem ser utilizados como *inputs* de diversas outras técnicas, bem como pelo fato de observações muito discrepantes poderem interferir consideravelmente na formação dos *clusters*.

Barnett e Lewis (1994) citam quase 1.000 artigos provenientes da literatura sobre *outliers*; porém, optamos por apresentar um algoritmo bastante efetivo e computacionalmente simples e rápido para a detecção de *outliers* multivariados.

A. Breve Apresentação do Algoritmo *Blocked Adaptative Computationally Efficient Outlier Nominators*

Billor, Hadi e Velleman (2000), em seminal trabalho, apresentam um interessante algoritmo que possui a finalidade de detectar *outliers* multivariados, denominado ***Blocked Adaptative Computationally Efficient Outlier Nominators***, ou simplesmente ***BACON***. Esse algoritmo, explicado de forma clara e didática por Weber (2012), é definido com base na elaboração de alguns passos, descritos brevemente a seguir:

1. A partir de um banco de dados com n observações e j (j = 1, ..., k) variáveis X, sendo cada observação identificada por i (i = 1, ..., n), a distância entre uma observação i, que possui um vetor com dimensão k $\mathbf{x}_i = (x_{i1}, x_{i2}, ..., x_{ik})$, e a média geral dos valores de toda a amostra (grupo G), que também possui um vetor com dimensão k $\overline{\mathbf{x}}$ ($\overline{x}_1, \overline{x}_2, ..., \overline{x}_k$), é dada pela seguinte expressão, conhecida por **distância de Mahalanobis**:

$$d_{iG} = \sqrt{(\mathbf{x}_i - \overline{\mathbf{x}})' \cdot \mathbf{S}^{-1} \cdot (\mathbf{x}_i - \overline{\mathbf{x}})} \tag{9.29}$$

em que $\mathbf{S}$ representa a matriz de covariâncias das n observações. Portanto, o passo inicial do algoritmo consiste em identificar m ($m > k$) observações homogêneas (grupo inicial M) que apresentam as menores distâncias de Mahalanobis com relação à amostra toda.

É importante mencionar que a medida de dissimilaridade conhecida por distância de Mahalanobis, não abordada ao longo do capítulo, é adotada pelos autores supramencionados por possuir a propriedade de não ser suscetível à existência de diferentes unidades de medida das variáveis.

2. Na sequência, são calculadas as distâncias de Mahalanobis entre cada observação i e a média dos valores das m observações pertencentes ao grupo M, que também possui um vetor com dimensão k $\overline{\mathbf{x}}_M$ ($\overline{x}_{M1}, \overline{x}_{M2}, ..., \overline{x}_{Mk}$), de modo que:

$$d_{iM} = \sqrt{(\mathbf{x}_i - \overline{\mathbf{x}}_M)' \cdot \mathbf{S}_M^{-1} \cdot (\mathbf{x}_i - \overline{\mathbf{x}}_M)} \tag{9.30}$$

em que $\mathbf{S}_M$ representa a matriz de covariâncias das m observações.

3. Todas as observações com distâncias de Mahalanobis menores que determinado limiar são adicionadas ao grupo *M* de observações. Esse limiar é definido como um percentil corrigido da distribuição χ^2 (85% no padrão do Stata).

Os passos 2 e 3 devem ser reaplicados até que não existam mais modificações no grupo *M*, que possuirá apenas observações consideradas não *outliers*. Portanto, as excluídas do grupo serão consideradas ***outliers* multivariados**.

Weber (2012) codifica o algoritmo proposto no trabalho de Billor, Hadi e Velleman (2000) no Stata, criando o comando **`bacon`**. Na sequência, apresentamos um exemplo em que é utilizado esse comando, cuja principal vantagem é ser computacionalmente muito rápido, mesmo quando aplicado a grandes bancos de dados.

B. Exemplo: O Comando `bacon` no Stata

Antes da elaboração específica deste procedimento no Stata, devemos instalar o comando **`bacon`**, digitando **`findit bacon`** e clicando no *link* `st0197 from http://www.stata-journal.com/software/sj10-3`. Na sequência, devemos clicar em **`click here to install`**. Por fim, retornando à tela de comandos do Stata, podemos digitar **`ssc install moremata`** e **`mata: mata mlib index`**. Feito isso, temos condições de aplicar o comando **`bacon`**.

Para o uso do comando, utilizaremos o arquivo **Bacon.dta**, que apresenta dados de 20.000 engenheiros sobre renda média familiar (R$), idade (anos) e tempo de formado (anos). Inicialmente, podemos digitar o comando **`desc`**, que possibilita a análise das características do banco de dados. A Figura 9.76 apresenta esse primeiro *output*.

```
. desc

  obs:          20,000
 vars:               3
 size:         200,000 (99.6% of memory free)
-------------------------------------------------------------------------------
              storage  display     value
variable name   type   format      label      variable label
-------------------------------------------------------------------------------
renda           float  %9.0g                  renda média familiar (R$)
idade           byte   %8.0g                  idade (anos)
tformado        byte   %8.0g                  tempo de formado (anos)
-------------------------------------------------------------------------------
Sorted by:
```

Figura 9.76 Descrição do banco de dados **Bacon.dta**.

Na sequência, podemos digitar o seguinte comando, que identifica, com base no algoritmo apresentado, as observações consideradas *outliers* multivariados:

```
bacon renda idade tformado, generate(outbacon)
```

em que o termo **`generate(outbacon)`** faz com que seja gerada uma nova variável *dummy* no banco de dados, denominada *outbacon*, que apresenta valores iguais a 0 para observações não consideradas *outliers*, e valores iguais a 1 para as consideradas como tal. Esse *output* encontra-se na Figura 9.77.

```
. bacon renda idade tformado, generate(outbacon)

Total number of observations:          20000
   BACON outliers (p = 0.15):              4
      Non-outliers remaining:          19996
```

Figura 9.77 Aplicação do comando **`bacon`** no Stata.

Por meio dessa figura, é possível verificarmos que quatro observações são classificadas como *outliers* multivariados. Além disso, o Stata considera 85% o padrão de percentil da distribuição χ^2, utilizado como limiar de separação entre observações tidas como *outliers* e não *outliers*, conforme discutido anteriormente e destacado por Weber (2012). Essa é a razão de, nos *outputs*, aparecer o termo **`BACON outliers (p = 0.15)`**. Esse valor poderá ser alterado em função de algum critério estabelecido pelo pesquisador, porém, ressalta-se que o padrão **`percentile(0.15)`** é bastante adequado para a obtenção de respostas consistentes.

A partir do comando a seguir, que gera o *output* da Figura 9.78, podemos investigar quais as observações classificadas como *outliers*:

```
list if outbacon == 1
```

```
. list if outbacon==1

        +-------------------------------------------+
        |   renda   idade   tformado   outbacon |
        +-------------------------------------------+
  1935. | 30869.93     30         15          1 |
  2468. | 34773.54     42         17          1 |
 14128. | 41191.15     50         21          1 |
 16833. | 32924.19     31         16          1 |
        +-------------------------------------------+
```

Figura 9.78 Observações classificadas como *outliers* multivariados.

Mesmo que estejamos trabalhando com três variáveis, podemos elaborar gráficos de dispersão bidimensionais, que permitem identificar as posições das observações consideradas *outliers* em relação às demais. Para tanto, vamos digitar os seguintes comandos, que geram os referidos gráficos para cada par de variáveis:

```
scatter renda idade, ml(outbacon) note("0 = não outlier, 1 = outlier")
scatter renda tformado, ml(outbacon) note("0 = não outlier, 1 = outlier")
scatter idade tformado, ml(outbacon) note("0 = não outlier, 1 = outlier")
```

Os três gráficos encontram-se nas Figuras 9.79, 9.80 e 9.81.

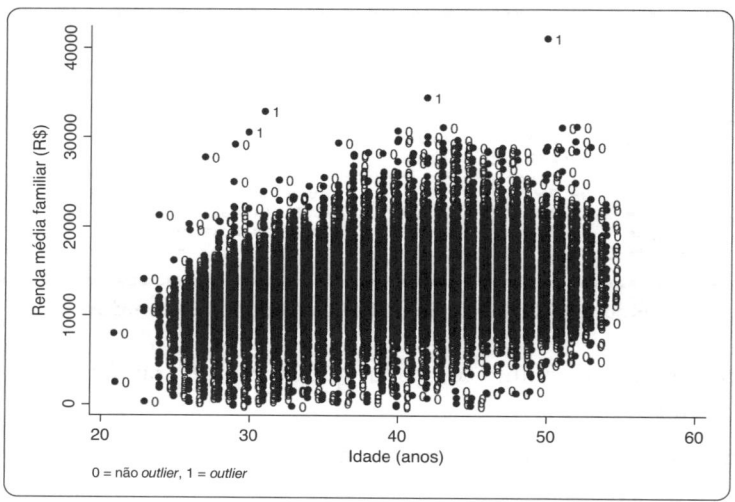

Figura 9.79 Variáveis *renda* e *idade* – Posição relativa das observações.

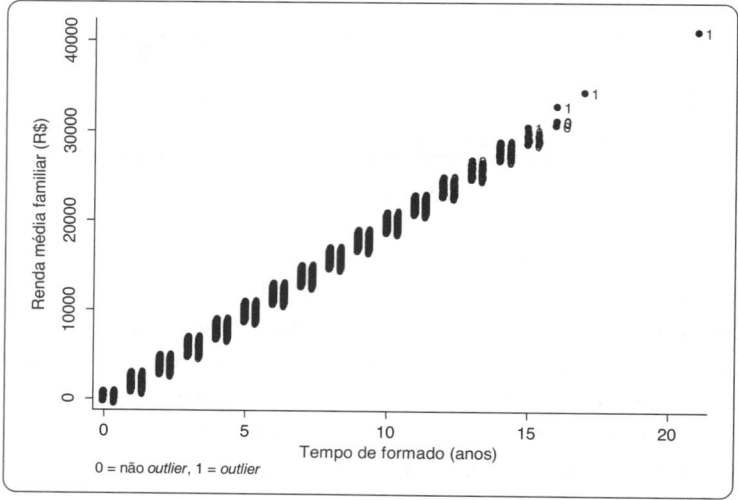

Figura 9.80 Variáveis *renda* e *tformado* – Posição relativa das observações.

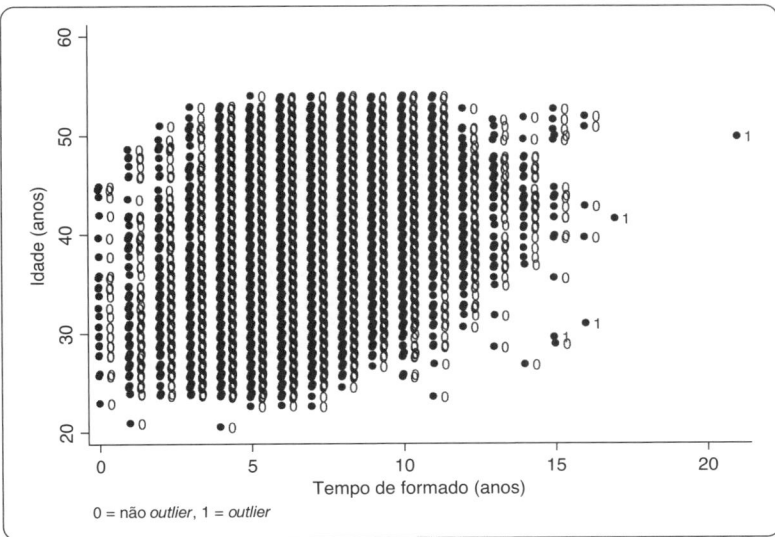

Figura 9.81 Variáveis *idade* e *tformado* – Posição relativa das observações.

Embora os *outliers* tenham sido identificados, é importante mencionar que a decisão sobre o que fazer com essas observações pertence totalmente ao pesquisador, que deverá tomá-la em função de seus objetivos de pesquisa. Conforme discutimos ao longo do capítulo, a exclusão desses *outliers* da base pode representar uma opção a ser considerada. Porém, o estudo sobre as razões que os tornaram multivariadamente discrepantes também pode gerar muitos frutos interessantes de pesquisa.

## CAPÍTULO 10

Análise Fatorial por Componentes Principais

O amor e a verdade estão tão unidos entre si que é praticamente impossível separá-los.
São como duas faces da mesma moeda.
Mahatma Gandhi

Ao final deste capítulo, você será capaz de:

- Estabelecer as circunstâncias a partir das quais a técnica de análise fatorial por componentes principais pode ser utilizada.
- Entender o conceito de fator.
- Saber avaliar a adequação global da análise fatorial por meio da estatística KMO e do teste de esfericidade de Bartlett.
- Compreender os conceitos de autovalores e autovetores em matrizes de correlação de Pearson.
- Saber calcular e interpretar os *scores* fatoriais e, a partir dos mesmos, definir fatores.
- Determinar e interpretar cargas fatoriais e comunalidades.
- Construir *loading plots*.
- Entender os conceitos referentes à rotação de fatores e elaborar a rotação ortogonal Varimax.
- Construir *rankings* de desempenho a partir do comportamento do conjunto de variáveis.
- Elaborar a técnica de análise fatorial por componentes principais de maneira algébrica e por meio do IBM SPSS Statistics Software® e do Stata Statistical Software® e interpretar seus resultados.
- Implementar códigos em R® e Python® para a elaboração da análise fatorial por componentes principais e a interpretação dos resultados.

Bancos de Dados, Códigos e Projects deste capítulo

10.1. INTRODUÇÃO

As técnicas exploratórias de **análise fatorial** são muito úteis quando há a intenção de se trabalhar com variáveis que apresentem, entre si, **coeficientes de correlação** relativamente elevados e se deseja estabelecer novas variáveis que captem o comportamento conjunto das variáveis originais. Cada uma dessas novas variáveis é chamada de **fator**, que pode ser entendido como o **agrupamento de variáveis** a partir de critérios estabelecidos. Nesse sentido, a análise fatorial é uma técnica multivariada que procura identificar uma quantidade relativamente pequena de fatores que representam o comportamento conjunto de variáveis originais interdependentes. Assim, enquanto a análise de agrupamentos estudada no capítulo anterior faz uso de medidas de distância ou de semelhança para agrupar observações e formar *clusters*, a análise fatorial utiliza coeficientes de correlação para agrupar variáveis e gerar fatores.

Dentre os métodos para determinação de fatores, o conhecido como **componentes principais** é, sem dúvida, o mais utilizado em análise fatorial, já que se baseia no pressuposto de que podem ser extraídos **fatores não correlacionados** a partir de **combinações lineares das variáveis originais**. A análise fatorial por componentes principais permite, portanto, que, a partir de um conjunto de variáveis originais correlacionadas entre si, seja determinado outro conjunto de variáveis (fatores) resultantes da combinação linear do primeiro conjunto.

Embora na literatura, como sabemos, apareça com certa frequência o termo **análise fatorial confirmatória**, a análise fatorial é, em essência, uma **técnica multivariada exploratória**, ou de **interdependência**, visto que não possui caráter preditivo para outras observações não presentes inicialmente na amostra, e a inclusão de novas observações no banco de dados torna necessária a reaplicação da técnica, para que sejam gerados novos fatores mais precisos e atualizados. Conforme discute Reis (2001), a análise fatorial pode ser utilizada tanto com o objetivo exploratório de redução da dimensão dos dados, com foco na criação de fatores a partir de variáveis originais, quanto com o objetivo de se confirmar uma hipótese inicial de que os dados poderão ser reduzidos a determinado fator, ou determinada dimensão, previamente estabelecido. Independentemente da natureza do objetivo, a análise fatorial continuará exploratória. Caso um pesquisador tenha a intenção de utilizar uma técnica para, de fato, confirmar as relações encontradas na análise fatorial, poderá fazer uso, por exemplo, de **modelos de equações estruturais**.

A análise fatorial por componentes principais apresenta quatro objetivos principais: (1) identificação de correlações entre variáveis originais para a criação de fatores que representam a combinação linear daquelas variáveis (**redução estrutural**); (2) verificação da **validade de constructos** previamente estabelecidos, tendo em vista a alocação das variáveis originais em cada fator; (3) **elaboração de *rankings*** por meio da criação de indicadores de desempenho a partir dos fatores; e (4) extração de fatores ortogonais para posterior uso em técnicas multivariadas confirmatórias que necessitam de **ausência de multicolinearidade**.

Imagine que um pesquisador tenha interesse em estudar a relação de interdependência entre diversas variáveis quantitativas que traduzem o comportamento socioeconômico dos municípios de uma nação. Nessa situação, podem ser determinados fatores que eventualmente consigam explicar o comportamento das variáveis originais, e, nesse sentido, a análise fatorial é utilizada para a redução estrutural dos dados e para posterior elaboração de um indicador socioeconômico que capte o comportamento conjunto dessas variáveis. A partir desse indicador, pode inclusive ser criado um *ranking* de desempenho dos municípios, e os próprios fatores podem ser utilizados em uma eventual análise de agrupamentos.

Em outra situação, fatores extraídos a partir de variáveis originais podem ser utilizados como variáveis explicativas de outra variável (dependente), inicialmente não considerada na análise. Por exemplo, fatores obtidos a partir do comportamento conjunto das notas escolares em determinadas disciplinas do último ano do ensino médio podem ser utilizados como variáveis explicativas da classificação geral dos estudantes no vestibular ou do fato de o estudante ter ou não sido aprovado. Note, nessas situações, que os fatores (ortogonais entre si) são utilizados, em vez das próprias variáveis originais, como variáveis explicativas de determinado fenômeno em modelos multivariados confirmatórios, como regressão múltipla ou regressão logística, a fim de que sejam eliminados eventuais problemas de multicolinearidade. É importante ressaltar, entretanto, que esse procedimento somente faz sentido quando há o intuito de elaborar um **diagnóstico** acerca do comportamento da variável dependente, sem a intenção de previsões para outras observações não presentes inicialmente na amostra. Como novas observações não apresentam os correspondentes valores dos fatores gerados, a obtenção desses valores somente é possível ao se incluírem tais observações em nova análise fatorial.

Em uma terceira situação, imagine que uma empresa varejista esteja interessada em avaliar o nível de satisfação dos clientes por meio da aplicação de um questionário em que as perguntas tenham sido previamente classificadas em determinados grupos. Por exemplo, as perguntas A, B e C foram classificadas no grupo *qualidade do atendimento*, as perguntas D e E, no grupo *percepção positiva de preços*, e as perguntas F, G, H e I, no grupo *variedade do sortimento de produtos*. Após a aplicação do questionário em uma amostra significativa de consumidores, em que essas nove variáveis são levantadas por meio da atribuição de notas que variam de 0 a 10, a empresa varejista decide elaborar uma análise fatorial por componentes principais para verificar se, de fato, a combinação das variáveis reflete o constructo previamente estabelecido. Se isso ocorrer, a análise fatorial terá sido utilizada para validar o constructo, apresentando objetivo de natureza confirmatória.

Podemos perceber, em todas essas situações, que as variáveis originais a partir das quais serão extraídos fatores são quantitativas, visto que a análise fatorial parte do estudo do comportamento dos coeficientes de correlação de Pearson entre as variáveis. É comum, entretanto, que pesquisadores façam uso do **incorreto procedimento de ponderação arbitrária** em variáveis qualitativas, como variáveis em **escala Likert**, para, a partir de então, ser aplicada uma análise fatorial. **Trata-se de um erro grave!** Existem técnicas exploratórias destinadas exclusivamente ao estudo do comportamento de variáveis qualitativas como, por exemplo, a análise de correspondência a ser estudada no próximo capítulo, e a análise fatorial definitivamente não se apresenta para tal finalidade.

Em um contexto histórico, o desenvolvimento da análise fatorial é devido, em parte, aos trabalhos pioneiros de Pearson (1896) e Spearman (1904). Enquanto Karl Pearson desenvolveu um tratamento matemático rigoroso acerca do que se convencionou chamar de correlação, Charles Edward Spearman publicou, no início do século

XX, um seminal trabalho em que eram avaliadas as inter-relações entre os desempenhos de estudantes em diversas disciplinas, como Francês, Inglês, Matemática e Música. Como as notas dessas disciplinas apresentavam forte correlação, Spearman propôs que *scores* oriundos de testes aparentemente incompatíveis compartilhavam um fator geral único, e estudantes que apresentavam boas notas possuíam algum componente psicológico ou de inteligência mais desenvolvido. De modo geral, Spearman destacou-se profundamente pela aplicação de métodos matemáticos e estudos de correlação para a análise da mente humana.

Décadas mais tarde, o estatístico matemático e influente teórico econômico Harold Hotelling convencionou chamar, em 1933, de *Principal Component Analysis* a análise que determina componentes a partir da maximização da variância de dados originais. Ainda na primeira metade do século XX, o psicólogo Louis Leon Thurstone, a partir da investigação sobre as ideias de Spearman e com base na aplicação de determinados testes psicológicos cujos resultados foram submetidos à análise fatorial, identificou sete aptidões primárias das pessoas: aptidões espaciais e visuais, compreensão verbal, fluidez verbal, rapidez perceptual, aptidão numérica, raciocínio e memória. Na psicologia, o termo *fatores mentais* é inclusive destinado a variáveis que apresentam maior influência sobre determinado comportamento.

Atualmente, a análise fatorial é utilizada em diversos campos do conhecimento, como marketing, economia, estratégia, finanças, contabilidade, atuária, engenharia, logística, psicologia, medicina, ecologia e bioestatística, entre outros.

A análise fatorial por componentes principais deve ser definida com base na teoria subjacente e na experiência do pesquisador, de modo que seja possível aplicar a técnica de forma correta e analisar os resultados obtidos.

Neste capítulo, trataremos da técnica de análise fatorial por componentes principais, com os seguintes objetivos: (1) introduzir os conceitos; (2) apresentar, de maneira algébrica e prática, o passo a passo da modelagem; (3) interpretar os resultados obtidos; e (4) propiciar a aplicação da técnica em SPSS, Stata, R e Python. Seguindo a lógica proposta no livro, será inicialmente elaborada a solução algébrica de um exemplo vinculada à apresentação dos conceitos. Somente após a introdução dos conceitos, serão apresentados os procedimentos para a elaboração da técnica em SPSS, Stata, R e Python.

10.2. ANÁLISE FATORIAL POR COMPONENTES PRINCIPAIS

Muitos são os procedimentos inerentes à análise fatorial, com diferentes métodos para a determinação (**extração**) de fatores a partir da matriz de correlações de Pearson. O método mais utilizado, adotado para a extração dos fatores neste capítulo, é conhecido por componentes principais, em que a consequente redução estrutural é também chamada de **transformação de Karhunen-Loève**.

Nas seções seguintes, apresentaremos o desenvolvimento teórico da técnica, bem como a elaboração de um exemplo prático. Enquanto nas seções 10.2.1 a 10.2.5 serão apresentados os principais conceitos, a seção 10.2.6 é destinada à resolução de um exemplo prático por meio de solução algébrica, a partir de um banco de dados.

10.2.1. Correlação linear de Pearson e conceito de fator

Imaginemos um banco de dados que apresente n observações e, para cada observação i ($i = 1, ..., n$), valores correspondentes a cada uma das k variáveis métricas X, conforme mostra a Tabela 10.1.

Tabela 10.1 Modelo geral de um banco de dados para elaboração de análise fatorial.

Observação i	X_{1i}	X_{2i}	...	X_{ki}
1	X_{11}	X_{21}		X_{k1}
2	X_{12}	X_{22}		X_{k2}
3	X_{13}	X_{23}	...	X_{k3}
⋮	⋮	⋮		⋮
n	X_{1n}	X_{2n}		X_{kn}

A partir do banco de dados, e dada a intenção de que sejam extraídos fatores a partir das k variáveis X, devemos definir a **matriz de correlações** ρ que apresenta os valores da **correlação linear de Pearson** entre cada par de variáveis, conforme mostra a expressão (10.1).

$$\rho = \begin{pmatrix} 1 & \rho_{12} & \cdots & \rho_{1\kappa} \\ \rho_{21} & 1 & \cdots & \rho_{2\kappa} \\ \vdots & \vdots & \ddots & \vdots \\ \rho_{\kappa 1} & \rho_{\kappa 2} & \cdots & 1 \end{pmatrix} \tag{10.1}$$

A matriz de correlações ρ é simétrica em relação à diagonal principal que, obviamente, apresenta valores iguais a 1. Para, por exemplo, as variáveis X_1 e X_2, a correlação de Pearson ρ_{12} pode ser calculada com base na expressão (10.2).

$$\rho_{12} = \frac{\sum_{i=1}^{n}(X_{1i}-\overline{X}_1)\cdot(X_{2i}-\overline{X}_2)}{\sqrt{\sum_{i=1}^{n}(X_{1i}-\overline{X}_1)^2} \cdot \sqrt{\sum_{i=1}^{n}(X_{2i}-\overline{X}_2)^2}} \tag{10.2}$$

em que $\overline{X}_1$ e $\overline{X}_2$ representam, respectivamente, as médias das variáveis X_1 e X_2.

Logo, como a correlação de Pearson é uma medida do grau da relação linear entre duas variáveis métricas, podendo variar entre −1 e 1, um valor mais próximo de um desses extremos indica a existência de relação linear entre as duas variáveis em análise, que, dessa forma, podem contribuir significativamente para a extração de um único fator. Por outro lado, um valor da correlação de Pearson muito próximo de 0 indica que a relação linear entre as duas variáveis é praticamente inexistente; portanto, diferentes fatores podem ser extraídos.

Imaginemos uma situação hipotética em que determinado banco de dados apresente apenas três variáveis ($k = 3$). Um gráfico de dispersão tridimensional pode ser elaborado a partir dos valores de cada variável para cada observação. O gráfico encontra-se, de maneira exemplificada, na Figura 10.1.

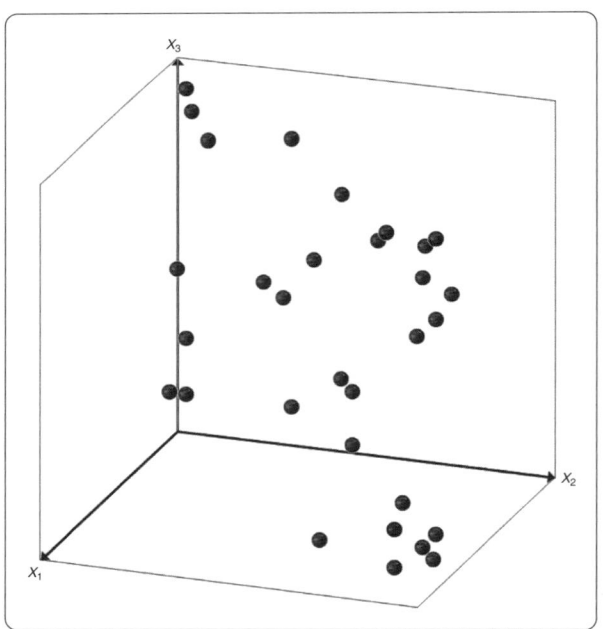

Figura 10.1 Gráfico de dispersão tridimensional para situação hipotética com três variáveis.

Com base apenas na análise visual do gráfico da Figura 10.1, é difícil avaliar o comportamento das relações lineares entre cada par de variáveis. Nesse sentido, a Figura 10.2 apresenta a projeção dos pontos correspondentes a cada observação em cada um dos planos formados pelos pares de variáveis, com destaque, em tracejado, para o ajuste que representa a relação linear entre as respectivas variáveis.

Enquanto a Figura 10.2a mostra que existe considerável relação linear entre as variáveis X_1 e X_2 (correlação de Pearson muito alta), as Figuras 10.2b e 10.2c explicitam que não existe relação linear entre X_3 e essas variáveis.

A Figura 10.3 mostra essas projeções no gráfico tridimensional, com os respectivos ajustes lineares em cada plano (retas tracejadas).

Dessa forma, nesse exemplo hipotético, enquanto as variáveis X_1 e X_2 poderão ser representadas de maneira bastante significativa por um único fator, que chamaremos de F_1, a variável X_3 poderá ser representada por outro fator, F_2, ortogonal a F_1. A Figura 10.4 apresenta, de maneira tridimensional, a extração desses novos fatores.

Logo, os fatores podem ser entendidos como **representações de dimensões latentes** que explicam o comportamento de variáveis originais.

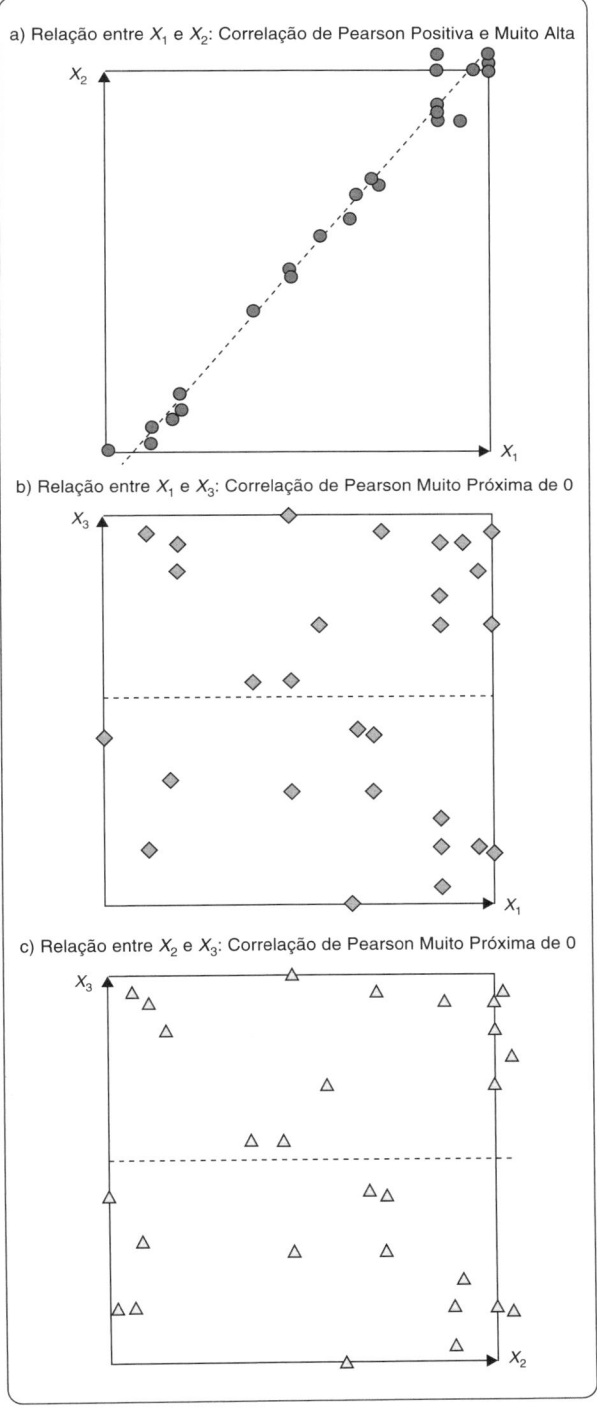

Figura 10.2 Projeção dos pontos em cada plano formado por determinado par de variáveis.

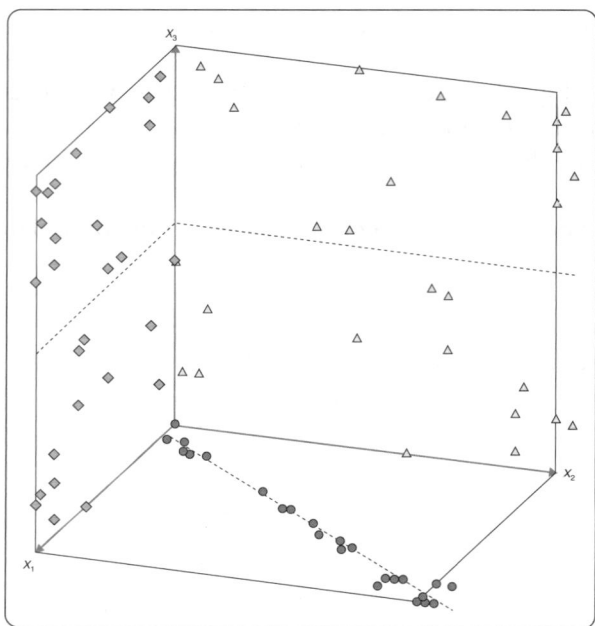

Figura 10.3 Projeção dos pontos em gráfico tridimensional com ajustes lineares por plano.

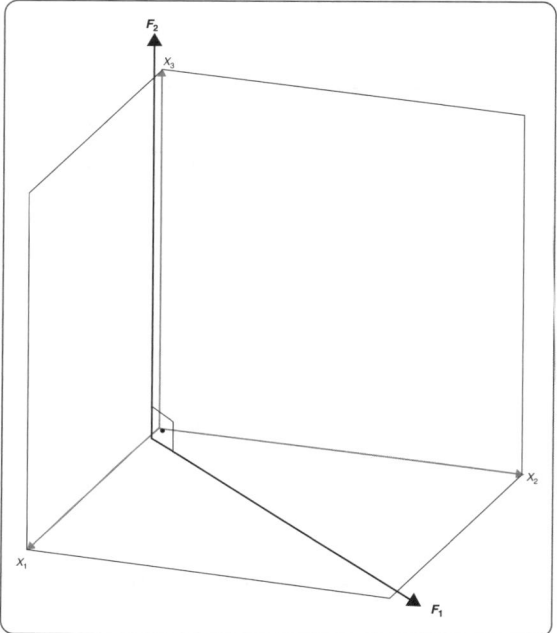

Figura 10.4 Extração de fatores.

Apresentados esses conceitos iniciais, é importante salientar que, em muitos casos, o pesquisador pode optar por não extrair um fator representado de maneira considerável por apenas uma variável (nesse caso, o fator F_2), e o que vai definir a extração de cada um dos fatores é o cálculo dos autovalores da matriz de correlações ρ, conforme será estudado na seção 10.2.3. Antes disso, entretanto, será necessário que se verifique a **adequação global da análise fatorial**, a ser discutida na próxima seção.

10.2.2. Adequação global da análise fatorial: estatística Kaiser-Meyer-Olkin (KMO) e teste de esfericidade de Bartlett

Uma adequada extração de fatores a partir de variáveis originais requer que a matriz de correlações ρ apresente valores relativamente elevados e estatisticamente significantes. Conforme discutem Hair *et al.* (2009), embora a inspeção visual da matriz de correlações ρ não revele se a extração de fatores será, de fato, adequada, uma quantidade substancial de valores inferiores a 0,30 representa um preliminar indício de que a análise fatorial poderá ser inapropriada.

Para que seja verificada a adequação global propriamente dita da extração dos fatores, devemos recorrer à **estatística Kaiser-Meyer-Olkin (KMO)** e ao **teste de esfericidade de Bartlett**.

A estatística KMO fornece a proporção de variância considerada comum a todas as variáveis na amostra em análise, ou seja, que pode ser atribuída à existência de um fator comum. Essa estatística varia de 0 a 1, e, enquanto valores mais próximos de 1 indicam que as variáveis compartilham um percentual de variância bastante elevado (correlações de Pearson altas), valores mais próximos de 0 são decorrentes de correlações de Pearson baixas entre as variáveis, o que pode indicar que a análise fatorial será inadequada. A estatística KMO, apresentada inicialmente por Kaiser (1970), pode ser calculada por meio da expressão (10.3).

$$\text{KMO} = \frac{\sum_{l=1}^{k}\sum_{c=1}^{k}\rho_{lc}^2}{\sum_{l=1}^{k}\sum_{c=1}^{k}\rho_{lc}^2 + \sum_{l=1}^{k}\sum_{c=1}^{k}\varphi_{lc}^2}, l \neq c \tag{10.3}$$

em que l e c representam, respectivamente, as linhas e colunas da matriz de correlações ρ, e os termos φ representam os **coeficientes de correlação parcial** entre duas variáveis. Enquanto os coeficientes de correlação de Pearson ρ são também chamados de **coeficientes de correlação de ordem zero**, os coeficientes de correlação parcial φ são também conhecidos por **coeficientes de correlação de ordem superior**. Para três variáveis, são também chamados de **coeficientes de correlação de primeira ordem**, para quatro variáveis, de **coeficientes de correlação de segunda ordem**, e assim sucessivamente.

Imaginemos outra situação hipotética em que determinado banco de dados apresenta novamente três variáveis ($k = 3$). **É possível que ρ_{12} reflita, de fato, o grau de relação linear entre X_1 e X_2, estando a variável X_3 relacionada com as outras duas?** Nessa situação, ρ_{12} pode não representar o verdadeiro grau de relação linear entre X_1 e X_2 na presença de X_3, o que pode fornecer uma falsa impressão sobre a natureza da relação entre as duas primeiras. É nesse sentido que os coeficientes de correlação parcial podem contribuir com a análise, visto que, segundo Gujarati e Porter (2008), são utilizados quando se deseja conhecer a correlação entre duas variáveis, controlando-se ou desconsiderando-se os efeitos de outras variáveis presentes na base de dados. Para nossa situação hipotética, é o coeficiente de correlação independente da influência, se é que ela existe, de X_3 sobre X_1 e X_2.

Dessa maneira, para três variáveis X_1, X_2 e X_3, podemos definir da seguinte forma os coeficientes de correlação de primeira ordem:

$$\varphi_{12,3} = \frac{\rho_{12} - \rho_{13} \cdot \rho_{23}}{\sqrt{(1-\rho_{13}^2) \cdot (1-\rho_{23}^2)}} \tag{10.4}$$

em que $\varphi_{12,3}$ representa a correlação entre X_1 e X_2, mantendo-se X_3 constante,

$$\varphi_{13,2} = \frac{\rho_{13} - \rho_{12} \cdot \rho_{23}}{\sqrt{(1-\rho_{12}^2) \cdot (1-\rho_{23}^2)}} \tag{10.5}$$

em que $\varphi_{13,2}$ representa a correlação entre X_1 e X_3, mantendo-se X_2 constante, e

$$\varphi_{23,1} = \frac{\rho_{23} - \rho_{12} \cdot \rho_{13}}{\sqrt{(1-\rho_{12}^2) \cdot (1-\rho_{13}^2)}} \tag{10.6}$$

em que $\varphi_{23,1}$ representa a correlação entre X_2 e X_3, mantendo-se X_1 constante.

De maneira geral, um coeficiente de correlação de primeira ordem pode ser obtido por meio da seguinte expressão:

$$\varphi_{ab,c} = \frac{\rho_{ab} - \rho_{ac} \cdot \rho_{bc}}{\sqrt{(1-\rho_{ac}^2) \cdot (1-\rho_{bc}^2)}} \tag{10.7}$$

em que a, b e c podem assumir valores 1, 2 ou 3, correspondentes às três variáveis em análise.

Já, para uma situação em que estejam presentes na análise quatro variáveis, a expressão geral de determinado coeficiente de correlação parcial (coeficiente de correlação de segunda ordem) é dada por:

$$\varphi_{ab,cd} = \frac{\varphi_{ab,c} - \varphi_{ad,c} \cdot \varphi_{bd,c}}{\sqrt{(1-\varphi_{ad,c}^2) \cdot (1-\varphi_{bd,c}^2)}} \qquad (10.8)$$

em que $\varphi_{ab,cd}$ representa a correlação entre X_a e X_b, mantendo-se X_c e X_d constantes, sabendo-se que a, b, c e d podem assumir valores 1, 2, 3 ou 4, correspondentes às quatro variáveis em análise.

A obtenção de coeficientes de correlação de ordens superiores, em que são consideradas na análise cinco ou mais variáveis, deverá ser feita sempre com base na determinação dos coeficientes de correlação parcial de ordens mais baixas. Na seção 10.2.6, elaboraremos um exemplo prático com a utilização de quatro variáveis, em que a solução algébrica da estatística KMO será obtida por meio da expressão (10.8).

É importante ressaltar que, mesmo que o coeficiente de correlação de Pearson entre duas variáveis seja 0, o coeficiente de correlação parcial entre elas pode não ser igual a 0, dependendo dos valores dos coeficientes de correlação de Pearson entre cada uma dessas variáveis e as demais presentes na base de dados.

Para que uma análise fatorial seja considerada adequada, os coeficientes de correlação parcial entre as variáveis devem ser baixos. Esse fato denota que as variáveis compartilham um percentual de variância elevado, e a desconsideração de uma ou mais delas na análise pode prejudicar a qualidade da extração dos fatores. Nesse sentido, o Quadro 10.1 apresenta, segundo critério já bastante aceito na literatura, um indicativo sobre a relação entre a estatística KMO e a adequação global da análise fatorial.

Quadro 10.1 Relação entre a estatística KMO e a adequação global da análise fatorial.

Estatística KMO	Adequação global da análise fatorial
Entre 1,00 e 0,90	Muito boa
Entre 0,90 e 0,80	Boa
Entre 0,80 e 0,70	Média
Entre 0,70 e 0,60	Razoável
Entre 0,60 e 0,50	Má
Menor do que 0,50	Inaceitável

Já o teste de esfericidade de Bartlett (Bartlett, 1954) consiste em comparar a matriz de correlações ρ com uma matriz identidade **I** de mesma dimensão. Se as diferenças entre os valores correspondentes fora da diagonal principal de cada matriz não forem estatisticamente diferentes de 0, a determinado nível de significância, poderemos considerar que a extração dos fatores não será adequada. Nesse caso, em outras palavras, as correlações de Pearson entre cada par de variáveis são estatisticamente iguais a 0, o que inviabiliza qualquer tentativa de extração de fatores a partir de variáveis originais. Logo, podemos definir as hipóteses nula e alternativa do teste de esfericidade de Bartlett da seguinte maneira:

$$H_0 : \rho = \begin{pmatrix} 1 & \rho_{12} & \cdots & \rho_{1k} \\ \rho_{21} & 1 & \cdots & \rho_{2k} \\ \vdots & \vdots & \ddots & \vdots \\ \rho_{k1} & \rho_{k2} & \cdots & 1 \end{pmatrix} = I = \begin{pmatrix} 1 & 0 & \cdots & 0 \\ 0 & 1 & \cdots & 0 \\ \vdots & \vdots & \ddots & \vdots \\ 0 & 0 & \cdots & 1 \end{pmatrix}$$

$$H_1 : \rho = \begin{pmatrix} 1 & \rho_{12} & \cdots & \rho_{1k} \\ \rho_{21} & 1 & \cdots & \rho_{2k} \\ \vdots & \vdots & \ddots & \vdots \\ \rho_{k1} & \rho_{k2} & \cdots & 1 \end{pmatrix} \neq I = \begin{pmatrix} 1 & 0 & \cdots & 0 \\ 0 & 1 & \cdots & 0 \\ \vdots & \vdots & \ddots & \vdots \\ 0 & 0 & \cdots & 1 \end{pmatrix}$$

A estatística correspondente ao teste de esfericidade de Bartlett é uma estatística χ^2, que apresenta a seguinte expressão:

$$\chi^2_{\text{Bartlett}} = -\left[(n-1) - \left(\frac{2 \cdot k + 5}{6}\right)\right] \cdot \ln|D| \qquad (10.9)$$

com $\frac{k \cdot (k-1)}{2}$ graus de liberdade. Sabemos que n é o tamanho da amostra, e k, o número de variáveis. Além disso, D representa o determinante da matriz de correlações ρ.

O teste de esfericidade de Bartlett permite, portanto, que verifiquemos, para determinado número de graus de liberdade e determinado nível de significância, se o valor total da estatística χ^2_{Bartlett} é maior que o valor crítico da estatística. Se for o caso, poderemos afirmar que as correlações de Pearson entre os pares de variáveis são estatisticamente diferentes de 0 e que, portanto, podem ser extraídos fatores a partir das variáveis originais, sendo a análise fatorial apropriada. Quando da elaboração de um exemplo prático, na seção 10.2.6, também apresentaremos os cálculos da estatística χ^2_{Bartlett} e o resultado do teste de esfericidade de Bartlett.

Ressalta-se que **deve ser sempre preferido o teste de esfericidade de Bartlett à estatística KMO para efeitos de decisão sobre a adequação global da análise fatorial**, visto que, enquanto o primeiro é um teste com determinado nível de significância, o segundo é apenas um coeficiente (estatística) calculado sem distribuição de probabilidades determinada e hipóteses que permitam avaliar o nível correspondente de significância para efeitos de decisão.

Além disso, é importante mencionarmos que, para apenas duas variáveis originais, a estatística KMO será sempre igual a 0,50, ao passo que a estatística χ^2_{Bartlett} poderá indicar a rejeição ou não da hipótese nula do teste de esfericidade, dependendo da magnitude da correlação de Pearson entre as duas variáveis. Logo, enquanto a estatística KMO será 0,50 nessas situações, será o teste de esfericidade de Bartlett que permitirá que o pesquisador decida sobre a extração ou não de um fator a partir das duas variáveis originais. Já, para três variáveis originais, é muito comum que o pesquisador extraia dois fatores com significância estatística do teste de esfericidade de Bartlett, porém com estatística KMO menor que 0,50. Essas duas situações enfatizam ainda mais a maior relevância do teste de esfericidade de Bartlett em relação à estatística KMO para efeitos de tomada de decisão.

Por fim, vale mencionar que comumente encontramos na literatura a recomendação de que seja estudada a magnitude da medida conhecida por **alpha de Cronbach**, de forma anterior ao estudo da adequação global da análise fatorial, a fim de que seja avaliada a fidedignidade com que um fator pode ser extraído a partir de variáveis originais. Ressaltamos que o alpha de Cronbach oferece ao pesquisador indícios apenas sobre a consistência interna das variáveis do banco de dados para que seja extraído um único fator. Assim, sua determinação não representa um requisito obrigatório para a elaboração da análise fatorial, visto que essa técnica permite a extração de mais fatores. Entretanto, para efeitos didáticos, discutiremos os principais conceitos sobre o alpha de Cronbach no apêndice deste capítulo, com determinação algébrica e correspondentes aplicações nos softwares SPSS, Stata, R e Python.

Discutidos esses conceitos e verificada a adequação global da análise fatorial, podemos partir para a definição dos fatores.

10.2.3. Definição dos fatores por componentes principais: determinação dos autovalores e autovetores da matriz de correlações ρ e cálculo dos *scores* fatoriais

Como um fator representa a combinação linear de variáveis originais, podemos definir, para k variáveis, um número máximo de k fatores (F_1, F_2, ..., F_k), de maneira análoga à quantidade máxima de agrupamentos que podem ser definidos a partir de uma amostra com n observações, conforme estudamos no capítulo anterior, visto que um fator também pode ser entendido com o resultado do **agrupamento de variáveis**. Dessa forma, para k variáveis, temos:

$$F_{1i} = s_{11} \cdot X_{1i} + s_{21} \cdot X_{2i} + ... + s_{k1} \cdot X_{ki}$$

$$F_{2i} = s_{12} \cdot X_{1i} + s_{22} \cdot X_{2i} + ... + s_{k2} \cdot X_{ki} \qquad (10.10)$$

$$\vdots$$

$$F_{ki} = s_{1k} \cdot X_{1i} + s_{2k} \cdot X_{2i} + ... + s_{kk} \cdot X_{ki}$$

em que os termos s são conhecidos por **_scores_ fatoriais**, que representam os parâmetros de um modelo linear que relaciona determinado fator com as variáveis originais. O cálculo dos _scores_ fatoriais é de fundamental importância dentro do contexto da técnica de análise fatorial e é elaborado a partir da determinação dos autovalores e autovetores da matriz de correlações ρ. Na expressão (10.11), reproduzimos a matriz de correlações ρ já apresentada na expressão (10.1).

$$\rho = \begin{pmatrix} 1 & \rho_{12} & \cdots & \rho_{1k} \\ \rho_{21} & 1 & \cdots & \rho_{2k} \\ \vdots & \vdots & \ddots & \vdots \\ \rho_{k1} & \rho_{k2} & \cdots & 1 \end{pmatrix} \tag{10.11}$$

Essa matriz de correlações, com dimensões $k \times k$, apresenta k autovalores λ^2 ($\lambda_1^2 \geq \lambda_2^2 \geq \ldots \geq \lambda_k^2$), que podem ser obtidos a partir da solução da seguinte equação:

$$\det(\lambda^2 \cdot I - \rho) = 0 \tag{10.12}$$

em que **I** é a matriz identidade, também com dimensões $k \times k$.

Como determinado fator representa o resultado do agrupamento de variáveis, é importante ressaltar que:

$$\lambda_1^2 + \lambda_2^2 + \ldots + \lambda_k^2 = k \tag{10.13}$$

A expressão (10.12) pode ser reescrita da seguinte maneira:

$$\begin{vmatrix} \lambda^2 - 1 & -\rho_{12} & \cdots & -\rho_{1k} \\ -\rho_{21} & \lambda^2 - 1 & \cdots & -\rho_{2k} \\ \vdots & \vdots & \ddots & \vdots \\ -\rho_{k1} & -\rho_{k2} & \cdots & \lambda^2 - 1 \end{vmatrix} = 0 \tag{10.14}$$

de onde podemos definir a matriz de autovalores Λ^2 da seguinte forma:

$$\Lambda^2 = \begin{pmatrix} \lambda_1^2 & 0 & \cdots & 0 \\ 0 & \lambda_2^2 & \cdots & 0 \\ \vdots & \vdots & \ddots & \vdots \\ 0 & 0 & \cdots & \lambda_k^2 \end{pmatrix} \tag{10.15}$$

Para que sejam definidos os autovetores da matriz ρ com base nos autovalores, devemos resolver os seguintes sistemas de equações para cada autovalor λ^2 ($\lambda_1^2 \geq \lambda_2^2 \geq \ldots \geq \lambda_k^2$):

• Determinação de autovetores v_{11}, v_{21}, ..., v_{k1} a partir do primeiro autovalor (λ_1^2):

$$\begin{pmatrix} \lambda_1^2 - 1 & -\rho_{12} & \cdots & -\rho_{1k} \\ -\rho_{21} & \lambda_1^2 - 1 & \cdots & -\rho_{2k} \\ \vdots & \vdots & \ddots & \vdots \\ -\rho_{k1} & -\rho_{k2} & \cdots & \lambda_1^2 - 1 \end{pmatrix} \cdot \begin{pmatrix} v_{11} \\ v_{21} \\ \vdots \\ v_{k1} \end{pmatrix} = \begin{pmatrix} 0 \\ 0 \\ \vdots \\ 0 \end{pmatrix} \tag{10.16}$$

de onde vem que:

$$\begin{cases} (\lambda_1^2 - 1) \cdot v_{11} - \rho_{12} \cdot v_{21} \ldots - \rho_{1k} \cdot v_{k1} = 0 \\ -\rho_{21} \cdot v_{11} + (\lambda_1^2 - 1) \cdot v_{21} \ldots - \rho_{2k} \cdot v_{k1} = 0 \\ \qquad\qquad\vdots \\ -\rho_{k1} \cdot v_{11} - \rho_{k2} \cdot v_{21} \ldots + (\lambda_1^2 - 1) \cdot v_{k1} = 0 \end{cases} \tag{10.17}$$

- Determinação de autovetores v_{12}, v_{22}, ..., v_{k2} a partir do segundo autovalor (λ_2^2):

$$\begin{pmatrix} \lambda_2^2-1 & -\rho_{12} & \cdots & -\rho_{1k} \\ -\rho_{21} & \lambda_2^2-1 & \cdots & -\rho_{2k} \\ \vdots & \vdots & \ddots & \vdots \\ -\rho_{k1} & -\rho_{k2} & \cdots & \lambda_2^2-1 \end{pmatrix} \cdot \begin{pmatrix} v_{12} \\ v_{22} \\ \vdots \\ v_{k2} \end{pmatrix} = \begin{pmatrix} 0 \\ 0 \\ \vdots \\ 0 \end{pmatrix} \tag{10.18}$$

de onde vem que:

$$\begin{cases} (\lambda_2^2-1)\cdot v_{12} -\rho_{12}\cdot v_{22}...-\rho_{1k}\cdot v_{k2}=0 \\ -\rho_{21}\cdot v_{12}+(\lambda_2^2-1)\cdot v_{22}...-\rho_{2k}\cdot v_{k2}=0 \\ \qquad\qquad \vdots \\ -\rho_{k1}\cdot v_{12}-\rho_{k2}\cdot v_{22}...+(\lambda_2^2-1)\cdot v_{k2}=0 \end{cases} \tag{10.19}$$

- Determinação de autovetores v_{1k}, v_{2k}, ..., v_{kk} a partir do k-ésimo autovalor (λ_k^2):

$$\begin{pmatrix} \lambda_k^2-1 & -\rho_{12} & \cdots & -\rho_{1k} \\ -\rho_{21} & \lambda_k^2-1 & \cdots & -\rho_{2k} \\ \vdots & \vdots & \ddots & \vdots \\ -\rho_{k1} & -\rho_{k2} & \cdots & \lambda_k^2-1 \end{pmatrix} \cdot \begin{pmatrix} v_{1k} \\ v_{2k} \\ \vdots \\ v_{kk} \end{pmatrix} = \begin{pmatrix} 0 \\ 0 \\ \vdots \\ 0 \end{pmatrix} \tag{10.20}$$

de onde vem que:

$$\begin{cases} (\lambda_k^2-1)\cdot v_{1k} -\rho_{12}\cdot v_{2k}...-\rho_{1k}\cdot v_{kk}=0 \\ -\rho_{21}\cdot v_{1k}+(\lambda_2^2-1)\cdot v_{2k}...-\rho_{2k}\cdot v_{kk}=0 \\ \qquad\qquad \vdots \\ -\rho_{k1}\cdot v_{1k}-\rho_{k2}\cdot v_{2k}...+(\lambda_k^2-1)\cdot v_{kk}=0 \end{cases} \tag{10.21}$$

Dessa forma, podemos calcular os *scores* fatoriais de cada fator com base na determinação dos autovalores e autovetores da matriz de correlações ρ. Os vetores dos *scores* fatoriais podem ser definidos da seguinte forma:

- *Scores* fatoriais do primeiro fator:

$$\mathbf{S}_1 = \begin{pmatrix} s_{11} \\ s_{21} \\ \vdots \\ s_{k1} \end{pmatrix} = \begin{pmatrix} \dfrac{v_{11}}{\sqrt{\lambda_1^2}} \\ \dfrac{v_{21}}{\sqrt{\lambda_1^2}} \\ \vdots \\ \dfrac{v_{k1}}{\sqrt{\lambda_1^2}} \end{pmatrix} \tag{10.22}$$

- *Scores* fatoriais do segundo fator:

$$\mathbf{S}_2 = \begin{pmatrix} s_{12} \\ s_{22} \\ \vdots \\ s_{k2} \end{pmatrix} = \begin{pmatrix} \dfrac{v_{12}}{\sqrt{\lambda_2^2}} \\ \dfrac{v_{22}}{\sqrt{\lambda_2^2}} \\ \vdots \\ \dfrac{v_{k2}}{\sqrt{\lambda_2^2}} \end{pmatrix} \tag{10.23}$$

- *Scores* fatoriais do *k*-ésimo fator:

$$\mathbf{S}_k = \begin{pmatrix} s_{1k} \\ s_{2k} \\ \vdots \\ s_{kk} \end{pmatrix} = \begin{pmatrix} \dfrac{v_{1k}}{\sqrt{\lambda_k^2}} \\ \dfrac{v_{2k}}{\sqrt{\lambda_k^2}} \\ \vdots \\ \dfrac{v_{kk}}{\sqrt{\lambda_k^2}} \end{pmatrix} \tag{10.24}$$

Como os *scores* fatoriais de cada fator são padronizados pelos respectivos autovalores, os fatores do conjunto de equações apresentado na expressão (10.10) devem ser obtidos pela multiplicação de cada *score* fatorial pela correspondente variável original, padronizada por meio do procedimento *Zscores*. Dessa forma, podemos obter cada um dos fatores com base nas seguintes equações:

$$F_{1i} = \frac{v_{11}}{\sqrt{\lambda_1^2}} \cdot ZX_{1i} + \frac{v_{21}}{\sqrt{\lambda_1^2}} \cdot ZX_{2i} + \ldots + \frac{v_{k1}}{\sqrt{\lambda_1^2}} \cdot ZX_{ki}$$

$$F_{2i} = \frac{v_{12}}{\sqrt{\lambda_2^2}} \cdot ZX_{1i} + \frac{v_{22}}{\sqrt{\lambda_2^2}} \cdot ZX_{2i} + \ldots + \frac{v_{k2}}{\sqrt{\lambda_2^2}} \cdot ZX_{ki} \tag{10.25}$$

$$F_{ki} = \frac{v_{1k}}{\sqrt{\lambda_k^2}} \cdot ZX_{1i} + \frac{v_{2k}}{\sqrt{\lambda_k^2}} \cdot ZX_{2i} + \ldots + \frac{v_{kk}}{\sqrt{\lambda_k^2}} \cdot ZX_{ki}$$

em que ZX_i representa o valor padronizado de cada variável X para determinada observação i. Ressalta-se que todos os fatores extraídos apresentam, entre si, correlações de Pearson iguais a 0, ou seja, **são ortogonais entre si**.

Um pesquisador mais atento notará que os *scores* fatoriais de cada fator correspondem exatamente aos parâmetros estimados de um **modelo de regressão linear múltipla** que apresenta, como variável dependente, o próprio fator e, como variáveis explicativas, as variáveis padronizadas.

Matematicamente, é possível ainda verificar a relação existente entre os autovetores, a matriz de correlações ρ e a matriz de autovalores Λ^2. Logo, definindo-se a matriz de autovetores $\mathbf{V}$ da seguinte forma:

$$\mathbf{V} = \begin{pmatrix} v_{11} & v_{12} & \cdots & v_{1k} \\ v_{21} & v_{22} & \cdots & v_{2k} \\ \vdots & \vdots & \ddots & \vdots \\ v_{k1} & v_{k2} & \cdots & v_{kk} \end{pmatrix} \tag{10.26}$$

podemos comprovar que:

$$\mathbf{V}' \cdot \rho \cdot \mathbf{V} = \Lambda^2 \tag{10.27}$$

ou:

$$\begin{pmatrix} v_{11} & v_{21} & \cdots & v_{k1} \\ v_{12} & v_{22} & \cdots & v_{k2} \\ \vdots & \vdots & \ddots & \vdots \\ v_{1k} & v_{2k} & \cdots & v_{kk} \end{pmatrix} \cdot \begin{pmatrix} 1 & \rho_{12} & \cdots & \rho_{1k} \\ \rho_{21} & 1 & \cdots & \rho_{2k} \\ \vdots & \vdots & \ddots & \vdots \\ \rho_{k1} & \rho_{k2} & \cdots & 1 \end{pmatrix} \cdot \begin{pmatrix} v_{11} & v_{12} & \cdots & v_{1k} \\ v_{21} & v_{22} & \cdots & v_{2k} \\ \vdots & \vdots & \ddots & \vdots \\ v_{k1} & v_{k2} & \cdots & v_{kk} \end{pmatrix} = \begin{pmatrix} \lambda_1^2 & 0 & \cdots & 0 \\ 0 & \lambda_2^2 & \cdots & 0 \\ \vdots & \vdots & \ddots & \vdots \\ 0 & 0 & \cdots & \lambda_k^2 \end{pmatrix} \tag{10.28}$$

Na seção 10.2.6 apresentaremos um exemplo prático a partir do qual essa relação poderá ser verificada.

Enquanto na seção 10.2.2, discutimos a adequação global da análise fatorial, nesta seção apresentamos os procedimentos para a extração dos fatores, no caso de a técnica se mostrar apropriada. Mesmo sabendo, para *k* variáveis, que o número máximo de fatores é também igual a *k*, é de fundamental importância que o pesquisador defina, com base em determinado critério, a quantidade adequada de fatores que, de fato, representam as variáveis originais. Em nosso exemplo hipotético da seção 10.2.1, vimos que apenas dois fatores (F_1 e F_2) seriam suficientes para representar as três variáveis originais (X_1, X_2 e X_3).

Embora o pesquisador tenha liberdade para definir, de forma preliminar, a quantidade de fatores a serem extraídos na análise, visto que pode ter a intenção de verificar, por exemplo, a validade de um constructo previamente estabelecido (procedimento conhecido por **critério *a priori***), é de fundamental importância que seja feita uma análise com base na magnitude dos autovalores calculados a partir da matriz de correlações ρ.

Como os autovalores correspondem ao percentual de variância compartilhada pelas variáveis originais para a formação de cada fator, conforme discutiremos na seção 10.2.4, como $\lambda_1^2 \geq \lambda_2^2 \geq ... \geq \lambda_k^2$ e sabendo-se que os fatores F_1, F_2, ..., F_k são obtidos a partir dos respectivos autovalores, fatores extraídos a partir de autovalores menores são formados a partir de menores percentuais de variância compartilhada pelas variáveis originais. Visto que um fator representa determinado agrupamento de variáveis, fatores extraídos a partir de autovalores menores que 1 possivelmente não conseguem representar o comportamento de sequer uma variável original (claro que para a regra existem exceções, que ocorrem para os casos em que determinado autovalor é menor, mas muito próximo a 1). O critério de escolha da quantidade de fatores, em que são levados em consideração apenas os fatores correspondentes a autovalores maiores que 1, é comumente utilizado e conhecido por **critério da raiz latente** ou **critério de Kaiser**.

O método para a extração de fatores apresentado neste capítulo é conhecido como componentes principais, e o primeiro fator F_1, formado pelo maior percentual de variância compartilhada pelas variáveis originais, é também chamado de **fator principal**. Esse método é profundamente referenciado na literatura e utilizado na prática quando o pesquisador deseja elaborar uma redução estrutural dos dados para a criação de fatores ortogonais, definir *rankings* de observações por meio dos fatores gerados e até mesmo verificar a validade de constructos previamente estabelecidos. Outros métodos para extração dos fatores, como aqueles conhecidos por **mínimos quadrados generalizados**, **mínimos quadrados ponderados**, **máxima verossimilhança**, *alpha factoring* e *image factoring*, apresentam diferentes critérios e determinadas particularidades e, embora também possam ser encontrados na literatura, não serão abordados neste livro.

Além disso, é comum que se discuta sobre a necessidade de que a análise fatorial seja aplicada a variáveis que apresentem **normalidade multivariada** dos dados, para que haja consistência quando da determinação dos *scores* fatoriais. Entretanto, é importante ressaltar que a normalidade multivariada é uma suposição bastante rígida, sendo necessária somente para alguns métodos de extração dos fatores, como o método de máxima verossimilhança. A maioria dos métodos de extração de fatores não requer a suposição de normalidade multivariada dos dados e, conforme discute Gorsuch (1983), a análise fatorial por componentes principais parece ser, na prática, bastante robusta contra violações de normalidade.

10.2.4. Cargas fatoriais e comunalidades

Estabelecidos os fatores, podemos definir as **cargas fatoriais**, que nada mais são que **correlações de Pearson entre as variáveis originais e cada um dos fatores**. A Tabela 10.2 apresenta as cargas fatoriais para cada par variável-fator.

Tabela 10.2 Cargas fatoriais entre variáveis originais e fatores.

Variável \ Fator	F_1	F_2	...	F_k
X_1	c_{11}	c_{12}		c_{1k}
X_2	c_{21}	c_{22}	...	c_{2k}
$\vdots$	$\vdots$	$\vdots$		$\vdots$
X_k	c_{k1}	c_{k2}		c_{kk}

Com base no critério da raiz latente (em que são considerados apenas fatores oriundos de autovalores maiores que 1), é de se supor que as cargas fatoriais entre os fatores correspondentes a autovalores menores que 1 e todas as variáveis originais sejam baixas, visto que já terão apresentado correlações de Pearson (cargas) mais elevadas com fatores extraídos anteriormente a partir de autovalores maiores. Do mesmo modo, variáveis originais que compartilhem apenas uma pequena parcela de variância com as demais variáveis apresentarão cargas fatoriais elevadas apenas em um único fator. Caso isso ocorra para todas as variáveis originais, não existirão diferenças significativas entre a matriz de correlações ρ e a matriz identidade **I**, tornando a estatística χ^2_{Bartlett} muito baixa. Esse fato permite afirmar que a análise fatorial será inapropriada, e, nessa situação, o pesquisador poderá optar por não extrair fatores a partir das variáveis originais.

Como as cargas fatoriais são as correlações de Pearson entre cada variável e cada fator, a somatória dos quadrados dessas cargas em cada linha da Tabela 10.2 será sempre igual a 1, visto que cada variável compartilha parte do seu percentual de variância com todos os k fatores, e a somatória dos percentuais de variância (cargas fatoriais ou correlações de Pearson ao quadrado) será 100%.

Por outro lado, caso seja extraída uma quantidade de fatores menor que k, em função do critério da raiz latente, a somatória dos quadrados das cargas fatoriais em cada linha não chegará a ser igual a 1. A essa somatória, dá-se o nome de **comunalidade**, que representa a **variância total compartilhada de cada variável em todos os fatores extraídos a partir de autovalores maiores que 1**. Logo, podemos escrever que:

$$c_{11}^2 + c_{12}^2 + ... = \text{comunalidade } X_1$$
$$c_{21}^2 + c_{22}^2 + ... = \text{comunalidade } X_2$$
$$\vdots$$
$$c_{k1}^2 + c_{k2}^2 + ... = \text{comunalidade } X_k$$

(10.29)

O objetivo principal da análise das comunalidades é verificar se alguma variável acaba por não compartilhar um significativo percentual de variância com os fatores extraídos. Embora não haja um ponto de corte a partir do qual determinada comunalidade possa ser considerada alta ou baixa, visto que o tamanho da amostra pode interferir nesse julgamento, a existência de comunalidades consideravelmente baixas em relação às demais pode sugerir que o pesquisador reconsidere a inclusão da respectiva variável na análise fatorial.

Logo, definidos os fatores com base nos *scores* fatoriais, podemos afirmar que as cargas fatoriais serão exatamente iguais aos parâmetros estimados de um modelo de regressão linear múltipla que apresenta, como variável dependente, determinada variável padronizada ZX e, como variáveis explicativas, os próprios fatores, sendo o **coeficiente de ajuste R²** de cada modelo igual à própria comunalidade da respectiva variável original.

A somatória dos quadrados das cargas fatoriais em cada coluna da Tabela 10.2, por outro lado, será igual ao respectivo autovalor, visto que a razão entre cada autovalor e a quantidade total de variáveis pode ser entendida como o percentual de variância compartilhada por todas as k variáveis originais para a formação de cada fator. Logo, podemos escrever que:

$$c_{11}^2 + c_{21}^2 + ... + c_{k1}^2 = \lambda_1^2$$
$$c_{12}^2 + c_{22}^2 + ... + c_{k2}^2 = \lambda_2^2$$
$$\vdots$$
$$c_{1k}^2 + c_{2k}^2 + ... + c_{kk}^2 = \lambda_k^2$$

(10.30)

Após a determinação dos fatores e do cálculo das cargas fatoriais, é possível ainda que algumas variáveis apresentem correlações de Pearson (cargas fatoriais) intermediárias (nem tão altas, nem tão baixas) com todos os fatores extraídos, embora sua comunalidade não seja relativamente tão baixa. Nesse caso, embora a solução da análise fatorial já tenha sido obtida de forma adequada e considerada finalizada, o pesquisador pode, para os casos em que a tabela de cargas fatoriais apresentar valores intermediários para uma ou mais variáveis em todos os fatores, elaborar uma rotação desses fatores, a fim de que sejam aumentadas as correlações de Pearson entre as variáveis originais e novos fatores gerados. Na próxima seção, trataremos especificamente da rotação de fatores.

10.2.5. Rotação de fatores

Imaginemos novamente uma situação hipotética em que determinado banco de dados apresenta apenas três variáveis ($k = 3$). Após a elaboração da análise fatorial por componentes principais, são extraídos dois fatores, ortogonais entre si, com cargas fatoriais (correlações de Pearson) com cada uma das três variáveis originais, de acordo com a Tabela 10.3.

Tabela 10.3 Cargas fatoriais entre três variáveis e dois fatores.

Variável \ Fator	F_1	F_2
X_1	c_{11}	c_{12}
X_2	c_{21}	c_{22}
X_3	c_{31}	c_{32}

A fim de que possa ser elaborado um gráfico com as posições relativas de cada variável em cada fator (gráfico conhecido como *loading plot*), podemos considerar as cargas fatoriais coordenadas (abscissas e ordenadas) das variáveis em um plano cartesiano formado pelos dois fatores ortogonais. Esse gráfico encontra-se, de maneira exemplificada, na Figura 10.5.

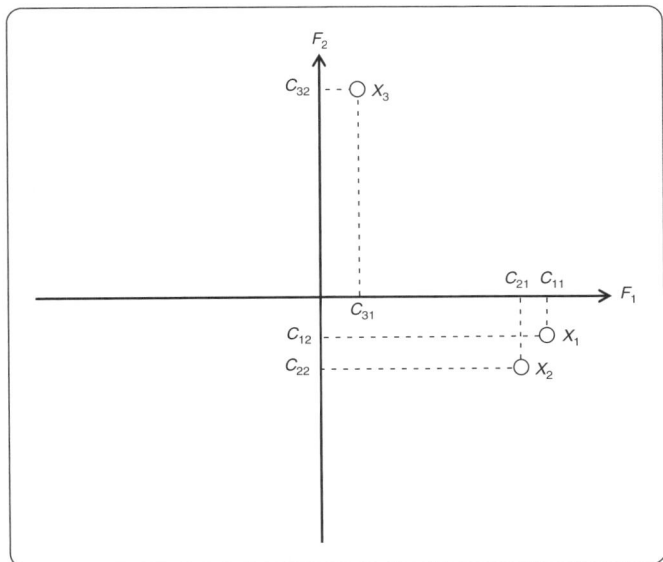

Figura 10.5 *Loading plot* para situação hipotética com três variáveis e dois fatores.

Para que tenhamos melhor visualização das variáveis mais representadas por determinado fator, podemos pensar em uma rotação, em torno da origem, dos fatores originalmente extraídos F_1 e F_2, de modo a aproximar os pontos correspondentes às variáveis X_1, X_2 e X_3 de um dos novos fatores, chamados de **fatores rotacionados** F'_1 e F'_2. A Figura 10.6 apresenta esta situação de forma exemplificada.

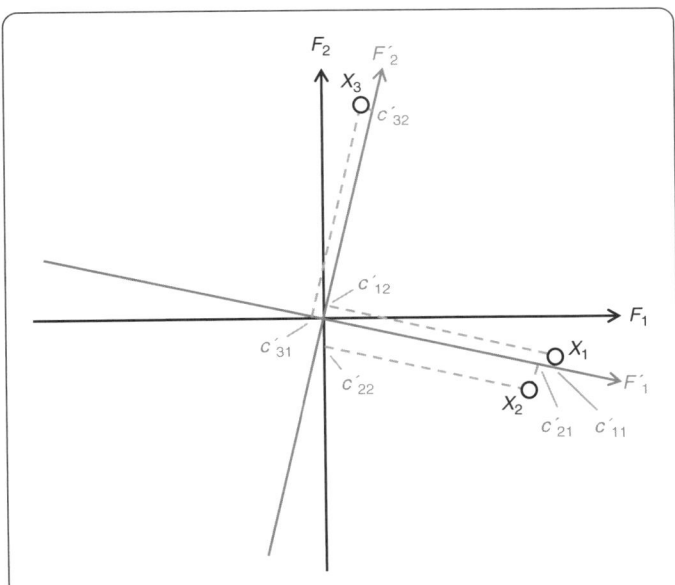

Figura 10.6 Definição dos fatores rotacionados a partir dos fatores originais.

Com base na Figura 10.6, podemos verificar, para cada variável em análise, que, enquanto a carga para um fator é aumentada, para o outro, é diminuída. A Tabela 10.4 mostra a redistribuição de cargas para nossa situação hipotética.

Tabela 10.4 Cargas fatoriais originais e rotacionadas para a nossa situação hipotética.

Variável \ Fator	Cargas fatoriais originais		Cargas fatoriais rotacionadas	
	F_1	F_2	F'_1	F'_2
X_1	c_{11}	c_{12}	$\|c'_{11}\| > \|c_{11}\|$	$\|c'_{12}\| < \|c_{12}\|$
X_2	c_{21}	c_{22}	$\|c'_{21}\| > \|c_{21}\|$	$\|c'_{22}\| < \|c_{22}\|$
X_3	c_{31}	c_{32}	$\|c'_{31}\| < \|c_{31}\|$	$\|c'_{32}\| > \|c_{32}\|$

Logo, para uma situação genérica, podemos afirmar que a rotação é um procedimento que maximiza as cargas de cada variável em determinado fator, em detrimento dos demais. Nesse sentido, o efeito final da rotação é a redistribuição das cargas fatoriais para fatores que inicialmente apresentavam menores percentuais de variância compartilhada por todas as variáveis originais. O objetivo principal é minimizar a quantidade de variáveis com altas cargas em determinado fator, já que cada um dos fatores passará a ter cargas mais expressivas somente com algumas das variáveis originais. Consequentemente, a rotação pode simplificar a interpretação dos fatores.

Embora as comunalidades e o percentual total de variância compartilhada por todas as variáveis em todos os fatores não sejam alterados com a rotação (tampouco as estatísticas KMO e $\chi^2_{Bartlett}$), o percentual de variância compartilhada pelas variáveis originais em cada fator é redistribuído e, portanto, alterado. Em outras palavras, são determinados novos autovalores λ' (λ'_1, λ'_2, ..., λ'_k) a partir das **cargas fatoriais rotacionadas**. Assim, podemos escrever que:

$$
\begin{aligned}
c'^2_{11} + c'^2_{12} + \ldots &= \text{comunalidade } X_1 \\
c'^2_{21} + c'^2_{22} + \ldots &= \text{comunalidade } X_2 \\
&\;\;\vdots \\
c'^2_{k1} + c'^2_{k2} + \ldots &= \text{comunalidade } X_k
\end{aligned}
\tag{10.31}
$$

e que:

$$
\begin{aligned}
c'^2_{11} + c'^2_{21} + \ldots + c'^2_{k1} &= \lambda'^2_1 \neq \lambda^2_1 \\
c'^2_{12} + c'^2_{22} + \ldots + c'^2_{k2} &= \lambda'^2_2 \neq \lambda^2_2 \\
&\;\;\vdots \\
c'^2_{1k} + c'^2_{2k} + \ldots + c'^2_{kk} &= \lambda'^2_k \neq \lambda^2_k
\end{aligned}
\tag{10.32}
$$

mesmo sendo respeitada a expressão (10.13), ou seja:

$$
\lambda^2_1 + \lambda^2_2 + \ldots + \lambda^2_k = \lambda'^2_1 + \lambda'^2_2 + \ldots + \lambda'^2_k = k
\tag{10.33}
$$

Além disso, a partir da rotação dos fatores, são obtidos novos ***scores* fatoriais rotacionados**, s', de modo que as expressões finais dos fatores rotacionados serão:

$$
\begin{aligned}
F'_{1i} &= s'_{11} \cdot ZX_{1i} + s'_{21} \cdot ZX_{2i} + \ldots + s'_{k1} \cdot ZX_{ki} \\
F'_{2i} &= s'_{12} \cdot ZX_{1i} + s'_{22} \cdot ZX_{2i} + \ldots + s'_{k2} \cdot ZX_{ki} \\
&\;\;\vdots \\
F'_{ki} &= s'_{1k} \cdot ZX_{1i} + s'_{2k} \cdot ZX_{2i} + \ldots + s'_{kk} \cdot ZX_{ki}
\end{aligned}
\tag{10.34}
$$

É importante ressaltar que a adequação global da análise fatorial (estatística KMO e teste de esfericidade de Bartlett) não é alterada com a rotação, já que a matriz de correlações ρ continua a mesma.

Embora existam diversos métodos de rotação fatorial, o mais utilizado e que será adotado quando da elaboração prática de um exemplo neste capítulo refere-se ao **método de rotação ortogonal** conhecido por **Varimax**, cuja principal finalidade é minimizar a quantidade de variáveis que apresentam elevadas cargas em determinado fator por meio da redistribuição das cargas fatoriais e maximização da variância compartilhada em fatores correspondentes a autovalores mais baixos. Daí decorre a nomenclatura Varimax, proposta por Kaiser (1958).

O algoritmo por trás do método de rotação Varimax consiste em determinar um ângulo de rotação θ em que pares de fatores são rotacionados igualmente. Logo, conforme discute Harman (1968), para determinado par de fatores F_1 e F_2, por exemplo, as cargas fatoriais rotacionadas c' entre os dois fatores e as k variáveis originais são obtidas a partir das cargas fatoriais originais c, por meio da seguinte multiplicação matricial:

$$\begin{pmatrix} c_{11} & c_{12} \\ c_{21} & c_{22} \\ \vdots & \vdots \\ c_{k1} & c_{k2} \end{pmatrix} \cdot \begin{pmatrix} \cos\theta & -\text{sen}\theta \\ \text{sen}\theta & \cos\theta \end{pmatrix} = \begin{pmatrix} c'_{11} & c'_{12} \\ c'_{21} & c'_{22} \\ \vdots & \vdots \\ c'_{k1} & c'_{k2} \end{pmatrix} \qquad (10.35)$$

em que θ, ângulo de rotação no sentido anti-horário, é obtido pela seguinte expressão:

$$\theta = 0{,}25 \cdot \arctan\left[\frac{2 \cdot (D \cdot k - A \cdot B)}{C \cdot k - (A^2 - B^2)} \right] \qquad (10.36)$$

sendo:

$$A = \sum_{l=1}^{k} \left(\frac{c_{1l}^2}{\text{comunalidade}_l} - \frac{c_{2l}^2}{\text{comunalidade}_l} \right) \qquad (10.37)$$

$$B = \sum_{l=1}^{k} \left(2 \cdot \frac{c_{1l} \cdot c_{2l}}{\text{comunalidade}_l} \right) \qquad (10.38)$$

$$C = \sum_{l=1}^{k} \left[\left(\frac{c_{1l}^2}{\text{comunalidade}_l} - \frac{c_{2l}^2}{\text{comunalidade}_l} \right)^2 - \left(2 \cdot \frac{c_{1l} \cdot c_{2l}}{\text{comunalidade}_l} \right)^2 \right] \qquad (10.39)$$

$$D = \sum_{l=1}^{k} \left[\left(\frac{c_{1l}^2}{\text{comunalidade}_l} - \frac{c_{2l}^2}{\text{comunalidade}_l} \right)^2 \cdot \left(2 \cdot \frac{c_{1l} \cdot c_{2l}}{\text{comunalidade}_l} \right) \right] \qquad (10.40)$$

Na seção 10.2.6, faremos uso dessas expressões do método de rotação Varimax para determinar as cargas fatoriais rotacionadas a partir das cargas originais.

Além da rotação Varimax, outros métodos de rotação ortogonal também podem ser mencionados, como o **Quartimax** e o **Equimax**, embora sejam menos referenciados na literatura e utilizados com menor intensidade na prática. Além deles, o pesquisador ainda pode fazer uso de **métodos de rotação oblíqua**, em que são gerados fatores não ortogonais. Embora não sejam abordados neste capítulo, merecem menção nesta categoria os chamados **Direct Oblimin** e **Promax**.

Como os métodos de rotação oblíqua podem, por vezes, ser utilizados quando se deseja validar determinado constructo, cujos fatores iniciais sejam não correlacionados, recomenda-se que um método de rotação ortogonal seja utilizado para uso subsequente dos fatores extraídos em outras técnicas multivariadas, como determinados modelos confirmatórios em que é exigida a premissa de ausência de multicolinearidade de variáveis explicativas.

10.2.6. Exemplo prático de análise fatorial por componentes principais

Imagine que nosso mesmo professor, bastante engajado com atividades acadêmicas e didáticas, tenha agora o interesse em estudar como se comportam as notas de seus alunos para, em sequência, propor um *ranking* de desempenho escolar.

Para tanto, ele fez um levantamento sobre as notas finais, que variam de 0 a 10, de cada um de seus 100 alunos nas disciplinas de Finanças, Custos, Marketing e Atuária. Parte do banco de dados elaborado encontra-se na Tabela 10.5.

Tabela 10.5 Exemplo: Notas finais de Finanças, Custos, Marketing e Atuária.

Estudante	Nota final de Finanças (X_{1i})	Nota final de Custos (X_{2i})	Nota final de Marketing (X_{3i})	Nota final de Atuária (X_{4i})
Gabriela	5,8	4,0	1,0	6,0
Luiz Felipe	3,1	3,0	10,0	2,0
Patrícia	3,1	4,0	4,0	4,0
Gustavo	10,0	8,0	8,0	8,0
Letícia	3,4	2,0	3,2	3,2
Ovídio	10,0	10,0	1,0	10,0
Leonor	5,0	5,0	8,0	5,0
Dalila	5,4	6,0	6,0	6,0
Antônio	5,9	4,0	4,0	4,0
...				
Estela	8,9	5,0	2,0	8,0

O banco de dados completo pode ser acessado por meio do arquivo **NotasFatorial.xls**.

Por meio desse banco de dados, é possível que seja elaborada a Tabela 10.6, que apresenta os coeficientes de correlação de Pearson entre cada par de variáveis, calculados por meio da lógica apresentada na expressão (10.2).

Tabela 10.6 Coeficientes de correlação de Pearson para cada par de variáveis.

	finanças	*custos*	*marketing*	*atuária*
finanças	1,000	0,756	-0,030	0,711
custos	0,756	1,000	0,003	0,809
marketing	-0,030	0,003	1,000	-0,044
atuária	0,711	0,809	-0,044	1,000

Dessa forma, podemos escrever a expressão da matriz de correlações ρ, conforme segue:

$$\rho = \begin{pmatrix} 1 & \rho_{12} & \rho_{13} & \rho_{14} \\ \rho_{21} & 1 & \rho_{23} & \rho_{24} \\ \rho_{31} & \rho_{32} & 1 & \rho_{34} \\ \rho_{41} & \rho_{42} & \rho_{43} & 1 \end{pmatrix} = \begin{pmatrix} 1,000 & 0,756 & -0,030 & 0,711 \\ 0,756 & 1,000 & 0,003 & 0,809 \\ -0,030 & 0,003 & 1,000 & -0,044 \\ 0,711 & 0,809 & -0,044 & 1,000 \end{pmatrix}$$

que apresenta determinante $D = 0,137$.

Com base na análise da matriz de correlações ρ, é possível verificar que apenas as notas correspondentes à variável *marketing* não apresentam correlações com as notas das demais disciplinas, representadas pelas outras variáveis. Por outro lado, estas apresentam correlações relativamente elevadas entre si (0,756 entre *finanças* e *custos*, 0,711 entre *finanças* e *atuária* e 0,809 entre *custos* e *atuária*), o que indica que poderão compartilhar significativa variância para a formação de um fator. Embora essa análise preliminar seja importante, não pode representar mais que um simples diagnóstico, visto que a adequação global da análise fatorial precisa ser elaborada com base na estatística KMO e, principalmente, por meio do resultado do teste de esfericidade de Bartlett.

Conforme discutimos na seção 10.2.2, a estatística KMO fornece a proporção de variância considerada comum a todas as variáveis presentes na análise, e, para que seja estabelecido seu cálculo, precisamos determinar os coeficientes de correlação parcial φ entre cada par de variáveis que, neste caso, serão coeficientes de correlação de segunda ordem, visto que estamos trabalhando com quatro variáveis simultaneamente.

Logo, com base na expressão (10.7), precisamos determinar, inicialmente, os coeficientes de correlação de primeira ordem utilizados para o cálculo dos coeficientes de correlação de segunda ordem. A Tabela 10.7 apresenta esses coeficientes.

Tabela 10.7 Coeficientes de correlação de primeira ordem.

$\varphi_{12,3} = \dfrac{\rho_{12} - \rho_{13} \cdot \rho_{23}}{\sqrt{(1 - \rho_{13}^2) \cdot (1 - \rho_{23}^2)}} = 0,756$	$\varphi_{13,2} = \dfrac{\rho_{13} - \rho_{12} \cdot \rho_{23}}{\sqrt{(1 - \rho_{12}^2) \cdot (1 - \rho_{23}^2)}} = -0,049$	$\varphi_{14,2} = \dfrac{\rho_{14} - \rho_{12} \cdot \rho_{24}}{\sqrt{(1 - \rho_{12}^2) \cdot (1 - \rho_{24}^2)}} = 0,258$
$\varphi_{14,3} = \dfrac{\rho_{14} - \rho_{13} \cdot \rho_{34}}{\sqrt{(1 - \rho_{13}^2) \cdot (1 - \rho_{34}^2)}} = 0,711$	$\varphi_{23,1} = \dfrac{\rho_{23} - \rho_{12} \cdot \rho_{13}}{\sqrt{(1 - \rho_{12}^2) \cdot (1 - \rho_{13}^2)}} = 0,039$	$\varphi_{24,1} = \dfrac{\rho_{24} - \rho_{12} \cdot \rho_{14}}{\sqrt{(1 - \rho_{12}^2) \cdot (1 - \rho_{14}^2)}} = 0,590$
$\varphi_{24,3} = \dfrac{\rho_{24} - \rho_{23} \cdot \rho_{34}}{\sqrt{(1 - \rho_{23}^2) \cdot (1 - \rho_{34}^2)}} = 0,810$	$\varphi_{34,1} = \dfrac{\rho_{34} - \rho_{13} \cdot \rho_{14}}{\sqrt{(1 - \rho_{13}^2) \cdot (1 - \rho_{14}^2)}} = -0,033$	$\varphi_{34,2} = \dfrac{\rho_{34} - \rho_{23} \cdot \rho_{24}}{\sqrt{(1 - \rho_{23}^2) \cdot (1 - \rho_{24}^2)}} = -0,080$

Dessa maneira, a partir desses coeficientes e fazendo uso da expressão (10.8), podemos calcular os coeficientes de correlação de segunda ordem considerados na expressão da estatística KMO. A Tabela 10.8 apresenta esses coeficientes.

Tabela 10.8 Coeficientes de correlação de segunda ordem.

$\varphi_{12,34} = \dfrac{\varphi_{12,3} - \varphi_{14,3} \cdot \varphi_{24,3}}{\sqrt{(1 - \varphi_{14,3}^2) \cdot (1 - \varphi_{24,3}^2)}} = 0,438$		
$\varphi_{13,24} = \dfrac{\varphi_{13,2} - \varphi_{14,2} \cdot \varphi_{34,2}}{\sqrt{(1 - \varphi_{14,2}^2) \cdot (1 - \varphi_{34,2}^2)}} = -0,029$	$\varphi_{23,14} = \dfrac{\varphi_{23,1} - \varphi_{24,1} \cdot \varphi_{34,1}}{\sqrt{(1 - \varphi_{24,1}^2) \cdot (1 - \varphi_{34,1}^2)}} = 0,072$	
$\varphi_{14,23} = \dfrac{\varphi_{14,2} - \varphi_{13,2} \cdot \varphi_{34,2}}{\sqrt{(1 - \varphi_{13,2}^2) \cdot (1 - \varphi_{34,2}^2)}} = 0,255$	$\varphi_{24,13} = \dfrac{\varphi_{24,1} - \varphi_{23,1} \cdot \varphi_{34,1}}{\sqrt{(1 - \varphi_{23,1}^2) \cdot (1 - \varphi_{34,1}^2)}} = 0,592$	$\varphi_{34,12} = \dfrac{\varphi_{34,1} - \varphi_{23,1} \cdot \varphi_{24,1}}{\sqrt{(1 - \varphi_{23,1}^2) \cdot (1 - \varphi_{24,1}^2)}} = -0,069$

Portanto, com base na expressão (10.3), podemos calcular a estatística KMO. Os termos da expressão são dados por:

$$\sum_{l=1}^{k} \sum_{c=1}^{k} \rho_{lc}^2 = (0,756)^2 + (-0,030)^2 + (0,711)^2 + (0,003)^2 + (0,809)^2 + (-0,044)^2 = 1,734$$

$$\sum_{l=1}^{k} \sum_{c=1}^{k} \varphi_{lc}^2 = (0,438)^2 + (-0,029)^2 + (0,255)^2 + (0,072)^2 + (0,592)^2 + (-0,069)^2 = 0,619$$

de onde vem que:

$$KMO = \frac{1,734}{1,734 + 0,619} = 0,737$$

O valor da estatística KMO indica, com base no critério apresentado no Quadro 10.1, que a adequação global da análise fatorial é **média**. Para testarmos se, de fato, a matriz de correlações ρ é estatisticamente diferente da matriz identidade **I** de mesma dimensão, devemos recorrer ao teste de esfericidade de Bartlett, cuja estatística $\chi_{Bartlett}^2$ é dada pela expressão (10.9). Temos, para $n = 100$ observações, $k = 4$ variáveis e determinante da matriz de correlações ρ, $D = 0,137$, que:

$$\chi_{Bartlett}^2 = -\left[(100 - 1) - \left(\frac{2 \cdot 4 + 5}{6} \right) \right] \cdot \ln(0,137) = 192,335$$

com $\dfrac{4 \cdot (4-1)}{2} = 6$ graus de liberdade. Logo, por meio da Tabela D do apêndice do livro, temos que $\chi_c^2 = 12,592$ (χ^2 crítico para 6 graus de liberdade e para o nível de significância de 5%). Dessa forma, como $\chi_{Bartlett}^2 = 192,335 > \chi_c^2 = 12,592$, podemos rejeitar a hipótese nula de que a matriz de correlações ρ seja estatisticamente igual à matriz identidade **I**, ao nível de significância de 5%.

Softwares como o o SPSS, o Stata, o R e o Python não oferecem, diretamente, o χ_c^2 para os graus de liberdade definidos e determinado nível de significância. Todavia, oferecem o nível de significância do $\chi_{Bartlett}^2$ para esses graus de liberdade. Dessa forma, em vez de analisarmos se $\chi_{Bartlett}^2 > \chi_c^2$, devemos verificar se o nível de significância do $\chi_{Bartlett}^2$ é menor que 0,05 (5%), a fim de darmos continuidade à análise fatorial. Assim:

Se *valor-P* (ou *P-value* ou *Sig.* $\chi_{Bartlett}^2$ ou *Prob.* $\chi_{Bartlett}^2$) < 0,05, a matriz de correlações ρ não é estatisticamente igual à matriz identidade **I** de mesma dimensão.

O nível de significância do $\chi_{Bartlett}^2$ pode ser obtido no Excel por meio do comando **Fórmulas → Inserir Função → DIST.QUI**, que abrirá uma caixa de diálogo, conforme mostra a Figura 10.7.

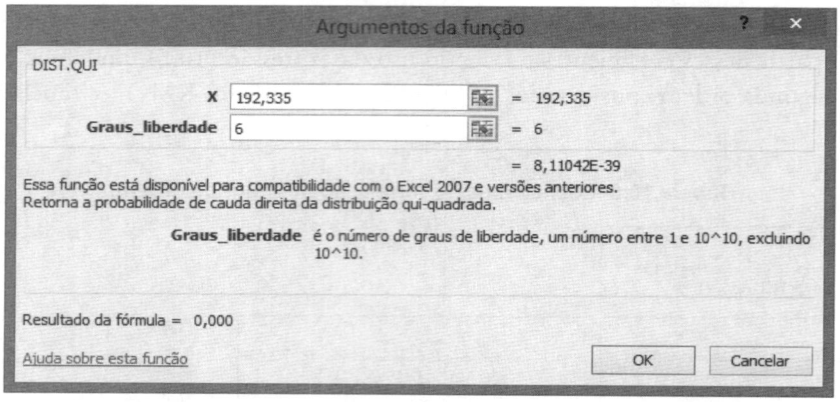

Figura 10.7 Obtenção do nível de significância de χ^2 (comando **Inserir Função**).

Conforme podemos observar por meio da Figura 10.7, o *valor-P* da estatística $\chi_{Bartlett}^2$ é consideravelmente menor que 0,05 (*valor-P* $\chi_{Bartlett}^2 = 8,11 \times 10^{-39}$), ou seja, as correlações de Pearson entre os pares de variáveis são estatisticamente diferentes de 0 e, portanto, podem ser extraídos fatores a partir das variáveis originais, sendo a análise fatorial bastante apropriada. Para um pesquisador interessado, todos esses cálculos estão apresentados diretamente no arquivo **NotasFatorialCálculosKMOBartlett.xls**.

Verificada a adequação global da análise fatorial, podemos partir para a definição propriamente dita dos fatores. Para tanto, devemos inicialmente determinar os quatro autovalores λ^2 ($\lambda_1^2 \geq \lambda_2^2 \geq \lambda_3^2 \geq \lambda_4^2$) da matriz de correlações ρ, que podem ser obtidos a partir da solução da expressão (10.12). Sendo assim, temos que:

$$\begin{vmatrix} \lambda^2-1 & -0,756 & 0,030 & -0,711 \\ -0,756 & \lambda^2-1 & -0,003 & -0,809 \\ 0,030 & -0,003 & \lambda^2-1 & 0,044 \\ -0,711 & -0,809 & 0,044 & \lambda^2-1 \end{vmatrix} = 0$$

de onde vem que:

$$\begin{cases} \lambda_1^2 = 2,519 \\ \lambda_2^2 = 1,000 \\ \lambda_3^2 = 0,298 \\ \lambda_4^2 = 0,183 \end{cases}$$

Logo, com base na expressão (10.15), a matriz de autovalores Λ^2 pode ser escrita da seguinte forma:

$$\Lambda^2 = \begin{pmatrix} 2,519 & 0 & 0 & 0 \\ 0 & 1,000 & 0 & 0 \\ 0 & 0 & 0,298 & 0 \\ 0 & 0 & 0 & 0,183 \end{pmatrix}$$

Note que a expressão (10.13) é satisfeita, ou seja:

$$\lambda_1^2 + \lambda_2^2 + \ldots + \lambda_k^2 = 2{,}519 + 1{,}000 + 0{,}298 + 0{,}183 = 4$$

Como os autovalores correspondem ao percentual de variância compartilhada pelas variáveis originais para a formação de cada fator, podemos elaborar uma tabela de variância compartilhada (Tabela 10.9).

Tabela 10.9 Variância compartilhada pelas variáveis originais para a formação de cada fator.

Fator	Autovalor λ^2	Variância compartilhada (%)	Variância compartilhada acumulada (%)
1	2,519	$\left(\dfrac{2{,}519}{4}\right) \cdot 100 = 62{,}975$	62,975
2	1,000	$\left(\dfrac{1{,}000}{4}\right) \cdot 100 = 25{,}010$	87,985
3	0,298	$\left(\dfrac{0{,}298}{4}\right) \cdot 100 = 7{,}444$	95,428
4	0,183	$\left(\dfrac{0{,}183}{4}\right) \cdot 100 = 4{,}572$	100,000

Por meio da análise da Tabela 10.9, podemos afirmar que, enquanto 62,975% da variância total são compartilhados para a formação do primeiro fator, 25,010% são compartilhados para a formação do segundo. O terceiro e o quarto fatores, cujos autovalores são menores que 1, são formados por meio de menores percentuais de variância compartilhada. Como o critério mais adotado para a escolha da quantidade de fatores é o critério da raiz latente (critério de Kaiser), em que são levados em consideração apenas os fatores correspondentes a autovalores maiores que 1, o pesquisador pode optar por elaborar toda a análise subsequente apenas com os dois primeiros fatores, formados pelo compartilhamento de 87,985% da variância total das variáveis originais, ou seja, com perda total de variância de 12,015%. Para efeitos didáticos, entretanto, vamos apresentar os cálculos dos *scores* fatoriais por meio da determinação dos autovetores correspondentes aos quatro autovalores.

Logo, para que sejam definidos os autovetores da matriz ρ com base nos quatro autovalores calculados, devemos resolver os seguintes sistemas de equações para cada autovalor, com base nas expressões (10.16) a (10.21):

- Determinação de autovetores v_{11}, v_{21}, v_{31}, v_{41} a partir do primeiro autovalor ($\lambda_1^2 = 2{,}519$):

$$\begin{cases} (2{,}519 - 1{,}000) \cdot v_{11} - 0{,}756 \cdot v_{21} + 0{,}030 \cdot v_{31} - 0{,}711 \cdot v_{41} = 0 \\ -0{,}756 \cdot v_{11} + (2{,}519 - 1{,}000) \cdot v_{21} - 0{,}003 \cdot v_{31} - 0{,}809 \cdot v_{41} = 0 \\ 0{,}030 \cdot v_{11} - 0{,}003 \cdot v_{21} + (2{,}519 - 1{,}000) \cdot v_{31} + 0{,}044 \cdot v_{41} = 0 \\ -0{,}711 \cdot v_{11} - 0{,}809 \cdot v_{21} + 0{,}044 \cdot v_{31} + (2{,}519 - 1{,}000) \cdot v_{41} = 0 \end{cases}$$

de onde vem que:

$$\begin{pmatrix} v_{11} \\ v_{21} \\ v_{31} \\ v_{41} \end{pmatrix} = \begin{pmatrix} 0{,}5641 \\ 0{,}5887 \\ -0{,}0267 \\ 0{,}5783 \end{pmatrix}$$

- Determinação de autovetores v_{12}, v_{22}, v_{32}, v_{42} a partir do segundo autovalor ($\lambda_2^2 = 1{,}000$):

$$\begin{cases} (1{,}000 - 1{,}000) \cdot v_{12} - 0{,}756 \cdot v_{22} + 0{,}030 \cdot v_{32} - 0{,}711 \cdot v_{42} = 0 \\ -0{,}756 \cdot v_{12} + (1{,}000 - 1{,}000) \cdot v_{22} - 0{,}003 \cdot v_{32} - 0{,}809 \cdot v_{42} = 0 \\ 0{,}030 \cdot v_{12} - 0{,}003 \cdot v_{22} + (1{,}000 - 1{,}000) \cdot v_{32} + 0{,}044 \cdot v_{42} = 0 \\ -0{,}711 \cdot v_{12} - 0{,}809 \cdot v_{22} + 0{,}044 \cdot v_{32} + (1{,}000 - 1{,}000) \cdot v_{42} = 0 \end{cases}$$

de onde vem que:

$$
\begin{pmatrix} v_{12} \\ v_{22} \\ v_{32} \\ v_{42} \end{pmatrix} = \begin{pmatrix} 0{,}0068 \\ 0{,}0487 \\ 0{,}9987 \\ -0{,}0101 \end{pmatrix}
$$

- Determinação de autovetores v_{13}, v_{23}, v_{33}, v_{43} a partir do terceiro autovalor ($\lambda_3^2 = 0{,}298$):

$$
\begin{cases}
(0{,}298-1{,}000)\cdot v_{13} - 0{,}756\cdot v_{23} + 0{,}030\cdot v_{33} - 0{,}711\cdot v_{43} = 0 \\
-0{,}756\cdot v_{13} + (0{,}298-1{,}000)\cdot v_{23} - 0{,}003\cdot v_{33} - 0{,}809\cdot v_{43} = 0 \\
0{,}030\cdot v_{13} - 0{,}003\cdot v_{23} + (0{,}298-1{,}000)\cdot v_{33} + 0{,}044\cdot v_{43} = 0 \\
-0{,}711\cdot v_{13} - 0{,}809\cdot v_{23} + 0{,}044\cdot v_{33} + (0{,}298-1{,}000)\cdot v_{43} = 0
\end{cases}
$$

de onde vem que:

$$
\begin{pmatrix} v_{13} \\ v_{23} \\ v_{33} \\ v_{43} \end{pmatrix} = \begin{pmatrix} 0{,}8008 \\ -0{,}2201 \\ -0{,}0003 \\ -0{,}5571 \end{pmatrix}
$$

- Determinação de autovetores v_{14}, v_{24}, v_{34}, v_{44} a partir do quarto autovalor ($\lambda_4^2 = 0{,}183$):

$$
\begin{cases}
(0{,}183-1{,}000)\cdot v_{14} - 0{,}756\cdot v_{24} + 0{,}030\cdot v_{34} - 0{,}711\cdot v_{44} = 0 \\
-0{,}756\cdot v_{14} + (0{,}183-1{,}000)\cdot v_{24} - 0{,}003\cdot v_{34} - 0{,}809\cdot v_{44} = 0 \\
0{,}030\cdot v_{14} - 0{,}003\cdot v_{24} + (0{,}183-1{,}000)\cdot v_{34} + 0{,}044\cdot v_{44} = 0 \\
-0{,}711\cdot v_{14} - 0{,}809\cdot v_{24} + 0{,}044\cdot v_{34} + (0{,}183-1{,}000)\cdot v_{44} = 0
\end{cases}
$$

de onde vem que:

$$
\begin{pmatrix} v_{14} \\ v_{24} \\ v_{34} \\ v_{44} \end{pmatrix} = \begin{pmatrix} 0{,}2012 \\ -0{,}7763 \\ 0{,}0425 \\ 0{,}5959 \end{pmatrix}
$$

Determinados os autovetores, um pesquisador mais curioso poderá comprovar a relação apresentada na expressão (10.27), ou seja:

$$
\mathbf{V'} \cdot \mathbf{\rho} \cdot \mathbf{V} = \mathbf{\Lambda}^2
$$

$$
\begin{pmatrix}
0{,}5641 & 0{,}5887 & -0{,}0267 & 0{,}5783 \\
0{,}0068 & 0{,}0487 & 0{,}9987 & -0{,}0101 \\
0{,}8008 & -0{,}2201 & -0{,}0003 & -0{,}5571 \\
0{,}2012 & -0{,}7763 & 0{,}0425 & 0{,}5959
\end{pmatrix}
\cdot
\begin{pmatrix}
1{,}000 & 0{,}756 & -0{,}030 & 0{,}711 \\
0{,}756 & 1{,}000 & 0{,}003 & 0{,}809 \\
-0{,}030 & 0{,}003 & 1{,}000 & -0{,}044 \\
0{,}711 & 0{,}809 & -0{,}044 & 1{,}000
\end{pmatrix}
\cdot
$$

$$
\cdot
\begin{pmatrix}
0{,}5641 & 0{,}0068 & 0{,}8008 & 0{,}2012 \\
0{,}5887 & 0{,}0487 & -0{,}2201 & -0{,}7763 \\
-0{,}0267 & 0{,}9987 & -0{,}0003 & 0{,}0425 \\
0{,}5783 & -0{,}0101 & -0{,}5571 & 0{,}5959
\end{pmatrix}
=
\begin{pmatrix}
2{,}519 & 0 & 0 & 0 \\
0 & 1{,}000 & 0 & 0 \\
0 & 0 & 0{,}298 & 0 \\
0 & 0 & 0 & 0{,}183
\end{pmatrix}
$$

Com base nas expressões (10.22) a (10.24), podemos calcular os *scores* fatoriais correspondentes a cada uma das variáveis padronizadas para cada um dos fatores. Dessa forma, temos condições de escrever, a partir da expressão (10.25), as expressões dos fatores F_1, F_2, F_3 e F_4, conforme segue:

$$F_{1i} = \frac{0,5641}{\sqrt{2,519}} \cdot Zfinanças_i + \frac{0,5887}{\sqrt{2,519}} \cdot Zcustos_i - \frac{0,0267}{\sqrt{2,519}} \cdot Zmarketing_i + \frac{0,5783}{\sqrt{2,519}} \cdot Zatuária_i$$

$$F_{2i} = \frac{0,0068}{\sqrt{1,000}} \cdot Zfinanças_i + \frac{0,0487}{\sqrt{1,000}} \cdot Zcustos_i + \frac{0,9987}{\sqrt{1,000}} \cdot Zmarketing_i - \frac{0,0101}{\sqrt{1,000}} \cdot Zatuária_i$$

$$F_{3i} = \frac{0,8008}{\sqrt{0,298}} \cdot Zfinanças_i - \frac{0,2201}{\sqrt{0,298}} \cdot Zcustos_i - \frac{0,0003}{\sqrt{0,298}} \cdot Zmarketing_i - \frac{0,5571}{\sqrt{0,298}} \cdot Zatuária_i$$

$$F_{4i} = \frac{0,2012}{\sqrt{0,183}} \cdot Zfinanças_i - \frac{0,7763}{\sqrt{0,183}} \cdot Zcustos_i + \frac{0,0425}{\sqrt{0,183}} \cdot Zmarketing_i + \frac{0,5959}{\sqrt{0,183}} \cdot Zatuária_i$$

de onde vem que:

$$F_{1i} = 0,355 \cdot Zfinanças_i + 0,371 \cdot Zcustos_i - 0,017 \cdot Zmarketing_i + 0,364 \cdot Zatuária_i$$

$$F_{2i} = 0,007 \cdot Zfinanças_i + 0,049 \cdot Zcustos_i + 0,999 \cdot Zmarketing_i - 0,010 \cdot Zatuária_i$$

$$F_{3i} = 1,468 \cdot Zfinanças_i - 0,403 \cdot Zcustos_i - 0,001 \cdot Zmarketing_i - 1,021 \cdot Zatuária_i$$

$$F_{4i} = 0,470 \cdot Zfinanças_i - 1,815 \cdot Zcustos_i + 0,099 \cdot Zmarketing_i + 1,394 \cdot Zatuária_i$$

Com base nas expressões dos fatores e nas variáveis padronizadas, podemos calcular os valores correspondentes a cada fator para cada observação. A Tabela 10.10 mostra esses resultados para parte do banco de dados.

Tabela 10.10 Cálculo dos fatores para cada observação.

Estudante	$Zfinanças_i$	$Zcustos_i$	$Zmarketing_i$	$Zatuária_i$	F_{1i}	F_{2i}	F_{3i}	F_{4i}
Gabriela	-0,011	-0,290	-1,650	0,273	0,016	-1,665	-0,176	0,739
Luiz Felipe	-0,876	-0,697	1,532	-1,319	-1,076	1,503	0,342	-0,831
Patrícia	-0,876	-0,290	-0,590	-0,523	-0,600	-0,603	-0,634	-0,672
Gustavo	1,334	1,337	0,825	1,069	1,346	0,887	0,327	-0,228
Letícia	-0,779	-1,104	-0,872	-0,841	-0,978	-0,922	0,161	0,379
Ovídio	1,334	2,150	-1,650	1,865	1,979	-1,553	-0,812	-0,841
Leonor	-0,267	0,116	0,825	-0,125	-0,111	0,829	-0,312	-0,429
Dalila	-0,139	0,523	0,118	0,273	0,242	0,139	-0,694	-0,623
Antônio	0,021	-0,290	-0,590	-0,523	-0,281	-0,597	0,682	-0,250
			...					
Estela	0,982	0,113	-1,297	1,069	0,802	-1,293	0,305	1,616
Média	**0,000**	**0,000**	**0,000**	**0,000**	**0,000**	**0,000**	**0,000**	**0,000**
Desvio-padrão	**1,000**	**1,000**	**1,000**	**1,000**	**1,000**	**1,000**	**1,000**	**1,000**

Para, por exemplo, a primeira observação da amostra (**Gabriela**), podemos verificar que:

$$F_{1Gabriela} = 0,355 \cdot (-0,011) + 0,371 \cdot (-0,290) - 0,017 \cdot (-1,650) + 0,364 \cdot (0,273) = 0,016$$

$$F_{2Gabriela} = 0,007 \cdot (-0,011) + 0,049 \cdot (-0,290) + 0,999 \cdot (-1,650) - 0,010 \cdot (0,273) = -1,665$$

$$F_{3Gabriela} = 1,468 \cdot (-0,011) - 0,403 \cdot (-0,290) - 0,001 \cdot (-1,650) - 1,021 \cdot (0,273) = -0,176$$

$$F_{4Gabriela} = 0,470 \cdot (-0,011) - 1,815 \cdot (-0,290) + 0,099 \cdot (-1,650) + 1,394 \cdot (0,273) = 0,739$$

Ressalta-se que todos os fatores extraídos apresentam, entre si, correlações de Pearson iguais a 0, ou seja, **são ortogonais entre si**.

Um pesquisador mais curioso poderá ainda verificar que os *scores* fatoriais correspondentes a cada fator são exatamente os parâmetros estimados de um modelo de regressão linear múltipla que apresenta, como variável dependente, o próprio fator, e como variáveis explicativas, as variáveis padronizadas.

Estabelecidos os fatores, podemos definir as cargas fatoriais, que correspondem aos coeficientes de correlação de Pearson entre as variáveis originais e cada um dos fatores. A Tabela 10.11 apresenta as cargas fatoriais para os dados do nosso exemplo.

Tabela 10.11 Cargas fatoriais (coeficientes de correlação de Pearson) entre variáveis e fatores.

Fator \ Variável	F_1	F_2	F_3	F_4
finanças	0,895	0,007	0,437	0,086
custos	0,934	0,049	-0,120	-0,332
marketing	-0,042	0,999	0,000	0,018
atuária	0,918	-0,010	-0,304	0,255

Para cada variável original, foi destacado na Tabela 10.11 o maior valor da carga fatorial. Logo, podemos verificar que, enquanto as variáveis *finanças*, *custos* e *atuária* apresentam maiores correlações com o primeiro fator, apenas a variável *marketing* apresenta maior correlação com o segundo fator. Isso comprova a necessidade de um segundo fator para que todas as variáveis compartilhem percentuais significativos de variância. Entretanto, o terceiro e quarto fatores apresentam correlações relativamente baixas com as variáveis originais, o que explica que os respectivos autovalores sejam menores que 1. Caso a variável *marketing* não tivesse sido inserida na análise, apenas o primeiro fator seria necessário para explicar o comportamento conjunto das demais variáveis, e os demais fatores também apresentariam respectivos autovalores menores que 1.

Logo, conforme discutimos na seção 10.2.4, podemos verificar que cargas fatoriais entre fatores correspondentes a autovalores menores que 1 são relativamente baixas, visto que já apresentaram correlações de Pearson mais elevadas com fatores extraídos anteriormente a partir de autovalores maiores.

Com base na expressão (10.30), podemos verificar que a somatória dos quadrados das cargas fatoriais em cada coluna da Tabela 10.11 será o respectivo autovalor que, conforme discutimos, pode ser entendido como o percentual de variância compartilhada pelas quatro variáveis originais para a formação de cada fator. Logo, temos que:

$$(0,895)^2 + (0,934)^2 + (-0,042)^2 + (0,918)^2 = 2,519$$

$$(0,007)^2 + (0,049)^2 + (0,999)^2 + (-0,010)^2 = 1,000$$

$$(0,437)^2 + (-0,120)^2 + (0,000)^2 + (-0,304)^2 = 0,298$$

$$(0,086)^2 + (-0,332)^2 + (0,018)^2 + (0,255)^2 = 0,183$$

de onde podemos comprovar que o segundo autovalor somente atingiu o valor 1 por conta da alta carga fatorial existente para a variável *marketing*.

Além disso, a partir das cargas fatoriais apresentadas na Tabela 10.11, podemos também calcular as comunalidades que representam a variância total compartilhada de cada variável em todos os fatores extraídos a partir de autovalores maiores que 1. Logo, podemos escrever, com base na expressão (10.29), que:

$$\text{comunalidade}_{finanças} = (0,895)^2 + (0,007)^2 = 0,802$$

$$\text{comunalidade}_{custos} = (0,934)^2 + (0,049)^2 = 0,875$$

$$\text{comunalidade}_{marketing} = (-0,042)^2 + (0,999)^2 = 1,000$$

$$\text{comunalidade}_{atuária} = (0,918)^2 + (-0,010)^2 = 0,843$$

Logo, embora a variável *marketing* seja a única que apresenta carga fatorial elevada com o segundo fator, é a variável em que menor percentual de variância é perdido para a formação dos dois fatores. Por outro lado, a variável *finanças* é a que apresenta maior perda de variância para a formação desses dois fatores (cerca de 19,8%). Se tivéssemos considerado as cargas fatoriais dos quatro fatores, obviamente todas as comunalidades seriam iguais a 1.

Conforme discutimos na seção 10.2.4, pode-se verificar que as cargas fatoriais são exatamente os parâmetros estimados de um modelo de regressão linear múltipla, que apresenta, como variável dependente, determinada variável padronizada e, como variáveis explicativas, os próprios fatores, sendo o coeficiente de ajuste R^2 de cada modelo igual à comunalidade da respectiva variável original.

Para os dois primeiros fatores, portanto, podemos elaborar um gráfico em que são plotadas as cargas fatoriais de cada variável em cada um dos eixos ortogonais que representam, respectivamente, os fatores F_1 e F_2. Esse gráfico, conhecido por *loading plot*, encontra-se na Figura 10.8.

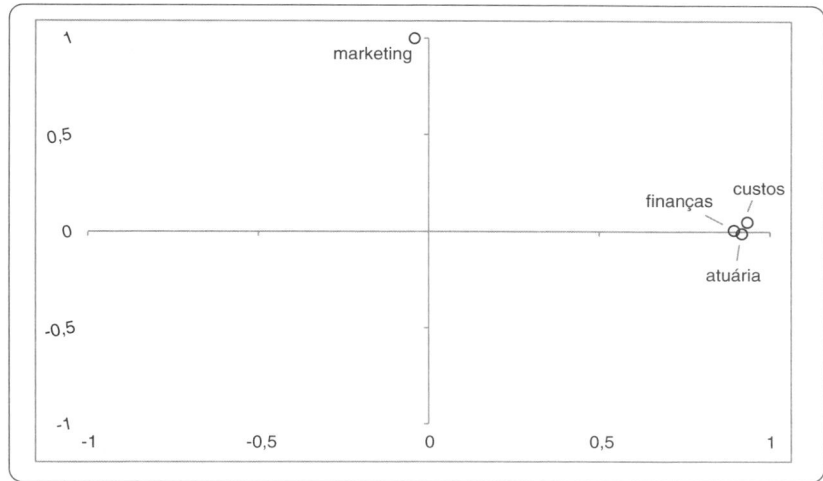

Figura 10.8 *Loading plot.*

Por meio da análise do *loading plot*, fica claro o comportamento das correlações. Enquanto as variáveis *finanças*, *custos* e *atuária* apresentam elevada correlação com o primeiro fator (eixo das abscissas), a variável *marketing* apresenta forte correlação com o segundo fator (eixo das ordenadas). Um pesquisador mais curioso poderá investigar as razões por que ocorre esse fenômeno, visto que, por vezes, enquanto as disciplinas Finanças, Custos e Atuária são ministradas de forma mais quantitativa, a disciplina Marketing pode ser ministrada com apelo mais qualitativo e comportamental. É importante mencionar, contudo, que a definição de fatores não obriga o pesquisador a nomeá-los, já que frequentemente não é tarefa simples. **A análise fatorial não tem, como um de seus objetivos, a nomeação de fatores**, e, caso haja a intenção de fazê-lo, é necessário que o pesquisador tenha profundo conhecimento sobre o fenômeno em estudo, e **técnicas confirmatórias** podem auxiliá-lo nessa empreitada.

Podemos considerar, neste momento, encerrada a elaboração da análise fatorial por componentes principais. Entretanto, conforme discutimos na seção 10.2.5, caso o pesquisador deseje obter melhor visualização das variáveis mais representadas por determinado fator, pode elaborar uma rotação por meio do método ortogonal Varimax, que maximiza as cargas de cada variável em determinado fator. Como, em nosso exemplo, já temos uma excelente ideia das variáveis com altas cargas em cada fator, sendo o *loading plot* (Figura 10.8) já bastante claro, a rotação pode ser considerada desnecessária. Será elaborada, portanto, apenas para efeitos didáticos, visto que, por vezes, o pesquisador pode se deparar com situações em que tal fenômeno não se apresente de forma tão clara.

Logo, com base nas cargas fatoriais para os dois primeiros fatores (duas primeiras colunas da Tabela 10.11), obteremos as cargas fatoriais rotacionadas c' após a rotação dos dois fatores por um ângulo θ. Sendo assim, com base na expressão (10.35), podemos escrever que:

$$\begin{pmatrix} 0,895 & 0,007 \\ 0,934 & 0,049 \\ -0,042 & 0,999 \\ 0,918 & -0,010 \end{pmatrix} \cdot \begin{pmatrix} \cos\theta & -\operatorname{sen}\theta \\ \operatorname{sen}\theta & \cos\theta \end{pmatrix} = \begin{pmatrix} c'_{11} & c'_{12} \\ c'_{21} & c'_{22} \\ \vdots & \vdots \\ c'_{k1} & c'_{k2} \end{pmatrix}$$

em que o ângulo de rotação no sentido anti-horário θ é obtido a partir da expressão (10.36). Antes, entretanto, devemos determinar os valores dos termos A, B, C e D presentes nas expressões (10.37) a (10.40). A construção das Tabelas 10.12 a 10.15 nos auxilia para essa finalidade.

Tabela 10.12 Obtenção do termo A para cálculo do ângulo de rotação θ.

Variável	c_1	c_2	comunalidade	$\left(\dfrac{c_{1l}^2}{\text{comunalidade}_l} - \dfrac{c_{2l}^2}{\text{comunalidade}_l}\right)$
finanças	0,895	0,007	0,802	1,000
custos	0,934	0,049	0,875	0,995
marketing	-0,042	0,999	1,000	-0,996
atuária	0,918	-0,010	0,843	1,000
			A (soma)	1,998

Tabela 10.13 Obtenção do termo B para cálculo do ângulo de rotação θ.

Variável	c_1	c_2	comunalidade	$\left(2 \cdot \dfrac{c_{1l} \cdot c_{2l}}{\text{comunalidade}_l}\right)$
finanças	0,895	0,007	0,802	0,015
custos	0,934	0,049	0,875	0,104
marketing	-0,042	0,999	1,000	-0,085
atuária	0,918	-0,010	0,843	-0,022
			B (soma)	0,012

Tabela 10.14 Obtenção do termo C para cálculo do ângulo de rotação θ.

Variável	c_1	c_2	comunalidade	$\left(\dfrac{c_{1l}^2}{\text{comunalidade}_l} - \dfrac{c_{2l}^2}{\text{comunalidade}_l}\right)^2 - \left(2 \cdot \dfrac{c_{1l} \cdot c_{2l}}{\text{comunalidade}_l}\right)^2$
finanças	0,895	0,007	0,802	1,000
custos	0,934	0,049	0,875	0,978
marketing	-0,042	0,999	1,000	0,986
atuária	0,918	-0,010	0,843	0,999
			C (soma)	3,963

Tabela 10.15 Obtenção do termo D para cálculo do ângulo de rotação θ.

Variável	c_1	c_2	comunalidade	$\left(\dfrac{c_{1l}^2}{\text{comunalidade}_l} - \dfrac{c_{2l}^2}{\text{comunalidade}_l}\right) \cdot \left(2 \cdot \dfrac{c_{1l} \cdot c_{2l}}{\text{comunalidade}_l}\right)$
finanças	0,895	0,007	0,802	0,015
custos	0,934	0,049	0,875	0,103
marketing	-0,042	0,999	1,000	0,084
atuária	0,918	-0,010	0,843	-0,022
			D (soma)	0,181

Logo, levando em consideração as $k = 4$ variáveis, e com base na expressão (10.36), podemos calcular o ângulo de rotação no sentido anti-horário θ da seguinte forma:

$$\theta = 0,25 \cdot \arctan\left[\frac{2 \cdot (D \cdot k - A \cdot B)}{C \cdot k - (A^2 - B^2)}\right] = 0,25 \cdot \arctan\left\{\frac{2 \cdot [(0,181) \cdot 4 - (1,998) \cdot (0,012)]}{(3,9636) \cdot 4 - [(1,998)^2 - (0,012)^2]}\right\} = 0,029 \, \text{rad}$$

E, por fim, podemos calcular as cargas fatoriais rotacionadas:

$$\begin{pmatrix} 0,895 & 0,007 \\ 0,934 & 0,049 \\ -0,042 & 0,999 \\ 0,918 & -0,010 \end{pmatrix} \cdot \begin{pmatrix} \cos 0,029 & -\text{sen} 0,029 \\ \text{sen} 0,029 & \cos 0,029 \end{pmatrix} = \begin{pmatrix} c'_{11} & c'_{12} \\ c'_{21} & c'_{22} \\ c'_{31} & c'_{32} \\ c'_{41} & c'_{42} \end{pmatrix} = \begin{pmatrix} 0,895 & -0,019 \\ 0,935 & 0,021 \\ -0,013 & 1,000 \\ 0,917 & -0,037 \end{pmatrix}$$

A Tabela 10.16 apresenta, de forma consolidada, as cargas fatoriais rotacionadas pelo método Varimax para os dados de nosso exemplo.

Tabela 10.16 Cargas fatoriais rotacionadas pelo método Varimax.

Fator Variável	F'_1	F'_2
finanças	0,895	-0,019
custos	0,935	0,021
marketing	-0,013	1,000
atuária	0,917	-0,037

Conforme já mencionamos, embora os resultados sem a rotação já demonstrassem quais variáveis apresentavam elevadas cargas em cada fator, a rotação acabou por distribuir, ainda que levemente para os dados do nosso exemplo, as cargas das variáveis em cada um dos fatores rotacionados. Um novo *loading plot* (agora com cargas rotacionadas) também pode demonstrar essa situação (Figura 10.9).

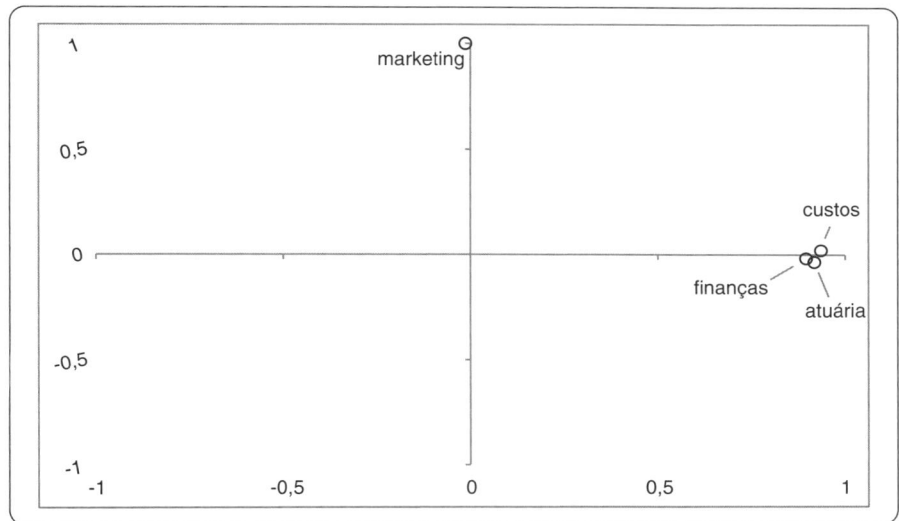

Figura 10.9 *Loading plot* com cargas rotacionadas.

Embora os gráficos das Figuras 10.8 e 10.9 sejam muito parecidos, visto que o ângulo de rotação θ é bastante pequeno neste exemplo, é comum que o pesquisador encontre situações em que a rotação irá contribuir consideravelmente para a elaboração de uma leitura mais fácil das cargas, o que pode, consequentemente, simplificar a interpretação dos fatores.

É importante frisarmos que a rotação não altera as comunalidades, ou seja, a expressão (10.31) pode ser verificada:

$$\text{comunalidade}_{finanças} = (0,895)^2 + (-0,019)^2 = 0,802$$

$$\text{comunalidade}_{custos} = (0,935)^2 + (0,021)^2 = 0,875$$

$$\text{comunalidade}_{marketing} = (-0,013)^2 + (1,000)^2 = 1,000$$

$$\text{comunalidade}_{atuária} = (0,917)^2 + (-0,037)^2 = 0,843$$

Entretanto, a rotação altera os autovalores correspondentes a cada fator. Sendo assim, temos, para os dois fatores rotacionados, que:

$$(0,895)^2 + (0,935)^2 + (-0,013)^2 + (0,917)^2 = \lambda'^2_1 = 2,518$$

$$(-0,019)^2 + (0,021)^2 + (1,000)^2 + (-0,037)^2 = \lambda'^2_2 = 1,002$$

A Tabela 10.17 apresenta, com base nos novos autovalores λ'^2_1 e λ'^2_2, os percentuais de variância compartilhada pelas variáveis originais para a formação dos dois fatores rotacionados.

Tabela 10.17 Variância compartilhada pelas variáveis originais
para a formação dos dois fatores rotacionados.

Fator	Autovalor λ'^2	Variância compartilhada (%)	Variância compartilhada acumulada (%)
1	2,518	$\left(\dfrac{2,518}{4}\right) \cdot 100 = 62,942$	62,942
2	1,002	$\left(\dfrac{1,002}{4}\right) \cdot 100 = 25,043$	87,985

Em comparação à Tabela 10.9, podemos perceber que, embora não haja alteração do compartilhamento de 87,985% da variância total das variáveis originais para a formação dos fatores rotacionados, a rotação redistribui a variância compartilhada pelas variáveis em cada fator.

Conforme discutimos, as cargas fatoriais correspondem aos parâmetros estimados de um modelo de regressão linear múltipla que apresenta, como variável dependente, determinada variável padronizada e, como variáveis explicativas, os próprios fatores. Dessa forma, podemos, por meio de operações algébricas, chegar às expressões dos *scores* fatoriais a partir das cargas, visto que eles representam parâmetros estimados dos respectivos modelos de regressão que têm, como variável dependente, os fatores e, como variáveis explicativas, as variáveis padronizadas. Logo, chegamos, a partir das cargas fatoriais rotacionadas (Tabela 10.16), às seguintes expressões dos fatores rotacionados F'_1 e F'_2.

$$F'_{1i} = 0,355 \cdot Zfinanças_i + 0,372 \cdot Zcustos_i + 0,012 \cdot Zmarketing_i + 0,364 \cdot Zatuária_i$$

$$F'_{2i} = -0,004 \cdot Zfinanças_i + 0,038 \cdot Zcustos_i + 0,999 \cdot Zmarketing_i - 0,021 \cdot Zatuária_i$$

Por fim, o professor deseja criar um *ranking* de desempenho escolar de seus alunos. Como os dois fatores rotacionados, F'_1 e F'_2, são formados pelos maiores percentuais de variância compartilhada pelas variáveis originais (no caso, 62,942% e 25,043% da variância total, respectivamente, conforme mostra a Tabela 10.17) e correspondem a autovalores maiores que 1, serão utilizados para que seja elaborado o desejado *ranking* de desempenho escolar.

Um critério bastante aceito e utilizado para a formação de *rankings* a partir de fatores é conhecido como **critério da soma ponderada e ordenamento**, em que são somados, para cada observação, os valores obtidos de todos os fatores (que possuem autovalores maiores que 1) ponderados pelos respectivos percentuais de variância compartilhada, com o subsequente ordenamento das observações com base nos resultados obtidos. Esse critério é bastante aceito por considerar o desempenho em todas as variáveis originais, visto que a consideração apenas do primeiro fator (**critério do fator principal**) pode não levar em conta, por exemplo, o desempenho positivo obtido em determinada variável que eventualmente compartilhe um considerável percentual de variância com o segundo fator. A Tabela 10.18 mostra, para 10 alunos escolhidos na amostra, o resultado do *ranking* de desempenho escolar resultante do ordenamento elaborado após a soma dos valores obtidos dos fatores ponderados pelos respectivos percentuais de variância compartilhada.

O *ranking* completo pode ser acessado no arquivo **NotasFatorialRanking.xls**.

É de fundamental importância ressaltar que a criação de *rankings* de desempenho a partir de variáveis originais é um procedimento considerado **estático**, visto que a inclusão de novas observações ou variáveis pode alterar os *scores* fatoriais, o que torna obrigatória a elaboração de uma nova análise fatorial. A própria evolução temporal dos fenômenos representados pelas variáveis pode alterar a matriz de correlações, o que torna necessária a reaplicação da técnica para que sejam gerados novos fatores obtidos a partir de *scores* mais precisos e atualizados. Aqui cabe, portanto, uma crítica a indicadores socioeconômicos que utilizam *scores* estáticos previamente estabelecidos para cada variável no cálculo do fator a ser utilizado para a definição do *ranking* em situações em que novas observações sejam constantemente incluídas; mais que isso, em situações em que haja a evolução temporal, que altera a matriz de correlações das variáveis originais em cada período.

Tabela 10.18 *Ranking* de desempenho escolar pelo critério da soma ponderada e ordenamento.

Estudante	*Zfinanças$_i$*	*Zcustos$_i$*	*Zmarketing$_i$*	*Zatuária$_i$*	*F$_{1i}$*	*F$_{2i}$*	($F_{1i} \cdot$ **0,62942**) + ($F_{2i} \cdot$ **0,25043**)	*Ranking*
Adelino	1,30	2,15	1,53	1,86	1,959	1,568	1,626	1
Renata	0,60	2,15	1,53	1,86	1,709	1,570	1,469	2
				...				
Ovídio	1,33	2,15	-1,65	1,86	1,932	-1,611	0,813	13
Kamal	1,33	2,07	-1,65	1,86	1,902	-1,614	0,793	14
				...				
Itamar	-1,29	-0,55	1,53	-1,04	-1,022	1,536	-0,259	57
Luiz Felipe	-0,88	-0,70	1,53	-1,32	-1,032	1,535	-0,265	58
				...				
Gabriela	-0,01	-0,29	-1,65	0,27	-0,032	-1,665	-0,437	73
Marina	0,50	-0,50	-0,94	-1,16	-0,443	-0,939	-0,514	74
				...				
Viviane	-1,64	-1,16	-1,01	-1,00	-1,390	-1,029	-1,133	99
Gilmar	-1,52	-1,16	-1,40	-1,44	-1,512	-1,409	-1,304	100

Vale comentar que os fatores extraídos são variáveis quantitativas e, portanto, a partir deles, podem ser elaboradas outras técnicas multivariadas exploratórias, como análise de agrupamentos, dependendo dos objetivos do pesquisador. Além disso, cada fator também pode ser transformado em uma variável qualitativa, por meio, por exemplo, de sua categorização em faixas estabelecidas com base em determinado critério e, a partir de então, ser elaborada uma análise de correspondência, a fim de avaliar uma eventual associação entre as categorias criadas e as categorias de outras variáveis qualitativas, conforme estudaremos no próximo capítulo.

Os fatores podem também ser utilizados como variáveis explicativas de determinado fenômeno em modelos multivariados confirmatórios como, por exemplo, modelos de regressão múltipla, visto que a ortogonalidade elimina problemas de multicolinearidade. Por outro lado, tal procedimento somente faz sentido quando há o intuito de um diagnóstico acerca do comportamento da variável dependente, sem a intenção de previsões. Como novas observações não apresentam os correspondentes valores dos fatores gerados, sua obtenção somente é possível ao se incluírem tais observações em nova análise fatorial, a fim de se obterem novos *scores* fatoriais, já que se trata de uma técnica exploratória.

Além disso, uma variável qualitativa obtida por meio da categorização em faixas de determinado fator também pode ser inserida como variável dependente de um modelo de regressão logística multinomial, permitindo que o pesquisador avalie as probabilidades que cada observação tem de pertencer a cada faixa, em função do comportamento de outras variáveis explicativas não inicialmente consideradas na análise fatorial. Ressaltamos, da mesma forma, que esse procedimento apresenta caráter de diagnóstico do comportamento das variáveis na amostra para as observações existentes, sem finalidade preditiva.

Na sequência, esse mesmo exemplo será elaborado nos softwares SPSS, Stata, R e Python. Enquanto na seção 10.3 serão apresentados os procedimentos para elaboração da análise fatorial por componentes principais no SPSS, assim como seus resultados, na seção 10.4 serão apresentados os comandos para a elaboração da técnica no Stata, com respectivos *outputs*. As seções 10.5 e 10.6 são destinadas à apresentação dos códigos comentados em R e Python, respectivamente, para a elaboração dos procedimentos referentes à análise fatorial por componentes principais estudados neste capítulo.

10.3. ANÁLISE FATORIAL POR COMPONENTES PRINCIPAIS NO SOFTWARE SPSS

Nesta seção, apresentaremos o passo a passo para a elaboração do nosso exemplo no IBM SPSS Statistics Software®. Seguindo a lógica proposta no livro, o principal objetivo é propiciar ao pesquisador uma oportunidade de elaborar a análise fatorial por componentes principais neste software, dada sua facilidade de manuseio e a didática das operações. A cada apresentação de um *output*, faremos menção ao respectivo resultado obtido quando da solução algébrica da técnica na seção anterior, a fim de que o pesquisador possa compará-los e formar seu conhecimento e erudição sobre o tema. A reprodução das imagens nesta seção tem autorização da International Business Machines Corporation©.

Voltando ao exemplo apresentado na seção 10.2.6, lembremos que o professor tem interesse em elaborar um *ranking* de desempenho escolar de seus alunos com base no comportamento conjunto das notas finais de quatro disciplinas. Os dados encontram-se no arquivo **NotasFatorial.sav** e são exatamente iguais aos apresentados parcialmente na Tabela 10.5 da seção 10.2.6.

Para que seja elaborada, portanto, a análise fatorial, vamos clicar em **Analyze → Dimension Reduction → Factor...** Uma caixa de diálogo como a apresentada na Figura 10.10 será aberta.

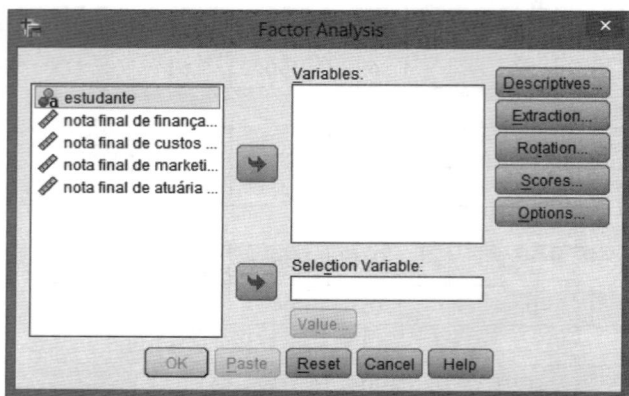

Figura 10.10 Caixa de diálogo para elaboração da análise fatorial no SPSS.

Na sequência, devemos inserir as variáveis originais *finanças*, *custos*, *marketing* e *atuária* em **Variables**, conforme mostra a Figura 10.11.

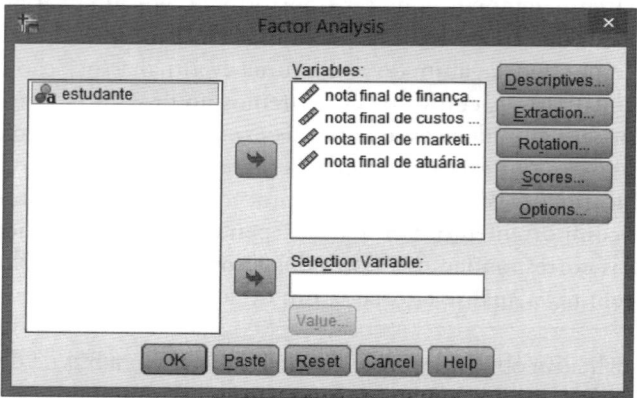

Figura 10.11 Seleção das variáveis originais.

Ao contrário do discutido no capítulo anterior, quando da elaboração da análise de agrupamentos, é importante mencionar que o pesquisador não precisa se preocupar com a padronização *Zscores* das variáveis originais para a elaboração da análise fatorial, visto que as correlações entre variáveis originais ou entre suas correspondentes variáveis padronizadas são exatamente as mesmas. Mesmo assim, **caso o pesquisador opte por padronizar cada uma das variáveis, irá perceber que os *outputs* serão exatamente os mesmos**.

No botão **Descriptives...**, marcaremos primeiramente a opção **Initial solution** em **Statistics**, que faz com que sejam apresentados nos *outputs* todos os autovalores da matriz de correlações, mesmo os menores que 1. Além disso, vamos também selecionar as opções **Coefficients**, **Determinant** e **KMO and Bartlett's test of sphericity** em **Correlation Matrix**, conforme mostra a Figura 10.12.

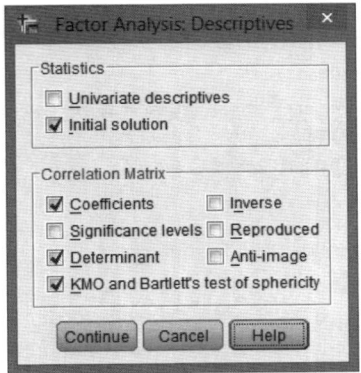

Figura 10.12 Seleção das opções iniciais para elaboração da análise fatorial.

Ao clicarmos em **Continue**, voltaremos para a caixa de diálogo principal da análise fatorial. Na sequência, devemos clicar no botão **Extraction...** Conforme mostra a Figura 10.13, iremos manter selecionadas as opções referentes ao método de extração dos fatores (**Method: Principal components**) e ao critério de escolha da quantidade de fatores. Nesse caso, conforme discutimos na seção 10.2.3, serão levados em consideração apenas os fatores correspondentes a autovalores maiores que 1 (critério da raiz latente ou critério de Kaiser), e, portanto, devemos manter selecionada a opção **Based on Eigenvalue → Eigenvalues greater than: 1** em **Extract**. Além disso, vamos também manter selecionadas as opções **Unrotated factor solution**, em **Display**, e **Correlation matrix**, em **Analyze**.

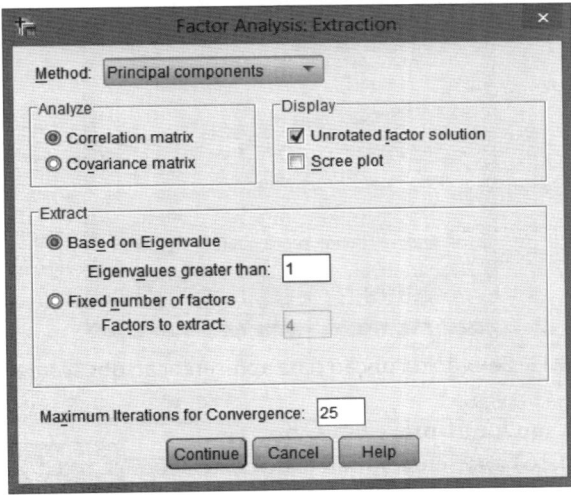

Figura 10.13 Escolha do método de extração dos fatores e do critério para determinação da quantidade de fatores.

Da mesma forma, vamos clicar em **Continue** para que retornemos à caixa de diálogo principal da análise fatorial. Em **Rotation...**, vamos, por enquanto, selecionar a opção **Loading plot(s)** em **Display**, mantendo ainda selecionada a opção **None** em **Method**, conforme mostra a Figura 10.14.

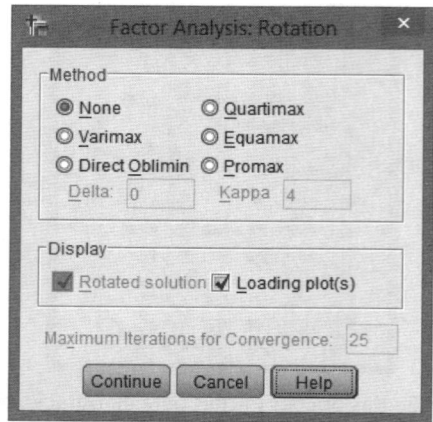

Figura 10.14 Caixa de diálogo para seleção do método de rotação e do *loading plot*.

A opção pela extração de fatores ainda não rotacionados neste momento é didática, visto que os *outputs* gerados poderão ser comparados com os obtidos algebricamente na seção 10.2.6. O pesquisador já pode, entretanto, optar por extrair fatores rotacionados já nesta oportunidade.

Após clicarmos em **Continue**, podemos selecionar o botão **Scores...** na caixa de diálogo principal da técnica. Neste momento, selecionaremos apenas a opção **Display factor score coefficient matrix**, conforme mostra a Figura 10.15, que faz com que sejam apresentados, nos *outputs*, os *scores* fatoriais correspondentes a cada fator extraído.

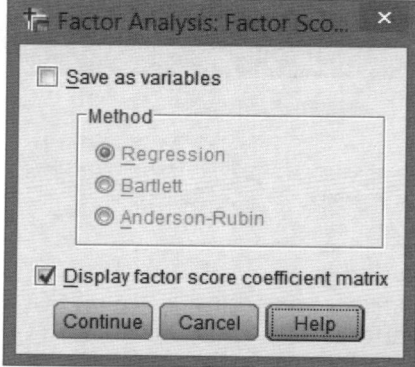

Figura 10.15 Seleção da opção para apresentação dos *scores* fatoriais.

Na sequência, podemos clicar em **Continue** e em **OK**.

O primeiro *output* (Figura 10.16) apresenta a matriz de correlações ρ, igual à da Tabela 10.6 da seção 10.2.6, por meio da qual podemos verificar que a variável *marketing* é a única que apresenta baixos coeficientes de correlação de Pearson com todas as demais variáveis. Conforme discutimos, é um primeiro indício de que as variáveis *finanças*, *custos* e *atuária* podem ser correlacionadas com determinado fator, enquanto a variável *marketing* pode se correlacionar fortemente com outro.

Correlation Matrix[a]

		nota final de finanças (0 a 10)	nota final de custos (0 a 10)	nota final de marketing (0 a 10)	nota final de atuária (0 a 10)
Correlation	nota final de finanças (0 a 10)	1,000	,756	-,030	,711
	nota final de custos (0 a 10)	,756	1,000	,003	,809
	nota final de marketing (0 a 10)	-,030	,003	1,000	-,044
	nota final de atuária (0 a 10)	,711	,809	-,044	1,000

a. Determinant = ,137

Figura 10.16 Coeficientes de correlação de Pearson.

Podemos também verificar que o *output* da Figura 10.16 ainda traz o valor do determinante da matriz de correlações ρ, utilizado para o cálculo da estatística $\chi^2_{Bartlett}$, conforme discutimos quando da apresentação da expressão (10.9).

A fim de estudarmos a adequação global da análise fatorial, vamos analisar os *outputs* da Figura 10.17, que apresenta os resultados dos cálculos correspondentes à estatística KMO e $\chi^2_{Bartlett}$. Enquanto a primeira indica, com base no critério apresentado no Quadro 10.1, que a adequação global da análise fatorial é considerada **média** (KMO = 0,737), a estatística $\chi^2_{Bartlett}$ = 192,335 (*Sig.* $\chi^2_{Bartlett}$ < 0,05 para 6 graus de liberdade) permite-nos rejeitar, ao nível de significância de 5% e com base nas hipóteses do teste de esfericidade de Bartlett, que a matriz de correlações ρ seja estatisticamente igual à matriz identidade **I** de mesma dimensão. Logo, podemos concluir que a análise fatorial é apropriada.

KMO and Bartlett's Test

Kaiser-Meyer-Olkin Measure of Sampling Adequacy.		,737
Bartlett's Test of Sphericity	Approx. Chi-Square	192,335
	df	6
	Sig.	,000

Figura 10.17 Resultados da estatística KMO e do teste de esfericidade de Bartlett.

Os valores das estatísticas KMO e $\chi^2_{Bartlett}$ são calculados, respectivamente, por meio das expressões (10.3) e (10.9) apresentadas na seção 10.2.2, e são exatamente iguais aos obtidos algebricamente na seção 10.2.6.

Na sequência, a Figura 10.18 apresenta os quatro autovalores da matriz de correlações ρ correspondentes a cada um dos fatores extraídos inicialmente, com os respectivos percentuais de variância compartilhada pelas variáveis originais.

Total Variance Explained

Component	Initial Eigenvalues			Extraction Sums of Squared Loadings		
	Total	% of Variance	Cumulative %	Total	% of Variance	Cumulative %
1	2,519	62,975	62,975	2,519	62,975	62,975
2	1,000	25,010	87,985	1,000	25,010	87,985
3	,298	7,444	95,428			
4	,183	4,572	100,000			

Extraction Method: Principal Component Analysis.

Figura 10.18 Autovalores e variância compartilhada pelas variáveis originais para a formação de cada fator.

Note que os autovalores são exatamente iguais aos obtidos algebricamente na seção 10.2.6, de modo que:

$$\lambda^2_1 + \lambda^2_2 + ... + \lambda^2_k = 2,519 + 1,000 + 0,298 + 0,183 = 4$$

Como consideraremos na análise apenas os fatores cujos autovalores sejam maiores que 1, a parte direita da Figura 10.18 mostra o percentual de variância compartilhada pelas variáveis originais para a formação apenas desses fatores. Logo, de forma análoga ao apresentado na Tabela 10.9, podemos afirmar que, enquanto 62,975% da variância total são compartilhados para a formação do primeiro fator, 25,010% são compartilhados para a formação do segundo. Portanto, para a formação desses dois fatores, a perda total de variância das variáveis originais é igual a 12,015%.

Extraídos dois fatores, a Figura 10.19 apresenta os *scores* fatoriais correspondentes a cada uma das variáveis padronizadas para cada um desses fatores.

Component Score Coefficient Matrix

	Component	
	1	2
nota final de finanças (0 a 10)	,355	,007
nota final de custos (0 a 10)	,371	,049
nota final de marketing (0 a 10)	-,017	,999
nota final de atuária (0 a 10)	,364	-,010

Extraction Method: Principal Component
Analysis.

Figura 10.19 *Scores* fatoriais.

Dessa forma, temos condições de escrever as expressões dos fatores F_1 e F_2 conforme segue:

$$F_{1i} = 0,355 \cdot Zfinanças_i + 0,371 \cdot Zcustos_i - 0,017 \cdot Zmarketing_i + 0,364 \cdot Zatuária_i$$

$$F_{2i} = 0,007 \cdot Zfinanças_i + 0,049 \cdot Zcustos_i + 0,999 \cdot Zmarketing_i - 0,010 \cdot Zatuária_i$$

Note que as expressões são idênticas às obtidas na seção 10.2.6 a partir da definição algébrica dos *scores* fatoriais não rotacionados.

A Figura 10.20 apresenta as cargas fatoriais, que correspondem aos coeficientes de correlação de Pearson entre as variáveis originais e cada um dos fatores. Os valores presentes na Figura 10.20 são iguais aos apresentados nas duas primeiras colunas da Tabela 10.11.

Component Matrix[a]

	Component	
	1	2
nota final de finanças (0 a 10)	,895	,007
nota final de custos (0 a 10)	,934	,049
nota final de marketing (0 a 10)	-,042	,999
nota final de atuária (0 a 10)	,918	-,010

Extraction Method: Principal Component
Analysis.

a. 2 components extracted.

Figura 10.20 Cargas fatoriais.

Em destaque para cada variável está a maior carga fatorial, e, portanto, podemos verificar que, enquanto as variáveis *finanças*, *custos* e *atuária* apresentam maiores correlações com o primeiro fator, apenas a variável *marketing* apresenta maior correlação com o segundo fator.

Conforme também discutimos na seção 10.2.6, a somatória dos quadrados das cargas fatoriais em coluna resulta no autovalor do correspondente fator, ou seja, representa o percentual de variância compartilhada pelas quatro variáveis originais para a formação de cada fator. Sendo assim, podemos verificar que:

$$(0,895)^2 + (0,934)^2 + (-0,042)^2 + (0,918)^2 = 2,519$$

$$(0,007)^2 + (0,049)^2 + (0,999)^2 + (-0,010)^2 = 1,000$$

Por outro lado, a somatória dos quadrados das cargas fatoriais em linha resulta na comunalidade da respectiva variável, ou seja, representa o percentual de variância compartilhada de cada variável original nos dois fatores extraídos. Nesse sentido, podemos também verificar que:

$$comunalidade_{finanças} = (0,895)^2 + (0,007)^2 = 0,802$$

$$comunalidade_{custos} = (0,934)^2 + (0,049)^2 = 0,875$$

$$comunalidade_{marketing} = (-0,042)^2 + (0,999)^2 = 1,000$$

$$comunalidade_{atuária} = (0,918)^2 + (-0,010)^2 = 0,843$$

Nos *outputs* do SPSS também é apresentada a tabela de comunalidades, conforme mostra a Figura 10.21.

Communalities

	Initial	Extraction
nota final de finanças (0 a 10)	1,000	,802
nota final de custos (0 a 10)	1,000	,875
nota final de marketing (0 a 10)	1,000	1,000
nota final de atuária (0 a 10)	1,000	,843

Extraction Method: Principal Component Analysis.

Figura 10.21 Comunalidades.

O *loading plot*, que apresenta a posição relativa de cada variável em cada fator, com base nas respectivas cargas fatoriais, também é apresentado nos *outputs*, conforme mostra a Figura 10.22 (equivalente à Figura 10.8 da seção 10.2.6), em que o eixo das abscissas representa o fator F_1, e o das ordenadas, o fator F_2.

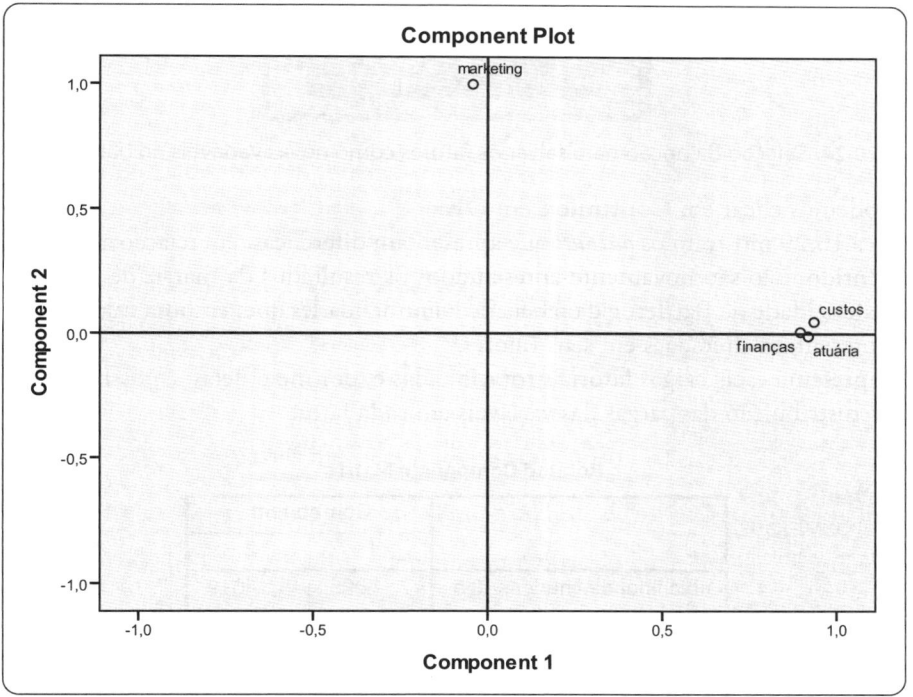

Figura 10.22 *Loading plot.*

Embora seja bastante clara a posição relativa das variáveis em cada eixo, ou seja, as magnitudes das correlações entre cada uma delas e cada fator, para efeitos didáticos optamos por elaborar a rotação dos eixos, que, por vezes, pode facilitar a interpretação dos fatores por propiciar melhor distribuição das cargas fatoriais das variáveis em cada fator.

Assim, vamos novamente clicar em **Analyze → Dimension Reduction → Factor...** e, no botão **Rotation...**, selecionar a opção **Varimax**, conforme mostra a Figura 10.23.

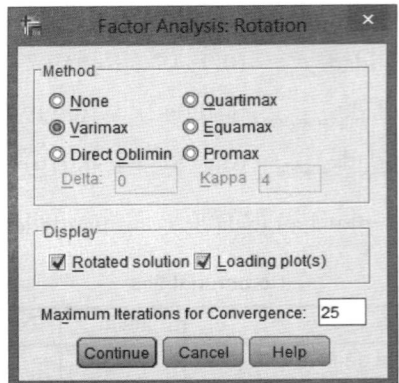

Figura 10.23 Seleção do método de rotação ortogonal Varimax.

Ao clicarmos em **Continue**, retornaremos à caixa de diálogo principal da análise fatorial. No botão **Scores...**, vamos agora selecionar a opção **Save as variables**, conforme mostra a Figura 10.24, a fim de que os fatores gerados, agora rotacionados, sejam disponibilizados no banco de dados como novas variáveis. A partir desses fatores, será elaborado o *ranking* de desempenho escolar dos alunos.

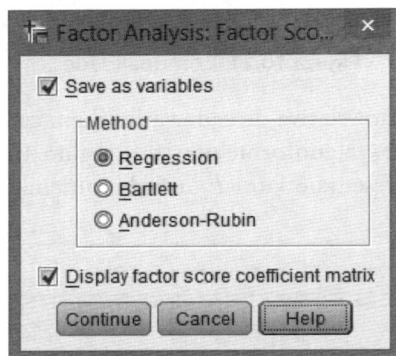

Figura 10.24 Seleção da opção para salvar os fatores como novas variáveis no banco de dados.

Na sequência, podemos clicar em **Continue** e em **OK**.

As Figuras 10.25 a 10.29 mostram os *outputs* que apresentam diferenças, em relação aos anteriores, decorrentes da rotação. Nesse sentido, não são novamente apresentados os resultados da matriz de correlações, da estatística KMO, do teste de esfericidade de Bartlett e da tabela de comunalidades que, embora calculadas a partir das cargas rotacionadas, não apresentam alterações em seus valores.

A Figura 10.25 apresenta estas cargas fatoriais rotacionadas e, por meio delas, é possível verificar, ainda que de forma tênue, certa redistribuição das cargas das variáveis em cada fator.

Rotated Component Matrix[a]

	Component	
	1	2
nota final de finanças (0 a 10)	,895	-,019
nota final de custos (0 a 10)	,935	,021
nota final de marketing (0 a 10)	-,013	1,000
nota final de atuária (0 a 10)	,917	-,037

Extraction Method: Principal Component Analysis.
Rotation Method: Varimax with Kaiser Normalization.
a. Rotation converged in 3 iterations.

Figura 10.25 Cargas fatoriais rotacionadas pelo método Varimax.

Note que as cargas fatoriais rotacionadas da Figura 10.25 são exatamente iguais às obtidas algebricamente na seção 10.2.6, a partir das expressões (10.35) a (10.40), e apresentadas na Tabela 10.16.

O novo *loading plot*, construído a partir das cargas fatoriais rotacionadas e equivalente à Figura 10.9, encontra-se na Figura 10.26.

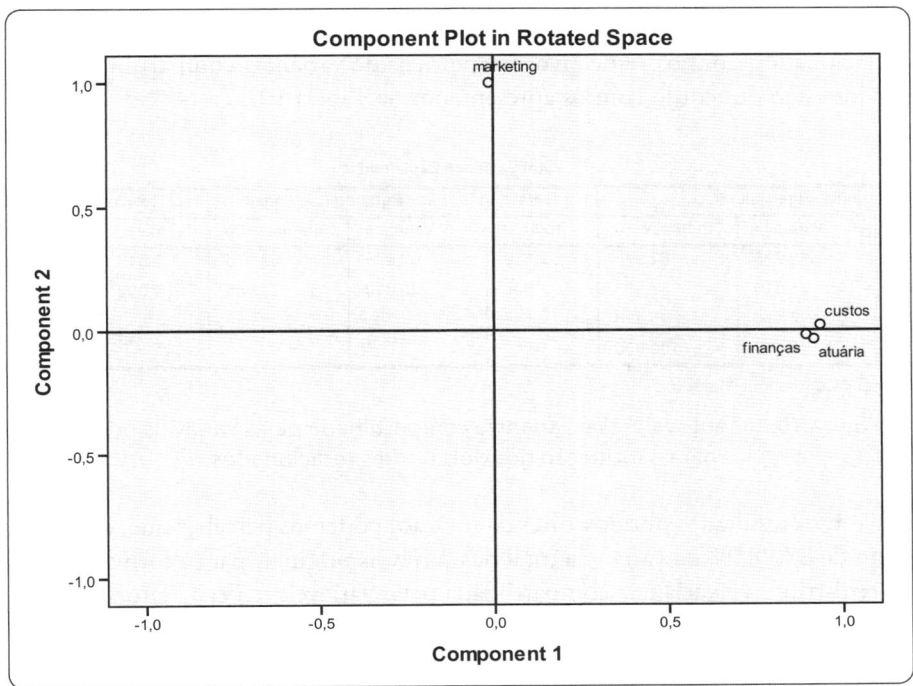

Figura 10.26 *Loading plot* com cargas rotacionadas.

O ângulo de rotação calculado algebricamente na seção 10.2.6 também faz parte dos *outputs* do SPSS e pode ser encontrado na Figura 10.27.

Component Transformation Matrix

Component	1	2
1	1,000	-,029
2	,029	1,000

Extraction Method: Principal
Component Analysis.
 Rotation Method: Varimax with
Kaiser Normalization.

Figura 10.27 Ângulo de rotação (em radianos).

Conforme discutimos, a partir das cargas fatoriais rotacionadas, podemos verificar que não existem alterações nos valores das comunalidades das variáveis consideradas na análise, ou seja:

$$\text{comunalidade}_{finanças} = (0{,}895)^2 + (-0{,}019)^2 = 0{,}802$$

$$\text{comunalidade}_{custos} = (0{,}935)^2 + (0{,}021)^2 = 0{,}875$$

$$\text{comunalidade}_{marketing} = (-0{,}013)^2 + (1{,}000)^2 = 1{,}000$$

$$\text{comunalidade}_{atuária} = (0{,}917)^2 + (-0{,}037)^2 = 0{,}843$$

Por outro lado, os novos autovalores podem ser obtidos da seguinte forma:

$$(0,895)^2 + (0,935)^2 + (-0,013)^2 + (0,917)^2 = \lambda'^2_1 = 2,518$$

$$(-0,019)^2 + (0,021)^2 + (1,000)^2 + (-0,037)^2 = \lambda'^2_2 = 1,002$$

A Figura 10.28 apresenta, em **Rotation Sums of Squared Loadings**, os resultados dos autovalores para os dois primeiros fatores rotacionados, com os respectivos percentuais de variância compartilhada pelas quatro variáveis originais. Os resultados estão de acordo com os apresentados na Tabela 10.17.

Total Variance Explained

Component	Initial Eigenvalues			Extraction Sums of Squared Loadings			Rotation Sums of Squared Loadings		
	Total	% of Variance	Cumulative %	Total	% of Variance	Cumulative %	Total	% of Variance	Cumulative %
1	2,519	62,975	62,975	2,519	62,975	62,975	2,518	62,942	62,942
2	1,000	25,010	87,985	1,000	25,010	87,985	1,002	25,043	87,985
3	,298	7,444	95,428						
4	,183	4,572	100,000						

Extraction Method: Principal Component Analysis.

Figura 10.28 Autovalores e variância compartilhada pelas variáveis originais
para a formação dos dois fatores rotacionados.

Em comparação com os resultados obtidos antes da rotação, podemos perceber que, embora não haja alteração do compartilhamento de 87,985% da variância total das variáveis originais para a formação dos dois fatores rotacionados, a rotação redistribuiu a variância compartilhada pelas variáveis em cada fator.

A Figura 10.29 apresenta os *scores* fatoriais rotacionados, a partir dos quais podem ser obtidas as expressões dos novos fatores.

Component Score Coefficient Matrix

	Component	
	1	2
nota final de finanças (0 a 10)	,355	-,004
nota final de custos (0 a 10)	,372	,038
nota final de marketing (0 a 10)	,012	,999
nota final de atuária (0 a 10)	,364	-,021

Extraction Method: Principal Component Analysis.
 Rotation Method: Varimax with Kaiser Normalization.
 Component Scores.

Figura 10.29 *Scores* fatoriais rotacionados.

Portanto, podemos escrever as seguintes expressões dos fatores rotacionados:

$$F'_{1i} = 0,355 \cdot Zfinanças_i + 0,372 \cdot Zcustos_i + 0,012 \cdot Zmarketing_i + 0,364 \cdot Zatuária_i$$

$$F'_{2i} = -0,004 \cdot Zfinanças_i + 0,038 \cdot Zcustos_i + 0,999 \cdot Zmarketing_i - 0,021 \cdot Zatuária_i$$

Ao elaborarmos o procedimento descrito, podemos verificar que são geradas duas novas variáveis no banco de dados, chamadas pelo SPSS de *FAC1_1* e *FAC2_1*, conforme mostra a Figura 10.30 para as 20 primeiras observações.

	estudante	finanças	custos	marketing	atuária	FAC1_1	FAC2_1
1	Gabriela	5,8	4,0	1,0	6,0	-,03322	-1,66443
2	Luiz Felipe	3,1	3,0	10,0	2,0	-1,03158	1,53383
3	Patrícia	3,1	4,0	4,0	4,0	-,61699	-,58561
4	Gustavo	10,0	8,0	8,0	8,0	1,37102	,84696
5	Letícia	3,4	2,0	3,2	3,2	-1,00504	-,89253
6	Ovídio	10,0	10,0	1,0	10,0	1,93261	-1,61015
7	Leonor	5,0	5,0	8,0	5,0	-,08684	,83147
8	Dalila	5,4	6,0	6,0	6,0	,24610	,13202
9	Antônio	5,9	4,0	4,0	4,0	-,29825	-,58887
10	Júlia	6,1	4,0	4,0	4,0	-,27548	-,58910
11	Roberto	3,5	2,0	9,7	2,0	-1,13878	1,41208
12	Renata	7,7	10,0	10,0	10,0	1,71047	1,56994
13	Guilherme	4,5	10,0	5,0	5,0	,60005	-,15021
14	Rodrigo	10,0	4,0	9,0	9,0	,91462	1,13024
15	Giulia	6,2	10,0	10,0	10,0	1,53972	1,57169
16	Felipe	8,7	10,0	9,0	9,0	1,67507	1,22400
17	Karina	10,0	6,0	6,0	6,0	,76975	,12666
18	Pietro	10,0	6,0	8,0	8,0	1,06821	,81621
19	Cecília	9,8	10,0	7,0	10,0	1,93630	,50836
20	Gisele	10,0	10,0	2,0	9,7	1,89357	-1,25462

Figura 10.30 Banco de dados com os valores de F_1' (*FAC1_1*) e F_2' (*FAC2_1*) por observação.

Essas novas variáveis, que apresentam os valores dos dois fatores rotacionados para cada uma das observações do banco de dados, são ortogonais entre si, ou seja, apresentam coeficiente de correlação de Pearson igual a 0. Isso pode ser verificado ao clicarmos em **Analyze** → **Correlate** → **Bivariate...** Na caixa de diálogo que será aberta, devemos inserir as quatro variáveis originais em **Variables** e selecionar as opções **Pearson** (em **Correlation Coefficients**) e **Two-tailed** (em **Test of Significance**), conforme mostra a Figura 10.31.

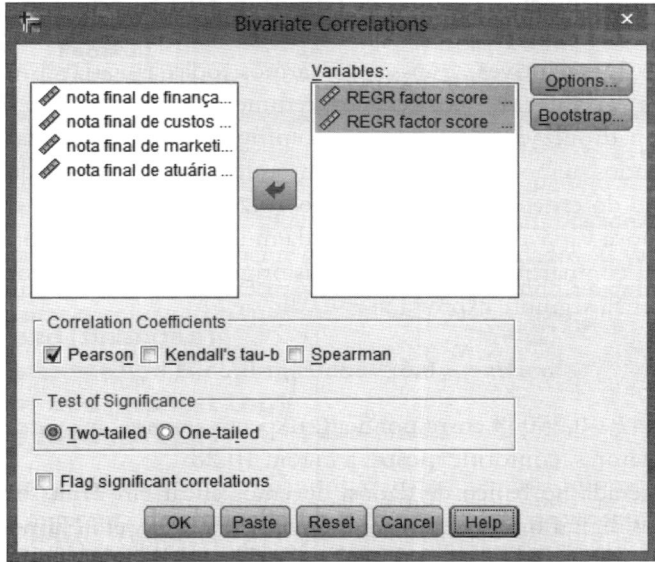

Figura 10.31 Caixa de diálogo para determinação do coeficiente de correlação de Pearson entre os dois fatores rotacionados.

Ao clicarmos em **OK**, será apresentado o *output* da Figura 10.32, em que é possível verificar que o coeficiente de correlação de Pearson entre os dois fatores rotacionados é igual a 0.

Correlations

		REGR factor score 1 for analysis 1	REGR factor score 2 for analysis 1
REGR factor score 1 for analysis 1	Pearson Correlation	1	,000
	Sig. (2-tailed)		1,000
	N	100	100
REGR factor score 2 for analysis 1	Pearson Correlation	,000	1
	Sig. (2-tailed)	1,000	
	N	100	100

Figura 10.32 Coeficiente de correlação de Pearson entre os dois fatores rotacionados.

De acordo com o estudado nas seções 10.2.4 e 10.2.6, um pesquisador mais curioso poderá ainda verificar que os *scores* fatoriais rotacionados podem ser obtidos por meio da estimação de dois modelos de regressão linear múltipla, em que é considerado, como variável dependente em cada um deles, determinado fator, e como variáveis explicativas, as variáveis padronizadas. Os *scores* fatoriais serão os parâmetros estimados em cada modelo.

Do mesmo modo, também é possível verificar que as cargas fatoriais rotacionadas também podem ser obtidas por meio da estimação de quatro modelos de regressão linear múltipla, em que é considerada, em cada um deles, determinada variável padronizada como variável dependente, e os fatores, como variáveis explicativas. Enquanto as cargas fatoriais serão os parâmetros estimados em cada modelo, as comunalidades serão os respectivos coeficientes de ajuste R^2. Portanto, podem ser obtidas as seguintes expressões:

$$Zfinanças_i = 0,895 \cdot F'_{1i} - 0,019 \cdot F'_{2i} + u_i, R^2 = 0,802$$

$$Zcustos_i = 0,935 \cdot F'_{1i} + 0,021 \cdot F'_{2i} + u_i, R^2 = 0,875$$

$$Zmarketing_i = -0,013 \cdot F'_{1i} + 1,000 \cdot F'_{2i} + u_i, R^2 = 1,000$$

$$Zatuária_i = 0,917 \cdot F'_{1i} - 0,037 \cdot F'_{2i} + u_i, R^2 = 0,843$$

em que os termos u_i representam **fontes adicionais de variação**, além dos fatores F'_1 e F'_2, para explicar o comportamento de cada variável, sendo também chamados de **termos de erro** ou **resíduos**.

Caso surja o interesse em verificar esses fatos, devemos obter as variáveis padronizadas, clicando em **Analyze → Descriptive Statistics → Descriptives...** Ao selecionarmos todas as variáveis originais, devemos clicar em **Save standardized values as variables**. Embora esse procedimento específico não seja mostrado aqui, após clicarmos em **OK**, as variáveis padronizadas serão geradas no próprio banco de dados.

Com base nos fatores gerados, temos condições, portanto, de elaborar o desejado *ranking* de desempenho escolar. Para tanto, faremos uso do critério descrito na seção 10.2.6, conhecido por critério da soma ponderada e ordenamento, em que uma nova variável é gerada a partir da multiplicação dos valores de cada fator pelos respectivos percentuais de variância compartilhada pelas variáveis originais. Neste sentido, esta nova variável, que chamaremos de *ranking*, apresenta a seguinte expressão:

$$ranking_i = 0,62942 \cdot F'_{1i} + 0,25043 \cdot F'_{2i}$$

em que os parâmetros 0,62942 e 0,25043 correspondem, respectivamente, aos percentuais de variância compartilhada pelos dois primeiros fatores, conforme mostra a Figura 10.28.

Para que a variável seja gerada no banco de dados, devemos clicar em **Transform → Compute Variable...** Em **Target Variable**, devemos digitar o nome da nova variável (*ranking*) e, em **Numeric Expression**, devemos digitar a expressão de soma ponderada **(FAC1_1*0.62942)+(FAC2_1*0.25043)**, conforme mostra a Figura 10.33. Ao clicarmos em **OK**, a variável *ranking* aparecerá no banco de dados.

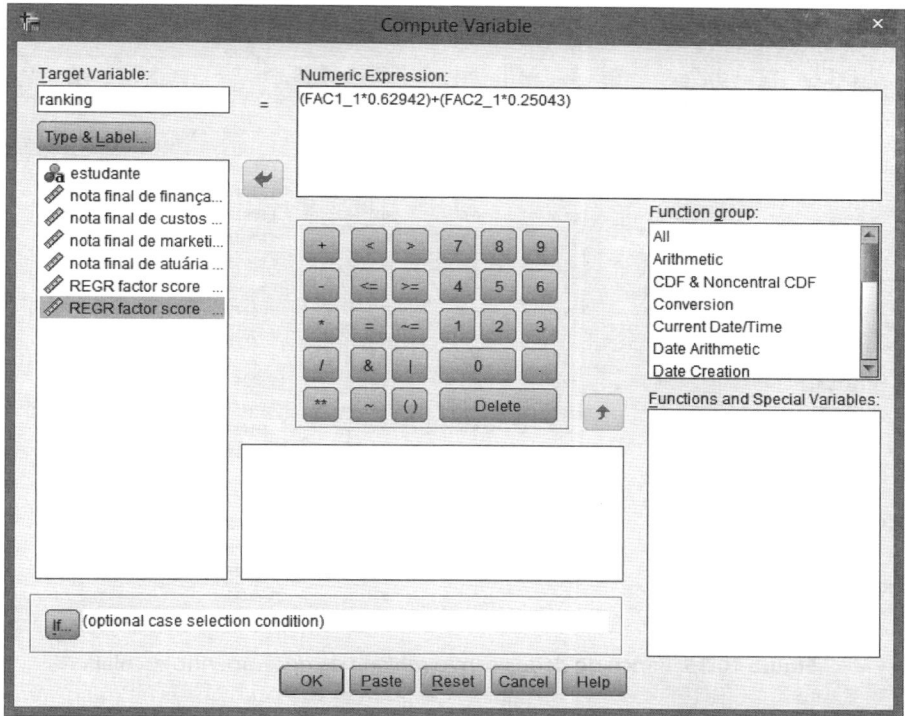

Figura 10.33 Criação de nova variável (*ranking*).

Por fim, para elaborarmos o ordenamento da variável *ranking*, devemos clicar em **Data → Sort Cases...** Além de selecionarmos a opção **Descending**, devemos inserir a variável *ranking* em **Sort by**, conforme mostra a Figura 10.34. Ao clicarmos em **OK**, as observações aparecerão ordenadas no banco de dados, do maior para o menor valor da variável *ranking*, conforme mostra a Figura 10.35 para as 20 observações com melhor desempenho escolar.

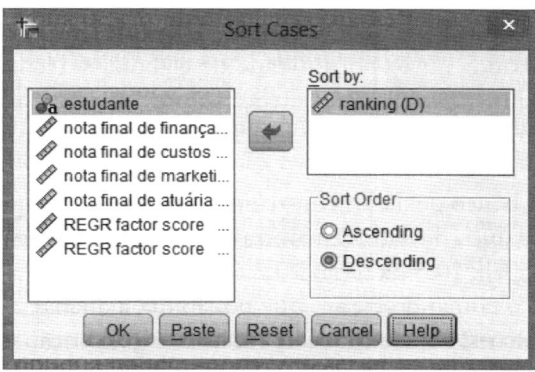

Figura 10.34 Caixa de diálogo para ordenamento das observações pela variável *ranking*.

	estudante	finanças	custos	marketing	atuária	FAC1_1	FAC2_1	ranking
1	Adelino	9,9	10,0	10,0	10,0	1,96091	1,56738	1,63
2	Renata	7,7	10,0	10,0	10,0	1,71047	1,56994	1,47
3	Giulia	6,2	10,0	10,0	10,0	1,53972	1,57169	1,36
4	Felipe	8,7	10,0	9,0	9,0	1,67507	1,22400	1,36
5	Cecília	9,8	10,0	7,0	10,0	1,93630	,50836	1,35
6	Claudio	9,8	9,0	9,0	9,0	1,65040	1,20750	1,34
7	Robson	9,8	9,0	8,0	7,7	1,45773	,86520	1,13
8	Cida	9,0	8,0	8,4	8,4	1,31688	,98604	1,08
9	Gustavo	10,0	8,0	8,0	8,0	1,37102	,84696	1,08
10	Gisele	10,0	10,0	2,0	9,7	1,89357	-1,25462	,88
11	Pietro	10,0	6,0	8,0	8,0	1,06821	,81621	,88
12	Rodrigo	10,0	4,0	9,0	9,0	,91462	1,13024	,86
13	Ovídio	10,0	10,0	1,0	10,0	1,93261	-1,61015	,81
14	Kamal	10,0	9,8	1,0	10,0	1,90233	-1,61322	,79
15	Cristiane	9,3	7,0	7,1	7,1	1,00562	,52210	,76
16	Rodolfo	8,7	10,0	1,0	10,0	1,78462	-1,60863	,72
17	Horácio	9,3	6,0	7,0	7,0	,83929	,47225	,65
18	Ana Lúcia	9,0	6,4	10,0	3,6	,37927	1,56526	,63
19	Pedro	9,0	6,0	4,0	9,8	1,19741	-,60969	,60
20	Adriano	10,0	8,0	2,5	8,0	1,34677	-1,09479	,57

Figura 10.35 Banco de dados com o *ranking* de desempenho escolar.

Podemos verificar que o *ranking* construído pelo critério da soma ponderada e ordenamento aponta para **Adelino** como o estudante com melhor desempenho escolar no conjunto de disciplinas, seguido por **Renata**, **Giulia**, **Felipe** e **Cecília**.

Apresentados os procedimentos para aplicação da análise fatorial por componentes principais no SPSS, partiremos para a elaboração da técnica no Stata, seguindo o padrão adotado no livro.

10.4. ANÁLISE FATORIAL POR COMPONENTES PRINCIPAIS NO SOFTWARE STATA

Apresentaremos agora o passo a passo para a elaboração de nosso exemplo no Stata Statistical Software®. Nosso objetivo, nesta seção, não é discutir novamente os conceitos pertinentes à análise fatorial por componentes principais, porém propiciar ao pesquisador uma oportunidade de elaborar a técnica por meio dos comandos desse software. A cada apresentação de um *output*, faremos menção ao respectivo resultado obtido quando da aplicação da técnica de forma algébrica e também por meio do SPSS. A reprodução das imagens apresentadas nesta seção tem autorização da StataCorp LP©.

Já partiremos, portanto, para o banco de dados construído pelo professor a partir dos questionamentos feitos a cada um dos 100 estudantes. Este banco de dados encontra-se no arquivo **NotasFatorial.dta** e é exatamente igual ao apresentado parcialmente na Tabela 10.5 da seção 10.2.6.

Inicialmente, podemos digitar o comando **desc**, que possibilita a análise das características do banco de dados, como a quantidade de observações, a quantidade de variáveis e a descrição de cada uma delas. A Figura 10.36 apresenta esse primeiro *output* do Stata.

```
. desc

  obs:           100
  vars:            5
  size:        3,100 (99.9% of memory free)
-----------------------------------------------------------------
              storage  display    value
variable name  type    format     label      variable label
-----------------------------------------------------------------
estudante      str11   %11s
finanças       float   %9.1f                 nota final de finanças (0 a 10)
custos         float   %9.1f                 nota final de custos (0 a 10)
marketing      float   %9.1f                 nota final de marketing (0 a 10)
atuária        float   %9.1f                 nota final de atuária (0 a 10)
-----------------------------------------------------------------
Sorted by:
```

Figura 10.36 Descrição do banco de dados **NotasFatorial.dta**.

O comando **pwcorr ..., sig** gera os coeficientes de correlação de Pearson entre cada par de variáveis, com os respectivos níveis de significância. Vamos, portanto, digitar o seguinte comando:

pwcorr finanças custos marketing atuária, sig

A Figura 10.37 apresenta o *output* gerado.

```
pwcorr finanças custos marketing atuária, sig

             | finanças  custos market~g  atuária
-------------+------------------------------------
    finanças |  1.0000
             |
             |
      custos |  0.7558   1.0000
             |  0.0000
             |
   marketing | -0.0297   0.0031   1.0000
             |  0.7695   0.9759
             |
     atuária |  0.7109   0.8091  -0.0443   1.0000
             |  0.0000   0.0000   0.6617
```

Figura 10.37 Coeficientes de correlação de Pearson e respectivos níveis de significância.

Os *outputs* da Figura 10.37 mostram que as correlações entre a variável *marketing* e cada uma das demais variáveis são relativamente baixas e não estatisticamente significantes, ao nível de significância de 5%. Por outro lado, as demais variáveis apresentam, entre si, correlações elevadas e estatisticamente significantes a esse nível de significância, o que representa um primeiro indício de que a análise fatorial poderá agrupá-las em determinado fator, sem que haja perda substancial de suas variâncias, enquanto a variável *marketing* poderá apresentar alta correlação com outro fator. Essa figura está em conformidade com o apresentado na Tabela 10.6 da seção 10.2.6 e também na Figura 10.16, quando da elaboração da técnica no SPSS (seção 10.3).

A adequação global da análise fatorial pode ser avaliada pelos resultados da estatística KMO e do teste de esfericidade de Bartlett, que podem ser obtidos por meio do comando **factortest**. Logo, vamos digitar:

factortest finanças custos marketing atuária

Os *outputs* gerados encontram-se na Figura 10.38.

```
. factortest finanças custos marketing atuária

Determinant of the correlation matrix
Det              =       0.137


Bartlett test of sphericity

Chi-square       =         192.335
Degrees of freedom =             6
p-value          =           0.000
H0: variables are not intercorrelated


Kaiser-Meyer-Olkin Measure of Sampling Adequacy
KMO              =       0.737
```

Figura 10.38 Resultados da estatística KMO e do teste de esfericidade de Bartlett.

Com base no resultado da estatística KMO, a adequação global da análise fatorial pode ser considerada **média**. Porém, mais importante que essa informação é o resultado do teste de esfericidade de Bartlett. A partir do resultado da estatística $\chi^2_{Bartlett}$, podemos afirmar, para o nível de significância de 5% e 6 graus de liberdade, que a matriz de correlações de Pearson é estatisticamente diferente da matriz identidade de mesma dimensão, visto que $\chi^2_{Bartlett} = 192,335$ (χ^2 calculado para 6 graus de liberdade) e *Prob.* $\chi^2_{Bartlett}$ (*p-value*) < 0,05. Note que os resultados dessas estatísticas são condizentes com os calculados algebricamente na seção 10.2.6 e também apresentados na Figura 10.17 da seção 10.3. A Figura 10.38 ainda apresenta o valor do determinante da matriz de correlações, utilizado para o cálculo da estatística $\chi^2_{Bartlett}$.

O Stata ainda permite que sejam obtidos os autovalores e autovetores da matriz de correlações. Para tanto, devemos digitar o seguinte comando:

pca finanças custos marketing atuária

A Figura 10.39 apresenta esses autovalores e autovetores, exatamente iguais aos calculados algebricamente na seção 10.2.6. Como ainda não elaboramos o procedimento de rotação dos fatores gerados, podemos verificar que os percentuais de variância compartilhada pelas variáveis originais para a formação de cada fator correspondem aos apresentados na Tabela 10.9.

```
. pca finanças custos marketing atuária

Principal components/correlation                Number of obs    =        100
                                                Number of comp.  =          4
                                                Trace            =          4
        Rotation: (unrotated = principal)       Rho              =     1.0000

    ------------------------------------------------------------------------
        Component |  Eigenvalue   Difference         Proportion   Cumulative
    --------------+---------------------------------------------------------
            Comp1 |    2.51899      1.51859             0.6297       0.6297
            Comp2 |    1.0004       .702642             0.2501       0.8798
            Comp3 |    .297753      .114889             0.0744       0.9543
            Comp4 |    .182864         .                0.0457       1.0000
    ------------------------------------------------------------------------

Principal components (eigenvectors)

    ------------------------------------------------------------------------
         Variable |   Comp1     Comp2     Comp3     Comp4 |  Unexplained
    --------------+----------------------------------------+---------------
          finanças |  0.5641    0.0068    0.8008    0.2012 |      0
           custos  |  0.5887    0.0487   -0.2201   -0.7763 |      0
         marketing | -0.0267    0.9987   -0.0003    0.0425 |      0
          atuária  |  0.5783   -0.0101   -0.5571    0.5959 |      0
    ------------------------------------------------------------------------
```

Figura 10.39 Autovalores e autovetores da matriz de correlações.

Apresentados estes primeiros *outputs*, podemos elaborar a análise fatorial por componentes principais propriamente dita, digitando o seguinte comando, cujos resultados são apresentados na Figura 10.40.

factor finanças custos marketing atuária, pcf

em que o termo **pcf** se refere ao método de componentes principais (em inglês, ***principal-components factor method***).

Enquanto a parte superior da Figura 10.40 apresenta novamente os autovalores da matriz de correlações com os respectivos percentuais de variância compartilhada das variáveis originais, já que o pesquisador pode optar por não fazer uso do comando **pca**, a parte inferior da figura mostra as cargas fatoriais, que representam as correlações entre cada variável e os fatores que apresentam apenas autovalores maiores que 1. Portanto, podemos perceber que o Stata considera, automaticamente, o critério da raiz latente (critério de Kaiser) para a escolha da quantidade de fatores. Se, por alguma razão, o pesquisador optar por extrair uma quantidade de fatores levando em conta um autovalor menor, a fim de que sejam extraídos mais fatores, deverá digitar o termo **mineigen(#)** ao final do comando **factor**, em que **#** será um número correspondente ao autovalor a partir do qual fatores serão extraídos.

```
. factor finanças custos marketing atuária, pcf
(obs=100)

Factor analysis/correlation                     Number of obs    =        100
    Method: principal-component factors         Retained factors =          2
    Rotation: (unrotated)                       Number of params =          6

    ------------------------------------------------------------------------
           Factor |  Eigenvalue   Difference         Proportion   Cumulative
    --------------+---------------------------------------------------------
          Factor1 |    2.51899      1.51859             0.6297       0.6297
          Factor2 |    1.00040      0.70264             0.2501       0.8798
          Factor3 |    0.29775      0.11489             0.0744       0.9543
          Factor4 |    0.18286         .                0.0457       1.0000
    ------------------------------------------------------------------------
    LR test: independent vs. saturated:  chi2(6)  =   194.32 Prob>chi2 = 0.0000

Factor loadings (pattern matrix) and unique variances

    ------------------------------------------------------
         Variable |  Factor1   Factor2 |   Uniqueness
    --------------+--------------------+------------------
          finanças |  0.8953    0.0068  |    0.1983
           custos  |  0.9343    0.0487  |    0.1246
         marketing | -0.0424    0.9989  |    0.0003
          atuária  |  0.9179   -0.0101  |    0.1573
    ------------------------------------------------------
```

Figura 10.40 *Outputs* da análise fatorial por componentes principais no Stata.

As cargas fatoriais apresentadas na Figura 10.40 são iguais às das duas primeiras colunas da Tabela 10.11 da seção 10.2.6, e da Figura 10.20 da seção 10.3. Por meio delas, podemos verificar que, enquanto as variáveis *finanças*, *custos* e *atuária* apresentam elevadas correlações com o primeiro fator, a variável *marketing* apresenta forte correlação com o segundo. Além disso, na matriz de cargas fatoriais ainda é apresentada uma coluna chamada **Uniqueness**, ou **exclusividade**, cujos valores representam, para cada variável, o percentual de variância perdida para compor os fatores extraídos, ou seja, corresponde a (**1 − comunalidade**) de cada variável. Sendo assim, temos que:

$$uniqueness_{finanças} = 1 - \left[(0,8953)^2 + (0,0068)^2\right] = 0,1983$$

$$uniqueness_{custos} = 1 - \left[(0,9343)^2 + (0,0487)^2\right] = 0,1246$$

$$uniqueness_{marketing} = 1 - \left[(-0,0424)^2 + (0,9989)^2\right] = 0,0003$$

$$uniqueness_{atuária} = 1 - \left[(0,9179)^2 + (-0,0101)^2\right] = 0,1573$$

Logo, pelo fato de a variável *marketing* apresentar baixas correlações com cada uma das demais variáveis originais, acaba por possuir elevada correlação de Pearson com o segundo fator. Isso faz seu valor de *uniqueness* ser muito baixo, visto que seu percentual de variância compartilhada com o segundo fator é quase igual a 100%.

Sabendo que são extraídos dois fatores, vamos, neste momento, partir para a rotação por meio do método Varimax. Para tanto, devemos digitar o seguinte comando:

```
rotate, varimax horst
```

em que o termo **horst** define o ângulo de rotação a partir das cargas fatoriais padronizadas. Esse procedimento está de acordo com o elaborado algebricamente na seção 10.2.6. Os *outputs* gerados encontram-se na Figura 10.41.

```
. rotate, varimax horst

Factor analysis/correlation                  Number of obs    =      100
    Method: principal-component factors      Retained factors =        2
    Rotation: orthogonal varimax (Kaiser on) Number of params =        6

    -------------------------------------------------------------------
      Factor  |   Variance   Difference     |   Proportion   Cumulative
    ----------+--------------------------------------------------------
      Factor1 |    2.51768     1.51598       |      0.6294       0.6294
      Factor2 |    1.00170        .          |      0.2504       0.8798
    -------------------------------------------------------------------
    LR test: independent vs. saturated:  chi2(6)  =  194.32 Prob>chi2 = 0.0000

Rotated factor loadings (pattern matrix) and unique variances

    -------------------------------------------------------
     Variable |   Factor1    Factor2  |   Uniqueness
    ----------+------------------------+-------------------
      finanças |   0.8951    -0.0195   |     0.1983
       custos  |   0.9354     0.0213   |     0.1246
    marketing  |  -0.0131     0.9997   |     0.0003
      atuária  |   0.9172    -0.0370   |     0.1573
    -------------------------------------------------------

Factor rotation matrix

    --------------------------------
              |   Factor1   Factor2
    ----------+---------------------
      Factor1 |   0.9996    -0.0293
      Factor2 |   0.0293     0.9996
    --------------------------------
```

Figura 10.41 Rotação dos fatores pelo método Varimax.

A partir da Figura 10.41, podemos verificar, conforme já discutimos, que o percentual de variância compartilhada por todas as variáveis para a formação dos dois fatores é igual a 87,98%, embora o autovalor de cada fator rotacionado seja diferente do obtido anteriormente. O mesmo pode ser dito em relação aos valores de *uniqueness* de cada variável, mesmo sendo diferentes as cargas fatoriais rotacionadas em relação às correspondentes não rotacionadas, visto que o método Varimax maximiza as cargas de cada variável em determinado fator. A Figura 10.41 ainda mostra, ao final, o ângulo de rotação. Todos esses *outputs* são idênticos aos calculados na seção 10.2.6 e também apresentados quando da elaboração da técnica no SPSS, nas Figuras 10.25, 10.27 e 10.28.

Dessa forma, podemos escrever que:

$$uniqueness_{finanças} = 1 - \left[(0,8951)^2 + (-0,0195)^2\right] = 0,1983$$

$$uniqueness_{custos} = 1 - \left[(0,9354)^2 + (0,0213)^2\right] = 0,1246$$

$$uniqueness_{marketing} = 1 - \left[(-0,0131)^2 + (0,9997)^2\right] = 0,0003$$

$$uniqueness_{atuária} = 1 - \left[(0,9172)^2 + (-0,0370)^2\right] = 0,1573$$

e que:

$$(0,8951)^2 + (0,9354)^2 + (-0,0131)^2 + (0,9172)^2 = \lambda_1^{'2} = 2,51768$$

$$(-0,0195)^2 + (0,0213)^2 + (0,9997)^2 + (-0,0370)^2 = \lambda_2^{'2} = 1,00170$$

Caso o pesquisador deseje, o Stata ainda permite que sejam comparadas, em uma mesma tabela, as cargas fatoriais rotacionadas com aquelas obtidas antes da rotação. Para tanto, é necessário digitar o seguinte comando, após a elaboração da rotação:

estat rotatecompare

Os *outputs* gerados encontram-se na Figura 10.42.

```
. estat rotatecompare

Rotation matrix -- orthogonal varimax (Kaiser on)

    -------------------------------------
       Variable |   Factor1     Factor2
    -------------+-----------------------
        Factor1 |   0.9996      -0.0293
        Factor2 |   0.0293       0.9996
    -------------------------------------

Factor loadings

    --------------------------------------------------------------
                   |        Rotated       |       Unrotated
        Variable   |  Factor1    Factor2  |   Factor1    Factor2
    ---------------+----------------------+-----------------------
        finanças   |  0.8951    -0.0195   |   0.8953     0.0068
         custos    |  0.9354     0.0213   |   0.9343     0.0487
       marketing   | -0.0131     0.9997   |  -0.0424     0.9989
        atuária    |  0.9172    -0.0370   |   0.9179    -0.0101
    --------------------------------------------------------------
```

Figura 10.42 Comparação das cargas fatoriais rotacionadas e não rotacionadas.

O *loading plot* das cargas fatoriais rotacionadas pode ser obtido, neste momento, por meio da digitação do comando **loadingplot**. Esse gráfico, que corresponde aos apresentados nas Figuras 10.9 e 10.26, encontra-se na Figura 10.43.

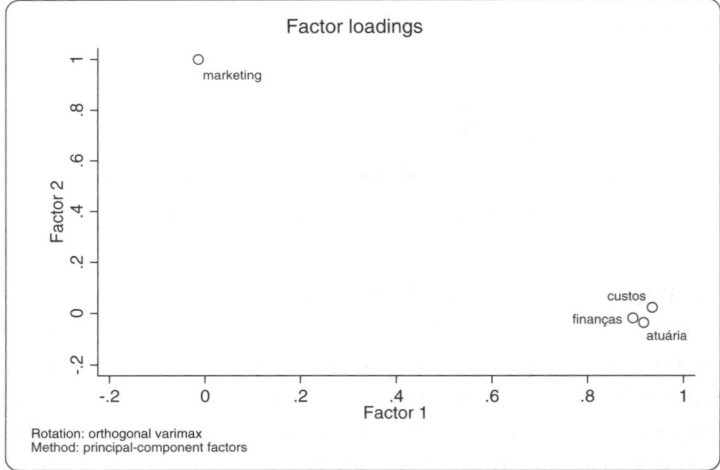

Figura 10.43 *Loading plot* com cargas rotacionadas.

Elaborados esses procedimentos, o pesquisador pode desejar criar duas novas variáveis no banco de dados, correspondentes aos fatores rotacionados obtidos pela análise fatorial. Nesse sentido, é preciso digitar o seguinte comando:

```
predict f1 f2
```

em que **f1** e **f2** são os nomes das variáveis correspondentes, respectivamente, ao primeiro e ao segundo fatores. Ao digitarmos o comando, além de serem criadas as duas novas variáveis no banco de dados, será também gerado um *output* como o da Figura 10.44, em que são apresentados os *scores* fatoriais rotacionados.

```
. predict f1 f2
(regression scoring assumed)

Scoring coefficients (method = regression; based on varimax rotated factors)

-----------------------------------------
      Variable |   Factor1    Factor2
-------------+---------------------------
     finanças |   0.35548   -0.00364
       custos |   0.37219    0.03780
    marketing |   0.01247    0.99861
      atuária |   0.36395   -0.02078
-----------------------------------------
```

Figura 10.44 Geração dos fatores no banco de dados e *scores* fatoriais rotacionados.

Os resultados apresentados na Figura 10.44 são equivalentes aos do SPSS (Figura 10.29). Além disso, é possível também verificar que os dois fatores gerados são ortogonais, ou seja, apresentam coeficiente de correlação de Pearson igual a 0. Para tanto, vamos digitar:

```
estat common
```

que fornece o *output* da Figura 10.45.

```
. estat common

Correlation matrix of the varimax rotated common factors

      ---------------------------------
      Factors |   Factor1    Factor2
-------------+---------------------------
      Factor1 |      1
      Factor2 |      0          1
      ---------------------------------
```

Figura 10.45 Coeficiente de correlação de Pearson entre os dois fatores rotacionados.

Apenas para fins didáticos, iremos agora obter os *scores* e as cargas fatoriais rotacionados a partir de modelos de regressão linear múltipla. Para tanto, vamos inicialmente gerar, no banco de dados, as variáveis padronizadas por meio do procedimento *Zscores*, a partir de cada uma das variáveis originais, digitando a seguinte sequência de comandos:

```
egen zfinanças = std(finanças)
egen zcustos = std(custos)
egen zmarketing = std(marketing)
egen zatuária = std(atuária)
```

Feito isso, podemos digitar os dois seguintes comandos, que representam dois modelos de regressão linear múltipla, em que cada um deles apresenta determinado fator como variável dependente e as variáveis padronizadas como variáveis explicativas.

```
reg f1 zfinanças zcustos zmarketing zatuária
reg f2 zfinanças zcustos zmarketing zatuária
```

Os resultados desses modelos encontram-se na Figura 10.46.

```
. reg f1 zfinanças zcustos zmarketing zatuária

      Source |       SS          df       MS              Number of obs =      100
-------------+------------------------------              F(  4,    95) =       .
       Model | 98.9999996        4    24.7499999          Prob > F      =       .
    Residual |         0        95           0            R-squared     =  1.0000
-------------+------------------------------              Adj R-squared =  1.0000
       Total | 98.9999996       99    .999999996          Root MSE      =       0


          f1 |     Coef.   Std. Err.       t     P>|t|     [95% Conf. Interval]
-------------+----------------------------------------------------------------
   zfinanças |   .3554795        .         .       .           .           .
     zcustos |   .3721907        .         .       .           .           .
  zmarketing |   .0124719        .         .       .           .           .
    zatuária |   .3639452        .         .       .           .           .
       _cons |   1.96e-09        .         .       .           .           .
-------------+----------------------------------------------------------------

. reg f2 zfinanças zcustos zmarketing zatuária

      Source |       SS          df       MS              Number of obs =      100
-------------+------------------------------              F(  4,    95) =       .
       Model | 99.0000001        4       24.75            Prob > F      =       .
    Residual |         0        95           0            R-squared     =  1.0000
-------------+------------------------------              Adj R-squared =  1.0000
       Total | 99.0000001       99           1            Root MSE      =       0


          f2 |     Coef.   Std. Err.       t     P>|t|     [95% Conf. Interval]
-------------+----------------------------------------------------------------
   zfinanças |  -.0036389        .         .       .           .           .
     zcustos |   .0377955        .         .       .           .           .
  zmarketing |   .9986053        .         .       .           .           .
    zatuária |   -.020781        .         .       .           .           .
       _cons |   9.08e-11        .         .       .           .           .
-------------+----------------------------------------------------------------
```

Figura 10.46 *Outputs* dos modelos de regressão linear múltipla com fatores como variáveis dependentes.

Note, a partir da análise da Figura 10.46, que os parâmetros estimados em cada modelo correspondem aos *scores* fatoriais rotacionados para cada variável, de acordo com o já apresentado na Figura 10.44. Assim, como todos os parâmetros do intercepto são praticamente iguais a 0, podemos escrever que:

$$F'_{1i} = 0{,}3554795 \cdot Zfinanças_i + 0{,}3721907 \cdot Zcustos_i + 0{,}0124719 \cdot Zmarketing_i + 0{,}3639452 \cdot Zatuária_i$$

$$F'_{2i} = -0{,}0036389 \cdot Zfinanças_i + 0{,}0377955 \cdot Zcustos_i + 0{,}9986053 \cdot Zmarketing_i - 0{,}020781 \cdot Zatuária_i$$

Obviamente, como as quatro variáveis compartilham variâncias para a formação de cada fator, os coeficientes de ajuste R^2 de cada modelo são iguais a 1.

Já para a obtenção das cargas fatoriais rotacionadas, devemos digitar os quatro seguintes comandos, que representam quatro modelos de regressão linear múltipla, em que cada um deles apresenta determinada variável padronizada como variável dependente, e os fatores rotacionados, como variáveis explicativas.

```
reg zfinanças f1 f2
reg zcustos f1 f2
reg zmarketing f1 f2
reg zatuária f1 f2
```

Os resultados desses modelos encontram-se na Figura 10.47.

Note agora, a partir da análise dessa figura, que os parâmetros estimados em cada modelo correspondem às cargas fatoriais rotacionadas para cada fator, de acordo com o já apresentado na Figura 10.41. Nesse sentido, como todos os parâmetros do intercepto são praticamente iguais a 0, podemos escrever que:

$$Zfinanças_i = 0{,}895146 \cdot F'_{1i} - 0{,}0194694 \cdot F'_{2i} + u_i, R^2 = 1 - uniqueness = 0{,}8017$$

$$Zcustos_i = 0{,}935375 \cdot F'_{1i} + 0{,}0212916 \cdot F'_{2i} + u_i, R^2 = 1 - uniqueness = 0{,}8754$$

$$Zmarketing_i = -0{,}013053 \cdot F'_{1i} + 0{,}9997495 \cdot F'_{2i} + u_i, R^2 = 1 - uniqueness = 0{,}9997$$

$$Zatuária_i = 0{,}917223 \cdot F'_{1i} - 0{,}0370175 \cdot F'_{2i} + u_i, R^2 = 1 - uniqueness = 0{,}8427$$

em que os termos u_i representam fontes adicionais de variação, além dos fatores F'_1 e F'_2, para explicar o comportamento de cada variável, visto que outros dois fatores com autovalores menores que 1 também poderiam ter sido extraídos. Os coeficientes de ajuste R² de cada modelo diferentes de 1 correspondem aos valores das comunalidades de cada variável, ou seja, a (1 – *uniqueness*).

```
. reg zfinanças f1 f2

     Source |       SS       df       MS              Number of obs =     100
------------+------------------------------           F(  2,    97) =  196.04
      Model | 79.3648681        2  39.682434          Prob > F      =  0.0000
   Residual | 19.6351317       97  .202424038         R-squared     =  0.8017
------------+------------------------------           Adj R-squared =  0.7976
      Total | 98.9999997       99  .999999997         Root MSE      =  .44992

------------------------------------------------------------------------------
   zfinanças |      Coef.   Std. Err.      t    P>|t|     [95% Conf. Interval]
------------+-----------------------------------------------------------------
         f1 |   .895146   .0452182    19.80   0.000     .8054003    .9848916
         f2 |  -.0194694   .0452182    -0.43   0.668    -.109215    .0702763
       _cons |  -4.42e-09   .0449916    -0.00   1.000    -.0892958    .0892958
------------------------------------------------------------------------------

. reg zcustos f1 f2

     Source |       SS       df       MS              Number of obs =     100
------------+------------------------------           F(  2,    97) =  340.68
      Model |  86.662589        2  43.3312945         Prob > F      =  0.0000
   Residual | 12.3374069       97  .127189762         R-squared     =  0.8754
------------+------------------------------           Adj R-squared =  0.8728
      Total | 98.9999959       99  .999999958         Root MSE      =  .35664

------------------------------------------------------------------------------
    zcustos |      Coef.   Std. Err.      t    P>|t|     [95% Conf. Interval]
------------+-----------------------------------------------------------------
         f1 |   .935375   .0358433    26.10   0.000     .8642359    1.006514
         f2 |   .0212916   .0358433     0.59   0.554    -.0498475    .0924307
       _cons |  -3.38e-09   .0356637    -0.00   1.000    -.0707825    .0707825
------------------------------------------------------------------------------

. reg zmarketing f1 f2

     Source |       SS       df       MS              Number of obs =     100
------------+------------------------------           F(  2,    97) =       .
      Model | 98.9672733        2  49.4836367         Prob > F      =  0.0000
   Residual | .032725878       97  .00033738          R-squared     =  0.9997
------------+------------------------------           Adj R-squared =  0.9997
      Total | 98.9999992       99  .999999992         Root MSE      =  .01837

------------------------------------------------------------------------------
 zmarketing |      Coef.   Std. Err.      t    P>|t|     [95% Conf. Interval]
------------+-----------------------------------------------------------------
         f1 |  -.013053   .001846    -7.07   0.000    -.0167169   -.0093892
         f2 |   .9997495   .001846   541.56   0.000     .9960856    1.003413
       _cons |   7.10e-11   .0018368     0.00   1.000    -.0036455    .0036455
------------------------------------------------------------------------------

. reg zatuária f1 f2

     Source |       SS       df       MS              Number of obs =     100
------------+------------------------------           F(  2,    97) =  259.77
      Model | 83.4241641        2  41.7120821         Prob > F      =  0.0000
   Residual | 15.5758359       97  .160575627         R-squared     =  0.8427
------------+------------------------------           Adj R-squared =  0.8394
      Total |        99       99          1           Root MSE      =  .40072

------------------------------------------------------------------------------
   zatuária |      Coef.   Std. Err.      t    P>|t|     [95% Conf. Interval]
------------+-----------------------------------------------------------------
         f1 |   .917223   .0402738    22.77   0.000     .8372907    .9971553
         f2 |  -.0370175   .0402738    -0.92   0.360    -.1169498    .0429147
       _cons |   2.40e-09   .0400719     0.00   1.000    -.0795316    .0795316
------------------------------------------------------------------------------
```

Figura 10.47 *Outputs* dos modelos de regressão linear múltipla com variáveis padronizadas como variáveis dependentes.

Embora o pesquisador possa optar por não elaborar os modelos de regressão linear múltipla quando da aplicação da análise fatorial, visto que se trata apenas de procedimento de verificação, acreditamos que seu caráter didático tem fundamental importância para o completo entendimento da técnica.

A partir dos fatores rotacionados extraídos (variáveis *f1* e *f2*), podemos definir o desejado *ranking* de desempenho escolar. Assim como elaborado quando da aplicação da técnica no SPSS, faremos uso do critério descrito na seção 10.2.6, conhecido por critério da soma ponderada e ordenamento, em que uma nova variável é gerada a partir da multiplicação dos valores de cada fator pelos respectivos percentuais de variância compartilhada pelas variáveis originais. Vamos digitar o seguinte comando:

```
gen ranking = f1*0.6294+f2*0.2504
```

em que os termos **0.6294** e **0.2504** correspondem, respectivamente, aos percentuais de variância compartilhada pelos dois primeiros fatores, conforme mostra a Figura 10.41. A nova variável gerada no banco de dados chama-se *ranking*. Na sequência, podemos ordenar as observações, do maior para o menor valor da variável *ranking*, digitando o seguinte comando:

```
gsort -ranking
```

Na sequência, podemos listar, a título de exemplo, o *ranking* de desempenho escolar dos 20 melhores alunos, com base no comportamento conjunto das notas finais das quatro disciplinas. Para tanto, podemos digitar o seguinte comando:

```
list estudante ranking in 1/20
```

A Figura 10.48 mostra o *ranking* dos 20 estudantes mais bem posicionados.

```
. list estudante ranking in 1/20

     +----------------------+
     |  estudante   ranking |
     |----------------------|
  1. |   Adelino   1.627614 |
  2. |    Renata   1.470754 |
  3. |    Giulia   1.363804 |
  4. |    Felipe   1.361453 |
  5. |   Cecília   1.345679 |
     |----------------------|
  6. |   Claudio   1.341783 |
  7. |    Robson   1.134482 |
  8. |      Cida   1.076301 |
  9. |   Gustavo    1.07536 |
 10. |    Pietro   .8771787 |
     |----------------------|
 11. |    Gisele   .8752302 |
 12. |   Rodrigo   .8595989 |
 13. |    Ovídio   .8103284 |
 14. |     Kamal   .7905102 |
 15. | Cristiane    .763818 |
     |----------------------|
 16. |   Rodolfo   .7176383 |
 17. |   Horácio   .6466671 |
 18. | Ana Lúcia   .6323633 |
 19. |     Pedro   .5996711 |
 20. |   Adriano   .5715502 |
     +----------------------+
```

Figura 10.48 *Ranking* de desempenho escolar dos 20 melhores estudantes.

10.5. CÓDIGOS EM R PARA OS EXEMPLOS DO CAPÍTULO

```
library(plotly) #plataforma gráfica
library(tidyverse) #carregar outros pacotes do R
library(ggrepel) #geoms de texto e rótulo para 'ggplot2' que ajudam a
                 #evitar sobreposição de textos
library(knitr) #formatação de tabelas
library(kableExtra) #formatação de tabelas
library(reshape2) #função 'melt'
library(PerformanceAnalytics) #função 'chart.Correlation' para plotagem
library(psych) #elaboração da fatorial e estatísticas
library(plot3D) #gráficos 3D
library(car) #gráficos 3D com função 'scatter3d'
library(Hmisc) #matriz de correlações com p-values
library(ltm) #determinação do alpha de Cronbach pela função 'cronbach.alpha'

# Carregamento da base de dados 'NotasFatorial'
load(file = "NotasFatorial.RData")
```

```
# Visualização da base de dados
NotasFatorial %>%
  kable() %>%
  kable_styling(bootstrap_options = "striped",
                full_width = FALSE,
                font_size = 20)

# Gráfico 3D com scatter
rownames(NotasFatorial) <- NotasFatorial$estudante

scatter3D(x=NotasFatorial$financas,
          y=NotasFatorial$custos,
          z=NotasFatorial$marketing,
          phi = 0, bty = "g", pch = 20, cex = 2,
          xlab = "Finanças",
          ylab = "Custos",
          zlab = "Marketing",
          main = "Notas",
          clab = "Nota de Marketing")>
  text3D(x=NotasFatorial$financas,
         y=NotasFatorial$custos,
         z=NotasFatorial$marketing,
         labels = rownames(NotasFatorial),
         add = TRUE, cex = 1)

# Forma interativa de visualização tridimensional dos dados
scatter3d(marketing ~ custos + financas,
          data = NotasFatorial,
          surface = FALSE,
          point.col = "deepskyblue1")

# Estatísticas descritivas
summary(NotasFatorial)
```

Ao acessar o QR Code ao lado, você encontrará os códigos completos em R® on-line

10.6. CÓDIGOS EM PYTHON PARA OS EXEMPLOS DO CAPÍTULO

```
# Nossos mais sinceros agradecimentos aos Professores Helder Prado Santos e
#Wilson Tarantin Junior pela contribuição com códigos e revisão do material.

# Importação dos pacotes necessários
import pandas as pd #manipulação de dados em formato de dataframe
import numpy as np #biblioteca para operações matemáticas multidimensionais
import plotly.graph_objs as go #gráfico 3D
import matplotlib.pyplot as plt #biblioteca de visualização de dados
import seaborn as sns #biblioteca de visualização de informações estatísticas
import plotly.io as pio #biblioteca para gráficos interativos
pio.renderers.default = 'browser' #biblioteca para gráficos interativos
import scipy.stats as stats #função para padronização de variáveis
```

```python
from scipy.stats import pearsonr #função para correlação de Pearson
from factor_analyzer import FactorAnalyzer #elaboração da análise fatorial
from factor_analyzer.factor_analyzer import calculate_bartlett_sphericity
from factor_analyzer.factor_analyzer import calculate_kmo
from numpy.linalg import eig #cálculo de eigenvalues e eigenvectors
import pingouin as pg #matriz de correlações e determinação do alpha de Cronbach

# Carregamento da base de dados 'NotasFatorial'
df_notas = pd.read_csv('NotasFatorial.csv', delimiter=',')

# Visualização da base de dados 'NotasFatorial'
df_notas

# Características das variáveis do dataset
df_notas.info()

# Gráfico interativo 3D com scatter

trace = go.Scatter3d(
    x=df_notas['finanças'],
    y=df_notas['custos'],
    z=df_notas['marketing'],
    mode='markers',
    marker={
        'size': 10,
        'opacity': 0.8,
    },
)

layout = go.Layout(
    margin={'l': 0, 'r': 0, 'b': 0, 't': 0},
    width=800,
    height=800,
)

data = [trace]

plot_figure = go.Figure(data=data, layout=layout)
plot_figure.update_layout(scene = dict(
                    xaxis_title='finanças',
                    yaxis_title='custos',
                    zaxis_title='marketing'))
plot_figure.show()

# Estatísticas descritivas das variáveis do dataset
df_notas.describe()
```

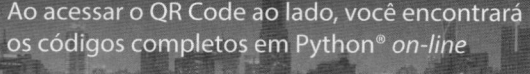
Ao acessar o QR Code ao lado, você encontrará os códigos completos em Python® on-line

10.7. CONSIDERAÇÕES FINAIS

Muitas são as situações em que o pesquisador deseja agrupar variáveis em um ou mais fatores, verificar a validade de constructos previamente estabelecidos, criar fatores ortogonais para posterior uso em técnicas multivariadas confirmatórias que necessitam de ausência de multicolinearidade ou elaborar *rankings* por meio da criação de indicadores de desempenho. Nessas situações, os procedimentos relacionados à análise fatorial são bastante indicados, sendo o mais utilizado o conhecido como componentes principais.

A análise fatorial permite, portanto, que sejam aprimorados os processos decisórios com base no comportamento e na relação de interdependência entre variáveis quantitativas que apresentam relativa intensidade de correlação. Como os fatores gerados a partir das variáveis originais também são variáveis quantitativas, os *outputs* da análise fatorial podem servir de *inputs* em outras técnicas multivariadas, como análise de agrupamentos. A própria estratificação de cada fator em faixas pode permitir que seja avaliada a associação entre essas faixas e as categorias de outras variáveis qualitativas, por meio da análise de correspondência.

O uso dos fatores em técnicas multivariadas confirmatórias também pode fazer sentido quando o pesquisador tem a intenção de elaborar diagnósticos sobre o comportamento de determinada variável dependente e utiliza os fatores extraídos como variáveis explicativas, fato que elimina eventuais problemas de multicolinearidade por serem os fatores ortogonais. A própria consideração de determinada variável qualitativa obtida com base na estratificação em faixas de determinado fator pode ser utilizada, por exemplo, em um modelo de regressão logística multinomial, o que permite a elaboração de um diagnóstico sobre as probabilidades que cada observação tem de pertencer a cada faixa, em função do comportamento de outras variáveis explicativas não inicialmente consideradas na análise fatorial.

Seja qual for o objetivo principal da aplicação da técnica, a análise fatorial pode propiciar a colheita de bons e interessantes frutos de pesquisa úteis à tomada de decisão. Sua elaboração deve ser sempre feita por meio do correto e consciente uso do software escolhido para a modelagem, com base na teoria subjacente e na experiência e intuição do pesquisador.

10.8. EXERCÍCIOS

1) A partir de uma base de dados que contém determinadas variáveis dos clientes (pessoas físicas), os analistas do departamento de CRM (*Customer Relationship Management*) de um banco elaboraram uma análise fatorial por componentes principais, com o intuito de estudar o comportamento conjunto dessas variáveis para, na sequência, propor a criação de um indicador de perfil de investimento. As variáveis utilizadas para a elaboração da modelagem foram:

Variável	Descrição
idade	Idade do cliente i (anos).
rfixa	Percentual de recursos aplicado em fundos de renda fixa (%).
rvariável	Percentual de recursos aplicado em fundos de renda variável (%).
pessoas	Quantidade de pessoas que mora na residência.

Em determinado relatório gerencial, os analistas apresentaram as cargas fatoriais (coeficientes de correlação de Pearson) entre cada variável original e os dois fatores extraídos por meio do critério da raiz latente ou critério de Kaiser. Essas cargas fatoriais encontram-se na tabela a seguir:

Variável	Fator 1	Fator 2
idade	0,917	0,047
rfixa	0,874	0,077
rvariável	-0,844	0,197
pessoas	0,031	0,979

Pede-se:

a) Quais os autovalores correspondentes aos dois fatores extraídos?

b) Quais os percentuais de variância compartilhada por todas as variáveis para a composição de cada fator? Qual o percentual total de variância perdida das quatro variáveis para a extração desses dois fatores?

c) Para cada variável, qual o percentual de variância compartilhada para a formação dos dois fatores (comunalidade)?

d) Qual a expressão de cada variável padronizada em função dos dois fatores extraídos?

e) Elabore o *loading plot* a partir das cargas fatoriais.

f) Interprete os dois fatores com base na distribuição das cargas de cada variável.

2) Um estudioso do comportamento de indicadores sociais e econômicos de nações deseja investigar a relação eventualmente existente entre variáveis relacionadas com corrupção, violência, renda e educação, e, para tanto, levantou dados de 50 países, considerados desenvolvidos ou emergentes, em dois anos consecutivos. Os dados encontram-se nos arquivos **IndicadorPaíses.sav**, **IndicadorPaíses.dta**, **IndicadorPaises.RData** e **IndicadorPaises.csv**, que apresentam as seguintes variáveis:

Variável	Período	Descrição
país		Variável *string* que identifica o país *i*.
cpi1	ano 1	*Corruption Perception Index*, que corresponde à percepção dos cidadãos em relação ao abuso do setor público sobre os benefícios privados de uma nação, cobrindo aspectos administrativos e políticos. Quanto menor o índice, maior a percepção de corrupção no país (*Fonte*: Transparência Internacional).
cpi2	ano 2	
violência1	ano 1	Quantidade de assassinatos a cada 100.000 habitantes (*Fontes*: Organização Mundial da Saúde, Escritório das Nações Unidas para Drogas e Crime e *GIMD Global Burden of Injuries*).
violência2	ano 2	
pib_capita1	ano 1	PIB *per capita* em US$ ajustado pela inflação, com ano base 2000 (*Fonte*: Banco Mundial).
pib_capita2	ano 2	
escol1	ano 1	Quantidade média de anos de escolaridade por pessoas com mais de 25 anos, incluindo ensinos primário, secundário e superior (*Fonte*: *Institute for Health Metrics and Evaluation*).
escol2	ano 2	

A fim de que seja criado, para cada ano, um indicador socioeconômico que dê origem a um *ranking* de países, o estudioso decide elaborar uma análise fatorial por componentes principais a partir das variáveis de cada período. Com base nos resultados obtidos, pede-se:

a) Por meio da estatística KMO e do teste de esfericidade de Bartlett, é possível afirmar que a análise fatorial por componentes principais é apropriada para cada um dos anos de estudo? No caso do teste de esfericidade de Bartlett, utilize o nível de significância de 5%.

b) Quantos fatores são extraídos na análise em cada um dos anos, levando-se em consideração o critério da raiz latente? Qual(is) o(s) autovalor(es) correspondente(s) ao(s) fator(es) extraído(s) em cada ano, bem como o(s) percentual(is) de variância compartilhada por todas as variáveis para a composição desse(s) fator(es)?

c) Para cada variável, qual a carga fatorial e o percentual de variância compartilhada para a formação do(s) fator(es) em cada ano? Ocorreram alterações nas comunalidades de cada variável de um ano para o outro?

d) Qual(is) a(s) expressão(ões) do(s) fator(es) extraído(s) em cada ano, em função das variáveis padronizadas? De um ano para o outro, ocorreram alterações nos *scores* fatoriais das variáveis em cada fator? Discuta a importância de se elaborar uma análise fatorial específica em cada ano para a criação de indicadores.

e) Considerando o fator principal extraído como indicador socioeconômico, elabore o *ranking* dos países a partir desse indicador em cada um dos anos. Houve alterações de um ano para o outro nas posições relativas dos países no *ranking*?

3) O gerente-geral de uma loja pertencente a uma rede de drogarias deseja conhecer a percepção dos consumidores em relação a oito atributos, descritos a seguir:

Atributo (Variável)	Descrição
sortimento	Percepção sobre o sortimento de produtos.
reposição	Percepção sobre a qualidade e rapidez na reposição dos produtos.
layout	Percepção sobre o *layout* da loja.
conforto	Percepção sobre conforto térmico, acústico e visual na loja.
limpeza	Percepção sobre a limpeza geral da loja.
atendimento	Percepção sobre a qualidade do atendimento prestado.
preço	Percepção sobre o nível de preços praticados em relação à concorrência.
desconto	Percepção sobre política de descontos.

Para tanto, realizou, durante determinado período, uma pesquisa com 1.700 clientes no ponto de venda, cujo questionário foi estruturado por grupo de atributos, e a pergunta correspondente a cada atributo solicitava que o consumidor atribuísse uma nota de 0 a 10 para sua percepção em relação àquele atributo, em que 0 correspondia a uma percepção totalmente negativa, e 10, à melhor percepção possível. Por ter certa experiência, o gerente-geral da loja decidiu de antemão juntar as questões em três grupos, de modo que o questionário completo ficasse da seguinte forma:

Com base em sua percepção, preencha o questionário a seguir com notas de 0 a 10, em que a nota 0 significa que sua percepção é totalmente negativa em relação a determinado atributo, e a nota 10, que sua percepção é a melhor possível.	Nota
Produtos e ambiente de loja	
Dê uma nota de 0 a 10 para o sortimento de produtos.	
Dê uma nota de 0 a 10 para a qualidade e rapidez na reposição dos produtos.	
Dê uma nota de 0 a 10 para o *layout* da loja.	
Dê uma nota de 0 a 10 para o conforto térmico, acústico e visual na loja.	
Dê uma nota de 0 a 10 para a limpeza geral da loja.	
Atendimento	
Dê uma nota de 0 a 10 para a qualidade do atendimento prestado.	
Preços e política de descontos	
Dê uma nota de 0 a 10 para o nível de preços praticados em relação à concorrência.	
Dê uma nota de 0 a 10 para a política de descontos.	

O banco de dados completo elaborado pelo gerente-geral da loja encontra-se nos arquivos **PercepçãoDrogaria.sav**, **PercepçãoDrogaria.dta**, **PercepcaoDrogaria.RData** e **PercepcaoDrogaria.csv**. Pede-se:

a) Apresente a matriz de correlações entre cada par de variáveis. Com base na magnitude dos valores dos coeficientes de correlação de Pearson, é possível identificar um primeiro indício de que a análise fatorial poderá agrupar as variáveis em fatores?

b) Por meio do resultado do teste de esfericidade de Bartlett, é possível afirmar, ao nível de significância de 5%, que a análise fatorial por componentes principais é apropriada?

c) Quantos fatores são extraídos na análise, levando-se em consideração o critério da raiz latente? Qual(is) o(s) autovalor(es) correspondente(s) ao(s) fator(es) extraído(s), bem como o(s) percentual(is) de variância compartilhada por todas as variáveis para a composição desse(s) fator(es)?

d) Qual o percentual total de perda de variância das variáveis originais resultante da extração do(s) fator(es) com base no critério da raiz latente?

e) Para cada variável, qual a carga e o percentual de variância compartilhada para a formação do(s) fator(es)?

f) Com a imposição da extração de três fatores, em detrimento do critério da raiz latente, e com base nas novas cargas fatoriais, é possível confirmar o constructo do questionário proposto pelo gerente-geral da loja? Em outras palavras, as variáveis de cada grupo do questionário acabam, de fato, por apresentar maior compartilhamento de variância com um fator comum?

g) Discuta o impacto da decisão de extração de três fatores sobre os valores das comunalidades.

h) Elabore uma rotação Varimax e discuta novamente, com base na redistribuição das cargas fatoriais, o constructo inicialmente proposto no questionário pelo gerente-geral da loja.

i) Apresente o *loading plot* 3D com as cargas fatoriais rotacionadas.

Alpha de Cronbach

A. Breve Apresentação

A estatística **alpha**, proposta por Cronbach (1951), é uma medida utilizada para se avaliar a **consistência interna** das variáveis de um banco de dados, ou seja, é uma medida do **grau de confiabilidade** (*reliability*) com a qual determinada escala, adotada para a definição das variáveis originais, produz resultados consistentes sobre a relação dessas variáveis. Segundo Nunnally e Bernstein (1994), o grau de confiabilidade é definido a partir do comportamento das correlações entre as variáveis originais (ou padronizadas), e, portanto, o alpha de Cronbach pode ser utilizado para se avaliar a fidedignidade com a qual um fator pode ser extraído a partir dessas variáveis, sendo, assim, relacionado com a análise fatorial.

Segundo Rogers, Schmitt e Mullins (2002), embora o alpha de Cronbach não seja a única medida de confiabilidade existente, visto que apresenta restrições relacionadas com a multidimensionalidade, ou seja, com a identificação de múltiplos fatores, pode ser definido como a medida que possibilita avaliar a intensidade com a qual determinado constructo ou fator está presente nas variáveis originais. Dessa forma, um banco de dados com variáveis que compartilhem um único fator tende a apresentar elevado alpha de Cronbach.

Nesse sentido, o alpha de Cronbach não pode ser utilizado para a avaliação da adequação global da análise fatorial, ao contrário da estatística KMO e do teste de esfericidade de Bartlett, visto que sua magnitude oferece ao pesquisador indícios apenas sobre a consistência interna da escala utilizada para a extração de um único fator. Caso seu valor seja baixo, sequer o primeiro fator poderá ser adequadamente extraído, principal razão por que alguns pesquisadores optam por estudar a magnitude do alpha de Cronbach antes da elaboração da análise fatorial, embora essa decisão não represente um requisito obrigatório para a elaboração da técnica.

O alpha de Cronbach pode ser definido por meio da seguinte expressão:

$$\alpha = \frac{k}{k-1} \cdot \left[1 - \frac{\sum_{k} \mathrm{var}_k}{\mathrm{var}_{\mathrm{soma}}} \right] \tag{10.41}$$

em que:

var_k é a variância da k-ésima variável, e

$$\mathrm{var}_{\mathrm{soma}} = \frac{\sum_{i=1}^{n} \left(\sum_{k} X_{ki} \right)^2 - \dfrac{\left(\sum_{i=1}^{n} \sum_{k} X_{ki} \right)^2}{n}}{n-1} \tag{10.42}$$

que representa a variância da soma de cada linha do banco de dados, ou seja, a variância da soma dos valores correspondentes a cada observação. Além disso, sabemos que n é o tamanho da amostra, e k, o número de variáveis X.

Logo, podemos afirmar que, se ocorrerem consistências nos valores das variáveis, o termo $\mathrm{var}_{\mathrm{soma}}$ será grande o suficiente para que alpha (α) tenda a 1. Por outro lado, variáveis que apresentam correlações baixas, possivelmente decorrentes da presença de valores aleatórios nas observações, farão o termo $\mathrm{var}_{\mathrm{soma}}$ regredir à soma das variâncias de cada variável (var_k), o que fará alpha (α) tender a 0.

Embora não haja um consenso na literatura sobre o valor de alpha a partir do qual exista consistência interna das variáveis do banco de dados, é interessante que o resultado obtido seja maior que 0,6 quando da aplicação de técnicas exploratórias.

Na sequência, apresentaremos o cálculo do alpha de Cronbach para os dados do exemplo utilizado ao longo do capítulo.

B. Determinação Algébrica do Alpha de Cronbach

A partir das variáveis padronizadas do exemplo estudado ao longo do capítulo, podemos elaborar a Tabela 10.19, que nos ajuda para o cálculo do alpha de Cronbach.

Tabela 10.19 Procedimento para cálculo do alpha de Cronbach.

Estudante	$Zfinanças_i$	$Zcustos_i$	$Zmarketing_i$	$Zatuária_i$	$\sum_{k=4} X_{ki}$	$\left(\sum_{k=4} X_{ki}\right)^2$
Gabriela	-0,011	-0,290	-1,650	0,273	-1,679	2,817
Luiz Felipe	-0,876	-0,697	1,532	-1,319	-1,360	1,849
Patrícia	-0,876	-0,290	-0,590	-0,523	-2,278	5,191
Gustavo	1,334	1,337	0,825	1,069	4,564	20,832
Letícia	-0,779	-1,104	-0,872	-0,841	-3,597	12,939
Ovídio	1,334	2,150	-1,650	1,865	3,699	13,682
Leonor	-0,267	0,116	0,825	-0,125	0,549	0,301
Dalila	-0,139	0,523	0,118	0,273	0,775	0,600
Antônio	0,021	-0,290	-0,590	-0,523	-1,382	1,909
			...			
Estela	0,982	0,113	-1,297	1,069	0,868	0,753
Variância	**1,000**	**1,000**	**1,000**	**1,000**	$\left(\sum_{i=1}^{100}\sum_{k=4} X_{ki}\right)^2 = 0$	$\sum_{i=1}^{100}\left(\sum_{k=4} X_{ki}\right)^2 = 832,570$

Logo, com base na expressão (10.42), temos que:

$$\text{var}_{\text{soma}} = \frac{832,570}{99} = 8,410$$

e, fazendo uso da expressão (10.41), podemos calcular o alpha de Cronbach:

$$\alpha = \frac{4}{3} \cdot \left[1 - \frac{4}{8,410}\right] = 0,699$$

Podemos considerar esse valor aceitável para a consistência interna das variáveis de nosso banco de dados. Entretanto, conforme estudamos quando da determinação do alpha de Cronbach no SPSS, no Stata, no R e no Python, existe perda considerável de confiabilidade pelo fato de as variáveis originais não estarem medindo o mesmo fator, ou seja, a mesma dimensão, visto que esta estatística apresenta restrições relacionadas com a multidimensionalidade. Ou seja, caso não incluíssemos a variável *marketing* no cálculo do alpha de Cronbach, seu valor seria consideravelmente maior, o que indica que essa variável não contribui para o constructo, ou para o primeiro fator, formado pelas demais variáveis (*finanças*, *custos* e *atuária*).

A planilha completa com o cálculo do alpha de Cronbach pode ser acessada por meio do arquivo **AlphaCronbach.xls**.

De maneira análoga ao realizado ao longo do capítulo, apresentaremos, na sequência, os procedimentos para obtenção do alpha de Cronbach no SPSS e no Stata.

C. Determinação do Alpha de Cronbach no SPSS

Vamos novamente fazer uso do arquivo **NotasFatorial.sav**.

Para que possamos determinar o alpha de Cronbach com base nas variáveis padronizadas, devemos inicialmente padronizá-las pelo procedimento *Zscores*. Para tanto, vamos clicar em **Analyze → Descriptive Statistics**

→ **Descriptives...** Ao selecionarmos todas as variáveis originais, devemos clicar em **Save standardized values as variables**. Embora esse procedimento específico não seja mostrado aqui, após clicarmos em **OK**, as variáveis padronizadas serão geradas no próprio banco de dados.

Na sequência, vamos clicar em **Analyze → Scale → Reliability Analysis...** Uma caixa de diálogo será aberta. Devemos inserir as variáveis padronizadas em **Items**, conforme mostra a Figura 10.49.

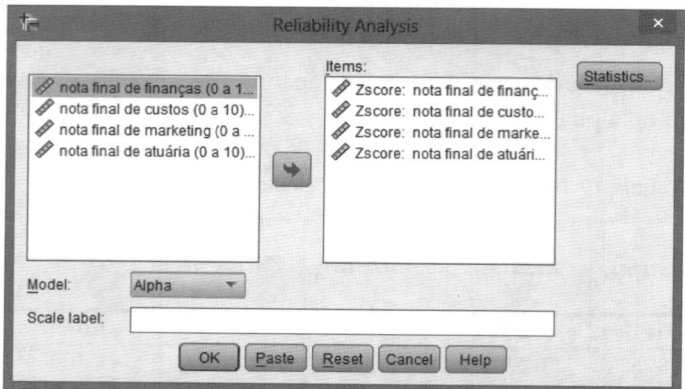

Figura 10.49 Caixa de diálogo para determinação do alpha de Cronbach no SPSS.

Na sequência, em **Statistics...**, devemos marcar a opção **Scale if item deleted**, conforme mostra a Figura 10.50. Essa opção faz com que sejam calculados os diferentes valores de alpha de Cronbach quando se elimina cada variável da análise. O termo **item** é bastante referenciado no trabalho de Cronbach (1951) e utilizado como sinônimo de **variável**.

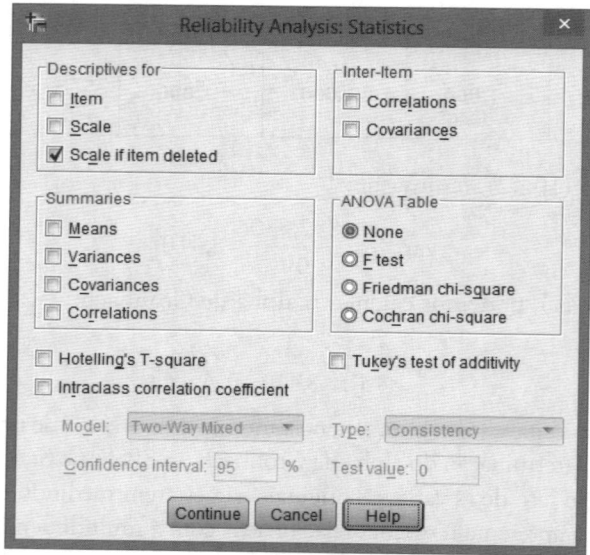

Figura 10.50 Seleção da opção para cálculo do alpha ao se excluir determinada variável.

Em seguida, podemos clicar em **Continue** e em **OK**.

A Figura 10.51 apresenta o resultado do alpha de Cronbach, cujo valor é exatamente igual ao calculado por meio das expressões (10.41) e (10.42) e mostrado na seção anterior.

Reliability Statistics

Cronbach's Alpha	N of Items
,699	4

Figura 10.51 Resultado do alpha de Cronbach no SPSS.

Além disso, a Figura 10.52 ainda apresenta na última coluna os valores que seriam obtidos do alpha de Cronbach, caso determinada variável fosse excluída da análise. Assim, podemos verificar que a presença da variável *marketing* contribui negativamente para a identificação de apenas um fator, pois, conforme sabemos, essa variável apresenta forte correlação com o segundo fator extraído pela análise de componentes principais elaborada ao longo do capítulo. Como o alpha de Cronbach é uma medida de confiabilidade unidimensional, a exclusão da variável *marketing* faria seu valor chegar a 0,904.

Item-Total Statistics

	Scale Mean if Item Deleted	Scale Variance if Item Deleted	Corrected Item-Total Correlation	Cronbach's Alpha if Item Deleted
Zscore: nota final de finanças (0 a 10)	,0000000	4,536	,675	,508
Zscore: nota final de custos (0 a 10)	,0000000	4,274	,758	,447
Zscore: nota final de marketing (0 a 10)	,0000000	7,552	-,026	,904
Zscore: nota final de atuária (0 a 10)	,0000000	4,458	,699	,491

Figura 10.52 Alpha de Cronbach quando da exclusão de cada variável.

Na sequência, obteremos os mesmos *outputs* por meio da aplicação de comandos específicos no Stata.

D. Determinação do Alpha de Cronbach no Stata

Vamos agora abrir o arquivo **NotasFatorial.dta**.

A fim de que seja calculado o alpha de Cronbach, devemos digitar o seguinte comando:

```
alpha finanças custos marketing atuária, asis std
```

em que o termo **std** faz com que seja calculado o alpha de Cronbach a partir das variáveis padronizadas, mesmo que tenham sido consideradas as variáveis originais no comando **alpha**.

O *output* gerado encontra-se na Figura 10.53.

```
. alpha finanças custos marketing atuária, asis std

Test scale = mean(standardized items)

Average interitem correlation:      0.3675
Number of items in the scale:            4
Scale reliability coefficient:      0.6992
```

Figura 10.53 Resultado do alpha de Cronbach no Stata.

Caso o pesquisador opte por obter os valores do alpha de Cronbach quando da exclusão de cada uma das variáveis, assim como realizado no SPSS, poderá digitar o seguinte comando:

```
alpha finanças custos marketing atuária, asis std item
```

Os novos *outputs* são apresentados na Figura 10.54, em que os valores da última coluna são exatamente iguais aos apresentados na Figura 10.52, o que corrobora o fato de que as variáveis *finanças*, *custos* e *atuária* apresentam elevada consistência interna para a determinação de um único fator.

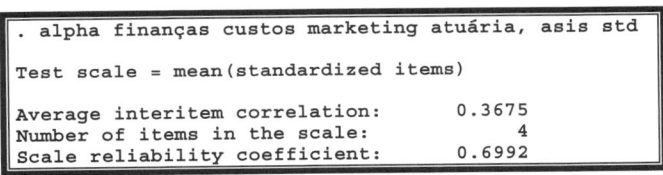

```
. alpha finanças custos marketing atuária, asis std item

Test scale = mean(standardized items)

                                                        average
                          item-test     item-rest     interitem
Item        | Obs  Sign   correlation   correlation   correlation   alpha
------------+-------------------------------------------------------------
finanças    | 100    +      0.8404        0.6748        0.2559      0.5079
custos      | 100    +      0.8855        0.7585        0.2123      0.4471
marketing   | 100    +      0.3204       -0.0258        0.7586      0.9041
atuária     | 100    +      0.8537        0.6989        0.2431      0.4907
------------+-------------------------------------------------------------
Test scale  |                                           0.3675      0.6992
------------+-------------------------------------------------------------
```

Figura 10.54 Consistência interna ao se excluir cada variável – Última coluna.

## CAPÍTULO 11

Análise de Correspondência Simples e Múltipla

O mundo recompensa com mais frequência as aparências do mérito do que o próprio mérito.
François de La Rochefoucauld

Ao final deste capítulo, você será capaz de:

- Estabelecer as circunstâncias a partir das quais as técnicas de análise de correspondência podem ser utilizadas.
- Saber diferenciar a análise de correspondência simples da análise de correspondência múltipla.
- Entender como os bancos de dados devem ser dispostos para a elaboração das técnicas.
- Saber interpretar os resultados do teste χ^2.
- Compreender os conceitos de frequências absolutas e relativas e de resíduos em tabelas de contingência.
- Saber calcular e interpretar as inércias principais parciais e totais.
- Gerar coordenadas das categorias das variáveis e construir mapas perceptuais.
- Entender as diferenças entre o método da matriz binária e o método da matriz de Burt para a elaboração da análise de correspondência múltipla.
- Elaborar as técnicas de análise de correspondência simples e múltipla de maneira algébrica e por meio do IBM SPSS Statistics Software® e do Stata Statistical Software® e interpretar seus resultados.
- Implementar códigos em R® e Python® para a elaboração da análise de correspondência simples e múltipla e a interpretação dos resultados.

Bancos de Dados, Códigos e Projects deste capítulo

11.1. INTRODUÇÃO

As técnicas exploratórias de análise de correspondência simples e múltipla são muito úteis quando há a intenção de se trabalhar com variáveis que apresentam dados categóricos, como as variáveis qualitativas, e deseja-se investigar a **associação** entre as variáveis e entre suas categorias.

Imagine que um pesquisador tenha interesse em estudar a **relação de interdependência** entre duas variáveis categóricas, por exemplo, comportamento de consumo, descrito pela preferência por determinados tipos de estabelecimento varejista, e faixa de idade dos consumidores. Nessa situação, a **análise de correspondência simples** pode ser utilizada, uma vez que é uma técnica bivariada que permite investigar a associação entre duas, e somente duas, variáveis categóricas.

Em outra situação, pode-se investigar a relação entre o país de origem, o setor de atuação e a faixa de lucratividade de empresas de capital aberto. Nesse caso, a **análise de correspondência múltipla** pode ser utilizada, já que se trata de uma técnica multivariada que possibilita a investigação da existência de associação entre mais de duas variáveis categóricas.

Segundo Greenacre (2008), as técnicas de análise de correspondência são métodos de representação de linhas e colunas de tabelas cruzadas de dados como **coordenadas** em um gráfico, chamado **mapa perceptual**, a partir do qual se podem interpretar as similaridades e diferenças de comportamento entre variáveis e entre categorias. Portanto, essas técnicas têm como principal objetivo avaliar a significância dessas similaridades, determinar coordenadas das categorias com base na distribuição dos dados em tabelas cruzadas e, a partir dessas coordenadas, construir **mapas perceptuais**, que nada mais são que **diagramas de dispersão** que representam as categorias das variáveis na forma de pontos em relação a eixos de coordenadas ortogonais. São, portanto, mapas de categorias.

Embora a origem teórica dessas técnicas regrida à primeira metade do século XX, com o seminal trabalho de Hirschfeld (1935), foi o matemático e linguista francês Jean-Paul Benzécri que deu um impulso realmente significativo às aplicações modernas da análise de correspondência, a partir da década de 1960, com estudos realizados na Universidade de Rennes e, posteriormente, na Universidade de Paris. Anos mais tarde, o holandês Jan de Leeuw e o japonês Chikio Hayashi também fizeram importantes contribuições para o desenvolvimento teórico e prático das técnicas. Em 1984, Greenacre publica uma importante obra (*Theory and Applications of Correspondence Analysis*), que acaba por contribuir para uma ampla difusão das técnicas de análise de correspondência em diversas partes do mundo.

As técnicas de análise de correspondência simples e múltipla permitem considerar todo e qualquer tipo de categoria de variáveis, sem que o pesquisador precise fazer uso do **incorreto procedimento de ponderação arbitrária**, infelizmente ainda tão praticado em ambientes acadêmicos e organizacionais. Variáveis em **escala Likert**, por exemplo, sofrem constantemente com esse tipo de manipulação, visto que, com frequência, pesquisadores atribuem pesos arbitrários a cada uma das possíveis categorias. As técnicas de análise de correspondência são bastante úteis para que o pesquisador perceba a incoerência desse tipo de prática!

Conforme discutido nos dois capítulos anteriores, a análise de correspondência deve ser definida com base na teoria subjacente e na experiência do pesquisador, de modo que seja possível aplicá-la de forma correta e analisar os resultados obtidos.

Neste capítulo, trataremos das técnicas de análise de correspondência simples e múltipla, com os seguintes objetivos: (1) introduzir os conceitos; (2) apresentar, de maneira algébrica e prática, o passo a passo da modelagem; (3) interpretar os resultados obtidos; e (4) propiciar a aplicação das técnicas em SPSS, Stata, R e Python. Seguindo a lógica dos dois capítulos anteriores, será inicialmente elaborada a solução algébrica de um exemplo vinculada à apresentação dos conceitos. Somente após a introdução dos conceitos serão apresentados os procedimentos para a elaboração das técnicas em SPSS, Stata, R e Python.

11.2. ANÁLISE DE CORRESPONDÊNCIA SIMPLES

A análise de correspondência simples, também conhecida por **Anacor**, é uma técnica de análise bivariada por meio da qual é estudada a associação entre duas variáveis categóricas e entre suas categorias, bem como a intensidade dessa associação, a partir de uma tabela cruzada de dados, conhecida por **tabela de contingência**, em que são dispostas em cada célula as **frequências absolutas observadas** para cada par de categorias das duas variáveis. A tabela de contingência também é chamada de **tabela de correspondência**, **tabela de classificação cruzada** ou *cross-tabulation*.

Nas seções seguintes, apresentaremos o desenvolvimento teórico da técnica, bem como a elaboração de um exemplo prático. Enquanto nas seções 11.2.1 a 11.2.4 serão apresentados os principais conceitos, a seção 11.2.5 é destinada à resolução de um exemplo prático por meio de solução algébrica a partir de um banco de dados.

11.2.1. Notação

Imaginemos um banco de dados que apresenta apenas e tão somente duas variáveis categóricas, em que a primeira possui I categorias, e a segunda, J categorias. Logo, a partir desse banco de dados, é possível definir uma tabela de contingência $\mathbf{X_o}$ (*cross-tabulation*) que apresenta as frequências absolutas observadas das categorias das duas variáveis, em que determinada célula ij contém certa quantidade n_{ij} ($i = 1, ..., I$ e $j = 1, ..., J$) de observações. A quantidade total de observações N do banco de dados pode, portanto, ser expressa por:

$$N = \sum_{i=1}^{I} \sum_{j=1}^{J} n_{ij}$$

(11.1)

A representação geral de uma tabela de contingência é:

Tabela 11.1 Representação geral de uma tabela de contingência (frequências absolutas observadas).

	1	2	...	J
1	n_{11}	n_{12}		n_{1J}
2	n_{21}	n_{22}	...	n_{2J}
⋮	⋮	⋮		⋮
I	n_{I1}	n_{I2}		n_{IJ}

Na forma matricial, a tabela pode ser representada da seguinte maneira:

$$\mathbf{X_o} = \begin{pmatrix} n_{11} & n_{12} & \cdots & n_{1J} \\ n_{21} & n_{22} & \cdots & n_{2J} \\ \vdots & \vdots & \ddots & \vdots \\ n_{I1} & n_{I2} & \cdots & n_{IJ} \end{pmatrix} \tag{11.2}$$

Como um dos principais objetivos da análise de correspondência simples é estudar a existência de associação estatisticamente significante a determinado nível de significância entre duas variáveis categóricas e entre as categorias de cada uma, devemos partir para o estudo do teste χ^2 e dos resíduos em tabelas de contingência.

11.2.2. Associação entre duas variáveis categóricas e entre suas categorias: teste χ^2 e análise dos resíduos

Uma vez que a matriz $\mathbf{X_o}$ da expressão (11.2) apresenta as frequências absolutas observadas para cada combinação de categorias das duas variáveis, podemos definir a expressão de uma matriz $\mathbf{X_e}$ que oferece as **frequências absolutas esperadas** em cada célula. Para tanto, à Tabela 11.1 podem ser acrescentados os valores totais das frequências absolutas observadas em cada linha e coluna, conforme mostra a Tabela 11.2.

Tabela 11.2 Tabela de contingência com valores totais por linha e coluna.

	1	2	...	J	Total
1	n_{11}	n_{12}		n_{1J}	$\sum l_1$
2	n_{21}	n_{22}	...	n_{2J}	$\sum l_2$
⋮	⋮	⋮		⋮	⋮
I	n_{I1}	n_{I2}		n_{IJ}	$\sum l_I$
Total	$\sum c_1$	$\sum c_2$	...	$\sum c_J$	N

Obviamente, sabemos que:

$$\sum c_1 + \sum c_2 + ... + \sum c_J = \sum l_1 + \sum l_2 + ... + \sum l_I = N \tag{11.3}$$

Logo, a tabela que apresenta as frequências absolutas esperadas de cada célula pode ser definida de acordo com o apresentado na Tabela 11.3.

Tabela 11.3 Tabela com frequências absolutas esperadas em cada célula.

	1	2	...	J
1	$\left(\dfrac{\sum c_1 \cdot \sum l_1}{N}\right)$	$\left(\dfrac{\sum c_2 \cdot \sum l_1}{N}\right)$		$\left(\dfrac{\sum c_J \cdot \sum l_1}{N}\right)$
2	$\left(\dfrac{\sum c_1 \cdot \sum l_2}{N}\right)$	$\left(\dfrac{\sum c_2 \cdot \sum l_2}{N}\right)$	...	$\left(\dfrac{\sum c_J \cdot \sum l_2}{N}\right)$
$\vdots$	$\vdots$			$\vdots$
I	$\left(\dfrac{\sum c_1 \cdot \sum l_I}{N}\right)$	$\left(\dfrac{\sum c_2 \cdot \sum l_I}{N}\right)$		$\left(\dfrac{\sum c_J \cdot \sum l_I}{N}\right)$

Na forma matricial, essa tabela pode ser escrita como:

$$\mathbf{X}_e = \begin{pmatrix} \left(\dfrac{\sum c_1 \cdot \sum l_1}{N}\right) & \left(\dfrac{\sum c_2 \cdot \sum l_1}{N}\right) & \cdots & \left(\dfrac{\sum c_J \cdot \sum l_1}{N}\right) \\ \left(\dfrac{\sum c_1 \cdot \sum l_2}{N}\right) & \left(\dfrac{\sum c_2 \cdot \sum l_2}{N}\right) & \cdots & \left(\dfrac{\sum c_J \cdot \sum l_2}{N}\right) \\ \vdots & \vdots & \ddots & \vdots \\ \left(\dfrac{\sum c_1 \cdot \sum l_I}{N}\right) & \left(\dfrac{\sum c_2 \cdot \sum l_I}{N}\right) & \cdots & \left(\dfrac{\sum c_J \cdot \sum l_I}{N}\right) \end{pmatrix} \tag{11.4}$$

Portanto, podemos definir uma **matriz de resíduos**, **E**, cujos valores se referem às diferenças, para cada célula, entre as frequências absolutas observadas e esperadas. Logo, temos que:

$$\mathbf{E} = \begin{pmatrix} n_{11} - \left(\dfrac{\sum c_1 \cdot \sum l_1}{N}\right) & n_{12} - \left(\dfrac{\sum c_2 \cdot \sum l_1}{N}\right) & \cdots & n_{1J} - \left(\dfrac{\sum c_J \cdot \sum l_1}{N}\right) \\ n_{21} - \left(\dfrac{\sum c_1 \cdot \sum l_2}{N}\right) & n_{22} - \left(\dfrac{\sum c_2 \cdot \sum l_2}{N}\right) & \cdots & n_{2J} - \left(\dfrac{\sum c_J \cdot \sum l_2}{N}\right) \\ \vdots & \vdots & \ddots & \\ n_{I1} - \left(\dfrac{\sum c_1 \cdot \sum l_I}{N}\right) & n_{I2} - \left(\dfrac{\sum c_2 \cdot \sum l_I}{N}\right) & \cdots & n_{IJ} - \left(\dfrac{\sum c_J \cdot \sum l_I}{N}\right) \end{pmatrix} \tag{11.5}$$

E, com base nas matrizes $\mathbf{X}_e$ e $\mathbf{E}$, podemos definir a estatística χ^2 conforme segue, de maneira análoga ao exposto na expressão (3.1) do Capítulo 3:

$$\chi^2 = \sum_{i=1}^{I} \sum_{j=1}^{J} \frac{\left[n_{ij} - \left(\dfrac{\sum c_j \cdot \sum l_i}{N}\right) \right]^2}{\left(\dfrac{\sum c_j \cdot \sum l_i}{N}\right)} \tag{11.6}$$

com $(I-1) \times (J-1)$ graus de liberdade, conforme estudamos no Capítulo 3.

Em outras palavras, a estatística χ^2 corresponde à somatória, para todas as células, dos valores correspondentes à razão entre o resíduo ao quadrado e a frequência esperada em cada célula. Sendo assim, para dado número de graus de liberdade e determinado nível de significância, se o valor total da estatística χ^2 for maior que seu valor crítico, poderemos afirmar que existe associação estatisticamente significante entre as duas variáveis categóricas, ou seja, a distribuição das frequências das categorias de uma variável segundo as categorias da outra não será aleatória, e, portanto, haverá um padrão de dependência entre essas variáveis. Podemos, portanto, definir as hipóteses nula e alternativa do teste χ^2 referente a essa estatística da seguinte maneira:

H_0: as duas variáveis categóricas se associam de forma aleatória.

H_1: a associação entre as duas variáveis categóricas não se dá de forma aleatória.

É importante mencionar que a estatística χ^2 aumenta à medida que cresce o tamanho da amostra (N), o que pode prejudicar a análise da associação existente em tabelas de contingência. Para que tal problema seja superado, segundo Beh (2004), a análise de correspondência faz uso da **inércia principal total** de uma tabela de contingência para descrever o nível de associação entre duas variáveis categóricas, expressa por:

$$I_T = \frac{\chi^2}{N} \tag{11.7}$$

Ainda segundo Beh (2004), a decomposição da inércia principal total de uma tabela de contingência pode auxiliar o pesquisador na identificação de fontes importantes de informação que possam ajudar a descrever a associação entre duas variáveis categóricas e, como consequência, propiciar a construção de mapas perceptuais. O tipo mais comum de decomposição inercial corresponde à **determinação de autovalores**, a ser abordada na próxima seção.

Antes disso, porém, precisamos elaborar um estudo mais aprofundado das relações entre as duas variáveis, com foco em suas categorias, fazendo uso dos **resíduos padronizados** e dos **resíduos padronizados ajustados**. Enquanto o teste χ^2 permite avaliar se a distribuição das frequências das categorias de uma variável segundo as categorias da outra é aleatória ou se há um padrão de dependência entre as duas, a análise dos resíduos padronizados ajustados, segundo Batista, Escuder e Pereira (2004), revela os padrões característicos de cada categoria de uma variável segundo o excesso ou a falta de ocorrências de sua combinação com cada categoria da outra variável. Vamos, então, introduzir seus conceitos.

Seguindo Barnett e Lewis (1994), podemos definir os resíduos padronizados em uma tabela de contingência dividindo-se em cada célula o valor do resíduo calculado pela raiz quadrada da respectiva frequência absoluta esperada. Sendo assim, temos, para determinada célula ij ($i = 1, ..., I$ e $j = 1, ..., J$), que:

$$e_{\text{padronizado}_{ij}} = \frac{n_{ij} - ne_{ij}}{\sqrt{ne_{ij}}} \tag{11.8}$$

em que n_{ij} e ne_{ij} se referem, respectivamente, às frequências absolutas observadas e às frequências absolutas esperadas. Portanto, com base na Tabela 11.3 e na expressão (11.4), podemos definir uma **matriz de resíduos padronizados**, $\mathbf{E}_{\text{padronizado}}$, da seguinte forma:

$$\mathbf{E}_{\text{padronizado}} = \begin{pmatrix} \dfrac{n_{11} - \left(\dfrac{\sum c_1 \cdot \sum l_1}{N}\right)}{\sqrt{\left(\dfrac{\sum c_1 \cdot \sum l_1}{N}\right)}} & \dfrac{n_{12} - \left(\dfrac{\sum c_2 \cdot \sum l_1}{N}\right)}{\sqrt{\left(\dfrac{\sum c_2 \cdot \sum l_1}{N}\right)}} & \cdots & \dfrac{n_{1J} - \left(\dfrac{\sum c_J \cdot \sum l_1}{N}\right)}{\sqrt{\left(\dfrac{\sum c_J \cdot \sum l_1}{N}\right)}} \\[3em] \dfrac{n_{21} - \left(\dfrac{\sum c_1 \cdot \sum l_2}{N}\right)}{\sqrt{\left(\dfrac{\sum c_1 \cdot \sum l_2}{N}\right)}} & \dfrac{n_{22} - \left(\dfrac{\sum c_2 \cdot \sum l_2}{N}\right)}{\sqrt{\left(\dfrac{\sum c_2 \cdot \sum l_2}{N}\right)}} & \cdots & \dfrac{n_{2J} - \left(\dfrac{\sum c_J \cdot \sum l_2}{N}\right)}{\sqrt{\left(\dfrac{\sum c_J \cdot \sum l_2}{N}\right)}} \\[3em] \vdots & \vdots & \ddots & \cdots \\[2em] \dfrac{n_{I1} - \left(\dfrac{\sum c_1 \cdot \sum l_I}{N}\right)}{\sqrt{\left(\dfrac{\sum c_1 \cdot \sum l_I}{N}\right)}} & \dfrac{n_{I2} - \left(\dfrac{\sum c_2 \cdot \sum l_I}{N}\right)}{\sqrt{\left(\dfrac{\sum c_2 \cdot \sum l_I}{N}\right)}} & \cdots & \dfrac{n_{IJ} - \left(\dfrac{\sum c_J \cdot \sum l_I}{N}\right)}{\sqrt{\left(\dfrac{\sum c_J \cdot \sum l_I}{N}\right)}} \end{pmatrix} \tag{11.9}$$

A partir dos resíduos padronizados, podemos calcular os resíduos padronizados ajustados propostos por Haberman (1973), cuja expressão geral, para cada célula ij ($i = 1, ..., I$ e $j = 1, ..., J$), é dada por:

$$e_{\text{padronizado ajustado}_{ij}} = \frac{e_{\text{padronizado}_{ij}}}{\sqrt{\left(1 - \frac{\sum c_j}{N}\right) \cdot \left(1 - \frac{\sum l_i}{N}\right)}} \tag{11.10}$$

e, analogamente, podemos definir uma **matriz de resíduos padronizados ajustados**, $\mathbf{E}_{\text{padronizado ajustado}}$, da seguinte maneira:

$$\mathbf{E}_{\text{padronizado ajustado}} = \begin{pmatrix} \dfrac{e_{\text{padronizado}_{11}}}{\sqrt{\left(1 - \frac{\sum c_1}{N}\right) \cdot \left(1 - \frac{\sum l_1}{N}\right)}} & \dfrac{e_{\text{padronizado}_{12}}}{\sqrt{\left(1 - \frac{\sum c_2}{N}\right) \cdot \left(1 - \frac{\sum l_1}{N}\right)}} & \cdots & \dfrac{e_{\text{padronizado}_{1J}}}{\sqrt{\left(1 - \frac{\sum c_J}{N}\right) \cdot \left(1 - \frac{\sum l_1}{N}\right)}} \\[2em] \dfrac{e_{\text{padronizado}_{21}}}{\sqrt{\left(1 - \frac{\sum c_1}{N}\right) \cdot \left(1 - \frac{\sum l_2}{N}\right)}} & \dfrac{e_{\text{padronizado}_{22}}}{\sqrt{\left(1 - \frac{\sum c_2}{N}\right) \cdot \left(1 - \frac{\sum l_2}{N}\right)}} & \cdots & \dfrac{e_{\text{padronizado}_{2J}}}{\sqrt{\left(1 - \frac{\sum c_J}{N}\right) \cdot \left(1 - \frac{\sum l_2}{N}\right)}} \\[1em] \vdots & \vdots & \ddots & \vdots \\[1em] \dfrac{e_{\text{padronizado}_{I1}}}{\sqrt{\left(1 - \frac{\sum c_1}{N}\right) \cdot \left(1 - \frac{\sum l_I}{N}\right)}} & \dfrac{e_{\text{padronizado}_{I2}}}{\sqrt{\left(1 - \frac{\sum c_2}{N}\right) \cdot \left(1 - \frac{\sum l_I}{N}\right)}} & \cdots & \dfrac{e_{\text{padronizado}_{IJ}}}{\sqrt{\left(1 - \frac{\sum c_J}{N}\right) \cdot \left(1 - \frac{\sum l_I}{N}\right)}} \end{pmatrix} \tag{11.11}$$

Segundo Batista, Escuder e Pereira (2004), tanto para o estudo da associação entre as variáveis (teste χ^2) quanto para o dos padrões característicos de cada categoria de uma variável segundo o excesso ou a falta de ocorrências de sua combinação com cada categoria da outra variável (análise dos resíduos padronizados ajustados), é comum adotar, como veremos mais adiante, o nível de significância de 5% para o excesso de ocorrências em determinada célula, que corresponde a um resíduo padronizado ajustado com valor positivo superior a 1,96 (distribuição normal padrão, conforme mostra a Tabela E do apêndice do livro). Nesse sentido, caso determinada célula apresente um resíduo padronizado ajustado com valor superior a 1,96, poderemos caracterizar a associação entre as duas categorias correspondentes a ela (cada uma proveniente de uma variável).

Sendo assim, tão importante quanto avaliar a existência de associação estatisticamente significante entre duas variáveis categóricas é estudar a relação de dependência entre cada par de categorias, o que, inclusive, facilitará a análise do mapa perceptual a ser construído, como veremos no final da seção 11.2.5.

Elaboradas as análises, podemos, de fato, partir para o estudo da decomposição inercial, a fim de que sejam definidas as coordenadas de cada categoria de cada variável e, consequentemente, construído o mapa perceptual.

11.2.3. Decomposição inercial: a determinação de autovalores

Tradicionalmente, o método de decomposição de autovalores é conhecido por **método Eckart-Young**, em que são gerados m autovalores, sendo $m = \text{mín}(I - 1, J - 1)$. Se, por exemplo, determinada base de dados oferecer uma tabela de contingência com dimensões (3×3), serão calculados $m = 2$ autovalores que, na análise de correspondência, também são chamados de **inércias principais parciais**.

Inicialmente, vamos definir uma matriz de proporções **P**, também conhecida por **matriz de frequências relativas observadas**, cujos valores são calculados com base na matriz $\mathbf{X_o}$, conforme mostra a Tabela 11.4.

Tabela 11.4 Tabela com frequências relativas observadas em cada célula.

	1	2	...	J	Total
1	$\dfrac{n_{11}}{N}$	$\dfrac{n_{12}}{N}$		$\dfrac{n_{1J}}{N}$	$\dfrac{\sum l_1}{N}$
2	$\dfrac{n_{21}}{N}$	$\dfrac{n_{22}}{N}$	...	$\dfrac{n_{2J}}{N}$	$\dfrac{\sum l_2}{N}$
⋮	⋮	⋮		⋮	⋮
I	$\dfrac{n_{I1}}{N}$	$\dfrac{n_{I2}}{N}$		$\dfrac{n_{IJ}}{N}$	$\dfrac{\sum l_I}{N}$
Total	$\dfrac{\sum c_1}{N}$	$\dfrac{\sum c_2}{N}$	...	$\dfrac{\sum c_J}{N}$	1,00

Na forma matricial, essa tabela pode ser representada por:

$$\mathbf{P} = \frac{1}{N} \cdot \mathbf{X_o} = \begin{pmatrix} \dfrac{n_{11}}{N} & \dfrac{n_{12}}{N} & \cdots & \dfrac{n_{1J}}{N} \\ \dfrac{n_{21}}{N} & \dfrac{n_{22}}{N} & \cdots & \dfrac{n_{2J}}{N} \\ \vdots & \vdots & \ddots & \vdots \\ \dfrac{n_{I1}}{N} & \dfrac{n_{I2}}{N} & \cdots & \dfrac{n_{IJ}}{N} \end{pmatrix} \tag{11.12}$$

Com base na tabela de frequências relativas observadas (matriz **P**), podemos definir o conceito de **massa**, que representa uma medida de influência ou preponderância de determinada categoria em relação às demais, com base em sua frequência observada. Sendo assim, podemos determinar as massas das categorias da variável disposta em linha e, da mesma forma, das categorias da variável disposta em coluna na tabela de contingência. As Tabelas 11.5 e 11.6 apresentam essas massas, com destaque para as **massas médias** de cada categoria em linha ou em coluna.

Tabela 11.5 Massas – *Column profiles*.

	1	2	...	J	Massa
1	$\left(\dfrac{n_{11}}{\sum c_1} \right)$	$\left(\dfrac{n_{12}}{\sum c_2} \right)$		$\left(\dfrac{n_{1J}}{\sum c_J} \right)$	$\dfrac{\sum l_1}{N}$
2	$\left(\dfrac{n_{21}}{\sum c_1} \right)$	$\left(\dfrac{n_{22}}{\sum c_2} \right)$	...	$\left(\dfrac{n_{2J}}{\sum c_J} \right)$	$\dfrac{\sum l_2}{N}$
⋮	⋮	⋮		⋮	⋮
I	$\left(\dfrac{n_{I1}}{\sum c_1} \right)$	$\left(\dfrac{n_{I2}}{\sum c_2} \right)$		$\left(\dfrac{n_{IJ}}{\sum c_1} \right)$	$\dfrac{\sum l_I}{N}$
Total	1,000	1,000	...	1,000	

Tabela 11.6 Massas – *Row profiles*.

	1	2	...	J	Total
1	$\left(\dfrac{n_{11}}{\sum l_1}\right)$	$\left(\dfrac{n_{12}}{\sum l_1}\right)$		$\left(\dfrac{n_{1J}}{\sum l_1}\right)$	**1,000**
2	$\left(\dfrac{n_{21}}{\sum l_2}\right)$	$\left(\dfrac{n_{22}}{\sum l_2}\right)$	...	$\left(\dfrac{n_{2J}}{\sum l_2}\right)$	**1,000**
$\vdots$	$\vdots$	$\vdots$		$\vdots$	$\vdots$
I	$\left(\dfrac{n_{I1}}{\sum l_I}\right)$	$\left(\dfrac{n_{I2}}{\sum l_I}\right)$		$\left(\dfrac{n_{IJ}}{\sum l_I}\right)$	**1,000**
Massa	$\dfrac{\sum c_1}{N}$	$\dfrac{\sum c_2}{N}$	...	$\dfrac{\sum c_J}{N}$	

Com base nos valores das massas médias em linha e em coluna, podemos definir duas matrizes diagonais, $\mathbf{D}_l$ e $\mathbf{D}_c$, que contêm, respectivamente, esses valores em suas diagonais principais. Sendo assim, temos que:

$$\mathbf{D}_l = \begin{pmatrix} \dfrac{\sum l_1}{N} & 0 & \cdots & 0 \\ 0 & \dfrac{\sum l_2}{N} & \cdots & 0 \\ \vdots & \vdots & \ddots & \vdots \\ 0 & 0 & \cdots & \dfrac{\sum l_I}{N} \end{pmatrix} \tag{11.13}$$

e

$$\mathbf{D}_c = \begin{pmatrix} \dfrac{\sum c_1}{N} & 0 & \cdots & 0 \\ 0 & \dfrac{\sum c_2}{N} & \cdots & 0 \\ \vdots & \vdots & \ddots & \vdots \\ 0 & 0 & \cdots & \dfrac{\sum c_J}{N} \end{pmatrix} \tag{11.14}$$

Note que, enquanto os valores da diagonal principal da matriz $\mathbf{D}_l$ são oriundos da Tabela 11.5 (*column profiles*), os valores da diagonal principal da matriz $\mathbf{D}_c$ são provenientes da Tabela 11.6 (*row profiles*).

Segundo Johnson e Wichern (2007), a decomposição inercial para a elaboração da análise de correspondência consiste em calcular os autovalores de uma matriz $\mathbf{W} = \mathbf{A'A}$, em que $\mathbf{A}$ pode ser definida da seguinte forma:

$$\mathbf{A} = \mathbf{D}_l^{-1/2} \cdot (\mathbf{P} - lc') \cdot \mathbf{D}_c^{-1/2} \tag{11.15}$$

sendo:

$$\mathbf{P} - lc' = \begin{pmatrix} \left(\dfrac{n_{11}}{N} - \dfrac{\sum l_1}{N} \cdot \dfrac{\sum c_1}{N}\right) & \left(\dfrac{n_{12}}{N} - \dfrac{\sum l_1}{N} \cdot \dfrac{\sum c_2}{N}\right) & \cdots & \left(\dfrac{n_{1J}}{N} - \dfrac{\sum l_1}{N} \cdot \dfrac{\sum c_J}{N}\right) \\ \left(\dfrac{n_{21}}{N} - \dfrac{\sum l_2}{N} \cdot \dfrac{\sum c_1}{N}\right) & \left(\dfrac{n_{22}}{N} - \dfrac{\sum l_2}{N} \cdot \dfrac{\sum c_2}{N}\right) & \cdots & \left(\dfrac{n_{2J}}{N} - \dfrac{\sum l_2}{N} \cdot \dfrac{\sum c_J}{N}\right) \\ \vdots & \vdots & \ddots & \vdots \\ \left(\dfrac{n_{I1}}{N} - \dfrac{\sum l_I}{N} \cdot \dfrac{\sum c_1}{N}\right) & \left(\dfrac{n_{I2}}{N} - \dfrac{\sum l_I}{N} \cdot \dfrac{\sum c_2}{N}\right) & \cdots & \left(\dfrac{n_{IJ}}{N} - \dfrac{\sum l_I}{N} \cdot \dfrac{\sum c_J}{N}\right) \end{pmatrix} \tag{11.16}$$

Pode-se provar que os valores das células da matriz **A** são iguais aos valores das respectivas células da matriz $\mathbf{E}_{\text{padronizado}}$ divididos pela raiz quadrada do tamanho da amostra ($\sqrt{N}$).

Se, por exemplo, **A** for uma matriz (3 × 3), **W** também será uma matriz (3 × 3) com a seguinte expressão:

$$\mathbf{W} = \begin{pmatrix} w_{11} & w_{12} & w_{13} \\ w_{21} & w_{22} & w_{23} \\ w_{31} & w_{32} & w_{33} \end{pmatrix} \tag{11.17}$$

da qual podem ser calculados os autovalores (λ^2) da decomposição inercial, por meio da solução da seguinte equação:

$$\det(\lambda^2 \cdot \mathbf{I} - \mathbf{W}) = \begin{vmatrix} \lambda^2 - w_{11} & -w_{12} & -w_{13} \\ -w_{21} & \lambda^2 - w_{22} & -w_{23} \\ -w_{31} & -w_{32} & \lambda^2 - w_{33} \end{vmatrix} = 0 \tag{11.18}$$

em que **I** é a matriz identidade.

Genericamente, para uma tabela inicial de contingência de dimensões ($I \times J$), os m autovalores obtidos obedecem à seguinte lógica:

$$\lambda_0^2 = 1 \geq \lambda_1^2 \geq \ldots \geq \lambda_m^2 \geq 0, \text{ em que } m = \text{mín}(I - 1, J - 1).$$

Além disso, a inércia principal total, já definida por meio da expressão (11.7), pode ser também escrita com base nos autovalores obtidos, conforme segue:

$$I_T = \frac{\chi^2}{N} = \sum_{k=1}^{m=\text{mín}(I-1,\,J-1)} \lambda_k^2, \, k = 1, 2, \ldots, m \tag{11.19}$$

Em outras palavras, a decomposição inercial em determinada tabela de contingência, representada pelas diferenças entre as frequências absolutas observadas e esperadas, pode ser decomposta em m componentes, que se referem aos valores das inércias principais parciais de cada dimensão e que nada mais são que o quadrado dos **valores singulares** λ_k de cada dimensão. Como a análise de correspondência tem, como um de seus principais objetivos, propiciar ao pesquisador a construção de mapas perceptuais que mostram a relação entre as categorias das variáveis dispostas em linha e em coluna na tabela de contingência, cada componente da inércia principal total será utilizado para que se identifique como determinada linha ou coluna contribui para a construção de cada eixo (**dimensão**) do referido mapa.

Dessa forma, precisamos definir como são calculadas as coordenadas (também chamadas de **scores**) das categorias de cada variável no mapa perceptual, com base nos conceitos estudados até o presente momento.

11.2.4. Definição das coordenadas (*scores*) das categorias no mapa perceptual

Seguindo a mesma lógica proposta por Johnson e Wichern (2007), vamos chamar a matriz diagonal de autovalores da matriz $\mathbf{W} = \mathbf{A'A}$ de Λ^2, em que:

$$\Lambda^2 = \begin{pmatrix} \lambda_1^2 & 0 & \cdots & 0 \\ 0 & \lambda_2^2 & \cdots & 0 \\ \vdots & \vdots & \ddots & \vdots \\ 0 & 0 & \cdots & \lambda_m^2 \end{pmatrix} \tag{11.20}$$

sendo que cada λ_k^2 se refere à inércia principal parcial da k-ésima dimensão, e λ_k, ao respectivo valor singular. Logo, definidos os autovalores da matriz **W**, podemos chegar aos autovetores da mesma matriz, que chamaremos de:

$$\mathbf{V} = \begin{pmatrix} \mathbf{v}_1 \\ \vdots \\ \mathbf{v}_J \end{pmatrix}$$

e

$$\mathbf{U} = \begin{pmatrix} \mathbf{u}_1 \\ \vdots \\ \mathbf{u}_I \end{pmatrix}$$

Johnson e Wichern (2007) provam ainda que a relação entre os autovetores se dá por meio das seguintes expressões:

$$\mathbf{v}_k' = \mathbf{u}_k' \cdot [\mathbf{D}_I^{-1/2} \cdot (\mathbf{P} - l c') \cdot \mathbf{D}_c^{-1/2}] \cdot \lambda_k^{-1} \tag{11.21}$$

e

$$\mathbf{u}_k = [\mathbf{D}_I^{-1/2} \cdot (\mathbf{P} - l c') \cdot \mathbf{D}_c^{-1/2}] \cdot \mathbf{v}_k \cdot \lambda_k^{-1} \tag{11.22}$$

Além disso, Johnson e Wichern (2007) ainda demonstram que:

$$\mathbf{v}_k' \cdot \mathbf{D}_c^{1/2} \cdot \mathbf{1}_J = 0 \tag{11.23}$$

e

$$\mathbf{u}_k' \cdot \mathbf{D}_I^{1/2} \cdot \mathbf{1}_I = 0 \tag{11.24}$$

em que $\mathbf{1}_I$ e $\mathbf{1}_J$ representam, respectivamente, vetores de dimensões $I \times 1$ e $J \times 1$ com valores iguais a 1, respeitadas as seguintes condições:

$$(\mathbf{D}_c^{1/2} \cdot \mathbf{v}_k)' \cdot \mathbf{D}_c^{-1} \cdot (\mathbf{D}_c^{1/2} \cdot \mathbf{v}_k) = \mathbf{v}_k' \cdot \mathbf{v}_k = 1 \tag{11.25}$$

e

$$(\mathbf{D}_I^{1/2} \cdot \mathbf{u}_k)' \cdot \mathbf{D}_I^{-1} \cdot (\mathbf{D}_I^{1/2} \cdot \mathbf{u}_k) = \mathbf{u}_k' \cdot \mathbf{u}_k = 1 \tag{11.26}$$

Definidos a matriz diagonal de autovalores Λ^2 e os autovetores $\mathbf{U}$ e $\mathbf{V}$, as coordenadas (abscissa e ordenada) de cada categoria das variáveis podem ser calculadas com base nas seguintes expressões:

- **Variável em linha na tabela de contingência:**
  - Coordenadas da primeira dimensão (abscissas):

$$\mathbf{X}_I = \begin{pmatrix} \mathbf{x}_{I1} \\ \vdots \\ \mathbf{x}_{II} \end{pmatrix} = \mathbf{D}_I^{-1} \cdot (\mathbf{D}_I^{1/2} \cdot \mathbf{U}) \cdot \Lambda = \sqrt{\lambda_1} \cdot \mathbf{D}_I^{-1/2} \cdot \mathbf{u}_1 \tag{11.27}$$

  - Coordenadas da segunda dimensão (ordenadas):

$$\mathbf{Y}_I = \begin{pmatrix} \mathbf{y}_{I1} \\ \vdots \\ \mathbf{y}_{II} \end{pmatrix} = \mathbf{D}_I^{-1} \cdot (\mathbf{D}_I^{1/2} \cdot \mathbf{U}) \cdot \Lambda = \sqrt{\lambda_2} \cdot \mathbf{D}_I^{-1/2} \cdot \mathbf{u}_2 \tag{11.28}$$

  - Coordenadas da k-ésima dimensão:

$$\mathbf{Z}_I = \begin{pmatrix} \mathbf{z}_{I1} \\ \vdots \\ \mathbf{z}_{II} \end{pmatrix} = \mathbf{D}_I^{-1} \cdot (\mathbf{D}_I^{1/2} \cdot \mathbf{U}) \cdot \Lambda = \sqrt{\lambda_k} \cdot \mathbf{D}_I^{-1/2} \cdot \mathbf{u}_k \tag{11.29}$$

- **Variável em coluna na tabela de contingência:**
  - Coordenadas da primeira dimensão (abscissas):

$$\mathbf{X}_c = \begin{pmatrix} \mathbf{x}_{c1} \\ \vdots \\ \mathbf{x}_{cJ} \end{pmatrix} = \mathbf{D}_c^{-1} \cdot (\mathbf{D}_c^{1/2} \cdot \mathbf{V}) \cdot \Lambda = \sqrt{\lambda_1} \cdot \mathbf{D}_c^{-1/2} \cdot \mathbf{v}_1 \tag{11.30}$$

* Coordenadas da segunda dimensão (ordenadas):

$$\mathbf{Y}_c = \begin{pmatrix} \mathbf{y}_{c1} \\ \vdots \\ \mathbf{y}_{cJ} \end{pmatrix} = \mathbf{D}_c^{-1} \cdot (\mathbf{D}_c^{1/2} \cdot \mathbf{V}) \cdot \Lambda = \sqrt{\lambda_2} \cdot \mathbf{D}_c^{-1/2} \cdot \mathbf{v}_2 \qquad (11.31)$$

* Coordenadas da *k*-ésima dimensão:

$$\mathbf{Z}_c = \begin{pmatrix} \mathbf{z}_{c1} \\ \vdots \\ \mathbf{z}_{cJ} \end{pmatrix} = \mathbf{D}_c^{-1} \cdot (\mathbf{D}_c^{1/2} \cdot \mathbf{V}) \cdot \Lambda = \sqrt{\lambda_k} \cdot \mathbf{D}_c^{-1/2} \cdot \mathbf{v}_k \qquad (11.32)$$

É importante ressaltar que as coordenadas da variável em linha também podem ser obtidas por meio das coordenadas da variável em coluna e vice-versa. Assim, caso o pesquisador tenha apenas as coordenadas das categorias de uma das variáveis, porém possua as massas de cada uma das categorias da outra, além dos valores singulares, poderá calcular as coordenadas das categorias desta última variável. Conforme comentam Fávero *et al.* (2009), as coordenadas das categorias da variável em linha para uma específica dimensão podem ser obtidas multiplicando-se a matriz de massas (*row profiles*) pelo vetor de coordenadas das categorias da variável em coluna e dividindo-se os valores obtidos pelo valor singular daquela determinada dimensão. Analogamente, as coordenadas das categorias da variável em coluna, também para dada dimensão, podem ser obtidas multiplicando-se a matriz de massas (*column profiles*) pelo vetor de coordenadas das categorias da variável em linha e dividindo-se também os valores obtidos pelo valor singular daquela dimensão.

Assim, temos que:

$$\mathbf{X}_l = \begin{pmatrix} \mathbf{x}_{l1} \\ \vdots \\ \mathbf{x}_{lI} \end{pmatrix} = \begin{pmatrix} \left(\dfrac{n_{11}}{\sum l_1}\right) & \left(\dfrac{n_{12}}{\sum l_1}\right) & \cdots & \left(\dfrac{n_{1J}}{\sum l_1}\right) \\ \left(\dfrac{n_{21}}{\sum l_2}\right) & \left(\dfrac{n_{22}}{\sum l_2}\right) & \cdots & \left(\dfrac{n_{2J}}{\sum l_2}\right) \\ \vdots & \vdots & \ddots & \vdots \\ \left(\dfrac{n_{I1}}{\sum l_I}\right) & \left(\dfrac{n_{I2}}{\sum l_I}\right) & \cdots & \left(\dfrac{n_{IJ}}{\sum l_I}\right) \end{pmatrix} \cdot \begin{pmatrix} \mathbf{x}_{c1} \\ \vdots \\ \mathbf{x}_{cJ} \end{pmatrix} \cdot \lambda_1^{-1} \qquad (11.33)$$

e

$$\mathbf{X}_c = \begin{pmatrix} \mathbf{x}_{c1} \\ \vdots \\ \mathbf{x}_{cJ} \end{pmatrix} = \begin{pmatrix} \left(\dfrac{n_{11}}{\sum c_1}\right) & \left(\dfrac{n_{12}}{\sum c_2}\right) & \cdots & \left(\dfrac{n_{1J}}{\sum c_J}\right) \\ \left(\dfrac{n_{21}}{\sum c_1}\right) & \left(\dfrac{n_{22}}{\sum c_2}\right) & \cdots & \left(\dfrac{n_{2J}}{\sum c_J}\right) \\ \vdots & \vdots & \ddots & \vdots \\ \left(\dfrac{n_{I1}}{\sum c_1}\right) & \left(\dfrac{n_{I2}}{\sum c_2}\right) & \cdots & \left(\dfrac{n_{IJ}}{\sum c_J}\right) \end{pmatrix}' \cdot \begin{pmatrix} \mathbf{x}_{l1} \\ \vdots \\ \mathbf{x}_{lI} \end{pmatrix} \cdot \lambda_1^{-1} \qquad (11.34)$$

Com base nas expressões (11.33) e (11.34), podem ser definidas, de forma análoga, as expressões das coordenadas das demais dimensões, sempre levando-se em consideração os respectivos valores singulares.

Por fim, podemos verificar que as coordenadas (*scores*) se relacionam com os valores singulares obtidos por meio das seguintes expressões:

$$\lambda_1 = \sum_{i=1}^{I}\left[(\mathbf{x}_{li})^2 \cdot \left(\frac{\sum l_i}{N}\right)\right] = \sum_{j=1}^{J}\left[(\mathbf{x}_{cj})^2 \cdot \left(\frac{\sum c_j}{N}\right)\right] \tag{11.35}$$

$$\lambda_2 = \sum_{i=1}^{I}\left[(\mathbf{y}_{li})^2 \cdot \left(\frac{\sum l_i}{N}\right)\right] = \sum_{j=1}^{J}\left[(\mathbf{y}_{cj})^2 \cdot \left(\frac{\sum c_j}{N}\right)\right] \tag{11.36}$$

$$\lambda_k = \sum_{i=1}^{I}\left[(\mathbf{z}_{li})^2 \cdot \left(\frac{\sum l_i}{N}\right)\right] = \sum_{j=1}^{J}\left[(\mathbf{z}_{cj})^2 \cdot \left(\frac{\sum c_j}{N}\right)\right] \tag{11.37}$$

As coordenadas $\mathbf{X}$ e $\mathbf{Y}$ obtidas por meio das expressões (11.27) a (11.32) são utilizadas para construir um mapa perceptual conhecido como **mapa simétrico**, em que os pontos que representam as linhas e colunas das categorias das variáveis possuem a mesma escala, também conhecida por **normalização simétrica**. Caso o pesquisador deseje, por outro lado, privilegiar exclusivamente a visualização das massas em linha ou das massas em coluna de determinada tabela de contingência para a construção do mapa perceptual, poderá abrir mão da normalização simétrica e optar, respectivamente, por aquelas conhecidas como **principal linha** e **principal coluna**. Nesses casos, o cálculo das coordenadas é elaborado por expressões apresentadas no Quadro 11.1.

Quadro 11.1 Expressões para determinação das abscissas e ordenadas em mapas perceptuais.

Normalização	Expressão para as abscissas	Expressão para as ordenadas
Simétrica	$\mathbf{X} = \mathbf{D}_l^{-1} \cdot (\mathbf{D}_l^{1/2} \cdot \mathbf{U}) \cdot \Lambda$	$\mathbf{Y} = \mathbf{D}_c^{-1} \cdot (\mathbf{D}_c^{1/2} \cdot \mathbf{V}) \cdot \Lambda$
Principal Linha	$\mathbf{X} = \mathbf{D}_l^{-1} \cdot (\mathbf{D}_l^{1/2} \cdot \mathbf{U}) \cdot \Lambda$	$\mathbf{Y} = \mathbf{D}_c^{-1} \cdot (\mathbf{D}_c^{1/2} \cdot \mathbf{V})$
Principal Coluna	$\mathbf{X} = \mathbf{D}_l^{-1} \cdot (\mathbf{D}_l^{1/2} \cdot \mathbf{U})$	$\mathbf{Y} = \mathbf{D}_c^{-1} \cdot (\mathbf{D}_c^{1/2} \cdot \mathbf{V}) \cdot \Lambda$

Enquanto, no perfil **linha**, apenas o cálculo das abscissas leva em consideração a matriz de valores singulares, no perfil **coluna**, essa matriz é utilizada apenas para o cálculo das ordenadas.

Com base na determinação das coordenadas de cada categoria, pode ser construído um mapa perceptual com m dimensões. Embora essa possibilidade seja matematicamente possível, apenas as duas primeiras dimensões ($m = 2$) são geralmente utilizadas para a elaboração da análise gráfica, o que gera um mapa perceptual conhecido por **biplot**.

Na próxima seção, utilizaremos os conceitos apresentados para a elaboração analítica de um exemplo prático.

11.2.5. Exemplo prático de análise de correspondência simples (Anacor)

Imagine que o mesmo professor tenha agora o interesse em estudar se o perfil de investidor de seus alunos relaciona-se com o tipo de aplicação financeira realizada, ou seja, se existe associação estatisticamente significante, a determinado nível de significância, entre os perfis dos investidores e a forma como são alocados seus recursos financeiros.

Nesse sentido, o professor elaborou uma pesquisa com 100 alunos da escola onde leciona, solicitando que cada um declarasse em que tipo de aplicação financeira possuía a maior parte de seus recursos. Três possibilidades surgiram como resposta: **Poupança**, **CDB** e **Ações**. Na sequência, com base na estratificação do fator principal gerado a partir de uma análise fatorial por componentes principais aplicada anteriormente a diversas variáveis, os mesmos estudantes foram classificados pelo professor em três tipos de perfil de investidor: **Conservador**, **Moderado** ou **Agressivo**. Parte do banco de dados elaborado, que possui apenas essas duas variáveis categóricas, encontra-se na Tabela 11.7.

Tabela 11.7 Exemplo: Perfil do investidor e tipo de aplicação financeira.

Estudante	Perfil do investidor	Tipo de aplicação financeira
Gabriela	Conservador	Poupança
Luiz Felipe	Conservador	Poupança
⋮		
Renata	Conservador	CDB
Guilherme	Conservador	Ações
⋮		
Kamal	Moderado	Poupança
Rodolfo	Moderado	CDB
⋮		
Raquel	Moderado	CDB
Anna Luiza	Moderado	Ações
⋮		
Nuno	Agressivo	Poupança
Bráulio	Agressivo	CDB
⋮		
Estela	Agressivo	Ações

O banco de dados completo pode ser acessado por meio do arquivo **Perfil_Investidor × Aplicação.xls**. Por meio dele, é possível definir a tabela de contingência de nosso exemplo, que possui dimensão 3 × 3 e oferece as frequências absolutas observadas para cada par perfil do investidor × tipo de aplicação (Tabela 11.8).

Tabela 11.8 Tabela de contingência com frequências absolutas observadas.

Perfil \ Aplicação	Poupança	CDB	Ações	Total
Conservador	8	4	5	$\sum l_1 = 17$
Moderado	5	16	4	$\sum l_2 = 25$
Agressivo	2	20	36	$\sum l_3 = 58$
Total	$\sum c_1 = 15$	$\sum c_2 = 40$	$\sum c_3 = 45$	$N = 100$

Na forma matricial, a tabela de contingência com frequências absolutas observadas pode ser escrita, com base na expressão (11.2), da seguinte forma:

$$\mathbf{X_o} = \begin{pmatrix} 8 & 4 & 5 \\ 5 & 16 & 4 \\ 2 & 20 & 36 \end{pmatrix}$$

Por meio da Tabela 11.8 (ou da matriz $\mathbf{X_o}$), podemos verificar que há mais investidores com o perfil *Agressivo* que *Moderado* ou *Conservador*. Em relação ao tipo de aplicação financeira, verificamos que há uma quantidade maior de investidores com recursos alocados em *Ações* e em *CDB* que em *Poupança*. Entretanto, essa análise preliminar é apenas univariada, ou seja, leva em consideração a distribuição de frequências para cada variável isoladamente, sem uma análise de classificação cruzada. Nosso objetivo, portanto, é estudar se as categorias do perfil do investidor associam-se de forma estatisticamente significante com as categorias do tipo de aplicação financeira em uma perspectiva bivariada.

Conforme discutimos na seção 11.2.2, precisamos, portanto, investigar inicialmente se as categorias das duas variáveis associam-se de forma aleatória ou se existe uma relação de dependência entre elas. A fim de que seja calculada a estatística χ^2, devemos definir as frequências absolutas esperadas e os resíduos de cada uma das células da tabela de classificação cruzada. Enquanto a Tabela 11.9 apresenta as frequências absolutas esperadas, a Tabela 11.10 mostra os resíduos.

Tabela 11.9 Frequências absolutas esperadas.

Perfil \ Aplicação	Poupança	CDB	Ações
Conservador	$\left(\dfrac{15 \times 17}{100}\right) = 2,55$	$\left(\dfrac{40 \times 17}{100}\right) = 6,80$	$\left(\dfrac{45 \times 17}{100}\right) = 7,65$
Moderado	$\left(\dfrac{15 \times 25}{100}\right) = 3,75$	$\left(\dfrac{40 \times 25}{100}\right) = 10,00$	$\left(\dfrac{45 \times 25}{100}\right) = 11,25$
Agressivo	$\left(\dfrac{15 \times 58}{100}\right) = 8,70$	$\left(\dfrac{40 \times 58}{100}\right) = 23,20$	$\left(\dfrac{45 \times 58}{100}\right) = 26,10$

Tabela 11.10 Resíduos – Diferenças entre frequências absolutas observadas e esperadas.

Perfil \ Aplicação	Poupança	CDB	Ações
Conservador	5,45	-2,80	-2,65
Moderado	1,25	6,00	-7,25
Agressivo	-6,70	-3,20	9,90

Analogamente, na forma matricial, temos, com base nas expressões (11.4) e (11.5), que:

$$\mathbf{X_e} = \begin{pmatrix} 2,55 & 6,80 & 7,65 \\ 3,75 & 10,00 & 11,25 \\ 8,70 & 23,20 & 26,10 \end{pmatrix}$$

e

$$\mathbf{E} = \begin{pmatrix} 5,45 & -2,80 & -2,65 \\ 1,25 & 6,00 & -7,25 \\ -6,70 & -3,20 & 9,90 \end{pmatrix}$$

Obviamente, podemos verificar que a somatória dos resíduos é igual a 0 para cada linha e para cada coluna da matriz **E**.

Com base na expressão (11.6), podemos elaborar a Tabela 11.11, cuja somatória dos valores de cada célula fornece o valor da estatística χ^2.

Tabela 11.11 Valores de χ^2 por célula.

Perfil \ Aplicação	Poupança	CDB	Ações
Conservador	$\dfrac{(5,45)^2}{2,55} = 11,65$	$\dfrac{(-2,80)^2}{6,80} = 1,15$	$\dfrac{(-2,65)^2}{7,65} = 0,92$
Moderado	$\dfrac{(1,25)^2}{3,75} = 0,42$	$\dfrac{(6,00)^2}{10,00} = 3,60$	$\dfrac{(-7,25)^2}{11,25} = 4,67$
Agressivo	$\dfrac{(-6,70)^2}{8,70} = 5,16$	$\dfrac{(-3,20)^2}{23,20} = 0,44$	$\dfrac{(9,90)^2}{26,10} = 3,76$

Assim, temos que:

$$\chi^2_{4g.l.} = \sum_{i=1}^{3} \sum_{j=1}^{3} \frac{\left[n_{ij} - \left(\dfrac{\sum c_j \cdot \sum l_i}{100} \right) \right]^2}{\left(\dfrac{\sum c_j \cdot \sum l_i}{100} \right)} = \sum_{i=1}^{3} \sum_{j=1}^{3} \frac{(resíduos_{ij})^2}{(frequências\ esperadas_{ij})} = 31,76$$

Para 4 graus de liberdade, já que $(I - 1) \times (J - 1) = (3 - 1) \times (3 - 1) = 4$, temos, por meio da Tabela D do apêndice do livro, que $\chi^2_c = 9,488$ (χ^2_c crítico para 4 graus de liberdade e para o nível de significância de 5%). Dessa forma, como o χ^2 calculado $\chi^2_{cal} = 31,76 > \chi^2_c = 9,488$, podemos rejeitar a hipótese nula de que as duas variáveis categóricas se associam de forma aleatória, ou seja, existe associação estatisticamente significante, ao nível de significância de 5%, entre o perfil do investidor e o tipo de aplicação financeira.

Softwares como o SPSS, o Stata, o R e o Python não oferecem, diretamente, o χ^2_c para os graus de liberdade definidos e determinado nível de significância. Todavia, oferecem o nível de significância do χ^2_{cal} para esses graus de liberdade. Portanto, em vez de analisarmos se $\chi^2_{cal} > \chi^2_c$, devemos verificar se o nível de significância do χ^2_{cal} é menor que 0,05 (5%) a fim de darmos continuidade à análise de correspondência. Assim:

Se *valor-P* (ou *P-value* ou *Sig.* χ^2_{cal} ou *Prob.* χ^2_{cal}) < 0,05, a associação entre as duas variáveis categóricas não se dá de forma aleatória.

O nível de significância do χ^2_{cal} pode ser obtido no Excel por meio do comando **Fórmulas → Inserir Função → DIST.QUI**, que abrirá uma caixa de diálogo conforme mostra a Figura 11.1.

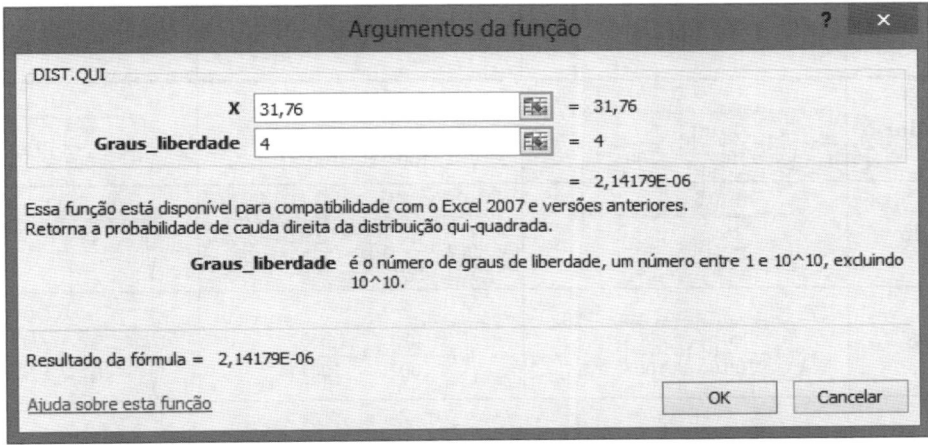

Figura 11.1 Obtenção do nível de significância de χ^2 (comando **Inserir Função**).

Conforme podemos observar por meio da Figura 11.1, o *valor-P* da estatística χ^2_{cal} é consideravelmente menor que 0,05 (*valor-P* $\chi^2_{cal} = 2,14 \times 10^{-6}$), ou seja, perfil do investidor e tipo de aplicação financeira não se combinam aleatoriamente.

Conforme discutimos na seção 11.2.2, embora o resultado do teste χ^2 tenha mostrado a existência de um padrão de dependência entre o perfil do investidor e o tipo de aplicação financeira, é a análise dos resíduos padronizados ajustados que revelará os padrões característicos de cada categoria do perfil do investidor segundo o excesso ou a falta de ocorrências de sua combinação com cada categoria do tipo de aplicação financeira.

Logo, com base na expressão (11.8), podemos elaborar a Tabela 11.12, que apresenta o cálculo do resíduo padronizado em cada célula.

Tabela 11.12 Resíduos padronizados.

Perfil ╲ Aplicação	Poupança	CDB	Ações
Conservador	$\dfrac{8-2,6}{\sqrt{2,6}}=3,4$	$\dfrac{4-6,8}{\sqrt{6,8}}=-1,1$	$\dfrac{5-7,7}{\sqrt{7,7}}=-1,0$
Moderado	$\dfrac{5-3,8}{\sqrt{3,8}}=0,6$	$\dfrac{16-10}{\sqrt{10}}=1,9$	$\dfrac{4-11,3}{\sqrt{11,3}}=-2,2$
Agressivo	$\dfrac{2-8,7}{\sqrt{8,7}}=-2,3$	$\dfrac{20-23,2}{\sqrt{23,2}}=-0,7$	$\dfrac{36-26,1}{\sqrt{26,1}}=1,9$

Na forma matricial, a tabela de resíduos padronizados pode ser escrita, com base na expressão (11.9), da seguinte forma:

$$\mathbf{E}_{padronizado} = \begin{pmatrix} 3,4 & -1,1 & -1,0 \\ 0,6 & 1,9 & -2,2 \\ -2,3 & -0,7 & 1,9 \end{pmatrix}$$

Sendo assim, podemos elaborar a Tabela 11.13, que apresenta os resíduos padronizados ajustados. O valor de cada célula é calculado com base na expressão (11.10).

Tabela 11.13 Resíduos padronizados ajustados.

Perfil ╲ Aplicação	Poupança	CDB	Ações
Conservador	$\dfrac{3,4}{\sqrt{\left(1-\frac{15}{100}\right)\cdot\left(1-\frac{17}{100}\right)}}=4,1$	$\dfrac{-1,1}{\sqrt{\left(1-\frac{40}{100}\right)\cdot\left(1-\frac{17}{100}\right)}}=-1,5$	$\dfrac{-1,0}{\sqrt{\left(1-\frac{45}{100}\right)\cdot\left(1-\frac{17}{100}\right)}}=-1,4$
Moderado	$\dfrac{0,6}{\sqrt{\left(1-\frac{15}{100}\right)\cdot\left(1-\frac{25}{100}\right)}}=0,8$	$\dfrac{1,9}{\sqrt{\left(1-\frac{40}{100}\right)\cdot\left(1-\frac{25}{100}\right)}}=2,8$	$\dfrac{-2,2}{\sqrt{\left(1-\frac{45}{100}\right)\cdot\left(1-\frac{25}{100}\right)}}=-3,4$
Agressivo	$\dfrac{-2,3}{\sqrt{\left(1-\frac{15}{100}\right)\cdot\left(1-\frac{58}{100}\right)}}=-3,8$	$\dfrac{-0,7}{\sqrt{\left(1-\frac{40}{100}\right)\cdot\left(1-\frac{58}{100}\right)}}=-1,3$	$\dfrac{1,9}{\sqrt{\left(1-\frac{45}{100}\right)\cdot\left(1-\frac{58}{100}\right)}}=4,0$

A tabela de resíduos padronizados pode ser escrita matricialmente, com base na expressão (11.11), da seguinte forma:

$$\mathbf{E}_{padronizado\ ajustado} = \begin{pmatrix} 4,1 & -1,5 & -1,4 \\ 0,8 & 2,8 & -3,4 \\ -3,8 & -1,3 & 4,0 \end{pmatrix}$$

Note, na Tabela 11.13, que os resíduos padronizados ajustados com valores positivos superiores a 1,96 estão em destaque e correspondem ao excesso de ocorrências em cada célula, ao nível de significância de 5%, conforme discutimos ao final da seção 11.2.2. Podemos afirmar, portanto, que a análise dos resíduos padronizados ajustados permite caracterizar que o perfil *Conservador* se associa ao tipo de aplicação *Poupança*, o perfil *Moderado*, ao tipo de aplicação *CDB*, e o perfil *Agressivo*, ao tipo de aplicação *Ações*.

Visto que o perfil do investidor e o tipo de aplicação financeira não se associam de forma aleatória (teste χ^2), e estudadas as relações entre cada par de categorias (resíduos padronizados ajustados), daremos sequência à análise de correspondência simples, com o objetivo de definir as coordenadas de cada uma das categorias para que, por meio delas, seja construído o mapa perceptual. Precisamos, dessa forma, calcular os autovalores (inércias principais parciais) e autovetores da matriz **W**, definida na seção 11.2.3 por meio da expressão (11.17). Conforme já discutimos, a partir dos quais, serão calculadas as coordenadas das categorias de ambas as variáveis.

Devemos inicialmente definir a matriz de frequências relativas observadas **P**, fazendo uso da expressão (11.12). Assim, temos que:

$$\mathbf{P} = \frac{1}{100} \cdot \mathbf{X_o} = \begin{pmatrix} 0,080 & 0,040 & 0,050 \\ 0,050 & 0,160 & 0,040 \\ 0,020 & 0,200 & 0,360 \end{pmatrix}$$

Por meio da matriz **P**, podemos elaborar as Tabelas 11.14 e 11.15, que apresentam as massas das categorias do perfil do investidor e do tipo de aplicação financeira, chamadas, respectivamente, de *column profiles* e *row profiles*.

Tabela 11.14 Massas – *Column profiles*.

Perfil \ Aplicação	Poupança	CDB	Ações	Massa
Conservador	0,533	0,100	0,111	$\frac{\sum l_1}{N}$ = **0,170**
Moderado	0,333	0,400	0,089	$\frac{\sum l_2}{N}$ = **0,250**
Agressivo	0,133	0,500	0,800	$\frac{\sum l_3}{N}$ = **0,580**
Total	**1,000**	**1,000**	**1,000**	

Tabela 11.15 Massas – *Row profiles*.

Perfil \ Aplicação	Poupança	CDB	Ações	Total
Conservador	0,471	0,235	0,294	**1,000**
Moderado	0,200	0,640	0,160	**1,000**
Agressivo	0,034	0,345	0,621	**1,000**
Massa	$\frac{\sum c_1}{N}$ = **0,150**	$\frac{\sum c_2}{N}$ = **0,400**	$\frac{\sum c_3}{N}$ = **0,450**	

As massas apresentadas nas Tabelas 11.14 e 11.15 influenciam diretamente o cálculo das coordenadas de cada uma das categorias das variáveis, uma vez que, por meio delas, é definida a matriz **W** e, consequentemente, seus autovalores e autovetores. É a partir das massas e da configuração de suas proporções em linha e em coluna, portanto, que o mapa perceptual da análise de correspondência começa a tomar forma. Vejamos de que maneira, tomando como exemplo a Tabela 11.15 (*row profiles*).

Inicialmente, vamos elaborar um gráfico que apresenta os percentuais em linha para cada categoria de perfil do investidor (Figura 11.2), do qual se pode analisar a alocação de recursos em cada uma das aplicações financeiras para dado perfil. Em outras palavras, essa visualização de frequências relativas permite elaborar uma comparação mais precisa de como são alocados os recursos financeiros para cada perfil de investidor.

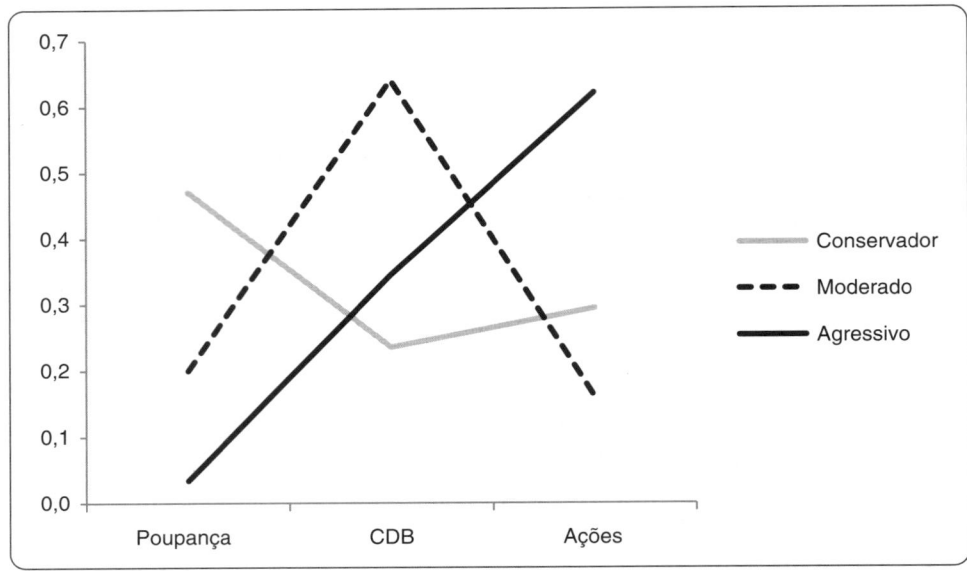

Figura 11.2 Frequências relativas observadas de aplicação
financeira por perfil do investidor (*row profiles*).

O gráfico da Figura 11.2 apresenta, em seu eixo horizontal, os tipos de aplicação financeira e, em seu eixo vertical, os percentuais de cada tipo de aplicação por perfil de investidor. Seguindo a lógica proposta por Greenacre (2008), vamos, na sequência, construir um gráfico tridimensional, em que cada eixo corresponde aos três tipos de aplicação financeira, conforme mostra a Figura 11.3. Dessa forma, plotamos nesse gráfico as coordenadas (0,471; 0,235; 0,294) para a categoria *Conservador*, (0,200; 0,640; 0,160), para a categoria *Moderado*, e (0,034; 0,345; 0,621), para a categoria *Agressivo*. Além disso, também plotamos as coordenadas (0,150; 0,400; 0,450) para a massa média do perfil do investidor.

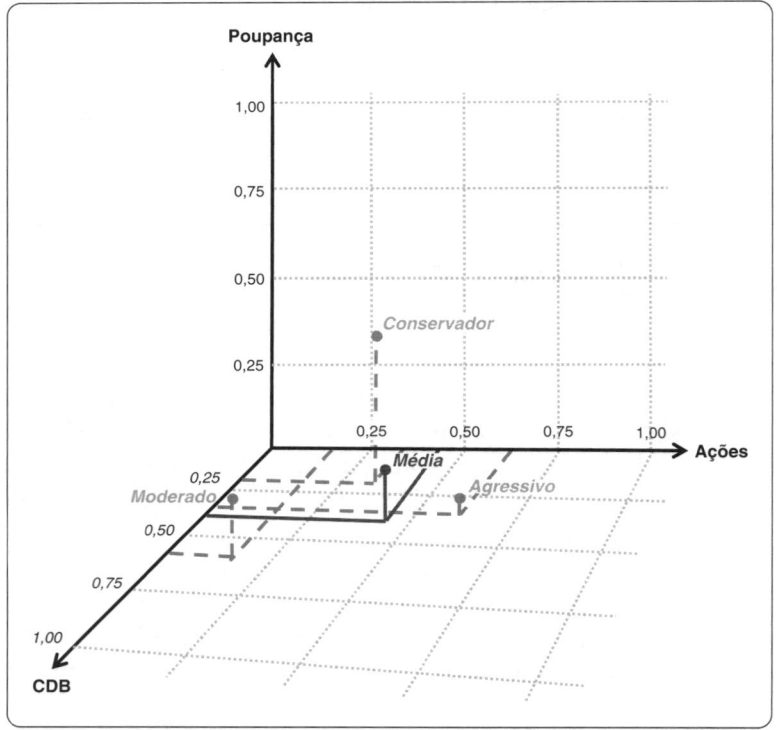

Figura 11.3 Representação tridimensional das posições do perfil do
investidor em relação aos tipos de aplicação financeira.

Ainda de acordo com Greenacre (2008), sobre a Figura 11.3 vamos construir um triângulo equilátero cujos vértices são as coordenadas (1; 0; 0), (0; 1, 0) e (0; 0; 1), ou seja, estão situados sobre cada um dos eixos e representam perfis concentrados somente em um tipo de aplicação financeira. Por exemplo, o vértice com coordenada (1; 0; 0) corresponde a um perfil de investidor que apresenta apenas aplicações financeiras em poupança. Já o vértice com coordenada (0; 0; 1) corresponde a outro perfil que possui apenas aplicações financeiras em ações. Essa nova representação gráfica, conhecida por **sistema triangular de coordenadas**, encontra-se na Figura 11.4.

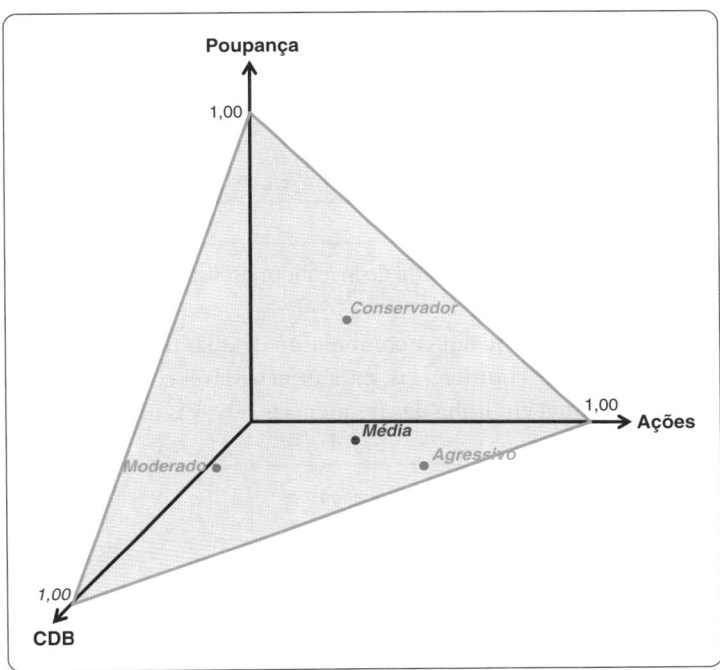

Figura 11.4 Sistema triangular de coordenadas para o *row profile*.

O sistema triangular de coordenadas possibilita que projetemos os pontos referentes a cada uma das categorias do perfil do investidor sobre o triângulo equilátero, o que facilita a visualização de suas posições relativas. Isso gera o gráfico da Figura 11.5.

Por meio desse gráfico, temos condições de estudar a posição relativa de cada perfil de investidor em relação ao tipo de aplicação financeira. Assim, podemos verificar que, enquanto o perfil *Conservador* é o que mais se aproxima da aplicação *Poupança*, o *Moderado* é o que mais se aproxima da aplicação *CDB*. Por fim, o perfil *Agressivo* é o que mais se aproxima do vértice correspondente à aplicação *Ações*. O mais importante é que a posição relativa de cada ponto correspondente a cada perfil do investidor obedece à proporção de frequências relativas observadas (massas), apresentadas na Tabela 11.15 (*row profiles*).

Nesse sentido, tomemos, por exemplo, a categoria *Conservador*, cujas coordenadas são (0,471; 0,235; 0,294). Observe, por meio da Figura 11.6, que a posição relativa dessa categoria no sistema triangular de coordenadas obedece a essa proporção quando de sua projeção para cada um dos eixos respectivos às categorias *Poupança*, *CDB* e *Ações*, uma vez que linhas paralelas a esses eixos confluem para determinar a posição exata do ponto referente à categoria *Conservador*. Obviamente, a mesma lógica pode ser aplicada às categorias *Moderado* e *Agressivo*.

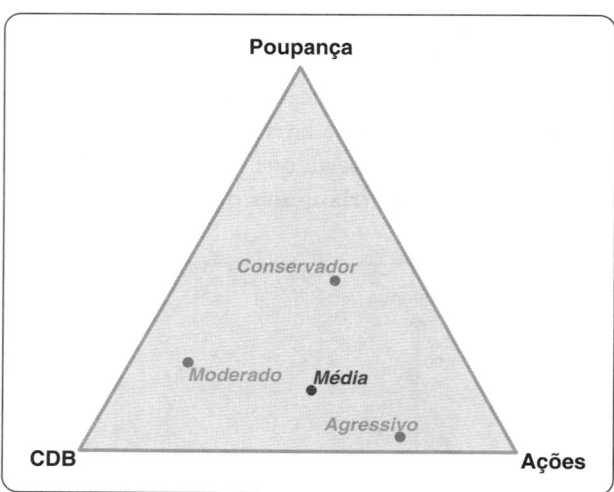

Figura 11.5 Projeção das categorias do perfil do investidor no sistema triangular de coordenadas.

Segundo Greenacre (2008), na realidade, qualquer combinação de duas das três coordenadas dos perfis é suficiente para posicioná-los no sistema triangular de coordenadas, para uma variável com três categorias, sendo a terceira coordenada desnecessária, uma vez que a soma em linha das frequências relativas observadas será sempre igual a 1.

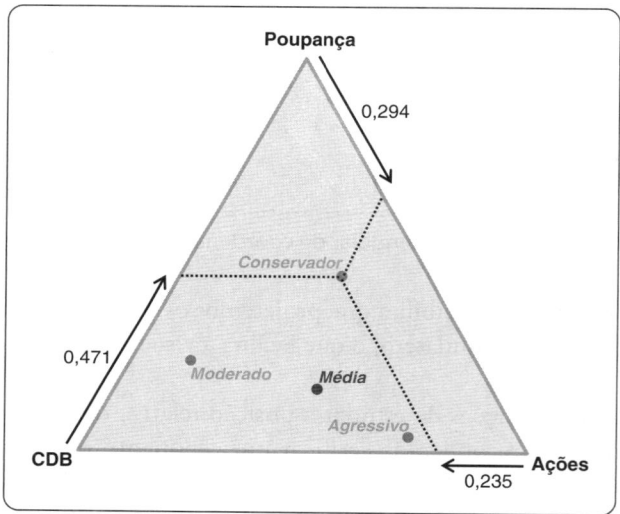

Figura 11.6 Posição relativa da categoria *Conservador* no sistema triangular de coordenadas.

O sistema triangular de coordenadas somente pode ser utilizado para variáveis com três categorias. Como a dimensionalidade de um sistema de coordenadas é sempre igual ao número de categorias das variáveis menos 1, podemos comprovar, para nosso exemplo, que estamos lidando com um mapa, de fato, bidimensional (*biplot*).

Podemos, portanto, elaborar o gráfico do sistema triangular de coordenadas dando ênfase para o ponto com coordenadas (0,150; 0,400; 0,450), que corresponde à massa média do perfil do investidor. Esse gráfico encontra-se na Figura 11.7a.

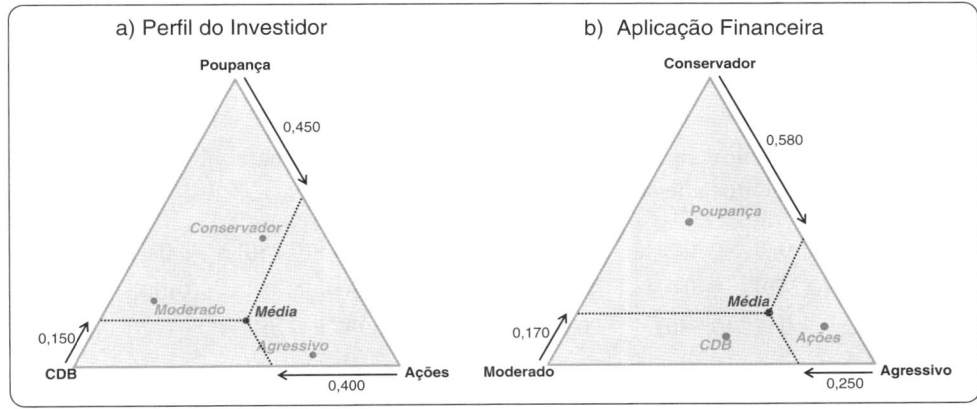

Figura 11.7 Posições relativas das massas médias no sistema triangular de coordenadas.

Analogamente, podemos fazer uso das massas apresentadas na Tabela 11.14 (*column profiles*) para elaborar o gráfico da Figura 11.7b, em que cada vértice corresponde agora a cada uma das categorias do perfil de investidor, sendo plotadas as coordenadas (0,533; 0,333; 0,133) para a categoria *Poupança*, (0,100; 0,400; 0,500), para a categoria *CDB*, e (0,111; 0,089; 0,800), para a categoria *Ações*. No gráfico da Figura 11.7b, é dada ênfase para o ponto com coordenadas (0,170; 0,250; 0,580), que corresponde à massa média do tipo de aplicação financeira.

Dessa maneira, podemos verificar como as proporções das massas em linha e em coluna definem as posições relativas de cada categoria no mapa perceptual. Resta-nos, portanto, definir os eixos do mapa a fim de que o percentual da inércia principal parcial da primeira dimensão seja maximizado.

Para tanto, conforme discutimos ao final da seção 11.2.3, devemos definir uma matriz $\mathbf{W}$ e, a partir dela, calcular dois autovalores (λ_1^2 e λ_2^2) por meio do método Eckart-Young, correspondentes às duas inércias principais parciais das duas dimensões do mapa perceptual.

Nesse sentido, precisamos definir as duas matrizes diagonais, $\mathbf{D}_l$ e $\mathbf{D}_c$, que contêm, respectivamente, os valores das massas médias do tipo de aplicação financeira e do perfil do investidor em suas diagonais principais, em concordância com as expressões (11.13) e (11.14).

$$\mathbf{D}_l = \begin{pmatrix} 0,170 & 0 & 0 \\ 0 & 0,250 & 0 \\ 0 & 0 & 0,580 \end{pmatrix}$$

e

$$\mathbf{D}_c = \begin{pmatrix} 0,150 & 0 & 0 \\ 0 & 0,400 & 0 \\ 0 & 0 & 0,450 \end{pmatrix}$$

Note que, enquanto os valores da diagonal principal da matriz $\mathbf{D}_c$ são oriundos da Tabela 11.15 (*row profiles*), que também geraram o gráfico da Figura 11.7a, os valores da diagonal principal da matriz $\mathbf{D}_l$ são provenientes da Tabela 11.14 (*column profiles*), que também serviram de base para que fosse construído o gráfico da Figura 11.7b.

Ainda de acordo com o discutido na seção 11.2.3, a decomposição inercial para a elaboração da análise de correspondência consiste em calcular os autovalores de uma matriz $\mathbf{W} = \mathbf{A}'\mathbf{A}$, em que $\mathbf{A}$ é definida de acordo com a expressão (11.15), reproduzida novamente a seguir:

$$\mathbf{A} = \mathbf{D}_l^{-1/2} \cdot (\mathbf{P} - lc') \cdot \mathbf{D}_c^{-1/2}$$

Precisamos, portanto, calcular os valores das células da matriz $\mathbf{P} - lc'$, com base na expressão (11.16). Logo, temos que:

$$\mathbf{P} - lc' = \begin{pmatrix} (0,080 - 0,170 \times 0,150) & (0,040 - 0,170 \times 0,400) & (0,050 - 0,170 \times 0,450) \\ (0,050 - 0,250 \times 0,150) & (0,160 - 0,250 \times 0,400) & (0,040 - 0,250 \times 0,450) \\ (0,020 - 0,580 \times 0,150) & (0,200 - 0,580 \times 0,400) & (0,360 - 0,580 \times 0,450) \end{pmatrix}$$

$$\mathbf{P}-lc'=\begin{pmatrix} 0,055 & -0,028 & -0,027 \\ 0,013 & 0,060 & -0,073 \\ -0,067 & -0,032 & 0,099 \end{pmatrix}$$

Note que as somatórias dos valores para cada linha e cada coluna da matriz $\mathbf{P}-lc'$ são, obviamente, sempre iguais a 0. Obtida a matriz, podemos chegar à matriz $\mathbf{A}$:

$$\mathbf{A}=\begin{pmatrix} (0,170)^{-\frac{1}{2}} & 0 & 0 \\ 0 & (0,250)^{-\frac{1}{2}} & 0 \\ 0 & 0 & (0,580)^{-\frac{1}{2}} \end{pmatrix}\cdot\begin{pmatrix} 0,055 & -0,028 & -0,027 \\ 0,013 & 0,060 & -0,073 \\ -0,067 & -0,032 & 0,099 \end{pmatrix}\cdot\begin{pmatrix} (0,150)^{-\frac{1}{2}} & 0 & 0 \\ 0 & (0,400)^{-\frac{1}{2}} & 0 \\ 0 & 0 & (0,450)^{-\frac{1}{2}} \end{pmatrix}$$

$$\mathbf{A}=\begin{pmatrix} 0,341 & -0,107 & -0,096 \\ 0,065 & 0,190 & -0,216 \\ -0,227 & -0,066 & 0,194 \end{pmatrix}$$

Conforme mencionamos na seção 11.2.3, podemos realmente comprovar que os valores das células da matriz $\mathbf{A}$ são iguais aos das respectivas células da matriz $\mathbf{E}_{padronizado}$ divididos pela raiz quadrada do tamanho da amostra ($\sqrt{N}=10$).

A matriz $\mathbf{W}$ pode ser obtida da seguinte maneira:

$$\mathbf{W}=\mathbf{A}'\mathbf{A}=\begin{pmatrix} 0,341 & 0,065 & -0,227 \\ -0,107 & 0,190 & -0,066 \\ -0,096 & -0,216 & 0,194 \end{pmatrix}\cdot\begin{pmatrix} 0,341 & -0,107 & -0,096 \\ 0,065 & 0,190 & -0,216 \\ -0,227 & -0,066 & 0,194 \end{pmatrix}$$

$$\mathbf{W}=\begin{pmatrix} 0,172 & -0,009 & -0,091 \\ -0,009 & 0,052 & -0,044 \\ -0,091 & -0,044 & 0,093 \end{pmatrix}$$

Os cálculos para obtenção das frequências absolutas esperadas (matriz $\mathbf{X}_e$), dos resíduos (matriz $\mathbf{E}$), da estatística χ^2, dos resíduos padronizados (matriz $\mathbf{E}_{padronizado}$), das massas e matrizes diagonais $\mathbf{D}_l$ e $\mathbf{D}_c$, da matriz $\mathbf{A}$ e da matriz $\mathbf{W}$ também podem ser verificados por meio do arquivo **Perfil_Investidor × Aplicação CálculoMatrizes.xls**.

Com base na expressão (11.18), podemos obter os autovalores da matriz $\mathbf{W}$, de modo que:

$$\begin{vmatrix} \lambda^2-0,172 & 0,009 & 0,091 \\ 0,009 & \lambda^2-0,052 & 0,044 \\ 0,091 & 0,044 & \lambda^2-0,093 \end{vmatrix}=0$$

de onde chegamos aos seguintes autovalores:

$$\begin{cases} \lambda_1^2=0,233 \\ \lambda_2^2=0,084 \end{cases}$$

valores das inércias principais parciais das duas dimensões que definem a matriz Λ^2, de acordo com a expressão (11.20):

$$\Lambda^2=\begin{pmatrix} 0,233 & 0 \\ 0 & 0,084 \end{pmatrix}$$

Logo, a inércia principal total é $I_T=\lambda_1^2+\lambda_2^2=0,318$. Por meio da expressão (11.7), também podemos verificar que:

$$I_T=\frac{\chi^2}{N}=\frac{31,76}{100}=0,318$$

Os valores singulares de cada dimensão são, portanto, iguais a:

$$\begin{cases} \lambda_1 = 0,483 \\ \lambda_2 = 0,291 \end{cases}$$

A Tabela 11.16 apresenta a decomposição inercial para as duas dimensões.

Tabela 11.16 Decomposição inercial para as duas dimensões.

Dimensão	Valor singular (λ)	Inércia principal parcial (λ^2)	Percentual da inércia principal total
1	0,483	0,233	73,42%
2	0,291	0,084	26,58%
Total		**0,318**	**100,00%**

Por meio da análise da Tabela 11.16, podemos afirmar que as dimensões 1 e 2 explicam, respectivamente, 73,42% (0,233 / 0,318) e 26,58% (0,084 / 0,318) da inércia principal total. Na análise de correspondência, como os valores singulares da primeira dimensão são maximizados, serão sempre maiores que os da segunda dimensão, e assim sucessivamente, quando houver um número maior de dimensões. Portanto, o percentual da inércia principal total correspondente à primeira dimensão será sempre maior que o obtido para as dimensões subsequentes.

É importante mencionar que, quanto maior a inércia principal total, maior será a associação entre as categorias dispostas em linha e em coluna, o que afetará a disposição dos pontos no sistema triangular de coordenadas. De forma ilustrativa, imaginemos, para efeitos didáticos, três situações provenientes de três diferentes tabelas de contingência, conforme mostra a Figura 11.8.

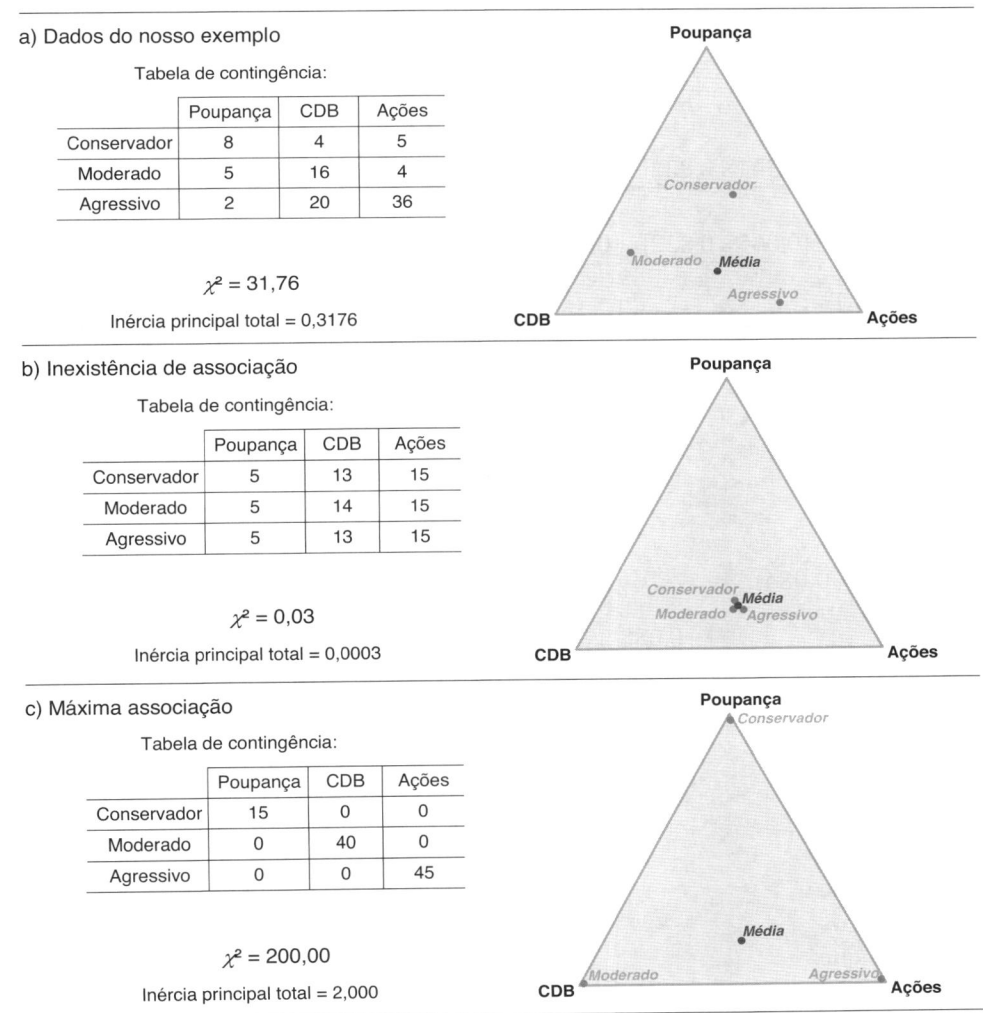

Figura 11.8 Tabelas de contingência, inércias principais totais e o sistema triangular de coordenadas.

Por meio da Figura 11.8, podemos verificar que, quanto maior a inércia principal total, maior a associação entre as duas variáveis categóricas. Enquanto a Figura 11.8a mostra exatamente os dados do nosso exemplo, com foco em *row profiles* (exatamente igual à Figura 11.5), as Figuras 11.8b e 11.8c mostram situações opostas entre si, com inexistência de associação e associação máxima, respectivamente. Portanto, podemos afirmar que, quanto maior a inércia principal total (e, obviamente, o χ^2), maior será a dispersão dos pontos no mapa perceptual e mais visível será a associação entre as variáveis cujas categorias são representadas por esses pontos. Note que a soma de cada coluna em cada uma das três situações não é alterada, o que faz as massas médias do perfil do investidor serem sempre iguais nas três situações.

Seguindo a lógica apresentada na seção 11.2.4, podemos, portanto, partir para o cálculo das coordenadas (*scores*) das categorias das duas variáveis em análise para os dados do nosso exemplo. Dessa forma, para calcularmos os autovetores da matriz $\mathbf{W}$ com base nos autovalores λ_1^2 e λ_2^2, devemos resolver o sistema de equações para cada uma das dimensões. Sendo assim, temos que:

- Primeira dimensão ($\lambda_1^2 = 0,233$):

$$\begin{cases} 0,061 \cdot v_1 + 0,009 \cdot v_2 + 0,091 \cdot v_3 = 0 \\ 0,009 \cdot v_1 + 0,181 \cdot v_2 + 0,044 \cdot v_3 = 0 \\ 0,091 \cdot v_1 + 0,044 \cdot v_2 + 0,140 \cdot v_3 = 0 \end{cases}$$

De onde vem que:

$$\mathbf{v_1} = \begin{pmatrix} 0,822 \\ 0,093 \\ -0,562 \end{pmatrix}$$

Logo, por meio da expressão (11.22), podemos escrever que:

$$\mathbf{u_1} = \begin{pmatrix} \left\{ \dfrac{[0,341 \times 0,822] + [(-0,107) \times 0,093] + [(-0,096) \times (-0,562)]}{0,483} \right\} \\ \left\{ \dfrac{[0,065 \times 0,822] + [0,190 \times 0,093] + [(-0,216) \times (-0,562)]}{0,483} \right\} \\ \left\{ \dfrac{[(-0,227) \times 0,822] + [(-0,066) \times 0,093] + [0,194 \times (-0,562)]}{0,483} \right\} \end{pmatrix}$$

$$\mathbf{u_1} = \begin{pmatrix} 0,672 \\ 0,398 \\ -0,625 \end{pmatrix}$$

- Segunda dimensão ($\lambda_2^2 = 0,084$):

$$\begin{cases} -0,088 \cdot v_1 + 0,009 \cdot v_2 + 0,091 \cdot v_3 = 0 \\ 0,009 \cdot v_1 + 0,032 \cdot v_2 + 0,044 \cdot v_3 = 0 \\ 0,091 \cdot v_1 + 0,044 \cdot v_2 - 0,009 \cdot v_3 = 0 \end{cases}$$

De onde vem que:

$$\mathbf{v_2} = \begin{pmatrix} 0,418 \\ -0,769 \\ 0,484 \end{pmatrix}$$

Analogamente, temos que:

$$\mathbf{u}_2 = \left(\begin{array}{c} \left\{ \dfrac{[0,341 \times 0,418] + [(-0,107) \times (-0,769)] + [(-0,096) \times 0,484]}{0,291} \right\} \\[3mm] \left\{ \dfrac{[0,065 \times 0,418] + [0,190 \times (-0,769)] + [(-0,216) \times 0,484]}{0,291} \right\} \\[3mm] \left\{ \dfrac{[(-0,227) \times 0,418] + [(-0,066) \times (-0,769)] + [0,194 \times 0,484]}{0,291} \right\} \end{array} \right)$$

$$\mathbf{u}_2 = \begin{pmatrix} 0,616 \\ -0,769 \\ 0,172 \end{pmatrix}$$

Não serão aqui apresentados os cálculos, porém pode-se facilmente verificar, com base nos autovetores calculados, que as expressões (11.21) a (11.26) são satisfeitas.

Definidos a matriz diagonal de autovalores Λ^2 e os autovetores $\mathbf{U}$ e $\mathbf{V}$, as coordenadas das abscissas e das ordenadas de cada uma das categorias da variável em linha e da variável em coluna na tabela de contingência podem ser calculadas por meio das expressões (11.27), (11.28), (11.30) e (11.31), de acordo como segue:

- **Variável em linha na tabela de contingência (perfil do investidor):**

  - Coordenadas das abscissas:

$$\mathbf{X}_l = \sqrt{0,483} \cdot \begin{pmatrix} (0,170)^{-\frac{1}{2}} & 0 & 0 \\ 0 & (0,250)^{-\frac{1}{2}} & 0 \\ 0 & 0 & (0,580)^{-\frac{1}{2}} \end{pmatrix} \cdot \begin{pmatrix} 0,672 \\ 0,398 \\ -0,625 \end{pmatrix}$$

$$\mathbf{X}_l = \begin{pmatrix} 1,132 \\ 0,553 \\ -0,570 \end{pmatrix}$$

que são as coordenadas, no mapa perceptual, das abscissas das categorias *Conservador*, *Moderado* e *Agressivo* do perfil do investidor.

  - Coordenadas das ordenadas:

$$\mathbf{Y}_l = \sqrt{0,291} \cdot \begin{pmatrix} (0,170)^{-\frac{1}{2}} & 0 & 0 \\ 0 & (0,250)^{-\frac{1}{2}} & 0 \\ 0 & 0 & (0,580)^{-\frac{1}{2}} \end{pmatrix} \cdot \begin{pmatrix} 0,616 \\ -0,769 \\ 0,172 \end{pmatrix}$$

$$\mathbf{Y}_l = \begin{pmatrix} 0,805 \\ -0,829 \\ 0,122 \end{pmatrix}$$

que são as coordenadas, no mapa perceptual, das ordenadas das categorias *Conservador*, *Moderado* e *Agressivo* do perfil do investidor.

- **Variável em coluna na tabela de contingência (tipo de aplicação financeira):**

  - Coordenadas das abscissas:

$$\mathbf{X}_c = \sqrt{0,483} \cdot \begin{pmatrix} (0,150)^{-\frac{1}{2}} & 0 & 0 \\ 0 & (0,400)^{-\frac{1}{2}} & 0 \\ 0 & 0 & (0,450)^{-\frac{1}{2}} \end{pmatrix} \cdot \begin{pmatrix} 0,822 \\ 0,093 \\ -0,562 \end{pmatrix}$$

$$\mathbf{X}_c = \begin{pmatrix} 1,475 \\ 0,102 \\ -0,582 \end{pmatrix}$$

que são as coordenadas, no mapa perceptual, das abscissas das categorias *Poupança*, *CDB* e *Ações* do tipo de aplicação financeira.

- Coordenadas das ordenadas:

$$\mathbf{Y}_c = \sqrt{0,291} \cdot \begin{pmatrix} (0,150)^{-\frac{1}{2}} & 0 & 0 \\ 0 & (0,400)^{-\frac{1}{2}} & 0 \\ 0 & 0 & (0,450)^{-\frac{1}{2}} \end{pmatrix} \cdot \begin{pmatrix} 0,418 \\ -0,769 \\ 0,484 \end{pmatrix}$$

$$\mathbf{Y}_c = \begin{pmatrix} 0,582 \\ -0,655 \\ 0,389 \end{pmatrix}$$

que são as coordenadas, no mapa perceptual, das ordenadas das categorias *Poupança*, *CDB* e *Ações* do tipo de aplicação financeira.

A Tabela 11.17 apresenta as coordenadas das categorias das duas variáveis de forma consolidada.

Tabela 11.17 Coordenadas (*scores*) das categorias das variáveis.

Variável	Categoria	Coordenadas da 1ª dimensão (abscissas)	Coordenadas da 2ª dimensão (ordenadas)
Perfil do investidor	Conservador	$\mathbf{x}_{l1} = 1,132$	$\mathbf{y}_{l1} = 0,805$
	Moderado	$\mathbf{x}_{l2} = 0,553$	$\mathbf{y}_{l2} = -0,829$
	Agressivo	$\mathbf{x}_{l3} = -0,570$	$\mathbf{y}_{l3} = 0,122$
Tipo de aplicação financeira	Poupança	$\mathbf{x}_{c1} = 1,475$	$\mathbf{y}_{c1} = 0,582$
	CDB	$\mathbf{x}_{c2} = 0,102$	$\mathbf{y}_{c2} = -0,655$
	Ações	$\mathbf{x}_{c3} = -0,582$	$\mathbf{y}_{c3} = 0,389$

Conforme discutimos na seção 11.2.4 quando da apresentação das expressões (11.33) e (11.34), as coordenadas das categorias da variável em linha podem ser calculadas a partir das coordenadas das categorias da variável em coluna para determinada dimensão e vice-versa. Para tanto, devemos multiplicar a matriz de massas pelo vetor de coordenadas de uma variável e dividir pelo correspondente valor singular da dimensão em análise, para que sejam obtidas as coordenadas das categorias da outra variável. Vejamos dois exemplos, fazendo uso das expressões (11.33) e (11.34):

$$\mathbf{x}_{l1} = \frac{[0,471 \times 1,475] + [0,235 \times 0,102] + [0,294 \times (-0,582)]}{0,483} = 1,132$$

$$\mathbf{y}_{c2} = \frac{[0,100 \times 0,805] + [0,400 \times (-0,829)] + [0,500 \times 0,122]}{0,291} = -0,655$$

Finalmente, com base nas expressões (11.35) e (11.36), temos condições, por meio das coordenadas e das massas em linha e em coluna apresentadas nas Tabelas 11.14 e 11.15, de calcular, apenas para efeitos de verificação, os valores singulares obtidos anteriormente. Sendo assim, temos que:

$$\lambda_1 = [(1,132)^2 \times 0,170] + [(0,553)^2 \times 0,250] + [(-0,570)^2 \times 0,580] = 0,483$$

$$\lambda_1 = [(1,475)^2 \times 0,150] + [(0,102)^2 \times 0,400] + [(-0,582)^2 \times 0,450] = 0,483$$

e

$$\lambda_2 = [(0,805)^2 \times 0,170] + [(-0,829)^2 \times 0,250] + [(0,122)^2 \times 0,580] = 0,291$$

$$\lambda_2 = [(0,582)^2 \times 0,150] + [(-0,655)^2 \times 0,400] + [(0,389)^2 \times 0,450] = 0,291$$

Logo, com base nas coordenadas calculadas (*scores*), temos, enfim, condições de construir o mapa perceptual, a principal contribuição da análise de correspondência. A Figura 11.9 apresenta o mapa construído por meio das coordenadas consolidadas na Tabela 11.17.

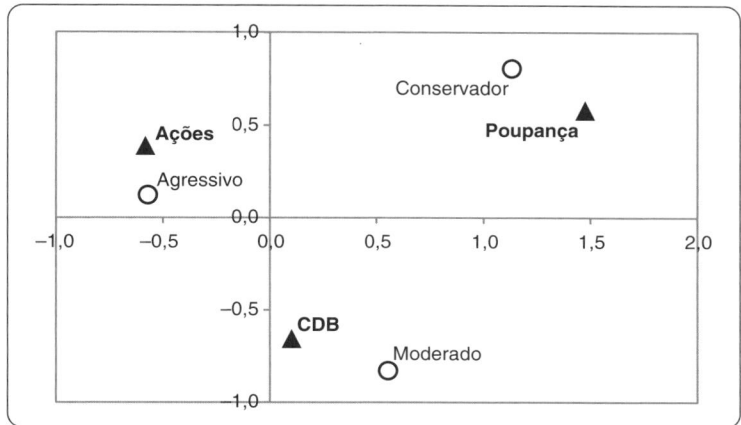

Figura 11.9 Mapa perceptual para perfil do investidor e tipo de aplicação financeira.

Com base no mapa perceptual da Figura 11.9, podemos verificar que o perfil *Conservador* apresenta mais forte associação com o tipo de aplicação financeira *Poupança*. Além disso, enquanto o perfil *Moderado* associa-se, com maior frequência, à aplicação do tipo *CDB*, o perfil *Agressivo* associa-se mais fortemente com o tipo de investimento *Ações*.

A Figura 11.70, no apêndice deste capítulo, apresenta as configurações mais comuns que um mapa perceptual de uma análise de correspondência simples pode assumir, em função das características da tabela de contingência.

Voltando à análise do mapa perceptual da Figura 11.9, os achados estão, obviamente, de acordo com o discutido quando da análise dos resíduos padronizados ajustados, reproduzidos novamente a seguir, na Tabela 11.18.

Tabela 11.18 Resíduos padronizados ajustados.

Aplicação Perfil	Poupança	CDB	Ações
Conservador	4,1	−1,5	−1,4
Moderado	0,8	2,8	−3,4
Agressivo	−3,8	−1,3	4,0

Seguindo a lógica apresentada por Batista, Escuder e Pereira (2004), para auxiliar a interpretação do mapa perceptual, vamos desenhar uma linha de projeção para a caracterização do tipo de aplicação financeira *Poupança* (da Origem do mapa perceptual em direção à *Poupança*), nela se projetando as categorias do perfil do investidor *Conservador*, *Moderado* e *Agressivo*, conforme mostra a Figura 11.10. As projeções das categorias do perfil do investidor sobre a linha Origem-Poupança correspondem aos resíduos padronizados ajustados, ou seja, 4,1 (*Conservador*), 0,8 (*Moderado*) e −3,8 (*Agressivo*). As diferenças de escala entre essas projeções sobre a linha Origem-Poupança e os valores dos resíduos padronizados são devidas à distorção da projeção de um espaço tridimensional original para o espaço bidimensional utilizado para que fosse construído o mapa perceptual.

Pode-se repetir o mesmo exercício imaginando linhas de projeção para quaisquer categorias do perfil do investidor ou do tipo de aplicação financeira. No mapa perceptual da Figura 11.11, são projetadas, por sua vez, as categorias do tipo de aplicação financeira sobre a linha Origem-Agressivo, em que as projeções correspondem aos resíduos padronizados ajustados −3,8 (*Poupança*), −1,3 (*CDB*) e 4,0 (*Ações*). Da mesma forma, as diferenças de escala entre essas projeções sobre a linha Origem-Agressivo e os valores dos resíduos padronizados devem-se à distorção da projeção do espaço tridimensional original para o espaço bidimensional.

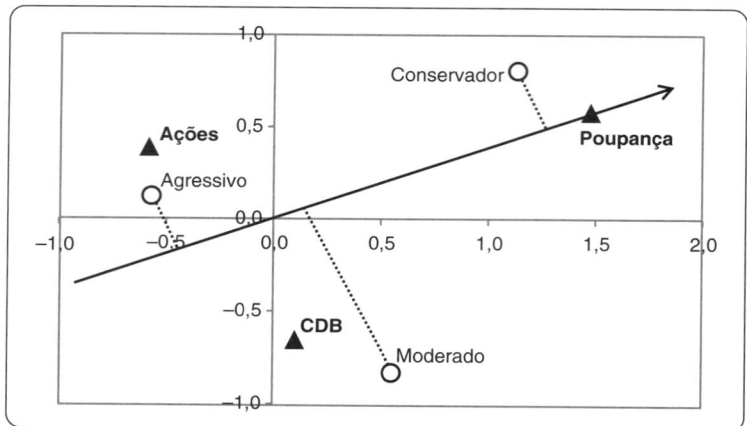

Figura 11.10 Mapa perceptual para perfil do investidor e tipo de aplicação financeira, com foco na categoria *Poupança*.

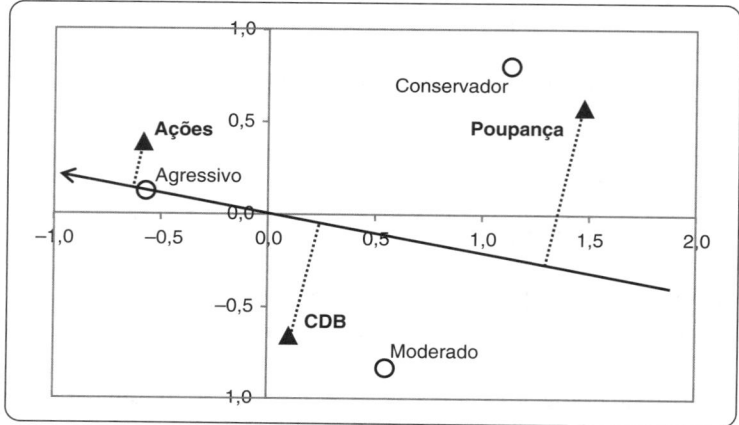

Figura 11.11 Mapa perceptual para perfil do investidor e tipo de aplicação financeira, com foco na categoria *Agressivo*.

Podemos, portanto, concluir que há diferenças entre as formas de aplicação financeira de pessoas com diferentes perfis de investimento e que essas diferenças podem, de fato, ser identificadas e caracterizadas.

Enquanto na seção 11.4.1 serão apresentados os procedimentos para elaboração da análise de correspondência simples no SPSS, assim como seus resultados, na seção 11.5.1 serão apresentados os comandos para elaboração da técnica no Stata, com respectivos *outputs*. As seções 11.6 e 11.7 são destinadas à apresentação dos códigos comentados em R e Python, respectivamente, para a elaboração dos procedimentos referentes à análise de correspondência estudados neste capítulo.

Elaborado o teste χ^2, avaliadas as associações entre as categorias das duas variáveis e construído o mapa perceptual, vamos partir para o estudo das relações entre categorias de mais de duas variáveis, por meio da análise de correspondência múltipla.

11.3. ANÁLISE DE CORRESPONDÊNCIA MÚLTIPLA

A análise de correspondência múltipla, também conhecida como **ACM**, é uma técnica de análise multivariada que representa uma extensão natural da análise de correspondência simples (Anacor), uma vez que permite que sejam estudadas as associações entre mais de duas variáveis categóricas e entre suas categorias, bem como a intensidade dessas associações.

Ao contrário da Anacor, técnica de análise bivariada, não é possível verificar a existência de associações entre mais de duas variáveis simultaneamente para a elaboração da análise de correspondência múltipla, visto que a estatística do teste χ^2 é calculada apenas com base em uma tabela de contingência bidimensional. Isso não impede, por outro lado, que, em função das massas das categorias de cada uma das variáveis a serem inseridas na análise de correspondência múltipla, sejam calculados autovalores utilizados para que se definam as coordenadas daquelas categorias em um mapa perceptual. Portanto, a lógica da análise de correspondência múltipla é semelhante à estudada para a análise de correspondência simples. Ressalta-se que só devem ser inseridas na análise de correspondência múltipla, entretanto, as variáveis que apresentarem associação, verificada por meio do teste χ^2, com pelo menos uma das demais variáveis. Nesse sentido, **é recomendável que seja elaborado um teste χ^2 para cada par de variáveis antes da elaboração de uma análise de correspondência múltipla**. Se uma delas não apresentar associação estatisticamente significante a nenhuma das demais variáveis, a determinado nível de significância, recomenda-se que seja excluída da análise de correspondência múltipla.

Enquanto na seção 11.3.1 serão apresentados os principais conceitos pertinentes à técnica, na seção 11.3.2 será elaborado um exemplo prático resolvido por meio de solução algébrica.

11.3.1. Notação

Para que seja elaborada a análise de correspondência múltipla, é necessário apresentar o conceito de **matriz binária**. Imaginemos um banco de dados com N observações e Q variáveis ($Q > 2$), e que cada variável q ($q = 1, ..., Q$) possua J_q categorias. Logo, o número total de categorias envolvidas em uma análise de correspondência múltipla é:

$$J = \sum_{q=1}^{Q} J_q \qquad (11.38)$$

A Tabela 11.19 apresenta, de forma esquemática, um banco de dados com N observações e Q ($Q > 2$) variáveis categóricas.

Tabela 11.19 Banco de dados com N observações e Q ($Q > 2$) variáveis categóricas.

Observação	Variável q			
	1	**2**	**...**	**Q**
1	categoria 1	categoria 4		categoria 2
2	categoria 2	categoria 1		categoria 1
3	categoria 1	categoria 3	...	categoria 1
4	categoria 3	categoria 2		categoria 2
⋮	⋮	⋮		⋮
N	categoria 2	categoria 4		categoria 2
Número de categorias J_q	**3**	**4**	**...**	**2**

Note, com base no banco de dados apresentado na Tabela 11.19, que, por exemplo, $J_1 = 3$, $J_2 = 4$ e $J_Q = 2$. Por meio desse banco de dados, é possível construir um novo banco de dados apenas com variáveis binárias, criadas com base na codificação das categorias das variáveis para cada observação. Assim, por exemplo, para a observação 1, com respostas para as categorias das variáveis 1, 2, ..., Q sendo, respectivamente, 1, 4, ..., 2, teremos a codificação binária representada, respectivamente, por (1 0 0), (0 0 0 1), ..., (0 1). A Tabela 11.20 apresenta a codificação binária para as observações apresentadas na Tabela 11.19.

Tabela 11.20 Codificação binária das categorias das variáveis originais.

Observação	Variável 1			Variável 2				...	Variável Q	
	cat. 1	**cat. 2**	**cat. 3**	**cat. 1**	**cat. 2**	**cat. 3**	**cat. 4**		**cat. 1**	**cat. 2**
1	1	0	0	0	0	0	1		0	1
2	0	1	0	1	0	0	0		1	0
3	1	0	0	0	0	1	0	...	1	0
4	0	0	1	0	1	0	0		0	1
⋮		⋮			⋮				⋮	
N	0	1	0	0	0	0	1		0	1

A Tabela 11.20 com a codificação binária das categorias das variáveis originais é chamada de **matriz binária Z**, por meio da qual pode ser definida a inércia principal total da análise de correspondência múltipla, cujo cálculo é bastante simples e depende apenas da quantidade total de variáveis inseridas na análise e do número de categorias de cada uma delas, não dependendo das frequências absolutas das categorias. Conforme discute Greenacre (2008), a matriz binária Z é composta por matrizes Z_q agrupadas lateralmente, uma para cada variável q. Como cada matriz Z_q apresenta somente um valor 1 em cada linha, todos os perfis linha se situam nos vértices de um sistema de coordenadas, e, portanto, estamos diante de um exemplo de matriz em que ocorrem as maiores associações possíveis entre linhas e colunas, conforme discutimos na seção 11.2.5. Como consequência, para cada matriz Z_q, a inércia principal parcial da dimensão principal será sempre igual a 1, e a inércia principal total, igual a $J_q - 1$. Dessa forma, a inércia principal total de Z corresponde à média das inércias principais totais das matrizes Z_q que a compõem, ou seja, pode ser obtida por meio da seguinte expressão:

$$I_T = \frac{\sum_{q=1}^{Q} (J_q - 1)}{Q} = \frac{J - Q}{Q} \tag{11.39}$$

Por meio do método da codificação binária, **pode-se supor que a matriz Z seja uma tabela de contingência de uma análise de correspondência simples**, a partir da qual podem ser definidos os valores das inércias principais parciais de cada uma das $J - Q$ dimensões. Consequentemente, conforme estudamos na seção 11.2, por meio dos autovalores e autovetores calculados a partir da matriz binária Z (considerada uma tabela de contingência de uma Anacor), podem ser definidas as coordenadas de cada uma das categorias das variáveis inseridas na análise de correspondência múltipla, o que permite que seja construído o mapa perceptual. **As coordenadas geradas por meio do método da matriz binária são conhecidas como coordenadas-padrão.**

Ainda segundo Greenacre (2008), a análise de correspondência múltipla pode também ser elaborada por meio de método alternativo, combinadas, em uma única matriz, as tabelas de contingência com os cruzamentos de todos os pares de variáveis. Essa matriz resultante, quadrada e simétrica, é conhecida por **matriz de Burt**.

Considerando a matriz binária $Z = [Z_1, Z_2, ..., Z_Q]$, a matriz de Burt pode ser definida, portanto, de acordo como segue:

$$B = Z' \cdot Z \tag{11.40}$$

ou seja:

$$B = \begin{pmatrix} Z'_1 \cdot Z_1 & Z'_1 \cdot Z_2 & \cdots & Z'_1 \cdot Z_Q \\ Z'_2 \cdot Z_1 & Z'_2 \cdot Z_2 & \cdots & Z'_2 \cdot Z_Q \\ \vdots & \vdots & \ddots & \vdots \\ Z'_Q \cdot Z_1 & Z'_Q \cdot Z_2 & \cdots & Z'_Q \cdot Z_Q \end{pmatrix}_{J \times J} \tag{11.41}$$

Segundo Naito (2007), enquanto cada submatriz $Z'_q \cdot Z_q$ é uma matriz diagonal, cujos elementos são, respectivamente, iguais à soma das colunas da matriz Z_q, cada submatriz $Z'_q \cdot Z_{q'}$ $(q \neq q')$ corresponde a uma tabela de contingência com os cruzamentos de cada variável q com cada variável q'. Essa estrutura permite comparar os comportamentos das frequências absolutas observadas para todos os pares de variáveis, ao contrário do que ocorre com a matriz binária Z.

Considerando a matriz de Burt (B) uma tabela de contingência, podemos também elaborar uma análise de correspondência simples, da qual se pode verificar que as coordenadas das categorias das variáveis corresponderão às coordenadas-padrão geradas por meio do método da matriz binária Z, porém com valores em escala reduzida. Esse fato, segundo discute Greenacre (2008), faz os mapas perceptuais construídos a partir das coordenadas geradas pelo método da matriz de Burt serem mais reduzidos e com pontos mais concentrados em torno da Origem, o que, em alguns casos, pode prejudicar a análise visual das associações entre as categorias, embora isso não afete o estudo da relação entre as variáveis.

As coordenadas geradas por meio do método da matriz de Burt são conhecidas por coordenadas principais, e a relação entre essas coordenadas principais e as coordenadas-padrão obtidas pelo método da matriz binária é dada pela seguinte expressão:

$$(\text{coord. principal}_{\text{dim}.k})_B = \lambda_k \cdot (\text{coord.-padrão}_{\text{dim}.k})_Z \tag{11.42}$$

ou seja, as coordenadas principais de determinada dimensão são as coordenadas-padrão multiplicadas pela raiz quadrada da inércia principal parcial daquela dimensão. Como as inércias principais parciais são menores que 1, explica-se a redução de escala do mapa perceptual construído a partir do método da matriz de Burt.

Enquanto elaboraremos a análise de correspondência múltipla fazendo uso das coordenadas principais no SPSS, a mesma técnica será elaborada com base nas coordenadas-padrão obtidas pelo método da matriz binária no Stata, conforme poderemos analisar nas seções 11.4.2 e 11.5.2, respectivamente.

Introduzidos esses conceitos, vamos apresentar um exemplo com o mesmo banco de dados utilizado quando da elaboração da análise de correspondência simples, porém com a inclusão de uma terceira variável categórica.

11.3.2. Exemplo prático da análise de correspondência múltipla (ACM)

Imagine agora que nosso professor tenha o interesse em estudar as associações eventualmente existentes entre o perfil de investidor de seus alunos, o tipo de aplicação financeira em que alocam seus recursos e uma terceira variável categórica, correspondente ao estado civil de cada um deles. Portanto, o banco de dados, parcialmente apresentado na Tabela 11.21, traz, além das variáveis estudadas quando da elaboração da análise de correspondência simples (*perfil* e *aplicação*), uma nova variável correspondente ao estado civil de cada estudante, com apenas duas categorias (solteiro ou casado).

Tabela 11.21 Exemplo: Perfil do investidor, tipo de aplicação financeira e estado civil.

Estudante	Perfil do investidor	Tipo de aplicação financeira	Estado civil
Gabriela	Conservador	Poupança	Casado
Luiz Felipe	Conservador	Poupança	Casado
⋮			
Renata	Conservador	CDB	Casado
Guilherme	Conservador	Ações	Solteiro
⋮			
Kamal	Moderado	Poupança	Solteiro
Rodolfo	Moderado	CDB	Solteiro
⋮			
Raquel	Moderado	CDB	Casado
Anna Luiza	Moderado	Ações	Solteiro
⋮			
Nuno	Agressivo	Poupança	Solteiro
Bráulio	Agressivo	CDB	Solteiro
⋮			
Estela	Agressivo	Ações	Solteiro

O banco de dados completo pode ser acessado no arquivo **Perfil_Investidor × Aplicação × Estado_Civil.xls**. Nesse exemplo, temos $N = 100$ observações e $Q = 3$ variáveis, sendo que cada variável possui, respectivamente, $J_1 = 3$ categorias, $J_2 = 3$ categorias e $J_3 = 2$ categorias. Portanto, o número total de categorias envolvidas nessa análise de correspondência múltipla é $J = 8$.

Antes de elaborarmos a análise de correspondência múltipla propriamente dita, apresentamos, nas Tabelas 11.22, 11.23 e 11.24, as tabelas de contingência entre cada par de variáveis, com destaque para os resultados dos respectivos testes χ^2.

Tabela 11.22 Tabela de contingência para perfil do investidor e tipo de aplicação financeira.

Perfil \ Aplicação	Poupança	CDB	Ações	Total
Conservador	8	4	5	17
Moderado	5	16	4	25
Agressivo	2	20	36	58
Total	15	40	45	100
$\chi^2 = 31{,}764$ (*valor-P* $\chi^2_{cal} = 0{,}000$)				

Tabela 11.23 Tabela de contingência para perfil do investidor e estado civil.

Perfil \ Estado civil	Solteiro	Casado	Total
Conservador	5	12	17
Moderado	11	14	25
Agressivo	41	17	58
Total	57	43	100
$\chi^2 = 11{,}438$ (valor-P $\chi^2_{cal} = 0{,}003$)			

Tabela 11.24 Tabela de contingência para tipo de aplicação financeira e estado civil.

Aplicação \ Estado civil	Solteiro	Casado	Total
Poupança	5	10	15
CDB	16	24	40
Ações	36	9	45
Total	57	43	100
$\chi^2 = 17{,}857$ (valor-P $\chi^2_{cal} = 0{,}000$)			

Com base nos resultados dos testes χ^2, podemos afirmar que existem associações estatisticamente significantes, ao nível de significância de 5%, entre cada par de variáveis e, portanto, as três variáveis serão incluídas na análise de correspondência múltipla. Caso uma delas não se associasse a nenhuma outra a determinado nível de significância, seria recomendável sua exclusão da análise de correspondência múltipla.

Conforme discutimos na seção 11.3.1, por meio desse banco de dados é possível construir uma matriz **Z**, que possui apenas variáveis binárias criadas com base na codificação das categorias das variáveis originais para cada estudante. Assim, por exemplo, para a observação 1 (**Gabriela**), que apresenta perfil de investidor *Conservador*, aplica seus recursos em *Poupança* e encontra-se no estado civil *Casado*, temos a codificação binária representada, respectivamente, por (1 0 0), (1 0 0), ..., (0 1). A Tabela 11.25 apresenta a codificação binária para as observações apresentadas na Tabela 11.21.

Tabela 11.25 Codificação binária das categorias das variáveis originais – Matriz binária **Z**.

Observação	Perfil do investidor (Z_1)			Tipo de aplicação financeira (Z_2)			Estado civil (Z_3)	
	Conservador	Moderado	Agressivo	Poupança	CDB	Ações	Solteiro	Casado
Gabriela	1	0	0	1	0	0	0	1
Luiz Felipe	1	0	0	1	0	0	0	1
⋮								
Renata	1	0	0	0	1	0	0	1
Guilherme	1	0	0	0	0	1	1	0
⋮								
Kamal	0	1	0	1	0	0	1	0
Rodolfo	0	1	0	0	1	0	1	0
⋮								
Raquel	0	1	0	0	1	0	0	1
Anna Luiza	0	1	0	0	0	1	1	0
⋮								
Nuno	0	0	1	1	0	0	1	0
Bráulio	0	0	1	0	1	0	1	0
⋮								
Estela	0	0	1	0	0	1	1	0

A matriz binária **Z** completa também pode ser acessada no arquivo **Perfil_Investidor × Aplicação × Estado_ Civil.xls**. Inicialmente, com base na expressão (11.39), podemos calcular a inércia principal total de **Z**. Assim, temos que:

$$I_T = \frac{8-3}{3} = 1,666$$

Supondo que a matriz binária **Z** seja uma tabela de contingência de uma análise de correspondência simples, podem ser definidos os valores das inércias principais parciais de cada uma das $J - Q = 8 - 3 = 5$ dimensões. Assim, fazendo uso dos conceitos estudados na seção 11.2, chegamos aos seguintes valores das inércias principais parciais, que são autovalores obtidos a partir da matriz binária **Z**:

$$\begin{cases} \lambda_1^2 = 0,602 \\ \lambda_2^2 = 0,436 \\ \lambda_3^2 = 0,276 \\ \lambda_4^2 = 0,180 \\ \lambda_5^2 = 0,172 \end{cases}$$

de onde podemos comprovar que $I_T = \lambda_1^2 + \lambda_2^2 + \lambda_3^2 + \lambda_4^2 + \lambda_5^2 = 1,666$.

Conforme discute Greenacre (2008), **somente é interessante que sejam plotadas no mapa perceptual as coordenadas das dimensões que apresentarem valores de inércia principal parcial superiores à média da inércia principal total por dimensão** que, em nosso exemplo, é igual a $(1,666/5) = 0,333$. Portanto, para a análise de correspondência múltipla de nosso exemplo, será construído um mapa perceptual com duas dimensões, visto que $\lambda_3^2 < 0,333$. A Tabela 11.26 apresenta as coordenadas-padrão das categorias de cada uma das variáveis para as duas dimensões, calculadas da mesma forma que no exemplo apresentado na seção 11.2.5, com base nos conceitos e expressões estudados ao longo da seção 11.2.

Tabela 11.26 Coordenadas-padrão das categorias das variáveis – Método da matriz binária **Z**.

Variável	Categoria	Coordenadas da 1ª dimensão (abscissas)	Coordenadas da 2ª dimensão (ordenadas)
Perfil do investidor	Conservador	$\mathbf{x}_{11} = 1,456$	$\mathbf{y}_{11} = 2,247$
	Moderado	$\mathbf{x}_{12} = 0,962$	$\mathbf{y}_{12} = -1,476$
	Agressivo	$\mathbf{x}_{13} = -0,841$	$\mathbf{y}_{13} = -0,022$
Tipo de aplicação financeira	Poupança	$\mathbf{x}_{21} = 1,780$	$\mathbf{y}_{21} = 2,016$
	CDB	$\mathbf{x}_{22} = 0,538$	$\mathbf{y}_{22} = -1,416$
	Ações	$\mathbf{x}_{23} = -1,071$	$\mathbf{y}_{23} = 0,587$
Estado civil	Solteiro	$\mathbf{x}_{31} = -0,820$	$\mathbf{y}_{31} = 0,150$
	Casado	$\mathbf{x}_{32} = 1,086$	$\mathbf{y}_{32} = -0,199$

Conforme discutimos na seção 11.3.1, a análise de correspondência múltipla também pode ser realizada por meio da elaboração de uma matriz quadrada e simétrica que agrupa as frequências absolutas observadas provenientes dos cruzamentos de todos os pares de variáveis, conhecida por matriz de Burt. A matriz de Burt do nosso exemplo, que pode ser construída tanto por meio da expressão (11.40), fazendo-se uso da matriz binária **Z**, quanto por meio das tabelas de contingência apresentadas nas Tabelas 11.22, 11.23 e 11.24, encontra-se na Tabela 11.27.

Note, na Tabela 11.27, que as submatrizes $\mathbf{Z}_1' \cdot \mathbf{Z}_1$, $\mathbf{Z}_2' \cdot \mathbf{Z}_2$ e $\mathbf{Z}_3' \cdot \mathbf{Z}_3$, em destaque, são matrizes diagonais cujos elementos correspondem, respectivamente, à soma das colunas das matrizes $\mathbf{Z}_1$, $\mathbf{Z}_2$ e $\mathbf{Z}_3$ (perfil do investidor, tipo de aplicação financeira e estado civil, respectivamente). Já as matrizes $\mathbf{Z}_1' \cdot \mathbf{Z}_2$, $\mathbf{Z}_1' \cdot \mathbf{Z}_3$ e $\mathbf{Z}_2' \cdot \mathbf{Z}_3$, e correspondem, respectivamente, às tabelas de contingência apresentadas nas Tabelas 11.22, 11.23 e 11.24.

Tabela 11.27 Matriz de Burt (**B**).

		Perfil do investidor			Tipo de aplicação financeira			Estado civil	
		Conservador	Moderado	Agressivo	Poupança	CDB	Ações	Solteiro	Casado
Perfil do investidor	Conservador	17	0	0	8	4	5	5	12
	Moderado	0	25	0	5	16	4	11	14
	Agressivo	0	0	58	2	20	36	41	17
Tipo de aplicação financeira	Poupança	8	5	2	15	0	0	5	10
	CDB	4	16	20	0	40	0	16	24
	Ações	5	4	36	0	0	45	36	9
Estado civil	Solteiro	5	11	41	5	16	36	57	0
	Casado	12	14	17	10	24	9	0	43
Massas		0,057	0,083	0,193	0,050	0,133	0,150	0,190	0,143

Considerando a matriz de Burt (**B**) uma tabela de contingência, podemos também elaborar uma análise de correspondência simples, que gera as coordenadas principais das categorias das variáveis, conforme apresentado na Tabela 11.28.

Tabela 11.28 Coordenadas principais das categorias das variáveis – Método da matriz de Burt **B**.

Variável	Categoria	Coordenadas da 1ª dimensão (abscissas)	Coordenadas da 2ª dimensão (ordenadas)
Perfil do investidor	Conservador	$x_{11} = 1,130$	$y_{11} = 1,484$
	Moderado	$x_{12} = 0,747$	$y_{12} = -0,975$
	Agressivo	$x_{13} = -0,653$	$y_{13} = -0,015$
Tipo de aplicação financeira	Poupança	$x_{21} = 1,381$	$y_{21} = 1,331$
	CDB	$x_{22} = 0,417$	$y_{22} = -0,935$
	Ações	$x_{23} = -0,831$	$y_{23} = 0,388$
Estado civil	Solteiro	$x_{31} = -0,636$	$y_{31} = 0,099$
	Casado	$x_{32} = 0,843$	$y_{32} = -0,131$

Com base nas coordenadas apresentadas nas Tabelas 11.26 (método da matriz binária **Z**) e 11.28 (método da matriz de Burt **B**), podemos facilmente verificar a relação existente entre elas, apresentada na expressão (11.42). Assim, para a primeira dimensão da categoria *Conservador* temos, por exemplo, que:

$$\textbf{(coord. principal}_1)_B = \sqrt{\lambda_1^2} \cdot \textbf{(coord.-padrão}_1)_Z = \sqrt{0,602} \cdot (1,456) = 1,130$$

e, para a segunda dimensão da mesma categoria, temos que:

$$\textbf{(coord. principal}_2)_B = \sqrt{\lambda_2^2} \cdot \textbf{(coord.-padrão}_2)_Z = \sqrt{0,436} \cdot (2,247) = 1,484$$

Isso mostra que as coordenadas obtidas pelo método da matriz de Burt realmente apresentam escala reduzida, em especial para a segunda dimensão, pelo fato de a inércia principal parcial ser ainda menor.

Enquanto na seção 11.4.2 serão apresentados os resultados dos procedimentos para elaboração da análise de correspondência múltipla no SPSS, em que são geradas as coordenadas principais das categorias, na seção 11.5.2 serão apresentados os resultados dos procedimentos para elaboração da técnica no Stata, por meio dos quais será possível analisar as coordenadas-padrão obtidas pelo método da matriz binária **Z**. As seções 11.6 e 11.7 são destinadas à apresentação dos códigos comentados em R e Python, respectivamente, para a elaboração dos procedimentos referentes à análise de correspondência estudados neste capítulo.

Como o método da matriz de Burt gera coordenadas com escala reduzida, optamos por apresentar, na Figura 11.12, o mapa perceptual construído com base nas coordenadas-padrão obtidas pelo método da matriz binária e apresentadas na Tabela 11.26.

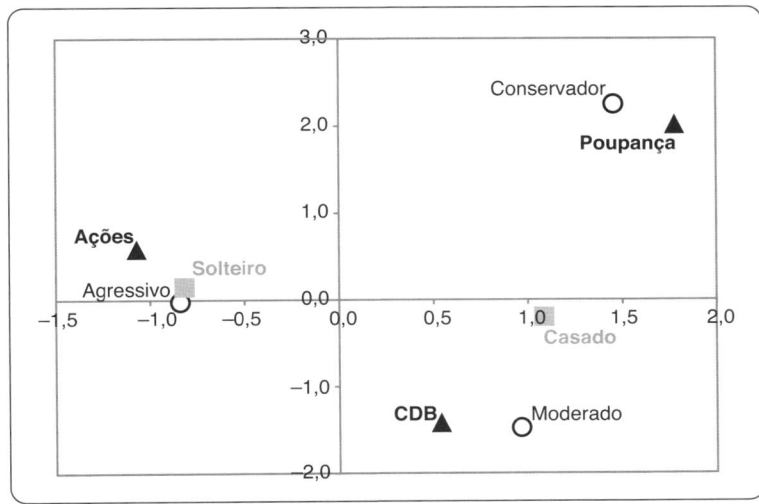

Figura 11.12 Mapa perceptual da análise de correspondência múltipla –
Coordenadas-padrão.

Com base no mapa perceptual da Figura 11.12, podemos verificar que a categoria *Solteiro* apresenta forte associação com as categorias *Agressivo* e *Ações*. Por outro lado, a categoria *Casado* encontra-se entre as categorias *Conservador* e *Moderado* e entre *Poupança* e *CDB*, porém com maior proximidade de *Moderado* e *CDB*. Esse fato é provavelmente caracterizado pela maior aversão ao risco que passam a ter aqueles que se tornam responsáveis por uma família, como os casados.

Interessante também seria se incluíssemos na análise uma variável que permitisse identificar se cada estudante possui ou não filhos, independentemente da quantidade. Será que o fato de ter filhos aumenta ainda mais a aversão ao risco? Há associação entre o fato de ter um ou mais filhos, o perfil do investidor e o tipo de aplicação financeira? Deixaremos essas perguntas para um exercício ao final do capítulo.

11.4. ANÁLISE DE CORRESPONDÊNCIA SIMPLES E MÚLTIPLA NO SOFTWARE SPSS

Nesta seção, apresentaremos o passo a passo para a elaboração de nossos exemplos no IBM SPSS Statistics Software®. Seguindo a lógica proposta no livro, o principal objetivo é propiciar ao pesquisador uma oportunidade de elaborar análises de correspondências simples e múltiplas neste software, dada sua facilidade de manuseio e a didática das operações. A cada apresentação de um *output*, faremos menção ao respectivo resultado obtido quando da solução algébrica das técnicas nas seções anteriores, a fim de que o pesquisador possa compará-los e formar seu conhecimento e erudição sobre o tema. A reprodução das imagens nesta seção tem autorização da International Business Machines Corporation©.

11.4.1. Elaboração da análise de correspondência simples no software SPSS

Voltando ao exemplo apresentado na seção 11.2.5, lembremos que nosso professor tem o interesse em estudar se o perfil de investidor de seus alunos relaciona-se com o tipo de aplicação financeira realizada, ou seja, se existe associação estatisticamente significante, a determinado nível de significância, entre os perfis dos investidores e a forma como são alocados seus recursos financeiros. Os dados encontram-se no arquivo **Perfil_Investidor × Aplicação.sav** e são exatamente iguais aos apresentados parcialmente na Tabela 11.7 da seção 11.2.5. Note que os rótulos das categorias das variáveis *perfil* e *aplicação* já estão definidos no banco de dados.

A fim de que sejam geradas as tabelas de frequências absolutas observadas (*cross-tabulations*) e esperadas e, consequentemente, a tabela de resíduos e o valor da estatística χ^2, vamos inicialmente clicar em **Analyze → Descriptive Statistics → Crosstabs...**, para elaborarmos o primeiro diagnóstico sobre a interdependência entre as duas variáveis categóricas. A caixa de diálogo da Figura 11.13 será aberta.

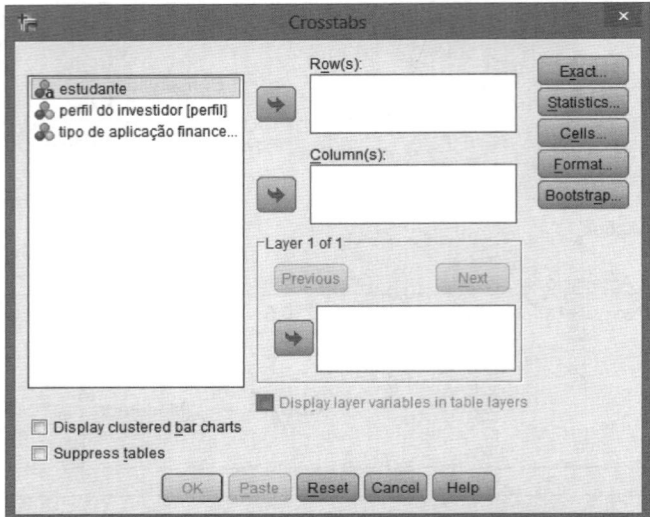

Figura 11.13 Caixa de diálogo para elaboração das tabelas de frequências absolutas observadas e esperadas, dos resíduos e do teste χ^2.

Conforme mostra a Figura 11.14, devemos inserir a variável *perfil* em **Row(s)**, e a variável *aplicação* em **Column(s)**. No botão **Statistics...**, devemos selecionar a opção **Chi-square**, conforme mostra a Figura 11.15.

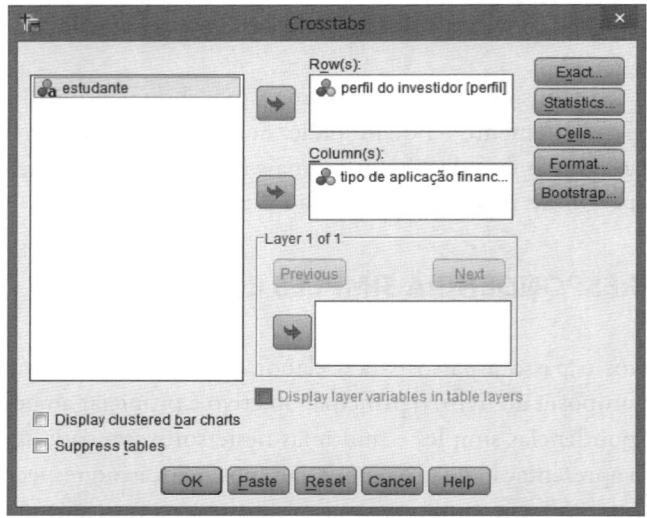

Figura 11.14 Seleção das variáveis em **Row(s)** e em **Column(s)**.

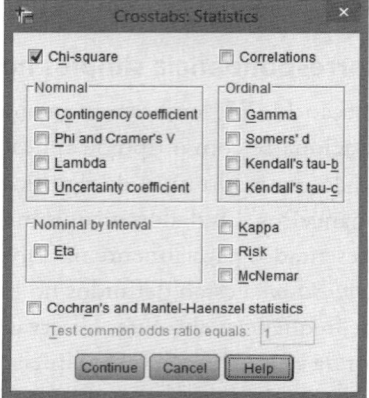

Figura 11.15 Seleção da estatística χ^2.

Ao clicarmos em **Continue**, voltaremos à caixa de diálogo anterior. No botão **Cells...**, marcaremos as opções **Observed** e **Expected**, em **Counts**, e **Unstandardized**, **Standardized** e **Adjusted standardized**, em **Residuals**, conforme mostra a Figura 11.16.

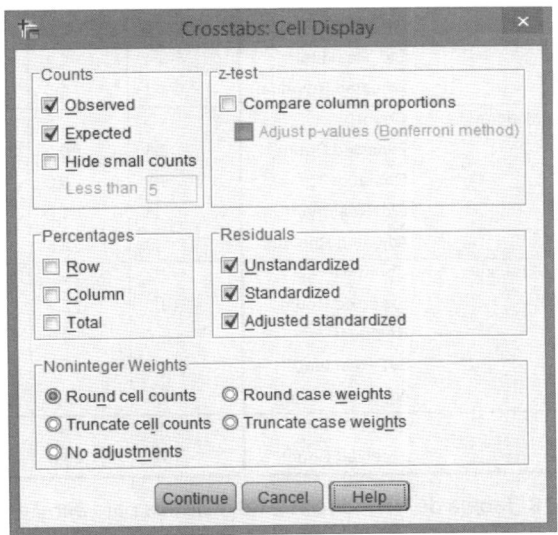

Figura 11.16 Seleção das opções para elaboração das tabelas de frequências e dos resíduos.

Na sequência, podemos clicar em **Continue** e em **OK**. Os primeiros *outputs* encontram-se nas Figuras 11.17 e 11.18.

Conforme estudamos nas seções anteriores, a fim de verificarmos inicialmente a existência de associação estatisticamente significante entre as variáveis *perfil* e *aplicação*, devemos fazer uso do teste χ^2. A Figura 11.17 apresenta a estatística correspondente, cujo cálculo é feito com base na somatória, para todas as células, da razão entre o resíduo ao quadrado e a respectiva frequência esperada, de acordo com a expressão (11.6).

Chi-Square Tests

	Value	df	Asymp. Sig. (2-sided)
Pearson Chi-Square	31,764[a]	4	,000
Likelihood Ratio	30,777	4	,000
Linear-by-Linear Association	20,352	1	,000
N of Valid Cases	100		

a. 2 cells (22,2%) have expected count less than 5. The minimum expected count is 2,55.

Figura 11.17 Resultado do teste χ^2 para verificação de associação entre *perfil* e *aplicação*.

Logo, temos que:

$$\chi^2_{4 g.l.} = \sum_{i=1}^{3} \sum_{j=1}^{3} \frac{(res\acute{\imath}duos_{ij})^2}{(frequências\ esperadas_{ij})} = 31,764$$

que é exatamente igual ao valor calculado algebricamente na seção 11.2.5. Assim, de acordo com a Figura 11.17, o *valor-P* (*Asymp. Sig.*) da estatística χ^2_{cal} é consideravelmente menor que 0,05 (*valor-P* χ^2_{cal} = 0,000). Logo, para $(I-1) \times (J-1) = (3-1) \times (3-1) = 4$ graus de liberdade, podemos rejeitar a hipótese nula de que as duas variáveis categóricas se associam de forma aleatória, ou seja, existe associação estatisticamente significante, ao nível de significância de 5%, entre o perfil do investidor e o tipo de aplicação financeira.

Conforme discutimos na seção 11.2.5, tão importante quanto avaliar a existência de associação estatisticamente significante entre essas duas variáveis é estudar a relação de dependência entre cada par de categorias. A Figura 11.18 permite que essa análise seja elaborada.

perfil do investidor * tipo de aplicação financeira Crosstabulation

| | | | tipo de aplicação financeira | | | |
			Poupança	CDB	Ações	Total
perfil do investidor	Conservador	Count	8	4	5	17
		Expected Count	2,6	6,8	7,7	17,0
		Residual	5,5	-2,8	-2,7	
		Std. Residual	3,4	-1,1	-1,0	
		Adjusted Residual	4,1	-1,5	-1,4	
	Moderado	Count	5	16	4	25
		Expected Count	3,8	10,0	11,3	25,0
		Residual	1,3	6,0	-7,3	
		Std. Residual	,6	1,9	-2,2	
		Adjusted Residual	,8	2,8	-3,4	
	Agressivo	Count	2	20	36	58
		Expected Count	8,7	23,2	26,1	58,0
		Residual	-6,7	-3,2	9,9	
		Std. Residual	-2,3	-,7	1,9	
		Adjusted Residual	-3,8	-1,3	4,0	
Total		Count	15	40	45	100
		Expected Count	15,0	40,0	45,0	100,0

Figura 11.18 Tabela de frequências e de resíduos para *perfil* e *aplicação*.

A Figura 11.18 mostra, para cada uma das células, as frequências absolutas observadas (*Count*), as frequências absolutas esperadas (*Expected Count*), os resíduos (*Residual*), os resíduos padronizados (*Std. Residual*) e os resíduos padronizados ajustados (*Adjusted Residual*), bem como os valores totais em linha e em coluna de *Count* e de *Expected Count* que, obviamente, são iguais. Note que, enquanto os valores de *Count* correspondem aos apresentados na Tabela 11.8, os valores de *Expected Count* e de *Residual* são os calculados e apresentados nas Tabelas 11.9 e 11.10, respectivamente. Além disso, os valores de *Std. Residual* e de A*djusted Residual* correspondem, respectivamente, aos apresentados nas Tabelas 11.12 e 11.13.

Podemos verificar que, enquanto há uma maior proporção de estudantes que se consideram agressivos em termos de perfil de investidor, há também uma quantidade maior de estudantes que aplicam seus recursos financeiros em ações. No perfil *Conservador*, os resíduos são maiores para a categoria *Poupança*, o que indica que as diferenças entre as frequências absolutas observadas e esperadas nessa célula são maiores que para as demais células do perfil *Conservador* e, como o valor do resíduo padronizado ajustado nessa célula é igual a 4,1 (positivo e maior que 1,96), podemos concluir que há dependência entre as categorias *Conservador* e *Poupança*. O mesmo também pode ser dito em relação às categorias *Moderado* e *CDB* (resíduo padronizado ajustado igual a 2,8) e entre as categorias *Agressivo* e *Ações* (resíduo padronizado ajustado igual a 4,0).

Em muitos casos, o pesquisador pode restringir a análise apenas com base nos resultados do teste χ^2 e nos resíduos padronizados ajustados, já que esses já oferecem muitos subsídios para a elaboração de uma interessante análise dos dados com foco para a tomada de decisão. Entretanto, para que seja construído o mapa perceptual no SPSS, é necessário elaborar mais alguns passos. Para tanto, vamos clicar em **Analyze → Dimension Reduction → Correspondence Analysis...**. Uma caixa de diálogo como a apresentada na Figura 11.19 será aberta.

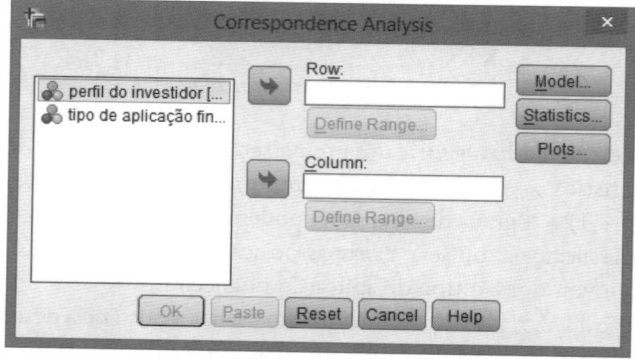

Figura 11.19 Caixa de diálogo para elaboração da análise de correspondência simples no SPSS.

Devemos inicialmente selecionar a variável *perfil* e inseri-la em **Row**, conforme mostra a Figura 11.20.

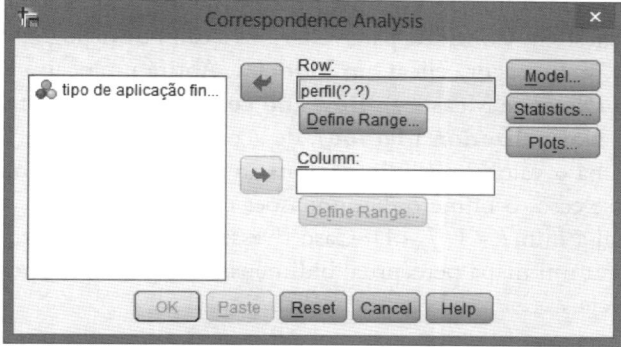

Figura 11.20 Inclusão da variável *perfil* em **Row**.

Ao clicarmos em **Define Range...**, abrirá uma caixa de diálogo. Como a variável *perfil* apresenta três categorias (*Conservador*, *Moderado* e *Agressivo*), e nossa intenção é incluí-las, sem exceção, na análise de correspondência, devemos digitar 1 em **Minimum value**, 3 em **Maximum value** e clicar em **Update**, conforme mostra a Figura 11.21. É importante lembrar que os valores 1, 2 e 3 foram inseridos inicialmente no banco de dados, e, a eles, foram atribuídas, respectivamente, as categorias *Conservador*, *Moderado* e *Agressivo* como rótulos (*labels*). O pesquisador poderá, como bem entender, alterar os valores iniciais de preenchimento no banco de dados; porém, nesse momento, precisará digitar os valores correspondentes às categorias a serem incluídas na análise. Para retornarmos à caixa de diálogo principal, devemos clicar em **Continue**.

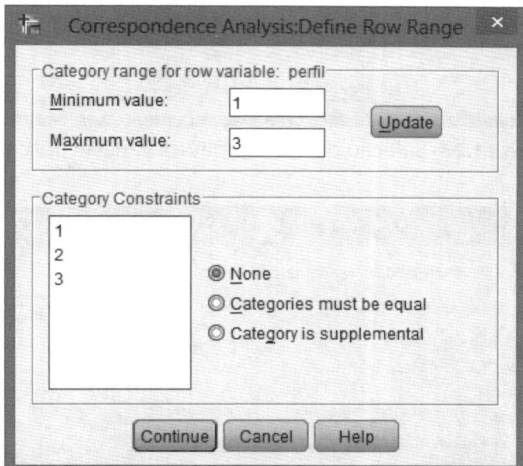

Figura 11.21 Seleção das categorias da variável *perfil*.

Na sequência, vamos elaborar o mesmo procedimento para a variável *aplicação*. Conforme mostra a Figura 11.22, devemos inseri-la em **Column**.

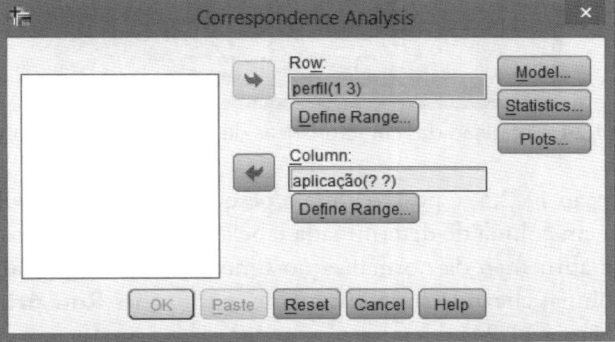

Figura 11.22 Inclusão da variável *aplicação* em **Column**.

Analogamente, em **Define Range...**, devemos digitar 1 em **Minimum value**, 3 em **Maximum value** e clicar em **Update**, como mostra a Figura 11.23, visto que a variável *aplicação* também apresenta três categorias (*Poupança, CDB* e *Ações*). Na sequência, vamos clicar em **Continue** para voltarmos à caixa de diálogo inicial.

Na caixa de diálogo inicial, vamos agora clicar em **Model...**. Abrirá uma caixa em que deverão ser selecionadas as opções **Chi square** (em **Distance Measure**), **Row and column means are removed** (em **Standardization Method**) e **Symmetrical** (em **Normalization Method**), de acordo com a Figura 11.24. Por meio dessa mesma figura, é possível verificar que há o valor 2 em **Dimensions in solution**, correspondente ao número de dimensões do mapa perceptual. Nesse caso, o número de dimensões é, de fato, 2, uma vez que, conforme estudamos, o número de dimensões é igual a mín($I - 1, J - 1$). Caso tivéssemos mais categorias em cada uma das variáveis, ainda assim poderíamos elaborar um mapa perceptual bidimensional, plotando apenas as duas dimensões com as maiores inércias principais parciais.

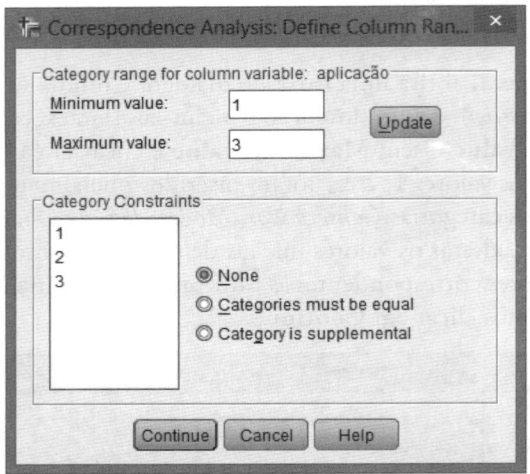

Figura 11.23 Seleção das categorias da variável *aplicação*.

Figura 11.24 Definição das características da análise de correspondência.

Conforme discutimos na seção 11.2.4, é possível que o pesquisador deseje privilegiar exclusivamente a visualização das massas em linha ou em coluna de determinada tabela de contingência para a construção do mapa perceptual. Nesse sentido, poderá abrir mão da normalização simétrica (**Symmetrical**) e optar pelas normalizações principal linha ou principal coluna, clicando, respetivamente, nas opções **Row principal** ou **Column principal** em **Normalization Method** (Figura 11.24). Nesses casos, as coordenadas das categorias serão calculadas com base nas expressões apresentadas no Quadro 11.1. Não apresentaremos, todavia, esses mapas específicos.

Para dar sequência à análise, devemos clicar em **Continue**. Na caixa de diálogo inicial, vamos clicar em **Statistics...** e, na caixa que será aberta, vamos marcar as opções **Correspondence table**, **Row profiles** e **Column profiles**, a fim de que sejam geradas, nos *outputs*, a tabela de contingência (tabela de frequências absolutas observadas) e as tabelas de massas *row profiles* e *column profiles*. Além disso, vamos também selecionar as opções **Overview of row points** e **Overview of column points**, por meio das quais serão apresentados os quadros com as coordenadas das categorias das variáveis. A Figura 11.25 apresenta essas opções selecionadas. Na sequência, devemos clicar em **Continue**.

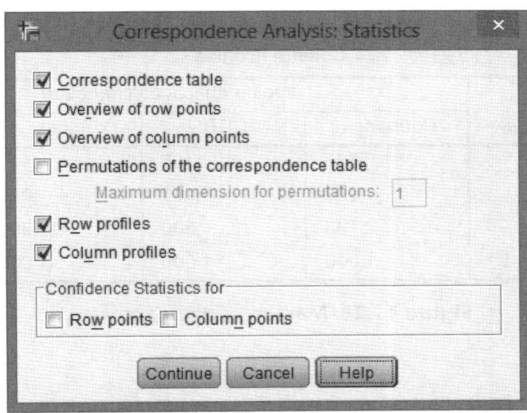

Figura 11.25 Definição dos *outputs* a serem gerados.

Por fim, em **Plots...** (caixa de diálogo inicial), devemos apenas clicar em **Biplot**, conforme mostra a Figura 11.26. Caso o pesquisador deseje elaborar gráficos com as categorias de apenas uma das variáveis, poderá também selecionar as opções **Row points** ou **Column points**. Na sequência, podemos clicar em **Continue** e em **OK**.

Os primeiros *outputs* gerados encontram-se nas Figuras 11.27, 11.28 e 11.29 e referem-se, respectivamente, à tabela de contingência e às tabelas de massas *column profile* e *row profile*. Os valores nessas figuras correspondem, respectivamente, aos apresentados nas Tabelas 11.8, 11.14 e 11.15.

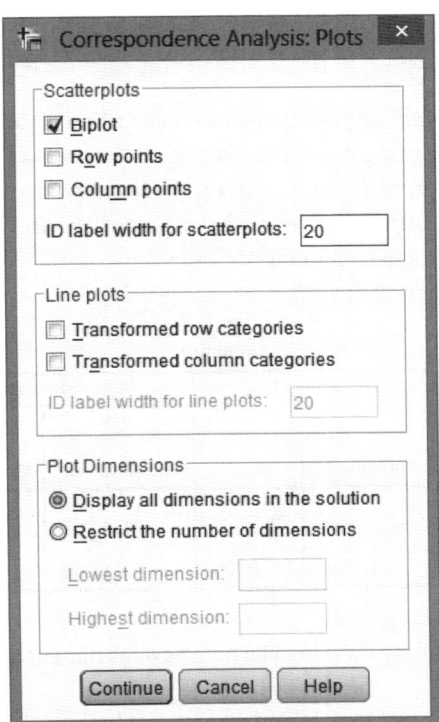

Figura 11.26 Definição do mapa perceptual.

Correspondence Table

| perfil do investidor | tipo de aplicação financeira | | | |
	Poupança	CDB	Ações	Active Margin
Conservador	8	4	5	17
Moderado	5	16	4	25
Agressivo	2	20	36	58
Active Margin	15	40	45	100

Figura 11.27 Tabela de contingência com frequências absolutas observadas para *perfil* e *aplicação*.

Column Profiles

| perfil do investidor | tipo de aplicação financeira | | | Mass |
	Poupança	CDB	Ações	
Conservador	,533	,100	,111	,170
Moderado	,333	,400	,089	,250
Agressivo	,133	,500	,800	,580
Active Margin	1,000	1,000	1,000	

Figura 11.28 Massas – *Column profiles*.

Row Profiles

| perfil do investidor | tipo de aplicação financeira | | | Active Margin |
	Poupança	CDB	Ações	
Conservador	,471	,235	,294	1,000
Moderado	,200	,640	,160	1,000
Agressivo	,034	,345	,621	1,000
Mass	,150	,400	,450	

Figura 11.29 Massas – *Row profiles*.

Logo, conforme também discutimos, a tabela de massas *column profiles* apresenta o cálculo das razões entre as frequências absolutas observadas de cada célula da tabela de contingência e a soma total de cada coluna (chamada, pelo SPSS, de *Active Margin*). Logo, a massa da categoria *Conservador* da variável *perfil* é dada pela relação 17/100 = 0,170.

Analogamente, a tabela de massas *row profiles* apresenta o cálculo das razões entre as frequências absolutas observadas de cada célula da tabela de contingência e a soma total de cada linha (também chamada, pelo SPSS, de *Active Margin*). Logo, a massa da categoria *CDB* da variável *aplicação* é dada pela relação 40/100 = 0,400.

Na sequência, são apresentados os *outputs* referentes à decomposição inercial (Figura 11.30), com destaque para os valores singulares e as inércias principais parciais de cada dimensão. Além disso, também são apresentados os valores da inércia principal total e da estatística χ^2.

Summary

| Dimension | Singular Value | Inertia | Chi Square | Sig. | Proportion of Inertia | | Confidence Singular Value | |
					Accounted for	Cumulative	Standard Deviation	Correlation 2
1	,483	,233			,734	,734	,088	,179
2	,291	,084			,266	1,000	,100	
Total		,318	31,764	,000ᵃ	1,000	1,000		

a. 4 degrees of freedom

Figura 11.30 Decomposição inercial para as duas dimensões e estatística χ^2.

Assim como mostra o *output* da Figura 11.17, podemos inicialmente verificar, com base nos *outputs* da Figura 11.30, que o perfil do investidor e o tipo de aplicação financeira não se combinam aleatoriamente, visto que o *valor-P* da estatística χ^2_{cal} é menor que 0,05 (*Sig.* χ^2_{cal} = 0,000). Além disso, temos, para cada dimensão, os seguintes valores das inércias principais parciais:

$$\begin{cases} \lambda^2_1 = 0,233 \\ \lambda^2_2 = 0,084 \end{cases}$$

e, portanto, a inércia principal total é $I_T = \lambda^2_1 + \lambda^2_2 = 0,318$. Conforme estudamos na seção 11.2.5, podemos também verificar, por meio da expressão (11.7), que:

$$I_T = \frac{\chi^2}{N} = \frac{31,764}{100} = 0,318$$

Os valores singulares de cada dimensão são iguais a:

$$\begin{cases} \lambda_1 = 0,483 \\ \lambda_2 = 0,291 \end{cases}$$

Ainda com base nos *outputs* apresentados na Figura 11.30, podemos afirmar que as dimensões 1 e 2 explicam, respectivamente, 73,4% (0,233 / 0,318) e 26,6% (0,084 / 0,318) da inércia principal total. Esses valores já haviam sido calculados e apresentados na Tabela 11.16.

As Figuras 11.31 e 11.32 apresentam as coordenadas (abscissas e ordenadas) das categorias das duas variáveis. Enquanto as abscissas são denominadas *Score in Dimension* 1, as ordenadas são denominadas *Score in Dimension* 2.

Overview Row Points[a]

perfil do investidor	Mass	Score in Dimension		Inertia	Contribution				
		1	2		Of Point to Inertia of Dimension		Of Dimension to Inertia of Point		
					1	2	1	2	Total
Conservador	,170	-1,132	,805	,137	,451	,379	,767	,233	1,000
Moderado	,250	-,553	-,829	,087	,158	,592	,425	,575	1,000
Agressivo	,580	,570	,122	,094	,391	,029	,973	,027	1,000
Active Total	1,000			,318	1,000	1,000			

a. Symmetrical normalization

Figura 11.31 Coordenadas (*scores*) das categorias da variável *perfil*.

Overview Column Points[a]

tipo de aplicação financeira	Mass	Score in Dimension		Inertia	Contribution				
		1	2		Of Point to Inertia of Dimension		Of Dimension to Inertia of Point		
					1	2	1	2	Total
Poupança	,150	-1,475	,582	,172	,675	,175	,914	,086	1,000
CDB	,400	-,102	-,655	,052	,009	,591	,039	,961	1,000
Ações	,450	,582	,389	,093	,316	,234	,789	,211	1,000
Active Total	1,000			,318	1,000	1,000			

a. Symmetrical normalization

Figura 11.32 Coordenadas (*scores*) das categorias da variável *aplicação*.

Note, a partir dos *outputs* apresentados nas Figuras 11.31 e 11.32, que o SPSS apresenta as coordenadas das abscissas de cada categoria (*Score in Dimension* 1) com sinais invertidos em relação aos calculados algebricamente no final da seção 11.2.5. Isso faz o mapa perceptual ser construído de forma verticalmente espelhada se comparado ao mapa apresentado na Figura 11.9, porém não altera absolutamente a interpretação dos resultados da análise de correspondência. Ressalta-se que isso acontece apenas para algumas versões do SPSS.

Conforme discutimos, as coordenadas das categorias da variável em linha podem ser calculadas a partir das coordenadas das categorias da variável em coluna para determinada dimensão e vice-versa. Para tanto, devemos multiplicar a matriz de massas pelo vetor de coordenadas de uma variável e dividir pelo correspondente valor singular da dimensão em análise, para que sejam obtidas as coordenadas das categorias da outra variável, de acordo com as expressões (11.33) e (11.34). Assim, a abscissa da categoria *Ações* pode ser calculada da seguinte forma:

$$\mathbf{x}_{Ações} = \frac{[0,111 \times (-1,132)] + [0,089 \times (-0,553)] + [0,800 \times 0,570]}{0,483} = 0,582$$

e, analogamente, a ordenada da categoria *Moderado* pode ser calculada por meio da seguinte expressão:

$$\mathbf{y}_{Moderado} = \frac{[0,200 \times 0,582] + [0,640 \times (-0,655)] + [0,160 \times 0,389]}{0,291} = -0,829$$

Além disso, também mostramos, com base nas expressões (11.35) e (11.36), que os valores singulares de cada dimensão podem ser obtidos pela soma, em linha ou em coluna, da multiplicação da coordenada ao quadrado de cada categoria pela respectiva massa. Assim, para a primeira dimensão, e fazendo uso das coordenadas da variável *perfil*, podemos obter o valor singular da seguinte maneira:

$$\lambda_1 = [(-1,132)^2 \times 0,170] + [(-0,553)^2 \times 0,250] + [(0,570)^2 \times 0,580] = 0,483$$

e o mesmo resultado pode ser encontrado se forem utilizadas as coordenadas da variável *aplicação* e respectivas massas.

Analogamente, para a segunda dimensão, e fazendo uso das coordenadas da variável *aplicação*, podemos obter o valor singular da seguinte maneira:

$$\lambda_2 = [(0,582)^2 \times 0,150] + [(-0,655)^2 \times 0,400] + [(0,389)^2 \times 0,450] = 0,291$$

sendo o mesmo resultado obtido se utilizadas as coordenadas da variável *perfil* e respectivas massas.

As Figuras 11.31 e 11.32 apresentam também um importante *output*, chamado de **Contribution of Point to Inertia of Dimension**, que oferece uma possibilidade de que sejam analisadas as categorias mais representativas de cada variável para a composição inercial de cada dimensão. Segundo Olariaga e Hernández (2000), se determinada categoria de uma variável apresentar, por exemplo, um valor de abscissa bastante alto em módulo, ou seja, mais distante horizontalmente da Origem, e possuir massa elevada, mais representativa essa categoria será para a composição inercial da primeira dimensão. Analogamente, se outra categoria apresentar, por exemplo, um valor de ordenada bastante alto em módulo, ou seja, mais distante verticalmente da Origem, e também possuir massa elevada, mais representativa essa outra categoria será para a composição inercial da segunda dimensão.

Por exemplo, a contribuição da categoria *Conservador* para a inércia da primeira dimensão pode ser calculada da seguinte forma:

$$\frac{[(-1,132)^2 \times 0,170]}{0,483} = 0,451$$

que torna a categoria *Conservador* a mais representativa da variável *perfil* para a composição inercial da primeira dimensão (45,1%). Para essa mesma variável, a categoria *Moderado* é a mais representativa para a composição inercial da segunda dimensão, com uma contribuição de 59,2% da inércia principal total. Já para a variável *aplicação*, enquanto a categoria *Poupança* é a mais representativa para a composição inercial da primeira dimensão (67,5%), a categoria *CDB* é a mais representativa para a composição inercial da segunda dimensão (59,1%).

Com base nas abscissas e ordenadas apresentadas nas Figuras 11.31 e 11.32, pode ser construído o mapa perceptual apresentado na Figura 11.33.

Conforme discutido, como as abscissas das categorias calculadas pelo SPSS apresentam sinais opostos aos das abscissas calculadas algebricamente na seção 11.2.5, o mapa perceptual da Figura 11.33 é horizontalmente espelhado em relação ao mapa apresentado na Figura 11.9 (esse fato ocorre apenas para algumas versões do SPSS). Entretanto, em nada altera a análise e não impede que se comprove a existência de associação entre as variáveis *perfil* e *aplicação* e, mais que isso, a associação entre as categorias *Conservador* e *Poupança*, entre *Moderado* e *CDB*, e entre *Agressivo* e *Ações*.

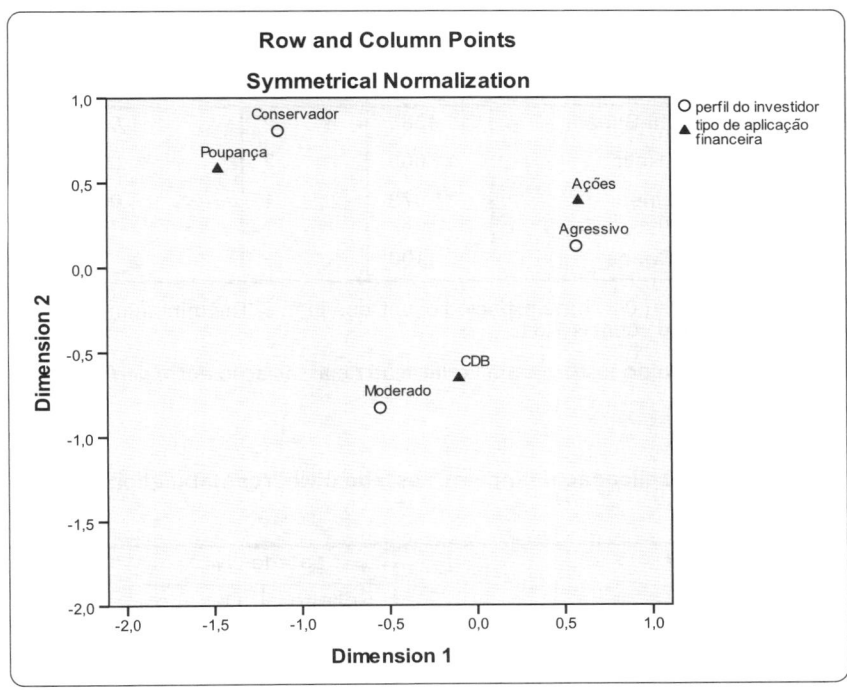

Figura 11.33 Mapa perceptual para perfil do investidor e tipo de aplicação financeira.

Como são calculadas duas inércias principais parciais e, na sequência, é construído um mapa perceptual com duas dimensões (*biplot*), é importante enfatizar que 100% da inércia principal total estão representados no mapa bidimensional. Esse fato não ocorre para os casos em que há uma quantidade maior de categorias em ambas as variáveis e, na sequência, o pesquisador constrói um mapa perceptual bidimensional. Nessa situação, apenas as dimensões com as duas maiores inércias principais parciais serão plotadas no mapa.

11.4.2. Elaboração da análise de correspondência múltipla no software SPSS

Seguindo a lógica apresentada na seção 11.3.2, vamos elaborar a análise de correspondência múltipla no SPSS. Os dados encontram-se no arquivo **Perfil_Investidor × Aplicação × Estado_Civil.sav** e são exatamente iguais aos apresentados parcialmente na Tabela 11.21. Note que os rótulos das categorias das variáveis *perfil*, *aplicação* e *estado_civil* já estão definidos no banco de dados.

Inicialmente, é recomendável que sejam geradas as tabelas de frequências absolutas observadas (*cross-tabulations*) e os valores da estatística χ^2 para cada par de variáveis, a fim de que seja elaborado um primeiro diagnóstico sobre a existência de associação entre elas e, consequentemente, sobre a eventual necessidade de que alguma precise ser eliminada da análise. Conforme procedimento adotado na seção 11.4.1, para essa análise preliminar, devemos clicar em **Analyze → Descriptive Statistics → Crosstabs...**. Como sabemos que existe associação entre as variáveis *perfil* e *aplicação*, vamos apresentar os resultados gerados para o par *perfil – estado_civil* e para o par *aplicação – estado_civil*. Esses *outputs* encontram-se nas Figuras 11.34 a 11.37.

perfil do investidor * estado civil Crosstabulation

Count

		estado civil		Total
		Solteiro	Casado	
perfil do investidor	Conservador	5	12	17
	Moderado	11	14	25
	Agressivo	41	17	58
Total		57	43	100

Figura 11.34 Tabela de contingência com frequências absolutas observadas para *perfil* e *estado_civil*.

Chi-Square Tests

	Value	df	Asymp. Sig. (2-sided)
Pearson Chi-Square	11,438[a]	2	,003
Likelihood Ratio	11,600	2	,003
Linear-by-Linear Association	11,073	1	,001
N of Valid Cases	100		

a. 0 cells (,0%) have expected count less than 5. The minimum expected count is 7,31.

Figura 11.35 Resultado do teste χ^2 para verificação de associação entre *perfil* e *estado_civil*.

tipo de aplicação financeira * estado civil Crosstabulation

Count

		estado civil		Total
		Solteiro	Casado	
tipo de aplicação financeira	Poupança	5	10	15
	CDB	16	24	40
	Ações	36	9	45
Total		57	43	100

Figura 11.36 Tabela de contingência com frequências absolutas observadas para *aplicação* e *estado_civil*.

Chi-Square Tests

	Value	df	Asymp. Sig. (2-sided)
Pearson Chi-Square	17,857[a]	2	,000
Likelihood Ratio	18,690	2	,000
Linear-by-Linear Association	15,302	1	,000
N of Valid Cases	100		

a. 0 cells (,0%) have expected count less than 5. The minimum expected count is 6,45.

Figura 11.37 Resultado do teste χ^2 para verificação de associação entre *aplicação* e *estado_civil*.

Com base nos *outputs* das Figuras 11.35 e 11.37, podemos afirmar que a variável *estado_civil* apresenta associação estatisticamente significante, ao nível de significância de 5%, com as variáveis *perfil* e *aplicação*, o que dá suporte à sua inclusão na análise de correspondência. Conforme discutimos no início da seção 11.3, se a variável *estado_civil* não apresentasse associação às demais, não faria sentido sua inclusão na análise, que voltaria a ser, nesse caso, bivariada.

Vamos, portanto, partir para a elaboração da análise de correspondência múltipla propriamente dita. Para tanto, devemos clicar em **Analyze → Dimension Reduction → Optimal Scaling...**. Uma caixa de diálogo como a apresentada na Figura 11.38 será aberta e devemos manter as opções selecionadas inicialmente, ou seja, **All variables are multiple nominal** em **Optimal Scaling Level** e **One set** em **Number of Sets of Variables**. Note que a análise escolhida é a **Multiple Corrrespondence Analysis**.

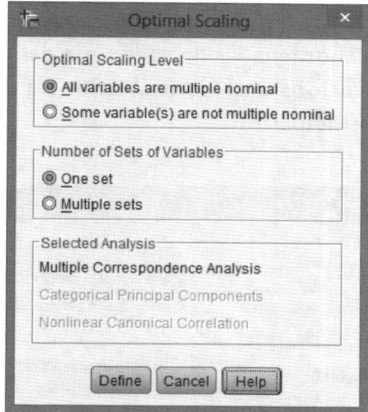

Figura 11.38 Caixa de diálogo para seleção da análise de correspondência múltipla no SPSS.

Ao clicarmos em **Define**, será aberta uma caixa de diálogo como a apresentada na Figura 11.39.

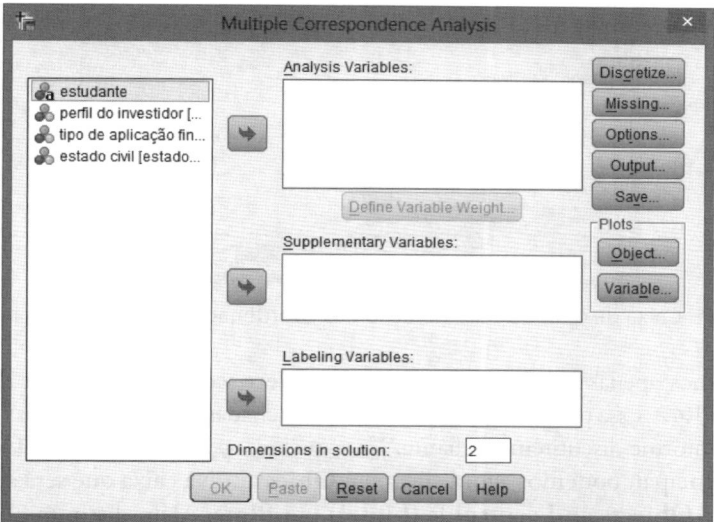

Figura 11.39 Caixa de diálogo para elaboração da análise de correspondência múltipla no SPSS.

Primeiramente, devemos selecionar as três variáveis e inseri-las em **Analysis Variables**, conforme mostra a Figura 11.40.

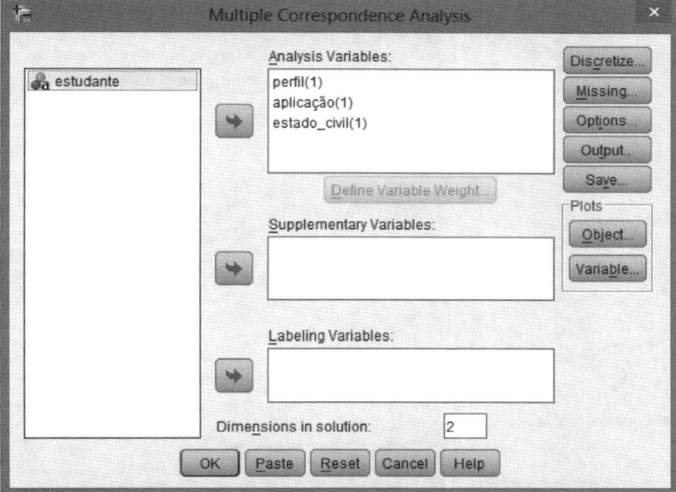

Figura 11.40 Seleção das variáveis a serem incluídas na análise de correspondência múltipla.

Na sequência, ao clicarmos em **Output...**, será aberta uma caixa de diálogo como a da Figura 11.41. Nessa caixa, a fim de que sejam apresentadas as coordenadas de cada uma das categorias, devemos selecionar as três variáveis e inseri-las em **Category Quantifications and Contributions**. Em seguida, podemos clicar em **Continue**, a fim de retornarmos à caixa de diálogo principal.

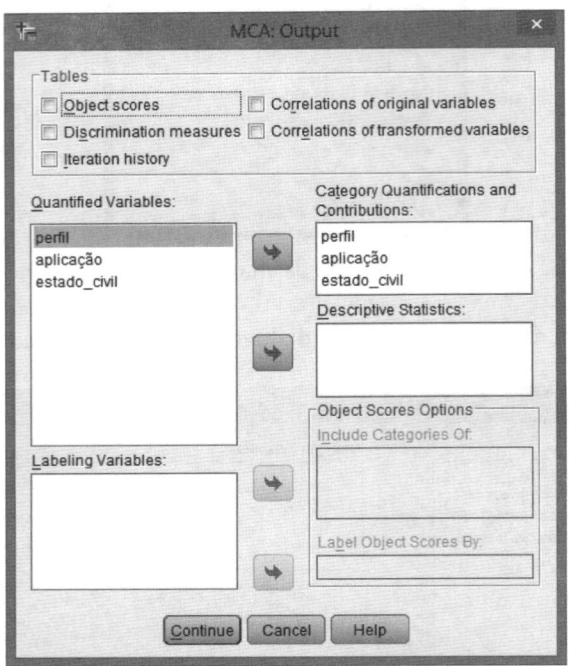

Figura 11.41 Caixa de diálogo para geração das coordenadas das categorias nos *outputs*.

No botão **Save...**, devemos apenas selecionar a opção **Save object scores to the active dataset** em **Object Scores**, conforme mostra a Figura 11.42. Esse procedimento gerará as coordenadas para cada uma das observações da amostra no próprio banco de dados, conforme discutiremos adiante. Na sequência, podemos clicar em **Continue**.

Na caixa de diálogo principal, podemos agora clicar em **Object...**. Na caixa que será aberta, devemos selecionar as opções **Object points** e **Objects and centroids (biplot)** em **Plots**. Além disso, também devemos selecionar a opção **Variable** em **Label Objects** e incluir todas as variáveis em **Selected**, conforme mostra a Figura 11.43. Na sequência, podemos clicar em **Continue**.

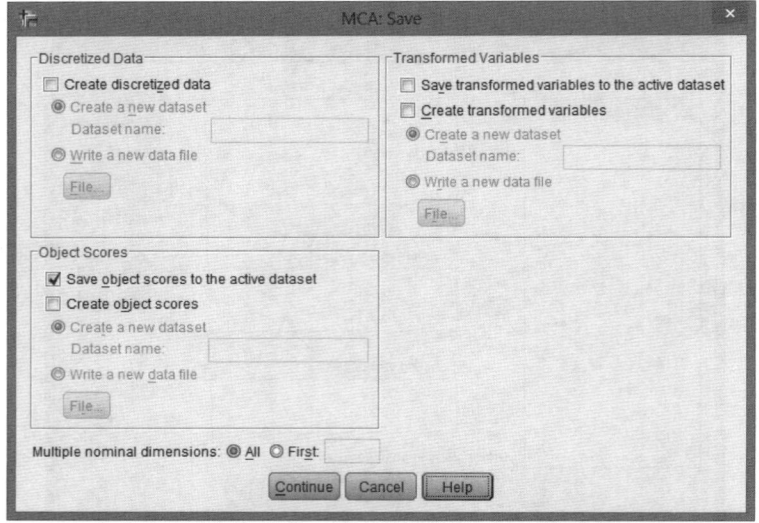

Figura 11.42 Caixa de diálogo para geração das coordenadas das observações no banco de dados.

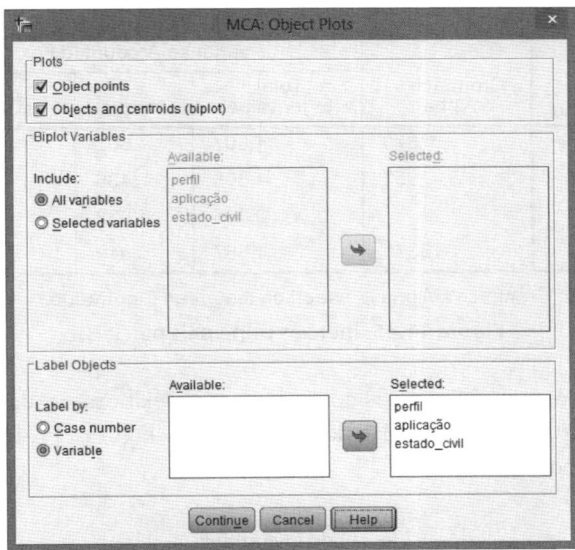

Figura 11.43 Seleção das opções para elaboração dos gráficos.

Por fim, em **Variable...**, devemos selecionar as três variáveis e inseri-las em **Joint Category Plots**, conforme mostra a Figura 11.44. Esse procedimento gera nos *outputs* o mapa perceptual completo com as coordenadas de todas as categorias envolvidas na análise.

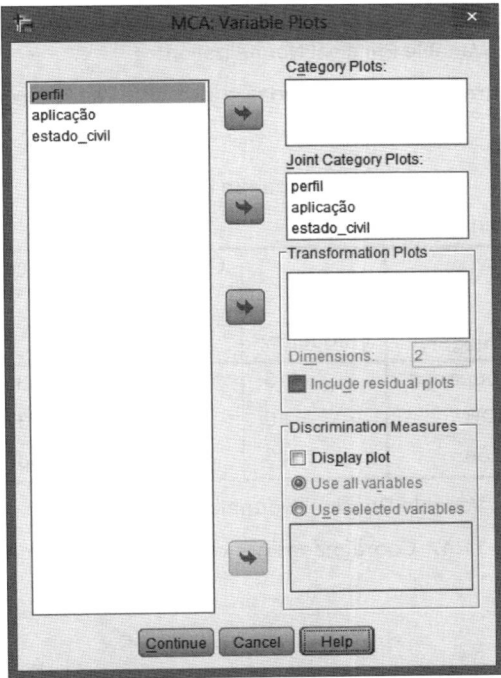

Figura 11.44 Caixa de diálogo para elaboração do mapa perceptual com as coordenadas das categorias.

Na sequência, podemos clicar em **Continue** e em **OK**.

O primeiro *output* relevante encontra-se na Figura 11.45, em que são apresentados os valores das inércias principais parciais das duas primeiras dimensões, cujos valores são iguais aos apresentados na seção 11.3.2, ou seja:

$$\begin{cases} \lambda_1^2 = 0{,}602 \\ \lambda_2^2 = 0{,}436 \end{cases}$$

Model Summary

Dimension	Cronbach's Alpha	Variance Accounted For		
		Total (Eigenvalue)	Inertia	% of Variance
1	,670	1,807	,602	60,230
2	,353	1,308	,436	43,598
Total		3,115	1,038	
Mean	,537[a]	1,557	,519	51,914

a. Mean Cronbach's Alpha is based on the mean Eigenvalue.

Figura 11.45 Inércias principais parciais.

É importante frisarmos que os procedimentos adotados para a elaboração da análise de correspondência no SPSS geram coordenadas principais das categorias das variáveis. As Figuras 11.46, 11.47 e 11.48 apresentam as coordenadas de cada categoria, por variável.

perfil do investidor

Points:Coordinates

Category	Frequency	Centroid Coordinates	
		Dimension	
		1	2
Conservador	17	1,130	-1,481
Moderado	25	,747	,970
Agressivo	58	-,653	,016

Variable Principal Normalization.

Figura 11.46 Coordenadas principais – Variável *perfil*.

tipo de aplicação financeira

Points:Coordinates

Category	Frequency	Centroid Coordinates	
		Dimension	
		1	2
Poupança	15	1,382	-1,335
CDB	40	,417	,937
Ações	45	-,831	-,388

Variable Principal Normalization.

Figura 11.47 Coordenadas principais – Variável *aplicação*.

estado civil

Points:Coordinates

Category	Frequency	Centroid Coordinates	
		Dimension	
		1	2
Solteiro	57	-,636	-,101
Casado	43	,843	,134

Variable Principal Normalization.

Figura 11.48 Coordenadas principais – Variável *estado_civil*.

Conforme discutimos na seção 11.3, as coordenadas principais geradas na análise de correspondência múltipla apresentam escala reduzida se comparadas às coordenadas-padrão, o que colabora para a construção de um mapa perceptual com pontos mais concentrados em torno da Origem. Além disso, podemos também perceber, a partir dos *outputs* apresentados nas Figuras 11.46, 11.47 e 11.48, que o SPSS apresenta as coordenadas das ordenadas de cada categoria (*Centroid Coordinates Dimension* 2) com sinais invertidos em relação aos calculados algebricamente no final da seção 11.3.2 e apresentados na Tabela 11.28 (esse fato ocorre apenas para algumas versões do SPSS). Isso, entretanto, não altera absolutamente a interpretação dos resultados da análise de correspondência. Com base nessas coordenadas principais, pode ser construído o mapa perceptual, apresentado na Figura 11.49.

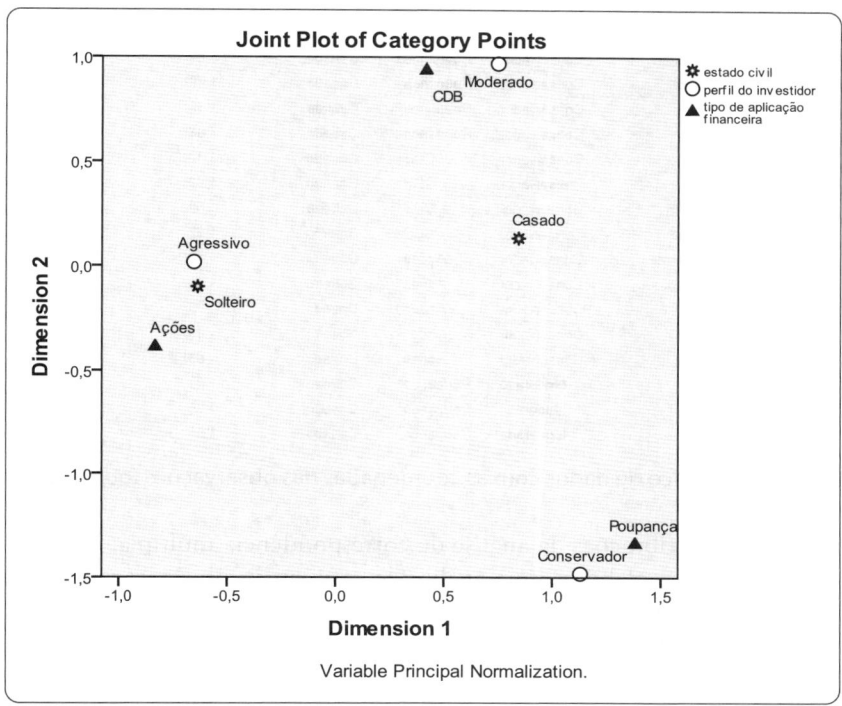

Figura 11.49 Mapa perceptual para perfil do investidor, tipo de aplicação financeira e estado civil.

Com base no mapa perceptual da Figura 11.49, podemos verificar que a categoria *Solteiro* apresenta forte associação com as categorias *Agressivo* e *Ações*. Por outro lado, a categoria *Casado* encontra-se entre *Conservador* e *Moderado* e entre *Poupança* e *CDB*, porém com maior proximidade de *Moderado* e *CDB*.

Para fins didáticos, caso o pesquisador queira reproduzir os achados do exemplo desta seção por meio da elaboração de uma análise de correspondência simples (inércias, coordenadas principais e mapa perceptual), poderá fazer uso do arquivo **Burt.sav**, que mostra os dados oriundos da matriz de Burt, apresentada na Tabela 11.27 da seção 11.3.2. Nesse caso, o pesquisador irá perceber que os valores singulares de cada dimensão serão iguais aos valores das inércias principais parciais geradas por meio da análise de correspondência múltipla para as respectivas dimensões.

Por fim, podemos verificar, ao elaborarmos o procedimento descrito, que são geradas duas novas variáveis no banco de dados, chamadas pelo SPSS de *OBSCO1_1* e *OBSCO2_1*, conforme mostra a Figura 11.50 para as 20 primeiras observações. Essas variáveis referem-se às coordenadas da primeira e da segunda dimensões para cada uma das observações do banco de dados (*object scores*).

A partir das coordenadas de cada observação, é possível elaborar um gráfico, que se encontra na Figura 11.51, com as posições relativas dos estudantes e por meio do qual podemos estudar as similaridades entre eles com base no comportamento das variáveis *perfil, aplicação* e *estado_civil*. Ao contrário do que poderia ser feito a partir de um procedimento errado de ponderação arbitrária das categorias das variáveis originais, essas similaridades podem, de fato, ser avaliadas fazendo-se uso das coordenadas (*object scores*) de cada observação, visto que são variáveis métricas e, portanto, quantitativas. Note, inclusive, que essas novas variáveis (*OBSCO1_1* e *OBSCO2_1*) são ortogonais, isto é, apresentam correlação de Pearson igual a 0, em conformidade com a ortogonalidade dos eixos do gráfico. Neste momento, é suscitada uma analogia com os fatores gerados a partir da elaboração de uma análise fatorial por componentes principais, estudada no capítulo anterior, que também podem ser ortogonais para determinados métodos de rotação.

	estudante	perfil	aplicação	estado_civil	OBSCO1_1	OBSCO2_1
1	Gabriela	Conservador	Poupança	Casado	1,86	-2,05
2	Luiz Felipe	Conservador	Poupança	Casado	1,86	-2,05
3	Patrícia	Conservador	Poupança	Casado	1,86	-2,05
4	Gustavo	Conservador	Poupança	Solteiro	1,04	-2,23
5	Letícia	Conservador	Poupança	Casado	1,86	-2,05
6	Ovídio	Conservador	Poupança	Casado	1,86	-2,05
7	Leonor	Conservador	Poupança	Casado	1,86	-2,05
8	Dalila	Conservador	Poupança	Casado	1,86	-2,05
9	Antônio	Conservador	CDB	Casado	1,32	-,31
10	Júlia	Conservador	CDB	Casado	1,32	-,31
11	Roberto	Conservador	CDB	Solteiro	,50	-,49
12	Renata	Conservador	CDB	Casado	1,32	-,31
13	Guilherme	Conservador	Ações	Solteiro	-,19	-1,51
14	Rodrigo	Conservador	Ações	Solteiro	-,19	-1,51
15	Giulia	Conservador	Ações	Casado	,63	-1,33
16	Felipe	Conservador	Ações	Solteiro	-,19	-1,51
17	Karina	Conservador	Ações	Casado	,63	-1,33
18	Pietro	Moderado	Poupança	Solteiro	,83	-,36
19	Cecília	Moderado	Poupança	Casado	1,65	-,18
20	Gisele	Moderado	Poupança	Casado	1,65	-,18

Figura 11.50 Banco de dados com as coordenadas das observações (*object scores*).

Essa é uma das principais contribuições da análise de correspondência múltipla, uma vez que, a partir dessas coordenadas, pode-se, por exemplo, elaborar uma análise de agrupamentos. A própria inclusão das coordenadas como variáveis explicativas em técnicas confirmatórias, como análise de regressão, pode fazer algum sentido para efeitos de diagnóstico sobre o comportamento de determinado fenômeno em estudo, dependendo dos interesses e dos objetivos do pesquisador.

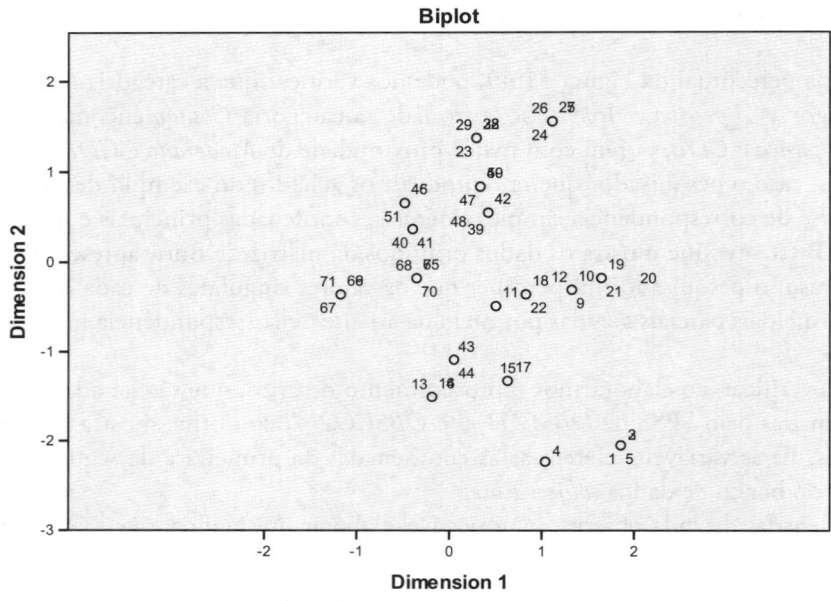

Figura 11.51 Posições relativas das observações da amostra.

Como as variáveis *perfil* e *aplicação* possuem três categorias, e a variável *estado_civil*, duas categorias, existem 18 possibilidades de combinação para cada uma das observações da amostra (3 × 3 × 2 = 18), sendo que, dessas, 17 combinações ocorrem em nosso exemplo, uma vez que não há qualquer estudante que apresente perfil agressivo, aplique seus recursos financeiros em poupança e seja casado. Note, no gráfico da Figura 11.51, que realmente 17 pontos são plotados, e a maioria deles representa o comportamento de mais de um estudante.

Além disso, o pesquisador também pode desejar estudar as posições relativas dos estudantes com base na explicitação, no gráfico, das categorias de cada uma das variáveis, em vez da identificação de cada observação. Os gráficos das Figuras 11.52, 11.53 e 11.54 explicitam, para cada um dos 17 pontos, as categorias das variáveis *perfil*, *aplicação* e *estado_civil*, respectivamente.

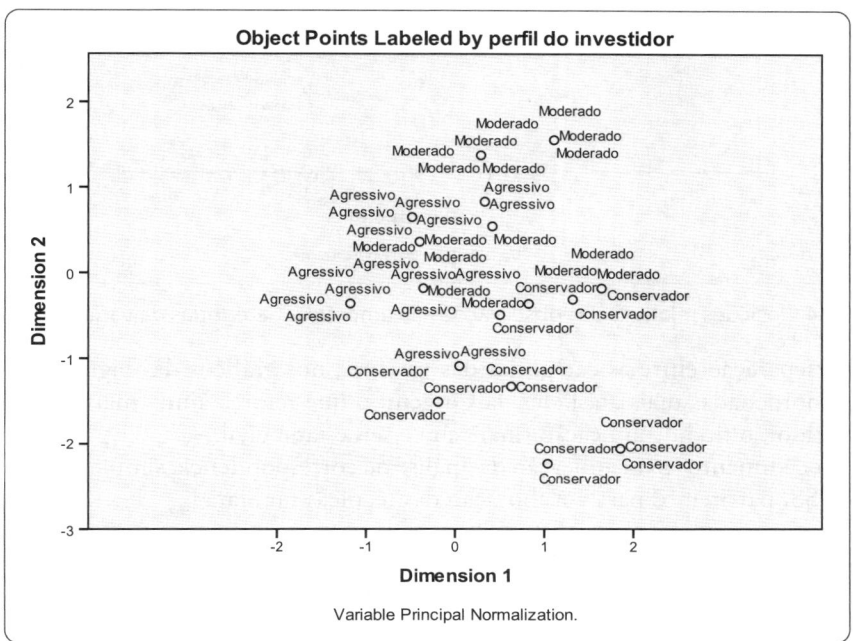

Figura 11.52 Posições relativas das observações da amostra – Categorias da variável *perfil*.

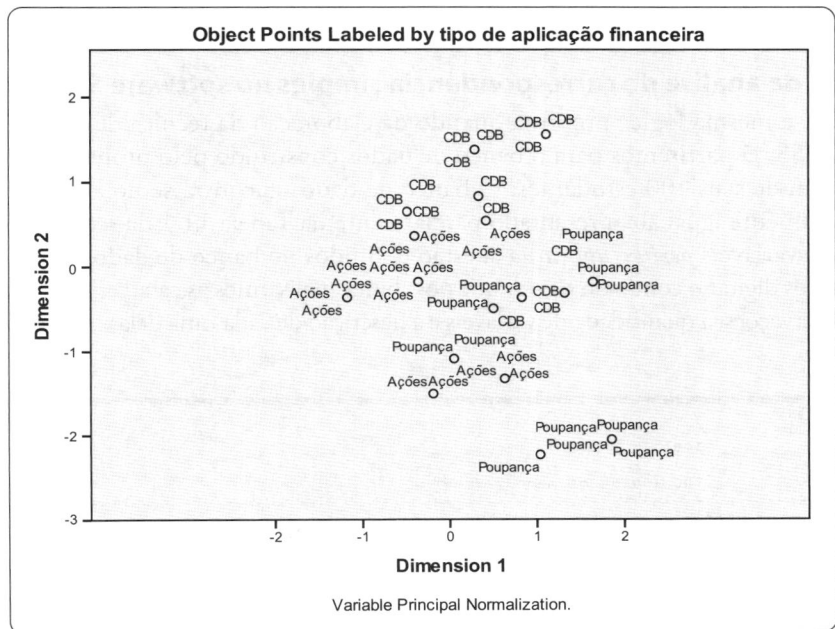

Figura 11.53 Posições relativas das observações da amostra – Categorias da variável *aplicação*.

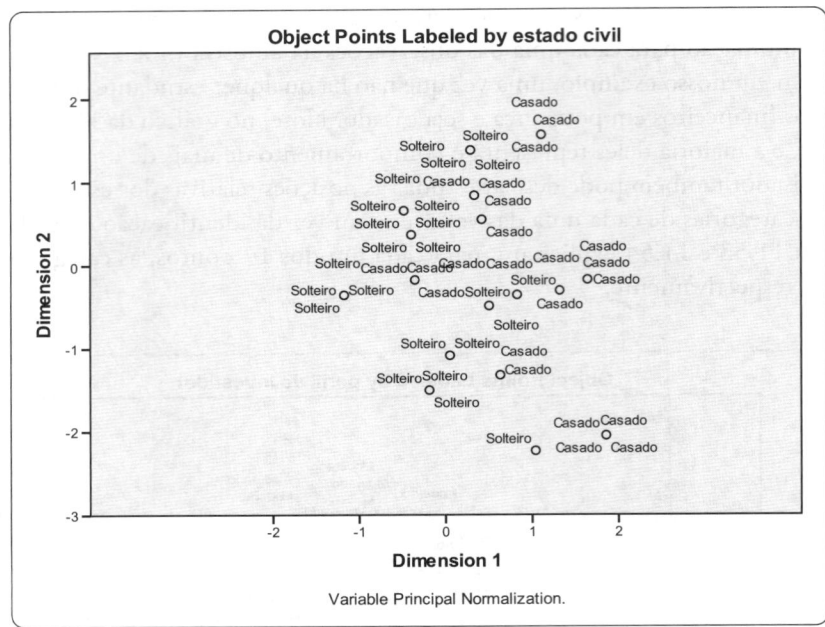

Figura 11.54 Posições relativas das observações da amostra – Categorias da variável *estado_civil*.

Note que há certa separação entre as categorias das variáveis nos gráficos das Figuras 11.52, 11.53 e 11.54, principalmente para coordenadas mais afastadas da Origem, o que reforça ainda mais a existência de associação entre o perfil do investidor, o tipo de aplicação financeira e seu estado civil.

Apresentados os procedimentos para aplicação da análise de correspondência simples e da análise de correspondência múltipla no SPSS, partiremos para a elaboração das técnicas no Stata.

11.5. ANÁLISE DE CORRESPONDÊNCIA SIMPLES E MÚLTIPLA NO SOFTWARE STATA

Apresentaremos agora o passo a passo para a elaboração dos nossos exemplos no Stata Statistical Software®. Nosso objetivo, nesta seção, não é discutir novamente os conceitos pertinentes à análise de correspondência, porém propiciar ao pesquisador uma oportunidade de elaborar as técnicas por meio dos comandos desse software. A cada apresentação de um *output*, faremos menção ao respectivo resultado obtido quando da elaboração da técnica de forma algébrica e também por meio do SPSS. A reprodução das imagens apresentadas nesta seção tem autorização da StataCorp LP©.

11.5.1. Elaboração da análise de correspondência simples no software Stata

Seguindo, portanto, a mesma lógica proposta quando da elaboração da técnica de análise de correspondência simples no software SPSS, já partiremos para o banco de dados construído pelo professor a partir dos questionamentos feitos a cada um de seus 100 estudantes. O banco de dados encontra-se no arquivo **Perfil_Investidor × Aplicação.dta** e é exatamente igual ao apresentado parcialmente na Tabela 11.7 da seção 11.2.5. Note que os rótulos das categorias das variáveis *perfil* e *aplicação* já estão definidos no banco de dados.

Inicialmente, podemos digitar o comando **desc**, que possibilita analisarmos as características do banco de dados, como a quantidade de observações, a quantidade de variáveis e a descrição de cada uma delas. A Figura 11.55 apresenta esse primeiro *output* do Stata.

```
. desc

  obs:           100
  vars:            3
  size:        1,700  (99.9% of memory free)
----------------------------------------------------------------
              storage   display     value
variable name   type    format      label        variable label
----------------------------------------------------------------
estudante       str11    %11s
perfil          byte     %11.0g      perfil       perfil do investidor
aplicação       byte     %14.0g      aplicação    tipo de aplicação financeira
----------------------------------------------------------------
Sorted by:
```

Figura 11.55 Descrição do banco de dados **Perfil_Investidor × Aplicação.dta**.

O comando **tab2** permite gerar a tabela de contingência correspondente ao cruzamento das categorias de duas variáveis. Ao digitarmos o seguinte comando, poderemos analisar a distribuição das frequências absolutas observadas por categoria, bem como avaliar a significância estatística da associação entre as duas variáveis (termo **chi2**).

tab2 perfil aplicação, chi2

A Figura 11.56 apresenta o *output* gerado.

```
. tab perfil aplicação, chi2

 perfil do |      tipo de aplicação financeira
 investidor |  Poupança        CDB       Ações |     Total
-----------+---------------------------------+----------
Conservador |         8          4          5 |        17
  Moderado |         5         16          4 |        25
 Agressivo |         2         20         36 |        58
-----------+---------------------------------+----------
     Total |        15         40         45 |       100

         Pearson chi2(4) =   31.7642   Pr = 0.000
```

Figura 11.56 Tabela de contingência com frequências absolutas observadas e teste χ^2.

A partir do resultado do teste χ^2, podemos afirmar, para o nível de significância de 5% e para 4 graus de liberdade, que existe associação estatisticamente significante entre as variáveis *perfil* e *aplicação*, visto que $\chi^2_{cal} = 31,76$ (χ^2 calculado para 4 graus de liberdade) e *Prob.* $\chi^2_{cal} < 0,05$. Dado que a associação entre as duas variáveis não se dá de forma aleatória, podemos, por meio da análise dos resíduos padronizados ajustados, estudar a relação de dependência entre cada par de categorias. No Stata, o comando **tab2** não permite gerar esses resíduos nos *outputs*, porém o comando **tabchi**, desenvolvido a partir de um módulo de tabulação criado por Nicholas J. Cox, faz os resíduos padronizados ajustados serem calculados. Para que esse comando seja utilizado, devemos inicialmente digitar:

findit tabchi

e instalá-lo no *link* **tab_chi from http://fmwww.bc.edu/RePEc/bocode/t**. Feito isso, podemos digitar o seguinte comando:

tabchi perfil aplicação, a

Os *outputs* encontram-se na Figura 11.57, que mostra, além do apresentado na Figura 11.56, as frequências absolutas esperadas e os resíduos padronizados ajustados por célula, em conformidade com o apresentado nas Tabelas 11.9 e 11.13 da seção 11.2.5, e também na Figura 11.18 quando da elaboração da técnica no SPSS (seção 11.4.1).

```
. tabchi perfil aplicação, a

        observed frequency
        expected frequency
        adjusted residual

-----------------------------------------------
 perfil do |     tipo de aplicação financeira
 investidor |  Poupança        CDB       Ações
-----------+-----------------------------------
Conservador |         8          4          5
           |     2.550      6.800      7.650
           |     4.063     -1.522     -1.418

  Moderado |         5         16          4
           |     3.750     10.000     11.250
           |     0.808      2.828     -3.366

 Agressivo |         2         20         36
           |     8.700     23.200     26.100
           |    -3.802     -1.323      4.032
-----------------------------------------------

2 cells with expected frequency < 5

          Pearson chi2(4) =   31.7642   Pr = 0.000
 likelihood-ratio chi2(4) =   30.7767   Pr = 0.000
```

Figura 11.57 Tabela de frequências e de resíduos padronizados ajustados para *perfil* e *aplicação*.

Assim como discutido anteriormente, podemos verificar que há dependência entre as categorias *Conservador* e *Poupança*, entre *Moderado* e *CDB* e entre *Agressivo* e *Ações*, uma vez que os resíduos padronizados das células correspondentes são, respectivamente, iguais a 4,063, 2,828 e 4,032 (positivos e maiores que 1,96).

Verificada a existência de associação estatisticamente significante entre as variáveis *perfil* e *aplicação* e identificadas as relações de dependência entre suas categorias, podemos digitar o comando da análise de correspondência simples, que faz com que sejam calculadas as coordenadas de cada categoria a partir das quais pode ser construído o mapa perceptual no Stata. O comando é:

ca perfil aplicação

Os *outputs* gerados encontram-se na Figura 11.58.

```
. ca perfil aplicação

Correspondence analysis                    Number of obs    =      100
                                           Pearson chi2(4)  =    31.76
                                           Prob > chi2      =   0.0000
                                           Total inertia    =   0.3176
         3 active rows                     Number of dim.   =        2
         3 active columns                  Expl. inertia (%) =  100.00

              |  singular    principal                        cumul
   Dimension  |   value       inertia        chi2    percent  percent
   -----------+--------------------------------------------------------
       dim 1  | .4829233     .2332149        23.32     73.42    73.42
       dim 2  | .2905629     .0844268         8.44     26.58   100.00
   -----------+--------------------------------------------------------
       total  |             .3176416        31.76      100

Statistics for row and column categories in symmetric normalization

              |         overall         |      dimension_1      |      dimension_2
   Categories | mass  quality  %inert   | coord  sqcorr contrib | coord  sqcorr contrib
   -----------+------------------------+----------------------+----------------------
   perfil     |
   Conservador| 0.170  1.000   0.432    | 1.132  0.767  0.451  | 0.805  0.233  0.379
   Moderado   | 0.250  1.000   0.274    | 0.553  0.425  0.158  | -0.829 0.575  0.592
   Agressivo  | 0.580  1.000   0.295    | -0.570 0.973  0.391  | 0.122  0.027  0.029
   -----------+------------------------+----------------------+----------------------
   aplicação  |
   Poupança   | 0.150  1.000   0.542    | 1.475  0.914  0.675  | 0.582  0.086  0.175
   CDB        | 0.400  1.000   0.164    | 0.102  0.039  0.009  | -0.655 0.961  0.591
   Ações      | 0.450  1.000   0.294    | -0.582 0.789  0.316  | 0.389  0.211  0.234
```

Figura 11.58 *Outputs* da análise de correspondência simples no Stata.

Note, com base na análise dos *outputs* da Figura 11.58, que as inércias principais parciais correspondem às calculadas algebricamente na seção 11.2.5 e também apresentadas na Figura 11.30 da seção 11.4.1 e, por meio delas, é possível afirmar que as dimensões 1 e 2 explicam, respectivamente, 73,42% (0,2332 / 0,3176) e 26,58% (0,0844 / 0,3176) da inércia principal total. Além disso, as coordenadas (**dimension_1 coord** e **dimension_2 coord**) também correspondem às calculadas algebricamente, bem como às apresentadas pelo SPSS, conforme discutido na seção 11.4.1.

Ainda com base nos *outputs* da Figura 11.58, é possível afirmar, para a variável *perfil*, que, enquanto a categoria *Conservador* é a mais representativa para a composição inercial da primeira dimensão (**dimension_1 contrib** = 45,1%), a categoria *Moderado* é a mais representativa para a composição inercial da segunda dimensão (**dimension_2 contrib** = 59,2%). Já para a variável *aplicação*, enquanto a categoria *Poupança* é a mais representativa para a composição inercial da primeira dimensão (**dimension_1 contrib** = 67,5%), a categoria *CDB* é a mais representativa para a composição inercial da segunda dimensão (**dimension_2 contrib** = 59,1%).

Um primeiro gráfico pode ser construído a partir das coordenadas apresentadas na Figura 11.58 e é conhecido por **gráfico de projeção das coordenadas nas dimensões**, pois permite analisar isoladamente o comportamento de cada categoria em cada dimensão. Para elaborarmos esse gráfico, que se encontra na Figura 11.59, precisamos digitar o seguinte comando:

caprojection

que somente pode ser aplicado após a elaboração da Figura 11.58 (comando **ca**).

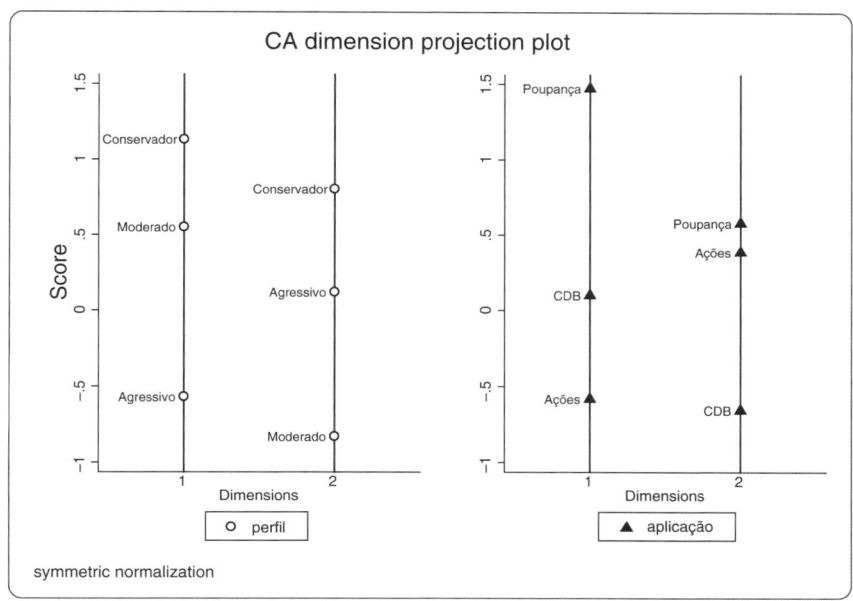

Figura 11.59 Gráfico de projeção das coordenadas nas dimensões.

O gráfico de projeção das coordenadas nas dimensões pode ser bastante útil para estudar a lógica do sequenciamento das categorias, principalmente em variáveis qualitativas ordinais. Para os dados de nosso exemplo, podemos verificar que existe lógica na ordenação dos pontos referentes às categorias das variáveis para a primeira dimensão, com destaque para a variável *perfil*, de fato, ordinal. Além disso, também podemos observar que os pontos se encontram em lados opostos e relativamente afastados da Origem para o eixo da primeira dimensão, o que é adequado para a elaboração da análise de correspondência simples, pois permite melhor visualização do mapa perceptual.

O mapa perceptual propriamente dito pode ser construído a partir da digitação do seguinte comando:

```
cabiplot, origin
```

que também só pode ser aplicado após a elaboração da Figura 11.58 (comando **ca**). O mapa perceptual que mostra a relação entre as categorias de *perfil* e *aplicação* encontra-se na Figura 11.60.

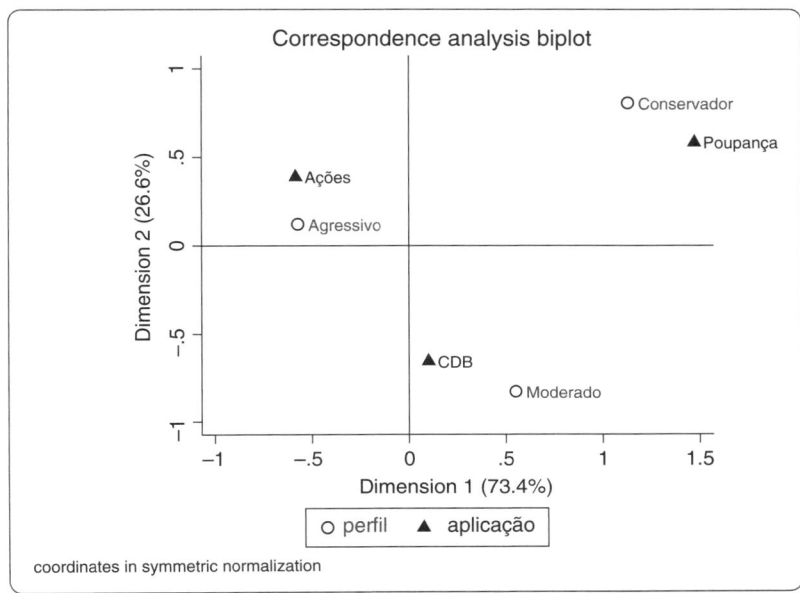

Figura 11.60 Mapa perceptual para perfil do investidor e tipo de aplicação financeira.

Apresentados os comandos para a realização da análise de correspondência simples no Stata, partiremos para a elaboração da análise de correspondência múltipla no mesmo software.

11.5.2. Elaboração da análise de correspondência múltipla no software Stata

Seguindo a mesma lógica proposta quando da elaboração da técnica de análise de correspondência múltipla no SPSS, já partiremos para o banco de dados construído pelo professor a partir dos questionamentos feitos a cada um de seus 100 estudantes. O banco de dados encontra-se no arquivo **Perfil_Investidor × Aplicação × Estado_Civil.dta** e é exatamente igual ao apresentado parcialmente na Tabela 11.21 da seção 11.3.2. Note que os rótulos das categorias das variáveis *perfil, aplicação* e *estado_civil* já estão definidos no banco de dados.

O primeiro *output*, que se encontra na Figura 11.61, gerado a partir do comando **desc**, apresenta as características do banco de dados, como a quantidade de observações e a descrição de cada variável.

```
. desc

  obs:            100
  vars:             4
  size:         2,100 (99.9% of memory free)
-------------------------------------------------------------------
              storage   display    value
variable name   type    format     label        variable label
-------------------------------------------------------------------
estudante      str11    %11s
perfil         byte     %11.0g     perfil       perfil do investidor
aplicação      byte     %14.0g     aplicação    tipo de aplicação financeira
estado_civil   float    %9.0g      est_civil    estado civil
-------------------------------------------------------------------
Sorted by:
```

Figura 11.61 Descrição do banco de dados **Perfil_Investidor × Aplicação × Estado_Civil.dta**.

Conforme discutimos, a fim de que seja elaborado o diagnóstico sobre a existência de associação entre as variáveis e, consequentemente, sobre a eventual necessidade de que alguma delas precise ser eliminada da análise, devemos gerar as tabelas de frequências absolutas observadas para cada par de variáveis com os respectivos testes χ^2. Para tanto, devemos digitar o seguinte comando:

```
tab2 perfil aplicação estado_civil, chi2
```

Os *outputs* encontram-se na Figura 11.62, por meio dos quais podemos verificar que todos os pares de variáveis apresentam associação estatisticamente significante, ao nível de significância de 5%. Para que determinada variável seja incluída em uma análise de correspondência múltipla, é preciso que se associe de maneira estatisticamente significante a pelo menos uma das demais variáveis.

```
. tab2 perfil aplicação estado_civil, chi2

-> tabulation of perfil by aplicação

 perfil do  |    tipo de aplicação financeira
 investidor |  Poupança      CDB      Ações  |   Total
------------+---------------------------------+----------
Conservador |       8          4         5   |     17
   Moderado |       5         16         4   |     25
  Agressivo |       2         20        36   |     58
------------+---------------------------------+----------
      Total |      15         40        45   |    100

          Pearson chi2(4) =  31.7642   Pr = 0.000

-> tabulation of perfil by estado_civil

 perfil do  |      estado civil
 investidor |  Solteiro    Casado  |   Total
------------+----------------------+----------
Conservador |       5        12    |     17
   Moderado |      11        14    |     25
  Agressivo |      41        17    |     58
------------+----------------------+----------
      Total |      57        43    |    100

          Pearson chi2(2) =  11.4376   Pr = 0.003

-> tabulation of aplicação by estado_civil

   tipo de  |
  aplicação |      estado civil
 financeira |  Solteiro    Casado  |   Total
------------+----------------------+----------
   Poupança |       5        10    |     15
        CDB |      16        24    |     40
      Ações |      36         9    |     45
------------+----------------------+----------
      Total |      57        43    |    100

          Pearson chi2(2) =  17.8567   Pr = 0.000
```

Figura 11.62 Tabelas de contingência com frequências absolutas observadas e testes χ^2.

Visto que todas as variáveis devem ser incluídas na análise de correspondência múltipla, podemos partir para a elaboração propriamente dita da técnica, digitando o seguinte comando:

`mca perfil aplicação estado_civil, method(indicator)`

em que o termo **`method(indicator)`** corresponde ao método da matriz binária **Z**, discutido na seção 11.3, que gera coordenadas-padrão para cada uma das categorias das variáveis. Os *outputs* encontram-se na Figura 11.63.

```
. mca perfil aplicação estado_civil, method(indicator)

Multiple/Joint correspondence analysis         Number of obs    =       100
                                               Total inertia    =  1.666667
      Method: Indicator matrix                 Number of axes   =         2

                  |   principal              cumul
      Dimension   |    inertia    percent   percent
      ------------+------------------------------------
          dim 1   |   .6023045     36.14     36.14
          dim 2   |   .4359878     26.16     62.30
          dim 3   |   .2764728     16.59     78.89
          dim 4   |   .1798371     10.79     89.68
          dim 5   |   .1720645     10.32    100.00
      ------------+------------------------------------
          Total   |  1.666667     100.00

Statistics for column categories in standard normalization

                  |          overall      |     dimension_1       |     dimension_2
     Categories   | mass  quality  %inert |  coord  sqcorr contrib|  coord  sqcorr contrib
     -------------+-----------------------+-----------------------+-----------------------
     perfil       |                       |                       |
      Conservador | 0.057   0.712   0.166 |  1.456   0.262  0.093 |  2.247   0.451  0.189
        Moderado  | 0.083   0.503   0.150 |  0.962   0.186  0.060 | -1.476   0.317  0.120
        Agressivo | 0.193   0.589   0.084 | -0.841   0.589  0.106 | -0.022   0.000  0.000
     -------------+-----------------------+-----------------------+-----------------------
     aplicação    |                       |                       |
       Poupança   | 0.050   0.649   0.170 |  1.780   0.337  0.123 |  2.016   0.313  0.134
         CDB      | 0.133   0.699   0.120 |  0.538   0.116  0.030 | -1.416   0.583  0.177
        Ações     | 0.150   0.688   0.110 | -1.071   0.565  0.134 |  0.587   0.123  0.034
     -------------+-----------------------+-----------------------+-----------------------
     estado_civil |                       |                       |
       Solteiro   | 0.190   0.549   0.086 | -0.820   0.536  0.099 |  0.150   0.013  0.003
        Casado    | 0.143   0.549   0.114 |  1.086   0.536  0.131 | -0.199   0.013  0.004
     -------------+-----------------------+-----------------------+-----------------------
```

Figura 11.63 *Outputs* da análise de correspondência múltipla no Stata – Coordenadas-padrão.

Note, com base nos *outputs* da Figura 11.63, que as coordenadas das categorias das variáveis *perfil*, *aplicação* e *estado_civil* para as duas dimensões (**`dimension_1 coord`** e **`dimension_2 coord`**) são exatamente iguais às calculadas algebricamente na seção 11.3.2 e apresentadas na Tabela 11.26 (coordenadas-padrão). Além disso, a inércia principal total da matriz binária **Z** é igual a:

$$I_T = \frac{J-Q}{Q} = \frac{8-3}{3} = 1{,}6667$$

em que J representa o número de categorias de todas as variáveis envolvidas na análise ($J = 8$), e Q, o número de variáveis ($Q = 3$). Portanto, podem ser calculadas as inércias principais parciais das $J - Q = 8 - 3 = 5$ dimensões, cujos valores são:

$$\begin{cases} \lambda_1^2 = 0{,}6023 \\ \lambda_2^2 = 0{,}4360 \\ \lambda_3^2 = 0{,}2765 \\ \lambda_4^2 = 0{,}1798 \\ \lambda_5^2 = 0{,}1721 \end{cases}$$

de onde podemos comprovar que $I_T = \lambda_1^2 + \lambda_2^2 + \lambda_3^2 + \lambda_4^2 + \lambda_5^2 = 1{,}6667$, conforme também calculado algebricamente na seção 11.3.2.

Analogamente ao realizado na seção 11.5.1, podemos inicialmente construir, a partir das coordenadas-padrão apresentadas na Figura 11.63, o gráfico de projeção das coordenadas nas dimensões, que se encontra na Figura 11.64. Para tanto, devemos digitar o seguinte comando:

`mcaprojection, normalize(standard)`

Para os dados do nosso exemplo, podemos verificar, a partir do gráfico de projeção das coordenadas nas dimensões, que existe lógica na ordenação dos pontos referentes às categorias das variáveis para a primeira dimensão, com destaque para a variável *perfil*, de fato, ordinal. Além disso, também podemos observar que os pontos se encontram em lados opostos e relativamente afastados da Origem para o eixo da primeira dimensão, o que pode ser bastante adequado para melhor visualização do mapa perceptual da análise de correspondência múltipla.

Dando sequência à análise, caso o pesquisador queira obter a matriz binária **Z**, deve simplesmente digitar o comando a seguir:

```
xi i.perfil i.aplicação i.estado_civil, noomit
```

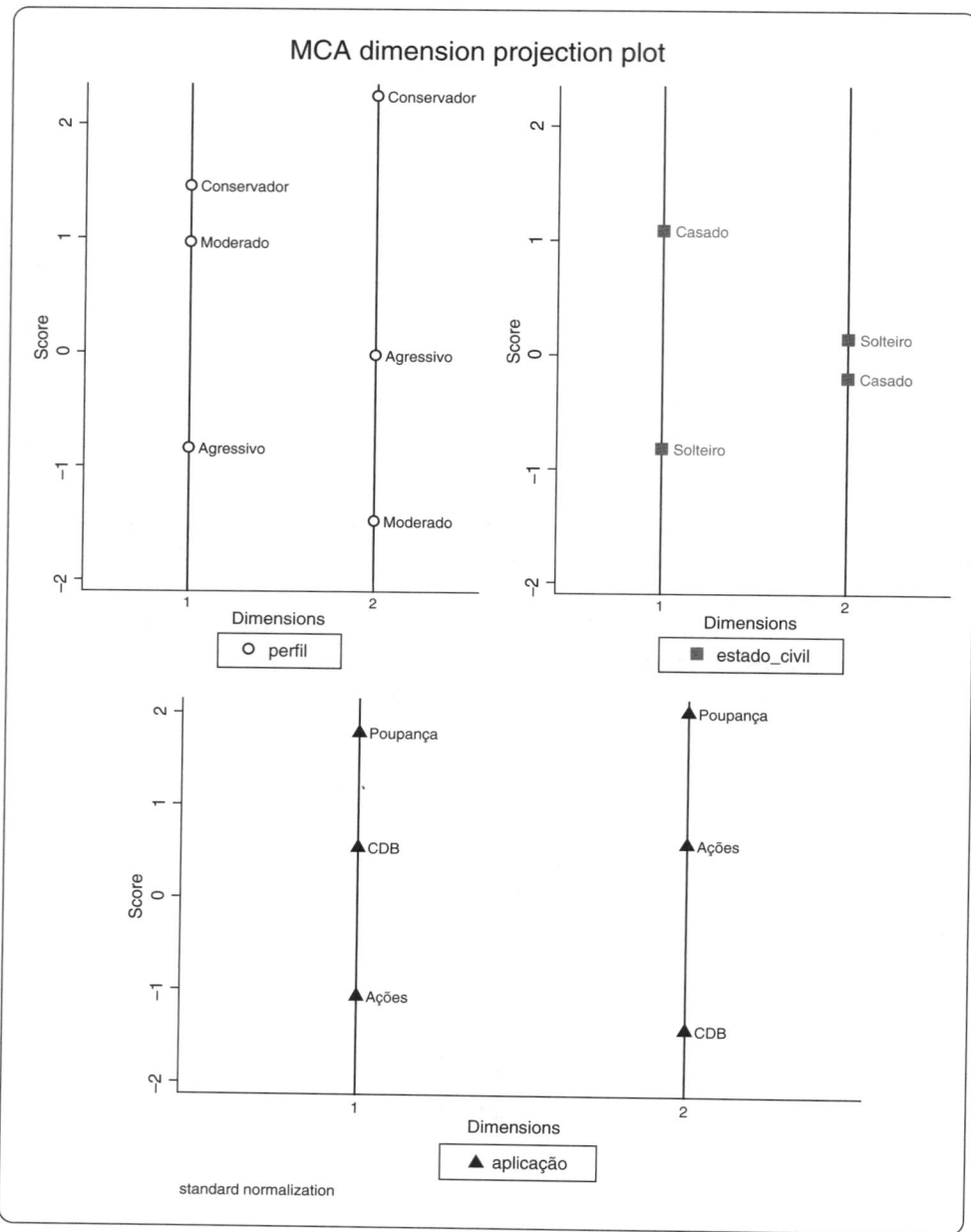

Figura 11.64 Gráfico de projeção das coordenadas nas dimensões.

A Figura 11.65 mostra a matriz binária **Z** gerada no próprio banco de dados, para as 20 primeiras observações. É importante salientar que essa matriz pode ser utilizada para o cálculo das inércias principais parciais das cinco dimensões do nosso exemplo, desde que considerada uma tabela de contingência. Em outras palavras, para aplicar uma análise de correspondência simples e calcular as inércias principais parciais apresentadas na Figura 11.63, a matriz binária **Z** deve ser transformada em um banco de dados bivariado, que deverá possuir 300 linhas. O arquivo **Matriz Binária Z.dta** contém o banco de dados correspondente à matriz binária **Z** do nosso exemplo, e, caso o pesquisador deseje aplicar a análise de correspondência simples às suas duas variáveis, para efeitos didáticos, irá verificar que serão geradas exatamente as mesmas cinco inércias principais parciais obtidas quando da elaboração da análise de correspondência múltipla no banco de dados original.

	estudante	perfil	aplicação	estado_civil	_Iperfil_1	_Iperfil_2	_Iperfil_3	_Iaplicaçã~1	_Iaplicaçã~2	_Iaplicaçã~3	_Iestado_c~1	_Iestado_c~2
1	Gabriela	Conservador	Poupança	Casado	1	0	0	1	0	0	0	1
2	Luiz Felipe	Conservador	Poupança	Casado	1	0	0	1	0	0	0	1
3	Patrícia	Conservador	Poupança	Casado	1	0	0	1	0	0	0	1
4	Gustavo	Conservador	Poupança	Solteiro	1	0	0	1	0	0	1	0
5	Letícia	Conservador	Poupança	Casado	1	0	0	1	0	0	0	1
6	Ovídio	Conservador	Poupança	Casado	1	0	0	1	0	0	0	1
7	Leonor	Conservador	Poupança	Casado	1	0	0	1	0	0	0	1
8	Dalila	Conservador	Poupança	Casado	1	0	0	1	0	0	0	1
9	Antônio	Conservador	CDB	Casado	1	0	0	0	1	0	0	1
10	Júlia	Conservador	CDB	Casado	1	0	0	0	1	0	0	1
11	Roberto	Conservador	CDB	Solteiro	1	0	0	0	1	0	1	0
12	Renata	Conservador	CDB	Casado	1	0	0	0	1	0	0	1
13	Guilherme	Conservador	Ações	Solteiro	1	0	0	0	0	1	1	0
14	Rodrigo	Conservador	Ações	Solteiro	1	0	0	0	0	1	1	0
15	Giulia	Conservador	Ações	Casado	1	0	0	0	0	1	0	1
16	Felipe	Conservador	Ações	Solteiro	1	0	0	0	0	1	1	0
17	Karina	Conservador	Ações	Casado	1	0	0	0	0	1	0	1
18	Pietro	Moderado	Poupança	Solteiro	0	1	0	1	0	0	1	0
19	Cecília	Moderado	Poupança	Casado	0	1	0	1	0	0	0	1
20	Gisele	Moderado	Poupança	Casado	0	1	0	1	0	0	0	1

matriz binária Z

Figura 11.65 Banco de dados com a matriz binária **Z**.

A partir das coordenadas-padrão apresentadas na Figura 11.63, podemos construir o mapa perceptual propriamente dito, que se encontra na Figura 11.66, por meio da digitação do seguinte comando:

```
mcaplot, overlay origin dim(2 1)
```

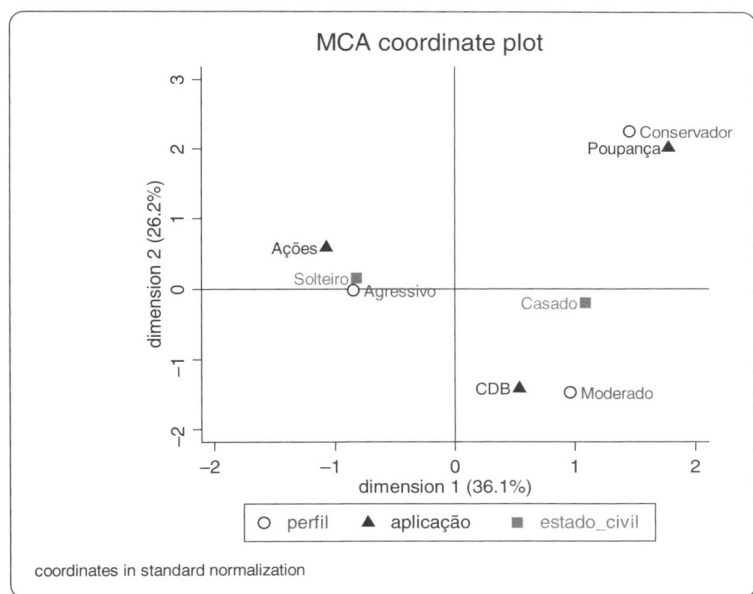

Figura 11.66 Mapa perceptual para perfil do investidor, tipo de aplicação financeira e estado civil.

O mapa perceptual construído pelo Stata é o mesmo apresentado na Figura 11.12 da seção 11.3.2, porém possui uma escala menos reduzida se comparado àquele construído pelo SPSS, visto que, para o procedimento adotado na seção 11.4.2, o SPSS gera coordenadas principais para as categorias das variáveis. Conforme também discutido na seção 11.3.2, são somente plotadas no mapa perceptual as coordenadas-padrão das dimensões que apresentam inércias principais parciais superiores a 0,3333, valor da média da inércia principal total por dimensão (1,6667 / 5 = 0,3333). Portanto, como as inércias principais parciais das duas primeiras dimensões são iguais a

0,6023 e 0,4360, essas dimensões explicam, respectivamente, 36,1% e 26,2% da inércia principal total, conforme mostra o mapa perceptual da Figura 11.66.

Caso o pesquisador deseje elaborar o mapa perceptual destacando as massas das categorias no próprio mapa, poderá recorrer ao comando **svmat2**, desenvolvido por Nicholas J. Cox. Para usá-lo, devemos inicialmente digitar:

```
findit svmat2
```

e instalá-lo no *link* **dm79 from http://www.stata.com/stb/stb56&#8243**. Feito isso, podemos digitar a seguinte sequência de comandos:

```
mca perfil aplicação estado_civil, method(indicator)
mat mcamat=e(cGS)
mat colnames mcamat = mass qual inert co1 rel1 abs1 co2 rel2 abs2
svmat2 mcamat, rname(varname) name(col)
```

Esses comandos criam novas variáveis no banco de dados que trazem informações sobre as matrizes geradas após a elaboração da análise de correspondência múltipla, entre as quais as massas e as coordenadas de cada categoria. O novo mapa perceptual pode, portanto, ser construído, com os pontos referentes a cada categoria apresentando diâmetros proporcionais às respectivas massas. Para tanto, devemos digitar o seguinte comando:

```
graph twoway scatter co2 co1 [aweight=mass], xline(0) yline(0) ||
scatter co2 co1, mlabel(varname) legend(off)
```

O novo mapa perceptual encontra-se na Figura 11.67.

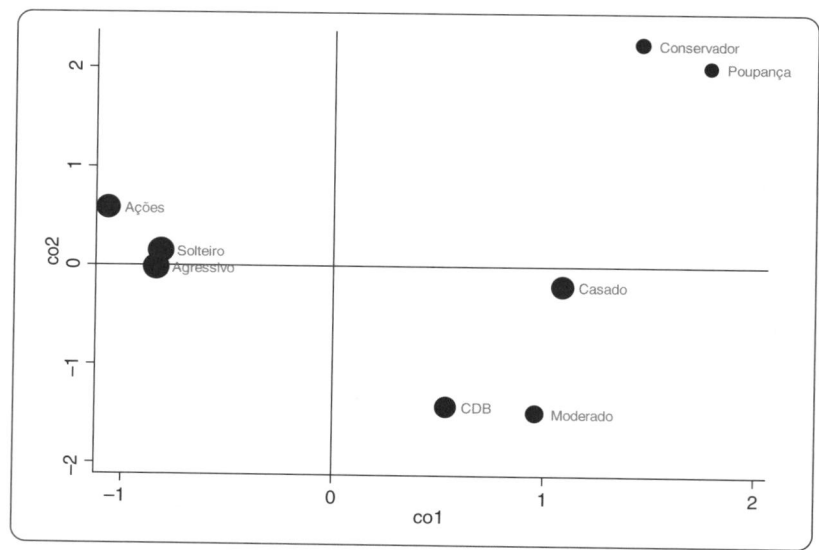

Figura 11.67 Mapa perceptual para perfil do investidor, tipo de aplicação financeira e estado civil, com ponderações pelas massas de cada categoria.

Assim como realizado na seção 11.4.1 quando da elaboração da técnica no SPSS, podemos criar duas novas variáveis no banco de dados, correspondentes às coordenadas de cada uma das observações da amostra, digitando o seguinte comando:

```
predict a1 a2
```

Note que as coordenadas de cada observação são exatamente as mesmas geradas pelo SPSS, embora as coordenadas das categorias tenham sido calculadas por meio de procedimentos distintos (coordenadas-padrão para o Stata e coordenadas principais para o SPSS). Portanto, a partir das coordenadas de cada observação, é possível elaborar um gráfico, que se encontra na Figura 11.68, com as posições relativas dos estudantes. As variáveis que contêm essas coordenadas são ortogonais e análogas aos fatores criados por meio de uma análise fatorial por componentes principais, e, a partir delas, podem ser elaboradas técnicas como análise de agrupamentos, a fim de que sejam, por exemplo, agrupados estudantes com características similares entre si. Para que esse gráfico seja construído, precisamos digitar o seguinte comando:

```
graph twoway scatter a2 a1, xline(0) yline(0) mlabel(estudante)
```

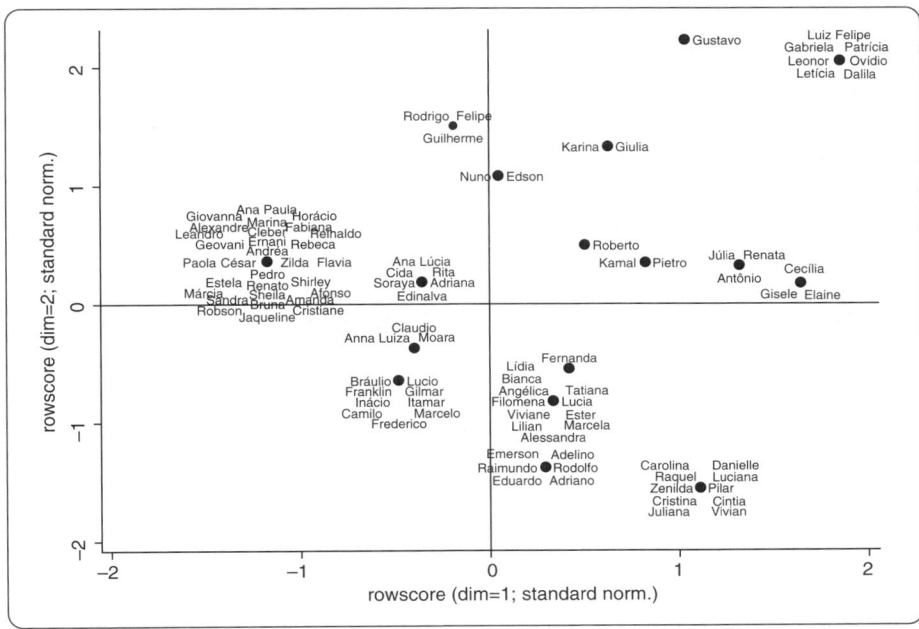

Figura 11.68 Posições relativas das observações da amostra.

Por fim, caso o pesquisador queira obter as coordenadas principais calculadas a partir do método da matriz de Burt, poderá digitar o seguinte comando, que gerará os *outputs* da Figura 11.69. Note que as coordenadas apresentadas nessa figura correspondem às apresentadas nas Figuras 11.46, 11.47 e 11.48, obtidas quando da aplicação da técnica no SPSS, com exceção dos sinais invertidos para as ordenadas e de pequenos erros de arredondamento.

```
mca perfil aplicação estado_civil, method(indicator) normalize(principal)
```

em que o termo **normalize(principal)** faz com que sejam geradas as coordenadas principais, em vez das coordenadas-padrão apresentadas na Figura 11.63.

```
. mca perfil aplicação estado_civil, method(indicator) normalize(principal)

Multiple/Joint correspondence analysis      Number of obs    =        100
                                            Total inertia    =   1.666667
   Method: Indicator matrix                 Number of axes   =          2

              | principal              cumul
   Dimension  | inertia     percent    percent
   -----------+---------------------------------
       dim 1  | .6023045    36.14       36.14
       dim 2  | .4359878    26.16       62.30
       dim 3  | .2764728    16.59       78.89
       dim 4  | .1798371    10.79       89.68
       dim 5  | .1720645    10.32      100.00
   -----------+---------------------------------
       Total  | 1.666667   100.00

Statistics for column categories in principal normalization

              |         overall       |     dimension_1        |     dimension_2
   Categories | mass   quality  %inert| coord   sqcorr  contrib| coord   sqcorr  contrib
   -----------+-----------------------+------------------------+------------------------
   perfil     |                       |                        |
   Conservador| 0.057   0.712   0.166 | 1.130   0.262   0.093  | 1.484   0.451   0.189
     Moderado | 0.083   0.503   0.150 | 0.747   0.186   0.060  |-0.975   0.317   0.120
    Agressivo | 0.193   0.589   0.084 |-0.653   0.589   0.106  |-0.015   0.000   0.000
   -----------+-----------------------+------------------------+------------------------
   aplicação  |                       |                        |
    Poupança  | 0.050   0.649   0.170 | 1.381   0.337   0.123  | 1.331   0.313   0.134
         CDB  | 0.133   0.699   0.120 | 0.417   0.116   0.030  |-0.935   0.583   0.177
       Ações  | 0.150   0.688   0.110 |-0.831   0.565   0.134  | 0.388   0.123   0.034
   -----------+-----------------------+------------------------+------------------------
 estado_civil |                       |                        |
     Solteiro | 0.190   0.549   0.086 |-0.636   0.536   0.099  | 0.099   0.013   0.003
       Casado | 0.143   0.549   0.114 | 0.843   0.536   0.131  |-0.131   0.013   0.004
   -----------+-----------------------+------------------------+------------------------
```

Figura 11.69 *Outputs* da análise de correspondência múltipla no Stata – Coordenadas principais.

Conforme discutimos na seção 11.3, as coordenadas principais de determinada dimensão são calculadas multiplicando-se as coordenadas-padrão pela raiz quadrada da inércia principal parcial daquela dimensão. Isso pode ser facilmente verificado a partir dos resultados apresentados nas Figuras 11.63 e 11.69.

Além disso, caso o pesquisador também queira obter as coordenadas principais das categorias das variáveis aplicando uma análise de correspondência simples aos dados gerados a partir da matriz de Burt do nosso exemplo, poderá utilizar o arquivo **Burt.dta**. Nesse caso, é importante apenas atentar para o fato de que os valores singulares de cada dimensão corresponderão aos valores das inércias principais parciais geradas por meio da análise de correspondência múltipla para as respectivas dimensões.

11.6. CÓDIGOS EM R PARA OS EXEMPLOS DO CAPÍTULO

```r
# Pacotes utilizados
library(plotly) #plataforma gráfica
library(tidyverse) #carregar outros pacotes do R
library(ggrepel) #geoms de texto e rótulo para 'ggplot2' que ajudam a
                 #evitar sobreposição de textos
library(knitr) #formatação de tabelas
library(kableExtra) #formatação de tabelas
library(sjPlot) #elaboração de tabelas de contingência
library(FactoMineR) #função 'CA' para elaboração direta da Anacor
library(amap) #funções 'matlogic' e 'burt' para matrizes binária e de Burt
library(ade4) #função 'dudi.acm' para elaboração da ACM


# Carregamento da base de dados 'perfil_investidor_aplicacao'
load(file = "perfil_investidor_aplicacao.RData")


# Visualização da base de dados
perfil_investidor_aplicacao %>%
  kable() %>%
  kable_styling(bootstrap_options = "striped",
                full_width = FALSE,
                font_size = 20)


# Tabelas de frequência das variáveis qualitativas 'perfil' e 'aplicacao'
summary(perfil_investidor_aplicacao)


# Análise de correspondência simples

# Tabela de contingência com frequências absolutas observadas
#(função 'table')
tabela_contingencia <- table(perfil_investidor_aplicacao$perfil,
                             perfil_investidor_aplicacao$aplicacao)
tabela_contingencia


# Estatística qui-quadrado e teste
qui2 <- chisq.test(x = tabela_contingencia) #É comum a exibição de uma 'warning message'
qui2


# Tabela de contingência com frequências absolutas observadas
#(output da função 'chisq.test')
qui2$observed


# Tabela de contingência com frequências absolutas esperadas
#(output da função 'chisq.test')
qui2$expected
```

```
# Resíduos - diferenças entre frequências absolutas observadas e esperadas
qui2$observed - qui2$expected

# Valores de qui-quadrado por célula
((qui2$observed - qui2$expected)^2)/qui2$expected

# Resíduos padronizados
#(output da função 'chisq.test')
qui2$residuals

# Resíduos padronizados ajustados
#(output da função 'chisq.test')
qui2$stdres

# Tabela de contingência com frequências absolutas observadas e esperadas
#(função `sjt.xtab' do pacote 'sjPlot')
sjt.xtab(var.row = perfil_investidor_aplicacao$perfil,
         var.col = perfil_investidor_aplicacao$aplicacao,
         show.exp = TRUE)

# Mapa de calor dos resíduos padronizados ajustados
data.frame(qui2$stdres) %>%
  rename(perfil = 1,
         aplicacao = 2) %>%
  ggplot(aes(x = fct_rev(perfil), y = aplicacao,
             fill = Freq, label = round(Freq, 3))) +
  geom_tile() +
  geom_text(size = 5) +
  scale_fill_viridis_b() +
  labs(x = 'Perfil', y = 'Aplicação') +
  coord_flip() +
  theme_bw()
```

Ao acessar o QR Code ao lado, você encontrará os códigos completos em R® *on-line*

11.7. CÓDIGOS EM PYTHON PARA OS EXEMPLOS DO CAPÍTULO

```
# Nossos mais sinceros agradecimentos aos Professores Helder Prado Santos e
#Wilson Tarantin Junior pela contribuição com códigos e revisão do material.

# Importação dos pacotes necessários
import pandas as pd #manipulação de dados em formato de dataframe
import numpy as np #biblioteca para operações matemáticas multidimensionais
import matplotlib.pyplot as plt #biblioteca de visualização de dados
import seaborn as sns #biblioteca de visualização de informações estatísticas
from scipy.stats import chi2_contingency #estatística qui-quadrado e teste
import statsmodels.api as sm #cálculo de estatísticas da tabela de contingência
from scipy.stats.contingency import margins #cálculo manual dos resíduos padronizados
from scipy.linalg import svd #valores singulares e autovetores (eigenvectors)
```

```python
import prince #funções 'CA' e 'MCA' para elaboração direta da Anacor e da MCA
import plotly.graph_objects as go #biblioteca para gráficos interativos
import plotly.io as pio #biblioteca para gráficos interativos
pio.renderers.default = 'browser' #biblioteca para gráficos interativos


# Carregamento da base de dados 'perfil_investidor_aplicacao'
df_perfil = pd.read_csv('perfil_investidor_aplicacao.csv', delimiter=',')


# Visualização da base de dados 'perfil_investidor_aplicacao'
df_perfil


# Características das variáveis do dataset
df_perfil.info()


# Tabelas de frequência das variáveis qualitativas 'perfil' e 'aplicacao'
df_perfil['perfil'].value_counts()
df_perfil['aplicacao'].value_counts()


# Análise de correspondência simples

# Tabela de contingência com frequências absolutas observadas
tabela_contingencia = pd.crosstab(index = df_perfil['perfil'],
                                  columns = df_perfil['aplicacao'],
                                  margins = False)
tabela_contingencia.columns = ['Acoes','CDB','Poupanca'] #nomes das colunas
tabela_contingencia.index = ['Agressivo', 'Conservador', 'Moderado'] #nomes das linhas
tabela_contingencia #tabela de contingência com frequências absolutas esperadas
tabela_contingencia


# Estatísticas obtidas a partir da tabela de contingência por meio da
#função 'chi2_contingency' do pacote 'scipy.stats'

# Estatística qui-quadrado e teste
chi2, pvalue, df, freq_expected = chi2_contingency(tabela_contingencia)

f"estatística qui²: {chi2}" # estatística qui-quadrado
f"p-value da estatística: {pvalue}" # p-value da estatística qui-quadrado
f"graus de liberdade: {df}" # graus de liberdade


# Tabela de contingência com frequências absolutas esperadas
freq_expected
freq_expected = pd.DataFrame(data=freq_expected)
freq_expected.columns = ['Acoes','CDB','Poupanca'] #nomes das colunas
freq_expected.index = ['Agressivo', 'Conservador', 'Moderado'] #nomes das linhas
freq_expected #tabela de contingência com frequências absolutas esperadas

# Resíduos - diferenças entre frequências absolutas observadas e esperadas
tabela_contingencia - freq_expected

# Valores de qui-quadrado por célula
((tabela_contingencia - freq_expected)**2)/freq_expected

# Resíduos padronizados
(tabela_contingencia - freq_expected) / np.sqrt(freq_expected)
```

```
# Resíduos padronizados ajustados
tabela_array = np.array(tabela_contingencia)
n = tabela_array.sum()
rsum, csum = margins(tabela_array)
rsum = rsum.astype(np.float64)
csum = csum.astype(np.float64)
v = csum * rsum * (n - rsum) * (n - csum) / n**3
(tabela_array - freq_expected) / np.sqrt(v)

# Estatísticas obtidas diretamente a partir da tabela de contingência por meio
#da função 'Table' do pacote 'statsmodels'
tabela = sm.stats.Table(tabela_contingencia)

# Estatística qui-quadrado e teste
print(tabela.test_nominal_association())

# Tabela de contingência com frequências absolutas esperadas
tabela.fittedvalues

# Resíduos - diferenças entre frequências absolutas observadas e esperadas
tabela.table_orig - tabela.fittedvalues

# Valores de qui-quadrado por célula
tabela.chi2_contribs

# Resíduos padronizados
tabela.resid_pearson

# Resíduos padronizados ajustados
tabela.standardized_resids

# Mapa de calor dos resíduos padronizados ajustados
plt.figure(figsize=(15,10))
sns.heatmap(tabela.standardized_resids, annot=True,
            cmap = plt.cm.viridis,
            annot_kws={'size':22})
plt.show()
```

Ao acessar o QR Code ao lado, você encontrará os códigos completos em Python® *on-line*

11.8. CONSIDERAÇÕES FINAIS

As tabelas de contingência se apresentam com bastante frequência em diversos campos do conhecimento, pela forte presença de variáveis categóricas, como sexo, faixas de idade ou de renda e características comportamentais, setoriais ou de localidade. O estudo aprofundado dessas tabelas, no entanto, ainda é pouco explorado no sentido de se construírem mapas perceptuais que permitem ao pesquisador avaliar, visualmente, as associações entre variáveis e entre suas categorias.

Nesse sentido, as técnicas de análise de correspondência simples e de análise de correspondência múltipla têm, por principal objetivo, avaliar a significância da associação entre variáveis categóricas e entre suas categorias, gerar coordenadas das categorias e construir, a partir dessas coordenadas, mapas perceptuais. Enquanto a primeira é uma técnica que permite avaliar a associação entre apenas duas variáveis categóricas e entre suas categorias, a segunda é uma técnica multivariada em que são estudadas as associações entre mais de duas variáveis categóricas e entre cada par de categorias. Essas técnicas permitem, portanto, aprimorar os processos decisórios com base no comportamento e na relação de interdependência entre variáveis que apresentam alguma forma de categorização.

Enfatiza-se que a aplicação de técnicas exploratórias, como a análise de correspondência, deve ser feita por meio do correto e consciente uso do software escolhido para a modelagem, com base na teoria subjacente e na experiência e intuição do pesquisador.

11.9. EXERCÍCIOS

1) Com o intuito de estudar a associação entre a percepção dos clientes sobre a qualidade do atendimento prestado e a percepção sobre o nível de preços praticados em relação à concorrência, um estabelecimento supermercadista realizou uma pesquisa com 3.000 consumidores dentro da loja, coletando dados de variáveis com as seguintes características:

Variável	Descrição
id	Variável *string* (de 0001 a 3000) que identifica o consumidor e que não será utilizada na modelagem.
atendimento	Variável qualitativa ordinal com cinco categorias, correspondente à percepção sobre a qualidade do atendimento prestado pelo estabelecimento (péssimo = 1; ruim = 2; regular = 3; bom = 4; ótimo = 5).
preço	Variável qualitativa ordinal com cinco categorias, correspondente à percepção sobre o nível de preços praticados em relação à concorrência (péssimo = 1; ruim = 2; regular = 3; bom = 4; ótimo = 5).

Por meio da análise do banco de dados presente nos arquivos **Atendimento × Preço.sav, Atendimento × Preço.dta, atendimento_preco.RData** e **atendimento_preco.csv**, pede-se:

a) Elabore uma tabela de contingência com os valores das frequências absolutas observadas em cada célula a partir do cruzamento das categorias das variáveis *atendimento* e *preço*.

b) Apresente a tabela de frequências absolutas esperadas a partir do mesmo cruzamento.

c) Com base na estatística χ^2, é possível afirmar que existe associação estatisticamente significante, ao nível de significância de 5%, entre as variáveis *atendimento* e *preço*?

d) Apresente a tabela de resíduos padronizados ajustados. Com base nela, discuta a relação de dependência entre cada par de categorias.

e) A partir da elaboração da análise de correspondência simples entre *atendimento* e *preço*, pergunta-se: Quais os valores das inércias principais parciais de cada dimensão? Quais os percentuais da inércia principal total explicados por dimensão?

f) Com base nas coordenadas das categorias das variáveis *atendimento* e *preço*, obtidas a partir da elaboração da análise de correspondência simples, elabore o mapa perceptual bidimensional e faça uma breve discussão sobre o comportamento dos pontos correspondentes às categorias de cada variável.

g) Elabore o gráfico de projeção das coordenadas nas dimensões (Stata) e discuta, para a primeira dimensão, a lógica da ordenação das categorias das duas variáveis qualitativas ordinais (*atendimento* e *preço*).

2) O Ministério da Saúde de determinado país deseja implementar uma campanha para alertar a população sobre a importância de se praticar exercícios físicos para a redução do índice de colesterol LDL (mg/dL). Para tanto, realizou uma pesquisa com 2.304 indivíduos, em que foram levantadas as seguintes variáveis:

Variável	Descrição
colestclass	Classificação do índice de colesterol LDL (mg/dL), a saber: – Muito elevado: superior a 189 mg/dL; – Elevado: de 160 a 189 mg/dL; – Limítrofe: de 130 a 159 mg/dL; – Subótimo: de 100 a 129 mg/dL; – Ótimo: inferior a 100 mg/dL.
esporte	Número de vezes em que pratica atividades físicas semanalmente.

Ao divulgar os resultados da pesquisa, o Ministério da Saúde apresentou a seguinte tabela de contingência, com as frequências absolutas observadas para cada cruzamento de categorias das duas variáveis.

Classificação do índice de colesterol LDL (mg/dL)	Atividades físicas semanais (número de vezes)					
	0	**1**	**2**	**3**	**4**	**5**
Muito elevado	32	158	264	140	40	0
Elevado	22	108	178	108	58	0
Limítrofe	0	26	98	190	86	36
Subótimo	0	16	114	166	104	54
Ótimo	0	0	82	118	76	30

Note que, enquanto a variável *colestclass* é qualitativa ordinal, a variável *esporte* é quantitativa, porém discreta e com poucas possibilidades de resposta e, portanto, pode ser considerada categórica para efeitos de análise de correspondência.

Nesse sentido, pede-se:

a) Apresente a tabela com frequências absolutas esperadas.

b) Elabore a tabela de resíduos.

c) Apresente a tabela de valores de χ^2 por célula e calcule o valor total da estatística χ^2.

d) Com base no valor calculado da estatística χ^2 e nos graus de liberdade da tabela de contingência, é possível afirmar que o índice de colesterol LDL e a quantidade semanal de atividades esportivas não se associam de forma aleatória, ao nível de significância de 5%?

e) Construa o banco de dados a partir da tabela de contingência apresentada e, por meio dele, elabore uma análise de correspondência simples entre *colestclass* e *esporte*. Quais os valores das inércias principais parciais de cada dimensão? Quais os percentuais da inércia principal total explicados por dimensão?

f) Com base nas coordenadas das categorias das variáveis *colestclass* e *esporte* obtidas a partir da elaboração da análise de correspondência simples, elabore o mapa perceptual bidimensional e faça uma breve discussão sobre o comportamento dos pontos correspondentes às categorias de cada variável.

g) Elabore o gráfico de projeção das coordenadas nas dimensões (Stata) e discuta, para a primeira dimensão, a lógica da ordenação das categorias das duas variáveis.

3) O prefeito de determinado município, com a intenção de avaliar a evolução anual de sua popularidade, encomendou a um instituto, em cada um dos três últimos anos (20X1, 20X2, 20X3), a realização de uma pesquisa aplicada a 3.000 cidadãos escolhidos aleatoriamente. Nas três pesquisas realizadas, foi coletada apenas uma variável, no formato Likert, a partir da seguinte afirmativa:

Estou satisfeito com a gestão do atual prefeito!

A variável coletada apresenta as seguintes categorias de resposta:

Variável	Descrição
avaliação	– Discordo totalmente; – Discordo parcialmente; – Nem concordo, nem discordo; – Concordo parcialmente; – Concordo totalmente.

A partir dos resultados das pesquisas, foi elaborada a seguinte tabela de contingência, porém os dados também podem ser acessados nos arquivos **Gestão do Prefeito.sav**, **Gestão do Prefeito.dta**, **gestao_prefeito.RData** e **gestao_prefeito.csv**.

Estou satisfeito com a gestão do atual prefeito!	Ano		
	20X1	20X2	20X3
Discordo totalmente	0	1	997
Discordo parcialmente	1	998	1.005
Nem concordo, nem discordo	967	1.005	998
Concordo parcialmente	1.066	996	0
Concordo totalmente	966	0	0
TOTAL	**3.000**	**3.000**	**3.000**

Pede-se:

a) É possível afirmar que a evolução anual da popularidade do prefeito não se dá de forma aleatória, ao nível de significância de 5%?

b) Apresente a tabela de resíduos padronizados ajustados. Com base nela, discuta a relação de dependência entre as categorias da variável Likert e cada um dos anos em que foi aplicada a pesquisa.

c) Com base nas coordenadas das categorias das variáveis *avaliação* e *ano*, obtidas a partir da elaboração da análise de correspondência simples, elabore o mapa perceptual bidimensional. É possível afirmar que a popularidade do prefeito vem piorando com o decorrer dos anos?

4) Conforme propusemos ao final da resolução do exercício elaborado na seção 11.3.2, seria interessante também se avaliássemos a existência de associação entre o fato de se ter um ou mais filhos, o perfil do investidor e o tipo de aplicação financeira. Nesse sentido, foi elaborado o banco de dados presente nos arquivos **Perfil_Investidor × Aplicação × Filhos.sav**, **Perfil_Investidor × Aplicação × Filhos.dta**, **perfil_investidor_aplicacao_filhos.RData** e **perfil_investidor_aplicacao_filhos.csv**. Pede-se:

a) Apresente as tabelas de contingência e os resultados dos testes χ^2 para cada par de variáveis. Há associação entre o fato de se ter um ou mais filhos, o perfil do investidor e o tipo de aplicação financeira, ao nível de significância de 5%, ou alguma das variáveis deve ser excluída da análise?

b) Caso nenhuma variável seja excluída da análise, elabore a análise de correspondência múltipla com as três variáveis (*perfil*, *aplicação* e *filhos*). Quais as coordenadas principais e padrão das categorias de cada uma delas?

c) Elabore o mapa perceptual bidimensional (com coordenadas-padrão) e faça uma breve discussão sobre o comportamento dos pontos correspondentes às categorias de cada variável. É possível afirmar que o fato de ter filhos aumenta a aversão ao risco?

5) Uma pesquisa com 500 executivos de empresas multinacionais foi realizada com o intuito de avaliar a percepção sobre a qualidade geral do serviço prestado e sobre o respeito aos prazos de projeto de três grandes empresas de consultoria (*Gabicks*, *Lipehigh* e *Montvero*). Cada executivo respondeu sobre sua percepção em relação a cada uma das três empresas, e as variáveis coletadas encontram-se a seguir:

Variável	Descrição
qualidade	Percepção sobre a qualidade geral do serviço prestado, a saber: – Péssima; – Ruim; – Regular; – Boa; – Ótima.
pontualidade	Respeito aos prazos de projeto: – Não; – Sim.

Por meio da análise do banco de dados presente nos arquivos **Consultoria.sav, Consultoria.dta, consultoria. RData** e **consultoria.csv**, pede-se:

a) Apresente as tabelas de contingência e os resultados dos testes χ^2 para as variáveis *qualidade* e *empresa* e para *pontualidade* e *empresa*. Há associação entre a variável *empresa* e as outras variáveis, ao nível de significância de 5%?

b) Se a resposta do item anterior for positiva, elabore uma análise de correspondência múltipla com as três variáveis. Quais as coordenadas principais e padrão das categorias de cada uma delas?

c) Elabore o gráfico de projeção das coordenadas-padrão nas dimensões (Stata) e discuta, para a primeira dimensão, a lógica da ordenação das categorias da variável *qualidade*.

d) Elabore o mapa perceptual bidimensional (com coordenadas-padrão) e discorra sobre a leitura que os executivos fazem sobre as três empresas de consultoria.

e) A partir das coordenadas de cada uma das respostas dadas (1.500 observações), geradas após a aplicação da análise de correspondência múltipla, elabore dois gráficos (SPSS) com as posições relativas dessas observações, tendo em vista a explicitação das categorias das variáveis *qualidade* e *empresa*, respectivamente. Há lógica nas respostas dadas pelos executivos em relação às categorias dessas variáveis?

Configurações do Mapa Perceptual de uma Análise de Correspondência Simples

Muitas são as configurações que podem assumir os mapas perceptuais, em função das características das tabelas de contingência. A Figura 11.70 apresenta as configurações mais comuns. Enquanto as células em destaque e com setas ↑ representam valores elevados de frequências absolutas observadas, as células com setas ↓ representam valores baixos, ou até mesmo nulos, dessas frequências.

a) Nuvem de Pontos Dividida em Grupos sobre a Primeira Dimensão
(pelo menos uma variável com duas categorias)

b) Nuvem de Pontos Divida em Grupos nas Duas Dimensões
(variáveis com pelo menos três categorias)
(corresponde aos dados do exemplo da seção 3.2.5)

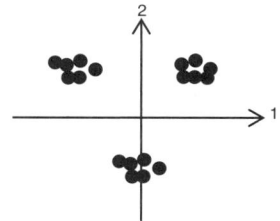

c) Forma Parabólica da Nuvem de Pontos
(estrutura diagonal da tabela de contingência para mais de três categorias em cada variável)

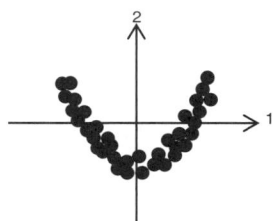

d) Forma Circular da Nuvem de Pontos
(mais de uma estrutura diagonal na tabela de contingência)

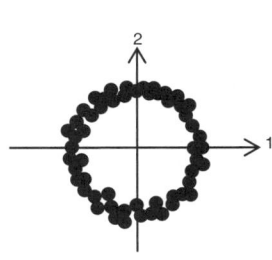

Figura 11.70 Configurações do mapa perceptual de uma análise de correspondência simples em função das características da tabela de contingência.
Fonte: Pereira e Sousa (2015).

TÉCNICAS MULTIVARIADAS CONFIRMATÓRIAS: MODELOS DE REGRESSÃO

Talvez a mais famosa equação já desenvolvida na história da humanidade seja aquela atribuída a Albert Einstein, $E = m.c^2$. Embora Einstein não a tenha formulado exatamente dessa forma em seu seminal artigo "A inércia de um corpo depende da sua quantidade de energia?", publicado no *annus mirabilis* de 1905 na *Annalen der Physik*, tal equação tornou-se mundialmente famosa por sua simplicidade ao tentar relacionar massa e energia de corpos físicos e, com esse propósito, pode ser classificada como um **modelo de regressão**.

O conjunto de **técnicas de regressão** é muito provavelmente o mais utilizado em análises de dados que procuram entender a relação entre o comportamento de determinado fenômeno e o comportamento de uma ou mais variáveis potencialmente preditoras, sem que haja, entretanto, uma relação obrigatória de causa e efeito. Por exemplo, a relação entre a quantidade de horas de estudo na preparação e as notas no vestibular para Medicina é, obviamente, de natureza causal, ou seja, quanto maior a dedicação aos estudos, maiores serão as notas no vestibular, mesmo que também existam outros fatores que possam influenciar as notas no exame, como ansiedade e poder de concentração do candidato.

Por outro lado, existem situações em que o fenômeno em estudo apresenta relação com determinada variável inserida no modelo, sem que essa relação seja, de fato, de natureza causal. Nesses casos, é comum que uma terceira variável não observada esteja influenciando o comportamento tanto do fenômeno em estudo quanto da variável preditora. Gustav Fischer, em 1936, apresentou um estudo bastante interessante sobre esse fato ao investigar ao longo de 7 anos a relação entre a quantidade de cegonhas e o número de recém-nascidos em pequenas cidades da Dinamarca. Curiosamente, essa relação mostrava-se forte e positiva. Entretanto, essas duas variáveis eram causadas pelo tamanho das cidades, variável não considerada no modelo, visto que em cidades maiores, onde nasciam mais crianças, também havia uma quantidade maior de chaminés, onde as cegonhas faziam seus ninhos. **Nesse sentido, é de fundamental importância que o pesquisador seja bastante cuidadoso e criterioso ao interpretar os resultados de uma modelagem de regressão. A existência de um modelo de regressão não significa que ocorra, obrigatoriamente, relação de causa e efeito entre as variáveis consideradas!**

O termo **regressão** é uma homenagem aos trabalhos realizados por Francis Galton e Karl Pearson na tentativa de se estimar uma função linear que procurava investigar a relação entre a altura dos filhos e a altura dos pais, de modo a se estabelecer uma eventual **lei universal de regressão**.

Segundo Stanton (2001), embora Pearson tivesse desenvolvido um tratamento matemático rigoroso acerca do que se convencionou chamar de **correlação**, foi a imaginação de Galton que originalmente concebeu as noções de correlação e de regressão. Sir Francis Galton, primo de Charles Darwin, foi bastante criticado no final do século XIX por defender a eugenia, e a própria fama de seu primo acabou por ofuscar suas profundas contribuições científicas nos campos da Biologia, da Psicologia e da Estatística Aplicada. Seu fascínio por genética e hereditariedade forneceu a inspiração necessária que levou à regressão.

Em 1875, Galton teve a ideia de distribuir pacotes de sementes de ervilha doce a sete amigos e, embora cada pacote contivesse sementes com peso uniforme, havia variação substancial entre os diferentes pacotes. Após algum tempo, sementes da nova geração foram colhidas das plantas que brotaram a partir das sementes originais, para que pudessem ser elaborados gráficos que relacionavam os pesos das sementes da nova geração e os pesos das sementes originais. Galton percebeu que os pesos médios das novas sementes geradas a partir de sementes originais com um peso específico descreviam, aproximadamente, uma reta com inclinação positiva e inferior a 1.

Duas décadas mais tarde, em 1896, Pearson publicou seu primeiro rigoroso tratado sobre correlação e regressão no *Philosophical Transactions of the Royal Society of London*. Nesse trabalho, Pearson creditou Bravais (1846) por ser o primeiro a estudar as formulações matemáticas iniciais da correlação, enfatizando que Bravais, embora tivesse se deparado com um método adequado para o cálculo do **coeficiente de correlação**, acabou não conseguindo provar que isso proporcionaria o melhor ajuste aos dados. Por meio do mesmo método, porém fazendo uso de avançada prova estatística com base na **expansão de Taylor**, Pearson acabou por chegar aos valores ótimos da inclinação e do coeficiente de correlação de um modelo de regressão.

Em 1911, com a morte de Galton, Karl Pearson tornou-se seu biógrafo e, descreve, de forma primorosa, como se deu o desenvolvimento do conceito da inclinação em um modelo de regressão.

Com o transcorrer do tempo, os modelos de regressão passaram a ser mais estudados e aplicados em diversos campos do conhecimento humano e, com o desenvolvimento tecnológico e o aprimoramento computacional, verificou-se, principalmente a partir da segunda metade do século XX, o surgimento de novos e cada vez mais complexos tipos de modelagens de regressão. As técnicas de regressão inserem-se dentro do que é conhecido por **técnicas de dependência**, em que há a intenção de que sejam estimados modelos (equações) que permitam ao pesquisador estudar o comportamento dos dados e a relação entre as variáveis e elaborar previsões do fenômeno em estudo, com intervalos de confiança. São, portanto, consideradas **técnicas confirmatórias**, também chamadas de **técnicas supervisionadas de *machine learning*** (*supervised machine learning techniques*).

Optamos, com base em razões didáticas e conceituais por abordar na Parte III as principais técnicas pertinentes aos modelos de regressão, ficando os capítulos estruturados em três subpartes distintas, a saber:

PARTE III.1: MODELOS LINEARES GENERALIZADOS

    Capítulo 12: Modelos de Regressão Simples e Múltipla

    Capítulo 13: Modelos de Regressão Logística Binária e Multinomial

    Capítulo 14: Modelos de Regressão para Dados de Contagem: Poisson e Binomial Negativo

PARTE III.2: MODELOS DE REGRESSÃO PARA DADOS EM PAINEL

    Capítulo 15: Modelos Longitudinais de Regressão para Dados em Painel

    Capítulo 16: Modelos Multinível de Regressão para Dados em Painel

PARTE III.3: OUTROS MODELOS DE REGRESSÃO

    Capítulo 17: Modelos de Regressão para Dados de Sobrevivência: Riscos Proporcionais de Cox

    Capítulo 18: Modelos de Regressão com Múltiplas Variáveis Dependentes: Correlação Canônica

---

Cada capítulo da Parte III está estruturado dentro de uma mesma lógica de apresentação. Inicialmente, são introduzidos os conceitos pertinentes a cada modelo, bem como os critérios para estimação de seus parâmetros, sempre com o uso de bases de dados que possibilitam, em um primeiro momento, a resolução de exercícios práticos, na maioria dos casos, em Excel. Na sequência, os mesmos exercícios são resolvidos nos pacotes estatísticos Stata Statistical Software® e IBM SPSS Statistics Software®. Ao final de cada capítulo, são apresentados os códigos comentados em R® e Python® para a resolução dos mesmos exercícios. Acreditamos que essa lógica facilita o estudo e o entendimento sobre a utilização correta de cada um dos modelos de regressão, a estimação dos respectivos parâmetros e a análise dos resultados. Além disso, a aplicação prática das modelagens em Stata, SPSS, R e Python também traz benefícios ao pesquisador, à medida que os resultados podem, a todo instante, ser comparados com aqueles já estimados ou calculados algebricamente nas seções iniciais de cada capítulo, além de propiciar uma oportunidade de manuseio desses importantes softwares. Ao término dos capítulos, são propostos exercícios complementares, com respostas disponibilizadas no final do livro.

PARTE *III.1*

MODELOS LINEARES GENERALIZADOS

O estudo das distribuições estatísticas não é recente, e desde o início do século XIX, até aproximadamente o início do século XX, os modelos lineares que envolvem a distribuição normal praticamente dominou o cenário da modelagem de dados.

Entretanto, a partir do período entre guerras, começam a surgir modelos para fazer frente a situações em que as modelagens lineares normais não se adequavam satisfatoriamente. McCullagh e Nelder (1989), Turkman e Silva (2000) e Cordeiro e Demétrio (2007) citam, neste contexto, os trabalhos de Berkson (1944), Dyke e Patterson (1952) e Rasch (1960) sobre os modelos logísticos envolvendo as distribuições de Bernoulli e binomial, de Birch (1963) sobre os modelos para dados de contagem envolvendo a distribuição Poisson, de Feigl e Zelen (1965), Zippin e Armitage (1966) e Glasser (1967) sobre os modelos exponenciais, e de Nelder (1966) sobre modelos polinomiais envolvendo a distribuição Gama.

Todos estes modelos acabaram por ser consolidados, do ponto de vista teórico e conceitual, por meio do seminal trabalho de Nelder e Wedderburn (1972), em que foram definidos os **Modelos Lineares Generalizados** (***Generalized Linear Models***), que representam um grupo de modelos de regressão lineares e exponenciais não lineares, em que a variável dependente possui, por exemplo, distribuição normal, Bernoulli, binomial, Poisson ou Poisson-Gama. São casos particulares dos Modelos Lineares Generalizados os seguintes modelos:

- Modelos de Regressão Lineares e Modelos com Transformação de Box-Cox;
- Modelos de Regressão Logística Binária e Multinomial;
- Modelos de Regressão Poisson e Binomial Negativo para Dados de Contagem;

e a estimação de cada um deles deve ser elaborada respeitando-se as características dos dados e a distribuição da variável que representa o fenômeno que se deseja estudar, chamada de variável dependente.

Um Modelo Linear Generalizado é definido da seguinte forma:

$$\eta_i = \alpha + \beta_1 . X_{1i} + \beta_2 . X_{2i} + ... + \beta_k . X_{ki} \tag{III.1.1}$$

em que η é conhecido por função de ligação canônica, α representa a constante, β_j ($j = 1, 2, ..., k$) são os coeficientes de cada variável explicativa e correspondem aos parâmetros a serem estimados, X_j são as variáveis explicativas (métricas ou *dummies*) e os subscritos i representam cada uma das observações da amostra em análise ($i = 1, 2, ..., n$, em que n é o tamanho da amostra).

O Quadro III.1.1 relaciona cada caso particular dos modelos lineares generalizados com a característica da variável dependente, a sua distribuição e a respectiva função de ligação canônica.

Logo, para uma dada variável dependente Y que representa o fenômeno em estudo (variável dependente), podemos especificar cada um dos modelos apresentados no Quadro III.1.1 da seguinte maneira:

Modelo de Regressão Linear:

$$\hat{Y}_i = \alpha + \beta_1 . X_{1i} + \beta_2 . X_{2i} + ... + \beta_k . X_{ki} \tag{III.1.2}$$

em que $\hat{Y}$ é o valor esperado da variável dependente Y.

Quadro III.1.1 Modelos lineares generalizados, características da variável dependente e funções de ligação canônica.

Modelo de Regressão	Característica da Variável Dependente	Distribuição	Função de Ligação Canônica (η)
Linear	Quantitativa	Normal	$\hat{Y}$
Com Transformação de Box-Cox	Quantitativa	Normal Após a Transformação	$\dfrac{\hat{Y}^{\lambda}-1}{\lambda}$
Logística Binária	Qualitativa com 2 Categorias (*Dummy*)	Bernoulli	$\ln\left(\dfrac{p}{1-p}\right)$
Logística Multinomial	Qualitativa M ($M > 2$) Categorias	Binomial	$\ln\left(\dfrac{p_m}{1-p_m}\right)$
Poisson	Quantitativa com Valores Inteiros e Não Negativos (Dados de Contagem)	Poisson	$\ln(\lambda)$
Binomial Negativo	Quantitativa com Valores Inteiros e Não Negativos (Dados de Contagem)	Poisson-Gama	$\ln(u)$

Modelo de Regressão com Transformação de Box-Cox:

$$\frac{\hat{Y}_i^{\lambda}-1}{\lambda} = \alpha + \beta_1.X_{1i} + \beta_2.X_{2i} + ... + \beta_k.X_{ki} \tag{III.1.3}$$

em que $\hat{Y}$ é o valor esperado da variável dependente Y e λ é o parâmetro da transformação de Box-Cox que maximiza a aderência à normalidade da distribuição da nova variável gerada a partir da variável Y original.

Modelo de Regressão Logística Binária:

$$\ln\left(\frac{p_i}{1-p_i}\right) = \alpha + \beta_1.X_{1i} + \beta_2.X_{2i} + ... + \beta_k.X_{ki} \tag{III.1.4}$$

em que p é a probabilidade de ocorrência do evento de interesse definido por $Y = 1$, dado que a variável dependente Y é *dummy*.

Modelo de Regressão Logística Multinomial:

$$\ln\left(\frac{p_{i_m}}{1-p_{i_m}}\right) = \alpha_m + \beta_{1m}.X_{1i} + \beta_{2m}.X_{2i} + ... + \beta_{km}.X_{ki} \tag{III.1.5}$$

em que p_m ($m = 0, 1, ..., M-1$) é a probabilidade de ocorrência de cada uma das M categorias da variável dependente Y.

Modelo de Regressão Poisson para Dados de Contagem:

$$\ln(\lambda_i) = \alpha + \beta_1.X_{1i} + \beta_2.X_{2i} + ... + \beta_k.X_{ki} \tag{III.1.6}$$

em que λ é o valor esperado da quantidade de ocorrências do fenômeno representado pela variável dependente Y, que apresenta dados de contagem com distribuição Poisson.

Modelo de Regressão Binomial Negativo para Dados de Contagem:

$$\ln(u_i) = \alpha + \beta_1.X_{1i} + \beta_2.X_{2i} + ... + \beta_k.X_{ki} \tag{III.1.7}$$

em que u é o valor esperado da quantidade de ocorrências do fenômeno representado pela variável dependente Y, que apresenta dados de contagem com distribuição Poisson-Gama.

Portanto, a Parte III.1 trata dos Modelos Lineares Generalizados. Enquanto o Capítulo 12 aborda os modelos de regressão linear e os modelos com transformação de Box-Cox, os dois capítulos seguintes abordam, respectivamente, os modelos de regressão logística binária e multinomial e os modelos de regressão para dados de contagem do tipo Poisson e binomial negativo, que são modelos exponenciais não lineares, também chamados de modelos log-lineares ou semilogarítmicos à esquerda. A Figura III.1.1 apresenta esta lógica.

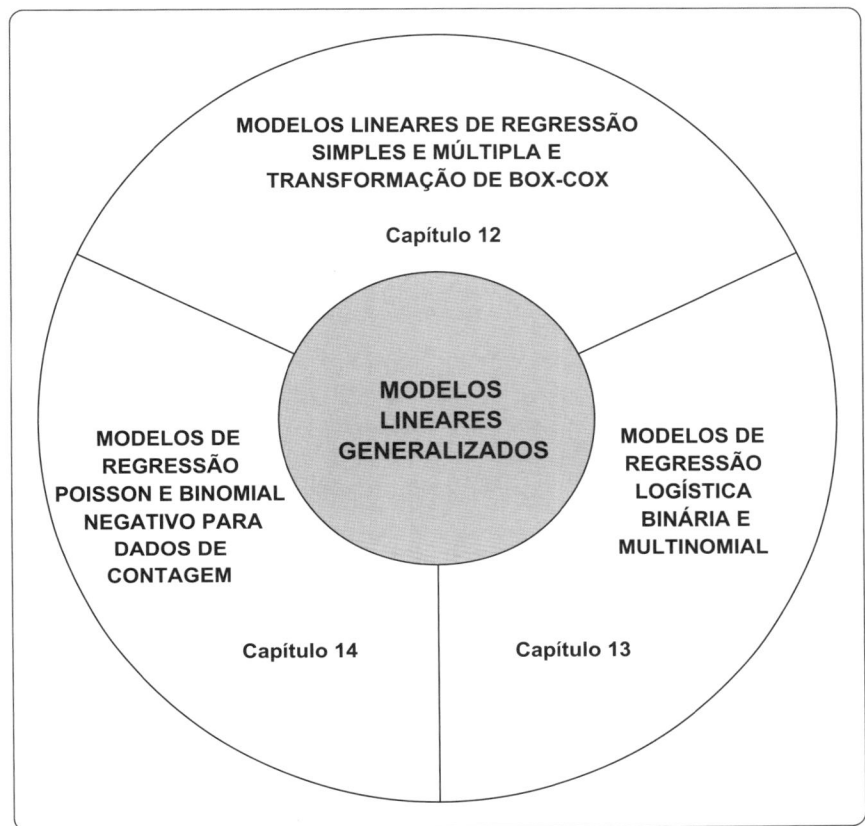

Figura III.1.1 Modelos lineares generalizados e estruturação dos capítulos da Parte III.1.

Os capítulos da Parte III.1 estão estruturados dentro de uma mesma lógica de apresentação, em que são, inicialmente, introduzidos os conceitos pertinentes a cada modelo e apresentados os critérios para estimação de seus parâmetros, sempre com o uso de bases de dados que possibilitam a resolução de exercícios práticos em Excel. Na sequência, os mesmos exercícios são resolvidos, passo a passo, nos softwares Stata e SPSS. Ao final de cada capítulo, são apresentados os códigos comentados em R e Python para a resolução dos mesmos exercícios, e são propostos exercícios complementares, cujas respostas estão disponibilizadas ao final do livro.

## CAPÍTULO 12

Modelos de Regressão Simples e Múltipla

A política serve a um momento no presente, mas uma equação é eterna.

Albert Einstein

Ao final deste capítulo, você será capaz de:

- Estabelecer as circunstâncias a partir das quais os modelos de regressão simples e múltipla podem ser utilizados.
- Estimar os parâmetros dos modelos de regressão simples e múltipla.
- Avaliar os resultados dos testes estatísticos pertinentes aos modelos de regressão.
- Elaborar intervalos de confiança dos parâmetros do modelo para efeitos de previsão.
- Entender os pressupostos dos modelos de regressão pelo método de mínimos quadrados ordinários.
- Especificar modelos de regressão não lineares e compreender a transformação de Box-Cox.
- Estimar modelos de regressão em Microsoft Office Excel®, Stata Statistical Software® e IBM SPSS Statistics Software® e interpretar seus resultados.
- Implementar códigos em R® e Python® para a estimação de modelos de regressão e a interpretação dos resultados.

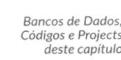
Bancos de Dados, Códigos e Projects deste capítulo

12.1. INTRODUÇÃO

Das técnicas estudadas neste livro, sem dúvida nenhuma, aquelas conhecidas por **modelos de regressão simples e múltipla** são as mais utilizadas em diversos campos do conhecimento.

Imagine que um grupo de pesquisadores tenha o interesse em estudar como as taxas de retorno de um ativo financeiro comportam-se em relação ao mercado, ou como o custo de uma empresa varia quando o parque fabril aumenta a sua capacidade produtiva ou incrementa o número de horas trabalhadas, ou, ainda, como o número de dormitórios e a área útil de uma amostra de imóveis residenciais podem influenciar a formação dos preços de venda.

Note, em todos estes exemplos, que os fenômenos principais sobre os quais há o interesse de estudo são representados, em cada caso, por uma **variável métrica**, ou **quantitativa**, e, portanto, podem ser estudados por meio da estimação de modelos de regressão, que têm por finalidade principal analisar como se comportam as relações entre um conjunto de variáveis explicativas, métricas ou *dummies*, e uma variável dependente métrica (**fenômeno em estudo**), desde que respeitadas algumas condições e atendidos alguns pressupostos, conforme veremos ao longo deste capítulo.

É importante enfatizar que todo e qualquer modelo de regressão deve ser definido com base na teoria subjacente e na experiência do pesquisador, de modo que seja possível estimar o modelo desejado, analisar os resultados obtidos por meio de testes estatísticos e elaborar previsões.

Neste capítulo, trataremos dos modelos de regressão simples e múltipla, com os seguintes objetivos: (1) introduzir os conceitos sobre regressão simples e múltipla; (2) interpretar os resultados obtidos e elaborar previsões; (3) discutir os pressupostos da técnica; e (4) apresentar a aplicação da técnica em Excel, Stata, SPSS, R e Python. Inicialmente, será elaborada a solução em Excel de um exemplo concomitantemente à apresentação dos conceitos e à resolução manual deste mesmo exemplo. Somente após a introdução dos conceitos serão apresentados os procedimentos para a elaboração da técnica de regressão no Stata, no SPSS, no R e no Python.

12.2. MODELOS LINEARES DE REGRESSÃO

Inicialmente, abordaremos os modelos lineares de regressão e seus pressupostos, ficando a análise das regressões não lineares destinada à seção 12.4.

Segundo Fávero *et al.* (2009), a técnica de **regressão linear** oferece, prioritariamente, a possibilidade de que seja estudada a relação entre uma ou mais variáveis explicativas, que se apresentam na forma linear, e uma variável dependente quantitativa. Assim, um modelo geral de regressão linear pode ser definido da seguinte maneira:

$$Y_i = a + b_1.X_{1i} + b_2.X_{2i} + \ldots + b_k.X_{ki} + u_i$$

(12.1)

em que Y representa o fenômeno em estudo (**variável dependente quantitativa**), a representa o **intercepto** (**constante** ou **coeficiente linear**), b_j (j = 1, 2, ..., k) são os coeficientes de cada variável (**coeficientes angulares**), X_j são as **variáveis explicativas** (métricas ou *dummies*) e u é o **termo de erro** (diferença entre o valor real de Y e o valor previsto de Y por meio do modelo para cada observação). Os subscritos i representam cada uma das observações da amostra em análise (i = 1, 2, ..., n, em que n é o tamanho da amostra).

A equação apresentada por meio da expressão (12.1) representa um **modelo de regressão múltipla**, uma vez que considera a inclusão de diversas variáveis explicativas para o estudo do comportamento do fenômeno em questão. Por outro lado, caso seja inserida apenas uma variável X, estaremos diante de um **modelo de regressão simples**. Para efeitos didáticos, introduziremos os conceitos e apresentaremos o passo a passo da estimação dos parâmetros por meio de um modelo de regressão simples. Na sequência, ampliaremos a discussão por meio da estimação de modelos de regressão múltipla, inclusive com a consideração de variáveis *dummy* do lado direito da equação.

É importante enfatizar, portanto, que o modelo de regressão linear simples a ser estimado apresenta a seguinte expressão:

$$\hat{Y}_i = \alpha + \beta.X_i$$

(12.2)

em que $\hat{Y}_i$ representa o **valor previsto** da variável dependente que será obtido por meio do modelo estimado para cada observação i, e α e β representam, respectivamente, os **parâmetros estimados** do intercepto e da inclinação do modelo proposto. A Figura 12.1 apresenta, graficamente, a configuração geral de um modelo estimado de regressão linear simples.

Podemos, portanto, verificar que, enquanto o parâmetro estimado α mostra o ponto da reta de regressão em que X = 0, o parâmetro estimado β representa a inclinação da reta, ou seja, o incremento (ou decréscimo) de Y para cada unidade adicional de X, em média.

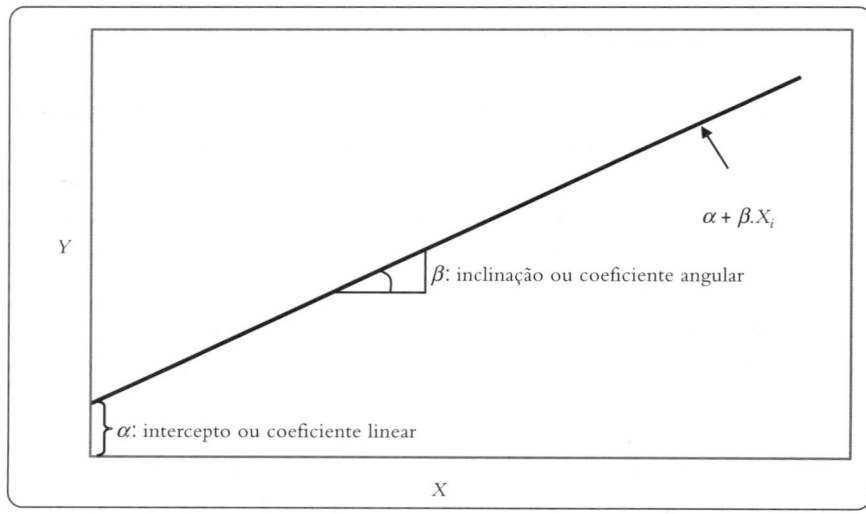

Figura 12.1 Modelo estimado de regressão linear simples.

Logo, a inclusão do termo de erro *u* na expressão (12.1), também conhecido por **resíduo**, é justificada pelo fato de que qualquer relação que seja proposta dificilmente se apresentará de maneira perfeita. Em outras palavras, muito provavelmente o fenômeno que se deseja estudar, representado pela variável *Y*, apresentará relação com alguma outra variável *X* não incluída no modelo proposto e que, portanto, precisará ser representada pelo termo de erro *u*. Sendo assim, o termo de erro *u*, para cada observação *i*, pode ser escrito como:

$$u_i = Y_i - \hat{Y}_i$$

(12.3)

De acordo com Kennedy (2008), Fávero *et al.* (2009) e Wooldridge (2012), os termos de erro ocorrem em função de algumas razões que precisam ser conhecidas e consideradas pelos pesquisadores, como:

- Existência de variáveis agregadas e/ou não aleatórias.
- Incidência de falhas quando da especificação do modelo (formas funcionais não lineares e omissão de variáveis explicativas relevantes).
- Ocorrência de erros quando do levantamento dos dados.

Mais considerações sobre os termos de erro serão feitas quando do estudo dos pressupostos dos modelos de regressão, na seção 12.3.

Discutidos estes conceitos preliminares, vamos partir para o estudo propriamente dito da estimação de um modelo de regressão linear.

12.2.1. Estimação do modelo de regressão linear por mínimos quadrados ordinários

Frequentemente vislumbramos, de forma racional ou intuitiva, a relação entre comportamentos de variáveis que se apresentam de forma direta ou indireta. Será que se eu frequentar mais as piscinas do meu clube aumentarei a minha massa muscular? Será que se eu mudar de emprego terei mais tempo para ficar com meus filhos? Será que se eu poupar maior parcela de meu salário poderei me aposentar mais jovem? Estas questões oferecem nitidamente relações entre determinada variável dependente, que representa o fenômeno que se deseja estudar, e, no caso, uma única variável explicativa.

O objetivo principal da análise de regressão é, portanto, propiciar ao pesquisador condições de avaliar como se comporta uma variável *Y* com base no comportamento de uma ou mais variáveis *X*, sem que, necessariamente, ocorra uma relação de causa e efeito.

Introduziremos os conceitos de regressão por meio de um exemplo que considera apenas uma variável explicativa (regressão linear simples). Imagine que, em determinado dia de aula, um professor tenha o interesse em saber, para uma turma de 10 estudantes de uma mesma classe, qual a relação entre a distância percorrida para se chegar à escola e o tempo de percurso. Sendo assim, o professor elaborou um questionamento com cada um dos seus 10 alunos e montou um banco de dados, que se encontra na Tabela 12.1.

Tabela 12.1 Exemplo: tempo de percurso × distância percorrida.

Estudante	Tempo para chegar à escola (minutos)	Distância percorrida até a escola (quilômetros)
Gabriela	15	8
Dalila	20	6
Gustavo	20	15
Letícia	40	20
Luiz Ovídio	50	25
Leonor	25	11
Ana	10	5
Antônio	55	32
Júlia	35	28
Mariana	30	20

Na verdade, o professor deseja saber a equação que regula o fenômeno "tempo de percurso até a escola" em função da "distância percorrida pelos alunos". É sabido que outras variáveis influenciam o tempo de determinado percurso, como o trajeto adotado, o tipo de transporte ou o horário em que o aluno partiu para a escola naquele dia. Entretanto, o professor tem conhecimento de que tais variáveis não entrarão no modelo, já que nem mesmo as coletou para a formação da base de dados.

Pode-se, portanto, modelar o problema da seguinte maneira:

$$tempo = f(dist)$$

Assim sendo, a equação, ou modelo de regressão simples, será:

$$tempo_i = a + b.dist_i + u_i$$

e, dessa forma, o valor esperado (estimativa) da variável dependente, para cada observação *i*, será dado por:

$$\hat{tempo}_i = \alpha + \beta.dist_i$$

em que α e β são, respectivamente, as estimativas dos parâmetros *a* e *b*.

Esta última equação mostra que o **valor esperado** da variável *tempo* ($\hat{Y}$), também conhecido por **média condicional**, é calculado para cada observação da amostra, em função do comportamento da variável *dist*, sendo que o subscrito *i* representa, para os dados do nosso exemplo, os próprios alunos da escola (*i* = 1, 2, ..., 10). O nosso objetivo aqui é, portanto, estudar se o comportamento da variável dependente *tempo* apresenta relação com a variação da distância, em quilômetros, a que cada um dos alunos se submete para chegar à escola em determinado dia de aula. No apêndice deste capítulo, faremos uma breve apresentação dos **modelos de regressão quantílica**, cujo objetivo é estimar a **mediana** (e outros percentis) da variável dependente, ao contrário da média, também condicional aos valores das variáveis explicativas.

No nosso exemplo, não faz muito sentido discutirmos qual seria o tempo percorrido no caso de a distância até a escola ser zero (parâmetro α). O parâmetro β, por outro lado, nos informará qual é o incremento no tempo para se chegar à escola ao se aumentar a distância percorrida em um quilômetro, em média.

Vamos, desta forma, elaborar um gráfico (Figura 12.2) que relaciona o tempo de percurso (*Y*) com a distância percorrida (*X*), em que cada ponto representa um dos alunos.

Como comentado anteriormente, não é somente a distância percorrida que afeta o tempo para se chegar à escola, uma vez que este pode também ser afetado por outras variáveis relacionadas ao tráfego, ao meio de transporte ou ao próprio indivíduo e, desta maneira, o termo de erro *u* deverá capturar o efeito das demais variáveis não incluídas no modelo. Logo, para que estimemos a equação que melhor se ajusta a esta nuvem de pontos, devemos estabelecer duas condições fundamentais relacionadas aos resíduos.

1. **A somatória dos resíduos deve ser zero:** $\sum_{i=1}^{n} u_i = 0$, em que *n* é o tamanho da amostra.

Com apenas esta primeira condição, podem ser encontradas diversas retas de regressão em que a somatória dos resíduos seja zero, como mostra a Figura 12.3.

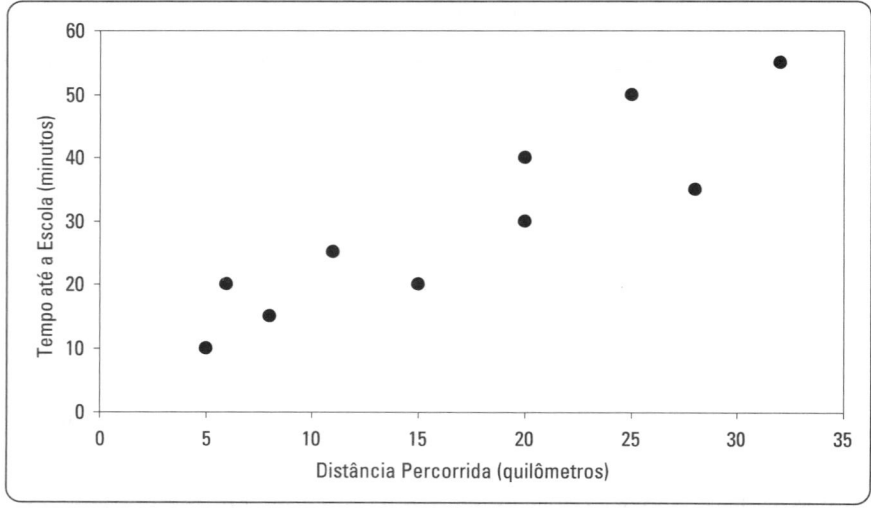

Figura 12.2 Tempo de percurso × distância percorrida para cada aluno.

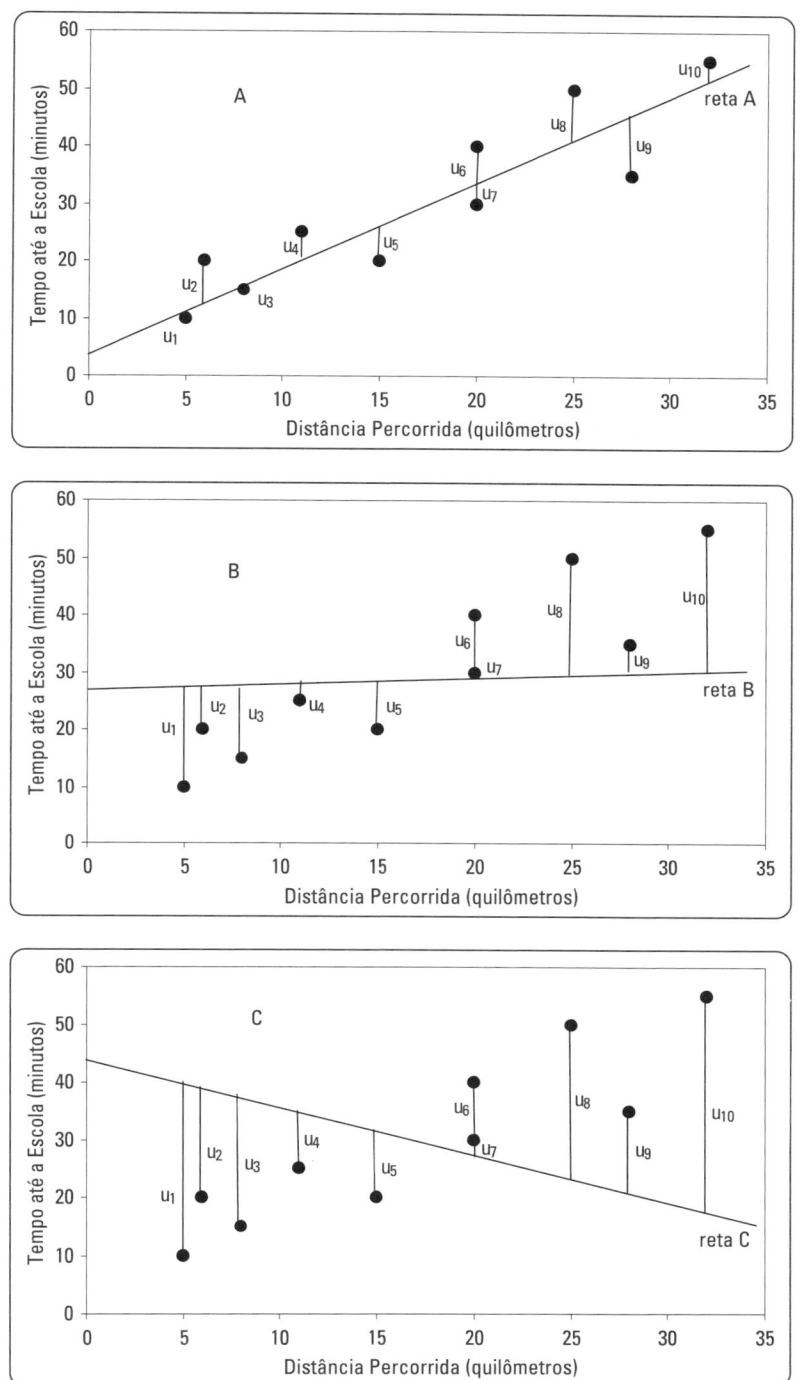

Figura 12.3 Exemplos de retas de regressão em que a somatória dos resíduos é zero.

Nota-se, para o mesmo banco de dados, que diversas retas podem respeitar a condição de que a somatória dos resíduos seja igual a zero. Portanto, faz-se necessário o estabelecimento de uma segunda condição.

2. A somatória dos resíduos ao quadrado é a mínima possível: $\sum_{i=1}^{n} u_i^2 = \text{mín}$.

Com esta condição, escolhe-se a reta que apresenta o melhor ajuste possível à nuvem de pontos, partindo-se, portanto, da definição de **mínimos quadrados**, ou seja, deve-se determinar α e β de modo que a somatória dos quadrados dos resíduos seja a menor possível (**método de Mínimos Quadrados Ordinários – MQO**, ou, em inglês, *Ordinary Least Squares – OLS*). Assim:

$$\sum_{i=1}^{n}(Y_i - \beta.X_i - \alpha)^2 = \text{mín} \tag{12.4}$$

A minimização ocorre ao se derivar a expressão (12.4) em α e β e igualar a zero as expressões resultantes. Assim:

$$\frac{\partial\left[\sum_{i=1}^{n}(Y_i - \beta.X_i - \alpha)^2\right]}{\partial\alpha} = -2\sum_{i=1}^{n}(Y_i - \beta.X_i - \alpha) = 0 \tag{12.5}$$

$$\frac{\partial\left[\sum_{i=1}^{n}(Y_i - \beta.X_i - \alpha)^2\right]}{\partial\beta} = -2\sum_{i=1}^{n}(Y_i - \beta.X_i - \alpha) = 0 \tag{12.6}$$

Ao se distribuir e dividir a expressão (12.5) por $2 \cdot n$, em que n é o tamanho da amostra, tem-se que:

$$\frac{-2\sum_{i=1}^{n}Y_i}{2n} + \frac{2\sum_{i=1}^{n}\beta.X_i}{2n} + \frac{2\sum_{i=1}^{n}\alpha}{2n} = \frac{0}{2n} \tag{12.7}$$

de onde vem que:

$$-\overline{Y} + \beta.\overline{X} + \alpha = 0 \tag{12.8}$$

e, portanto:

$$\alpha = \overline{Y} - \beta.\overline{X} \tag{12.9}$$

em que $\overline{Y}$ e $\overline{X}$ representam, respectivamente, a média amostral de Y e de X.

Ao se substituir este resultado na expressão (12.6), tem-se que:

$$-2\sum_{i=1}^{n}X_i.(Y_i - \beta.X_i - \overline{Y} + \beta.\overline{X}) = 0 \tag{12.10}$$

que, ao se desenvolver:

$$\sum_{i=1}^{n}X_i.(Y_i - \overline{Y}) + \beta\sum_{i=1}^{n}X_i.(\overline{X} - X_i) = 0 \tag{12.11}$$

e que gera, portanto:

$$\beta = \frac{\sum_{i=1}^{n}(X_i - \overline{X}).(Y_i - \overline{Y})}{\sum_{i=1}^{n}(X_i - \overline{X})^2} \tag{12.12}$$

Retornando ao nosso exemplo, o professor então elaborou uma planilha de cálculo a fim de obter a reta de regressão linear, conforme mostra a Tabela 12.2.

Tabela 12.2 Planilha de cálculo para a determinação de α e β.

Observação (i)	Tempo (Y_i)	Distância (X_i)	$Y_i - \overline{Y}$	$X_i - \overline{X}$	$(X_i - \overline{X}).(Y_i - \overline{Y})$	$(X_i - \overline{X})^2$
1	15	8	-15	-9	135	81
2	20	6	-10	-11	110	121
3	20	15	-10	-2	20	4
4	40	20	10	3	30	9
5	50	25	20	8	160	64
6	25	11	-5	-6	30	36
7	10	5	-20	-12	240	144
8	55	32	25	15	375	225
9	35	28	5	11	55	121
10	30	20	0	3	0	9
Soma	**300**	**170**			**1155**	**814**
Média	**30**	**17**				

Por meio da planilha apresentada na Tabela 12.2 podemos calcular os estimadores α e β, de acordo como segue:

$$\beta = \frac{\sum_{i=1}^{10}(X_i - \overline{X}).(Y_i - \overline{Y})}{\sum_{i=1}^{10}(X_i - \overline{X})^2} = \frac{1155}{814} = 1,4189$$

$$\alpha = \overline{Y} - \beta.\overline{X} = 30 - 1,4189.17 = 5,8784$$

E a equação de regressão linear simples pode ser escrita como:

$$\hat{tempo}_i = 5,8784 + 1,4189.dist_i$$

A estimação dos parâmetros do modelo do nosso exemplo também pode ser efetuada por meio da ferramenta **Solver** do Excel, respeitando-se as condições de que $\sum_{i=1}^{10} u_i = 0$ e $\sum_{i=1}^{10} u_i^2 = \text{mín}$. Desta forma, vamos inicialmente abrir o arquivo **TempoMínimosQuadrados.xls** que contém os dados do nosso exemplo, além das colunas referentes ao $\hat{Y}$, ao u e ao u^2 de cada observação. A Figura 12.4 apresenta este arquivo, antes da elaboração do procedimento **Solver**.

	A	B	C	D	E	F	G	H
1	Tempo (Y)	Distância (X_1)	$\hat{Y}$i	u_i	u_i^2			
2	15	8	0	15,00000	225,00000			
3	20	6	0	20,00000	400,00000		α	
4	20	15	0	20,00000	400,00000			
5	40	20	0	40,00000	1600,00000		β	
6	50	25	0	50,00000	2500,00000			
7	25	11	0	25,00000	625,00000			
8	10	5	0	10,00000	100,00000			
9	55	32	0	55,00000	3025,00000			
10	35	28	0	35,00000	1225,00000			
11	30	20	0	30,00000	900,00000			
12								
13			Somatória	300,00000	11000,00000			

Figura 12.4 Dados do arquivo **TempoMínimosQuadrados.xls**.

Seguindo a lógica proposta por Belfiore e Fávero (2012), vamos então abrir a ferramenta **Solver** do Excel. A função-objetivo está na célula E13, que é a nossa célula de destino e que deverá ser minimizada (somatória dos quadrados dos resíduos). Além disso, os parâmetros α e β, cujos valores estão nas células H3 e H5, respectivamente, são as células variáveis. Por fim, devemos impor que o valor da célula D13 seja igual a zero (restrição de que a soma dos resíduos seja igual a zero). A janela do **Solver** ficará como mostra a Figura 12.5.

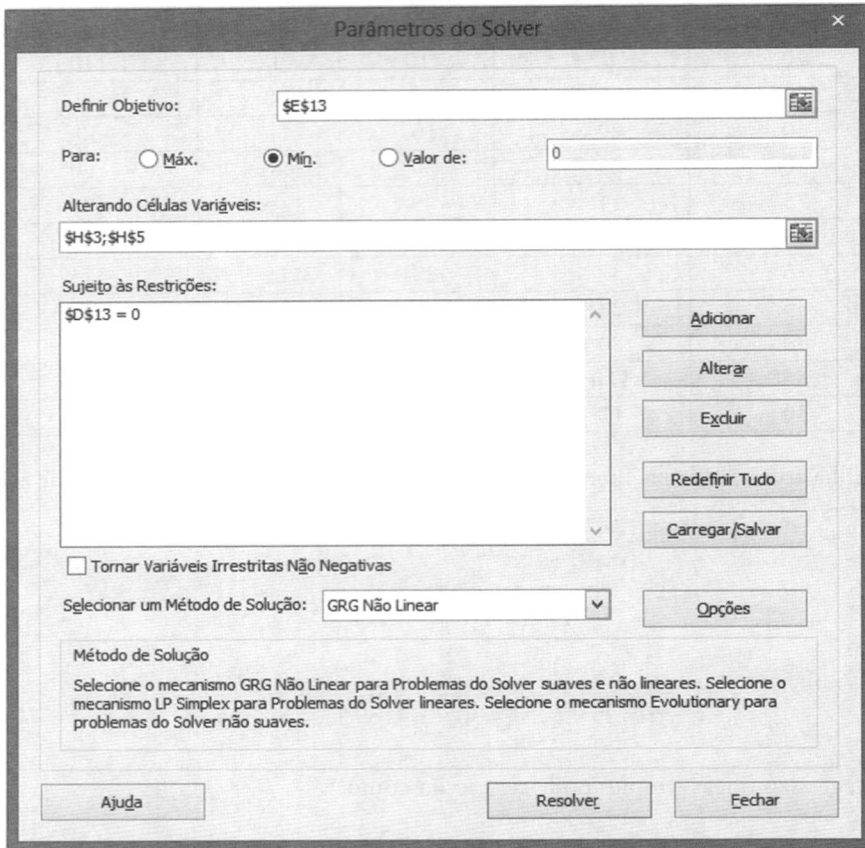

Figura 12.5 Solver – Minimização da somatória dos resíduos ao quadrado.

Ao clicarmos em **Resolver** e em **OK**, obteremos a solução ótima do problema de minimização dos resíduos ao quadrado. A Figura 12.6 apresenta os resultados obtidos pela modelagem.

	A	B	C	D	E	F	G	H
1	Tempo (Y)	Distância (X₁)	Ŷi	uᵢ	uᵢ²			
2	15	8	17	-2,22973	4,97169			
3	20	6	14	5,60811	31,45088		α	5,87838
4	20	15	27	-7,16216	51,29657			
5	40	20	34	5,74324	32,98484		β	1,41892
6	50	25	41	8,64865	74,79912			
7	25	11	21	3,51351	12,34478			
8	10	5	13	-2,97297	8,83857			
9	55	32	51	3,71622	13,81026			
10	35	28	46	-10,60811	112,53196			
11	30	20	34	-4,25676	18,11998			
12								
13			Somatória	0,00000	361,14865			

Figura 12.6 Obtenção dos parâmetros quando da minimização da somatória de u^2 pelo Solver.

Logo, o intercepto α é 5,8784 e o coeficiente angular β é 1,4189, conforme havíamos estimado por meio da solução analítica. De forma elementar, o tempo médio para se chegar à escola por parte dos alunos que não percorrem distância alguma, ou seja, que já se encontram na escola, é de 5,8784 minutos, o que não faz muito sentido do ponto de vista físico. Em alguns casos, este tipo de situação pode ocorrer com frequência, em que valores de α não são condizentes com a realidade. Do ponto de vista matemático, isto não está errado, porém o pesquisador deve sempre analisar o sentido físico ou econômico da situação em estudo, bem como a teoria subjacente utilizada.

Ao analisarmos o gráfico da Figura 12.2 iremos perceber que não há nenhum estudante com distância percorrida próxima de zero, e o intercepto reflete apenas o prolongamento, projeção ou extrapolação da reta de regressão até o eixo *Y*. É comum, inclusive, que alguns modelos apresentem α negativo quando do estudo de fenômenos que não podem oferecer valores negativos. O pesquisador deve, portanto, ficar sempre atento a este fato, já que um modelo de regressão pode ser bastante útil para que sejam elaboradas inferências sobre o comportamento de uma variável *Y* dentro dos limites de variação de *X*, ou seja, para a elaboração de **interpolações**. Já as **extrapolações** podem oferecer inconsistências por eventuais mudanças de comportamento da variável *Y* fora dos limites de variação de *X* na amostra em estudo.

Dando sequência à análise, cada quilômetro adicional de distância entre o local de partida de cada aluno e a escola incrementa o tempo de percurso em 1,4189 minutos, em média. Assim, um estudante que mora 10 quilômetros mais longe da escola do que outro tenderá a gastar, em média, pouco mais de 14 minutos (1,4189 × 10) a mais para chegar à escola do que seu colega que mora mais perto. A Figura 12.7 apresenta a reta de regressão linear simples do nosso exemplo.

Concomitantemente à discussão de cada um dos conceitos e à resolução do exemplo proposto de forma analítica e pelo **Solver**, iremos também apresentar a solução por meio da ferramenta **Regressão** do Excel, passo a passo. Nas seções 12.5, 12.6, 12.7 e 12.8 partiremos para a solução final por meio dos softwares Stata, SPSS, R e Python, respectivamente. Desta maneira, vamos agora abrir o arquivo **Tempodist.xls** que contém os dados do nosso exemplo, ou seja, dados fictícios de tempo de percurso e distância percorrida por um grupo de 10 alunos até o local da escola.

Ao clicarmos em **Dados → Análise de Dados**, aparecerá a caixa de diálogo da Figura 12.8.

Vamos clicar em **Regressão** e, em seguida, em **OK**. A caixa de diálogo para inserção dos dados a serem considerados na regressão aparecerá na sequência (Figura 12.9).

Para o nosso exemplo, a variável *tempo* (min) é a dependente (*Y*) e a variável *dist* (km) é a explicativa (*X*). Portanto, devemos inserir seus dados nos respectivos intervalos de entrada, conforme mostra a Figura 12.10.

Além da inserção dos dados, vamos também marcar a opção **Resíduos**, conforme mostra a Figura 12.10. Na sequência, vamos clicar em **OK**. Uma nova planilha será gerada, com os *outputs* da regressão. Iremos analisar cada um deles à medida que formos introduzindo os conceitos e elaborando também os cálculos manualmente.

Conforme podemos observar por meio da Figura 12.11, 4 grupos de *outputs* são gerados: estatísticas da regressão, tabela de análise de variância (*analysis of variance*, ou ANOVA), tabela de coeficientes da regressão e tabela de resíduos. Iremos discutir cada um deles.

Como calculado anteriormente, podemos verificar os coeficientes da equação de regressão nos *outputs* (Figura 12.12).

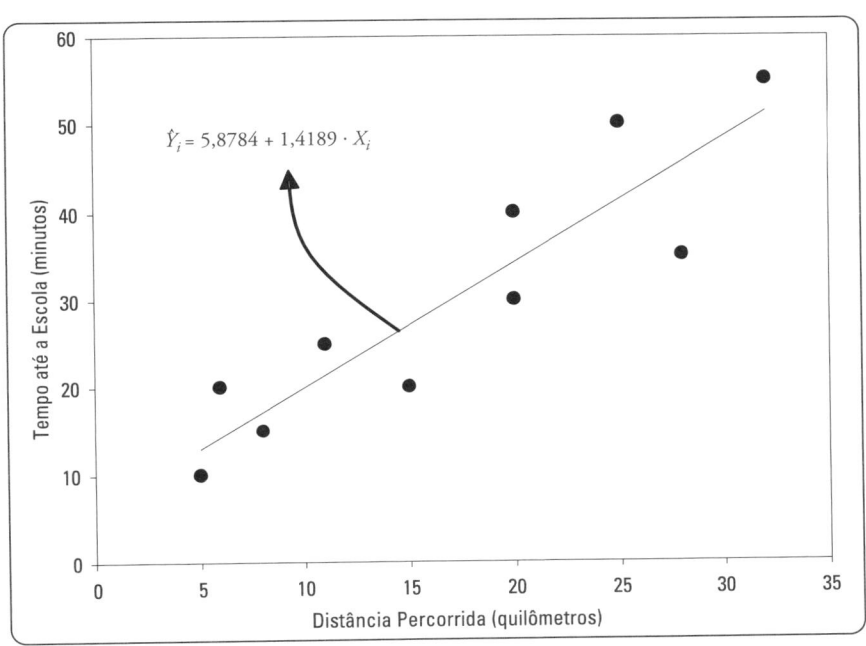

Figura 12.7 Reta de regressão linear simples entre tempo e distância percorrida.

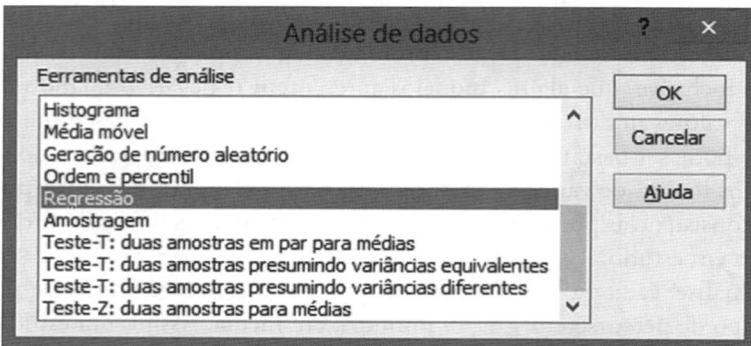

Figura 12.8 Caixa de diálogo para análise de dados no Excel.

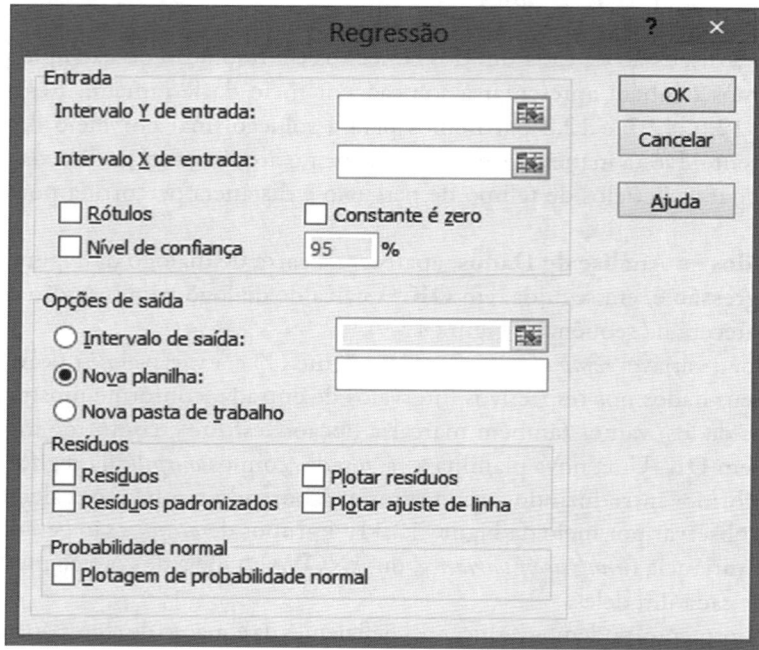

Figura 12.9 Caixa de diálogo para elaboração de regressão linear no Excel.

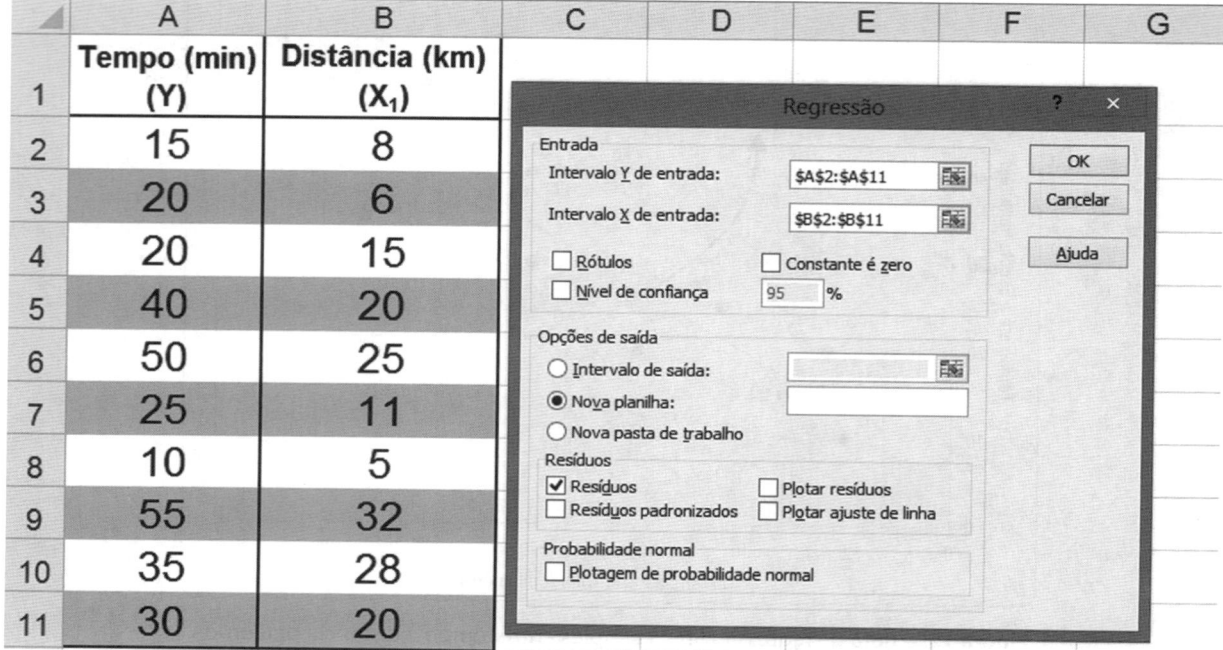

Figura 12.10 Inserção dos dados para elaboração de regressão linear no Excel.

	A	B	C	D	E	F	G	H	I
1	RESUMO DOS RESULTADOS								
2									
3	Estatística de regressão								
4	R múltiplo	0,90522134							
5	R-Quadrado	0,81942568							
6	R-quadrado ajustado	0,79685389							
7	Erro padrão	6,71889731							
8	Observações	10							
9									
10	ANOVA								
11		gl	SQ	MQ	F	F de significação			
12	Regressão	1	1638,851351	1638,85135	36,303087	0,000314449			
13	Resíduo	8	361,1486486	45,1435811					
14	Total	9	2000						
15									
16		Coeficientes	Erro padrão	Stat t	valor-P	95% inferiores	95% superiores	Inferior 95,0%	Superior 95,0%
17	Interseção	5,87837838	4,532327565	1,29698886	0,23078848	-4,573187721	16,32994448	-4,573187721	16,32994448
18	Variável X 1	1,41891892	0,235497229	6,02520431	0,00031445	0,875861336	1,961976502	0,875861336	1,961976502
19									
20									
21									
22	RESULTADOS DE RESÍDUOS								
23									
24	Observação	Y previsto	Resíduos						
25	1	17,2297297	-2,22972973						
26	2	14,3918919	5,608108108						
27	3	27,1621622	-7,16216216						
28	4	34,2567568	5,743243243						
29	5	41,3513514	8,648648649						
30	6	21,4864865	3,513513514						
31	7	12,972973	-2,97297297						
32	8	51,2837838	3,716216216						
33	9	45,6081081	-10,6081081						
34	10	34,2567568	-4,25675676						

Figura 12.11 *Outputs* da regressão linear simples no Excel.

	A	B	C	D	E	F	G	H	I
1	RESUMO DOS RESULTADOS								
2									
3	Estatística de regressão								
4	R múltiplo	0,90522134							
5	R-Quadrado	0,81942568							
6	R-quadrado ajustado	0,79685389							
7	Erro padrão	6,71889731							
8	Observações	10							
9									
10	ANOVA								
11		gl	SQ	MQ	F	F de significação			
12	Regressão	1	1638,851351	1638,85135	36,303087	0,000314449			
13	Resíduo	8	361,1486486	45,1435811					
14	Total	9	2000						
15									
16		Coeficientes	Erro padrão	Stat t	valor-P	95% inferiores	95% superiores	Inferior 95,0%	Superior 95,0%
17	Interseção	5,87837838	4,532327565	1,29698886	0,23078848	-4,573187721	16,32994448	-4,573187721	16,32994448
18	Variável X 1	1,41891892	0,235497229	6,02520431	0,00031445	0,875861336	1,961976502	0,875861336	1,961976502
19									
20									
21									
22	RESULTADOS DE RESÍDUOS				Equação de Regressão Linear				
23									
24	Observação	Y previsto	Resíduos						
25	1	17,2297297	-2,22972973		$\widehat{tempo}_i = 5,8784 + 1,4189 \cdot dist_i$				
26	2	14,3918919	5,608108108						
27	3	27,1621622	-7,16216216						
28	4	34,2567568	5,743243243						
29	5	41,3513514	8,648648649						
30	6	21,4864865	3,513513514						
31	7	12,972973	-2,97297297						
32	8	51,2837838	3,716216216						
33	9	45,6081081	-10,6081081						
34	10	34,2567568	-4,25675676						

Figura 12.12 Coeficientes da equação de regressão linear.

12.2.2. Poder explicativo do modelo de regressão: R²

Segundo Fávero *et al.* (2009), para mensurarmos o poder explicativo de determinado modelo de regressão, ou o percentual de variabilidade da variável Y que é explicado pelo comportamento de variação das variáveis explicativas, precisamos entender alguns importantes conceitos. Enquanto a **soma total dos quadrados (*SQT*)** mostra a variação em Y em torno da própria média, a **soma dos quadrados da regressão (*SQR*)** oferece a variação de Y considerando as variáveis X utilizadas no modelo. Além disso, a **soma dos quadrados dos resíduos (*SQU*)** apresenta a variação de Y que não é explicada pelo modelo elaborado. Logo, podemos definir que:

$$SQT = SQR + SQU \tag{12.13}$$

sendo:

$$Y_i - \overline{Y} = (\hat{Y}_i - \overline{Y}) + (Y_i - \hat{Y}_i) \tag{12.14}$$

em que Y_i equivale ao valor de Y de cada observação i da amostra, $\overline{Y}$ é a média de Y e $\hat{Y}_i$ representa o valor ajustado da reta da regressão para cada observação i. Assim, temos que:

$Y_i - \overline{Y}$: desvio total dos valores de cada observação em relação à média;
$(\hat{Y}_i - \overline{Y})$: desvio dos valores da reta de regressão para cada observação em relação à média;
$(Y_i - \hat{Y}_i)$: desvio dos valores de cada observação em relação à reta de regressão;
que resulta em:

$$\sum_{i=1}^{n}(Y_i - \overline{Y})^2 = \sum_{i=1}^{n}(\hat{Y}_i - \overline{Y})^2 + \sum_{i=1}^{n}(Y_i - \hat{Y}_i)^2 \tag{12.15}$$

ou:

$$\sum_{i=1}^{n}(Y_i - \overline{Y})^2 = \sum_{i=1}^{n}(\hat{Y}_i - \overline{Y})^2 + \sum_{i=1}^{n}(u_i)^2 \tag{12.16}$$

que é a própria expressão (12.13).

A Figura 12.13 mostra graficamente esta relação.

Feitas estas considerações e definida a equação de regressão, partiremos para o estudo do poder explicativo do modelo de regressão, também conhecido por **coeficiente de ajuste R²**. Stock e Watson (2004) definem o R² como a fração da variância da amostra de Y_i explicada (ou prevista) pelas variáveis explicativas. Da mesma forma,

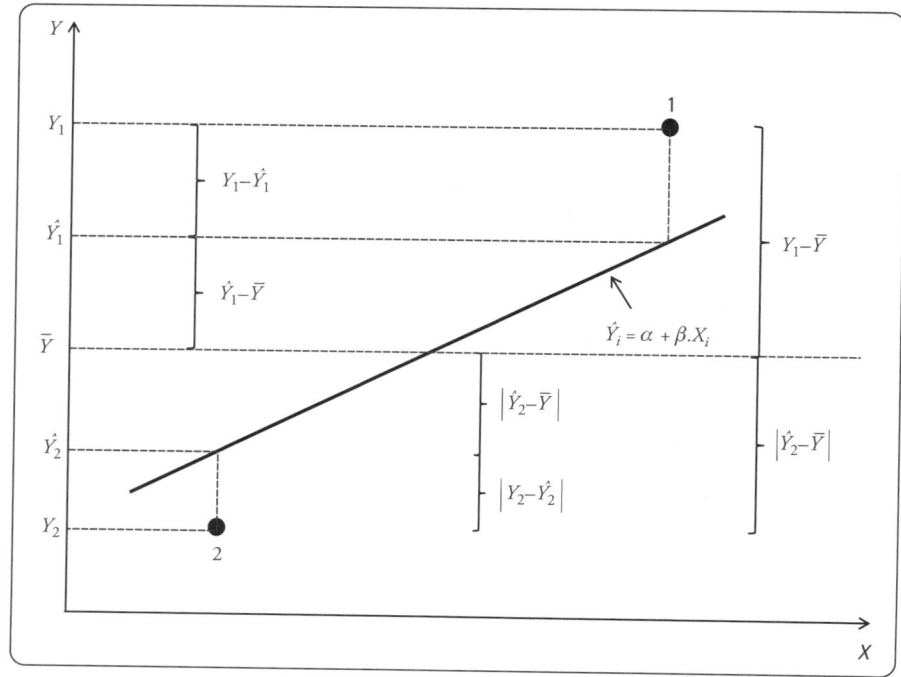

Figura 12.13 Desvios de Y para duas observações.

Wooldridge (2012) considera o R^2 como a proporção da variação amostral da variável dependente explicada pelo conjunto de variáveis explicativas, podendo ser utilizado como uma medida do grau de ajuste do modelo proposto.

Segundo Fávero *et al.* (2009), a capacidade explicativa do modelo é analisada pelo R^2 da regressão, conhecido também por **coeficiente de ajuste** ou **de explicação**. Para um modelo de regressão simples, esta medida mostra quanto do comportamento da variável *Y* é explicado pelo comportamento de variação da variável *X*, sempre lembrando que não existe, necessariamente, uma relação de causa e efeito entre as variáveis *X* e *Y*. Para um modelo de regressão múltipla, esta medida mostra quanto do comportamento da variável *Y* é explicado pela variação conjunta das variáveis *X* consideradas no modelo.

O R^2 é obtido da seguinte forma:

$$R^2 = \frac{SQR}{SQR + SQU} = \frac{SQR}{SQT} \tag{12.17}$$

ou

$$R^2 = \frac{\sum_{i=1}^{n}(\hat{Y}_i - \overline{Y})^2}{\sum_{i=1}^{n}(\hat{Y}_i - \overline{Y})^2 + \sum_{i=1}^{n}(u_i)^2} \tag{12.18}$$

Ainda de acordo com Fávero *et al.* (2009), o R^2 pode variar entre 0 e 1 (0% a 100%), porém é praticamente impossível a obtenção de um R^2 igual a 1, uma vez que dificilmente todos os pontos situar-se-ão em cima de uma reta. Em outras palavras, se o R^2 for 1, não haverá resíduos para cada uma das observações da amostra em estudo, e a variabilidade da variável *Y* estará sendo totalmente explicada pelo vetor de variáveis *X* consideradas no modelo de regressão. É importante enfatizar que, em diversos campos do conhecimento humano, como em ciências sociais aplicadas, este fato é realmente muito pouco provável de acontecer.

Quanto mais dispersa for a nuvem de pontos, menos as variáveis *X* e *Y* se relacionarão, maiores serão os resíduos e mais próximo de zero será o R^2. Em um caso extremo, se a variação de *X* não corresponder a nenhuma variação em *Y*, o R^2 será zero. A Figura 12.14 apresenta, de forma ilustrativa, o comportamento do R^2 para diferentes casos.

Voltando ao nosso exemplo em que o professor tem intenção de estudar o comportamento do tempo que os alunos levam para chegar à escola e se este fenômeno é influenciado pela distância percorrida pelos estudantes, apresentamos uma planilha (Tabela 12.3) que nos auxiliará no cálculo do R^2.

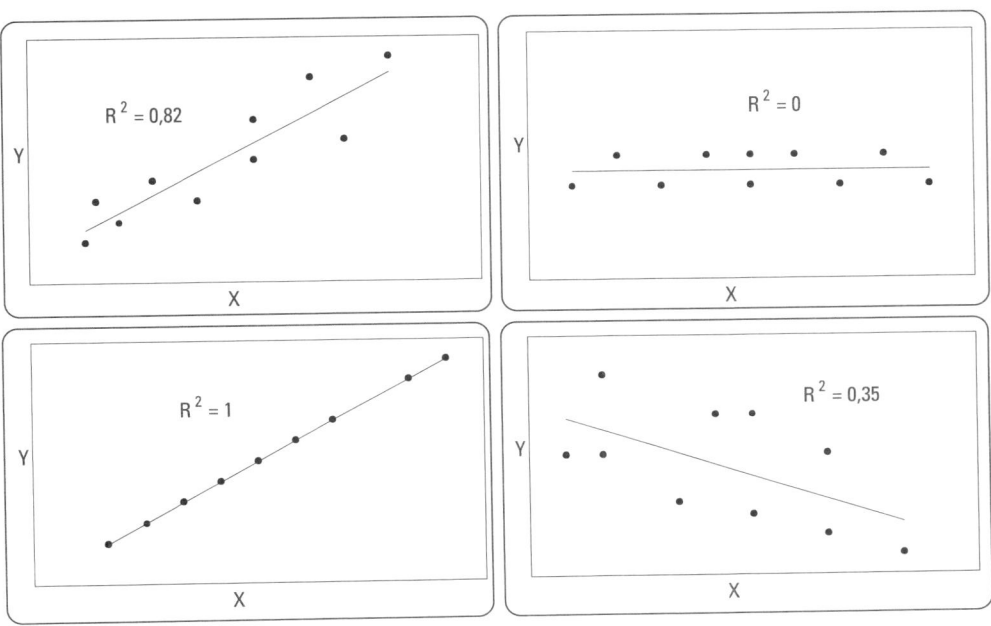

Figura 12.14 Comportamento do R^2 para diferentes regressões lineares simples.

Tabela 12.3 Planilha para o cálculo do coeficiente de ajuste do modelo de regressão R².

Observação (i)	Tempo (Y_i)	Distância (X_i)	$\hat{Y}_i$	u_i ($Y_i - \hat{Y}_i$)	$(\hat{Y}_i - \overline{Y})^2$	$(u_i)^2$
1	15	8	17,23	–2,23	163,08	4,97
2	20	6	14,39	5,61	243,61	31,45
3	20	15	27,16	–7,16	8,05	51,30
4	40	20	34,26	5,74	18,12	32,98
5	50	25	41,35	8,65	128,85	74,80
6	25	11	21,49	3,51	72,48	12,34
7	10	5	12,97	–2,97	289,92	8,84
8	55	32	51,28	3,72	453,00	13,81
9	35	28	45,61	–10,61	243,61	112,53
10	30	20	34,26	–4,26	18,12	18,12
Soma	**300**	**170**			**1638,85**	**361,15**
Média	**30**	**17**				

Obs.: Em que $\hat{Y}_i = \hat{tempo}_i = 5,8784 + 1,4189.dist_i$.

Esta planilha permite que calculemos o R² do modelo de regressão linear simples do nosso exemplo. Assim:

$$R^2 = \frac{\sum_{i=1}^{10}(\hat{Y}_i - \overline{Y})^2}{\sum_{i=1}^{10}(\hat{Y}_i - \overline{Y})^2 + \sum_{i=1}^{10}(u_i)^2} = \frac{1638,85}{1638,85 + 361,15} = 0,8194$$

Dessa forma, podemos agora afirmar que, para a mostra estudada, 81,94% da variabilidade do tempo para se chegar à escola é devido à variável referente à distância percorrida durante o percurso elaborado por cada um dos alunos. E, portanto, pouco mais de 18% desta variabilidade é devido a outras variáveis não incluídas no modelo e que, portanto, foram decorrentes da variação dos resíduos.

Os *outputs* gerados no Excel também trazem esta informação, conforme pode ser observado na Figura 12.15.

Note que estes *outputs* também fornecem os valores de $\hat{Y}$ e dos resíduos para cada observação, bem como o valor mínimo da somatória dos resíduos ao quadrado, que são exatamente iguais aos obtidos quando da estimação dos parâmetros por meio da ferramenta **Solver** do Excel (Figura 12.6) e também calculados e apresentados na Tabela 12.3. Por meio desses valores, temos condições de calcular o R².

Segundo Stock e Watson (2004) e Fávero *et al.* (2009), **o coeficiente de ajuste R² não diz** aos pesquisadores se determinada variável explicativa é estatisticamente significante e se esta variável é a causa verdadeira da alteração de comportamento da variável dependente. Mais do que isso, o R² também não oferece condições de se avaliar a existência de um eventual viés de omissão de variáveis explicativas e se a escolha daquelas que foram inseridas no modelo proposto foi adequada.

A importância dada à dimensão do R² é frequentemente demasiada e, em diversas situações, os pesquisadores destacam a adequabilidade de seus modelos pela obtenção de altos valores de R², dando ênfase inclusive à relação de causa e efeito entre as variáveis explicativas e a variável dependente, mesmo que isso seja bastante equivocado, uma vez que esta medida apenas captura a relação entre as variáveis utilizadas no modelo. Wooldridge (2012) é ainda mais enfático, destacando que é fundamental não dar importância considerável ao valor do R² na avaliação de modelos de regressão.

Segundo Fávero *et al.* (2009), se conseguirmos, por exemplo, encontrar uma variável que explique 40% do retorno das ações, num primeiro momento pode parecer uma capacidade explicativa baixa. Porém, se uma única variável conseguir capturar toda esta relação numa situação de existência de inúmeros outros fatores econômicos, financeiros, perceptuais e sociais, o modelo poderá ser bastante satisfatório.

A significância estatística geral do modelo e de seus parâmetros estimados não é dada pelo R², mas por meio de testes estatísticos apropriados que passaremos a estudar na próxima seção.

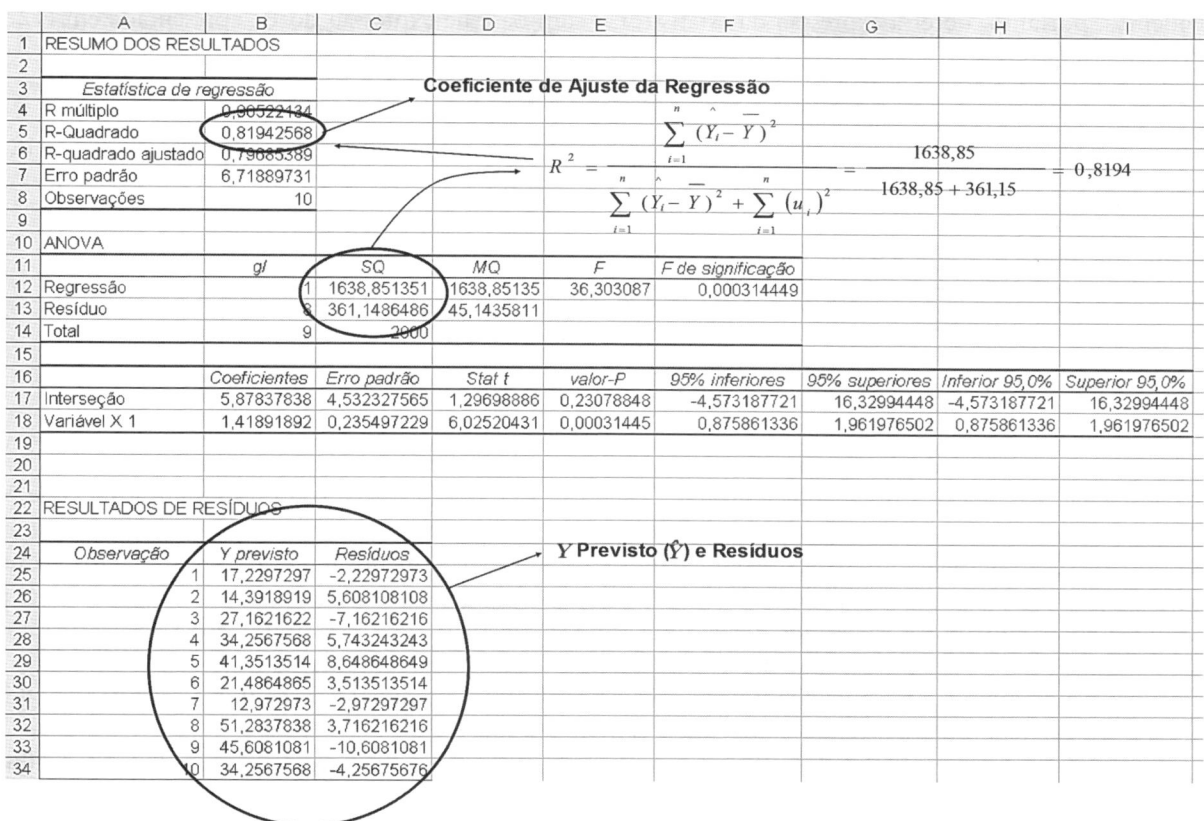

Figura 12.15 Coeficiente de ajuste da regressão.

12.2.3. A significância geral do modelo e de cada um dos parâmetros

Inicialmente, é de fundamental importância que estudemos a significância estatística geral do modelo estimado. Com tal finalidade, devemos fazer uso do **teste F**, cujas hipóteses nula e alternativa, para um modelo geral de regressão, são, respectivamente:

H_0: $\beta_1 = \beta_2 = ... = \beta_k = 0$
H_1: existe pelo menos um $\beta_j \neq 0$

E, para um modelo de regressão simples, portanto, estas hipóteses passam a ser:

H_0: $\beta = 0$
H_1: $\beta \neq 0$

Este teste possibilita ao pesquisador verificar se o modelo que está sendo estimado de fato existe, uma vez que, se todos os β_j ($j = 1, 2, ..., k$) forem estatisticamente iguais a zero, o comportamento de alteração de cada uma das variáveis explicativas não influenciará em absolutamente nada o comportamento de variação da variável dependente. A **estatística F** apresenta a seguinte expressão:

$$F = \frac{\dfrac{\sum_{i=1}^{n}(\hat{Y}_i - \overline{Y})^2}{(k-1)}}{\dfrac{\sum_{i=1}^{n}(u_i)^2}{(n-k)}} = \frac{\dfrac{SQR}{(k-1)}}{\dfrac{SQU}{(n-k)}} \tag{12.19}$$

em que k representa o número de parâmetros do modelo estimado (inclusive o intercepto) e n, o tamanho da amostra.

Podemos, portanto, obter a expressão da estatística F com base na expressão do R^2 apresentada em (12.17). Sendo assim, temos que:

$$F = \frac{\dfrac{SQR}{(k-1)}}{\dfrac{SQU}{(n-k)}} = \frac{\dfrac{R^2}{(k-1)}}{\dfrac{(1-R^2)}{(n-k)}} \tag{12.20}$$

Logo, voltando ao nosso exemplo inicial, obtemos:

$$F = \frac{\dfrac{1638{,}85}{(2-1)}}{\dfrac{361{,}15}{(10-2)}} = 36{,}30$$

que, para 1 grau de liberdade da regressão ($k - 1 = 1$) e 8 graus de liberdade para os resíduos ($n - k = 10 - 2 = 8$), temos, por meio da Tabela A do apêndice do livro, que o $F_c = 5{,}32$ (F crítico ao nível de significância de 5%). Dessa forma, como o F calculado $F_{cal} = 36{,}30 > F_c = F_{1,8,5\%} = 5{,}32$, podemos rejeitar a hipótese nula de que todos os parâmetros β_j ($j = 1$) sejam estatisticamente iguais a zero. Logo, pelo menos uma variável X é estatisticamente significante para explicar a variabilidade de Y e teremos um modelo de regressão estatisticamente significante para fins de previsão. Como, neste caso, temos apenas uma única variável X (regressão simples), esta será estatisticamente significante, ao nível de significância de 5%, para explicar o comportamento de variação de Y.

Os *outputs* oferecem, por meio da análise de variância (ANOVA), a estatística F, conforme estudado no Capítulo 7, e o seu correspondente nível de significância (Figura 12.16).

Softwares como o Stata, o SPSS, o R e o Python não oferecem, diretamente, o F_c para os graus de liberdade definidos e determinado nível de significância. Todavia, oferecem o nível de significância do F_{cal} para estes graus de liberdade. Dessa forma, em vez de analisarmos se $F_{cal} > F_c$, devemos verificar se o nível de significância do F_{cal} é menor do que 0,05 (5%) a fim de darmos continuidade à análise de regressão. O Excel chama este nível de significância de *F de significação*. Assim:

Se *F de significação* $< 0{,}05$, existe pelo menos um $\beta_j \neq 0$.

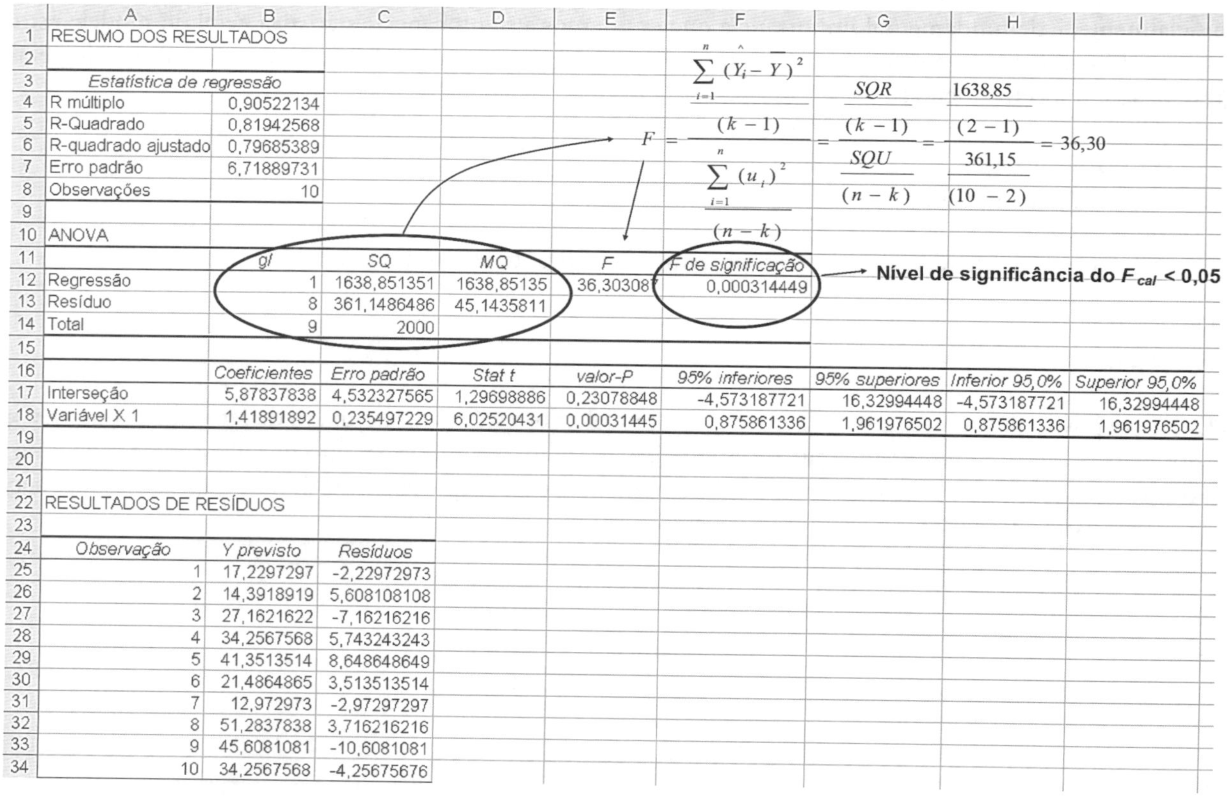

	A	B	C	D	E	F	G	H	I
1	RESUMO DOS RESULTADOS								
2									
3	*Estatística de regressão*								
4	R múltiplo	0,90522134							
5	R-Quadrado	0,81942568							
6	R-quadrado ajustado	0,79685389							
7	Erro padrão	6,71889731							
8	Observações	10							
9									
10	ANOVA								
11		*gl*	*SQ*	*MQ*	*F*	*F de significação*			
12	Regressão	1	1638,851351	1638,85135	36,30308	0,000314449			
13	Resíduo	8	361,1486486	45,1435811					
14	Total	9	2000						
15									
16		*Coeficientes*	*Erro padrão*	*Stat t*	*valor-P*	*95% inferiores*	*95% superiores*	*Inferior 95,0%*	*Superior 95,0%*
17	Interseção	5,87837838	4,532327565	1,29698886	0,23078848	-4,573187721	16,32994448	-4,573187721	16,32994448
18	Variável X 1	1,41891892	0,235497229	6,02520431	0,00031445	0,875861336	1,961976502	0,875861336	1,961976502
19									
20									
21									
22	RESULTADOS DE RESÍDUOS								
23									
24	*Observação*	*Y previsto*	*Resíduos*						
25	1	17,2297297	-2,22972973						
26	2	14,3918919	5,608108108						
27	3	27,1621622	-7,16216216						
28	4	34,2567568	5,743243243						
29	5	41,3513514	8,648648649						
30	6	21,4864865	3,513513514						
31	7	12,972973	-2,97297297						
32	8	51,2837838	3,716216216						
33	9	45,6081081	-10,6081081						
34	10	34,2567568	-4,25675676						

Figura 12.16 *Output* da ANOVA – Teste *F* para avaliação conjunta de significância dos parâmetros.

O nível de significância do F_{cal} pode ser obtido no Excel por meio do comando **Fórmulas → Inserir Função → DISTF**, que abrirá uma caixa de diálogo conforme mostra a Figura 12.17.

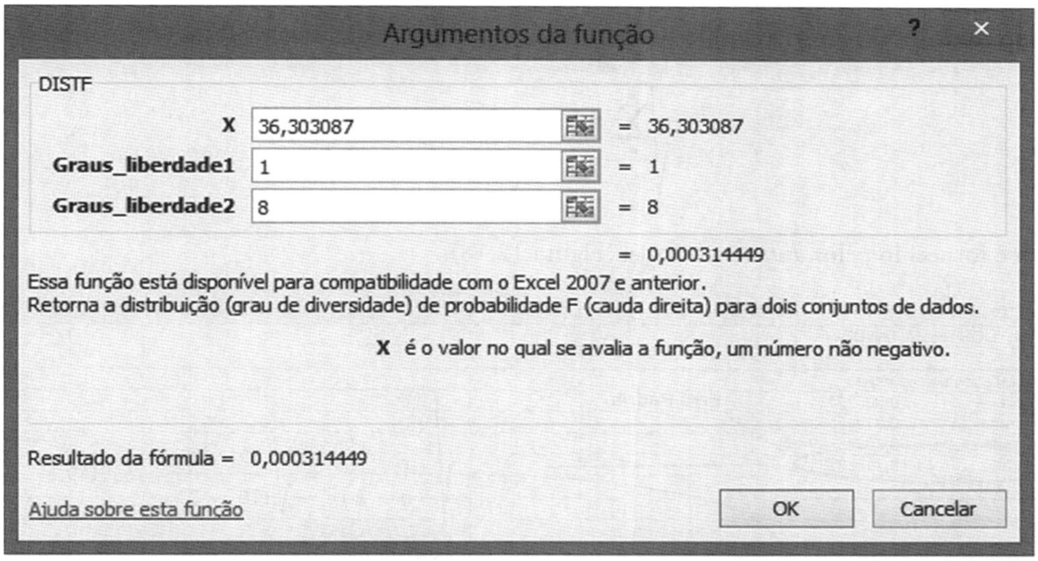

Figura 12.17 Obtenção do nível de significância de *F* (comando **Inserir Função**).

Muitos modelos apresentam mais de uma variável explicativa X (regressões múltiplas) e, como o teste F avalia a significância conjunta das variáveis explicativas, acaba por não se definir qual ou quais destas variáveis consideradas no modelo apresentam parâmetros estimados estatisticamente diferentes de zero, a determinado nível de significância. Dessa maneira, é preciso que o pesquisador avalie se cada um dos parâmetros do modelo de regressão é estatisticamente diferente de zero, a fim de que a sua respectiva variável X seja, de fato, incluída no modelo final proposto.

A **estatística *t***, também estudada no Capítulo 7, é importante para fornecer ao pesquisador a significância estatística de cada parâmetro a ser considerado no modelo de regressão, e as hipóteses do teste correspondente (**teste *t***) para o intercepto e para cada β_j (j = 1, 2, ..., k) são, respectivamente:

H_0: $\alpha = 0$
H_1: $\alpha \neq 0$
H_0: $\beta_j = 0$
H_1: $\beta_j \neq 0$

Este teste propicia ao pesquisador uma verificação sobre a significância estatística de cada parâmetro estimado, α e β_j, e sua expressão é dada por:

$$t_\alpha = \frac{\alpha}{s.e.(\alpha)}$$

$$t_{\beta_j} = \frac{\beta_j}{s.e.(\beta_j)}$$

(12.21)

em que *s.e.* corresponde ao **erro-padrão** (***standard error***) de cada parâmetro em análise e será discutido adiante. Após a obtenção das estatísticas *t*, o pesquisador pode utilizar as respectivas tabelas de distribuição para obtenção dos valores críticos a um dado nível de significância e verificar se tais testes rejeitam ou não a hipótese nula. Entretanto, como no caso do teste *F*, os pacotes estatísticos também oferecem os valores dos níveis de significância dos testes *t*, chamados de *valor-P* (ou *P-value*), o que facilita a decisão, já que, com 95% de nível de confiança (5% de nível de significância), teremos:

Se *valor-P* $t < 0{,}05$ para o intercepto, $\alpha \neq 0$

e

Se *valor-P* $t < 0{,}05$ para determinada variável X, $\beta \neq 0$.

Utilizando os dados do nosso exemplo inicial, temos que o erro-padrão da regressão é:

$$s.e. = \sqrt{\frac{\sum_{i=1}^{n}(u_i)^2}{(n-k)}} = \sqrt{\frac{361{,}15}{(10-2)}} = 6{,}7189$$

que também é fornecido pelos *outputs* do Excel (Figura 12.18).

RESUMO DOS RESULTADOS

Estatística de regressão	
R múltiplo	0,90522134
R-Quadrado	0,81942568
R-quadrado ajustado	0,79685389
Erro padrão	6,71889731
Observações	10

Erro-Padrão

$$s.e. = \sqrt{\frac{\sum_{i=1}^{n}(u_i)^2}{(n-k)}} = \sqrt{\frac{361{,}15}{(10-2)}} = 6{,}7189$$

ANOVA

	gl	*SQ*	*MQ*	*F*	*F de significação*
Regressão	1	1638,851351	1638,85135	36,303087	0,000314449
Resíduo	8	361,1486486	45,1435811		
Total	9	2000			

	Coeficientes	*Erro padrão*	*Stat t*	*valor-P*	*95% inferiores*	*95% superiores*	*Inferior 95,0%*	*Superior 95,0%*
Interseção	5,87837838	4,532327565	1,29698886	0,23078848	-4,573187721	16,32994448	-4,573187721	16,32994448
Variável X 1	1,41891892	0,235497229	6,02520431	0,00031445	0,875861336	1,961976502	0,875861336	1,961976502

RESULTADOS DE RESÍDUOS

Observação	*Y previsto*	*Resíduos*
1	17,2297297	-2,22972973
2	14,3918919	5,608108108
3	27,1621622	-7,16216216
4	34,2567568	5,743243243
5	41,3513514	8,648648649
6	21,4864865	3,513513514
7	12,972973	-2,97297297
8	51,2837838	3,716216216
9	45,6081081	-10,6081081
10	34,2567568	-4,25675676

Figura 12.18 Cálculo do erro-padrão.

A partir da expressão (12.21), podemos calcular para o nosso exemplo:

$$t_\alpha = \frac{\alpha}{s.e.(\alpha)} = \frac{5{,}8784}{6{,}7189.\sqrt{a_{jj}}}$$

$$t_\beta = \frac{\beta}{s.e.(\beta)} = \frac{1{,}4189}{6{,}7189.\sqrt{a_{jj}}}$$

em que a_{jj} é o j-ésimo elemento da diagonal principal resultante do seguinte cálculo matricial:

$$\left[\begin{pmatrix} 1 & 1 & 1 & \dots \\ 8 & 6 & 15 & \dots \end{pmatrix} . \begin{pmatrix} 1 & 8 \\ 1 & 6 \\ 1 & 15 \\ \dots & \dots \end{pmatrix}\right]^{-1} = \begin{pmatrix} 0{,}4550 & -0{,}0209 \\ -0{,}0209 & 0{,}0012 \end{pmatrix}$$

que resulta, portanto, em:

$$t_\alpha = \frac{\alpha}{s.e.(\alpha)} = \frac{5,8784}{6,7189.\sqrt{0,4550}} = \frac{5,8784}{4,532} = 1,2969$$

$$t_\beta = \frac{\beta}{s.e.(\beta)} = \frac{1,4189}{6,7189.\sqrt{0,0012}} = \frac{1,4189}{0,2354} = 6,0252$$

que, para 8 graus de liberdade ($n - k = 10 - 2 = 8$), temos, por meio da Tabela B do apêndice do livro, que o $t_c = 2,306$ para o nível de significância de 5% (probabilidade na cauda superior de 0,025 para a distribuição bicaudal). Dessa forma, como o $t_{cal} = 1,2969 < t_c = t_{8,\,2,5\%} = 2,306$, não podemos rejeitar a hipótese nula de que o parâmetro α seja estatisticamente igual a zero a este nível de significância para a amostra em questão.

O mesmo, todavia, não ocorre para o parâmetro β, já que $t_{cal} = 6,0252 > t_c = t_{8,\,2,5\%} = 2,306$. Podemos, portanto, rejeitar a hipótese nula neste caso, ou seja, ao nível de significância de 5% não podemos afirmar que este parâmetro seja estatisticamente igual a zero.

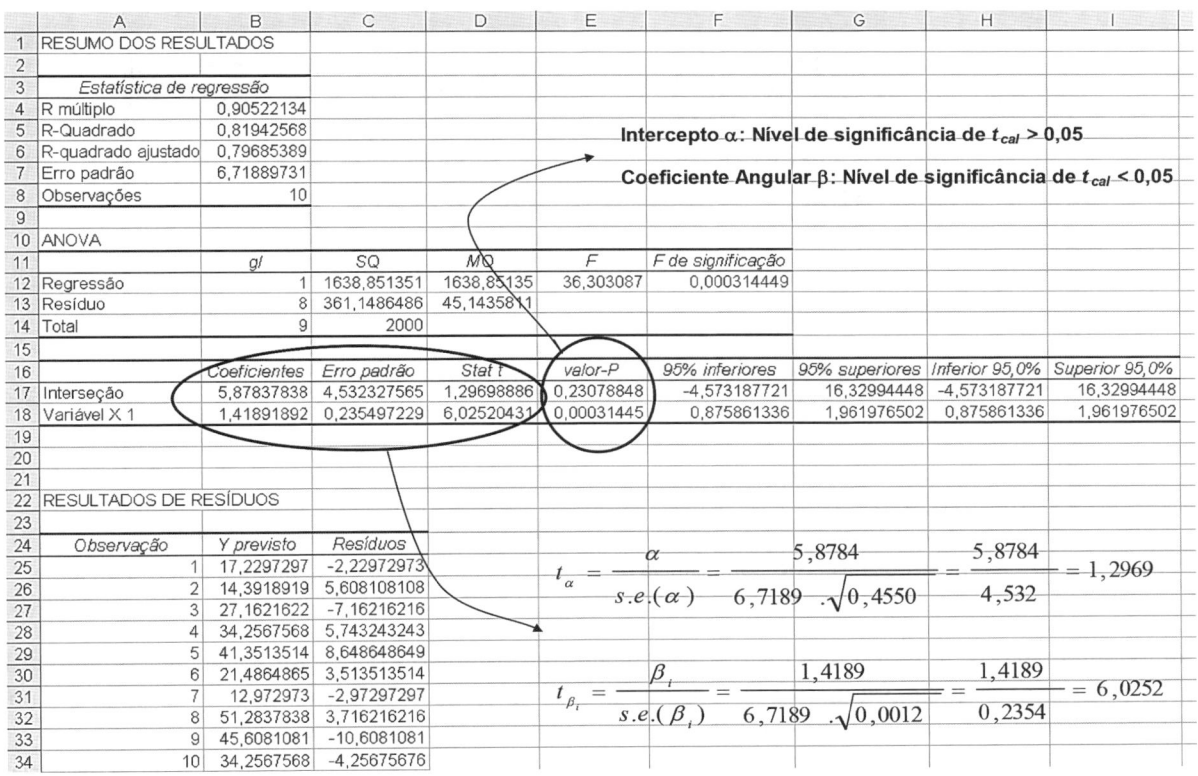

Figura 12.19 Cálculo dos coeficientes e teste t de significância dos parâmetros.

Analogamente ao teste F, em vez de analisarmos se $t_{cal} > t_c$ para cada parâmetro, podemos diretamente verificar se o nível de significância (*valor-P*) de cada t_{cal} é menor do que 0,05 (5%), a fim de mantermos o parâmetro no modelo final. O *valor-P* de cada t_{cal} pode ser obtido no Excel por meio do comando **Fórmulas → Inserir Função → DISTT**, que abrirá uma caixa de diálogo conforme mostra a Figura 12.20. Nesta figura, já estão apresentadas as caixas de diálogo correspondentes aos parâmetros α e β.

É importante mencionar que, para regressões simples, a estatística $F = t^2$ do parâmetro β, conforme demonstram Fávero *et al.* (2009). No nosso exemplo, portanto, podemos verificar que:

$$t_\beta^2 = F$$

$$t_\beta^2 = (6,0252)^2 = 36,30 = F$$

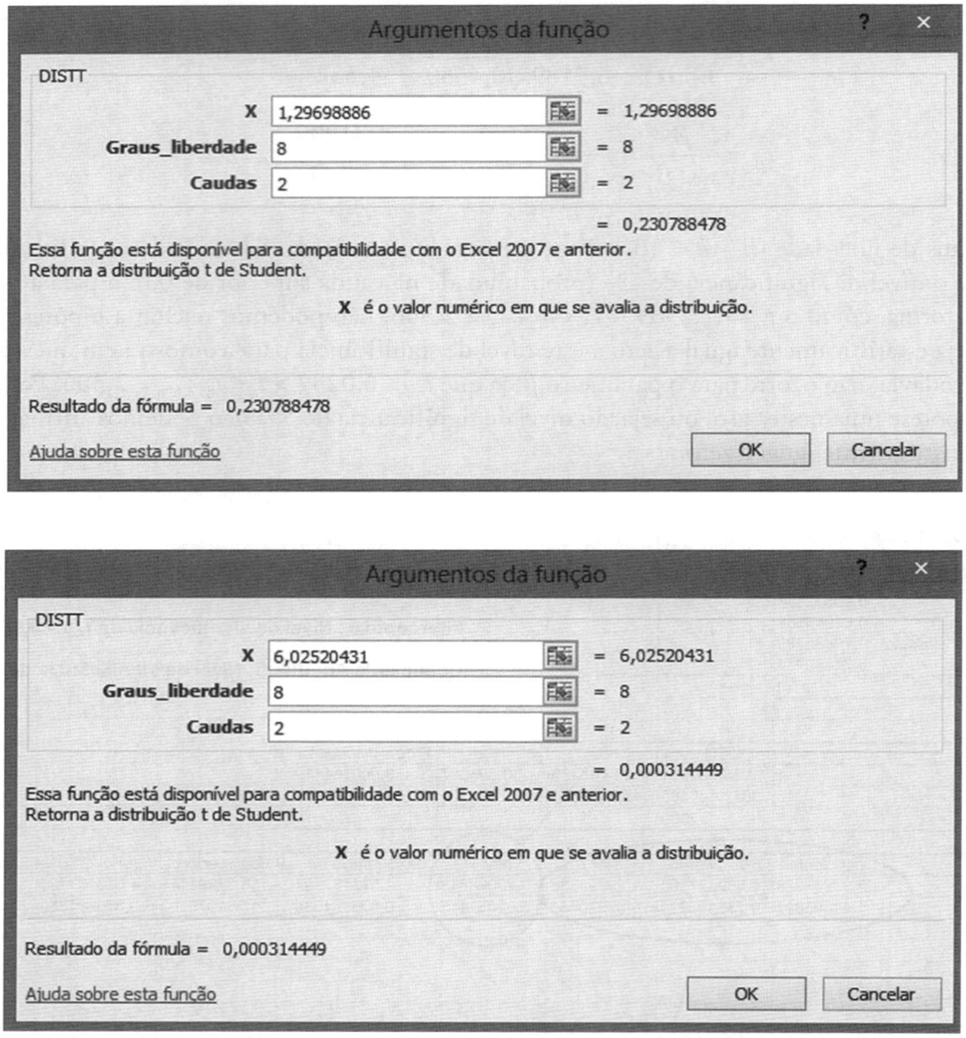

Figura 12.20 Obtenção dos níveis de significância de t para os parâmetros α e β (comando **Inserir Função**).

Como a hipótese H_1 do teste F nos diz que pelo menos um parâmetro β é estatisticamente diferente de zero para determinado nível de significância, e visto que uma regressão simples apresenta apenas um único parâmetro β, se H_0 for rejeitada para o teste F, H_0 também o será para o teste t deste parâmetro β.

Já para o parâmetro α, como $t_{cal} < t_c$ (*valor-P* de t_{cal} para o parâmetro $\alpha > 0{,}05$) no nosso exemplo, poderíamos pensar na elaboração de uma nova regressão forçando que o intercepto seja igual a zero. Isso poderia ser elaborado por meio da caixa de diálogo de Regressão do Excel, com a seleção da opção **Constante é zero**.

Todavia, não iremos elaborar tal procedimento, uma vez que a não rejeição da hipótese nula de que o parâmetro α seja estatisticamente igual a zero é decorrência da pequena amostra utilizada, porém não impede que um pesquisador faça previsões por meio da utilização do modelo obtido. A imposição de que o α seja zero poderá gerar vieses de previsão pela geração de outra reta que possivelmente não será a mais adequada para se elaborarem interpolações nos dados. A Figura 12.21 ilustra este fato.

Dessa forma, o fato de não podermos rejeitar que o parâmetro α seja estatisticamente igual a zero a determinado nível de significância não implica que, necessariamente, devemos forçar a sua exclusão do modelo. Todavia, se esta for a decisão do pesquisador, é importante que se tenha ao menos a consciência de que apenas será gerado um modelo diferente daquele obtido inicialmente, com consequências para a elaboração de previsões.

A não rejeição da hipótese nula para o parâmetro β a determinado nível de significância, por outro lado, deve indicar que a correspondente variável X não se correlaciona com a variável Y e, portanto, deve ser excluída do modelo final.

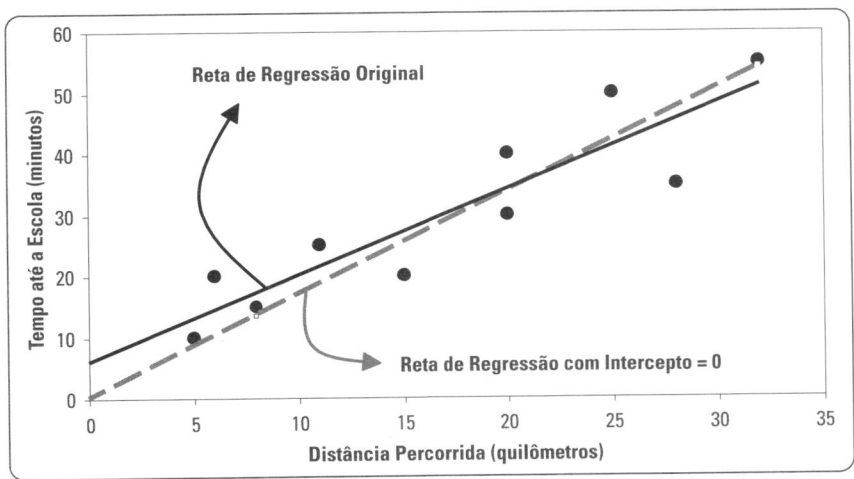

Figura 12.21 Retas de regressão original e com intercepto igual a zero.

Quando apresentarmos, mais adiante neste capítulo, a análise de regressão por meio dos softwares Stata (seção 12.5), SPSS (seção 12.6), R (seção 12.7) e Python (seção 12.8) será introduzido o **procedimento *Stepwise***, que tem a propriedade de automaticamente excluir ou manter os parâmetros β no modelo em função dos critérios apresentados e oferecer o modelo final apenas com parâmetros β estatisticamente diferentes de zero para determinado nível de significância.

12.2.4. Construção dos intervalos de confiança dos parâmetros do modelo e elaboração de previsões

Os intervalos de confiança para os parâmetros α e β_j ($j = 1, 2, ..., k$), para o nível de confiança de 95%, podem ser escritos, respectivamente, da seguinte forma:

$$P\left[\alpha - t_{\frac{\alpha}{2}} \cdot \sqrt{\frac{\sum_{i=1}^{n}(u_i)^2}{(n-k)} \cdot \left(\frac{1}{n} + \frac{\overline{X}^2}{\sum_{i=1}^{n}(X_i - \overline{X})^2}\right)} \leq \alpha \leq \alpha + t_{\frac{\alpha}{2}} \cdot \sqrt{\frac{\sum_{i=1}^{n}(u_i)^2}{(n-k)} \cdot \left(\frac{1}{n} + \frac{\overline{X}^2}{\sum_{i=1}^{n}(X_i - \overline{X})^2}\right)}\right] = 95\% \quad (12.22)$$

$$P\left[\beta_j - t_{\frac{\alpha}{2}} \cdot \frac{s.e.}{\sqrt{\left(\sum_{i=1}^{n}X_i^2\right) - \frac{\left(\sum_{i=1}^{n}X_i\right)^2}{n}}} \leq \beta_j \leq \beta_j + t_{\frac{\alpha}{2}} \cdot \frac{s.e.}{\sqrt{\left(\sum_{i=1}^{n}X_i^2\right) - \frac{\left(\sum_{i=1}^{n}X_i\right)^2}{n}}}\right] = 95\%$$

Portanto, para o nosso exemplo, temos que:

Parâmetro α:

$$P\left[5,8784 - 2,306 \cdot \sqrt{\frac{361,1486}{(8)} \cdot \left(\frac{1}{10} + \frac{289}{814}\right)} \leq \alpha \leq 5,8784 + 2,306 \cdot \sqrt{\frac{361,1486}{(8)} \cdot \left(\frac{1}{10} + \frac{289}{814}\right)}\right] = 95\%$$

$$P\left[-4,5731 \leq \alpha \leq 16,3299\right] = 95\%$$

Como o intervalo de confiança para o parâmetro α contém o zero, não podemos rejeitar, ao nível de confiança de 95%, que este parâmetro seja estatisticamente igual a zero, conforme já verificado quando do cálculo da estatística t.

Parâmetro β:

$$P\left[1,4189 - 2,306.\frac{6,7189}{\sqrt{(3704) - \frac{(170)^2}{10}}} \leq \beta \leq 1,4189 + 2,306.\frac{6,7189}{\sqrt{(3704) - \frac{(170)^2}{10}}}\right] = 95\%$$

$$P[0,8758 \leq \beta \leq 1,9619] = 95\%$$

Como o intervalo de confiança para o parâmetro β não contém o zero, podemos rejeitar, ao nível de confiança de 95%, que este parâmetro seja estatisticamente igual a zero, conforme também já verificado quando do cálculo da estatística t.

Estes intervalos também são gerados nos *outputs* do Excel. Como o padrão do software é utilizar um nível de confiança de 95%, estes intervalos são mostrados duas vezes, a fim de permitir que o pesquisador altere manualmente o nível de confiança desejado, selecionando a opção **Nível de confiança** na caixa de diálogo de Regressão do Excel, e ainda tenha condições de analisar os intervalos para o nível de confiança mais comumente utilizado (95%). Em outras palavras, os intervalos para o nível de confiança de 95% no Excel serão sempre apresentados, dando ao pesquisador a possibilidade de analisar paralelamente intervalos com outro nível de confiança.

Iremos, desta forma, alterar a caixa de diálogo da regressão (Figura 12.22), a fim de permitir que o software também calcule os intervalos dos parâmetros ao nível de confiança de, por exemplo, 90%. Estes *outputs* estão apresentados na Figura 12.23.

Percebe-se que os valores das bandas inferior e superior são simétricos em relação ao parâmetro médio estimado e oferecem ao pesquisador uma possibilidade de serem elaboradas previsões com determinado nível de confiança. No caso do parâmetro β do nosso exemplo, como os extremos das bandas inferior e superior são positivos, podemos dizer que este parâmetro é positivo, com 95% de confiança. Além disso, podemos também dizer que o intervalo [0,8758; 1,9619] contém β com 95% de confiança.

Diferentemente do que fizemos para o nível de confiança de 95%, não iremos calcular manualmente os intervalos dos parâmetros para o nível de confiança de 90%. Porém a análise dos *outputs* do Excel nos permite afirmar que o intervalo [0,9810; 1,8568] contém β com 90% de confiança. Dessa maneira, podemos dizer que, quanto menores os níveis de confiança, mais estreitos (menor amplitude) serão os intervalos para conter determinado parâmetro. Por outro lado, quanto maiores forem os níveis de confiança, maior amplitude terão os intervalos para conter este parâmetro.

A Figura 12.24 ilustra o que acontece quando temos uma nuvem dispersa de pontos em torno de uma reta de regressão.

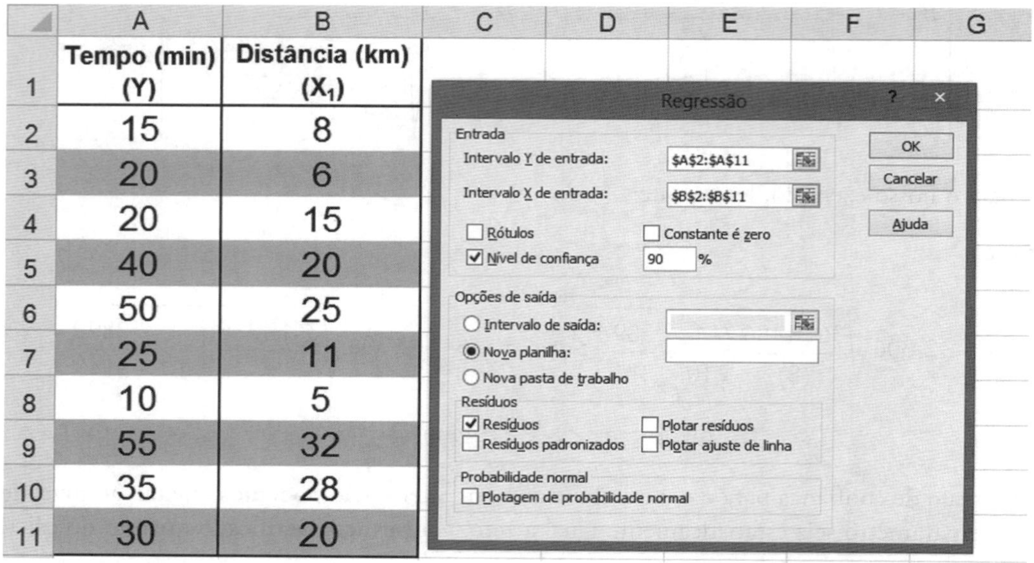

Figura 12.22 Alteração do nível de confiança dos intervalos dos parâmetros para 90%.

	A	B	C	D	E	F	G	H	I
1	RESUMO DOS RESULTADOS								
2									
3	*Estatística de regressão*								
4	R múltiplo	0,90522134							
5	R-Quadrado	0,81942568							
6	R-quadrado ajustado	0,79685389							
7	Erro padrão	6,71889731							
8	Observações	10							
9									
10	ANOVA								
11		*gl*	SQ	MQ	F	F de significação			
12	Regressão	1	1638,851351	1638,85135	36,303087	0,000314449			
13	Resíduo	8	361,1486486	45,1435811					
14	Total	9	2000						
15									
16		Coeficientes	Erro padrão	Stat t	valor-P	95% inferiores	95% superiores	Inferior 90,0%	Superior 90,0%
17	Interseção	5,87837838	4,532327565	1,29698886	0,23078848	-4,573187721	16,32994448	-2,549702432	14,30645919
18	Variável X 1	1,41891892	0,235497229	6,02520431	0,00031445	0,875861336	1,961976502	0,98100051	1,856837328
19									
20									
21									
22	RESULTADOS DE RESÍDUOS								
23									
24	Observação	Y previsto	Resíduos						
25	1	17,2297297	-2,22972973						
26	2	14,3918919	5,608108108						
27	3	27,1621622	-7,16216216						
28	4	34,2567568	5,743243243						
29	5	41,3513514	8,648648649						
30	6	21,4864865	3,513513514						
31	7	12,972973	-2,97297297						
32	8	51,2837838	3,716216216						
33	9	45,6081081	-10,6081081						
34	10	34,2567568	-4,25675676						

Intervalos dos Parâmetros com Nível de Confiança de 95%

Intervalos dos Parâmetros com Nível de Confiança de 90%

Figura 12.23 Intervalos com níveis de confiança de 95% e 90% para cada um dos parâmetros.

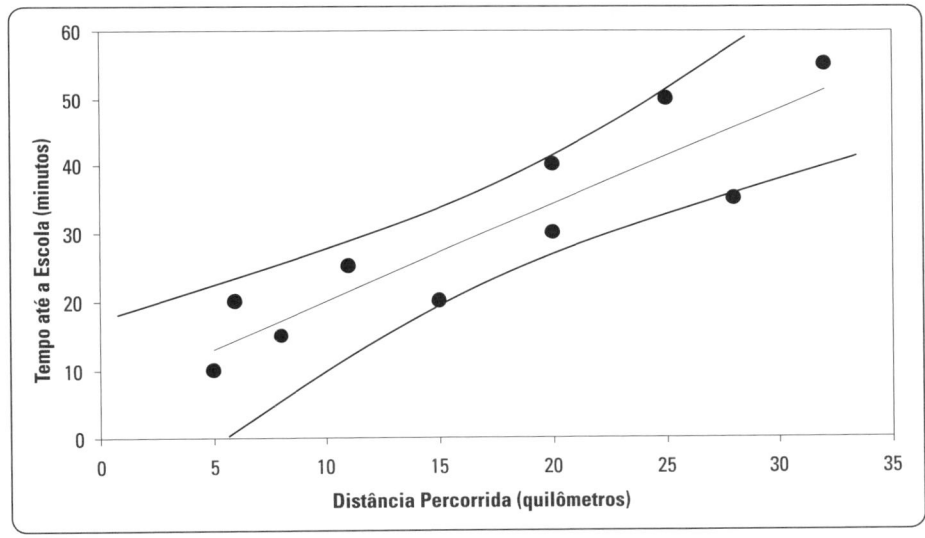

Figura 12.24 Intervalos de confiança para a dispersão de pontos em torno da reta de regressão.

Podemos notar que, por mais que o parâmetro α seja positivo e matematicamente igual a 5,8784, não podemos afirmar que ele seja estatisticamente diferente de zero para esta pequena amostra, uma vez que o intervalo de confiança contém o intercepto igual a zero (origem). Uma amostra maior poderia resolver este problema.

Já para o parâmetro β, podemos notar que a inclinação tem sido sempre positiva, com valor médio calculado matematicamente e igual a 1,4189. Podemos visualmente notar que seu intervalo de confiança não contém a inclinação igual a zero.

Conforme já discutido, a rejeição da hipótese nula para o parâmetro β, a determinado nível de significância, indica que a correspondente variável X correlaciona-se com a variável Y e, consequentemente, deve permanecer no modelo final. Podemos, portanto, concluir que a decisão pela exclusão de uma variável X em determinado modelo de regressão pode ser realizada por meio da análise direta da estatística t de seu respectivo parâmetro β (se $t_{cal} < t_c \rightarrow valor\text{-}P > 0,05 \rightarrow$ não podemos rejeitar que o parâmetro seja estatisticamente igual a zero) ou por meio da análise do intervalo de confiança (se o mesmo contém o zero). O Quadro 12.1 apresenta os critérios de inclusão ou exclusão de parâmetros β_j (j = 1, 2, ..., k) em modelos de regressão.

Quadro 12.1 Decisão de inclusão de parâmetros β_j em modelos de regressão.

Parâmetro	Estatística t (para nível de significância α)	Teste t (análise do *valor-P* para nível de significância α)	Análise pelo intervalo de confiança	Decisão
β_j	$t_{cal} < t_{c\ \alpha/2}$	*valor-P* > nível de sig. α	O intervalo de confiança contém o zero	Excluir o parâmetro do modelo
	$t_{cal} > t_{c\ \alpha/2}$	*valor-P* < nível de sig. α	O intervalo de confiança não contém o zero	Manter o parâmetro no modelo

Obs.: O mais comum em ciências sociais aplicadas é a adoção do nível de significância α = 5%.

Após a discussão desses conceitos, o professor propôs o seguinte exercício à turma de estudantes: **Qual a previsão do tempo médio de percurso (Y estimado, ou $\hat{Y}$) de um aluno que percorre 17 quilômetros para chegar à escola? Quais seriam os valores mínimo e máximo que este tempo de percurso poderia assumir, com 95% de confiança?**

A primeira parte do exercício pode ser resolvida pela simples substituição do valor de X_i = 17 na equação inicialmente obtida. Assim:

$$\hat{tempo}_i = 5,8784 + 1,4189.dist_i = 5,8784 + 1,4189.\left(17\right) = 29,9997\ \text{min}$$

A segunda parte do exercício nos remete aos *outputs* da Figura 12.23, já que os parâmetros α e β assumem intervalos de [-4,5731; 16,3299] e [0,8758; 1,9619], respectivamente, ao nível de confiança de 95%. Sendo assim, as equações que determinam os valores mínimo e máximo do tempo de percurso para este nível de confiança são:

Tempo mínimo:

$$\hat{tempo}_{mín} = -4,5731 + 0,8758.dist_i = -4,5731 + 0,8758.\,(17) = 10,3155\ \text{mín}$$

Tempo máximo:

$$\hat{tempo}_{máx} = 16,3299 + 1,9619.dist_i = 16,3299 + 1,9619.\,(17) = 49,6822\ \text{mín}$$

Logo, podemos dizer que há 95% de confiança de que um aluno que percorre 17 quilômetros para chegar à escola leve entre 10,3155 min e 49,6822 min, com tempo médio estimado de 29,9997 min.

Obviamente que a amplitude destes valores não é pequena, por conta do intervalo de confiança do parâmetro α ser bastante amplo. Este fato poderia ser corrigido pelo incremento do tamanho da amostra ou pela inclusão de novas variáveis X estatisticamente significantes no modelo (que passaria a ser um modelo de regressão múltipla), já que, neste último caso, aumentar-se-ia o valor do R².

Após o professor apresentar os resultados de seu modelo aos estudantes, um curioso aluno levantou-se e perguntou: **Mas então, professor, existe alguma influência do coeficiente de ajuste R² dos modelos de regressão sobre a amplitude dos intervalos de confiança? Se elaborássemos esta regressão linear substituindo Y por $\hat{Y}$, como seriam os resultados? A equação seria alterada? E o R²? E os intervalos de confiança?**

E o professor substituiu Y por $\hat{Y}$ e elaborou novamente a regressão por meio do banco de dados apresentado na Tabela 12.4.

Tabela 12.4 Banco de dados para a elaboração da nova regressão.

Observação (i)	Tempo previsto ($\hat{Y}_i$)	Distância (X_i)
1	17,23	8
2	14,39	6
3	27,16	15
4	34,26	20
5	41,35	25
6	21,49	11
7	12,97	5
8	51,28	32
9	45,61	28
10	34,26	20

O primeiro passo adotado pelo professor foi elaborar o novo gráfico de dispersão, já com a reta estimada de regressão. Este gráfico está apresentado na Figura 12.25.

Como podemos observar, obviamente todos os pontos agora se situam sobre a reta de regressão, uma vez que tal procedimento forçou esta situação pelo fato de o cálculo de cada $\hat{Y}_i$ ter utilizado a própria reta de regressão obtida anteriormente. Vamos aos novos *outputs* (Figura 12.26).

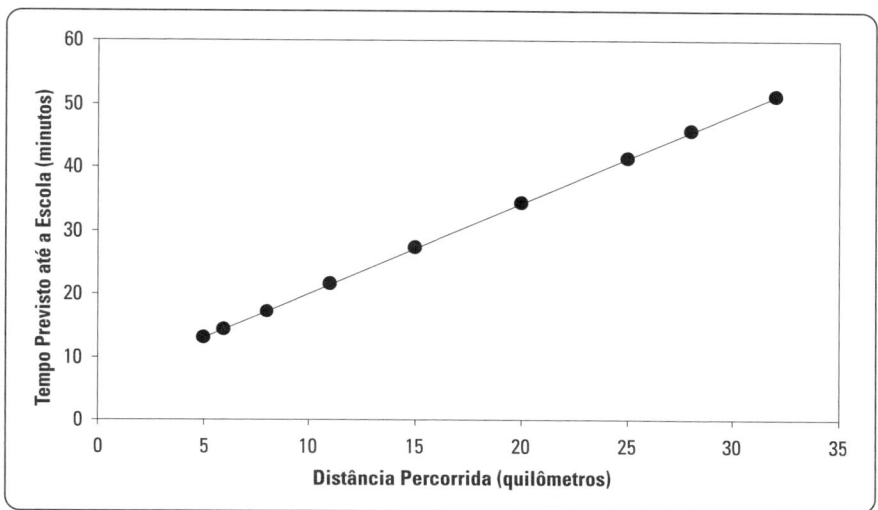

Figura 12.25 Gráfico de dispersão e reta de regressão linear entre tempo previsto ($\hat{Y}$) e distância percorrida (X).

	A	B	C	D	E	F	G
1	RESUMO DOS RESULTADOS						
2							
3	*Estatística de regressão*						
4	R múltiplo	1					
5	R-Quadrado	1					
6	R-quadrado ajustado	1					
7	Erro padrão	0					
8	Observações	10					
9							
10	ANOVA						
11		*gl*	*SQ*	*MQ*	*F*	*F de significação*	
12	Regressão	1	1638,851351	1638,851351	4,03541E+32	0,00	
13	Resíduo	8	0	0			
14	Total	9	1638,851351				
15							
16		*Coeficientes*	*Erro padrão*	*Stat t*	*valor-P*	*95% inferiores*	*95% superiores*
17	Interseção	5,878378378	0,00	4,32423E+15	0,00	5,878378378	5,878378378
18	Variável X 1	1,418918919	0,00	2,00883E+16	0,00	1,418918919	1,418918919
19							
20							
21							
22	RESULTADOS DE RESÍDUOS						
23							
24	*Observação*	*Y previsto*	*Resíduos*				
25	1	17,22972973	0				
26	2	14,39189189	0				
27	3	27,16216216	0				
28	4	34,25675676	0				
29	5	41,35135135	0				
30	6	21,48648649	0				
31	7	12,97297297	0				
32	8	51,28378378	0				
33	9	45,60810811	0				
34	10	34,25675676	0				

Figura 12.26 *Outputs* da regressão linear entre tempo previsto ($\hat{Y}$) e distância percorrida (X).

Como já esperávamos, o R^2 é 1. E a equação do modelo é exatamente aquela já calculada anteriormente, uma vez que é a mesma reta.

Porém, podemos observar que os testes F e t fazem com que rejeitemos fortemente as suas respectivas hipóteses nulas. Mesmo para o parâmetro α, que anteriormente não podia ser considerado estatisticamente diferente de zero, agora apresenta seu teste t nos dizendo que podemos rejeitar, ao nível de confiança de 95% (ou até maior), que este parâmetro é estatisticamente igual a zero. Isso ocorre porque anteriormente a pequena amostra utilizada ($n = 10$ observações) não nos permitia afirmar que o intercepto era diferente de zero, já que a dispersão de pontos gerava um intervalo de confiança que continha o intercepto igual a zero (Figura 12.24).

Por outro lado, quando todos os pontos estão sobre a reta, cada um dos termos do resíduo passa a ser zero, o que faz com que o R^2 se torne 1. Além disso, a equação obtida não é mais uma reta ajustada a uma dispersão de pontos, mas a própria reta que passa por todos os pontos e explica completamente o comportamento da amostra. Assim, não temos dispersão em torno da reta de regressão e os intervalos de confiança passam a apresentar amplitude nula, como também podemos observar por meio da Figura 12.26. Neste caso, para qualquer nível de confiança, não são mais alterados os valores de cada intervalo dos parâmetros, o que nos faz afirmar que o intervalo [5,8784; 5,8784] contém α e o intervalo [1,4189; 1,4189] contém β com 100% de confiança. Em outras palavras, neste caso extremo α é matematicamente igual a 5,8784 e β é matematicamente igual a 1,4189.

Assim sendo, o R^2 é um indicador de quão amplos serão os intervalos de confiança dos parâmetros. Portanto, modelos com R^2 mais elevados propiciarão ao pesquisador a elaboração de previsões com maior acurácia, dado que a nuvem de pontos será menos dispersa em torno da reta de regressão, o que reduzirá a amplitude dos intervalos de confiança dos parâmetros.

Por outro lado, modelos com baixos valores de R^2 podem prejudicar a elaboração de previsões em razão da maior amplitude dos intervalos de confiança dos parâmetros, mas não invalidam a existência do modelo propriamente dito. Conforme já discutimos, muitos pesquisadores dão importância demasiada ao R^2, porém será o teste F que permitirá ao mesmo afirmar que existe um modelo de regressão (pelo menos uma variável X considerada é estatisticamente significante para explicar Y). Assim, não é raro encontrarmos em Administração, em Contabilidade ou em Economia modelos com baixíssimos valores de R^2 e com valores de F estatisticamente significantes, o que demonstra que o fenômeno estudado Y sofreu mudanças em seu comportamento em decorrência de algumas variáveis X adequadamente incluídas no modelo, porém baixa será a acurácia de previsão pela impossibilidade de se monitorarem todas as variáveis que efetivamente explicam a variação daquele fenômeno Y. Dentro das mencionadas áreas do conhecimento, tal fato é facilmente encontrado em trabalhos sobre Finanças e Mercado de Ações.

12.2.5. Estimação de modelos lineares de regressão múltipla

Segundo Fávero *et al.* (2009), a regressão linear múltipla apresenta a mesma lógica apresentada para a regressão linear simples, porém agora com a inclusão de mais de uma variável explicativa X no modelo. A utilização de muitas variáveis explicativas dependerá da teoria subjacente e de estudos predecessores, bem como da experiência e do bom senso do pesquisador, a fim de que seja possível fundamentar a decisão.

Inicialmente, o conceito *ceteris paribus* (mantidas as demais condições constantes) deve ser utilizado na análise da regressão múltipla, uma vez que a interpretação do parâmetro de cada variável será feita isoladamente. Assim, em um modelo que possui duas variáveis explicativas, X_1 e X_2, os respectivos coeficientes serão analisados de forma a considerar todos os outros fatores constantes.

Para exemplificarmos a análise de regressão linear múltipla, utilizaremos o mesmo exemplo até agora abordado neste capítulo. Porém, neste momento, imaginemos que o professor tenha tomado a decisão de coletar mais uma variável de cada um dos alunos. Esta variável será referente ao número de semáforos pelos quais cada aluno é obrigado a passar, e a chamaremos de variável *sem*. Dessa forma, o modelo teórico passará a ser:

$$tempo_i = a + b_1.dist_i + b_2.sem_i + u_i$$

que, analogamente ao apresentado para a regressão simples, temos que:

$$\hat{tempo}_i = \alpha + \beta_1 dist_i + \beta_2.sem_i$$

em que α, β_1 e β_2 são, respectivamente, as estimativas dos parâmetros a, b_1 e b_2.

O novo banco de dados encontra-se na Tabela 12.5, bem como no arquivo **Tempodistsem.xls**.

Tabela 12.5 Exemplo: tempo de percurso × distância percorrida e quantidade de semáforos.

Estudante	Tempo para chegar à escola (minutos) (Y_i)	Distância percorrida até a escola (quilômetros) (X_{1i})	Quantidade de semáforos (X_{2i})
Gabriela	15	8	0
Dalila	20	6	1
Gustavo	20	15	0
Letícia	40	20	1
Luiz Ovídio	50	25	2
Leonor	25	11	1
Ana	10	5	0
Antônio	55	32	3
Júlia	35	28	1
Mariana	30	20	1

Iremos agora desenvolver algebricamente os procedimentos para o cálculo dos parâmetros do modelo, assim como fizemos para o modelo de regressão simples. Por meio da seguinte expressão:

$$Y_i = a + b_1.X_{1i} + b_2.X_{2i} + u_i$$

podemos também definir que a somatória dos quadrados dos resíduos seja mínima. Assim:

$$\sum_{i=1}^{n}(Y_i - \beta_1 X_{1i} - \beta_2.X_{2i} - \alpha)^2 = \text{mín}$$

A minimização ocorre ao se derivar a expressão anterior em α, β_1 e β_2 e igualar as expressões resultantes a zero. Assim:

$$\frac{\partial\left[\sum_{i=1}^{n}(Y_i - \beta_1.X_{1i} - \beta_2.X_{2i} - \alpha)^2\right]}{\partial\alpha} = -2\sum_{i=1}^{n}(Y_i - \beta_1.X_{1i} - \beta_2.X_{2i} - \alpha) = 0 \tag{12.23}$$

$$\frac{\partial\left[\sum_{i=1}^{n}(Y_i - \beta_1.X_{1i} - \beta_2.X_{2i} - \alpha)^2\right]}{\partial\beta_1} = -2\sum_{i=1}^{n}X_{1i}.(Y_i - \beta_1.X_{1i} - \beta_2.X_{2i} - \alpha) = 0 \tag{12.24}$$

$$\frac{\partial\left[\sum_{i=1}^{n}(Y_i - \beta_1.X_{1i} - \beta_2.X_{2i} - \alpha)^2\right]}{\partial\beta_2} = -2\sum_{i=1}^{n}X_{2i}.(Y_i - \beta_1.X_{1i} - \beta_2.X_{2i} - \alpha) = 0 \tag{12.25}$$

que gera o seguinte sistema de três equações e três incógnitas:

$$\begin{cases} \sum_{i=1}^{n}Y_i = n.\alpha + \beta_1.\sum_{i=1}^{n}X_{1i} + \beta_2.\sum_{i=1}^{n}X_{2i} \\ \sum_{i=1}^{n}Y_i.X_{1i} = \alpha.\sum_{i=1}^{n}X_{1i} + \beta_1.\sum_{i=1}^{n}X_{1i}^2 + \beta_2.\sum_{i=1}^{n}X_{1i}.X_{2i} \\ \sum_{i=1}^{n}Y_i.X_{2i} = \alpha.\sum_{i=1}^{n}X_{2i} + \beta_1.\sum_{i=1}^{n}X_{1i}.X_{2i} + \beta_2.\sum_{i=1}^{n}X_{2i}^2 \end{cases} \tag{12.26}$$

Dividindo-se a primeira equação da expressão (12.26) por n, chegamos a:

$$\alpha = \overline{Y} - \beta_1.\overline{X}_1 - \beta_2.\overline{X}_2 \tag{12.27}$$

Por meio da substituição da expressão (12.27) nas duas últimas equações da expressão (12.26), chegaremos ao seguinte sistema de duas equações e duas incógnitas:

$$
\begin{cases}
\sum\limits_{i=1}^{n}Y_i.X_{1i} - \dfrac{\sum\limits_{i=1}^{n}Y_i.\sum\limits_{i=1}^{n}X_{1i}}{n} = \beta_1.\left[\sum\limits_{i=1}^{n}X_{1i}^2 - \dfrac{\left(\sum\limits_{i=1}^{n}X_{1i}\right)^2}{n}\right] + \beta_2.\left[\sum\limits_{i=1}^{n}X_{1i}.X_{2i} - \dfrac{\left(\sum\limits_{i=1}^{n}X_{1i}\right).\left(\sum\limits_{i=1}^{n}X_{2i}\right)}{n}\right] \\[4mm]
\sum\limits_{i=1}^{n}Y_i.X_{2i} - \dfrac{\sum\limits_{i=1}^{n}Y_i.\sum\limits_{i=1}^{n}X_{2i}}{n} = \beta_1.\left[\sum\limits_{i=1}^{n}X_{1i}.X_{2i} - \dfrac{\left(\sum\limits_{i=1}^{n}X_{1i}\right).\left(\sum\limits_{i=1}^{n}X_{2i}\right)}{n}\right] + \beta_2.\left[\sum\limits_{i=1}^{n}X_{2i}^2 - \dfrac{\left(\sum\limits_{i=1}^{n}X_{2i}\right)^2}{n}\right]
\end{cases} \tag{12.28}
$$

Vamos agora calcular manualmente os parâmetros do modelo do nosso exemplo. Para tanto, iremos utilizar a planilha apresentada na Tabela 12.6.

Tabela 12.6 Planilha para o cálculo dos parâmetros da regressão linear múltipla.

Obs. (i)	Y_i	X_{1i}	X_{2i}	$Y_i.X_{1i}$	$Y_i.X_{2i}$	$X_{1i}.X_{2i}$	$(Y_i)^2$	$(X_{1i})^2$	$(X_{2i})^2$
1	15	8	0	120	0	0	225	64	0
2	20	6	1	120	20	6	400	36	1
3	20	15	0	300	0	0	400	225	0
4	40	20	1	800	40	20	1600	400	1
5	50	25	2	1250	100	50	2500	625	4
6	25	11	1	275	25	11	625	121	1
7	10	5	0	50	0	0	100	25	0
8	55	32	3	1760	165	96	3025	1024	9
9	35	28	1	980	35	28	1225	784	1
10	30	20	1	600	30	20	225	400	1
Soma	**300**	**170**	**10**	**6255**	**415**	**231**	**11000**	**3704**	**18**
Média	**30**	**17**	**1**						

Vamos agora substituir os valores no sistema representado pela expressão (12.28). Assim:

$$
\begin{cases}
6255 - \dfrac{300.170}{10} = \beta_1.\left[3704 - \dfrac{(170)^2}{10}\right] + \beta_2.\left[231 - \dfrac{(170).(10)}{10}\right] \\[4mm]
415 - \dfrac{300.10}{10} = \beta_1.\left[231 - \dfrac{(170).(10)}{10}\right] + \beta_2.\left[18 - \dfrac{(10)^2}{10}\right]
\end{cases}
$$

que resulta em:

$$
\begin{cases}
1155 = 814.\beta_1 + 61.\beta_2 \\
115 = 61.\beta_1 + 8.\beta_2
\end{cases}
$$

Resolvendo o sistema, chegamos a:

$$\beta_1 = 0,7972 \quad \text{e} \quad \beta_2 = 8,2963$$

Assim, temos que:

$$\alpha = \overline{Y} - \beta_1.\overline{X}_1 - \beta_2.\overline{X}_2 = 30 - 0,7972.(17) - 8,2963.(1) = 8,1512$$

Portanto, a equação do tempo estimado para se chegar à escola agora passa a ser:

$$\hat{tempo}_i = 8,1512 + 0,7972.dist_i + 8,2963.sem_i$$

Ressalta-se que as estimações destes parâmetros também poderiam ter sido obtidas por meio do procedimento **Solver** do Excel, como elaborado na seção 12.2.1.

Os cálculos do coeficiente de ajuste R^2, das estatísticas F e t e dos valores extremos dos intervalos de confiança não serão novamente elaborados de forma manual, dado que seguem exatamente o mesmo procedimento já executado nas seções 12.2.2, 12.2.3 e 12.2.4 e podem ser realizados por meio das respectivas expressões apresentadas até o presente momento. A Tabela 12.7 poderá auxiliar neste sentido.

Vamos diretamente para a elaboração desta regressão linear múltipla no Excel (arquivo **Tempodistsem.xls**). Na caixa de diálogo da regressão, devemos selecionar conjuntamente as variáveis referentes à distância percorrida e à quantidade de semáforos, como mostra a Figura 12.27.

Tabela 12.7 Planilha para o cálculo das demais estatísticas.

Observação (i)	Tempo (Y_i)	Distância (X_{1i})	Semáforos (X_{2i})	$\hat{Y}_i$	u_i ($Y_i - \hat{Y}_i$)	$(\hat{Y}_i - \overline{Y})^2$	$(u_i)^2$
1	15	8	8	14,53	0,47	239,36	0,22
2	20	6	6	21,23	−1,23	76,90	1,51
3	20	15	15	20,11	−0,11	97,83	0,01
4	40	20	20	32,39	7,61	5,72	57,89
5	50	25	25	44,67	5,33	215,32	28,37
6	25	11	11	25,22	−0,22	22,88	0,05
7	10	5	5	12,14	−2,14	319,08	4,57
8	55	32	32	58,55	−3,55	815,14	12,61
9	35	28	28	38,77	−3,77	76,90	14,21
10	30	20	20	32,39	−2,39	5,72	5,72
Soma	**300**	**170**	**10**			**1874,85**	**125,15**
Média	**30**	**17**	**1**				

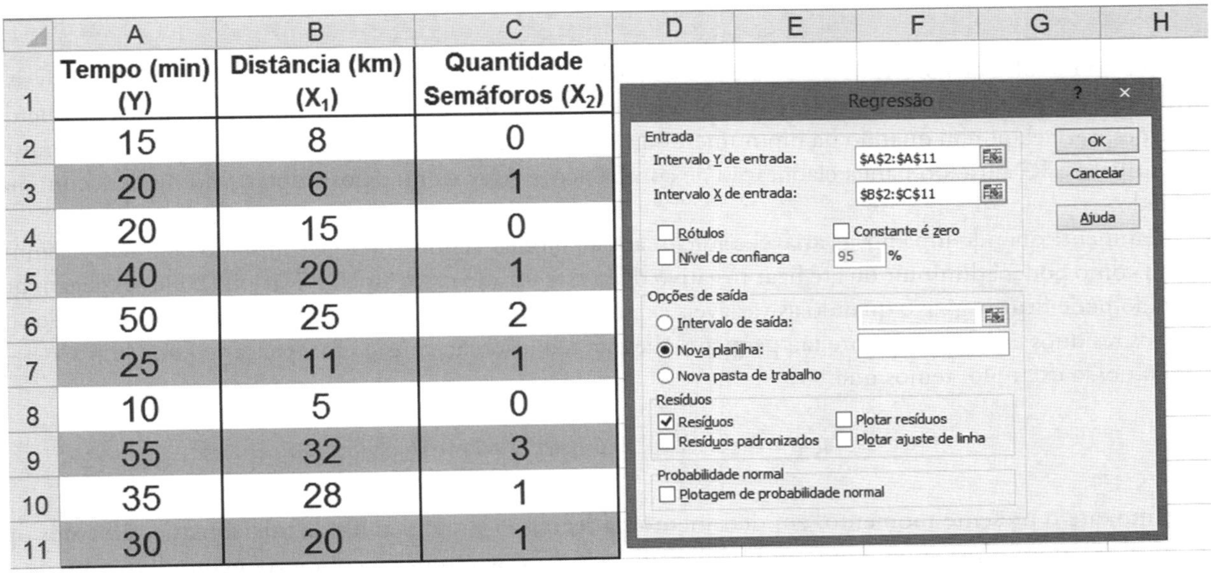

Figura 12.27 Regressão linear múltipla – seleção conjunta das variáveis explicativas.

A Figura 12.28 apresenta os *outputs* gerados.

	A	B	C	D	E	F	G	H	I
1	RESUMO DOS RESULTADOS								
2									
3	*Estatística de regressão*								
4	R múltiplo	0,96820652							
5	R-Quadrado	0,93742386							
6	R-quadrado ajustado	0,91954497							
7	Erro padrão	4,22834441							
8	Observações	10							
9									
10	ANOVA								
11		*gl*	*SQ*	*MQ*	*F*	*F de significação*			
12	Regressão	2	1874,847725	937,423862	52,4318637	6,12958E-05			
13	Resíduo	7	125,1522752	17,8788965					
14	Total	9	2000						
15									
16		*Coeficientes*	*Erro padrão*	*Stat t*	*valor-P*	*95% inferiores*	*95% superiores*	*Inferior 95,0%*	*Superior 95,0%*
17	Interseção	8,15120029	2,920086914	2,79142386	0,02685329	1,246291955	15,05610862	1,246291955	15,05610862
18	Variável X 1	0,7972053	0,226378631	3,52155722	0,00970731	0,261904901	1,332505704	0,261904901	1,332505704
19	Variável X 2	8,29630957	2,283508533	3,63314148	0,00836288	2,896669913	13,69594922	2,896669913	13,69594922
20									
21									
22									
23	RESULTADOS DE RESÍDUOS								
24									
25	*Observação*	*Y previsto*	*Resíduos*						
26	1	14,5288427	0,471157291						
27	2	21,2307417	-1,23074167						
28	3	20,1092798	-0,10927983						
29	4	32,3916159	7,608384092						
30	5	44,673952	5,326048011						
31	6	25,2167682	-0,21676818						
32	7	12,1372268	-2,1372268						
33	8	58,5506987	-3,55069867						
34	9	38,7692583	-3,76925833						
35	10	32.3916159	-2.39161591						

Figura 12.28 *Outputs* da regressão linear múltipla no Excel.

Nestes *outputs* podemos encontrar as estimativas dos parâmetros do nosso modelo de regressão linear múltipla determinadas algebricamente.

Neste momento é importante introduzirmos o conceito de **R² ajustado**. Segundo Fávero *et al.* (2009), quando há o intuito de comparar o coeficiente de ajuste (R²) entre dois modelos com tamanhos de amostra diferentes ou com quantidades distintas de parâmetros, faz-se necessário o uso do R² ajustado, que é uma medida do R² da regressão estimada pelo método de mínimos quadrados ordinários ajustada pelo número de graus de liberdade, uma vez que a estimativa amostral de R² tende a superestimar o parâmetro populacional. A expressão do R² ajustado é:

$$R^2_{ajust} = 1 - \frac{n-1}{n-k}(1 - R^2)$$
(12.29)

em que *n* é o tamanho da amostra e *k* é o número de parâmetros do modelo de regressão (número de variáveis explicativas mais o intercepto). Quando o número de observações é muito grande, o ajuste pelos graus de liberdade torna-se desprezível, porém quando há um número significativamente diferente de variáveis *X* para duas amostras, deve-se utilizar o R² ajustado para a elaboração de comparações entre os modelos e optar pelo modelo com maior R² ajustado.

O R² aumenta quando uma nova variável é adicionada ao modelo, entretanto o R² ajustado nem sempre aumentará, bem como poderá diminuir ou até ficar negativo. Para este último caso, Stock e Watson (2004) explicam que o R² ajustado pode ficar negativo quando as variáveis explicativas, tomadas em conjunto, reduzirem a soma dos quadrados dos resíduos em um montante tão pequeno que esta redução não consiga compensar o fator $(n-1)/(n-k)$.

Para o nosso exemplo, temos que:

$$R^2_{ajust} = 1 - \frac{10-1}{10-3}(1 - 0,9374) = 0,9195$$

Portanto, até o presente momento, em detrimento da regressão simples aplicada inicialmente, devemos optar por esta regressão múltipla como sendo um melhor modelo para se estudar o comportamento do tempo de percurso para se chegar até a escola, uma vez que o R² ajustado é maior para este caso.

Vamos dar sequência à análise dos demais *outputs*. Inicialmente, o teste F já nos informa que pelo menos uma das variáveis X relaciona-se significativamente com Y. Além disso, podemos também verificar, ao nível de significância de 5%, que todos os parâmetros (α, β_1 e β_2) são estatisticamente diferentes de zero (*valor-P* $< 0,05 \rightarrow$ intervalo de confiança não contém o zero). Conforme já discutido, a não rejeição da hipótese nula de que o intercepto seja estatisticamente igual a zero pode ser alterada ao se incluir uma variável explicativa significante no modelo. Notamos também que houve um perceptivo aumento no valor do R², o que fez também com que os intervalos de confiança dos parâmetros se tornassem mais estreitos.

Dessa forma, podemos concluir, para este caso, que o aumento de um semáforo ao longo do trajeto até a escola incrementa o tempo médio de percurso em 8,2963 minutos, *ceteris paribus*. Por outro lado, um incremento de um quilômetro na distância a ser percorrida aumenta agora apenas 0,7972 minutos no tempo médio de percurso, *ceteris paribus*. A redução no valor estimado de β da variável *dist* ocorreu porque parte do comportamento desta variável está contemplada na própria variável *sem*. Em outras palavras, distâncias maiores são mais suscetíveis a uma quantidade maior de semáforos e, portanto, há uma correlação alta entre elas.

Segundo Kennedy (2008), Gujarati (2011) e Wooldridge (2012), a existência de altas correlações entre variáveis explicativas, conhecida por **multicolinearidade**, não afeta a intenção de elaboração de previsões. Gujarati (2011) ainda destaca que a existência de altas correlações entre variáveis explicativas não gera necessariamente estimadores ruins ou fracos e que a presença de multicolinearidade não significa que o modelo possua problemas. Discutiremos mais sobre a multicolinearidade na seção 12.3.2.

As equações que determinam os valores mínimo e máximo para o tempo de percurso, ao nível de confiança de 95%, são:

Tempo mínimo:

$$\hat{tempo}_{mín} = 1,2463 + 0,2619.dist_i + 2,8967.sem_i$$

Tempo máximo:

$$\hat{tempo}_{máx} = 15,0561 + 1,3325.dist_i + 13,6959.sem_i$$

12.2.6. Variáveis *dummy* em modelos de regressão

De acordo com Sharma (1996) e Fávero *et al.* (2009), a determinação do número de variáveis necessárias para a investigação de um fenômeno é direta e simplesmente igual ao número de variáveis utilizadas para mensurar as respectivas características. Entretanto, o procedimento para determinar o número de variáveis explicativas cujos dados estejam em escalas qualitativas é diferente.

Imagine, por exemplo, que desejamos estudar como se altera o comportamento de determinado fenômeno organizacional, como a lucratividade total, quando são consideradas, no mesmo banco de dados, empresas provenientes de diferentes setores. Ou, em outra situação, desejamos verificar se o tíquete médio de compras realizadas em supermercados apresenta diferenças significativas ao compararmos consumidores provenientes de diferentes sexos e faixas de idade. Numa terceira situação, desejamos estudar como se comportam as taxas de crescimento do PIB de diferentes países considerados emergentes e desenvolvidos. Em todas estas hipotéticas situações, as variáveis dependentes são quantitativas (lucratividade total, tíquete médio ou taxa de crescimento do PIB), porém desejamos saber como estas se comportam em função de variáveis explicativas qualitativas (setor, sexo, faixa de idade, classificação do país) que serão incluídas do lado direito dos respectivos modelos de regressão a serem estimados.

Não podemos simplesmente atribuir valores a cada uma das categorias da variável qualitativa, pois isso seria um erro grave, denominado de **ponderação arbitrária**, uma vez que estaríamos supondo que as diferenças na variável dependente seriam previamente conhecidas e de magnitudes iguais às diferenças dos valores atribuídos a cada uma das categorias da variável explicativa qualitativa. Nestas situações, a fim de que este problema seja completamente eliminado, devemos recorrer ao artifício das **variáveis *dummy***, ou **binárias**, que assumem valores iguais a 0 ou 1, de forma a estratificar a amostra da maneira que for definido determinado critério, evento ou atributo, para, aí assim, serem incluídas no modelo em análise. Até mesmo um determinado período (dia, mês ou ano) em que ocorre um importante evento pode ser objeto de análise.

As variáveis *dummy* devem, portanto, ser utilizadas quando desejarmos estudar a relação entre o comportamento de determinada variável explicativa qualitativa e o fenômeno em questão, representado pela variável dependente.

Voltando ao nosso exemplo, imagine agora que o professor também tenha perguntado aos estudantes em que período do dia vieram à escola, ou seja, se cada um deles veio de manhã, a fim de ficar estudando na biblioteca, ou se veio apenas no final da tarde para a aula noturna. A intenção do professor agora é saber se o tempo de percurso até a escola sofre variação em função da distância percorrida, da quantidade de semáforos e também do período do dia em que os estudantes se deslocam para chegar até a escola. Portanto, uma nova variável foi acrescentada ao banco de dados, conforme mostra a Tabela 12.8.

Devemos, portanto, definir qual das categorias da variável qualitativa será a referência (*dummy* = 0). Como, neste caso, temos somente duas categorias (manhã ou tarde), apenas uma única variável *dummy* deverá ser criada, em que a categoria de referência assumirá valor 0 e a outra categoria, valor 1. Este procedimento permitirá ao pesquisador estudar as diferenças que acontecem na variável Y ao se alterar a categoria da variável qualitativa, uma vez que o β desta *dummy* representará exatamente a diferença que ocorre no comportamento da variável Y quando se passa da categoria de referência da variável qualitativa para a outra categoria, estando o comportamento da categoria de referência representado pelo intercepto α. Portanto, a decisão de escolha sobre qual será a categoria de referência é do próprio pesquisador e os parâmetros do modelo serão obtidos com base no critério adotado.

Dessa forma, o professor decidiu que a categoria de referência será o período da tarde, ou seja, as células do banco de dados com esta categoria assumirão valores iguais a 0. Logo, as células com a categoria *manhã* assumirão valores iguais a 1. Isso porque o professor deseja avaliar se a ida à escola no período da manhã traz algum benefício ou prejuízo de tempo em relação ao período da tarde, que é imediatamente anterior à aula. Chamaremos esta *dummy* de variável *per*. Assim sendo, o banco de dados passa a ficar de acordo com o apresentado na Tabela 12.9.

Portanto, o novo modelo passa a ser:

$$tempo_i = a + b_1.dist_i + b_2.sem_i + b_3.per_i + u_i$$

Tabela 12.8 Exemplo: tempo de percurso × distância percorrida, quantidade de semáforos e período do dia para o trajeto até a escola.

Estudante	Tempo para chegar à escola (minutos) (Y_i)	Distância percorrida até a escola (quilômetros) (X_{1i})	Quantidade de semáforos (X_{2i})	Período do dia (X_{3i})
Gabriela	15	8	0	Manhã
Dalila	20	6	1	Manhã
Gustavo	20	15	0	Manhã
Letícia	40	20	1	Tarde
Luiz Ovídio	50	25	2	Tarde
Leonor	25	11	1	Manhã
Ana	10	5	0	Manhã
Antônio	55	32	3	Tarde
Júlia	35	28	1	Manhã
Mariana	30	20	1	Manhã

Tabela 12.9 Substituição das categorias da variável qualitativa pela *dummy*.

Estudante	Tempo para chegar à escola (minutos) (Y_i)	Distância percorrida até a escola (quilômetros) (X_{1i})	Quantidade de semáforos (X_{2i})	Período do dia *dummy per* (X_{3i})
Gabriela	15	8	0	1
Dalila	20	6	1	1
Gustavo	20	15	0	1
Letícia	40	20	1	0
Luiz Ovídio	50	25	2	0
Leonor	25	11	1	1
Ana	10	5	0	1
Antônio	55	32	3	0
Júlia	35	28	1	1
Mariana	30	20	1	1

Analogamente ao apresentado para a regressão simples, temos, portanto, que:

$$\hat{tempo}_i = \alpha + \beta_1.dist_i + \beta_2.sem_i + \beta_3.per_i$$

em que α, β_1, β_2 e β_3 são, respectivamente, as estimativas dos parâmetros a, b_1, b_2 e b_3.

Resolvendo novamente pelo Excel, devemos agora incluir a variável *dummy per* no vetor de variáveis explicativas, conforme mostra a Figura 12.29 (arquivo **Tempodistsemper.xls**).

Os *outputs* são apresentados na Figura 12.30.

Por meio destes *outputs*, podemos, inicialmente, verificar que o coeficiente de ajuste R^2 subiu para 0,9839, o que nos permite dizer que mais de 98% do comportamento de variação do tempo para se chegar à escola é explicado pela variação conjunta das três variáveis *X* (*dist*, *sem* e *per*). Além disso, este modelo é preferível em relação aos anteriormente estudados, uma vez que apresenta maior R^2 ajustado.

	A	B	C	D
1	Tempo (min) (Y)	Distância (km) (X_1)	Quantidade Semáforos (X_2)	Período *Dummy per* (X_3)
2	15	8	0	1
3	20	6	1	1
4	20	15	0	1
5	40	20	1	0
6	50	25	2	0
7	25	11	1	1
8	10	5	0	1
9	55	32	3	0
10	35	28	1	1
11	30	20	1	1

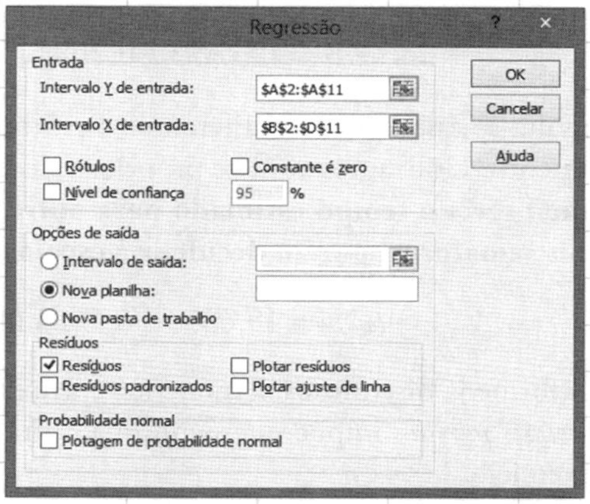

Figura 12.29 Regressão linear múltipla – seleção conjunta das variáveis explicativas com *dummy*.

	A	B	C	D	E	F	G	H	I
1	RESUMO DOS RESULTADOS								
2									
3	*Estatística de regressão*								
4	R múltiplo	0,99192476							
5	R-Quadrado	0,98391472							
6	R-quadrado ajustado	0,97587208							
7	Erro padrão	2,31554735							
8	Observações	10							
9									
10	ANOVA								
11		*gl*	*SQ*	*MQ*	*F*	*F de significação*			
12	Regressão	3	1967,82944	655,943148	122,337293	9,04894E-06			
13	Resíduo	6	32,1705573	5,36175955					
14	Total	9	2000						
15									
16		*Coeficientes*	*Erro padrão*	*Stat t*	*valor-P*	*95% inferiores*	*95% superiores*	*Inferior 95,0%*	*Superior 95,0%*
17	Interseção	19,6352768	3,18782198	6,15946465	0,00084014	11,8349574	27,43559611	11,8349574	27,43559611
18	Variável X 1	0,70844841	0,12578944	5,63201834	0,00134086	0,400652751	1,016244075	0,400652751	1,016244075
19	Variável X 2	5,25727366	1,4478751	3,63102706	0,0109517	1,714450931	8,800096381	1,714450931	8,800096381
20	Variável X 3	-9,9088192	2,37945112	-4,16432979	0,00591578	-15,73112633	-4,086512054	-15,7311263	-4,086512054
21									
22									
23									
24	RESULTADOS DE RESÍDUOS								
25									
26	*Observação*	*Y previsto*	*Resíduos*						
27	1	15,3940449	-0,39404487						
28	2	19,2344217	0,7655783						
29	3	20,3531838	-0,35318376						
30	4	39,0615187	0,93848133						
31	5	47,8610344	2,13896561						
32	6	22,7766638	2,22333623						
33	7	13,2686996	-3,26869963						
34	8	58,0774469	-3,07744694						
35	9	34,8202868	0,17971322						
36	10	29,1526995	0,84730052						

Figura 12.30 *Outputs* da regressão linear múltipla com *dummy* no Excel.

Enquanto o teste F nos permite afirmar que pelo menos um parâmetro estimado β é estatisticamente diferente de zero ao nível de significância de 5%, os testes t de cada parâmetro mostram que todos eles (β_1, β_2, β_3 e o próprio α) são estatisticamente diferentes de zero a este nível de significância, pois cada *valor-P* $< 0,05$. Assim, nenhuma variável X precisa ser excluída da modelagem e a equação final que estima o tempo para se chegar à escola apresenta-se da seguinte forma:

$$\hat{tempo}_i = 19,6353 + 0,7084.dist_i + 5,2573.sem_i - 9,9088.per_{i_{\{tarde=0 \atop manhã=1}}}$$

Dessa forma, podemos afirmar, para o nosso exemplo, que o tempo médio previsto para se chegar à escola é de 9,9088 minutos a menos para os alunos que optarem por ir no período da manhã em relação àqueles que optarem por ir à tarde, *ceteris paribus*. Isso provavelmente deve ter acontecido por motivos associados ao trânsito, porém estudos mais aprofundados poderiam ser elaborados neste momento. Assim, o professor propôs mais um exercício: **qual o tempo estimado para se chegar à escola por parte de um aluno que se desloca 17 quilômetros, passa por dois semáforos e vem à escola pouco antes do início da aula noturna, ou seja, no período da tarde?** A solução encontra-se a seguir:

$$\hat{tempo} = 19,6353 + 0,7084.(17) + 5,2573.(2) - 9,9088.(0) = 42,1934 \, min$$

Ressalta-se que eventuais diferenças a partir da terceira casa decimal podem ocorrem por problemas de arredondamento. Utilizamos aqui os próprios valores obtidos nos *outputs* do Excel.

E qual seria o tempo estimado para outro aluno que também se desloca 17 quilômetros, passa também por dois semáforos, porém decide ir à escola de manhã?

$$\hat{tempo} = 19,6353 + 0,7084.(17) + 5,2573.(2) - 9,9088.(1) = 32,2846 \, min$$

Conforme já discutimos, a diferença entre estas duas situações é capturada pelo β_3 da variável *dummy*. A condição *ceteris paribus* impõe que nenhuma outra alteração seja considerada, exatamente como mostrado neste último exercício.

Imagine agora que o professor, ainda não satisfeito, tenha realizado um último questionamento aos estudantes, referente ao estilo de direção. Assim, perguntou como cada um se considera em termos de **perfil ao volante: calmo, moderado ou agressivo**. Ao obter as respostas, montou o último banco de dados, apresentado na Tabela 12.10.

Para elaborar a regressão, o professor precisa transformar a variável *perfil ao volante* em *dummies*. Para a situação em que houver um número de categorias maior do que 2 para determinada variável qualitativa (por exemplo, estado civil, time de futebol, religião, setor de atuação, entre outros exemplos), é necessário que o pesquisador utilize um número maior de variáveis *dummy* e, de maneira geral, para uma variável qualitativa com n categorias serão necessárias $(n - 1)$ *dummies*, uma vez que determinada categoria deverá ser escolhida como referência e seu comportamento será capturado pelo parâmetro estimado α.

Tabela 12.10 Exemplo: tempo de percurso x distância percorrida, quantidade de semáforos, período do dia para o trajeto até a escola e perfil ao volante.

Estudante	Tempo para chegar à escola (minutos) (Y_i)	Distância percorrida até a escola (quilômetros) (X_{1i})	Quantidade de semáforos (X_{2i})	Período do dia (X_{3i})	Perfil ao volante (X_{4i})
Gabriela	15	8	0	manhã	calmo
Dalila	20	6	1	manhã	moderado
Gustavo	20	15	0	manhã	moderado
Letícia	40	20	1	tarde	agressivo
Luiz Ovídio	50	25	2	tarde	agressivo
Leonor	25	11	1	manhã	moderado
Ana	10	5	0	manhã	calmo
Antônio	55	32	3	tarde	calmo
Júlia	35	28	1	manhã	moderado
Mariana	30	20	1	manhã	moderado

Conforme discutimos, infelizmente é bastante comum que encontremos na prática procedimentos que substituam arbitrariamente as categorias de variáveis qualitativas por valores como 1 e 2, quando houver duas categorias, 1, 2 e 3, quando houver três categorias, e assim sucessivamente. **Isso é um erro grave**, uma vez que, desta forma, partiríamos do pressuposto de que as diferenças que ocorrem no comportamento da variável Y ao alterarmos a categoria da variável qualitativa seriam sempre de mesma magnitude, o que não necessariamente é verdade. Em outras palavras, não podemos presumir que a diferença média no tempo de percurso entre os indivíduos calmos e moderados será a mesma que entre os moderados e os agressivos.

No nosso exemplo, portanto, a variável *perfil ao volante* deverá ser transformada em duas *dummies* (variáveis *perfil2* e *perfil3*), já que definiremos a categoria *calmo* como sendo a referência (comportamento presente no intercepto). Enquanto a Tabela 12.11 apresenta os critérios para a criação das duas *dummies*, a Tabela 12.12 mostra o banco de dados final a ser utilizado na regressão.

Tabela 12.11 Critérios para a criação das duas variáveis *dummy* a partir da variável qualitativa *perfil ao volante*.

Categoria da variável qualitativa *perfil ao volante*	Variável *dummy perfil2*	Variável *dummy perfil3*
Calmo	0	0
Moderado	1	0
Agressivo	0	1

Tabela 12.12 Substituição das categorias das variáveis qualitativas pelas respectivas variáveis *dummy*.

Estudante	Tempo para chegar à escola (minutos) (Y_i)	Distância percorrida até a escola (quilômetros) (X_{1i})	Quantidade de semáforos (X_{2i})	Período do dia *Dummy per* (X_{3i})	Perfil ao volante *Dummy perfil2* (X_{4i})	Perfil ao volante *Dummy perfil3* (X_{5i})
Gabriela	15	8	0	1	0	0
Dalila	20	6	1	1	1	0
Gustavo	20	15	0	1	1	0
Letícia	40	20	1	0	0	1
Luiz Ovídio	50	25	2	0	0	1
Leonor	25	11	1	1	1	0
Ana	10	5	0	1	0	0
Antônio	55	32	3	0	0	0
Júlia	35	28	1	1	1	0
Mariana	30	20	1	1	1	0

E, desta forma, o modelo terá a seguinte equação:

$$tempo_i = a + b_1.dist_i + b_2.sem_i + b_3.per_i + b_4.perfil2_i + b_5.perfil3_i + u_i$$

e, analogamente ao apresentado para os modelos anteriores, temos que:

$$\hat{tempo}_i = \alpha + \beta_1.dist_i + \beta_2.sem_i + \beta_3.per_i + \beta_4.perfil2_i + \beta_5.perfil3_i$$

em que α, β_1, β_2, β_3, β_4 e β_5 são, respectivamente, as estimativas dos parâmetros a, b_1, b_2, b_3, b_4 e b_5.

Dessa forma, analisando os parâmetros das variáveis *perfil2* e *perfil3*, temos que:

β_4 = diferença média no tempo de percurso entre um indivíduo considerado moderado e um indivíduo considerado calmo.

β_5 = diferença média no tempo de percurso entre um indivíduo considerado agressivo e um indivíduo considerado calmo.

$(\beta_5 - \beta_4)$ = diferença média no tempo de percurso entre um indivíduo considerado agressivo e um indivíduo considerado moderado.

Resolvendo novamente pelo Excel, devemos agora incluir as variáveis *dummy perfil2* e *perfil3* no vetor de variáveis explicativas. A Figura 12.31 mostra este procedimento, elaborado por meio do arquivo **Tempodistsemperperfil.xls**. Os *outputs* são apresentados na Figura 12.32.

Podemos agora notar que, embora o coeficiente de ajuste do modelo R^2 tenha sido muito elevado ($R^2 = 0,9969$), os parâmetros das variáveis referentes ao período em que o trajeto foi efetuado (X_3) e à categoria *moderado* da variável *perfil ao volante* (X_4) não se mostraram estatisticamente diferentes de zero ao nível de significância de 5%. Dessa forma, tais variáveis serão retiradas da análise e o modelo será elaborado novamente.

Entretanto, é importante analisarmos que, na presença das demais variáveis, o tempo do percurso até a escola passa a não apresentar mais diferenças se o percurso for realizado de manhã ou à tarde. O mesmo vale em relação ao perfil ao volante, já que se percebe que não há diferenças estatisticamente significantes no tempo de percurso para estudantes com perfil moderado em relação àqueles que se julgam calmos. Ressalta-se, numa regressão

	A	B	C	D	E	F
1	Tempo (min) (Y)	Distância (km) (X_1)	Quantidade Semáforos (X_2)	Período *Dummy per* (X_3)	Perfil ao Volante *Dummy perfil2* (X_4)	Perfil ao Volante *Dummy perfil3* (X_5)
2	15	8	0	1	0	0
3	20	6	1	1	1	0
4	20	15	0	1	1	0
5	40	20	1	0	0	1
6	50	25	2	0	0	1
7	25	11	1	1	1	0
8	10	5	0	1	0	0
9	55	32	3	0	0	0
10	35	28	1	1	1	0
11	30	20	1	1	1	0

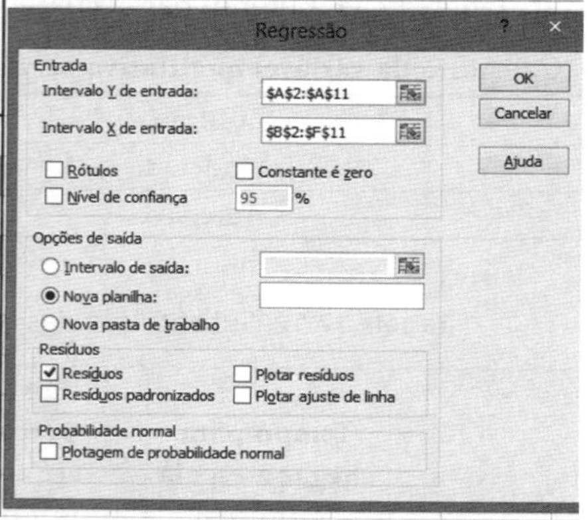

Figura 12.31 Regressão linear múltipla – seleção conjunta das variáveis explicativas com todas as *dummies*.

RESUMO DOS RESULTADOS

Estatística de regressão	
R múltiplo	0,998488967
R-Quadrado	0,996980217
R-quadrado ajustado	0,993205489
Erro padrão	1,228776327
Observações	10

ANOVA

	gl	*SQ*	*MQ*	*F*	*F de significação*
Regressão	5	1993,960435	398,792087	264,11974	3,97756E-05
Resíduo	4	6,039565047	1,50989126		
Total	9	2000			

	Coeficientes	*Erro padrão*	*Stat t*	*valor-P*	*95% inferiores*	*95% superiores*	*Inferior 95,0%*	*Superior 95,0%*
Interseção	13,49010874	3,860886236	3,49404461	0,02503087	2,770570048	24,20964743	2,770570048	24,20964743
Variável X 1	0,674046902	0,07171531	9,39892617	0,00071409	0,474933281	0,873160522	0,474933281	0,873160522
Variável X 2	6,646796803	1,09486738	6,07086934	0,00371883	3,606957626	9,686635981	3,606957626	9,686635981
Variável X 3	-5,3714136	3,778780741	-1,42146739	0,22823382	-15,86299089	5,120163692	-15,86299089	5,120163692
Variável X 4	1,779116992	1,441459887	1,23424662	0,28466664	-2,223017254	5,781251238	-2,223017254	5,781251238
Variável X 5	6,37364077	2,243105048	2,84143659	0,04679951	0,145782739	12,6014988	0,145782739	12,6014988

RESULTADOS DE RESÍDUOS

Observação	*Y previsto*	*Resíduos*
1	13,51107035	1,488929648
2	20,58889034	-0,58889034
3	20,00851566	-0,00851566
4	39,99148434	0,008515656
5	50,00851566	-0,00851566
6	23,95912485	1,040875147
7	11,48892965	-1,48892965
8	55	0
9	35,41792218	-0,41792218
10	30,02554697	-0,02554697

Figura 12.32 *Outputs* da regressão linear múltipla com diversas *dummies* no Excel.

múltipla, que **tão importante quanto a análise dos parâmetros estatisticamente significantes é a análise dos parâmetros que não se mostraram estatisticamente diferentes de zero**.

O procedimento *Stepwise*, disponível no Stata, no SPSS, no R e em diversos outros softwares de modelagem, apresenta a propriedade de automaticamente excluir as variáveis explicativas cujos parâmetros não se mostrarem estatisticamente diferentes de zero. Como o software Excel não possui esse procedimento, iremos manualmente excluir as variáveis *per* e *perfil2* e elaborar novamente a regressão. Os novos *outputs* estão apresentados na Figura 12.33. Recomenda-se, todavia, que o pesquisador sempre tome bastante cuidado com a exclusão manual simultânea de variáveis cujos parâmetros, num primeiro momento, não se mostrarem estatisticamente diferentes de zero, uma vez que determinado parâmetro β pode tornar-se estatisticamente diferente de zero, mesmo que inicialmente não o fosse, ao se eliminar da análise outra variável cujo parâmetro β também não se mostre estatisticamente diferente de zero. Felizmente isso não ocorre neste exemplo e, assim, optamos por excluir as duas variáveis simultaneamente. Isso será comprovado quando elaborarmos esta regressão por meio do procedimento *Stepwise* nos softwares Stata (seção 12.5), SPSS (seção 12.6), R (seção 12.7) e Python (seção 12.8).

E, dessa forma, o modelo final, com todos os parâmetros estatisticamente diferentes de zero ao nível de significância de 5%, com $R^2 = 0,9954$ e com maior R^2 ajustado entre todos aqueles discutidos ao longo do capítulo, passa a ser:

$$\hat{tempo}_i = 8,2919 + 0,7105.dist_i + 7,8368.sem_i + 8,9676.perfil3_{i\begin{smallmatrix}(calmo=0\\agressivo=1)\end{smallmatrix}}$$

É importante também verificarmos que houve uma redução das amplitudes dos intervalos de confiança para cada um dos parâmetros. Dessa forma, podemos perguntar:

Qual seria o tempo estimado para outro aluno que também se desloca 17 quilômetros, passa também por dois semáforos, também decide ir à escola de manhã, porém tem um perfil considerado agressivo ao volante?

$$\hat{tempo} = 8,2919 + 0,7105.(17) + 7,8368.(2) + 8,9676.(1) = 45,0109 \text{ min}$$

Por fim, podemos afirmar, *ceteris paribus*, que um estudante considerado agressivo ao volante leva, em média, 8,9676 minutos a mais para chegar à escola em relação a outro considerado calmo. Isso demonstra, entre outras coisas, que agressividade no trânsito realmente não leva a nada!

	A	B	C	D	E	F	G	H	I
1	RESUMO DOS RESULTADOS								
2									
3	*Estatística de regressão*								
4	R múltiplo	0,99770703							
5	R-Quadrado	0,99541932							
6	R-quadrado ajustado	0,99312897							
7	Erro padrão	1,23567574							
8	Observações	10							
9									
10	ANOVA								
11		*gl*	*SQ*	*MQ*	*F*	*F de significação*			
12	Regressão	3	1990,83863	663,612878	434,616052	2,0989E-07			
13	Resíduo	6	9,16136725	1,52689454					
14	Total	9	2000						
15									
16		Coeficientes	Erro padrão	Stat t	valor-P	95% inferiores	95% superiores	Inferior 95,0%	Superior 95,0%
17	Interseção	8,29193164	0,85350815	9,71511709	6,8281E-05	6,203472428	10,38039085	6,203472428	10,38039085
18	Variável X 1	0,7104531	0,06690063	10,6195276	4,1071E-05	0,546753153	0,874153047	0,546753153	0,874153047
19	Variável X 2	7,8368442	0,66940306	11,7072129	2,3427E-05	6,198873914	9,474814481	6,198873914	9,474814481
20	Variável X 5	8,96760731	1,02889043	8,71580395	0,0001261	6,450003119	11,48521151	6,450003119	11,48521151
21									
22									
23									
24	RESULTADOS DE RESÍDUOS								
25									
26	Observação	Y previsto	Resíduos						
27	1	13,9755564	1,02444356						
28	2	20,3149444	-0,39149444						
29	3	18,9487281	1,05127186						
30	4	39,3054452	0,69455485						
31	5	50,6945548	-0,69455485						
32	6	23,9437599	1,05624006						
33	7	11,8441971	-1,84419714						
34	8	54,5369634	0,46303657						
35	9	36,0214626	-1,02146264						
36	10	30,3378378	-0,33783784						

Figura 12.33 *Outputs* da regressão linear múltipla após a exclusão de variáveis.

12.3. PRESSUPOSTOS DOS MODELOS DE REGRESSÃO POR MÍNIMOS QUADRADOS ORDINÁRIOS (MQO OU *OLS*)

Após a apresentação do modelo de regressão múltipla estimado pelo método de mínimos quadrados ordinários, o Quadro 12.2 traz os seus pressupostos, as consequências de suas violações e os procedimentos para a verificação de cada um deles.

Quadro 12.2 Pressupostos do modelo de regressão.

Pressuposto	Violação	Verificação do pressuposto
Os resíduos apresentam distribuição normal.	*Valor-P* dos testes *t* e do teste *F* não são válidos.	Teste de Shapiro-Wilk. Teste de Shapiro-Francia.
Não existem correlações elevadas entre as variáveis explicativas e existem mais observações do que variáveis explicativas.	Multicolinearidade.	Matriz de Correlação Simples. Determinante da matriz (X'X). *VIF* (*Variance Inflation Factor*) e *Tolerance*.
Os resíduos não apresentam correlação com qualquer variável *X*.	Heterocedasticidade.	Teste de Breusch-Pagan/Cook-Weisberg.
Os resíduos são aleatórios e independentes.	Autocorrelação dos resíduos para modelos temporais.	Teste de Durbin-Watson. Teste de Breusch-Godfrey.

Fonte: Kennedy (2008).

Na sequência, iremos apresentar e discutir cada um dos pressupostos.

12.3.1. Normalidade dos resíduos

A **normalidade dos resíduos** é requerida apenas e tão somente para que sejam validados os testes de hipótese dos modelos de regressão, ou seja, o pressuposto da normalidade assegura que o *valor-P* dos testes *t* e do teste *F* sejam válidos. Entretanto, Wooldridge (2012) argumenta que a violação deste pressuposto pode ser minimizada quando da utilização de grandes amostras, devido às propriedades assintóticas dos estimadores obtidos por mínimos quadrados ordinários.

É bastante comum que este pressuposto seja violado por pesquisadores quando da estimação de modelos de regressão pelo método de mínimos quadrados ordinários, porém é importante que esta hipótese possa ser atendida para a obtenção de uma série de resultados estatísticos voltados para a definição da melhor forma funcional do modelo e para a determinação dos intervalos de confiança para previsão (Figura 12.34), que são definidos, como já estudamos, com base na estimação dos parâmetros do modelo.

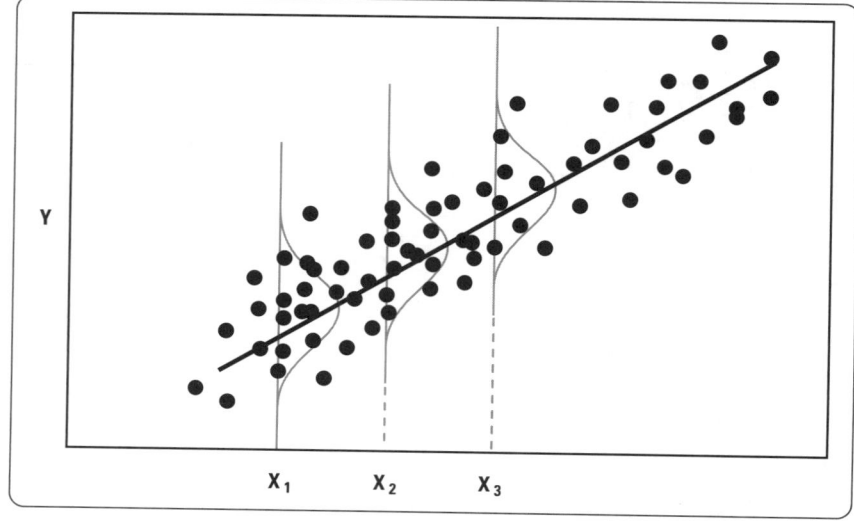

Figura 12.34 Distribuição normal dos resíduos.

Ressalta-se que a aderência à distribuição normal da variável dependente, em modelos de regressão por mínimos quadrados ordinários, pode fazer com que sejam gerados termos de erro também normais e, consequentemente, estimados parâmetros mais adequados à determinação dos intervalos de confiança para efeitos de previsão.

Assim sendo, recomenda-se que seja aplicado, dependendo do tamanho da amostra, o **teste de Shapiro-Wilk** ou o **teste de Shapiro-Francia** aos termos de erro, a fim de que seja verificado o pressuposto da normalidade dos resíduos. Segundo Maroco (2014), enquanto o teste de Shapiro-Wilk é mais indicado para pequenas amostras (aquelas com até 30 observações), o teste de Shapiro-Francia é mais recomendado para grandes amostras, conforme discutimos no Capítulo 7.

Na seção 12.5 iremos apresentar a aplicação destes testes, bem como seus resultados, por meio da utilização do Stata.

A não aderência à normalidade dos termos de erro pode indicar que o modelo foi especificado incorretamente quanto à forma funcional e que houve a omissão de variáveis explicativas relevantes. A fim de que seja corrigido este problema, pode-se alterar a formulação matemática, bem como incluir novas variáveis explicativas no modelo.

Na seção 12.3.5 apresentaremos o *linktest* e o teste *RESET*, para identificação de problemas de especificação na forma funcional e de omissão de variáveis relevantes, respectivamente, e na seção 12.4 iremos discorrer sobre as especificações não lineares, com destaque para determinadas formas funcionais. Nesta mesma seção, discutiremos as transformações de Box-Cox, que têm por intuito maximizar a aderência à normalidade da distribuição de determinada variável gerada a partir de uma variável original com distribuição não normal. É muito comum que este procedimento seja aplicado à variável dependente de um modelo cuja estimação gerou termos de erro não aderentes à normalidade.

Vale a pena comentar que é comum que se discuta sobre a necessidade de que as variáveis explicativas apresentem distribuições aderentes à normalidade, o que é um grande erro. Se este fosse o caso, não seria possível utilizarmos variáveis *dummy* em nossos modelos.

12.3.2. O problema da multicolinearidade

O problema da **multicolinearidade** ocorre quando há correlações muito elevadas entre variáveis explicativas e, em casos extremos, tais correlações podem ser perfeitas, indicando uma relação linear entre as variáveis.

Inicialmente, apresentaremos o modelo geral de regressão linear múltipla na forma matricial. Partindo-se de:

$$Y_i = a + b_1.X_{1i} + b_2.X_{2i} + \ldots + b_k.X_{ki} + u_i \tag{12.30}$$

podemos escrever que:

$$\mathbf{Y} = \mathbf{X}.\mathbf{b} + \mathbf{U} \tag{12.31}$$

ou:

$$\begin{bmatrix} Y_1 \\ Y_2 \\ Y_3 \\ \ldots \\ Y_n \end{bmatrix}_{n \times 1} = \begin{bmatrix} 1 & X_{11} & X_{12} & \ldots & X_{1k} \\ 1 & X_{21} & X_{22} & \ldots & X_{2k} \\ 1 & X_{31} & X_{32} & \ldots & X_{3k} \\ \ldots & \ldots & \ldots & \ldots & \ldots \\ 1 & X_{n1} & X_{n2} & \ldots & X_{nk} \end{bmatrix}_{n \times k+1} . \begin{bmatrix} a \\ b_1 \\ b_2 \\ \ldots \\ b_k \end{bmatrix}_{k+1 \times 1} + \begin{bmatrix} u_1 \\ u_2 \\ u_3 \\ \ldots \\ u_n \end{bmatrix}_{n \times 1} \tag{12.32}$$

de onde se pode demonstrar que as estimativas dos parâmetros são dadas pelo seguinte vetor:

$$\beta = (\mathbf{X'X})^{-1}(\mathbf{X'Y}) \tag{12.33}$$

Imaginemos um modelo específico com apenas duas variáveis explicativas, como segue:

$$Y_i = a + b_1.X_{1i} + b_2.X_{2i} + u_i \tag{12.34}$$

Se, por exemplo, $X_{2i} = 4.X_{1i}$, não seria possível separar as variações ocorridas na variável dependente em decorrência de alterações em X_1 advindas da influência de X_2. Portanto, segundo Vasconcellos e Alves (2000), seria impossível, para esta situação, que fossem estimados todos os parâmetros da equação da expressão (12.34), já que ficaria impossibilitada a inversão da matriz ($\mathbf{X'X}$) e, consequentemente, o cálculo do vetor de parâmetros $\beta = (\mathbf{X'X})^{-1}(\mathbf{X'Y})$. Entretanto, poderia ser estimado o seguinte modelo

$$Y_i = a + \left(b_1 + 4.b_2\right).X_{1i} + u_i \tag{12.35}$$

cujo parâmetro estimado seria uma combinação linear entre b_1 e b_2.

Problemas maiores, entretanto, ocorrerão quando a correlação entre as variáveis explicativas for muito alta, porém não perfeita, conforme será discutido mais adiante por meio da apresentação de exemplos numéricos e de aplicações em bancos de dados.

12.3.2.1. Causas da multicolinearidade

Uma das principais causas da multicolinearidade é a existência de variáveis que apresentam a mesma tendência durante alguns períodos. Imaginemos, por exemplo, que se deseja estudar se a rentabilidade, ao longo do tempo, de um determinado fundo de renda fixa atrelado a índices de preços varia em função de índices de inflação com defasagem de três meses. Ou seja, há o intuito de se criar um modelo em que a rentabilidade do fundo em um período t seja função de determinados índices de inflação em $t - 3$. Para tanto, o pesquisador inclui, como variáveis explicativas, os índices IPCA e IGP-m (ambos em $t - 3$). Como tais índices apresentam correlação ao longo do tempo, muito provavelmente o modelo gerado apresentará multicolinearidade.

Tal fenômeno não é restrito a bases de dados em que há a evolução temporal. Imaginemos outra situação em que um pesquisador deseja estudar se o faturamento de uma amostra de lojas de supermercados em um mês é função da área de vendas (em m²) e do número de funcionários alocados em cada uma das lojas. Como é sabido que, para este tipo de operação varejista, há certa correlação entre área de vendas e número de funcionários, problemas de multicolinearidade nesta *cross-section* também poderão acontecer.

Outra causa bastante comum da multicolinearidade é a utilização de bancos de dados com um número insuficiente de observações.

12.3.2.2. Consequências da multicolinearidade

Segundo Vasconcellos e Alves (2000), a existência de multicolinearidade tem impacto direto no cálculo da matriz $(\mathbf{X'X})$. Para tratar deste problema, apresentaremos, por meio de exemplos numéricos, os cálculos das matrizes $(\mathbf{X'X})$ e $(\mathbf{X'X})^{-1}$ em três casos distintos, nos quais existe correlação entre as duas variáveis explicativas: (a) correlação perfeita; (b) correlação muito alta, porém não perfeita; (c) correlação baixa.

(a) Correlação perfeita

Imagine uma matriz $\mathbf{X}$ com apenas duas variáveis explicativas e duas observações:

$$\mathbf{X} = \begin{bmatrix} 1 & 4 \\ 2 & 8 \end{bmatrix}$$

Logo:

$$\mathbf{X'X} = \begin{bmatrix} 5 & 20 \\ 20 & 80 \end{bmatrix}$$

e, portanto, $\mathbf{det(X'X)} = 0$, ou seja, $(\mathbf{X'X})^{-1}$ não pode ser calculada.

(b) Correlação muito alta, porém não perfeita

Imagine agora que a matriz $\mathbf{X}$ apresente os seguintes valores:

$$\mathbf{X} = \begin{bmatrix} 1 & 4 \\ 2 & 7{,}9 \end{bmatrix}$$

Logo:

$$\mathbf{X'X} = \begin{bmatrix} 5 & 19{,}8 \\ 19{,}8 & 78{,}41 \end{bmatrix}$$

de onde vem que $\mathbf{det(X'X)} = 0{,}01$ e, portanto:

$$(\mathbf{X'X})^{-1} = \begin{bmatrix} 7.841 & -1.980 \\ -1.980 & 500 \end{bmatrix}$$

Segundo Vasconcellos e Alves (2000), como a matriz de variância e covariância dos parâmetros do modelo é dada por $\sigma^2(\mathbf{X'X})^{-1}$, e como os elementos da diagonal principal desta matriz aparecem no denominador das estatísticas t, conforme estudado na seção 12.2.3 (expressão 12.21), estas tendem, neste caso, a apresentar valores subestimados pela existência de valores elevados na matriz $(\mathbf{X'X})^{-1}$, o que pode eventualmente fazer com que um pesquisador considere não significantes os efeitos de algumas das variáveis explicativas. Porém, como os cálculos da estatística F e do R^2 não são afetados por este fenômeno, é comum que se encontrem modelos em que os coeficientes das variáveis explicativas não sejam estatisticamente significantes, com o teste F rejeitando a hipótese nula ao mesmo nível de significância, ou seja, indicando que pelo menos um parâmetro seja estatisticamente diferente de zero. Em muitos casos, esta inconsistência ainda vem acompanhada de um alto valor de R^2.

(c) Correlação baixa

Imagine, por fim, que a matriz $\mathbf{X}$ passe a apresentar os seguintes valores:

$$\mathbf{X} = \begin{bmatrix} 1 & 4 \\ 2 & 3 \end{bmatrix}$$

Logo:

$$\mathbf{X'X} = \begin{bmatrix} 5 & 10 \\ 10 & 25 \end{bmatrix}$$

de onde vem que $\det(\mathbf{X'X}) = 25$ e, portanto:

$$(\mathbf{X'X})^{-1} = \begin{bmatrix} 1 & -0,4 \\ -0,4 & 0,2 \end{bmatrix}$$

Podemos agora verificar que, dada a baixa correlação entre X_1 e X_2, os valores presentes na matriz $(\mathbf{X'X})^{-1}$ são baixos, o que gerará pouca influência para a redução da estatística t quando do seu cálculo.

Na seção 12.3.2.3, a seguir, serão elaborados modelos com o uso de bancos de dados que propiciam o estudo dessas três situações.

12.3.2.3. Aplicação de exemplos com multicolinearidade no Excel

Voltando ao exemplo utilizado ao longo do capítulo, imaginemos agora que o professor deseje avaliar a influência da distância percorrida (*dist*) e da quantidade de cruzamentos (*cruz*) ao longo do trajeto sobre o tempo para se chegar à escola (*tempo*). Para tanto, fez uma pesquisa com alunos de três turmas diferentes (A, B e C), de modo que seja obtido, para cada turma, o seguinte modelo:

$$tempo_i = a + b_1.dist_i + b_2.cruz_i + u_i$$

Os três casos apresentados a seguir referem-se, respectivamente, aos dados obtidos em cada uma das três turmas de alunos.

(a) Turma A: O caso da correlação perfeita

A turma A tem alunos que moram apenas no centro da cidade, ou seja, coincidentemente existe uma relação perfeita entre a distância percorrida e a quantidade de cruzamentos, uma vez que os trajetos possuem as mesmas características e são sempre realizados em zona urbana. O banco de dados coletado na turma A está apresentado na Tabela 12.13.

Por meio do arquivo **Tempodistcruz_turma_A.xls**, podemos elaborar a regressão múltipla, conforme mostra a Figura 12.35. Os *outputs* são apresentados na Figura 12.36.

Tabela 12.13 Turma A e o exemplo de correlação perfeita entre as variáveis explicativas (distância percorrida e quantidade de cruzamentos).

Estudante	Tempo para chegar à escola (minutos) (Y_i)	Distância percorrida até a escola (quilômetros) (X_{1i})	Quantidade de cruzamentos (X_{2i})
Gabriela	15	8	16
Dalila	20	6	12
Gustavo	20	15	30
Letícia	40	20	40
Luiz Ovídio	50	25	50
Leonor	25	11	22
Ana	10	5	10
Antônio	55	32	64
Júlia	35	28	56
Mariana	30	20	40

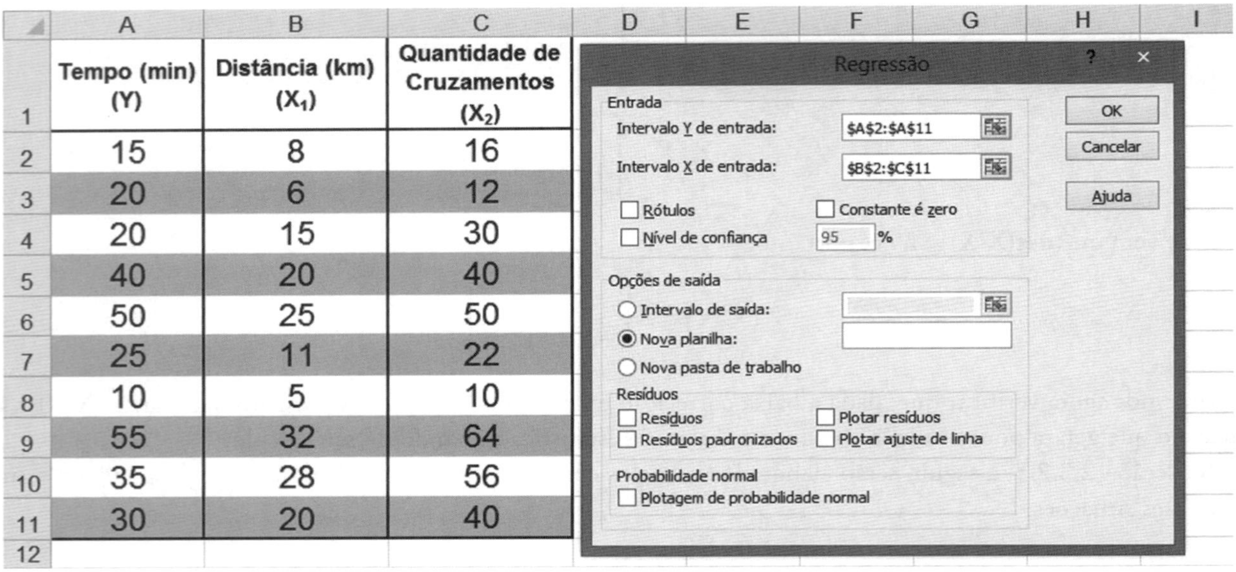

Figura 12.35 Regressão linear múltipla para a turma A.

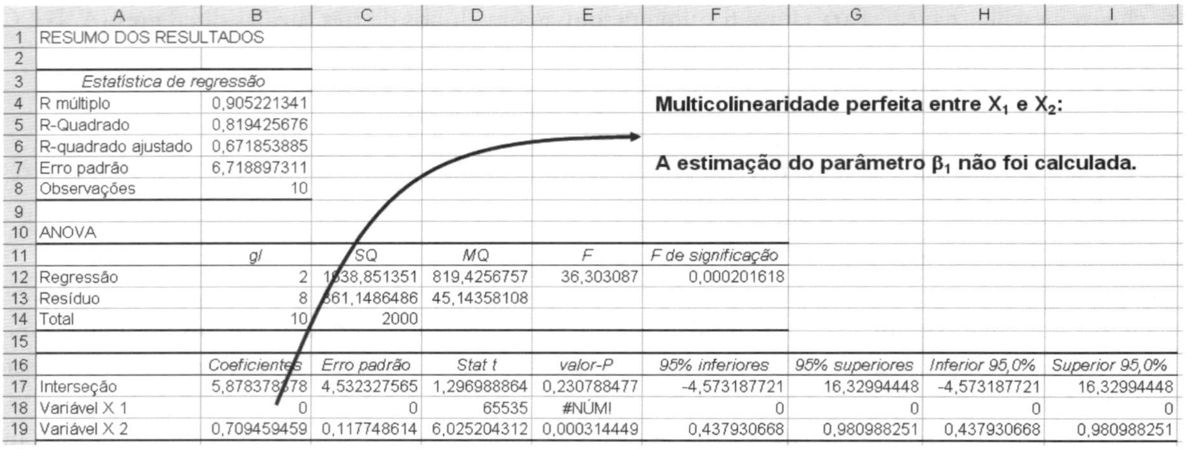

	A	B	C	D	E	F	G	H	I
1	RESUMO DOS RESULTADOS								
2									
3	*Estatística de regressão*								
4	R múltiplo	0,905221341				Multicolinearidade perfeita entre X_1 e X_2:			
5	R-Quadrado	0,819425676							
6	R-quadrado ajustado	0,671853885							
7	Erro padrão	6,718897311				A estimação do parâmetro β_1 não foi calculada.			
8	Observações	10							
9									
10	ANOVA								
11		*gl*	*SQ*	*MQ*	*F*	*F de significação*			
12	Regressão	2	1638,851351	819,4256757	36,303087	0,000201618			
13	Resíduo	8	361,1486486	45,14358108					
14	Total	10	2000						
15									
16		*Coeficientes*	*Erro padrão*	*Stat t*	*valor-P*	*95% inferiores*	*95% superiores*	*Inferior 95,0%*	*Superior 95,0%*
17	Interseção	5,878378378	4,532327565	1,296988864	0,230788477	-4,573187721	16,32994448	-4,573187721	16,32994448
18	Variável X 1	0	0	65535	#NÚM!	0	0	0	0
19	Variável X 2	0,709459459	0,117748614	6,025204312	0,000314449	0,437930668	0,980988251	0,437930668	0,980988251

Figura 12.36 *Outputs* da regressão linear múltipla para a turma A.

Conforme podemos verificar, a estimação do parâmetro da variável X_1 (*dist*) não foi calculada visto que a correlação entre *dist* e *cruz* é perfeita e, portanto, fica impossível a inversão da matriz $(\mathbf{X'X})$ que, neste caso, é dada por:

$$\mathbf{X'X} = \begin{bmatrix} 3.704 & 7.408 \\ 7.408 & 14.816 \end{bmatrix}, \text{ de onde vem que } \det(\mathbf{X'X}) = 0.$$

De qualquer modo, como sabemos que $cruz_i = 2.dist_i$, poderemos estimar o seguinte modelo:

$$tempo_i = a + \left(b_1 + 2.b_2\right).dist_i + u_i$$

em que o parâmetro estimado será uma combinação linear entre b_1 e b_2.

(b) Turma B: O caso da correlação muito alta, porém não perfeita

A turma B, muito parecida com a turma A em termos de características dos deslocamentos, possui apenas um estudante (Américo) que, por se deslocar por uma via expressa, passa por um cruzamento a menos, proporcionalmente, em relação aos demais, conforme pode ser observado na Tabela 12.14. Dessa forma, a correlação entre *dist* e *cruz* passa a não ser mais perfeita, mesmo que ainda seja extremamente elevada (no caso deste exemplo, igual a 0,9998).

Por meio do arquivo **Tempodistcruz_turma_B.xls**, podemos elaborar a mesma regressão múltipla, cujos *outputs* são apresentados na Figura 12.37.

Nesse caso, conforme já discutimos, é possível verificar que há uma inconsistência entre o resultado do teste F e os resultados dos testes t, já que estes últimos apresentam valores subestimados de suas estatísticas pelo fato de haver valores mais elevados na matriz $(\mathbf{X'X})^{-1}$, ou seja, pelo fato de $\det(\mathbf{X'X})$ ser mais baixo. Nesse caso, temos:

$$\mathbf{X'X} = \begin{bmatrix} 3.704 & 7.388 \\ 7.388 & 14.737 \end{bmatrix}, \text{ de onde vem que } \det(\mathbf{X'X}) = 3.304, \text{ que aparentemente é um valor alto, porém é}$$

consideravelmente mais baixo do que o calculado para o caso da turma C a seguir. Além disso, neste caso, temos que:

Tabela 12.14 Turma B e o exemplo de correlação muito alta entre as variáveis explicativas (distância percorrida e quantidade de cruzamentos).

Estudante	Tempo para chegar à escola (minutos) (Y_i)	Distância percorrida até a escola (quilômetros) (X_{1i})	Quantidade de cruzamentos (X_{2i})
Giulia	15	8	16
Luiz Felipe	20	6	12
Antonieta	20	15	30
Américo	40	20	39
Ferruccio	50	25	50
Filomena	25	11	22
Camilo	10	5	10
Guilherme	55	32	64
Maria Paula	35	28	56
Mateus	30	20	40

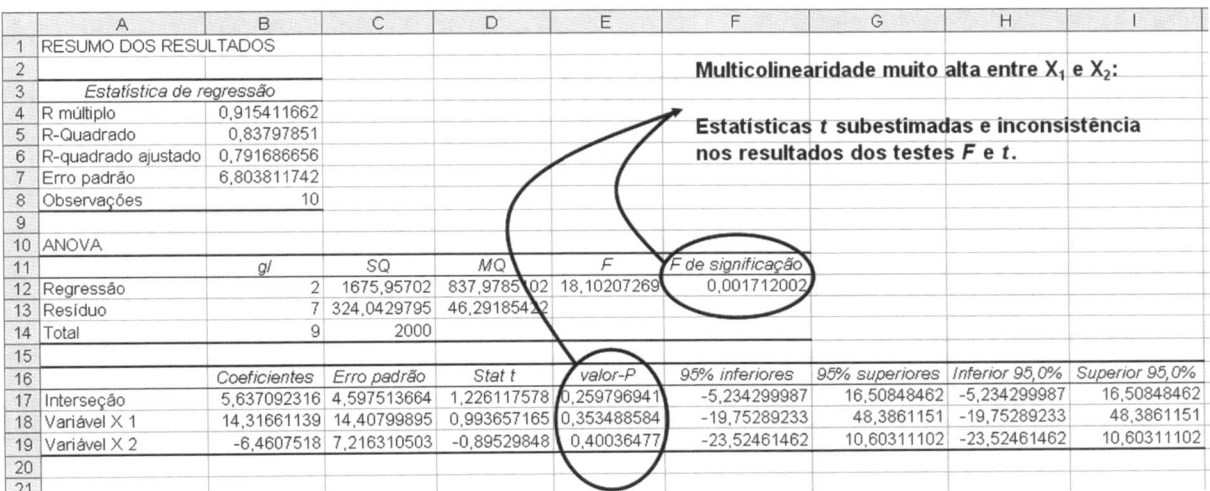

Figura 12.37 *Outputs* da regressão linear múltipla para a turma B.

$$(\mathbf{X'X})^{-1} = \begin{bmatrix} 4,460 & -2,236 \\ -2,236 & 1,121 \end{bmatrix}$$

Em decorrência disso, os *outputs* (Figura 12.37) podem fazer com que um pesquisador, erroneamente, afirme que nenhum parâmetro do modelo em questão seja estatisticamente significante, mesmo que o teste F tenha indicado que pelo menos um deles seja estatisticamente diferente de zero, ao nível de significância de, por exemplo, 5%, e que o próprio R^2 tenha se mostrado relativamente alto ($R^2 = 0,8379$). Este fenômeno representa o maior erro que se pode cometer em modelos com alta multicolinearidade entre variáveis explicativas.

(c) Turma C: O caso da correlação mais baixa

A turma C é mais heterogênea em termos de características dos deslocamentos, já que é formada por estudantes que também vêm de outros municípios e, portanto, utilizam estradas com uma quantidade proporcionalmente menor de cruzamentos ao longo do trajeto. A correlação entre *dist* e *cruz*, neste caso, passa a ser de 0,6505. A Tabela 12.15 apresenta o banco de dados coletado na turma C.

O arquivo **Tempodistcruz_turma_C.xls** traz os dados no formato do Excel, pelo qual podemos elaborar a mesma regressão múltipla, cujos *outputs* são apresentados na Figura 12.38.

Tabela 12.15 Turma C e o exemplo de correlação mais baixa entre as variáveis explicativas (distância percorrida e quantidade de cruzamentos).

Estudante	Tempo para chegar à escola (minutos) (Y_i)	Distância percorrida até a escola (quilômetros) (X_{1i})	Quantidade de cruzamentos (X_{2i})
Juliana	15	8	12
Raquel	20	6	20
Larissa	20	15	25
Rogério	40	20	37
Isabel	50	25	32
Wilson	25	11	17
Luciana	10	5	9
Sandra	55	32	60
Oswaldo	35	28	12
Lucas	30	20	17

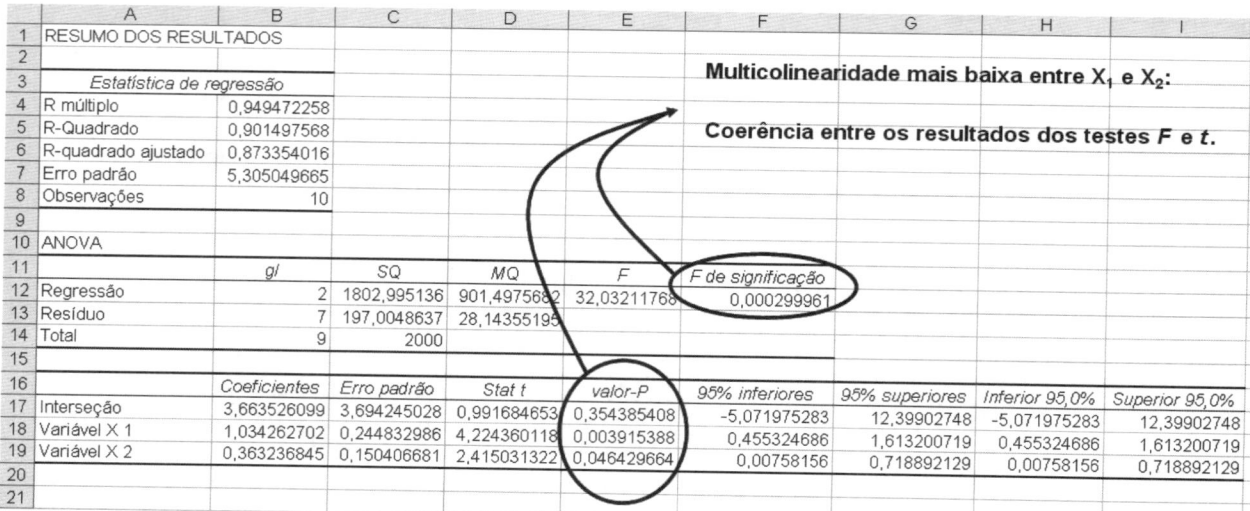

Figura 12.38 *Outputs* da regressão linear múltipla para a turma C.

Podemos agora verificar que, dada uma correlação mais baixa entre *dist* e *cruz*, os valores presentes na matriz $(\mathbf{X'X})^{-1}$ são bem mais baixos do que aqueles calculados para a turma B, o que gerará pouca influência para a redução das estatísticas *t* quando dos seus cálculos e, consequentemente, não ocorrerão inconsistências entre os resultados dos testes *t* e do teste *F*. Nesse caso, temos:

$$\mathbf{X'X} = \begin{bmatrix} 3.704 & 4.959 \\ 4.959 & 7.965 \end{bmatrix}$$, de onde vem que $\mathbf{det(X'X)} = 4.910.679$, que é um valor bem mais alto do que aquele calculado para o caso anterior. Além disso, temos que:

$$(\mathbf{X'X})^{-1} = \begin{bmatrix} 0,0016 & -0,0010 \\ -0,0010 & 0,0008 \end{bmatrix}$$

12.3.2.4. Diagnósticos de multicolinearidade

O primeiro e mais simples método para diagnóstico de multicolinearidade refere-se à identificação de altas correlações entre variáveis explicativas por meio da análise da matriz de correlação simples. Se, por um lado, este método apresenta uma grande facilidade de aplicação, por outro não consegue identificar eventuais relações existentes entre mais de duas variáveis simultaneamente.

O segundo método, menos utilizado, diz respeito ao estudo do determinante da matriz $(\mathbf{X'X})$. Conforme estudamos nas duas seções anteriores, valores de $\mathbf{det(X'X)}$ muito baixos podem indicar a presença de altas correlações entre as variáveis explicativas, o que prejudica a análise das estatísticas *t*.

Por fim, mas não menos importante, é o diagnóstico de multicolinearidade elaborado por meio da estimação de regressões auxiliares. Segundo Vasconcellos e Alves (2000), a partir da expressão (12.30) podem ser estimadas regressões, de modo que:

$$\begin{aligned} X_{1i} &= a + b_1.X_{2i} + b_2.X_{3i} + \ldots + b_{k-1}.X_{ki} + u_i \\ X_{2i} &= a + b_1.X_{1i} + b_2.X_{3i} + \ldots + b_{k-1}.X_{ki} + u_i \\ &\vdots \\ X_{ki} &= a + b_1.X_{1i} + b_2.X_{2i} + \ldots + b_{k-1}.X_{k-1i} + u_i \end{aligned} \quad (12.36)$$

e, para cada uma delas, haverá um R_k^2. Se um ou mais destes R_k^2 auxiliares for elevado, poderemos considerar a existência de multicolinearidade. Dessa forma, podemos definir, a partir dos mesmos, as estatísticas ***Tolerance*** e ***VIF*** (***Variance Inflation Factor***), como segue:

$$Tolerance = 1 - R_k^2 \quad (12.37)$$

$$VIF = \frac{1}{Tolerance} \quad (12.38)$$

Assim sendo, se a *Tolerance* for muito baixa e, consequentemente, a estatística *VIF* alta, teremos um indício de que há problemas de multicolinearidade. Em outras palavras, se a *Tolerance* for baixa para determinada regressão auxiliar, significa que a variável explicativa que faz o papel de dependente nesta regressão auxiliar compartilha um percentual elevado de variância com as demais variáveis explicativas.

Enquanto muitos autores afirmam que problemas de multicolinearidade surgem com valores de *VIF* acima de 10, podemos perceber que um valor de *VIF* igual a 4 resulta em uma *Tolerance* de 0,25, ou seja, em um R_k^2 de 0,75 para aquela determinada regressão auxiliar, o que representa um percentual relativamente elevado de variância compartilhada entre determinada variável explicativa e as demais.

12.3.2.5. Possíveis soluções para o problema da multicolinearidade

A multicolinearidade representa um dos problemas mais difíceis de serem tratados em modelagem de dados. Enquanto alguns apenas aplicam o procedimento *Stepwise*, para que sejam eliminadas as variáveis explicativas que estão correlacionadas, o que de fato pode corrigir a multicolinearidade, tal solução pode criar um problema de especificação pela omissão de variável relevante, conforme discutiremos na seção 12.3.5.

A criação de fatores ortogonais a partir das variáveis explicativas, por meio da aplicação da técnica de análise fatorial, pode corrigir problemas de multicolinearidade. Para efeitos de previsão, entretanto, é sabido que os valores correspondentes aos fatores para novas observações não serão conhecidos, o que gera um problema para o pesquisador. Além disso, a criação de fatores sempre acarreta perda de uma parcela de variância das variáveis explicativas originais.

A boa notícia, conforme também discutem Vasconcellos e Alves (2000), é que a existência de multicolinearidade não afeta a intenção de elaboração de previsões, desde que as mesmas condições que geraram os resultados se mantenham para a previsão. Dessa forma, as previsões incorporarão o mesmo padrão de relação entre as variáveis explicativas, o que não representa problema algum. Gujarati (2011) ainda destaca que a existência de altas correlações entre variáveis explicativas não gera necessariamente estimadores ruins ou fracos e que a presença de multicolinearidade não significa que o modelo possui problemas. Em outras palavras, alguns autores argumentam que uma solução para a multicolinearidade é identificá-la, reconhecê-la e não fazer nada.

12.3.3. O problema da heterocedasticidade

Além dos pressupostos discutidos anteriormente, a distribuição de probabilidades de cada termo aleatório de $Y_i = a + b_1.X_{1i} + b_2.X_{2i} + ... + b_k.X_{ki} + u_i$ ($i = 1, 2, ..., n$) é tal que todas as distribuições devem apresentar a mesma variância, ou seja, devem ser homocedásticas. Assim:

$$Var\left(u_i\right) = E\left(u_i\right)^2 = \sigma_u^2 \tag{12.39}$$

A Figura 12.39 propicia, para um modelo de regressão linear simples, uma visualização do problema da **heterocedasticidade**, ou seja, a não constância da variância dos resíduos ao longo da variável explicativa. Em outras palavras, deve estar ocorrendo uma correlação entre os termos do erro e a variável X, percebida pela formação de um "cone" que se estreita à medida que X aumenta. Obviamente, o problema de heterocedasticidade também ocorreria se este "cone" se apresentasse de forma espelhada, ou seja, se o estreitamento (redução dos valores dos termos de erro) ocorresse com a redução dos valores da variável X.

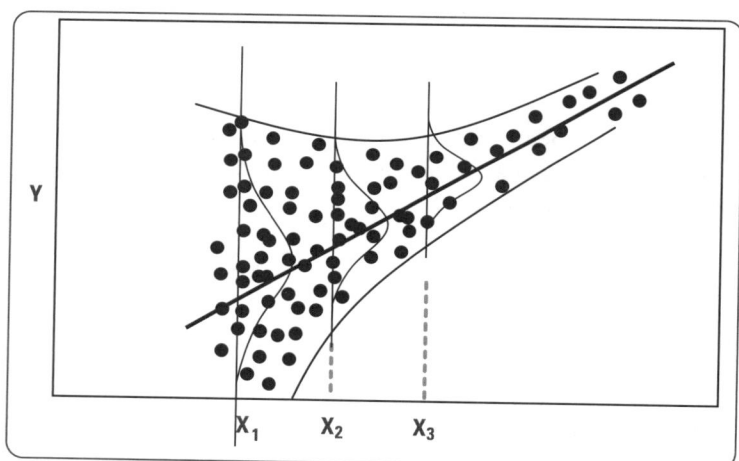

Figura 12.39 O problema da heterocedasticidade.

12.3.3.1. Causas da heterocedasticidade

Segundo Vasconcellos e Alves (2000) e Greene (2012), erros de especificação quanto à forma funcional ou quanto à omissão de variável relevante podem gerar termos de erro heterocedásticos no modelo.

Este fenômeno também pode ser gerado por modelos de aprendizagem e erro. Neste caso, imaginemos que um grupo de analistas deseje elaborar previsões a respeito do preço futuro da soja no mercado de derivativos. Os mesmos analistas fazem suas previsões em t, $t + 1$, $t + 2$ e $t + 3$ meses, a fim de que seja avaliada a curva de aprendizagem de cada um deles sobre o fenômeno em questão (precificação correta da *commodity*). O gráfico da Figura 12.40 é elaborado após o experimento e, por meio de sua análise, podemos verificar que os analistas passam a prever de forma mais apurada o preço da soja com o passar do tempo, muito provavelmente por conta do processo de aprendizagem a que são submetidos.

Analogamente, o incremento da renda discricionária (parcela da renda total de um indivíduo que não está comprometida, ou seja, que permite que o indivíduo possa exercer algum grau de discrição quanto ao seu destino) também pode fazer com que sejam gerados problemas de heterocedasticidade em modelos de regressão. Imaginemos uma pesquisa realizada com estudantes formados em um curso de Direito. De tempos em tempos, digamos de 5 em 5 anos, os mesmos estudantes são questionados sobre a sua renda discricionária naquele exato momento. O gráfico da Figura 12.41 é então elaborado e, por meio dele, verificamos que a renda discricionária dos estudantes passa a apresentar diferenças maiores ao longo do tempo, se comparadas àquelas dos tempos de recém-formados.

Ainda com base no mesmo exemplo da renda discricionária, imaginemos agora que outra amostra tenha a mesma configuração, porém com apenas um indivíduo apresentando valor discrepante de sua renda discricionária em $t + 15$, conforme mostra a Figura 12.42. Este *outlier* aumentará ainda mais, neste caso, a intensidade da heterocedasticidade no modelo proposto.

12.3.3.2. Consequências da heterocedasticidade

Todas as causas aqui discutidas (erros de especificação do modelo, modelos de aprendizagem e erro, aumento da renda discricionária e presença de *outliers*) podem levar à heterocedasticidade, que gera estimadores dos parâmetros não viesados, porém ineficientes, e erros-padrão dos parâmetros viesados, o que acarreta problemas com os testes de hipótese das estatísticas t.

A fim de que seja detectada a presença de heterocedasticidade, apresentaremos, na sequência, o teste de Breusch-Pagan/Cook-Weisberg. Alguns procedimentos para eventual correção da heterocedasticidade também serão discutidos, como a estimação pelo método de mínimos quadrados ponderados e o método de Huber-White para erros-padrão robustos.

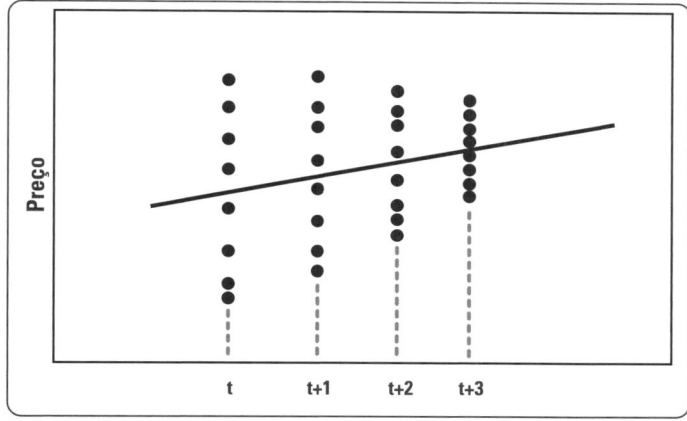

Figura 12.40 Modelos de aprendizagem e erro como causa da heterocedasticidade.

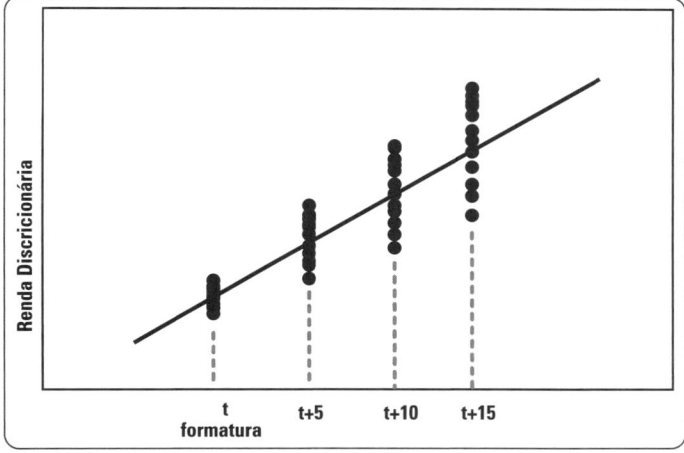

Figura 12.41 Incremento da renda discricionária como causa da heterocedasticidade.

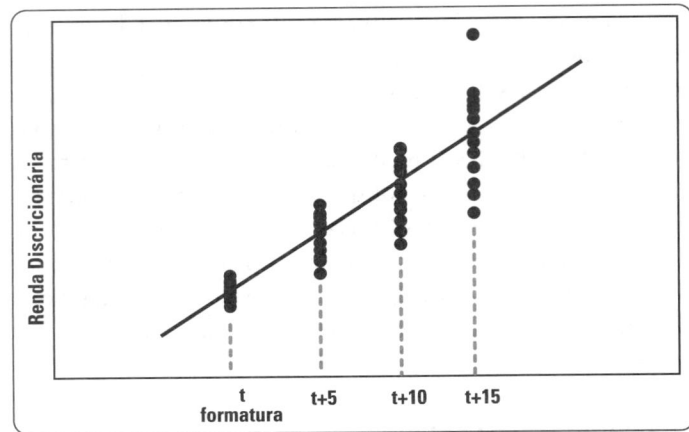

Figura 12.42 Existência de *outlier* como causa da heterocedasticidade.

12.3.3.3. Diagnóstico de heterocedasticidade: teste de Breusch-Pagan/Cook-Weisberg

O **teste de Breusch-Pagan/Cook-Weisberg**, que se baseia no **multiplicador de Lagrange** (***LM***), apresenta, como hipótese nula, o fato de a variância dos termos de erro ser constante (erros homocedásticos) e, como hipótese alternativa, o fato de a variância dos termos de erro não ser constante, ou seja, os termos de erro serem uma função de uma ou mais variáveis explicativas (erros heterocedásticos). É importante mencionar que este teste é indicado para os casos em que a suposição de normalidade dos resíduos for verificada.

Para obter o resultado do teste, podemos, inicialmente, elaborar um determinado modelo de regressão, a partir do qual vamos obter o vetor de resíduos (u_i) e o vetor de valores previstos da variável dependente ($\hat{Y}_i$). Na sequência, podemos padronizar os resíduos ao quadrado, obrigando que a média desta nova variável seja igual a 1. Ou seja, cada resíduo padronizado será obtido por meio da seguinte expressão:

$$up_i = \frac{u_i^2}{\left(\sum_{i=1}^{n} u_i^2\right) / n} \tag{12.40}$$

em que n é o número de observações.

Em seguida, podemos elaborar a regressão $up_i = a + b.\hat{Y}_i + \xi$, a partir da qual se calcula a soma dos quadrados da regressão (*SQR*) que, dividindo-se por dois, chega-se à estatística $\chi^2_{BP/CW}$.

Assim sendo, o teste de Breusch-Pagan/Cook-Weisberg apresenta, como hipótese nula, o fato de a estatística calculada $\chi^2_{BP/CW}$ possuir distribuição qui-quadrado com 1 grau de liberdade, ou seja, que $\chi^2_{BP/CW} < \chi^2_{1\ g.l.}$ para determinado nível de significância. Em outras palavras, se os termos do erro forem homocedásticos, os resíduos ao quadrado não aumentam ou diminuem com o aumento de $\hat{Y}$.

Na seção 12.5, iremos apresentar a aplicação deste teste, bem como seus resultados, por meio da utilização do Stata.

12.3.3.4. Método de mínimos quadrados ponderados: uma possível solução

Conforme mencionamos, falhas na especificação do modelo podem gerar termos de erro heterocedásticos e, como sabemos e discutiremos na seção 12.4, as relações entre variáveis são complexas e nem sempre seguem uma linearidade. E não havendo determinada teoria subjacente que indique a relação entre duas ou mais variáveis, cabe ao pesquisador, por meio, por exemplo, da elaboração de gráficos dos resíduos em função da variável dependente ou das variáveis explicativas, tentar inferir sobre um eventual ajuste não linear a ser aplicado ao modelo em estudo, como o logarítmico, o quadrático ou o inverso.

Neste sentido, o **método de mínimos quadrados ponderados**, que é um caso particular do método de mínimos quadrados generalizados, pode ser aplicado quando se diagnostica que a variância dos termos de erro depende da variável explicativa, ou seja, quando a expressão (12.39) sofre alguma alteração, de modo que:

$$Var\left(u_i\right) = \sigma_u^2 . X_i$$

ou

$$Var\left(u_i\right) = \sigma_u^2 . X_i^2$$

ou

$$Var\left(u_i\right) = \sigma_u^2 . \sqrt{X_i}$$

ou qualquer outra relação entre $Var(u_i)$ e X_i.

Assim, o modelo poderá ser transformado de maneira que os termos de erro passem a apresentar variância constante. Imagine, por exemplo, que a relação entre u_i e X_i seja linear, ou seja, que $|u_i| = c.X_i$ e, desta forma, $E\left(u_i\right)^2 = E\left(c.X_i\right)^2 = c^2 . X_i^2$, em que c é uma constante. Isto posto, podemos propor um novo modelo, da seguinte forma:

$$\frac{Y_i}{X_i} = \frac{a}{X_i} + \frac{b.X_i}{X_i} + \frac{u_i}{X_i}$$

(12.41)

A partir da expressão (12.41), temos que os novos termos de erro apresentam a seguinte variância:

$$E\left(\frac{u_i}{X_i}\right)^2 = \frac{1}{X_i^2}.E\left(u_i\right)^2 = \frac{1}{X_i^2}.c^2.X_i^2 = c^2, \text{ que é constante.}$$

Portanto, o modelo proposto por meio da expressão (12.41) pode ser estimado por mínimos quadrados ordinários.

12.3.3.5. Método de Huber-White para erros-padrão robustos

Para termos uma sucinta ideia do procedimento proposto em seminal artigo escrito por White (1980), que segue o trabalho de Huber (1967), vamos novamente utilizar a expressão:

$$Y_i = a + b.X_i + u_i, \text{ com } Var\left(u_i\right) = E\left(u_i\right)^2 = \sigma_u^2$$

(12.42)

e

$$Var(\hat{b}) = \frac{\sum X_i^2 . \sigma_u^2}{\left(\sum X_i^2\right)^2}$$

(12.43)

Porém, como σ_u^2 não é diretamente observável, White (1980) propõe que se adote $\hat{u}_i^2$, em vez de σ_u^2, para a estimação de $Var(\hat{b})$, da seguinte maneira:

$$Var(\hat{b}) = \frac{\sum X_i^2 . \hat{u}_i^2}{\left(\sum X_i^2\right)^2}$$

(12.44)

White (1980) demonstra que a $Var(\hat{b})$ apresentada por meio da expressão (12.44) é um estimador consistente da variância apresentada por meio da expressão (12.43), ou seja, à medida que o tamanho da amostra aumenta indefinidamente, a segunda converge para a primeira.

Este procedimento pode ser generalizado para o modelo de regressão múltipla:

$$Y_i = a + b_1.X_{1i} + b_2.X_{2i} + \ldots + b_k.X_{ki} + u_i$$

(12.45)

de onde vem que:

$$Var(\hat{b}_j) = \frac{\sum \hat{w}_{ji}^2 . \hat{u}_i^2}{\left(\sum \hat{w}_{ji}^2\right)^2}$$

(12.46)

em que $j = 1, 2, \ldots, k$, $\hat{u}_i$ são os resíduos obtidos por meio da elaboração da regressão original e $\hat{w}_{ji}$ representam os resíduos obtidos por meio da elaboração de cada regressão auxiliar do regressor X_j contra todos os demais regressores.

Dada a facilidade computacional de se aplicar este método, atualmente é muito frequente que os pesquisadores utilizem os erros-padrão robustos à heterocedasticidade em seus trabalhos acadêmicos, a tal ponto de nem mais se preocuparem em verificar a existência da própria heterocedasticidade. Entretanto, esta decisão, que acaba por tentar eliminar uma incerteza correspondente à fonte da heterocedasticidade e que eventualmente gera uma eventual confiança em resultados mais robustos, não representa uma verdadeira solução na grande maioria das vezes. É importante salientar que este procedimento, que gera estimativas dos erros-padrão dos parâmetros diferentes daquelas que seriam obtidas com a aplicação direta do método de mínimos quadrados ordinários (afetando as estatísticas t), não altera as estimativas dos parâmetros do modelo de regressão propriamente ditos.

Dessa forma, a adoção deste procedimento pode apenas fazer com que o pesquisador finja que o problema não existe, em vez de tentar identificar as razões por meio das quais ele surge.

12.3.4. O problema da autocorrelação dos resíduos

A hipótese de aleatoriedade e independência dos termos de erro apenas faz sentido de ser estudada em modelos em que há a **evolução temporal dos dados**. Em outras palavras, se estivermos trabalhando com uma base de dados em *cross-section*, este pressuposto não se justifica, já que a mudança da sequência em que as observações estão dispostas numa *cross-section* não altera em nada o banco de dados, porém modifica a correlação entre os termos de erro de uma observação para a seguinte. Por outro lado, como devemos obrigatoriamente respeitar a sequência das observações em bancos de dados com evolução temporal (t, $t + 1$, $t + 2$ etc.), a correlação (ρ) dos termos de erro entre observações passa a fazer sentido. Dessa forma, podemos propor o seguinte modelo, agora com subscritos t em vez de i:

$$Y_t = a + b_1.X_{1t} + b_2.X_{2t} + \ldots + b_k.X_{kt} + \varepsilon_t \tag{12.47}$$

em que:

$$\varepsilon_t = \rho.\varepsilon_{t-1} + u_t \text{, com } -1 \leq \rho \leq 1 \tag{12.48}$$

Ou seja, os termos de erro ε_t não são independentes e, de acordo com a expressão (12.48), apresentam **autocorrelação de primeira ordem**, ou seja, cada valor de ε depende do valor de ε do período anterior e de um termo aleatório e independente u, com distribuição normal, média zero e variância constante. Neste caso, portanto, temos que:

$$\begin{aligned}
\varepsilon_{t-1} &= \rho.\varepsilon_{t-2} + u_{t-1} \\
\varepsilon_{t-2} &= \rho.\varepsilon_{t-3} + u_{t-2} \\
&\vdots \\
\varepsilon_{t-p} &= \rho.\varepsilon_{t-p-1} + u_{t-p}
\end{aligned} \tag{12.49}$$

A Figura 12.43 propicia, para um modelo de regressão linear simples, uma visualização do problema da autocorrelação dos resíduos, ou seja, nitidamente os termos de erro não apresentam aleatoriedade e correlacionam-se temporalmente.

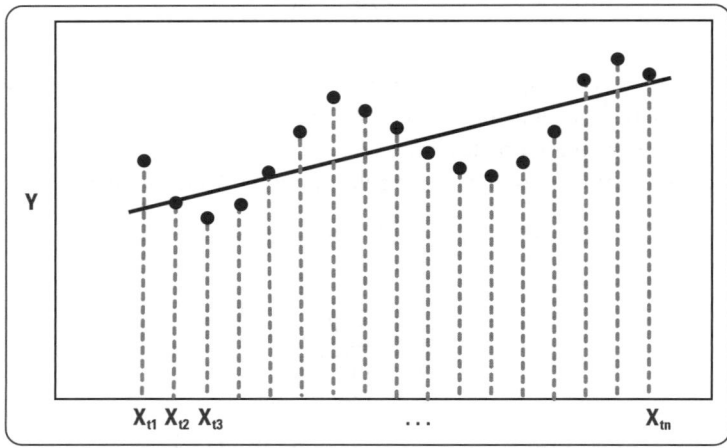

Figura 12.43 O problema da autocorrelação dos resíduos.

12.3.4.1. Causas da autocorrelação dos resíduos

Segundo Vasconcellos e Alves (2000) e Greene (2012), erros de especificação quanto à forma funcional ou quanto à omissão de variável explicativa relevante podem gerar termos de erro autocorrelacionados. Além disso, a autocorrelação dos resíduos também pode ser causada por fenômenos sazonais e, consequentemente, pela dessazonalização destas séries.

Imaginemos que um pesquisador deseje investigar a relação existente entre consumo de sorvete (em toneladas) em determinada cidade e o crescimento da população ao longo dos trimestres. Para tanto, coletou dados por 2 anos (8 trimestres) e elaborou o gráfico apresentado na Figura 12.44. Por meio deste gráfico, podemos perceber que o crescimento da população da cidade ao longo do tempo faz com que o consumo de sorvete aumente. Entretanto, por conta da sazonalidade que existe, já que o consumo de sorvete é maior em períodos de primavera e verão e menor em períodos de outono e inverno, a forma funcional linear (modelo dessazonalizado) faz com que sejam gerados termos de erro autocorrelacionados ao longo do tempo.

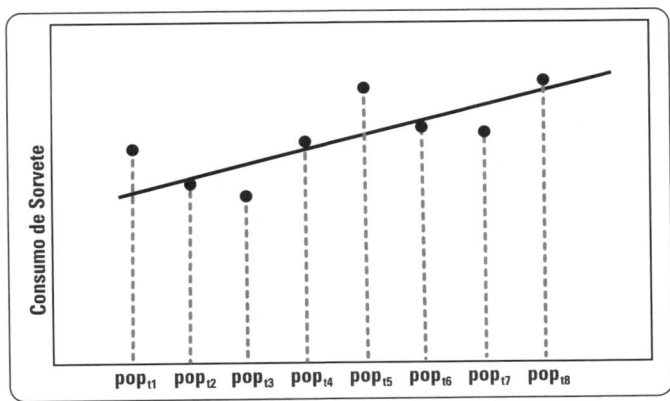

Figura 12.44 Sazonalidade como causa da autocorrelação dos resíduos.

12.3.4.2. Consequências da autocorrelação dos resíduos

Todas as causas aqui apresentadas (erros de especificação do modelo quanto à forma funcional, omissão de variável explicativa relevante e dessazonalização de séries) podem levar à autocorrelação dos resíduos, que gera estimadores dos parâmetros não viesados, porém ineficientes, e erros-padrão dos parâmetros subestimados, o que acarreta problemas com os testes de hipótese das estatísticas t.

A fim de que seja detectada a presença de autocorrelação dos resíduos, apresentaremos, a seguir, os testes de Durbin-Watson e de Breusch-Godfrey.

12.3.4.3. Diagnóstico de autocorrelação dos resíduos: teste de Durbin-Watson

O **teste de Durbin-Watson** é o mais utilizado por pesquisadores que têm a intenção de verificar a existência de autocorrelação dos resíduos, embora sua aplicação só seja válida para se testar a existência de autocorrelação de primeira ordem. A estatística do teste é dada por:

$$DW = \frac{\sum_{t=2}^{n}\left(\varepsilon_t - \varepsilon_{t-1}\right)^2}{\sum_{t=1}^{n}\varepsilon_t^2} \tag{12.50}$$

em que ε_t representa os termos de erro estimados para o modelo da expressão (12.47). Como sabemos que a correlação entre ε_t e ε_{t-1} é dada por:

$$\rho = \frac{\sum_{t=2}^{n}\varepsilon_t.\varepsilon_{t-1}}{\sum_{t=2}^{n}\varepsilon_{t-1}^2} \tag{12.51}$$

para valores de n suficientemente grandes, podemos deduzir que:

$$DW \cong 2.(1 - \hat{\rho})$$ (12.52)

e é por este motivo que muitos pesquisadores afirmam que um teste de Durbin-Watson com estatística DW aproximadamente igual a 2 resulta em inexistência de autocorrelação dos resíduos ($\hat{\rho} \cong 0$). Embora isso seja verdade para processos autorregressivos de primeira ordem, uma tabela com valores críticos d_U e d_L da distribuição de DW pode oferecer ao pesquisador uma possibilidade mais concreta sobre a real existência de autocorrelação, já que oferece os valores de d_U e d_L em função do número de observações da amostra, do número de parâmetros do modelo e do nível de significância estatística que deseja o pesquisador. Enquanto a Tabela C do apêndice do livro traz estes valores críticos, a Figura 12.45 apresenta a distribuição de DW e os critérios para existência ou não de autocorrelação.

Embora bastante utilizado, o teste de Durbin-Watson, conforme já discutido, só é válido para verificação de existência de autocorrelação de primeira ordem dos termos de erro. Além disso, não é apropriado para modelos em que a variável dependente defasada é incluída como uma das variáveis explicativas. E é neste sentido que o teste de Breusch-Godfrey passa a ser uma alternativa bastante interessante.

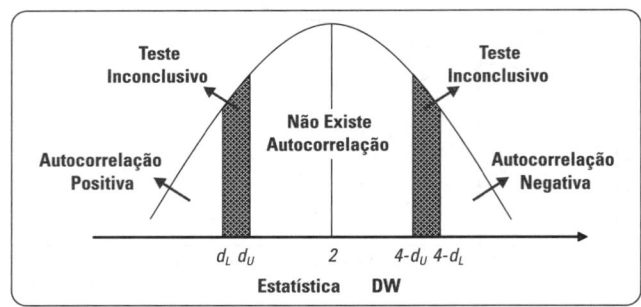

Figura 12.45 Distribuição de DW e critérios para existência de autocorrelação.

12.3.4.4. Diagnóstico de autocorrelação dos resíduos: teste de Breusch-Godfrey

O **teste de Breusch-Godfrey**, originado por dois importantes artigos publicados individualmente em 1978 (Breusch, 1978; Godfrey, 1978) permite que se teste a existência de autocorrelação dos resíduos em um modelo que apresenta a variável dependente defasada como uma de suas variáveis explicativas. Além disso, também permite que o pesquisador verifique se a autocorrelação é de ordem 1, de ordem 2 ou de ordem p, sendo, portanto, mais geral do que o teste de Durbin-Watson.

Dado novamente o mesmo modelo de regressão linear múltipla:

$$Y_t = a + b_1.X_{1t} + b_2.X_{2t} + \ldots + b_k.X_{kt} + \varepsilon_t$$ (12.53)

podemos definir que os termos de erro sofrem um processo autorregressivo de ordem p, de modo que:

$$\varepsilon_t = \rho_1.\varepsilon_{t-1} + \rho_2.\varepsilon_{t-2} + \ldots + \rho_p.\varepsilon_{t-p} + u_t$$ (12.54)

em que u possui distribuição normal, média zero e variância constante.

Assim, por meio da estimação por mínimos quadrados ordinários do modelo representado pela expressão (12.53), podemos obter $\hat{\varepsilon}_t$ e elaborar a seguinte regressão:

$$\hat{\varepsilon}_t = d_1.X_{1t} + d_2.X_{2t} + \ldots + d_k.X_{kt} + \hat{\rho}_1.\hat{\varepsilon}_{t-1} + \hat{\rho}_2.\hat{\varepsilon}_{t-2} + \ldots + \hat{\rho}_p.\hat{\varepsilon}_{t-p} + v_t$$ (12.55)

Breusch e Godfrey provam que a estatística do teste é dada por:

$$BG = (n - p).R^2 \sim \chi_p^2$$ (12.56)

em que n é o tamanho da amostra, p é a dimensão do processo autorregressivo e R^2 é o coeficiente de ajuste obtido por meio da estimação do modelo da expressão (12.55). Dessa forma, se $(n - p).R^2$ for maior do que o valor crítico da distribuição qui-quadrado com p graus de liberdade, rejeitamos a hipótese nula de inexistência de autocorrelação dos resíduos, ou seja, pelo menos um parâmetro $\hat{\rho}$ na expressão (12.55) é estatisticamente diferente de zero.

A principal desvantagem do teste de Breusch-Godfrey é não permitir que se defina, *a priori*, o número de defasagens p na expressão (12.54), fazendo com que o pesquisador tenha que testar diversas possibilidades de p.

12.3.4.5. Possíveis soluções para o problema da autocorrelação dos resíduos

A autocorrelação dos resíduos pode ser tratada pela alteração da forma funcional do modelo ou pela inclusão de variável relevante que havia sido omitida. Os testes para identificação destes problemas de especificação encontram-se na seção 12.3.5.

Entretanto, caso se chegue à conclusão de que a autocorrelação é considerada "pura", ou seja, não advinda de problemas de especificação pela inadequada forma funcional ou pela omissão de variável relevante, pode-se tratar o problema por meio do método de mínimos quadrados generalizados, que tem por objetivo encontrar a melhor transformação do modelo original de modo a gerar termos de erro não autocorrelacionados.

Imaginemos novamente o nosso modelo original, porém com apenas uma variável explicativa. Assim:

$$Y_t = a + b.X_t + \varepsilon_t \tag{12.57}$$

sendo:

$$\varepsilon_t = \rho.\varepsilon_{t-1} + u_t \tag{12.58}$$

em que u possui distribuição normal, média zero e variância constante.

Como o nosso intuito é modificar o modelo da expressão (12.57), de modo que os termos de erro passem a ser u, e não mais ε, podemos multiplicar os termos desta expressão por ρ e defasá-los em 1 período. Assim, temos:

$$\rho.Y_{t-1} = \rho.a + \rho.b.X_{t-1} + \rho.\varepsilon_{t-1} \tag{12.59}$$

Ao subtrairmos a expressão (12.59) da expressão (12.57), passamos a ter:

$$Y_t - \rho.Y_{t-1} = a.(1-\rho) + b.(X_t - \rho.X_{t-1}) + u_t \tag{12.60}$$

que passa a ser um modelo com termos de erro não correlacionados. Para que seja feita esta transformação, é necessário, todavia, que o pesquisador conheça ρ.

Na seção 12.5, que traz a aplicação dos modelos de regressão múltipla por meio do software Stata, serão apresentados os procedimentos para verificação de cada um dos pressupostos, com os respectivos testes e resultados.

12.3.5. Detecção de problemas de especificação: o *linktest* e o teste *RESET*

Como podemos perceber, grande parte das violações dos pressupostos em regressão é gerada por falhas de especificação do modelo, ou seja, por problemas na definição da forma funcional e por omissão de variáveis explicativas relevantes. Existem muitos métodos de detecção de problemas de especificação, porém os mais utilizados referem-se ao *linktest* e ao teste *RESET*.

O *linktest* nada mais é do que um procedimento que cria duas novas variáveis a partir da elaboração de um modelo de regressão, que nada mais são do que as variáveis $\hat{Y}$ e $\hat{Y}^2$. Assim, a partir da estimação de um modelo original:

$$Y_i = a + b_1.X_{1i} + b_2.X_{2i} + \ldots + b_k.X_{ki} + u_i \tag{12.61}$$

podemos estimar o seguinte modelo:

$$Y_i = a + d_1.\hat{Y}_i + d_2.\left(\hat{Y}_i\right)^2 + v_i \tag{12.62}$$

de onde se espera que $\hat{Y}$ seja estatisticamente significante e $\hat{Y}^2$ não seja, uma vez que, se o modelo original for especificado corretamente em termos de forma funcional, o quadrado dos valores previstos da variável dependente não deverá apresentar um poder explicativo sobre a variável dependente original. O *linktest* aplicado diretamente no

Stata apresenta exatamente esta configuração, porém um pesquisador que tiver interesse em avaliar a significância estatística da variável $\hat{Y}$ com outros expoentes poderá fazê-lo manualmente.

Já o **teste RESET (*Regression Specification Error Test*)** avalia a existência de erros de especificação do modelo pela omissão de variáveis relevantes. Similarmente ao *linktest*, o teste *RESET* também cria novas variáveis com base nos valores de $\hat{Y}$ gerados a partir da estimação do modelo original representado pela expressão (12.61). Assim, podemos estimar o seguinte modelo:

$$Y_i = a + b_1.X_{1i} + b_2.X_{2i} + \ldots + b_k.X_{ki} + d_1.\left(\hat{Y}_i\right)^2 + d_2.\left(\hat{Y}_i\right)^3 + d_3.\left(\hat{Y}_i\right)^4 + v_i \tag{12.63}$$

A partir da estimação do modelo representado pela expressão (12.63), podemos calcular a estatística F da seguinte forma:

$$F = \frac{\left(\sum_{i=1}^{n} u_i^2 - \sum_{i=1}^{n} v_i^2\right)}{3} \Bigg/ \frac{\left(\sum_{i=1}^{n} v_i^2\right)}{(n-k-4)} \tag{12.64}$$

em que n é o número de observações e k é o número de variáveis explicativas do modelo original.

Dessa forma, se a estatística F calculada para $(3, n - k - 4)$ graus de liberdade for menor do que o correspondente F crítico (H_0 do teste *RESET*), podemos afirmar que o modelo original não apresenta omissão de variáveis explicativas relevantes.

Da mesma forma que para o *linktest*, na seção 12.5 elaboraremos o teste *RESET* a partir da estimação de um modelo no Stata.

12.4. MODELOS NÃO LINEARES DE REGRESSÃO

Conforme já estudamos, um modelo de regressão linear com uma única variável X pode ser representado por:

$$Y_i = a + b.X_i + u_i \tag{12.65}$$

Porém, imagine uma situação em que a variável Y seja mais bem explicada por um comportamento não linear da variável X. Dessa forma, a adoção, por parte do pesquisador, de uma forma funcional linear poderá gerar um modelo com menor R^2 e, consequentemente, com pior poder preditivo.

Imagine uma situação hipotética apresentada por meio da Figura 12.46. Nitidamente, Y e X se relacionam de maneira não linear.

Um pesquisador, bastante curioso, elaborou quatro modelos de regressão, com o intuito de escolher o mais apropriado para efeitos de previsão. As formas funcionais escolhidas foram a linear, a semilogarítmica, a quadrática e a conhecida por potência. A Figura 12.47 apresenta os resultados destes quatro modelos.

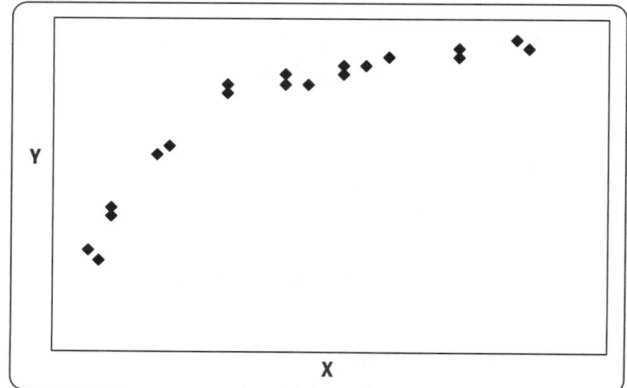

Figura 12.46 Exemplo de comportamento não linear entre uma variável Y e uma variável X.

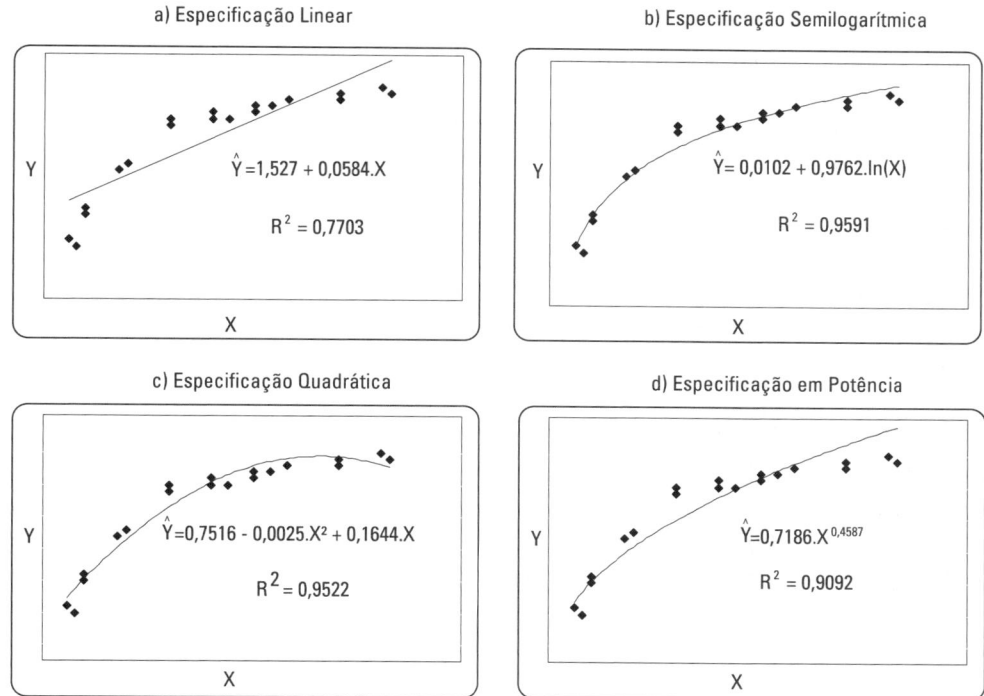

Figura 12.47 Resultados da aplicação de quatro diferentes formas funcionais em regressão.

Ao analisar os resultados, o pesquisador verificou que a forma funcional semilogarítmica apresentou maior R^2, o que vai propiciar melhor poder preditivo do modelo e, portanto, será o modelo a ser escolhido. Além disso, percebeu também, neste caso, que a forma funcional linear foi a que apresentou R^2 mais baixo.

As relações entres variáveis podem se dar por meio de inúmeras formas funcionais não lineares que eventualmente devem ser consideradas quando da estimação de modelos de regressão, para que seja, de maneira mais adequada, compreendido o comportamento dos diferentes fenômenos. Neste sentido, o Quadro 12.3 apresenta as principais formas funcionais utilizadas.

Segundo Linneman (1980) e Aguirre e Macedo (1996), a definição da melhor forma funcional é uma questão empírica a ser decidida a favor do melhor ajuste dos dados. Ressaltamos, todavia, que o pesquisador tem liberdade de aplicar as formas funcionais que melhor lhe convier com base na teoria subjacente, na análise preliminar dos dados e também em sua experiência, porém a decisão a favor de determinada forma funcional, respeitando-se os pressupostos da técnica, tem como base o maior R^2 (para as mesmas amostras e com a mesma quantidade de parâmetros; caso contrário, deve-se optar pela escolha da forma funcional cujo modelo apresentar o maior R^2 ajustado, conforme já discutimos).

Quadro 12.3 Principais formas funcionais em modelos de regressão.

Forma funcional	Modelo
Linear	$Y_i = a + b.X_i + u_i$
Semilogarítmica à Direita	$Y_i = a + b.\ln(X_i) + u_i$
Semilogarítmica à Esquerda	$\ln(Y_i) = a + b.X_i + u_i$
Logarítmica (ou Log-Log)	$\ln(Y_i) = a + b.\ln(X_i) + u_i$
Inversa	$Y_i = a + b.\left(\dfrac{1}{X_i}\right) + u_i$
Quadrática	$Y_i = a + b.\left(X_i\right)^2 + u_i$
Cúbica	$Y_i = a + b.\left(X_i\right)^3 + u_i$
Potência	$Y_i = a.\left(X_i\right)^b + u_i$

Fonte: Fouto (2004) e Fávero (2005).

Segundo Fouto (2004) e Fávero (2005), enquanto na forma funcional linear o parâmetro b indica o efeito marginal da variação de X sobre a variável Y, na forma funcional semilogarítmica à direita o parâmetro b representa o efeito marginal da variação de $\ln(X)$ sobre a variável Y.

Já os parâmetros dos modelos com formas funcionais inversa, quadrática e cúbica representam, respectivamente, o efeito marginal, sobre a variável Y, da variação do inverso, do quadrado e do cubo de X.

Por fim, nas formas funcionais semilogarítmica à esquerda e logarítmica (log-log), o coeficiente da variável X pode ser interpretado como uma elasticidade parcial. É importante mencionar que os modelos de regressão logística binária e multinomial, os modelos de regressão para dados de contagem do tipo Poisson e binomial negativo e os modelos de regressão para dados de sobrevivência são casos particulares dos modelos semilogarítmicos à esquerda, também conhecidos por modelos log-lineares ou exponenciais não lineares, e serão estudados, respectivamente, nos Capítulos 13, 14 e 17.

12.4.1. Transformação de Box-Cox: o modelo geral de regressão

Box e Cox (1964), em seminal artigo, apresentam um modelo geral de regressão a partir do qual todas as formas funcionais apresentadas derivam, ou seja, são casos particulares. Segundo os autores, e conforme discutem Fávero (2005) e Fávero *et al.* (2009), a partir do modelo de regressão linear com uma única variável X, representado por meio da expressão (12.65), pode-se obter um modelo transformado a partir da substituição de Y por $(Y^\lambda - 1) / \lambda$ e de X por $(X^\theta - 1) / \theta$, em que λ e θ são os parâmetros da transformação. Assim, o modelo passa a ser:

$$\frac{Y_i^\lambda - 1}{\lambda} = a + b.\left(\frac{X_i^\theta - 1}{\theta}\right) + u_i \tag{12.66}$$

A partir da expressão (12.66), podemos atribuir, conforme mostra a Quadro 12.4, valores para λ e θ de modo a obtermos casos particulares para algumas das principais formas funcionais definidas no Quadro 12.3.

Box e Cox (1964) demonstram, por expansão de Taylor, que um logaritmo natural (ln) é obtido quando determinado parâmetro (λ ou θ) for igual a zero.

Uma nova variável obtida por meio de uma transformação de Box-Cox aplicada a uma variável original passa a apresentar uma nova distribuição (novo histograma). Por esta razão, é muito comum que pesquisadores obtenham novas variáveis transformadas a partir de variáveis originais, nos casos em que estas últimas apresentarem grandes amplitudes e valores muito discrepantes. Por exemplo, imagine uma base de dados com preços por metro quadrado de aluguel de lojas, que podem variar de R\$ 100/m² a R\$ 10.000/m². Neste caso, a aplicação do logaritmo natural diminuiria consideravelmente a amplitude e a discrepância dos valores ($\ln(100) = 4{,}6$ e $\ln(10.000) = 9{,}2$). Em finanças e contabilidade, por exemplo, porte empresarial é uma variável que já é tradicionalmente conhecida como sendo o logaritmo natural dos ativos da empresa.

Para variáveis *dummy*, obviamente qualquer transformação de Box-Cox não faz o menor sentido, já que, como estas assumem valores iguais a 0 ou 1, qualquer expoente não alterará o valor original da variável.

Conforme estudamos na seção 12.3, os pressupostos relacionados aos resíduos (normalidade, homocedasticidade e ausência de autocorrelação) em modelos de regressão podem ser violados por falhas de especificação na forma funcional. Dessa maneira, uma transformação de Box-Cox pode auxiliar o pesquisador na definição de outras formas funcionais, que não a linear, propiciando inclusive que se responda a seguinte pergunta: **Qual parâmetro de Box-Cox (λ para a variável dependente e θ para uma variável explicativa) que maximiza a aderência à**

Quadro 12.4 Transformações de Box-Cox e valores de λ e θ para cada forma funcional.

Parâmetro λ	Parâmetro θ	Forma funcional
1	1	Linear
1	0	Semilogarítmica à direita
0	1	Semilogarítmica à esquerda
0	0	Logarítmica (ou Log-Log)
1	–1	Inversa
1	2	Quadrática
1	3	Cúbica

normalidade da distribuição de uma nova variável transformada gerada a partir de uma variável original? Como os parâmetros de Box-Cox variam de $-\infty$ a $+\infty$, qualquer valor pode ser obtido. Faremos uso dos softwares Stata, R e Python nas seções 12.5, 12.7 e 12.8, respectivamente, para responder a esta importante questão.

12.5. ESTIMAÇÃO DE MODELOS DE REGRESSÃO NO SOFTWARE STATA

O objetivo desta seção não é o de discutir novamente todos os conceitos inerentes às estatísticas e aos pressupostos da técnica de regressão, porém propiciar ao pesquisador que se conheçam os comandos do Stata, bem como mostrar as suas vantagens em relação a outros softwares, no que diz respeito aos modelos de dependência. O mesmo exemplo da seção 12.2 será aqui utilizado, sendo este critério adotado ao longo de todo o livro. A reprodução das imagens do Stata Statistical Software® nesta seção tem autorização da StataCorp LP©.

Voltando então ao exemplo, lembremos que um professor tinha o interesse em avaliar se o tempo de deslocamento de seus estudantes até a escola, independentemente de onde estariam partindo, era influenciado por variáveis como distância, quantidade de semáforos, período do dia em que se dava o trajeto e perfil do condutor ao volante. Já partiremos para o banco de dados final construído pelo professor por meio dos questionamentos elaborados ao seu grupo de 10 estudantes. O banco de dados encontra-se no arquivo **Tempodistsemperperfil.dta** e é exatamente igual ao apresentado na Tabela 12.10.

Inicialmente, podemos digitar o comando **desc**, que faz com que seja possível analisarmos as características do banco de dados, como o número de observações, o número de variáveis e a descrição de cada uma delas. A Figura 12.48 apresenta este primeiro *output* do Stata.

Embora a variável *per* seja qualitativa, possui apenas duas categorias que, no banco de dados, já estão rotuladas como *dummy* (manhã = 1; tarde = 0). Por outro lado, a variável *perfil* possui três categorias e, portanto, será preciso que criemos ($n - 1 = 2$) *dummies*, conforme discutido na seção 12.2.6. O comando **tab** oferece a distribuição de frequências de uma variável qualitativa, com destaque para a quantidade de categorias. Se o pesquisador tiver dúvidas sobre o número de categorias, poderá recorrer facilmente a este comando (Figura 12.49).

```
. desc

 obs:            10
 vars:            6
 size:           200 (99.9% of memory free)
-----------------------------------------------------------------------
              storage  display   value
variable name   type   format    label     variable label
-----------------------------------------------------------------------
estudante      str11   %11s
tempo          byte    %8.0g               tempo para se chegar à escola (minutos)
dist           byte    %8.0g               distância percorrida até a escola (km)
sem            byte    %8.0g               quantidade de semáforos
per            byte    %8.0g     per       período do dia
perfil         byte    %9.0g     perfil    perfil ao volante
-----------------------------------------------------------------------
Sorted by:
```

Figura 12.48 Descrição do banco de dados **Tempodistsemperperfil.dta**.

```
. tab perfil

 perfil ao |
   volante |      Freq.     Percent        Cum.
-----------+-----------------------------------
     calmo |          3       30.00       30.00
  moderado |          5       50.00       80.00
 agressivo |          2       20.00      100.00
-----------+-----------------------------------
     Total |         10      100.00
```

Figura 12.49 Distribuição de frequências da variável *perfil*.

```
. xi i.perfil
i.perfil          _Iperfil_1-3        (naturally coded; _Iperfil_1 omitted)
```

Figura 12.50 Criação das duas *dummies* a partir da variável *perfil*.

O comando **xi i.perfil** nos fornecerá estas duas *dummies*, aqui nomeadas pelo Stata de *_Iperfil_2* e *_Iperfil_3*, mantendo exatamente o critério apresentado na Tabela 12.11 (Figura 12.50).

Antes de elaborarmos o modelo de regressão múltipla propriamente dito, podemos gerar um gráfico que mostra as inter-relações entre as variáveis, duas a duas. Este gráfico, conhecido por **matrix**, pode propiciar ao pesquisador um melhor entendimento de como as variáveis se relacionam, oferecendo inclusive uma eventual sugestão sobre formas funcionais não lineares. Vamos, neste caso, elaborar o gráfico apenas com as variáveis quantitativas do modelo (Figura 12.51), a fim de facilitar a visualização. Assim, devemos digitar o seguinte comando:

```
graph matrix tempo dist sem
```

Por meio deste gráfico, podemos verificar que as relações entre a variável *tempo* e as variáveis *dist* e *sem* são positivas a aparentemente lineares. É possível verificar também que talvez exista certa multicolinearidade entre as variáveis explicativas. Uma matriz de correlações simples também pode ser gerada antes da elaboração da regressão, a fim de municiar o pesquisador com informações nesta fase de diagnóstico do banco de dados. Para tanto, devemos digitar o seguinte comando:

```
pwcorr tempo dist sem per _Iperfil_2 _Iperfil_3, sig
```

A Figura 12.52 apresenta a matriz de correlações simples.

Por meio desta matriz, podemos verificar realmente que as correlações entre as variáveis *tempo* e *dist* e entre *tempo* e *sem* são altas e estatisticamente significantes, ao nível de significância de 5%. É importante mencionar que os valores apresentados embaixo de cada correlação referem-se aos respectivos níveis de significância. Por meio da mesma matriz, por outro lado, é possível perceber que podem surgir eventuais problemas de multicolinearidade entre algumas variáveis explicativas, como, por exemplo, entre *per* e *_Iperfil_3*. Conforme veremos adiante, embora a correlação entre *tempo* e *per* seja maior, em módulo, do que entre *tempo* e *_Iperfil_3*, a variável *per* será excluída do modelo final pelo **procedimento *Stepwise***, diferentemente da variável *_Iperfil_3*.

Vamos, então, à modelagem propriamente dita. Para tanto, devemos digitar o seguinte comando:

```
reg tempo dist sem per _Iperfil_2 _Iperfil_3
```

O comando **reg** elabora uma regressão por meio do método de mínimos quadrados ordinários. Se o pesquisador não informar o nível de confiança desejado para a definição dos intervalos dos parâmetros estimados, o padrão

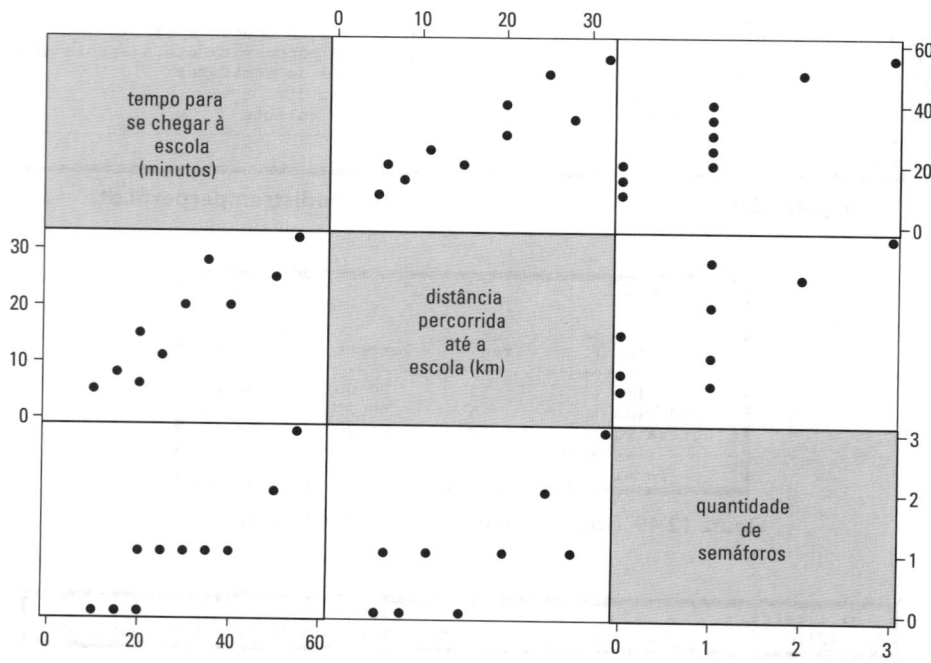

Figura 12.51 Inter-relação entre variáveis – gráfico **matrix**.

```
. pwcorr tempo dist sem per _Iperfil_2 _Iperfil_3, sig

             |    tempo      dist       sem       per  _Iperf~2  _Iperf~3
-------------+------------------------------------------------------------
       tempo |   1.0000
             |
             |
        dist |   0.9052    1.0000
             |   0.0003
             |
         sem |   0.9092    0.7559    1.0000
             |   0.0003    0.0114
             |
         per |  -0.8487   -0.6289   -0.7319    1.0000
             |   0.0019    0.0515    0.0161
             |
   _Iperfil_2 |  -0.2828   -0.1108   -0.2236    0.6547    1.0000
             |   0.4284    0.7605    0.5346    0.0400
             |
   _Iperfil_3 |   0.5303    0.3048    0.2795   -0.7638   -0.5000    1.0000
             |   0.1148    0.3918    0.4341    0.0101    0.1411
```

Figura 12.52 Matriz de correlações simples.

será de 95%. Entretanto, se o pesquisador desejar alterar o nível de confiança dos intervalos dos parâmetros para, por exemplo, 90%, deverá digitar o seguinte comando:

```
reg tempo dist sem per _Iperfil_2 _Iperfil_3, level(90)
```

Iremos seguir com a análise mantendo o nível de confiança dos intervalos dos parâmetros em 95%. Os *outputs* encontram-se na Figura 12.53 e são exatamente iguais aos apresentados na Figura 12.32.

Como a técnica de regressão faz parte do grupo de modelos conhecidos por **Modelos Lineares Generalizados** (*Generalized Linear Models*), e como a variável dependente apresenta distribuição normal (também conhecida por distribuição de Gauss ou distribuição gaussiana), os parâmetros estimados por mínimos quadrados ordinários (comando **reg**) e apresentados na Figura 12.53 também poderiam ser igualmente obtidos por meio da estimação por máxima verossimilhança, a ser estudada no próximo capítulo. Para tanto, poderia ter sido digitado o seguinte comando:

```
glm tempo dist sem per _Iperfil_2 _Iperfil_3, family(gaussian)
```

Conforme já discutimos, os parâmetros das variáveis *per* e *_Iperfil_2* não se mostraram estatisticamente significantes neste modelo na presença das demais variáveis, ao nível de significância de 5%. Partiremos, então, para a aplicação do procedimento *Stepwise*, que exclui as variáveis cujos parâmetros não se mostrem estatisticamente significantes, embora isso possa criar um problema de especificação pela omissão de determinada variável que seria relevante para explicar o comportamento da variável dependente, caso não houvesse outras variáveis explicativas no modelo final. Mais adiante, aplicaremos o teste *RESET* para a verificação de eventual existência de erros de especificação do modelo pela omissão de variáveis relevantes.

Vamos, então, digitar o seguinte comando:

```
stepwise, pr(0.05): reg tempo dist sem per _Iperfil_2 _Iperfil_3
```

```
. reg   tempo dist sem per _Iperfil_2 _Iperfil_3

      Source |       SS       df       MS              Number of obs =      10
-------------+------------------------------           F(  5,     4) =  264.12
       Model |  1993.96043      5   398.792087          Prob > F      =  0.0000
    Residual |  6.03956505      4   1.50989126          R-squared     =  0.9970
-------------+------------------------------           Adj R-squared =  0.9932
       Total |       2000      9   222.222222          Root MSE      =  1.2288

------------------------------------------------------------------------------
       tempo |      Coef.   Std. Err.      t    P>|t|     [95% Conf. Interval]
-------------+----------------------------------------------------------------
        dist |   .6740469   .0717153     9.40   0.001     .4749333    .8731605
         sem |   6.646797   1.094867     6.07   0.004     3.606958    9.686636
         per |  -5.371414   3.778781    -1.42   0.228    -15.86299    5.120164
   _Iperfil_2 |   1.779117    1.44146     1.23   0.285    -2.223017    5.781251
   _Iperfil_3 |   6.373641   2.243105     2.84   0.047     .1457827     12.6015
        _cons |   13.49011   3.860886     3.49   0.025      2.77057    24.20965
------------------------------------------------------------------------------
```

Figura 12.53 *Outputs* da regressão linear múltipla no Stata.

Para a elaboração do comando `stepwise`, o pesquisador precisa definir o nível de significância do teste t a partir do qual as variáveis explicativas são excluídas do modelo. Os *outputs* encontram-se na Figura 12.54 e são exatamente iguais aos apresentados na Figura 12.33.

```
. stepwise, pr(0.05): reg tempo dist sem per _Iperfil_2 _Iperfil_3
                      begin with full model
p = 0.2847 >= 0.0500  removing _Iperfil_2
p = 0.5141 >= 0.0500  removing per

      Source |       SS       df       MS              Number of obs =      10
-------------+------------------------------           F(  3,    6) =  434.62
       Model | 1990.83863    3   663.612878            Prob > F      =  0.0000
    Residual | 9.16136725    6   1.52689454            R-squared     =  0.9954
-------------+------------------------------           Adj R-squared =  0.9931
       Total |    2000       9   222.222222            Root MSE      =  1.2357

-----------------------------------------------------------------------------
       tempo |     Coef.   Std. Err.      t    P>|t|     [95% Conf. Interval]
-------------+---------------------------------------------------------------
        dist |  .7104531   .0669006    10.62   0.000     .5467532    .874153
         sem |  7.836844   .6694031    11.71   0.000     6.198874   9.474814
   _Iperfil_3 | 8.967607   1.02889     8.72   0.000     6.450003   11.48521
        _cons |  8.291932   .8535082    9.72   0.000     6.203472   10.38039
-----------------------------------------------------------------------------
```

Figura 12.54 *Outputs* da regressão linear múltipla com procedimento *Stepwise* no Stata.

Analogamente, os parâmetros estimados e apresentados na Figura 12.54 também poderiam ser obtidos por meio do seguinte comando:

`stepwise, pr(0.05): glm tempo dist sem per _Iperfil_2 _Iperfil_3, family(gaussian)`

Conforme já estudado na seção 12.2.6, chegamos ao seguinte modelo de regressão linear múltipla:

$$\hat{tempo}_i = 8,2919 + 0,7105.dist_i + 7,8368.sem_i + 8,9676._{\_}Iperfil\_3_{i_{\{calmo=0 \atop agressivo=1\}}}$$

O comando **`predict yhat`** faz com que seja gerada uma nova variável (*yhat*) no banco de dados, que oferece os valores previstos ($\hat{Y}$) para cada observação do último modelo elaborado.

Entretanto, podemos também desejar saber o valor previsto para determinada observação que não se encontra na base de dados. Ou seja, podemos novamente elaborar a pergunta feita ao final da seção 12.2.6 e respondida, naquele momento, de forma manual: **Qual é o tempo estimado para um aluno que se desloca 17 quilômetros, passa por dois semáforos, decide ir à escola de manhã e tem um perfil considerado agressivo ao volante?**

Por meio do comando **`mfx`**, o Stata permite que o pesquisador responda esta pergunta diretamente. Assim, devemos digitar o seguinte comando:

`mfx, at(dist=17 sem=2 _Iperfil_3=1)`

Obviamente, o termo **`per = 1`** não precisa ser incluído no comando **`mfx`**, já que a variável *per* não está presente no modelo final. O *output* é apresentado na Figura 12.55 e, por meio dele, podemos chegar à resposta de 45,0109 minutos, que é exatamente igual àquela calculada manualmente na seção 12.2.6.

Definido o modelo, partiremos para a verificação dos pressupostos da técnica, conforme estudado na seção 12.3. Anteriormente, entretanto, é sempre interessante que o pesquisador, ao estimar determinado modelo, elabore uma análise acerca de eventuais observações que sejam discrepantes na base de dados e estejam influenciando de maneira considerável as estimativas dos parâmetros do modelo, e, como sabemos, esta influência, assim como a presença de *outliers*, pode ser uma das causas da heterocedasticidade.

Para tanto, introduziremos o conceito de distância *leverage* que, para cada observação i, corresponde ao valor da i-ésima posição da diagonal principal da matriz $\mathbf{X(X'X)^{-1}X'}$. Uma observação pode ser considerada como grande influente da estimativa dos parâmetros de um modelo se a sua distância *leverage* for maior que $(2.k / n)$, em que k é o número de variáveis explicativas e n é o tamanho da amostra. As distâncias *leverage* são geradas no Stata por meio do comando:

`predict lev, leverage`

```
. mfx, at(dist=17 sem=2 _Iperfil_3=1)

Marginal effects after regress
      y  = Fitted values (predict)
         =   45.01093
-------------------------------------------------------------------------------
variable |     dy/dx    Std. Err.      z    P>|z|   [    95% C.I.    ]        X
---------+---------------------------------------------------------------------
    dist |   .7104531       .0669    10.62   0.000   .57933  .841576         17
     sem |   7.836844       .6694    11.71   0.000   6.52484 9.14885          2
_Iperf~3*|   8.967607     1.02889     8.72   0.000   6.95102 10.9842          1
-------------------------------------------------------------------------------
(*) dy/dx is for discrete change of dummy variable from 0 to 1
```

Figura 12.55 Cálculo da estimação de *Y* para valores das variáveis explicativas – comando `mfx`.

No nosso exemplo, solicitaremos que o Stata gere as distâncias *leverage* para o modelo final estimado com o procedimento *Stepwise*. Estas distâncias estão apresentadas na Tabela 12.16.

Tabela 12.16 Distâncias *leverage* para o modelo final.

Observação (*i*)	*lev*$_i$ (Modelo final)
Gabriela	0,23
Dalila	0,45
Gustavo	0,33
Letícia	0,54
Luiz Ovídio	0,54
Leonor	0,22
Ana	0,28
Antônio	0,74
Júlia	0,51
Mariana	0,16

No modelo final, como $(2.k/n) = (2.3/10) = 0,6$, a observação 8 (Antônio) é aquela com maior potencial para influenciar a estimação dos parâmetros e, consequentemente, deve-se dispensar atenção especial a ela, já que eventuais problemas de heterocedasticidade podem surgir em decorrência desse fato. Um gráfico das distâncias *leverage* em função dos termos de erro padronizados ao quadrado (Figura 12.56) pode propiciar ao pesquisador uma fácil análise das observações com maior influência sobre os parâmetros do modelo (altas distâncias *leverage*) e, ao mesmo tempo, uma análise das observações consideradas *outliers* (elevados resíduos padronizados ao quadrado). Como sabemos, ambas podem gerar problemas de estimação. O comando para elaboração deste gráfico no nosso exemplo é:

lvr2plot, mlabel(estudante)

Por meio do gráfico da Figura 12.56, podemos perceber que, enquanto Antônio tem maior influência sobre os parâmetros do modelo, Ana tem propensão a ser um *outlier* na amostra pelo fato de apresentar maior termo de erro em módulo (e, consequentemente, maior termo de erro padronizado ao quadrado). O grau de influência destas observações sobre o surgimento da heterocedasticidade no modelo deverá ser investigado quando da elaboração dos testes de verificação dos pressupostos. Vamos então a eles!

O primeiro pressuposto, conforme mostra o Quadro 12.2, refere-se à normalidade dos resíduos. Vamos, dessa forma, gerar uma variável que corresponde aos termos de erro do modelo final. Para tanto, devemos digitar o seguinte comando:

predict res, res

Após gerarmos a variável *res*, que oferece os valores dos termos de erro de cada observação para o modelo final estimado com o procedimento *Stepwise*, podemos elaborar um gráfico que permite a comparação visual da distribuição dos termos de erro gerados pelo modelo com a distribuição normal padrão. Assim, devemos digitar o seguinte comando:

kdensity res, normal

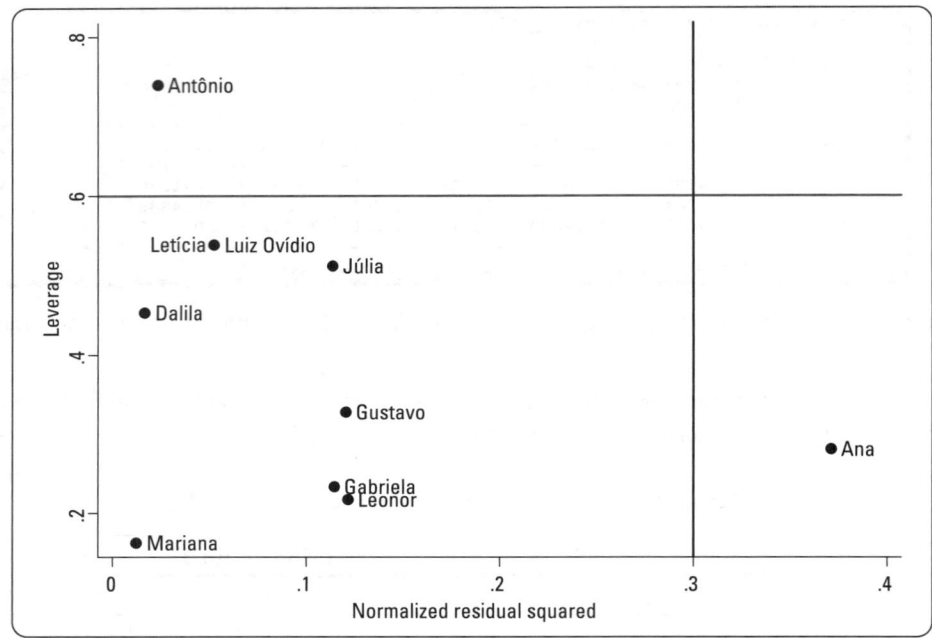

Figura 12.56 Distâncias *leverage* em função dos resíduos padronizados ao quadrado.

O gráfico gerado encontra-se na Figura 12.57 e, por meio do mesmo, podemos ter uma ideia do quanto a distribuição dos resíduos gerados (***Kernel density estimate***) se aproxima da distribuição normal padrão.

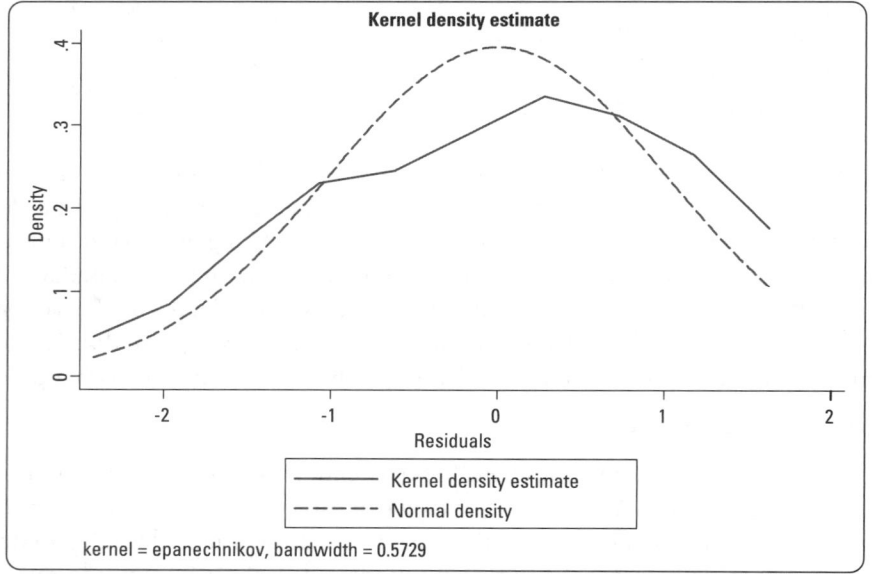

Figura 12.57 Gráfico de aderência entre a distribuição dos resíduos e a distribuição normal.

Como a amostra deste exemplo é de apenas 10 observações, aplicaremos o teste de Shapiro-Wilk, recomendado para amostras com até 30 observações (conforme discutimos no Capítulo 7), para que possamos efetivamente corroborar a hipótese de que a distribuição dos resíduos é aderente à distribuição normal. Para tanto, utilizaremos o seguinte comando:

```
swilk res
```

O *output* do teste encontra-se na Figura 12.58 e, por meio de sua análise, podemos verificar que os termos de erro apresentam distribuição normal ao nível de significância de 5%, não havendo rejeição de sua hipótese nula.

```
. swilk res

               Shapiro-Wilk W test for normal data

    Variable |    Obs        W        V        z     Prob>z
-------------+---------------------------------------------------
         res |     10    0.90525    1.460    0.675    0.24995
```

Figura 12.58 Resultado do teste de normalidade de Shapiro-Wilk para os resíduos.

Para amostras maiores, conforme discutimos, recomenda-se a aplicação do teste de Shapiro-Francia, cujo comando é:

sfrancia res

O segundo pressuposto a ser verificado diz respeito à inexistência de multicolinearidade das variáveis explicativas. Após a elaboração do modelo completo (ainda sem o procedimento *Stepwise*), podemos digitar o seguinte comando:

estat vif

Os *outputs* são apresentados na Figura 12.59 e, por meio deles, podemos verificar que a estatística *VIF* da variável *per* é a mais elevada de todas (VIF_{per} = 19,86), o que indica que o R² resultante de uma regressão com esta variável como dependente de todas as outras seria de aproximadamente 95% (*Tolerance$_{per}$* = 0,05). A própria Figura 12.52 nos mostra que as correlações simples entre a variável *per* e as demais variáveis explicativas são bastante elevadas, o que já dá inicialmente a entender que há existência de multicolinearidade. Entretanto, como sabemos, o modelo final não inclui esta variável, e tampouco a variável *_Iperfil_2*. A Figura 12.60 mostra os *outputs* gerados por meio do comando **estat vif** aplicado após a elaboração do procedimento *Stepwise*.

Como o modelo final obtido após o procedimento *Stepwise* não apresenta estatísticas *VIF* muito elevadas para nenhuma variável explicativa, podemos considerar que a multicolinearidade existente no modelo completo foi bastante reduzida. A própria variável *sem*, presente no modelo final, teve sua estatística *VIF* reduzida de 6,35 para 2,35 com a exclusão principalmente da variável *per*. É importante apenas que verifiquemos, por meio do teste *RESET*, se a exclusão destas variáveis criará algum problema de especificação por omissão de variável relevante. Isso será elaborado mais adiante.

O terceiro pressuposto refere-se à ausência de heterocedasticidade. Inicialmente, apenas para efeitos de diagnóstico, vamos elaborar um gráfico dos valores dos termos de erro em função dos valores previstos ($\hat{Y}$) do modelo estimado. A Figura 12.61 apresenta os gráficos gerados após as estimações do modelo completo e do modelo final, em que são plotados os valores dos resíduos padronizados em função dos valores estimados da variável dependente. O comando para a elaboração destes gráficos, que deve ser digitado após a estimação de cada um dos modelos, é:

rvfplot, yline(0)

```
. estat vif

    Variable |      VIF     1/VIF
-------------+----------------------
         per |    19.86    0.050353
         sem |     6.35    0.157446
   _Iperfil_3 |     5.33    0.187554
   _Iperfil_2 |     3.44    0.290670
        dist |     2.77    0.360660
-------------+----------------------
    Mean VIF |     7.55
```

Figura 12.59 Estatísticas *VIF* e *Tolerance* das variáveis explicativas para o modelo completo.

```
. estat vif

    Variable |      VIF     1/VIF
-------------+----------------------
        dist |     2.39    0.419106
         sem |     2.35    0.425935
   _Iperfil_3 |     1.11    0.901469
-------------+----------------------
    Mean VIF |     1.95
```

Figura 12.60 Estatísticas *VIF* e *Tolerance* das variáveis explicativas para o modelo final.

Enquanto a Figura 12.61a mostra a formação de um "cone" nitidamente visível, o mesmo já não pode ser afirmado em relação à Figura 12.61b. De fato, como veremos adiante, o modelo completo, com a inclusão de todas as variáveis explicativas, apresenta heterocedasticidade, enquanto o modelo final obtido por meio do procedimento *Stepwise* gera termos de erro homocedásticos.

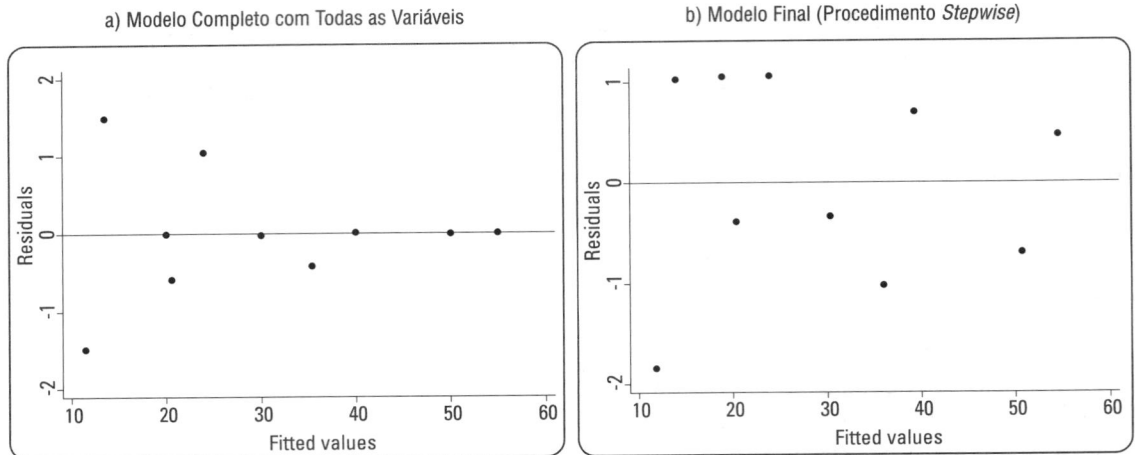

Figura 12.61 Método gráfico para identificação de heterocedasticidade.

Para a verificação da existência de heterocedasticidade, aplicaremos o teste de Breusch-Pagan/Cook-Weisberg que, conforme já discutimos, apresenta, como hipótese nula, o fato de a variância dos termos de erro ser constante (erros homocedásticos) e, como hipótese alternativa, o fato de a variância dos termos de erro não ser constante, ou seja, os termos de erro serem uma função de uma ou mais variáveis explicativas (erros heterocedásticos). Este teste é indicado para os casos em que a suposição de normalidade dos resíduos for verificada, como no presente exemplo.

A seção 12.3.3.3, conforme vimos, descreve o teste e oferece uma possibilidade de que o mesmo seja elaborado de forma manual, passo a passo. Faremos isso inicialmente, a fim de que o pesquisador possa analisar os *outputs* e confrontá-los com os resultados gerados pelo Stata.

Para tanto, precisamos desenvolver uma tabela que permita o cálculo da estatística de Breusch-Pagan, a partir da estimação do modelo final:

$$tempo_i = 8,2919 + 0,7105.dist_i + 7,8368.sem_i + 8,9676.\_Iperfil\_3_i + u_i$$

Com base na estimação de u_i para cada observação, podemos calcular os valores de u_i^2 e, por meio da expressão (12.40), os valores de up_i. A Tabela 12.17 traz estes valores.

Para a obtenção do resultado do teste, o procedimento é que se elabore a regressão $up_i = a + b.\hat{Y}_i + \xi_i$, de onde se calcula a soma dos quadrados da regressão (SQR) que, dividindo-se por 2, chega-se à estatística $\chi^2_{BP/CW}$. No nosso exemplo, $SQR = 3,18$, de onde vem que $\chi^2_{BP/CW} = 1,59 < \chi^2_{1\,g.l.} = 3,84$ para o nível de significância de 5%, ou seja, a hipótese nula do teste (**termos de erro homocedásticos**) não pode ser rejeitada.

O comando para a aplicação direta do teste no Stata é dado por:

```
estat hettest
```

que avalia a existência de heterocedasticidade do último modelo gerado. O resultado deste teste para o modelo completo com a inclusão de todas as variáveis explicativas, embora não apresentado aqui, mostra que há existência de heterocedasticidade, como inclusive já esperávamos quando da análise da Figura 12.61a. Por outro lado, a Figura 12.62 apresenta o resultado do teste para o modelo final resultante do procedimento *Stepwise*, que é exatamente o mesmo daquele obtido manualmente, e, por meio de sua análise, podemos afirmar que este modelo final não apresenta problemas de heterocedasticidade (*valor-P* $\chi^2 = 0,2069 > 0,05$).

Analogamente ao teste de Breusch-Pagan/Cook-Weisberg, o teste de White também avalia a rejeição ou não da hipótese nula de que os termos de erro sejam homocedásticos, a um determinado nível de significância. O comando para a realização deste teste é:

```
estat imtest, white
```

Tabela 12.17 Elaboração do teste de Breusch-Pagan/Cook-Weisberg.

Observação (*i*)	u_i $(Y_i - \hat{Y}_i)$	u_i^2	$up_i = \dfrac{u_i^2}{\left(\sum\limits_{i=1}^{n} u_i^2\right)/n}$	$\hat{Y}_i$
Gabriela	1,02444	1,04948	1,14555	13,97556
Dalila	–0,39149	0,15327	0,16730	20,39149
Gustavo	1,05127	1,10517	1,20634	18,94873
Letícia	0,69455	0,48241	0,52657	39,30545
Luiz Ovídio	–0,69455	0,48241	0,52657	50,69455
Leonor	1,05624	1,11564	1,21777	23,94376
Ana	–1,84420	3,40106	3,71240	11,84420
Antônio	0,46304	0,21440	0,23403	54,53696
Júlia	–1,02146	1,04339	1,13890	36,02146
Mariana	–0,33784	0,11413	0,12458	30,33784
Soma		**9,16137**		
Média		**0,91614**		

```
. estat hettest

Breusch-Pagan / Cook-Weisberg test for heteroskedasticity
        Ho: Constant variance
        Variables: fitted values of tempo

        chi2(1)      =       1.59
        Prob > chi2  =     0.2069
```

Figura 12.62 Teste de Breusch-Pagan/Cook-Weisberg para heterocedasticidade.

O *output* é apresentado na Figura 12.63 e oferece a mesma conclusão sobre a inexistência de heterocedasticidade dos resíduos no modelo final.

```
. estat imtest, white

White's test for Ho: homoskedasticity
         against Ha: unrestricted heteroskedasticity

        chi2(7)      =       7.09
        Prob > chi2  =     0.4201

Cameron & Trivedi's decomposition of IM-test

---------------------------------------------
             Source |    chi2    df      p
--------------------+------------------------
 Heteroskedasticity |    7.09     7    0.4201
           Skewness |    1.90     3    0.5935
           Kurtosis |    1.42     1    0.2341
--------------------+------------------------
              Total |   10.40    11    0.4947
---------------------------------------------
```

Figura 12.63 Teste de White para heterocedasticidade.

Como não verificamos a existência de heterocedasticidade no modelo final proposto, não elaboraremos a estimação pelo método de mínimos quadrados ponderados. Entretanto, caso um pesquisador queira, por alguma razão, estimar um modelo com ponderação pela variável *per*, poderá propor a seguinte estimação:

$$\frac{tempo_i}{per_i} = \frac{a}{per_i} + b_1 \cdot \frac{dist_i}{per_i} + b_2 \cdot \frac{sem_i}{per_i} + b_3 \cdot \frac{per_i}{per_i} + b_4 \cdot \frac{\_Iperfil\_2_i}{per_i} + b_5 \cdot \frac{\_Iperfil\_3_i}{per_i} + \frac{u_i}{per_i}$$

O comando para a estimação do modelo por mínimos quadrados ponderados pela variável *per* seria:

```
wls0 tempo dist sem per _Iperfil_2 _Iperfil_3, wvar(per) type(abse)
```

Também não apresentaremos os *outputs* da estimação com erros-padrão robustos de Huber-White, dada a inexistência de heterocedasticidade neste exemplo. Entretanto, caso um pesquisador interessado deseje estudar a técnica, o comando para a elaboração desta estimação seria:

```
reg tempo dist sem per _Iperfil_2 _Iperfil_3, rob
```

Como o banco de dados do nosso exemplo é uma *cross-section*, não verificaremos o pressuposto de autocorrelação dos resíduos neste caso. Entretanto, mais adiante, por meio de outro banco de dados, estudaremos a aplicação dos testes voltados à verificação de tal pressuposto no Stata.

Sendo assim, partiremos para a aplicação do *linktest* que, conforme discutido na seção 12.3.5, se refere a um procedimento que cria duas novas variáveis a partir da elaboração de um modelo de regressão, que nada mais são do que as variáveis $\hat{Y}$ e $\hat{Y}^2$, de onde se espera, ao regredirmos Y em função destas duas variáveis, que $\hat{Y}$ seja estatisticamente significante e $\hat{Y}^2$ não seja, uma vez que, se o modelo original for especificado corretamente em termos de forma funcional, o quadrado dos valores previstos da variável dependente não deverá apresentar um poder explicativo sobre a variável dependente original. O comando para aplicação deste teste no Stata é:

```
linktest
```

que deve ser digitado após a elaboração do modelo final. Os *outputs* do teste encontram-se na Figura 12.64.

```
. linktest

      Source |       SS       df       MS              Number of obs =      10
-------------+------------------------------           F(  2,     7) =  773.68
       Model |  1990.99304     2   995.496519           Prob > F      =  0.0000
    Residual |  9.00696205     7   1.28670886           R-squared     =  0.9955
-------------+------------------------------           Adj R-squared =  0.9942
       Total |        2000     9   222.222222           Root MSE      =  1.1343


       tempo |      Coef.   Std. Err.      t    P>|t|     [95% Conf. Interval]
-------------+----------------------------------------------------------------
        _hat |   1.048706    .142885     7.34   0.000     .7108366    1.386575
      _hatsq |  -.0007371   .0021279    -0.35   0.739    -.0057687    .0042945
       _cons |  -.6510503   2.059793    -0.32   0.761    -5.521687    4.219586
```

Figura 12.64 *Linktest* para verificação da adequação da forma funcional do modelo.

Por meio da análise destes *outputs*, mais especificamente em relação ao *valor-P* da estatística *t* da variável *_hatsq* (que se refere a $\hat{Y}^2$, ou seja, ao valor estimado ao quadrado da variável *tempo*), podemos afirmar que o *linktest* não rejeita a hipótese nula de que o modelo foi especificado corretamente em termos de forma funcional, ou seja, a forma funcional linear neste caso é adequada.

O teste *RESET*, também discutido na seção 12.3.5, avalia a existência de erros de especificação do modelo pela omissão de variáveis relevantes e, analogamente ao *linktest*, cria novas variáveis com base nos valores de $\hat{Y}$ gerados a partir da estimação do modelo original. Dessa forma, após a elaboração do modelo final por meio do procedimento *Stepwise* e seguindo a expressão (12.63), iremos estimar o seguinte modelo, a partir do qual calcularemos manualmente a estatística *F* apresentada na expressão (12.64):

$$tempo_i = a + b_1.dist_i + b_2.sem_i + b_3.\_Iperfil\_3_i + d_1.\left(te\hat{m}po_i\right)^2 + d_2.\left(te\hat{m}po_i\right)^3 + d_3.\left(te\hat{m}po_i\right)^4 + v_i$$

Com base na estimação do modelo final gerado pelo procedimento *Stepwise* (que possui termos de erro u_i) e neste último modelo desenvolvido a partir da expressão (12.63) para se aplicar o teste *RESET* (que possui termos de erro v_i), podemos criar a Tabela 12.18.

Tabela 12.18 Construção da estatística *F* do teste *RESET*.

Observação (*i*)	u_i	u_i^2	v_i	v_i^2
Gabriela	1,02444	1,04948	1,27097	1,61537
Dalila	−0,39149	0,15327	−0,31770	0,10093
Gustavo	1,05127	1,10517	−0,49256	0,24261
Letícia	0,69455	0,48241	0,48498	0,23521
Luiz Ovídio	−0,69455	0,48241	−0,48498	0,23521
Leonor	1,05624	1,11564	0,51232	0,26247
Ana	−1,84420	3,40106	−0,75292	0,56689
Antônio	0,46304	0,21440	0,25524	0,06515
Júlia	−1,02146	1,04339	0,12753	0,01626
Mariana	−0,33784	0,11413	−0,60288	0,36346
Soma		**9,16137**		**3,70356**

E, a partir da Tabela 12.18, podemos calcular a estatística *F* do teste *RESET*, como segue:

$$F = \frac{\left(\sum_{i=1}^{n} u_i^2 - \sum_{i=1}^{n} v_i^2\right)}{3} = \frac{\dfrac{(9,16137 - 3,70356)}{3}}{\dfrac{(3,70356)}{(10 - 3 - 4)}} = 1,47$$

Como a estatística *F* calculada para (3, 3) graus de liberdade é menor do que o correspondente *F* crítico ($F_{(3,3)}$ = 9,28 para o nível de significância de 5%), podemos afirmar que o modelo original não apresenta omissão de variáveis explicativas relevantes.

Para que seja elaborado o teste *RESET* no Stata, devemos digitar o seguinte comando após a estimação do modelo final gerado por meio do procedimento *Stepwise*:

ovtest

O *output* encontra-se na Figura 12.65.

```
. ovtest

Ramsey RESET test using powers of the fitted values of tempo
       Ho:  model has no omitted variables
                F(3, 3) =       1.47
                Prob > F =      0.3788
```

Figura 12.65 Teste *RESET* para verificação de omissão de variáveis relevantes no modelo.

Dessa forma, o *linktest* e o teste *RESET* nos indicam que não temos erros de especificação no modelo final gerado por meio do procedimento *Stepwise*. Se não fosse esse o caso, precisaríamos reespecificar o modelo por meio da mudança de sua forma funcional ou por meio da inclusão de variáveis explicativas relevantes que foram excluídas quando da estimação.

Portanto, o modelo proposto estimado com o procedimento *Stepwise* não apresentou problemas em relação a nenhum dos pressupostos e nem tampouco há a presença de erros de especificação.

A fim de que seja possível estudarmos uma eventual inexistência de linearidade em modelos de regressão, iremos agora trabalhar com outro banco de dados.

Imaginemos agora que o nosso professor tenha sido convidado para fazer uma palestra para 50 profissionais do setor público a respeito de mobilidade urbana, visto que ele tem pesquisado bastante sobre o tempo de locomoção das pessoas no município em função da distância percorrida e de outras variáveis, como a quantidade de semáforos por que passam diariamente. Ao término de sua palestra, muito aplaudida, o professor não pôde perder a oportunidade de coletar mais dados para suas investigações e, por conta disso, questionou cada um dos 50 presentes sobre o tempo de locomoção até o prédio em que estavam, a distância percorrida no trajeto e a quantidade de semáforos por que cada um havia passado naquela manhã. Assim, montou o banco de dados que se encontra no arquivo **Palestratempodistsem.dta**.

Seguindo os passos do professor, devemos inicialmente elaborar uma regressão linear múltipla para avaliar a influência das variáveis *dist* e *sem* sobre a variável *tempo*. Assim, devemos digitar o seguinte comando:

```
reg tempo dist sem
```

Os resultados encontram-se na Figura 12.66.

```
. reg tempo dist sem

    Source |       SS       df       MS              Number of obs =      50
-----------+------------------------------           F(  2,    47) =   53.86
     Model | 6185.00996        2   3092.50498         Prob > F      =  0.0000
  Residual | 2698.61004       47   57.4172349         R-squared     =  0.6962
-----------+------------------------------           Adj R-squared =  0.6833
     Total |    8883.62       49  181.298367          Root MSE      =  7.5774


     tempo |      Coef.   Std. Err.      t    P>|t|     [95% Conf. Interval]
-----------+----------------------------------------------------------------
      dist |   .7728111   .1850909     4.18   0.000     .4004562    1.145166
       sem |   1.154891   .2750456     4.20   0.000     .601571    1.708212
     _cons |   13.06767   5.007771     2.61   0.012     2.993332     23.142
----------------------------------------------------------------------------
```

Figura 12.66 Resultados da regressão linear múltipla.

Embora a análise preliminar dos resultados mostre uma estimação satisfatória, o modelo apresentado na Figura 12.66 apresenta termos de erro com distribuição não aderente à normalidade, conforme podemos verificar por meio do teste de Shapiro-Francia (amostra com mais de 30 observações), obtido por meio da digitação dos seguintes comandos:

```
predict res, res
sfrancia res
```

O resultado do teste encontra-se na Figura 12.67.

```
. predict res, res

. sfrancia res

              Shapiro-Francia W' test for normal data

  Variable |      Obs        W'         V'         z      Prob>z
-----------+-------------------------------------------------------
       res |       50    0.93155      3.549      2.378    0.00869
```

Figura 12.67 Resultado do teste de Shapiro-Francia para verificação de normalidade dos resíduos.

Como discutimos na seção 12.3.1, o pressuposto da normalidade assegura que o *valor-P* dos testes *t* e do teste *F* sejam válidos. Entretanto, a violação de tal pressuposto pode ser resultante de erros de especificação quanto à forma funcional do modelo.

Dessa maneira, precisaremos elaborar gráficos da variável dependente em função de cada uma das variáveis explicativas individualmente e, nestes gráficos, apresentaremos o ajuste linear (valores previstos) e o ajuste conhecido por **lowess** (*locally weighted scatterplot smoothing*), que se refere a um método não paramétrico que utiliza múltiplas regressões para identificar o padrão de comportamento dos dados e, por alisamento, ajustar uma curva não necessariamente linear. Desta forma, devemos digitar os seguintes comandos:

```
graph twoway scatter tempo dist || lfit tempo dist || lowess tempo dist
graph twoway scatter tempo sem || lfit tempo sem || lowess tempo sem
```

A Figura 12.68 apresenta os dois gráficos gerados.

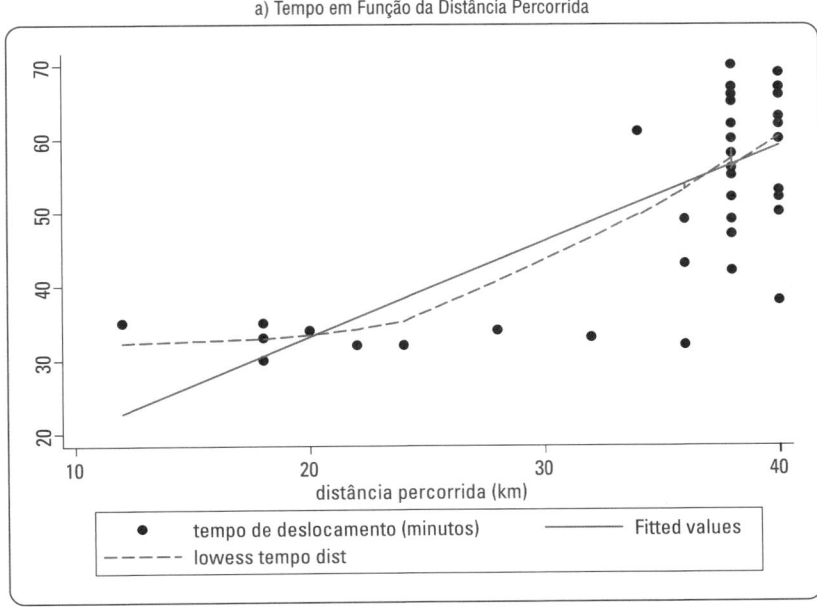

a) Tempo em Função da Distância Percorrida

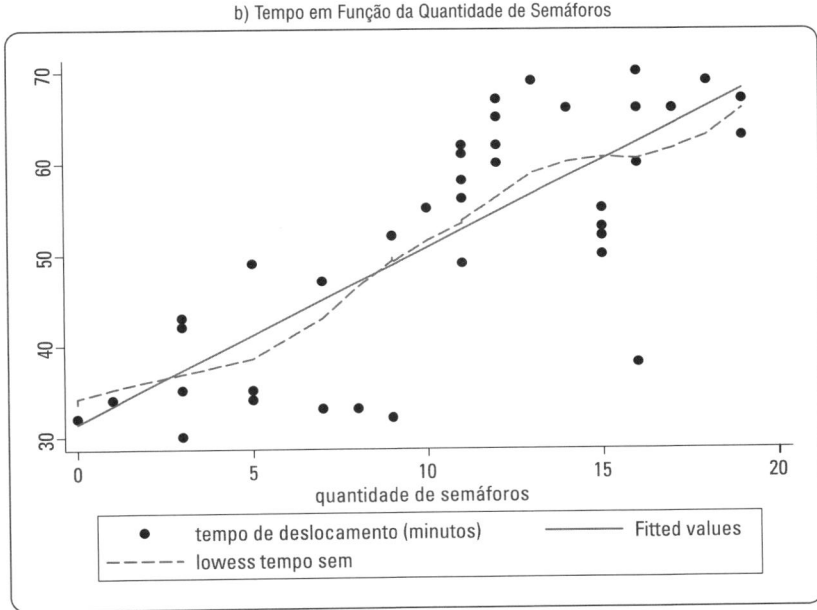

b) Tempo em Função da Quantidade de Semáforos

Figura 12.68 Gráficos com ajuste linear e ajuste *lowess*.

Nitidamente podemos perceber, por meio destes gráficos, que há diferenças entre os ajustes linear e *lowess*, principalmente para a variável *dist* (Figura 12.68a). Outra forma usual e similar de detectar a não linearidade do modelo é por meio de gráficos que apresentam a relação entre os **resíduos parciais aumentados** (*augmented component-plus-residuals*) e cada uma das variáveis explicativas. Para a obtenção destes gráficos, devemos digitar os seguintes comandos:

```
acprplot dist, lowess
acprplot sem, lowess
```

A Figura 12.69 apresenta os dois gráficos gerados.

Analogamente à Figura 12.68, o gráfico da Figura 12.69a também mostra que o ajuste *lowess* não se aproxima do ajuste linear, ao contrário do gráfico da Figura 12.69b, o que pode indicar problemas quanto à forma funcional linear da variável *dist* no modelo de regressão. Podemos perceber, para esta variável, que há uma quantidade considerável de pontos que potencialmente influenciam o comportamento do modelo. O gráfico

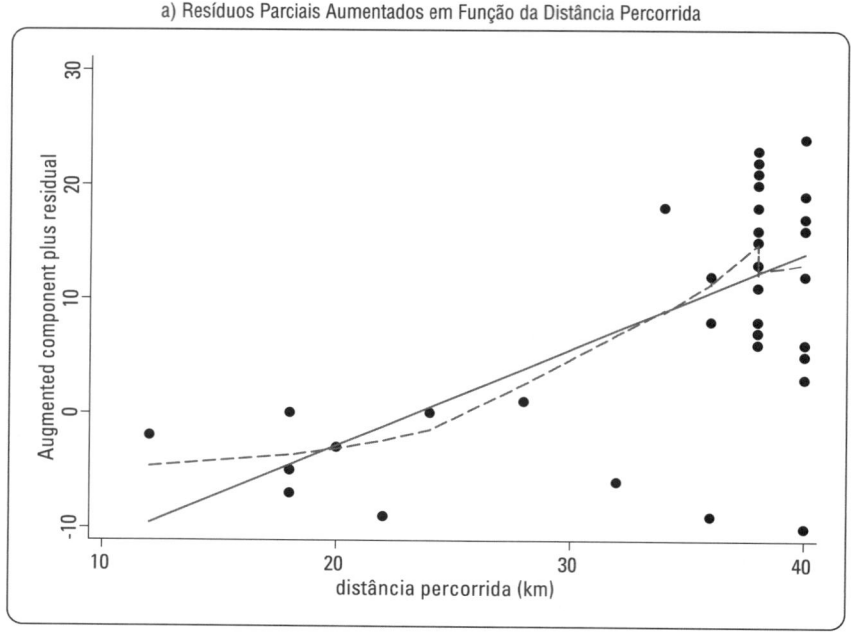

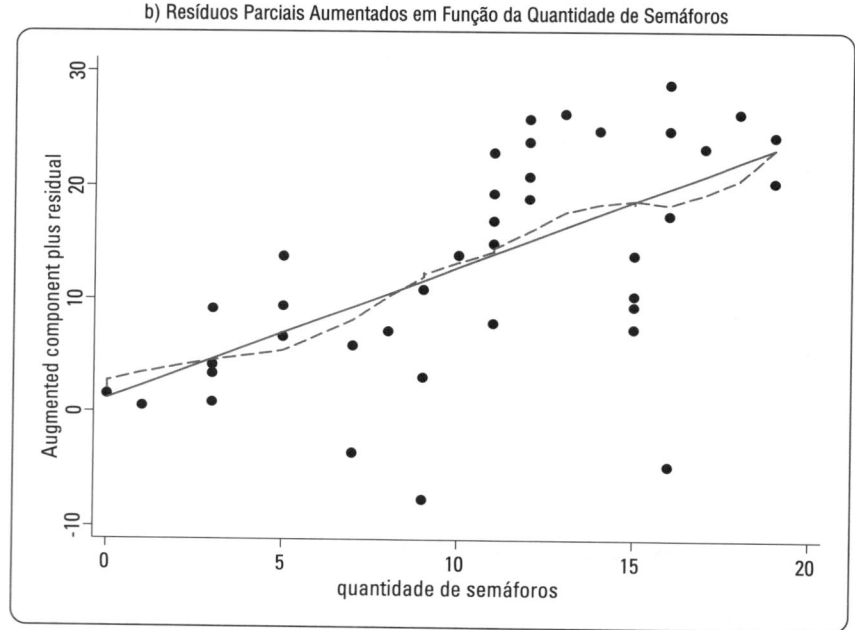

Figura 12.69 Gráficos com ajuste linear e ajuste *lowess* para os resíduos parciais aumentados.

matrix apresenta claramente este fenômeno, conforme mostra a Figura 12.70, gerada pela digitação do seguinte comando:

```
graph matrix tempo dist sem, half
```

Por meio deste gráfico, verificamos que a relação entre as variáveis *tempo* e *sem* é aparentemente linear, porém a relação entre *tempo* e *dist* é claramente não linear, conforme já discutido. Iremos, desta forma, nos focar na variável *dist*.

Inicialmente, faremos uma transformação logarítmica na variável *dist*, de modo a criarmos a variável *lndist*, como segue:

```
gen lndist=ln(dist)
```

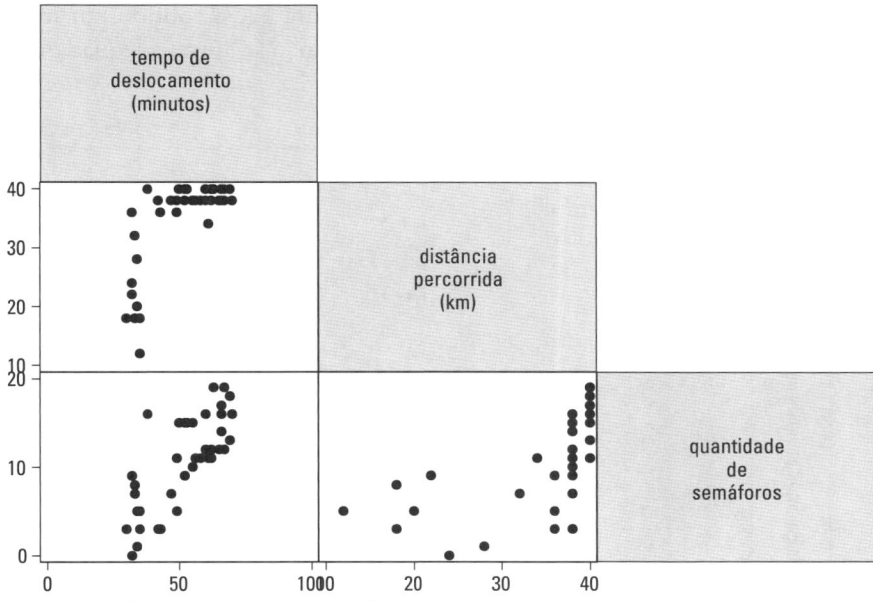

Figura 12.70 Inter-relação entre variáveis – gráfico `matrix`.

E, dessa forma, podemos estimar um novo modelo de regressão, com a seguinte forma funcional:

$$tempo_i = a + b_1 . \ln dist_i + b_2 . sem_i + u_i$$

cujos parâmetros e resultado do teste de Shapiro-Francia para os resíduos podem ser obtidos no Stata pela digitação dos comandos:

```
reg tempo lndist sem
predict res1, res
sfrancia res1
```

e cujos resultados encontram-se na Figura 12.71.

```
. gen lndist=ln(dist)

. reg tempo lndist sem

    Source |       SS       df       MS              Number of obs =      50
-------------+------------------------------           F(  2,     47) =   51.02
       Model |  6082.22904     2  3041.11452           Prob > F      =  0.0000
    Residual |  2801.39096    47  59.6040629           R-squared     =  0.6847
-------------+------------------------------           Adj R-squared =  0.6712
       Total |     8883.62    49  181.298367           Root MSE      =  7.7204

------------------------------------------------------------------------------
       tempo |      Coef.   Std. Err.      t    P>|t|     [95% Conf. Interval]
-------------+----------------------------------------------------------------
      lndist |   18.73429   4.826059     3.88   0.000     9.025515    28.44307
         sem |   1.277542   .2664751     4.79   0.000      .741463     1.81362
       _cons |  -27.26546   15.31812    -1.78   0.082    -58.08154    3.550618
------------------------------------------------------------------------------

. predict res1, res

. sfrancia res1

              Shapiro-Francia W' test for normal data

    Variable |     Obs       W'         V'        z       Prob>z
-------------+-------------------------------------------------------
        res1 |      50    0.93561     3.339     2.267     0.01168
```

Figura 12.71 Resultados da estimação do modelo não linear e do teste de Shapiro-Francia.

Isto mostra que, embora a transformação logarítmica em variáveis explicativas possa, em alguns casos, melhorar a qualidade do ajuste do modelo, o que não é verdade neste caso, isto ainda não garante que o pressuposto da normalidade dos resíduos seja atendido. O próprio gráfico da Figura 12.72, obtido por meio do comando a seguir, nos mostra que a forma funcional logarítmica da variável *dist* não se ajusta adequadamente à variável *tempo*.

```
acprplot lndist, lowess
```

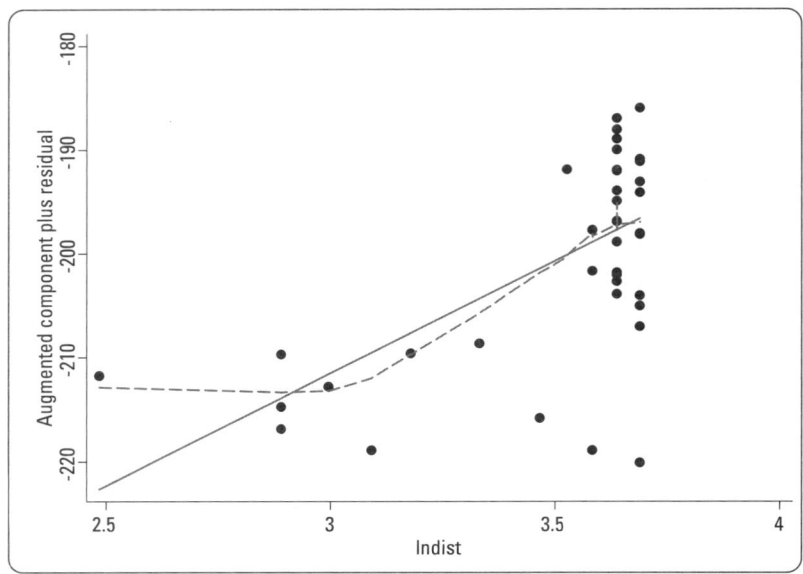

Figura 12.72 Gráfico com ajuste linear e ajuste *lowess* para os resíduos parciais aumentados em função do logaritmo natural da distância percorrida.

Dessa forma, conforme estudamos na seção 12.4.1, vamos elaborar uma transformação de Box-Cox à variável dependente, de modo que a nova variável criada apresente distribuição com maior aproximação possível da distribuição normal, mesmo que não haja garantia alguma de que esta transformação vá efetivamente gerar uma variável com distribuição normal. Para tanto, vamos criar uma variável chamada de *bctempo*, a partir da variável *tempo* e por meio da transformação de Box-Cox. Para tanto, devemos digitar o seguinte comando:

```
bcskew0 bctempo = tempo
```

A Figura 12.73 apresenta o resultado da transformação de Box-Cox, com ênfase para o parâmetro λ apresentado na expressão (12.66) (parâmetro **L** no *output* do Stata).

```
. bcskew0 bctempo = tempo

        Transform |         L     [95% Conf. Interval]      Skewness
------------------+-------------------------------------------------
    (tempo^L-1)/L |  2.648597     (not calculated)        -1.88e-06
```

Figura 12.73 Transformação de Box-Cox na variável dependente.

Logo, temos que:

$$bctempo_i = \left(\frac{tempo_i^{\lambda} - 1}{\lambda} \right) = \left(\frac{tempo_i^{2,6486} - 1}{2,6486} \right)$$

O gráfico que mostra o quanto a distribuição da variável *bctempo* (*Kernel density estimate*) se aproxima da distribuição normal padrão pode ser gerado e comparado com o gráfico que considera a variável *tempo* original. Estes gráficos podem ser obtidos por meio dos comandos:

```
kdensity tempo, normal
kdensity bctempo, normal
```

e são apresentados na Figura 12.74.

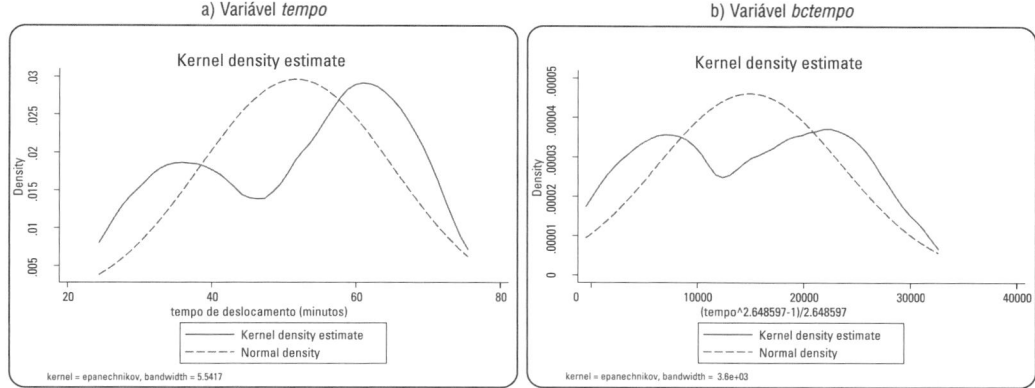

Figura 12.74 Gráfico de aderência entre a distribuição da variável *Y* e a distribuição normal.

Embora as duas variáveis não apresentem uma aderência muito próxima à normalidade, percebe-se claramente que a maior proximidade se dá com a variável *bctempo*. Vamos, então, estimar o seguinte modelo:

$$bctempo_i = a + b_1.dist_i + b_2.sem_i + u_i$$

cujos parâmetros e resultado do teste de Shapiro-Francia para os resíduos podem ser obtidos no Stata pela digitação dos comandos:

```
reg bctempo dist sem
predict res2, res
sfrancia res2
```

e cujos resultados encontram-se na Figura 12.75.

```
. reg bctempo dist sem

      Source |       SS       df       MS              Number of obs =      50
-------------+------------------------------           F(  2,    47) =   41.96
       Model |  2.3519e+09       2  1.1760e+09         Prob > F      =  0.0000
    Residual |  1.3171e+09      47  28024387.8         R-squared     =  0.6410
-------------+------------------------------           Adj R-squared =  0.6257
       Total |  3.6691e+09      49  74878715.3         Root MSE      =  5293.8


     bctempo |      Coef.   Std. Err.      t    P>|t|     [95% Conf. Interval]
-------------+----------------------------------------------------------------
        dist |   386.6511     129.31     2.99   0.004      126.513    646.7892
         sem |    840.903    192.155     4.38   0.000     454.3371    1227.469
       _cons |   -7193.16   3498.576    -2.06   0.045    -14231.39   -154.9323
------------------------------------------------------------------------------

. predict res2, res

. sfrancia res2

            Shapiro-Francia W' test for normal data

    Variable |    Obs       W'          V'         z       Prob>z
-------------+-------------------------------------------------------
        res2 |     50    0.97217      1.443     0.706     0.24018
```

Figura 12.75 Resultados da estimação do modelo com transformação de Box-Cox na variável dependente e do teste de Shapiro-Francia.

Isto mostra que a aderência da distribuição da variável dependente à normalidade, em modelos de regressão, pode fazer com que sejam estimados, por meio do método de mínimos quadrados ordinários, parâmetros mais adequados à determinação dos intervalos de confiança para efeitos de previsão, já que podem ser gerados termos de erro normais. No apêndice deste capítulo, faremos uma breve apresentação dos modelos de regressão quantílica, que podem ser utilizados alternativamente aos modelos estimados pelo método de mínimos quadrados ordinários para os casos em que nem mesmo a transformação de Box-Cox na variável dependente garante a determinação de resíduos com distribuição aderente à normalidade. Situações como essa podem ocorrer, entre outras razões, quando a variável dependente apresentar considerável assimetria em sua distribuição.

Logo, chegamos ao seguinte modelo:

$$\left(\frac{tempo_i^{2,6486} - 1}{2,6486} \right) = -7.193,16 + 386,6511.dist_i + 840,903.sem_i + u_i$$

que apresenta baixo problema de heterocedasticidade (na verdade, apresenta termos de erro homocedásticos ao nível de significância de 1%) e estatísticas *VIF* de 1,83. O próprio gráfico da Figura 12.76 mostra que a transformação de Box-Cox na variável dependente aproxima consideravelmente o ajuste estimado ao ajuste *lowess*. Tal gráfico pode ser obtido por meio do comando:

```
acprplot dist, lowess
```

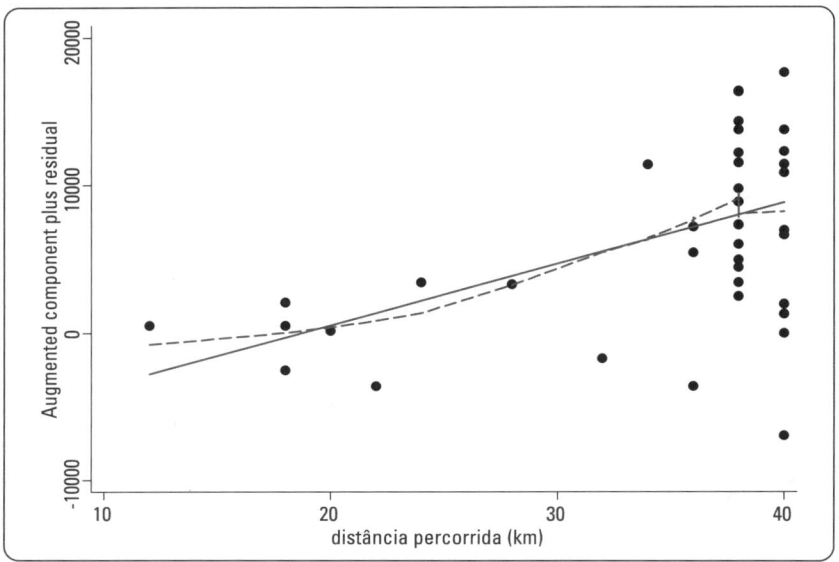

Figura 12.76 Gráfico com ajuste linear e ajuste *lowess* para os resíduos parciais aumentados em função da distância percorrida para o modelo com transformação de Box-Cox.

Logo, caberá ao pesquisador, em função do diagnóstico dos dados que sempre precisará ser feito, em função da sua experiência e com base na teoria subjacente, definir uma adequada forma funcional quando da estimação de modelos de regressão, a fim de que se atendam os pressupostos e que sejam obtidos estimadores mais eficientes para a elaboração de previsões.

Por fim, iremos agora estudar o problema da autocorrelação dos resíduos por meio do Stata. Imaginemos que o professor, ao terminar a palestra e voltar para a escola, tenha tido a ideia de acompanhar o tempo de percurso dos alunos ao longo de um período de 30 dias. Para tanto, dia após dia ele coletou os dados dos alunos referentes ao tempo de deslocamento, à distância percorrida e à quantidade de semáforos. Só que, em vez de elaborar o banco de dados por aluno e por dia, o que resultaria num painel de dados longitudinais (que estudaremos no Capítulo 15), o professor tabulou os dados médios de cada variável por dia, ou seja, o tempo médio de trajeto percorrido por dia, a distância média percorrida pelos alunos em cada dia e a quantidade média de semáforos. O objetivo do professor agora (e o nosso também) é estimar o seguinte modelo:

$$tempo_t = a + b_1.dist_t + b_2.sem_t + \varepsilon_t \quad (t = 1, 2, ..., 30)$$

e o banco de dados encontra-se no arquivo **Análisetemporaltempodistsem.dta**.

Antes de estimarmos o modelo proposto, é preciso que seja definida a variável correspondente à evolução temporal (no caso, a variável *dia*). Para tanto, devemos digitar, logo ao abrir o arquivo, o seguinte comando:

```
tsset dia
```

Uma informação como a que aparece na Figura 12.77 surgirá na tela.

```
. tsset dia
        time variable:  dia, 1 to 30
                delta:  1 unit
```

Figura 12.77 Definição da variável temporal.

Caso o pesquisador se esqueça de definir a variável referente à evolução temporal, o que é muito comum, o Stata não permitirá que sejam elaborados os testes de Durbin-Watson e de Breusch-Godfrey, e uma mensagem de erro aparecerá na janela de *outputs* do software, informando ao pesquisador que a variável temporal precisa ser definida. Por outro lado, diversos pacotes estatísticos, como o SPSS, propiciam o cálculo das estatísticas de Durbin-Watson, por exemplo, mesmo que o banco de dados esteja em *cross-section*, o que é um erro grave.

Após a elaboração da regressão propriamente dita, por meio do comando a seguir, poderemos então elaborar os testes voltados à verificação de existência de autocorrelação dos resíduos.

reg tempo dist sem

Os resultados da estimação encontram-se na Figura 12.78.

```
. reg tempo dist sem

      Source |       SS       df       MS              Number of obs =      30
-------------+------------------------------           F(  2,    27) =   34.17
       Model | 3642.45366     2  1821.22683            Prob > F      =  0.0000
    Residual | 1438.91301    27  53.2930744            R-squared     =  0.7168
-------------+------------------------------           Adj R-squared =  0.6958
       Total | 5081.36667    29  175.21954             Root MSE      =  7.3002

-------------------------------------------------------------------------------
       tempo |      Coef.   Std. Err.      t    P>|t|     [95% Conf. Interval]
-------------+-----------------------------------------------------------------
        dist |   .7816866   .2019979     3.87   0.001     .3672211    1.196152
         sem |   1.040915   .3335171     3.12   0.004     .3565945    1.725236
       _cons |   14.32001   5.508772     2.60   0.015     3.016943    25.62308
-------------------------------------------------------------------------------
```

Figura 12.78 Resultados da estimação do modelo temporal.

Embora o modelo estimado apresente problemas, ao nível de significância de 5%, em relação à normalidade dos resíduos (teste de Shapiro-Wilk) e à heterocedasticidade (teste de Breusch-Pagan/Cook-Weisberg), restringiremos a análise, neste momento, à autocorrelação dos resíduos. Para tanto, iremos inicialmente elaborar o teste de Durbin-Watson, por meio do seguinte comando:

estat dwatson

O resultado do teste encontra-se na Figura 12.79.

```
. estat dwatson

Durbin-Watson d-statistic(  3,     30) =  1.779404
```

Figura 12.79 Resultado do teste de Durbin-Watson.

Por meio da Tabela C do apêndice do livro, e de acordo com a Figura 12.45 da seção 12.3.4.3, temos, ao nível de significância de 5% e para um modelo com 3 parâmetros e 30 observações, que $d_U = 1,567 < 1,779 < 2,433 = 4 - d_U$, ou seja, a estatística DW aproximadamente igual a 2 resulta em inexistência de autocorrelação de primeira ordem dos resíduos.

Conforme discutido na seção 12.3.4.4, como o teste de Durbin-Watson só é válido para a verificação da existência de autocorrelação de primeira ordem dos termos de erro, o teste de Breusch-Godfrey passa a ser mais geral na medida em que também é adequado para avaliar a existência de autocorrelação dos resíduos com defasagens maiores. Numa base com dados diários, por exemplo, talvez seja interessante que o pesquisador estude eventuais autocorrelações de ordem 7, a fim de que sejam capturados fenômenos com sazonalidade semanal. Seguindo a mesma lógica, para dados mensais, talvez seja interessante que o pesquisador avalie a existência de eventuais autocorrelações de ordem 12, a fim de tentar capturar sazonalidades anuais.

Para fins didáticos, no nosso exemplo vamos elaborar o teste de Breusch-Godfrey com todas as defasagens possíveis para este banco de dados, ou seja, com ordens que variam de 1 a 28 (t - 1, t - 2, t - 3, ..., t - 28). O comando a ser digitado é:

```
estat bgodfrey, lags(1 2 3 4 5 6 7 8 9 10 11 12 13 14 15 16 17 18 19 20
21 22 23 24 25 26 27 28)
```

Os resultados encontram-se na Figura 12.80.

```
. estat bgodfrey, lags(1 2 3 4 5 6 7 8 9 10 11 12 13 14 15 16 17 18 19 20 21 22
23 24 25 26 27 28)

Breusch-Godfrey LM test for autocorrelation
---------------------------------------------------------------------------
    lags(p)  |        chi2             df              Prob > chi2
-------------+-------------------------------------------------------------
        1    |       0.213             1                  0.6447
        2    |       1.478             2                  0.4775
        3    |       2.292             3                  0.5140
        4    |       3.137             4                  0.5352
        5    |       3.138             5                  0.6787
        6    |       3.658             6                  0.7228
        7    |       4.382             7                  0.7349
        8    |       4.423             8                  0.8171
        9    |       4.765             9                  0.8543
       10    |       5.176            10                  0.8791
       11    |       5.181            11                  0.9221
       12    |      15.487            12                  0.2159
       13    |      17.025            13                  0.1982
       14    |      17.644            14                  0.2235
       15    |      18.444            15                  0.2400
       16    |      18.623            16                  0.2887
       17    |      19.119            17                  0.3217
       18    |      19.157            18                  0.3822
       19    |      20.730            19                  0.3519
       20    |      20.831            20                  0.4072
       21    |      22.068            21                  0.3956
       22    |      22.186            22                  0.4488
       23    |      26.104            23                  0.2960
       24    |      26.155            24                  0.3453
       25    |      26.169            25                  0.3986
       26    |      28.427            26                  0.3378
       27    |      30.000            27                  0.3142
       28    |      30.000            28                  0.3632
---------------------------------------------------------------------------
                    H0: no serial correlation
```

Figura 12.80 Resultados do teste de Breusch-Godfrey.

Por meio da Figura 12.80, podemos perceber que não há problemas de autocorrelação dos resíduos para qualquer que seja a defasagem proposta.

A capacidade do Stata para a estimação de modelos e a elaboração de testes estatísticos é enorme, porém acreditamos que o que foi exposto aqui é considerado obrigatório para pesquisadores que desejam utilizar de forma correta as técnicas de regressão simples e múltipla.

Partiremos agora para a resolução dos mesmos exemplos por meio do SPSS, ressaltando que, embora a sua capacidade de processamento e geração de *outputs* seja considerada por muitos como sendo mais limitada do que a do Stata, é tido por vezes como um software mais amigável e mais fácil de ser utilizado.

12.6. ESTIMAÇÃO DE MODELOS DE REGRESSÃO NO SOFTWARE SPSS

Apresentaremos agora o passo a passo para a elaboração do nosso exemplo por meio do IBM SPSS Statistics Software®, e a reprodução de suas imagens nesta seção tem autorização da International Business Machines Corporation©.

Seguindo a mesma lógica proposta quando da aplicação dos modelos por meio do software Stata, já partiremos para o banco de dados final construído pelo professor a partir dos questionamentos feitos a cada um de seus 10 estudantes. Os dados encontram-se no arquivo **Tempodistsemperperfil.sav** e, após o abrirmos, vamos inicialmente clicar em **Analyze → Regression → Linear...**. A caixa de diálogo da Figura 12.81 será aberta.

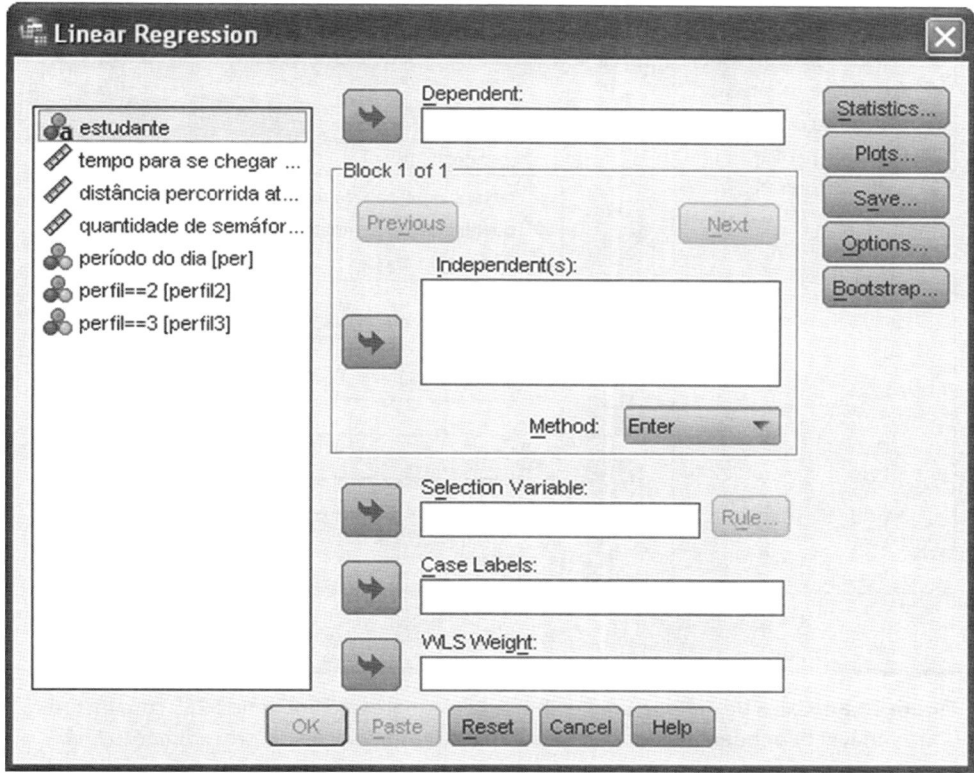

Figura 12.81 Caixa de diálogo para elaboração da regressão linear no SPSS.

Devemos selecionar a variável *tempo* e incluí-la na caixa **Dependent**. As demais variáveis devem ser simultaneamente selecionadas e inseridas na caixa **Independent(s)**. Manteremos, neste primeiro momento, a opção pelo **Method: Enter**, conforme podemos observar por meio da Figura 12.82. O procedimento *Enter*, ao contrário do procedimento *Stepwise*, inclui todas as variáveis na estimação, mesmo aquelas cujos parâmetros sejam estatisticamente iguais a zero, e corresponde exatamente ao procedimento padrão elaborado pelo Excel e também pelo Stata quando se aplica o comando `reg`.

O botão **Statistics...** permite que selecionemos a opção que fornecerá os parâmetros e os respectivos intervalos de confiança nos *outputs*. A caixa de diálogo que é aberta, ao clicarmos nesta opção, está apresentada na Figura 12.83, em que foram selecionadas as opções **Estimates** (para que sejam apresentados os parâmetros propriamente ditos com as respectivas estatísticas *t*) e **Confidence intervals** (para que sejam calculados os intervalos de confiança destes parâmetros).

Voltaremos à caixa de diálogo principal da regressão linear ao clicarmos em **Continue**.

O botão **Options...** permite que alteremos os níveis de significância para rejeição da hipótese nula do teste *F* e, consequentemente, das hipóteses nulas dos testes *t*. O padrão do SPSS, conforme pode ser observado por meio da caixa de diálogo que é aberta ao clicarmos nesta opção, é de 5% para o nível de significância. Nesta mesma caixa de diálogo, podemos impor que o parâmetro α seja igual a zero (ao desabilitarmos a opção **Include constant in equation**). Manteremos o padrão de 5% para os níveis de significância e deixaremos o intercepto no modelo (opção **Include constant in equation** selecionada). Esta caixa de diálogo é apresentada na Figura 12.84.

Vamos agora selecionar **Continue** e **OK**. Os *outputs* gerados estão apresentados na Figura 12.85.

Não iremos novamente analisar *outputs* gerados, uma vez que podemos verificar que são exatamente iguais àqueles obtidos quando da elaboração da regressão linear múltipla no Excel (Figura 12.32) e no Stata (Figura 12.53). Vale a pena comentar que o *F de significação* do Excel é chamado de *Sig. F* e o *valor-P* é chamado de *Sig. t* no SPSS.

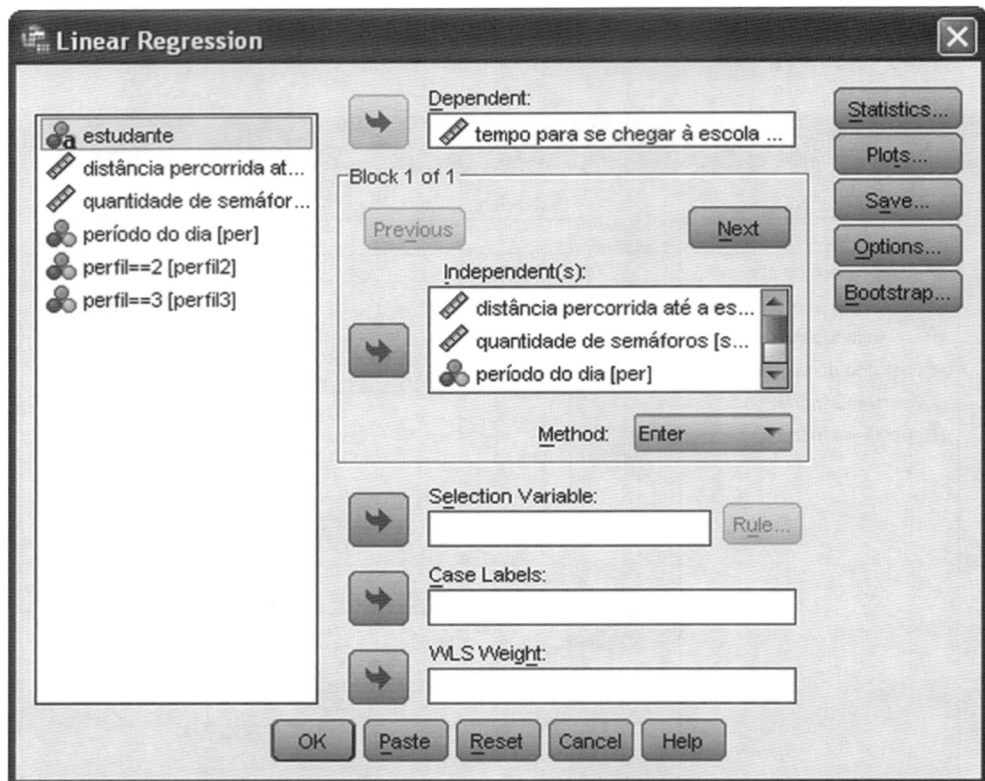

Figura 12.82 Caixa de diálogo para elaboração da regressão linear no SPSS com inclusão da variável dependente e das variáveis explicativas e seleção do procedimento *Enter*.

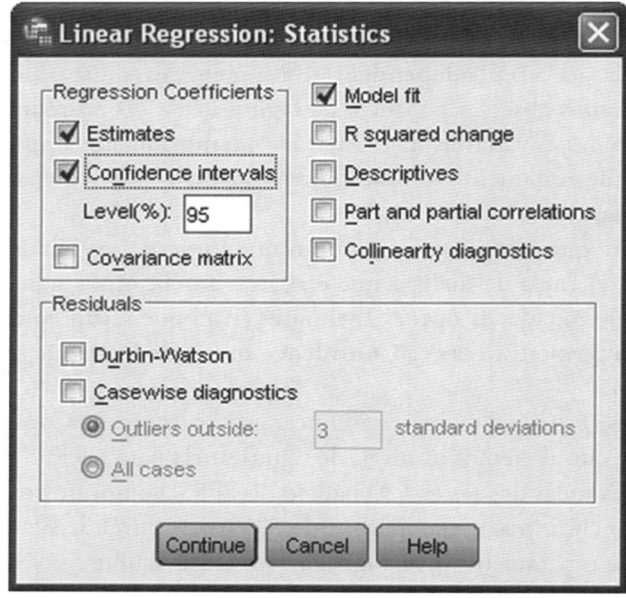

Figura 12.83 Caixa de diálogo para seleção dos parâmetros e dos intervalos de confiança.

Vamos agora, enfim, elaborar a regressão linear múltipla por meio do procedimento *Stepwise*. Para elaborarmos este procedimento, devemos selecionar a opção **Method: Stepwise** na caixa de diálogo principal da regressão linear no SPSS, conforme mostra a Figura 12.86.

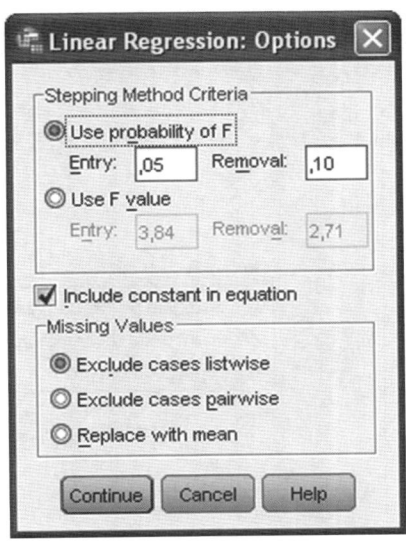

Figura 12.84 Caixa de diálogo para eventual alteração dos níveis de significância e exclusão do intercepto em modelos de regressão linear.

Model Summary

Model	R	R Square	Adjusted R Square	Std. Error of the Estimate
1	,998[a]	,997	,993	1,229

a. Predictors: (Constant), perfil==3, quantidade de semáforos, perfil==2, distância percorrida até a escola (km), período do dia

ANOVA[b]

Model		Sum of Squares	df	Mean Square	F	Sig.
1	Regression	1993,960	5	398,792	264,120	,000[a]
	Residual	6,040	4	1,510		
	Total	2000,000	9			

a. Predictors: (Constant), perfil==3, quantidade de semáforos, perfil==2, distância percorrida até a escola (km), período do dia
b. Dependent Variable: tempo para se chegar à escola (minutos)

Coefficients[a]

Model		Unstandardized Coefficients		Standardized Coefficients	t	Sig.	95,0% Confidence Interval for B	
		B	Std. Error	Beta			Lower Bound	Upper Bound
1	(Constant)	13,490	3,861		3,494	,025	2,771	24,210
	distância percorrida até a escola (km)	,674	,072	,430	9,399	,001	,475	,873
	quantidade de semáforos	6,647	1,095	,420	6,071	,004	3,607	9,687
	período do dia	-5,371	3,779	-,174	-1,421	,228	-15,863	5,120
	perfil==2	1,779	1,441	,063	1,234	,285	-2,223	5,781
	perfil==3	6,374	2,243	,180	2,841	,047	,146	12,601

a. Dependent Variable: tempo para se chegar à escola (minutos)

Figura 12.85 *Outputs* da regressão linear múltipla no SPSS – procedimento *Enter*.

Voltaremos novamente à caixa de diálogo principal da regressão linear ao clicarmos em **Continue**.

O botão **Save...** permite que sejam criadas, no próprio banco de dados original, as variáveis referentes ao $\hat{Y}$ e aos resíduos do modelo final gerado pelo procedimento *Stepwise*. Assim, ao clicarmos nessa opção, será aberta uma caixa de diálogo, conforme mostra a Figura 12.87. Com essa finalidade, devemos marcar as opções **Unstandardized** (em **Predicted Values**) e **Unstandardized** (em **Residuals**).

Ao clicarmos em **Continue** e, na sequência, em **OK**, novos *outputs* são gerados, conforme mostra a Figura 12.88. Note que, além dos *outputs*, são criadas duas novas variáveis no banco de dados original, chamadas de

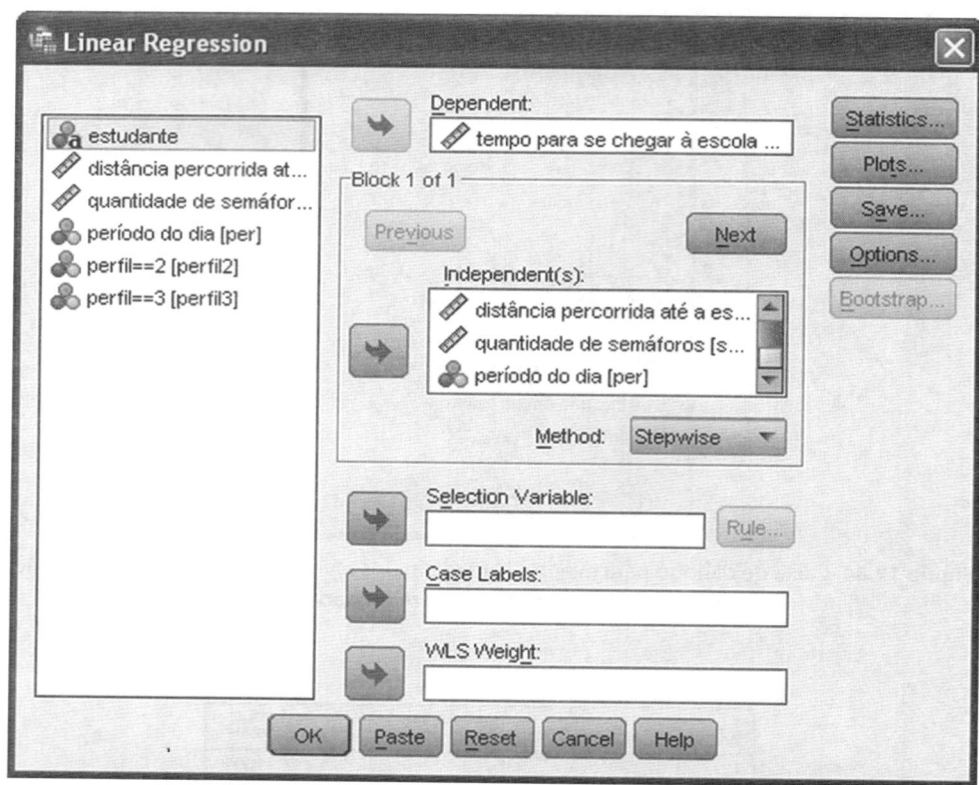

Figura 12.86 Caixa de diálogo com seleção do procedimento *Stepwise*.

PRE_1 e *RES_1*, que correspondem, respectivamente, aos valores de $\hat{Y}$ e aos valores estimados dos resíduos (exatamente aqueles já mostrados na Figura 12.33).

O procedimento *Stepwise* elaborado pelo SPSS mostra o passo a passo dos modelos que foram elaborados, partindo da inclusão da variável mais significativa (maior estatística *t* em módulo entre todas as explicativas) até a inclusão daquela com menor estatística *t*, porém ainda com *Sig. t* < 0,05. Tão importante quanto a análise das variáveis incluídas no modelo final é a análise da lista de variáveis excluídas (**Excluded Variables**). Assim, podemos verificar que, ao se incluir no modelo 1 apenas a variável explicativa *sem*, a lista de variáveis excluídas apresenta todas as demais. Se, para o primeiro passo, houver alguma variável explicativa que tenha sido excluída, porém apresenta-se de forma significativa (*Sig. t* < 0,05), como ocorre para a variável *dist*, esta será incluída no modelo no passo seguinte (modelo 2). E assim sucessivamente, até que a lista de variáveis excluídas não apresente mais nenhuma variável com *Sig. t* < 0,05. As variáveis remanescentes nesta lista, para o nosso exemplo, são *per* e *perfil2*, conforme já discutimos quando da elaboração da regressão no Excel e no Stata; o modelo final (modelo 3 do procedimento *Stepwise*), que é exatamente aquele já apresentado por meio das Figuras 12.33 e 12.54, conta apenas com as variáveis explicativas *dist*, *sem* e *perfil3*, e com R^2 = 0,995. Assim, conforme já vimos, o modelo linear final estimado é:

$$\hat{tempo}_i = 8,292 + 0,710.dist_i + 7,837.sem_i + 8,968.perfil3_{i\begin{cases}calmo=0\\agressivo=1\end{cases}}$$

Partiremos agora para a verificação dos pressupostos do modelo. Inicialmente, vamos elaborar o teste de Shapiro-Wilk para verificação de normalidade dos resíduos. Para tanto, devemos clicar em **Analyze → Descriptive Statistics → Explore...**. Na caixa de diálogo que é aberta, devemos inserir a variável *RES_1* (*Unstandardized Residual*) em **Dependent List** e clicar em **Plots...** Nesta janela, devemos selecionar a opção **Normality plots with tests**, clicar em **Continue** e em **OK**. A Figura 12.89 mostra este passo a passo.

O teste de Shapiro-Wilk indica que os termos de erro apresentam distribuição aderente à normalidade, já que seu resultado (Figura 12.90) não indica a rejeição de sua hipótese nula. Podemos verificar que o resultado é exatamente igual ao obtido pelo Stata e apresentado por meio da Figura 12.58.

Na sequência, vamos elaborar o diagnóstico de multicolinearidade das variáveis explicativas. Para tanto, devemos solicitar ao software que gere as estatísticas *VIF* e *Tolerance* quando for feita a estimação do modelo. Assim,

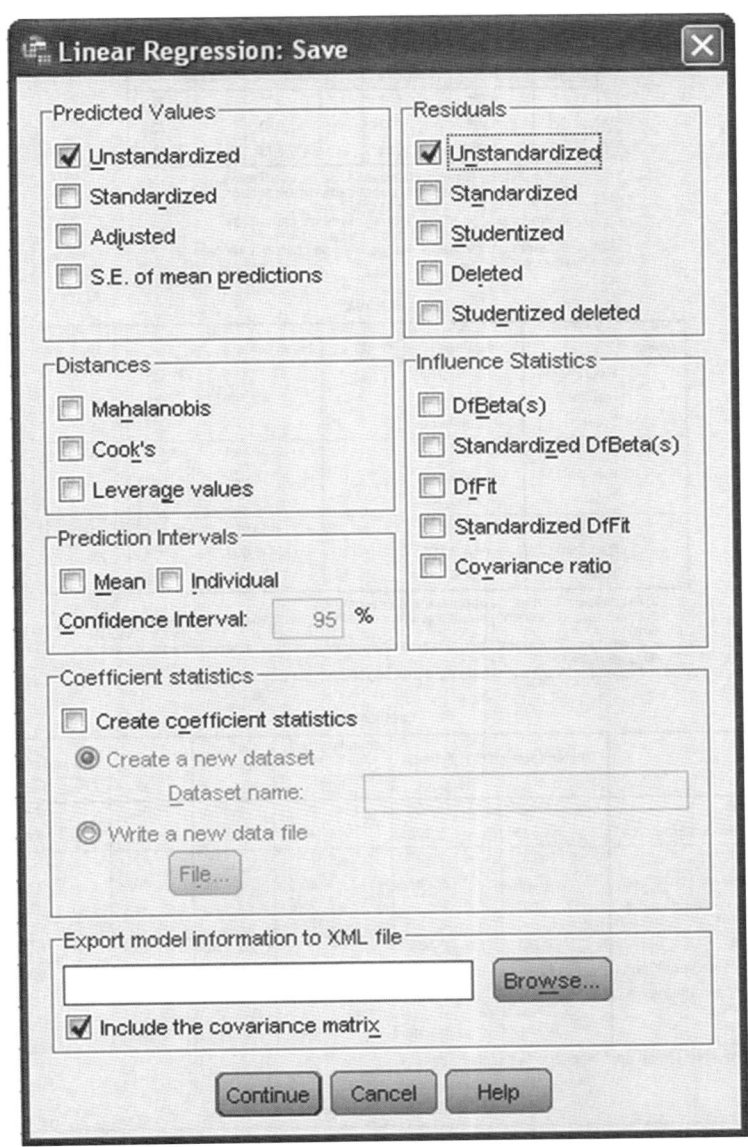

Figura 12.87 Caixa de diálogo para inserção dos valores previstos ($\hat{Y}$) e dos resíduos no próprio banco de dados.

em **Analyze → Regression → Linear...**, no botão **Statistics...** devemos marcar a opção **Collinearity diagnostics**, conforme mostra a Figura 12.91.

Os *outputs* gerados são os mesmos dos apresentados na Figura 12.88, porém agora as estatísticas *VIF* e *Tolerance* são calculadas para cada variável explicativa, conforme mostra o modelo 3 da Figura 12.92. Conforme já discutido quando da apresentação da Figura 12.60, como o modelo final obtido após o procedimento *Stepwise* não apresenta estatísticas *VIF* muito elevadas para nenhuma variável explicativa, podemos considerar que não há problemas de multicolinearidade.

Com relação ao problema da heterocedasticidade, o mais comum é que se elabore inicialmente um gráfico para se avaliar o comportamento dos resíduos em função da variável dependente. Assim, devemos novamente clicar em **Analyze → Regression → Linear...**. O botão **Plots...** permite que sejam elaborados gráficos de diagnóstico do comportamento dos resíduos em função dos valores estimados da variável dependente e, ao clicarmos neste botão, será aberta uma caixa de diálogo, conforme mostra a Figura 12.93. Vamos solicitar que seja gerado o gráfico dos valores estimados dos termos de erro padronizados em função dos valores estimados padronizados da variável dependente. Este procedimento é análogo ao que gerou o gráfico da Figura 12.61b.

O gráfico gerado, apresentado na Figura 12.94, mostra que não há indícios de existência de heterocedasticidade, conforme já discutimos quando da análise da Figura 12.61b.

Model Summary[d]

Model	R	R Square	Adjusted R Square	Std. Error of the Estimate
1	,909[a]	,827	,805	6,585
2	,968[b]	,937	,920	4,228
3	,998[c]	,995	,993	1,236

a. Predictors: (Constant), quantidade de semáforos
b. Predictors: (Constant), quantidade de semáforos, distância percorrida até a escola (km)
c. Predictors: (Constant), quantidade de semáforos, distância percorrida até a escola (km), perfil==3
d. Dependent Variable: tempo para se chegar à escola (minutos)

ANOVA[d]

Model		Sum of Squares	df	Mean Square	F	Sig.
1	Regression	1653,125	1	1653,125	38,126	,000[a]
	Residual	346,875	8	43,359		
	Total	2000,000	9			
2	Regression	1874,848	2	937,424	52,432	,000[b]
	Residual	125,152	7	17,879		
	Total	2000,000	9			
3	Regression	1990,839	3	663,613	434,616	,000[c]
	Residual	9,161	6	1,527		
	Total	2000,000	9			

a. Predictors: (Constant), quantidade de semáforos
b. Predictors: (Constant), quantidade de semáforos, distância percorrida até a escola (km)
c. Predictors: (Constant), quantidade de semáforos, distância percorrida até a escola (km), perfil==3
d. Dependent Variable: tempo para se chegar à escola (minutos)

Coefficients[a]

Model		Unstandardized Coefficients B	Unstandardized Coefficients Std. Error	Standardized Coefficients Beta	t	Sig.	95,0% Confidence Interval for B Lower Bound	95,0% Confidence Interval for B Upper Bound
1	(Constant)	15,625	3,123		5,003	,001	8,422	22,828
	quantidade de semáforos	14,375	2,328	,909	6,175	,000	9,006	19,744
2	(Constant)	8,151	2,920		2,791	,027	1,246	15,056
	quantidade de semáforos	8,296	2,284	,525	3,633	,008	2,897	13,696
	distância percorrida até a escola (km)	,797	,226	,509	3,522	,010	,262	1,333
3	(Constant)	8,292	,854		9,715	,000	6,203	10,380
	quantidade de semáforos	7,837	,669	,496	11,707	,000	6,199	9,475
	distância percorrida até a escola (km)	,710	,067	,453	10,620	,000	,547	,874
	perfil==3	8,968	1,029	,254	8,716	,000	6,450	11,485

a. Dependent Variable: tempo para se chegar à escola (minutos)

Excluded Variables[d]

Model		Beta In	t	Sig.	Partial Correlation	Collinearity Statistics Tolerance
1	distância percorrida até a escola (km)	,509[a]	3,522	,010	,800	,429
	período do dia	-,395[a]	-2,237	,060	-,646	,464
	perfil==2	-,084[a]	-,529	,613	-,196	,950
	perfil==3	,300[a]	2,528	,039	,691	,922
2	período do dia	-,321[b]	-4,164	,006	-,862	,451
	perfil==2	-,116[b]	-1,233	,264	-,450	,942
	perfil==3	,254[b]	8,716	,000	,963	,901
3	período do dia	-,058[c]	-,702	,514	-,299	,124
	perfil==2	,007[c]	,198	,851	,088	,717

a. Predictors in the Model: (Constant), quantidade de semáforos
b. Predictors in the Model: (Constant), quantidade de semáforos, distância percorrida até a escola (km)
c. Predictors in the Model: (Constant), quantidade de semáforos, distância percorrida até a escola (km), perfil==3
d. Dependent Variable: tempo para se chegar à escola (minutos)

Residuals Statistics[a]

	Minimum	Maximum	Mean	Std. Deviation	N
Predicted Value	11,84	54,54	30,00	14,873	10
Residual	-1,844	1,056	,000	1,009	10
Std. Predicted Value	-1,221	1,650	,000	1,000	10
Std. Residual	-1,492	,855	,000	,816	10

a. Dependent Variable: tempo para se chegar à escola (minutos)

Figura 12.88 *Outputs* da regressão linear múltipla no SPSS – procedimento *Stepwise*.

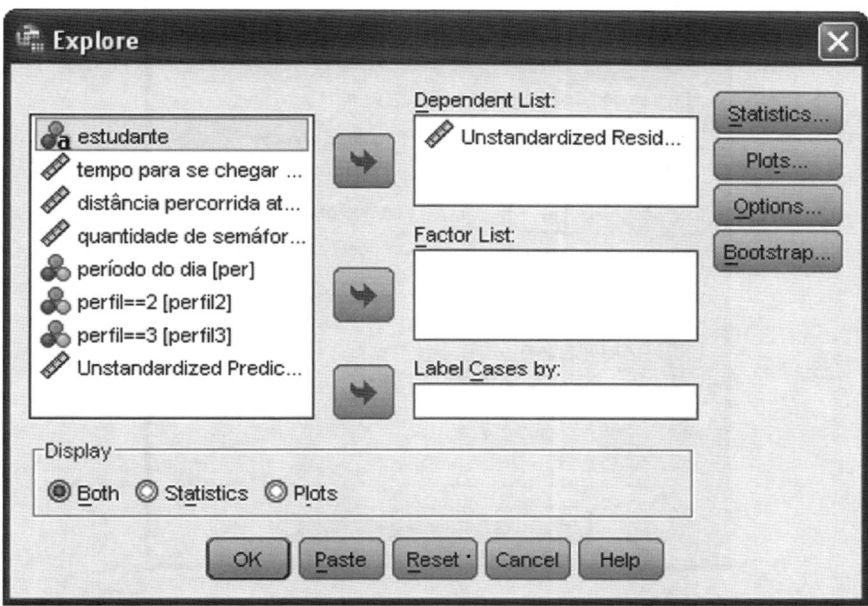

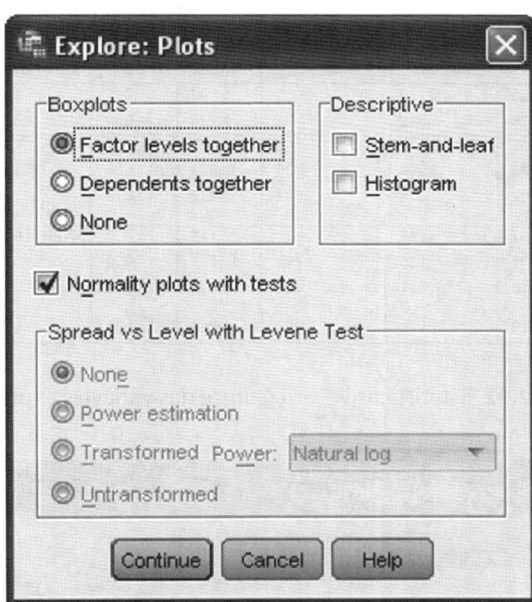

Figura 12.89 Procedimento para elaboração do teste de Shapiro-Wilk para a variável *RES_1*.

Tests of Normality

	Kolmogorov-Smirnov[a]			Shapiro-Wilk		
	Statistic	df	Sig.	Statistic	df	Sig.
Unstandardized Residual	,177	10	,200*	,905	10	,250

a. Lilliefors Significance Correction
*. This is a lower bound of the true significance.

Figura 12.90 Resultado do teste de normalidade de Shapiro-Wilk para os resíduos.

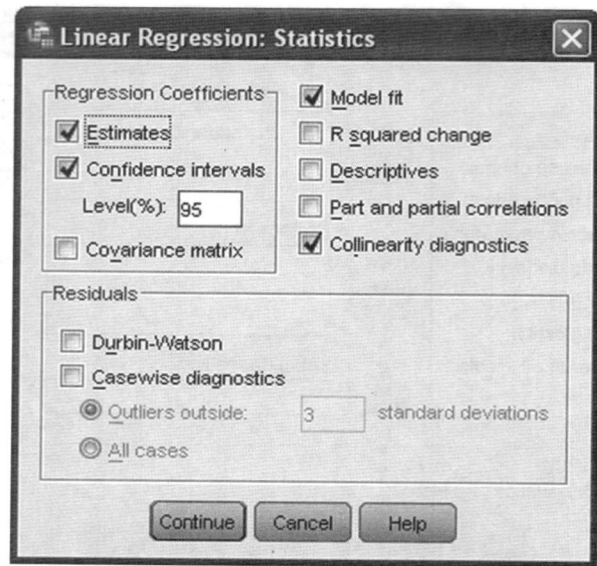

Figura 12.91 Caixa de diálogo para elaboração do diagnóstico de multicolinearidade.

Coefficients[a]

Model		Unstandardized Coefficients		Standardized Coefficients	t	Sig.	95,0% Confidence Interval for B		Collinearity Statistics	
		B	Std. Error	Beta			Lower Bound	Upper Bound	Tolerance	VIF
1	(Constant)	15,625	3,123		5,003	,001	8,422	22,828		
	quantidade de semáforos	14,375	2,328	,909	6,175	,000	9,006	19,744	1,000	1,000
2	(Constant)	8,151	2,920		2,791	,027	1,246	15,056		
	quantidade de semáforos	8,296	2,284	,525	3,633	,008	2,897	13,696	,429	2,333
	distância percorrida até a escola (km)	,797	,226	,509	3,522	,010	,262	1,333	,429	2,333
3	(Constant)	8,292	,854		9,715	,000	6,203	10,380		
	quantidade de semáforos	7,837	,669	,496	11,707	,000	6,199	9,475	,426	2,348
	distância percorrida até a escola (km)	,710	,067	,453	10,620	,000	,547	,874	,419	2,386
	perfil==3	8,968	1,029	,254	8,716	,000	6,450	11,485	,901	1,109

a. Dependent Variable: tempo para se chegar à escola (minutos)

Figura 12.92 Estatísticas *VIF* e *Tolerance* das variáveis explicativas.

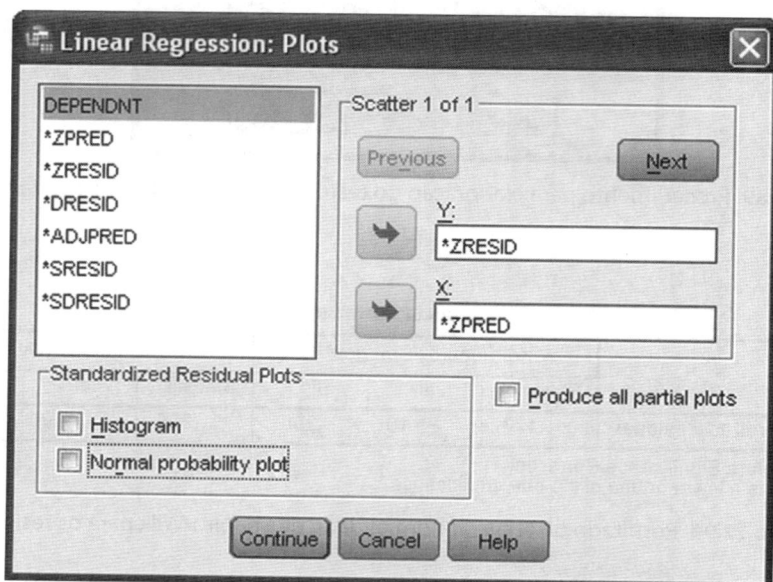

Figura 12.93 Caixa de diálogo para elaboração do gráfico de diagnóstico do comportamento dos resíduos em função da variável dependente.

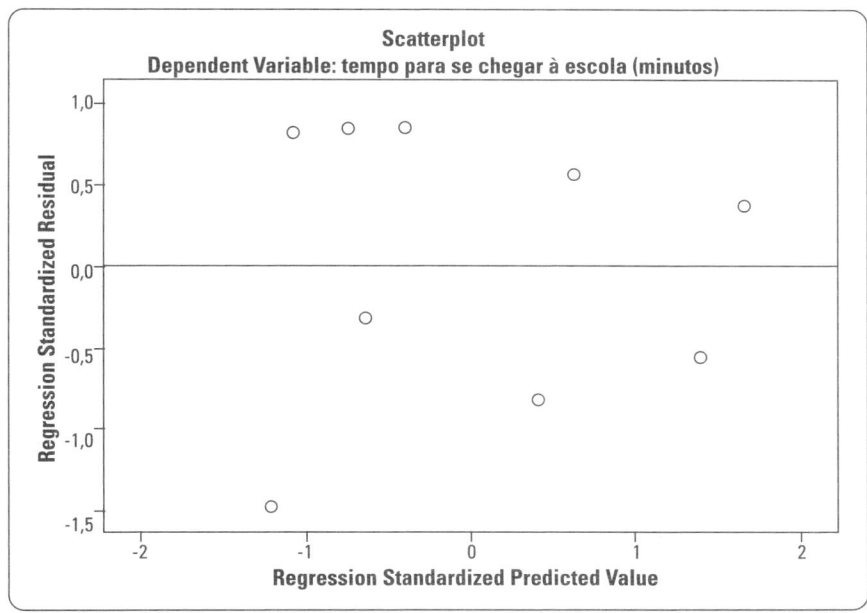

Figura 12.94 Gráfico de diagnóstico do comportamento dos resíduos em função da variável dependente.

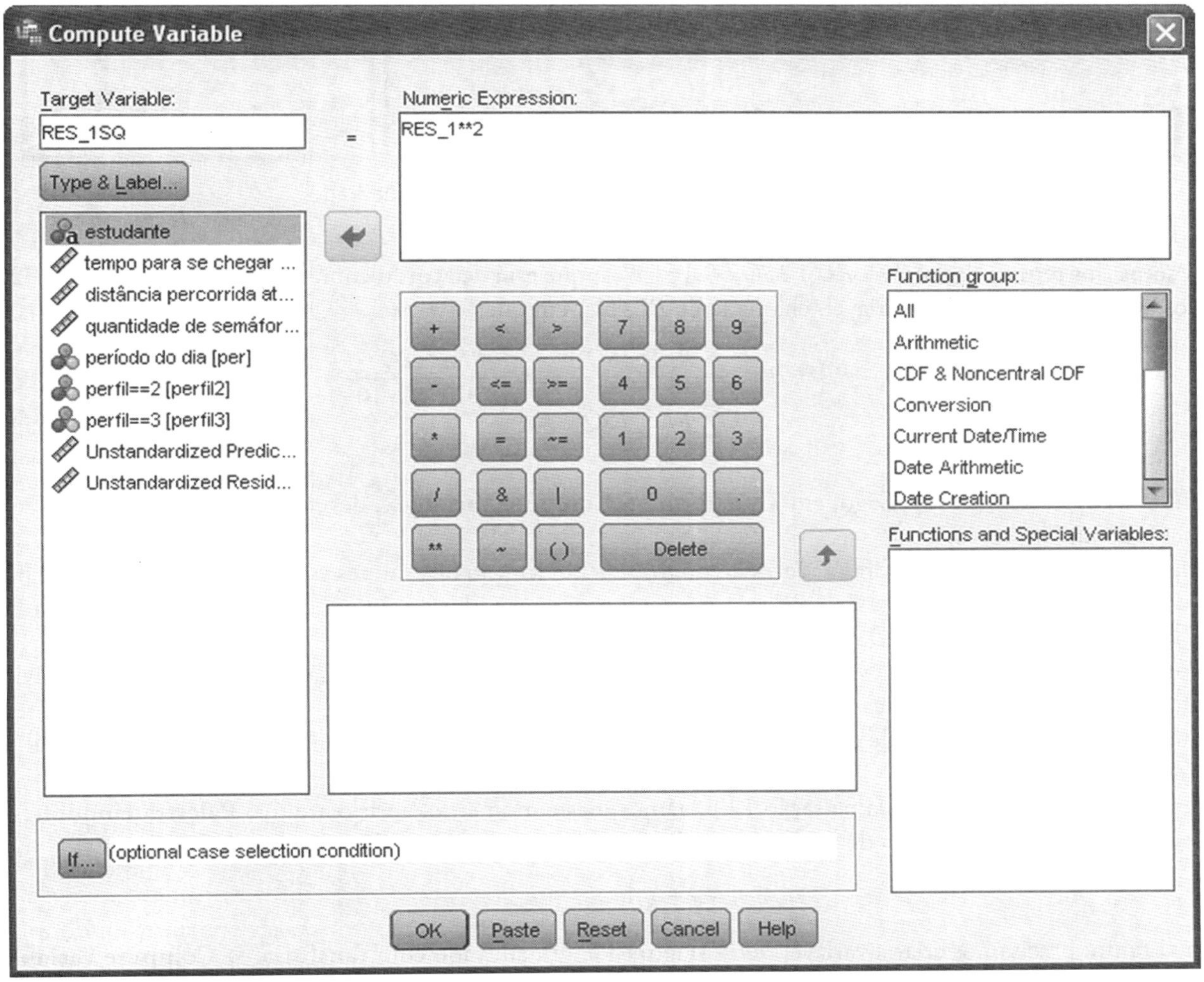

Figura 12.95 Criação da variável referente aos resíduos ao quadrado (*RES_1SQ*).

Embora o SPSS não possua uma opção direta para realização do teste de Breusch-Pagan/Cook-Weisberg, iremos construir o procedimento para a sua elaboração no SPSS. Assim, vamos inicialmente criar uma nova variável, que chamaremos de *RES_1SQ* e que se refere ao quadrado dos resíduos. Para tanto, em **Transform → Compute Variable...**, devemos proceder como mostra a Figura 12.95. No SPSS, o duplo asterisco corresponde ao operador expoente.

Feito isso, vamos calcular a soma dos resíduos ao quadrado, clicando em **Analyze → Descriptive Statistics → Descriptives...** e marcando a opção **Sum** no botão **Options...**, conforme mostra a Figura 12.96.

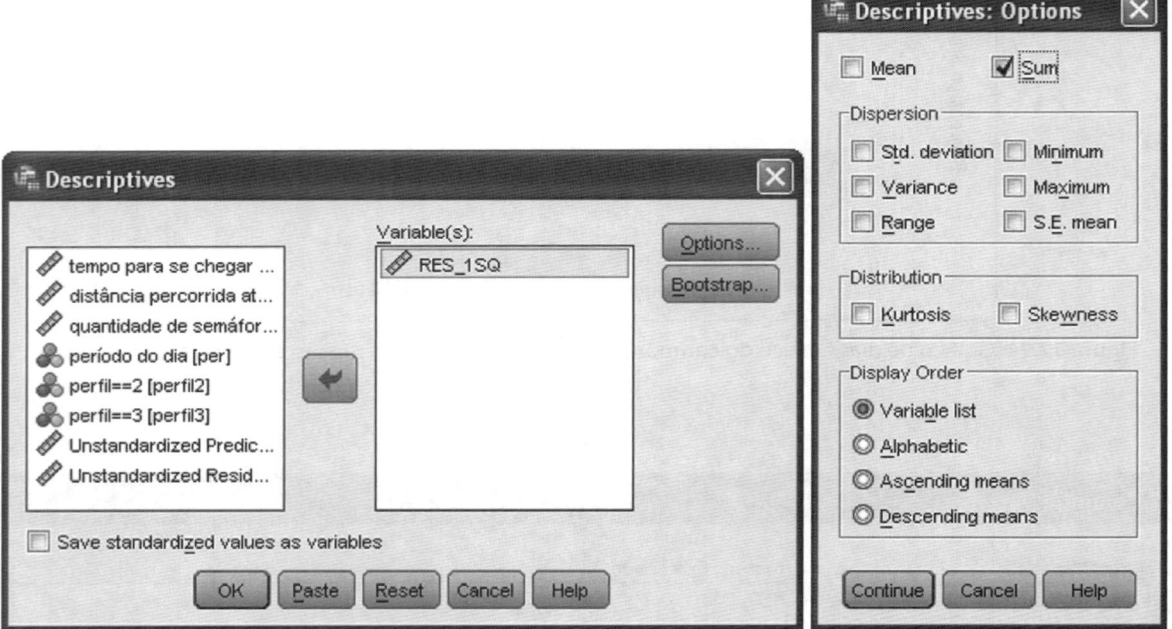

Figura 12.96 Cálculo da soma dos resíduos ao quadrado.

A soma dos termos da variável *RES_1SQ* é 9,16137, o que está de acordo com o apresentado na Tabela 12.17. Vamos agora criar uma nova variável, chamada de *RESUP*, em que:

$$RESUP_i = \frac{RES\_1SQ_i}{\left(\sum_{i=1}^{n} RES\_1SQ\right)/n} = \frac{RES\_1SQ_i}{(9,16137)/10}$$

seguindo a expressão (12.40). Logo, em **Transform → Compute Variable...** devemos proceder de acordo com o apresentado na Figura 12.97.

Na sequência, devemos elaborar a regressão de *RESUP* em função dos valores estimados da variável dependente, ou seja, em função da variável de *PRE_1*. Não iremos mostrar todos os *outputs* desta estimação, porém a Figura 12.98 apresenta a tabela ANOVA resultante.

Por meio da tabela ANOVA, verificamos que a soma dos quadrados da regressão (*SQR*) é 3,185 que, dividindo-se por 2, chega-se à estatística $\chi^2_{BP/CW} = 1,59 < \chi^2_{1\text{ g.l.}} = 3,84$ para o nível de significância de 5%, ou seja, a hipótese nula do teste (termos de erro homocedásticos) não pode ser rejeitada, conforme também já foi analisado por meio da Figura 12.62.

Seguindo a lógica apresentada na seção 12.5, vamos, neste momento, abrir o arquivo **Palestratempodistsem. sav** e estimar o seguinte modelo de regressão não linear:

$$tempo_i = a + b_1.\ln dist_i + b_2.sem_i + u_i$$

Para tanto, precisamos criar a variável *lndist* (Figura 12.99), clicando em **Transform → Compute Variable....**

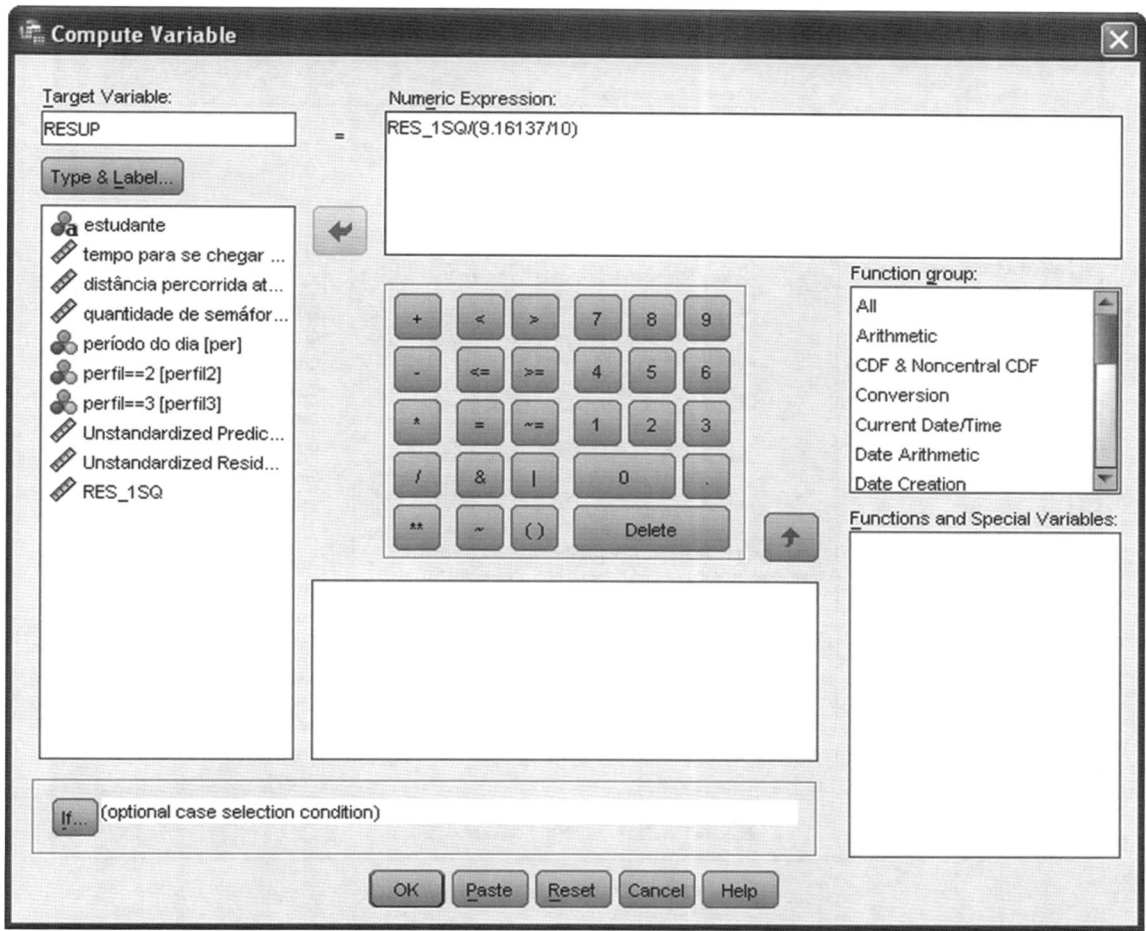

Figura 12.97 Criação da variável *RESUP*.

ANOVA[b]

Model		Sum of Squares	df	Mean Square	F	Sig.
1	Regression	3,185	1	3,185	3,749	,089[a]
	Residual	6,797	8	,850		
	Total	9,982	9			

a. Predictors: (Constant), Unstandardized Predicted Value
b. Dependent Variable: RESUP

Figura 12.98 Tabela ANOVA da regressão de *RESUP* em função de *PRE_1*.

A partir de então, podemos estimar o modelo não linear proposto. Os *outputs* não serão aqui apresentados, porém são os mesmos da Figura 12.71.

Diferentemente do Stata, o SPSS não oferece uma opção direta para elaboração de transformações de Box-Cox, de modo que não estimaremos o modelo cujos resultados são apresentados na Figura 12.75. Caso um pesquisador deseje elaborar aquela estimação, deverá criar manualmente, em **Transform → Compute Variable...**, uma nova variável dependente transformada. Entretanto, como não se conhece, *a priori*, o parâmetro da transformação de Box-Cox que maximiza a aproximação da distribuição da nova variável à distribuição normal, recomendamos fortemente que ao menos a obtenção do parâmetro λ seja feita por meio do Stata, com o procedimento elaborado para se chegar aos resultados da Figura 12.73.

Por fim, mas não menos importante, vamos apresentar o procedimento para verificação de existência de autocorrelação dos resíduos no SPSS. Como este software não dispõe de procedimento direto para elaboração do teste de Breusch-Godfrey, iremos nos ater à aplicação do teste de Durbin-Watson. Para tanto, devemos abrir o arquivo **Análisetemporaltempodistsem.sav**.

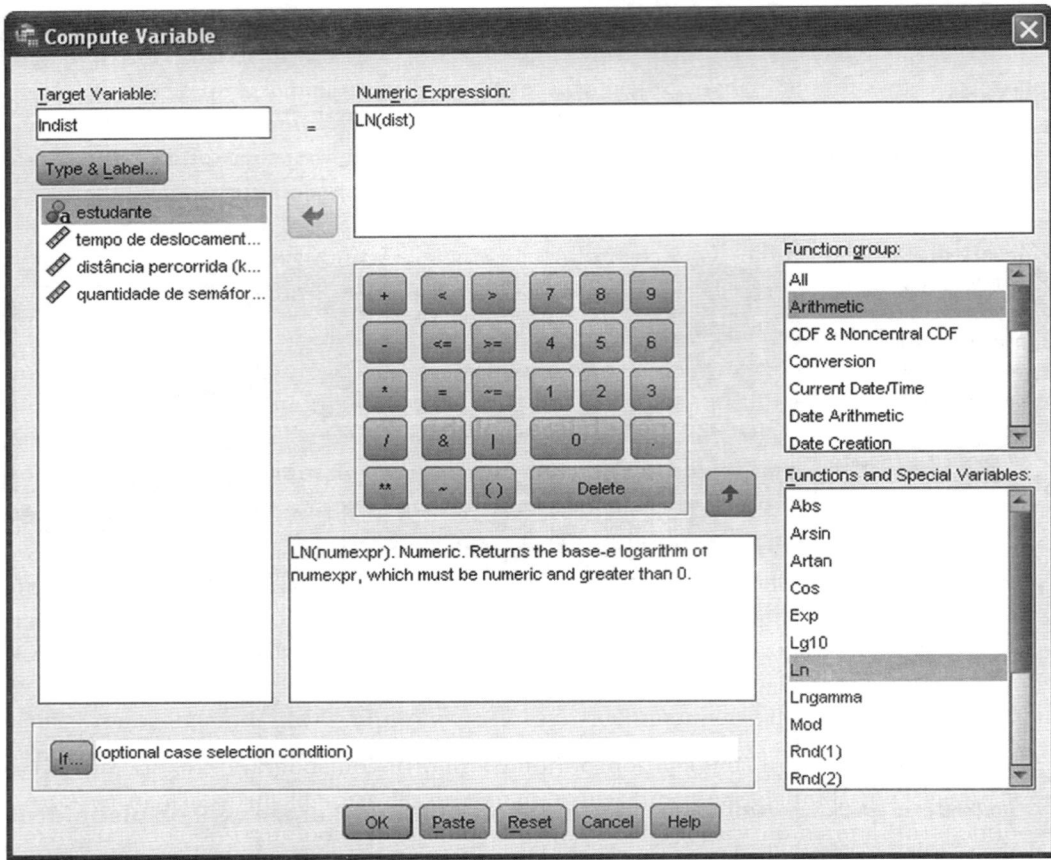

Figura 12.99 Criação da variável *Indist*.

Quando da elaboração da regressão propriamente dita, em **Analyze → Regression → Linear...**, o botão **Statistics...** oferece a opção para a realização do teste de Durbin-Watson. Devemos marcar esta opção, conforme mostra a Figura 12.100. Note que não há qualquer menção ao fato de que o banco de dados apresenta uma variável correspondente à evolução temporal, o que quer dizer que uma modelagem numa base em *cross-section* também permitiria a elaboração do referido teste, o que, conforme já discutimos, é um erro grave.

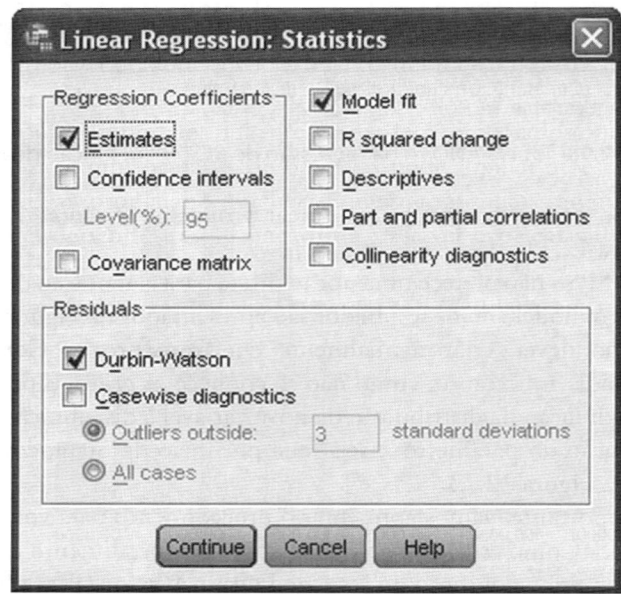

Figura 12.100 Caixa de diálogo para a elaboração do teste de Durbin-Watson.

O resultado do teste está na Figura 12.101, e é exatamente igual ao que já foi apresentado por meio da Figura 12.79.

Model Summary[b]

Model	R	R Square	Adjusted R Square	Std. Error of the Estimate	Durbin-Watson
1	,847[a]	,717	,696	7,30021	1,779

a. Predictors: (Constant), quantidade média de semáforos, distância média percorrida (km)
b. Dependent Variable: tempo médio de deslocamento até a escola (minutos)

Figura 12.101 Resultado do teste de Durbin-Watson.

Conforme já discutido, a estatística $DW = 1,779$ indica a inexistência de autocorrelação de primeira ordem dos termos de erro, ao nível de significância de 5% e para um modelo com 3 parâmetros e 30 observações.

12.7. CÓDIGOS EM R PARA OS EXEMPLOS DO CAPÍTULO

```
# Pacotes utilizados
library(plotly) #plataforma gráfica
library(tidyverse) #carregar outros pacotes do R
library(ggrepel) #geoms de texto e rótulo para 'ggplot2' que ajudam a
                 #evitar sobreposição de textos
library(fastDummies) #função 'dummy_columns' para dummização de variáveis
library(knitr) #formatação de tabelas
library(kableExtra) #formatação de tabelas
library(PerformanceAnalytics) #função 'chart.Correlation' para elaboração
                              #de gráfico com distribuições das variáveis, scatters,
                              #valores das correlações e suas respectivas
                              #significâncias
library(metan) #função 'corr_plot' análoga à função 'chart.Correlation'
library(correlation) #diagrama interessante de correlações
library(see) #plotagem do diagrama de correlações
library(ggraph) #plotagem do diagrama de correlações
library(nortest) #função 'sf.test' para elaboração do teste de Shapiro-Francia
library(rgl) #visualização de gráficos em 3D
library(car) #função 'powerTransform' para transformação de Box-Cox e
             #função 'durbinWatsonTest' para teste de Durbin-Watson
library(ggside) #gráfico com destaque para as distribuições das variáveis
library(tidyquant) #funções 'scale_color_tq', 'scale_fill_tq' e 'theme_tq'
library(olsrr) #função 'ols_vif_tol' para diagnóstico de multicolinearidade e
               #função 'ols_test_breusch_pagan' para diagnóstico de heterocedasticidade
library(jtools) #funções 'summ', 'export_summs' e 'plot_summs' para
                #apresentação de outputs de modelos e plotagem das distribuições dos
                #parâmetros
library(lmtest) #função 'bgtest' para teste de Breusch-Godfrey
library(quantreg) #função 'rq' para a estimação de regressões quantílicas


# Carregamento da base de dados 'tempodist'
load(file = "tempodist.RData")


# Visualização da base de dados
tempodist %>%
  kable() %>%
  kable_styling(bootstrap_options = "striped",
                full_width = FALSE,
```

```r
                              font_size = 22)

# Estatísticas univariadas
summary(tempodist)

# Gráfico de dispersão
ggplotly(
  ggplot(tempodist, aes(x = dist, y = tempo)) +
    geom_point(color = "darkblue", size = 2.5) +
    geom_smooth(aes(color = "Fitted Values"),
                  method = "lm", formula = y ~ x, se = FALSE, size = 2) +
    labs(x = "Distância Percorrida (quilômetros)",
         y = "Tempo até a Escola (minutos)",
         title = paste("R²:",
                        round(((cor(tempodist$tempo, tempodist$dist))^2),4))) +
    scale_color_manual("Legenda:",
                        values = "grey50") +
    theme_classic()
)


# Regressão linear simples

# Estimação do modelo
modelo_tempodist <- lm(formula = tempo ~ dist,
                        data = tempodist)

# Parâmetros do 'modelo_tempodist'
summary(modelo_tempodist)
```

Ao acessar o QR Code ao lado, você encontrará os códigos completos em R® on-line

12.8. CÓDIGOS EM PYTHON PARA OS EXEMPLOS DO CAPÍTULO

```python
# Nossos mais sinceros agradecimentos aos Professores Helder Prado Santos e
#Wilson Tarantin Junior pela contribuição com códigos e revisão do material.

# Importação dos pacotes necessários
import pandas as pd #manipulação de dados em formato de dataframe
import seaborn as sns #biblioteca de visualização de informações estatísticas
import matplotlib.pyplot as plt #biblioteca de visualização de dados
import statsmodels.api as sm #biblioteca de modelagem estatística
import numpy as np #biblioteca para operações matemáticas multidimensionais
from scipy import stats #testes estatísticos
from statsmodels.iolib.summary2 import summary_col #comparação entre modelos
import plotly.graph_objs as go #gráfico 3D
from scipy.stats import pearsonr #correlações de Pearson
from statstests.process import stepwise #procedimento Stepwise
from scipy.stats import shapiro #teste de Shapiro-Wilk
from statstests.tests import shapiro_francia #teste de Shapiro-Francia
```

```python
from statsmodels.stats.outliers_influence import variance_inflation_factor
    #diagnóstico de multicolinearidade
from scipy.stats import boxcox #transformação de Box-Cox
from statsmodels.stats.stattools import durbin_watson #teste de Durbin-Watson
import statsmodels.stats.diagnostic as dg #teste de Breusch-Godfrey
from scipy.stats import norm #para plotagem da distribuição normal no histograma
import statsmodels.formula.api as smf #regressão quantílica


# Carregamento da base de dados 'tempodist'
df_tempodist = pd.read_csv('tempodist.csv', delimiter=',')

# Visualização da base de dados 'tempodist'
df_tempodist

# Características das variáveis do dataset
df_tempodist.info()

# Estatísticas univariadas
df_tempodist.describe()


# Gráfico de dispersão

# Regressão linear que melhor se adequa às observações: função 'sns.lmplot'
plt.figure(figsize=(20,10))
sns.lmplot(data=df_tempodist, x='dist', y='tempo', ci=False)
plt.xlabel('Distância Percorrida (quilômetros)', fontsize=15)
plt.ylabel('Tempo até a Escola (minutos)', fontsize=15)
plt.legend(['Valores Reais', 'Fitted Values'], fontsize=12)
plt.show

# Regressão linear que melhor se adequa às observações: função 'sns.regplot'
plt.figure(figsize=(20,10))
sns.regplot(data=df_tempodist, x='dist', y='tempo', ci=False, color='purple')
plt.xlabel('Distância Percorrida (quilômetros)', fontsize=20)
plt.ylabel('Tempo até a Escola (minutos)', fontsize=20)
plt.legend(['Valores Reais', 'Fitted Values'], fontsize=17)
plt.show

# Regressão linear simples

# Estimação do modelo
modelo_tempodist = sm.OLS.from_formula("tempo ~ dist", df_tempodist).fit()

# Parâmetros do 'modelo_tempodist'
modelo_tempodist.summary()
```

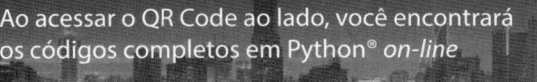

12.9. CONSIDERAÇÕES FINAIS

Os modelos de regressão simples e múltipla estimados pelo método de mínimos quadrados ordinários (MQO, ou *OLS*) representam o grupo de técnicas de regressão mais utilizadas em ambientes acadêmicos e organizacionais, dada a facilidade de aplicação e de interpretação dos resultados obtidos, além do fato de estarem disponíveis na grande maioria dos softwares, mesmo naqueles em que não haja especificamente um foco voltado à análise estatística de dados É importante também ressaltar a praticidade das técnicas estudadas neste capítulo para fins de elaboração de diagnósticos e previsões.

É de fundamental importância que o pesquisador sempre avalie e discuta o atendimento aos pressupostos da técnica e, mais do que isso, sempre reflita sobre a possibilidade de que sejam estimados modelos não necessariamente com formas funcionais lineares.

Explicitamos, por fim, que o pesquisador não precisa restringir a análise do comportamento de determinado fenômeno apenas e tão somente com base na teoria subjacente. A aplicação de modelagens de regressão pede, por vezes, que sejam incluídas variáveis com base na experiência e intuição do pesquisador, a fim de que possam ser gerados modelos cada vez mais interessantes e diferentes do que tradicionalmente vem sendo proposto. Assim, novas óticas e perspectivas para o estudo do comportamento de fenômenos sempre poderão surgir, o que contribui para o desenvolvimento científico e para o surgimento de trabalhos empíricos cada vez mais inovadores.

12.10. EXERCÍCIOS

1) A tabela a seguir traz os dados de crescimento do PIB e investimento em educação de determinada nação, ao longo de 15 anos:

Ano	Taxa de crescimento do PIB (%)	Investimento em educação (bilhões de US$)
01	−1,50	7,00
02	−0,90	9,00
03	1,30	15,00
04	0,80	12,00
05	0,30	10,00
06	2,00	15,00
07	4,00	20,00
08	3,70	17,00
09	0,20	8,00
10	−2,00	5,00
11	1,00	13,00
12	1,10	13,00
13	4,00	19,00
14	2,70	19,00
15	2,50	17,00

Pergunta-se:

a) Qual a equação que avalia o comportamento da taxa de crescimento do PIB (Y) em função do investimento em educação (X)?

b) Qual percentual da variância da taxa de crescimento do PIB é explicado pelo investimento em educação (R^2)?

c) A variável referente o investimento em educação é estatisticamente significante, a 5% de nível de significância, para explicar o comportamento da taxa de crescimento do PIB?

d) Qual o investimento em educação que, em média, resulta numa taxa esperada de crescimento do PIB igual a zero?

e) Qual seria a taxa esperada de crescimento do PIB se o governo desta nação optasse por não investir em educação num determinado ano?

f) Se o investimento em educação num determinado ano for de US$ 11 bilhões, qual será a taxa esperada de crescimento do PIB? E quais serão os valores mínimo e máximo de previsão para a taxa de crescimento do PIB, ao nível de confiança de 95%?

2) Os arquivos **Corrupção.sav**, **Corrupção.dta, corrupcao.RData** e **corrupcao.csv** trazem dados sobre 52 países em determinado ano, a saber:

Variável	Descrição
país	Variável *string* que identifica o país i.
cpi	*Corruption Perception Index*, que corresponde à percepção dos cidadãos em relação ao abuso do setor público sobre os benefícios privados de uma nação, cobrindo aspectos administrativos e políticos. Quanto menor o índice, maior a percepção de corrupção no país (Fonte: Transparência Internacional).
idade	Idade média dos bilionários do país (Fonte: Forbes).
horas	Quantidade média de horas trabalhadas por semana no país, ou seja, o total anual de horas trabalhadas dividido por 52 semanas (Fonte: Organização Internacional do Trabalho).

Deseja-se investigar se a percepção de corrupção de um país é função da idade média de seus bilionários e da quantidade média de horas trabalhadas semanalmente e, para tanto, será estimado o seguinte modelo:

$$cpi_i = a + b_1.idade_i + b_2.horas_i + u_i$$

Pede-se:

a) Analise o nível de significância do teste F. Pelo menos uma das variáveis (*idade* e *horas*) é estatisticamente significante para explicar o comportamento da variável *cpi*, ao nível de significância de 5%?

b) Se a resposta do item anterior for sim, analise o nível de significância de cada variável explicativa (testes t). Ambas são estatisticamente significantes para explicar o comportamento de *cpi*, ao nível de significância de 5%?

c) Qual a equação final estimada para o modelo de regressão linear múltipla?

d) Qual o R^2?

e) Discuta os resultados em termos de sinal dos coeficientes das variáveis explicativas.

f) Salve os resíduos do modelo final e verifique a existência de normalidade nestes termos de erro.

g) Por meio do teste de Breusch-Pagan/Cook-Weisberg, verifique se há indícios de existência de heterocedasticidade no modelo final proposto.

h) Apresente as estatísticas *VIF* e *Tolerance* e discuta os resultados.

3) Os arquivos **Corrupçãoemer.sav**, **Corrupçãoemer.dta, corrupcaoemer.RData** e **corrupcaoemer.csv** trazem os mesmos dados do exercício anterior, porém agora com a inclusão de mais uma variável, a saber:

Variável	Descrição
emergente	Variável *dummy* correspondente ao fato de o país ser considerado desenvolvido ou emergente, segundo o critério da Compustat Global. Neste caso, se o país for desenvolvido, a variável *emergente* = 0; caso contrário, a variável *emergente* = 1.

Deseja-se inicialmente investigar se, de fato, os países considerados emergentes apresentam menores índices *cpi*. Sendo assim, pede-se:

a) Qual a diferença entre o valor médio do índice *cpi* dos países emergentes e o dos países desenvolvidos? Esta diferença é estatisticamente significante, ao nível de significância de 5%?

b) Elabore, por meio do procedimento *Stepwise* com nível de significância de 10% para rejeição da hipótese nula dos testes t, a estimação do modelo com a forma funcional linear a seguir. Escreva a equação do modelo final estimado.

$$cpi_i = a + b_1.idade_i + b_2.horas_i + b_3.emergente_i + u_i$$

c) A partir desta estimação, pergunta-se: qual seria a previsão, em média, do índice *cpi* para um país considerado emergente, com idade média de seus bilionários de 51 anos e com uma quantidade média de 37 horas trabalhadas semanalmente?

d) Quais os valores mínimo e máximo do intervalo de confiança para a previsão do item anterior, ao nível de confiança de 90%?

e) Imagine que um pesquisador proponha, para o problema em questão, que seja estimado o seguinte modelo com forma funcional não linear. Escreva a equação do modelo final estimado por meio do procedimento *Stepwise* e com nível de significância também de 10% para rejeição da hipótese nula dos testes t.

$$cpi_i = a + b_1.idade_i + b_2.\ln\left(horas_i\right) + b_3.emergente_i + u_i$$

f) Dado que não foram identificados problemas referentes aos pressupostos dos modelos de regressão em ambos os casos, qual seria a forma funcional escolhida para efeitos de previsão?

4) Um cardiologista tem monitorado, ao longo dos últimos 48 meses, o índice de colesterol LDL (mg/dL), o índice de massa corpórea (kg/m²) e a frequência semanal de realização de atividades físicas de um dos principais executivos brasileiros. Seu intuito é orientá-lo sobre a importância da manutenção ou perda de peso e da realização periódica de atividades físicas. A evolução do índice de colesterol LDL (mg/dL) deste executivo, ao longo do período analisado, encontra-se no gráfico a seguir:

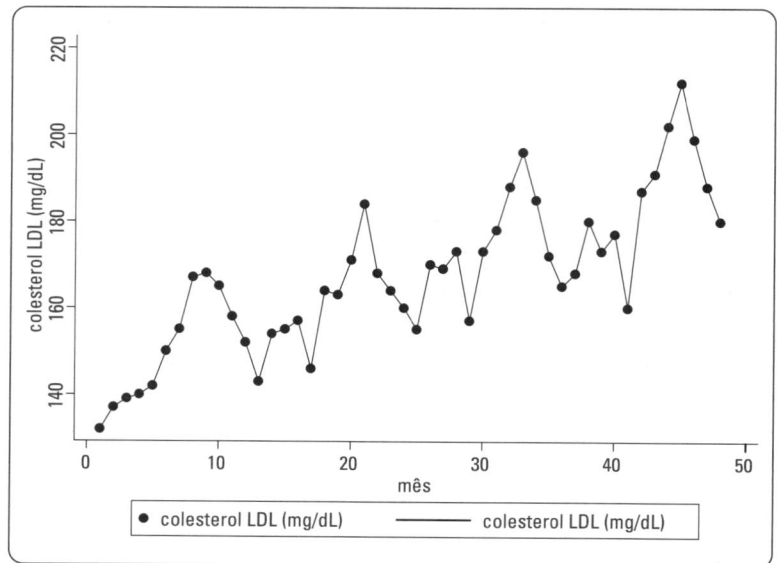

Os dados encontram-se nos arquivos **Colesterol.sav**, **Colesterol.dta**, **colesterol.RData** e **colesterol.csv**, compostos pelas seguintes variáveis:

Variável	Descrição
mês	Mês t da análise.
colesterol	Índice de colesterol LDL (mg/dL).
imc	Índice de massa corpórea (kg/m²).
esporte	Número de vezes em que pratica atividades físicas na semana (média no mês).

Deseja-se investigar se o comportamento, ao longo tempo, do índice de colesterol LDL é influenciado pelo índice de massa corpórea do executivo e pela quantidade de vezes em que ele pratica atividades físicas semanalmente. Para tanto, será estimado o seguinte modelo:

$$colesterol_t = a + b_1.imc_t + b_2.esporte_t + \varepsilon_t$$

Dessa forma, pede-se:

a) Qual a equação final estimada para o modelo de regressão linear múltipla?

b) Discuta os resultados em termos de sinal dos coeficientes das variáveis explicativas.

c) Embora o modelo final estimado não apresente problemas em relação à normalidade dos resíduos, à heterocedasticidade e à multicolinearidade, o mesmo não pode ser dito em relação à autocorrelação dos resíduos. Elabore o teste de Durbin-Watson, apresente e discuta o resultado.

d) Elabore o teste de Breusch-Godfrey (não disponível no SPSS) com defasagens de ordem 1, 3, 4 e 12 e discuta os resultados.

Modelos de regressão quantílica

A) Breve Introdução

Os modelos de **regressão quantílica**, em geral, e os modelos de **regressão à mediana**, em particular, têm por objetivo principal estimar os percentis da variável dependente, condicionais aos valores das variáveis explicativas. Enquanto a regressão à mediana expressa a mediana (percentil 50%) da distribuição condicional da variável dependente como uma função linear das variáveis explicativas, as demais regressões quantílicas estimam os parâmetros de um modelo com base em qualquer outro percentil desta distribuição condicional (25% ou 75%, por exemplo). Se, para exemplificar, o pesquisador especificar um modelo de regressão quantílica a 25%, os parâmetros estimados descreverão o comportamento do 25º percentil da distribuição condicional da variável dependente.

Esses modelos permitem que seja **caracterizada toda a distribuição condicional da variável dependente**, com base em determinadas variáveis explicativas, já que são obtidas **diferentes estimações de parâmetros para percentis distintos**, que podem ser interpretados como diferenças no comportamento da variável dependente frente a alterações nas variáveis explicativas nos mais diversos pontos de distribuição condicional da primeira. Esse fato representa uma importante vantagem desses modelos sobre os modelos de **regressão à média** estimados pelo método de mínimos quadrados ordinários (MQO) estudado ao longo do capítulo.

A estimação dos modelos de regressão quantílica é similar à estimação por mínimos quadrados ordinários, porém, enquanto esta última minimiza a soma dos quadrados dos resíduos, a primeira minimiza a **soma ponderada dos resíduos absolutos**.

Como a mediana, que é medida de tendência central, não é afetada pela presença de *outliers*, ao contrário da média, muitos pesquisadores fazem uso de modelos de regressão à mediana quando da presença de observações extremas ou discrepantes, visto que são estimados parâmetros não sensíveis à existência de perturbações nos dados. Entretanto, vale a pena comentar, conforme discutem Rousseeuw e Leroy (1987), que mesmo os estimadores de modelos de regressão quantílica podem ser sensíveis à existência de *outliers* se a **distância *leverage*** dessas observações forem consideravelmente elevadas.

Esta técnica foi inicialmente proposta por Koenker e Bassett (1978) com o objetivo de estimar os parâmetros do seguinte modelo de regressão:

$$Y_i = a + b_{\theta 1}.X_{1i} + b_{\theta 2}.X_{2i} + ... + b_{\theta k}.X_{ki} + u_{\theta i} = X_i'.b_\theta + u_{\theta i} \tag{12.67}$$

sendo:

$$\text{Perc}_\theta(Y_i \mid X_i) = X_i'.b_\theta \tag{12.68}$$

em que $\text{Perc}_\theta(Y_i|X_i)$ representa o percentil θ ($0 < \theta < 1$) da variável dependente Y, condicional ao vetor de variáveis explicativas X'. A estimação dos parâmetros da expressão (12.67) pode ser obtida pela solução de um problema de programação linear, cuja função-objetivo é dada pela seguinte expressão:

$$\left[\sum_{i:Y_i \geq X_i'.b} \theta.\left|Y_i - X_i'.b\right| + \sum_{i:Y_i < X_i'.b} (1-\theta).\left|Y_i - X_i'.b\right| \right] = \text{mín} \tag{12.69}$$

A estimação de modelos de regressão quantílica não tem como pressuposto a existência de **normalidade dos resíduos**, o que faz com que possam ser utilizados alternativamente aos modelos estimados pelo método de mínimos quadrados ordinários para os casos em que nem mesmo a **transformação de Box-Cox** na variável dependente garante a determinação de resíduos com distribuição aderente à normalidade. Situações como essa podem ocorrer, entre outras razões, quando a variável dependente apresentar considerável assimetria em sua distribuição.

Dessa forma, esses modelos fazem parte do grupo de estimações que podem ser utilizadas em estudos que apresentam **variáveis dependentes com distribuições assimétricas**, e deseja-se investigar os **diferentes comportamentos das variáveis explicativas para distintos percentis da distribuição**.

De maneira resumida, e seguindo Buchinsky (1998), os modelos de regressão quantílica apresentam as seguintes características e vantagens:

- permitem que os efeitos de cada variável explicativa sobre o comportamento da variável dependente variem entre os percentis;
- a função-objetivo (função de verossimilhança) da regressão quantílica representa a minimização da soma ponderada dos resíduos absolutos, o que faz com que os parâmetros estimados não sejam sensíveis a observações extremas ou discrepantes;
- oferecem estimações mais eficientes dos parâmetros do que aquelas obtidas pelo método de mínimos quadrados ordinários quando os termos de erro não apresentarem distribuição normal;
- podem ser utilizados quando a variável dependente apresentar distribuição assimétrica.

Como, por exemplo, a distribuição de renda é **intrinsecamente assimétrica** para diferentes populações e ocorrem **variações ao longo dos percentis**, os modelos de regressão quantílica podem ser bastante úteis para o estudo do comportamento de rendimentos, condicional a determinadas variáveis explicativas. Para esses casos, os modelos tradicionais de regressão à média podem ser insatisfatórios, pelo fato de levarem, eventualmente, o pesquisador a conclusões incompletas.

Na sequência, apresentaremos um exemplo em que é estimado um modelo de regressão quantílica, tendo como variável dependente a renda média familiar de determinados indivíduos.

B) Exemplo: Modelo de Regressão Quantílica no Stata

Faremos uso do banco de dados **Renda Quantílica.dta**, dada a existência de *outliers* multivariados na amostra, que podem ser identificados por meio da aplicação do algoritmo **bacon** estudado no apêndice do Capítulo 9. Esta base apresenta dados referentes à renda média familiar (R$) e ao tempo de formado (anos) de 400 profissionais que concluíram o curso de economia em determinada faculdade. Partiremos, portanto, para a estimação dos parâmetros do seguinte modelo:

$$renda_i = \alpha + \beta_1.tformado_i$$

Inicialmente, vamos analisar o histograma da variável dependente *renda*, digitando o seguinte comando:

```
hist renda, freq
```

O gráfico gerado encontra-se na Figura 12.102.

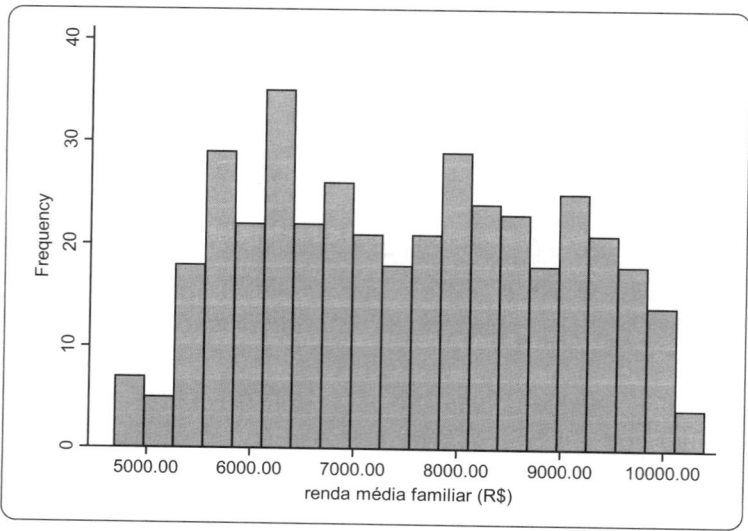

Figura 12.102 Histograma da variável dependente.

A partir desse histograma, podemos perceber a existência de certa assimetria, que representa um primeiro indício favorável à estimação de um modelo de regressão quantílica.

Na sequência, podemos digitar o seguinte comando, que irá gerar o gráfico da Figura 12.103.

qplot renda

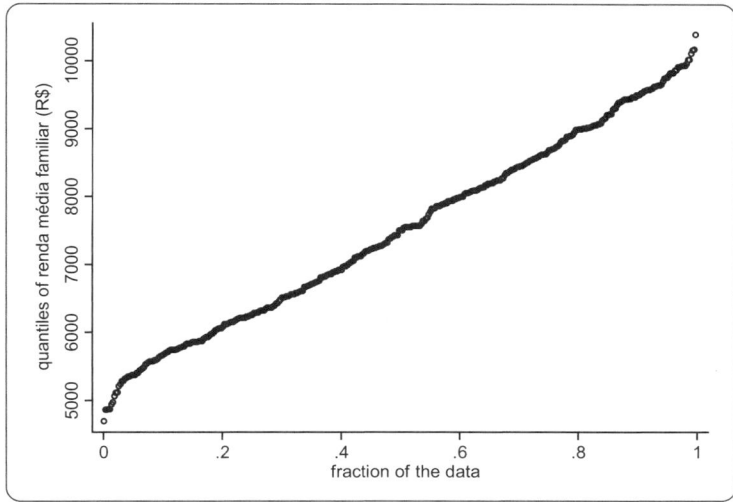

Figura 12.103 Gráfico de percentis da variável dependente.

Este gráfico mostra os valores de cada percentil da variável dependente *renda*. Por meio do comando **sum renda, detail**, cujos *outputs* não são apresentados aqui, podemos verificar que os valores dos quartis da variável *renda* são iguais a R$ 6.250,00 (percentil 25%), R$ 7.500,00 (mediana) e R$ 8.670,00 (percentil 75%).

Embora também não apresentado aqui, é importante mencionar que os termos de erro gerados a partir da estimação de um modelo de regressão por mínimos quadrados ordinários não apresentam aderência à normalidade, e tal fato tampouco acontece na estimação deste mesmo modelo fazendo-se uso da transformação de Box-Cox na variável dependente, o que novamente favorece a estimação de um modelo de regressão quantílica para os dados do nosso exemplo. Um pesquisador mais curioso poderá comprovar esses fatos, com base nos conceitos estudados ao longo do capítulo.

Incialmente, vamos estimar os parâmetros de um modelo de regressão quantílica com percentil 50% (regressão à mediana), digitando o seguinte comando:

qreg renda tformado, quantile(0.50)

em que o comando **qreg** estima um modelo de regressão quantílica, sendo o termo **quantile(0.50)** referente a um modelo de regressão à mediana, que poderia ter sido omitido neste caso por ser o próprio padrão do comando **qreg** no Stata. Os *outputs* gerados encontram-se na Figura 12.104.

```
. qreg renda tformado, quantile(0.50)
Iteration  1:  WLS sum of weighted deviations =  466946.48

Iteration  1: sum of abs. weighted deviations =      467240
Iteration  2: sum of abs. weighted deviations =      464146
Iteration  3: sum of abs. weighted deviations =      464040

Median regression                           Number of obs =        400
  Raw sum of deviations   491360 (about 7500)
  Min sum of deviations   464040             Pseudo R2     =     0.0556

------------------------------------------------------------------------
      renda |     Coef.   Std. Err.      t    P>|t|   [95% Conf. Interval]
------------+-----------------------------------------------------------
   tformado |   273.3333   48.54141     5.63   0.000    177.9037    368.7629
      _cons |   5243.333    395.699    13.25   0.000    4465.412    6021.255
------------------------------------------------------------------------
```

Figura 12.104 *Outputs* da regressão à mediana no Stata.

É importante mencionar que um pesquisador ainda mais curioso poderá obter esses mesmos *outputs* por meio do arquivo **Renda Quantílica Mínimos Resíduos Absolutos.xls**, fazendo uso da ferramenta **Solver** do Excel, conforme padrão também adotado ao longo do capítulo. Embora não exposto aqui, neste arquivo o pesquisador também terá a opção de determinar o percentil desejado para a estimação dos parâmetros de qualquer modelo de regressão quantílica.

Podemos verificar (Figura 12.104) que todos os parâmetros estimados são estatisticamente diferentes de zero, a 95% de confiança, e o modelo obtido pode ser escrito da seguinte forma:

$$\hat{renda}_{(mediana)i} = 5.243,333 + 273,333.tformado_i$$

Neste sentido, a mediana esperada da renda média familiar de determinado economista com 7 anos de formado pode ser obtida da seguinte forma:

$$\hat{renda}_{(mediana)i} = 5.243,333 + 273,333. \ (7) = R\$ \ 7.156,667$$

Dessa forma, os parâmetros de um modelo de regressão quantílica podem ser interpretados por meio da derivada parcial do percentil condicional em função de determinada variável explicativa.

Os *outputs* também mostram que a soma absoluta das diferenças entre os valores reais da renda média familiar e o valor de sua mediana não condicional (R\$ 7.500,00) é igual a 491.360. Em outras palavras, temos que:

$$\sum_{i=1}^{400} \left| renda_i - 7.500,00 \right| = 491.360$$

Já a soma ponderada dos resíduos absolutos para a expressão geral obtida (distribuição condicional da variável *renda* como função linear da variável *tformado*) é igual a 464.040, conforme também podemos verificar pelo mesmo arquivo em Excel.

Sendo assim, o pseudo R^2 apresentado nos *outputs* pode ser calculado da seguinte forma:

$$pseudo \ R^2 = 1 - \frac{464.040}{491.360} = 0,0556$$

cuja utilidade é bastante limitada e restringe-se a casos em que o pesquisador tiver interesse em comparar dois ou mais modelos distintos.

Se o pesquisador também desejar estimar os parâmetros dos modelos de regressão quantílica, por exemplo, com percentis 25% e 75%, a fim de compará-los com os obtidos pela modelagem de regressão à mediana e também com aqueles obtidos por uma estimação por mínimos quadrados ordinários, poderá digitar a seguinte sequência de comandos:

```
* REGRESSÃO POR MÍNIMOS QUADRADOS ORDINÁRIOS
quietly reg renda tformado
estimates store MQO

* REGRESSÃO QUANTÍLICA (PERCENTIL 25%)
quietly qreg renda tformado, quantile(0.25)
estimates store QREG25

* REGRESSÃO À MEDIANA (PERCENTIL 50%)
quietly qreg renda tformado, quantile(0.50)
estimates store QREG50

* REGRESSÃO QUANTÍLICA (PERCENTIL 75%)
quietly qreg renda tformado, quantile(0.75)
estimates store QREG75

estimates table MQO QREG25 QREG50 QREG75, se
```

A Figura 12.105 apresenta os parâmetros estimados em cada modelo.

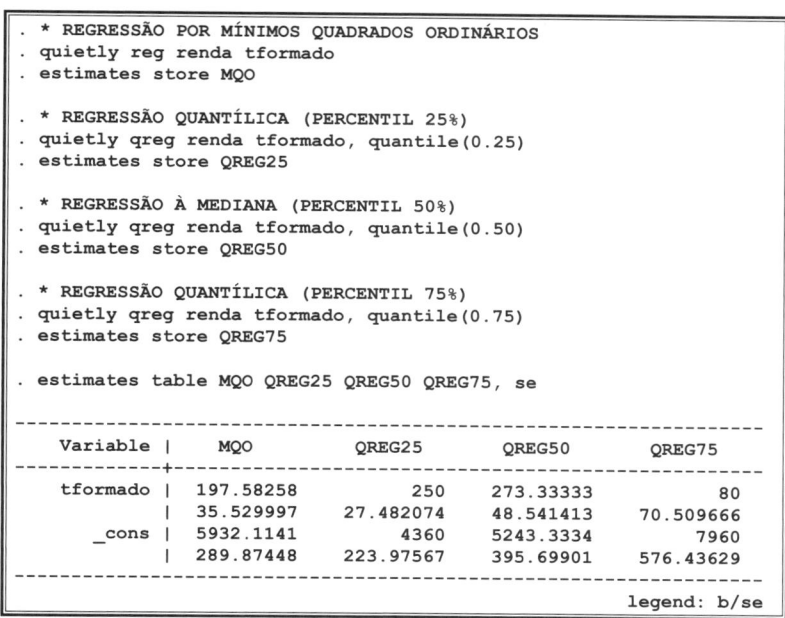

```
. * REGRESSÃO POR MÍNIMOS QUADRADOS ORDINÁRIOS
. quietly reg renda tformado
. estimates store MQO

. * REGRESSÃO QUANTÍLICA (PERCENTIL 25%)
. quietly qreg renda tformado, quantile(0.25)
. estimates store QREG25

. * REGRESSÃO À MEDIANA (PERCENTIL 50%)
. quietly qreg renda tformado, quantile(0.50)
. estimates store QREG50

. * REGRESSÃO QUANTÍLICA (PERCENTIL 75%)
. quietly qreg renda tformado, quantile(0.75)
. estimates store QREG75

. estimates table MQO QREG25 QREG50 QREG75, se

------------------------------------------------------------
    Variable |    MQO       QREG25       QREG50       QREG75
-------------+----------------------------------------------
    tformado |  197.58258      250      273.33333       80
             |  35.529997   27.482074   48.541413   70.509666
       _cons |  5932.1141     4360      5243.3334      7960
             |  289.87448   223.97567   395.69901   576.43629
------------------------------------------------------------
                                              legend: b/se
```

Figura 12.105 Parâmetros estimados em cada modelo e respectivos erros-padrão.

A partir dos *outputs* consolidados na Figura 12.105, é possível percebermos que existem discrepâncias entre os parâmetros estimados por mínimos quadrados ordinários e os obtidos pelas regressões quantílicas. Podemos inclusive verificar que os erros-padrão dos parâmetros (valores situados abaixo dos respectivos parâmetros) são menores para a regressão quantílica com percentil 25%, o que reflete maior precisão da estimação em torno desse percentil para a distribuição condicional da variável dependente.

A sequência de comandos a seguir permite inclusive que visualizemos, por meio de gráficos, as diferenças entre os estimadores obtidos pelas regressões quantílicas e os obtidos por mínimos quadrados ordinários:

```
quietly qreg renda tformado
grqreg, cons ci ols olsci
```

Os gráficos gerados, que se encontram na Figura 12.106, apresentam os parâmetros α e β estimados, não restritos apenas aos percentis 25%, 50% e 75%, com respectivos intervalos de confiança a 95% (termo **ci**). Além disso, enquanto o termo **cons** permite que seja elaborado o gráfico do intercepto, os termos **ols** e **olsci** incluem nos gráficos os parâmetros estimados por mínimos quadrados ordinários e os respectivos intervalos de confiança, também a 95%.

Por meio desses gráficos, comprovamos que os parâmetros estimados por mínimos quadrados ordinários e os respectivos intervalos de confiança não variam com os percentis, ao contrário daqueles estimados pelos modelos de regressão quantílica, e, conforme discutimos, esse fato representa uma das principais vantagens desses modelos sobre os modelos de regressão à média, visto que permite que seja caracterizada toda a distribuição condicional da variável dependente em função de determinada variável explicativa, fornecendo uma visão mais ampla da relação entre elas e não restringindo a análise à média condicional.

Para os dados do nosso exemplo, podemos inclusive verificar que o parâmetro β correspondente à variável *tformado* deixa de ser estatisticamente diferente de zero, ao nível de confiança de 95%, para percentis mais elevados, visto que seu intervalo de confiança passa a conter o zero. Para a verificação desse fato, basta que o pesquisador digite, por exemplo, o comando **qreg renda tformado, quantile(0.80)** e analise a estatística t do referido parâmetro.

É importante mencionar que, em outros casos, podem inclusive ocorrer alterações de sinal de determinado parâmetro β à medida que variam os percentis, o que propicia ao pesquisador uma análise mais completa acerca das diferenças no comportamento da variável dependente frente a alterações em cada variável explicativa nos mais diversos pontos da distribuição condicional da primeira.

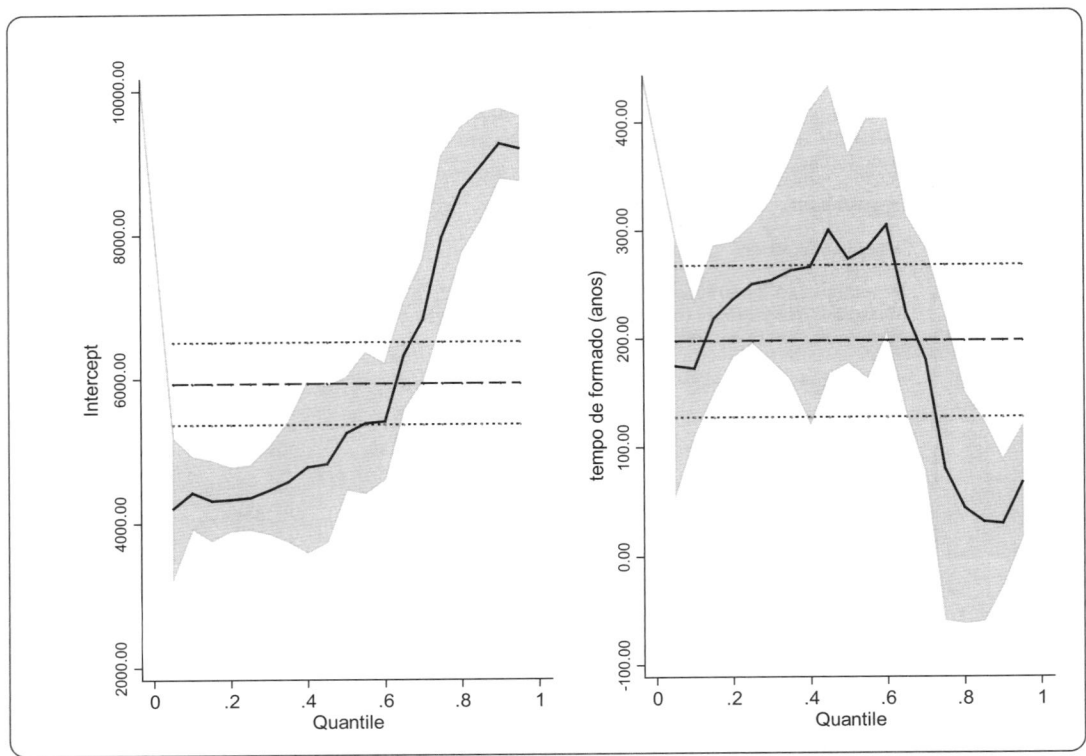

Figura 12.106 Parâmetros estimados para regressões quantílicas e por mínimos quadrados ordinários, com respectivos intervalos de confiança.

Para efeitos didáticos, vamos elaborar um gráfico que apresenta os ajustes lineares entre os valores previstos da variável dependente, gerados pelos modelos de regressão por mínimos quadrados ordinários e quantílicos com percentis 25%, 50% e 75%, e a variável explicativa. O intuito é comparar esses ajustes lineares. Para tanto, podemos digitar a seguinte sequência de comandos:

```
* REGRESSÃO POR MÍNIMOS QUADRADOS ORDINÁRIOS
quietly reg renda tformado
predict ymqo

* REGRESSÃO QUANTÍLICA (PERCENTIL 25%)
quietly qreg renda tformado, quantile(0.25)
predict yqreg25

* REGRESSÃO À MEDIANA (PERCENTIL 50%)
quietly qreg renda tformado, quantile(0.50)
predict yqreg50

* REGRESSÃO QUANTÍLICA (PERCENTIL 75%)
quietly qreg renda tformado, quantile(0.75)
predict yqreg75

graph twoway scatter renda tformado || lfit ymqo tformado || lfit yqreg25
tformado || lfit yqreg50 tformado || lfit yqreg75 tformado ||, legend(label(2
"MQO") label(3 "Percentil 25") label(4 "Percentil 50") label(5 "Percentil 75"))
```

O gráfico gerado está na Figura 12.107.

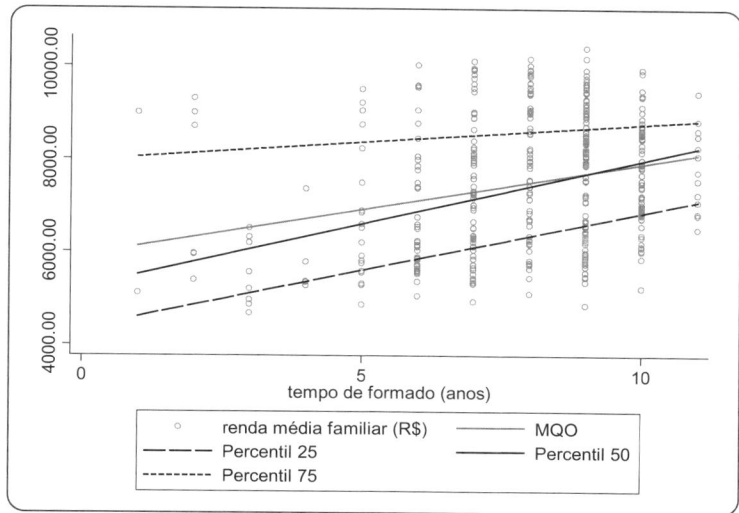

Figura 12.107 Comportamento da variável dependente em função da variável explicativa *tformado*, com destaque para as estimações MQO e quantílicas.

Esse gráfico apresenta a renda média familiar ajustada por sua média e para os percentis 25%, 50% e 75%, em função do tempo de formado do indivíduo. Embora seja possível evidenciar, por meio deste exemplo, o crescimento da renda média familiar em todos os percentis à medida que o tempo de formado aumenta, podemos verificar a existência de diferenças entre o ajuste à média (MQO) e o ajuste à mediana (percentil 50%), fato que ocorre em razão da existência de *outliers* e da influência que esses exercem sobre a estimação dos parâmetros por mínimos quadrados ordinários. Nesse sentido, o pesquisador precisa estar sempre atento à sensibilidade dos parâmetros e existência de observações extremas ou discrepantes na base de dados, que podem fazer com que determinado método de estimação seja preferível.

Em resumo, e conforme discutimos inicialmente, os modelos de regressão quantílica são mais adequados para o estudo da relação entre as variáveis apresentadas neste exemplo, visto que tornam possível a análise, para os diversos percentis, dos efeitos da variável *tformado* sobre o comportamento da variável *renda*, propiciam a estimação de parâmetros não sensíveis à existência de *outliers* e distribuição assimétrica da variável dependente, e possibilitam a determinação de um modelo sem que haja a necessidade de que os resíduos apresentem distribuição normal.

CAPÍTULO *13*

Modelos de Regressão Logística Binária e Multinomial

Nos campos da observação, a chance favorece apenas a mente preparada.

Louis Pasteur

Ao final deste capítulo, você será capaz de:

Bancos de Dados, Códigos e Projects deste capítulo

- Estabelecer as circunstâncias a partir das quais os modelos de regressão logística binária e multinomial podem ser utilizados.
- Diferenciar a probabilidade de ocorrência de um evento da chance de ocorrência de um evento.
- Entender a estimação pelo método de máxima verossimilhança.
- Avaliar os resultados dos testes estatísticos pertinentes aos modelos logísticos.
- Elaborar intervalos de confiança dos parâmetros do modelo para efeitos de previsão.
- Elaborar a análise de sensibilidade e entender os conceitos de *cutoff*, eficiência global do modelo, sensitividade e especificidade.
- Interpretar a curva de sensibilidade e a curva *ROC*.
- Elaborar modelos de regressão logística binária e multinomial em Microsoft Office Excel®, Stata Statistical Software® e IBM SPSS Statistics Software® e interpretar seus resultados.
- Implementar códigos em R® e Python® para a estimação de modelos de regressão logística binária e multinomial e a interpretação dos resultados.

13.1. INTRODUÇÃO

Os modelos de regressão logística, embora bastante úteis e de fácil aplicação, ainda são pouco utilizados em muitas áreas do conhecimento humano. Embora o desenvolvimento de softwares e o incremento da capacidade de processamento dos computadores tenham propiciado a sua aplicação de forma mais direta, muitos pesquisadores ainda desconhecem as suas utilidades e, sobretudo, as condições para que seu uso seja correto.

Diferentemente da tradicional técnica de regressão estimada por meio de métodos de mínimos quadrados, em que a variável dependente apresenta-se de forma quantitativa e devem ser obedecidos alguns pressupostos, conforme estudamos no capítulo anterior, as técnicas de regressão logística são utilizadas quando o fenômeno a ser estudado apresenta-se de forma qualitativa e, portanto, representado por uma ou mais variáveis *dummy*, dependendo da quantidade de possibilidades de resposta (categorias) desta variável dependente.

Imagine, por exemplo, que um pesquisador tenha interesse em avaliar a probabilidade de ocorrência de infarto em executivos do mercado financeiro, com base em suas características físicas (peso, cintura abdominal), em seus hábitos alimentares e em seus hábitos de saúde (exercícios físicos, tabagismo). Um segundo pesquisador deseja avaliar a chance de consumidores que adquirem bens duráveis num determinado período tornarem-se inadimplentes, em função da renda, do estado civil e da escolaridade de cada um deles. Note que o infarto ou a inadimplência são as variáveis dependentes nos dois casos e seus eventos podem ou não ocorrer, em função das variáveis explicativas inseridas nos respectivos modelos e, portanto, são variáveis qualitativas dicotômicas que representam cada um dos fenômenos em estudo. Nosso intuito é o de estimar a **probabilidade de ocorrência** destes fenômenos e, para tanto, faremos uso da **regressão logística binária**.

Imagine ainda que um terceiro pesquisador tenha o interesse em estudar a probabilidade de obtenção de crédito por parte de empresas de micro e pequeno porte, em função de suas características financeiras e operacionais.

Sabe-se que cada empresa poderá receber crédito integral sem restrição, crédito com restrição ou não receber crédito algum. Neste caso, a variável dependente que representa o fenômeno é também qualitativa, porém oferece três possibilidades de resposta (categorias) e, portanto, para estimarmos as probabilidades de ocorrência das alternativas propostas, deveremos fazer uso da **regressão logística multinomial**.

Logo, se um fenômeno em estudo se apresentar por meio de apenas e tão somente duas categorias, será representado por apenas uma única variável *dummy*, em que a primeira categoria será a de referência e indicará o não evento de interesse (*dummy* = 0) e a outra categoria indicará o evento de interesse (*dummy* = 1), e estaremos lidando com a técnica de regressão logística binária. Por outro lado, se o fenômeno em estudo apresentar mais de duas categorias como possibilidades de ocorrência, precisaremos inicialmente definir a categoria de referência para, a partir daí, elaborar a técnica de regressão logística multinomial.

Ao se ter uma variável qualitativa como fenômeno a ser estudado, fica inviável a estimação do modelo por meio do método de mínimos quadrados ordinários estudado no capítulo anterior, uma vez que esta variável dependente não apresenta média e variância e, portanto, não há como minimizar a somatória dos termos de erro ao quadrado sem que seja feita uma incoerente ponderação arbitrária. Como a inserção desta variável dependente em softwares de modelagem é feita com base na digitação de valores que representam cada uma das possibilidades de resposta, é comum que haja um esquecimento sobre a definição dos rótulos (*labels*) das categorias correspondentes a cada um dos valores digitados e, portanto, é possível que um pesquisador desavisado ou iniciante estime o modelo por meio da regressão por mínimos quadrados, inclusive obtendo *outputs*, uma vez que o software interpretará aquela variável dependente como sendo quantitativa. **Isso é um erro grave, porém infelizmente mais comum do que parece!** As técnicas de regressão logística binária e multinomial são elaboradas com base na **estimação por máxima verossimilhança**, a ser estudada nas seções 13.2.1 e 13.3.1, respectivamente.

Analogamente ao que foi discutido no capítulo anterior, os modelos de regressão logística são definidos com base na teoria subjacente e na experiência do pesquisador, de modo que seja possível estimar o modelo desejado, analisar os resultados obtidos por meio de testes estatísticos e elaborar previsões.

Neste capítulo, trataremos dos modelos de regressão logística binária e multinomial, com os seguintes objetivos: (1) introduzir os conceitos sobre regressão logística; (2) apresentar a estimação por máxima verossimilhança; (3) interpretar os resultados obtidos e elaborar previsões; e (4) apresentar a aplicação das técnicas em Excel, Stata, SPSS, R e Python. Inicialmente, será elaborada a solução em Excel de um exemplo concomitantemente à apresentação dos conceitos e à sua resolução manual. Após a introdução dos conceitos serão apresentados os procedimentos para a elaboração das técnicas no Stata, no SPSS, no R e no Python, mantendo o padrão adotado no livro.

13.2. MODELO DE REGRESSÃO LOGÍSTICA BINÁRIA

A regressão logística binária tem como objetivo principal estudar a probabilidade de ocorrência de um evento definido por Y que se apresenta na forma qualitativa dicotômica ($Y = 1$ para descrever a ocorrência do evento de interesse e $Y = 0$ para descrever a ocorrência do não evento), com base no comportamento de variáveis explicativas. Dessa forma, podemos definir um vetor de variáveis explicativas, com respectivos parâmetros estimados, da seguinte forma:

$$Z_i = \alpha + \beta_1.X_{1i} + \beta_2.X_{2i} + ... + \beta_k.X_{ki} \tag{13.1}$$

em que Z é conhecido por **logito**, α representa a constante, β_j ($j = 1, 2, ..., k$) são os parâmetros estimados de cada variável explicativa, X_j são as variáveis explicativas (métricas ou *dummies*) e o subscrito i representa cada observação da amostra ($i = 1, 2, ..., n$, em que n é o tamanho da amostra). É importante ressaltar que Z não representa a variável dependente, denominada por Y, e o nosso objetivo neste momento é definir a expressão da **probabilidade** p_i de ocorrência do evento de interesse para cada observação, em função do logito Z_i, ou seja, em função dos parâmetros estimados para cada variável explicativa. Para tanto, devemos definir o conceito de **chance** de ocorrência de um evento, também conhecida por *odds*, da seguinte forma:

$$chance\left(odds\right)_{Y_i=1} = \frac{p_i}{1 - p_i} \tag{13.2}$$

Imagine que tenhamos o interesse em estudar o evento "aprovação na disciplina de Cálculo". Se, por exemplo, a probabilidade de um determinado aluno ser aprovado nesta disciplina for de 80%, a sua chance de ser aprovado será de 4 para 1 (0,8 / 0,2 = 4). Se a probabilidade de outro aluno ser aprovado na mesma disciplina for de 25%, dado que tem estudado muito menos que o primeiro aluno, a sua chance de ser aprovado será de 1 para 3 (0,25 / 0,75 = 1/3). Apesar de estarmos acostumados cotidianamente a usar o termo **chance** como sinônimo de **probabilidade**, seus conceitos são diferentes!

A regressão logística binária define o logito Z como o logaritmo natural da chance, de modo que:

$$\ln\left(chance_{Y_i=1}\right) = Z_i \tag{13.3}$$

de onde vem que:

$$\ln\left(\frac{p_i}{1-p_i}\right) = Z_i \tag{13.4}$$

Como o nosso intuito é definir uma expressão para a probabilidade de ocorrência do evento em estudo em função do logito, podemos matematicamente isolar p_i a partir da expressão (13.4), da seguinte maneira:

$$\frac{p_i}{1-p_i} = e^{Z_i} \tag{13.5}$$

$$p_i = \left(1-p_i\right).e^{Z_i} \tag{13.6}$$

$$p_i.\left(1+e^{Z_i}\right) = e^{Z_i} \tag{13.7}$$

E, portanto, temos que:

Probabilidade de ocorrência do evento:

$$p_i = \frac{e^{Z_i}}{1+e^{Z_i}} = \frac{1}{1+e^{-Z_i}} \tag{13.8}$$

Probabilidade de ocorrência do não evento:

$$1-p_i = 1-\frac{e^{Z_i}}{1+e^{Z_i}} = \frac{1}{1+e^{Z_i}} \tag{13.9}$$

Obviamente, a soma das expressões (13.8) e (13.9) é igual a 1.

A partir da expressão (13.8), podemos elaborar uma tabela com valores de p em função dos valores de Z. Como Z varia de $-\infty$ a $+\infty$, iremos, apenas para efeitos didáticos, utilizar valores inteiros entre -5 e $+5$. A Tabela 13.1 traz estes valores.

Tabela 13.1 Probabilidade de ocorrência de um evento (p) em função do logito Z.

$p_i = \dfrac{1}{1+e^{-Z_i}}$	Z_i
0,0067	−5
0,0180	−4
0,0474	−3
0,1192	−2
0,2689	−1
0,5000	0
0,7311	1
0,8808	2
0,9526	3
0,9820	4
0,9933	5

A partir da Tabela 13.1, podemos elaborar um gráfico de $p = f(Z)$, como o apresentado na Figura 13.1. Por meio deste gráfico, podemos verificar que as probabilidades estimadas, em função dos diversos valores assumidos por Z, situam-se entre 0 e 1, o que foi garantido quando se impôs que o logito fosse igual ao logaritmo natural da chance. Assim, dados os parâmetros estimados do modelo e os valores de cada uma das variáveis explicativas para uma dada observação i, podemos calcular o valor de Z_i e, por meio da curva logística apresentada na Figura 13.1 (também conhecida por curva S, ou sigmoide), estimar a probabilidade de ocorrência do evento em estudo para esta determinada observação i.

A partir das expressões (13.1) e (13.8), podemos definir a expressão geral da probabilidade estimada de ocorrência de um evento que se apresenta na forma dicotômica para uma observação i da seguinte forma:

$$p_i = \frac{1}{1 + e^{-(\alpha + \beta_1.X_{1i} + \beta_2.X_{2i} + ... + \beta_k.X_{ki})}}$$

$$(13.10)$$

O que a regressão logística binária estima, portanto, não são os valores previstos da variável dependente, mas, sim, a probabilidade de ocorrência do evento em estudo para cada observação. Partiremos, então, para a estimação propriamente dita dos parâmetros do logito, por meio da apresentação de um exemplo elaborado inicialmente em Excel.

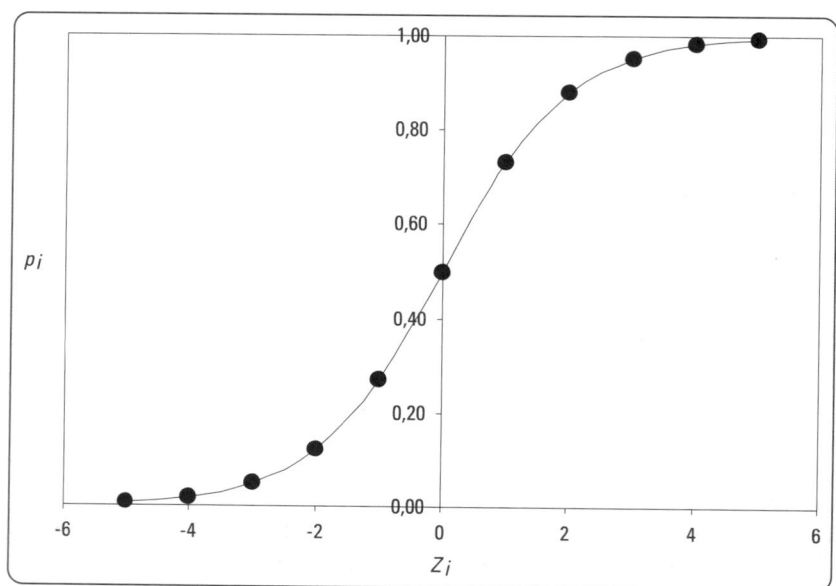

Figura 13.1 Gráfico de $p = f(Z)$.

13.2.1. Estimação do modelo de regressão logística binária por máxima verossimilhança

Apresentaremos os conceitos pertinentes à **estimação por máxima verossimilhança** por meio de um exemplo similar ao desenvolvido ao longo do capítulo anterior. Entretanto, agora a variável dependente será qualitativa e dicotômica.

Imagine que o nosso curioso professor, que já explorou consideravelmente os efeitos de determinadas variáveis explicativas sobre o tempo de deslocamento de um grupo de alunos até a escola, por meio da técnica de regressão múltipla, tenha agora o interesse em investigar se estas mesmas variáveis explicativas influenciam a probabilidade de um aluno chegar atrasado à aula. Ou seja, o fenômeno em questão a ser estudado apresenta somente duas categorias (chegar ou não atrasado) e o evento de interesse refere-se a *chegar atrasado*.

Sendo assim, o professor elaborou uma pesquisa com 100 alunos da escola onde leciona, questionando se cada um deles chegou ou não atrasado naquele dia. Perguntou também sobre a distância percorrida no trajeto (em quilômetros), o número de semáforos pelos quais cada um passou, o período em que foi realizado o trajeto (manhã ou tarde) e como cada um se considera em termos de perfil ao volante (calmo, moderado ou agressivo). Parte do banco de dados elaborado encontra-se na Tabela 13.2.

Tabela 13.2 Exemplo: atraso (sim ou não) × distância percorrida, quantidade de semáforos, período do dia para o trajeto até a escola e perfil ao volante.

Estudante	Chegou atrasado à escola (Y_i)	Distância percorrida até a escola (quilômetros) (X_{1i})	Quantidade de semáforos (X_{2i})	Período do dia (X_{3i})	Perfil ao volante (X_{4i})
Gabriela	Não	12,5	7	manhã	calmo
Patrícia	Não	13,3	10	manhã	calmo
Gustavo	Não	13,4	8	manhã	moderado
Letícia	Não	23,5	7	manhã	calmo
Luiz Ovídio	Não	9,5	8	manhã	calmo
Leonor	Não	13,5	10	manhã	calmo
Dalila	Não	13,5	10	manhã	calmo
Antônio	Não	15,4	10	manhã	calmo
Júlia	Não	14,7	10	manhã	calmo
Mariana	Não	14,7	10	manhã	calmo
...					
Filomena	Sim	12,8	11	tarde	agressivo
...					
Estela	Sim	1,0	13	manhã	calmo

Para a variável dependente, como o evento de interesse refere-se a *chegar atrasado*, esta categoria apresentará valores iguais a 1, ficando a categoria *não chegar atrasado* com valores iguais a 0.

Seguindo o que foi definido no capítulo anterior em relação às variáveis explicativas qualitativas, a categoria de referência da variável correspondente ao período do dia será *tarde*, ou seja, as células do banco de dados com esta categoria assumirão valores iguais a 0, ficando as células com a categoria *manhã* com valores iguais a 1. Já a variável *perfil ao volante* deverá ser transformada em duas *dummies* (variáveis *perfil2* para a categoria *moderado* e *perfil3* para a categoria *agressivo*), já que definiremos a categoria *calmo* como a referência.

Dessa forma, a Tabela 13.3 apresenta parte do banco de dados final a ser utilizado para a estimação do modelo de regressão logística binária.

O banco de dados completo pode ser acessado por meio do arquivo **Atrasado.xls**.

Tabela 13.3 Substituição das categorias das variáveis qualitativas pelas respectivas variáveis *dummy*.

Estudante	Chegou atrasado à escola (*Dummy* Sim = 1; Não = 0) (Y_i)	Distância percorrida até a escola (quilômetros) (X_{1i})	Quantidade de semáforos (X_{2i})	Período do dia *Dummy per* (X_{3i})	Perfil ao volante *Dummy perfil2* (X_{4i})	Perfil ao volante *Dummy perfil3* (X_{5i})
Gabriela	0	12,5	7	1	0	0
Patrícia	0	13,3	10	1	0	0
Gustavo	0	13,4	8	1	1	0
Letícia	0	23,5	7	1	0	0
Luiz Ovídio	0	9,5	8	1	0	0
Leonor	0	13,5	10	1	0	0
Dalila	0	13,5	10	1	0	0
Antônio	0	15,4	10	1	0	0
Júlia	0	14,7	10	1	0	0
Mariana	0	14,7	10	1	0	0
...						
Filomena	1	12,8	11	0	0	1
...						
Estela	1	1,0	13	1	0	0

Dessa forma, o logito cujos parâmetros queremos estimar é definido da seguinte maneira:

$$Z_i = \alpha + \beta_1.dist_i + \beta_2.sem_i + \beta_3.per_i + \beta_4.perfil2_i + \beta_5.perfil3_i$$

e a probabilidade estimada de que um determinado estudante chegue atrasado pode ser escrita da seguinte forma:

$$p_i = \frac{1}{1 + e^{-(\alpha + \beta_1.dist_i + \beta_2.sem_i + \beta_3.per_i + \beta_4.perfil2_i + \beta_5.perfil3_i)}}$$

Como não faz sentido definirmos o termo de erro para cada observação, dado que a variável dependente apresenta-se na forma dicotômica, não há como estimarmos os parâmetros da equação de probabilidade por meio da minimização da somatória dos quadrados dos resíduos, como fizemos quando da elaboração das técnicas tradicionais de regressão. Neste caso, portanto, faremos uso da função de verossimilhança a partir da qual será elaborada a estimação por máxima verossimilhança. Segundo Sharma (1996), a estimação por máxima verossimilhança é a técnica mais popular de estimação dos parâmetros de modelos de regressão logística.

Em decorrência deste fato, é importante inclusive mencionar, com relação aos pressupostos estudados para os modelos de regressão estimados por mínimos quadrados ordinários, que o pesquisador deve se preocupar apenas com o pressuposto da ausência de multicolinearidade das variáveis explicativas quando da estimação de modelos de regressão logística.

Na regressão logística binária, a variável dependente segue uma **distribuição de Bernoulli**, ou seja, o fato de determinada observação *i* ter incidido ou não no evento de interesse pode ser considerado como um ensaio de Bernoulli, em que a probabilidade de ocorrência do evento é p_i e a probabilidade de ocorrência do não evento é $(1 - p_i)$, conforme estudamos no Capítulo 5. De maneira geral, analogamente à expressão (5.25) daquele capítulo, podemos escrever que a probabilidade de ocorrência de Y_i, podendo Y_i ser igual a 1 ou igual a 0, é dada por:

$$p(Y_i) = p_i^{Y_i}.(1 - p_i)^{1-Y_i} \tag{13.11}$$

Para uma amostra com *n* observações, podemos definir a função de verossimilhança (*likelihood function*) como sendo:

$$L = \prod_{i=1}^{n} \left[p_i^{Y_i}.(1 - p_i)^{1-Y_i} \right] \tag{13.12}$$

de onde vem, com base nas expressões (13.8) e (13.9), que:

$$L = \prod_{i=1}^{n} \left[\left(\frac{e^{Z_i}}{1 + e^{Z_i}} \right)^{Y_i} . \left(\frac{1}{1 + e^{Z_i}} \right)^{1-Y_i} \right] \tag{13.13}$$

Como, na prática, é mais conveniente se trabalhar com o logaritmo da função de verossimilhança, podemos chegar à seguinte função, também conhecida por *log likelihood function*:

$$LL = \sum_{i=1}^{n} \left\{ \left[(Y_i).\ln\left(\frac{e^{Z_i}}{1 + e^{Z_i}} \right) \right] + \left[(1 - Y_i).\ln\left(\frac{1}{1 + e^{Z_i}} \right) \right] \right\} \tag{13.14}$$

E agora cabe uma pergunta: **Quais os valores dos parâmetros do logito que fazem com que o valor de *LL* da expressão (13.14) seja maximizado?** Esta importante questão é a chave central para a elaboração da estimação por máxima verossimilhança (ou *maximum likelihood estimation*) em modelos de regressão logística binária, e pode ser respondida com o uso de ferramentas de programação linear, a fim de que sejam estimados os parâmetros α, β_1, β_2, ..., β_k com base na seguinte função-objetivo:

$$LL = \sum_{i=1}^{n} \left\{ \left[(Y_i).\ln\left(\frac{e^{Z_i}}{1 + e^{Z_i}} \right) \right] + \left[(1 - Y_i).\ln\left(\frac{1}{1 + e^{Z_i}} \right) \right] \right\} = máx \tag{13.15}$$

Iremos resolver este problema com o uso da ferramenta **Solver** do Excel e utilizando os dados do nosso exemplo. Para tanto, devemos abrir o arquivo **AtrasadoMáximaVerossimilhança.xls**, que servirá de auxílio para o cálculo dos parâmetros.

Neste arquivo, além da variável dependente e das variáveis explicativas, foram criadas três novas variáveis, que correspondem, respectivamente, ao logito Z_i, à probabilidade de ocorrência do evento de interesse p_i e ao logaritmo da função de verossimilhança LL_i para cada observação. A Tabela 13.4 mostra parte dos resultados quando os parâmetros α, β_1, β_2, β_3, β_4 e β_5 forem iguais a 0.

A Figura 13.2 apresenta parte das observações presentes no arquivo **AtrasadoMáximaVerossimilhança.xls**, já que algumas delas foram aqui ocultadas por conta do número total ser igual a 100.

Tabela 13.4 Cálculo de *LL* quando $\alpha = \beta_1 = \beta_2 = \beta_3 = \beta_4 = \beta_5 = 0$.

Estudante	Y_i	X_{1i}	X_{2i}	X_{3i}	X_{4i}	X_{5i}	Z_i	p_i	LL_i $(Y_i).\ln(p_i)+(1-Y_i).\ln(1-p_i)$
Gabriela	0	12,5	7	1	0	0	0	0,5	-0,69315
Patrícia	0	13,3	10	1	0	0	0	0,5	-0,69315
Gustavo	0	13,4	8	1	1	0	0	0,5	-0,69315
Letícia	0	23,5	7	1	0	0	0	0,5	-0,69315
Luiz Ovídio	0	9,5	8	1	0	0	0	0,5	-0,69315
Leonor	0	13,5	10	1	0	0	0	0,5	-0,69315
Dalila	0	13,5	10	1	0	0	0	0,5	-0,69315
Antônio	0	15,4	10	1	0	0	0	0,5	-0,69315
Júlia	0	14,7	10	1	0	0	0	0,5	-0,69315
Mariana	0	14,7	10	1	0	0	0	0,5	-0,69315
...									
Filomena	1	12,8	11	0	0	1	0	0,5	-0,69315
...									
Estela	1	1,0	13	1	0	0	0	0,5	-0,69315
Somatória	$LL = \sum_{i=1}^{100}\{[(Y_i).\ln(p_i)]+[(1-Y_i).\ln(1-p_i)]\}$								**-69,31472**

	A	B	C	D	E	F	G	H	I	J
1	Estudante	Atrasado (Y)	Distância (X_1)	Semáforos (X_2)	Período (X_3)	Perfil2 (X_4)	Perfil3 (X_5)	Z_i	p_i	LL_i
2	Gabriela	0	12,5	7	1	0	0	0	0,5	-0,69315
3	Patrícia	0	13,3	10	1	0	0	0	0,5	-0,69315
4	Gustavo	0	13,4	8	1	1	0	0	0,5	-0,69315
5	Letícia	0	23,5	7	1	0	0	0	0,5	-0,69315
6	Luiz Ovídio	0	9,5	8	1	0	0	0	0,5	-0,69315
7	Leonor	0	13,5	10	1	0	0	0	0,5	-0,69315
8	Dalila	0	13,5	10	1	0	0	0	0,5	-0,69315
9	Antônio	0	15,4	10	1	0	0	0	0,5	-0,69315
10	Júlia	0	14,7	10	1	0	0	0	0,5	-0,69315
11	Mariana	0	14,7	10	1	0	0	0	0,5	-0,69315
12	Roberto	0	13,7	10	1	0	0	0	0,5	-0,69315
13	Renata	0	11	10	1	0	0	0	0,5	-0,69315
14	Guilherme	0	18,4	10	1	0	0	0	0,5	-0,69315
15	Rodrigo	0	11	11	1	1	0	0	0,5	-0,69315
16	Giulia	0	11	10	1	0	0	0	0,5	-0,69315
17	Felipe	0	12	7	1	1	0	0	0,5	-0,69315
18	Karina	0	14	10	1	0	1	0	0,5	-0,69315
19	Pietro	0	11,2	10	1	0	0	0	0,5	-0,69315
20	Cecília	0	13	10	1	0	0	0	0,5	-0,69315
21	Gisele	0	12	6	1	0	0	0	0,5	-0,69315
22	Elaine	0	17	10	1	0	1	0	0,5	-0,69315
23	Kamal	0	12	9	1	0	0	0	0,5	-0,69315
24	Rodolfo	0	12	10	1	1	0	0	0,5	-0,69315
25	Pilar	0	13	5	0	0	0	0	0,5	-0,69315
26	Vivian	0	11,7	10	0	0	0	0	0,5	-0,69315
27	Danielle	0	17	10	0	0	0	0	0,5	-0,69315
28	Juliana	0	14,4	10	0	1	0	0	0,5	-0,69315
101	Estela	1	1	13	1	0	0	0	0,5	-0,69315
102										
103									Somatória LL_i	-69,31472

L	M
α	0,0000
β_1	0,0000
β_2	0,0000
β_3	0,0000
β_4	0,0000
β_5	0,0000

Figura 13.2 Dados do arquivo **AtrasadoMáximaVerossimilhança.xls**.

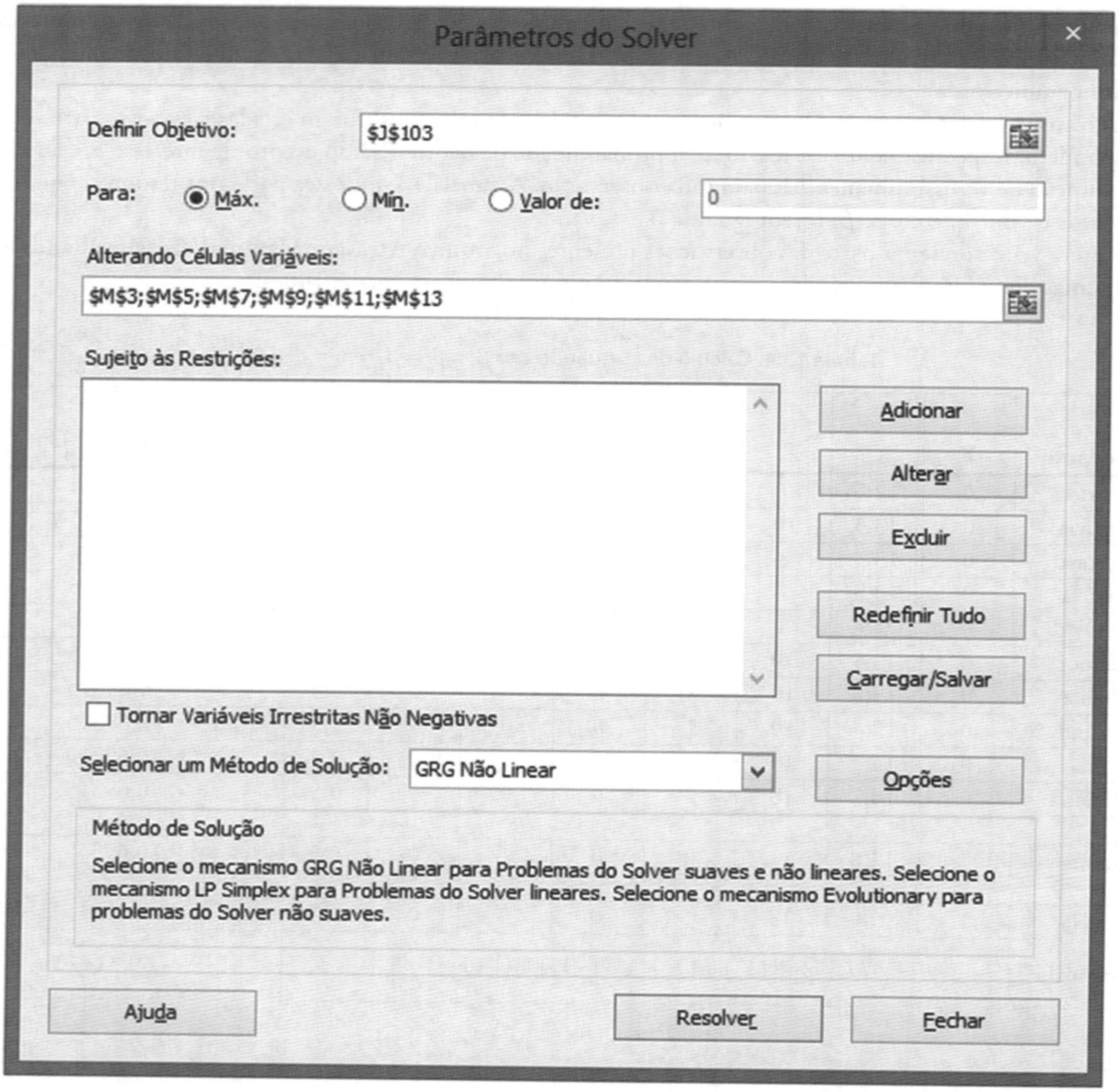

Figura 13.3 Solver – Maximização da somatória do logaritmo da função de verossimilhança.

Como podemos verificar, quando $\alpha = \beta_1 = \beta_2 = \beta_3 = \beta_4 = \beta_5 = 0$, o valor da somatória do logaritmo da função de verossimilhança é igual a $-69,31472$. Entretanto, deve haver uma combinação ótima de valores dos parâmetros, de modo que a função-objetivo apresentada na expressão (13.15) seja obedecida, ou seja, que o valor da somatória do logaritmo da função de verossimilhança seja o máximo possível.

Seguindo a lógica proposta por Belfiore e Fávero (2012), vamos então abrir a ferramenta **Solver** do Excel. A função-objetivo está na célula J103, que é a nossa célula de destino e que deverá ser maximizada. Além disso, os parâmetros α, β_1, β_2, β_3, β_4 e β_5, cujos valores estão nas células M3, M5, M7, M9, M11 e M13, respectivamente, são as células variáveis. A janela do **Solver** ficará como mostra a Figura 13.3.

Ao clicarmos em **Resolver** e em **OK**, obteremos a solução ótima do problema de programação linear. A Tabela 13.5 mostra parte dos resultados obtidos.

Logo, o valor máximo possível da somatória do logaritmo da função de verossimilhança é $LL_{máx} = -29,06568$. A resolução deste problema gerou as seguintes estimativas dos parâmetros:

$\alpha = -30,202$
$\beta_1 = 0,220$
$\beta_2 = 2,767$

Tabela 13.5 Valores obtidos quando da maximização de *LL*.

Estudante	Y_i	X_{1i}	X_{2i}	X_{3i}	X_{4i}	X_{5i}	Z_i	p_i	LL_i $(Y_i).\ln(p_i)+(1-Y_i).\ln(1-p_i)$
Gabriela	0	12,5	7	1	0	0	-11,73478	0,00001	-0,00001
Patrícia	0	13,3	10	1	0	0	-3,25815	0,03704	-0,03774
Gustavo	0	13,4	8	1	1	0	-7,42373	0,00060	-0,00060
Letícia	0	23,5	7	1	0	0	-9,31255	0,00009	-0,00009
Luiz Ovídio	0	9,5	8	1	0	0	-9,62856	0,00007	-0,00007
Leonor	0	13,5	10	1	0	0	-3,21411	0,03864	-0,03940
Dalila	0	13,5	10	1	0	0	-3,21411	0,03864	-0,03940
Antônio	0	15,4	10	1	0	0	-2,79572	0,05756	-0,05928
Júlia	0	14,7	10	1	0	0	-2,94987	0,04974	-0,05102
Mariana	0	14,7	10	1	0	0	-2,94987	0,04974	-0,05102
...									
Filomena	1	12,8	11	0	0	1	5,96647	0,99744	-0,00256
...									
Estela	1	1,0	13	1	0	0	2,33383	0,91164	-0,09251
Somatória	$LL=\sum_{i=1}^{100}\{[(Y_i).\ln(p_i)]+[(1-Y_i).\ln(1-p_i)]\}$								**-29,06568**

β_3 = -3,653
β_4 = 1,346
β_5 = 2,914

e, assim, o logito Z_i pode ser escrito da seguinte forma:

$$Z_i = -30,202 + 0,220.dist_i + 2,767.sem_i - 3,653.per_i + 1,346.perfil2_i + 2,914.perfil3_i$$

A Figura 13.4 apresenta parte dos resultados obtidos pela modelagem no arquivo **AtrasadoMáxima-Verossimilhança.xls**.

	A	B	C	D	E	F	G	H	I	J
1	Estudante	Atrasado (Y)	Distância (X_1)	Semáforos (X_2)	Período (X_3)	Perfil2 (X_4)	Perfil3 (X_5)	Z_i	p_i	LL_i
2	Gabriela	0	12,5	7	1	0	0	-11,73478	0,00001	-0,00001
3	Patrícia	0	13,3	10	1	0	0	-3,25815	0,03704	-0,03774
4	Gustavo	0	13,4	8	1	1	0	-7,42373	0,00060	-0,00060
5	Letícia	0	23,5	7	1	0	0	-9,31255	0,00009	-0,00009
6	Luiz Ovídio	0	9,5	8	1	0	0	-9,62856	0,00007	-0,00007
7	Leonor	0	13,5	10	1	0	0	-3,21411	0,03864	-0,03940
8	Dalila	0	13,5	10	1	0	0	-3,21411	0,03864	-0,03940
9	Antônio	0	15,4	10	1	0	0	-2,79572	0,05756	-0,05928
10	Júlia	0	14,7	10	1	0	0	-2,94987	0,04974	-0,05102
11	Mariana	0	14,7	10	1	0	0	-2,94987	0,04974	-0,05102
12	Roberto	0	13,7	10	1	0	0	-3,17007	0,04031	-0,04114
13	Renata	0	11	10	1	0	0	-3,76461	0,02265	-0,02291
14	Guilherme	0	18,4	10	1	0	0	-2,13512	0,10573	-0,11175
15	Rodrigo	0	11	11	1	1	0	0,34825	0,58619	-0,88235
16	Giulia	0	11	10	1	0	0	-3,76461	0,02265	-0,02291
17	Felipe	0	12	7	1	1	0	-10,49884	0,00003	-0,00003
18	Karina	0	14	10	1	0	1	-0,18951	0,45276	-0,60288
19	Pietro	0	11,2	10	1	0	0	-3,72057	0,02365	-0,02393
20	Cecília	0	13	10	1	0	0	-3,32421	0,03475	-0,03537
21	Gisele	0	12	6	1	0	0	-14,61170	0,00000	0,00000
22	Elaine	0	17	10	1	0	1	0,47110	0,61564	-0,95619
23	Kamal	0	12	9	1	0	0	-6,31123	0,00181	-0,00181
24	Rodolfo	0	12	10	1	1	0	-2,19837	0,09990	-0,10525
25	Pilar	0	13	5	0	0	0	-13,50492	0,00000	0,00000
26	Vivian	0	11,7	10	0	0	0	0,04292	0,51073	-0,71484
27	Danielle	0	17	10	0	0	0	1,21000	0,77030	-1,47097
28	Juliana	0	14,4	10	0	1	0	1,98351	0,87905	-2,11242
101	Estela	1	1	13	1	0	0	2,33383	0,91164	-0,09251
102										
103									Somatória LL_i	-29,06568

L	M
α	-30,202
β₁	0,220
β₂	2,767
β₃	-3,653
β₄	1,346
β₅	2,914

Figura 13.4 Obtenção dos parâmetros quando da maximização de *LL* pelo Solver.

E, portanto, a expressão da probabilidade estimada de que um estudante i chegue atrasado pode ser escrita da seguinte forma:

$$p_i = \frac{1}{1 + e^{-(-30,202+0,220.dist_i+2,767.sem_i-3,653.per_i+1,346.\,perfil2_i+2,914.\,perfil3_i)}}$$

Dessa maneira, cabe agora a proposição de algumas interessantes perguntas:

Qual é a probabilidade média estimada de se chegar atrasado à escola ao se deslocar 17 quilômetros e passar por 10 semáforos, tendo feito o trajeto de manhã e sendo considerado agressivo ao volante?

Em média, em quanto se altera a chance de se chegar atrasado à escola ao se adotar um percurso 1 quilômetro mais longo, mantidas as demais condições constantes?

Um aluno considerado agressivo apresenta, em média, uma chance maior de chegar atrasado do que outro considerado calmo? Se sim, em quanto é incrementada esta chance, mantidas as demais condições constantes?

Antes de respondermos a estas importantes questões, precisamos verificar se todos os parâmetros estimados são estatisticamente significantes a um determinado nível de confiança. Se não for este o caso, precisaremos reestimar o modelo final, a fim de que o mesmo apresente apenas parâmetros estatisticamente significantes para, a partir de então, ser possível a elaboração de inferências e previsões.

Portanto, tendo sido elaborada a estimação por máxima verossimilhança dos parâmetros da equação de probabilidade de ocorrência do evento, partiremos para o estudo da significância estatística geral do modelo obtido, bem como das significâncias estatísticas dos próprios parâmetros, de forma análoga ao realizado quando do estudo dos modelos tradicionais de regressão no capítulo anterior. É importante mencionar que no apêndice deste capítulo faremos uma breve apresentação dos modelos de regressão probit que podem ser utilizados alternativamente aos modelos de regressão logística binária para os casos em que a curva de probabilidades de ocorrência de determinado evento ajustar-se mais adequadamente à função densidade de probabilidade acumulada da distribuição normal padrão.

13.2.2. Significância estatística geral do modelo e dos parâmetros da regressão logística binária

Se, por exemplo, elaborarmos um gráfico linear da nossa variável dependente (*atrasado*) em função da variável referente ao número de semáforos (*sem*), perceberemos que as estimativas do modelo não são capazes de se ajustar de maneira satisfatória ao comportamento da variável dependente, dado que esta é uma *dummy*. O gráfico da Figura 13.5a apresenta este comportamento. Por outro lado, se o modelo de regressão logística binária for elaborado e forem plotadas as estimativas das probabilidades de se chegar atrasado para cada observação da nossa amostra, em função especificamente do número de semáforos pelos quais cada estudante passa, perceberemos que o ajuste é bem mais adequado ao comportamento da variável dependente (curva S, ou sigmoide), com valores estimados limitados entre 0 e 1 (Figura 13.5b).

Portanto, como a variável dependente é qualitativa, não faz sentido discutirmos o percentual de sua variância que é explicado pelas variáveis preditoras, ou seja, em modelos de regressão logística não há um coeficiente de ajuste R^2 como nos modelos tradicionais de regressão estimados pelo método de mínimos quadrados ordinários. Entretanto, muitos pesquisadores apresentam, em seus trabalhos, um coeficiente conhecido por **pseudo R^2 de McFadden**, cuja expressão é dada por:

$$pseudo\ R^2 = \frac{-2.LL_0 - \left(-2.LL_{máx}\right)}{-2.LL_0} \tag{13.16}$$

e cuja utilidade é bastante limitada e restringe-se a casos em que o pesquisador tiver interesse em comparar dois ou mais modelos distintos, dado que um dos diversos critérios existentes para a escolha do modelo é o critério de maior pseudo R^2 de McFadden.

No nosso exemplo, conforme já discutimos na seção anterior e já calculamos por meio do **Solver** do Excel, $LL_{máx}$, que é o valor máximo possível da somatória do logaritmo da função de verossimilhança, é igual a $-29,06568$.

Já LL_0 representa o valor máximo possível da somatória do logaritmo da função de verossimilhança para um modelo conhecido por **modelo nulo**, ou seja, para um modelo que só apresenta a constante α e nenhuma variável explicativa. Por meio do mesmo procedimento elaborado na seção anterior, porém agora utilizando o arquivo **AtrasadoMáximaVerossimilhançaModeloNulo.xls**, obteremos $LL_0 = -67,68585$. As Figuras 13.6 e 13.7 mostram, respectivamente, a janela do **Solver** e parte dos resultados obtidos pela modelagem neste arquivo.

Logo, com base na expressão (13.16), obteremos:

a) Ajuste Linear

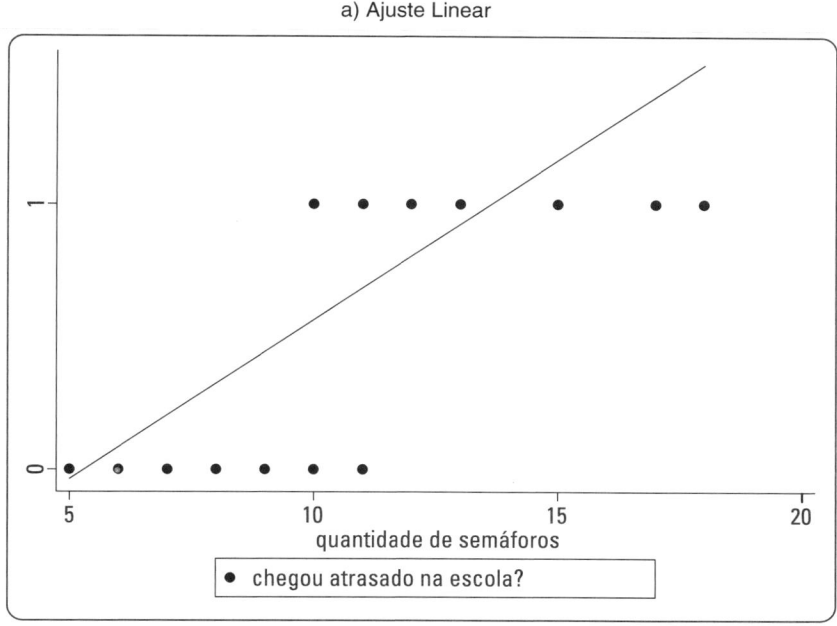

b) Ajuste Logístico

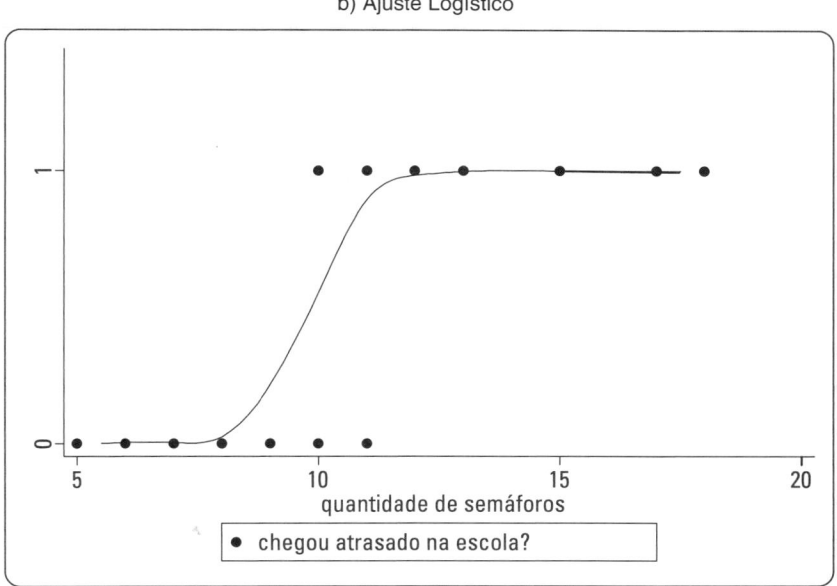

Figura 13.5 Ajustes linear e logístico da variável dependente em função da variável *sem*.

$$pseudo\ R^2 = \frac{-2.(-67,68585) - \left[\left(-2.(-29,06568)\right)\right]}{-2.(-67,68585)} = 0,5706$$

Conforme discutimos, um maior pseudo R^2 de McFadden pode ser utilizado como critério para escolha de um modelo em detrimento de outro. Entretanto, conforme iremos estudar na seção 13.2.4, há outro critério mais adequado à escolha do melhor modelo, o qual se refere à maior área abaixo da curva *ROC*.

Muitos pesquisadores também utilizam o pseudo R^2 de McFadden como um indicador de desempenho do modelo escolhido, independentemente da comparação com outros modelos, porém a sua interpretação exige muitos cuidados e, por vezes, há a inevitável tentação em associá-lo, erroneamente, com percentuais de variância da variável dependente. Como iremos estudar na seção 13.2.4, o melhor indicador de desempenho de um modelo de

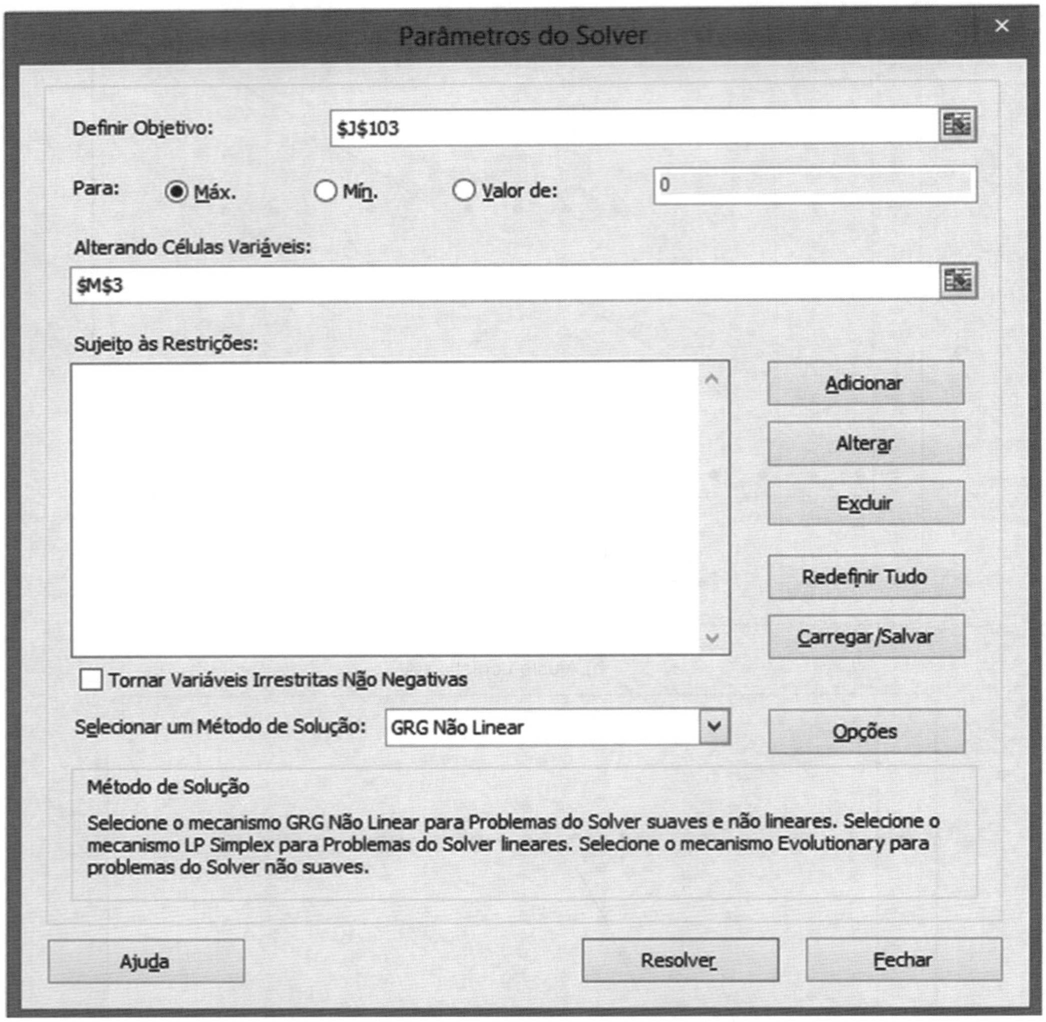

Figura 13.6 Solver – Maximização da somatória do logaritmo da função de verossimilhança para o modelo nulo.

	A	B	C	D	E	F	G	H	I	J	K	L	M
1	Estudante	Atrasado (Y)	Distância (X_1)	Semáforos (X_2)	Período (X_3)	Perfil2 (X_4)	Perfil3 (X_4)	Z_i	p_i	LL_i			
2	Gabriela	0	12,5	7	1	0	0	0,36397	0,59000	-0,89160			
3	Patrícia	0	13,3	10	1	0	0	0,36397	0,59000	-0,89160		α	0,364
4	Gustavo	0	13,4	8	1	1	0	0,36397	0,59000	-0,89160			
5	Letícia	0	23,5	7	1	0	0	0,36397	0,59000	-0,89160			
6	Luiz Ovídio	0	9,5	8	1	0	0	0,36397	0,59000	-0,89160			
7	Leonor	0	13,5	10	1	0	0	0,36397	0,59000	-0,89160			
8	Dalila	0	13,5	10	1	0	0	0,36397	0,59000	-0,89160			
9	Antônio	0	15,4	10	1	0	0	0,36397	0,59000	-0,89160			
10	Júlia	0	14,7	10	1	0	0	0,36397	0,59000	-0,89160			
11	Mariana	0	14,7	10	1	0	0	0,36397	0,59000	-0,89160			
12	Roberto	0	13,7	10	1	0	0	0,36397	0,59000	-0,89160			
13	Renata	0	11	10	1	0	0	0,36397	0,59000	-0,89160			
14	Guilherme	0	18,4	10	1	0	0	0,36397	0,59000	-0,89160			
15	Rodrigo	0	11	11	1	1	0	0,36397	0,59000	-0,89160			
16	Giulia	0	11	10	1	0	0	0,36397	0,59000	-0,89160			
17	Felipe	0	12	7	1	1	0	0,36397	0,59000	-0,89160			
18	Karina	0	14	10	1	0	1	0,36397	0,59000	-0,89160			
19	Pietro	0	11,2	10	1	0	0	0,36397	0,59000	-0,89160			
20	Cecília	0	13	10	1	0	0	0,36397	0,59000	-0,89160			
21	Gisele	0	12	6	1	0	0	0,36397	0,59000	-0,89160			
22	Elaine	0	17	10	1	0	1	0,36397	0,59000	-0,89160			
23	Karnal	0	12	9	1	0	0	0,36397	0,59000	-0,89160			
24	Rodolfo	0	12	10	1	1	0	0,36397	0,59000	-0,89160			
25	Pilar	0	13	5	0	0	0	0,36397	0,59000	-0,89160			
26	Vivian	0	11,7	10	0	0	0	0,36397	0,59000	-0,89160			
27	Danielle	0	17	10	0	0	0	0,36397	0,59000	-0,89160			
28	Juliana	0	14,4	10	0	1	0	0,36397	0,59000	-0,89160			
101	Estela	1	1	13	1	0	0	0,36397	0,59000	-0,52763			
102													
103									Somatória LL_i	-67,68585			

Figura 13.7 Obtenção dos parâmetros quando da maximização de *LL* pelo Solver – modelo nulo.

regressão logística binária refere-se à eficiência global do modelo, que é definida com base na determinação de um *cutoff*, cujos conceitos também serão estudados na mesma seção.

Embora a utilidade do pseudo R^2 de McFadden seja limitada, softwares como o Stata, o SPSS e o R fazem seu cálculo e o apresentam em seus respectivos *outputs*, conforme veremos nas seções 13.4, 13.5 e 13.6, respectivamente.

Analogamente ao procedimento apresentado no capítulo anterior, inicialmente iremos estudar a significância estatística geral do modelo que está sendo proposto. O **teste χ^2** propicia condições à verificação da significância do modelo, uma vez que suas hipóteses nula e alternativa, para um modelo geral de regressão logística, são, respectivamente:

$H_0: \beta_1 = \beta_2 = ... = \beta_k = 0$
$H_1:$ existe pelo menos um $\beta_j \neq 0$

Enquanto o teste *F* é utilizado para modelos de regressão em que a variável dependente apresenta-se na forma quantitativa, o que gera a decomposição de variância (tabela ANOVA) estudada no capítulo anterior, o teste χ^2 é mais adequado para modelos estimados pelo método de máxima verossimilhança, como os modelos de regressão logística.

O teste χ^2 propicia ao pesquisador uma verificação inicial sobre a existência do modelo que está sendo proposto, uma vez que, se todos os parâmetros estimados β_j ($j = 1, 2, ..., k$) forem estatisticamente iguais a 0, o comportamento de alteração de cada uma das variáveis X não influenciará em absolutamente nada a probabilidade de ocorrência do evento em estudo. A estatística χ^2 tem a seguinte expressão:

$$\chi^2 = -2.\left(LL_0 - LL_{máx}\right) \tag{13.17}$$

Voltando ao nosso exemplo, temos que:

$$\chi^2_{5 g.l.} = -2.\left[-67,68585 - \left(-29,06568\right)\right] = 77,2403$$

Para 5 graus de liberdade (número de variáveis explicativas consideradas na modelagem, ou seja, número de parâmetros β), temos, por meio da Tabela D do apêndice do livro, que o χ^2_c = 11,070 (χ^2 crítico para 5 graus de liberdade e para o nível de significância de 5%). Desta forma, como o χ^2 calculado χ^2_{cal} = 77,2403 > χ^2_c = 11,070, podemos rejeitar a hipótese nula de que todos os parâmetros β_j ($j = 1, 2, ..., 5$) sejam estatisticamente iguais a zero. Logo, pelo menos uma variável X é estatisticamente significante para explicar a probabilidade de ocorrência do evento em estudo e teremos um modelo de regressão logística binária estatisticamente significante para fins de previsão.

Softwares como o Stata, o SPSS, o R e o Python não oferecem, diretamente, o χ^2_c para os graus de liberdade definidos e um determinado nível de significância. Todavia, oferecem, diretamente, o nível de significância do χ^2_{cal} para estes graus de liberdade. Dessa forma, em vez de analisarmos se $\chi^2_{cal} > \chi^2_c$, devemos verificar se o nível de significância do χ^2_{cal} é menor do que 0,05 (5%) a fim de darmos continuidade à análise de regressão. Assim:

Se *valor-P* (ou *P-value* ou *Sig.* χ^2_{cal} ou *Prob.* χ^2_{cal}) < 0,05, existe pelo menos um $\beta_j \neq 0$.

O nível de significância do χ^2_{cal} pode ser obtido no Excel por meio do comando **Fórmulas → Inserir Função → DIST.QUI**, que abrirá uma caixa de diálogo conforme mostra a Figura 13.8.

Análogo ao teste *F*, o teste χ^2 avalia a significância conjunta das variáveis explicativas, não definindo qual ou quais destas variáveis consideradas no modelo são estatisticamente significantes para influenciar a probabilidade de ocorrência do evento.

Dessa forma, é preciso que o pesquisador avalie se cada um dos parâmetros do modelo de regressão logística binária é estatisticamente significante e, neste sentido, a **estatística z de Wald** será importante para fornecer a significância estatística de cada parâmetro a ser considerado no modelo. A nomenclatura z refere-se ao fato de que a distribuição desta estatística é a distribuição normal padrão. As hipóteses do **teste z de Wald** para o α e para cada β_j ($j = 1, 2, ..., k$) são, respectivamente:

$H_0: \alpha = 0$
$H_1: \alpha \neq 0$
$H_0: \beta_j = 0$
$H_1: \beta_j \neq 0$

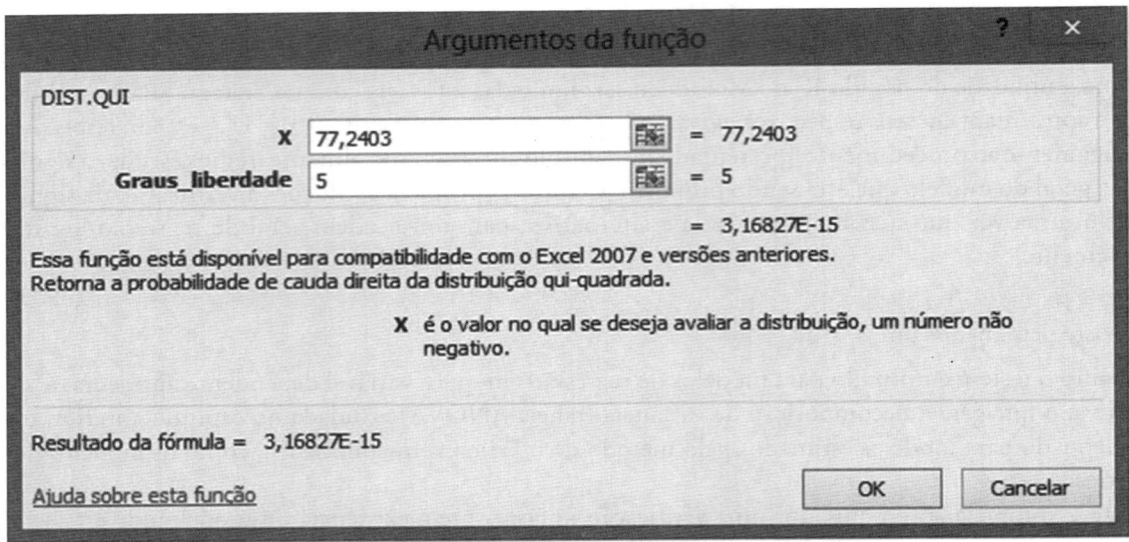

Figura 13.8 Obtenção do nível de significância de χ^2 (comando **Inserir Função**).

As expressões para o cálculo das estatísticas z de Wald de cada parâmetro α e β_j são dadas, respectivamente, por:

$$z_\alpha = \frac{\alpha}{s.e.(\alpha)} \tag{13.18}$$

$$z_{\beta_j} = \frac{\beta_j}{s.e.(\beta_j)}$$

em que *s.e.* significa o erro-padrão (*standard error*) de cada parâmetro em análise. Dada a complexidade do cálculo dos erros-padrão de cada parâmetro, não o faremos neste momento, porém recomendamos a leitura de Engle (1984). Os valores de *s.e.* de cada parâmetro, para o nosso exemplo, são:

$s.e.\ (\alpha) = 9,981$
$s.e.\ (\beta_1) = 0,110$
$s.e.\ (\beta_2) = 0,922$
$s.e.\ (\beta_3) = 0,878$
$s.e.\ (\beta_4) = 0,748$
$s.e.\ (\beta_5) = 1,179$

Logo, como já calculamos as estimativas dos parâmetros, temos que:

$$z_\alpha = \frac{\alpha}{s.e.(\alpha)} = \frac{-30,202}{9,981} = -3,026$$

$$z_{\beta_1} = \frac{\beta_1}{s.e.(\beta_1)} = \frac{0,220}{0,110} = 2,000$$

$$z_{\beta_2} = \frac{\beta_2}{s.e.(\beta_2)} = \frac{2,767}{0,922} = 3,001$$

$$z_{\beta_3} = \frac{\beta_3}{s.e.(\beta_3)} = \frac{-3,653}{0,878} = -4,161$$

$$z_{\beta_4} = \frac{\beta_4}{s.e.(\beta_4)} = \frac{1,346}{0,748} = 1,799$$

$$z_{\beta_5} = \frac{\beta_5}{s.e.(\beta_5)} = \frac{2,914}{1,179} = 2,472$$

Após a obtenção das estatísticas z de Wald, o pesquisador pode utilizar a tabela de distribuição da curva normal padrão para obtenção dos valores críticos a um dado nível de significância e verificar se tais testes rejeitam ou não a hipótese nula.

Para o nível de significância de 5%, temos, por meio da Tabela E do apêndice do livro, que o $z_c = -1,96$ para a cauda inferior (probabilidade na cauda inferior de 0,025 para a distribuição bicaudal) e $z_c = 1,96$ para a cauda superior (probabilidade na cauda superior também de 0,025 para a distribuição bicaudal).

Os valores de z_c para o nível de significância de 5% podem ser obtidos no Excel por meio do comando **Fórmulas → Inserir Função → INV.NORMP**, sendo que o pesquisador deverá digitar uma probabilidade de 2,5% para a obtenção de z_c para a cauda inferior e 97,5% para a obtenção de z_c para a cauda superior, conforme mostram, respectivamente, as Figuras 13.9 e 13.10.

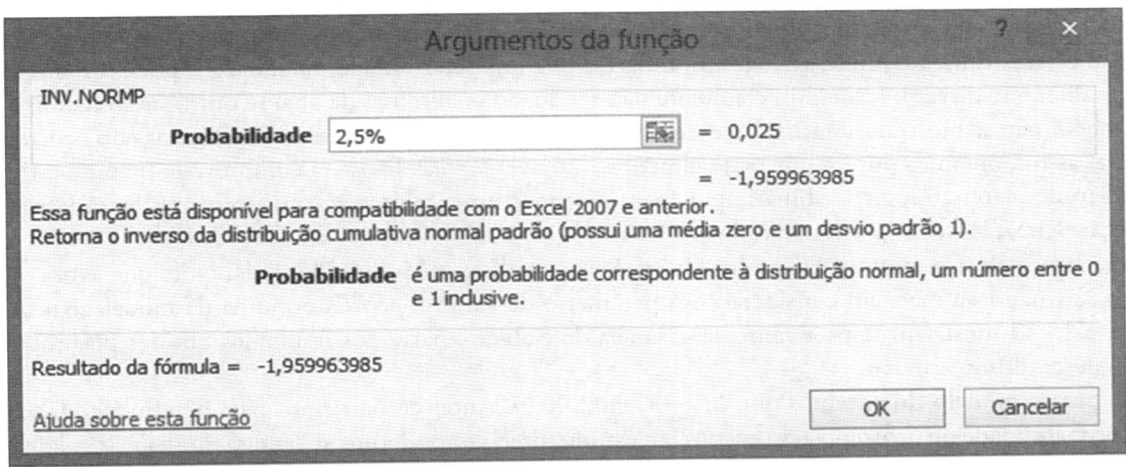

Figura 13.9 Obtenção de z_c para a cauda inferior (comando **Inserir Função**).

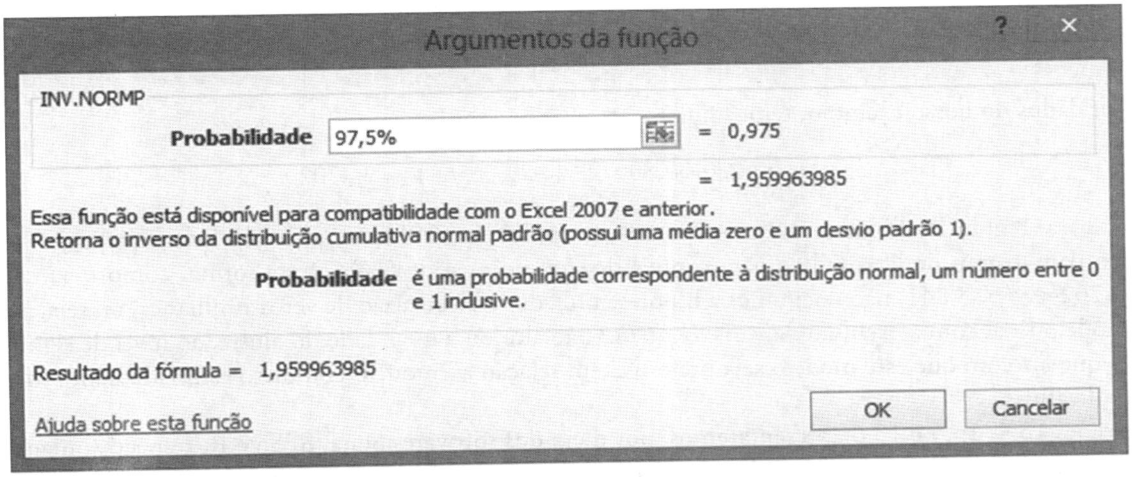

Figura 13.10 Obtenção de z_c para a cauda superior (comando **Inserir Função**).

Apenas a estatística z de Wald do parâmetro β_4 apresentou valor entre $-1,96$ e $1,96$, o que indica, ao nível de significância de 5%, que, para este caso, não houve rejeição da hipótese nula, ou seja, este parâmetro não pode ser considerado estatisticamente diferente de zero.

Como no caso do teste χ^2, os pacotes estatísticos também oferecem os valores dos níveis de significância dos testes z de Wald, o que facilita a decisão, já que, com 95% de nível de confiança (5% de nível de significância), teremos:

Se *valor-P* (ou *P-value* ou *Sig. z_{cal}* ou *Prob. z_{cal}*) $< 0,05$ para α, $\alpha \neq 0$

e

Se *valor-P* (ou *P-value* ou *Sig. z_{cal}* ou *Prob. z_{cal}*) $< 0,05$ para determinada variável explicativa X, $\beta \neq 0$.

Dessa forma, como $-1,96 < z_{\beta4} = 1,799 < 1,96$, veremos que o *valor-P* da estatística z de Wald da variável *perfil2* será maior do que 0,05.

A não rejeição da hipótese nula para o parâmetro β_4, ao nível de significância de 5%, indica que a correspondente variável *perfil2* não é estatisticamente significante para aumentar ou diminuir a probabilidade de se chegar atrasado à escola na presença das demais variáveis explicativas e, portanto, poderá ser excluída do modelo final.

Neste momento, iremos fazer a exclusão manual desta variável, a fim de obtermos o modelo final. Entretanto, é importante ressaltar que a exclusão manual de uma variável pode fazer com que outra inicialmente significativa passe a apresentar um parâmetro não significante, e este problema tende a piorar tanto quanto maior for o número de variáveis explicativas no banco de dados. O contrário também pode ocorrer, ou seja, não se recomenda que haja a exclusão manual simultânea de duas ou mais variáveis cujos parâmetros, num primeiro momento, não se mostrarem estatisticamente diferentes de zero, uma vez que um determinado parâmetro β pode tornar-se estatisticamente diferente de zero, mesmo inicialmente não sendo, ao se eliminar da análise outra variável cujo parâmetro β também não se mostrava estatisticamente diferente de zero. Felizmente estes fenômenos não ocorrem neste exemplo e, assim, optamos por excluir manualmente a variável *perfil2*. Isto será comprovado quando estimarmos este modelo de regressão logística binária por meio do procedimento *Stepwise* nos softwares Stata (seção 13.4), SPSS (seção 13.5), R (seção 13.6) e Python (seção 13.7).

Assim, vamos abrir o arquivo **AtrasadoMáximaVerossimilhançaModeloFinal.xls**. Note que agora o cálculo do logito (Z_i) não leva mais em consideração o parâmetro da variável *perfil2*, excluída da modelagem. As Figuras 13.11 e 13.12 mostram, respectivamente, a janela do **Solver** e parte dos resultados obtidos pela modelagem por meio deste último arquivo.

Logo, para o modelo final, temos que $LL_{máx} = -30,80079$. Antes de partirmos para a definição da expressão final da probabilidade de ocorrência do evento em estudo, precisamos definir se o novo modelo estimado (modelo final) apresenta perda na qualidade do ajuste em relação ao modelo completo estimado com todas as variáveis explicativas. Para tanto, o **teste de razão de verossimilhança (*likelihood-ratio test*)**, que verifica a adequação do ajuste do modelo completo em comparação com o ajuste do modelo final, pode ser utilizado, apresentando a seguinte expressão:

$$\chi^2_{1 g.l.} = -2.\left(LL_{\text{modelo final}} - LL_{\text{modelo completo}} \right) \tag{13.19}$$

Para os dados do nosso exemplo, temos que:

$$\chi^2_{1 g.l.} = -2.\left[-30,80079 - \left(-29,06568 \right) \right] = 3,4702$$

Logo, para 1 grau de liberdade, temos, por meio da Tabela D do apêndice do livro, que o $\chi^2_c = 3,841$ (χ^2 crítico para 1 grau de liberdade e para o nível de significância de 5%). Dessa forma, como o χ^2 calculado $\chi^2_{cal} = 3,4702 < \chi^2_c = 3,841$, não rejeitamos a hipótese nula do teste de razão de verossimilhança, ou seja, a estimação do modelo final com a exclusão da variável *perfil2* não alterou a qualidade do ajuste, ao nível de significância de 5%, o que faz com que este modelo seja preferível em relação ao modelo completo estimado com todas as variáveis explicativas.

Nas seções 13.4, 13.5 e 13.6 apresentaremos, por meio dos softwares Stata, SPSS e R, respectivamente, outro teste muito usual para verificação da qualidade de ajuste do modelo final, conhecido por **teste de Hosmer-Lemeshow**. Segundo Ayçaguer e Utra (2004), ao se dividir a base de dados em 10 grupos pelos decis das probabilidades estimadas pelo modelo final para cada observação, este teste avalia, por meio da elaboração de um teste χ^2, se

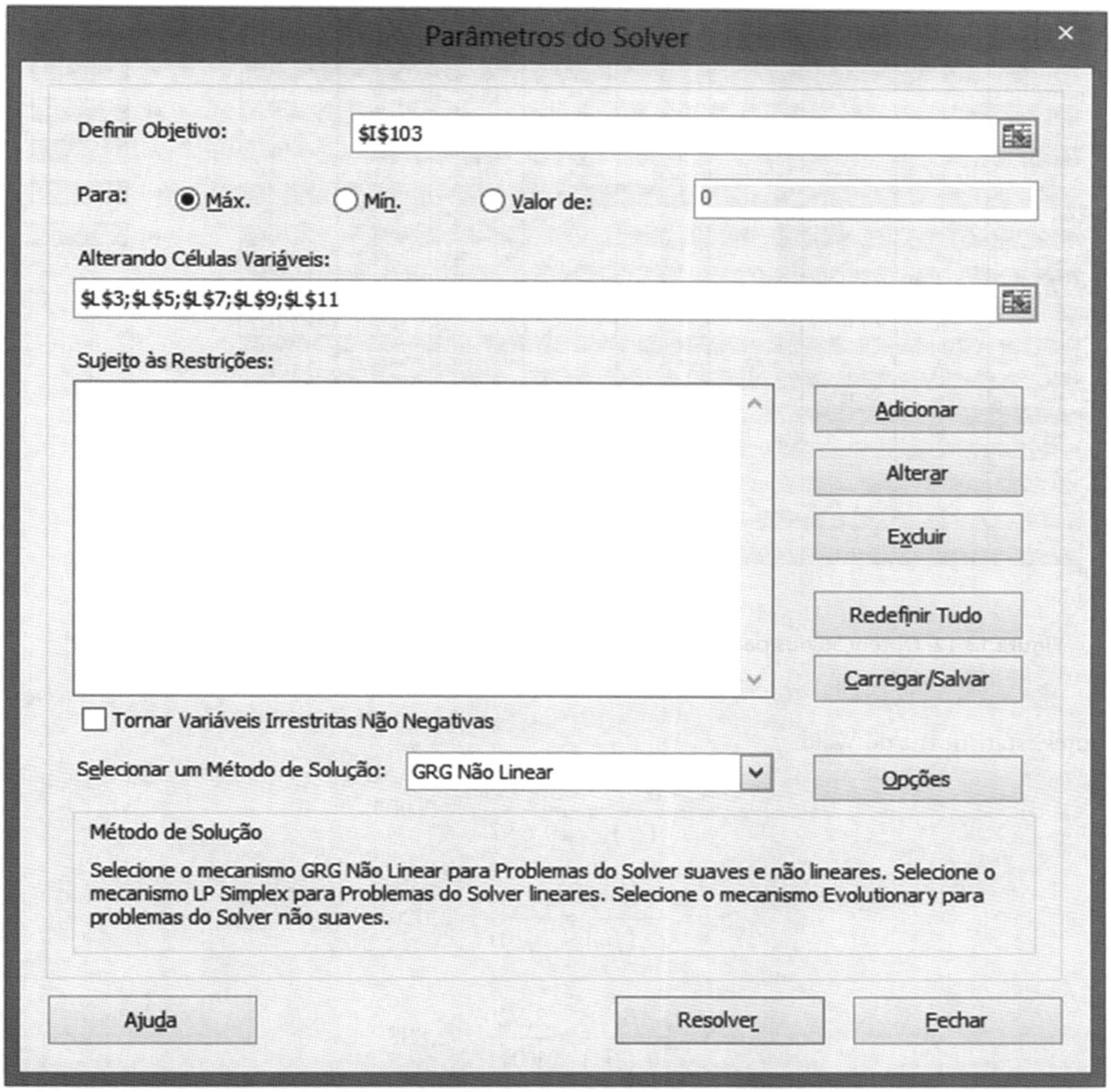

Figura 13.11 Solver – Maximização da somatória do logaritmo da função de verossimilhança para o modelo final.

existem diferenças significativas entre as frequências observadas e esperadas do número de observações em cada um dos 10 grupos e, caso tais diferenças não sejam estatisticamente significativas, a um determinado nível de significância, o modelo estimado não apresentará problemas em relação à qualidade do ajuste proposto.

Sendo assim, retornaremos à análise dos resultados da estimação do modelo final, e a resolução deste novo problema gerou as seguintes estimativas finais dos parâmetros:

$\alpha = -30,935$
$\beta_1 = 0,204$
$\beta_2 = 2,920$
$\beta_3 = -3,776$
$\beta_5 = 2,459$

com os respectivos erros-padrão:

$s.e. (\alpha) = 10,636$
$s.e. (\beta_1) = 0,101$
$s.e. (\beta_2) = 1,011$
$s.e. (\beta_3) = 0,847$
$s.e. (\beta_5) = 1,139$

	A	B	C	D	E	F	G	H	I	J	K	L
1	Estudante	Atrasado (Y)	Distância (X₁)	Semáforos (X₂)	Período (X₃)	Perfil3 (X₄)	Z_i	p_i	LL_i			
2	Gabriela	0	12,5	7	1	0	-11,717409	0,00001	-0,00001		α	-30,935
3	Patrícia	0	13,3	10	1	0	-2,79341709	0,05768	-0,05941			
4	Gustavo	0	13,4	8	1	0	-8,61344032	0,00018	-0,00018			
5	Letícia	0	23,5	7	1	0	-9,47159036	0,00008	-0,00008		β₁	0,204
6	Luiz Ovídio	0	9,5	8	1	0	-9,40968511	0,00008	-0,00008			
7	Leonor	0	13,5	10	1	0	-2,75258402	0,05994	-0,06181		β₂	2,920
8	Dalila	0	13,5	10	1	0	-2,75258402	0,05994	-0,06181			
9	Antônio	0	15,4	10	1	0	-2,36466989	0,08591	-0,08982		β₃	-3,776
10	Júlia	0	14,7	10	1	0	-2,50758562	0,07533	-0,07832			
11	Mariana	0	14,7	10	1	0	-2,50758562	0,07533	-0,07832		β₅	2,459
12	Roberto	0	13,7	10	1	0	-2,71175096	0,06228	-0,06431			
13	Renata	0	11	10	1	0	-3,26299735	0,03686	-0,03756			
14	Guilherme	0	18,4	10	1	0	-1,7521739	0,14777	-0,15990			
15	Rodrigo	0	11	11	1	0	-0,34277747	0,41513	-0,53637			
16	Giulia	0	11	10	1	0	-3,26299735	0,03686	-0,03756			
17	Felipe	0	12	7	1	0	-11,8194917	0,00001	-0,00001			
18	Karina	0	14	10	1	1	-0,19140737	0,45229	-0,60202			
19	Pietro	0	11,2	10	1	0	-3,22216428	0,03834	-0,03909			
20	Cecília	0	13	10	1	0	-2,85466669	0,05444	-0,05598			
21	Gisele	0	12	6	1	0	-14,7397115	0,00000	0,00000			
22	Elaine	0	17	10	1	1	0,42108863	0,60374	-0,92569			
23	Kamal	0	12	9	1	0	-5,9790519	0,00252	-0,00253			
24	Rodolfo	0	12	10	1	0	-3,05883202	0,04484	-0,04587			
25	Pilar	0	13	5	0	0	-13,6794265	0,00000	0,00000			
26	Vivian	0	11,7	10	0	0	0,656258	0,65842	-1,07417			
27	Danielle	0	17	10	0	0	1,73833425	0,85048	-1,90029			
28	Juliana	0	14,4	10	0	0	1,20750439	0,75986	-1,46905			
101	Estela	1	1	13	1	0	3,45600899	0,96941	-0,03107			
102												
103									Somatória LL_i	-30,80079		

Figura 13.12 Obtenção dos parâmetros quando da maximização de *LL* pelo Solver - modelo final.

e as seguintes estatísticas *z* de Wald:

$$z_\alpha = \frac{\alpha}{s.e.(\alpha)} = \frac{-30,935}{10,636} = -2,909$$

$$z_{\beta_1} = \frac{\beta_1}{s.e.(\beta_1)} = \frac{0,204}{0,101} = 2,020$$

$$z_{\beta_2} = \frac{\beta_2}{s.e.(\beta_2)} = \frac{2,920}{1,011} = 2,888$$

$$z_{\beta_3} = \frac{\beta_3}{s.e.(\beta_3)} = \frac{-3,776}{0,847} = -4,458$$

$$z_{\beta_5} = \frac{\beta_5}{s.e.(\beta_5)} = \frac{2,459}{1,139} = 2,159$$

com todos os valores de $z_{cal} < -1,96$ ou $> 1,96$ e, portanto, com *valores-P* das estatísticas *z* de Wald < 0,05. O modelo final ainda apresenta as seguintes estatísticas:

$$pseudo\ R^2 = \frac{-2.(-67,68585) - \left[\left(-2.(-30,80079) \right) \right]}{-2.(-67,68585)} = 0,5449$$

$$\chi^2_{4g.l.} = -2.\left[-67,68585 - (-30,80079) \right] = 73,77012 > \chi^2_{c4g.l.} = 9,48773$$

Dessa forma, podemos escrever o logito Z_i como segue:

$$Z_i = -30,935 + 0,204.dist_i + 2,920.sem_i - 3,776.per_i + 2,459.perfil3_i$$

com a seguinte expressão final de probabilidade estimada de que um estudante *i* chegue atrasado à escola:

$$p_i = \frac{1}{1 + e^{-(-30,935+0,204.dist_i+2,920.sem_i-3,776.per_i+2,459.perfil3_i)}}$$

Estes parâmetros e respectivas estatísticas também serão obtidos por meio do procedimento *Stepwise* quando da estimação do modelo de regressão logística binária no Stata, no SPSS, no R e no Python.

Com base na estimação da função probabilística, um curioso pesquisador pode, por exemplo, desejar elaborar um gráfico das probabilidades estimadas de cada aluno chegar atrasado à escola (coluna H do arquivo do modelo final no Excel) em função do número de semáforos pelos quais cada um passa no percurso (coluna D no Excel). A Figura 13.13 apresenta este gráfico e, ao contrário do gráfico da Figura 13.5b, que oferece um ajuste logístico determinístico (apenas valores iguais a 0 ou 1 para a variável dependente), este novo gráfico apresenta um ajuste logístico probabilístico.

Com base na Figura 13.13, que também apresenta a curva logística ajustada à nuvem de pontos que representam as probabilidades estimadas para cada observação, podemos verificar que, enquanto a probabilidade de se chegar atrasado à escola é muito baixa quando se passa por até 8 semáforos ao longo do trajeto, esta probabilidade passa ser bastante elevada quando se é obrigado a passar por 11 ou mais semáforos no percurso.

Aprofundando a análise da função probabilística, podemos retornar às nossas três importantes perguntas, respondendo uma de cada vez:

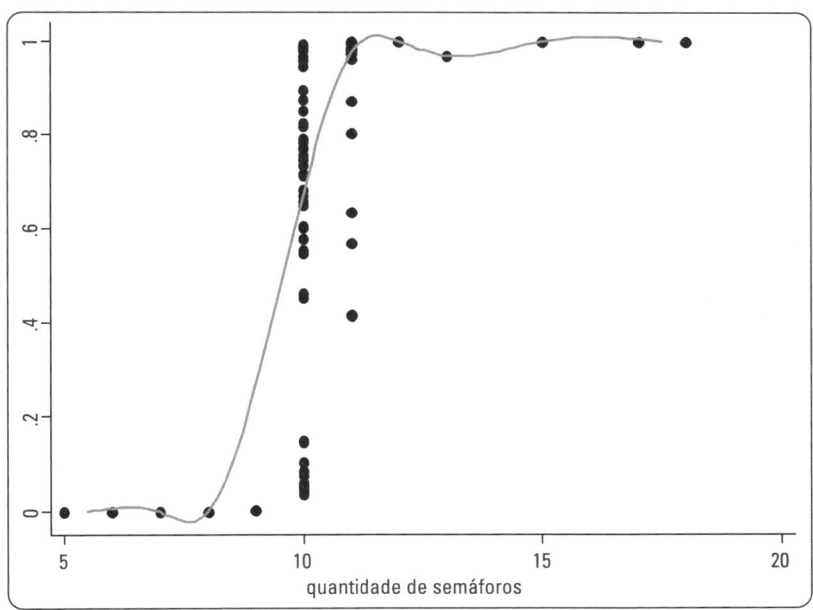

Figura 13.13 Ajuste logístico probabilístico em função da variável *sem*.

Qual é a probabilidade média estimada de se chegar atrasado à escola ao se deslocar 17 quilômetros e passar por 10 semáforos, tendo feito o trajeto de manhã e sendo considerado agressivo ao volante?

Fazendo uso da última expressão de probabilidade e substituindo os valores fornecidos nesta equação, teremos:

$$p = \frac{1}{1 + e^{-[-30,935+0,204.(17)+2,920.(10)-3,776.(1)+2,459.(1)]}} = 0,603$$

Logo, a probabilidade média estimada de se chegar atrasado à escola é, nas condições informadas, igual a 60,3%.

Em média, em quanto se altera a chance de se chegar atrasado à escola ao se adotar um percurso 1 quilômetro mais longo, mantidas as demais condições constantes?

Para respondermos a esta questão, devemos recorrer à expressão (13.3), que poderá ser escrita da seguinte forma:

$$chance_{Y_i=1} = e^{Z_i} \qquad (13.20)$$

de modo que, mantidas as demais condições constantes, a chance de se chegar atrasado à escola ao se adotar um trajeto 1 quilômetro mais longo é:

$$chance_{Y=1} = e^{0,204} = 1,226$$

Logo, a chance é multiplicada por um fator de 1,226, ou seja, mantidas as demais condições constantes, a chance de se chegar atrasado à escola ao se adotar um trajeto 1 quilômetro mais longo é, em média, 22,6% maior.

Um aluno considerado agressivo apresenta, em média, uma chance maior de chegar atrasado do que outro considerado calmo? Se sim, em quanto é incrementada esta chance, mantidas as demais condições constantes?

Como β_5 é positivo, podemos afirmar que a probabilidade de um aluno considerado agressivo chegar atrasado é maior do que um aluno considerado calmo, fato que também é comprovado quando se analisa a chance, dado que, se $\beta_5 > 0$, logo $e^{\beta_5} > 1$, ou seja, a chance será maior de chegar atrasado quando se é agressivo ao volante em relação a ser calmo. Isso comprova, mais uma vez, que a agressividade no volante não leva a nada!

Mantidas as demais condições constantes, a chance de chegar atrasado quando se é agressivo ao volante em relação a ser calmo é dada por:

$$chance_{Y=1} = e^{2,459} = 11,693$$

Logo, a chance é multiplicada por um fator de 11,693, ou seja, mantidas as demais condições constantes, a chance de se chegar atrasado à escola quando se é agressivo ao volante em relação a ser calmo é, em média, 1.069,3% maior.

Vale comentar que não há diferenças na probabilidade de se chegar atrasado à escola quando se é considerado moderado ou calmo, dado que o parâmetro β_4 (referente à categoria *moderado*) apresentou-se estatisticamente igual a zero, ao nível de significância de 5%.

Conforme podemos perceber, estes cálculos utilizaram sempre as estimativas médias dos parâmetros. Partiremos agora para o estudo dos intervalos de confiança destes parâmetros.

13.2.3. Construção dos intervalos de confiança dos parâmetros do modelo de regressão logística binária

Os intervalos de confiança dos coeficientes da expressão (13.10), para os parâmetros α e β_j ($j = 1, 2, ..., k$), ao nível de confiança de 95%, podem ser escritos, respectivamente, da seguinte forma:

$$\alpha \pm 1,96.\left[s.e.(\alpha) \right]$$
$$\beta_j \pm 1,96.\left[s.e.(\beta_j) \right] \qquad (13.21)$$

em que, conforme vimos, 1,96 é o z_c para o nível de confiança de 95% (nível de significância de 5%).

Dessa maneira, podemos elaborar a Tabela 13.6, que traz os coeficientes estimados dos parâmetros da expressão de probabilidade de ocorrência do evento de interesse do nosso exemplo, com os respectivos erros-padrão, as estatísticas z de Wald e os intervalos de confiança para o nível de significância de 5%.

Esta tabela é igual à que obteremos quando da elaboração da modelagem no Stata, no SPSS, no R e no Python por meio do procedimento *Stepwise*. Como base nos intervalos de confiança dos parâmetros, podemos escrever as expressões dos limites inferior (mínimo) e superior (máximo) da probabilidade estimada de que um estudante i chegue atrasado à escola, com 95% de confiança. Assim, teremos:

$$p_{i_{mín}} = \frac{1}{1 + e^{-(-51,782 + 0,006.dist_i + 0,938.sem_i - 5,436.per_i + 0,227.perfil3_i)}}$$

$$p_{i_{máx}} = \frac{1}{1 + e^{-(-10,088 + 0,402.dist_i + 4,902.sem_i - 2,116.per_i + 4,691.perfil3_i)}}$$

Com base na expressão (13.20), o intervalo de confiança da chance de ocorrência do evento de interesse para cada parâmetro β_j (j = 1, 2, ..., k), ao nível de confiança de 95%, pode ser escrito da seguinte forma:

$$e^{\beta_j \pm 1,96.\left[s.e.\left(\beta_j\right)\right]}$$

(13.22)

Note que não apresentamos a expressão do intervalo de confiança da chance para o parâmetro α, uma vez que só faz sentido discutirmos a mudança na chance de ocorrência do evento em estudo quando é alterada em uma unidade, por exemplo, determinada variável explicativa do modelo, mantidas as demais condições constantes.

Para os dados do nosso exemplo e com base nos valores da Tabela 13.6, vamos, então, elaborar a Tabela 13.7, que apresenta os intervalos de confiança da chance (*odds*) de ocorrência do evento de interesse para cada parâmetro β_j.

Tabela 13.6 Cálculo dos intervalos de confiança dos parâmetros.

Parâmetro	Coeficiente	Erro-padrão (*s.e.*)	z	Intervalo de confiança (95%)	
				$\alpha - 1,96.\left[s.e.(\alpha)\right]$ $\beta_j - 1,96.\left[s.e.\left(\beta_j\right)\right]$	$\alpha + 1,96.\left[s.e.(\alpha)\right]$ $\beta_i + 1,96.\left[s.e.\left(\beta_i\right)\right]$
α (constante)	–30,935	10,636	–2,909	–51,782	–10,088
β_1 (variável *dist*)	0,204	0,101	2,020	0,006	0,402
β_2 (variável *sem*)	2,920	1,011	2,888	0,938	4,902
β_3 (variável *per*)	–3,776	0,847	–4,458	–5,436	–2,116
β_5 (variável *perfil3*)	2,459	1,139	2,159	0,227	4,691

Tabela 13.7 Cálculo dos intervalos de confiança da chance (*odds*) para cada parâmetro β_j.

Parâmetro	Chance (*Odds*) e^{β_j}	Intervalo de confiança da chance (95%)	
		$e^{\beta_j - 1,96.\left[s.e.\left(\beta_j\right)\right]}$	$e^{\beta_j + 1,96.\left[s.e.\left(\beta_j\right)\right]}$
β_1 (variável *dist*)	1,226	1,006	1,495
β_2 (variável *sem*)	18,541	2,555	134,458
β_3 (variável *per*)	0,023	0,004	0,120
β_5 (variável *perfil3*)	11,693	1,254	109,001

Estes valores também poderão ser obtidos por meio do Stata, do SPSS, do R e do Python, conforme mostraremos, respectivamente, nas seções 13.4, 13.5, 13.6 e 13.7.

Conforme já discutido no capítulo anterior, se o intervalo de confiança de determinado parâmetro contiver o zero (ou da chance contiver o 1), o mesmo será considerado estatisticamente igual a zero para o nível de confiança com que o pesquisador estiver trabalhando. Se isso acontecer com o parâmetro α, recomenda-se que nada seja alterado na modelagem, uma vez que tal fato é decorrente da utilização de amostras pequenas, e uma amostra maior poderia resolver este problema. Por outro lado, se o intervalo de confiança de um parâmetro β_j contiver o zero, este será excluído do modelo final quando da elaboração do procedimento *Stepwise*. Embora não tenha sido mostrado aqui, o intervalo de confiança do parâmetro estimado para a variável *perfil2* conteve o zero já que, como discutido, seu valor de z_{cal} situou-se entre –1,96 e 1,96 e, portanto, tal variável foi excluída do modelo final.

Conforme também já discutido, a rejeição da hipótese nula para determinado parâmetro β, a um especificado nível de significância, indica que a correspondente variável X é significativa para explicar a probabilidade de ocorrência do evento de interesse e, consequentemente, deve permanecer no modelo final. Podemos, portanto, concluir que a decisão pela exclusão de determinada variável X em um modelo de regressão logística pode ser realizada por meio da análise direta da estatística z de Wald de seu respectivo parâmetro β (se $-z_c < z_{cal} < z_c \rightarrow valor\text{-}P > 0,05$ $\rightarrow$ não podemos rejeitar que o parâmetro seja estatisticamente igual a zero) ou por meio da análise do intervalo de confiança (se o mesmo contiver o zero). O Quadro 13.1 apresenta os critérios de inclusão ou exclusão de parâmetros β_j (j = 1, 2, ..., k) em modelos de regressão logística.

Quadro 13.1 Decisão de inclusão de parâmetros β_j em modelos de regressão logística.

Parâmetro	Estatística z de Wald (para nível de significância α)	Teste z (análise do *valor-P* para nível de significância α)	Análise pelo intervalo de confiança	Decisão
β_j	$-z_{c\ \alpha/2} < z_{cal} < z_{c\ \alpha/2}$	*valor-P* > nível de sig. α	O intervalo de confiança contém o zero	Excluir o parâmetro do modelo
	$z_{cal} > z_{c\ \alpha/2}$ ou $z_{cal} < -z_{c\ \alpha/2}$	*valor-P* < nível de sig. α	O intervalo de confiança não contém o zero	Manter o parâmetro no modelo

Obs.: O mais comum em ciências sociais aplicadas é a adoção do nível de significância $\alpha = 5\%$.

13.2.4. *Cutoff*, análise de sensibilidade, eficiência global do modelo, sensitividade e especificidade

Estimado o modelo de probabilidade de ocorrência do evento, vamos agora definir o conceito de *cutoff*, a partir do qual será possível classificar, no nosso exemplo, as observações com base nas probabilidades estimadas de cada uma delas. Voltemos à expressão de probabilidade estimada para o modelo final:

$$p_i = \frac{1}{1 + e^{-(-30,935 + 0,204.dist_i + 2,920.sem_i - 3,776.per_i + 2,459.perfil3_i)}}$$

Calculados os valores de p_i, por meio do arquivo **AtrasadoMáximaVerossimilhançaModeloFinal.xls**, vamos elaborar uma tabela com algumas das observações da nossa amostra. A Tabela 13.8 traz os valores de p_i para 10 observações escolhidas aleatoriamente, apenas para fins didáticos.

O ***cutoff***, que nada mais é do que um ponto de corte que o pesquisador escolhe, é definido para que sejam classificadas as observações em função das suas probabilidades calculadas e, desta forma, é utilizado quando há o intuito de se elaborarem previsões de ocorrência do evento para observações não presentes na amostra com base nas probabilidades das observações presentes na amostra.

Assim, se determinada observação não presente na amostra apresentar uma probabilidade de incidir no evento maior do que o *cutoff* definido, espera-se que haja a incidência do evento e, portanto, será classificada como *evento*. Por outro lado, se a sua probabilidade for menor do que o *cutoff* definido, espera-se que haja a incidência do não evento e, portanto, será classificada como *não evento*.

De maneira geral, podemos estipular o seguinte critério:

Se p_i > *cutoff* → a observação i deverá ser classificada como *evento*.

Se p_i < *cutoff* → a observação i deverá ser classificada como *não evento*.

Como a expressão de probabilidade é estimada com base nas observações presentes na amostra, a classificação para outras observações não presentes inicialmente na amostra leva em consideração a consistência do comportamento dos estimadores e, portanto, para efeitos inferenciais, a amostra deve ser significativa e representativa do comportamento populacional, como em qualquer modelo de dependência confirmatório.[1]

---

[1] Vale a pena mencionar que, ao longo de todo este capítulo, estamos considerando que a relação entre a proporção de observações definidas como evento e a proporção de observações definidas como não evento na amostra em estudo seja idêntica à correspondente relação existente na população, já que, por vezes, não se conhece essa relação. Se, entretanto, ela for conhecida e significativamente diferente da considerada na amostra em análise, a probabilidade estimada de ocorrência do evento em estudo para determinada observação da amostra pode ser considerada consideravelmente diferente da observada na população em geral.

Nesse sentido, para que o modelo possa ser aplicado a uma população cuja proporção de observações definidas como evento é substancialmente diferente daquela utilizada em sua estimação, é necessário que seja aplicada uma correção no valor do intercepto estimado no modelo amostral. Conforme sugere Anderson (1982) e discutem Brito e Assaf Neto (2007), pode ser utilizada a seguinte expressão para que o intercepto seja corrigido:

$$\alpha_{corrigido} = \alpha_{estimado} + \ln\left(\frac{\Pi_1}{\Pi_0}.\frac{n_0}{n_1}\right)$$

em que Π_1 e Π_0 representam, respectivamente, a proporção de observações definidas como evento e a proporção de observações definidas como não evento na população em geral, e n_0 e n_1 representam, respectivamente, a quantidade de observações definidas como não evento e a quantidade de observações definidas como evento na amostra em estudo, sendo $n_0 + n_1 = n$ (tamanho da amostra).

Tabela 13.8 Valores de p_i para 10 observações.

Observação	p_i
Adelino	0,05444
Carolina	0,67206
Cristina	0,55159
Eduardo	0,81658
Cintia	0,64918
Raimundo	0,05340
Emerson	0,04484
Raquel	0,56702
Rita	0,85048
Leandro	0,46243

Tabela 13.9 Real incidência do evento e classificação para 10 observações com *cutoff* = 0,5.

Observação	Evento	p_i	Classificação *Cutoff* = 0,5
Adelino	Não	0,05444	Não
Carolina	Não	0,67206	Sim
Cristina	Não	0,55159	Sim
Eduardo	Não	0,81658	Sim
Cintia	Não	0,64918	Sim
Raimundo	Não	0,05340	Não
Emerson	Não	0,04484	Não
Raquel	Não	0,56702	Sim
Rita	Sim	0,85048	Sim
Leandro	Sim	0,46243	Não

O *cutoff* serve para que o pesquisador avalie a real incidência do evento para cada observação e a compare com a expectativa de que cada observação incida, de fato, no evento. Com isto feito, será possível avaliar a taxa de acerto do modelo com base nas próprias observações presentes na amostra e, por inferência, assumir que tal taxa de acerto se mantenha quando houver o intuito de avaliar a incidência do evento para outras observações não presentes na amostra (previsão).

Com base nos dados das observações apresentadas na Tabela 13.8, e escolhendo-se, por exemplo, um *cutoff* de 0,5, podemos definir que:

Se $p_i > 0,5 \rightarrow$ a observação i deverá ser classificada como *evento*.
Se $p_i < 0,5 \rightarrow$ a observação i deverá ser classificada como *não evento*.

A Tabela 13.9 traz, para cada uma das 10 observações escolhidas ao acaso, a real incidência do evento e a respectiva classificação com base na definição do *cutoff*.

Tabela 13.10 Tabela de classificação para 10 observações (*cutoff* = 0,5).

	Incidência real do evento	Incidência real do não evento
Classificado como evento	1	5
Classificado como não evento	1	3

Logo, podemos elaborar uma nova tabela de classificação (Tabela 13.10), ainda com base apenas nestas 10 observações, a fim de avaliarmos se as observações foram corretamente classificadas com um *cutoff* de 0,5.

Em outras palavras, para estas 10 observações, apenas uma delas foi evento e apresentou uma probabilidade maior do que 0,5, ou seja, foi evento e de fato foi classificada como tal (classificada corretamente). Outras 3 observações também foram classificadas corretamente, ou seja, não foram evento e de fato não foram classificadas como evento. Por outro lado, 6 observações foram classificadas de forma incorreta, ou seja, enquanto uma foi evento, embora tenha apresentado uma probabilidade menor do que 0,5 e, portanto, não foi classificada como evento, outras 5 não foram evento mas apresentaram probabilidades estimadas maiores do que 0,5 e, consequentemente, foram classificadas como evento.

Para a nossa amostra de 100 observações, podemos elaborar a Tabela 13.11, que traz a classificação completa para um *cutoff* de 0,5. Esta tabela será também obtida por meio da modelagem no Stata, no SPSS, no R e no Python.

Tabela 13.11 Tabela de classificação para a amostra completa (*cutoff* = 0,5).

	Incidência real do evento	Incidência real do não evento
Classificado como evento	56	11
Classificado como não evento	3	30

Para a amostra completa, podemos verificar que 86 observações foram classificadas corretamente, para um *cutoff* de 0,5, sendo que 56 delas foram evento e de fato foram classificadas como tal, e outras 30 não foram evento e não foram classificadas como evento com este *cutoff*. Entretanto, 14 observações foram classificadas incorretamente, sendo que 3 foram evento mas não foram classificadas como tal e 11 não foram evento mas foram classificadas como tendo sido.

Esta análise, conhecida por **análise de sensibilidade**, gera classificações que dependem da escolha do *cutoff*. Mais adiante, faremos alterações no *cutoff*, de modo a mostrar que as quantidades de observações classificadas, respectivamente, como *evento* ou *não evento* mudarão.

Neste momento, definiremos os conceitos de **eficiência global do modelo**, **sensitividade** e **especificidade**.

A **eficiência global do modelo** corresponde ao percentual de acerto da classificação para um determinado *cutoff*. Para o nosso exemplo, a eficiência global do modelo é calculada da seguinte forma:

$$EGM = \frac{56 + 30}{100} = 0,8600$$

Logo, para um *cutoff* de 0,5, 86,00% das observações são classificadas corretamente. Conforme mencionado na seção 13.2.2, a eficiência global do modelo, para um determinado *cutoff*, é bem mais adequada para se avaliar o desempenho da modelagem do que o pseudo R^2 de McFadden, uma vez que a variável dependente apresenta-se na forma qualitativa dicotômica.

A **sensitividade** diz respeito ao percentual de acerto, para um determinado *cutoff*, considerando-se apenas as observações que de fato são evento. Logo, no nosso exemplo o denominador para o cálculo da sensitividade é 59, e sua expressão é dada por:

$$Sensitividade = \frac{56}{59} = 0,9492$$

Assim, para um *cutoff* de 0,5, 94,92% das observações que são evento são classificadas corretamente.

Já a **especificidade**, por outro lado, refere-se ao percentual de acerto, para um dado *cutoff*, considerando-se apenas as observações que não são evento. No nosso exemplo, a sua expressão é dada por:

$$Especificidade = \frac{30}{41} = 0,7317$$

Dessa forma, 73,17% das observações que não são evento são classificadas corretamente, ou seja, para um *cutoff* de 0,5, apresentam probabilidades de ocorrência do evento menores do que 50%.

Obviamente, a eficiência global do modelo, a sensitividade e a especificidade mudam quando é alterado o valor do *cutoff*. A Tabela 13.12 apresenta uma nova classificação para as observações da amostra, considerando-se um *cutoff* de 0,3. Para este caso, teremos o seguinte critério de classificação:

Se $p_i > 0,3 \rightarrow$ a observação *i* deverá ser classificada como *evento*.
Se $p_i < 0,3 \rightarrow$ a observação *i* deverá ser classificada como *não evento*.

Tabela 13.12 Tabela de classificação para a amostra completa (*cutoff* = 0,3).

	Incidência real do evento	Incidência real do não evento
Classificado como evento	57	13
Classificado como não evento	2	28
	Eficiência global do modelo	0,8500
	Sensitividade	0,9661
	Especificidade	0,6829

Em comparação aos valores obtidos para um *cutoff* de 0,5, podemos perceber, neste caso (*cutoff* de 0,3), que, enquanto a sensitividade apresenta um pequeno aumento, a especificidade é reduzida de forma um pouco mais acentuada, o que resulta, no âmbito geral, numa redução percentual da eficiência global do modelo.

Vamos agora fazer mais uma alteração no *cutoff*, que passará, por exemplo, a ser 0,7. Para esta nova situação, teremos o seguinte critério de classificação:

Se $p_i > 0,7 \rightarrow$ a observação *i* deverá ser classificada como *evento*.
Se $p_i < 0,7 \rightarrow$ a observação *i* deverá ser classificada como *não evento*.

A Tabela 13.13 traz esta nova classificação, com os cálculos da eficiência global do modelo, da sensitividade e da especificidade.

Tabela 13.13 Tabela de classificação para a amostra completa (*cutoff* = 0,7).

	Incidência real do evento	Incidência real do não evento
Classificado como evento	47	5
Classificado como não evento	12	36
	Eficiência global do modelo	0,8300
	Sensitividade	0,7966
	Especificidade	0,8780

Neste caso, verificamos outro comportamento, ou seja, enquanto a sensitividade apresenta uma redução considerável, a especificidade aumenta. Podemos inclusive perceber que a taxa de acerto para aqueles que são evento passa a ser menor do que a taxa de acerto para os que não são evento. Entretanto, a eficiência geral do modelo, com *cutoff* de 0,7, também apresenta uma redução percentual em relação ao modelo com *cutoff* de 0,5.

Esta análise de sensibilidade pode ser feita com qualquer valor de *cutoff* entre 0 e 1, o que permite que o pesquisador possa tomar uma decisão no sentido de definir um *cutoff* que atenda aos seus objetivos de previsão. Se, por exemplo, o objetivo for o de maximizar a eficiência global do modelo, pode ser utilizado um determinado *cutoff* que, como sabemos, poderá gerar valores de sensitividade ou de especificidade não maximizados. Se, por outro lado, o objetivo for o de maximizar a sensitividade, ou seja, a taxa de acerto para aqueles que são evento, poderá ser definido outro *cutoff* que não necessariamente aquele que maximizará a eficiência global do modelo. Por fim, de maneira análoga, se houver o intuito de maximizar a taxa de acerto para as observações que não são evento (especificidade), outro *cutoff* ainda poderá ser definido.

Em outras palavras, a análise de sensibilidade é elaborada com base na teoria subjacente a cada estudo e leva em consideração as escolhas desejadas pelo pesquisador em termos de previsão de ocorrência do evento para observações não presentes na amostra, sendo, portanto, uma análise gerencial e estratégica sobre o fenômeno que se está investigando.

Em trabalhos acadêmicos e em relatórios gerenciais de diversas organizações, é comum que sejam apresentados e discutidos alguns gráficos da análise de sensibilidade. Os mais comuns são os conhecidos por **curva de sensibilidade** e **curva ROC (*Receiver Operating Characteristic*)**, que apresentam finalidades distintas. Enquanto a curva de sensibilidade é um gráfico que apresenta os valores da sensitividade e da especificidade em função dos diversos valores de *cutoff*, a curva *ROC* é um gráfico que apresenta a variação da sensitividade em função de (1 – especificidade).

Para os dados calculados no nosso exemplo, apresentamos a curva de sensibilidade (Figura 13.14) e a curva *ROC* (Figura 13.15). Embora não estejam completas, já que foram utilizados apenas três valores de *cutoff* (0,3, 0,5 e 0,7), tais curvas já permitem que sejam elaboradas algumas análises.

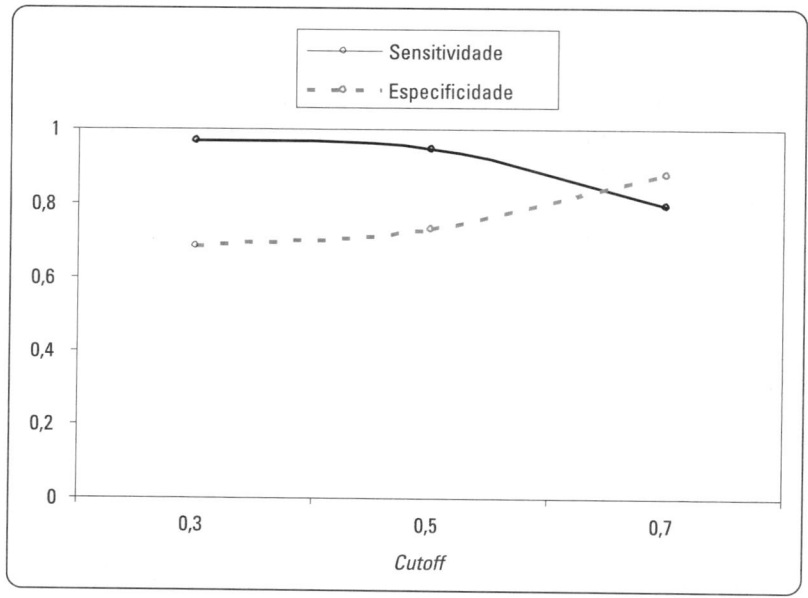

Figura 13.14 Curva de sensibilidade para três valores de *cutoff*.

Por meio da curva de sensibilidade, podemos verificar que é possível definir o *cutoff* que iguala a sensitividade com a especificidade, ou seja, o *cutoff* que faz com que a taxa de acerto de previsão para aqueles que serão evento seja igual à taxa de acerto para aqueles que não serão evento. É importante mencionar, contudo, que este *cutoff* não garante que a eficiência global do modelo seja a máxima possível.

Além disso, a curva de sensibilidade permite que o pesquisador avalie o *trade off* entre sensitividade e especificidade quando da alteração do *cutoff*, já que, em muitos casos, conforme discutido, o objetivo da previsão pode ser o de aumentar a taxa de acerto para aqueles que serão evento sem que haja uma perda considerável de taxa de acerto para aqueles que não serão evento.

A curva *ROC* mostra o comportamento propriamente dito do *trade off* entre sensitividade e especificidade e, ao trazer, no eixo das abscissas, os valores de (1 – especificidade), apresenta formato convexo em relação ao ponto (0, 1). Desta forma, um determinado modelo com maior área abaixo da curva *ROC* apresenta maior eficiência global de previsão, combinadas todas as possibilidades de *cutoff* e, assim, a sua escolha deve ser preferível quando da comparação com outro modelo com menor área abaixo da curva *ROC*. Em outras palavras, se um pesquisador desejar, por exemplo, incluir novas variáveis explicativas na modelagem, a comparação do desempenho global dos modelos poderá ser elaborada com base na área abaixo da curva *ROC*, já que, quanto maior a sua convexidade

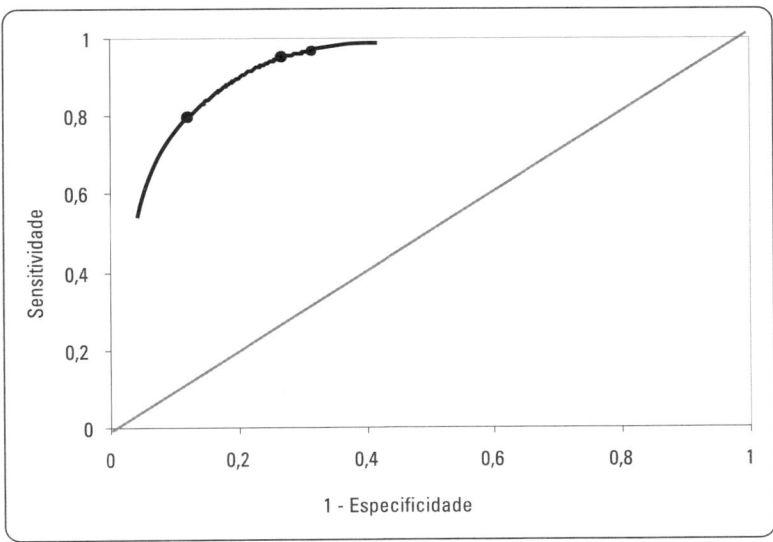

Figura 13.15 Curva *ROC* para três valores de *cutoff*.

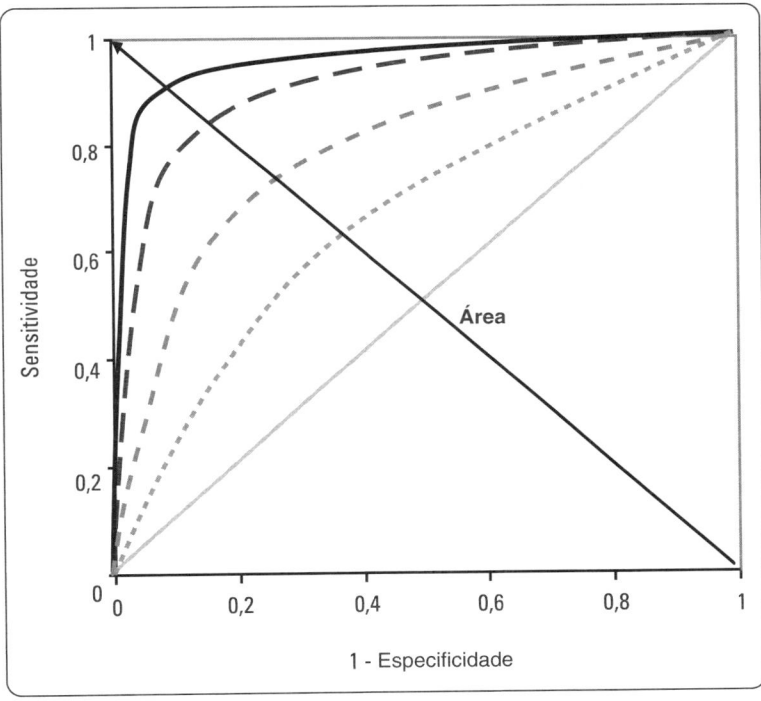

Figura 13.16 Critério de escolha do modelo com maior área abaixo da curva *ROC*.

em relação ao ponto (0, 1), maior a sua área (maior sensitividade e maior especificidade) e, consequentemente, melhor o modelo estimado para efeitos de previsão. A Figura 13.16 apresenta, de forma ilustrativa, este conceito.

Segundo Swets (1996), a curva *ROC* possui este nome porque compara o comportamento de alteração de duas características operacionais do modelo (sensitividade e especificidade). Foi primeiramente desenvolvida e utilizada por engenheiros na Segunda Guerra Mundial quando do estudo para detecção de objetos inimigos em batalhas. Na sequência, foi logo introduzida na Psicologia para a investigação das detecções perceptuais de determinados estímulos e, atualmente, é bastante utilizada em campos da Medicina, como a radiologia, e em diversos campos das ciências sociais aplicadas, como Economia e Finanças. Neste caso específico, é consideravelmente utilizada em modelos de gestão de risco de crédito e de probabilidade de *default*.

Nas seções 13.4, 13.5, 13.6 e 13.7 apresentaremos a curva de sensibilidade e a curva *ROC* elaboradas por meio dos softwares Stata, SPSS, R e Python, respectivamente, com todas as possibilidades de valores de *cutoff* entre 0 e 1 para o modelo final estimado, inclusive com o cálculo da respectiva área abaixo da curva *ROC*.

13.3. MODELO DE REGRESSÃO LOGÍSTICA MULTINOMIAL

Quando a variável dependente que representa o fenômeno em estudo é qualitativa, porém oferece mais de duas possibilidades de resposta (categorias), devemos fazer uso da regressão logística multinomial para estimarmos as probabilidades de ocorrência de cada alternativa. Para tanto, precisamos definir inicialmente a categoria de referência.

Imaginemos uma situação em que a variável dependente se apresenta na forma qualitativa com três categorias possíveis de resposta (0, 1 ou 2). Se a categoria de referência escolhida for a categoria 0, teremos duas outras possibilidades de evento em relação a esta categoria, que serão representadas pelas categorias 1 e 2 e, dessa forma, serão definidos dois vetores de variáveis explicativas com os respectivos parâmetros estimados, ou seja, dois logitos, como segue:

$$Z_{i_1} = \alpha_1 + \beta_{11}.X_{1i} + \beta_{21}.X_{2i} + ... + \beta_{k1}.X_{ki} \tag{13.23}$$

$$Z_{i_2} = \alpha_2 + \beta_{12}.X_{1i} + \beta_{22}.X_{2i} + ... + \beta_{k2}.X_{ki} \tag{13.24}$$

em que o número do logito aparece agora no subscrito de cada parâmetro a ser estimado.

Assim, de maneira genérica, se a variável dependente que representa o fenômeno em estudo apresentar M categorias de resposta, o número de logitos estimados será $(M-1)$ e, a partir dos mesmos, poderemos estimar as probabilidades de ocorrência de cada uma das categorias. A expressão geral do logito Z_{i_m} $(m = 0, 1, ..., M-1)$ para um modelo em que a variável dependente assume M categorias de resposta é:

$$Z_{i_m} = \alpha_m + \beta_{1m}.X_{1i} + \beta_{2m}.X_{2i} + ... + \beta_{km}.X_{ki} \tag{13.25}$$

em que $Z_{i_0} = 0$ e, portanto, $e^{Z_{i_0}} = 1$.

Até o presente momento, neste capítulo, estávamos trabalhando com duas categorias e, consequentemente, apenas um logito Z_i. Dessa forma, as probabilidades de ocorrência do não evento e do evento eram calculadas, respectivamente, por meio das seguintes expressões:

Probabilidade de ocorrência do não evento:

$$1 - p_i = \frac{1}{1 + e^{Z_i}} \tag{13.26}$$

Probabilidade de ocorrência do evento:

$$p_i = \frac{e^{Z_i}}{1 + e^{Z_i}} \tag{13.27}$$

Já para três categorias, e com base nas expressões (13.23) e (13.24), podemos estimar a probabilidade de ocorrência da categoria de referência 0 e as probabilidades de ocorrência dos dois eventos distintos, representados pelas categorias 1 e 2. Dessa forma, as expressões dessas probabilidades podem ser escritas da seguinte forma:

Probabilidade de ocorrência da categoria 0 (referência):

$$p_{i_0} = \frac{1}{1 + e^{Z_{i_1}} + e^{Z_{i_2}}} \tag{13.28}$$

Probabilidade de ocorrência da categoria 1:

$$p_{i_1} = \frac{e^{Z_{i_1}}}{1 + e^{Z_{i_1}} + e^{Z_{i_2}}} \tag{13.29}$$

Probabilidade de ocorrência da categoria 2:

$$p_{i_2} = \frac{e^{Z_{i_2}}}{1 + e^{Z_{i_1}} + e^{Z_{i_2}}} \tag{13.30}$$

de modo que a soma das probabilidades de ocorrência dos eventos, representados pelas distintas categorias, será sempre 1.

Na forma completa, as expressões (13.28), (13.29) e (13.30) podem ser escritas, respectivamente, como segue:

$$p_{i_0} = \frac{1}{1 + e^{(\alpha_1 + \beta_{11}.X_{1i} + \beta_{21}.X_{2i} + ... + \beta_{k1}.X_{ki})} + e^{(\alpha_2 + \beta_{12}.X_{1i} + \beta_{22}.X_{2i} + ... + \beta_{k2}.X_{ki})}} \tag{13.31}$$

$$p_{i_1} = \frac{e^{(\alpha_1 + \beta_{11}.X_{1i} + \beta_{21}.X_{2i} + ... + \beta_{k1}.X_{ki})}}{1 + e^{(\alpha_1 + \beta_{11}.X_{1i} + \beta_{21}.X_{2i} + ... + \beta_{k1}.X_{ki})} + e^{(\alpha_2 + \beta_{12}.X_{1i} + \beta_{22}.X_{2i} + ... + \beta_{k2}.X_{ki})}} \tag{13.32}$$

$$p_{i_2} = \frac{e^{(\alpha_2 + \beta_{12}.X_{1i} + \beta_{22}.X_{2i} + ... + \beta_{k2}.X_{ki})}}{1 + e^{(\alpha_1 + \beta_{11}.X_{1i} + \beta_{21}.X_{2i} + ... + \beta_{k1}.X_{ki})} + e^{(\alpha_2 + \beta_{12}.X_{1i} + \beta_{22}.X_{2i} + ... + \beta_{k2}.X_{ki})}} \tag{13.33}$$

De maneira geral, para um modelo em que a variável dependente assume M categorias de resposta, podemos escrever a expressão das probabilidades p_{i_m} ($m = 0, 1, ..., M - 1$) da seguinte forma:

$$p_{i_m} = \frac{e^{Z_{i_m}}}{\sum_{m=0}^{M-1} e^{Z_{i_m}}} \tag{13.34}$$

Analogamente ao procedimento elaborado nas seções 13.2.1, 13.2.2 e 13.2.3, iremos agora estimar os parâmetros das expressões (13.23) e (13.24) por meio de um exemplo. Iremos também avaliar a significância estatística geral do modelo e dos parâmetros, bem como estimar os seus intervalos de confiança a um determinado nível de significância. Para tanto, faremos uso novamente, neste momento, do Excel.

13.3.1. Estimação do modelo de regressão logística multinomial por máxima verossimilhança

Apresentaremos os conceitos pertinentes à estimação por máxima verossimilhança dos parâmetros do modelo de regressão logística multinomial por meio de um exemplo similar ao desenvolvido ao longo da seção anterior.

Imagine, agora, que o nosso incansável professor não esteja interessado somente em estudar o que leva os alunos a chegarem ou não atrasados à escola. Neste momento, ele deseja saber também se os alunos chegam atrasados à primeira aula ou à segunda aula. Em outras palavras, o professor agora tem o interesse em investigar se algumas variáveis relativas ao trajeto dos alunos até a escola influenciam a probabilidade de não se chegar atrasado ou de se chegar atrasado à primeira aula ou à segunda aula. Logo, a variável dependente passa a ter três categorias: *não chegar atrasado*, *chegar atrasado à primeira aula* e *chegar atrasado à segunda aula*.

Sendo assim, o professor elaborou uma pesquisa com os mesmos 100 alunos da escola onde leciona, porém a realizou em outro dia. Como alguns alunos já estavam um pouco cansados de responder a tantas perguntas ultimamente, o professor, além da variável referente ao fenômeno a ser estudado, resolveu perguntar apenas sobre a distância (*dist*) e sobre o número de semáforos (*sem*) pelos quais cada um havia passado naquele dia ao se deslocar para a escola. Parte do banco de dados elaborado encontra-se na Tabela 13.14.

Conforme podemos verificar, a variável dependente assume agora três distintos valores, que nada mais são do que rótulos (*labels*) referentes a cada uma das três categorias de resposta ($M = 3$). É comum, infelizmente, que pesquisadores principiantes elaborem modelos, por exemplo, de regressão múltipla, assumindo que a variável dependente é quantitativa, já que apresenta números em sua coluna. Conforme já discutido na seção anterior, **isso é um erro grave!**

O banco de dados completo deste novo exemplo encontra-se no arquivo **AtrasadoMultinomial.xls**.

Tabela 13.14 Exemplo: atraso (não, sim à primeira aula ou sim à segunda aula) × distância percorrida e quantidade de semáforos.

Estudante	Chegou atrasado à escola (Não = 0; Sim à primeira aula = 1; Sim à segunda aula = 2) (Y_i)	Distância percorrida até a escola (quilômetros) (X_{1i})	Quantidade de semáforos (X_{2i})
Gabriela	2	20,5	15
Patrícia	2	21,3	18
Gustavo	2	21,4	16
Letícia	2	31,5	15
Luiz Ovídio	2	17,5	16
Leonor	2	21,5	18
Dalila	2	21,5	18
Antônio	2	23,4	18
Júlia	2	22,7	18
Mariana	2	22,7	18
...			
Rodrigo	1	16,0	16
...			
Estela	0	1,0	13

As expressões dos logitos que desejamos estimar são, portanto:

$$Z_{i_1} = \alpha_1 + \beta_{11}.dist_i + \beta_{21}.sem_i$$

$$Z_{i_2} = \alpha_2 + \beta_{12}.dist_i + \beta_{22}.sem_i$$

que se referem, respectivamente, aos eventos 1 e 2 apresentados na Tabela 13.14. Note que o evento representado pelo rótulo 0 refere-se à categoria de referência.

Logo, com base nas expressões (13.31), (13.32) e (13.33), podemos escrever as expressões das probabilidades estimadas de ocorrência de cada evento correspondente a cada categoria da variável dependente. Sendo assim, temos:

$$p_{i_0} = \frac{1}{1 + e^{(\alpha_1 + \beta_{11}.dist_i + \beta_{21}.sem_i)} + e^{(\alpha_2 + \beta_{12}.dist_i + \beta_{22}.sem_i)}}$$

$$p_{i_1} = \frac{e^{(\alpha_1 + \beta_{11}.dist_i + \beta_{21}.sem_i)}}{1 + e^{(\alpha_1 + \beta_{11}.dist_i + \beta_{21}.sem_i)} + e^{(\alpha_2 + \beta_{12}.dist_i + \beta_{22}.sem_i)}}$$

$$p_{i_2} = \frac{e^{(\alpha_2 + \beta_{12}.dist_i + \beta_{22}.sem_i)}}{1 + e^{(\alpha_1 + \beta_{11}.dist_i + \beta_{21}.sem_i)} + e^{(\alpha_2 + \beta_{12}.dist_i + \beta_{22}.sem_i)}}$$

em que p_{i_0}, p_{i_1} e p_{i_2} representam, respectivamente, a probabilidade de que um estudante i não chegue atrasado (categoria 0), a probabilidade de que um estudante i chegue atrasado à primeira aula (categoria 1) e a probabilidade de que um estudante i chegue atrasado à segunda aula (categoria 2).

Para estimarmos os parâmetros das expressões de probabilidade, faremos novamente uso da estimação por máxima verossimilhança. Genericamente, na regressão logística multinomial, em que a variável dependente segue uma **distribuição binomial**, uma observação i pode incidir num determinado evento de interesse, dados M eventos possíveis, conforme estudamos no Capítulo 5, e, portanto, a probabilidade de ocorrência p_{i_m} ($m = 0, 1, ...,$ $M - 1$) deste específico evento pode ser escrita da seguinte maneira:

$$p(Y_{im}) = \prod_{m=0}^{M-1} \left(p_{i_m} \right)^{Y_{im}}$$

$$(13.35)$$

Para uma amostra com n observações, podemos definir a função de verossimilhança (*likelihood function*) da seguinte forma:

$$L = \prod_{i=1}^{n} \prod_{m=0}^{M-1} \left(p_{i_m} \right)^{Y_{im}} \tag{13.36}$$

de onde vem, a partir da expressão (13.34), que:

$$L = \prod_{i=1}^{n} \prod_{m=0}^{M-1} \left(\frac{e^{Z_{i_m}}}{\sum_{m=0}^{M-1} e^{Z_{i_m}}} \right)^{Y_{im}} \tag{13.37}$$

Analogamente ao procedimento adotado quando do estudo da regressão logística binária, iremos aqui trabalhar com o logaritmo da função de verossimilhança, o que faz com que cheguemos à seguinte função, também conhecida por *log likelihood function*:

$$LL = \sum_{i=1}^{n} \sum_{m=0}^{M-1} \left[\left(Y_{im} \right).\ln \left(\frac{e^{Z_{i_m}}}{\sum_{m=0}^{M-1} e^{Z_{i_m}}} \right) \right] \tag{13.38}$$

E, portanto, podemos elaborar uma importante questão: **Dadas M categorias da variável dependente, quais os valores dos parâmetros dos logitos Z_{i_m} ($m = 0, 1, ..., M-1$) representados pela expressão (13.25) que fazem com que o valor de LL da expressão (13.38) seja maximizado?** Esta fundamental questão é a chave central para a elaboração da estimação dos parâmetros da regressão logística multinomial por máxima verossimilhança (ou *maximum likelihood estimation*), e pode ser respondida com o uso de ferramentas de programação linear, a fim de que seja solucionado o problema com a seguinte função-objetivo:

$$LL = \sum_{i=1}^{n} \sum_{m=0}^{M-1} \left[\left(Y_{im} \right).\ln \left(\frac{e^{Z_{i_m}}}{\sum_{m=0}^{M-1} e^{Z_{i_m}}} \right) \right] = \text{máx} \tag{13.39}$$

Voltando ao nosso exemplo, iremos resolver este problema com o uso da ferramenta **Solver** do Excel. Para tanto, devemos abrir o arquivo **AtrasadoMultinomialMáximaVerossimilhança.xls**, que servirá de auxílio para o cálculo dos parâmetros.

Neste arquivo, além da variável dependente e das variáveis explicativas, foram criadas três variáveis Y_{im} ($m = 0, 1, 2$) referentes às três categorias da variável dependente, e este procedimento deve ser feito a fim de que possa ser válida a expressão (13.35). Estas variáveis foram criadas com base no critério apresentado na Tabela 13.15.

Além disso, outras seis novas variáveis também foram criadas e correspondem, respectivamente, aos logitos Z_{i_1} e Z_{i_2}, às probabilidades p_{i_0}, p_{i_1} e p_{i_2} e ao logaritmo da função de verossimilhança LL_i para cada observação. A Tabela 13.16 mostra parte dos resultados obtidos quando todos os parâmetros forem iguais a 0.

Tabela 13.15 Critério para criação das variáveis Y_{im} ($m = 0, 1, 2$).

Y_i	Y_{i0}	Y_{i1}	Y_{i2}
0	1	0	0
1	0	1	0
2	0	0	1

Tabela 13.16 Cálculo de *LL* quando $\alpha_1 = \beta_{11} = \beta_{21} = \alpha_2 = \beta_{12} = \beta_{22} = 0$.

Estudante	Y_i	Y_{i0}	Y_{i1}	Y_{i2}	X_{1i}	X_{2i}	Z_{i_1}	Z_{i_2}	p_{i_0}	p_{i_1}	p_{i_2}	LL_i $\sum_{m=0}^{2}\left[(Y_{im}).\ln\left(p_{i_m}\right)\right]$
Gabriela	2	0	0	1	20,5	15	0	0	0,33	0,33	0,33	-1,09861
Patrícia	2	0	0	1	21,3	18	0	0	0,33	0,33	0,33	-1,09861
Gustavo	2	0	0	1	21,4	16	0	0	0,33	0,33	0,33	-1,09861
Letícia	2	0	0	1	31,5	15	0	0	0,33	0,33	0,33	-1,09861
Luiz Ovídio	2	0	0	1	17,5	16	0	0	0,33	0,33	0,33	-1,09861
Leonor	2	0	0	1	21,5	18	0	0	0,33	0,33	0,33	-1,09861
Dalila	2	0	0	1	21,5	18	0	0	0,33	0,33	0,33	-1,09861
Antônio	2	0	0	1	23,4	18	0	0	0,33	0,33	0,33	-1,09861
Júlia	2	0	0	1	22,7	18	0	0	0,33	0,33	0,33	-1,09861
Mariana	2	0	0	1	22,7	18	0	0	0,33	0,33	0,33	-1,09861
...												
Rodrigo	1	0	1	0	16,0	16	0	0	0,33	0,33	0,33	-1,09861
...												
Estela	0	1	0	0	1,0	13	0	0	0,33	0,33	0,33	-1,09861
Somatória	$LL = \sum_{i=1}^{100}\sum_{m=0}^{2}\left[(Y_{im}).\ln\left(p_{i_m}\right)\right]$											**-109,86123**

Apenas para efeitos didáticos, apresentamos a seguir o cálculo de *LL* de uma observação em que $Y_i = 2$ e quando todos os parâmetros forem iguais a zero:

$$LL_1 = \sum_{m=0}^{2}\left[(Y_{1m}).\ln\left(p_{1_m}\right)\right] = (Y_{10}).\ln\left(p_{1_0}\right) + (Y_{11}).\ln\left(p_{1_1}\right) + (Y_{12}).\ln\left(p_{1_2}\right)$$
$$= (0).\ln(0,33) + (0).\ln(0,33) + (1).\ln(0,33) = -1,09861$$

A Figura 13.17 apresenta parte das observações presentes no arquivo **AtrasadoMultinomialMáximaVerossimilhança.xls**.

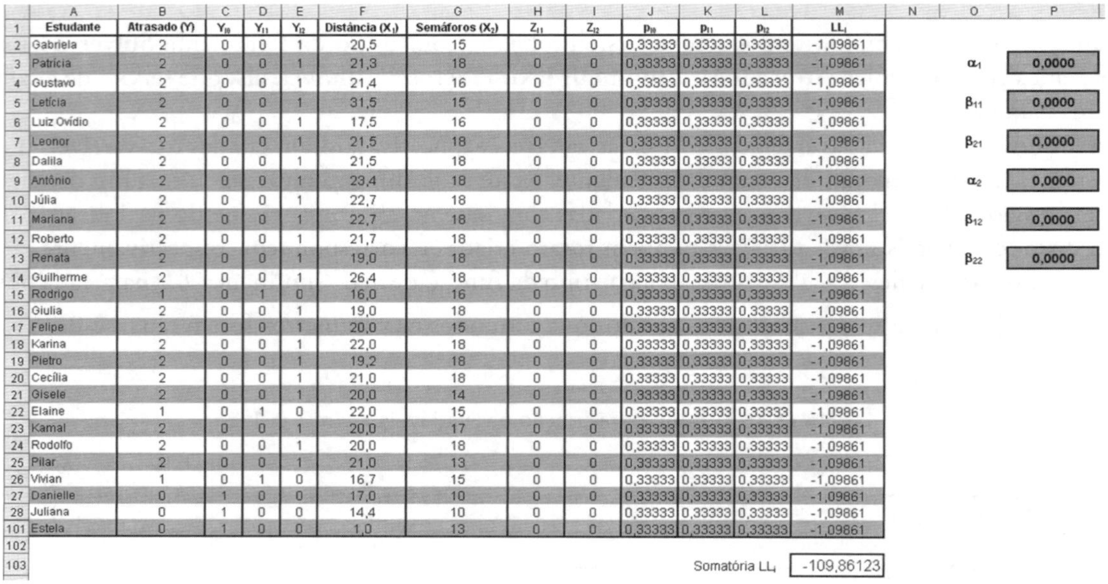

	Estudante	Atrasado (Y)	Y_{i0}	Y_{i1}	Y_{i2}	Distância (X_1)	Semáforos (X_2)	Z_{i1}	Z_{i2}	p_{i0}	p_{i1}	p_{i2}	LL_i
2	Gabriela	2	0	0	1	20,5	15	0	0	0,33333	0,33333	0,33333	-1,09861
3	Patrícia	2	0	0	1	21,3	18	0	0	0,33333	0,33333	0,33333	-1,09861
4	Gustavo	2	0	0	1	21,4	16	0	0	0,33333	0,33333	0,33333	-1,09861
5	Letícia	2	0	0	1	31,5	15	0	0	0,33333	0,33333	0,33333	-1,09861
6	Luiz Ovídio	2	0	0	1	17,5	16	0	0	0,33333	0,33333	0,33333	-1,09861
7	Leonor	2	0	0	1	21,5	18	0	0	0,33333	0,33333	0,33333	-1,09861
8	Dalila	2	0	0	1	21,5	18	0	0	0,33333	0,33333	0,33333	-1,09861
9	Antônio	2	0	0	1	23,4	18	0	0	0,33333	0,33333	0,33333	-1,09861
10	Júlia	2	0	0	1	22,7	18	0	0	0,33333	0,33333	0,33333	-1,09861
11	Mariana	2	0	0	1	22,7	18	0	0	0,33333	0,33333	0,33333	-1,09861
12	Roberto	2	0	0	1	21,7	18	0	0	0,33333	0,33333	0,33333	-1,09861
13	Renata	2	0	0	1	19,0	18	0	0	0,33333	0,33333	0,33333	-1,09861
14	Guilherme	2	0	0	1	26,4	18	0	0	0,33333	0,33333	0,33333	-1,09861
15	Rodrigo	1	0	1	0	16,0	16	0	0	0,33333	0,33333	0,33333	-1,09861
16	Giulia	2	0	0	1	19,0	18	0	0	0,33333	0,33333	0,33333	-1,09861
17	Felipe	2	0	0	1	20,0	15	0	0	0,33333	0,33333	0,33333	-1,09861
18	Karina	2	0	0	1	22,0	18	0	0	0,33333	0,33333	0,33333	-1,09861
19	Pietro	2	0	0	1	19,2	18	0	0	0,33333	0,33333	0,33333	-1,09861
20	Cecília	2	0	0	1	21,0	18	0	0	0,33333	0,33333	0,33333	-1,09861
21	Gisele	2	0	0	1	20,0	14	0	0	0,33333	0,33333	0,33333	-1,09861
22	Elaine	1	0	1	0	22,0	15	0	0	0,33333	0,33333	0,33333	-1,09861
23	Kamal	2	0	0	1	20,0	17	0	0	0,33333	0,33333	0,33333	-1,09861
24	Rodolfo	2	0	0	1	20,0	18	0	0	0,33333	0,33333	0,33333	-1,09861
25	Pilar	2	0	0	1	21,0	13	0	0	0,33333	0,33333	0,33333	-1,09861
26	Vivian	1	0	1	0	16,7	15	0	0	0,33333	0,33333	0,33333	-1,09861
27	Danielle	0	1	0	0	17,0	10	0	0	0,33333	0,33333	0,33333	-1,09861
28	Juliana	0	1	0	0	14,4	10	0	0	0,33333	0,33333	0,33333	-1,09861
101	Estela	0	1	0	0	1,0	13	0	0	0,33333	0,33333	0,33333	-1,09861
103												Somatória LL_i	-109,86123

α_1	0,0000
β_{11}	0,0000
β_{21}	0,0000
α_2	0,0000
β_{12}	0,0000
β_{22}	0,0000

Figura 13.17 Dados do arquivo **AtrasadoMultinomialMáximaVerossimilhança.xls**.

Conforme discutimos na seção 13.2.1, aqui também deve haver uma combinação ótima de valores dos parâmetros, de modo que a função-objetivo apresentada na expressão (13.39) seja obedecida, ou seja, que o valor da somatória do logaritmo da função de verossimilhança seja o máximo possível. Recorreremos novamente ao **Solver** do Excel para resolver este problema.

A função-objetivo está na célula M103, que será a nossa célula de destino e que deverá ser maximizada. Os parâmetros α_1, β_{11}, β_{21}, α_2, β_{12} e β_{22}, cujos valores estão nas células P3, P5, P7, P9, P11 e P13, respectivamente, são as células variáveis. A janela do **Solver** ficará conforme mostra a Figura 13.18.

Ao clicarmos em **Resolver** e em **OK**, obteremos a solução ótima do problema de programação linear. A Tabela 13.17 mostra parte dos valores obtidos.

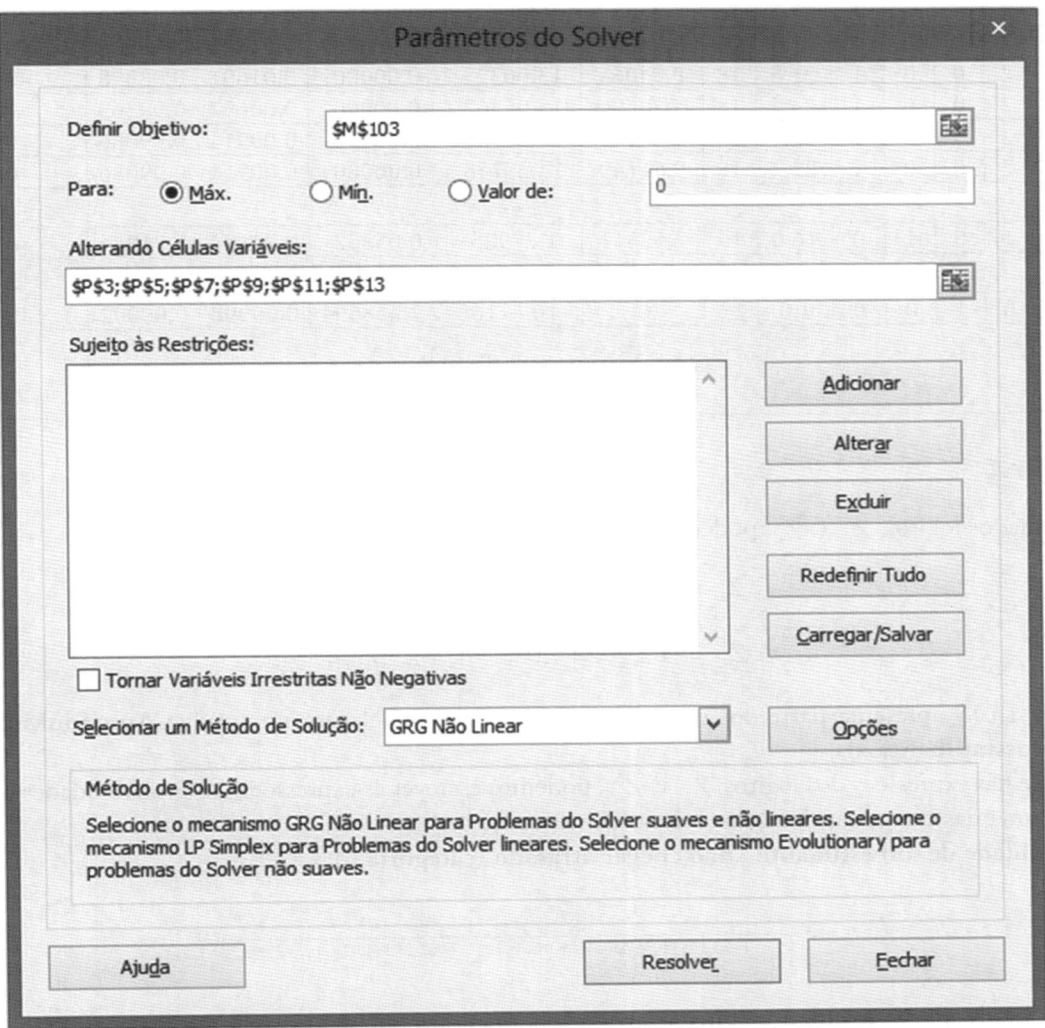

Figura 13.18 Solver – Maximização da somatória do logaritmo da função de verossimilhança para o modelo de regressão logística multinomial.

O valor máximo possível da somatória do logaritmo da função de verossimilhança é $LL_{máx} = -24{,}51180$. A resolução deste problema gerou as seguintes estimativas dos parâmetros:

$\alpha_1 = -33{,}135$

$\beta_{11} = 0{,}559$

$\beta_{21} = 1{,}670$

$\alpha_2 = -62{,}292$

$\beta_{12} = 1{,}078$

$\beta_{22} = 2{,}895$

Tabela 13.17 Valores obtidos quando da maximização de *LL* para o modelo de regressão logística multinomial.

Estudante	Y_i	Y_{i0}	Y_{i1}	Y_{i2}	X_{1i}	X_{2i}	Z_{i_1}	Z_{i_2}	p_{i_0}	p_{i_1}	p_{i_2}	LL_i $\sum_{m=0}^{2}\left[\left(Y_{ij}\right).\ln\left(p_{i_j}\right)\right]$
Gabriela	2	0	0	1	20,5	15	3,37036	3,23816	0,01799	0,52341	0,45860	−0,77959
Patrícia	2	0	0	1	21,3	18	8,82883	12,78751	0,00000	0,01873	0,98127	−0,01891
Gustavo	2	0	0	1	21,4	16	5,54391	7,10441	0,00068	0,17346	0,82586	−0,19133
Letícia	2	0	0	1	31,5	15	9,51977	15,10301	0,00000	0,00375	0,99625	−0,00375
Luiz Ovídio	2	0	0	1	17,5	16	3,36367	2,89778	0,02082	0,60162	0,37756	−0,97402
Leonor	2	0	0	1	21,5	18	8,94064	13,00323	0,00000	0,01691	0,98308	−0,01706
Dalila	2	0	0	1	21,5	18	8,94064	13,00323	0,00000	0,01691	0,98308	−0,01706
Antônio	2	0	0	1	23,4	18	10,00281	15,05262	0,00000	0,00637	0,99363	−0,00639
Júlia	2	0	0	1	22,7	18	9,61149	14,29758	0,00000	0,00914	0,99086	−0,00918
Mariana	2	0	0	1	22,7	18	9,61149	14,29758	0,00000	0,00914	0,99086	−0,00918
...												
Rodrigo	1	0	1	0	16,0	16	2,52511	1,27985	0,05852	0,73104	0,21044	−0,31329
...												
Estela	0	1	0	0	1,0	13	0	−10,87168	−23,58594	0,99998	0,00002	0,00000
Somatória	$LL = \sum_{i=1}^{100}\sum_{m=0}^{2}\left[\left(Y_{im}\right).\ln\left(p_{i_m}\right)\right]$											−24,51180

e, dessa forma, os logitos Z_{i_1} e Z_{i_2} podem ser escritos da seguinte forma:

$$Z_{i_1} = -33{,}135 + 0{,}559.dist_i + 1{,}670.sem_i$$

$$Z_{i_2} = -62{,}292 + 1{,}078.dist_i + 2{,}895.sem_i$$

A Figura 13.19 apresenta parte dos resultados obtidos pela modelagem no arquivo **AtrasadoMultinomial-MáximaVerossimilhança.xls**.

Com base nas expressões dos logitos Z_{i_1} e Z_{i_2}, podemos escrever as expressões das probabilidades de ocorrência de cada uma das categorias da variável dependente, como segue:

Probabilidade de um estudante *i* não chegar atrasado (categoria 0):

$$p_{i_0} = \frac{1}{1 + e^{(-33{,}135+0{,}559.dist_i+1{,}670.sem_i)} + e^{(-62{,}292+1{,}078.dist_i+2{,}895.sem_i)}}$$

Probabilidade de um estudante *i* chegar atrasado à primeira aula (categoria 1):

$$p_{i_1} = \frac{e^{(-33{,}135+0{,}559.dist_i+1{,}670.sem_i)}}{1 + e^{(-33{,}135+0{,}559.dist_i+1{,}670.sem_i)} + e^{(-62{,}292+1{,}078.dist_i+2{,}895.sem_i)}}$$

Probabilidade de um estudante *i* chegar atrasado à segunda aula (categoria 2):

$$p_{i_2} = \frac{e^{(-62{,}292+1{,}078.dist_i+2{,}895.sem_i)}}{1 + e^{(-33{,}135+0{,}559.dist_i+1{,}670.sem_i)} + e^{(-62{,}292+1{,}078.dist_i+2{,}895.sem_i)}}$$

Tendo sido elaborada a estimação por máxima verossimilhança dos parâmetros das equações de probabilidade de ocorrência de cada uma das categorias da variável dependente, podemos elaborar a classificação das observações

	Estudante	Atrasado (Y)	Y_{i0}	Y_{i1}	Y_{i2}	Distância (X_1)	Semáforos (X_2)	Z_{i1}	Z_{i2}	p_{i0}	p_{i1}	p_{i2}	LL_i
2	Gabriela	2	0	0	1	20,5	15	3,36938	3,23724	0,01801	0,52339	0,45860	-0,77957
3	Patrícia	2	0	0	1	21,3	18	8,82617	12,78452	0,00000	0,01874	0,98126	-0,01892
4	Gustavo	2	0	0	1	21,4	16	5,54223	7,10263	0,00068	0,17347	0,82585	-0,19134
5	Letícia	2	0	0	1	31,5	15	9,51650	15,09930	0,00000	0,00375	0,99625	-0,00376
6	Luiz Ovídio	2	0	0	1	17,5	16	3,36280	2,89699	0,02084	0,60159	0,37757	-0,97399
7	Leonor	2	0	0	1	21,5	18	8,93793	13,00019	0,00000	0,01692	0,98308	-0,01707
8	Dalila	2	0	0	1	21,5	18	8,93793	13,00019	0,00000	0,01692	0,98308	-0,01707
9	Antônio	2	0	0	1	23,4	18	9,99971	15,04909	0,00000	0,00637	0,99363	-0,00639
10	Júlia	2	0	0	1	22,7	18	9,60853	14,29423	0,00000	0,00914	0,99086	-0,00918
11	Mariana	2	0	0	1	22,7	18	9,60853	14,29423	0,00000	0,00914	0,99086	-0,00918
12	Roberto	2	0	0	1	21,7	18	9,04970	13,21586	0,00000	0,01527	0,98472	-0,01539
13	Renata	2	0	0	1	19,0	18	7,54086	10,30427	0,00003	0,05933	0,94064	-0,06120
14	Guilherme	2	0	0	1	26,4	18	11,67620	18,28420	0,00000	0,00135	0,99865	-0,00135
15	Rodrigo	1	0	1	0	16,0	16	2,52456	1,27944	0,05855	0,73099	0,21046	-0,31335
16	Giulia	2	0	0	1	19,0	18	7,54086	10,30427	0,00003	0,05933	0,94064	-0,06120
17	Felipe	2	0	0	1	20,0	15	3,08997	2,69805	0,02644	0,58097	0,39260	-0,93497
18	Karina	2	0	0	1	22,0	18	9,21735	13,53937	0,00000	0,01310	0,98690	-0,01319
19	Pietro	2	0	0	1	19,2	18	7,65263	10,51594	0,00003	0,05379	0,94618	-0,05532
20	Cecília	2	0	0	1	21,0	18	8,65852	12,46100	0,00000	0,02183	0,97817	-0,02207
21	Gisele	2	0	0	1	20,0	14	1,42006	-0,19681	0,16782	0,69434	0,13784	-1,98166
22	Elaine	1	0	1	0	22,0	15	4,20762	4,85479	0,00509	0,34188	0,65303	-1,07330
23	Kamal	2	0	0	1	20,0	17	6,42978	8,47777	0,00018	0,11323	0,88659	-0,12037
24	Rodolfo	2	0	0	1	20,0	18	8,09969	11,38264	0,00001	0,03616	0,96383	-0,03684
25	Pilar	2	0	0	1	21,0	13	0,30898	-2,01330	0,40071	0,54578	0,05351	-2,92782
26	Vivian	1	0	1	0	16,7	15	1,24583	-0,86056	0,20413	0,70953	0,08633	-0,34315
27	Danielle	0	1	0	0	17,0	10	-6,93606	-15,01136	0,99903	0,00097	0,00000	-0,00097
28	Juliana	0	1	0	0	14,4	10	-8,38901	-17,81512	0,99977	0,00023	0,00000	-0,00023
101	Estela	0	1	0	0	1,0	13	-10,86760	-23,58068	0,99998	0,00002	0,00000	-0,00002

α_1 = -33,135
β_{11} = 0,559
β_{21} = 1,670
α_2 = -62,292
β_{12} = 1,078
β_{22} = 2,895

Somatória LL_i = -24,51180

Figura 13.19 Obtenção dos parâmetros da regressão logística multinomial quando da maximização de *LL* pelo Solver.

e definir a **eficiência global do modelo de regressão logística multinomial**. Diferentemente da regressão logística binária, em que a classificação é elaborada com base na definição de um *cutoff*, na regressão logística multinomial a classificação de cada observação é feita com base na maior probabilidade entre aquelas calculadas (p_{i_0}, p_{i_1} ou p_{i_2}). Assim, por exemplo, como a observação 1 (Gabriela) apresentou $p_{i_0} = 0,018$, $p_{i_1} = 0,523$ e $p_{i_2} = 0,459$, devemos classificá-la como categoria 1, ou seja, por meio do nosso modelo espera-se que a Gabriela chegue atrasada à primeira aula. Entretanto, podemos verificar que, na verdade, esta aluna chegou atrasada à segunda aula e, portanto, para este caso, não obtivemos um acerto.

A Tabela 13.18 apresenta a classificação para a nossa amostra completa, com ênfase para os acertos de cada categoria da variável dependente, destacando também a eficiência global do modelo (percentual total de acerto).

Por meio da análise desta tabela, podemos verificar que o modelo apresenta um percentual total de acerto de 89,0%. Entretanto, o modelo apresenta um maior percentual de acerto (95,9%) para os casos em que houver indicação de que não ocorrerá atraso ao se chegar à escola. Por outro lado, quando houver indícios de que um aluno chegará atrasado à primeira aula, o modelo terá um percentual de acerto menor (75,0%).

Partiremos agora para o estudo da significância estatística geral do modelo obtido, bem como das significâncias estatísticas dos próprios parâmetros, como fizemos na seção 13.2.

Tabela 13.18 Tabela de classificação para a amostra completa.

Observado	Classificado			
	Não chegou atrasado	Chegou atrasado à primeira aula	Chegou atrasado à segunda aula	Percentual de acerto
Não chegou atrasado	47	2	0	95,9%
Chegou atrasado à primeira aula	1	12	3	75,0%
Chegou atrasado à segunda aula	0	5	30	85,7%
	Eficiência global do modelo			89,0%

13.3.2. Significância estatística geral do modelo e dos parâmetros da regressão logística multinomial

Assim como na regressão logística binária estudada na seção 13.2, a modelagem da regressão logística multinomial também oferece as estatísticas referentes ao pseudo R^2 de McFadden e ao χ^2, cujos cálculos são elaborados, respectivamente, com base nas expressões (13.16) e (13.17), sendo aqui novamente reproduzidas:

$$pseudo\ R^2 = \frac{-2.LL_0 - \left(-2.LL_{máx}\right)}{-2.LL_0} \tag{13.40}$$

$$\chi^2 = -2.\left(LL_0 - LL_{máx}\right) \tag{13.41}$$

Enquanto o pseudo R^2 de McFadden, conforme já discutido na seção 13.2.2, é bastante limitado em termos de informação sobre o ajuste do modelo, podendo ser utilizado quando o pesquisador tiver interesse em comparar dois modelos distintos, a estatística χ^2 propicia que seja realizado um teste para verificação da existência propriamente dita do modelo proposto, uma vez que, se todos os parâmetros estimados β_{jm} ($j = 1, 2, ..., k$; $m = 1, 2, ..., M - 1$) forem estatisticamente iguais a 0, o comportamento de alteração de cada uma das variáveis explicativas não influenciará em absolutamente nada as probabilidades de ocorrência dos eventos representados pelas categorias da variável dependente. As hipóteses nula e alternativa do teste χ^2, para um modelo geral de regressão logística multinomial, são, respectivamente:

$H_0: \beta_{11} = \beta_{21} = ... = \beta_{k1} = \beta_{12} = \beta_{22} = ... = \beta_{k2} = \beta_{1\ M-1} = \beta_{2\ M-1} = ... = \beta_{k\ M-1} = 0$
$H_1:$ existe pelo menos um $\beta_{jm} \neq 0$

Voltando ao nosso exemplo, temos que $LL_{máx}$, que é o valor máximo possível da somatória do logaritmo da função de verossimilhança, é igual a $-24,51180$. Para o cálculo de LL_0, que representa o valor máximo possível da somatória do logaritmo da função de verossimilhança para um modelo que só apresenta as constantes α_1 e α_2 e nenhuma variável explicativa, faremos novamente uso do **Solver**, por meio do arquivo **AtrasadoMultinomial MáximaVerossimilhançaModeloNulo.xls**. As Figuras 13.20 e 13.21 mostram, respectivamente, a janela do **Solver** e parte dos resultados obtidos pela modelagem neste arquivo.

Com base no modelo nulo, temos $LL_0 = -101,01922$ e, dessa forma, podemos calcular as seguintes estatísticas:

$$pseudo\ R^2 = \frac{-2.(-101,01922) - \left[\left(-2.(-24,51180)\right)\right]}{-2.(-101,01922)} = 0,7574$$

$$\chi^2_{4\,g.l.} = -2.\left[-101,01922 - \left(-24,51180\right)\right] = 153,0148$$

Para 4 graus de liberdade (número de parâmetros β, já que há duas variáveis explicativas e dois logitos), temos, por meio da Tabela D do apêndice do livro, que o $\chi^2_c = 9,488$ (χ^2 crítico para 4 graus de liberdade e para o nível de significância de 5%). Dessa forma, como o χ^2 calculado $\chi^2_{cal} = 153,0148 > \chi^2_c = 9,488$, podemos rejeitar a hipótese nula de que todos os parâmetros β_{jm} ($j = 1, 2$; $m = 1, 2$) sejam estatisticamente iguais a zero. Logo, pelo menos uma variável X é estatisticamente significante para explicar a probabilidade de ocorrência de pelo menos um dos eventos em estudo. Da mesma forma que o discutido na seção 13.2.2, podemos definir o seguinte critério:

Se *valor-P* (ou *P-value* ou *Sig.* χ^2_{cal} ou *Prob.* χ^2_{cal}) $< 0,05$, existe pelo menos um $\beta_{jm} \neq 0$.

Além da significância estatística geral do modelo, é necessário verificarmos a significância estatística de cada parâmetro, por meio da análise das respectivas estatísticas z de Wald, cujas hipóteses nulas e alternativa são, para os parâmetros α_m ($m = 1, 2, ..., M - 1$) e β_{jm} ($j = 1, 2, ..., k$; $m = 1, 2, ..., M - 1$), respectivamente:

$H_0: \alpha_m = 0$
$H_1: \alpha_m \neq 0$
$H_0: \beta_{jm} = 0$
$H_1: \beta_{jm} \neq 0$

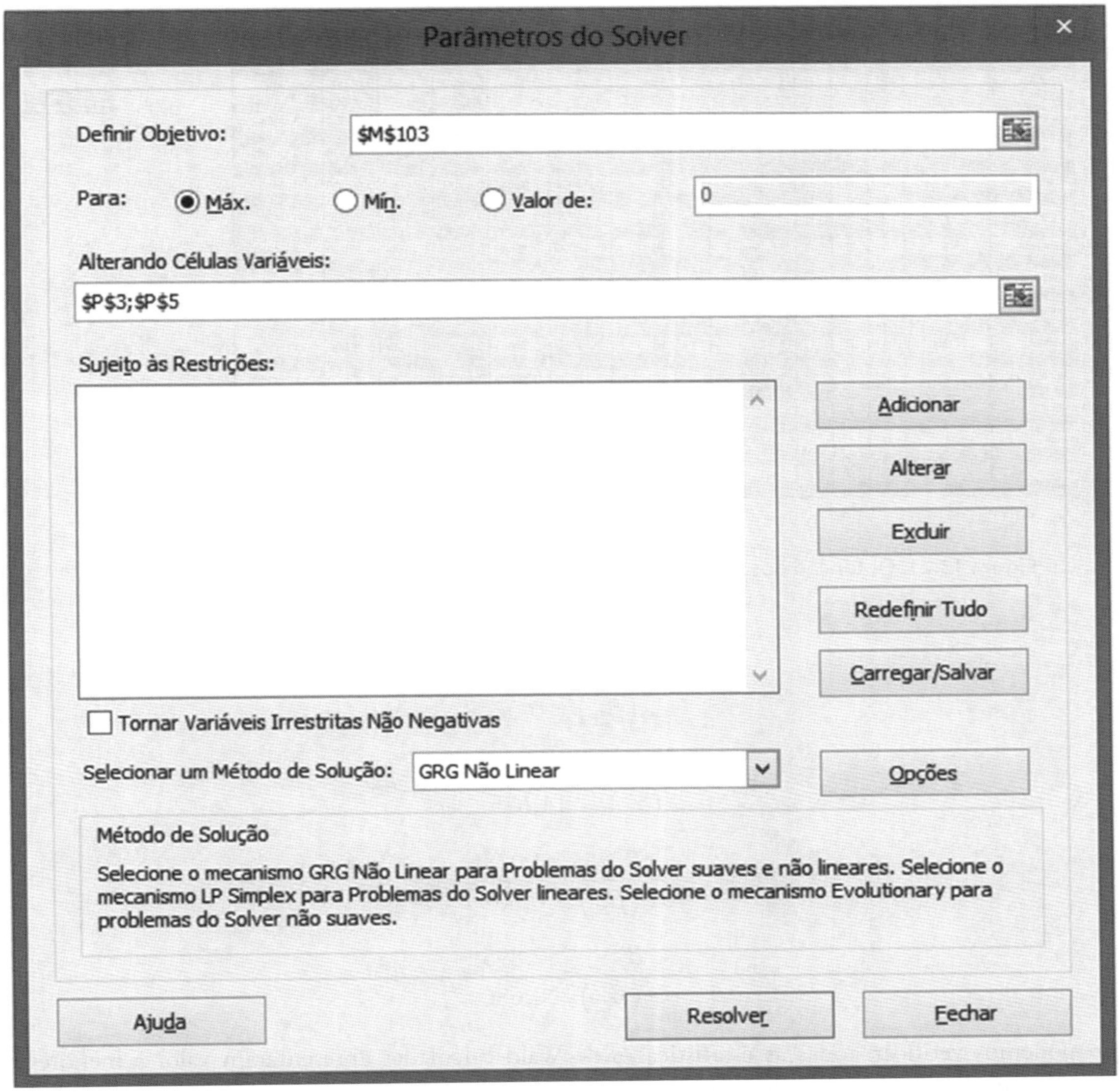

Figura 13.20 Solver – Maximização da somatória do logaritmo da função de verossimilhança para o modelo nulo da regressão logística multinomial.

As estatísticas z de Wald são obtidas com base na expressão (13.18), porém, mantendo o padrão do exposto na seção 13.2.2, não faremos os cálculos dos erros-padrão de cada parâmetro que, para o nosso exemplo, são:

$s.e.\ (\alpha_1) = 12,183$
$s.e.\ (\beta_{11}) = 0,243$
$s.e.\ (\beta_{21}) = 0,577$
$s.e.\ (\alpha_2) = 14,675$
$s.e.\ (\beta_{12}) = 0,302$
$s.e.\ (\beta_{22}) = 0,686$

Logo, como já elaboramos as estimativas dos parâmetros, temos que:

$$z_{\alpha_1} = \frac{\alpha_1}{s.e.(\alpha_1)} = \frac{-33,135}{12,183} = -2,720$$

$$z_{\beta_{11}} = \frac{\beta_{11}}{s.e.(\beta_{11})} = \frac{0,559}{0,243} = 2,300$$

	A	B	C	D	E	F	G	H	I	J	K	L	M	N	O	P
1	Estudante	Atrasado (Y)	Y_{i0}	Y_{i1}	Y_{i2}	Distância (X_1)	Semáforos (X_2)	Z_{i1}	Z_{i2}	p_{i0}	p_{i1}	p_{i2}	LL_i			
2	Gabriela	2	0	0	1	20,5	15	-1,11923	-0,33647	0,49000	0,16000	0,35000	-1,04982		α_1	-1,119
3	Patrícia	2	0	0	1	21,3	18	-1,11923	-0,33647	0,49000	0,16000	0,35000	-1,04982			
4	Gustavo	2	0	0	1	21,4	16	-1,11923	-0,33647	0,49000	0,16000	0,35000	-1,04982		α_2	-0,336
5	Letícia	2	0	0	1	31,5	15	-1,11923	-0,33647	0,49000	0,16000	0,35000	-1,04982			
6	Luiz Ovídio	2	0	0	1	17,5	16	-1,11923	-0,33647	0,49000	0,16000	0,35000	-1,04982			
7	Leonor	2	0	0	1	21,5	18	-1,11923	-0,33647	0,49000	0,16000	0,35000	-1,04982			
8	Dalila	2	0	0	1	21,5	18	-1,11923	-0,33647	0,49000	0,16000	0,35000	-1,04982			
9	Antônio	2	0	0	1	23,4	18	-1,11923	-0,33647	0,49000	0,16000	0,35000	-1,04982			
10	Júlia	2	0	0	1	22,7	18	-1,11923	-0,33647	0,49000	0,16000	0,35000	-1,04982			
11	Mariana	2	0	0	1	22,7	18	-1,11923	-0,33647	0,49000	0,16000	0,35000	-1,04982			
12	Roberto	2	0	0	1	21,7	18	-1,11923	-0,33647	0,49000	0,16000	0,35000	-1,04982			
13	Renata	2	0	0	1	19,0	18	-1,11923	-0,33647	0,49000	0,16000	0,35000	-1,04982			
14	Guilherme	2	0	0	1	26,4	18	-1,11923	-0,33647	0,49000	0,16000	0,35000	-1,04982			
15	Rodrigo	1	0	1	0	16,0	16	-1,11923	-0,33647	0,49000	0,16000	0,35000	-1,83258			
16	Giulia	2	0	0	1	19,0	18	-1,11923	-0,33647	0,49000	0,16000	0,35000	-1,04982			
17	Felipe	2	0	0	1	20,0	15	-1,11923	-0,33647	0,49000	0,16000	0,35000	-1,04982			
18	Karina	2	0	0	1	22,0	18	-1,11923	-0,33647	0,49000	0,16000	0,35000	-1,04982			
19	Pietro	2	0	0	1	19,2	18	-1,11923	-0,33647	0,49000	0,16000	0,35000	-1,04982			
20	Cecília	2	0	0	1	21,0	18	-1,11923	-0,33647	0,49000	0,16000	0,35000	-1,04982			
21	Gisele	2	0	0	1	20,0	14	-1,11923	-0,33647	0,49000	0,16000	0,35000	-1,04982			
22	Elaine	1	0	1	0	22,0	15	-1,11923	-0,33647	0,49000	0,16000	0,35000	-1,83258			
23	Kamal	2	0	0	1	20,0	17	-1,11923	-0,33647	0,49000	0,16000	0,35000	-1,04982			
24	Rodolfo	2	0	0	1	20,0	18	-1,11923	-0,33647	0,49000	0,16000	0,35000	-1,04982			
25	Pilar	2	0	0	1	21,0	13	-1,11923	-0,33647	0,49000	0,16000	0,35000	-1,04982			
26	Vivian	1	0	1	0	16,7	15	-1,11923	-0,33647	0,49000	0,16000	0,35000	-1,83258			
27	Danielle	0	1	0	0	17,0	10	-1,11923	-0,33647	0,49000	0,16000	0,35000	-0,71335			
28	Juliana	0	1	0	0	14,4	10	-1,11923	-0,33647	0,49000	0,16000	0,35000	-0,71335			
101	Estela	0	1	0	0	1,0	13	-1,11923	-0,33647	0,49000	0,16000	0,35000	-0,71335			

Somatória LL_i [-101,01922]

Figura 13.21 Obtenção dos parâmetros quando da maximização de *LL* pelo Solver – modelo nulo da regressão logística multinomial.

$$z_{\beta_{21}} = \frac{\beta_{21}}{s.e.(\beta_{21})} = \frac{1,670}{0,577} = 2,894$$

$$z_{\alpha_2} = \frac{\alpha_2}{s.e.(\alpha_2)} = \frac{-62,292}{14,675} = -4,244$$

$$z_{\beta_{12}} = \frac{\beta_{12}}{s.e.(\beta_{12})} = \frac{1,078}{0,302} = 3,570$$

$$z_{\beta_{22}} = \frac{\beta_{22}}{s.e.(\beta_{22})} = \frac{2,895}{0,686} = 4,220$$

Como podemos verificar, todas as estatísticas z de Wald calculadas apresentaram valores menores do que $z_c = -1,96$ ou maiores do que $z_c = 1,96$ (valores críticos ao nível de significância de 5%, sendo as probabilidades na cauda inferior e na cauda superior iguais a 0,025).

Dessa forma, verificamos, para o nosso exemplo, que os critérios:

Se valor-P (ou *P-value* ou *Sig. z_{cal}* ou *Prob. z_{cal}*) < 0,05 para α_m, $\alpha_m \neq 0$

e

Se valor-P (ou *P-value* ou *Sig. z_{cal}* ou *Prob. z_{cal}*) < 0,05 para β_{jm}, $\beta_{jm} \neq 0$

são obedecidos. Em outras palavras, as variáveis *dist* e *sem* são estatisticamente significantes, ao nível de confiança de 95%, para explicar as diferenças das probabilidades de se chegar atrasado à primeira aula e à segunda aula em relação a não se chegar atrasado. As expressões destas probabilidades são aquelas já estimadas na seção 13.3.1 e apresentadas ao seu final.

Dessa forma, com base nos modelos probabilísticos finais estimados, podemos propor três interessantes perguntas, assim como fizemos na seção 13.2.2:

Qual é a probabilidade média estimada de se chegar atrasado à primeira aula ao se deslocar 17 quilômetros e passar por 15 semáforos?

Como a categoria *chegar atrasado à primeira aula* é a categoria 1, devemos fazer uso da expressão da probabilidade estimada p_{i_1}. Dessa forma, para esta situação, temos que:

$$p_1 = \frac{e^{[-33,135+0,559.(17)+1,670.(15)]}}{1 + e^{[-33,135+0,559.(17)+1,670.(15)]} + e^{[-62,292+1,078.(17)+2,895.(15)]}} = 0,722$$

Logo, a probabilidade média estimada de se chegar atrasado à primeira aula é, nas condições informadas, igual a 72,2%.

Em média, em quanto se altera a chance de se chegar atrasado à primeira aula, em relação a não chegar atrasado à escola, ao se adotar um percurso 1 quilômetro mais longo, mantidas as demais condições constantes?

Para respondermos a esta questão, vamos novamente recorrer à expressão (13.3), que poderá ser escrita da seguinte forma:

$$chance_{Y_{i1}=1} = e^{Z_{i1}} \tag{13.42}$$

de modo que, mantidas as demais condições constantes, a chance de se chegar atrasado à primeira aula em relação a não chegar atrasado à escola, ao se adotar um trajeto 1 quilômetro mais longo, é:

$$chance_{Y_1=1} = e^{0,559} = 1,749$$

Logo, a chance é multiplicada por um fator de 1,749, ou seja, mantidas as demais condições constantes, a chance de se chegar atrasado à primeira aula em relação a não chegar atrasado, ao se adotar um trajeto 1 quilômetro mais longo, é, em média, 74,9% maior. Em modelos de regressão logística multinomial, a chance (*odds ratio*) também é chamada de **razão de risco relativo** (***relative risk ratio***).

Em média, em quanto se altera a chance de se chegar atrasado à segunda aula, em relação a não chegar atrasado, ao se passar por 1 semáforo a mais no percurso até a escola, mantidas as demais condições constantes?

Nesse caso, como o evento de interesse refere-se à categoria *chegar atrasado à segunda aula*, a expressão da chance passa a ser:

$$chance_{Y_1=2} = e^{2,895} = 18,081$$

Logo, a chance é multiplicada por um fator de 18,081, ou seja, mantidas as demais condições constantes, a chance de se chegar atrasado à segunda aula em relação a não chegar atrasado, ao se passar por 1 semáforo a mais no percurso até a escola, é, em média, 1.708,1% maior.

Conforme podemos perceber, estes cálculos utilizaram sempre as estimativas médias dos parâmetros. Como fizemos na seção 13.2, partiremos agora para o estudo dos intervalos de confiança destes parâmetros.

13.3.3. Construção dos intervalos de confiança dos parâmetros do modelo de regressão logística multinomial

Os intervalos de confiança dos parâmetros estimados em uma regressão logística multinomial também são calculados por meio da expressão (13.21) apresentada na seção 13.2.3. Logo, ao nível de confiança de 95%, podem ser definidos, para os parâmetros α_m ($m = 1, 2, ..., M - 1$) e β_{jm} ($j = 1, 2, ..., k$; $m = 1, 2, ..., M - 1$), respectivamente, da seguinte forma:

$$\alpha_m \pm 1,96.\left[s.e.\left(\alpha_m \right) \right]$$

$$\tag{13.43}$$

$$\beta_{jm} \pm 1,96.\left[s.e.\left(\beta_{jm} \right) \right]$$

em que 1,96 é o z_c para o nível de significância de 5%.

Para os dados do nosso exemplo, a Tabela 13.19 apresenta os coeficientes estimados dos parâmetros α_m ($m = 1, 2$) e β_{jm} ($j = 1, 2$; $m = 1, 2$) das expressões das probabilidades de ocorrência dos eventos de interesse, com os respectivos erros-padrão, as estatísticas z de Wald e os intervalos de confiança para o nível de significância de 5%.

Como já sabíamos, nenhum intervalo de confiança contém o zero e, com base nos seus valores, podemos escrever as expressões dos limites inferior (mínimo) e superior (máximo) das probabilidades estimadas de ocorrência de cada uma das categorias da variável dependente.

Tabela 13.19 Cálculo dos intervalos de confiança dos parâmetros da regressão logística multinomial.

Parâmetro	Coeficiente	Erro–padrão (s.e.)	z	Intervalo de confiança (95%)	
				$\alpha_m - 1,96.\left[s.e.(\alpha_m)\right]$ $\beta_{jm} - 1,96.\left[s.e.(\beta_{jm})\right]$	$\alpha_m + 1,96.\left[s.e.(\alpha_m)\right]$ $\beta_{jm} + 1,96.\left[s.e.(\beta_{jm})\right]$
α_1 (constante)	-33,135	12,183	-2,720	-57,014	-9,256
β_{11} (variável *dist*)	0,559	0,243	2,300	0,082	1,035
β_{21} (variável *sem*)	1,670	0,577	2,894	0,539	2,800
α_2 (constante)	-62,292	14,675	-4,244	-91,055	-33,529
β_{12} (variável *dist*)	1,078	0,302	3,570	0,486	1,671
β_{22} (variável *sem*)	2,895	0,686	4,220	1,550	4,239

Intervalo de confiança (95%) da probabilidade estimada de um estudante _i_ não chegar atrasado (categoria 0):

$$p_{i_{0_{mín}}} = \frac{1}{1 + e^{\left(-57,014+0,082.dist_i+0,539.sem_i\right)} + e^{\left(-91,055+0,486.dist_i+1,550.sem_i\right)}}$$

$$p_{i_{0_{máx}}} = \frac{1}{1 + e^{\left(-9,256+1,035.dist_i+2,800.sem_i\right)} + e^{\left(-33,529+1,671.dist_i+4,239.sem_i\right)}}$$

Intervalo de confiança (95%) da probabilidade estimada de um estudante _i_ chegar atrasado à primeira aula (categoria 1):

$$p_{i_{1_{mín}}} = \frac{e^{\left(-57,014+0,082.dist_i+0,539.sem_i\right)}}{1 + e^{\left(-57,014+0,082.dist_i+0,539.sem_i\right)} + e^{\left(-91,055+0,486.dist_i+1,550.sem_i\right)}}$$

$$p_{i_{1_{máx}}} = \frac{e^{\left(-9,256+1,035.dist_i+2,800.sem_i\right)}}{1 + e^{\left(-9,256+1,035.dist_i+2,800.sem_i\right)} + e^{\left(-33,529+1,671.dist_i+4,239.sem_i\right)}}$$

Intervalo de confiança (95%) da probabilidade estimada de um estudante _i_ chegar atrasado à segunda aula (categoria 2):

$$p_{i_{2_{mín}}} = \frac{e^{\left(-91,055+0,486.dist_i+1,550.sem_i\right)}}{1 + e^{\left(-57,014+0,082.dist_i+0,539.sem_i\right)} + e^{\left(-91,055+0,486.dist_i+1,550.sem_i\right)}}$$

$$p_{i_{2_{máx}}} = \frac{e^{\left(-33,529+1,671.dist_i+4,239.sem_i\right)}}{1 + e^{\left(-9,256+1,035.dist_i+2,800.sem_i\right)} + e^{\left(-33,529+1,671.dist_i+4,239.sem_i\right)}}$$

Analogamente ao elaborado na seção 13.2.3, podemos definir a expressão dos intervalos de confiança das chances (*odds* ou *relative risk ratios*) de ocorrência de cada um dos eventos representados pelo subscrito m ($m = 1, 2, M - 1$) em relação à ocorrência do evento representado pela categoria 0 (referência) para cada parâmetro β_{jm} ($j = 1, 2, ..., k$; $m = 1, 2, ..., M - 1$), ao nível de confiança de 95%, da seguinte forma:

$$e^{\beta_{jm} \pm 1,96.\left[s.e.(\beta_{jm})\right]}$$

(13.44)

Para os dados do nosso exemplo, e a partir dos valores calculados na Tabela 13.19, vamos elaborar a Tabela 13.20, que apresenta os intervalos de confiança das chances (*odds* ou *relative risk ratios*) de ocorrência de cada um dos eventos em relação ao evento de referência para cada parâmetro β_{jm} ($j = 1, 2$; $m = 1, 2$).

Estes valores também serão obtidos por meio da modelagem no software Stata, a ser apresentada na próxima seção.

Tabela 13.20 Cálculo dos intervalos de confiança das chances (*odds* ou *relative risk ratios*) para cada parâmetro β_{jm}.

Evento	Parâmetro	Chance (*Odds*) $e^{\beta_{jm}}$	Intervalo de confiança da chance (95%) $e^{\beta_{jm}-1,96.\left[s.e.\left(\beta_{jm}\right)\right]}$	$e^{\beta_{jm}+1,96.\left[s.e.\left(\beta_{jm}\right)\right]}$
Chegar atrasado à primeira aula	β_{11} (variável *dist*)	1,749	1,085	2,817
	β_{21} (variável *sem*)	5,312	1,715	16,453
Chegar atrasado à segunda aula	β_{12} (variável *dist*)	2,939	1,625	5,318
	β_{22} (variável *sem*)	18,081	4,713	69,363

13.4. ESTIMAÇÃO DE MODELOS DE REGRESSÃO LOGÍSTICA BINÁRIA E MULTINOMIAL NO SOFTWARE STATA

O objetivo desta seção não é o de discutir novamente todos os conceitos inerentes às estatísticas dos modelos de regressão logística binária e multinomial, porém propiciar ao pesquisador uma oportunidade de elaboração dos mesmos exemplos explorados ao longo do capítulo por meio do Stata Statistical Software®. A reprodução de suas imagens nesta seção tem autorização da StataCorp LP©.

13.4.1. Regressão logística binária no software Stata

Voltando então ao primeiro exemplo, lembremos que um professor tinha o interesse em avaliar se a distância percorrida, a quantidade de semáforos, o período do dia em que se dava o trajeto e o perfil dos alunos ao volante influenciavam o fato de se chegar ou não atrasado à escola. Já partiremos para o banco de dados final construído pelo professor por meio dos questionamentos elaborados ao seu grupo de 100 estudantes. O banco de dados encontra-se no arquivo **Atrasado.dta** e é exatamente igual ao apresentado parcialmente na Tabela 13.2.

```
. desc

 obs:            100
 vars:             6
 size:         2,600 (99.9% of memory free)
-------------------------------------------------------------
              storage  display    value
variable name  type    format     label      variable label
-------------------------------------------------------------
estudante      str11   %11s
atrasado       byte    %8.0g      atrasado   chegou atrasado à escola?
dist           float   %9.0g                 distância percorrida até a escola (km)
sem            byte    %8.0g                 quantidade de semáforos
per            byte    %8.0g      per        período do dia
perfil         float   %9.0g      perfil     perfil ao volante
-------------------------------------------------------------
Sorted by:
```

Figura 13.22 Descrição do banco de dados **Atrasado.dta**.

Inicialmente, podemos digitar o comando **desc**, que faz com que seja possível analisarmos as características do banco de dados, como o número de observações, o número de variáveis e a descrição de cada uma delas. A Figura 13.22 apresenta este primeiro *output* do Stata.

A variável dependente, que se refere ao fato de se chegar ou não atrasado à escola, é qualitativa e possui apenas duas categorias, já rotuladas no banco de dados como *dummy* (Não = 0; Sim = 1). O comando **tab** oferece a distribuição de frequências de uma variável qualitativa, com destaque para a quantidade de categorias. Se o pesquisador tiver dúvidas sobre o número de categorias, poderá recorrer facilmente a este comando. A Figura 13.23 apresenta a distribuição de frequências da variável dependente *atrasado*.

É comum que se discuta sobre a necessidade de igualdade de frequências entre a categoria de referência e a categoria que representa o evento de interesse quando da estimação de modelos de regressão logística binária.

```
. tab atrasado

    chegou |
 atrasado à |
    escola? |      Freq.       Percent         Cum.
------------+-----------------------------------
       Não |         41         41.00        41.00
       Sim |         59         59.00       100.00
------------+-----------------------------------
     Total |        100        100.00
```

Figura 13.23 Distribuição de frequências da variável *atrasado*.

O fato de as frequências não serem iguais afetará a probabilidade de ocorrência do evento de interesse para cada observação da amostra, apresentada por meio da expressão (13.11), e, consequentemente, o respectivo logaritmo da função de verossimilhança. Entretanto, como o nosso objetivo é estimar um modelo de probabilidade de ocorrência do evento de interesse com base na maximização da somatória do logaritmo da função de verossimilhança para toda a amostra, respeitando as características do próprio banco de dados, **não há a necessidade de que as frequências das duas categorias sejam iguais**.

Com relação às variáveis explicativas qualitativas, a variável *per* também possui apenas duas categorias que, no banco de dados, já estão rotuladas como *dummy* (manhã = 1; tarde = 0). Por outro lado, a variável *perfil* possui três categorias e, portanto, será preciso que criemos ($n - 1 = 2$) *dummies*. O comando **xi i.perfil** nos fornecerá estas duas *dummies*, nomeadas pelo Stata de *_Iperfil_2* e *_Iperfil_3*. Enquanto as Figuras 13.24 e 13.25 apresentam, respectivamente, as distribuições de frequência das variáveis *per* e *perfil*, a Figura 13.26 apresenta o procedimento para a criação das duas *dummies* a partir da variável *perfil*.

```
. tab per

 período do |
        dia |      Freq.       Percent         Cum.
------------+-----------------------------------
      tarde |         62         62.00        62.00
      manhã |         38         38.00       100.00
------------+-----------------------------------
      Total |        100        100.00
```

Figura 13.24 Distribuição de frequências da variável *per*.

```
. tab perfil

   perfil ao |
     volante |      Freq.       Percent         Cum.
-------------+-----------------------------------
       calmo |         54         54.00        54.00
    moderado |         33         33.00        87.00
   agressivo |         13         13.00       100.00
-------------+-----------------------------------
       Total |        100        100.00
```

Figura 13.25 Distribuição de frequências da variável *perfil*.

```
. xi i.perfil
i.perfil            _Iperfil_1-3         (naturally coded; _Iperfil_1 omitted)
```

Figura 13.26 Criação das duas *dummies* a partir da variável *perfil*.

Vamos, então, à modelagem propriamente dita. Para tanto, devemos digitar o seguinte comando:

```
logit atrasado dist sem per _Iperfil_2 _Iperfil_3
```

O comando **logit** elabora uma regressão logística binária estimada por máxima verossimilhança. Se o pesquisador não informar o nível de confiança desejado para a definição dos intervalos dos parâmetros estimados, o padrão será de 95%. Entretanto, se o pesquisador desejar alterar o nível de confiança dos intervalos dos parâmetros para, por exemplo, 90%, deverá digitar o seguinte comando:

```
logit atrasado dist sem per _Iperfil_2 _Iperfil_3, level(90)
```

Iremos seguir com a análise mantendo o nível padrão de confiança dos intervalos dos parâmetros, que é de 95%. Os *outputs* encontram-se na Figura 13.27 e são exatamente iguais aos calculados na seção 13.2.

Como a regressão logística binária faz parte do grupo de modelos conhecidos por **Modelos Lineares Generalizados** (*Generalized Linear Models*), e como a variável dependente apresenta uma distribuição de Bernoulli, conforme discutido na seção 13.2.1, a estimação apresentada na Figura 13.27 também poderia ter sido igualmente obtida por meio da digitação do seguinte comando:

```
glm atrasado dist sem per _Iperfil_2 _Iperfil_3, family(bernoulli)
```

```
. logit atrasado dist sem per _Iperfil_2 _Iperfil_3

Iteration 0:    log likelihood = -67.685855
Iteration 1:    log likelihood = -34.976399
Iteration 2:    log likelihood = -30.442925
Iteration 3:    log likelihood = -29.076531
Iteration 4:    log likelihood = -29.065694
Iteration 5:    log likelihood =  -29.06568
Iteration 6:    log likelihood =  -29.06568

Logistic regression                         Number of obs   =        100
                                            LR chi2(5)      =      77.24
                                            Prob > chi2     =     0.0000
Log likelihood =  -29.06568                 Pseudo R2       =     0.5706

----------------------------------------------------------------------------
   atrasado |      Coef.   Std. Err.      z    P>|z|     [95% Conf. Interval]
------------+---------------------------------------------------------------
       dist |   .2201793   .1097042     2.01   0.045     .0051629    .4351956
        sem |   2.766715   .9216722     3.00   0.003      .960271     4.57316
        per |  -3.653351   .8781353    -4.16   0.000    -5.374464   -1.932237
  _Iperfil_2 |   1.346041   .7477467     1.80   0.072    -.1195153    2.811598
  _Iperfil_3 |   2.914474   1.178805     2.47   0.013     .6040581     5.22489
       _cons |  -30.20028   9.981061    -3.03   0.002     -49.7628   -10.63776
----------------------------------------------------------------------------
Note: 0 failures and 2 successes completely determined.
```

Figura 13.27 *Outputs* da regressão logística binária no Stata.

Inicialmente, podemos verificar que os valores máximos do logaritmo da função de verossimilhança para o modelo completo e para o modelo nulo são, respectivamente, −29,06565 e −67,68585, e são exatamente aqueles calculados e apresentados nas Figuras 13.4 e 13.7, respectivamente. Assim, fazendo uso da expressão (13.17), temos que:

$$\chi^2_{5 g.l.} = -2.\left[-67,68585 - \left(-29,06568\right)\right] = 77,24 \text{ com } valor\text{-}P\left(\text{ou } Prob.\chi^2_{cal}\right) = 0,000.$$

Logo, com base no teste χ^2, podemos rejeitar a hipótese nula de que todos os parâmetros β_j (j = 1, 2, ..., 5) sejam estatisticamente iguais a zero ao nível de significância de 5%, ou seja, pelo menos uma variável X é estatisticamente significante para explicar a probabilidade de ocorrência do fato de se chegar atrasado à escola.

Embora o pseudo R^2 de McFadden, conforme discutido, apresente bastante limitação em relação à sua interpretação, o Stata o calcula, com base na expressão (13.16), exatamente como fizemos na seção 13.2.2.

$$pseudo\ R^2 = \frac{-2.\left(-67,68585\right) - \left[\left(-2.\left(-29,06568\right)\right)\right]}{-2.\left(-67,68585\right)} = 0,5706$$

Por meio da maximização do logaritmo da função de verossimilhança, estimamos os parâmetros do modelo, que são exatamente iguais àqueles apresentados na Figura 13.4. Entretanto, conforme discutimos na seção 13.2.2, a variável _Iperfil_2 (parâmetro β_4) não se mostrou estatisticamente significante para aumentar ou diminuir a probabilidade de se chegar atrasado à escola na presença das demais variáveis explicativas, ao nível de significância de 5%, uma vez que $-1,96 < z_{\beta4} = 1,80 < 1,96$ e, portanto, o *valor-P* da estatística z de Wald apresentou um valor maior do que 0,05.

A não rejeição da hipótese nula para o parâmetro β_4, ao nível de significância de 5%, obriga-nos a estimar o modelo de regressão logística binária por meio do procedimento *Stepwise*. Antes, porém, da elaboração deste procedimento, vamos salvar os resultados do modelo completo. Para tanto, devemos digitar o seguinte comando:

```
lrtest, saving(0)
```

Este comando salva as estimativas dos parâmetros do modelo completo, a fim de que seja possível elaborarmos, adiante, um teste para verificação da adequação do ajuste do modelo completo em comparação com o ajuste do modelo final estimado por meio do procedimento *Stepwise*.

Vamos, então, elaborar o procedimento *Stepwise* propriamente dito, por meio da digitação do seguinte comando, em que é definido o nível de significância do teste z de Wald a partir do qual as variáveis explicativas serão excluídas do modelo final.

```
stepwise, pr(0.05): logit atrasado dist sem per _Iperfil_2 _Iperfil_3
```

Os *outputs* do modelo final encontram-se na Figura 13.28.

Analogamente, a estimação apresentada na mesma figura também poderia ter sido obtida por meio do seguinte comando:

```
stepwise, pr(0.05): glm atrasado dist sem per _Iperfil_2 _Iperfil_3,
family(bernoulli)
```

```
. stepwise, pr(0.05): logit atrasado dist sem per _Iperfil_2 _Iperfil_3
                        begin with full model
p = 0.0718 >= 0.0500   removing _Iperfil_2

Logistic regression                             Number of obs   =        100
                                                LR chi2(4)      =      73.77
                                                Prob > chi2     =     0.0000
Log likelihood = -30.800789                     Pseudo R2       =     0.5449

------------------------------------------------------------------------------
    atrasado |      Coef.   Std. Err.      z    P>|z|     [95% Conf. Interval]
-------------+----------------------------------------------------------------
        dist |   .2041463   .1011603     2.02   0.044     .0058758    .4024168
         sem |   2.920114   1.010796     2.89   0.004     .9389897    4.901238
         per |  -3.776301   .8466794    -4.46   0.000    -5.435762    -2.11684
   _Iperfil_3|   2.459067   1.139451     2.16   0.031     .2257837    4.692351
        _cons|  -30.93335   10.63625    -2.91   0.004    -51.78001   -10.08668
------------------------------------------------------------------------------
Note: 0 failures and 2 successes completely determined.
```

Figura 13.28 *Outputs* da regressão logística binária com procedimento *Stepwise* no Stata.

Antes de analisarmos estes novos *outputs*, vamos elaborar o teste de razão de verossimilhança (*likelihood-ratio test*) que, conforme discutimos na seção 13.2.2, verifica a adequação do ajuste do modelo completo em comparação com o ajuste do modelo final estimado por meio do procedimento *Stepwise*. Para tanto, devemos digitar o seguinte comando:

```
lrtest
```

```
. lrtest

Likelihood-ratio test                              LR chi2(1)   =      3.47
(Assumption: . nested in LRTEST_0)                 Prob > chi2  =    0.0625
```

Figura 13.29 Teste de razão de verossimilhança para verificação da qualidade do ajuste do modelo final.

cujo resultado encontra-se na Figura 13.29 e é exatamente igual ao calculado manualmente por meio da expressão (13.19).

$$\chi^2_{1g.l.} = -2.\left[-30,80079 - \left(-29,06568\right)\right] = 3,47 \text{ com } valor\text{ - }P \text{ (ou } Prob. \chi^2_{cal}) > 0,05.$$

Por meio da análise do teste de razão de verossimilhança, podemos verificar que a estimação do modelo final com a exclusão da variável _Iperfil_2 não alterou a qualidade do ajuste, ao nível de significância de 5%, fazendo com que o modelo estimado por meio do procedimento *Stepwise* seja preferível em relação ao modelo completo estimado com todas as variáveis explicativas.

Outro teste bastante usual para verificação da qualidade de ajuste do modelo final é o teste de Hosmer-Lemeshow, cujo princípio consiste em dividir a base de dados em 10 partes por meio dos decis das probabilidades estimadas pelo último modelo gerado e, a partir de então, elaborar um teste χ^2 para verificar se existem diferenças significativas entre as frequências observadas e esperadas do número de observações em cada um dos 10 grupos. Para elaborar este teste no Stata, devemos digitar o seguinte comando:

`estat gof, group(10) table`

em que o termo **`gof`** refere-se à expressão *goodness-of-fit*, ou seja, qualidade do ajuste.

O *output* deste teste encontra-se na Figura 13.30.

Os resultados apresentados nesta figura mostram os grupos formados pelos decis das probabilidades estimadas e as quantidades observadas e esperadas de observações por grupo, assim como o resultado do teste χ^2 que, para 8 graus de liberdade, não rejeita a hipótese nula de que as frequências esperadas e observadas sejam iguais, ao nível de significância de 5%. Portanto, o modelo final estimado não apresenta problemas em relação à qualidade do ajuste proposto.

Em relação a este modelo final estimado (Figura 13.28), todas as estatísticas apresentadas, os parâmetros estimados com respectivos intervalos de confiança, os erros-padrão e as estatísticas z de Wald são

```
. estat gof, group(10) table

Logistic model for atrasado, goodness-of-fit test

  (Table collapsed on quantiles of estimated probabilities)
+--------------------------------------------------------------+
| Group |   Prob | Obs_1 | Exp_1 | Obs_0 | Exp_0 | Total |
|-------+--------+-------+-------+-------+-------+-------|
|     1 | 0.0376 |     0 |   0.1 |    10 |   9.9 |    10 |
|     2 | 0.0555 |     0 |   0.5 |    10 |   9.5 |    10 |
|     3 | 0.2815 |     2 |   0.8 |     8 |   9.2 |    10 |
|     4 | 0.6423 |     5 |   5.4 |     5 |   4.6 |    10 |
|     5 | 0.7416 |     6 |   6.8 |     4 |   3.2 |    10 |
|-------+--------+-------+-------+-------+-------+-------|
|     6 | 0.8087 |     9 |   7.8 |     1 |   2.2 |    10 |
|     7 | 0.8850 |     7 |   8.5 |     3 |   1.5 |    10 |
|     8 | 0.9719 |    10 |   9.4 |     0 |   0.6 |    10 |
|     9 | 0.9884 |    10 |   9.8 |     0 |   0.2 |    10 |
|    10 | 1.0000 |    10 |  10.0 |     0 |   0.0 |    10 |
+--------------------------------------------------------------+

           number of observations =        100
                  number of groups =         10
        Hosmer-Lemeshow chi2(8) =       6.34
                    Prob > chi2 =     0.6091
```

Figura 13.30 Teste de Hosmer-Lemeshow para verificação da qualidade do ajuste do modelo final.

exatamente iguais aos calculados para o modelo final nas seções 13.2.2 e 13.2.3. Assim, para este modelo, temos que $LL_{máx} = -30,80079$ e, portanto:

$$pseudo\ R^2 = \frac{-2.(-67,68585)-\left[\left(-2.(-30,80079)\right)\right]}{-2.(-67,68585)} = 0,5449$$

$$\chi^2_{4\,g.l.} = -2.\left[-67,68585-(-30,80079)\right] = 73,77 \text{ com } valor\text{-}P \text{ (ou } Prob.\chi^2_{cal}) = 0,000.$$

Como a estimação do modelo final foi elaborada por meio do procedimento *Stepwise* com nível de significância de 5%, obviamente todos os valores das estatísticas z de Wald são menores do que $-1,96$ ou maiores do que $1,96$ e, portanto, todos os seus *valores-P* são menores do que 0,05.

Dessa forma, como base nos *outputs* da Figura 13.28, podemos escrever a expressão final de probabilidade estimada de que um estudante i chegue atrasado à escola da seguinte forma:

$$p_i = \frac{1}{1+e^{-\left(-30,933+0,204.dist_i+2,920.sem_i-3,776.per_i+2,459.\_Iperfil\_3_i\right)}}$$

e, dessa maneira, podemos retornar à primeira pergunta feita ao final da seção 13.2.2:

Qual é a probabilidade média estimada de se chegar atrasado à escola ao se deslocar 17 quilômetros e passar por 10 semáforos, tendo feito o trajeto de manhã e sendo considerado agressivo ao volante?

O comando **mfx** permite que o pesquisador responda esta pergunta diretamente. Assim, devemos digitar o seguinte comando:

mfx, at(dist=17 sem=10 per=1 _Iperfil_3=1)

Obviamente, o termo **_Iperfil_2** = 0 não precisa ser incluído no comando **mfx**, já que a variável *_Iperfil_2* não está presente no modelo final. O *output* é apresentado na Figura 13.31, por meio do qual podemos chegar à resposta de 0,603 (60,3%), que é exatamente igual àquela calculada manualmente na seção 13.2.2.

Ainda por meio da Figura 13.28, podemos escrever as expressões dos limites inferior (mínimo) e superior (máximo) da probabilidade estimada de que um estudante i chegue atrasado à escola, com 95% de confiança. Assim, teremos:

$$p_{i_{mín}} = \frac{1}{1+e^{-\left(-51,780+0,006.dist_i+0,938.sem_i-5,436.per_i+0,226.\_Iperfil\_3_i\right)}}$$

$$p_{i_{máx}} = \frac{1}{1+e^{-\left(-10,087+0,402.dist_i+4,901.sem_i-2,116.per_i+4,692.\_Iperfil\_3_i\right)}}$$

Pequenas diferenças na terceira casa decimal em relação aos parâmetros apresentados na seção 13.2.2 devem-se a critérios de arredondamento.

Enquanto o comando **logit** faz com que o Stata apresente os coeficientes dos parâmetros estimados da expressão de probabilidade de ocorrência do evento, o comando **logistic** faz com que o software apresente as

```
. mfx, at(dist=17 sem=10 per=1 _Iperfil_3=1)

Marginal effects after logit
     y  = Pr(atrasado) (predict)
        =   .6037341
------------------------------------------------------------------------
variable |      dy/dx    Std. Err.     z    P>|z|  [    95% C.I.   ]    X
---------+--------------------------------------------------------------
    dist |   .0488398      .02476    1.97   0.049    .00031   .09737    17
     sem |   .6986059       .2811    2.49   0.013   .147657  1.24955    10
    per* |  -.3814532      .21615   -1.76   0.078  -.805109  .042203     1
_Iperf~3*|   .4884655      .22979    2.13   0.034   .038084  .938847     1
------------------------------------------------------------------------
(*) dy/dx is for discrete change of dummy variable from 0 to 1
```

Figura 13.31 Cálculo da probabilidade estimada para valores das variáveis explicativas – comando **mfx**.

chances de ocorrência do evento de interesse ao se alterar em uma unidade a correspondente variável explicativa, mantidas as demais condições constantes. Dessa forma, vamos digitar o seguinte comando:

```
logistic atrasado dist sem per _Iperfil_2 _Iperfil_3
```

Os *outputs* são apresentados na Figura 13.32.

```
. logistic atrasado dist sem per _Iperfil_2 _Iperfil_3

Logistic regression                            Number of obs   =        100
                                               LR chi2(5)      =      77.24
                                               Prob > chi2     =     0.0000
Log likelihood = -29.06568                     Pseudo R2       =     0.5706

-------------------------------------------------------------------------------
    atrasado | Odds Ratio   Std. Err.      z    P>|z|     [95% Conf. Interval]
-------------+-----------------------------------------------------------------
        dist |   1.2463     .1367244     2.01   0.045     1.005176    1.545265
         sem |  15.9063     14.6604      3.00   0.003     2.612404    96.84966
         per |  .0259042    .0227474    -4.16   0.000     .0046334    .1448239
   _Iperfil_2 |  3.842186    2.872982     1.80   0.072     .8873505    16.63648
   _Iperfil_3 |  18.43911   21.73612     2.47   0.013     1.829528    185.8407
-------------------------------------------------------------------------------
Note: 0 failures and 2 successes completely determined.
```

Figura 13.32 *Outputs* da regressão logística binária no Stata – comando `logistic` para obtenção das *odds ratios*.

A única diferença entre os *outputs* da Figura 13.32 (comando `logistic`) e aqueles apresentados na Figura 13.27 (comando `logit`) é que, agora, o Stata apresenta as *odds ratios* de cada variável explicativa, calculadas com base na expressão (13.3). No mais, podemos perceber que as estatísticas z de Wald e os seus respectivos *valores-P* são exatamente os mesmos daqueles apresentados na Figura 13.27 e, dessa forma, faz sentido elaborarmos, também para o comando `logistic`, o procedimento *Stepwise*. Assim, vamos digitar o seguinte comando:

```
stepwise, pr(0.05): logistic atrasado dist sem per _Iperfil_2 _Iperfil_3
```

Os *outputs* encontram-se na Figura 13.33.

Analogamente, os *outputs* desta figura são os mesmos daqueles apresentados na Figura 13.28, à exceção das *odds ratios*.

```
. stepwise, pr(0.05): logistic atrasado dist sem per _Iperfil_2 _Iperfil_3
                      begin with full model
p = 0.0718 >= 0.0500  removing _Iperfil_2

Logistic regression                            Number of obs   =        100
                                               LR chi2(4)      =      73.77
                                               Prob > chi2     =     0.0000
Log likelihood = -30.800789                    Pseudo R2       =     0.5449

-------------------------------------------------------------------------------
    atrasado | Odds Ratio   Std. Err.      z    P>|z|     [95% Conf. Interval]
-------------+-----------------------------------------------------------------
        dist |  1.226478    .1240708     2.02   0.044     1.005893    1.495435
         sem |  18.5434     18.7436      2.89   0.004     2.557396    134.4562
         per |  .0229073    .0193951    -4.46   0.000     .0043579    .1204115
   _Iperfil_3 |  11.6939    13.32463     2.16   0.031     1.253305    109.1094
-------------------------------------------------------------------------------
Note: 0 failures and 2 successes completely determined.
```

Figura 13.33 *Outputs* da regressão logística binária com procedimento *Stepwise* no Stata – comando `logistic` para obtenção das *odds ratios*.

As estimações apresentadas nas Figuras 13.32 e 13.33 também poderiam ter sido obtidas por meio dos seguintes comandos, respectivamente:

```
glm atrasado dist sem per _Iperfil_2 _Iperfil_3, family(bernoulli)
eform
```

```
stepwise, pr(0.05): glm atrasado dist sem per _Iperfil_2 _Iperfil_3,
family(bernoulli) eform
```

em que o termo **eform** do comando **glm** equivale ao comando **logistic**.

Sendo assim, podemos retornar às duas últimas perguntas elaboradas ao final da seção 13.2.2:

Em média, em quanto se altera a chance de se chegar atrasado à escola ao se adotar um percurso 1 quilômetro mais longo, mantidas as demais condições constantes?

Um aluno considerado agressivo apresenta, em média, uma chance maior de chegar atrasado do que outro considerado calmo? Se sim, em quanto é incrementada esta chance, mantidas as demais condições constantes?

As respostas agora podem ser dadas de maneira direta, ou seja, enquanto a chance de se chegar atrasado à escola ao se adotar um trajeto 1 quilômetro mais longo é, em média e mantidas as demais condições constantes, multiplicada por um fator de 1,226 (chance 22,6% maior), a chance de se chegar atrasado à escola quando se é agressivo ao volante em relação a ser calmo é, em média e também mantidas as demais condições constantes, multiplicada por um fator de 11,693 (chance 1.069,3% maior). Esses valores são exatamente os mesmos daqueles calculados manualmente ao final da seção 13.2.2.

Estimado o modelo probabilístico, podemos, por meio do comando **predict phat**, gerar uma nova variável (*phat*) no banco de dados. Esta nova variável corresponde aos valores esperados (previstos) de probabilidade de ocorrência do evento para cada observação, calculados com base nos parâmetros estimados na última modelagem efetuada.

Apenas para fins didáticos, podemos elaborar três gráficos distintos que relacionam a variável dependente e a variável *sem*. Esses gráficos são apresentados nas Figuras 13.34, 13.35 e 13.36, e os comandos para a obtenção de cada um deles são, respectivamente, os seguintes:

```
graph twoway scatter atrasado sem || lfit phat sem
```

```
graph twoway scatter atrasado sem || mspline phat sem
```

```
graph twoway scatter phat sem || mspline phat sem
```

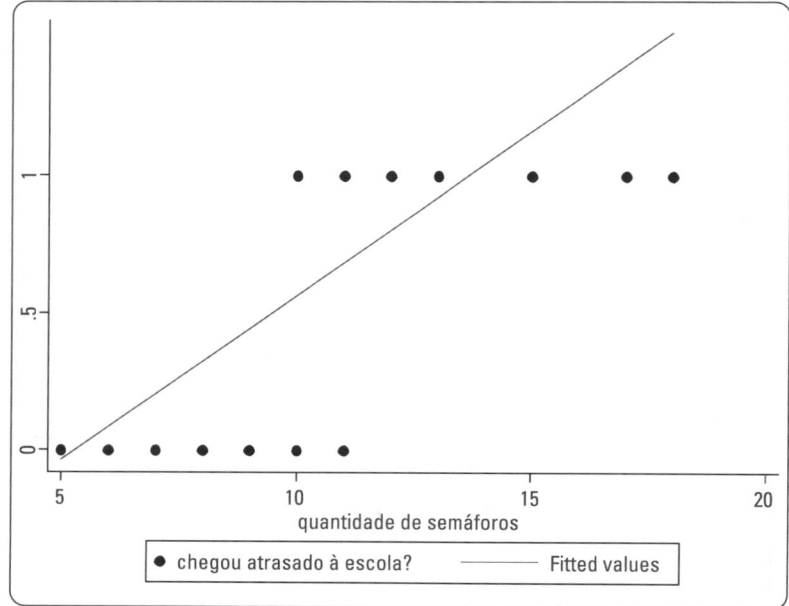

Figura 13.34 Ajuste linear entre a variável dependente e a variável *sem*.

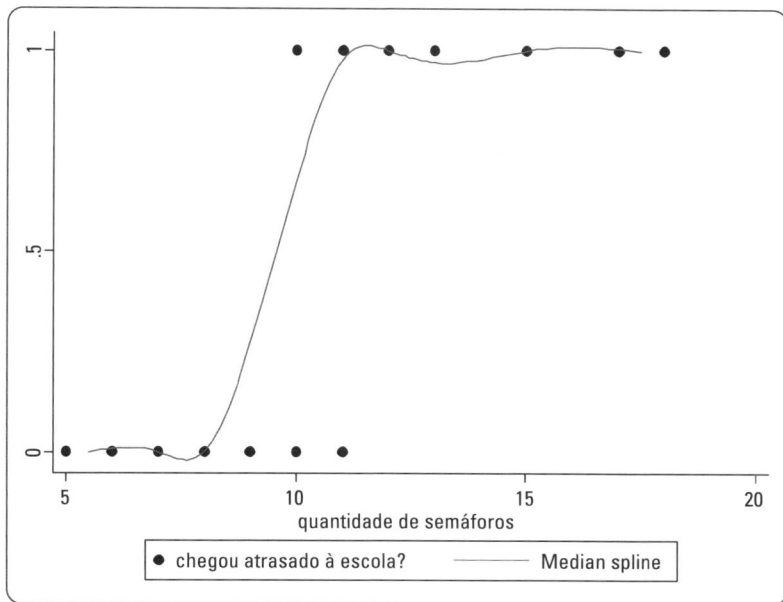

Figura 13.35 Ajuste logístico determinístico entre a variável dependente e a variável *sem*.

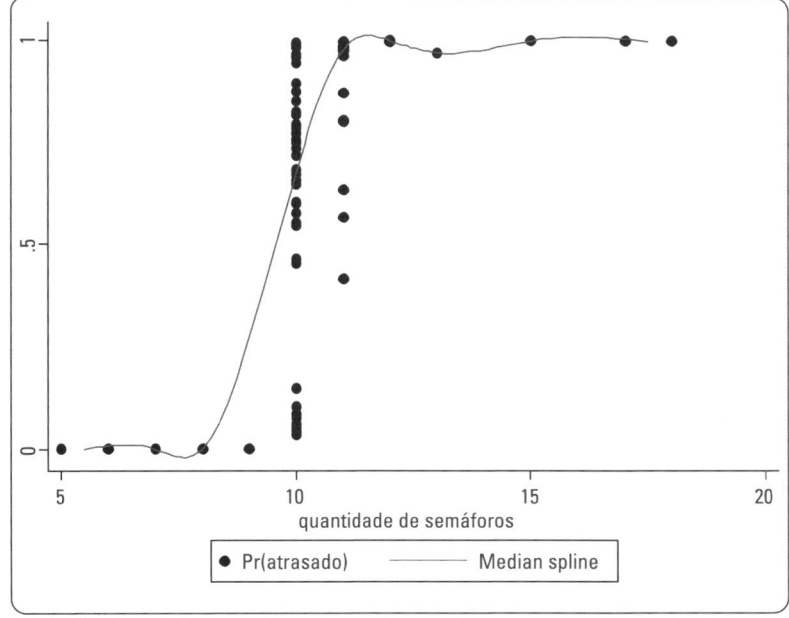

Figura 13.36 Ajuste logístico probabilístico entre a variável dependente e a variável *sem*.

Enquanto o gráfico da Figura 13.34 apresenta apenas o ajuste linear entre a variável dependente e a variável *sem*, o que não traz muitos benefícios à análise, o gráfico da Figura 13.35 traz o ajuste logístico com base nas probabilidades estimadas, porém ainda apresentando a variável dependente de forma dicotômica, o que faz com que este gráfico seja chamado de ajuste logístico determinístico. Por fim, o gráfico da Figura 13.36, embora similar ao anterior, mostra como as probabilidades de ocorrência do evento de interesse se comportam em função de alterações na variável *sem*, sendo, portanto, chamado de ajuste logístico probabilístico.

Com base no modelo final estimado, podemos agora elaborar a análise de sensibilidade do modelo proposto, de acordo com o apresentado na seção 13.2.4. Para tanto, devemos digitar o seguinte comando, que irá gerar a matriz de confusão apresentada na Figura 13.37:

```
estat class
```

```
. estat class

Logistic model for atrasado

                -------- True --------
Classified |           D              ~D    |      Total
-----------+----------------------------+-----------
      +    |           56              11    |         67
      -    |            3              30    |         33
-----------+----------------------------+-----------
   Total   |           59              41    |        100

Classified + if predicted Pr(D) >= .5
True D defined as atrasado != 0
--------------------------------------------------------
Sensitivity                       Pr( +| D)     94.92%
Specificity                       Pr( -|~D)     73.17%
Positive predictive value         Pr( D| +)     83.58%
Negative predictive value         Pr(~D| -)     90.91%
--------------------------------------------------------
False + rate for true ~D          Pr( +|~D)     26.83%
False - rate for true D           Pr( -| D)      5.08%
False + rate for classified +     Pr(~D| +)     16.42%
False - rate for classified -     Pr( D| -)      9.09%
--------------------------------------------------------
Correctly classified                            86.00%
--------------------------------------------------------
```

Figura 13.37 Análise de sensibilidade (matriz de confusão para *cutoff* = 0,5).

Iniciaremos a análise de sensibilidade com um *cutoff* de 0,5. Ressalta-se que o comando **estat class** já apresenta, como padrão, um *cutoff* de 0,5. O *output* gerado encontra-se na Figura 13.37, que corresponde exatamente à Tabela 13.11.

Logo, conforme discutimos na seção 13.2.4, podemos verificar que 86 observações foram classificadas corretamente, para um *cutoff* de 0,5, sendo que 56 delas foram evento, e de fato foram classificadas como tal, e outras 30 não foram evento e não foram classificadas como evento, para este *cutoff*. Entretanto, 14 observações foram classificadas incorretamente, sendo que 3 foram evento, mas não foram classificadas como tal, e 11 não foram evento, mas foram classificadas como tendo sido.

O Stata também oferece em seus *outputs* a eficiência global do modelo, denominada *Correctly Classified* (percentual total de acerto da classificação), a sensitividade, ou *Sensitivity* (percentual de acerto considerando-se apenas as observações que de fato foram evento) e a especificidade, ou *Specificity* (percentual de acerto considerando-se apenas as observações que não foram evento), para um *cutoff* de 0,5. Assim sendo, temos, respectivamente:

$$EGM = \frac{56+30}{100} = 0,8600$$

$$Sensitividade = \frac{56}{59} = 0,9492$$

$$Especificidade = \frac{30}{41} = 0,7317$$

A tabela da Figura 13.37 também pode ser obtida por meio da digitação da seguinte sequência de comandos, cujos *outputs* encontram-se na Figura 13.38:

```
gen classatrasado = 1 if phat>=0.5

replace classatrasado=0 if classatrasado==.

tab classatrasado atrasado
```

```
. gen classatrasado = 1 if  phat>=0.5
(33 missing values generated)

. replace classatrasado=0 if classatrasado==.
(33 real changes made)

. tab classatrasado atrasado

           |  chegou atrasado à
classatras |       escola?
      ado  |    Não      Sim  |   Total
-----------+--------------------+----------
        0  |     30        3   |      33
        1  |     11       56   |      67
-----------+--------------------+----------
    Total  |     41       59   |     100
```

Figura 13.38 Obtenção por sequência de comandos da tabela de classificação (matriz de confusão para *cutoff* = 0,5).

```
. estat class, cutoff(0.3)

Logistic model for atrasado

              -------- True --------
Classified |      D          ~D    |    Total
-----------+--------------------------+-----------
     +     |      57         13     |     70
     -     |       2         28     |     30
-----------+--------------------------+-----------
   Total   |      59         41     |    100

Classified + if predicted Pr(D) >= .3
True D defined as atrasado != 0
-------------------------------------------------
Sensitivity                 Pr( +| D)    96.61%
Specificity                 Pr( -|~D)    68.29%
Positive predictive value   Pr( D| +)    81.43%
Negative predictive value   Pr(~D| -)    93.33%
-------------------------------------------------
False + rate for true ~D    Pr( +|~D)    31.71%
False - rate for true D     Pr( -| D)     3.39%
False + rate for classified +   Pr(~D| +)    18.57%
False - rate for classified -   Pr( D| -)     6.67%
-------------------------------------------------
Correctly classified                     85.00%
-------------------------------------------------
```

Figura 13.39 Análise de sensibilidade (matriz de confusão para *cutoff* = 0,3).

As Figuras 13.39 e 13.40 apresentam as análises de sensibilidade do modelo para valores de *cutoff* iguais a 0,3 e 0,7, e suas tabelas de classificação correspondem, respectivamente, às Tabelas 13.12 e 13.13 apresentadas na seção 13.2.4. Os comandos para obtenção das Figuras 13.39 e 13.40 são, respectivamente:

```
estat class, cutoff(0.3)
```

```
estat class, cutoff(0.7)
```

Como os valores de *cutoff* variam entre 0 e 1, torna-se operacionalmente impossível a elaboração de análises de sensibilidade para cada *cutoff*. Sendo assim, faz sentido, neste momento, que sejam elaboradas a curva de sensibilidade e a curva *ROC* para todas as possibilidades de *cutoff*. Os comandos para a elaboração de cada uma delas são, respectivamente:

```
lsens
```

```
lroc
```

```
. estat class, cutoff(0.7)

Logistic model for atrasado

                -------- True --------
Classified |         D         ~D  |      Total
-----------+------------------------+-----------
       +   |        47          5  |         52
       -   |        12         36  |         48
-----------+------------------------+-----------
    Total  |        59         41  |        100

Classified + if predicted Pr(D) >= .7
True D defined as atrasado != 0
--------------------------------------------------
Sensitivity                     Pr( +| D)   79.66%
Specificity                     Pr( -|~D)   87.80%
Positive predictive value       Pr( D| +)   90.38%
Negative predictive value       Pr(~D| -)   75.00%
--------------------------------------------------
False + rate for true ~D        Pr( +|~D)   12.20%
False - rate for true D         Pr( -| D)   20.34%
False + rate for classified +   Pr(~D| +)    9.62%
False - rate for classified -   Pr( D| -)   25.00%
--------------------------------------------------
Correctly classified                        83.00%
--------------------------------------------------
```

Figura 13.40 Análise de sensibilidade (matriz de confusão para *cutoff* = 0,7).

Enquanto as Figuras 13.14 e 13.15 (seção 13.2.4) apresentavam apenas parte das curvas completas de sensibilidade e *ROC* (naquela oportunidade, foram plotadas considerando-se apenas três valores de *cutoff*), as Figuras 13.41 e 13.42 apresentam, respectivamente, estas curvas completas.

A análise da curva de sensibilidade (Figura 13.41) permite que cheguemos a um valor aproximado de *cutoff* que iguala a sensitividade à especificidade, e esse *cutoff*, para o nosso exemplo, é aproximadamente igual a 0,67. O maior problema que podemos perceber na curva de sensibilidade refere-se ao comportamento da curva de especificidade. Enquanto a curva de sensitividade apresenta percentuais de acerto de classificação para a maioria dos valores de *cutoff* (até aproximadamente 0,65), o mesmo não pode ser dito em relação ao comportamento da curva de especificidade,

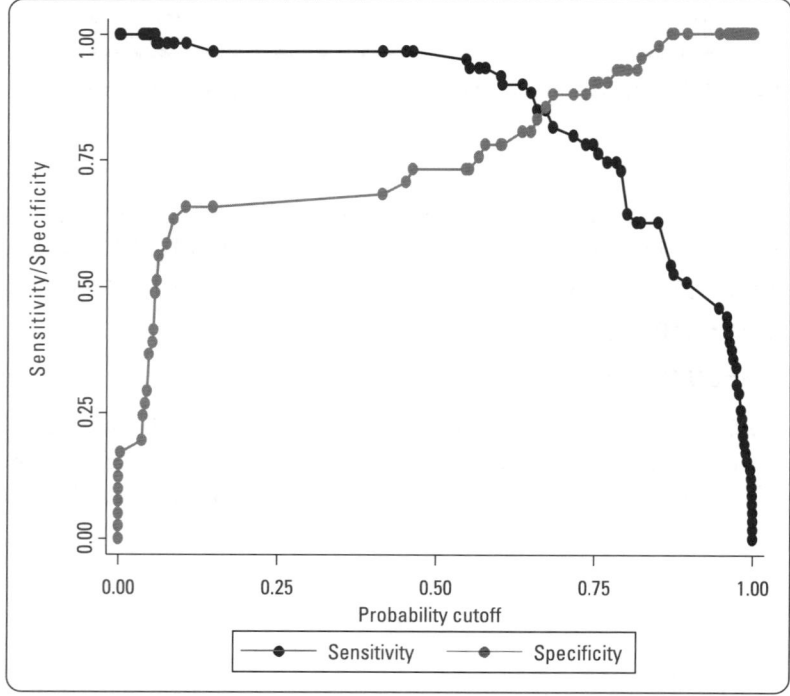

Figura 13.41 Curva de sensibilidade.

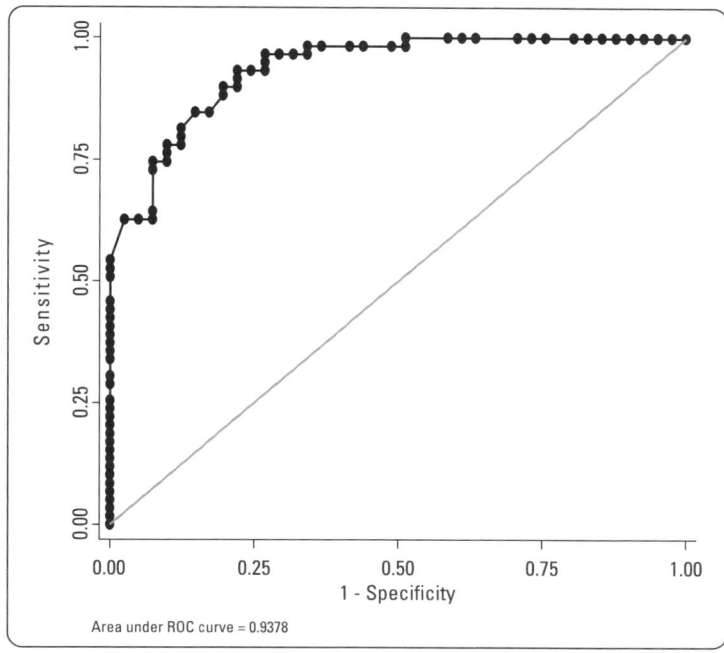

Figura 13.42 Curva *ROC*.

que apresenta percentuais altos de acerto apenas para um intervalo bem pequeno de *cutoffs* (apenas para *cutoffs* maiores do que aproximadamente 0,75). Em outras palavras, enquanto o percentual de acerto para aqueles que serão evento é alto, quase que independentemente do *cutoff* que se use, o percentual de acerto daqueles que não serão evento só será alto para poucos valores de *cutoff*, o que poderá prejudicar a eficiência global de acerto do modelo para efeitos de previsão. Este modelo, portanto, é bom para prever se um aluno chegará de fato atrasado à escola, porém não apresenta o mesmo desempenho para se prever o não evento, ou seja, caso haja a indicação de que um aluno não chegará atrasado à escola. Quando houver esta última indicação, portanto, o modelo cometerá mais erros de previsão para a maioria dos valores de *cutoff*!

Assim sendo, embora tenhamos um modelo com alta eficiência global e com variáveis explicativas estatisticamente significantes para compor as expressões das probabilidades de ocorrência do evento e do não evento, poderíamos sugerir a inclusão de novas variáveis explicativas a fim de que, eventualmente, melhore o caráter de previsibilidade daqueles que não chegarão atrasados à escola e, desta forma, a eficiência global do modelo, com o consequentemente aumento da área abaixo da curva *ROC*. Embora isso seja verdade, é importante frisarmos que, para o nosso exemplo, a área abaixo da curva *ROC* é de 0,9378 (Figura 13.42), o que é considerado muito bom para efeitos de previsão!

13.4.2. Regressão logística multinomial no software Stata

O exemplo da seção 13.3 possui, como fenômeno a ser estudado, uma variável qualitativa com três categorias (*não chegou atrasado, chegou atrasado à primeira aula* ou *chegou atrasado à segunda aula*). O banco de dados encontra-se no arquivo **AtrasadoMultinomial.dta** e é exatamente igual ao apresentado parcialmente na Tabela 13.14. Seguindo o mesmo procedimento adotado na seção 13.4.1, iremos inicialmente digitar o comando **desc**, a fim de analisarmos as características do banco de dados, como o número de observações, o número de variáveis e a descrição de cada uma delas. A Figura 13.43 apresenta estas características.

Neste exemplo, apenas duas variáveis explicativas foram consideradas (*dist* e *sem*), sendo ambas quantitativas. A Figura 13.44 apresenta a distribuição de frequências das categorias da variável dependente *atrasado*, que foi obtida por meio da digitação do seguinte comando:

```
tab atrasado
```

```
. desc

obs:            100
vars:             4
size:         2,700 (99.9% of memory free)
-------------------------------------------------------------------------------
              storage  display   value
variable name type     format    label     variable label
-------------------------------------------------------------------------------
estudante     str11    %11s
atrasado      float    %31.0g    atrasado  chegou atrasado à escola?
dist          float    %9.0g               distância percorrida até a escola (km)
sem           float    %9.0g               quantidade de semáforos
-------------------------------------------------------------------------------
Sorted by:
```

Figura 13.43 Descrição do banco de dados **AtrasadoMultinomial.dta**.

```
. tab atrasado

        chegou atrasado à escola? |   Freq.    Percent      Cum.
----------------------------------+-----------------------------------
            não chegou atrasado |      49      49.00      49.00
chegou atrasado à primeira aula |      16      16.00      65.00
 chegou atrasado à segunda aula |      35      35.00     100.00
----------------------------------+-----------------------------------
                          Total |     100     100.00
```

Figura 13.44 Distribuição de frequências da variável *atrasado*.

Feitas estas considerações iniciais, partiremos para a modelagem propriamente dita da regressão logística multinomial. Para tanto, vamos digitar o seguinte comando:

mlogit atrasado dist sem

Os *outputs* encontram-se na Figura 13.45.

```
. mlogit atrasado dist sem

Iteration 0:   log likelihood = -101.01922
Iteration 1:   log likelihood = -42.107305
Iteration 2:   log likelihood = -37.136795
Iteration 3:   log likelihood =   -28.8332
Iteration 4:   log likelihood = -25.379085
Iteration 5:   log likelihood = -24.540694
Iteration 6:   log likelihood = -24.511848
Iteration 7:   log likelihood = -24.511801
Iteration 8:   log likelihood = -24.511801

Multinomial logistic regression              Number of obs   =        100
                                             LR chi2(4)      =     153.01
                                             Prob > chi2     =     0.0000
Log likelihood = -24.511801                  Pseudo R2       =     0.7574

-------------------------------------------------------------------------------
    atrasado |     Coef.   Std. Err.      z    P>|z|     [95% Conf. Interval]
-------------+-----------------------------------------------------------------
não_chegou~o | (base outcome)
-------------+-----------------------------------------------------------------
chegou_atr~a |
        dist |  .558829   .2433023     2.30   0.022    .0819653    1.035693
         sem | 1.669908   .5768518     2.89   0.004    .5392991    2.800516
       _cons | -33.13523  12.18349    -2.72   0.007   -57.01444   -9.256017
-------------+-----------------------------------------------------------------
chegou_atr~a |
        dist | 1.078369   .3023893     3.57   0.000    .4856968    1.671041
         sem | 2.894861   .6859786     4.22   0.000    1.550368    4.239354
       _cons | -62.29224  14.67499    -4.24   0.000   -91.05468   -33.52979
-------------------------------------------------------------------------------
```

Figura 13.45 *Outputs* da regressão logística multinomial no Stata.

Como podemos perceber por meio da análise desta figura, a categoria adotada como referência pelo Stata é a com maior frequência, ou seja, a categoria *não chegou atrasado*, conforme podemos verificar pela Figura 13.44. Coincidentemente, esta é a categoria que realmente desejamos que seja a referência e, portanto, nada precisará ser feito em relação a uma eventual mudança da categoria de referência antes da estimação do modelo. Entretanto, caso um pesquisador tenha o interesse em alterar a categoria de referência para, por exemplo, a categoria *chegou atrasado à segunda aula*, deverá digitar o seguinte comando:

```
mlogit atrasado dist sem, b(2)
```

Seguiremos com a análise dos *outputs* obtidos na Figura 13.45.

Inicialmente, podemos verificar que os valores máximos do logaritmo da função de verossimilhança para o modelo completo e para o modelo nulo são, respectivamente, $-24,51180$ e $-101,01922$, exatamente aqueles calculados e apresentados nas Figuras 13.19 e 13.21, respectivamente. Assim, fazendo uso da expressão (13.41), temos que:

$$\chi^2_{4_{g.l.}} = -2.\left[-101,01922 - \left(-24,51180\right)\right] = 153,01 \, \text{com} \, valor\text{-}P \, (\text{ou} \, Prob.\chi^2_{cal}) = 0,000.$$

Logo, com base no teste χ^2, podemos rejeitar a hipótese nula de que todos os parâmetros β_{jm} ($j = 1, 2; m = 1, 2$) sejam estatisticamente iguais a zero ao nível de significância de 5%, ou seja, pelo menos uma variável X é estatisticamente significante para explicar a probabilidade de ocorrência de pelo menos um dos eventos em estudo.

O Stata também apresenta o pseudo R^2 de McFadden, cujo cálculo é feito com base na expressão (13.40), exatamente como fizemos na seção 13.3.2.

$$pseudo \, R^2 = \frac{-2.\left(-101,01922\right) - \left[\left(-2.\left(-24,51180\right)\right)\right]}{-2.\left(-101,01922\right)} = 0,7574$$

Como podemos verificar, todas as estatísticas z de Wald apresentam valores menores do que $z_c = -1,96$ ou maiores do que $z_c = 1,96$, conforme já havíamos discutido na seção 13.3.2. Sendo assim, ainda com base nos *outputs* da Figura 13.45, podemos escrever as expressões finais das probabilidades médias estimadas de ocorrência de cada uma das três categorias da variável dependente, assim como as respectivas expressões dos limites inferior (mínimo) e superior (máximo) destas probabilidades estimadas, com 95% de confiança:

Probabilidade de um estudante i não chegar atrasado (categoria 0):

$$p_{i_0} = \frac{1}{1 + e^{\left(-33,135 + 0,559.dist_i + 1,670.sem_i\right)} + e^{\left(-62,292 + 1,078.dist_i + 2,895.sem_i\right)}}$$

Intervalo de confiança (95%) da probabilidade estimada de um estudante i não chegar atrasado (categoria 0):

$$p_{i_{0_{mín}}} = \frac{1}{1 + e^{\left(-57,014 + 0,082.dist_i + 0,539.sem_i\right)} + e^{\left(-91,055 + 0,486.dist_i + 1,550.sem_i\right)}}$$

$$p_{i_{0_{máx}}} = \frac{1}{1 + e^{\left(-9,256 + 1,035.dist_i + 2,800.sem_i\right)} + e^{\left(-33,529 + 1,671.dist_i + 4,239.sem_i\right)}}$$

Probabilidade de um estudante i chegar atrasado à primeira aula (categoria 1):

$$p_{i_1} = \frac{e^{\left(-33,135 + 0,559.dist_i + 1,670.sem_i\right)}}{1 + e^{\left(-33,135 + 0,559.dist_i + 1,670.sem_i\right)} + e^{\left(-62,292 + 1,078.dist_i + 2,895.sem_i\right)}}$$

Intervalo de confiança (95%) da probabilidade estimada de um estudante i chegar atrasado à primeira aula (categoria 1):

$$p_{i_{1_{mín}}} = \frac{e^{\left(-57,014 + 0,082.dist_i + 0,539.sem_i\right)}}{1 + e^{\left(-57,014 + 0,082.dist_i + 0,539.sem_i\right)} + e^{\left(-91,055 + 0,486.dist_i + 1,550.sem_i\right)}}$$

$$p_{i_{1_{máx}}} = \frac{e^{(-9,256+1,035.dist_i+2,800.sem_i)}}{1+e^{(-9,256+1,035.dist_i+2,800.sem_i)}+e^{(-33,529+1,671.dist_i+4,239.sem_i)}}$$

Probabilidade de um estudante *i* chegar atrasado à segunda aula (categoria 2):

$$p_{i_2} = \frac{e^{(-62,292+1,078.dist_i+2,895.sem_i)}}{1+e^{(-33,135+0,559.dist_i+1,670.sem_i)}+e^{(-62,292+1,078.dist_i+2,895.sem_i)}}$$

Intervalo de confiança (95%) da probabilidade estimada de um estudante *i* chegar atrasado à segunda aula (categoria 2):

$$p_{i_{2_{mín}}} = \frac{e^{(-91,055+0,486.dist_i+1,550.sem_i)}}{1+e^{(-57,014+0,082.dist_i+0,539.sem_i)}+e^{(-91,055+0,486.dist_i+1,550.sem_i)}}$$

$$p_{i_{2_{máx}}} = \frac{e^{(-33,529+1,671.dist_i+4,239.sem_i)}}{1+e^{(-9,256+1,035.dist_i+2,800.sem_i)}+e^{(-33,529+1,671.dist_i+4,239.sem_i)}}$$

Estimadas as expressões das probabilidades, vamos criar, no banco de dados, três variáveis correspondentes às expressões das probabilidades médias de ocorrência de cada um dos eventos, por meio da digitação dos seguintes comandos:

Criação da variável referente à probabilidade de um estudante *i* não chegar atrasado (categoria 0):

```
gen pi0 = (1) / (1 + (exp(-33.13523 + .558829*dist + 1.669908*sem))
+ (exp(-62.29224 + 1.078369*dist + 2.894861*sem)))
```

Criação da variável referente à probabilidade de um estudante *i* chegar atrasado à primeira aula (categoria 1):

```
gen pi1 = (exp(-33.13523 + .558829*dist + 1.669908*sem)) / (1
+ (exp(-33.13523 + .558829*dist + 1.669908*sem)) + (exp(-62.29224
+ 1.078369*dist + 2.894861*sem)))
```

Criação da variável referente à probabilidade de um estudante *i* chegar atrasado à segunda aula (categoria 2):

```
gen pi2 = (exp(-62.29224 + 1.078369*dist + 2.894861*sem)) / (1
+ (exp(-33.13523 + .558829*dist + 1.669908*sem)) + (exp(-62.29224
+ 1.078369*dist + 2.894861*sem)))
```

Podemos verificar que estas novas variáveis (*pi0, pi1* e *pi2*) são idênticas àquelas obtidas quando da elaboração da Figura 13.19 obtida pelo **Solver** do Excel (naquele caso, as variáveis presentes nas colunas J, K e L, respectivamente). Geradas estas novas variáveis, teremos condições de elaborar dois interessantes gráficos, a partir dos quais algumas conclusões podem ser obtidas. Enquanto o primeiro gráfico (Figura 13.46) mostra o comportamento das probabilidades de ocorrência de cada um dos eventos em função da distância percorrida até a escola, o segundo gráfico (Figura 13.47) mostra o comportamento destas probabilidades em função da quantidade de semáforos pelos quais cada um é obrigado a passar. Os comandos para elaboração destes gráficos são, respectivamente:

```
graph twoway mspline pi0 dist || mspline pi1 dist || mspline pi2
dist ||, legend(label(1 "não chegou atrasado") label(2 "chegou atrasado
à primeira aula")label(3 "chegou atrasado à segunda aula"))
```

```
graph twoway mspline pi0 sem || mspline pi1 sem || mspline pi2 sem ||,
legend(label(1 "não chegou atrasado") label(2 "chegou atrasado à
primeira aula")label(3 "chegou atrasado à segunda aula"))
```

Por meio do gráfico da Figura 13.46, podemos verificar que há diferenças nas probabilidades de se chegar atrasado à primeira ou à segunda aula em relação a não se chegar atrasado, ao se variar a distância percorrida

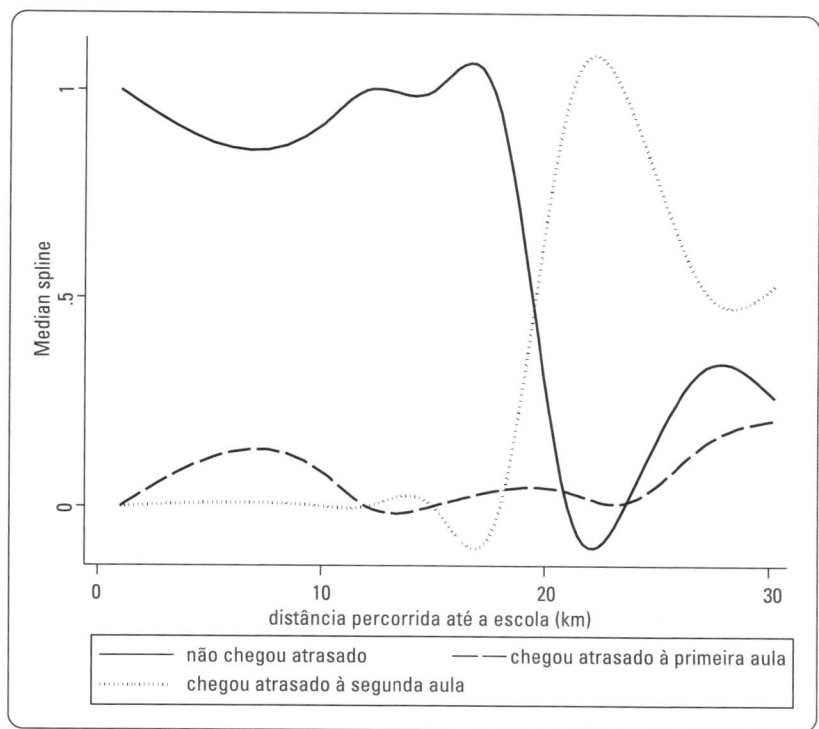

Figura 13.46 Probabilidades de ocorrência de cada evento × distância percorrida.

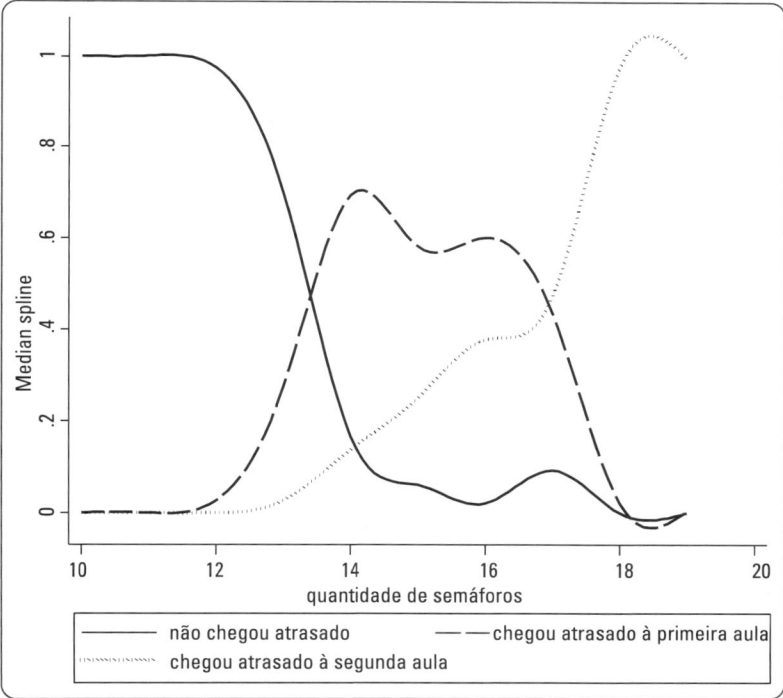

Figura 13.47 Probabilidades de ocorrência de cada evento × quantidade de semáforos.

até a escola. Podemos perceber que, até aproximadamente 20 quilômetros de distância, as diferenças nas probabilidades de se chegar atrasado à primeira ou à segunda aula são pequenas, porém as maiores diferenças ocorrem para a probabilidade de não se chegar atrasado, que é bem maior. Por outro lado, uma distância maior que aproximadamente 20 quilômetros de percurso passa a fazer com que a probabilidade de se chegar atrasado à segunda aula aumente consideravelmente em relação à probabilidade de se chegar atrasado à primeira aula. Além disso, a partir desta distância, a probabilidade de não se chegar atrasado à escola cai consideravelmente. Isso explica o fato de a variável *dist* ter sido estatisticamente significante, ao nível de significância de 5%, para os dois logitos do modelo, tendo sido considerada referência a categoria correspondente a não se chegar atrasado. Podemos também notar, independentemente da distância percorrida, que a probabilidade de se chegar atrasado à primeira aula é sempre baixa, e quase não apresenta alterações consideráveis com a mudança da distância. Dessa forma, se, por exemplo, elaborássemos uma regressão logística com apenas duas categorias (binária), sendo o evento de interesse representado pela categoria correspondente a se chegar atrasado à primeira aula (*dummy* = 1), verificaríamos que a variável *dist* não seria estatisticamente significante, ao nível de significância de 5%, para explicar a probabilidade de se chegar atrasado à primeira aula, como já comprovado por meio da análise do gráfico da Figura 13.46.

Já a análise da Figura 13.47, que mostra as diferenças nas probabilidades de se chegar atrasado à primeira ou à segunda aula em relação a não se chegar atrasado, ao se variar a quantidade de semáforos que são ultrapassados no trajeto até a escola, podemos verificar que, até uma quantidade de aproximadamente 12 semáforos, a probabilidade de se chegar atrasado à escola é praticamente nula. Porém, a partir desta quantidade, a probabilidade de se chegar atrasado passa a subir consideravelmente, com destaque para a probabilidade de se chegar atrasado à primeira aula. Entretanto, para quantidades superiores a aproximadamente 17 semáforos, a probabilidade de se chegar atrasado à segunda aula passa a ser a maior entre as três possibilidades de ocorrência de evento, ficando quase que absoluta com quantidades superiores a 18 semáforos. O comportamento destas probabilidades explica o fato de a variável *sem* ter sido estatisticamente significante, ao nível de significância de 5%, para os dois logitos do modelo, tendo sido considerada referência a categoria correspondente a não se chegar atrasado, ou seja, para explicar o comportamento das probabilidades de ocorrência de cada uma das três categorias da variável dependente.

Por fim, mas não menos importante, vamos elaborar, assim como fizemos na seção 13.4.1, o modelo solicitando que sejam fornecidas as chances de ocorrência de cada um dos eventos de interesse ao se alterar em uma unidade a correspondente variável explicativa, mantidas as demais condições constantes. Em modelos de regressão logística multinomial, conforme discutimos na seção 13.3.2, a chance (*odds ratio*) também é chamada de razão de risco relativo (*relative risk ratio*). Dessa forma, devemos digitar o seguinte comando:

```
mlogit atrasado dist sem, rrr
```

em que o termo **rrr** refere-se exatamente à expressão *relative risk ratio*. Os *outputs* estão apresentados na Figura 13.48.

Os *outputs* da Figura 13.48 são os mesmos daqueles apresentados na Figura 13.45, à exceção das *relative risk ratios*. Dessa forma, podemos retornar às duas últimas perguntas elaboradas ao final da seção 13.3.2:

Em média, em quanto se altera a chance de se chegar atrasado à primeira aula, em relação a não chegar atrasado à escola, ao se adotar um percurso 1 quilômetro mais longo, mantidas as demais condições constantes?

Em média, em quanto se altera a chance de se chegar atrasado à segunda aula, em relação a não chegar atrasado, ao se passar por 1 semáforo a mais no percurso até a escola, mantidas as demais condições constantes?

As respostas agora podem ser dadas de maneira direta, ou seja, enquanto a chance de se chegar atrasado à primeira aula em relação a não chegar atrasado à escola, ao se adotar um trajeto 1 quilômetro mais longo, é, em média e mantidas as demais condições constantes, multiplicada por um fator de 1,749 (74,9% maior), a chance de se chegar atrasado à segunda aula em relação a não chegar atrasado, ao se passar por 1 semáforo a mais no percurso até a escola, é, em média, multiplicada por um fator de 18,081 (1.708,1% maior), também mantidas as demais condições constantes. Estes valores são exatamente os mesmos daqueles calculados manualmente ao final da seção 13.3.2.

```
. mlogit atrasado dist sem, rrr

Iteration 0:   log likelihood = -101.01922
Iteration 1:   log likelihood = -42.107305
Iteration 2:   log likelihood = -37.136795
Iteration 3:   log likelihood =  -28.8332
Iteration 4:   log likelihood = -25.379085
Iteration 5:   log likelihood = -24.540694
Iteration 6:   log likelihood = -24.511848
Iteration 7:   log likelihood = -24.511801
Iteration 8:   log likelihood = -24.511801

Multinomial logistic regression              Number of obs   =        100
                                              LR chi2(4)      =     153.01
                                              Prob > chi2     =     0.0000
Log likelihood = -24.511801                   Pseudo R2       =     0.7574

-----------------------------------------------------------------------------
   atrasado |      RRR    Std. Err.      z    P>|z|     [95% Conf. Interval]
------------+----------------------------------------------------------------
não_chegou~o | (base outcome)
------------+----------------------------------------------------------------
chegou_atr~a |
       dist | 1.748624   .4254441     2.30   0.022     1.085418    2.817057
        sem | 5.311678   3.064051     2.89   0.004     1.714804    16.45314
------------+----------------------------------------------------------------
chegou_atr~a |
       dist | 2.93988    .8889883     3.57   0.000     1.625307    5.3177
        sem | 18.08099   12.40317     4.22   0.000     4.713203    69.36305
-----------------------------------------------------------------------------
```

Figura 13.48 *Outputs* da regressão logística multinomial no Stata – *relative risk ratios*.

A capacidade do Stata para a estimação de modelos e a elaboração de testes estatísticos é enorme, porém acreditamos que o que foi exposto aqui é considerado obrigatório para pesquisadores que tenham a intenção de aplicar, de forma correta, as técnicas de regressão logística binária e multinomial.

Partiremos agora para a resolução dos mesmos exemplos por meio do SPSS.

13.5. ESTIMAÇÃO DE MODELOS DE REGRESSÃO LOGÍSTICA BINÁRIA E MULTINOMIAL NO SOFTWARE SPSS

Apresentaremos agora o passo a passo para a elaboração dos nossos exemplos por meio do IBM SPSS Statistics Software®. A reprodução de suas imagens nesta seção tem autorização da International Business Machines Corporation©.

Nosso objetivo não é discutir novamente os conceitos inerentes às técnicas, nem tampouco repetir aquilo que já foi explorado nas seções anteriores. O maior objetivo desta seção é o de propiciar ao pesquisador uma oportunidade de elaborar as técnicas de regressão logística binária e multinomial no SPSS, dada a facilidade de manuseio e a didática com que o software realiza as suas operações e se coloca perante o usuário. A cada apresentação de um *output*, faremos menção ao respectivo resultado obtido quando da elaboração das técnicas por meio do Excel e do Stata, a fim de que o pesquisador possa compará-los e, dessa forma, decidir qual software utilizar, em função das características de cada um e da própria acessibilidade para uso.

13.5.1. Regressão logística binária no software SPSS

Seguindo a mesma lógica proposta quando da aplicação dos modelos por meio do software Stata, já partiremos para o banco de dados construído pelo professor a partir dos questionamentos feitos a cada um de seus 100 estudantes. Os dados encontram-se no arquivo **Atrasado.sav** e, após o abrirmos, vamos inicialmente clicar em **Analyze →
Regression → Binary Logistic...**. A caixa de diálogo da Figura 13.49 será aberta.

Devemos selecionar a variável *atrasado* e incluí-la na caixa **Dependent**. As demais variáveis devem ser simultaneamente selecionadas e inseridas na caixa **Covariates**. Manteremos, neste primeiro momento, a opção pelo **Method: Enter**. O procedimento *Enter*, ao contrário do procedimento *Stepwise* (no SPSS, a regressão logística binária utiliza procedimento análogo conhecido por *Forward Wald*), inclui todas as variáveis na estimação, mesmo aquelas cujos parâmetros sejam estatisticamente iguais a zero, e corresponde exatamente ao procedimento padrão elaborado pelo Excel (modelo completo apresentado na Figura 13.4) e também pelo Stata quando se aplica diretamente

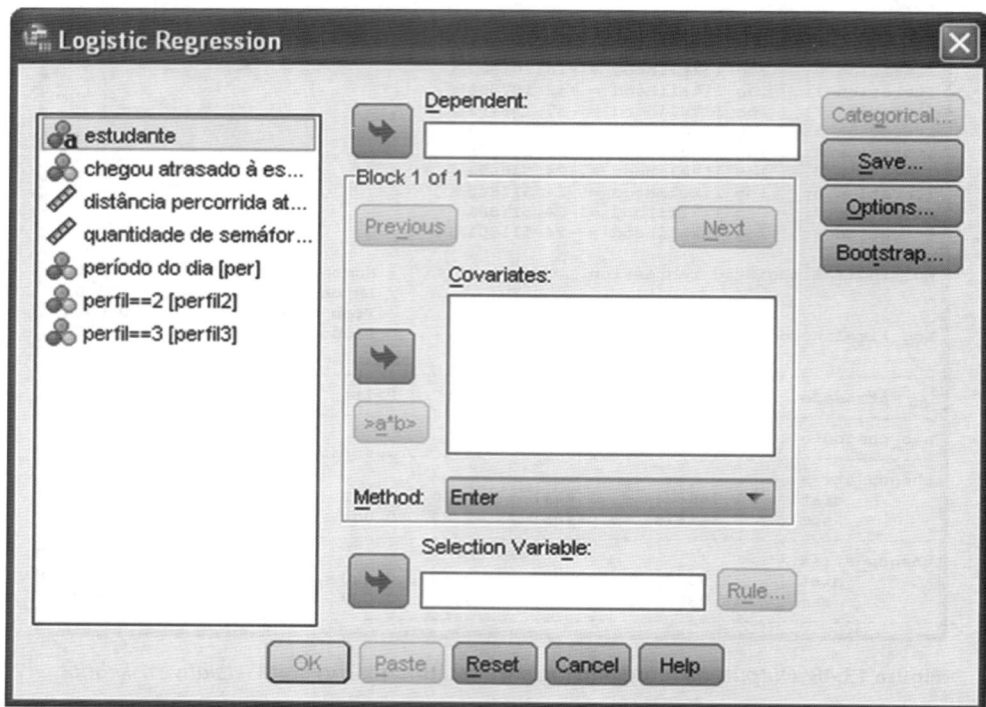

Figura 13.49 Caixa de diálogo para elaboração da regressão logística binária no SPSS.

o comando `logit`. A Figura 13.50 apresenta a caixa de diálogo do SPSS, com a definição da variável dependente e das variáveis explicativas a serem inseridas no modelo.

Caso o banco de dados não tivesse apresentado as variáveis *dummy* correspondentes às categorias da variável *perfil*, poderíamos selecionar o botão **Categorical...** e incluir a variável original (*perfil*) nesta opção, inclusive com

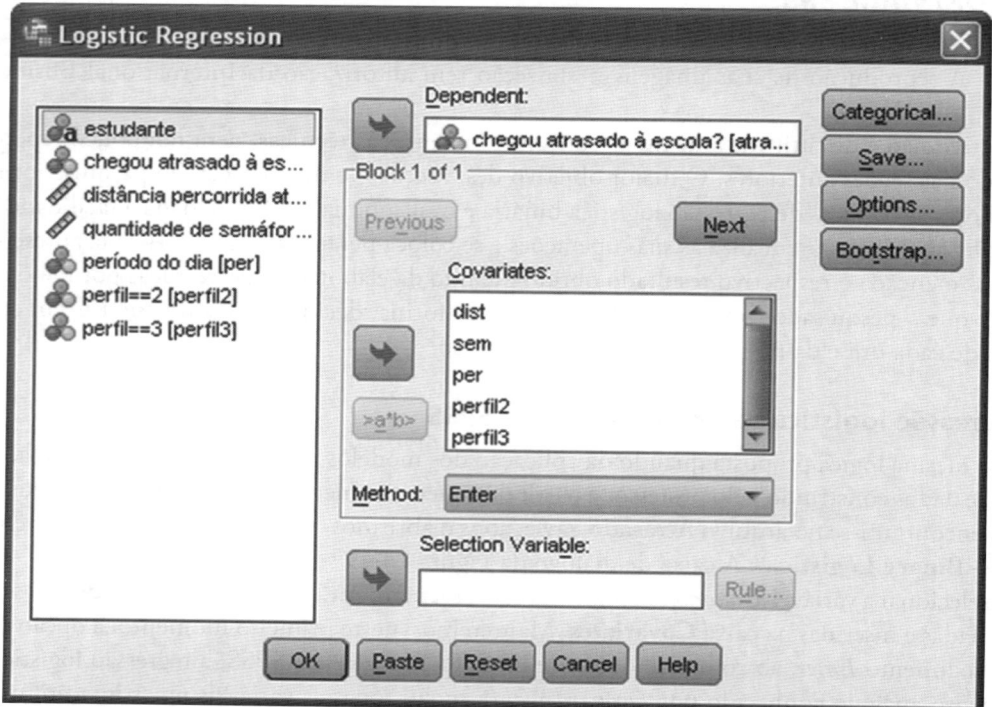

Figura 13.50 Caixa de diálogo para elaboração da regressão logística binária no SPSS com inclusão da variável dependente e das variáveis explicativas e seleção do procedimento *Enter*.

a definição da categoria de referência. Como já temos as duas *dummies* (*perfil2* e *perfil3*), não há a necessidade de que este procedimento seja feito.

No botão **Options...**, selecionaremos apenas as opções **Iteration history** e **CI for exp(B)**, que correspondem, respectivamente, ao histórico do procedimento de iteração para a maximização da somatória do logaritmo da função de verossimilhança e aos intervalos de confiança das *odds ratios* de cada parâmetro. A caixa de diálogo que é aberta, ao clicarmos nesta opção, está apresentada na Figura 13.51, já com a seleção das mencionadas opções.

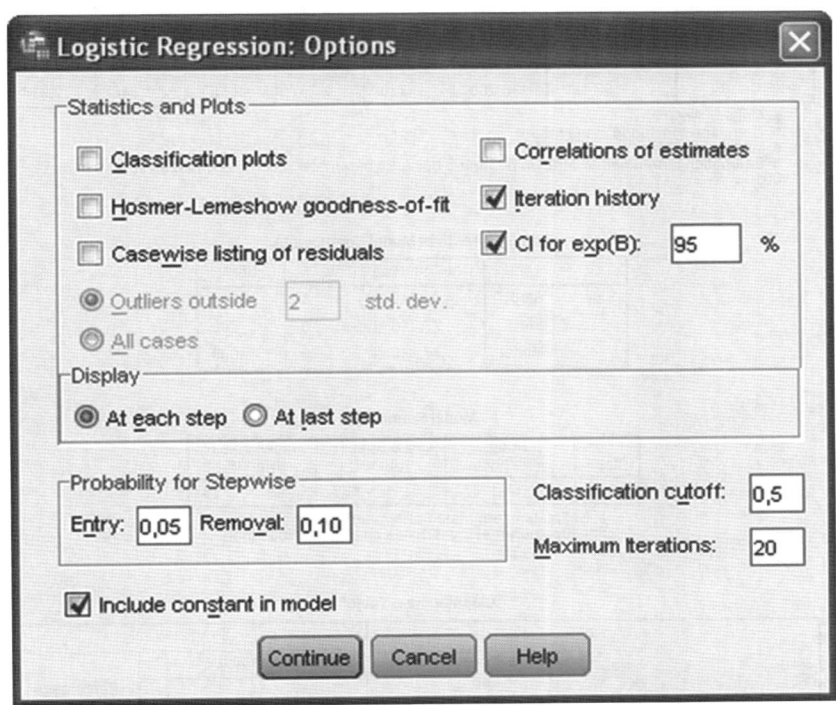

Figura 13.51 Opções para elaboração da regressão logística binária no SPSS.

Podemos notar, por meio da Figura 13.51, que o *cutoff* padrão utilizado pelo SPSS é igual a 0,5, porém é nesta caixa de diálogo que o pesquisador pode alterá-lo para o valor que desejar, a fim de elaborar classificações das observações existentes na base de dados e previsões para outras observações. Na caixa de diálogo do botão **Options...**, podemos ainda impor que o parâmetro α seja igual a zero (ao desabilitarmos a opção **Include constant in equation**) e alterar o nível de significância a partir do qual o parâmetro de determinada variável explicativa pode ser considerado estatisticamente igual a zero (teste z de Wald) e, portanto, esta variável deverá ser excluída do modelo final quando da elaboração do procedimento *Stepwise*. Manteremos o padrão de 5% para os níveis de significância e deixaremos a constante no modelo (opção **Include constant in equation** selecionada).

Vamos agora selecionar **Continue** e **OK**. Os *outputs* gerados estão apresentados na Figura 13.52.

Esta figura traz apenas os resultados obtidos mais importantes para a análise da regressão logística binária. Não iremos novamente analisar todos os *outputs* gerados, uma vez que podemos verificar que são exatamente iguais àqueles obtidos quando da estimação da regressão logística binária no Excel e no Stata. Vale a pena comentar que, enquanto o Stata apresenta o cálculo do valor máximo obtido da somatória do logaritmo da função de verossimilhança, o SPSS apresenta o dobro deste valor, e com sinal invertido. Assim, enquanto obtivemos LL de $-67,68585$ para o modelo nulo (conforme pode ser verificado pelas Figuras 13.7 e 13.27) e de $-29,06568$ para o modelo completo (Figuras 13.4 e 13.27), o SPSS apresenta um valor de $-2LL$ igual a 135,372 para o modelo nulo (*initial*) e igual a $-2LL$ igual a 58,131 para o modelo completo.

A outra diferença entre os *outputs* gerados pelo Stata e pelo SPSS diz respeito ao pseudo R^2. Enquanto o Stata apresenta o já calculado pseudo R^2 de McFadden (como no R), o SPSS apresenta o pseudo R^2 de Cox & Snell (como no Python) e o pseudo R^2 de Nagelkerke (como no R), cujos cálculos podem ser obtidos, respectivamente, por meio das expressões (13.45) e (13.46).

Block 1: Method = Enter

Iteration History[a],[b],[c],[d]

Iteration		-2 Log likelihood	Coefficients					
			Constant	dist	sem	per	perfil2	perfil3
Step 1	1	75,870	-3,561	,059	,339	-2,094	,764	1,295
	2	65,970	-8,640	,100	,799	-2,696	1,116	2,000
	3	60,185	-17,902	,148	1,647	-3,028	1,249	2,397
	4	58,287	-26,614	,204	2,432	-3,439	1,326	2,748
	5	58,133	-29,795	,219	2,727	-3,630	1,347	2,895
	6	58,131	-30,193	,220	2,766	-3,653	1,346	2,914
	7	58,131	-30,200	,220	2,767	-3,653	1,346	2,914
	8	58,131	-30,200	;220	2,767	-3,653	1,346	2,914

a. Method: Enter
b. Constant is included in the model.
c. Initial -2 Log Likelihood: 135,372
d. Estimation terminated at iteration number 8 because parameter estimates changed by less than ,001.

Omnibus Tests of Model Coefficients

		Chi-square	df	Sig.
Step 1	Step	77,240	5	,000
	Block	77,240	5	,000
	Model	77,240	5	,000

Model Summary

Step	-2 Log likelihood	Cox & Snell R Square	Nagelkerke R Square
1	58,131[a]	,538	,725

a. Estimation terminated at iteration number 8 because parameter estimates changed by less than ,001.

Classification Table[a]

			Predicted		
			chegou atrasado à escola?		Percentage Correct
Observed			Não	Sim	
Step 1	chegou atrasado à escola?	Não	31	10	75,6
		Sim	4	55	93,2
	Overall Percentage				86,0

a. The cut value is ,500

Variables in the Equation

		B	S.E.	Wald	df	Sig.	Exp(B)	95% C.I.for EXP(B)	
								Lower	Upper
Step 1[a]	dist	,220	,110	4,028	1	,045	1,246	1,005	1,545
	sem	2,767	,922	9,011	1	,003	15,906	2,612	96,850
	per	-3,653	,878	17,309	1	,000	,026	,005	,145
	perfil2	1,346	,748	3,240	1	,072	3,842	,887	16,636
	perfil3	2,914	1,179	6,113	1	,013	18,439	1,830	185,841
	Constant	-30,200	9,981	9,155	1	,002	,000		

a. Variable(s) entered on step 1: dist, sem, per, perfil2, perfil3.

Figura 13.52 *Outputs* da regressão logística binária no SPSS – procedimento *Enter*.

$$pseudo\ R^2_{\text{Cox \& Snell}} = 1 - \left(\frac{e^{LL_0}}{e^{LL}}\right)^{\frac{2}{N}} \tag{13.45}$$

$$pseudo\ R^2_{\text{Nagelkerke}} = \frac{1 - \left(\frac{e^{LL_0}}{e^{LL}}\right)^{\frac{2}{N}}}{1 - \left(e^{LL_0}\right)^{\frac{2}{N}}} = \frac{pseudo\ R^2_{\text{Cox \& Snell}}}{1 - \left(e^{LL_0}\right)^{\frac{2}{N}}} \tag{13.46}$$

Portanto, para o nosso exemplo, temos que:

$$pseudo\ R^2_{\text{Cox \& Snell}} = 1 - \left(\frac{e^{LL_0}}{e^{LL}}\right)^{\frac{2}{N}} = 1 - \left(\frac{e^{-67,68585}}{e^{-29,06568}}\right)^{\frac{2}{100}} = 0,538$$

$$pseudo\ R^2_{\text{Nagelkerke}} = \frac{pseudo\ R^2_{\text{Cox \& Snell}}}{1 - \left(e^{LL_0}\right)^{\frac{2}{N}}} = \frac{0,538}{1 - \left(e^{-67,68585}\right)^{\frac{2}{100}}} = 0,725$$

Analogamente ao pseudo R^2 de McFadden, estas duas novas estatísticas apresentam limitações para a análise do poder preditivo do modelo e, portanto, recomenda-se, conforme já discutido, que seja elaborada a análise de sensibilidade para esta finalidade.

Os demais resultados são iguais aos obtidos manualmente pelo Excel (seção 13.2) e pelo Stata (seção 13.4). Entretanto, como o parâmetro da variável *perfil2* não se mostrou estatisticamente diferente de zero, ao nível de significância de 5%, partiremos para a estimação do modelo final por meio do procedimento *Forward Wald* (*Stepwise*). Para elaborarmos este procedimento, devemos selecionar a opção **Method: Forward: Wald** na caixa de diálogo principal da regressão logística binária no SPSS, conforme mostra a Figura 13.53.

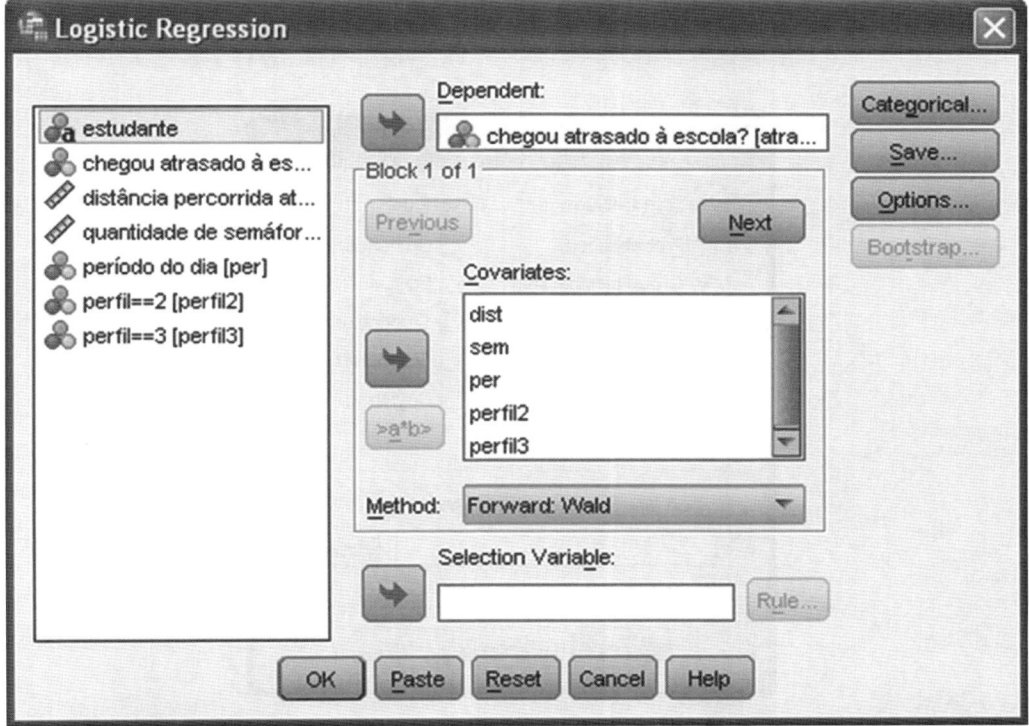

Figura 13.53 Caixa de diálogo com seleção do procedimento *Forward Wald.*

No botão **Options...**, além das opções já marcadas anteriormente, selecionaremos agora também a opção **Hosmer-Lemeshow goodness-of-fit**, conforme mostra a Figura 13.54. Feito isso, devemos clicar em **Continue**.

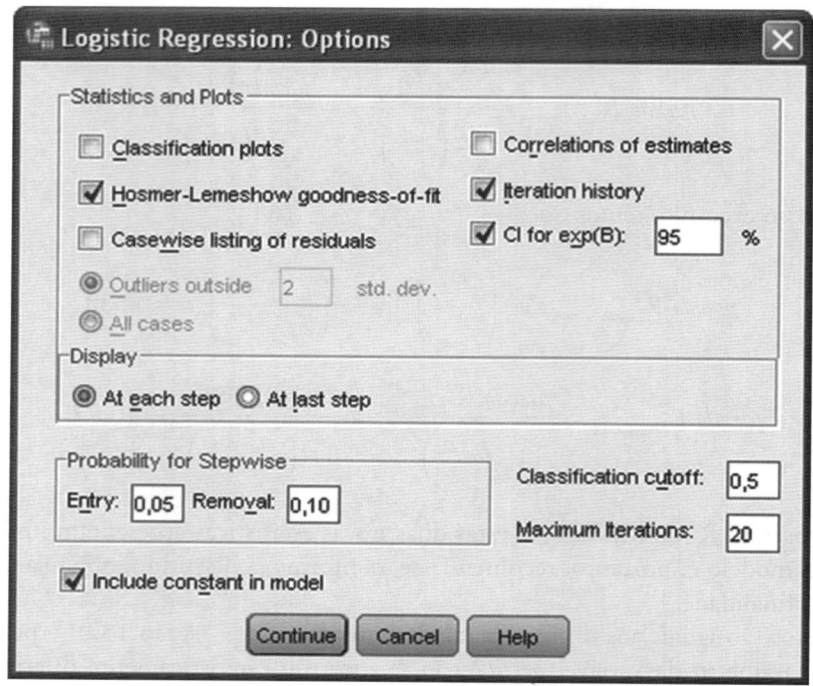

Figura 13.54 Seleção do teste de Hosmer-Lemeshow para verificação da qualidade do ajuste do modelo final.

O botão **Save...**, por fim, permite que sejam geradas, no próprio banco de dados original, as variáveis referentes à probabilidade estimada de ocorrência do evento e a classificação de cada observação, com base na sua probabilidade estimada e no *cutoff* definido anteriormente. Dessa forma, ao clicarmos nesta opção, será aberta uma caixa de diálogo, conforme mostra a Figura 13.55. Devemos marcar as opções **Probabilities** e **Group membership** (em **Predicted Values**).

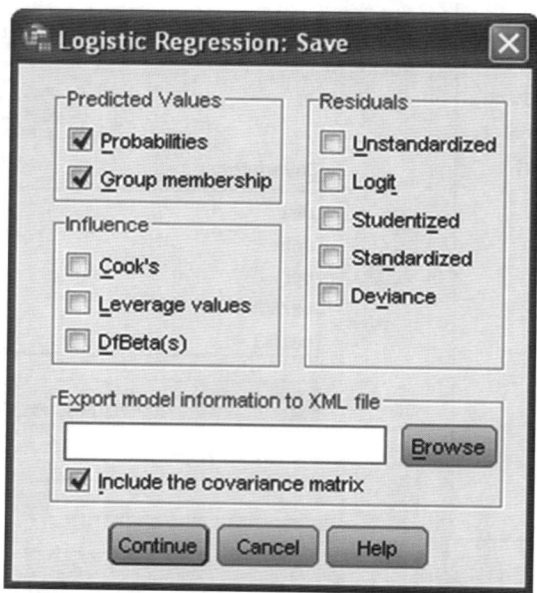

Figura 13.55 Caixa de diálogo para criação das variáveis referentes à probabilidade estimada de ocorrência do evento e a classificação de cada observação.

Ao clicarmos em **Continue** e, na sequência, em **OK**, novos *outputs* são gerados, conforme mostra a Figura 13.56. Note que, além dos *outputs*, são criadas duas novas variáveis no banco de dados original, chamadas de *PRE_1* e *PGR_1*, que correspondem, respectivamente, às probabilidades estimadas de ocorrência do evento e às respectivas classificações, com base no *cutoff* de 0,5. Note que a variável *PRE_1* é exatamente igual àquela apresentada na coluna p_i da Figura 13.12 gerada pelo Excel e à variável *phat* gerada pelo Stata após a estimação do modelo apresentado na Figura 13.28.

O primeiro *output* gerado (**Iteration History**) apresenta os valores correspondentes à função de verossimilhança em cada passo da modelagem elaborada por meio do procedimento *Forward Wald*, que equivale ao procedimento *Stepwise*. Verificamos que o valor final de –2LL é igual a 61,602, ou seja, LL = –30,801, que é exatamente igual ao valor obtido quando da modelagem no Excel (Figura 13.12) e no Stata (Figura 13.28). O *output* **Model Summary** também apresenta esta estatística, baseada na qual é possível calcular a estatística χ^2, cujo teste avalia

Block 1: Method = Forward Stepwise (Wald)

Iteration History[a,b,c,d,e]

Iteration		-2 Log likelihood	Coefficients				
			Constant	per	sem	perfil3	dist
Step 1	1	92,166	1,355	-2,618			
	2	91,097	1,623	-3,097			
	3	91,090	1,648	-3,136			
	4	91,090	1,649	-3,137			
Step 2	1	84,812	-1,771	-2,379	,297		
	2	77,467	-5,995	-2,848	,744		
	3	74,614	-11,204	-3,041	1,266		
	4	73,486	-16,979	-3,143	1,839		
	5	73,329	-20,096	-3,212	2,150		
	6	73,327	-20,519	-3,223	2,192		
	7	73,327	-20,525	-3,223	2,193		
	8	73,327	-20,525	-3,223	2,193		
Step 3	1	81,283	-1,934	-2,338	,299	,976	
	2	72,501	-6,132	-2,920	,739	1,722	
	3	68,633	-12,193	-3,243	1,346	2,166	
	4	66,804	-19,909	-3,475	2,110	2,453	
	5	66,438	-25,179	-3,658	2,636	2,626	
	6	66,428	-26,190	-3,707	2,738	2,668	
	7	66,428	-26,217	-3,709	2,740	2,670	
	8	66,428	-26,217	-3,709	2,740	2,670	
Step 4	1	79,252	-3,180	-2,256	,335	,992	,061
	2	69,542	-8,421	-2,829	,821	1,607	,102
	3	63,854	-17,425	-3,165	1,651	1,957	,150
	4	61,832	-26,316	-3,557	2,471	2,274	,195
	5	61,607	-30,211	-3,746	2,848	2,430	,204
	6	61,602	-30,913	-3,775	2,918	2,458	,204
	7	61,602	-30,933	-3,776	2,920	2,459	,204
	8	61,602	-30,933	-3,776	2,920	2,459	,204

a. Method: Forward Stepwise (Wald)
b. Constant is included in the model.
c. Initial -2 Log Likelihood: 135,372
d. Estimation terminated at iteration number 4 because parameter estimates changed by less than ,001.
e. Estimation terminated at iteration number 8 because parameter estimates changed by less than ,001.

Figura 13.56 *Outputs* da regressão logística binária no SPSS – procedimento *Forward Wald* (*continua*).

Omnibus Tests of Model Coefficients

		Chi-square	df	Sig.
Step 1	Step	44,281	1	,000
	Block	44,281	1	,000
	Model	44,281	1	,000
Step 2	Step	17,763	1	,000
	Block	62,045	2	,000
	Model	62,045	2	,000
Step 3	Step	6,899	1	,009
	Block	68,943	3	,000
	Model	68,943	3	,000
Step 4	Step	4,827	1	,028
	Block	73,770	4	,000
	Model	73,770	4	,000

Model Summary

Step	-2 Log likelihood	Cox & Snell R Square	Nagelkerke R Square
1	91,090[a]	,358	,482
2	73,327[b]	,462	,623
3	66,428[b]	,498	,672
4	61,602[b]	,522	,703

a. Estimation terminated at iteration number 4 because parameter estimates changed by less than ,001.
b. Estimation terminated at iteration number 8 because parameter estimates changed by less than ,001.

Hosmer and Lemeshow Test

Step	Chi-square	df	Sig.
1	,000	0	.
2	,542	4	,969
3	,531	5	,991
4	6,341	8	,609

Figura 13.56 (*continuação*).

a existência de pelo menos um parâmetro estatisticamente significante para explicar a probabilidade de ocorrência do evento em estudo. O *output* **Omnibus Tests of Model Coefficients** apresenta esta estatística (χ^2 = 73,77, *Sig.* χ^2 = 0,000 < 0,05), já calculada manualmente na seção 13.2.2 e também já apresentada na Figura 13.28, por meio da qual podemos rejeitar a hipótese nula de que todos os parâmetros β_j (j = 1, 2, ..., 5) sejam estatisticamente iguais a zero, ao nível de significância de 5%. Logo, pelo menos uma variável X é estatisticamente significante para explicar a probabilidade de se chegar atrasado à escola e, portanto, temos um modelo de regressão logística binária estatisticamente significante para fins de previsão.

Na sequência, são apresentados os resultados do teste de Hosmer-Lemeshow (**Hosmer and Lemeshow Test**) e a respectiva tabela de contingência que mostra, a partir dos grupos formados pelos decis das probabilidades estimadas, as frequências esperadas e observadas de observações por grupo. Por meio da análise do resultado do teste (para o passo 4, χ^2 = 6,341, *Sig.* χ^2 = 0,609 > 0,05), já apresentado também por meio da Figura 13.30 quando da sua elaboração no Stata, não podemos rejeitar a hipótese nula de que as frequências esperadas e observadas sejam iguais, ao nível de significância de 5% e, portanto, o modelo final estimado não apresenta problemas em relação à qualidade do ajuste proposto.

A **Classification Table** apresenta a evolução, passo a passo, da classificação das observações. Para o modelo final (passo 4), obtivemos um valor de especificidade igual a 73,2%, de sensitividade igual a 94,9% e uma eficiência global do modelo igual a 86,0%, para um *cutoff* de 0,5. Tais valores correspondem àqueles obtidos pela Tabela 13.11 e também já apresentados na Figura 13.37. A tabela de classificação cruzada (ou *crosstabulation*) pode também ser diretamente obtida ao clicarmos em **Analyze → Descriptive Statistics → Crosstabs...**. Na caixa de diálogos que é aberta, devemos inserir a variável *PGR_1* (*Predicted group*) em **Row(s)** e a variável *atrasado,* em **Column(s)**. Na sequência, devemos clicar em **OK**. Enquanto a Figura 13.57 mostra esta caixa de diálogo, a Figura 13.58 apresenta a tabela de classificação cruzada propriamente dita.

Contingency Table for Hosmer and Lemeshow Test

		chegou atrasado à escola? = Não		chegou atrasado à escola? = Sim		
		Observed	Expected	Observed	Expected	Total
Step 1	1	31	31,000	7	7,000	38
	2	10	10,000	52	52,000	62
Step 2	1	8	7,977	0	,023	8
	2	22	22,381	4	3,619	26
	3	2	1,633	2	2,367	4
	4	9	8,697	35	35,303	44
	5	0	,294	11	10,706	11
	6	0	,018	7	6,982	7
Step 3	1	8	7,994	0	,006	8
	2	20	20,366	2	1,634	22
	3	4	3,637	4	4,363	8
	4	9	8,658	28	28,342	37
	5	0	,145	7	6,855	7
	6	0	,193	10	9,807	10
	7	0	,007	8	7,993	8
Step 4	1	10	9,923	0	,077	10
	2	10	9,521	0	,479	10
	3	8	9,214	2	,786	10
	4	5	4,588	5	5,412	10
	5	4	3,244	6	6,756	10
	6	1	2,189	9	7,811	10
	7	3	1,513	7	8,487	10
	8	0	,587	10	9,413	10
	9	0	,196	10	9,804	10
	10	0	,026	10	9,974	10

Figura 13.56 (*continuação*).

Voltando à análise dos *outputs* da Figura 13.56, o procedimento *Forward Wald* (*Stepwise*) elaborado pelo SPSS mostra o passo a passo dos modelos que foram elaborados, partindo da inclusão da variável mais significativa (maior estatística z de Wald entre todas as explicativas) até a inclusão daquela com menor estatística z de Wald, porém ainda com *Sig.* $z < 0,05$. Tão importante quanto a análise das variáveis incluídas no modelo final é a análise da lista de variáveis excluídas (**Variables not in the Equation**). Assim, podemos verificar que, ao se incluir no modelo 1 apenas a variável explicativa *per*, a lista de variáveis excluídas apresenta todas as demais. Se, para o primeiro passo, houver alguma variável explicativa que tenha sido excluída, mas que se apresenta de forma significativa (*Sig.* $z < 0,05$), como ocorre, por exemplo, para a variável *sem*, esta variável será incluída no modelo no passo seguinte (modelo 2). E assim sucessivamente, até que a lista de variáveis excluídas não apresente mais nenhuma variável com *Sig.* $z < 0,05$. A variável remanescente nesta lista, para o nosso exemplo, é a variável *perfil2*, conforme já discutimos quando da elaboração da regressão no Excel e no Stata, e o modelo final (modelo 4 do procedimento *Forward Wald*), que é exatamente aquele já apresentado nas Figuras 13.12 e 13.28, conta com as variáveis explicativas *dist*, *sem*, *per* e *perfil3*. Dessa forma, com base no *output* **Variables in the Equation** (passo 4) da Figura 13.56, podemos escrever a expressão final de probabilidade estimada de que um estudante i chegue atrasado à escola:

$$p_i = \frac{1}{1 + e^{-(-30,933 + 0,204.dist_i + 2,920.sem_i - 3,776.per_i + 2,459.perfil3_i)}}$$

O *output* **Variables in the Equation** apresenta também as *odds ratios* de cada parâmetro estimado (**Exp(B)**), que correspondem àquelas obtidas por meio do comando **logistic** do Stata (Figura 13.33), com os respectivos intervalos de confiança. Caso desejássemos obter os intervalos de confiança dos parâmetros, em vez

Classification Table[a]

			Predicted		
			chegou atrasado à escola?		
	Observed		Não	Sim	Percentage Correct
Step 1	chegou atrasado à escola?	Não	31	10	75,6
		Sim	7	52	88,1
	Overall Percentage				83,0
Step 2	chegou atrasado à escola?	Não	30	11	73,2
		Sim	4	55	93,2
	Overall Percentage				85,0
Step 3	chegou atrasado à escola?	Não	28	13	68,3
		Sim	2	57	96,6
	Overall Percentage				85,0
Step 4	chegou atrasado à escola?	Não	30	11	73,2
		Sim	3	56	94,9
	Overall Percentage				86,0

a. The cut value is ,500

Variables in the Equation

		B	S.E.	Wald	df	Sig.	Exp(B)	95% C.I.for EXP(B) Lower	95% C.I.for EXP(B) Upper
Step 1[a]	per	-3,137	,543	33,427	1	,000	,043	,015	,126
	Constant	1,649	,345	22,797	1	,000	5,200		
Step 2[b]	sem	2,193	,925	5,618	1	,018	8,959	1,462	54,910
	per	-3,223	,642	25,188	1	,000	,040	,011	,140
	Constant	-20,525	9,297	4,874	1	,027	,000		
Step 3[c]	sem	2,740	1,086	6,365	1	,012	15,491	1,843	130,201
	per	-3,709	,805	21,215	1	,000	,025	,005	,119
	perfil3	2,670	1,142	5,469	1	,019	14,433	1,541	135,217
	Constant	-26,217	10,906	5,779	1	,016	,000		
Step 4[d]	dist	,204	,101	4,073	1	,044	1,226	1,006	1,495
	sem	2,920	1,011	8,346	1	,004	18,543	2,557	134,456
	per	-3,776	,847	19,893	1	,000	,023	,004	,120
	perfil3	2,459	1,139	4,657	1	,031	11,694	1,253	109,109
	Constant	-30,933	10,636	8,458	1	,004	,000		

a. Variable(s) entered on step 1: per.
b. Variable(s) entered on step 2: sem.
c. Variable(s) entered on step 3: perfil3.
d. Variable(s) entered on step 4: dist.

Variables not in the Equation

			Score	df	Sig.
Step 1	Variables	dist	,996	1	,318
		sem	9,170	1	,002
		perfil2	2,206	1	,137
		perfil3	4,669	1	,031
	Overall Statistics		21,729	4	,000
Step 2	Variables	dist	4,904	1	,027
		perfil2	1,157	1	,282
		perfil3	5,955	1	,015
	Overall Statistics		14,154	3	,003
Step 3	Variables	dist	4,099	1	,043
		perfil2	3,221	1	,073
	Overall Statistics		7,336	2	,026
Step 4	Variables	perfil2	3,459	1	,063
	Overall Statistics		3,459	1	,063

Figura 13.56 (*continuação*).

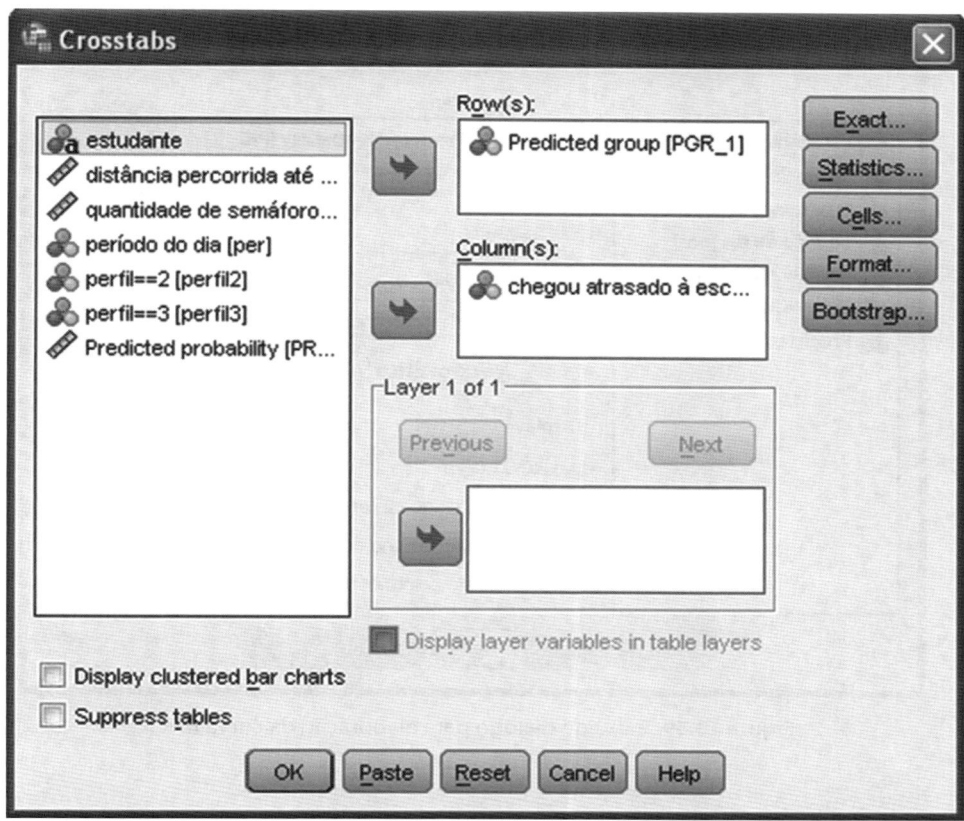

Figura 13.57 Caixa de diálogo para elaboração da tabela de classificação cruzada.

Predicted group * chegou atrasado à escola? Crosstabulation

Count

		chegou atrasado à escola?		Total
		Não	Sim	
Predicted group	Não	30	3	33
	Sim	11	56	67
Total		41	59	100

Figura 13.58 Tabela de classificação cruzada (matriz de confusão para *cutoff* = 0,5).

daqueles referentes às chances, não deveríamos ter marcado a opção **CI for exp(B)** na caixa de diálogo **Options...** (Figura 13.54).

Por fim, vamos elaborar a curva *ROC* no SPSS. Para tanto, após a estimação do modelo final, devemos clicar em **Analyze → ROC Curve...**. Uma caixa de diálogo como a apresentada na Figura 13.59 será aberta. Devemos inserir a variável *PRE_1* (*Predicted probability*) em **Test Variable** e a variável *atrasado* em **State Variable**, com valor igual a 1 no campo **Value of State Variable**. Além disso, em **Display**, devemos clicar nas opções **ROC Curve** e **With diagonal reference line**. Na sequência, devemos clicar em **OK**.

A curva *ROC* elaborada encontra-se na Figura 13.60.

Conforme já discutimos quando da análise da Figura 13.42, a área abaixo da curva *ROC*, de 0,938, é considerada muito boa para definir a qualidade do modelo em termos de previsão de ocorrência do evento para novas observações.

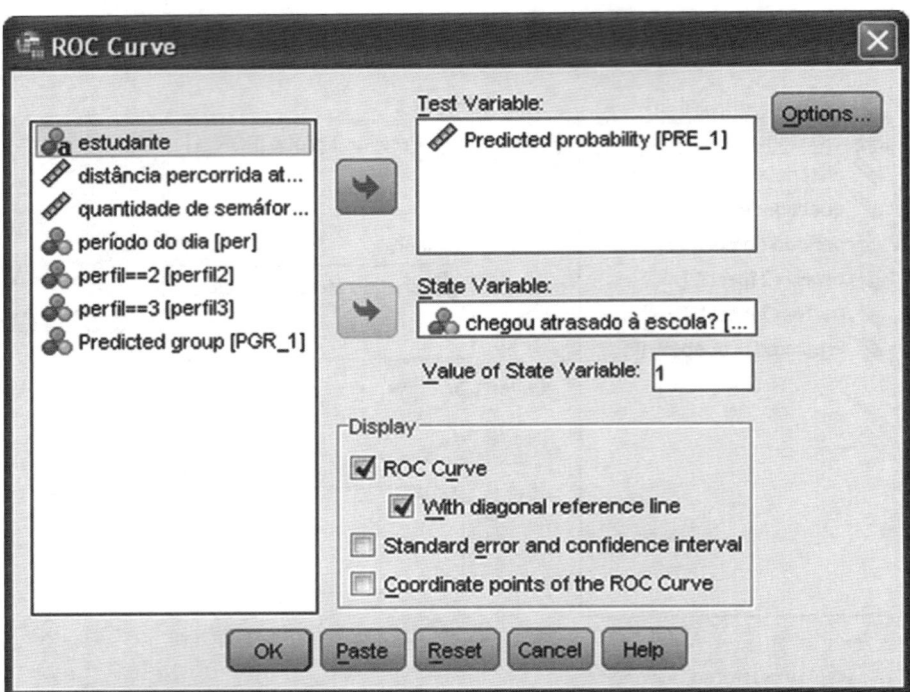

Figura 13.59 Caixa de diálogo para elaboração da curva *ROC*.

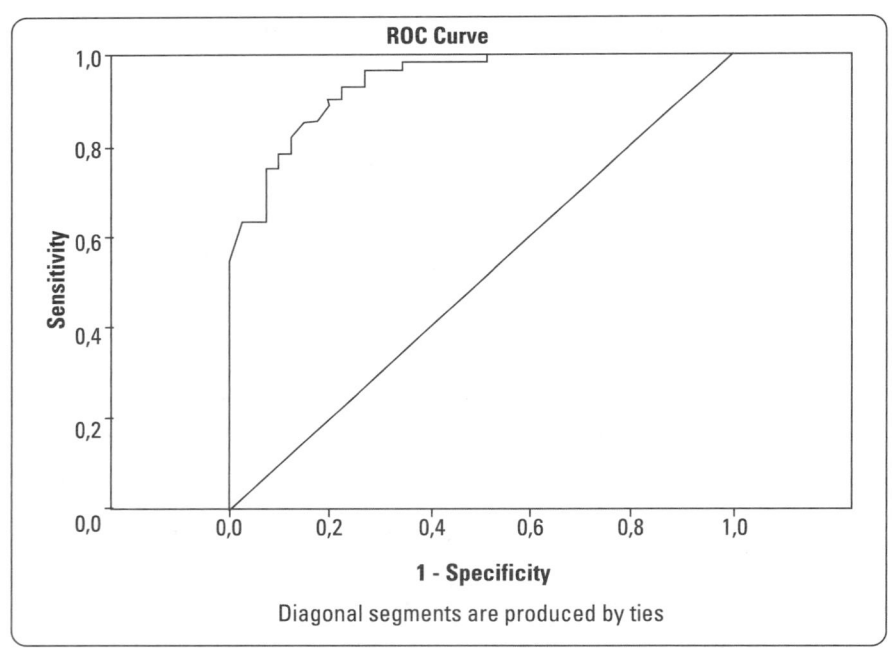

Area Under the Curve

Test Result Variable (s):Predicted probability

Area
,938

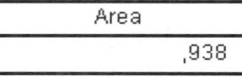

Figura 13.60 Curva *ROC*.

13.5.2. Regressão logística multinomial no software SPSS

Vamos agora elaborar a modelagem da regressão logística multinomial no SPSS, por meio do mesmo exemplo utilizado nas seções 13.3 e 13.4.2. Os dados encontram-se no arquivo **AtrasadoMultinomial.sav** e, após o abrirmos, vamos inicialmente clicar em **Analyze → Regression → Multinomial Logistic...**. A caixa de diálogo da Figura 13.61 será aberta.

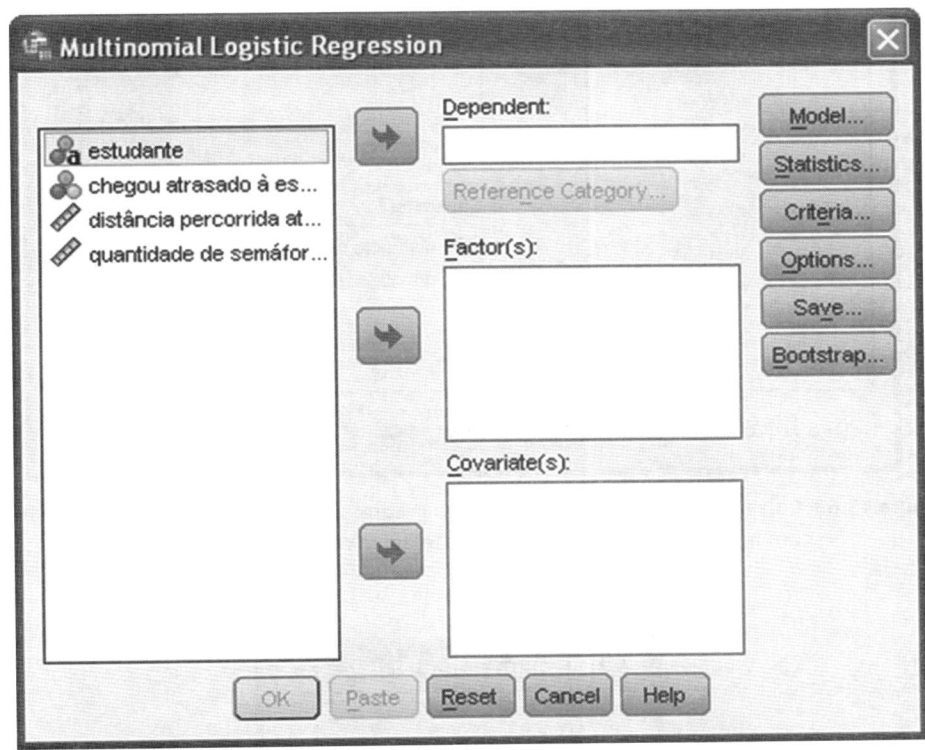

Figura 13.61 Caixa de diálogo para elaboração da regressão logística multinomial no SPSS.

Vamos incluir a variável *atrasado* em **Dependent** e as variáveis explicativas quantitativas *dist* e *sem* na caixa **Covariate(s)**. A caixa **Factor(s)** deverá ser sempre preenchida com variáveis explicativas qualitativas, fato que não se aplica neste nosso exemplo. A Figura 13.62 apresenta esta caixa de diálogo devidamente preenchida.

Note que devemos definir a categoria de referência da variável dependente. Dessa forma, em **Reference Category...**, devemos selecionar a opção **First Category**, uma vez que a categoria *não chegou atrasado* apresenta valores iguais a zero no banco de dados (Figura 13.63). Poderíamos também ter selecionado a opção **Custom**, com **Value** igual a 0. Esta última opção é mais utilizada quando o pesquisador tiver interesse em fazer com que determinada categoria intermediária da variável dependente seja a categoria de referência do modelo.

Após clicarmos em **Continue**, podemos dar sequência ao procedimento para elaboração da modelagem. No botão **Statistics...**, devemos clicar nas opções **Case processing summary** e, em **Model**, devemos marcar as opções **Pseudo R-square**, **Step summary**, **Model fitting information** e **Classification table**. Por fim, em **Parameters**, devemos marcar a opção **Estimates**. A Figura 13.64 mostra esta caixa de diálogo.

Por fim, após clicarmos em **Continue**, devemos selecionar o botão **Save...**. Nesta caixa de diálogo, vamos selecionar as opções **Estimated response probabilities** e **Predicted category**, conforme mostra a Figura 13.65. Este procedimento faz com que sejam geradas, para cada observação da amostra, as probabilidades de ocorrência de cada uma das três categorias da variável dependente e a classificação esperada de cada observação definida com base nestas probabilidades. Logo, serão geradas quatro novas variáveis no banco de dados (*EST1_1, EST2_1, EST3_1* e *PRE_1*).

Na sequência, vamos clicar em **Continue** e em **OK**. Os *outputs* gerados encontram-se na Figura 13.66.

Por meio destes *outputs*, podemos inicialmente verificar, com base no teste χ^2 ($\chi^2 = 153,01$, *Sig.* $\chi^2 = 0,000 < 0,05$ apresentado no *output* **Model Fitting Information**), que a hipótese nula de que todos os parâmetros β_{jm} ($j = 1, 2;$

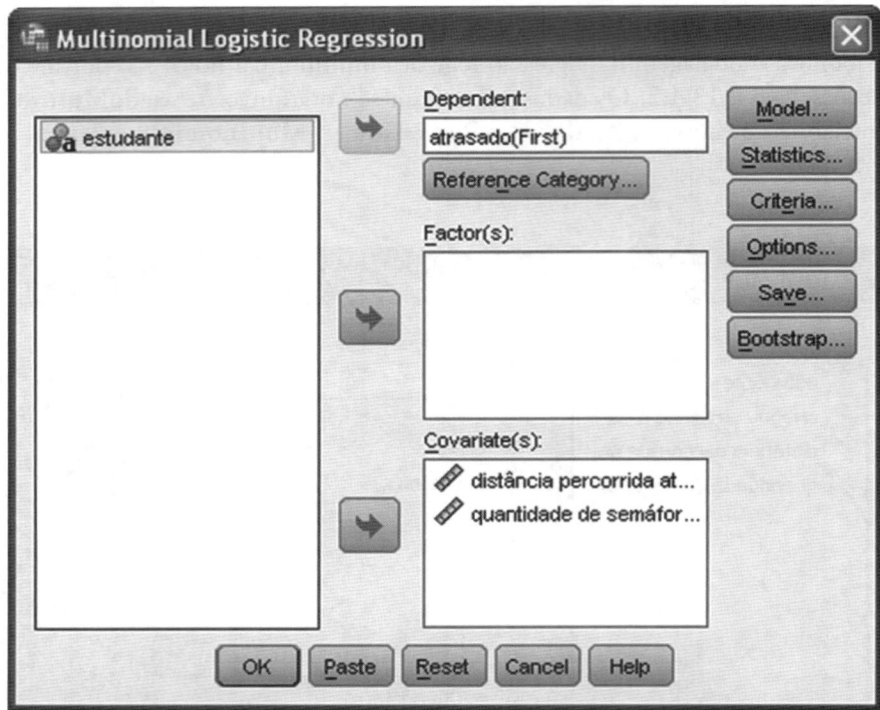

Figura 13.62 Caixa de diálogo para elaboração da regressão logística multinomial no SPSS com inclusão da variável dependente e das variáveis explicativas.

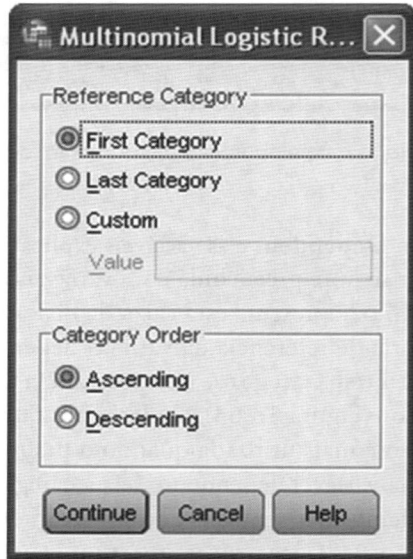

Figura 13.63 Definição da categoria de referência da variável dependente.

$m = 1, 2$) sejam estatisticamente iguais a zero pode ser rejeitada ao nível de significância de 5%, ou seja, pelo menos uma variável X é estatisticamente significante para explicar a probabilidade de ocorrência de pelo menos um dos eventos em estudo. Já o *output* **Pseudo R-Square** apresenta, diferentemente da regressão logística binária, o pseudo R^2 de McFadden. O valor desta estatística, assim como o da estatística χ^2, é exatamente igual àquele calculado manualmente na seção 13.3.2 e apresentado na Figura 13.45 quando da estimação do modelo no Stata.

O modelo final pode ser obtido por meio do *output* **Parameter Estimates** e é exatamente igual ao apresentado na Figura 13.19 e obtido por meio do comando `mlogit` do Stata (Figura 13.45). Com base neste *output*,

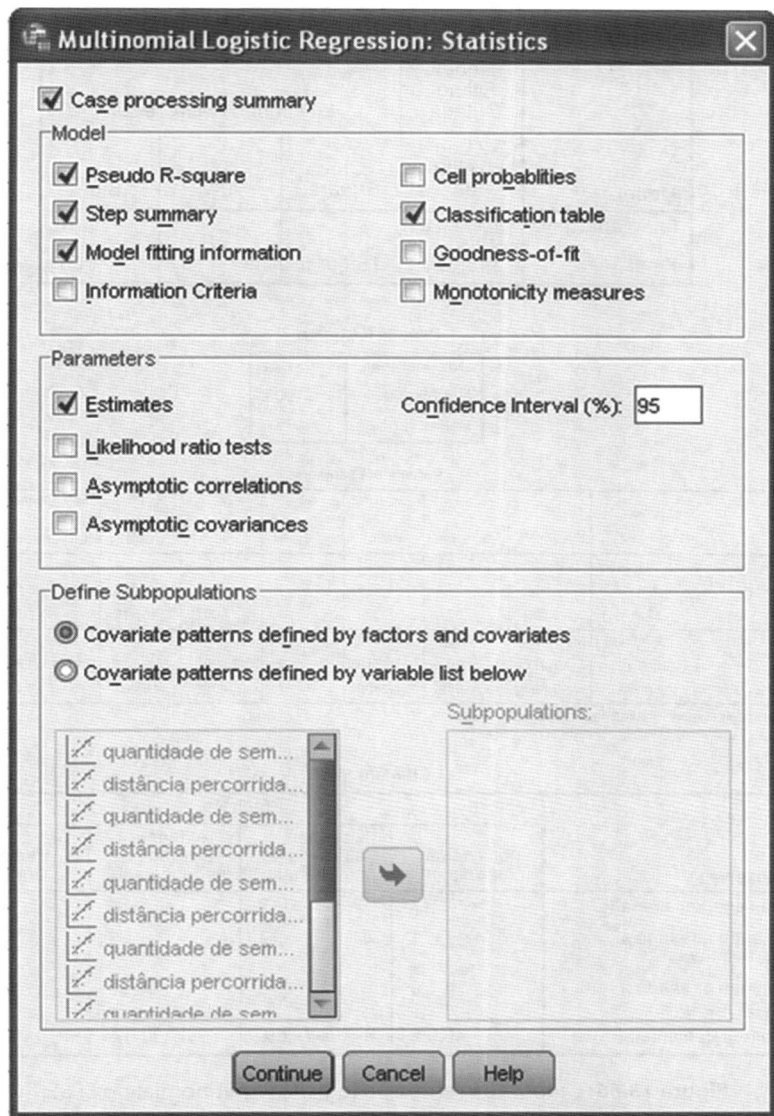

Figura 13.64 Caixa de diálogo para seleção das estatísticas da regressão logística multinomial.

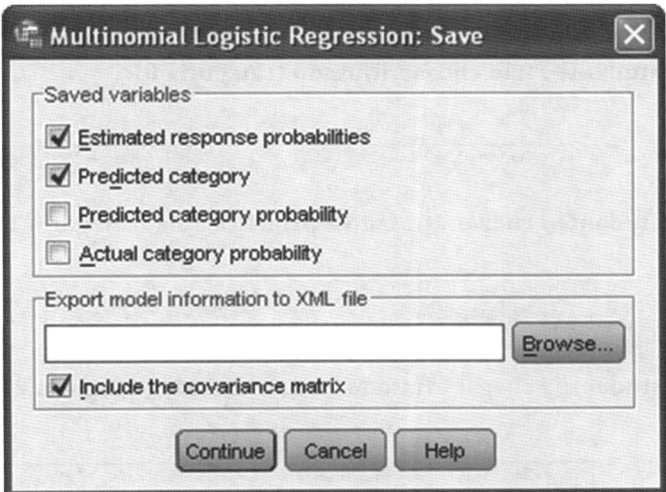

Figura 13.65 Caixa de diálogo para criação das variáveis referentes às probabilidades estimadas de ocorrência de cada categoria e a classificação de cada observação.

Model Fitting Information

Model	Model Fitting Criteria	Likelihood Ratio Tests		
	-2 Log Likelihood	Chi-Square	df	Sig.
Intercept Only	199,841			
Final	46,826	153,015	4	,000

Pseudo R-Square

Cox and Snell	,783
Nagelkerke	,903
McFadden	,757

Parameter Estimates

chegou atrasado à escola?[a]		B	Std. Error	Wald	df	Sig.	Exp(B)	95% Confidence Interval for Exp(B)	
								Lower Bound	Upper Bound
chegou atrasado à primeira aula	Intercept	-33,135	12,183	7,397	1	,007			
	dist	,559	,243	5,276	1	,022	1,749	1,085	2,817
	sem	1,670	,577	8,380	1	,004	5,312	1,715	16,453
chegou atrasado à segunda aula	Intercept	-62,292	14,675	18,018	1	,000			
	dist	1,078	,302	12,718	1	,000	2,940	1,625	5,318
	sem	2,895	,686	17,809	1	,000	18,081	4,713	69,363

a. The reference category is: não chegou atrasado.

Classification

Observed	Predicted			
	não chegou atrasado	chegou atrasado à primeira aula	chegou atrasado à segunda aula	Percent Correct
não chegou atrasado	47	2	0	95,9%
chegou atrasado à primeira aula	1	12	3	75,0%
chegou atrasado à segunda aula	0	5	30	85,7%
Overall Percentage	48,0%	19,0%	33,0%	89,0%

Figura 13.66 *Outputs* da regressão logística multinomial no SPSS.

podemos escrever as expressões das probabilidades médias estimadas de ocorrência de cada um dos eventos representados pelas categorias da variável dependente, a saber:

Probabilidade de um estudante *i* não chegar atrasado (categoria 0):

$$p_{i_0} = \frac{1}{1 + e^{(-33,135+0,559.dist_i+1,670.sem_i)} + e^{(-62,292+1,078.dist_i+2,895.sem_i)}}$$

Probabilidade de um estudante *i* chegar atrasado à primeira aula (categoria 1):

$$p_{i_1} = \frac{e^{(-33,135+0,559.dist_i+1,670.sem_i)}}{1 + e^{(-33,135+0,559.dist_i+1,670.sem_i)} + e^{(-62,292+1,078.dist_i+2,895.sem_i)}}$$

Probabilidade de um estudante *i* chegar atrasado à segunda aula (categoria 2):

$$p_{i_2} = \frac{e^{(-62,292+1,078.dist_i+2,895.sem_i)}}{1 + e^{(-33,135+0,559.dist_i+1,670.sem_i)} + e^{(-62,292+1,078.dist_i+2,895.sem_i)}}$$

Este mesmo *output* apresenta também as *relative risk ratios* (**Exp(B)**) de cada parâmetro estimado, as quais correspondem àquelas obtidas por meio do comando **rrr** do Stata (Figura 13.48), com os respectivos intervalos de confiança.

Por fim, a tabela de classificação (*output* **Classification**) mostra, com base na maior probabilidade estimada (p_{i_0}, p_{i_1} ou p_{i_2}) de cada observação, a classificação prevista e a observada para cada categoria da variável dependente. Dessa forma, conforme já apresentado por meio da Tabela 13.18, chegamos a um modelo que apresenta um percentual total de acerto de 89,0% (eficiência global), possuindo um percentual de acerto de 95,9% quando houver indicação de que não ocorrerá atraso ao se chegar à escola, de 75,0% quando houver indicação de que haverá atraso na primeira aula e de 85,7% quando o modelo indicar que haverá atraso na segunda aula.

13.6. CÓDIGOS EM R PARA OS EXEMPLOS DO CAPÍTULO

```r
# Pacotes utilizados
library(plotly) #plataforma gráfica
library(tidyverse) #carregar outros pacotes do R
library(knitr) #formatação de tabelas
library(kableExtra) #formatação de tabelas
library(fastDummies) #função 'dummy_columns' para dummização de variáveis
library(rgl) #visualização de gráficos em 3D
library(car) #função 'scatter3d' para plotagens tridimensionais
library(jtools) #funções 'summ' e 'export_summs' para apresentação de
                #outputs de modelos
library(stargazer) #outra maneira de apresentar outputs de modelos
library(caret) #matriz de confusão
library(recipes) #matriz de confusão
library(ipred) #matriz de confusão
library(globals) #matriz de confusão
library(reshape2) #função 'melt'
library(pROC) #função 'roc' para construção da curva ROC
library(ROCR) #funções 'prediction' e 'performance' para plotagem da curva ROC
library(glmtoolbox) #função 'hltest' para teste Hosmer-Lemeshow Goodness-of-Fit
library(nnet) #função 'multinom' para estimação de modelos logísticos multinomiais
library(lmtest) #likelihood ratio test para comparação de valores de loglik de modelos


# Regressão logística binária - parte conceitual

# Definição da função 'prob_logit' para a probabilidade de ocorrência de um evento
prob_logit <- function(z){
  prob_logit = 1 / (1 + exp(-z))
}

# Plotagem da curva sigmoide teórica para as probabilidades de ocorrência de um
#evento, para um range de logito z entre -5 e +5
data.frame(z = -5:5) %>%
  ggplot() +
  stat_function(aes(x = z, color = "Sigmoide Logit"),
                fun = prob_logit,
                size = 2) +
  geom_hline(yintercept = 0.5, linetype = "dotted") +
  scale_color_manual("Legenda:",
                     values = "darkorchid") +
  labs(x = "Logito z",
       y = "Probabilidade") +
  theme_bw()
```

```r
# Carregamento da base de dados 'atrasado'
load(file = "atrasado.RData")

# Visualização da base de dados
atrasado %>%
  kable() %>%
  kable_styling(bootstrap_options = "striped",
                full_width = FALSE,
                font_size = 22)

# Estatísticas univariadas
summary(atrasado)

# Distribuição de frequências da variável dependente 'atrasado'
table(atrasado$atrasado)

# Distribuição de frequências da variável 'per'
table(atrasado$per)

# Distribuição de frequências da variável 'perfil'
table(atrasado$perfil)

# Criação das dummies a partir das variáveis preditoras 'per' e 'perfil'

# Procedimento para a criação de variáveis dummy a partir de variáveis
#preditoras qualitativas. Para dada variável qualitativa com n categorias,
#definiremos n-1 dummies a partir da função 'dummy_columns' do pacote
#'fastDummies'.

# Há várias maneiras para se definirem variáveis dummy no R. Escolhemos uma
#que acreditamos ser bastante interessante do ponto de vista didático.

# Dummização das variáveis 'per' e 'perfil', definindo-se que o período da
#'tarde' será a categoria de referência para 'per', e o perfil 'calmo'
#'#será a categoria de referência para 'perfil'.
# Os códigos a seguir automaticamente realizarão os seguintes procedimentos:
# a) estabelecimento de dummies que representarão as categorias das variáveis
#qualitativas 'per' e 'perfil';
# b) exclusão das variáveis qualitativas originais 'per' e 'perfil' do dataset,
#por meio do argumento 'remove_selected_columns = TRUE';
# c) exclusão das dummies correspondentes às respectivas categorias de
#referência ('tarde' e 'calmo').

atrasado <- dummy_columns(.data = atrasado,
                          select_columns = c("per", "perfil"),
                          remove_selected_columns = TRUE)
atrasado$per_tarde <- NULL
atrasado$perfil_calmo <- NULL


# Estimação do modelo logístico binário
```

```
# Estimação do modelo com as variáveis 'dist', 'sem' e dummies como preditoras
modelo_logit <- glm(formula = atrasado ~ dist + sem + per_manhã +
                        perfil_moderado + perfil_agressivo,
                    data = atrasado,
                    family = "binomial")

# Parâmetros do 'modelo_logit'
summary(modelo_logit)
```

Ao acessar o QR Code ao lado, você encontrará os códigos completos em R® on-line

13.7. CÓDIGOS EM PYTHON PARA OS EXEMPLOS DO CAPÍTULO

```python
# Nossos mais sinceros agradecimentos aos Professores Helder Prado Santos e
#Wilson Tarantin Junior pela contribuição com códigos e revisão do material.

# Importação dos pacotes necessários
import pandas as pd #manipulação de dados em formato de dataframe
import seaborn as sns #biblioteca de visualização de informações estatísticas
import matplotlib.pyplot as plt #biblioteca de visualização de dados
import statsmodels.api as sm #biblioteca de modelagem estatística
import numpy as np #biblioteca para operações matemáticas multidimensionais
from math import exp #operação matemática exponencial
from scipy import stats #estatística chi2
from statstests.process import stepwise #procedimento Stepwise
from statsmodels.iolib.summary2 import summary_col #comparação entre modelos
import plotly.graph_objs as go #gráficos 3D
import plotly.io as pio #plotagens tridimensionais no browser
import statsmodels.formula.api as smf #estimação do modelo logístico binário
from statsmodels.discrete.discrete_model import MNLogit #estimação do modelo
    #logístico multinomial
from statsmodels.discrete.discrete_model import Probit #estimação do modelo probit
from scipy.stats import norm #função densidade de probabilidade da distribuição normal

# Regressão logística binária - parte conceitual

# Definição da função 'prob_logit' para a probabilidade de ocorrência de um evento
def prob_logit(z):
    return 1 / (1 + exp(-z))

# Plotagem da curva sigmoide teórica para as probabilidades de ocorrência de um
#evento, para um range de logito z entre -5 e +5

z = []
probs_logit = []

for i in np.arange(-5,6):
    z.append(i)
    probs_logit.append(prob_logit(i))
```

```python
df = pd.DataFrame({'z':z,'probs_logit':probs_logit})

plt.figure(figsize=(10,10))
plt.plot(df.z, df.probs_logit, color='darkorchid')
plt.scatter(df.z, df.probs_logit, color = 'darkorchid', s = 100)
plt.axhline(y = 0.5, color = 'grey', linestyle = ':')
plt.xlabel('Logito z', fontsize=20)
plt.ylabel('Probabilidade', fontsize=20)
plt.legend(['Sigmoide Logit'], fontsize=17)
plt.show()

# Carregamento da base de dados 'atrasado'
df_atrasado = pd.read_csv('atrasado.csv', delimiter=',')

# Visualização da base de dados 'atrasado'
df_atrasado

# Características das variáveis do dataset
df_atrasado.info()

# Estatísticas univariadas
df_atrasado.describe()

# Distribuição de frequências da variável dependente 'atrasado'
df_atrasado['atrasado'].value_counts()

# Distribuição de frequências da variável 'per'
df_atrasado['per'].value_counts()

# Distribuição de frequências da variável 'perfil'
df_atrasado['perfil'].value_counts()

# Criação das dummies a partir das variáveis preditoras 'per' e 'perfil'

# Procedimento para a criação de variáveis dummy a partir de variáveis
#preditoras qualitativas. Para dada variável qualitativa com n categorias,
#definiremos n-1 dummies a partir da função 'get_dummies' do pacote 'pandas'.

# Há várias maneiras para se definirem variáveis dummy no Python. Escolhemos
#uma que acreditamos ser bastante interessante do ponto de vista didático.

# Dummização das variáveis 'per' e 'perfil', definindo-se que o período da
#'tarde' será a categoria de referência para 'per', e o perfil 'calmo'
#será a categoria de referência para 'perfil'.
# Os códigos a seguir automaticamente realizarão os seguintes procedimentos:
# a) estabelecimento de dummies que representarão as categorias das variáveis
#qualitativas 'per' e 'perfil';
# b) exclusão das variáveis qualitativas originais 'per' e 'perfil' do dataset;
# c) exclusão das dummies correspondentes às respectivas categorias de
#referência ('tarde' e 'calmo').

df_atrasado = pd.get_dummies(df_atrasado,
                             columns=['per', 'perfil'],
                             drop_first=False)
```

```
del df_atrasado['per_tarde']
del df_atrasado['perfil_calmo']

# Estimação do modelo logístico binário

# O argumento 'family=sm.families.Binomial()' da função 'glm' do pacote
#'statsmodels.formula.api' define a estimação de um modelo logístico binário
# Estimação do modelo com as variáveis 'dist', 'sem' e dummies como preditoras
modelo_logit = smf.glm(formula='atrasado ~ dist + sem + per_manha +\
                        perfil_moderado + perfil_agressivo', data=df_atrasado,
                        family=sm.families.Binomial()).fit()

# Parâmetros do 'modelo_logit'
modelo_logit.summary()
```

Ao acessar o QR Code ao lado, você encontrará os códigos completos em Python® *on-line*

13.8. CONSIDERAÇÕES FINAIS

A estimação por máxima verossimilhança, embora ainda pouco conhecida por parte de um grande número de pesquisadores, é bastante útil para que se estimar parâmetros quando determinada variável dependente apresenta-se, por exemplo, na forma qualitativa.

A situação mais adequada para a aplicação de modelos de regressão logística binária acontece quando o fenômeno que se deseja estudar apresenta-se na forma dicotômica e o pesquisador tem a intenção de estimar uma expressão de probabilidade de ocorrência do evento definido dentre as duas possibilidades em função de determinadas variáveis explicativas. O modelo de regressão logística binária pode ser considerado um caso particular do modelo de regressão logística multinomial, cuja variável dependente também se apresenta na forma qualitativa, porém agora com mais de duas categorias de evento e, para cada categoria, será estimada uma expressão de probabilidade de sua ocorrência.

O desenvolvimento de qualquer modelo de dependência deve ser feito por meio do correto e consciente uso do software escolhido para a modelagem, com base na teoria subjacente e na experiência e na intuição do pesquisador.

13.9. EXERCÍCIOS

1) Uma empresa de concessão de crédito para consumo a pessoas físicas tem o intuito de avaliar a probabilidade de que seus clientes não cumpram com seus compromissos de pagamento (probabilidade de *default*). Por meio de uma base de dados com 2.000 observações que são os próprios clientes da companhia que obtiveram crédito recentemente, a empresa pretende estimar um modelo de regressão logística binária utilizando, como variáveis explicativas, a idade, o sexo (feminino = 0; masculino = 1) e a renda mensal (R$) de cada indivíduo. A variável dependente refere-se ao *default* propriamente dito (não *default* = 0; *default* = 1). Os arquivos **Default.sav**, **Default.dta**, **default.RData** e **default.csv** trazem estes dados e, por meio da estimação do modelo de regressão logística binária, pede-se:

   a) Analise o nível de significância do teste χ^2. Pelo menos uma das variáveis (*idade*, *sexo* e *renda*) é estatisticamente significante para explicar a probabilidade de *default*, ao nível de significância de 5%?

   b) Se a resposta do item anterior for sim, analise o nível de significância de cada variável explicativa (testes z de Wald). Cada uma delas é estatisticamente significante para explicar a probabilidade de *default*, ao nível de significância de 5%?

   c) Qual a equação final estimada para a probabilidade média de *default*?

d) Em média, os indivíduos do sexo masculino tendem a apresentar maior probabilidade de *default* ao adquirirem crédito para consumo, mantidas as demais condições constantes?

e) Em média, os indivíduos com maior idade tendem a apresentar maior probabilidade de *default* ao adquirirem crédito para consumo, mantidas as demais condições constantes?

f) Qual a probabilidade média estimada de *default* de um indivíduo do sexo masculino, com 37 anos e com renda mensal de R$ 6.850,00?

g) Em média, em quanto se altera a chance de ser *default* ao se aumentar a renda em uma unidade, mantidas as demais condições constantes?

h) Qual a eficiência global do modelo, para um *cutoff* de 0,5? E a sensitividade e a especificidade, para este mesmo *cutoff*?

2) Com o intuito de estudar a fidelidade de clientes, um grupo supermercadista realizou uma pesquisa com 3.000 consumidores no momento em que o pagamento de suas respectivas compras estava sendo transacionado. Como a fidelidade de determinado consumidor pode ser medida com base no seu retorno ao estabelecimento, com compra efetuada, dentro de um ano da data da compra anterior, torna-se fácil o seu monitoramento por meio do acompanhamento do seu CPF. Assim, se o CPF de determinado consumidor estiver na base de dados da loja, porém não ocorre compra alguma com este mesmo CPF no período de um ano, este consumidor será classificado como *sem fidelidade ao estabelecimento*. Por outro lado, se o CPF de outro consumidor que também esteja na base de dados da loja é identificado em outra compra com intervalo de menos de um ano em relação à compra anterior, ele será classificado com a categoria *fidelidade ao estabelecimento*. A fim de estipular os critérios que elevam a probabilidade de que um consumidor apresente fidelidade ao estabelecimento, o grupo supermercadista coletou as seguintes variáveis de cada um dos 3.000 consumidores, na sequência os monitorando por um período de um ano da data daquela específica compra:

Variável	Descrição
id	Variável que substitui o CPF por motivos de confidencialidade. É uma variável *string*, varia de 0001 a 3000 e não será utilizada na modelagem.
fidelidade	Variável dependente binária correspondente ao fato de o consumidor retornar ou não à loja para efetuar nova compra em um período menor do que um ano (Não = 0; Sim = 1).
sexo	Sexo do consumidor (feminino = 0; masculino = 1).
idade	Idade do consumidor (anos).
atendimento	Variável qualitativa com 5 categorias correspondentes à percepção do nível de atendimento prestado pelo estabelecimento na compra atual (péssimo = 1; ruim = 2; regular = 3; bom = 4; ótimo = 5).
sortimento	Variável qualitativa com 5 categorias correspondentes à percepção de qualidade e variedade do sortimento de produtos ofertados pelo estabelecimento quando da compra atual (péssimo = 1; ruim = 2; regular = 3; bom = 4; ótimo = 5).
acessibilidade	Variável qualitativa com 5 categorias correspondentes à percepção de qualidade da acessibilidade ao estabelecimento, como estacionamento e acesso à área de vendas (péssimo = 1; ruim = 2; regular = 3; bom = 4; ótimo = 5).
preço	Variável qualitativa com 5 categorias correspondentes à percepção de preços ofertados dos produtos em relação à concorrência quando da compra atual (péssimo = 1; ruim = 2; regular = 3; bom = 4; ótimo = 5).

Por meio da análise do banco de dados presente nos arquivos **Fidelidade.sav**, **Fidelidade.dta**, **fidelidade.RData** e **fidelidade.csv**, pede-se:

a) Quando da estimação do modelo completo de regressão logística binária com todas as variáveis explicativas do indivíduo (*sexo* e *idade*) e todas as $(n-1)$ *dummies* correspondentes às *n* categorias de cada uma das variáveis qualitativas, algumas destas categorias mostraram-se estatisticamente não significantes para explicar a probabilidade de ocorrência do evento (fidelidade ao estabelecimento varejista), ao nível de significância de 5%?

b) Se a resposta do item anterior for sim, estime a expressão de probabilidade de ocorrência do evento por meio do procedimento *Stepwise*.

c) Qual a eficiência global do modelo, com um *cutoff* de 0,5?

d) Desejando estabelecer um critério que iguale a probabilidade de acerto daqueles que apresentarão fidelidade ao estabelecimento varejista à probabilidade de acerto daqueles que não apresentarão fidelidade, o diretor de marketing da empresa analisou a curva de sensibilidade do modelo. Qual o *cutoff* aproximado que iguala estas duas probabilidades de acerto?

e) Para o modelo final estimado, em relação a um atendimento considerado péssimo, como se comportam, em média, as chances de se ter fidelidade ao estabelecimento por parte de consumidores que respondem ruim, regular, bom e ótimo para este quesito, mantidas as demais condições constantes?

f) Elabore novamente o item anterior, porém agora utilizando separadamente as variáveis *sortimento*, *acessibilidade* e *preço*.

g) Com base na análise das chances, o estabelecimento deseja investir em uma única variável perceptual para aumentar a probabilidade de que os consumidores tornem-se fiéis, fazendo com que deixem de ter percepções péssimas e passem, com maior frequência, a apresentar percepções ótimas sobre este quesito. Qual seria essa variável?

3) O Ministério da Saúde de determinado país deseja implementar uma campanha para melhorar os índices de colesterol LDL (mg/dL) dos cidadãos por meio do incentivo à prática de exercícios físicos e à redução do tabagismo e, para tanto, realizou uma pesquisa com 2.304 indivíduos, em que foram levantadas as seguintes variáveis:

Variável	Descrição
colesterol	Índice de colesterol LDL (mg/dL).
cigarro	Variável *dummy* correspondente ao fato de o indivíduo fumar ou não (não fuma = 0; fuma = 1).
esporte	Número de vezes em que pratica atividades físicas semanalmente.

Como se sabe que o índice de colesterol é posteriormente classificado segundo valores de referência, o Ministério da Saúde tem por intuito alertar a população sobre os benefícios trazidos pelo hábito de se praticar atividades físicas e pela abstinência do cigarro para a melhora da classificação. Dessa forma, a variável *colesterol* será transformada para a variável *colestquali*, descrita a seguir, que apresenta 5 categorias e será a variável dependente do modelo cujos resultados serão divulgados pelo Ministério da Saúde.

Variável	Descrição
colestquali	Classificação do índice de colesterol LDL (mg/dL), a saber: • Muito elevado: superior a 189 mg/dL (categoria de referência); • Elevado: de 160 a 189 mg/dL; • Limítrofe: de 130 a 159 mg/dL; • Subótimo: de 100 a 129 mg/dL; • Ótimo: inferior a 100 mg/dL.

O banco de dados desta pesquisa encontra-se nos arquivos **Colestquali.sav**, **Colestquali.dta**, **colestquali.RData** e **colestquali.csv** e, por meio da estimação de um modelo de regressão logística multinomial com as variáveis *cigarro* e *esporte* como explicativas, pede-se:

a) Apresente a tabela de frequências das categorias da variável dependente.

b) Por meio da estimação de um modelo de regressão logística multinomial, é possível verificar que pelo menos uma das variáveis explicativas é estatisticamente significante para compor a expressão de probabilidade de ocorrência de pelo menos uma das classificações propostas para o índice de colesterol LDL, ao nível de significância de 5%?

c) Quais as equações finais estimadas para as probabilidades médias de ocorrência das classificações propostas para o índice de colesterol LDL?

d) Quais as probabilidades de ocorrência de cada uma das classificações propostas para um indivíduo que não fuma e pratica atividades esportivas apenas uma vez por semana?

e) Com base no modelo estimado, elabore um gráfico da probabilidade de ocorrência de cada evento representado pela variável dependente em função do número de vezes em que são realizadas atividades físicas semanalmente. A partir de qual periodicidade semanal de realização de atividades esportivas aumenta-se consideravelmente a probabilidade de que os índices de colesterol LDL passem a ser subótimos ou ótimos?

f) Em média, em quanto se altera a chance de se ter um índice de colesterol considerado elevado, em relação a um nível considerado muito elevado, ao se aumentar em uma unidade o número de vezes em que são realizadas atividades físicas semanais, mantidas as demais condições constantes?

g) Em média, em quanto se altera a chance de se ter um índice de colesterol considerado ótimo, em relação a um nível considerado subótimo, ao se deixar de fumar, mantidas as demais condições constantes?

h) Elabore a tabela de classificação com base na probabilidade estimada de cada observação da amostra (classificação prevista e observada para cada categoria da variável dependente).

i) Qual a eficiência global do modelo? Qual o percentual de acerto para cada categoria da variável dependente?

APÊNDICE

Modelos de regressão probit

A) Breve Introdução

Os **modelos de regressão probit**, cujo nome se refere à contração de ***probability unit***, podem ser utilizados **alternativamente aos modelos de regressão logística binária**, para os casos em que a curva de probabilidades de ocorrência de determinado evento ajusta-se mais adequadamente à **função densidade de probabilidade acumulada da distribuição normal padrão**.

A ideia da regressão probit foi inicialmente concebida por Bliss (1934a, 1934b) que, ao realizar experimentos com o intuito de descobrir um eficaz pesticida contra insetos que se alimentavam de folhas de uva, acabou por representar graficamente a resposta dos insetos para diferentes níveis de concentração do pesticida. Como a relação encontrada entre a dose de pesticida e o tempo de resposta seguia uma **função sigmoide** (ou curva *S*), Bliss optou, naquela ocasião, por transformar a curva sigmoide dose-resposta em uma expressão linear, seguindo o já conhecido modelo de regressão linear. Duas décadas depois, Finney (1952), apoiando-se nas ideias e nos experimentos de Bliss, fez relevantes contribuições ao publicar um livro intitulado "*Probit Analysis*". Ainda hoje, os modelos de regressão probit são muito utilizados para a compreensão de relações dose-resposta, quando a respectiva curva de probabilidades de ocorrência do evento de interesse, inicialmente representado por uma variável binária, seguir uma função sigmoide.

A **variável dependente segue uma distribuição de Bernoulli** e, portanto, a expressão da função-objetivo (logaritmo da função de verossimilhança) que tem por intuito estimar os parâmetros α, β_1, β_2, ..., β_k de determinado modelo de regressão probit é exatamente a mesma da expressão (13.15) deduzida neste capítulo para um modelo de regressão logística binária, dada por:

$$LL = \sum_{i=1}^{n} \left\{ \left[(Y_i).\ln(p_i) \right] + \left[(1-Y_i).\ln(1-p_i) \right] \right\} = \text{máx} \tag{13.47}$$

O que varia, portanto, entre os modelos de regressão logística binária e os modelos de regressão probit é a expressão das probabilidades de ocorrência do evento de interesse p_i. Conforme estudamos, na regressão logística binária a expressão de p_i, que apresenta **distribuição logística**, é dada por:

$$p_i = \frac{1}{1+e^{-Z_i}} = \frac{1}{1+e^{-(\alpha+\beta_1.X_{1i}+\beta_2.X_{2i}+...+\beta_k.X_{ki})}} \tag{13.48}$$

Já para a regressão probit, a expressão das probabilidades de ocorrência do evento de interesse, que apresentam distribuição normal padrão acumulada, pode ser expressa por:

$$p_i = \Phi(Z_i) = \Phi(\alpha+\beta_1.X_{1i}+\beta_2.X_{2i}+...+\beta_k.X_{ki}) \tag{13.49}$$

em que Φ representa a própria função densidade de probabilidade acumulada da distribuição normal padrão. Nesse sentido, a expressão (13.49) pode ser escrita conforme segue:

$$p_i = \int_{-\infty}^{Z_i} \frac{1}{\sqrt{2.\pi}} . e^{\left(-\frac{1}{2}.Z^2\right)} dZ \tag{13.50}$$

que, para facilidade de cálculo, pode ser reescrita da seguinte maneira:

$$p_i = \frac{1}{2} + \frac{1}{2} \cdot \left(1 - e^{\frac{-2 \cdot Z_i^2}{\pi}} \right)^{\frac{1}{2}} \text{ para } Z \geq 0 \tag{13.51}$$

e

$$p_i = 1 - \left[\frac{1}{2} + \frac{1}{2} \cdot \left(1 - e^{\frac{-2 \cdot Z_i^2}{\pi}} \right)^{\frac{1}{2}} \right] \text{ para } Z < 0 \tag{13.52}$$

A partir das expressões (13.48), (13.51) e (13.52), podemos elaborar a Tabela 13.21, que apresenta valores de p em função de valores de Z variando de -5 a $+5$ e torna possível a comparação entre as curvas logística (logit) e probit de probabilidades. Note que os valores de p na coluna referente à regressão logit são exatamente iguais aos já calculados e apresentados na Tabela 13.1. Caso o pesquisador opte por elaborar esta tabela no Excel, poderá fazer uso da função **=DIST.NORMP.N(Z; 1)** para determinar os valores de p na coluna referente à regressão probit.

Tabela 13.21 Probabilidade de ocorrência de um evento (p) em função de Z para os modelos de regressão logit e probit.

Z_i	Regressão logit	Regressão probit
	p_i	
−5	0,01	0,00
−4	0,02	0,00
−3	0,05	0,00
−2	0,12	0,02
−1	0,27	0,16
0	0,50	0,50
1	0,73	0,84
2	0,88	0,98
3	0,95	1,00
4	0,98	1,00
5	0,99	1,00

A partir da Tabela 13.21, podemos elaborar um gráfico de $p = f(Z)$, como o apresentado na Figura 13.67. Por meio deste gráfico, podemos verificar que, embora as probabilidades estimadas em função dos diversos valores assumidos por Z situam-se entre 0 e 1 para ambos os casos, parâmetros distintos serão estimados pelos modelos logit e probit, visto que diferentes valores de Z são necessários para que se chegue à mesma probabilidade de ocorrência do evento de interesse para determinada observação i.

Conforme podemos observar pelo gráfico da Figura 13.67, as funções logit e probit não são consideravelmente distintas, principalmente para valores de Z em torno de zero, sendo que os parâmetros estimados em cada caso seguem a relação $\alpha, \beta_{logit} \approx 1,6 \cdot \left[\alpha, \beta_{probit} \right]$, conforme discute Amemiya (1981). Essa relação também será por nós comprovada em exemplo a ser elaborado na próxima seção.

Nesse sentido, para determinado banco de dados, qual modelo é melhor? O logit ou o probit? Conforme aponta Finney (1952), a opção pela escolha do modelo probit, em detrimento do modelo logit, dá-se, em tese, pela aderência da curva de probabilidades de ocorrência do evento de interesse à distribuição normal padrão acumulada. Na prática, entretanto, a decisão pode ser tomada com base em quatro critérios, cujos conceitos já foram discutidos ao longo deste capítulo:

- modelo com mais alto valor do logaritmo da função de verossimilhança;
- modelo com maior pseudo R^2 de McFadden;
- modelo com mais alto nível de significância do teste de Hosmer-Lemeshow (menor estatística χ^2 deste teste);
- modelo com maior área abaixo da curva *ROC*.

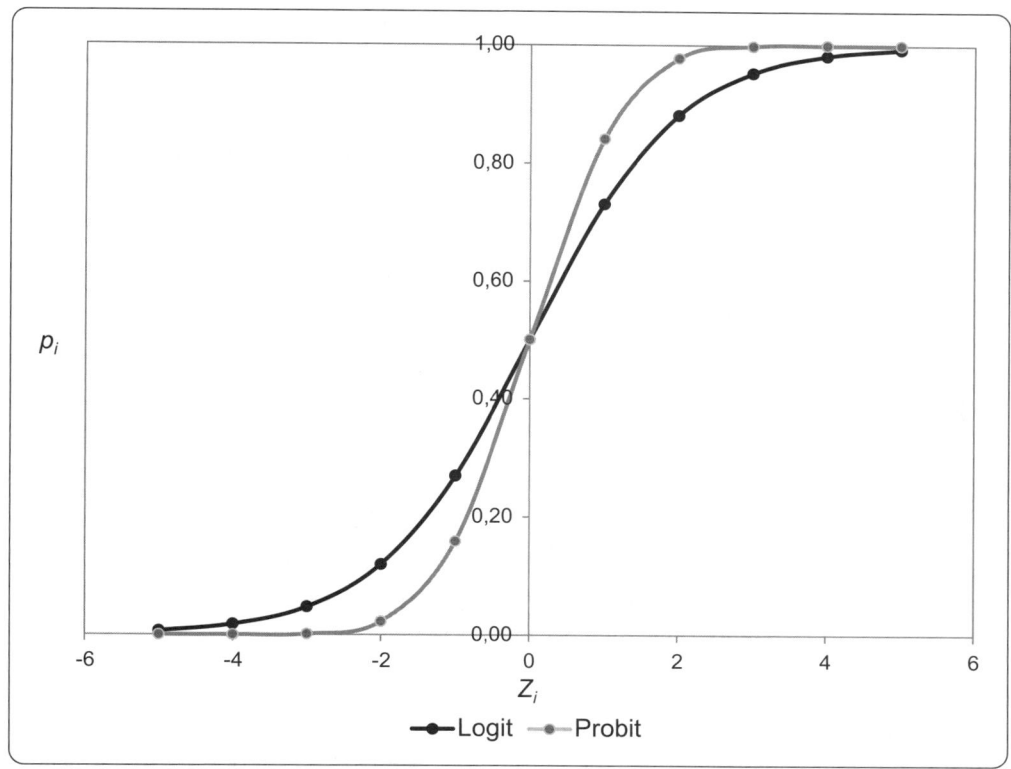

Figura 13.67 Gráfico de $p = f(Z)$ para os modelos logit e probit.

Na sequência, apresentaremos um exemplo em que é estimado um modelo de regressão probit, cujos resultados são comparados com os obtidos por um modelo de regressão logística binária.

B) Exemplo: Modelo de Regressão Probit no Stata

Faremos uso do banco de dados **Triathlon.dta**, que apresenta dados levantados por meio de uma pesquisa realizada com 200 atletas amadores que participaram de determinada prova de triathlon do tipo *sprint*. O levantamento consistiu em verificar se determinado atleta completou ou não a prova, com o intuito de avaliar se tal fato relaciona-se com a quantidade de carboidratos, em gramas, por quilo de peso corporal ingerida no dia anterior. Para a variável dependente, como o evento de interesse refere-se a *Sim* (prova finalizada), essa categoria apresenta valores iguais a 1 no banco de dados, ficando a categoria *Não* (prova não finalizada) com valores iguais a 0. Nosso intuito, portanto, é estimar os parâmetros de *Z*, que é dado, para cada atleta *i*, por:

$$Z_i = \alpha + \beta_1.carboidratos_i$$

a partir da maximização do logaritmo da função de verossimilhança apresentada na expressão (13.47), em que:

$$p_i = \Phi(Z_i) = \Phi(\alpha + \beta_1.carboidratos_i)$$

O modelo proposto para este exemplo pode ser considerado de relação dose-resposta, visto que a quantidade, ou dose, de carboidratos ingeridos no dia anterior à prova de triathlon pode se relacionar com a finalização da mesma.

No Stata, podemos estimar os parâmetros do nosso modelo de regressão probit por meio da digitação do seguinte comando:

```
probit triathlon carboidratos
```

cujos *outputs* encontram-se na Figura 13.68.

Alternativamente a esse comando, poderíamos ter digitado o seguinte comando:

```
glm triathlon carboidratos, family(binomial) link(probit)
```

que gera exatamente os mesmos estimadores dos parâmetros, já que os modelos de regressão probit também se inserem dentro do grupo de **Modelos Lineares Generalizados** (*Generalized Linear Models*).

```
. probit triathlon carboidratos

Iteration 0:    log likelihood = -121.31362
Iteration 1:    log likelihood = -97.527113
Iteration 2:    log likelihood = -97.429774
Iteration 3:    log likelihood = -97.429732
Iteration 4:    log likelihood = -97.429732

Probit regression                               Number of obs   =        200
                                                LR chi2(1)      =      47.77
                                                Prob > chi2     =     0.0000
Log likelihood = -97.429732                     Pseudo R2       =     0.1969

-------------------------------------------------------------------------------
    triathlon |    Coef.    Std. Err.      z     P>|z|     [95% Conf. Interval]
--------------+----------------------------------------------------------------
  carboidratos |   .379623   .0600936     6.32   0.000     .2618417    .4974042
        _cons |  -1.64247   .2058876    -7.98   0.000    -2.046002   -1.238937
-------------------------------------------------------------------------------
```

Figura 13.68 *Outputs* da regressão probit no Stata.

É importante mencionar que um pesquisador mais curioso poderá obter esses mesmos *outputs* por meio do arquivo **Triathlon Probit Máxima Verossimilhança.xls**, fazendo uso da ferramenta **Solver** do Excel, conforme padrão também adotado ao longo do capítulo e do livro. Neste arquivo, os critérios do **Solver** já estão previamente definidos.

Com base nos *outputs* da Figura 13.68, podemos verificar que os parâmetros estimados são estatisticamente diferentes de zero, a 95% de confiança, e a expressão final de probabilidade estimada de que um atleta i complete a prova é dada por:

$$p_i = \Phi\left(-1,642 + 0,379.carboidratos_i\right)$$

Nesse sentido, a probabilidade média estimada de finalização da prova de triathlon para, por exemplo, um participante que tenha ingerido no dia anterior 10 gramas de carboidratos por quilo de peso corporal, pode ser obtida por meio da digitação do seguinte comando:

```
mfx, at(carboidratos = 10)
```

O *output* é apresentado na Figura 13.69 e, por meio do qual, podemos chegar à resposta de 0,984 (98,4%). Essa resposta também pode ser obtida a partir da seguinte expressão:

$$p_i = \Phi\left[-1,642 + 0,379.(10)\right] = \Phi(2,148)$$

em que o valor 2,148 representa a abscissa (*Zscore*) da distribuição normal padrão acumulada, que resulta em um valor de probabilidade de 0,984. Para fins de verificação, o pesquisador pode digitar o comando **display normal(2.148)** no Stata ou até mesmo a função **=DIST.NORMP.N(2,148; 1)** em qualquer célula do Excel.

```
. mfx, at(carboidratos = 10)

Marginal effects after probit
      y  = Pr(triathlon) (predict)
         = .9843705
------------------------------------------------------------------------------
variable |      dy/dx    Std. Err.     z    P>|z|  [    95% C.I.   ]      X
---------+--------------------------------------------------------------------
 carboi~s |   .0148931      .01167    1.28   0.202  -.007981   .037767       10
------------------------------------------------------------------------------
```

Figura 13.69 Cálculo da probabilidade estimada quando *carboidratos* = 10 – comando **mfx**.

Além disso, podemos verificar, assim como para a estimação dos modelos de regressão logística binária, que o Stata também apresenta, em seus *outputs*, o valor do pseudo R² de McFadden na estimação de modelos de regressão probit, cujo cálculo também é feito com base na expressão (13.16) e cuja utilidade restringe-se apenas a casos em que o pesquisador tiver interesse em comparar dois ou mais modelos distintos (critério de maior pseudo R² de McFadden).

Caso o pesquisador também deseje estimar os parâmetros do modelo correspondente de regressão logística binária, a fim de compará-los com os obtidos pela modelagem de regressão probit, poderá digitar a seguinte sequência de comandos:

```
eststo: quietly logit triathlon carboidratos
predict prob1

eststo: quietly probit triathlon carboidratos
predict prob2

esttab, scalars(ll) se pr2
```

A Figura 13.70 apresenta os principais resultados obtidos em cada estimação.

```
. eststo: quietly logit triathlon carboidratos
(est1 stored)
. predict prob1
(option pr assumed; Pr(triathlon))

. eststo: quietly probit triathlon carboidratos
(est2 stored)
. predict prob2
(option pr assumed; Pr(triathlon))

. esttab, scalars(ll) se pr2

------------------------------------------
                      (1)          (2)
                  triathlon    triathlon
------------------------------------------
carboidratos       0.642***     0.380***
                  (0.109)      (0.0601)

_cons             -2.767***    -1.642***
                  (0.382)      (0.206)
------------------------------------------
N                     200          200
pseudo R-sq         0.196        0.197
ll                 -97.52       -97.43
------------------------------------------
Standard errors in parentheses
* p<0.05, ** p<0.01, *** p<0.001
```

Figura 13.70 Principais resultados obtidos nas estimações logit e probit.

A partir dos *outputs* consolidados, é possível verificarmos que, embora existam diferenças entre as estimações dos parâmetros em cada caso, os valores obtidos do **logaritmo da função de verossimilhança** (**ll**, ou *log likelihood*) e do **pseudo R² de McFadden** são ligeiramente maiores para o modelo probit (modelo 2 na Figura 13.70), o que o torna preferível ao modelo logit para os dados do nosso exemplo.

Em relação aos parâmetros estimados propriamente ditos, podemos inclusive chegar às seguintes relações:

$$\frac{\alpha_{logit}}{\alpha_{probit}} = \frac{-2,767}{-1,642} = 1,69$$

$$\frac{\beta_{logit}}{\beta_{probit}} = \frac{0,642}{0,380} = 1,69$$

que estão de acordo com o discutido por Amemiya (1981).

Para efeitos de interpretação, podemos afirmar que, enquanto a ingestão de 1 grama a mais de carboidratos por quilo de peso corporal incrementa o logaritmo natural da chance de finalização da prova de triathlon, em média, em 0,642 (modelo logit), o mesmo fato faz com que o *Zscore* da distribuição normal padrão acumulada seja incrementado, em média, em 0,380 (modelo probit).

Na sequência, podemos estudar e comparar os níveis de significância do teste de Hosmer-Lemeshow e as áreas abaixo da curva *ROC* dos dois modelos. Para tanto, devemos digitar os seguintes comandos:

```
quietly logit triathlon carboidratos
estat gof, group(10)
lroc, nograph

quietly probit triathlon carboidratos
estat gof, group(10)
lroc, nograph
```

Os novos *outputs* encontram-se na Figura 13.71.

```
. quietly logit triathlon carboidratos
. estat gof, group(10)

Logistic model for triathlon, goodness-of-fit test

   (Table collapsed on quantiles of estimated probabilities)

            number of observations =          200
                  number of groups =           10
          Hosmer-Lemeshow chi2(8) =          9.14
                       Prob > chi2 =        0.3305

. lroc, nograph

Logistic model for triathlon

number of observations =          200
area under ROC curve    =      0.7892


. quietly probit triathlon carboidratos
. estat gof, group(10)

Probit model for triathlon, goodness-of-fit test

   (Table collapsed on quantiles of estimated probabilities)

            number of observations =          200
                  number of groups =           10
          Hosmer-Lemeshow chi2(8) =          8.93
                       Prob > chi2 =        0.3479

. lroc, nograph

Probit model for triathlon

number of observations =          200
area under ROC curve    =      0.7892
```

Figura 13.71 Testes de Hosmer-Lemeshow e áreas abaixo da curva *ROC* obtidos nas estimações logit e probit.

A partir desses *outputs*, podemos verificar que as áreas abaixo da curva *ROC* são iguais nos dois modelos. Entretanto, embora as estimações não apresentem problemas em relação à qualidade do ajuste proposto, visto que não há rejeição da hipótese nula de que as frequências esperadas e observadas sejam iguais, ao nível de confiança de 95%, o nível de significância do teste de Hosmer-Lemeshow do modelo probit ($\chi^2 = 8,93$, *Sig.* $\chi^2 = 0,3479$) é levemente superior ao do modelo logit ($\chi^2 = 9,14$, *Sig.* $\chi^2 = 0,3305$), fato que sugere que o primeiro (probit) apresenta uma qualidade um pouco melhor do ajuste proposto.

Por fim, podemos elaborar um gráfico que relaciona os valores esperados (previstos) de probabilidade de finalização da prova de triathlon para cada atleta (variáveis já geradas *prob1* e *prob2* para, respectivamente, os modelos logit e probit) com a variável *carboidratos*. Esse gráfico é apresentado na Figura 13.72, e o comando para a sua geração é:

```
graph twoway scatter triathlon carboidratos || mspline prob1
carboidratos || mspline prob2 carboidratos ||, legend(label(2 "LOGIT")
label(3 "PROBIT"))
```

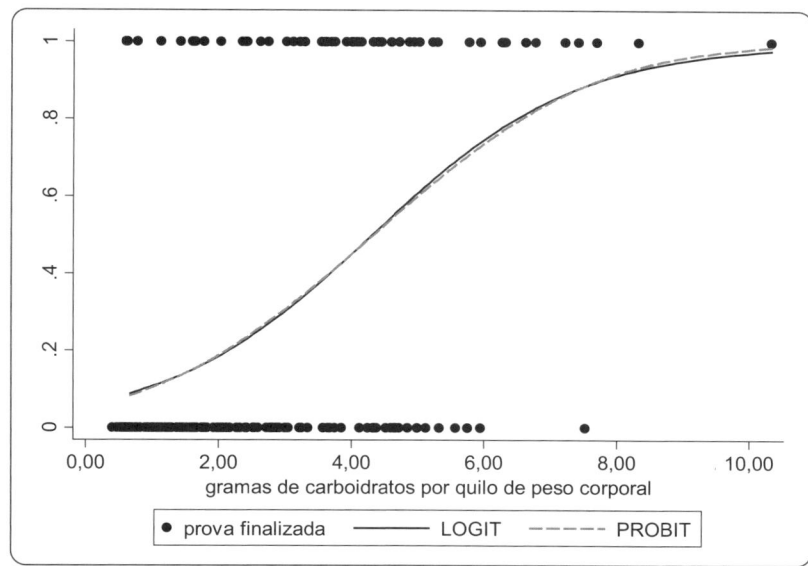

Figura 13.72 Probabilidades de ocorrência do evento (finalizar o triathlon) em função da variável *carboidratos*, com ajustes logit e probit.

Embora este gráfico mostre, para os dados deste exemplo, que não existem diferenças consideráveis entre os ajustes logit e probit, os critérios discutidos favorecem a adoção do último.

A Figura 13.73, obtida por meio dos comandos **roccomp** ou **rocgold**, mostra que, de fato, não existem diferenças estatisticamente significantes entre as áreas das curvas *ROC* obtidas por meio das estimações **logit** e **probit**. O gráfico da Figura 13.74, obtido por meio do termo **graph** inserido nos referidos comandos, permite que, visualmente, corroboremos este fato. Para tanto, vamos digitar:

```
roccomp triathlon prob1 prob2, graph summary
```

ou

```
rocgold triathlon prob1 prob2, graph summary
```

```
. roccomp triathlon prob1 prob2, graph summary

                         ROC                      -Asymptotic Normal--
              Obs        Area       Std. Err.     [95% Conf. Interval]
-----------------------------------------------------------------------
prob1         200       0.7892      0.0357         0.71918      0.85926
prob2         200       0.7892      0.0357         0.71918      0.85926
-----------------------------------------------------------------------
Ho: area(prob1) = area(prob2)
    chi2(0) =      0.00         Prob>chi2 =        .


. rocgold triathlon prob1 prob2, graph summary

-----------------------------------------------------------------------
                 ROC                                          Bonferroni
                 Area       Std. Err.      chi2    df  Pr>chi2   Pr>chi2
-----------------------------------------------------------------------
prob1 (standard) 0.7892      0.0357
prob2            0.7892      0.0357       0.0000    0       .     1.0000
-----------------------------------------------------------------------
```

Figura 13.73 Testes para comparação entre as áreas das curvas *ROC* dos modelos logit e probit (comandos **roccomp** ou **rocgold**).

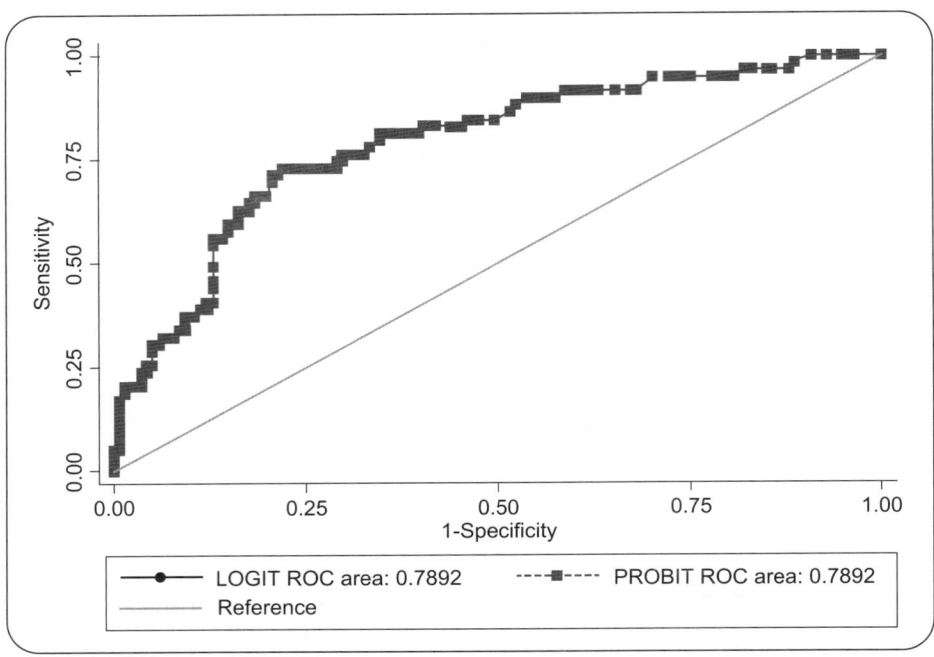

Figura 13.74 Curvas *ROC* dos modelos logit e probit.

É recomendável, para modelos em que a variável dependente for binária, que o pesquisador justifique a adoção de determinado critério de estimação, ou ao menos investigue se há certa aderência da curva de probabilidades de ocorrência do evento em análise à distribuição normal padrão acumulada. Se esse for o caso, os modelos de regressão probit podem ser mais adequados para a geração de probabilidades previstas condizentes com a realidade estudada.

## CAPÍTULO 14

Modelos de Regressão para Dados de Contagem: Poisson e Binomial Negativo

A vida é boa somente por duas coisas: estudar matemática e ensiná-la.

Siméon-Denis Poisson

Ao final deste capítulo, você será capaz de:

- Estabelecer as circunstâncias a partir das quais os modelos de regressão para dados de contagem podem ser utilizados.
- Entender a estimação dos parâmetros de um modelo de regressão Poisson e de um modelo de regressão binomial negativo pelo método de máxima verossimilhança.
- Avaliar os resultados dos testes estatísticos pertinentes aos modelos de regressão Poisson e binomial negativo.
- Elaborar intervalos de confiança dos parâmetros do modelo estimado para efeitos de previsão.
- Estimar modelos de regressão Poisson e binomial negativo em Microsoft Office Excel®, Stata Statistical Software® e IBM SPSS Statistics Software® e interpretar seus resultados.
- Implementar códigos em R® e Python® para a estimação de modelos de regressão Poisson e binomial negativo e a interpretação dos resultados.

Bancos de Dados, Códigos e Projects deste capítulo

14.1. INTRODUÇÃO

Os modelos de regressão Poisson e binomial negativo fazem parte do que é conhecido por modelos de regressão para dados de contagem, e têm por objetivo analisar o comportamento, em relação a variáveis preditoras, de determinada variável dependente que se apresenta na forma quantitativa, porém com valores discretos e não negativos (dados de contagem).

Nestes casos, segundo Ramalho (1996), o modelo clássico de regressão linear não é adequado para explicar como uma variável discreta, que somente pode assumir um pequeno número de valores estritamente positivos, depende de um conjunto de variáveis preditoras. Além disso, teremos também interesse em calcular, após a estimação do modelo desejado, a probabilidade de ocorrência do fenômeno em estudo, dado o comportamento das variáveis explicativas.

Segundo o mesmo autor, é comum, quando estamos trabalhando com dados de contagem, iniciarmos a estimação dos parâmetros por meio de um **modelo de regressão Poisson**, devido à sua simplicidade. Neste caso, a variável dependente de um modelo de regressão Poisson deve seguir uma distribuição Poisson com média igual à variância. Entretanto, de acordo com Tadano, Ugaya e Franco (2009), esta propriedade é frequentemente violada em estudos empíricos, já que é comum a existência de **superdispersão**, ou seja, é frequente que a variância da variável dependente seja maior do que a sua média. Nestes casos, trabalharemos com a estimação de um **modelo de regressão binomial negativo**.

Ainda para Tadano, Ugaya e Franco (2009), os modelos de regressão Poisson e binomial negativo, que também se inserem no contexto dos **Modelos Lineares Generalizados** (*Generalized Linear Models*), em que são utilizadas classes de modelos que oferecem alternativas para a transformação dos dados devido ao caráter não linear da variável dependente, tiveram sua origem na década de 1970, quando Wedderburn (1974) desenvolveu a teoria da quasi-verossimilhança.

Ao contrário da tradicional técnica de regressão estimada por meio de métodos de mínimos quadrados, os modelos de regressão para dados de contagem são estimados por máxima verossimilhança e a escolha da melhor estimação depende da distribuição da variável dependente, da relação entre sua média e variância e do objetivo do estudo, com base na teoria subjacente e na experiência do pesquisador.

É comum encontrarmos exemplos de aplicação de modelos de regressão para dados de contagem em economia, finanças, demografia, ecologia e meio ambiente, atuária, medicina e veterinária, entre outras áreas do conhecimento.

Imagine, por exemplo, que um pesquisador tenha interesse em avaliar a quantidade de vezes que um grupo de pacientes idosos vai ao médico por ano, em função da idade de cada um deles, do sexo e das características dos seus planos de saúde. Um segundo pesquisador deseja estudar a quantidade de ofertas públicas de ações que são realizadas em uma amostra de países desenvolvidos e emergentes num determinado ano, com base em seus desempenhos econômicos, como inflação, taxa de juros, produto interno bruto e taxa de investimento estrangeiro. Note que a quantidade de visitas ao médico ou a quantidade de ofertas públicas de ações são as variáveis dependentes nos dois casos, sendo representadas por dados quantitativos que assumem valores discretos e restritos a um determinado número de ocorrências, ou seja, são dados de contagem.

Entretanto, imagine que a média e a variância da variável correspondente ao número de visitas ao médico por ano sejam aproximadamente iguais. Dessa forma, poderemos estimar um clássico modelo de regressão Poisson. Por outro lado, como a dispersão, entre países, da quantidade de ofertas públicas de ações é muito maior do que a média geral, estaremos lidando com o fenômeno da superdispersão e, consequentemente, poderemos estimar um modelo de regressão binomial negativo. Segundo Cameron e Trivedi (2009), a superdispersão é comumente gerada pela presença de maior heterogeneidade nos dados entre observações da amostra.

A Figura 14.1 apresenta, de maneira ilustrativa, uma variável com distribuição Poisson e outra com distribuição binomial negativa. Embora as distribuições sejam aparentemente semelhantes, nota-se que a dispersão é maior para o segundo caso (Figura 14.1b).

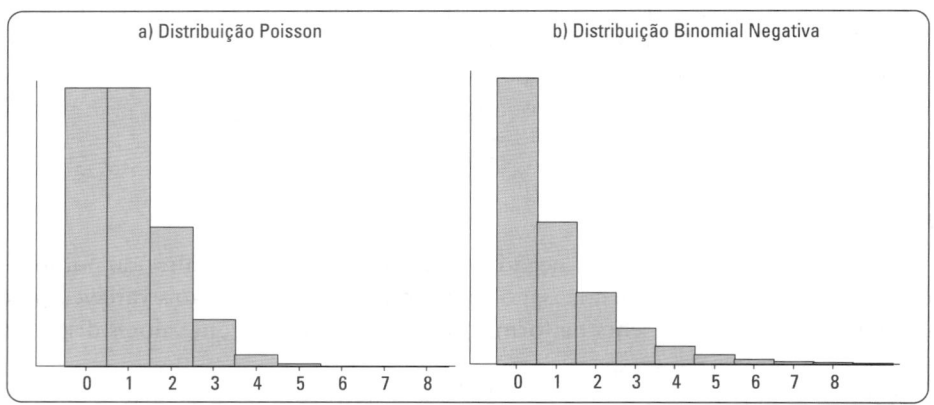

Figura 14.1 Exemplo de distribuição Poisson e de distribuição binomial negativa.

Como a variável dependente apresenta-se de maneira quantitativa, é muito comum que não seja estudada a sua distribuição e, consequentemente, é possível que um pesquisador desavisado ou iniciante estime o modelo por meio da regressão por mínimos quadrados ordinários, inclusive obtendo *outputs*. **Este procedimento está incorreto, já que poderá gerar estimadores viesados, porém infelizmente é mais comum do que parece!**

É importante mencionar que ainda fazem parte dos modelos de regressão para dados de contagem os chamados **modelos de regressão inflacionados de zeros**, cujos parâmetros podem ser estimados quando a variável dependente apresentar uma quantidade considerável de valores de contagem iguais a zero. Estudaremos especificamente os modelos inflacionados de zeros dos tipos Poisson e binomial negativo no apêndice do presente capítulo.

Conforme discutido nos capítulos anteriores, os modelos de regressão para dados de contagem também devem ser definidos com base na teoria subjacente e na experiência do pesquisador, de modo que seja possível estimar o modelo desejado, analisar os resultados obtidos por meio de testes estatísticos e elaborar previsões.

Neste capítulo, trataremos dos modelos de regressão para dados de contagem, com os seguintes objetivos: (1) introduzir os conceitos sobre os modelos de regressão Poisson e binomial negativo; (2) apresentar a estimação por máxima verossimilhança em modelos de regressão para dados de contagem; (3) interpretar os resultados obtidos e elaborar previsões; e (4) apresentar a aplicação das técnicas em Excel, Stata, SPSS, R e Python. Seguindo a lógica dos capítulos anteriores, será inicialmente elaborada a solução em Excel de um exemplo concomitantemente à apresentação dos conceitos e à sua resolução manual. Após a introdução dos conceitos serão apresentados os procedimentos para a elaboração das técnicas em Stata, em SPSS, em R e em Python.

14.2. MODELO DE REGRESSÃO POISSON

Os modelos de regressão para dados de contagem têm, por objetivo principal, estudar o comportamento de uma variável dependente, definida por Y, que se apresenta com valores discretos e não negativos, com base no comportamento de variáveis explicativas. Segundo Cameron e Trivedi (2009), o ponto inicial para o estudo dos modelos de regressão para dados de contagem é a apresentação da distribuição Poisson que, para determinada observação i ($i = 1, 2, ..., n$, em que n é o tamanho da amostra), possui, analogamente ao apresentado na expressão (5.45) do Capítulo 5, a seguinte probabilidade de ocorrência de uma contagem m em dada exposição (período, área, região, entre outros exemplos):

$$p\left(Y_i = m\right) = \frac{e^{-\lambda_i} . \lambda_i^{m}}{m!}, \quad m = 0, 1, 2, \ldots \tag{14.1}$$

em que λ é o número esperado de ocorrências ou a taxa média estimada de incidência do fenômeno em estudo para dada exposição (em inglês, ***incidence rate ratio***).

A partir da expressão (14.1), podemos elaborar uma tabela com valores de p em função dos valores de m. Como m é um número inteiro e não negativo, pode variar de 0 a $+\infty$ e, dessa forma, iremos, apenas para efeitos didáticos, utilizar valores inteiros entre 0 a 20. A Tabela 14.1 traz estes valores, para três situações diferentes de λ.

Tabela 14.1 Probabilidade de ocorrência de uma contagem m para diferentes valores de λ.

m	$\lambda_i = 1$	$\lambda_i = 4$	$\lambda_i = 10$
	$p\left(Y_i = m\right) = \frac{e^{-\lambda_i} . \lambda_i^{m}}{m!}$		
0	0,3679	0,0183	0,0000
1	0,3679	0,0733	0,0005
2	0,1839	0,1465	0,0023
3	0,0613	0,1954	0,0076
4	0,0153	0,1954	0,0189
5	0,0031	0,1563	0,0378
6	0,0005	0,1042	0,0631
7	0,0001	0,0595	0,0901
8	0,0000	0,0298	0,1126
9	0,0000	0,0132	0,1251
10	0,0000	0,0053	0,1251
11	0,0000	0,0019	0,1137
12	0,0000	0,0006	0,0948
13	0,0000	0,0002	0,0729
14	0,0000	0,0001	0,0521
15	0,0000	0,0000	0,0347
16	0,0000	0,0000	0,0217
17	0,0000	0,0000	0,0128
18	0,0000	0,0000	0,0071
19	0,0000	0,0000	0,0037
20	0,0000	0,0000	0,0019

A partir dos dados calculados na Tabela 14.1, podemos elaborar o gráfico da Figura 14.2.

Por meio da análise deste gráfico, é possível verificarmos um achatamento da curva de probabilidades e o seu deslocamento para a direita à medida que o número esperado de ocorrências (λ) aumenta, chegando ao ponto de a curva se aproximar de uma distribuição normal para valores maiores de λ.

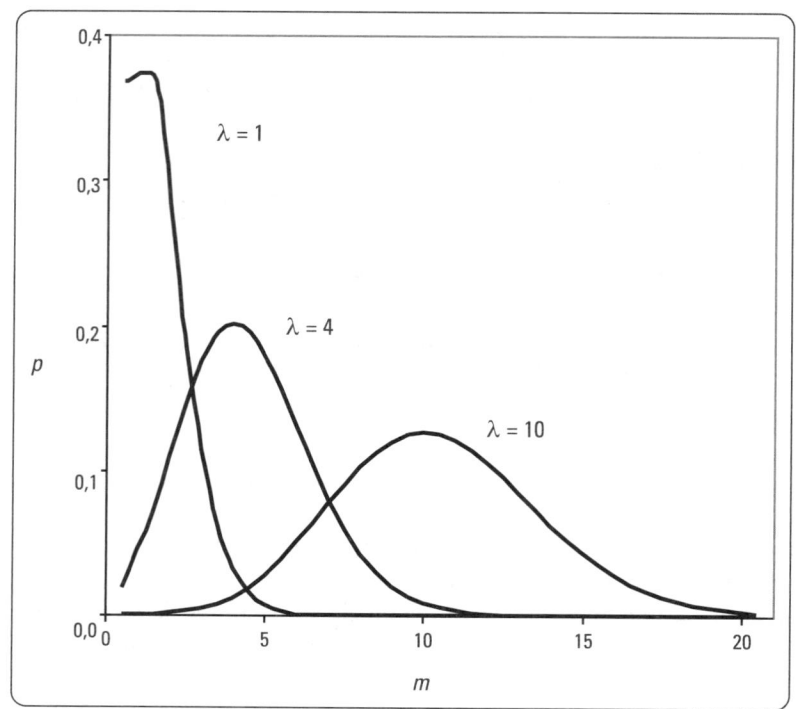

Figura 14.2 Distribuição Poisson – gráficos de probabilidade de ocorrência de uma contagem m em função do número esperado de ocorrências λ.

Na distribuição Poisson, a média e a variância da variável em estudo devem ser iguais a λ, conforme pode ser demonstrado a seguir:

- **Média:**

$$E(Y) = \sum_{m=0}^{\infty} m.\frac{e^{-\lambda}.\lambda^m}{m!} = \lambda.\sum_{m=1}^{\infty} \frac{e^{-\lambda}.\lambda^{m-1}}{(m-1!)} = \lambda.1 = \lambda \qquad (14.2)$$

- **Variância:**

$$Var(Y) = \sum_{m=0}^{\infty} \frac{e^{-\lambda}.\lambda^m}{m!}.(m-\lambda)^2 = \sum_{m=0}^{\infty} \frac{e^{-\lambda}.\lambda^m}{m!}.(m^2 - 2.m.\lambda + \lambda^2)$$

$$\lambda^2.\sum_{m=2}^{\infty} \frac{e^{-\lambda}.\lambda^{m-2}}{(m-2!)} + \lambda.\sum_{m=1}^{\infty} \frac{e^{-\lambda}.\lambda^{m-1}}{(m-1!)} - \lambda^2 = \lambda \qquad (14.3)$$

Caso esta propriedade, conhecida por **equidispersão da distribuição Poisson**, seja atendida, poderemos estimar um modelo de regressão Poisson, definido da seguinte forma:

$$\ln(\hat{Y}_i) = \ln(\lambda_i) = \alpha + \beta_1.X_{1i} + \beta_2.X_{2i} + ... + \beta_k.X_{ki} \qquad (14.4)$$

que também é chamado de modelo log-linear (ou semilogarítmico à esquerda). Sendo assim, o número esperado de ocorrências em dada exposição, para determinada observação i, pode ser escrito como:

$$\lambda_i = e^{(\alpha + \beta_1.X_{1i} + \beta_2.X_{2i} + ... + \beta_k.X_{ki})} \qquad (14.5)$$

em que α representa a constante, β_j ($j = 1, 2, ..., k$) são os parâmetros estimados de cada variável explicativa, X_j são as variáveis explicativas (métricas ou *dummies*) e o subscrito i representa cada observação da amostra ($i = 1, 2, ..., n$, em que n é o tamanho da amostra).

Feita esta pequena introdução sobre os modelos de regressão Poisson, partiremos, então, para a estimação propriamente dita dos seus parâmetros, por meio da apresentação de um exemplo elaborado inicialmente em Excel.

14.2.1. Estimação do modelo de regressão Poisson por máxima verossimilhança

Seguindo a lógica proposta no livro, apresentaremos agora os conceitos pertinentes à estimação por máxima verossimilhança de um modelo de regressão Poisson por meio de um exemplo similar ao desenvolvido nos capítulos anteriores. Entretanto, agora a variável dependente apresentará dados de contagem.

Imagine que o nosso mesmo professor curioso e investigativo, que já explorou consideravelmente os efeitos de determinadas variáveis explicativas sobre o tempo de deslocamento de um grupo de alunos até a escola e sobre a probabilidade de se chegar atrasado às aulas, por meio, respectivamente, das técnicas de regressão múltipla e de regressão logística binária e multinomial, tenha agora o interesse em investigar se algumas destas mesmas variáveis explicativas influenciam a quantidade de vezes que os alunos chegam atrasados durante o período de uma semana. Dessa forma, o fenômeno em questão a ser estudado apresenta-se na forma quantitativa (incidência de atrasos semanalmente), porém apenas com valores não negativos e discretos (dados de contagem).

Sendo assim, o professor elaborou uma pesquisa com 100 alunos da escola onde leciona, questionando sobre a quantidade de vezes que cada um deles chegou atrasado à escola na semana anterior à pesquisa. Perguntou também sobre a distância (em quilômetros) que é percorrida ao longo do trajeto (supondo que cada aluno realize o mesmo trajeto diariamente), o número de semáforos pelos quais cada um passa e o período do dia em que cada estudante tem o hábito de se deslocar para a escola (manhã ou tarde). Parte do banco de dados elaborado encontra-se na Tabela 14.2.

Seguindo o que foi definido nos capítulos anteriores em relação à variável correspondente ao período do dia em que é realizado o trajeto, a categoria de referência será *tarde*, ou seja, as células do banco de dados com esta categoria assumirão valores iguais a 0, ficando as células com a categoria *manhã* com valores iguais a 1, conforme apresentado na Tabela 14.2.

Tabela 14.2 Exemplo: quantidade de atrasos na semana x distância percorrida, quantidade de semáforos e período do dia para o trajeto até a escola.

Estudante	Quantidade de atrasos na última semana (Y_i)	Distância percorrida até a escola (quilômetros) (X_{1i})	Quantidade de semáforos (X_{2i})	Período do dia (X_{3i})
Gabriela	1	11	15	1 (manhã)
Patrícia	0	9	15	1 (manhã)
Gustavo	0	9	16	1 (manhã)
Letícia	3	10	16	0 (tarde)
Luiz Ovídio	2	12	18	1 (manhã)
Leonor	3	14	16	0 (tarde)
Dalila	1	10	15	1 (manhã)
Antônio	0	10	16	1 (manhã)
Júlia	2	10	18	1 (manhã)
Mariana	0	9	13	1 (manhã)
...				
Filomena	1	8	18	1 (manhã)
...				
Estela	0	8	13	1 (manhã)

A fim de que seja possível elaborar corretamente um modelo de regressão Poisson, devemos, inicialmente, verificar se a média da variável dependente (quantidade de atrasos) é igual à sua variância. Enquanto a Tabela 14.3 apresenta estas estatísticas, de onde se pode verificar que são muito próximas, a Figura 14.3 mostra o histograma da variável dependente do nosso exemplo.

Tabela 14.3 Média e variância da variável dependente (quantidade de atrasos na última semana).

Estatística	
Média	1,030
Variância	1,059

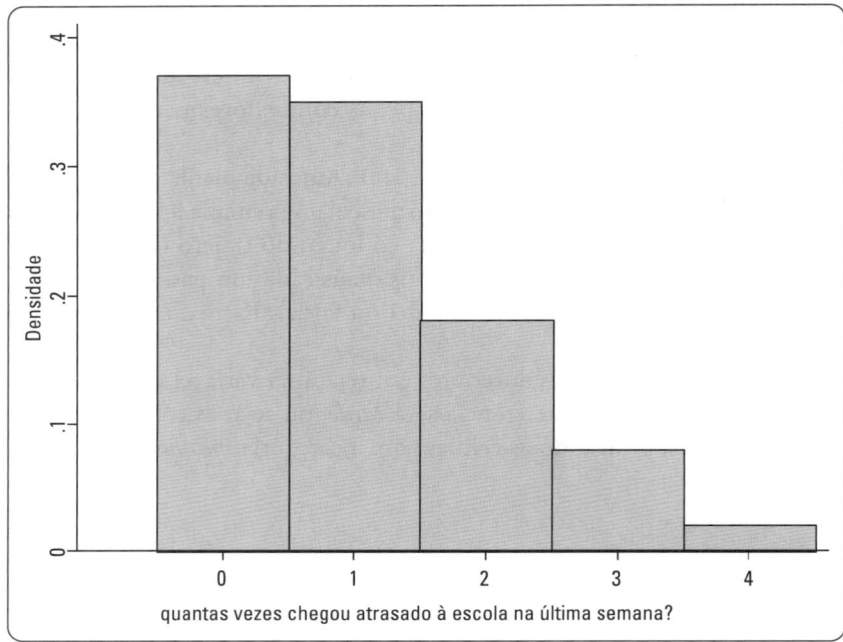

Figura 14.3 Histograma da variável dependente.

Dada a proximidade da média à variância da variável dependente, iremos optar por estimar um modelo para estudar o comportamento da incidência de atrasos à escola semanalmente, em função da distância percorrida, da quantidade de semáforos e do período do dia em que é realizado o trajeto, por meio da regressão Poisson.

Entretanto, caso a variância da variável dependente seja consideravelmente maior do que a sua média, a estimação de um modelo Poisson poderá gerar parâmetros viesados, por conta do problema conhecido por **superdispersão**. É sempre recomendável, portanto, que, após a estimação de um modelo de regressão Poisson, seja elaborado um **teste para verificação da existência de superdispersão** (que será abordado na seção 14.2.4) e, caso sua presença seja detectada, será recomendada a estimação de um modelo de regressão binomial negativo (seção 14.3).

O banco de dados completo pode ser acessado por meio do arquivo **QuantAtrasosPoisson.xls**.

Dessa forma, com base na expressão (14.4), o modelo de regressão Poisson a ser estimado será:

$$\ln\left(\lambda_i\right) = \alpha + \beta_1.dist_i + \beta_2.sem_i + \beta_3.per_i$$

e a taxa média de incidência de atrasos semanalmente, para cada estudante, será dada, com base na expressão (14.5), por:

$$\lambda_i = e^{\left(\alpha + \beta_1.dist_i + \beta_2.sem_i + \beta_3.per_i\right)}$$

Assim como nos modelos de regressão logística binária e multinomial, os parâmetros de um modelo de regressão Poisson são estimados por máxima verossimilhança, em que a variável dependente segue uma distribuição Poisson. Sendo a probabilidade de ocorrência de uma específica contagem m em determinada exposição (no nosso exemplo, o período de uma semana) para uma observação i em uma amostra com n observações dada pela expressão (14.1), podemos definir a função de verossimilhança para modelos de regressão Poisson como sendo:

$$L = \prod_{i=1}^{n} \frac{e^{-\lambda_i} \cdot \left(\lambda_i\right)^{Y_i}}{Y_i!} \qquad (14.6)$$

de onde vem que o logaritmo da função de verossimilhança (*log likelihood function*) pode ser escrito como:

$$LL = \sum_{i=1}^{n} \left[-\lambda_i + \left(Y_i\right).\ln\left(\lambda_i\right) - \ln\left(Y_i!\right) \right] \qquad (14.7)$$

Portanto, podemos fazer a seguinte pergunta: **Quais os valores dos parâmetros do modelo proposto que fazem com que o valor de *LL* da expressão (14.7) seja maximizado?** Esta importante questão é a chave central para a elaboração da estimação por máxima verossimilhança (ou *maximum likelihood estimation*) em modelos de regressão Poisson, e pode ser respondida com o uso de ferramentas de programação linear, a fim de que sejam estimados os parâmetros α, β_1, β_2, ..., β_k com base na seguinte função-objetivo:

$$LL = \sum_{i=1}^{n} \left[-\lambda_i + \left(Y_i\right).\ln\left(\lambda_i\right) - \ln\left(Y_i!\right) \right] = \text{máx} \qquad (14.8)$$

Iremos resolver este problema com o uso da ferramenta **Solver** do Excel e utilizando os dados do nosso exemplo. Para tanto, devemos abrir o arquivo **QuantAtrasosPoissonMáximaVerossimilhança.xls**, que servirá de auxílio para o cálculo dos parâmetros.

Neste arquivo, além da variável dependente e das variáveis explicativas, foram criadas duas novas variáveis, que correspondem, respectivamente, à taxa esperada semanal de incidência λ_i e ao logaritmo da função de verossimilhança LL_i para cada observação. A Tabela 14.4 mostra parte dos dados quando os parâmetros α, β_1, β_2 e β_3 forem iguais a 0.

Tabela 14.4 Cálculo de *LL* quando $\alpha = \beta_1 = \beta_2 = \beta_3 = 0$.

Estudante	Y_i	X_{1i}	X_{2i}	X_{3i}	λ_i	LL_i $-\lambda_i + \left(Y_i\right).\ln\left(\lambda_i\right) - \ln\left(Y_i!\right)$
Gabriela	1	11	15	1	1,00000	–1,00000
Patrícia	0	9	15	1	1,00000	–1,00000
Gustavo	0	9	16	1	1,00000	–1,00000
Letícia	3	10	16	0	1,00000	–2,79176
Luiz Ovídio	2	12	18	1	1,00000	–1,69315
Leonor	3	14	16	0	1,00000	–2,79176
Dalila	1	10	15	1	1,00000	–1,00000
Antônio	0	10	16	1	1,00000	–1,00000
Júlia	2	10	18	1	1,00000	–1,69315
Mariana	0	9	13	1	1,00000	–1,00000
...						
Filomena	1	8	18	1	1,00000	–1,00000
...						
Estela	0	8	13	1	1,00000	–1,00000
Somatória	$LL = \sum_{i=1}^{100} \left[-\lambda_i + \left(Y_i\right).\ln\left(\lambda_i\right) - \ln\left(Y_i!\right) \right]$					**–133,16683**

	A	B	C	D	E	F	G	H	I	J
1	Estudante	Atrasos (Y)	Distância (X₁)	Semáforos (X₂)	Período (X₃)	λᵢ	LLᵢ			
2	Gabriela	1	11	15	1	1,00000	-1,00000			
3	Patrícia	0	9	15	1	1,00000	-1,00000		α	0,0000
4	Gustavo	0	9	16	1	1,00000	-1,00000			
5	Letícia	3	10	16	0	1,00000	-2,79176		β₁	0,0000
6	Luiz Ovídio	2	12	18	1	1,00000	-1,69315			
7	Leonor	3	14	16	0	1,00000	-2,79176		β₂	0,0000
8	Dalila	1	10	15	1	1,00000	-1,00000			
9	Antônio	0	10	16	1	1,00000	-1,00000		β₃	0,0000
10	Júlia	2	10	18	1	1,00000	-1,69315			
11	Mariana	0	9	13	1	1,00000	-1,00000			
12	Roberto	1	9	15	1	1,00000	-1,00000			
13	Renata	1	9	15	1	1,00000	-1,00000			
14	Guilherme	2	12	17	1	1,00000	-1,69315			
15	Rodrigo	1	9	12	1	1,00000	-1,00000			
16	Giulia	0	11	11	1	1,00000	-1,00000			
17	Felipe	2	9	17	1	1,00000	-1,69315			
18	Karina	1	11	14	1	1,00000	-1,00000			
19	Pietro	1	11	15	1	1,00000	-1,00000			
20	Cecília	0	11	15	1	1,00000	-1,00000			
21	Gisele	0	9	14	1	1,00000	-1,00000			
22	Elaine	1	11	13	1	1,00000	-1,00000			
23	Kamal	0	9	14	1	1,00000	-1,00000			
24	Rodolfo	0	11	15	1	1,00000	-1,00000			
25	Pilar	1	11	13	1	1,00000	-1,00000			
26	Vivian	2	13	16	1	1,00000	-1,69315			
27	Danielle	0	9	11	1	1,00000	-1,00000			
28	Juliana	0	9	16	1	1,00000	-1,00000			
101	Estela	0	8	13	1	1,00000	-1,00000			
102										
103							Somatória LLᵢ	-133,16683		

Figura 14.4 Dados do arquivo **QuantAtrasosPoissonMáximaVerossimilhança.xls**.

A Figura 14.4 apresenta parte dos dados presentes neste arquivo do Excel.

Como podemos verificar, quando $\alpha = \beta_1 = \beta_2 = \beta_3 = 0$, o valor da somatória do logaritmo da função de verossimilhança é igual a −133,16683. Entretanto, deve haver uma combinação ótima de valores dos parâmetros, de modo que a função-objetivo apresentada na expressão (14.8) seja obedecida, ou seja, que o valor da somatória do logaritmo da função de verossimilhança seja o máximo possível.

Seguindo a lógica proposta por Belfiore e Fávero (2012), vamos então abrir a ferramenta **Solver** do Excel. A função-objetivo está na célula G103, que é a nossa célula de destino e que deverá ser maximizada. Além disso, os parâmetros α, β_1, β_2 e β_3, cujos valores estão nas células J3, J5, J7 e J9, respectivamente, são as células variáveis. A janela do **Solver** ficará como mostra a Figura 14.5.

Ao clicarmos em **Resolver** e em **OK**, obteremos a solução ótima do problema de programação linear. A Tabela 14.5 apresenta parte dos resultados obtidos.

Logo, o valor máximo possível da somatória do logaritmo da função de verossimilhança é $LL_{máx} = -107,61498$. A resolução deste problema gerou as seguintes estimativas dos parâmetros:

$\alpha = -4,3801$
$\beta_1 = 0,2221$
$\beta_2 = 0,1646$
$\beta_3 = -0,5731$

e, assim, podemos escrever o nosso modelo log-linear estimado da seguinte forma:

$$\ln\left(\lambda_i\right) = -4,3801 + 0,2221.dist_i + 0,1646.sem_i - 0,5731.per_i$$

com taxa média de incidência de atrasos semanalmente dada, para cada estudante, por:

$$\lambda_i = e^{\left(-4,3801+0,2221.dist_i+0,1646.sem_i-0,5731.per_i\right)}$$

A Figura 14.6 apresenta parte dos resultados obtidos pela modelagem.

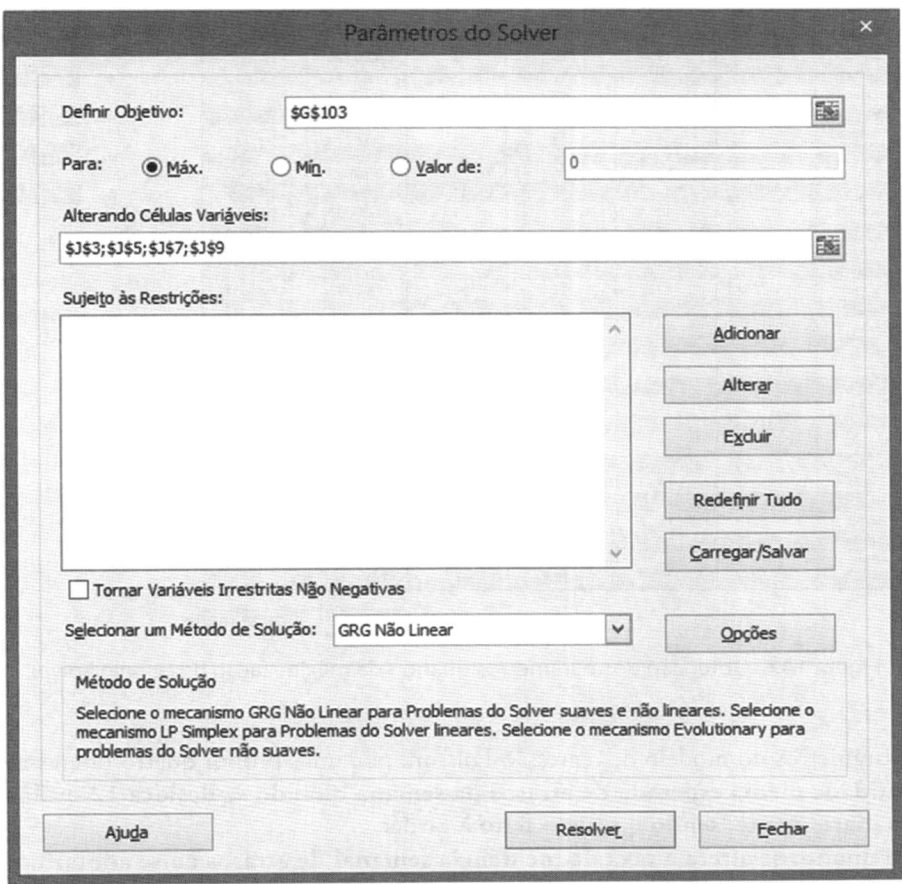

Figura 14.5 Solver – Maximização da somatória do logaritmo da função de verossimilhança.

Tabela 14.5 Valores obtidos quando da maximização de *LL*.

Estudante	Y_i	X_{1i}	X_{2i}	X_{3i}	λ_i	LL_i $-\lambda_i + (Y_i).\ln(\lambda_i) - \ln(Y_i!)$
Gabriela	1	11	15	1	0,96026	–1,00081
Patrícia	0	9	15	1	0,61581	–0,61581
Gustavo	0	9	16	1	0,72601	–0,72601
Letícia	3	10	16	0	1,60809	–1,97471
Luiz Ovídio	2	12	18	1	1,96485	–1,30717
Leonor	3	14	16	0	3,91008	–1,61117
Dalila	1	10	15	1	0,76899	–1,03167
Antônio	0	10	16	1	0,90659	–0,90659
Júlia	2	10	18	1	1,26006	–1,49089
Mariana	0	9	13	1	0,44306	–0,44306
...						
Filomena	1	8	18	1	0,80808	–1,02117
...						
Estela	0	8	13	1	0,35481	–0,35481
Somatória	$LL = \sum_{i=1}^{100} \left[-\lambda_i + (Y_i).\ln(\lambda_i) - \ln(Y_i!) \right]$					**–107,61498**

	A	B	C	D	E	F	G	H	I	J
1	Estudante	Atrasos (Y)	Distância (X₁)	Semáforos (X₂)	Período (X₃)	λᵢ	LLᵢ			
2	Gabriela	1	11	15	1	0,96026	-1,00081			
3	Patrícia	0	9	15	1	0,61581	-0,61581		α	-4,3801
4	Gustavo	0	9	16	1	0,72601	-0,72601			
5	Letícia	3	10	16	0	1,60809	-1,97471		β₁	0,2221
6	Luiz Ovídio	2	12	18	1	1,96485	-1,30717			
7	Leonor	3	14	16	0	3,91008	-1,61117		β₂	0,1646
8	Dalila	1	10	15	1	0,76899	-1,03167			
9	Antônio	0	10	16	1	0,90659	-0,90659		β₃	-0,5731
10	Júlia	2	10	18	1	1,26006	-1,49089			
11	Mariana	0	9	13	1	0,44306	-0,44306			
12	Roberto	1	9	15	1	0,61581	-1,10062			
13	Renata	1	9	15	1	0,61581	-1,10062			
14	Guilherme	2	12	17	1	1,66663	-1,33817			
15	Rodrigo	1	9	12	1	0,37582	-1,35447			
16	Giulia	0	11	11	1	0,49708	-0,49708			
17	Felipe	2	9	17	1	0,85592	-1,86023			
18	Karina	1	11	14	1	0,81451	-1,01968			
19	Pietro	1	11	15	1	0,96026	-1,00081			
20	Cecília	0	11	15	1	0,96026	-0,96026			
21	Gisele	0	9	14	1	0,52235	-0,52235			
22	Elaine	1	11	13	1	0,69088	-1,06067			
23	Kamal	0	9	14	1	0,52235	-0,52235			
24	Rodolfo	0	11	15	1	0,96026	-0,96026			
25	Pilar	1	11	13	1	0,69088	-1,06067			
26	Vivian	2	13	16	1	1,76529	-1,32181			
27	Danielle	0	9	11	1	0,31878	-0,31878			
28	Juliana	0	9	16	1	0,72601	-0,72601			
101	Estela	0	8	13	1	0,35481	-0,35481			
102										
103							Somatória LLᵢ	-107,61498		

Figura 14.6 Obtenção dos parâmetros quando da maximização de *LL* pelo Solver.

Estimados os parâmetros do modelo de regressão Poisson, podemos propor quatro interessantes perguntas:

Qual é a quantidade média esperada de atrasos na semana quando se desloca 12 quilômetros e se passa por 17 semáforos diariamente, sendo o trajeto feito à tarde?

Em média, em quanto se altera a taxa de incidência semanal de atrasos ao se adotar um percurso 1 quilômetro mais longo, mantidas as demais condições constantes?

Em média, em quanto se altera a taxa de incidência semanal de atrasos ao se passar por 1 semáforo a mais no percurso até a escola, mantidas as demais condições constantes?

Em média, em quanto se altera a taxa de incidência semanal de atrasos ao se optar por ir à escola de manhã, em vez de se ir à tarde, mantidas as demais condições constantes?

Antes de respondermos a estas importantes questões, precisamos verificar se todos os parâmetros estimados são estatisticamente significantes a um determinado nível de confiança. Se não for este o caso, precisaremos reestimar o modelo final, a fim de que sejam apresentados apenas parâmetros estatisticamente significantes para, a partir de então, ser possível a elaboração de inferências e previsões.

Portanto, tendo sido elaborada a estimação por máxima verossimilhança dos parâmetros da equação da taxa média de incidência de atrasos semanalmente, partiremos para o estudo da significância estatística geral do modelo obtido, bem como das significâncias estatísticas dos parâmetros, de forma análoga ao realizado nos capítulos anteriores.

14.2.2. Significância estatística geral e dos parâmetros do modelo de regressão Poisson

Assim como para os modelos de regressão logística binária e multinomial, para os modelos de regressão Poisson pode ser calculado o pseudo R^2 de McFadden, dado pela seguinte expressão:

$$pseudo\ R^2 = \frac{-2.LL_0 - \left(-2.LL_{máx}\right)}{-2.LL_0} \quad (14.9)$$

e cuja utilidade é bastante limitada e restringe-se a casos em que o pesquisador tiver interesse em escolher um determinado modelo em detrimento de outros, prevalecendo aquele que apresentar o maior pseudo R^2 de McFadden.

Seguindo a mesma lógica proposta no capítulo anterior, iremos inicialmente calcular LL_0, que é dado pelo valor máximo da somatória do logaritmo da função de verossimilhança para um modelo em que há apenas a constante α, conhecido por **modelo nulo**. Por meio do mesmo procedimento elaborado na seção 14.2.1, porém agora utilizando o arquivo **QuantAtrasosPoissonMáximaVerossimilhançaModeloNulo.xls**, obteremos

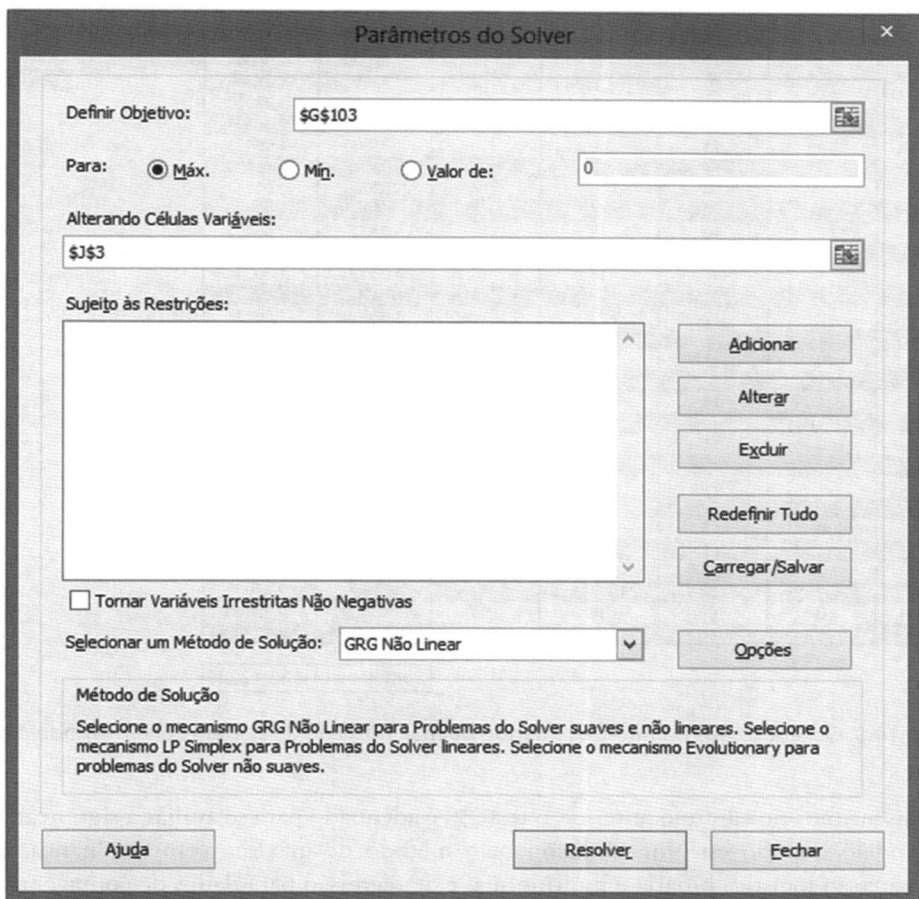

Figura 14.7 Solver – Maximização da somatória do logaritmo da função de verossimilhança para o modelo nulo.

$LL_0 = -133,12228$. As Figuras 14.7 e 14.8 mostram, respectivamente, a janela do **Solver** e parte dos resultados obtidos pela modelagem neste arquivo.

No nosso exemplo, conforme já discutimos na seção anterior e já calculamos por meio do **Solver** do Excel, $LL_{máx}$, que é o valor máximo possível da somatória do logaritmo da função de verossimilhança, é igual a $-107,61498$.

Logo, com base na expressão (14.9), obteremos:

$$pseudo\ R^2 = \frac{-2.(-133,12228)-\left[\left(-2.(-107,61498)\right)\right]}{-2.(-133,12228)} = 0,1916$$

Conforme discutimos, um maior pseudo R^2 de McFadden pode ser utilizado como critério para escolha de um modelo em detrimento de outro. Entretanto, não é adequado para avaliar o percentual de variância da variável dependente que é explicado pelo conjunto de variáveis explicativas consideradas no modelo.

Embora a utilidade do pseudo R^2 de McFadden seja limitada, softwares como o Stata, o SPSS e o R fazem seu cálculo e o apresentam em seus respectivos *outputs*, conforme veremos nas seções 14.4, 14.5 e 14.6, respectivamente.

Analogamente ao procedimento apresentado nos capítulos anteriores, inicialmente iremos estudar a significância estatística geral do modelo que está sendo proposto. O teste χ^2 propicia condições à verificação da significância do modelo, uma vez que suas hipóteses nula e alternativa, para um modelo de regressão Poisson, são, respectivamente:

$H_0: \beta_1 = \beta_2 = ... = \beta_k = 0$
$H_1:$ existe pelo menos um $\beta_j \neq 0$

	A	B	C	D	E	F	G	H	I	J
1	Estudante	Atrasos (Y)	Distância (X₁)	Semáforos (X₂)	Período (X₃)	λᵢ	LLᵢ			
2	Gabriela	1	11	15	1	1,03000	-1,00044			
3	Patrícia	0	9	15	1	1,03000	-1,03000		α	0,0296
4	Gustavo	0	9	16	1	1,03000	-1,03000			
5	Letícia	3	10	16	0	1,03000	-2,73308			
6	Luiz Ovídio	2	12	18	1	1,03000	-1,66403			
7	Leonor	3	14	16	0	1,03000	-2,73308			
8	Dalila	1	10	15	1	1,03000	-1,00044			
9	Antônio	0	10	16	1	1,03000	-1,03000			
10	Júlia	2	10	18	1	1,03000	-1,66403			
11	Mariana	0	9	13	1	1,03000	-1,03000			
12	Roberto	1	9	15	1	1,03000	-1,00044			
13	Renata	1	9	15	1	1,03000	-1,00044			
14	Guilherme	2	12	17	1	1,03000	-1,66403			
15	Rodrigo	1	9	12	1	1,03000	-1,00044			
16	Giulia	0	11	11	1	1,03000	-1,03000			
17	Felipe	2	9	17	1	1,03000	-1,66403			
18	Karina	1	11	14	1	1,03000	-1,00044			
19	Pietro	1	11	15	1	1,03000	-1,00044			
20	Cecília	0	11	15	1	1,03000	-1,03000			
21	Gisele	0	9	14	1	1,03000	-1,03000			
22	Elaine	1	11	13	1	1,03000	-1,00044			
23	Kamal	0	9	14	1	1,03000	-1,03000			
24	Rodolfo	0	11	15	1	1,03000	-1,03000			
25	Pilar	1	11	13	1	1,03000	-1,00044			
26	Vivian	2	13	16	1	1,03000	-1,66403			
27	Danielle	0	9	11	1	1,03000	-1,03000			
28	Juliana	0	9	16	1	1,03000	-1,03000			
101	Estela	0	8	13	1	1,03000	-1,03000			
102										
103						Somatória L	-133,12228			

Figura 14.8 Obtenção dos parâmetros quando da maximização de *LL* pelo Solver – modelo nulo.

Conforme já discutimos no capítulo anterior, o teste χ^2 é adequado para se avaliar a significância conjunta dos parâmetros do modelo quando este for estimado pelo método de máxima verossimilhança, como nos casos dos modelos de regressão logística binária e multinomial e de regressão para dados de contagem.

O teste χ^2 propicia ao pesquisador uma verificação inicial sobre a existência do modelo que está sendo proposto, uma vez que, se todos os parâmetros estimados β_j ($j = 1, 2, ..., k$) forem estatisticamente iguais a 0, o comportamento de alteração de cada uma das variáveis X não influenciará em absolutamente nada a taxa de incidência do fenômeno em estudo. Conforme também já apresentado no capítulo anterior, a estatística χ^2 tem a seguinte expressão:

$$\chi^2 = -2.\left(LL_0 - LL_{máx}\right)$$ (14.10)

Voltando ao nosso exemplo, temos que:

$$\chi^2_{3g.l.} = -2.\left[-133,12228 - \left(-107,61498\right)\right] = 51,0146$$

Para 3 graus de liberdade (número de variáveis explicativas consideradas na modelagem, ou seja, número de parâmetros β), temos, por meio da Tabela D do apêndice do livro, que o $\chi^2_c = 7,815$ (χ^2 crítico para 3 graus de liberdade e para o nível de significância de 5%). Dessa forma, como o χ^2 calculado $\chi^2_{cal} = 51,0146 > \chi^2_c = 7,815$, podemos rejeitar a hipótese nula de que todos os parâmetros β_j ($j = 1, 2, 3$) sejam estatisticamente iguais a zero. Logo, pelo menos uma variável X é estatisticamente significante para explicar a incidência de atrasos à escola semanalmente e teremos um modelo de regressão Poisson estatisticamente significante para fins de previsão.

Softwares como o Stata, o SPSS, o R e o Python não oferecem, diretamente, o χ^2_c para os graus de liberdade definidos e um determinado nível de significância. Todavia, oferecem o nível de significância do χ^2_{cal} para estes graus de liberdade. Dessa forma, em vez de analisarmos se $\chi^2_{cal} > \chi^2_c$, devemos verificar se o nível de significância do χ^2_{cal} é menor do que 0,05 (5%) a fim de darmos continuidade à análise de regressão. Assim:

Se *valor-P* (ou *P-value* ou *Sig.* χ^2_{cal} ou *Prob.* χ^2_{cal}) < 0,05, existe pelo menos um $\beta_j \neq 0$.

Na sequência, é preciso que o pesquisador avalie se cada um dos parâmetros do modelo de regressão Poisson é estatisticamente significante e, neste sentido, a estatística z de Wald será importante para fornecer a significância estatística de cada parâmetro a ser considerado no modelo. Conforme já discutido no capítulo anterior, a nomenclatura z refere-se ao fato de que a distribuição desta estatística é a distribuição normal padrão, e as hipóteses do teste z de Wald para o α e para cada β_j ($j = 1, 2, ..., k$) são, respectivamente:

H_0: $\alpha = 0$
H_1: $\alpha \neq 0$
H_0: $\beta_j = 0$
H_1: $\beta_j \neq 0$

As expressões para o cálculo das estatísticas z de Wald de cada parâmetro α e β_j são dadas, respectivamente, por:

$$z_\alpha = \frac{\alpha}{s.e.(\alpha)} \tag{14.11}$$

$$z_{\beta_j} = \frac{\beta_j}{s.e.(\beta_j)}$$

em que *s.e.* significa o erro-padrão (*standard error*) de cada parâmetro em análise. Dada a complexidade do cálculo dos erros-padrão de cada parâmetro, não o faremos neste momento, porém recomendamos a leitura de McCullagh e Nelder (1989). Os valores de *s.e.* de cada parâmetro, para o nosso exemplo, são:

s.e. $(\alpha) = 1,160$
s.e. $(\beta_1) = 0,066$
s.e. $(\beta_2) = 0,046$
s.e. $(\beta_3) = 0,262$

Logo, como já calculamos as estimativas dos parâmetros, temos que:

$$z_\alpha = \frac{\alpha}{s.e.(\alpha)} = \frac{-4,3801}{1,160} = -3,776$$

$$z_{\beta_1} = \frac{\beta_1}{s.e.(\beta_1)} = \frac{0,2221}{0,066} = 3,365$$

$$z_{\beta_2} = \frac{\beta_2}{s.e.(\beta_2)} = \frac{0,1646}{0,046} = 3,580$$

$$z_{\beta_3} = \frac{\beta_3}{s.e.(\beta_3)} = \frac{-0,5731}{0,262} = -2,187$$

Após a obtenção das estatísticas z de Wald, o pesquisador pode utilizar a tabela de distribuição da curva normal padrão para obtenção dos valores críticos a um dado nível de significância e verificar se tais testes rejeitam ou não a hipótese nula.

Conforme discutimos no capítulo anterior, para o nível de significância de 5%, temos, por meio da Tabela E do apêndice do livro, que o $z_c = -1,96$ para a cauda inferior (probabilidade na cauda inferior de 0,025 para a distribuição bicaudal) e $z_c = 1,96$ para a cauda superior (probabilidade na cauda superior também de 0,025 para a distribuição bicaudal).

Assim como no caso do teste χ^2, os pacotes estatísticos também oferecem os valores dos níveis de significância dos testes z de Wald, o que facilita a decisão, já que, com 95% de nível de confiança (5% de nível de significância), teremos:

Se *valor-P* (ou *P-value* ou *Sig.* z_{cal} ou *Prob.* z_{cal}) $< 0,05$ para α, $\alpha \neq 0$

e

Se *valor-P* (ou *P-value* ou *Sig.* z_{cal} ou *Prob.* z_{cal}) $< 0,05$ para determinada variável explicativa X, $\beta \neq 0$.

Sendo assim, como todos os valores de $z_{cal} < -1,96$ ou $> 1,96$, os *valores-P* das estatísticas z de Wald $< 0,05$ para todos os parâmetros estimados e, portanto, já chegamos ao modelo final de regressão Poisson, sem que haja a necessidade de uma eventual aplicação do procedimento *Stepwise* estudado nos capítulos anteriores. Logo, a taxa média estimada de atrasos por semana para determinado aluno i é dada por:

$$\lambda_i = e^{\left(-4,3801 + 0,2221.dist_i + 0,1646.sem_i - 0,5731.per_i\right)}$$

e, desta forma, podemos retornar às nossas quatro importantes perguntas, respondendo uma de cada vez:

Qual é a quantidade média esperada de atrasos na semana quando se desloca 12 quilômetros e se passa por 17 semáforos diariamente, sendo o trajeto feito à tarde?

Fazendo uso da expressão da taxa média estimada de atrasos em uma semana e substituindo os valores fornecidos nesta equação, teremos:

$$\lambda = e^{\left[-4,3801 + 0,2221.(12) + 0,1646.(17) - 0,5731.(0)\right]} = 2,95$$

Logo, espera-se que determinado aluno que é submetido a estas características ao se deslocar à escola apresente, em média, uma quantidade de 2,95 atrasos por semana. Como a variável *atrasos* é discreta, dificilmente existirão observações em modelos de regressão Poisson com termos de erro com valores inteiros ou até mesmo iguais a zero.

Em média, em quanto se altera a taxa de incidência semanal de atrasos ao se adotar um percurso 1 quilômetro mais longo, mantidas as demais condições constantes?

Fazendo uso da mesma expressão, temos que:

$$e^{0,2221} = 1,249$$

Logo, mantidas as demais condições constantes, a taxa de incidência semanal de atrasos ao se adotar um percurso 1 quilômetro mais longo é, em média, multiplicada por um fator de 1,249, ou seja, é, em média, 24,9% maior.

Em média, em quanto se altera a taxa de incidência semanal de atrasos ao se passar por 1 semáforo a mais no percurso até a escola, mantidas as demais condições constantes?

Neste caso, teremos:

$$e^{0,1646} = 1,179$$

Logo, mantidas as demais condições constantes, a taxa de incidência semanal de atrasos ao se adotar um percurso com 1 semáforo a mais é, em média, multiplicada por um fator de 1,179, ou seja, é, em média, 17,9% maior.

Em média, em quanto se altera a taxa de incidência semanal de atrasos ao se optar por ir à escola de manhã, em vez de se ir à tarde, mantidas as demais condições constantes?

Neste último caso, teremos:

$$e^{-0,5731} = 0,564$$

Logo, mantidas as demais condições constantes, a taxa de incidência semanal de atrasos ao se optar por ir à escola de manhã, em vez de se ir à tarde, é, em média, multiplicada por um fator de 0,564, ou seja, é, em média, 43,6% menor.

Conforme podemos perceber, estes cálculos utilizaram sempre as estimativas médias dos parâmetros. Partiremos agora para o estudo dos intervalos de confiança destes parâmetros.

14.2.3. Construção dos intervalos de confiança dos parâmetros do modelo de regressão Poisson

Igualmente ao apresentado no capítulo anterior, os intervalos de confiança dos coeficientes da expressão (14.4), para os parâmetros α e β_j (j = 1, 2, ..., k), ao nível de confiança de 95%, podem ser escritos, respectivamente, da seguinte forma:

$$\alpha \pm 1,96 \cdot \left[s.e.(\alpha)\right]$$

$$\beta_j \pm 1,96 \cdot \left[s.e.(\beta_j)\right]$$

(14.12)

em que, conforme vimos, 1,96 é o z_c para o nível de confiança de 95% (nível de significância de 5%).

Tabela 14.6 Cálculo dos intervalos de confiança dos parâmetros.

Parâmetro	Coeficiente	Erro-padrão (*s.e.*)	z	Intervalo de confiança (95%)	
				$\alpha - 1,96 \cdot \big[\text{s.e.} (\alpha) \big]$ $\beta_i - 1,96 \cdot \big[\text{s.e.} (\beta_i) \big]$	$\alpha + 1,96 \cdot \big[\text{s.e.} (\alpha) \big]$ $\beta_i + 1,96 \cdot \big[\text{s.e.} (\beta_i) \big]$
α (constante)	−4,3801	1,160	−3,776	−6,654	−2,106
β_1 (variável *dist*)	0,2221	0,066	3,365	0,093	0,351
β_2 (variável *sem*)	0,1646	0,046	3,580	0,074	0,254
β_3 (variável *per*)	−0,5731	0,262	−2,187	−1,086	−0,060

Assim sendo, podemos elaborar a Tabela 14.6, que traz os coeficientes estimados dos parâmetros da expressão log-linear do nosso exemplo, com os respectivos erros-padrão, as estatísticas z de Wald e os intervalos de confiança para o nível de significância de 5%.

Esta tabela é igual à que obteremos quando estimarmos este modelo de regressão Poisson por meio do Stata, do SPSS, do R e do Python (seções 14.4, 14.5, 14.6 e 14.7, respectivamente).

Com base nos intervalos de confiança dos parâmetros, podemos escrever as expressões dos limites inferior (mínimo) e superior (máximo) do modelo log-linear de regressão Poisson, com 95% de confiança. Assim, teremos:

$$\ln\big(\lambda_i\big)_{\text{mín}} = -6,654 + 0,093.dist_i + 0,074.sem_i - 1,086.per_i$$

$$\ln\big(\lambda_i\big)_{\text{máx}} = -2,106 + 0,351.dist_i + 0,254.sem_i - 0,060.per_i$$

A partir da expressão (14.5), o intervalo de confiança da taxa estimada de incidência do fenômeno em estudo (***incidence rate ratio***, ou ***irr***) correspondente à alteração em cada parâmetro β_j (j = 1, 2, ..., k), ao nível de confiança de 95%, pode ser escrito da seguinte forma:

$$e^{\beta_j \pm 1,96 \cdot \big[s.e.(\beta_j) \big]} \tag{14.13}$$

Note que não apresentamos a expressão do intervalo de confiança da taxa de incidência correspondente ao parâmetro α, uma vez que só faz sentido discutirmos a mudança na taxa de incidência do fenômeno em estudo quando é alterada em uma unidade determinada variável explicativa do modelo, mantidas todas as demais condições constantes.

Para os dados do nosso exemplo e com base nos valores da Tabela 14.6, vamos, então, elaborar a Tabela 14.7, que apresenta os intervalos de confiança da taxa de incidência do fenômeno de interesse para cada parâmetro β_j.

Estes valores também poderão ser obtidos por meio do Stata, do SPSS, do R e do Python, conforme mostraremos, respectivamente, nas seções 14.4, 14.5, 14.6 e 14.7.

Conforme já discutido nos capítulos anteriores, se o intervalo de confiança de um determinado parâmetro contiver o zero (ou da taxa de incidência contiver o 1), o mesmo será considerado estatisticamente igual a zero para o nível de confiança com que o pesquisador estiver trabalhando. Se isso acontecer com o parâmetro α, recomenda-se

Tabela 14.7 Cálculo dos intervalos de confiança da taxa de incidência λ (*irr*) para cada parâmetro β_j.

Parâmetro	Taxa de incidência λ (***irr***)	Intervalo de confiança de λ (95%)	
	e^{β_j}	$e^{\beta_j - 1,96 \cdot \big[s.e.(\beta_j) \big]}$	$e^{\beta_j + 1,96 \cdot \big[s.e.(\beta_j) \big]}$
β_1 (variável *dist*)	1,249	1,097	1,421
β_2 (variável *sem*)	1,179	1,078	1,289
β_3 (variável *per*)	0,564	0,337	0,942

que nada seja alterado na modelagem, uma vez que tal fato é decorrente da utilização de amostras pequenas, e uma amostra maior poderia resolver este problema. Por outro lado, se o intervalo de confiança de um parâmetro β_j contiver o zero (o que não aconteceu neste nosso exemplo), este deverá ser excluído do modelo final quando da elaboração do procedimento *Stepwise*.

Da mesma forma que para os modelos de regressão logística, a rejeição da hipótese nula para um determinado parâmetro β, a um especificado nível de significância, indica que a correspondente variável X é significativa para explicar a taxa de incidência do fenômeno em estudo e, consequentemente, deve permanecer no modelo final de regressão para dados de contagem. Podemos, portanto, concluir que a decisão pela exclusão de determinada variável X em um modelo de regressão para dados de contagem pode ser realizada por meio da análise direta da estatística z de Wald de seu respectivo parâmetro β (se $-z_c < z_{cal} < z_c \rightarrow$ *valor-P* $> 0,05 \rightarrow$ não podemos rejeitar que o parâmetro seja estatisticamente igual a zero) ou por meio da análise do intervalo de confiança (se o mesmo contiver o zero). O Quadro 14.1 apresenta os critérios de inclusão ou exclusão de parâmetros β_j (j = 1, 2, ..., k) em modelos de regressão para dados de contagem.

Quadro 14.1 Decisão de inclusão de parâmetros β_j em modelos de regressão para dados de contagem.

Parâmetro	Estatística z de Wald (para nível de significância α)	Teste z (análise do *valor-P* para nível de significância α)	Análise pelo intervalo de confiança	Decisão
β_j	$-z_{c\,\alpha/2} < z_{cal} < z_{c\,\alpha/2}$	*valor-P* > nível de sig. α	O intervalo de confiança contém o zero	Excluir o parâmetro do modelo
	$z_{cal} > z_{c\,\alpha/2}$ ou $z_{cal} < -z_{c\,\alpha/2}$	*valor-P* < nível de sig. α	O intervalo de confiança não contém o zero	Manter o parâmetro no modelo

Obs.: O mais comum em ciências sociais aplicadas é a adoção do nível de significância α = 5%.

14.2.4. Teste para verificação de superdispersão em modelos de regressão Poisson

Cameron e Trivedi (1990) propõem um interessante procedimento para verificação da existência de superdispersão em modelos de regressão Poisson. Para tanto, é preciso que seja gerada uma variável Y^*, da seguinte maneira:

$$Y_i^* = \frac{\left[\left(Y_i - \lambda_i \right)^2 - Y_i \right]}{\lambda_i} \qquad (14.14)$$

em que λ_i é o número esperado de ocorrências para cada observação da amostra após a estimação do modelo de regressão Poisson e $(Y_i - \lambda_i)$ é a diferença entre o número real de ocorrências e o número previsto de ocorrências para cada observação (equivale ao termo de erro da regressão múltipla).

A Tabela 14.8 apresenta parte do banco de dados com a variável Y^*. Para fins didáticos, criamos um arquivo específico em Excel para que seja elaborado este teste, nomeado de **QuantAtrasosPoissonTesteSuperdispersão.xls**.

Após a geração de Y^*, devemos estimar o seguinte modelo auxiliar de regressão simples, sem a constante:

$$\hat{Y}_i^* = \beta \cdot \lambda_i \qquad (14.15)$$

Cameron e Trivedi (1990) destacam que, se ocorrer o fenômeno da superdispersão nos dados, o parâmetro β estimado por meio do modelo representado pela expressão (14.15) será estatisticamente diferente de zero, a um determinado nível de significância.

Vamos, então, estimar a regressão auxiliar proposta, clicando em **Dados → Análise de Dados → Regressão → OK**. Na caixa de diálogo para inserção dos dados, devemos inserir as variáveis Y^* e λ, conforme mostra a Figura 14.9. Não devemos nos esquecer de marcar a opção **Constante é zero**.

Na sequência, vamos clicar em **OK**. O *output* desejado desta estimação encontra-se na Figura 14.10.

Tabela 14.8 Cálculo da variável Y^*.

Estudante	Y_i	λ_i	$Y_i^* = \dfrac{\left[(Y_i - \lambda_i)^2 - Y_i\right]}{\lambda_i}$
Gabriela	1	0,96026	–1,03974
Patrícia	0	0,61581	0,61581
Gustavo	0	0,72601	0,72601
Letícia	3	1,60809	–0,66077
Luiz Ovídio	2	1,96485	–1,01726
Leonor	3	3,91008	–0,55542
Dalila	1	0,76899	–1,23101
Antônio	0	0,90659	0,90659
Júlia	2	1,26006	–1,15271
Mariana	0	0,44306	0,44306
...			
Filomena	1	0,80808	–1,19192
...			
Estela	0	0,35481	0,35481

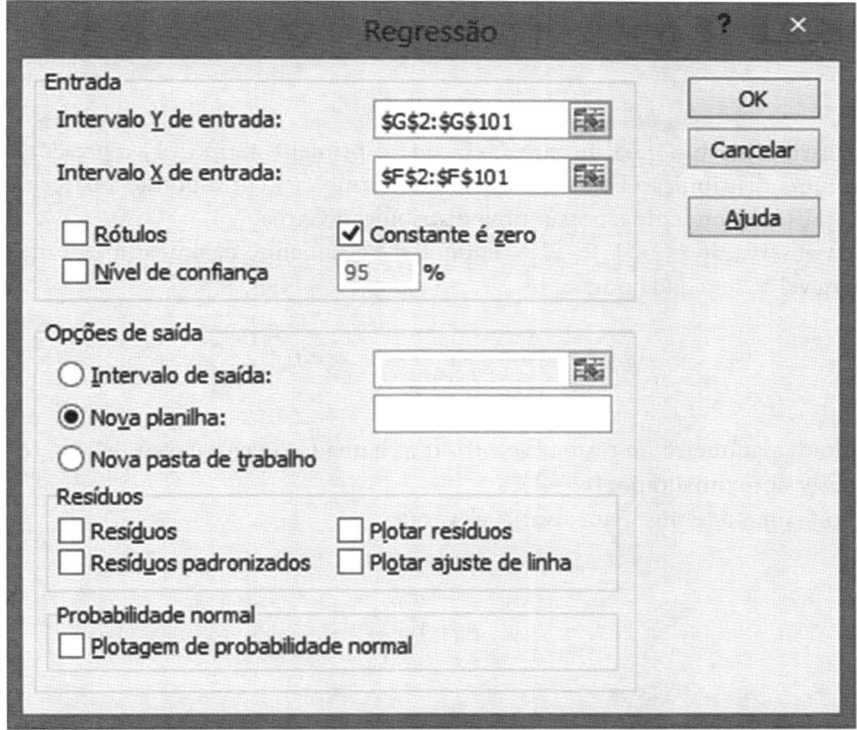

Figura 14.9 Caixa de diálogo para elaboração de regressão auxiliar no Excel – teste para verificação de existência de superdispersão.

	Coeficiente	Erro padrão	Stat t	valor-P	95% inferiores	95% superiores
Variável X 1	-0,29175	0,15835	-1,84245	0,06840	-0,60596	0,02245

Figura 14.10 Resultado do teste para verificação de existência de superdispersão.

Como o *valor-P* do teste *t* correspondente ao parâmetro β da variável λ é maior do que 0,05, podemos afirmar que os dados da variável dependente **não apresentam superdispersão**, fazendo com que o modelo de regressão Poisson estimado seja adequado pela **presença de equidispersão nos dados**. Se não fosse esse o caso, deveríamos partir para a estimação de um modelo de regressão binomial negativo, a ser discutido na próxima seção.

14.3. MODELO DE REGRESSÃO BINOMIAL NEGATIVO

Conforme discutimos, os modelos de regressão binomial negativo também são enquadrados nos chamados modelos de regressão para dados de contagem, sendo apropriados para estimação quando a variável dependente for quantitativa e com valores inteiros e não negativos (dados de contagem) e quando houver superdispersão nos dados.

Oliveira (2011) enfatiza que o interesse em se contar o número de ensaios necessários para que seja obtido o número desejado de ocorrências pode conduzir a uma distribuição binomial negativa, conforme discutimos no Capítulo 5. Segundo Lord e Park (2008), esta distribuição, primeiramente derivada por Greenwood e Yule (1920), é também conhecida por distribuição Poisson-Gama por ser uma combinação de duas distribuições que foi desenvolvida para levar em consideração o fenômeno da superdispersão que é comumente observado em dados de contagem. Ainda segundo os autores, leva este nome por aplicar o teorema binomial com um expoente negativo.

Se, por exemplo, a média do número de ocorrências de uma distribuição Poisson possuir uma parcela aleatória, a expressão (14.5) passará a ser escrita da seguinte maneira:

$$\lambda_i = e^{(\alpha + \beta_1.X_{1i} + \beta_2.X_{2i} + ... + \beta_k.X_{ki} + \varepsilon_i)} \tag{14.16}$$

de onde vem que:

$$\lambda_i = e^{(\alpha + \beta_1.X_{1i} + \beta_2.X_{2i} + ... + \beta_k.X_{ki})}.e^{(\varepsilon_i)} \tag{14.17}$$

que pode ser escrita como:

$$\lambda_i = u_i.v_i \tag{14.18}$$

e que possui uma distribuição binomial negativa, em que o primeiro termo (u_i) representa o valor esperado de ocorrências e possui uma distribuição Poisson e o segundo termo (v_i) corresponde à parcela aleatória do número de ocorrências da variável dependente e possui uma distribuição Gama.

Para determinada observação *i* (i = 1, 2, ..., *n*, em que *n* é o tamanho da amostra), a função da distribuição de probabilidade da variável v_i será dada por:

$$p(v_i) = \frac{\delta^\psi.v_i^{\psi-1}.e^{-v_i.\delta}}{\Gamma(\psi)}, \quad v_i = 0,1,2,... \tag{14.19}$$

em que ψ é chamado de parâmetro de forma ($\psi > 0$), δ é chamado de parâmetro de taxa ($\delta > 0$) e, para $\psi > 0$ e inteiro, $\Gamma(\psi)$ pode ser aproximado por $(\psi - 1)!$.

Com distribuição Gama, teremos, para a variável *v*, que:

- **Média:**

$$E(v) = \frac{\psi}{\delta} \tag{14.20}$$

- **Variância:**

$$Var(v) = \frac{\psi}{\delta^2} \tag{14.21}$$

Analogamente ao realizado na seção 14.2, podemos elaborar, com base na expressão (14.19), uma tabela com valores de *p* em função de valores de v_i (Tabela 14.9), variando-se v_i de 1 a 20 e com três diferentes combinações de ψ e δ.

A partir dos dados calculados na Tabela 14.9, podemos elaborar o gráfico da Figura 14.11.

Apenas como curiosidade, a distribuição χ^2 é um caso particular da distribuição Gama quando ψ = 0,5 e δ = $k/2$, em que *k* é um número inteiro e positivo.

Tabela 14.9 Distribuição Gama – funções de probabilidade de v_i para diferentes valores de ψ e δ.

v_i	$\psi = 2$ e $\delta = 2$	$\psi = 3$ e $\delta = 1$	$\psi = 3$ e $\delta = 0,5$
	\multicolumn{3}{c}{$p(v_i) = \dfrac{\delta^{\psi} . v_i^{\psi-1} . e^{-v_i . \delta}}{\Gamma(\psi)}$}	
1	0,5413	0,1839	0,0379
2	0,1465	0,2707	0,0920
3	0,0297	0,2240	0,1255
4	0,0054	0,1465	0,1353
5	0,0009	0,0842	0,1283
6	0,0001	0,0446	0,1120
7	0,0000	0,0223	0,0925
8	0,0000	0,0107	0,0733
9	0,0000	0,0050	0,0562
10	0,0000	0,0023	0,0421
11	0,0000	0,0010	0,0309
12	0,0000	0,0004	0,0223
13	0,0000	0,0002	0,0159
14	0,0000	0,0001	0,0112
15	0,0000	0,0000	0,0078
16	0,0000	0,0000	0,0054
17	0,0000	0,0000	0,0037
18	0,0000	0,0000	0,0025
19	0,0000	0,0000	0,0017
20	0,0000	0,0000	0,0011

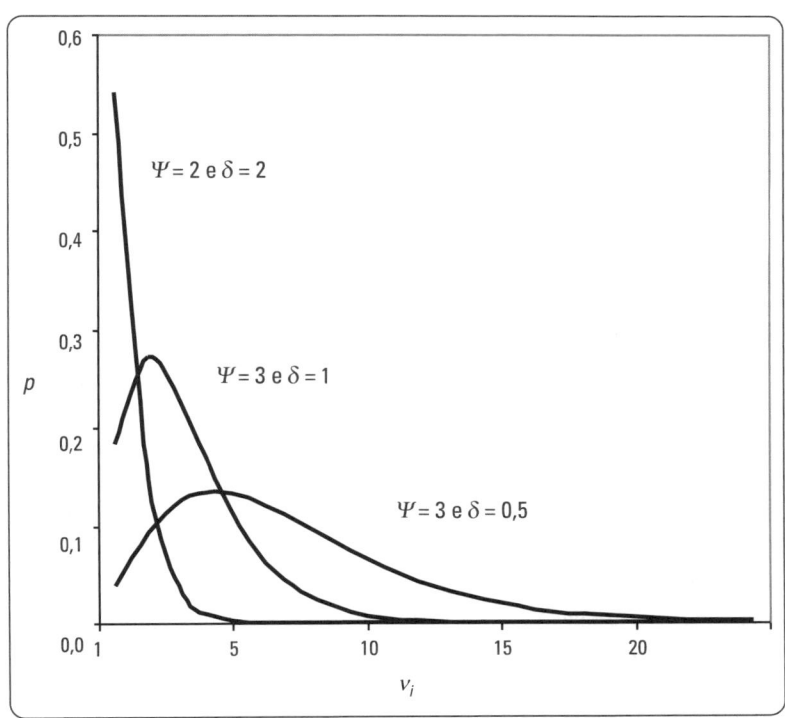

Figura 14.11 Distribuição Gama – gráficos das funções de probabilidade para diferentes valores de ψ e δ.

Fazendo uso da expressão (14.18), podemos transformar a função de probabilidade da distribuição Gama apresentada na expressão (14.19) como uma função do valor esperado de ocorrências da distribuição Poisson (u_i), de modo que:

$$p(u_i) = \frac{\left(\dfrac{\psi}{u_i}\right)^{\psi}.\lambda_i^{\psi-1}.e^{-\frac{\lambda_i}{u_i}.\delta}}{\Gamma(\psi)} \tag{14.22}$$

Seguindo Lord e Park (2008), podemos combinar as expressões (14.1) e (14.22), de modo a gerar a função da probabilidade de uma distribuição binomial negativa, o que nos permitirá calcular a probabilidade de ocorrência de uma contagem m, dada determinada exposição. Dessa forma, teremos:

$$p(Y_i = m) = \int_0^{\infty} \frac{e^{(-\lambda_i)}.\lambda_i^m}{m!} . \frac{\left(\dfrac{\psi}{u_i}\right)^{\psi}.\lambda_i^{\psi-1}.e^{-\frac{\lambda_i}{u_i}.\delta}}{\Gamma(\psi)} d\lambda_i \tag{14.23}$$

de onde vem que:

$$p(Y_i = m) = \frac{\Gamma(m+\psi)}{\Gamma(m+1).\Gamma(\psi)}.\left(\frac{\psi}{u_i+\psi}\right)^{\psi}.\left(\frac{u_i}{u_i+\psi}\right), \quad m = 0, \ 1, \ 2, \ \ldots \tag{14.24}$$

que também pode ser escrita como:

$$p(Y_i = m) = \binom{m+\psi-1}{\psi-1}.\left(\frac{\psi}{u_i+\psi}\right)^{\psi}.\left(\frac{u_i}{u_i+\psi}\right)^m, \quad m = 0, \ 1, \ 2, \ \ldots \tag{14.25}$$

que representa a função de probabilidade da distribuição binomial negativa para a ocorrência de uma contagem m, com as seguintes estatísticas:

- **Média:**

$$E(Y) = u \tag{14.26}$$

- **Variância:**

$$Var(Y) = u + \phi \cdot u^2 \tag{14.27}$$

em que $\phi = \dfrac{1}{\psi}$.

Dessa forma, o segundo termo da expressão de variância da distribuição binomial negativa representa a superdispersão e, caso verifiquemos que $\phi \to 0$, este fenômeno não estará presente nos dados, podendo ser estimado um modelo de regressão Poisson, já que a média da variável dependente será igual à sua variância. Entretanto, caso ϕ seja estatisticamente maior do que zero, a existência de superdispersão faz com que deva ser estimado um modelo de regressão binomial negativo. Na seção 14.3.1, o parâmetro ϕ será estimado juntamente com os parâmetros do modelo de regressão binomial negativo por meio da maximização da somatória do logaritmo da função de verossimilhança, que ainda será definida, com o uso da ferramenta **Solver** do Excel. É importante ressaltarmos que softwares como o Stata e o SPSS estimam o valor de ϕ (inverso do parâmetro de forma ψ) e apresentam o seu intervalo de confiança, a partir do qual se torna possível avaliarmos se o mesmo é ou não estatisticamente igual a zero, conforme estudaremos, respectivamente, nas seções 14.4 e 14.5.

O modelo de regressão binomial negativo a ser estimado neste capítulo é também conhecido por **modelo de regressão NB2 (*negative binomial 2 regression model*)**, dada a especificação quadrática da variância apresentada na expressão (14.27). Entretanto, existem trabalhos que utilizam a expressão de variância como apenas:

$$Var(Y) = u + \phi \cdot u \tag{14.28}$$

e, dessa forma, o modelo estimado é conhecido por **modelo de regressão NB1** (*negative binomial 1 regression model*), porém, segundo Cameron e Trivedi (2009), os modelos de regressão NB2, com especificação quadrática da variância, são preferíveis aos modelos de regressão NB1 por frequentemente apresentarem melhores aproximações às funções mais gerais de variância.

Com base nas expressões (14.25), (14.26) e (14.27), iremos, a seguir, definir a expressão da somatória do logaritmo da função de verossimilhança da distribuição binomial negativa, que deverá ser maximizada. Seguindo o padrão adotado, estimaremos um modelo de regressão binomial negativo (NB2) com base na elaboração de um exemplo a ser resolvido inicialmente por meio da ferramenta **Solver** do Excel.

14.3.1. Estimação do modelo de regressão binomial negativo por máxima verossimilhança

Apresentaremos, agora, os conceitos pertinentes à estimação por máxima verossimilhança de um modelo de regressão binomial negativo por meio de um exemplo similar ao desenvolvido na seção 14.2.

Imagine que o professor dê continuidade à pesquisa sobre a quantidade de atrasos dos alunos, porém agora com contagem não mais semana, e sim de forma mensal. Após o término do mês, o professor realizou a pesquisa com os mesmos 100 alunos da escola onde leciona, questionando agora sobre a quantidade de vezes que cada um chegou atrasado neste último mês. As variáveis X são as mesmas, ou seja, distância percorrida até a escola (em quilômetros), número de semáforos pelos quais cada um passa e o período do dia em que cada estudante tem o hábito de se deslocar para a escola (manhã ou tarde). Parte do banco de dados encontra-se na Tabela 14.10.

A Tabela 14.11 apresenta a média e a variância da variável dependente, por meio da qual podemos verificar que a variância é consideravelmente maior do que sua média, gerando indícios sobre a existência de superdispersão dos dados.

Tabela 14.10 Exemplo: quantidade de atrasos no mês x distância percorrida, quantidade de semáforos e período do dia para o trajeto até a escola.

Estudante	Quantidade de atrasos no último mês (Y_i)	Distância percorrida até a escola (quilômetros) (X_{1i})	Quantidade de semáforos (X_{2i})	Período do dia (X_{3i})
Gabriela	5	11	15	1 (manhã)
Patrícia	0	9	15	1 (manhã)
Gustavo	0	9	16	1 (manhã)
Letícia	6	10	16	0 (tarde)
Luiz Ovídio	7	12	18	1 (manhã)
Leonor	4	14	16	0 (tarde)
Dalila	5	10	15	1 (manhã)
Antônio	0	10	16	1 (manhã)
Júlia	1	10	18	1 (manhã)
Mariana	0	9	13	1 (manhã)
...				
Filomena	1	8	18	1 (manhã)
...				
Estela	0	8	13	1 (manhã)

Tabela 14.11 Média e variância da variável dependente (quantidade de atrasos no último mês).

Estatística	
Média	1,820
Variância	5,422

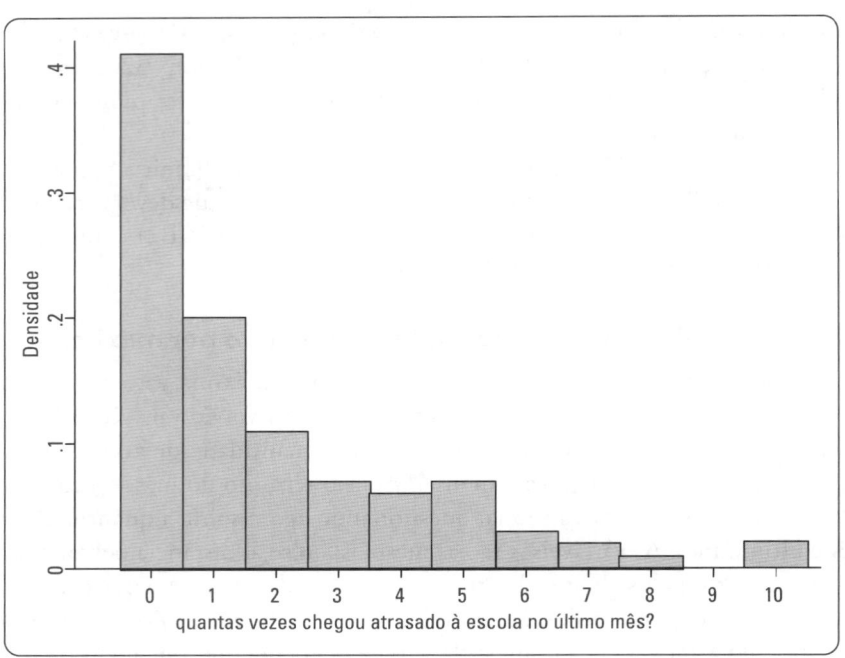

Figura 14.12 Histograma da variável dependente.

A Figura 14.12 apresenta o histograma da variável dependente para dados de contagem mensal, de onde podemos perceber que a dispersão é maior do que aquela apresentada no gráfico da Figura 14.3, elaborada para dados de contagem semanal.

Quando da estimação dos parâmetros do modelo, iremos também estimar o parâmetro ϕ da expressão (14.27), para que seja verificado se o mesmo é diferente de zero (existência de superdispersão) e, consequentemente, para que faça sentido a estimação do modelo de regressão binomial negativo.

O banco de dados completo elaborado nesta nova investigação pode ser acessado por meio do arquivo **QuantAtrasosBNeg.xls**. Estimaremos os parâmetros do modelo para avaliar a quantidade mensal esperada de atrasos de chegada à escola que, com base na expressão (14.5), será dada por:

$$u_i = e^{\left(\alpha + \beta_1.dist_i + \beta_2.sem_i + \beta_3.per_i\right)}$$

Com base na expressão (14.24), podemos escrever o logaritmo da função de verossimilhança (*log likelihood function*) de um modelo de regressão binomial negativo (NB2) como sendo:

$$LL = \sum_{i=1}^{n}\left[Y_i \cdot \ln\left(\frac{\phi \cdot u_i}{1+\phi \cdot u_i}\right) - \frac{\ln\left(1+\phi \cdot u_i\right)}{\phi} + \ln\Gamma\left(Y_i + \phi^{-1}\right) - \ln\Gamma\left(Y_i + 1\right) - \ln\Gamma\left(\phi^{-1}\right) \right] \quad (14.29)$$

Portanto, podemos fazer a seguinte pergunta: **Quais os valores dos parâmetros do modelo proposto que fazem com que o valor de *LL* da expressão (14.29) seja maximizado?** Esta importante questão é a chave central para a elaboração da estimação por máxima verossimilhança (ou *maximum likelihood estimation*) em modelos de regressão binomial negativo, e pode ser respondida com o uso de ferramentas de programação linear, a fim de que sejam estimados os parâmetros ϕ, α, β_1, β_2, ..., β_k com base na seguinte função-objetivo:

$$LL = \sum_{i=1}^{n}\left[Y_i \cdot \ln\left(\frac{\phi \cdot u_i}{1+\phi \cdot u_i}\right) - \frac{\ln\left(1+\phi \cdot u_i\right)}{\phi} + \ln\Gamma\left(Y_i + \phi^{-1}\right) - \ln\Gamma\left(Y_i + 1\right) - \ln\Gamma\left(\phi^{-1}\right) \right] = \text{máx} \quad (14.30)$$

Iremos resolver este problema com o uso da ferramenta **Solver** do Excel e utilizando os dados do nosso exemplo. Para tanto, devemos abrir o arquivo **QuantAtrasosBNegMáximaVerossimilhança.xls**, que servirá de auxílio para o cálculo dos parâmetros.

Neste arquivo, além da variável dependente e das variáveis explicativas, foram criadas duas novas variáveis, que correspondem, respectivamente, ao valor esperado de ocorrências mensais u_i com distribuição Poisson e ao logaritmo da função de verossimilhança LL_i proveniente da expressão (14.29) para cada observação.

Vamos, portanto, abrir a ferramenta **Solver** do Excel. A função-objetivo está na célula G103, que é a nossa célula de destino e que deverá ser maximizada. Além disso, os parâmetros ϕ, α, β_1, β_2 e β_3, cujos valores estão nas células J2, J4, J6, J8 e J10, respectivamente, são as células variáveis. Além disso, devemos impor uma restrição de que $\phi > 0$. A janela do **Solver** ficará como mostra a Figura 14.13.

Ao clicarmos em **Resolver** e em **OK**, obteremos a solução ótima do problema de programação linear. A Tabela 14.12 apresenta parte dos resultados obtidos.

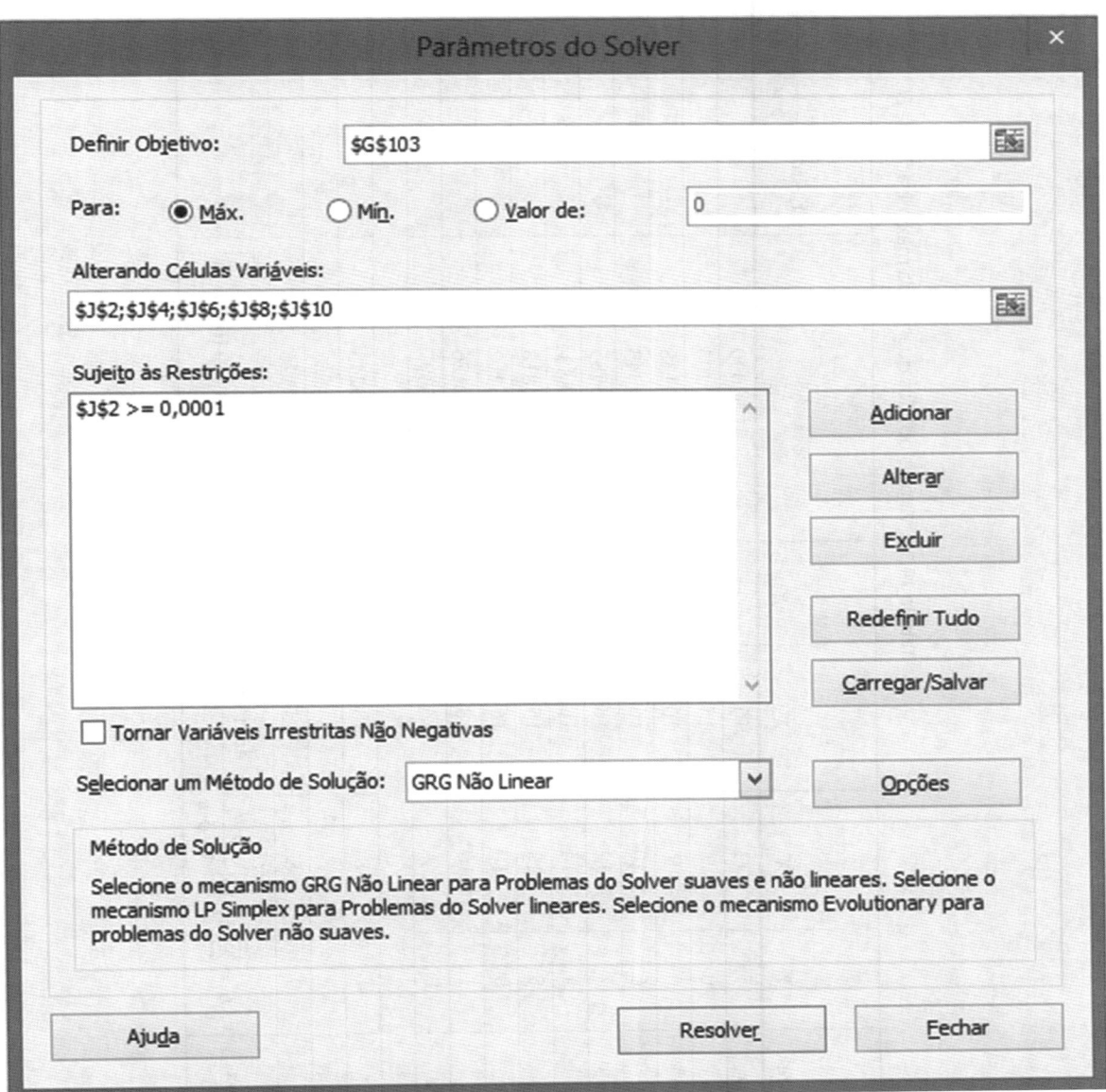

Figura 14.13 Solver – Maximização da somatória do logaritmo da função de verossimilhança.

Tabela 14.12 Valores obtidos quando da maximização de *LL*.

Estudante	Y_i	X_{1i}	X_{2i}	X_{3i}	u_i	LL_i $Y_i \cdot \ln\left(\dfrac{\phi \cdot u_i}{1+\phi \cdot u_i}\right) - \dfrac{\ln(1+\phi \cdot u_i)}{\phi} + \ln\Gamma\left(Y_i+\phi^{-1}\right) - \ln\Gamma\left(Y_i+1\right) - \ln\Gamma\left(\phi^{-1}\right)$
Gabriela	5	11	15	1	1,52099	-3,70395
Patrícia	0	9	15	1	0,82205	-0,74622
Gustavo	0	9	16	1	1,00138	-0,89171
Letícia	6	10	16	0	3,44343	-2,68117
Luiz Ovídio	7	12	18	1	3,73985	-2,94546
Leonor	4	14	16	0	11,78834	-3,09516
Dalila	5	10	15	1	1,11818	-4,55597
Antônio	0	10	16	1	1,36212	-1,16895
Júlia	1	10	18	1	2,02126	-1,34220
Mariana	0	9	13	1	0,55397	-0,51814
					...	
Filomena	1	8	18	1	1,09243	-1,12117
					...	
Estela	0	8	13	1	0,40726	-0,38745
Somatória	$LL = \displaystyle\sum_{i=1}^{100}\left[Y_i \cdot \ln\left(\dfrac{\phi \cdot u_i}{1+\phi \cdot u_i}\right) - \dfrac{\ln(1+\phi \cdot u_i)}{\phi} + \ln\Gamma\left(Y_i+\phi^{-1}\right) - \ln\Gamma\left(Y_i+1\right) - \ln\Gamma\left(\phi^{-1}\right)\right]$					**-151,01230**

Logo, o valor máximo possível da somatória do logaritmo da função de verossimilhança é $LL_{máx} = -151,01230$. A resolução deste problema gerou as seguintes estimativas dos parâmetros:

$\phi = 0,2553$
$\alpha = -4,9976$
$\beta_1 = 0,3077$
$\beta_2 = 0,1973$
$\beta_3 = -0,9274$

Como $\phi \neq 0$, daremos sequência à estimação do modelo de regressão binomial negativo, porém quando estimarmos este modelo por meio dos softwares Stata e SPSS, respectivamente nas seções 14.4 e 14.5, verificaremos que ϕ é de fato estatisticamente diferente de zero. Caso um pesquisador mais curioso estimasse um modelo de regressão binomial negativo no banco de dados utilizado na seção 14.2, verificaria que a estimação de $\phi \approx 0$, como já era de se esperar, visto que o teste para verificação de existência de superdispersão não rejeitou a hipótese nula de equidispersão para aquele caso.

Logo, a expressão da quantidade mensal esperada de atrasos de chegada à escola pode ser escrita da seguinte forma:

$$u_i = e^{\left(-4,9976 + 0,3077.dist_i + 0,1973.sem_i - 0,9274.per_i\right)}$$

A Figura 14.14 apresenta parte dos resultados obtidos pela modelagem.

Estimados os parâmetros do modelo de regressão binomial negativo, podemos voltar às quatro perguntas propostas ao final da seção 14.2.1, porém agora para dados de contagem mensal:

Qual é a quantidade média esperada de atrasos no mês quando se desloca 12 quilômetros e se passa por 17 semáforos diariamente, sendo o trajeto feito à tarde?

Em média, em quanto se altera a taxa de incidência mensal de atrasos ao se adotar um percurso 1 quilômetro mais longo, mantidas as demais condições constantes?

Em média, em quanto se altera a taxa de incidência mensal de atrasos ao se passar por 1 semáforo a mais no percurso até a escola, mantidas as demais condições constantes?

Em média, em quanto se altera a taxa de incidência mensal de atrasos ao se optar por ir à escola de manhã, em vez de se ir à tarde, mantidas as demais condições constantes?

	Estudante	Atrasos (Y)	Distância (X₁)	Semáforos (X₂)	Período (X₃)	u_i	LL_i			
1										
2	Gabriela	5	11	15	1	1,52099	-3,70395		ϕ	0,2553
3	Patrícia	0	9	15	1	0,82205	-0,74622			
4	Gustavo	0	9	16	1	1,00138	-0,89171		α	-4,9976
5	Letícia	6	10	16	0	3,44343	-2,68117			
6	Luiz Ovídio	7	12	18	1	3,73985	-2,94546		β_1	0,3077
7	Leonor	4	14	16	0	11,78834	-3,09516			
8	Dalila	5	10	15	1	1,11818	-4,55597		β_2	0,1973
9	Antônio	0	10	16	1	1,36212	-1,16895			
10	Júlia	1	10	18	1	2,02126	-1,34220		β_3	-0,9274
11	Mariana	0	9	13	1	0,55397	-0,51814			
12	Roberto	2	9	15	1	0,82205	-1,98495			
13	Renata	0	9	15	1	0,82205	-0,74622			
14	Guilherme	4	12	17	1	3,07009	-2,06459			
15	Rodrigo	1	9	12	1	0,45476	-1,32807			
16	Giulia	0	11	11	1	0,69074	-0,63616			
17	Felipe	3	9	17	1	1,21984	-2,43101			
18	Karina	3	11	14	1	1,24860	-2,39972			
19	Pietro	1	11	15	1	1,52099	-1,19384			
20	Cecília	5	11	15	1	1,52099	-3,70395			
21	Gisele	0	9	14	1	0,67483	-0,62261			
22	Elaine	2	11	13	1	1,02499	-1,79178			
23	Kamal	0	9	14	1	0,67483	-0,62261			
24	Rodolfo	0	11	15	1	1,52099	-1,28509			
25	Pilar	0	11	13	1	1,02499	-0,91047			
26	Vivian	4	13	16	1	3,42817	-2,01900			
27	Danielle	0	9	11	1	0,37332	-0,35658			
28	Juliana	0	9	16	1	1,00138	-0,89171			
101	Estela	0	8	13	1	0,40726	-0,38745			
102										
103										

Somatória LL_i **-151,01230**

Figura 14.14 Obtenção dos parâmetros quando da maximização de *LL* pelo Solver.

Antes de respondermos a estas importantes questões, precisamos novamente verificar se todos os parâmetros estimados são estatisticamente significantes a um determinado nível de confiança. Se não for este o caso, precisaremos reestimar o modelo final, a fim de que o mesmo apresente apenas parâmetros estatisticamente significantes para, a partir de então, ser possível a elaboração de inferências e previsões.

Partiremos, portanto, para o estudo da significância estatística geral do modelo de regressão binomial negativo estimado, bem como das significâncias estatísticas dos parâmetros, de forma análoga ao realizado na seção 14.2.2.

14.3.2. Significância estatística geral e dos parâmetros do modelo de regressão binomial negativo

A fim de que possam ser calculados o pseudo R^2 de McFadden e a estatística χ^2, com base, respectivamente, nas expressões (14.9) e (14.10), vamos, inicialmente, calcular LL_0, que é dado pelo valor máximo da somatória do logaritmo da função de verossimilhança da expressão (14.29) para um modelo em que há apenas a constante α, conhecido por **modelo nulo**. Por meio do mesmo procedimento elaborado na seção 14.3.1, porém agora utilizando o arquivo **QuantAtrasosBNegMáximaVerossimilhançaModeloNulo.xls**, obteremos $LL_0 = -186{,}63662$. As Figuras 14.15 e 14.16 mostram, respectivamente, a janela do **Solver** e parte dos resultados obtidos pela modelagem neste arquivo.

Dessa forma, temos que:

$$pseudo\ R^2 = \frac{-2.\left(-182{,}63662\right)-\left[\left(-2.\left(-151{,}01230\right)\right)\right]}{-2.\left(-182{,}63662\right)} = 0{,}1732$$

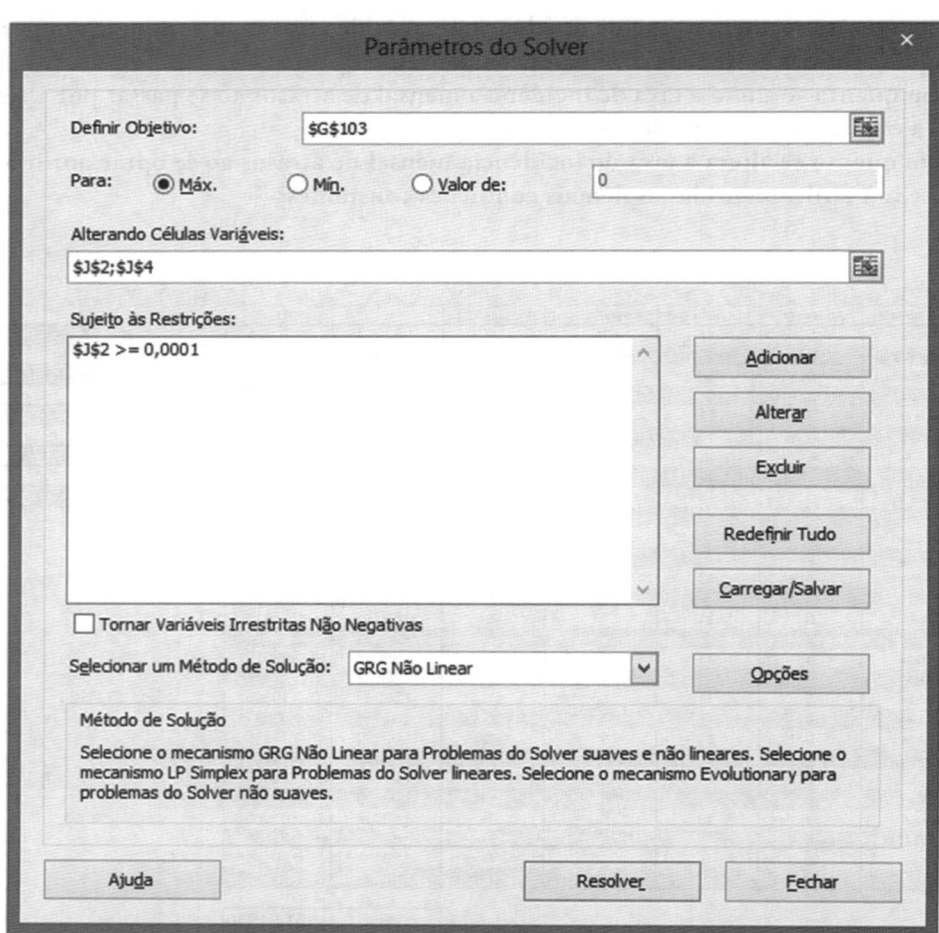

Figura 14.15 Solver – Maximização da somatória do logaritmo da função de verossimilhança para o modelo nulo.

	A	B	C	D	E	F	G	H	I	J
1	Estudante	Atrasos (Y)	Distância (X₁)	Semáforos (X₂)	Período (X₃)	uᵢ	LLᵢ			
2	Gabriela	5	11	15	1	1,82000	-3,27602		φ	1,3521
3	Patrícia	0	9	15	1	1,82000	-0,91822			
4	Gustavo	0	9	16	1	1,82000	-0,91822		α	0,5988
5	Letícia	6	10	16	0	1,82000	-3,66141			
6	Luiz Ovídio	7	12	18	1	1,82000	-4,04033			
7	Leonor	4	14	16	0	1,82000	-2,88152			
8	Dalila	5	10	15	1	1,82000	-3,27602			
9	Antônio	0	10	16	1	1,82000	-0,91822			
10	Júlia	1	10	18	1	1,82000	-1,56086			
11	Mariana	0	9	13	1	1,82000	-0,91822			
12	Roberto	2	9	15	1	1,82000	-2,04137			
13	Renata	0	9	15	1	1,82000	-0,91822			
14	Guilherme	4	12	17	1	1,82000	-2,88152			
15	Rodrigo	1	9	12	1	1,82000	-1,56086			
16	Giulia	0	11	11	1	1,82000	-0,91822			
17	Felipe	3	9	17	1	1,82000	-2,47318			
18	Karina	3	11	14	1	1,82000	-2,47318			
19	Pietro	1	11	15	1	1,82000	-1,56086			
20	Cecília	5	11	15	1	1,82000	-3,27602			
21	Gisele	0	9	14	1	1,82000	-0,91822			
22	Elaine	2	11	13	1	1,82000	-2,04137			
23	Kamal	0	9	14	1	1,82000	-0,91822			
24	Rodolfo	0	11	15	1	1,82000	-0,91822			
25	Pilar	0	11	13	1	1,82000	-0,91822			
26	Vivian	4	13	16	1	1,82000	-2,88152			
27	Danielle	0	9	11	1	1,82000	-0,91822			
28	Juliana	0	9	16	1	1,82000	-0,91822			
101	Estela	0	8	13	1	1,82000	-0,91822			
102										
103							Somatória LLᵢ	-182,63662		

Figura 14.16 Obtenção dos parâmetros quando da maximização de *LL* pelo Solver – modelo nulo.

Como sabemos, mesmo sendo bastante limitada a utilidade do pseudo R^2 de McFadden, softwares como o Stata, o SPSS e o R o calculam e o apresentam em seus *outputs*, conforme veremos nas seções 14.4, 14.5 e 14.6, respectivamente. A sua utilidade restringe-se à comparação de dois ou mais modelos apenas de mesma classe, ou seja, não pode ser utilizado para se comparar, por exemplo, um modelo Poisson com um modelo binomial negativo.

Além disso, temos também que:

$$\chi^2_{3g.l.} = -2.\left[-182,63662 - (-151,01230)\right] = 63,2486$$

Analogamente ao discutido na seção 14.2.2, para 3 graus de liberdade (número de variáveis explicativas consideradas na modelagem, ou seja, número de parâmetros β), temos, por meio da Tabela D do apêndice do livro, que o χ^2_c = 7,815 (χ^2 crítico para 3 graus de liberdade e para o nível de significância de 5%). Dessa forma, como o χ^2 calculado χ^2_{cal} = 63,2486 > χ^2_c = 7,815, podemos rejeitar a hipótese nula de que todos os parâmetros β_j (j = 1, 2, 3) sejam estatisticamente iguais a zero. Logo, pelo menos uma variável X é estatisticamente significante para explicar a incidência de atrasos de chegada à escola mensalmente e teremos um modelo de regressão binomial negativo estatisticamente significante para fins de previsão.

Softwares como o Stata, o SPSS, o R e o Python não oferecem, diretamente, o χ^2_c para os graus de liberdade definidos e um determinado nível de significância. Todavia, oferecem o nível de significância do χ^2_{cal} para estes graus de liberdade. Dessa forma, em vez de analisarmos se $\chi^2_{cal} > \chi^2_c$, devemos verificar se o nível de significância do χ^2_{cal} é menor do que 0,05 (5%), a fim de darmos continuidade à análise de regressão. Assim:

Se *valor-P* (ou *P-value* ou *Sig.* χ^2_{cal} ou *Prob.* χ^2_{cal}) < 0,05, existe pelo menos um $\beta_j \neq 0$.

Ainda seguindo a mesma lógica proposta na seção 14.2.2, é preciso que o avaliemos também se cada um dos parâmetros do modelo de regressão binomial negativo é estatisticamente significante, por meio também da análise da estatística z de Wald. Para o nosso exemplo, temos que:

s.e. (α) = 1,249
s.e. (β_1) = 0,071
s.e. (β_2) = 0,049
s.e. (β_3) = 0,257

Logo, com base nas equações da expressão (14.11), temos que:

$$z_\alpha = \frac{\alpha}{s.e.(\alpha)} = \frac{-4,9976}{1,249} = -4,001$$

$$z_{\beta_1} = \frac{\beta_1}{s.e.(\beta_1)} = \frac{0,3077}{0,071} = 4,320$$

$$z_{\beta_2} = \frac{\beta_2}{s.e.(\beta_2)} = \frac{0,1973}{0,049} = 3,984$$

$$z_{\beta_3} = \frac{\beta_3}{s.e.(\beta_3)} = \frac{-0,9274}{0,257} = -3,608$$

Como todos os valores de $z_{cal} < -1,96$ ou $> 1,96$, os *valores-P* das estatísticas z de Wald $< 0,05$ para todos os parâmetros estimados e, portanto, já chegamos ao modelo final de regressão binomial negativo, sem que haja necessidade de uma eventual aplicação do procedimento *Stepwise*. Sendo assim, a quantidade esperada de atrasos por mês para determinado aluno i é, de fato, dada por:

$$u_i = e^{\left(-4,9976+0,3077.dist_i+0,1973.sem_i-0,9274.per_i\right)}$$

e, dessa forma, podemos retornar às perguntas propostas, respondendo uma de cada vez:

Qual é a quantidade média esperada de atrasos no mês quando se desloca 12 quilômetros e se passa por 17 semáforos diariamente, sendo o trajeto feito à tarde?

Com base na expressão da quantidade esperada de atrasos por mês e substituindo os valores propostos, teremos que:

$$u = e^{\left[-4,9976+0,3077.(12)+0,1973.(17)-0,9274.(0)\right]} = 7,76$$

Portanto, espera-se que determinado aluno que é submetido aos dados propostos ao se deslocar à escola apresente uma quantidade média de 7,76 atrasos por mês.

Em média, em quanto se altera a taxa de incidência mensal de atrasos ao se adotar um percurso 1 quilômetro mais longo, mantidas as demais condições constantes?

Fazendo uso da mesma expressão, temos que:

$$e^{0,3077} = 1,360$$

Assim, mantidas as demais condições constantes, a taxa de incidência mensal de atrasos ao se adotar um percurso 1 quilômetro mais longo é, em média, multiplicada por um fator de 1,360, ou seja, é, em média, 36,0% maior.

Em média, em quanto se altera a taxa de incidência mensal de atrasos ao se passar por 1 semáforo a mais no percurso até a escola, mantidas as demais condições constantes?

Neste caso, teremos:

$$e^{0,1973} = 1,218$$

Logo, mantidas as demais condições constantes, a taxa de incidência mensal de atrasos ao se adotar um percurso com 1 semáforo a mais é, em média, multiplicada por um fator de 1,218, ou seja, é, em média, 21,8% maior.

Em média, em quanto se altera a taxa de incidência mensal de atrasos ao se optar por ir à escola de manhã, em vez de se ir à tarde, mantidas as demais condições constantes?

Neste último caso, teremos:

$$e^{-0,9274} = 0,396$$

Logo, mantidas as demais condições constantes, a taxa de incidência mensal de atrasos ao se optar por ir à escola de manhã, em vez de se ir à tarde, é, em média, multiplicada por um fator de 0,396, ou seja, é, em média, 60,4% menor.

Como estes cálculos utilizam as estimativas médias dos parâmetros, estudaremos agora os intervalos de confiança destes parâmetros.

14.3.3. Construção dos intervalos de confiança dos parâmetros do modelo de regressão binomial negativo

Com base nos termos da expressão (14.12), podemos elaborar a Tabela 14.13, que traz os coeficientes estimados dos parâmetros do modelo do nosso exemplo, com os respectivos erros-padrão, as estatísticas z de Wald e os intervalos de confiança para o nível de significância de 5%.

Tabela 14.13 Cálculo dos intervalos de confiança dos parâmetros.

Parâmetro	Coeficiente	Erro-padrão (*s.e.*)	z	Intervalo de confiança (95%) $\alpha - 1{,}96.\left[s.e.\left(\alpha\right)\right]$ $\beta_j - 1{,}96.\left[s.e.\left(\beta_j\right)\right]$	$\alpha + 1{,}96.\left[s.e.\left(\alpha\right)\right]$ $\beta_j + 1{,}96.\left[s.e.\left(\beta_j\right)\right]$
α (constante)	–4,9976	1,249	–4,001	–7,446	–2,549
β_1 (variável *dist*)	0,3077	0,071	4,320	0,168	0,447
β_2 (variável *sem*)	0,1973	0,049	3,984	0,100	0,294
β_3 (variável *per*)	–0,9274	0,257	–3,608	–1,431	–0,424

Esta tabela é igual a que obteremos quando estimarmos este modelo de regressão binomial negativo por meio do Stata, do SPSS, do R e do Python (seções 14.4, 14.5, 16.6 e 14.7, respectivamente).

Com base nos intervalos de confiança dos parâmetros, podemos escrever as expressões dos limites inferior (mínimo) e superior (máximo) da quantidade esperada de atrasos por mês para determinado aluno i, com 95% de confiança:

$$u_{i_{min}} = e^{\left(-7,446 + 0,168.dist_i + 0,100.sem_i - 1,431.per_i\right)}$$

$$u_{i_{máx}} = e^{\left(-2,549 + 0,447.dist_i + 0,294.sem_i - 0,424.per_i\right)}$$

Fazendo uso da expressão (14.13), podemos elaborar a Tabela 14.14, que apresenta o intervalo de confiança da taxa mensal estimada de incidência de atrasos (***incidence rate ratio*** ou ***irr***) correspondente à alteração em cada parâmetro β_j ($j = 1, 2, ..., k$).

Estes valores também poderão ser obtidos por meio do Stata, do SPSS, do R e do Python, conforme mostraremos, respectivamente, nas seções 14.4, 14.5, 14.6 e 14.7.

Como podemos verificar, os intervalos de confiança dos parâmetros estimados não contêm o zero e, consequentemente, os das taxas esperadas de incidência não contêm o 1, o que já era de se esperar, dado que, conforme

Tabela 14.14 Cálculo dos intervalos de confiança da taxa de incidência u (*irr*) para cada parâmetro β_j.

Parâmetro	Taxa de incidência u (*irr*) e^{β_j}	Intervalo de confiança de u (95%) $e^{\beta_j - 1{,}96\left[s.e.\left(\beta_j\right)\right]}$	$e^{\beta_j + 1{,}96\left[s.e.\left(\beta_j\right)\right]}$
β_1 (variável *dist*)	1,360	1,182	1,564
β_2 (variável *sem*)	1,218	1,105	1,342
β_3 (variável *per*)	0,396	0,239	0,655

discutimos, $z_{cal} < -1,96$ ou $> 1,96$. Logo, os parâmetros estimados são estatisticamente diferentes de zero ao nível de confiança de 95%.

Partiremos agora para a estimação dos modelos de regressão para dados de contagem por meio dos softwares Stata, SPSS, R e Python.

14.4. ESTIMAÇÃO DE MODELOS DE REGRESSÃO PARA DADOS DE CONTAGEM NO SOFTWARE STATA

O objetivo desta seção não é o de discutir novamente todos os conceitos inerentes às estatísticas dos modelos de regressão Poisson e binomial negativo, porém propiciar ao pesquisador uma oportunidade de elaboração dos mesmos exemplos explorados ao longo do capítulo por meio do Stata Statistical Software®. A reprodução de suas imagens nesta seção tem autorização da StataCorp LP©.

14.4.1. Modelo de regressão Poisson no software Stata

Voltando ao exemplo desenvolvido na seção 14.2, lembremos que o nosso professor tem o interesse em avaliar se a distância percorrida, a quantidade de semáforos e o período do dia em que ocorre o percurso até a escola influenciam a quantidade de atrasos semanalmente. Já partiremos para o banco de dados final construído pelo professor por meio dos questionamentos elaborados ao seu grupo de 100 estudantes. O banco de dados encontra-se no arquivo **QuantAtrasosPoisson.dta** e é exatamente igual ao apresentado parcialmente por meio da Tabela 14.2.

Inicialmente, podemos digitar o comando **desc**, que faz com que seja possível analisarmos as características do banco de dados, como o número de observações, o número de variáveis e a descrição de cada uma delas. A Figura 14.17 apresenta este primeiro *output* do Stata.

```
. desc

  obs:           100
  vars:            5
  size:        2,500  (99.9% of memory free)
-----------------------------------------------------------------------
              storage   display    value
variable name   type    format     label      variable label
-----------------------------------------------------------------------
estudante      str11    %11s
atrasos        float    %9.0g                 quantas vezes chegou atrasado à escola na
                                              última semana?
dist           byte     %8.0g                 distância que percorre até a escola (km)
sem            byte     %8.0g                 quantidade de semáforos
per            float    %9.0g      per        período do dia
-----------------------------------------------------------------------
Sorted by:
```

Figura 14.17 Descrição do banco de dados **QuantAtrasosPoisson.dta**.

A variável dependente, que se refere à quantidade de atrasos (número de ocorrências) semanalmente ao se chegar à escola, é quantitativa, discreta e com valores não negativos. Dessa forma, o comando **tab**, que frequentemente é utilizado para se obter a distribuição de frequências de uma variável qualitativa, pode ser, neste caso, utilizado, dado que a variável dependente apresenta valores inteiros e com poucas possibilidades de resposta. A Figura 14.18 apresenta a distribuição de frequências para os dados de contagem da variável dependente *atrasos*.

O comando a seguir oferece uma possibilidade de visualização do histograma da variável dependente, apresentado na Figura 14.19. O termo **discrete** informa que a variável dependente apresenta apenas valores inteiros.

```
hist atrasos, discrete freq
```

Antes da elaboração de qualquer modelo de regressão para dados de contagem, é interessante que o pesquisador avalie se a média e a variância da variável dependente são iguais ou, ao menos, próximas. Isso dará uma ideia

```
. tab atrasos

   quantas |
     vezes |
    chegou |
 atrasado à |
  escola na |
    última |
  semana? |      Freq.     Percent        Cum.
-----------+-----------------------------------
        0 |         37       37.00       37.00
        1 |         35       35.00       72.00
        2 |         18       18.00       90.00
        3 |          8        8.00       98.00
        4 |          2        2.00      100.00
-----------+-----------------------------------
    Total |        100      100.00
```

Figura 14.18 Distribuição de frequências para os dados de contagem da variável *atrasos*.

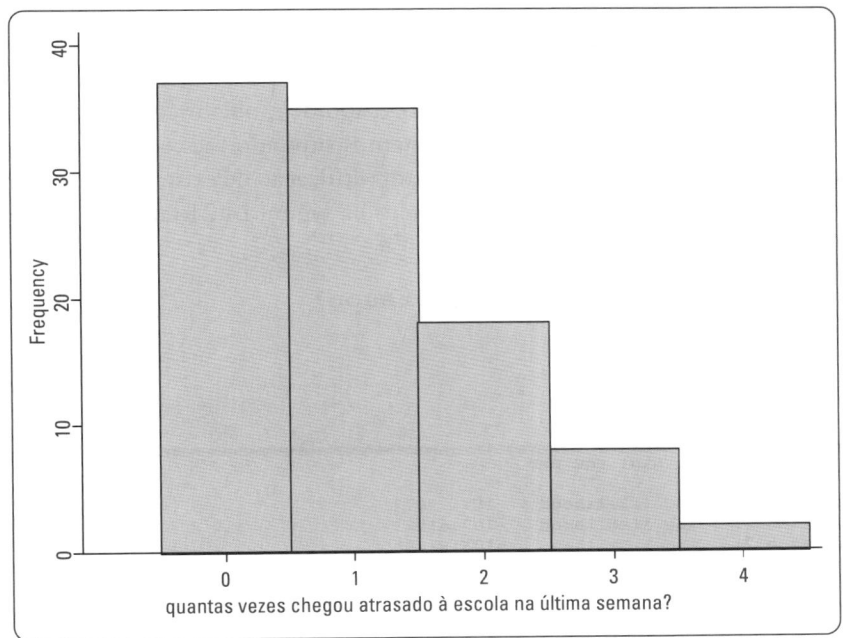

Figura 14.19 Histograma da variável dependente *atrasos*.

sobre a adequação da estimação do modelo de regressão Poisson, ou se será necessária a estimação de um modelo de regressão binomial negativo. A digitação do seguinte comando permitirá que este preliminar diagnóstico seja elaborado, cujos resultados encontram-se na Figura 14.20:

tabstat atrasos, stats(mean var)

Os *outputs* da Figura 14.20 correspondem aos apresentados na Tabela 14.3 da seção 14.2.1 e, por meio da análise da média e da variância, que são muito próximas, podemos, ainda que de forma preliminar, supor

```
. tabstat atrasos, stats(mean var)

   variable |       mean    variance
------------+--------------------
    atrasos |       1.03    1.059697
------------------------------------
```

Figura 14.20 Média e variância da variável dependente *atrasos*.

que a estimação de um modelo de regressão Poisson seja adequada neste caso. É importante ressaltar que, quando a variável dependente apresentar dados de contagem, a estimação de um modelo de regressão Poisson deverá sempre ser elaborada inicialmente, a fim de que, a partir da mesma, possa ser aplicado um teste para verificação de existência de superdispersão. Caso ocorra superdispersão nos dados, aí sim o pesquisador poderá recorrer à estimação de um modelo de regressão binomial negativo, em detrimento da estimação do modelo Poisson.

Vamos, então, à estimação do modelo de regressão Poisson. Para tanto, devemos digitar o seguinte comando:

```
poisson atrasos dist sem per
```

O comando **poisson** elabora um modelo de regressão Poisson estimado por máxima verossimilhança. Assim como para os modelos de regressão múltipla e de regressão logística binária e multinomial, se o pesquisador não informar o nível de confiança desejado para a definição dos intervalos dos parâmetros estimados, o padrão será de 95%. Entretanto, se o pesquisador desejar alterar o nível de confiança dos intervalos dos parâmetros para, por exemplo, 90%, deverá digitar o seguinte comando:

```
poisson atrasos dist sem per, level(90)
```

Iremos seguir com a análise mantendo o nível padrão de confiança dos intervalos dos parâmetros, que é de 95%. Os resultados encontram-se na Figura 14.21 e são exatamente iguais aos calculados na seção 14.2.

Como os modelos de regressão Poisson fazem parte do grupo de modelos conhecidos por **Modelos Lineares Generalizados** (*Generalized Linear Models*), e como estamos supondo, neste momento, que a variável dependente apresenta uma distribuição Poisson, já que o teste para verificação de existência de superdispersão nos dados ainda será elaborado, os resultados da estimação apresentados na Figura 14.21 também podem igualmente ser obtidos por meio da digitação do seguinte comando:

```
glm atrasos dist sem per, family(poisson)
```

```
. poisson atrasos dist sem per

Iteration 0:   log likelihood = -107.79072
Iteration 1:   log likelihood = -107.61523
Iteration 2:   log likelihood = -107.61498
Iteration 3:   log likelihood = -107.61498

Poisson regression                              Number of obs   =        100
                                                LR chi2(3)      =      51.01
                                                Prob > chi2     =     0.0000
Log likelihood = -107.61498                     Pseudo R2       =     0.1916

------------------------------------------------------------------------------
     atrasos |      Coef.   Std. Err.      z    P>|z|     [95% Conf. Interval]
-------------+----------------------------------------------------------------
        dist |   .2221224   .0658737     3.37   0.001     .0930122    .3512325
         sem |   .1646107   .0458251     3.59   0.000     .0747952    .2544262
         per |  -.5731352    .261911    -2.19   0.029    -1.086471   -.059799
       _cons |  -4.379926   1.160234    -3.78   0.000    -6.653943   -2.10591
------------------------------------------------------------------------------
```

Figura 14.21 *Outputs* do modelo de regressão Poisson no Stata.

Inicialmente, podemos verificar que os *outputs* mostram o resultado das interações para a obtenção do valor máximo do logaritmo da função de verossimilhança para o modelo completo, que é igual a –107,61498 e é exatamente igual ao valor calculado por meio do **Solver** do Excel (seção 14.2.1) e apresentado na Tabela 14.5 e na Figura 14.6. Caso o pesquisador queira obter o valor máximo do logaritmo da função de verossimilhança para o modelo nulo, deverá digitar o seguinte comando, cujos resultados encontram-se na Figura 14.22:

```
poisson atrasos
```

```
. poisson atrasos

Iteration 0:    log likelihood = -133.12228
Iteration 1:    log likelihood = -133.12228

Poisson regression                              Number of obs   =        100
                                                LR chi2(0)      =       0.00
                                                Prob > chi2     =          .
Log likelihood = -133.12228                     Pseudo R2       =     0.0000

------------------------------------------------------------------------------
     atrasos |      Coef.   Std. Err.      z    P>|z|     [95% Conf. Interval]
-------------+----------------------------------------------------------------
       _cons |   .0295588   .0985329     0.30   0.764    -.1635622    .2226798
------------------------------------------------------------------------------
```

Figura 14.22 *Outputs* do modelo de regressão Poisson nulo no Stata.

Logo, o valor máximo do logaritmo da função de verossimilhança para o modelo nulo é igual a –133,12228, que é exatamente igual ao valor também calculado pelo **Solver** do Excel e apresentado na Figura 14.8.

Assim, fazendo uso da expressão (14.10), temos que:

$$\chi^2_{3g.l.} = -2.\left[-133,12228 - \left(-107,61498\right)\right] = 51,01 \quad \text{com } valor\text{-}P \text{ (ou } Prob.\,\chi^2_{cal}) = 0,000.$$

Logo, com base no teste χ^2, podemos rejeitar a hipótese nula de que todos os parâmetros β_j (j = 1, 2, 3) sejam estatisticamente iguais a zero ao nível de significância de 5%, ou seja, pelo menos uma variável X é estatisticamente significante para explicar o número de atrasos que ocorre semanalmente ao se chegar à escola.

Embora o pseudo R^2 de McFadden, conforme discutido, apresente bastante limitação em relação à sua interpretação, o Stata o calcula, com base na expressão (14.9), exatamente como fizemos na seção 14.2.2.

$$pseudo\ R^2 = \frac{-2.\left(-133,12228\right) - \left[\left(-2.\left(-107,61498\right)\right)\right]}{-2.\left(-133,12228\right)} = 0,1916$$

Em relação à significância estatística dos parâmetros do modelo apresentado na Figura 14.21, como todos os valores de $z_{cal} < -1,96$ ou $> 1,96$, os *valores-P* das estatísticas z de Wald $< 0,05$ para todos os parâmetros estimados e, portanto, já chegamos ao modelo final de regressão Poisson, sem que haja a necessidade de uma eventual aplicação do procedimento *Stepwise*. Se este não tivesse sido o caso, seria recomendável a estimação do modelo final por meio do seguinte comando:

stepwise, pr(0.05): poisson atrasos dist sem per

ou do equivalente:

stepwise, pr(0.05): glm atrasos dist sem per, family(poisson)

que, para este nosso exemplo, geram exatamente os mesmos resultados apresentados na Figura 14.21.

Logo, a quantidade média estimada de atrasos por semana para determinado aluno i é dada por:

$$\lambda_i = e^{\left(-4,380+0,222.dist_i +0,165.sem_i -0,573.per_i\right)}$$

que, à exceção de pequenos arredondamentos, é exatamente o mesmo modelo estimado na seção 14.2. Além disso, também com base na Figura 14.21, as quantidades estimadas de atrasos por semana apresentam, com 95% de nível de confiança, expressões de mínimo e de máximo iguais a:

$$\lambda_{i_{mín}} = e^{\left(-6,654+0,093.dist_i +0,075.sem_i -1,086.per_i\right)}$$

$$\lambda_{i_{máx}} = e^{\left(-2,106+0,351.dist_i +0,254.sem_i -0,060.per_i\right)}$$

Após a estimação do modelo de regressão Poisson, precisamos elaborar o teste para verificação de existência de superdispersão nos dados. Para tanto, seguiremos o mesmo procedimento estudado na seção 14.2.4.

Inicialmente, devemos gerar uma variável correspondente aos valores previstos de ocorrência de atrasos semanais por aluno, que chamaremos de *lambda*. Esta variável deverá ser gerada exatamente após a estimação do modelo final, por meio da digitação do seguinte comando:

```
predict lambda
```

Na sequência, com base na expressão (14.14), reescrita a seguir, devemos criar uma nova variável no banco de dados, que chamaremos de *yasterisco*, de acordo como segue:

$$yasterisco_i = \frac{\left[\left(atrasos_i - lambda_i\right)^2 - atrasos_i\right]}{lambda_i}$$

```
gen yasterisco = ((atrasos-lambda)^2 - atrasos)/lambda
```

Por fim, devemos estimar o modelo auxiliar de regressão simples $\hat{yasterisco}_i = \beta.lambda_i$, de acordo com a expressão (14.15), por meio da digitação do seguinte comando:

```
reg yasterisco lambda, nocons
```

Os resultados desse procedimento encontram-se na Figura 14.23, e correspondem aos apresentados na Figura 14.10.

Cameron e Trivedi (1990) salientam que, se ocorrer o fenômeno da superdispersão nos dados, o parâmetro β estimado por meio do modelo de regressão auxiliar será estatisticamente diferente de zero, ao nível definido de significância de 5%. Como o *valor-P* do teste t correspondente ao parâmetro β da variável *lambda* é maior do que 0,05, podemos afirmar que os dados da variável dependente **não apresentam superdispersão**, fazendo com que o modelo de regressão Poisson estimado seja adequado pela **presença de equidispersão nos dados**. Seguiremos, portanto, com o modelo final de regressão Poisson estimado.

```
. predict lambda
(option n assumed; predicted number of events)

. gen yasterisco = ((atrasos-lambda)^2 - atrasos)/lambda

. reg yasterisco lambda, nocons

      Source |       SS       df       MS              Number of obs =     100
-------------+------------------------------           F(  1,    99) =    3.39
       Model |  15.0749658     1  15.0749658           Prob > F      =  0.0684
    Residual |  439.607992    99  4.44048476           R-squared     =  0.0332
-------------+------------------------------           Adj R-squared =  0.0234
       Total |  454.682957   100  4.54682957           Root MSE      =  2.1072


------------------------------------------------------------------------------
   yasterisco |      Coef.   Std. Err.      t    P>|t|     [95% Conf. Interval]
-------------+----------------------------------------------------------------
       lambda |  -.2917561    .158346    -1.84   0.068    -.6059489    .0224366
------------------------------------------------------------------------------
```

Figura 14.23 Resultado do teste para verificação de existência de superdispersão no Stata.

O comando **prcounts**, a ser digitado após a estimação do modelo final completo elaborado por meio do comando **poisson**, permite que sejam criadas variáveis correspondentes às probabilidades de ocorrência de cada uma das possibilidades de atraso (de 0 a 9 atrasos), para cada observação. Caso o comando **prcounts** não esteja instalado no Stata, o pesquisador deverá digitar **findit prcounts** e instalá-lo no pacote estatístico.

Vamos, então, digitar o seguinte comando:

```
prcounts prpoisson, plot
```

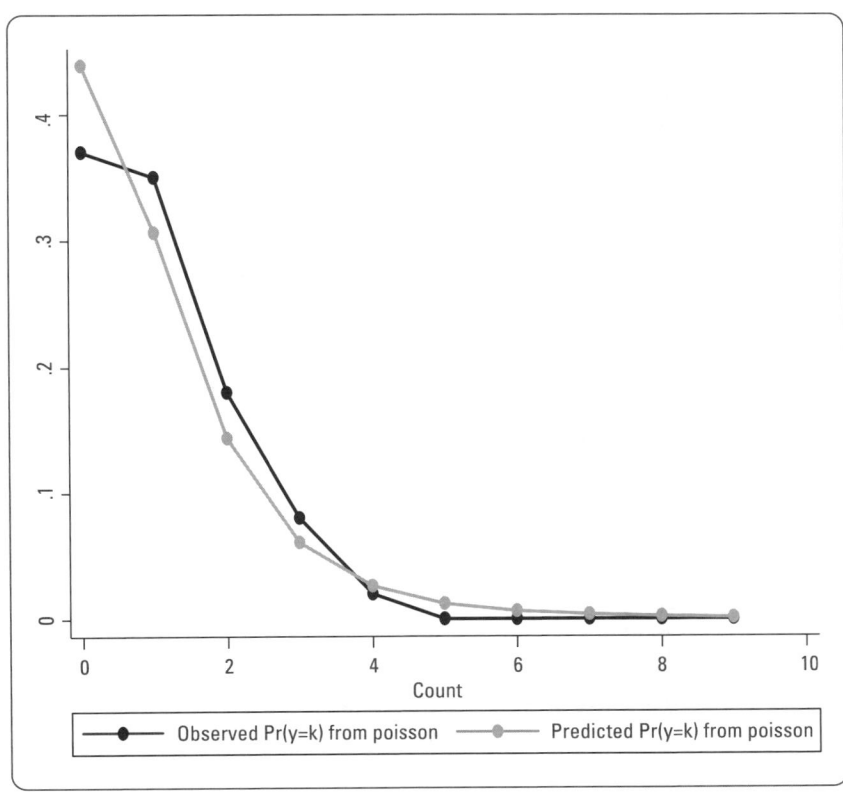

Figura 14.24 Distribuições de probabilidades observadas e previstas de ocorrência de 0 a 9 atrasos.

Além disso, são também geradas duas variáveis que correspondem, respectivamente, às probabilidades observadas e previstas de ocorrência de 0 a 9 atrasos para toda a amostra (*prpoissonobeq* e *prpoissonpreq*). Note que a variável *prpoissonobeq* apresenta, obviamente, a mesma distribuição de probabilidades apresentada na Figura 14.18. Por fim, a variável *prpoissonval* apresenta os próprios valores de 0 a 9 que serão relacionados com as probabilidades observadas e previstas. O comando a seguir permite que sejam comparadas, visualmente, as distribuições de probabilidades observadas e previstas de ocorrência de 0 a 9 atrasos:

```
graph twoway (scatter prpoissonobeq prpoissonpreq prpoissonval, connect (1 1))
```

O gráfico resultante encontra-se na Figura 14.24.

Dessa forma, para que seja verificada a qualidade do ajuste do modelo final estimado, de forma análoga ao teste de Hosmer-Lemeshow utilizado quando da estimação de modelos de regressão logística binária, podemos elaborar um teste χ^2 para comparar as duas curvas apresentadas na Figura 14.24. Assim, após a estimação do modelo final, devemos digitar:

```
poisgof
```

O resultado, que se encontra na Figura 14.25, indica a existência de qualidade do ajuste do modelo final de regressão Poisson, ou seja, não existem diferenças estatisticamente significantes entre os valores previstos e observados do número de atrasos que ocorrem semanalmente.

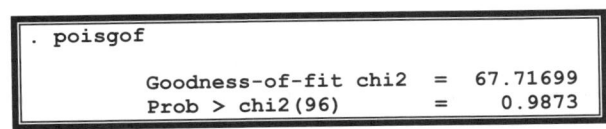

Figura 14.25 Verificação da qualidade do ajuste do modelo de regressão Poisson estimado.

Dessa forma, podemos retornar à primeira pergunta proposta ao final da seção 14.2.1:

Qual é a quantidade média esperada de atrasos na semana quando se desloca 12 quilômetros e se passa por 17 semáforos diariamente, sendo o trajeto feito à tarde?

O comando **mfx** permite que o pesquisador responda esta pergunta diretamente. Assim, devemos digitar o seguinte comando:

```
mfx, at(dist=12 sem=17 per=0)
```

Assim como já havíamos calculado manualmente na seção 14.2.2, espera-se, portanto, que determinado aluno que é submetido a estas características ao se deslocar para a escola apresente, em média, uma quantidade de 2,95 atrasos por semana (Figura 14.26).

```
. mfx, at(dist=12 sem=17 per=0)

Marginal effects after poisson
      y  = Predicted number of events (predict)
         =  2.9562577
------------------------------------------------------------------------
variable |      dy/dx    Std. Err.     z    P>|z|  [    95% C.I.   ]      X
---------+--------------------------------------------------------------
    dist |   .6566509     .21773     3.02   0.003   .229916 1.08339      12
     sem |   .4866317     .16407     2.97   0.003   .165058 .808205      17
    per* |  -1.289652     .63928    -2.02   0.044  -2.54262 -.036687      0
------------------------------------------------------------------------
(*) dy/dx is for discrete change of dummy variable from 0 to 1
```

Figura 14.26 Cálculo da quantidade esperada de atrasos semanais para valores das variáveis explicativas – comando **mfx**.

Caso haja a intenção de se obter diretamente as estimativas das taxas de incidência semanal de atrasos quando se altera em uma unidade determinada variável explicativa, mantidas as demais condições constantes, pode ser digitado o seguinte comando:

```
poisson atrasos dist sem per, irr
```

em que o termo **irr** significa *incidence rate ratio* e, para o nosso exemplo, oferece a taxa estimada de incidência de atrasos por semana correspondente à alteração em cada parâmetro β_j (j = 1, 2, 3). Os resultados, apresentados na Figura 14.27, também poderiam ser obtidos por meio do seguinte comando:

```
glm atrasos dist sem per, family(poisson) eform
```

em que o termo **eform** do comando **glm** equivale ao termo **irr** do comando **poisson**.

```
. poisson atrasos dist sem per, irr

Iteration 0:   log likelihood = -107.79072
Iteration 1:   log likelihood = -107.61523
Iteration 2:   log likelihood = -107.61498
Iteration 3:   log likelihood = -107.61498

Poisson regression                              Number of obs   =        100
                                                LR chi2(3)      =      51.01
                                                Prob > chi2     =     0.0000
Log likelihood = -107.61498                     Pseudo R2       =     0.1916

------------------------------------------------------------------------
  atrasos |       IRR   Std. Err.      z    P>|z|    [95% Conf. Interval]
----------+-------------------------------------------------------------
     dist |  1.248724   .0822581     3.37   0.001    1.097475   1.420818
      sem |  1.178934   .0540247     3.59   0.000    1.077663   1.289721
      per |  .5637552   .1476537    -2.19   0.029     .337405   .9419538
------------------------------------------------------------------------
```

Figura 14.27 *Outputs* do modelo de regressão Poisson – *incidence rate ratios*.

Sendo assim, podemos retornar às três últimas perguntas propostas ao final da seção 14.2.1:

Em média, em quanto se altera a taxa de incidência semanal de atrasos ao se adotar um percurso 1 quilômetro mais longo, mantidas as demais condições constantes?

Em média, em quanto se altera a taxa de incidência semanal de atrasos ao se passar por 1 semáforo a mais no percurso até a escola, mantidas as demais condições constantes?

Em média, em quanto se altera a taxa de incidência semanal de atrasos ao se optar por ir à escola de manhã, em vez de se ir à tarde, mantidas as demais condições constantes?

As respostas agora podem ser dadas de maneira direta, ou seja, enquanto a taxa de incidência semanal de atrasos ao se adotar um percurso 1 quilômetro mais longo é, em média e mantidas as demais condições constantes, multiplicada por um fator de 1,249 (24,9% maior), a taxa de incidência semanal de atrasos ao se adotar um percurso com 1 semáforo a mais é, em média e também mantidas as demais condições constantes, multiplicada por um fator de 1,179 (17,9% maior). Por fim, a taxa de incidência semanal de atrasos ao se optar por ir à escola de manhã, em vez de se ir à tarde, é, em média, multiplicada por um fator de 0,564 (43,6% menor), mantidas as demais condições constantes. Estes valores são exatamente os mesmos daqueles calculados manualmente ao final da seção 14.2.2.

Um pesquisador mais curioso pode inclusive elaborar um gráfico para estudar, por exemplo, o comportamento da evolução da quantidade semanal prevista de atrasos em função da distância que é percorrida até a escola. Para tanto, pode ser digitado o seguinte comando:

```
graph twoway scatter lambda dist || mspline lambda dist
```

Por meio do gráfico elaborado e apresentado na Figura 14.28 é possível claramente perceber que distâncias maiores percorridas para se chegar à escola levam a um aumento da quantidade esperada de atrasos por semana, com taxa média de incremento de 24,9% de atrasos a cada 1 quilômetro adicional.

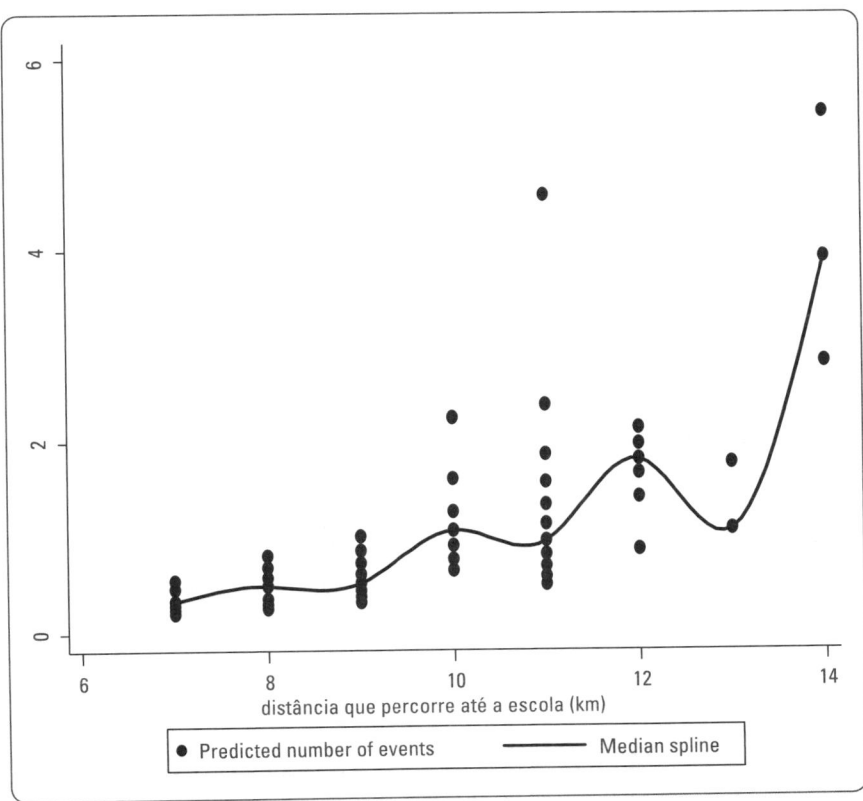

Figura 14.28 Quantidade esperada de atrasos por semana (*lambda*) × distância percorrida (*dist*).

Entretanto, caso se deseje elaborar o mesmo gráfico, porém estratificando os comportamentos de evolução da quantidade semanal prevista de atrasos para trajetos realizados de manhã ou à tarde, deve-se digitar o seguinte comando:

```
graph twoway scatter lambda dist if per==0 || scatter lambda dist
if per==1 || mspline lambda dist if per==0 || mspline lambda dist
if per==1 ||, legend(label(3 "tarde") label(4 "manhã"))
```

O novo gráfico gerado encontra-se na Figura 14.29.

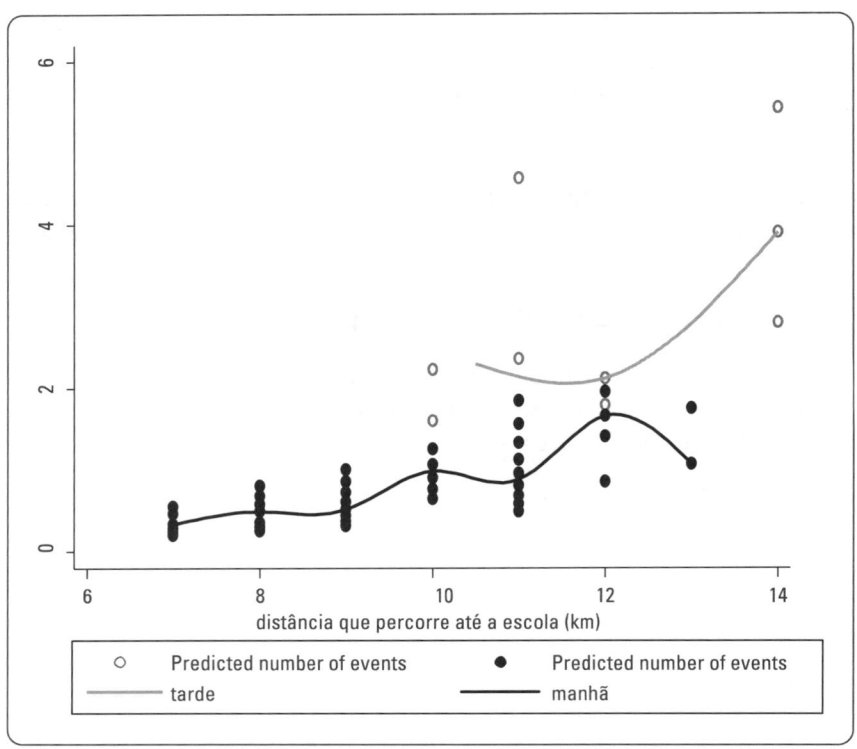

Figura 14.29 Quantidade esperada de atrasos por semana (*lambda*) x distância percorrida (*dist*) em diferentes períodos do dia (*per*).

Por meio deste gráfico é possível verificar que os trajetos para se chegar à escola realizados no período da tarde apresentam maiores distâncias, em média. Enquanto a quantidade esperada de atrasos por semana para os percursos realizados de manhã não apresenta média superior a 1 e não ultrapassa o valor de 2, a quantidade esperada de atrasos por semana para os percursos realizados à tarde e, portanto, que têm maiores distâncias, apresenta média em torno de 3, com valor mínimo ficando próximo de 2.

Por fim, podemos desejar comparar os resultados do modelo de regressão Poisson estimado por máxima verossimilhança com aqueles obtidos por um eventual modelo de regressão múltipla log-linear estimado pelo método de mínimos quadrados ordinários (*ordinary least squares*, ou *OLS*). Para tanto, vamos inicialmente gerar uma variável chamada de *lnatrasos*, que corresponde ao logaritmo natural da variável dependente *atrasos*, por meio do seguinte comando:

```
gen lnatrasos=ln(atrasos)
```

Na sequência, vamos estimar o modelo $\ln atrasos_i = \alpha + \beta_1.dist_i + \beta_2.sem_i + \beta_3.per_i$ por *OLS*, da seguinte forma:

```
quietly reg lnatrasos dist sem per
```

O termo **quietly** indica que os *outputs* não serão apresentados, porém os parâmetros serão estimados. A fim de obtermos os valores previstos da variável dependente por meio da estimação *OLS*, devemos digitar:

```
predict yhat
gen eyhat = exp(yhat)
```

em que a variável *eyhat* corresponde aos valores previstos, para cada observação, da quantidade de atrasos por semana para um modelo de regressão múltipla log-linear estimado por *OLS*.

O gráfico apresentado na Figura 14.30 oferece uma oportunidade de verificação, por meio de ajustes lineares, das diferenças dos valores previstos em função dos valores reais da variável dependente para cada uma das estimações elaboradas (modelo de regressão Poisson estimado por máxima verossimilhança e modelo de regressão múltipla log-linear estimado por *OLS*). O comando para elaboração deste gráfico é:

```
graph twoway lfit lambda atrasos || lfit eyhat atrasos ||,
legend(label(1 "Poisson") label(2 "OLS"))
```

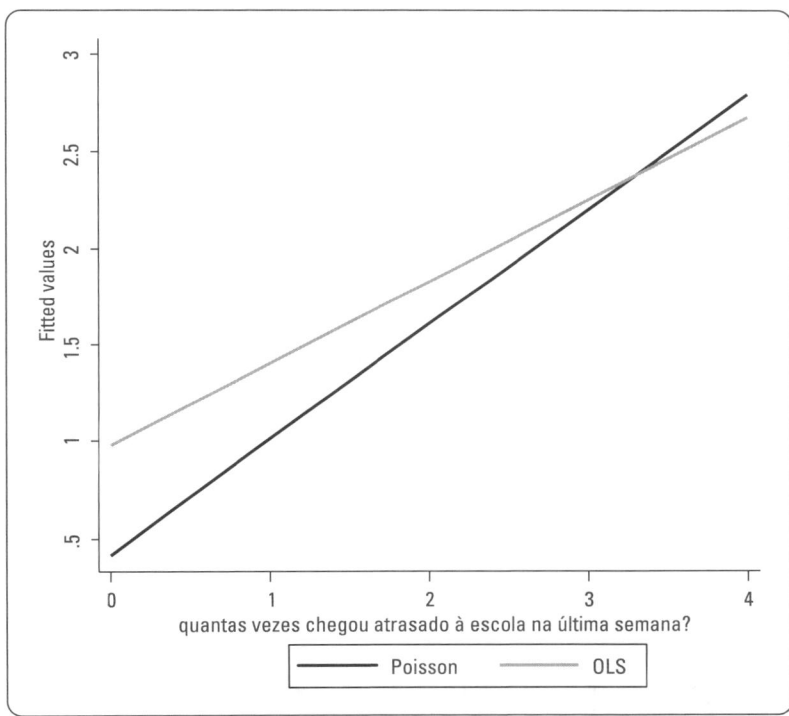

Figura 14.30 Valores previstos × valores observados para os modelos de regressão Poisson e de regressão múltipla log-linear (*OLS*).

O gráfico da Figura 14.30 nos mostra que o fato de determinada variável dependente ser quantitativa não é condição suficiente para que seja elaborado um modelo de regressão múltipla com estimação *OLS*, cujos parâmetros podem ser diferentes e viesados em relação àqueles obtidos por um modelo de regressão Poisson estimado por máxima verossimilhança. O pesquisador precisa investigar o comportamento da distribuição e a natureza da variável dependente de seu estudo, a fim de que seja estimado o modelo mais adequado e consistente para efeitos de diagnóstico da base de dados e para efeitos de previsão.

14.4.2. Modelo de regressão binomial negativo no software Stata

Voltando agora ao exemplo da seção 14.3, o professor passa a ter interesse em avaliar se a distância percorrida, a quantidade de semáforos e o período do dia em que se dá o trajeto até a escola são variáveis estatisticamente significantes para explicar a quantidade de atrasos por mês a que estão sujeitos os seus 100 alunos. O banco de dados encontra-se agora no arquivo **QuantAtrasosBNeg.dta** e é exatamente igual ao apresentado parcialmente por meio da Tabela 14.10.

Ao digitarmos o comando **desc**, podemos analisar as características do banco de dados, como o número de observações, o número de variáveis e a descrição de cada uma delas. A Figura 14.31 apresenta esta descrição.

Na sequência, seguindo a lógica apresentada na seção 14.4.1, vamos inicialmente analisar a distribuição da variável dependente neste novo exemplo, solicitando ao Stata que seja elaborada uma tabela com a distribuição de frequências e o correspondente histograma. Os comandos são:

```
tab atrasos
hist atrasos, discrete freq
```

```
. desc

  obs:          100
  vars:           5
  size:       2,500 (99.9% of memory free)
----------------------------------------------------------------------
              storage  display    value
variable name type     format     label     variable label
----------------------------------------------------------------------
estudante     str11    %11s
atrasos       float    %9.0g                 quantas vezes chegou atrasado à escola no
                                             último mês?
dist          byte     %8.0g                 distância que percorre até a escola (km)
sem           byte     %8.0g                 quantidade de semáforos
per           float    %9.0g      per        período do dia
----------------------------------------------------------------------
Sorted by:
```

Figura 14.31 Descrição do banco de dados **QuantAtrasosBNeg.dta**.

Enquanto a Figura 14.32 apresenta a tabela com a distribuição de frequências da variável dependente *atrasos*, a Figura 14.33 traz o histograma desta variável.

É importante verificar que a cauda mais longa deste histograma em comparação com aquele apresentado na Figura 14.19 é decorrente do fato de que, no presente estudo, a variável dependente contempla dados mensais de contagem, em vez de dados semanais. Esta cauda mais longa pode ser um primeiro indício de existência de superdispersão nos dados e, desta forma, faz-se necessário calcular a média e a variância desta variável dependente. Para tanto, devemos digitar o seguinte comando, cujos resultados encontram-se na Figura 14.34:

```
tabstat atrasos, stats(mean var)
```

```
. tab atrasos

  quantas |
    vezes |
   chegou |
atrasado à |
 escola no |
último mês? |   Freq.     Percent     Cum.
-----------+-------------------------------
        0 |     41       41.00      41.00
        1 |     20       20.00      61.00
        2 |     11       11.00      72.00
        3 |      7        7.00      79.00
        4 |      6        6.00      85.00
        5 |      7        7.00      92.00
        6 |      3        3.00      95.00
        7 |      2        2.00      97.00
        8 |      1        1.00      98.00
       10 |      2        2.00     100.00
-----------+-------------------------------
    Total |    100      100.00
```

Figura 14.32 Distribuição de frequências para os dados de contagem da variável *atrasos*.

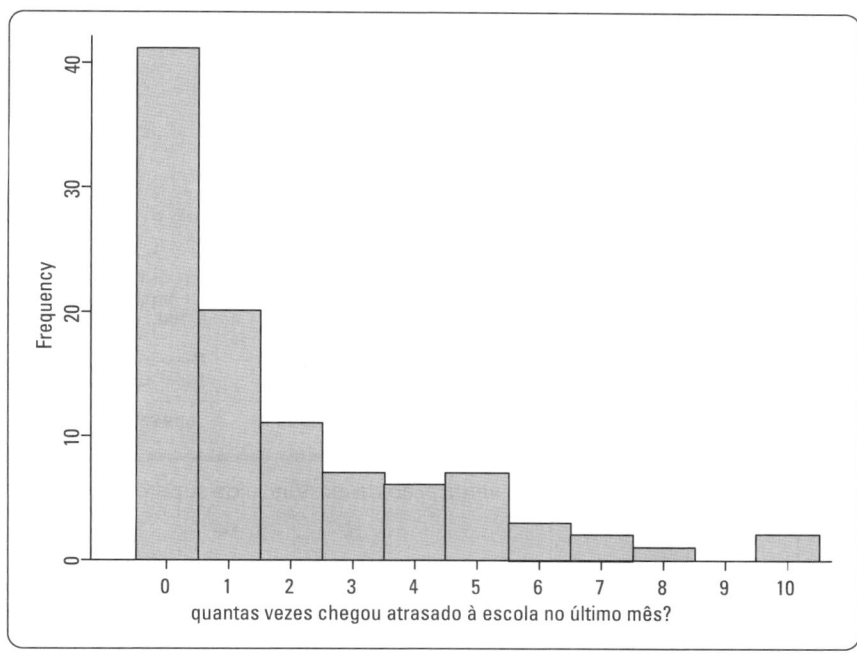

Figura 14.33 Histograma da variável dependente *atrasos*.

```
. tabstat atrasos, stats(mean var)

    variable |      mean  variance
-------------+--------------------
     atrasos |      1.82  5.421818
-------------------------------------
```

Figura 14.34 Média e variância da variável dependente *atrasos*.

Conforme podemos verificar, a variância da variável dependente é aproximadamente 3 vezes maior do que a sua média, o que faz com que surjam indícios de existência de superdispersão.

Recomenda-se que toda modelagem em que a variável dependente contém dados de contagem seja iniciada por meio da estimação de um modelo de regressão Poisson. Dessa forma, vamos digitar os seguintes comandos:

```
quietly poisson atrasos dist sem per
predict lambda
```

em que *lambda* é uma variável que corresponde aos valores previstos de ocorrência de atrasos mensalmente e é calculada com base na estimação do modelo de regressão Poisson.

Dessa forma, partiremos inicialmente para a aplicação do teste proposto por Cameron e Trivedi (1990) para verificação de existência de superdispersão nos dados da variável dependente, com base na expressão (14.14) e seguindo o procedimento já elaborado na seção 14.4.1. Assim, devemos digitar:

```
gen yasterisco = ((atrasos-lambda)^2 - atrasos)/lambda
reg yasterisco lambda, nocons
```

Os resultados deste procedimento encontram-se na Figura 14.35.

```
. quietly poisson atrasos dist sem per

. predict lambda
(option n assumed; predicted number of events)

. gen yasterisco = ((atrasos-lambda)^2 - atrasos)/lambda

. reg yasterisco lambda, nocons

      Source |       SS       df       MS              Number of obs =     100
-------------+------------------------------           F(  1,    99) =    4.57
       Model | 12.8608941        1  12.8608941         Prob > F      =  0.0349
    Residual | 278.374591       99  2.81186456         R-squared     =  0.0442
-------------+------------------------------           Adj R-squared =  0.0345
       Total | 291.235486      100  2.91235486         Root MSE      =  1.6769


-----------------------------------------------------------------------------
   yasterisco |    Coef.   Std. Err.      t    P>|t|     [95% Conf. Interval]
-------------+---------------------------------------------------------------
       lambda |  .1332397   .062301     2.14   0.035     .0096209    .2568584
-----------------------------------------------------------------------------
```

Figura 14.35 Resultado do teste para verificação de existência de superdispersão no Stata.

Como o parâmetro β da variável *lambda* estimado por meio do modelo de regressão auxiliar apresentado na Figura 14.35 é, ao nível de significância de 5%, estatisticamente diferente de zero, **podemos concluir que os dados da variável dependente apresentam superdispersão**, fazendo com que o modelo de regressão Poisson estimado não seja adequado. Mais adiante teremos mais uma comprovação deste fato ao estimarmos a própria expressão da variância da variável dependente.

O teste χ^2 para comparar as distribuições de probabilidades observadas e previstas de ocorrência de atrasos mensais também indica a inexistência de qualidade do ajuste do modelo de regressão Poisson, ou seja, existem diferenças estatisticamente significantes entre os valores previstos e observados do número de atrasos que ocorrem mensalmente. O comando para a realização deste teste, que deve ser digitado após a estimação elaborada por meio do comando **poisson**, é:

poisgof

O resultado deste teste χ^2 encontra-se na Figura 14.36.

```
. poisgof

        Goodness-of-fit chi2  =  145.2954
        Prob > chi2(96)       =    0.0009
```

Figura 14.36 Verificação da qualidade do ajuste do modelo de regressão Poisson estimado.

Portanto, partiremos para a estimação de um modelo de regressão binomial negativo. O comando para a estimação deste modelo, para este exemplo, é:

nbreg atrasos dist sem per

O comando **nbreg** elabora um modelo de regressão binomial negativo NB2 estimado por máxima verossimilhança (*negative binomial 2 regression model*), ou seja, considera uma especificação quadrática para a variância, conforme discutido quando da apresentação da expressão (14.27). Assim como para os modelos de regressão múltipla, de regressão logística binária e multinomial e de regressão Poisson, se o pesquisador não informar o nível de confiança desejado para a definição dos intervalos dos parâmetros estimados, o padrão será de 95%. Entretanto, se o pesquisador desejar alterar o nível de confiança dos intervalos dos parâmetros para, por exemplo, 90%, deverá digitar o seguinte comando:

nbreg atrasos dist sem per, level(90)

Seguiremos com a análise mantendo o nível padrão de confiança dos intervalos dos parâmetros, que é de 95%. Os resultados da estimação encontram-se na Figura 14.37 e são exatamente iguais aos calculados na seção 14.3.

Assim como os modelos de regressão Poisson, os modelos de regressão binomial negativo também fazem parte do grupo de modelos conhecidos por **Modelos Lineares Generalizados** (*Generalized Linear Models*), e como estamos supondo que a variável dependente apresenta uma distribuição Poisson-Gama pelo fato de apresentar superdispersão nos dados, os resultados da estimação apresentados na Figura 14.37 também podem igualmente ser obtidos por meio da digitação do seguinte comando:

```
glm atrasos dist sem per, family(nbinomial ml)
```

em que o termo **ml** significa *maximum likelihood*.

```
. nbreg atrasos dist sem per

Fitting Poisson model:

Iteration 0:    log likelihood = -160.97008
Iteration 1:    log likelihood = -154.89761
Iteration 2:    log likelihood = -154.89376
Iteration 3:    log likelihood = -154.89376

Fitting constant-only model:

Iteration 0:    log likelihood = -183.37156
Iteration 1:    log likelihood = -182.64329
Iteration 2:    log likelihood = -182.63662
Iteration 3:    log likelihood = -182.63662

Fitting full model:

Iteration 0:    log likelihood = -164.81888
Iteration 1:    log likelihood = -163.03629
Iteration 2:    log likelihood = -156.38042  (not concave)
Iteration 3:    log likelihood = -155.02033
Iteration 4:    log likelihood = -151.41164
Iteration 5:    log likelihood = -151.31538
Iteration 6:    log likelihood = -151.01444
Iteration 7:    log likelihood =  -151.0123
Iteration 8:    log likelihood =  -151.0123

Negative binomial regression            Number of obs    =         100
                                         LR chi2(3)       =       63.25
Dispersion     = mean                    Prob > chi2      =      0.0000
Log likelihood = -151.0123               Pseudo R2        =      0.1732

-------------------------------------------------------------------------
    atrasos |     Coef.    Std. Err.      z    P>|z|    [95% Conf. Interval]
------------+------------------------------------------------------------
       dist |   .3076544   .0712522    4.32   0.000    .1680026    .4473061
        sem |   .1973366   .0495291    3.98   0.000    .1002612    .2944119
        per |  -.9274356   .257023    -3.61   0.000   -1.431191   -.4236797
      _cons |  -4.997447   1.249431   -4.00   0.000   -7.446287   -2.548607
------------+------------------------------------------------------------
    /lnalpha |  -1.365232   .5276507                   -2.399408   -.3310552
------------+------------------------------------------------------------
       alpha |   .2553215   .1347206                    .0907717    .7181655
-------------------------------------------------------------------------
Likelihood-ratio test of alpha=0:  chibar2(01) =    7.76 Prob>=chibar2 = 0.003
```

Figura 14.37 *Outputs* do modelo de regressão binomial negativo no Stata.

Inicialmente, podemos verificar que o valor máximo do logaritmo da função de verossimilhança para o modelo completo é igual a −151,0123, que é exatamente igual ao valor calculado por meio do **Solver** do Excel (seção 14.3.1) e apresentado na Tabela 14.12 e na Figura 14.14. Caso o pesquisador deseje também obter o valor máximo do logaritmo da função de verossimilhança para o modelo nulo, deverá digitar o seguinte comando, cujos resultados encontram-se na Figura 14.38:

```
nbreg atrasos
```

```
. nbreg atrasos

Fitting Poisson model:

Iteration 0:    log likelihood = -223.36096
Iteration 1:    log likelihood = -223.36096

Fitting constant-only model:

Iteration 0:    log likelihood = -183.37156
Iteration 1:    log likelihood = -182.64329
Iteration 2:    log likelihood = -182.63662
Iteration 3:    log likelihood = -182.63662

Fitting full model:

Iteration 0:    log likelihood = -182.63662
Iteration 1:    log likelihood = -182.63662

Negative binomial regression              Number of obs   =        100
                                          LR chi2(0)      =       0.00
Dispersion     = mean                     Prob > chi2     =          .
Log likelihood = -182.63662               Pseudo R2       =     0.0000

------------------------------------------------------------------------
     atrasos |    Coef.   Std. Err.     z    P>|z|   [95% Conf. Interval]
-------------+----------------------------------------------------------
       _cons |  .5988365  .137895    4.34  0.000    .3285673   .8691057
-------------+----------------------------------------------------------
     /lnalpha |  .3016238  .2430113                 -.1746697   .7779172
-------------+----------------------------------------------------------
       alpha | 1.352052   .3285641                   .8397343  2.176933
------------------------------------------------------------------------
Likelihood-ratio test of alpha=0:   chibar2(01) =    81.45 Prob>=chibar2 = 0.000
```

Figura 14.38 *Outputs* do modelo de regressão binomial negativo nulo no Stata.

Logo, o valor máximo do logaritmo da função de verossimilhança para o modelo nulo é igual a –182,63662, que é exatamente igual ao valor também calculado pelo **Solver** do Excel e apresentado na Figura 14.16.

Assim, fazendo uso da expressão (14.10), temos que:

$$\chi^2_{3g.l.} = -2.\left[-182,63662 - \left(-151,01230\right)\right] = 63,25 \quad \text{com } valor\text{-}P \text{ (ou } Prob.\ \chi^2 cal) = 0,000.$$

Logo, com base no teste χ^2, podemos rejeitar a hipótese nula de que todos os parâmetros β_j (j = 1, 2, 3) sejam estatisticamente iguais a zero ao nível de significância de 5%, ou seja, pelo menos uma variável X é estatisticamente significante para explicar o número de atrasos que ocorre mensalmente ao se chegar à escola.

Também podemos calcular o pseudo R^2 de McFadden, como fizemos na seção 14.4.1, sempre lembrando, porém, que sua utilidade é bastante limitada e restringe-se à comparação de dois ou mais modelos de mesma classe, ou seja, não pode ser utilizado para se comparar, por exemplo, um modelo Poisson com um modelo binomial negativo. Assim, com base na expressão (14.9), temos que:

$$pseudo\ R^2 = \frac{-2.\left(-182,63662\right) - \left[\left(-2.\left(-151,01230\right)\right)\right]}{-2.\left(-182,63662\right)} = 0,1732$$

Em relação à significância estatística dos parâmetros do modelo apresentado na Figura 14.37, como todos os valores de $z_{cal} < -1,96$ ou $> 1,96$, os *valores-P* das estatísticas z de Wald $< 0,05$ para todos os parâmetros estimados e, portanto, já chegamos ao modelo final de regressão binomial negativo, sem que haja necessidade de uma eventual aplicação do procedimento *Stepwise*. Se este não tivesse sido o caso, seria recomendável a estimação do modelo final por meio de um dos seguintes comandos:

```
stepwise, pr(0.05): nbreg atrasos dist sem per
stepwise, pr(0.05): glm atrasos dist sem per, family(nbinomial ml)
```

que, para este nosso exemplo, geram exatamente os mesmos resultados apresentados na Figura 14.37.

Após a estimação do modelo final de regressão binomial negativo, podemos gerar uma variável correspondente aos valores previstos de ocorrência de atrasos mensais por aluno, que chamaremos de u. Esta variável deverá ser gerada exatamente após a estimação do modelo final, por meio da digitação do seguinte comando:

```
predict u
```

A expressão da quantidade média estimada de atrasos por mês para um determinado aluno i será dada, portanto, por:

$$u_i = e^{\left(-4,997+0,308.dist_i +0,197.sem_i -0,927.per_i\right)}$$

que, à exceção de pequenos arredondamentos, é exatamente o mesmo modelo estimado na seção 14.3. Além disso, também com base na Figura 14.37, as quantidades estimadas de atrasos por mês apresentam, com 95% de nível de confiança, expressões de mínimo e de máximo iguais a:

$$u_{i_{\min}} = e^{\left(-7,446+0,168.dist_i +0,100.sem_i -1,431.per_i\right)}$$

$$u_{i_{\max}} = e^{\left(-2,549+0,447.dist_i +0,294.sem_i -0,424.per_i\right)}$$

Além disso, a parte inferior da Figura 14.37 apresenta o *output* correspondente à estimação de ϕ, que é o inverso do parâmetro de forma ψ da distribuição binomial negativa e que o Stata chama de *alpha*. Conforme podemos observar, o intervalo de confiança para ϕ (*alpha*) não contém o zero, ou seja, para o nível de confiança de 95%, podemos afirmar que ϕ é estatisticamente diferente de zero e com valor estimado igual a 0,255, conforme já calculado na seção 14.3.1 por meio do **Solver** do Excel (Figura 14.14). Os *outputs* da Figura 14.37 ainda apresentam o teste de razão de verossimilhança para o parâmetro ϕ (*alpha*), de onde se pode concluir que a hipótese nula de que este parâmetro seja estatisticamente igual a zero pode ser rejeitada ao nível de significância de 5% (*Sig.* $\chi^2 = 0,003 < 0,05$). **Isso comprova a existência de superdispersão nos dados**, ficando a variância da variável dependente, de acordo com a expressão (14.27), com a seguinte especificação:

$$Var\left(Y\right) = u + 0,255 \cdot u^2$$

O comando **glm** apresenta diretamente esta expressão de variância em seus *outputs*, conforme mostra a Figura 14.39, que equivale à Figura 14.37.

```
glm atrasos dist sem per, family(nbinomial ml)
```

```
. glm atrasos dist sem per, family(nbinomial ml)

Iteration 0:   log likelihood = -151.49946
Iteration 1:   log likelihood = -151.01314
Iteration 2:   log likelihood =  -151.0123
Iteration 3:   log likelihood =  -151.0123

Generalized linear models                      No. of obs      =         100
Optimization     : ML                          Residual df     =          96
                                               Scale parameter =           1
Deviance         =  105.0249438                (1/df) Deviance =     1.09401
Pearson          =  104.7027564                (1/df) Pearson  =    1.090654

Variance function: V(u) = u+(.2553)u^2         [Neg. Binomial]
Link function    : g(u) = ln(u)                [Log]

                                               AIC             =    3.100246
Log likelihood   = -151.0122975                BIC             =   -337.0714

------------------------------------------------------------------------------
             |                 OIM
     atrasos |      Coef.   Std. Err.      z    P>|z|     [95% Conf. Interval]
-------------+----------------------------------------------------------------
        dist |   .3076544   .0680481     4.52   0.000     .1742826    .4410261
         sem |   .1973366   .0481042     4.10   0.000     .103054     .2916191
         per |  -.9274356   .2568699    -3.61   0.000    -1.430891    -.42398
       _cons |  -4.997447    1.17835    -4.24   0.000    -7.306971   -2.687923
------------------------------------------------------------------------------
```

Figura 14.39 *Outputs* do modelo de regressão binomial negativo no Stata – comando **glm**.

Se um pesquisador mais curioso estimar um modelo de regressão binomial negativo no banco de dados utilizado na seção 14.4.1 (**QuantAtrasosPoisson.dta**), verificará que ϕ (*alpha*) será estatisticamente igual a zero, o que já era de se esperar, visto que o teste para verificação de existência de superdispersão não rejeitou a hipótese nula de equidispersão para aquele caso (Figura 14.23). Em outras palavras, a estimação de um modelo de regressão Poisson para aquele banco de dados foi adequada, fato que não acontece neste nosso exemplo atual.

Dessa forma, como $\phi \neq 0$, faz sentido continuarmos com a análise dos resultados obtidos pela estimação do modelo de regressão binomial negativo e, portanto, retornaremos à primeira pergunta proposta ao final da seção 14.3.1 e respondida na seção 14.3.2:

Qual é a quantidade média esperada de atrasos no mês quando se desloca 12 quilômetros e se passa por 17 semáforos diariamente, sendo o trajeto feito à tarde?

Para responder a esta pergunta, vamos novamente utilizar o comando **mfx**, digitando o seguinte:

```
mfx, at(dist=12 sem=17 per=0)
```

Com base na Figura 14.40, e conforme já calculado manualmente na seção 14.3.2, espera-se, portanto, que determinado aluno que é submetido a estas características ao se deslocar à escola apresente, em média, uma quantidade de 7,76 atrasos por mês.

```
. mfx, at(dist=12 sem=17 per=0)

Marginal effects after nbreg
      y  = Predicted number of events (predict)
         =  7.7611249
------------------------------------------------------------------------------
variable |      dy/dx    Std. Err.     z    P>|z|  [    95% C.I.   ]      X
---------+--------------------------------------------------------------------
    dist |   2.387744     .79926     2.99   0.003   .821228  3.95426      12
     sem |   1.531554     .54557     2.81   0.005   .462264  2.60084      17
    per* |  -4.691082    1.65951    -2.83   0.005  -7.94366  -1.4385       0
------------------------------------------------------------------------------
(*) dy/dx is for discrete change of dummy variable from 0 to 1
```

Figura 14.40 Cálculo da quantidade esperada de atrasos mensais
para valores das variáveis explicativas – comando **mfx**.

Analogamente ao elaborado para os modelos de regressão Poisson, podemos também aqui obter diretamente as estimativas das taxas de incidência mensal de atrasos quando se altera em uma unidade determinada variável explicativa, mantidas as demais condições constantes. Dessa forma, para o nosso modelo de regressão binomial negativo, podemos digitar:

```
nbreg atrasos dist sem per, irr
```

Os resultados apresentados na Figura 14.41 também poderiam ser obtidos por meio do seguinte comando:

```
glm atrasos dist sem per, family(nbinomial ml) eform
```

em que, neste caso, o termo **eform** do comando **glm** equivale ao termo **irr** do comando **nbreg**.

Desta maneira, podemos retornar às três últimas perguntas propostas ao final da seção 14.3.1:

Em média, em quanto se altera a taxa de incidência mensal de atrasos ao se adotar um percurso 1 quilômetro mais longo, mantidas as demais condições constantes?

Em média, em quanto se altera a taxa de incidência mensal de atrasos ao se passar por 1 semáforo a mais no percurso até a escola, mantidas as demais condições constantes?

Em média, em quanto se altera a taxa de incidência mensal de atrasos ao se optar por ir à escola de manhã, em vez de se ir à tarde, mantidas as demais condições constantes?

As respostas agora podem ser dadas de maneira direta, ou seja, enquanto a taxa de incidência mensal de atrasos ao se adotar um percurso 1 quilômetro mais longo é, em média e mantidas as demais condições constantes, multiplicada por um fator de 1,360 (36,0% maior), a taxa de incidência mensal de atrasos ao se adotar um

```
. nbreg atrasos dist sem per, irr

Fitting Poisson model:

Iteration 0:    log likelihood = -160.97008
Iteration 1:    log likelihood = -154.89761
Iteration 2:    log likelihood = -154.89376
Iteration 3:    log likelihood = -154.89376

Fitting constant-only model:

Iteration 0:    log likelihood = -183.37156
Iteration 1:    log likelihood = -182.64329
Iteration 2:    log likelihood = -182.63662
Iteration 3:    log likelihood = -182.63662

Fitting full model:

Iteration 0:    log likelihood = -164.81888
Iteration 1:    log likelihood = -163.03629
Iteration 2:    log likelihood = -156.38042  (not concave)
Iteration 3:    log likelihood = -155.02033
Iteration 4:    log likelihood = -151.41164
Iteration 5:    log likelihood = -151.31538
Iteration 6:    log likelihood = -151.01444
Iteration 7:    log likelihood =  -151.0123
Iteration 8:    log likelihood =  -151.0123

Negative binomial regression              Number of obs   =         100
                                          LR chi2(3)      =       63.25
Dispersion      = mean                    Prob > chi2     =      0.0000
Log likelihood = -151.0123                Pseudo R2       =      0.1732

------------------------------------------------------------------------
    atrasos |       IRR   Std. Err.      z    P>|z|     [95% Conf. Interval]
------------+-----------------------------------------------------------
       dist |  1.360231   .0969194     4.32   0.000     1.18294    1.564093
        sem |  1.218154   .0603341     3.98   0.000     1.10546    1.342337
        per |  .3955668   .1016698    -3.61   0.000     .239024    .6546335
------------+-----------------------------------------------------------
    /lnalpha | -1.365232   .5276507                    -2.399408   -.3310552
------------+-----------------------------------------------------------
      alpha |  .2553215   .1347206                      .0907717    .7181655
------------------------------------------------------------------------
Likelihood-ratio test of alpha=0:   chibar2(01) =     7.76 Prob>=chibar2 = 0.003
```

Figura 14.41 *Outputs* do modelo de regressão binomial negativo – *incidence rate ratios*.

percurso com 1 semáforo a mais é, em média e também mantidas as demais condições constantes, multiplicada por um fator de 1,218 (21,8% maior). Por fim, a taxa de incidência mensal de atrasos ao se optar por ir à escola de manhã, em vez de se ir à tarde, é, em média, multiplicada por um fator de 0,396 (60,4% menor), mantidas as demais condições constantes. Estes valores são exatamente os mesmos daqueles calculados manualmente ao final da seção 14.3.2.

Imagine, portanto, que tenhamos o interesse de, por exemplo, visualizar, por meio de um gráfico, o comportamento da evolução da quantidade mensal prevista de atrasos em função da quantidade existente de semáforos no percurso até a escola, porém separando os trajetos realizados de manhã ou à tarde. Para tanto, podemos digitar o seguinte comando:

```
graph twoway scatter u sem if per==0 || scatter u sem if per==1
|| mspline u sem if per==0 || mspline u sem if per==1 ||,
legend(label(3 "tarde") label(4 "manhã"))
```

O gráfico gerado encontra-se na Figura 14.42.

Por meio deste gráfico é possível verificar que os trajetos para se chegar à escola realizados no período da tarde possuem quantidades maiores de semáforos, em média, provavelmente porque os estudantes que se deslocam até a escola no período vespertino partem de locais mais distantes. Enquanto a quantidade esperada de atrasos por mês para os percursos realizados de manhã não apresenta média superior a 1,5 e não ultrapassa o valor de 4, a quantidade esperada de atrasos por mês para os percursos realizados à tarde e, portanto, que apresentam maiores quantidades de semáforos, apresenta média em torno de 8, com valor mínimo ficando próximo de 4.

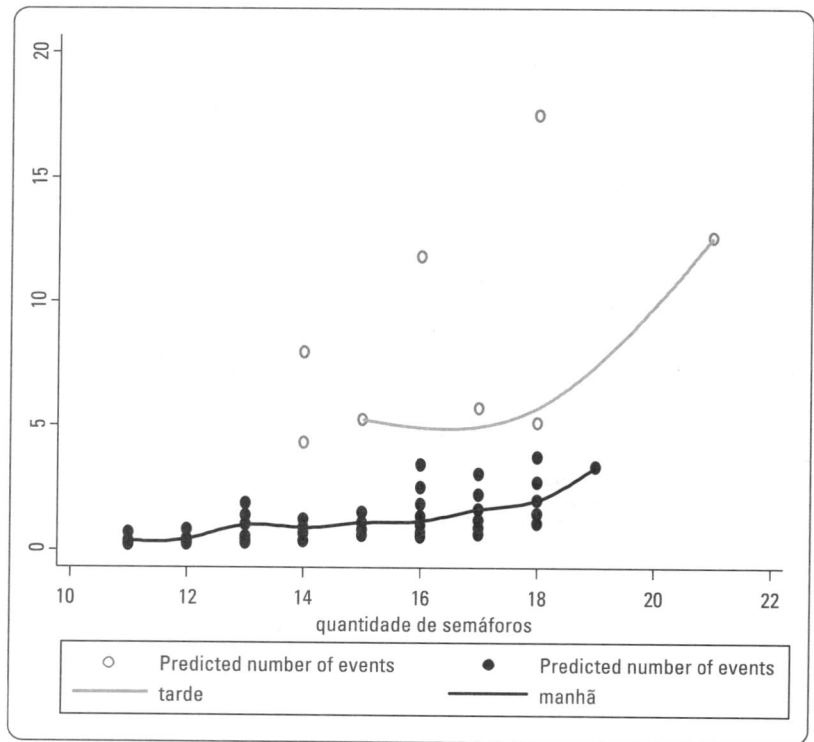

Figura 14.42 Quantidade esperada de atrasos por mês (*u*) × quantidade de semáforos (*sem*) em diferentes períodos do dia (*per*).

De maneira global, é possível claramente perceber que percursos com uma quantidade maior de semáforos levam a um aumento da quantidade esperada de atrasos por mês, com taxa média de incremento de 21,8% de atrasos a cada 1 semáforo adicional.

Por fim, vamos comparar as estimações dos modelos de regressão Poisson e binomial negativo elaboradas para este nosso exemplo. Primeiramente, a fim de que possamos comparar as distribuições de probabilidades observadas e previstas de ocorrência de atrasos mensais para estas duas estimações, devemos digitar a seguinte sequência de comandos, que gerará o gráfico da Figura 14.43:

```
quietly poisson atrasos dist sem per
prcounts prpoisson, plot
quietly nbreg atrasos dist sem per
prcounts prbneg, plot
graph twoway (scatter prbnegobeq prbnegpreq prpoissonpreq
prbnegval, connect (1 1 1))
```

Por meio da análise deste gráfico, podemos verificar que a distribuição estimada (prevista) de probabilidades do modelo binomial negativo se ajusta melhor à distribuição observada (pontos mais próximos) do que a distribuição estimada de probabilidades do modelo Poisson.

Este fato também pode ser verificado quando se aplica o comando **countfit**, que oferece os valores destas probabilidades previstas para cada contagem da variável dependente. Assim, podemos digitar a seguinte sequência de comandos:

```
countfit atrasos dist sem per, prm nograph noestimates nofit
countfit atrasos dist sem per, nbreg nograph noestimates nofit
```

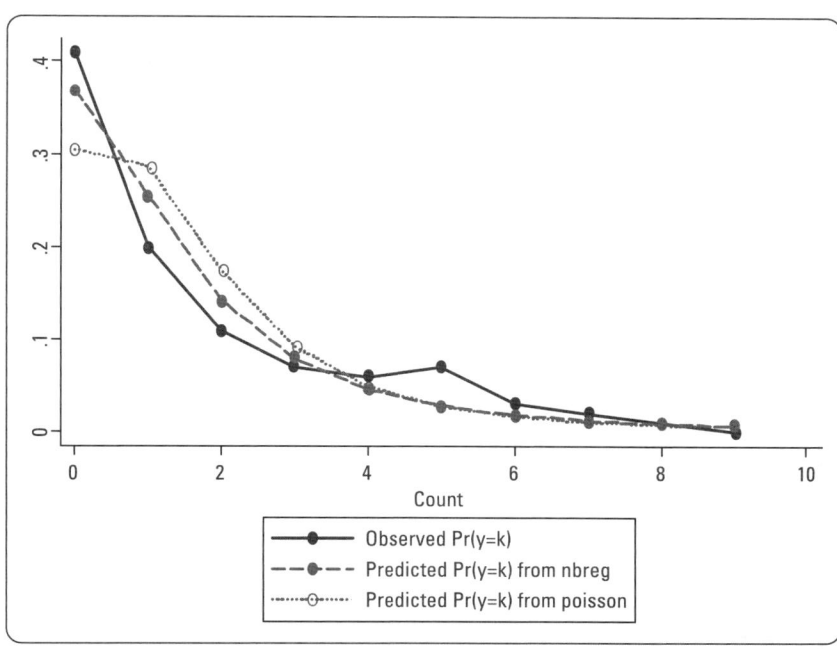

Figura 14.43 Distribuições de probabilidades observadas e previstas de ocorrência de atrasos mensais para os modelos de regressão Poisson e binomial negativo.

em que o termo **prm** refere-se ao modelo Poisson e o termo **nbreg**, ao modelo binomial negativo (NB2). Os *outputs* encontram-se na Figura 14.44.

As colunas **Actual** e **Predicted** dos *outputs* da Figura 14.44 referem-se, respectivamente, às probabilidades observadas e previstas para cada um dos modelos estimados e, por meio delas, também poderia ter sido obtido o gráfico da Figura 14.43.

Podemos verificar que o ajuste do modelo de regressão binomial negativo é melhor do que o ajuste do modelo de regressão Poisson. Isso pode inicialmente já ser percebido pela análise da diferença máxima entre as probabilidades observadas e previstas que, enquanto para o modelo Poisson, é de 0,105, para o modelo binomial negativo é, em módulo, igual a 0,056. Além disso, a média destas diferenças é de 0,036 para o modelo Poisson e de 0,022 para o modelo binomial negativo. Enquanto os valores da coluna |**Diff**| correspondem a estas diferenças em módulo para cada contagem da variável dependente (de 0 a 9), os valores da coluna **Pearson**, segundo Cameron e Trivedi (2009), representam um bom indicador do ajuste do modelo e são calculados com base na seguinte expressão:

$$\text{Pearson} = N.\frac{\left(\text{Diff}\right)^{2}}{\text{Predicted}}$$

(14.31)

em que N é o tamanho da amostra. Conforme também podemos verificar por meio da análise destes mesmos *outputs* (Figura 14.44), o valor total de **Pearson** é mais baixo para o modelo de regressão binomial negativo, indicando o seu melhor ajuste em relação ao modelo de regressão Poisson.

Além disso, podemos elaborar um gráfico que relaciona as quantidades previstas com as quantidades observadas de atrasos mensais para cada observação da amostra, para os modelos de regressão Poisson e binomial negativo estimados para o banco de dados deste exemplo. É importante lembrarmos que, enquanto a variável *u* corresponde aos valores previstos de ocorrência de atrasos mensais por aluno obtidos pelo modelo binomial negativo, a variável *lambda* corresponde a estes valores previstos pelo modelo Poisson. Assim, devemos digitar o seguinte comando, a fim de que seja gerado o gráfico da Figura 14.45:

```
graph twoway mspline u atrasos || mspline lambda atrasos ||,
legend(label(1 "Binomial Negativo") label(2 "Poisson"))
```

```
. countfit atrasos dist sem per, prm nograph noestimates nofit
Comparison of Mean Observed and Predicted Count

              Maximum       At        Mean
Model         Difference    Value     |Diff|
-------------------------------------------------
PRM           0.105         0         0.036

PRM: Predicted and actual probabilities

Count   Actual    Predicted    |Diff|    Pearson
-------------------------------------------------
0       0.410     0.305        0.105     3.632
1       0.200     0.287        0.087     2.651
2       0.110     0.175        0.065     2.410
3       0.070     0.093        0.023     0.564
4       0.060     0.049        0.011     0.242
5       0.070     0.028        0.042     6.516
6       0.030     0.017        0.013     1.028
7       0.020     0.011        0.009     0.706
8       0.010     0.008        0.002     0.054
9       0.000     0.006        0.006     0.604
-------------------------------------------------
Sum     0.980     0.979        0.364     18.408

. countfit atrasos dist sem per, nbreg nograph noestimates nofit
Comparison of Mean Observed and Predicted Count

              Maximum       At        Mean
Model         Difference    Value     |Diff|
-------------------------------------------------
NBRM          -0.056        1         0.022

NBRM: Predicted and actual probabilities

Count   Actual    Predicted    |Diff|    Pearson
-------------------------------------------------
0       0.410     0.369        0.041     0.451
1       0.200     0.256        0.056     1.234
2       0.110     0.143        0.033     0.756
3       0.070     0.079        0.009     0.105
4       0.060     0.046        0.014     0.426
5       0.070     0.028        0.042     6.085
6       0.030     0.019        0.011     0.704
7       0.020     0.013        0.007     0.416
8       0.010     0.009        0.001     0.009
9       0.000     0.007        0.007     0.671
-------------------------------------------------
Sum     0.980     0.969        0.221     10.858
```

Figura 14.44 Probabilidades observadas e previstas para cada contagem da variável dependente e respectivos termos de erro.

Esta figura mostra que a variância da quantidade prevista de atrasos mensais é bem superior para o caso do modelo de regressão binomial negativo, cuja estimação consegue capturar a existência de superdispersão nos dados. Para o exemplo utilizado na seção 14.4.1, caso tivéssemos elaborado este mesmo gráfico, resultante das estimações do modelo de regressão Poisson e do modelo de regressão binomial negativo, as duas curvas seriam exatamente iguais (superpostas), o que demonstra, mais uma vez, que a estimação do modelo de regressão Poisson, naquele caso, foi adequada, ao contrário da presente situação, em que prevalece a estimação do modelo de regressão binomial negativo.

Por fim, assim como fizemos ao final da seção 14.4.1, podemos desejar comparar os resultados do modelo de regressão binomial negativo estimado por máxima verossimilhança com os resultados obtidos por outras estimações como, no caso, aqueles obtidos pelo modelo de regressão Poisson também estimado por máxima verossimilhança e os obtidos por um eventual modelo de regressão múltipla log-linear estimado por mínimos quadrados ordinários (*ordinary least squares*, ou *OLS*). Para tanto, vamos inicialmente gerar uma variável chamada de *lnatrasos*, que corresponde ao logaritmo natural da variável dependente *atrasos*, por meio da digitação do seguinte comando:

```
gen lnatrasos=ln(atrasos)
```

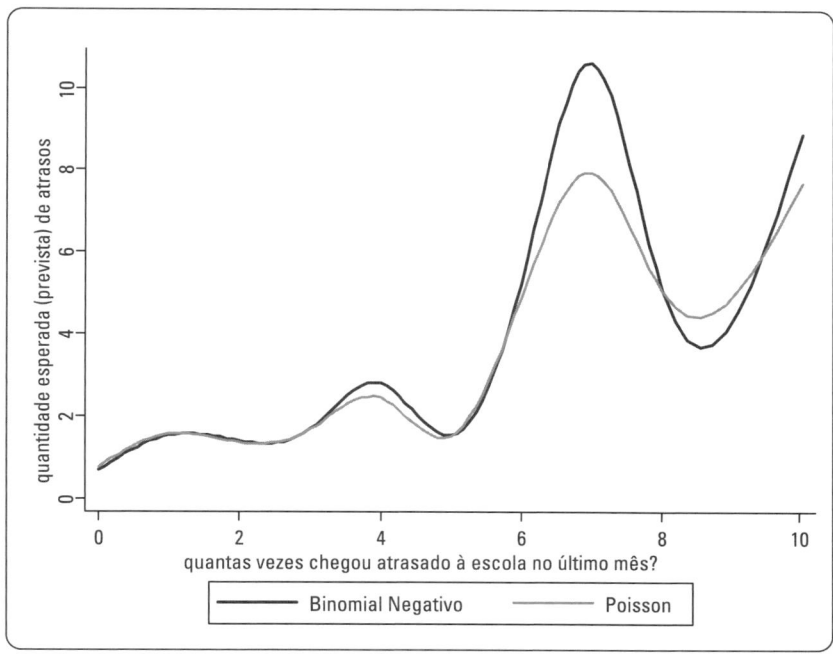

Figura 14.45 Quantidade prevista x quantidade real de atrasos mensais para os modelos binomial negativo e Poisson.

Na sequência, vamos estimar o modelo $\ln atrasos_i = \alpha + \beta_1.dist_i + \beta_2.sem_i + \beta_3.per_i$ por *OLS*, gerando no banco de dados uma variável correspondente aos valores previstos, para cada observação, da quantidade de atrasos mensais (variável *eyhat*), por meio da digitação da seguinte sequência de comandos:

```
quietly reg lnatrasos dist sem per
predict yhat
gen eyhat = exp(yhat)
```

O gráfico apresentado na Figura 14.46 oferece uma oportunidade de verificação, por meio de ajustes lineares, das diferenças dos valores previstos em função dos valores reais da variável dependente entre as estimações elaboradas (modelos de regressão binomial negativo e Poisson estimados por máxima verossimilhança e modelo de regressão múltipla log-linear estimado por *OLS*). O comando para elaboração deste gráfico é:

```
 graph twoway lfit u atrasos || lfit lambda atrasos ||
lfit eyhat atrasos ||, legend(label(1 "Binomial Negativo")
label(2 "Poisson") label(3 "OLS"))
```

Este gráfico nos mostra que o modelo binomial negativo estimado acabou por gerar valores previstos mais similares aos valores reais da variável dependente, visto que seu ajuste linear é consistentemente mais próximo de uma reta imaginária com inclinação de 45°, principalmente para valores mais elevados de *Y*. Os modelos de regressão Poisson e log-linear, por outro lado, geraram estimativas viesadas dos parâmetros em relação ao modelo de regressão binomial negativo, o que demonstra que é fundamental que o pesquisador elabore diagnósticos preliminares sobre o comportamento da distribuição e a natureza da variável dependente antes da estimação de determinado modelo de regressão. Enquanto a presença de uma variável dependente quantitativa não garante a qualidade do ajuste de um modelo de regressão múltipla estimado por *OLS*, uma variável dependente quantitativa que contém dados de contagem também não garante a qualidade do ajuste de um modelo de regressão Poisson.

A capacidade do Stata para a elaboração dos mais diversos tipos de modelos é enorme, porém acreditamos que o que foi exposto aqui é considerado obrigatório para pesquisadores que tenham a intenção de estimar, de forma correta, os modelos de regressão para dados de contagem.

Partiremos agora para a resolução dos mesmos exemplos por meio do SPSS.

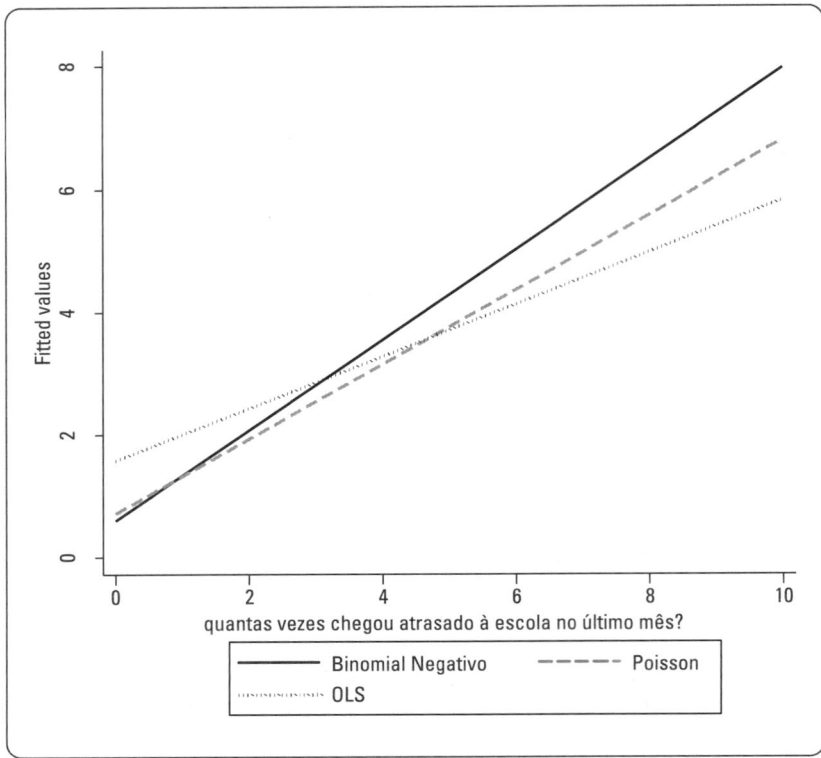

Figura 14.46 Valores previstos x valores observados para os modelos de regressão binomial negativo, Poisson e log-linear (*OLS*).

14.5. ESTIMAÇÃO DE MODELOS DE REGRESSÃO PARA DADOS DE CONTAGEM NO SOFTWARE SPSS

Apresentaremos agora o passo a passo para a elaboração dos nossos exemplos por meio do IBM SPSS Statistics Software®. A reprodução de suas imagens nesta seção tem autorização da International Business Machines Corporation©.

Assim como realizado nos capítulos anteriores, nosso objetivo não é apresentar novamente os conceitos inerentes às técnicas, nem tampouco repetir aquilo que já foi explorado nas seções anteriores. O maior objetivo desta seção é o de propiciar ao pesquisador uma oportunidade de estimar os modelos de regressão para dados de contagem no SPSS, dada a facilidade de manuseio e a didática com que o software realiza as suas operações e se coloca perante o usuário. A cada apresentação de um *output*, faremos menção ao respectivo resultado obtido quando da elaboração das técnicas por meio do Excel e do Stata, a fim de que o pesquisador possa compará-los e, desta forma, possa decidir qual software utilizar, em função das características de cada um e da própria acessibilidade para uso.

14.5.1. Modelo de regressão Poisson no software SPSS

Seguindo a mesma lógica proposta quando da aplicação dos modelos por meio do software Stata, já partiremos para o banco de dados construído pelo professor a partir dos questionamentos feitos a cada um de seus 100 estudantes. Os dados encontram-se no arquivo **QuantAtrasosPoisson.sav** e, após o abrirmos, vamos inicialmente clicar em **Analyze → Descriptive Statistics → Frequencies...**, a fim de elaborarmos o primeiro diagnóstico sobre a distribuição da variável dependente. A caixa de diálogo da Figura 14.47 será aberta.

Conforme mostra esta figura, devemos inserir a variável dependente *atrasos* (quantas vezes chegou atrasado à escola na última semana?) em **Variable(s)**. No botão **Statistics...**, devemos marcar as opções **Mean** e **Variance**, conforme mostra a Figura 14.48.

Ao clicarmos em **Continue**, voltaremos à caixa de diálogo anterior. No botão **Charts...**, marcaremos a opção **Histograms**, conforme mostra a Figura 14.49.

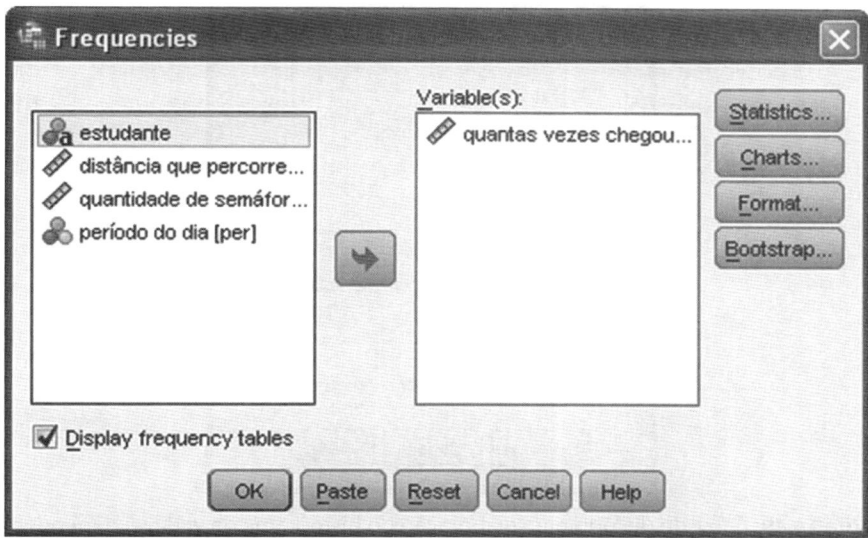

Figura 14.47 Caixa de diálogo para elaboração da tabela de frequências da variável dependente.

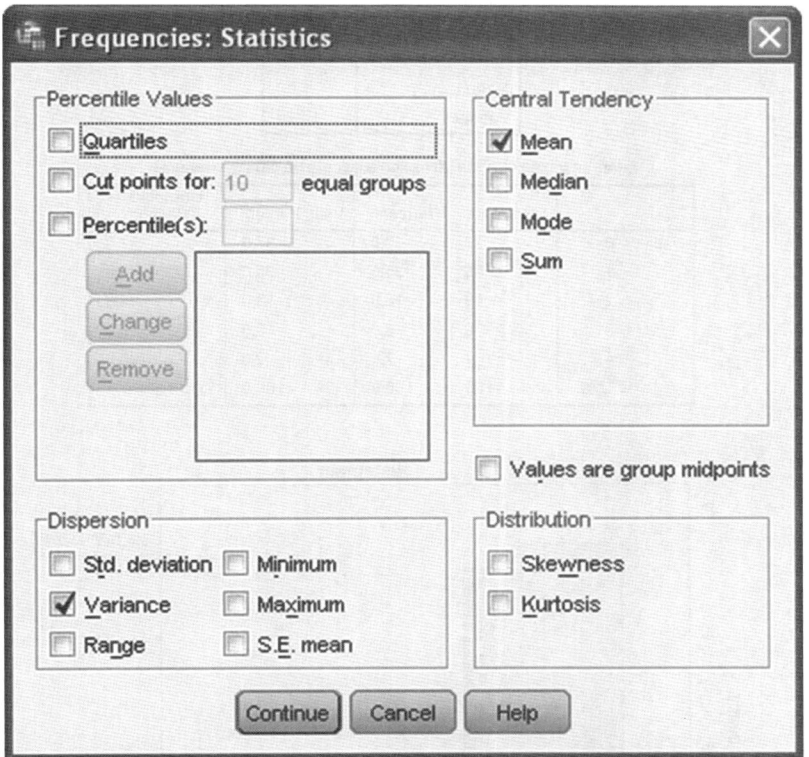

Figura 14.48 Seleção para cálculo da média e da variância da variável dependente.

Na sequência, devemos clicar em **Continue** e em **OK**. Os *outputs* encontram-se na Figura 14.50.

Estes *outputs* são os mesmos daqueles apresentados na Tabela 14.3 e na Figura 14.3 da seção 14.2.1 e também nas Figuras 14.18, 14.19 e 14.20 da seção 14.4.1 e, por meio deles, podemos verificar, ainda que de forma preliminar, que há indícios de inexistência de superdispersão nos dados, uma vez que a média e a variância são muito próximas. Partiremos, portanto, para a estimação de um modelo de regressão Poisson, e, a partir de seus resultados, iremos elaborar o teste para verificação de existência de superdispersão.

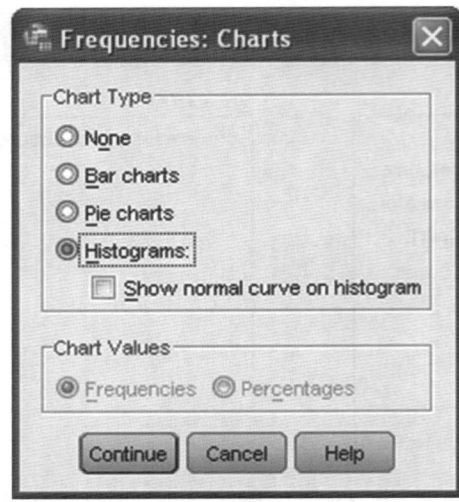

Figura 14.49 Caixa de diálogo para elaboração do histograma da variável dependente.

Statistics

quantas vezes chegou atrasado à escola na última semana?

N	Valid	100
	Missing	0
Mean		1,03
Variance		1,060

quantas vezes chegou atrasado à escola na última semana?

		Frequency	Percent	Valid Percent	Cumulative Percent
Valid	0	37	37,0	37,0	37,0
	1	35	35,0	35,0	72,0
	2	18	18,0	18,0	90,0
	3	8	8,0	8,0	98,0
	4	2	2,0	2,0	100,0
	Total	100	100,0	100,0	

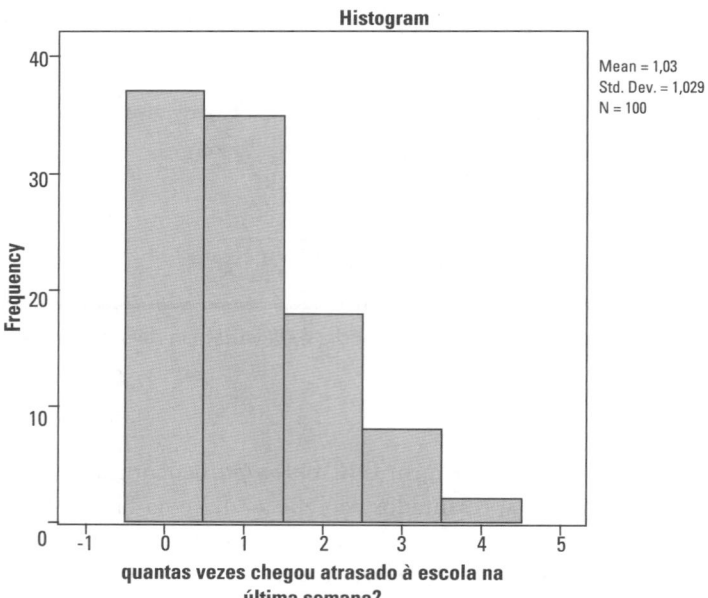

Figura 14.50 Média, variância, tabela de frequências e histograma da variável dependente.

Assim sendo, vamos clicar em **Analyze → Generalized Linear Models → Generalized Linear Models...**. Uma caixa de diálogo será aberta e devemos marcar, na pasta **Type of Model**, a opção **Poisson loglinear** (em **Counts**), conforme mostra a Figura 14.51.

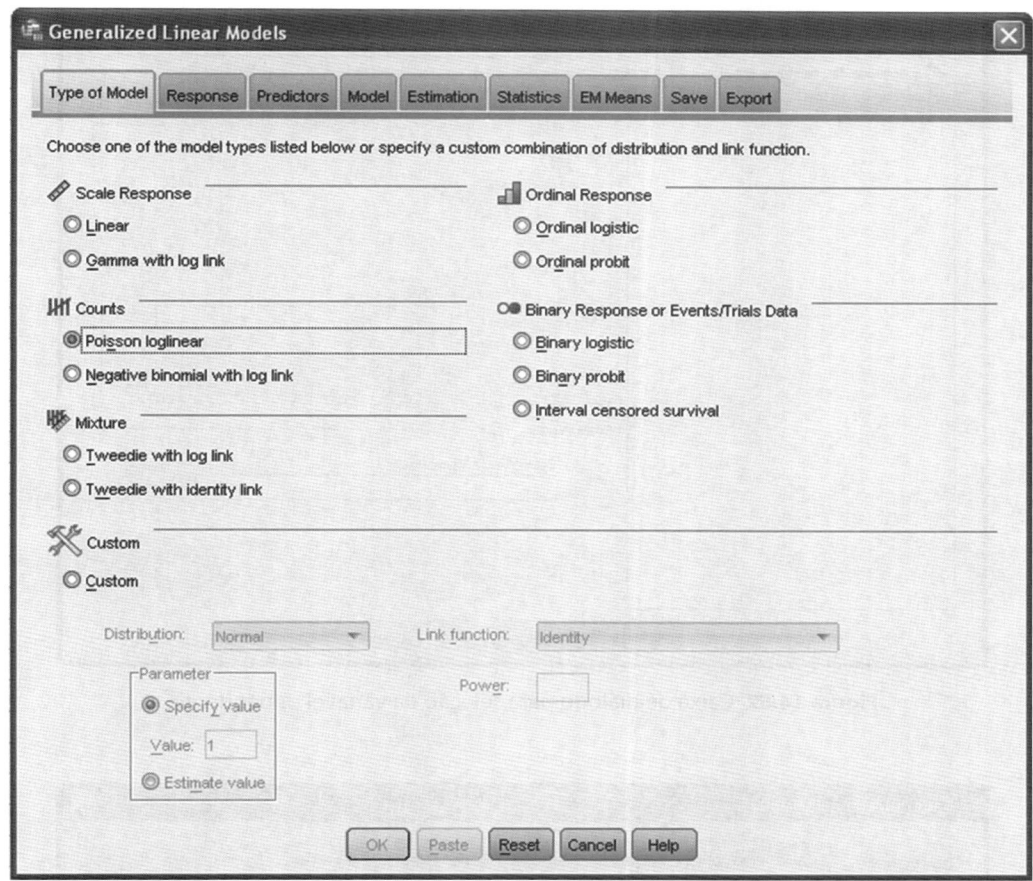

Figura 14.51 Caixa de diálogo inicial para estimação do modelo Poisson no SPSS.

É importante ressaltar que o pesquisador pode fazer uso desta mesma caixa de diálogo caso deseje estimar, por exemplo, um modelo de regressão múltipla ou um modelo de regressão logística, visto que estes também compõem os chamados **Modelos Lineares Generalizados**.

Na pasta **Response**, devemos incluir a variável *atrasos* na caixa **Dependent Variable**, conforme mostra a Figura 14.52.

Enquanto na pasta **Predictors** devemos incluir as variáveis *dist*, *sem* e *per* na caixa **Covariates**, na pasta **Model** devemos inserir estas mesmas três variáveis na caixa **Model**, conforme mostram, respectivamente, as Figuras 14.53 e 14.54.

Na pasta **Statistics**, além das opções já selecionadas de forma padrão pelo SPSS, devemos marcar também a opção **Include exponential parameter estimates**, conforme mostra a Figura 14.55.

Por fim, conforme mostra a Figura 14.56, marcaremos, na pasta **Save**, apenas a primeira opção, ou seja, **Predicted value of mean response**, que criará no banco de dados uma variável correspondente a λ_i (quantidade prevista de atrasos semanais por aluno).

Na sequência, devemos clicar em **OK**. A Figura 14.57 apresenta os principais *outputs* da estimação.

O primeiro *output* da estimação (**Goodness of Fit**) apresenta o valor da somatória do logaritmo da função de máxima verossimilhança da estimação proposta (*Log Likelihood*), que é de –107,615 e é exatamente igual ao valor obtido quando da modelagem no Excel (Tabela 14.5 e Figura 14.6) e no Stata (Figuras 14.21 e 14.27). Por meio do mesmo *output* podemos também verificar que a qualidade do ajuste do modelo estimado é adequada, visto que, para um $\chi^2_{cal} = 67,717$ (o SPSS chama de *Deviance*), temos, para 96 graus de liberdade, que *Sig.* $\chi^2 > 0,05$,

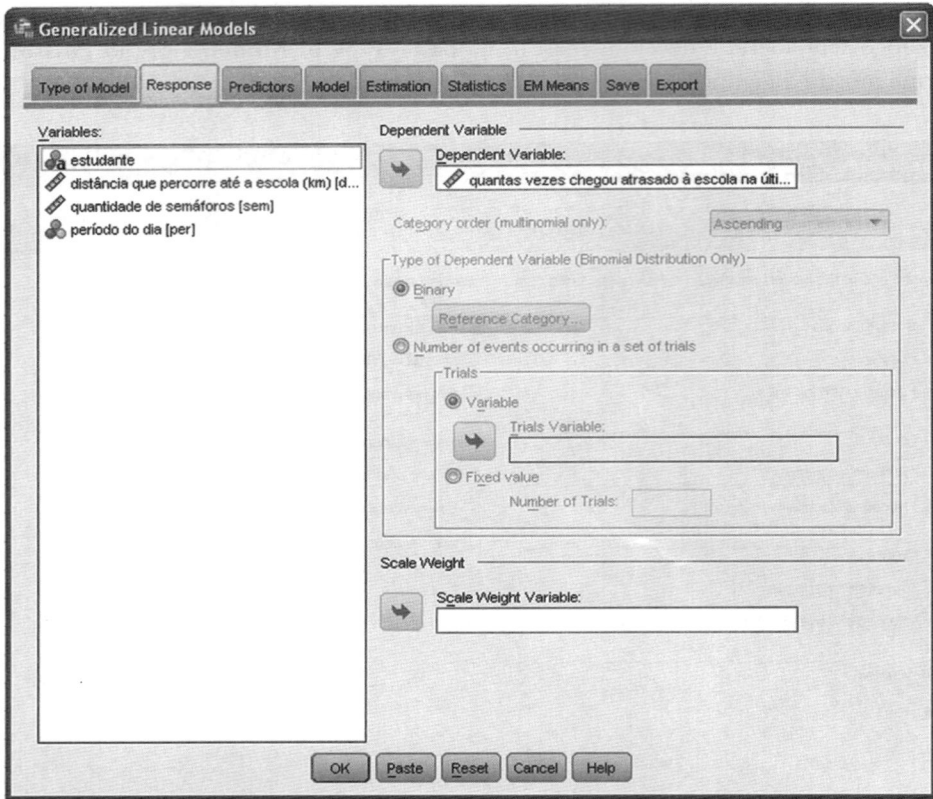

Figura 14.52 Caixa de diálogo para seleção da variável dependente.

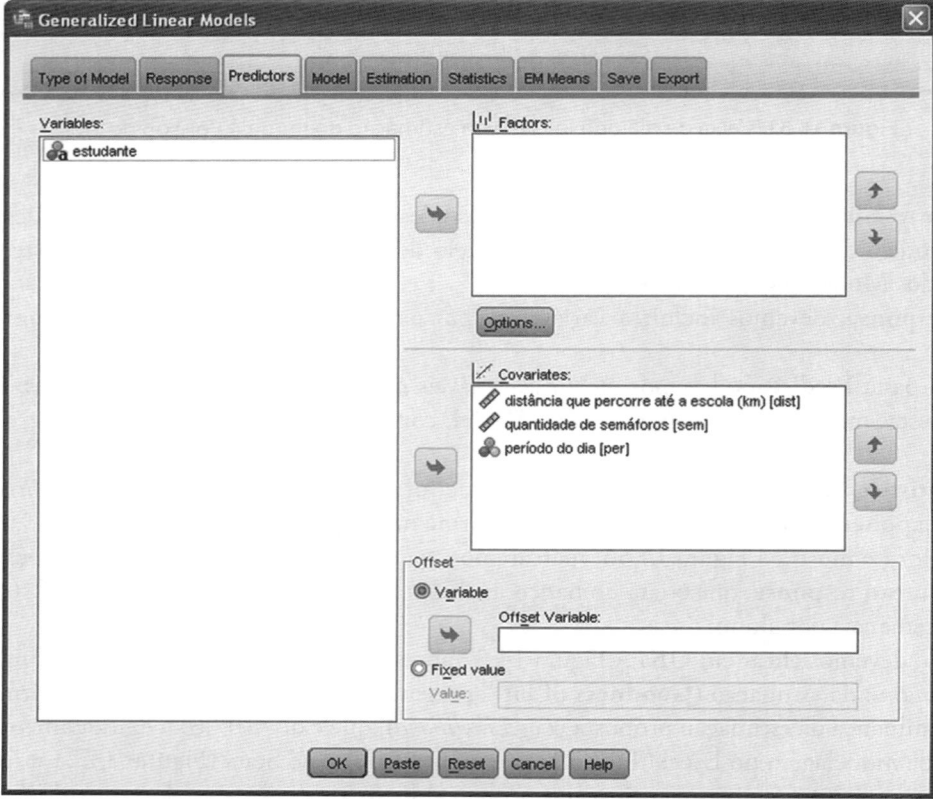

Figura 14.53 Caixa de diálogo para seleção das variáveis explicativas.

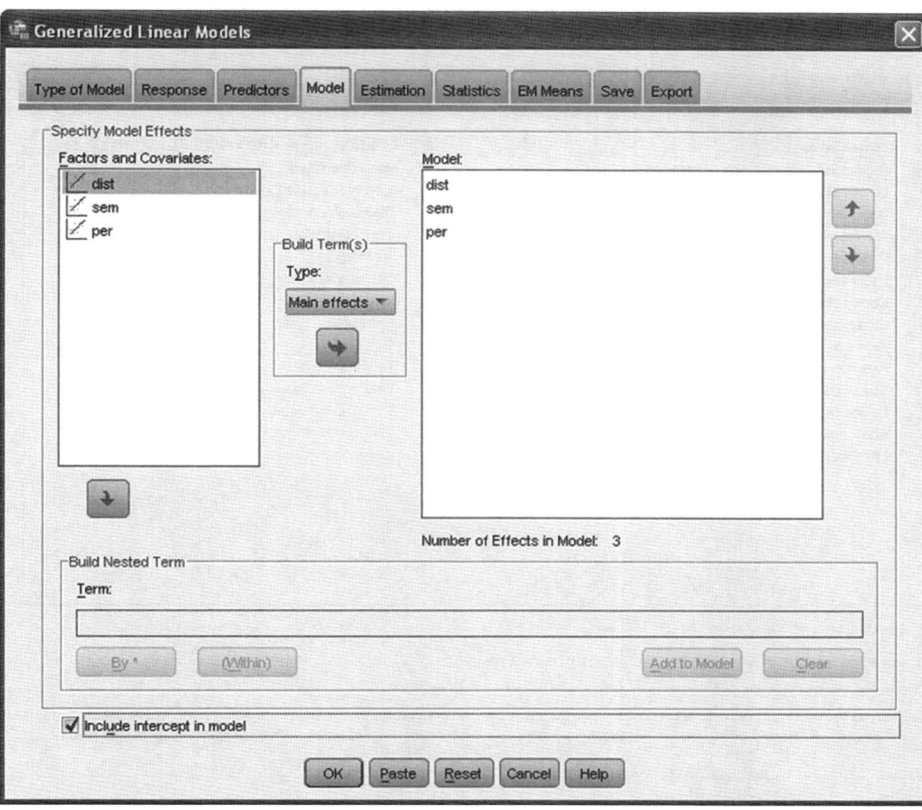

Figura 14.54 Caixa de diálogo para inclusão das variáveis explicativas na estimação do modelo.

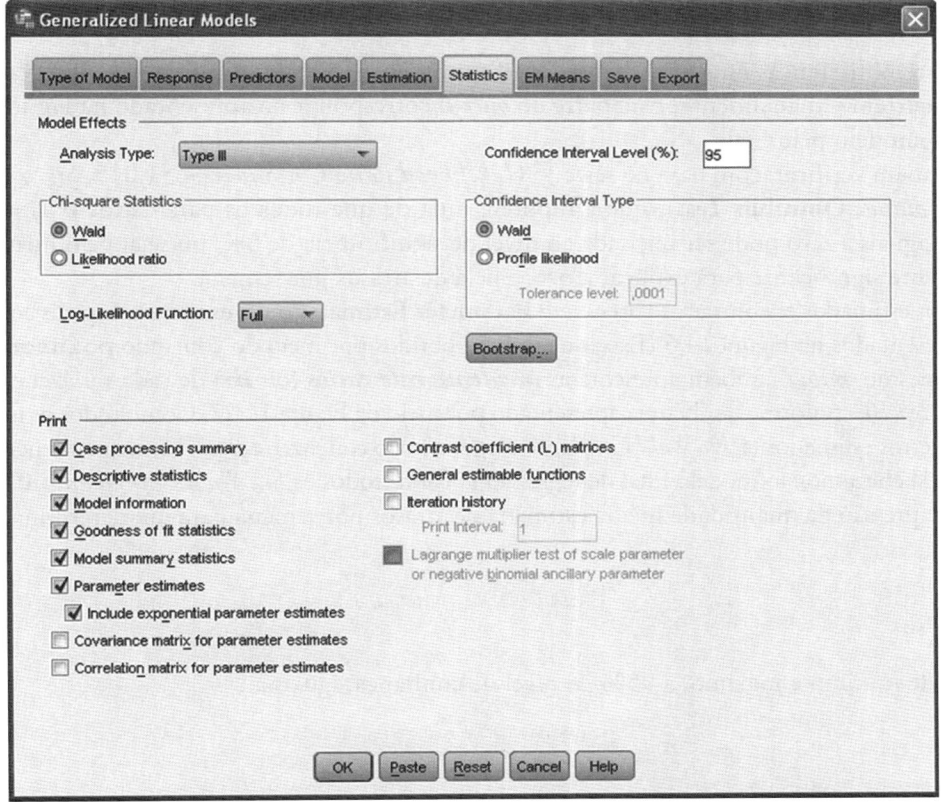

Figura 14.55 Caixa de diálogo para seleção das estatísticas do modelo de regressão Poisson.

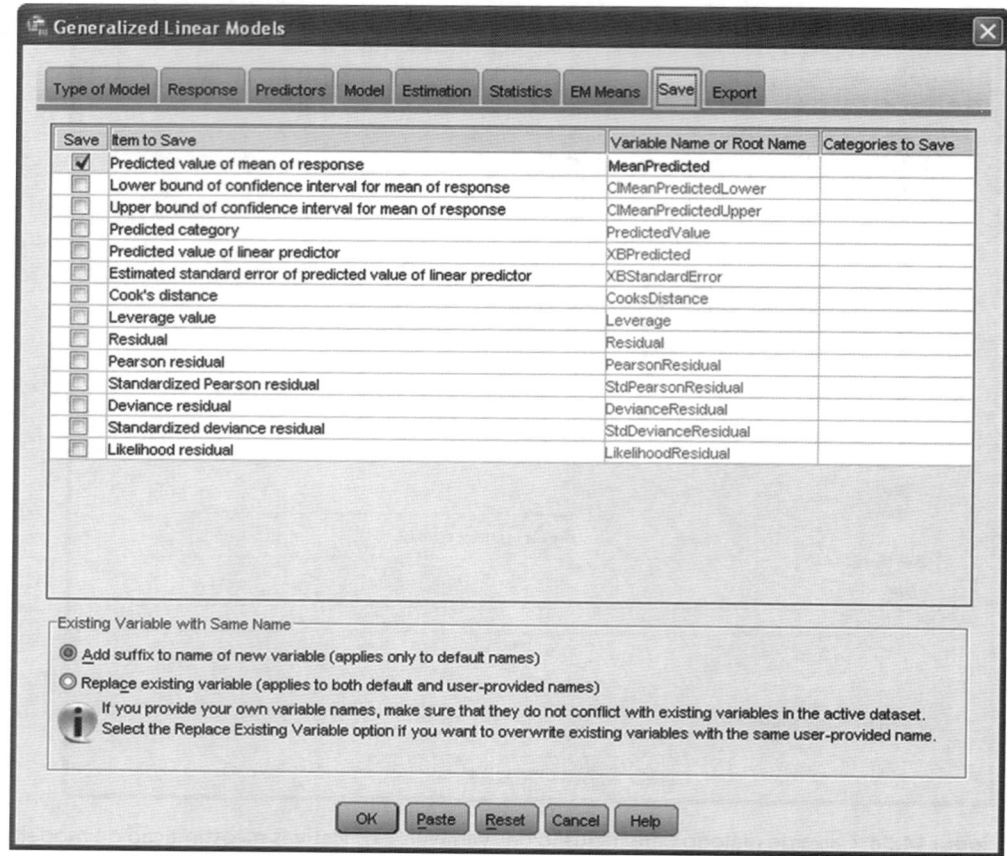

Figura 14.56 Caixa de diálogo para criação da variável λ_i referente ao número previsto de atrasos semanais por aluno.

ou seja, não existem diferenças estatisticamente significantes entre os valores previstos e observados do número de atrasos que ocorrem semanalmente. Esta parte do *output* corresponde ao apresentado na Figura 14.25 quando da estimação do modelo pelo Stata.

Podemos também verificar, com base no teste χ^2 (*Likelihood Ratio Chi-Square* = 51,015, *Sig. χ^2* = 0,000 < 0,05 apresentado no *output* **Omnibus Test**), que a hipótese nula de que todos os parâmetros β_j (j = 1, 2, 3) sejam estatisticamente iguais a zero pode ser rejeitada ao nível de significância de 5%, ou seja, pelo menos uma variável X é estatisticamente significante para explicar a ocorrência de atrasos por semana.

Os parâmetros estimados encontram-se no *output* **Parameter Estimates** e são exatamente iguais aos calculados manualmente e apresentados na Figura 14.6 (Excel) e também obtidos por meio do comando **poisson** do Stata (Figura 14.21). Este mesmo *output* também apresenta as ***incidence rate ratios*** (ou ***irr***) de cada variável explicativa, que o SPSS chama de *Exp(B)*, conforme também já apresentado por meio da Figura 14.27. Como todos os intervalos de confiança dos parâmetros estimados (*95% Wald Confidence Interval*) não contêm o zero e, consequentemente, os de *Exp(B)* não contêm o 1, já chegamos ao modelo final de regressão Poisson (todos os *Sig. Wald Chi-Square* < 0,05).

Portanto, a expressão da quantidade média estimada de atrasos por semana para um determinado aluno i pode ser escrita como:

$$\lambda_i = e^{(-4,380+0,222.dist_i+0,165.sem_i-0,573.per_i)}$$

com expressões de mínimo e máximo, a 95% de nível de confiança, iguais a:

$$\lambda_{i\,mín} = e^{(-6,654+0,093.dist_i+0,075.sem_i-1,086.per_i)}$$

$$\lambda_{i\,máx} = e^{(-2,106+0,351.dist_i+0,254.sem_i-0,060.per_i)}$$

Goodness of Fit[b]

	Value	df	Value/df
Deviance	67,717	96	,705
Scaled Deviance	67,717	96	
Pearson Chi-Square	73,043	96	,761
Scaled Pearson Chi-Square	73,043	96	
Log Likelihood[a]	-107,615		
Akaike's Information Criterion (AIC)	223,230		
Finite Sample Corrected AIC (AICC)	223,651		
Bayesian Information Criterion (BIC)	233,651		
Consistent AIC (CAIC)	237,651		

Dependent Variable: quantas vezes chegou atrasado à escola na última semana?
Model: (Intercept), dist, sem, per

a. The full log likelihood function is displayed and used in computing information criteria.
b. Information criteria are in small-is-better form.

Omnibus Test[a]

Likelihood Ratio Chi-Square	df	Sig.
51,015	3	,000

Dependent Variable: quantas vezes chegou atrasado à escola na última semana?
Model: (Intercept), dist, sem, per

a. Compares the fitted model against the intercept-only model.

Parameter Estimates

Parameter	B	Std. Error	95% Wald Confidence Interval		Hypothesis Test			Exp(B)	95% Wald Confidence Interval for Exp(B)	
			Lower	Upper	Wald Chi-Square	df	Sig.		Lower	Upper
(Intercept)	-4,380	1,1602	-6,654	-2,106	14,251	1	,000	,013	,001	,122
dist	,222	,0659	,093	,351	11,370	1	,001	1,249	1,097	1,421
sem	,165	,0458	,075	,254	12,904	1	,000	1,179	1,078	1,290
per	-,573	,2619	-1,086	-,060	4,789	1	,029	,564	,337	,942
(Scale)	1[a]									

Dependent Variable: quantas vezes chegou atrasado à escola na última semana?
Model: (Intercept), dist, sem, per

a. Fixed at the displayed value.

Figura 14.57 *Outputs* do modelo de regressão Poisson no SPSS.

Após a estimação do modelo de regressão Poisson, precisamos elaborar o teste para verificação de existência de superdispersão nos dados. Para tanto, seguiremos o mesmo procedimento estudado nas seções 14.2.4 e 14.4.1. Assim, vamos inicialmente criar uma nova variável, que chamaremos de *yasterisco*. Para tanto, em **Transform** → **Compute Variable...**, devemos proceder como mostra a Figura 14.58. Note que a expressão a ser digitada na caixa **Numeric Expression** refere-se à expressão (14.14) e, no SPSS, o duplo asterisco corresponde ao operador expoente. A variável *MeanPredicted*, gerada no banco de dados após a estimação do modelo, refere-se à quantidade prevista de atrasos semanais para cada aluno (λ_i).

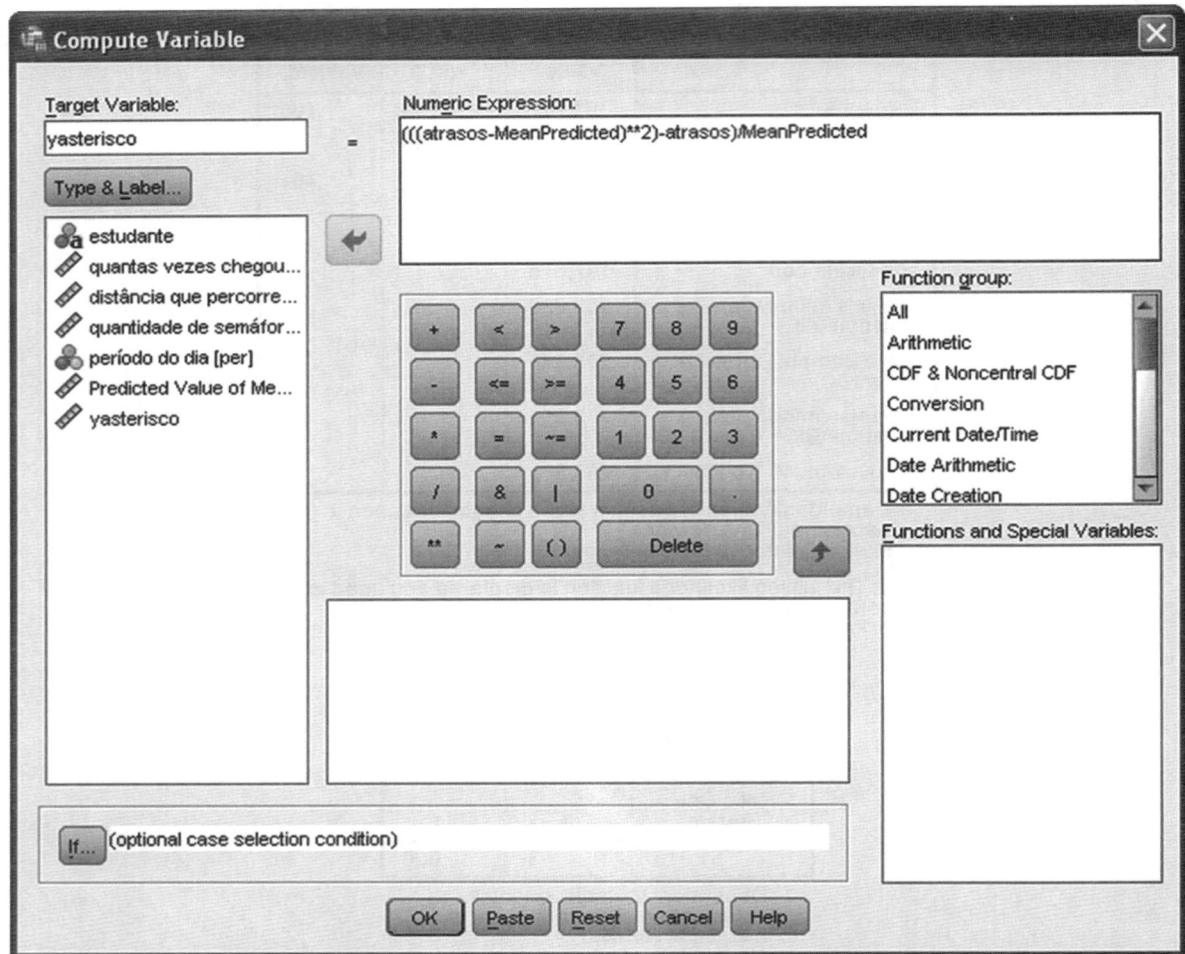

Figura 14.58 Criação da variável *yasterisco* para elaboração do teste para verificação de existência de superdispersão nos dados.

Após clicarmos em **OK**, a nova variável *yasterisco* surgirá na base de dados. Devemos agora regredi-la em função da variável *MeanPredicted*, de acordo com a expressão (14.15). Para tanto, vamos clicar em **Analyze → Regression → Linear...**, e inserir a variável *yasterisco* na caixa **Dependent** e a variável *MeanPredicted* em **Independent(s)**, conforme mostra a Figura 14.59.

No botão **Options...**, devemos desmarcar a opção **Include constant in equation**, conforme mostra a Figura 14.60. Na sequência, podemos clicar em **Continue** e em **OK**.

O *output* que nos interessa encontra-se na Figura 14.61.

Como o *valor-P* (*Sig.*) do teste *t* correspondente ao parâmetro β da variável *MeanPredicted* (*Predicted Value of Mean of Response*) é maior do que 0,05, podemos afirmar que os dados da variável dependente **não apresentam superdispersão** ao nível de significância de 5%, fazendo com que o modelo de regressão Poisson estimado seja adequado pela **presença de equidispersão nos dados**. O *output* da Figura 14.61 equivale aos *outputs* das Figuras 14.10 (Excel) e 14.23 (Stata).

Na sequência, assim como realizado na seção 14.4.1, vamos comparar os resultados do modelo de regressão Poisson estimado por máxima verossimilhança com aqueles obtidos por um modelo de regressão múltipla log-linear estimado pelo método de mínimos quadrados ordinários (*ordinary least squares*, ou *OLS*). Para tanto, vamos inicialmente gerar a variável *lnatrasos*, que corresponde ao logaritmo natural da variável dependente *atrasos*, clicando em **Transform → Compute Variable...**, conforme mostra a Figura 14.62.

Dessa forma, o modelo $\ln atrasos_i = \alpha + \beta_1.dist_i + \beta_2.sem_i + \beta_3.per_i$ pode ser estimado por *OLS*. Para tanto, vamos clicar em **Analyze → Regression → Linear...**, e inserir a variável *lnatrasos* na caixa **Dependent** e as variáveis *dist*, *sem* e *per* na caixa **Independent(s)**, conforme mostra a Figura 14.63.

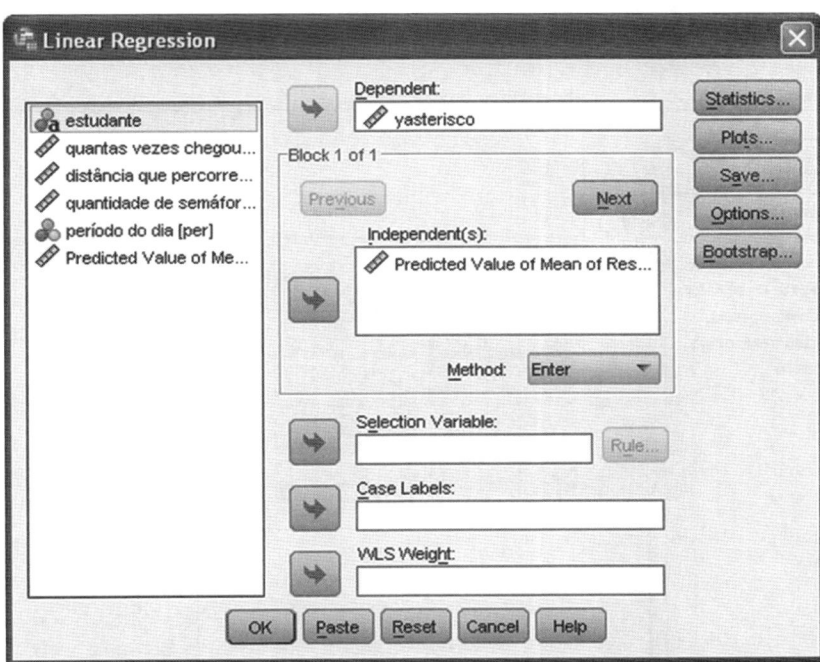

Figura 14.59 Regressão auxiliar para elaboração do teste para verificação de existência de superdispersão nos dados.

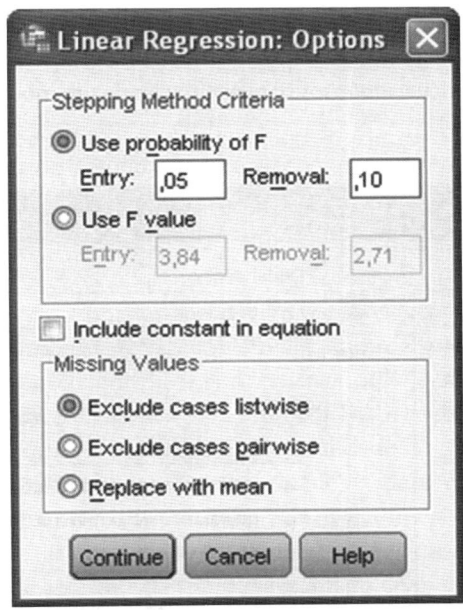

Figura 14.60 Exclusão da constante para a elaboração da regressão auxiliar.

Coefficients[a,b]

Model		Unstandardized Coefficients		Standardized Coefficients	t	Sig.
		B	Std. Error	Beta		
1	Predicted Value of Mean of Response	-,292	,158	-,182	-1,843	,068

a. Dependent Variable: yasterisco
b. Linear Regression through the Origin

Figura 14.61 Resultado do teste para verificação de existência de superdispersão no SPSS.

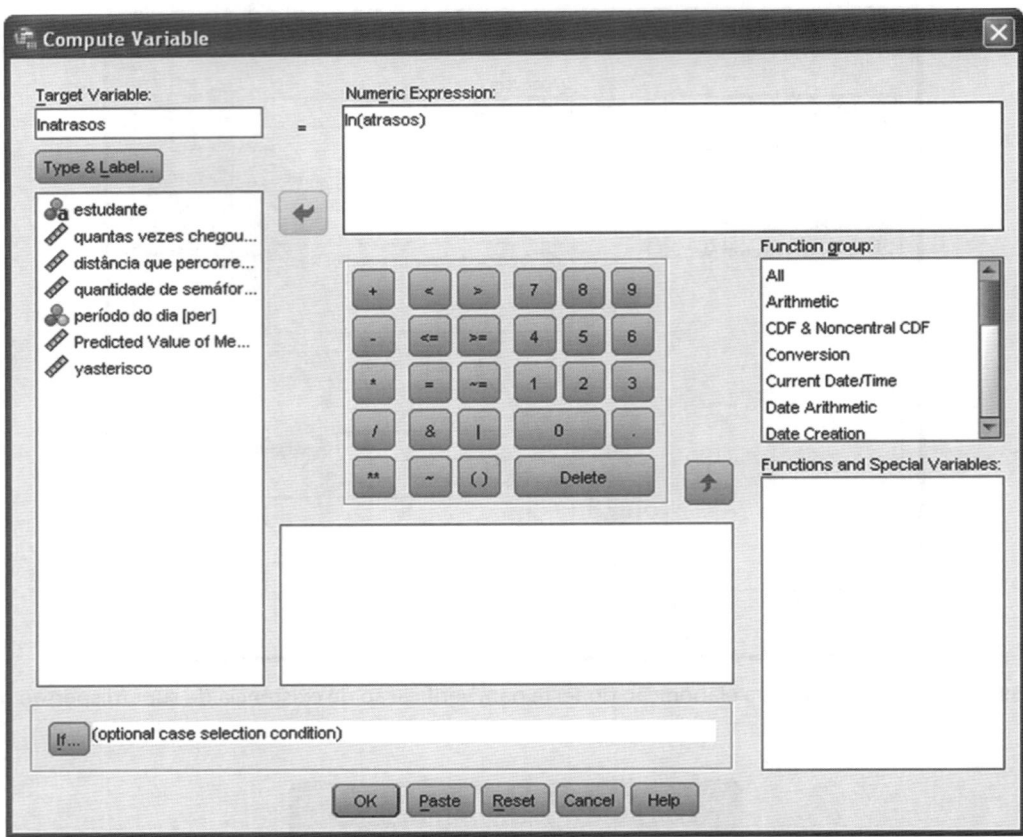

Figura 14.62 Criação da variável *lnatrasos* para estimação de um modelo de regressão log-linear.

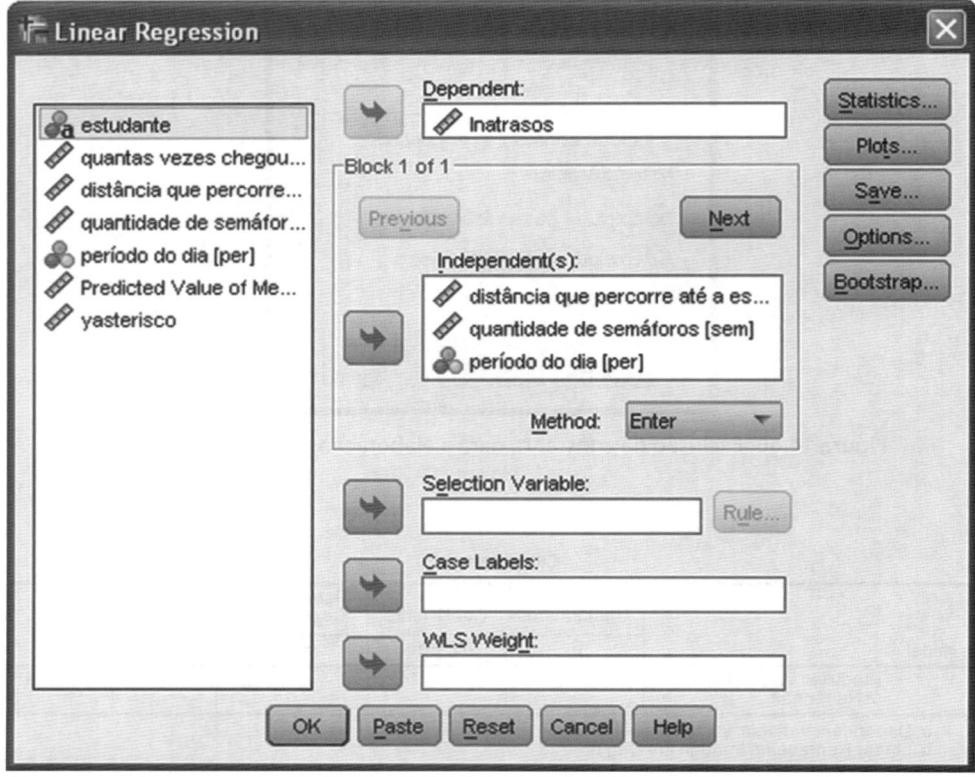

Figura 14.63 Caixa de diálogo para estimação da regressão log-linear.

No botão **Save...**, devemos marcar a opção **Unstandardized**, em **Predicted Values**, conforme mostra a Figura 14.64. Na sequência, podemos clicar em **Continue** e em **OK**. Este procedimento criará no banco de dados uma nova variável, chamada pelo SPSS de *PRE_1*, que corresponde à variável *yhat* gerada quando da estimação pelo Stata (valores previstos do logaritmo natural do número de atrasos semanais por aluno).

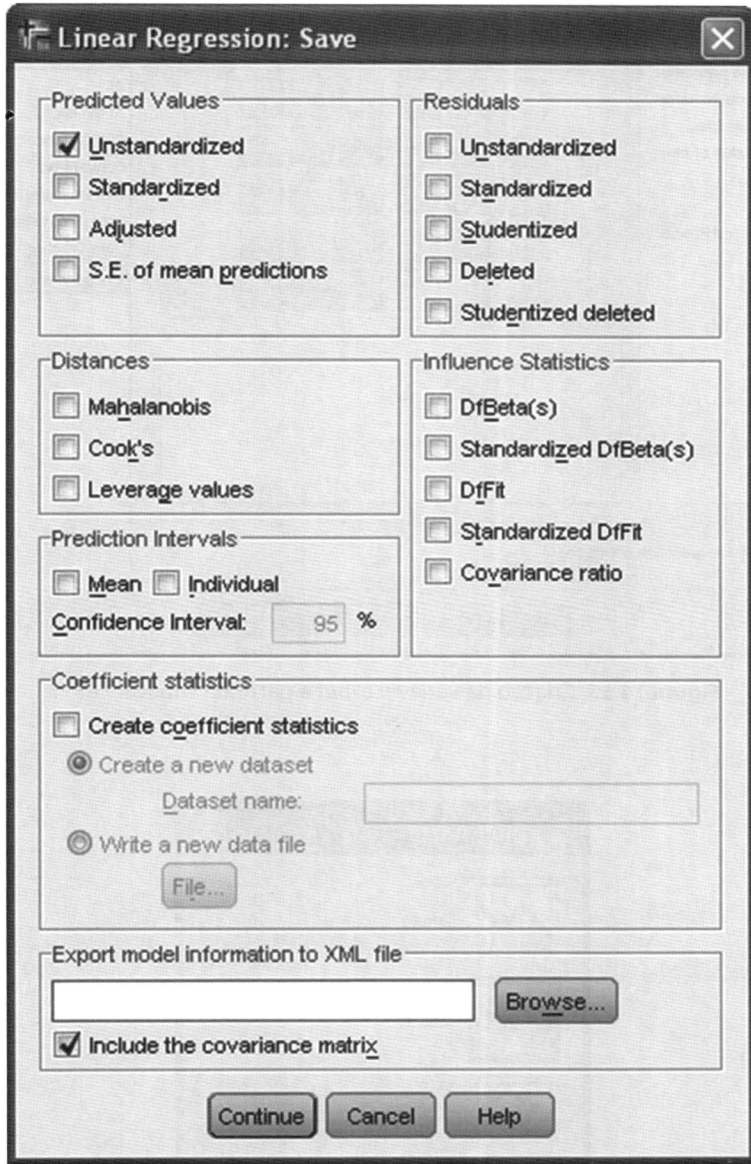

Figura 14.64 Procedimento para criação da variável *PRE_1*.

Não apresentaremos os resultados desta regressão múltipla estimada pelo SPSS, uma vez que nos interessa, neste momento, apenas gerar outra variável, a partir da variável *PRE_1*, que representará os valores previstos do número de atrasos semanais propriamente ditos por aluno. Esta variável, que chamaremos de *eyhat*, poderá ser criada clicando-se novamente em **Transform → Compute Variable...**, conforme mostra a Figura 14.65.

A fim de elaborarmos um gráfico similar ao apresentado na Figura 14.30, ou seja, um gráfico que permite que sejam comparados, para cada uma das estimações, os valores previstos e os valores reais do número de atrasos por semana, vamos agora clicar em **Graphs → Legacy Dialogs → Line...** e, na sequência, nas opções **Multiple** e **Summaries of separate variables**, como apresentado na Figura 14.66.

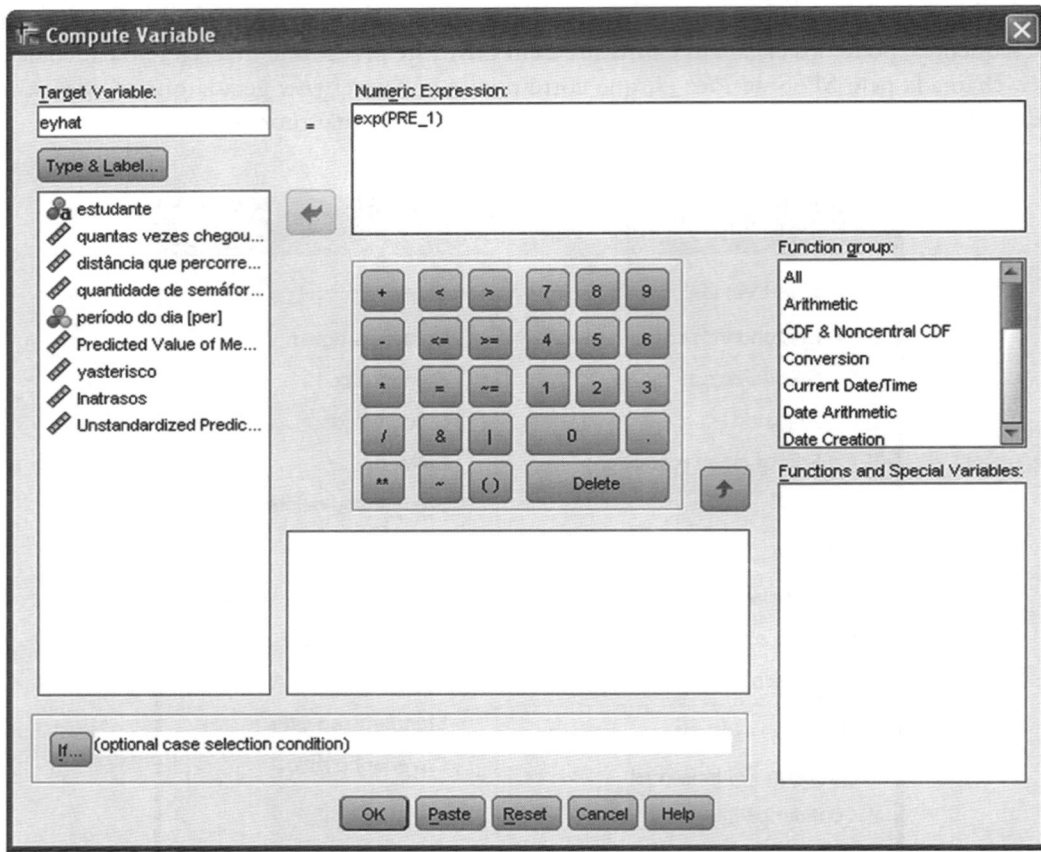

Figura 14.65 Criação da variável *eyhat* a partir da variável *PRE_1*.

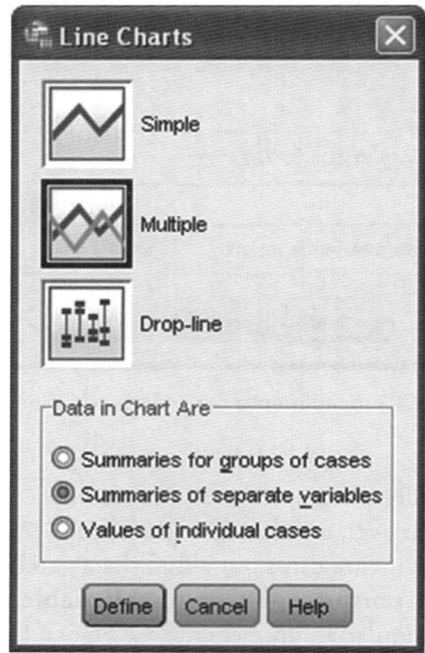

Figura 14.66 Caixa de diálogo para elaboração de gráfico para comparação das estimações.

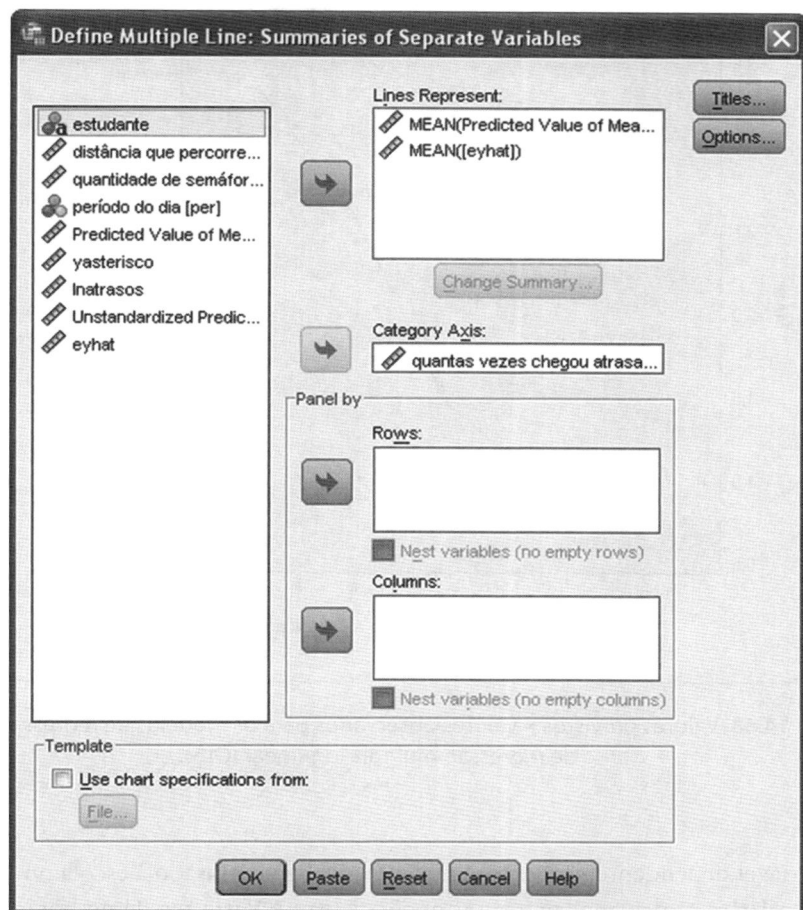

Figura 14.67 Seleção das variáveis a serem inseridas no gráfico.

Ao clicarmos em **Define**, surgirá uma caixa de diálogo como a apresentada na Figura 14.67. Devemos inserir as variáveis *MeanPredicted* (quantidade prevista de atrasos semanais para cada aluno estimada por máxima verossimilhança para o modelo de regressão Poisson) e *eyhat* (quantidade prevista de atrasos semanais para cada aluno estimada por *OLS* para o modelo de regressão múltipla log-linear) na caixa **Lines Represent** e a variável *atrasos* em **Category Axis**. Na sequência, podemos clicar em **OK**.

O gráfico da Figura 14.68 oferece uma oportunidade de comparação dos comportamentos dos valores previstos com os valores reais da variável dependente para cada uma das estimações elaboradas, de onde se pode verificar que são diferentes. Conforme discutido, o fato de determinada variável dependente ser quantitativa não é condição suficiente para que seja elaborado um modelo de regressão múltipla com estimação *OLS*. Dados de contagem apresentam distribuições particulares e o pesquisador sempre precisa estar atento a este fato, a fim de que sejam estimados modelos adequados e consistentes para efeitos de diagnóstico e de previsão.

14.5.2. Modelo de regressão binomial negativo no software SPSS

Seguindo a mesma lógica proposta na seção anterior, vamos agora abrir o arquivo **QuantAtrasosBNeg.sav**, que traz dados sobre a quantidade mensal de atrasos dos 100 alunos, a distância percorrida no trajeto (em quilômetros), o número de semáforos pelos quais cada um passa e o período do dia em que cada estudante tem o hábito de se deslocar para a escola (manhã ou tarde).

Clicando em **Analyze → Descriptive Statistics → Frequencies...**, podemos inicialmente elaborar o diagnóstico sobre a distribuição da variável dependente. Nesta caixa de diálogo, não apresentada novamente aqui,

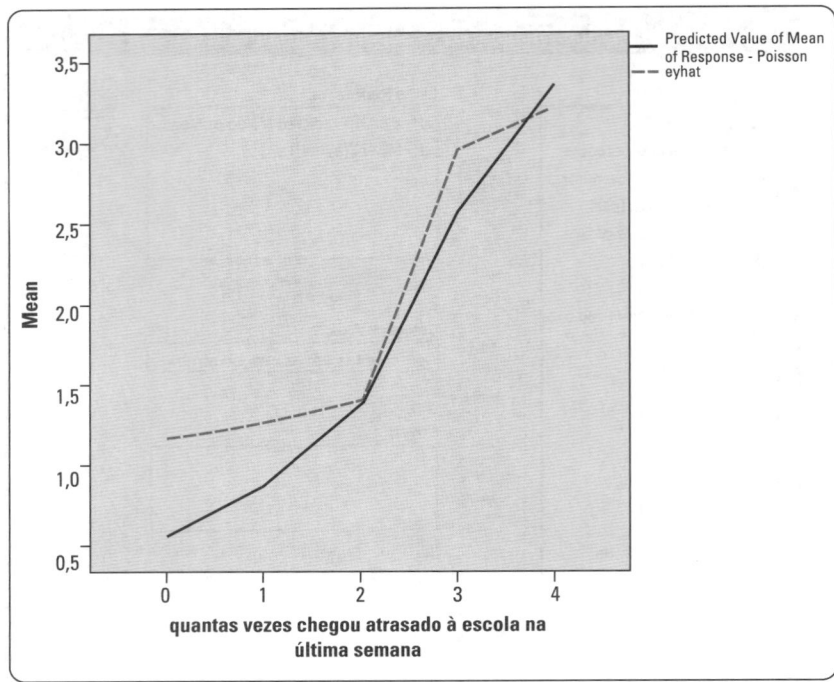

Figura 14.68 Valores previstos × valores observados para os modelos de regressão Poisson e de regressão múltipla log-linear (*OLS*).

devemos inserir a variável dependente *atrasos* (quantas vezes chegou atrasado à escola no último mês?) em **Variable(s)** e, no botão **Statistics...**, devemos marcar as opções **Mean** e **Variance**. Já no botão **Charts...**, marcaremos a opção **Histograms** para, então, clicarmos em **Continue** e em **OK**. Os *outputs* encontram-se na Figura 14.69.

Estes *outputs* são os mesmos daqueles apresentados na Tabela 14.11 e na Figura 14.12 da seção 14.3.1 e também nas Figuras 14.32, 14.33 e 14.34 da seção 14.4.2 e, por meio deles, podemos verificar, ainda que de forma preliminar, que há indícios de existência de superdispersão nos dados, uma vez que a variância é superior à média da variável dependente.

Recomenda-se, portanto, que seja inicialmente estimado um modelo de regressão Poisson, para, a partir de seus resultados, ser elaborado o teste para verificação de existência de superdispersão nos dados. Não iremos mostrar novamente as janelas para estimação deste modelo no SPSS, assim como foi feito na seção anterior, porém serão descritos os passos para a sua elaboração.

Assim sendo, vamos inicialmente clicar em **Analyze → Generalized Linear Models → Generalized Linear Models...**. Na caixa de diálogo que será aberta, devemos selecionar, na pasta **Type of Model**, a opção **Poisson loglinear** (em **Counts**). Já na pasta **Response**, devemos incluir a variável *atrasos* na caixa **Dependent Variable**. Enquanto na pasta **Predictors**, devemos incluir as variáveis *dist*, *sem* e *per* na caixa **Covariates**, na pasta **Model** devemos inserir estas mesmas três variáveis na caixa **Model**. Na pasta **Statistics**, além das opções já selecionadas de forma padrão pelo SPSS, devemos selecionar também a opção **Include exponential parameter estimates** e, por fim, na pasta **Save**, selecionaremos apenas a opção **Predicted value of mean response**. Ao clicarmos em **OK**, serão gerados os *outputs* da estimação do modelo de regressão Poisson, que não serão, em sua totalidade, apresentados aqui.

A Figura 14.70 apresenta apenas o *output* que nos interessa neste momento (**Goodness of Fit**) e, por meio dele, podemos verificar que a qualidade do ajuste do modelo estimado não é adequada, visto que, para um $\chi^2_{cal} = 145,295$ (*Deviance*), temos, para 96 graus de liberdade, que *Sig.* $\chi^2 < 0,05$, ou seja, existem diferenças estatisticamente significantes entre os valores previstos pelo modelo Poisson e os valores observados do número de atrasos que ocorrem por mês. Esta parte muito importante do *output* corresponde ao apresentado na Figura 14.36 quando da estimação do modelo pelo Stata.

Statistics

quantas vezes chegou
atrasado à escola no último
mês?

N	Valid	100
	Missing	0
Mean		1,82
Variance		5,422

quantas vezes chegou atrasado à escola no último mês?

		Frequency	Percent	Valid Percent	Cumulative Percent
Valid	0	41	41,0	41,0	41,0
	1	20	20,0	20,0	61,0
	2	11	11,0	11,0	72,0
	3	7	7,0	7,0	79,0
	4	6	6,0	6,0	85,0
	5	7	7,0	7,0	92,0
	6	3	3,0	3,0	95,0
	7	2	2,0	2,0	97,0
	8	1	1,0	1,0	98,0
	10	2	2,0	2,0	100,0
	Total	100	100,0	100,0	

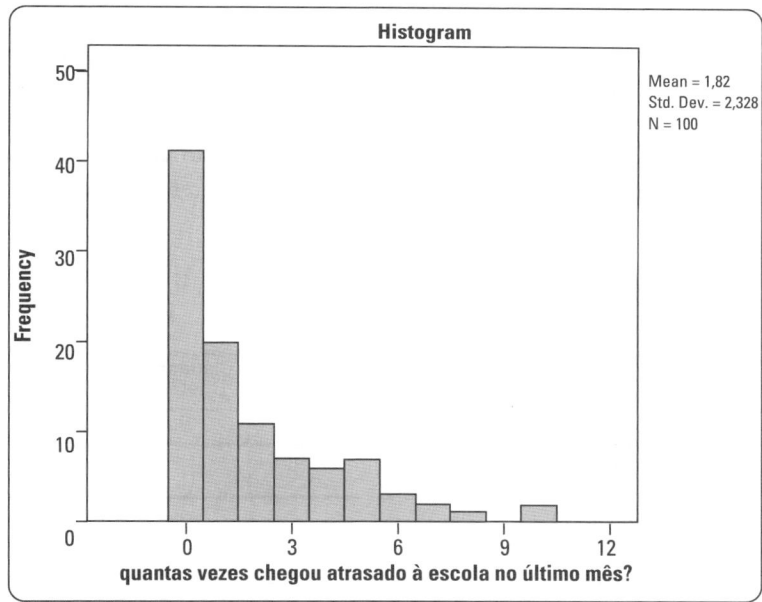

Figura 14.69 Média, variância, tabela de frequências e histograma da variável dependente.

A qualidade do ajuste do modelo de regressão Poisson estimado pode não ter sido adequada pela presença de superdispersão nos dados da variável dependente e, portanto, vamos agora elaborar o teste para verificação da existência deste fenômeno. Seguindo o que foi exposto na seção anterior, precisamos criar uma nova variável, que também chamaremos aqui de *yasterisco* e, para tanto, vamos clicar em **Transform → Compute Variable....** A expressão que deve ser digitada na caixa **Numeric Expression** refere-se à expressão (14.14) e, no SPSS, será a mesma daquela apresentada na Figura 14.58, ou seja, **(((atrasos-MeanPredicted)**2)-atrasos)/MeanPredicted**, em que a variável *MeanPredicted*, gerada no banco de dados após a estimação do modelo de regressão Poisson, refere-se à quantidade prevista de atrasos mensais para cada aluno. Também não apresentaremos aqui as figuras dispostas na seção anterior.

Goodness of Fit[b]

	Value	df	Value/df
Deviance	145,295	96	1,513
Scaled Deviance	145,295	96	
Pearson Chi-Square	142,235	96	1,482
Scaled Pearson Chi-Square	142,235	96	
Log Likelihood[a]	-154,894		
Akaike's Information Criterion (AIC)	317,788		
Finite Sample Corrected AIC (AICC)	318,209		
Bayesian Information Criterion (BIC)	328,208		
Consistent AIC (CAIC)	332,208		

Dependent Variable: quantas vezes chegou atrasado à escola no último mês?
Model: (Intercept), dist, sem, per

a. The full log likelihood function is displayed and used in computing information criteria.
b. Information criteria are in small-is-better form.

Figura 14.70 Qualidade do ajuste do modelo de regressão Poisson inicialmente estimado.

Após clicarmos em **OK**, a nova variável *yasterisco* surgirá na base de dados. Vamos, portanto, regredi-la em função da variável *MeanPredicted*, seguindo a expressão (14.15). Para tanto, devemos clicar em **Analyze → Regression → Linear...**, e inserir a variável *yasterisco* na caixa **Dependent** e a variável *MeanPredicted* em **Independent(s)**. Por fim, no botão **Options...**, devemos desmarcar a opção **Include constant in equation** e, na sequência, devemos clicar em **Continue** e em **OK**. O *output* que nos interessa encontra-se na Figura 14.71.

Coefficients[a,b]

Model		Unstandardized Coefficients		Standardized Coefficients	t	Sig.
		B	Std. Error	Beta		
1	Predicted Value of Mean of Response	,133	,062	,210	2,139	,035

a. Dependent Variable: yasterisco
b. Linear Regression through the Origin

Figura 14.71 Resultado do teste para verificação de existência de superdispersão no SPSS.

Como o *valor-P* (*Sig.*) do teste *t* correspondente ao parâmetro β da variável *MeanPredicted* (*Predicted Value of Mean of Response*) é menor do que 0,05, podemos afirmar que os dados da variável dependente **apresentam superdispersão** ao nível de significância de 5%, fazendo com que o modelo de regressão Poisson estimado não seja adequado. O *output* da Figura 14.71 equivale ao *output* da Figura 14.35 (estimação pelo Stata).

Vamos então à estimação do modelo de regressão binomial negativo. Para tanto, devemos clicar em **Analyze → Generalized Linear Models → Generalized Linear Models...** e, na caixa de diálogo que será aberta, devemos marcar, na pasta **Type of Model**, a opção **Custom**. Nesta mesma pasta, devemos ainda selecionar as opções **Negative binomial** (em **Distribution**), **Log** (em **Link function**) e **Estimate value** (em **Parameter**). Esta última opção refere-se à estimação do parâmetro ϕ e, portanto, será estimado um modelo de regressão NB2. A Figura 14.72 mostra como ficará esta pasta após a seleção das opções.

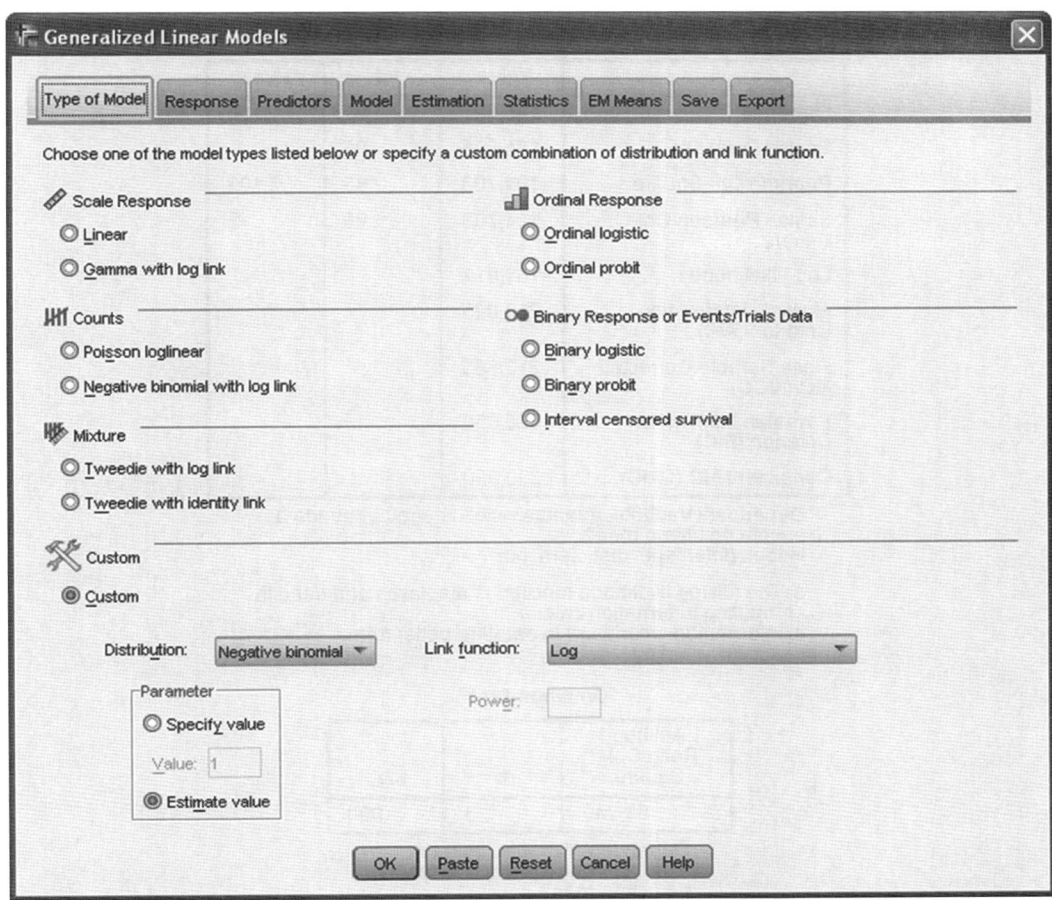

Figura 14.72 Caixa de diálogo inicial para estimação do modelo NB2 no SPSS.

Para as demais pastas, o pesquisador pode optar por manter as mesmas opções que já foram selecionadas quando do da estimação inicial do modelo de regressão Poisson. Os *outputs* gerados por meio da estimação do presente modelo de regressão binomial negativo encontram-se na Figura 14.73.

O primeiro *output* desta figura (**Goodness of Fit**) apresenta o valor da somatória do logaritmo da função de máxima verossimilhança da estimação do modelo NB2 (*Log Likelihood*), que é de −151,012 e é exatamente igual ao valor obtido quando da modelagem no Excel (Tabela 14.12 e Figura 14.14) e no Stata (Figuras 14.37, 14.39 e 14.41). Por meio do mesmo *output*, podemos também verificar que a qualidade do ajuste do modelo estimado é agora adequada, visto que, para um $\chi^2_{cal} = 105,025$ (*Deviance*), temos, para 96 graus de liberdade, que *Sig.* $\chi^2 > 0,05$ (já que $\chi^2_c = 119,871$ para 96 graus de liberdade e nível de significância de 5%), ou seja, não existem diferenças estatisticamente significantes entre os valores previstos e os observados da quantidade de atrasos que ocorrem por mês ao se chegar à escola. Esta parte do *output* corresponde ao *Deviance* que é apresentado pelo Stata quando da estimação do modelo de regressão binomial negativo obtida pelo comando `glm..., family(nbinomial ml)` (Figura 14.39).

Podemos também verificar, com base no teste χ^2 (*Likelihood Ratio Chi-Square* = 63,249, *Sig.* $\chi^2 = 0,000 < 0,05$ apresentado no *output* **Omnibus Test**), que a hipótese nula de que todos os parâmetros β_j ($j = 1, 2, 3$) sejam estatisticamente iguais a zero pode ser rejeitada ao nível de significância de 5%, ou seja, pelo menos uma variável X é estatisticamente significante para explicar a ocorrência de atrasos por mês.

Os parâmetros estimados encontram-se no *output* **Parameter Estimates** e são exatamente iguais aos calculados manualmente e apresentados na Figura 14.14 (Excel) e também obtidos por meio dos comandos `nbreg` ou `glm..., family(nbinomial ml)` do Stata (Figuras 14.37 e 14.39, respectivamente). Este mesmo *output* também apresenta as ***incidence rate ratios*** (ou ***irr***) de cada variável explicativa, que o SPSS chama de *Exp(B)*, conforme também já apresentado por meio da Figura 14.41. Como todos os intervalos de confiança dos parâmetros estimados (*95% Wald Confidence Interval*) não contêm o zero e, consequentemente, os de *Exp(B)* não contêm o 1, já chegamos ao modelo final de regressão binomial negativo (todos os *Sig. Wald Chi-Square* < 0,05).

Goodness of Fit[b]

	Value	df	Value/df
Deviance	105,025	95	1,106
Scaled Deviance	105,025	95	
Pearson Chi-Square	104,703	95	1,102
Scaled Pearson Chi-Square	104,703	95	
Log Likelihood[a]	-151,012		
Akaike's Information Criterion (AIC)	312,025		
Finite Sample Corrected AIC (AICC)	312,663		
Bayesian Information Criterion (BIC)	325,050		
Consistent AIC (CAIC)	330,050		

Dependent Variable: quantas vezes chegou atrasado à escola no último mês?
Model: (Intercept), dist, sem, per

a. The full log likelihood function is displayed and used in computing information criteria.
b. Information criteria are in small-is-better form.

Omnibus Test[a]

Likelihood Ratio Chi-Square	df	Sig.
63,249	3	,000

Dependent Variable: quantas vezes chegou atrasado à escola no último mês?
Model: (Intercept), dist, sem, per

a. Compares the fitted model against the intercept-only model.

Parameter Estimates

Parameter	B	Std. Error	95% Wald Confidence Interval		Hypothesis Test			Exp(B)	95% Wald Confidence Interval for Exp(B)	
			Lower	Upper	Wald Chi-Square	df	Sig.		Lower	Upper
(Intercept)	-4,997	1,2494	-7,446	-2,549	15,998	1	,000	,007	,001	,078
dist	,308	,0713	,168	,447	18,644	1	,000	1,360	1,183	1,564
sem	,197	,0495	,100	,294	15,874	1	,000	1,218	1,105	1,342
per	-,927	,2570	-1,431	-,424	13,020	1	,000	,396	,239	,655
(Scale)	1[a]									
(Negative binomial)	,255	,1248	,098	,666						

Dependent Variable: quantas vezes chegou atrasado à escola no último mês?
Model: (Intercept), dist, sem, per

a. Fixed at the displayed value.

Figura 14.73 *Outputs* do modelo de regressão binomial negativo (NB2) no SPSS.

Logo, a expressão da quantidade média estimada de atrasos por mês para um determinado aluno i pode ser escrita como:

$$u_i = e^{\left(-4,997+0,308.dist_i+0,197.sem_i-0,927.per_i\right)}$$

Além disso, também com base no *output* final da Figura 14.73, as quantidades estimadas de atrasos por mês apresentam, com 95% de nível de confiança, expressões de mínimo e de máximo iguais a:

$$u_{i_{min}} = e^{\left(-7,446+0,168.dist_i+0,100.sem_i-1,431.per_i\right)}$$

$$u_{i_{\text{máx}}} = e^{\left(-2,549 + 0,447.dist_i + 0,294.sem_i - 0,424.per_i\right)}$$

Por fim, a parte inferior do *output* final da Figura 14.73 apresenta a estimação de ϕ (*Negative binomial*). Conforme podemos observar, o intervalo de confiança para ϕ não contém o zero, ou seja, para o nível de confiança de 95%, podemos afirmar que ϕ é estatisticamente diferente de zero e com valor estimado igual a 0,255, conforme já calculado na seção 14.3.1 por meio do **Solver** do Excel (Figura 14.14) e na seção 14.4.2 por meio do Stata (Figuras 14.37, 14.39 e 14.41). **Isso comprova a existência de superdispersão nos dados**, com a variância da variável dependente apresentando a seguinte expressão:

$$Var\left(Y\right) = u + 0,255 \cdot u^2$$

Por fim, vamos agora elaborar um gráfico similar ao apresentado na Figura 14.45, porém com a inclusão também dos valores estimados por *OLS* de um modelo de regressão múltipla log-linear. Em outras palavras, elaboraremos um gráfico que permite que sejam comparados, para cada um dos modelos estimados (binomial negativo, Poisson e regressão log-linear por *OLS*), os valores previstos e os valores reais do número de atrasos por mês.

Como os valores previstos das estimações dos modelos Poisson e binomial negativo já se encontram no banco de dados (variáveis *MeanPredicted* e *MeanPredicted_1*, respectivamente), precisamos, neste momento, estimar o modelo de regressão múltipla log-linear por *OLS*, cujos resultados não serão aqui apresentados, porém os procedimentos serão descritos.

Dessa forma, vamos gerar uma variável chamada de *lnatrasos*, que corresponde ao logaritmo natural da variável dependente *atrasos*, clicando em **Transform → Compute Variable...**. A expressão que deve ser digitada na caixa **Numeric Expression** é **ln(atrasos)** para que, desta forma, o modelo $\ln atrasos_i = \alpha + \beta_1.dist_i + \beta_2.sem_i + \beta_3.per_i$ possa ser estimado por *OLS*.

Na sequência, vamos clicar em **Analyze → Regression → Linear...**, e inserir a variável *lnatrasos* na caixa **Dependent** e as variáveis *dist*, *sem* e *per* na caixa **Independent(s)**. No botão **Save...**, devemos marcar a opção **Unstandardized**, em **Predicted Values** e, por fim, podemos clicar em **Continue** e em **OK**. Este procedimento criará no banco de dados uma nova variável, chamada pelo SPSS de *PRE_1* (valores previstos do logaritmo natural do número de atrasos por mês).

Entretanto, a variável que desejamos criar refere-se aos valores previstos do número de atrasos mensais, e não aos valores previstos do logaritmo natural do número de atrasos mensais. Portanto, precisamos clicar novamente em **Transform → Compute Variable...** e criar uma variável chamada de *eyhat*, cuja expressão a ser digitada na caixa **Numeric Expression** é **exp(PRE_1)**.

Dessa forma, podemos elaborar o gráfico desejado, clicando em **Graphs → Legacy Dialogs → Line...** e, na sequência, nas opções **Multiple** e **Summaries of separate variables**. Ao clicarmos em **Define**, surgirá uma caixa de diálogo em que deveremos inserir as variáveis *MeanPredicted* (valores previstos pelo modelo Poisson), *MeanPredicted_1* (valores previstos pelo modelo binomial negativo) e *eyhat* (valores previstos pelo modelo de regressão log-linear estimado por *OLS*) na caixa **Lines Represent** e a variável *atrasos* em **Category Axis**. Na sequência, podemos clicar em **OK**.

O gráfico gerado pode ser editado por meio de um duplo clique, e aqui se optou pela apresentação de uma interpolação do tipo **Spline**, conforme mostra a Figura 14.74. O gráfico final encontra-se na Figura 14.75.

Por meio da análise do gráfico da Figura 14.75 podemos verificar que a variância da quantidade prevista de atrasos mensais é bem superior para o caso do modelo de regressão binomial negativo, cuja estimação consegue de fato capturar a existência de superdispersão nos dados, principalmente para valores maiores de atrasos por mês.

Isso confirma o fato de que distribuições de dados de contagem com amplitudes maiores de seus valores observados podem aumentar a variância da variável em estudo numa proporção maior do que a sua média, o que pode acarretar em uma superdispersão nos dados. Enquanto não se verificou a existência de superdispersão para os dados de contagem semanal, com menos possibilidades de ocorrência, este fenômeno tornou-se presente quando os dados de contagem passaram a se apresentar de forma mensal, ou seja, com mais amplas possibilidades de ocorrência. Conforme estudamos neste capítulo, enquanto o primeiro caso foi abordado por meio da estimação de um modelo de regressão Poisson, os dados do segundo caso acabaram por apresentar um melhor ajuste quando se estimou um modelo de regressão binomial negativo.

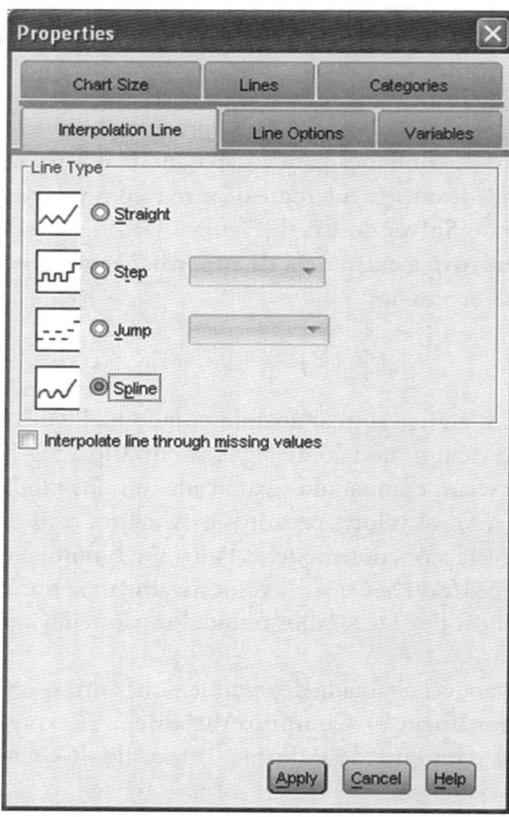

Figura 14.74 Definição da interpolação do tipo *Spline* para elaboração de gráficos.

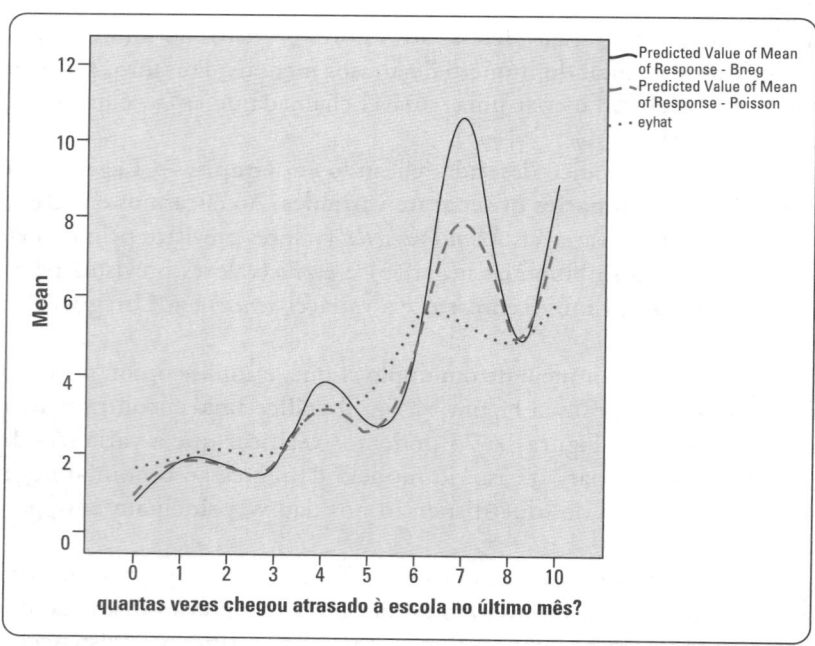

Figura 14.75 Valores previstos × valores observados de atrasos mensais para os modelos de regressão binomial negativo, Poisson e log-linear (*OLS*).

14.6. CÓDIGOS EM R PARA OS EXEMPLOS DO CAPÍTULO

```r
# Pacotes utilizados
library(plotly) #plataforma gráfica
library(tidyverse) #carregar outros pacotes do R
library(knitr) #formatação de tabelas
library(kableExtra) #formatação de tabelas
library(fastDummies) #função 'dummy_columns' para dummização de variáveis
library(jtools) #funções 'summ' e 'export_summs' para apresentação de
                #outputs de modelos
library(stargazer) #outra maneira de apresentar outputs de modelos
library(questionr) #função 'freq' para tabelas de frequência
library(reshape2) #função 'melt'
library(lmtest) #função 'lrtest' para comparação de LL's entre modelos
library(overdisp) #função 'overdisp' para identificação de superdispersão nos dados
library(splines) #função 'bs' (smooth probability lines) para gráficos polinomiais
library(MASS) #função 'glm.nb' para estimação do modelo binomial negativo
library(pscl) #função 'zeroinfl' para estimação de modelos inflacionados de zeros
              #e função 'vuong' para teste de Voung para identificação de inflação de
              #zeros


# A distribuição Poisson - parte conceitual

# Definição de uma função da distribuição Poisson com lambda = 1
poisson_lambda1 <- function(m){
  lambda <- 1
  (exp(-lambda) * lambda ^ m) / factorial(m)
}


# Definição de uma função da distribuição Poisson com lambda = 4
poisson_lambda4 <- function(m){
  lambda <- 4
  (exp(-lambda) * lambda ^ m) / factorial(m)
}


# Definição de uma função da distribuição Poisson com lambda = 10
poisson_lambda10 <- function(m){
  lambda <- 10
  (exp(-lambda) * lambda ^ m) / factorial(m)
}


# Plotagem das funções estabelecidas para os diferentes valores de lambda
data.frame(m = 0:20) %>%
  ggplot(aes(x = m)) +
  stat_function(fun = poisson_lambda1, size = 1.5,
                aes(color = "01")) +
  stat_function(fun = poisson_lambda4, size = 1.5,
                aes(color = "04")) +
  stat_function(fun = poisson_lambda10, size = 1.5,
                aes(color = "10")) +
  scale_color_viridis_d("Valores de" ~ lambda ~ "") +
  labs(y = "Probabilidades", x = "m") +
  theme_bw()
```

```r
# Carregamento da base de dados 'quant_atrasos_poisson'
load(file = "quant_atrasos_poisson.RData")



# Visualização da base de dados
quant_atrasos_poisson %>%
  kable() %>%
  kable_styling(bootstrap_options = "striped",
                full_width = FALSE,
                font_size = 22)

# Estatísticas univariadas
summary(quant_atrasos_poisson)

# Distribuição de frequências da variável dependente 'atrasos'
table(quant_atrasos_poisson$atrasos)

# Tabela de frequências da variável dependente mais bem elaborada
# Função 'freq' para gerar tabelas de frequência do pacote 'questionr'
freq(quant_atrasos_poisson$atrasos)

# Histograma da variável dependente 'atrasos'
ggplotly(
  quant_atrasos_poisson %>%
    ggplot(aes(x = atrasos,
               fill = ..count..)) +
    geom_histogram(bins = 5, color = "black") +
    scale_fill_viridis_b("Contagem") +
    labs(x = "Quantas vezes chegou atrasado à escola na última semana?",
         y = "Frequência") +
    theme_bw()
)

# Diagnóstico preliminar para observação de eventual igualdade entre a média e
#a variância da variável dependente 'atrasos'
quant_atrasos_poisson %>%
  summarise(Média = mean(atrasos),
            Variância = var(atrasos))

# Criação da variável dummy a partir da variável preditora 'per'

# Procedimento para a criação de variáveis dummy a partir de variáveis
#preditoras qualitativas. Para dada variável qualitativa com n categorias,
#definiremos n-1 dummies a partir da função 'dummy_columns' do pacote
#'fastDummies'.

# Há várias maneiras para se definirem variáveis dummy no R. Escolhemos uma
#que acreditamos ser bastante interessante do ponto de vista didático.

# Dummização da variável 'per', definindo-se que o período da
#'tarde' será a categoria de referência.
# Os códigos a seguir automaticamente realizarão os seguintes procedimentos:
# a) estabelecimento de dummies que representarão as categorias da variável
```

```
#qualitativa 'per';
# b) exclusão da variável qualitativa original 'per' do dataset, por meio do
#argumento 'remove_selected_columns = TRUE';
# c) exclusão da dummy correspondente à categoria de referência 'tarde'.

quant_atrasos_poisson <- dummy_columns(.data = quant_atrasos_poisson,
                                       select_columns = c("per"),
                                       remove_selected_columns = TRUE)
quant_atrasos_poisson$per_tarde <- NULL


# Estimação do modelo Poisson

# Estimação do modelo Poisson com as variáveis 'dist', 'sem' e a dummy 'per_manhã'
#como preditoras
modelo_poisson <- glm(formula = atrasos ~ dist + sem + per_manhã,
                      data = quant_atrasos_poisson,
                      family = "poisson")

# Parâmetros do 'modelo_poisson'
summary(modelo_poisson)
```

Ao acessar o QR Code ao lado, você encontrará os códigos completos em R® on-line

14.7. CÓDIGOS EM PYTHON PARA OS EXEMPLOS DO CAPÍTULO

```python
# Nossos mais sinceros agradecimentos aos Professores Helder Prado Santos e
#Wilson Tarantin Junior pela contribuição com códigos e revisão do material.

# Importação dos pacotes necessários
import pandas as pd #manipulação de dados em formato de dataframe
import seaborn as sns #biblioteca de visualização de informações estatísticas
import matplotlib.pyplot as plt #biblioteca de visualização de dados
import statsmodels.api as sm #biblioteca de modelagem estatística
import numpy as np #biblioteca para operações matemáticas multidimensionais
from scipy.interpolate import interp1d #função para interpolações em gráficos
from scipy import stats #estatística chi2
from statstests.process import stepwise #procedimento Stepwise
from statsmodels.iolib.summary2 import summary_col #comparação entre modelos
from math import exp, factorial #operações matemáticas exponencial e fatorial
import statsmodels.formula.api as smf #estimação dos modelos de contagem
from statstests.tests import overdisp # teste de superdispersão


# A distribuição Poisson - parte conceitual

# Definição da função 'poisson_lambda' da distribuição Poisson para determinados
#valores de lambda
def poisson_lambda(lmbda,m):
    return (exp(-lmbda) * lmbda ** m) / factorial(m)
```

```python
# Plotagem das funções estabelecidas para diferentes valores de lambda

m = np.arange(0,21)

lmbda_1 = []
lmbda_2 = []
lmbda_4 = []

for item in m:
    # Estabelecendo a distribuição com lambda = 1
    lmbda_1.append(poisson_lambda(1,item))
    # Estabelecendo a distribuição com lambda = 2
    lmbda_2.append(poisson_lambda(2,item))
    # Estabelecendo a distribuição com lambda = 4
    lmbda_4.append(poisson_lambda(4,item))

# Criação de um dataframe com m variando de 0 a 20 e diferentes valores de lambda
df_lambda = pd.DataFrame({'m':m,
                          'lambda_1':lmbda_1,
                          'lambda_2':lmbda_2,
                          'lambda_4':lmbda_4})
df_lambda


# Plotagem propriamente dita

def smooth_line_plot(x,y):
    x_new = np.linspace(x.min(), x.max(),500)
    f = interp1d(x, y, kind='quadratic')
    y_smooth=f(x_new)
    return x_new, y_smooth

x_new, lambda_1 = smooth_line_plot(df_lambda.m, df_lambda.lambda_1)
x_new, lambda_2 = smooth_line_plot(df_lambda.m, df_lambda.lambda_2)
x_new, lambda_4 = smooth_line_plot(df_lambda.m, df_lambda.lambda_4)

plt.figure(figsize=(15,10))
plt.plot(x_new,lambda_1, linewidth=5, color='indigo')
plt.plot(x_new,lambda_2, linewidth=5, color='green')
plt.plot(x_new,lambda_4, linewidth=5, color='orange')
plt.xlabel('m', fontsize=20)
plt.ylabel('Probabilidades', fontsize=20)
plt.legend([r'$\lambda$ = 1',r'$\lambda$ = 2',r'$\lambda$ = 4'], fontsize=24)
plt.show

# Carregamento da base de dados 'quant_atrasos_poisson'
df_atrasos_poisson = pd.read_csv('quant_atrasos_poisson.csv', delimiter=',')

# Visualização da base de dados 'quant_atrasos_poisson'
df_atrasos_poisson

# Características das variáveis do dataset
df_atrasos_poisson.info()

# Estatísticas univariadas
df_atrasos_poisson.describe()
```

```python
# Distribuição de frequências da variável dependente 'atrasos'
# Função 'values_counts' do pacote 'pandas' sem e com normalização
#para gerar as contagens e os percentuais, respectivamente
contagem = df_atrasos_poisson['atrasos'].value_counts(dropna=False)
percent = df_atrasos_poisson['atrasos'].value_counts(dropna=False, normalize=True)
pd.concat([contagem, percent], axis=1, keys=['contagem', '%'], sort=True)


# Distribuição de frequências da variável 'per'
df_atrasos_poisson['per'].value_counts()


# Histograma da variável dependente 'atrasos'

plt.figure(figsize=(15,10))
sns.histplot(data=df_atrasos_poisson, x='atrasos', bins=5, color='darkorchid')
plt.xlabel('Quantas vezes chegou atrasado à escola na última semana?', fontsize=20)
plt.ylabel('Frequência', fontsize=20)
plt.show()


# Diagnóstico preliminar para observação de eventual igualdade entre a média e
#a variância da variável dependente 'atrasos'
pd.DataFrame({'Média':[df_atrasos_poisson.atrasos.mean()],
              'Variância':[df_atrasos_poisson.atrasos.var()]})



# Criação da variável dummy a partir da variável preditora 'per'

# Procedimento para a criação de variáveis dummy a partir de variáveis
#preditoras qualitativas. Para dada variável qualitativa com n categorias,
#definiremos n-1 dummies a partir da função 'get_dummies' do pacote 'pandas'.

# Há várias maneiras para se definirem variáveis dummy no Python. Escolhemos
#uma que acreditamos ser bastante interessante do ponto de vista didático.

# Dummização da variável 'per', definindo-se que o período da 'tarde' será a
#categoria de referência.
# Os códigos a seguir automaticamente realizarão os seguintes procedimentos:
# a) estabelecimento de dummies que representarão as categorias da variável
#qualitativa 'per';
# b) exclusão da variável qualitativa original 'per' do dataset;
# c) exclusão da dummy correspondente à categoria de referência ('tarde').

df_atrasos_poisson = pd.get_dummies(df_atrasos_poisson, columns=['per'],
                                    drop_first=False)
del df_atrasos_poisson['per_tarde']


# Estimação do modelo Poisson
# O argumento 'family=sm.families.Poisson()' da função 'glm' do pacote
#'statsmodels.formula.api' define a estimação de um modelo Poisson
# Estimação do modelo com as variáveis 'dist', 'sem' e dummy como preditoras
modelo_poisson = smf.glm(formula='atrasos ~ dist + sem + per_manha',
                         data=df_atrasos_poisson,
                         family=sm.families.Poisson()).fit()
```

```
# Parâmetros do 'modelo_poisson'
modelo_poisson.summary()
```

Ao acessar o QR Code ao lado, você encontrará os códigos completos em Python® *on-line*

14.8. CONSIDERAÇÕES FINAIS

A estimação de modelos de regressão em que a variável dependente é composta por dados de contagem apresenta inúmeras aplicações, porém ainda é pouco explorada, seja pelo desconhecimento dos modelos existentes, seja pelo senso comum, ainda que incorreto, de que se a variável dependente for quantitativa, cabe a estimação *OLS*, independentemente da sua distribuição.

Os modelos de regressão Poisson e binomial negativo são modelos log-lineares (ou semilogarítmicos à esquerda) e representam os modelos para dados de contagem mais conhecidos, sendo estimados por máxima verossimilhança. Enquanto a estimação correta de um modelo de regressão Poisson exige que não ocorra o fenômeno da superdispersão nos dados da variável dependente, a estimação de um modelo de regressão binomial negativo permite que a variância da variável dependente seja estatisticamente superior à sua média.[1]

Recomenda-se que, antes que seja definido o mais adequado e consistente modelo de regressão quando houver dados de contagem, seja elaborado um diagnóstico sobre a distribuição da variável dependente e estimado um modelo de regressão Poisson para, a partir de então, ser elaborado um teste para verificação de existência de superdispersão nos dados. Caso isso se comprove, deve ser estimado um modelo de regressão binomial negativo, sendo recomendável o modelo do tipo NB2.

Os modelos de regressão Poisson e binomial negativo devem ser estimados por meio do uso correto do software escolhido, e a inclusão inicial de potenciais variáveis explicativas do fenômeno em estudo deve ser sempre feita com base na teoria subjacente e na intuição do pesquisador.

14.9. EXERCÍCIOS

1) Uma financeira de um grande estabelecimento varejista de eletroeletrônicos deseja saber se a renda e a idade dos consumidores explicam a incidência do uso de financiamento, via crédito direto ao consumidor (CDC), quando da compra de bens como telefones celulares, tablets, laptops, televisões, videogames, aparelhos de DVD, entre outros, a fim de que seja possível elaborar uma campanha de promoção dessa forma de financiamento segmentada pelo perfil dos clientes. Para tanto, a área de marketing da financeira selecionou, aleatoriamente, uma amostra de 200 consumidores provenientes de sua base total de clientes, com as seguintes variáveis:

Variável	Descrição
id	Variável *string* que varia de 001 a 200 e que identifica o consumidor.
quantcompras	Variável dependente correspondente à quantidade de compras de bens duráveis realizadas por meio de CDC no último ano por consumidor (dados de contagem).
renda	Renda mensal do consumidor (R$).
idade	Idade do consumidor (anos).

Por meio da análise do banco de dados presente nos arquivos **Financiamento.sav**, **Financiamento.dta**, **financiamento.RData** e **financiamento.csv** pede-se:

---

[1] Embora não seja escopo deste livro, muitos autores comparam estimações por máxima verossimilhança de modelos de regressão Poisson e binomial negativo com estimações por máxima verossimilhança de modelos que consideram a variável dependente censurada, com base no desenvolvimento de modelos conhecidos por Tobit. Para maiores informações, recomendamos o estudo de Cameron e Trivedi (2009).

a) Elabore um diagnóstico preliminar sobre a existência de superdispersão nos dados da variável *quantcompras*. Apresente a sua média e a sua variância, e elabore o seu histograma.

b) Estime um modelo de regressão Poisson e, com base em seus resultados, elabore o teste para verificação de existência de superdispersão nos dados. Qual a conclusão deste teste, ao nível de significância de 5%?

c) Elabore um teste χ^2 para comparar as distribuições de probabilidades observadas e previstas de incidência anual de uso do CDC. O resultado do teste, ao nível de significância de 5%, indica a existência de qualidade do ajuste do modelo de regressão Poisson?

d) Se a resposta do item anterior for sim, apresente a expressão final para a quantidade média estimada de uso anual de financiamento por meio de CDC quando da compra de bens duráveis, em função das variáveis explicativas que se mostraram estatisticamente significantes, ao nível de confiança de 95%.

e) Qual a quantidade média esperada de uso do CDC por ano para um consumidor com renda mensal de R$ 2.600,00 e 47 anos de idade?

f) Em média, em quanto se altera a taxa de incidência anual de uso do financiamento por CDC ao se aumentar em R$ 100,00 a renda mensal do consumidor, mantidas as demais condições constantes?

g) Em média, em quanto se altera a taxa de incidência anual de uso do financiamento por CDC quando se aumenta a idade média do consumidor em 1 ano, mantidas as demais condições constantes?

h) Elabore um gráfico (**mspline** no Stata ou **Spline** no SPSS) que mostra o valor previsto de incidência anual de uso do CDC em função da renda mensal do consumidor. Faça uma breve discussão.

i) Estime um modelo de regressão múltipla log-linear por *OLS* e compare os resultados previstos deste modelo com aqueles estimados pelo modelo Poisson.

j) Caso haja o interesse em aumentar o financiamento por meio de CDC, qual público-alvo precisa ser abordado nesta campanha de marketing da financeira?

2) Com o intuito de estudar se a proximidade de parques e áreas verdes e de shoppings e centros de consumo faz com que seja reduzida a intenção de se vender um apartamento, uma empresa do setor imobiliário residencial resolveu marcar a localização de cada um dos 276 imóveis à venda num determinado município, conforme mostra a figura a seguir:

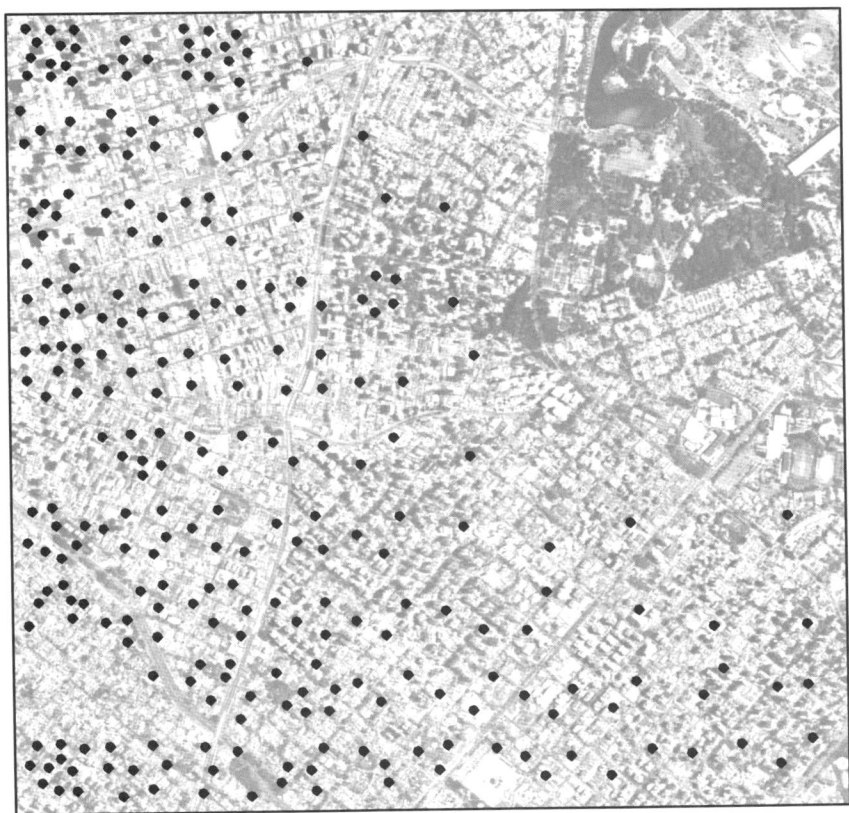

Fonte do Mapa: Google Maps.

A fim de facilitar a elaboração do estudo, a imobiliária criou uma malha quadricular sobre o mapa do município, com a intenção de identificar as características de cada microrregião. Foram criadas, por meio deste usual procedimento, 100 quadrículas (10 × 10) com dimensões iguais e identificadas de acordo com a figura a seguir:

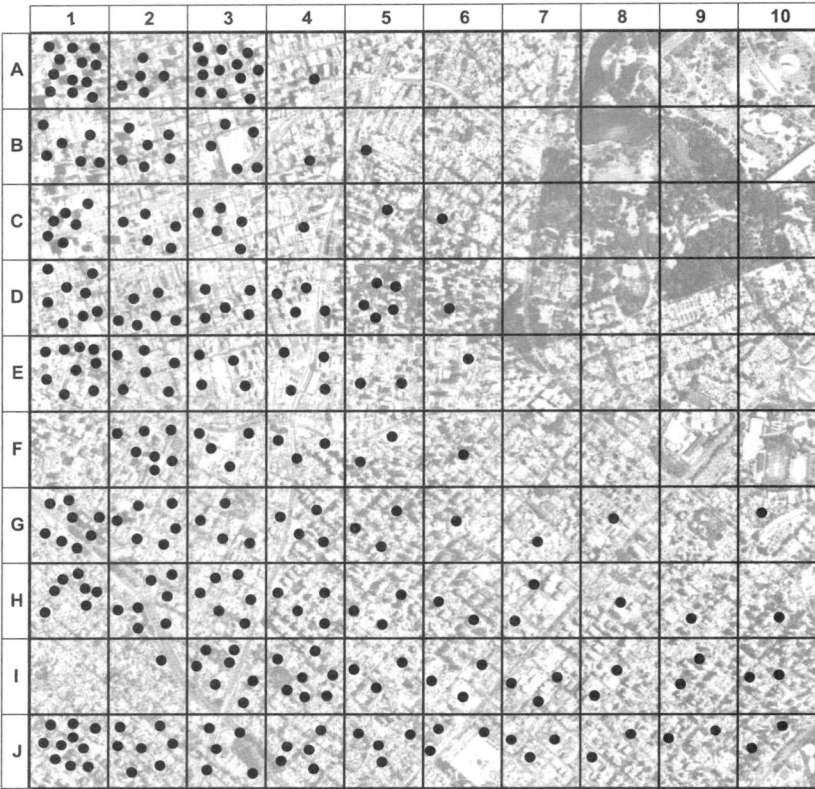

Fonte do Mapa: Google Maps.

Para uma melhor visualização da quantidade de imóveis à venda em cada microrregião, na próxima figura optou-se por ocultar o mapa do município.

Foram, portanto, levantadas as seguintes variáveis em cada uma das microrregiões do município, aqui definidas pelas quadrículas:

Variável	Descrição
quadrícula	Variável *string* que identifica a microrregião (quadrícula). É nomeada com um número i seguido de uma letra j, em que o número i varia de 1 a 10 e a letra j, de A a J.
quantimóveis	Variável dependente correspondente à quantidade de imóveis residenciais à venda por quadrícula (dados de contagem).
distparque	Distância da quadrícula ao principal parque do município (em metros).
shopping	Variável binária que indica se há shoppings ou centros de consumo na quadrícula (Não = 0; Sim = 1).

Os dados encontram-se nos arquivos **Imobiliária.sav**, **Imobiliária.dta**, **imobiliaria.RData** e **imobiliaria.csv**. Pede-se:

a) Elabore um diagnóstico preliminar sobre a existência de superdispersão nos dados da variável *quantimóveis*. Apresente sua média, sua variância e seu histograma.

b) Estime o modelo de regressão Poisson a seguir e, com base em seus resultados, elabore o teste para verificação de existência de superdispersão nos dados. Qual a conclusão deste teste, ao nível de significância de

5%? Elabore também um teste χ^2 para comparar as distribuições de probabilidades observadas e previstas para a quantidade de imóveis à venda por quadrícula. O resultado do teste, ao nível de significância de 5%, indica a existência de qualidade do ajuste do modelo de regressão Poisson? Justifique.

$$quantimóveis_{ij} = e^{\left(\alpha + \beta_1 \cdot parque_{ij} + \beta_2 \cdot shopping_{ij}\right)}$$

c) Estime um modelo de regressão binomial negativo do tipo NB2.

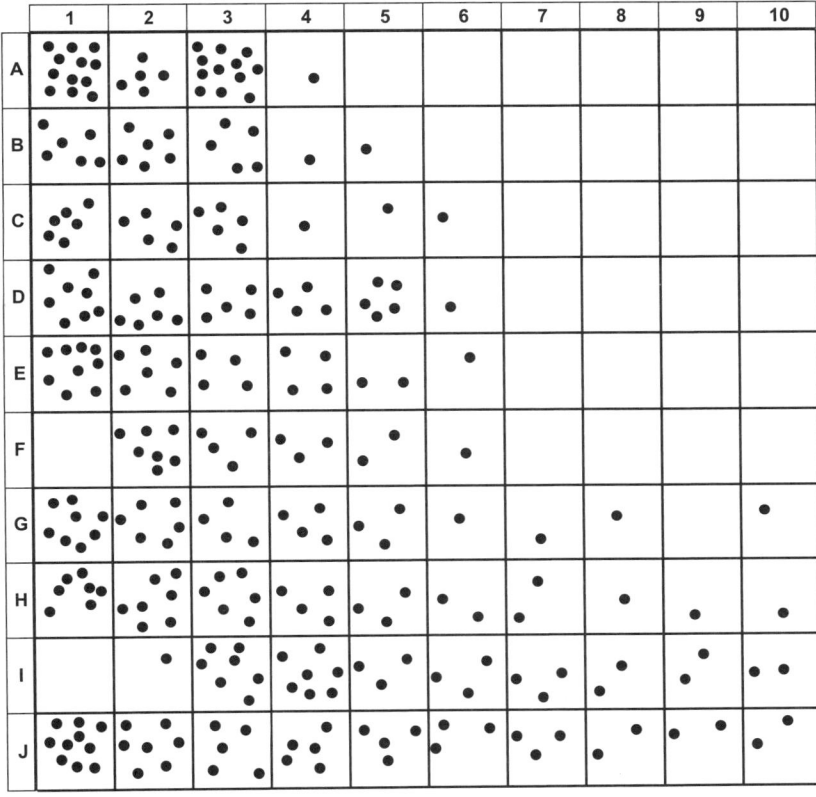

d) Pode-se dizer, ao nível de confiança de 95%, que o parâmetro ϕ (inverso do parâmetro de forma da distribuição Gama) é estatisticamente diferente de zero? Se sim, deve-se optar pela estimação do modelo binomial negativo?

Os próximos sete itens referem-se à estimação do modelo de regressão binomial negativo do tipo NB2:

e) Qual a expressão da quantidade média estimada de imóveis à venda para determinada quadrícula *ij*?

f) Qual é a quantidade média esperada de imóveis à venda para uma microrregião (quadrícula) que se encontra a 820 metros de distância do parque e não possui centros de consumo?

g) Em média, em quanto se altera a taxa de incidência de imóveis à venda por quadrícula quando há uma aproximação média de 100 metros do parque, mantidas as demais condições constantes?

h) Em média, em quanto se altera a taxa de incidência de imóveis à venda quando passa a existir um centro de consumo ou um shopping na microrregião (quadrícula), mantidas as demais condições constantes?

i) Elabore um gráfico (**mspline** no Stata ou **Spline** no SPSS) que mostra o comportamento da quantidade prevista de imóveis à venda por quadrícula em função da distância até o parque.

j) Elabore o mesmo gráfico, porém agora estratificando as quadrículas que têm centros de consumo das que não têm.

k) Pode-se dizer que a proximidade de parques e áreas verdes e de shoppings e centros de consumo inibe a intenção de se colocar à venda um imóvel residencial?

Além disso, pede-se:

l) Compare as estimações dos modelos de regressão Poisson e binomial negativo por meio de um gráfico que apresenta as distribuições de probabilidades observadas e previstas de incidência de imóveis à venda por quadrícula.

m) Compare também a qualidade do ajuste dos dois modelos (Poisson e binomial negativo) por meio da análise das diferenças máximas entre as distribuições de probabilidades observadas e previstas que ocorrem em ambos os casos. Além disso, elabore esta análise comparando os valores totais de Pearson das duas estimações.

n) Estime um modelo de regressão múltipla log-linear por *OLS* e compare os resultados previstos deste modelo com aqueles estimados pelos modelos de regressão Poisson e binomial negativo.

Modelos de regressão inflacionados de zeros

A) Breve Introdução

Como parte dos **Modelos Lineares Generalizados**, os modelos de regressão para dados de contagem são utilizados para os casos em que o fenômeno que se deseja estudar apresenta-se na forma de uma variável quantitativa, porém apenas com valores discretos e não negativos, conforme estudamos ao longo do capítulo. Entretanto, é comum que algumas variáveis com dados de contagem apresentem uma **quantidade excessiva de zeros**, o que pode fazer com que parâmetros estimados quando da elaboração de modelos tradicionais de regressão dos tipos Poisson ou binomial negativo sejam viesados por não conseguirem capturar a presença exacerbada de contagens nulas. Nessas situações, podem ser utilizados os **modelos de regressão inflacionados de zeros**, e neste apêndice estudaremos tais modelos também com foco nos tipos Poisson e binomial negativo.[1]

Os modelos de regressão inflacionados de zeros, de acordo com Lambert (1992), são considerados uma combinação entre um modelo para dados de contagem e um modelo para dados binários, já que são utilizados para investigar as razões que levam a determinada quantidade de ocorrências (contagens) de um fenômeno, bem como as razões que levam (ou não) à ocorrência propriamente dita desse fenômeno, independentemente da quantidade de contagens observadas.

Neste sentido, enquanto um modelo Poisson inflacionado de zeros é estimado a partir da **combinação de uma distribuição de Bernoulli com uma distribuição Poisson**, determinado modelo binomial negativo inflacionado de zeros é estimado por meio da **combinação de uma distribuição de Bernoulli com uma distribuição Poisson-Gama**, e a escolha de um ou de outro obedece ao que estudamos ao longo do capítulo, ou seja, passa pela existência de superdispersão nos dados, ou seja, pela análise do inverso do parâmetro de forma da distribuição Gama e do correspondente teste de razão de verossimilhança para o referido parâmetro. Voltaremos a discutir essa questão mais adiante, quando da elaboração de um exemplo em Stata.

A própria definição sobre a existência ou não de uma quantidade excessiva de zeros na variável dependente Y é elaborada por meio de um teste específico, conhecido por **teste de Vuong** (1989), que representará o primeiro *output* a ser analisado na estimação de modelos de regressão inflacionados de zeros.

Em relação especificamente aos **modelos de regressão Poisson inflacionados de zeros**, podemos definir que, enquanto a **probabilidade p de ocorrência de nenhuma contagem** para dada observação i (i = 1, 2, ..., n, em que n é o tamanho da amostra), ou seja, $p(Yi = 0)$, é calculada levando-se em consideração a soma de um componente dicotômico com um componente de contagem e, portanto, deve-se definir a probabilidade P_{logit_i} de não ocorrer nenhuma contagem devido exclusivamente ao componente dicotômico, a **probabilidade p de ocorrência de determinada contagem m** (m = 1, 2, ...), ou seja, $p(Yi = m)$, segue a própria expressão da probabilidade da distribuição Poisson, multiplicada por $(1 - P_{logit_i})$.

Portanto, fazendo uso das expressões (13.10) e (14.1), temos que:

---

[1] É importante mencionar que, alternativamente aos modelos de regressão inflacionados de zeros dos tipos Poisson e binomial negativo, o pesquisador também pode optar pela estimação de modelos *hurdle* quando do estudo do comportamento de determinada variável dependente com dados de contagem e quantidade excessiva de zeros. Os modelos *hurdle*, embora não contemplados na presente edição deste livro, podem ser estudados em Cameron e Trivedi (2009).

$$
\begin{cases}
p\left(Y_i = 0\right) = p_{logit_i} + \left(1 - p_{logit_i}\right).e^{-\lambda_i} \\[2ex]
p\left(Y_i = m\right) = \left(1 - p_{logit_i}\right).\dfrac{e^{-\lambda_i}.\lambda_i^{m}}{m!}, \qquad m = 1,\ 2,\ \ldots
\end{cases}
\tag{14.32}
$$

sendo $Y \sim \mathrm{ZIP}\,(\lambda,\ P_{logit_i})$, em que ZIP significa **zero inflated Poisson**, e sabendo-se que:

$$
p_{logit_i} = \frac{1}{1 + e^{-\left(\gamma + \delta_1.W_{1i} + \delta_2.W_{2i} + \ldots + \delta_q.W_{qi}\right)}}
\tag{14.33}
$$

e

$$
\lambda_i = e^{\left(\alpha + \beta_1.X_{1i} + \beta_2.X_{2i} + \ldots + \beta_k.X_{ki}\right)}
\tag{14.34}
$$

Podemos verificar que, se $P_{logit_i} = 0$, claramente a distribuição de probabilidades da expressão (14.32) se resume à distribuição Poisson, inclusive para casos em que $Y_i = 0$. Em outras palavras, os modelos de regressão Poisson inflacionados de zeros apresentam dois processos geradores de zeros, sendo um devido à distribuição binária (neste caso, são gerados os chamados **zeros estruturais**) e outro devido à distribuição Poisson (nesta situação, são gerados dados de contagem, entre os quais os chamados **zeros amostrais**).[2]

Com base nas expressões (14.33) e (14.34), podemos, portanto, definir que, enquanto a ocorrência de zeros estruturais é influenciada por um vetor de variáveis explicativas W_1, W_2, ..., W_q, a ocorrência de determinada contagem m é influenciada por um vetor de variáveis X_1, X_2, ..., X_k. Em alguns casos, o pesquisador pode inserir a mesma variável nos dois vetores, caso deseje investigar se essa variável influencia, concomitantemente, a ocorrência do evento e, em caso afirmativo, a quantidade de ocorrências (contagens) do referido fenômeno.

A partir da expressão (14.32), e seguindo a lógica para a definição do **logaritmo da função de verossimilhança** (**log likelihood function**) apresentado na expressão 14.7, podemos chegar à seguinte função-objetivo, que tem por intuito estimar os parâmetros α, β_1, β_2, ..., β_k e γ, δ_1, δ_2, ..., δ_k de determinado modelo de regressão Poisson inflacionado de zeros:

$$
\begin{aligned}
LL = \sum_{Y_i = 0} \ln\left[p_{logit_i} + \left(1 - p_{logit_i}\right).e^{-\lambda} \right] + \\[2ex]
\sum_{Y_i > 0} \left[\ln\left(1 - p_{logit_i}\right) - \lambda_i + \left(Y_i\right).\ln\left(\lambda_i\right) - \ln\left(Y_i!\right) \right] = \text{máx}
\end{aligned}
\tag{14.35}
$$

cuja solução, assim como apresentado ao longo do capítulo, pode ser obtida por meio de ferramentas de programação linear.

Já em relação aos **modelos de regressão do tipo binomial negativo inflacionados de zeros**, podemos definir que, enquanto a **probabilidade p de ocorrência de nenhuma contagem** para dada observação i, ou seja, $p(Yi = 0)$, é também calculada levando-se em consideração a soma de um componente dicotômico com um componente de contagem, a **probabilidade p de ocorrência de determinada contagem m** ($m = 1, 2, \ldots$), ou seja, $p(Yi = m)$, segue agora a expressão da probabilidade da distribuição Poisson-Gama. Nesse sentido, fazendo uso das expressões (13.10) e (14.25), temos que:

$$
\begin{cases}
p\left(Y_i = 0\right) = p_{logit_i} + \left(1 - p_{logit_i}\right).\left(\dfrac{1}{1 + \phi \cdot u_i}\right)^{\frac{1}{\phi}} \\[3ex]
p\left(Y_i = m\right) = \left(1 - p_{logit_i}\right).\left[\begin{pmatrix} m + \phi^{-1} - 1 \\ \phi^{-1} - 1 \end{pmatrix}.\left(\dfrac{1}{1 + \phi \cdot u_i}\right)^{\frac{1}{\phi}}.\left(\dfrac{\phi \cdot u_i}{\phi \cdot u_i + 1}\right)^{m} \right], \quad m = 1,\ 2,\ \ldots
\end{cases}
\tag{14.36}
$$

---

[2] Note que a expressão (14.33) refere-se ao modelo logit estudado no Capítulo 13. O pesquisador pode, entretanto, optar por utilizar a expressão de probabilidades do modelo probit, estudada no apêndice do mesmo capítulo, para investigar a existência de zeros estruturais referentes à distribuição de Bernoulli.

sendo $Y \sim ZINB\ (\phi, u, P_{logit})$, em que ZINB significa **zero inflated negative binomial** e ϕ representa o inverso do parâmetro de forma de determinada distribuição Gama, e sabendo-se, de forma análoga ao apresentado para os modelos de regressão Poisson inflacionados de zeros, que:

$$P_{logit_i} = \frac{1}{1 + e^{-\left(\gamma + \delta_1.W_{1i} + \delta_2.W_{2i} + ... + \delta_q.W_{qi}\right)}} \tag{14.37}$$

e

$$u_i = e^{\left(\alpha + \beta_1.X_{1i} + \beta_2.X_{2i} + ... + \beta_k.X_{ki}\right)} \tag{14.38}$$

Podemos novamente verificar que, se $P_{logit_i} = 0$, a distribuição de probabilidades da expressão (14.36) se resume à distribuição Poisson-Gama, inclusive para casos em que $Y_i = 0$. Logo, os modelos de regressão do tipo binomial negativo inflacionados de zeros também apresentam dois processos geradores de zeros, oriundos da distribuição binária e da distribuição Poisson-Gama.

Portanto, com base na expressão (14.36), e a partir do logaritmo da função de verossimilhança (*log likelihood function*) definido na expressão (14.29), chegamos à seguinte função-objetivo, que tem por intuito estimar os parâmetros, $\phi, \alpha, \beta_1, \beta_2, ..., \beta_k$ e $\gamma, \delta_1, \delta_2, ..., \delta_k$ de determinado modelo de regressão binomial negativo inflacionado de zeros:

$$
\begin{aligned}
LL = \sum_{Y_i=0} \ln &\left[P_{logit_i} + \left(1 - P_{logit_i}\right).\left(\frac{1}{1+\phi\cdot u_i}\right)^{\frac{1}{\phi}} \right] + \\
\sum_{Y_i>0} &\left[\ln\left(1 - P_{logit_i}\right) + Y_i.\ln\left(\frac{\phi\cdot u_i}{1+\phi\cdot u_i}\right) - \frac{\ln\left(1+\phi\cdot u_i\right)}{\phi} \right. \\
&\left. + \ln\Gamma\left(Y_i + \phi^{-1}\right) - \ln\Gamma\left(Y_i+1\right) - \ln\Gamma\left(\phi^{-1}\right) \right] = \text{máx}
\end{aligned}
\tag{14.39}
$$

cuja solução também pode ser obtida por meio de ferramentas de programação linear.

Na sequência, apresentaremos um exemplo elaborado em Stata, em que são estimados os parâmetros de um modelo de regressão Poisson e de um modelo de regressão binomial negativo, ambos inflacionados de zeros. Inicialmente, será estudada a significância da quantidade excessiva de zeros na variável dependente Y (teste de Vuong) para, posteriormente, ser avaliada a significância do inverso parâmetro de forma ϕ da distribuição Gama (teste de razão de verossimilhança para o parâmetro ϕ), ou seja, a existência de superdispersão nos dados. O Quadro 14.2 apresenta a relação entre os modelos de regressão para dados de contagem e a existência de superdispersão e de excesso de zeros nos dados da variável dependente.

Quadro 14.2 Modelos de regressão para dados de contagem, superdispersão e excesso de zeros nos dados da variável dependente.

Verificação	Modelo de regressão para dados de contagem			
	Poisson	Binomial negativo	Poisson inflacionado de zeros (ZIP)	Binomial negativo inflacionado de zeros (ZINB)
Superdispersão nos dados da variável dependente	Não	Sim	Não	Sim
Quantidade excessiva de zeros na variável dependente	Não	Não	Sim	Sim

Dessa forma, enquanto os modelos inflacionados de zeros dos tipos Poisson e binomial negativo são mais apropriados quando houver uma quantidade excessiva de zeros na variável dependente, o uso desses últimos é ainda mais recomendável quando houver superdispersão nos dados.

B) Exemplo: Modelo de Regressão Poisson Inflacionado de Zeros no Stata

A fim de elaborarmos modelos de regressão inflacionados de zeros, faremos uso do banco de dados **Acidentes. dta**. Para a elaboração dessa base, foi investigada a quantidade de acidentes de trânsito que ocorreram em uma semana em 100 cidades de determinado país, que representa a variável dependente com dados de contagem. Além disso, inseriu-se na base a população urbana, a idade média dos habitantes com carteira de habilitação em vigência e o fato de o município adotar lei seca após as 22:00 h. O comando **desc** permite que estudemos as características do banco de dados, conforme mostra a Figura 14.76.

```
. desc

  obs:           100
  vars:            4
  size:        1,700  (99.9% of memory free)
-------------------------------------------------------------------------
              storage   display    value
variable name   type    format     label      variable label
-------------------------------------------------------------------------
acidentes      byte     %8.0g                  quantidade de acidentes de trânsito na
                                               última semana
pop            float    %9.5f                  população urbana (x milhão)
idade          float    %9.2f                  idade média dos habitantes com carteira
                                               de habilitação em vigência
leiseca        float    %9.0g      leiseca     o município adota sei seca após as 22:00h?
-------------------------------------------------------------------------
Sorted by:
```

Figura 14.76 Descrição do Banco de Dados **Acidentes.dta**.

Neste exemplo, vamos definir a variável *pop* como variável X, e as variáveis *idade* e *leiseca* como variáveis W_1 e W_2. Em outras palavras, nosso intuito é verificar se a probabilidade de não ocorrência de acidentes, ou seja, de ocorrência de zeros estruturais, é influenciada pela idade média dos motoristas e pelo fato de haver lei seca após as 22:00 h nos municípios e, além disso, se a ocorrência de determinada contagem de acidentes na semana em estudo é influenciada pela população de cada município i (i = 1, ..., 100). Portanto, para o modelo de regressão Poisson inflacionado de zeros, devem ser estimados os parâmetros das seguintes expressões:

$$p_{logit_i} = \frac{1}{1+e^{-\left(\gamma+\delta_1.idade_i+\delta_2.leiseca_i\right)}}$$

e

$$\lambda_i = e^{\left(\alpha+\beta.pop_i\right)}$$

Inicialmente, vamos analisar a distribuição de frequências da variável *acidentes*, digitando os seguintes comandos:

```
tab acidentes
hist acidentes, discrete freq
```

As Figuras 14.77 e 14.78 apresentam, respectivamente, a tabela de frequências e o histograma e, por meio delas, é possível verificarmos, para o país em estudo, que 58% dos municípios analisados não apresentaram nenhum acidente de trânsito na semana pesquisada, o que indica, ainda que de forma preliminar, a existência de uma quantidade excessiva de zeros na variável dependente.

Para a elaboração do modelo de regressão Poisson inflacionado de zeros, devemos digitar o seguinte comando:

```
zip acidentes pop, inf(idade leiseca) vuong nolog
```

em que a variável explicativa X (*pop*) deve vir logo após a variável dependente (*acidentes*) e as variáveis W_1 e W_2 (*idade* e *leiseca*) devem vir entre parênteses, logo após o termo **inf**, que significa *inflate* e corresponde à inflação de zeros estruturais. O termo **vuong** faz com que seja elaborado o teste de Vuong (1989), destinado à verificação da adequação do modelo inflacionado de zeros em relação ao modelo tradicional especificado (neste caso, Poisson), ou seja, tem por finalidade verificar a existência de uma quantidade excessiva de zeros na variável dependente. O termo **nolog** faz com que sejam omitidos os *outputs* referentes às iterações da modelagem para que já seja apresentado o valor máximo do logaritmo da função de verossimilhança.

```
. tab acidentes

quantidade |
        de |
  acidentes |
de trânsito |
   na última |
     semana |      Freq.      Percent        Cum.
------------+-----------------------------------
          0 |         58        58.00       58.00
          1 |          8         8.00       66.00
          2 |          6         6.00       72.00
          3 |          6         6.00       78.00
          4 |          4         4.00       82.00
          5 |          3         3.00       85.00
          6 |          2         2.00       87.00
          7 |          1         1.00       88.00
          8 |          2         2.00       90.00
          9 |          2         2.00       92.00
         10 |          1         1.00       93.00
         14 |          1         1.00       94.00
         16 |          1         1.00       95.00
         20 |          1         1.00       96.00
         25 |          1         1.00       97.00
         30 |          1         1.00       98.00
         31 |          1         1.00       99.00
         33 |          1         1.00      100.00
------------+-----------------------------------
      Total |        100       100.00
```

Figura 14.77 Tabela de frequências da variável dependente *acidentes*.

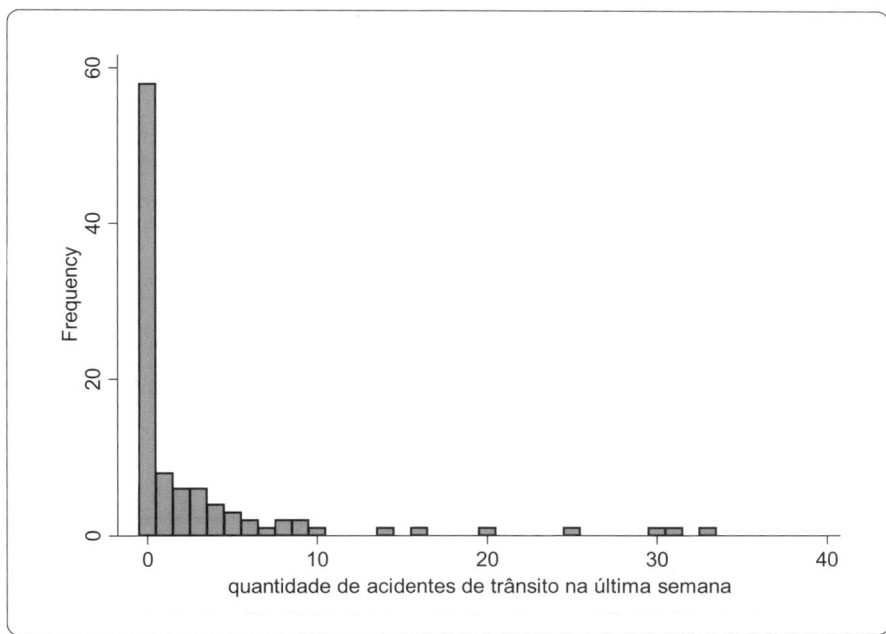

Figura 14.78 Histograma da variável dependente *acidentes*.

Além disso, é importante mencionar que o comando apresentado oferece implicitamente, como padrão, a **expressão de probabilidades do modelo logit** para a verificação de existência de zeros estruturais referentes à distribuição de Bernoulli. Entretanto, caso o pesquisador opte por trabalhar com a **expressão de probabilidades do modelo probit**, estudada no apêndice do Capítulo 13, deverá adicionar o termo `probit` ao final do comando.

Os *outputs* encontram-se na Figura 14.79.

```
. zip acidentes pop, inf(idade leiseca) vuong nolog

Zero-inflated Poisson regression                Number of obs   =        100
                                                Nonzero obs     =         42
                                                Zero obs        =         58

Inflation model = logit                         LR chi2(1)      =      37.72
Log likelihood  = -256.0484                     Prob > chi2     =     0.0000

------------------------------------------------------------------------------
   acidentes |      Coef.   Std. Err.      z    P>|z|     [95% Conf. Interval]
-------------+----------------------------------------------------------------
acidentes    |
         pop |   .5039652   .0863993     5.83   0.000     .3346256    .6733047
       _cons |   .9329778   .1987482     4.69   0.000     .5434386    1.322517
-------------+----------------------------------------------------------------
inflate      |
       idade |   .2252293   .0584096     3.86   0.000     .1107485    .3397101
     leiseca |   1.725743   .5531873     3.12   0.002     .6415157     2.80997
       _cons |  -11.72936   3.030402    -3.87   0.000    -17.66884   -5.789881
------------------------------------------------------------------------------
Vuong test of zip vs. standard Poisson:                 z =    4.19  Pr>z = 0.0000
```

Figura 14.79 *Outputs* do modelo de regressão Poisson inflacionado de zeros no Stata.

O primeiro resultado que deve ser analisado refere-se ao teste de Vuong, cuja estatística é normalmente distribuída, com valores positivos e significantes indicando a adequação do modelo Poisson inflacionado de zeros, e com valores negativos e significantes indicando a adequação do modelo tradicional Poisson. Para os dados do nosso exemplo, podemos verificar que o teste de Vuong indica a melhor adequação do modelo inflacionado de zeros sobre o modelo tradicional, visto que $z = 4,19$ e $Pr > z = 0,000$.

Antes de analisarmos os demais *outputs*, é importante mencionar que Desmarais e Harden (2013) propõem uma correção ao teste de Vuong, que se baseia nas estatísticas **Akaike information criterion (AIC)** e **Bayesian (Schwarz) information criterion (BIC)** e que deve ser elaborada para que se eliminem eventuais vieses que podem prejudicar a decisão sobre a escolha do modelo mais adequado. Para tanto, basta que seja substituído o termo **zip** pelo termo **zipcv** (que significa *zero inflated Poisson with corrected Vuong*), e o novo comando ficará conforme segue:

zipcv acidentes pop, inf(idade leiseca) vuong nolog

porém antes de sua elaboração no Stata, devemos instalar o comando **zipcv**, digitando **findit zipcv** e clicando no *link* **st0319 from http://www.stata-journal.com/software/sj13-4**. Na sequência, devemos clicar em **click here to install**.

Os novos *outputs* estão na Figura 14.80.

```
. zipcv acidentes pop, inf(idade leiseca) vuong nolog

Zero-inflated Poisson regression                Number of obs   =        100
                                                Nonzero obs     =         42
                                                Zero obs        =         58

Inflation model = logit                         LR chi2(1)      =      37.72
Log likelihood  = -256.0484                     Prob > chi2     =     0.0000

------------------------------------------------------------------------------
   acidentes |      Coef.   Std. Err.      z    P>|z|     [95% Conf. Interval]
-------------+----------------------------------------------------------------
acidentes    |
         pop |   .5039652   .0863993     5.83   0.000     .3346256    .6733047
       _cons |   .9329778   .1987482     4.69   0.000     .5434386    1.322517
-------------+----------------------------------------------------------------
inflate      |
       idade |   .2252293   .0584096     3.86   0.000     .1107485    .3397101
     leiseca |   1.725743   .5531873     3.12   0.002     .6415157     2.80997
       _cons |  -11.72936   3.030402    -3.87   0.000    -17.66884   -5.789881
------------------------------------------------------------------------------
        Vuong test of zip vs. standard Poisson:   z =    4.19   Pr>z = 0.0000
                                                              Pr<z = 1.0000
                      with AIC (Akaike) correction:   z =    4.13   Pr>z = 0.0000
                                                              Pr<z = 1.0000
                      with BIC (Schwarz) correction:  z =    4.04   Pr>z = 0.0000
                                                              Pr<z = 1.0000
```

Figura 14.80 *Outputs* do modelo de regressão Poisson inflacionado
de zeros com correção no teste de Vuong.

Para os dados do nosso exemplo, enquanto a estatística do teste de Vuong é $z = 4,19$, as estatísticas com correção AIC e BIC são $z = 4,13$ e $z = 4,04$, respectivamente, ou seja, todas apresentam $Pr > z = 0,000$. Em outras palavras, os resultados do teste de Vuong com correção AIC e BIC continuam permitindo, neste caso, que afirmemos que o modelo inflacionado de zeros é mais apropriado.

Note que os demais *outputs* apresentados nas Figuras 14.79 e 14.80 são exatamente os mesmos. Com base nesses *outputs*, podemos verificar que os parâmetros estimados são estatisticamente diferentes de zero, a 95% de confiança, e as expressões finais de P_{logit_i} e de λ_i são dadas por:

e

$$P_{logit_i} = \frac{1}{1 + e^{-(-11,729 + 0,225.idade_i + 1,726.leiseca_i)}}$$

$$\lambda_i = e^{(0,933 + 0,504.pop_i)}$$

Um pesquisador mais curioso poderá obter esses mesmos *outputs* por meio do arquivo **Acidentes ZIP Máxima Verossimilhança.xls**, usando a ferramenta **Solver** do Excel, conforme padrão também adotado ao longo do capítulo e do livro. Nesse arquivo, os critérios do **Solver** já estão previamente definidos.

Portanto, fazendo uso da expressão (14.32) e dos parâmetros estimados, podemos calcular algebricamente, da seguinte forma, a quantidade média esperada de acidentes de trânsito na semana para um município com 700.000 habitantes, com idade média de seus motoristas igual a 40 anos e que não adota a lei seca após as 22:00 h:

$$\lambda_{inflate} = \left\{ 1 - \frac{1}{1 + e^{-\left[-11,729 + 0,225.(40) + 1,726.(0)\right]}} \right\} \cdot \left\{ e^{\left[0,933 + 0,504.(0,700)\right]} \right\} = 3,39$$

O mesmo resultado pode ser encontrado pelo pesquisador caso seja digitado o seguinte comando, cujo *output* encontra-se na Figura 14.81:

```
mfx, at(pop=0.7 idade=40 leiseca=0)
```

```
. mfx, at(pop=0.7 idade=40 leiseca=0)

Marginal effects after zip
      y  = Predicted number of events (predict)
         =  3.3938647
------------------------------------------------------------------------------
variable |      dy/dx    Std. Err.     z    P>|z|  [    95% C.I.   ]      X
---------+--------------------------------------------------------------------
     pop |    1.71039      .14686    11.65   0.000   1.42256  1.99822      .7
   idade |   -.0472341     .02209    -2.14   0.032   -.090529 -.003939     40
 leiseca*|   -.7532942     .43112    -1.75   0.081   -1.59827  .091684      0
------------------------------------------------------------------------------
(*) dy/dx is for discrete change of dummy variable from 0 to 1
```

Figura 14.81 Cálculo da quantidade esperada de acidentes semanais para valores das variáveis explicativas – comando **mfx**.

Por fim, podemos, por meio de um gráfico, comparar os valores previstos da quantidade média de acidentes de trânsito na semana obtidos pelo modelo de regressão Poisson inflacionado de zeros com aqueles que seriam obtidos por um modelo tradicional de regressão Poisson, sem considerar, portanto, as variáveis que influenciam a ocorrência de zeros estruturais, ou seja, o componente dicotômico (variáveis *idade* e *leiseca*). Para tanto, podemos digitar a seguinte sequência de comandos:

```
quietly zipcv acidentes pop, inf(idade leiseca) vuong nolog
predict lambda_inf

quietly poisson acidentes pop
predict lambda

graph twoway scatter acidentes pop || mspline lambda inf pop || mspline
lambda pop ||, legend(label(2 "ZIP") label(3 "Poisson"))
```

O gráfico gerado é apresentado na Figura 14.82 e, por meio dele, podemos verificar que os valores previstos pelo modelo de regressão Poisson inflacionado de zeros (ZIP) ajustam-se de forma mais adequada à quantidade excessiva de zeros na variável dependente.

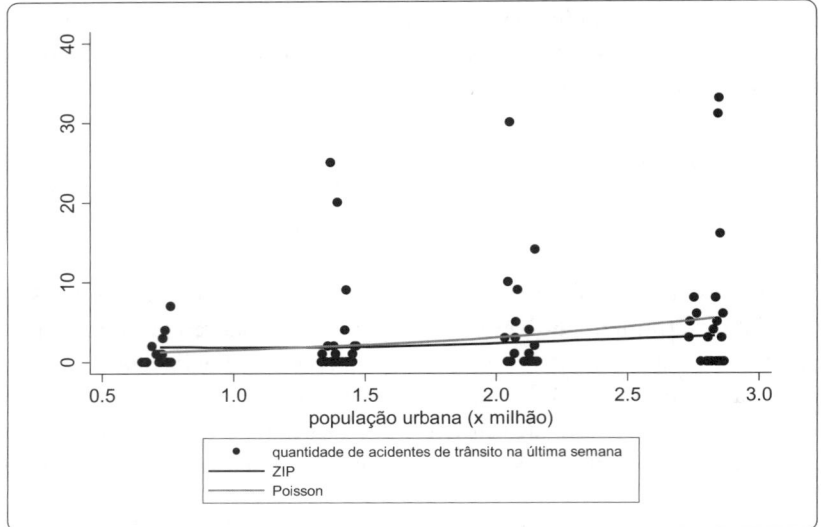

Figura 14.82 Quantidade esperada de acidentes de trânsito por semana × população do município (*pop*) para os modelos ZIP e Poisson.

Na sequência, vamos analisar, com base no mesmo banco de dados, os resultados obtidos por meio da estimação de um modelo de regressão binomial negativo inflacionado de zeros.

C) Exemplo: Modelo de Regressão Binomial Negativo Inflacionado de Zeros no Stata

Seguindo a mesma lógica, vamos fazer uso novamente do banco de dados **Acidentes.dta**, porém agora com foco na estimação de um modelo de regressão binomial negativo inflacionado de zeros. Portanto, serão estimados os parâmetros das seguintes expressões:

$$p_{logit_i} = \frac{1}{1 + e^{-\left(\gamma + \delta_1.idade_i + \delta_2.leiseca_i\right)}}$$

e

$$u_i = e^{\left(\alpha + \beta.pop_i\right)}$$

Assim como discutido ao longo do capítulo, vamos inicialmente analisar a média e a variância da variável *acidentes*, digitando o seguinte comando:

```
tabstat acidentes, stats(mean var)
```

A Figura 14.83 apresenta o resultado gerado.

```
. tabstat acidentes, stats(mean var)

    variable |      mean   variance
-------------+--------------------
   acidentes |      3.01   42.9999
--------------------------------
```

Figura 14.83 Média e variância da variável dependente *acidentes*.

Conforme podemos verificar, a variância da variável dependente é aproximadamente 14 vezes maior do que a sua média, o que representa um forte indício da existência de superdispersão nos dados. Vamos, portanto, partir para a estimação do modelo de regressão binomial negativo inflacionado de zeros e, para tanto, devemos digitar o seguinte comando:

```
zinbcv acidentes pop, inf(idade leiseca) vuong nolog zip
```

que possui a mesma lógica do comando utilizado para a estimação do modelo ZIP. Note que optamos por utilizar o termo **zinbcv** (*zero inflated negative binomial with corrected Vuong*) em vez do termo **zinb**, visto que, embora os parâmetros estimados sejam exatamente iguais, o primeiro apresenta os resultados do teste de Vuong com correção AIC e BIC. Além disso, o termo **zip** ao final do comando faz com que seja elaborado o teste de razão de verossimilhança para o parâmetro ϕ (*alpha* no Stata), ou seja, propicia uma comparação da adequação do modelo ZINB em relação ao modelo ZIP. Os *outputs* são apresentados na Figura 14.84.

Inicialmente, podemos verificar que o intervalo de confiança do parâmetro ϕ, que é o inverso do parâmetro de forma ψ da distribuição binomial negativa e que o Stata cita como **alpha**, não contém o zero, ou seja, para o nível de confiança de 95%, podemos afirmar que ϕ é estatisticamente diferente de zero e com valor estimado igual a 1,271. Por meio do teste de razão de verossimilhança para o parâmetro ϕ, pode-se concluir que a hipótese nula de que este parâmetro seja estatisticamente igual a zero pode ser rejeitada ao nível de significância de 5% (*Sig.* $\chi^2 = 0,000 < 0,05$), o que comprova a existência de superdispersão nos dados e indica que o modelo ZINB é preferível ao modelo ZIP.

Além disso, o teste de Vuong com correção AIC e BIC, por apresentar significantes estatísticas z a 95% de confiança, indica que o modelo binomial negativo inflacionado de zeros (ZINB) seja preferível ao modelo tradicional binomial negativo, pois comprova a existência de uma quantidade excessiva de zeros.

Também podemos verificar que o parâmetro estimado da variável *pop* é estatisticamente diferente de zero a 95% de confiança, ou seja, esta variável é significante para explicar o comportamento da quantidade de acidentes de trânsito na semana (componente de contagem). Da mesma forma, as variáveis *idade* e *leiseca* são estatisticamente significantes para explicar a quantidade excessiva de zeros (zeros estruturais) na variável *acidentes* (componente dicotômico).

```
. zinbcv acidentes pop, inf(idade leiseca) vuong nolog zip

Zero-inflated negative binomial regression        Number of obs   =        100
                                                  Nonzero obs     =         42
                                                  Zero obs        =         58

Inflation model = logit                           LR chi2(1)      =      10.87
Log likelihood  = -164.4035                       Prob > chi2     =     0.0010

------------------------------------------------------------------------------
   acidentes |      Coef.   Std. Err.      z    P>|z|     [95% Conf. Interval]
-------------+----------------------------------------------------------------
acidentes    |
         pop |   .8661751   .2621428     3.30   0.001     .3523847    1.379966
       _cons |   .0253062   .5403137     0.05   0.963    -1.033689    1.084301
-------------+----------------------------------------------------------------
inflate      |
       idade |   .2882047   .0998951     2.89   0.004     .0924139    .4839954
     leiseca |    2.85907   1.076625     2.66   0.008     .7489239    4.969217
       _cons |  -16.23734   5.726858    -2.84   0.005    -27.46178   -5.012905
-------------+----------------------------------------------------------------
     /lnalpha |   .2399887   .3137446     0.76   0.444    -.3749393    .8549167
-------------+----------------------------------------------------------------
       alpha |   1.271235    .398843                      .687331    2.351179
------------------------------------------------------------------------------
Likelihood-ratio test of alpha=0: chibar2(01) =   183.29 Pr>=chibar2 = 0.0000
Vuong test of zinb vs. standard negative binomial:  z =     3.88  Pr>z = 0.0001
                                                                  Pr<z = 0.9999
                       with AIC (Akaike) correction:  z =     3.31  Pr>z = 0.0005
                                                                  Pr<z = 0.9995
                       with BIC (Schwarz) correction:  z =     2.57  Pr>z = 0.0051
                                                                  Pr<z = 0.9949
```

Figura 14.84 *Outputs* do modelo de regressão binomial negativo inflacionado de zeros no Stata.

Com base nesses *outputs*, podemos chegar às expressões finais de P_{logit_i} e de u_i, dadas por:

$$p_{logit_i} = \frac{1}{1 + e^{-\left(-16,237 + 0,288.idade_i + 2,859.leiseca_i\right)}}$$

e

$$u_i = e^{\left(0,025 + 0,866.pop_i\right)}$$

Assim, um pesquisador curioso poderá obter esses mesmos *outputs* por meio do arquivo **Acidentes ZINB Máxima Verossimilhança.xls**, fazendo uso da ferramenta **Solver** do Excel, conforme padrão também adotado ao longo do capítulo e do livro. Nesse arquivo, os critérios do **Solver** já estão previamente definidos.

Fazendo uso da expressão (14.36) e dos parâmetros estimados, podemos novamente calcular, de forma algébrica, a quantidade média esperada de acidentes de trânsito na semana para um município com 700.000 habitantes, com idade média de seus motoristas igual a 40 anos e que não adota a lei seca após as 22:00 h, conforme segue:

$$u_{inflate} = \left\{ 1 - \frac{1}{1 + e^{-\left[-16,237 + 0,288.(40) + 2,859.(0)\right]}} \right\} . \left\{ e^{\left[0,025 + 0,866.(0,700)\right]} \right\} = 1,86$$

O mesmo resultado também pode ser encontrado pelo pesquisador se digitado o seguinte comando, cujo *output* é apresentado na Figura 14.85:

```
mfx, at(pop=0.7 idade=40 leiseca=0)
```

```
. mfx, at( pop=0.7  idade=40   leiseca=0)

Marginal effects after zinb
      y  = Predicted number of events (predict)
         =   1.8638732
-------------------------------------------------------------------------
variable |      dy/dx    Std. Err.     z    P>|z|  [    95% C.I.   ]      X
---------+---------------------------------------------------------------
     pop |   1.614441     .29961     5.39   0.000   1.02722  2.20166     .7
    idade |  -.004798     .00811    -0.59   0.554  -.020686   .01109     40
 leiseca*|  -.2387158     .26031    -0.92   0.359  -.74891  .271479      0
-------------------------------------------------------------------------
(*) dy/dx is for discrete change of dummy variable from 0 to 1
```

Figura 14.85 Cálculo da quantidade esperada de acidentes semanais para valores das variáveis explicativas – comando `mfx`.

Em tese, a modelagem poderia ser, neste momento, finalizada. Entretanto, se houver também o interesse em estimar os parâmetros de um modelo ZIP, a fim apenas de compará-los com os obtidos pelo modelo ZINB, poderemos digitar a seguinte sequência de comandos:

```
eststo: quietly zip acidentes pop, inf(idade leiseca) vuong
prcounts lambda_inflate, plot
```

```
eststo: quietly zinb acidentes pop, inf(idade leiseca) vuong
prcounts u_inflate, plot
```

```
esttab, scalars(ll) se
```

que gera os *outputs* apresentados na Figura 14.86.

```
. eststo: quietly zip acidentes pop, inf(idade leiseca) vuong
(est1 stored)
. prcounts lambda_inflate, plot

. eststo: quietly zinb acidentes pop, inf(idade leiseca) vuong
(est2 stored)
. prcounts u_inflate, plot

. esttab, scalars(ll) se

------------------------------------------------
                        (1)             (2)
                     acidentes       acidentes
------------------------------------------------
acidentes
pop                   0.504***        0.866***
                     (0.0864)        (0.262)

_cons                 0.933***        0.0253
                     (0.199)         (0.540)
------------------------------------------------
inflate
idade                 0.225***        0.288**
                     (0.0584)        (0.0999)

leiseca               1.726**         2.859**
                     (0.553)         (1.077)

_cons                -11.73***       -16.24**
                     (3.030)         (5.727)
------------------------------------------------
lnalpha
_cons                                 0.240
                                     (0.314)
------------------------------------------------
N                       100             100
ll                    -256.0          -164.4
------------------------------------------------
Standard errors in parentheses
* p<0.05, ** p<0.01, *** p<0.001
```

Figura 14.86 Principais resultados obtidos nas estimações ZIP e ZINB.

Esses *outputs* consolidados permitem que verifiquemos, além das diferenças entre as estimações dos parâmetros nos dois modelos, que o valor obtido do **logaritmo da função de verossimilhança** (**ll**, ou *log likelihood*) é consideravelmente maior para o modelo ZINB (modelo 2 na Figura 14.86), o que é mais um indício de melhor adequação deste sobre o modelo ZIP para os dados do nosso exemplo.

Outra maneira de comparar as estimações dos modelos ZINB e ZIP é por meio da análise das distribuições de probabilidades observadas e previstas da ocorrência de acidentes semanais para essas duas estimações, analogamente ao que discutimos ao longo do capítulo, fazendo uso das variáveis geradas na elaboração dos comandos **prcounts**. Para tanto, devemos digitar o seguinte comando, que gerará o gráfico da Figura 14.87:

```
graph twoway (scatter u_inflateobeq u_inflatepreq lambda_inflatepreq
u_inflateval, connect (1 1 1))
```

em que as variáveis *u_inflatepreq* e *lambda_inflatepreq* correspondem às probabilidades previstas de ocorrência de 0 a 9 acidentes obtidas, respectivamente, pelos modelos ZINB e ZIP. Além disso, enquanto a variável *u_inflateobeq* corresponde às probabilidades observadas da variável dependente e, portanto, apresenta a mesma distribuição de probabilidades apresentada na Figura 14.77 para até 9 acidentes de trânsito, a variável *u_inflateval* apresenta os próprios valores de 0 a 9 que serão relacionados com as probabilidades observadas.

Por meio da análise do gráfico da Figura 14.87, podemos verificar que a distribuição estimada (prevista) de probabilidades do modelo ZINB se ajusta bem melhor à distribuição observada do que a distribuição estimada de probabilidades do modelo ZIP, para uma contagem de até 9 acidentes de trânsito por semana.

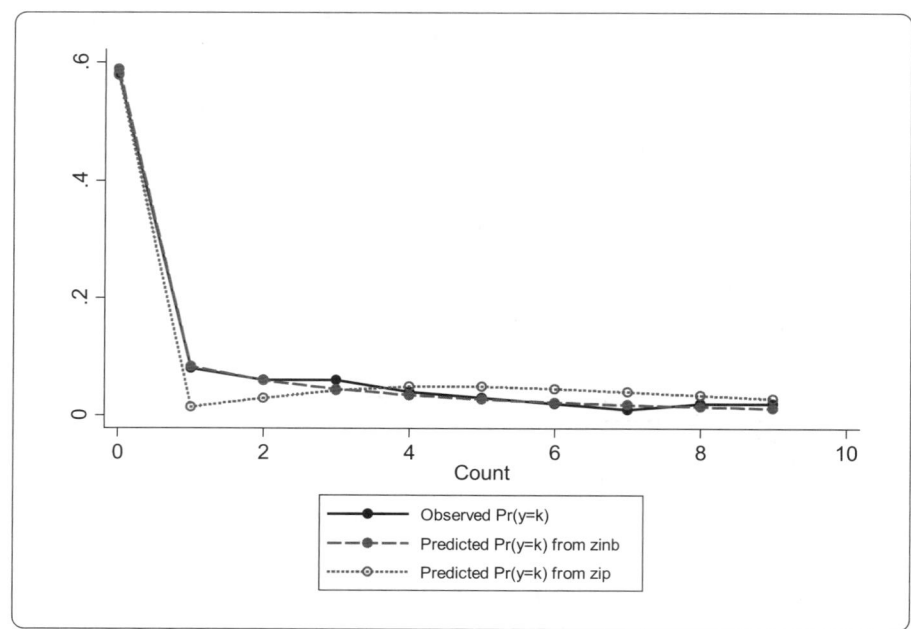

Figura 14.87 Distribuições de probabilidades observadas e previstas de ocorrência de acidentes de trânsito semanais para os modelos ZINB e ZIP.

Alternativamente, assim como discutimos ao longo do capítulo, esse fato também pode ser verificado na aplicação do comando **countfit**, que oferece, além dos valores das probabilidades observadas e previstas para cada contagem (de 0 a 9) da variável dependente, os termos de erro resultantes da diferença entre as probabilidades obtidas pelos modelos ZINB e ZIP. Dessa forma, podemos digitar o seguinte comando:

```
countfit acidentes pop, zip zinb noestimates
```

que gera os *outputs* da Figura 14.88 e o gráfico da Figura 14.89.

As Figuras 14.88 e 14.89 nos mostram, mais uma vez, que o ajuste do modelo ZINB é melhor do que o ajuste do modelo ZIP, pelas seguintes razões:

- enquanto a diferença máxima entre as probabilidades observadas e previstas para o modelo ZIP é, em módulo, igual a 0,070, para o modelo ZINB é, em módulo, igual a 0,016;
- a média dessas diferenças é de 0,024 para o modelo ZIP e de 0,006 para o modelo ZINB;
- o valor total de Pearson é mais baixo no modelo ZINB (1,789) do que no modelo ZIP (61,233).

O gráfico da Figura 14.89 permite que a análise comparativa entre os termos de erro gerados nos dois modelos seja elaborada de maneira visual, merecendo destaque o ajuste do modelo ZINB, em que a curva de erros é consistentemente mais próxima de zero.

Assim como realizado anteriormente, podemos também comparar, graficamente, os valores previstos da quantidade média de acidentes de trânsito na semana obtidos pelos modelos ZIP e ZINB com aqueles que seriam obtidos pelos correspondentes modelos tradicionais de regressão dos tipos Poisson e binomial negativo (comando **nbreg**), sem a consideração das variáveis que influenciam apenas ocorrência de zeros estruturais (variáveis *idade* e *leiseca*). Para tanto, podemos digitar a seguinte sequência de comandos:

```
quietly poisson acidentes pop
predict lambda

quietly nbreg acidentes pop
predict u

graph twoway mspline lambda_inflaterate pop || mspline u inflaterate
pop || mspline lambda pop || mspline u pop||, legend(label(1 "ZIP") label(2
"ZINB") label(3 "Poisson") label(4 "Binomial Negativo"))
```

```
. countfit acidentes pop, zip zinb noestimates
Comparison of Mean Observed and Predicted Count

           Maximum      At      Mean
Model      Difference   Value   |Diff|
----------------------------------------------
ZIP          0.070        1      0.024
ZINB         0.016        3      0.006

ZIP: Predicted and actual probabilities

Count  Actual    Predicted    |Diff|    Pearson
----------------------------------------------
0      0.580      0.580        0.000      0.000
1      0.080      0.010        0.070     47.385
2      0.060      0.023        0.037      6.248
3      0.060      0.035        0.025      1.839
4      0.040      0.043        0.003      0.021
5      0.030      0.046        0.016      0.566
6      0.020      0.045        0.025      1.412
7      0.010      0.042        0.032      2.441
8      0.020      0.038        0.018      0.826
9      0.020      0.033        0.013      0.495
----------------------------------------------
Sum    0.920      0.894        0.239     61.233

ZINB: Predicted and actual probabilities

Count  Actual    Predicted    |Diff|    Pearson
----------------------------------------------
0      0.580      0.580        0.000      0.000
1      0.080      0.090        0.010      0.108
2      0.060      0.059        0.001      0.001
3      0.060      0.044        0.016      0.607
4      0.040      0.034        0.006      0.113
5      0.030      0.027        0.003      0.034
6      0.020      0.022        0.002      0.018
7      0.010      0.018        0.008      0.368
8      0.020      0.015        0.005      0.149
9      0.020      0.013        0.007      0.391
----------------------------------------------
Sum    0.920      0.902        0.058      1.789

Tests and Fit Statistics

------------------------------------------------------------------
ZIP            BIC=   570.596  AIC=    560.176  Prefer  Over  Evidence
------------------------------------------------------------------
   vs ZINB     BIC=   391.416  dif=    179.180  ZINB    ZIP   Very strong
               AIC=   378.390  dif=    181.786  ZINB    ZIP
```

Figura 14.88 Probabilidades observadas e previstas para cada contagem da variável dependente e respectivos termos de erro.

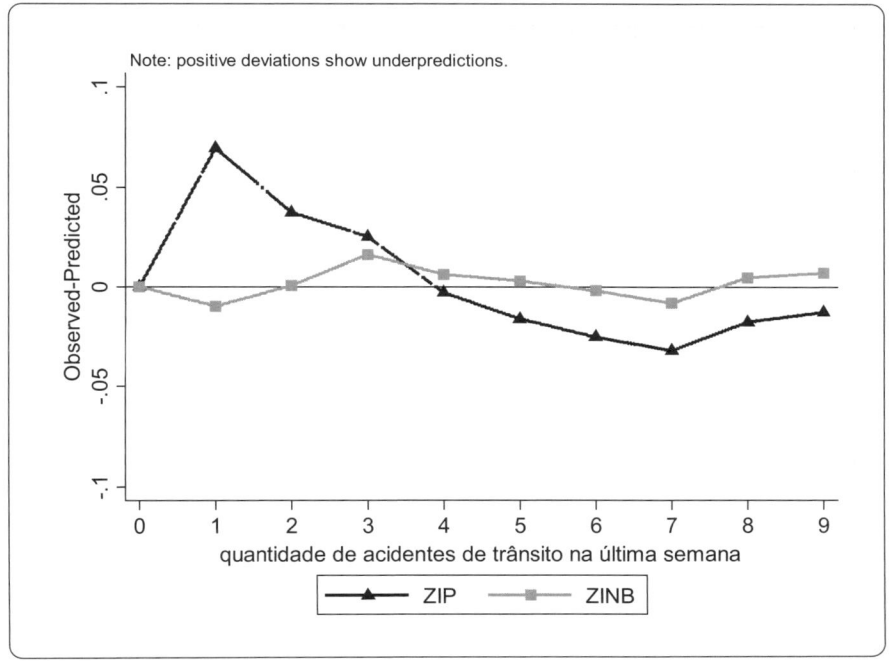

Figura 14.89 Termos de erro resultantes da diferença entre as probabilidades observadas e previstas (modelos ZINB e ZIP).

O gráfico gerado é apresentado na Figura 14.90.

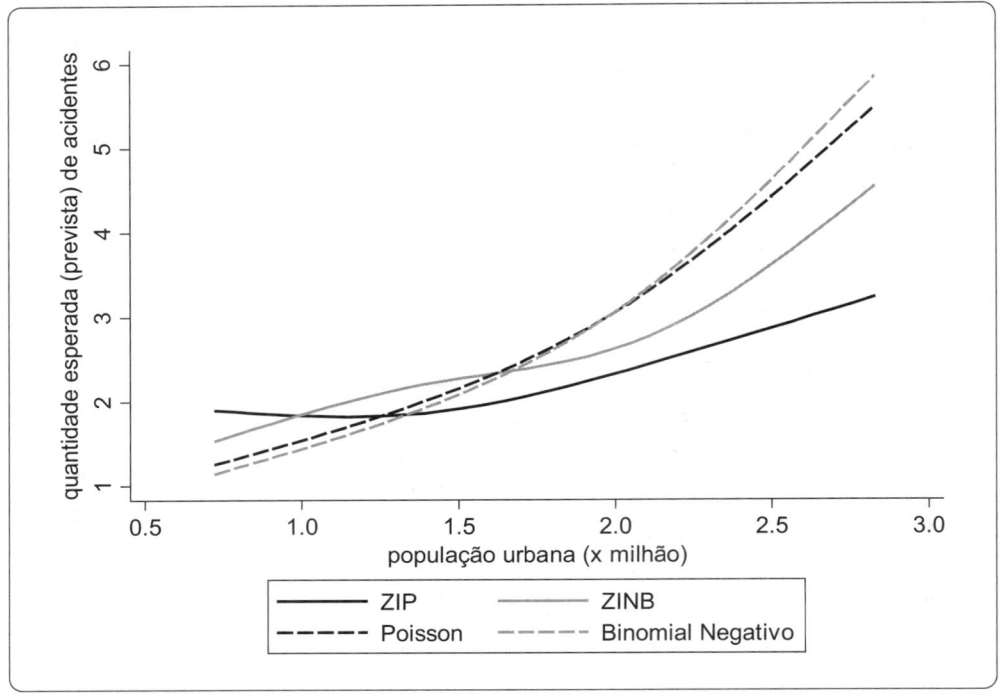

Figura 14.90 Quantidade esperada de acidentes de trânsito por semana × população do município (*pop*) para os modelos ZIP, ZINB, Poisson e binomial negativo.

Duas considerações podem ser feitas em relação a esse gráfico. A primeira diz respeito à variância da quantidade prevista de acidentes semanais, que faz com que as curvas dos modelos ZINB e binomial negativo sejam mais alongadas à parte superior direita do gráfico do que aquelas geradas pelos correspondentes modelos ZIP e Poisson, que não conseguem capturar a existência de superdispersão nos dados. Além disso, podemos também observar que os valores previstos gerados pelos modelos ZINB e ZIP ajustam-se de forma mais adequada à quantidade excessiva de zeros do que os valores previstos gerados pelos modelos Poisson e binomial negativo, visto que apresentam inclinações menores, principalmente para valores mais baixos da quantidade esperada de acidentes.

Neste sentido, é importante que o pesquisador possua uma visão completa dos modelos de regressão para dados de contagem, a fim de que possa estimar, da maneira mais apropriada possível, os parâmetros de seu modelo, considerando sempre a natureza e o comportamento da variável dependente que representa o fenômeno em estudo.

PARTE III.2

MODELOS DE REGRESSÃO PARA DADOS EM PAINEL

Os modelos de regressão para dados em painel são muito úteis quando se deseja estudar o comportamento de determinado fenômeno, representado pela variável dependente, na presença de estruturas de **dados agrupados**, com **medidas repetidas** ou **longitudinais**.

Enquanto nas **estruturas de dados agrupados** determinadas variáveis explicativas não apresentam variação entre as observações (que representam um nível de análise) provenientes de determinado grupo (que representa outro nível de análise), nas **estruturas de dados com medidas repetidas** existe, além disso, a evolução temporal, fato que permite ao pesquisador investigar as razões individuais que possam levar cada uma das observações a apresentar comportamentos diferentes da variável dependente, para um mesmo grupo ou para grupos distintos, ao longo do tempo. Por exemplo, determinados dados de uma escola que não variam entre seus estudantes, como localização e porte, podem ser comparados com dados de outras escolas; e determinados dados de um estudante, como sexo e religião, que não variam ao longo do tempo, podem ser comparados com dados de outros estudantes, o que permite que sejam analisadas as diferentes influências sobre o comportamento da variável dependente. Em todas essas situações (dados agrupados ou dados com medidas repetidas), os bancos de dados oferecem **estruturas aninhadas**, a partir das quais podem ser estimados **modelos hierárquicos**, também conhecidos por **modelos multinível de regressão para dados em painel**, a serem estudados no Capítulo 16.

No entanto, antes disso, estudaremos, no Capítulo 15, os **modelos longitudinais de regressão para dados em painel**, que podem ser estimados a partir da existência de bancos de dados cujas estruturas (longitudinais) oferecem uma lógica dentro da qual as observações apresentam dados que se alteram ao longo do tempo, tanto para a variável dependente, quanto para as variáveis explicativas, o que permite que o pesquisador estude o comportamento de diversas *cross-sections* ao longo do tempo. Em determinadas áreas, o uso dos bancos de dados com estrutura longitudinal é mais frequente do que os com estrutura aninhada, razão pela qual os modelos longitudinais de regressão para dados em painel são comumente chamados apenas de **modelos de regressão para dados em painel**, mesmo sabendo-se que esses englobam também os modelos de regressão multinível.

A Figura III.2.1 apresenta, para os modelos de regressão para dados em painel, as estruturas de dados agrupados, com medidas repetidas e longitudinais e a relação entre elas, o aninhamento nos dados e a evolução temporal, como foco para o que será estudado nos Capítulos 15 e 16.

Nos três capítulos anteriores, que compõem o que chamamos de **Modelos Lineares Generalizados**, estudamos os modelos de regressão simples e múltipla, os modelos de regressão logística e os modelos de regressão para dados de contagem, com uma abordagem prioritariamente de *cross-section*, ou seja, com exemplos de bancos de dados que reproduzem, de certa forma, uma fotografia do momento em que são coletados os dados. Em outras palavras, **para modelos em cross-section, os indivíduos variam, porém o tempo é fixo**. Além disso, quando estudamos o fenômeno da autocorrelação dos resíduos no Capítulo 12, os exemplos passam a trazer bancos de dados que reproduzem, de certa forma, um filme da evolução temporal de determinadas variáveis, porém para um único indivíduo. Portanto, **para modelos em série temporal, os períodos de tempo variam, porém para um único indivíduo**.

Mantendo essa lógica, no Capítulo 15 estudaremos, por meio de estruturas de dados longitudinais, os **modelos longitudinais lineares de regressão para dados em painel**, que correspondem aos modelos estudados no Capítulo 12, e os **modelos longitudinais não lineares de regressão para dados em painel**, como os modelos logísticos e os modelos Poisson e binomial negativo, que correspondem, respectivamente, aos modelos estudados nos Capítulos 13 e 14.

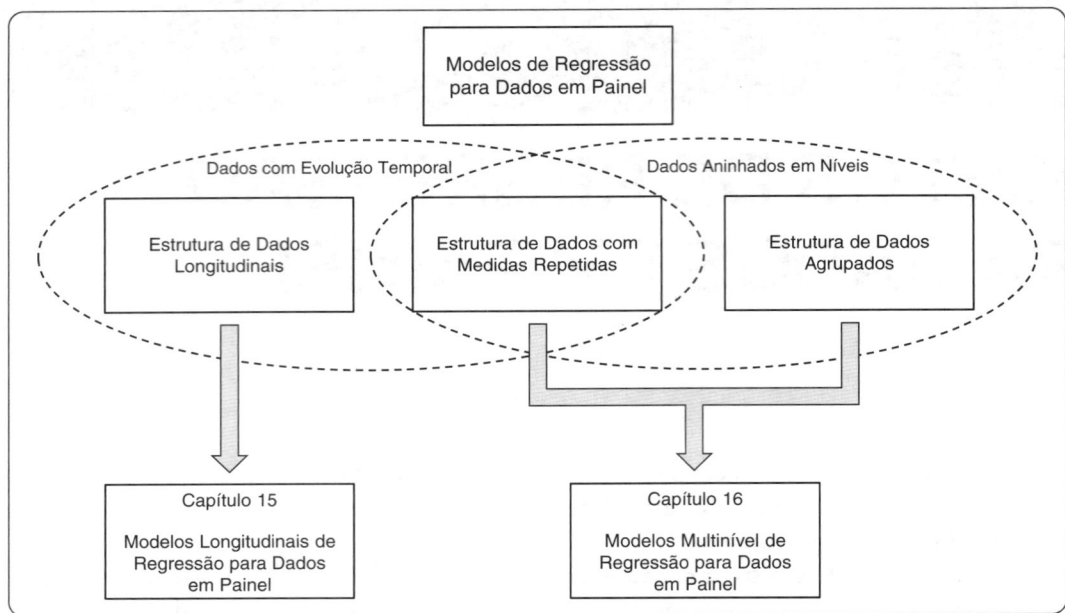

Figura III.2.1 Relação entre estruturas de dados, aninhamento e evolução temporal em modelos de regressão para dados em painel.

Além disso, fazendo uso dos conceitos estudados no Capítulo 12 em relação aos modelos de regressão simples e múltipla e dos conceitos estudados no Capítulo 15 sobre dados com evolução temporal, teremos condições, no Capítulo 16, de estudar, a partir de estruturas de dados agrupados, os **modelos hierárquicos lineares de dois níveis**, e a partir de estruturas de dados com medidas repetidas, os **modelos hierárquicos lineares de três níveis com medidas repetidas**. No apêndice do Capítulo 16 apresentaremos exemplos de **modelos hierárquicos não lineares dos tipos logístico, Poisson e binomial negativo**.

Portanto, a estrutura adotada nos três capítulos anteriores e a correspondência com as seções dos Capítulos 15 e 16 encontram-se na Figura III.2.2.

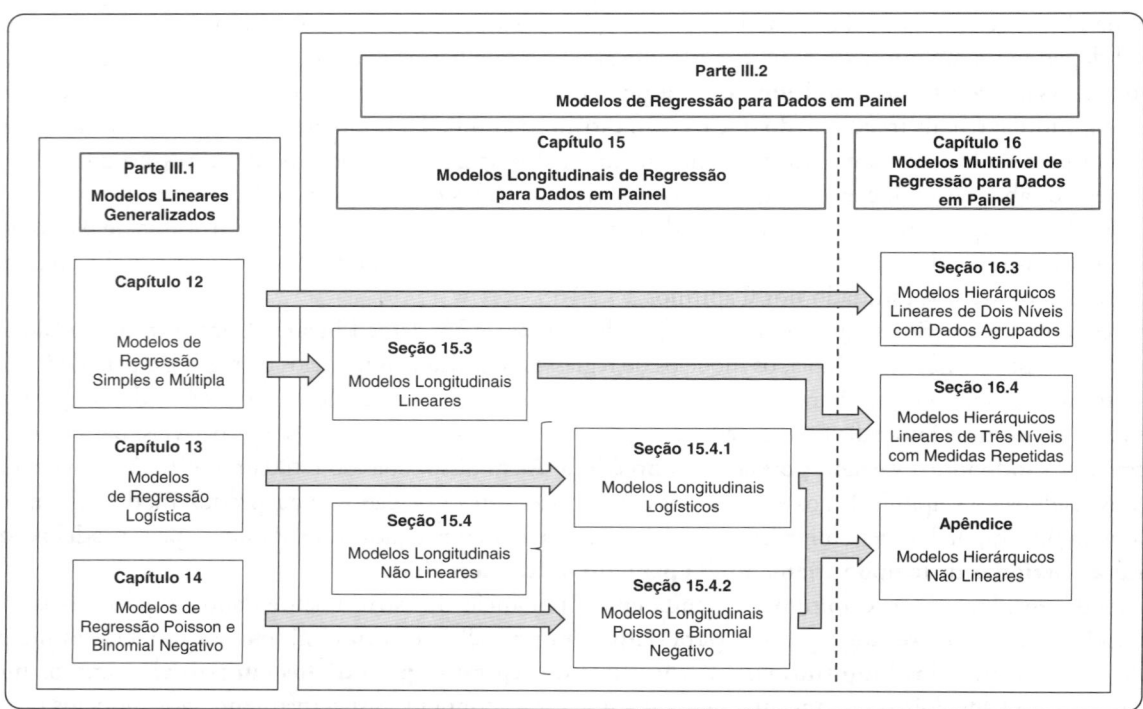

Figura III.2.2 Estrutura dos Capítulos 12, 13 e 14 e correspondência com os Capítulos 15 e 16.

Em relação especificamente aos modelos longitudinais lineares, a serem estudados no Capítulo 15, faremos distinção entre as estimações que podem ser utilizadas quando o banco de dados oferecer um painel curto, ou seja, apresentar uma quantidade de indivíduos superior à quantidade de períodos, ou um painel longo, que é definido quando a quantidade de períodos exceder o número de indivíduos na amostra.

Seguindo a lógica apresentada no estudo dos três capítulos anteriores, podemos escrever a expressão geral de um modelo longitudinal de regressão para dados em painel da seguinte forma:

$$\eta_{it} = \alpha_i + \beta_1.X_{1it} + \beta_2.X_{2it} + ... + \beta_k.X_{kit} \tag{III.2.1}$$

em que η é conhecido por função de ligação canônica, α representa os termos do intercepto, β_j $(j = 1, 2, ..., k)$ são os coeficientes de cada variável explicativa e correspondem aos parâmetros a serem estimados e X_j são as variáveis explicativas (métricas ou *dummies*), que variam entre indivíduos e ao longo do tempo. Os subscritos i representam cada um dos indivíduos da amostra $(i = 1, 2, ..., n$, em que n é o tamanho da amostra) e t, os períodos em que são coletados os dados.

O Quadro III.2.1 relaciona cada caso particular dos modelos longitudinais de regressão para dados em painel com a característica da variável dependente, a sua distribuição e a respectiva função de ligação canônica.

Quadro III.2.1 Modelos longitudinais de regressão para dados em painel, características da variável dependente e funções de ligação canônica.

Modelo Longitudinal de Regressão para Dados em Painel	Característica da Variável Dependente	Distribuição	Função de Ligação Canônica (η)
Linear	Quantitativa	Normal	$\hat{Y}$
Não Linear Logístico	Qualitativa com 2 Categorias (*Dummy*)	Bernoulli	$\ln\left(\frac{p}{1-p}\right)$
Não Linear Poisson	Quantitativa com Valores Inteiros e Não Negativos (Dados de Contagem)	Poisson	$\ln(\lambda)$
Não Linear Binomial Negativo	Quantitativa com Valores Inteiros e Não Negativos (Dados de Contagem)	Poisson-Gama	$\ln(u)$

Logo, para uma dada variável dependente Y, que representa o fenômeno em estudo e que varia entre indivíduos e ao longo do tempo, podemos especificar cada um dos modelos apresentados no Quadro III.2.1 da seguinte maneira:

Modelo Longitudinal Linear:

$$\hat{Y}_{it} = \alpha_i + \beta_1.X_{1it} + \beta_2.X_{2it} + ... + \beta_k.X_{kit} \tag{III.2.2}$$

em que $\hat{Y}$ é o valor esperado da variável dependente Y.

Modelo Longitudinal Não Linear Logístico:

$$\ln\left(\frac{p_{it}}{1-p_{it}}\right) = \alpha_i + \beta_1.X_{1it} + \beta_2.X_{2it} + ... + \beta_k.X_{kit} \tag{III.2.3}$$

em que p é a probabilidade de ocorrência do evento de interesse no instante t para dado indivíduo i.

Modelo Longitudinal Não Linear Poisson:

$$\ln(\lambda_{it}) = \alpha_i + \beta_1.X_{1it} + \beta_2.X_{2it} + ... + \beta_k.X_{kit} \tag{III.2.4}$$

em que λ é o valor esperado da quantidade de ocorrências do fenômeno em estudo (que apresenta distribuição Poisson) no instante t para dado indivíduo i.

Modelo Longitudinal Não Linear Binomial Negativo:

$$\ln(u_{it}) = \alpha_i + \beta_1.X_{1it} + \beta_2.X_{2it} + ... + \beta_k.X_{kit}$$

(III.2.5)

em que u é o valor esperado da quantidade de ocorrências do fenômeno em estudo (que apresenta distribuição Poisson-Gama) no instante t para dado indivíduo i.

As estimações tradicionais elaboradas nos capítulos anteriores serão novamente utilizadas no Capítulo 15, e tais métodos, de forma análoga aos Modelos Lineares Generalizados, são conhecidos, para os casos em que há dados longitudinais, como **GEE** (***Generalized Estimating Equations***). Além disso, em função das características dos dados, também serão estimados parâmetros de modelos que podem levar em consideração a existência de **efeitos fixos** ou de **efeitos aleatórios** nos termos do intercepto, conforme discutiremos ao longo do mesmo capítulo. Logo, para cada um dos modelos propostos, serão estimados parâmetros por meio dos métodos *GEE*, por efeitos fixos ou por efeitos aleatórios. A Figura III.2.3 apresenta essa lógica, a ser utilizada no Capítulo 15.

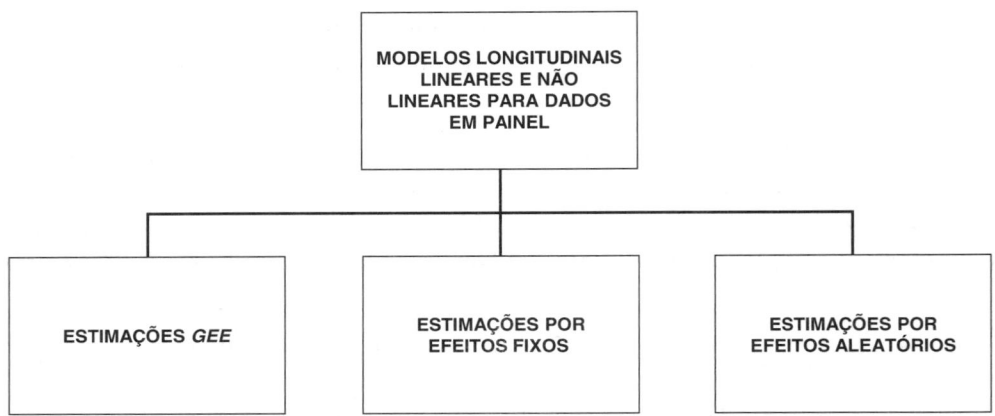

Figura III.2.3 Estimações de parâmetros em modelos longitudinais de regressão para dados em painel.

Já em relação aos modelos de regressão multinível, podemos especificar cada um dos modelos que serão estudados no Capítulo 16 da seguinte maneira:

Modelo Hierárquico Linear de Dois Níveis (Dados Agrupados):

Nível 1:
$$Y_{ij} = b_{0j} + \sum_{q=1}^{Q} b_{qj}.X_{qij} + r_{ij}$$

(III.2.6)

Nível 2:
$$b_{qj} = \gamma_{q0} + \sum_{s=1}^{S_q} \gamma_{qs}.W_{sj} + u_{qj}$$

(III.2.7)

em que os coeficientes b representam os coeficientes do nível 1, X_q ($q = 0, 1, ..., Q$) é uma q-ésima variável explicativa de nível 1 com dados para os indivíduos $i = 1, ..., n$ pertencentes aos grupos $j = 1, ..., J$, os coeficientes γ representam os parâmetros do nível 2, W_s ($s = 1, ..., S_q$) é uma s-ésima variável explicativa de nível 2 com dados para os grupos (porém invariante em i para determinado grupo j), r_{ij} representa os termos de erro do nível 1 e u_j os termos de erro do nível 2.

Modelo Hierárquico Linear de Três Níveis com Medidas Repetidas:

Nível 1:
$$Y_{tjk} = \pi_{0jk} + \pi_{1jk}.\text{período}_{jk} + e_{tjk}$$

(III.2.8)

Nível 2:
$$\pi_{pjk} = b_{p0k} + \sum_{q=1}^{Q_p} b_{pqk}.X_{qjk} + r_{pjk}$$

(III.2.9)

Nível 3:

$$b_{pqk} = \gamma_{pq0} + \sum_{s=1}^{S_{pq}} \gamma_{pqs} \cdot W_{sk} + u_{pqk} \qquad\qquad \text{(III.2.10)}$$

em que a variável explicativa *período* do nível 1 representa a medida repetida (variável temporal em que $t = 1, ..., T$ períodos), os coeficientes π_p ($p = 0$ para intercepto e $p = 1$ para inclinação) representam os parâmetros do nível 1, os coeficientes b representam os parâmetros do nível 2, X_q ($q = 0, 1, ..., Q_p$) é uma q-ésima variável explicativa de nível 2 com dados para os indivíduos pertencentes aos grupos (porém invariante em t para determinado indivíduo j), os coeficientes γ representam os parâmetros do nível 3, W_s ($s = 1, ..., S_{pq}$) é uma s-ésima variável explicativa de nível 3 com dados para os grupos (porém invariante em t e em j para determinado grupo k), e_{tjk} representa os termos de erro do nível 1, r_{jk} os termos de erro do nível 2 e u_k os termos de erro do nível 3.

Note, para ambos os casos, que existem variáveis explicativas distintas em cada nível em decorrência de não haver alterações em seus dados em níveis inferiores, o que caracteriza o aninhamento. **Esse fato representa a principal diferença entre os modelos com estruturas aninhadas e os modelos com estruturas longitudinais.**

Também podem ser definidos modelos hierárquicos não lineares caso a variável dependente seja categórica ou apresentar dados de contagem, conforme estudaremos no apêndice do Capítulo 16. Nessas situações, as funções de ligação canônica referentes à variável dependente serão as mesmas daquelas apresentadas no Quadro III.2.1 para os modelos longitudinais.

Os Capítulos 15 e 16 estão estruturados dentro de uma mesma lógica de apresentação em que, inicialmente, são introduzidos os conceitos pertinentes a cada modelo. Dada a complexidade computacional, no Capítulo 15 os parâmetros dos modelos são estimados por meio do uso dos softwares Stata, R e Python. Entretanto, no Capítulo 16 optamos por elaborar as modelagens multinível em Stata, em SPSS, em R e em Python, fato que torna o pesquisador apto a comparar os *outputs* gerados pelos softwares, visto que é consideravelmente escassa a literatura que permite esta análise, principalmente com base em modelagens elaboradas em SPSS e Python. Ao término dos capítulos, são propostos exercícios complementares, cujas respostas estão disponibilizadas no final do livro.

Modelos Longitudinais de Regressão para Dados em Painel

O necessário, mais difícil e mais importante na música é o ritmo.
Wolfgang Amadeus Mozart

Ao final deste capítulo, você será capaz de:

- Estabelecer as circunstâncias a partir das quais os modelos longitudinais de regressão para dados em painel podem ser utilizados.
- Saber interpretar a decomposição de variância das variáveis inseridas em um modelo longitudinal de regressão para dados em painel.
- Compreender os conceitos relativos a estimações por *GEE*, efeitos fixos e efeitos aleatórios em modelos longitudinais de regressão para dados em painel.
- Saber diferenciar um modelo longitudinal linear de um modelo longitudinal não linear para dados em painel.
- Entender os diversos tipos existentes de estimação dos parâmetros de modelos longitudinais lineares para dados em painel curto e longo.
- Entender os diversos tipos existentes de estimação dos parâmetros de modelos longitudinais não lineares do tipo logístico, Poisson ou binomial negativo para dados em painel.
- Elaborar os testes estatísticos pertinentes aos modelos longitudinais de regressão para dados em painel.
- Estimar modelos longitudinais lineares e não lineares de regressão para dados em painel no Stata Statistical Software® e interpretar seus resultados.
- Implementar códigos em R® e Python® para a estimação de modelos longitudinais lineares e não lineares de regressão para dados em painel e a interpretação dos resultados.

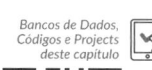

Bancos de Dados, Códigos e Projects deste capítulo

15.1. INTRODUÇÃO

Os **modelos longitudinais de regressão para dados em painel** são cada vez mais utilizados em diversas áreas do conhecimento, visto que muitos dados de indivíduos (pessoas, empresas, municípios, estados ou países, por exemplo) estão disponíveis não para um único instante de tempo (uma única *cross-section*), mas em vários períodos de tempo (várias *cross-sections*, como semanas, meses, trimestres ou anos, por exemplo). Neste sentido, somos naturalmente convidados a estimar modelos para o estudo de fenômenos que sofrem influência das diferenças entre os indivíduos e da própria evolução temporal e, devido ao recente e profundo desenvolvimento computacional dos softwares de modelagem, podemos verificar uma verdadeira explosão da utilização de tais modelos, com pesquisadores que apresentam cada vez mais condições de investigar comportamentos e tendência em estruturas mais complexas de bancos de dados. Como a frequência de uso dos modelos longitudinais de regressão é superior àquela verificada para os modelos multinível, a serem estudados no próximo capítulo, é comum que pesquisadores utilizem a nomenclatura **modelos de regressão para dados em painel** para se referirem apenas aos primeiros. Obedecendo a este critério, **sempre que utilizarmos o termo "painel" no presente capítulo, estaremos fazendo menção unicamente a dados longitudinais**.

A principal vantagem da utilização de modelos longitudinais de regressão consiste em possibilitar ao pesquisador o estudo das diferenças existentes em determinado fenômeno entre indivíduos em cada *cross-section*, além de permitir a análise da evolução temporal deste mesmo fenômeno para cada indivíduo. É por isso que os modelos longitudinais também são conhecidos por **modelos com muitas *cross-sections* ao longo do tempo**.

Além disso, segundo Marques (2000), os modelos longitudinais de regressão providenciam maior quantidade de informação, maior variabilidade dos dados, menor multicolinearidade entre as variáveis, maior número de graus de liberdade e maior eficiência quando da estimação de seus parâmetros. A inclusão da dimensão em *cross-section*, num estudo temporal, confere maior variabilidade aos dados, na medida em que a utilização de dados agregados resulta em séries mais suaves do que as séries individuais que lhes servem de base. Este aumento na variabilidade dos dados pode contribuir para a redução da multicolinearidade eventualmente existente entre variáveis.

Imagine, inicialmente, que um grupo de pesquisadores tenha interesse em estudar como as taxas diárias de retorno de diversos ativos financeiros comportam-se em relação às taxas de mercado, ou como os custos operacionais de diversas empresas comportam-se mensalmente à medida que os respectivos parques fabris aumentam suas capacidades produtivas, ou, ainda, como os preços médios dos imóveis residenciais em diversos países têm se comportado frente a oscilações de variáveis macroeconômicas, como taxa de juros ou renda média familiar, ao longo dos anos. Note, em todos estes exemplos, que as amostras possuem diversos indivíduos (ativos financeiros, empresas ou países) monitorados em mais de um período de tempo (dias, meses ou anos), e o fenômeno principal sobre o qual há o interesse de estudo é representado por determinada variável métrica, ou quantitativa (taxa de retorno, custo ou preço médio de imóveis). Para estas situações, podem ser estimados **modelos longitudinais lineares**.

Imagine que um segundo grupo de pesquisadores tenha interesse em estudar a evolução mensal da probabilidade de ocorrência de infarto por parte de executivos do mercado financeiro, com base na evolução de suas características físicas, como peso e cintura abdominal, e de seus hábitos de saúde, como frequência de atividades físicas e ingestão de gordura. Enquanto isso, um terceiro grupo de pesquisadores deseja estudar a evolução trimestral da probabilidade de *default* de companhias abertas com base no comportamento de seus indicadores contábeis e financeiros. Mesmo que as amostras destes dois últimos exemplos também possuam diversos indivíduos (executivos ou companhias abertas) monitorados ao longo de vários períodos de tempo (meses ou trimestres), note agora que as variáveis dependentes (ocorrência de infarto ou *default*) são variáveis qualitativas dicotômicas cujos eventos de interesse podem ou não ocorrer e, portanto, podem ser estimados, nestas situações, **modelos longitudinais não lineares**.

Por fim, imagine que, enquanto um quarto grupo de pesquisadores tenha interesse em estudar como se comporta, ao longo dos anos, a quantidade de vezes que pacientes vão ao médico por ano, em função de alterações no estado de humor de cada indivíduo e de eventuais mudanças nas políticas de reembolso de seus planos de saúde, um quinto e último grupo de pesquisadores deseja estudar a quantidade de ofertas públicas de ações que são realizadas em países emergentes, também ao longo dos anos, com base na evolução de seus indicadores econômicos, como inflação, produto interno bruto e investimento estrangeiro. Note, nestes dois últimos exemplos, que as amostras também trazem dados provenientes de diversos indivíduos (pacientes ou países emergentes) ao longo de muitos períodos de tempo (anos). Porém, como a quantidade anual de visitas ao médico ou a quantidade de ofertas públicas de ações, que correspondem, respectivamente, ao fenômeno a ser estudado em cada caso, oferecem dados quantitativos que assumem valores discretos positivos e restritos a determinado número de ocorrências, ou seja, são dados de contagem, podem ser estimados **modelos longitudinais não lineares dos tipos Poisson ou binomial negativo**. A escolha do tipo mais adequado de modelagem, nestas situações, deve sempre ser feita com base na existência ou não do **fenômeno de superdispersão nos dados**, conforme estudado no Capítulo 14.

Ao contrário dos capítulos anteriores, neste capítulo não serão elaboradas modelagens em Excel, uma vez que tornaria o texto repetitivo, já que muitas estimações fazem uso dos métodos já estudados, aplicados diretamente sobre os dados ou após algum tratamento específico, como veremos adiante. Além disso, acreditamos que o Stata, o R e o Python sejam os softwares mais adequados para a estimação de modelos de regressão para dados em painel, razão pela qual restringiremos as análises aos resultados das estimações elaboradas nestas linguagens.

Neste capítulo, portanto, trataremos dos modelos longitudinais de regressão para dados em painel, com os seguintes objetivos: (1) introduzir os conceitos sobre dados longitudinais; (2) definir o tipo de modelo a ser estimado em função das características dos dados; (3) estimar parâmetros por meio de diversos métodos em Stata, em R e em Python; (4) interpretar os resultados obtidos por meio dos diversos tipos de estimações existentes para os modelos lineares e não lineares; e (5) definir a estimação mais adequada para efeitos de diagnóstico e previsão em cada um dos casos estudados. Inicialmente, serão introduzidos os principais conceitos inerentes a cada modelagem. Na sequência, serão apresentados os procedimentos para a elaboração dos modelos propriamente ditos no Stata Statistical Software®, no R® e no Python®. A reprodução de suas imagens neste capítulo tem autorização da StataCorp LP©.

15.2. DADOS LONGITUDINAIS E DECOMPOSIÇÃO DE VARIÂNCIA

Os modelos longitudinais de regressão têm como objetivo principal estudar o comportamento de determinada variável dependente quantitativa ou qualitativa (Y), que representa o fenômeno de interesse, com base no comportamento de variáveis explicativas, cujas alterações podem ocorrer tanto entre indivíduos num mesmo instante de tempo (*cross-section*), quanto ao longo do tempo.

Imagine, de maneira geral, uma base com dados provenientes de n indivíduos, e que cada um deles apresenta dados para uma quantidade T de períodos não necessariamente iguais para todos os indivíduos. Assim, por exemplo, enquanto a quantidade de períodos em que há dados para o indivíduo 1 é igual a T_1, a quantidade de períodos em que há dados para o indivíduo 2 é igual a T_2, podendo T_2 ser ou não igual a T_1. Mais do que isso, é possível inclusive que determinado indivíduo ofereça dados para apenas um único período de tempo (entretanto, isso não poderia ocorrer para todos os indivíduos no mesmo período de tempo, uma vez que o painel seria descaracterizado pela presença de apenas uma única *cross-section*).

A Tabela 15.1 apresenta o modelo geral de um banco de dados longitudinais.

Tabela 15.1 Modelo geral de um banco de dados longitudinais.

Observação	Indivíduo i	Período t	Y_{it}	X_{1it}	X_{2it}	...	X_{kit}
1	1	t_{11}	$Y_{1t_{11}}$	$X_{11t_{11}}$	$X_{21t_{11}}$		$X_{k1t_{11}}$
2	1	t_{21}	$Y_{1t_{21}}$	$X_{11t_{21}}$	$X_{21t_{21}}$		$X_{k1t_{21}}$
⋮	1	⋮	⋮	⋮	⋮		⋮
	1	T_1	Y_{1T_1}	X_{11T_1}	X_{21T_1}		X_{k1T_1}
	2	t_{12}	$Y_{2t_{12}}$	$X_{12t_{12}}$	$X_{22t_{12}}$		$X_{k2t_{12}}$
	2	t_{22}	$Y_{2t_{22}}$	$X_{12t_{22}}$	$X_{22t_{22}}$		$X_{k2t_{22}}$
	2	⋮	⋮	⋮	⋮		⋮
	2	T_2	Y_{2T_2}	X_{12T_2}	X_{22T_2}	...	X_{k2T_2}
	3	t_{13}	$Y_{3t_{13}}$	$X_{13t_{13}}$	$X_{23t_{13}}$		$X_{k3t_{13}}$
⋮	3	t_{23}	$Y_{3t_{23}}$	$X_{13t_{23}}$	$X_{23t_{23}}$		$X_{k3t_{23}}$
	3	⋮	⋮	⋮	⋮		⋮
	3	T_3	Y_{3T_3}	X_{13T_3}	X_{23T_3}		X_{k3T_3}
	n	t_{1n}	$Y_{nt_{1n}}$	$X_{1nt_{1n}}$	$X_{2nt_{1n}}$		$X_{knt_{1n}}$
	n	t_{2n}	$Y_{nt_{2n}}$	$X_{1nt_{2n}}$	$X_{2nt_{2n}}$		$X_{knt_{2n}}$
	⋮	⋮	⋮	⋮	⋮		⋮
N	n	T_n	Y_{nT_n}	X_{1nT_n}	X_{2nT_n}		X_{knT_n}

Por meio do modelo geral de banco de dados longitudinais apresentado na Tabela 15.1, podemos verificar que pode existir uma quantidade diferente de períodos para cada um dos n indivíduos da amostra, e que cada indivíduo apresenta dados correspondentes às variáveis Y_{it}, X_{1it}, X_{2it}, ..., X_{kit} em cada um dos respectivos períodos de tempo. Dessa forma, enquanto o termo $Y_{1t_{11}}$, por exemplo, refere-se ao dado (quantitativo ou qualitativo) que assume a variável dependente Y para o indivíduo 1 no período $t = 1$, o termo X_{22T_2} corresponde ao valor que assume a variável explicativa X_2 para o indivíduo 2 no instante de tempo $t = T_2$ (período final para o indivíduo 2).

Se $T_1 = T_2 = T_3 = T_n$, o painel será considerado **balanceado**, e a quantidade total de observações no banco de dados (N) será igual a $n \cdot T$. Caso contrário, a quantidade de observações no banco de dados será igual a $\sum_i T_i$, e o painel será considerado **desbalanceado**.

Como o nosso objetivo é estimar os parâmetros de um modelo que considere Y_{it} em função de X_{1it}, X_{2it}, ..., X_{kit}, podemos definir a expressão geral de um modelo longitudinal de regressão da seguinte forma:

$$Y_{it} = a_i + b_1.X_{1it} + b_2.X_{2it} + ... + b_k.X_{kit} + \varepsilon_{it} \qquad (15.1)$$

em que Y representa o fenômeno em estudo (variável dependente que varia entre indivíduos e ao longo do tempo), a_i representa o intercepto para cada indivíduo e pode assumir efeitos fixos ou aleatórios, como veremos adiante, b_j ($j = 1, 2, ..., k$) são os coeficientes de cada variável, X_j são as variáveis explicativas, que também variam entre indivíduos e ao longo do tempo, e ε representa os termos de erro idiossincrático. Os subscritos i representam cada um dos indivíduos da amostra em análise ($i = 1, 2, ..., n$, em que n é a quantidade de indivíduos na amostra) e os subscritos t representam os períodos em que são coletados os dados.

Mantendo o padrão adotado ao longo do livro, podemos escrever a expressão (15.1) com base no valor esperado (estimativa) da variável dependente, para cada observação i em cada período de tempo t, conforme segue:

$$\hat{Y}_{it} = \alpha_i + \beta_1.X_{1it} + \beta_2.X_{2it} + ... + \beta_k.X_{kit} \qquad (15.2)$$

Caso a variável Y seja quantitativa, podemos considerar a expressão (15.2) como sendo a de um **modelo longitudinal linear de regressão**. Entretanto, caso a variável Y seja qualitativa dicotômica, teremos um **modelo longitudinal logístico (modelo longitudinal não linear)**, e a expressão (15.2) poderá ser escrita da seguinte forma:

$$\ln\left(chance_{Y_{it}=1}\right) = \alpha_i + \beta_1.X_{1it} + \beta_2.X_{2it} + ... + \beta_k.X_{kit} \qquad (15.3)$$

Entretanto, caso a variável Y apresente dados quantitativos que assumem valores discretos positivos e restritos a determinado número de ocorrências, ou seja, dados de contagem, teremos um **modelo longitudinal Poisson ou um modelo longitudinal binomial negativo (modelos longitudinais não lineares)**, e a expressão (15.2) poderá ser escrita de acordo como segue:

$$\ln\left(\hat{Y}_{it}\right) = \alpha_i + \beta_1.X_{1it} + \beta_2.X_{2it} + ... + \beta_k.X_{kit} \qquad (15.4)$$

O nosso objetivo, portanto, é estimar os parâmetros α_i e β_j ($j = 1, 2, ..., k$) por meio de determinado método, a fim de que possa ser compreendido o comportamento do fenômeno em estudo, representado pela variável dependente Y, entre indivíduos e ao longo do tempo, em função do comportamento das variáveis explicativas X_j.

Como a variável dependente e as variáveis explicativas podem ter, simultaneamente, seus valores alterados ao longo do tempo e entre indivíduos, é de fundamental importância que sejam estudadas, antes mesmo da elaboração de qualquer estimação, as intensidades das variações que ocorrem temporalmente para cada indivíduo e que também ocorrem em cada uma das *cross-sections* (variação entre indivíduos para cada instante de tempo), uma vez que, enquanto as variações temporais podem indicar a existência de mudanças bruscas no comportamento das variáveis em cada indivíduo, as variações em cada *cross-section* podem indicar a existência de comportamentos discrepantes das variáveis entre indivíduos.

Dessa forma, a variação ao longo do tempo para dado indivíduo é conhecida por **variação *within*** e a variação entre indivíduos é chamada de **variação *between***. A **variação *overall*** (geral), portanto, pode ser definida como sendo a discrepância que existe em determinado dado de um indivíduo num instante de tempo em relação a todos os demais dados daquela mesma variável para a base completa, e pode ser decomposta nas variações ao longo do tempo para cada indivíduo (*within*) e entre indivíduos (*between*).

De acordo com Cameron e Trivedi (2009) e Fávero (2013), podemos escrever, com base em expressões de variância e tomando como exemplo determinada variável X, que:

- **Variação *within*:**

$$Var_{X_w} = \frac{\sum_{it}\left(X_{it} - \bar{X}_i\right)^2}{\left(\sum_i T_i\right) - 1} \qquad (15.5)$$

- **Variação *between*:**

$$Var_{X_b} = \frac{\sum_i\left(\bar{X}_i - \bar{X}\right)^2}{n - 1} \qquad (15.6)$$

• **Variação** *overall* **(geral):**

$$Var_{X_0} = \frac{\sum_{it}\left(X_{it}-\bar{X}\right)^2}{\left(\sum_i T_i\right)-1} \tag{15.7}$$

em que X_{it} representa o dado da variável X para o indivíduo i no instante de tempo t, $\bar{X}_i$ a média da variável X para cada indivíduo i e $\bar{X}$ a média geral da variável X no banco de dados. Além disso, n representa a quantidade total de indivíduos e $\sum_i T_i$ corresponde à quantidade total de observações na amostra. Se o banco de dados em painel for balanceado, podemos substituir o termo $\sum_i T_i$ por $(n \cdot T)$ nas expressões (15.5) e (15.7).

Imagine uma base que traz dados de determinada variável X para três indivíduos (A, B e C), ao longo de três períodos de tempo. O painel, balanceado e com dados meramente ilustrativos, encontra-se na Tabela 15.2. Com base nestes dados, iremos, na mesma tabela, calcular as variâncias *within*, *between* e *overall* da variável X.

Tabela 15.2 Cálculo das variâncias *within*, *between* e *overall* – exemplo 1.

N	Indivíduo i	Período t	X_{it}	Média por indivíduo i	Termo *within* $\left(X_{it}-\bar{X}_i\right)^2$	Termo *between* $\left(\bar{X}_i-\bar{X}\right)^2$	Termo *overall* $\left(X_{it}-\bar{X}\right)^2$
1	A	1	2,0		4,000		4,271
2	A	2	4,0	$\bar{X}_A$ = 4,000	0,000	0,004	0,004
3	A	3	6,0		4,000		3,738
4	B	1	2,1		4,134		3,868
5	B	2	3,8	$\bar{X}_B$ = 4,133	0,111	0,004	0,071
6	B	3	6,5		5,601		5,921
7	C	1	1,7		5,601		5,601
8	C	2	3,5	$\bar{X}_C$ = 4,067	0,321	0,000	0,321
9	C	3	7,0		8,604		8,604
				$\bar{X}$ = 4,067	$\sum_{it}\left(X_{it}-\bar{X}_i\right)^2$ = 32,373	$\sum_i\left(\bar{X}_i-\bar{X}\right)^2$ = 0,008	$\sum_{it}\left(X_{it}-\bar{X}\right)^2$ = 32,400
					Var_{X_w} = 32,373/8 = 4,047	Var_{X_b} = 0,008/2 = 0,004	Var_{X_0} = 32,400/8 = 4,050

Os cálculos das variâncias *within*, *between* e *overall* foram feitos com base nas expressões (15.5), (15.6) e (15.7), respectivamente. Podemos verificar que a variância *within* é maior do que a variância *between*, o que indica, para a variável X, que não existem comportamentos muito discrepantes, ao longo do tempo, entre indivíduos (*between*). A variação maior ocorre para cada indivíduo (efeito *within*) ao longo do tempo. Isso fica bastante claro quando analisamos o gráfico da Figura 15.1.

Por meio deste gráfico, podemos verificar, de fato, que os comportamentos dos três indivíduos (A, B e C) não são muito diferentes em cada *cross-section* (período) analisada, porém os valores de X são bastante modificados para cada indivíduo com o decorrer do tempo. Assim, os parâmetros a_i da expressão (15.1) podem ser correlacionados com a variável explicativa X, fato que é considerado quando da estimação de um **modelo com efeitos fixos**.

Como o painel da Tabela 15.2 é balanceado, um pesquisador mais interessado poderá verificar que a variância *between* da variável temporal t é igual a zero. Isso ocorre pelo fato de que todos os indivíduos oferecem dados para os mesmos períodos, não havendo discrepâncias na quantidade de períodos entre indivíduos.

Imagine agora outra base que traz dados da variável X para três novos indivíduos (D, E e F) ao longo dos mesmos três períodos de tempo. O painel, também balanceado, encontra-se na Tabela 15.3.

Nesta nova situação, a variância *between* é maior do que a variância *within*, o que indica que, embora existam alterações em X ao longo do tempo para cada indivíduo (*within*), estas são consideravelmente menores do que as mudanças de comportamento de X entre indivíduos para cada *cross-section* (efeito *between*). Isso pode ser agora observado por meio do gráfico da Figura 15.2.

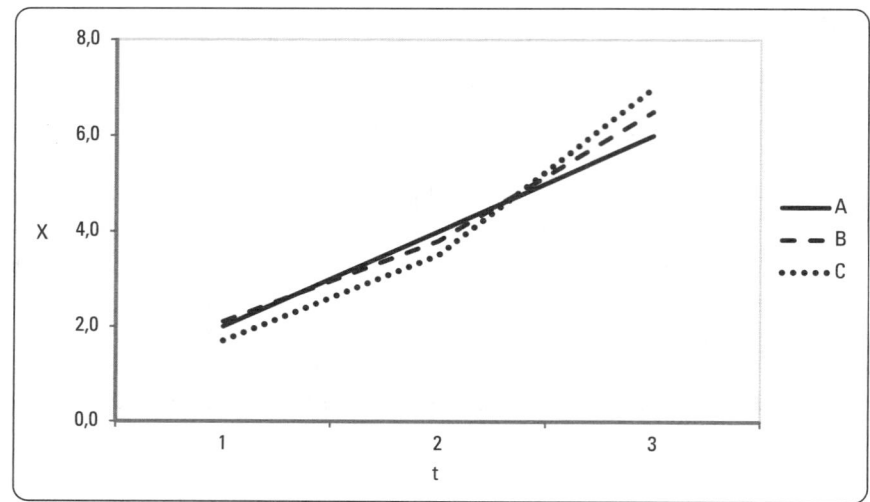

Figura 15.1 Painel balanceado com variação *within* preponderante.

Tabela 15.3 Cálculo das variâncias *within*, *between* e *overall* – exemplo 2.

N	Indivíduo i	Período t	X_{it}	Média por indivíduo i	Termo *within* $\left(X_{it}-\bar{X}_i\right)^2$	Termo *between* $\left(\bar{X}_i-\bar{X}\right)^2$	Termo *overall* $\left(X_{it}-\bar{X}\right)^2$
1	D	1	4,0		0,111		1,235
2	D	2	4,0	$\bar{X}_D = 4,333$	0,111	2,086	1,235
3	D	3	5,0		0,444		4,457
4	E	1	2,0		0,444		0,790
5	E	2	1,0	$\bar{X}_E = 1,333$	0,111	2,420	3,568
6	E	3	1,0		0,111		3,568
7	F	1	3,0		0,000		0,012
8	F	2	3,0	$\bar{X}_F = 3,000$	0,000	0,012	0,012
9	F	3	3,0		0,000		0,012
				$\bar{X} = 2,889$	$\sum_{it}\left(X_{it}-\bar{X}_i\right)^2$ $= 1,333$	$\sum_i\left(\bar{X}_i-\bar{X}\right)^2$ $= 4,519$	$\sum_{it}\left(X_{it}-\bar{X}\right)^2$ $= 14,889$
					$Var_{X_w}= 1,333/8$ $= 0,167$	$Var_{X_b}= 4,519/2$ $= 2,259$	$Var_{X_o}= 14,889/8$ $= 1,861$

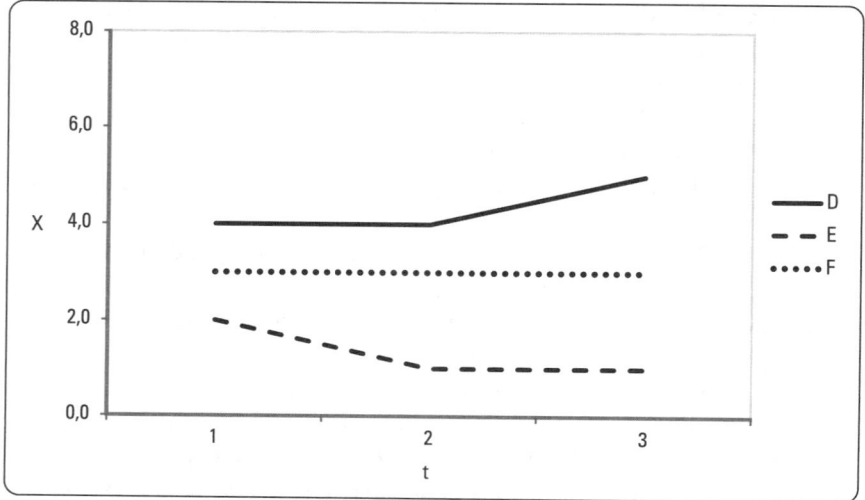

Figura 15.2 Painel balanceado com variação *between* preponderante.

Por meio do gráfico da Figura 15.2, podemos verificar, de fato, que os comportamentos dos três indivíduos (D, E e F) são bastante diferentes em cada uma das três *cross-sections*, mesmo que, para cada um deles, os valores de X não se alterem consideravelmente com o decorrer do tempo. Nesta situação, o parâmetro a_i e os termos de erro idiossincrático ε_{it} da expressão (15.1) são independentes, fato que é considerado quando da estimação de um **modelo com efeitos aleatórios**.

Conforme apresentado por meio da expressão (15.1), um modelo longitudinal de regressão pode considerar diversas variáveis explicativas X_j (j = 1, 2, ..., k) simultaneamente, de modo que o estudo sobre a decomposição de variância de cada uma delas é de fundamental importância para que se estabeleça um diagnóstico preliminar acerca dos efeitos que serão considerados quando da estimação propriamente dita dos parâmetros do modelo.

15.3. MODELOS LONGITUDINAIS LINEARES

Conforme discutimos, quando os dados de uma base variam entre indivíduos e ao longo do tempo, e o fenômeno principal sobre o qual há o interesse de estudo é representado por uma variável dependente quantitativa, faz sentido a estimação de modelos longitudinais lineares de regressão.

Enquanto na seção 15.3.1 serão discutidas as principais estimações pertinentes aos modelos longitudinais de regressão para dados em painel curto (quantidade de indivíduos superior à quantidade de períodos), na seção 15.3.2 serão discutidas as principais estimações pertinentes aos modelos longitudinais para dados em painel longo (quantidade de períodos superior à quantidade de indivíduos). Em ambas as situações, será dado destaque para as estimações dos modelos por *GEE*, por efeitos fixos e por efeitos aleatórios.

15.3.1. Estimação de modelos longitudinais lineares de regressão para dados em painel curto

A primeira e mais simples estimação de um modelo longitudinal de regressão considera a base de dados como sendo uma grande *cross-section* e, por meio do método de mínimos quadrados ordinários estudado no Capítulo 12 (MQO, ou *OLS – Ordinary Least Squares*), estima os parâmetros do modelo proposto. No caso dos modelos longitudinais de regressão, esta estimação é conhecida por **POLS**, ou seja, **Pooled Ordinary Least Squares**, por considerar que a base de dados esteja mesclada. Com base na expressão (15.1), o modelo estimado pelo método *POLS* apresenta a seguinte expressão:

$$Y_{it} = a + b_1.X_{1it} + b_2.X_{2it} + ... + b_k.X_{kit} + u_{it} \qquad (15.8)$$

Segundo Cameron e Trivedi (2009), embora a estimação *POLS* suponha que todas as variáveis explicativas sejam exógenas e que os termos de erro sejam representados por u_{it} (mesma nomenclatura u utilizada no Capítulo 12), a inferência requer que haja o controle da autocorrelação destes termos de erro u_{it} para dado indivíduo (efeito *within*), por meio da utilização de **erros-padrão robustos com agrupamento no nível do próprio indivíduo**. Mesmo que esta estimação não leve em consideração a existência de efeitos fixos ou aleatórios, este método é bastante utilizado e aplicado.

Ressalta-se que a estimação *POLS* insere-se dentro do que é conhecido por **GEE** (**Generalized Estimating Equations**), conforme poderemos verificar quando da estimação dos parâmetros do modelo na seção 15.3.1.1.

Já o modelo longitudinal de regressão com efeitos fixos, que se baseia na expressão (15.1), considera a existência de efeitos individuais a_i que representam as heterogeneidades entre os indivíduos e capturam as suas diferenças invariantes no tempo, ou seja, as diferenças nos interceptos (não nas inclinações). Os estimadores dos parâmetros b_j (j = 1, 2, ..., k) de um modelo longitudinal de regressão com efeitos fixos, de acordo com Cameron e Trivedi (2009) e Fávero (2013), são obtidos pela eliminação dos efeitos individuais a_i por meio da elaboração de uma transformação *within* aplicada pela diferenciação de médias. Dessa maneira, uma estimação *within* faz com que os dados sejam diferenciados em torno da média quando da modelagem e, como consequência, o parâmetro de determinada variável que apresentar dados que não sejam alterados ao longo do tempo não poderá ser estimado.

Os efeitos individuais a_i da expressão (15.1) são eliminados quando, de seus termos, forem subtraídos os termos da seguinte expressão:

$$\overline{Y}_i = b_1.\overline{X}_{1i} + b_2.\overline{X}_{2i} + ... + b_k.\overline{X}_{ki} + \overline{\varepsilon}_i \qquad (15.9)$$

que corresponde à expressão de um modelo de regressão que leva em consideração os dados médios de cada indivíduo nos seus respectivos períodos de tempo. Logo, o **modelo com estimação *within***, também conhecido por **modelo de diferenças de médias**, pode ser escrito como:

$$\left(Y_{it} - \bar{Y}_i\right) = b_1.\left(X_{1it} - \bar{X}_{1i}\right) + b_2.\left(X_{2it} - \bar{X}_{2i}\right) + ... + b_k.\left(X_{kit} - \bar{X}_{ki}\right) + \left(\varepsilon_{it} - \bar{\varepsilon}_i\right) \tag{15.10}$$

A **estimação por efeitos fixos** (estimação *within*) pode ser agora obtida por meio da aplicação do método MQO à expressão (15.10). Segundo Cameron e Trivedi (2009) e Fávero (2013), o método MQO oferece estimadores dos parâmetros b_j (j = 1, 2, ..., k) consistentes pelo fato de a_i ter sido eliminado, mesmo que este seja correlacionado com uma ou mais variáveis X_{jit} (j = 1, 2, ..., k), fato que é considerado na estimação de um modelo com efeitos fixos. De acordo com Wooldridge (2010), na estimação por efeitos fixos, o parâmetro de uma variável explicativa com baixa variação *within* será imprecisamente estimado. Mais do que isso, o parâmetro de determinada variável que não apresentar qualquer alteração em seus dados ao longo do tempo para cada indivíduo, ou seja, que não apresentar variação *within*, não será sequer identificado.

Conforme discutimos quando da apresentação da Figura 15.1, os parâmetros a_i podem ser correlacionados com uma ou mais variáveis explicativas X_{jit} (j = 1, 2, ..., k), o que faz com que seja permitida uma forma limitada de endogeneidade. Por outro lado, pressupõe-se que uma ou mais variáveis X_{jit} (j = 1, 2, ..., k) não sejam correlacionadas com os termos de erro idiossincrático ε_{it}. Entretanto, caso estes sejam heterocedásticos, deve-se partir para uma estimação por efeitos fixos que considere a existência de **erros-padrão robustos com agrupamento por indivíduo**.

A **estimação *between***, por outro lado, considera somente a variação existente entre indivíduos e, dessa forma, aplica, quando da modelagem, o método MQO ao seguinte modelo:

$$\bar{Y}_i = a + b_1.\bar{X}_{1i} + b_2.\bar{X}_{2i} + ... + b_k.\bar{X}_{ki} + \left(a_i - a + \bar{\varepsilon}_i\right) \tag{15.11}$$

Por levar em consideração apenas as variações de *cross-sections* nos dados, o parâmetro de determinada variável que não se altera entre indivíduos para cada instante de tempo não poderá ser estimado. Além disso, a consistência dos estimadores dos parâmetros b_j (j = 1, 2, ..., k) requer que os termos de erro da expressão (15.11), ou seja, $\left(a_i - a + \bar{\varepsilon}_i\right)$, não sejam correlacionados com uma ou mais variáveis X_{jit} (j = 1, 2, ..., k). Segundo Hsiao (2003) e Cameron e Trivedi (2009), esta estimação é raramente utilizada pelo fato de os estimadores obtidos pelos modelos *POLS* ou com efeitos aleatórios acabarem sendo mais eficientes.

A **estimação por efeitos aleatórios** de determinado modelo longitudinal de regressão é definida com base em um método conhecido por **Mínimos Quadrados Generalizados** (**MQG**, ou, em inglês, **GLS – Generalized Least Squares**). A expressão do modelo estimado por efeitos aleatórios, definida a partir da expressão (15.1), pode ser escrita como:

$$Y_{it} = b_1.X_{1it} + b_2.X_{2it} + ... + b_k.X_{kit} + \left(a_i + \varepsilon_{it}\right) \tag{15.12}$$

em que o termo a_i captura o comportamento dos efeitos individuais entre indivíduos e apresenta média a e variância σ_α^2 (variância *between*), e ε_{it} corresponde ao comportamento dos termos de erro idiossincrático com média zero e variância σ_ε^2 (variância *within*), ou seja, representa as variações do erro "dentro" do próprio indivíduo. Os termos de erro do modelo são, portanto:

$$u_{it} = a_i + \varepsilon_{it} \tag{15.13}$$

que são correlacionados ao longo do tempo t para dado indivíduo i. Logo, conforme discutem Cameron e Trivedi (2009) e Fávero *et al.* (2014), a estimação por efeitos aleatórios considera simultaneamente as variações *within* e *between* nos dados e, desta forma, os parâmetros do modelo apresentado na expressão (15.12) podem ser estimados após a elaboração de uma transformação linear, de acordo como segue:

$$\begin{aligned}\left(Y_{it} - \theta_i.\bar{Y}_i\right) &= a.\left(1-\theta_i\right) + b_1.\left(X_{1it} - \theta_i.\bar{X}_{1i}\right) + b_2.\left(X_{2it} - \theta_i.\bar{X}_{2i}\right) + ... + b_k.\left(X_{kit} - \theta_i.\bar{X}_{ki}\right) \\ &+ a_i.\left(1-\theta_i\right) + \left(\varepsilon_{it} - \theta_i.\bar{\varepsilon}_i\right)\end{aligned} \tag{15.14}$$

em que o parâmetro de transformação θ_i apresenta a seguinte expressão:

$$\theta_i = 1 - \sqrt{\frac{\sigma_\varepsilon^2}{\left(t_i \cdot \sigma_\alpha^2 + \sigma_\varepsilon^2\right)}} \tag{15.15}$$

Portanto, podemos comprovar que as demais estimações são casos particulares da estimação por efeitos aleatórios, uma vez que, se $\theta_i = 0$, teremos uma estimação *POLS*, e se $\theta_i = 1$, teremos uma estimação *within*. Esta última situação ocorre quando a variância dos efeitos dos indivíduos σ_α^2 for consideravelmente maior do que a variância dos termos de erro idiossincrático σ_ε^2.

Conforme discutimos quando da apresentação da Figura 15.2, o parâmetro a_i e os termos de erro idiossincrático ε_{it} da expressão (15.1) são independentes. Entretanto, caso os termos de erro sejam autocorrelacionados ao longo do tempo, ou seja, apresentarem correlação *within*, deve-se partir para uma estimação por efeitos aleatórios que considere a existência de erros-padrão robustos com agrupamento por indivíduo.

A lógica por trás dos modelos estimados por efeitos aleatórios é que, ao contrário dos modelos estimados por efeitos fixos, a variação entre indivíduos é considerada aleatória e não correlacionada com as variáveis explicativas. Em outras palavras, se o pesquisador tiver alguma razão para acreditar que as diferenças que existem entre indivíduos influenciam consideravelmente o comportamento da variável dependente, então já pode começar a suspeitar de que o modelo estimado por efeitos aleatórios será mais adequado do que o estimado por efeitos fixos. Por outro lado, se existirem razões para acreditar que os efeitos individuais estejam correlacionados com as variáveis explicativas, a estimação por efeitos aleatórios oferecerá parâmetros inconsistentes e o modelo por efeitos fixos será mais adequado.

Frente ao exposto, na próxima seção serão elaboradas, por meio de um exemplo em Stata, modelagens para dados em painel curto por meio das estimações *POLS* com erros-padrão robustos com agrupamento por indivíduo, efeitos fixos (*within*), efeitos fixos com erros-padrão robustos com agrupamento por indivíduo, *between*, efeitos aleatórios e efeitos aleatórios com erros-padrão robustos com agrupamento por indivíduo.

15.3.1.1. Estimação de modelos longitudinais lineares de regressão para dados em painel curto no software Stata

Nesta seção, apresentaremos um exemplo que segue a mesma lógica dos capítulos anteriores, porém com dados que variam entre indivíduos e ao longo do tempo. Imagine que o nosso notório e inteligente professor, que já explorou consideravelmente os efeitos de determinadas variáveis explicativas sobre o tempo de deslocamento de um grupo de alunos até a escola, sobre a probabilidade de se chegar atrasado às aulas e sobre a quantidade de atrasos que ocorrem semanal ou mensalmente, por meio, respectivamente, de modelos de regressão múltipla, de regressão logística binária e multinomial e de regressão para dados de contagem, tenha agora o interesse em investigar se variáveis preditoras, como dedicação aos estudos e quantidade mensal de faltas à escola, influenciam o desempenho escolar, ao longo dos meses, de um específico grupo de alunos.

Como a escola onde o nosso professor leciona estimula a competição entre estudantes e é bastante preocupada com a formação e com o aprendizado, realiza simulados mensalmente, a fim de avaliar a evolução do desempenho de cada aluno ao longo do tempo, bem como de comparar o desempenho obtido por aluno em relação a seus colegas em cada mês. O professor vem monitorando os dados mensais de 30 de seus alunos (sendo 10 alunos provenientes de cada classe) há dois anos e, como cada simulado é realizado ao término de cada mês, vem pesquisando, em paralelo, as respectivas quantidades mensais de horas de estudo e de faltas à escola. Parte do banco de dados elaborado encontra-se na Tabela 15.4, porém a base de dados completa pode ser acessada por meio dos arquivos **DesempenhoPainelCurto.xls** (Excel), **DesempenhoPainelCurto.dta** (Stata), **desempenho_painel_curto.RData** (R) e **desempenho_painel_curto.csv** (utilizado nos códigos em Python).

O histórico escolar pregresso dos alunos já os aloca, desde o início, nas suas respectivas salas de aula; embora a variável *classe* ofereça esta informação, não será utilizada diretamente quando da estimação do modelo. Já a variável *id* corresponde ao código escolar de cada aluno e servirá de suporte para a definição do painel no Stata. Por meio da Tabela 15.4, podemos observar que a base oferece um painel balanceado, uma vez que, para todos os 30 estudantes, há dados para 24 meses, o que resulta em uma quantidade total de 720 observações. Mais ainda, trata-se de um painel curto, já que a quantidade de indivíduos é maior do que a quantidade total de períodos em que foram coletados os dados.

Tabela 15.4 Exemplo: desempenho escolar, horas de estudo e faltas por mês.

Estudante	id	Classe	Período t (mês)	Desempenho (nota de 0 a 100) (Y_{it})	Quantidade de horas de estudo (X_{1it})	Quantidade de faltas à escola (X_{2it})
Gabriela	1	A	1	80,3109	21,6	8
Gabriela	1	A	2	83,9378	22,8	8
Gabriela				...		
Gabriela	1	A	24	87,5648	27,3	5
Patrícia	2	A	1	82,9016	21,6	7
Patrícia	2	A	2	86,0104	21,8	7
Patrícia				...		
Patrícia	2	A	24	87,0466	25,3	4
...				...		
Carolina	30	C	1	35,7513	20,6	24
Carolina	30	C	2	28,4974	12,8	24
Carolina				...		
Carolina	30	C	24	37,3057	29,3	21

O modelo a ser estimado apresenta a seguinte expressão:

$$desempenho_{it} = \alpha_i + \beta_1.horas_{it} + \beta_2.faltas_{it}$$

Após abrirmos o arquivo **DesempenhoPainelCurto.dta**, podemos digitar o comando **desc**, que faz com que seja possível analisarmos as características do banco de dados, como o número de observações, o número de variáveis e a descrição de cada uma delas. A Figura 15.3 apresenta este primeiro *output* do Stata.

```
. desc

   obs:           720
  vars:             7
  size:        20,160 (99.9% of memory free)
--------------------------------------------------------------------
              storage   display    value
variable name   type    format     label      variable label
--------------------------------------------------------------------
estudante       str12    %12s
id              byte     %8.0g                 código do estudante
classe          str1     %1s                   classe em que se encontra o estudante
t               byte     %8.0g                 período (mês)
desempenho      float    %8.0g                 desempenho escolar (nota de 0 a 100)
horas           float    %9.0g                 quantidade mensal de horas de estudo
faltas          byte     %8.0g                 quantidade mensal de faltas à escola
--------------------------------------------------------------------
Sorted by:
```

Figura 15.3 Descrição do banco de dados **DesempenhoPainelCurto.dta**.

Para que possamos estimar os parâmetros do modelo longitudinal de regressão para os dados em painel do nosso exemplo fazendo uso dos métodos apresentados, precisamos inicialmente definir os indivíduos e os períodos de tempo. Esta definição é feita por meio do seguinte comando:

xtset id t

Conforme podemos observar por meio da Figura 15.4, o banco de dados é balanceado, com 24 períodos (meses) para cada indivíduo (estudante).

```
. xtset id t
       panel variable:  id (strongly balanced)
        time variable:  t, 1 to 24
                delta:  1 unit
```

Figura 15.4 Definição do painel no Stata.

Antes de estimarmos o modelo proposto propriamente dito, iremos analisar o comportamento do desempenho escolar dos estudantes ao longo do tempo. Inicialmente, podemos elaborar um gráfico que mostra o comportamento individual de cada um deles, que pode ser obtido por meio da digitação do seguinte comando:

```
xtline desempenho
```

O gráfico obtido encontra-se na Figura 15.5.

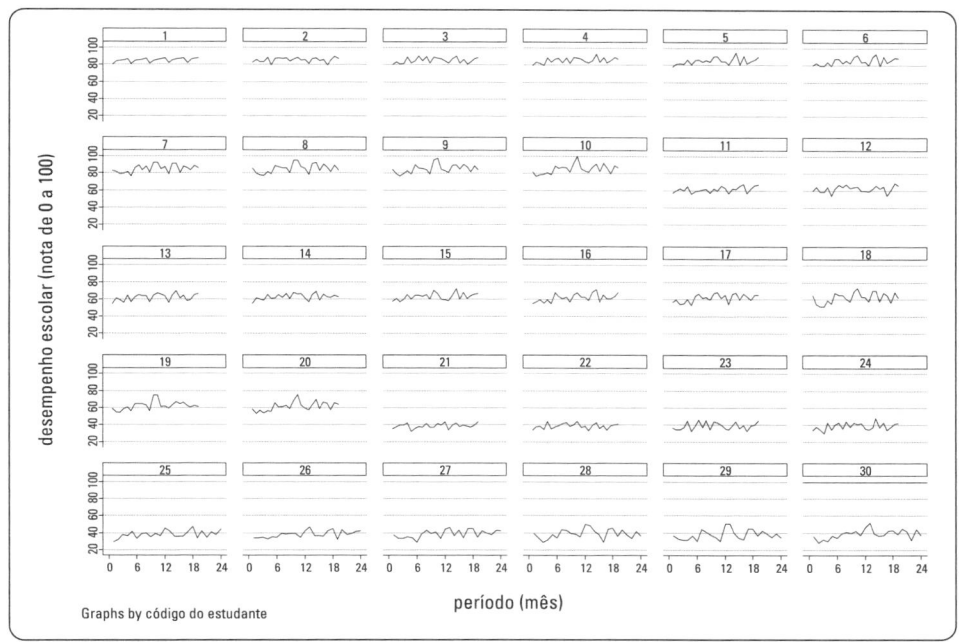

Figura 15.5 Comportamento do desempenho escolar de cada estudante ao longo do tempo – gráficos individuais.

Caso haja interesse em plotar os comportamentos individuais do desempenho de cada estudante ao longo do tempo num mesmo gráfico, pode ser digitado o seguinte comando, que gerará o gráfico da Figura 15.6.

```
xtline desempenho, overlay legend(off)
```

Por meio deste gráfico, é possível verificar que o desempenho escolar apresenta comportamento distinto, em média, para os alunos provenientes de cada uma das três classes ao longo do tempo. Caso tenhamos a intenção de

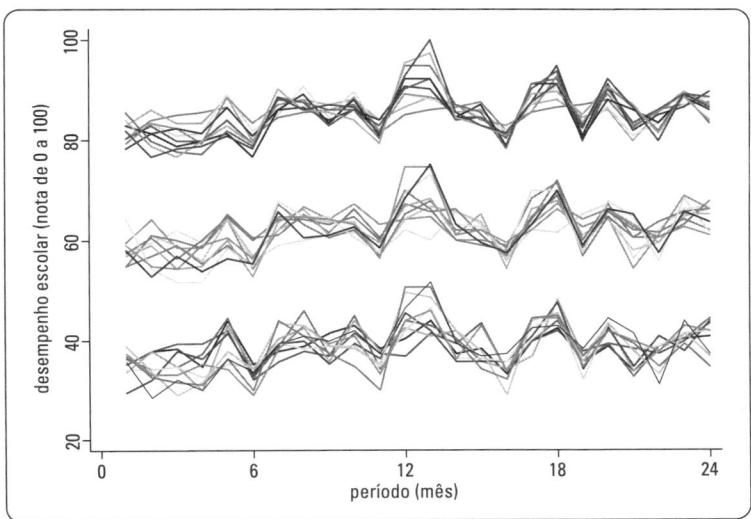

Figura 15.6 Comportamento do desempenho escolar de cada estudante ao longo do tempo – gráfico unificado.

analisar, separadamente, o comportamento do desempenho escolar dos estudantes por classe, podemos digitar o seguinte comando:

```
graph twoway scatter desempenho t || lfit desempenho t, by(classe)
```

que gera o gráfico da Figura 15.7.

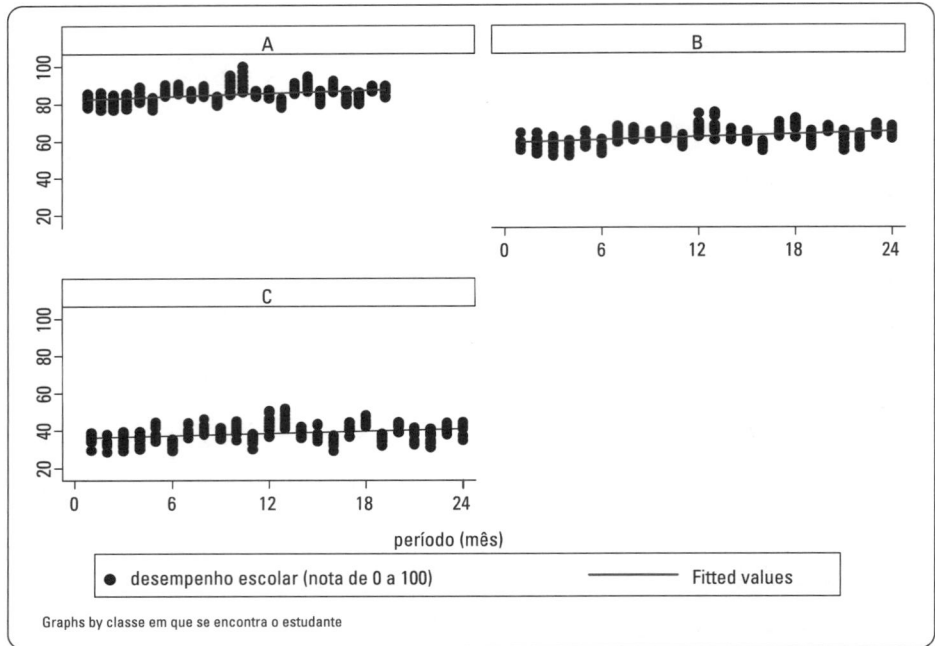

Figura 15.7 Evolução do desempenho escolar dos estudantes por classe.

Cada ponto na Figura 15.7 representa um par de desempenho-mês para determinado estudante. Podemos perceber que, para cada classe, há um comportamento específico médio das notas dos simulados ao longo do tempo, porém existe uma correlação entre estas notas e o período, o que sugere que, enquanto em alguns meses as notas são homogeneamente mais altas para todas as classes, em outros acabam sendo ligeiramente mais baixas. A questão é saber se este comportamento, entre alunos (em cada *cross-section*) e para cada aluno ao longo do tempo, é decorrente da dedicação aos estudos e da assiduidade escolar. O comando a seguir permite inclusive que sejam calculadas as médias dos desempenhos escolares dos alunos de cada classe para o período analisado:

```
tabstat desempenho, by(classe)
```

Os *outputs* obtidos encontram-se na Figura 15.8.

```
. tabstat desempenho, by(classe)

Summary for variables: desempenho
     by categories of: classe (classe em que se encontra o estudante)

classe |      mean
-------+----------
     A |    85.231
     B |  62.09845
     C |  38.54275
-------+----------
 Total |   61.9574
------------------
```

Figura 15.8 Médias dos desempenhos escolares por classe.

Visto que o histórico escolar pregresso serve de base para alocação dos alunos em cada classe, já era de se esperar que as médias dos desempenhos nos simulados fossem significativamente diferentes entre as classes.

Partiremos agora para a análise das variações *overall*, *within* e *between* das variáveis presentes no banco de dados, com destaque inicial para a variável dependente *desempenho*. A Figura 15.9 apresenta o desempenho de cada um dos alunos em cada um dos períodos de tempo analisados (com distinção apenas ilustrativa entre as classes), o que permite, portanto, que sejam analisadas as variações *overall* de cada ponto da base de dados em relação ao desempenho médio geral (reta tracejada horizontal para *desempenho* = 61,9574). Por outro lado, enquanto a Figura 15.10 apresenta a variação dos desempenhos nos simulados ao longo do tempo para cada estudante, ou seja, mostra os desvios do desempenho escolar em relação à média individual de cada aluno (efeito *within*), a Figura 15.11 apresenta a variação deste último indicador, ou seja, mostra os desvios do desempenho escolar médio de cada aluno em relação à média geral do desempenho, ou seja, considera uma única *cross-section* (efeito *between*) para o tempo médio t = 12,5 meses. Os comandos para a elaboração das Figuras 15.9, 15.10 e 15.11 são, respectivamente:

```
graph twoway scatter desempenho t, yline(61.9574)
preserve
xtdata, fe
graph twoway scatter desempenho t
restore
preserve
xtdata, be
graph twoway scatter desempenho t, yline(61.9574)
restore
```

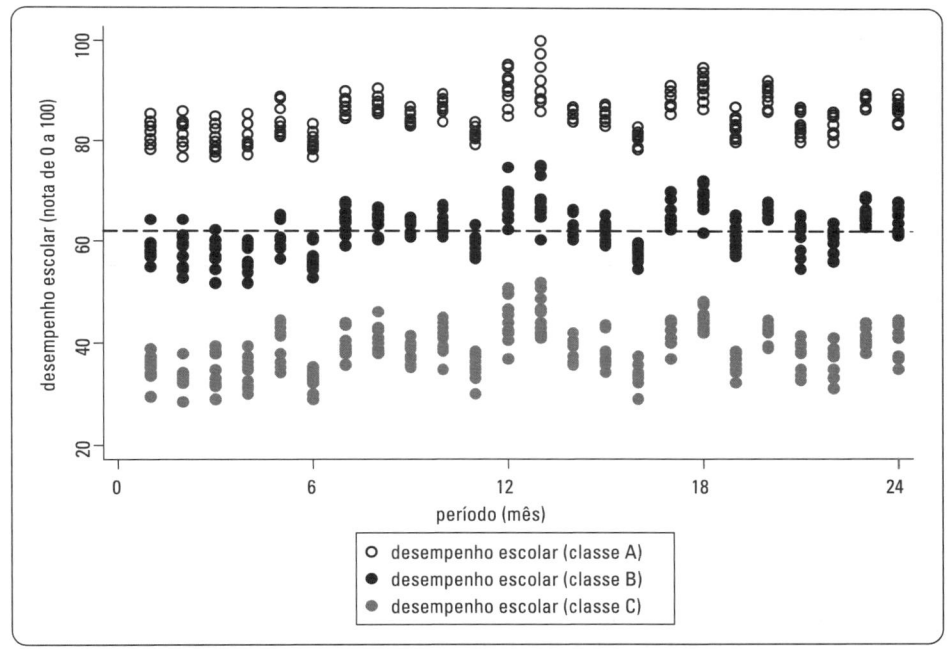

Figura 15.9 Desempenho escolar para cada estudante em cada mês, com destaque para o desempenho médio geral (reta tracejada).

Os gráficos das Figuras 15.9, 15.10 e 15.11, embora meramente ilustrativos, mostram, nitidamente, que existem diferenças consideráveis nos desempenhos escolares dos alunos provenientes das três classes. Mais do que isso, mostram também que, enquanto o desempenho escolar com efeito *within* varia aproximadamente de 51 a 77 (amplitude de 26), este mesmo desempenho com efeito *between* varia aproximadamente entre 37 a 86 (amplitude de 49). Logo, a variação *between* da variável dependente é maior do que a sua variação *within*.

A fim de termos uma análise completa das variações *within* e *between* de cada variável a ser inserida no modelo longitudinal de regressão, devemos elaborar uma tabela com a decomposição de variância da variável dependente

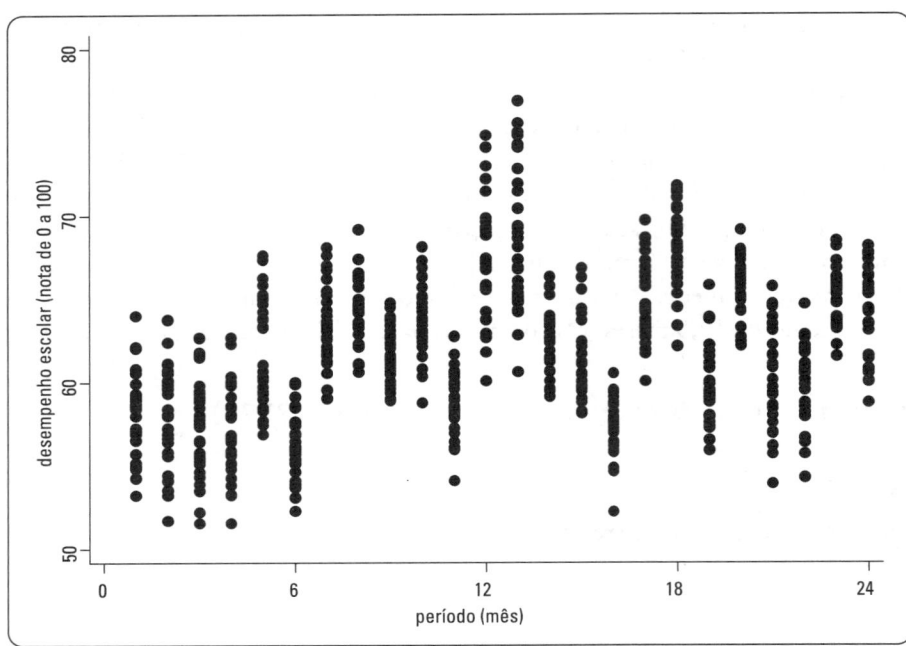

Figura 15.10 Desvios do desempenho escolar em relação à média de cada estudante ao longo do tempo (variação *within*).

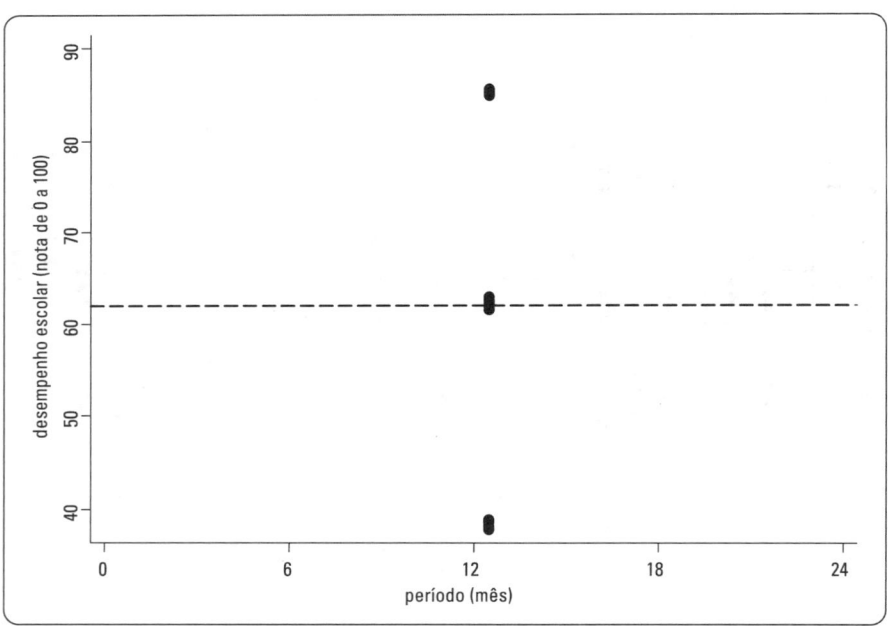

Figura 15.11 Desvios do desempenho escolar médio de cada estudante (uma *cross-section* – variação *between*) em relação ao desempenho médio geral (reta tracejada).

e das variáveis explicativas. Esta tabela pode ser obtida por meio do comando **xtsum** (é importante mencionar que, nas seções 15.5 e 15.6, apresentaremos o desenvolvimento da função **xtsum** em R e Python, respectivamente, para a obtenção dos mesmos *outputs*). Para tanto, vamos digitar:

```
xtsum id t desempenho horas faltas
```

Os *outputs* obtidos encontram-se na Figura 15.12.

De acordo com estes *outputs*, podemos verificar que o estudante (*id*) é obviamente invariante ao longo do tempo e, portanto, apresenta variação *within* igual a zero. Por outro lado, a variável referente ao tempo (*t*) é invariante entre estudantes, já que estamos lidando com um painel balanceado e, portanto, a sua variação *between* é igual a zero.

```
. xtsum id t desempenho horas faltas

Variable        |     Mean   Std. Dev.       Min        Max |    Observations
----------------+--------------------------------------------+----------------
id      overall |     15.5   8.661458         1         30 |   N =      720
        between |            8.803408         1         30 |   n =       30
         within |                   0      15.5       15.5 |   T =       24
                |                                            |
t       overall |     12.5   6.926999         1         24 |   N =      720
        between |                   0      12.5       12.5 |   n =       30
         within |            6.926999         1         24 |   T =       24
                |                                            |
desemp~o overall |  61.9574  19.56706   28.49741        100 |   N =      720
        between |           19.38953   37.91019   85.57858 |   n =       30
         within |            4.352297   51.55153   76.87536 |   T =       24
                |                                            |
horas   overall | 24.02361   3.962059      12.8       37.3 |   N =      720
        between |            .4035409   23.26667   24.80833 |   n =       30
         within |            3.942116   12.89028   37.39028 |   T =       24
                |                                            |
faltas  overall | 14.16667   6.572586         0         28 |   N =      720
        between |            6.505965   2.666667   25.66667 |   n =       30
         within |            1.491748       11.5       16.5 |   T =       24
```

Figura 15.12 Decomposição de variância para cada variável no Stata.

Conforme já imaginávamos, a variação *between* é maior do que a variação *within* para a variável dependente *desempenho*, e este fato é decorrente principalmente da existência, no banco de dados, de estudantes provenientes de três classes distintas com patamares bastante discrepantes em relação ao desempenho escolar ao longo do tempo, conforme observamos nos gráficos das Figuras 15.6, 15.7 e 15.9. Caso houvesse a intenção de elaborar uma modelagem considerando apenas os estudantes, por exemplo, da classe A, a variação *between* da variável *desempenho* passaria a ser bem mais baixa do que a variação *within*. Isso pode ser comprovado quando digitamos a seguinte sequência de comandos, que gerará os *outputs* da Figura 15.13:

```
preserve
keep if classe == "A"
xtsum desempenho
restore
```

```
. preserve

. keep if classe == "A"
(480 observations deleted)

. xtsum desempenho

Variable        |     Mean   Std. Dev.       Min        Max |    Observations
----------------+--------------------------------------------+----------------
desemp~o overall |   85.231   4.139111   76.68394        100 |   N =      240
        between |            .1961439   84.90933   85.57858 |   n =       10
         within |            4.134908   76.81131   100.149 |   T =       24

. restore
```

Figura 15.13 Decomposição de variância para a variável *desempenho* (somente classe A).

A situação apresentada na Figura 15.13 é similar ao que foi discutido quando da análise do gráfico da Figura 15.1, ou seja, quando analisamos individualmente cada uma das três classes, podemos verificar que os comportamentos dos estudantes não são muito diferentes em cada simulado, ou seja, em cada *cross-section* (mês), mesmo que os desempenhos escolares sofram alterações para cada estudante ao longo do tempo. Logo, a heterogeneidade entre estudantes, decorrente da inclusão, na base completa de dados, de alunos provenientes de classes distintas, pode estar inserindo um efeito aleatório no intercepto do modelo a ser estimado. Entretanto, a decisão de escolha da estimação mais adequada não deve se restringir, apenas e tão somente, à análise da variável dependente, já que este estudo preliminar também deve levar em consideração a análise da decomposição de variância das variáveis explicativas.

Vamos, desta forma, elaborar os gráficos das variáveis *horas* e *faltas* em função do tempo, digitando a seguinte sequência de comandos:

```
quietly xtline horas, overlay legend(off) saving(horas, replace)
quietly xtline faltas, overlay legend(off) saving(faltas, replace)
graph combine horas.gph faltas.gph
```

Os gráficos elaborados encontram-se na Figura 15.14.

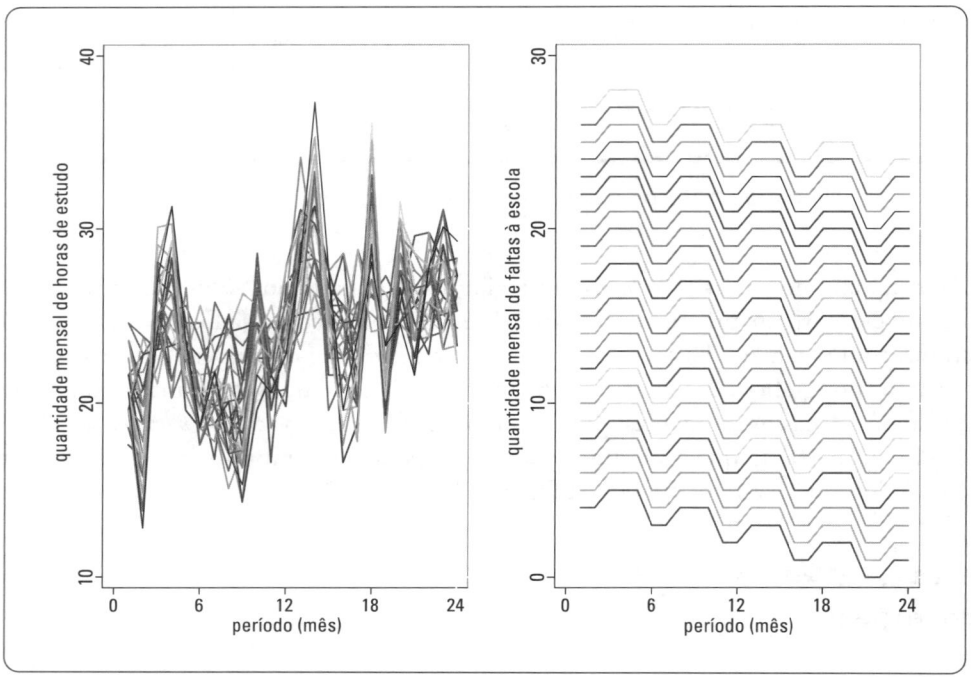

Figura 15.14 Comportamento das variáveis *horas* e *faltas* ao longo do tempo.

Por meio da análise dos gráficos da Figura 15.14, podemos verificar que não existem diferenças acentuadas entre estudantes, em cada mês, em relação à quantidade de horas de estudo, porém esta intensidade de estudo varia consideravelmente com o decorrer do tempo. O fenômeno oposto acontece com a quantidade de faltas mensais, ou seja, existem discrepâncias acentuadas entre estudantes no que diz respeito à quantidade de faltas que ocorrem em cada mês, porém cada estudante tende a manter certo patamar de faltas ao longo do período analisado. A análise dos *outputs* apresentados na Figura 15.12 permite que estes fatos sejam comprovados, uma vez que, enquanto a variável *horas* apresenta maior variação *within* no banco de dados, a variável *faltas* apresenta uma maior variação *between*.

Dessa forma, precisamos estimar o modelo longitudinal de regressão para os dados em painel do nosso exemplo fazendo uso dos diferentes tipos de estimação estudados anteriormente, uma vez que, enquanto determinada variável com maior variância *within* (no nosso exemplo, a variável *horas*) pode fazer com que o modelo estimado por efeitos fixos seja o mais adequado, por considerar que os termos do intercepto sejam correlacionados com esta variável, outra variável com maior variância *between* (no nosso exemplo, a variável *faltas*) pode fazer, porém não obrigatoriamente, com que o modelo estimado por efeitos aleatórios seja o mais adequado, por considerar que os termos do intercepto não sejam correlacionados com os termos de erro idiossincrático.

Portanto, este diagnóstico preliminar sobre o comportamento de variação das variáveis do banco de dados é de fundamental importância quando do estudo de modelos de regressão que levam em consideração modificações entre indivíduos e ao longo do tempo, já que, por vezes, pode fornecer indícios sobre a estimação mais adequada a ser elaborada.

Partiremos, então, para as estimações do modelo proposto, seguindo o que foi discutido na seção anterior. Os comandos para a elaboração de cada uma delas são:

- Estimação *POLS* com erros-padrão robustos com agrupamento por estudante:
  ```
  reg desempenho horas faltas, vce(cluster id)
  ```

- Estimação *between*:
  ```
  xtreg desempenho horas faltas, be
  ```

- Estimação por efeitos fixos:
  ```
  xtreg desempenho horas faltas, fe
  ```

- Estimação por efeitos fixos com erros-padrão robustos com agrupamento por estudante:
  ```
  xtreg desempenho horas faltas, fe vce(cluster id)
  ```

- Estimação por efeitos aleatórios:
  ```
  xtreg desempenho horas faltas, re theta
  ```

- Estimação por efeitos aleatórios com erros-padrão robustos com agrupamento por estudante:
  ```
  xtreg desempenho horas faltas, re vce(cluster id) theta
  ```

Apenas para fins didáticos, portanto, é importante mencionar que os comandos a seguir, embora não tenham sido aqui elaborados, geram estimadores idênticos dos parâmetros:

```
reg desempenho horas faltas
glm desempenho horas faltas, family(gaussian)
xtpcse desempenho horas faltas, corr(independent)
xtgls desempenho horas faltas, corr(independent) panels(iid)
xtreg desempenho horas faltas, pa corr(independent)
xtgee desempenho horas faltas, family(gaussian) corr(independent)
```

em que o termo `corr(independent)` considera a existência de correlações entre termos de erro iguais a zero para dois quaisquer períodos de tempo distintos e para dado indivíduo, que é o que também considera a estimação tradicional elaborada por meio do comando `reg`.

Cada comando específico apresenta as suas próprias opções de modelagem, como os comandos `xtpcse` e `xtgls`, que serão utilizados quando da estimação de modelos longitudinais para dados em painel longo (seção 15.3.2), e o comando `xtreg ..., pa`, em que o termo `pa` significa ***Population-Averaged Model***.

Os **modelos PA**, também conhecidos na literatura por **modelos marginais**, podem, de maneira genérica, ser estimados, quando da existência de dados longitudinais, por meio do comando `xtgee`, que equivale ao comando `glm` utilizado nos três capítulos anteriores, em que o termo `family()` informa a distribuição da variável dependente que, neste caso, é normal (`gaussian`). O termo `gee` significa, em inglês, *Generalized Estimating Equations* (estimação generalizada de equações), e seu correspondente comando para dados longitudinais (`xtgee`) também pode ser utilizado quando do estudo dos modelos não lineares, conforme veremos na seção 15.4. O que torna o comando `xtgee` muito útil, portanto, é a multiplicidade de estimações que podem ser generalizadas em modelagens para dados longitudinais, já que é permitida a consideração de diversas distribuições da variável dependente (normal, binomial, Poisson, entre outras) e de muitas estruturas de correlação dos termos de erro, além de possibilitar que sejam considerados erros-padrão robustos.

Logo, devemos sempre comparar as estimações dos parâmetros obtidas pelos métodos *GEE* com aquelas oriundas de estimações por efeitos fixos e por efeitos aleatórios.

Voltando, portanto, às estimações propostas, seus resultados encontram-se, respectivamente, nas Figuras 15.15 a 15.20. Vamos à análise de cada um deles.

Para os dados do nosso exemplo, o método *POLS* com erros-padrão robustos com agrupamento por estudante estima os parâmetros do seguinte modelo:

$$desempenho_{it} = a + b_1.horas_{it} + b_2.faltas_{it} + u_{it}$$

```
. reg desempenho horas faltas, vce(cluster id)

Linear regression                               Number of obs =      720
                                                F(  2,    29) =   182.43
                                                Prob > F      =   0.0000
                                                R-squared     =   0.7385
                                                Root MSE      =    10.02

                        (Std. Err. adjusted for 30 clusters in id)

-------------------------------------------------------------------------
             |              Robust
  desempenho |    Coef.   Std. Err.      t    P>|t|    [95% Conf. Interval]
-------------+-----------------------------------------------------------
       horas |  .0573359   .0496264    1.16   0.257   -.0441614    .1588332
      faltas |  -2.55647   .1642971  -15.56   0.000   -2.892495   -2.220445
       _cons |  96.79664   3.523298   27.47   0.000    89.59069    104.0026
-------------------------------------------------------------------------
```

Figura 15.15 *Outputs* da estimação *POLS* com erros-padrão robustos com agrupamento por estudante.

Com base na Figura 15.15, que apresenta os *outputs* do modelo de regressão mesclado (*POLS*), podemos, inicialmente, verificar que o coeficiente de ajuste R^2 é igual a 0,7385, o que nos permite dizer que mais de 73% do comportamento de variação geral do desempenho escolar é devido à variação conjunta das variáveis *horas* e *faltas*. Além disso, enquanto o teste *F* nos permite afirmar que pelo menos um parâmetro estimado β é estatisticamente diferente de zero ao nível de significância de 5%, os testes *t* de cada parâmetro mostram que o parâmetro estimado β_1, referente à variável *horas*, mostrou-se estatisticamente igual a zero a este mesmo nível de significância, uma vez que a magnitude de seu erro-padrão resultou num *valor-P* > 0,05.

A estimação de um modelo por meio do método *POLS* sem a consideração de erros-padrão robustos com agrupamento por indivíduo pode gerar erros-padrão diferentes e, por vezes, até menores, mesmo que os estimadores dos parâmetros sejam idênticos, o que faz com que, nestas situações, os *valores-P* das estatísticas *t* passem a ser menores. Entretanto, este tipo tradicional de estimação com erros-padrão não robustos, cujos *outputs* não estão apresentados aqui, considera, segundo Cameron e Trivedi (2009), que os termos de erro da regressão sejam independentes e identicamente distribuídos (i. i. d.), que são pressupostos dos modelos tradicionais de regressão, conforme estudamos no Capítulo 12, porém não necessariamente se aplicam a dados longitudinais. Portanto, é de fundamental importância que a estimação *POLS* em modelos longitudinais de regressão elabore a correção dos erros-padrão por meio de agrupamento no nível do indivíduo.

Antes de elaborarmos um eventual procedimento *Stepwise* à estimação apresentada na Figura 15.15, devemos analisar os *outputs* das demais estimações, a fim de que seja possível compararmos os estimadores e seus respectivos erros-padrão.

As demais estimações trazem em seus *outputs* três medidas de coeficiente de ajuste, chamadas de R^2 *overall*, R^2 *within* e R^2 *between*, calculadas em função, respectivamente, dos efeitos *overall* (geral), *within* e *between* discutidos anteriormente. Visto que o coeficiente de ajuste R^2 estudado no Capítulo 12 representa a correlação ao quadrado (que poderemos chamar de ρ^2) entre os valores reais observados da variável dependente e seus valores previstos, temos, para o caso dos modelos longitudinais de regressão, que:

- R^2 *overall*:

$$R_o^2 = \rho^2\left(Y_{it}; \hat{Y}_{it}\right) \tag{15.16}$$

- R^2 *within*:

$$R_w^2 = \rho^2\left(Y_{it} - \overline{Y}_i; \hat{Y}_{it} - \overline{\hat{Y}}_i\right) \tag{15.17}$$

- R^2 *between*:

$$R_b^2 = \rho^2\left(\overline{Y}_i; \overline{\hat{Y}}_i\right) \tag{15.18}$$

Vamos, portanto, aos resultados obtidos dos modelos com estimações *between*, por efeitos fixos e por efeitos aleatórios.

```
. xtreg desempenho horas faltas, be

Between regression (regression on group means)    Number of obs    =       720
Group variable: id                                Number of groups =        30

R-sq:  within  = 0.0657                            Obs per group: min =        24
       between = 0.8057                                           avg =      24.0
       overall = 0.4396                                           max =        24

                                                   F(2,27)         =     55.99
sd(u_i + avg(e_i.))=  8.856994                     Prob > F        =    0.0000

------------------------------------------------------------------------------
 desempenho |      Coef.   Std. Err.      t    P>|t|     [95% Conf. Interval]
------------+-----------------------------------------------------------------
      horas | -3.397181    4.091294    -0.83   0.414    -11.79182    4.997461
     faltas | -2.648524    .2537677   -10.44   0.000    -3.169212   -2.127835
      _cons |  181.0907    98.05262     1.85   0.076    -20.09665    382.278
------------------------------------------------------------------------------
```

Figura 15.16 *Outputs* da estimação *between*.

Conforme discutimos na seção anterior, a modelagem do tipo *between* considera somente a variação existente entre indivíduos quando estima os parâmetros do seguinte modelo:

$$dese\overline{m}penho_i = a + b_1.ho\overline{ra}s_i + b_2.fa\overline{lta}s_i + \left(a_i - a + \overline{\varepsilon}_i\right)$$

Como todas as variáveis explicativas apresentam dados que se alteram entre estudantes em cada mês, todos os parâmetros do modelo do nosso exemplo são estimados.

Com base na análise dos *outputs* da Figura 15.16, podemos verificar que, como a variável *horas* apresenta uma maior variância *within*, a estimação *between* acaba por gerar um estimador de seu parâmetro ainda menos significante do que aquele gerado pelo método *POLS*. Como a própria variável *faltas* apresenta certa variância *within*, embora possua maior variância *between*, o modelo com estimação *between* fornece estimadores menos eficientes do que aqueles gerados pelo método com efeitos aleatórios e até mesmo pelo método *POLS*. Mais do que isso, a estimação *between* tende a superestimar o valor do coeficiente de ajuste R^2 *between*, dado que considera apenas os valores médios de cada variável para cada indivíduo e, portanto, sua elaboração neste exemplo serviu apenas para efeitos didáticos.

A modelagem por efeitos fixos estima, por meio do método MQO, os parâmetros do seguinte modelo:

$$\left(desempenho_{it} - dese\overline{m}penho_i\right) = b_1.\left(horas_{it} - ho\overline{ra}s_i\right) + b_2.\left(faltas_{it} - fa\overline{lta}s_i\right) + \left(\varepsilon_{it} - \overline{\varepsilon}_i\right)$$

Embora os termos do intercepto tenham sido eliminados da expressão cujos parâmetros devem ser estimados, os *outputs* da Figura 15.17 apresentam o parâmetro estimado da constante (**_cons**). Isso ocorre pelo fato de o Stata estimar os parâmetros do seguinte modelo:

$$\left(desempenho_{it} - dese\overline{m}penho_i + dese\overline{\overline{m}}penho\right) = a + b_1.\left(horas_{it} - ho\overline{ra}s_i + ho\overline{\overline{ra}}s\right) + b_2.\left(faltas_{it} - fa\overline{lta}s_i + fa\overline{\overline{lta}}s\right) + \left(\varepsilon_{it} - \overline{\varepsilon}_i + \overline{\overline{\varepsilon}}\right)$$

que apresenta a vantagem de possuir um intercepto a que representa a média dos interceptos a_i de todos os indivíduos. Além disso, temos que:

$$dese\overline{\overline{m}}penho = \left(\frac{dese\overline{m}penho_i}{N}\right) \qquad ho\overline{\overline{ra}}s = \left(\frac{ho\overline{ra}s_i}{N}\right)$$

$$fa\overline{\overline{lta}}s = \left(\frac{fa\overline{lta}s_i}{N}\right) \qquad \overline{\overline{\varepsilon}} = \left(\frac{\overline{\varepsilon}_i}{N}\right)$$

Inicialmente, podemos verificar que, como todas as variáveis explicativas apresentam dados que se alteram ao longo do tempo para cada estudante, ou seja, possuem variação *within*, todos os parâmetros do modelo do nosso exemplo são estimados.

```
. xtreg desempenho horas faltas, fe

Fixed-effects (within) regression          Number of obs     =       720
Group variable: id                         Number of groups  =        30

R-sq:  within  = 0.1066                     Obs per group: min =        24
       between = 0.7919                                    avg =      24.0
       overall = 0.5980                                    max =        24

                                            F(2,688)          =     41.06
corr(u_i, Xb)  = 0.7288                      Prob > F          =    0.0000

------------------------------------------------------------------------------
  desempenho |      Coef.   Std. Err.      t    P>|t|     [95% Conf. Interval]
-------------+----------------------------------------------------------------
       horas |   .302644   .0410976     7.36   0.000     .2219522    .3833358
      faltas |  -.3545951   .1086052    -3.26   0.001    -.5678325   -.1413578
       _cons |  59.71023   2.031858    29.39   0.000     55.72084    63.69961
-------------+----------------------------------------------------------------
     sigma_u |  17.374915
     sigma_e |  4.2053869
         rho |  .94465965   (fraction of variance due to u_i)
------------------------------------------------------------------------------
F test that all u_i=0:     F(29, 688) =    116.64              Prob > F = 0.0000
```

Figura 15.17 *Outputs* da estimação por efeitos fixos.

Os *outputs* do modelo estimado por efeitos fixos (Figura 15.17) mostram, com base nos *valores-P* das estatísticas F e t, que os parâmetros das variáveis *horas* e *faltas* são estatisticamente significantes, ao nível de significância de 5%, para explicar o comportamento do desempenho escolar dos alunos nos meses em análise. Mais do que isso, podemos verificar que, enquanto o desempenho escolar apresenta, ao término de determinado mês, uma melhora média de 3 pontos a cada incremento de 10 horas de estudo mensal ($\beta_1 = 0,30$), *ceteris paribus*, o comportamento inverso ocorre em relação à variável *faltas*, ou seja, o desempenho escolar passa a apresentar, ao término de determinado mês, uma piora média de 0,35 ponto a cada incremento de uma falta ao longo do mês letivo ($\beta_2 = -0,35$), também *ceteris paribus*.

Podemos também verificar que o coeficiente de ajuste R^2 *between* é consideravelmente maior do que o R^2 *within*. Isso ocorre para os dados deste exemplo, uma vez que apenas a variável *horas* apresenta maior variância *within*, de modo que a correlação entre $\overline{desempenho}_i$ e $\overline{desempenho}$ seja mais elevada pela existência de maiores variâncias *between* da variável dependente *desempenho* e da variável explicativa *faltas*. Este fato ocorre pela existência de estudantes provenientes de classes distintas, o que amplia, conforme discutimos, a variância *between* do desempenho escolar para cada instante de tempo. De fato, se o modelo estimado considerasse apenas estudantes provenientes, por exemplo, da classe B, o R^2 *between* seria reduzido consideravelmente. Apenas para efeitos didáticos, vamos elaborar esta estimação intermediária. Para tanto, devemos digitar a seguinte sequência de comandos:

```
preserve
keep if classe == "B"
xtreg desempenho horas faltas, fe
restore
```

Os *outputs* encontram-se na Figura 15.18.

De fato, o R^2 *between* da estimação por efeitos fixos com estudantes provenientes apenas da classe B é consideravelmente reduzido (0,0021) em relação ao R^2 *between* da estimação por efeitos fixos que considera todos os estudantes da base (0,7919), o que nos permite concluir que a heterogeneidade do desempenho escolar existente entre estudantes provenientes de classes distintas em cada instante de tempo acaba por inserir um efeito aleatório no intercepto do modelo estimado.

A estatística **sigma_u**, que se refere ao desvio-padrão do efeito individual a_i (o Stata chama de **u**) consegue capturar claramente este fenômeno. Enquanto **sigma_u** da estimação que considera todos os estudantes é 12 vezes superior ao encontrado na estimação que considera apenas os estudantes da classe B (17,37 *versus* 1,43), a estatística **sigma_e**, que se refere ao desvio-padrão dos termos de erro idiossincrático ε_{it}, praticamente não se altera de um caso para o outro.

A estatística **rho**, conhecida por **correlação intraclasse**, é definida com base na seguinte expressão:

$$rho = \frac{\left(sigma\_u\right)^2}{\left(sigma\_u\right)^2 + \left(sigma\_e\right)^2}$$ (15.19)

e, a partir de seus resultados, podemos afirmar que, enquanto no modelo com todos os estudantes considerados (*outputs* da Figura 15.17), 94,47% da variância que ocorre nos dados é decorrente das diferenças entre painéis, no modelo que considera apenas os estudantes da classe B (*outputs* da Figura 15.18), apenas 10,06% dessa variância decorre das diferenças entre os painéis.

```
. preserve

. keep if classe == "B"
(480 observations deleted)

. xtreg desempenho horas faltas, fe

Fixed-effects (within) regression        Number of obs    =       240
Group variable: id                       Number of groups =        10

R-sq:  within  = 0.1163                   Obs per group: min =        24
       between = 0.0021                                  avg =      24.0
       overall = 0.0666                                  max =        24

                                          F(2,228)         =     15.00
corr(u_i, Xb)  = -0.6002                  Prob > F         =    0.0000

------------------------------------------------------------------------------
 desempenho |      Coef.   Std. Err.      t    P>|t|     [95% Conf. Interval]
------------+-----------------------------------------------------------------
      horas |   .3106635   .0735859     4.22   0.000     .1656682    .4556589
     faltas |  -.4309149   .1920371    -2.24   0.026    -.8093092   -.0525206
      _cons |   60.78339   3.619894    16.79   0.000     53.65067    67.91612
------------+-----------------------------------------------------------------
    sigma_u |  1.4301025
    sigma_e |  4.2759169
        rho |   .1006064   (fraction of variance due to u_i)
------------------------------------------------------------------------------
F test that all u_i=0:     F(9, 228) =      0.79             Prob > F = 0.6304

. restore
```

Figura 15.18 *Outputs* da estimação por efeitos fixos (somente classe B).

Conforme discutimos, os modelos estimados por efeitos fixos têm por principal objetivo estudar as causas das alterações eventualmente existentes na variável dependente decorrentes de mudanças em cada indivíduo (efeito *within*). Tecnicamente, segundo Kohler e Kreuter (2012), embora variáveis que não apresentem alterações em seus dados ao longo do tempo para cada indivíduo não possam ser diretamente inseridas em modelos estimados por efeitos fixos (commando **xtreg** ..., **fe** no Stata), são perfeitamente colineares com variáveis *dummy* criadas para cada um dos indivíduos e, neste sentido, podem ser inseridas em um modelo estimado por MQO.

Para os dados do nosso exemplo, outra forma, portanto, de estimar o modelo por efeitos fixos é considerar como variáveis explicativas, além das variáveis *horas* e *faltas*, $(n - 1 = 29)$ *dummies* correspondentes aos n (30) estudantes. O modelo a ser estimado por MQO apresenta, neste sentido, a seguinte expressão:

$$desempenho_{it} = a + b_1.horas_{it} + b_2.faltas_{it} + \sum_{i=2}^{n=30} \gamma_i.D_{it} + u_{it}$$

em que γ corresponde ao parâmetro de cada variável *dummy D*. Podemos estimar o modelo proposto por meio da digitação do seguinte comando:

```
reg desempenho horas faltas i.id
```

em que o termo **i.id** faz com que sejam estimados, automaticamente, os parâmetros das *dummies* correspondentes aos estudantes. Os *outputs* encontram-se na Figura 15.19.

```
. reg desempenho horas faltas i.id

      Source |       SS           df       MS              Number of obs =      720
-------------+----------------------------------           F( 31,    688) =   479.93
       Model |   263116.061        31   8487.61489          Prob > F      =   0.0000
    Residual |   12167.4721       688   17.6852792          R-squared     =   0.9558
-------------+----------------------------------           Adj R-squared =   0.9538
       Total |   275283.534       719   382.870005          Root MSE      =   4.2054


------------------------------------------------------------------------------
  desempenho |      Coef.   Std. Err.      t    P>|t|     [95% Conf. Interval]
-------------+----------------------------------------------------------------
       horas |   .302644    .0410976     7.36   0.000     .2219522    .3833358
      faltas |  -.3545951   .1086052    -3.26   0.001    -.5678325   -.1413578
             |
          id |
           2 |   .2663363   1.219683     0.22   0.827    -2.128412    2.661084
           3 |   .7309858   1.218595     0.60   0.549    -1.661626    3.123597
           4 |  -.1493934   1.234898    -0.12   0.904    -2.574014    2.275227
           5 |   1.305095   1.255622     1.04   0.299    -1.160215    3.770406
           6 |  -.7504453   1.259332    -0.60   0.551     -3.22304    1.722149
           7 |   1.395276   1.287245     1.08   0.279    -1.132124    3.922676
           8 |  -.9051937   1.294104    -0.70   0.484    -3.446062    1.635674
           9 |   2.070273   1.32597      1.56   0.119    -.5331599    4.673706
          10 |   .9092385   1.232205     0.74   0.461    -1.510095    3.328572
          11 |  -20.98653   1.428804   -14.69   0.000    -23.79187    -18.1812
          12 |  -20.36963   1.374674   -14.82   0.000    -23.06869   -17.67057
          13 |  -20.00394   1.487427   -13.45   0.000    -22.92439    -17.0835
          14 |  -20.51903   1.326452   -15.47   0.000    -23.12341   -17.91465
          15 |  -18.52673   1.625316   -11.40   0.000     -21.7179   -15.33556
          16 |  -21.95155   1.28855    -17.04   0.000    -24.48152   -19.42159
          17 |  -19.26762   1.697005   -11.35   0.000    -22.59955    -15.9357
          18 |  -21.47276   1.25462    -17.11   0.000     -23.9361   -19.00942
          19 |   -18.1664   1.774281   -10.24   0.000    -21.65005   -14.68274
          20 |   -19.9514   1.550082   -12.87   0.000    -22.99485   -16.90794
          21 |  -41.51667   1.945664   -21.34   0.000    -45.33682   -37.69652
          22 |  -41.81719   1.8601     -22.48   0.000    -45.46935   -38.16504
          23 |  -40.93721   2.032011   -20.15   0.000    -44.92689   -36.94752
          24 |   -42.0818   1.778623   -23.66   0.000    -45.57398   -38.58962
          25 |  -40.47216   2.199139   -18.40   0.000    -44.78999   -36.15433
          26 |  -42.73653   1.695704   -25.20   0.000     -46.0659   -39.40715
          27 |    -39.711   2.291104   -17.33   0.000     -44.2094   -35.21261
          28 |  -42.66852   1.624533   -26.27   0.000    -45.85816   -39.47888
          29 |  -40.39842   2.391194   -16.89   0.000    -45.09334   -35.70351
          30 |  -40.46892   2.112969   -19.15   0.000    -44.61756   -36.32028
             |
       _cons |   80.01529   1.633022    49.00   0.000     76.80898    83.22159
------------------------------------------------------------------------------
```

Figura 15.19 *Outputs* da estimação por MQO com *dummies* por estudante (efeitos fixos).

Em comparação aos *outputs* apresentados na Figura 15.17, podemos verificar que, de fato, os estimadores dos parâmetros correspondentes, respectivamente, às variáveis *horas* e *faltas*, são exatamente iguais.

Elaboradas estas discussões, vamos voltar especificamente à análise dos *outputs* da Figura 15.17, referente à estimação do modelo por efeitos fixos com a base de dados completa. Conforme discutimos, os efeitos individuais a_i (o Stata chama de **u_i**) podem ser correlacionados com as variáveis explicativas X quando da estimação de um modelo com efeitos fixos. De fato, temos, para os dados do nosso exemplo, que **corr(u_i, Xb) = 0.7288**. Conforme veremos adiante, a estimação do modelo por efeitos aleatórios faz com que esta correlação seja igual a zero por imposição. O pesquisador poderá inclusive gerar na base de dados uma variável com os efeitos individuais, digitando **predict ui, u** logo após a estimação do modelo por efeitos fixos elaborada por meio do comando **xtreg ..., fe**. Pode-se inclusive verificar que esta nova variável *ui* é invariante para cada observação *i*.

Antes de partirmos para a estimação do modelo por efeitos aleatórios, vamos, para efeitos didáticos, estimar o modelo por efeitos fixos levando em consideração a existência de erros-padrão robustos com agrupamento por indivíduo, cujos *outputs* encontram-se na Figura 15.20.

À exceção dos resultados dos testes *F* e *t*, os demais *outputs* apresentados nas Figuras 15.17 e 15.20 são idênticos (coeficientes de ajuste R², estimadores dos parâmetros do intercepto e das variáveis explicativas, **corr(u_i, Xb)**, e estatísticas **sigma_u**, **sigma_e** e **rho**).

Logo, os valores previstos do desempenho escolar (*desempenho_it*) obtidos quando das estimações do modelo com ou sem a consideração de erros-padrão robustos com agrupamento por indivíduo são exatamente os mesmos. O que difere entre eles é o cálculo dos erros-padrão de cada parâmetro estimado, fazendo com que as estatísticas *t* sejam, portanto, diferentes. Para os dados do nosso exemplo, como os erros-padrão são menores quando se considera o

```
. xtreg desempenho horas faltas, fe vce(cluster id)

Fixed-effects (within) regression              Number of obs    =       720
Group variable: id                             Number of groups =        30

R-sq:  within  = 0.1066                         Obs per group: min =        24
       between = 0.7919                                        avg =      24.0
       overall = 0.5980                                        max =        24

                                                F(2,29)          =    166.69
corr(u_i, Xb)  = 0.7288                          Prob > F         =    0.0000

                                   (Std. Err. adjusted for 30 clusters in id)
------------------------------------------------------------------------------
             |               Robust
 desempenho  |      Coef.   Std. Err.      t    P>|t|     [95% Conf. Interval]
-------------+----------------------------------------------------------------
      horas  |   .302644    .0257471    11.75   0.000     .2499853    .3553027
     faltas  |  -.3545951    .095999    -3.69   0.001    -.5509352   -.1582551
      _cons  |  59.71023    1.809366    33.00   0.000     56.00966     63.4108
-------------+----------------------------------------------------------------
    sigma_u  |  17.374915
    sigma_e  |  4.2053869
        rho  |  .94465965   (fraction of variance due to u_i)
------------------------------------------------------------------------------
```

Figura 15.20 *Outputs* da estimação por efeitos fixos com erros-padrão robustos com agrupamento por estudante.

agrupamento por estudante, cada estatística t passa a ser maior, já que o erro-padrão é inserido no cálculo em seu denominador (conforme vimos no Capítulo 12), o que faz com que seja aumentada a probabilidade de que determinado parâmetro estimado seja estatisticamente diferente de zero a determinado nível de significância desejado.

Neste caso, como os parâmetros estimados já haviam se mostrado estatisticamente diferentes de zero no modelo apresentado na Figura 15.17, ao nível de significância de 5%, a escolha da estimação do modelo que considera a existência de erros-padrão robustos com agrupamento por estudante é indiferente para efeitos de previsão.

Apenas a título de comentário, a estimação dos parâmetros do modelo por efeitos fixos também pode ser obtida por meio dos comandos:

```
areg desempenho horas faltas, absorb(id)

areg desempenho horas faltas, absorb(id) vce(cluster id)
```

Conforme discutem Cameron e Trivedi (2009), enquanto no modelo estimado por efeitos fixos sem a consideração de erros-padrão robustos com agrupamento por indivíduo os *outputs* obtidos por meio dos comandos **xtreg . . . , fe** e **areg** são exatamente idênticos, no modelo estimado por efeitos fixos com a consideração de erros-padrão os *outputs* diferem levemente, pelo fato de a estimação elaborada com o comando **areg . . . , vce(cluster id)** levar em consideração uma pequena correção amostral, já que que assume ser maior a quantidade de períodos do que a quantidade de indivíduos, o que não ocorre em um painel curto.

Partiremos, por fim, para a análise das estimações do modelo por efeitos aleatórios.

Para os dados do nosso exemplo, a modelagem por efeitos aleatórios estima, por meio do método MQG, os parâmetros do seguinte modelo:

$$desempenho_{it} = a_i + b_1.horas_{it} + b_2.faltas_{it} + \varepsilon_{it}$$

em que a_i captura o comportamento dos efeitos aleatórios entre estudantes e ε_{it} corresponde ao comportamento dos termos de erro que sofrem influência dos efeitos fixos para cada estudante (efeitos *within*). Note, por meio dos *outputs* da Figura 15.21, que, por definição, os efeitos individuais a_i (o Stata chama de **u_i**) e as variáveis explicativas X apresentam correlação igual a zero, ou seja, ao contrário do modelo estimado por efeitos fixos, a variação do desempenho escolar entre estudantes é aleatória e não correlacionada com as variáveis *horas* e *faltas*.

Conforme discutido na seção 15.3, os parâmetros do modelo proposto podem ser estimados por meio de uma transformação linear apropriada que faz uso de um parâmetro de transformação θ_i (o Stata chama de **theta**). Para os dados do nosso exemplo, podemos, portanto, estimar os parâmetros do seguinte modelo transformado, com base na expressão (15.14):

$$\left(desempenho_{it} - \theta_i.\overline{desempenho}_i\right) = a.\left(1 - \theta_i\right) + b_1.\left(horas_{it} - \theta_i.\overline{horas}_i\right) + b_2.\left(faltas_{it} - \theta_i.\overline{faltas}_i\right) + a_i.\left(1 - \theta_i\right) + \left(\varepsilon_{it} - \theta_i.\overline{\varepsilon}_i\right)$$

```
. xtreg desempenho horas faltas, re theta

Random-effects GLS regression              Number of obs     =        720
Group variable: id                         Number of groups  =         30

R-sq:   within  = 0.0977                   Obs per group: min =         24
        between = 0.7974                                   avg =       24.0
        overall = 0.7076                                   max =         24

                                           Wald chi2(2)      =     111.74
corr(u_i, X)    = 0 (assumed)              Prob > chi2       =     0.0000
theta           = .90307987

------------------------------------------------------------------------------
  desempenho |      Coef.   Std. Err.      z    P>|z|     [95% Conf. Interval]
-------------+----------------------------------------------------------------
       horas |   .2677901   .042827      6.25   0.000     .1838507    .3517294
       faltas |  -.7154633   .1045035    -6.85   0.000    -.9202864   -.5106403
        _cons |   65.65984   2.612108    25.14   0.000     60.54021    70.77948
-------------+----------------------------------------------------------------
     sigma_u |  8.8152971
     sigma_e |  4.2053869
         rho |  .8146095   (fraction of variance due to u_i)
------------------------------------------------------------------------------
```

Figura 15.21 *Outputs* da estimação por efeitos aleatórios.

e, com base na expressão (15.15), chegamos a:

$$\hat{\theta}_i = 1 - \sqrt{\frac{(4{,}2054)^2}{24 \cdot (8{,}8153)^2 + (4{,}2054)^2}} = 0{,}9031$$

que é exatamente o valor de **theta** apresentado pelo Stata nos *outputs* da Figura 15.21.

Logo, como a estimação por efeitos aleatórios considera simultaneamente as variações *within* e *between* nos dados, o valor de **theta** próximo a 1 para os dados do nosso exemplo indica que a estimação por efeitos aleatórios apresenta parâmetros bem mais próximos daqueles obtidos pela estimação por efeitos fixos (estimação *within*) do que daqueles obtidos pela estimação *POLS*, dado que a variância dos efeitos individuais dos estudantes σ_α^2 é consideravelmente maior do que a variância dos termos de erro idiossincrático σ_ε^2.

De fato, se um curioso pesquisador estimar três modelos por efeitos aleatórios, sendo cada um deles aplicado aos dados dos estudantes provenientes de cada uma das três classes, poderá verificar que os parâmetros de transformação θ_i serão iguais a zero nas três estimações, já que a variância dos interceptos dos estudantes em cada classe será igual a zero na estimação por efeitos aleatórios. Para comprovar este fato, devemos digitar a seguinte sequência de comandos:

```
preserve
keep if classe == "A"
quietly xtreg desempenho horas faltas, re theta
estimates store classeA
restore

preserve
keep if classe == "B"
quietly xtreg desempenho horas faltas, re theta
estimates store classeB
restore

preserve
keep if classe == "C"
quietly xtreg desempenho horas faltas, re theta
estimates store classeC
restore

estimates table classeA classeB classeC, stats(sigma_u sigma_e theta)
```

Os *outputs* encontram-se na Figura 15.22.

```
. preserve
. keep if classe == "A"
(480 observations deleted)
. quietly xtreg desempenho horas faltas, re theta
. estimates store classeA
. restore

. preserve
. keep if classe == "B"
(480 observations deleted)
. quietly xtreg desempenho horas faltas, re theta
. estimates store classeB
. restore

. preserve
. keep if classe == "C"
(480 observations deleted)
. quietly xtreg desempenho horas faltas, re theta
. estimates store classeC
. restore

. estimates table classeA classeB classeC, stats(sigma_u sigma_e theta)

-----------------------------------------------------
    Variable |   classeA      classeB      classeC
-------------+---------------------------------------
       horas |  .37174716    .34513825    .27710369
      faltas | -.10048482   -.07524554   -.07979828
       _cons |  77.021466    54.921372    33.535137
-------------+---------------------------------------
     sigma_u |          0            0            0
     sigma_e |  3.9500469    4.2759169    4.4026562
       theta |          0            0            0
-----------------------------------------------------
```

Figura 15.22 *Outputs* da estimação por efeitos aleatórios por classe.

Conforme podemos verificar por meio dos *outputs* apresentados na Figura 15.22, a eliminação da heterogeneidade proveniente da existência de classes distintas faz com que a variância dos efeitos individuais entre estudantes σ_α^2 (**sigma_u**), assim como a estimação do parâmetro de transformação θ_i (**theta**), vá a zero quando da estimação de cada modelo por efeitos aleatórios.

Voltando aos *outputs* apresentados na Figura 15.21, como a estimação por efeitos aleatórios é elaborada por meio do método MQG, as estatísticas F e t são respectivamente substituídas pelas estatísticas de Wald χ^2 e z de Wald. Logo, os *outputs* do modelo estimado por efeitos aleatórios mostram, com base nos *valores-P* destas estatísticas, que os parâmetros das variáveis *horas* e *faltas* são estatisticamente significantes, ao nível de significância de 5%, para explicar o comportamento do desempenho escolar dos alunos nos meses em análise. Além disso, por meio deste método de estimação, podemos verificar que, enquanto o desempenho escolar apresenta, ao término de determinado mês, uma melhora média de 2,7 pontos a cada incremento de 10 horas de estudo mensal ($\beta_1 = 0,27$), *ceteris paribus*, o comportamento inverso ocorre em relação à variável *faltas*, ou seja, o desempenho escolar passa a apresentar, ao término de determinado mês, uma piora média de 0,71 ponto a cada incremento de uma falta ao longo do mês letivo ($\beta_2 = -0,71$), também *ceteris paribus*.

As demais estatísticas apresentam interpretações similares às discutidas quando da análise do modelo estimado por efeitos fixos.

Antes de elaborarmos uma comparação dos parâmetros e respectivos erros-padrão estimados pelos diversos métodos propostos, vamos, novamente para efeitos didáticos, estimar o modelo por efeitos aleatórios levando em consideração a existência de erros-padrão robustos com agrupamento por indivíduo, cujos *outputs* encontram-se na Figura 15.23.

Analogamente ao encontrado para o modelo estimado por efeitos fixos, os valores previstos do desempenho escolar ($dese\hat{m}penho_i$) obtidos quando das estimações por efeitos aleatórios com ou sem a consideração de erros-padrão robustos com agrupamento por indivíduo são exatamente os mesmos. O que difere entre eles é o cálculo dos erros-padrão de cada parâmetro estimado, fazendo com que as estatísticas z de Wald sejam, portanto, diferentes. Entretanto, como os parâmetros estimados já haviam se mostrado estatisticamente diferentes de zero no modelo apresentado na Figura 15.21, ao nível de significância de 5%, a escolha da estimação do modelo que considera a existência de erros-padrão robustos com agrupamento por estudante é indiferente para efeitos de previsão.

```
. xtreg desempenho horas faltas, re vce(cluster id) theta

Random-effects GLS regression              Number of obs     =       720
Group variable: id                         Number of groups  =        30

R-sq:  within  = 0.0977                     Obs per group: min =        24
       between = 0.7974                                    avg =      24.0
       overall = 0.7076                                    max =        24

                                           Wald chi2(2)      =    438.15
corr(u_i, X)   = 0 (assumed)                Prob > chi2       =    0.0000
theta          = .90307987

                           (Std. Err. adjusted for 30 clusters in id)
------------------------------------------------------------------------
              |             Robust
  desempenho  |    Coef.   Std. Err.      z    P>|z|    [95% Conf. Interval]
--------------+---------------------------------------------------------
       horas  |  .2677901  .0231819    11.55   0.000    .2223544   .3132257
      faltas  | -.7154633  .0887831    -8.06   0.000   -.8894751  -.5414516
       _cons  | 65.65984   3.209285    20.46   0.000    59.36976   71.94993
--------------+---------------------------------------------------------
     sigma_u  | 8.8152971
     sigma_e  | 4.2053869
         rho  |  .8146095   (fraction of variance due to u_i)
------------------------------------------------------------------------
```

Figura 15.23 *Outputs* da estimação por efeitos aleatórios com erros-padrão robustos com agrupamento por estudante.

Elaboradas estas seis diferentes estimações para os dados em painel curto do nosso exemplo, podemos consolidar os resultados obtidos em cada uma delas em uma única tabela, para que seja possível compararmos os estimadores dos parâmetros e seus respectivos erros-padrão. Para tanto, podemos digitar a seguinte sequência de comandos:

```
quietly reg desempenho horas faltas, vce(cluster id)
estimates store POLSrob

quietly xtreg desempenho horas faltas, be
estimates store BE

quietly xtreg desempenho horas faltas, fe
estimates store EF

quietly xtreg desempenho horas faltas, fe vce(cluster id)
estimates store EFrob

quietly xtreg desempenho horas faltas, re theta
estimates store EA

quietly xtreg desempenho horas faltas, re vce(cluster id) theta
estimates store EArob

estimates table POLSrob BE EF EFrob EA EArob, b se stats(N r2 r2_o r2_b
r2_w F chi2 sigma_u sigma_e rho theta)
```

Os *outputs* gerados encontram-se na Figura 15.24.

Como podemos verificar por meio da consolidação dos resultados das estimações, os parâmetros estimados e seus respectivos erros-padrão variam de modelo para modelo.

Inicialmente, podemos perceber que a relação entre as variâncias dos interceptos (efeitos individuais) e a variância dos termos de erro idiossincrático é maior nos modelos estimados por efeitos fixos do que para os modelos estimados por efeitos aleatórios, o que resulta numa correlação intraclasse (**rho**) maior.

Além disso, é de fundamental importância que analisemos os erros-padrão dos parâmetros de cada estimação, cujos valores encontram-se imediatamente abaixo dos respectivos parâmetros propriamente ditos. Neste sentido, podemos afirmar que os modelos com estimação por efeitos fixos e por efeitos aleatórios apresentam erros-padrão levemente menores do que aqueles obtidos pela estimação *POLS* e bem menores do que os obtidos pela

```
. quietly reg desempenho horas faltas, vce(cluster id)
. estimates store POLSrob

. quietly xtreg desempenho horas faltas, be
. estimates store BE

. quietly xtreg desempenho horas faltas, fe
. estimates store EF

. quietly xtreg desempenho horas faltas, fe vce(cluster id)
. estimates store EFrob

. quietly xtreg desempenho horas faltas, re theta
. estimates store EA

. quietly xtreg desempenho horas faltas, re vce(cluster id) theta
. estimates store EArob

. estimates table POLSrob BE EF EFrob EA EArob, b se stats(N r2 r2_o r2_b r2_w F chi2
sigma_u sigma_e rho theta)
```

Variable	POLSrob	BE	EF	EFrob	EA	EArob
horas	.05733589	-3.3971808	.30264399	.30264399	.26779007	.26779007
	.04962635	4.0912937	.04109762	.02574707	.04282698	.02318189
faltas	-2.5564702	-2.6485237	-.35459515	-.35459515	-.71546334	-.71546334
	.16429711	.25376775	.10860518	.09599902	.10450346	.08878312
_cons	96.796643	181.0907	59.710228	59.710228	65.659844	65.659844
	3.5232984	98.052615	2.0318582	1.8093661	2.6121084	3.209285
N	720	720	720	720	720	720
r2	.73849331	.80573079	.10662366	.10662366		
r2_o		.43959654	.59799616	.59799616	.70763565	.70763565
r2_b		.80573079	.79188237	.79188237	.79742313	.79742313
r2_w		.0657398	.10662366	.10662366	.09765258	.09765258
F	182.43468	55.991199	41.05609	166.68578		
chi2					111.73945	438.15069
sigma_u			17.374915	17.374915	8.8152971	8.8152971
sigma_e			4.2053869	4.2053869	4.2053869	4.2053869
rho			.94465965	.94465965	.8146095	.8146095
theta					.90307987	.90307987

legend: b/se

Figura 15.24 *Outputs* consolidados das estimações do modelo proposto.

estimação com efeitos *between*. Ademais, os modelos que consideram a existência de erros-padrão robustos com agrupamento por estudante apresentam erros-padrão dos parâmetros ainda menores.

Inicialmente, a fim de que seja possível compararmos os estimadores dos modelos obtidos por *POLS* e por efeitos aleatórios, devemos fazer uso do **teste LM (*Lagrange multiplier*) de Breusch-Pagan**. Este teste permite que verifiquemos se a variância entre indivíduos é igual a zero, ou seja, se não existem diferenças significativas entre os estudantes (H_0: modelo *POLS*, ou seja, não existe nenhum efeito em painel), ou, por outro lado, se ocorrem diferenças estatisticamente diferentes entre os indivíduos da amostra (H_1: efeitos aleatórios), a determinado nível de significância. Para que este teste seja elaborado no Stata, devemos digitar **xttest0** imediatamente após a elaboração da estimação por efeitos aleatórios. A sequência de comandos é, portanto:

```
quietly xtreg desempenho horas faltas, re theta
xttest0
```

Os *outputs* deste teste encontram-se na Figura 15.25 e, com base no resultado obtido, podemos rejeitar a hipótese de que o modelo *POLS* ofereça estimadores apropriados, ou seja, existem diferenças estatisticamente significantes (ao nível de significância de 5%) entre os estudantes ao longo do tempo que justiquem a adoção da modelagem em painel. É importante mencionar, entretanto, que se fosse estimado um modelo para cada classe, não ocorreriam diferenças entre os estudantes, ou seja, o método *POLS* ofereceria estimadores apropriados dos parâmetros caso fossem estimados três modelos distintos (um para cada classe de alunos).

Outro teste que nos permite afirmar que a adoção da modelagem em painel é adequada para os dados do nosso exemplo é o **teste *F* de Chow**, cujo resultado é apresentado ao final dos *outputs* da estimação por efeitos fixos

```
. quietly xtreg desempenho horas faltas, re theta
. xttest0

Breusch and Pagan Lagrangian multiplier test for random effects

        desempenho[id,t] = Xb + u[id] + e[id,t]

        Estimated results:
                   |      Var      sd = sqrt(Var)
        ---------+-----------------------------
        desempe~o |   382.87        19.56706
                e |   17.68528        4.205387
                u |   77.70946        8.815297

        Test:    Var(u) = 0
                          chibar2(01) =   4269.11
                        Prob > chibar2 =    0.0000
```

Figura 15.25 *Outputs* do teste *LM* de Breusch-Pagan no Stata.

(Figura 15.17) e, por meio do qual, é possível rejeitar a hipótese H_0 de que todos os efeitos individuais a_i dos estudantes sejam iguais a zero. A expressão da estatística F utilizada no teste de Chow é dada por:

$$F_{Chow} = \frac{\dfrac{\left(R_{FE}^2 - R_{POLS}^2\right)}{(T-1)}}{\dfrac{\left(1-R_{FE}^2\right)}{(n \cdot T - T - k)}} \tag{15.20}$$

em que R_{FE}^2 corresponde ao coeficiente de ajuste obtido pela estimação por efeitos fixos que considera *dummies* por estudante (Figura 15.19), R_{POLS}^2 corresponde ao coeficiente de ajuste obtido pela estimação *POLS* (Figura 15.15) e k é o número de parâmetros β estimados. Logo, para os dados do nosso exemplo, temos que:

$$F_{Chow} = \frac{\dfrac{(0,9558-0,7385)}{(30-1)}}{\dfrac{(1-0,9558)}{(720-30-2)}} = 116,64$$

Como o F de Chow calculado $F_{Chow} = 116,64 > F_c = F_{29,688,5\%} = 1,48$, podemos rejeitar, ao nível de significância de 5%, a hipótese nula de que todos os efeitos individuais a_i dos estudantes sejam iguais a zero. Apenas para fins didáticos, o resultado do teste F de Chow apresentado na Figura 15.17 é reproduzido na Figura 15.26.

```
. xtreg desempenho horas faltas, fe
-------------------------------------------------------------------------------
F test that all u_i=0:      F(29, 688) =    116.64          Prob > F = 0.0000
```

Figura 15.26 *Outputs* da estimação por efeitos fixos – destaque apenas para o teste *F* de Chow.

Assim como discutido para o teste *LM* de Breusch-Pagan, o teste *F* de Chow também nos permite afirmar (resultados não apresentados aqui) que o método *POLS* ofereceria estimadores apropriados dos parâmetros caso fossem estimados três modelos distintos, sendo um para cada classe de alunos.

Portanto, resta-nos discutir sobre a escolha do modelo estimado por efeitos fixos ou aquele estimado por efeitos aleatórios. A fim de que possamos tomar esta decisão, podemos elaborar o conhecido **teste de Hausman**, que investiga se os efeitos individuais a_i dos estudantes e as variáveis X apresentam correlação estatisticamente igual a zero, ou seja, se estes efeitos individuais são aleatórios e, portanto, existe similaridade (consistência) entre os parâmetros estimados por efeitos fixos e por efeitos aleatórios (H_0: efeitos aleatórios), ou se os efeitos individuais não são aleatórios e, portanto, não existe similaridade estatística entre os parâmetros estimados pelos dois métodos (H_1: efeitos fixos), a determinado nível de significância. Para que este teste seja elaborado no Stata, com base nas estimações que nomeamos de *EF* e *EA*, é preciso que seja digitado o seguinte comando:

`hausman EF EA, sigmamore`

Os *outputs* encontram-se na Figura 15.27.

```
. hausman EF EA, sigmamore

                 ---- Coefficients ----
              |      (b)          (B)            (b-B)      sqrt(diag(V_b-V_B))
              |      EF           EA           Difference          S.E.
------------+------------------------------------------------------------------
       horas |    .302644      .2677901        .0348539          .0043166
       faltas |   -.3545951    -.7154633        .3608682          .0449196
------------+------------------------------------------------------------------
                        b = consistent under Ho and Ha; obtained from xtreg
              B = inconsistent under Ha, efficient under Ho; obtained from xtreg

       Test:  Ho:  difference in coefficients not systematic

                  chi2(2) = (b-B)'[(V_b-V_B)^(-1)](b-B)
                          =       65.20
                  Prob>chi2 =      0.0000
```

Figura 15.27 *Outputs* do teste de Hausman no Stata.

Com base nestes *outputs*, podemos rejeitar a hipótese de que a modelagem obtida por efeitos aleatórios oferece estimadores consistentes dos parâmetros, já que estes diferem consideravelmente entre as estimações para a variável *faltas*, o que faz com que a correlação entre os interceptos dos estudantes (efeitos individuais) e esta variável seja consideravelmente diferente de zero. O mesmo já não pode ser dito em relação à variável *horas*, já que as diferenças entre os estimadores dos parâmetros obtidos pelas duas modelagens são bem menores.

Vamos analisar em maior detalhe este fato, por meio da elaboração de dois gráficos que mostram a relação entre a variável dependente *desempenho* e cada uma das variáveis explicativas, com ênfase para os valores previstos por meio dos métodos de estimação por efeitos fixos e por efeitos aleatórios. Para tanto, devemos digitar a seguinte sequência de comandos:

```
quietly xtreg desempenho horas faltas, fe
predict yhat_ef

quietly xtreg desempenho horas faltas, re theta
predict yhat_ea

quietly graph twoway scatter desempenho horas || lfit yhat_ef horas ||
lfit yhat_ea horas ||, legend(label(2 "efeitos fixos") label(3 "efeitos
aleatórios")) saving(horas, replace)

quietly graph twoway scatter desempenho faltas || lfit yhat_ef faltas ||
lfit yhat_ea faltas ||, legend(label(2 "efeitos fixos") label(3 "efeitos
aleatórios")) saving(faltas, replace)

graph combine horas.gph faltas.gph
```

Os gráficos gerados encontram-se na Figura 15.28.

Por meio da análise destes gráficos, podemos comprovar, em concordância com os resultados apresentados na Figura 15.27 sobre a similaridade (consistência) dos estimadores dos parâmetros da variável *horas*, que, de fato, não existem diferenças consideráveis nos valores previstos do desempenho escolar obtidos por efeitos fixos e por efeitos aleatórios. Isso ocorre, fundamentalmente, pelo fato de que as quantidades mensais de horas de estudo, embora se alterem ao longo do tempo para cada estudante, não apresentam médias substancialmente diferentes entre eles e, consequentemente, entre estudantes provenientes de classes distintas, o que acaba por gerar maior variância *within* para esta variável, conforme já discutimos. O mesmo, entretanto, não pode ser dito em relação aos estimadores dos parâmetros da variável *faltas* obtidos por efeitos fixos e por efeitos aleatórios, que acabam por gerar valores previstos diferentes do desempenho escolar. Este fato, por sua vez, é gerado, basicamente, porque os estudantes provenientes das três classes apresentam médias consideravelmente diferentes entre si para a quantidade mensal de faltas à escola, o que acaba por gerar, conforme também já discutimos, uma maior variância *between* para esta variável. Além disso, devemos também lembrar que a própria variável dependente (*desempenho*) apresenta maior variância *between*.

Neste sentido, caso um curioso pesquisador estime um modelo considerando apenas a variável *horas* como preditora, irá verificar que a estimação mais adequada será aquela que considera a existência de efeitos aleatórios

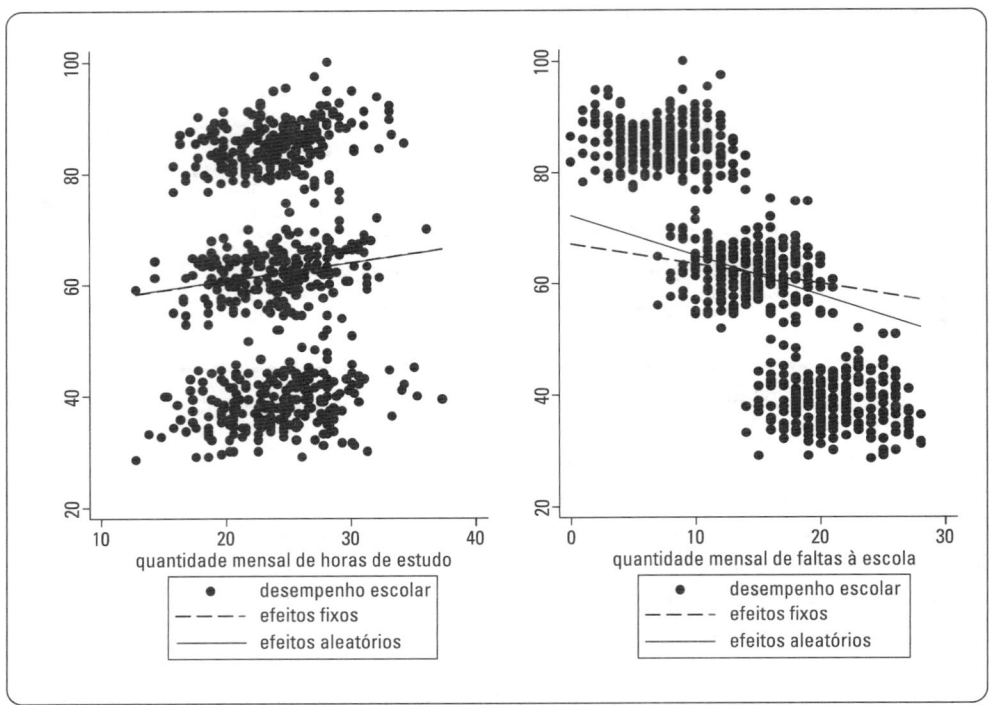

Figura 15.28 Comportamento da variável dependente em função das variáveis explicativas, com destaque para as estimações por efeitos fixos e aleatórios.

nos termos individuais, mesmo que esta variável apresente maior variação *within*. Por outro lado, caso estime um modelo considerando somente a variável *faltas* como explicativa, irá chegar à conclusão de que a estimação por efeitos fixos será a mais adequada. Logo, as diferenças existentes nos parâmetros estimados por efeitos fixos e por efeitos aleatórios para a variável *faltas* fazem com que a estimação por efeitos fixos acabe sendo a escolhida para o modelo final completo.

É importante ressaltar que, caso tenhamos um modelo com muitas variáveis explicativas, porém, para cada uma delas, não ocorrerem diferenças significativas entre os parâmetros estimados por efeitos fixos e por efeitos aleatórios, ou seja, as correlações entre os interceptos e as variáveis explicativas forem estatisticamente iguais a zero, teremos um adequado modelo estimado por efeitos aleatórios. Entretanto, caso seja inserida uma nova variável preditora cujos parâmetros estimados pelos dois métodos diferirem entre si, em muito será aumentada a probabilidade de que tenhamos um adequado modelo final estimado por efeitos fixos, fato que ocorre para os dados do nosso exemplo.[1]

Embora o teste de Hausman investigue se os efeitos individuais a_i dos estudantes e as variáveis X apresentam correlação estatisticamente igual a zero, ou seja, se existe consistência entre os parâmetros estimados por efeitos fixos e por efeitos aleatórios, isso é feito partindo-se da premissa de que os termos de erro ε_{it} obtidos quando da estimação por efeitos aleatórios sejam independentes e identicamente distribuídos, o que não ocorre quando da estimação com erros-padrão robustos. Logo, é de fundamental importância, nestes casos, que seja aplicado o **teste robusto de Hausman**, conforme descrevem Hoechle (2007) e Cameron e Trivedi (2009). O procedimento para a elaboração deste teste no Stata, para os dados do nosso exemplo, é dado pela seguinte sequência de comandos:

---

[1] Um curioso pesquisador poderá, alternativamente, testar se os efeitos fixos são realmente necessários por meio da estimação de um modelo com a inserção de *dummies* temporais. Para o caso do nosso exemplo, poderia ter sido estimado um modelo por meio da digitação do comando `xtreg desempenho horas faltas i.t, fe` (em que o termo `i.t` gera *dummies* de tempo) e, na sequência, o comando `testparm i.t`, que permite que seja elaborado um teste *F* que avalia a significância conjunta dos parâmetros correspondentes às *dummies* temporais. Caso `Prob > F` do teste seja menor do que 0,05 (como, de fato, ocorre no nosso exemplo), poderemos rejeitar a hipótese nula, a 95% de confiança, de que os parâmetros de todas as *dummies* temporais sejam conjuntamente iguais a zero e, portanto, efeitos fixos serão necessários.

```
quietly xtreg desempenho horas faltas, re
sort id t
by id: gen T=_N
gen theta=1-sqrt(e(sigma_e)^2/(e(sigma_e)^2+ T*e(sigma_u)^2))
foreach var of varlist desempenho horas faltas {
by id: egen mean'var' = mean('var')
gen 'var'_re = 'var' - theta*mean'var'
gen 'var'_fe = 'var' - mean'var'
}
quietly reg desempenho_re horas_re faltas_re horas_fe faltas_fe,
vce (cluster id)
test horas_fe faltas_fe
```

```
. quietly xtreg desempenho horas faltas, re
. sort id t
. by id: gen T=_N
. gen theta=1-sqrt(e(sigma_e)^2/(e(sigma_e)^2+ T*e(sigma_u)^2))

. foreach var of varlist desempenho horas faltas {
  2.
. by id: egen mean`var' = mean(`var')
  3.
. gen `var'_re = `var' - theta*mean`var'
  4.
. gen `var'_fe = `var' - mean`var'
  5.
. }

. quietly reg desempenho_re horas_re faltas_re horas_fe faltas_fe, vce (cluster id)
. test horas_fe faltas_fe

 ( 1)  horas_fe = 0
 ( 2)  faltas_fe = 0

       F(  2,    29) =   47.51
            Prob > F =    0.0000
```

Figura 15.29 *Output* do teste robusto de Hausman no Stata.

O resultado do teste robusto de Hausman encontra-se na Figura 15.29.

Logo, com base no resultado deste teste, podemos rejeitar a sua hipótese nula, ao nível de significância de 5%, ou seja, o modelo proposto deve, de fato, ser estimado por efeitos fixos a fim de que seja assegurada a consistência dos parâmetros.

Schaffer e Stillman (2010), baseando-se em Arellano (1993), propõem um teste equivalente ao teste robusto de Hausman, já que neste caso também são considerados os erros-padrão robustos. Este teste, que oferece como *output* a **estatística χ^2 de Sargan-Hansen**, pode ser diretamente aplicado por meio do comando **xtoverid**, cujo procedimento, antes de tudo, deve ser instalado no Stata, por meio da digitação da seguinte sequência de comandos:

```
ssc install xtoverid
ssc install ivreg2
ssc install ivreg28
ssc install ivreg29
```

Feito isso, podemos elaborar o **teste de Schaffer e Stillman**, em que o comando **xtoverid** deve ser digitado logo após a estimação do modelo por efeitos aleatórios com erros-padrão robustos com agrupamento por estudante. Sendo assim, temos:

```
quietly xtreg desempenho horas faltas, re vce(cluster id)
xtoverid
```

O resultado deste teste alternativo encontra-se na Figura 15.30.

```
. quietly xtreg desempenho horas faltas, re vce(cluster id)
. xtoverid

Test of overidentifying restrictions: fixed vs random effects
Cross-section time-series model: xtreg re   robust cluster(id)
Sargan-Hansen statistic  95.013  Chi-sq(2)    P-value = 0.0000
```

Figura 15.30 *Output* do teste de Schaffer e Stillman no Stata.

Por meio do resultado do teste de Schaffer e Stillman apresentado na Figura 15.30, podemos corroborar o resultado do teste robusto de Hausman, ou seja, podemos escolher, como estimação dos parâmetros do modelo proposto, aquela elaborada por efeitos fixos. Apenas para fins didáticos, o mesmo resultado obtido na Figura 15.30 poderia ser obtido se tivéssemos digitado a seguinte sequência de comandos logo após a elaboração do teste robusto de Hausman:

quietly xtreg desempenho horas faltas horas_fe faltas_fe, re vce (cluster id)

test horas_fe faltas_fe

Portanto, o modelo final estimado apresenta a seguinte expressão:

$$desem\hat{p}enho_{it} = 59,7102 + 0,3026.horas_{it} - 0,3546.faltas_{it}$$

Conforme discutimos nos capítulos anteriores, o comando **predict yhat** faz com que seja gerada uma nova variável (*yhat*) no banco de dados, que oferece os valores previstos do desempenho escolar de cada aluno em cada instante de tempo.

Dessa maneira, podemos elaborar a seguinte pergunta: **Dado que estamos chegando ao término do 25º mês, qual será o desempenho escolar estimado para a aluna Renata no simulado que se aproxima, sabendo-se que, neste mesmo mês, ela estudou 25 horas e faltou à escola 10 vezes?**

Por meio do comando **mfx** elaborado imediatamente após a estimação do modelo final por efeitos fixos (modelo escolhido), o Stata permite que esta pergunta seja diretamente respondida. Para tanto, devemos digitar a seguinte sequência de comandos:

quietly xtreg desempenho horas faltas, fe
mfx, at(horas=25 faltas=10)

O *output* é apresentado na Figura 15.31 e, por meio dele, podemos chegar à resposta de 63,7304 pontos no simulado.

```
. quietly xtreg desempenho horas faltas, fe

. mfx, at(horas=25 faltas=10)

Marginal effects after xtreg
     y  = Linear prediction (predict)
        =  63.730376
------------------------------------------------------------------------------
variable |      dy/dx    Std. Err.     z    P>|z|  [    95% C.I.    ]      X
---------+--------------------------------------------------------------------
   horas |    .302644       .0411    7.36   0.000   .222094  .383194      25
   faltas|   -.3545951     .10861   -3.26   0.001  -.567457 -.141733      10
```

Figura 15.31 Cálculo da estimação de *desem\hat{p}enho* para valores das variáveis explicativas – comando **mfx**.

Conforme discutem Islam (1995) e Fávero (2013), a principal utilidade da modelagem de dados longitudinais é permitir que sejam analisadas as diferenças que porventura ocorram entre indivíduos. Neste sentido, podemos analisar as diferenças que existem nos comportamentos do desempenho escolar de cada estudante ao longo do tempo, com base na comparação dos parâmetros que seriam estimados caso fosse elaborada uma regressão para cada um deles. Estes resultados encontram-se na Figura 15.32, e são obtidos por meio da digitação da seguinte sequência de comandos:

```
preserve
statsby, by(id) clear: xtreg desempenho horas faltas, fe
list, clean
restore
```

```
. preserve

. statsby, by(id) clear: xtreg desempenho horas faltas, fe
(running xtreg on estimation sample)

          command:  xtreg desempenho horas faltas, fe
               by:  id

Statsby groups
----+--- 1 ---+--- 2 ---+--- 3 ---+--- 4 ---+--- 5
..............................

. list, clean

          id    _b_horas    _b_faltas    _b_cons
   1.      1    2.064133     1.512688    23.94053
   2.      2    .7953508     .6191613    62.86891
   3.      3    .6284018     .3199885    67.81872
   4.      4    .4343748    -.1672624    75.82246
   5.      5    .4112016    -.3043137    78.20905
   6.      6    .3767912     -.668305    78.63435
   7.      7    .3002092    -.5869434    83.94753
   8.      8    .2714739    -.7686819    80.95124
   9.      9    .1710006    -.9053361    91.62314
  10.     10    .3322318    -.8689169    84.67508
  11.     11    .8992634     .3463004    35.09618
  12.     12   -.1387866     -.000521    65.78081
  13.     13    .2507713     .0057862    55.95859
  14.     14    .4917654      .084402    49.87196
  15.     15    .3127261    -.3993846    61.99081
  16.     16    .3281358    -.7258371    61.39868
  17.     17    .2753752    -.7010868    67.51938
  18.     18    .3250333    -.9626203    63.89452
  19.     19     .155765    -.6624474    71.09241
  20.     20    .2832157    -1.179114    73.43339
  21.     21    .3356243     .350193     23.11619
  22.     22    .2121018     .3323939    26.9071
  23.     23    .5629825     .4648302    14.8653
  24.     24    .4527277     .2502834    22.97538
  25.     25    .2776047    -.4431611    42.22699
  26.     26    .3250965    -.7615249    43.93704
  27.     27    .2049804    -.7628574    52.67554
  28.     28    .2070542    -.3576366    39.70118
  29.     29    .2178876    -.7262163    51.22602
  30.     30    .1012433    -.9884024    58.73286

. restore
```

Figura 15.32 Parâmetros estimados por estudante.

Como cada estudante agora é considerado individualmente, não existe mais o efeito do painel nos dados, e, portanto, os estimadores dos parâmetros apresentados na Figura 15.32 também poderiam ser obtidos por meio da estimação por MQO de modelos individuais de regressão. Em outras palavras, a segunda linha da última sequência de comandos poderia ser naturalmente substituída por:

```
statsby, by(id) clear: reg desempenho horas faltas
```

Isso pode ser comprovado ao estimarmos por MQO os parâmetros de um modelo de regressão linear apenas para os dados do estudante com *id* = 1 (Gabriela). Para tanto, devemos digitar o seguinte comando:

```
reg desempenho horas faltas if id==1
```

Os parâmetros estimados encontram-se na Figura 15.33 e, por meio de sua análise, é possível verificar que são exatamente iguais aos apresentados na Figura 15.32 para o *id* = 1.

```
. reg desempenho horas faltas if id==1

      Source |       SS       df       MS              Number of obs =      24
-------------+------------------------------          F(  2,    21) =  249.88
       Model |  111.642871      2  55.8214354          Prob > F      =  0.0000
    Residual |  4.69121826     21  .223391346          R-squared     =  0.9597
-------------+------------------------------          Adj R-squared =  0.9558
       Total |  116.334089     23  5.05800388          Root MSE      =  .47264


------------------------------------------------------------------------------
  desempenho |     Coef.   Std. Err.      t    P>|t|     [95% Conf. Interval]
-------------+----------------------------------------------------------------
       horas |   2.064133   .0923384    22.35   0.000     1.872105    2.256161
      faltas |   1.512688   .0931143    16.25   0.000     1.319046    1.706329
       _cons |   23.94052   2.768745     8.65   0.000      18.1826    29.69844
------------------------------------------------------------------------------
```

Figura 15.33 Estimação dos parâmetros do modelo para apenas um aluno (*id* = 1).

Embora o desempenho escolar mensal sofra, em média, influência positiva da quantidade mensal de horas de estudo e negativa da quantidade mensal de faltas à escola, verifica-se, por meio dos *outputs* apresentados na Figura 15.32, que essas influências ocorrem de forma diferente e, para alguns estudantes, inclusive com sinal invertido em relação à média geral. Os diferentes parâmetros estimados e a própria magnitude discrepante dos interceptos (constantes) expressam a importância de se considerar a modelagem para dados em painel.

15.3.2. Estimação de modelos longitudinais lineares de regressão para dados em painel longo

Como muitas bases de dados apresentam periodicidade de divulgação mensal, trimestral ou anual, é comum que encontremos muitos estudos que fazem uso de painéis curtos, já que o número de indivíduos acaba ultrapassando o número de períodos de divulgação dos dados nestas situações. Por outro lado, nada impede que o pesquisador baseie seu estudo numa amostra menor de indivíduos ou utilize dados com frequência de divulgação maior (diária, por exemplo), fato que pode tornar necessária a utilização de estimações específicas pela existência, nestes casos, de bases de dados em painel longo. De qualquer maneira, é fundamental que a identificação desta característica na base de dados seja feita de forma anterior à modelagem propriamente dita.

Analogamente ao exposto na seção 15.3.1 quando do estudo dos modelos longitudinais de regressão para dados em painel curto, iremos agora discutir as principais estimações existentes quando a base de dados apresentar muitos períodos para um número relativamente menor de indivíduos, ou seja, quando estivermos diante de um painel considerado longo.

Vamos inicialmente reescrever a expressão geral de um modelo longitudinal de regressão:

$$Y_{it} = a_i + b_1.X_{1it} + b_2.X_{2it} + ... + b_k.X_{kit} + \varepsilon_{it}$$

(15.21)

Assim como nos modelos longitudinais para dados em painel curto, os modelos longitudinais para dados em painel longo também podem ter seus parâmetros estimados por meio do método *POLS*. E, nestes casos, conforme estudamos na seção 15.3.1, a sua expressão geral passa a ser escrita como:

$$Y_{it} = a + b_1.X_{1it} + b_2.X_{2it} + ... + b_k.X_{kit} + u_{it}$$

(15.22)

Entretanto, como, neste caso, a quantidade de períodos é consideravelmente maior do que a quantidade de indivíduos na amostra, passa a ser necessária a especificação de um modelo que considere a existência de correlação serial dos termos de erro. Neste sentido, diferentemente dos modelos longitudinais de regressão para dados em painel curto, em que podem ser considerados erros-padrão robustos com agrupamento por indivíduo, dado que $n > T$, em modelos longitudinais de regressão para dados em painel longo, os parâmetros da expressão (15.22) podem ser estimados por meio dos métodos *POLS* ou MQG (*GLS*), porém com a consideração de **efeitos autorregressivos de primeira ordem AR(1)** ao longo do tempo nos termos de erro u_{it}, dado que $T > n$. Assim, estes termos de erro passam a apresentar a seguinte expressão:

$$u_{it} = \rho_i.u_{i,t-1} + \varepsilon_{it}$$

(15.23)

em que ρ_i representa a correlação entre os termos de erro u_{it} e $u_{i,t-1}$.

Segundo Cameron e Trivedi (2009), é importante ressaltar que, enquanto a estimação *POLS* permite que os termos de erro u_{it} apresentem correlação serial de primeira ordem ao longo do tempo, a estimação *GLS* permite, além disso, que estes termos de erro sejam heterocedásticos, ou seja, que apresentem correlação diferente de zero entre os painéis.

Além disso, Hoechle (2007) também propõe que seja estimado um modelo por meio do método *POLS* com correlação serial dos termos de erro não necessariamente de primeira ordem, mas de qualquer ordem genérica, ou seja, com **efeitos autorregressivos de p-ésima ordem AR(p)**.

Quando da elaboração da modelagem por efeitos fixos ou por efeitos aleatórios, também pode ser considerada a existência de efeitos autorregressivos de primeira ordem AR(1) nos termos de erro u_{it}, de modo que a expressão do modelo a ser estimado possa ser escrita da seguinte forma:

$$Y_{it} = a_i + b_1.X_{1it} + b_2.X_{2it} + ... + b_k.X_{kit} + \rho_i.u_{i,t-1} + \varepsilon_{it} \tag{15.24}$$

em que o termo individual a_i pode ser um efeito fixo ou um efeito aleatório, de acordo com o que foi discutido anteriormente.

Frente ao exposto, na próxima seção serão elaboradas, por meio de um exemplo em Stata, modelagens para dados em painel longo por meio das estimações *POLS* com efeitos autorregressivos AR(1) e AR(p) e *GLS* com efeitos autorregressivos AR(1) com termos de erro heterocedásticos. Além disso, também serão elaboradas as estimações por efeitos fixos e por efeitos aleatórios com a consideração de efeitos autorregressivos de primeira ordem AR(1) nos termos de erro. Isso propiciará ao pesquisador uma oportunidade de comparação dos parâmetros estimados em cada modelo, bem como dos respectivos erros-padrão.

15.3.2.1. Estimação de modelos **longitudinais** lineares de regressão para dados em painel longo no software Stata

Imagine agora que o nosso professor tenha a intenção de abordar o mesmo problema estudado na seção 15.3.1.1, porém fazendo uso apenas dos dados dos três estudantes que obtiveram as melhores médias históricas de desempenho escolar por classe. Logo, a nova amostra contém 9 indivíduos com dados provenientes dos mesmos 24 meses, totalizando 216 observações neste novo painel balanceado. Como $T > n$, estamos diante de um painel considerado longo. A base de dados completa pode ser acessada por meio dos arquivos **DesempenhoPainelLongo.xls** (Excel), **DesempenhoPainelLongo.dta** (Stata), **desempenho_painel_longo.RData** (R) e **desempenho_painel_longo.csv** (utilizado nos códigos em Python).

O modelo a ser estimado apresenta, novamente, a seguinte expressão:

$$desem\hat{p}enho_{it} = \alpha_i + \beta_1.horas_{it} + \beta_2.faltas_{it}$$

Ao abrirmos o arquivo **DesempenhoPainelLongo.dta** e digitarmos o comando **desc**, poderemos novamente analisar as características do banco de dados e a descrição das variáveis. A Figura 15.34 apresenta este *output* do Stata.

Assim como elaborado na seção 15.3.1.1, é preciso inicialmente que os indivíduos e os períodos de tempo sejam definidos, por meio do seguinte comando:

```
xtset id t
```

```
. desc

  obs:           216
 vars:             7
 size:         6,048 (99.9% of memory free)
------------------------------------------------------------------------
              storage  display    value
variable name   type   format     label      variable label
------------------------------------------------------------------------
estudante       str12   %12s                  código do estudante
id              byte    %8.0g                  classe em que se encontra o estudante
classe          str1    %1s                    classe em que se encontra o estudante
t               byte    %8.0g                  período (mês)
desempenho      float   %8.0g                  desempenho escolar (nota de 0 a 100)
horas           float   %9.0g                  quantidade mensal de horas de estudo
faltas          byte    %8.0g                  quantidade mensal de faltas à escola
------------------------------------------------------------------------
Sorted by:
```

Figura 15.34 Descrição do banco de dados **DesempenhoPainelLongo.dta**.

```
. xtset id t
        panel variable:  id (strongly balanced)
        time variable:   t, 1 to 24
                delta:   1 unit
```

Figura 15.35 Definição do painel no Stata.

A Figura 15.36, obtida por meio da digitação do comando a seguir, apresenta a decomposição de variância para cada uma das variáveis do painel longo.

xtsum id t desempenho horas faltas

```
. xtsum id t desempenho horas faltas

Variable         |      Mean   Std. Dev.        Min        Max |   Observations
-----------------+--------------------------------------------+----------------
id       overall |  15.11111   9.490591          2         30 |   N =      216
         between |            10.04296           2         30 |   n =        9
         within  |                   0    15.11111   15.11111 |   T =       24
                 |                                            |
t        overall |      12.5   6.938266          1         24 |   N =      216
         between |                   0        12.5       12.5 |   n =        9
         within  |            6.938266          1         24 |   T =       24
                 |                                            |
desemp~o overall |   62.2985  19.56426    28.49741   94.81865 |   N =      216
         between |            20.21001    38.73057   85.57858 |   n =        9
         within  |            4.243807    52.04375   75.35982 |   T =       24
                 |                                            |
horas    overall |  24.08611   3.777447       12.8       37.3 |   N =      216
         between |            .3247595    23.64167   24.80833 |   n =        9
         within  |             3.76496    12.95278   37.45278 |   T =       24
                 |                                            |
faltas   overall |  12.77778   7.062951          0         25 |   N =      216
         between |            7.304869    2.666667   22.66667 |   n =        9
         within  |            1.494175    10.11111   15.11111 |   T =       24
```

Figura 15.36 Decomposição de variância para cada variável no Stata.

Assim como para o painel curto, enquanto as variáveis *desempenho* e *faltas* apresentam maior variância *between*, a variável *horas* apresenta maior variância *within* para este painel longo balanceado.

Como a influência temporal pode ser significativa em painéis longos, é de fundamental importância que seja verificada, inicialmente, a existência de correlação serial de primeira ordem nos termos de erro. Para tanto, devemos elaborar o **teste de Wooldridge**, cuja operacionalização no Stata é feita por meio da seguinte sequência de comandos proposta por Drukker (2003):

```
findit xtserial
net sj 3-2 st0039
net install st0039
xtserial desempenho horas faltas
```

em que os três primeiros comandos instalam o procedimento no Stata e o último o aplica, por meio do comando **xtserial**.

Os *outputs* do teste de Wooldridge encontram-se na Figura 15.37.

Com base no resultado deste teste, podemos rejeitar a hipótese nula de que não há correlação serial de primeira ordem nos termos de erro, ao nível de significância de 5%. Em outras palavras, dado que estamos diante de um painel longo de dados, devemos considerar, em nossas estimações, a existência de efeitos autorregressivos de primeira ordem AR(1) nos termos de erro.

Além disso, a existência de correlação entre os painéis, também chamada de correlação entre *cross-sections* ou **correlação contemporânea**, pode ser verificada por meio do **teste de Pesaran**. Para os dados do nosso exemplo, o teste de Pesaran, cuja hipótese nula refere-se à não existência de termos de erro correlacionados entre estudantes e é elaborado após uma estimação por efeitos fixos, pode ser aplicado por meio da digitação da seguinte sequência de comandos:

```
. findit xtserial
. net sj 3-2 st0039

-----------------------------------------------------------------------
package st0039 from http://www.stata-journal.com/software/sj3-2
-----------------------------------------------------------------------

TITLE
      SJ3-2 st0039.  Testing for serial correlation in linear ...

DESCRIPTION/AUTHOR(S)
      Testing for serial correlation in linear panel-data models
      by David M. Drukker, Stata Corporation
      Support:  ddrukker@stata.com
      After installation, type help xtserial

INSTALLATION FILES                           (type net install st0039)
      st0039/xtserial.ado
      st0039/xtserial.hlp

ANCILLARY FILES                              (type net get st0039)
      st0039/xtserial.do
-----------------------------------------------------------------------

. net install st0039
checking st0039 consistency and verifying not already installed...
installing into c:\ado\plus\...
installation complete.

. xtserial desempenho horas faltas

Wooldridge test for autocorrelation in panel data
H0: no first-order autocorrelation
    F(  1,       8) =     20.694
             Prob > F =      0.0019
```

Figura 15.37 Teste de Wooldridge para verificação de existência de correlação serial de primeira ordem no Stata.

```
ssc install xtcsd
quietly xtreg desempenho horas faltas, fe
xtcsd, pesaran abs
```

em que o primeiro comando apenas instala no Stata o procedimento **xtcsd**. Os *outputs* gerados encontram-se na Figura 15.38.

```
. quietly xtreg desempenho horas faltas, fe
. xtcsd, pesaran abs

Pesaran's test of cross sectional independence =     18.842, Pr = 0.0000

Average absolute value of the off-diagonal elements =     0.641
```

Figura 15.38 Teste de Pesaran para verificação de existência de correlação entre *cross-sections* no Stata.

Com base no resultado do teste de Pesaran apresentado na Figura 15.38, podemos rejeitar a hipótese nula de que não há correlação entre *cross-sections*, ao nível de significância de 5%, o que permite que também seja considerada a existência de termos de erro heterocedásticos, ou seja, que apresentam correlação entre os painéis, quando da estimação do modelo. Ressalta-se que não é possível aplicar o teste de Pesaran para painéis de dados muito desbalanceados.

Elaboradas estas análises preliminares, vamos, então, partir para as estimações do modelo proposto, seguindo o que foi discutido na seção anterior. Os comandos para a elaboração de cada uma delas são:

- Estimação *POLS* com efeitos autorregressivos de primeira ordem AR(1):
  ```
  xtpcse desempenho horas faltas, corr(ar1)
  ```
- Estimação *POLS* com efeitos autorregressivos de p-ésima ordem AR(p):
  ```
  xtscc desempenho horas faltas
  ```
- Estimação *GLS* com efeitos autorregressivos de primeira ordem AR(1) e termos de erro heterocedásticos:
  ```
  xtgls desempenho horas faltas, corr(ar1) panels(correlated)
  ```

- Estimação por efeitos fixos com termos de erro AR(1):

```
xtregar desempenho horas faltas, fe
```

- Estimação por efeitos aleatórios com termos de erro AR(1):

```
xtregar desempenho horas faltas, re
```

É importante ressaltar que o comando **xtpcse** gera estimadores mais apropriados dos parâmetros do que o comando **reg**, uma vez que permite, por meio do método *POLS*, que seja considerada a existência de correlação serial de primeira ordem ao longo do tempo, definida pelo termo **corr(ar1)**. Além disso, o comando **xtgls**, por meio do método *GLS*, ainda permite que sejam gerados estimadores com a consideração de existência de correlação entre os painéis, definida pelo termo **panels(correlated)**.

Para efeitos didáticos, explicitamos, portanto, que os comandos a seguir geram estimadores idênticos dos parâmetros:

```
xtpcse desempenho horas faltas, corr(ar1)

xtgls desempenho horas faltas, corr(ar1) panels(iid)
```

O comando **xtscc** permite que seja verificada a existência de correlação serial de ordem maior do que 1 quando da estimação, por meio do método *POLS*, dos parâmetros do modelo. Além disso, segundo Hoechle (2007), esta estimação pode gerar parâmetros apropriados quando for rejeitada a hipótese nula do teste de Pesaran, ou seja, quando for identificada a existência de correlação entre os painéis, uma vez que considera, quando da estimação dos parâmetros do modelo, **erros-padrão de Driscoll e Kraay** (1998). Antes da elaboração desta específica estimação no Stata, devemos instalar o procedimento **xtscc** por meio da digitação do comando **ssc install xtscc**.

Ao contrário da lógica proposta na seção 15.3.1.1, não iremos novamente apresentar individualmente cada um dos *outputs*, uma vez que já partiremos para a análise dos resultados consolidados em uma única tabela. Para tanto, vamos digitar a seguinte sequência de comandos:

```
quietly xtpcse desempenho horas faltas, corr(ar1)
estimates store POLSar1

quietly xtscc desempenho horas faltas
estimates store POLSarp

quietly xtgls desempenho horas faltas, corr(ar1) panels(correlated)
estimates store GLSar1pcorr

quietly xtregar desempenho horas faltas, fe
estimates store EFar1

quietly xtregar desempenho horas faltas, re
estimates store EAar1

estimates table POLSar1 POLSarp GLSar1pcorr EFar1 EAar1, b se
```

Os *outputs* gerados encontram-se na Figura 15.39.

De acordo com os resultados apresentados nesta figura, é possível verificar que os parâmetros estimados também variam entre os modelos. Ao considerarmos a existência de termos de erro serialmente correlacionados, podemos verificar que ocorre uma redução dos erros-padrão dos parâmetros da variável *horas* e da constante para os modelos estimados por efeitos fixos e por efeitos aleatórios. Entretanto, ao permitirmos que ocorra correlação entre as *cross-sections* quando da estimação do modelo pelo método *GLS*, os erros-padrão dos parâmetros estimados passam a ser ainda mais baixos em comparação aos obtidos pelos modelos estimados por efeitos fixos e por efeitos aleatórios com termos de erro AR(1). Como consequência, embora todos os modelos apresentem significância estatística, no modelo estimado pelo método *GLS* os parâmetros estimados das variáveis *horas* e *faltas* são estatisticamente mais significantes.

Para modelagens que fazem uso de bancos de dados em painel longo, a consideração de termos de erro AR(1) pode resultar em modelos mais apropriados do que se forem considerados apenas termos de erro independentes e identicamente distribuídos. Mais do que isso, a consideração da existência de correlação entre os painéis pode gerar estimativas dos parâmetros ainda mais eficientes, como ocorre para os dados do nosso exemplo.

```
. quietly xtpcse desempenho horas faltas, corr(ar1)
. estimates store POLSar1

. quietly xtscc desempenho horas faltas
. estimates store POLSarp

. quietly xtgls desempenho horas faltas, corr(ar1) panels(correlated)
. estimates store GLSar1pcorr

. quietly xtregar desempenho horas faltas, fe
. estimates store EFar1

. quietly xtregar desempenho horas faltas, re
. estimates store EAar1

. estimates table POLSar1 POLSarp GLSar1pcorr EFar1 EAar1, b se

-------------------------------------------------------------------------------
    Variable |   POLSar1      POLSarp     GLSar1pc~r      EFar1        EAar1
-------------+-----------------------------------------------------------------
       horas |  .39617062    .09490018    .18941949    .3149296    .25992397
             |  .19986038    .23097359    .06202029    .07942865    .08947258
      faltas | -2.4110238   -2.514868    -2.4105773    .06825517   -1.2020137
             |  .07983652    .03427662    .02616776    .22217705    .18525525
       _cons |  83.484208    92.147152    89.031576    53.976178    71.378516
             |  5.0934538    5.4716928    2.0850516    3.0096948    3.8536253
-------------------------------------------------------------------------------
                                                             legend: b/se
```

Figura 15.39 *Outputs* consolidados das estimações do modelo proposto.

Para que possa ser gerado um gráfico que compara os valores previstos do desempenho escolar ao longo do tempo obtidos por meio de cada uma das estimações elaboradas, devemos digitar a seguinte sequência de comandos:

```
quietly xtpcse desempenho horas faltas, corr(ar1)
predict yhat_POLSar1

quietly xtscc desempenho horas faltas
predict yhat_POLSarp

quietly xtgls desempenho horas faltas, corr(ar1) panels(correlated)
predict yhat_GLSar1pcorr

quietly xtregar desempenho horas faltas, fe
predict yhat_EFar1

quietly xtregar desempenho horas faltas, re
predict yhat_EAar1

graph twoway scatter desempenho t || lfit yhat_POLSar1 t || lfit
yhat_POLSarp t || lfit yhat_GLSar1pcorr t || lfit yhat_EFar1 t || lfit
yhat_EAar1 t ||, legend(label(2 "POLSar1") label(3 "POLSarp") label(4
"GLSar1pcorr") label(5 "EFar1") label(6 "EAar1"))
```

O gráfico gerado encontra-se na Figura 15.40.

Por meio deste gráfico, é possível verificarmos que, enquanto os modelos estimados por efeitos fixos e por aleatórios capturam com menores inclinações a evolução temporal do desempenho escolar dos estudantes, os modelos estimados pelos métodos *POLS* e *GLS* acabam se ajustando aos dados por meio de maiores inclinações ao longo do tempo. O mesmo pode ser observado quando comparamos os valores previstos do desempenho escolar obtidos pelas estimações propostas em função, por exemplo, da variável *faltas*. Este novo gráfico encontra-se na Figura 15.41, e pode ser obtido por meio do seguinte comando:

```
graph twoway scatter desempenho faltas || lfit yhat_POLSar1 faltas ||
lfit yhat_POLSarp faltas || lfit yhat_GLSar1pcorr faltas || lfit
yhat_EFar1 faltas || lfit yhat_EAar1 faltas ||, legend(label(2
"POLSar1") label(3 "POLSarp") label(4 "GLSar1pcorr") label(5 "EFar1")
label(6 "EAar1"))
```

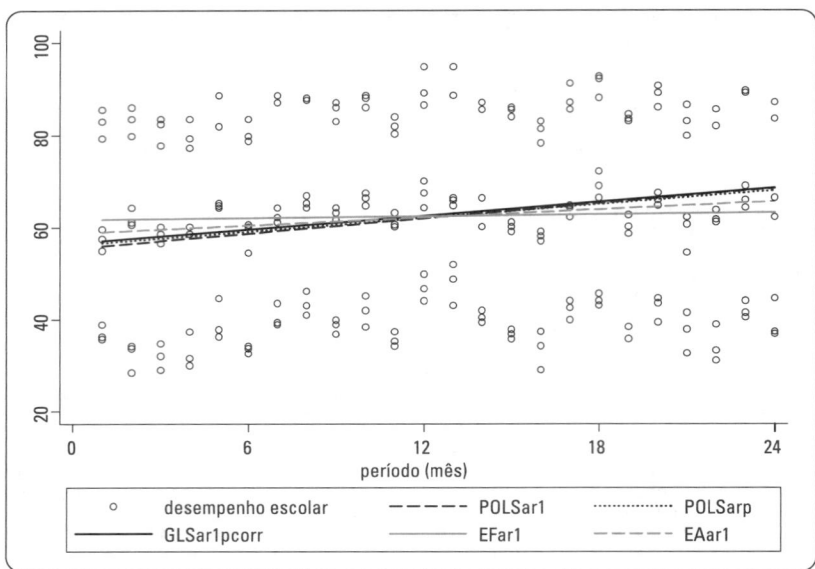

Figura 15.40 Comparação dos valores previstos do desempenho escolar
ao longo do tempo obtidos pelas estimações propostas.

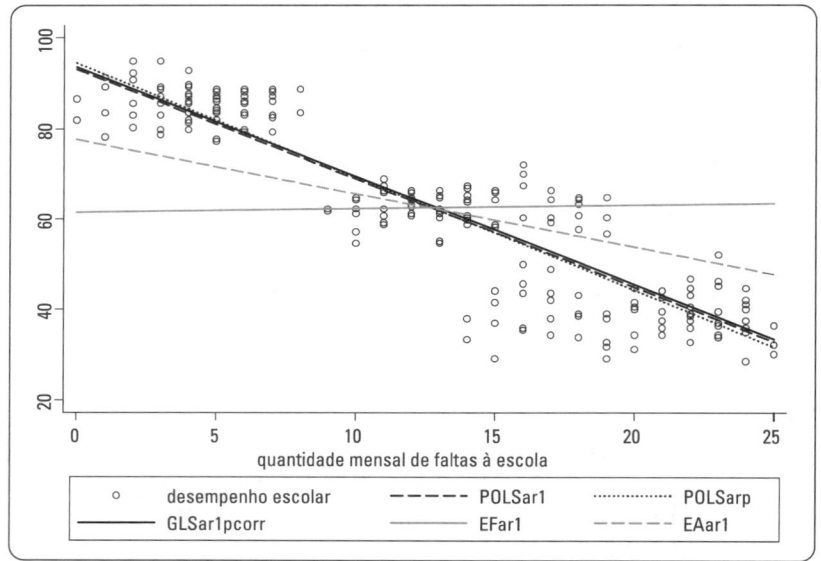

Figura 15.41 Comparação dos valores previstos do desempenho escolar obtidos
pelas estimações propostas em função da variável *faltas*.

Embora os valores previstos gerados pelos métodos *POLS* e *GLS* sejam mais próximos, tivemos condições de verificar, com base nos *outputs* apresentados na Figura 15.39, que os estimadores dos parâmetros obtidos por *GLS* apresentam erros-padrão de menor magnitude.

Os modelos longitudinais lineares de regressão têm sido cada vez mais utilizados e aplicados, entre outras razões, pela própria evolução computacional, e seus métodos de estimação não se restringem ao que foi apresentado e discutido nesta seção, cujo objetivo principal é o de propiciar ao pesquisador uma visão geral dos principais conceitos e técnicas, com respectivas aplicações em Stata.

Se, por exemplo, um pesquisador tiver a intenção de inserir, como variável explicativa, a própria variável dependente defasada, dado que esta apresenta evolução temporal, poderá partir para a estimação de modelos mais complexos do tipo **Arellano-Bond**. Em outra situação, caso deseje investigar as razões individuais que, embora não se alterem ao longo do período de estudo, como sexo ou religião, levam cada um dos indivíduos a apresentar comportamentos diferentes entre si para a variável dependente ao longo do tempo, poderá partir para a estimação de modelos hierárquicos, também conhecidos por **modelos multinível**, a serem estudados no próximo capítulo.

As possibilidades de questões de pesquisa são infindáveis e, neste sentido, o conhecimento sobre a aplicação da técnica correta para cada caso pode representar a diferença entre a obtenção de modelos inconsistentes e viesados e a obtenção de modelos apropriados para o estudo do fenômeno em questão e para a elaboração de previsões. Para o aprofundamento do conhecimento relativo a estas técnicas, recomendamos o estudo de Cameron e Trivedi (2009).

15.4. MODELOS LONGITUDINAIS NÃO LINEARES

Quando os dados de uma base também variam entre indivíduos e ao longo do tempo, porém a variável dependente apresenta dados qualitativos com valores dicotômicos ou dados quantitativos que assumem valores discretos positivos e restritos a determinado número de ocorrências, devemos abordar o problema por meio dos modelos longitudinais não lineares de regressão. Enquanto, no primeiro caso, serão discutidas as principais estimações pertinentes aos modelos longitudinais logísticos (seção 15.4.1), no segundo caso discutiremos as estimações pertinentes aos modelos longitudinais Poisson e binomial negativo (seção 15.4.2), respeitando a lógica proposta nos Capítulos 13 e 14. Em ambas as situações, será dado destaque para as estimações dos modelos por *GEE*, por efeitos fixos e por efeitos aleatórios.

15.4.1. Estimação de modelos longitudinais logísticos

Nos modelos longitudinais logísticos, a expressão geral da chance de ocorrência do evento em estudo para determinado indivíduo i em um específico instante de tempo t, representado por $Y_{it} = 1$, é definida de acordo como segue:

$$\ln\left(chance_{Y_{it}=1}\right) = \alpha_i + \beta_1.X_{1it} + \beta_2.X_{2it} + ... + \beta_k.X_{kit} \tag{15.25}$$

que resulta, conforme estudamos no Capítulo 13, na seguinte expressão de probabilidade de ocorrência do evento de interesse:

$$p_{it} = \frac{e^{\left(\alpha_i + \beta_1.X_{1it} + \beta_2.X_{2it} + ... + \beta_k.X_{kit}\right)}}{1 + e^{\left(\alpha_i + \beta_1.X_{1it} + \beta_2.X_{2it} + ... + \beta_k.X_{kit}\right)}} \tag{15.26}$$

e que apresenta parâmetros que podem ser estimados com base na maximização do logaritmo da função de verossimilhança também apresentada e discutida no Capítulo 13, cuja expressão é reproduzida a seguir para as situações em que existem dados longitudinais:

$$LL = \sum_{t=1}^{T}\sum_{i=1}^{n}\left\{\left[\left(Y_{it}\right).\ln\left(\frac{e^{\left(\alpha_i + \beta_1.X_{1it} + \beta_2.X_{2it} + ... + \beta_k.X_{kit}\right)}}{1 + e^{\left(\alpha_i + \beta_1.X_{1it} + \beta_2.X_{2it} + ... + \beta_k.X_{kit}\right)}}\right)\right] + \left[\left(1 - Y_{it}\right).\ln\left(\frac{1}{1 + e^{\left(\alpha_i + \beta_1.X_{1it} + \beta_2.X_{2it} + ... + \beta_k.X_{kit}\right)}}\right)\right]\right\} \tag{15.27}$$

Analogamente aos modelos lineares, a primeira e mais simples estimação dos parâmetros de um modelo longitudinal logístico, que é elaborada por meio do método de máxima verossimilhança, é conhecida por ***Pooled Logit*** por considerar que a base de dados seja uma grande *cross-section*. Assim como para a estimação *POLS*, no entanto, a estimação *Pooled Logit* também deve considerar a existência de **erros-padrão robustos com agrupamento por indivíduo**, a fim de que haja o controle da correlação dos termos de erro para dado indivíduo ao longo do tempo, conforme discutem Cameron e Trivedi (2009).

Além da tradicional estimação *Pooled Logit*, que gera correlações entre termos de erro iguais a zero para dois quaisquer períodos de tempo distintos e para dado indivíduo ($\rho_{ts} = 0$, $t \neq s$), é possível que os parâmetros do modelo sejam estimados levando-se em consideração a existência de correlações diferentes de zero entre termos de erro provenientes de períodos de tempo distintos. Neste caso, a estimação mais comum é aquela em que sejam consideradas correlações iguais (diferentes de zero) entre os termos de erro para dois períodos de tempo distintos, ou seja, em que os termos de erro sejam **equicorrelacionados** ($\rho_{ts} = \rho$). Esta estimação, conhecida por *PA (Population-Averaged Estimation)*, também será elaborada quando da aplicação, em Stata, de um exemplo prático de modelos longitudinais logísticos, embora também seja aplicável para modelos lineares, conforme discutimos na seção 15.3.1.1.

Ressalta-se que as estimações *Pooled Logit* e *PA Logit* inserem-se dentro do que é conhecido por *GEE* (*Generalized Estimating Equations*), conforme poderemos verificar quando da estimação dos parâmetros do modelo na próxima seção.

Assim como para os modelos lineares, os parâmetros do modelo apresentado na expressão (15.26) podem ser estimados por efeitos fixos ou por efeitos aleatórios, levando-se em consideração que α_i seja, respectivamente, um efeito fixo ou um efeito aleatório.

Na próxima seção, serão elaboradas, por meio de um exemplo em Stata, diferentes estimações de modelos longitudinais logísticos, como a *Pooled Logit*, a *PA Logit* e aquelas definidas por efeitos fixos e por efeitos aleatórios. Para um maior aprofundamento da teoria pertinente a estas estimações, recomendamos o estudo de Neuhaus, Kalbfleisch e Hauck (1991), Neuhaus (1992), Cameron e Trivedi (2009) e Hubbard *et al.* (2010).

15.4.1.1. Estimação de modelos longitudinais logísticos no software Stata

Seguindo a lógica adotada, vamos elaborar um exemplo prático. Para tanto, imagine que o nosso mesmo professor tenha, neste momento, a intenção de investigar se as variáveis *horas* e *faltas* influenciam o fato de um estudante, em determinado mês, apresentar notas acima da média em todas as disciplinas que estiver cursando, ou seja, deseja saber se a quantidade mensal de horas de estudo e quantidade mensal de faltas à escola interferem na probabilidade de que um estudante apresente notas acima da média em todas as matérias em um específico mês.

A base de dados é muito similar à que foi utilizada na seção 15.3.1.1, ou seja, possui dados dos últimos 24 meses dos mesmos 30 alunos (sendo 10 alunos provenientes de cada classe), totalizando 720 observações, porém a variável dependente agora é qualitativa dicotômica (*dummy*), em que um valor igual a 0 refere-se à existência de pelo menos uma nota abaixo da média em alguma disciplina no mês em análise, e um valor igual a 1 indica que, naquele mês, o estudante obteve notas acima da média em todas as matérias. Parte do banco de dados elaborado encontra-se na Tabela 15.5, porém a base de dados completa pode ser acessada por meio dos arquivos **MédiaAcimaPainelLogístico.xls** (Excel), **MédiaAcimaPainelLogístico.dta** (Stata), **media_acima_painel_logistico.RData** (R) e **media_acima_painel_logistico.csv** (utilizado nos códigos em Python).

Portanto, o modelo probabilístico a ser estimado apresenta a seguinte expressão:

$$p_{(\text{notas acima da média em todas as disciplinas})it} = \frac{e^{(\alpha_i + \beta_1 . horas_{it} + \beta_2 . faltas_{it})}}{1 + e^{(\alpha_i + \beta_1 . horas_{it} + \beta_2 . faltas_{it})}}$$

Tabela 15.5 Exemplo: notas acima da média nas disciplinas, horas de estudo e faltas por mês.

Estudante	id	Classe	Período t (mês)	Notas acima da média em todas as disciplinas (*Dummy* Sim = 1; Não = 0) (Y_{it})	Quantidade de horas de estudo (X_{1it})	Quantidade de faltas à escola (X_{2it})
Gabriela	1	A	1	1	21,6	8
Gabriela	1	A	2	1	22,8	8
Gabriela			...			
Gabriela	1	A	24	1	27,3	5
Patrícia	2	A	1	1	21,6	7
Patrícia	2	A	2	1	21,8	7
Patrícia			...			
Patrícia	2	A	24	1	25,3	4
...			...			
Carolina	30	C	1	0	20,6	24
Carolina	30	C	2	0	12,8	24
Carolina			...			
Carolina	30	C	24	0	29,3	21

Ao abrirmos o arquivo **MédiaAcimaPainelLogístico.dta** e digitarmos o comando `desc`, poderemos analisar as características do banco de dados e a descrição das variáveis. A Figura 15.42 apresenta este *output* do Stata.

```
. desc

  obs:          720
  vars:           7
  size:      20,160 (99.9% of memory free)
------------------------------------------------------------------------
              storage  display    value
variable name  type    format     label      variable label
------------------------------------------------------------------------
estudante     str12    %12s
id            byte     %8.0g                  código do estudante
classe        str1     %1s                    classe em que se encontra o estudante
t             byte     %8.0g                  período (mês)
média         float    %9.0g      média       notas acima da média em todas as
                                              disciplinas?
horas         float    %9.0g                  quantidade mensal de horas de estudo
faltas        byte     %8.0g                  quantidade mensal de faltas à escola
------------------------------------------------------------------------
Sorted by:
```

Figura 15.42 Descrição do banco de dados **MédiaAcimaPainelLogístico.dta**.

Antes de estimarmos os modelos propriamente ditos, é preciso inicialmente que os indivíduos e os períodos de tempo sejam definidos, por meio do seguinte comando:

xtset id t

```
. xtset id t
       panel variable:  id (strongly balanced)
        time variable:  t, 1 to 24
                delta:  1 unit
```

Figura 15.43 Definição do painel no Stata.

Conforme já discutimos quando da apresentação da Figura 15.12, enquanto a variável *horas* apresenta maior variância *within*, a variável *faltas* possui maior variância *between*. Como a variável dependente *média* é qualitativa, não faz sentido discutirmos a sua decomposição de variância. Entretanto, por meio do Stata, é possível analisarmos como se comporta esta variável em termos de frequência global e em termos de transição de suas categorias ao longo do tempo.

Inicialmente, a fim de que seja possível gerar a tabela de frequências da variável *média*, devemos digitar o seguinte comando:

tab média

Por meio da Figura 15.44, podemos perceber que não existem diferenças consideráveis entre a quantidade de meses em que determinado estudante apresentou alguma nota abaixo da média e quantidade de meses em que apresentou todas as notas acima da média.

```
. tab média

notas acima |
da média em |
   todas as |
disciplinas |
          ? |    Freq.     Percent        Cum.
------------+-----------------------------------
        Não |      386       53.61       53.61
        Sim |      334       46.39      100.00
------------+-----------------------------------
      Total |      720      100.00
```

Figura 15.44 Distribuição de frequências da variável *média*.

Entretanto, o comando **xttrans** permite que investiguemos como esta variável se comporta ao longo do tempo. Para tanto, vamos digitar:

xttrans média

Os *outputs* obtidos encontram-se na Figura 15.45.

```
. xttrans média

    notas |
  acima da |
  média em | notas acima da média
  todas as |     em todas as
disciplina |     disciplinas?
        s? |        0              1 |     Total
-----------+----------------------------+----------
         0 |    90.91           9.09 |     100.00
         1 |     3.61          96.39 |     100.00
-----------+----------------------------+----------
     Total |    52.32          47.68 |     100.00
```

Figura 15.45 Comportamento de transição da variável *média*.

Por meio dos resultados apresentados nesta figura, é possível verificarmos que existe considerável persistência do comportamento da variável *média* mês a mês, ou seja, enquanto 90,91% dos meses em que não foram obtidas todas as notas acima da média para determinado estudante apresentaram o mesmo comportamento no mês seguinte, 96,39% dos meses em que foram obtidas todas as notas acima da média para um específico estudante presenciaram a mesma característica no mês subsequente.

Elaboradas estas análises preliminares, vamos partir para as estimações do modelo propriamente dito, seguindo o que foi discutido na seção anterior. Os comandos para a elaboração de cada uma das estimações são:

- Estimação *Pooled Logit* com erros-padrão robustos com agrupamento por estudante:

logit média horas faltas, vce(cluster id)

ou

glm média horas faltas, family(binomial) vce(cluster id)

ou

xtlogit média horas faltas, pa corr(independent) vce(rob)

ou

xtgee média horas faltas, family(binomial) corr(independent) vce(rob)

Os quatro comandos fazem com que sejam estimados exatamente os mesmos parâmetros do modelo proposto. O termo **pa corr(independent)** do comando **xtlogit** considera a existência de correlações entre termos de erro iguais a zero para dois quaisquer períodos de tempo distintos e para dado indivíduo, que é o que também considera a estimação tradicional elaborada por meio do comando **logit**. Já o comando **xtgee**, conforme discutido na seção 15.3.1.1, equivale ao comando **glm** utilizado nos três capítulos anteriores e o termo **family()** informa a distribuição da variável dependente que, neste caso, é **binomial**. Dessa forma, logo após a estimação elaborada especificamente por meio do comando **xtlogit**, o pesquisador pode digitar o comando **matrix list e(R)** (ou o comando **estat wcorr** logo após a estimação por meio do comando **xtgee**), que faz com que seja gerada a matriz de correlações entre os termos de erro para os 24 períodos de tempo do nosso exemplo (***within id correlation matrix***), que, conforme já esperávamos, apresenta todos os valores iguais a zero.

- Estimação *PA Logit* com erros-padrão robustos:

xtlogit média horas faltas, pa corr(exchangeable) vce(rob)

ou

xtgee média horas faltas, family(binomial) corr(exchangeable) vce(rob)

Neste caso, os dois comandos também geram estimadores idênticos dos parâmetros. O termo **corr (exchangeable)** faz com que sejam consideradas correlações iguais (diferentes de zero) entre os termos de erro para dois períodos de tempo distintos (termos de erro equicorrelacionados). Este fato pode ser comprovado ao digitarmos o comando `matrix list e(R)` logo após a estimação elaborada por meio do comando `xtlogit` (ou o comando `estat wcorr` logo após a estimação por meio do comando `xtgee`), que, para os dados do nosso exemplo, gera uma matriz em que todas as correlações entre os termos de erro, mês a mês, sejam iguais a 0,074.

- Estimação por efeitos fixos:
```
xtlogit média horas faltas, fe nolog
```

- Estimação por efeitos aleatórios:
```
xtlogit média horas faltas, re nolog
```

Em vez de apresentarmos os *outputs* específicos de cada uma das estimações propostas, vamos diretamente apresentá-los em uma única tabela de resultados consolidados. Para tanto, vamos digitar a seguinte sequência de comandos:

```
quietly logit média horas faltas, vce(cluster id)
estimates store LOGITrob

quietly xtlogit média horas faltas, pa corr(exchangeable) vce(rob)
estimates store PA

quietly xtlogit média horas faltas, fe nolog
estimates store EF

quietly xtlogit média horas faltas, re nolog
estimates store EA

estimates table LOGITrob PA EF EA, equations(1) b se stats(N ll sigma_u rho)
```

Os resultados encontram-se na Figura 15.46.

Inicialmente, podemos verificar que os parâmetros estimados pelos métodos propostos apresentam coerência em termos de sinal. Mais do que isso, apresentam bastante similaridade, com destaque para aqueles obtidos pelos métodos *Pooled* e *PA*. Com exceção do termo referente à constante do modelo *Pooled Logit*, todos os demais parâmetros mostraram-se estatisticamente diferentes de zero ao nível de significância de 5% (*Sig. z* < 0,05),

```
. quietly logit média horas faltas, vce(cluster id)
. estimates store LOGITrob

. quietly xtlogit média horas faltas, pa corr(exchangeable) vce(rob)
. estimates store PA

. quietly xtlogit média horas faltas, fe nolog
. estimates store EF

. quietly xtlogit média horas faltas, re nolog
. estimates store EA

. estimates table LOGITrob PA EF EA, equations(1) b se stats(N ll sigma_u rho)

----------------------------------------------------------------
    Variable |   LOGITrob         PA          EF          EA
-------------+--------------------------------------------------
#1           |
       horas |  .11108887   .11392233   .07737606   .08787229
             |   .0314652    .0329065   .03684966   .03576458
       faltas| -.34342535  -.39707386  -1.7431134  -1.4070667
             |   .03254784   .05244581   .16693658   .17767139
       _cons |  1.9137651   2.6012719               17.391759
             |  1.0435351   1.1180152                2.8923025
-------------+--------------------------------------------------
lnsig2u      |
       _cons |                                       3.6435629
             |                                        .40149888
-------------+--------------------------------------------------
Statistics   |
           N |        720         720         720         720
          ll | -287.86599              -130.86115  -250.51882
     sigma_u |                                       6.1828632
         rho |                                        .9207598
----------------------------------------------------------------
                                               legend: b/se
```

Figura 15.46 *Outputs* consolidados das estimações do modelo logístico proposto.

embora os erros-padrão da variável *faltas* tenham se mostrado superiores para os modelos estimados por efeitos fixos e por efeitos aleatórios.

Como o modelo longitudinal logístico estimado por efeitos fixos tem seus parâmetros estimados ao se eliminarem os efeitos individuais a_i pelo método conhecido por **MLE** (***Maximum Likelihood Estimator***), o parâmetro correspondente à constante não é estimado, assim como o parâmetro de determinada variável que eventualmente apresente dados que não sejam alterados ao longo do tempo (fato que, neste exemplo, não acontece). Mais do que isso, na estimação por efeitos fixos não são considerados os indivíduos que eventualmente apresentarem, para a variável dependente, somente valores iguais a zero ou somente valores iguais a 1 em todos os períodos de tempo (fato que, neste exemplo, também não ocorre).

Conforme discutem Neuhaus, Kalbfleisch e Hauck (1991), é importante enfatizar que, enquanto e^β representa, para os modelos estimados por efeitos fixos ou aleatórios, a chance de ocorrência do evento em estudo quando se aumenta em 1 unidade o valor de determinada variável X em comparação a não se alterar esta variável **para o mesmo indivíduo**, *ceteris paribus*, e^β representa, para os modelos estimados por *PA*, a chance de ocorrência do evento quando se aumenta em 1 unidade o valor de determinada variável X em comparação a não ser alterada esta variável, também *ceteris paribus*, **para um indivíduo selecionado aleatoriamente na base de dados** (**indivíduo "médio"**, que dá o nome à estimação de *Population-Averaged Estimation*).

Embora os estimadores dos parâmetros obtidos por efeitos fixos e por efeitos aleatórios não sejam, portanto, diretamente comparáveis aos obtidos pelos métodos *Pooled* ou *PA*, acabaram sendo próximos para os dados do nosso exemplo, principalmente para a variável *horas*.

Estimados os modelos, temos condições de calcular as probabilidades previstas de ocorrência do evento em estudo (obtenção de notas acima da média em todas as disciplinas em determinado mês), para um mesmo estudante ou para um estudante escolhido aleatoriamente na base de dados. Vamos, então, elaborar dois gráficos que mostram a relação entre as probabilidades previstas de ocorrência do evento em estudo, obtidas por meio das estimações propostas, e cada uma das variáveis explicativas. Para tanto, devemos digitar a seguinte sequência de comandos:

```
quietly logit média horas faltas, vce(cluster id)
predict phat_logit

quietly xtlogit média horas faltas, pa corr(exchangeable) vce(rob)
predict phat_pa

quietly xtlogit média horas faltas, fe nolog
predict phat_ef, pu0

quietly xtlogit média horas faltas, re nolog
predict phat_ea, pu0

graph twoway scatter média horas || mspline phat_logit horas || mspline
phat_pa horas || mspline phat_ef horas || mspline phat_ea horas ||,
legend(label(2 "Pooled Logit") label(3 "PA") label(4 "Efeitos Fixos")
label(5 "Efeitos Aleatórios"))

graph twoway scatter média faltas || mspline phat_logit faltas ||
mspline phat_pa faltas || mspline phat_ef faltas || mspline phat_ea
faltas ||, legend(label(2 "Pooled Logit") label(3 "PA") label(4 "Efeitos
Fixos") label(5 "Efeitos Aleatórios"))
```

Os dois gráficos gerados encontram-se nas Figuras 15.47 e 15.48.

Embora o valor do logaritmo da função de verossimilhança seja maior para a estimação por efeitos fixos (Figura 15.46), podemos perceber que os valores de previsão acabam não se ajustando adequadamente aos dados (Figuras 15.47 e 15.48), pelo fato de esta estimação não levar em consideração a existência dos efeitos individuais a_i, o que faz com que o parâmetro correspondente à constante não seja estimado.

Por outro lado, o modelo estimado por efeitos aleatórios e aqueles estimados pelos métodos *Pooled* e *PA Logit* apresentam comportamentos semelhantes da probabilidade prevista de obtenção de notas acima da média em todas as disciplinas, mesmo que, pelas razões discutidas, seus parâmetros não sejam diretamente comparáveis.

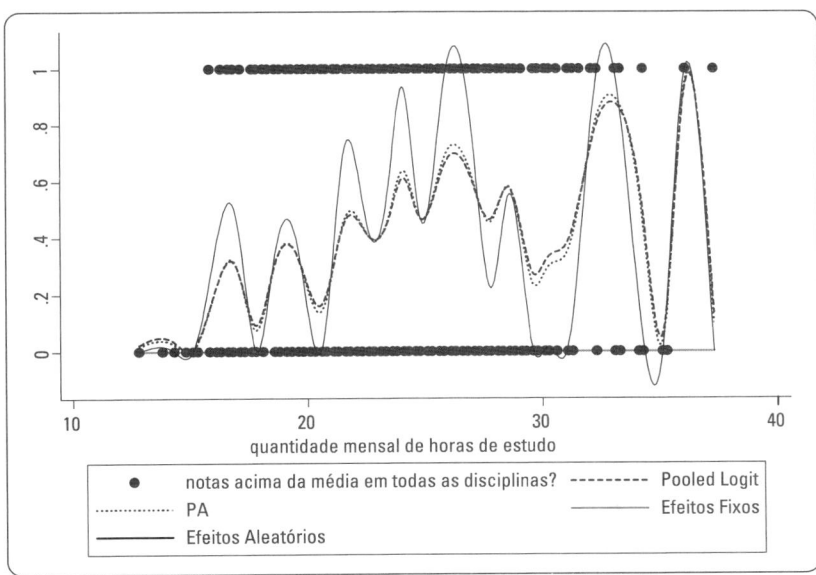

Figura 15.47 Valores previstos da variável dependente para cada estimação em função da variável explicativa *horas*.

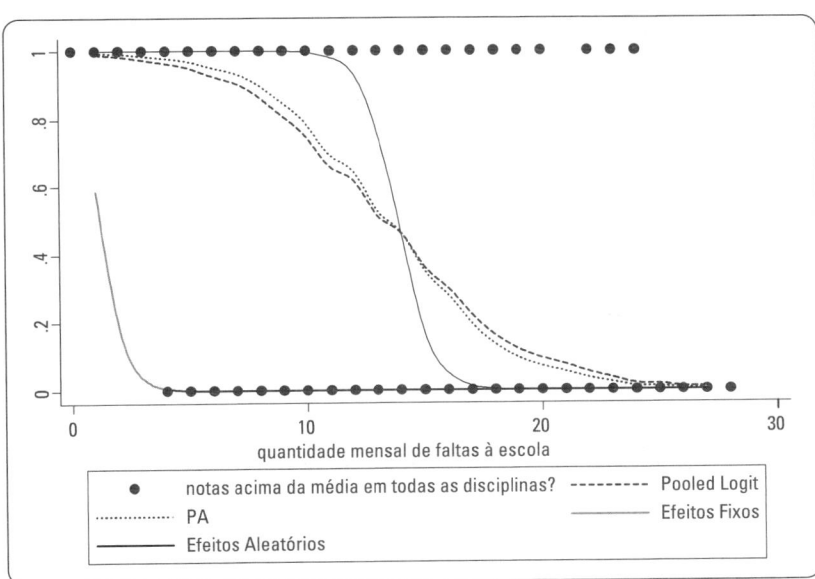

Figura 15.48 Valores previstos da variável dependente para cada estimação em função da variável explicativa *faltas*.

Dessa forma, para o modelo estimado por efeitos aleatórios, o parâmetro 0,0878 da variável *horas* significa que o aumento de 1 hora de estudo ao mês, em média e *ceteris paribus*, incrementa o logaritmo da chance de obtenção de notas acima da média em todas as disciplinas, para um mesmo estudante, em 8,78%, ou seja, a sua chance é multiplicada por um fator de $e^{0,0878} = 1,092$ (9,2% maior).

Já para o modelo estimado pelo método *PA*, o parâmetro 0,1139 da mesma variável significa que o aumento de 1 hora de estudo ao mês, em média e *ceteris paribus*, incrementa o logaritmo da chance de obtenção de notas acima da média em todas as disciplinas, para um estudante "médio" escolhido aleatoriamente, em 11,39%, ou seja, a chance média é multiplicada por um fator de $e^{0,1139} = 1,121$ (12,1% maior).

Enquanto a média da variável *horas*, quando são obtidas notas acima da média em todas as disciplinas, é bastante similar à sua média quando este fato não é verificado, o mesmo não pode ser dito em relação à variável *faltas*, que apresenta média aproximadamente o dobro quando pelo menos uma nota encontra-se abaixo da média. Tal fato pode ser verificado por meio da digitação do seguinte comando:

```
tabstat horas faltas, by(média)
```

```
. tabstat horas faltas, by(média)

Summary statistics: mean
  by categories of: média (notas acima da média em todas as disciplinas?)

  média |     horas     faltas
--------+-------------------
    Não |  23.53264   18.26684
    Sim |  24.59102   9.428144
--------+-------------------
  Total |  24.02361   14.16667
------------------------
```

Figura 15.49 Médias de *horas* e *faltas* quando $Y = 0$ e $Y = 1$.

Os *outputs* encontram-se na Figura 15.49.

Como a variável *horas* apresenta médias muito similares quando $Y = 0$ e quando $Y = 1$, fato que pode inclusive ser notado ao analisarmos a dispersão de pontos da Figura 15.47, os ajustes dos valores previstos de probabilidade de ocorrência do evento ficam prejudicados. Por outro lado, a discrepância entre os valores médios de *faltas* quando todas as notas estão acima da média ou quando existe pelo menos uma nota abaixo da média faz com que os ajustes dos valores previstos de probabilidade de ocorrência do evento sejam mais adequados (Figura 15.48).

15.4.2. Estimação de modelos longitudinais Poisson e binomial negativo

Nos modelos longitudinais Poisson e binomial negativo, a expressão geral a ser estimada é definida de acordo como segue, em que a variável *Y* apresenta dados quantitativos que assumem valores discretos positivos e com possibilidades restritas que representam quantidades de ocorrências (dados de contagem) do evento em estudo para determinado indivíduo *i* em um específico instante de tempo *t*:

$$\ln\left(\hat{Y}_{it}\right) = \alpha_i + \beta_1.X_{1it} + \beta_2.X_{2it} + ... + \beta_k.X_{kit} \tag{15.28}$$

Conforme estudamos no Capítulo 14, caso a média da variável dependente seja igual à sua variância, partiremos para a definição de um modelo Poisson. Caso esta propriedade seja violada pela existência de superdispersão nos dados, trabalharemos com um modelo binomial negativo. Para ambos os casos, valem os conceitos referentes às estimações *Pooled* e *PA*, que também se inserem dentro do que é conhecido por *GEE* (*Generalized Estimating Equations*).

Para um maior aprofundamento da teoria pertinente a estas estimações, recomendamos o estudo de Hausman, Hall e Griliches (1984), Wooldridge (2005) e Cameron e Trivedi (2013).

15.4.2.1. Estimação de modelos longitudinais Poisson e binomial negativo no software Stata

Imagine agora, já tendo estudado o comportamento dos alunos em relação a **possuírem ou não notas acima da média** em todas as disciplinas em cada um dos meses em análise, que o nosso professor tenha, neste momento, a intenção de investigar se as mesmas variáveis *horas* e *faltas* influenciam a **quantidade de disciplinas com nota abaixo da média** para cada um dos estudantes em cada um dos períodos de tempo em que foram coletados os dados.

A base de dados continua sendo muito similar à que foi utilizada nas seções anteriores, ou seja, possui dados dos últimos 24 meses dos mesmos 30 alunos (sendo 10 alunos provenientes de cada classe), totalizando 720 observações, porém a variável dependente agora apresenta dados de contagem. Parte do banco de dados elaborado encontra-se na Tabela 15.6, porém a base de dados completa pode ser acessada por meio dos arquivos **QuantNotasPainelContagem.xls** (Excel), **QuantNotasPainelContagem.dta** (Stata), **quant_notas_painel_contagem.RData** (R) e **quant_notas_painel_contagem.csv** (utilizado nos códigos em Python).

Portanto, o modelo a ser estimado apresenta a seguinte expressão:

$$\ln\left(qu\hat{a}nt_{it}\right) = \alpha_i + \beta_1.horas_{it} + \beta_2.faltas_{it}$$

As características do banco de dados **QuantNotasPainelContagem.dta** e a descrição de cada variável poderão ser analisadas quando digitamos o comando **desc**, conforme mostra a Figura 15.50.

Antes de estimarmos os modelos propriamente ditos, é preciso que nos lembremos de definir o painel de dados (Figura 15.51), por meio do seguinte comando:

```
xtset id t
```

Tabela 15.6 Exemplo: quantidade de disciplinas com nota abaixo da média, horas de estudo e faltas por mês.

Estudante	id	Classe	Período t (mês)	Quantidade de disciplinas com nota abaixo da média (Y_{it})	Quantidade de horas de estudo (X_{1it})	Quantidade de faltas à escola (X_{2it})
Gabriela	1	A	1	0	21,6	8
Gabriela	1	A	2	0	22,8	8
Gabriela			...			
Gabriela	1	A	24	0	27,3	5
...			...			
Kamal	22	C	1	1	24,6	21
Kamal	22	C	2	5	23,8	21
Kamal			...			
Kamal	22	C	24	0	26,3	18
...			...			
Carolina	30	C	1	8	20,6	24
Carolina	30	C	2	8	12,8	24
Carolina			...			
Carolina	30	C	24	6	29,3	21

```
. desc

  obs:           720
  vars:            7
  size:        20,160 (99.9% of memory free)
-------------------------------------------------------------------------------
              storage   display    value
variable name   type    format     label      variable label
-------------------------------------------------------------------------------
estudante      str12    %12s
id             byte     %8.0g                 código do estudante
classe         str1     %1s                   classe em que se encontra o estudante
t              byte     %8.0g                 período (mês)
quant          float    %9.0g                 quantidade de disciplinas com nota abaixo da média
horas          float    %9.0g                 quantidade mensal de horas de estudo
faltas         byte     %8.0g                 quantidade mensal de faltas à escola
-------------------------------------------------------------------------------
Sorted by:
```

Figura 15.50 Descrição do banco de dados **QuantNotasPainelContagem.dta**.

```
. xtset id t
       panel variable:  id (strongly balanced)
        time variable:  t, 1 to 24
                delta:  1 unit
```

Figura 15.51 Definição do painel no Stata.

Como a variável dependente, que se refere à quantidade mensal de disciplinas com nota abaixo da média (número de ocorrências), é quantitativa, discreta e com valores não negativos, vamos, inicialmente, gerar a sua tabela de frequências e o seu correspondente histograma, por meio da digitação dos seguintes comandos:

```
tab quant
hist quant, discrete freq
```

Os resultados encontram-se na Figura 15.52 e o histograma, na Figura 15.53.

Na sequência, podemos analisar a decomposição de variância da variável dependente *quant*, bem como comparar sua média com sua variância *overall*. Para tanto, devemos digitar o seguinte comando:

```
. tab quant

quantidade |
        de |
disciplinas |
   com nota |
  abaixo da |
     média |      Freq.       Percent         Cum.
-----------+-----------------------------------
         0 |        334         46.39        46.39
         1 |         46          6.39        52.78
         2 |         45          6.25        59.03
         3 |         51          7.08        66.11
         4 |         53          7.36        73.47
         5 |         52          7.22        80.69
         6 |         61          8.47        89.17
         7 |         43          5.97        95.14
         8 |         35          4.86       100.00
-----------+-----------------------------------
     Total |        720        100.00
```

Figura 15.52 Distribuição de frequências para os dados de contagem da variável *quant*.

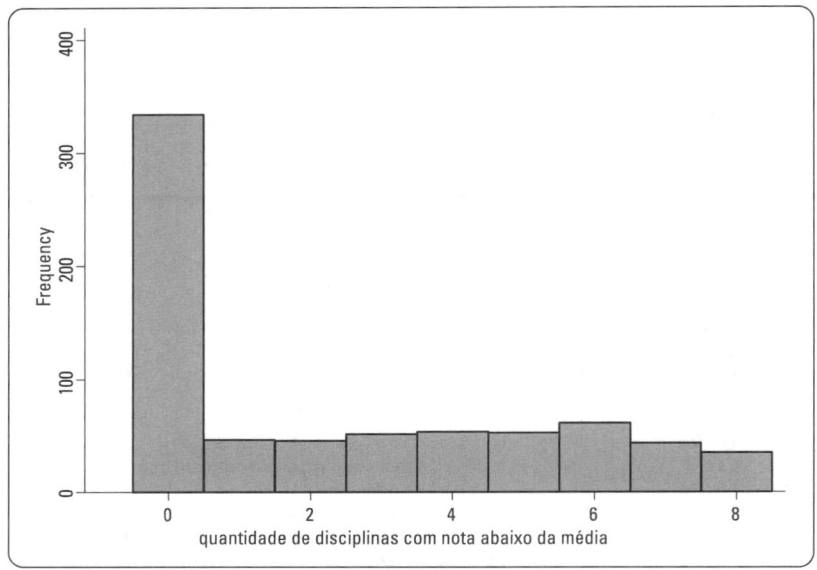

Figura 15.53 Histograma da variável dependente *quant*.

```
. xtsum quant

Variable         |      Mean   Std. Dev.        Min        Max |    Observations
-----------------+--------------------------------------------+----------------
quant    overall |  2.372222   2.721226          0          8 |    N =      720
         between |            1.595984   .0833333      5.125 |    n =       30
         within  |            2.222472  -2.752778   9.913889 |    T =       24
```

Figura 15.54 Decomposição de variância para a variável *quant*.

xtsum quant

Os *outputs* encontram-se na Figura 15.54.

Nesta situação, a variável dependente apresenta maior variância *within*, ainda que esta não seja consideravelmente superior à sua variância *between*. Além disso, embora já tenhamos condições de verificar que a variância *overall* desta variável seja superior à sua média, já que $(2,72)^2 = 7,40 > 2,37$, não podemos categoricamente afirmar que esteja ocorrendo o fenômeno da superdispersão nos dados do nosso exemplo sem que seja elaborado o teste específico para tal finalidade, conforme estudamos no Capítulo 14.

Entretanto, antes de elaborarmos este teste, vamos, para efeitos didáticos, estimar o modelo Poisson, digitando os comandos correspondentes a cada uma das estimações propostas. Sendo assim, temos:

- Estimação *Pooled* Poisson com erros-padrão robustos com agrupamento por estudante:

```
poisson quant horas faltas, vce(cluster id)
```

ou

```
glm quant horas faltas, family(poisson) vce(cluster id)
```

ou

```
xtpoisson quant horas faltas, pa corr(independent) vce(rob)
```

ou

```
xtgee quant horas faltas, family(poisson) corr(independent) vce(rob)
```

Podemos verificar que os quatro comandos geram estimadores idênticos dos parâmetros do modelo proposto. Note, novamente, que o termo **pa corr(independent)** do comando **xtpoisson** considera a existência de correlações entre termos de erro iguais a zero para dois quaisquer períodos de tempo distintos e para dado indivíduo, que é o que também considera a estimação tradicional elaborada por meio do comando **poisson**. Já o comando **xtgee**, conforme já discutimos, é o comando mais geral referente à estimação *GEE* e equivale ao comando **glm** utilizado nos três capítulos anteriores, sendo a família de distribuições aqui considerada a **poisson**. Ao digitarmos o comando **matrix list e(R)** após a estimação realizada pelo comando **xtpoisson** ou o comando **estat wcorr** após a estimação por meio do comando **xtgee**, poderemos verificar que a matriz de correlações entre os termos de erro para os 24 períodos de tempo do nosso exemplo apresenta todos os valores iguais a zero.

- Estimação *PA* Poisson com erros-padrão robustos:

```
xtpoisson quant horas faltas, pa corr(exchangeable) vce(rob)
```

ou

```
xtgee quant horas faltas, family(poisson) corr(exchangeable) vce(rob)
```

Neste caso, a matriz de correlações entre os termos de erro para os 24 períodos de tempo apresenta todos os valores iguais 0,1000.

- Estimação por efeitos aleatórios:

```
xtpoisson quant horas faltas, re nolog
```

Pelas razões discutidas na seção 15.4.1.1 em relação à não estimação dos efeitos individuais a_i quando da modelagem por efeitos fixos, optamos por não elaborar tal método na presente seção.

A fim de que os *outputs* das estimações *GEE* e aqueles obtidos por efeitos aleatórios possam ser comparados, vamos apresentá-los em uma única tabela de resultados consolidados, que é gerada por meio da digitação da seguinte sequência de comandos:

```
quietly poisson quant horas faltas, vce(cluster id)
estimates store POISSONrob

quietly xtpoisson quant horas faltas, pa corr(exchangeable) vce(rob)
estimates store POISSONpa

quietly xtpoisson quant horas faltas, re nolog
estimates store POISSONea

estimates table POISSONrob POISSONpa POISSONea, equations(1) b se
stats(N ll)
```

Os resultados obtidos encontram-se na Figura 15.55.

Com base nestes *outputs*, podemos verificar que os parâmetros estimados pelos métodos propostos apresentam coerência em termos de sinal, já que, neste caso, quanto maior a quantidade mensal de horas de estudo e menor

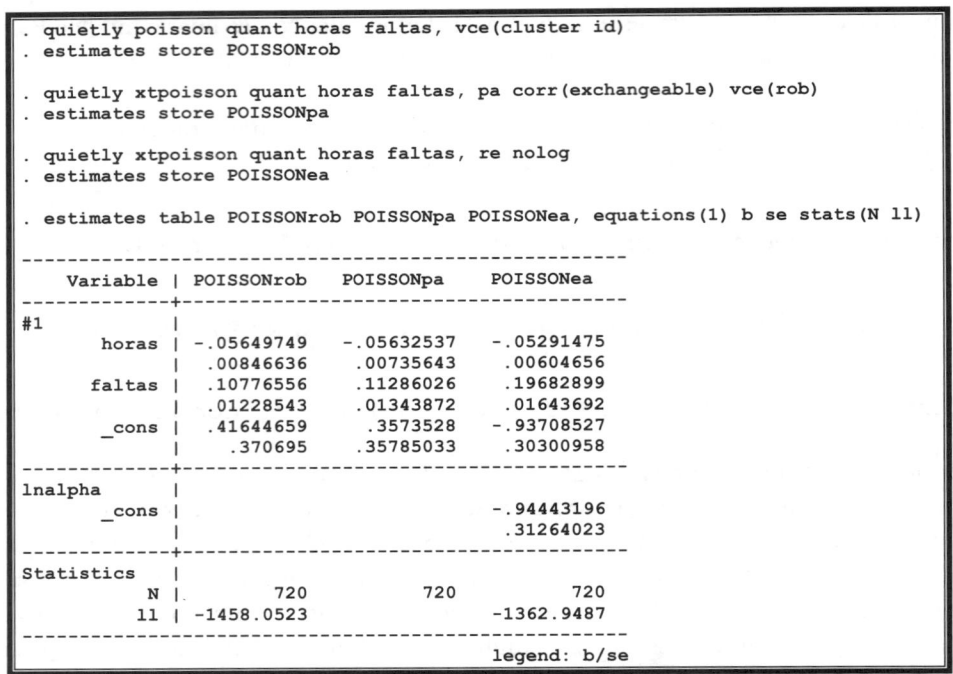

Figura 15.55 *Outputs* consolidados das estimações do modelo Poisson proposto.

a quantidade mensal de faltas à escola, menor deverá ser a quantidade de disciplinas com nota abaixo da média. Além disso, com exceção das constantes nos modelos estimados por *GEE* (*Pooled* e *PA*), todos os parâmetros estimados são estatisticamente significantes, ao nível de significância de 5%.

Além disso, podemos verificar que, enquanto os parâmetros obtidos pelas estimações *GEE* são bastante próximos, ocorrem alterações nos parâmetros estimados por efeitos aleatórios, com destaque para o incremento do parâmetro da variável *faltas*. Para este mesmo modelo, verificamos também a redução do erro-padrão do parâmetro da variável *horas* e o aumento do erro-padrão do parâmetro da variável *faltas*.

De forma análoga ao elaborado quando da estimação dos modelos longitudinais logísticos, vamos agora calcular os valores previstos da quantidade de disciplinas que apresentam nota abaixo da média para cada indivíduo em cada instante de tempo, para que seja possível compará-los graficamente. Para tanto, vamos digitar a seguinte sequência de comandos:

```
quietly poisson quant horas faltas, vce(cluster id)
predict lambda_poissonrob

quietly xtpoisson quant horas faltas, pa corr(exchangeable) vce(rob)
predict lambda_poissonpa

quietly xtpoisson quant horas faltas, re nolog
predict lambda_poissonea, nu0
graph twoway scatter quant horas || mspline lambda_poissonrob horas ||
mspline lambda_poissonpa horas || mspline lambda_poissonea horas ||,
legend(label(2 "Pooled Poisson") label(3 "PA Poisson") label(4 "Efeitos
Aleatórios"))

graph twoway scatter quant faltas || mspline lambda_poissonrob faltas ||
mspline lambda_poissonpa faltas || mspline lambda_poissonea faltas ||,
legend(label(2 "Pooled Poisson") label(3 "PA Poisson") label(4 "Efeitos
Aleatórios"))
```

Os gráficos gerados encontram-se nas Figuras 15.56 e 15.57.

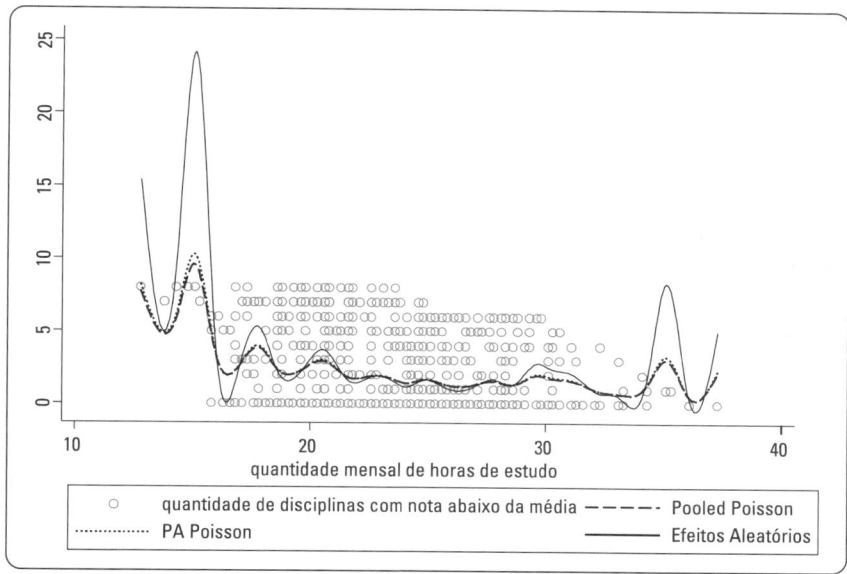

Figura 15.56 Valores previstos da quantidade de disciplinas com nota abaixo da média para cada estimação em função da variável explicativa *horas* (modelo Poisson).

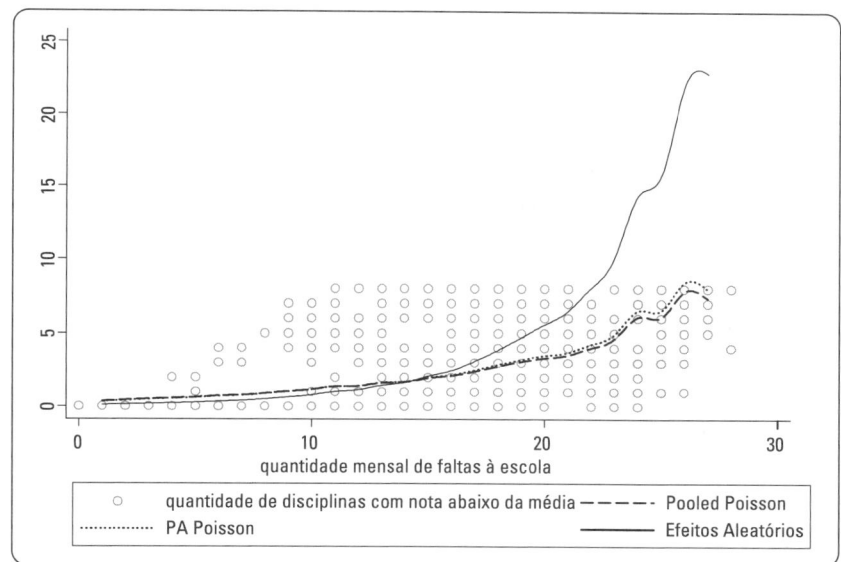

Figura 15.57 Valores previstos da quantidade de disciplinas com nota abaixo da média para cada estimação em função da variável explicativa *faltas* (modelo Poisson).

Os gráficos das Figuras 15.56 e 15.57 mostram que as três estimações não geram previsões muito diferentes da quantidade de disciplinas com nota abaixo da média para valores intermediários das variáveis *horas* e *faltas*. Por outro lado, valores extremos destas variáveis acabam por gerar distorções entre as previsões obtidas por *GEE* e por efeitos aleatórios, muito em função das discrepâncias verificadas neste último modelo para os parâmetros correspondentes à constante e à variável *faltas* (*outputs* da Figura 15.55).

Dessa forma, para efeitos didáticos, podemos afirmar, para o modelo estimado pelo método *PA* Poisson, que o parâmetro –0,0563 da variável *horas* significa, mantidas as demais condições constantes, que a taxa de incidência mensal de disciplinas com nota abaixo da média, ao se estudar 1 hora a mais, é, em média, multiplicada por um fator de $e^{-0,0563} = 0,945$, ou seja, é, em média, 5,5% menor.

Para a mesma estimação, por outro lado, podemos afirmar que o parâmetro 0,1129 da variável *faltas* significa, também mantidas as demais condições constantes, que a taxa de incidência mensal de disciplinas com nota abaixo da média, ao se faltar 1 vez mais à escola, é, em média, multiplicada por um fator de $e^{0,1129} = 1,119$, ou seja, é, em média, 11,9% maior.

Elaboradas as estimações do modelo longitudinal Poisson para os dados em painel do nosso exemplo, vamos partir para a análise da adequação deste modelo por meio da verificação da existência de superdispersão nos dados. Para tanto, vamos elaborar o teste proposto no Capítulo 14, digitando a seguinte sequência de comandos:

```
quietly poisson quant horas faltas
predict lambda
gen yasterisco = ((quant-lambda)^2 - quant)/lambda
reg yasterisco lambda, nocons
```

Os resultados deste procedimento encontram-se na Figura 15.58.

```
. quietly poisson quant horas faltas

. predict lambda
(option n assumed; predicted number of events)

. gen yasterisco = ((quant-lambda)^2 - quant)/lambda

. reg yasterisco lambda, nocons

      Source |       SS       df       MS              Number of obs =      720
-------------+------------------------------           F(  1,    719) =    38.65
       Model |  478.033379     1   478.033379          Prob > F      =   0.0000
    Residual |  8893.91168   719   12.3698354          R-squared     =   0.0510
-------------+------------------------------           Adj R-squared =   0.0497
       Total |  9371.94506   720   13.0165904          Root MSE      =   3.5171


-----------------------------------------------------------------------------
   yasterisco |    Coef.   Std. Err.      t    P>|t|     [95% Conf. Interval]
-------------+---------------------------------------------------------------
       lambda |  .2690305   .0432767     6.22   0.000     .1840666    .3539943
-----------------------------------------------------------------------------
```

Figura 15.58 Resultado do teste para verificação de existência de superdispersão nos dados.

Conforme discutimos no Capítulo 14, como o *valor-P* do teste *t* correspondente ao parâmetro β da variável *lambda* é menor do que 0,05, podemos afirmar, ao nível de confiança de 95%, que os dados da variável dependente apresentam superdispersão, fazendo com que o modelo longitudinal de regressão Poisson estimado para os dados em painel do nosso exemplo não seja adequado.

A estimação de um modelo *Pooled* binomial negativo também oferece resultados que nos permitem chegar à mesma conclusão. Ao digitarmos o comando a seguir, podemos afirmar, por meio da análise do resultado do teste de razão de verossimilhança que se encontra na parte inferior da Figura 15.59, que a hipótese nula de que o parâmetro φ (*alpha*) seja estatisticamente igual a zero pode ser rejeitada ao nível de significância de 5% (*Sig.* $\chi^2 = 0,000$ < 0,05). Portanto, também podemos comprovar, por meio deste procedimento, que ocorre o fenômeno da superdispersão nos dados do nosso exemplo.

```
nbreg quant horas faltas, nolog
```

Dessa forma, com base no que estudamos no Capítulo 14, podemos escrever a expressão da variância da variável dependente, que apresenta a seguinte especificação:

$$Var(Y) = u + (0,832) \cdot u^2$$

em que *u* representa o valor médio esperado da quantidade mensal de disciplinas com nota abaixo da média. Note que estamos considerando um **modelo binomial negativo do tipo NB2 (*negative binomial 2 model*)**, dadas as vantagens pertinentes a este modelo discutidas no Capítulo 14.

Portanto, analogamente ao realizado para o modelo Poisson, vamos estimar o modelo binomial negativo por meio dos mesmos métodos. Sendo assim, temos:

```
. nbreg quant horas faltas, nolog

Negative binomial regression                    Number of obs   =        720
                                                LR chi2(2)      =     277.56
Dispersion     = mean                           Prob > chi2     =     0.0000
Log likelihood = -1309.1181                     Pseudo R2       =     0.0958

------------------------------------------------------------------------------
       quant |      Coef.   Std. Err.      z    P>|z|     [95% Conf. Interval]
-------------+----------------------------------------------------------------
       horas |  -.0703683   .0116729    -6.03   0.000    -.0932467   -.0474899
      faltas |   .1350762    .008251    16.37   0.000     .1189045    .1512479
       _cons |   .2908107   .3035351     0.96   0.338    -.3041071    .8857285
-------------+----------------------------------------------------------------
     /lnalpha |  -.1835004   .1148383                    -.4085794    .0415786
-------------+----------------------------------------------------------------
       alpha |   .8323515   .0955859                     .6645937    1.042455
------------------------------------------------------------------------------
Likelihood-ratio test of alpha=0:  chibar2(01) =   297.87 Prob>=chibar2 = 0.000
```

Figura 15.59 *Outputs* da estimação *Pooled* para o modelo binomial negativo (análise do teste de razão de verossimilhança para o parâmetro *alpha*).

- Estimação *Pooled* para o modelo binomial negativo com erros-padrão robustos com agrupamento por estudante:

nbreg quant horas faltas, vce(cluster id)

ou

glm quant horas faltas, family(nbinomial ml) vce(cluster id)

ou

xtgee quant horas faltas, family(nbinomial .8323515) corr(independent) vce(rob)

Os três comandos geram estimadores idênticos dos parâmetros do modelo proposto. Note, para o comando **xtgee**, que agora a família da distribuição da variável dependente é a **nbinomial**, com valor estimado médio de *alpha* igual a **.8323515** (Figura 15.59). Caso não seja incluído o valor de *alpha* no termo **family()** do comando **xtgee**, o Stata o considerará igual a 1.

- Estimação *PA* para o modelo binomial negativo com erros-padrão robustos:

xtgee quant horas faltas, family(nbinomial .8323515) corr(exchangeable) vce(rob)

- Estimação por efeitos aleatórios:

xtnbreg quant horas faltas, re nolog

Novamente, a fim de que os *outputs* das estimações *GEE* e aqueles obtidos por efeitos aleatórios possam ser comparados, vamos apresentá-los em uma única tabela de resultados consolidados, que é gerada por meio da digitação da seguinte sequência de comandos:

quietly nbreg quant horas faltas, vce(cluster id)
estimates store BNEGrob

quietly xtgee quant horas faltas, family(nbinomial .8323515) corr(exchangeable) vce(rob)
estimates store BNEGpa

quietly xtnbreg quant horas faltas, re nolog
estimates store BNEGea

estimates table BNEGrob BNEGpa BNEGea, equations(1) b se stats(N ll)

A nova tabela gerada encontra-se na Figura 15.60.

Por meio destes *outputs*, podemos verificar que os parâmetros estimados pelos métodos propostos apresentam, em sua maioria, maior magnitude em módulo, em comparação com aqueles obtidos pelos respectivos métodos para o modelo Poisson, o que demonstra que o modelo binomial negativo consegue capturar a existência da superdispersão nos dados. Caso este fenômeno não estivesse ocorrendo, as diferenças entre os parâmetros estimados para o modelo Poisson e para o modelo binomial negativo seriam quase inexistentes.

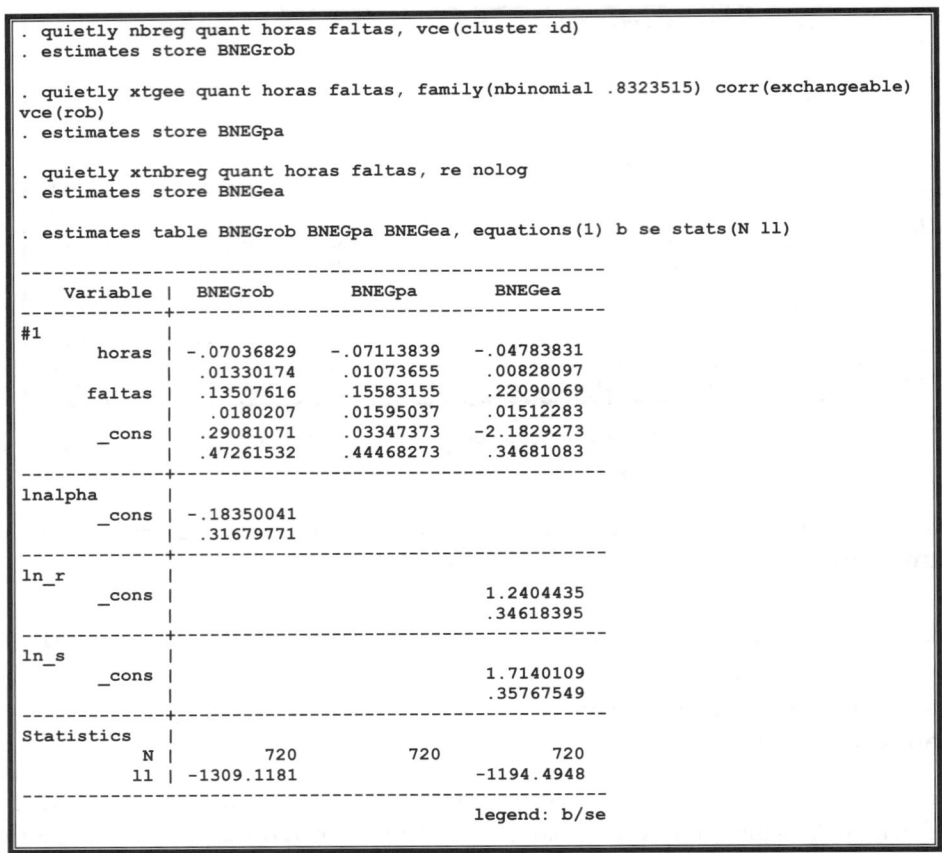

```
. quietly nbreg quant horas faltas, vce(cluster id)
. estimates store BNEGrob

. quietly xtgee quant horas faltas, family(nbinomial .8323515) corr(exchangeable)
vce(rob)
. estimates store BNEGpa

. quietly xtnbreg quant horas faltas, re nolog
. estimates store BNEGea

. estimates table BNEGrob BNEGpa BNEGea, equations(1) b se stats(N ll)

------------------------------------------------------------
    Variable |  BNEGrob      BNEGpa        BNEGea
-------------+----------------------------------------------
#1           |
       horas | -.07036829   -.07113839    -.04783831
             |  .01330174    .01073655     .00828097
       faltas |  .13507616    .15583155     .22090069
             |  .0180207     .01595037     .01512283
       _cons |  .29081071    .03347373    -2.1829273
             |  .47261532    .44468273     .34681083
-------------+----------------------------------------------
lnalpha      |
       _cons | -.18350041
             |  .31679771
-------------+----------------------------------------------
ln_r         |
       _cons |                            1.2404435
             |                             .34618395
-------------+----------------------------------------------
ln_s         |
       _cons |                            1.7140109
             |                             .35767549
-------------+----------------------------------------------
Statistics   |
           N |      720         720           720
          ll | -1309.1181                 -1194.4948
------------------------------------------------------------
                                          legend: b/se
```

Figura 15.60 *Outputs* consolidados das estimações do modelo binomial negativo proposto.

Além disso, podemos notar que as diferenças entre os parâmetros estimados pelos métodos *GEE* (*Pooled* e *PA*) e aqueles estimados por efeitos aleatórios são ainda mais acentuadas para o modelo binomial negativo, merecendo destaque a redução dos erros-padrão dos parâmetros estimados por este último método.

A Figura 15.61 mostra especificamente os resultados da estimação do modelo binomial negativo por efeitos aleatórios.

A parte inferior dos *outputs* desta figura mostra o resultado do teste de razão de verossimilhança que compara os estimadores dos parâmetros obtidos pelo método *Pooled* com aqueles obtidos por efeitos aleatórios. Com base no resultado deste teste, podemos rejeitar a hipótese de que o modelo *Pooled* binomial negativo ofereça estimadores apropriados, ou seja, existem diferenças estatisticamente significantes (ao nível de significância de 5%) entre os estudantes ao longo do tempo que justifiquem a adoção da modelagem por efeitos aleatórios. É importante mencionar, entretanto, que se fossem estimados modelos independentes para os estudantes das classes A, B e C, o modelo *Pooled* binomial negativo passaria a oferecer estimadores apropriados para as classes A e C. Tais resultados podem ser observados na Figura 15.62, obtida por meio da digitação da seguinte sequência de comandos:

```
xtnbreg quant horas faltas if classe=="A", re nolog
xtnbreg quant horas faltas if classe=="B", re nolog
xtnbreg quant horas faltas if classe=="C", re nolog
```

Portanto, podemos afirmar que a heterogeneidade decorrente da consideração de estudantes provenientes de classes distintas no mesmo banco de dados faz com que seja mais apropriada a estimação do modelo binomial negativo por efeitos aleatórios. Neste sentido, seguiremos com a análise dos resultados deste específico modelo.

```
. xtnbreg quant horas faltas, re nolog

Random-effects negative binomial regression      Number of obs    =      720
Group variable: id                               Number of groups =       30

Random effects u_i ~ Beta                        Obs per group: min =       24
                                                                avg =     24.0
                                                                max =       24

                                                 Wald chi2(2)     =   278.85
Log likelihood  = -1194.4948                     Prob > chi2      =   0.0000

------------------------------------------------------------------------------
      quant |      Coef.   Std. Err.      z    P>|z|     [95% Conf. Interval]
------------+-----------------------------------------------------------------
      horas | -.0478383    .008281    -5.78   0.000    -.0640687   -.0316079
     faltas |  .2209007   .0151228    14.61   0.000     .1912605    .2505409
      _cons | -2.182927   .3468108    -6.29   0.000    -2.862664   -1.503191
------------+-----------------------------------------------------------------
     /ln_r |  1.240444   .3461839                       .5619355    1.918952
     /ln_s |  1.714011   .3576755                        1.01298    2.415042
------------+-----------------------------------------------------------------
         r |  3.457146   1.196809                       1.754064    6.813811
         s |  5.551182   1.985522                       2.753795    11.19024
------------------------------------------------------------------------------
Likelihood-ratio test vs. pooled: chibar2(01) =       73.66 Prob>=chibar2 = 0.000
```

Figura 15.61 *Outputs* da estimação por efeitos aleatórios do modelo binomial negativo.

Sendo assim, o parâmetro –0,0478 da variável *horas* significa, mantidas as demais condições constantes, que a taxa de incidência mensal de disciplinas com nota abaixo da média, ao se estudar 1 hora a mais, é, em média, multiplicada por um fator de $e^{-0,0478} = 0,953$, ou seja, é, em média, 4,7% menor para um mesmo estudante.

Por outro lado, o parâmetro 0,2209 da variável *faltas* significa, também mantidas as demais condições constantes, que a taxa de incidência mensal de disciplinas com nota abaixo da média, ao se faltar 1 vez mais à escola, é, em média, multiplicada por um fator de $e^{0,2209} = 1,247$, ou seja, é, em média, 24,7% maior para um mesmo estudante.

Se desejássemos obter diretamente estas taxas mensais de incidência de disciplinas com nota abaixo da média, poderíamos ter digitado o termo **irr** (*incidence rate ratio*) ao final do comando **xtnbreg ..., re nolog**, assim como fizemos no Capítulo 14 para o comando **nbreg**.

Por fim, vamos comparar, graficamente, os valores previstos da quantidade de disciplinas com nota abaixo da média para os modelos Poisson e binomial negativo estimados por efeitos aleatórios. Para tanto, vamos digitar a seguinte sequência de comandos:

```
quietly xtnbreg quant horas faltas, re nolog
predict u_bnegea, nu0

graph twoway scatter quant horas || mspline lambda_poissonea horas ||
mspline u_bnegea horas ||, legend(label(2 "Efeitos Aleatórios Poisson")
label(3 "Efeitos Aleatórios Binomial Negativo"))

graph twoway scatter quant faltas || mspline lambda_poissonea faltas ||
mspline u_bnegea faltas ||,legend(label(2 "Efeitos Aleatórios Poisson")
label(3 "Efeitos Aleatórios Binomial Negativo"))
```

Os gráficos gerados encontram-se nas Figuras 15.63 e 15.64.

Estas figuras mostram que o modelo binomial negativo consegue, de fato, capturar a existência de superdispersão nos dados que, caso não estivesse ocorrendo, as duas curvas seriam praticamente superpostas em cada gráfico.

```
. xtnbreg quant horas faltas if classe=="A", re nolog

Random-effects negative binomial regression    Number of obs    =       240
Group variable: id                             Number of groups =        10

Random effects u_i ~ Beta                      Obs per group: min =        24
                                                              avg =      24.0
                                                              max =        24

                                               Wald chi2(2)     =     14.45
Log likelihood  =  -142.5686                   Prob > chi2      =    0.0007

------------------------------------------------------------------------------
       quant |      Coef.   Std. Err.      z    P>|z|     [95% Conf. Interval]
-------------+----------------------------------------------------------------
       horas |   .0357429   .0467115     0.77   0.444     -.05581    .1272958
      faltas |   .2565406   .0676747     3.79   0.000    .1239005    .3891806
       _cons |  -5.833719   1.382816    -4.22   0.000   -8.543988   -3.123449
-------------+----------------------------------------------------------------
       /ln_r |   13.74748   769.7807                    -1494.995     1522.49
       /ln_s |   15.75883   769.7812                    -1492.985    1524.502
-------------+----------------------------------------------------------------
           r |   934231.5   7.19e+08                            0           .
           s |    6981895   5.37e+09                            0           .
------------------------------------------------------------------------------
Likelihood-ratio test vs. pooled: chibar2(01) =      0.00 Prob>=chibar2 = 1.000

. xtnbreg quant horas faltas if classe=="B", re nolog

Random-effects negative binomial regression    Number of obs    =       240
Group variable: id                             Number of groups =        10

Random effects u_i ~ Beta                      Obs per group: min =        24
                                                              avg =      24.0
                                                              max =        24

                                               Wald chi2(2)     =     94.00
Log likelihood  =  -454.81022                  Prob > chi2      =    0.0000

------------------------------------------------------------------------------
       quant |      Coef.   Std. Err.      z    P>|z|     [95% Conf. Interval]
-------------+----------------------------------------------------------------
       horas |  -.0910048   .0167091    -5.45   0.000   -.1237539   -.0582556
      faltas |   .3092178   .0509727     6.07   0.000    .2093132    .4091225
       _cons |  -2.172579   .8588268    -2.53   0.011   -3.855849   -.4893097
-------------+----------------------------------------------------------------
       /ln_r |    .924872   .5377648                    -.1291277    1.978872
       /ln_s |   1.472491    .629902                      .237906    2.707076
-------------+----------------------------------------------------------------
           r |   2.521545   1.355998                     .8788617    7.234576
           s |   4.360084   2.746425                      1.26859    14.9854
------------------------------------------------------------------------------
Likelihood-ratio test vs. pooled: chibar2(01) =     13.93 Prob>=chibar2 = 0.000

. xtnbreg quant horas faltas if classe=="C", re nolog

Random-effects negative binomial regression    Number of obs    =       240
Group variable: id                             Number of groups =        10

Random effects u_i ~ Beta                      Obs per group: min =        24
                                                              avg =      24.0
                                                              max =        24

                                               Wald chi2(2)     =     55.13
Log likelihood  =  -529.07472                  Prob > chi2      =    0.0000

------------------------------------------------------------------------------
       quant |      Coef.   Std. Err.      z    P>|z|     [95% Conf. Interval]
-------------+----------------------------------------------------------------
       horas |  -.0488749   .0080244    -6.09   0.000   -.0646024   -.0331474
      faltas |   .0330549   .0107426     3.08   0.002    .0119998    .0541099
       _cons |   3.684275   .8404293     4.38   0.000    2.037064    5.331486
-------------+----------------------------------------------------------------
       /ln_r |   19.24157   455.4995                     -873.521    912.0041
       /ln_s |     17.439      455.5                    -875.3247    910.2027
-------------+----------------------------------------------------------------
           r |   2.27e+08   1.04e+11                            0           .
           s |   3.75e+07   1.71e+10                            0           .
------------------------------------------------------------------------------
Likelihood-ratio test vs. pooled: chibar2(01) =   2.4e-05 Prob>=chibar2 = 0.498
```

Figura 15.62 *Outputs* da estimação por efeitos aleatórios do modelo binomial negativo por classe.

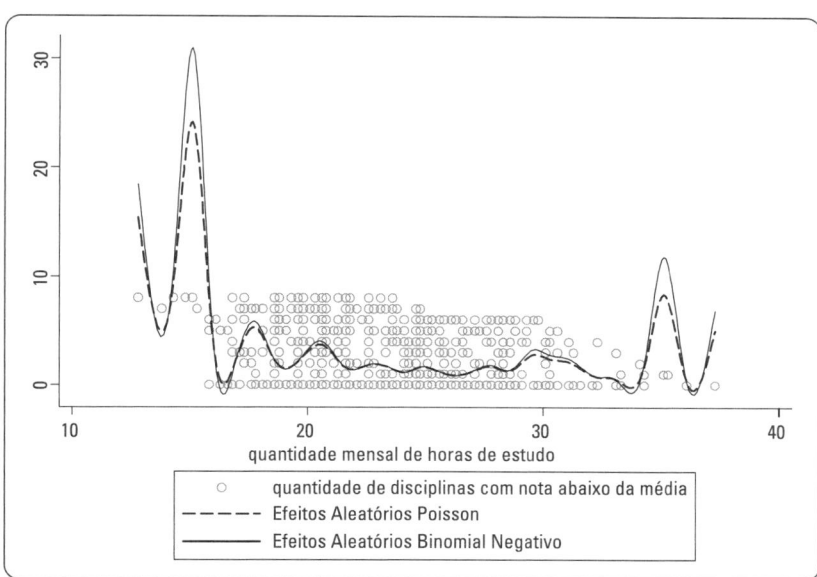

Figura 15.63 Valores previstos da quantidade de disciplinas com nota abaixo da média em função da variável explicativa *horas* (modelos Poisson e binomial negativo estimados por efeitos aleatórios).

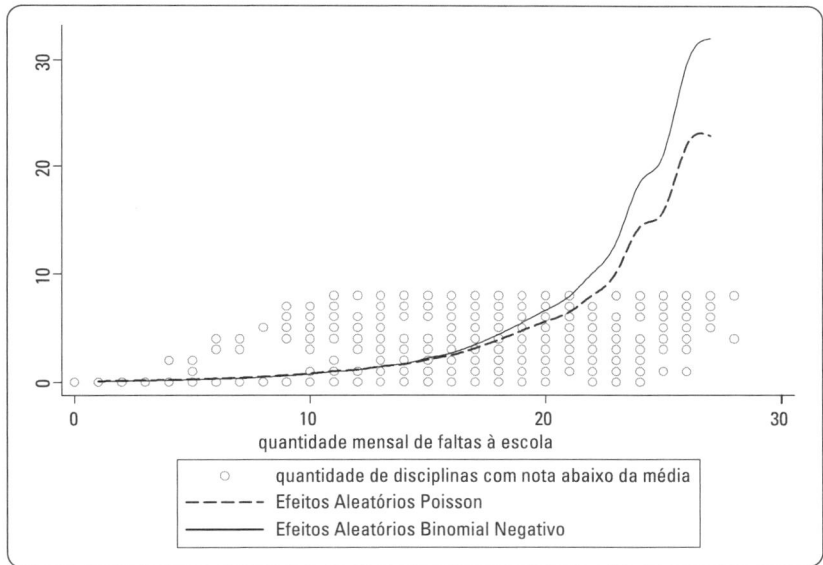

Figura 15.64 Valores previstos da quantidade de disciplinas com nota abaixo da média em função da variável explicativa *faltas* (modelos Poisson e binomial negativo estimados por efeitos aleatórios).

15.5. CÓDIGOS EM R PARA OS EXEMPLOS DO CAPÍTULO

```r
# Pacotes utilizados
library(plotly) #plataforma gráfica
library(tidyverse) #carregar outros pacotes do R
library(knitr) #formatação de tabelas
library(kableExtra) #formatação de tabelas
library(reshape2) #função 'melt'
library(rgl) #visualização de gráficos em 3D
library(gghalves) #funções 'geom_half_boxplot' e 'geom_half_dotplot' para
                  #boxplots alternativos
library(ggdist", #funções 'stat_halfeye' e 'stat_dots' para boxplots com distribuições
```

```r
library(tidyquant) #função 'theme_tq'
library(car) #função 'scatter3d' para plotagens tridimensionais e
             #função 'linearHypothesis' para teste de parâmetros
library(fastDummies) #função 'dummy_columns' para dummização de variáveis
library(jtools) #função 'export_summs' para apresentação de outputs de modelos
library(gganimate) #funções 'transition_states' e 'animate' para gráfico com animação
library(rlang) #para a definição da função 'xtsum'
library(lmtest) #função 'coeftest' para obtenção dos outputs da estimação
                #e função 'lrtest' para comparação de LL's entre modelos
                #POLS com erros-padrão robustos com agrupamento por indivíduo
library(sandwich) #argumento 'vcov = vcovCL' da função 'coeftest'
library(plm) #para estimação de modelos para dados em painel longitudinal
             #e realização de testes estatísticos
library(stargazer) #para mostrar outputs consolidados das estimações
library(panelAR) #modelos em painel com efeitos autorregressivos
library(nlme) #função 'lme' para estimação de modelo com efeitos fixos e
              #termos de erro AR(1)
library(lme4) #função 'glmer' para estimação de modelos em painel logístico e Poisson
library(overdisp) #função 'overdisp' para identificação de superdispersão em dados
                  #de contagem
library(MASS) #função 'glm.nb' para estimação do modelo binomial negativo
library(glmmTMB) #função 'glmmTMB' para estimação de modelos binomiais negativos em
                 #painel


# Estimação de modelos longitudinais lineares de regressão para dados em painel curto

# Carregamento da base de dados 'desempenho_painel_curto'
load(file = "desempenho_painel_curto.RData")

# Visualização da base de dados
desempenho_painel_curto %>%
  kable() %>%
  kable_styling(bootstrap_options = "striped",
                full_width = FALSE,
                font_size = 25)

# Estatísticas descritivas
summary(desempenho_painel_curto)

# Estudo sobre o balanceamento dos dados por período (variável 't')
desempenho_painel_curto %>%
  group_by(t) %>%
  summarise(quantidade = n()) %>%
  kable() %>%
  kable_styling(bootstrap_options = "striped",
                full_width = FALSE,
                font_size = 25)

# Desempenho médio dos estudantes por período (variável 't')
desempenho_painel_curto %>%
  group_by(t) %>%
  summarise('desempenho médio' = mean(desempenho, na.rm = T)) %>%
  kable() %>%
```

```
  kable_styling(bootstrap_options = "striped",
                full_width = F,
                font_size = 25)


# Médias dos desempenhos escolares por classe (variável 'classe')
desempenho_painel_curto %>%
  group_by(classe) %>%
  summarise('desempenho médio' = mean(desempenho, na.rm = T)) %>%
  kable() %>%
  kable_styling(bootstrap_options = "striped",
                full_width = F,
                font_size = 25)
```

Ao acessar o QR Code ao lado, você encontrará os códigos completos em R® *on-line*

15.6. CÓDIGOS EM PYTHON PARA OS EXEMPLOS DO CAPÍTULO

```python
# Importação dos pacotes necessários
import pandas as pd #manipulação de dados em formato de dataframe
import seaborn as sns #biblioteca de visualização de informações estatísticas
import matplotlib.pyplot as plt #biblioteca de visualização de dados
import statsmodels.api as sm #biblioteca de modelagem estatística
import statsmodels.formula.api as smf
import numpy as np #biblioteca para operações matemáticas multidimensionais
from scipy import stats #estatística chi2
# !pip install -q pymer4
import plotly.graph_objs as go # gráfico 3D
# pip install linearmodels
from linearmodels import PooledOLS #estimação de modelos POLS com erros-padrão
#robustos
from statsmodels.stats.diagnostic import het_breuschpagan #teste de Breusch Pagan
from linearmodels import PanelOLS #estimação de modelos em painel POLS e com
#efeitos fixos e erros-padrão robustos
from linearmodels import RandomEffects #estimação de modelos com efeitos aleatórios


# Estimação de modelos longitudinais lineares de regressão para dados em painel curto

# Carregamento da base de dados 'desempenho_painel_curto'
df_painel_curto = pd.read_csv('desempenho_painel_curto.csv', delimiter=',')

# Visualização da base de dados 'desempenho_painel_curto'
df_painel_curto

# Atribuição de categorias para a variável 'id'
df_painel_curto['id'] = df_painel_curto['id'].astype('category')

# Características das variáveis do dataset
df_painel_curto.info()

# Estatísticas univariadas
df_painel_curto.describe()
```

```python
# Estudo sobre o balanceamento dos dados por período (variável 't')
df_painel_curto.groupby('t')['estudante'].count().reset_index()

# Desempenho médio dos estudantes por período (variável 't')
desempenho_medio_t = df_painel_curto.groupby('t')['desempenho'].mean().reset_index()
desempenho_medio_t

# Médias dos desempenhos escolares por classe (variável 'classe')
desempenho_medio_classe = df_painel_curto.groupby('classe')['desempenho'].mean().
reset_index()
desempenho_medio_classe
```

Ao acessar o QR Code ao lado, você encontrará os códigos completos em Python® *on-line*

15.7. CONSIDERAÇÕES FINAIS

Modelos longitudinais de regressão para dados em painel possibilitam que o pesquisador avalie a relação entre alguma variável de desempenho e diversas variáveis preditoras, permitindo que se elaborem inferências sobre as eventuais diferenças entre indivíduos e ao longo do tempo a respeito da evolução daquilo que se pretende estudar. É natural que muitas pesquisas venham a fazer uso de tais modelos, uma vez que dados podem ser coletados ou publicados com determinada periodicidade para pessoas, empresas, municípios, estados ou países, por exemplo.

Para tanto, é necessário, assim como para qualquer outra técnica de modelagem, que a aplicação venha acompanhada de rigor metodológico e certos cuidados quando da análise dos resultados, principalmente se estes tiverem como objetivo a elaboração de previsões. A adoção de determinado estimador, em detrimento de outro considerado viesado ou inconsistente, pode auxiliar o pesquisador na escolha do modelo mais apropriado, valorizando a sua pesquisa e propiciando novos estudos sobre o tema escolhido.

É muito comum encontrarmos discussões a respeito da magnitude dos resíduos em modelos longitudinais de regressão. De fato, ao analisarmos os gráficos elaborados ao longo deste capítulo, podemos nitidamente verificar que os termos de erro são consideráveis. Este fenômeno ocorre muito em função da inserção de indivíduos heterogêneos na mesma base (como ocorre quando trabalhamos com dados de estudantes provenientes de classes distintas), o que pode fazer com que sejamos obrigados, por vezes, a estimar parâmetros por efeitos fixos ou aleatórios, em detrimento dos tradicionais modelos estimados por *GEE* (*Pooled* e *PA*), como vimos em muitas situações ao longo do capítulo.

A eliminação da heterogeneidade faz, naturalmente, com que sejam reduzidos os resíduos, aumentando-se a propensão de que sejam estimados modelos apropriados pelos tradicionais métodos *GEE*. Entretanto, caso esta solução não seja a mais viável, podemos, alternativamente, tentar investigar as razões que geram as heterogeneidades entre os grupos. Para os dados dos nossos exemplos, faria sentido investigarmos as razões que levam à existência de comportamentos diferentes entre estudantes provenientes de classes distintas. Como os estudantes não mudam de classe ao longo do tempo, e como existem características distintas entre as classes, deve haver alguma influência no nível "classe" que pode contribuir para o estudo dos fenômenos propostos. Nesta situação, poderíamos fazer uso de modelagens multinível, que são uma extensão natural dos modelos longitudinais para dados em painel e serão estudadas no próximo capítulo.

Neste capítulo, procuramos elaborar, por meio da utilização de diferentes bases de dados, algumas importantes modelagens para dados longitudinais, adequadas para cada situação de uso e em função prioritariamente das características da variável dependente. Além disso, também procuramos propiciar ao pesquisador uma oportunidade de aplicar esses diferentes tipos de estimações por meio do software Stata, o que acaba por favorecer o seu manuseio.

O Quadro 15.1 apresenta, de forma consolidada, as principais estimações estudadas ao longo do capítulo, com respectivos comandos em Stata. Conforme podemos perceber, o assunto é realmente vasto e novos estimadores podem sempre ser levados em consideração quando da modelagem de dados longitudinais.

Quadro 15.1 Estimações de modelos longitudinais de regressão para dados em painel e comandos em Stata.

Modelo	Painel	Estimação	Descrição	Comando Stata	Termo final do comando Stata
Linear	Curto	*GEE*	Estimação *POLS* com erros-padrão robustos com agrupamento por indivíduo	`reg`	`vce(cluster id)`
				`xtgee`	`family(gaussian) corr(independent) vce(rob)`
		Efeitos fixos	Estimação por efeitos fixos	`xtreg`	`fe`
		Efeitos fixos	Estimação por efeitos fixos com erros-padrão robustos com agrupamento por indivíduo	`xtreg`	`fe vce(cluster id)`
		Efeitos aleatórios	Estimação por efeitos aleatórios	`xtreg`	`re`
		Efeitos aleatórios	Estimação por efeitos aleatórios com erros-padrão robustos com agrupamento por indivíduo	`xtreg`	`re vce(cluster id)`
	Longo	*GEE*	Estimação *POLS* com efeitos autorregressivos de primeira ordem AR(1)	`xtpcse`	`corr(ar1)`
		GEE	Estimação *POLS* com efeitos autorregressivos de p-ésima ordem AR(p)	`xtscc`	
		GEE	Estimação *GLS* com efeitos autorregressivos de primeira ordem AR(1) e termos de erro heterocedásticos	`xtgls`	`corr(ar1) panels(correlated)`
		Efeitos fixos	Estimação por efeitos fixos com termos de erro AR(1)	`xtregar`	`fe`
		Efeitos aleatórios	Estimação por efeitos aleatórios com termos de erro AR(1)	`xtregar`	`re`
Não linear	Logístico	*GEE*	Estimação *Pooled* com erros-padrão robustos com agrupamento por indivíduo	`logit`	`vce(cluster id)`
				`xtgee`	`family(binomial) corr(independent) vce(rob)`
		GEE	Estimação *PA* com erros-padrão robustos	`xtlogit`	`pa corr(exchangeable) vce(rob)`
				`xtgee`	`family(binomial) corr(exchangeable) vce(rob)`
		Efeitos fixos	Estimação por efeitos fixos	`xtlogit`	`fe`
		Efeitos aleatórios	Estimação por efeitos aleatórios	`xtlogit`	`re`
	Poisson	*GEE*	Estimação *Pooled* com erros-padrão robustos com agrupamento por indivíduo	`poisson`	`vce(cluster id)`
				`xtgee`	`family(poisson) corr(independent) vce(rob)`
		GEE	Estimação *PA* com erros-padrão robustos	`xtpoisson`	`pa corr(exchangeable) vce(rob)`
				`xtgee`	`family(poisson) corr(exchangeable) vce(rob)`
		Efeitos aleatórios	Estimação por efeitos aleatórios	`xtpoisson`	`re`
	Binomial negativo	*GEE*	Estimação *Pooled* com erros-padrão robustos com agrupamento por indivíduo	`nbreg`	`vce(cluster id)`
				`xtgee`	`family(nbinomial alpha) corr(independent) vce(rob)`
		GEE	Estimação *PA* com erros-padrão robustos	`xtgee`	`family(nbinomial alpha) corr(exchangeable) vce(rob)`
		Efeitos aleatórios	Estimação por efeitos aleatórios	`xtnbreg`	`re`

15.8. EXERCÍCIOS

1) Um cardiologista tem monitorado 10 pacientes, que são executivos de empresas, ao longo dos últimos 5 anos, em relação aos seus índices de colesterol LDL (mg/dL). Seu intuito é orientá-los sobre a importância da manutenção ou perda de peso e da realização periódica de atividades físicas para a redução do colesterol e, portanto, elaborou uma base de dados que pode ser acessada por meio dos arquivos **ColesterolPainel.dta**, **colesterol_painel.RData** e **colesterol_painel.csv**. As variáveis são:

Variável	Descrição
ano	Período (ano).
indivíduo	Código de identificação do executivo.
colesterol	Índice de colesterol LDL (mg/dL).
imc	Índice de massa corpórea (kg/m²).
esporte	Número de vezes em que pratica atividades físicas na semana (média no ano).

Por meio do uso desta base de dados, pede-se:

a) Defina o painel por meio das variáveis *indivíduo* e *ano*. Trata-se de um painel balanceado?

b) Elabore um gráfico que apresenta a evolução do índice de colesterol LDL ao longo dos anos, discriminando cada um dos executivos. É possível, ainda que visualmente, perceber se há diferenças na evolução anual do índice de colesterol LDL entre os indivíduos?

c) Elabore a decomposição de variância para cada variável e analise as variâncias *within* e *between* para as variáveis *colesterol*, *imc* e *esporte*.

d) Deseja-se estimar o seguinte modelo, a fim de que seja possível verificar a importância da evolução do índice de massa corpórea e da realização de atividades físicas periódicas sobre o índice de colesterol LDL.

$$colesterol_{it} = a_i + b_1.imc_{it} + b_2.esporte_{it} + \varepsilon_{it}$$

Dessa forma, elabore as seguintes estimações para o modelo proposto e apresente os principais resultados obtidos em cada uma delas numa tabela consolidada:
- *POLS* com erros-padrão robustos com agrupamento por executivo;
- Efeitos fixos;
- Efeitos fixos com erros-padrão robustos com agrupamento por executivo;
- Efeitos aleatórios;
- Efeitos aleatórios com erros-padrão robustos com agrupamento por executivo.

e) É possível verificar, em relação à adequação do modelo, se existe significância conjunta das variáveis explicativas para todas as estimações propostas (*Sig. F* para as estimações *POLS* e por efeitos fixos e *Sig. χ^2* para a estimação por efeitos aleatórios)?

f) Verifica-se que os valores de R^2 *between* são maiores do que os valores de R^2 *within* para todas as estimações em que estas estatísticas são calculadas. Justifique por qual razão este fato deve ter ocorrido para os dados do nosso exemplo.

g) Discuta os sinais dos parâmetros estimados nas modelagens.

h) Elabore o teste *LM* de Breusch-Pagan, o teste *F* de Chow, o teste robusto de Hausman e o teste de Schaffer e Stillman, e discuta seus resultados. O que se pode avaliar sobre os modelos estimados por efeitos fixos e por efeitos aleatórios neste painel de dados?

i) Elabore uma tabela que mostre as diferenças que existem nos comportamentos do índice de colesterol LDL de cada executivo ao longo do tempo, com base na comparação dos parâmetros que seriam estimados caso fosse elaborado um modelo de regressão para cada um deles. Cabe, portanto, a aplicação de um tratamento específico para cada executivo?

2) Um estudioso do comportamento de indicadores sociais e econômicos de nações deseja investigar a relação eventualmente existente entre a expectativa de vida e o PIB *per capita* ao longo do tempo. Para tanto, levantou dados por um período de 53 anos (de 1960 a 2012) de 10 países da América do Sul (Argentina, Bolívia, Brasil, Chile, Colômbia, Equador, Paraguai, Peru, Uruguai e Venezuela), o que totaliza 530 observações. Os

dados encontram-se nos arquivos **ExpectativadeVida.dta, expectativa_de_vida.RData** e **expectativa_de_vida.csv**, compostos pelas seguintes variáveis:

Variável	Descrição
país	Variável *string* que identifica o país da América do Sul.
id	Código do país.
ano	Variável *string* que identifica o ano (de 1960 a 2012).
t	Período (ano).
expvida	Expectativa de vida ao nascer, em anos (Fonte: Organização das Nações Unidas).
pib_capita	PIB *per capita* em US$ ajustado pela inflação, com ano base 2000 (Fonte: Banco Mundial).

Deseja-se investigar a relação entre a expectativa de vida ao nascer e o PIB *per capita* dos países da América do Sul ao longo do tempo e, para tanto, deverá ser estimado o seguinte modelo:

$$expvida_{it} = a_i + b.pib\_capita_{it} + \varepsilon_{it}$$

Dessa forma, pede-se:

a) Defina o painel por meio das variáveis *id* e *t*. Trata-se de um painel balanceado?

b) Elabore um gráfico que apresente a evolução da expectativa de vida dos países ao longo dos anos.

c) Elabore um gráfico que apresente a evolução do PIB *per capita* dos países ao longo dos anos.

d) Elabore a decomposição de variância para cada variável e analise as variâncias *within* e *between* para as variáveis *expvida* e *pib_capita*, em função do comportamento dos gráficos dos itens (c) e (d).

e) Por meio do teste de Wooldridge, verifique, ao nível de significância de 5%, a existência de correlação serial de primeira ordem nos termos de erro do modelo proposto, dada a possibilidade de influência temporal significativa neste painel longo de dados. Deve ser considerada, nas estimações do modelo, a existência de efeitos autorregressivos de primeira ordem AR(1) nos termos de erro?

f) Por meio do teste de Pesaran, verifique, ao nível de significância de 5%, a existência de correlação entre os painéis, também chamada de correlação entre *cross-sections* ou correlação contemporânea. Deve ser considerada a existência de termos de erro heterocedásticos quando da estimação do modelo proposto?

g) Elabore as seguintes estimações para o modelo proposto e apresente os estimadores dos parâmetros com respectivos erros-padrão obtidos em cada uma delas numa tabela consolidada:
- *POLS* com efeitos autorregressivos de primeira ordem AR(1);
- *POLS* com efeitos autorregressivos de p-ésima ordem AR(p);
- *GLS* com efeitos autorregressivos de primeira ordem AR(1) e termos de erro heterocedásticos;
- Efeitos aleatórios com termos de erro AR(1).

h) Discuta os principais resultados obtidos no item anterior.

i) Elabore um gráfico que compare os valores previstos da expectativa de vida obtidos pelas estimações propostas em função do PIB *per capita*.

3) A Universidade Corporativa de uma empresa varejista que possui 17 lojas espalhadas por todo o território brasileiro deseja investigar como tem se comportado, ao longo dos últimos anos, a eficiência de cada uma das lojas, traduzida pelo atingimento ou não da meta mensal de receita de vendas, em função da quantidade de horas oferecidas de treinamento em cursos sobre técnicas de atendimento para os profissionais das equipes de vendas. O intuito é comprovar que o oferecimento de treinamentos *in company* contribui para o aumento da probabilidade de que a meta de receita de vendas seja atingida. O banco de dados, que se encontra nos arquivos **UniversidadeCorporativa.dta, universidade_corporativa.RData** e **universidade_corporativa.csv**, oferece dados mensais dos últimos 261 meses (de fevereiro de 1993 a outubro de 2014). Como existem lojas que iniciaram suas operações após a data de início da coleta dos dados, terminaram suas operações antes de outubro de 2014 ou deixaram de preencher o questionário em algum período específico, por razões relativas à troca de gestão, o painel de dados é bastante desbalanceado. As variáveis presentes nesta base, que contém 3.008 observações, são:

Variável	Descrição
localidade	Variável *string* que identifica a cidade em que se localiza a loja.
id	Código da loja.
ano	Variável *string* que identifica o ano (de 1993 a 2014).
mês	Variável *string* que identifica o mês.
t	Período (mês).
meta	Variável dependente binária correspondente ao fato de a loja ter ou não atingido a meta de receita de vendas em determinado mês (Não = 0; Sim = 1).
trein	Quantidade mensal de horas de treinamento em atendimento para a equipe de vendas (profissional-hora).

O modelo probabilístico a ser estimado apresenta a seguinte expressão:

$$p_{(\text{meta}=1)it} = \frac{e^{(\alpha_i + \beta.trein_{it})}}{1 + e^{(\alpha_i + \beta.trein_{it})}}$$

Dessa forma, pede-se:

a) Defina o painel por meio das variáveis *id* e *t*. Trata-se, de fato, de um painel desbalanceado?

b) É possível verificar se existe considerável persistência do comportamento da variável *meta* mês a mês?

c) Existe discrepância entre o valor médio da variável *trein* quando a meta mensal de receita de vendas é atingida e o seu valor médio quando a meta não é atingida?

d) Elabore as seguintes estimações para o modelo proposto e apresente os principais resultados obtidos em cada uma delas numa tabela consolidada:
  * *Pooled Logit* com erros-padrão robustos com agrupamento por loja;
  * *PA Logit* com termos de erro equicorrelacionados e erros-padrão robustos;
  * Efeitos aleatórios.

e) Elabore um gráfico que mostra a relação entre as probabilidades previstas de atingimento da meta de receita mensal de vendas, obtidas por meio das estimações propostas, e a quantidade mensal de horas de treinamento em atendimento.

f) Pergunta-se, por meio do modelo estimado por efeitos aleatórios: em quanto se incrementa, em média, a chance de se atingir a meta mensal de receita de vendas para uma mesma loja, ao se aumentar em 1 unidade a quantidade mensal de horas de treinamento em atendimento (profissional-hora), *ceteris paribus*?

g) Pergunta-se, por meio do modelo estimado pelo método *PA*: em quanto se incrementa, em média, a chance de se atingir a meta mensal de receita de vendas para uma loja "média" escolhida aleatoriamente, ao se aumentar em 1 unidade a quantidade mensal de horas de treinamento em atendimento (profissional-hora), *ceteris paribus*?

4) O Ministério da Justiça de determinado país deseja estudar o comportamento da criminalidade em cada um dos 10 estados da federação. Para tanto, coletou, ao longo dos últimos 8 anos, dados mensais (96 meses) sobre a quantidade de homicídios a cada 100.000 habitantes. Como o tamanho da força policial pode contribuir para a diminuição dos níveis delitivos, também acompanhou a evolução mensal desta variável em cada estado, expressa pela quantidade de policiais a cada 100.000 habitantes. Por fim, como é sabido que a adoção da lei seca após as 22:00 h também pode reduzir os níveis de criminalidade, foi identificado o período a partir do qual esta medida passou a vigorar em cada estado. O banco de dados, que se encontra nos arquivos **Criminalidade.dta, criminalidade. RData** e **criminalidade.csv**, oferece um painel de dados balanceado com 960 observações. As variáveis são:

Variável	Descrição
id	Código do estado.
t	Período (mês).
homicídios	Quantidade de homicídios a cada 100.000 habitantes (dados de contagem).
polícia	Quantidade de policiais treinados e qualificados a cada 100.000 habitantes.
leiseca	Variável binária correspondente ao fato de o estado ter ou não adotado a lei seca após as 22:00 h (Não = 0; Sim = 1).

O modelo em painel a ser estimado apresenta a seguinte expressão:

$$\ln\left(homicídios_{it}\right) = \alpha_i + \beta_1 . polícia_{it} + \beta_2 . leiseca_{it}$$

Dessa forma, pede-se:

a) Elabore o histograma da variável dependente *homicídios* e apresente sua média e variância. Há indícios de ocorrência de superdispersão nos dados desta variável?

b) Por meio da estimação de um modelo tradicional de regressão Poisson, elabore o teste para verificação da existência de superdispersão nos dados. O que se pode concluir com base no resultado do teste, ao nível de confiança de 95%?

c) Caso haja superdispersão nos dados da variável dependente, estime um modelo binomial negativo tradicional. Qual a expressão da variância da variável dependente, considerando-se um modelo binomial negativo do tipo NB2?

d) Elabore as seguintes estimações para o modelo proposto e apresente os principais resultados obtidos em cada uma delas numa tabela consolidada. Neste caso, elabore as estimações para o modelo Poisson ou para o modelo binomial negativo, sabendo-se que esta decisão deve ser tomada com base no resultado do teste para verificação da existência de superdispersão nos dados elaborado no item (b).
   - *Pooled* com erros-padrão robustos com agrupamento por estado;
   - PA com termos de erro equicorrelacionados e erros-padrão robustos;
   - Efeitos aleatórios.

e) Discuta os principais resultados obtidos no item anterior.

f) É possível afirmar que existem diferenças estatisticamente significantes, ao nível de significância de 5%, entre os estados ao longo do tempo que justifiquem a adoção da modelagem por efeitos aleatórios?

g) Com base no que foi discutido no item anterior, interprete os parâmetros estimados para o modelo considerado mais apropriado.

h) Elabore um gráfico que compara os valores previstos pelo modelo considerado mais apropriado e os valores reais da quantidade de homicídios, em função da quantidade de policiais treinados e qualificados (a cada 100.000 habitantes).

## CAPÍTULO 16

Modelos Multinível de Regressão para Dados em Painel

Devemos expandir o círculo do nosso amor até que ele englobe todo o nosso bairro; do bairro, por sua vez, deve desdobrar-se para toda a cidade; da cidade para o estado e assim sucessivamente, até que o objeto do nosso amor inclua todo o universo.
Mahatma Gandhi

Ao final deste capítulo, você será capaz de:

- Estabelecer as circunstâncias a partir das quais os modelos de regressão multinível podem ser utilizados.
- Entender como funcionam as estruturas aninhadas de dados agrupados e de dados com medidas repetidas, e saber definir diversos tipos de constructos a partir dos quais os modelos multinível podem ser utilizados.
- Propor modelos em que seja possível identificar os efeitos fixos e os efeitos aleatórios sobre a variável dependente.
- Estimar parâmetros de modelos hierárquicos lineares de dois níveis com dados agrupados e de três níveis com medidas repetidas, e saber interpretá-los.
- Compreender a decomposição de variância dos efeitos aleatórios em caráter multinível.
- Calcular e interpretar as correlações intraclasse de cada nível da análise.
- Saber diferenciar um modelo multinível de um modelo tradicional de regressão.
- Elaborar testes de razão de verossimilhança para comparar estimações de diferentes modelos multinível.
- Estimar modelos de regressão multinível no Stata Statistical Software® e no IBM SPSS Statistics Software® e interpretar seus resultados.
- Implementar códigos em R® e Python® para a estimação de modelos de regressão multinível e a interpretação dos resultados.

Bancos de Dados, Códigos e Projects deste capítulo

16.1. INTRODUÇÃO

Os **modelos multinível de regressão para dados em painel** têm adquirido importância considerável em diversas áreas do conhecimento, e a publicação de trabalhos que fazem uso de estimações relacionadas a esses modelos tem sido cada vez mais frequente, muito em função da determinação de constructos de pesquisa que consideram a existência de **estruturas aninhadas de dados**, em que determinadas variáveis apresentam variação entre unidades distintas que representam grupos, porém não entre observações pertencentes a um mesmo grupo. O próprio desenvolvimento computacional e o investimento que determinadas empresas fabricantes de softwares de análise de dados têm feito na capacidade de processamento para estimação de modelagens multinível também oferecem suporte a pesquisadores cada vez mais interessados nesse tipo de abordagem.

Imagine que um grupo de pesquisadores tenha interesse em estudar como o desempenho de firmas, medido, por exemplo, por determinado indicador de rentabilidade, comporta-se em relação a determinadas características de operação das empresas (porte, investimento, entre outras) e com relação às características do setor em que cada firma atua (participação no PIB, incentivos fiscais e de legislação, entre outras). Como as características dos setores não variam entre firmas provenientes do mesmo setor, caracteriza-se uma **estrutura de dados agrupados em dois níveis**, com firmas (nível 1) aninhadas em empresas (nível 2). A estimação de um modelo multinível pode propiciar ao pesquisador uma possibilidade de verificar se existem características de firmas que explicam eventuais diferenças de desempenho entre companhias provenientes do mesmo setor, bem como se existem características dos setores que explicam eventuais diferenças no desempenho de firmas provenientes de setores distintos.

Imagine ainda que este estudo seja ampliado para que se investigue a evolução temporal do desempenho dessas firmas. Ao contrário dos modelos longitudinais de regressão para dados em painel (Capítulo 15), em que as variáveis sofrem alterações entre observações e ao longo do tempo, imagine que o banco de dados seja estruturado apenas com variáveis de firmas (estrutura de governança, linhas de produção, entre outras) e de setores (incidência tributária, legislação, entre outras) que não se alteram durante o período analisado. Dessa forma, caracteriza-se uma **estrutura de dados com medidas repetidas em três níveis**, com períodos de tempo (nível 1) aninhados em firmas (níveis 2), e estas em setores (nível 3) e, a partir da qual, podem ser estimados modelos com o intuito de se investigar se existe variabilidade no desempenho, ao longo do tempo, entre firmas de um mesmo setor e entre aquelas provenientes de setores distintos e, em caso afirmativo, se existem características de firmas e de setores que explicam essa variabilidade.

Em tese, o pesquisador pode definir um constructo com uma quantidade maior de níveis de análise, mesmo que a interpretação dos parâmetros do modelo não seja algo trivial. Por exemplo, imagine o estudo do desempenho escolar, ao longo do tempo, de estudantes aninhados em escolas, estas em distritos municipais, estes em municípios e estes em estados da federação. Nesse caso, estaríamos trabalhando com seis níveis de análise (evolução temporal, estudantes, escolas, distritos municipais, municípios e estados).

A principal vantagem dos modelos multinível sobre modelos tradicionais de regressão estimados, por exemplo, por MQO (Capítulo 12), refere-se à possibilidade de que seja levado em consideração o aninhamento natural dos dados. Em outras palavras, **os modelos multinível permitem que sejam identificadas e analisadas as heterogeneidades individuais e entre grupos a que pertencem estes indivíduos, tornando possível a especificação de componentes aleatórios em cada nível da análise**. Por exemplo, se empresas estiverem aninhadas em setores, é possível que se defina um componente aleatório no nível de firma e outro no nível de setor, ao contrário do que permitiria um modelo tradicional de regressão, em que o efeito do setor sobre o desempenho das firmas seria considerado de maneira homogênea. Nesse sentido, os modelos multinível também podem ser chamados de **modelos de coeficientes aleatórios**.

Neste capítulo, estudaremos os modelos multinível com o intuito de investigar comportamentos de variáveis dependentes métricas e, a partir dos quais, serão gerados resíduos normalmente distribuídos, porém não independentes e sem variância constante. Assim, nosso foco será nos modelos multinível lineares, conhecidos também por **modelos lineares mistos** (em inglês, *linear mixed models – LMM*) ou **modelos hierárquicos lineares** (em inglês, *hierarchical linear models – HLM*). Essa é a razão para que modelos multinível aplicados a dados aninhados em dois níveis sejam também denominados **HLM2**, e que modelos aplicados a dados aninhados em três níveis sejam conhecidos por **HLM3**.

De acordo com West, Welch e Gałecki (2015), a denominação modelos lineares mistos vem do fato de que esses modelos apresentam **especificação linear** e as variáveis explicativas envolvem um **misto de efeitos fixos e aleatórios**, ou seja, podem ser inseridas tanto em componentes de efeitos fixos, quanto em componentes de efeitos aleatórios. Enquanto os parâmetros estimados de **efeitos fixos** indicam a relação entre as variáveis explicativas e a variável dependente métrica, os componentes de **efeitos aleatórios** podem ser representados pela combinação de variáveis explicativas e termos aleatórios não observados.

No apêndice deste capítulo, faremos uma breve apresentação de modelos multinível não lineares, com aplicações em Stata de exemplos de modelos dos tipos logístico, Poisson e binomial negativo.

Seguindo a lógica do capítulo anterior, elaboraremos todas as modelagens neste capítulo em Stata. Além disso, acreditamos que a elaboração de estimações em SPSS, R e Python também possa propiciar ao pesquisador a oportunidade de comparação do manuseio dos softwares, dos procedimentos e rotinas para estimação dos modelos e das lógicas com que são apresentados os *outputs*, permitindo que se decida qual software utilizar, em função das características de cada um e da própria acessibilidade para uso.

Neste capítulo, portanto, trataremos dos modelos multinível de regressão para dados em painel, com os seguintes objetivos: (1) introduzir os conceitos sobre estruturas aninhadas de dados; (2) definir o tipo de modelo a ser estimado em função das características dos dados; (3) estimar parâmetros por meio de diversos métodos em Stata, SPSS, R e Python; (4) interpretar os resultados obtidos por meio dos vários tipos de estimações existentes para os modelos multinível; e (5) definir a estimação mais adequada para efeitos de diagnóstico e previsão nos casos estudados. Inicialmente, serão introduzidos os principais conceitos inerentes a cada modelagem. Na sequência, serão apresentados os procedimentos para a elaboração dos modelos propriamente ditos em Stata, SPSS, R e Python.

16.2. ESTRUTURAS ANINHADAS DE DADOS

Os modelos multinível de regressão permitem que se investigue o comportamento de determinada variável dependente Y, que representa o fenômeno de interesse, com base no comportamento de variáveis explicativas, nas quais alterações podem ocorrer, para dados agrupados, entre observações e entre grupos a que pertencem essas observações, e, para dados com medidas repetidas, também ao longo do tempo. Em outras palavras, **devem existir variáveis que apresentam dados que se alteram entre indivíduos que representam determinado nível, porém permanecem inalteradas para certos grupos de indivíduos, sendo que esses grupos representam um nível superior.**

Imagine inicialmente uma base com dados referentes a n indivíduos, sendo cada indivíduo $i = 1, ..., n$ pertencente a um dos $j = 1, ..., J$ grupos, sendo obviamente $n > J$. Assim, esse banco de dados pode apresentar determinadas variáveis explicativas $X_1, ..., X_Q$ referentes a cada indivíduo i, e outras variáveis explicativas $W_1, ..., W_S$ referentes a cada grupo j, porém invariantes para os indivíduos de determinado grupo. A Tabela 16.1 apresenta o modelo geral de uma base com **estrutura aninhada de dados agrupados em dois níveis** (indivíduo e grupo).

Tabela 16.1 Modelo geral de uma base com estrutura aninhada de dados agrupados em dois níveis.

Observação (Indivíduo i) Nível 1	Grupo j Nível 2	Y_{ij}	X_{1ij}	X_{2ij}	...	X_{Qij}	W_{1j}	W_{2j}	...	W_{Sj}
1	1	Y_{11}	X_{111}	X_{211}		X_{Q11}	W_{11}	W_{21}		W_{S1}
2	1	Y_{21}	X_{121}	X_{221}		X_{Q21}	W_{11}	W_{21}		W_{S1}
$\vdots$	$\vdots$	$\vdots$	$\vdots$	$\vdots$		$\vdots$	$\vdots$	$\vdots$		$\vdots$
n_1	1	Y_{n_11}	X_{1n_11}	X_{2n_11}		X_{Qn_11}	W_{11}	W_{21}		W_{S1}
$n_1 + 1$	2	$Y_{n_1+1,2}$	$X_{1n_1+1,2}$	$X_{2n_1+1,2}$		$X_{Qn_1+1,2}$	W_{12}	W_{22}		W_{S2}
$n_1 + 2$	2	$Y_{n_1+2,2}$	$X_{1n_1+2,2}$	$X_{2n_1+2,2}$		$X_{Qn_1+2,2}$	W_{12}	W_{22}		W_{S2}
$\vdots$	$\vdots$	$\vdots$	$\vdots$	$\vdots$	...	$\vdots$	$\vdots$	$\vdots$	...	$\vdots$
n_2	2	Y_{n_22}	X_{1n_22}	X_{2n_22}		X_{Qn_22}	W_{12}	W_{22}		W_{S2}
$\vdots$	$\vdots$	$\vdots$	$\vdots$	$\vdots$		$\vdots$	$\vdots$	$\vdots$		$\vdots$
$n_{J-1} + 1$	J	$Y_{n_{J-1}+1,J}$	$X_{1n_{J-1}+1,J}$	$X_{2n_{J-1}+1,J}$		$X_{Qn_{J-1}+1,J}$	W_{1J}	W_{2J}		W_{SJ}
$n_{J-1} + 2$	J	$Y_{n_{J-1}+2,J}$	$X_{1n_{J-1}+2,J}$	$X_{2n_{J-1}+2,J}$		$X_{Qn_{J-1}+2,J}$	W_{1J}	W_{2J}		W_{SJ}
$\vdots$	$\vdots$	$\vdots$	$\vdots$	$\vdots$		$\vdots$	$\vdots$	$\vdots$		$\vdots$
n	J	Y_{nJ}	X_{1nJ}	X_{2nJ}		Z_{QnJ}	W_{1J}	W_{2J}		W_{SJ}

Com base na Tabela 16.1, podemos verificar que $X_1, ..., X_Q$ são variáveis de nível 1 (dados alteram-se entre indivíduos) e $W_1, ..., W_S$ são variáveis de nível 2 (dados alteram-se entre grupos, porém não para os indivíduos de cada grupo). Além disso, as quantidades de indivíduos nos grupos 1, 2, ..., J são iguais, respectivamente, a n_1, $n_2 - n_1$, ..., $n - n_{J-1}$. A Figura 16.1 permite que visualizemos o aninhamento existente entre as unidades do nível 1 (indivíduos) e as unidades do nível 2 (grupos), o que caracteriza a existência de dados agrupados.

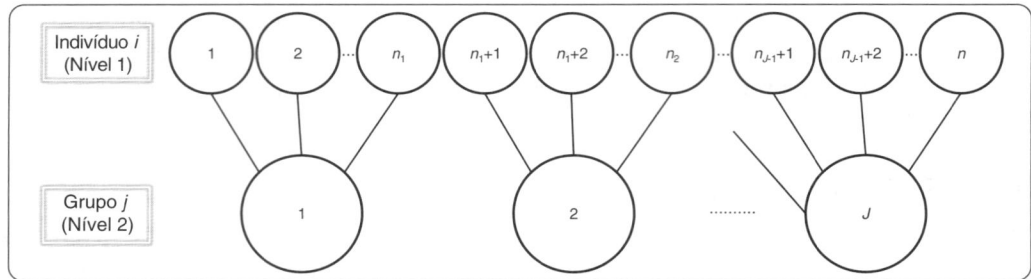

Figura 16.1 Estrutura aninhada de dados agrupados em dois níveis.

Caso $n_1 = n_2 - n_1 = ... = n - n_{J-1}$, teremos uma **estrutura equilibrada** de dados aninhados.

Imagine ainda outra base com dados em que, além do aninhamento apresentado para dados agrupados, há a evolução temporal, ou seja, dados com medidas repetidas. Logo, além dos indivíduos, que passarão a pertencer ao nível 2 e, portanto, serão nomeados de $j = 1, ..., J$, aninhados nos $k = 1, ..., K$ grupos (agora pertencentes ao nível 3), teremos também $t = 1, ..., T_j$ períodos em que cada indivíduo j é monitorado. Logo, este novo banco de dados pode apresentar as mesmas variáveis explicativas $X_1, ..., X_Q$ referentes a cada indivíduo j, porém agora invariantes para cada indivíduo j nos períodos de monitoramento. Além disso, pode também apresentar as mesmas variáveis explicativas $W_1, ..., W_S$ referentes a cada grupo k, porém também invariantes ao longo do tempo para cada grupo k. A Tabela 16.2 oferece a lógica com que se apresenta uma base com **estrutura aninhada de dados com medidas repetidas em três níveis** (tempo, indivíduo e grupo).

Tabela 16.2 Modelo geral de uma base com estrutura aninhada de dados com medidas repetidas em três níveis.

Período t (Medida Repetida) Nível 1	Observação (Indivíduo j) Nível 2	Grupo k Nível 3	Y_{tjk}	X_{1jk}	X_{2jk}	...	X_{Qjk}	W_{1k}	W_{2k}	...	W_{Sk}
1	1	1	Y_{111}	X_{111}	X_{211}		X_{Q11}	W_{11}	W_{21}		W_{S1}
2	1	1	Y_{211}	X_{111}	X_{211}		X_{Q11}	W_{11}	W_{21}		W_{S1}
⋮	⋮		⋮	⋮	⋮		⋮				
T_1	1		Y_{T_111}	X_{111}	X_{211}		X_{Q11}				
$T_1 + 1$	2	⋮	$Y_{T_1+1,21}$	X_{121}	X_{221}		X_{Q21}	⋮	⋮		⋮
$T_1 + 2$	2		$Y_{T_1+2,21}$	X_{121}	X_{221}		X_{Q21}				
⋮	⋮		⋮	⋮	⋮	...	⋮		...	
T_2	2	1	Y_{T_221}	X_{121}	X_{221}		X_{Q21}	W_{11}	W_{21}		W_{S1}
⋮	⋮	⋮	⋮	⋮	⋮		⋮	⋮	⋮		⋮
$T_{J-1} + 1$	J	K	$Y_{T_{J-1}+1,JK}$	X_{1JK}	X_{2JK}		X_{QJK}	W_{1K}	W_{2K}		W_{SK}
$T_{J-1} + 2$	J	K	$Y_{T_{J-1}+2,JK}$	X_{1JK}	X_{2JK}		X_{QJK}	W_{1K}	W_{2K}		W_{SK}
⋮	⋮	⋮	⋮	⋮	⋮		⋮	⋮	⋮		⋮
T_J	J	K	Y_{T_JJK}	X_{1JK}	X_{2JK}		X_{QJK}	W_{1K}	W_{2K}		W_{SK}

Com base na estrutura da Tabela 16.2, podemos verificar agora que a variável correspondente ao período de tempo é uma variável explicativa de nível 1, visto que os dados alteram-se em cada linha da base, e que $X_1, ..., X_Q$ passam a ser variáveis de nível 2 (dados alteram-se entre indivíduos, porém não para um mesmo indivíduo ao longo do tempo) e $W_1, ..., W_S$ passam a ser variáveis de nível 3 (dados alteram-se entre grupos, porém não para um mesmo grupo ao longo do tempo). Além disso, as quantidades de períodos em que os indivíduos 1, 2, ..., J são monitorados são iguais, respectivamente, a $T_1, T_2 - T_1, ..., T_J - T_{J-1}$. A Figura 16.2, de maneira análoga ao exposto para o caso com dois níveis, permite que visualizemos o aninhamento existente entre as unidades do nível 1 (variação temporal), as unidades do nível 2 (indivíduos) e as unidades do nível 3 (grupos), o que acaba por caracterizar uma estrutura de dados com medidas repetidas.

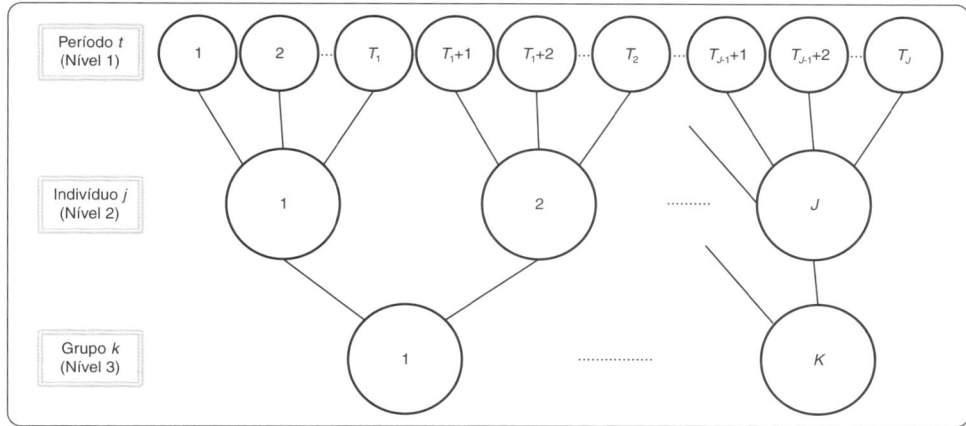

Figura 16.2 Estrutura aninhada de dados com medidas repetidas em três níveis.

Caso $T_1 = T_2 - T_1 = ... = T_J - T_{J-1}$, teremos um **painel balanceado**.

Podemos verificar, pelas Tabelas 16.1 e 16.2, bem como nas correspondentes Figuras 16.1 e 16.2, que as estruturas de dados apresentam **aninhamento absoluto**, ou seja, determinado indivíduo encontra-se aninhado a apenas um grupo, este a apenas outro grupo, e assim sucessivamente. Entretanto, podem existir estruturas de dados em **aninhamento com classificação cruzada**, em que determinadas observações de um grupo podem fazer parte de um grupo em nível superior, com as demais fazendo parte de outro grupo em nível superior. Por exemplo, imagine o estudo do desempenho de firmas aninhadas em setores e em países. Podem existir, por exemplo, firmas atuantes em mineração e provenientes do Brasil, e outras atuantes em aviação e também provenientes do Brasil. Entretanto, caso haja na base, por exemplo, firmas mineradoras provenientes da Austrália, passa a ser caracterizado o aninhamento com classificação cruzada, fazendo-se necessária a estimação de **modelos hierárquicos com classificação cruzada** (em inglês, ***hierarchical cross-classifed models – HCM***). Estes modelos não são objeto da presente edição do livro, porém um pesquisador mais interessado poderá estudá-los em profundidade em Raudenbush e Bryk (2002), Raudenbush *et al.* (2004) e Rabe-Hesketh e Skrondal (2012a, 2012b).

Enquanto nas seções 16.4.1 e 16.5.1 estimaremos modelos hierárquicos lineares de dois níveis com dados agrupados (HLM2) em Stata e SPSS, respectivamente, as seções 16.4.2 e 16.5.2 são destinadas à estimação de modelagens hierárquicas lineares de três níveis com medidas repetidas (HLM3) nos mesmos softwares. As seções 16.6 e 16.7 são destinadas à apresentação dos códigos comentados em R e Python, respectivamente, para a estimação dos modelos multinível estudados neste capítulo. Antes disso, porém, é necessário que sejam apresentadas e discutidas, na próxima seção, as formulações algébricas de cada um desses modelos.

16.3. MODELOS HIERÁRQUICOS LINEARES

Nesta seção, apresentaremos as formulações algébricas e as especificações dos modelos hierárquicos lineares de dois níveis com dados agrupados (seção 16.3.1) e dos modelos hierárquicos lineares de três níveis com medidas repetidas (seção 16.3.2).

16.3.1. Modelos hierárquicos lineares de dois níveis com dados agrupados (HLM2)

A fim de compreendermos como é definida a expressão geral de um modelo hierárquico linear com dados agrupados em dois níveis, precisamos usar um modelo de regressão linear múltipla, cuja especificação, baseada na expressão (12.1), é apresentada a seguir:

$$Y_i = b_0 + b_1.X_{1i} + b_2.X_{2i} + ... + b_Q.X_{Qi} + r_i \tag{16.1}$$

em que Y representa o fenômeno em estudo (variável dependente), b_0 representa o intercepto, b_1, b_2, ..., b_Q são os coeficientes de cada variável, X_1, ..., X_Q são variáveis explicativas (métricas ou *dummies*) e r representa os termos de erro. Os subscritos i representam cada uma das observações da amostra em análise ($i = 1, 2, ..., n$, em que n é o tamanho da amostra). Note que alguns termos apresentam nomenclatura diferente daquela proposta no Capítulo 12 (por exemplo, os termos de erro), já que outro nível de análise será considerado para a definição da modelagem hierárquica.

O modelo representado pela expressão (16.1) apresenta observações consideradas homogêneas, ou seja, não provenientes de grupos distintos que poderiam, por alguma razão, influenciar diferentemente o comportamento da variável Y. Entretanto, poderíamos pensar em dois grupos de observações, a partir dos quais seriam estimados dois modelos diferentes, conforme segue:

$$Y_{i1} = b_{01} + b_{11}.X_{1i1} + b_{21}.X_{2i1} + ... + b_{Q1}.X_{Qi1} + r_{i1} \qquad (16.2)$$

$$Y_{i2} = b_{02} + b_{12}.X_{1i2} + b_{22}.X_{2i2} + ... + b_{Q2}.X_{Qi2} + r_{i2} \qquad (16.3)$$

em que os coeficientes b_{01} e b_{02} representam, respectivamente, os valores médios esperados de Y para as observações dos grupos 1 e 2, quando todas as variáveis explicativas forem iguais a zero, e b_{11}, b_{21}, ..., b_{Q1} e b_{12}, b_{22}, ..., b_{Q2} são, respectivamente, os coeficientes das variáveis X_1, ..., X_Q no modelo de cada grupo (1 e 2). Além disso, r_1 e r_2 representam os termos específicos de erro em cada modelo.

Portanto, para j = 1, ..., J grupos, podemos escrever a expressão geral de um modelo de regressão para dados agrupados, considerado um **modelo de primeiro nível**, da seguinte forma:

$$Y_{ij} = b_{0j} + b_{1j}.X_{1ij} + b_{2j}.X_{2ij} + ... + b_{Qj}.X_{Qij} + r_{ij}$$

$$= b_{0j} + \sum_{q=1}^{Q} b_{qj}.X_{qij} + r_{ij} \qquad (16.4)$$

Com objetivos didáticos e para fins de elaboração de um gráfico ilustrativo, podemos escrever a expressão dos valores esperados de Y, ou seja, $\hat{Y}$, para cada observação i pertencente a cada grupo j, quando houver apenas uma variável explicativa X no modelo proposto, da seguinte forma:

Grupo 1: $\qquad\qquad\qquad\qquad \hat{Y}_{i1} = \beta_{01} + \beta_{11}.X_{i1} \qquad\qquad\qquad\qquad (16.5)$

Grupo 2: $\qquad\qquad\qquad\qquad \hat{Y}_{i2} = \beta_{02} + \beta_{12}.X_{i2} \qquad\qquad\qquad\qquad (16.6)$

$$\vdots$$

Grupo J: $\qquad\qquad\qquad\qquad \hat{Y}_{iJ} = \beta_{0J} + \beta_{1J}.X_{iJ} \qquad\qquad\qquad\qquad (16.7)$

em que os parâmetros β são as estimações dos coeficientes b, seguindo o padrão adotado no livro.

O gráfico da Figura 16.3 apresenta, de maneira conceitual, a plotagem das expressões (16.5) a (16.7) e, por meio dele, verificamos que os modelos individuais que representam as observações de cada grupo podem apresentar interceptos e inclinações diferentes, fato que pode ocorrer em função de determinadas características dos próprios grupos.

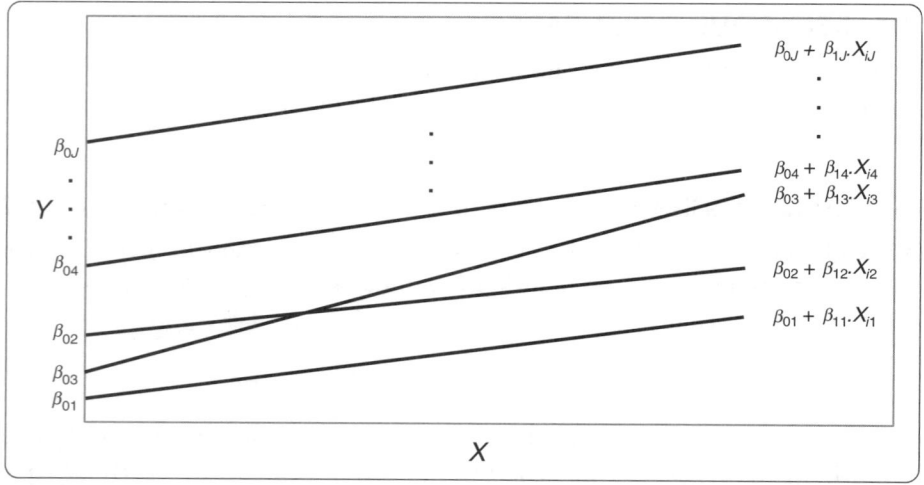

Figura 16.3 Modelos individuais que representam as observações de cada um dos J grupos.

Logo, devem existir características de grupos (**segundo nível**), invariantes para as observações pertencentes a cada grupo (conforme explicita a Tabela 16.1), que podem explicar as diferenças nos interceptos e nas inclinações dos modelos que representam esses grupos. Neste sentido, com base no seguinte modelo de regressão com uma variável explicativa X e com observações aninhadas em $j = 1, ..., J$ grupos:

$$Y_{ij} = b_{0j} + b_{1j}.X_{ij} + r_{ij}$$
(16.8)

podemos escrever, da seguinte forma, as expressões dos interceptos b_{0j} e das inclinações b_{1j} em função de determinada variável explicativa W, que representa uma característica dos j grupos:

Interceptos:

Grupo 1: $\qquad\qquad\qquad\qquad b_{01} = \gamma_{00} + \gamma_{01}.W_1 + u_{01}$ (16.9)

Grupo 2: $\qquad\qquad\qquad\qquad b_{02} = \gamma_{00} + \gamma_{01}.W_2 + u_{02}$ (16.10)

$$\vdots$$

Grupo J: $\qquad\qquad\qquad\qquad b_{0J} = \gamma_{00} + \gamma_{01}.W_J + u_{0J}$ (16.11)

ou, de maneira geral:

$$b_{0j} = \gamma_{00} + \gamma_{01}.W_j + u_{0j}$$
(16.12)

em que γ_{00} representa o valor esperado da variável dependente para determinada observação i pertencente a um grupo j quando $X = W = 0$ (intercepto geral), e γ_{01} representa a alteração no valor esperado da variável dependente para determinada observação i pertencente a um grupo j quando houver uma alteração unitária na característica W do grupo j, *ceteris paribus*. Além disso, u_{0j} representa os termos de erro que indicam a **existência de aleatoriedade nos interceptos** que pode ser gerada pela presença de observações provenientes de grupos distintos na base de dados.

Inclinações:

Grupo 1: $\qquad\qquad\qquad\qquad b_{11} = \gamma_{10} + \gamma_{11}.W_1 + u_{11}$ (16.13)

Grupo 2: $\qquad\qquad\qquad\qquad b_{12} = \gamma_{10} + \gamma_{11}.W_2 + u_{12}$ (16.14)

$$\vdots$$

Grupo J: $\qquad\qquad\qquad\qquad b_{1J} = \gamma_{10} + \gamma_{11}.W_J + u_{1J}$ (16.15)

ou, de maneira geral:

$$b_{1j} = \gamma_{10} + \gamma_{11}.W_j + u_{1j}$$
(16.16)

em que γ_{10} representa a alteração no valor esperado da variável dependente para determinada observação i pertencente a um grupo j quando houver uma alteração unitária na característica X do indivíduo i, *ceteris paribus* (mudança na inclinação em razão de X), e γ_{11} representa a alteração no valor esperado da variável dependente para determinada observação i pertencente a um grupo j quando houver uma alteração unitária no produto $W \cdot X$, também *ceteris paribus* (mudança na inclinação em razão de $W \cdot X$). Além disso, u_{1j} representa os termos de erro que indicam a **existência de aleatoriedade nas inclinações** dos modelos referentes aos grupos, que também pode ser gerada pela presença de observações provenientes de grupos distintos na base de dados.

Combinando as expressões (16.8), (16.12) e (16.16), chegamos à seguinte expressão:

$$Y_{ij} = \underbrace{\left(\gamma_{00} + \gamma_{01}.W_j + u_{0j} \right)}_{\substack{\text{intercepto com} \\ \text{efeitos aleatórios}}} + \underbrace{\left(\gamma_{10} + \gamma_{11}.W_j + u_{1j} \right)}_{\substack{\text{inclinação com} \\ \text{efeitos aleatórios}}}.X_{ij} + r_{ij}$$
(16.17)

que facilita a visualização de que o intercepto e a inclinação podem sofrer influência de termos aleatórios decorrentes da existência de observações pertencentes a grupos distintos.

Em essência, a modelagem multinível representa, portanto, um conjunto de técnicas que, além de estimarem os parâmetros do modelo proposto, permitem que sejam **estimados os componentes de variância dos termos de erro** (por exemplo, no modelo da expressão (16.17), u_{0j}, u_{1j} e r_{ij}), **bem como as respectivas significâncias estatísticas**, a fim de que se verifique, de fato, se ocorrem aleatoriedades nos interceptos e nas inclinações oriundas da presença de níveis superiores na análise. **Caso não se verifique a significância estatística das variâncias dos termos de erro u_{0j} e u_{1j}** no modelo da expressão (16.17), ou seja, se ambas forem estatisticamente iguais a zero, **passa a ser adequada a estimação de um modelo de regressão linear por meio de métodos tradicionais, como o MQO**, visto que não se comprova a existência de aleatoriedades nos interceptos e nas inclinações.

Podemos assumir que os efeitos aleatórios u_{0j} e u_{1j} apresentam distribuição normal multivariada, possuem médias iguais a zero e variâncias iguais, respectivamente, a τ_{00} e τ_{11}. Além disso, os termos de erro r_{ij} apresentam distribuição normal, com média igual a zero e variância igual a σ^2. Logo, podemos definir as seguintes matrizes de variância-covariância dos termos de erro:

$$var[\mathbf{u}] = var\begin{bmatrix} u_{0j} \\ u_{1j} \end{bmatrix} = \mathbf{G} = \begin{bmatrix} \tau_{00} & \sigma_{01} \\ \sigma_{01} & \tau_{11} \end{bmatrix} \tag{16.18}$$

$$var[\mathbf{r}] = var\begin{bmatrix} r_{1j} \\ \vdots \\ r_{nj} \end{bmatrix} = \sigma^2.\mathbf{I}_n = \begin{bmatrix} \sigma^2 & 0 & \cdots & 0 \\ 0 & \sigma^2 & \ddots & \vdots \\ \vdots & \ddots & \ddots & 0 \\ 0 & \cdots & 0 & \sigma^2 \end{bmatrix} \tag{16.19}$$

Essas matrizes serão utilizadas na apresentação, logo em seguida, dos métodos de estimação dos parâmetros de um modelo multinível.

Fazendo uso da expressão (15.19), podemos, portanto, definir a relação entre as variâncias destes termos de erro, conhecida por **correlação intraclasse**, conforme segue:

$$rho = \frac{\tau_{00} + \tau_{11}}{\tau_{00} + \tau_{11} + \sigma^2} \tag{16.20}$$

Essa correlação intraclasse mede a proporção de variância total que é devida aos níveis 1 e 2. Caso seja igual a zero, não ocorre variância dos indivíduos entre os grupos do nível 2. Entretanto, se for consideravelmente diferente de zero pela presença de ao menos um termo de erro significante decorrente da presença do nível 2 na análise, procedimentos tradicionais de estimação dos parâmetros do modelo, como mínimos quadrados ordinários, não são adequados. No limite, o fato de ser igual a 1, ou seja, $\sigma^2 = 0$, indica que não existem diferenças entre os indivíduos, isto é, todos são idênticos, o que é muito pouco provável de acontecer. Essa correlação é também chamada de **correlação intraclasse de nível 2**.

Na seção 16.4.1, faremos uso de **testes de razão de verossimilhança** com o intuito de verificar se $\tau_{00} = \tau_{11} = 0$, o que favoreceria a estimação de um modelo tradicional de regressão, ou ao menos se $\tau_{11} = 0$, o que permitiria que o pesquisador optasse por um **modelo com interceptos aleatórios** ($\tau_{00} \neq 0$) em vez de um **modelo com inclinações aleatórias** ($\tau_{11} \neq 0$).

Podemos rearranjar a expressão (16.17), para separar o componente de efeitos fixos, no qual são estimados os parâmetros do modelo, do componente de efeitos aleatórios, a partir do qual são estimadas as variâncias dos termos de erro. Assim, temos que:

$$Y_{ij} = \underbrace{\gamma_{00} + \gamma_{10}.X_{ij} + \gamma_{01}.W_j + \gamma_{11}.W_j.X_{ij}}_{\textbf{Efeitos Fixos}}$$
$$\underbrace{+ u_{0j} + u_{1j}.X_{ij} + r_{ij}}_{\textbf{Efeitos Aleatórios}} \tag{16.21}$$

que permite que o pesquisador visualize mais facilmente que o componente de efeitos aleatórios também pode influenciar o comportamento da variável dependente. Podemos notar, inclusive, que uma variável explicativa pode fazer parte deste componente aleatório. Estimando um modelo multinível como este, verificaremos que, enquanto os efeitos fixos referem-se à relação entre o comportamento de determinadas características e o comportamento de Y, os efeitos aleatórios permitem que se analisem eventuais distorções no comportamento de Y entre as unidades do segundo nível de análise.

De maneira geral, e partindo-se da expressão (16.4), podemos definir, da seguinte maneira, um modelo com dois níveis de análise, em que o primeiro nível oferece as variáveis explicativas $X_1, ..., X_Q$ referentes a cada indivíduo i, e o segundo nível, as variáveis explicativas $W_1, ..., W_S$ referentes a cada grupo j:

Nível 1:
$$Y_{ij} = b_{0j} + \sum_{q=1}^{Q} b_{qj}.X_{qij} + r_{ij} \tag{16.22}$$

Nível 2:
$$b_{qj} = \gamma_{q0} + \sum_{s=1}^{S_q} \gamma_{qs}.W_{sj} + u_{qj} \tag{16.23}$$

em que $q = 0, 1, ..., Q$ e $s = 1, ..., S_q$.

Em relação à estimação do modelo, enquanto os parâmetros dos efeitos fixos são estimados tradicionalmente, em softwares como o Stata, o SPSS, o R e o Python, por **máxima verossimilhança** (ou, em inglês, ***maximum likelihood estimation – MLE***), assim como realizado ao longo dos capítulos anteriores, os componentes de variância dos termos de erro podem ser estimados tanto por máxima verossimilhança, quanto por **máxima verossimilhança restrita** (ou, em inglês, ***restricted estimation of maximum likelihood – REML***).

As estimações dos parâmetros por *MLE* ou por *REML* são computacionalmente intensas, razão pela qual não as elaboraremos algebricamente neste capítulo, como fizemos em capítulos anteriores, na aplicação de exemplos práticos. Entretanto, ambas exigem a otimização de determinada função-objetivo, que geralmente parte de valores iniciais dos parâmetros e usa uma sequência de iterações para encontrar os parâmetros que maximizam a função de verossimilhança previamente definida.

A fim de introduzirmos especificamente os conceitos pertinentes ao método *REML*, vamos imaginar, por exemplo, um modelo de regressão apenas com a constante, sendo Y_i ($i = 1, ..., n$) uma variável dependente com distribuição normal, média μ e variância σ_Y^2. Enquanto a estimação por máxima verossimilhança de σ_Y^2 é obtida considerando os n termos $Y_i - \mu$, a estimação de σ_Y^2 por *REML* é obtida a partir dos $(n-1)$ primeiros termos de $Y_i - \overline{Y}_i$, cuja distribuição independe de μ. Em outras palavras, a elaboração de um método de máxima verossimilhança a esta última distribuição gera uma estimação não viesada de σ_Y^2, por esta ser a própria variância amostral obtida pela divisão dos elementos por $(n-1)$. Esta é a razão da estimação por máxima verossimilhança restrita também ser conhecida como estimação por **máxima verossimilhança reduzida**.

Para apresentarmos as expressões das funções de verossimilhança e de verossimilhança restrita a partir das quais, por maximização, os parâmetros de um modelo multinível podem ser estimados, vamos escrever, em notação matricial, a expressão geral de um modelo multinível com efeitos fixos e aleatórios da seguinte forma:

$$\mathbf{Y} = \mathbf{A}.\boldsymbol{\gamma} + \mathbf{B}.\mathbf{u} + \mathbf{r} \tag{16.24}$$

em que $\mathbf{Y}$ é um vetor $n \times 1$ que representa a variável dependente, $\mathbf{A}$ é uma matriz $n \times (q + s + q \cdot s + 1)$ com dados de todas as variáveis a serem inseridas no componente de efeitos fixos do modelo, $\boldsymbol{\gamma}$ é um vetor $(q + s + q \cdot s + 1) \times 1$ com todos os parâmetros de efeitos fixos estimados, $\mathbf{B}$ é a matriz $n \times (q + 1)$ com dados de todas as variáveis a serem inseridas no componentes de efeitos aleatórios $\mathbf{u}$, sendo $\mathbf{u}$ um vetor de termos aleatórios de erro com dimensões $(q + 1) \times 1$ e com matriz de variância-covariância $\mathbf{G}$. Além disso, $\mathbf{r}$ é um vetor $n \times 1$ de termos de erro com média zero e matriz de variância $\sigma^2 \cdot \mathbf{I}_n$. Com base nas expressões (16.18) e (16.19), podemos definir que:

$$var\begin{bmatrix} \mathbf{u} \\ \mathbf{r} \end{bmatrix} = \begin{bmatrix} \mathbf{G} & \mathbf{0} \\ \mathbf{0} & \sigma^2.\mathbf{I}_n \end{bmatrix} \tag{16.25}$$

e, neste sentido, a matriz de variância-covariância $n \times n$ de $\mathbf{Y}$, dada por $\mathbf{V}$, pode ser obtida da seguinte forma:

$$\mathbf{V} = \mathbf{B}.\mathbf{G}.\mathbf{B'} + \sigma^2.\mathbf{I}_n \qquad (16.26)$$

A partir dessa matriz, conforme demonstram Searle, Casella e McCulloch (2006), pode ser definida a seguinte expressão do logaritmo da função de verossimilhança, que deve ser maximizada (*MLE*):

$$LL = -\frac{1}{2}.\left[n.\ln(2.\pi) + \ln|\mathbf{V}| + (\mathbf{Y} - \mathbf{A}.\boldsymbol{\gamma})'.\mathbf{V}^{-1}.(\mathbf{Y} - \mathbf{A}.\boldsymbol{\gamma}) \right] \qquad (16.27)$$

Ainda segundo os mesmos autores, a expressão do logaritmo da função de verossimilhança restrita é dada, a partir da expressão (16.27), por:

$$LL_r = LL - \frac{1}{2}.\ln\left|\mathbf{A'}.\mathbf{V}^{-1}.\mathbf{A}\right| \qquad (16.28)$$

O fato de o método *REML* gerar estimações não viesadas das variâncias dos termos de erro em modelos multinível pode fazer com que o pesquisador opte incondicionalmente por seu uso. Entretanto, **os testes de razão de verossimilhança baseados nas estimações obtidas por *REML* não são apropriados para se compararem modelos com diferentes especificações dos efeitos fixos** e, para essas situações em que há o intuito de se elaborarem tais testes, recomendamos que as variâncias dos termos de erro sejam estimadas por *MLE*, já que é o método utilizado para a estimação dos parâmetros do modelo. Além disso, é importante comentar que as diferenças entre as estimações das variâncias dos termos de erro obtidas por *REML* ou por *MLE* são praticamente inexistentes para grandes amostras.

Na próxima seção, apresentaremos a especificação dos modelos hierárquicos lineares de três níveis com medidas repetidas, mantendo a lógica proposta.

16.3.2. Modelos hierárquicos lineares de três níveis com medidas repetidas (HLM3)

Seguindo a lógica proposta na seção anterior, vamos apresentar a especificação de um modelo hierárquico linear de três níveis, em que há a presença de dados com medidas repetidas, ou seja, com evolução temporal na variável dependente.

De maneira geral, e seguindo a lógica apresentada em Raudenbush *et al.* (2004), um modelo hierárquico de três níveis apresenta três submodelos, sendo um para cada nível de análise da estrutura aninhada de dados. Logo, com base nas expressões (16.22) e (16.23), podemos definir, da seguinte maneira, um modelo geral de três níveis de análise com dados aninhados, em que o primeiro nível apresenta as variáveis explicativas Z_1, ..., Z_P referentes às unidades i ($i = 1$, ..., n) de nível 1, o segundo nível, as variáveis explicativas X_1, ..., X_Q referentes às unidades j ($j = 1$, ..., J) de nível 2, e o terceiro nível, as variáveis explicativas W_1, ..., W_S referentes às unidades k ($k = 1$, ..., K) de nível 3:

Nível 1:
$$Y_{ijk} = \pi_{0jk} + \sum_{p=1}^{P} \pi_{pjk}.Z_{pjk} + e_{ijk} \qquad (16.29)$$

em que π_{pjk} ($p = 0$, 1, ..., P) referem-se aos coeficientes de nível 1, Z_{pjk} é uma p-ésima variável explicativa de nível 1 para a observação i na unidade de nível 2 j e na unidade de nível 3 k, e e_{ijk} refere-se aos termos de erro do nível 1 com distribuição normal, com média igual a zero e variância igual a σ^2.

Nível 2:
$$\pi_{pjk} = b_{p0k} + \sum_{q=1}^{Q_p} b_{pqk}.X_{qjk} + r_{pjk} \qquad (16.30)$$

em que b_{pqk} ($q = 0$, 1, ..., Q_p) referem-se aos coeficientes de nível 2, X_{qjk} é uma q-ésima variável explicativa de nível 2 para a unidade j na unidade de nível 3 k, e r_{pjk} são os efeitos aleatórios do nível 2, assumindo-se, para cada unidade j, que o vetor $(r_{0jk}, r_{1jk}, ..., r_{Pjk})'$ apresenta distribuição normal multivariada com cada elemento possuindo média zero e variância $\tau_{r\pi pp}$.

Nível 3:
$$b_{pqk} = \gamma_{pq0} + \sum_{s=1}^{S_{pq}} \gamma_{pqs}.W_{sk} + u_{pqk} \qquad (16.31)$$

em que γ_{pqs} ($s = 0, 1, ..., S_{pq}$) referem-se aos coeficientes de nível 3, W_{sk} é uma s-ésima variável explicativa de nível 3 para a unidade k, e u_{pqk} são os efeitos aleatórios do nível 3, assumindo-se que para cada unidade k, o vetor composto pelos termos u_{pqk} apresenta distribuição normal multivariada com cada elemento possuindo média zero e variância $\tau_{u\pi pp}$, que resulta na matriz de variância-covariância $\mathbf{T_b}$ com dimensão máxima igual a:

$$\text{Dim}_{\text{máx}} \, \mathbf{T_b} = \sum_{p=0}^{P} \left(Q_p + 1 \right) \cdot \sum_{p=0}^{P} \left(Q_p + 1 \right) \tag{16.32}$$

que depende da quantidade de coeficientes do nível 3 especificados com termos aleatórios.

A fim de mantermos a lógica apresentada na seção anterior, e com o intuito de facilitar a compreensão do exemplo que será elaborado nas seções 16.4.2 e 16.5.2, imaginemos agora que exista uma única variável explicativa de nível 1, correspondente aos períodos de tempo em que são monitorados os dados da variável dependente. Em outras palavras, as unidades j do nível 2, aninhadas às unidades k do nível 3, são monitoradas por um período de tempo t ($t = 1, ..., T_j$), o que faz com que o banco de dados apresente j séries de tempo, conforme já mostrava a Tabela 16.2. O intuito é verificar se existem discrepâncias na evolução temporal dos dados da variável dependente e, em caso afirmativo, se essas ocorrem em função de características das unidades de nível 2 e de nível 3. Esta evolução temporal é o que caracteriza o termo **medidas repetidas**.

Neste sentido, a expressão (16.29) pode ser reescrita conforme segue, em que os subscritos i passam a ser subscritos t:

$$Y_{tjk} = \pi_{0jk} + \pi_{1jk} \cdot \text{período}_{jk} + e_{tjk} \tag{16.33}$$

em que π_{0jk} representa o intercepto do modelo correspondente à evolução temporal da variável dependente da unidade j do nível 2 aninhada à unidade k do nível 3, e π_{1jk} corresponde à evolução média (inclinação) da variável dependente para a mesma unidade ao longo do período analisado. Os submodelos correspondentes aos níveis 2 e 3 permanecem com as mesmas especificações daquelas apresentadas, respectivamente, nas expressões (16.30) e (16.31).

O gráfico da Figura 16.4 apresenta, de maneira conceitual, a plotagem do conjunto de modelos representados pela expressão (16.33) e, por meio dele, verificamos que os modelos individuais que representam as unidades j do nível 2 podem apresentar interceptos e inclinações diferentes ao longo do período t, fato que pode ocorrer em função de determinadas características das próprias unidades j do nível 2, ou de características das unidades k do nível 3.

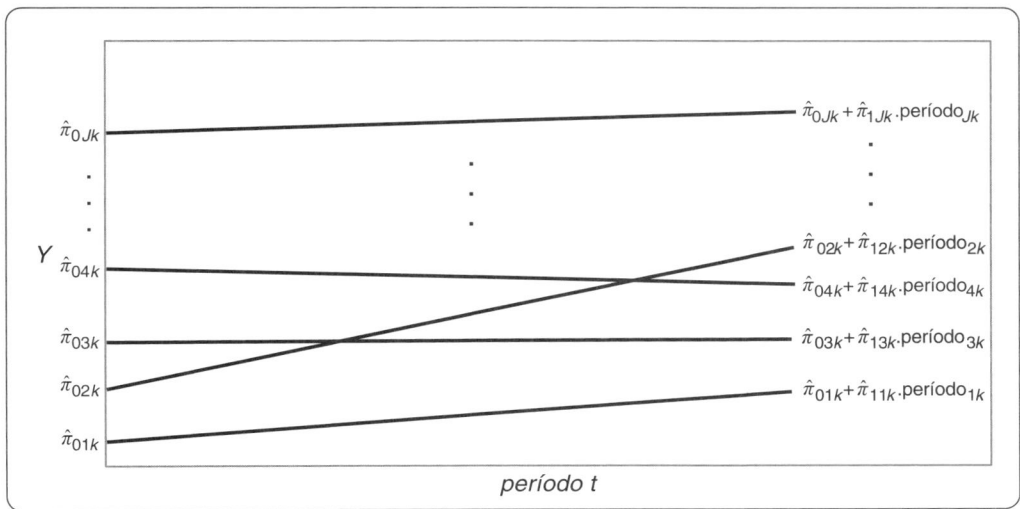

Figura 16.4 Modelos individuais que representam as evoluções temporais da variável dependente para cada uma das J unidades do nível 2.

Logo, devem existir características das unidades j do nível 2, invariantes temporalmente, e das unidades k do nível 3, invariantes também para as unidades j do nível 2 aninhadas a cada unidade k do nível 3 (conforme explícito na Tabela 16.2), que podem explicar as diferenças nos interceptos e nas inclinações dos modelos $\hat{Y}_{tjk} = \hat{\pi}_{0jk} + \hat{\pi}_{1jk} \cdot$ período$_{jk}$ representados na Figura 16.4.

Nesse sentido, supondo existir uma única variável explicativa X, que representa uma característica das j unidades do nível 2, e uma única variável explicativa W, que representa uma característica das k unidades do nível 3, podemos definir, a partir da expressão (16.33) e com base nas expressões (16.30) e (16.31), o seguinte modelo com três níveis de análise, em que o primeiro nível refere-se à medida repetida e contém apenas a variável temporal:

Nível 1:
$$Y_{tjk} = \pi_{0jk} + \pi_{1jk} \cdot \text{período}_{jk} + e_{tjk} \tag{16.34}$$

Nível 2:
$$\pi_{0jk} = b_{00k} + b_{01k} \cdot X_{jk} + r_{0jk} \tag{16.35}$$

$$\pi_{1jk} = b_{10k} + b_{11k} \cdot X_{jk} + r_{1jk} \tag{16.36}$$

Nível 3:
$$b_{00k} = \gamma_{000} + \gamma_{001} \cdot W_k + u_{00k} \tag{16.37}$$

$$b_{01k} = \gamma_{010} + \gamma_{011} \cdot W_k + u_{01k} \tag{16.38}$$

$$b_{10k} = \gamma_{100} + \gamma_{101} \cdot W_k + u_{10k} \tag{16.39}$$

$$b_{11k} = \gamma_{110} + \gamma_{111} \cdot W_k + u_{11k} \tag{16.40}$$

Combinando as expressões (16.34) a (16.39), chegamos à seguinte expressão:

$$Y_{tjk} = \underbrace{\left(\gamma_{000} + \gamma_{001} \cdot W_k + \gamma_{010} \cdot X_{jk} + \gamma_{011} \cdot W_k \cdot X_{jk} + u_{00k} + u_{01k} \cdot X_{jk} + r_{0jk} \right)}_{\textbf{intercepto com efeitos aleatórios}}$$

$$+ \underbrace{\left(\gamma_{100} + \gamma_{101} \cdot W_k + \gamma_{110} \cdot X_{jk} + \gamma_{111} \cdot W_k \cdot X_{jk} + u_{10k} + u_{11k} \cdot X_{jk} + r_{1jk} \right) \cdot \text{período}_{jk}}_{\textbf{inclinação com efeitos aleatórios}}$$

$$+ e_{tjk} \tag{16.41}$$

em que γ_{000} representa o valor esperado da variável dependente no instante inicial e quando $X = W = 0$ (intercepto geral), γ_{001} representa o incremento no valor esperado da variável dependente no instante inicial (alteração no intercepto) para determinada unidade j de nível 2 pertencente a uma unidade k de nível 3 quando houver alteração unitária na característica W de k, *ceteris paribus*, γ_{010} representa o incremento no valor esperado da variável dependente no instante inicial para determinada unidade jk quando houver alteração unitária na característica X de j, *ceteris paribus*, e γ_{011} representa o incremento no valor esperado da variável dependente no instante inicial para determinada unidade jk quando houver alteração unitária no produto $W \cdot X$, também *ceteris paribus*. Além disso, u_{00k} e u_{01k} representam os termos de erro que indicam a **existência de aleatoriedade nos interceptos**, sendo que o último incide sobre alterações na variável X.

Além disso, γ_{100} representa a alteração no valor esperado da variável dependente quando houver alteração unitária no período de análise (mudança na inclinação em razão da evolução temporal unitária), *ceteris paribus*, γ_{101} representa a alteração no valor esperado da variável dependente em razão da evolução temporal unitária para determinada unidade jk quando houver alteração unitária na característica W, *ceteris paribus*, γ_{110} representa a alteração no valor esperado da variável dependente em razão da evolução temporal unitária para determinada unidade jk quando houver alteração unitária na característica X, *ceteris paribus*, e γ_{111} representa a alteração no valor esperado da variável dependente em razão da evolução temporal unitária para determinada unidade jk quando houver alteração unitária no produto $W \cdot X$, também *ceteris paribus*. Por fim, u_{10k} e u_{11k} representam os termos de erro que indicam a **existência de aleatoriedade nas inclinações**, sendo que o último também incide sobre alterações na variável X.

A expressão (16.41) facilita a visualização de que o intercepto e a inclinação podem sofrer influência de termos aleatórios decorrentes da existência de comportamentos distintos da variável dependente ao longo do tempo para cada uma das unidades do nível 2 (distintas séries de tempo), e esse fenômeno pode ser decorrente das características dessas unidades, bem como das características dos grupos a que pertencem tais unidades.

Se o pesquisador desejar elaborar uma análise acerca dos componentes de efeitos fixos e aleatórios que podem influenciar o comportamento da variável dependente, dado que este procedimento inclusive facilita a inserção dos comandos para elaboração de modelagens multinível em Stata, em SPSS, em R e em Python, conforme veremos mais adiante, basta rearranjar os termos da expressão (16.41), conforme segue:

$$
\begin{aligned}
Y_{tjk} = {} & \gamma_{000} + \gamma_{001}.W_k + \gamma_{010}.X_{jk} + \gamma_{011}.W_k.X_{jk} \\
& + \gamma_{100}.\text{período}_{tjk} + \gamma_{101}.W_k.\text{período}_{jk} + \gamma_{110}.X_{jk}.\text{período}_{jk} + \gamma_{111}.W_k.X_{jk}.\text{período}_{jk} \left.\vphantom{\begin{aligned}&\\&\end{aligned}}\right\} \textbf{Efeitos Fixos} \\
& \underbrace{+ u_{00k} + u_{01k}.X_{jk} + u_{10k}.\text{período}_{jk} + u_{11k}.X_{jk}.\text{período}_{jk} + r_{0jk} + r_{1jk}.\text{período}_{jk} + e_{tjk}}_{\textbf{Efeitos Aleatórios}}
\end{aligned}
\tag{16.42}
$$

Em modelos hierárquicos de três níveis podemos definir duas correlações intraclasse, dada a existência de duas proporções de variância, sendo uma correspondente ao comportamento dos dados pertencentes às mesmas unidades j de nível 2 e mesmas unidades k de nível 3 (**correlação intraclasse de nível 2**), e outra correspondente ao comportamento dos dados pertencentes às mesmas unidades k de nível 3, porém provenientes de diferentes unidades j de nível 2 (**correlação intraclasse de nível 3**). Nas seções 16.4.2 e 16.5.2, elaboraremos os cálculos dessas correlações intraclasse quando da aplicação de exemplos práticos, respectivamente, em Stata e SPSS.

A partir da expressão (16.34), podemos definir, conforme segue, as expressões gerais dos submodelos de níveis 2 e 3 de uma análise hierárquica com três níveis e medidas repetidas, em que o segundo nível oferece as variáveis explicativas $X_1, ..., X_Q$ referentes a cada unidade j, e o terceiro nível, as variáveis explicativas $W_1, ..., W_S$ referentes a cada unidade k:

Nível 2:
$$
\pi_{pjk} = b_{p0k} + \sum_{q=1}^{Q_p} b_{pqk}.X_{qjk} + r_{pjk}
\tag{16.43}
$$

Nível 3:
$$
b_{pqk} = \gamma_{pq0} + \sum_{s=1}^{S_{pq}} \gamma_{pqs}.W_{sk} + u_{pqk}
\tag{16.44}
$$

Analogamente ao apresentado com os modelos hierárquicos de dois níveis na seção anterior, enquanto os parâmetros dos efeitos fixos são estimados tradicionalmente, em softwares como o Stata, o SPSS, o R e o Python, por máxima verossimilhança, os componentes de variância dos termos de erro podem ser estimados tanto por máxima verossimilhança, quanto por máxima verossimilhança restrita, conforme veremos nas próximas seções quando estimarmos modelos hierárquicos de três níveis por meio desses softwares.

Frente ao exposto, enquanto na Seção 16.4 elaboraremos modelagens hierárquicas de dois níveis com dados agrupados e de três níveis com medidas repetidas em Stata, na seção 16.5 elaboraremos as mesmas modelagens, porém em SPSS. As seções 16.6 e 16.7 são destinadas à apresentação dos códigos comentados em R e Python, respectivamente, para a estimação dos modelos hierárquicos estudados. Os exemplos adotados respeitam a lógica adotada ao longo do livro.

16.4. ESTIMAÇÃO DE MODELOS HIERÁRQUICOS LINEARES NO SOFTWARE STATA

O objetivo desta seção é propiciar ao pesquisador uma oportunidade de elaboração de procedimentos de modelagem multinível por meio do Stata Statistical Software®. A reprodução das imagens nesta seção tem autorização da StataCorp LP©.

16.4.1. Estimação de um modelo hierárquico linear de dois níveis com dados agrupados no software Stata

Apresentaremos um exemplo que segue a mesma lógica dos capítulos anteriores, porém com dados que variam entre indivíduos e entre grupos a que pertencem esses indivíduos, caracterizando uma estrutura aninhada.

Imagine que o nosso sagaz e talentoso professor, que já explorou consideravelmente os efeitos de determinadas variáveis explicativas sobre o tempo de deslocamento de um grupo de alunos até a escola, sobre a probabilidade de se chegar atrasado às aulas, sobre a quantidade de atrasos que ocorrem semanal ou mensalmente e sobre o desempenho escolar desses alunos ao longo do tempo, por meio, respectivamente, de modelos de regressão múltipla, de regressão logística binária e multinomial, de regressão para dados de contagem e de regressão com dados longitudinais, tenha agora o interesse em ampliar sua pesquisa para outras escolas, investigando se existem diferenças no comportamento do desempenho escolar entre estudantes provenientes de escolas distintas e, em caso afirmativo, se essas diferenças ocorrem em função de características das próprias escolas.

Neste sentido, o professor conseguiu dados sobre o desempenho escolar (nota de 0 a 100 mais um bônus por participação em sala) de 2.000 estudantes provenientes de 46 escolas. Além disso, também conseguiu dados a respeito do comportamento dos estudantes, como quantidade semanal de horas de estudo, e dados referentes à natureza de cada uma das escolas (pública ou privada) e ao tempo médio de experiência docente dos professores em cada uma delas. Parte do banco de dados elaborado encontra-se na Tabela 16.3, porém a base de dados completa pode ser acessada por meio dos arquivos **DesempenhoAlunoEscola.xls** (Excel) e **DesempenhoAlunoEscola.dta** (Stata).

Tabela 16.3 Exemplo: desempenho escolar e características de estudantes (nível 1) e de escolas (nível 2).

Estudante i (Nível 1)	Escola j (Nível 2)	Desempenho escolar (Y_{ij})	Quantidade semanal de horas de estudo (X_{ij})	Tempo médio, em anos, de experiência dos docentes (W_{1j})	Escola pública ou privada (W_{2j})
1	1	35,4	11	2	pública
2	1	74,9	23	2	pública
...					
47	1	24,8	9	2	pública
48	2	41,0	13	2	pública
...					
72	2	65,2	20	2	pública
...					
121	4	66,4	20	9	privada
...					
140	4	93,4	27	9	privada
...					
1.995	46	44,0	15	2	pública
...					
2.000	46	56,6	17	2	pública

Após abrirmos o arquivo **DesempenhoAlunoEscola.dta**, podemos digitar o comando **desc**, que faz com que seja possível analisarmos as características do banco de dados, como a quantidade de observações, a quantidade de variáveis e a descrição de cada uma delas. A Figura 16.5 apresenta este primeiro *output* do Stata.

```
. desc

  obs:          2,000
  vars:             6
  size:        42,000
--------------------------------------------------------------------
              storage   display    value
variable name   type    format     label      variable label
--------------------------------------------------------------------
estudante       int     %8.0g                  estudante i (nível 1)
escola          int     %8.0g                  escola j (nível 2)
desempenho      float   %9.1f                  desempenho escolar
horas           byte    %8.0g                  quantidade semanal de horas de estudo do
                                               aluno
texp            float   %9.0g                  tempo médio de experiência docente dos
                                               professores da escola (anos)
priv            float   %9.0g      priv        natureza da escola (pública ou privada)
--------------------------------------------------------------------
Sorted by:  estudante
```

Figura 16.5 Descrição do banco de dados **DesempenhoAlunoEscola.dta**.

Inicialmente, podemos obter informações acerca da quantidade de alunos que foram pesquisados pelo professor em cada escola, por meio do seguinte comando:

```
tabulate escola, subpop(estudante)
```

Os *outputs* são apresentados na Figura 16.6 e, por meio destes, podemos verificar que estamos diante de uma **estrutura desequilibrada de dados agrupados**.

```
. tabulate escola, subpop(estudante)

  escola j |
 (nível 2) |       Freq.     Percent        Cum.
-----------+-----------------------------------
         1 |          47        2.35        2.35
         2 |          25        1.25        3.60
         3 |          48        2.40        6.00
         4 |          20        1.00        7.00
         5 |          48        2.40        9.40
         6 |          30        1.50       10.90
         7 |          28        1.40       12.30
         8 |          35        1.75       14.05
         9 |          44        2.20       16.25
        10 |          33        1.65       17.90
        11 |          57        2.85       20.75
        12 |          62        3.10       23.85
        13 |          53        2.65       26.50
        14 |          27        1.35       27.85
        15 |          53        2.65       30.50
        16 |          28        1.40       31.90
        17 |          29        1.45       33.35
        18 |          39        1.95       35.30
        19 |          47        2.35       37.65
        20 |          60        3.00       40.65
        21 |          61        3.05       43.70
        22 |          67        3.35       47.05
        23 |          47        2.35       49.40
        24 |          57        2.85       52.25
        25 |          52        2.60       54.85
        26 |          57        2.85       57.70
        27 |          38        1.90       59.60
        28 |          57        2.85       62.45
        29 |          42        2.10       64.55
        30 |          38        1.90       66.45
        31 |          52        2.60       69.05
        32 |          45        2.25       71.30
        33 |          47        2.35       73.65
        34 |          25        1.25       74.90
        35 |          55        2.75       77.65
        36 |          42        2.10       79.75
        37 |          43        2.15       81.90
        38 |          48        2.40       84.30
        39 |          46        2.30       86.60
        40 |          53        2.65       89.25
        41 |          59        2.95       92.20
        42 |          21        1.05       93.25
        43 |          39        1.95       95.20
        44 |          52        2.60       97.80
        45 |          38        1.90       99.70
        46 |           6        0.30      100.00
-----------+-----------------------------------
     Total |       2,000      100.00
```

Figura 16.6 Quantidade de estudantes por escola.

O desempenho médio dos estudantes por escola, que pode ser analisado na Figura 16.7, pode ser obtido por meio dos seguintes comandos:

```
bysort escola: egen desempenho_médio = mean(desempenho)

tabstat desempenho_médio, by(escola)
```

```
. bysort escola: egen desempenho_médio = mean(desempenho)
. tabstat desempenho_médio, by(escola)

Summary for variables: desempenho_médio
     by categories of: escola (escola j (nível 2))

   escola |      mean              escola |      mean
 ---------+----------           ---------+----------
        1 |  50.38936                 24 |  58.54211
        2 |    62.796                 25 |  52.57116
        3 |  43.94375                 26 |  67.31403
        4 |    75.025                 27 |  62.13158
        5 |  56.23333                 28 |  71.18597
        6 |  56.93667                 29 |  41.76429
        7 |  51.73214                 30 |  55.77369
        8 |  92.93143                 31 |      57.9
        9 |  84.92728                 32 |     60.86
       10 |  70.95454                 33 |  75.65958
       11 |  66.56842                 34 |    54.892
       12 |  64.72258                 35 |  57.33636
       13 |  44.24151                 36 |  62.98333
       14 |  42.73333                 37 |  45.33023
       15 |  69.16415                 38 |      89.3
       16 |  65.86072                 39 |  51.07391
       17 |  74.81724                 40 |  61.02641
       18 |  60.34103                 41 |  59.88983
       19 |  58.83617                 42 |   77.0619
       20 |     66.77                 43 |  49.32564
       21 |  45.14262                 44 |    61.125
       22 |  50.40448                 45 |  63.06579
       23 |  71.09787                 46 |     42.65
                                 ---------+----------
                                    Total |   60.8596
                                 -------------------
```

Figura 16.7 Desempenho médio dos estudantes por escola.

E, para finalizarmos este diagnóstico inicial, podemos elaborar um gráfico que permite a visualização do desempenho médio dos estudantes por escola. Este gráfico, apresentado na Figura 16.8, e pode ser obtido pela digitação do seguinte comando:

```
graph twoway scatter desempenho escola || connected desempenho_médio
escola, connect(L) || , ytitle(desempenho escolar)
```

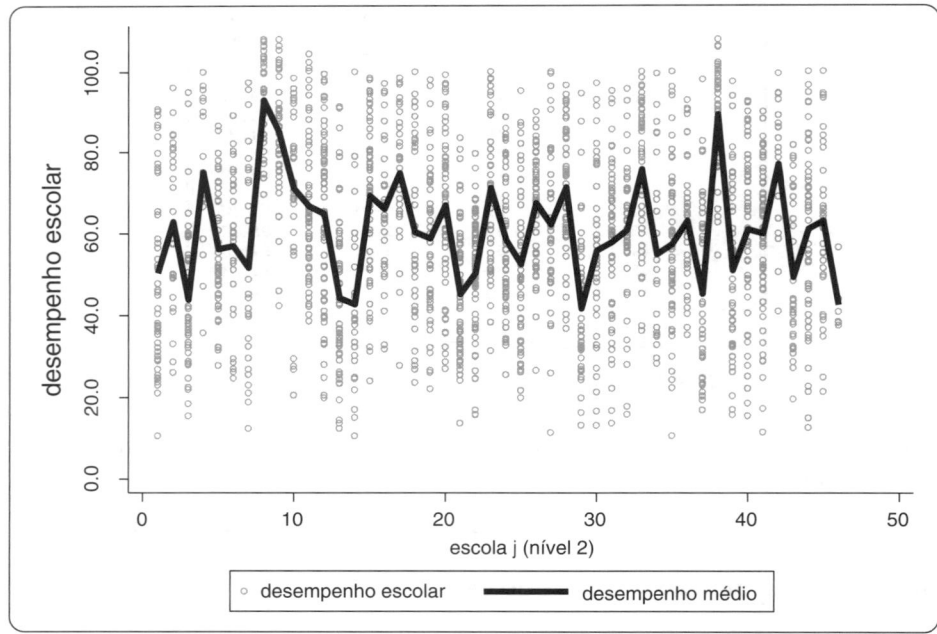

Figura 16.8 Desempenho escolar médio dos estudantes por escola.

Caracterizado o aninhamento dos estudantes em escolas com base nos dados agrupados do nosso exemplo, vamos partir para a modelagem multinível propriamente dita, elaborando os procedimentos com foco na estimação de um modelo hierárquico linear de dois níveis (estudantes e escolas). Na modelagem do desempenho escolar, embora uma possibilidade seja a inclusão, no componente de efeitos fixos, de variáveis *dummy* que representem escolas, vamos tratar estas unidades de nível 2 como efeitos aleatórios para a estimação destes modelos.

O primeiro modelo a ser estimado, conhecido por **modelo nulo** ou **modelo não condicional**, permite que verifiquemos se existe variabilidade do desempenho escolar entre estudantes provenientes de escolas diferentes, já que nenhuma variável explicativa será inserida na modelagem, que considera apenas a existência de um intercepto e dos termos de erro u_{0j} e r_{ij}, com variâncias respectivamente iguais a τ_{00} e σ^2. O modelo a ser estimado, portanto, apresenta a seguinte expressão:

Modelo nulo:

$$desempenho_{ij} = b_{0j} + r_{ij}$$
$$b_{0j} = \gamma_{00} + u_{0j}$$

que resulta em:

$$desempenho_{ij} = \gamma_{00} + u_{0j} + r_{ij}$$

O comando para a estimação do modelo nulo no Stata, para os dados do nosso exemplo, é:

```
xtmixed desempenho || escola: , var nolog reml
```

em que o termo **xtmixed** refere-se à estimação de qualquer modelo hierárquico linear e a primeira variável a ser inserida corresponde à variável dependente, assim como em qualquer outra estimação de um modelo de regressão, com variáveis explicativas podendo ser incluídas em sequência. Além disso, há uma segunda parte do comando **xtmixed**, iniciada pelo termo **||**. Enquanto a primeira parte do comando corresponde aos efeitos fixos, a segunda parte diz respeito aos efeitos aleatórios que podem ser gerados pela existência de um segundo nível de análise, referente, no caso, às escolas (daí a segunda parte iniciar com o termo **escola:**). O termo **var** faz com que sejam apresentados, nos *outputs*, as estimações das variâncias dos termos de erro u_{0j} e r_{ij} (τ_{00} e σ^2, respectivamente), em vez dos desvios-padrão. Já o termo **nolog** apenas faz com que não sejam apresentados, nos *outputs*, os resultados das iterações para a maximização do logaritmo da função de verossimilhança restrita. Por fim, o pesquisador ainda tem a opção de definir o método de estimação a ser utilizado, usando os termos **reml** (máxima verossimilhança restrita) ou **mle** (máxima verossimilhança).[1]

Os *outputs* gerados estão na Figura 16.9.

```
. xtmixed desempenho || escola: , var nolog reml

Mixed-effects REML regression              Number of obs     =       2000
Group variable: escola                     Number of groups  =         46

                                           Obs per group: min =          6
                                                          avg =       43.5
                                                          max =         67

                                           Wald chi2(0)      =          .
Log restricted-likelihood = -8752.0205     Prob > chi2       =          .

-------------------------------------------------------------------------
  desempenho |    Coef.   Std. Err.      z    P>|z|   [95% Conf. Interval]
-------------+-----------------------------------------------------------
       _cons | 61.04901   1.776135    34.37   0.000   57.56785    64.53017
-------------------------------------------------------------------------


-------------------------------------------------------------------------
  Random-effects Parameters  |   Estimate   Std. Err.   [95% Conf. Interval]
-----------------------------+-------------------------------------------
escola: Identity             |
                 var(_cons)  |  135.7793   30.75008     87.10859    211.644
-----------------------------+-------------------------------------------
               var(Residual) |  347.5617   11.12078    326.4347    370.056
-------------------------------------------------------------------------
LR test vs. linear regression: chibar2(01) =   486.01 Prob >= chibar2 = 0.0000
```

Figura 16.9 *Outputs* do modelo nulo no Stata.

---

[1] O comando **xtmixed** passou a estar disponível na versão 9 do Stata (a partir de 2005), e até a versão 12 é o comando para a estimação de modelos hierárquicos lineares, com método padrão de estimação por máxima verossimilhança restrita (*REML*). A partir da versão 13 do Stata, as estimações de modelos hierárquicos lineares podem ser elaboradas por meio dos comandos **xtmixed** ou, simplesmente, **mixed**, porém o método de estimação padrão, quando não especificado pelo pesquisador, passa a ser o de máxima verossimilhança (*MLE*).

A partir dos *outputs* da Figura 16.9, podemos incialmente verificar que a estimação do parâmetro γ_{00} é igual a 61,049, que corresponde à média dos desempenhos escolares esperados dos estudantes (reta horizontal estimada no modelo nulo, ou intercepto geral).[2] Além disso, na parte inferior dos *outputs*, são apresentadas as estimações das variâncias dos termos de erro τ_{00} = 135,779 (no Stata, **var(_cons)**) e σ^2 = 347,562 (no Stata, **var(Residual)**). Com base na expressão (16.20), podemos calcular a seguinte correlação intraclasse:

$$rho = \frac{\tau_{00}}{\tau_{00} + \sigma^2} = \frac{135,779}{135,779 + 347,562} = 0,281$$

que indica que aproximadamente 28% da variância total do desempenho escolar é devido à alteração entre escolas, representando um primeiro indício de existência de variabilidade no desempenho escolar dos estudantes provenientes de escolas diferentes. A partir da versão 13 do Stata, é possível obter diretamente essa correlação intraclasse, digitando-se o comando **estat icc** logo após a estimação do correspondente modelo.

Embora o Stata não mostre diretamente o resultado dos testes z com os respectivos níveis de significância para os parâmetros de efeitos aleatórios, o fato de a estimação do componente de variância τ_{00}, correspondente ao intercepto aleatório u_{0j}, ser consideravelmente superior ao seu erro-padrão indica variação significativa no desempenho escolar entre escolas. Estatisticamente, podemos verificar que z = 135,779 / 30,750 = 4,416 > 1,96, sendo 1,96 o valor crítico da distribuição normal padrão que resulta em um nível de significância de 5%.

Essa informação é bastante importante para embasar a escolha da modelagem hierárquica, em detrimento de uma modelagem tradicional de regressão por MQO, e é a principal razão para que seja estimado sempre um modelo nulo na elaboração de análises multinível.

Na parte inferior da Figura 16.9 podemos comprovar esse fato, analisando o resultado do teste de razão de verossimilhança (**LR test**, ou *likelihood ratio test*). Como *Sig.* χ^2 = 0,000, podemos rejeitar a hipótese nula de que os interceptos aleatórios sejam iguais a zero (H_0: u_{0j} = 0), o que faz com que a estimação de um modelo tradicional de regressão linear seja descartada para os dados agrupados do nosso exemplo.

Vamos primeiramente investigar se a variável explicativa de nível 1, *horas*, apresenta relação com o comportamento do desempenho escolar dos estudantes provenientes de uma mesma escola (variação entre estudantes) e provenientes de escolas distintas (variação entre escolas). Um primeiro diagnóstico pode ser elaborado por meio da digitação do seguinte comando, que gera o gráfico da Figura 16.10:

```
statsby intercept=_b[_cons] slope=_b[horas], by(escola) saving(ols,
replace): reg desempenho horas

sort escola

merge escola using ols

drop _merge

gen yhat_ols= intercept + slope*horas

sort escola horas

separate desempenho, by(escola)

separate yhat_ols, by(escola)

graph twoway connected yhat_ols1-yhat_ols46 horas || lfit desempenho
horas, clwidth(thick) clcolor(black) legend(off) ytitle(desempenho
escolar)
```

---

[2] Um pesquisador mais curioso poderá verificar este fato, digitando o comando **predict yhat** logo após a estimação do modelo nulo. Uma nova variável (*yhat*) será gerada no banco de dados, com todos os valores iguais a 61,049 (na realidade, uma constante).

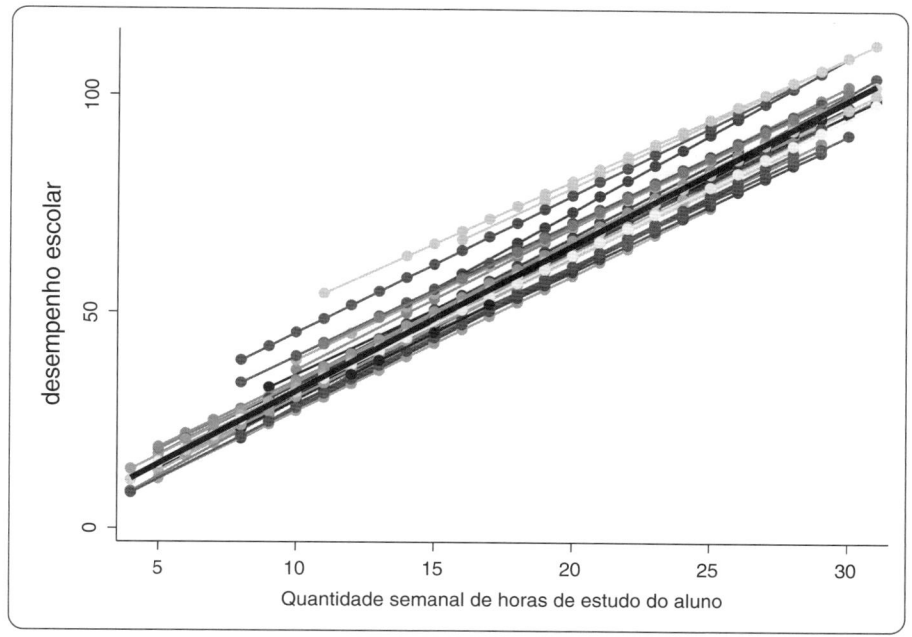

Figura 16.10 Desempenho escolar em função da variável *horas* (variação entre estudantes de uma mesma escola e entre escolas diferentes).

O gráfico da Figura 16.10 apresenta o ajuste linear por MQO, para cada escola, do comportamento do desempenho escolar de cada estudante em função da quantidade semanal de horas de estudo. Podemos verificar que, embora haja melhoria substancial no desempenho escolar à medida que a quantidade semanal de horas de estudo aumenta (felizmente), essa relação não é a mesma para todas as escolas. Mais do que isso, os interceptos de cada modelo são nitidamente distintos.

Portanto, nosso dever passa a ser o de investigar se ocorrem efeitos aleatórios nos interceptos e nas inclinações gerados pela variável *horas*, em decorrência da existência de diversas escolas. Em caso afirmativo, deveremos, posteriormente, investigar se determinadas características das escolas podem responder por tal fato. Note que este último comando também gera um novo arquivo em Stata (**ols.dta**), em que podem ser analisadas as diferenças entre as escolas.

Caso o pesquisador optasse por não incluir efeitos aleatórios na modelagem, ou seja, caso o teste de razão de verossimilhança elaborado na estimação do modelo nulo não rejeitasse H_0 ($u_{0j} = 0$), bastaria que fosse digitado o seguinte comando, conforme estudamos no Capítulo 12, para que os parâmetros do nosso modelo fossem estimados:

```
reg desempenho horas
```

Apenas para fins didáticos, os parâmetros estimados na digitação deste último comando (**reg**), cujos *outputs* não são apresentados aqui, são iguais aos que seriam obtidos por meio do seguinte comando:

```
xtmixed desempenho horas, reml
```

já que o termo **xtmixed** sem a especificação de efeitos aleatórios faz com que sejam estimados, por máxima verossimilhança restrita (termo **reml**), parâmetros com valores idênticos aos que são estimados por mínimos quadrados ordinários (regressão linear apenas com efeitos fixos).

Com base na lógica proposta, vamos, inicialmente, inserir efeitos aleatórios de intercepto no nosso modelo multinível, que passará a ter a seguinte especificação:

Modelo com interceptos aleatórios:

$$desempenho_{ij} = b_{0j} + b_{1j}.horas_{ij} + r_{ij}$$
$$b_{0j} = \gamma_{00} + u_{0j}$$
$$b_{1j} = \gamma_{10}$$

que resulta na seguinte expressão:

$$desempenho_{ij} = \gamma_{00} + \gamma_{10}.horas_{ij} + u_{0j} + r_{ij}$$

O comando para a estimação do modelo com interceptos aleatórios no Stata, para os dados do nosso exemplo, é:

xtmixed desempenho horas || escola: , var nolog reml

que gera os *outputs* da Figura 16.11.

```
. xtmixed desempenho horas || escola: , var nolog reml

Mixed-effects REML regression              Number of obs      =       2000
Group variable: escola                     Number of groups   =         46

                                           Obs per group: min =          6
                                                          avg =       43.5
                                                          max =         67

                                           Wald chi2(1)       =   19709.41
Log restricted-likelihood = -6372.1643     Prob > chi2        =     0.0000

------------------------------------------------------------------------------
  desempenho |     Coef.    Std. Err.      z    P>|z|    [95% Conf. Interval]
-------------+----------------------------------------------------------------
       horas |  3.251924    .0231635   140.39   0.000    3.206525    3.297324
       _cons |  .5344677    .7875305     0.68   0.497   -1.009064    2.077999
------------------------------------------------------------------------------

------------------------------------------------------------------------------
  Random-effects Parameters  |   Estimate   Std. Err.    [95% Conf. Interval]
-----------------------------+------------------------------------------------
escola: Identity             |
                 var(_cons)  |   19.12534   4.199479      12.4367    29.41123
-----------------------------+------------------------------------------------
               var(Residual) |   31.76378   1.016389     29.83288    33.81966
------------------------------------------------------------------------------
LR test vs. linear regression: chibar2(01) =    816.88 Prob >= chibar2 = 0.0000
```

Figura 16.11 *Outputs* do modelo com interceptos aleatórios.

Da mesma forma, a parte superior dos *outputs* mostra os efeitos fixos do nosso modelo, que contempla 46 interceptos separados (um para cada escola), embora não diretamente apresentados. Já a parte inferior corresponde à estimação das variâncias dos termos de erro $\tau_{00} = 19,125$ e $\sigma^2 = 31,764$. A correlação intraclasse deste modelo é calculada da seguinte forma:

$$rho = \frac{\tau_{00}}{\tau_{00} + \sigma^2} = \frac{19,125}{19,125 + 31,764} = 0,376$$

que mostra um incremento da proporção do componente de variância correspondente ao intercepto em relação ao modelo nulo, demonstrando a importância da inclusão da variável *horas* para o estudo do comportamento do desempenho escolar na comparação entre escolas. Assim como já verificado no modelo nulo, a estimação do componente de variância τ_{00} é quase cinco vezes superior ao seu erro-padrão ($z = 19,125/4,199 = 4,555 > 1,96$), indicando haver variação significativa no desempenho escolar médio entre escolas em decorrência da existência de interceptos aleatórios (os interceptos variam de maneira estatisticamente significante de escola para escola).

Por meio da análise do resultado do teste de razão de verossimilhança (**LR test**, ou *likelihood ratio test*), podemos aqui também rejeitar a hipótese nula de que os interceptos aleatórios sejam iguais a zero (H_0: $u_{0j} = 0$), já que *Sig.* $\chi^2 = 0,000$, comprovando que a estimação de um modelo tradicional de regressão linear apenas com efeitos fixos seja descartada.

O nosso modelo, portanto, passa a ter, no presente momento, a seguinte especificação:

$$desempenho_{ij} = 0,534 + 3,252.horas_{ij} + u_{0j} + r_{ij}$$

em que o efeito fixo do intercepto corresponde agora à média esperada dos desempenhos escolares, entre escolas, dos alunos que, por alguma razão, não estudam (*horas*$_{ij}$ = 0). Por outro lado, uma hora a mais de estudo semanal, em média, faz com que a média esperada dos desempenhos escolares, entre escolas, seja incrementada em 3,252 pontos, sendo este parâmetro estatisticamente significante.

Apenas para fins didáticos, como esta última estimação representa um modelo em que o componente aleatório contém apenas interceptos, o método de máxima verossimilhança (não restrita) geraria estimações dos parâmetros idênticas às que seriam obtidas por uma estimação tradicional considerando dados em painel (conforme estudamos no Capítulo 15). Além disso, um pesquisador ainda mais curioso poderia verificar que a elaboração de um **modelo linear generalizado multinível** (ou, em inglês, ***generalized linear latent and mixed model – GLLAMM***) também geraria as mesmas estimações dos parâmetros. Em outras palavras, os três comandos a seguir geram estimativas idênticas dos parâmetros e das variâncias dos termos de erro:

Modelo multinível com estimação por máxima verossimilhança:

```
xtmixed desempenho horas || escola: , var nolog mle
```

em que o termo `mle` significa ***maximum likelihood estimation***.

Modelo para dados em painel com estimação por máxima verossimilhança:

```
xtset escola estudante
```

```
xtreg desempenho horas, mle
```

Modelo linear generalizado multinível:

```
gllamm desempenho horas, i(escola) adapt
```

em que a opção `adapt` faz com que seja utilizado o processo de **quadratura adaptativa** em vez do processo padrão de **quadratura ordinária de Gauss-Hermite**.

É importante mencionar que os modelos lineares generalizados multinível (*GLLAMM*) são análogos aos modelos lineares generalizados (*GLM*) estudados nos Capítulos 12, 13 e 14, ou seja, também são bastante úteis para a elaboração de modelagens em que a variável dependente apresenta-se de maneira categórica ou com dados de contagem, e existe uma estrutura aninhada de dados. No apêndice deste capítulo, apresentaremos exemplos de modelos hierárquicos não lineares dos tipos logístico, Poisson e binomial negativo. Para um aprofundamento do tema, recomendamos também o estudo de Rabe-Hesketh, Skrondal e Pickles (2002) e de Rabe-Hesketh e Skrondal (2012a, 2012b).

Voltando ao nosso modelo com interceptos aleatórios (*outputs* da Figura 16.11), podemos arquivar (comando `estimates store`) as estimações obtidas para futura comparação com as que serão geradas na estimação de um modelo com interceptos e inclinações aleatórias. Além disso, podemos também obter, por meio do comando `predict, reffects`, os valores esperados dos efeitos aleatórios u_{0j}, conhecidos por **BLUPS** (***best linear unbiased predictions***), já que o comando `xtmixed` não os apresenta diretamente. Para tanto, podemos digitar a seguinte sequência de comandos:

```
quietly xtmixed desempenho horas || escola: , var nolog reml
estimates store interceptoaleat
predict u0, reffects
desc u0
by estudante, sort: generate tolist = (_n==1)
list estudante u0 if estudante <= 10 | estudante > 1990 & tolist
```

A Figura 16.12 apresenta os valores dos termos de intercepto aleatório u_{0j} para os primeiros e últimos 10 estudantes da base de dados. Podemos verificar que estes termos de erro são invariantes para estudantes da mesma escola, porém variam entre escolas, o que caracteriza a existência de um intercepto para cada escola.

A fim de propiciar melhor visualização dos interceptos aleatórios por escola, podemos gerar um gráfico (Figura 16.13) digitando o seguinte comando:

```
graph hbar (mean) u0, over(escola) ytitle("Interceptos Aleatórios por
Escola")
```

```
. quietly xtmixed desempenho horas || escola: , var nolog reml
. estimates store interceptoaleat
. predict u0, reffects
. desc u0

                  storage  display    value
variable name     type     format     label        variable label
-------------------------------------------------------------------------
u0                float    %9.0g                    BLUP r.e. for escola: _cons

. by estudante, sort: generate tolist = (_n==1)
. list estudante u0 if estudante <= 10 | estudante > 1990 & tolist

     +------------------------+        +------------------------+
     | estuda~e        u0 |            | estuda~e          u0 |
     |------------------------|        |------------------------|
  1. |    1       -2.5026 |      1991. |    1991    -2.238187 |
  2. |    2       -2.5026 |      1992. |    1992    -2.238187 |
  3. |    3       -2.5026 |      1993. |    1993    -2.238187 |
  4. |    4       -2.5026 |      1994. |    1994    -2.238187 |
  5. |    5       -2.5026 |      1995. |    1995    -3.096321 |
     |------------------------|        |------------------------|
  6. |    6       -2.5026 |      1996. |    1996    -3.096321 |
  7. |    7       -2.5026 |      1997. |    1997    -3.096321 |
  8. |    8       -2.5026 |      1998. |    1998    -3.096321 |
  9. |    9       -2.5026 |      1999. |    1999    -3.096321 |
 10. |   10       -2.5026 |      2000. |    2000    -3.096321 |
     |------------------------|        +------------------------+
```

Figura 16.12 Termos de intercepto aleatório u_{0j}.

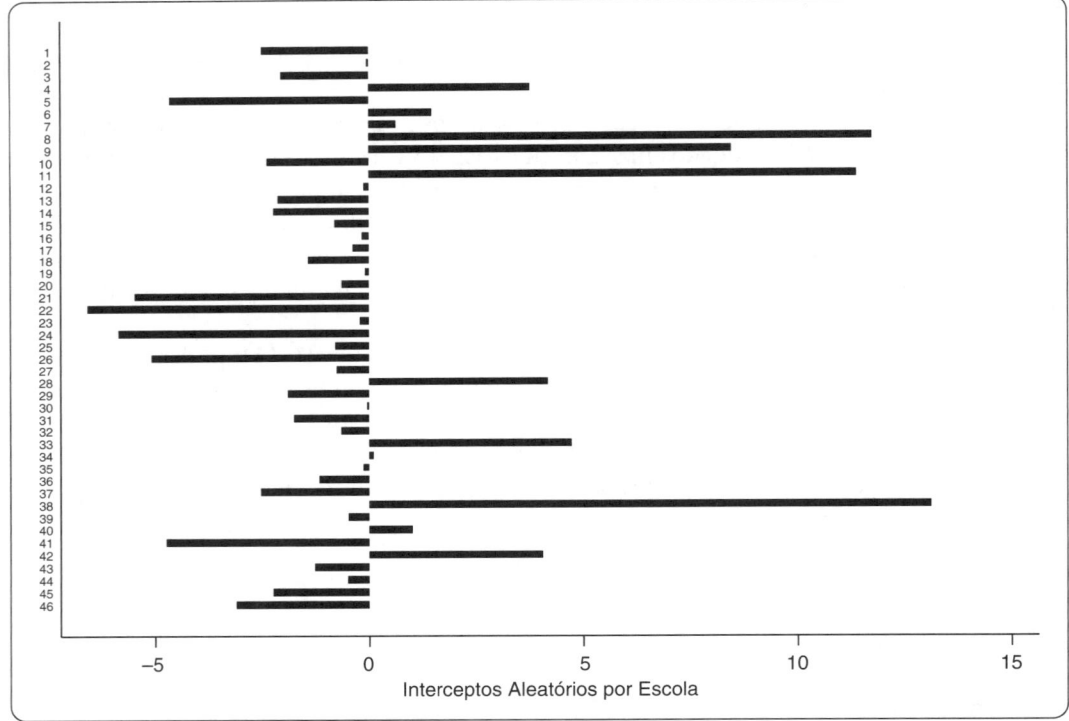

Figura 16.13 Interceptos aleatórios por escola.

Como ainda realizaremos algumas estimações adicionais, a fim de chegarmos a um modelo mais completo e com a presença de variáveis explicativas de nível 2, não vamos, neste momento, apresentar os comandos para gerar os valores previstos do desempenho escolar por estudante. Esse procedimento será realizado mais adiante.

Elaborada a verificação de que o desempenho escolar sofre influência da quantidade de horas de estudo por semana, e de que há diferenças nos interceptos dos modelos entre escolas, vamos, neste momento, estudar se as inclinações também são diferentes entre escolas. Embora os gráficos das Figuras 16.10 e 16.13 permitam que visualizemos, de fato, interceptos discrepantes entre escolas, o mesmo não pode ser dito em relação às inclinações dos 46 ajustes lineares. Entretanto, é nosso dever avaliar tal situação do ponto de vista estatístico. Portanto, vamos inserir efeitos aleatórios de inclinação no nosso modelo multinível que, com a manutenção dos efeitos aleatórios de intercepto, passará a ter a seguinte expressão:

Modelo com interceptos e inclinações aleatórias:

$$desempenho_{ij} = b_{0j} + b_{1j}.horas_{ij} + r_{ij}$$

$$b_{0j} = \gamma_{00} + u_{0j}$$

$$b_{1j} = \gamma_{10} + u_{1j}$$

que resulta em:

$$desempenho_{ij} = \gamma_{00} + \gamma_{10} \cdot horas_{ij} + u_{0j} + u_{1j} \cdot horas_{ij} + r_{ij}$$

O comando para a estimação do modelo com interceptos e inclinações aleatórias no Stata, para os dados do nosso exemplo, é:

```
xtmixed desempenho horas || escola: horas, var nolog reml
```

Note que a variável *horas* inserida após o termo **escola:** (componente aleatório do comando **xtmixed**) é decorrente do termo $u_{1j} \cdot horas_{ij}$ presente na especificação do modelo multinível. Os resultados obtidos nesta estimação estão na Figura 16.14.

```
. xtmixed desempenho horas || escola: horas, var nolog reml

Mixed-effects REML regression                    Number of obs      =      2000
Group variable: escola                           Number of groups   =        46

                                                 Obs per group: min =         6
                                                                avg =      43.5
                                                                max =        67

                                                 Wald chi2(1)       =  19709.41
Log restricted-likelihood = -6372.1643           Prob > chi2        =    0.0000

-------------------------------------------------------------------------------
  desempenho |      Coef.   Std. Err.      z    P>|z|     [95% Conf. Interval]
-------------+-----------------------------------------------------------------
       horas |   3.251924   .0231635   140.39   0.000     3.206525    3.297324
       _cons |    .534468   .7875314     0.68   0.497    -1.009065    2.078001
-------------------------------------------------------------------------------


-------------------------------------------------------------------------------
  Random-effects Parameters  |   Estimate   Std. Err.     [95% Conf. Interval]
-----------------------------+-------------------------------------------------
escola: Independent          |
                 var(horas)  |   8.37e-14   8.99e-11            0           .
                 var(_cons)  |   19.1254    4.199523      12.4367    29.41142
-----------------------------+-------------------------------------------------
              var(Residual)  |  31.76378    1.016389      29.83287    33.81966
-------------------------------------------------------------------------------
LR test vs. linear regression:       chi2(2) =    816.88   Prob > chi2 = 0.0000

Note: LR test is conservative and provided only for reference.
```

Figura 16.14 *Outputs* do modelo com interceptos e inclinações aleatórias.

Podemos verificar que as estimações dos parâmetros e das variâncias no modelo com interceptos e inclinações aleatórias são praticamente idênticas aos obtidos na estimação dos parâmetros do modelo apenas com interceptos aleatórios (Figura 16.11). Isso decorre do fato de que a estimação da variância τ_{11} dos termos de inclinação aleatória u_{1j} ser estatisticamente igual a zero (valor muito baixo e erro-padrão consideravelmente superior, com valores iguais a zero para os intervalos de confiança).

Embora esse fato seja nítido neste caso, o pesquisador tem a opção de elaborar o teste de razão de verossimilhança para comparar as estimações obtidas pelo modelo com interceptos aleatórios e pelo modelo com interceptos e inclinações aleatórias. Para tanto, deve ser digitado o seguinte comando:

```
estimates store inclinaçãoaleat
```

e, na sequência, o comando que irá elaborar o teste:

```
lrtest inclinaçãoaleat interceptoaleat
```

visto que o termo **interceptoaleat** refere-se à estimação já realizada anteriormente. O resultado do teste é apresentado na Figura 16.15.

```
. lrtest inclinaçãoaleat interceptoaleat

Likelihood-ratio test                           LR chi2(1)  =      -0.00
(Assumption: interceptoal~t nested in inclinaçãoal~t)  Prob > chi2 =    1.0000

Note: The reported degrees of freedom assumes the null hypothesis is not on the
boundary of the parameter space.  If this is not true, then the reported test
is conservative.
Note: LR tests based on REML are valid only when the fixed-effects specification
is identical for both models.
```

Figura 16.15 Teste de razão de verossimilhança para comparar as estimações dos modelos com interceptos aleatórios e com interceptos e inclinações aleatórias.

Sendo o nível de significância do teste igual a 1,000 (muito maior do que 0,05) em decorrência do fato de que os logaritmos das duas funções de verossimilhança restrita são idênticos ($LL_r = -6.372,164$), fazendo com que **LR chi2** para um grau de liberdade seja igual a 0, é favorecido o modelo apenas com efeitos aleatórios no intercepto, comprovando que os termos de erro aleatório u_{1j} são estatisticamente iguais a zero. É importante mencionar, conforme também explicita a nota na parte inferior da Figura 16.15, que **este teste de razão de verossimilhança somente é válido quando for feita a comparação das estimações obtidas por máxima verossimilhança restrita (REML) de dois modelos com especificação idêntica do componente de efeitos fixos**. Como, no nosso caso, os dois modelos, que foram estimados por *REML*, apresentam a mesma especificação $\gamma_{00} + \gamma_{10} \cdot horas_{ij}$ no componente de efeitos fixos, o teste é considerado válido.[3]

Apenas para fins didáticos, outro modo de analisar a significância estatística dos termos de erro do modelo multinível é inserir o termo **estmetric** ao final do comando **xtmixed**, conforme segue:

```
xtmixed desempenho horas || escola: horas, estmetric nolog reml
```

Os *outputs* gerados são apresentados na Figura 16.16.

```
. xtmixed desempenho horas || escola: horas, estmetric nolog reml

Mixed-effects REML regression                   Number of obs    =       2000
Group variable: escola                          Number of groups =         46

                                                Obs per group: min =          6
                                                               avg =       43.5
                                                               max =         67

                                                Wald chi2(1)     =   19709.41
Log restricted-likelihood = -6372.1643          Prob > chi2      =     0.0000

------------------------------------------------------------------------------
  desempenho |      Coef.   Std. Err.      z    P>|z|     [95% Conf. Interval]
-------------+----------------------------------------------------------------
desempenho   |
       horas |   3.251924   .0231635   140.39   0.000     3.206525    3.297324
       _cons |    .534468   .7875314     0.68   0.497    -1.009065    2.078001
-------------+----------------------------------------------------------------
lns1_1_1     |
       _cons | -15.05597   537.5352    -0.03   0.978    -1068.606    1038.494
-------------+----------------------------------------------------------------
lns1_1_2     |
       _cons |  1.475509   .1097892    13.44   0.000     1.260326    1.690691
-------------+----------------------------------------------------------------
lnsig_e      |
       _cons |  1.729163   .0159992   108.08   0.000     1.697805    1.760521
------------------------------------------------------------------------------
```

Figura 16.16 Estimação dos parâmetros do modelo com interceptos e inclinações aleatórias, com uso do termo **estmetric**.

---

[3] Se um pesquisador mais curioso desejar elaborar um teste de razão de verossimilhança para comparar as estimações dos modelos nulo e com interceptos aleatórios, cujas especificações dos componentes fixos são obviamente diferentes, deverá fazê-lo estimando estes dois modelos por máxima verossimilhança (*MLE*), em vez de por máxima verossimilhança restrita (*REML*). Assim, deverá digitar a seguinte sequência de comandos:

```
quietly xtmixed desempenho || escola: , var nolog mle

estimates store nulomle

quietly xtmixed desempenho horas || escola: , var nolog mle

estimates store interceptoaleatmle

lrtest nulomle interceptoaleatmle
```

cujo resultado obtido favorece o modelo com efeitos aleatórios no intercepto em relação ao modelo nulo.

As estimações dos parâmetros de efeitos fixos são idênticas às obtidas anteriormente, porém o termo **estmetric** faz com que sejam apresentadas as estimações do logaritmo natural dos desvios-padrão dos termos de erro, em vez das variâncias desses termos, com as respectivas estatísticas z e seus níveis de significância, o que facilita a interpretação da significância estatística de cada termo aleatório.

Para o termo r_{ij}, por exemplo, em vez de ser apresentada a estimação da sua variância $\sigma^2 = 31,764$ (Figura 16.14), é apresentada a estimação do logaritmo natural do desvio-padrão de r_{ij}, de modo que:

$$\ln\left(\sqrt{31,764}\right) = 1,729$$

Neste sentido, podemos comprovar, portanto, que os termos de inclinação aleatória u_{1j} são estatisticamente iguais a zero ao nível de confiança de, por exemplo, 95%, já que *Sig.* $z = 0,978 > 0,05$.

Outra discussão pertinente neste momento diz respeito à estrutura da matriz de variância-covariância dos efeitos aleatórios u_{0j} e u_{1j}. Como não especificamos nenhuma estrutura de covariância para estes termos de erro, o Stata pressupõe, por meio do comando **xtmixed**, que essa estrutura seja independente, ou seja, que cov (u_{0j}, u_{1j}) = $\sigma_{01} = 0$. Em outras palavras, com base na expressão (16.18) e nos *outputs* da Figura 16.14, temos que:

$$\mathbf{G} = var\left[\mathbf{u}\right] = var\begin{bmatrix} u_{0j} \\ u_{1j} \end{bmatrix} = \begin{bmatrix} \tau_{00} & 0 \\ 0 & \tau_{11} \end{bmatrix} = \begin{bmatrix} 19,125 & 0 \\ 0 & 8,37x10^{-14} \end{bmatrix}$$

Entretanto, podemos generalizar a estrutura da matriz **G**, permitindo que u_{0j} e u_{1j} sejam correlacionados, ou seja, que cov$(u_{0j}, u_{1j}) = \sigma_{01} \neq 0$. Para tanto, basta que adicionemos o termo **covariance(unstructured)** ao comando **xtmixed**, de modo que:

```
xtmixed desempenho horas || escola: horas, covariance(unstructured)
var nolog reml
```

Os novos *outputs* gerados são apresentados na Figura 16.17.

```
. xtmixed desempenho horas || escola: horas, covariance(unstructured) var nolog reml

Mixed-effects REML regression                  Number of obs     =        2000
Group variable: escola                         Number of groups  =          46

                                               Obs per group: min =           6
                                                              avg =        43.5
                                                              max =          67

                                               Wald chi2(1)      =    19620.62
Log restricted-likelihood = -6372.1111         Prob > chi2       =      0.0000

------------------------------------------------------------------------------
  desempenho |    Coef.   Std. Err.      z    P>|z|    [95% Conf. Interval]
-------------+----------------------------------------------------------------
       horas |  3.251008  .0232093   140.07   0.000    3.205519    3.296498
       _cons |  .5615094  .8100559     0.69   0.488   -1.026171     2.14919
------------------------------------------------------------------------------

------------------------------------------------------------------------------
  Random-effects Parameters  |   Estimate   Std. Err.    [95% Conf. Interval]
-----------------------------+------------------------------------------------
escola: Unstructured         |
                 var(horas)  |   .0000759    .000075     .0000109    .0005268
                 var(_cons)  |   20.74997   4.425246     13.66111    31.51731
          cov(horas,_cons)   |  -.0396861    .019402    -.0777133    -.001659
-----------------------------+------------------------------------------------
              var(Residual)  |   31.75566   1.02383     29.81108    33.82709
------------------------------------------------------------------------------
LR test vs. linear regression:       chi2(3) =    816.99   Prob > chi2 = 0.0000

Note: LR test is conservative and provided only for reference.
```

Figura 16.17 Estimação dos parâmetros do modelo com interceptos e inclinações aleatórias, com termos aleatórios u_{0j} e u_{1j} correlacionados.

As novas estimações das variâncias dos termos de erro geram a seguinte matriz de variância-covariância:

$$var\left[\mathbf{u}\right] = var\begin{bmatrix} u_{0j} \\ u_{1j} \end{bmatrix} = \begin{bmatrix} \tau_{00} & \sigma_{01} \\ \sigma_{01} & \tau_{11} \end{bmatrix} = \begin{bmatrix} 20,750 & -0,040 \\ -0,040 & 7,59x10^{-5} \end{bmatrix}$$

que também pode ser obtida por meio do seguinte comando:

estat recovariance

cujos *outputs* encontram-se na Figura 16.18.

```
. estat recovariance

Random-effects covariance matrix for level escola

             |       horas        _cons
-------------+--------------------------
       horas |   .0000759
       _cons |  -.0396861    20.74997
```

Figura 16.18 Matriz de variância-covariância com termos aleatórios u_{0j} e u_{1j} correlacionados.

Embora a estimação da covariância entre u_{0j} e u_{1j} cov(u_{0j}, u_{1j}) = σ_{01} = $-0,040 \neq 0$, um pesquisador mais curioso verificará, por meio da inclusão do termo **estmetric** ao final do último comando **xtmixed** digitado (sem o termo **var**), que esta covariância não é estatisticamente significante (na realidade, o *output*, não apresentado aqui, mostrará a não significância do arco tangente hiperbólico da correlação entre estes dois termos de erro).

Outro modo para verificar a não significância da correlação entre os termos de erro é por meio de um novo teste de razão de verossimilhança, que compara as estimações do modelo com interceptos e inclinações aleatórias com termos de erro u_{0j} e u_{1j} independentes (Figura 16.14) com o mesmo modelo, porém com termos de erro correlacionados (Figura 16.17), ou seja, com matriz de variância-covariância *unstructured*. Para tanto, devemos digitar a seguinte sequência de comandos:

```
estimates store inclinaçãoaleatunstructured
lrtest inclinaçãoaleatunstructured inclinaçãoaleat
```

O resultado deste teste está na Figura 16.19.

```
. lrtest inclinaçãoaleatunstructured inclinaçãoaleat

Likelihood-ratio test                            LR chi2(1) =        0.11
(Assumption: inclinaçãoal~t nested in inclinaçãoal~d)   Prob > chi2 =      0.7442

Note: LR tests based on REML are valid only when the fixed-effects specification
is identical for both models.
```

Figura 16.19 Teste de razão de verossimilhança para comparar as estimações dos modelos com interceptos e inclinações aleatórias com termos de erro u_{0j} e u_{1j} independentes e correlacionados.

A estatística χ^2 deste teste, com 1 grau de liberdade, também pode ser obtida por meio da seguinte expressão:

$$\chi_1^2 = [-2 \cdot LL_{\text{r-ind}} - (-2 \cdot LL_{\text{r-unstruc}})] = \{-2 \cdot (-6.372,164) - [-2 \cdot (-6.372,111)]\} = 0,11$$

Ou seja, temos que *Sig.* χ_1^2 = 0,744 > 0,05. Portanto, podemos afirmar que a estrutura da matriz de variância-covariância entre u_{0j} e u_{1j} pode ser considerada independente neste exemplo.

Porém, mais do que isso, verificamos que a variância estimada de u_{1j} é estatisticamente igual a zero, fazendo com que o modelo com interceptos aleatórios seja mais adequado do que o modelo com interceptos e inclinações aleatórias para os nossos dados.

Vamos neste momento, portanto, inserir as variáveis *texp* e *priv* (variáveis explicativas do nível 2 – escola) no nosso modelo com interceptos aleatórios, de modo que a nova especificação do modelo hierárquico fique conforme segue:

Modelo completo com interceptos aleatórios:

$$desempenho_{ij} = b_{0j} + b_{1j}.horas_{ij} + r_{ij}$$
$$b_{0j} = \gamma_{00} + \gamma_{01}.texp_j + \gamma_{02}.priv_j + u_{0j}$$
$$b_{1j} = \gamma_{10} + \gamma_{11}.texp_j + \gamma_{12}.priv_j$$

que resulta na seguinte expressão:

$$desempenho_{ij} = \gamma_{00} + \gamma_{10}.horas_{ij} + \gamma_{01}.texp_j + \gamma_{02}.priv_j$$
$$+ \gamma_{11}.texp_j.horas_{ij} + \gamma_{12}.priv_j.horas_{ij} + u_{0j} + r_{ij}$$

Dessa forma, precisamos, inicialmente, gerar duas novas variáveis, que correspondem à multiplicação de *texp* por *horas* e de *priv* por *horas*. Os comandos a seguir geram estas duas variáveis (*texphoras* e *privhoras*):

```
gen texphoras = texp*horas
gen privhoras = priv*horas
```

Na sequência, podemos estimar o nosso modelo completo com interceptos aleatórios, digitando o seguinte comando:

```
xtmixed desempenho horas texp priv texphoras privhoras || escola: ,
var nolog reml
```

Os *outputs* são apresentados na Figura 16.20.

```
. xtmixed desempenho horas texp priv texphoras privhoras || escola: , var nolog reml

Mixed-effects REML regression              Number of obs      =       2000
Group variable: escola                     Number of groups   =         46

                                           Obs per group: min =          6
                                                          avg =       43.5
                                                          max =         67

                                           Wald chi2(5)       =   19953.89
Log restricted-likelihood = -6363.6519     Prob > chi2        =     0.0000

------------------------------------------------------------------------------
  desempenho |      Coef.   Std. Err.      z    P>|z|     [95% Conf. Interval]
-------------+----------------------------------------------------------------
       horas |   3.284991   .0332137    98.90   0.000     3.219893    3.350088
        texp |   .9073246   .2316582     3.92   0.000     .4532829    1.361366
        priv |  -6.067564   2.921377    -2.08   0.038    -11.79336   -.3417699
   texphoras |  -.0019725   .0078371    -0.25   0.801    -.0173328    .0133879
   privhoras |  -.0579369   .1002329    -0.58   0.563    -.2543899    .1385161
       _cons |  -2.792594   .9512356    -2.94   0.003    -4.656982   -.928207
------------------------------------------------------------------------------

------------------------------------------------------------------------------
  Random-effects Parameters  |   Estimate   Std. Err.     [95% Conf. Interval]
-----------------------------+------------------------------------------------
escola: Identity             |
                  var(_cons) |   11.0621    2.56052      7.027675    17.41258
-----------------------------+------------------------------------------------
                var(Residual)|   31.73555   1.015985     29.80544    33.79064
------------------------------------------------------------------------------
LR test vs. linear regression: chibar2(01) =    466.96 Prob >= chibar2 = 0.0000
```

Figura 16.20 *Outputs* do modelo completo com interceptos aleatórios.

Ao analisarmos os parâmetros estimados do componente de efeitos fixos, podemos verificar que aqueles correspondentes às variáveis *texphoras* e *privhoras* não são estatisticamente diferentes de zero, ao nível de significância de 5%. Como não há procedimento *Stepwise* correspondente ao comando **xtmixed** no Stata, vamos manualmente excluir a variável *texphoras* (ou seja, a variável *texp* da expressão da inclinação b_{1j}), por ser aquela cujo parâmetro estimado apresentou maior *Sig. z*. O novo modelo, portanto, apresenta a seguinte expressão:

$$desempenho_{ij} = b_{0j} + b_{1j}.horas_{ij} + r_{ij}$$
$$b_{0j} = \gamma_{00} + \gamma_{01}.texp_j + \gamma_{02}.priv_j + u_{0j}$$
$$b_{1j} = \gamma_{10} + \gamma_{11}.priv_j$$

que resulta em:

$$desempenho_{ij} = \gamma_{00} + \gamma_{10}.horas_{ij} + \gamma_{01}.texp_j + \gamma_{02}.priv_j$$
$$+ \gamma_{11}.priv_j.horas_{ij} + u_{0j} + r_{ij}$$

cuja estimação pode ser obtida por meio da digitação do seguinte comando:

xtmixed desempenho horas texp priv privhoras || escola: , var nolog reml

Os novos *outputs* são apresentados na Figura 16.21.

```
. xtmixed desempenho horas texp priv privhoras || escola: , var nolog reml

Mixed-effects REML regression              Number of obs      =      2000
Group variable: escola                     Number of groups   =        46

                                           Obs per group: min =         6
                                                          avg =      43.5
                                                          max =        67

                                           Wald chi2(4)       =  19963.20
Log restricted-likelihood = -6359.7535     Prob > chi2        =    0.0000

------------------------------------------------------------------------------
  desempenho |      Coef.   Std. Err.      z    P>|z|     [95% Conf. Interval]
-------------+----------------------------------------------------------------
       horas |   3.281046   .0292757   112.07   0.000     3.223666    3.338425
        texp |   .8662029   .1641964     5.28   0.000     .5443839    1.188022
        priv |  -5.610535   2.288086    -2.45   0.014      -10.0951   -1.12597
    privhoras |  -.0801207   .0477218    -1.68   0.093     -.1736538    .0134124
       _cons |   -2.71035   .8931607    -3.03   0.002     -4.460913   -.9597874
------------------------------------------------------------------------------

------------------------------------------------------------------------------
  Random-effects Parameters  |   Estimate   Std. Err.     [95% Conf. Interval]
-----------------------------+------------------------------------------------
escola: Identity             |
                 var(_cons)  |   11.05778   2.559528      7.024925    17.40582
-----------------------------+------------------------------------------------
               var(Residual) |    31.7206   1.015254      29.79187     33.7742
------------------------------------------------------------------------------
LR test vs. linear regression: chibar2(01) =    467.10 Prob >= chibar2 = 0.0000
```

Figura 16.21 *Outputs* do modelo final completo com interceptos aleatórios sem a variável *texphoras*.

Note que, embora o parâmetro estimado γ_{11} referente à variável *privhoras* não seja estatisticamente significante ao nível de significância de 5%, o é ao nível de significância de 10%. Apenas para fins didáticos, consideraremos este maior nível de significância neste momento, a fim de darmos sequência à análise com a presença de ao menos uma variável de nível 2 (*priv*) na expressão da inclinação b_{1j}, ainda que sem termos aleatórios nesta inclinação. Portanto, a expressão do nosso modelo final estimado com interceptos aleatórios e variáveis explicativas dos níveis 1 e 2 é:

$$desempenho_{ij} = -2,710 + 3,281.horas_{ij} + 0,866.texp_j - 5,610.priv_j$$
$$- 0,080.priv_j.horas_{ij} + u_{0j} + r_{ij}$$

Um pesquisador mais investigativo poderia questionar o fato de o parâmetro estimado da variável *priv* apresentar sinal negativo. Lembramos que esse fato somente ocorre na presença das demais variáveis explicativas, pois a correlação entre *desempenho* e *priv* é positiva e estatisticamente significante, ao nível de significância de 5%, o que comprova que estudantes provenientes de escolas de natureza privada acabam por apresentar, em média, desempenhos escolares superiores aos dos estudantes provenientes de escolas públicas.

Na sequência, podemos obter os valores esperados *BLUPS* (*best linear unbiased predictions*) dos efeitos aleatórios u_{0j} do nosso modelo final, digitando:

predict u0final, reffects

que gera no banco de dados uma nova variável, denominada *u0final*. Além disso, também podemos obter os valores esperados do desempenho escolar de cada estudante, por meio da digitação do seguinte comando:

predict yhat, fitted

que define a variável *yhat*, que também pode ser obtida pelo comando:

```
gen yhat = -2.71035 + 3.281046*horas + .8662029*texp - 5.610535*priv -
.0801207*privhoras + u0final
```

O comando a seguir faz com que seja gerado um gráfico (Figura 16.22) com os valores previstos do desempenho escolar de cada estudante em função da quantidade semanal de horas de estudo para as 46 escolas em análise e, por meio do qual, podemos visualizar que os interceptos são distintos (efeitos aleatórios), porém sem que haja discrepância nas inclinações.

```
graph twoway connected yhat horas, connect(L)
```

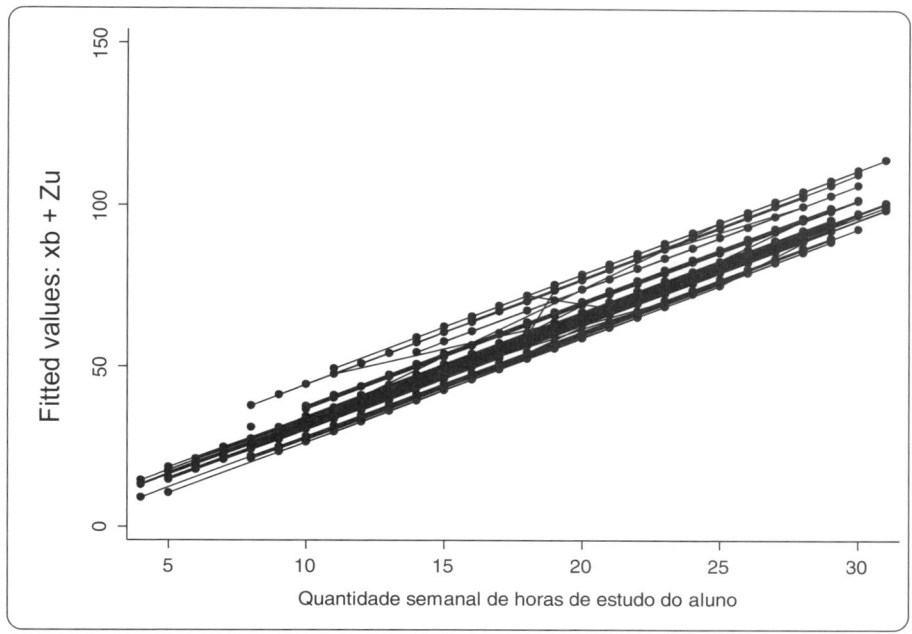

Figura 16.22 Valores previstos do desempenho escolar em função da variável *horas* para o modelo final completo com interceptos aleatórios.

Por fim, a Figura 16.23 apresenta os valores dos interceptos e das inclinações dos ajustes lineares dos valores previstos do desempenho escolar médio para cada uma das 46 escolas, em que é possível comprovar a existência de efeitos aleatórios nos interceptos e apenas de efeitos fixos nas inclinações. Essa figura pode ser obtida com a digitação da seguinte sequência de comandos:

```
generate interceptfinal = _b[_cons] + u0final
generate slopefinal = _b[horas] + _b[texp] + _b[priv] + _b[privhoras]
by escola, sort: generate grupo = (_n==1)
list escola interceptfinal slopefinal if grupo == 1
```

Portanto, podemos concluir que existem diferenças no comportamento do desempenho escolar entre estudantes provenientes de mesmas escolas e de escolas distintas, e essas diferenças ocorrem, respectivamente, em função da quantidade semanal de horas de estudo de cada estudante, da natureza (pública ou privada) e do tempo médio de experiência docente dos professores de cada escola.

```
. generate interceptfinal = _b[_cons] + u0final
. generate slopefinal = _b[horas] + _b[texp] + _b[priv] + _b[privhoras]
. by escola, sort: generate grupo = (_n==1)
. list escola interceptfinal slopefinal if grupo == 1
```

	escola	intercept	slope			escola	intercept	slope
1.	1	-4.16957	-1.543407		1098.	26	-5.595652	-1.543407
48.	2	-1.894821	-1.543407		1155.	27	-2.556698	-1.543407
73.	3	-3.666173	-1.543407		1193.	28	-4.038416	-1.543407
121.	4	2.755683	-1.543407		1250.	29	-3.504889	-1.543407
141.	5	-5.345044	-1.543407		1292.	30	-1.804854	-1.543407
189.	6	-.3607166	-1.543407		1330.	31	-3.479754	-1.543407
219.	7	-1.135043	-1.543407		1382.	32	-1.441315	-1.543407
247.	8	1.99781	-1.543407		1427.	33	3.12553	-1.543407
282.	9	-1.299724	-1.543407		1474.	34	-1.68581	-1.543407
326.	10	-4.221467	-1.543407		1499.	35	-1.887107	-1.543407
359.	11	1.197181	-1.543407		1554.	36	-2.94762	-1.543407
416.	12	-8.295818	-1.543407		1596.	37	-4.148458	-1.543407
478.	13	-3.741182	-1.543407		1639.	38	3.211197	-1.543407
531.	14	-3.841384	-1.543407		1687.	39	-2.189148	-1.543407
558.	15	-1.455961	-1.543407		1733.	40	-.7969732	-1.543407
611.	16	-2.030933	-1.543407		1786.	41	-13.63122	-1.543407
639.	17	-2.306067	-1.543407		1845.	42	3.058528	-1.543407
668.	18	-3.19111	-1.543407		1866.	43	-2.950832	-1.543407
707.	19	-1.866918	-1.543407		1905.	44	-2.277107	-1.543407
754.	20	-1.314391	-1.543407		1957.	45	-4.016261	-1.543407
814.	21	-7.131632	-1.543407		1995.	46	-4.640889	-1.543407
875.	22	-8.121008	-1.543407					
942.	23	-2.087642	-1.543407					
989.	24	-6.462057	-1.543407					
1046.	25	-2.490379	-1.543407					

Figura 16.23 Efeitos aleatórios nos interceptos e efeitos fixos nas inclinações
(em destaque, a identificação da primeira observação em cada escola).

Optamos por elaborar a estratégica de análise multinível proposta por Raudenbush e Bryk (2002) e Snijders e Bosker (2011), ou seja, primeiramente **estudamos a decomposição de variância a partir da definição de um modelo nulo** (modelo não condicional) para, na sequência, **serem construídos um modelo com interceptos aleatórios e um modelo com interceptos e inclinações aleatórias**. Por fim, a partir da definição do caráter de aleatoriedade dos termos de erro, **construímos o modelo completo com a inclusão das variáveis de nível 2** na análise. Esse procedimento é conhecido por ***multilevel step-up strategy***.

Em seguida, iremos elaborar uma modelagem hierárquica linear de três níveis, em que será caracterizado o aninhamento dos dados pela presença de medidas repetidas, ou seja, pela existência de evolução temporal no comportamento da variável dependente.

16.4.2. Estimação de um modelo hierárquico linear de três níveis com medidas repetidas no software Stata

Apresentaremos um exemplo que segue a mesma lógica da seção anterior, porém, neste momento, com dados que variam ao longo do tempo, entre indivíduos e entre grupos a que pertencem esses indivíduos, caracterizando uma estrutura aninhada com medidas repetidas.

Imagine que o nosso versado e matraqueado professor tenha agora o interesse em ampliar sua pesquisa, monitorando o desempenho escolar dos estudantes por determinado período, a fim de investigar se existe variabilidade nesse desempenho ao longo do tempo entre estudantes provenientes de uma mesma escola e entre aqueles provenientes de escolas distintas e, em caso afirmativo, se existem características dos estudantes e das escolas que explicam essa variabilidade.

Neste sentido, 15 escolas se dispuseram a fornecer os dados referentes ao desempenho escolar (nota de 0 a 100) de seus alunos nos últimos quatro anos, totalizando 610 estudantes. Além disso, o professor também incluiu na base o sexo de cada um deles, a fim de verificar se existem diferenças decorrentes dessa variável no desempenho escolar. A variável referente ao tempo médio de experiência docente em cada uma das escolas permanece no estudo. Parte do banco de dados elaborado encontra-se na Tabela 16.4, porém a base de dados completa pode ser acessada por meio dos arquivos **DesempenhoTempoAlunoEscola.xls** (Excel) e **DesempenhoTempoAluno Escola.dta** (Stata).

Tabela 16.4 Exemplo: desempenho escolar ao longo do tempo (nível 1 – medida repetida)
e características de estudantes (nível 2) e de escolas (nível 3).

Estudante j (Nível 2)	Escola k (Nível 3)	Desempenho escolar (Y_{tjk})	Ano t (Nível 1)	Sexo (X_{jk})	Tempo médio, em anos, de experiência dos docentes (W_k)
1	1	35,4	1	masculino	2
1	1	44,4	2	masculino	2
1	1	46,4	3	masculino	2
1	1	52,4	4	masculino	2
			...		
121	4	66,4	1	feminino	9
121	4	66,4	2	feminino	9
121	4	74,4	3	feminino	9
121	4	79,4	4	feminino	9
			...		
610	15	87,6	1	feminino	9
610	15	92,6	2	feminino	9
610	15	94,6	3	feminino	9
610	15	100,0	4	feminino	9

Após abrirmos o arquivo **DesempenhoTempoAlunoEscola.dta**, podemos digitar o comando **desc**, que permite que analisemos as características do banco de dados, como a quantidade de observações, a quantidade de variáveis e a descrição de cada uma delas. A Figura 16.24 apresenta este *output* do Stata.

```
. desc

  obs:        2,440
  vars:           6
  size:      56,120
--------------------------------------------------------------------------
              storage   display    value
variable name   type    format     label       variable label
--------------------------------------------------------------------------
estudante       int      %8.0g                  estudante j (nível 2)
escola          byte     %8.0g                  escola k (nível 3)
desempenho      float    %9.0g                  desempenho escolar
ano             float    %9.0g                  período de monitoramento (ano 1 a 4)
sexo            float    %9.0g      sexo        sexo
texp            float    %9.0g                  tempo médio de experiência docente dos
                                                professores da escola (anos)
--------------------------------------------------------------------------
Sorted by:
```

Figura 16.24 Descrição do banco de dados **DesempenhoTempoAlunoEscola.dta**.

Seguindo a lógica proposta na seção anterior, vamos inicialmente analisar a quantidade de estudantes monitorados pelo professor em cada período de tempo (*ano*), por meio do seguinte comando:

tabulate ano, subpop(estudante)

Os *outputs* são apresentados na Figura 16.25 e, por meio desses, podemos verificar que estamos diante de um **painel balanceado de dados**, já que cada um dos 610 estudantes é monitorado nos quatro períodos de tempo.

```
. tabulate ano, subpop(estudante)

  período de |
  monitoramen |
  to (ano 1 a |
          4) |     Freq.      Percent         Cum.
-------------+-----------------------------------
           1 |       610        25.00        25.00
           2 |       610        25.00        50.00
           3 |       610        25.00        75.00
           4 |       610        25.00       100.00
-------------+-----------------------------------
       Total |     2,440       100.00
```

Figura 16.25 Quantidade de estudantes monitorados em cada período.

O gráfico da Figura 16.26, obtido por meio da digitação do seguinte comando, permite que seja analisada a evolução temporal do desempenho escolar dos 50 primeiros estudantes da amostra:

```
graph twoway connected desempenho ano if estudante <= 50, connect(L)
```

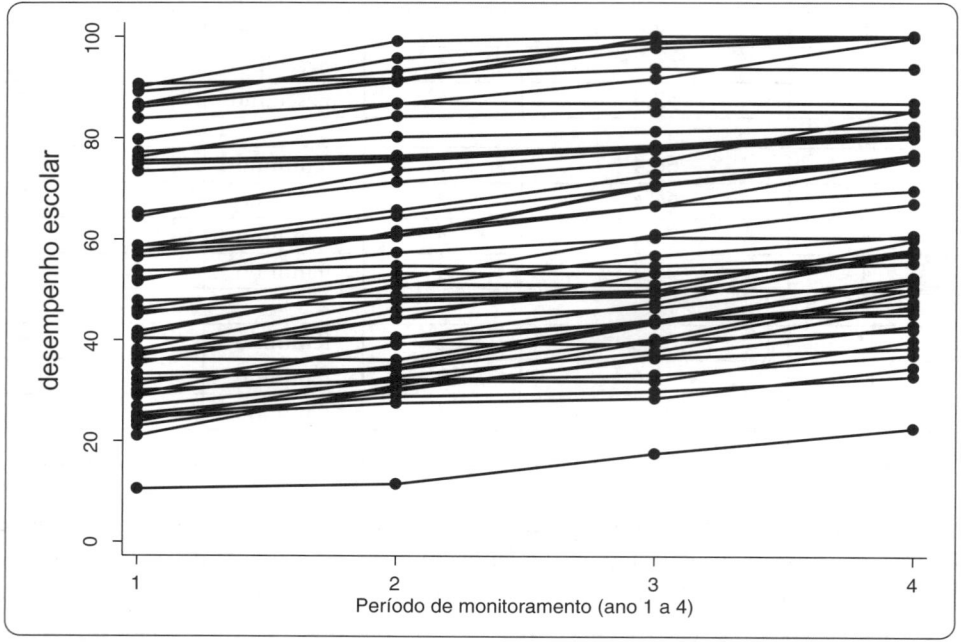

Figura 16.26 Evolução temporal do desempenho escolar dos 50 primeiros estudantes da amostra.

Este gráfico já permite que visualizemos que as evoluções temporais dos desempenhos escolares apresentam interceptos e inclinações distintas entre estudantes, o que justifica a adoção da modelagem multinível e **oferece subsídios à inclusão de efeitos aleatórios de intercepto e de inclinação no nível 2** dos modelos que serão estimados.

Além disso, os desempenhos médios dos estudantes nos quatro períodos podem ser analisados nas Figuras 16.27 e 16.28, obtidas a partir dos comandos a seguir. Por meio delas, é possível verificar que existe um comportamento crescente, aproximadamente linear, do desempenho escolar dos estudantes ao longo do tempo, e **essa é a razão para que também seja inserida a variável *ano*, com especificação linear, no nível 1 da modelagem**, conforme veremos adiante.

```
bysort ano: egen desempenho_médio = mean(desempenho)

tabstat desempenho_médio, by(ano)

graph twoway scatter desempenho ano || connected desempenho_médio ano,
connect(L) || , ytitle(desempenho escolar)
```

```
. bysort ano: egen desempenho_médio = mean(desempenho)
. tabstat desempenho_médio, by(ano)

Summary for variables: desempenho_médio
     by categories of: ano (período de monitoramento (ano 1 a 4))

     ano |      mean
---------+----------
       1 |  61.65492
       2 |  66.36607
       3 |  70.61115
       4 |  74.73328
---------+----------
   Total |  68.34135
--------------------
```

Figura 16.27 Desempenho escolar médio dos estudantes em cada período.

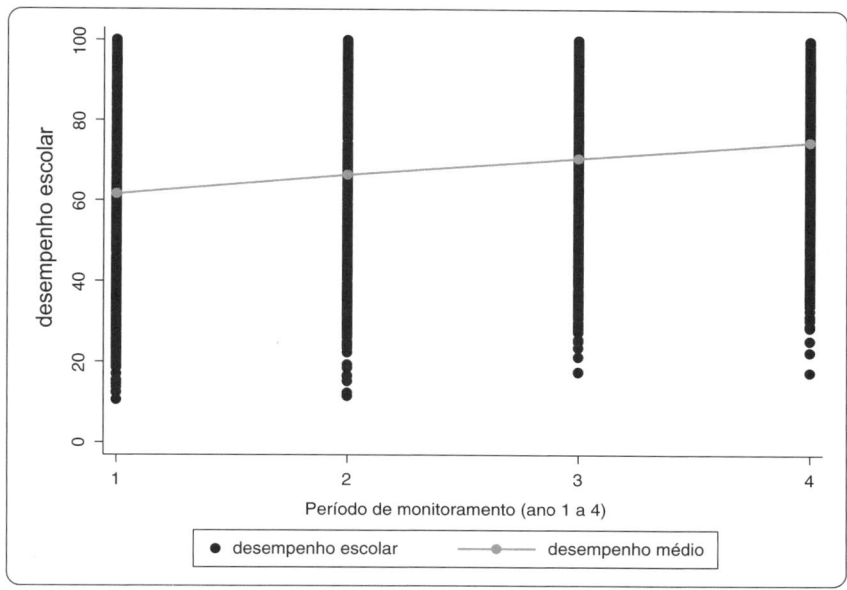

Figura 16.28 Evolução do desempenho escolar médio dos estudantes em cada período.

A fim de justificar mais fortemente as razões para que seja estimado um modelo hierárquico de três níveis, vamos elaborar um gráfico (Figura 16.29) que apresenta as evoluções temporais dos desempenhos escolares médios. Para tanto, podemos digitar a seguinte sequência de comandos:

```
statsby intercept=_b[_cons] slope=_b[ano], by(escola) saving(ols,
replace): reg desempenho ano
sort escola
merge escola using ols
drop _merge
gen yhat_ols= intercept + slope*ano
sort escola ano
separate desempenho, by(escola)
separate yhat_ols, by(escola)
graph twoway connected yhat_ols1-yhat_ols15 ano || lfit desempenho
ano, clwidth(thick) clcolor(black) legend(off) ytitle(desempenho escolar)
```

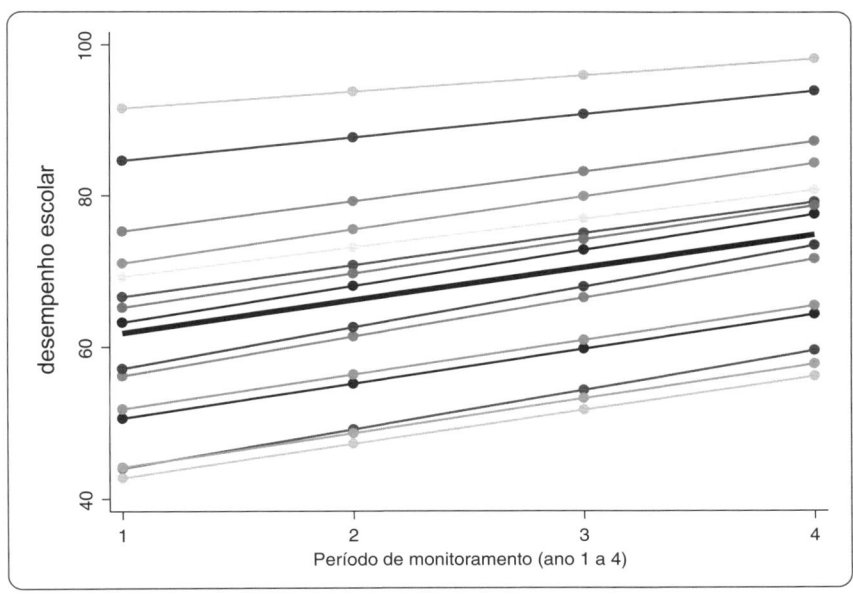

Figura 16.29 Evolução temporal do desempenho escolar médio dos estudantes de cada escola (ajuste linear por MQO).

Este gráfico apresenta o ajuste linear por MQO, para cada escola, do comportamento do desempenho escolar ao longo do tempo e também **oferece subsídios à inclusão de efeitos aleatórios de intercepto e de inclinação no nível 3** dos modelos que serão estimados, já que as evoluções temporais dos desempenhos escolares apresentam interceptos e inclinações distintas também entre as escolas. Note que a última sequência de comandos gera um novo arquivo em Stata (**ols.dta**), em que podem ser analisadas as diferenças no comportamento do desempenho escolar, em termos de interceptos e inclinações temporais, entre as escolas.

Caracterizado o aninhamento temporal dos estudantes pertencentes a diferentes escolas nos dados com medidas repetidas do nosso exemplo, vamos inicialmente estimar um modelo nulo (modelo não condicional), que permite que verifiquemos se existe variabilidade no desempenho escolar entre estudantes provenientes de uma mesma escola e entre aqueles provenientes de escolas distintas. Nenhuma variável explicativa será inserida na modelagem, que considera apenas a existência de um intercepto e dos termos de erro u_{00k}, r_{0jk} e e_{tjk}, com variâncias respectivamente iguais a τ_{u000}, τ_{r000} e σ^2. O modelo a ser estimado apresenta a seguinte expressão:

Modelo nulo:

$$desempenho_{tjk} = \pi_{0jk} + e_{tjk}$$
$$\pi_{0jk} = b_{00k} + r_{0jk}$$
$$b_{00k} = \gamma_{000} + u_{00k}$$

que resulta em:

$$desempenho_{tjk} = \gamma_{000} + u_{00k} + r_{0jk} + e_{tjk}$$

O comando para a estimação deste modelo nulo no Stata é:

```
xtmixed desempenho || escola: || estudante: , var nolog reml
```

que, conforme podemos observar, apresenta agora dois componentes de efeitos aleatórios, sendo um correspondente ao nível 3 (escola) e outro ao nível 2 (estudante). É importante frisar que **a ordem de inserção dos componentes de efeitos aleatórios no comando xtmixed é decrescente na existência de mais de dois níveis**, ou seja, devemos iniciar com o nível superior de aninhamento dos dados e seguir até o nível inferior (nível 2). Os *outputs* obtidos são apresentados na Figura 16.30.

```
. xtmixed desempenho || escola: || estudante: , var nolog reml

Mixed-effects REML regression                    Number of obs    =     2440

-----------------------------------------------------------------------------
             |  No. of      Observations per Group
Group Variable |  Groups    Minimum    Average    Maximum
-------------+---------------------------------------------
      escola |    15          80       162.7        248
    estudante |   610           4         4.0          4
-----------------------------------------------------------------------------

                                                 Wald chi2(0)     =        .
Log restricted-likelihood = -9092.1387           Prob > chi2      =        .

-----------------------------------------------------------------------------
  desempenho |   Coef.    Std. Err.      z    P>|z|    [95% Conf. Interval]
-------------+---------------------------------------------------------------
       _cons |  68.71395  3.553167    19.34   0.000    61.74987    75.67803
-----------------------------------------------------------------------------


-----------------------------------------------------------------------------
  Random-effects Parameters  |   Estimate   Std. Err.    [95% Conf. Interval]
-----------------------------+-----------------------------------------------
escola: Identity             |
                 var(_cons)  |  180.1941    71.60437     82.69809    392.6319
-----------------------------+-----------------------------------------------
estudante: Identity          |
                 var(_cons)  |  325.7989    19.49574     289.7436    366.3408
-----------------------------+-----------------------------------------------
               var(Residual) |  41.6494     1.376887     39.03632    44.43739
-----------------------------------------------------------------------------
LR test vs. linear regression:       chi2(2) =  4036.13   Prob > chi2 = 0.0000

Note: LR test is conservative and provided only for reference.
```

Figura 16.30 *Outputs* do modelo nulo no Stata.

Na parte superior da Figura 16.30, podemos inicialmente comprovar que estamos diante de um painel balanceado, já que, para cada estudante, temos quantidades mínima e máxima de períodos de monitoramento iguais a quatro, com média também igual a quatro.

Em relação ao componente de efeitos fixos, podemos verificar que a estimação do parâmetro γ_{000} é igual a 68,714, que corresponde à média dos desempenhos escolares anuais esperados dos estudantes (reta horizontal estimada no modelo nulo, ou intercepto geral).

Já na parte inferior dos *outputs*, são apresentadas as estimações das variâncias dos termos de erro $\tau_{u000} = 180,194$ (no Stata, **var(_cons)** para **escola**), $\tau_{r000} = 325,799$ (no Stata, **var(_cons)** para **estudante**) e $\sigma^2 = 41,649$ (no Stata, **var(Residual)**).

Logo, podemos definir duas correlações intraclasse, dada a existência de duas proporções de variância, em que a primeira delas refere-se à correlação entre os dados da variável *desempenho* em t e em t' ($t \neq t'$) de determinado estudante j pertencente a determinada escola k (correlação intraclasse de nível 2), e a outra refere-se à correlação entre os dados da variável *desempenho* em t e em t' ($t \neq t'$) de diferentes estudantes j e j' ($j \neq j'$) pertencentes a determinada escola k (correlação intraclasse de nível 3). Neste sentido, temos que:

- **Correlação intraclasse de nível 2:**

$$rho_{estudante|escola} = corr\left(Y_{tjk}, Y_{t'jk}\right) = \frac{\tau_{u000} + \tau_{r000}}{\tau_{u000} + \tau_{r000} + \sigma^2} = \frac{180,194 + 325,799}{180,194 + 325,799 + 41,649} = 0,924$$

- **Correlação intraclasse de nível 3:**

$$rho_{escola} = corr\left(Y_{tjk}, Y_{t'j'k}\right) = \frac{\tau_{u000}}{\tau_{u000} + \tau_{r000} + \sigma^2} = \frac{180,194}{180,194 + 325,799 + 41,649} = 0,329$$

A partir da versão 13 do Stata, é possível obter diretamente essas correlações intraclasse, digitando-se o comando **estat icc** logo após a estimação do modelo correspondente.

Neste sentido, a correlação entre os desempenhos escolares anuais, para uma mesma escola, é igual a 32,9% (rho_{escola}) e a correlação entre os desempenhos escolares anuais, para um mesmo estudante de determinada escola, é igual a 92,4% ($rho_{estudante|escola}$). Para o modelo sem variáveis explicativas, portanto, enquanto o desempenho escolar anual é levemente correlacionado entre escolas, o mesmo passa a ser fortemente correlacionado quando o cálculo é feito para o mesmo estudante proveniente de determinada escola. Nesse último caso, estimamos que os efeitos aleatórios de estudantes e escolas compõem aproximadamente 92% da variância total dos resíduos!

Em relação à significância estatística dessas variâncias, o fato de os valores estimados de τ_{u000}, τ_{r000} e σ^2 serem consideravelmente superiores aos respectivos erros-padrão indica haver variação significativa no desempenho escolar anual entre estudantes e entre escolas. Mais especificamente, podemos verificar que todas essas relações são maiores do que 1,96, sendo esse o valor crítico da distribuição normal padrão que resulta em um nível de significância de 5%.

Conforme discutido na seção 16.4.1, essa informação é fundamental para embasar a escolha da modelagem multinível neste exemplo, em vez de uma simples e tradicional modelagem de regressão por MQO. Na parte inferior da Figura 16.30 podemos comprovar esse fato, analisando o resultado do teste de razão de verossimilhança (**LR test**). Como *Sig.* $\chi^2 = 0,000$, podemos rejeitar a hipótese nula de que os interceptos aleatórios sejam iguais a zero (H_0: $u_{00k} = r_{0jk} = 0$), o que faz com que a estimação de um modelo tradicional de regressão linear seja descartada para os dados com medidas repetidas do nosso exemplo.

Embora pesquisadores frequentemente desprezem a estimação de modelos nulos, a análise dos resultados pode auxiliar na rejeição ou não de hipóteses de pesquisa e até mesmo propiciar ajustes em relação aos constructos propostos. Para os dados do nosso exemplo, os resultados do modelo nulo permitem que afirmemos que há variabilidade significativa no desempenho escolar ao longo dos quatro anos da análise, que há variabilidade significativa no desempenho escolar, ao longo do tempo, entre estudantes de uma mesma escola, e que há variabilidade significativa no desempenho escolar, ao longo do tempo, entre estudantes provenientes de escolas distintas. Esses achados podem, por si só, rejeitar ou comprovar hipóteses de pesquisa e ser utilizados para a estruturação ser determinado trabalho, sem que, dependendo dos objetivos do pesquisador, seja necessária a elaboração de modelagens adicionais.

Como o nosso objetivo, além do exposto, é verificar se existem características dos estudantes e das escolas que explicam a variabilidade do desempenho escolar entre estudantes de uma mesma escola e entre aqueles provenientes de escolas distintas, seguiremos com os próximos passos da modelagem, respeitando a *multilevel step-up strategy*.

Neste sentido, assim como já preliminarmente visualizado por meio dos gráficos das Figuras 16.28 e 16.29, vamos inserir a variável de nível 1, *ano*, na análise, com o intuito de investigar se a variável temporal apresenta relação com o comportamento do desempenho escolar dos estudantes e, mais do que isso, se o desempenho escolar apresenta comportamento linear ao longo do tempo.

Modelo de tendência linear com interceptos aleatórios:

$$desempenho_{tjk} = \pi_{0jk} + \pi_{1jk}.ano_{jk} + e_{tjk}$$

$$\pi_{0jk} = b_{00k} + r_{0jk}$$

$$\pi_{1jk} = b_{10k}$$

$$b_{00k} = \gamma_{000} + u_{00k}$$

$$b_{10k} = \gamma_{100}$$

que resulta na seguinte expressão:

$$desempenho_{tjk} = \gamma_{000} + \gamma_{100}.ano_{jk} + u_{00k} + r_{0jk} + e_{tjk}$$

O comando para a estimação do modelo de tendência linear com interceptos aleatórios no Stata, para os dados do nosso exemplo, é:

xtmixed desempenho ano || escola: || estudante: , var nolog reml

cujos *outputs* são apresentados na Figura 16.31.

```
. xtmixed desempenho ano || escola: || estudante: , var nolog reml

Mixed-effects REML regression                 Number of obs     =      2440

----------------------------------------------------------------------
                  |  No. of      Observations per Group
Group Variable    |  Groups    Minimum    Average    Maximum
------------------+---------------------------------------------
        escola    |     15        80       162.7        248
     estudante    |    610         4         4.0          4
----------------------------------------------------------------------

                                              Wald chi2(1)      =   5683.02
Log restricted-likelihood = -7801.4202        Prob > chi2       =    0.0000

----------------------------------------------------------------------
  desempenho |    Coef.    Std. Err.      z     P>|z|   [95% Conf. Interval]
-------------+--------------------------------------------------------
        ano  |  4.348016   .0576768    75.39    0.000   4.234972   4.461061
       _cons |  57.84391   3.556109    16.27    0.000   50.87407   64.81376
----------------------------------------------------------------------


----------------------------------------------------------------------
  Random-effects Parameters  |  Estimate   Std. Err.    [95% Conf. Interval]
-----------------------------+----------------------------------------
escola: Identity             |
                 var(_cons)  |  180.1959   71.60532    82.69876   392.6368
-----------------------------+----------------------------------------
estudante: Identity          |
                 var(_cons)  |  333.6753   19.49293    297.5759   374.1539
-----------------------------+----------------------------------------
              var(Residual)  |  10.14618   .3355141    9.509446   10.82556
----------------------------------------------------------------------
LR test vs. linear regression:      chi2(2) =   6505.83   Prob > chi2 = 0.0000
Note: LR test is conservative and provided only for reference.
```

Figura 16.31 *Outputs* do modelo de tendência linear com interceptos aleatórios.

Inicialmente, podemos verificar que a média de crescimento anual do desempenho escolar é estatisticamente significante e com parâmetro estimado de $\gamma_{100} = 4{,}348$, *ceteris paribus*.

Em relação aos componentes de efeitos aleatórios, também verificamos a existência de significância estatística das variâncias de u_{00k}, r_{0jk} e e_{tjk}, pelo fato de as estimações de τ_{u000}, τ_{r000} e σ^2 serem consideravelmente superiores aos respectivos erros-padrão. Neste sentido, novas correlações intraclasse podem ser calculadas, conforme segue:

- **Correlação intraclasse de nível 2:**

$$rho_{estudante|escola} = corr\left(Y_{tjk}, Y_{t'jk}\right) = \frac{\tau_{u000} + \tau_{r000}}{\tau_{u000} + \tau_{r000} + \sigma^2} = \frac{180{,}196 + 333{,}675}{180{,}196 + 333{,}675 + 10{,}146} = 0{,}981$$

- **Correlação intraclasse de nível 3:**

$$rho_{escola} = corr\left(Y_{tjk}, Y_{t'j'k}\right) = \frac{\tau_{u000}}{\tau_{u000} + \tau_{r000} + \sigma^2} = \frac{180{,}196}{180{,}196 + 333{,}675 + 10{,}146} = 0{,}344$$

As duas proporções de variância são mais elevadas do que aquelas obtidas na estimação do modelo nulo, o que demonstra a importância da inclusão da variável correspondente à medida repetida no nível 1. Além disso, o resultado do teste de razão de verossimilhança (**LR test**) na parte inferior da Figura 16.31 permite que comprovemos que seja descartada a estimação de um modelo tradicional de regressão linear simples (*desempenho* em função de *ano*) apenas com efeitos fixos.

O nosso modelo, portanto, passa a ter, no presente momento, a seguinte especificação:

$$desempenho_{tjk} = 57{,}844 + 4{,}348.ano_{jk} + u_{00k} + r_{0jk} + e_{tjk}$$

Na sequência, podemos arquivar (comando **estimates store**) as estimações obtidas para futura comparação com as que serão geradas na estimação de um modelo de tendência linear com interceptos e inclinações aleatórias. Podemos também obter, por meio do comando **predict, reffects,** os valores esperados dos efeitos aleatórios *BLUPS* (*best linear unbiased predictions*) u_{00k} e r_{0jk}. Mantendo a lógica proposta na seção anterior, vamos digitar a seguinte sequência de comandos:

```
estimates store interceptoaleat
predict u00 r0, reffects
desc u00 r0
by estudante, sort: generate tolist = (_n==1)
list estudante escola u00 r0 if escola <=2 & tolist
```

A Figura 16.32 apresenta os valores dos termos de interceptos aleatórios u_{00k} e r_{0jk} para os estudantes das duas primeiras escolas da base de dados. Podemos verificar que, enquanto os termos de erro u_{00k} são invariantes para estudantes da mesma escola e ao longo do tempo (variável *u00* gerada na base de dados), os termos r_{0jk} variam entre estudantes, porém são invariantes para um mesmo estudante ao longo do tempo (variável *r0* gerada na base de dados), o que caracteriza a existência de um intercepto para cada estudante e um intercepto para cada escola.

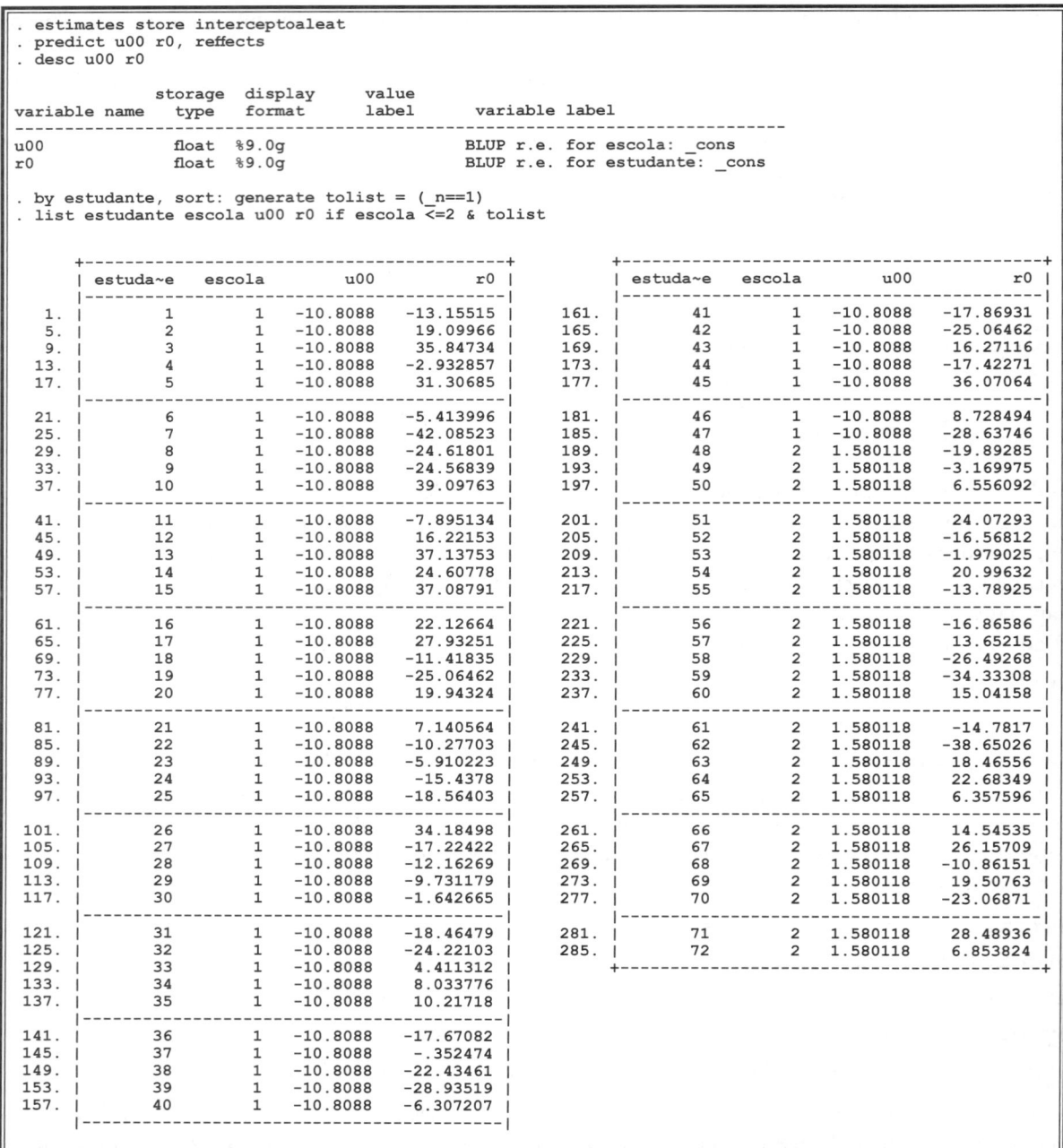

```
. estimates store interceptoaleat
. predict u00 r0, reffects
. desc u00 r0

                storage  display     value
variable name   type     format      label      variable label
-----------------------------------------------------------------------
u00             float    %9.0g                   BLUP r.e. for escola: _cons
r0              float    %9.0g                   BLUP r.e. for estudante: _cons

. by estudante, sort: generate tolist = (_n==1)
. list estudante escola u00 r0 if escola <=2 & tolist

     +---------------------------------------+      +---------------------------------------+
     | estuda~e  escola      u00        r0 |      | estuda~e  escola      u00        r0 |
     |---------------------------------------|      |---------------------------------------|
  1. |     1       1    -10.8088  -13.15515 |  161. |    41       1    -10.8088  -17.86931 |
  5. |     2       1    -10.8088   19.09966 |  165. |    42       1    -10.8088  -25.06462 |
  9. |     3       1    -10.8088   35.84734 |  169. |    43       1    -10.8088   16.27116 |
 13. |     4       1    -10.8088   -2.932857|  173. |    44       1    -10.8088  -17.42271 |
 17. |     5       1    -10.8088   31.30685 |  177. |    45       1    -10.8088   36.07064 |
     |---------------------------------------|      |---------------------------------------|
 21. |     6       1    -10.8088   -5.413996|  181. |    46       1    -10.8088    8.728494 |
 25. |     7       1    -10.8088  -42.08523 |  185. |    47       1    -10.8088  -28.63746 |
 29. |     8       1    -10.8088  -24.61801 |  189. |    48       2     1.580118 -19.89285 |
 33. |     9       1    -10.8088  -24.56839 |  193. |    49       2     1.580118  -3.169975 |
 37. |    10       1    -10.8088   39.09763 |  197. |    50       2     1.580118   6.556092 |
     |---------------------------------------|      |---------------------------------------|
 41. |    11       1    -10.8088   -7.895134|  201. |    51       2     1.580118  24.07293 |
 45. |    12       1    -10.8088   16.22153 |  205. |    52       2     1.580118 -16.56812 |
 49. |    13       1    -10.8088   37.13753 |  209. |    53       2     1.580118  -1.979025 |
 53. |    14       1    -10.8088   24.60778 |  213. |    54       2     1.580118  20.99632 |
 57. |    15       1    -10.8088   37.08791 |  217. |    55       2     1.580118 -13.78925 |
     |---------------------------------------|      |---------------------------------------|
 61. |    16       1    -10.8088   22.12664 |  221. |    56       2     1.580118 -16.86586 |
 65. |    17       1    -10.8088   27.93251 |  225. |    57       2     1.580118  13.65215 |
 69. |    18       1    -10.8088  -11.41835 |  229. |    58       2     1.580118 -26.49268 |
 73. |    19       1    -10.8088  -25.06462 |  233. |    59       2     1.580118 -34.33308 |
 77. |    20       1    -10.8088   19.94324 |  237. |    60       2     1.580118  15.04158 |
     |---------------------------------------|      |---------------------------------------|
 81. |    21       1    -10.8088    7.140564 |  241. |    61       2     1.580118 -14.7817  |
 85. |    22       1    -10.8088  -10.27703 |  245. |    62       2     1.580118 -38.65026 |
 89. |    23       1    -10.8088   -5.910223|  249. |    63       2     1.580118  18.46556 |
 93. |    24       1    -10.8088  -15.4378  |  253. |    64       2     1.580118  22.68349 |
 97. |    25       1    -10.8088  -18.56403 |  257. |    65       2     1.580118   6.357596 |
     |---------------------------------------|      |---------------------------------------|
101. |    26       1    -10.8088   34.18498 |  261. |    66       2     1.580118  14.54535 |
105. |    27       1    -10.8088  -17.22422 |  265. |    67       2     1.580118  26.15709 |
109. |    28       1    -10.8088  -12.16269 |  269. |    68       2     1.580118 -10.86151 |
113. |    29       1    -10.8088   -9.731179|  273. |    69       2     1.580118  19.50763 |
117. |    30       1    -10.8088   -1.642665|  277. |    70       2     1.580118 -23.06871 |
     |---------------------------------------|      |---------------------------------------|
121. |    31       1    -10.8088  -18.46479 |  281. |    71       2     1.580118  28.48936 |
125. |    32       1    -10.8088  -24.22103 |  285. |    72       2     1.580118   6.853824 |
129. |    33       1    -10.8088    4.411312 |      +---------------------------------------+
133. |    34       1    -10.8088    8.033776 |
137. |    35       1    -10.8088   10.21718 |
     |---------------------------------------|
141. |    36       1    -10.8088  -17.67082 |
145. |    37       1    -10.8088    -.352474 |
149. |    38       1    -10.8088  -22.43461 |
153. |    39       1    -10.8088  -28.93519 |
157. |    40       1    -10.8088   -6.307207|
     |---------------------------------------|
```

Figura 16.32 Termos de interceptos aleatórios u_{00k} e r_{0jk} para as duas primeiras escolas da amostra (em destaque, a identificação da observação correspondente ao primeiro período de tempo de cada estudante).

A fim de propiciar melhor visualização dos interceptos aleatórios por escola e por estudante, podemos gerar dois gráficos (Figuras 16.33 e 16.34), digitando os seguintes comandos:

```
graph hbar (mean) u00, over(escola) ytitle("Interceptos Aleatórios por
Escola")

    graph hbar (mean) r0, over(estudante) ytitle("Interceptos Aleatórios por
Estudante")
```

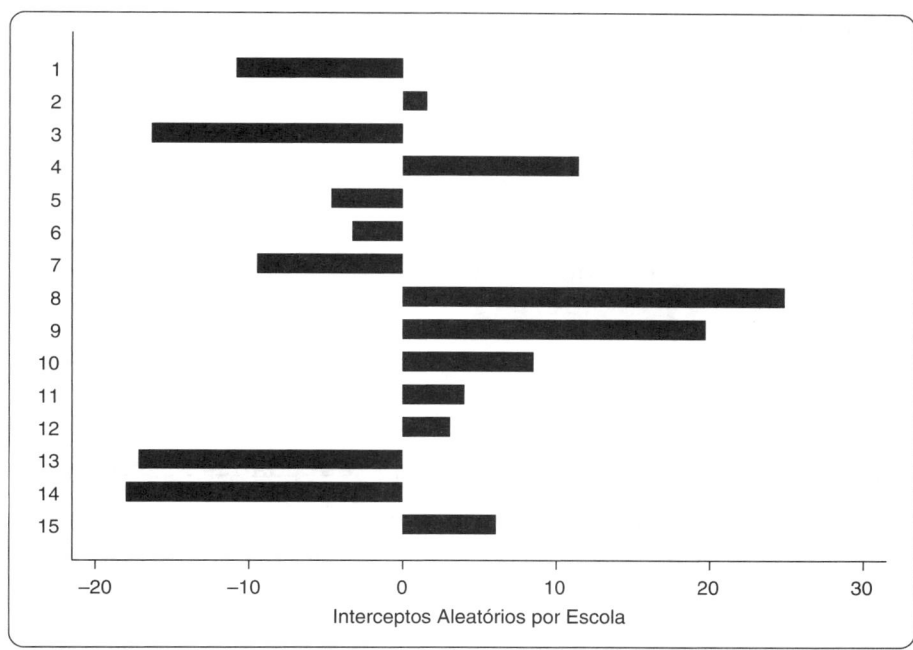

Figura 16.33 Interceptos aleatórios por escola.

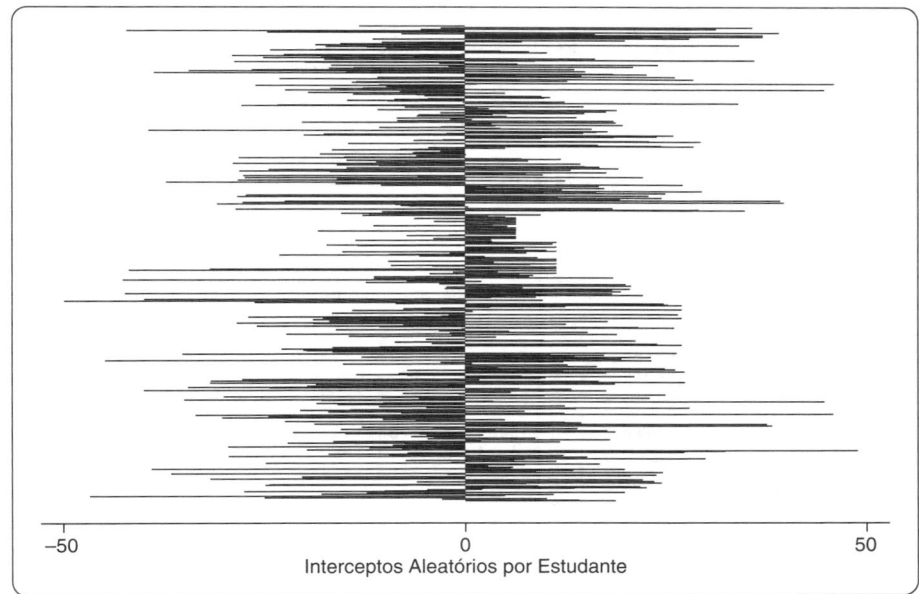

Figura 16.34 Interceptos aleatórios por estudante.

Neste momento da modelagem, portanto, temos condições de afirmar que o desempenho escolar dos estudantes segue uma tendência linear ao longo do tempo, existindo variância significativa de interceptos entre aqueles que estudam na mesma escola e entre aqueles que estudam em escolas distintas.

Precisamos, assim, também verificar se existe variância significativa de inclinações do desempenho escolar ao longo do tempo entre os diferentes estudantes, já que os gráficos das Figuras 16.26 e 16.29 já nos ofereciam indícios de ocorrência desse fenômeno. Portanto, vamos inserir efeitos aleatórios de inclinação nos níveis 2 e 3 do nosso modelo multinível que, com a manutenção dos efeitos aleatórios de intercepto, passará a ter a seguinte expressão:

Modelo de tendência linear com interceptos e inclinações aleatórias:

$$desempenho_{tjk} = \pi_{0jk} + \pi_{1jk}.ano_{jk} + e_{tjk}$$

$$\pi_{0jk} = b_{00k} + r_{0jk}$$

$$\pi_{1jk} = b_{10k} + r_{1jk}$$

$$b_{00k} = \gamma_{000} + u_{00k}$$

$$b_{10k} = \gamma_{100} + u_{10k}$$

que resulta em:

$$desempenho_{tjk} = \gamma_{000} + \gamma_{100}.ano_{jk} + u_{00k} + u_{10k}.ano_{jk} + r_{0jk} + r_{1jk}.ano_{jk} + e_{tjk}$$

O comando para estimação deste modelo de tendência linear com interceptos e inclinações aleatórias no Stata é:

```
xtmixed desempenho ano || escola: ano || estudante: ano, var nolog reml
```

Note agora que a variável *ano* está presente no componente de efeitos fixos e nos componentes de efeitos aleatórios de nível 3 (multiplicando o termo de erro u_{10k}) e de nível 2 (multiplicando o termo de erro r_{1jk}). Os *outputs* obtidos são apresentados na Figura 16.35.

```
. xtmixed desempenho ano || escola: ano || estudante: ano, var nolog reml

Mixed-effects REML regression                    Number of obs      =      2440

-------------------------------------------------------------------------------
                |   No. of        Observations per Group
 Group Variable |   Groups    Minimum   Average   Maximum
----------------+--------------------------------------------
         escola |       15         80     162.7       248
      estudante |      610          4       4.0         4
-------------------------------------------------------------------------------

                                                 Wald chi2(1)       =    424.89
Log restricted-likelihood =  -7464.819           Prob > chi2        =    0.0000

-------------------------------------------------------------------------------
     desempenho |      Coef.   Std. Err.      z    P>|z|     [95% Conf. Interval]
----------------+--------------------------------------------------------------
            ano |   4.343297   .2107073    20.61   0.000      3.930318    4.756276
          _cons |   57.85776   3.955816    14.63   0.000       50.1045    65.61102
-------------------------------------------------------------------------------


-------------------------------------------------------------------------------
  Random-effects Parameters    |   Estimate   Std. Err.    [95% Conf. Interval]
-------------------------------+-----------------------------------------------
escola: Independent            |
                     var(ano)  |   .5600495   .2519118     .2319283    1.352381
                   var(_cons)  |   224.3434   88.72199      103.344     487.014
-------------------------------+-----------------------------------------------
estudante: Independent         |
                     var(ano)  |   3.157275   .2305444     2.736261    3.643067
                   var(_cons)  |   374.2847   22.00905     333.5408    420.0058
-------------------------------+-----------------------------------------------
                 var(Residual) |   3.867725   .1595253     3.567365    4.193374
-------------------------------------------------------------------------------
LR test vs. linear regression:        chi2(4) =    7179.03   Prob > chi2 = 0.0000

Note: LR test is conservative and provided only for reference.
```

Figura 16.35 *Outputs* do modelo de tendência linear com interceptos e inclinações aleatórias.

Podemos verificar que, embora as estimações dos parâmetros de efeitos fixos não se alterem consideravelmente em relação ao modelo anterior, as estimações das variâncias são diferentes, o que gera novas correlações intraclasse, conforme segue:

- **Correlação intraclasse de nível 2:**

$$rho_{estudante|escola} = corr\left(Y_{tjk}, Y_{t'jk}\right) = \frac{\tau_{u000} + \tau_{u100} + \tau_{r000} + \tau_{r100}}{\tau_{u000} + \tau_{u100} + \tau_{r000} + \tau_{r100} + \sigma^2}$$

$$= \frac{224,343 + 0,560 + 374,285 + 3,157}{224,343 + 0,560 + 374,285 + 3,157 + 3,868} = 0,994$$

- **Correlação intraclasse de nível 3:**

$$rho_{escola} = corr\left(Y_{tjk}, Y_{t'j'k}\right) = \frac{\tau_{u000} + \tau_{u100}}{\tau_{u000} + \tau_{u100} + \tau_{r000} + \tau_{r100} + \sigma^2}$$

$$= \frac{224,343 + 0,560}{224,343 + 0,560 + 374,285 + 3,157 + 3,868} = 0,371$$

Logo, para este modelo, estimamos que os efeitos aleatórios de estudantes e escolas compõem aproximadamente 99% da variância total dos resíduos!

Vamos digitar o seguinte comando, a fim de que possamos comprovar a melhor adequação dessa estimação sobre a estimação anterior, sem inclinações aleatórias:

`estimates store inclinaçãoaleat`

Na sequência, podemos digitar o comando que irá elaborar o teste de razão de verossimilhança:

`lrtest inclinaçãoaleat interceptoaleat`

já que o termo **`interceptoaleat`** refere-se à estimação já realizada anteriormente. O resultado do teste é apresentado na Figura 16.36.

```
. lrtest inclinaçãoaleat interceptoaleat

Likelihood-ratio test                              LR chi2(2)  =    673.20
(Assumption: interceptoal~t nested in inclinaçãoal~t)  Prob > chi2 =    0.0000

Note: The reported degrees of freedom assumes the null hypothesis is not on
the boundary of the parameter space.  If this is not true, then the reported
test is conservative.
Note: LR tests based on REML are valid only when the fixed-effects specification
is identical for both models.
```

Figura 16.36 Teste de razão de verossimilhança para comparar as estimações dos modelos de tendência linear com interceptos aleatórios e com interceptos e inclinações aleatórias.

Fazendo uso dos valores obtidos da função de verossimilhança restrita nas Figuras 16.31 e 16.35, chegamos à seguinte estatística χ^2 do teste, com 2 graus de liberdade:

$$\chi_2^2 = [-2 \cdot LL_{r\text{-}interceptoaleat} - (-2 \cdot LL_{r\text{-}inclinaçãoaleat})] = \{-2 \cdot (-7.801,420) - [-2 \cdot (-7.464,819)]\} = 673,20$$

que resulta em um *Sig.* $\chi_2^2 = 0,000 < 0,05$ e acaba por favorecer o modelo de tendência linear com interceptos e inclinações aleatórias. Vale novamente frisar, conforme também explicita a nota na parte inferior da Figura 16.36, que este teste de razão de verossimilhança somente é válido quando for feita a comparação das estimações obtidas por máxima verossimilhança restrita (*REML*) de dois modelos com especificação idêntica do componente de efeitos fixos. Como, no nosso caso, os dois modelos, que foram estimados por *REML*, apresentam a mesma especificação $\gamma_{000} + \gamma_{100} \cdot ano_{jk}$ no componente de efeitos fixos, o teste é considerado válido.

Portanto, o nosso modelo passa a ter a seguinte especificação:

$$desempenho_{tjk} = 57,858 + 4,343 \cdot ano_{jk} + u_{00k} + u_{10k} \cdot ano_{jk} + r_{0jk} + r_{1jk} \cdot ano_{jk} + e_{tjk}$$

Na presente situação, temos condições de afirmar que o desempenho escolar dos estudantes segue uma tendência linear ao longo do tempo, existindo variância significativa de interceptos e de inclinações entre aqueles que estudam na mesma escola e entre aqueles que estudam em escolas distintas.

Dessa forma, vamos inserir a variável *sexo*, de nível 2, na análise, a fim de verificarmos se essa característica explica a variação no desempenho escolar anual entre os estudantes.

Modelo de tendência linear com interceptos e inclinações aleatórias e a variável *sexo* de nível 2:

$$desempenho_{tjk} = \pi_{0jk} + \pi_{1jk}.ano_{jk} + e_{tjk}$$

$$\pi_{0jk} = b_{00k} + b_{01k}.sexo_{jk} + r_{0jk}$$

$$\pi_{1jk} = b_{10k} + b_{11k}.sexo_{jk} + r_{1jk}$$

$$b_{00k} = \gamma_{000} + u_{00k}$$

$$b_{01k} = \gamma_{010}$$

$$b_{10k} = \gamma_{100} + u_{10k}$$

$$b_{11k} = \gamma_{110}$$

que resulta na seguinte expressão:

$$desempenho_{tjk} = \gamma_{000} + \gamma_{100}.ano_{jk} + \gamma_{010}.sexo_{jk} + \gamma_{110}.sexo_{jk}.ano_{jk}$$
$$+ u_{00k} + u_{10k}.ano_{jk} + r_{0jk} + r_{1jk}.ano_{jk} + e_{tjk}$$

Precisamos, inicialmente, gerar uma nova variável que corresponde à multiplicação de *sexo* por *ano*. O comando a seguir gera esta variável (*sexoano*):

```
gen sexoano = sexo*ano
```

Na sequência, podemos estimar o nosso modelo de tendência linear com interceptos e inclinações aleatórias e a variável *sexo* de nível 2, digitando o seguinte comando:

```
xtmixed desempenho ano sexo sexoano || escola: ano || estudante: ano,
var nolog reml
```

Os *outputs* gerados são apresentados na Figura 16.37.

```
. xtmixed desempenho ano sexo sexoano || escola: ano || estudante: ano, var
nolog reml

Mixed-effects REML regression                    Number of obs     =      2440

-------------------------------------------------------------
                   |  No. of      Observations per Group
   Group Variable  |  Groups   Minimum   Average   Maximum
-------------------+-----------------------------------------
           escola  |      15        80     162.7       248
         estudante |     610         4       4.0         4
-------------------------------------------------------------

                                             Wald chi2(3)      =    633.54
Log restricted-likelihood = -7424.2732       Prob > chi2       =    0.0000

-------------------------------------------------------------------------------
   desempenho |    Coef.    Std. Err.      z    P>|z|    [95% Conf. Interval]
--------------+----------------------------------------------------------------
          ano |  4.028844   .2024281    19.90   0.000    3.632092    4.425595
         sexo | -15.03265   1.766749    -8.51   0.000   -18.49542   -11.56989
      sexoano |  .7050945   .1827647     3.86   0.000    .3468824    1.063307
        _cons |  64.49828   3.465572    18.61   0.000    57.70589    71.29068
-------------------------------------------------------------------------------

-------------------------------------------------------------------------------
  Random-effects Parameters  |   Estimate   Std. Err.    [95% Conf. Interval]
-----------------------------+-------------------------------------------------
escola: Independent          |
                   var(ano)  |   .4113062   .1977923     .1602627    1.055597
                 var(_cons)  |   161.6346   64.79808     73.67059    354.6293
-----------------------------+-------------------------------------------------
estudante: Independent       |
                   var(ano)  |   3.096463   .2272074     2.681685    3.575395
                 var(_cons)  |   337.7062   19.9023       300.867    379.0562
-----------------------------+-------------------------------------------------
               var(Residual) |   3.867745   .1594995     3.567432    4.193339
-------------------------------------------------------------------------------
LR test vs. linear regression:        chi2(4) =  6850.06   Prob > chi2 = 0.0000

Note: LR test is conservative and provided only for reference.
```

Figura 16.37 *Outputs* do modelo de tendência linear com interceptos e inclinações aleatórias e a variável *sexo* de nível 2.

Este modelo apresenta estimações significantes, tanto dos parâmetros de efeitos fixos, quanto das variâncias dos termos de efeitos aleatórios, ao nível de significância de 5%, e, neste momento da modelagem, temos condições de afirmar que o desempenho escolar dos estudantes segue uma tendência linear ao longo do tempo, existindo variância significativa de interceptos e de inclinações entre aqueles que estudam na mesma escola e entre aqueles que estudam em escolas distintas e, mais do que isso, o fato de determinado estudante ser do sexo feminino ou masculino é parte da razão de existência dessa variação no desempenho escolar.

O modelo passa a ter a seguinte especificação:

$$desempenho_{tjk} = 64,498 + 4,029.ano_{jk} - 15,033.sexo_{jk} + 0,705.sexo_{jk}.ano_{jk}$$
$$+ u_{00k} + u_{10k}.ano_{jk} + r_{0jk} + r_{1jk}.ano_{jk} + e_{tjk}$$

e, pela qual, podemos verificar que estudantes do sexo masculino (*dummy sexo* = 1) apresentam, em média e *ceteris paribus*, desempenhos piores do que os do sexo feminino.

Vamos, por fim, investigar se a variável *texp*, de nível 3 (tempo médio de experiência docente dos professores da escola, em anos), também explica a variação no desempenho escolar anual entre os estudantes. Após algumas análises intermediárias, partiremos para a estimação do modelo hierárquico de três níveis com a seguinte especificação:

Modelo de tendência linear com interceptos e inclinações aleatórias e as variáveis
***sexo* de nível 2 e *texp* de nível 3 (modelo completo):**

$$desempenho_{tjk} = \pi_{0jk} + \pi_{1jk}.ano_{jk} + e_{tjk}$$
$$\pi_{0jk} = b_{00k} + b_{01k}.sexo_{jk} + r_{0jk}$$
$$\pi_{1jk} = b_{10k} + b_{11k}.sexo_{jk} + r_{1jk}$$
$$b_{00k} = \gamma_{000} + \gamma_{001}.texp_k + u_{00k}$$
$$b_{01k} = \gamma_{010}$$
$$b_{10k} = \gamma_{100} + \gamma_{101}.texp_k + u_{10k}$$
$$b_{11k} = \gamma_{110}$$

que resulta na seguinte expressão:

$$desempenho_{tjk} = \gamma_{000} + \gamma_{100}.ano_{jk} + \gamma_{010}.sexo_{jk} + \gamma_{001}.texp_k$$
$$+ \gamma_{110}.sexo_{jk}.ano_{jk} + \gamma_{101}.texp_k.ano_{jk}$$
$$+ u_{00k} + u_{10k}.ano_{jk} + r_{0jk} + r_{1jk}.ano_{jk} + e_{tjk}$$

Para estimarmos esse modelo, é preciso que criemos mais uma nova variável (*texpano*), correspondente à multiplicação de *texp* por *ano*. Vamos então digitar o seguinte comando:

```
gen texpano = texp*ano
```

Assim, podemos estimar o modelo proposto digitando o seguinte comando:

```
xtmixed desempenho ano sexo texp sexoano texpano || escola: ano ||
estudante: ano, var nolog reml
```

cujos *outputs* são apresentados na Figura 16.38.

```
. xtmixed desempenho ano sexo texp sexoano texpano || escola: ano || estudante:
ano, var nolog reml

Mixed-effects REML regression                    Number of obs      =      2440

----------------------------------------------------------------
            |    No. of      Observations per Group
Group Variable |  Groups    Minimum    Average    Maximum
---------------+-------------------------------------------------
      escola |     15          80       162.7       248
   estudante |    610           4         4.0         4
----------------------------------------------------------------

                                             Wald chi2(5)    =     883.26
Log restricted-likelihood = -7419.6785       Prob > chi2     =     0.0000

----------------------------------------------------------------
  desempenho |    Coef.    Std. Err.      z     P>|z|     [95% Conf. Interval]
-------------+--------------------------------------------------------------
        ano |   4.528292   .2586443    17.51   0.000     4.021359    5.035226
       sexo | -14.69529    1.762759    -8.34   0.000    -18.15024  -11.24035
       texp |   1.179424   .343969      3.43   0.001     .5052567    1.85359
     sexoano |   .6485018   .1828469     3.55   0.000     .2901286   1.006875
     texpano |  -.0570213   .0211086    -2.70   0.007    -.0983934   -.0156491
       _cons |  54.72215    3.925206    13.94   0.000    47.02889    62.41541
----------------------------------------------------------------

----------------------------------------------------------------
Random-effects Parameters   |   Estimate    Std. Err.    [95% Conf. Interval]
----------------------------+-----------------------------------------------
escola: Independent         |
             var(ano)       |    .262667    .1394859     .0927653    .7437469
             var(_cons)     |   87.99372   37.97699     37.7645     205.031
----------------------------+-----------------------------------------------
estudante: Independent      |
             var(ano)       |   3.092474    .2267585     2.678496    3.570436
             var(_cons)     |  337.6269    19.89377     300.8031    378.9587
----------------------------+-----------------------------------------------
             var(Residual)  |   3.867764    .1595005     3.567449    4.19336
----------------------------------------------------------------
LR test vs. linear regression:       chi2(4) =  6557.63   Prob > chi2 = 0.0000
Note: LR test is conservative and provided only for reference.
```

Figura 16.38 *Outputs* do modelo de tendência linear com interceptos e inclinações aleatórias e as variáveis *sexo* de nível 2 e *texp* de nível 3.

Embora as estimações dos parâmetros de efeitos fixos e das variâncias dos termos aleatórios sejam significantes, ao nível de significância de 5%, é preciso que estudemos a estrutura das matrizes de variância-covariância dos efeitos aleatórios (u_{00k}, u_{10k}) e (r_{0jk}, r_{1jk}). Com base nos *outputs* da Figura 16.38, temos que:

- **Matriz de variância-covariância dos efeitos aleatórios para o nível *escola*:**

$$var\begin{bmatrix} u_{00k} \\ u_{10k} \end{bmatrix} = \begin{bmatrix} 87,994 & 0 \\ 0 & 0,263 \end{bmatrix}$$

- **Matriz de variância-covariância dos efeitos aleatórios para o nível *estudante*:**

$$var\begin{bmatrix} r_{0jk} \\ r_{1jk} \end{bmatrix} = \begin{bmatrix} 337,627 & 0 \\ 0 & 3,092 \end{bmatrix}$$

Vamos arquivar os resultados desta estimação, digitando:

```
estimates store finalindependente
```

Como não especificamos nenhuma estrutura de covariância para esses termos de erro, o Stata pressupõe, na elaboração do comando **xtmixed**, que esta estrutura seja independente, ou seja, que cov(u_{00k}, u_{10k}) = 0 e que cov(r_{0jk}, r_{1jk}) = 0. Entretanto, podemos generalizar a estrutura dessas matrizes, permitindo que u_{00k} e u_{10k} sejam correlacionados e que r_{0jk} e r_{1jk} também sejam correlacionados. Para tanto, é preciso que adicionemos, no comando **xtmixed**, o termo **covariance(unstructured)** nos componentes de efeitos aleatórios do nível *escola* e do nível *estudante*, de modo que:

```
xtmixed desempenho ano sexo texp sexoano texpano || escola: ano,
covariance(unstructured) || estudante: ano, covariance(unstructured)
var nolog reml
```

que gera os *outputs* da Figura 16.39.

```
. xtmixed desempenho ano sexo texp sexoano texpano || escola: ano,
covariance(unstructured) || estudante: ano, covariance(unstructured) var nolog reml

Mixed-effects REML regression                  Number of obs      =       2440

-----------------------------------------------------------------------------
                |   No. of        Observations per Group
Group Variable  |   Groups    Minimum    Average    Maximum
----------------+------------------------------------------
        escola  |      15        80       162.7       248
     estudante  |     610         4         4.0         4
-----------------------------------------------------------------------------

                                               Wald chi2(5)       =     868.08
Log restricted-likelihood = -7376.7147         Prob > chi2        =     0.0000

-----------------------------------------------------------------------------
  desempenho  |    Coef.    Std. Err.      z     P>|z|     [95% Conf. Interval]
--------------+--------------------------------------------------------------
         ano  |  4.515641   .2583749    17.48   0.000     4.009236    5.022047
        sexo  | -14.70213   1.795536    -8.19   0.000    -18.22131   -11.18294
        texp  |  1.178656   .3459065     3.41   0.001     .5006918    1.856621
     sexoano  |  .6518855   .1847166     3.53   0.000     .2898477    1.013923
     texpano  | -.0566496   .0209988    -2.70   0.007    -.0978065   -.0154928
       _cons  |  54.73435   3.951437    13.85   0.000     46.98968    62.47902
-----------------------------------------------------------------------------


-----------------------------------------------------------------------------
  Random-effects Parameters    |   Estimate   Std. Err.     [95% Conf. Interval]
-------------------------------+---------------------------------------------
escola: Unstructured           |
                    var(ano)   |   .2554224   .1378072     .0887183    .7353682
                  var(_cons)   |   88.7366    38.40337     37.99447    207.2456
               cov(ano,_cons)  |  -3.185306   1.904226    -6.91752     .5469079
-------------------------------+---------------------------------------------
estudante: Unstructured        |
                    var(ano)   |   3.2575     .2350138     2.827965    3.752276
                  var(_cons)   |   350.9127   20.68884     312.6185    393.8978
               cov(ano,_cons)  |  -13.25089   1.673704    -16.53129   -9.970494
-------------------------------+---------------------------------------------
               var(Residual)   |   3.795043   .1536567     3.505521    4.108476
-----------------------------------------------------------------------------
LR test vs. linear regression:        chi2(6) =  6643.55    Prob > chi2 = 0.0000

Note: LR test is conservative and provided only for reference.
```

Figura 16.39 *Outputs* do modelo de tendência linear com interceptos e inclinações aleatórias e as variáveis *sexo* de nível 2 e *texp* de nível 3, com termos aleatórios (u_{00k}, u_{10k}) e (r_{0jk}, r_{1jk}) correlacionados.

As estimações dos parâmetros de efeitos fixos são bastante próximas daquelas obtidas na estimação do modelo que considera a existência de estrutura independente das matrizes de variância-covariância dos termos aleatórios (Figura 16.38).

Já em relação aos parâmetros de efeitos aleatórios, com exceção das estimações de u_{10k} e de cov(u_{00k}, u_{10k}), que são estatisticamente significantes ao nível de significância de 10% (já que os respectivos | z | > 1,64, sendo esse o valor crítico da distribuição normal padrão que resulta em um nível de significância de 10%), todas as demais estimações são significantes ao nível de significância de 5%. Com finalidade didática, adotaremos o nível de confiança de 90% para darmos sequência à análise.

Neste sentido, considerando que cov(u_{00k}, u_{10k}) e cov(r_{0jk}, r_{1jk}) sejam estatisticamente diferentes de zero, com base nos *outputs* da Figura 16.39 podemos escrever que:

- **Matriz de variância-covariância dos efeitos aleatórios para o nível *escola*:**

$$var\begin{bmatrix} u_{00k} \\ u_{10k} \end{bmatrix} = \begin{bmatrix} 88,737 & -3,185 \\ -3,185 & 0,255 \end{bmatrix}$$

- **Matriz de variância-covariância dos efeitos aleatórios para o nível *estudante*:**

$$var\begin{bmatrix} r_{0jk} \\ r_{1jk} \end{bmatrix} = \begin{bmatrix} 350,913 & -13,251 \\ -13,251 & 3,258 \end{bmatrix}$$

O pesquisador também obterá essas matrizes caso digite o seguinte comando logo após a última estimação:

```
estat recovariance
```

cujos *outputs* são apresentados na Figura 16.40.

```
. estat recovariance

Random-effects covariance matrix for level escola

             |       ano       _cons
-------------+--------------------------
         ano |   .2554224
       _cons |  -3.185306    88.7366

Random-effects covariance matrix for level estudante

             |       ano       _cons
-------------+--------------------------
         ano |     3.2575
       _cons |  -13.25089   350.9127
```

Figura 16.40 Matrizes de variância-covariância com termos aleatórios (u_{00k}, u_{10k}) e (r_{0jk}, r_{1jk}) correlacionados.

Mesmo estatisticamente diferentes de zero as estimações das covariâncias dos termos aleatórios nos dois níveis da análise, se o pesquisador desejar comprovar a melhor adequação deste último modelo sobre aquele que considera a matriz com termos de erro independentes, basta que elabore um teste de razão de verossimilhança para comparar as duas estimações.

Com tal finalidade, vamos primeiramente digitar o seguinte comando, referente à estimação com termos aleatórios *unstructured*:

```
estimates store finalunstructured
```

Na sequência, podemos digitar o comando para realização do referido teste:

```
lrtest finalunstructured finalindependente
```

O resultado é apresentado na Figura 16.41.

```
. lrtest finalunstructured finalindependente

Likelihood-ratio test                           LR chi2(2)  =      85.93
(Assumption: finalindepen~e nested in finalunstruc~d)  Prob > chi2 =     0.0000

Note: LR tests based on REML are valid only when the fixed-effects specification
is identical for both models.
```

Figura 16.41 Teste de razão de verossimilhança para comparar as estimações dos modelos completos com termos aleatórios (u_{00k}, u_{10k}) e (r_{0jk}, r_{1jk}) independentes e correlacionados.

A estatística χ^2 deste teste, com 2 graus de liberdade, também pode ser obtida por meio da seguinte expressão:

$$\chi_2^2 = [-2 \cdot LL_{r\text{-}ind} - (-2 \cdot LL_{r\text{-}unstruc})] = \{-2 \cdot (-7.419,679) - [-2 \cdot (-7.376,715)]\} = 85,93$$

que resulta em um *Sig.* $\chi_2^2 = 0,000 < 0,05$. Portanto, podemos afirmar que a estrutura das matrizes de variância-covariância dos termos aleatórios pode ser considerada *unstructured* neste exemplo, ou seja, podemos considerar que os termos de erro u_{00k} e u_{10k} sejam correlacionados (cov(u_{00k}, u_{10k}) ≠ 0) e que os termos de erro r_{0jk} e r_{1jk} também sejam correlacionados (cov(r_{0jk}, r_{1jk}) ≠ 0).

Chegamos ao nosso modelo final, com a seguinte especificação:

$$desempenho_{tjk} = 54,734 + 4,516.ano_{jk} - 14,702.sexo_{jk} + 1,179.texp_k$$
$$+ 0,652.sexo_{jk}.ano_{jk} - 0,057.texp_k.ano_{jk}$$
$$+ u_{00k} + u_{10k}.ano_{jk} + r_{0jk} + r_{1jk}.ano_{jk} + e_{tjk}$$

Na sequência, podemos obter os valores esperados *BLUPS* (*best linear unbiased predictions*) dos efeitos aleatórios u_{10k}, u_{00k}, r_{1jk} e r_{0jk} do nosso modelo final, digitando:

```
predict u10final u00final r1final r0final, reffects
```

que gera no banco de dados quatro novas variáveis, denominadas *u10final*, *u00final*, *r1final* e *r0final* que correspondem, respectivamente, aos efeitos aleatórios de inclinação e de intercepto do nível *escola* e aos efeitos aleatórios de inclinação e de intercepto do nível *estudante*. O seguinte comando, cujos *outputs* encontram-se na Figura 16.42, faz com que sejam apresentadas as descrições destes termos aleatórios:

```
desc u10final u00final r1final r0final
```

```
. desc u10final u00final r1final r0final

                  storage   display    value
variable name      type     format     label        variable label
-------------------------------------------------------------------------
--
u10final           float    %9.0g                    BLUP r.e. for escola: ano
u00final           float    %9.0g                    BLUP r.e. for escola: _cons
r1final            float    %9.0g                    BLUP r.e. for estudante: ano
r0final            float    %9.0g                    BLUP r.e. for estudante: _cons
```

Figura 16.42 Descrição dos termos aleatórios u_{10k}, u_{00k}, r_{1jk} e r_{0jk}.

Além disso, também podemos obter os valores esperados do desempenho escolar de cada estudante em cada um dos períodos monitorados, por meio da digitação do seguinte comando:

```
predict yhatestudante, fitted level(estudante)
```

que define a variável *yhatestudante*, que também pode ser obtida por meio do seguinte comando:

```
gen yhatestudante = 54.73435 + 4.515641*ano - 14.70213*sexo +
1.178656*texp + .6518855*sexoano - .0566496*texpano + u00final +
u10final*ano + r0final + r1final*ano
```

que corresponde à expressão:

$$desempenho\_estudante_{jk} = 54,734 + 4,516.ano_{jk} - 14,702.sexo_{jk} + 1,179.texp_k$$
$$+ 0,652.sexo_{jk}.ano_{jk} - 0,057.texp_k.ano_{jk}$$
$$+ u_{00k} + u_{10k}.ano_{jk} + r_{0jk} + r_{1jk}.ano_{jk}$$

Se o pesquisador digitar o seguinte comando, irá obter os valores esperados do desempenho escolar de cada estudante em cada um dos períodos monitorados, porém sem a consideração de efeitos aleatórios no nível *estudante*:

```
predict yhatescola, fitted level(escola)
```

que define a variável *yhatescola* no banco de dados, que também pode ser obtida por meio do seguinte comando:

```
gen yhatescola = 54.73435 + 4.515641*ano - 14.70213*sexo +
1.178656*texp + .6518855*sexoano - .0566496*texpano + u00final +
u10final*ano
```

que corresponde à expressão:

$$desemp\hat{e}nho\_escola_k = 54,734 + 4,516.ano_{jk} - 14,702.sexo_{jk} + 1,179.texp_k$$
$$+ 0,652.sexo_{jk}.ano_{jk} - 0,057.texp_k.ano_{jk}$$
$$+ u_{00k} + u_{10k}.ano_{jk}$$

Os termos de erro e_{tjk} podem ser obtidos por meio da digitação do comando **predict etjk, res** (que equivale a *desempenho − yhatestudante*).

Neste momento, portanto, temos condições de finalizar a análise, verificando que, além do desempenho escolar dos estudantes seguir uma tendência linear ao longo do tempo, existindo variância significativa de interceptos e de inclinações entre aqueles que estudam na mesma escola e entre aqueles que estudam em escolas distintas, e o sexo dos estudantes ser significativo para explicar parte dessa variação, o próprio tempo médio de experiência docente em cada escola (variável de nível 3) também explica parte das discrepâncias no desempenho escolar anual entre os estudantes provenientes de diferentes escolas.

O comando a seguir, digitado depois do comando **sort estudante ano**, faz com que seja gerado um gráfico (Figura 16.43) com os valores previstos do desempenho escolar ao longo do tempo para os 50 primeiros estudantes da amostra (*yhatestudante*) e, por meio do qual, podemos visualizar distintos interceptos e inclinações ao longo do tempo para diferentes estudantes.

```
sort estudante ano

graph twoway connected yhatestudante ano if estudante <= 50, connect(L)
```

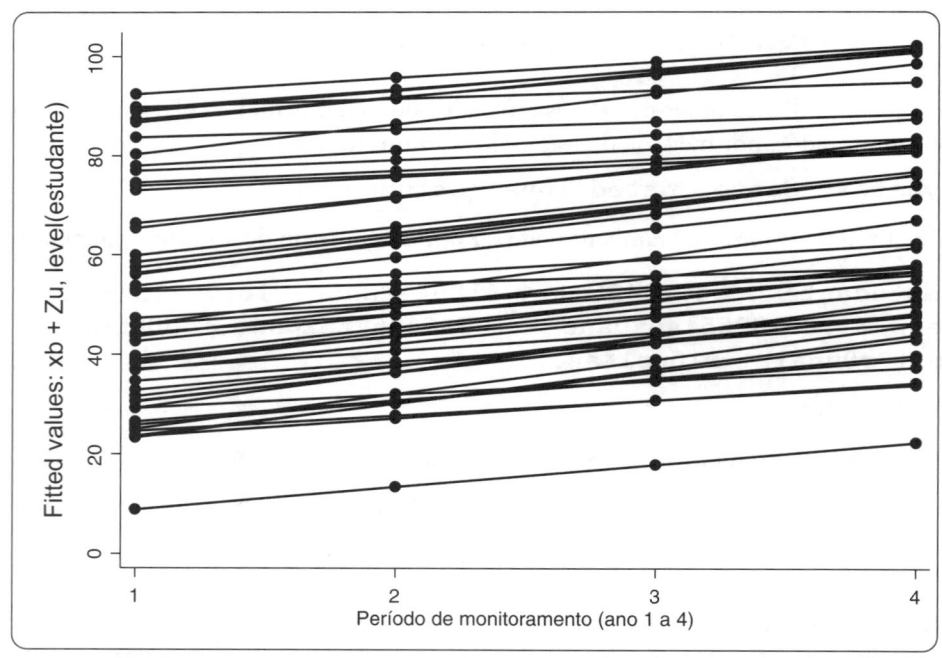

Figura 16.43 Valores previstos do desempenho escolar ao longo do tempo para os 50 primeiros estudantes da amostra.

Por fim, um pesquisador curioso, com o intuito de questionar a superioridade dos modelos multinível em relação aos modelos tradicionais de regressão estimados por MQO na existência de bases de dados com estruturas aninhadas, decide elaborar um gráfico em que é possível comparar os valores previstos do desempenho escolar gerados por esta modelagem hierárquica de três níveis (HLM3) com aqueles gerados por meio de uma estimação por MQO, para todos os estudantes da amostra em cada um dos períodos analisados, usando as mesmas variáveis explicativas *ano*, *sexo*, *texp*, *sexoano* e *texpano* (obviamente, existem somente efeitos fixos na estimação por MQO).

Neste sentido, é digitada a seguinte sequência de comandos, que gera o gráfico da Figura 16.44:

```
quietly reg desempenho ano sexo texp sexoano texpano
predict yhatreg

graph twoway mspline yhatreg desempenho || mspline yhatestudante
desempenho || lfit desempenho desempenho ||, legend(label(1 "MQO")
label(2 "HLM3") label(3 "Valores Observados"))
```

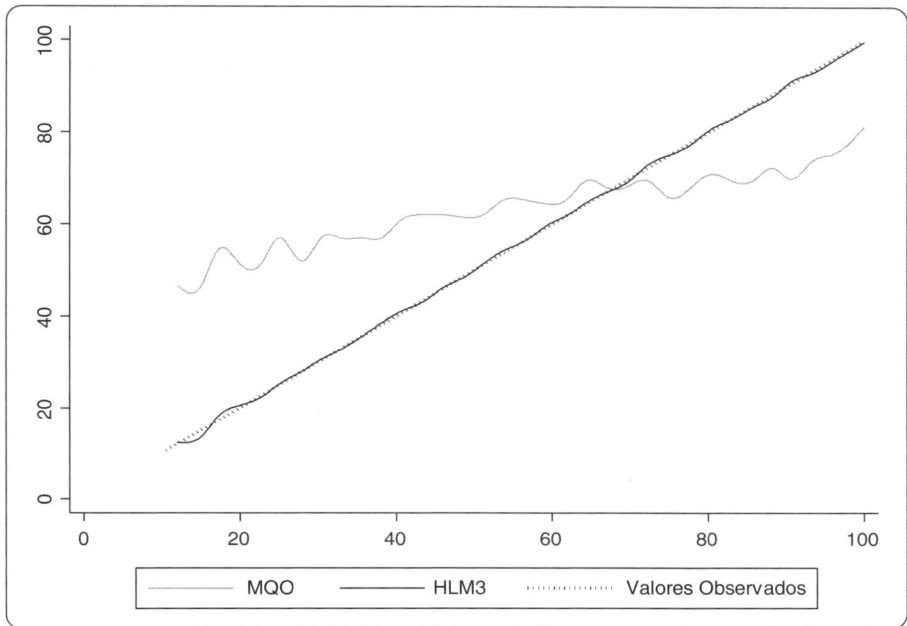

Figura 16.44 Valores previstos por MQO e por HLM3 × valores observados do desempenho escolar.

A reta pontilhada, a 45°, mostra os valores observados do desempenho escolar de cada um dos estudantes da amostra em cada um dos períodos analisados (*desempenho × desempenho*). Por meio do gráfico da Figura 16.44, podemos comprovar, nitidamente, a superioridade do nosso modelo de tendência linear com variáveis explicativas e com interceptos e inclinações aleatórias nos níveis 2 e 3 (modelo HLM3 completo) sobre o modelo de regressão linear múltipla estimado por MQO com as mesmas variáveis explicativas, o que demonstra a importância de se considerarem componentes de efeitos aleatórios na existência de estruturas aninhadas de dados.

O Quadro 16.1 apresenta, de forma consolidada, os comandos gerais, em Stata, para elaboração da modelagem hierárquica linear de dois níveis com dados agrupados e da modelagem hierárquica linear de três níveis com medidas repetidas, conforme estudado nas seções 16.4.1 e 16.4.2, respectivamente. O assunto é realmente vasto e novos modelos intermediários podem ser estimados sempre pelo pesquisador, em função de seus objetivos de pesquisa e dos constructos propostos.

Feitas essas considerações, e respeitada a *multilevel step-up strategy* ao longo de toda esta seção, vamos elaborar os mesmos exemplos por meio do software SPSS, a fim de propiciar ao pesquisador a oportunidade de comparação do manuseio dos softwares, dos procedimentos e rotinas para estimação dos modelos e das lógicas com que são apresentados os *outputs*.

Quadro 16.1 Modelagens hierárquicas, modelos intermediários (*multilevel step-up strategy*) e comandos em Stata.

Modelagem	Modelo intermediário	Comando em Stata
Hierárquica linear de dois níveis com dados agrupados	Modelo nulo (modelo não condicional)	`xtmixed Y || var(nível 2):`
	Modelo com interceptos aleatórios	`xtmixed Y X || var(nível 2):`
	Modelo com interceptos e inclinações aleatórias	`xtmixed Y X || var(nível 2): X`
	Modelo com interceptos e inclinações aleatórias e termos de erro correlacionados	`xtmixed Y X || var(nível 2): X covariance(unstructured)`
Hierárquica linear de três níveis com medidas repetidas	Modelo nulo (modelo não condicional)	`xtmixed Y || var(nível 3): || var(nível 2):`
	Modelo de tendência linear com interceptos aleatórios	`xtmixed Y t || var(nível 3): || var(nível 2):`
	Modelo de tendência linear com interceptos e inclinações aleatórias	`xtmixed Y t || var(nível 3): t || var(nível 2): t`
	Modelo de tendência linear com interceptos e inclinações aleatórias e variável de nível 2	`xtmixed Y t X Xt || var(nível 3): t || var(nível 2): t`
	Modelo de tendência linear com interceptos e inclinações aleatórias e variáveis de níveis 2 e 3	`xtmixed Y t X W Xt Wt WXt || var(nível 3): t || var(nível 2): t`
	Modelo de tendência linear com interceptos e inclinações aleatórias e variáveis de níveis 2 e 3 e termos de erro correlacionados	`xtmixed Y t X W Xt Wt WXt || var(nível 3): t, covariance(unstructured) || var(nível 2): t, covariance(unstructured)`

Nota: Considerada uma variável **X** de nível 2, uma variável **W** de nível 3 (quando houver) e **t** como variável temporal. Além disso, **Y** refere-se à variável dependente. Em todos os casos, foi omitido o termo correspondente ao método de estimação. Conforme discutido, enquanto o método de estimação padrão adotado pelo Stata até a versão 12 é o de máxima verossimilhança restrita (`reml`), o método padrão passa a ser o de máxima verossimilhança (`mle`) a partir da versão 13.

16.5. ESTIMAÇÃO DE MODELOS HIERÁRQUICOS LINEARES NO SOFTWARE SPSS

Apresentaremos agora o passo a passo para a elaboração dos nossos exemplos por meio do IBM SPSS Statistics Software®. A reprodução das imagens nesta seção tem autorização da International Business Machines Corporation©.

O maior objetivo, neste momento, é propiciar ao pesquisador uma oportunidade de elaborar as técnicas de modelagem multinível no SPSS. A cada apresentação de um *output*, faremos menção ao respectivo resultado obtido na elaboração das técnicas por meio do Stata, a fim de que o pesquisador possa compará-los e, dessa forma, decidir qual software utilizar, em função das características de cada um e da própria acessibilidade para uso.

16.5.1. Estimação de um modelo hierárquico linear de dois níveis com dados agrupados no software SPSS

Voltando ao exemplo utilizado na seção 16.4.1, lembremos que o nosso professor levantou dados sobre o desempenho escolar (nota de 0 a 100 mais um bônus por participação em sala) de 2.000 estudantes provenientes de 46 escolas, bem como dados sobre a quantidade semanal de horas de estudo (variável explicativa de nível 1) e sobre a natureza das escolas (pública ou privada) e o tempo médio de experiência docente dos professores em cada uma delas (variáveis explicativas de nível 2). A base de dados completa está no arquivo **DesempenhoAlunoEscola.sav**.

Mantendo a lógica apresentada, vamos, inicialmente, estimar o modelo nulo, conforme segue:

Modelo nulo:

$$desempenho_{ij} = \gamma_{00} + u_{0j} + r_{ij}$$

Embora seja possível elaborar modelagens multinível fazendo uso do menu **Analyze → Mixed Models** do SPSS, com base em procedimentos *point-and-click*, optamos, nesta seção, por estimar os modelos por meio de sintaxes, a fim de propiciar uma melhor comparação com as estimações elaboradas na seção 16.4.1 e facilitar a compreensão sobre a lógica de inclusão das variáveis nos componentes de efeitos fixos e aleatórios. Para tanto, com o arquivo **DesempenhoAlunoEscola.sav** aberto, devemos clicar em **File → New → Syntax**. Para o modelo nulo, devemos digitar a seguinte sintaxe na janela que será aberta:

MIXED desempenho
/METHOD = REML
/PRINT = SOLUTION TESTCOV
/FIXED = INTERCEPT
/RANDOM = INTERCEPT | SUBJECT(escola) .

em que a primeira linha (**MIXED**)[4] apresenta apenas a variável dependente *desempenho* e as duas linhas seguintes (**METHOD** e **PRINT**) determinam, respectivamente, o método de estimação adotado (no caso, máxima verossimilhança restrita, ou *REML*) e que sejam apresentados, nos *outputs*, as estimações de efeitos fixos com correspondentes erros-padrão. Por fim, nas duas últimas linhas (**FIXED** e **RANDOM**) podem ser especificadas, além do termo de intercepto, as variáveis que farão parte dos componentes de efeitos fixos e aleatórios, respectivamente, em que o termo **SUBJECT** inserido após a barra vertical | identifica a variável de grupo correspondente ao nível 2 (no nosso caso, a variável *escola*).

A Figura 16.45 apresenta a janela do SPSS com a inclusão da sintaxe correspondente ao modelo nulo, com destaque para o botão **Run Selection** que deverá ser clicado a fim de que a modelagem multinível seja elaborada.

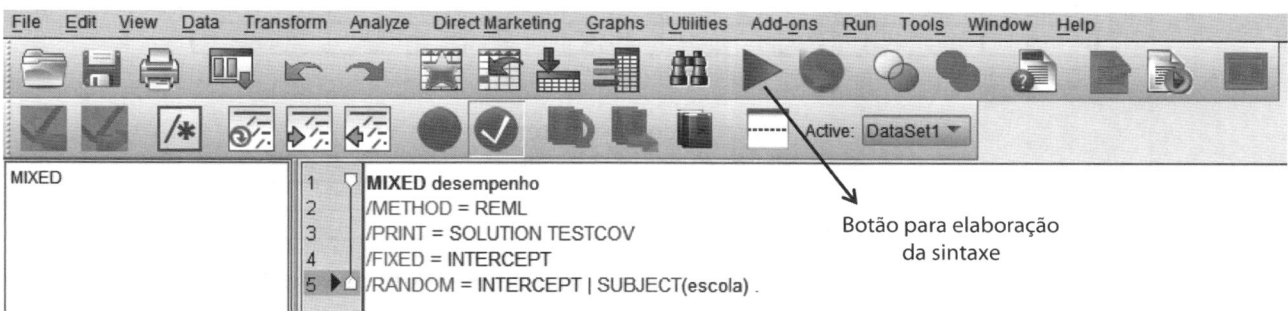

Figura 16.45 Janela com inclusão da sintaxe para estimação do modelo nulo no SPSS.

A seguir, na Figura 16.46, são apresentados os *outputs* gerados pelo SPSS.

Inicialmente, podemos verificar que o *output* **Model Dimension** apresenta a quantidade de níveis considerados na modelagem (no caso, 2) e a quantidade de parâmetros estimados (no caso, 3, incluindo o termo de erro). O termo **Variance Components** informa que está sendo considerada uma estrutura da matriz de variância-covariância com termos de erro aleatórios independentes.

Em **Information Criteria**, é apresentado o valor de **–2 Restricted Log Likelihood**, que corresponde a –2 vezes o valor máximo obtido do logaritmo da função de verossimilhança restrita para a estimação dos parâmetros do modelo. Podemos verificar que o *output* do SPSS mostra que $-2 \cdot LL_r = 17.504,04$, que é exatamente igual a –2 vezes o valor apresentado pelo Stata (Figura 16.9), já que $-2 \cdot (-8.752,02) = 17.504,04$.

---

[4] O comando **MIXED** passou a estar disponível no SPSS a partir de 2001, na versão 11.0.

Model Dimension[a]

		Number of Levels	Covariance Structure	Number of Parameters	Subject Variables
Fixed Effects	Intercept	1		1	
Random Effects	Intercept	1	Variance Components	1	escola
Residual				1	
Total		2		3	

a. Dependent Variable: desempenho escolar (nota de 0 a 100).

Information Criteria[a]

-2 Restricted Log Likelihood	17504,041
Akaike's Information Criterion (AIC)	17508,041
Hurvich and Tsai's Criterion (AICC)	17508,047
Bozdogan's Criterion (CAIC)	17521,242
Schwarz's Bayesian Criterion (BIC)	17519,242

The information criteria are displayed in smaller-is-better forms.

a. Dependent Variable: desempenho escolar (nota de 0 a 100).

Fixed Effects

Type III Tests of Fixed Effects[a]

Source	Numerator df	Denominator df	F	Sig.
Intercept	1	44,388	1181,424	,000

a. Dependent Variable: desempenho escolar (nota de 0 a 100).

Estimates of Fixed Effects[a]

Parameter	Estimate	Std. Error	df	t	Sig.	95% Confidence Interval	
						Lower Bound	Upper Bound
Intercept	61,049010	1,776134	44,388	34,372	,000	57,470330	64,627689

a. Dependent Variable: desempenho escolar (nota de 0 a 100).

Covariance Parameters

Estimates of Covariance Parameters[a]

Parameter		Estimate	Std. Error	Wald Z	Sig.	95% Confidence Interval	
						Lower Bound	Upper Bound
Residual		347,561691	11,120778	31,253	,000	326,434748	370,055975
Intercept [subject = escola]	Variance	135,779174	30,750059	4,416	,000	87,108516	211,643878

a. Dependent Variable: desempenho escolar (nota de 0 a 100).

Figura 16.46 *Outputs* do modelo nulo no SPSS.

Na sequência, em **Fixed Effects**, é apresentada a estimação do parâmetro γ_{00} (efeito fixo), que corresponde à média dos desempenhos escolares esperados dos estudantes (reta horizontal estimada no modelo nulo, ou intercepto geral). Podemos verificar que a estimação de γ_{00} = 61,049 corresponde àquela obtida na Figura 16.9 na elaboração do modelo nulo no Stata.

Por fim, são apresentadas as estimações dos componentes de variância dos termos de erro (efeitos aleatórios) dos níveis 1 e 2 (**Covariance Parameters**). Podemos aqui também verificar que os *outputs* correspondem aos obtidos pelo Stata, já que as estimações de τ_{00} = 135,779 (**Intercept [subject=escola]**) e σ^2 = 347,562 (**Residual**). Note, entretanto, que o SPSS apresenta de maneira direta, ao contrário do Stata, as estatísticas z das estimações das variâncias dos termos de erro, com respectivos níveis de significância. Assim, para os dados do nosso exemplo, podemos comprovar que existe variabilidade no desempenho escolar dos estudantes provenientes de escolas diferentes, visto que *Sig.* $z \, \tau_{00}$ < 0,05 (definido o nível de confiança de 95%).

Com base na correlação intraclasse, calculada a seguir, podemos verificar que aproximadamente 28% da variância total do desempenho escolar é devido à alteração entre escolas.

$$rho = \frac{\tau_{00}}{\tau_{00} + \sigma^2} = \frac{135,779}{135,779 + 347,562} = 0,281$$

A fim de mantermos a lógica apresentada na seção 16.4.1, vamos agora estimar o modelo com interceptos aleatórios, incluindo a variável *horas* como explicativa, conforme segue:

Modelo com interceptos aleatórios:

$$desempenho_{ij} = \gamma_{00} + \gamma_{10}.horas_{ij} + u_{0j} + r_{ij}$$

A sintaxe para a estimação desse modelo no SPSS é:

```
MIXED desempenho WITH horas
/METHOD = REML
/PRINT = SOLUTION TESTCOV
/FIXED = INTERCEPT horas
/RANDOM = INTERCEPT | SUBJECT(escola) .
```

em que devem ser inseridas todas as variáveis explicativas que o pesquisador desejar após o termo **WITH** na primeira linha da sintaxe. A partir de sua execução, chegamos aos principais *outputs* apresentados na Figura 16.47.

Information Criteria[a]

-2 Restricted Log Likelihood	12744,329
Akaike's Information Criterion (AIC)	12748,329
Hurvich and Tsai's Criterion (AICC)	12748,335
Bozdogan's Criterion (CAIC)	12761,528
Schwarz's Bayesian Criterion (BIC)	12759,528

The information criteria are displayed in smaller-is-better forms.

a. Dependent Variable: desempenho escolar (nota de 0 a 100).

Fixed Effects

Estimates of Fixed Effects[a]

Parameter	Estimate	Std. Error	df	t	Sig.	95% Confidence Interval	
						Lower Bound	Upper Bound
Intercept	,534468	,787530	91,043	,679	,499	-1,029855	2,098790
horas	3,251924	,023163	1984,423	140,390	,000	3,206497	3,297352

a. Dependent Variable: desempenho escolar (nota de 0 a 100).

Covariance Parameters

Estimates of Covariance Parameters[a]

Parameter		Estimate	Std. Error	Wald Z	Sig.	95% Confidence Interval	
						Lower Bound	Upper Bound
Residual		31,763781	1,016389	31,252	,000	29,832877	33,819661
Intercept [subject = escola]	Variance	19,125335	4,199478	4,554	,000	12,436696	29,411223

a. Dependent Variable: desempenho escolar (nota de 0 a 100).

Figura 16.47 Principais *outputs* do modelo com interceptos aleatórios.

Esses *outputs* correspondem aos apresentados na Figura 16.11 (Stata) e, por meio dos mesmos, podemos verificar que existe significância estatística das estimações das variâncias dos termos de erro $\tau_{00} = 19,125$ e $\sigma^2 = 31,764$, que resultam na seguinte correlação intraclasse:

$$rho = \frac{\tau_{00}}{\tau_{00} + \sigma^2} = \frac{19,125}{19,125 + 31,764} = 0,376$$

Neste sentido, há um incremento da proporção do componente de variância correspondente ao intercepto em relação ao modelo nulo, o que favorece a decisão de inclusão da variável *horas* para o estudo do comportamento do desempenho escolar na comparação entre escolas.

O nosso modelo, portanto, passa a ter, no presente momento, a seguinte especificação:

$$desempenho_{ij} = 0,534 + 3,252.horas_{ij} + u_{0j} + r_{ij}$$

em que o efeito fixo do intercepto corresponde à média esperada dos desempenhos escolares, entre escolas, dos alunos que, por alguma razão, não estudam ($horas_{ij} = 0$) e a inclinação permite que afirmemos que uma hora a mais de estudo semanal, em média, faz com que a média esperada dos desempenhos escolares, entre escolas, seja incrementada em 3,252 pontos, sendo este parâmetro estatisticamente significante.[5]

Neste momento, vamos inserir efeitos aleatórios de inclinação no nosso modelo multinível que, com a manutenção dos efeitos aleatórios de intercepto, passará a ter a seguinte expressão:

Modelo com interceptos e inclinações aleatórias:

$$desempenho_{ij} = \gamma_{00} + \gamma_{10}.horas_{ij} + u_{0j} + u_{1j}.horas_{ij} + r_{ij}$$

A nova sintaxe é:

```
MIXED desempenho WITH horas
/METHOD = REML
/PRINT = SOLUTION TESTCOV
/FIXED = INTERCEPT horas
/RANDOM = INTERCEPT horas | SUBJECT(escola) .
```

que gera os *outputs* apresentados na Figura 16.48.

Analogamente, esses *outputs* correspondem àqueles apresentados na Figura 16.14 (Stata).

Podemos verificar que as estimações dos parâmetros e das variâncias no modelo com interceptos e inclinações aleatórias são idênticas às obtidas na estimação dos parâmetros do modelo apenas com interceptos aleatórios (Figura 16.47). Isso ocorre pelo fato de a estimação da variância τ_{11} (**horas [subject=escola]**) ser estatisticamente igual a zero, o que faz com que o valor obtido de $-2 \cdot LL_r$ também seja o mesmo daquele apresentado na Figura 16.47.

---

[5] Se o pesquisador desejar elaborar um teste de razão de verossimilhança para comparar as estimações dos modelos nulo e com interceptos aleatórios, cujas especificações dos componentes fixos são obviamente diferentes, deverá fazê-lo estimando estes dois modelos por máxima verossimilhança (*ML*), em vez de por máxima verossimilhança restrita (*REML*). Assim, deverá digitar as duas sintaxes a seguir, correspondentes, respectivamente, às estimações por máxima verossimilhança (no SPSS, **METHOD = ML**) do modelo nulo e do modelo com interceptos aleatórios:

```
MIXED desempenho
/METHOD = ML
/PRINT = SOLUTION TESTCOV
/FIXED = INTERCEPT
/RANDOM = INTERCEPT | SUBJECT(escola) .
```

```
MIXED desempenho WITH horas
/METHOD = ML
/PRINT = SOLUTION TESTCOV
/FIXED = INTERCEPT horas
/RANDOM = INTERCEPT | SUBJECT(escola) .
```

que, embora não apresentados aqui, geram valores de $-2 \cdot LL$ iguais, respectivamente, a 17.507,017 e 12.739,629. Portanto, o teste de razão de verossimilhança apresenta nível de significância Sig. χ_1^2 (17.507,017 − 12.739,629 = 4.767,39) = 0,000 < 0,05, o que favorece a adoção do modelo com efeitos aleatórios no intercepto.

Information Criteria[a]

-2 Restricted Log Likelihood	12744,329
Akaike's Information Criterion (AIC)	12750,329
Hurvich and Tsai's Criterion (AICC)	12750,341
Bozdogan's Criterion (CAIC)	12770,128
Schwarz's Bayesian Criterion (BIC)	12767,128

The information criteria are displayed in smaller-is-better forms.

a. Dependent Variable: desempenho escolar (nota de 0 a 100).

Fixed Effects

Estimates of Fixed Effects[a]

Parameter	Estimate	Std. Error	df	t	Sig.	95% Confidence Interval	
						Lower Bound	Upper Bound
Intercept	,534468	,787530	91,043	,679	,499	-1,029855	2,098790
horas	3,251924	,023163	1984,423	140,390	,000	3,206497	3,297352

a. Dependent Variable: desempenho escolar (nota de 0 a 100).

Covariance Parameters

Estimates of Covariance Parameters[b]

Parameter		Estimate	Std. Error	Wald Z	Sig.	95% Confidence Interval	
						Lower Bound	Upper Bound
Residual		31,763781	1,016389	31,252	,000	29,832877	33,819661
Intercept [subject = escola]	Variance	19,125335	4,199478	4,554	,000	12,436696	29,411223
horas [subject = escola]	Variance	,000000[a]	,000000	.	.	.	.

a. This covariance parameter is redundant. The test statistic and confidence interval cannot be computed.
b. Dependent Variable: desempenho escolar (nota de 0 a 100).

Figura 16.48 Principais *outputs* do modelo com interceptos e inclinações aleatórias.

Portanto, a aplicação de um teste de razão de verossimilhança ofereceria um resultado que obviamente indicaria o favorecimento da adoção do modelo apenas com interceptos aleatórios, já que o nível de significância *Sig.* χ_1^2 (12.744,329 – 12.744,329 = 0) = 1,000 > 0,05, conforme já mostrava a Figura 16.15.

Se o pesquisador desejar generalizar a estrutura da matriz de variância-covariância dos termos de erro aleatórios, permitindo que u_{0j} e u_{1j} sejam correlacionados, basta que estime os parâmetros do modelo usando o termo **COVTYPE(UN)** ao final da linha **RANDOM** da última sintaxe, que passará a ser:

MIXED desempenho WITH horas
/METHOD = REML
/PRINT = SOLUTION TESTCOV
/FIXED = INTERCEPT horas
/RANDOM = INTERCEPT horas | SUBJECT(escola) COVTYPE(UN) .

em que o termo **COVTYPE(UN)** considera a existência de uma matriz de variância-covariância *unstructured*. Os *outputs* deste modelo não estão apresentados aqui, porém um teste de razão de verossimilhança para comparar as estimações dos modelos com interceptos e inclinações aleatórias com termos de erro u_{0j} e u_{1j} independentes e correlacionados mostrará que a estrutura da matriz de variância-covariância entre u_{0j} e u_{1j} pode ser considerada independente, de forma análoga ao apresentado na Figura 16.19.

Sendo independente a estrutura matriz de variância-covariância dos erros aleatórios e sendo mais adequado o modelo apenas com interceptos aleatórios, vamos partir para a estimação do modelo final completo, que possui a seguinte especificação:

Modelo final completo:

$$desempenho_{ij} = \gamma_{00} + \gamma_{10}.horas_{ij} + \gamma_{01}.texp_j + \gamma_{02}.priv_j$$
$$+ \gamma_{11}.priv_j.horas_{ij} + u_{0j} + r_{ij}$$

Note que já partimos para a última estimação obtida na seção 16.4.1. A sintaxe para a elaboração da modelagem é:

MIXED desempenho WITH horas texp priv
/METHOD = REML
/PRINT = SOLUTION TESTCOV
/FIXED = INTERCEPT horas texp priv priv*horas
/RANDOM = INTERCEPT | SUBJECT(escola)
/SAVE = PRED FIXPRED .

em que a última linha agora apresenta o termo **SAVE = PRED FIXPRED**, que faz com que sejam geradas duas novas variáveis no banco de dados, *PRED_1* e *FXPRED_1*. Enquanto a primeira corresponde aos valores previstos do desempenho escolar por estudante (*yhat* no Stata), inclusive com componentes aleatórios u_{0j} de intercepto, a segunda refere-se aos valores previstos do desempenho escolar decorrentes apenas do componente de efeitos fixos. Os *outputs* gerados são apresentados na Figura 16.49, e os valores esperados *BLUPS* (*best linear unbiased predictions*) dos efeitos aleatórios u_{0j} do nosso modelo final podem, portanto, ser obtidos por meio da seguinte sintaxe:

COMPUTE blups=PRED_1-FXPRED_1.

que gera no banco de dados uma nova variável, denominada *blups*, igual à variável *u0final* definida na estimação deste modelo em Stata.

Information Criteria[a]

-2 Restricted Log Likelihood	12719,507
Akaike's Information Criterion (AIC)	12723,507
Hurvich and Tsai's Criterion (AICC)	12723,513
Bozdogan's Criterion (CAIC)	12736,704
Schwarz's Bayesian Criterion (BIC)	12734,704

The information criteria are displayed in smaller-is-better forms.

a. Dependent Variable: desempenho escolar (nota de 0 a 100).

Fixed Effects

Estimates of Fixed Effects[a]

Parameter	Estimate	Std. Error	df	t	Sig.	95% Confidence Interval	
						Lower Bound	Upper Bound
Intercept	-2,710350	,893160	94,435	-3,035	,003	-4,483634	-,937066
horas	3,281046	,029276	1988,758	112,074	,000	3,223631	3,338460
texp	,866203	,164196	42,244	5,275	,000	,534898	1,197508
priv	-5,610535	2,288084	58,462	-2,452	,017	-10,189862	-1,031209
horas * priv	-,080121	,047722	1986,701	-1,679	,093	-,173711	,013469

a. Dependent Variable: desempenho escolar (nota de 0 a 100).

Covariance Parameters

Estimates of Covariance Parameters[a]

Parameter		Estimate	Std. Error	Wald Z	Sig.	95% Confidence Interval	
						Lower Bound	Upper Bound
Residual		31,720600	1,015254	31,244	,000	29,791867	33,774199
Intercept [subject = escola]	Variance	11,057762	2,559522	4,320	,000	7,024914	17,405779

a. Dependent Variable: desempenho escolar (nota de 0 a 100).

Figura 16.49 Principais *outputs* do modelo final completo com interceptos aleatórios.

Esses resultados correspondem aos apresentados na Figura 16.21 (Stata). Com estimações significantes das variâncias dos termos de erro aleatórios e dos parâmetros de efeitos fixos, ao nível de confiança de 95% (exceção feita à estimação do parâmetro da variável combinada *horas*priv*, significante ao nível de confiança de 90%), chegamos à seguinte expressão do modelo proposto:

$$desempenho_{ij} = -2,710 + 3,281.horas_{ij} + 0,866.texp_j - 5,610.priv_j$$
$$- 0,080.priv_j.horas_{ij} + u_{0j} + r_{ij}$$

construído com a inclusão de variáveis explicativas dos níveis 1 e 2 e por meio da *multilevel step-up strategy*. Podemos concluir, portanto, que existem diferenças no comportamento do desempenho escolar entre estudantes provenientes de mesmas escolas e de escolas distintas, e essas diferenças ocorrem, respectivamente, em função da quantidade semanal de horas de estudo de cada estudante, da natureza (pública ou privada) e do tempo médio de experiência dos professores de cada escola.

Na sequência elaboraremos, também em SPSS, um exemplo de modelo hierárquico linear de três níveis com medidas repetidas.

16.5.2. Estimação de um modelo hierárquico linear de três níveis com medidas repetidas no software SPSS

Nesta seção, vamos retomar o exemplo utilizado na seção 16.4.2, lembrando que o nosso professor conseguiu dados sobre o desempenho escolar (nota de 0 a 100) ao longo de quatro anos (variável temporal de nível 1) de 2.000 estudantes provenientes de 15 escolas, bem como dados sobre o sexo de cada estudante (variável explicativa de nível 2) e sobre o tempo médio de experiência docente em cada uma das escolas (variável explicativa de nível 3). A base de dados completa é apresentada no arquivo **DesempenhoTempoAlunoEscola.sav**.

É importante mencionar que o SPSS apresenta tempos de processamento de estimações de modelos multinível, principalmente para uma quantidade de níveis igual ou superior a três, consideravelmente maior do que o Stata.

Mantendo a lógica apresentada na seção 16.4.2, vamos inicialmente estimar o modelo nulo, conforme segue:

Modelo nulo:

$$desempenho_{tjk} = \gamma_{000} + u_{00k} + r_{0jk} + e_{tjk}$$

Para esse modelo nulo, devemos digitar a seguinte rotina na janela de sintaxes:

```
MIXED desempenho
/METHOD = REML
/PRINT = SOLUTION TESTCOV
/FIXED = INTERCEPT
/RANDOM = INTERCEPT | SUBJECT(estudante)
/RANDOM = INTERCEPT | SUBJECT(escola) .
```

em que a primeira linha (**MIXED**) apresenta apenas a variável dependente *desempenho* e as duas linhas seguintes (**METHOD** e **PRINT**) determinam, respectivamente, o método de estimação adotado (no caso, máxima verossimilhança restrita, ou *REML*) e que sejam apresentados, nos *outputs*, as estimações de efeitos fixos com correspondentes erros-padrão. Na linha seguinte (**FIXED**) pode ser especificada a variável que fará parte dos componentes de efeitos fixos, além do termo de intercepto. Por fim, nas duas últimas linhas da rotina (**RANDOM**) podem ser especificadas, além dos termos de intercepto, as variáveis que farão parte dos componentes de efeitos aleatórios nos diferentes níveis da análise, em que o termo **SUBJECT** inserido após a barra vertical | identifica a variável de grupo correspondente a cada nível (no nosso caso, *estudante* para o nível 2 e *escola* para o nível 3).

A Figura 16.50 apresenta os *outputs* gerados pelo SPSS.

Model Dimension[a]

		Number of Levels	Covariance Structure	Number of Parameters	Subject Variables
Fixed Effects	Intercept	1		1	
Random Effects	Intercept	1	Variance Components	1	estudante
	Intercept	1	Variance Components	1	escola
Residual				1	
Total		3		4	

a. Dependent Variable: desempenho escolar.

Information Criteria[a]

-2 Restricted Log Likelihood	18184,277
Akaike's Information Criterion (AIC)	18190,277
Hurvich and Tsai's Criterion (AICC)	18190,287
Bozdogan's Criterion (CAIC)	18210,675
Schwarz's Bayesian Criterion (BIC)	18207,675

The information criteria are displayed in smaller-is-better forms.

a. Dependent Variable: desempenho escolar.

Fixed Effects

Type III Tests of Fixed Effects[a]

Source	Numerator df	Denominator df	F	Sig.
Intercept	1	13,982	373,992	,000

a. Dependent Variable: desempenho escolar.

Estimates of Fixed Effects[a]

Parameter	Estimate	Std. Error	df	t	Sig.	95% Confidence Interval	
						Lower Bound	Upper Bound
Intercept	68,713953	3,553153	13,982	19,339	,000	61,092286	76,335620

a. Dependent Variable: desempenho escolar.

Covariance Parameters

Estimates of Covariance Parameters[a]

Parameter		Estimate	Std. Error	Wald Z	Sig.	95% Confidence Interval	
						Lower Bound	Upper Bound
Residual		41,649389	1,376886	30,249	,000	39,036312	44,437385
Intercept [subject = estudante]	Variance	325,799148	19,495760	16,711	,000	289,743835	366,341134
Intercept [subject = escola]	Variance	180,192658	71,603650	2,517	,012	82,697580	392,628101

a. Dependent Variable: desempenho escolar.

Figura 16.50 *Outputs* do modelo nulo no SPSS.

Não vamos analisar novamente todos os *outputs* do modelo gerado, visto que são exatamente iguais aos apresentados na Figura 16.30, obtida na estimação deste modelo nulo em Stata.

Entretanto, podemos verificar que a estimação do parâmetro γ_{000} (**Fixed Effects**) é igual a 68,714, que corresponde à média dos desempenhos escolares anuais esperados dos estudantes (reta horizontal estimada no modelo nulo, ou intercepto geral).

Além disso, temos que as estimações das variâncias dos termos de erro (**Covariance Parameters**) τ_{u000} = 180,194 (**Intercept [subject=escola]**), τ_{r000} = 325,799 (**Intercept [subject=estudante]**) e σ^2 = 41,649 (**Residual**) são estatisticamente diferentes de zero, ao nível de significância de 5%. Esse fato permite que afirmemos que há variabilidade significativa no desempenho escolar ao longo dos quatro anos da análise, que há variabilidade significativa no desempenho escolar, ao longo do tempo, entre estudantes de uma mesma escola, e que há variabilidade significativa no desempenho escolar, ao longo do tempo, entre estudantes provenientes de escolas distintas.

As duas correlações intraclasse, correspondentes aos níveis 2 e 3 da análise, podem ser calculadas conforme segue:

- **Correlação intraclasse de nível 2:**

$$rho_{estudante|escola} = corr\left(Y_{tjk}, Y_{t'jk}\right) = \frac{\tau_{u000} + \tau_{r000}}{\tau_{u000} + \tau_{r000} + \sigma^2} = \frac{180,194 + 325,799}{180,194 + 325,799 + 41,649} = 0,924$$

- **Correlação intraclasse de nível 3:**

$$rho_{escola} = corr\left(Y_{tjk}, Y_{t'j'k}\right) = \frac{\tau_{u000}}{\tau_{u000} + \tau_{r000} + \sigma^2} = \frac{180,194}{180,194 + 325,799 + 41,649} = 0,329$$

Logo, a correlação entre os desempenhos escolares anuais, para uma mesma escola, é igual a 32,9% (rho_{escola}) e a correlação entre os desempenhos escolares anuais, para um mesmo estudante de determinada escola, é igual a 92,4% ($rho_{estudante|escola}$).

A fim de mantermos a lógica apresentada na seção 16.4.2, vamos partir agora para a estimação do modelo de tendência linear com interceptos e inclinações aleatórias, incluindo a variável *ano* (medida repetida) como explicativa no nível 1, conforme segue:

Modelo de tendência linear com interceptos e inclinações aleatórias:

$$desempenho_{tjk} = \gamma_{000} + \gamma_{100}.ano_{jk} + u_{00k} + u_{10k}.ano_{jk} + r_{0jk} + r_{1jk}.ano_{jk} + e_{tjk}$$

A sintaxe para a estimação deste modelo no SPSS é:

MIXED desempenho WITH ano
/METHOD = REML
/PRINT = SOLUTION TESTCOV
/FIXED = INTERCEPT ano
/RANDOM = INTERCEPT ano | SUBJECT(estudante)
/RANDOM = INTERCEPT ano | SUBJECT(escola) .

em que devem ser inseridas todas as variáveis explicativas que o pesquisador desejar após o termo **WITH** na primeira linha da sintaxe. Após nove iterações e alguns minutos de processamento do software, chegamos aos principais *outputs* apresentados na Figura 16.51.

Information Criteria[a]

-2 Restricted Log Likelihood	14929,638
Akaike's Information Criterion (AIC)	14939,638
Hurvich and Tsai's Criterion (AICC)	14939,663
Bozdogan's Criterion (CAIC)	14973,633
Schwarz's Bayesian Criterion (BIC)	14968,633

The information criteria are displayed in smaller-is-better forms.

a. Dependent Variable: desempenho escolar.

Fixed Effects

Estimates of Fixed Effects[a]

Parameter	Estimate	Std. Error	df	t	Sig.	95% Confidence Interval Lower Bound	95% Confidence Interval Upper Bound
Intercept	57,857761	3,955770	13,993	14,626	,000	49,373090	66,342433
ano	4,343297	,210705	13,903	20,613	,000	3,891085	4,795509

a. Dependent Variable: desempenho escolar.

Covariance Parameters

Estimates of Covariance Parameters[a]

Parameter		Estimate	Std. Error	Wald Z	Sig.	95% Confidence Interval Lower Bound	95% Confidence Interval Upper Bound
Residual		3,867728	,159525	24,245	,000	3,567368	4,193377
Intercept [subject = estudante]	Variance	374,284569	22,009042	17,006	,000	333,540633	420,005615
ano [subject = estudante]	Variance	3,157274	,230544	13,695	,000	2,736260	3,643066
Intercept [subject = escola]	Variance	224,337985	88,719082	2,529	,011	103,342179	486,998939
ano [subject = escola]	Variance	,560036	,251904	2,223	,026	,231924	1,352342

a. Dependent Variable: desempenho escolar.

Figura 16.51 Principais *outputs* do modelo de tendência linear com interceptos e inclinações aleatórias.

Esses *outputs* correspondem àqueles apresentados na Figura 16.35 e, por meio dos quais, podemos verificar que os parâmetros estimados dos componentes de efeitos fixos e aleatórios são estatisticamente diferentes de zero, ao nível de significância de 5%, o que nos dá subsídios à afirmação de que o desempenho escolar dos estudantes segue uma tendência linear ao longo do tempo, existindo variância significativa de interceptos e de inclinações entre aqueles que estudam na mesma escola e entre aqueles que estudam em escolas distintas.[6] Por meio da correlação intraclasse de nível 2, calculada a seguir, estimamos que os efeitos aleatórios de estudantes e escolas compõem aproximadamente 99% da variância total dos resíduos!

---

[6] Se o pesquisador desejar comparar os resultados dessa estimação com aqueles provenientes da estimação de um modelo de tendência linear apenas com interceptos aleatórios, assim como realizado em Stata, basta que digite a seguinte rotina na janela de sintaxes do SPSS:

MIXED desempenho WITH ano
/METHOD = REML
/PRINT = SOLUTION TESTCOV
/FIXED = INTERCEPT ano
/RANDOM = INTERCEPT | SUBJECT(estudante)
/RANDOM = INTERCEPT | SUBJECT(escola) .

Os resultados, embora não apresentados aqui, geram valor de $-2 \cdot LL$ igual a 15.602,840. Portanto, um teste de razão de verossimilhança apresentará nível de significância Sig. χ^2_2 (15.602,840 – 14.929,638 = 673,20) = 0,000 < 0,05, o que favorece a adoção do modelo de tendência linear com interceptos e inclinações aleatórias.

$$rho_{estudante|escola} = corr\left(Y_{tjk}, Y_{t'jk}\right) = \frac{\tau_{u000} + \tau_{u100} + \tau_{r000} + \tau_{r100}}{\tau_{u000} + \tau_{u100} + \tau_{r000} + \tau_{r100} + \sigma^2}$$

$$= \frac{224,343 + 0,560 + 374,285 + 3,157}{224,343 + 0,560 + 374,285 + 3,157 + 3,868} = 0,994$$

Neste momento, o nosso modelo passa a ter a seguinte especificação:

$$desempenho_{tjk} = 57,858 + 4,343.ano_{jk} + u_{00k} + u_{10k}.ano_{jk} + r_{0jk} + r_{1jk}.ano_{jk} + e_{tjk}$$

Por fim, investigaremos se as variáveis *sexo* e *texp*, de níveis 2 e 3, respectivamente, também explicam a variação no desempenho escolar anual entre os estudantes. Após algumas análises intermediárias, partiremos para a estimação do seguinte modelo completo de três níveis:

Modelo de tendência linear com interceptos e inclinações aleatórias e as variáveis *sexo* de nível 2 e *texp* de nível 3 (modelo completo):

$$desempenho_{tjk} = \gamma_{000} + \gamma_{100}.ano_{jk} + \gamma_{010}.sexo_{jk} + \gamma_{001}.texp_k$$
$$+ \gamma_{110}.sexo_{jk}.ano_{jk} + \gamma_{101}.texp_k.ano_{jk}$$
$$+ u_{00k} + u_{10k}.ano_{jk} + r_{0jk} + r_{1jk}.ano_{jk} + e_{tjk}$$

Para a estimação deste modelo, vamos partir para a generalização da estrutura das matrizes de variância-covariância dos termos aleatórios, permitindo que (u_{00k}, u_{10k}) e (r_{0jk}, r_{1jk}) sejam correlacionados (matrizes de variância-covariância *unstructured*). Para tanto, devemos inserir a expressão **COVTYPE(UN)** ao final das linhas **RANDOM**, fazendo com que a sintaxe do SPSS seja:

MIXED desempenho WITH ano sexo texp
/METHOD = REML
/PRINT = SOLUTION TESTCOV
/FIXED = INTERCEPT ano sexo texp sexo*ano texp*ano
/RANDOM = INTERCEPT ano | SUBJECT(estudante) COVTYPE(UN)
/RANDOM = INTERCEPT ano | SUBJECT(escola) COVTYPE(UN)
/SAVE = PRED FIXPRED RESID .

em que a última linha apresenta agora o termo **SAVE = PRED FIXPRED RESID**, que faz com que sejam geradas três novas variáveis no banco de dados, *PRED_1*, *FXPRED_1* e *RESID_1*, que correspondem, respectivamente, aos valores previstos do desempenho escolar por estudante (*yhatestudante* no Stata), aos valores previstos do desempenho escolar decorrentes apenas do componente de efeitos fixos e aos termos de erro e_{tjk}.

Após cinco iterações e alguns minutos de processamento do software, chegamos aos *outputs* apresentados na Figura 16.52.

Estes *outputs* correspondem àqueles apresentados na Figura 16.39 (Stata) e, por meio dos quais, verificamos que todos os parâmetros estimados para o componente de efeitos fixos são estatisticamente diferentes de zero, ao nível de significância de 5%. Já em relação aos parâmetros dos componentes de efeitos aleatórios, apenas as estimações de u_{10k} e de cov(u_{00k}, u_{10k}) são estatisticamente significantes ao nível de significância de 10%, sendo todas as demais significantes ao nível de significância de 5%. Neste sentido, considerando que cov(u_{00k}, u_{10k}) e cov(r_{0jk}, r_{1jk}) sejam estatisticamente diferentes de zero, podemos escrever que:

- **Matriz de variância-covariância dos efeitos aleatórios para o nível *escola*:**

$$var \begin{bmatrix} u_{00k} \\ u_{10k} \end{bmatrix} = \begin{bmatrix} 88,734 & -3,185 \\ -3,185 & 0,255 \end{bmatrix}$$

- **Matriz de variância-covariância dos efeitos aleatórios para o nível *estudante*:**

$$var \begin{bmatrix} r_{0jk} \\ r_{1jk} \end{bmatrix} = \begin{bmatrix} 350,913 & -13,251 \\ -13,251 & 3,257 \end{bmatrix}$$

Information Criteria[a]

-2 Restricted Log Likelihood	14753,429
Akaike's Information Criterion (AIC)	14767,429
Hurvich and Tsai's Criterion (AICC)	14767,476
Bozdogan's Criterion (CAIC)	14815,010
Schwarz's Bayesian Criterion (BIC)	14808,010

The information criteria are displayed in smaller-is-better forms.

a. Dependent Variable: desempenho escolar.

Fixed Effects

Estimates of Fixed Effects[a]

Parameter	Estimate	Std. Error	df	t	Sig.	95% Confidence Interval	
						Lower Bound	Upper Bound
Intercept	54,734351	3,951390	15,516	13,852	,000	46,336504	63,132198
ano	4,515640	,258373	21,461	17,477	,000	3,979027	5,052254
sexo	-14,702129	1,795535	606,763	-8,188	,000	-18,228348	-11,175911
texp	1,178656	,345902	13,131	3,407	,005	,432135	1,925177
ano * sexo	,651886	,184716	514,048	3,529	,000	,288994	1,014778
ano * texp	-,056650	,020999	13,707	-2,698	,018	-,101777	-,011522

a. Dependent Variable: desempenho escolar.

Covariance Parameters

Estimates of Covariance Parameters[a]

Parameter		Estimate	Std. Error	Wald Z	Sig.	95% Confidence Interval	
						Lower Bound	Upper Bound
Residual		3,795045	,153657	24,698	,000	3,505523	4,108479
Intercept + ano [subject = estudante]	UN (1,1)	350,912601	20,688828	16,961	,000	312,618371	393,897688
	UN (2,1)	-13,250888	1,673703	-7,917	,000	-16,531285	-9,970490
	UN (2,2)	3,257499	,235014	13,861	,000	2,827965	3,752275
Intercept + ano [subject = escola]	UN (1,1)	88,734046	38,402010	2,311	,021	37,993584	207,238439
	UN (2,1)	-3,185216	1,904173	-1,673	,094	-6,917327	,546894
	UN (2,2)	,255415	,137804	1,853	,064	,088715	,735350

a. Dependent Variable: desempenho escolar.

Figura 16.52 Principais *outputs* do modelo de tendência linear com interceptos e inclinações aleatórias e as variáveis *sexo* de nível 2 e *texp* de nível 3, com termos aleatórios (u_{00k}, u_{10k}) e (r_{0jk}, r_{1jk}) correlacionados.

Portanto, a expressão do nosso modelo final apresenta a seguinte especificação:[7]

$$desempenho_{tjk} = 54,734 + 4,516.ano_{jk} - 14,702.sexo_{jk} + 1,179.texp_k$$
$$+ 0,652.sexo_{jk}.ano_{jk} - 0,057.texp_k.ano_{jk}$$
$$+ u_{00k} + u_{10k}.ano_{jk} + r_{0jk} + r_{1jk}.ano_{jk} + e_{tjk}$$

construído com a inclusão de variáveis explicativas dos níveis 2 e 3 e por meio da *multilevel step-up strategy*.

Podemos concluir, portanto, que o desempenho escolar dos estudantes segue uma tendência linear ao longo do tempo, existindo variância significativa de interceptos e de inclinações entre aqueles que estudam na mesma escola e entre aqueles que estudam em escolas distintas, o sexo dos estudantes é significante para explicar parte dessa variação e o tempo médio de experiência docente em cada escola também explica parte das discrepâncias no desempenho escolar anual entre os estudantes provenientes de diferentes escolas.

Analogamente ao Quadro 16.1 apresentado ao final da seção 16.4, o Quadro 16.2 consolida as rotinas gerais para estimação, em SPSS, de modelos multinível.

Quadro 16.2 Modelagens hierárquicas, modelos intermediários (*multilevel step-up strategy*) e rotinas em SPSS.

Modelagem	Modelo intermediário	Rotina em SPSS
Hierárquica linear de dois níveis com dados agrupados	Modelo nulo (modelo não condicional)	**MIXED Y** **/FIXED = INTERCEPT** **/RANDOM = INTERCEPT | SUBJECT(var_nível2) .**
	Modelo com interceptos aleatórios	**MIXED Y WITH X** **/FIXED = INTERCEPT X** **/RANDOM = INTERCEPT | SUBJECT(var_nível2) .**
	Modelo com interceptos e inclinações aleatórias	**MIXED Y WITH X** **/FIXED = INTERCEPT X** **/RANDOM = INTERCEPT X | SUBJECT(var_nível2) .**
	Modelo com interceptos e inclinações aleatórias e termos de erro correlacionados	**MIXED Y WITH X** **/FIXED = INTERCEPT X** **/RANDOM = INTERCEPT X | SUBJECT(var_nível2)** **COVTYPE(UN) .**

(Continua)

---

[7] Analogamente, se o pesquisador também desejar comparar os resultados desta estimação com aqueles provenientes de uma estimação de um modelo considerando termos aleatórios independentes, assim como realizado em Stata, basta que ele digite a seguinte rotina na janela de sintaxes do SPSS:

```
MIXED desempenho WITH ano sexo texp
/METHOD = REML
/PRINT = SOLUTION TESTCOV
/FIXED = INTERCEPT ano sexo texp sexo*ano texp*ano
/RANDOM = INTERCEPT ano | SUBJECT(estudante)
/RANDOM = INTERCEPT ano | SUBJECT(escola) .
```

Os resultados, embora não apresentados aqui, geram valor de $-2 \cdot LL$ igual a 14.839,357. Portanto, um teste de razão de verossimilhança apresentará nível de significância Sig. χ_2^2 (14.839,357 − 14.753,429 = 85,93) = 0,000 < 0,05, o que permite que afirmemos que a estrutura da matriz de variância-covariância entre os termos de erro pode ser considerada *unstructured* neste exemplo, ou seja, podemos considerar que os termos de erro u_{00k} e u_{10k} sejam correlacionados (cov(u_{00k}, u_{10k}) ≠ 0) e que os termos de erro r_{0jk} e r_{1jk} também sejam correlacionados (cov(r_{0jk}, r_{1jk}) ≠ 0).

Quadro 16.2 Modelagens hierárquicas, modelos intermediários (*multilevel step-up strategy*) e rotinas em SPSS. (*Continuação*)

Modelagem	Modelo intermediário	Rotina em SPSS
Hierárquica linear de três níveis com medidas repetidas	Modelo nulo (modelo não condicional)	**MIXED Y** **/FIXED = INTERCEPT** **/RANDOM = INTERCEPT | SUBJECT(var_nível2)** **/RANDOM = INTERCEPT | SUBJECT(var_nível3) .**
	Modelo de tendência linear com interceptos aleatórios	**MIXED Y WITH t** **/FIXED = INTERCEPT t** **/RANDOM = INTERCEPT | SUBJECT(var_nível2)** **/RANDOM = INTERCEPT | SUBJECT(var_nível3) .**
	Modelo de tendência linear com interceptos e inclinações aleatórias	**MIXED Y WITH t** **/FIXED = INTERCEPT t** **/RANDOM = INTERCEPT t | SUBJECT(var_nível2)** **/RANDOM = INTERCEPT t | SUBJECT(var_nível3) .**
	Modelo de tendência linear com interceptos e inclinações aleatórias e variável de nível 2	**MIXED Y WITH t X** **/FIXED = INTERCEPT t X X*t** **/RANDOM = INTERCEPT t | SUBJECT(var_nível2)** **/RANDOM = INTERCEPT t | SUBJECT(var_nível3) .**
	Modelo de tendência linear com interceptos e inclinações aleatórias e variáveis de níveis 2 e 3	**MIXED Y WITH t X W** **/FIXED = INTERCEPT t X W X*t W*t W*X*t** **/RANDOM = INTERCEPT t | SUBJECT(var_nível2)** **/RANDOM = INTERCEPT t | SUBJECT(var_nível3) .**
	Modelo de tendência linear com interceptos e inclinações aleatórias e variáveis de níveis 2 e 3 e termos de erro correlacionados	**MIXED Y WITH t X W** **/FIXED = INTERCEPT t X W X*t W*t W*X*t** **/RANDOM = INTERCEPT t | SUBJECT(var_nível2) COVTYPE(UN)** **/RANDOM = INTERCEPT t | SUBJECT(var_nível3) COVTYPE(UN) .**

Nota: Considerada uma variável **X** de nível 2, uma variável **W** de nível 3 (quando houver) e **t** como variável temporal. Além disso, **Y** refere-se à variável dependente. Em todos os comandos, considerada a estimação por máxima verossimilhança restrita (termo omitido /**METHOD = REML**).

16.6. CÓDIGOS EM R PARA OS EXEMPLOS DO CAPÍTULO

```
# Pacotes utilizados
library(plotly) #plataforma gráfica
library(tidyverse) #carregar outros pacotes do R
library(knitr) #formatação de tabelas
library(kableExtra) #formatação de tabelas
library(reshape2) #função 'melt'
library(rgl) #visualização de gráficos em 3D
library(gghalves) #funções 'geom_half_boxplot' e 'geom_half_dotplot' para
                  #boxplots alternativos
library(ggdist) #funções 'stat_halfeye' e 'stat_dots' para boxplots com distribuições
library(tidyquant) #função 'theme_tq'
```

```r
library(car) #função 'scatter3d' para plotagens tridimensionais
library(nlme) #função 'lme' para a estimação de modelo HLM
library(lmtest) #função 'lrtest' para comparação de LL's entre modelos
library(fastDummies) #função 'dummy_columns' para dummização de variáveis
library(jtools) #função 'export_summs' para apresentação de outputs de modelos
library(gganimate) #funções 'transition_states' e 'animate' para gráfico com animação
library(glmmTMB) #função 'glmmTMB' para estimação de modelos multinível não lineares
library(caret) #definição da matriz de confusão
library(pROC) #função 'roc' para construção da curva ROC
library(ROCR) #funções 'prediction' e 'performance' para plotagem da curva ROC
library(splines) #função 'bs' (smooth probability lines) para gráficos polinomiais
library(questionr) #função 'freq' para tabelas de frequência
library(MASS) #função 'glm.nb' para estimação do modelo binomial negativo
library(ggridges) #função 'geom_density_ridges_gradient' para gráficos com
                  #distribuições
library(viridis) #função 'scale_fill_viridis' para paleta de cores em gráficos
library(hrbrthemes) #função 'theme_ipsum' para temas em gráficos


# Estimação de modelos hierárquicos lineares de dois níveis com dados agrupados

# Carregamento da base de dados 'desempenho_aluno_escola'
load(file = "desempenho_aluno_escola.RData")

# Visualização da base de dados
desempenho_aluno_escola %>%
  kable() %>%
  kable_styling(bootstrap_options = "striped",
                full_width = FALSE,
                font_size = 25)


# Estatísticas descritivas
summary(desempenho_aluno_escola)

# Estudo sobre o desbalanceamento dos dados por escola
desempenho_aluno_escola %>%
  group_by(escola) %>%
  summarise(quantidade = n()) %>%
  kable() %>%
  kable_styling(bootstrap_options = "striped",
                full_width = FALSE,
                font_size = 25)


# Desempenho médio dos estudantes por escola
desempenho_aluno_escola %>%
  group_by(escola) %>%
  summarise(`desempenho médio` = mean(desempenho, na.rm = T)) %>%
  kable() %>%
  kable_styling(bootstrap_options = "striped",
                full_width = F,
                font_size = 25)


# Gráfico do desempenho escolar médio dos estudantes por escola
desempenho_aluno_escola %>%
```

```
group_by(escola) %>%
mutate(desempenho_medio = mean(desempenho, na.rm = TRUE)) %>%
ggplot() +
geom_point(aes(x = escola, y = desempenho),color = "orange", alpha = 0.5, size = 3) +
geom_line(aes(x = escola, y = desempenho_medio,
              group = 1, color = "Desempenho Escolar Médio"), size = 1.5) +
scale_color_viridis_d() +
labs(x = "Escola j (nível 2)",
     y = "Desempenho Escolar") +
theme(legend.title = element_blank(),
      panel.border = element_rect(NA),
      panel.grid = element_line("grey"),
      panel.background = element_rect("white"),
      legend.position = "bottom",
      axis.text.x = element_text(angle = 90))
```

Ao acessar o QR Code ao lado, você encontrará os códigos completos em R® *on-line*

16.7. CÓDIGOS EM PYTHON PARA OS EXEMPLOS DO CAPÍTULO

```python
# Nossos mais sinceros agradecimentos aos Professores Helder Prado Santos e
#Wilson Tarantin Junior pela contribuição com códigos e revisão do material.

# Importação dos pacotes necessários
import pandas as pd #manipulação de dados em formato de dataframe
import seaborn as sns #biblioteca de visualização de informações estatísticas
import matplotlib.pyplot as plt #biblioteca de visualização de dados
import statsmodels.api as sm #biblioteca de modelagem estatística
import numpy as np #biblioteca para operações matemáticas multidimensionais
from scipy import stats #estatística chi2
import statsmodels.formula.api as smf #estimação dos modelos de contagem
# !pip install -q pymer4
from pymer4.models import Lmer #estimação de modelos HLM3 neste código
from statstests.process import stepwise #procedimento Stepwise
from statsmodels.genmod.bayes_mixed_glm import BinomialBayesMixedGLM #estimação
#de modelos multinível logísticos
import plotly.graph_objs as go #gráfico 3D


# Estimação de modelos hierárquicos lineares de dois níveis com dados agrupados


# Carregamento da base de dados 'desempenho_aluno_escola'
df_aluno_escola = pd.read_csv('desempenho_aluno_escola.csv', delimiter=',')


# Visualização da base de dados 'desempenho_aluno_escola'
df_aluno_escola


# Atribuição de categorias para as variáveis 'estudante', 'escola' e 'priv'
df_aluno_escola['estudante'] = df_aluno_escola['estudante'].astype('category')
df_aluno_escola['escola'] = df_aluno_escola['escola'].astype('category')
df_aluno_escola['priv'] = df_aluno_escola['priv'].astype('category')
```

```
# Características das variáveis do dataset
df_aluno_escola.info()

# Estatísticas univariadas
df_aluno_escola.describe()

# Estudo sobre o desbalanceamento dos dados por escola
df_aluno_escola.groupby('escola')['estudante'].count().reset_index()

# Desempenho médio dos estudantes por escola
desempenho_medio = df_aluno_escola.groupby('escola')['desempenho'].mean().reset_index()
desempenho_medio

# Gráfico do desempenho escolar médio dos estudantes por escola
plt.figure(figsize=(15,10))
plt.plot(desempenho_medio['escola'], desempenho_medio['desempenho'],
        linewidth=5, color='indigo')
plt.scatter(df_aluno_escola['escola'], df_aluno_escola['desempenho'],
            alpha=0.5, color='orange', s = 40)
plt.xlabel('Escola j (nível 2)', fontsize=14)
plt.ylabel('Desempenho Escolar', fontsize=14)
plt.xticks(desempenho_medio.escola)

plt.show()
```

Ao acessar o QR Code ao lado, você encontrará os códigos completos em Python® on-line

16.8. CONSIDERAÇÕES FINAIS

Os modelos multinível de regressão para dados em painel possibilitam que o pesquisador avalie a relação entre determinada variável de desempenho e uma ou mais variáveis preditoras que caracterizam diferentes níveis de análise, sendo cada nível formado por indivíduos ou grupos aninhados em outros grupos, e assim sucessivamente. Como variáveis de determinado grupo são invariantes entre grupos ou indivíduos correspondentes a níveis inferiores que estejam aninhados àquele grupo, é natural que muitas pesquisas usem tais modelos, uma vez que muitas bases apresentam estruturas aninhadas de dados, como aquelas que trazem, simultaneamente, características de estudantes e escolas, empresas e países, municípios e estados da federação ou imóveis e bairros, por exemplo.

Muitas podem ser as características das bases com estruturas aninhadas de dados, sendo as mais comuns aquelas com aninhamento absoluto em que há a presença de dados agrupados ou de dados com medidas repetidas. Neste capítulo, optamos por apresentar exemplos em que são utilizadas bases para a estimação de modelos hierárquicos lineares de dois níveis com dados agrupados e de três níveis com medidas repetidas. Entretanto, a partir dos quais, acreditamos que o pesquisador tenha condições de estimar modelos, por exemplo, de três níveis com dados agrupados ou até mesmo considerando uma quantidade superior de níveis de análise, decorrentes de estruturas mais complexas de aninhamento.

Os modelos multinível permitem que sejam identificadas e analisadas as heterogeneidades individuais e entre grupos a que pertencem esses indivíduos, tornando possível a especificação de componentes aleatórios em cada nível da análise. E esse fato representa a principal diferença em relação aos tradicionais modelos de regressão estimados por MQO, que não conseguem levar em consideração o aninhamento natural dos dados e, consequentemente, geram estimadores viesados dos parâmetros.

Embora muitos trabalhos façam uso de modelagens multinível estimando apenas modelos nulos para a investigação da decomposição de variância do fenômeno em estudo nos diferentes níveis de análise, a possibilidade de inclusão de variáveis explicativas correspondentes aos distintos níveis nos componentes de efeitos fixos e aleatórios permite que sejam investigadas eventuais relações entre essas variáveis e a variável dependente, o que propicia a determinação de novos objetivos de pesquisa e o estabelecimento de constructos interessantes.

Recentemente, é possível perceber uma crescente preocupação de fabricantes de softwares com relação à capacidade de processamento de comandos e rotinas para a estimação de modelos multinível mais complexos. Não podemos deixar de mencionar o importante e didático software HLM (Hierarchical Linear and Nonlinear Modeling), produzido pela Scientific Software International (SSI) e desenvolvido pelos professores Stephen Raudenbush (University of Michigan), Anthony Bryk (University of Chicago) e Richard Congdon (Harvard University).

Para a estimação de modelos multinível, é necessário, assim como para qualquer outra técnica de modelagem, que a aplicação venha acompanhada de rigor metodológico e de certos cuidados na análise dos resultados, principalmente se estes tiverem como objetivo a elaboração de previsões. A adoção de determinado método de estimação, em detrimento de outro, pode auxiliar o pesquisador na escolha do modelo mais apropriado, valorizando a sua pesquisa e propiciando novos estudos sobre o tema escolhido.

Neste capítulo, procuramos elaborar, por meio da utilização de diferentes bases, algumas modelagens importantes para estruturas aninhadas de dados, adequadas para cada situação de uso. Além disso, também procuramos propiciar ao pesquisador uma oportunidade de aplicar esses diferentes tipos de estimações nos softwares Stata, SPSS, R e Python, o que acaba por favorecer o seu manuseio.

16.9. EXERCÍCIOS

1) A organização de uma competição internacional de ciências para estudantes do ensino médio provenientes de 24 países (j = 1, ..., 24) deseja investigar o comportamento do desempenho dos participantes em função de suas características e das características dos países de onde vieram. Embora os coordenadores do evento saibam que o desempenho é reflexo de diversos fatores, como dedicação dos participantes e das próprias características das escolas em que estudam, o desejo, neste momento, é tentar verificar se há relação entre as notas obtidas na competição, o nível social dos estudantes, traduzido pela renda média familiar, e a importância dispensada pelos países em quesitos como desenvolvimento científico e tecnológico, traduzida aqui pelo investimento em pesquisa e desenvolvimento. A base coletada, que contém dados dos cinco mais bem classificados estudantes de cada país, o que totaliza 120 participantes na competição (i = 1, ..., 120) e gera uma estrutura equilibrada de dados agrupados, pode ser acessada por meio dos arquivos **Competição de Ciências.dta**, **competicao_ciencias.RData** e **competicao_ciencias.csv**. As variáveis presentes nesta base são:

Variável	Descrição
país	Variável *string* que identifica o país.
idpaís	Código do país j.
pesqdes	Investimento do país em pesquisa e desenvolvimento, em % do PIB (Fonte: Banco Mundial).
idestudante	Código do estudante i.
nota	Nota de ciências obtida pelo estudante na competição (0 a 100).
renda	Renda média mensal da família do estudante (US$).

Por meio do uso desta base de dados, pede-se:

a) Elabore uma tabela que comprove a existência de uma estrutura equilibrada de dados agrupados de estudantes em países.

b) Elabore gráficos que permitam a visualização da nota média obtida na competição de ciências pelos participantes de cada país.

c) Dada existência de dois níveis de análise, com estudantes (nível 1) aninhados em países (nível 2), estime o seguinte modelo nulo:

$$nota_{ij} = b_{0j} + r_{ij}$$
$$b_{0j} = \gamma_{00} + u_{0j}$$

que resulta em:

$$nota_{ij} = \gamma_{00} + u_{0j} + r_{ij}$$

d) Por meio da estimação do modelo nulo, é possível verificar que existe variabilidade da nota obtida entre estudantes provenientes de diferentes países?

e) A partir do resultado do teste de razão de verossimilhança gerado, é possível rejeitar a hipótese nula de que os interceptos aleatórios sejam iguais a zero, ou seja, é possível descartar a estimação de um modelo tradicional de regressão linear para estes dados agrupados?

f) Ainda com base na estimação do modelo nulo, calcule a correlação intraclasse e discuta o resultado.

g) Elabore um gráfico que apresente o ajuste linear por MQO, para cada país, do comportamento da nota de ciências de cada estudante em função da renda média mensal familiar.

h) Estime o seguinte modelo com interceptos aleatórios:

$$nota_{ij} = b_{0j} + b_{1j}.renda_{ij} + r_{ij}$$
$$b_{0j} = \gamma_{00} + u_{0j}$$
$$b_{1j} = \gamma_{10}$$

que resulta em:

$$nota_{ij} = \gamma_{00} + \gamma_{10}.renda_{ij} + u_{0j} + r_{ij}$$

i) Discuta a significância estatística, ao nível de 5% de significância, das estimações dos parâmetros de efeitos fixos e aleatórios.

j) Elabore um gráfico de barras que permita a visualização dos termos de intercepto aleatório u_{0j} por país.

k) Estime o seguinte modelo com interceptos e inclinações aleatórias:

$$nota_{ij} = b_{0j} + b_{1j}.renda_{ij} + r_{ij}$$
$$b_{0j} = \gamma_{00} + u_{0j}$$
$$b_{1j} = \gamma_{10} + u_{1j}$$

que resulta em:

$$nota_{ij} = \gamma_{00} + \gamma_{10}.renda_{ij} + u_{0j} + u_{1j}.renda_{ij} + r_{ij}$$

l) Com base nas estimações do modelo com interceptos aleatórios e do modelo com interceptos e inclinações aleatórias, elabore um teste de razão de verossimilhança e discuta o resultado.

m) Estime o seguinte modelo multinível:

$$nota_{ij} = b_{0j} + b_{1j}.renda_{ij} + r_{ij}$$
$$b_{0j} = \gamma_{00} + u_{0j}$$
$$b_{1j} = \gamma_{10} + \gamma_{11}.pesqdes_j$$

que resulta em:

$$nota_{ij} = \gamma_{00} + \gamma_{10}.renda_{ij} + \gamma_{11}.pesqdes_j.renda_{ij} + u_{0j} + r_{ij}$$

n) Apresente a expressão do último modelo estimado, com interceptos aleatórios e variáveis de níveis 1 e 2.

o) Elabore um gráfico em que seja possível comparar os valores previstos da nota obtida na competição de ciências gerados por esta modelagem hierárquica de dois níveis (HLM2) com os valores reais obtidos (valores observados) pelos estudantes da amostra.

2) Uma empresa de locação de escritórios comerciais possui uma carteira de 277 imóveis em determinado município, e sua diretoria deseja saber se existem diferenças nos preços de aluguel por metro quadrado entre imóveis e também nos preços médios de aluguel dos imóveis entre diferentes distritos, ao longo do tempo. Para tanto, a equipe de marketing estruturou a base de dados, que se encontra nos arquivos **Imóveis Comerciais.dta**, **imoveis_comerciais.RData e imoveis_comerciais.csv**, com características desses 277 escritórios já locados ($j = 1, ..., 277$), cujos preços firmados de locação foram monitorados ao longo dos últimos seis anos ($t = 1, ..., 6$), e dos 15 distritos municipais ($k = 1, ..., 15$) em que se localizam os imóveis. As variáveis presentes nesta base são:

Variável	Descrição
distrito	Código do distrito k.
imóvel	Código do imóvel j.
lnp	Logaritmo natural do preço de aluguel por metro quadrado (ajustado pela inflação, base ano 1).
ano	Variável temporal (medida repetida) correspondente ao período de monitoramento (ano 1 a 6).
alim	Existência de restaurante ou praça de alimentação no empreendimento em que se encontra o imóvel (Não = 0; Sim = 1).
vaga4	Existência de uma quantidade de vagas de estacionamento maior ou igual a quatro (Não = 0; Sim = 1).
valet	Existência de *valet park* no edifício do escritório (Não = 0; Sim = 1).
metrô	Existência de estação de metrô no distrito onde está localizado o imóvel (Não = 0; Sim = 1).
violência	Taxa média de mortalidade por causas externas no distrito onde está localizado o imóvel (por cem mil habitantes).

Essa base de dados, em que períodos (nível 1) estão aninhados em imóveis (nível 2), e esses em distritos (nível 3), está estruturada conforme a lógica apresentada na figura a seguir:

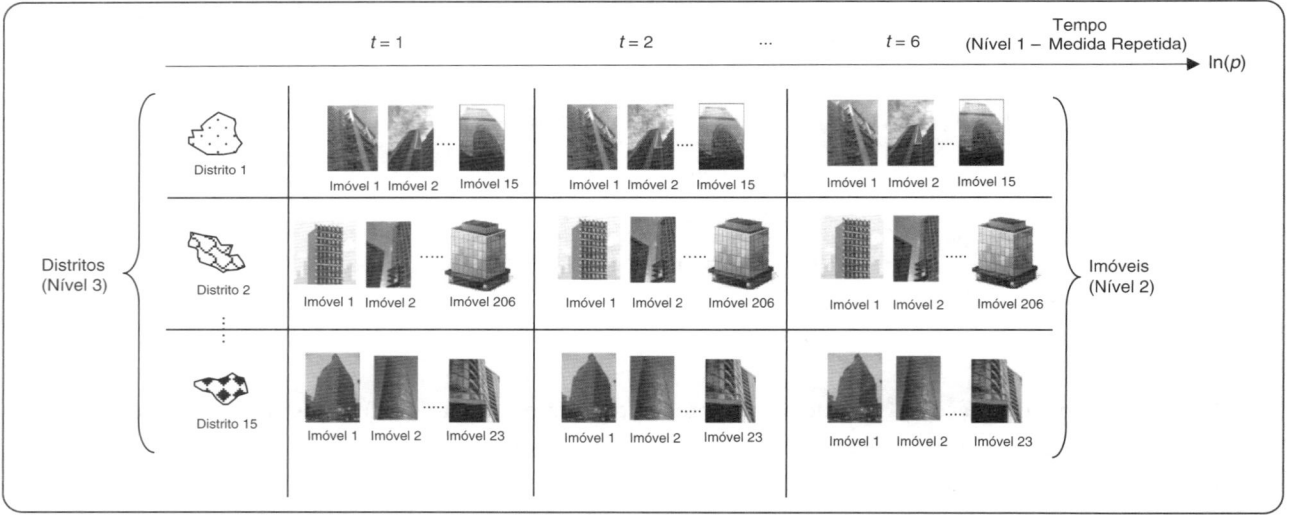

Pede-se:

a) Elabore uma tabela que comprove a existência de uma estrutura desequilibrada de dados agrupados de imóveis em distritos.

b) Elabore uma tabela que comprove a existência de um painel desbalanceado de dados em relação aos períodos de monitoramento dos imóveis.

c) Elabore um gráfico que permita que seja visualizada a evolução temporal do logaritmo natural do preço de aluguel por metro quadrado dos imóveis em análise.

d) Elabore um gráfico que permita que se verifique a existência de um comportamento aproximadamente linear da média do logaritmo natural do preço de aluguel por metro quadrado dos imóveis ao longo dos períodos de tempo.

e) Elabore um gráfico que apresente, por distrito municipal, as evoluções temporais das médias dos logaritmos naturais dos preços de aluguel por metro quadrado dos imóveis (ajustes lineares por MQO).

f) Dada existência de três níveis de análise, com medidas repetidas (nível 1) aninhadas a imóveis (nível 2), e estes aninhados a distritos municipais (nível 3), estime o seguinte modelo nulo:

$$\ln(p)_{tjk} = \pi_{0jk} + e_{tjk}$$

$$\pi_{0jk} = b_{00k} + r_{0jk}$$

$$b_{00k} = \gamma_{000} + u_{00k}$$

que resulta em:

$$\ln(p)_{tjk} = \gamma_{000} + u_{00k} + r_{0jk} + e_{tjk}$$

g) Com base na estimação do modelo nulo, calcule as correlações intraclasse de níveis 2 e 3 e discuta os resultados.

h) Ainda por meio da estimação do modelo nulo, é possível afirmar que há variabilidade no preço de aluguel dos imóveis comerciais ao longo do período analisado e que há variabilidade no preço de aluguel, ao longo do tempo, entre imóveis de um mesmo distrito e entre imóveis localizados em distritos diferentes?

i) A partir do resultado do teste de razão de verossimilhança gerado, é possível rejeitar a hipótese nula de que os interceptos aleatórios sejam iguais a zero, ou seja, é possível descartar a estimação de um modelo tradicional de regressão linear para estes dados?

j) Estime o seguinte modelo de tendência linear com interceptos aleatórios:

$$\ln(p)_{tjk} = \pi_{0jk} + \pi_{1jk}.ano_{jk} + e_{tjk}$$

$$\pi_{0jk} = b_{00k} + r_{0jk}$$

$$\pi_{1jk} = b_{10k}$$

$$b_{00k} = \gamma_{000} + u_{00k}$$

$$b_{10k} = \gamma_{100}$$

que resulta na seguinte expressão:

$$\ln(p)_{tjk} = \gamma_{000} + \gamma_{100}.ano_{jk} + u_{00k} + r_{0jk} + e_{tjk}$$

k) Discuta a significância estatística, ao nível de 5% de significância, das estimações dos parâmetros de efeitos fixos e aleatórios.

l) Elabore dois gráficos de barras que permitam a visualização dos interceptos aleatórios por distrito e por imóvel.

m) Estime o seguinte modelo de tendência linear com interceptos e inclinações aleatórias:

$$\ln(p)_{tjk} = \pi_{0jk} + \pi_{1jk}.ano_{jk} + e_{tjk}$$

$$\pi_{0jk} = b_{00k} + r_{0jk}$$

$$\pi_{1jk} = b_{10k} + r_{1jk}$$

$$b_{00k} = \gamma_{000} + u_{00k}$$

$$b_{10k} = \gamma_{100} + u_{10k}$$

que resulta em:

$$\ln(p)_{tjk} = \gamma_{000} + \gamma_{100}.ano_{jk} + u_{00k} + u_{10k}.ano_{jk} + r_{0jk} + r_{1jk}.ano_{jk} + e_{tjk}$$

n) Calcule as novas correlações intraclasse de níveis 2 e 3 e discuta os resultados.

o) Elabore um teste de razão de verossimilhança para comparar as estimações dos modelos de tendência linear com interceptos aleatórios e com interceptos e inclinações aleatórias.

p) Estime o seguinte modelo de tendência linear com interceptos e inclinações aleatórias e variáveis de nível 2:

$$\ln(p)_{tjk} = \pi_{0jk} + \pi_{1jk}.ano_{jk} + e_{tjk}$$

$$\pi_{0jk} = b_{00k} + b_{01k}.alim_{jk} + b_{02k}.vaga4_{jk} + r_{0jk}$$

$$\pi_{1jk} = b_{10k} + b_{11k}.valet_{jk} + r_{1jk}$$

$$b_{00k} = \gamma_{000} + u_{00k}$$

$$b_{01k} = \gamma_{010}$$

$$b_{02k} = \gamma_{020}$$

$$b_{10k} = \gamma_{100} + u_{10k}$$

$$b_{11k} = \gamma_{110}$$

que resulta na seguinte expressão:

$$\ln(p)_{tjk} = \gamma_{000} + \gamma_{100}.ano_{jk} + \gamma_{010}.alim_{jk} + \gamma_{020}.vaga4_{jk} + \gamma_{110}.valet_{jk}.ano_{jk}$$

$$+ u_{00k} + u_{10k}.ano_{jk} + r_{0jk} + r_{1jk}.ano_{jk} + e_{tjk}$$

q) Apresente a expressão do último modelo estimado, com medidas repetidas, interceptos e inclinações aleatórias e variáveis de nível 2.

r) Por meio deste modelo, é possível afirmar que o logaritmo natural do preço de aluguel por metro quadrado dos imóveis segue uma tendência linear ao longo do tempo, existindo variância significativa de interceptos e de inclinações entre aqueles localizados no mesmo distrito e entre aqueles localizados em distritos distintos? Em caso afirmativo, a existência de restaurante ou praça de alimentação no empreendimento, a existência de uma quantidade de vagas de estacionamento maior ou igual a quatro e a existência de *valet park* no edifício onde está o imóvel explicam parte dessa variabilidade?

s) Estime o seguinte modelo de tendência linear com interceptos e inclinações aleatórias e variáveis de níveis 2 e 3:

$$\ln(p)_{tjk} = \pi_{0jk} + \pi_{1jk}.ano_{jk} + e_{tjk}$$

$$\pi_{0jk} = b_{00k} + b_{01k}.alim_{jk} + b_{02k}.vaga4_{jk} + r_{0jk}$$

$$\pi_{1jk} = b_{10k} + b_{11k}.valet_{jk} + r_{1jk}$$

$$b_{00k} = \gamma_{000} + \gamma_{001}.metrô_k + u_{00k}$$

$$b_{01k} = \gamma_{010}$$

$$b_{02k} = \gamma_{020}$$

$$b_{10k} = \gamma_{100} + \gamma_{101}.metrô_k + \gamma_{102}.violência_k + u_{10k}$$

$$b_{11k} = \gamma_{110}$$

que resulta na seguinte expressão:

$$\ln(p)_{tjk} = \gamma_{000} + \gamma_{100}.ano_{jk} + \gamma_{010}.alim_{jk} + \gamma_{020}.vaga4_{jk} + \gamma_{001}.metrô_k$$

$$+ \gamma_{110}.valet_{jk}.ano_{jk} + \gamma_{101}.metrô_k.ano_{jk} + \gamma_{102}.violência_k.ano_{jk}$$

$$+ u_{00k} + u_{10k}.ano_{jk} + r_{0jk} + r_{1jk}.ano_{jk} + e_{tjk}$$

t) Apresente as matrizes de variância-covariância dos efeitos aleatórios para os níveis *distrito* e *imóvel*.

u) Estime o mesmo modelo de tendência linear com interceptos e inclinações aleatórias e variáveis de níveis 2 e 3, porém agora considerando termos aleatórios (u_{00k}, u_{10k}) e (r_{0jk}, r_{1jk}) correlacionados.

v) Apresente as novas matrizes de variância-covariância dos efeitos aleatórios para os níveis *distrito* e *imóvel*.

w) Elabore um teste de razão de verossimilhança para comparar as estimações dos modelos com termos aleatórios (u_{00k}, u_{10k}) e (r_{0jk}, r_{1jk}) independentes e correlacionados. O que se pode concluir com base no resultado do teste?

x) Qual a expressão final do modelo multinível estimado?

y) É possível afirmar que a existência de metrô e o indicador de violência no distrito explicam parte da variabilidade da evolução do logaritmo natural do preço de aluguel por metro quadrado entre imóveis localizados em diferentes distritos?

z) Elabore um gráfico em que seja possível comparar os valores previstos do logaritmo natural do preço de aluguel por metro quadrado gerados por esta modelagem hierárquica de três níveis (HLM3) com aqueles gerados por meio de uma estimação por MQO que faz uso das mesmas variáveis explicativas do modelo do item (x) inseridas no componente de efeitos fixos (*ano*, *alim*, *vaga4*, *metrô*, *valet*ano*, *metrô*ano* e *violência*ano*), e com os valores reais observados do logaritmo natural do preço de aluguel por metro quadrado dos imóveis.

Modelos hierárquicos não lineares

Conforme discutimos, os modelos lineares generalizados multinível (*generalized linear latent and mixed models – GLLAMM*), analogamente aos modelos lineares generalizados (*GLM*), comportam os modelos hierárquicos lineares (*HLM*), estudados ao longo do capítulo, e os **modelos hierárquicos não lineares (*hierarchical non linear models – HNM*)**. Estes últimos, por sua vez, referem-se a situações em que, existindo uma estrutura aninhada de dados, a variável dependente apresenta-se de maneira categórica ou com dados de contagem, razão pela qual optamos por apresentar, no presente apêndice, exemplos de modelos hierárquicos não lineares dos tipos logístico, Poisson e binomial negativo. A Figura 16.53 apresenta a lógica dos modelos lineares generalizados multinível, com destaque para os modelos que serão estudados a partir de agora.

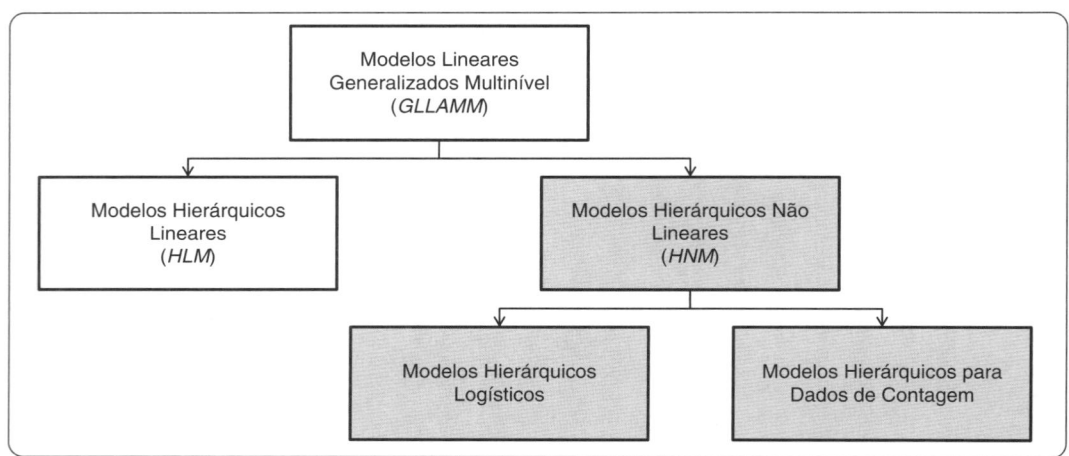

Figura 16.53 Modelos lineares generalizados multinível, com destaque para os modelos hierárquicos não lineares.

A) Modelos Hierárquicos Logísticos

De maneira análoga ao estudado no Capítulo 13 e na seção 15.4.1 do Capítulo 15, os **modelos de regressão logística com efeitos mistos** podem ser utilizados quando a variável dependente apresentar-se de maneira qualitativa e dicotômica e os dados estiverem dispostos em determinada estrutura aninhada (em níveis), podendo haver dados agrupados ou com medidas repetidas. Nessas situações, o pesquisador pode estimar um modelo com o intuito de capturar a relação entre o comportamento de variáveis explicativas e a ocorrência do fenômeno em estudo, representado por uma variável dicotômica (*dummy*), bem como estudar a decomposição de variância dos componentes de efeitos aleatórios decorrentes da presença de uma estrutura multinível.

Nesta seção, apresentaremos um modelo hierárquico logístico de dois níveis com dados agrupados. De maneira geral, e partindo das expressões (13.10) e (16.23), podemos definir, da seguinte maneira, este modelo com dois níveis de análise, em que o primeiro nível oferece as variáveis explicativas $X_1, ..., X_Q$ referentes a cada indivíduo i ($i = 1, ..., n$), e o segundo nível, as variáveis explicativas $W_1, ..., W_S$ referentes a cada grupo j ($j = 1, ..., J$), invariantes para as observações pertencentes a um mesmo grupo:

Nível 1:
$$p_{ij} = \frac{1}{1 + e^{-\left(b_{0j} + b_{1j}.X_{1ij} + b_{2j}.X_{2ij} + \ldots + b_{Qj}.X_{Qij}\right)}} \tag{16.45}$$

em que p_{ij} representa a probabilidade de ocorrência do evento de interesse para cada observação i pertencente a determinado grupo j e b_{qj} ($q = 0, 1, \ldots, Q$) referem-se aos coeficientes de nível 1.

Nível 2:
$$b_{qj} = \gamma_{q0} + \sum_{s=1}^{S_q} \gamma_{qs}.W_{sj} + u_{qj} \tag{16.46}$$

em que γ_{qs} ($s = 0, 1, \ldots, S_q$) referem-se aos coeficientes de nível 2 e u_{qj} são os efeitos aleatórios de nível 2, normalmente distribuídos, com média igual a zero e variância τ_{qq}. Além disso, eventuais termos de erro independentes de u_{qj} apresentam média igual a zero e variância $\pi^2/3$.

Vamos, neste momento, apresentar um exemplo. Uma pesquisa foi elaborada em nível global com o intuito de investigar se existem diferenças na realização de viagens internacionais de turismo entre casais residentes em diferentes países. Para tanto, coletaram-se dados de 1.622 casais localizados em 50 países, como a idade média do casal e a quantidade de filhos. Parte do banco de dados elaborado é apresentada na Tabela 16.5, porém a base de dados completa pode ser acessada por meio dos arquivos **Turismo.dta**, **turismo.RData** e **turismo.csv**.

Tabela 16.5 Exemplo: realização de viagens internacionais de casais (nível 1) residentes em diferentes países (nível 2).

Observação (Casal i – Nível 1)	País j em que o casal mora (Nível 2)	Realizou viagem internacional de turismo no último ano (Y_{ij})	Idade média do casal (X_{1ij})	Quantidade de filhos (X_{2ij})
1	França	Sim	68	2
2	França	Sim	37	0
...				
117	França	Sim	54	3
...				
1.604	Egito	Não	55	2
1.605	Egito	Não	51	2
...				
1.622	Egito	Sim	39	0

Após abrirmos esse arquivo, podemos digitar o comando **desc**, que faz com que seja possível analisarmos as características do banco de dados, como a quantidade de observações, a quantidade de variáveis e a descrição de cada uma delas. A Figura 16.54 apresenta este *output* do Stata.

```
. desc

   obs:         1,622
  vars:             4
  size:        42,172
-----------------------------------------------------------------------
              storage   display    value
variable name   type    format     label      variable label
-----------------------------------------------------------------------
país            str14   %14s                   país j em que o casal mora (nível 2)
turismo         float   %9.0g      turismo     realizou viagem internacional de turismo
                                               no último ano?
idade           float   %9.0g                  idade média do casal (anos)
filhos          float   %9.0g                  quantidade de filhos
-----------------------------------------------------------------------
Sorted by:
```

Figura 16.54 Descrição do banco de dados **Turismo.dta**.

Como o intuito neste apêndice não é o de discutir novamente os conceitos abordados ao longo do capítulo, vamos partir para a estimação seguinte:

$$p\left(turismo\right)_{ij} = \frac{1}{1+e^{-\left(b_{0j}+b_{1j}.idade_{ij}+b_{2j}.filhos_{ij}\right)}}$$

$$b_{0j} = \gamma_{00} + u_{0j}$$
$$b_{1j} = \gamma_{10}$$
$$b_{2j} = \gamma_{20}$$

que resulta no modelo com interceptos aleatórios:

$$p\left(turismo\right)_{ij} = \frac{1}{1+e^{-\left(\gamma_{00}+\gamma_{10}.idade_{ij}+\gamma_{20}.filhos_{ij}+u_{0j}\right)}}$$

sendo a variável *turismo* dicotômica (*dummy*), em que valores iguais a 1 correspondem a casais que realizaram viagens internacionais de turismo no último ano e valores iguais a 0, caso contrário.

Para a estimação deste modelo no Stata, devemos digitar o seguinte comando:

```
melogit turismo idade filhos || país: , nolog[8]
```

cujos *outputs* são apresentados na Figura 16.55.

```
. melogit turismo idade filhos || país: , nolog

Mixed-effects logistic regression          Number of obs     =       1622
Group variable: país                       Number of groups  =         50

                                           Obs per group: min =          2
                                                          avg =       32.4
                                                          max =        118

Integration points =    7                  Wald chi2(2)      =      52.18
Log likelihood = -1038.1176                Prob > chi2       =     0.0000

------------------------------------------------------------------------------
     turismo |    Coef.    Std. Err.      z     P>|z|    [95% Conf. Interval]
-------------+----------------------------------------------------------------
       idade |  .0150543   .0066673     2.26    0.024    .0019866    .0281221
      filhos | -.4239421   .0598524    -7.08    0.000   -.5412507   -.3066335
       _cons |  .4393716   .2954913     1.49    0.137   -.1397806    1.018524
------------------------------------------------------------------------------

------------------------------------------------------------------------------
  Random-effects Parameters  |   Estimate   Std. Err.    [95% Conf. Interval]
-----------------------------+------------------------------------------------
país: Identity               |
                 var(_cons)  |  .2551956   .0880873     .1297356    .5019808
------------------------------------------------------------------------------
LR test vs. logistic regression: chibar2(01) =     52.82 Prob>=chibar2 = 0.0000
```

Figura 16.55 *Outputs* do modelo hierárquico logístico com interceptos aleatórios no Stata.

Com base nessa figura, podemos inicialmente verificar que temos 1.622 observações (casais) aninhadas em 50 grupos (países), o que caracteriza a estrutura de dados agrupados em dois níveis.

Um pesquisador mais curioso poderá verificar que as estimações dos parâmetros dos componentes de efeitos fixos e aleatórios são idênticas às que seriam obtidas por meio do seguinte comando:

```
meglm turismo idade filhos || país: , family(bernoulli) link(logit) nolog
```

---

[8] Para versões anteriores à versão 13 do Stata, o comando deverá ser `xtmelogit turismo idade filhos || país: , var nolog`.

em que o termo **meglm** significa *multilevel mixed-effects generalized linear model* e que, portanto, torna necessária a definição da família de distribuições da variável dependente que, neste caso, é a Bernoulli, e da função de ligação canônica que, nesta situação, é a logística.[9]

Além disso, também podem ser diretamente obtidas as *odds ratios* dos parâmetros de efeitos fixos, digitando-se o termo **or** (*odds ratio*) ao final dos comandos apresentados.

Dado que os termos de erro independentes de u_{qj} apresentam variância igual $\pi^2/3$, podemos definir a seguinte correlação intraclasse:

$$rho = \frac{\tau_{00}}{\tau_{00} + \dfrac{\pi^2}{3}} = \frac{0,255}{0,255 + \dfrac{\pi^2}{3}} = 0,072$$

que indica que aproximadamente 7% da variância total dos termos de erro é devido à alteração do comportamento da variável dependente entre países. A partir da versão 13 do Stata, é possível obter diretamente esta correlação intraclasse, digitando-se o comando **estat icc** logo após a estimação do correspondente modelo.

Embora o Stata não mostre, de maneira direta, o resultado dos testes z com os respectivos níveis de significância para os parâmetros de efeitos aleatórios, o fato de a estimação do componente de variância τ_{00}, correspondente ao intercepto aleatório u_{0j}, ser consideravelmente superior ao seu erro-padrão indica haver alteração significante no comportamento de casais residentes em diferentes países em relação à realização de viagens internacionais de turismo. Estatisticamente, podemos verificar que $z = 0,255 / 0,088 = 2,90 > 1,96$, sendo 1,96 o valor crítico da distribuição normal padrão que resulta em um nível de significância de 5%.

Mesmo que não tenham sido consideradas variáveis de países que podem eventualmente explicar tal comportamento, como características culturais, econômicas ou sociais, temos condições de verificar que, enquanto o incremento de idade aumenta a probabilidade esperada de que casais passem a realizar viagens internacionais de turismo, *ceteris paribus*, a realização dessas viagens diminui com o incremento da quantidade de filhos, também *ceteris paribus*. O modelo estimado apresenta a seguinte expressão:

$$p\left(turismo\right)_{ij} = \frac{1}{1 + e^{-\left(0,439 + 0,015.idade_{ij} - 0,424.filhos_{ij} + u_{0j}\right)}}$$

Na parte inferior da Figura 16.55, podemos verificar, pelo resultado do teste de razão de verossimilhança, que a estimação deste modelo multinível é mais adequada do que a estimação de um modelo tradicional de regressão logística binária para os dados do nosso exemplo.

Portanto, podemos obter os valores das probabilidades esperadas de ocorrência do evento em estudo (realização de viagem internacional de turismo) para cada um dos casais da amostra. Para tanto, devemos digitar o seguinte comando, que gera uma nova variável (*phat*) no banco de dados:

```
predict phat
```

Além disso, também podemos obter os termos de erro u_{0j}, invariantes para casais de um mesmo país. Para tanto, devemos digitar o seguinte comando:

```
predict u0, remeans
```

que faz com que nova variável, *u0*, também seja gerada no banco de dados.

O comando a seguir, que gera os *outputs* da Figura 16.56, mostra os valores de *phat* e os termos de erro *u0* apenas para os casais residentes no Brasil:

```
list país turismo phat u0 if país == "Brasil"
```

---

[9] Se o pesquisador optar por estimar um modelo hierárquico não linear do tipo probit, cuja distribuição da variável dependente também é a Bernoulli, conforme estudamos no apêndice do Capítulo 13, poderá usar um dos dois comandos a seguir:

```
meprobit turismo idade filhos || país: , nolog
meglm turismo idade filhos || país: , family(bernoulli) link(probit) nolog
```

```
. list país turismo phat u0 if país == "Brasil"

       +----------------------------------------------------+
       | país     turismo      phat        u0 |
       |----------------------------------------------------|
1198.  | Brasil   Sim     .6316937   .1049601 |
1199.  | Brasil   Não      .491252   .1049601 |
1200.  | Brasil   Sim     .7533196   .1049601 |
1201.  | Brasil   Sim      .747682   .1049601 |
1202.  | Brasil   Sim     .4950149   .1049601 |
       |----------------------------------------------------|
1203.  | Brasil   Não      .491252   .1049601 |
1204.  | Brasil   Não     .4874901   .1049601 |
1205.  | Brasil   Sim      .717749   .1049601 |
1206.  | Brasil   Sim     .6659743   .1049601 |
1207.  | Brasil   Sim     .6068546   .1049601 |
       |----------------------------------------------------|
1208.  | Brasil   Não     .6068546   .1049601 |
1209.  | Brasil   Sim     .6032571   .1049601 |
1210.  | Brasil   Sim     .6175761   .1049601 |
1211.  | Brasil   Sim     .6495774   .1049601 |
1212.  | Brasil   Sim     .6731711   .1049601 |
       |----------------------------------------------------|
1213.  | Brasil   Não     .7207888   .1049601 |
1214.  | Brasil   Não     .6862789   .1049601 |
       +----------------------------------------------------+
```

Figura 16.56 Probabilidades esperadas de realização de viagem internacional de turismo e termos de erro u_{0j} para casais residentes no Brasil (j = Brasil).

Apenas para fins didáticos, o pesquisador poderá verificar que a variável *phat* também pode ser gerada por meio da seguinte expressão:

```
gen phat = (1) / (1 + exp(-(0.4393717 + 0.0150543*idade -
0.4239421*filhos + u0)))
```

Por fim, podemos elaborar um gráfico que mostra, em função da variável *filhos*, os ajustes das curvas *S* (funções sigmoides) das probabilidades esperadas de que casais residentes em cinco específicos países, escolhidos em função de suas localizações distintas no globo, realizem viagens internacionais de turismo. Este gráfico, apresentado na Figura 16.57, é obtido por meio da digitação do seguinte comando:

```
graph twoway scatter phat filhos || mspline phat filhos if
país=="França" || mspline phat filhos if país=="Estados Unidos" || mspline
phat filhos if país=="Japão" || mspline phat filhos if país=="África
do Sul" || mspline phat filhos if país=="Venezuela" ||, legend(label(2
"França") label(3 "Estados Unidos") label(4 "Japão") label(5 "África
do Sul") label(6 "Venezuela"))
```

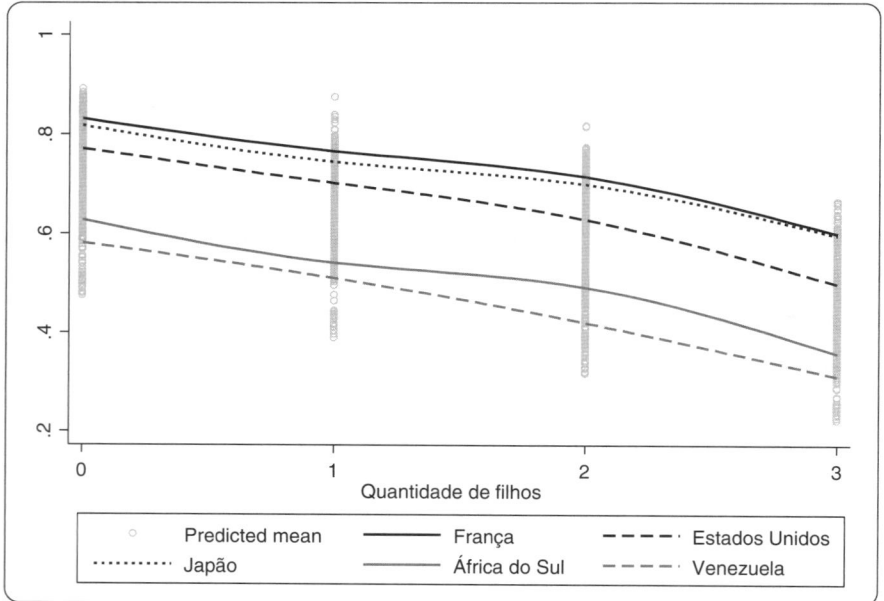

Figura 16.57 Ajustes das probabilidades esperadas de que casais residentes em cinco países realizem viagens internacionais de turismo, em função da quantidade de filhos.

Por meio deste gráfico, temos condições, de fato, de visualizar os comportamentos distintos entre casais provenientes de países diferentes em relação à realização de viagens internacionais de turismo.

Um curioso pesquisador pode desejar investigar o incremento da área da curva ROC ao se permitirem interceptos aleatórios de nível país na modelagem multinível, em comparação aos *outputs* obtidos por meio de uma simples estimação **logit** com as mesmas variáveis explicativas. Conforme estudado no Capítulo 13, vamos então digitar os seguintes comandos, cujos *outputs* estão omitidos:

```
logit turismo idade filhos
predict phat_logit
```

A Figura 16.58, obtida por meio dos comandos **roccomp** ou **rocgold**, mostra o incremento estatisticamente significante na área da curva ROC ao estimarmos o modelo multinível apenas com os interceptos aleatórios u_{0j}. O gráfico da Figura 16.59, obtido por meio do termo **graph** inserido nos referidos comandos, permite que, visualmente, corroboremos este fato. Para tanto, vamos digitar:

```
roccomp turismo phat phat_logit, graph summary
```

ou

```
rocgold turismo phat phat_logit, graph summary
```

```
. roccomp turismo phat phat_logit, graph summary

                            ROC                    -Asymptotic Normal--
                 Obs        Area      Std. Err.    [95% Conf. Interval]
-----------------------------------------------------------------------
phat            1,622      0.6960      0.0131       0.67034     0.72158
phat_logit      1,622      0.6041      0.0142       0.57640     0.63187
-----------------------------------------------------------------------
Ho: area(phat) = area(phat_logit)
     chi2(1) =    54.05       Prob>chi2 =   0.0000


. rocgold turismo phat phat_logit, graph summary

                                                               Bonferroni
                  ROC
                  Area      Std. Err.      chi2     df    Pr>chi2   Pr>chi2
---------------------------------------------------------------------------
phat (standard)  0.6960      0.0131
phat_logit       0.6041      0.0142      54.0465     1    0.0000    0.0000
---------------------------------------------------------------------------
```

Figura 16.58 Testes para comparação entre as áreas das curvas ROC dos modelos multinível e logit (comandos **roccomp** ou **rocgold**).

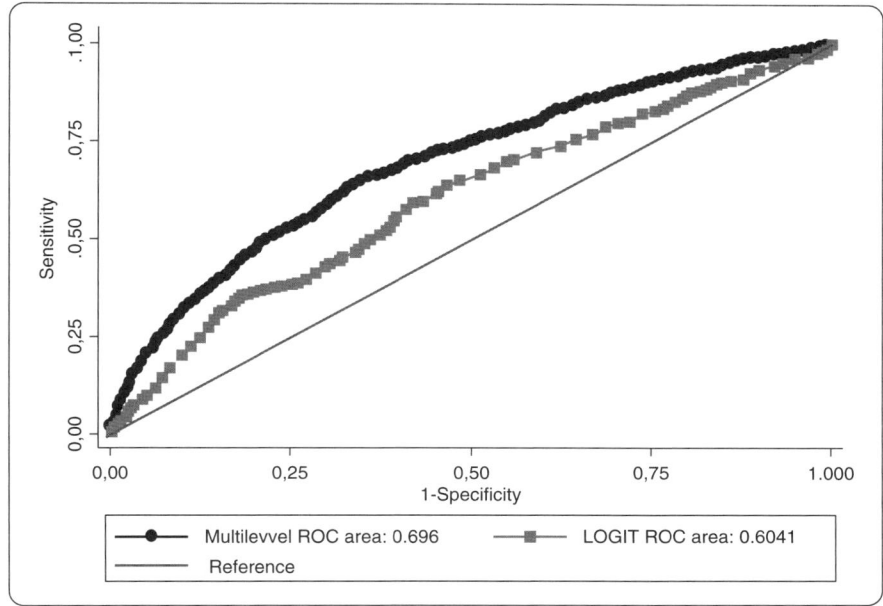

Figura 16.59 Incremento da área da curva ROC do modelo multinível, em comparação ao modelo logit.

B) Modelos Hierárquicos para Dados de Contagem

Analogamente ao estudado no Capítulo 14 e na seção 15.4.2 do Capítulo 15, os **modelos de regressão para dados de contagem com efeitos mistos** podem ser utilizados quando a variável dependente apresentar-se na forma quantitativa, porém com valores discretos e não negativos, e os dados estiverem dispostos em determinada estrutura aninhada (em níveis), podendo haver dados agrupados ou com medidas repetidas.

Nesta seção, apresentaremos um modelo hierárquico para dados de contagem com três níveis e dados agrupados. De maneira geral, e partindo-se das expressões (14.4), (16.30) e (16.31), podemos definir, da seguinte maneira, este modelo de três níveis, em que o primeiro nível apresenta as variáveis explicativas Z_1, ..., Z_P referentes às unidades i ($i = 1$, ..., n) de nível 1, o segundo nível, as variáveis explicativas X_1, ..., X_Q referentes às unidades j ($j = 1$, ..., J) de nível 2 e invariantes paras as unidades pertencentes a um mesmo grupo j, e o terceiro nível, as variáveis explicativas W_1, ..., W_S referentes às unidades k ($k = 1$, ..., K) de nível 3 e invariantes para as unidades pertencentes a um mesmo grupo k:

Nível 1:
$$\ln\left(\lambda_{ijk}\right) = \pi_{0jk} + \pi_{1jk}.Z_{1jk} + \pi_{2jk}.Z_{2jk} + ... + \pi_{Pjk}.Z_{Pjk} \qquad (16.47)$$

em que λ é o número esperado de ocorrências ou a taxa média estimada de incidência do fenômeno em estudo para dada exposição, π_{pjk} ($p = 0, 1, ..., P$) referem-se aos coeficientes de nível 1 e Z_{pjk} é uma p-ésima variável explicativa de nível 1 para a observação i na unidade de nível 2 j e na unidade de nível 3 k.

Nível 2:
$$\pi_{pjk} = b_{p0k} + \sum_{q=1}^{Q_p} b_{pqk}.X_{qjk} + r_{pjk} \qquad (16.48)$$

em que b_{pqk} ($q = 0, 1, ..., Q_p$) referem-se aos coeficientes de nível 2, X_{qjk} é uma q-ésima variável explicativa de nível 2 para a unidade j na unidade de nível 3 k, e r_{pjk} são os efeitos aleatórios do nível 2, assumindo-se, para cada unidade j, que o vetor $(r_{0jk}, r_{1jk}, ..., r_{Pjk})'$ apresenta distribuição normal multivariada com cada elemento possuindo média zero e variância $\tau_{r\pi pp}$.

Nível 3:
$$b_{pqk} = \gamma_{pq0} + \sum_{s=1}^{S_{pq}} \gamma_{pqs}.W_{sk} + u_{pqk} \qquad (16.49)$$

em que γ_{pqs} ($s = 0, 1, ..., S_{pq}$) referem-se aos coeficientes de nível 3, W_{sk} é uma s-ésima variável explicativa de nível 3 para a unidade k, e u_{pqk} são os efeitos aleatórios do nível 3, assumindo-se que para cada unidade k, o vetor composto pelos termos u_{pqk} apresenta distribuição normal multivariada com cada elemento possuindo média zero e variância $\tau_{u\pi pp}$.

Imagine que tenha sido realizada uma pesquisa nacional com o objetivo de estudar, no último ano, a relação entre a quantidade de acidentes de trânsito e a quantidade média de álcool ingerida por habitante/dia (em gramas) em diversos distritos municipais localizados em todo o território nacional, bem como se existem diferenças nessa relação entre distritos situados em diferentes municípios e diferentes estados da federação. Para tanto, foram pesquisados dados de 1.062 distritos municipais localizados em 234 municípios das 27 unidades federativas (26 estados e Distrito Federal). Parte do banco de dados elaborado é apresentada na Tabela 16.6, porém a base de dados completa pode ser acessada por meio dos arquivos **Acidentes de Trânsito.dta**, **acidentes.Rdata** e **acidentes.csv**.

Tabela 16.6 Exemplo: acidentes de trânsito em distritos municipais (nível 1) de diferentes municípios (nível 2) e diferentes estados (nível 3).

Estado k (Nível 3)	Município j (Nível 2)	Distrito municipal i (Nível 1)	Quantidade de acidentes de trânsito no último ano (Y_{ijk})	Quantidade média de álcool ingerida por habitante/dia, em gramas (Z_{jk})
AC	1	1	9	12,57
AC	2	2	10	13,36
...				
AC	3	11	2	12,33
...				
TO	231	1.052	2	11,94
TO	231	1.053	3	10,54
...				
TO	234	1.062	5	11,74

A Figura 16.60 apresenta o *output* do Stata gerado ao digitarmos o comando **desc**.

```
. desc

   obs:         1,062
  vars:             5
  size:        11,682
---------------------------------------------------------------------------
              storage   display    value
variable name   type    format     label      variable label
---------------------------------------------------------------------------
estado          str2    %2s                    estado k (nível 3)
município       int     %8.0g                  município j (nível 2)
distrito        int     %8.0g                  distrito municipal i (nível 1)
acidentes       byte    %8.0g                  quantidade de acidentes de trânsito no
                                               distrito no último ano
alcool          float   %9.2f                  quantidade média de álcool ingerida por
                                               habitante/dia no distrito (em gramas)
---------------------------------------------------------------------------
Sorted by:
```

Figura 16.60 Descrição do banco de dados **Acidentes de Trânsito.dta**.

Seguindo a lógica apresentada no Capítulo 14, vamos inicialmente elaborar o histograma da variável *acidentes*, que será a variável dependente do modelo a ser proposto. Para tanto, devemos digitar o seguinte comando, que gera o histograma da Figura 16.61.

hist acidentes, discrete freq

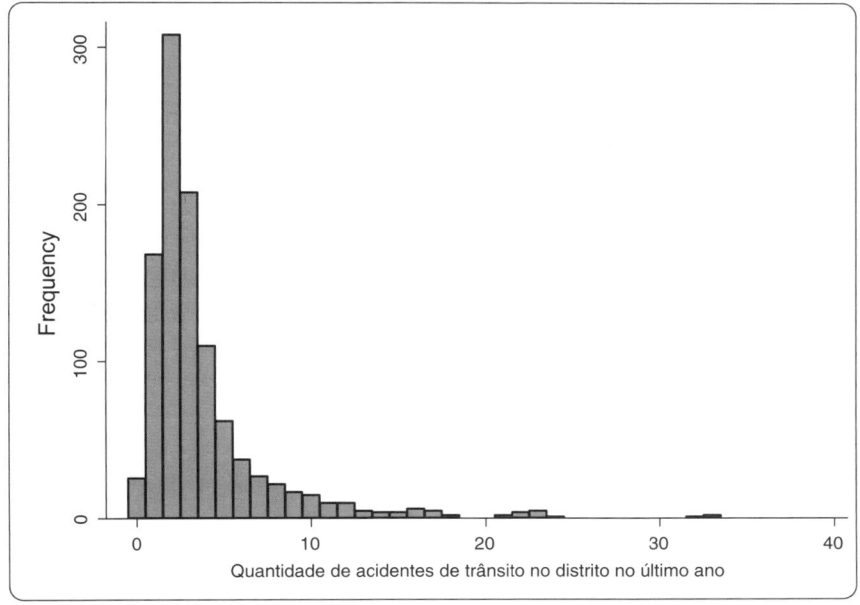

Figura 16.61 Histograma da variável dependente *acidentes*.

Conforme estudamos no Capítulo 14, é interessante que o pesquisador avalie se a média e a variância da variável dependente são iguais, ou ao menos próximas, antes da elaboração de qualquer estimação que envolva dados de contagem, a fim de que seja possível ter uma ideia acerca da adequação da estimação do modelo Poisson ou se será necessária a estimação de um modelo binomial negativo. A digitação do seguinte comando permitirá que este diagnóstico preliminar seja elaborado, cujos resultados são apresentados na Figura 16.62:

```
tabstat acidentes, stats(mean var)
```

```
. tabstat acidentes, stats(mean var)

    variable |      mean  variance
-------------+--------------------
    acidentes |  3.812618  15.24007
--------------------------------
```

Figura 16.62 Média e variância da variável dependente *acidentes*.

Mesmo que a variância da variável *acidentes* seja bem maior do que sua média, o que indica a existência de **superdispersão nos dados**, vamos inicialmente, para fins didáticos, estimar um modelo Poisson. Na modelagem da quantidade de acidentes de trânsito, embora uma possibilidade seja a inclusão, no componente de efeitos fixos, de variáveis *dummy* que representem municípios e estados, vamos tratá-los como efeitos aleatórios e estimar um **modelo de regressão multinível do tipo Poisson** com três níveis e interceptos aleatórios. Além disso, a definição da existência de superdispersão nos dados, que indica uma melhor adequação do **modelo de regressão multinível do tipo binomial negativo** em relação ao modelo Poisson, será elaborada na sequência, por meio de um teste de razão de verossimilhança.

Vamos, portanto, partir para a seguinte estimação:

$$\ln\left(acidentes_{ijk}\right) = \pi_{0jk} + \pi_{1jk}.alcool_{jk}$$

$$\pi_{0jk} = b_{00k} + r_{0jk}$$

$$\pi_{1jk} = b_{10k}$$

$$b_{00k} = \gamma_{000} + u_{00k}$$

$$b_{10k} = \gamma_{100}$$

que resulta no modelo com interceptos aleatórios:

$$\ln\left(acidentes_{ijk}\right) = \gamma_{000} + \gamma_{100}.alcool_{jk} + u_{00k} + r_{0jk}$$

em que a variável *acidentes* representa o fenômeno em estudo, apresentando-se na forma quantitativa e apenas com valores não negativos e discretos (dados de contagem), indicando a incidência de acidentes de trânsito no último ano no distrito municipal *i* localizado no município *j* do estado *k*.

Para a estimação no Stata do modelo proposto, devemos digitar o seguinte comando:

```
mepoisson acidentes alcool || estado: || município: , nolog[10]
```

em que a lógica de inserção dos diferentes níveis obedece ao mesmo critério de aninhamento discutido ao longo do capítulo, ou seja, do maior para o menor nível, sendo os níveis separados pelos termos ||. Os *outputs* gerados são apresentados na Figura 16.63.

---

[10] Para versões anteriores à versão 13 do Stata, o comando deverá ser **xtmepoisson acidentes alcool || estado: || município: , var nolog**.

```
. mepoisson acidentes alcool || estado: || município: , nolog

Mixed-effects Poisson regression              Number of obs     =       1062

-----------------------------------------------------------------
             |    No. of      Observations per Group
Group Variable |    Groups    Minimum    Average    Maximum
-------------+---------------------------------------------------
      estado |      27          1          39.3        95
    município |     235          1           4.5        13
-----------------------------------------------------------------

Integration method: mvaghermite                Integration points =        7

                                            Wald chi2(1)      =       5.60
Log likelihood = -2295.9047                 Prob > chi2       =     0.0180
-----------------------------------------------------------------------------
   acidentes |     Coef.    Std. Err.      z    P>|z|     [95% Conf. Interval]
-------------+---------------------------------------------------------------
      alcool |   .0478279    .020216     2.37   0.018     .0082053    .0874506
       _cons |   .7293659   .2638594     2.76   0.006     .2122111    1.246521
-------------+---------------------------------------------------------------
estado       |
    var(_cons)|  .3857761    .12319                       .2063103    .7213563
-------------+---------------------------------------------------------------
estado>município |
    var(_cons)|  .0829691   .0142976                       .059188    .1163053
-----------------------------------------------------------------------------
LR test vs. Poisson regression:      chi2(2) =   1279.65   Prob > chi2 = 0.0000

Note: LR test is conservative and provided only for reference.
```

Figura 16.63 *Outputs* do modelo hierárquico Poisson com interceptos aleatórios no Stata.

Com base nesta figura, podemos verificar inicialmente a existência de uma estrutura desequilibrada de dados agrupados em três níveis. Além disso, o resultado do teste de razão de verossimilhança mostra que existe variabilidade significativa entre distritos localizados em diferentes municípios e estados, o que acaba por favorecer o uso do modelo multinível Poisson em relação a um modelo tradicional de regressão Poisson sem efeitos aleatórios.

Antes de prosseguirmos, podemos digitar o comando **estimates store mepoisson**, que faz com que os resultados desta estimação sejam arquivados para posterior comparação com os que serão obtidos pela estimação do modelo binomial negativo. Além disso, também podemos digitar **predict lambda**, que gera uma nova variável no banco de dados (*lambda*) correspondente aos valores estimados de incidência de acidentes de trânsito no último ano em cada um dos 1.062 distritos municipais. Por fim, o pesquisador ainda pode digitar o termo **irr** (*incidence rate ratio*) ao final do comando apresentado, conforme estudamos no Capítulo 14, a fim de que sejam estimadas as taxas de incidência de acidentes de trânsito por ano correspondentes à alteração em cada parâmetro do componente de efeitos fixos.

Um pesquisador ainda mais curioso poderá verificar que as estimações dos parâmetros dos componentes de efeitos fixos e aleatórios são idênticas às que seriam obtidas por meio do seguinte comando:

meglm acidentes alcool || estado: || município: , family(poisson) link(log) nolog

que explicita, para o modelo linear generalizado multinível (termo **meglm**), que a distribuição considerada da variável dependente é a Poisson e a função de ligação canônica é a logarítmica.

É possível que, após a estimação dos parâmetros do componente de efeitos aleatórios, as contagens de acidentes de trânsito apresentem superdispersão. Neste sentido, devemos reexaminar os dados estimando um modelo binomial negativo, a fim de que seus resultados possam ser comparados com os obtidos pela estimação do modelo Poisson. Para tanto, devemos digitar o seguinte comando:

menbreg acidentes alcool || estado: || município: , nolog[11]

Os resultados obtidos são apresentados na Figura 16.64.

---

[11] A estimação de modelos multinível do tipo binomial negativo (comando **menbreg**) passou a estar disponível no Stata a partir da versão 13.

```
. menbreg acidentes alcool || estado: || município: , nolog

Mixed-effects nbinomial regression          Number of obs    =      1062
Overdispersion:           mean

-------------------------------------------------------------------
              |   No. of     Observations per Group
Group Variable |   Groups   Minimum   Average   Maximum
---------------+---------------------------------------------------
       estado |      27         1      39.3        95
     município |     235         1       4.5        13
-------------------------------------------------------------------

Integration method: mvaghermite            Integration points =         7

                                           Wald chi2(1)     =      4.38
Log likelihood = -2234.3721                Prob > chi2      =    0.0363
-------------------------------------------------------------------
    acidentes |    Coef.   Std. Err.      z    P>|z|   [95% Conf. Interval]
--------------+----------------------------------------------------
       alcool |  .0466768  .0222975    2.09   0.036   .0029746   .0903791
        _cons |  .7538477  .2843403    2.65   0.008   .196551    1.311144
--------------+----------------------------------------------------
      /lnalpha | -2.258241  .1355339  -16.66   0.000  -2.523883  -1.9926
--------------+----------------------------------------------------
estado        |
     var(_cons)|  .3775391  .1205934                  .2018698   .7060775
--------------+----------------------------------------------------
estado>município |
     var(_cons)|  .0613878  .0138809                  .0394104   .0956212
-------------------------------------------------------------------
LR test vs. nbinomial regression:    chi2(2) =    508.99   Prob > chi2 = 0.0000

Note: LR test is conservative and provided only for reference.
```

Figura 16.64 *Outputs* do modelo hierárquico binomial negativo com interceptos aleatórios no Stata.

Na parte inferior desta figura, podemos verificar, pelo resultado do teste de razão de verossimilhança, que a estimação deste modelo multinível é mais adequada do que a estimação de um modelo tradicional de regressão binomial negativo sem efeitos aleatórios para os dados do nosso exemplo. Além disso, todos os parâmetros dos componentes de efeitos fixos e aleatórios são estatisticamente diferentes de zero, ao nível de significância de 5%.

A estimação das variâncias de u_{00k} e r_{0jk} apresentaram valores menores do que os respectivos valores obtidos quando da estimação do modelo multinível Poisson (de 0,386 para 0,377 para u_{00k} e de 0,083 para 0,061 para r_{0jk}), fato que se justifica pela adição de um parâmetro de superdispersão que controla a variabilidade dos dados.

Na Figura 16.64, podemos verificar que é apresentada a estimação de **lnalpha**. Lembremos, conforme estudamos no Capítulo 14, que *alpha* (ou ϕ), que é a superdispersão condicional dos dados, representa o inverso do parâmetro de forma da distribuição binomial negativa. Para os dados do nosso exemplo, temos que $alpha = e^{-2,258} = 0,105$.

Analogamente, os parâmetros dos componentes de efeitos fixos e aleatórios também podem ser obtidos por meio do seguinte comando:

```
meglm acidentes alcool || estado: || município: , family(nbinomial)
link(log) nolog
```

A fim de compararmos as estimações dos modelos multinível dos tipos Poisson e binomial negativo, devemos elaborar um teste de razão de verossimilhança, digitando o seguinte comando:

```
lrtest mepoisson ., force
```

em que o termo **mepoisson** refere-se à estimação do modelo Poisson. Como estamos comparando dois diferentes estimadores (**mepoisson e menbreg**), devemos utilizar o termo **force** quando da elaboração deste teste de razão de verossimilhança. O resultado do teste é apresentado na Figura 16.65 e, por meio do qual, podemos verificar que o modelo binomial negativo é mais adequado, comprovando a existência de superdispersão nos dados.

```
. lrtest mepoisson ., force

Likelihood-ratio test                       LR chi2(1)  =     123.07
(Assumption: mepoisson nested in .)          Prob > chi2 =     0.0000

Note: The reported degrees of freedom assumes the null hypothesis is not on the boundary
of the parameter space.  If this is not true, then the reported test is conservative.
```

Figura 16.65 Teste de razão de verossimilhança para verificação da adequação do modelo hierárquico binomial negativo.

Portanto, a expressão da quantidade média estimada de acidentes de trânsito por ano, para determinado distrito municipal i em determinado município j num estado k, é dada por:

$$u_{ijk} = e^{\left(0,754 + 0,047.alcool_{jk} + u_{00k} + r_{0jk}\right)}$$

em que u representa o número esperado de ocorrências ou a taxa média estimada de incidência de acidentes de trânsito para a exposição de um ano. A fim de que essas quantidades estimadas sejam geradas no banco de dados (nova variável u), podemos digitar o seguinte comando:

```
predict u
```

Além disso, também podemos obter os termos de erro u_{00k} (invariantes para distritos localizados em um mesmo estado) e r_{0jk} (invariantes para distritos localizados no mesmo município). Para tanto, devemos digitar o seguinte comando:

```
predict u00 r0, remeans
```

que faz com que duas novas variáveis, *u00* e *r0*, também sejam geradas no banco de dados.

O comando a seguir, que gera os *outputs* da Figura 16.66, mostra os valores de *u*, *u00* e *r0* apenas para os distritos dos municípios de Mato Grosso:

```
list estado município acidentes u u00 r0 if estado=="MT", sepby(município)
```

```
. list estado município acidentes u u00 r0 if estado=="MT", sepby(município)

      +-------------------------------------------------------------------+
      | estado   muní~o   aciden~s          u         u00           r0 |
      |-------------------------------------------------------------------|
 669. |     MT      150          2    1.600369    -.815816    -.0064477 |
 670. |     MT      150          2     1.63053    -.815816    -.0064477 |
 671. |     MT      150          1     1.63053    -.815816    -.0064477 |
 672. |     MT      150          1    1.585499    -.815816    -.0064477 |
 673. |     MT      150          2    1.499133    -.815816    -.0064477 |
      |-------------------------------------------------------------------|
 674. |     MT      151          0    1.415119    -.815816    -.1107979 |
 675. |     MT      151          3    1.441788    -.815816    -.1107979 |
 676. |     MT      151          1    1.428391    -.815816    -.1107979 |
 677. |     MT      151          1    1.441788    -.815816    -.1107979 |
 678. |     MT      151          1    1.338034    -.815816    -.1107979 |
 679. |     MT      151          1    1.388943    -.815816    -.1107979 |
 680. |     MT      151          2    1.415119    -.815816    -.1107979 |
 681. |     MT      151          1    1.350584    -.815816    -.1107979 |
 682. |     MT      151          1    1.350584    -.815816    -.1107979 |
 683. |     MT      151          2     1.40197    -.815816    -.1107979 |
 684. |     MT      151          1    1.376037    -.815816    -.1107979 |
 685. |     MT      151          1    1.441788    -.815816    -.1107979 |
      |-------------------------------------------------------------------|
 686. |     MT      152          2    1.667662    -.815816       .01607 |
 687. |     MT      152          2    1.576821    -.815816       .01607 |
 688. |     MT      152          1    1.621606    -.815816       .01607 |
 689. |     MT      152          2    1.547654    -.815816       .01607 |
 690. |     MT      152          1    1.547654    -.815816       .01607 |
 691. |     MT      152          2    1.533273    -.815816       .01607 |
      |-------------------------------------------------------------------|
 692. |     MT      153          1    1.462078    -.815816     -.031476 |
 693. |     MT      153          2    1.489632    -.815816     -.031476 |
 694. |     MT      153          1    1.517706    -.815816     -.031476 |
      +-------------------------------------------------------------------+
```

Figura 16.66 Quantidades reais e estimadas de acidentes de trânsito e termos de erro u_{00k} e r_{0jk} para distritos municipais em Mato Grosso (k = Mato Grosso).

Por meio desta figura, podemos verificar que, enquanto os valores de *u00* são invariantes para todos os distritos municipais de Mato Grosso, os valores de *r0* são invariantes por município.

Apenas para fins didáticos, o pesquisador poderá verificar que a variável *u* também pode ser gerada por meio da seguinte expressão:

```
gen u = exp(0.7538477 + 0.0466768*alcool + u00 + r0)
```

Por fim, podemos elaborar um gráfico que compara os ajustes das estimações dos modelos tradicional e multinível do tipo binomial negativo. Este gráfico, apresentado na Figura 16.67, é obtido por meio da digitação dos seguintes comandos:

```
quietly nbreg acidentes alcool
predict utrad
graph twoway scatter acidentes alcool || mspline utrad alcool ||
mspline u alcool ||, legend(label(2 "Binomial Negativo Tradicional")
label(3 "Binomial Negativo Multinível"))
```

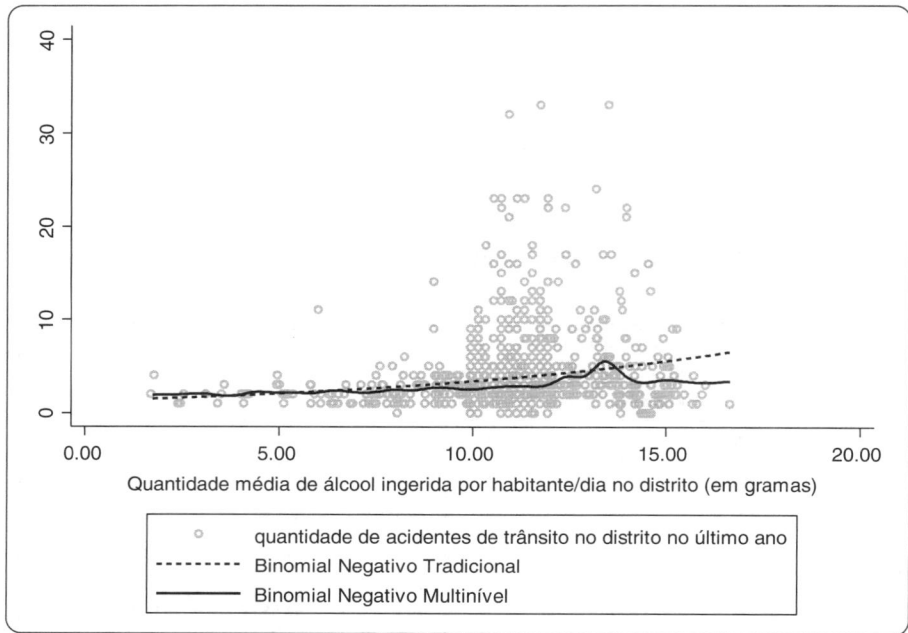

Figura 16.67 Ajustes das quantidades estimadas de acidentes de trânsito pelos modelos tradicional e multinível do tipo binomial negativo, em função da quantidade média de álcool ingerida por habitante/dia no distrito.

PARTE *III.3*

OUTROS MODELOS DE REGRESSÃO

Os capítulos desta parte são destinados à abordagem de outras técnicas de regressão que não aquelas relacionadas aos Modelos Lineares Generalizados ou aos Modelos de Regressão para Dados em Painel. Nesta edição, optamos por apresentar duas técnicas. Enquanto, no Capítulo 17, serão estudados os modelos semiparamétricos de regressão para dados de sobrevivência, com foco para os modelos de riscos proporcionais de Cox, o Capítulo 18 é destinado aos modelos de regressão com múltiplas variáveis dependentes, com foco para os modelos de correlação canônica. No apêndice do Capítulo 17 ainda serão discutidos os modelos paramétricos de regressão para dados de sobrevivência, como os modelos exponencial, Weibull e Gompertz.

Estes capítulos estão estruturados dentro de uma mesma lógica de apresentação, em que, inicialmente, são introduzidos os conceitos pertinentes a cada modelo e discutidos os critérios para estimação de seus parâmetros. Por meio do uso de bases de dados, num primeiro momento disponibilizadas em Excel, o pesquisador tem condições de entender a lógica por trás de cada estimação proposta e compreender a origem e o significado de cada parâmetro estimado. Os mesmos bancos de dados em Stata, SPSS, R e Python são, na sequência, disponibilizados e utilizados, a fim de que o pesquisador também tenha condições de elaborar as modelagens por meio destes softwares, entender as suas lógicas e interpretar, de forma correta e adequada, os resultados obtidos. Ao final de cada capítulo, também são propostos exercícios complementares, cujas respostas encontram-se no final do livro.

## CAPÍTULO 17

Modelos de Regressão para Dados de Sobrevivência: Riscos Proporcionais de Cox

O tempo é um ótimo professor.
Pena que mata seus alunos.
Hector Berlioz

Ao final deste capítulo, você será capaz de:

- Estabelecer as circunstâncias a partir das quais os modelos de regressão para dados de sobrevivência podem ser utilizados.
- Apresentar o procedimento Kaplan-Meier e elaborar uma curva da função de sobrevivência ao evento de interesse.
- Entender a estimação dos parâmetros de um modelo de riscos proporcionais de Cox pelo método de máxima verossimilhança parcial.
- Avaliar os resultados dos testes estatísticos pertinentes ao modelo de riscos proporcionais de Cox.
- Elaborar intervalos de confiança dos parâmetros do modelo estimado para efeitos de previsão.
- Estimar modelos de riscos proporcionais de Cox em Microsoft Office Excel®, Stata Statistical Software® e IBM SPSS Statistics Software® e interpretar seus resultados.
- Implementar códigos em R® e Python® para a estimação de modelos de riscos proporcionais de Cox e interpretação dos resultados.

Bancos de Dados, Códigos e Projects deste capítulo

17.1. INTRODUÇÃO

Os modelos de regressão para dados de sobrevivência são muito utilizados em diversos campos do conhecimento e têm por propósito estudar como se comporta a probabilidade de ocorrência de determinado evento após certo tempo de monitoramento, em função de uma ou mais variáveis preditoras, ou, mais especificamente, como se comportam a **função de sobrevivência ao evento em estudo para cada período de monitoramento** e a **função da taxa de risco de ocorrência do evento propriamente dito em cada período**. Segundo Hamilton (2013), embora a ocorrência do evento possa ser considerada algo bom ou ruim, dependendo daquilo que o pesquisador estiver estudando, é comumente conhecida na literatura por **falha**. Assim, a função da taxa de risco de ocorrência do evento é também conhecida por **função da taxa de falha**.

Imagine, por exemplo, que um pesquisador tenha interesse em estudar o tempo que usuários de telefonia celular permanecem como clientes de determinada operadora. Para tanto, uma amostra de usuários é monitorada, porém cada um deles por um período de tempo não necessariamente igual, e com datas de início e término também não necessariamente iguais. Ao término do monitoramento de cada indivíduo, observa-se ou a ocorrência do **evento de interesse** (mudança de operadora de telefonia celular) ou um **dado censurado**, que corresponde à inexistência do evento até aquele instante de tempo. Para esta última situação, a partir do instante final do monitoramento, não se conhece mais o comportamento daquele indivíduo, porém sabe-se que, até aquele momento, o evento não ocorreu. Uma **censura** pode acontecer por diversas razões, como, por exemplo, a morte do indivíduo monitorado, o desejo de não mais transmitir informações a seu respeito, a impossibilidade de rastrear seu comportamento, entre outras. A Figura 17.1 apresenta, de forma ilustrativa, como se apresentam os dados em uma análise de sobrevivência.

As características das observações (1 a 6) desta figura podem ser apresentadas num banco de dados, conforme mostra a Tabela 17.1.

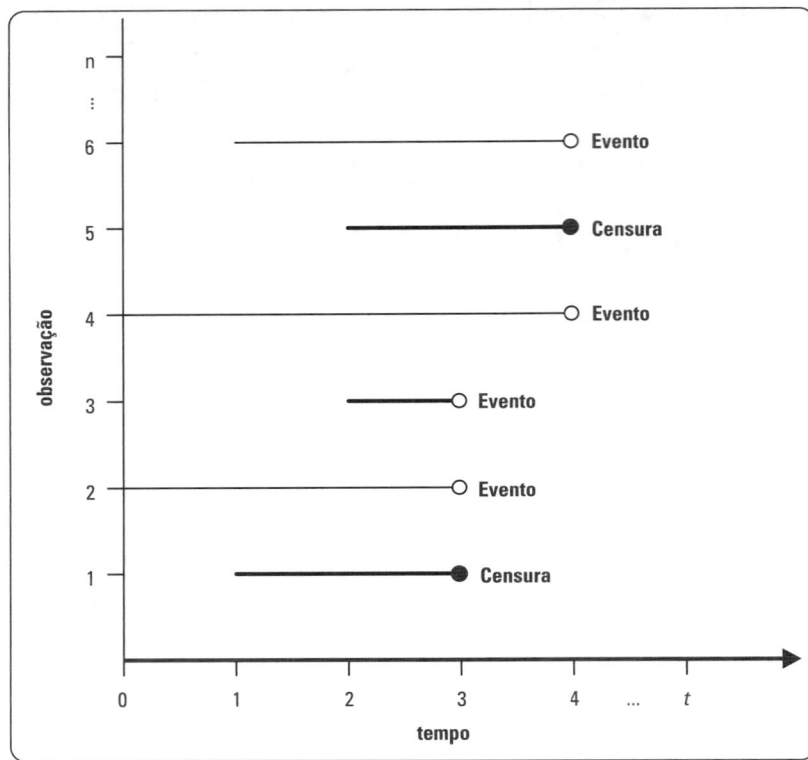

Figura 17.1 Comportamento dos dados em análise de sobrevivência.

Tabela 17.1 Banco de dados da Figura 17.1.

Observação	*Status*	Tempo de monitoramento
1	Censura	2
2	Evento	3
3	Evento	1
4	Evento	4
5	Censura	2
6	Evento	3

Podemos verificar que os instantes de início e término e os tempos de monitoramento são diferentes entre as observações. Além disso, as observações com dados censurados, que tipicamente caracterizam uma análise de sobrevivência, serão incluídas no cálculo da função de sobrevivência ao evento, ou seja, uma observação com *status* **de censura** será utilizada no denominador da expressão para o cálculo das probabilidades de sobrevivência ao evento para um tempo de monitoramento menor do que o daquela específica censura.

Os modelos com dados de sobrevivência são baseados nos seminais trabalhos de Kaplan e Meier (1958) e de Cox (1972) e têm por objetivo principal estudar o comportamento da curva da função de sobrevivência ao evento em questão com base nos tempos de monitoramento das observações da amostra e levando-se em consideração a existência de dados censurados. Se o intuito se restringir somente a este estudo, pode-se elaborar o **procedimento Kaplan-Meier**. Entretanto, caso o pesquisador tenha o interesse em verificar como se comportam a função de sobrevivência ao evento e a função da taxa de risco de ocorrência do evento (taxa de falha) a partir das características de variáveis preditoras qualitativas ou quantitativas, poderão, neste caso, ser estimados modelos de regressão específicos para dados de sobrevivência.

Muitas são as estimações que podem ser utilizadas em modelos de regressão para dados de sobrevivência, e a definição do modelo mais adequado é feita com base na distribuição estatística da função de sobrevivência ao evento para a amostra em questão, sendo comuns **duas abordagens: a semiparamétrica e a paramétrica**. Enquanto a primeira estima os parâmetros de uma função de sobrevivência sem que haja referência alguma a determinada distribuição, a segunda assume que a função de sobrevivência ao evento segue uma distribuição teórica, como, por exemplo, a exponencial, a Weibull ou a Gompertz. Neste capítulo, estudaremos a abordagem semiparamétrica, que é representada pelo **modelo de riscos proporcionais de Cox** (ou simplesmente **regressão de Cox**), bastante utilizado em diversos campos do conhecimento, como medicina, bioestatística, agropecuária, engenharia, atuária, economia, marketing, recursos humanos, logística, finanças e contabilidade. Entretanto, no apêndice deste capítulo faremos uma breve apresentação dos modelos paramétricos de regressão para dados de sobrevivência e elaboraremos algumas estimações em Stata.

Imagine, por exemplo, outra situação em que se deseja estudar as curvas da função de sobrevivência e da função da taxa de risco a partir do monitoramento de pacientes terminais detentores de determinada doença, em que o evento é a morte. Se o objetivo não for o de estudar a influência de variáveis preditoras sobre o comportamento destas curvas, pode-se partir simplesmente para a elaboração do procedimento Kaplan-Meier. Se a amostra for dividida, por exemplo, em dois grupos, em que o primeiro grupo recebe um medicamento tradicional e o segundo, um novo medicamento recentemente introduzido no mercado, pode-se também aplicar o procedimento Kaplan-Meier, com o intuito de se gerar uma curva para cada grupo, o que possibilitará a comparação estatística entre seus comportamentos. Entretanto, caso haja o interesse em tornar a análise preditiva, pode-se estimar um modelo de riscos proporcionais de Cox com o objetivo de se verificar, por exemplo, se a idade dos pacientes, seus hábitos alimentares e o próprio tipo de medicamento fornecido influenciam a taxa de risco de morte em cada período, ou seja, diminuem a probabilidade de sobrevivência.

Como o tempo de monitoramento até o evento ou até a censura apresenta-se de maneira quantitativa, e por vezes com valores apenas inteiros, é muito comum que sejam estimados modelos de regressão por mínimos quadrados ou modelos de regressão para dados de contagem. Entretanto, a adequação da estimação de modelos de regressão para dados de sobrevivência, como os modelos de riscos proporcionais de Cox, consiste em levar em consideração a existência de dados censurados para a elaboração do cálculo das probabilidades de sobrevivência e, consequentemente, para a definição das curvas da função de sobrevivência ao evento e da função da taxa de risco de ocorrência do evento. **A definição correta da modelagem e da sua estimação deve fundamentalmente levar em consideração os objetivos de pesquisa e a natureza dos dados!** Assim como as técnicas estudadas nos capítulos anteriores, os modelos de regressão para dados de sobrevivência também devem ser definidos com base na teoria subjacente e na experiência do pesquisador, de modo que seja possível estimar o modelo desejado, analisar os resultados obtidos por meio de testes estatísticos e elaborar previsões.

Neste capítulo, trataremos dos modelos de regressão para dados de sobrevivência, com os seguintes objetivos: (1) introduzir os conceitos sobre o procedimento Kaplan-Meier e sobre os modelos de riscos proporcionais de Cox; (2) apresentar a estimação por máxima verossimilhança parcial em modelos de riscos proporcionais de Cox; (3) interpretar os resultados obtidos e elaborar previsões; e (4) apresentar a aplicação das técnicas em Excel, Stata, SPSS, R e Python. Inicialmente, será elaborada a solução em Excel de um exemplo concomitantemente à apresentação dos conceitos e à sua resolução manual. Após a introdução dos conceitos serão apresentados os procedimentos para a elaboração das técnicas em Stata, em SPSS, em R e em Python.

17.2. PROCEDIMENTO KAPLAN-MEIER E O MODELO DE RISCOS PROPORCIONAIS DE COX

O procedimento Kaplan-Meier, conforme discutimos, não apresenta caráter preditivo, porém oferece ao pesquisador uma oportunidade de elaborar uma curva da função de sobrevivência ao evento com base nos tempos de monitoramento das observações da amostra e na existência de dados censurados. Assim, os valores presentes numa função de sobrevivência representam probabilidades de sobrevivência ao evento para tempos de monitoramento maiores do que t, podendo ser calculados da seguinte forma:

$$\hat{S}(t) = \prod_{j=t_0}^{t} \left(\frac{n_j - e_j}{n_j} \right) \tag{17.1}$$

em que n_t representa o número de observações que não apresentaram evento ou censura até o início do tempo de monitoramento t e e_t representa o número de eventos que ocorrem para estas observações com tempo de monitoramento exatamente igual a t. Além disso, podemos definir c_t como o número de censuras que ocorrem para estas observações com tempo de monitoramento também exatamente igual a t. Por fim, t_0 corresponde ao menor tempo de monitoramento entre todos os monitoramentos realizados na amostra.

Tabela 17.2 Cálculos das probabilidades de sobrevivência para os tempos de monitoramento.

Tempo de monitoramento (t)	n_t	e_t	c_t	Probabilidade de sobrevivência ao evento $\hat{S}(t)$
1	6	1	0	$\hat{S}(1) = \left(\dfrac{6-1}{6}\right) = 0,833$
2	5	0	2	$\hat{S}(2) = \left(\dfrac{6-1}{6}\right) \cdot \left(\dfrac{5-0}{5}\right) = 0,833$
3	3	2	0	$\hat{S}(3) = \left(\dfrac{6-1}{6}\right) \cdot \left(\dfrac{5-0}{5}\right) \cdot \left(\dfrac{3-2}{3}\right) = 0,277$
4	1	1	0	$\hat{S}(4) = \left(\dfrac{6-1}{6}\right) \cdot \left(\dfrac{5-0}{5}\right) \cdot \left(\dfrac{3-2}{3}\right) \cdot \left(\dfrac{1-1}{1}\right) = 0,000$

A partir do banco de dados da Figura 17.1 (Tabela 17.1), podemos calcular as probabilidades de sobrevivência ao evento para os diferentes tempos de monitoramento, conforme apresenta a Tabela 17.2, e, a partir dessas probabilidades, elaborar a curva da função de sobrevivência ao evento.

É importante que não haja confusão entre o tempo de monitoramento e o instante em que se dá o início do monitoramento de cada observação. É o primeiro que nos interessa, já que o nosso intuito é calcular as probabilidades de sobrevivência ao evento para cada período de monitoramento, independentemente de quando se inicia.

Por meio da análise da Tabela 17.2, podemos inicialmente observar que os tempos de monitoramento foram dispostos de forma crescente, mesmo que isto não tenha sido verificado no banco de dados original apresentado na Tabela 17.1. Assim, podemos verificar que, para um tempo de monitoramento menor do que 1, nenhuma observação apresentou evento ou censura ($n_1 = 6$), porém uma delas apresentou evento exatamente no tempo $t = 1$ ($e_1 = 1$). Já para um tempo de monitoramento menor do que 2, verificamos que cinco observações ainda não apresentaram evento ou censura ($n_2 = 5$), porém duas delas apresentaram censura exatamente no tempo $t = 2$ ($c_2 = 2$). Como não ocorreu nenhum evento no tempo de monitoramento $t = 2$ ($e_2 = 0$), o cálculo da probabilidade não sofre nenhuma alteração ($\hat{S}(1) = \hat{S}(2) = 0,833$). Por outro lado, as duas censuras que ocorreram em $t = 2$ fazem com que apenas três observações não tenham apresentado evento ou censura para um tempo de monitoramento menor do que 3 ($n_3 = 3$) e, como mais duas apresentaram evento em $t = 3$ ($e_3 = 2$), isso precisa ser levado em consideração para o cálculo da probabilidade de sobrevivência ao evento para um tempo de monitoramento maior do que $t = 3$ ($\hat{S}(3)$). Por fim, como apenas uma observação ainda não apresentou evento ou censura para um tempo de monitoramento menor do que 4 ($n_4 = 1$), porém esta mesma observação sofre evento em $t = 4$ ($e_4 = 1$), a probabilidade de sobrevivência ao evento para um tempo de monitoramento maior do que $t = 4$ é igual a zero ($\hat{S}(4) = 0$). Obviamente, a probabilidade de sobrevivência ao tempo máximo de monitoramento é sempre igual a zero ($\hat{S}(t = \text{máx}) = 0$) e a probabilidade de sobrevivência a um tempo nulo de monitoramento é sempre igual a 1 ($\hat{S}(0) = 1$).

Dessa forma, com base na lógica proposta na Tabela 17.2, podemos escrever a seguinte expressão:

$$n_{t+1} = n_t - e_t - c_t \tag{17.2}$$

Logo, a quantidade de censuras que ocorrem para determinado tempo de monitoramento t não interfere no cálculo da probabilidade de sobrevivência para o tempo de monitoramento maior do que t. Entretanto, caso ocorram censuras em t, este fato influenciará no cálculo das probabilidades de sobrevivência ao evento para tempos de monitoramento maiores do que $t + 1$.

Com base nos cálculos das probabilidades de sobrevivência ao evento para os diferentes tempos de monitoramento (Tabela 17.2), podemos elaborar a curva da função de sobrevivência ao evento (Figura 17.2), também conhecida por **curva de probabilidades de sobrevivência de Kaplan-Meier**.

As curvas de probabilidades de sobrevivência de Kaplan-Meier tipicamente apresentam a forma de degraus descendentes, visto que as probabilidades de sobrevivência ao evento para tempos de monitoramento maiores tendem a ser mais baixas. Por meio desta curva, podemos elaborar a **curva de probabilidades de ocorrência do**

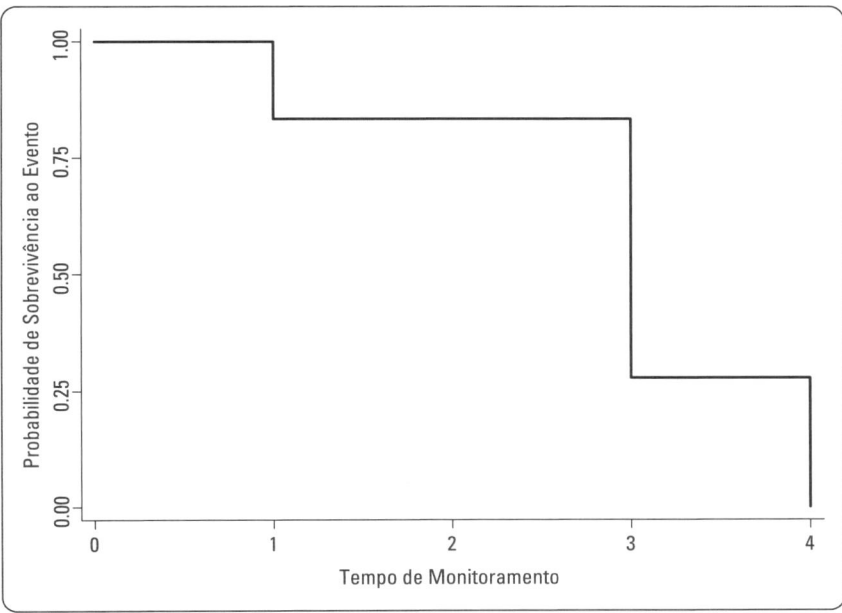

Figura 17.2 Curva de probabilidades de sobrevivência de Kaplan-Meier ($\hat{S}(t)$).

evento para os diferentes tempos de monitoramento, também conhecida por **curva de probabilidades de falha de Kaplan-Meier**, cujos valores são calculados com base na seguinte expressão:

$$\hat{F}(t) = 1 - \hat{S}(t) \tag{17.3}$$

Esta curva é apresentada na Figura 17.3.

As curvas de probabilidades de falha de Kaplan-Meier tipicamente também apresentam a forma de degraus, porém agora ascendentes, já que as probabilidades de ocorrência do evento para tempos de monitoramento maiores tendem a ser mais elevadas.

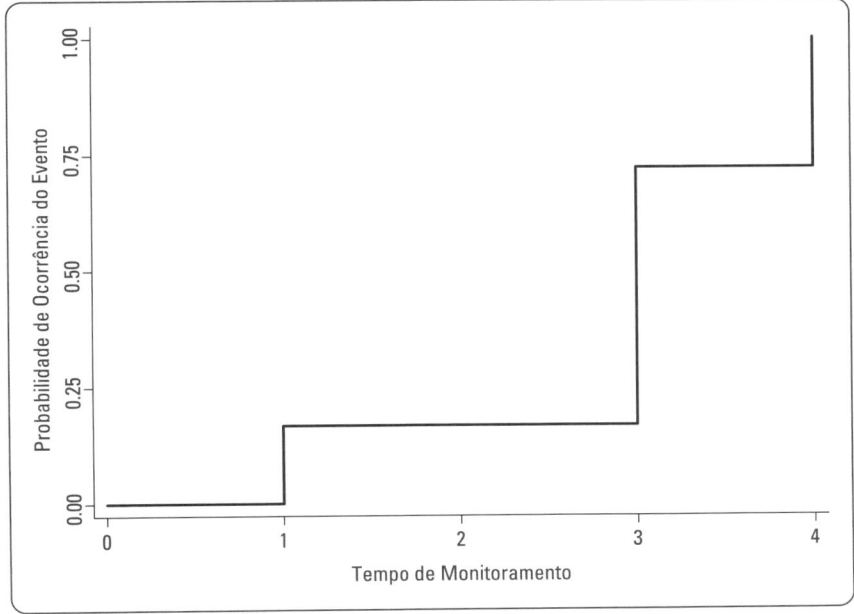

Figura 17.3 Curva de probabilidades de falha de Kaplan-Meier ($\hat{F}(t)$).

Além das funções de sobrevivência ao evento ($\hat{S}(t)$) e de ocorrência do evento ($\hat{F}(t)$), é importante que seja definida a função da taxa de risco de ocorrência do evento, conhecida por função da taxa de falha e representada por $\hat{h}(t)$. Assim, a taxa de risco de ocorrência do evento (taxa de falha) para um tempo de monitoramento t pode ser definida da seguinte forma:

$$\hat{h}(t) = \frac{\text{probabilidade de ocorrência do evento (falha) entre os tempos } t - \Delta t \text{ e } t}{(\Delta t).(\text{probabilidade de ocorrência do evento (falha) após o tempo } t - \Delta t)} \qquad (17.4)$$

Logo, fazendo uso da expressão (17.3), temos que:

$$\hat{h}(t) = \frac{\hat{S}(t - \Delta t) - \hat{S}(t)}{(\Delta t).\hat{S}(t - \Delta t)} \qquad (17.5)$$

Dessa forma, fazendo $\Delta t = 1$, podemos, para os dados do nosso exemplo, elaborar a Tabela 17.3.

Tabela 17.3 Cálculos das taxas de falha para os tempos de monitoramento.

Tempo de monitoramento (t)	Probabilidade de sobrevivência ao evento $\hat{S}(t)$	Taxa de risco de ocorrência do evento (taxa de falha) $\hat{h}(t)$	Taxa de risco $\hat{h}(t)$ acumulada
1	$\hat{S}(1) = 0{,}833$	$\hat{h}(1) = \dfrac{\hat{S}(0) - \hat{S}(1)}{(1).\hat{S}(0)} = \dfrac{1{,}000 - 0{,}833}{1} = 0{,}167$	0,167
2	$\hat{S}(2) = 0{,}833$	$\hat{h}(2) = \dfrac{\hat{S}(1) - \hat{S}(2)}{(1).\hat{S}(1)} = \dfrac{0{,}833 - 0{,}833}{0{,}833} = 0{,}000$	0,167
3	$\hat{S}(3) = 0{,}277$	$\hat{h}(3) = \dfrac{\hat{S}(2) - \hat{S}(3)}{(1).\hat{S}(2)} = \dfrac{0{,}833 - 0{,}277}{0{,}833} = 0{,}666$	0,833
4	$\hat{S}(4) = 0{,}000$	$\hat{h}(4) = \dfrac{\hat{S}(3) - \hat{S}(4)}{(1).\hat{S}(3)} = \dfrac{0{,}277 - 0{,}000}{0{,}277} = 1{,}000$	1,833

Assim, a taxa de risco de ocorrência do evento para o tempo de monitoramento $t = 1$ é igual a 0,167, visto que apenas uma observação apresentou evento em $t = 1$ entre as seis que começaram a ser monitoradas ($t = 0$). Já para $t = 2$, a taxa de falha é igual a 0,000, uma vez que, das cinco observações que foram monitoradas por um período de tempo maior do que 1, nenhuma apresentou evento em $t = 2$ (apenas censuras). Para o tempo de monitoramento $t = 3$, a taxa de risco de ocorrência do evento é igual a 0,666, já que duas observações apresentaram evento em $t = 3$ entre as três que foram monitoradas por um período maior do que 2. Por fim, para o tempo de monitoramento $t = 4$, a taxa de falha é igual a 1,000, uma vez que apenas uma observação foi monitorada por um período de tempo maior do que três, tendo esta apresentado evento em $t = 4$. Em outras palavras, o risco de ser evento para um período máximo de monitoramento é igual a 1,000 (100%). Além disso, a última coluna da Tabela 17.3, que apresenta os valores acumulados de $\hat{h}(t)$ ao longo dos tempos de monitoramento, é também conhecida por **taxa de falha acumulada de Nelson-Aalen**, cuja curva é apresentada na Figura 17.4.

Mais do que simplesmente definir a função da taxa de risco (taxa de falha) de ocorrência do evento, o nosso objetivo neste capítulo é o de estudar como esta pode sofrer influência do comportamento de variáveis explicativas e, neste sentido, devemos partir para a estimação do modelo semiparamétrico de riscos proporcionais de Cox, que é uma extensão natural do procedimento Kaplan-Meier, porém com características de regressão. De acordo com Hamilton (2013), podemos escrever a expressão da taxa de falha em função de variáveis preditoras da seguinte forma:

$$\hat{h}_i(t) = \hat{h}_{0i}(t).e^{(\beta_1.X_{1i} + \beta_2.X_{2i} + \ldots + \beta_k.X_{ki})} \qquad (17.6)$$

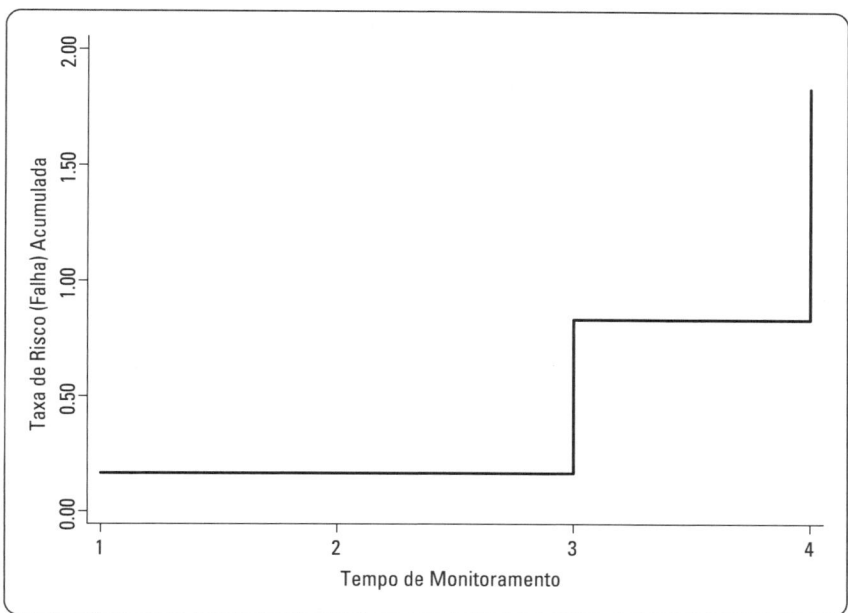

Figura 17.4 Curva das taxas de falha $\hat{h}(t)$ acumuladas de Nelson-Aalen.

em que $\hat{h}_0\left(t\right)$ representa o risco basal (*baseline hazard*) para um tempo de monitoramento t, e corresponde ao risco de ocorrência do evento em t para determinada observação i, quando todas as suas variáveis explicativas apresentarem valores iguais a zero. Além disso, β_j (j = 1, 2, ..., k) são os parâmetros estimados de cada variável explicativa, X_j são as variáveis explicativas (métricas ou *dummies*) e o subscrito i representa cada observação da amostra (i = 1, 2, ..., n, em que n é o tamanho da amostra).

A expressão (17.6), que estima o risco de ocorrência do evento para determinada observação i monitorada por um período de tempo t com base no comportamento de suas variáveis explicativas X_j, também pode ser escrita da seguinte forma:

$$\ln\left[\hat{h}_i\left(t\right)\right]=\ln\left[\hat{h}_{0i}\left(t\right)\right]+\beta_1.X_{1i}+\beta_2.X_{2i}+...+\beta_k.X_{ki} \tag{17.7}$$

em que cada parâmetro β_j pode ser interpretado como o incremento estimado no logaritmo da taxa de risco quando a respectiva variável X_j aumenta em uma unidade, mantidas as demais condições constantes. Logo, cada e^{β_j} representa o incremento na taxa de risco (***hazard ratio***) de ocorrência do evento, relativamente à taxa de risco basal, quando a respectiva variável X_j aumenta em unidade, mantidas as demais condições constantes.

Com base na expressão (17.6) e considerando a relação entre a função da taxa de risco de ocorrência do evento e a função de sobrevivência ao evento, dada por meio da expressão (17.5), podemos escrever que:

$$\hat{S}_i\left(t\right)=\hat{S}_{0i}\left(t\right)^{e^{\left(\beta_1.X_{1i}+\beta_2.X_{2i}+...+\beta_k.X_{ki}\right)}} \tag{17.8}$$

em que $\hat{S}_0\left(t\right)$ representa a função de sobrevivência basal (*baseline survival*) para um tempo de monitoramento t, e corresponde à probabilidade de sobrevivência ao evento em t para determinada observação i, quando todas as suas variáveis explicativas apresentarem valores iguais a zero.

O modelo de riscos proporcionais de Cox tem este nome uma vez que assume o **princípio da proporcionalidade**, ou seja, parte do princípio de que nenhuma variável explicativa X_j seja dependente do tempo de monitoramento. Na seção 17.3, elaboraremos alguns testes para verificação da existência de proporcionalidade quando da estimação de uma regressão de Cox no Stata.

Além disso, **a regressão de Cox é considerada semiparamétrica**, uma vez que, enquanto estima as funções de sobrevivência basal $\hat{S}_0(t)$ e de risco basal $\hat{h}_0(t)$ de forma não paramétrica, dado que estas funções apresentam distribuições desconhecidas, estima os parâmetros β_j de forma paramétrica, por meio de máxima verossimilhança parcial, cuja expressão será discutida na seção 17.2.1. Partiremos, portanto, para a estimação propriamente dita dos parâmetros β_j, por meio da apresentação de um exemplo elaborado inicialmente em Excel.

17.2.1. Estimação do modelo de riscos proporcionais de Cox por máxima verossimilhança parcial

Apresentaremos, neste momento, os conceitos pertinentes à estimação por máxima verossimilhança parcial de um modelo de regressão de Cox por meio de um exemplo que será resolvido inicialmente em Excel.

Imagine que o nosso mesmo professor, inquieto e perspicaz e que já explorou consideravelmente os efeitos de determinadas variáveis explicativas sobre o tempo de deslocamento de um grupo de alunos até a escola, sobre a probabilidade de se chegar atrasado às aulas, sobre a quantidade de atrasos que ocorrem semanal ou mensalmente e sobre o desempenho escolar ao longo do tempo e para diferentes escolas, por meio, respectivamente, de modelos de regressão múltipla, de regressão logística binária e multinomial, de regressão para dados de contagem e de regressão para dados em painel, tenha agora o interesse em investigar se algumas variáveis preditoras influenciam positiva ou negativamente o risco de um aluno se formar mais rapidamente, dado um determinado tempo de monitoramento.

Sendo assim, o professor monitorou cada um dos 100 alunos da escola onde leciona, atento à ocorrência do evento de interesse que, neste caso, corresponde à formatura. Além disso, também ficou atento à ocorrência de censuras para alguns alunos ao término de determinados períodos de monitoramento, decorrentes, principalmente, de abandono escolar. Por fim, coletou, para cada estudante, dados sobre a posse de bolsa integral de estudo e sobre a idade ao término do monitoramento. Seu intuito, portanto, é elaborar uma análise preditiva, por meio da estimação de um modelo de riscos proporcionais de Cox, com o objetivo de examinar os efeitos da concessão de bolsas de estudo e da idade dos alunos sobre a taxa de risco de ocorrência de formatura para cada período de monitoramento e, portanto, investigar como o comportamento destas variáveis pode influenciar a redução da probabilidade de sobrevivência ao evento para cada tempo de monitoramento.

Um pesquisador poderia estimar um modelo de regressão logística binária para investigar a influência das variáveis referentes à concessão de bolsa de estudo e à idade dos alunos sobre a probabilidade de ocorrência de formatura. Entretanto, este modelo, embora estimável, não levaria em consideração o tempo de monitoramento de cada estudante e, consequentemente, não capturaria o comportamento da taxa de risco de ocorrência de formatura para cada período de monitoramento. Outro pesquisador poderia ainda estimar modelos de regressão múltipla ou para dados de contagem para investigar a influência das variáveis referentes à concessão de bolsa de estudo e à idade dos alunos sobre o tempo de monitoramento. Estes modelos, embora também estimáveis, forneceriam informações diferentes daquelas desejadas pelo nosso professor, por não levarem em consideração a existência de dados censurados na amostra. Portanto, os modelos de regressão para dados de sobrevivência tipicamente consideram os tempos de monitoramento de cada observação e a existência de censuras para que, a partir dos quais, sejam definidas as funções de sobrevivência ao evento e da taxa de risco de ocorrência do evento de interesse e, consequentemente, possam ser estimados os parâmetros das variáveis preditoras do comportamento destas funções.

Parte do banco de dados do nosso exemplo encontra-se na Tabela 17.4.

A variável correspondente à ocorrência de evento ou censura apresenta-se como *dummy*, em que a categoria *evento* é comumente representada por 1 e categoria *censura*, por 0. Quanto à variável explicativa referente à concessão de bolsa, definimos que, enquanto a categoria *sim* será representada por 1, a categoria *não* será representada por 0. O banco de dados completo pode ser acessado por meio do arquivo **TempoFormatura-Cox.xls**.

A fim de que sejam elaborados os gráficos da curva da função de sobrevivência ao evento (curva de probabilidades de sobrevivência de Kaplan-Meier) e da curva da função da taxa de risco acumulada de ocorrência do evento (curva das taxas de falha acumuladas de Nelson-Aalen), apresentamos, inicialmente, a Tabela 17.5, em que os tempos de monitoramento estão dispostos em ordem crescente, seguindo a lógica proposta quando da elaboração das Tabelas 17.2 e 17.3.

Quando do cálculo dos valores da última coluna da Tabela 17.5, deve-se tomar cuidado com a propagação de pequenos erros de arredondamento. Enquanto esta tabela mostra os resultados dos cálculos realizados para apenas

Tabela 17.4 Exemplo: *status*, tempo de monitoramento, concessão de bolsa e idade dos estudantes da escola.

Estudante	*Status*	Tempo de monitoramento (*t*)	Concessão de bolsa (X_{1i})	Idade (X_{2i})
Gabriela	1 (evento)	47	1 (sim)	43
Patrícia	1 (evento)	27	0 (não)	47
Gustavo	1 (evento)	29	0 (não)	27
Letícia	1 (evento)	18	1 (sim)	52
Luiz Ovídio	1 (evento)	22	0 (não)	48
Leonor	0 (censura)	70	1 (sim)	28
Dalila	1 (evento)	48	0 (não)	33
Antônio	0 (censura)	78	1 (sim)	30
Júlia	1 (evento)	89	1 (sim)	25
Mariana	1 (evento)	39	0 (não)	33
...				
Filomena	1 (evento)	52	0 (não)	39
...				
Estela	1 (evento)	67	0 (não)	43

Tabela 17.5 Cálculos das probabilidades de sobrevivência e das taxas de falha.

Tempo (*t*)	n_t	e_t	c_t	$\hat{S}(t)$	$\hat{h}(t)$	$\hat{h}(t)$ acumulada (Nelson-Aalen)
15	100	1	0	0,9900	0,0100	0,0100
17	99	0	1	0,9900	0,0000	0,0100
18	98	1	0	0,9799	0,0102	0,0202
19	97	1	0	0,9698	0,0103	0,0305
20	96	2	0	0,9496	0,0208	0,0513
21	94	2	0	0,9294	0,0212	0,0726
22	92	1	0	0,9193	0,0108	0,0834
23	91	2	0	0,8991	0,0219	0,1054
24	89	2	0	0,8789	0,0224	0,1279
25	87	2	0	0,8587	0,0229	0,1509
...						
89	1	1	0	0,0000	1,0000	3,8276

alguns tempos de monitoramento (os dez menores e o maior deles), as Figuras 17.5 e 17.6 apresentam, respectivamente, os gráficos da curva de probabilidades de sobrevivência de Kaplan-Meier e da curva das taxas de falha acumuladas de Nelson-Aalen.

Como não desejamos apenas calcular os valores das funções da taxa de risco de ocorrência do evento (taxa de falha) e da probabilidade de sobrevivência ao evento, mas, sim, estudar como estas se comportam frente a modificações em variáveis explicativas, podemos, com base, respectivamente, nas expressões (17.6) e (17.8), apresentar o modelo de regressão de Cox a ser estimado:

$$\hat{h}_i(t) = \hat{h}_{0i}(t).e^{\left(\beta_1.bolsa_i + \beta_2.idade_i\right)}$$

$$\hat{S}_i(t) = \hat{S}_{0i}(t)^{e^{\left(\beta_1.bolsa_i + \beta_2.idade_i\right)}}$$

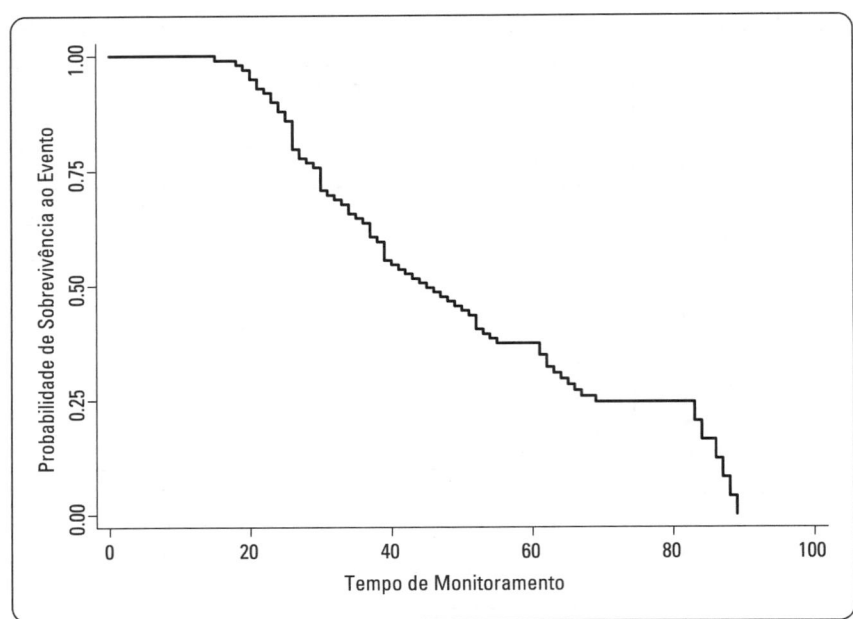

Figura 17.5 Curva de probabilidades de sobrevivência de Kaplan-Meier ($\hat{S}(t)$).

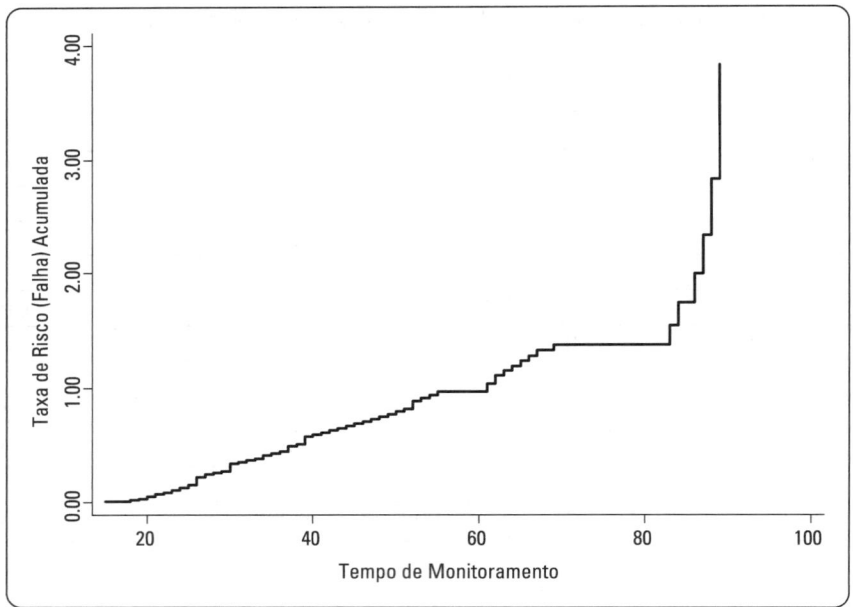

Figura 17.6 Curva das taxas de falha $\hat{h}(t)$ acumuladas de Nelson-Aalen.

Fazendo uso das expressões (17.5), (17.6) e (17.8), podemos definir a função de verossimilhança parcial para modelos de regressão de Cox da seguinte forma:

$$L = \prod_{i=1}^{n} \left(\frac{e^{(\beta_1 . X_{1i} + \beta_2 . X_{2i} + ... + \beta_k . X_{ki})}}{\sum_{I:t_I \geq t_i} e^{(\beta_1 . X_{1I} + \beta_2 . X_{2I} + ... + \beta_k . X_{kI})}} \right)^{status_i} \tag{17.9}$$

em que I representa cada observação com tempo de monitoramento maior do que ou igual ao tempo de monitoramento da observação i. Além disso, $status_i = 1$ se a observação i apresentar evento e $status_i = 0$ se a observação i

apresentar censura. Dessa forma, o logaritmo da função de verossimilhança parcial (*log partial likelihood function*) pode ser escrito como:

$$LL = \sum_{i=1}^{n} (status_i) \cdot \left\{ (\beta_1.X_{1i} + \beta_2.X_{2i} + ... + \beta_k.X_{ki}) - \ln\left[\sum_{I:t_I \geq t_i} e^{(\beta_1.X_{1I} + \beta_2.X_{2I} + ... + \beta_k.X_{kI})} \right] \right\} \quad (17.10)$$

Portanto, podemos fazer a seguinte pergunta: **Quais os valores dos parâmetros do modelo proposto que fazem com que o valor de *LL* da expressão (17.10) seja maximizado?** Esta importante questão é a chave central para a elaboração da estimação por máxima verossimilhança parcial (ou *maximum partial likelihood estimation*) em modelos de regressão de Cox, e pode ser respondida com o uso de ferramentas de programação linear, a fim de que sejam estimados os parâmetros β_1, β_2, ..., β_k com base na seguinte função-objetivo:

$$LL = \sum_{i=1}^{n} (status_i) \cdot \left\{ (\beta_1.X_{1i} + \beta_2.X_{2i} + ... + \beta_k.X_{ki}) - \ln\left[\sum_{I:t_I \geq t_i} e^{(\beta_1.X_{1I} + \beta_2.X_{2I} + ... + \beta_k.X_{kI})} \right] \right\} = máx \quad (17.11)$$

Iremos resolver este problema com o uso da ferramenta **Solver** do Excel e utilizando os dados do nosso exemplo. Para tanto, devemos abrir o arquivo **TempoFormaturaCoxMáximaVerossimilhança.xls**, que servirá de auxílio para o cálculo dos parâmetros.

Neste arquivo, além das variáveis correspondentes ao *status* (evento ou censura), ao tempo de monitoramento de cada observação e às duas variáveis explicativas, foram criadas quatro novas variáveis, que correspondem, respectivamente, a $(\beta_1.X_{1i} + \beta_2.X_{2i})$, a $e^{(\beta_1.X_{1i} + \beta_2.X_{2i})}$, a $\sum_{I:t_I \geq t_i} e^{(\beta_1.X_{1I} + \beta_2.X_{2I})}$ e ao logaritmo da função de verossimilhança parcial LL_i para cada observação. Note que os tempos de monitoramento foram novamente dispostos em ordem crescente, o que não ocorre no banco de dados original, a fim de que sejam identificadas as observações *I* correspondentes a cada observação *i* e, consequentemente, seja facilitado o cálculo da expressão $\sum_{I:t_I \geq t_i} e^{(\beta_1.X_{1I} + \beta_2.X_{2I})}$ em cada linha. A Tabela 17.6 mostra parte dos dados quando os parâmetros β_1 e β_2 forem iguais a 0.

Tabela 17.6 Cálculo de *LL* quando $\beta_1 = \beta_2 = 0$.

Estudante	*Status*	Tempo	X_{1i}	X_{2i}	$(\beta_1.X_{1i} + \beta_2.X_{2i})$	$e^{(\beta_1.X_{1i} + \beta_2.X_{2i})}$	$\sum_{I:t_I \geq t_i} e^{(\beta_1.X_{1I} + \beta_2.X_{2I})}$	LL_i
Roberto	1	15	0	24	0,00000	1,00000	100,00000	-4,60517
Moara	0	17	0	24	0,00000	1,00000	99,00000	0,00000
Letícia	1	18	1	52	0,00000	1,00000	98,00000	-4,58497
Lucio	1	19	1	52	0,00000	1,00000	97,00000	-4,57471
Cintia	1	20	1	52	0,00000	1,00000	96,00000	-4,56435
Sandra	1	20	0	48	0,00000	1,00000	96,00000	-4,56435
Gilmar	1	21	0	48	0,00000	1,00000	94,00000	-4,54329
Elaine	1	21	0	48	0,00000	1,00000	94,00000	-4,54329
Luiz Ovídio	1	22	0	48	0,00000	1,00000	92,00000	-4,52179
Bráulio	1	23	0	50	0,00000	1,00000	91,00000	-4,51086
...								
Emerson	1	43	0	33	0,00000	1,00000	52,00000	-3,95124
...								
Júlia	1	89	1	25	0,00000	1,00000	1,00000	0,00000
Somatória	$LL = \sum_{i=1}^{100} (status_i) \cdot \left\{ (\beta_1.X_{1i} + \beta_2.X_{2i}) - \ln\left[\sum_{I:t_I \geq t_i} e^{(\beta_1.X_{1I} + \beta_2.X_{2I})} \right] \right\}$							**-299,00541**

	A	B	C	D	E	F	G	H	I	J	K	L	M
1	Estudante	Status	Tempo de Monitoramento	Bolsa (X_1)	Idade (X_2)	$\beta_1.X_{1i} + \beta_2.X_{2i}$	$\exp(\beta_1.X_{1i} + \beta_2.X_{2i})$	$\Sigma(\exp(\beta_1.X_{1i} + \beta_2.X_{2i}))$ se $t_l \geq t_i$	LL_i				
2	Roberto	1	15	0	24	0,00000	1,00000	100,00000	-4,60517			coeficiente	hazard ratio
3	Moara	0	17	0	24	0,00000	1,00000	99,00000	0,00000				
4	Letícia	1	18	1	52	0,00000	1,00000	98,00000	-4,58497		β_1	0,0000	1,0000
5	Lucio	1	19	1	52	0,00000	1,00000	97,00000	-4,57471				
6	Cintia	1	20	1	52	0,00000	1,00000	96,00000	-4,56435		β_2	0,0000	1,0000
7	Sandra	1	20	0	48	0,00000	1,00000	96,00000	-4,56435				
8	Gilmar	1	21	0	48	0,00000	1,00000	94,00000	-4,54329				
9	Elaine	1	21	0	48	0,00000	1,00000	94,00000	-4,54329				
10	Luiz Ovídio	1	22	0	48	0,00000	1,00000	92,00000	-4,52179				
11	Bráulio	1	23	0	50	0,00000	1,00000	91,00000	-4,51086				
12	Shirley	1	23	0	48	0,00000	1,00000	91,00000	-4,51086				
13	Adriana	1	24	0	50	0,00000	1,00000	89,00000	-4,48864				
14	Giulia	1	24	0	50	0,00000	1,00000	89,00000	-4,48864				
15	Raimundo	1	25	0	48	0,00000	1,00000	87,00000	-4,46591				
16	Soraya	1	25	0	48	0,00000	1,00000	87,00000	-4,46591				
17	Reinaldo	1	26	0	33	0,00000	1,00000	85,00000	-4,44265				
18	Zenilda	1	26	0	27	0,00000	1,00000	85,00000	-4,44265				
19	Ester	1	26	0	33	0,00000	1,00000	85,00000	-4,44265				
20	Lilian	1	26	0	27	0,00000	1,00000	85,00000	-4,44265				
21	Jaqueline	1	26	0	33	0,00000	1,00000	85,00000	-4,44265				
22	Vivian	1	26	0	33	0,00000	1,00000	85,00000	-4,44265				
23	Patrícia	1	27	0	47	0,00000	1,00000	79,00000	-4,36945				
24	Inácio	1	27	0	47	0,00000	1,00000	79,00000	-4,36945				
25	Eduardo	1	28	0	47	0,00000	1,00000	77,00000	-4,34381				
26	Gustavo	1	29	0	27	0,00000	1,00000	76,00000	-4,33073				
27	Tatiana	1	30	1	28	0,00000	1,00000	75,00000	-4,31749				
28	Rita	1	30	1	28	0,00000	1,00000	75,00000	-4,31749				
101	Júlia	1	89	1	25	0,00000	1,00000	1,00000	0,00000				
102													
103									Somatória LLi	-299,00541				

Figura 17.7 Dados do arquivo **TempoFormaturaCoxMáximaVerossimilhança.xls**.

Por meio da Tabela 17.6, podemos verificar que alguns tempos de monitoramento se repetem e, nestes casos, o cálculo de $\sum_{l:t_l \geq t_i} e^{(\beta_1.X_{1l}+\beta_2.X_{2l})}$ não se altera de uma linha para a linha seguinte. A Figura 17.7 apresenta parte destes dados presentes no arquivo em Excel.

Cada célula da coluna I do Excel contém exatamente a expressão (17.10) para cada observação. Como podemos verificar, quando $\beta_1=\beta_2=0$, o valor da somatória do logaritmo da função de verossimilhança parcial é igual a −299,00541. Entretanto, deve haver uma combinação ótima de valores dos parâmetros, de modo que a condição proposta para a função-objetivo apresentada na expressão (17.11) seja obedecida, ou seja, que o valor da somatória do logaritmo da função de verossimilhança parcial seja o máximo possível.

Vamos então abrir a ferramenta **Solver** do Excel. A função-objetivo está na célula I103, que é a nossa célula de destino e que deverá ser maximizada. Além disso, os parâmetros β_1 e β_2, cujos valores estão nas células L4 e L6, respectivamente, são as células variáveis. A janela do **Solver** ficará como mostra a Figura 17.8.

Ao clicarmos em **Resolver** e em **OK**, obteremos a solução ótima do problema de programação linear. A Tabela 17.7 apresenta parte dos dados obtidos.

Inicialmente, verificamos que o valor máximo possível da somatória do logaritmo da função de verossimilhança parcial é $LL_{máx}$ = −273,78902. A resolução deste problema gerou as seguintes estimativas dos parâmetros:

$\beta_1 = -1,3174$
$\beta_2 = 0,0665$

obtidos por meio da estimação do modelo de regressão de Cox. Desta maneira, podemos escrever as expressões da taxa de risco de ocorrência de formatura (taxa de falha) $\hat{h}(t)$ e da probabilidade de sobrevivência à formatura $\hat{S}(t)$ (ou seja, probabilidade de não se formar), em função das variáveis explicativas *bolsa* e *idade*, da seguinte forma:

$$\hat{h}_i(t) = \hat{h}_{0i}(t).e^{\left(-1,3174.bolsa_i+0,0665.idade_i\right)}$$

$$\hat{S}_i(t) = \hat{S}_{0i}(t)^{e^{\left(-1,3174.bolsa_i+0,0665.idade_i\right)}}$$

Podemos perceber que a coluna M do Excel apresenta as taxas de risco propriamente ditas correspondentes aos parâmetros β_1 e β_2, chamadas de ***hazard ratios***. Estas taxas de risco são e^{β_1} e e^{β_2}, e representam, respectivamente,

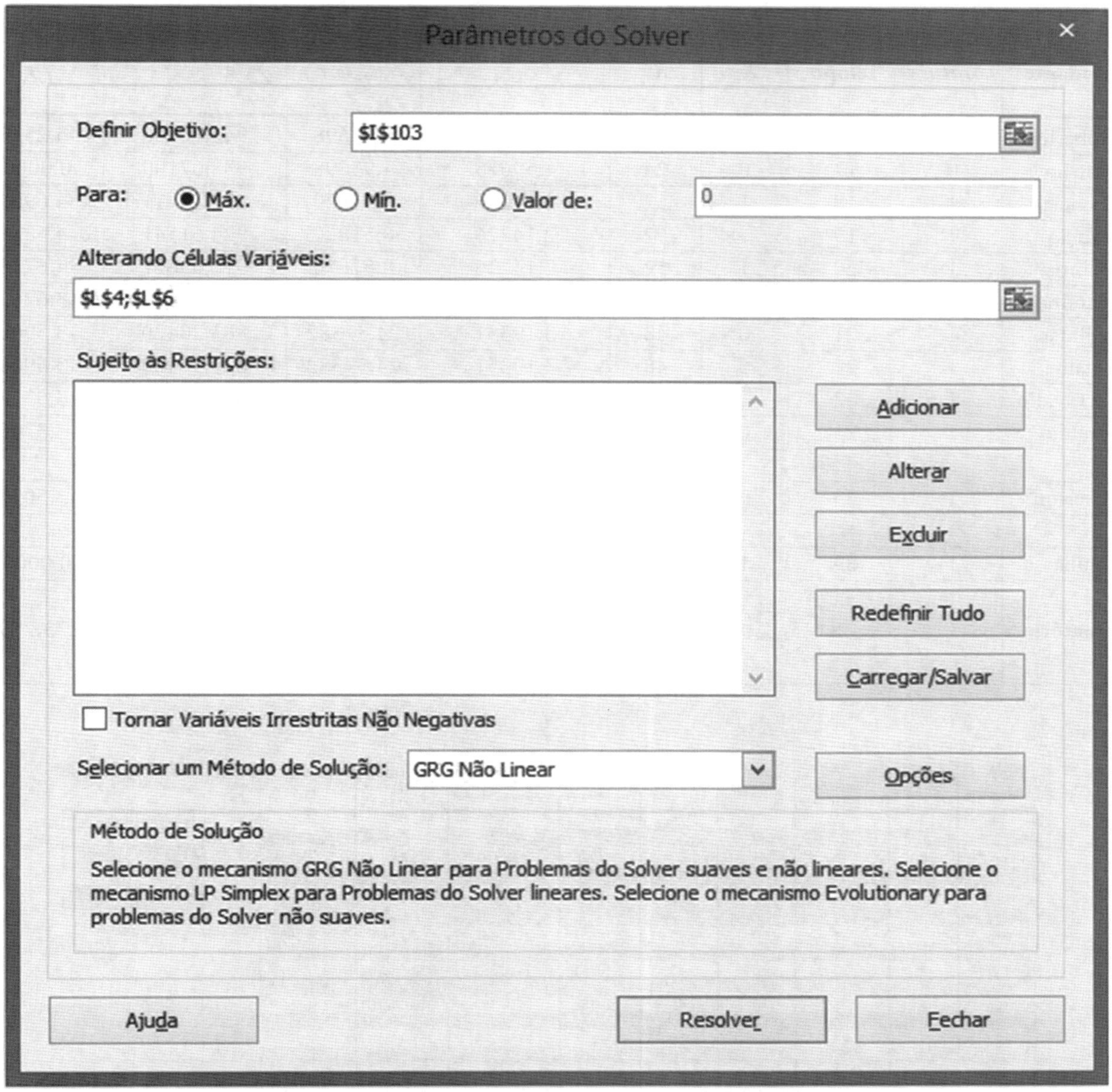

Figura 17.8 Solver – Maximização da somatória do logaritmo da função de verossimilhança parcial.

os incrementos na taxa de risco de ocorrência de formatura, relativamente à taxa de risco basal, quando se passa a receber bolsa de estudo ou quando se aumenta a idade do estudante em uma unidade, mantidas, em cada situação, as demais condições constantes. Logo, as taxas estimadas de risco de ocorrência de formatura são, para cada variável explicativa:

$$e^{\beta_1} = 0,2678$$
$$e^{\beta_2} = 1,0688$$

A Figura 17.9, embora mostre apenas parcialmente o banco de dados, apresenta os resultados obtidos pela modelagem.

Estimados os parâmetros do modelo de riscos proporcionais de Cox, podemos propor duas interessantes perguntas:

Em média, em quanto se altera a taxa de risco de ocorrência de formatura (*hazard ratio*) ao se conceder bolsa de estudo, mantidas as demais condições constantes?

Tabela 17.7 Valores obtidos quando da maximização de *LL*.

Estudante	*Status*	Tempo	X_{1i}	X_{2i}	$(\beta_1.X_{1i} + \beta_2.X_{2i})$	$e^{(\beta_1.X_{1i}+\beta_2.X_{2i})}$	$\sum\limits_{I\,t_I \geq t_i} e^{(\beta_1.X_{1I}+\beta_2.X_{2I})}$	LL_i
Roberto	1	15	0	24	1,59675	4,93698	943,00808	-5,25232
Moara	0	17	0	24	1,59675	4,93698	938,07109	0,00000
Letícia	1	18	1	52	2,14226	8,51870	933,13411	-4,69629
Lucio	1	19	1	52	2,14226	8,51870	924,61541	-4,68711
Cintia	1	20	1	52	2,14226	8,51870	916,09671	-4,67786
Sandra	1	20	0	48	3,19351	24,37382	916,09671	-3,62661
Gilmar	1	21	0	48	3,19351	24,37382	883,20420	-3,59005
Elaine	1	21	0	48	3,19351	24,37382	883,20420	-3,59005
Luiz Ovídio	1	22	0	48	3,19351	24,37382	834,45656	-3,53327
Bráulio	1	23	0	50	3,32657	27,84274	810,08275	-3,37056
				...				
Emerson	1	43	0	33	2,19554	8,98483	298,63825	-3,50370
				...				
Júlia	1	89	1	25	0,34591	1,41328	1,41328	0,00000
Somatória	$LL = \sum\limits_{i=1}^{100} (status_i).\left\{ (\beta_1.X_{1i} + \beta_2.X_{2i}) - \ln\left[\sum\limits_{I:t_I \geq t_i} e^{(\beta_1.X_{1I}+\beta_2.X_{2I})} \right] \right\}$							**-273,78902**

	A	B	C	D	E	F	G	H	I	J	K	L	M
1	Estudante	Status	Tempo de Monitoramento	Bolsa (X₁)	Idade (X₂)	β₁.X₁ᵢ + β₂.X₂ᵢ	exp(β₁.X₁ᵢ + β₂.X₂ᵢ)	Σ(exp(β₁.X₁ᵢ + β₂.X₂ᵢ)) se tⱼ ≥ tᵢ	LLᵢ				
2	Roberto	1	15	0	24	1,59675	4,93698	943,00808	-5,25232		coeficiente	hazard ratio	
3	Moara	0	17	0	24	1,59675	4,93698	938,07109	0,00000				
4	Letícia	1	18	1	52	2,14226	8,51870	933,13411	-4,69629		β₁	-1,3174	0,2678
5	Lucio	1	19	1	52	2,14226	8,51870	924,61541	-4,68711				
6	Cintia	1	20	1	52	2,14226	8,51870	916,09671	-4,67786		β₂	0,0665	1,0688
7	Sandra	1	20	0	48	3,19351	24,37382	916,09671	-3,62661				
8	Gilmar	1	21	0	48	3,19351	24,37382	883,20420	-3,59005				
9	Elaine	1	21	0	48	3,19351	24,37382	883,20420	-3,59005				
10	Luiz Ovídio	1	22	0	48	3,19351	24,37382	834,45656	-3,53327				
11	Bráulio	1	23	0	50	3,32657	27,84274	810,08275	-3,37056				
12	Shirley	1	23	0	48	3,19351	24,37382	810,08275	-3,50363				
13	Adriana	1	24	0	50	3,32657	27,84274	757,86618	-3,30393				
14	Giulia	1	24	0	50	3,32657	27,84274	757,86618	-3,30393				
15	Raimundo	1	25	0	48	3,19351	24,37382	702,18069	-3,36068				
16	Soraya	1	25	0	48	3,19351	24,37382	702,18069	-3,36068				
17	Reinaldo	1	26	0	33	2,19554	8,98483	653,43306	-4,28670				
18	Zenilda	1	26	0	27	1,79635	6,02760	653,43306	-4,68589				
19	Ester	1	26	0	33	2,19554	8,98483	653,43306	-4,28670				
20	Lilian	1	26	0	27	1,79635	6,02760	653,43306	-4,68589				
21	Jaqueline	1	26	0	33	2,19554	8,98483	653,43306	-4,28670				
22	Vivian	1	26	0	33	2,19554	8,98483	653,43306	-4,28670				
23	Patrícia	1	27	0	47	3,12698	22,80496	605,43853	-3,27897				
24	Inácio	1	27	0	47	3,12698	22,80496	605,43853	-3,27897				
25	Eduardo	1	28	0	47	3,12698	22,80496	559,82861	-3,20065				
26	Gustavo	1	29	0	27	1,79635	6,02760	537,02365	-4,48969				
27	Tatiana	1	30	1	28	0,54551	1,72549	530,99605	-5,72925				
28	Rita	1	30	1	28	0,54551	1,72549	530,99605	-5,72925				
101	Júlia	1	89	1	25	0,34591	1,41328	1,41328	0,00000				
102													
103									Somatória LLi	-273,78902			

Figura 17.9 Obtenção dos parâmetros quando da maximização de *LL* pelo Solver.

Em média, em quanto se altera a taxa de risco de ocorrência de formatura (*hazard ratio*) quando se aumenta em 1 ano a idade média dos alunos, mantidas as demais condições constantes?

Antes de respondermos a estas importantes questões, precisamos verificar se todos os parâmetros estimados são estatisticamente significantes a um determinado nível de confiança. Se não for este o caso, precisaremos reestimar o modelo final, a fim de que o mesmo apresente apenas parâmetros estatisticamente significantes para, a partir de então, ser possível a elaboração de inferências e previsões.

Portanto, tendo sido elaborada a estimação por máxima verossimilhança parcial dos parâmetros da equação da taxa de risco de ocorrência de formatura, partiremos para o estudo da significância estatística geral do modelo obtido, bem como das significâncias estatísticas dos parâmetros.

17.2.2. Significância estatística geral e dos parâmetros do modelo de riscos proporcionais de Cox

Inicialmente vamos estudar a significância estatística geral do modelo que está sendo proposto. O teste χ^2 propicia condições à verificação da significância do modelo, uma vez que suas hipóteses nula e alternativa, para um modelo de riscos proporcionais de Cox, são, respectivamente:

H_0: $\beta_1 = \beta_2 = ... = \beta_k = 0$
H_1: existe pelo menos um $\beta_j \neq 0$

O teste χ^2 é adequado para se avaliar a significância conjunta dos parâmetros do modelo quando este for estimado pelo método de máxima verossimilhança parcial, e propicia ao pesquisador uma verificação inicial sobre a existência do modelo que está sendo proposto, uma vez que, se todos os parâmetros estimados β_j ($j = 1, 2, ..., k$) forem estatisticamente iguais a 0, o comportamento de alteração de cada uma das variáveis X não influenciará em absolutamente nada a taxa de risco de ocorrência do evento em estudo para diferentes tempos de monitoramento, relativamente à taxa de risco basal. Conforme já apresentado nos Capítulos 13 e 14, a estatística χ^2 possui a seguinte expressão:

$$\chi^2 = -2.\left(LL_0 - LL_{máx}\right) \tag{17.12}$$

em que LL_0 é o valor da somatória do logaritmo da função de verossimilhança parcial quando $\beta_1 = \beta_2 = ... = \beta_k = 0$, e $LL_{máx}$ é o valor máximo possível da somatória do logaritmo da função de verossimilhança parcial.

Voltando ao nosso exemplo, conforme calculado na seção 17.2.1, $LL_0 = -299,00541$ e $LL_{máx} = -273,78902$. Dessa forma, temos que:

$$\chi^2_{2g.l.} = -2.\left[-299,00541 - \left(-273,78902\right)\right] = 50,4328$$

Para 2 graus de liberdade (número de variáveis explicativas consideradas na modelagem, ou seja, número de parâmetros β), temos, por meio da Tabela D do apêndice do livro, que o $\chi^2_c = 5,991$ (χ^2 crítico para 2 graus de liberdade e para o nível de significância de 5%). Dessa forma, como o χ^2 calculado $\chi^2_{cal} = 50,4328 > \chi^2_c = 5,991$, podemos rejeitar a hipótese nula de que todos os parâmetros β_j ($j = 1, 2$) sejam estatisticamente iguais a zero. Logo, pelo menos uma variável X é estatisticamente significante para explicar a taxa de risco de ocorrência de formatura para diferentes tempos de monitoramento, relativamente à taxa de risco basal. Dessa forma, teremos um modelo de riscos proporcionais de Cox estatisticamente significante para fins de previsão.

Softwares como o Stata, o SPSS, o R e o Python não oferecem, diretamente, o χ^2_c para os graus de liberdade definidos e um determinado nível de significância. Entretanto, oferecem o nível de significância do χ^2_{cal} para estes graus de liberdade. Dessa forma, em vez de analisarmos se $\chi^2_{cal} > \chi^2_c$, devemos verificar se o nível de significância do χ^2_{cal} é menor do que 0,05 (5%) a fim de darmos continuidade à análise do modelo. Assim:

Se *valor-P* (ou *P-value* ou *Sig.* χ^2_{cal} ou *Prob.* χ^2_{cal}) $< 0,05$, existe pelo menos um $\beta_j \neq 0$.

Na sequência, é preciso que o pesquisador avalie se cada um dos parâmetros do modelo de riscos proporcionais de Cox é estatisticamente significante e, neste sentido, a estatística z de Wald será importante para fornecer a significância estatística de cada parâmetro a ser considerado no modelo. Conforme já discutido em capítulos anteriores, a nomenclatura z refere-se ao fato de que a distribuição desta estatística é a distribuição normal padrão, e as hipóteses nula e alternativa do teste z de Wald são, para cada β_j ($j = 1, 2, ..., k$), respectivamente:

H_0: $\beta_j = 0$
H_1: $\beta_j \neq 0$

A expressão para o cálculo da estatística z de Wald de cada parâmetro β_j é dada por:

$$z_{\beta_j} = \frac{\beta_j}{s.e.\left(\beta_j\right)} \tag{17.13}$$

em que *s.e.* significa o erro-padrão (*standard error*) de cada parâmetro em análise. Dada a complexidade do cálculo dos erros-padrão de cada parâmetro, não o faremos neste momento, porém recomendamos a leitura de Hosmer, Lemeshow e May (2008) e Kleinbaum e Klein (2012). Os valores de *s.e.* de cada parâmetro, para o nosso exemplo, são:

s.e. $(\beta_1) = 0,280$
s.e. $(\beta_2) = 0,019$

Logo, como já estimamos os parâmetros β_1 e β_2, temos que:

$$z_{\beta_1} = \frac{\beta_1}{s.e.(\beta_1)} = \frac{-1,3174}{0,280} = -4,705$$

$$z_{\beta_2} = \frac{\beta_2}{s.e.(\beta_2)} = \frac{0,0665}{0,019} = 3,410$$

Após a obtenção das estatísticas z de Wald, o pesquisador pode utilizar a tabela de distribuição da curva normal padrão para obtenção dos valores críticos a um dado nível de significância e verificar se cada teste rejeita ou não a hipótese nula. Para o nível de significância de 5%, temos, por meio da Tabela E do apêndice do livro, que o $z_c = -1,96$ para a cauda inferior (probabilidade na cauda inferior de 0,025 para a distribuição bicaudal) e $z_c = 1,96$ para a cauda superior (probabilidade na cauda superior também de 0,025 para a distribuição bicaudal).

Como no caso do teste χ^2, os pacotes estatísticos também oferecem os valores dos níveis de significância dos testes z de Wald, o que facilita a decisão, já que, com 95% de nível de confiança (5% de nível de significância), teremos:

Se *valor-P* (ou *P-value* ou *Sig.* z_{cal} ou *Prob.* z_{cal}) < 0,05 para determinada variável explicativa X, $\beta \neq 0$.

Sendo assim, como todos os valores de $z_{cal} < -1,96$ ou $> 1,96$, os *valores-P* das estatísticas z de Wald < 0,05 para todos os parâmetros estimados e, portanto, já chegamos ao modelo final de riscos proporcionais de Cox, sem que haja a necessidade de uma eventual aplicação do procedimento *Stepwise* estudado em capítulos anteriores do livro. Logo, a expressão final da taxa de risco de ocorrência de formatura (taxa de falha) $\hat{h}(t)$ é, de fato:

$$\hat{h}_i(t) = \hat{h}_{0i}(t).e^{(-1,3174.bolsa_i + 0,0665.idade_i)}$$

e, portanto, podemos retornar às nossas duas importantes perguntas, respondendo uma de cada vez:

Em média, em quanto se altera a taxa de risco de ocorrência de formatura (*hazard ratio*) ao se conceder bolsa de estudo, mantidas as demais condições constantes?

Fazendo uso da expressão da taxa de risco de ocorrência de formatura, temos que:

$$e^{-1,3174} = 0,2678$$

Logo, mantidas as demais condições constantes, a taxa de risco de ocorrência de formatura ao se conceder uma bolsa de estudo é multiplicada por um fator de 0,2678, ou seja, é, em média, 73,22% menor. Em outras palavras, o risco de um estudante se formar é, em média, 73,22% menor se ele possuir bolsa de estudo em relação a não possuir. Aparentemente contraintuitivo, este resultado pode indicar que os alunos que possuem bolsas não têm levado tão a sério a escola em que estudam, ao contrário daqueles que precisam pagar as mensalidades por conta própria e que, portanto, possuem interesse em concluir mais rapidamente o curso.

Na seção 17.2.4, iremos estudar o teste *Log-rank*, que terá por intuito avaliar a magnitude e a significância da diferença existente entre as curvas das funções de sobrevivência ao evento para aqueles que possuem e para aqueles que não possuem bolsa de estudo.

Em média, em quanto se altera a taxa de risco de ocorrência de formatura (*hazard ratio*) quando se aumenta em 1 ano a idade média dos alunos, mantidas as demais condições constantes?

Para esta situação, temos que:

$$e^{0,0665} = 1,0688$$

Logo, mantidas as demais condições constantes, a taxa de risco de ocorrência de formatura é, em média, multiplicada por um fator de 1,0688 quando se aumenta em 1 ano a idade média dos estudantes, ou seja, é, em média, 6,88% maior. Em outras palavras, o risco de determinado aluno se formar é, em média, 6,88% maior do que seu colega que é um ano mais novo. Este fato pode demonstrar o maior comprometimento dos mais velhos com os estudos, dada a maior maturidade e o maior interesse em concluir mais rapidamente o curso.

Conforme podemos perceber, estes cálculos utilizaram sempre as estimativas médias dos parâmetros. Partiremos agora para o estudo dos intervalos de confiança destes parâmetros.

17.2.3. Construção dos intervalos de confiança dos parâmetros do modelo de riscos proporcionais de Cox

O intervalo de confiança da taxa estimada de risco de ocorrência do evento em estudo (*hazard ratio*) correspondente à alteração em cada parâmetro β_j ($j = 1, 2, ..., k$), ao nível de confiança de 95%, pode ser escrito da seguinte forma:

$$e^{\beta_j \pm 1,96.\left[s.e.\left(\beta_j\right)\right]}$$

(17.14)

Com base nos dados do nosso exemplo, podemos elaborar a Tabela 17.8, que apresenta os intervalos de confiança das *hazard ratios* correspondentes a cada variável explicativa.

Tabela 17.8 Cálculo dos intervalos de confiança das *hazard ratios*.

Parâmetro	Taxa de risco (*Hazard ratio*) e^{β_j}	Intervalo de confiança da taxa de risco (95%)	
		$e^{\beta_j - 1,96.\left[s.e.\left(\beta_j\right)\right]}$	$e^{\beta_j + 1,96.\left[s.e.\left(\beta_j\right)\right]}$
β_1 (variável *bolsa*)	0,2678	0,155	0,464
β_2 (variável *idade*)	1,0688	1,029	1,111

Esses valores também serão obtidos quando da elaboração dessa modelagem por meio dos softwares Stata, SPSS, R e Python, conforme mostraremos, respectivamente, nas seções 17.3 e 17.4.

Se o intervalo de confiança de determinada taxa de risco (*hazard ratio*) contiver o 1, o correspondente parâmetro será considerado estatisticamente igual a zero para o nível de confiança com que o pesquisador estiver trabalhando e, dessa forma, deverá ser excluído do modelo final quando da elaboração do procedimento *Stepwise*.

A decisão pela exclusão de determinada variável X em um modelo de regressão para dados de sobrevivência pode ser realizada por meio da análise direta da estatística z de Wald de seu respectivo parâmetro β (se $-z_c < z_{cal} < z_c$ → *valor-P* > 0,05 → não podemos rejeitar que o parâmetro seja estatisticamente igual a zero) ou por meio da análise do intervalo de confiança da *hazard ratio* (se o mesmo contiver o 1). O Quadro 17.1 apresenta os critérios de inclusão ou exclusão de parâmetros β_j ($j = 1, 2, ..., k$) em modelos de regressão para dados de sobrevivência.

Quadro 17.1 Decisão de inclusão de parâmetros β_j em modelos de regressão para dados de sobrevivência.

Parâmetro	Estatística z de Wald (para nível de significância α)	Teste z (análise do *valor-P* para nível de significância α)	Análise pelo intervalo de confiança da taxa de risco (*Hazard ratio*) e^{β_j}	Decisão
β_j	$-z_{c\,\alpha/2} < z_{cal} < z_{c\,\alpha/2}$	*valor-P* > nível de sig. α	O intervalo de confiança contém o 1	Excluir o parâmetro do modelo
	$z_{cal} > z_{c\,\alpha/2}$ ou $z_{cal} < -z_{c\,\alpha/2}$	*valor-P* < nível de sig. α	O intervalo de confiança não contém o 1	Manter o parâmetro no modelo

Obs.: O mais comum em ciências sociais aplicadas é a adoção do nível de significância $\alpha = 5\%$.

17.2.4. Teste *Log-rank* para estudo de diferenças entre curvas de sobrevivência

Imagine que temos interesse em estudar a magnitude e a significância da diferença eventualmente existente entre duas ou mais curvas de sobrevivência ao evento para diferentes grupos estratificados por meio de um critério definido. Para tanto, devemos elaborar o **teste *Log-rank***, que é um teste χ^2 e tem por intuito verificar a existência de diferenças estatisticamente significantes entre as curvas das funções de sobrevivência ao evento para os diferentes grupos. É comum que este teste seja aplicado quando há determinada variável qualitativa, de modo que os grupos possam ser definidos com base nesta variável.

Para os dados do nosso exemplo, vamos elaborar o teste *Log-rank* para comparar as curvas das funções de sobrevivência à formatura para os estudantes que possuem e para os que não possuem bolsa de estudo. Como o parâmetro β correspondente a esta variável (*bolsa*) mostrou-se estatisticamente diferente de zero, ao nível de significância de 5%, quando da estimação do modelo de riscos proporcionais de Cox, verificaremos que a diferença entre as duas curvas de sobrevivência também será estatisticamente significante a este mesmo nível de significância.

O teste *Log-rank* é construído com base na comparação entre os valores reais (observados) e previstos do número de eventos para cada grupo em cada tempo de monitoramento t. Os valores previstos de ocorrência de evento em cada t podem ser calculados da seguinte forma:

- **Grupo 1:**

$$ep_{1t} = \left(\frac{n_{1t}}{n_{1t} + n_{2t} + \ldots + n_{Gt}} \right) . \left(e_{1t} + e_{2t} + \ldots + e_{Gt} \right) \tag{17.15}$$

em que n_t corresponde à quantidade de observações que não apresentaram evento ou censura até o início do tempo de monitoramento t e e_t representa a quantidade real de eventos que ocorrem para estas observações com tempo de monitoramento exatamente igual a t. Os subscritos $1, 2, \ldots, G$ referem-se ao grupo em análise, em que G é o número total de grupos.

- **Grupo 2:**

$$ep_{2t} = \left(\frac{n_{2t}}{n_{1t} + n_{2t} + \ldots + n_{Gt}} \right) . \left(e_{1t} + e_{2t} + \ldots + e_{Gt} \right) \tag{17.16}$$

- **Grupo G:**

$$ep_{Gt} = \left(\frac{n_{Gt}}{n_{1t} + n_{2t} + \ldots + n_{Gt}} \right) . \left(e_{1t} + e_{2t} + \ldots + e_{Gt} \right) \tag{17.17}$$

Além disso, podemos definir a variância em cada período de tempo t como sendo:

$$Var_t = \frac{n_{1t}.n_{2t}.\ldots.n_{Gt}.\left(e_{1t} + e_{2t} + \ldots + e_{Gt} \right).\left[\left(n_{1t} + n_{2t} + \ldots + n_{Gt} \right) - \left(e_{1t} + e_{2t} + \ldots + e_{Gt} \right) \right]}{\left(n_{1t} + n_{2t} + \ldots + n_{Gt} \right)^2 . \left(n_{1t} + n_{2t} + \ldots + n_{Gt} - 1 \right)} \tag{17.18}$$

A estatística χ^2 do teste *Log-rank* é definida como:

$$\chi^2 = \frac{\sum_t \left(e_{1t} - ep_{1t} \right)^2}{\sum_t Var_t} \tag{17.19}$$

Assim, para os dados do nosso exemplo, em que temos apenas dois grupos (estudantes que recebem bolsa de estudo e estudantes que não recebem), podemos definir que:

- **Grupo 1 (sem bolsa, ou bolsa = 0):**

$$ep_{1t} = \left(\frac{n_{1t}}{n_{1t} + n_{2t}} \right) . \left(e_{1t} + e_{2t} \right) \tag{17.20}$$

• **Grupo 2 (com bolsa, ou bolsa = 1):**

$$ep_{2t} = \left(\frac{n_{2t}}{n_{1t} + n_{2t}} \right) \cdot \left(e_{1t} + e_{2t} \right) \tag{17.21}$$

e, portanto, a expressão da variância em cada tempo de monitoramento t será:

$$Var_t = \frac{n_{1t} \cdot n_{2t} \cdot \left(e_{1t} + e_{2t} \right) \cdot \left[\left(n_{1t} + n_{2t} \right) - \left(e_{1t} + e_{2t} \right) \right]}{\left(n_{1t} + n_{2t} \right)^2 \cdot \left(n_{1t} + n_{2t} - 1 \right)} \tag{17.22}$$

Com base nos dados do nosso exemplo, podemos elaborar a Tabela 17.9, que nos auxiliará no cálculo da estatística χ^2 do teste *Log-rank*.

Logo, com base na expressão (17.19), temos que:

$$\chi^2_{1 g.l.} = \frac{\sum_t \left(e_{1t} - ep_{1t} \right)^2}{\sum_t Var_t} = \frac{(25,55)^2}{16,65} = 39,192$$

Por meio da Tabela D do apêndice do livro, verificamos que $\chi^2_c = 3,841$ (χ^2 crítico para 1 grau de liberdade e para o nível de significância de 5%). Dessa forma, como o χ^2 calculado $\chi^2_{cal} = 39,192 > \chi^2_c = 3,841$ podemos rejeitar a hipótese nula do teste *Log-rank* de que as duas curvas de sobrevivência ao evento sejam estatisticamente iguais, ao nível de significância de 5%. Logo, há evidências de que as curvas das probabilidades de sobrevivência à formatura são diferentes para os estudantes que recebem bolsa de estudo em relação aos que não recebem.

Tabela 17.9 Procedimento para o cálculo da estatística χ^2 do teste *Log-rank*.

Tempo t	n_{1t}	e_{1t}	ep_{1t}	n_{2t}	e_{2t}	ep_{2t}	$n_{1t}+n_{2t}$	$e_{1t}+e_{2t}$	$e_{1t} - ep_{1t}$	Var_t
15	57	1	0,57	43	0	0,43	100	1	0,43	0,25
17	56	0	0,00	43	0	0,00	99	0	0,00	0,00
18	55	0	0,56	43	1	0,44	98	1	-0,56	0,25
19	55	0	0,57	42	1	0,43	97	1	-0,57	0,25
20	55	1	1,15	41	1	0,85	96	2	-0,15	0,48
21	54	2	1,15	40	0	0,85	94	2	0,85	0,48
22	52	1	0,57	40	0	0,43	92	1	0,43	0,25
23	51	2	1,12	40	0	0,88	91	2	0,88	0,49
24	49	2	1,10	40	0	0,90	89	2	0,90	0,49
25	47	2	1,08	40	0	0,92	87	2	0,92	0,49
26	45	6	3,18	40	0	2,82	85	6	2,82	1,41
27	39	2	0,99	40	0	1,01	79	2	1,01	0,49
28	37	1	0,48	40	0	0,52	77	1	0,52	0,25
29	36	1	0,47	40	0	0,53	76	1	0,53	0,25
30	35	2	2,33	40	3	2,67	75	5	-0,33	1,18
31	33	0	0,47	37	1	0,53	70	1	-0,47	0,25
32	33	1	0,48	36	0	0,52	69	1	0,52	0,25
33	32	1	0,47	36	0	0,53	68	1	0,53	0,25
34	31	2	0,93	36	0	1,07	67	2	1,07	0,49
35	29	1	0,45	36	0	0,55	65	1	0,55	0,25
36	28	1	0,44	36	0	0,56	64	1	0,56	0,25
37	27	3	1,29	36	0	1,71	63	3	1,71	0,71
38	24	1	0,40	36	0	0,60	60	1	0,60	0,24

(Continua)

Tabela 17.9 Procedimento para o cálculo da estatística χ^2 do teste *Log-rank*. *(Continuação)*

Tempo t	n_{1t}	e_{1t}	ep_{1t}	n_{2t}	e_{2t}	ep_{2t}	$n_{1t}+n_{2t}$	$e_{1t}+e_{2t}$	$e_{1t}-ep_{1t}$	Var_t
39	23	4	1,56	36	0	2,44	59	4	2,44	0,90
40	19	1	0,35	36	0	0,65	55	1	0,65	0,23
41	18	1	0,33	36	0	0,67	54	1	0,67	0,22
42	17	0	0,32	36	1	0,68	53	1	-0,32	0,22
43	17	1	0,33	35	0	0,67	52	1	0,67	0,22
44	16	1	0,31	35	0	0,69	51	1	0,69	0,22
45	15	1	0,30	35	0	0,70	50	1	0,70	0,21
46	14	0	0,29	35	1	0,71	49	1	-0,29	0,20
47	14	0	0,29	34	1	0,71	48	1	-0,29	0,21
48	14	1	0,30	33	0	0,70	47	1	0,70	0,21
49	13	1	0,28	33	0	0,72	46	1	0,72	0,20
50	12	1	0,27	33	0	0,73	45	1	0,73	0,20
51	11	1	0,25	33	0	0,75	44	1	0,75	0,19
52	10	2	0,70	33	1	2,30	43	3	1,30	0,51
53	8	0	0,20	32	1	0,80	40	1	-0,20	0,16
54	8	0	0,21	31	1	0,79	39	1	-0,21	0,16
55	8	1	0,21	30	0	0,79	38	1	0,79	0,17
56	7	0	0,00	30	0	0,00	37	0	0,00	0,00
57	7	0	0,00	28	0	0,00	35	0	0,00	0,00
59	7	0	0,00	27	0	0,00	34	0	0,00	0,00
60	7	0	0,00	26	0	0,00	33	0	0,00	0,00
61	7	0	0,48	22	2	1,52	29	2	-0,48	0,35
62	7	0	0,52	20	2	1,48	27	2	-0,52	0,37
63	7	0	0,28	18	1	0,72	25	1	-0,28	0,20
64	7	0	0,29	17	1	0,71	24	1	-0,29	0,21
65	7	1	0,30	16	0	0,70	23	1	0,70	0,21
66	6	1	0,27	16	0	0,73	22	1	0,73	0,20
67	5	1	0,24	16	0	0,76	21	1	0,76	0,18
69	4	1	0,20	16	0	0,80	20	1	0,80	0,16
70	3	0	0,00	16	0	0,00	19	0	0,00	0,00
71	3	0	0,00	15	0	0,00	18	0	0,00	0,00
72	3	0	0,00	14	0	0,00	17	0	0,00	0,00
73	3	0	0,00	13	0	0,00	16	0	0,00	0,00
75	3	0	0,00	12	0	0,00	15	0	0,00	0,00
77	3	0	0,00	11	0	0,00	14	0	0,00	0,00
78	3	0	0,00	10	0	0,00	13	0	0,00	0,00
79	3	0	0,00	9	0	0,00	12	0	0,00	0,00
80	3	0	0,00	8	0	0,00	11	0	0,00	0,00
81	3	0	0,00	7	0	0,00	10	0	0,00	0,00
82	3	0	0,00	6	0	0,00	9	0	0,00	0,00
83	3	1	0,50	3	0	0,50	6	1	0,50	0,25
84	2	1	0,40	3	0	0,60	5	1	0,60	0,24
86	1	1	0,25	3	0	0,75	4	1	0,75	0,19
87	0	0	0,00	3	1	1,00	3	1	0,00	0,00
88	0	0	0,00	2	1	1,00	2	1	0,00	0,00
89	0	0	0,00	1	1	1,00	1	1	0,00	
Somatória			**30,45**			**47,55**			**25,55**	**16,65**

Obviamente, este resultado já era esperado, uma vez que o parâmetro β da variável *bolsa* mostrou-se estatisticamente diferente de zero quando da estimação do modelo de riscos proporcionais de Cox. Entretanto, o teste *Log-rank* também pode ser bastante útil para comparar curvas de sobrevivência de diferentes grupos quando a variável que discrimina estes grupos não for inserida, como variável preditora, no modelo de regressão de Cox. Além disso, este teste também é útil para avaliar a magnitude da diferença existente entre curvas de sobrevivência de grupos distintos, uma vez que, quanto maior for a estatística χ^2, maior será a diferença entre os comportamentos das curvas estudadas.

Conforme estudamos, o teste *Log-rank* verifica se há diferenças estatisticamente significantes a partir dos valores obtidos nas funções de sobrevivência ao evento para diferentes grupos representados por categorias em uma variável qualitativa. A rejeição da hipótese nula do teste, a um determinado nível de significância, indica que há pelo menos uma função que é diferente (caso haja mais de duas funções de sobrevivência), ou as funções são diferentes entre si (caso haja apenas duas funções de sobrevivência). Para o caso de haver mais de duas funções de sobrevivência (mais de duas categorias na variável qualitativa), a comparação direta entre duas das funções de sobrevivência pode ser feita com base no **teste de Breslow (Wilcoxon)**.

17.3. PROCEDIMENTO KAPLAN-MEIER E MODELO DE RISCOS PROPORCIONAIS DE COX NO SOFTWARE STATA

O objetivo desta seção não é o de discutir novamente todos os conceitos inerentes às estatísticas do procedimento Kaplan-Meier e dos modelos de riscos proporcionais de Cox, porém propiciar ao pesquisador uma oportunidade de elaboração do mesmo exemplo explorado ao longo deste capítulo por meio do Stata Statistical Software®. A reprodução de suas imagens nesta seção tem autorização da StataCorp LP©.

Voltando ao exemplo desenvolvido na seção 17.2, lembremos que o nosso professor tem o interesse em investigar se a idade do aluno e o fato de ele possuir bolsa de estudo influenciam positiva ou negativamente o risco de o mesmo se formar mais rapidamente, dado um determinado tempo de monitoramento. Vamos direto ao banco de dados final construído pelo professor por meio dos questionamentos elaborados ao seu grupo de 100 estudantes. O banco de dados encontra-se no arquivo **TempoFormaturaCox.dta** e é exatamente igual ao apresentado parcialmente por meio da Tabela 17.4.

Inicialmente, podemos digitar o comando **desc**, que faz com que seja possível analisarmos as características do banco de dados, como o número de observações, o número de variáveis e a descrição de cada uma delas. A Figura 17.10 apresenta este primeiro *output* do Stata.

Além disso, é interessante, inicialmente, que analisemos a tabela de frequências para a variável *status*, que pode ser obtida por meio da digitação do seguinte comando:

```
tab status
```

```
. desc

  obs:            100
  vars:             5
  size:         3,100  (99.9% of memory free)
-------------------------------------------------------------------------
              storage   display    value
variable name   type    format     label      variable label
-------------------------------------------------------------------------
estudante      str11    %11s
status         float    %18.0g     status      status
tempomonitor   float    %9.0g                  tempo de monitoramento até a formatura ou
                                               até a censura (meses)
bolsa          float    %9.0g      bolsa       possui bolsa integral de estudo?
idade          float    %9.0g                  idade ao término do monitoramento (anos)
-------------------------------------------------------------------------
Sorted by:
```

Figura 17.10 Descrição do banco de dados **TempoFormaturaCox.dta**.

A Figura 17.11 apresenta esta tabela de frequências e, por meio da qual, podemos verificar que apenas 22% das observações da amostra sofreram censura quando dos respectivos monitoramentos. É importante ressaltar que não há obrigatoriedade alguma quanto à existência de um percentual mínimo de dados censurados em amostras utilizadas para a estimação de modelos de sobrevivência.

```
. tab status

          status |      Freq.     Percent        Cum.
-----------------+-----------------------------------
         Censura |         22       22.00       22.00
Evento (Formatura) |       78       78.00      100.00
-----------------+-----------------------------------
           Total |        100      100.00
```

Figura 17.11 Distribuição de frequências da variável *status*.

Antes da elaboração de qualquer análise de sobrevivência, quer seja por meio do procedimento Kaplan-Meier, quer seja por meio de modelos de regressão de Cox, precisamos definir a variável correspondente ao tempo de monitoramento (no nosso exemplo, a variável *tempomonitor*) e a variável correspondente ao *status* do evento que, no nosso exemplo, é uma *dummy* com valores iguais a 1 para o evento propriamente dito e valores iguais a 0 para a censura (variável *status*). A digitação do seguinte comando permitirá que estas informações sejam transmitidas ao Stata, habilitando a elaboração da análise de sobrevivência propriamente dita. A Figura 17.12 mostra o *output* gerado.

```
stset tempomonitor, failure(status) id(estudante)
```

```
. stset tempomonitor, failure(status) id(estudante)

                id:  estudante
     failure event:  status != 0 & status < .
obs. time interval:  (tempomonitor[_n-1], tempomonitor]
 exit on or before:  failure

------------------------------------------------------------------------
       100  total obs.
         0  exclusions
------------------------------------------------------------------------
       100  obs. remaining, representing
       100  subjects
        78  failures in single failure-per-subject data
      4765  total analysis time at risk, at risk from t =          0
                               earliest observed entry t =          0
                                 last observed exit t =            89
```

Figura 17.12 *Input* do tempo de monitoramento e do *status* do evento no Stata.

Ressalta-se que o termo **id(estudante)** é optativo já que, em muitos casos, o banco de dados poderá não apresentar identificação para cada observação.

Antes de estimarmos o modelo de riscos proporcionais de Cox, vamos inicialmente elaborar o procedimento Kaplan-Meier para a definição das funções de sobrevivência ao evento (formatura) e da taxa de risco de ocorrência deste evento. Os valores da função de sobrevivência ao evento $\hat{S}(t)$ (probabilidade de sobrevivência de Kaplan-Meier) para cada tempo de monitoramento podem ser diretamente obtidos por meio do seguinte comando:

```
ltable tempomonitor status
```

que gera o *output* apresentado na Figura 17.13. Note que os valores apresentados nas colunas **Beg. Total**, **Deaths**, **Lost** e **Survival** correspondem, respectivamente, aos valores calculados manualmente e apresentados nas colunas n_t, e_t, c_t e $\hat{S}(t)$ da Tabela 17.5.

O mesmo *output* da Figura 17.13 pode ser obtido por meio do seguinte comando:

```
sts list
```

```
.  ltable tempomonitor status

                  Beg.                            Std.
     Interval     Total  Deaths   Lost   Survival  Error   [95% Conf. Int.]
-----------------------------------------------------------------------------
     15   16       100      1       0    0.9900   0.0099   0.9311   0.9986
     17   18        99      0       1    0.9900   0.0099   0.9311   0.9986
     18   19        98      1       0    0.9799   0.0141   0.9220   0.9949
     19   20        97      1       0    0.9698   0.0172   0.9093   0.9902
     20   21        96      2       0    0.9496   0.0220   0.8831   0.9787
     21   22        94      2       0    0.9294   0.0257   0.8576   0.9657
     22   23        92      1       0    0.9193   0.0274   0.8451   0.9588
     23   24        91      2       0    0.8991   0.0303   0.8206   0.9444
     24   25        89      2       0    0.8789   0.0328   0.7966   0.9293
     25   26        87      2       0    0.8587   0.0350   0.7731   0.9138
     26   27        85      6       0    0.7981   0.0403   0.7047   0.8647
     27   28        79      2       0    0.7779   0.0418   0.6825   0.8477
     28   29        77      1       0    0.7678   0.0424   0.6715   0.8391
     29   30        76      1       0    0.7577   0.0431   0.6606   0.8305
     30   31        75      5       0    0.7071   0.0457   0.6068   0.7863
     31   32        70      1       0    0.6970   0.0462   0.5962   0.7774
     32   33        69      1       0    0.6869   0.0466   0.5856   0.7683
     33   34        68      1       0    0.6768   0.0470   0.5751   0.7593
     34   35        67      2       0    0.6566   0.0477   0.5542   0.7410
     35   36        65      1       0    0.6465   0.0480   0.5439   0.7318
     36   37        64      1       0    0.6364   0.0483   0.5335   0.7225
     37   38        63      3       0    0.6061   0.0491   0.5028   0.6945
     38   39        60      1       0    0.5960   0.0493   0.4927   0.6851
     39   40        59      4       0    0.5556   0.0499   0.4524   0.6470
     40   41        55      1       0    0.5455   0.0500   0.4425   0.6373
     41   42        54      1       0    0.5354   0.0501   0.4326   0.6277
     42   43        53      1       0    0.5253   0.0502   0.4227   0.6180
     43   44        52      1       0    0.5152   0.0502   0.4129   0.6082
     44   45        51      1       0    0.5051   0.0502   0.4031   0.5985
     45   46        50      1       0    0.4950   0.0502   0.3933   0.5887
     46   47        49      1       0    0.4849   0.0502   0.3836   0.5788
     47   48        48      1       0    0.4748   0.0502   0.3739   0.5689
     48   49        47      1       0    0.4647   0.0501   0.3643   0.5590
     49   50        46      1       0    0.4546   0.0500   0.3547   0.5490
     50   51        45      1       0    0.4445   0.0499   0.3451   0.5390
     51   52        44      1       0    0.4344   0.0498   0.3356   0.5290
     52   53        43      3       0    0.4041   0.0493   0.3073   0.4986
     53   54        40      1       0    0.3940   0.0491   0.2980   0.4884
     54   55        39      1       0    0.3839   0.0489   0.2887   0.4782
     55   56        38      1       0    0.3738   0.0486   0.2794   0.4679
     56   57        37      0       2    0.3738   0.0486   0.2794   0.4679
     57   58        35      0       1    0.3738   0.0486   0.2794   0.4679
     59   60        34      0       1    0.3738   0.0486   0.2794   0.4679
     60   61        33      0       4    0.3738   0.0486   0.2794   0.4679
     61   62        29      2       0    0.3480   0.0486   0.2547   0.4428
     62   63        27      2       0    0.3222   0.0483   0.2305   0.4173
     63   64        25      1       0    0.3093   0.0480   0.2185   0.4044
     64   65        24      1       0    0.2964   0.0477   0.2068   0.3914
     65   66        23      1       0    0.2836   0.0474   0.1951   0.3783
     66   67        22      1       0    0.2707   0.0469   0.1836   0.3651
     67   68        21      1       0    0.2578   0.0464   0.1722   0.3517
     69   70        20      1       0    0.2449   0.0459   0.1610   0.3383
     70   71        19      0       1    0.2449   0.0459   0.1610   0.3383
     71   72        18      0       1    0.2449   0.0459   0.1610   0.3383
     72   73        17      0       1    0.2449   0.0459   0.1610   0.3383
     73   74        16      0       1    0.2449   0.0459   0.1610   0.3383
     75   76        15      0       1    0.2449   0.0459   0.1610   0.3383
     77   78        14      0       1    0.2449   0.0459   0.1610   0.3383
     78   79        13      0       1    0.2449   0.0459   0.1610   0.3383
     79   80        12      0       1    0.2449   0.0459   0.1610   0.3383
     80   81        11      0       1    0.2449   0.0459   0.1610   0.3383
     81   82        10      0       1    0.2449   0.0459   0.1610   0.3383
     82   83         9      0       3    0.2449   0.0459   0.1610   0.3383
     83   84         6      1       0    0.2041   0.0534   0.1114   0.3163
     84   85         5      1       0    0.1633   0.0562   0.0721   0.2867
     86   87         4      1       0    0.1224   0.0550   0.0410   0.2513
     87   88         3      1       0    0.0816   0.0495   0.0178   0.2105
     88   89         2      1       0    0.0408   0.0380   0.0035   0.1641
     89   90         1      1       0    0.0000      .        .        .
-----------------------------------------------------------------------------
```

Figura 17.13 Probabilidades de sobrevivência ao evento $\hat{S}(t)$ para cada tempo de monitoramento.

Já os valores da curva da função da taxa de risco acumulada de ocorrência de formatura (taxa de falha $\hat{h}(t)$ acumulada de Nelson-Aalen) para cada tempo de monitoramento podem ser obtidos por meio da digitação do comando a seguir. Os *outputs* encontram-se na Figura 17.14 e correspondem exatamente àqueles calculados manualmente e apresentados na última coluna da Tabela 17.5.

```
sts list, cumhaz
```

Note que as colunas **Fail** e **Net Lost** da Figura 17.14 correspondem, respectivamente, às colunas **Deaths** e **Lost** da Figura 17.13.

Caso haja a intenção de criarmos no banco de dados, para cada tempo de monitoramento, variáveis que correspondem, respectivamente, à função de sobrevivência ao evento $\hat{S}(t)$ de Kaplan-Meier, à função da taxa de risco (ou falha) de ocorrência deste evento $\hat{h}(t)$ e à função da taxa de falha acumulada de Nelson-Aalen, podemos digitar os seguintes comandos:

```
sts generate St = s
sts generate ht = h
sts generate htacum = na
```

A fim de que o banco de dados fique estruturado com tempos de monitoramento em ordem crescente, devemos digitar o seguinte comando:

```
sort tempomonitor
```

O *output* apresentado na Figura 17.15 mostra os tempos de monitoramento de cada observação (em ordem crescente), assim como os valores das variáveis explicativas *bolsa* e *idade* e os respectivos valores das funções $\hat{S}(t)$ de Kaplan-Meier, $\hat{h}(t)$ e $\hat{h}(t)$ acumulada de Nelson-Aalen. Este *output* é obtido por meio do seguinte comando:

```
list tempomonitor bolsa idade St ht htacum
```

Elaborado o procedimento Kaplan-Meier que, conforme discutimos, não apresenta caráter preditivo, embora defina os valores da função de sobrevivência à formatura e da função da taxa de risco de ocorrência deste evento com base nos tempos de monitoramento de cada estudante da amostra, partiremos para a estimação do modelo de riscos proporcionais de Cox, que é uma extensão natural do procedimento Kaplan-Meier, porém com caráter preditivo, já que inclui, na estimação, variáveis explicativas. Para a estimação deste modelo, devemos, portanto, digitar o seguinte comando:

```
stcox bolsa idade, nohr
```

O comando **stcox** elabora um modelo de riscos proporcionais de Cox estimado por máxima verossimilhança parcial. Como já foram definidas as variáveis referentes ao tempo de monitoramento (*tempomonitor*) e ao *status* do evento (*status*) por meio do comando **stset**, não há necessidade de que seja informada a variável dependente do modelo. Além disso, o termo **nohr** faz com que sejam apresentadas, nos *outputs*, as estimações dos parâmetros β_1 e β_2 do modelo, e não as respectivas *hazard ratios* e^{β_1} e e^{β_2} (**nohr** significa *no hazard ratios*).

Caso o pesquisador não informe o nível de confiança desejado para a definição dos intervalos dos parâmetros estimados, o padrão será de 95%. Entretanto, se o pesquisador desejar alterar o nível de confiança dos intervalos dos parâmetros para, por exemplo, 90%, deverá digitar o seguinte comando:

```
stcox bolsa idade, nohr level(90)
```

Iremos seguir com a análise mantendo o nível padrão de confiança dos intervalos dos parâmetros, que é de 95%. Os resultados encontram-se na Figura 17.16 e são exatamente iguais aos calculados na seção 17.2.

Inicialmente, o *output* da Figura 17.16 mostra o valor do logaritmo da função de verossimilhança parcial quando $\beta_1 = \beta_2 = 0$, que é igual a −299,00541 (**Iteration 0**) e corresponde aos valores também obtidos pelo Excel quando da imposição desta condição, conforme já apresentado na Tabela 17.6 e na Figura 17.7 da seção 17.2.1.

```
. sts list, cumhaz

        failure _d:  status
  analysis time _t:  tempomonitor
             id:  estudante
```

Time	Beg. Total	Fail	Net Lost	Nelson-Aalen Cum. Haz.	Std. Error	[95% Conf. Int.]	
15	100	1	0	0.0100	0.0100	0.0014	0.0710
17	99	0	1	0.0100	0.0100	0.0014	0.0710
18	98	1	0	0.0202	0.0143	0.0051	0.0808
19	97	1	0	0.0305	0.0176	0.0098	0.0946
20	96	2	0	0.0513	0.0230	0.0214	0.1234
21	94	2	0	0.0726	0.0275	0.0346	0.1524
22	92	1	0	0.0835	0.0295	0.0417	0.1670
23	91	2	0	0.1055	0.0334	0.0567	0.1961
24	89	2	0	0.1279	0.0370	0.0726	0.2254
25	87	2	0	0.1509	0.0404	0.0893	0.2550
26	85	6	0	0.2215	0.0496	0.1428	0.3436
27	79	2	0	0.2468	0.0527	0.1624	0.3752
28	77	1	0	0.2598	0.0543	0.1725	0.3914
29	76	1	0	0.2730	0.0559	0.1828	0.4077
30	75	5	0	0.3396	0.0633	0.2357	0.4895
31	70	1	0	0.3539	0.0649	0.2470	0.5071
32	69	1	0	0.3684	0.0665	0.2586	0.5249
33	68	1	0	0.3831	0.0681	0.2704	0.5429
34	67	2	0	0.4130	0.0713	0.2944	0.5794
35	65	1	0	0.4284	0.0730	0.3068	0.5982
36	64	1	0	0.4440	0.0746	0.3194	0.6172
37	63	3	0	0.4916	0.0795	0.3580	0.6750
38	60	1	0	0.5083	0.0813	0.3716	0.6953
39	59	4	0	0.5761	0.0880	0.4270	0.7773
40	55	1	0	0.5943	0.0899	0.4418	0.7994
41	54	1	0	0.6128	0.0918	0.4569	0.8219
42	53	1	0	0.6316	0.0937	0.4723	0.8448
43	52	1	0	0.6509	0.0957	0.4880	0.8682
44	51	1	0	0.6705	0.0976	0.5040	0.8920
45	50	1	0	0.6905	0.0997	0.5203	0.9163
46	49	1	0	0.7109	0.1017	0.5370	0.9411
47	48	1	0	0.7317	0.1039	0.5540	0.9664
48	47	1	0	0.7530	0.1060	0.5714	0.9923
49	46	1	0	0.7747	0.1082	0.5892	1.0187
50	45	1	0	0.7970	0.1105	0.6074	1.0458
51	44	1	0	0.8197	0.1128	0.6259	1.0734
52	43	3	0	0.8895	0.1198	0.6831	1.1581
53	40	1	0	0.9145	0.1223	0.7035	1.1886
54	39	1	0	0.9401	0.1250	0.7244	1.2200
55	38	1	0	0.9664	0.1277	0.7458	1.2522
56	37	0	2	0.9664	0.1277	0.7458	1.2522
57	35	0	1	0.9664	0.1277	0.7458	1.2522
59	34	0	1	0.9664	0.1277	0.7458	1.2522
60	33	0	4	0.9664	0.1277	0.7458	1.2522
61	29	2	0	1.0354	0.1367	0.7993	1.3413
62	27	2	0	1.1095	0.1464	0.8566	1.4370
63	25	1	0	1.1495	0.1518	0.8873	1.4890
64	24	1	0	1.1911	0.1574	0.9193	1.5433
65	23	1	0	1.2346	0.1633	0.9527	1.6000
66	22	1	0	1.2801	0.1695	0.9874	1.6594
67	21	1	0	1.3277	0.1761	1.0238	1.7218
69	20	1	0	1.3777	0.1830	1.0618	1.7874
70	19	0	1	1.3777	0.1830	1.0618	1.7874
71	18	0	1	1.3777	0.1830	1.0618	1.7874
72	17	0	1	1.3777	0.1830	1.0618	1.7874
73	16	0	1	1.3777	0.1830	1.0618	1.7874
75	15	0	1	1.3777	0.1830	1.0618	1.7874
77	14	0	1	1.3777	0.1830	1.0618	1.7874
78	13	0	1	1.3777	0.1830	1.0618	1.7874
79	12	0	1	1.3777	0.1830	1.0618	1.7874
80	11	0	1	1.3777	0.1830	1.0618	1.7874
81	10	0	1	1.3777	0.1830	1.0618	1.7874
82	9	0	3	1.3777	0.1830	1.0618	1.7874
83	6	1	0	1.5443	0.2475	1.1280	2.1144
84	5	1	0	1.7443	0.3182	1.2199	2.4942
86	4	1	0	1.9943	0.4047	1.3399	2.9684
87	3	1	0	2.3277	0.5243	1.4969	3.6195
88	2	1	0	2.8277	0.7245	1.7113	4.6722
89	1	1	0	3.8277	1.2349	2.0339	7.2035

Figura 17.14 Taxa de falha $\hat{h}(t)$ acumulada de Nelson-Aalen.

```
. list tempomonitor bolsa idade St ht htacum

     +----------------------------------------------------------------+
     | tempom~r  bolsa  idade       St         ht        htacum |
     |----------------------------------------------------------------|
  1. |    15     Não     24        .99        .01         .01 |
  2. |    17     Não     24        .99         .          .01 |
  3. |    18     Sim     52    .97989796   .01020408   .02020408 |
  4. |    19     Sim     52    .96979592   .01030928   .03051336 |
  5. |    20     Sim     52    .94959184   .02083333   .05134669 |
     |----------------------------------------------------------------|
  6. |    20     Não     48    .94959184   .02083333   .05134669 |
  7. |    21     Não     48    .92938776    .0212766   .07262329 |
  8. |    21     Não     48    .92938776    .0212766   .07262329 |
  9. |    22     Não     48    .91928571   .01086957   .08349285 |
 10. |    23     Não     50    .89908163   .02197802   .10547088 |
     |----------------------------------------------------------------|
 11. |    23     Não     48    .89908163   .02197802   .10547088 |
 12. |    24     Não     50    .87887755   .02247191   .12794279 |
 13. |    24     Não     50    .87887755   .02247191   .12794279 |
 14. |    25     Não     48    .85867347   .02298851   .15093129 |
 15. |    25     Não     48    .85867347   .02298851   .15093129 |
     |----------------------------------------------------------------|
 16. |    26     Não     33    .79806122   .07058824   .22151953 |
 17. |    26     Não     33    .79806122   .07058824   .22151953 |
 18. |    26     Não     33    .79806122   .07058824   .22151953 |
 19. |    26     Não     33    .79806122   .07058824   .22151953 |
 20. |    26     Não     27    .79806122   .07058824   .22151953 |
     |----------------------------------------------------------------|
 21. |    26     Não     27    .79806122   .07058824   .22151953 |
 22. |    27     Não     47    .77785714   .02531646   .24683598 |
 23. |    27     Não     47    .77785714   .02531646   .24683598 |
 24. |    28     Não     47    .7677551    .01298701    .259823 |
 25. |    29     Não     27    .75765306   .01315789   .27298089 |
     |----------------------------------------------------------------|
 26. |    30     Sim     28    .70714286   .06666667   .33964756 |
 27. |    30     Sim     28    .70714286   .06666667   .33964756 |
 28. |    30     Sim     28    .70714286   .06666667   .33964756 |
 29. |    30     Não     47    .70714286   .06666667   .33964756 |
 30. |    30     Não     47    .70714286   .06666667   .33964756 |
     |----------------------------------------------------------------|
 31. |    31     Sim     28    .69704082   .01428571   .35393327 |
 32. |    32     Não     47    .68693878   .01449275   .36842603 |
 33. |    33     Não     47    .67683673   .01470588   .38313191 |
 34. |    34     Não     32    .65663265   .02985075   .41298265 |
 35. |    34     Não     32    .65663265   .02985075   .41298265 |
     |----------------------------------------------------------------|
 36. |    35     Não     32    .64653061   .01538462   .42836727 |
 37. |    36     Não     32    .63642857    .015625    .44399227 |
 38. |    37     Não     37    .60612245   .04761905   .49161132 |
 39. |    37     Não     37    .60612245   .04761905   .49161132 |
 40. |    37     Não     37    .60612245   .04761905   .49161132 |
     |----------------------------------------------------------------|
 41. |    38     Não     37    .59602041   .01666667   .50827798 |
 42. |    39     Não     30    .55561224   .06779661   .57607459 |
 43. |    39     Não     33    .55561224   .06779661   .57607459 |
 44. |    39     Não     33    .55561224   .06779661   .57607459 |
 45. |    39     Não     30    .55561224   .06779661   .57607459 |
     |----------------------------------------------------------------|
 46. |    40     Não     30    .5455102    .01818182   .59425641 |
 47. |    41     Não     33    .53540816   .01851852   .61277493 |
 48. |    42     Sim     43    .52530612   .01886792   .63164286 |
 49. |    43     Não     33    .51520408   .01923077   .65087362 |
 50. |    44     Não     33    .50510204   .01960784   .67048147 |
     |----------------------------------------------------------------|
 51. |    45     Não     24      .495        .02        .69048147 |
 52. |    46     Sim     43    .48489796   .02040816   .71088963 |
 53. |    47     Sim     43    .47479592   .02083333   .73172296 |
 54. |    48     Não     33    .46469388    .0212766   .75299956 |
 55. |    49     Não     40    .45459184   .02173913   .77473869 |
     |----------------------------------------------------------------|
 56. |    50     Não     40    .4444898    .02222222   .79696091 |
 57. |    51     Não     40    .43438776   .02272727   .81968819 |
 58. |    52     Não     39    .40408163   .06976744   .88945563 |
 59. |    52     Sim     28    .40408163   .06976744   .88945563 |
 60. |    52     Não     39    .40408163   .06976744   .88945563 |
     |----------------------------------------------------------------|
```

Figura 17.15 Banco de dados com tempo de monitoramento em ordem crescente, variáveis explicativas e funções $\hat{S}(t)$ de Kaplan-Meier, $\hat{h}(t)$ e $\hat{h}(t)$ acumulada de Nelson-Aalen.

(Continua)

```
 61. |          53      Sim      28    .39397959         .025    .91445563 |
 62. |          54      Sim      28    .38387755    .02564103    .94009665 |
 63. |          55      Não      39    .37377551    .02631579    .96641244 |
 64. |          56      Sim      24    .37377551            .    .96641244 |
 65. |          56      Sim      24    .37377551            .    .96641244 |
     |----------------------------------------------------------------------|
 66. |          57      Sim      24    .37377551            .    .96641244 |
 67. |          59      Sim      24    .37377551            .    .96641244 |
 68. |          60      Sim      32    .37377551            .    .96641244 |
 69. |          60      Sim      32    .37377551            .    .96641244 |
 70. |          60      Sim      32    .37377551            .    .96641244 |
     |----------------------------------------------------------------------|
 71. |          60      Sim      32    .37377551            .    .96641244 |
 72. |          61      Sim      35    .34799789    .06896552     1.035378 |
 73. |          61      Sim      35    .34799789    .06896552     1.035378 |
 74. |          62      Sim      41    .32222027    .07407407     1.109452 |
 75. |          62      Sim      41    .32222027    .07407407     1.109452 |
     |----------------------------------------------------------------------|
 76. |          63      Sim      35    .30933146          .04     1.149452 |
 77. |          64      Sim      41    .29644265    .04166667    1.1911187 |
 78. |          65      Não      43    .28355384    .04347826     1.234597 |
 79. |          66      Não      43    .27066502    .04545455    1.2800515 |
 80. |          67      Não      43    .25777621    .04761905    1.3276706 |
     |----------------------------------------------------------------------|
 81. |          69      Não      43     .2448874          .05    1.3776706 |
 82. |          70      Sim      28     .2448874            .    1.3776706 |
 83. |          71      Sim      28     .2448874            .    1.3776706 |
 84. |          72      Sim      28     .2448874            .    1.3776706 |
 85. |          73      Sim      37     .2448874            .    1.3776706 |
     |----------------------------------------------------------------------|
 86. |          75      Sim      37     .2448874            .    1.3776706 |
 87. |          77      Sim      37     .2448874            .    1.3776706 |
 88. |          78      Sim      30     .2448874            .    1.3776706 |
 89. |          79      Sim      30     .2448874            .    1.3776706 |
 90. |          80      Sim      30     .2448874            .    1.3776706 |
     |----------------------------------------------------------------------|
 91. |          81      Sim      42     .2448874            .    1.3776706 |
 92. |          82      Sim      42     .2448874            .    1.3776706 |
 93. |          82      Sim      42     .2448874            .    1.3776706 |
 94. |          82      Sim      42     .2448874            .    1.3776706 |
 95. |          83      Não      30    .20407284    .16666667    1.5443372 |
     |----------------------------------------------------------------------|
 96. |          84      Não      30    .16325827           .2    1.7443372 |
 97. |          86      Não      30     .1224437          .25    1.9943372 |
 98. |          87      Sim      25    .08162913    .33333333    2.3276706 |
 99. |          88      Sim      25    .04081457           .5    2.8276706 |
100. |          89      Sim      25            0            1    3.8276706 |
     +----------------------------------------------------------------------+
```

Figura 17.15 (*Continuação*)

```
. stcox bolsa idade, nohr

         failure _d:  status
   analysis time _t:  tempomonitor
               id:  estudante

Iteration 0:   log likelihood = -299.00541
Iteration 1:   log likelihood = -273.84394
Iteration 2:   log likelihood = -273.78903
Iteration 3:   log likelihood = -273.78902
Refining estimates:
Iteration 0:   log likelihood = -273.78902

Cox regression -- Breslow method for ties

No. of subjects =          100                   Number of obs    =        100
No. of failures =           78
Time at risk    =         4765
                                                 LR chi2(2)       =      50.43
Log likelihood  =    -273.78902                  Prob > chi2      =     0.0000

------------------------------------------------------------------------------
        _t |      Coef.   Std. Err.      z    P>|z|     [95% Conf. Interval]
-----------+------------------------------------------------------------------
     bolsa | -1.317371    .2803898    -4.70   0.000    -1.866925   -.7678175
     idade |  .0665315    .0195351     3.41   0.001     .0282433    .1048196
------------------------------------------------------------------------------
```

Figura 17.16 *Outputs* do modelo de riscos proporcionais de Cox no Stata.

Além disso, podemos também verificar que o valor máximo do logaritmo da função de verossimilhança parcial para o modelo final estimado é igual a –273,78902, que é exatamente igual ao valor calculado por meio do **Solver** do Excel (seção 17.2.1) e apresentado na Tabela 17.7 e na Figura 17.9.

Assim, fazendo uso da expressão (17.12), temos que:

$$\chi^2_{2g.l.} = -2.\left[-299,00541 - \left(-273,78902\right)\right] = 50,43 \, \text{com} \, valor - P(\text{ou} \, Prob. \, \chi^2 cal) = 0,000.$$

Logo, com base no teste χ^2, podemos rejeitar a hipótese nula de que todos os parâmetros β_j ($j = 1, 2$) sejam estatisticamente iguais a zero ao nível de significância de 5%, ou seja, pelo menos uma variável X é estatisticamente significante para explicar a taxa de risco de ocorrência de formatura para diferentes tempos de monitoramento, relativamente à taxa de risco basal. Dessa forma, temos um modelo de riscos proporcionais de Cox estatisticamente significante para fins preditivos.

Em relação à significância estatística de cada um dos parâmetros estimados, como todos os valores de $z_{cal} < -1,96$ ou $> 1,96$, os *valores-P* das estatísticas z de Wald $< 0,05$. Desta maneira, conforme já estimado manualmente na seção 17.2.1 por meio do Solver do Excel e apresentado na Figura 17.9, podemos escrever as expressões finais da taxa de risco de ocorrência de formatura (taxa de falha) e da probabilidade de sobrevivência à formatura (probabilidade de não se formar), com base na estimação dos parâmetros β_1 e β_2 das variáveis explicativas *bolsa* e *idade*, respectivamente, da seguinte forma:

$$\hat{h}_i\left(t\right) = \hat{h}_{0i}\left(t\right).e^{\left(-1,3174.bolsa_i + 0,0665.idade_i\right)}$$

$$\hat{S}_i\left(t\right) = \hat{S}_{0i}\left(t\right)^{e^{\left(-1,3174.bolsa_i + 0,0665.idade_i\right)}}$$

Entretanto, mais interessante do que a estimação dos parâmetros β_1 e β_2 é a obtenção das estimações das *hazard ratios* de cada parâmetro, que nada mais são do que e^{β_1} e e^{β_2}, respectivamente. Para que os *outputs* apresentem diretamente as estimações das *hazard ratios*, podemos simplesmente excluir o termo **nohr**, digitando apenas:

```
stcox bolsa idade
```

Os resultados encontram-se na Figura 17.17. Note que, em vez dos coeficientes estimados dos parâmetros do modelo, são apresentadas agora as estimações das *hazard ratios* de cada parâmetro. Os demais *outputs* são iguais aos apresentados na Figura 17.16.

```
. stcox bolsa idade

        failure _d:  status
  analysis time _t:  tempomonitor
               id:  estudante

Iteration 0:   log likelihood = -299.00541
Iteration 1:   log likelihood = -273.84394
Iteration 2:   log likelihood = -273.78903
Iteration 3:   log likelihood = -273.78902
Refining estimates:
Iteration 0:   log likelihood = -273.78902

Cox regression -- Breslow method for ties

No. of subjects =          100                   Number of obs   =        100
No. of failures =           78
Time at risk    =         4765
                                                 LR chi2(2)      =      50.43
Log likelihood  =    -273.78902                  Prob > chi2     =     0.0000

------------------------------------------------------------------------------
         _t | Haz. Ratio   Std. Err.      z    P>|z|     [95% Conf. Interval]
------------+-----------------------------------------------------------------
      bolsa |  .2678384    .0750992    -4.70   0.000     .1545983    .4640247
      idade |  1.068795    .020879      3.41   0.001     1.028646    1.11051
------------------------------------------------------------------------------
```

Figura 17.17 *Outputs* do modelo de riscos proporcionais de Cox no Stata – *hazard ratios*.

Como os *valores-P* das estatísticas *z* de Wald < 0,05 para todos os parâmetros estimados, podemos verificar que os intervalos de confiança de cada *hazard ratio* não contêm o 1 e, portanto, já chegamos ao modelo final de riscos proporcionais de Cox, sem que haja a necessidade de uma eventual aplicação do procedimento *Stepwise*. Se este não tivesse sido o caso, seria recomendável a estimação do modelo final por meio do seguinte comando:

```
stepwise, pr(0.05): stcox bolsa idade
```

Dessa forma, podemos retornar às duas perguntas propostas ao final da seção 17.2.1:

Em média, em quanto se altera a taxa de risco de ocorrência de formatura (*hazard ratio*) ao se conceder bolsa de estudo, mantidas as demais condições constantes?

Em média, em quanto se altera a taxa de risco de ocorrência de formatura (*hazard ratio*) quando se aumenta em 1 ano a idade média dos alunos, mantidas as demais condições constantes?

As respostas agora podem ser dadas de maneira direta, ou seja, enquanto a taxa de risco de ocorrência de formatura ao se conceder uma bolsa de estudo é, em média e mantidas as demais condições constantes, multiplicada por um fator de 0,2678 (73,22% menor), a taxa de risco de ocorrência de formatura quando se aumenta em 1 ano a idade média dos estudantes é, em média e também mantidas as demais condições constantes, multiplicada por um fator de 1,0688 (6,88% maior). Estes valores são exatamente os mesmos daqueles apresentados ao final da seção 17.2.2.

Caso o pesquisador tenha o interesse em gerar uma variável correspondente à função da taxa de risco basal acumulada (*cumulative baseline hazard*), deverá incluir o termo **basechaz()** ao comando **stcox**. Assim, poderá digitar:

```
stcox bolsa idade, basechaz(chaz0)
```

em que a variável *chaz0* corresponde à taxa de risco basal acumulada.

Antes de gerarmos os gráficos das funções de sobrevivência e da taxa de risco, devemos analisar se alguma das variáveis explicativas é dependente do tempo de monitoramento, o que violaria o princípio da proporcionalidade que deve ser obedecido em modelos de riscos proporcionais de Cox. Para tanto, faremos uso dos termos **tvc** e **texp** quando da aplicação do comando **stcox**, a fim de que sejam criadas iterações entre as variáveis *bolsa* e *idade* e o tempo de monitoramento. Vamos, portanto, digitar o seguinte comando:

```
stcox bolsa idade, nohr tvc(bolsa idade) texp(ln(_t))
```

A iteração com o logaritmo natural do tempo foi escolhida por ser a mais comum em modelos que violam o princípio da proporcionalidade, porém qualquer outra forma funcional poderia ser escolhida. Caso tivéssemos omitido o termo **texp(ln(_t))**, teria sido verificado se cada uma das variáveis explicativas é dependente do tempo de monitoramento com base em uma iteração linear. Os resultados da estimação auxiliar são apresentados na Figura 17.18.

Com base na análise destes resultados, podemos verificar que nenhuma das duas variáveis explicativas com iteração com o tempo de monitoramento (parte do *output* com nomenclatura **tvc**) é significante, a 5% de significância, o que indica que não há a violação do princípio da existência de riscos proporcionais.

Outro método bastante comum para se verificar o princípio da proporcionalidade consiste em analisar os **resíduos escalonados de Schoenfeld**, que podem ser obtidos após a estimação do modelo final de riscos proporcionais de Cox. Como tivemos que estimar um modelo auxiliar para a verificação do princípio da proporcionalidade, devemos novamente estimar o nosso modelo final, por meio da digitação do seguinte comando:

```
stcox bolsa idade
```

Na sequência, podemos digitar:

```
stphtest, detail
```

Enquanto o termo **stphtest** testa a proporcionalidade global do modelo estimado, a opção **detail** faz com que seja testada a proporcionalidade para cada variável explicativa. Os resultados são apresentados na Figura 17.19.

```
. stcox bolsa idade, nohr tvc(bolsa idade) texp(ln(_t))

            failure _d:  status
     analysis time _t:  tempomonitor
                  id:  estudante

Iteration 0:    log likelihood = -299.00541
Iteration 1:    log likelihood = -272.93472
Iteration 2:    log likelihood = -272.59422
Iteration 3:    log likelihood = -272.59323
Iteration 4:    log likelihood = -272.59323
Refining estimates:
Iteration 0:    log likelihood = -272.59323

Cox regression -- Breslow method for ties

No. of subjects =          100              Number of obs   =        100
No. of failures =           78
Time at risk    =         4765
                                            LR chi2(4)      =      52.82
Log likelihood  =    -272.59323             Prob > chi2     =     0.0000

------------------------------------------------------------------------
         _t |    Coef.   Std. Err.     z    P>|z|    [95% Conf. Interval]
------------+-----------------------------------------------------------
main        |
      bolsa |  .8443186   2.652506   0.32   0.750   -4.354497    6.043134
      idade |  .3244576   .1771204   1.83   0.067   -.0226921    .6716072
------------+-----------------------------------------------------------
tvc         |
      bolsa | -.5965226   .7187438  -0.83   0.407   -2.005235    .8121893
      idade | -.0730515   .0495848  -1.47   0.141   -.1702359    .0241329
------------------------------------------------------------------------
Note: variables in tvc equation interacted with ln(_t)
```

Figura 17.18 *Outputs* do modelo auxiliar para estudo da violação do princípio da proporcionalidade.

```
. stphtest, detail

    Test of proportional-hazards assumption

    Time:  Time
    ----------------------------------------------------------------
               |      rho         chi2       df      Prob>chi2
    -----------+----------------------------------------------------
    bolsa      |   -0.04380       0.16       1         0.6877
    idade      |   -0.06625       0.51       1         0.4737
    -----------+----------------------------------------------------
    global test|                  0.57       2         0.7511
    ----------------------------------------------------------------
```

Figura 17.19 Teste para verificação de existência de riscos proporcionais no Stata.

Conforme podemos verificar por meio da análise da Figura 17.19, não pode ser rejeitada a hipótese de existência de riscos proporcionais, tanto em termos globais, quanto para cada variável explicativa considerada no modelo final estimado.

Este diagnóstico também pode ser feito com base na elaboração de gráficos que apresentam a relação entre os resíduos escalonados de Schoenfeld de cada variável explicativa e os tempos de monitoramento. Para que sejam elaborados estes gráficos, devemos digitar os seguintes comandos, que correspondem, respectivamente, às variáveis explicativas *bolsa* e *idade*.

```
stphtest, plot(bolsa) msym(oh)
stphtest, plot(idade) msym(oh)
```

Os gráficos gerados encontram-se, respectivamente, nas Figuras 17.20 e 17.21.

As linhas praticamente horizontais nestes gráficos são mais um indício de que não há violação do princípio da existência de riscos proporcionais (*proportional-hazards assumption*, ou *PH Assumption*, conforme apresentado nos gráficos).

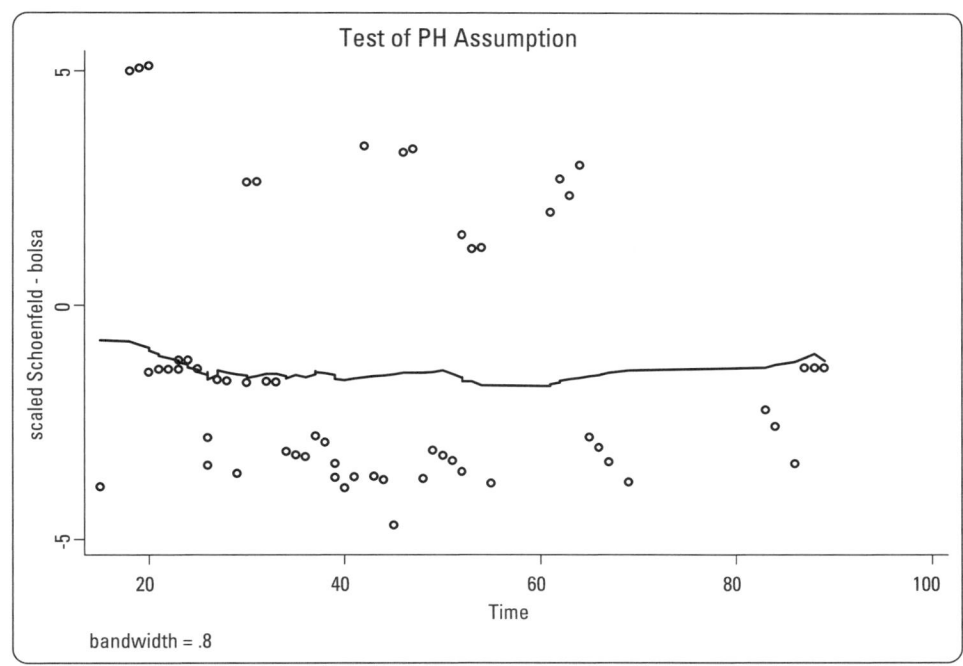

Figura 17.20 Diagnóstico de riscos proporcionais – resíduos escalonados de Schoenfeld (*bolsa*).

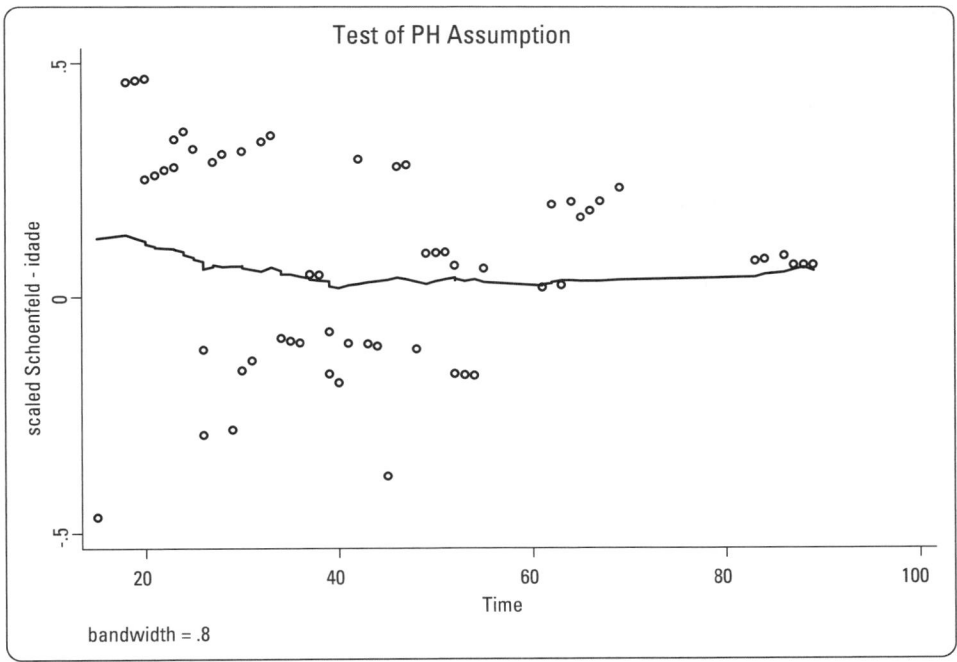

Figura 17.21 Diagnóstico de riscos proporcionais – resíduos escalonados de Schoenfeld (*idade*).

Caso o princípio da proporcionalidade seja violado em modelos de riscos proporcionais de Cox, a estimação do modelo passa a ser inadequada, sendo necessária, neste caso, a estimação de um modelo conhecido por **modelo de Cox com variável tempo-dependente**, que não é objeto específico deste capítulo. Para mais detalhes, sugerimos o estudo de Hosmer, Lemeshow e May (2008) e Kleinbaum e Klein (2012).

Concluído este diagnóstico, vamos, enfim, elaborar os gráficos que podem ser gerados a partir das funções de sobrevivência e da taxa de risco que foram estimadas para o nosso modelo final. Inicialmente, vamos digitar o

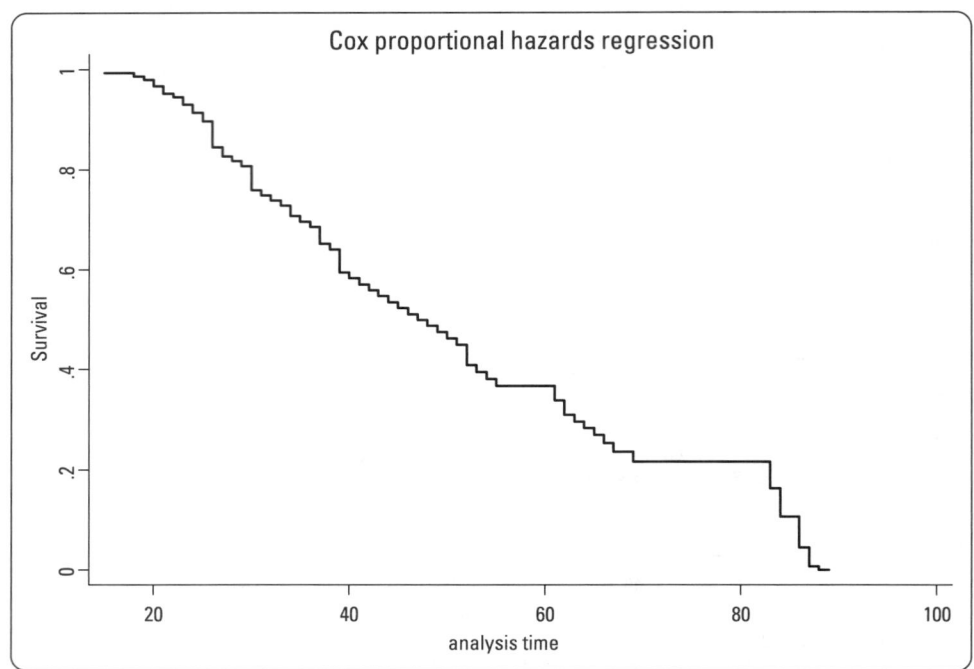

Figura 17.22 Curva de probabilidades de sobrevivência à formatura.

seguinte comando, que faz com que seja gerado, na Figura 17.22, o gráfico da curva de probabilidades de sobrevivência à formatura.

```
stcurve, survival
```

Caso haja o interesse em elaborar um gráfico com duas diferentes curvas de probabilidades de sobrevivência à formatura, estratificando os estudantes que recebem e os que não recebem bolsa de estudo, pode-se digitar o seguinte comando:

```
stcurve, survival at1(bolsa=0) at2(bolsa=1)
```

O novo gráfico gerado encontra-se na Figura 17.23 e, por meio do qual, podemos verificar que os comportamentos das probabilidades de não se formar são diferentes entre aqueles que recebem e os que não recebem bolsa. Este fato, embora já comprovado pela significância estatística da variável *dummy bolsa* no modelo de riscos proporcionais de Cox, será também verificado por meio do teste *Log-rank* a ser elaborado mais adiante.

Imagine que tenhamos também o interesse em elaborar um gráfico com funções de sobrevivência de três grupos homogêneos de estudantes, com as seguintes características:

Grupo 1: Estudantes que possuem bolsa de estudo e que têm 24 anos de idade.
Grupo 2: Estudantes que não possuem bolsa de estudo e que têm 24 anos de idade.
Grupo 3: Estudantes que não possuem bolsa de estudo e que têm 47 anos de idade.

Para tanto, precisamos, inicialmente, gerar uma nova variável que corresponda à função de sobrevivência basal (*baseline survival*). Para tanto, devemos estimar novamente o modelo de riscos proporcionais de Cox, porém agora com a inclusão do termo **basesurv()** ao final do comando **stcox**, como segue:

```
stcox bolsa idade, nohr basesurv(surv0)
```

Note que a variável *surv0*, correspondente à função de sobrevivência basal, foi criada no banco de dados. Assim, com base na expressão (17.8) apresentada na seção 17.2 e nos *outputs* da Figura 17.16, podemos digitar a

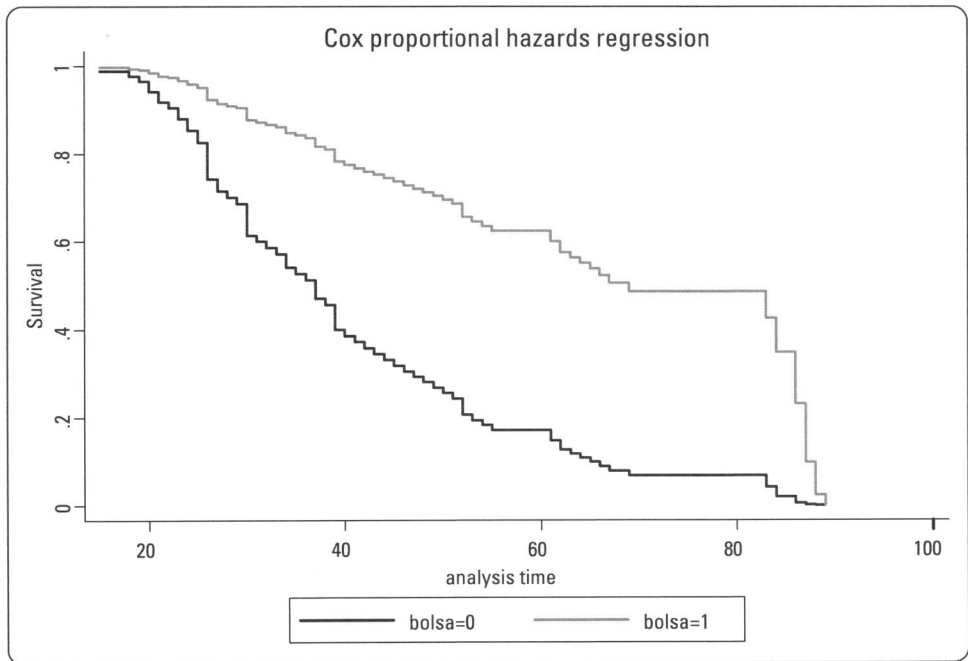

Figura 17.23 Curvas de probabilidades de sobrevivência à formatura para estudantes com e sem bolsa de estudo.

seguinte sequência de comandos, que gerará três novas variáveis (*surv1*, *surv2* e *surv3*) correspondentes, respectivamente, às funções de sobrevivência dos três grupos de estudantes, bem como o gráfico da Figura 17.24.

```
gen surv1 = surv0^exp(-1.317371*1 + 0.0665315*24)
gen surv2 = surv0^exp(-1.317371*0 + 0.0665315*24)
gen surv3 = surv0^exp(-1.317371*0 + 0.0665315*47)
graph twoway line surv1 surv2 surv3 tempomonitor, sort
```

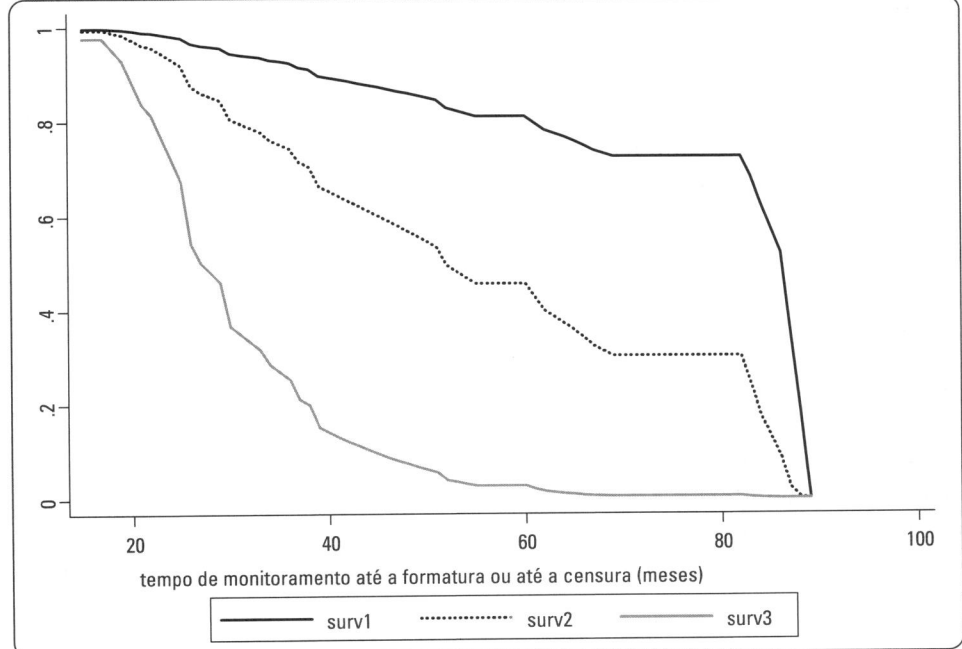

Figura 17.24 Curvas de probabilidades de sobrevivência à formatura para três diferentes grupos de estudantes.

Por meio da análise do gráfico da Figura 17.24, podemos verificar que a probabilidade de sobreviver à formatura (não se formar) é realmente maior para o grupo 1, composto por estudantes que possuem bolsa de estudo e são mais jovens. Por outro lado, a probabilidade de não se formar é menor para o grupo 3, composto por estudantes que não possuem bolsa de estudo e apresentam idade mais avançada, conforme já discutimos ao longo deste capítulo.

Tomemos um aluno de cada grupo, apenas como exemplo:

Grupo 1:

Marcela, que possui bolsa de estudo e tem 24 anos de idade. Para esta estudante, que foi monitorada por 56 meses, o valor da probabilidade basal é de 0,8536, conforme podemos verificar na variável *surv0*. Logo, com base na expressão (17.8), a probabilidade de esta aluna não se formar, ou seja, de sobreviver ao evento, é de:

$$\hat{S}_{\text{Marcela}} = \left(0,8536\right)^{e^{\left[-1,317371.(1)+0,0665315.(24)\right]}} = 0,8112$$

cujo valor pode ser encontrado para esta aluna na variável *surv1*.

Grupo 2:

Robson, que não possui bolsa de estudo e tem 24 anos de idade. Para este estudante, que foi monitorado por 45 meses, o valor da probabilidade basal é de 0,9024 (variável *surv0*). Logo, a probabilidade de este aluno não se formar, ou seja, de sobreviver ao evento, é de:

$$\hat{S}_{\text{Robson}} = \left(0,9024\right)^{e^{\left[-1,317371.(0)+0,0665315.(24)\right]}} = 0,6022$$

cujo valor pode ser encontrado para este aluno na variável *surv2*.

Grupo 3:

Bianca, que não possui bolsa de estudo e tem 47 anos de idade. Para esta estudante, que foi monitorada por 32 meses, o valor da probabilidade basal é de 0,9531 (variável *surv0*). Logo, a probabilidade de esta aluna não se formar, ou seja, de sobreviver ao evento, é de:

$$\hat{S}_{\text{Bianca}} = \left(0,9531\right)^{e^{\left[-1,317371.(0)+0,0665315.(47)\right]}} = 0,3343$$

cujo valor pode ser encontrado para esta aluna na variável *surv3*.

Já a curva das taxas de risco (taxas de falha) de ocorrência de formatura pode ser obtida por meio da digitação do seguinte comando:

```
stcurve, hazard
```

O gráfico obtido encontra-se na Figura 17.25. Podemos observar que o comando **stcurve, hazard** faz com que seja gerado um gráfico que elimina os degraus observados na função da taxa de risco de ocorrência do evento em estudo, por meio do alisamento da curva estimada.

Analogamente à Figura 17.23, duas diferentes curvas da taxa de risco de ocorrência de formatura também podem ser obtidas no mesmo gráfico, em que são separados os comportamentos dos estudantes que recebem daqueles que não recebem bolsa. Para tanto, podemos digitar o seguinte comando:

```
stcurve, hazard at1(bolsa=0) at2(bolsa=1)
```

O gráfico gerado encontra-se na Figura 17.26.

Esta figura mostra que os estudantes que possuem bolsa de estudo apresentam menores riscos de se formar do que aqueles que não possuem bolsa de estudo, para um determinado tempo de monitoramento e mantidas as demais condições constantes. Conforme já discutimos, a taxa de risco de se formar para um estudante com bolsa de estudo é, em média, 73,22% menor.

Podemos agora elaborar o gráfico da curva das taxas de risco de se formar (taxas de falha) acumuladas de Nelson-Aalen. Para tanto, vamos digitar os seguintes comandos:

```
stcurve, cumhaz
stcurve, cumhaz at1(bolsa=0) at2(bolsa=1)
```

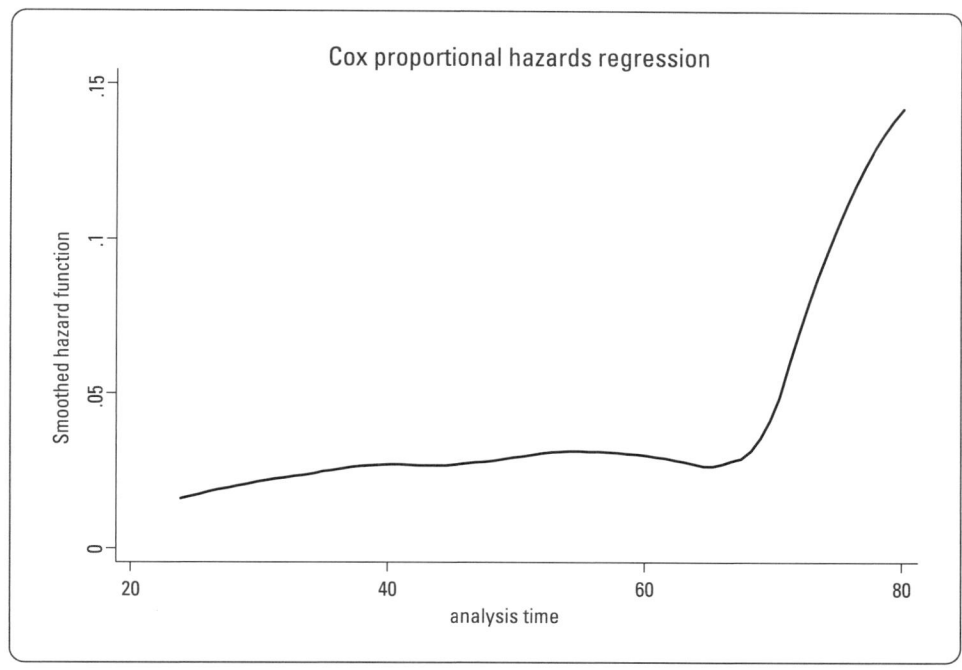

Figura 17.25 Curva das taxas de risco (taxas de falha) de ocorrência de formatura.

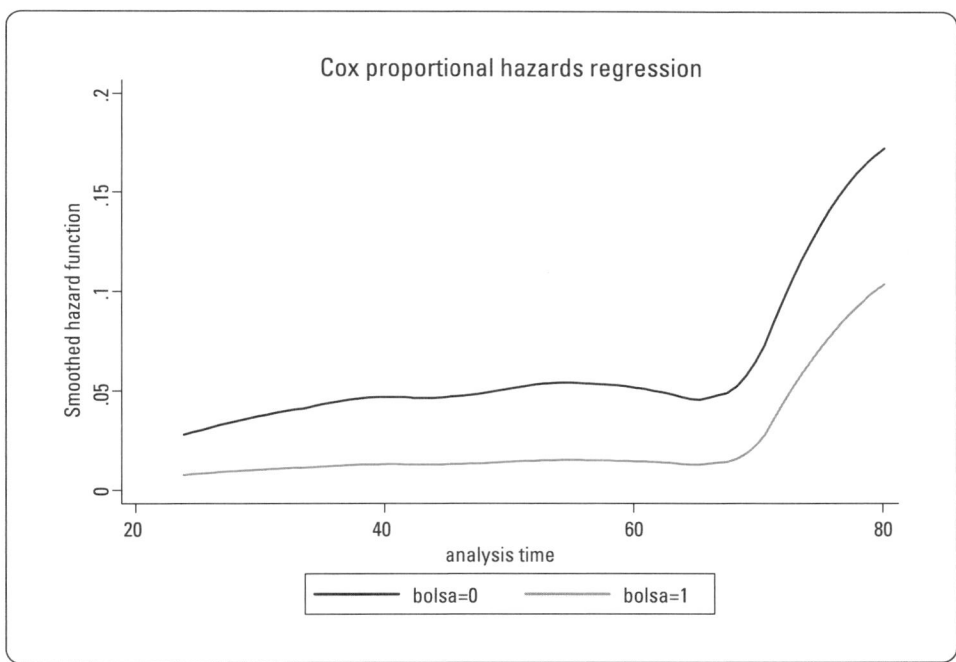

Figura 17.26 Curvas das taxas de risco de ocorrência de formatura para estudantes com e sem bolsa de estudo.

Os gráficos gerados encontram-se, respectivamente, nas Figuras 17.27 e 17.28. Enquanto o gráfico da Figura 17.27 apresenta a curva geral da taxa de risco acumulada de Nelson-Aalen obtida para o nosso modelo final de riscos proporcionais de Cox, o gráfico da Figura 17.28 mostra o comportamento das curvas de Nelson-Aalen para os estudantes que possuem e os que não possuem bolsa de estudo.

Conforme já discutimos, os gráficos das Figuras 17.26 e 17.28 também mostram a existência de comportamentos discrepantes entre os estudantes que possuem e os que não possuem bolsa de estudo, no que diz respeito

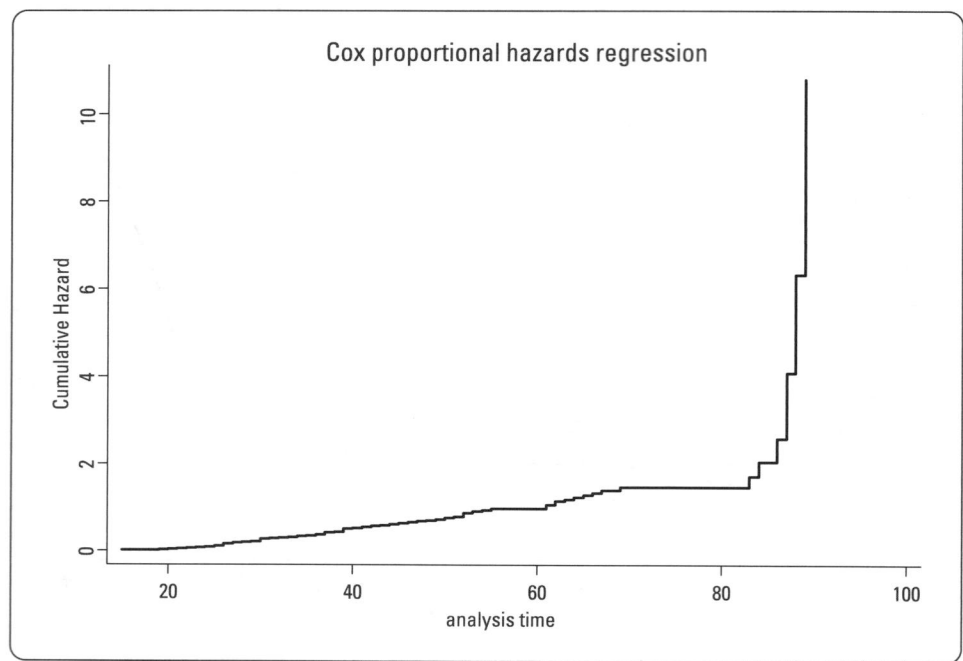

Figura 17.27 Curva das taxas de falha acumuladas de Nelson-Aalen.

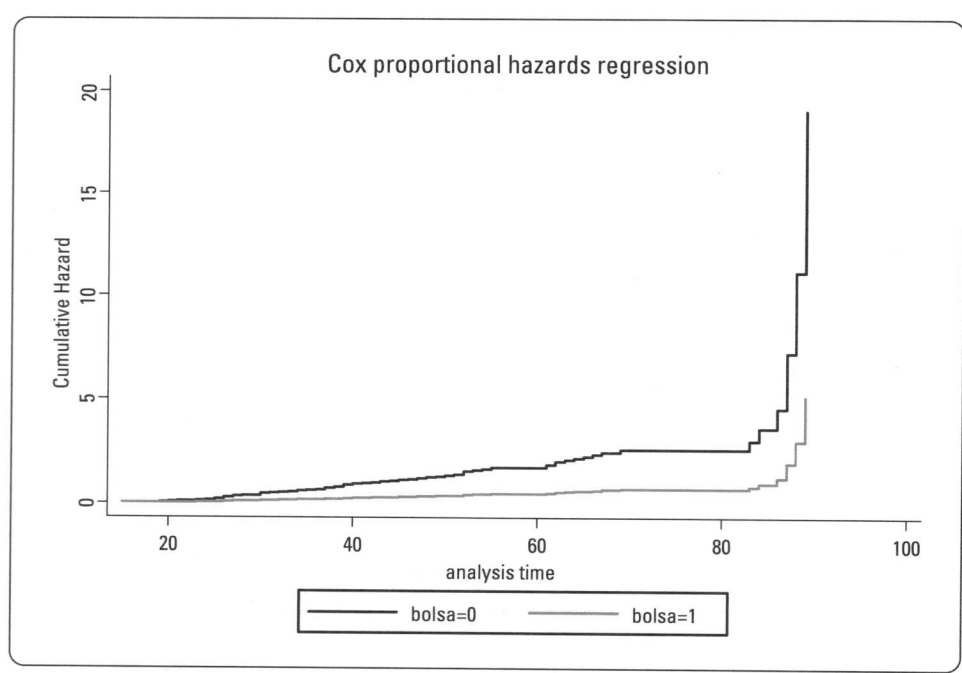

Figura 17.28 Curvas das taxas de falha acumuladas de Nelson-Aalen para estudantes com e sem bolsa de estudo.

ao risco de se formarem. Desta forma, vamos elaborar o teste *Log-rank* que, conforme discutido na seção 17.2.4, é um teste χ^2 que tem por intuito verificar a existência de diferenças estatisticamente significantes entre as curvas das funções de sobrevivência ao evento (ou de risco de ocorrência do evento) para diferentes grupos estratificados por meio de uma variável categórica ou qualitativa (no caso, a variável *bolsa*). Para a elaboração deste teste, devemos digitar o seguinte comando:

```
sts test bolsa
```

```
. sts test bolsa

              failure _d:   status
        analysis time _t:   tempomonitor
                     id:    estudante

Log-rank test for equality of survivor functions

       |   Events        Events
bolsa  |  observed      expected
-------+----------------------------
Não    |      56          30.45
Sim    |      22          47.55
-------+----------------------------
Total  |      78          78.00

              chi2(1) =      39.19
              Pr>chi2 =     0.0000
```

Figura 17.29 Resultado do teste *Log-rank* no Stata.

O resultado do teste *Log-rank* encontra-se na Figura 17.29 e é exatamente igual ao calculado manualmente na seção 17.2.4 com base na construção da Tabela 17.9.

Com base neste resultado, podemos comprovar que as curvas das probabilidades de sobrevivência à formatura (ou das taxas de risco de haver formatura) são diferentes para os estudantes que recebem bolsa de estudo em relação aos que não recebem.

Se, por exemplo, a variável *bolsa* apresentasse, por alguma razão, três categorias (1 = *sem bolsa*; 2 = *bolsa parcial*; 3 = *bolsa integral*), poderíamos, da mesma forma, elaborar o teste *Log-rank*, em que a rejeição da hipótese nula, a um determinado nível de significância, indicaria que pelo menos uma função de sobrevivência seria diferente das demais.

Entretanto, conforme apenas mencionado ao final da seção 17.2.4, caso quiséssemos elaborar três testes independentes, a fim comparar as funções de sobrevivência, duas a duas, deveríamos elaborar o teste de Breslow (Wilcoxon), digitando a seguinte sequência de comandos:

```
sts test bolsa if bolsa == 1 | bolsa == 2, w
sts test bolsa if bolsa == 1 | bolsa == 3, w
sts test bolsa if bolsa == 2 | bolsa == 3, w
```

Esta sequência de comandos não faz sentido neste exemplo, dado que a variável *bolsa* possui apenas duas categorias.

Por fim, podemos avaliar a qualidade do ajuste do modelo estimado com base nos **resíduos de Cox & Snell**. Para tanto, devemos solicitar que o Stata gere tais resíduos após a estimação do modelo final de riscos proporcionais de Cox, digitando a seguinte sequência de comandos:

```
quietly stcox bolsa idade, nohr
predict cs, csnell
```

Na sequência, devemos reespecificar a análise de sobrevivência, por meio do comando **stset**, fazendo com que a variável temporal seja agora a variável correspondente aos resíduos de Cox & Snell (variável *cs*). Vamos, portanto, digitar o seguinte comando:

```
stset cs, failure(status)
```

Feito isso, vamos, com base nesta nova especificação, gerar a variável correspondente à função da taxa de falha acumulada de Nelson-Aalen, digitando o seguinte comando:

```
sts generate htacum2 = na
```

E, desta forma, podemos elaborar um gráfico que compara o comportamento da nova função da taxa de falha acumulada de Nelson-Aalen com os resíduos de Cox & Snell, representados por meio de uma reta diagonal (45°). Este gráfico (Figura 17.30) pode ser obtido por meio da digitação do seguinte comando:

```
graph twoway line htacum2 cs cs, sort
```

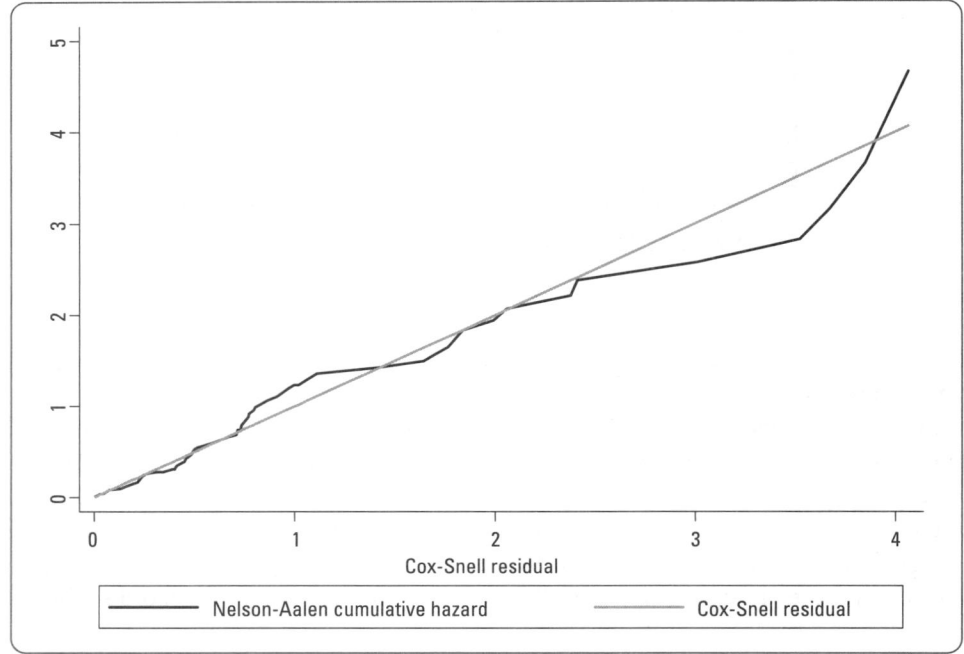

Figura 17.30 Avaliação da qualidade do ajuste do modelo final – resíduos de Cox & Snell.

Com base na análise do gráfico da Figura 17.30, podemos verificar que a função da taxa de falha acumulada segue a diagonal (resíduos de Cox & Snell) de forma muito próxima, porém as diferenças aumentam para valores maiores de tempos de monitoramento, o que é muito comum para modelos que levam em consideração a existência de dados censurados. Podemos concluir, portanto, que, em relação aos dados da amostra do nosso exemplo, o modelo final estimado apresenta uma adequada qualidade de ajuste.

17.4. PROCEDIMENTO KAPLAN-MEIER E MODELO DE RISCOS PROPORCIONAIS DE COX NO SOFTWARE SPSS

Apresentaremos agora o passo a passo para a elaboração dos nossos exemplos por meio do IBM SPSS Statistics Software®. A reprodução de suas imagens nesta seção tem autorização da International Business Machines Corporation©.

Seguindo a mesma lógica proposta quando da aplicação dos modelos por meio do software Stata, já partiremos para o banco de dados construído pelo professor a partir dos questionamentos feitos a cada um de seus 100 estudantes. Os dados encontram-se no arquivo **TempoFormaturaCox.sav** e, após o abrirmos, vamos inicialmente clicar em **Analyze → Survival → Kaplan-Meier...**, a fim de elaborarmos o procedimento Kaplan-Meier. A caixa de diálogo da Figura 17.31 será aberta.

Devemos selecionar a variável *tempomonitor* (tempo de monitoramento até a formatura ou até a censura) e incluí-la na caixa **Time**. Ao inserirmos a variável *status* na caixa **Status**, devemos clicar em **Define Event...** e, na sequência, em **Single value**, inserir o valor 1. Este procedimento informa que o evento de interesse (formatura) é definido pelo valor 1 na variável *status*. Estes passos podem ser observados, respectivamente, nas Figuras 17.32 e 17.33.

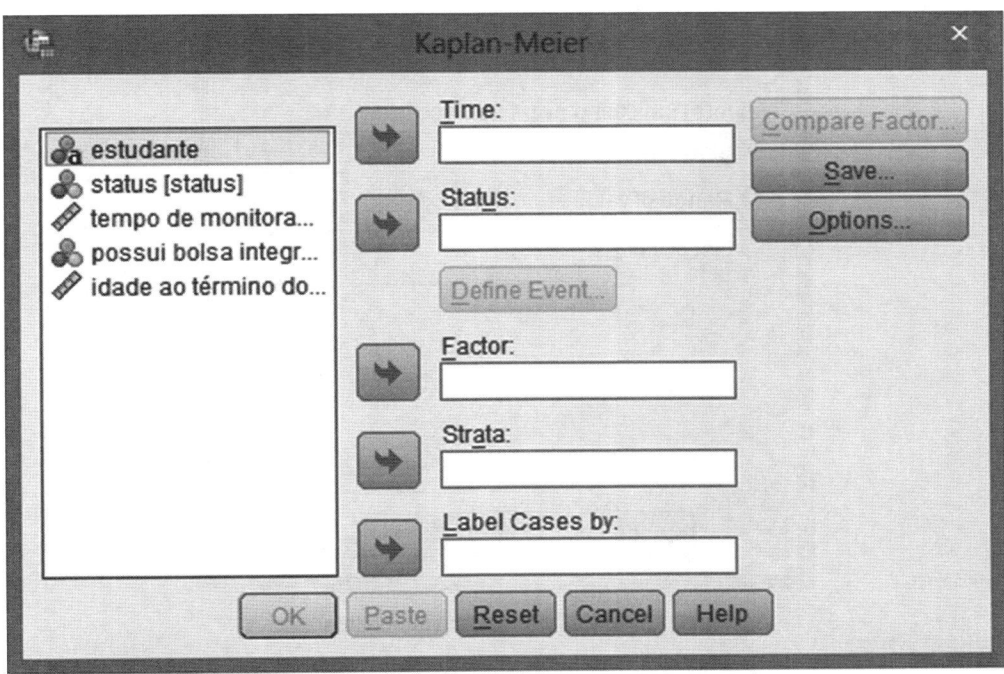

Figura 17.31 Caixa de diálogo para elaboração do procedimento Kaplan-Meier no SPSS.

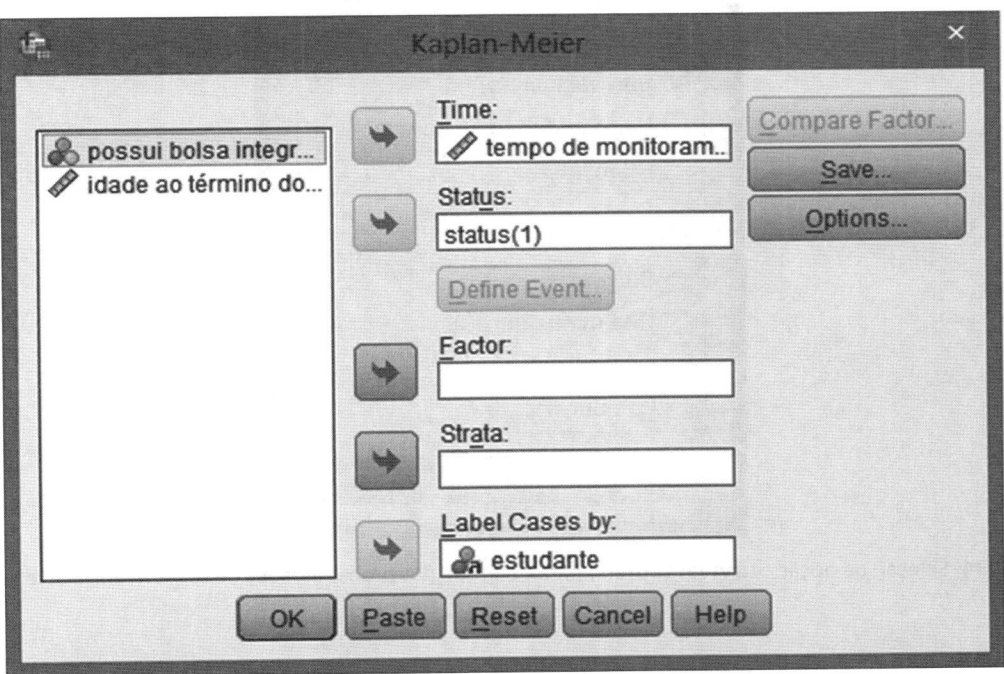

Figura 17.32 Caixa de diálogo para elaboração do procedimento Kaplan-Meier no SPSS com inclusão da variável temporal e da variável correspondente ao evento de interesse (*status*).

Note, por meio da Figura 17.33, que o evento de interesse não precisa necessariamente ser definido pelo valor 1. Caso a variável *status* apresente diversas categorias e o pesquisador deseje estudar a sobrevivência ao evento representado por mais de uma categoria, poderá fazer uso desta caixa de diálogo. Feito este procedimento, podemos clicar em **Continue**.

Na sequência, em **Options...**, devemos selecionar, conforme mostra a Figura 17.34, a opção **Survival table(s)**, que gerará a curva de probabilidades de sobrevivência à formatura ($\hat{S}(t)$) para cada tempo de monitoramento.

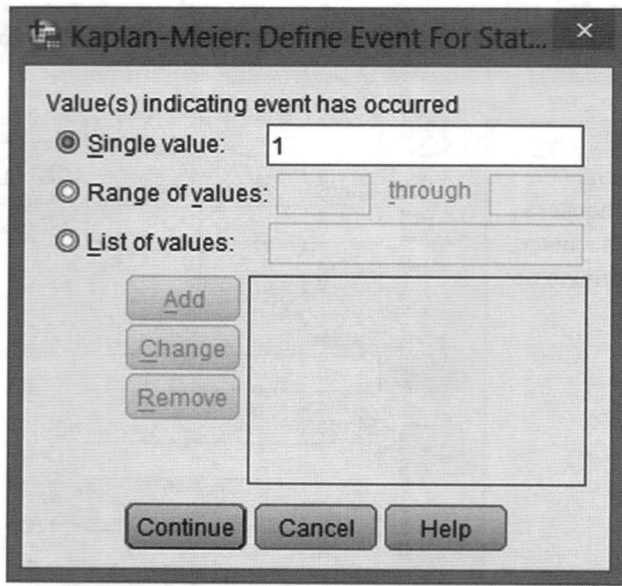

Figura 17.33 Definição do evento de interesse.

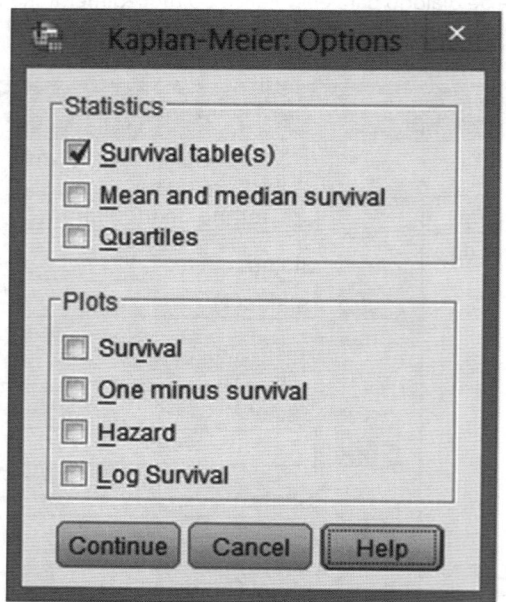

Figura 17.34 Seleção da opção **Survival table(s)** para definição das probabilidades de sobrevivência ao evento ($\hat{S}(t)$).

Ao clicarmos em **Continue**, retornamos à caixa de diálogo principal. Por fim, em **Save...**, devemos selecionar a opção **Survival**, conforme mostra a Figura 17.35. Esta opção faz com que seja gerada uma nova variável no banco de dados, correspondente à função de sobrevivência ao evento (probabilidades de cada estudante não se formar, ou seja, de sobreviver à formatura).

Vamos agora clicar em **Continue** e em **OK**. O *output* que gera a função de sobrevivência de Kaplan-Meier encontra-se na Figura 17.36.

A coluna **Cumulative Proportion Surviving at the Time - Estimate** da tabela apresentada na Figura 17.36 corresponde às probabilidades de sobrevivência à formatura para cada estudante, ou seja, a probabilidade de não se formar. O não preenchimento de algumas células desta coluna indica que tais valores são iguais ao último valor

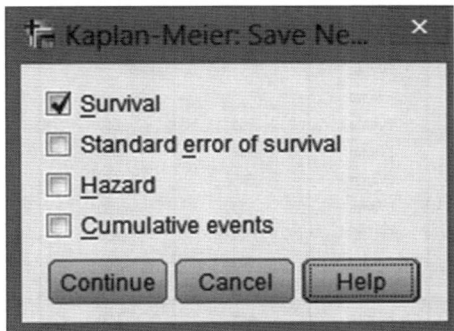

Figura 17.35 Seleção da opção **Survival** para gerar no banco de dados as probabilidades de sobrevivência à formatura para cada estudante.

Survival Table

	ID	Time	Status	Cumulative Proportion Surviving at the Time		N of Cumulative Events	N of Remaining Cases
				Estimate	Std. Error		
1	Roberto	15,000	Evento	,990	,010	1	99
2	Moara	17,000	Censura	.	.	1	98
3	Letícia	18,000	Evento	,980	,014	2	97
4	Lucio	19,000	Evento	,970	,017	3	96
5	Cintia	20,000	Evento	.	.	4	95
6	Sandra	20,000	Evento	,950	,022	5	94
7	Elaine	21,000	Evento	.	.	6	93
8	Gilmar	21,000	Evento	,929	,026	7	92
9	Luiz Ovídio	22,000	Evento	,919	,027	8	91
10	Bráulio	23,000	Evento	.	.	9	90
11	Shirley	23,000	Evento	,899	,030	10	89
12	Adriana	24,000	Evento	.	.	11	88
13	Giulia	24,000	Evento	,879	,033	12	87
14	Raimundo	25,000	Evento	.	.	13	86
15	So raya	25,000	Evento	,859	,035	14	85
16	Ester	26,000	Evento	.	.	15	84
17	Jaqueline	26,000	Evento	.	.	16	83
18	Lilian	26,000	Evento	.	.	17	82
19	Reinaldo	26,000	Evento	.	.	18	81
20	Vivian	26,000	Evento	.	.	19	80
21	Zenilda	26,000	Evento	,798	,040	20	79
22	Inácio	27,000	Evento	.	.	21	78
23	Patrícia	27,000	Evento	,778	,042	22	77
24	Eduardo	28,000	Evento	,768	,042	23	76
25	Gustavo	29,000	Evento	,758	,043	24	75
26	Horácio	30,000	Evento	.	.	25	74
27	Márcia	30,000	Evento	.	.	26	73
28	Rita	30,000	Evento	.	.	27	72
29	Rodolfo	30,000	Evento	.	.	28	71
30	Tatiana	30,000	Evento	,707	,046	29	70
31	Ernani	31,000	Evento	,697	,046	30	69
32	Bianca	32,000	Evento	,687	,047	31	68
33	Adriano	33,000	Evento	,677	,047	32	67
34	Edinalva	34,000	Evento	.	.	33	66
35	Itamar	34,000	Evento	,657	,048	34	65
36	Geovani	35,000	Evento	,647	,048	35	64
37	Kamal	36,000	Evento	,636	,048	36	63
38	Bruna	37,000	Evento	.	.	37	62
39	Pedro	37,000	Evento	.	.	38	61
40	Viviane	37,000	Evento	,606	,049	39	60

Figura 17.36 Função de sobrevivência $\hat{S}(t)$ de Kaplan-Meier com tempo de monitoramento em ordem crescente.

(Continua)

41	Juliana	38,000	Evento	,596	,049	40	59
42	Claudio	39,000	Evento	.	.	41	58
43	Felipe	39,000	Evento	.	.	42	57
44	Marcelo	39,000	Evento	.	.	43	56
45	Mariana	39,000	Evento	,556	,050	44	55
46	Alexandre	40,000	Evento	,546	,050	45	54
47	Ana Lúcia	41,000	Evento	,535	,050	46	53
48	Cristina	42,000	Evento	,525	,050	47	52
49	Emerson	43,000	Evento	,515	,050	48	51
50	Cristiane	44,000	Evento	,505	,050	49	50
51	Robson	45,000	Evento	,495	,050	50	49
52	Franklin	46,000	Evento	,485	,050	51	48
53	Gabriela	47,000	Evento	,475	,050	52	47
54	Dalila	48,000	Evento	,465	,050	53	46
55	Camilo	49,000	Evento	,455	,050	54	45
56	Pietro	50,000	Evento	,444	,050	55	44
57	Paola	51,000	Evento	,434	,050	56	43
58	Cecília	52,000	Evento	.	.	57	42
59	Edson	52,000	Evento	.	.	58	41
60	Filomena	52,000	Evento	,404	,049	59	40
61	Guilherme	53,000	Evento	,394	,049	60	39
62	Marina	54,000	Evento	,384	,049	61	38
63	Ana Paula	55,000	Evento	,374	,049	62	37
64	Marcela	56,000	Censura	.	.	62	36
65	Sheila	56,000	Censura	.	.	62	35
66	Danielle	57,000	Censura	.	.	62	34
67	César	59,000	Censura	.	.	62	33
68	Adelino	60,000	Censura	.	.	62	32
69	Angélica	60,000	Censura	.	.	62	31
70	Fabiana	60,000	Censura	.	.	62	30
71	Leandro	60,000	Censura	.	.	62	29
72	Flavia	61,000	Evento	.	.	63	28
73	Nuno	61,000	Evento	,348	,049	64	27
74	Andréa	62,000	Evento	.	.	65	26
75	Gisele	62,000	Evento	,322	,048	66	25
76	Rodrigo	63,000	Evento	,309	,048	67	24
77	Lídia	64,000	Evento	,296	,048	68	23
78	Rebeca	65,000	Evento	,284	,047	69	22
79	Frederico	66,000	Evento	,271	,047	70	21
80	Estela	67, 000	Evento	,258	,046	71	20
81	Carolina	69,000	Evento	,245	,046	72	19
82	Leonor	70,000	Censura	.	.	72	18
83	Amanda	71,000	Censura	.	.	72	17
84	Luciana	72,000	Censura	.	.	72	16
85	Cleber	73,000	Censura	.	.	72	15
86	Karina	75,000	Censura	.	.	72	14
87	Lucia	77,000	Censura	.	.	72	13
88	Antônio	78,000	Censura	.	.	72	12
89	Raquel	79,000	Censura	.	.	72	11
90	Cida	80,000	Censura	.	.	72	10
91	Afonso	81,000	Censura	.	.	72	9
92	Alessandra	82,000	Censura	.	.	72	8
93	Giovanna	82,000	Censura	.	.	72	7
94	Pilar	82,000	Censura	.	.	72	6
95	Renata	83,000	Evento	,204	,053	73	5
96	Fernanda	84,000	Evento	,163	,056	74	4
97	Renato	86,000	Evento	,122	,055	75	3
98	Zilda	87,000	Evento	,082	,050	76	2
99	Anna Luiza	88,000	Evento	,041	,038	77	1
100	Júlia	89,000	Evento	,000	,000	78	0

Figura 17.36 *(Continuação)*

apresentado, conforme estudamos quando calculamos manualmente estas probabilidades (Tabela 17.5) e quando elaboramos este procedimento no Stata (Tabelas 17.13 e 17.15).

A seleção da opção **Survival** em **Save...** fez com que fosse gerada uma nova variável no banco de dados, nomeada de *SUR_1*, que corresponde exatamente a estas probabilidades de não se formar para cada estudante, ainda não se levando em consideração a influência de variáveis explicativas.

Caso tenhamos o interesse em verificar, antes mesmo da estimação do modelo de riscos proporcionais de Cox, se existem diferenças estatisticamente significantes entre as curvas das funções de sobrevivência à formatura para os estudantes que possuem e os que não possuem bolsa de estudo, podemos, já neste momento, elaborar o teste *Log-rank*. Para tanto, ainda em **Analyze → Survival → Kaplan-Meier...**, devemos selecionar a variável *bolsa* (possui bolsa integral de estudo?) e incluí-la na caixa **Factor**, conforme mostra a Figura 17.37. Na sequência, em **Compare Factor...**, devemos selecionar a opção **Log rank**, conforme mostra a Figura 17.38.

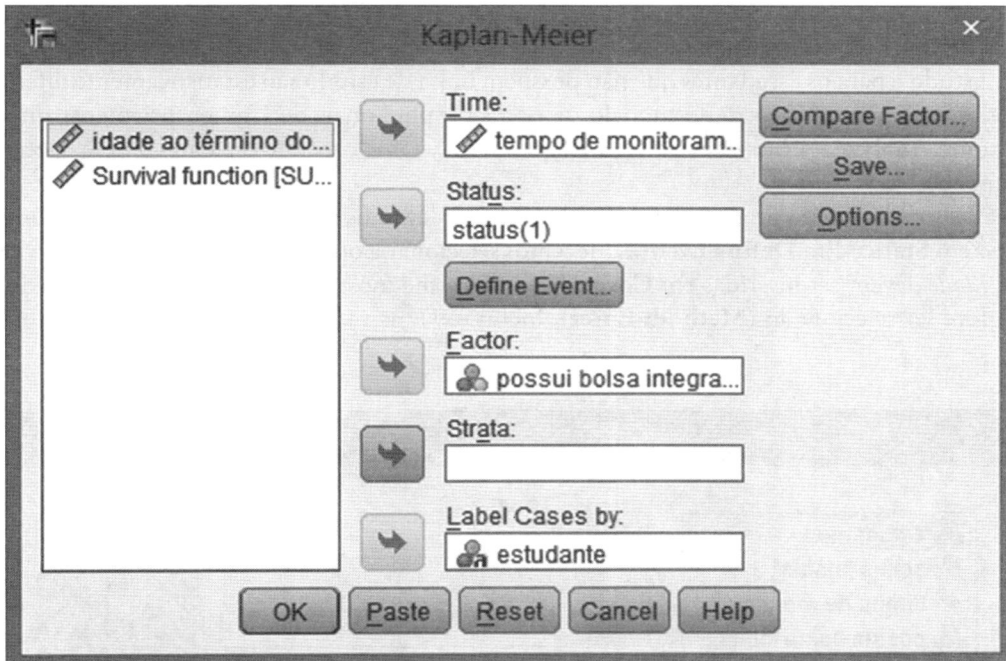

Figura 17.37 Inclusão da variável *bolsa* em **Factor** para elaboração do teste *Log-rank* no SPSS.

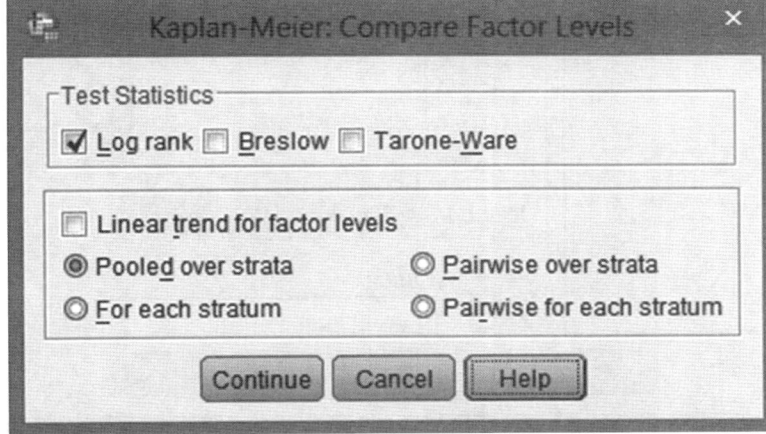

Figura 17.38 Seleção da opção **Log rank**.

Note que, neste exemplo, a opção **Breslow** não foi selecionada, uma vez que a variável *bolsa* possui apenas duas categorias. Ao clicarmos em **Continue** e em **OK**, obteremos o *output* apresentado na Figura 17.39. Não devemos nos esquecer de desmarcar a opção **Survival** em **Save...** antes de clicarmos em **OK**.

Overall Comparisons

	Chi-Square	df	Sig.
Log Rank (Mantel-Cox)	39,192	1	,000

Test of equality of survival distributions for the different levels of possui bolsa integral de estudo?.

Figura 17.39 Resultado do teste *Log-rank* no SPSS.

O resultado do teste *Log-rank* (Figura 17.39) é exatamente igual ao calculado manualmente na seção 17.2.4 com base na construção da Tabela 17.9 e também obtido pelo Stata (Figura 17.29). Com base nos resultados deste teste, podemos verificar que as curvas das probabilidades de sobrevivência à formatura para os estudantes que possuem bolsa de estudo e para os estudantes que não possuem bolsa de estudo são estatisticamente diferentes entre si.

Partiremos, então, para estimação do modelo de riscos proporcionais de Cox propriamente dito. Para tanto, devemos clicar em **Analyze → Survival → Cox Regression...**. Uma caixa de diálogo como a apresentada na Figura 17.40 será aberta.

Seguindo a mesma lógica do procedimento Kaplan-Meier, devemos incluir a variável *tempomonitor* em **Time** e a variável *status* em **Status**. Em **Define Event...**, devemos selecionar a opção **Single value** e inserir o valor 1. As variáveis *bolsa* e *idade* devem ser inseridas em **Covariates**, conforme mostra a Figura 17.41. O procedimento *Enter*, que também deve ser selecionado (**Method: Enter**), inclui todas as variáveis na estimação, mesmo aquelas cujos

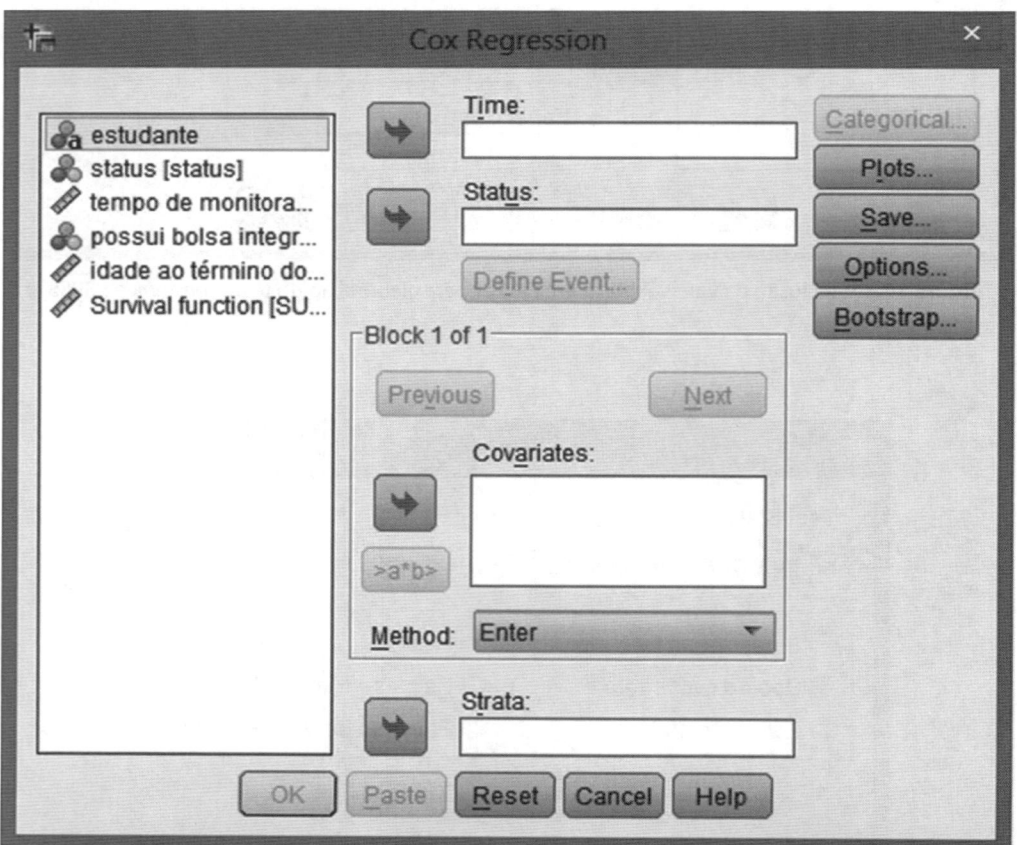

Figura 17.40 Caixa de diálogo para estimação do modelo de riscos proporcionais de Cox no SPSS.

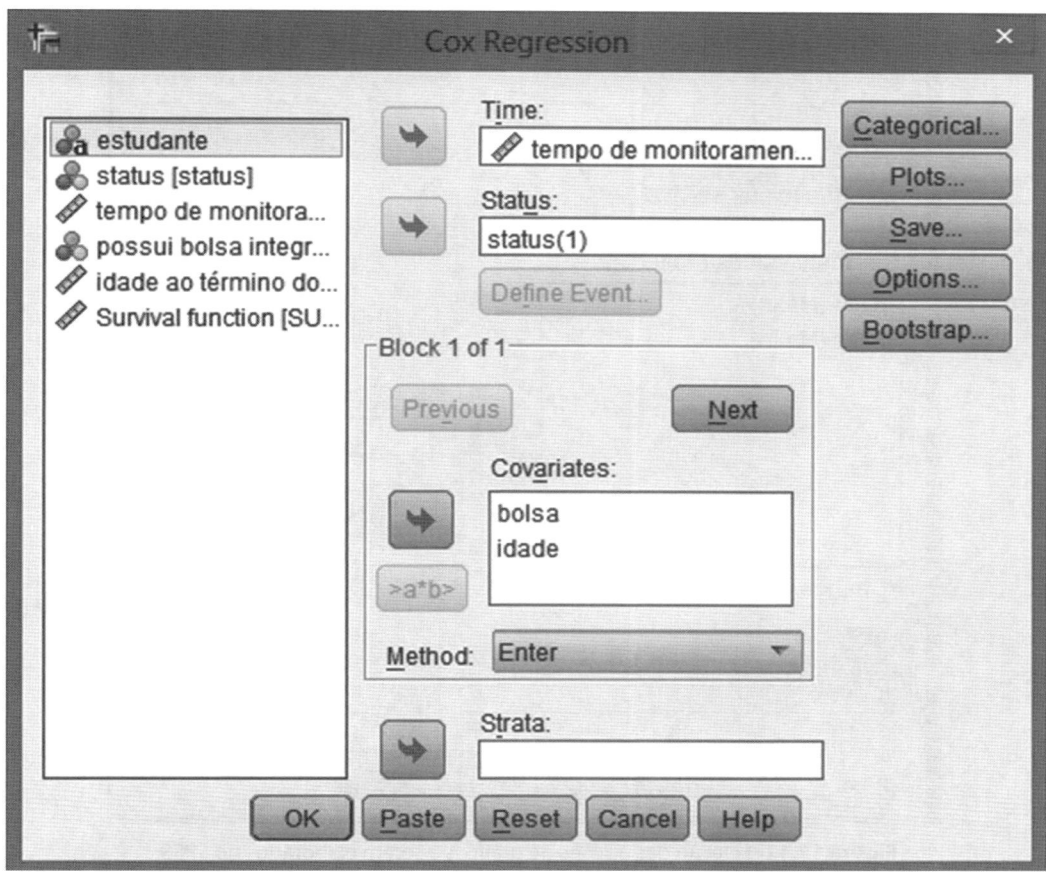

Figura 17.41 Caixa de diálogo para estimação do modelo de riscos proporcionais de Cox no SPSS com inclusão da variável temporal, da variável correspondente ao evento de interesse (*status*) e das variáveis explicativas *bolsa* e *idade*.

parâmetros sejam estatisticamente iguais a zero, diferentemente do procedimento *Stepwise* (no SPSS, a modelagem de riscos proporcionais de Cox é elaborada por meio de procedimento análogo conhecido por *Forward Wald*). O procedimento *Enter* corresponde exatamente ao procedimento padrão elaborado pelo Excel (modelo apresentado na Figura 17.9) e também pelo Stata quando se aplica diretamente o comando `stcox`. Como já sabemos que as duas variáveis explicativas terão parâmetros estatisticamente diferentes de zero a 5% de nível de significância, não chegaremos a estimar o modelo por meio do procedimento *Forward Wald*. Entretanto, o pesquisador poderá selecionar tal opção caso isso seja necessário.

Em **Plots...**, devemos marcar as opções **Survival** e **Hazard** em **Plot Type**, conforme mostra a Figura 17.42.

Na sequência, podemos clicar em **Continue**. Em **Save...**, devemos selecionar as opções **Survival function** e **Partial residuals**, conforme mostra a Figura 17.43. Este procedimento gerará no banco de dados três novas variáveis. Enquanto a primeira corresponde à probabilidade de sobrevivência ao evento para cada observação após a estimação do modelo de riscos proporcionais de Cox, as duas outras correspondem aos resíduos de Schoenfeld de cada observação da amostra para cada uma das variáveis explicativas. Com base nestes resíduos, será feita, adiante, a verificação do princípio da proporcionalidade das variáveis explicativas. Também devemos clicar em **Continue** ao término desta seleção.

Por fim, em **Options...**, vamos selecionar a opção **CI for exp(B) 95%** em **Model Statistics**, que faz com que sejam calculados os intervalos de confiança das *hazards ratios* de cada variável explicativa com 95% de confiança. Vamos também selecionar a opção final **Display baseline function**, que faz com que seja calculado o risco basal acumulado em função da evolução do tempo de monitoramento. Estas seleções podem ser visualizadas na Figura 17.44.

Na sequência, podemos clicar em **Continue** e em **OK**.

Os resultados da estimação do modelo de riscos proporcionais de Cox e os gráficos elaborados são então apresentados, porém, antes de partirmos para a discussão dos *outputs*, vamos verificar a validade do princípio

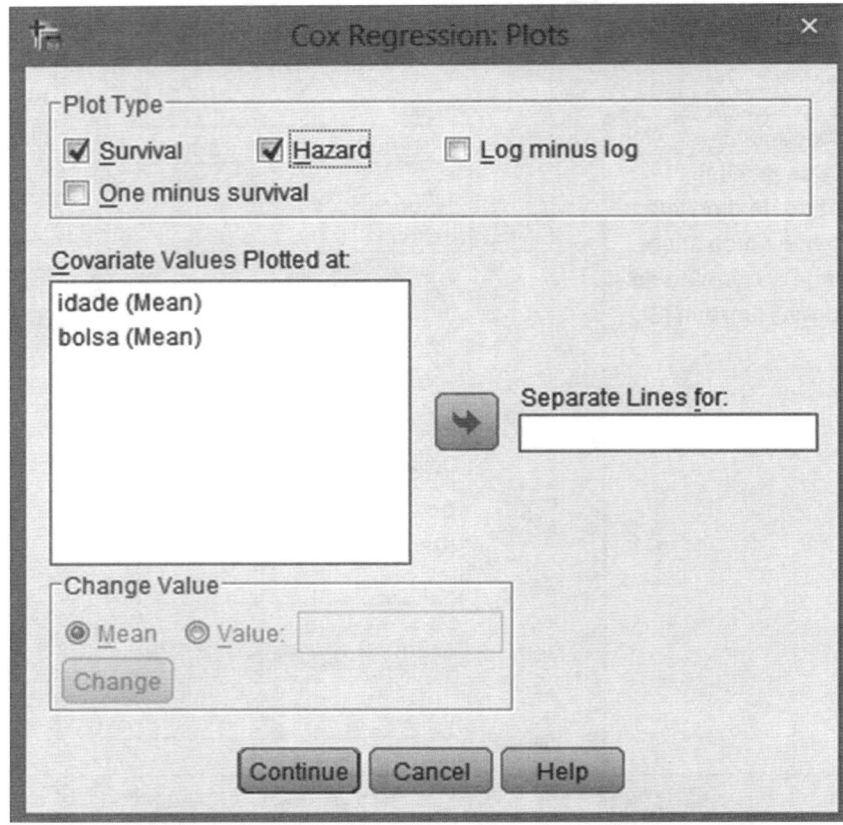

Figura 17.42 Seleção das opções de gráficos a serem elaborados no SPSS.

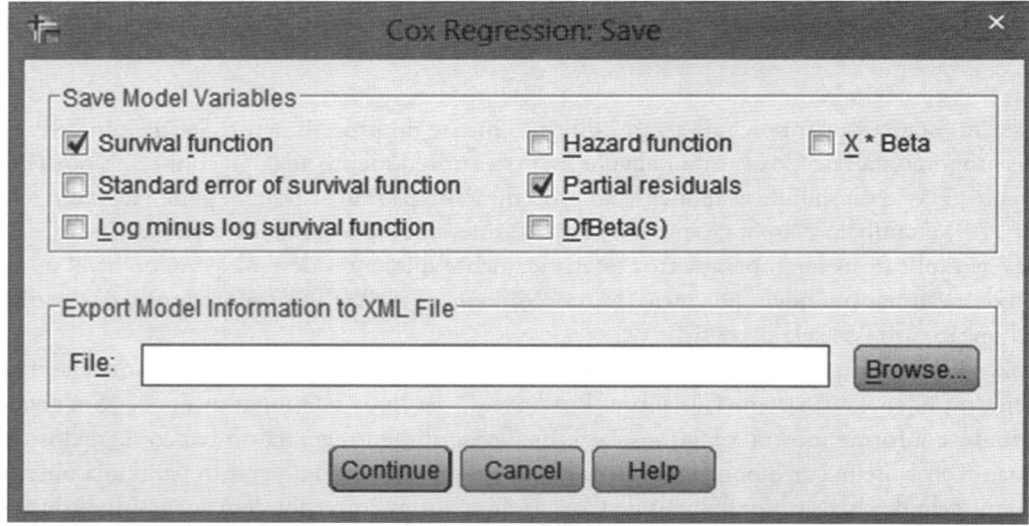

Figura 17.43 Seleção para gerar os resíduos de Schoenfeld no banco de dados.

da proporcionalidade, por meio da análise dos resíduos de Schoenfeld gerados no banco de dados quando da seleção da opção **Save... Partial residuals** e representados pelas variáveis *PR1_1* e *PR2_1*, correspondentes, respectivamente, às variáveis *bolsa* e *idade*. A ausência de correlação estatisticamente significante entre os resíduos de Schoenfeld e a variável temporal indicará que não há a violação do princípio da existência de riscos proporcionais.

Como os resíduos de Schoenfeld são calculados apenas para as observações que não apresentam dados censurados, devemos inicialmente clicar em **Data → Select Cases...**, marcar a opção **If condition is satisfied** e clicar no

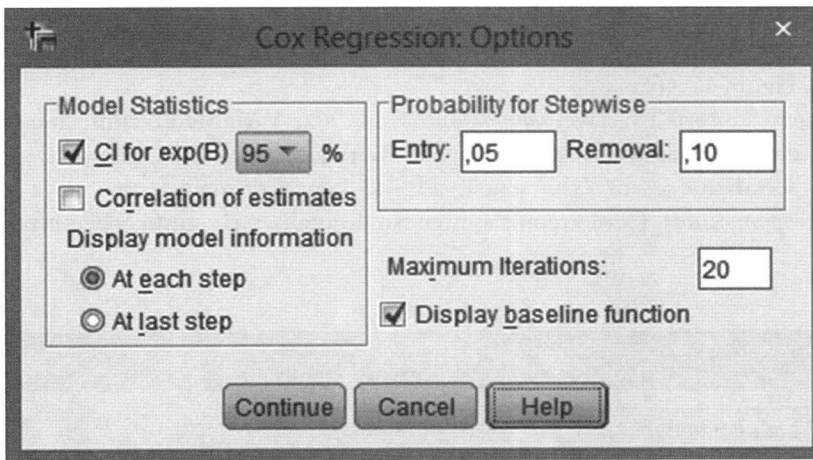

Figura 17.44 Opções para estimação do modelo de Cox no SPSS.

botão **If....** Uma janela como a apresentada na Figura 17.45 será aberta. Devemos inserir a condição **status = 1**, conforme mostra a mesma figura, e clicar em **Continue** e em **OK**. O banco de dados passa a eliminar, temporariamente, as observações com dados censurados, selecionando apenas os estudantes que se formaram ao término do tempo de monitoramento (*status* = 1).

Como o tempo de monitoramento inicia-se, no nosso exemplo, em 15 meses, e como temos o interesse em calcular as correlações entre as variáveis *PR1_1* e *PR2_1* (resíduos de Schoenfeld para as variáveis *bolsa* e *idade*,

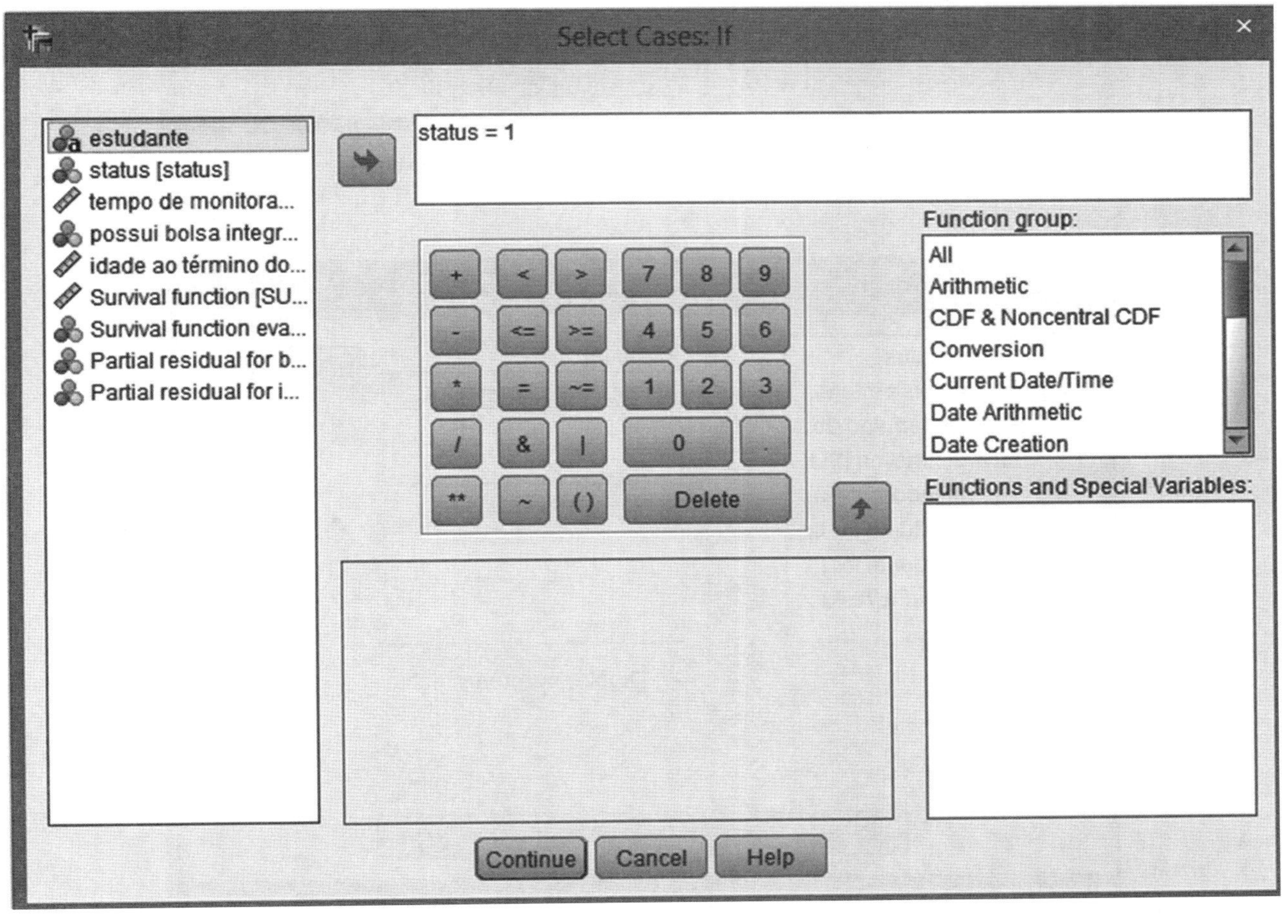

Figura 17.45 Seleção das observações sem dados censurados.

respectivamente) e a variável temporal, é necessário que seja criado um *ranking*, a partir da variável *tempomonitor*, com valor inicial igual a 1. Assim, devemos clicar em **Transform → Rank Cases...**, para que seja aberta uma caixa de diálogo como a da Figura 17.46.

Na sequência, devemos inserir a variável *tempomonitor* na Caixa **Variable(s)**, conforme mostra a Figura 17.47, e, em **Rank Types...**, devemos selecionar apenas a opção **Rank**, como mostra a Figura 17.48.

Ao clicarmos em **Continue** e em **OK**, será criada no banco de dados uma nova variável, nomeada de *Rtempomo* (*Rank of tempomonitor*). Como temos a intenção de analisar as significâncias estatísticas das correlações

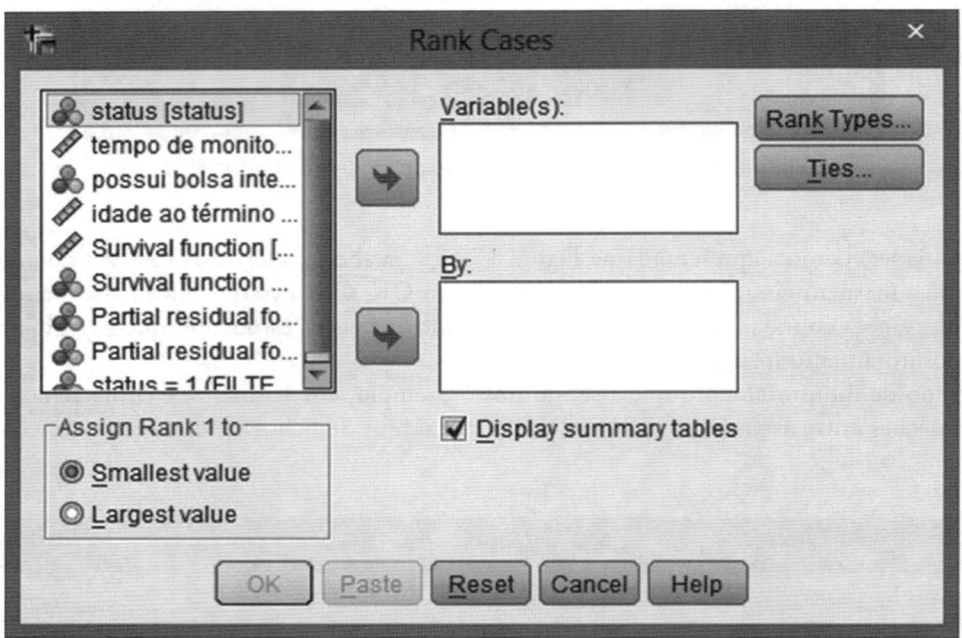

Figura 17.46 Caixa de diálogo para criação de *ranking*.

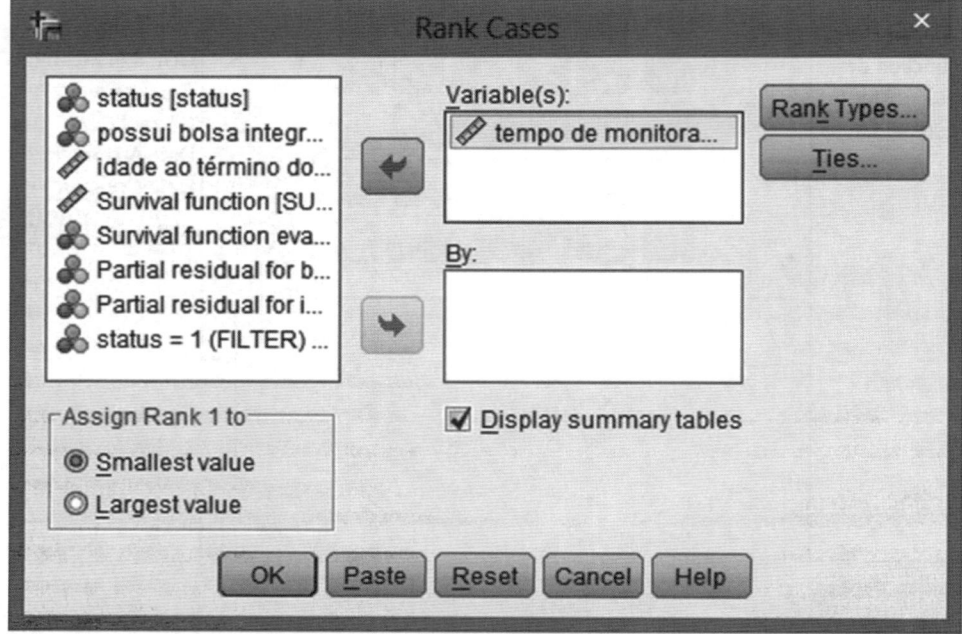

Figura 17.47 Seleção da variável *tempomonitor* para criação de *ranking*.

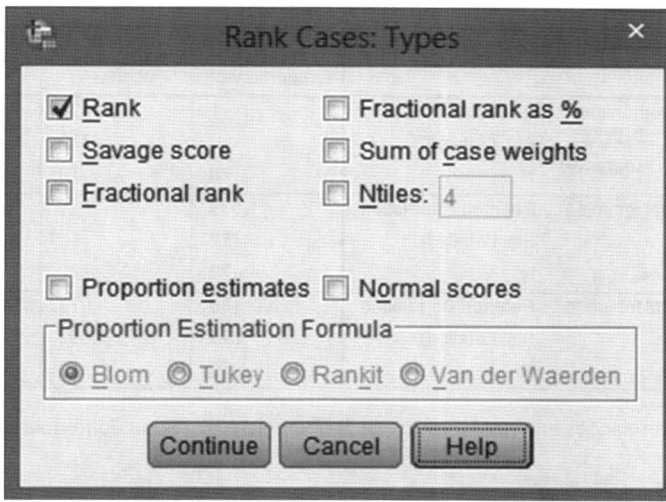

Figura 17.48 Seleção da opção **Rank**.

dos resíduos de Schoenfeld com esta nova variável, vamos clicar em **Analyze** → **Correlate** → **Bivariate....** Na caixa de diálogo que será aberta, devemos inserir, em **Variables**, as variáveis *Rtempomo* (*Rank of tempomonitor*), *PR1_1* (*Partial residual for bolsa*) e *PR2_1* (*Partial residual for idade*), conforme mostra a Figura 17.49.

Ao clicarmos em **OK**, será gerada a matriz de correlações apresentada na Figura 17.50.

Como as correlações entre os resíduos de Schoenfeld para as duas variáveis explicativas (*bolsa* e *idade*) e a variável *Rank of tempomonitor* não são estatisticamente diferentes de zero ao nível de significância de 5% (*Sig.* > 0,05

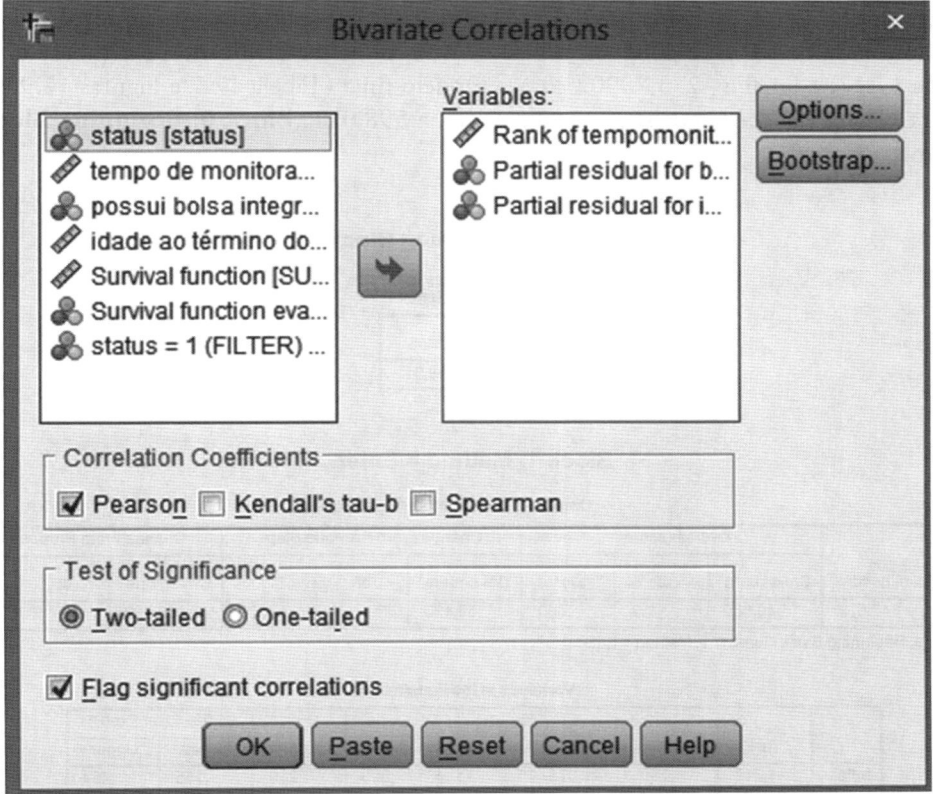

Figura 17.49 Caixa de diálogo para o cálculo das correlações entre os resíduos de Schoenfeld e o *ranking* definido a partir da variável temporal no SPSS.

Correlations

		Rank of tempomonitor	Partial residual for bolsa	Partial residual for idade
Rank of tempomonitor	Pearson Correlation	1	-,033	-,156
	Sig. (2-tailed)		,772	,173
	N	78	78	78
Partial residual for bolsa	Pearson Correlation	-,033	1	-,072
	Sig. (2-tailed)	,772		,532
	N	78	78	78
Partial residual for idade	Pearson Correlation	-,156	-,072	1
	Sig. (2-tailed)	,173	,532	
	N	78	78	78

Figura 17.50 Matriz de correlações entre os resíduos de Schoenfeld e o *ranking* definido a partir da variável temporal.

para todas as correlações), podemos afirmar que não há violação do princípio da existência de riscos proporcionais. Ressalta-se que a análise das correlações dos resíduos de Schoenfeld com a variável temporal na forma de *ranking* é mais uma maneira de se diagnosticar a validade do princípio da proporcionalidade, além daquelas elaboradas quando da estimação do modelo de riscos proporcionais de Cox no Stata (Figuras 17.18 a 17.21 da seção 17.3).

Conforme já discutimos, caso o princípio da proporcionalidade tivesse sido violado, poder-se-ia pensar na elaboração de um modelo de Cox com variável tempo-dependente, cuja estimação não é objeto deste livro.

Verificada a existência de riscos proporcionais, vamos, então, partir para a análise dos resultados obtidos quando da estimação do modelo propriamente dito (Figura 17.51).

Esta figura apresenta os resultados mais importantes obtidos por meio da estimação do modelo de riscos proporcionais de Cox, que são exatamente iguais àqueles obtidos quando da estimação do mesmo modelo no Excel e no Stata. Entretanto, vale a pena comentar que, enquanto o Stata apresenta o cálculo do valor máximo obtido da somatória do logaritmo da função de verossimilhança parcial, como também calculado pelo Excel, o SPSS apresenta o dobro deste valor, e com sinal invertido. Assim, enquanto obtivemos valor de *LL* igual a −299,00541 para o modelo com parâmetros β_1 e β_2 iguais a 0 (conforme pode ser verificado pela Tabela 17.6 e pelas Figuras 17.7, 17.16 e 17.17) e igual a −273,78902 para o modelo final (Tabela 17.7 e Figuras 17.9, 17.16 e 17.17), o SPSS apresenta valores de −2*LL* iguais, respectivamente, a 598,011 (**Block 0: Beginning Block**) e a 547,578 (**Block 1: Method = Enter**).

Block 0: Beginning Block

Omnibus Tests of Model Coefficients

-2 Log Likelihood
598,011

Block 1: Method = Enter

Omnibus Tests of Model Coefficients[a]

-2 Log Likelihood	Overall (score)			Change From Previous Step			Change From Previous Block		
	Chi-square	df	Sig.	Chi-square	df	Sig.	Chi-square	df	Sig.
547,578	49,960	2	,000	50,433	2	,000	50,433	2	,000

a. Beginning Block Number 1. Method = Enter

Variables in the Equation

	B	SE	Wald	df	Sig.	Exp(B)	95,0% CI for Exp(B)	
							Lower	Upper
bolsa	-1,317	,280	22,075	1	,000	,268	,155	,464
idade	,067	,020	11,599	1	,001	1,069	1,029	1,111

Figura 17.51 *Outputs* do modelo de riscos proporcionais de Cox no SPSS – procedimento *Enter* (*continua*).

Survival Table

Time	Baseline Cum Hazard	At mean of covariates		
		Survival	SE	Cum Hazard
15,00	,001	,993	,007	,007
18,00	,002	,987	,010	,014
19,00	,003	,980	,012	,020
20,00	,005	,966	,015	,034
21,00	,008	,952	,018	,049
22,00	,009	,945	,020	,057
23,00	,012	,930	,022	,073
24,00	,014	,914	,025	,090
25,00	,017	,897	,028	,109
26,00	,027	,844	,034	,169
27,00	,030	,826	,036	,191
28,00	,032	,817	,037	,203
29,00	,034	,807	,038	,214
30,00	,044	,758	,042	,277
31,00	,046	,748	,043	,290
32,00	,048	,738	,044	,304
33,00	,050	,727	,045	,318
34,00	,055	,706	,046	,348
35,00	,057	,695	,047	,363
36,00	,060	,685	,047	,379
37,00	,068	,651	,049	,429
38,00	,071	,640	,050	,446
39,00	,082	,593	,051	,522
40,00	,086	,582	,052	,542
41,00	,089	,570	,052	,562
42,00	,092	,558	,053	,583
43,00	,096	,546	,053	,605
44,00	,099	,534	,053	,627
45,00	,103	,522	,054	,650
46,00	,106	,510	,054	,673
47,00	,110	,498	,054	,696
48,00	,114	,486	,054	,721
49,00	,118	,474	,054	,746
50,00	,122	,462	,054	,773
51,00	,127	,449	,054	,801
52,00	,142	,408	,054	,896
53,00	,147	,394	,054	,930
54,00	,153	,381	,054	,965
55,00	,158	,368	,053	1,001
61,00	,171	,338	,053	1,084
62,00	,185	,310	,052	1,171
63,00	,192	,296	,052	1,217
64,00	,200	,283	,051	1,263
65,00	,208	,269	,051	1,314
66,00	,217	,254	,050	1,372
67,00	,228	,236	,049	1,442
69,00	,242	,217	,048	1,529
83,00	,286	,163	,053	1,811
84,00	,353	,107	,051	2,234
86,00	,490	,045	,033	3,099
87,00	,777	,007	,013	4,913
88,00	1,267	,000	,001	8,016

Figura 17.51 (*Continuação*)

Além disso, o *output* **Omnibus Tests of Model Coefficients** (**Block 1: Method = Enter**) também apresenta a estatística $\chi^2 = 50,433$, *Sig.* $\chi^2 = 0,000 < 0,05$), já calculada manualmente na seção 17.2.2 e também já apresentada nas Figuras 17.16 e 17.17 e, por meio dela, podemos rejeitar a hipótese nula de que todos os parâmetros β_j ($j = 1, 2$) sejam estatisticamente iguais a zero, ao nível de significância de 5%. Logo, pelo menos uma variável X é estatisticamente significante para explicar a taxa de risco de ocorrência de formatura para diferentes tempos de monitoramento, relativamente à taxa de risco basal e, portanto, temos um modelo de riscos proporcionais de Cox estatisticamente significante para fins de previsão.

Com base no *output* **Variables in the Equation** da Figura 17.51, como todos os *valores-P* (*Sig.*) das estatísticas z de Wald $< 0,05$, podemos escrever as expressões finais da taxa de risco de ocorrência de formatura (taxa de falha) e da probabilidade de sobrevivência à formatura (probabilidade de não se formar), com base na estimação dos parâmetros β_1 e β_2 das variáveis explicativas *bolsa* e *idade*, respectivamente, da seguinte forma:

$$\hat{h}_i\left(t\right) = \hat{h}_{0i}\left(t\right).e^{\left(-1,317.bolsa_i + 0,067.idade_i\right)}$$

$$\hat{S}_i\left(t\right) = \hat{S}_{0i}\left(t\right)^{e^{\left(-1,317.bolsa_i + 0,067.idade_i\right)}}$$

O *output* **Variables in the Equation** ainda apresenta as *hazard ratios* de cada parâmetro estimado (**Exp(B)**), que correspondem ao que foi manualmente calculado pelo Excel (Figura 17.9) e também ao que foi obtido no Stata (Figura 17.17), com os respectivos intervalos de confiança. Assim como discutido nas seções 17.2.2 e 17.3, por meio deste *output* podemos afirmar que, enquanto a taxa de risco de ocorrência de formatura ao se conceder uma bolsa de estudo é, em média e mantidas as demais condições constantes, multiplicada por um fator de 0,268 (73,2% menor), a taxa de risco de ocorrência de formatura quando se aumenta em 1 ano a idade média dos estudantes é, em média e também mantidas as demais condições constantes, multiplicada por um fator de 1,069 (6,9% maior).

O último *output* gerado, **Survival Table**, apresenta os valores do risco basal acumulado (*Baseline Cum Hazard*) e, por meio destes, podemos propor três perguntas:

1. **Qual a probabilidade de a estudante Marcela não se formar, sabendo-se que ela possui bolsa de estudo e tem 24 anos de idade?**
2. **Qual a probabilidade de o estudante Robson não se formar, sabendo-se que ele não possui bolsa de estudo e tem 24 anos de idade?**
3. **Qual a probabilidade de a estudante Bianca não se formar, sabendo-se que ela não possui bolsa de estudo e tem 47 anos de idade?**

Vamos à solução destes questionamentos:

1. Marcela, que possui bolsa de estudo e tem 24 anos de idade.

   Para esta estudante, que foi monitorada por 56 meses, o valor da probabilidade basal é o mesmo de quem foi monitorado por 55 meses, visto que todos os estudantes que foram monitorados por 56 meses apresentaram dados censurados. Ao contrário do Stata, que fornece diretamente o valor da probabilidade basal, o SPSS fornece o risco basal acumulado (*Baseline Cum Hazard*). Logo, é preciso que seja elaborado o seguinte cálculo para a definição da probabilidade basal de estudantes que foram monitorados por 56 meses, como a Marcela:

$$\hat{S}_{0\text{Marcela}} = e^{-0,158} = 0,8536$$

   cujo valor é igual ao que é fornecido diretamente pelo Stata quando da criação da variável *surv0* (seção 17.3). Logo, a probabilidade de esta aluna não se formar, ou seja, de sobreviver ao evento, é de:

$$\hat{S}_{\text{Marcela}} = \left(0,8536\right)^{e^{\left[-1,317.(1)+0,067.(24)\right]}} = 0,8112$$

   cujo valor pode ser encontrado para esta aluna na variável *SUR_2*, criada pelo SPSS quando da seleção da opção **Save... Survival function**.

2. Robson, que não possui bolsa de estudo e tem 24 anos de idade.

   Para este estudante, que foi monitorado por 45 meses, o valor da probabilidade basal é calculado da seguinte forma:

$$\hat{S}_{0\text{Robson}} = e^{-0,103} = 0,9024$$

   Logo, a probabilidade de este aluno não se formar, ou seja, de sobreviver ao evento, é de:

$$\hat{S}_{\text{Robson}} = \left(0,9024\right)^{e^{\left[-1,317.(0)+0,067.(24)\right]}} = 0,6022$$

   cujo valor também pode ser encontrado para este aluno na variável *SUR_2*.

3. Bianca, que não possui bolsa de estudo e tem 47 anos de idade.

Para esta estudante, que foi monitorada por 32 meses, o valor da probabilidade basal é calculado da seguinte forma:

$$\hat{S}_{0\text{Bianca}} = e^{-0,048} = 0,9531$$

Logo, a probabilidade de esta aluna não se formar, ou seja, de sobreviver ao evento, é de:

$$\hat{S}_{\text{Bianca}} = (0,9531)^{e^{[-1,317.(0)+0,067.(47)]}} = 0,3343$$

cujo valor também pode ser encontrado para esta aluna na variável *SUR_2*.

Por fim, apresentamos, respectivamente nas Figuras 17.52 e 17.53, o gráfico da curva de probabilidades de sobrevivência à formatura e o gráfico da curva das taxas de falha acumuladas de Nelson-Aalen.

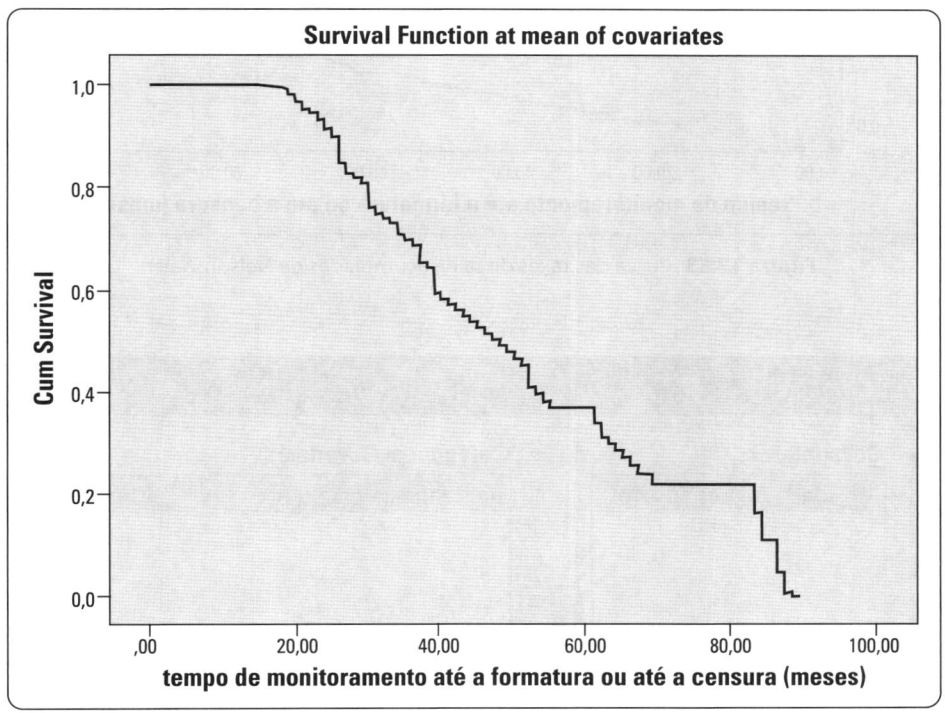

Figura 17.52 Curva de probabilidades de sobrevivência à formatura.

Os gráficos das Figuras 17.52 e 17.53 são iguais aos gerados pelo Stata e apresentados, respectivamente, nas Figuras 17.22 e 17.27.

Caso tenhamos a intenção de continuar trabalhando com o banco de dados original, não devemos nos esquecer de selecionar a opção **All cases** em **Data → Select Cases...**.

Assim, caso haja a intenção de se elaborarem gráficos das curvas de probabilidades de sobrevivência à formatura e da taxa de falha acumulada de ocorrência de formatura para cada categoria da variável qualitativa (estudantes com bolsa de estudo e estudantes sem bolsa de estudo), devemos, em **Categorical...**, selecionar a variável *bolsa* e inseri-la na caixa **Categorical Covariates**, visto que esta variável é qualitativa. Além disso, em **Change Contrast**, devemos selecionar a opção **First** em **Reference Category**, uma vez que queremos analisar a influência de se ter bolsa de estudo (categoria com valor 1 no banco de dados) sobre a probabilidade de não se formar em relação a não se ter bolsa de estudo (categoria de referência com valor 0 no banco de dados), conforme mostra a Figura 17.54. Após clicarmos em **Continue**, devemos, em **Plots...**, selecionar a variável *bolsa* (definida como categórica na caixa de diálogo **Categorical...**) e inseri-la em **Separates Lines for**, conforme mostra a Figura 17.55.

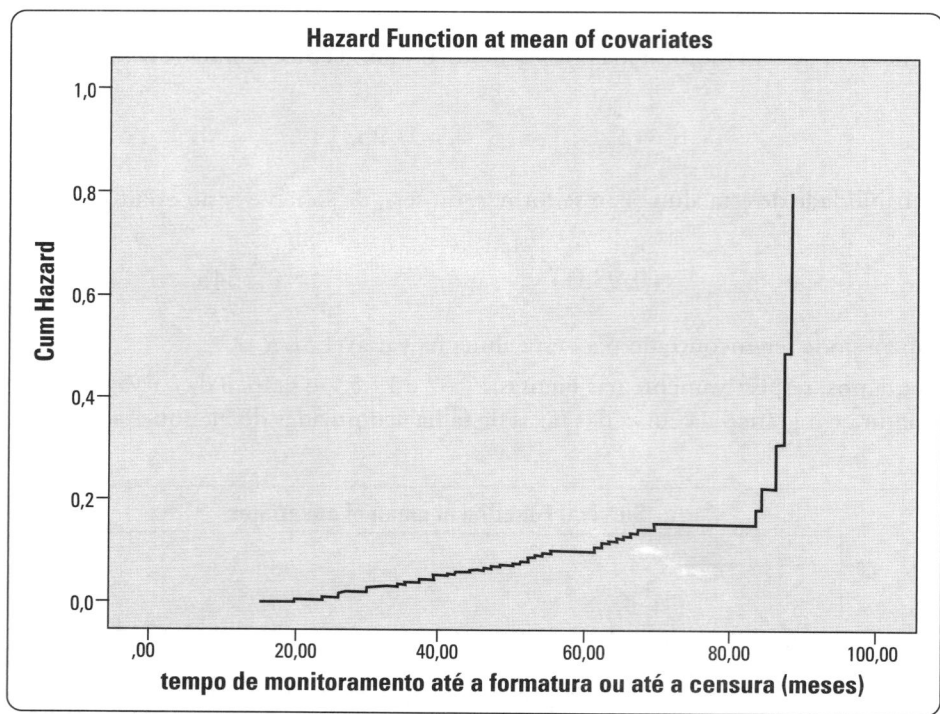

Figura 17.53 Curva das taxas de falha acumuladas de Nelson-Aalen.

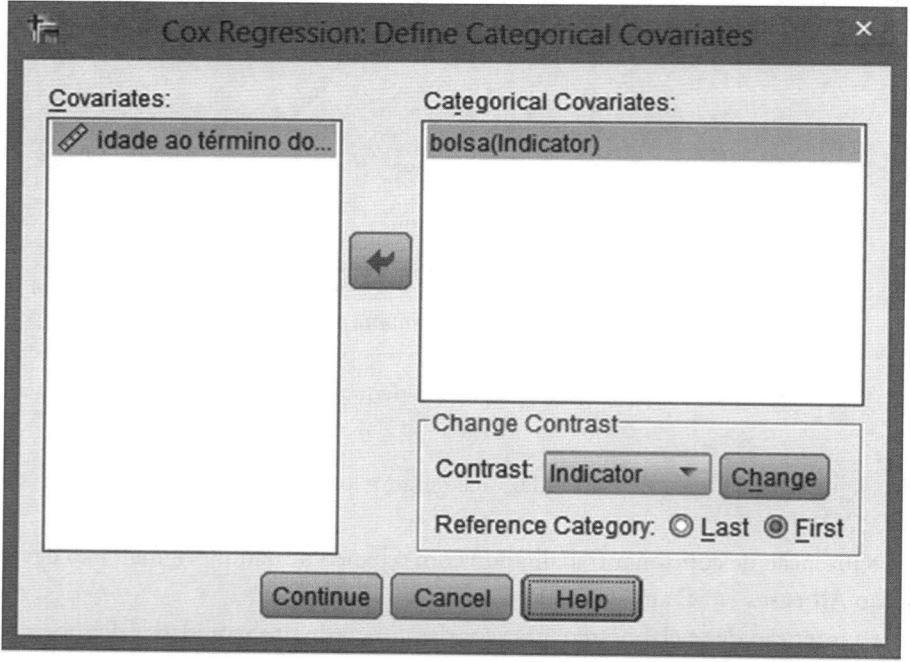

Figura 17.54 Seleção da variável explicativa qualitativa e definição da categoria de referência.

Elaborado este procedimento final, podemos clicar em **Continue** e em **OK**. Os gráficos das Figuras 17.56 e 17.57, iguais, respectivamente, aos gráficos das Figuras 17.23 e 17.28 gerados pelo Stata, mostram, de fato, que as probabilidades de sobreviver à formatura (de não se formar) são maiores para os estudantes que possuem bolsa de estudo, ou seja, o risco de haver formatura para estes estudantes é menor. As diferenças entre as curvas são estatisticamente significantes, conforme verificado pelo teste *Log-rank*.

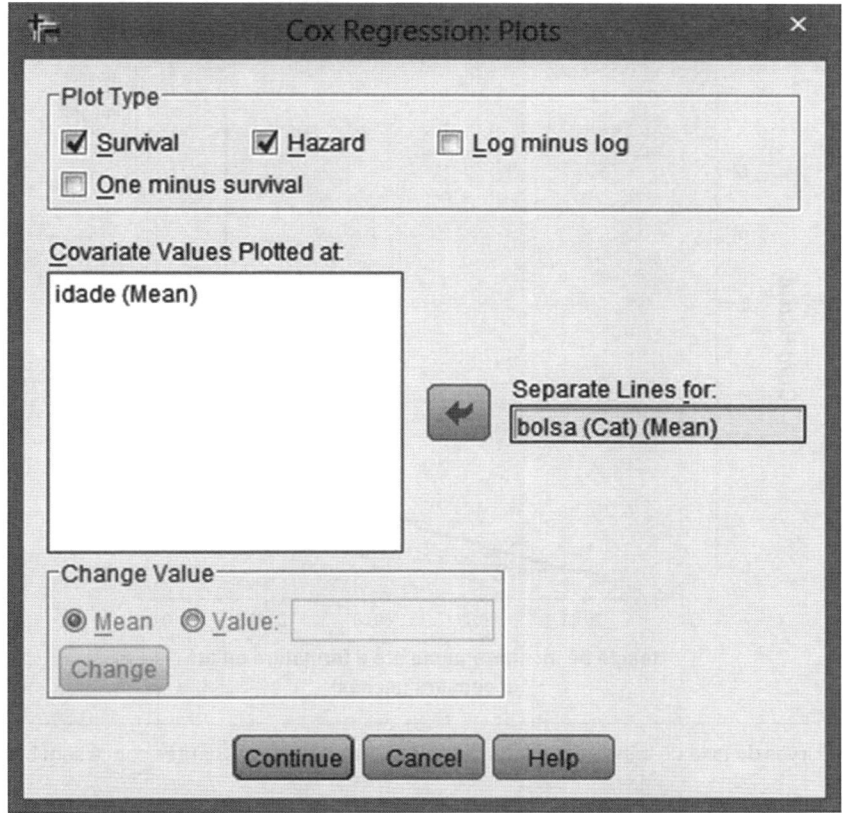

Figura 17.55 Seleção de opções para elaboração de gráficos de cada categoria da variável *bolsa*.

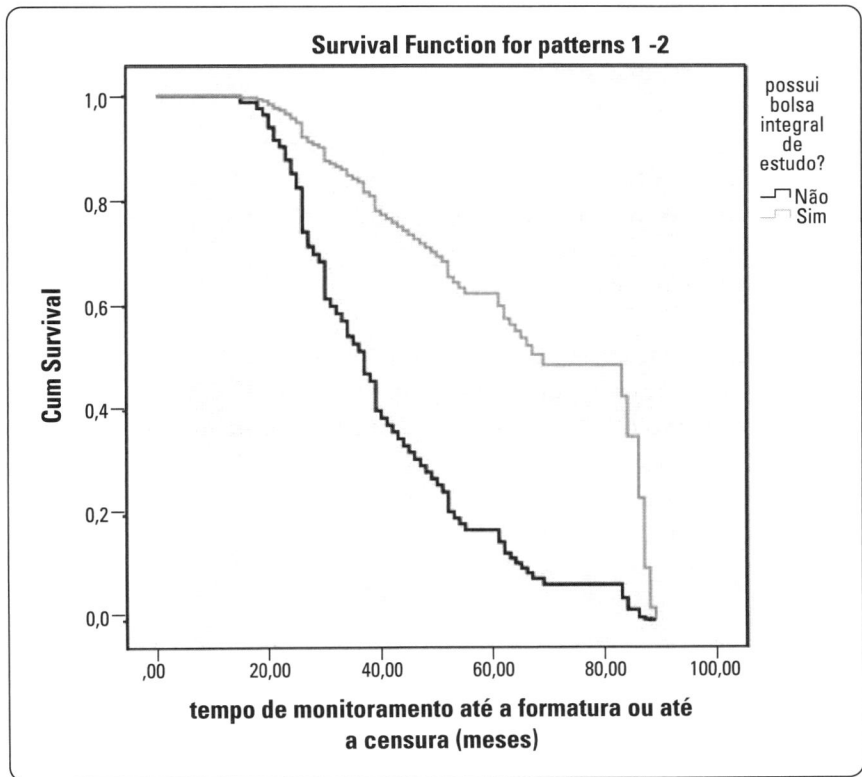

Figura 17.56 Curvas de probabilidades de sobrevivência à formatura para estudantes com e sem bolsa de estudo.

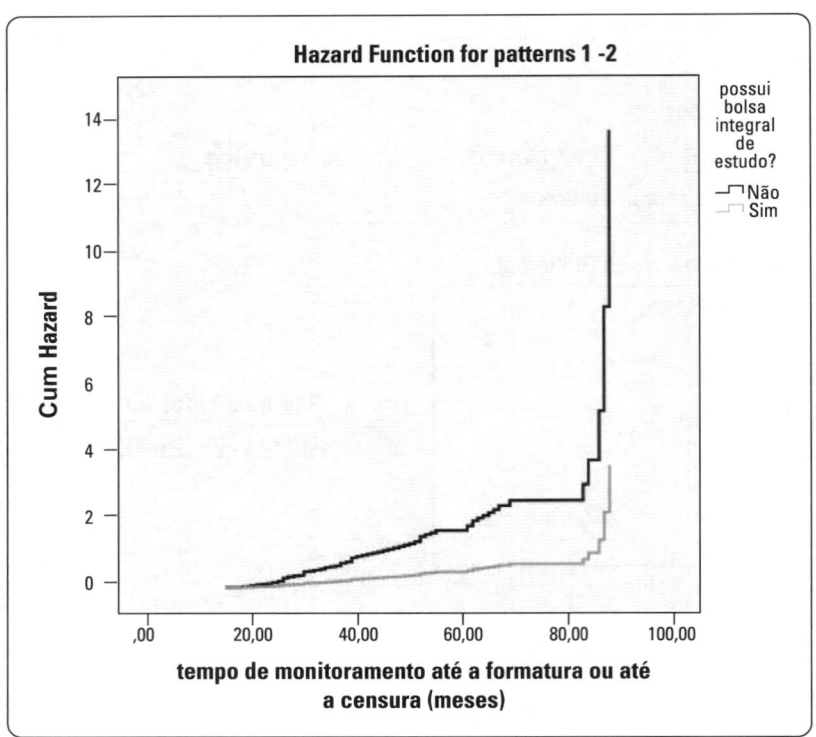

Figura 17.57 Curvas da taxa de falha acumulada de Nelson-Aalen para estudantes com e sem bolsa de estudo.

17.5. CÓDIGOS EM R PARA OS EXEMPLOS DO CAPÍTULO

```r
# Pacotes utilizados
library(plotly) #plataforma gráfica
library(tidyverse) #carregar outros pacotes do R
library(knitr) #formatação de tabelas
library(kableExtra) #formatação de tabelas
library(reshape2) #função 'melt'
library(questionr) #função 'freq' para tabelas de frequência
library(survival) #funções 'Surv', 'survfit', 'coxph' e 'cox.zph' para
                  #procedimento Kaplan-Meier e modelo de riscos proporcionais de Cox
library(gtsummary) #função 'tbl_regression' para obtenção de tabela com hazard
                  #ratios de variáveis preditoras em modelos de riscos proporcionais
                  #de Cox
library(survminer) #função 'ggsurvplot' para plotagem de curvas de
                  #probabilidade de sobrevivência
library(sft) #função 'estimateNAH' para determinação das taxas de falha
             #acumuladas de Nelson-Aalen


# Carregamento da base de dados 'tempo_formatura_cox'
load(file = "tempo_formatura_cox.RData")


# Visualização da base de dados
tempo_formatura_cox %>%
  kable() %>%
  kable_styling(bootstrap_options = "striped",
                full_width = FALSE,
                font_size = 22)
```

```r
# Estatísticas univariadas
summary(tempo_formatura_cox)

# Distribuição de frequências da variável 'status' pela função 'table'
table(tempo_formatura_cox$status)

# Distribuição de frequências da variável 'status' pela função 'freq' do pacote
#'questionr'
freq(tempo_formatura_cox$status)

# Procedimento Kaplan-Meier

# Transformação da variável 'status' para dummy, em que 'censura' recebe o label
#0, e 'evento (formatura)' recebe o label 1
tempo_formatura_cox <-
  tempo_formatura_cox %>%
  mutate(
    status = recode(status, 'censura' = 0, 'evento (formatura)' = 1)
  )

# Procedimento Kaplan-Meier propriamente dito (criação do objeto 'kaplan_meier')
#(funções 'Surv' e 'survfit' do pacote 'survival')
kaplan_meier <- survfit(Surv(tempo_formatura_cox$tempomonitor,
                             tempo_formatura_cox$status) ~ 1,
                       data = tempo_formatura_cox)

# Listagem e descrição do objeto 'kaplan_meier'
str(kaplan_meier)
print(kaplan_meier)

# Probabilidades de sobrevivência ao evento S(t) para cada tempo de monitoramento

summary(kaplan_meier)
```

Ao acessar o QR Code ao lado, você encontrará os códigos completos em R® *on-line*

17.6. CÓDIGOS EM PYTHON PARA OS EXEMPLOS DO CAPÍTULO

```python
# Importação dos pacotes necessários
import pandas as pd #manipulação de dados em formato de dataframe
import seaborn as sns #biblioteca de visualização de informações estatísticas
import matplotlib.pyplot as plt #biblioteca de visualização de dados
from lifelines import KaplanMeierFitter #procedimento Kaplan-Meier
from lifelines import NelsonAalenFitter #procedimento Nelson-Aalen
from lifelines import CoxPHFitter #estimação do modelo de riscos proporcionais de Cox
from lifelines.statistics import proportional_hazard_test #teste para verificação
#de existência de riscos proporcionais
from lifelines.statistics import logrank_test #teste Log-rank
from math import exp #operação matemática exponencial
```

```python
# Carregamento da base de dados 'tempo_formatura_cox'
df_tempo_formatura_cox = pd.read_csv('tempo_formatura_cox.csv', delimiter=',')

# Visualização da base de dados 'tempo_formatura_cox'
df_tempo_formatura_cox

# Características das variáveis do dataset
df_tempo_formatura_cox.info()

# Estatísticas univariadas
df_tempo_formatura_cox.describe()

# Distribuição de frequências da variável 'status'
# Função 'values_counts' do pacote 'pandas' sem e com normalização
#para gerar as contagens e os percentuais, respectivamente
contagem = df_tempo_formatura_cox['status'].value_counts(dropna=False)
percent = df_tempo_formatura_cox['status'].value_counts(dropna=False, normalize=True)
pd.concat([contagem, percent], axis=1, keys=['contagem', '%'], sort=True)


# Procedimento Kaplan-Meier

# Transformação da variável 'status' para dummy, em que 'censura' recebe o label
#0, e 'evento (formatura)' recebe o label 1
df_tempo_formatura_cox.loc[df_tempo_formatura_cox['status']==
                           'censura',
                           'status'] = 0
df_tempo_formatura_cox.loc[df_tempo_formatura_cox['status']==
                           'evento (formatura)',
                           'status'] = 1

# Procedimento Kaplan-Meier propriamente dito (criação do objeto 'kaplan_meier')
#(função 'KaplanMeierFitter' do pacote 'lifelines')
kaplan_meier = KaplanMeierFitter()

# Definição das variáveis no objeto 'kaplan_meier'
kaplan_meier.fit(df_tempo_formatura_cox['tempomonitor'],
                 df_tempo_formatura_cox['status'],
                 label='survival')

# Listagem e descrição do objeto 'kaplan_meier'
kaplan_meier.event_table #deaths, lost e beg_total
kaplan_meier.survival_function_ #probabilidades de sobrevivência ao evento S(t)
#para cada tempo de monitoramento
kaplan_meier.confidence_interval_survival_function_ #intervalos de confiança de S(t)
```

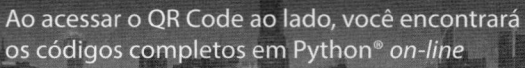
Ao acessar o QR Code ao lado, você encontrará os códigos completos em Python® on-line

17.7. CONSIDERAÇÕES FINAIS

A análise de sobrevivência tem por objetivo principal estudar o comportamento das curvas da função de sobrevivência ao evento e da função da taxa de risco (taxa de falha) de ocorrência do evento em questão, com base nos tempos de monitoramento das observações de uma amostra e levando-se em consideração a existência de dados censurados. Se o estudo se restringir somente a este fato, pode-se elaborar um procedimento Kaplan-Meier. Entretanto, caso o pesquisador tenha o interesse em verificar como se comportam estas funções a partir de alterações em determinadas variáveis preditoras, poderá estimar modelos de regressão para dados de sobrevivência, como os semiparamétricos, representados pelo modelo de riscos proporcionais de Cox, e os paramétricos, representados, por exemplo, pelos modelos exponencial, Weibull ou Gompertz que, embora não tratados especificamente neste livro, são brevemente discutidos no apêndice deste capítulo.

Os modelos de regressão para dados de sobrevivência, embora apresentem inúmeras possibilidades de aplicação em diversas áreas do conhecimento, ainda são pouco explorados em campos como logística, marketing ou mercado financeiro. Os modelos semiparamétricos de riscos proporcionais de Cox são os mais conhecidos e utilizados em ciências biomédicas, ecologia, economia, contabilidade e atuária, pela simplicidade de estimação e facilidade de interpretação dos resultados. Entretanto, é fundamental que o pesquisador verifique a validade do princípio da proporcionalidade inerente a estes modelos e, caso tal princípio seja violado, pode-se partir para a estimação de modelos de Cox com variável tempo-dependente.

Os modelos de regressão para dados de sobrevivência são estimados por máxima verossimilhança e, assim como outros modelos de dependência, devem ser definidos com base no uso correto do software escolhido. Além disso, a inclusão preliminar de potenciais variáveis explicativas do fenômeno em estudo deve ser sempre feita com base na teoria subjacente e na própria intuição do pesquisador.

17.8. EXERCÍCIOS

1) Uma corretora de títulos e valores mobiliários deseja estudar o comportamento de seus clientes (pessoas físicas) no uso do seu *Home Broker*, com o intuito de investigar quais variáveis podem influenciar o retorno à plataforma eletrônica para a compra de ações de companhias abertas brasileiras. Logo, o evento de interesse refere-se à compra de ações pelo *Home Broker* e, para tanto, a corretora coletou uma amostra de 50 clientes e os monitorou, atenta à ocorrência do evento de interesse. Além disso, também ficou atenta à ocorrência de censuras para alguns clientes ao término de determinados períodos de monitoramento, decorrentes, principalmente, de encerramento de contrato. Por fim, preencheu um banco de dados com variáveis de cada cliente, tendo por intuito elaborar uma análise preditiva, por meio da estimação de um modelo de riscos proporcionais de Cox. O objetivo da corretora é examinar os efeitos destas variáveis sobre a taxa de risco de ocorrência do evento, ou seja, sobre a taxa de risco de haver nova transação de compra de ações em sua plataforma eletrônica e, portanto, investigar como o comportamento destas variáveis pode influenciar a redução da probabilidade de sobrevivência ao evento para cada tempo de monitoramento. Como a empresa gera receita a cada transação efetuada (taxa de corretagem), este estudo é de fundamental importância.

As variáveis levantadas, para cada cliente, foram:

Variável	Descrição
id	Variável *string* que varia de 01 a 50 e que identifica o cliente da corretora.
tempo	Tempo de monitoramento de cada cliente (dias).
compra	Variável binária que indica o evento (compra de ações no *Home Broker* = 1) ou a censura (encerramento do contrato com a corretora = 0).
idade	Idade do cliente (anos).
sexo	Sexo do cliente (feminino = 0; masculino = 1).
renda	Renda mensal familiar (R$).
perfil	Perfil de investimento declarado pelo cliente na assinatura do contrato (conservador = 1; moderado = 2; arrojado = 3).

Os dados encontram-se nos arquivos **HomeBroker.sav**, **HomeBroker.dta**, **home_broker.RData** e **home_broker.csv**. Pede-se:

a) Elabore o procedimento Kaplan-Meier e apresente uma tabela com as probabilidades de sobrevivência ao evento $\hat{S}(t)$, a taxa de falha $h(t)$ e a taxa de falha acumulada de Nelson-Aalen, com tempos crescentes de monitoramento.

b) Estime um modelo de riscos proporcionais de Cox, com a inclusão de todas as variáveis preditoras. Não se esqueça de transformar a variável *perfil* em duas *dummies*, com o perfil considerado conservador sendo a categoria de referência.

c) Em relação ao modelo estimado, pode-se rejeitar, com base no teste χ^2, a hipótese nula de que todos os parâmetros β_j (j = 1, ..., 5) sejam estatisticamente iguais a zero ao nível de significância de 5%, ou seja, que pelo menos uma variável X seja estatisticamente significante para explicar a taxa de risco de ocorrência de compra de ações no *Home Broker* para diferentes tempos de monitoramento, relativamente à taxa de risco basal?

d) Ainda em relação ao modelo estimado no item (b), pode-se afirmar que uma ou mais variáveis preditoras mostraram-se estatisticamente não significantes, ao nível de significância de 5%, para explicar a taxa de risco de ocorrência do evento em estudo? Se sim, qual(is)?

e) Se a resposta do item anterior foi afirmativa, estime novamente o modelo, porém por meio do procedimento *Stepwise* (*Forward Wald*, caso a opção seja pela estimação no SPSS).

f) Quais as expressões finais da taxa de risco de ocorrência de compra de ações (taxa de falha) e da probabilidade de sobrevivência à compra de ações (probabilidade de não haver compra de ações), com base na estimação dos parâmetros?

g) Para o modelo final estimado, verifique se há a violação do princípio da proporcionalidade que deve ser obedecido em modelos de riscos proporcionais de Cox, ou seja, avalie se alguma das variáveis explicativas é dependente do tempo de monitoramento, ao nível de significância de 5%.

h) Em média, em quanto se altera a taxa de risco de ocorrência de compra de ações (*hazard ratio*) quando se aumenta em 1 ano a idade média dos clientes, mantidas as demais condições constantes?

i) Em média, qual a diferença na taxa de risco de ocorrência de compra de ações (*hazard ratio*) entre homens e mulheres, mantidas as demais condições constantes?

j) Em média, em quanto se altera a taxa de risco de ocorrência de compra de ações (*hazard ratio*) quando se aumenta em R$ 1,00 a renda média familiar dos clientes, mantidas as demais condições constantes?

k) Em média, qual a diferença na taxa de risco de ocorrência de compra de ações (*hazard ratio*) entre clientes que se consideram moderados e aqueles que se consideram conservadores, mantidas as demais condições constantes? E entre aqueles que se consideram arrojados e os que se consideram conservadores?

l) Qual a probabilidade de um cliente da corretora comprar ações no *Home Broker*, sabendo-se que ele está sendo monitorado há 34 dias, tem 32 anos de idade, é do sexo masculino, possui renda mensal familiar de R$ 3.669,00 e se considera moderado em termos de perfil de investimento?

m) Elabore o gráfico da curva de probabilidades de sobrevivência à compra de ações para o modelo final.

n) Elabore o mesmo gráfico, porém estratificando os clientes do sexo feminino e do sexo masculino.

o) Elabore o gráfico da curva das taxas de risco (taxas de falha) de compra de ações para o modelo final.

p) Elabore o mesmo gráfico, porém estratificando os clientes do sexo feminino e do sexo masculino.

q) Elabore o gráfico da curva das taxas de falha acumuladas de Nelson-Aalen para o modelo final.

r) Elabore o mesmo gráfico, porém estratificando os clientes do sexo feminino e do sexo masculino.

s) Por meio do teste *Log-rank*, é possível afirmar que existem comportamentos discrepantes entre os clientes do sexo masculino e do sexo feminino em relação ao risco de haver compra de ações, ao nível de significância de 5%?

t) Por meio do teste *Log-rank*, é possível afirmar que, para as funções de sobrevivência ao evento dos perfis conservador, moderado e arrojado, pelo menos uma delas é estatisticamente diferente das demais, ao nível de significância de 5%? Se sim, por meio do teste de Breslow (Wilcoxon), verifique qual par de funções apresenta o comportamento mais discrepante.

2) O Ministério da Saúde de determinado país deseja ampliar a distribuição de um novo medicamento destinado a pacientes em estado terminal portadores de uma específica doença e internados em Unidades de Terapia Intensiva (UTIs). Para tanto, precisa investigar a real eficiência deste novo medicamento em termos de aumento da probabilidade de sobrevivência dos pacientes que o utilizam e, desta forma, solicitou aos hospitais que monitorassem semanalmente os pacientes internados em UTI, e que informassem o uso ou não deste novo medicamento, bem como o sexo do paciente. Ao término da investigação, foram monitorados 3.000 pacientes, sendo que alguns apresentaram óbito (o evento de interesse, neste caso, é a morte) e outros

apresentaram dados censurados, pelo fato de terem deixado a UTI. A descrição de cada variável levantada, para cada paciente, está descrita a seguir:

Variável	Descrição
id	Variável *string* que varia de 0001 a 3000 e que identifica o paciente.
tempo	Tempo de monitoramento de cada paciente em estado terminal (semanas).
morte	Variável binária que indica o evento (ocorrência da morte = 1) ou a censura (saiu da UTI = 0).
medicamento	Variável binária que indica a aplicação do novo medicamento (1) ou a aplicação de medicamento considerado mais antigo (0).
sexo	Sexo do paciente (feminino = 0; masculino = 1).

Os dados encontram-se nos arquivos **UTI.sav**, **UTI.dta**, **uti.RData** e **uti.csv**.

Por meio da estimação de um modelo de riscos proporcionais de Cox, considerando as variáveis medicamento e sexo como possíveis preditoras, pede-se:

a) Verifique se há a violação do princípio da proporcionalidade que deve ser obedecido em modelos de riscos proporcionais de Cox para as duas variáveis preditoras.

b) Elabore os gráficos que apresentam a relação entre os resíduos escalonados de Schoenfeld das variáveis *medicamento* e *sexo* e os tempos de monitoramento. Faça uma breve discussão sobre a característica dos gráficos obtidos.

c) É possível afirmar que pacientes que recebem medicamento novo e pacientes que são tratados com medicamento considerado mais antigo apresentam probabilidades de sobrevivência estatisticamente diferentes, ao nível de significância de 5%?

d) Elabore o gráfico das curvas de probabilidades de sobrevivência para os pacientes tratados com medicamento novo e para os pacientes tratados com medicamento considerado mais antigo. Faça uma breve discussão sobre o gráfico elaborado.

e) Elabore o gráfico das curvas das taxas de risco (taxas de falha) de ocorrência de morte para os pacientes tratados com medicamento novo e para os pacientes tratados com medicamento considerado mais antigo. Faça uma breve discussão sobre o gráfico elaborado.

f) É possível afirmar que pacientes do sexo feminino e do sexo masculino apresentam probabilidades de sobrevivência estatisticamente diferentes, ao nível de significância de 5%?

g) Elabore o gráfico das curvas de probabilidades de sobrevivência para os pacientes do sexo feminino e para os pacientes do sexo masculino. Faça uma breve discussão sobre o gráfico elaborado.

Com base nas discussões elaboradas, estime o modelo de riscos proporcionais de Cox por meio do procedimento *Stepwise*. Neste caso, pede-se:

h) Quais as expressões finais da taxa de risco de ocorrência de morte e da probabilidade de sobrevivência?

i) Em média, qual a diferença na taxa de risco de ocorrência de morte (*hazard ratio*) entre os pacientes tratados com medicamento novo e aqueles tratados com medicamento considerado mais antigo?

Modelos paramétricos de regressão para dados de sobrevivência

A) Breve Apresentação

Ao contrário dos modelos de riscos proporcionais de Cox, em que são estimadas as funções de sobrevivência basal $\hat{S}_0(t)$ e de risco basal $\hat{h}_0(t)$ de forma não paramétrica, dado que estas funções apresentam distribuições desconhecidas, nos modelos paramétricos de regressão para dados de sobrevivência como, por exemplo, o exponencial, o Weibull ou o Gompertz, estas funções são estimadas com base nas respectivas distribuições teóricas da função de sobrevivência ao evento.

Inicialmente, vamos novamente apresentar a expressão (17.6), definida na seção 17.2 deste capítulo para a taxa de risco (taxa de falha) de ocorrência do evento de interesse:

$$\hat{h}_i(t) = \hat{h}_{0i}(t).e^{\left(\beta_1.X_{1i}+\beta_2.X_{2i}+...+\beta_k.X_{ki}\right)}$$

em que $\hat{h}_0(t)$ representa o risco basal (*baseline hazard*) para um tempo de monitoramento t, e corresponde ao risco de ocorrência do evento em t para determinada observação i, quando todas as suas variáveis explicativas apresentarem valores iguais a zero, β_j (j = 1, 2, ..., k) representa todos os parâmetros estimados de cada variável explicativa, X_j representa as variáveis explicativas (métricas ou *dummies*) e o subscrito i representa cada observação da amostra (i = 1, 2, ..., n, em que n é o tamanho da amostra).

Dessa forma, podemos escrever as expressões das taxas de risco (taxas de falha) de ocorrência do evento de interesse para os modelos exponencial, Weibull e Gompertz, respectivamente, da seguinte maneira:

- **Modelo exponencial**

$$\hat{h}_i(t) = e^{\left(\beta_1.X_{1i}+\beta_2.X_{2i}+...+\beta_k.X_{ki}\right)} \tag{17.23}$$

já que $\hat{h}_0(t)$ = 1 para esta estimação.

- **Modelo Weibull**

$$\hat{h}_i(t) = (p).e^{\left(\beta_1.X_{1i}+\beta_2.X_{2i}+...+\beta_k.X_{ki}\right)}.(t)^{p-1} \tag{17.24}$$

sendo $\hat{h}_0(t) = p.(t)^{p-1}$ neste caso, em que p representa o parâmetro de forma da distribuição Weibull. Note que o modelo exponencial é um caso particular do modelo Weibull quando p = 1.

- **Modelo Gompertz**

$$\hat{h}_i(t) = e^{\left(\beta_1.X_{1i}+\beta_2.X_{2i}+...+\beta_k.X_{ki}\right)}.e^{(\gamma.t)} \tag{17.25}$$

sendo, neste caso, $\hat{h}_0(t) = e^{(\gamma.t)}$, em que γ representa um parâmetro auxiliar a ser estimado na modelagem. Quando γ for positivo, a taxa de risco de ocorrência do evento aumentará com o tempo. Entretanto, quando for negativo, a taxa de risco diminuirá com o tempo. Já quando γ for igual a zero, a taxa de risco de ocorrência do evento será igual a $e^{\left(\beta_1.X_{1i}+\beta_2.X_{2i}+...+\beta_k.X_{ki}\right)}$ e, portanto, o modelo será reduzido a um modelo exponencial.

Feita esta breve apresentação das funções das taxas de risco de ocorrência do evento para os modelos exponencial, Weibull e Gompertz, apresentamos, por meio das Figuras 17.58 e 17.59, os gráficos dos comportamentos destas funções com base na evolução temporal.

Na sequência, estimaremos, em Stata, os modelos exponencial, Weibull e Gompertz, fazendo uso na mesma base de dados utilizada ao longo deste capítulo.

Para um aprofundamento do estudo dos modelos paramétricos de regressão para dados de sobrevivência, inclusive em relação à estimação dos parâmetros por meio das respectivas funções de verossimilhança, recomendamos a leitura de López e Fidalgo (2000), Klein e Moeschberger (2003), Hosmer, Lemeshow e May (2008), Kleinbaum e Klein (2012) e Lee e Wang (2013).

B) Estimação de Modelos Paramétricos de Sobrevivência no Stata

Com base no arquivo **TempoFormaturaCox.dta**, vamos, primeiramente, estimar um modelo de regressão exponencial. Para tanto, devemos digitar, inicialmente, o seguinte comando, que informa ao Stata que serão estimados modelos para dados de sobrevivência, assim como fizemos quando da estimação do modelo de riscos proporcionais de Cox.

```
stset tempomonitor, failure(status) id(estudante)
```

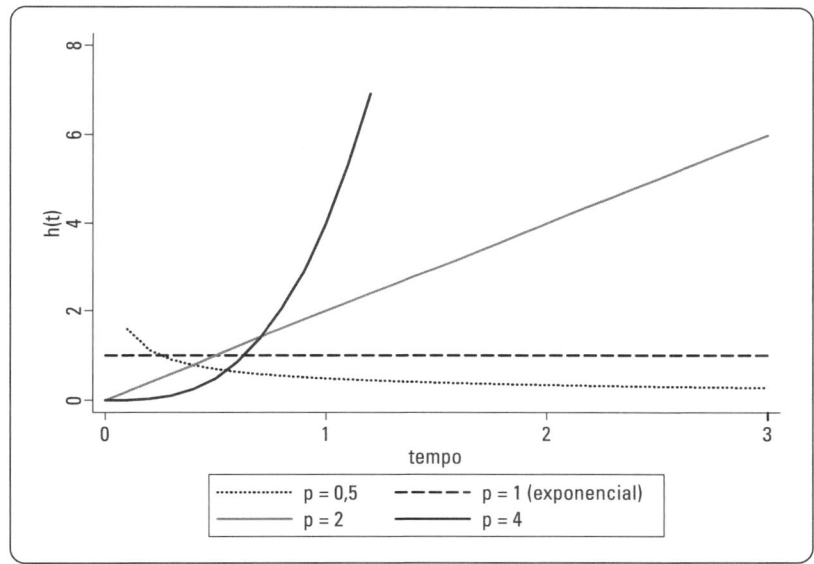

Figura 17.58 Funções das taxas de risco $\hat{h}(t)$ para a distribuição Weibull (distribuição exponencial como caso particular).

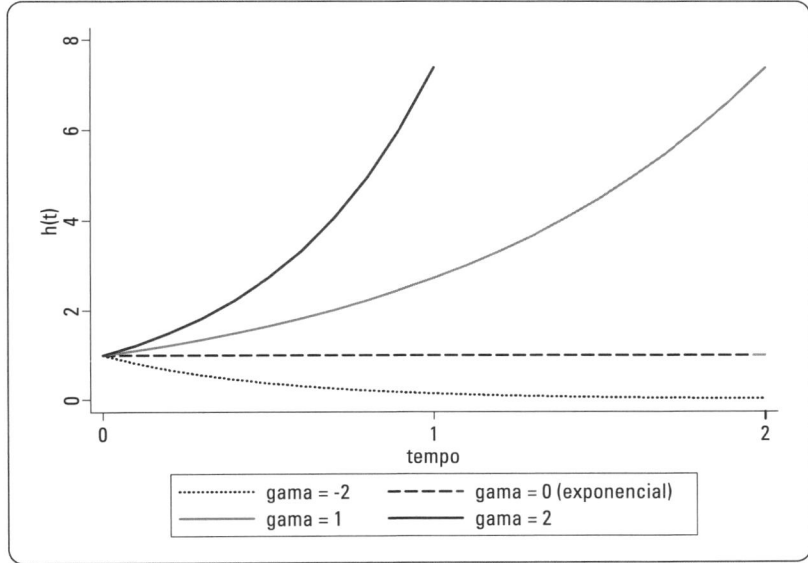

Figura 17.59 Funções das taxas de risco $\hat{h}(t)$ para a distribuição Gompertz (distribuição exponencial como caso particular).

Os modelos paramétricos de regressão para dados de sobrevivência são estimados por meio do comando **streg**, que, quando aplicado diretamente, oferece as estimações das *hazard ratios* dos parâmetros. Analogamente ao comando **stcox**, o termo **nohr** pode ser utilizado para que sejam obtidas as estimações dos parâmetros propriamente ditos dos modelos.

Dessa forma, a fim de que seja estimado o modelo exponencial, devemos digitar os seguintes comandos:

```
streg bolsa idade, distribution(exponential)
streg bolsa idade, distribution(exponential) nohr
```

Os resultados obtidos encontram-se na Figura 17.60.

Não iremos discutir os *outputs* em profundidade, como fizemos ao longo deste capítulo, porém podemos verificar que os parâmetros estimados pelo modelo exponencial não diferem substancialmente daqueles obtidos pelo modelo de Cox (Figura 17.17), mesmo que o parâmetro correspondente à variável *idade* passe a não ser mais estatisticamente diferente de zero, ao nível de significância de 5%.

Para a estimação do modelo de regressão Weibull, devemos digitar os seguintes comandos:

```
streg bolsa idade, distribution(weibull)
streg bolsa idade, distribution(weibull) nohr
```

```
. streg bolsa idade, distribution(exponential)

        failure _d:  status
  analysis time _t:  tempomonitor
                id:  estudante

Iteration 0:   log likelihood = -114.51049
Iteration 1:   log likelihood = -103.33749
Iteration 2:   log likelihood = -102.36523
Iteration 3:   log likelihood = -102.36361
Iteration 4:   log likelihood = -102.36361

Exponential regression -- log relative-hazard form

No. of subjects =          100                    Number of obs   =        100
No. of failures =           78
Time at risk    =         4765
                                                  LR chi2(2)      =      24.29
Log likelihood  =   -102.36361                    Prob > chi2     =     0.0000

------------------------------------------------------------------------------
         _t | Haz. Ratio   Std. Err.      z    P>|z|     [95% Conf. Interval]
------------+-----------------------------------------------------------------
      bolsa |   .3705387   .0961587    -3.83   0.000     .2228116    .6162108
      idade |   1.026766   .0161308     1.68   0.093     .9956324    1.058874
------------------------------------------------------------------------------

. streg bolsa idade, distribution(exponential) nohr

        failure _d:  status
  analysis time _t:  tempomonitor
                id:  estudante

Iteration 0:   log likelihood = -114.51049
Iteration 1:   log likelihood = -103.33749
Iteration 2:   log likelihood = -102.36523
Iteration 3:   log likelihood = -102.36361
Iteration 4:   log likelihood = -102.36361

Exponential regression -- log relative-hazard form

No. of subjects =          100                    Number of obs   =        100
No. of failures =           78
Time at risk    =         4765
                                                  LR chi2(2)      =      24.29
Log likelihood  =   -102.36361                    Prob > chi2     =     0.0000

------------------------------------------------------------------------------
         _t |      Coef.   Std. Err.      z    P>|z|     [95% Conf. Interval]
------------+-----------------------------------------------------------------
      bolsa |  -.9927975   .2595105    -3.83   0.000    -1.501429   -.4841662
      idade |   .0264145   .0157103     1.68   0.093    -.0043772    .0572061
      _cons |   -4.66646   .6211911    -7.51   0.000    -5.883972   -3.448947
------------------------------------------------------------------------------
```

Figura 17.60 *Outputs* do modelo exponencial no Stata.

```
. streg bolsa idade, distribution(weibull)

         failure _d:  status
   analysis time _t:  tempomonitor
                id:  estudante

Fitting constant-only model:

Iteration 0:   log likelihood = -114.51049
Iteration 1:   log likelihood = -92.457841
Iteration 2:   log likelihood = -91.040054
Iteration 3:   log likelihood = -91.036475
Iteration 4:   log likelihood = -91.036475

Fitting full model:

Iteration 0:   log likelihood = -91.036475
Iteration 1:   log likelihood = -70.073854
Iteration 2:   log likelihood = -64.719464
Iteration 3:   log likelihood = -64.705582
Iteration 4:   log likelihood =  -64.70558

Weibull regression -- log relative-hazard form

No. of subjects =          100              Number of obs   =        100
No. of failures =           78
Time at risk    =         4765
                                            LR chi2(2)      =      52.66
Log likelihood  =     -64.70558             Prob > chi2     =     0.0000

------------------------------------------------------------------------------
         _t | Haz. Ratio   Std. Err.      z    P>|z|     [95% Conf. Interval]
------------+-----------------------------------------------------------------
      bolsa |  .2308998    .0606398    -5.58   0.000     .1379996     .3863398
      idade |  1.054514    .0188363     2.97   0.003     1.018234     1.092086
------------+-----------------------------------------------------------------
      /ln_p |  .9388968    .0857307    10.95   0.000     .7708678     1.106926
------------+-----------------------------------------------------------------
          p |  2.557159    .2192269                      2.161641     3.025044
        1/p |   .391059    .0335257                      .3305737     .4626115
------------------------------------------------------------------------------

. streg bolsa idade, distribution(weibull) nohr

         failure _d:  status
   analysis time _t:  tempomonitor
                id:  estudante

Fitting constant-only model:

Iteration 0:   log likelihood = -114.51049
Iteration 1:   log likelihood = -92.457841
Iteration 2:   log likelihood = -91.040054
Iteration 3:   log likelihood = -91.036475
Iteration 4:   log likelihood = -91.036475

Fitting full model:

Iteration 0:   log likelihood = -91.036475

Iteration 1:   log likelihood = -70.073854
Iteration 2:   log likelihood = -64.719464
Iteration 3:   log likelihood = -64.705582
Iteration 4:   log likelihood =  -64.70558

Weibull regression -- log relative-hazard form

No. of subjects =          100              Number of obs   =        100
No. of failures =           78
Time at risk    =         4765
                                            LR chi2(2)      =      52.66
Log likelihood  =     -64.70558             Prob > chi2     =     0.0000

------------------------------------------------------------------------------
         _t |     Coef.    Std. Err.      z    P>|z|     [95% Conf. Interval]
------------+-----------------------------------------------------------------
      bolsa | -1.465771    .2626238    -5.58   0.000    -1.980505     -.951038
      idade |  .0530798    .0178626     2.97   0.003     .0180698     .0880898
      _cons | -11.66312    1.217118    -9.58   0.000    -14.04863    -9.277611
------------+-----------------------------------------------------------------
      /ln_p |  .9388968    .0857307    10.95   0.000     .7708678     1.106926
------------+-----------------------------------------------------------------
          p |  2.557159    .2192269                      2.161641     3.025044
        1/p |   .391059    .0335257                      .3305737     .4626115
------------------------------------------------------------------------------
```

Figura 17.61 *Outputs* do modelo Weibull no Stata.

Os novos resultados são apresentados na Figura 17.61.

Neste caso, podemos verificar que os parâmetros e os respectivos erros-padrão estimados pelo modelo Weibull são ainda mais semelhantes em relação àqueles obtidos pelo modelo de Cox estimado na seção 17.3.

Por meio da Figura 17.61, podemos ainda verificar que é apresentada a estimação do parâmetro de forma da distribuição Weibull, com valor médio $p = 2,55716$. Como o intervalo de confiança deste parâmetro não contém o valor 1, podemos rejeitar a hipótese de que o modelo seja, neste caso, exponencial ($p = 1$). Desta forma, como o valor de p é estatisticamente maior do que 1, a taxa de risco de ocorrência do evento em estudo aumenta com o tempo e, após 100 meses de monitoramento, por exemplo, o risco de se formar é, em média, 36 vezes maior do que após 10 meses de monitoramento (uma vez que $(100/10)^{2,55716-1} = 36,07$).

Na sequência, apresentamos os resultados da estimação do modelo de regressão Gompertz (Figura 17.62), obtidos por meio da digitação dos seguintes comandos:

```
streg bolsa idade, distribution(gompertz)
streg bolsa idade, distribution(gompertz) nohr
```

Conforme podemos verificar por meio dos *outputs* da Figura 17.62, os parâmetros e os respectivos erros-padrão estimados pelo modelo Gompertz são muito semelhantes àqueles estimados pelo modelo Weibull. Note que o Stata apresenta a estimação do parâmetro auxiliar γ da distribuição Gompertz que, para o nosso exemplo, apresenta valor médio $\gamma = 0,04193$. Como o intervalo de confiança deste parâmetro não contém o zero, podemos rejeitar a hipótese de que o modelo seja, neste caso, exponencial ($\gamma = 0$). Logo, como o valor de γ é estatisticamente maior do que zero, a taxa de risco de ocorrência do evento aumentará com o tempo, conforme já discutido quando da análise do modelo Weibull.

Caso tenhamos a intenção de elaborar um gráfico para comparar as curvas das taxas de risco de ocorrência de formatura para os modelos exponencial, Weibull e Gompertz, precisamos, com base nas suas estimações, criar três variáveis correspondentes a estas funções (que chamaremos, respectivamente, de *hazexp*, *hazweibull* e *hazgompertz*), por meio da digitação dos seguintes comandos:

```
gen hazexp = exp(-4.66646 - 0.9927975 * bolsa + 0.0264145 * idade)
gen hazweibull = (2.557159) * (exp(-11.66312 - 1.465771  * bolsa
+ 0.0530798 * idade)) * ((tempomonitor) ^ (2.557159 - 1))
gen hazgompertz = (exp(-6.855031 - 1.450279 * bolsa +
0.0510545 * idade)) * (exp(0.0419325 * tempomonitor))
```

Dessa forma, podemos elaborar o gráfico desejado (Figura 17.63), por meio da digitação do seguinte comando:

```
graph twoway mspline hazexp tempomonitor ||
mspline hazweibull tempomonitor || mspline hazgompertz tempomonitor
```

Por meio do gráfico da Figura 17.63, podemos verificar que, enquanto o modelo exponencial apresenta uma curva das taxas de risco de ocorrência de formatura mais horizontal, os modelos Weibull e Gompertz são os que apresentam as curvas com comportamentos mais parecidos, com taxas crescentes de risco de ocorrência de formatura à medida que o tempo aumenta.

Por fim, imagine que tenhamos o interesse em elaborar um gráfico com as curvas das taxas de risco de ocorrência de formatura (modelo de Cox, exponencial, Weibull e Gompertz) de um grupo homogêneo de estudantes, em que todos possuem bolsa de estudo e têm 24 anos de idade.

Para tanto, precisamos, inicialmente, gerar uma nova variável correspondente à função de risco basal do modelo de Cox (*haz0*) e, para tanto, devemos estimar novamente este modelo, digitando a seguinte sequência de comandos:

```
stcox bolsa idade, nohr
predict haz0, basehc
```

Na sequência, com base nas estimações dos modelos, precisamos criar quatro novas variáveis, correspondentes às funções das taxas de risco de ocorrência de formatura para os modelos de Cox, exponencial, Weibull e Gompertz (que chamaremos, respectivamente, de *hazcox1*, *hazexp1*, *hazweibull1* e *hazgompertz1*), por meio da digitação dos seguintes comandos:

```
. streg bolsa idade, distribution(gompertz)

        failure _d:  status
   analysis time _t:  tempomonitor
             id:  estudante

Fitting constant-only model:

Iteration 0:   log likelihood = -114.51049
Iteration 1:   log likelihood = -101.72234
Iteration 2:   log likelihood = -98.489991
Iteration 3:   log likelihood = -98.481752
Iteration 4:   log likelihood = -98.481751

Fitting full model:

Iteration 0:   log likelihood = -98.481751
Iteration 1:   log likelihood = -78.278001
Iteration 2:   log likelihood = -73.668695
Iteration 3:   log likelihood = -73.659179
Iteration 4:   log likelihood = -73.659178

Gompertz regression -- log relative-hazard form

No. of subjects =           100                  Number of obs   =          100
No. of failures =            78
Time at risk    =          4765
                                                 LR chi2(2)      =        49.65
Log likelihood  =   -73.659178                   Prob > chi2     =       0.0000

------------------------------------------------------------------------------
        _t |  Haz. Ratio   Std. Err.      z    P>|z|     [95% Conf. Interval]
-----------+------------------------------------------------------------------
     bolsa |   .2345049    .0619253    -5.49   0.000     .1397579    .3934842
     idade |   1.05238     .018288      2.94   0.003     1.01714     1.088842
-----------+------------------------------------------------------------------
    /gamma |   .0419325    .0054203     7.74   0.000     .031309     .052556
------------------------------------------------------------------------------

. streg bolsa idade, distribution(gompertz) nohr

        failure _d:  status
   analysis time _t:  tempomonitor
             id:  estudante

Fitting constant-only model:

Iteration 0:   log likelihood = -114.51049
Iteration 1:   log likelihood = -101.72234
Iteration 2:   log likelihood = -98.489991
Iteration 3:   log likelihood = -98.481752
Iteration 4:   log likelihood = -98.481751

Fitting full model:

Iteration 0:   log likelihood = -98.481751
Iteration 1:   log likelihood = -78.278001
Iteration 2:   log likelihood = -73.668695
Iteration 3:   log likelihood = -73.659179
Iteration 4:   log likelihood = -73.659178

Gompertz regression -- log relative-hazard form

No. of subjects =           100                  Number of obs   =          100
No. of failures =            78
Time at risk    =          4765
                                                 LR chi2(2)      =        49.65
Log likelihood  =   -73.659178                   Prob > chi2     =       0.0000

------------------------------------------------------------------------------
        _t |     Coef.    Std. Err.      z    P>|z|     [95% Conf. Interval]
-----------+------------------------------------------------------------------
     bolsa |  -1.450279    .2640684    -5.49   0.000    -1.967843    -.9327143
     idade |   .0510545    .0173778     2.94   0.003     .0169947     .0851143
     _cons |  -6.855031    .7608912    -9.01   0.000    -8.346351    -5.363712
-----------+------------------------------------------------------------------
    /gamma |   .0419325    .0054203     7.74   0.000     .031309     .052556
------------------------------------------------------------------------------
```

Figura 17.62 *Outputs* do modelo Gompertz no Stata.

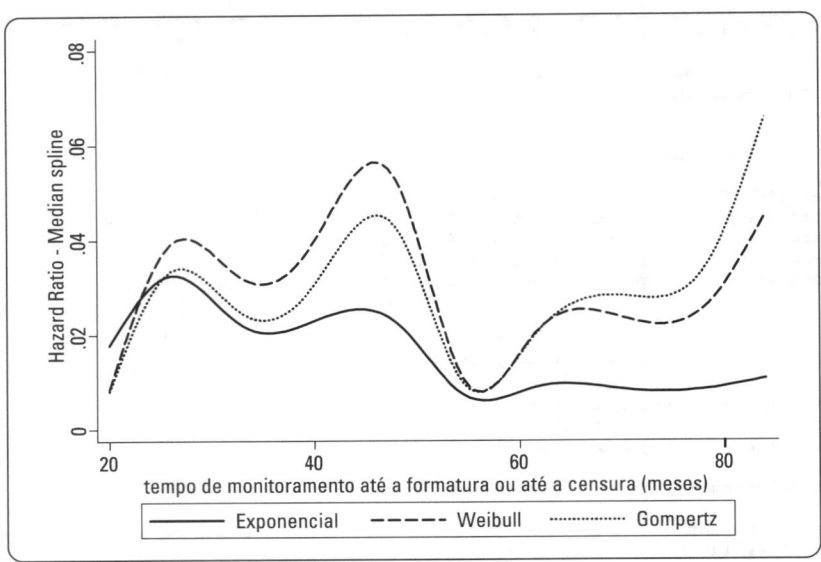

Figura 17.63 Curvas das taxas de risco de ocorrência de formatura.

```
gen hazcox1 = haz0*exp(-1.317371 * 1 + .0665315 * 24)
gen hazexp1 = exp(-4.66646 - 0.9927975 * 1 + 0.0264145 * 24)
gen hazweibull1 = (2.557159) * (exp(-11.66312 - 1.465771 *
1 + 0.0530798 * 24)) * ((tempomonitor) ^ (2.557159 - 1))
gen hazgompertz1 = (exp(-6.855031 - 1.450279 * 1 + 0.0510545 * 24)) *
(exp(0.0419325 * tempomonitor))
```

E, dessa forma, podemos elaborar o gráfico desejado (Figura 17.64), por meio da digitação do seguinte comando:

```
graph twoway mspline hazcox1 tempomonitor ||
mspline hazexp1 tempomonitor || mspline hazweibull1 tempomonitor ||
mspline hazgompertz1 tempomonitor
```

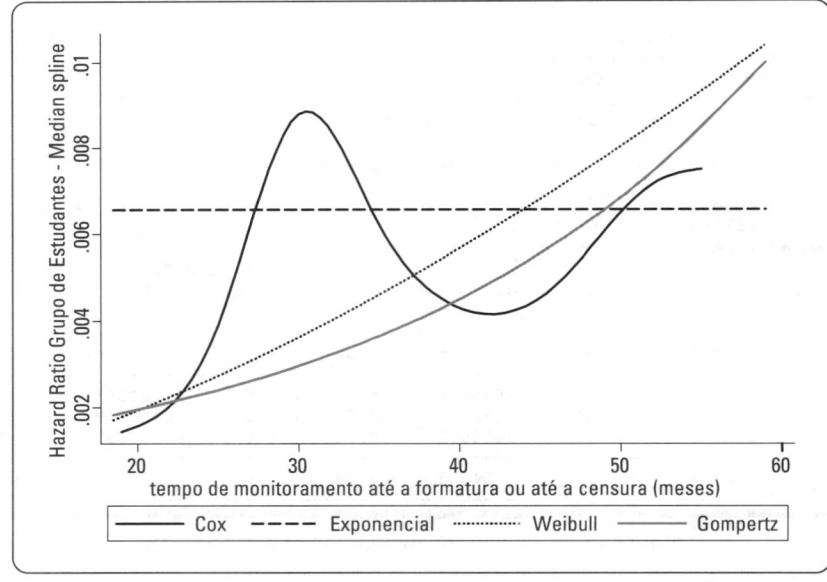

Figura 17.64 Curvas das taxas de risco de ocorrência de formatura para estudantes com 24 anos de idade e que possuem bolsa de estudo.

A fim de facilitar a visualização das diferenças entre as curvas apresentadas na Figura 17.64 e, consequentemente, permitir a comparação entre seus comportamentos, optou-se por elaborar o gráfico considerando-se apenas tempos de monitoramento menores do que 60 meses.

Com base na análise do gráfico da Figura 17.64, é possível verificar que, enquanto as taxas de risco de ocorrência do evento apresentam determinados comportamentos para os modelos exponencial, Weibull e Gompertz, já que estas funções são estimadas com base nas respectivas distribuições teóricas das funções de risco de ocorrência do evento, o mesmo não pode ser dito em relação ao modelo de Cox, uma vez que sua função de risco basal não apresenta uma distribuição conhecida e, portanto, é estimada de forma não paramétrica.

Segundo Hamilton (2013), os modelos exponencial, Weibull ou Gompertz são preferíveis ao modelo de riscos proporcionais de Cox quando, de fato, as funções de risco de ocorrência do evento seguirem, respectivamente, distribuições do tipo exponencial, Weibull ou Gompertz. Caso contrário, estes modelos paramétricos podem gerar resultados inadequados. Nestas situações, os modelos de Cox, em que não há nenhuma suposição sobre o formato da distribuição da função de risco, são muito úteis e aplicáveis a uma grande variedade de situações.

CAPÍTULO *18*

Modelos de Regressão com Múltiplas Variáveis Dependentes: Correlação Canônica

Tudo em nós é mortal, menos os bens do espírito e da inteligência.
Ovídio

Ao final deste capítulo, você será capaz de:

- Compreender a importância de se estimarem modelos de regressão com múltiplas variáveis dependentes.
- Entender a relevância da correlação canônica como técnica geral a partir da qual outras derivam.
- Compreender os conceitos pertinentes a variáveis canônicas, coeficientes canônicos normalizados e correlações canônicas.
- Estudar a significância estatística dos parâmetros estimados dos coeficientes canônicos.
- Avaliar a significância estatística, por meio de testes multivariados, das correlações canônicas.
- Compreender o conceito de cargas canônicas e estudar a hierarquia de influências de cada variável original em cada variável canônica.
- Estabelecer novos constructos de pesquisa, por meio da identificação da variável dependente que resultaria em um modelo de regressão com maior R^2 e da variável explicativa com a maior significância estatística para explicar o comportamento do conjunto de variáveis dependentes.
- Saber calcular e interpretar as medidas de redundância em modelos de correlação canônica.
- Estimar modelos de correlação canônica em Microsoft Office Excel®, Stata Statistical Software® e IBM SPSS Statistics Software® e interpretar seus resultados.
- Implementar códigos em R® e Python® para a estimação de modelos de correlação canônica e interpretação dos resultados.

Bancos de Dados, Códigos e Projects deste capítulo

18.1. INTRODUÇÃO

Os **modelos de correlação canônica**, embora bastante úteis, são pouco utilizados, principalmente pelo desconhecimento em relação às suas possíveis aplicações. Entretanto, o correto entendimento de seus objetivos pode propiciar ao pesquisador a definição de constructos de pesquisa mais bem elaborados, uma vez que permite, frente a uma quantidade de possíveis variáveis dependentes, identificar aquela que seja mais fortemente explicada pelo conjunto de variáveis preditoras existentes no banco de dados. É por este motivo que também são conhecidos por **modelos de regressão com múltiplas variáveis dependentes**. Mais do que isso, ainda permitem que, dentre as variáveis preditoras, sejam identificadas aquelas estatisticamente significantes para explicar o comportamento do conjunto de variáveis dependentes.

Neste sentido, os modelos de correlação canônica permitem que seja considerada, simultaneamente, uma quantidade elevada de variáveis dependentes e explicativas, métricas ou não métricas, com o intuito de oferecer suporte à intuição do pesquisador em relação à definição das variáveis a serem inseridas em modelos com uma única variável dependente. Dessa forma, é muito bem-vinda a sua aplicação antes de qualquer proposição de constructos em que não são conhecidas, *a priori*, as variáveis explicativas significativas e nem tampouco a melhor candidata a variável dependente.

Segundo Fávero (2005), Mingoti (2005), Fávero *et al.* (2009) e Hair *et al.* (2009), os modelos de correlação canônica foram inicialmente estudados por Hotelling em dois seminais artigos (1935 e 1936) e, embora ainda sejam pouco explorados, exemplos de aplicação podem ser encontrados em macroeconomia, economia regional e urbana, finanças, marketing, recursos humanos e psicologia.

Imagine, por exemplo, que um pesquisador tenha interesse em estudar a relação entre variáveis referentes a políticas de remuneração e benefícios a empregados e variáveis de desempenho contábil e financeiro de empresas. Enquanto isso, um segundo pesquisador, por outro lado, tem a intenção de estudar a relação entre investimento privado e redução da carga tributária e as influências geradas na balança comercial e na taxa de crescimento do PIB de determinados países. Já um terceiro pesquisador quer avaliar a influência de características de imóveis e da localidade em que se encontram sobre o preço de venda e a quantidade de parcelas de um financiamento. Por fim, um quarto pesquisador quer compreender como se dá a relação entre os tipos de produtos consumidos em determinada rede de lojas e os estilos de personalidade dos consumidores. Note, em todos estes casos, que os constructos elaborados pelos pesquisadores requerem que as respectivas modelagens considerem a existência de mais de uma variável dependente do conjunto de variáveis preditoras e, desta forma, faz sentido o uso de modelos de correlação canônica.

Os modelos de correlação canônica, assim como os demais modelos estudados ao logo do livro, também devem ser definidos com base na teoria subjacente e na experiência do pesquisador, de modo que seja possível estimar o modelo desejado, analisar os resultados obtidos por meio de testes estatísticos e elaborar previsões.

Neste capítulo, trataremos dos modelos de correlação canônica, com os seguintes objetivos: (1) introduzir os conceitos sobre os modelos de correlação canônica; (2) apresentar a estimação de modelos de correlação canônica; (3) interpretar os resultados obtidos e elaborar previsões; e (4) apresentar a aplicação das modelagens em Excel, Stata, SPSS, R e Python. Seguindo a lógica dos capítulos anteriores, será inicialmente elaborada a solução em Excel de um exemplo concomitantemente à apresentação dos conceitos e à sua resolução algébrica. Após a introdução dos conceitos serão apresentados os procedimentos para a elaboração das modelagens em Stata, em SPSS, em R e em Python.

18.2. MODELO DE CORRELAÇÃO CANÔNICA

Conforme propõem Alpert e Peterson (1972), Doutriaux e Crener (1982), Fávero (2005) e Fávero *et al.* (2009), a correlação canônica identifica a estrutura ótima de cada vetor de variáveis que maximiza a relação entre as variáveis dependentes e as variáveis explicativas, por meio do desenvolvimento de uma combinação linear para cada conjunto de variáveis, de modo a maximizar a correlação entre os dois conjuntos de variáveis. De acordo com Lawson e Brossart (2004), a linearidade é importante, uma vez que a análise é elaborada pelas matrizes de correlação (ou variância-covariância), que refletem e maximizam somente as relações lineares entre dois grupos de variáveis.

Um modelo geral de correlação canônica pode ser escrito como:

$$Y_1...Y_p = f(X_1...X_q) \tag{18.1}$$

em que Y_s ($s = 1, ..., p$) representam as variáveis dependentes do modelo (métricas ou *dummies*) e X_j ($j = 1, ..., q$) representam as variáveis explicativas (também métricas ou *dummies*).

A partir da expressão (18.1), podemos definir, de acordo com Sharma (1996), duas novas variáveis, aqui chamadas de u_1 e v_1, que apresentam a seguinte especificação:

$$u_{1i} = a_{11}.Y_{1i} + a_{12}.Y_{2i} + ... + a_{1p}.Y_{pi} \tag{18.2}$$

$$v_{1i} = b_{11}.X_{1i} + b_{12}.X_{2i} + ... + b_{1q}.X_{qi} \tag{18.3}$$

e que podem ser calculadas, com base na estimação dos parâmetros $a_{11}, a_{12}, ..., a_{1p}, b_{11}, b_{12}, ..., b_{1q}$, para cada observação i da amostra. Enquanto a variável u_1 representa a combinação linear das variáveis dependentes, a variável v_1 corresponde à combinação linear das variáveis explicativas. O subscrito i representa cada observação da amostra ($i = 1, 2, ..., n$, em que n é o tamanho da amostra). Estas novas variáveis u_1 e v_1 são chamadas de **variáveis canônicas**, e a correlação entre elas é conhecida por **correlação canônica**. Devem existir parâmetros $a_{11}, a_{12}, ..., a_{1p}$ e $b_{11}, b_{12}, ..., b_{1q}$, de modo que a correlação canônica entre u_1 e v_1 seja a máxima possível, o que permitirá ao pesquisador estudar as relações entre os comportamentos das variáveis consideradas dependentes e aquelas consideradas explicativas de forma coerente e apropriada.

Mantendo a lógica proposta, imaginemos agora que existam duas outras variáveis u_2 e v_2, que possam ser calculadas, para cada observação i da amostra, com base na estimação de novos parâmetros a_{21}, a_{22}, ..., a_{2p}, b_{21}, b_{22}, ..., b_{2q}, sendo também a correlação entre u_2 e v_2 a máxima possível, porém respeitando-se o fato de que as correlações entre u_1 e u_2 e entre v_1 e v_2 sejam iguais a zero. Dessa forma, podemos escrever as expressões de u_2 e v_2, conforme segue:

$$u_{2i} = a_{21}.Y_{1i} + a_{22}.Y_{2i} + ... + a_{2p}.Y_{pi} \tag{18.4}$$

$$v_{2i} = b_{21}.X_{1i} + b_{22}.X_{2i} + ... + b_{2q}.X_{qi} \tag{18.5}$$

Repetindo-se esta lógica, podem existir duas variáveis u_m e v_m, que também podem ser calculadas, para cada observação i da amostra, com base na estimação dos parâmetros a_{m1}, a_{m2}, ..., a_{mp}, b_{m1}, b_{m2}, ..., b_{mq}, sendo também a correlação entre u_m e v_m a máxima possível. Neste caso, as correlações entre u_m e qualquer outra variável u (u_1, u_2, ..., u_{m-1}) e as correlações entre v_m e qualquer outra variável v (v_1, v_2, ..., v_{m-1}) também devem ser iguais a zero (daí a origem do termo **correlação canônica**). Podemos escrever as expressões de u_m e v_m da seguinte forma:

$$u_{mi} = a_{m1}.Y_{1i} + a_{m2}.Y_{2i} + ... + a_{mp}.Y_{pi} \tag{18.6}$$

$$v_{mi} = b_{m1}.X_{1i} + b_{m2}.X_{2i} + ... + b_{mq}.X_{qi} \tag{18.7}$$

Ressalta-se que o valor máximo de m corresponde ao mínimo dos valores de p e q. Ou seja, se, por exemplo, estivermos estudando um modelo com duas variáveis dependentes ($p = 2$) e três variáveis explicativas ($q = 3$), serão criadas apenas as variáveis u_1, v_1, u_2 e v_2 ($m = 2$).

Segundo Mingoti (2005), o objetivo, portanto, dos modelos de correlação canônica é estimar parâmetros a_{k1}, a_{k2}, ..., a_{kp}, b_{k1}, b_{k2}, ..., b_{kq} ($k = 1, 2, ..., m$), de modo que:

$$corr(u_1, v_1) = \text{máx}$$
$$\vdots$$
$$corr(u_m, v_m) = \text{máx} \tag{18.8}$$

e que as matrizes de correlações sejam:

$$\begin{pmatrix} corr(u_1,u_1) & corr(u_1,u_2) & ... & corr(u_1,u_m) \\ corr(u_1,u_2) & corr(u_2,u_2) & ... & corr(u_2,u_m) \\ \vdots & \vdots & \ddots & \vdots \\ corr(u_1,u_m) & corr(u_2,u_m) & ... & corr(u_m,u_m) \end{pmatrix} = \begin{pmatrix} 1 & 0 & ... & 0 \\ 0 & 1 & ... & 0 \\ \vdots & \vdots & \ddots & \vdots \\ 0 & 0 & ... & 1 \end{pmatrix}$$

$$\begin{pmatrix} corr(v_1,v_1) & corr(v_1,v_2) & ... & corr(v_1,v_m) \\ corr(v_1,v_2) & corr(v_2,v_2) & ... & corr(v_2,v_m) \\ \vdots & \vdots & \ddots & \vdots \\ corr(v_1,v_m) & corr(v_2,v_m) & ... & corr(v_m,v_m) \end{pmatrix} = \begin{pmatrix} 1 & 0 & ... & 0 \\ 0 & 1 & ... & 0 \\ \vdots & \vdots & \ddots & \vdots \\ 0 & 0 & ... & 1 \end{pmatrix} \tag{18.9}$$

Conforme será apresentado na seção 18.2.1, por meio de um exemplo, os parâmetros a_{k1}, a_{k2}, ..., a_{kp}, b_{k1}, b_{k2}, ..., b_{kq} ($k = 1, 2, ..., m$) de um modelo de correlação canônica serão inicialmente estimados por meio da ferramenta **Solver** do Excel, com base nas expressões (18.8) e (18.9).

Além deste método, os parâmetros também podem ser estimados por meio de álgebra matricial, com base em equações que consideram as matrizes de variâncias e covariâncias das variáveis dependentes e explicativas. A nomenclatura destas matrizes, que será utilizada na sequência, obedece ao que segue:

$$var(Y) = \Sigma_{YY} \qquad var(X) = \Sigma_{XX}$$
$$cov(Y,X) = \Sigma_{YX} \quad cov(X,Y) = \Sigma_{XY}$$

Enquanto a matriz Σ_{YY}, de dimensão $p \times p$, representa as relações existentes entre as variáveis dependentes, a matriz e Σ_{XX}, de dimensão $q \times q$, representa as relações existentes entre as variáveis explicativas. As covariâncias entre os pares de variáveis Y_s ($s = 1, ..., p$) e X_j ($j = 1, ..., q$) encontram-se na matriz Σ_{YX}, de dimensão $p \times q$.

Segundo Sharma (1996), Timm (2002), Anderson (2003), Mingoti (2005) e Fávero *et al.* (2009), as equações matriciais cujas soluções matemáticas tornam possível a estimação dos parâmetros $a_{k1}, a_{k2}, ..., a_{kp}, b_{k1}, b_{k2}, ..., b_{kq}$ ($k = 1, 2, ..., m$) podem ser escritas como:

$$\left(\Sigma_{YX} \Sigma_{XX}^{-1} \Sigma_{XY} - \lambda.\Sigma_{YY} \right).a_k = 0 \tag{18.10}$$

$$\left(\Sigma_{XY} \Sigma_{YY}^{-1} \Sigma_{YX} - \lambda.\Sigma_{XX} \right).b_k = 0 \tag{18.11}$$

em que os valores de λ, conhecidos por **autovalores**, correspondem ao quadrado das correlações canônicas entre as variáveis canônicas calculadas, e podem ser obtidos por meio das seguintes expressões:

$$\left| \Sigma_{YX} \Sigma_{XX}^{-1} \Sigma_{XY} - \lambda.\Sigma_{YY} \right| = 0 \tag{18.12}$$

$$\left| \Sigma_{XY} \Sigma_{YY}^{-1} \Sigma_{YX} - \lambda.\Sigma_{XX} \right| = 0 \tag{18.13}$$

Logo, a estimação dos parâmetros $a_{k1}, a_{k2}, ..., a_{kp}, b_{k1}, b_{k2}, ..., b_{kq}$ ($k = 1, 2, ..., m$) do modelo de correlação canônica também pode ser elaborada por meio da solução das expressões (18.10) e (18.11), com base nos autovalores calculados nas expressões (18.12) e (18.13).

Além da maximização das correlações entre as variáveis canônicas que representam as composições lineares das variáveis originais dependentes e explicativas, a técnica de correlação canônica também busca, por objetivo final, maximizar o percentual de variância em um determinado par de variáveis canônicas que é explicado pelas variáveis originais. Neste sentido, podemos definir uma **medida de redundância** (*MR*), que pode ser calculada para cada correlação canônica e obtida por meio da seguinte expressão:

$$MR_{u_k,v_k} = \left[\overline{\text{var}\left(Y,u_k \right)} \right].c_k^2 \tag{18.14}$$

em que:

MR_{u_k,v_k} representa a medida de redundância que corresponde ao percentual de variância em uma variável canônica u_k que é explicado por uma variável canônica v_k, dada a respectiva correlação canônica c_k, em que $k = 1, 2, ..., m$. O termo $\overline{\text{var}\left(Y,u_k \right)}$ representa a variância média nas variáveis Y que é explicada pela variável canônica u_k, podendo ser expressa por:

$$\overline{\text{var}\left(Y,u_k \right)} = \frac{\sum_{s=1}^{p} corr_{sk}^2}{p} \tag{18.15}$$

em que $corr_{sk}$ é chamada de **carga canônica** e representa a correlação simples entre determinada variável dependente original Y_s ($s = 1, ..., p$) e determinada variável canônica u_k ($k = 1, 2, ..., m$). Desta forma, podemos reescrever a expressão (18.14) da seguinte forma:

$$MR_{u_k,v_k} = \left(\frac{\sum_{s=1}^{p} corr_{sk}^2}{p} \right).c_k^2 \tag{18.16}$$

Como c_k^2 representa a variância compartilhada entre u_k e v_k, podemos interpretar a medida de redundância como sendo igual ao produto da variância média pela variância compartilhada. Dessa forma, a variância total explicada em um vetor de variáveis dependentes por um vetor de variáveis explicativas é chamada de **medida de redundância total**, que pode ser expressa por:

$$MRT_{Y,X} = \sum_{k=1}^{m} MR_{u_k,v_k} \tag{18.17}$$

em que:

$MRT_{Y,X}$ representa a medida de redundância total das variáveis Y.

A medida de redundância total representa uma estimativa do R^2 que seria resultante de uma regressão, se fosse elaborado um modelo com cada variável dependente em função das variáveis explicativas. É, portanto, uma estimativa da média de cada R^2 encontrado, podendo auxiliar o pesquisador na elaboração de um constructo de pesquisa que leve em consideração um vetor de variáveis a serem boas candidatas a explicativas de determinada variável candidata a dependente. Logo, podemos reescrever a expressão (18.17) da seguinte forma:

$$MRT_{Y,X} = \sum_{k=1}^{m} MR_{u_k,v_k} = \frac{\sum_{s=1}^{p} R_{Y_s}^2}{p} \tag{18.18}$$

em que:

$R_{Y_s}^2$ representa o coeficiente de ajuste R^2 que seria obtido quando da estimação de um modelo de regressão de determinada variável dependente Y_s ($s = 1, ..., p$) em função de todas as variáveis X consideradas.

Feita esta pequena introdução sobre os modelos de correlação canônica, partiremos, então, para a estimação propriamente dita dos seus parâmetros, por meio da apresentação de um exemplo elaborado inicialmente em Excel.

18.2.1. Estimação dos parâmetros do modelo de correlação canônica

Seguindo a lógica proposta no livro, apresentaremos, neste momento, os conceitos pertinentes à estimação dos parâmetros de um modelo de correlação canônica por meio de um exemplo similar ao desenvolvido nos capítulos anteriores. Entretanto, agora teremos duas variáveis dependentes.

Imagine que o nosso mesmo professor astuto e perspicaz, que já explorou consideravelmente os efeitos de determinadas variáveis explicativas sobre o tempo de deslocamento de um grupo de alunos até a escola, sobre a probabilidade de se chegar atrasado às aulas, sobre a frequência semanal e mensal de atrasos, sobre o desempenho escolar ao longo do tempo e para diferentes escolas e sobre o risco de haver ou não formatura após certo tempo de monitoramento, tenha agora o interesse em investigar se a quantidade anual de faltas à escola e a quantidade semanal de horas de estudo influenciam conjuntamente as notas finais de cálculo e de marketing de cada um dos alunos investigados. Neste caso, portanto, existem duas variáveis dependentes que podem sofrer influência conjunta das variáveis aqui definidas como explicativas.

Sendo assim, o professor elaborou uma pesquisa com 30 alunos da escola onde leciona, levantando dados sobre as notas finais obtidas nas disciplinas de cálculo e de marketing, bem como sobre a quantidade de faltas obtidas por cada um ao longo do ano. Além disso, também questionou cada um destes mesmos alunos sobre a sua estimativa em relação à quantidade semanal de horas de estudo. O banco de dados elaborado, considerado uma *cross-section*, encontra-se na Tabela 18.1, assim como no arquivo **NotasCálculoMarketing.xls**.

Dessa forma, com base na expressão (18.1), temos, neste exemplo, a intenção de estimar o seguinte modelo de correlação canônica:

$$cálculo, marketing = f(faltas, horas)$$

ou, mais especificamente, desejamos estimar os parâmetros das seguintes variáveis canônicas:

$$u_{1i} = a_{11}.cálculo_i + a_{12}.marketing_i$$

$$v_{1i} = b_{11}.faltas_i + b_{12}.horas_i$$

$$u_{2i} = a_{21}.cálculo_i + a_{22}.marketing_i$$

$$v_{2i} = b_{21}.faltas_i + b_{22}.horas_i$$

já que, neste nosso exemplo, $m = 2$.

Tabela 18.1 Exemplo: notas de cálculo e marketing, quantidade anual de faltas e horas semanais de estudo.

Estudante	Nota final de cálculo (Y_{1i})	Nota final de marketing (Y_{2i})	Quantidade anual de faltas (X_{1i})	Quantidade semanal de horas de estudo (X_{2i})
Gabriela	5,8	4,0	53	14
Patrícia	3,1	2,0	67	2
Gustavo	3,1	4,0	49	11
Letícia	10,0	8,0	6	19
Luiz Ovídio	3,4	2,0	31	7
Leonor	10,0	10,0	4	19
Dalila	5,0	2,0	28	8
Antônio	5,4	2,0	20	4
Júlia	5,9	4,0	67	2
Mariana	6,1	4,0	67	1
Roberto	3,5	2,0	67	2
Renata	3,5	10,0	8	3
Guilherme	4,5	10,0	7	8
Rodrigo	10,0	4,0	13	9
Giulia	6,2	10,0	22	5
Felipe	8,7	10,0	24	8
Karina	10,0	6,0	8	7
Pietro	10,0	6,0	13	8
Cecília	10,0	10,0	3	23
Gisele	10,0	10,0	3	22
Elaine	3,1	2,0	67	2
Kamal	10,0	10,0	4	19
Rodolfo	8,7	10,0	24	8
Pilar	10,0	6,0	8	7
Vivian	6,1	4,0	67	1
Danielle	3,5	2,0	67	2
Juliana	5,0	2,0	28	8
Adriano	10,0	8,0	6	19
Adelino	10,0	10,0	3	22
Carolina	3,1	2,0	67	2

Como as variáveis apresentam métricas e unidades diferentes, iremos, inicialmente, padronizar cada uma delas, por meio do procedimento *Zscores*. A Tabela 18.2 apresenta as novas variáveis padronizadas.

Estimaremos, agora, os parâmetros a_{11}, a_{12}, b_{11}, b_{12}, a_{21}, a_{22}, b_{21}, b_{22}, respeitando as expressões (18.8) e (18.9). Para tanto, a fim de facilitar a visualização do que representam as variáveis canônicas u e v, vamos elaborar dois gráficos que relacionam, respectivamente, as variáveis dependentes e as variáveis explicativas. Estes gráficos são apresentados, respectivamente, nas Figuras 18.1 e 18.2.

Dessa forma, os parâmetros a_{11} e a_{12} podem ser representados por um ângulo θ_{11}, de modo que a primeira variável canônica u_1 possa ser expressa em função deste ângulo, conforme mostra a Figura 18.3.

Logo, a primeira variável canônica u_1, representada pela reta inclinada da Figura 18.3, pode ser escrita como:

$$u_{1i} = \cos\theta_{11}.zcálculo_i + \text{sen}\theta_{11}.zmarketing_i$$

em que:

$$\cos\theta_{11} = a_{11} \text{ e } \text{sen}\theta_{11} = a_{12}$$

Tabela 18.2 Variáveis padronizadas – procedimento *Zscores*.

Estudante	*zcálculo*	*zmarketing*	*zfaltas*	*zhoras*
Gabriela	–0,3472	–0,5488	0,8894	0,6906
Patrícia	–1,2943	–1,1369	1,4316	–0,9892
Gustavo	–1,2943	–0,5488	0,7345	0,2706
Letícia	1,1259	0,6272	–0,9307	1,3905
Luiz Ovídio	–1,1890	–1,1369	0,0374	–0,2893
Leonor	1,1259	1,2153	–1,0082	1,3905
Dalila	–0,6278	–1,1369	–0,0787	–0,1493
Antônio	–0,4875	–1,1369	–0,3886	–0,7093
Júlia	–0,3122	–0,5488	1,4316	–0,9892
Mariana	–0,2420	–0,5488	1,4316	–1,1292
Roberto	–1,1540	–1,1369	1,4316	–0,9892
Renata	–1,1540	1,2153	–0,8533	–0,8493
Guilherme	–0,8032	1,2153	–0,8920	–0,1493
Rodrigo	1,1259	–0,5488	–0,6596	–0,0093
Giulia	–0,2069	1,2153	–0,3111	–0,5693
Felipe	0,6699	1,2153	–0,2336	–0,1493
Karina	1,1259	0,0392	–0,8533	–0,2893
Pietro	1,1259	0,0392	–0,6596	–0,1493
Cecília	1,1259	1,2153	–1,0469	1,9505
Gisele	1,1259	1,2153	–1,0469	1,8105
Elaine	–1,2943	–1,1369	1,4316	–0,9892
Kamal	1,1259	1,2153	–1,0082	1,3905
Rodolfo	0,6699	1,2153	–0,2336	–0,1493
Pilar	1,1259	0,0392	–0,8533	–0,2893
Vivian	–0,2420	–0,5488	1,4316	–1,1292
Danielle	–1,1540	–1,1369	1,4316	–0,9892
Juliana	–0,6278	–1,1369	–0,0787	–0,1493
Adriano	1,1259	0,6272	–0,9307	1,3905
Adelino	1,1259	1,2153	–1,0469	1,8105
Carolina	–1,2943	–1,1369	1,4316	–0,9892
Média	**0,000**	**0,000**	**0,000**	**0,000**
Desvio-padrão	**1,000**	**1,000**	**1,000**	**1,000**

Da mesma maneira, os parâmetros b_{11} e b_{12} podem ser representados por um ângulo θ_{21}, de modo que a primeira variável canônica v_1 possa ser expressa em função deste novo ângulo, conforme mostra a Figura 18.4.

Do mesmo modo, podemos escrever a expressão da primeira variável canônica v_1 da seguinte forma:

$$v_{1i} = \cos\theta_{21}.zfaltas_i + \mathrm{sen}\,\theta_{21}.zhoras_i$$

em que:

$$\cos\theta_{21} = b_{11} \text{ e sen}\,\theta_{21} = b_{12}$$

Se arbitrariamente definíssemos que $\theta_{11} = 45°$ e $\theta_{21} = 135°$, poderíamos facilmente determinar u_1 e v_1, já que, nesta situação hipotética, teríamos que:

$$u_{1i} = 0,7071.zcálculo_i + 0,7071.zmarketing_i$$

$$v_{1i} = -0,7071.zfaltas_i + 0,7071.zhoras_i$$

cujos valores são apresentados na Tabela 18.3.

Figura 18.1 Variáveis dependentes padronizadas.

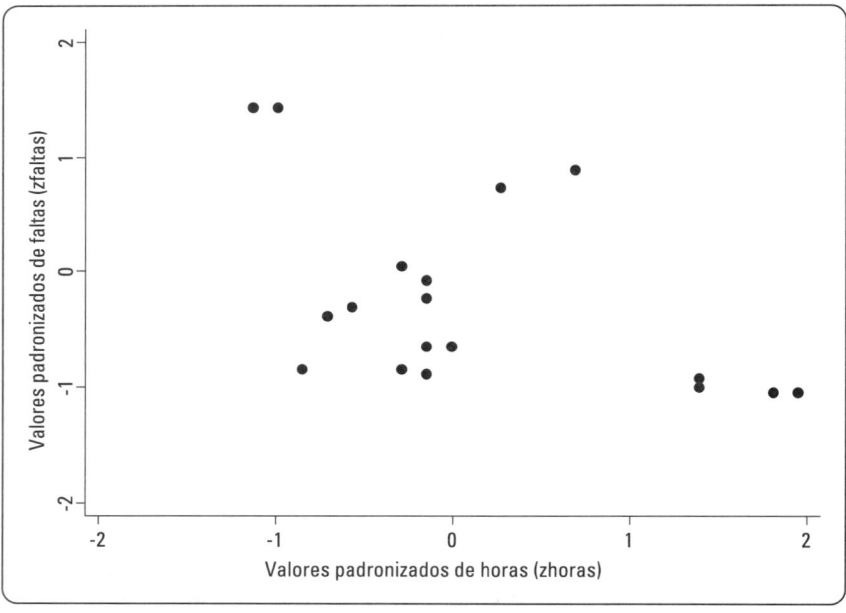

Figura 18.2 Variáveis explicativas padronizadas.

Nesta situação particular, a correlação entre as variáveis canônicas u_1 e v_1 é igual a 0,8266.

Portanto, podemos propor a seguinte pergunta: **Quais os valores de θ_{11} e θ_{21}, ou seja, quais os valores de a_{11}, a_{12}, b_{11} e b_{12}, que fazem com que a correlação entre u_1 e v_1 seja a máxima possível?**

Iremos resolver este problema com o uso da ferramenta **Solver** do Excel e utilizando os dados do nosso exemplo. Para tanto, devemos abrir o arquivo **NotasCálculoMarketingCorrelaçãoCanônica.xls**, que servirá de auxílio para o cálculo dos parâmetros.

Neste arquivo, além das variáveis dependentes (*cálculo* e *marketing*) e das variáveis explicativas (*faltas* e *horas*), são também apresentadas as respectivas variáveis *zcálculo*, *zmarketing*, *zfaltas* e *zhoras*, padronizadas por meio do procedimento *Zscores*. Além disso, são também apresentadas as variáveis canônicas u_1 e v_1, cujos cálculos

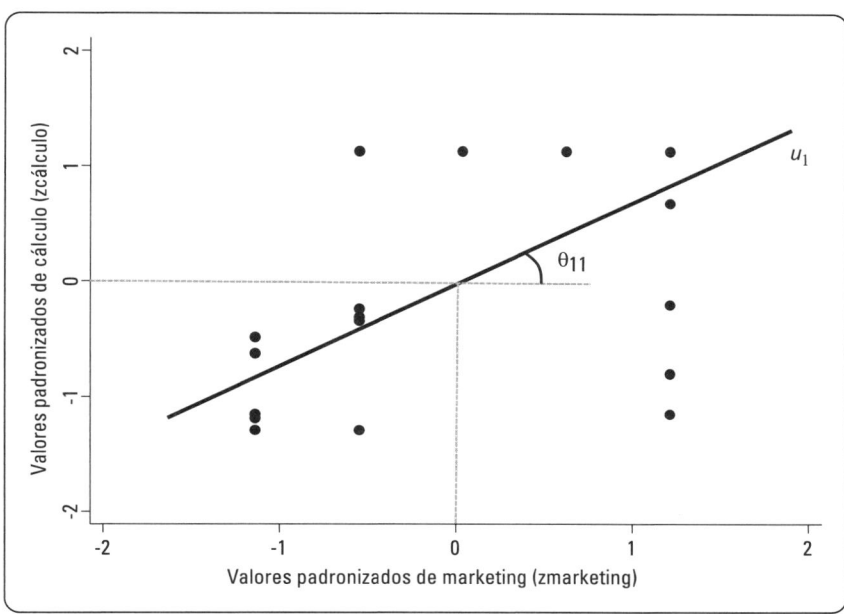

Figura 18.3 Definição da variável canônica u_1.

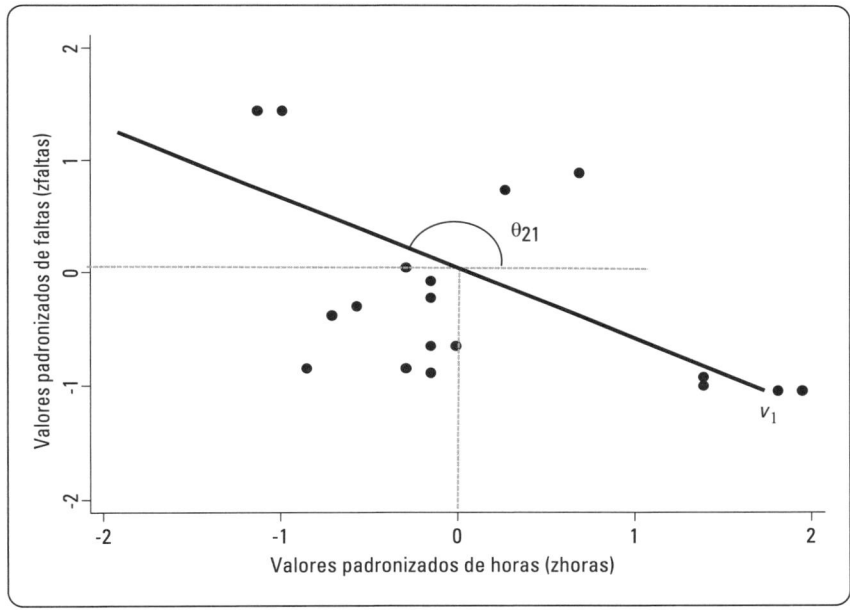

Figura 18.4 Definição da variável canônica v_1.

dependem dos valores de θ_{11} e θ_{21}. A Figura 18.5 apresenta os dados presentes neste arquivo do Excel quando, arbitrariamente, $\theta_{11} = 45°$ e $\theta_{21} = 135°$.

Como podemos verificar, quando $\theta_{11} = 45°$ e $\theta_{21} = 135°$, os valores de cada observação para as variáveis canônicas u_1 e v_1 são exatamente os mesmos dos apresentados na Tabela 18.3, sendo a correlação entre elas igual a 0,8266, conforme já discutimos. Entretanto, deve haver uma combinação ótima de valores de θ_{11} e θ_{21}, de modo que a correlação entre u_1 e v_1 seja a máxima possível.

Seguindo a lógica proposta por Belfiore e Fávero (2012), vamos então abrir a ferramenta **Solver** do Excel. A função-objetivo está na célula P7, que é a nossa célula de destino e que deverá ser maximizada. Além disso, os parâmetros θ_{11} e θ_{21}, cujos valores estão, respectivamente, nas células P4 e P5, são as células variáveis. A janela do **Solver** ficará como mostra a Figura 18.6.

Tabela 18.3 Variáveis canônicas u_1 e v_1 para θ_{11}=45° e θ_{21}=135°.

Estudante	u_1	v_1
Gabriela	–0,6336	–0,1406
Patrícia	–1,7191	–1,7118
Gustavo	–1,3033	–0,3280
Letícia	1,2397	1,6414
Luiz Ovídio	–1,6447	–0,2310
Leonor	1,6555	1,6961
Dalila	–1,2478	–0,0499
Antônio	–1,1486	–0,2268
Júlia	–0,6088	–1,7118
Mariana	–0,5592	–1,8108
Roberto	–1,6199	–1,7118
Renata	0,0434	0,0028
Guilherme	0,2914	0,5251
Rodrigo	0,4080	0,4598
Giulia	0,7130	–0,1826
Felipe	1,3330	0,0596
Karina	0,8239	0,3988
Pietro	0,8239	0,3608
Cecília	1,6555	2,1195
Gisele	1,6555	2,0205
Elaine	–1,7191	–1,7118
Kamal	1,6555	1,6961
Rodolfo	1,3330	0,0596
Pilar	0,8239	0,3988
Vivian	–0,5592	–1,8108
Danielle	–1,6199	–1,7118
Juliana	–1,2478	–0,0499
Adriano	1,2397	1,6414
Adelino	1,6555	2,0205
Carolina	–1,7191	–1,7118

Ao clicarmos em **Resolver** e em **OK**, obteremos a solução ótima do problema de programação linear. A Figura 18.7 apresenta os resultados obtidos.

Logo, o valor máximo da correlação entre u_1 e v_1 é 0,8327, com θ_{11} = 40,90° e θ_{21} = 149,82°. Desta forma, as variáveis canônicas u_1 e v_1 podem, respectivamente, ser escritas como:

$$u_{1i} = \cos(40,90°).z\mathit{cálculo}_i + \mathrm{sen}(40,90°).z\mathit{marketing}_i$$

$$u_{1i} = 0,7559.z\mathit{cálculo}_i + 0,6547.z\mathit{marketing}_i$$

e

$$v_{1i} = \cos(149,82°).z\mathit{faltas}_i + \mathrm{sen}(149,82°).z\mathit{horas}_i$$

$$v_{1i} = -0,8645.z\mathit{faltas}_i + 0,5027.z\mathit{horas}_i$$

De forma análoga, e com base nas expressões (18.4) e (18.5), iremos estimar os parâmetros do segundo par de variáveis canônicas u_2 e v_2, que podem ser escritas, respectivamente, como:

	A	B	C	D	E	F	G	H	I	J	K	N	O	P	R
1	Estudante	Cálculo (Y₁)	Marketing (Y₂)	Faltas (X₁)	Horas (X₂)	Zcálculo	Zmarketing	Zfaltas	Zhoras	u_1	v_1			1	
2	Gabriela	5,8	4,0	53	14	-0,3472	-0,5488	0,8894	0,6906	-0,6336	-0,1406		θ_1	45,00	graus
3	Patrícia	3,1	2,0	67	2	-1,2943	-1,1369	1,4316	-0,9892	-1,7191	-1,7118		θ_2	135,00	graus
4	Gustavo	3,1	4,0	49	11	-1,2943	-0,5488	0,7345	0,2706	-1,3033	-0,3280		radθ_1	0,7854	radianos
5	Letícia	10,0	8,0	6	19	1,1259	0,6272	-0,9307	1,3905	1,2397	1,6414		radθ_2	2,3562	radianos
6	Luiz Ovídio	3,4	2,0	31	7	-1,1890	-1,1369	0,0374	-0,2893	-1,6447	-0,2310				
7	Leonor	10,0	10,0	4	19	1,1259	1,2153	-1,0082	1,3905	1,6555	1,6961		corr(u, v)	0,8266	
8	Dalila	5,0	2,0	28	8	-0,6278	-1,1369	-0,0787	-0,1493	-1,2478	-0,0499				
9	Antônio	5,4	2,0	20	4	-0,4875	-1,1369	-0,3886	-0,7093	-1,1486	-0,2268				
10	Júlia	5,9	4,0	67	2	-0,3122	-0,5488	1,4316	-0,9892	-0,6088	-1,7118				
11	Mariana	6,1	4,0	67	1	-0,2420	-0,5488	1,4316	-1,1292	-0,5592	-1,8108				
12	Roberto	3,5	2,0	67	2	-1,1540	-1,1369	1,4316	-0,9892	-1,6199	-1,7118				
13	Renata	3,5	10,0	8	3	-1,1540	1,2153	-0,8533	-0,8493	0,0434	0,0028				
14	Guilherme	4,5	10,0	7	8	-0,8032	1,2153	-0,8920	-0,1493	0,2914	0,5251				
15	Rodrigo	10,0	4,0	13	9	1,1259	-0,5488	-0,6596	-0,0093	0,4080	0,4598				
16	Giulia	6,2	10,0	22	5	-0,2069	1,2153	-0,3111	-0,5693	0,7130	-0,1826				
17	Felipe	8,7	10,0	24	8	0,6699	1,2153	-0,2336	-0,1493	1,3330	0,0596				
18	Karina	10,0	6,0	8	7	1,1259	0,0392	-0,8533	-0,2893	0,8239	0,3988				
19	Pietro	10,0	6,0	13	8	1,1259	0,0392	-0,6596	-0,1493	0,8239	0,3608				
20	Cecília	10,0	10,0	3	23	1,1259	1,2153	-1,0469	1,9505	1,6555	2,1195				
21	Gisele	10,0	10,0	3	22	1,1259	1,2153	-1,0469	1,8105	1,6555	2,0205				
22	Elaine	3,1	2,0	67	2	-1,2943	-1,1369	1,4316	-0,9892	-1,7191	-1,7118				
23	Kamal	10,0	10,0	4	19	1,1259	1,2153	-1,0082	1,3905	1,6555	1,6961				
24	Rodolfo	8,7	10,0	24	8	0,6699	1,2153	-0,2336	-0,1493	1,3330	0,0596				
25	Pilar	10,0	6,0	8	7	1,1259	0,0392	-0,8533	-0,2893	0,8239	0,3988				
26	Vivian	6,1	4,0	67	1	-0,2420	-0,5488	1,4316	-1,1292	-0,5592	-1,8108				
27	Danielle	3,5	2,0	67	2	-1,1540	-1,1369	1,4316	-0,9892	-1,6199	-1,7118				
28	Juliana	5,0	2,0	28	8	-0,6278	-1,1369	-0,0787	-0,1493	-1,2478	-0,0499				
29	Adriano	10,0	8,0	6	19	1,1259	0,6272	-0,9307	1,3905	1,2397	1,6414				
30	Adelino	10,0	10,0	3	22	1,1259	1,2153	-1,0469	1,8105	1,6555	2,0205				
31	Carolina	3,1	2,0	67	2	-1,2943	-1,1369	1,4316	-0,9892	-1,7191	-1,7118				

Figura 18.5 Dados do arquivo **NotasCálculoMarketingCorrelaçãoCanônica.xls**.

$$u_{2i} = \cos\theta_{12}.zcálculo_i + \text{sen}\,\theta_{12}.zmarketing_i$$

em que:

$$\cos\theta_{12} = a_{21} \text{ e sen}\,\theta_{12} = a_{22}$$

e

$$v_{2i} = \cos\theta_{22}.zfaltas_i + \text{sen}\,\theta_{22}.zhoras_i$$

em que:

$$\cos\theta_{22} = b_{21} \text{ e sen}\,\theta_{22} = b_{22}$$

Portanto, deve haver uma combinação ótima de valores de θ_{12} e θ_{22}, de modo que a correlação entre u_2 e v_2 seja a máxima possível e, conforme discutimos, as correlações entre u_1 e u_2 e entre v_1 e v_2 sejam iguais a zero.

Vamos novamente abrir a ferramenta **Solver** do Excel. Para que o procedimento correto seja aplicado, a solução anterior deve estar mantida. A função-objetivo, neste caso, está na célula Q7, que é a nossa célula de destino e que deverá ser maximizada. Além disso, os parâmetros θ_{12} e θ_{22}, cujos valores estão, respectivamente, nas células Q4 e Q5, são as células variáveis. Além disso, devemos impor duas restrições, correspondentes, respectivamente, às correlações entre u_1 e u_2 (célula P8) e entre v_1 e v_2 (célula P9), que deverão ser iguais a zero. A janela do **Solver** ficará como mostra a Figura 18.8.

Ao clicarmos em **Resolver** e em **OK**, obteremos a nova solução ótima do problema de programação linear. A Figura 18.9 apresenta os resultados obtidos.

Logo, o valor máximo da correlação entre u_2 e v_2 é 0,1179, com θ_{12} = –45,91° e θ_{22} = 47,73°. Desta forma, as variáveis canônicas u_2 e v_2 podem, respectivamente, ser escritas como:

$$u_{2i} = \cos(-45,91°).zcálculo_i + \text{sen}(-45,91°).zmarketing_i$$

$$u_{2i} = 0,6958.zcálculo_i - 0,7183.zmarketing_i$$

e

$$v_{2i} = \cos(47,73°).zfaltas_i + sen(47,73°).zhoras_i$$

$$v_{2i} = 0,6727.zfaltas_i + 0,7400.zhoras_i$$

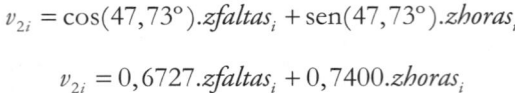

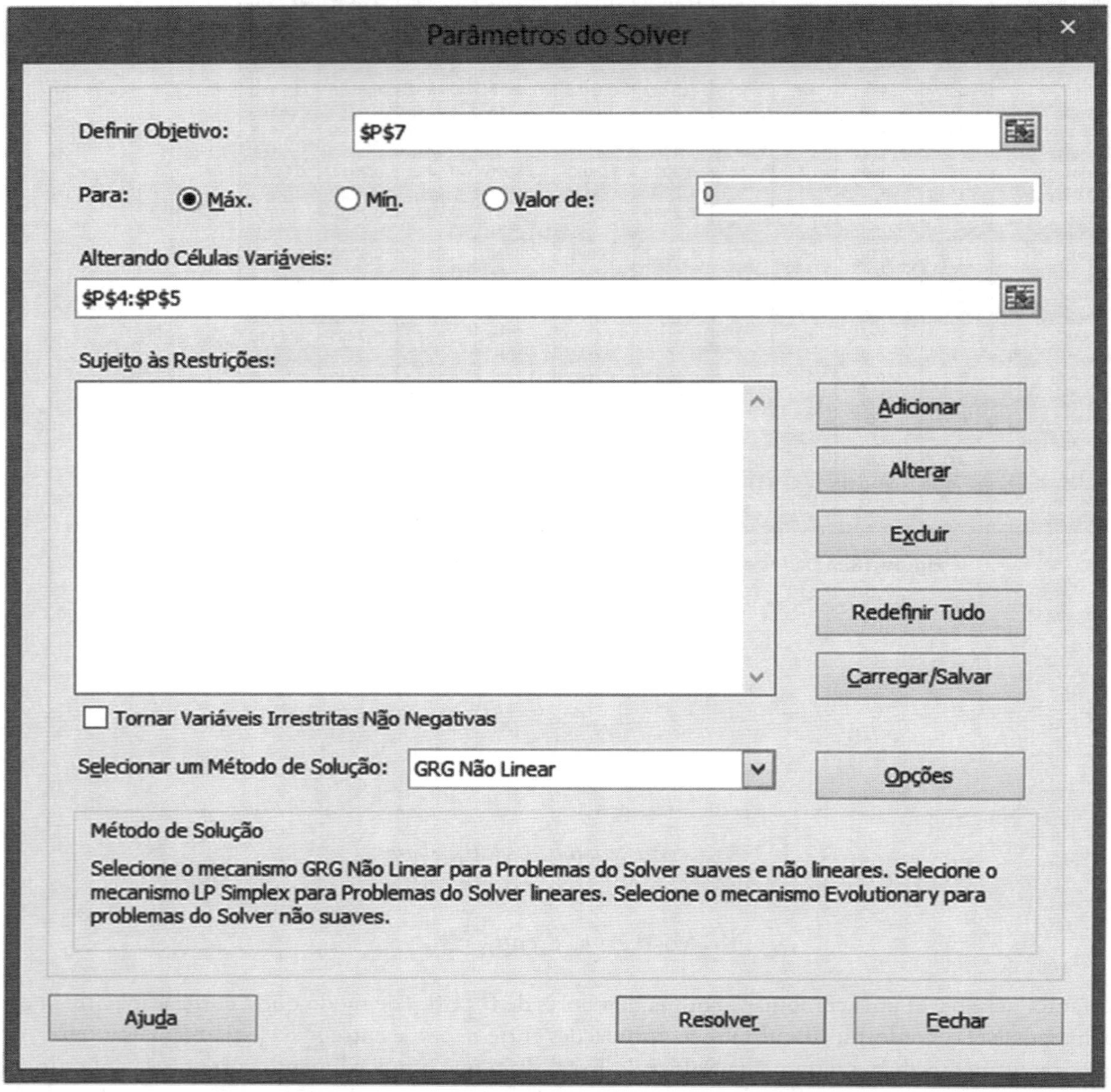

Figura 18.6 Solver – Maximização da correlação entre u_1 e v_1.

Também podemos verificar, com base nas restrições impostas, que as correlações entre u_1 e u_2 e entre v_1 e v_2 são de fato iguais a zero, o que caracteriza o modelo de correlação canônica.

Caso m fosse maior do que 2, este procedimento deveria ser continuado. Entretanto, para o caso específico do nosso exemplo, não é possível identificar outros pares de variáveis canônicas.

Conforme discutimos no início da seção 18.2, os parâmetros das variáveis canônicas também podem ser estimados por meio de álgebra matricial. Para os dados do nosso exemplo, as matrizes de variâncias e covariâncias das variáveis dependentes e explicativas são:

$$\Sigma_{YY} = \begin{bmatrix} 1,0000 & 0,6371 \\ 0,6371 & 1,0000 \end{bmatrix}$$

	A	B	C	D	E	F	G	H	I	J	K	N	O	P	R
1	Estudante	Cálculo (Y₁)	Marketing (Y₂)	Faltas (X₁)	Horas (X₂)	Zcálculo	Zmarketing	Zfaltas	Zhoras	u_1	v_1		1		
2	Gabriela	5,8	4,0	53	14	-0,3472	-0,5488	0,8894	0,6906	-0,6218	-0,4217	θ_1	40,90	graus
3	Patrícia	3,1	2,0	67	2	-1,2943	-1,1369	1,4316	-0,9892	-1,7226	-1,7348	θ_2	149,82	graus
4	Gustavo	3,1	4,0	49	11	-1,2943	-0,5488	0,7345	0,2706	-1,3376	-0,4989	radθ₁	0,7138	radianos
5	Letícia	10,0	8,0	6	19	1,1259	0,6272	-0,9307	1,3905	1,2617	1,5036	radθ₂	2,6149	radianos
6	Luiz Ovídio	3,4	2,0	31	7	-1,1890	-1,1369	0,0374	-0,2893	-1,6431	-0,1778			
7	Leonor	10,0	10,0	4	19	1,1259	1,2153	-1,0082	1,3905	1,6467	1,5705	corr(u, v)	0,8327	
8	Dalila	5,0	2,0	28	8	-0,6278	-1,1369	-0,0787	-0,1493	-1,2189	-0,0070			
9	Antônio	5,4	2,0	20	4	-0,4875	-1,1369	-0,3886	-0,7093	-1,1129	-0,0207			
10	Júlia	5,9	4,0	67	2	-0,3122	-0,5488	1,4316	-0,9892	-0,5953	-1,7348			
11	Mariana	6,1	4,0	67	1	-0,2420	-0,5488	1,4316	-1,1292	-0,5423	-1,8052			
12	Roberto	3,5	2,0	67	2	-1,1540	-1,1369	1,4316	-0,9892	-1,6166	-1,7348			
13	Renata	3,5	10,0	8	3	-1,1540	1,2153	-0,8533	-0,8493	-0,0765	0,3107			
14	Guilherme	4,5	10,0	7	8	-0,8032	1,2153	-0,8920	-0,1493	0,1886	0,6960			
15	Rodrigo	10,0	4,0	13	9	1,1259	-0,5488	-0,6596	-0,0093	0,4917	0,5655			
16	Giulia	6,2	10,0	22	5	-0,2069	1,2153	-0,3111	-0,5693	0,6393	-0,0172			
17	Felipe	8,7	10,0	24	8	0,6699	1,2153	-0,2336	-0,1493	1,3021	0,1269			
18	Karina	10,0	6,0	8	7	1,1259	0,0392	-0,8533	-0,2893	0,8767	0,5922			
19	Pietro	10,0	6,0	13	8	1,1259	0,0392	-0,6596	-0,1493	0,8767	0,4952			
20	Cecília	10,0	10,0	3	23	1,1259	1,2153	-1,0469	1,9505	1,6467	1,8855			
21	Gisele	10,0	10,0	3	22	1,1259	1,2153	-1,0469	1,8105	1,6467	1,8151			
22	Elaine	3,1	2,0	67	2	-1,2943	-1,1369	1,4316	-0,9892	-1,7226	-1,7348			
23	Kamal	10,0	10,0	4	19	1,1259	1,2153	-1,0082	1,3905	1,6467	1,5705			
24	Rodolfo	8,7	10,0	24	8	0,6699	1,2153	-0,2336	-0,1493	1,3021	0,1269			
25	Pilar	10,0	6,0	8	7	1,1259	0,0392	-0,8533	-0,2893	0,8767	0,5922			
26	Vivian	6,1	4,0	67	1	-0,2420	-0,5488	1,4316	-1,1292	-0,5423	-1,8052			
27	Danielle	3,5	2,0	67	2	-1,1540	-1,1369	1,4316	-0,9892	-1,6166	-1,7348			
28	Juliana	5,0	2,0	28	8	-0,6278	-1,1369	-0,0787	-0,1493	-1,2189	-0,0070			
29	Adriano	10,0	8,0	6	19	1,1259	0,6272	-0,9307	1,3905	1,2617	1,5036			
30	Adelino	10,0	10,0	3	22	1,1259	1,2153	-1,0469	1,8105	1,6467	1,8151			
31	Carolina	3,1	2,0	67	2	-1,2943	-1,1369	1,4316	-0,9892	-1,7226	-1,7348			

Figura 18.7 Obtenção dos parâmetros θ_{11} e θ_{21} quando da maximização da correlação entre u_1 e v_1 pelo Solver.

$$\Sigma_{XX} = \begin{bmatrix} 1,0000 & -0,6949 \\ -0,6949 & 1,0000 \end{bmatrix}$$

$$\Sigma_{YX} = \begin{bmatrix} -0,7198 & 0,6893 \\ -0,7255 & 0,6192 \end{bmatrix}$$

$$\Sigma_{XY} = \begin{bmatrix} -0,7198 & -0,7255 \\ 0,6893 & 0,6192 \end{bmatrix}$$

Com o intuito de obtermos as soluções matemáticas das equações matriciais representadas pelas expressões (18.10) e (18.11), apresentamos também as seguintes matrizes inversas:

$$\Sigma_{YY}^{-1} = \begin{bmatrix} 1,6832 & -1,0724 \\ -1,0724 & 1,6832 \end{bmatrix}$$

$$\Sigma_{XX}^{-1} = \begin{bmatrix} 1,9338 & 1,3438 \\ 1,3438 & 1,9338 \end{bmatrix}$$

Dessa forma, temos que:

$$\left(\Sigma_{YY}^{-1} \Sigma_{YX} \Sigma_{XX}^{-1} \Sigma_{XY} \right) = \begin{bmatrix} 0,3834 & 0,3579 \\ 0,3200 & 0,3239 \end{bmatrix}$$

$$\left(\Sigma_{XX}^{-1} \Sigma_{XY} \Sigma_{YY}^{-1} \Sigma_{YX} \right) = \begin{bmatrix} 0,4584 & -0,4041 \\ -0,2585 & 0,2489 \end{bmatrix}$$

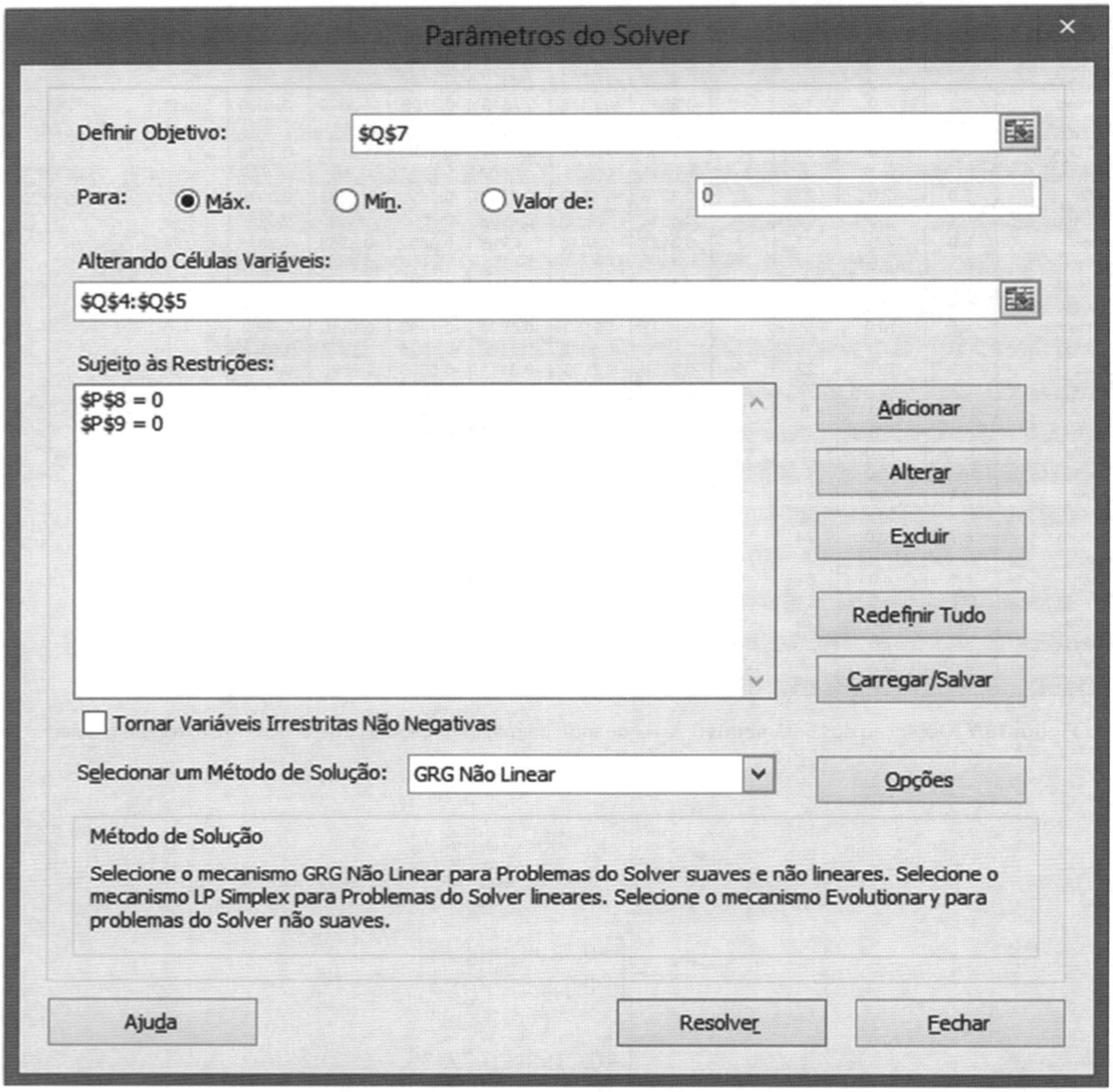

Figura 18.8 Solver – Maximização da correlação entre u_2 e v_2.

e, com base nas expressões (18.12) e (18.13), temos que:

$$\begin{vmatrix} 0,3834 - \lambda & 0,3579 \\ 0,3200 & 0,3239 - \lambda \end{vmatrix} = 0$$

e

$$\begin{vmatrix} 0,4584 - \lambda & -0,4041 \\ -0,2585 & 0,2489 - \lambda \end{vmatrix} = 0$$

Os autovalores λ encontrados como soluções em ambas as equações matriciais são:

$$\lambda_1 = 0,6934$$

$$\lambda_2 = 0,0139$$

	A	B	C	D	E	F	G	H	I	L	M	N	O	P	Q	R
1	Estudante	Cálculo (Y₁)	Marketing (Y₂)	Faltas (X₁)	Horas (X₂)	Zcálculo	Zmarketing	Zfaltas	Zhoras	u_2	v_2			1	2	
2	Gabriela	5,8	4,0	53	14	-0,3472	-0,5488	0,8894	0,6906	0,1526	1,1093		θ₁	40,90	-45,91	graus
3	Patrícia	3,1	2,0	67	2	-1,2943	-1,1369	1,4316	-0,9892	-0,0840	0,2310		θ₂	149,82	47,73	graus
4	Gustavo	3,1	4,0	49	11	-1,2943	-0,5488	0,7345	0,2706	-0,5063	0,6943		radθ₁	0,7138	-0,8013	radianos
5	Letícia	10,0	8,0	6	19	1,1259	0,6272	-0,9307	1,3905	0,3329	0,4029		radθ₂	2,6149	0,8330	radianos
6	Luiz Ovídio	3,4	2,0	31	7	-1,1890	-1,1369	0,0374	-0,2893	-0,0107	-0,1889					
7	Leonor	10,0	10,0	4	19	1,1259	1,2153	-1,0082	1,3905	-0,0895	0,3508		corr(u, v)	0,8327	0,1179	
8	Dalila	5,0	2,0	28	8	-0,6278	-1,1369	-0,0787	-0,1493	0,3797	-0,1635		corr(u₁, u₂)		0,0000	
9	Antônio	5,4	2,0	20	4	-0,4875	-1,1369	-0,3886	-0,7093	0,4773	-0,7862		corr(v₁, v₂)		0,0000	
10	Júlia	5,9	4,0	67	2	-0,3122	-0,5488	1,4316	-0,9892	0,1770	0,2310					
11	Mariana	6,1	4,0	67	1	-0,2420	-0,5488	1,4316	-1,1292	0,2258	0,1274					
12	Roberto	3,5	2,0	67	2	-1,1540	-1,1369	1,4316	-0,9892	0,0137	0,2310					
13	Renata	3,5	10,0	8	3	-1,1540	1,2153	-0,8533	-0,8493	-1,6758	-1,2024					
14	Guilherme	4,5	10,0	7	8	-0,8032	1,2153	-0,8920	-0,1493	-1,4317	-0,7105					
15	Rodrigo	10,0	4,0	13	9	1,1259	-0,5488	-0,6596	-0,0093	1,1776	-0,4506					
16	Giulia	6,2	10,0	22	5	-0,2069	1,2153	-0,3111	-0,5693	-1,0169	-0,6305					
17	Felipe	8,7	10,0	24	8	0,6699	1,2153	-0,2336	-0,1493	-0,4068	-0,2677					
18	Karina	10,0	6,0	8	7	1,1259	0,0392	-0,8533	-0,2893	0,7552	-0,7880					
19	Pietro	10,0	6,0	13	8	1,1259	0,0392	-0,6596	-0,1493	0,7552	-0,5542					
20	Cecília	10,0	10,0	3	23	1,1259	1,2153	-1,0469	1,9505	-0,0895	0,7391					
21	Gisele	10,0	10,0	3	22	1,1259	1,2153	-1,0469	1,8105	-0,0895	0,6355					
22	Elaine	3,1	2,0	67	2	-1,2943	-1,1369	1,4316	-0,9892	-0,0840	0,2310					
23	Kamal	10,0	10,0	4	19	1,1259	1,2153	-1,0082	1,3905	-0,0895	0,3508					
24	Rodolfo	8,7	10,0	24	8	0,6699	1,2153	-0,2336	-0,1493	-0,4068	-0,2677					
25	Pilar	10,0	6,0	8	7	1,1259	0,0392	-0,8533	-0,2893	0,7552	-0,7880					
26	Vivian	6,1	4,0	67	1	-0,2420	-0,5488	1,4316	-1,1292	0,2258	0,1274					
27	Danielle	3,5	2,0	67	2	-1,1540	-1,1369	1,4316	-0,9892	0,0137	0,2310					
28	Juliana	5,0	2,0	28	8	-0,6278	-1,1369	-0,0787	-0,1493	0,3797	-0,1635					
29	Adriano	10,0	8,0	6	19	1,1259	0,6272	-0,9307	1,3905	0,3329	0,4029					
30	Adelino	10,0	10,0	3	22	1,1259	1,2153	-1,0469	1,8105	-0,0895	0,6355					
31	Carolina	3,1	2,0	67	2	-1,2943	-1,1369	1,4316	-0,9892	-0,0840	0,2310					

Figura 18.9 Obtenção dos parâmetros θ_{12} e θ_{22} quando da maximização da correlação entre u_1 e v_1 pelo Solver.

Logo, as correlações canônicas entre u_1 e v_1 e entre u_2 e v_2 podem ser calculadas por meio da aplicação das raízes quadradas dos autovalores λ_1 e λ_2, respectivamente. Portanto, a correlação canônica entre u_1 e v_1 é igual a $\sqrt{0,6934} = 0,8327$ e a correlação canônica entre u_2 e v_2 é igual a $\sqrt{0,0139} = 0,1179$, que são exatamente os valores estimados por meio do **Solver** do Excel (Figuras 18.7 e 18.9).

Portanto, temos agora condições de calcular, com base no primeiro autovalor correspondente à primeira correlação canônica, os valores dos parâmetros a_{11}, a_{12}, b_{11}, b_{12} do primeiro par de variáveis canônicas, por meio da solução das equações matriciais representadas pelas expressões (18.10) e (18.11). Desta forma, temos que:

$$\begin{pmatrix} 0,3834-0,6934 & 0,3579 \\ 0,3200 & 0,3239-0,6934 \end{pmatrix} \cdot \begin{pmatrix} a_{11} \\ a_{12} \end{pmatrix} = \begin{pmatrix} 0 \\ 0 \end{pmatrix}$$

$$\begin{pmatrix} 0,4584-0,6934 & -0,4041 \\ -0,2585 & 0,2489-0,6934 \end{pmatrix} \cdot \begin{pmatrix} b_{11} \\ b_{12} \end{pmatrix} = \begin{pmatrix} 0 \\ 0 \end{pmatrix}$$

Assumindo que $a_{11}^2 + a_{12}^2 = 1$ e que $b_{11}^2 + b_{12}^2 = 1$, chegamos a:

$$a_{11} = 0,7559 \qquad a_{12} = 0,6547$$
$$b_{11} = -0,8645 \qquad b_{12} = 0,5027$$

cujos valores são exatamente iguais aos estimados por meio da ferramenta **Solver** do Excel. Não elaboraremos, por meio de álgebra matricial, os cálculos dos parâmetros das variáveis canônicas u_2 e v_2, já que o procedimento é análogo.

De acordo com Sharma (1996), Mingoti (2005) e Fávero *et al.* (2009), as variâncias das combinações lineares resultantes das estimações dos parâmetros das duas variáveis canônicas podem ser escritas, respectivamente, da seguinte forma:

$$\left| (0,7559 \quad 0,6547).\Sigma_{YY}. \begin{pmatrix} 0,7559 \\ 0,6547 \end{pmatrix} \right| = 1,6306$$

$$\left| (-0,8645 \quad 0,5027).\Sigma_{XX}. \begin{pmatrix} -0,8645 \\ 0,5027 \end{pmatrix} \right| = 1,6041$$

Para que a variância da combinação linear seja igual a 1, os valores de a_{11} e a_{12} devem ser divididos por $\sqrt{1,6306}$. Analogamente, os valores de b_{11} e b_{12} devem ser divididos por $\sqrt{1,6041}$. Logo, temos que:

$$a_{11} = \frac{0,7559}{\sqrt{1,6306}} = 0,5920$$

$$a_{12} = \frac{0,6547}{\sqrt{1,6306}} = 0,5127$$

$$b_{11} = \frac{-0,8645}{\sqrt{1,6041}} = -0,6826$$

$$b_{12} = \frac{0,5027}{\sqrt{1,6041}} = 0,3969$$

Estes novos parâmetros calculados, chamados de **coeficientes canônicos normalizados**, são utilizados para formar as variáveis canônicas a partir das variáveis originais padronizadas. Softwares como o Stata geram em seus *outputs* estes parâmetros, conforme apresentaremos na seção 18.3. Logo, com base nos coeficientes canônicos normalizados e a partir das variáveis originais padronizadas, podemos reescrever as expressões do primeiro par de variáveis canônicas da seguinte forma:

$$u_{1i} = 0,5920.zcálculo_i + 0,5127.zmarketing_i$$

$$v_{1i} = -0,6826.zfaltas_i + 0,3969.zhoras_i$$

Mesmo não tendo sido estimados, de forma algébrica matricial, os parâmetros a_{21}, a_{22}, b_{21}, b_{22} do segundo par de variáveis canônicas, podemos reescrever suas expressões, também fazendo uso dos coeficientes canônicos normalizados:

$$u_{2i} = 1,1545.zcálculo_i - 1,1918.zmarketing_i$$

$$v_{2i} = 1,2115.zfaltas_i + 1,3327.zhoras_i$$

Além dos coeficientes canônicos normalizados, podemos também calcular as correlações entre cada variável canônica e as variáveis originais que as compõem. Estas correlações, também chamadas de **cargas canônicas**, são, para os dados do nosso exemplo:

$$corr\left(cálculo, u_1\right) = 0,9186 \qquad corr\left(marketing, u_1\right) = 0,8899$$
$$corr\left(cálculo, u_2\right) = 0,3952 \qquad corr\left(marketing, u_2\right) = -0,4562$$
$$corr\left(faltas, v_1\right) = -0,9584 \qquad corr\left(horas, v_1\right) = 0,8712$$
$$corr\left(faltas, v_2\right) = 0,2854 \qquad corr\left(horas, v_2\right) = 0,4909$$

Logo, conforme discutimos, a modelagem de correlação canônica também busca maximizar o percentual de variância em determinado par de variáveis canônicas que é explicado pelas variáveis originais. Desta forma, para os dados do nosso exemplo, e com base na expressão (18.15), podemos definir, para a primeira dimensão canônica, que:

$$\overline{var\left(Y \mid u_1\right)} = \frac{\left(0,9186\right)^2 + \left(0,8899\right)^2}{2} = 0,8178$$

e, com base na expressão (18.14), podemos calcular a seguinte medida de redundância:

$$MR_{u_1, v_1} = \left[\overline{var\left(Y, u_1\right)}\right].c_1^2 = 0,8178.\left(0,8327\right)^2 = 0,5671$$

que indica, para a primeira função canônica, que **56,71% da variância das variáveis *cálculo* e *marketing* é explicado pelas variáveis *faltas* e *horas*.** Como este não é um valor baixo, podemos concluir que a primeira correlação canônica apresenta um razoável significado prático. A significância estatística desta correlação canônica, entretanto, será discutida na seção 18.2.2.

Analogamente, também podemos definir, para a segunda dimensão canônica, que:

$$\overline{\text{var}\left(Y\mid u_2\right)} = \frac{\left(0,3952\right)^2 + \left(-0,4562\right)^2}{2} = 0,1822$$

e, portanto, temos que:

$$MR_{u_2,v_2} = \left[\overline{\text{var}\left(Y,u_2\right)}\right].c_2^2 = 0,1822.\left(0,1179\right)^2 = 0,0025$$

que indica, para a segunda função canônica, que **apenas 0,25% da variância das variáveis dependentes *cálculo* e *marketing* é explicado pelas variáveis *faltas* e *horas*.** Este é o primeiro indício de que a segunda dimensão canônica talvez não seja estatisticamente significante, conforme discutiremos na seção 18.2.2.

Com base na expressão (18.18), **o percentual total de variância explicada de *cálculo* e *marketing* por *faltas* e *horas*, chamado de medida de redundância total, é igual a 56,96%** (0,5671 + 0,0025 = 0,5696), em que grande parte desta variância é gerada pela primeira variável canônica.

Não apresentaremos os resultados neste momento, porém caso estimássemos um modelo de regressão com a variável *cálculo* em função das variáveis *faltas* e *horas* e outro modelo de regressão com a variável *marketing* também em função de *faltas* e *horas*, o R^2 médio das duas estimações seria exatamente igual a 56,96%.

A partir dos resultados obtidos por meio da estimação do nosso modelo de correlação canônica, podemos propor cinco importantes perguntas:

As variáveis dependentes *cálculo* e *marketing* são significantes para a formação das variáveis canônicas u_1 e u_2?

As variáveis explicativas *faltas* e *horas* são significantes para a formação das variáveis canônicas v_1 e v_2?

As duas correlações canônicas são significantes?

Qual variável dependente possui a maior influência para a formação da variável canônica u_1, ou seja, qual variável dependente resultaria em um modelo de regressão com maior R^2, se as variáveis *faltas* e *horas* fossem incluídas como explicativas?

Qual variável explicativa possui a maior influência para a formação da variável canônica v_1, ou seja, qual variável explicativa (*faltas* ou *horas*) apresentaria maior significância estatística em modelos de regressão elaborados com a variável *cálculo* ou com a variável *marketing* como dependente?

Antes de respondermos a estas importantes questões, precisamos estudar a significância estatística de todos os parâmetros estimados e das duas correlações canônicas calculadas para o nosso exemplo.

18.2.2. Significância dos parâmetros e das correlações canônicas

Vamos novamente escrever as expressões dos dois pares de variáveis canônicas a partir das variáveis originais padronizadas:

$$u_{1i} = 0,5920.zcálculo_i + 0,5127.zmarketing_i$$

$$v_{1i} = -0,6826.zfaltas_i + 0,3969.zhoras_i$$

$$u_{2i} = 1,1545.zcálculo_i - 1,1918.zmarketing_i$$

$$v_{2i} = 1,2115.zfaltas_i + 1,3327.zhoras_i$$

Os parâmetros destas expressões (coeficientes canônicos normalizados) podem ser interpretados da mesma forma que os coeficientes de um modelo de regressão múltipla, assumindo-se que a variável canônica seja a variável dependente, ou seja, oferecem a contribuição de cada variável original padronizada sobre a respectiva variável canônica, *ceteris paribus*.

Estimados os parâmetros a_{11}, a_{12}, b_{11}, b_{12}, a_{21}, a_{22}, b_{21}, b_{22} para os dados do nosso exemplo, podemos calcular os respectivos erros-padrão (*standard error*, ou *s.e.*) com base no que foi apresentado e discutido na seção 12.2.3 do Capítulo 12. Não apresentaremos aqui os cálculos destes erros-padrão, por não ser escopo deste capítulo, porém seus valores são:

$$s.e.\ (a_{11}) = s.e.\ (a_{12}) = 0,1660$$
$$s.e.\ (b_{11}) = s.e.\ (b_{12}) = 0,1779$$
$$s.e.\ (a_{21}) = s.e.\ (a_{22}) = 2,1033$$
$$s.e.\ (b_{21}) = s.e.\ (b_{22}) = 2,2543$$

Conforme também discutido na seção 12.2.3 do Capítulo 12, a fim de testarmos se determinado parâmetro é estatisticamente diferente de zero, devemos recorrer à estatística *t*, cuja expressão é:

$$t_{par\hat{a}metro} = \frac{par\hat{a}metro}{s.e.\left(par\hat{a}metro \right)} \tag{18.19}$$

A estatística *t* é importante para fornecer ao pesquisador a significância estatística de cada parâmetro a ser considerado no modelo, e as hipóteses do teste correspondente (teste *t*), para cada parâmetro estimado, são:

H_0: *parâmetro* = 0
H_1: *parâmetro* ≠ 0

Para os dados do nosso exemplo, podemos agora calcular o valor da estatística *t* de cada parâmetro estimado, conforme mostra a Tabela 18.4.

Tabela 18.4 Cálculo das estatísticas *t* dos parâmetros.

1º par de variáveis canônicas	$t_{a_{11}} = \dfrac{0,5920}{0,1660} = 3,5663$	$t_{a_{12}} = \dfrac{0,5127}{0,1660} = 3,0886$
	$t_{b_{11}} = \dfrac{-0,6826}{0,1779} = -3,8370$	$t_{b_{12}} = \dfrac{0,3969}{0,1779} = 2,2310$
2º par de variáveis canônicas	$t_{a_{21}} = \dfrac{1,1545}{2,1033} = 0,5489$	$t_{a_{22}} = \dfrac{-1,1918}{2,1033} = -0,5666$
	$t_{b_{21}} = \dfrac{1,2115}{2,2543} = 0,5374$	$t_{b_{22}} = \dfrac{1,3327}{2,2543} = 0,5912$

Para 28 graus de liberdade ($n - 2 = 28$), temos, por meio da Tabela B do apêndice do livro, que o t_c = 2,048 para o nível de significância de 5% (probabilidade na cauda superior de 0,025 para a distribuição bicaudal). Dessa forma, podemos rejeitar a hipótese nula de que cada um dos parâmetros do primeiro par de variáveis canônicas seja estatisticamente igual a zero a este nível de significância, já que $t_{cal} > t_c = t_{28,\,2,5\%}$ = 2,048 para os parâmetros a_{11}, a_{12}, b_{11} e b_{12}.

O mesmo, todavia, não pode ser dito em relação aos parâmetros do segundo par de variáveis canônicas, já que $t_{cal} < t_c = t_{28,\,2,5\%}$ = 2,048 para os parâmetros a_{21}, a_{22}, b_{21} e b_{22}. Este fato já comprova que a segunda dimensão canônica não será estatisticamente significante ao nível de significância de 5%, isto é, que a segunda correlação canônica será estatisticamente igual a zero.

Desta forma, podemos responder às duas primeiras perguntas propostas ao final da seção 18.2.1. Voltemos a elas:

As variáveis dependentes *cálculo* e *marketing* são significantes para a formação das variáveis canônicas u_1 e u_2?

Não. As variáveis *cálculo* e *marketing* são estatisticamente significantes, ao nível de significância de 5%, apenas para a formação da variável canônica u_1.

As variáveis explicativas *faltas* e *horas* são significantes para a formação das variáveis canônicas v_1 e v_2?

Não. As variáveis *faltas* e *horas* são estatisticamente significantes, ao nível de significância de 5%, apenas para a formação da variável canônica v_1.

Além da interpretação dos parâmetros estimados para as variáveis canônicas, precisamos discutir a significância estatística das correlações canônicas. Os três principais testes estatísticos multivariados que avaliam, por meio da estatística F, a significância das dimensões canônicas, são o Wilks' lambda, o Pillai's trace e o Lawley-Hotelling trace, cujas hipóteses nulas afirmam que os dois vetores de variáveis não são linearmente relacionados, ou seja, que as correlações canônicas são estatisticamente iguais a zero a um determinado nível de significância.

A estatística do **teste de Wilks' lambda**, o mais utilizado entre os três testes apresentados neste capítulo, é calculada por meio da seguinte expressão:

$$\Lambda = \prod_{k=1}^{m} \left[1 - (c_k)^2 \right] \tag{18.20}$$

em que c_k ($k = 1, 2, ..., m$) representa a correlação canônica entre um par de variáveis canônicas e m é o número de dimensões (no nosso exemplo, $m = 2$). A significância estatística do teste de Wilks' lambda pode ser verificada por meio do teste F, cuja estatística apresenta a seguinte expressão:

$$F = \frac{\left(1 - \Lambda^{\frac{1}{m}} \right).df_2}{\left(\Lambda^{\frac{1}{m}} \right).df_1} \tag{18.21}$$

em que $df_1 = p \cdot q$ e $df_2 = 2 \cdot (n - p - q)$, m, conforme discutimos, é o número de correlações canônicas, p é o número de variáveis dependentes e q é o número de variáveis explicativas.

Para o nosso exemplo, a estatística de Wilks' lambda que avalia simultaneamente a significância das duas dimensões canônicas é calculada da seguinte forma:

$$\Lambda = \left[1 - (0,8327)^2 \right].\left[1 - (0,1179)^2 \right] = 0,3023$$

de onde vem que:

$$F = \frac{\left(1 - 0,3023^{\frac{1}{2}} \right).(52)}{\left(0,3023^{\frac{1}{2}} \right).(4)} = 10,6436$$

Por meio da Tabela A do apêndice do livro, temos que o $F_c = 2,55$ (F crítico para $df_1 = 4$, $df_2 = 52$ e nível de significância de 5%). Desta forma, como o F calculado $F_{cal} = 10,6436 > F_c = 2,55$, podemos rejeitar a hipótese nula de que as duas correlações canônicas sejam estatisticamente iguais a zero ao nível de significância de 5%. Em outras palavras, podemos rejeitar a hipótese nula de que os dois vetores de variáveis não sejam linearmente relacionados, ao nível de significância de 5%, sendo pelo menos a correlação canônica da primeira dimensão canônica estatisticamente diferente de zero.

Precisamos, portanto, testar a significância estatística apenas da segunda correlação canônica. A estatística de Wilks' lambda, neste caso, é calculada da seguinte maneira:

$$\Lambda = \left[1 - (0,1179)^2 \right] = 0,9861$$

de onde vem que:

$$F = \frac{(1 - 0,9861).(27)}{(0,9861).(1)} = 0,3806$$

Note, para este caso, que $m = 1$, visto que estamos testando apenas a significância estatística da segunda correlação canônica. Além disso, temos que $df_1 = 1$ e $df_2 = (n - p - 1) = 27$. Por meio da Tabela A do apêndice do livro, temos agora que o $F_c = 4,21$ (F crítico para $df_1 = 1$, $df_2 = 27$ e nível de significância de 5%). Dessa forma, como o

F calculado $F_{cal} = 0,3806 < F_c = 4,21$, não podemos rejeitar a hipótese nula de que a segunda correlação canônica seja estatisticamente igual a zero ao nível de significância de 5%. Este fato já era esperado, dado que os *valores-P* das variáveis que compõem as variáveis canônicas u_2 e v_2 mostraram-se maiores do que 5%.

A estatística referente ao **teste de Pillai's trace**, calculada apenas para se testar a significância das duas dimensões canônicas simultaneamente, é definida por meio da seguinte expressão:

$$\Pi = \sum_{k=1}^{m} (c_k)^2 \tag{18.22}$$

cuja significância estatística também pode ser verificada por meio do teste F, que apresenta agora a seguinte expressão:

$$F = \frac{(\Pi).df_2}{(m - \Pi).df_1} \tag{18.23}$$

em que $df_1 = p \cdot q$ e $df_2 = 2 \cdot (n - p - 1)$.

Logo, para o presente exemplo, temos que:

$$\Pi = (0,8327)^2 + (0,1179)^2 = 0,7073$$

de onde vem que:

$$F = \frac{(0,7073).(54)}{(2 - 0,7073).(4)} = 7,3868$$

Analogamente ao discutido para o teste de Wilks' lambda, temos, por meio da Tabela A do apêndice do livro, que o $F_c = 2,54$ (F crítico para $df_1 = 4$, $df_2 = 54$ e nível de significância de 5%). Dessa forma, como o F calculado $F_{cal} = 7,3868 > F_c = 2,54$, podemos rejeitar a hipótese nula de que as duas correlações canônicas sejam estatisticamente iguais a zero ao nível de significância de 5%. Ou seja, podemos também concluir, pelo teste de Pillai's trace, que pelo menos a correlação canônica da primeira dimensão canônica é estatisticamente diferente de zero.

Por fim, o **teste de Lawley-Hotelling trace**, muito similar ao teste de Pillai's trace, tem sua estatística calculada por meio da seguinte expressão:

$$LH = \sum_{k=1}^{m} \frac{(c_k)^2}{\left[1 - (c_k)^2\right]} \tag{18.24}$$

cuja significância estatística também pode ser verificada por meio do teste F, que apresenta a seguinte expressão:

$$F = \frac{(LH).df_2}{(m).df_1} \tag{18.25}$$

em que $df_1 = p \cdot q$ e $df_2 = 2 \cdot (n - p - q - 1)$.

Para o nosso exemplo, temos agora que:

$$LH = \frac{(0,8327)^2}{\left[1 - (0,8327)^2\right]} + \frac{(0,1179)^2}{\left[1 - (0,1179)^2\right]} = 2,2759$$

de onde vem que:

$$F = \frac{(2,2759).(50)}{(2).(4)} = 14,2245$$

Assim como discutido para os testes de Wilks' lambda e de Pillai's trace, temos, por meio da Tabela A do apêndice do livro, que o $F_c = 2,56$ (F crítico para $df_1 = 4$, $df_2 = 50$ e nível de significância de 5%). Dessa forma, como o F calculado $F_{cal} = 14,2245 > F_c = 2,56$, também podemos rejeitar, por meio do teste de Lawley-Hotel-ling trace, a hipótese nula de que as duas correlações canônicas sejam estatisticamente iguais a zero, ao nível de significância de 5%.

É bastante comum que estes três estatísticos (Wilks' lambda, Pillai's trace e Lawley-Hotelling trace) gerem conclusões similares em relação à significância estatística do conjunto de correlações canônicas e, com base nos resultados apresentados, podemos responder à terceira pergunta proposta ao final da seção 18.2.1:

As duas correlações canônicas são significantes?

Não. Podemos concluir que apenas a primeira correlação canônica é estatisticamente significante, ao nível de significância de 5%, ou seja, neste exemplo apenas uma única dimensão é necessária para se descrever a relação existente entre as variáveis dependentes *cálculo* e *marketing* e as variáveis explicativas *faltas* e *horas*.

A fim de que as duas últimas perguntas propostas na seção 18.2.1 possam ser respondidas, precisamos discutir a hierarquia de influências das variáveis originais em cada uma das variáveis canônicas da primeira dimensão.

18.2.3. Hierarquia de influências das variáveis originais nas variáveis canônicas

Após a análise da significância das dimensões canônicas, podemos estudar a hierarquia de influências de cada variável original em cada variável canônica da primeira dimensão (única estatisticamente significante). Este estudo talvez represente a maior contribuição prática dos modelos de correlação canônica.

Para tanto, elaboramos a Tabela 18.5, que apresenta os coeficientes canônicos normalizados e as cargas canônicas (correlações) calculadas para os dados do nosso exemplo.

Tabela 18.5 Coeficientes canônicos normalizados e cargas canônicas para a primeira dimensão.

	Variáveis canônicas	Variáveis dependentes		Variáveis explicativas	
		zcálculo	*zmarketing*	*zfaltas*	*zhoras*
Coeficientes canônicos normalizados	u_1	**0,5920**	0,5127		
	v_1			**–0,6826**	0,3969
Cargas canônicas	u_1	**0,9186**	0,8899		
	v_1			**–0,9584**	0,8712

Os maiores valores de cada linha desta tabela (em módulo) estão destacados em negrito. Dessa forma, podemos afirmar, com base nos coeficientes canônicos normalizados, que, enquanto a variável *cálculo* apresenta maior influência para a formação de u_1, a variável *faltas* apresenta maior influência para a formação de v_1, mesmo apresentando sinal negativo.

Entretanto, segundo Sharma (1996) e Fávero *et al.* (2009), a utilização dos coeficientes canônicos normalizados pode prejudicar a análise dos resultados quando houver multicolinearidade considerável entre as variáveis dependentes ou entre as variáveis explicativas. Nestas situações, como inclusive ocorre para os dados do nosso exemplo, recomenda-se que a análise da hierarquia de influências de cada variável original em cada variável canônica seja elaborada com base nas cargas canônicas, que nada mais são do que as correlações simples entre as variáveis originais e as variáveis canônicas.

No nosso exemplo, as conclusões com base nas cargas canônicas acabam sendo as mesmas daquelas obtidas com base na análise dos coeficientes canônicos normalizados, porém é importante ressaltar que isso nem sempre ocorre. Logo, conforme já dito, enquanto a variável *cálculo* apresenta maior influência para a formação de u_1, a variável *faltas* apresenta maior influência para a formação de v_1.

Dessa forma, podemos agora responder às duas últimas perguntas propostas ao final da seção 18.2.1. Voltemos a elas:

Qual variável dependente possui a maior influência para a formação da variável canônica u_1, ou seja, qual variável dependente resultaria em um modelo de regressão com maior R^2, se as variáveis *faltas* e *horas* fossem incluídas como explicativas?

Caso estimássemos dois modelos independentes de regressão múltipla, aquele com a variável *cálculo* como dependente apresentaria um maior R^2. Ou seja, a quantidade de faltas à escola ao longo do ano e a quantidade de horas semanais de estudo influenciam mais significativamente a nota final de cálculo do que a nota final de marketing. Além disso, a quantidade de faltas influencia negativamente as notas destas disciplinas.

Qual variável explicativa possui a maior influência para a formação da variável canônica v_1, ou seja, qual variável explicativa (*faltas* ou *horas*) apresentaria maior significância estatística em modelos de regressão elaborados com a variável *cálculo* ou com a variável *marketing* como dependente?

Caso estimássemos dois modelos independentes de regressão múltipla, ou com a variável *cálculo* ou com a variável *marketing* como dependente, em ambos os casos a variável *faltas* seria estatisticamente mais significante (menor *valor-P* da estatística *t*) para explicar o comportamento da variável dependente do que a variável *horas*. Em outras palavras, a variável *horas* seria a primeira candidata a ser eventualmente excluída de um modelo de regressão, caso este fosse estimado por meio do procedimento *Stepwise*. Ou seja, caso um estudante deseje obter notas maiores de cálculo ou de marketing, deverá prioritariamente evitar faltar às aulas ao longo do ano letivo, e, a cada falta, o incremento de horas de estudo semanal deverá ser mais do que proporcional, a fim de compensar a incidência daquela falta.

Desta forma, podemos perceber que a correlação canônica pode ser interpretada como uma técnica de modelagem a partir da qual outras derivam. Sua utilidade prática consiste, majoritariamente, em auxiliar o pesquisador na definição de um constructo de pesquisa que permita identificar, frente a uma grande quantidade de possíveis variáveis dependentes, aquela que melhor se adequa aos dados existentes, e, com base em uma grande quantidade de candidatas a variáveis preditoras, aquelas que melhor explicam o fenômeno em estudo, desde que respeitadas a teoria subjacente e a intuição do pesquisador.

Partiremos agora para a estimação dos modelos de correlação canônica por meio dos softwares Stata, SPSS, R e Python.

18.3. ESTIMAÇÃO DE MODELOS DE CORRELAÇÃO CANÔNICA NO SOFTWARE STATA

Seguindo o padrão dos capítulos anteriores, o objetivo desta seção não é o de discutir novamente todos os conceitos inerentes à estimação de um modelo de correlação canônica, porém propiciar ao pesquisador uma oportunidade de elaboração do mesmo exemplo explorado ao longo deste capítulo por meio do Stata Statistical Software®. A reprodução de suas imagens nesta seção tem autorização da StataCorp LP©.

Voltando ao exemplo desenvolvido na seção 18.2, lembremos que o nosso professor tem o interesse em investigar se a quantidade anual de faltas à escola e a quantidade semanal de horas de estudo por parte de cada aluno influenciam as notas finais das disciplinas de cálculo e marketing. Já partiremos, portanto, para o banco de dados final construído pelo professor por meio dos questionamentos elaborados a um grupo de 30 estudantes. O banco de dados encontra-se no arquivo **NotasCálculoMarketing.dta** e é exatamente igual ao apresentado na Tabela 18.1.

```
. desc

  obs:            30
  vars:            5
  size:          750  (99.9% of memory free)
----------------------------------------------------------------------
              storage   display    value
variable name   type    format     label      variable label
----------------------------------------------------------------------
estudante      str11    %11s
cálculo        float    %8.1g                 nota final de cálculo (0 a 10)
marketing      float    %8.1g                 nota final de marketing (0 a 10)
faltas         float    %8.0g                 quantidade de faltas à escola ao longo do
                                              ano
horas          float    %8.0g                 quantidade de horas semanais de estudo
----------------------------------------------------------------------
Sorted by:
```

Figura 18.10 Descrição do banco de dados **NotasCálculoMarketing.dta**.

Inicialmente, podemos digitar o comando **desc**, que faz com que seja possível analisarmos as características do banco de dados, como o número de observações, o número de variáveis e a descrição de cada uma delas. A Figura 18.10 apresenta este primeiro *output* do Stata.

Conforme discutimos na seção 18.2, a estimação dos parâmetros do modelo de correlação canônica deve ser elaborada com base nas variáveis padronizadas. Entretanto, é importante ressaltar que as correlações canônicas e os testes estatísticos apresentam os mesmos resultados se o procedimento for realizado com base nas variáveis originais.

Para que as variáveis sejam padronizadas por meio do procedimento *Zscores* no Stata, devemos digitar a seguinte sequência de comandos:

```
egen zcálculo = std(cálculo)
egen zmarketing = std(marketing)
egen zfaltas = std(faltas)
egen zhoras = std(horas)
```

Além disso, os gráficos apresentados nas Figuras 18.1 e 18.2 da seção 18.2.1 podem ser obtidos, respectivamente, por meio dos seguintes comandos do Stata. Ressalta-se, todavia, que a elaboração destes gráficos é opcional e apenas didática, e não os apresentaremos novamente aqui.

```
graph twoway scatter zcálculo zmarketing
graph twoway scatter zfaltas zhoras
```

As matrizes de variâncias e covariâncias Σ_{YY}, Σ_{XX}, Σ_{YX} e Σ_{XY} calculadas analiticamente na seção 18.2.1 podem também ser geradas no Stata por meio do seguinte comando:

```
correlate zcálculo zmarketing zfaltas zhoras, covariance
```

O *output* encontra-se na Figura 18.11.

```
. correlate zcálculo zmarketing zfaltas zhoras, covariance
(obs=30)

             | zcálculo zmarke~g  zfaltas    zhoras
-------------+------------------------------------
    zcálculo |        1
  zmarketing |  .637106        1
     zfaltas | -.719806 -.725524        1
      zhoras |  .689297  .619179 -.694856        1
```

Figura 18.11 Matrizes de variâncias e covariâncias.

Gerados estes *outputs* preliminares, considerados opcionais, podemos estimar o modelo de correlação canônica propriamente dito, por meio da digitação do seguinte comando:

```
canon (zcálculo zmarketing) (zfaltas zhoras), test(1 2) stderr
```

Enquanto as variáveis dependentes devem ser inseridas entre o primeiro conjunto de parênteses, as variáveis explicativas são inseridas entre o segundo conjunto de parênteses. Além disso, o termo **test** permite que se verifique se as duas dimensões canônicas (mínimo entre a quantidade de variáveis dependentes e a quantidade de variáveis explicativas inseridas no modelo) serão necessárias para o estudo da relação entre os dois vetores de variáveis. Em outras palavras, permite que se obtenha a resposta para a seguinte pergunta: **quantas dimensões canônicas são necessárias para se descrever a relação existente entre os dois vetores de variáveis?** Por fim, o termo **stderr** faz com que sejam calculados e apresentados o erro-padrão e a significância estatística (por meio do teste *t*) de cada um dos coeficientes canônicos normalizados. Os *outputs* gerados encontram-se na Figura 18.12.

A primeira parte dos *outputs* apresentados na Figura 18.12 traz os parâmetros estimados dos coeficientes canônicos normalizados que, conforme discutimos, são utilizados para formar as variáveis canônicas a partir das variáveis originais padronizadas. Podem, portanto, ser interpretados da mesma forma que os coeficientes de uma regressão, assumindo-se que a variável canônica seja a variável dependente.

```
. canon (zcálculo zmarketing) (zfaltas zhoras), test(1 2) stderr

Linear combinations for canonical correlations          Number of obs =      30
-----------------------------------------------------------------------------
             |    Coef.    Std. Err.      t    P>|t|    [95% Conf. Interval]
-------------+---------------------------------------------------------------
u1           |
    zcálculo |  .5919238   .1660198     3.57   0.001    .2523752    .9314724
  zmarketing |  .5127381   .1660198     3.09   0.004    .1731895    .8522867
-------------+---------------------------------------------------------------
v1           |
     zfaltas | -.6825873   .1779383    -3.84   0.001   -1.046512   -.3186627
      zhoras |  .3969262   .1779383     2.23   0.034    .0330015    .7608508
-------------+---------------------------------------------------------------
u2           |
    zcálculo |  1.154494   2.103277     0.55   0.587    -3.14719    5.456178
  zmarketing | -1.191776   2.103277    -0.57   0.575    -5.49346    3.109908
-------------+---------------------------------------------------------------
v2           |
     zfaltas |  1.211469   2.25427      0.54   0.595   -3.399032    5.821969
      zhoras |  1.332678   2.25427      0.59   0.559   -3.277822    5.943178
-----------------------------------------------------------------------------
                           (Standard errors estimated conditionally)
Canonical correlations:
  0.8327   0.1179

-----------------------------------------------------------------------------
Tests of significance of all canonical correlations

                       Statistic      df1      df2         F    Prob>F
         Wilks' lambda   .302316        4       52    10.6436    0.0000 e
         Pillai's trace   .70732        4       54     7.3868    0.0001 a
  Lawley-Hotelling trace 2.27592        4       50    14.2245    0.0000 a
      Roy's largest root 2.26183        2       27    30.5347    0.0000 u
-----------------------------------------------------------------------------
Test of significance of canonical correlations 1-2

                       Statistic      df1      df2         F    Prob>F
         Wilks' lambda   .302316        4       52    10.6436    0.0000 e
-----------------------------------------------------------------------------
Test of significance of canonical correlation 2

                       Statistic      df1      df2         F    Prob>F
         Wilks' lambda   .986103        1       27     0.3805    0.5425 e
-----------------------------------------------------------------------------
             e = exact, a = approximate, u = upper bound on F
```

Figura 18.12 *Outputs* do modelo de correlação canônica no Stata.

Os erros-padrão referem-se aos respectivos parâmetros estimados e são utilizados para se testar se determinado coeficiente é estatisticamente diferente de zero, por meio do teste *t*. Neste exemplo, conforme discutimos na seção 18.2.2, podemos verificar que apenas as expressões de u_1 e v_1 apresentam parâmetros estatisticamente diferentes de zero, ao nível de significância de 5%, o que já indica que a segunda correlação canônica provavelmente seja estatisticamente igual a zero. Em outras palavras, podemos afirmar que, enquanto as variáveis *cálculo* e *marketing* são estatisticamente significantes, ao nível de significância de 5%, para a formação apenas da variável canônica u_1, as variáveis *faltas* e *horas* são estatisticamente significantes, ao mesmo nível de significância, para a formação apenas da variável canônica v_1.

Entretanto, como o estudo da significância estatística de cada dimensão canônica será elaborado mais adiante, apresentamos, neste momento, as expressões de todas as variáveis canônicas obtidas:

$$u_{1i} = 0,5920.zcálculo_i + 0,5127.zmarketing_i$$

$$v_{1i} = -0,6826.zfaltas_i + 0,3969.zhoras_i$$

$$u_{2i} = 1,1545.zcálculo_i - 1,1918.zmarketing_i$$

$$v_{2i} = 1,2115.zfaltas_i + 1,3327.zhoras_i$$

que são exatamente iguais àquelas obtidas na seção 18.2.1 por meio de cálculo algébrico e matricial. É importante novamente enfatizar que o Stata apresenta, em seus *outputs*, os coeficientes canônicos normalizados.

Caso o pesquisador deseje gerar, no próprio banco de dados, as variáveis canônicas, poderá digitar a seguinte sequência de comandos, em que cada comando refere-se à respectiva variável canônica:

```
predict u1, u corr(1)
predict v1, v corr(1)
predict u2, u corr(2)
predict v2, v corr(2)
```

Caso deseje criar as variáveis canônicas por meio dos coeficientes canônicos normalizados, poderá, alternativamente, digitar a seguinte sequência de comandos:

```
gen u1a = 0.5919238*zcálculo + 0.5127381*zmarketing
gen v1a = -0.6825873*zfaltas + 0.3969262*zhoras
gen u2a = 1.154494*zcálculo - 1.191776*zmarketing
gen v2a = 1.211469*zfaltas + 1.332678*zhoras
```

As variáveis canônicas geradas são exatamente iguais às obtidas por meio do comando **predict**.

A segunda parte dos *outputs* apresentados na Figura 18.12 refere-se às correlações canônicas propriamente ditas, com os respectivos testes de significância estatística. Podemos verificar que, enquanto a correlação canônica entre u_1 e v_1 (primeira dimensão) é igual a 0,8327, a correlação canônica entre u_2 e v_2 (segunda dimensão) é igual a 0,1179. Estes valores são exatamente iguais aos obtidos analiticamente e matricialmente na seção 18.2.

Para efeitos didáticos, o pesquisador pode digitar o seguinte comando, a fim de obter especificamente as correlações entre as variáveis canônicas:

```
corr u1 v1 u2 v2
```

Estas correlações canônicas são apresentadas na Figura 18.13 e, por meio da qual, podemos comprovar que, enquanto a correlação entre u_1 e v_1 é igual a 0,8327 e entre u_2 e v_2 é igual a 0,1179, todas as demais correlações entre duas distintas variáveis canônicas são iguais a zero, o que caracteriza o modelo de correlação canônica propriamente dito.

```
. corr u1 v1 u2 v2
(obs=30)

             |      u1       v1       u2       v2
-------------+------------------------------------
          u1 |  1.0000
          v1 |  0.8327   1.0000
          u2 | -0.0000  -0.0000   1.0000
          v2 |  0.0000  -0.0000   0.1179   1.0000
```

Figura 18.13 Correlações entre as variáveis canônicas.

Ainda com base na segunda parte dos *outputs* apresentados na Figura 18.12, podemos verificar, conforme discutido na seção 18.2.2, que os resultados dos testes de Wilks'lambda, Pillai's trace e Lawley-Hotelling trace mostram que apenas a primeira correlação canônica é estatisticamente significante, ao nível de significância de 5%, ou seja, apenas uma única dimensão é necessária para que se descreva a relação existente entre as variáveis dependentes *cálculo* e *marketing* e as variáveis explicativas *faltas* e *horas*.

Partiremos, portanto, para a análise da hierarquia de influências das variáveis originais em cada uma das variáveis canônicas. Para tanto, conforme discutimos na seção 18.2.3, a fim de que sejam obtidas as cargas canônicas (correlações) entre as variáveis canônicas e as variáveis originais padronizadas, devemos digitar o seguinte comando:

```
estat loadings
```

A Figura 18.14 apresenta os *outputs* gerados, que correspondem aos valores apresentados na parte inferior da Tabela 18.5. Estes valores também poderiam ter sido obtidos por meio da digitação do seguinte comando:

```
corr zcálculo zmarketing zfaltas zrenda u1 v1 u2 v2
```

Embora a segunda dimensão canônica não seja estatisticamente significante, o Stata apresenta as cargas canônicas de ambas as dimensões, conforme podemos observar nos *outputs* da Figura 18.14. Entretanto, neste exemplo a análise ficará restrita à primeira dimensão canônica.

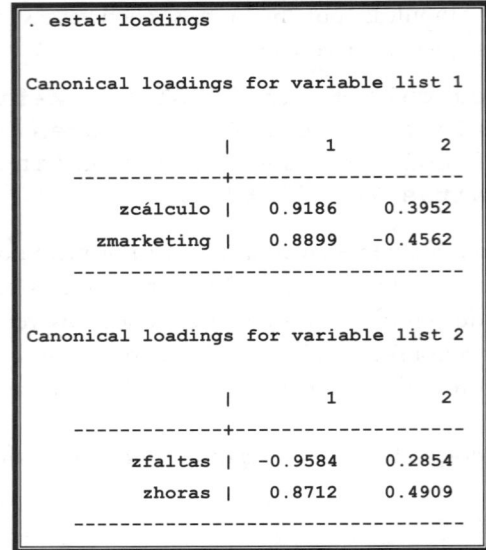

Figura 18.14 Cargas canônicas.

Logo, podemos afirmar que a variável *cálculo* apresenta maior influência para a formação de u_1, ou seja, podemos dizer que a quantidade de faltas à escola ao longo do ano e a quantidade de horas semanais de estudo influenciam mais significativamente a nota final de cálculo do que a nota final de marketing. Em outras palavras, a variável *cálculo* é uma melhor dependente das variáveis *faltas* e *horas*, e gerará um R^2 maior caso seja estimado um modelo de regressão múltipla.

Também podemos afirmar, com base na análise especificamente do comportamento das variáveis explicativas, que a variável *horas* seria a primeira candidata a ser eventualmente excluída de um modelo de regressão, caso este fosse estimado por meio do procedimento *Stepwise*. A variável *faltas*, por sua vez, apresenta maior influência para a formação de v_1, mesmo que a correlação entre elas seja negativa, já que o que nos interessa é a maior magnitude, em módulo, entre as cargas canônicas.

Além disso, conforme discutimos na seção 18.2.1, a modelagem de correlação canônica busca maximizar o percentual de variância em um determinado par de variáveis canônicas que é explicado pelas variáveis originais. Dessa forma, por meio dos *outputs* apresentados nas Figuras 18.12 e 18.14 e com base nas expressões (18.14) e (18.15), temos, para a primeira dimensão canônica, que:

$$\overline{\text{var}(Y \mid u_1)} = \frac{(0,9186)^2 + (0,8899)^2}{2} = 0,8178$$

$$MR_{u_1,v_1} = \left[\overline{\text{var}(Y,u_1)}\right].c_1^2 = 0,8178.(0,8327)^2 = 0,5671$$

que indica, para a primeira função canônica, que 56,71% da variância das variáveis *cálculo* e *marketing* é explicado pelas variáveis *faltas* e *horas*.

E, para a segunda dimensão canônica, temos que:

$$\overline{\text{var}(Y \mid u_2)} = \frac{(0,3952)^2 + (-0,4562)^2}{2} = 0,1822$$

$$MR_{u_2,v_2} = \left[\overline{\text{var}(Y,u_2)}\right].c_2^2 = 0,1822.(0,1179)^2 = 0,0025$$

que indica, para a segunda função canônica, que 0,25% da variância das variáveis dependentes *cálculo* e *marketing* é explicado pelas variáveis *faltas* e *horas*.

Logo, o percentual total de variância explicada de *cálculo* e *marketing* por *faltas* e *horas*, chamado de medida de redundância total, é igual a 56,96% (0,5671 + 0,0025 = 0,5696), que corresponde exatamente ao valor do R^2

médio que seria obtido por meio da estimação de dois modelos de regressão múltipla, sendo um com a variável *cálculo* como dependente, e outro com a variável *marketing* como dependente.

A fim de comprovarmos estas afirmações, vamos estimar, isoladamente, dois modelos de regressão múltipla, em que cada um traz, respectivamente, a variável *cálculo* e a variável *marketing* como dependente. Para tanto, devemos digitar a seguinte sequência de comandos:

```
reg cálculo faltas horas
reg marketing faltas horas
```

Os *outputs* obtidos encontram-se na Figura 18.15.

```
. reg cálculo faltas horas

      Source |       SS       df       MS              Number of obs =      30
-------------+------------------------------           F(  2,    27) =   19.21
       Model |  138.440017      2  69.2200083           Prob > F      =  0.0000
    Residual |  97.2869838     27  3.60322162           R-squared     =  0.5873
-------------+------------------------------           Adj R-squared =  0.5567
       Total |     235.727     29  8.12851725           Root MSE      =  1.8982

------------------------------------------------------------------------------
      cálculo |      Coef.   Std. Err.      t    P>|t|     [95% Conf. Interval]
-------------+----------------------------------------------------------------
       faltas |  -.0514173   .0189816    -2.71   0.012    -.0903643   -.0124703
        horas |   .1459582   .0686144     2.13   0.043      .005173    .2867434
        _cons |   7.010877   1.151075     6.09   0.000     4.649067    9.372688
------------------------------------------------------------------------------

. reg marketing faltas horas

      Source |       SS       df       MS              Number of obs =      30
-------------+------------------------------           F(  2,    27) =   16.63
       Model |  185.169625      2  92.5848124           Prob > F      =  0.0000
    Residual |  150.297042     27  5.56655711           R-squared     =  0.5520
-------------+------------------------------           Adj R-squared =  0.5188
       Total |  335.466667     29  11.5678161           Root MSE      =  2.3594

------------------------------------------------------------------------------
    marketing |      Coef.   Std. Err.      t    P>|t|     [95% Conf. Interval]
-------------+----------------------------------------------------------------
       faltas |  -.0752026   .0235928    -3.19   0.004    -.1236111    -.026794
        horas |   .1059107   .0852832     1.24   0.225    -.0690759    .2808973
        _cons |   7.164993   1.430709     5.01   0.000     4.229421   10.10057
------------------------------------------------------------------------------
```

Figura 18.15 Resultados dos modelos de regressão múltipla no Stata.

Podemos verificar, com base nestes *outputs*, que a primeira estimação (variável *cálculo* como dependente) gerou um maior R^2. Além disso, também é possível verificar que a variável *horas* é menos significante para explicar o comportamento das notas das disciplinas, na presença da variável *faltas*. No segundo modelo (variável *marketing* como dependente), a variável *horas* apresentou inclusive um parâmetro estatisticamente igual a zero, ao nível de significância de 5% (*valor-P* da estatística $t = 0,225 > 0,05$).

Por fim, podemos verificar que o valor do percentual total de variância explicada de *cálculo* e *marketing* por *faltas* e *horas*, chamado de medida de redundância total, também pode ser obtido pela média dos valores de R^2 das duas estimações apresentadas na Figura 18.15, ou seja, $[(0,5873 + 0,5520) / 2] = 0,5696$.

Esta discussão é importante na medida em que propicia ao pesquisador a definição da melhor variável dependente a ser inserida em determinado modelo de regressão múltipla, além de permitir a identificação das mais adequadas variáveis explicativas do fenômeno em estudo.

18.4. ESTIMAÇÃO DE MODELOS DE CORRELAÇÃO CANÔNICA NO SOFTWARE SPSS

Apresentaremos agora o passo a passo para a elaboração dos nossos exemplos por meio do IBM SPSS Statistics Software®. A reprodução de suas imagens nesta seção tem autorização da International Business Machines Corporation©.

Seguindo a mesma lógica proposta quando da aplicação do modelo de correlação canônica no Stata, já partiremos para o banco de dados construído pelo professor com base nos questionamentos feitos a cada um de seus 30 estudantes. O banco de dados utilizado nesta seção encontra-se no arquivo **NotasCálculoMarketing.sav**. Inicialmente, devem ser criadas as variáveis padronizadas a partir de cada uma das variáveis originais, por meio do procedimento *Zscores*. Para tanto, vamos clicar em **Analyze → Descriptive Statistics → Descriptives...**. Ao selecionarmos todas as variáveis, devemos clicar em **Save standardized values as variables**, conforme mostra a caixa de diálogo da Figura 18.16.

Após clicarmos em **OK**, as variáveis padronizadas serão geradas no próprio banco de dados.

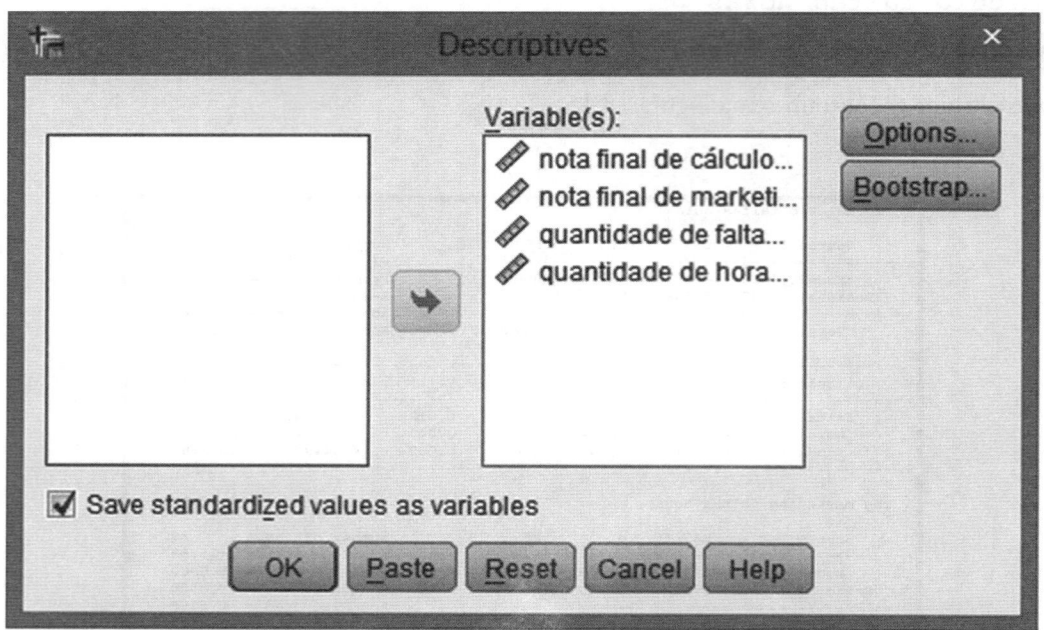

Figura 18.16 Caixa de diálogo para elaboração do procedimento *Zscores* no SPSS.

As matrizes de variâncias e covariâncias Σ_{YY}, Σ_{XX}, Σ_{YX} e Σ_{XY}, calculadas analiticamente na seção 18.2.1, podem também ser geradas no SPSS ao clicarmos em **Analyze → Correlate → Bivariate...**. Uma caixa de diálogo será aberta, e devemos selecionar apenas as variáveis padronizadas, conforme mostra a Figura 18.17.

Ao clicarmos em **OK**, as matrizes de variâncias e covariâncias das variáveis dependentes e explicativas padronizadas serão geradas nos *outputs* do software, conforme mostra a Figura 18.18, cujos valores são iguais aos calculados na seção 18.2.1 e também apresentados na Figura 18.11 da seção 18.3.

Ressalta-se que a elaboração das matrizes de variâncias e covariâncias das variáveis dependentes e explicativas é opcional e, dessa forma, o pesquisador pode optar pela estimação direta do modelo de correlação canônica sem que este passo intermediário seja elaborado.

Ao contrário de outras técnicas aplicadas diretamente por meio de *point-and-click* no SPSS, a correlação canônica não está diretamente disponível numa específica caixa de diálogo neste software. Desta forma, a estimação de modelos de correlação canônica no SPSS é feita por meio da elaboração de uma sintaxe. Para tanto, devemos clicar em **File → New → Syntax**. Para o nosso exemplo, devemos digitar a seguinte sintaxe na janela que será aberta:

MANOVA zcálculo zmarketing with zfaltas zhoras
/print=error (SSCP COV COR) signif
(hypoth eigen dimenr)
/discrim=raw stan estim cor alpha(1.0)
/design.

em que o primeiro conjunto de variáveis refere-se às dependentes e o segundo, às explicativas. A Figura 18.19 apresenta a janela do SPSS com a inclusão da sintaxe correspondente ao nosso exemplo, com destaque para o botão **Run Selection** que deverá ser clicado a fim de que o modelo de correlação canônica seja estimado.

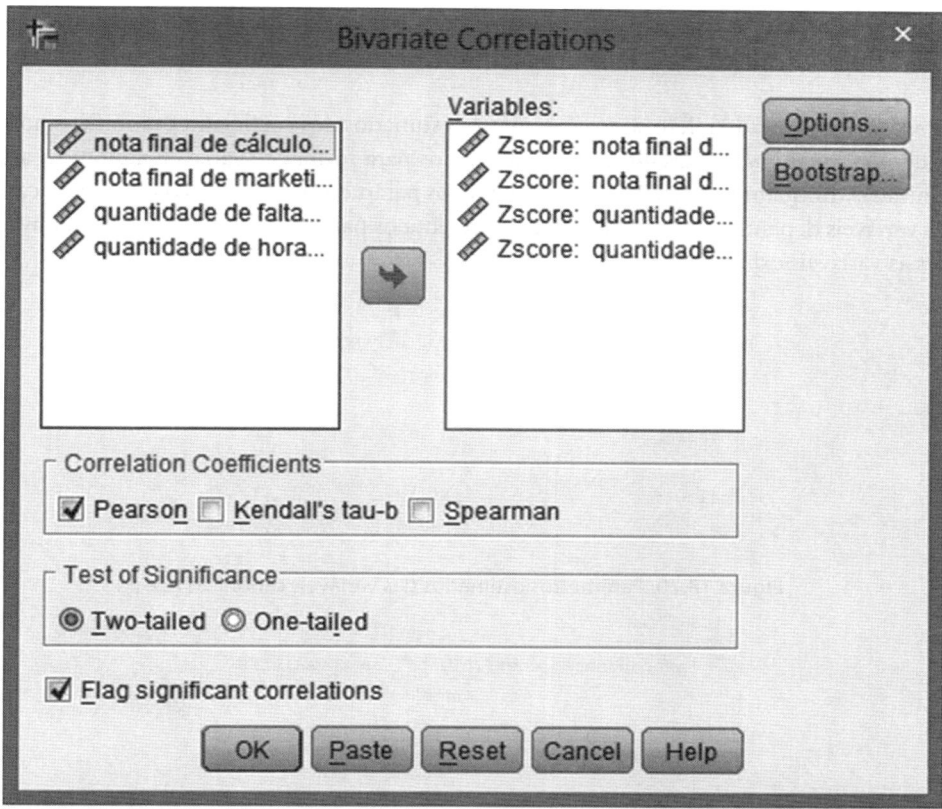

Figura 18.17 Caixa de diálogo para elaboração das matrizes de variâncias e covariâncias no SPSS.

Correlations

		Zscore: nota final de cálculo (0 a 10)	Zscore: nota final de marketing (0 a 10)	Zscore: quantidade de faltas à escola ao longo do ano	Zscore: quantidade de horas semanais de estudo
Zscore: nota final de cálculo (0 a 10)	Pearson Correlation	1	,637**	-,720**	,689**
	Sig. (2-tailed)		,000	,000	,000
	N	30	30	30	30
Zscore: nota final de marketing (0 a 10)	Pearson Correlation	,637**	1	-,726**	,619**
	Sig. (2-tailed)	,000		,000	,000
	N	30	30	30	30
Zscore: quantidade de faltas à escola ao longo do ano	Pearson Correlation	-,720**	-,726**	1	-,695**
	Sig. (2-tailed)	,000	,000		,000
	N	30	30	30	30
Zscore: quantidade de horas semanais de estudo	Pearson Correlation	,689**	,619**	-,695**	1
	Sig. (2-tailed)	,000	,000	,000	
	N	30	30	30	30

**. Correlation is significant at the 0.01 level (2-tailed).

Figura 18.18 Matrizes de variâncias e covariâncias das variáveis padronizadas.

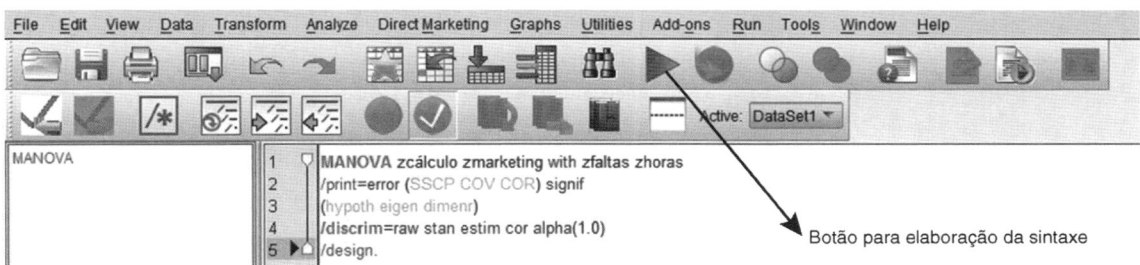

Figura 18.19 Janela com inclusão da sintaxe para estimação do modelo de correlação canônica no SPSS.

A seguir, são apresentados os principais *outputs* gerados pelo SPSS. A mesma lógica de apresentação dos resultados que adotamos na seção 18.3, quando da apresentação dos resultados da técnica no Stata, é mantida nesta seção.

O primeiro *output* apresentado refere-se aos parâmetros estimados dos coeficientes canônicos normalizados, chamados pelo SPSS de *raw canonical coefficients*, que são utilizados para formar as variáveis canônicas a partir das variáveis originais padronizadas. Enquanto a Figura 18.20 apresenta os parâmetros estimados das variáveis canônicas u_1 e u_2 correspondentes às variáveis dependentes, a Figura 18.21 apresenta os parâmetros estimados das variáveis canônicas v_1 e v_2 correspondentes às variáveis explicativas.

```
- - - - - - - - - - - - - - - - - - - - - - - - -
    Raw canonical coefficients for DEPENDENT variables
                    Function No.


        Variable              1              2


        Zcálculo            ,59192        -1,15449
        Zmarketi            ,51274         1,19178
- - - - - - - - - - - - - - - - - - - - - - - - -
```

Figura 18.20 Parâmetros estimados das variáveis canônicas u_1 e u_2.

```
- - - - - - - - - - - - - - - - - - - - - - - - -
      Raw canonical coefficients for COVARIATES
                    Function No.


        COVARIATE             1              2


        Zfaltas            -,68259        -1,21147
        Zhoras              ,39693        -1,33268
- - - - - - - - - - - - - - - - - - - - - - - - -
```

Figura 18.21 Parâmetros estimados das variáveis canônicas v_1 e v_2.

Desta forma, podemos apresentar as expressões de todas as variáveis canônicas obtidas:

$$u_{1i} = 0,59192.zcálculo_i + 0,51274.zmarketing_i$$
$$v_{1i} = -0,68259.zfaltas_i + 0,39693.zhoras_i$$
$$u_{2i} = -1,15449.zcálculo_i + 1,19178.zmarketing_i$$
$$v_{2i} = -1,21147.zfaltas_i - 1,33268.zhoras_i$$

Note que o SPSS oferece, para o segundo par de variáveis canônicas, parâmetros estimados dos coeficientes canônicos normalizados com sinais invertidos em relação aos estimados pelo Stata. Este fato, todavia, não altera em absolutamente nada a análise do modelo de correlação canônica.

Na sequência, por meio da Figura 18.22, apresentamos o *output* referente às correlações canônicas entre u_1 e v_1 e entre u_2 e v_2 (**Canon. Cor.**) e os respectivos autovalores λ_1 e λ_2 (**Sq. Cor.**), que correspondem ao quadrado das correlações canônicas e também foram calculados algebricamente na seção 18.2.1.

Enquanto a correlação canônica entre u_1 e v_1 (primeira dimensão) é igual a 0,8327, a correlação canônica entre u_2 e v_2 (segunda dimensão) é igual a 0,1179 (valores marcados em negrito na Figura 18.22).

```
- - - - - - - - - - - - - - - - - - - - - - - - - - - - -
          Eigenvalues and Canonical Correlations


Root No.    Eigenvalue     Pct.      Cum. Pct.  Canon Cor.  Sq. Cor.


   1         2,26183     99,38080    99,38080     ,83272     ,69342
   2          ,01409       ,61920   100,00000     ,11788     ,01390
- - - - - - - - - - - - - - - - - - - - - - - - - - - - -
```

Figura 18.22 Correlações canônicas e autovalores.

Já em relação aos resultados dos testes de Wilks'lambda, Pillai's trace e Lawley-Hotelling trace, podemos verificar, com base nos *outputs* apresentados na Figura 18.23, que apenas a primeira correlação canônica é estatisticamente significante, ao nível de significância de 5%, ou seja, podemos afirmar que é necessária apenas uma única dimensão canônica para que seja descrita a relação existente entre as variáveis dependentes *cálculo* e *marketing* e as variáveis explicativas *faltas* e *horas*.

Os resultados dos testes estatísticos multivariados apresentados na Figura 18.23 são exatamente os mesmos daqueles obtidos na seção 18.2.2 por meio do uso das expressões (18.20) a (18.25) e também apresentados na Figura 18.12 obtida por meio do Stata.

Dando sequência à análise dos resultados, as Figuras 18.24 e 18.25, assim como a Tabela 18.5 da seção 18.2.3 e a Figura 18.14 da seção 18.3, apresentam, respectivamente, as cargas canônicas para as variáveis dependentes e para as variáveis explicativas, que servem para nos auxiliar no estudo da hierarquia de influências das variáveis originais em cada uma das variáveis canônicas.

Com base nos resultados apresentados nas Figuras 18.24 e 18.25, podemos afirmar que, enquanto a variável *cálculo* apresenta maior influência para a formação de u_1, ou seja, a quantidade de faltas à escola ao longo do ano

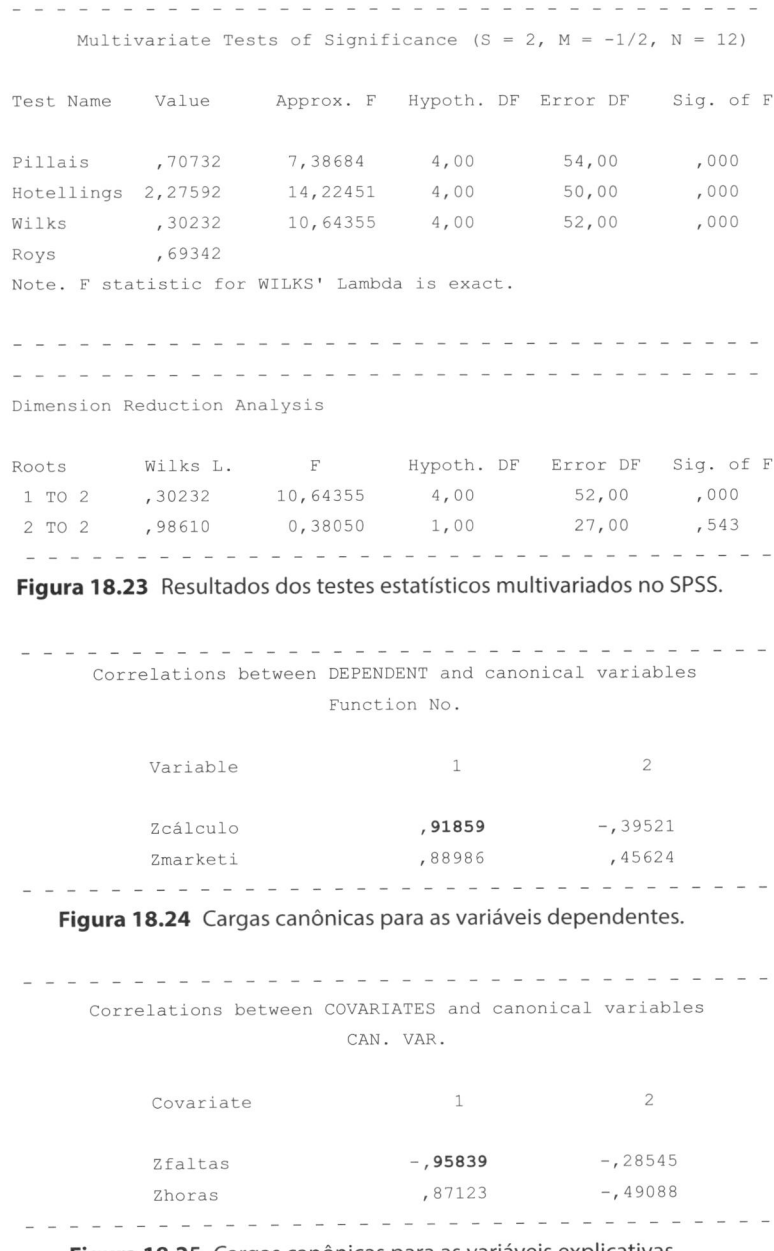

```
            Multivariate Tests of Significance (S = 2, M = -1/2, N = 12)

Test Name     Value     Approx. F   Hypoth. DF   Error DF   Sig. of F

Pillais      ,70732     7,38684      4,00         54,00       ,000
Hotellings  2,27592    14,22451      4,00         50,00       ,000
Wilks        ,30232    10,64355      4,00         52,00       ,000
Roys         ,69342
Note. F statistic for WILKS' Lambda is exact.


Dimension Reduction Analysis


Roots      Wilks L.       F        Hypoth. DF   Error DF   Sig. of F
 1 TO 2     ,30232    10,64355      4,00         52,00       ,000
 2 TO 2     ,98610     0,38050      1,00         27,00       ,543
```

Figura 18.23 Resultados dos testes estatísticos multivariados no SPSS.

```
            Correlations between DEPENDENT and canonical variables
                          Function No.


         Variable                 1                2


         Zcálculo               ,91859          -,39521
         Zmarketi               ,88986           ,45624
```

Figura 18.24 Cargas canônicas para as variáveis dependentes.

```
            Correlations between COVARIATES and canonical variables
                          CAN. VAR.


         Covariate                1                2


         Zfaltas               -,95839          -,28545
         Zhoras                 ,87123          -,49088
```

Figura 18.25 Cargas canônicas para as variáveis explicativas.

e a quantidade de horas semanais de estudo influenciam mais significativamente a nota final de cálculo do que a nota final de marketing, a variável *faltas* apresenta maior influência para a formação de v_1, ou seja, é a variável mais significativa para explicar o comportamento das notas finais das disciplinas de cálculo e de marketing.

Embora a segunda dimensão canônica não seja estatisticamente significante neste exemplo, o SPSS, assim como o Stata, apresenta as cargas canônicas de ambas as dimensões. Podemos inclusive perceber, ao analisarmos as Figuras 18.24 e 18.25, que os sinais das cargas canônicas da segunda dimensão canônica estão invertidos em relação aos resultados obtidos pelo Stata (Figura 18.14). Isto não representa problema algum, pois, caso a segunda dimensão canônica fosse estatisticamente significante, ainda assim a hierarquia de influências das variáveis originais em cada uma das variáveis canônicas seria definida com base na magnitude das cargas canônicas em módulo.

Por fim, ao contrário do Stata, o SPSS apresenta em seus *outputs* (Figura 18.26) as medidas de redundância das duas dimensões canônicas e a medida de redundância total.

```
- - - - - - - - - - - - - - - - - - - - - - - - - - - - - - - - - - - - -
     Variance in dependent variables explained by canonical variables


     CAN. VAR.   Pct Var DEP   Cum Pct DEP    Pct Var COV    Cum Pct COV


         1        81,78281      81,78271      56,71013        56,71013
         2        18,21719     100,00000        ,25316        56,96329

- - - - - - - - - - - - - - - - - - - - - - - - - - - - - - - - - - - - -
```

Figura 18.26 Medidas de redundância das dimensões canônicas.

Logo, podemos verificar que, enquanto 56,71% da variância das variáveis *cálculo* e *marketing* é explicado pelas variáveis *faltas* e *horas* para a primeira dimensão canônica, apenas 0,25% da variância das mesmas variáveis dependentes é explicado pelas variáveis explicativas para a segunda dimensão canônica.

Portanto, o percentual total de variância explicada de *cálculo* e *marketing* por *faltas* e *horas* é igual a 56,96%, que é exatamente igual ao valor calculado nas seções 18.2.1 e 18.3. Esta medida de redundância total, conforme já discutimos, corresponde ao valor do R^2 médio que é obtido por meio da estimação de dois modelos de regressão múltipla, sendo um com a variável *cálculo* como dependente, e outro com a variável *marketing* como dependente.

O SPSS inclusive apresenta, em seus *outputs*, os resultados das estimações destes dois modelos de regressão múltipla, conforme mostra a Figura 18.27.

Com base no que foi discutido quando da análise das cargas canônicas, embora o SPSS não apresente, no *output* da Figura 18.27, os valores de R^2 de cada uma das estimações dos modelos de regressão múltipla, é sabido que este

```
- - - - - - - - - - - - - - - - - - - - - - - - - - - - - - - - - - - - -
         Regression analysis for WITHIN CELLS error term

           Individual Univariate ,9500 confidence intervals

   Dependent variable .. Zcálculo     Zscore:  nota final de cálculo (0 a 10)


   COVARIATE   B     Beta  Std. Err.  t-Value  Sig. of t  Lower -95%  CL- Upper


   Zfaltas -,4657  -,4657   ,1719     -2,7088    ,012      -,8184       -,1129
   Zhoras   ,3657   ,3657   ,1719      2,1272    ,043       ,0129        ,7185



   Dependent variable .. Zmarketing   Zscore:  nota final de marketing (0 a 10)


   COVARIATE   B     Beta  Std. Err.  t-Value  Sig. of t  Lower -95%  CL- Upper


   Zfaltas -,5709  -,5709   ,1791     -3,1875    ,004      -,9385       -,2034
   Zhoras   ,2224   ,2224   ,1791      1,2419    ,225      -,1451        ,5899

- - - - - - - - - - - - - - - - - - - - - - - - - - - - - - - - - - - - -
```

Figura 18.27 Resultados dos modelos de regressão múltipla no SPSS.

coeficiente de ajuste é maior para o primeiro modelo, uma vez que a variável *cálculo* apresenta uma maior carga canônica (correlação) com a variável u_1. Em outras palavras, entre as variáveis *cálculo* e *marketing*, a primeira é considerada a melhor dependente das variáveis *faltas* e *horas*.

Além disso, os resultados apresentados na Figura 18.27 também permitem que afirmemos que a variável *faltas* é a que apresenta maior significância estatística para explicar o comportamento das notas de cálculo e de marketing, na presença da variável *horas*, o que já era de se esperar, dado que a variável *faltas* é a que apresenta a maior carga canônica (correlação), em módulo, com a variável canônica v_1. No modelo de regressão múltipla com a variável *marketing* como dependente, a variável *horas* seria inclusive excluída caso fosse elaborado um procedimento *Stepwise*.

18.5. CÓDIGOS EM R PARA OS EXEMPLOS DO CAPÍTULO

```
# Pacotes utilizados
library(plotly) #plataforma gráfica
library(tidyverse) #carregar outros pacotes do R
library(knitr) #formatação de tabelas
library(kableExtra) #formatação de tabelas
library(reshape2) #função 'melt'
library(Hmisc) #matriz de correlações com p-values
library(CCA) #função 'cc' para elaboração da correlação canônica


# Carregamento da base de dados 'notas_calculo_marketing'
load(file = "notas_calculo_marketing.RData")


# Visualização da base de dados
notas_calculo_marketing %>%
  kable() %>%
  kable_styling(bootstrap_options = "striped",
                full_width = FALSE,
                font_size = 22)


# Estatísticas univariadas
summary(notas_calculo_marketing)


# Visualização dos boxplots para cada variável original
ggplotly(
  notas_calculo_marketing[,2:5] %>%
    melt() %>%
    ggplot() +
    geom_boxplot(aes(x = variable, y = value, fill = variable)) +
    geom_point(aes(x = variable, y = value), alpha = 0.5) +
    labs(x = "Variável",
         y = "Valores") +
    scale_fill_viridis_d() +
    theme_bw()
)


# Padronização das variáveis pelo procedimento zscores (função 'scale')
notas_calculo_marketing <- notas_calculo_marketing %>%
  mutate(zcalculo = scale(calculo),
         zmarketing = scale(marketing),
         zfaltas = scale(faltas),
         zhoras = scale(horas))
```

```r
# Visualização dos boxplots para cada variável padronizada
ggplotly(
  notas_calculo_marketing[,6:9] %>%
    melt() %>%
    ggplot() +
    geom_boxplot(aes(x = variable, y = value, fill = variable)) +
    geom_point(aes(x = variable, y = value), alpha = 0.5) +
    labs(x = "Variável",
         y = "Valores") +
    scale_fill_viridis_d() +
    theme_bw()
)


# Gráfico de dispersão para definição da variável canônica u1
ggplotly(
  ggplot(notas_calculo_marketing, aes(x = zmarketing, y = zcalculo)) +
    geom_point(color = "darkorchid", size = 2.5) +
    geom_smooth(aes(color = "u1"),
                method = "lm", formula = y ~ x, se = FALSE, size = 2) +
    geom_hline(yintercept=0, linetype="dashed",
               color = "grey", size=1) +
    geom_vline(xintercept=0, linetype="dashed",
               color = "grey", size=1) +
    xlab("Valores padronizados de marketing (zmarketing)") +
    ylab("Valores padronizados de calculo (zcalculo)") +
    scale_color_manual("Legenda:",
                       values = "black") +
    theme_classic()
)


# Gráfico de dispersão para definição da variável canônica v1
ggplotly(
  ggplot(notas_calculo_marketing, aes(x = zhoras, y = zfaltas)) +
    geom_point(color = "darkorchid", size = 2.5) +
    geom_smooth(aes(color = "v1"),
                method = "lm", formula = y ~ x, se = FALSE, size = 2) +
    geom_hline(yintercept=0, linetype="dashed",
               color = "grey", size=1) +
    geom_vline(xintercept=0, linetype="dashed",
               color = "grey", size=1) +
    xlab("Valores padronizados de horas (zhoras)") +
    ylab("Valores padronizados de faltas (zfaltas)") +
    scale_color_manual("Legenda:",
                       values = "black") +
    theme_classic()
)


# Coeficientes de correlação de Pearson para cada par de variáveis
rho <- cor(notas_calculo_marketing[,6:9], method = "pearson")
rho
```

```
# Coeficientes de correlação de Pearson e respectivos p-values para cada par de
#variáveis, por meio da função 'rcorr' do pacote 'Hmisc'
rho2 <- rcorr(as.matrix(notas_calculo_marketing[,6:9]), type="pearson")
rho2$r # matriz de correlações
rho2$P # p-values

# Elaboração de um mapa de calor das correlações de Pearson entre as variáveis
ggplotly(
  notas_calculo_marketing[,6:9] %>%
    cor() %>%
    melt() %>%
    rename(Correlação = value) %>%
    ggplot() +
    geom_tile(aes(x = Var1, y = Var2, fill = Correlação)) +
    geom_text(aes(x = Var1, y = Var2, label = format(Correlação, digits = 2)),
              size = 5) +
    scale_fill_viridis_b() +
    labs(x = NULL, y = NULL) +
    theme_bw()
)


# Elaboração do modelo de correlação canônica por meio da função 'cancor'

# Definição das variáveis dependentes (vetor Y) e das variáveis explicativas
#(vetor X)
Y = notas_calculo_marketing[,c('zcalculo', 'zmarketing')]
X = notas_calculo_marketing[,c('zfaltas', 'zhoras')]

# Elaboração da análise de correlação canônica propriamente dita, por meio da
#função 'cancor'
modelo1 <- cancor(X,Y)

# Resultados do 'modelo1'
print(modelo1)
```

Ao acessar o QR Code ao lado, você encontrará
os códigos completos em R® on-line

18.6. CÓDIGOS EM PYTHON PARA OS EXEMPLOS DO CAPÍTULO

```
# Importação dos pacotes necessários
import pandas as pd #manipulação de dados em formato de dataframe
import seaborn as sns #biblioteca de visualização de informações estatísticas
import matplotlib.pyplot as plt #biblioteca de visualização de dados
import statsmodels.api as sm #biblioteca de modelagem estatística
import numpy as np #biblioteca para operações matemáticas multidimensionais
import scipy.stats #distribuições estatísticas
from scipy import stats #função 'zscore' para padronização Zscores de variáveis
import pingouin as pg #função 'rcorr' para matriz de correlações de Pearson
from sklearn.cross_decomposition import CCA #elaboração da correlação canônica
```

```python
# Carregamento da base de dados 'notas_calculo_marketing'
df_notas_calculo_marketing = pd.read_csv('notas_calculo_marketing.csv', delimiter=',')

# Visualização da base de dados 'notas_calculo_marketing'
df_notas_calculo_marketing

# Características das variáveis do dataset
df_notas_calculo_marketing.info()

# Estatísticas univariadas
df_notas_calculo_marketing.describe()

# Visualização dos boxplots para cada variável original

plt.figure(figsize=(15,10))
sns.boxplot(data=df_notas_calculo_marketing.iloc[0:30, 1:5],
            linewidth=2, orient='v')
sns.stripplot(data=df_notas_calculo_marketing.iloc[0:30, 1:5],
              color="black", jitter=0.01, size=10, alpha=0.5)
plt.title('Boxplot por variávelde sacarose por fornecedor', fontsize=17)
plt.xlabel('Variável', fontsize=16)
plt.ylabel('Valores', fontsize=16)
plt.show()

# Padronização das variáveis pelo procedimento zscores (função 'scale')
df_notas_calculo_marketing['zcalculo'] =
stats.zscore(df_notas_calculo_marketing['calculo'])
df_notas_calculo_marketing['zmarketing'] =
stats.zscore(df_notas_calculo_marketing['marketing'])
df_notas_calculo_marketing['zfaltas'] =
stats.zscore(df_notas_calculo_marketing['faltas'])
df_notas_calculo_marketing['zhoras'] =
stats.zscore(df_notas_calculo_marketing['horas'])

# Visualização dos boxplots para cada variável padronizada

plt.figure(figsize=(15,10))
sns.boxplot(data=df_notas_calculo_marketing.iloc[0:30, 5:10],
            linewidth=2, orient='v')
sns.stripplot(data=df_notas_calculo_marketing.iloc[0:30, 5:10],
              color="black", jitter=0.01, size=10, alpha=0.5)
plt.title('Boxplot por variávelde sacarose por fornecedor', fontsize=17)
plt.xlabel('Variável', fontsize=16)
plt.ylabel('Valores', fontsize=16)
plt.show()

# Gráfico de dispersão para definição da variável canônica u1

plt.figure(figsize=(15,10))
sns.regplot(df_notas_calculo_marketing['zmarketing'],
            df_notas_calculo_marketing['zcalculo'],
            data=df_notas_calculo_marketing, ci=None, marker='o',
            line_kws={'color':'black', 'linewidth':7, 'label':'u1'},
```

```python
            scatter_kws={'color':'darkorchid', 's':120})
plt.axhline(y = 0, color = 'grey', linestyle = '--', linewidth=4)
plt.axvline(x = 0, color = 'grey', linestyle = '--', linewidth=4)
plt.xlabel('Valores padronizados de marketing (zmarketing)', fontsize=17)
plt.ylabel('Valores padronizados de calculo (zcalculo)', fontsize=17)
plt.legend(fontsize=20)
plt.show


# Gráfico de dispersão para definição da variável canônica v1

plt.figure(figsize=(15,10))
sns.regplot(df_notas_calculo_marketing['zhoras'],
            df_notas_calculo_marketing['zfaltas'],
            data=df_notas_calculo_marketing, ci=None, marker='o',
            line_kws={'color':'black', 'linewidth':7, 'label':'u1'},
            scatter_kws={'color':'darkorchid', 's':120})
plt.axhline(y = 0, color = 'grey', linestyle = '--', linewidth=4)
plt.axvline(x = 0, color = 'grey', linestyle = '--', linewidth=4)
plt.xlabel('Valores padronizados de horas (zhoras)', fontsize=17)
plt.ylabel('Valores padronizados de faltas (zfaltas)', fontsize=17)
plt.legend(fontsize=20)
plt.show


# Coeficientes de correlação de Pearson para cada par de variáveis
# Maneira simples pela função 'corr'
rho = df_notas_calculo_marketing.iloc[0:30, 5:10].corr()
rho


# Coeficientes de correlação de Pearson e respectivos p-values para cada par de
#variáveis, por meio da função 'rcorr' do pacote 'pingouin'
rho2 = pg.rcorr(df_notas_calculo_marketing.iloc[0:30, 5:10],
                method='pearson',
                upper='pval', decimals=4,
                pval_stars={0.01: '***',
                            0.05: '**',
                            0.10: '*'})
rho2


# Elaboração de um mapa de calor das correlações de Pearson entre as variáveis

plt.figure(figsize=(15,10))
sns.heatmap(rho, annot=True, cmap = plt.cm.viridis,
            annot_kws={'size':15})
plt.show()


# Elaboração do modelo de correlação canônica por meio da função 'cca' do pacote
#'sklearn.cross_decomposition'

# Definição das variáveis dependentes (vetor Y) e das variáveis explicativas
#(vetor X)
Y = df_notas_calculo_marketing[['zcalculo', 'zmarketing']]
X = df_notas_calculo_marketing[['zfaltas', 'zhoras']]
```

```
# Definição e elaboração da análise de correlação canônica propriamente dita,
#por meio da função 'CCA' do pacote 'sklearn.cross_decomposition'
# Inicialmente, definimos o objeto 'modelo' com base na função 'CCA' e
#usamos as funções 'fit' e 'transform' com as duas matrizes padronizadas para
#elaborar, de fato, a correlação canônica
modelo = CCA(n_components=2)
modelo.fit(X, Y)
```

Ao acessar o QR Code ao lado, você encontrará os códigos completos em Python® *on-line*

18.7. CONSIDERAÇÕES FINAIS

Os modelos de correlação canônica são muito úteis por permitirem que outros modelos sejam derivados de seus achados. Com base na análise dos coeficientes canônicos normalizados, da significância estatística das correlações canônicas, das cargas canônicas e das medidas de redundância, pode-se definir um adequado e interessante constructo de pesquisa que permita identificar, frente a uma grande quantidade de possíveis variáveis dependentes, aquela que melhor se adequa aos dados existentes, e, com base em uma grande quantidade de candidatas a variáveis preditoras, aquelas que melhor explicam o fenômeno em estudo, desde que respeitada a teoria subjacente.

Em outras palavras, os modelos de correlação canônica podem dar suporte à intuição do pesquisador em relação à definição das variáveis a serem inseridas em modelos com uma única variável dependente e, desta forma, é muito bem-vinda a sua aplicação antes de qualquer proposição de constructos em que não são conhecidas, *a priori*, as variáveis explicativas significativas e nem tampouco a melhor candidata a variável dependente.

18.8. EXERCÍCIOS

1) O mesmo professor que elaborou uma pesquisa na escola onde leciona e levantou dados sobre as notas finais obtidas nas disciplinas de cálculo e de marketing, assim como a quantidade anual de faltas e a quantidade semanal de horas de estudo de cada um de seus 30 alunos (exemplo elaborado ao longo deste capítulo), deseja agora saber se o sexo dos alunos também influencia o desempenho em cada uma das disciplinas obrigatórias daquele determinado ano letivo. Para tanto, também coletou as notas finais de finanças e de economia. Por fim, preencheu um banco de dados com variáveis de cada aluno, tendo por intuito elaborar uma análise preditiva, por meio da estimação de um modelo de correlação canônica.

As variáveis levantadas, por aluno, são:

Variável	Descrição
estudante	Variável *string* que identifica o aluno.
cálculo	Nota final de cálculo (0 a 10).
marketing	Nota final de marketing (0 a 10).
finanças	Nota final de finanças (0 a 10).
economia	Nota final de economia (0 a 10).
faltas	Quantidade de faltas à escola ao longo do ano.
horas	Renda mensal familiar (R$).
sexo	Sexo do aluno (feminino = 0; masculino = 1).

Os dados encontram-se nos arquivos **NotasDisciplinas.sav**, **NotasDisciplinas.dta**, **notas_disciplinas.RData** e **notas_disciplinas.csv**.

Por meio da estimação de um modelo de correlação canônica, considerando as variáveis *cálculo*, *marketing*, *finanças* e *economia* como dependentes e as variáveis *faltas*, *horas* e *sexo* como preditoras, pede-se:

a) Apresente a tabela de correlações entre todas as variáveis padronizadas.

b) Estime o modelo de correlação canônica e apresente os *outputs*.

c) Apresente as expressões das variáveis canônicas u_1, v_1, u_2, v_2, u_3, v_3 em função das variáveis padronizadas.

d) Quais os valores das correlações entre as variáveis canônicas? Apresente a matriz de correlações entre as variáveis canônicas.

e) Com base nos resultados dos testes de Wilks'lambda, Pillai's trace e Lawley-Hotelling trace, pode-se afirmar que todas as correlações canônicas são estatisticamente significantes, ao nível de significância de 5%. Quantas dimensões canônicas são necessárias para que se descreva a relação existente entre as variáveis dependentes e as variáveis explicativas?

f) Apresente a tabela de cargas canônicas.

g) Qual variável dependente resultaria em um modelo de regressão com maior R^2, se as variáveis *faltas*, *horas* e *sexo* fossem incluídas como explicativas?

h) Qual variável explicativa apresentaria maior significância estatística em modelos de regressão elaborados com cada uma das variáveis dependentes isoladamente?

i) Calcule a medida de redundância para as funções canônicas u_1, u_2 e u_3, bem como a medida de redundância total.

j) Elabore quatro regressões lineares múltiplas (uma com cada variável dependente em função de todas as variáveis explicativas) e compare a média dos R^2 obtidos com a medida de redundância total.

2) O departamento de pesquisa de um grupo supermercadista deseja estudar as discrepâncias existentes, em termos de faturamento e de tíquete médio, entre suas 100 lojas localizadas no território nacional. Embora os diretores da companhia tenham conhecimento sobre a importância de variáveis sociais, demográficas e operacionais para o desempenho de cada loja, o objetivo, neste momento, é estudar apenas se a avaliação média dos consumidores sobre o atendimento e sobre o sortimento de cada loja podem influenciar as variáveis de desempenho a serem estudadas (faturamento anual e tíquete médio). Desta forma, foi inicialmente elaborada uma pesquisa com uma amostra de consumidores em cada loja, a fim de que fossem coletados dados a respeito das variáveis *atendimento* e *sortimento*, definidas com base na nota média obtida (0 a 10) em cada estabelecimento comercial.

Na sequência, foi elaborado o banco de dados de interesse, que contém, por loja, as seguintes variáveis:

Variável	Descrição
loja	Variável *string* que varia de 001 a 100 e que identifica o estabelecimento comercial (loja).
faturamento	Faturamento anual (R$).
tíquete	Tíquete médio (R$), calculado pela razão entre o faturamento anual e a quantidade de compras realizadas no período.
atendimento	Avaliação média dos consumidores sobre o atendimento (nota de 0 a 10).
sortimento	Avaliação média dos consumidores sobre o sortimento (nota de 0 a 10).

Os dados encontram-se nos arquivos **GrupoSupermercadista.sav**, **GrupoSupermercadista.dta**, **grupo_supermercadista.RData** e **grupo_supermercadista.csv**.

Por meio da estimação de um modelo de correlação canônica, considerando as variáveis *faturamento* e *tíquete* como dependentes e as variáveis *atendimento* e *sortimento* como preditoras, pergunta-se:

a) As variáveis dependentes são significantes, ao nível de significância de 5%, para a formação das variáveis canônicas u_1 e u_2?

b) As variáveis preditoras são significantes, ao nível de significância de 5%, para a formação das variáveis canônicas v_1 e v_2?

c) As duas correlações canônicas são significantes, ao nível de significância de 5%?

d) Qual variável dependente possui a maior influência para a formação da variável canônica u_1, ou seja, qual a variável dependente resultaria em um modelo de regressão com maior R^2, se as variáveis *atendimento* e *sortimento* fossem incluídas como explicativas?

e) Qual variável explicativa possui a maior influência para a formação da variável canônica v_1?

f) Se você fosse o principal gestor da companhia, em qual variável perceptual de consumo você investiria mais recursos para que fosse majorado o faturamento anual do grupo? E caso se deseje aumentar o tíquete médio de compra?

Capítulo 1

4)
 a) Contínua.
 b) Ordinal.
 c) Contínua.
 d) Discreta.
 e) Contínua.
 f) Nominal.
 g) Ordinal.
 h) Ordinal.
 i) Contínua.
 j) Nominal.
 k) Binária.
 l) Ordinal.
 m) Discreta.
 n) Ordinal.
 o) Binária.

Capítulo 2

6) *Boxplot.*

7) Gráfico de barras – variáveis qualitativas e quantitativas.
Diagrama de dispersão – variáveis quantitativas.

8) Gráfico de barras (horizontal e vertical), setores ou pizza e diagrama de Pareto.

9)

Carros vendidos	F_i	Fr_i (%)	F_{ac}	Fr_{ac} (%)
5	4	13,33	4	13,33
6	5	16,67	9	30
7	4	13,33	13	43,33
8	6	20	19	63,33
9	4	13,33	23	76,67
10	4	13,33	27	90
11	3	10	30	100
Soma	**30**	**100**		

10)

Classe	F_i	Fr_i (%)	F_{ac}	Fr_{ac} (%)
54,7 ⊢ 61,7	4	13,33	4	8
61,7 ⊢ 68,7	4	13,33	8	16
68,7 ⊢ 75,7	10	33,33	18	36
75,7 ⊢ 82,7	17	56,67	35	70
82,7 ⊢ 89,7	6	20	41	82
89,7 ⊢ 96,7	7	23,33	48	96
96,7 ⊢ 103,7	2	6,67	50	100
Soma	**50**	**100**		

11)

Descrição da falha	F_i	Fr_i (%)	F_{ac}	Fr_{ac} (%)
Desalinhamento	98	39,2	98	39,2
Risco	67	26,8	165	66
Deformação	45	18	210	84
Desbotamento	28	11,2	238	95,2
Oxigenação	12	4,8	250	100
Soma	**250**	**100**		

12) **a)** $\overline{X} = 9,27$, $Md = 8,685$, $Mo = 5,12$ (há mais de uma moda).

     b) $Q_1 = 6,8425$, $Q_3 = 11,16$. As observações 63 (19,32) e 83 (23,37) são possíveis *outliers*.

     c) $P_{10} = 5,168$, $P_{90} = 14,088$.

     d) $D_3 = 7,122$, $D_6 = 9,502$.

     e) $A = 19,44$, $D_m = 2,698$, $S^2 = 11,958$, $S = 3,458$, $S_{\overline{X}} = 0,3458$, $CV = 37,3\%$.

     f)   Assimétrica positiva.

     g) $k = 0,242$ (leptocúrtica).

13)

	Serviço1	Serviço2	Serviço3
Média	7,56	9,66	11,68
Mediana	7,5	9	12
Moda	2*	4	5*
Variância	13,435	20,760	21,365
Desvio-padrão	3,665	4,556	4,622
Erro-padrão	0,518	0,644	0,654
Q_1	4,75	6	8
Q_3	10,25	14	15
g_1	0,083	0,183	0,191
g_2	-1,092	-1,157	-1,011

* mais de uma moda.

     c)   Serviços 1, 2 e 3: não existem *outliers*.

     d)   Serviços 1, 2 e 3: distribuição assimétrica positiva, curva platicúrtica.

14) **a)** $\overline{X} = 39,192$, $Md = 40$, $Mo = 40$.

     b) $Q_1 = 35$, $Q_3 = 42$, $D_4 = 38$, $P_{61} = 41,4$ e $P_{84} = 43$.

     c)   Não há *outliers*.

     d) $A = 20$, $S^2 = 20,560$, $S = 4,534$, $S_{\overline{X}} = 0,414$.

     e) $g_1 = -0,101$, $g_2 = -0,279$.
        Distribuição assimétrica negativa e curva platicúrtica.

15) **a)** $\overline{X} = 133,560$, $Md = 136,098$, $Mo = 137,826$.

     b) $Q_1 = 106,463$, $Q_3 = 163,611$, $D_2 = 97,317$, $P_{13} = 82,241$ e $P_{95} = 198,636$.

     c)   Não há *outliers*.

     d) $A = 180$, $S^2 = 1.595,508$, $S = 39,944$, $S_{\overline{X}} = 2,526$.

     e) $A_{S_1} = -0,107$, $k = 0,253$.
        Distribuição assimétrica negativa e curva leptocúrtica.

16) **a)** $\overline{X}_A = 28{,}167$, $Md_A = 28$, $Mo_A = 24$.
$\overline{X}_B = 29$, $Md_B = 28$, $Mo_B = 28$.

b) $A_A = 20$, $S_A^2 = 27{,}275$, $S_A = 5{,}223$, $S_{\overline{X}_A} = 1{,}066$.
$A_B = 18$, $S_B^2 = 16{,}757$, $S_B = 4{,}118$, $S_{\overline{X}_B} = 0{,}841$.

c) Ação A – a 18ª observação (42) é um possível *outlier*.
Ação B – a 14ª observação (16) é um possível *outlier*.

d) Ação A – distribuição assimétrica positiva e curva alongada (leptocúrtica).
Ação B – distribuição assimétrica negativa e curva alongada (leptocúrtica).

17) **a)** $\overline{X} = 52$, $S = 60{,}69$.

b) Possíveis *outliers*: 8ª observação (200) e 13ª observação (180).

c) $\overline{X} = 30{,}77$, $S = 24{,}863$; sem *outliers*.

Capítulo 3

6) **a)**

Faixa etária * Inadimplência Crosstabulation

			Inadimplência				Total
			Não tem dívidas	Pouco endividado	Mais ou menos endividado	Muito endividado	
Faixa etária	Até 20	Count	6	2	0	0	8
		Expected Count	1,1	1,7	2,3	3,0	8,0
		% within Faixa etária	75,0%	25,0%	,0%	,0%	100,0%
		% within Inadimplência	22,2%	4,8%	,0%	,0%	4,0%
		% of Total	3,0%	1,0%	,0%	,0%	4,0%
	21 a 30	Count	0	6	13	9	28
		Expected Count	3,8	5,9	8,0	10,4	28,0
		% within Faixa etária	,0%	21,4%	46,4%	32,1%	100,0%
		% within Inadimplência	,0%	14,3%	22,8%	12,2%	14,0%
		% of Total	,0%	3,0%	6,5%	4,5%	14,0%
	31 a 40	Count	0	0	5	49	54
		Expected Count	7,3	11,3	15,4	20,0	54,0
		% within Faixa etária	,0%	,0%	9,3%	90,7%	100,0%
		% within Inadimplência	,0%	,0%	8,8%	66,2%	27,0%
		% of Total	,0%	,0%	2,5%	24,5%	27,0%
	41 a 50	Count	0	0	24	16	40
		Expected Count	5,4	8,4	11,4	14,8	40,0
		% within Faixa etária	,0%	,0%	60,0%	40,0%	100,0%
		% within Inadimplência	,0%	,0%	42,1%	21,6%	20,0%
		% of Total	,0%	,0%	12,0%	8,0%	20,0%
	51 a 60	Count	5	27	15	0	47
		Expected Count	6,3	9,9	13,4	17,4	47,0
		% within Faixa etária	10,6%	57,4%	31,9%	,0%	100,0%
		% within Inadimplência	18,5%	64,3%	26,3%	,0%	23,5%
		% of Total	2,5%	13,5%	7,5%	,0%	23,5%
	Acima de 60	Count	16	7	0	0	23
		Expected Count	3,1	4,8	6,6	8,5	23,0
		% within Faixa etária	69,6%	30,4%	,0%	,0%	100,0%
		% within Inadimplência	59,3%	16,7%	,0%	,0%	11,5%
		% of Total	8,0%	3,5%	,0%	,0%	11,5%
Total		Count	27	42	57	74	200
		Expected Count	27,0	42,0	57,0	74,0	200,0
		% within Faixa etária	13,5%	21,0%	28,5%	37,0%	100,0%
		% within Inadimplência	100,0%	100,0%	100,0%	100,0%	100,0%
		% of Total	13,5%	21,0%	28,5%	37,0%	100,0%

b) 27%.

c) 37%.

d) 3%.

e) 30,4%.

f) 42,1%.

g) Sim.

h) 247,642 com sig. = 0,000 (há associação entre as variáveis).

i)

Coeficiente	Valor	Sig.
Phi	1,113	0,000
V de Cramer	0,642	0,000
Contingência	0,744	0,000

7) **a)**

Empresa * Motivação Crosstabulation

			Motivação					
			Muito desmotivado	Desmotivado	Pouco motivado	Motivado	Muito motivado	Total
Empresa	A	Count	36	8	6	0	0	50
		Expected Count	9,2	9,8	11,8	11,2	8,0	50,0
		% within Empresa	72,0%	16,0%	12,0%	,0%	,0%	100,0%
		% within Motivação	78,3%	16,3%	10,2%	,0%	,0%	20,0%
		% of Total	14,4%	3,2%	2,4%	,0%	,0%	20,0%
	B	Count	0	0	3	16	31	50
		Expected Count	9,2	9,8	11,8	11,2	8,0	50,0
		% within Empresa	,0%	,0%	6,0%	32,0%	62,0%	100,0%
		% within Motivação	,0%	,0%	5,1%	28,6%	77,5%	20,0%
		% of Total	,0%	,0%	1,2%	6,4%	12,4%	20,0%
	C	Count	0	8	32	9	1	50
		Expected Count	9,2	9,8	11,8	11,2	8,0	50,0
		% within Empresa	,0%	16,0%	64,0%	18,0%	2,0%	100,0%
		% within Motivação	,0%	16,3%	54,2%	16,1%	2,5%	20,0%
		% of Total	,0%	3,2%	12,8%	3,6%	,4%	20,0%
	D	Count	10	33	7	0	0	50
		Expected Count	9,2	9,8	11,8	11,2	8,0	50,0
		% within Empresa	20,0%	66,0%	14,0%	,0%	,0%	100,0%
		% within Motivação	21,7%	67,3%	11,9%	,0%	,0%	20,0%
		% of Total	4,0%	13,2%	2,8%	,0%	,0%	20,0%
	E	Count	0	0	11	31	8	50
		Expected Count	9,2	9,8	11,8	11,2	8,0	50,0
		% within Empresa	,0%	,0%	22,0%	62,0%	16,0%	100,0%
		% within Motivação	,0%	,0%	18,6%	55,4%	20,0%	20,0%
		% of Total	,0%	,0%	4,4%	12,4%	3,2%	20,0%
Total		Count	46	49	59	56	40	250
		Expected Count	46,0	49,0	59,0	56,0	40,0	250,0
		% within Empresa	18,4%	19,6%	23,6%	22,4%	16,0%	100,0%
		% within Motivação	100,0%	100,0%	100,0%	100,0%	100,0%	100,0%
		% of Total	18,4%	19,6%	23,6%	22,4%	16,0%	100,0%

b) 18,4%.

c) 78,3%.

d) 0%.

e) 64%.

f) 77,5%.

g) Sim.

h) 375,066 com sig. = 0,000.

i)   Sim.

Coeficiente	Valor	Sig.
Phi	1,225	0,000
V de Cramer	0,612	0,000
Contingência	0,775	0,000

8) **a)**   Forte correlação positiva.
ρ = 0,794 com sig. = 0,000.

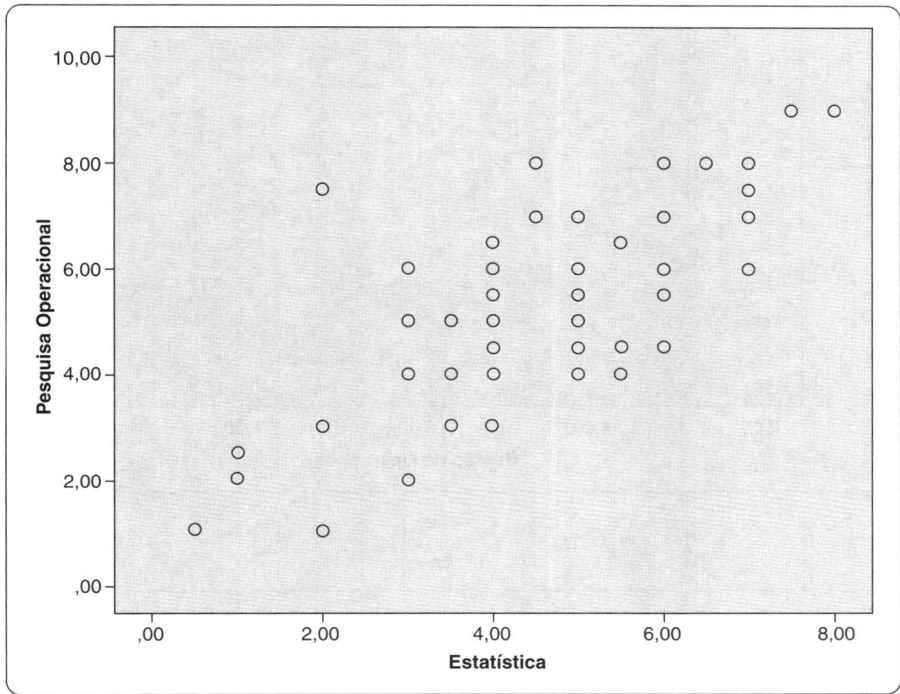

b)   Correlação positiva.
ρ = 0,689 com sig. = 0,000.

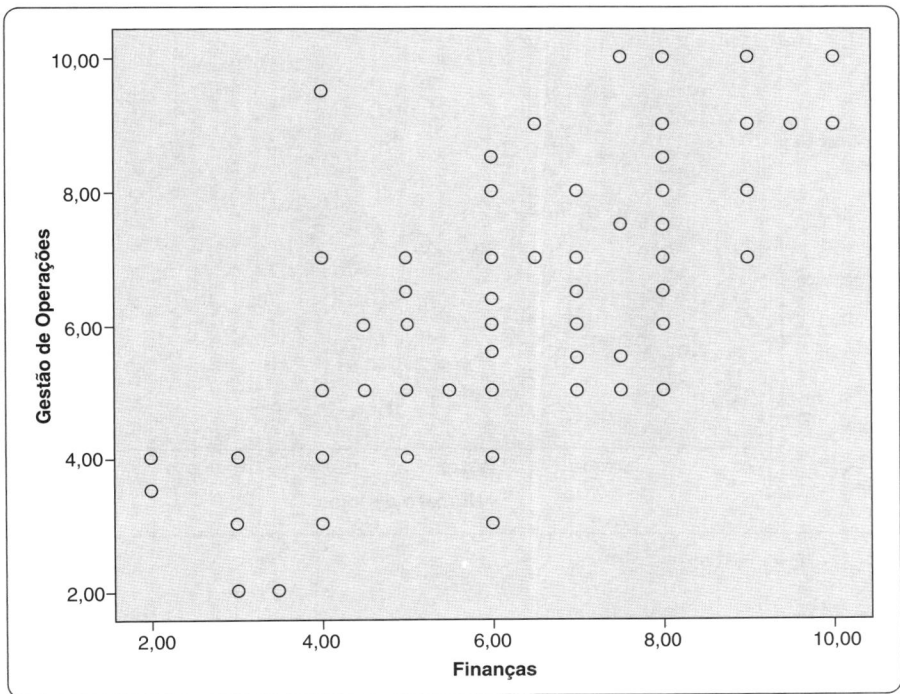

c)   Forte correlação positiva.

$\rho = 0,962$ com sig. = 0,000.

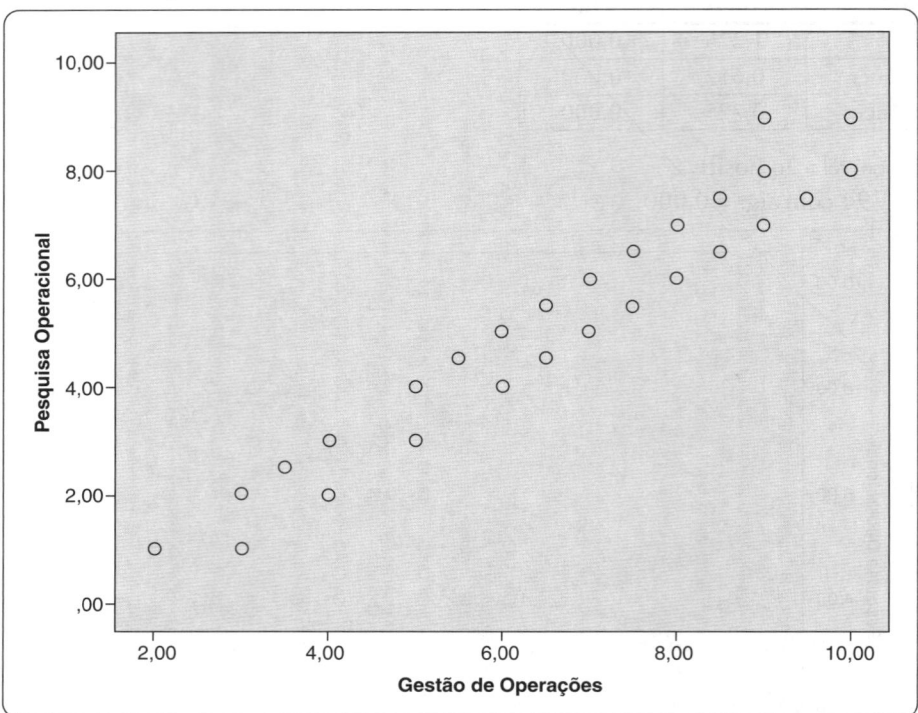

9) a)

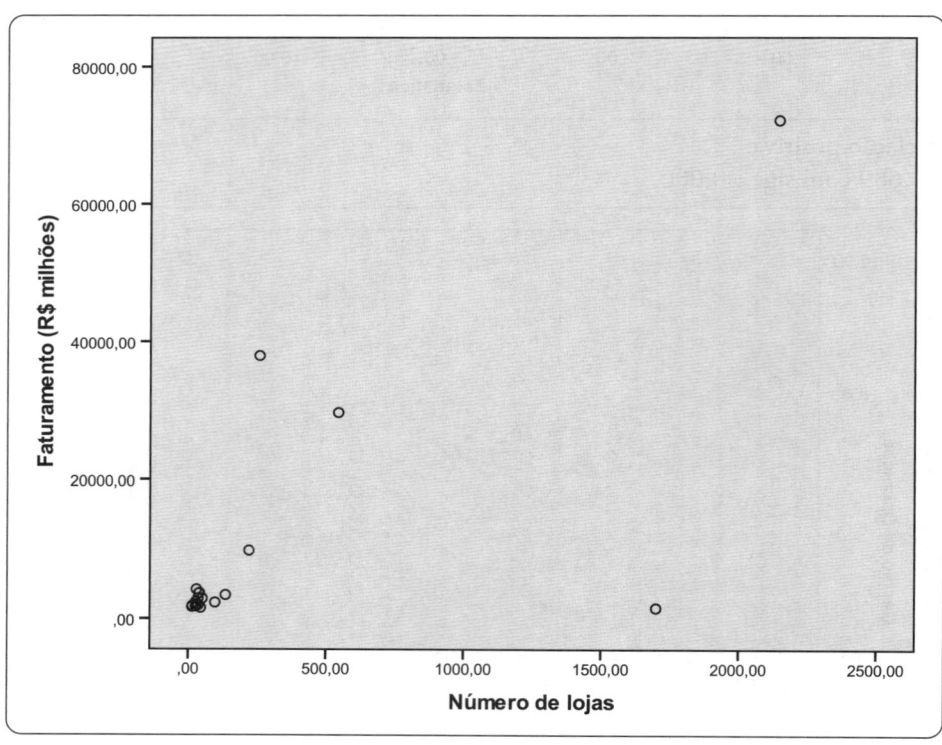

b)

Correlations

		Faturamento (R$ milhões)	Número de lojas
Faturamento (R$ milhões)	Pearson Correlation	1	,692**
	Sig. (2-tailed)		,001
	N	20	20
Número de lojas	Pearson Correlation	,692**	1
	Sig. (2-tailed)	,001	
	N	20	20

**. Correlation is significant at the 0.01 level (2-tailed).

c)

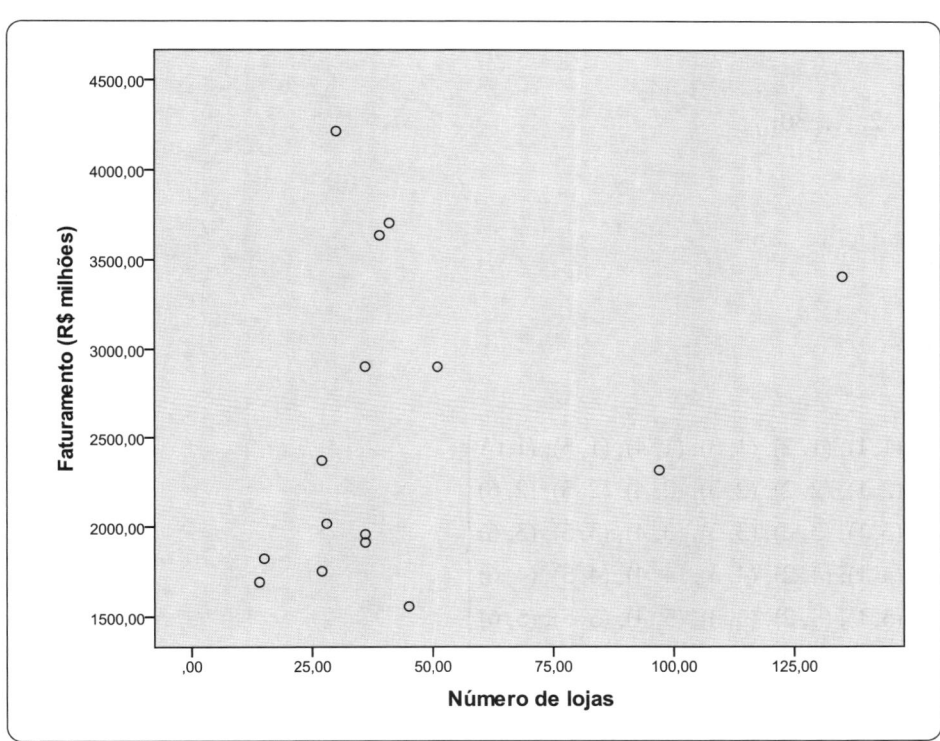

d)

Correlations

		Faturamento (R$ milhões)	Número de lojas
Faturamento (R$ milhões)	Pearson Correlation	1	,299
	Sig. (2-tailed)		,279
	N	15	15
Número de lojas	Pearson Correlation	,299	1
	Sig. (2-tailed)	,279	
	N	15	15

Capítulo 4

1) $S = \{00, 10, 01\}$.

2)   Eventos mutuamente excludentes – não têm elementos em comum (não podem ocorrer simultaneamente). Eventos independentes – a probabilidade de ocorrência de um deles não é condicional à probabilidade de ocorrência do outro.

3)   **a)**   1/4.
         b)   1/13.
         c)   3/13.
         d)   10/13.

4)   95%.

5)   **a)** $S = \{1, 2, \ldots, 30\}$.
         b)   1/3.
         c)   1/5.
         d)   7/15.
         e)   1/2.
         f)   1/5.
         g)   2/3.
         h)   1/10.

6)   **a)**

$$S = \begin{Bmatrix} (1,1), (1,2), (1,3), (1,4), (1,5), (1,6) \\ (2,1), (2,2), (2,3), (2,4), (2,5), (2,6) \\ (3,1), (3,2), (3,3), (3,4), (3,5), (3,6) \\ (4,1), (4,2), (4,3), (4,4), (4,5), (4,6) \\ (5,1), (5,2), (5,3), (5,4), (5,5), (5,6) \\ (6,1), (6,2), (6,3), (6,4), (6,5), (6,6) \end{Bmatrix}$$

         b)   1/4.
         c)   1/12.
         d)   1/9.
         e)   2/9.
         f)   2/3.
         g)   1/12.

Capítulo 5

1) $P(X \leq 2) = \left[\binom{150}{0} \cdot 0,02^0 \cdot 0,98^{150} \right] + \left[\binom{150}{1} \cdot 0,02^1 \cdot 0,98^{149} + \left[\binom{150}{2} \cdot 0,02^2 \cdot 0,98^{148} \right] \right] = 0,42$

$E(X) = 150 \cdot 0,02 = 3$

$Var(X) = 150 \cdot 0,02 \cdot 0,98 = 2,94$

2) $P(X = 1) = \left[\binom{10}{1} \cdot 0,12 \cdot 0,88^9 \right] = 0,38$

3) $P(X = 5) = 0,125 \times 0,875^4 = 0,073$
$E(X) = 8$
$Var(X) = 56$

4) $P(X = 33) = \dbinom{32}{29} \cdot 0,95^{30} \cdot 0,05^3 = 1,33\%$

$E(X) = 31,6 \cong 32$

5) $P(X = 4) = 16,8\%$

6)   **a)** $P(X \leq 12) = P(Z \leq 0,67) = 1 - P(Z > 0,67) = 0,75$
    b) $P(X < 5) = P(Z < -0,5) = P(Z > 0,5) = 0,3085$
    c) $P(X > 2) = P(Z > -1) = P(Z < 1) = 1 - P(Z > 1) = 0,8413$
    d) $P(6 < X \leq 11) = P(-0,33 < Z \leq 0,5) = [1 - P(Z > 0,5] - P(Z > 0,33) = 0,3208$

7) $z_c = -0,84$

8)   **a)** $\mu = n \cdot p = 40 \times 0,5 = 20$
        $\sigma = \sqrt{n \cdot p \cdot (1 - p)} = \sqrt{40 \times 0,5 \times 0,5} = 3,16$
        $P(X = 22) \cong P(21,5 < X < 22,5) = P(0,474 < Z < 0,791) = 0,103$
    b) $P(X > 25,5) = P(Z > 1,74) = 4,09\%$

9)   **a)** $P(X > 120) = e^{-0,028 \times 120} = 0,0347$
    b) $P(X > 60) = e^{-0,028 \times 60} = 0,1864$

10)   **a)** $P(X > 220) = e^{-\frac{220}{180}} = 0,2946$

     b) $P(X \leq 150) = 1 - e^{-\frac{150}{180}} = 0,5654$

11)   **a)** $P(X > 0,5) = e^{-1,8 \times 0,5} = 0,4066$
     b) $P(X \leq 1,5) = 1 - e^{-1,8 \times 1,5} = 0,9328$

12)   **a)** $P(X > 2) = e^{-0,33 \times 2} = 0,5134$
     b) $P(X \leq 2,5) = 1 - e^{-0,33 \times 2,5} = 0,5654$

13)   6,304

14)   **a)** $P(X > 25) = 0,07$
     b) $P(X \leq 32) = 0,99$
     c) $P(25 < X \leq 32) = P(X > 25) - P(X > 32) = 0,06$
     d)   28,845
     e)   6,908

15)   **a)**   2,086
     b) $E(T) = 0$
     c) $Var(T) = 1,111$

16)   **a)** $P(T > 3) = 0,0048$
     b) $P(T \leq 2) = 0,9674$
     c) $P(1,5 < T \leq 2) = 0,0453$
     d)   1,345
     e)   2,145

17) **a)** $P(X > 3) = 0,05$

    b)   3,73

    c)   4,77

    d) $E(X) = 1,14$

    e) $Var(X) = 0,98$

Capítulo 6

5)   Amostragem aleatória simples sem reposição.

6)   Amostragem sistemática.

7)   Amostragem estratificada.

8)   Amostragem estratificada.

9)   Amostragem por conglomerados em dois estágios.

10)   Utilizando a expressão (6.8) (AAS para estimar a proporção de uma população finita), tem-se que $n = 262$.

11)   Utilizando a expressão (6.9) (amostragem estratificada para estimar a média de uma população infinita), tem-se que $n = 1.255$.

12)   Utilizando a expressão (6.20) (amostragem por conglomerados em um estágio para estimar a proporção de uma população infinita), tem-se que $m = 35$.

Capítulo 7

7)   Para os testes de K-S e S-W, tem-se que $P = 0,200$ e $0,151$, respectivamente. Portanto, como $P > 0,05$, os dados seguem uma distribuição normal.

8)   Os dados seguem uma distribuição normal ($P = 0,200 > 0,05$).

9)   As variâncias são homogêneas ($P = 0,876 > 0,05$ - teste de Levene).

10)   Como σ é desconhecido, o teste adequado é o t de *Student*:

$$T_{cal} = \frac{65 - 60}{3,5/\sqrt{36}} = 8,571; \quad t_c = 2,030; \text{ como } T_{cal} > t_c \rightarrow \text{rejeita-se } H_0 \ (\mu \neq 60).$$

11) $T_{cal} = 6,921$ e *P-value* $= 0,000 < 0,005 \rightarrow$ rejeita-se H_0 ($\mu_1 \neq \mu_2$).

12) $T_{cal} = 11,953$ e *P-value* $= 0,000 < 0,025 \rightarrow$ rejeita-se H_0 ($\mu_{antes} \neq \mu_{depois}$), ou seja, houve melhoria após o tratamento).

13) $F_{cal} = 2,476$ e *P-value* $= 0,1 > 0,05 \rightarrow$ não se rejeita-se H_0 (não há diferença entre as médias populacionais).

Capítulo 8

4) Teste dos sinais.

5) Aplicando-se o teste binomial para pequenas amostras, como $P = 0,503 > 0,05$, não se rejeita H_0, o que permite concluir, ao nível de confiança de 95%, que não há diferença na preferência dos consumidores.

6) Aplicando-se o teste qui-quadrado, como $\chi^2_{cal} > \chi^2_c$ ($6,100 > 5,991$) ou $P < \alpha$ ($0,047 < 0,05$), rejeita-se H_0, o que permite concluir, ao nível de confiança de 95%, que há diferença na preferência dos leitores.

7) Aplicando-se o teste de Wilcoxon, como $z_{cal} < -z_c$ ($-3,135 < -1,645$) ou $P < \alpha$ ($0,0085 < 0,05$), rejeita-se H_0, o que permite concluir, ao nível de confiança de 95%, que a dieta acarretou redução de peso.

8) Aplicando-se o teste U de Mann-Whitney (os dados não seguem distribuição normal), como $z_{cal} > -z_c$ ($-0,129 > -1,96$) ou $P > \alpha$ ($0,897 > 0,05$), não se rejeita H_0, o que permite concluir, ao nível de confiança de 95%, que as amostras provêm de populações com medianas iguais.

9) Aplicando-se o teste Q de Cochran, como $Q_{cal} > Q_c$ ($8,727 > 7,378$) ou $P < \alpha$ ($0,013 < 0,025$), rejeita-se H_0, o que permite concluir, ao nível de confiança de 97,5%, que a proporção de alunos com alto nível de aprendizado não é a mesma em cada disciplina.

10) Aplicando-se o teste de Friedman, como $F'_{cal} > F_c$ ($9,190 > 5,991$) ou $P < \alpha$ ($0,01 < 0,05$), rejeita-se H_0, o que permite concluir, ao nível de confiança de 95%, que há diferenças entre os três serviços bancários.

Capítulo 9

1) **a)**

77	5	13	,006	39	64	87
78	40	56	,014	56	53	88
79	25	58	,014	0	26	92
80	30	55	,014	62	61	86
81	38	48	,014	75	36	89
82	1	15	,024	71	55	91
83	2	14	,024	72	58	90
84	6	83	,024	74	0	95
85	4	7	,024	76	68	94
86	30	42	,038	80	0	91
87	5	39	,038	77	70	92
88	29	40	,055	65	78	96
89	31	38	,075	69	81	93
90	2	3	,075	83	73	93
91	1	30	,153	82	86	94
92	5	25	,209	87	79	95
93	2	31	,246	90	89	96
94	1	4	,246	91	85	97
95	5	6	,723	92	84	97
96	2	29	,760	93	88	98
97	1	5	2,764	94	95	98
98	1	2	8,466	97	96	99
99	1	9	173,124	98	0	0

A partir da tabela do esquema de aglomeração, é possível verificar que um grande salto de distância euclidiana ocorre do 98º estágio (quando restam apenas dois *clusters*) para o 99º estágio. A análise do dendrograma também auxilia nessa interpretação.

b)

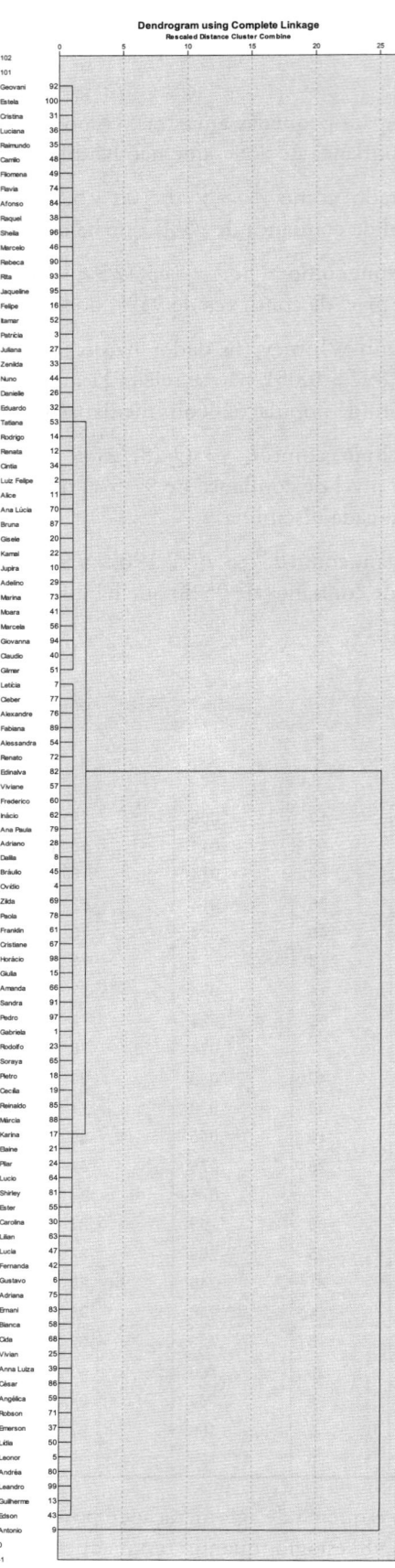

De fato, a solução com dois agrupamentos é bastante recomendável neste momento.

c) Sim. A partir do esquema de aglomeração, é possível verificar que a observação 9 (**Antonio**) não havia se aglomerado até o momento anterior ao último estágio. Pelo dendrograma, também é possível verificar que esse estudante difere consideravelmente dos demais, o que resulta, nesta situação, na formação de apenas dois *clusters*.

d)

77	13	34	,537	67	0	86
78	27	29	,537	62	60	91
79	1	4	,537	63	69	85
80	41	46	,754	0	0	94
81	6	82	1,103	72	0	92
82	30	55	1,103	58	53	90
83	5	74	1,584	68	0	92
84	16	57	1,584	55	73	88
85	1	38	1,584	79	66	91
86	13	39	1,584	77	64	90
87	2	15	2,045	74	76	89
88	14	16	2,149	61	84	96
89	2	28	2,149	87	71	95
90	13	30	3,091	86	82	93
91	1	27	3,091	85	78	94
92	5	6	4,411	83	81	96
93	9	13	4,835	75	90	98
94	1	41	7,134	91	80	95
95	1	2	10,292	94	89	97
96	5	14	12,374	92	88	97
97	1	5	18,848	95	96	98
98	1	9	26,325	97	93	0

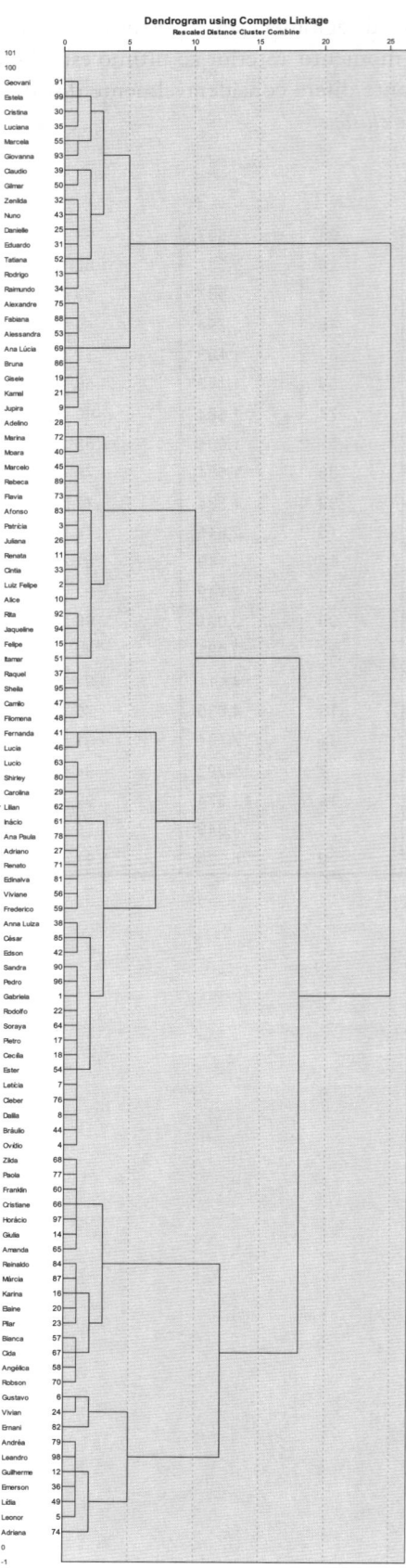

Sim, os novos resultados mostram que há um rearranjo dos agrupamentos na ausência da observação **Antonio**.

e) A existência de um *outlier* pode fazer outras observações não similares entre si acabarem alocadas em um mesmo agrupamento pelo fato de se diferenciarem substancialmente da primeira. Logo, a reaplicação da técnica, com a exclusão ou retenção de *outliers*, gera novos agrupamentos mais bem estruturados e formados com maior homogeneidade interna.

2)   a)

Proximity Matrix

Euclidean Distance

Case	1:Regional 3	2:Regional 3	3:Regional 3	4:Regional 3	5:Regional 3	6:Regional 2	7:Regional 1	8:Regional 3	9:Regional 3	10:Regional 3	11:Regional 2	12:Regional 2	13:Regional 2	14:Regional 1	15:Regional 1	16:Regional 3	17:Regional 1	18:Regional 3
1:Regional 3	,000	8,944	3,464	2,828	2,000	106,132	86,579	2,000	3,464	2,000	98,509	108,333	121,951	112,872	100,598	4,472	79,875	4,000
2:Regional 3	8,944	,000	6,633	10,198	9,165	105,300	87,224	8,246	10,392	9,165	96,042	106,320	119,432	110,941	99,960	12,166	78,256	8,000
3:Regional 3	3,464	6,633	,000	4,472	2,828	104,365	86,741	2,828	4,000	4,899	96,437	106,301	120,349	112,463	100,020	6,325	78,994	3,464
4:Regional 3	2,828	10,198	4,472	,000	3,464	107,369	89,039	2,000	2,000	3,464	100,040	109,727	124,000	115,568	102,956	2,000	82,292	2,828
5:Regional 3	2,000	9,165	2,828	3,464	,000	104,326	85,814	2,828	2,828	4,000	96,850	106,602	120,582	112,285	99,539	4,899	78,842	4,472
6:Regional 2	106,132	105,300	104,365	107,369	104,326	,000	73,811	106,752	105,584	107,944	22,091	14,697	45,519	88,023	58,856	108,019	58,617	107,406
7:Regional 1	86,579	87,224	86,741	89,039	85,814	73,811	,000	88,250	88,295	87,384	67,941	75,366	64,187	38,833	24,495	89,867	26,306	89,933
8:Regional 3	2,000	8,246	2,828	2,000	2,828	106,752	88,250	,000	2,828	2,828	99,056	108,867	122,850	114,298	102,000	4,000	81,142	2,000
9:Regional 3	3,464	10,392	4,000	2,000	2,828	105,584	88,295	2,828	,000	4,899	98,407	108,019	122,654	114,996	101,922	2,828	81,290	3,464
10:Regional 3	2,000	9,165	4,899	3,464	4,000	107,944	87,384	2,828	4,899	,000	100,180	110,073	123,337	113,490	101,686	4,899	80,944	4,472
11:Regional 2	98,509	96,042	96,437	100,040	96,850	22,091	67,941	99,056	98,407	100,180	,000	12,329	35,665	76,131	52,154	101,054	46,690	99,639
12:Regional 2	108,333	106,320	106,301	109,727	106,602	14,697	75,366	108,867	108,019	110,073	12,329	,000	36,770	83,546	58,034	110,616	56,462	109,435
13:Regional 2	121,951	119,432	120,349	124,000	120,582	45,519	64,187	122,850	122,654	123,337	35,665	36,770	,000	56,391	40,497	125,172	48,539	123,774
14:Regional 1	112,872	110,941	112,463	115,568	112,285	88,023	38,833	114,298	114,996	113,490	76,131	83,546	56,391	,000	32,802	116,859	40,497	115,741
15:Regional 1	100,598	99,960	100,020	102,956	99,539	58,856	24,495	102,000	101,922	101,686	52,154	58,034	40,497	32,802	,000	103,942	23,409	103,421
16:Regional 3	4,472	12,166	6,325	2,000	4,899	108,019	89,867	4,000	2,828	4,899	101,054	110,616	125,172	116,859	103,942	,000	83,475	4,472
17:Regional 1	79,875	78,256	78,994	82,292	78,842	58,617	26,306	81,142	81,290	80,944	46,690	56,462	48,539	40,497	23,409	83,475	,000	82,438
18:Regional 3	4,000	8,000	3,464	2,828	4,472	107,406	89,933	2,000	3,464	4,472	99,639	109,435	123,774	115,741	103,421	4,472	82,438	,000

This is a dissimilarity matrix

b)

Agglomeration Schedule

Stage	Cluster Combined		Coefficients	Stage Cluster First Appears		Next Stage
	Cluster 1	Cluster 2		Cluster 1	Cluster 2	
1	8	18	2,000	0	0	5
2	4	16	2,000	0	0	4
3	1	10	2,000	0	0	6
4	4	9	2,000	2	0	5
5	4	8	2,000	4	1	7
6	1	5	2,000	3	0	7
7	1	4	2,000	6	5	8
8	1	3	2,828	7	0	9
9	1	2	6,633	8	0	17
10	11	12	12,329	0	0	11
11	6	11	14,697	0	10	15
12	15	17	23,409	0	0	13
13	7	15	24,495	0	12	14
14	7	14	32,802	13	0	16
15	6	13	35,665	11	0	16
16	6	7	40,497	15	14	17
17	1	6	78,256	9	16	0

A partir da tabela do esquema de aglomeração, é possível verificar que um grande salto de distância euclidiana ocorre do 16º estágio (quando restam apenas dois *clusters*) para o 17º estágio. A análise do dendrograma também auxilia nesta interpretação.

c)

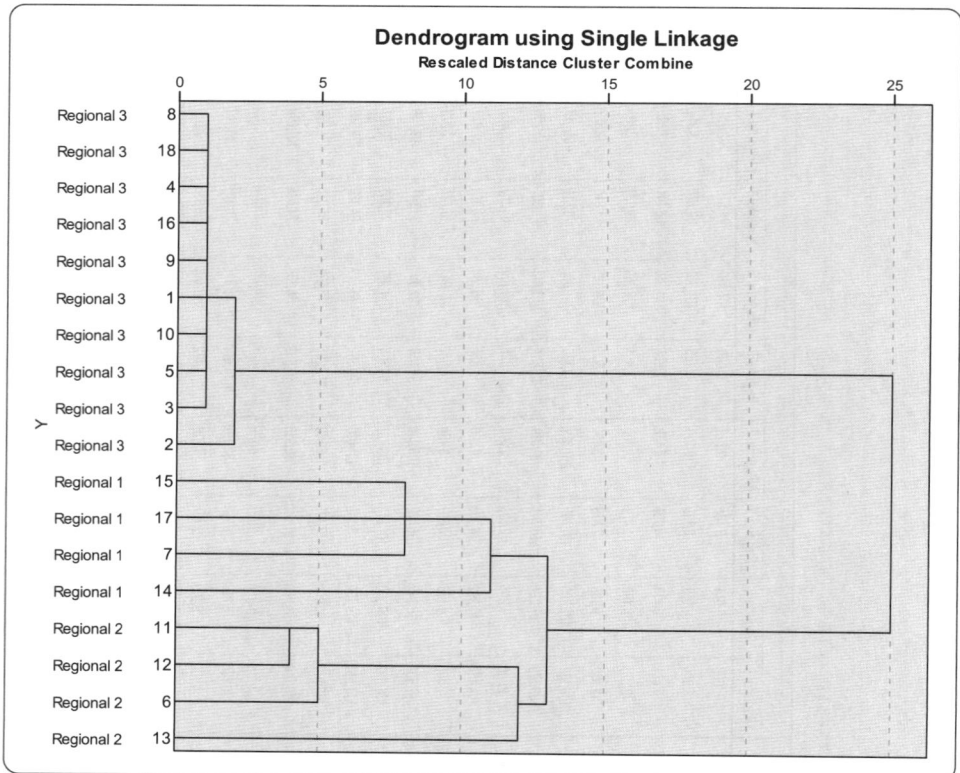

Há indícios, de fato, de dois agrupamentos de lojas.

d)

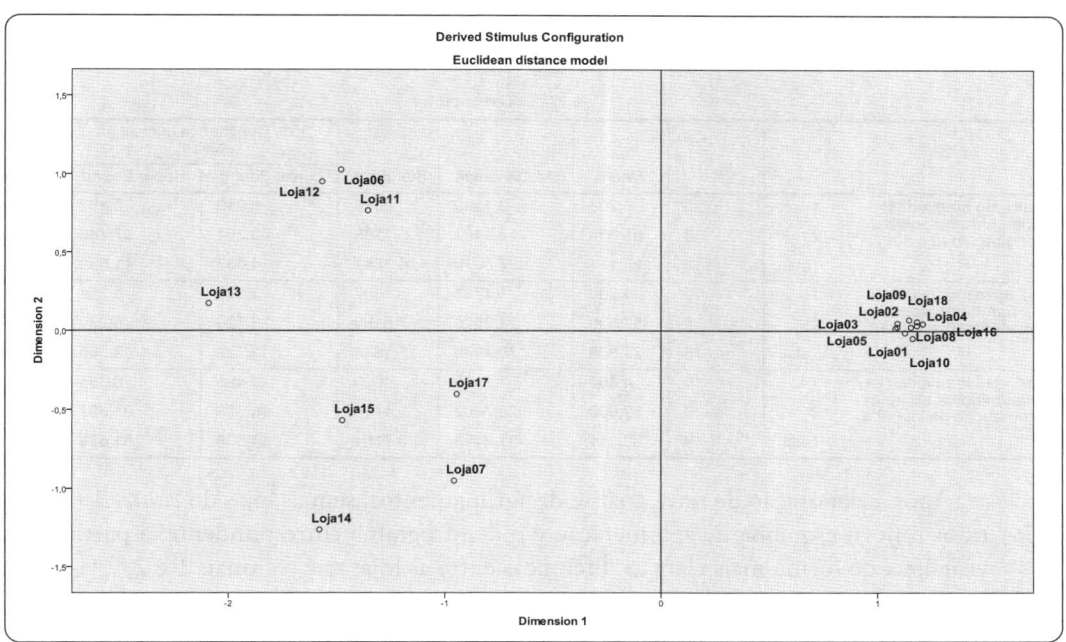

O gráfico bidimensional gerado por meio do escalonamento multidimensional permite que sejam visualizados estes dois *clusters*, sendo um mais homogêneo que o outro.

e)

ANOVA

	Cluster		Error			
	Mean Square	df	Mean Square	df	F	Sig.
avaliação média dos consumidores sobre o atendimento (0 a 100)	10802,178	1	99,600	16	108,456	,000
avaliação média dos consumidores sobre o sortimento (0 a 100)	12626,178	1	199,100	16	63,416	,000
avaliação média dos consumidores sobre a organização da loja (0 a 100)	18547,378	1	314,900	16	58,899	,000

The F tests should be used only for descriptive purposes because the clusters have been chosen to maximize the differences among cases in different clusters. The observed significance levels are not corrected for this and thus cannot be interpreted as tests of the hypothesis that the cluster means are equal.

É possível afirmar que os dois *clusters* formados apresentam médias estatisticamente diferentes para as três variáveis consideradas no estudo, ao nível de significância de 5% (*Prob. F* < 0,05). A variável considerada mais discriminante dos grupos é a com maior estatística *F*, ou seja, a variável *atendimento* ($F = 108,456$).

f)

Single Linkage * Cluster Number of Case Crosstabulation

Count

		Cluster Number of Case		Total
		1	2	
Single Linkage	1	10	0	10
	2	0	8	8
Total		10	8	18

Sim, existe correspondência entre as alocações das observações nos grupos obtidas pelos métodos hierárquicos e *k-means*.

g) Sim, com base no dendrograma gerado, é possível verificar que todas as lojas pertencentes à regional 3 formam o *cluster* 1, que apresenta as menores médias para todas as variáveis, conforme mostra a tabela a seguir. Esse fato pode determinar alguma ação específica de gestão sobre estas lojas.

Descriptives

		N	Mean	Std. Deviation	Std. Error	95% Confidence Interval for Mean		Minimum	Maximum
						Lower Bound	Upper Bound		
avaliação média dos consumidores sobre o atendimento (0 a 100)	1	10	6,200	3,1903	1,0088	3,918	8,482	2,0	14,0
	2	8	55,500	14,6483	5,1789	43,254	67,746	38,0	78,0
	Total	18	28,111	27,0030	6,3647	14,683	41,539	2,0	78,0
avaliação média dos consumidores sobre o sortimento (0 a 100)	1	10	4,200	1,4757	,4667	3,144	5,256	2,0	6,0
	2	8	57,500	21,2670	7,5190	39,720	75,280	32,0	86,0
	Total	18	27,889	30,4976	7,1884	12,723	43,055	2,0	86,0
avaliação média dos consumidores sobre a organização da loja (0 a 100)	1	10	4,400	1,2649	,4000	3,495	5,305	2,0	6,0
	2	8	69,000	26,7902	9,4718	46,603	91,397	38,0	100,0
	Total	18	33,111	37,2478	8,7794	14,588	51,634	2,0	100,0

Após a elaboração de nova análise de agrupamentos, sem as lojas do *cluster* 1 (regional 3), são obtidos o novo esquema de aglomeração e o dendrograma correspondente, a partir dos quais pode-se visualizar de forma mais clara as diferenças entre as lojas das regionais 1 e 2.

Agglomeration Schedule

Stage	Cluster Combined		Coefficients	Stage Cluster First Appears		Next Stage
	Cluster 1	Cluster 2		Cluster 1	Cluster 2	
1	11	12	12,329	0	0	2
2	6	11	14,697	0	1	6
3	15	17	23,409	0	0	4
4	7	15	24,495	0	3	5
5	7	14	32,802	4	0	7
6	6	13	35,665	2	0	7
7	6	7	40,497	6	5	0

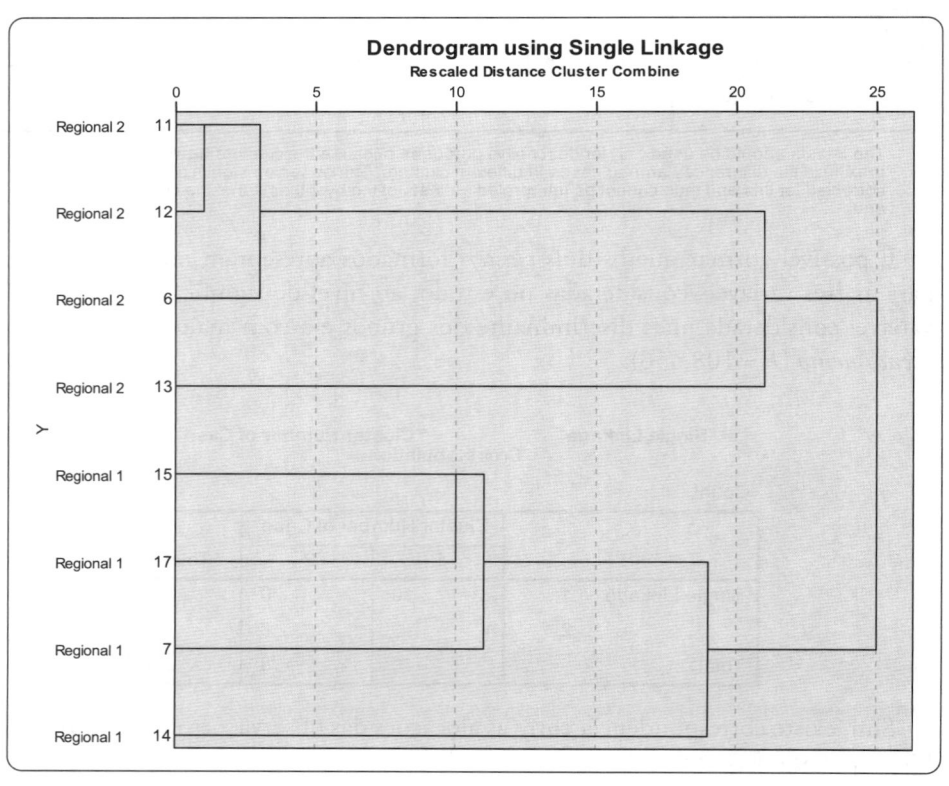

3)   a)

Agglomeration Schedule

	Cluster Combined			Stage Cluster First Appears		
Stage	Cluster 1	Cluster 2	Coefficients	Cluster 1	Cluster 2	Next Stage
1	18	33	1,000	0	0	8
2	19	34	,980	0	0	7
3	17	32	,980	0	0	7
4	16	31	,980	0	0	21
5	20	35	,960	0	0	17
6	23	27	,880	0	0	9
7	17	19	,880	3	2	20
8	18	26	,860	1	0	11
9	21	23	,860	0	6	18
10	11	14	,860	0	0	18
11	15	18	,853	0	8	19
12	13	30	,840	0	0	14
13	22	29	,840	0	0	25
14	2	13	,820	0	12	19
15	4	5	,820	0	0	26
16	6	24	,800	0	0	28
17	12	20	,800	0	5	27
18	11	21	,797	10	9	24
19	2	15	,793	14	11	23
20	17	25	,790	7	0	25
21	3	16	,790	0	4	23
22	1	10	,780	0	0	30
23	2	3	,770	19	21	28
24	9	11	,768	0	18	27
25	17	22	,764	20	13	31
26	4	8	,750	15	0	32
27	9	12	,749	24	17	30
28	2	6	,742	23	16	33
29	7	28	,740	0	0	31
30	1	9	,728	22	27	34
31	7	17	,727	29	25	32
32	4	7	,703	26	31	33
33	2	4	,513	28	32	34
34	1	2	,484	30	33	0

Como se trata de uma medida de semelhança (similaridade), os valores dos coeficientes são decrescentes no esquema de aglomeração. A partir dessa tabela, é possível verificar que um considerável salto em relação aos demais ocorre do 32º estágio (quando são formados três *clusters*) para o 33º estágio de aglomeração. A análise do dendrograma auxilia nesta interpretação.

b)

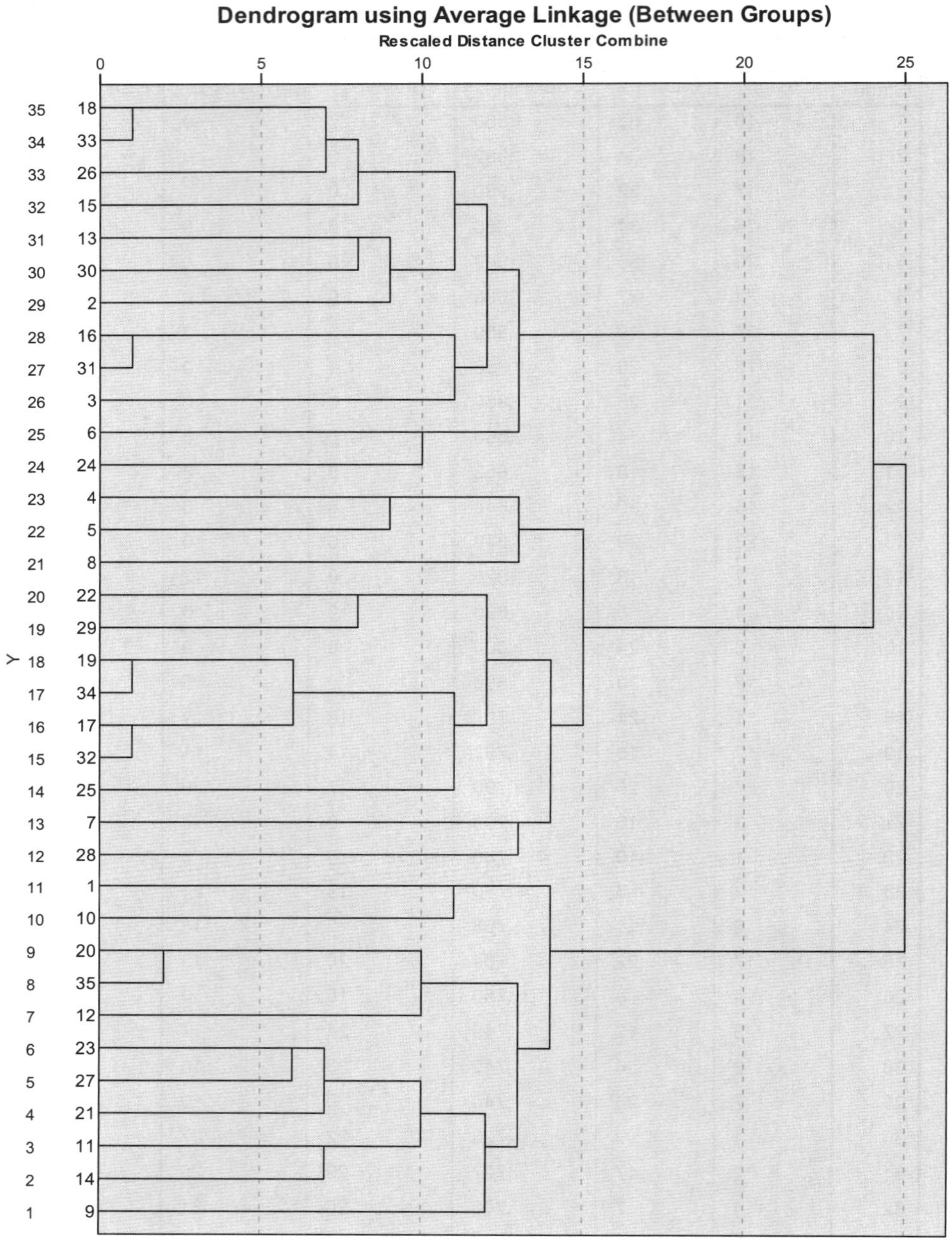

De fato, a solução com três agrupamentos é bastante recomendável.

c)

		Average Linkage (Between Groups)		
		1	2	3
		Count	Count	Count
setor	Saúde	11	0	0
	Educação	0	12	0
	Transporte	0	0	12

Sim, existe correspondência entre os setores de atuação e as alocações das empresas nos *clusters*, ou seja, pode-se afirmar, para a amostra em análise, que empresas atuantes no mesmo setor apresentam similaridades em relação ao modo como são realizados as operações e os processos de tomada de decisão, pelo menos em relação à percepção dos gestores.

4) a)

Proximity Matrix

	Correlation between Vectors of Values															
Case	1:1	2:2	3:3	4:4	5:1	6:2	7:3	8:4	9:1	10:2	11:3	12:4	13:1	14:2	15:3	16:4
1:1	1,000	,866	-1,000	,000	,998	,945	-,996	,000	1,000	,971	-1,000	-,500	,999	,997	-1,000	,327
2:2	,866	1,000	-,866	-,500	,896	,655	-,908	-,500	,866	,721	-,856	-,866	,891	,822	-,881	-,189
3:3	-1,000	-,866	1,000	,000	-,998	-,945	,996	,000	-1,000	-,971	1,000	,500	-,999	-,997	1,000	-,327
4:4	,000	-,500	,000	1,000	-,064	,327	,091	1,000	,000	,240	-,020	,866	-,052	,082	,030	,945
5:1	,998	,896	-,998	-,064	1,000	,922	-1,000	-,064	,998	,953	-,996	-,554	1,000	,989	-,999	,266
6:2	,945	,655	-,945	,327	,922	1,000	-,911	,327	,945	,996	-,951	-,189	,926	,969	-,935	,619
7:3	-,996	-,908	,996	,091	-1,000	-,911	1,000	,091	-,996	-,945	,994	,577	-,999	-,985	,998	-,240
8:4	,000	-,500	,000	1,000	-,064	,327	,091	1,000	,000	,240	-,020	,866	-,052	,082	,030	,945
9:1	1,000	,866	-1,000	,000	,998	,945	-,996	,000	1,000	,971	-1,000	-,500	,999	,997	-1,000	,327
10:2	,971	,721	-,971	,240	,953	,996	-,945	,240	,971	1,000	-,975	-,277	,957	,987	-,963	,545
11:3	-1,000	-,856	1,000	-,020	-,996	-,951	,994	-,020	-1,000	-,975	1,000	,483	-,997	-,998	,999	-,346
12:4	-,500	-,866	,500	,866	-,554	-,189	,577	,866	-,500	-,277	,483	1,000	-,545	-,427	,526	,655
13:1	,999	,891	-,999	-,052	1,000	,926	-,999	-,052	,999	,957	-,997	-,545	1,000	,991	-1,000	,277
14:2	,997	,822	-,997	,082	,989	,969	-,985	,082	,997	,987	-,998	-,427	,991	1,000	-,994	,404
15:3	-1,000	-,881	1,000	,030	-,999	-,935	,998	,030	-1,000	-,963	,999	,526	-1,000	-,994	1,000	-,298
16:4	,327	-,189	-,327	,945	,266	,619	-,240	,945	,327	,545	-,346	,655	,277	,404	-,298	1,000

This is a similarity matrix

b)

Agglomeration Schedule

Stage	Cluster Combined		Coefficients	Stage Cluster First Appears		Next Stage
	Cluster 1	Cluster 2		Cluster 1	Cluster 2	
1	1	9	1,000	0	0	6
2	4	8	1,000	0	0	11
3	5	13	1,000	0	0	6
4	3	11	1,000	0	0	5
5	3	15	1,000	4	0	7
6	1	5	,999	1	3	8
7	3	7	,998	5	0	15
8	1	14	,997	6	0	10
9	6	10	,996	0	0	10
10	1	6	,987	8	9	12
11	4	16	,945	2	0	13
12	1	2	,896	10	0	14
13	4	12	,866	11	0	14
14	1	4	,619	12	13	15
15	1	3	,577	14	7	0

Como a correlação de Pearson está sendo utilizada como medida de semelhança (similaridade) entre observações, os valores dos coeficientes são decrescentes no esquema de aglomeração. A partir dessa tabela, é possível verificar que um salto relevante em relação aos demais ocorre do 13º estágio (quando são formados três *clusters* de períodos semanais) para o 14º estágio de aglomeração. A análise do dendrograma auxilia nesta interpretação.

c)

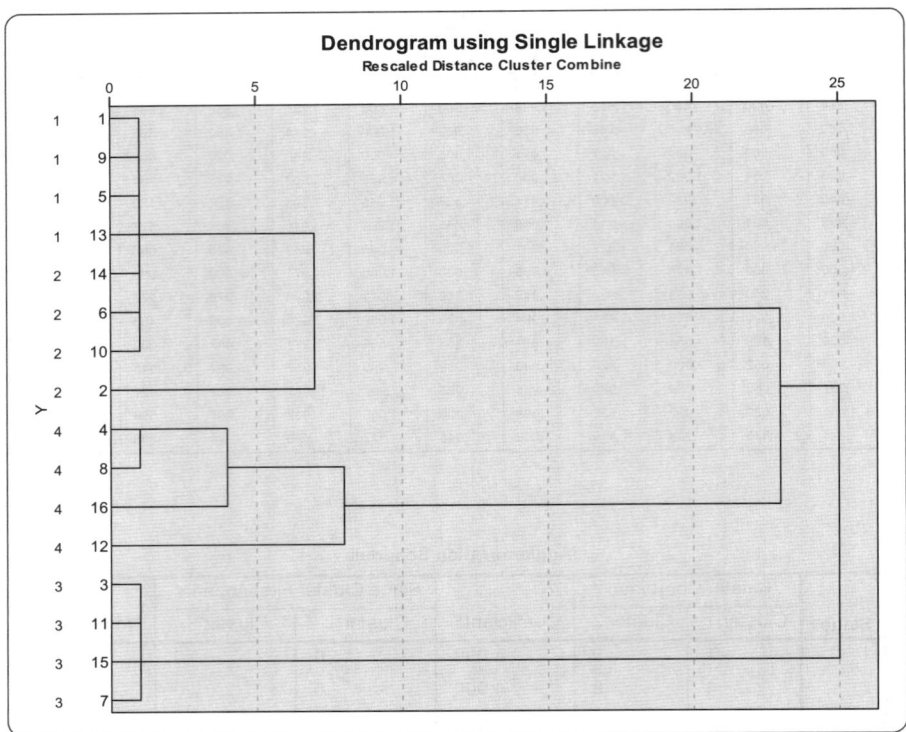

De fato, a solução com três agrupamentos de semanas é bastante recomendável nesse momento. Mais que isso, é possível verificar que o segundo e o terceiro agrupamentos são formados exclusivamente por períodos referentes às terceiras e quartas semanas de cada mês, respectivamente, o que pode oferecer subsídios à comprovação de existência, para os dados do exemplo, de recorrência do comportamento conjunto de vendas de banana, laranja e maçã nesses períodos. A tabela a seguir mostra a associação entre a variável *semana_mês* e a alocação de cada observação em determinado *cluster*.

		Single Linkage		
		1	2	3
		Count	Count	Count
semana_mês	1	4	0	0
	2	4	0	0
	3	0	4	0
	4	0	0	4

Capítulo 10

1)   **a)**   Temos, para cada fator, os seguintes autovalores:

Fator 1: $(0,917)^2 + (0,874)^2 + (-0,844)^2 + (0,031)^2 = 2,318$

Fator 2: $(0,047)^2 + (0,077)^2 + (0,197)^2 + (0,979)^2 = 1,005$

b)   Os percentuais de variância compartilhada por todas as variáveis para a composição de cada fator são:

Fator 1: $\dfrac{2,318}{4} = 0,580 \; (58,0\%)$

Fator 2: $\dfrac{1,005}{4} = 0,251 \; (25,1\%)$

O percentual total de variância perdida das quatro variáveis para a extração desses dois fatores é:

$1 - 0,580 - 0,251 = 0,169 \; (16,9\%)$

c)   Os percentuais de variância compartilhada para a formação dos dois fatores (comunalidades) são:

$\text{comunalidade}_{idade} = (0,917)^2 + (0,047)^2 = 0,843$

$\text{comunalidade}_{rfixa} = (0,874)^2 + (0,077)^2 = 0,770$

$\text{comunalidade}_{rvariável} = (-0,844)^2 + (0,197)^2 = 0,751$

$\text{comunalidade}_{pessoas} = (0,031)^2 + (0,979)^2 = 0,959$

d)   As expressões de cada variável padronizada, em função dos dois fatores extraídos, são:

$Zidade_i = 0,917 \cdot F_{1i} + 0,047 \cdot F_{2i} + u_i,\ R^2 = 0,843$

$Zrfixa_i = 0,874 \cdot F_{1i} + 0,077 \cdot F_{2i} + u_i,\ R^2 = 0,770$

$Zrvariável_i = 0,844 \cdot F_{1i} + 0,197 \cdot F_{2i} + u_i,\ R^2 = 0,751$

$Zpessoas_i = 0,031 \cdot F_{1i} + 0,979 \cdot F_{2i} + u_i,\ R^2 = 0,959$

e)

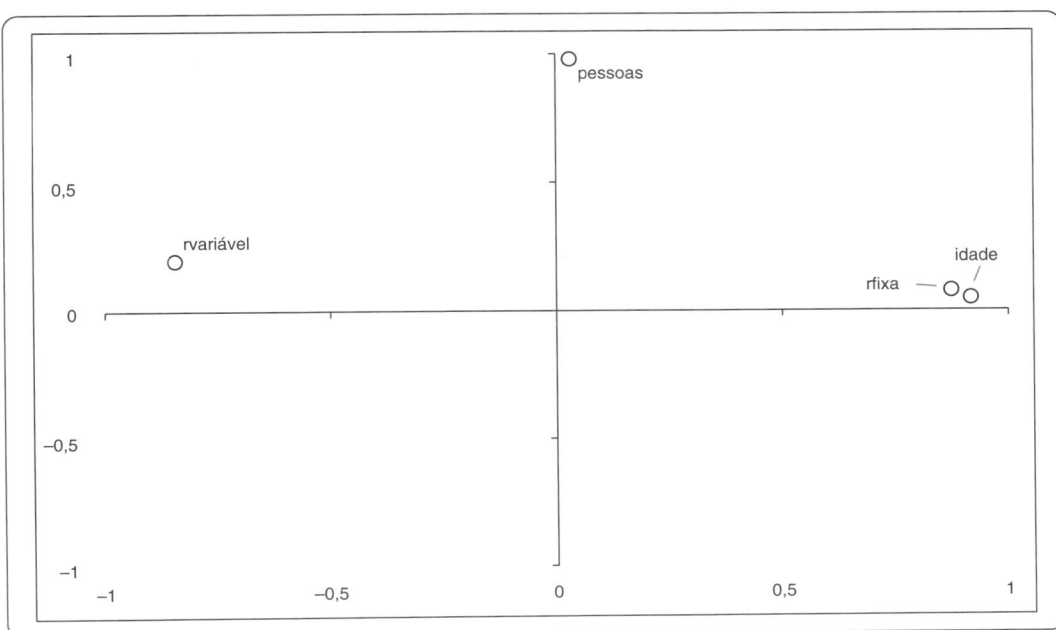

f) Enquanto as variáveis *idade*, *rfixa* e *rvariável* apresentam elevada correlação em módulo com o primeiro fator (eixo das abscissas), a variável *pessoas* apresenta forte correlação com o segundo fator (eixo das ordenadas). Esse fenômeno pode ser decorrente do fato de clientes com idade mais avançada, por apresentarem aversão ao risco, destinam maior percentual de seus investimentos para fundos de renda fixa, como poupança ou CDB. Por outro lado, embora a variável *rvariável* apresente elevada correlação em módulo com o primeiro fator, a carga fatorial absoluta apresenta sinal negativo. Isso mostra que clientes mais jovens investem uma proporção maior de seus investimentos em fundos de renda variável, como ações. Por fim, a quantidade de pessoas que mora na residência (variável *pessoas*) apresenta baixa correlação com as demais variáveis e, nesse sentido, acaba por apresentar elevada carga fatorial com o segundo fator.

2)   a)

ANO 1
KMO and Bartlett's Test

Kaiser-Meyer-Olkin Measure of Sampling Adequacy.		,719
Bartlett's Test of Sphericity	Approx. Chi-Square	89,637
	df	6
	Sig.	,000

ANO 2
KMO and Bartlett's Test

Kaiser-Meyer-Olkin Measure of Sampling Adequacy.		,718
Bartlett's Test of Sphericity	Approx. Chi-Square	86,483
	df	6
	Sig.	,000

Com base nas estatísticas KMO, pode-se afirmar que a adequação global da análise fatorial é considerada **média** para cada um dos anos de estudo (KMO = 0,719 para o primeiro ano, e KMO = 0,718 para o segundo ano).

Em ambos os períodos, as estatísticas $\chi^2_{Bartlett}$ permitem-nos rejeitar, ao nível de significância de 5% e com base nas hipóteses do teste de esfericidade de Bartlett, que as matrizes de correlações sejam estatisticamente iguais à matriz identidade de mesma dimensão, visto que $\chi^2_{Bartlett}$ = 89,637 (*Sig.* $\chi^2_{Bartlett}$ < 0,05 para 6 graus de liberdade) para o primeiro ano e $\chi^2_{Bartlett}$ = 86,483 (*Sig.* $\chi^2_{Bartlett}$ < 0,05 para 6 graus de liberdade) para o segundo ano.

Portanto, a análise fatorial por componentes principais é apropriada para cada um dos anos de estudo.

b)

ANO 1
Total Variance Explained

Component	Initial Eigenvalues			Extraction Sums of Squared Loadings		
	Total	% of Variance	Cumulative %	Total	% of Variance	Cumulative %
1	2,589	64,718	64,718	2,589	64,718	64,718
2	,730	18,247	82,965			
3	,536	13,391	96,357			
4	,146	3,643	100,000			

Extraction Method: Principal Component Analysis.

ANO 2
Total Variance Explained

Component	Initial Eigenvalues			Extraction Sums of Squared Loadings		
	Total	% of Variance	Cumulative %	Total	% of Variance	Cumulative %
1	2,566	64,149	64,149	2,566	64,149	64,149
2	,737	18,435	82,584			
3	,543	13,577	96,162			
4	,154	3,838	100,000			

Extraction Method: Principal Component Analysis.

Com base no critério da raiz latente, é extraído apenas um fator em cada um dos anos, com o respectivo autovalor:

Ano 1: 2,589

Ano 2: 2,566

O percentual de variância compartilhada por todas as variáveis para a composição do fator em cada ano é:

Ano 1: 64,718%

Ano 2: 64,149%

c)

ANO 1
Component Matrix[a]

	Component
	1
Corruption Perception Index no ano 1 (Transparência Internacional)	,900
Assassinatos a cada 100.000 habitantes no ano 1 (OMS, UNODC e GIMD)	-,614
PIB/capita no ano 1 (em US$ ajustado pela inflação - base 2000) (Banco Mundial)	,911
Anos de escolaridade por pessoas com mais de 25 anos de vida no ano 1 (IHME)	,755

Extraction Method: Principal Component Analysis.

a. 1 components extracted.

ANO 1
Communalities

	Initial	Extraction
Corruption Perception Index no ano 1 (Transparência Internacional)	1,000	,810
Assassinatos a cada 100.000 habitantes no ano 1 (OMS, UNODC e GIMD)	1,000	,378
PIB/capita no ano 1 (em US$ ajustado pela inflação - base 2000) (Banco Mundial)	1,000	,830
Anos de escolaridade por pessoas com mais de 25 anos de vida no ano 1 (IHME)	1,000	,571

Extraction Method: Principal Component Analysis.

ANO 2
Component Matrix[a]

	Component
	1
Corruption Perception Index no ano 2 (Transparência Internacional)	,899
Assassinatos a cada 100.000 habitantes no ano 2 (OMS, UNODC e GIMD)	-,608
PIB/capita no ano 2 (em US$ ajustado pela inflação - base 2000) (Banco Mundial)	,908
Anos de escolaridade por pessoas com mais de 25 anos de vida no ano 2 (IHME)	,750

Extraction Method: Principal Component Analysis.

a. 1 components extracted.

ANO 2
Communalities

	Initial	Extraction
Corruption Perception Index no ano 2 (Transparência Internacional)	1,000	,808
Assassinatos a cada 100.000 habitantes no ano 2 (OMS, UNODC e GIMD)	1,000	,370
PIB/capita no ano 2 (em US$ ajustado pela inflação - base 2000) (Banco Mundial)	1,000	,825
Anos de escolaridade por pessoas com mais de 25 anos de vida no ano 2 (IHME)	1,000	,563

Extraction Method: Principal Component Analysis.

Podemos verificar que ocorreram reduções pouco expressivas nas comunalidades de todas as variáveis do primeiro para o segundo ano.

d)

ANO 1
Component Score Coefficient Matrix

	Component
	1
Corruption Perception Index no ano 1 (Transparência Internacional)	,348
Assassinatos a cada 100.000 habitantes no ano 1 (OMS, UNODC e GIMD)	-,237
PIB/capita no ano 1 (em US$ ajustado pela inflação - base 2000) (Banco Mundial)	,352
Anos de escolaridade por pessoas com mais de 25 anos de vida no ano 1 (IHME)	,292

Extraction Method: Principal Component Analysis.

ANO 2

Component Score Coefficient Matrix

| | Component |
	1
Corruption Perception Index no ano 2 (Transparência Internacional)	,350
Assassinatos a cada 100.000 habitantes no ano 2 (OMS, UNODC e GIMD)	-,237
PIB/capita no ano 2 (em US$ ajustado pela inflação - base 2000) (Banco Mundial)	,354
Anos de escolaridade por pessoas com mais de 25 anos de vida no ano 2 (IHME)	,292

Extraction Method: Principal Component Analysis.

A expressão do fator extraído em cada ano, em função das variáveis padronizadas, é:

Ano 1:

$$F_i = 0{,}348 \cdot Zcpi1_i - 0{,}237 \cdot Zviolência1_i + 0{,}352 \cdot Zpib\_capital1_i + 0{,}292 \cdot Zescol1_i$$

Ano 2:

$$F_i = 0{,}350 \cdot Zcpi2_i - 0{,}237 \cdot Zviolência2_i + 0{,}354 \cdot Zpib\_capital2_i + 0{,}292 \cdot Zescol2_i$$

Ainda que tenham ocorrido pequenas alterações nos *scores* fatoriais de um ano para o outro, esse fato reforça a importância de se reaplicar a técnica para a obtenção de fatores com *scores* mais precisos e atualizados, principalmente quando utilizados para a criação de indicadores e *rankings*.

e)

Ano 1			Ano 2		
país	**indicador**	*ranking*	**país**	**indicador**	*ranking*
Switzerland	1,6923	1	Norway	1,6885	1
Norway	1,6794	2	Switzerland	1,6594	2
Denmark	1,4327	3	Sweden	1,4388	3
Sweden	1,4040	4	Denmark	1,4225	4
Japan	1,3806	5	Japan	1,3848	5
United States	1,3723	6	Canada	1,3844	6
Canada	1,3430	7	United States	1,3026	7
United Kingdom	1,1560	8	United Kingdom	1,1321	8
Netherlands	1,1086	9	Netherlands	1,1007	9
Australia	1,0607	10	Australia	1,0660	10
Germany	1,0297	11	Germany	1,0401	11
Austria	0,9865	12	Austria	0,9903	12
Ireland	0,9439	13	Ireland	0,9411	13
New Zealand	0,9269	14	Singapore	0,9184	14
Singapore	0,8781	15	New Zealand	0,9063	15
Belgium	0,8175	16	Belgium	0,8265	16
Israel	0,6322	17	Israel	0,6444	17
France	0,5545	18	France	0,5448	18
Cyprus	0,5099	19	Cyprus	0,4606	19
United Arab Emirates	0,3157	20	United Arab Emirates	0,2849	20
Czech Rep.	0,2244	21	Czech Rep.	0,1857	21

Ano 1			Ano 2		
país	indicador	ranking	país	indicador	ranking
Italy	0,0859	22	Poland	0,0868	22
Poland	0,0373	23	Spain	0,0334	23
Spain	0,0303	24	Chile	0,0170	24
Chile	-0,0517	25	Italy	0,0064	25
Greece	-0,1432	26	Kuwait	-0,1462	26
Kuwait	-0,2276	27	Greece	-0,2247	27
Portugal	-0,2980	28	Portugal	-0,2794	28
Romania	-0,3028	29	Romania	-0,3150	29
Oman	-0,4742	30	Saudi Arabia	-0,4321	30
Saudi Arabia	-0,5111	31	Oman	-0,5034	31
Serbia	-0,5407	32	Argentina	-0,5342	32
Argentina	-0,5556	33	Serbia	-0,5544	33
Turkey	-0,6476	34	Malaysia	-0,6098	34
Ukraine	-0,7109	35	Turkey	-0,6401	35
Kazakhstan	-0,7423	36	Ukraine	-0,6807	36
Malaysia	-0,7459	37	Kazakhstan	-0,6970	37
Lebanon	-0,7966	38	Lebanon	-0,8060	38
Russia	-0,8534	39	Russia	-0,8513	39
Mexico	-0,8803	40	China	-0,8982	40
China	-0,8840	41	Mexico	-0,9323	41
Egypt	-0,9792	42	Egypt	-0,9485	42
Thailand	-1,0632	43	Thailand	-1,0800	43
Indonesia	-1,2245	44	Indonesia	-1,2431	44
India	-1,2272	45	India	-1,2533	45
Brazil	-1,3294	46	Brazil	-1,3468	46
Philippines	-1,3466	47	Philippines	-1,3885	47
Venezuela	-1,3916	48	Venezuela	-1,4149	48
South Africa	-1,8215	49	Colombia	-1,7697	49
Colombia	-1,8534	50	South Africa	-1,9173	50

Do primeiro para o segundo ano, houve algumas alterações nas posições relativas dos países no *ranking*.

3)   a)

Correlation Matrix

		Percepção sobre o sortimento de produtos (0 a 10)	Percepção sobre a qualidade e rapidez na reposição dos produtos (0 a 10)	Percepção sobre o layout da loja (0 a 10)	Percepção sobre conforto térmico, acústico e visual na loja (0 a 10)	Percepção sobre a limpeza geral da loja (0 a 10)	Percepção sobre a qualidade do atendimento prestado (0 a 10)	Percepção sobre o nível de preços praticados em relação à concorrência (0 a 10)	Percepção sobre política de descontos (0 a 10)
Correlation	Percepção sobre o sortimento de produtos (0 a 10)	1,000	,753	,898	,733	,640	,193	,084	,053
	Percepção sobre a qualidade e rapidez na reposição dos produtos (0 a 10)	,753	1,000	,429	,633	,548	,208	-,449	-,367
	Percepção sobre o layout da loja (0 a 10)	,898	,429	1,000	,641	,567	,142	,413	,318
	Percepção sobre conforto térmico, acústico e visual na loja (0 a 10)	,733	,633	,641	1,000	,864	,227	,235	,174
	Percepção sobre a limpeza geral da loja (0 a 10)	,640	,548	,567	,864	1,000	,194	,220	,173
	Percepção sobre a qualidade do atendimento prestado (0 a 10)	,193	,208	,142	,227	,194	1,000	,137	,113
	Percepção sobre o nível de preços praticados em relação à concorrência (0 a 10)	,084	-,449	,413	,235	,220	,137	1,000	,906
	Percepção sobre política de descontos (0 a 10)	,053	-,367	,318	,174	,173	,113	,906	1,000

Sim. Com base na magnitude de alguns coeficientes de correlação de Pearson, é possível identificar um primeiro indício de que a análise fatorial poderá agrupar as variáveis em fatores.

b)

KMO and Bartlett's Test

Kaiser-Meyer-Olkin Measure of Sampling Adequacy.		,610
Bartlett's Test of Sphericity	Approx. Chi-Square	13752,938
	df	28
	Sig.	,000

Sim. Por meio do resultado da estatística $\chi^2_{Bartlett}$, é possível rejeitar, ao nível de significância de 5% e com base nas hipóteses do teste de esfericidade de Bartlett, que a matriz de correlações seja estatisticamente igual à matriz identidade de mesma dimensão, visto que $\chi^2_{Bartlett}$ = 13.752,938 (*Sig.* $\chi^2_{Bartlett}$ < 0,05 para 28 graus de liberdade). Portanto, a análise fatorial por componentes principais pode ser considerada apropriada.

c)

Total Variance Explained

Component	Initial Eigenvalues			Extraction Sums of Squared Loadings		
	Total	% of Variance	Cumulative %	Total	% of Variance	Cumulative %
1	3,825	47,812	47,812	3,825	47,812	47,812
2	2,254	28,174	75,986	2,254	28,174	75,986
3	,944	11,794	87,780			
4	,597	7,458	95,238			
5	,214	2,679	97,917			
6	,126	1,570	99,486			
7	,025	,313	99,799			
8	,016	,201	100,000			

Extraction Method: Principal Component Analysis.

Considerando-se o critério da raiz latente, são extraídos dois fatores, com os respectivos autovalores:

Fator 1: 3,825
Fator 2: 2,254

O percentual de variância compartilhada por todas as variáveis para a composição de cada fator é:

Fator 1: 47,812%
Fator 2: 28,174%

Logo, o percentual total de variância compartilhada por todas as variáveis para a composição dos dois fatores é igual a 75,986%.

d)   O percentual total de variância perdida de todas as variáveis para a extração desses dois fatores é:

$$1 - 0,75986 = 0,24014 \ (24,014\%)$$

e)

Component Matrix[a]

	Component	
	1	2
Percepção sobre o sortimento de produtos (0 a 10)	,918	-,174
Percepção sobre a qualidade e rapidez na reposição dos produtos (0 a 10)	,692	-,660
Percepção sobre o layout da loja (0 a 10)	,855	,185
Percepção sobre conforto térmico, acústico e visual na loja (0 a 10)	,909	-,029
Percepção sobre a limpeza geral da loja (0 a 10)	,849	-,010
Percepção sobre a qualidade do atendimento prestado (0 a 10)	,311	,065
Percepção sobre o nível de preços praticados em relação à concorrência (0 a 10)	,274	,950
Percepção sobre política de descontos (0 a 10)	,232	,920

Extraction Method: Principal Component Analysis.

a. 2 components extracted.

Communalities

	Initial	Extraction
Percepção sobre o sortimento de produtos (0 a 10)	1,000	,873
Percepção sobre a qualidade e rapidez na reposição dos produtos (0 a 10)	1,000	,914
Percepção sobre o layout da loja (0 a 10)	1,000	,766
Percepção sobre conforto térmico, acústico e visual na loja (0 a 10)	1,000	,827
Percepção sobre a limpeza geral da loja (0 a 10)	1,000	,721
Percepção sobre a qualidade do atendimento prestado (0 a 10)	1,000	,101
Percepção sobre o nível de preços praticados em relação à concorrência (0 a 10)	1,000	,978
Percepção sobre política de descontos (0 a 10)	1,000	,900

Extraction Method: Principal Component Analysis.

Note que as cargas e a comunalidade da variável *atendimento* são consideravelmente baixas, o que pode demonstrar a necessidade de extração de um terceiro fator, descaracterizando o critério da raiz latente.

f)

Component Matrix[a]

	Component		
	1	2	3
Percepção sobre o sortimento de produtos (0 a 10)	,918	-,174	-,119
Percepção sobre a qualidade e rapidez na reposição dos produtos (0 a 10)	,692	-,660	,051
Percepção sobre o layout da loja (0 a 10)	,855	,185	-,196
Percepção sobre conforto térmico, acústico e visual na loja (0 a 10)	,909	-,029	-,021
Percepção sobre a limpeza geral da loja (0 a 10)	,849	-,010	-,033
Percepção sobre a qualidade do atendimento prestado (0 a 10)	,311	,065	,942
Percepção sobre o nível de preços praticados em relação à concorrência (0 a 10)	,274	,950	-,011
Percepção sobre política de descontos (0 a 10)	,232	,920	-,003

Extraction Method: Principal Component Analysis.

a. 3 components extracted.

Communalities

	Initial	Extraction
Percepção sobre o sortimento de produtos (0 a 10)	1,000	,887
Percepção sobre a qualidade e rapidez na reposição dos produtos (0 a 10)	1,000	,917
Percepção sobre o layout da loja (0 a 10)	1,000	,804
Percepção sobre conforto térmico, acústico e visual na loja (0 a 10)	1,000	,828
Percepção sobre a limpeza geral da loja (0 a 10)	1,000	,722
Percepção sobre a qualidade do atendimento prestado (0 a 10)	1,000	,987
Percepção sobre o nível de preços praticados em relação à concorrência (0 a 10)	1,000	,978
Percepção sobre política de descontos (0 a 10)	1,000	,900

Extraction Method: Principal Component Analysis.

Sim, é possível confirmar o constructo do questionário proposto pelo gerente-geral da loja, visto que as variáveis *sortimento*, *reposição*, *layout*, *conforto* e *limpeza* apresentam maior correlação com um fator específico, as variáveis *preço* e *desconto*, com outro fator, e, por fim, a variável *atendimento*, com um terceiro fator.

g) A decisão de extração de três fatores, em detrimento da extração com base no critério da raiz latente, aumenta as comunalidades das variáveis, com destaque para a variável *atendimento*, agora correlacionada mais fortemente com o terceiro fator.

h)

Rotated Component Matrix[a]

	Component		
	1	2	3
Percepção sobre o sortimento de produtos (0 a 10)	,940	-,038	,044
Percepção sobre a qualidade e rapidez na reposição dos produtos (0 a 10)	,761	-,558	,161
Percepção sobre o layout da loja (0 a 10)	,840	,311	-,036
Percepção sobre conforto térmico, acústico e visual na loja (0 a 10)	,893	,099	,142
Percepção sobre a limpeza geral da loja (0 a 10)	,834	,110	,120
Percepção sobre a qualidade do atendimento prestado (0 a 10)	,128	,065	,983
Percepção sobre o nível de preços praticados em relação à concorrência (0 a 10)	,130	,979	,057
Percepção sobre política de descontos (0 a 10)	,092	,943	,056

Extraction Method: Principal Component Analysis.
Rotation Method: Varimax with Kaiser Normalization.

a. Rotation converged in 4 iterations.

A rotação Varimax redistribui as cargas das variáveis em cada fator, o que facilita a confirmação do constructo proposto pelo gerente-geral da loja.

i)

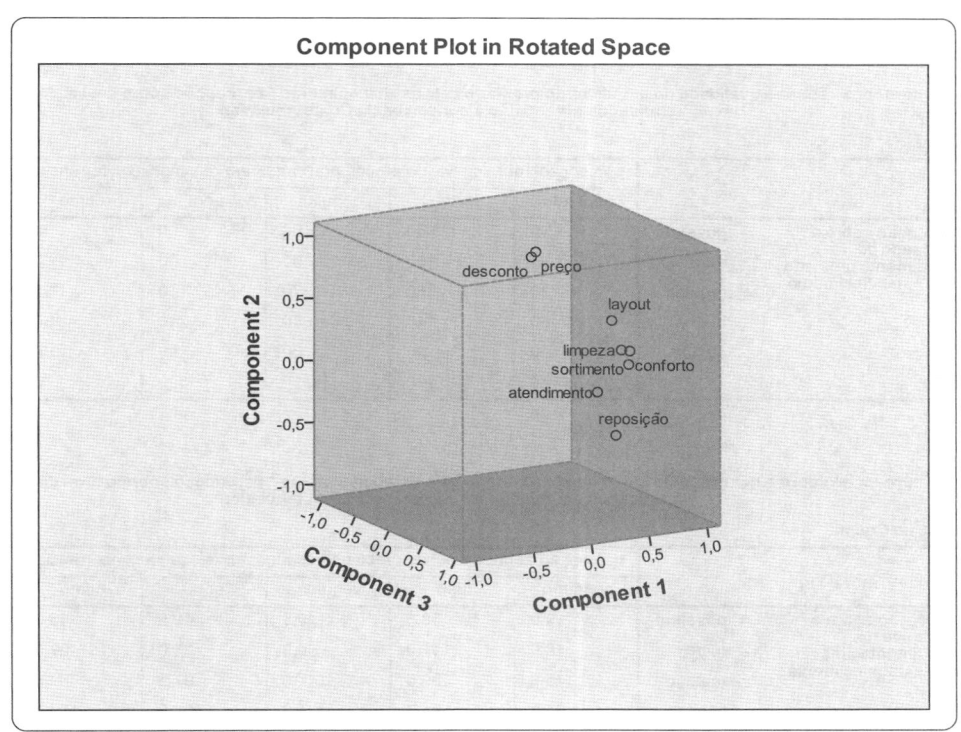

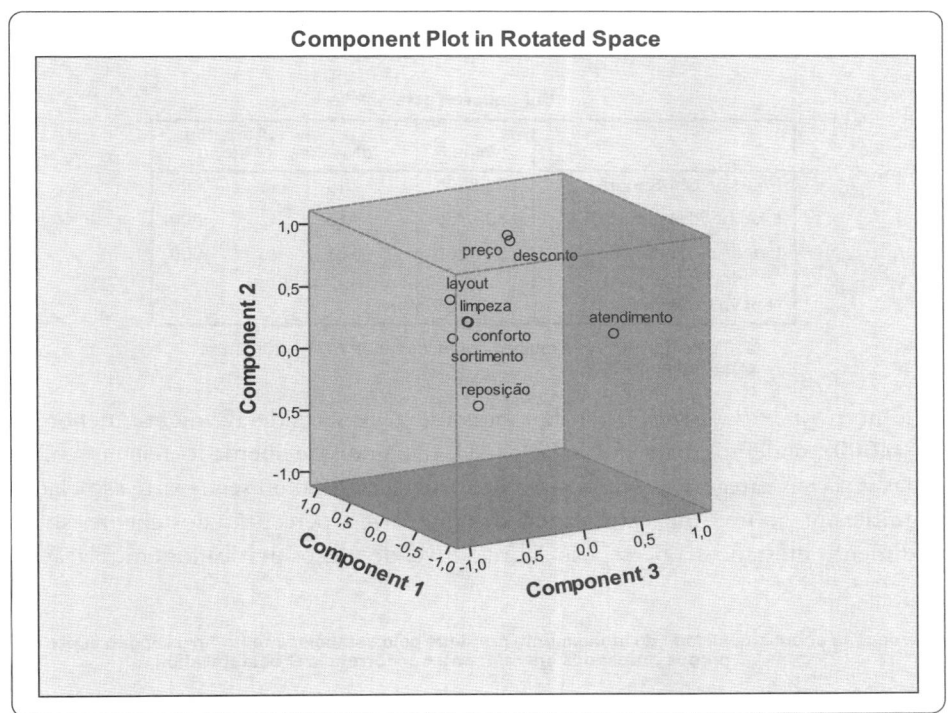

Capítulo 11

1)   a)

percepção sobre a qualidade do atendimento prestado pelo estabelecimento * percepção sobre o nível de preços praticados em relação à concorrência Crosstabulation

Count

		percepção sobre o nível de preços praticados em relação à concorrência					Total
		péssimo	ruim	regular	bom	ótimo	
percepção sobre a qualidade do atendimento prestado pelo estabelecimento	péssimo	30	60	60	0	0	150
	ruim	60	150	60	30	0	300
	regular	30	360	270	60	30	750
	bom	60	540	540	210	180	1530
	ótimo	0	60	60	90	60	270
Total		180	1170	990	390	270	3000

b)

percepção sobre a qualidade do atendimento prestado pelo estabelecimento * percepção sobre o nível de preços praticados em relação à concorrência Crosstabulation

Expected Count

		percepção sobre o nível de preços praticados em relação à concorrência					Total
		péssimo	ruim	regular	bom	ótimo	
percepção sobre a qualidade do atendimento prestado pelo estabelecimento	péssimo	9,0	58,5	49,5	19,5	13,5	150,0
	ruim	18,0	117,0	99,0	39,0	27,0	300,0
	regular	45,0	292,5	247,5	97,5	67,5	750,0
	bom	91,8	596,7	504,9	198,9	137,7	1530,0
	ótimo	16,2	105,3	89,1	35,1	24,3	270,0
Total		180,0	1170,0	990,0	390,0	270,0	3000,0

c)

Chi-Square Tests

	Value	df	Asymp. Sig. (2-sided)
Pearson Chi-Square	509,859[a]	16	,000
Likelihood Ratio	502,756	16	,000
Linear-by-Linear Association	321,266	1	,000
N of Valid Cases	3000		

a. 0 cells (,0%) have expected count less than 5. The minimum expected count is 9,00.

Como o *valor-P* (*Asymp. Sig.*) da estatística χ^2_{cal} é consideravelmente menor que 0,05 (*valor-P* χ^2_{cal} = 0,000), podemos, para $(5-1) \times (5-1) = 16$ graus de liberdade, rejeitar a hipótese nula de que as duas variáveis categóricas se associam de forma aleatória, ou seja, existe associação estatisticamente significante, ao nível de significância de 5%, entre a percepção dos clientes sobre a qualidade do atendimento prestado e a percepção sobre o nível de preços praticados em relação à concorrência.

d)

percepção sobre a qualidade do atendimento prestado pelo estabelecimento * percepção sobre o nível de preços praticados em relação à concorrência Crosstabulation

Adjusted Residual

		percepção sobre o nível de preços praticados em relação à concorrência				
		péssimo	ruim	regular	bom	ótimo
percepção sobre a qualidade do atendimento prestado pelo estabelecimento	péssimo	7,4	,3	1,9	-4,9	-4,0
	ruim	10,8	4,1	-5,0	-1,6	-5,7
	regular	-2,7	5,8	2,0	-4,7	-5,5
	bom	-4,9	-4,2	2,7	1,2	5,4
	ótimo	-4,4	-5,9	-3,9	10,4	8,0

As associações entre os pares de categorias estão em destaque na tabela de resíduos padronizados, visto que os valores positivos superiores a 1,96 correspondem ao excesso de ocorrências em cada célula, ao nível de significância de 5%. É possível afirmarmos que existe associação lógica entre as categorias consideradas negativas (e positivas) de cada uma das variáveis.

e)

Summary

Dimension	Singular Value	Inertia	Chi Square	Sig.	Proportion of Inertia		Confidence Singular Value	
					Accounted for	Cumulative	Standard Deviation	Correlation 2
1	,354	,1256			,739	,739	,016	,502
2	,188	,0352			,207	,946	,020	
3	,094	,0089			,052	,999		
4	,016	,0003			,001	1,000		
Total		,1700	509,859	,000ª	1,000	1,000		

a. 16 degrees of freedom

Temos, para cada dimensão, os seguintes valores das inércias principais parciais:

$$\begin{cases} \lambda_1^2 = 0,1256 \\ \lambda_2^2 = 0,0352 \\ \lambda_3^2 = 0,0089 \\ \lambda_4^2 = 0,0003 \end{cases}$$

e, portanto, a inércia principal total é igual a 0,1700. As quatro dimensões explicam, respectivamente, 73,9% (0,1256 / 0,1700), 20,7% (0,0352 / 0,1700), 5,2% (0,0089 / 0,1700) e 0,1% (0,0003 / 0,1700) da inércia principal total.

f)

Overview Row Pointsª

percepção sobre a qualidade do atendimento prestado pelo estabelecimento	Mass	Score in Dimension		Inertia	Contribution				
		1	2		Of Point to Inertia of Dimension		Of Dimension to Inertia of Point		
					1	2	1	2	Total
péssimo	,050	-1,155	,265	,028	,188	,019	,842	,023	,865
ruim	,100	-,990	,888	,051	,277	,421	,687	,293	,980
regular	,250	-,274	-,464	,019	,053	,288	,344	,524	,868
bom	,510	,216	-,099	,011	,067	,027	,779	,087	,865
ótimo	,090	1,279	,716	,061	,415	,246	,852	,142	,994
Active Total	1,000			,170	1,000	1,000			

a. Symmetrical normalization

Overview Column Pointsª

percepção sobre o nível de preços praticados em relação à concorrência	Mass	Score in Dimension		Inertia	Contribution				
		1	2		Of Point to Inertia of Dimension		Of Dimension to Inertia of Point		
					1	2	1	2	Total
péssimo	,060	-1,400	1,226	,060	,332	,481	,698	,283	,981
ruim	,390	-,297	-,130	,017	,097	,035	,733	,074	,807
regular	,330	-,026	-,359	,011	,001	,227	,008	,757	,765
bom	,130	,827	,581	,041	,251	,234	,771	,201	,973
ótimo	,090	1,122	,222	,042	,320	,024	,950	,020	,970
Active Total	1,000			,170	1,000	1,000			

a. Symmetrical normalization

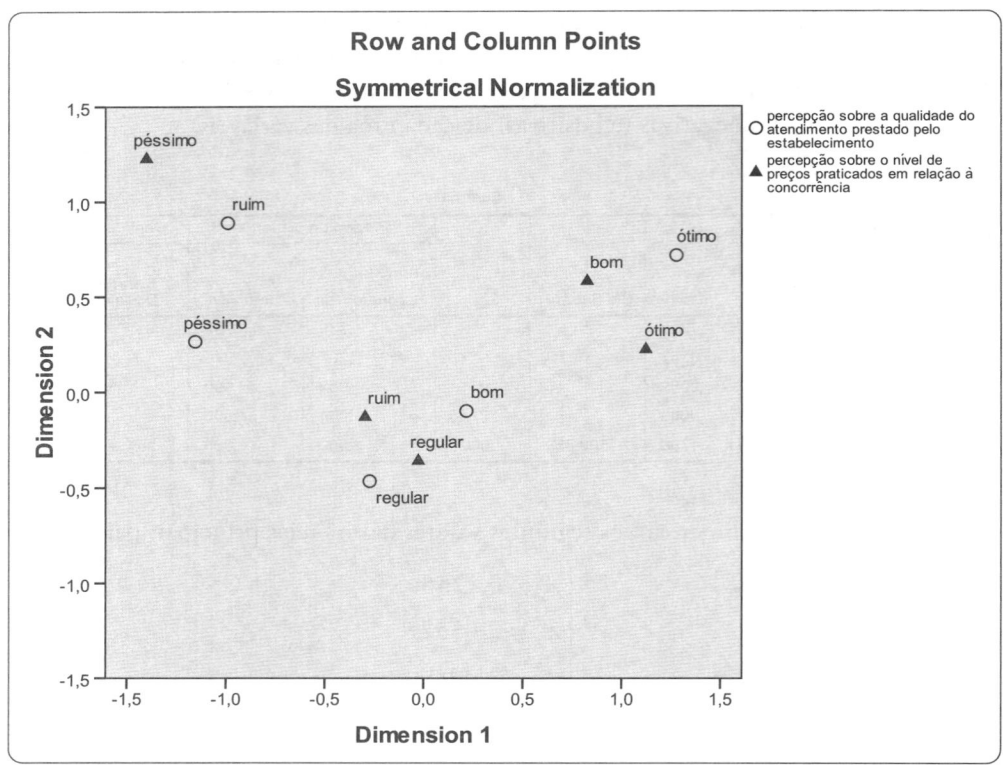

A partir do mapa perceptual, podemos verificar a existência de associação entre as variáveis *atendimento* e *preço* e, mais que isso, a associação lógica entre as categorias consideradas negativas (e positivas) de cada uma das variáveis. Em outras palavras, uma percepção negativa sobre a qualidade do atendimento prestado pelo estabelecimento varejista pode influenciar a formação de uma imagem negativa de preços e vice-versa.

g)

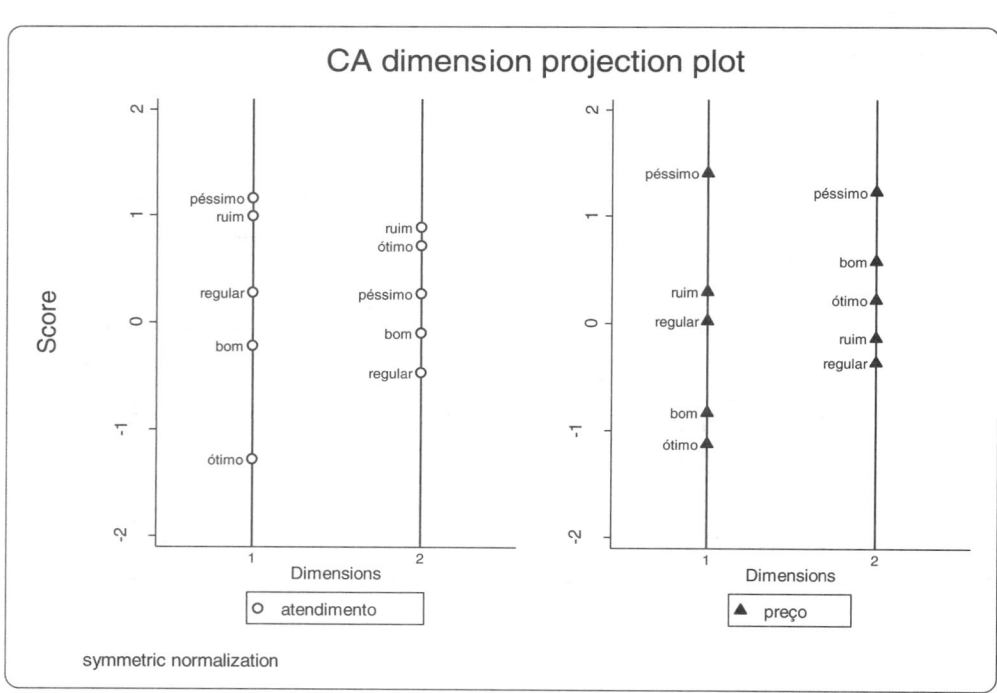

A partir do gráfico de projeção das coordenadas nas dimensões gerado no Stata, podemos verificar que existe lógica na ordenação dos pontos referentes às categorias das duas variáveis qualitativas ordinais para a primeira dimensão.

2) a)

Frequências Absolutas Esperadas

Classificação do índice de colesterol LDL (mg/dL)	Atividades físicas semanais (número de vezes)					
	0	1	2	3	4	5
Muito elevado	14,9	84,8	202,5	198,7	100,2	33,0
Elevado	11,1	63,4	151,4	148,5	74,9	24,7
Limítrofe	10,2	58,3	139,3	136,6	68,9	22,7
Subótimo	10,6	60,7	145,0	142,3	71,7	23,6
Ótimo	7,2	40,9	97,8	95,9	48,3	15,9

b)

Resíduos

Classificação do índice de colesterol LDL (mg/dL)	Atividades físicas semanais (número de vezes)					
	0	1	2	3	4	5
Muito elevado	17,1	73,2	61,5	-58,7	-60,2	-33,0
Elevado	10,9	44,6	26,6	-40,5	-16,9	-24,7
Limítrofe	-10,2	-32,3	-41,3	53,4	17,1	13,3
Subótimo	-10,6	-44,7	-31,0	23,7	32,3	30,4
Ótimo	-7,2	-40,9	-15,8	22,1	27,7	14,1

c)

$$\chi^2$$

Classificação do índice de colesterol LDL (mg/dL)	Atividades físicas semanais (número de vezes)					
	0	1	2	3	4	5
Muito elevado	19,6	63,2	18,7	17,3	36,2	33,0
Elevado	10,7	31,4	4,7	11,0	3,8	24,7
Limítrofe	10,2	17,9	12,2	20,9	4,2	7,8
Subótimo	10,6	32,9	6,6	3,9	14,6	39,2
Ótimo	7,2	40,9	2,6	5,1	15,9	12,5

valor total da estatística $\chi^2 = 539,4$

d)   Sim. Para $(5 - 1) \times (6 - 1) = 20$ graus de liberdade, temos, por meio da Tabela D do apêndice do livro, que $\chi^2_c = 31,410$ (χ^2 crítico para 20 graus de liberdade e para o nível de significância de 5%). Dessa forma, como o χ^2 calculado $\chi^2_{cal} = 539,4 > \chi^2_c = 31,410$, podemos rejeitar a hipótese nula de que as duas variáveis se associam de forma aleatória, ou seja, existe associação estatisticamente significante, ao nível de significância de 5%, entre o índice de colesterol LDL e a quantidade semanal de atividades esportivas.

e)

Summary

Dimension	Singular Value	Inertia	Chi Square	Sig.	Proportion of Inertia		Confidence Singular Value	
					Accounted for	Cumulative	Standard Deviation	Correlation 2
1	,475	,2255			,963	,963	,015	,019
2	,071	,0050			,021	,985	,023	
3	,050	,0025			,011	,995		
4	,033	,0011			,005	1,000		
Total		,2341	539,357	,000ª	1,000	1,000		

a. 20 degrees of freedom

Temos, para cada dimensão, os seguintes valores das inércias principais parciais:

$$\begin{cases} \lambda_1^2 = 0,2255 \\ \lambda_2^2 = 0,0050 \\ \lambda_3^2 = 0,0025 \\ \lambda_4^2 = 0,0011 \end{cases}$$

e, portanto, a inércia principal total é igual a 0,2341. As quatro dimensões explicam, respectivamente, 96,3% (0,2255 / 0,2341), 2,1% (0,0050 / 0,2341), 1,1% (0,0025 / 0,2341) e 0,5% (0,0011 / 0,2341) da inércia principal total.

f)

Overview Row Points[a]

classificação do índice de colesterol	Mass	Score in Dimension		Inertia	Contribution				
		1	2		Of Point to Inertia of Dimension		Of Dimension to Inertia of Point		
					1	2	1	2	Total
muito elevado: superior a 189 mg/dL	,275	-,787	-,008	,082	,359	,000	,991	,000	,991
elevado: de 160 a 189 mg/dL	,206	-,609	,065	,037	,160	,012	,966	,002	,967
limítrofe: de 130 a 159 mg/dL	,189	,562	-,504	,032	,126	,681	,893	,107	1,000
subótimo: de 100 a 129 mg/dL	,197	,693	,271	,047	,199	,206	,962	,022	,984
ótimo: inferior a 100 mg/dL	,133	,745	,232	,036	,155	,101	,960	,014	,974
Active Total	1,000			,234	1,000	1,000			

a. Symmetrical normalization

Overview Column Points[a]

atividades físicas semanais (número de vezes)	Mass	Score in Dimension		Inertia	Contribution				
		1	2		Of Point to Inertia of Dimension		Of Dimension to Inertia of Point		
					1	2	1	2	Total
0	,023	-1,505	,307	,025	,112	,031	,993	,006	,999
1	,134	-1,124	-,139	,081	,356	,037	,991	,002	,994
2	,319	-,346	,192	,019	,081	,167	,937	,043	,979
3	,313	,390	-,343	,025	,100	,523	,895	,103	,998
4	,158	,638	,231	,032	,135	,119	,943	,018	,961
5	,052	1,404	,409	,051	,216	,123	,961	,012	,973
Active Total	1,000			,234	1,000	1,000			

a. Symmetrical normalization

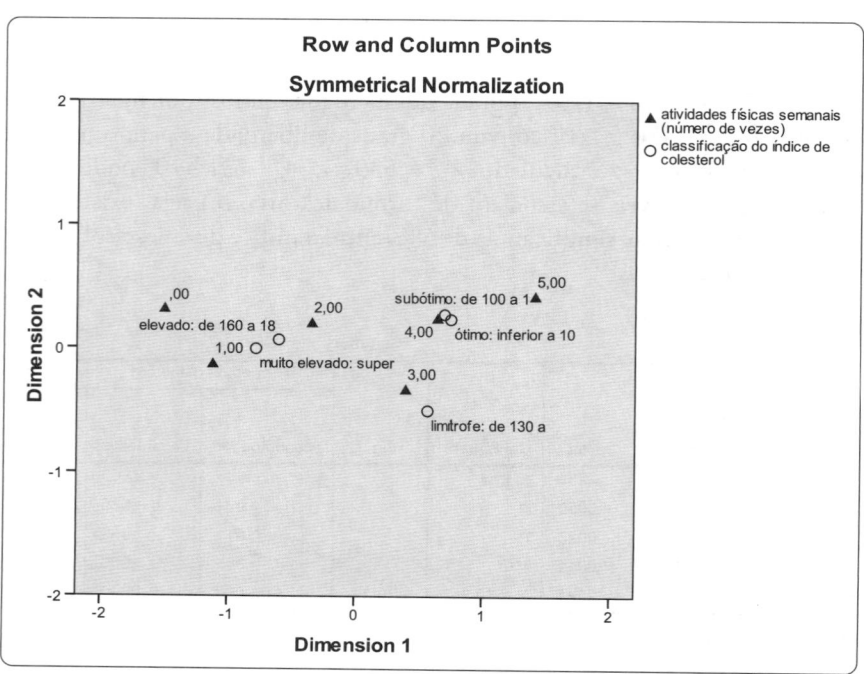

A partir do mapa perceptual, podemos verificar a existência de associação entre as variáveis *colestclass* e *esporte* e, mais que isso, a associação entre suas categorias, visto que pessoas que praticam esporte com maior frequência semanal tendem a apresentar índices mais baixos de colesterol LDL.

g)

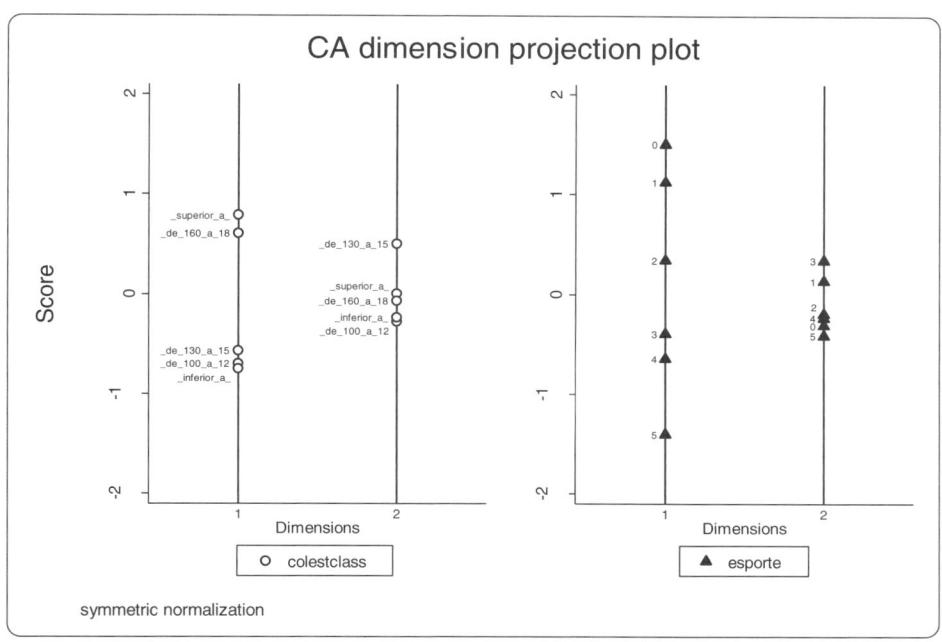

A partir do gráfico de projeção das coordenadas nas dimensões gerado no Stata, podemos verificar que existe lógica na ordenação dos pontos referentes às categorias das duas variáveis para a primeira dimensão.

3)   a)

Chi-Square Tests

	Value	df	Asymp. Sig. (2-sided)
Pearson Chi-Square	5956,436[a]	8	,000
Likelihood Ratio	7584,192	8	,000
Linear-by-Linear Association	4522,903	1	,000
N of Valid Cases	9000		

a. 0 cells (,0%) have expected count less than 5. The minimum expected count is 322,00.

Sim. Como o *valor-P* (*Asymp. Sig.*) da estatística χ^2_{cal} é consideravelmente menor do que 0,05 (*valor-P* χ^2_{cal} = 0,000), podemos afirmar que a evolução anual da popularidade do prefeito não se dá de forma aleatória.

b)

estou satisfeito com a gestão do atual prefeito! * ano Crosstabulation

Adjusted Residual

		ano		
		20X1	20X2	20X3
estou satisfeito com a gestão do atual prefeito!	Discordo totalmente	-23,7	-23,6	47,3
	Discordo parcialmente	-35,8	17,7	18,1
	Nem concordo, nem discordo	-1,1	,7	,4
	Concordo parcialmente	20,1	16,4	-36,6
	Concordo totalmente	46,5	-23,3	-23,3

As associações entre os pares de categorias estão em destaque na tabela de resíduos padronizados, visto que os valores positivos superiores a 1,96 correspondem ao excesso de ocorrências em cada célula, ao nível de significância de 5%. Assim, podemos verificar que, enquanto o ano de 20X1 apresenta associação estatisticamente significante com as categorias *Concordo totalmente* e *Concordo parcialmente*, o ano de 20X3 apresenta associação estatisticamente significante com as categorias *Discordo totalmente* e *Discordo parcialmente*. O ano de 20X2 apresenta associação estatisticamente significante com as categorias intermediárias da variável Likert (*Discordo parcialmente* e *Concordo parcialmente*).

c)

Overview Row Points[a]

estou satisfeito com a gestão do atual prefeito!	Mass	Score in Dimension		Inertia	Contribution				
					Of Point to Inertia of Dimension		Of Dimension to Inertia of Point		
		1	2		1	2	1	2	Total
Discordo totalmente	,111	-1,455	-1,111	,221	,331	,343	,753	,247	1,000
Discordo parcialmente	,223	-,727	,556	,111	,166	,173	,753	,247	1,000
Nem concordo, nem discordo	,330	-,015	,017	,000	,000	,000	,585	,415	1,000
Concordo parcialmente	,229	,753	,500	,115	,183	,144	,801	,199	1,000
Concordo totalmente	,107	1,452	-1,125	,215	,319	,341	,748	,252	1,000
Active Total	1,000			,662	1,000	1,000			

a. Symmetrical normalization

Overview Column Points[a]

ano	Mass	Score in Dimension		Inertia	Contribution				
					Of Point to Inertia of Dimension		Of Dimension to Inertia of Point		
		1	2		1	2	1	2	Total
20X1	,333	1,030	-,449	,277	,498	,168	,903	,097	1,000
20X2	,333	,003	,893	,106	,000	,667	,000	1,000	1,000
20X3	,333	-1,033	-,444	,278	,502	,165	,906	,094	1,000
Active Total	1,000			,662	1,000	1,000			

a. Symmetrical normalization

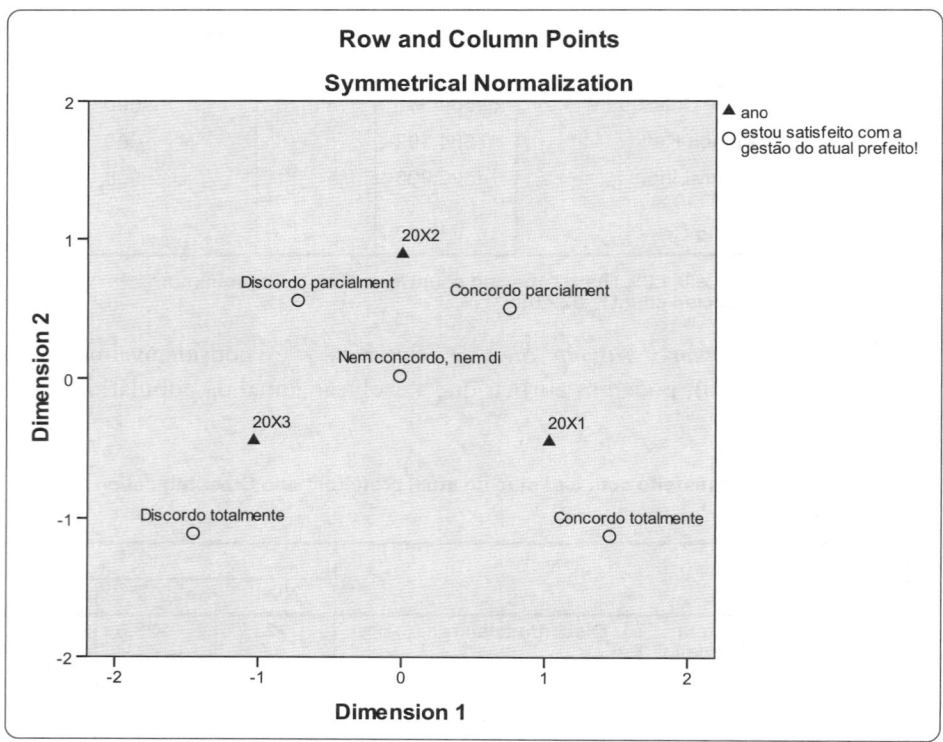

Conforme discutido na resposta do item anterior, podemos afirmar que a popularidade do prefeito piora com o decorrer dos anos.

4)   a)

perfil do investidor * tipo de aplicação financeira Crosstabulation

Count

		tipo de aplicação financeira			Total
		Poupança	CDB	Ações	
perfil do investidor	Conservador	8	4	5	17
	Moderado	5	16	4	25
	Agressivo	2	20	36	58
Total		15	40	45	100

Chi-Square Tests

	Value	df	Asymp. Sig. (2-sided)
Pearson Chi-Square	31,764[a]	4	,000
Likelihood Ratio	30,777	4	,000
Linear-by-Linear Association	20,352	1	,000
N of Valid Cases	100		

a. 2 cells (22,2%) have expected count less than 5. The minimum expected count is 2,55.

perfil do investidor * possui um ou mais filhos? Crosstabulation

Count

		possui um ou mais filhos?		Total
		Não	Sim	
perfil do investidor	Conservador	6	11	17
	Moderado	19	6	25
	Agressivo	48	10	58
Total		73	27	100

Chi-Square Tests

	Value	df	Asymp. Sig. (2-sided)
Pearson Chi-Square	15,179[a]	2	,001
Likelihood Ratio	13,699	2	,001
Linear-by-Linear Association	12,575	1	,000
N of Valid Cases	100		

a. 1 cells (16,7%) have expected count less than 5. The minimum expected count is 4,59.

tipo de aplicação financeira * possui um ou mais filhos? Crosstabulation

Count

		possui um ou mais filhos?		Total
		Não	Sim	
tipo de aplicação financeira	Poupança	0	15	15
	CDB	34	6	40
	Ações	39	6	45
Total		73	27	100

Chi-Square Tests

	Value	df	Asymp. Sig. (2-sided)
Pearson Chi-Square	47,742[a]	2	,000
Likelihood Ratio	47,494	2	,000
Linear-by-Linear Association	28,799	1	,000
N of Valid Cases	100		

a. 1 cells (16,7%) have expected count less than 5. The minimum expected count is 4,05.

Com base nos resultados dos testes χ^2, podemos verificar que há associação entre o fato de ter um ou mais filhos, o perfil do investidor e o tipo de aplicação financeira, ao nível de significância de 5%, e, portanto, todas as variáveis serão incluídas na análise de correspondência múltipla.

b)

Coordenadas Principais

Variável	Categoria	Coordenadas da 1ª Dimensão (Abscissas)	Coordenadas da 2ª Dimensão (Ordenadas)
Perfil do Investidor	Conservador	$x_{11} = 1,474$	$y_{11} = 0,459$
	Moderado	$x_{12} = 0,112$	$y_{12} = -1,408$
	Agressivo	$x_{13} = -0,480$	$y_{13} = 0,472$
Tipo de Aplicação Financeira	Poupança	$x_{21} = 2,105$	$y_{21} = 0,077$
	CDB	$x_{22} = -0,271$	$y_{22} = -0,945$
	Ações	$x_{23} = -0,460$	$y_{23} = 0,814$
Filhos	Não	$x_{31} = -0,522$	$y_{31} = -0,069$
	Sim	$x_{32} = 1,410$	$y_{32} = 0,187$

O SPSS apresenta as coordenadas principais de cada categoria com sinais invertidos.

Coordenadas-Padrão

Variável	Categoria	Coordenadas da 1ª Dimensão (Abscissas)	Coordenadas da 2ª Dimensão (Ordenadas)
Perfil do Investidor	Conservador	$x_{11} = 1,791$	$y_{11} = 0,686$
	Moderado	$x_{12} = 0,136$	$y_{12} = -2,117$
	Agressivo	$x_{13} = -0,584$	$y_{13} = 0,711$
Tipo de Aplicação Financeira	Poupança	$x_{21} = 2,558$	$y_{21} = 0,117$
	CDB	$x_{22} = -0,330$	$y_{22} = -1,418$
	Ações	$x_{23} = -0,559$	$y_{23} = 1,221$
Filhos	Não	$x_{31} = -0,634$	$y_{31} = -0,105$
	Sim	$x_{32} = 1,714$	$y_{32} = 0,283$

c)

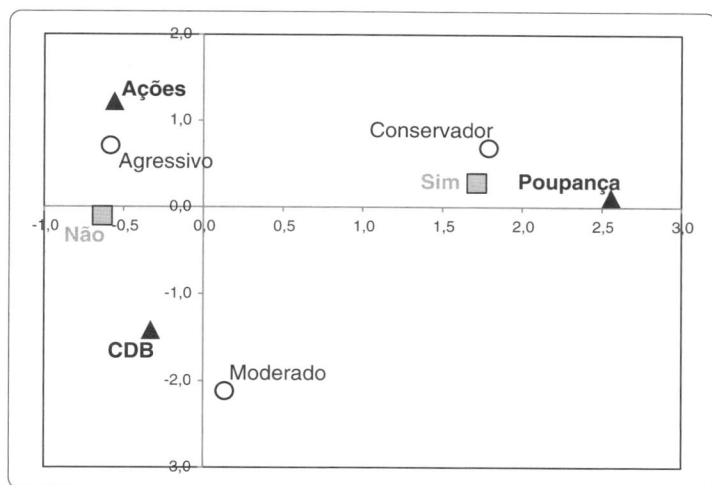

Podemos verificar que a categoria *Sim* (pelo menos um filho) apresenta forte associação com as categorias *Conservador* e *Poupança*. Por outro lado, a categoria *Não* (sem filhos) encontra-se entre as categorias *Agressivo* e *Moderado* e entre *Ações* e *CDB*, porém com maior proximidade de *Agressivo* e *Ações*. A partir dessa análise, podemos afirmar que o fato de ter filhos aumenta consideravelmente a aversão ao risco.

5)   a)

percepção sobre a qualidade geral do serviço prestado * empresa de consultoria Crosstabulation

Count

		empresa de consultoria			Total
		Gabicks	Lipehigh	Montvero	
percepção sobre a qualidade geral do serviço prestado	Péssima	0	263	0	263
	Ruim	183	237	0	420
	Regular	150	0	0	150
	Boa	167	0	244	411
	Ótima	0	0	256	256
Total		500	500	500	1500

Chi-Square Tests

	Value	df	Asymp. Sig. (2-sided)
Pearson Chi-Square	1785,553[a]	8	,000
Likelihood Ratio	2165,300	8	,000
Linear-by-Linear Association	307,358	1	,000
N of Valid Cases	1500		

a. 0 cells (,0%) have expected count less than 5. The minimum expected count is 50,00.

respeito aos prazos de projeto * empresa de consultoria Crosstabulation

Count

		empresa de consultoria			Total
		Gabicks	Lipehigh	Montvero	
respeito aos prazos de projeto	Não	270	317	183	770
	Sim	230	183	317	730
Total		500	500	500	1500

Chi-Square Tests

	Value	df	Asymp. Sig. (2-sided)
Pearson Chi-Square	74,010[a]	2	,000
Likelihood Ratio	74,846	2	,000
Linear-by-Linear Association	30,277	1	,000
N of Valid Cases	1500		

a. 0 cells (,0%) have expected count less than 5. The minimum expected count is 243,33.

Com base nos resultados dos testes χ^2, podemos verificar que há associação entre a variável *empresa* e as outras variáveis (*qualidade* e *pontualidade*), ao nível de significância de 5%, e, portanto, todas as variáveis serão incluídas na análise de correspondência.

b)

Coordenadas Principais

Variável	Categoria	Coordenadas da 1ª Dimensão (Abscissas)	Coordenadas da 2ª Dimensão (Ordenadas)
Percepção sobre a Qualidade Geral do Serviço Prestado	Péssima	$x_{11} = 1,293$	$y_{11} = 1,080$
	Ruim	$x_{12} = 0,720$	$y_{12} = -0,271$
	Regular	$x_{13} = 0,069$	$y_{13} = -2,032$
	Boa	$x_{14} = -0,744$	$y_{14} = -0,267$
	Ótima	$x_{15} = -1,354$	$y_{15} = 0,953$
Respeito aos Prazos de Projeto	Não	$x_{21} = 0,391$	$y_{21} = -0,031$
	Sim	$x_{22} = -0,412$	$y_{22} = 0,033$
Empresa	Gabicks	$x_{31} = 0,058$	$y_{31} = -1,274$
	Lipehigh	$x_{32} = 1,141$	$y_{32} = 0,688$
	Montvero	$x_{33} = -1,200$	$y_{33} = 0,586$

O SPSS apresenta as coordenadas principais das ordenadas de cada categoria com sinais invertidos.

Coordenadas-Padrão

Variável	Categoria	Coordenadas da 1ª Dimensão (Abscissas)	Coordenadas da 2ª Dimensão (Ordenadas)
Percepção sobre a Qualidade Geral do Serviço Prestado	Péssima	$x_{11} = 1,592$	$y_{11} = 1,468$
	Ruim	$x_{12} = 0,886$	$y_{12} = -0,367$
	Regular	$x_{13} = 0,087$	$y_{13} = -2,760$
	Boa	$x_{14} = -0,917$	$y_{14} = -0,361$
	Ótima	$x_{15} = -1,667$	$y_{15} = 1,291$
Respeito aos Prazos de Projeto	Não	$x_{21} = 0,481$	$y_{21} = -0,045$
	Sim	$x_{22} = -0,507$	$y_{22} = 0,048$
Empresa	Gabicks	$x_{31} = 0,072$	$y_{31} = -1,730$
	Lipehigh	$x_{32} = 1,405$	$y_{32} = 0,935$
	Montvero	$x_{33} = -1,477$	$y_{33} = 0,795$

c)

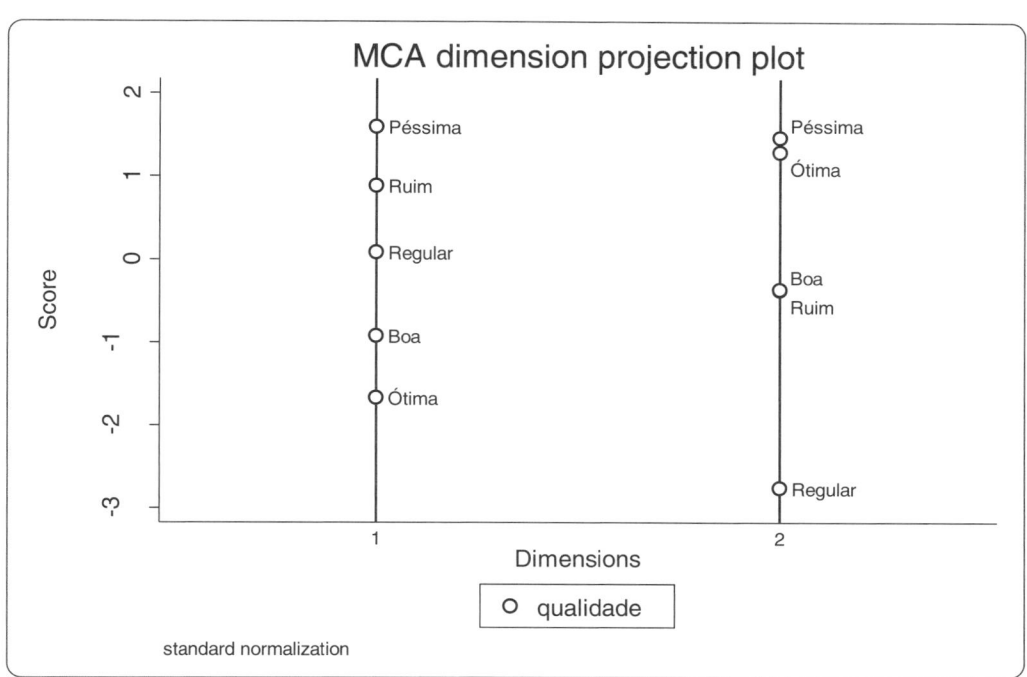

A partir do gráfico de projeção das coordenadas-padrão nas dimensões gerado no Stata, podemos verificar que existe lógica na ordenação dos pontos referentes às categorias da variável *qualidade* para a primeira dimensão.

d)

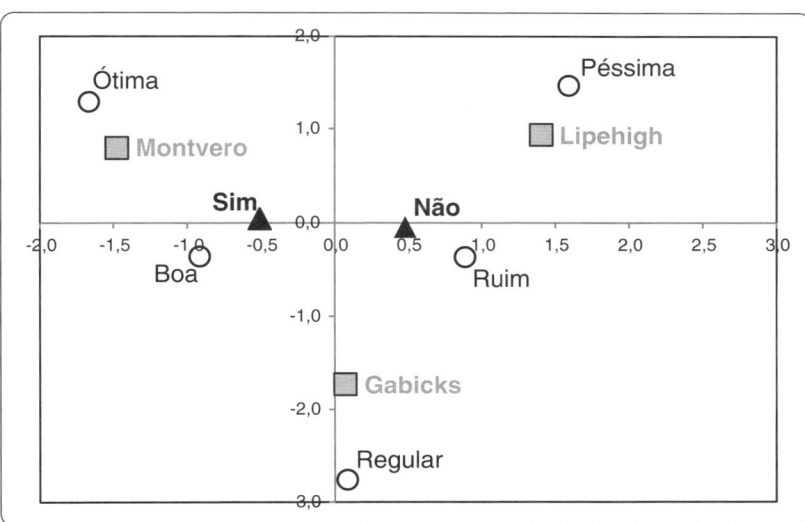

A partir do mapa perceptual, é possível afirmar que os executivos possuem uma percepção positiva sobre a empresa de consultoria *Montvero*, com relação à qualidade dos serviços prestados e pontualidade. O mesmo já não pode ser dito sobre a empresa *Lipehigh*. Por sua vez, com relação a esses atributos, a *Gabicks* encontra-se em posição intermediária na percepção dos executivos.

e)

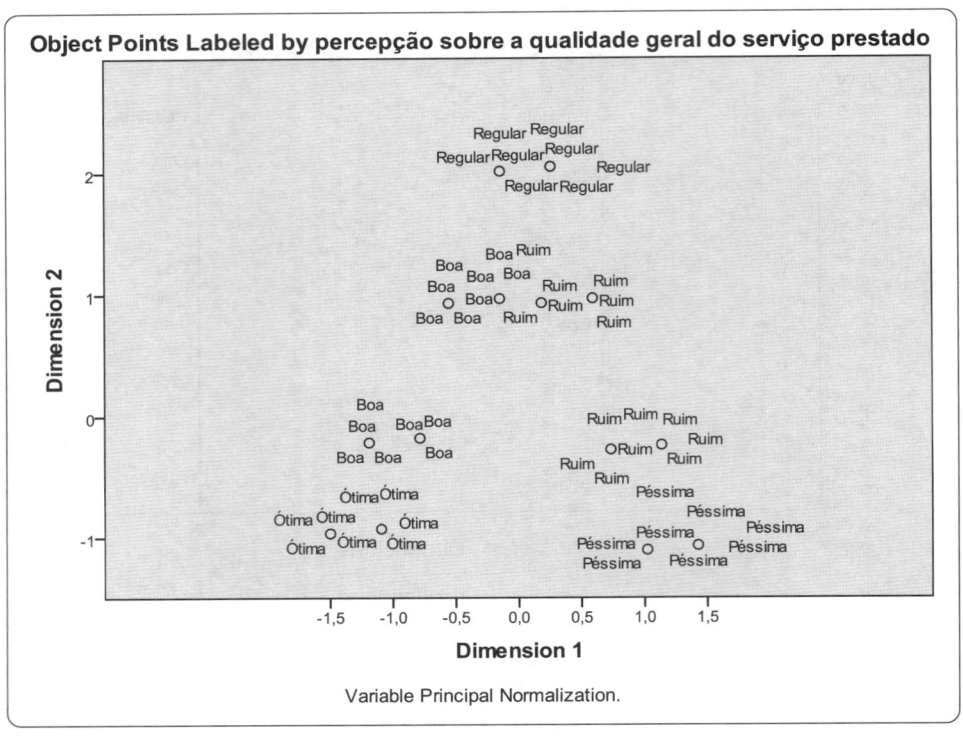

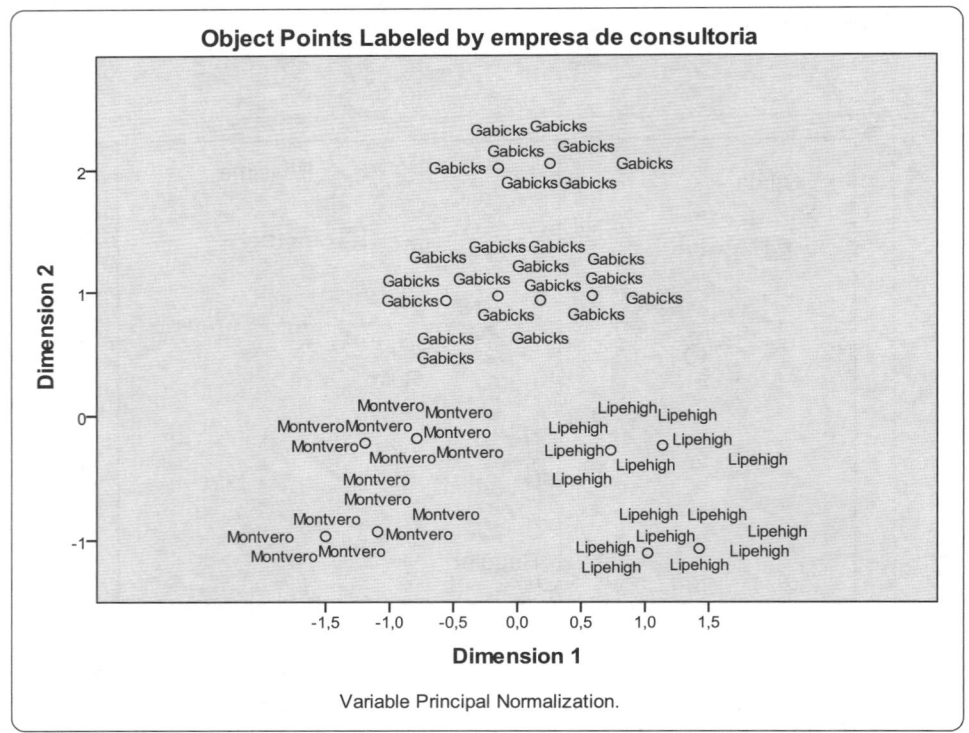

Sim. É possível perceber que há bastante lógica nas respostas dos executivos em relação às categorias das variáveis *qualidade* e *empresa*.

Capítulo 12

1) **a)** $\hat{Y} = -3,8563 + 0,3872 \cdot X$

b) $R^2 = 0,9250$

c) Sim (*valor-P t* = 0,000 < 0,05).

d) 9,9595 bilhões de dólares (deve-se fazer $Y = 0$ e resolver a equação).

e) -3,8563% (deve-se fazer $X = 0$).

f) 0,4024% (média) -1,2505% (mínima) 2,0554% (máxima).

2)

```
      Source |       SS       df       MS              Number of obs =       52
-------------+------------------------------           F(  2,    49) =    11.41
       Model |  89.612845        2  44.8064225          Prob > F      =   0.0001
    Residual | 192.427734       49   3.9270966          R-squared     =   0.3177
-------------+------------------------------           Adj R-squared =   0.2899
       Total | 282.040579       51  5.53020742          Root MSE      =   1.9817

------------------------------------------------------------------------------
         cpi |      Coef.   Std. Err.      t    P>|t|     [95% Conf. Interval]
-------------+----------------------------------------------------------------
       idade |     .07005   .0327711     2.14   0.038     .004194     .135906
       horas |   -.424531   .1169233    -3.63   0.001    -.6594972   -.1895648
       _cons |   15.15894   4.754379     3.19   0.002     5.604657    24.71322
------------------------------------------------------------------------------
```

a) Sim, como o *valor-P* da estatística $F < 0,05$, pode-se afirmar que pelo menos uma das variáveis explicativas é estatisticamente significante para explicar o comportamento da variável *cpi*, ao nível de significância de 5%.

b) Sim, como o *valor-P* de ambas as estatísticas $t < 0,05$, pode-se afirmar que seus parâmetros são estatisticamente diferentes de zero, ao nível de significância de 5%. Portanto, o procedimento *Stepwise* não excluiria nenhuma das variáveis explicativas do modelo final.

c) $\hat{cpi}_i = 15,1589 + 0,0700 \cdot idade_i - 0,4245 \cdot horas_i$

d) $R^2 = 0,3177$

e) Por meio da análise dos sinais dos coeficientes do modelo final, pode-se afirmar, para esta *cross-section*, que países com bilionários apresentando idades médias mais baixas possuem menores índices *cpi*, ou seja, maiores percepções de corrupção por parte da sociedade. Além disso, uma quantidade maior de horas trabalhadas na semana, em média, tem relação negativa com a variável *cpi*, ou seja, países com maiores percepções de corrupção (*cpi*'s mais baixos) apresentam quantidades maiores de carga de trabalho semanal. É importante mencionar que os países com menores *cpi*'s são aqueles considerados emergentes.

f)

```
            Shapiro-Francia W' test for normal data

 Variable |    Obs       W'         V'        z      Prob>z
----------+-------------------------------------------------
      res |     52    0.96864     1.677    0.994    0.16021


             Shapiro-Wilk W test for normal data

 Variable |    Obs       W          V        z      Prob>z
----------+-------------------------------------------------
      res |     52    0.95835     2.020    1.503    0.06638
```

Por meio do teste de Shapiro-Francia, mais adequado para a dimensão desta amostra, pode-se verificar que os resíduos apresentam distribuição normal, ao nível de significância de 5%. Chegar-se-ia à mesma conclusão caso o teste utilizado tivesse sido o de Shapiro-Wilk.

g)

```
Breusch-Pagan / Cook-Weisberg test for heteroskedasticity
        Ho: Constant variance
        Variables: fitted values of cpi

        chi2(1)      =       0.00
        Prob > chi2  =     0.9862
```

Por meio do teste de Breusch-Pagan/Cook-Weisberg, é possível verificar a existência de homocedasticidade no modelo proposto.

h)

```
 Variable |       VIF       1/VIF
----------+----------------------
    horas |      1.06    0.941907
    idade |      1.06    0.941907
----------+----------------------
 Mean VIF |      1.06
```

Como o modelo final obtido não apresenta estatísticas *VIF* muito elevadas (1 – *Tolerance* = 0,058), pode-se considerar que não existem problemas de multicolinearidade.

3)

```
. tabstat cpi, by(emergente)

Summary for variables: cpi
    by categories of: emergente

  emergente |      mean
------------+----------
Desenvolvido |  7.728571
  Emergente |  4.096774
------------+----------
      Total |  5.563462

. reg cpi emergente

      Source |       SS       df       MS              Number of obs =       52
-------------+------------------------------           F(  1,    50) =    70.62
       Model |  165.12804        1   165.12804         Prob > F      =   0.0000
    Residual |  116.912538      50  2.33825076         R-squared     =   0.5855
-------------+------------------------------           Adj R-squared =   0.5772
       Total |  282.040579      51  5.53020742         Root MSE      =   1.5291

------------------------------------------------------------------------------
         cpi |      Coef.   Std. Err.      t    P>|t|     [95% Conf. Interval]
-------------+----------------------------------------------------------------
   emergente |  -3.631797   .4321721    -8.40   0.000    -4.49984   -2.763754
       _cons |   7.728571   .3336844    23.16   0.000    7.058347    8.398796
------------------------------------------------------------------------------
```

a) A diferença entre o valor médio do índice *cpi* dos países emergentes e o dos países desenvolvidos é de -3,6318, ou seja, enquanto os países emergentes têm *cpi* médio de 4,0968, os países desenvolvidos têm *cpi* médio de 7,7286 (sendo este exatamente o valor do intercepto da regressão de *cpi* em função da variável *emergente*, já que a *dummy emergente* para os países desenvolvidos = 0).

Sim, esta diferença é estatisticamente significante, ao nível de significância de 5%, já que o *valor--P* da estatística *t* < 0,05 para a variável *emergente*.

b)

```
p = 0.2138 >= 0.1000   removing idade

      Source |       SS       df       MS              Number of obs =       52
-------------+------------------------------           F(  2,    49) =    38.42
       Model |  172.211746       2  86.1058731         Prob > F      =   0.0000
    Residual |  109.828832      49  2.24140474         R-squared     =   0.6106
-------------+------------------------------           Adj R-squared =   0.5947
       Total |  282.040579      51  5.53020742         Root MSE      =   1.4971

------------------------------------------------------------------------------
         cpi |      Coef.   Std. Err.      t    P>|t|     [90% Conf. Interval]
-------------+----------------------------------------------------------------
   emergente |  -3.223845   .4813487    -6.70   0.000    -4.030851   -2.41684
       horas |  -.1733756   .0975254    -1.78   0.082    -.336882   -.0098693
       _cons |   13.17009   3.078291     4.28   0.000    8.009177     18.331
------------------------------------------------------------------------------
```

$$\hat{cpi}_i = 13,1701 - 0,1734 \cdot horas_i - 3,2238 \cdot emergente_i$$

c) $\hat{cpi} = 13,1701 - 0,1734 \cdot (37) - 3,2238 \cdot (1) = 3,5305$

d) $\hat{cpi}_{mín} = 8,0092 - 0,3369 \cdot (37) - 4,0309 \cdot (1) = -8,4870$

$\hat{cpi}_{máx} = 18,3310 - 0,0099 \cdot (37) - 2,4168 \cdot (1) = 15,5479$

Obviamente, o intervalo de confiança é bastante amplo e sem sentido. Isso se deve ao fato de o valor do R² não ser tão elevado.

e)

```
p = 0.2079 >= 0.1000   removing idade

      Source |       SS       df       MS              Number of obs =       52
-------------+------------------------------           F(  2,    49) =    38.58
       Model |  172.502548    2   86.2512738           Prob > F      =   0.0000
    Residual |  109.538031   49   2.23547002           R-squared     =   0.6116
-------------+------------------------------           Adj R-squared =   0.5958
       Total |  282.040579   51   5.53020742           Root MSE      =   1.4951


-------------------------------------------------------------------------------
         cpi |     Coef.   Std. Err.      t    P>|t|     [90% Conf. Interval]
-------------+-----------------------------------------------------------------
   emergente | -3.213296   .4813054    -6.68   0.000    -4.020229   -2.406363
     lnhoras | -5.713824   3.145899    -1.82   0.075    -10.98808   -.4395641
       _cons |  27.40486   10.83822     2.53   0.015     9.234032    45.57568
-------------------------------------------------------------------------------
```

$$\hat{cpi}_i = 27,4049 - 5,7138 \cdot \ln\left(horas_i\right) - 3,2133 \cdot emergente$$

f) Como R^2 ajustado é levemente maior no modelo com forma funcional não linear (forma funcional logarítmica para a variável *horas*) do que no modelo com forma funcional linear, opta-se pelo modelo não linear estimado no item (e). Como, em ambos os casos, não há mudança na quantidade de variáveis nem no tamanho da amostra utilizada, tal análise poderia ser feita diretamente com base nos valores do R^2.

4) a)

```
      Source |       SS       df       MS              Number of obs =       48
-------------+------------------------------           F(  2,    45) =    14.02
       Model |   5804.9541    2   2902.47705           Prob > F      =   0.0000
    Residual |  9315.71257   45   207.015835           R-squared     =   0.3839
-------------+------------------------------           Adj R-squared =   0.3565
       Total |  15120.6667   47   321.716312           Root MSE      =   14.388


-------------------------------------------------------------------------------
  colesterol |     Coef.   Std. Err.      t    P>|t|     [95% Conf. Interval]
-------------+-----------------------------------------------------------------
         imc |  1.994726   .5411863     3.69   0.001     .9047213    3.084732
     esporte | -5.163452   2.138796    -2.41   0.020    -9.471208   -.8556968
       _cons |  136.7161   13.5579     10.08   0.000     109.4091    164.0231
-------------------------------------------------------------------------------
```

$$\hat{colesterol}_t = 136,7161 + 1,9947 \cdot imc_t - 5,1635 \cdot esporte_t$$

b) Pode-se verificar que o índice de massa corpórea apresenta relação positiva com o índice de colesterol LDL, de modo que, a cada aumento de uma unidade no índice, aumenta-se, em média, quase 2 mg/dL do colesterol popularmente conhecido como colesterol ruim, *ceteris paribus*. Analogamente, o aumento da frequência da atividade física semanal em uma unidade faz o índice de colesterol LDL cair, em média, mais de 5 mg/dL, *ceteris paribus*. Logo, a manutenção de peso, ou até mesmo a sua perda, aliada ao estabelecimento de uma rotina de atividades físicas semanais, pode contribuir para uma vida mais saudável.

c)

```
Durbin-Watson d-statistic(  3,    48) =  .9383072
```

Como se tem, ao nível de significância de 5% e para um modelo com 3 parâmetros e 48 observações, que $0,938 < d_L = 1,45$, pode-se afirmar que há autocorrelação positiva de primeira ordem dos termos de erro.

d)

```
Breusch-Godfrey LM test for autocorrelation
---------------------------------------------------------------------------
     lags(p)  |       chi2            df             Prob > chi2
-------------+-------------------------------------------------------------
          1  |      15.917            1                0.0001
          3  |      20.979            3                0.0001
          4  |      21.801            4                0.0002
         12  |      27.705           12                0.0061
---------------------------------------------------------------------------
                        H0: no serial correlation
```

Por meio da análise do teste de Breusch-Godfrey, pode-se perceber que, além da autocorrelação de primeira ordem dos termos de erro, há também problemas de autocorrelação dos resíduos de ordem 3, 4 e 12, o que demonstra a sazonalidade existente no comportamento do executivo em relação à sua massa corpórea e ao seu engajamento em atividades esportivas.

Capítulo 13

1)

```
Logistic regression                              Number of obs   =      2000
                                                 LR chi2(3)      =    331.60
                                                 Prob > chi2     =    0.0000
Log likelihood = -976.10697                      Pseudo R2       =    0.1452

------------------------------------------------------------------------------
     default |      Coef.   Std. Err.      z    P>|z|     [95% Conf. Interval]
-------------+----------------------------------------------------------------
       idade |  -.0243293   .0069651    -3.49   0.000    -.0379806   -.010678
        sexo |   .7414965   .1135097     6.53   0.000     .5190216   .9639714
       renda |   -.000256    .000017   -15.03   0.000    -.0002894  -.0002226
       _cons |   2.975073   .2623242    11.34   0.000     2.460927   3.489219
------------------------------------------------------------------------------
```

a) Sim. Como o *valor-P* da estatística $\chi^2 < 0,05$, pode-se afirmar que pelo menos uma das variáveis explicativas é estatisticamente significante para explicar a probabilidade de *default*, ao nível de significância de 5%.

b) Sim. Como o *valor-P* de todas as estatísticas z de Wald $< 0,05$, pode-se afirmar que seus respectivos parâmetros são estatisticamente diferentes de zero, ao nível de significância de 5% e, portanto, nenhuma variável explicativa será excluída do modelo final.

c)
$$p_i = \frac{1}{1 + e^{-\left(2,97507 - 0,02433 \cdot idade_i + 0,74149 \cdot sexo_i - 0,00025 \cdot renda_i\right)}}$$

d) Sim. Como o sinal do parâmetro estimado para a variável *sexo* é positivo, os indivíduos do sexo masculino (*dummy* = 1) apresentam, em média, maiores probabilidades de *default* do que os do sexo feminino, mantidas as demais condições constantes (a chance de ocorrência do evento será multiplicada por um fator maior do que 1).

e) Não. As pessoas com mais idade tendem a apresentar, em média, menores probabilidades de *default*, mantidas as demais condições constantes, já que o sinal do parâmetro da variável *idade* é negativo, ou seja, a chance de ocorrência do evento é multiplicada por um fator menor do que 1 ao se aumentar a idade.

f)
$$p = \frac{1}{1 + e^{-\left[2,97507 - 0,02433 \cdot (37) + 0,74149 \cdot (1) - 0,00025 \cdot (6.850)\right]}} = 0,7432$$

A probabilidade média estimada de *default* para este indivíduo é de 74,32%.

g)

```
Logistic regression                              Number of obs   =      2000
                                                 LR chi2(3)      =    331.60
                                                 Prob > chi2     =    0.0000
Log likelihood = -976.10697                      Pseudo R2       =    0.1452

------------------------------------------------------------------------------
     default | Odds Ratio  Std. Err.      z    P>|z|     [95% Conf. Interval]
-------------+----------------------------------------------------------------
       idade |  .9759643   .0067977    -3.49   0.000     .9627316   .9893788
        sexo |  2.099075   .2382653     6.53   0.000     1.680383   2.622089
       renda |   .999744    .000017   -15.03   0.000     .9997106   .9997774
------------------------------------------------------------------------------
```

A chance de ser *default* ao se aumentar a renda em uma unidade é, em média e mantidas as demais condições constantes, multiplicada por um fator de 0,99974 (chance 0,026% menor).

h)

```
Logistic model for default

                -------- True --------
Classified |        D             ~D    |     Total
-----------+----------------------------+-----------
     +     |      1392            360    |      1752
     -     |        92            156    |       248
-----------+----------------------------+-----------
   Total   |      1484            516    |      2000

Classified + if predicted Pr(D) >= .5
True D defined as default != 0
--------------------------------------------------
Sensitivity                    Pr( +| D)    93.80%
Specificity                    Pr( -|~D)    30.23%
Positive predictive value      Pr( D| +)    79.45%
Negative predictive value      Pr(~D| -)    62.90%
--------------------------------------------------
False + rate for true ~D       Pr( +|~D)    69.77%
False - rate for true D        Pr( -| D)     6.20%
False + rate for classified +  Pr(~D| +)    20.55%
False - rate for classified -  Pr( D| -)    37.10%
--------------------------------------------------
Correctly classified                        77.40%
--------------------------------------------------
```

Enquanto a eficiência global do modelo é de 77,40%, a sensitividade é de 93,80% e a especificidade é de 30,23% (para um *cutoff* de 0,5).

2.   a)

```
Logistic regression                      Number of obs  =        3000
                                         LR chi2(18)    =     2568.44
                                         Prob > chi2    =      0.0000
Log likelihood = -773.56753              Pseudo R2      =      0.6241

---------------------------------------------------------------------
 fidelidade |    Coef.   Std. Err.     z    P>|z|   [95% Conf. Interval]
------------+--------------------------------------------------------
       sexo |  1.76952   .1974541    8.96   0.000   1.382518    2.156523
       idade |  1.687039  .1764541    9.56   0.000   1.341195    2.032882
_Iatendime~2 |  1.680792  .3358636    5.00   0.000   1.022511    2.339072
_Iatendime~3 |  1.817219  .3415135    5.32   0.000   1.147865    2.486574
_Iatendime~4 |  3.316774  .3113904   10.65   0.000    2.70646    3.927088
_Iatendime~5 |  4.311921  .4322055    9.98   0.000   3.464814    5.159028
_Isortimen~2 |  1.850253  .396107     4.67   0.000   1.073898    2.626609
_Isortimen~3 |  2.051122  .3210165    6.39   0.000   1.421942    2.680303
_Isortimen~4 |  3.328971  .3204694   10.39   0.000   2.700863     3.95708
_Isortimen~5 |  5.936524  .4023464   14.75   0.000   5.147939    6.725108
_Iacessibi~2 |  2.347546  .4464351    5.26   0.000   1.472549    3.222542
_Iacessibi~3 |  2.922915  .2809324   10.40   0.000   2.372298    3.473533
_Iacessibi~4 |  4.29067   2.122826    2.02   0.043    .1300077   8.451332
_Iacessibi~5 |  5.36615   .3763097   14.26   0.000   4.628597    6.103704
   _Ipreço_2 |  .5705527  2.12232     0.27   0.788  -3.589117    4.730223
   _Ipreço_3 |  2.921606  .3902846    7.49   0.000   2.156662     3.68655
   _Ipreço_4 |  3.039283  .4155192    7.31   0.000    2.22488    3.853686
   _Ipreço_5 |  3.914173  .4423414    8.85   0.000    3.0472     4.781146
       _cons | -68.98657  6.05468   -11.39   0.000  -80.85352   -57.11961
---------------------------------------------------------------------
```

Apenas a categoria *ruim* da variável *preço* não se mostrou estatisticamente significante, ao nível de significância de 5%, para explicar a probabilidade de ocorrência do evento de interesse, ou seja, não existem diferenças que alterem a probabilidade de se tornar fiel ao estabelecimento varejista ao se emitir uma resposta *péssimo* ou *ruim* para a percepção de preço, mantidas as demais condições constantes.

b)

```
Logistic regression                      Number of obs  =        3000
                                         LR chi2(17)    =     2568.37
                                         Prob > chi2    =      0.0000
Log likelihood = -773.60441              Pseudo R2      =      0.6241

---------------------------------------------------------------------
 fidelidade |    Coef.   Std. Err.     z    P>|z|   [95% Conf. Interval]
------------+--------------------------------------------------------
       sexo |  1.766864  .1972916    8.96   0.000    1.38018    2.153549
       idade |  1.688162  .1764453    9.57   0.000   1.342184    2.033989
_Iatendime~2 |  1.684447  .3355399    5.02   0.000   1.026801    2.342093
_Iatendime~3 |  1.820497  .34115      5.34   0.000   1.151855    2.489139
_Iatendime~4 |  3.324228  .3097111   10.73   0.000   2.717205    3.931251
_Iatendime~5 |  4.325409  .4283536   10.10   0.000   3.485851    5.164966
_Isortimen~2 |  1.861113  .3936719    4.73   0.000    1.08953    2.632696
_Isortimen~3 |  2.058345  .3197707    6.44   0.000   1.431606    2.685084
_Isortimen~4 |  3.33545   .3195181   10.44   0.000   2.709206    3.961694
_Isortimen~5 |  5.945108  .4007958   14.83   0.000   5.159563    6.730654
_Iacessibi~2 |  2.350255  .4464723    5.26   0.000   1.475185    3.225324
_Iacessibi~3 |  2.920524  .2809143   10.40   0.000   2.369942    3.471106
_Iacessibi~4 |  4.84733   .5034604    9.63   0.000   3.860565    5.834094
_Iacessibi~5 |  5.362504  .3760177   14.26   0.000   4.625523    6.099485
   _Ipreço_5 |  3.909429  .4423127    8.84   0.000   3.042512    4.776346
   _Ipreço_3 |  2.915921  .390162     7.47   0.000   2.151218    3.680625
   _Ipreço_4 |  3.035703  .4154512    7.31   0.000   2.221434    3.849972
       _cons | -69.02982  6.053554  -11.40   0.000  -80.89457   -57.16507
---------------------------------------------------------------------
```

c)

```
Logistic model for fidelidade

                -------- True --------
Classified |       D           ~D    |      Total
-----------+--------------------------+-----------
    +      |     1470          210    |      1680
    -      |      210         1110    |      1320
-----------+--------------------------+-----------
  Total    |     1680         1320    |      3000

Classified + if predicted Pr(D) >= .5
True D defined as fidelidade != 0
-----------------------------------------------------
Sensitivity                      Pr( +| D)    87.50%
Specificity                      Pr( -|~D)    84.09%
Positive predictive value        Pr( D| +)    87.50%
Negative predictive value        Pr(~D| -)    84.09%
-----------------------------------------------------
False + rate for true ~D         Pr( +|~D)    15.91%
False - rate for true D          Pr( -| D)    12.50%
False + rate for classified +    Pr(~D| +)    12.50%
False - rate for classified -    Pr( D| -)    15.91%
-----------------------------------------------------
Correctly classified                          86.00%
-----------------------------------------------------
```

A eficiência global do modelo, para um *cutoff* de 0,5, é de 86,00%.

d)

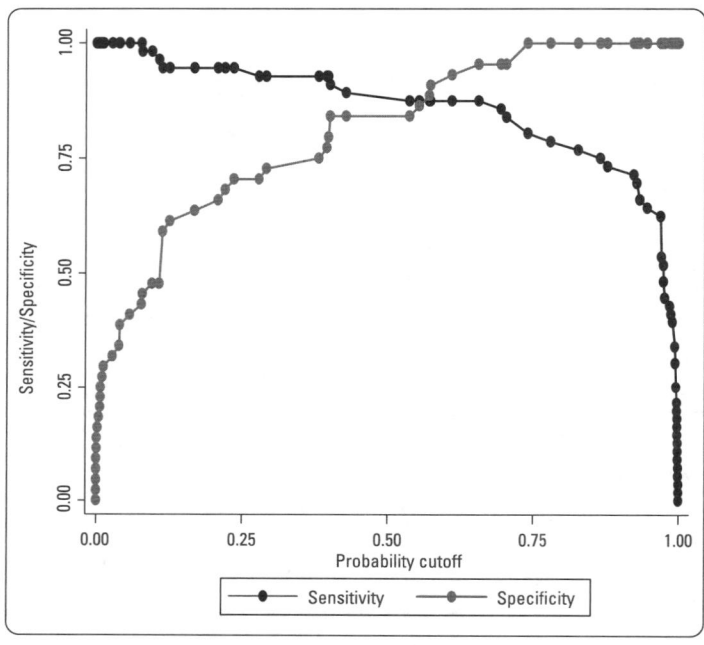

O *cutoff* a partir do qual a especificidade passa a ser levemente superior à sensitividade é igual a 0,57.

```
Logistic regression                      Number of obs  =        3000
                                         LR chi2(17)    =     2568.37
                                         Prob > chi2    =      0.0000
Log likelihood = -773.60441              Pseudo R2      =      0.6241


-------------------------------------------------------------------------------
  fidelidade | Odds Ratio   Std. Err.      z    P>|z|     [95% Conf. Interval]
-------------+-----------------------------------------------------------------
        sexo |   5.852473    1.154644     8.96   0.000     3.975617    8.615378
        idade |   5.409529    .9544861     9.57   0.000     3.827974    7.644516
 _Iatendime~2 |   5.389469    1.808382     5.02   0.000     2.792118    10.40299
 _Iatendime~3 |   6.174927    2.106576     5.34   0.000     3.164058    12.05089
 _Iatendime~4 |   27.77755    8.603014    10.73   0.000     15.13796    50.97068
 _Iatendime~5 |    75.5964    32.38199    10.10   0.000      32.6502    175.0316
 _Isortimen~2 |    6.43089    2.531661     4.73   0.000     2.972877    13.91122
 _Isortimen~3 |   7.832995    2.504763     6.44   0.000     4.185415    14.65943
 _Isortimen~4 |   28.09102    8.975587    10.44   0.000     15.01735    52.54625
 _Isortimen~5 |   381.8808    153.0562    14.83   0.000     174.0884    837.6948
 _Iacessibi~2 |   10.48824    4.682709     5.26   0.000     4.371845    25.16173
 _Iacessibi~3 |    18.551     5.211241    10.40   0.000     10.69677    32.17229
 _Iacessibi~4 |   127.3998    64.14074     9.63   0.000      47.4922    341.755
 _Iacessibi~5 |   213.2583    80.18891    14.26   0.000     102.0561    445.6284
   _Ipreço_5 |   49.87045    22.05833     8.84   0.000     20.95781    118.6699
   _Ipreço_3 |   18.46582    7.204661     7.47   0.000     8.595321    39.67118
   _Ipreço_4 |    20.8156    8.647867     7.31   0.000     9.220539    46.99176
-------------------------------------------------------------------------------
```

e) Em média, a chance de se tornar fiel ao estabelecimento é multiplicada por um fator de 5,39 ao se mudar a percepção de atendimento de péssimo para ruim. Já de péssimo para regular, esta chance é multiplicada por um fator de 6,17. De péssimo para bom, é multiplicada por um fator de 27,78, e, por fim, de péssimo para ótimo, por um fator de 75,60. Estas respostas somente serão válidas se as demais condições mantiverem-se constantes.

f) Em média, a chance de tornar-se fiel ao estabelecimento é multiplicada por um fator de 6,43 ao se mudar a percepção de sortimento de péssimo para ruim. Já de péssimo para regular, esta chance é multiplicada por um fator de 7,83. De péssimo para bom, é multiplicada por um fator de 28,09, e, por fim, de péssimo para ótimo, por um fator de 381,88.

Já para a variável *acessibilidade*, a chance de tornar-se fiel ao estabelecimento é, em média, multiplicada por um fator de 10,49 ao se mudar a percepção de péssimo para ruim. Já de péssimo para regular, esta chance é multiplicada por um fator de 18,55. De péssimo para bom, é multiplicada por um fator de 127,40, e, por fim, de péssimo para ótimo, por um fator de 213,26.

E, finalmente, para a variável *preço*, a chance de tornar-se fiel ao estabelecimento é, em média, multiplicada por um fator de 18,47 ao se mudar a percepção de péssimo ou de ruim para regular. Já de péssimo ou ruim para bom, esta chance é multiplicada por um fator de 20,82. Por fim, de péssimo ou ruim para ótimo, a chance de tornar-se fiel ao estabelecimento é multiplicada por um fator de 49,87.

Estas respostas somente serão válidas se as demais condições mantiverem-se constantes em cada caso.

g) Com base na análise das chances, se o estabelecimento desejar investir em uma única variável perceptual para aumentar a probabilidade de que os consumidores se tornem fiéis, de modo que deixem de ter percepções péssimas e passem, com maior frequência, a apresentar percepções ótimas sobre este quesito, deverá investir na variável *sortimento*, uma vez que esta variável é a que apresenta a maior *odds ratio* (381,88). Em outras palavras, a chance de se tornar fiel ao estabelecimento, ao se mudar a percepção de sortimento de péssimo para ótimo, é, em média, multiplicada por um fator de 381,88 (38.088% maior), mantidas as demais condições constantes.

3) **a)**

classificação do índice de colesterol	Freq.	Percent	Cum.
muito elevado: superior a 189 mg/dL	634	27.52	27.52
elevado: de 160 a 189 mg/dL	474	20.57	48.09
limítrofe: de 130 a 159 mg/dL	436	18.92	67.01
subótimo: de 100 a 129 mg/dL	454	19.70	86.72
ótimo: inferior a 100 mg/dL	306	13.28	100.00
Total	2,304	100.00	

b)

```
Multinomial logistic regression            Number of obs   =      2304
                                           LR chi2(8)      =    744.32
                                           Prob > chi2     =    0.0000
Log likelihood = -3276.4384                Pseudo R2       =    0.1020
```

colestquali	Coef.	Std. Err.	z	P>|z|	[95% Conf. Interval]	
muito_elev~g	(base outcome)					
elevado__d~L						
cigarro	-.3074014	.1299828	-2.36	0.018	-.5621629	-.0526398
esporte	.1608594	.0626491	2.57	0.010	.0380695	.2836492
_cons	-.4165899	.1694833	-2.46	0.014	-.7487711	-.0844087
limítrofe_~L						
cigarro	-.4097082	.1391027	-2.95	0.003	-.6823445	-.137072
esporte	1.00892	.069313	14.56	0.000	.8730689	1.144771
_cons	-2.622374	.210574	-12.45	0.000	-3.035091	-2.209656
subótimo_~L						
cigarro	-1.406478	.1402706	-10.03	0.000	-1.681403	-1.131553
esporte	1.126053	.0714239	15.77	0.000	.986065	1.266041
_cons	-2.457194	.2101974	-11.69	0.000	-2.869173	-2.045215
ótimo__inf~L						
cigarro	-1.668489	.1602048	-10.41	0.000	-1.982485	-1.354494
esporte	1.155467	.0792211	14.59	0.000	1.000196	1.310737
_cons	-2.856647	.2389256	-11.96	0.000	-3.324932	-2.388361

Sim. Como o *valor-P* da estatística $\chi^2 < 0,05$, pode-se rejeitar a hipótese nula de que todos os parâmetros β_{jm} $(j = 1, 2; m = 1, 2, 3, 4)$ sejam estatisticamente iguais a zero ao nível de significância de 5%, ou seja, pelo menos uma das variáveis explicativas é estatisticamente significante para compor a expressão de probabilidade de ocorrência de pelo menos uma das classificações propostas para o índice de colesterol LDL.

c) Como todos os parâmetros são estatisticamente significantes para todos os logitos (testes z de Wald ao nível de significância de 5%), as equações finais estimadas para as probabilidades médias de ocorrência das classificações propostas para o índice de colesterol LDL podem ser escritas da seguinte forma:

Probabilidade de um indivíduo i apresentar um índice muito elevado de colesterol LDL:

$$p_i = \frac{1}{1 + e^{\left(-0,42-0,31.cigarro_i+0,16.esporte_i\right)} + e^{\left(-2,62-0,41.cigarro_i+1,01.esporte_i\right)} \cdots \atop \cdots + e^{\left(-2,46-1,41.cigarro_i+1,13.esporte_i\right)} + e^{\left(-2,86-1,67.cigarro_i+1,16.esporte_i\right)}}$$

Probabilidade de um indivíduo i apresentar um índice elevado de colesterol LDL:

$$p_i = \frac{e^{\left(-0,42-0,31.cigarro_i+0,16.esporte_i\right)}}{1 + e^{\left(-0,42-0,31.cigarro_i+0,16.esporte_i\right)} + e^{\left(-2,62-0,41.cigarro_i+1,01.esporte_i\right)} \cdots \atop \cdots + e^{\left(-2,46-1,41.cigarro_i+1,13.esporte_i\right)} + e^{\left(-2,86-1,67.cigarro_i+1,16.esporte_i\right)}}$$

Probabilidade de um indivíduo i apresentar um índice limítrofe de colesterol LDL:

$$p_i = \frac{e^{\left(-2,62-0,41.cigarro_i+1,01.esporte_i\right)}}{1 + e^{\left(-0,42-0,31.cigarro_i+0,16.esporte_i\right)} + e^{\left(-2,62-0,41.cigarro_i+1,01.esporte_i\right)} \cdots \atop \cdots + e^{\left(-2,46-1,41.cigarro_i+1,13.esporte_i\right)} + e^{\left(-2,86-1,67.cigarro_i+1,16.esporte_i\right)}}$$

Probabilidade de um indivíduo i apresentar um índice subótimo de colesterol LDL:

$$p_i = \frac{e^{\left(-2,46-1,41.cigarro_i+1,13.esporte_i\right)}}{1 + e^{\left(-0,42-0,31.cigarro_i+0,16.esporte_i\right)} + e^{\left(-2,62-0,41.cigarro_i+1,01.esporte_i\right)} \cdots \atop \cdots + e^{\left(-2,46-1,41.cigarro_i+1,13.esporte_i\right)} + e^{\left(-2,86-1,67.cigarro_i+1,16.esporte_i\right)}}$$

Probabilidade de um indivíduo i apresentar um índice ótimo de colesterol LDL:

$$p_i = \frac{e^{\left(-2,86-1,67.cigarro_i+1,16.esporte_i\right)}}{1 + e^{\left(-0,42-0,31.cigarro_i+0,16.esporte_i\right)} + e^{\left(-2,62-0,41.cigarro_i+1,01.esporte_i\right)} \cdots \atop \cdots + e^{\left(-2,46-1,41.cigarro_i+1,13.esporte_i\right)} + e^{\left(-2,86-1,67.cigarro_i+1,16.esporte_i\right)}}$$

d) Para um indivíduo que não fuma e pratica atividades esportivas apenas uma vez por semana, tem-se que:

Probabilidade de apresentar um índice muito elevado de colesterol LDL = 41,32%.

Probabilidade de apresentar um índice elevado de colesterol LDL = 31,99%.

Probabilidade de apresentar um índice limítrofe de colesterol LDL = 8,23%.

Probabilidade de apresentar um índice subótimo de colesterol LDL = 10,92%.

Probabilidade de apresentar um índice ótimo de colesterol LDL = 7,54%.

e)

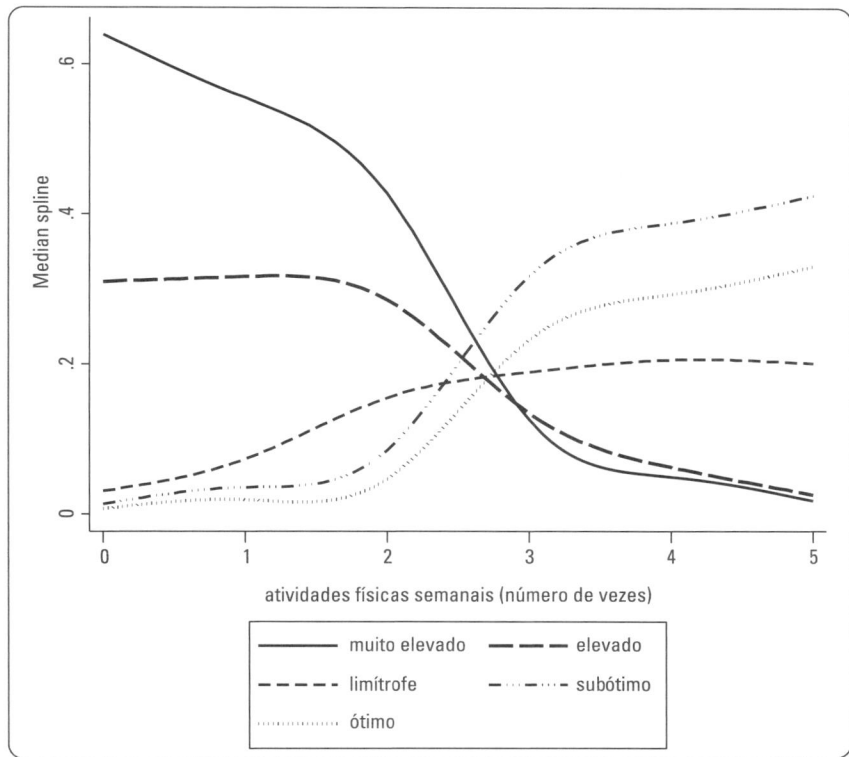

A partir de duas vezes por semana de realização de atividades esportivas aumenta-se consideravel-mente a probabilidade de que o colesterol LDL atinja níveis subótimos ou ótimos.

```
Multinomial logistic regression                Number of obs   =       2304
                                               LR chi2(8)      =     744.32
                                               Prob > chi2     =     0.0000
Log likelihood = -3276.4384                    Pseudo R2       =     0.1020

-------------------------------------------------------------------------------
 colestquali |      RRR    Std. Err.      z    P>|z|     [95% Conf. Interval]
-------------+-----------------------------------------------------------------
muito_elev~g |  (base outcome)
-------------+-----------------------------------------------------------------
elevado__d~L |
     cigarro |  .7353554    .0955835    -2.36   0.018     .5699749    .9487216
      esporte |   1.17452    .0735825     2.57   0.010     1.038803    1.327967
-------------+-----------------------------------------------------------------
limítrofe_~L |
     cigarro |  .6638439    .0923425    -2.95   0.003     .5054306    .8719075
      esporte |  2.742637    .1901004    14.56   0.000     2.394247    3.141722
-------------+-----------------------------------------------------------------
 subótimo_~L |
     cigarro |  .2450047     .034367   -10.03   0.000     .1861126    .3225321
      esporte |  3.083463    .2202329    15.77   0.000     2.680665    3.546785
-------------+-----------------------------------------------------------------
 ótimo__inf~L |
     cigarro |  .1885317    .0302037   -10.41   0.000     .1377266     .258078
      esporte |  3.175505    .2515669    14.59   0.000     2.718815    3.708907
-------------------------------------------------------------------------------
```

f)   A chance de se ter um índice de colesterol considerado elevado, em relação a um nível considerado muito elevado, ao se aumentar em uma unidade o número de vezes em que são realizadas atividades físicas semanais e mantidas as demais condições constantes, é, em média, multiplicada por um fator de 1,1745 (17,45% maior).

g)   A chance de se ter um índice de colesterol considerado ótimo, em relação a um nível considerado su-bótimo, ao se deixar de fumar e mantidas as demais condições constantes, é, em média, multiplicada por um fator de 1,2995 (0,2450047 / 0,1885317), ou seja, a chance é 29,95% maior.

Dica: Para aqueles que tiverem dúvida sobre este procedimento, basta que seja modificada a catego-ria de referência da variável *cigarro* (agora com *fuma* = 0) e estimado o modelo com a categoria *subó-timo* da variável dependente como sendo a categoria de referência.

h) e i)

Observado	Classificado					
	muito elevado	**elevado**	**limítrofe**	**subótimo**	**ótimo**	**% *Acerto***
muito elevado	542	0	34	58	0	85,5%
elevado	380	0	34	60	0	0,0%
limítrofe	236	0	74	126	0	17,0%
subótimo	182	0	58	214	0	47,1%
ótimo	114	0	30	162	0	0,0%
			Eficiência Global do Modelo			**36,0%**

Capítulo 14

1)   a)

Estatística	
Média	1,020
Variância	1,125

Ainda que de forma preliminar, pode-se verificar que a média e a variância da variável *quantcompras* são bem próximas.

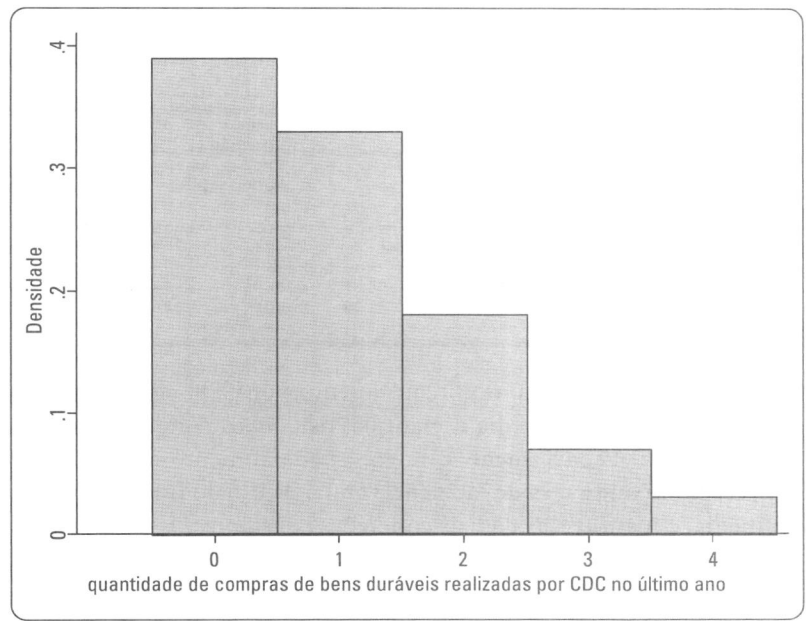

b)

```
Poisson regression                              Number of obs   =        200
                                                LR chi2(2)      =      91.32
                                                Prob > chi2     =     0.0000
Log likelihood = -223.40892                     Pseudo R2       =     0.1697

------------------------------------------------------------------------------
quantcompras |     Coef.    Std. Err.      z     P>|z|    [95% Conf. Interval]
-------------+----------------------------------------------------------------
       renda |  -.0011246   .0001498    -7.51    0.000   -.0014183    -.000831
       idade |  -.0864971   .0173832    -4.98    0.000   -.1205674   -.0524267
       _cons |   7.048378   .8047088     8.76    0.000    5.471178    8.625578
------------------------------------------------------------------------------
```

```
------------------------------------------------------------------------------
   yasterisco |     Coef.    Std. Err.      t     P>|t|    [95% Conf. Interval]
-------------+----------------------------------------------------------------
      lambda  |  -.1942878   .1174778    -1.65    0.100   -.4259489    .0373734
------------------------------------------------------------------------------
```

Como o *valor-P* do teste *t* correspondente ao parâmetro β de *lambda* é maior do que 0,05, pode-se afirmar que os dados da variável dependente *quantcompras* **não apresentam superdispersão**, fazendo com que o modelo de regressão Poisson estimado seja adequado pela **presença de equidispersão nos dados**.

c)

```
Goodness-of-fit chi2   =   159.2441
Prob > chi2(197)       =     0.9775
```

O resultado do teste χ^2 indica a existência de qualidade do ajuste do modelo estimado de regressão Poisson, ou seja, não existem diferenças estatisticamente significantes, ao nível de significância de 5%, entre as distribuições de probabilidades observadas e previstas de incidência anual de uso do CDC.

d) Como todos os valores de $z_{cal} < -1,96$ ou $> 1,96$, os *valores-P* das estatísticas z de Wald $< 0,05$ para todos os parâmetros estimados e, portanto, já se chega ao modelo final de regressão Poisson. Portanto, a expressão final para a quantidade média estimada de uso anual de financiamento por meio de CDC quando da compra de bens duráveis, para um consumidor i, é:

$$quantcompras_i = e^{\left(7,048 - 0,001.renda_i - 0,086.idade_i\right)}$$

e) $quantcompras = e^{\left[7,048 - 0,001.(2.600) - 0,086.(47)\right]} = 1,06$

Recomenda-se que este cálculo seja feito com o uso de um número maior de casas decimais.

```
Poisson regression                              Number of obs   =        200
                                                LR chi2(2)      =      91.32
                                                Prob > chi2     =     0.0000
Log likelihood = -223.40892                     Pseudo R2       =     0.1697

------------------------------------------------------------------------------
quantcompras |      IRR    Std. Err.      z    P>|z|     [95% Conf. Interval]
-------------+----------------------------------------------------------------
       renda |  .998876    .0001497    -7.51   0.000    .9985827    .9991694
       idade |  .9171382   .0159428    -4.98   0.000    .8864173    .9489239
------------------------------------------------------------------------------
```

f) A taxa de incidência anual de uso do financiamento por CDC ao se aumentar em R$ 1,00 a renda mensal do consumidor é, em média e mantidas as demais condições constantes, multiplicada por um fator de 0,9988 (0,1124% menor). Logo, a cada aumento de R$ 100,00 na renda mensal do consumidor, espera-se que a taxa de incidência anual de uso do financiamento por CDC seja 11,24% menor, em média, e mantidas as demais condições constantes.

g) A taxa de incidência anual de uso do financiamento por CDC ao se aumentar em 1 ano a idade média dos consumidores é, em média e mantidas as demais condições constantes, multiplicada por um fator de 0,9171 (8,29% menor).

h)

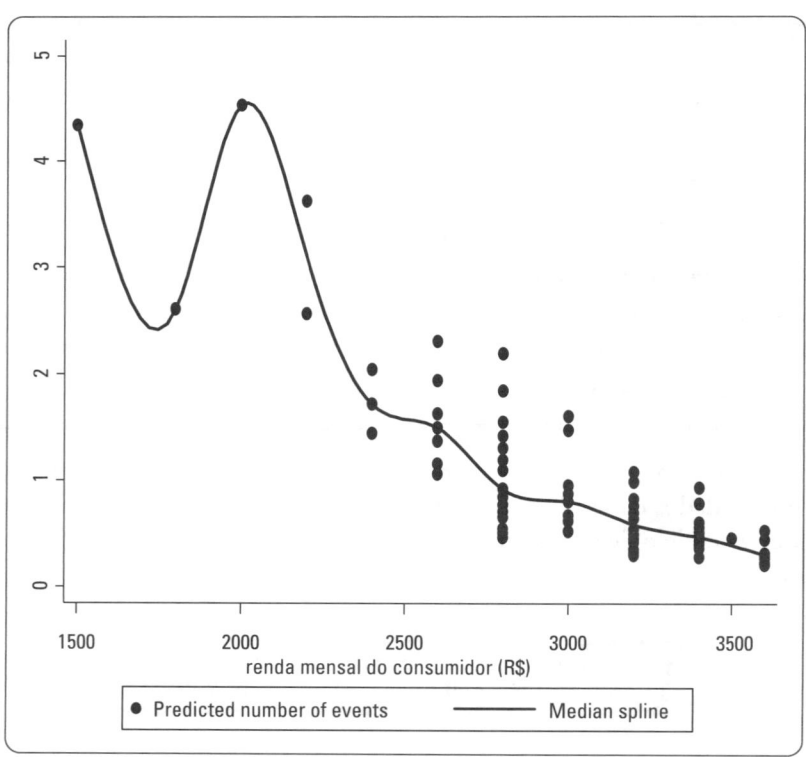

Por meio do gráfico elaborado, é possível perceber que rendas mensais maiores levam a uma diminuição da quantidade esperada de uso anual de financiamento do tipo CDC quando da compra de bens duráveis, com taxa média de redução de 12,0% a cada incremento de R$ 100,00 na renda.

i)

```
      Source |       SS           df       MS            Number of obs =      122
-------------+----------------------------------         F(  2,    119) =    21.41
       Model |  6.96449203         2  3.48224601         Prob > F       =   0.0000
    Residual |  19.3584849       119  .162676344         R-squared      =   0.2646
-------------+----------------------------------         Adj R-squared  =   0.2522
       Total |   26.322977       121  .217545264         Root MSE       =   .40333

------------------------------------------------------------------------------
lnquantcompra|      Coef.   Std. Err.      t    P>|t|     [95% Conf. Interval]
-------------+----------------------------------------------------------------
       renda |  -.0005752   .0000991    -5.80   0.000    -.0007714   -.0003789
       idade |  -.0228924   .0094628    -2.42   0.017    -.0416296   -.0041552
       _cons |   3.013367   .4755741     6.34   0.000     2.071683    3.955051
------------------------------------------------------------------------------
```

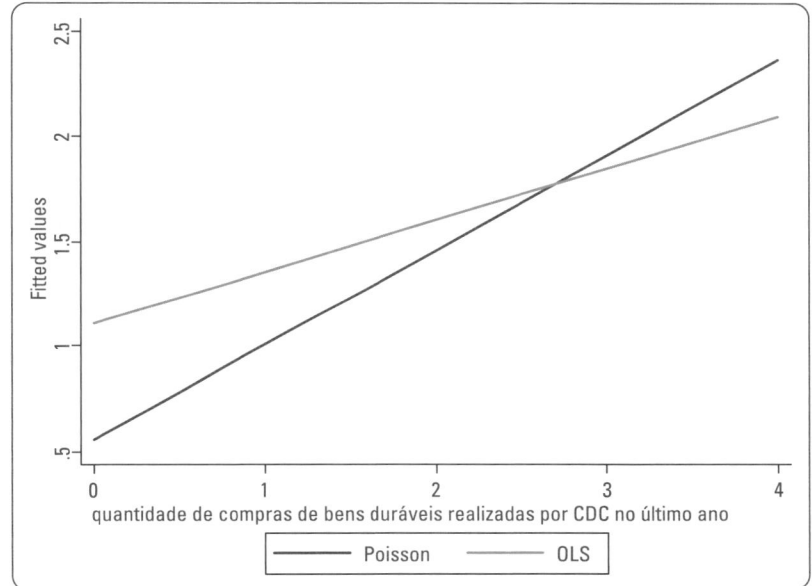

j)   Pessoas jovens e com menor renda mensal.

2)   a)

Estatística	
Média	2,760
Variância	8,467

Ainda que de forma preliminar, há indícios de existência de superdispersão nos dados da variável *quantimóveis*, uma vez que a sua variância é bastante superior à sua média.

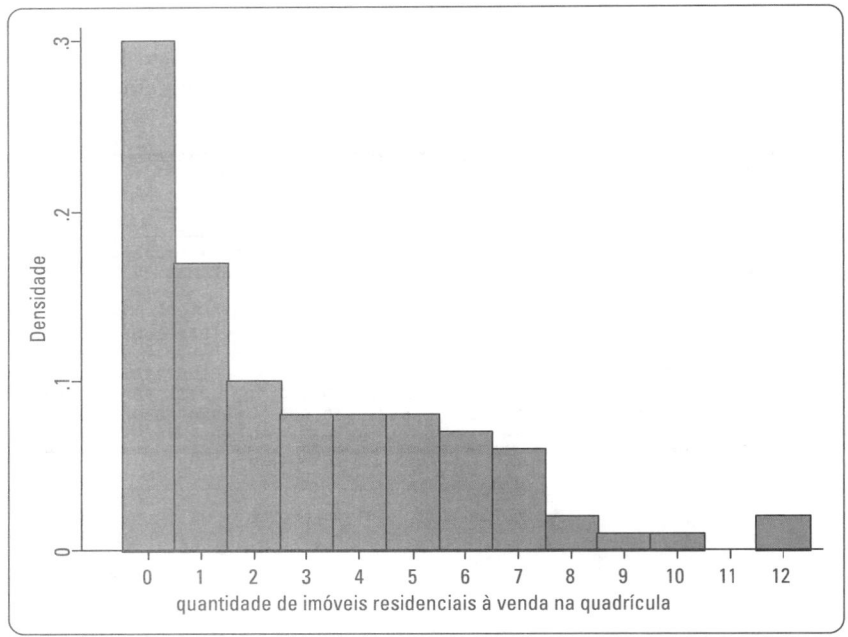

b)

```
Poisson regression                              Number of obs    =        100
                                                LR chi2(2)       =     158.26
                                                Prob > chi2      =     0.0000
Log likelihood = -187.95196                     Pseudo R2        =     0.2963

------------------------------------------------------------------------------
quantimóveis |      Coef.   Std. Err.      z    P>|z|     [95% Conf. Interval]
-------------+----------------------------------------------------------------
  distparque |    .000744   .0001559     4.77   0.000     .0004384    .0010495
    shopping |  -.8999724   .1717297    -5.24   0.000    -1.236556   -.5633885
       _cons |   1.028307   .1831529     5.61   0.000     .6693339    1.38728
------------------------------------------------------------------------------
```

```
------------------------------------------------------------------------------
   yasterisco |      Coef.   Std. Err.      t    P>|t|     [95% Conf. Interval]
-------------+----------------------------------------------------------------
       lambda |   .1309382   .0555372     2.36   0.020     .0207404     .241136
------------------------------------------------------------------------------
```

Como o *valor-P* do teste *t* correspondente ao parâmetro β de *lambda* é menor do que 0,05, pode-se afirmar que os dados da variável dependente *quantimóveis* **apresentam superdispersão**, fazendo com que o modelo de regressão Poisson estimado não seja adequado.

```
Goodness-of-fit chi2  =   164.6537
Prob > chi2(97)       =     0.0000
```

Além disso, o resultado do teste χ^2 indica a inexistência de qualidade do ajuste do modelo estimado de regressão Poisson, ou seja, existem diferenças estatisticamente significativas, ao nível de significância de 5%, entre as distribuições de probabilidades observadas e previstas para a quantidade de imóveis à venda por quadrícula.

c)

```
Negative binomial regression                Number of obs   =        100
                                            LR chi2(2)      =      71.81
Dispersion     = mean                       Prob > chi2     =     0.0000
Log likelihood = -181.85794                 Pseudo R2       =     0.1649

------------------------------------------------------------------------
quantimóveis |     Coef.    Std. Err.      z    P>|z|    [95% Conf. Interval]
-------------+----------------------------------------------------------
  distparque |   .0012387   .0003007     4.12   0.000    .0006494    .001828
    shopping |  -.6869206   .2280669    -3.01   0.003   -1.133923  -.2399178
       _cons |   .6078089   .2943378     2.07   0.039    .0309173    1.1847
-------------+----------------------------------------------------------
    /lnalpha |  -1.468693   .4256983                    -2.303047  -.6343399
-------------+----------------------------------------------------------
       alpha |   .2302261   .0980069                     .0999538   .5302854
------------------------------------------------------------------------
Likelihood-ratio test of alpha=0:  chibar2(01) =   12.19 Prob>=chibar2 = 0.000
```

d) Como o intervalo de confiança para ϕ (*alpha* no Stata) não contém o zero, pode-se afirmar, para o nível de confiança de 95%, que ϕ é estatisticamente diferente de zero e com valor estimado igual a 0,230. O próprio resultado do teste de razão de verossimilhança para o parâmetro ϕ (*alpha*) indica que a hipótese nula de que este parâmetro seja estatisticamente igual a zero pode ser rejeitada ao nível de significância de 5%. Isso comprova a existência de superdispersão nos dados e, portanto, deve-se optar pela estimação do modelo binomial negativo.

e) Como todos os valores de $z_{cal} < -1,96$ ou $> 1,96$, os *valores-P* das estatísticas z de Wald $< 0,05$ para todos os parâmetros estimados e, portanto, já se chega ao modelo de regressão binomial negativo final. A expressão para a quantidade média estimada de imóveis à venda para determinada quadrícula ij é, portanto:

$$quantimóveis_{ij} = e^{\left(0,608 + 0,001.\,parque_{ij} - 0,687.\,shopping_{ij}\right)}$$

f) $$quantimóveis = e^{\left[0,608 + 0,001.(820) - 0,687.(0)\right]} = 5,07$$

Recomenda-se que este cálculo seja feito com o uso de um número maior de casas decimais.

```
Negative binomial regression                Number of obs   =        100
                                            LR chi2(2)      =      71.81
Dispersion     = mean                       Prob > chi2     =     0.0000
Log likelihood = -181.85794                 Pseudo R2       =     0.1649

------------------------------------------------------------------------
quantimóveis |      IRR    Std. Err.      z    P>|z|    [95% Conf. Interval]
-------------+----------------------------------------------------------
  distparque |  1.001239   .0003011     4.12   0.000    1.00065     1.00183
    shopping |   .503123   .1147457    -3.01   0.003    .3217684    .7866925
-------------+----------------------------------------------------------
    /lnalpha |  -1.468693   .4256983                    -2.303047  -.6343399
-------------+----------------------------------------------------------
       alpha |   .2302261   .0980069                     .0999538   .5302854
------------------------------------------------------------------------
Likelihood-ratio test of alpha=0:  chibar2(01) =   12.19 Prob>=chibar2 = 0.000
```

g) A quantidade de imóveis à venda por quadrícula é multiplicada, em média e mantidas as demais condições constantes, por um fator de 1,0012 a cada distanciamento de 1 metro do parque municipal. Portanto, quando há uma aproximação de 1 metro do parque, deve-se dividir a quantidade média de imóveis à venda por quadrícula por este mesmo fator, ou seja, a quantidade será multiplicada por um fator de 0,9987 (0,1237% menor). Sendo assim, a cada aproximação de 100 metros do parque espera-se que a quantidade média de imóveis à venda seja, em média e mantidas as demais condições constantes, 12,37% menor.

h) A quantidade esperada de imóveis à venda quando passa a existir um centro de consumo ou um shopping na microrregião (quadrícula) é, mantidas as demais condições constantes, multiplicada por um fator de 0,5031, ou seja, passa a ser, em média, 49,69% menor.

i)

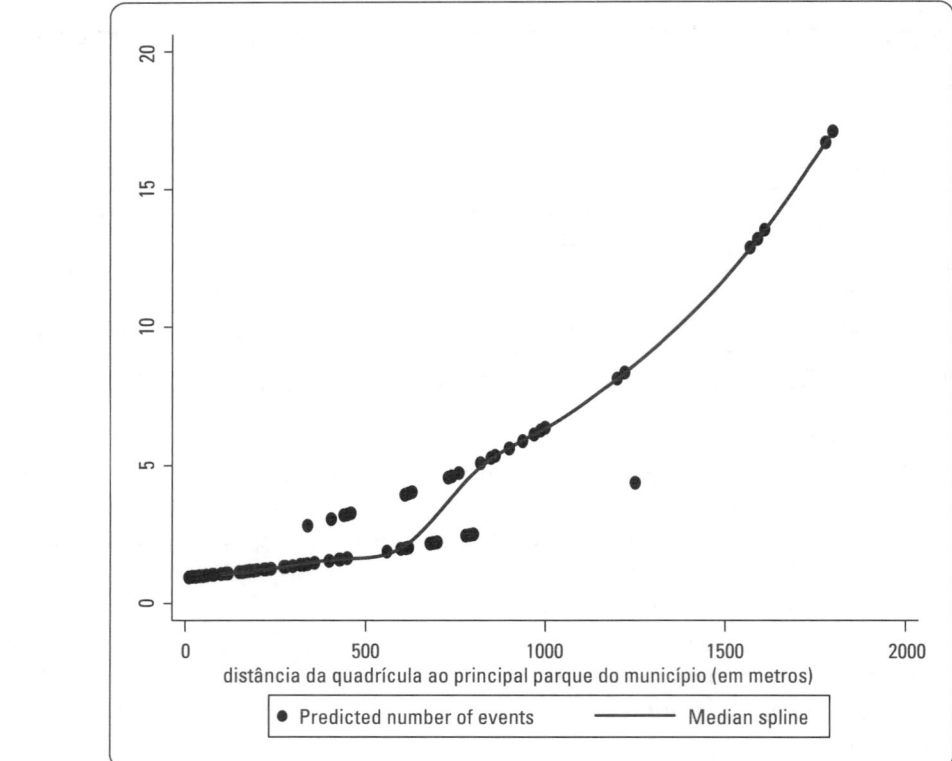

j)

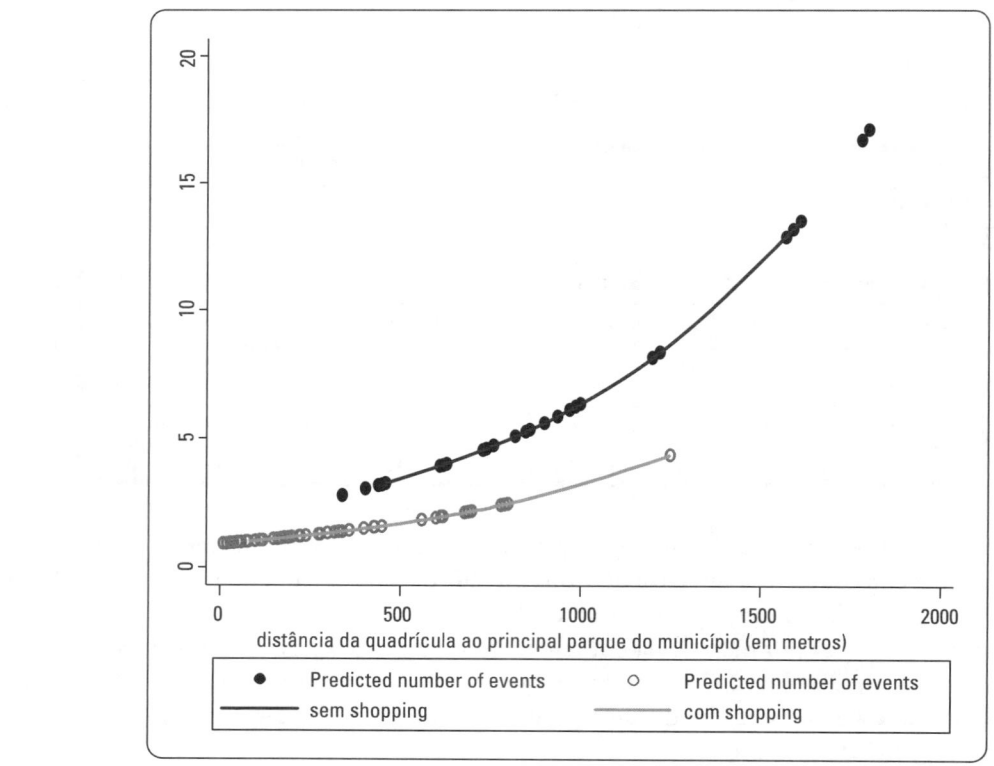

k)   Sim, pode-se afirmar que a proximidade de parques e áreas verdes e a presença de shoppings e centros de consumo na microrregião fazem com que a quantidade de imóveis à venda seja reduzida, ou seja, estes atributos podem estar colaborando para que se diminua a intenção de venda de imóveis residenciais.

l)

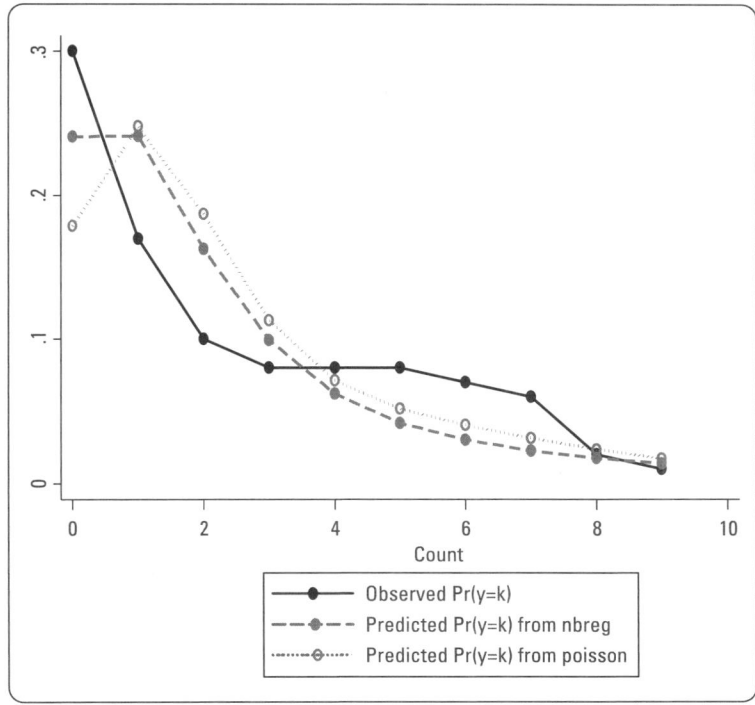

m)

```
Comparison of Mean Observed and Predicted Count

          Maximum       At        Mean
Model     Difference    Value     |Diff|
------------------------------------------------
PRM         0.121        0        0.043

PRM: Predicted and actual probabilities

Count   Actual    Predicted    |Diff|    Pearson
------------------------------------------------
0       0.300     0.179        0.121     8.257
1       0.170     0.248        0.078     2.441
2       0.100     0.187        0.087     4.043
3       0.080     0.113        0.033     0.971
4       0.080     0.071        0.009     0.108
5       0.080     0.052        0.028     1.550
6       0.070     0.040        0.030     2.174
7       0.060     0.031        0.029     2.619
8       0.020     0.024        0.004     0.055
9       0.010     0.017        0.007     0.306
------------------------------------------------
Sum     0.970     0.962        0.426     22.525


Comparison of Mean Observed and Predicted Count

          Maximum       At        Mean
Model     Difference    Value     |Diff|
------------------------------------------------
NBRM       -0.071        1        0.035

NBRM: Predicted and actual probabilities

Count   Actual    Predicted    |Diff|    Pearson
------------------------------------------------
0       0.300     0.241        0.059     1.445
1       0.170     0.241        0.071     2.110
2       0.100     0.163        0.063     2.428
3       0.080     0.099        0.019     0.379
4       0.080     0.062        0.018     0.508
5       0.080     0.042        0.038     3.477
6       0.070     0.030        0.040     5.273
7       0.060     0.023        0.037     6.113
8       0.020     0.018        0.002     0.032
9       0.010     0.014        0.004     0.109
------------------------------------------------
Sum     0.970     0.933        0.352     21.875
```

Pode-se verificar que o ajuste do modelo de regressão binomial negativo é melhor do que o ajuste do modelo de regressão Poisson, já que:

- a diferença máxima entre as probabilidades observadas e previstas é menor para o modelo binomial negativo;
- o valor total de Pearson é também mais baixo para o modelo de regressão binomial negativo.

n)

```
      Source |       SS           df       MS            Number of obs =      70
-------------+------------------------------            F(  2,    67) =   49.54
       Model |  24.4598643        2  12.2299321          Prob > F      =  0.0000
    Residual |  16.5410832       67  .246881838          R-squared     =  0.5966
-------------+------------------------------            Adj R-squared =  0.5845
       Total |  41.0009474       69   .59421663          Root MSE      =  .49687

------------------------------------------------------------------------------
    lnquantim |      Coef.   Std. Err.      t    P>|t|     [95% Conf. Interval]
-------------+----------------------------------------------------------------
   distparque |   .0010576   .0002047     5.17   0.000     .0006491    .0014661
     shopping |  -.4520471   .1638742    -2.76   0.007    -.7791413   -.1249529
        _cons |   .7459592   .2078369     3.59   0.001     .3311151    1.160803
------------------------------------------------------------------------------
```

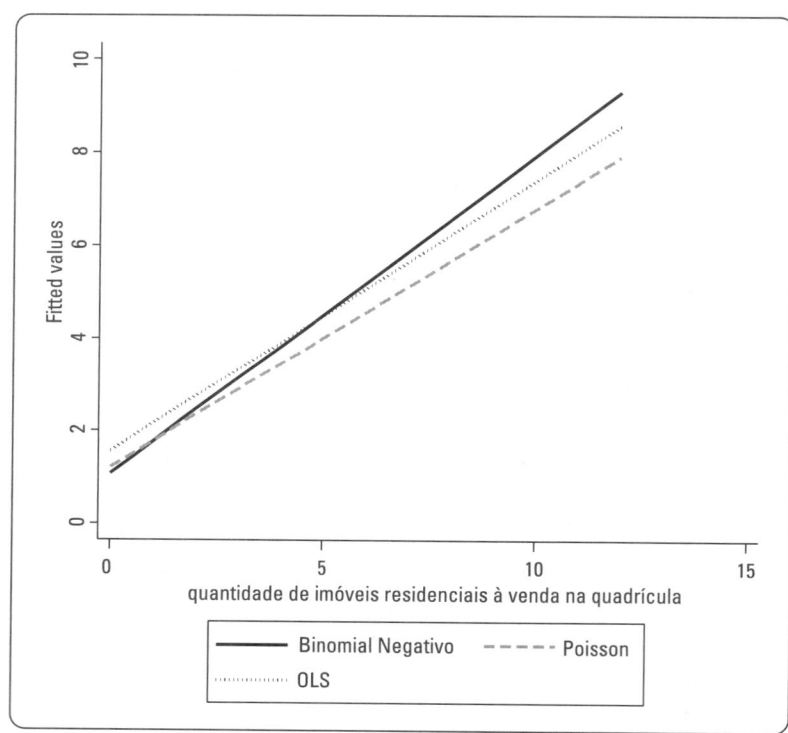

Capítulo 15

1) **a)**

```
panel variable:   indivíduo (strongly balanced)
 time variable:   ano, 1 to 5
         delta:   1 unit
```

Sim, trata-se de um painel balanceado.

b)

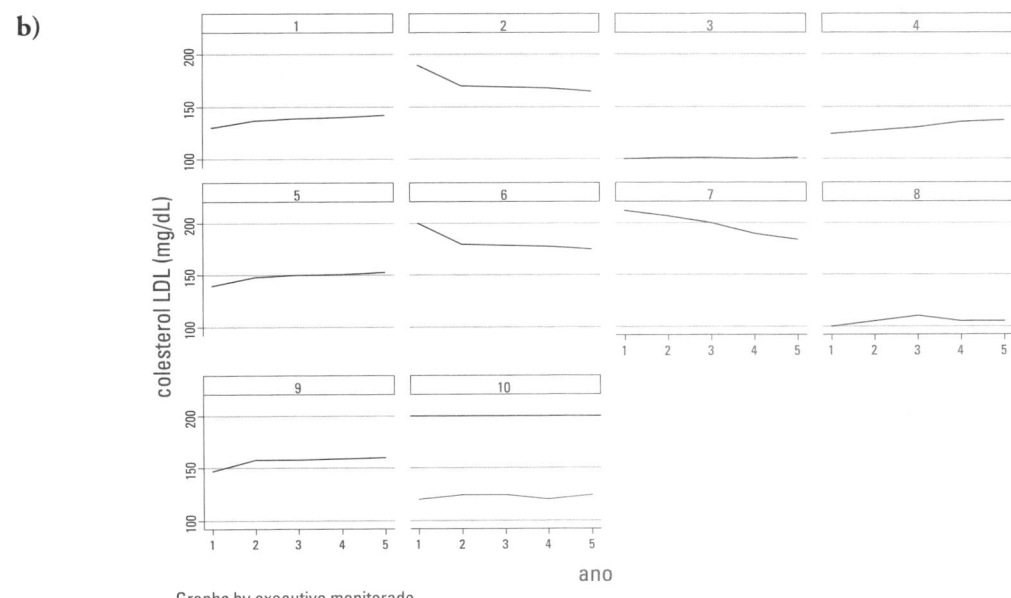

Graphs by executivo monitorado

Sim, é possível perceber que há diferenças na evolução anual do índice de colesterol LDL entre os executivos.

c)

Variable		Mean	Std. Dev.	Min	Max		Observations	
indiví~o	overall	5.5	2.901442	1	10		N =	50
	between		3.02765	1	10		n =	10
	within		0	5.5	5.5		T =	5
ano	overall	3	1.428571	1	5		N =	50
	between		0	3	3		n =	10
	within		1.428571	1	5		T =	5
colest~l	overall	145.44	31.73883	100	212		N =	50
	between		32.50009	100.6	198.6		n =	10
	within		6.10921	130.84	163.04		T =	5
imc	overall	23.314	3.806708	17	30		N =	50
	between		3.909635	17.08	28.44		n =	10
	within		.673462	21.674	24.874		T =	5
esporte	overall	2.12	1.023001	0	4		N =	50
	between		.9247222	.8	4		n =	10
	within		.5111013	1.12	3.32		T =	5

Pode-se verificar que a variância *between* é maior do que a variância *within* para as variáveis *colesterol*, *imc* e *esporte*.

d)

```
-----------------------------------------------------------------------
   Variable |   POLSrob          EF        EFrob          EA        EArob
------------+----------------------------------------------------------
        imc | 6.4584531    5.6520914    5.6520914    6.9213715    6.9213715
            |  .63898153   1.1033766    .87898153    .57761372    .62114511
    esporte | -7.8087831   -3.6142131   -3.6142131   -3.2892912   -3.2892912
            | 1.6961111    1.4538846    1.288087     1.2273538    1.2329673
      _cons | 11.422244    21.329274    21.329274    -8.9515585   -8.9515585
            | 17.070444    28.162301    22.2191      15.452958    14.848563
------------+----------------------------------------------------------
          N |        50          50          50          50          50
         r2 | .95801299    .76872519    .76872519
       r2_o |              .95333342    .95333342    .94973335    .94973335
       r2_b |              .9626763     .9626763     .95807096    .95807096
       r2_w |              .76872519    .76872519    .76725189    .76725189
          F | 132.05755    63.153347    54.367063
       chi2 |                                        351.87471    202.99956
    sigma_u |              9.4149197    9.4149197    5.4725363    5.4725363
    sigma_e |              3.3362261    3.3362261    3.3362261    3.3362261
        rho |              .88844061    .88844061    .72904917    .72904917
      theta |                                        .73696533    .73696533
-----------------------------------------------------------------------
                                                           legend: b/se
```

e)   Sim, existe significância conjunta das variáveis explicativas para todas as estimações propostas.

f)   Os maiores valores de R^2 *between* devem-se à existência de maiores variâncias *between* para todas as variáveis do modelo.

g)   Pode-se verificar que os parâmetros estimados pelos métodos propostos apresentam coerência em termos de sinal, já que, quanto maior o índice de massa corpórea (maior peso em relação à altura) e menor a frequência semanal de práticas esportivas, maior será o índice de colesterol LDL.

h)

```
Breusch and Pagan Lagrangian multiplier test for random effects

    colesterol[indivíduo,t] = Xb + u[indivíduo] + e[indivíduo,t]

        Estimated results:
                        |       Var     sd = sqrt(Var)
            ------------+-----------------------------
            coleste~l |    1007.353       31.73883
                    e |    11.1304        3.336226
                    u |    29.94865       5.472536

        Test:    Var(u) = 0
                                chibar2(01) =     29.98
                            Prob > chibar2 =    0.0000
```

Com base no resultados do teste *LM* de Breusch-Pagan, pode-se rejeitar a hipótese de que o modelo *POLS* ofereça estimadores apropriados, ou seja, existem diferenças estatisticamente significantes (ao nível de significância de 5%) entre os executivos ao longo do tempo que justifiquem a adoção da modelagem em painel.

```
F test that all u_i=0:      F(9, 38) =     16.47          Prob > F = 0.0000
```

Como o *F* de Chow calculado $F_{Chow} = 16,44 > F_c = F_{9,38,5\%} = 2,14$, pode-se rejeitar, ao nível de significância de 5%, a hipótese nula de que todos os efeitos individuais a_i dos executivos sejam iguais a zero.

```
. quietly xtreg colesterol imc esporte, re
. sort ind ano
. by ind: gen T=_N
. gen theta=1-sqrt(e(sigma_e)^2/(e(sigma_e)^2+ T*e(sigma_u)^2))

. foreach var of varlist colesterol imc esporte {
  2.
. by ind: egen mean`var' = mean(`var')
  3.
. gen `var'_re = `var' - theta*mean`var'
  4.
. gen `var'_fe = `var' - mean`var'
  5.
. }

. quietly reg colesterol_re imc_re esporte_re imc_fe esporte_fe, vce (cluster ind)
. test imc_fe esporte_fe

 ( 1)  imc_fe = 0
 ( 2)  esporte_fe = 0

      F(  2,     9) =    29.93
           Prob > F =     0.0001
```

Com base no resultado do teste robusto de Hausman, pode-se rejeitar a sua hipótese nula, ao nível de significância de 5%, ou seja, o modelo proposto deve, de fato, ser estimado por efeitos fixos a fim de que seja assegurada a consistência dos parâmetros.

```
Test of overidentifying restrictions: fixed vs random effects
Cross-section time-series model: xtreg re  robust cluster(indivíduo)
Sargan-Hansen statistic  59.856  Chi-sq(2)     P-value = 0.0000
```

Pode-se, com base no resultado do teste de Schaffer e Stillman, corroborar o resultado do teste robusto de Hausman.

i)

```
        indiví~o      _b_imc     _b_espo~e      _b_cons
 1.          1      5.866147    -.1850329      3.826649
 2.          2      7.500004        -4.25     -30.00012
 3.          3      .7692307            0      86.15385
 4.          4      6.948233    -2.130787     -12.97829
 5.          5      6.072236    -.7313711      .6071805
 6.          6      7.306646     -.299356     -13.64341
 7.          7      5.313534    -7.003296      53.08574
 8.          8       24.9999         -2.5     -314.9984
 9.          9      8.333302      5.33327     -55.33247
10.         10      9.22e-16           -4           132
```

Sim, pode-se pensar em tratamentos específicos para cada executivo, dadas as particularidades existentes de cada um que fazem com que sejam estimados parâmetros distintos, por vezes até com sinal invertido em relação aos demais, como se pode verificar para o executivo 9 (parâmetro estimado da variável *esporte*).

Nota: Este *output* pode ser obtido tanto pela estimação MQO para cada indivíduo quanto pela estimação por efeitos fixos, uma vez que, como cada executivo é agora considerado individualmente, passa a não existir mais o efeito do painel nos dados.

2) a)

```
panel variable:  id (strongly balanced)
 time variable:  t, 1 to 53
         delta:  1 unit
```

Sim, trata-se de um painel balanceado.

b)

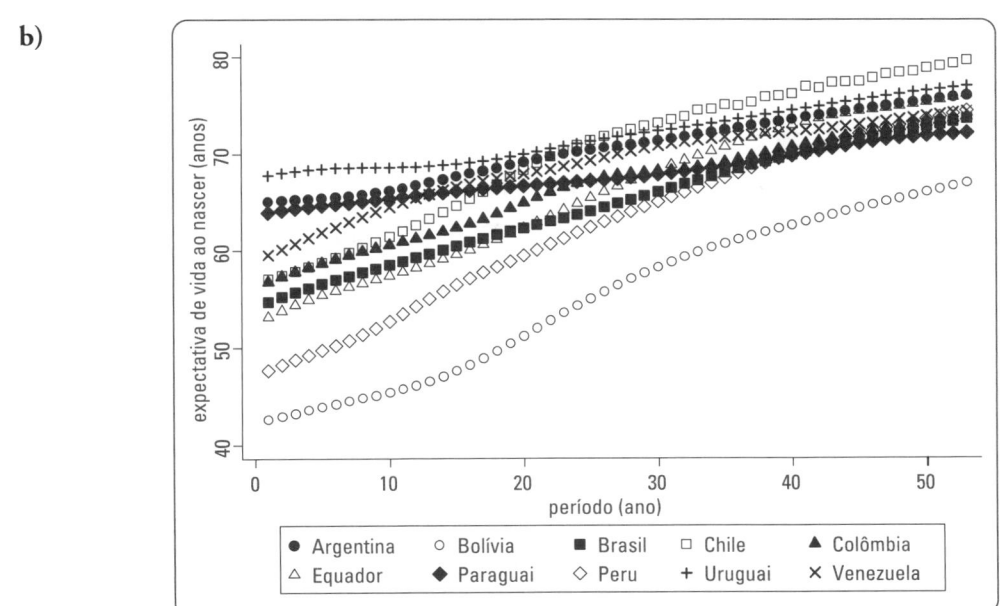

c)

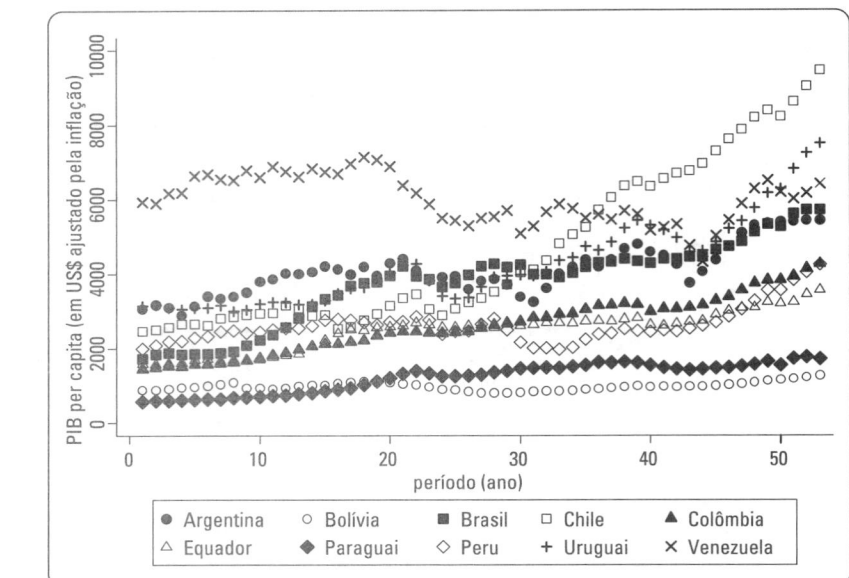

d)

```
Variable            |      Mean    Std. Dev.         Min         Max |   Observations
--------------------+--------------------------------------------------+----------------
id         overall  |       5.5    2.874995           1          10 |   N =       530
           between  |             3.02765            1          10 |   n =        10
           within   |                   0           5.5         5.5 |   T =        53
                    |                                                |
t          overall  |        27    15.31151           1          53 |   N =       530
           between  |                   0            27          27 |   n =        10
           within   |             15.31151            1          53 |   T =        53
                    |                                                |
expvida    overall  |  66.45332    7.436214      42.659      79.691 |   N =       530
           between  |             4.863191     55.2607    71.93219 |   n =        10
           within   |             5.828506     51.5908     78.4238 |   T =        53
                    |                                                |
pib_ca~a   overall  |  3268.349    1770.323    569.5128    9447.081 |   N =       530
           between  |             1570.087    973.7607    6001.553 |   n =        10
           within   |              954.565    1104.379    8072.275 |   T =        53
```

Pode-se verificar que, enquanto a variância *within* é maior para a variável *expvida*, a variância *between* é maior para a variável *pib_capita*. Isso já era de se esperar, uma vez que o gráfico do item (b) mostra que as alterações da expectativa de vida ao longo dos 53 anos são mais perceptíveis do que as diferenças de comportamento entre os países. O mesmo fenômeno já não acontece para o PIB *per capita*, conforme mostra o gráfico do item (c), uma vez que as maiores diferenças ocorrem justamente entre os países, sem que haja uma grande alteração no comportamento desta variável ao longo do tempo.

e)

```
Wooldridge test for autocorrelation in panel data
H0: no first-order autocorrelation
   F( 1,      9) =   2296.579
            Prob > F =      0.0000
```

Com base no resultado do teste de Wooldridge, pode-se rejeitar a hipótese nula de que não há correlação serial de primeira ordem nos termos de erro, ao nível de significância de 5%, ou seja, deve ser considerada, nas estimações do modelo, a existência de efeitos autorregressivos de primeira ordem AR(1) nos termos de erro.

f)

```
Pesaran's test of cross sectional independence =     25.213, Pr = 0.0000

Average absolute value of the off-diagonal elements =     0.611
```

Com base no resultado do teste de Pesaran, pode-se rejeitar a hipótese nula de que não há correlação entre as *cross-sections*, ao nível de significância de 5%, o que permite que seja considerada a existência de termos de erro heterocedásticos, ou seja, que apresentam correlação entre os painéis, quando da estimação do modelo proposto.

g)

```
---------------------------------------------------------------
  Variable |   POLSar1      POLSarp     GLSar1pc~r      EAar1
-----------+---------------------------------------------------
pib_capita |  .00092692    .00249767    .00025632     .00056546
           |  .00017182    .00013583    .00004791     .00009739
     _cons |  62.701388    58.290068    64.724766     63.654798
           |  1.6756387    1.4290433    .54679997     1.7875143
---------------------------------------------------------------
                                                    legend: b/se
```

h) Os parâmetros estimados mostraram-se estatisticamente diferentes de zero em todos os casos, ao nível de significância de 5%. De acordo com os resultados apresentados no item anterior, pode-se verificar que a consideração de existência de termos de erro serialmente correlacionados e de correlação entre as *cross-sections* faz com que os erros-padrão dos parâmetros estimados pelo método *GLS* sejam mais baixos do que aqueles gerados pelos métodos *POLS* e por efeitos aleatórios. Além disso, embora os termos da constante sejam próximos, os parâmetros estimados da variável *pib_capita* (inclinação) variam consideravelmente entre os modelos, com destaque para o modelo estimado pelo método *POLS* AR(p) (comando **xtscc**).

i)

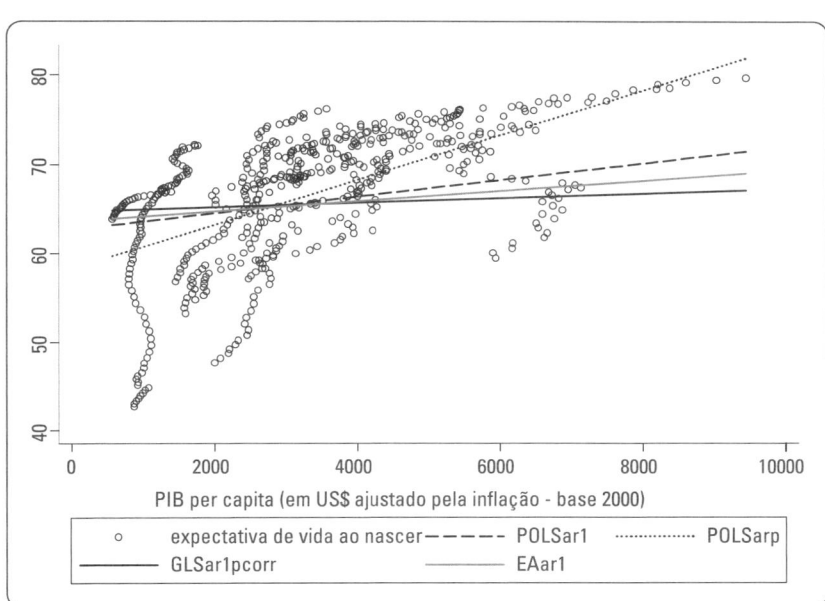

3) a)

```
panel variable:  id (unbalanced)
 time variable:  t, 1 to 261, but with gaps
         delta:  1 unit
```

Sim, trata-se de um painel desbalanceado.

b)

meta de receita de vendas atingida?	meta de receita de vendas atingida?		Total
	0	1	
0	57.17	42.83	100.00
1	35.33	64.67	100.00
Total	45.20	54.80	100.00

Sim, é possível verificar que existe certa persistência do comportamento da variável *meta* mês a mês. Enquanto 57,17% dos meses em que não foi atingida a meta de receita de vendas para determinada loja apresentaram o mesmo comportamento no mês seguinte, 64,67% dos meses em que a meta foi atingida para determinada loja apresentaram a mesma característica no mês subsequente.

c)

```
Summary for variables: trein
      by categories of: meta (meta de receita de vendas atingida?)

  meta |      mean
-------+----------
   Não |   160.3186
   Sim |    258.96
-------+----------
 Total |   214.3943
-----------------
```

Sim, existe discrepância entre o valor médio de *trein* quando *meta* = 1 e quando *meta* = 0.

d)

```
------------------------------------------------------------
    Variable |    LOGITrob        PA          EA
-------------+----------------------------------------------
#1           |
       trein |   .00376206    .00422691    .00416154
             |   .00047217    .00068838    .00033452
       _cons |  -.56992289   -.64413495   -.68231819
             |   .11896007    .14316428    .0945838
-------------+----------------------------------------------
lnsig2u      |
       _cons |                            -3.0910585
             |                             .64665767
-------------+----------------------------------------------
Statistics   |
           N |        3008        3008        3008
          ll |  -1943.8329                -1939.4599
     sigma_u |                             .21319901
         rho |                             .01362801
------------------------------------------------------------
                                           legend: b/se
```

e)

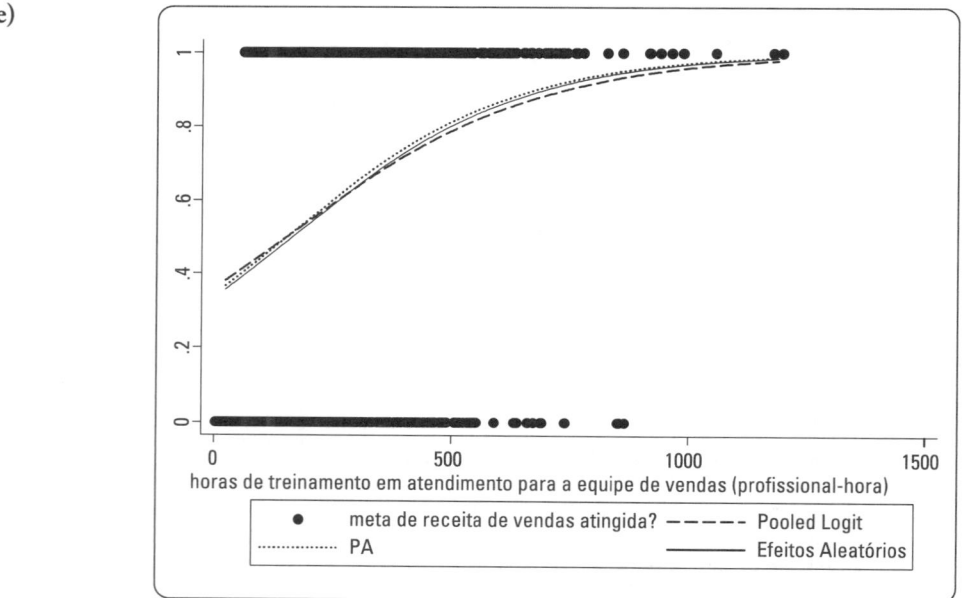

f)   Para o modelo estimado por efeitos aleatórios, o parâmetro 0,00416 da variável *trein* significa que o aumento de 1 profissional-hora de treinamento ao mês, em média e *ceteris paribus*, incrementa o logaritmo da chance de atingimento da meta mensal de receita de vendas, para uma mesma loja, em 0,416%, ou seja, a sua chance é multiplicada por um fator de $e^{0,00416}$ = 1,00417 (0,417% maior).

g)   Para o modelo estimado pelo método *PA*, o parâmetro 0,00423 da variável *trein* significa que o aumento de 1 profissional-hora de treinamento ao mês, em média e *ceteris paribus*, incrementa o logaritmo da chance de atingimento da meta mensal de receita de vendas, para uma loja "média" escolhida aleatoriamente, em 0,423%, ou seja, a chance média é multiplicada por um fator de $e^{0,00423}$ = 1,00424 (0,424% maior).

4)   a)

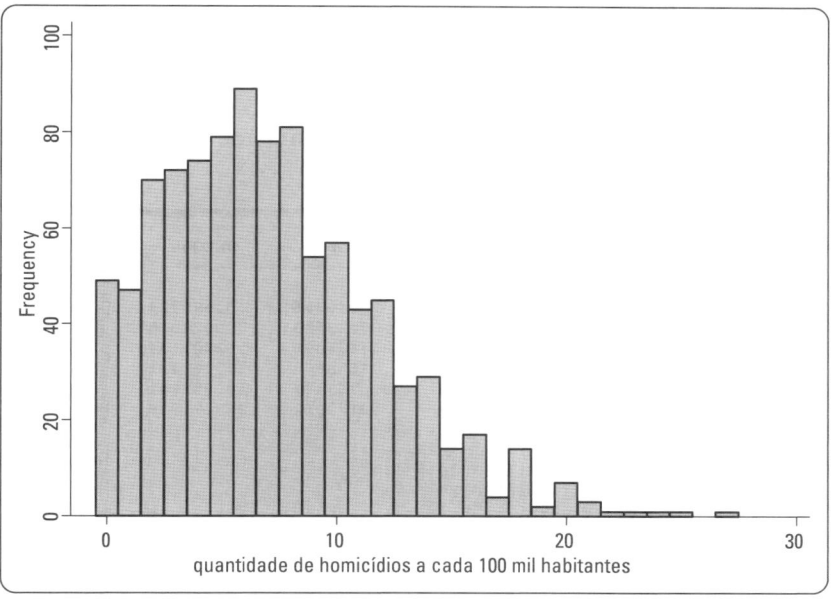

```
     stats |  homicídios
  ---------+------------
      mean |    7.095833
  variance |     21.8907
```

Há indícios de ocorrência de superdispersão nos dados da variável dependente *homicídios*, já que sua variância é aproximadamente três vezes superior à sua média. Entretanto, ainda não se pode afirmar categoricamente que este fenômeno esteja ocorrendo, uma vez que o teste específico para tal finalidade ainda não foi elaborado.

b)

```
      Source |       SS           df       MS              Number of obs =      960
  -----------+----------------------------------           F( 1,    959) =     8.90
       Model |  45.6348355         1   45.6348355          Prob > F      =   0.0029
    Residual |  4914.61046       959   5.12472415          R-squared     =   0.0092
  -----------+----------------------------------           Adj R-squared =   0.0082
       Total |  4960.24529       960   5.16692218          Root MSE      =   2.2638


   yasterisco |      Coef.   Std. Err.      t    P>|t|     [95% Conf. Interval]
  -----------+----------------------------------------------------------------
      lambda |   .0271977   .0091142     2.98   0.003     .0093116    .0450838
```

Como o *valor-P* do teste *t* correspondente ao parâmetro β da variável *lambda* é menor do que 0,05, pode-se afirmar, ao nível de confiança de 95%, que os dados da variável dependente *homicídios* apresentam superdispersão, fazendo com que a estimação de um modelo Poisson não seja adequada.

c)

```
Negative binomial regression                     Number of obs   =        960
                                                 LR chi2(2)      =     893.40
Dispersion     = mean                            Prob > chi2     =     0.0000
Log likelihood = -2329.1747                      Pseudo R2       =     0.1609


  homicídios |      Coef.   Std. Err.      z    P>|z|     [95% Conf. Interval]
  -----------+----------------------------------------------------------------
     polícia |  -.0068854   .0003527   -19.52   0.000    -.0075766   -.0061942
     leiseca |  -.6508806   .0403306   -16.14   0.000    -.7299271   -.5718341
       _cons |   3.203768   .0506753    63.22   0.000     3.104447     3.30309
  -----------+----------------------------------------------------------------
     /lnalpha |  -3.472356   .2575092                     -3.977065   -2.967647
  -----------+----------------------------------------------------------------
       alpha |   .0310438   .0079941                       .0187406    .0514242
  -----------------------------------------------------------------------------
Likelihood-ratio test of alpha=0:   chibar2(01) =     21.52 Prob>=chibar2 = 0.000
```

Como o parâmetro ϕ (*alpha* no Stata) é estatisticamente diferente de zero, ao nível de significância de 5% (*Sig.* χ^2 = 0,000 < 0,05), pode-se escrever a expressão da variância da variável dependente, considerando-se um modelo binomial negativo do tipo NB2, da seguinte forma:

$$Var(Y) = u + (0,031) \cdot u^2$$

em que u representa o valor médio esperado da quantidade mensal de homicídios a cada 100 mil habitantes.

d)

```
---------------------------------------------------------
      Variable |  BNEGrob       BNEGpa        BNEGea
---------------+-----------------------------------------
#1            |
       polícia | -.00688537    -.0060896    -.00598724
              |  .00056281      .00033785     .00029523
       leiseca | -.65088057    -.44623098    -.52401131
              |  .12814122      .07635695     .03761431
         _cons |  3.2037685     3.0763497    16.982241
              |  .04539692      .0170012     243.72999
---------------+-----------------------------------------
lnalpha       |
         _cons | -3.4723558
              |  .68030135
---------------+-----------------------------------------
ln_r          |
         _cons |                            16.580239
              |                            243.73019
---------------+-----------------------------------------
ln_s          |
         _cons |                             2.6075682
              |                              .45433995
---------------+-----------------------------------------
Statistics    |
            N |      960           960           960
           ll | -2329.1747                   -2169.3778
---------------------------------------------------------
                                           legend: b/se
```

Estes são resultados das estimações para o modelo binomial negativo.

e) Embora os parâmetros estimados pelos métodos *GEE* (*Pooled* e *PA*) e aqueles estimados por efeitos aleatórios sejam parecidos e estatisticamente diferentes de zero, ao nível de significância de 5% (com exceção do termo da constante para o modelo estimado por efeitos aleatórios), merece destaque a redução dos erros-padrão dos parâmetros estimados por este último método.

f)

```
Random-effects negative binomial regression    Number of obs     =       960
Group variable: id                             Number of groups  =        10

Random effects u_i ~ Beta                      Obs per group: min =        96
                                                             avg =      96.0
                                                             max =        96

                                               Wald chi2(2)      =   1091.68
Log likelihood  = -2169.3778                   Prob > chi2       =    0.0000

---------------------------------------------------------------------------
  homicídios |    Coef.   Std. Err.      z    P>|z|    [95% Conf. Interval]
-------------+-------------------------------------------------------------
     polícia | -.0059872   .0002952   -20.28   0.000   -.0065659   -.0054086
     leiseca | -.5240113   .0376143   -13.93   0.000   -.597734    -.4502886
       _cons | 16.98224    243.73       0.07   0.944   -460.7198   494.6842
-------------+-------------------------------------------------------------
       /ln_r | 16.58024    243.7302                    -461.1221   494.2826
       /ln_s | 2.607568    .45434                       1.717078   3.498058
-------------+-------------------------------------------------------------
           r | 1.59e+07    3.87e+09                     5.5e-201   4.6e+214
           s | 13.56602    6.163585                     5.568236   33.05121
---------------------------------------------------------------------------
Likelihood-ratio test vs. pooled: chibar2(01) =    290.08 Prob>=chibar2 = 0.000
```

Com base no resultado do teste de razão de verossimilhança, que compara os estimadores dos parâmetros obtidos pelo método *Pooled* com aqueles obtidos por efeitos aleatórios, pode-se rejeitar a hipótese de que o modelo *Pooled* binomial negativo ofereça estimadores apropriados, ou seja, existem diferenças estatisticamente significativas (ao nível de significância de 5%) entre os estados ao longo do tempo que justifiquem a adoção da modelagem por efeitos aleatórios.

g)   O parâmetro –0,00599 da variável *polícia* significa, mantidas as demais condições constantes, que a taxa de incidência mensal de homicídios para cada 100 mil habitantes, ao se incrementar o número de policiais a cada 100 mil habitantes em 1 unidade, é, em média, multiplicada por um fator de $e^{-0,00599}$ = 0,994, ou seja, é, em média, 0,597% menor para um mesmo estado.

Já o parâmetro –0,52401 da variável *leiseca* significa, também mantidas as demais condições constantes, que a taxa de incidência mensal de homicídios para cada 100 mil habitantes, ao se passar a adotar a lei seca após as 22:00 h, é, em média, multiplicada por um fator de $e^{-0,52401}$ = 0,592, ou seja, é, em média, 40,786% menor para um mesmo estado.

h)

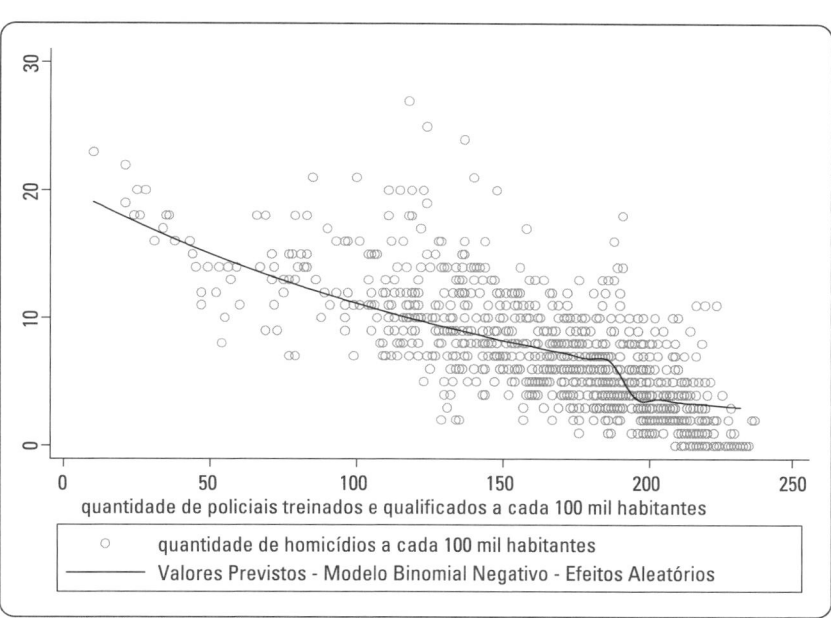

Capítulo 16

1)   a)

```
          país |    Freq.     Percent        Cum.
---------------+-------------------------------------
      Alemanha |       5        4.17        4.17
     Argentina |       5        4.17        8.33
     Austrália |       5        4.17       12.50
        Brasil |       5        4.17       16.67
        Canadá |       5        4.17       20.83
         Chile |       5        4.17       25.00
         China |       5        4.17       29.17
     Cingapura |       5        4.17       33.33
 Coréia do Sul |       5        4.17       37.50
     Dinamarca |       5        4.17       41.67
       Espanha |       5        4.17       45.83
Estados Unidos |       5        4.17       50.00
     Finlândia |       5        4.17       54.17
        França |       5        4.17       58.33
       Holanda |       5        4.17       62.50
      Islândia |       5        4.17       66.67
        Itália |       5        4.17       70.83
         Japão |       5        4.17       75.00
        México |       5        4.17       79.17
      Portugal |       5        4.17       83.33
   Reino Unido |       5        4.17       87.50
        Suécia |       5        4.17       91.67
         Suíça |       5        4.17       95.83
       Uruguai |       5        4.17      100.00
---------------+-------------------------------------
         Total |     120      100.00
```

De fato, trata-se de uma estrutura equilibrada de dados agrupados.

b)

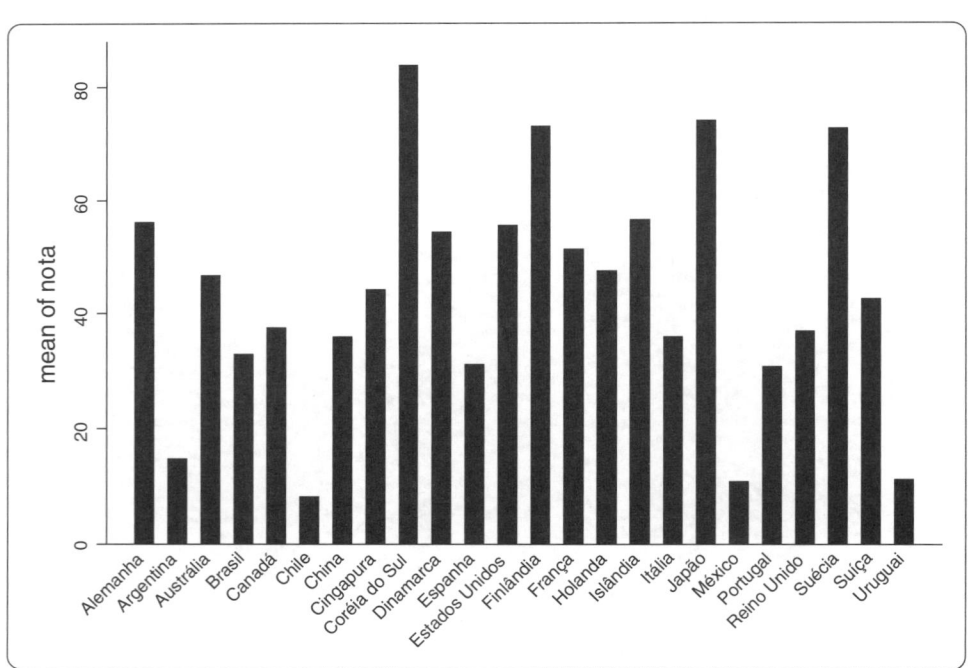

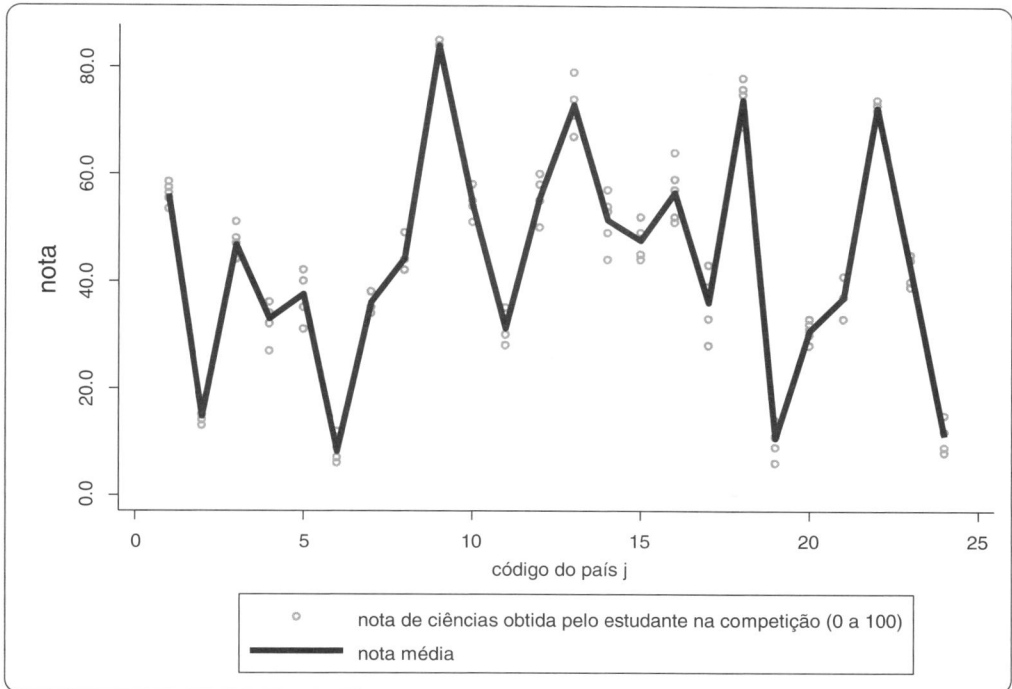

c)

```
Mixed-effects REML regression              Number of obs      =        120
Group variable: idpaís                     Number of groups   =         24

                                           Obs per group: min =          5
                                                          avg =        5.0
                                                          max =          5

                                           Wald chi2(0)       =          .
Log restricted-likelihood = -375.29715     Prob > chi2        =          .

------------------------------------------------------------------------------
        nota |      Coef.   Std. Err.      z    P>|z|     [95% Conf. Interval]
-------------+----------------------------------------------------------------
       _cons |   43.56667   4.207426    10.35   0.000     35.32026    51.81307
------------------------------------------------------------------------------


------------------------------------------------------------------------------
  Random-effects Parameters  |   Estimate   Std. Err.     [95% Conf. Interval]
-----------------------------+------------------------------------------------
idpaís: Identity             |
                 var(_cons)  |   422.6193   125.2844      236.3811    755.5893
-----------------------------+------------------------------------------------
               var(Residual) |   11.19583   1.615979      8.437154    14.8565
------------------------------------------------------------------------------
LR test vs. linear regression: chibar2(01) =   310.58 Prob >= chibar2 = 0.0000
```

d) Sim. Como a estimação do componente de variância τ_{00}, correspondente ao intercepto aleatório u_{0j}, é consideravelmente superior ao seu erro-padrão, é possível verificar que existe variabilidade, ao nível de significância de 5%, da nota obtida entre estudantes provenientes de países diferentes. Estatisticamente, $z = 422{,}619/125{,}284 = 3{,}373 > 1{,}96$, sendo 1,96 o valor crítico da distribuição normal padrão que resulta em um nível de significância de 5%.

e) Como *Sig.* $\chi^2 = 0{,}000$, é possível rejeitar a hipótese nula de que os interceptos aleatórios sejam iguais a zero (H_0: $u_{0j} = 0$), o que faz com que a estimação de um modelo tradicional de regressão linear seja descartada para estes dados agrupados.

f)
$$rho = \frac{\tau_{00}}{\tau_{00} + \sigma^2} = \frac{422{,}619}{422{,}619 + 11{,}196} = 0{,}974$$

que indica que aproximadamente 97% da variância total da nota de ciências são devidos à existência de diferenças entre os países de origem dos participantes.

g)

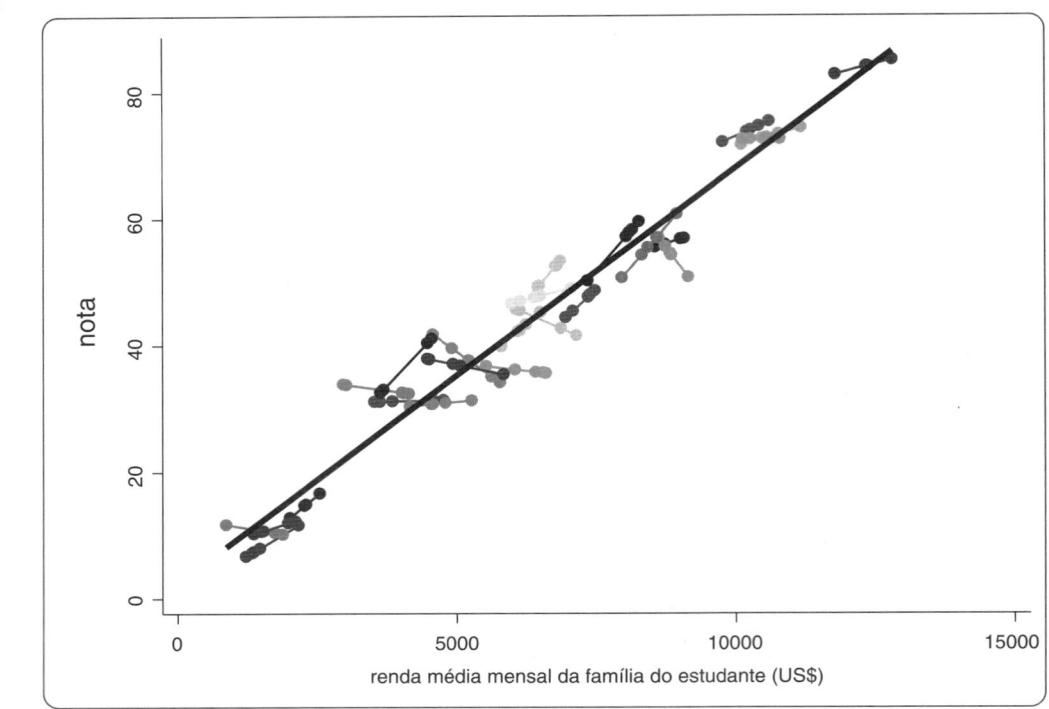

h)

```
Mixed-effects REML regression              Number of obs      =        120
Group variable: idpaís                     Number of groups   =         24

                                           Obs per group: min =          5
                                                          avg =        5.0
                                                          max =          5

                                           Wald chi2(1)       =     564.97
Log restricted-likelihood = -357.50053     Prob > chi2        =     0.0000
------------------------------------------------------------------------------
        nota |      Coef.   Std. Err.      z    P>|z|     [95% Conf. Interval]
-------------+----------------------------------------------------------------
       renda |   .0062453   .0002627    23.77   0.000     .0057303    .0067603
       _cons |   4.407937   1.838957     2.40   0.017     .8036471    8.012227
------------------------------------------------------------------------------

------------------------------------------------------------------------------
  Random-effects Parameters  |   Estimate   Std. Err.     [95% Conf. Interval]
-----------------------------+------------------------------------------------
idpaís: Identity             |
                 var(_cons)  |   13.08294   5.292618      5.920487    28.91035
-----------------------------+------------------------------------------------
                var(Residual)|   14.70037   2.166206      11.0128     19.62271
------------------------------------------------------------------------------
LR test vs. linear regression: chibar2(01) =      30.55 Prob >= chibar2 = 0.0000
```

i)   Os parâmetros estimados dos componentes de efeitos fixos e aleatórios são estatisticamente diferentes de zero, ao nível de significância de 5%.

j)

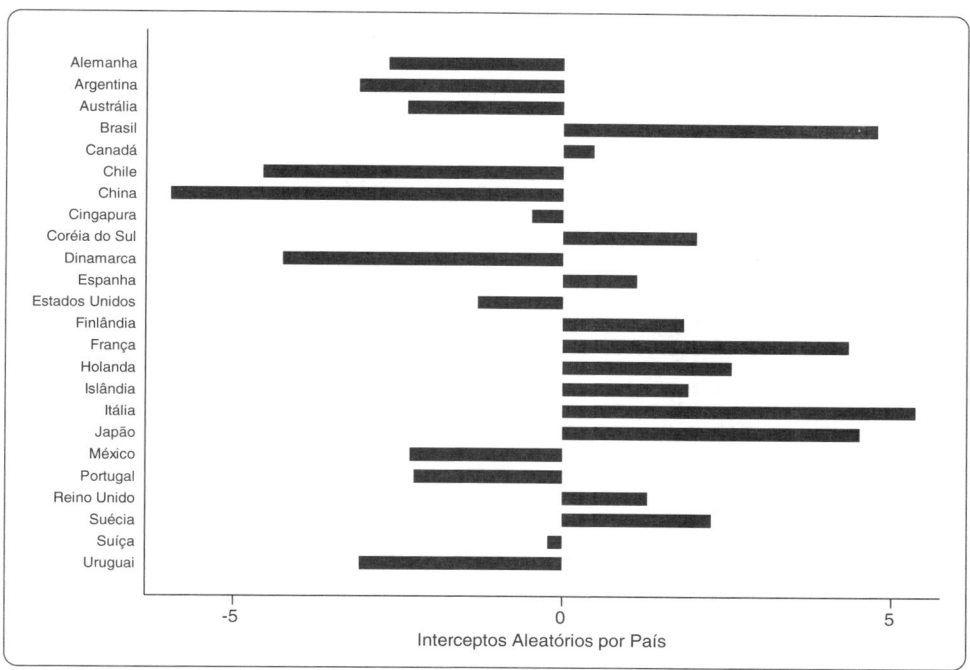

k)

```
Mixed-effects REML regression              Number of obs      =        120
Group variable: idpaís                     Number of groups   =         24

                                           Obs per group: min =          5
                                                          avg =        5.0
                                                          max =          5

                                           Wald chi2(1)       =     564.97
Log restricted-likelihood = -357.50053     Prob > chi2        =     0.0000

------------------------------------------------------------------------------
        nota |     Coef.    Std. Err.      z     P>|z|    [95% Conf. Interval]
-------------+----------------------------------------------------------------
       renda |   .0062453   .0002627    23.77    0.000    .0057303    .0067603
       _cons |   4.407939   1.838958     2.40    0.017    .8036478     8.01223
------------------------------------------------------------------------------

------------------------------------------------------------------------------
  Random-effects Parameters  |   Estimate   Std. Err.    [95% Conf. Interval]
-----------------------------+------------------------------------------------
idpaís: Independent          |
                  var(renda) |   1.73e-19   1.51e-18    6.31e-27    4.72e-12
                  var(_cons) |   13.08295   5.292633    5.920483    28.91042
-----------------------------+------------------------------------------------
               var(Residual) |   14.70037   2.166238    11.01275    19.62279
------------------------------------------------------------------------------
LR test vs. linear regression:      chi2(2) =    30.55   Prob > chi2 = 0.0000

Note: LR test is conservative and provided only for reference.
```

l)

```
Likelihood-ratio test                       LR chi2(1)  =      -0.00
(Assumption: interceptoalt nested in inclinaçãoalt)  Prob > chi2 =   1.0000

Note: The reported degrees of freedom assumes the null hypothesis is not on the
boundary of the parameter space.  If this is not true, then the reported test
is conservative.
Note: LR tests based on REML are valid only when the fixed-effects specification
is identical for both models.
```

Sendo o nível de significância do teste igual a 1,000 (muito maior do que 0,05) em decorrência de que os logaritmos das duas funções de verossimilhança restrita são idênticos (LL_r = -357,501), é favorecido o modelo apenas com efeitos aleatórios no intercepto, já que os termos de erro aleatório u_{1j} são estatisticamente iguais a zero.

m)

```
Mixed-effects REML regression              Number of obs     =        120
Group variable: idpaís                     Number of groups  =         24

                                           Obs per group: min =          5
                                                          avg =        5.0
                                                          max =          5

                                           Wald chi2(2)      =     357.34
Log restricted-likelihood = -361.14802     Prob > chi2       =     0.0000
------------------------------------------------------------------------------
        nota |    Coef.    Std. Err.      z    P>|z|     [95% Conf. Interval]
-------------+----------------------------------------------------------------
       renda |  .0028477   .0010272     2.77   0.006     .0008344    .004861
 pesqdesrenda |  .0007865   .0002461     3.20   0.001     .0003042   .0012688
       _cons |  13.21996   3.15824      4.19   0.000     7.029922      19.41
------------------------------------------------------------------------------

------------------------------------------------------------------------------
  Random-effects Parameters   |   Estimate   Std. Err.    [95% Conf. Interval]
-----------------------------+------------------------------------------------
idpaís: Identity             |
                 var(_cons)  |  22.74245    10.48915      9.209808   56.15959
-----------------------------+------------------------------------------------
               var(Residual) |  12.37613    1.949285      9.089029   16.85203
------------------------------------------------------------------------------
LR test vs. linear regression: chibar2(01) =      38.87 Prob >= chibar2 = 0.0000
```

n) $$nota_{ij} = 13,22 + 0,0028 \cdot renda_{ij} + 0,0008 \cdot pesqdes_j \cdot renda_{ij} + u_{0j} + r_{ij}$$

o)

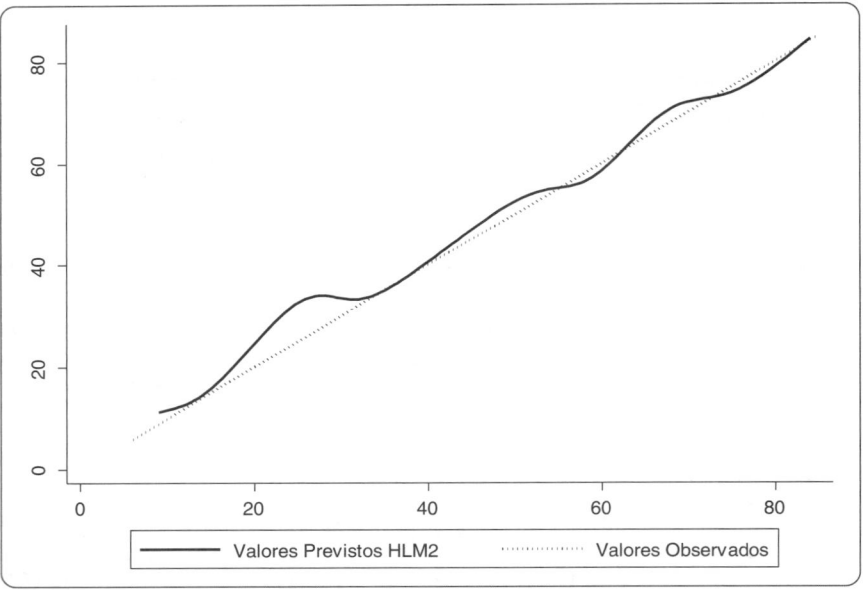

2)   a)

```
 código do  |
 distrito k |      Freq.       Percent        Cum.
------------+------------------------------------------
         01 |        15          1.10         1.10
         02 |       206         15.10        16.20
         03 |        59          4.33        20.53
         04 |        55          4.03        24.56
         05 |        98          7.18        31.74
         06 |       217         15.91        47.65
         07 |        72          5.28        52.93
         08 |       312         22.87        75.81
         09 |        77          5.65        81.45
         10 |       178         13.05        94.50
         11 |        10          0.73        95.23
         12 |        18          1.32        96.55
         13 |        12          0.88        97.43
         14 |        12          0.88        98.31
         15 |        23          1.69       100.00
------------+------------------------------------------
      Total |     1,364        100.00
```

De fato, trata-se de uma estrutura desequilibrada de dados agrupados de imóveis em distritos.

b)

período de monitoramento (ano 1 a 6)	Freq.	Percent	Cum.
1	224	16.42	16.42
2	240	17.60	34.02
3	231	16.94	50.95
4	241	17.67	68.62
5	224	16.42	85.04
6	204	14.96	100.00
Total	1,364	100.00	

E também se trata de um painel desbalanceado de dados.

c)

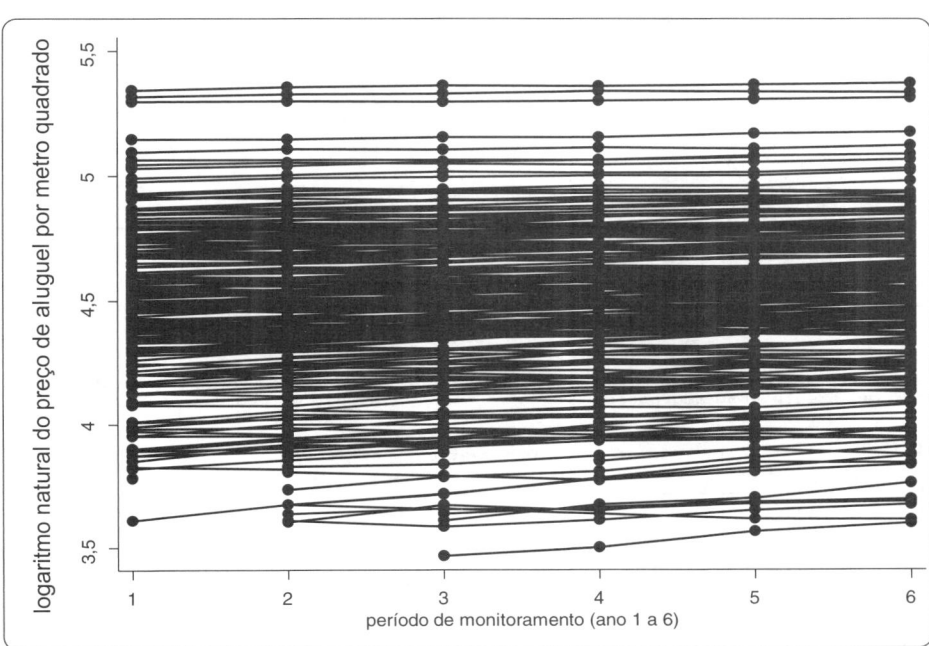

d)

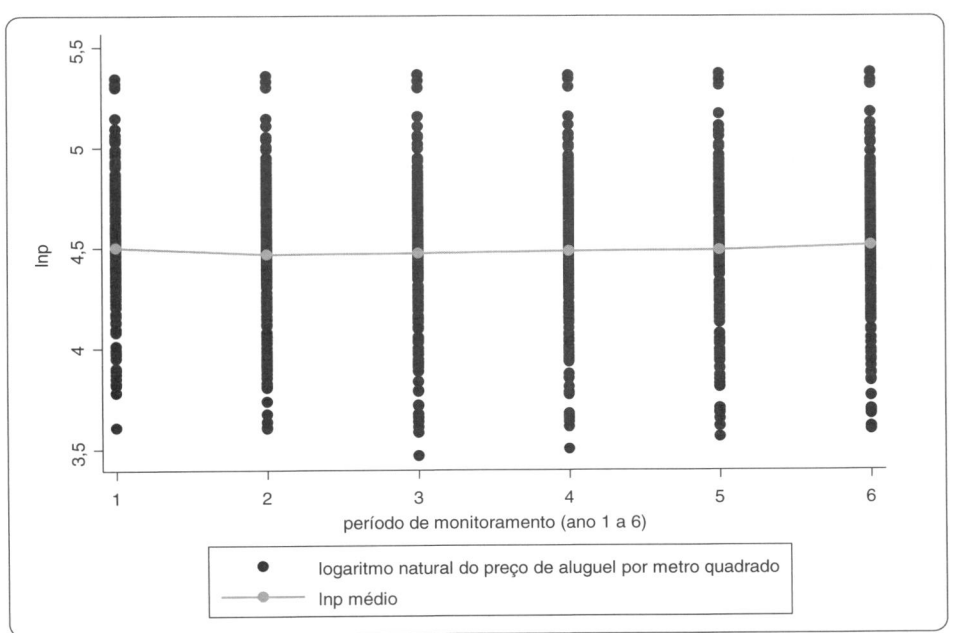

e)

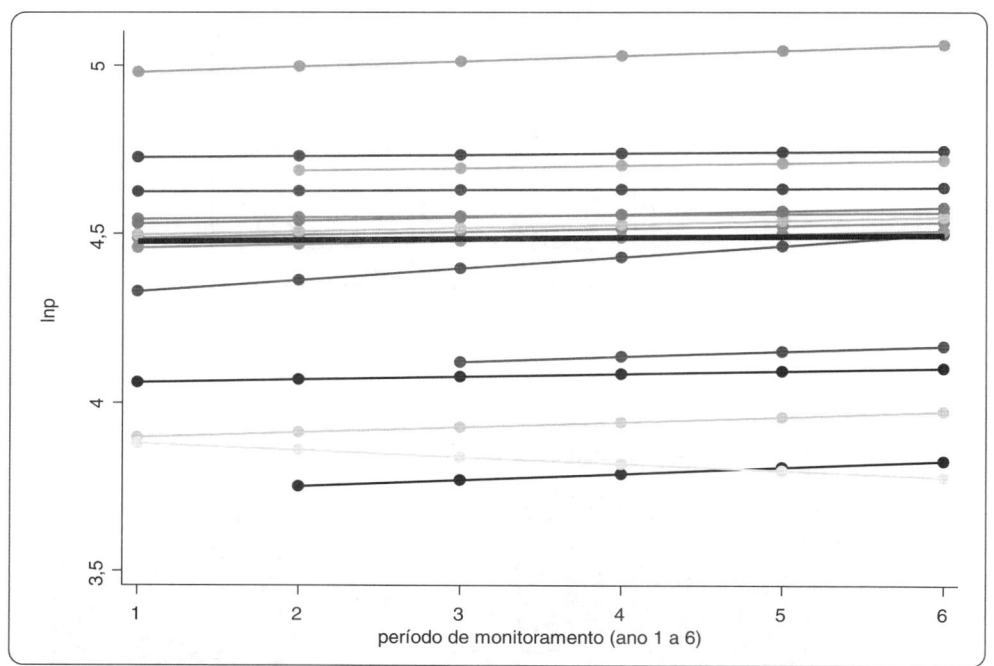

f)

```
Mixed-effects REML regression                    Number of obs      =      1364

---------------------------------------------------------------
              |   No. of        Observations per Group
Group Variable |   Groups    Minimum    Average    Maximum
--------------+------------------------------------------------
      distrito |     15         10         90.9       312
       imóvel  |    277          1          4.9         6
---------------------------------------------------------------

                                        Wald chi2(0)       =        .
Log restricted-likelihood =  2242.0905  Prob > chi2        =        .

---------------------------------------------------------------
       lnp  |    Coef.    Std. Err.     z    P>|z|    [95% Conf. Interval]
-----------+---------------------------------------------------
      _cons |  4.396943  .0924032    47.58   0.000    4.215836    4.57805
---------------------------------------------------------------


---------------------------------------------------------------
  Random-effects Parameters   |  Estimate  Std. Err.   [95% Conf. Interval]
------------------------------+--------------------------------
distrito: Identity            |
               var(_cons) |   .1228231  .0490491   .0561507    .2686613
------------------------------+--------------------------------
imóvel: Identity              |
               var(_cons) |   .0367725  .0032308   .0309555    .0436827
------------------------------+--------------------------------
             var(Residual) |   .0006852  .0000294   .0006299    .0007453
---------------------------------------------------------------
LR test vs. linear regression:      chi2(2) =  5270.95   Prob > chi2 = 0.0000

Note: LR test is conservative and provided only for reference.
```

g)

- **Correlação intraclasse de nível 2:**

$$rho_{imóvel|distrito} = \frac{\tau_{u000} + \tau_{r000}}{\tau_{u000} + \tau_{r000} + \sigma^2} = \frac{0,1228 + 0,0368}{0,1228 + 0,0368 + 0,0007} = 0,996$$

- **Correlação intraclasse de nível 3:**

$$rho_{distrito} = \frac{\tau_{u000}}{\tau_{u000} + \tau_{r000} + \sigma^2} = \frac{0,1228}{0,1228 + 0,0368 + 0,0007} = 0,766$$

A correlação entre os logaritmos naturais dos preços de aluguel por metro quadrado dos imóveis de um mesmo distrito é igual a 76,6% ($rho_{distrito}$) e a correlação entre esses indicadores anuais, para um mesmo imóvel de determinado distrito, é igual a 99,6% ($rho_{imóvel|distrito}$). Logo, estima-se que os efeitos aleatórios de imóveis e distritos compõem mais de 99% da variância total dos resíduos!

h) Dada a significância estatística das variâncias τ_{u000}, τ_{r000} e σ^2 estimadas (relações entre valores estimados e respectivos erros-padrão maiores do que 1,96, sendo esse o valor crítico da distribuição normal padrão que resulta em um nível de significância de 5%), pode-se afirmar que há variabilidade no preço de aluguel dos imóveis comerciais ao longo do período analisado e que há variabilidade no preço de aluguel, ao longo do tempo, entre imóveis de um mesmo distrito e entre imóveis localizados em distritos diferentes.

i) Como *Sig.* χ^2 = 0,000, é possível rejeitar a hipótese nula de que os interceptos aleatórios sejam iguais a zero (H_0: u_{00k} = r_{0jk} = 0), o que faz com que a estimação de um modelo tradicional de regressão linear seja descartada para esses dados.

j)

```
Mixed-effects REML regression                  Number of obs     =        1364

---------------------------------------------------------------------------
             |    No. of        Observations per Group
Group Variable |   Groups    Minimum    Average    Maximum
---------------+-----------------------------------------------------------
     distrito |       15         10        90.9        312
       imóvel |      277          1         4.9          6
---------------------------------------------------------------------------

                                        Wald chi2(1)      =     1504.46
Log restricted-likelihood = 2707.0164   Prob > chi2       =      0.0000

---------------------------------------------------------------------------
         lnp |     Coef.   Std. Err.      z    P>|z|    [95% Conf. Interval]
-------------+-------------------------------------------------------------
         ano |  .0113169   .0002918   38.79   0.000    .0107451    .0118888
       _cons |  4.356006    .093342   46.67   0.000    4.173059    4.538953
---------------------------------------------------------------------------


---------------------------------------------------------------------------
  Random-effects Parameters   |   Estimate   Std. Err.   [95% Conf. Interval]
------------------------------+--------------------------------------------
distrito: Identity            |
                 var(_cons)   |   .1254013   .0500356     .057368    .2741162
------------------------------+--------------------------------------------
imóvel: Identity              |
                 var(_cons)   |   .0370006   .0032416    .0311627    .0439322
------------------------------+--------------------------------------------
               var(Residual)  |   .0002874   .0000123    .0002642    .0003126
---------------------------------------------------------------------------
LR test vs. linear regression:        chi2(2) =  6209.05   Prob > chi2 = 0.0000

Note: LR test is conservative and provided only for reference.
```

k) Inicialmente, verifica-se que a variável correspondente ao ano (tendência linear) com efeito fixo é estatisticamente significante, ao nível de significância de 5% (*Sig.* z = 0,000 < 0,05), o que demonstra que, a cada ano, os preços de aluguel dos imóveis comerciais aumentam (sinal positivo), em média, 1,10% ($e^{0,011}$ = 1,011), *ceteris paribus*.

Em relação aos componentes de efeitos aleatórios, também é possível verificar a existência de significância estatística das variâncias de u_{00k}, r_{0jk} e e_{tjk}, ao nível de significância de 5%, pelo fato de as estimações de τ_{u000}, τ_{r000} e σ^2 serem consideravelmente superiores aos respectivos erros-padrão.

l)

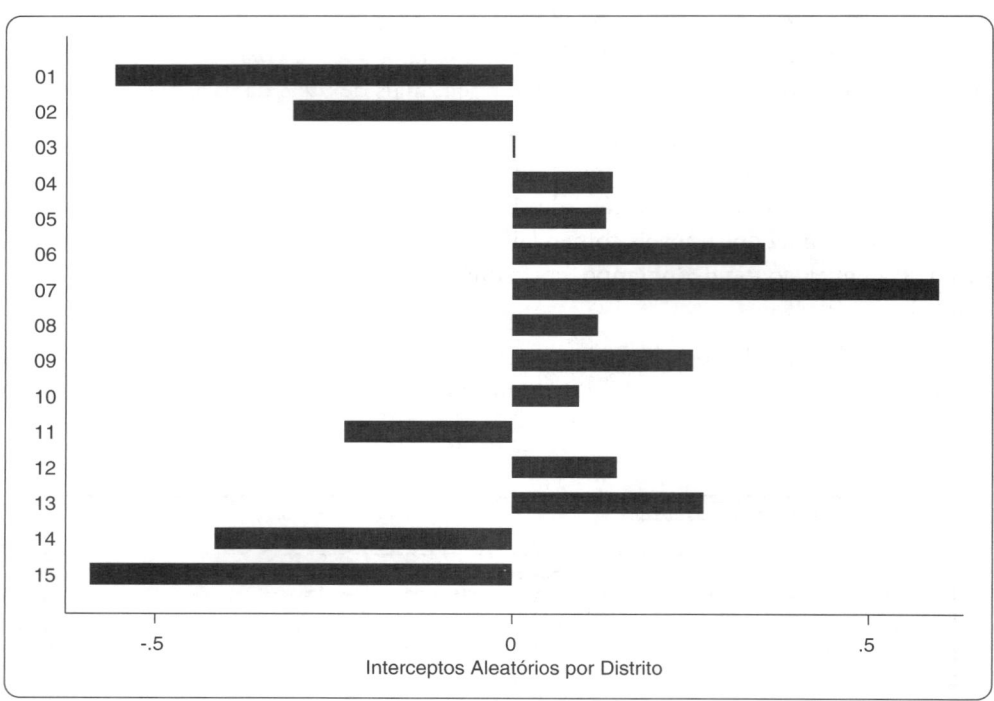

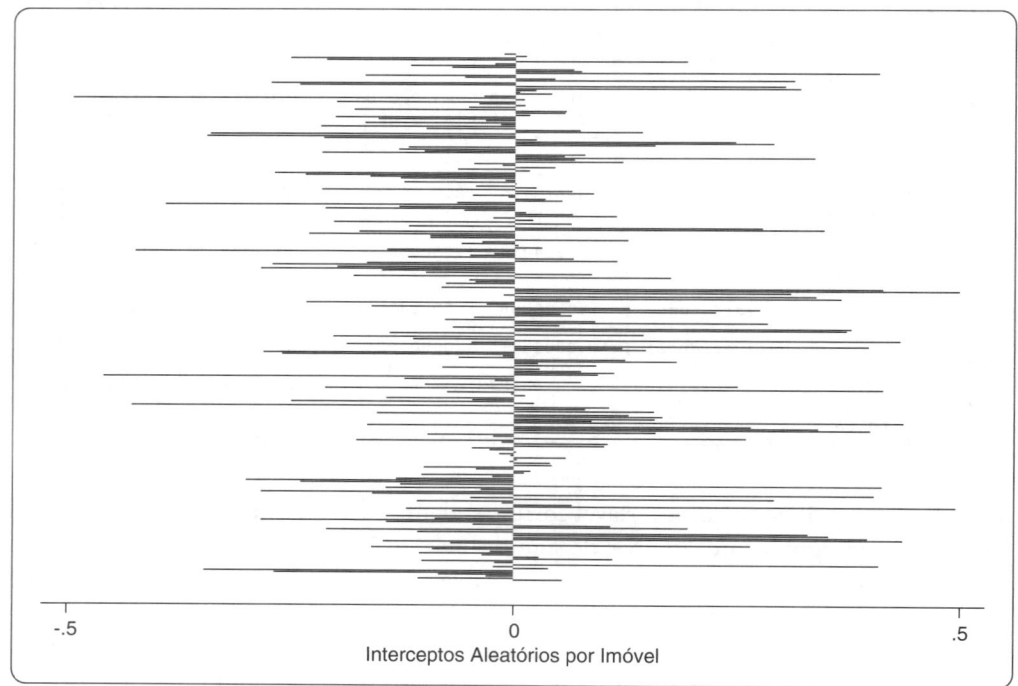

m)

```
Mixed-effects REML regression              Number of obs     =      1364

-------------------------------------------------------------
           |  No. of      Observations per Group
Group Variable | Groups  Minimum    Average   Maximum
---------------+---------------------------------------------
     distrito |    15       10        90.9       312
       imóvel |   277        1         4.9         6
-------------------------------------------------------------

                                           Wald chi2(1)      =     53.17
Log restricted-likelihood =  3002.8184     Prob > chi2       =    0.0000

-------------------------------------------------------------
       lnp |    Coef.    Std. Err.      z    P>|z|    [95% Conf. Interval]
-----------+-------------------------------------------------
       ano | .0135113    .001853     7.29   0.000    .0098795    .0171431
     _cons | 4.345621   .0993812    43.73   0.000    4.150837    4.540405
-------------------------------------------------------------

-------------------------------------------------------------
  Random-effects Parameters  |   Estimate  Std. Err.   [95% Conf. Interval]
-----------------------------+-------------------------------
distrito: Independent        |
                  var(ano)   |  .0000428   .0000201    .0000171    .0001075
                var(_cons)   |  .142444    .0566678    .0653153    .3106514
-----------------------------+-------------------------------
imóvel: Independent          |
                  var(ano)   |  .0000468   5.32e-06    .0000375    .0000585
                var(_cons)   |  .0396378   .0034779    .0333752    .0470756
-----------------------------+-------------------------------
              var(Residual)  |  .0001034   5.12e-06    .0000938    .000114
-------------------------------------------------------------
LR test vs. linear regression:       chi2(4) =  6800.65   Prob > chi2 = 0.0000

Note: LR test is conservative and provided only for reference.
```

n)

- **Correlação intraclasse de nível 2:**

$$rho_{imóvel|distrito} = \frac{\tau_{u000} + \tau_{u100} + \tau_{r000} + \tau_{r100}}{\tau_{u000} + \tau_{u100} + \tau_{r000} + \tau_{r100} + \sigma^2}$$

$$= \frac{0,142444 + 0,000043 + 0,039638 + 0,000047}{0,142444 + 0,000043 + 0,039638 + 0,000047 + 0,000103} = 0,9994$$

- **Correlação intraclasse de nível 3:**

$$rho_{distrito} = \frac{\tau_{u000} + \tau_{u100}}{\tau_{u000} + \tau_{u100} + \tau_{r000} + \tau_{r100} + \sigma^2}$$

$$= \frac{0,142444 + 0,000043}{0,142444 + 0,000043 + 0,039638 + 0,000047 + 0,000103} = 0,7817$$

Para esse modelo, estima-se que os efeitos aleatórios de imóveis e distritos compõem mais de 99,9% da variância total dos resíduos!

o)

```
Likelihood-ratio test                       LR chi2(2)   =    591.60
(Assumption: interceptoalt nested in inclinaçãoalt)  Prob > chi2  =     0.0000

Note: The reported degrees of freedom assumes the null hypothesis is not on
the boundary of the parameter space.  If this is not true, then the reported
test is conservative.
Note: LR tests based on REML are valid only when the fixed-effects specification
is identical for both models.
```

Como *Sig.* $\chi_2^2 = 0,000$, opta-se pelo modelo de tendência linear com interceptos e inclinações aleatórias.

p)

```
Mixed-effects REML regression              Number of obs     =      1364

                  |   No. of      Observations per Group
  Group Variable  |   Groups    Minimum   Average   Maximum
------------------+------------------------------------------
       distrito   |     15        10        90.9       312
         imóvel   |    277         1         4.9         6
------------------------------------------------------------

                                           Wald chi2(4)    =    153.25
Log restricted-likelihood =   3034.426     Prob > chi2     =    0.0000

------------------------------------------------------------------------
        lnp   |   Coef.    Std. Err.      z     P>|z|    [95% Conf. Interval]
--------------+---------------------------------------------------------
        ano   |  .0146736   .001772     8.28    0.000    .0112006   .0181466
        alim  |  .2313755   .0267585    8.65    0.000    .1789298   .2838212
        vaga4 |  .189123    .0996552    1.90    0.058   -.0061976   .3844437
     valetano |  -.0037571  .0010688   -3.52    0.000   -.0058519  -.0016624
       _cons  |  4.134212   .116233    35.57    0.000    3.9064     4.362025
--------------+---------------------------------------------------------


------------------------------------------------------------------------
 Random-effects Parameters  |  Estimate   Std. Err.   [95% Conf. Interval]
----------------------------+-------------------------------------------
distrito: Independent       |
                  var(ano)  |  .0000371   .0000178    .0000145   .0000948
                 var(_cons) |  .0973327   .0412362    .0424264   .223296
----------------------------+-------------------------------------------
imóvel: Independent         |
                  var(ano)  |  .0000445   5.12e-06    .0000355   .0000557
                 var(_cons) |  .0309745   .0027384    .0260467   .0368347
----------------------------+-------------------------------------------
             var(Residual)  |  .0001036   5.13e-06    .000094    .0001141
------------------------------------------------------------------------
LR test vs. linear regression:        chi2(4) =  6426.40   Prob > chi2 = 0.0000

Note: LR test is conservative and provided only for reference.
```

q)

$$\ln(p)_{tjk} = 4,134 + 0,015 \cdot ano_{jk} + 0,231 \cdot alim_{jk} + 0,189 \cdot vaga4_{jk} - 0,004 \cdot valet_{jk} \cdot ano_{jk}$$

$$+ u_{00k} + u_{10k} \cdot ano_{jk} + r_{0jk} + r_{1jk} \cdot ano_{jk} + e_{tjk}$$

Obs.: Neste momento, optou-se também por inserir na expressão a estimação do parâmetro da variável *vaga4*, estatisticamente significante ao nível de significância de 10%.

r) Sim, é possível afirmar que o logaritmo natural do preço de aluguel por metro quadrado dos imóveis segue uma tendência linear ao longo do tempo, existindo variância significativa de interceptos e de inclinações entre aqueles localizados no mesmo distrito e entre aqueles que se localizam em distritos distintos.

Sim, haver restaurante ou praça de alimentação no empreendimento, existir uma quantidade de vagas no estacionamento maior ou igual a quatro e ter *valet park* no edifício em que está localizado o imóvel explicam parte da variabilidade da evolução do logaritmo natural do preço de aluguel por metro quadrado dos imóveis.

s)

```
Mixed-effects REML regression                    Number of obs    =      1364

-------------------------------------------------------------------
                |   No. of      Observations per Group
 Group Variable |   Groups   Minimum   Average   Maximum
----------------+--------------------------------------------------
        distrito |     15        10       90.9        312
          imóvel |    277         1        4.9          6
-------------------------------------------------------------------

                                          Wald chi2(7)     =     253.83
Log restricted-likelihood =  3031.9527    Prob > chi2      =     0.0000

-------------------------------------------------------------------
          lnp |     Coef.    Std. Err.      z     P>|z|    [95% Conf. Interval]
--------------+----------------------------------------------------
          ano |   .0120531    .0038976     3.09    0.002    .004414     .0196923
         alim |   .2325743    .0266429     8.73    0.000    .1803551    .2847935
        vaga4 |   .2091672    .0908442     2.30    0.021    .0311158    .3872186
     valetano |  -.0036536    .0010623    -3.44    0.001   -.0057357   -.0015715
        metrô |   .5102008    .1141621     4.47    0.000    .2864471    .7339544
      metrôano |  -.0064555    .0027587    -2.34    0.019   -.0118624   -.0010486
  violênciaano |   .0001253    .0000504     2.49    0.013    .0000266    .0002241
        _cons |   3.780086    .1105143    34.20    0.000    3.563482     3.99669
-------------------------------------------------------------------

-------------------------------------------------------------------
  Random-effects Parameters   |   Estimate   Std. Err.    [95% Conf. Interval]
------------------------------+------------------------------------
distrito: Independent          |
                    var(ano)   |   .0000158    9.12e-06    5.08e-06     .000049
                  var(_cons)   |   .0370036    .0170158    .0150255    .0911299
------------------------------+------------------------------------
imóvel: Independent            |
                    var(ano)   |   .0000443    5.09e-06    .0000354    .0000555
                  var(_cons)   |   .0309607    .0027321    .0260433    .0368065
------------------------------+------------------------------------
               var(Residual)   |   .0001035    5.13e-06    .0000939    .0001141
-------------------------------------------------------------------
LR test vs. linear regression:        chi2(4) =  5803.23   Prob > chi2 = 0.0000

Note: LR test is conservative and provided only for reference.
```

t)

- **Matriz de variância-covariância dos efeitos aleatórios para o nível *distrito*:**

$$var\begin{bmatrix} u_{00k} \\ u_{10k} \end{bmatrix} = \begin{bmatrix} 0,037004 & 0 \\ 0 & 0,000016 \end{bmatrix}$$

- **Matriz de variância-covariância dos efeitos aleatórios para o nível *imóvel*:**

$$var\begin{bmatrix} r_{0jk} \\ r_{1jk} \end{bmatrix} = \begin{bmatrix} 0,030961 & 0 \\ 0 & 0,000044 \end{bmatrix}$$

u)

```
Mixed-effects REML regression                  Number of obs    =      1364

--------------------------------------------------------------------
                 |   No. of       Observations per Group
Group Variable   |   Groups   Minimum   Average   Maximum
-----------------+--------------------------------------------------
        distrito |     15        10       90.9       312
          imóvel |    277         1        4.9         6
--------------------------------------------------------------------

                                             Wald chi2(7)     =    261.77
Log restricted-likelihood =  3052.8766       Prob > chi2      =    0.0000

--------------------------------------------------------------------
          lnp |    Coef.    Std. Err.     z     P>|z|    [95% Conf. Interval]
--------------+-----------------------------------------------------
          ano |  .0144594   .0028955    4.99   0.000    .0087844   .0201344
         alim |  .2314046   .0263078    8.80   0.000    .1798423   .2829669
        vaga4 |  .2070735   .0799605    2.59   0.010    .0503538   .3637931
     valetano | -.0030589   .0010334   -2.96   0.003   -.0050844  -.0010334
        metrô |  .511133    .1141282    4.48   0.000    .2874459   .7348201
      metrôano | -.0071702   .0025389   -2.82   0.005   -.0121464  -.0021941
  violênciaano |  .0000913   .0000326    2.80   0.005    .0000274   .0001552
        _cons |  3.780677   .1070655   35.31   0.000    3.570833   3.990521
--------------------------------------------------------------------


--------------------------------------------------------------------
  Random-effects Parameters  |   Estimate   Std. Err.   [95% Conf. Interval]
-----------------------------+--------------------------------------
distrito: Unstructured       |
                   var(ano)  |   .0000145   8.30e-06    4.74e-06    .0000445
                 var(_cons)  |   .0372534   .0169283    .0152888    .0907736
             cov(ano,_cons)  |  -.0006527   .0003303   -.0013001   -5.36e-06
-----------------------------+--------------------------------------
imóvel: Unstructured         |
                   var(ano)  |   .0000457   5.24e-06    .0000365    .0000573
                 var(_cons)  |   .0316789   .0027943    .0266494    .0376576
             cov(ano,_cons)  |  -.0004843   .0000951   -.0006707   -.0002978
-----------------------------+--------------------------------------
              var(Residual)  |   .0001032   5.09e-06    .0000937    .0001136
--------------------------------------------------------------------
LR test vs. linear regression:          chi2(6) =  5845.08   Prob > chi2 = 0.0000

Note: LR test is conservative and provided only for reference.
```

v)

- **Matriz de variância-covariância dos efeitos aleatórios para o nível *distrito*:**

$$var\begin{bmatrix} u_{00k} \\ u_{10k} \end{bmatrix} = \begin{bmatrix} 0,037253 & -0,000653 \\ -0,000653 & 0,000014 \end{bmatrix}$$

- **Matriz de variância-covariância dos efeitos aleatórios para o nível *imóvel*:**

$$var\begin{bmatrix} r_{0jk} \\ r_{1jk} \end{bmatrix} = \begin{bmatrix} 0,031679 & -0,000484 \\ -0,000484 & 0,000046 \end{bmatrix}$$

w)

```
Likelihood-ratio test                         LR chi2(2)   =    41.85
(Assumption: indep nested in correl)          Prob > chi2  =   0.0000

Note: LR tests based on REML are valid only when the fixed-effects specification
is identical for both models.
```

Como *Sig.* χ^2_2 = 0,000, a estrutura das matrizes de variância-covariância dos termos aleatórios é considerada *unstructured*, ou seja, pode-se concluir que os termos de erro u_{00k} e u_{10k} sejam correlacionados (cov(u_{00k}, u_{10k}) ≠ 0) e que os termos de erro r_{0jk} e r_{1jk} também sejam correlacionados (cov(r_{0jk}, r_{1jk}) ≠ 0).

x)

$$\ln (p)_{tjk} = 3,7807 + 0,0144 \cdot ano_{jk} + 0,2314 \cdot alim_{jk} + 0,2071 \cdot vaga4_{jk} + 0,5111 \cdot metrô_{k}$$
$$- 0,0031 \cdot valet_{jk} \cdot ano_{jk} - 0,0072 \cdot metrô_{k} \cdot ano_{jk} + 0,0001 \cdot violência_{k} \cdot ano_{jk}$$
$$+ u_{00}k + u_{10}k \cdot ano_{jk} + r_{0jk} + r_{1jk} + e_{tjk}$$

y) Sim, é possível afirmar que a existência de metrô e o indicador de violência no distrito explicam parte da variabilidade da evolução do logaritmo natural do preço de aluguel por metro quadrado entre imóveis localizados em diferentes distritos.

z)

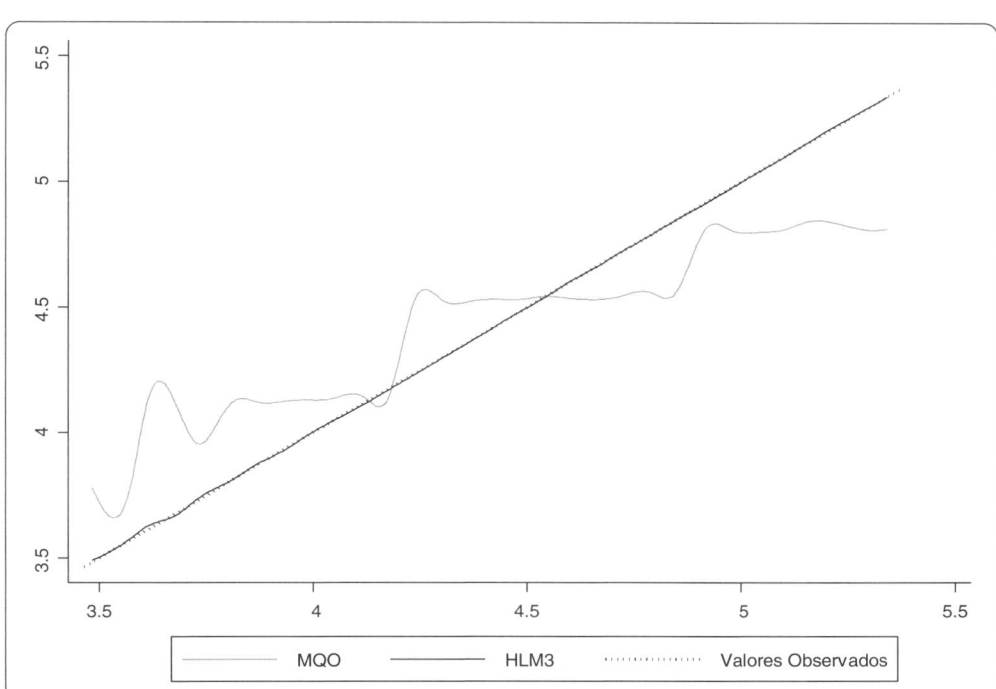

Capítulo 17

1)   a)

```
     +--------------------------------------------------+
     | tempo        St          ht        htacum |
     |--------------------------------------------------|
  1. |    2         .98         .02          .02 |
  2. |    4         .96    .02040816    .04040816 |
  3. |   18         .94    .02083333     .0612415 |
  4. |   24         .92     .0212766    .08251809 |
  5. |   30         .88    .04347826    .12599635 |
     |--------------------------------------------------|
  6. |   30         .88    .04347826    .12599635 |
  7. |   34         .86    .02272727    .14872363 |
  8. |   36         .84    .02325581    .17197944 |
  9. |   40         .82    .02380952    .19578896 |
 10. |   48         .82         .      .19578896 |
     |--------------------------------------------------|
 11. |   64         .82         .      .19578896 |
 12. |   66    .79897436    .02564103    .22142999 |
 13. |   68    .79897436         .      .22142999 |
 14. |   74    .75578656    .05405405    .27548404 |
 15. |   74    .75578656    .05405405    .27548404 |
     |--------------------------------------------------|
 16. |   74    .75578656    .05405405    .27548404 |
 17. |   82    .73355754    .02941176    .30489581 |
 18. |  102    .71132852    .03030303    .33519884 |
 19. |  106    .68909951      .03125    .36644884 |
 20. |  108    .66687049    .03225806     .3987069 |
     |--------------------------------------------------|
 21. |  118    .64464147    .03333333    .43204024 |
 22. |  120    .62241246    .03448276    .46652299 |
 23. |  128    .60018344    .03571429    .50223728 |
 24. |  130    .57795443    .03703704    .53927432 |
 25. |  132    .57795443         .      .53927432 |
     |--------------------------------------------------|
 26. |  134    .53171807         .08    .61927432 |
 27. |  134    .53171807         .08    .61927432 |
 28. |  144    .50859989    .04347826    .66275258 |
 29. |  162    .48548172    .04545455    .70820712 |
 30. |  168    .46236354    .04761905    .75582617 |
     |--------------------------------------------------|
 31. |  172    .46236354         .      .75582617 |
 32. |  178    .46236354         .      .75582617 |
 33. |  180    .46236354         .      .75582617 |
 34. |  182    .46236354         .      .75582617 |
 35. |  182    .46236354         .      .75582617 |
     |--------------------------------------------------|
 36. |  182    .46236354         .      .75582617 |
 37. |  184    .46236354         .      .75582617 |
 38. |  184    .46236354         .      .75582617 |
 39. |  184    .46236354         .      .75582617 |
 40. |  186    .46236354         .      .75582617 |
     |--------------------------------------------------|
 41. |  186    .46236354         .      .75582617 |
 42. |  188    .46236354         .      .75582617 |
 43. |  188    .46236354         .      .75582617 |
 44. |  188    .46236354         .      .75582617 |
 45. |  188    .46236354         .      .75582617 |
     |--------------------------------------------------|
 46. |  190    .46236354         .      .75582617 |
 47. |  190    .46236354         .      .75582617 |
 48. |  192    .46236354         .      .75582617 |
 49. |  194    .46236354         .      .75582617 |
 50. |  194    .46236354         .      .75582617 |
     +--------------------------------------------------+
```

b)

```
Cox regression -- Breslow method for ties

No. of subjects =          50              Number of obs   =          50
No. of failures =          25
Time at risk    =        6166
                                           LR chi2(5)      =       65.93
Log likelihood  =  -55.411423              Prob > chi2     =      0.0000

------------------------------------------------------------------------
        _t |    Coef.    Std. Err.     z     P>|z|    [95% Conf. Interval]
-----------+------------------------------------------------------------
     idade | -.118736    .0433965   -2.74   0.006   -.2037915   -.0336805
      sexo |  2.898045   .6094953    4.75   0.000    1.703457    4.092634
     renda |  .0001172   .0002214    0.53   0.597   -.0003167    .0005511
 _Iperfil_2 | 1.203413   .5917672    2.03   0.042    .0435706    2.363255
 _Iperfil_3 | 2.434759   .8669192    2.81   0.005    .7356283    4.133889
------------------------------------------------------------------------
```

```
Cox regression -- Breslow method for ties

No. of subjects =          50              Number of obs   =          50
No. of failures =          25
Time at risk    =        6166
                                           LR chi2(5)      =       65.93
Log likelihood  =  -55.411423              Prob > chi2     =      0.0000

------------------------------------------------------------------------
        _t | Haz. Ratio  Std. Err.     z     P>|z|    [95% Conf. Interval]
-----------+------------------------------------------------------------
     idade |  .8880422   .0385379   -2.74   0.006    .8156324    .9668804
      sexo |  18.13866   11.05543    4.75   0.000    5.492902    59.89747
     renda |  1.000117   .0002214    0.53   0.597    .9996834    1.000551
 _Iperfil_2 | 3.331468   1.971453    2.03   0.042    1.044534    10.62549
 _Iperfil_3 | 11.41306   9.894204    2.81   0.005    2.086793    62.4202
------------------------------------------------------------------------
```

Enquanto o perfil *moderado* é representado pela variável *dummy* _*Iperfil_2*, o perfil *arrojado* é representado pela *dummy* _*Iperfil_3*.

c) Sim. Como o *valor-P* da estatística χ^2 < 0,05, pode-se afirmar que pelo menos uma das variáveis X é estatisticamente significante, ao nível de significância de 5%, para explicar a taxa de risco de ocorrência de compra de ações no *Home Broker* para diferentes tempos de monitoramento, relativamente à taxa de risco basal.

d) Sim. Como o *valor-P* da estatística z de Wald > 0,05 para o parâmetro da variável *renda*, esta variável já se mostrou estatisticamente não significante, ao nível de significância de 5%, para explicar a taxa de risco de ocorrência da compra de ações. Deve-se partir, portanto, para a estimação do modelo final por meio do procedimento *Stepwise*.

e)

```
Cox regression -- Breslow method for ties

No. of subjects =          50              Number of obs   =          50
No. of failures =          25
Time at risk    =        6166
                                           LR chi2(4)      =       65.65
Log likelihood  =  -55.554382              Prob > chi2     =      0.0000

------------------------------------------------------------------------
        _t |    Coef.    Std. Err.     z     P>|z|    [95% Conf. Interval]
-----------+------------------------------------------------------------
     idade | -.1067922   .0368553   -2.90   0.004   -.1790272   -.0345572
      sexo |  2.898628   .6096602    4.75   0.000    1.703716    4.09354
 _Iperfil_2 | 1.169734   .5879311    1.99   0.047    .0174106    2.322058
 _Iperfil_3 | 2.559932   .8274926    3.09   0.002    .9380763    4.181788
------------------------------------------------------------------------
```

```
Cox regression -- Breslow method for ties

No. of subjects =          50              Number of obs    =         50
No. of failures =          25
Time at risk     =       6166
                                           LR chi2(4)       =      65.65
Log likelihood  =  -55.554382             Prob > chi2      =     0.0000

------------------------------------------------------------------------------
        _t | Haz. Ratio   Std. Err.      z    P>|z|     [95% Conf. Interval]
-----------+------------------------------------------------------------------
     idade |  .8987124    .0331223    -2.90   0.004     .8360831    .9660331
      sexo |  18.14923    11.06486     4.75   0.000     5.494327    59.95175
 _Iperfil_2 | 3.221137    1.893806     1.99   0.047     1.017563    10.19664
 _Iperfil_3 | 12.93494    10.70357     3.09   0.002     2.555062    65.48282
------------------------------------------------------------------------------
```

f)

$$\hat{h}_i\left(t\right) = \hat{h}_{0i}\left(t\right).e^{\left(-0,1068.idade_i + 2,8986.sexo_i + 1,1697.\_perfil\_2_i + 2,5599.\_perfil\_3_i\right)}$$

$$\hat{S}_i\left(t\right) = \hat{S}_{0i}\left(t\right)^{e^{\left(-0,1068.idade_i + 2,8986.sexo_i + 1,1697.\_perfil\_2_i + 2,5599.\_perfil\_3_i\right)}}$$

g)

```
Cox regression -- Breslow method for ties

No. of subjects =          50              Number of obs    =         50
No. of failures =          25
Time at risk     =       6166
                                           LR chi2(8)       =      71.90
Log likelihood  =  -52.429217             Prob > chi2      =     0.0000

------------------------------------------------------------------------------
        _t |    Coef.     Std. Err.      z    P>|z|     [95% Conf. Interval]
-----------+------------------------------------------------------------------
main       |
     idade | -.5671129    .308397     -1.84   0.066    -1.17156     .0373341
      sexo |  10.22207    12.77426     0.80   0.424    -14.81502    35.25915
 _Iperfil_2 | -4.319389   5.366694    -0.80   0.421    -14.83792    6.199137
 _Iperfil_3 |  3.855301   9.738436     0.40   0.692    -15.23168    22.94229
-----------+------------------------------------------------------------------
tvc        |
     idade |  .1066689    .0689528     1.55   0.122    -.0284761    .241814
      sexo | -1.573287    2.636519    -0.60   0.551    -6.740769    3.594196
 _Iperfil_2 | 1.152325    1.172384     0.98   0.326    -1.145505    3.450155
 _Iperfil_3 | -.8778638   2.689728    -0.33   0.744    -6.149634    4.393907
------------------------------------------------------------------------------
Note: variables in tvc equation interacted with ln(_t)
```

```
Test of proportional-hazards assumption

    Time:  Time
    ----------------------------------------------------------------
              |      rho        chi2       df      Prob>chi2
    ----------+-----------------------------------------------------
    idade     |    0.15107      0.65        1        0.4202
    sexo      |   -0.08363      0.15        1        0.6969
    _Iperfil_2 |   0.09781      0.25        1        0.6138
    _Iperfil_3 |  -0.01752      0.01        1        0.9341
    ----------+-----------------------------------------------------
    global test |               1.50        4        0.8271
    ----------------------------------------------------------------
```

Com base na análise dos resultados, pode-se verificar que nenhuma das variáveis explicativas é dependente do tempo de monitoramento, ao nível de significância de 5%, o que indica que não há a violação do princípio da proporcionalidade.

h)   A taxa de risco de ocorrência de compra de ações (*hazard ratio*) quando se aumenta em 1 ano a idade média dos clientes é, em média e mantidas as demais condições constantes, multiplicada por um fator de 0,8987 (10,13% menor).

i)   A taxa de risco de ocorrência de compra de ações (*hazard ratio*) dos homens é, em média e mantidas as demais condições constantes, multiplicada por um fator de 18,1492, ou seja, é 1.714,92% maior em relação à taxa de risco de ocorrência de compra de ações das mulheres.

j) A taxa de risco de ocorrência de compra de ações não é influenciada pelo comportamento da renda média familiar.

k) A taxa de risco de ocorrência de compra de ações (*hazard ratio*) dos clientes que se consideram moderados é, em média e mantidas as demais condições constantes, multiplicada por um fator de 3,2211, ou seja, é 222,11% maior em relação à taxa de risco de ocorrência de compra de ações daqueles que se consideram conservadores. Além disso, a taxa de risco de ocorrência de compra de ações (*hazard ratio*) dos clientes que se consideram arrojados é, em média e também mantidas as demais condições constantes, multiplicada por um fator de 12,9349, ou seja, é 1.193,49% maior em relação à taxa de risco de ocorrência de compra de ações daqueles que se consideram conservadores.

l) Para este cliente (*id* = 02 no banco de dados), que foi monitorado por 34 dias, o valor da probabilidade basal é de 0,83569. Logo, a probabilidade de sobrevivência ao evento, ou seja, a probabilidade de não comprar ações, é:

$$\hat{S} = \left(0,83569\right)^{e^{\left[-0,1068.(32)+2,8986.(1)+1,1697.(1)\right]}} = 0,7088$$

e, portanto, a probabilidade de comprar ações é:

$$\hat{F} = 1 - 0,7088 = 0,2912$$

m)

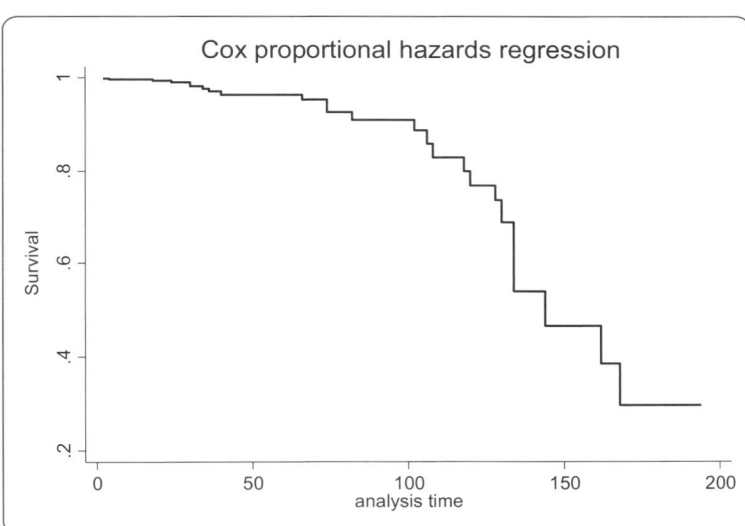

n)

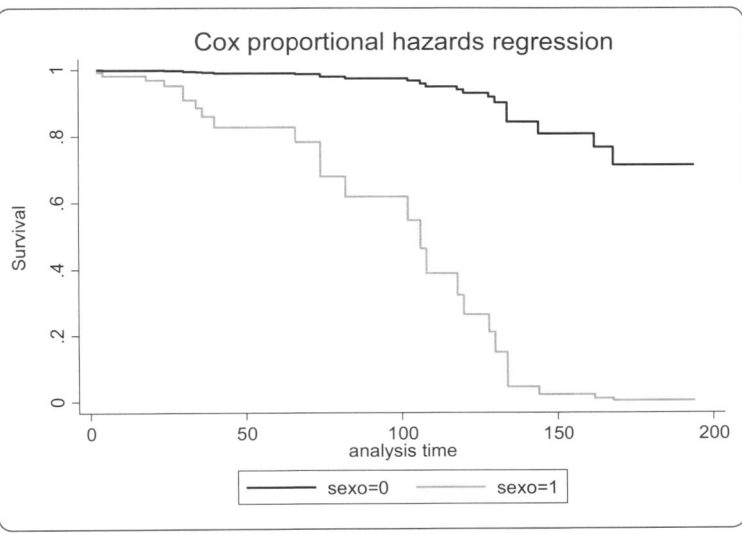

o)

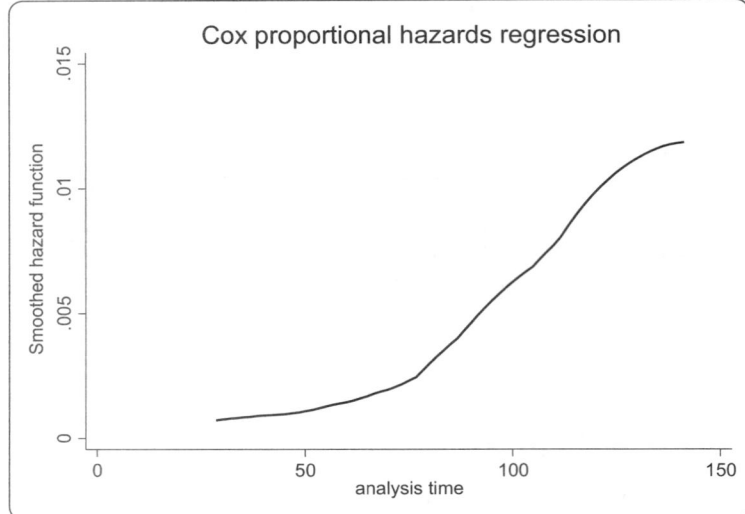

p)

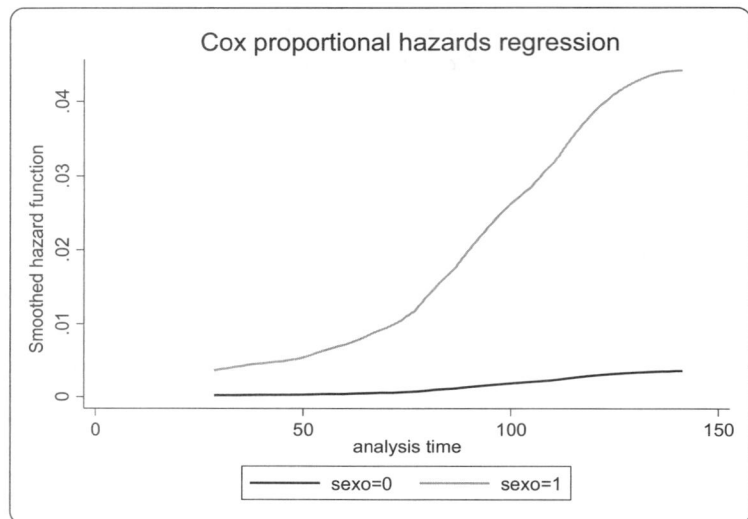

q)

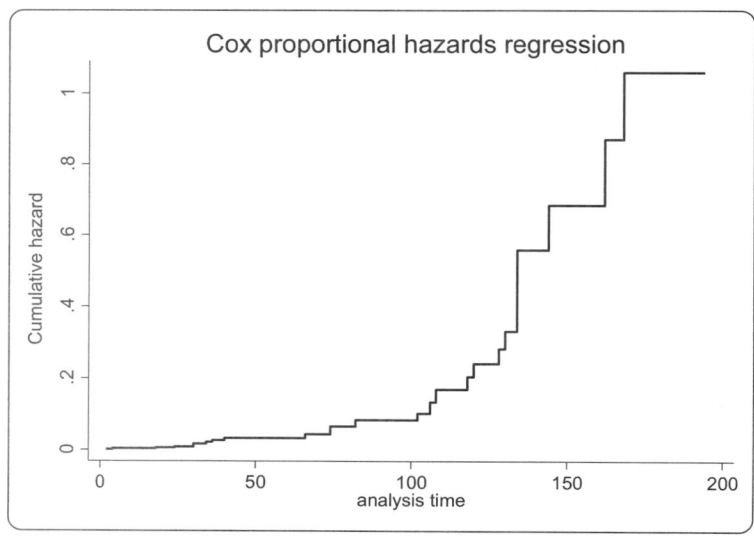

r)

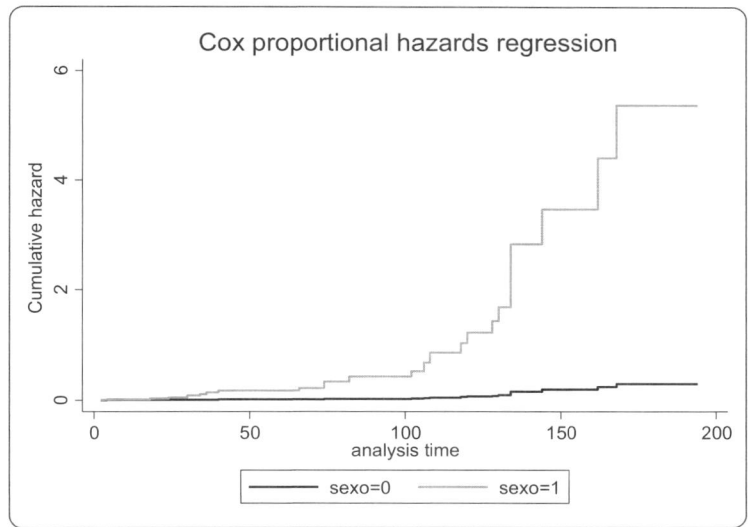

Pode-se verificar que os homens apresentam riscos maiores de comprar ações do que as mulheres. Não está se discutindo, entretanto, o desempenho dessas transações.

s)

```
Log-rank test for equality of survivor functions

            |    Events         Events
sexo        |  observed       expected
------------+----------------------------
feminino    |         4          18.67
masculino   |        21           6.33
------------+----------------------------
Total       |        25          25.00

              chi2(1)  =       50.17
              Pr>chi2  =      0.0000
```

Com base no resultado do teste *Log-rank*, pode-se verificar que o risco de se comprar ações é diferente entre homens e mulheres, ao nível de significância de 5%.

t)

```
Log-rank test for equality of survivor functions

             |    Events         Events
perfil       |  observed       expected
-------------+----------------------------
conservador  |         4          11.78
moderado     |        16          12.04
arrojado     |         5           1.18
-------------+----------------------------
Total        |        25          25.00

               chi2(2)  =       19.83
               Pr>chi2  =      0.0000
```

Com base no resultado do teste *Log-rank*, pode-se verificar que pelo menos uma das funções de sobrevivência ao evento para o tipo de perfil (conservador, moderado ou arrojado) é estatisticamente diferente das demais, ao nível de significância de 5%.

```
. sts test perfil if perfil == 1 | perfil == 2, w
        failure _d:  compra
   analysis time _t:  tempo
               id:  id

Wilcoxon (Breslow) test for equality of survivor functions

              |   Events        Events      Sum of
perfil        |  observed      expected      ranks
--------------+----------------------------------------
conservador   |      4          10.19         -192
moderado      |     16           9.81          192
--------------+----------------------------------------
Total         |     20          20.00            0

                    chi2(1) =       7.29
                    Pr>chi2 =     0.0069

. sts test perfil if perfil == 1 | perfil == 3, w
        failure _d:  compra
   analysis time _t:  tempo
               id:  id

Wilcoxon (Breslow) test for equality of survivor functions

              |   Events        Events      Sum of
perfil        |  observed      expected      ranks
--------------+----------------------------------------
conservador   |      4           7.66          -84
arrojado      |      5           1.34           84
--------------+----------------------------------------
Total         |      9           9.00            0

                    chi2(1) =      13.26
                    Pr>chi2 =     0.0003

. sts test perfil if perfil == 2 | perfil == 3, w
        failure _d:  compra
   analysis time _t:  tempo
               id:  id

Wilcoxon (Breslow) test for equality of survivor functions

              |   Events        Events      Sum of
perfil        |  observed      expected      ranks
--------------+----------------------------------------
moderado      |     16          19.23         -101
arrojado      |      5           1.77          101
--------------+----------------------------------------
Total         |     21          21.00            0

                    chi2(1) =      10.04
                    Pr>chi2 =     0.0015
```

Com base nos resultados dos testes de Breslow (Wilcoxon), pode-se verificar que:

- A função de sobrevivência ao evento dos clientes considerados conservadores é mais similar à função de sobrevivência ao evento dos clientes considerados moderados, embora tais comportamentos sejam estatisticamente diferentes ao nível de significância de 5% (maior *valor-P*, embora ainda seja menor do que 0,05);
- Como era de se esperar, as funções de sobrevivência ao evento dos clientes considerados conservadores e arrojados são as que apresentam comportamentos mais discrepantes.

2)   a)

```
Cox regression -- Breslow method for ties

No. of subjects =        2945                Number of obs   =        2945
No. of failures =         905
Time at risk    =       93917
                                             LR chi2(2)      =        6.04
Log likelihood  =   -5899.6066               Prob > chi2     =      0.0488


         _t | Haz. Ratio   Std. Err.      z    P>|z|     [95% Conf. Interval]
------------+----------------------------------------------------------------
medicamento |   .8103263   .0690066    -2.47   0.014     .6857605    .9575191
       sexo |   1.024089   .0913813     0.27   0.790     .8597721    1.219809
------------+----------------------------------------------------------------
```

```
Cox regression -- Breslow method for ties

No. of subjects =         2945                   Number of obs   =       2945
No. of failures =          905
Time at risk    =        93917
                                                 LR chi2(4)      =       6.76
Log likelihood  =   -5899.2487                   Prob > chi2     =     0.1493

-----------------------------------------------------------------------------
        _t |      Coef.   Std. Err.      z    P>|z|     [95% Conf. Interval]
-----------+-----------------------------------------------------------------
main       |
medicamento| -.2012537   .1944179    -1.04   0.301    -.5823058    .1797985
      sexo |  .1648786   .2010689     0.82   0.412    -.2292092    .5589664
-----------+-----------------------------------------------------------------
tvc        |
medicamento| -.0038374   .0545492    -0.07   0.944    -.1107519    .1030771
      sexo | -.0441826   .0554241    -0.80   0.425    -.1528119    .0644467
-----------------------------------------------------------------------------
Note: variables in tvc equation interacted with ln(_t)
```

```
Test of proportional-hazards assumption

    Time:  Time
    ---------------------------------------------------------------
            |       rho        chi2       df       Prob>chi2
    --------+------------------------------------------------------
    medicamento |  -0.00620       0.03        1        0.8529
    sexo        |   0.00431       0.02        1        0.8970
    --------+------------------------------------------------------
    global test |                0.04        2        0.9797
    ---------------------------------------------------------------
```

Após a estimação do modelo de riscos proporcionais de Cox com a inclusão das variáveis *medicamento* e *sexo* como preditoras, pode-se verificar que estas não são dependentes do tempo de monitoramento, ao nível de significância de 5%, o que indica que não há a violação do princípio da proporcionalidade, mesmo não sendo estatisticamente diferente de zero o parâmetro da variável *sexo*.

b)

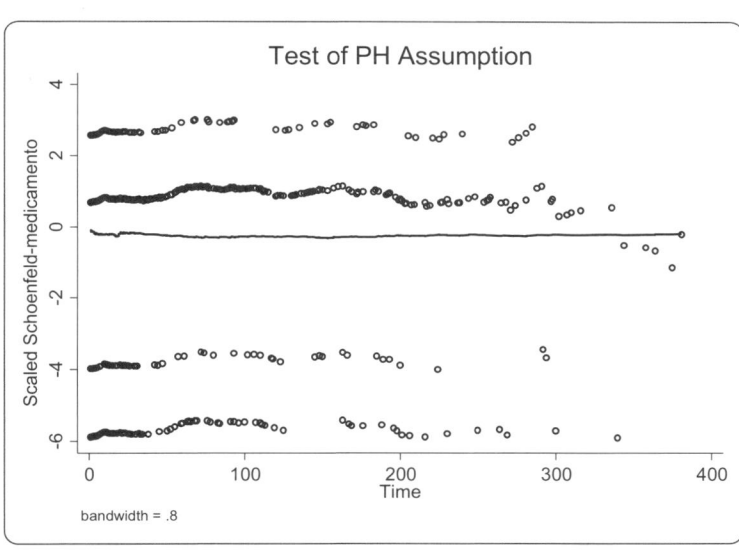

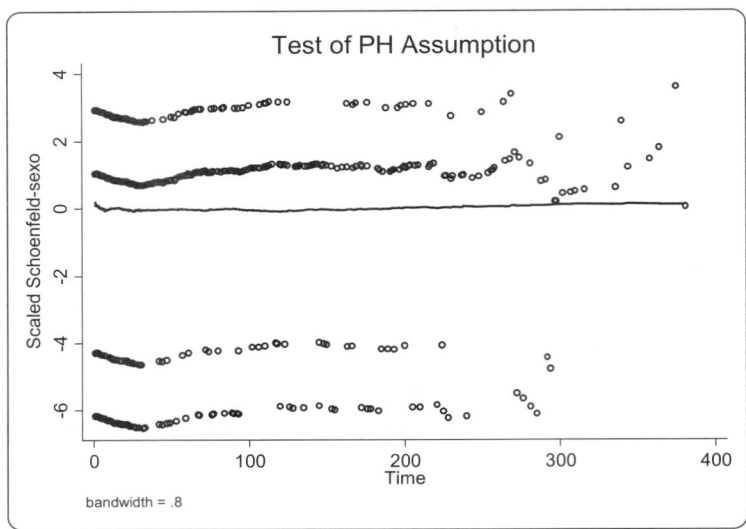

As linhas praticamente horizontais dos gráficos também indicam que não há violação do princípio da existência de riscos proporcionais.

c)

```
Log-rank test for equality of survivor functions

                   |    Events        Events
medicamento        |  observed       expected
-------------------+-----------------------------
medicamento antigo |      190         161.33
medicamento novo   |      715         743.67
-------------------+-----------------------------
Total              |      905         905.00

                       chi2(1)  =       6.30
                       Pr>chi2  =     0.0121
```

Sim. Por meio do teste *Log-rank*, pode-se verificar que pacientes que recebem medicamento novo e pacientes que são tratados com medicamento considerado mais antigo apresentam probabilidades de sobrevivência estatisticamente diferentes, ao nível de significância de 5%.

d)

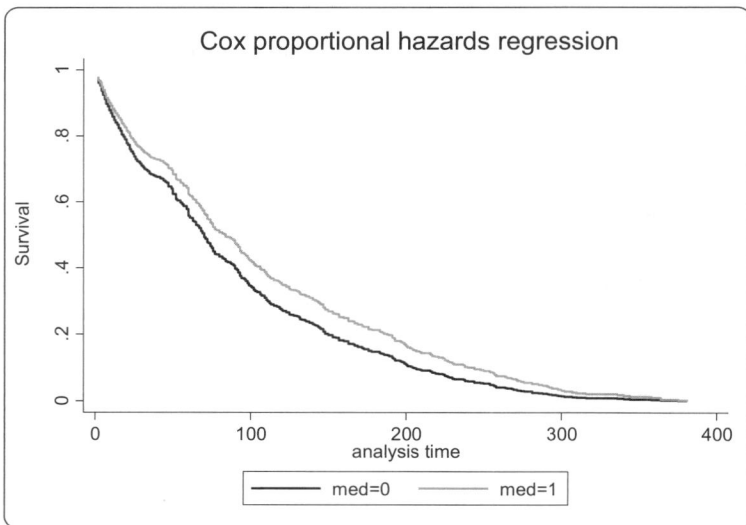

Por meio do gráfico elaborado, pode-se verificar que pacientes tratados com medicamento novo apresentam maiores probabilidades de sobrevivência.

e)

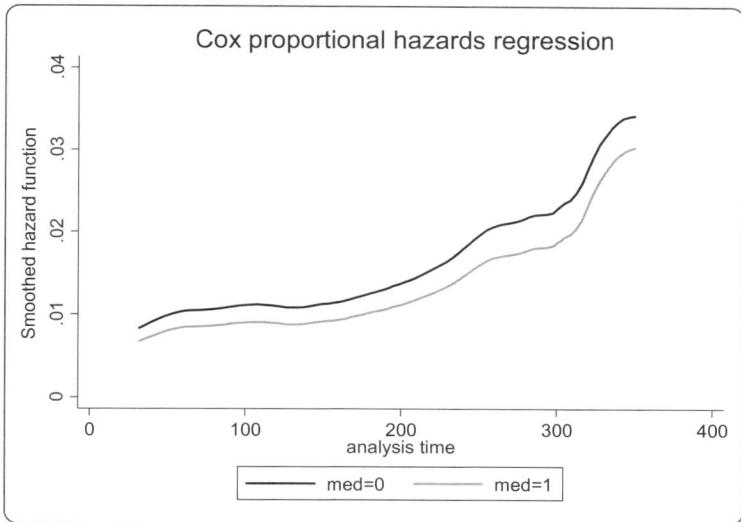

A mesma conclusão pode ser obtida com base na análise deste gráfico, uma vez que se pode verificar que pacientes tratados com medicamento novo apresentam riscos menores de morrer.

f)

```
Log-rank test for equality of survivor functions

          |     Events       Events
sexo      |   observed      expected
----------+------------------------------
feminino  |       169        164.40
masculino |       736        740.60
----------+------------------------------
Total     |       905        905.00

             chi2(1)  =         0.16
             Pr>chi2  =       0.6882
```

Não. Por meio do teste *Log-rank*, pode-se verificar que pacientes do sexo feminino e do sexo masculino não apresentam probabilidades de sobrevivência estatisticamente diferentes, ao nível de significância de 5%.

g)

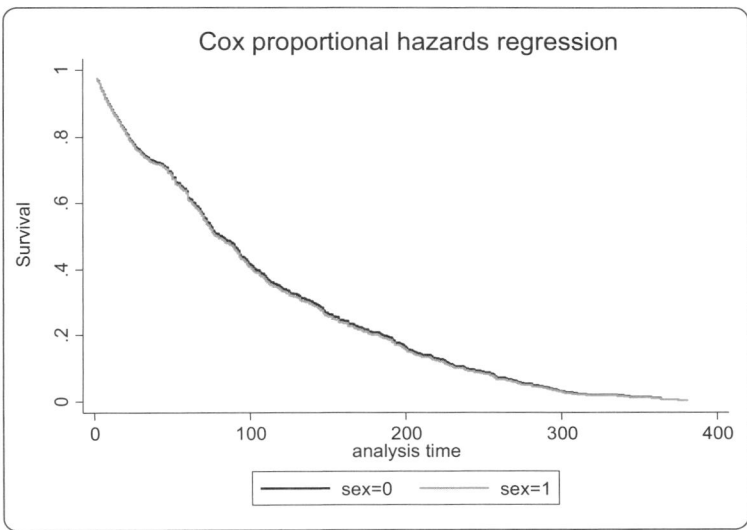

Por meio do gráfico elaborado, pode-se verificar que pacientes do sexo feminino e do sexo masculino não apresentam probabilidades diferentes de sobrevivência.

h)

```
Cox regression -- Breslow method for ties

No. of subjects =           2945              Number of obs    =        2945
No. of failures =            905
Time at risk    =          93917
                                              LR chi2(1)       =        5.97
Log likelihood  =     -5899.6423              Prob > chi2      =      0.0146

-------------------------------------------------------------------------------
        _t |      Coef.   Std. Err.       z    P>|z|    [95% Conf. Interval]
-----------+-------------------------------------------------------------------
medicamento | -.2040345   .0818735    -2.49    0.013    -.3645036   -.0435653
-------------------------------------------------------------------------------
```

$$\hat{h}_i\left(t\right) = \hat{h}_{0i}\left(t\right).e^{\left(-0,2040.medicamento_i\right)}$$

$$\hat{S}_i\left(t\right) = \hat{S}_{0i}\left(t\right)^{e^{\left(-0,2040.medicamento_i\right)}}$$

i)

```
Cox regression -- Breslow method for ties

No. of subjects =           2945              Number of obs    =        2945
No. of failures =            905
Time at risk    =          93917
                                              LR chi2(1)       =        5.97
Log likelihood  =     -5899.6423              Prob > chi2      =      0.0146

-------------------------------------------------------------------------------
        _t | Haz. Ratio   Std. Err.       z    P>|z|    [95% Conf. Interval]
-----------+-------------------------------------------------------------------
medicamento |  .8154343   .0667625    -2.49    0.013     .6945413       .95737
-------------------------------------------------------------------------------
```

A taxa de risco de ocorrência de morte (*hazard ratio*) dos pacientes tratados com medicamento novo é, em média e mantidas as demais condições constantes, multiplicada por um fator de 0,8154, ou seja, é 18,46% menor em relação à taxa de risco de ocorrência de morte dos pacientes tratados com medicamento considerado mais antigo.

Capítulo 18

1)   a)

```
            | zcálculo zmarke~g zfinan~s zecono~a  zfaltas    zhoras    zsexo
------------+-------------------------------------------------------------------
   zcálculo |        1
 zmarketing |  .637106        1
  zfinanças |  .986849  .615152        1
  zeconomia |  .673368  .983973  .653633        1
    zfaltas | -.719806 -.725524 -.691378 -.732898        1
     zhoras |  .689297  .619179  .709893   .60772 -.694856         1
      zsexo |  .141271   .15464  .199233  .120868 -.266395   .156941        1
```

b)

```
Linear combinations for canonical correlations      Number of obs =       30
-------------------------------------------------------------------------------
                |    Coef.    Std. Err.      t    P>|t|    [95% Conf. Interval]
----------------+--------------------------------------------------------------
u1              |
    zcálculo    |   .1927662   .8340191    0.23   0.819   -1.512994    1.898527
   zmarketing   |  1.041409    .7518591    1.39   0.177    -.4963152   2.579134
    zfinanças   |   .4477867   .8171683    0.55   0.588   -1.22351     2.119084
    zeconomia   |  -.5683914   .7824441   -0.73   0.473   -2.168669    1.031886
----------------+--------------------------------------------------------------
v1              |
     zfaltas    |  -.6111107   .1831892   -3.34   0.002    -.9857748   -.2364467
      zhoras    |   .470087    .178785     2.63   0.014     .1044306    .8357434
      zsexo     |   .0130244   .1333933    0.10   0.923    -.2597956    .2858443
----------------+--------------------------------------------------------------
u2              |
    zcálculo    |  5.27139    1.426936     3.69   0.001    2.352978    8.189802
   zmarketing   | -2.666793   1.286367    -2.07   0.047   -5.297709    -.0358758
    zfinanças   | -5.554585   1.398106    -3.97   0.000   -8.414032   -2.695137
    zeconomia   |  2.914161   1.338696     2.18   0.038     .1762211   5.652101
----------------+--------------------------------------------------------------
v2              |
     zfaltas    | -1.069628    .3134213   -3.41   0.002   -1.710646    -.4286095
      zhoras    |  -.9064696   .305886    -2.96   0.006   -1.532077    -.2808624
      zsexo     |  -.7767244   .2282247   -3.40   0.002   -1.243496    -.3099524
----------------+--------------------------------------------------------------
u3              |
    zcálculo    |  1.581251   13.46237     0.12   0.907   -25.9524     29.1149
   zmarketing   | -1.723424   12.13618    -0.14   0.888   -26.54471    23.09786
    zfinanças   |  -.4751535  13.19038    -0.04   0.972   -27.4525     26.5022
    zeconomia   |   .569876   12.62987     0.05   0.964   -25.26112    26.40087
----------------+--------------------------------------------------------------
v3              |
     zfaltas    |   .7182034   2.956961    0.24   0.810   -5.329461    6.765868
      zhoras    |   .945574    2.88587     0.33   0.746   -4.956693    6.847841
      zsexo     |  -.6889824   2.153177   -0.32   0.751   -5.092724    3.71476
----------------+--------------------------------------------------------------
                         (Standard errors estimated conditionally)
Canonical correlations:
  0.8365  0.6658  0.0942

-------------------------------------------------------------------------------
Tests of significance of all canonical correlations

                        Statistic    df1      df2          F    Prob>F
          Wilks' lambda    .165687     12   61.1438     4.9567   0.0000 a
         Pillai's trace   1.15186      12       75     3.8953    0.0001 a
Lawley-Hotelling trace    3.13556      12       65     5.6614    0.0000 a
     Roy's largest root   2.33048       4       25    14.5655    0.0000 u
-------------------------------------------------------------------------------
Test of significance of canonical correlations 1-3

                        Statistic    df1      df2          F    Prob>F
          Wilks' lambda    .165687     12   61.1438     4.9567   0.0000 a
-------------------------------------------------------------------------------
Test of significance of canonical correlations 2-3

                        Statistic    df1      df2          F    Prob>F
          Wilks' lambda    .551815      6       48     2.7694    0.0215 e
-------------------------------------------------------------------------------
Test of significance of canonical correlation 3

                        Statistic    df1      df2          F    Prob>F
          Wilks' lambda    .991135      2       25     0.1118    0.8947 e
-------------------------------------------------------------------------------
                        e = exact, a = approximate, u = upper bound on F.
```

Obs.: Os *valores-P* das estatísticas t dos parâmetros estimados para a variável canônica u_1 são maiores do que 0,05 pelo fato de estas variáveis apresentarem elevadas correlações entre si. Isso, todavia, não significa que a correlação canônica da primeira dimensão será estatisticamente igual a zero, conforme será comprovado adiante.

c)

$u_{1i} = 0,1928 \,.\, zcálculo_i + 1,40414 \,.\, zmarketing_i + 0,4478 \,.\, zfinanças_i - 0,5684 \,.\, zeconomia_i$

$v_{1i} = -0,6111 \,.\, zfaltas_i + 0,4701 \,.\, zhoras_i + 0,0130 \,.\, zsexo_i$

$u_{2i} = 5,2714 \,.\, zcálculo_i - 2,6668 \,.\, zmarketing_i - 5,5546 \,.\, zfinanças_i + 2,9142 \,.\, zeconomia_i$

$v_{2i} = -1,0696 \,.\, zfaltas_i - 0,9065 \,.\, zhoras_i - 0,7767 \,.\, zsexo_i$

$u_{3i} = 1,5813 \,.\, zcálculo_i - 1,7234 \,.\, zmarketing_i - 0,4752 \,.\, zfinanças_i + 0,5699 \,.\, zeconomia_i$

$v_{3i} = 0,7182 \,.\, zfaltas_i + 0,9456 \,.\, zhoras_i - 0,6889 \,.\, zsexo_i$

d) As correlações canônicas entre u_1 e v_1 (primeira dimensão), entre u_2 e v_2 (segunda dimensão) e entre u_3 e v_3 (terceira dimensão) são, respectivamente, iguais a 0,8365, 0,6658 e 0,0942.

```
          |    u1       v1       u2       v2       u3       v3
----------+-------------------------------------------------------
      u1  |  1.0000
      v1  |  0.8365   1.0000
      u2  |  0.0000  -0.0000   1.0000
      v2  |  0.0000  -0.0000   0.6658   1.0000
      u3  |  0.0000   0.0000   0.0000   0.0000   1.0000
      v3  |  0.0000  -0.0000   0.0000  -0.0000   0.0942   1.0000
```

e) Não. Os resultados dos testes de Wilks' lambda, Pillai's trace e Lawley-Hotelling trace mostram que apenas as duas primeiras correlações canônicas são estatisticamente significantes, ao nível de significância de 5%. Em outras palavras, são necessárias duas dimensões para que se descreva a relação existente entre as variáveis dependentes *cálculo*, *marketing*, *finanças* e *economia* e as variáveis explicativas *faltas*, *horas* e *sexo*.

f)

```
Canonical loadings for variable list 1

            |      1        2        3
------------+--------------------------------
   zcálculo |   0.9154   0.0531   0.3981
  zmarketing |   0.8804   0.1422  -0.4475
   zfinanças |   0.9071  -0.0882   0.3976
   zeconomia |   0.8788   0.2090  -0.3717
------------+--------------------------------

Canonical loadings for variable list 2

            |      1        2        3
------------+--------------------------------
     zfaltas |  -0.9412  -0.2328   0.2447
      zhoras |   0.8968  -0.2851   0.3384
       zsexo |   0.2496  -0.6340  -0.7319
------------+--------------------------------
```

g) A variável *cálculo* apresenta maior influência para a formação de u_1. Assim, caso fossem estimados quatro modelos independentes de regressão múltipla, aquele com a variável *cálculo* como dependente apresentaria um maior R^2. Ou seja, a quantidade de faltas à escola ao longo do ano, a quantidade de horas semanais de estudo e o sexo do aluno (embora esta última variável não se mostre estatisticamente significante, ao nível de significância de 5%) influenciam mais significativamente a nota final de cálculo do que as notas finais das demais disciplinas.

h) A variável *faltas* apresenta maior influência, em módulo, para a formação de v_1. Assim, caso fossem estimados quatro modelos independentes de regressão múltipla, na maioria dos casos a variável *faltas* seria estatisticamente mais significante (menor *valor-P* da estatística *t*) para explicar o comportamento da variável dependente em questão. Por outro lado, a variável *sexo* seria a primeira candidata a ser eventualmente excluída de um modelo de regressão, caso este fosse estimado por meio do procedimento *Stepwise*, o que realmente faz sentido.

i)

$$\overline{\text{var}\left(Y \mid u_1\right)} = \frac{\left(0,9154\right)^2 + \left(0,8804\right)^2 + \left(0,9071\right)^2 + \left(0,8788\right)^2}{4} = 0,8020$$

$$MR_{u_1,v_1} = 0,8020 \cdot \left(0,8365\right)^2 = 0,5612$$

que indica, para a primeira função canônica, que 56,12% da variância das variáveis dependentes são explicados pelas variáveis *faltas*, *horas* e *sexo*.

$$\overline{\text{var}\left(Y \mid u_2\right)} = \frac{\left(0,0531\right)^2 + \left(0,1422\right)^2 + \left(-0,0882\right)^2 + \left(0,2090\right)^2}{4} = 0,0186$$

$$MR_{u_2,v_2} = 0,0186 \cdot \left(0,6658\right)^2 = 0,0082$$

que indica, para a segunda função canônica, que apenas 0,82% da variância das variáveis dependentes é explicado pelas variáveis *faltas*, *horas* e *sexo*.

$$\overline{\text{var}\left(Y\mid u_3\right)} = \frac{\left(0,3981\right)^2 + \left(-0,4475\right)^2 + \left(0,3976\right)^2 + \left(-0,3717\right)^2}{4} = 0,1637$$

$$MR_{u_3,v_3} = 0,1637 \cdot \left(0,0942\right)^2 = 0,0015$$

que indica, para a terceira função canônica, que apenas 0,15% da variância das variáveis dependentes é explicado pelas variáveis *faltas*, *horas* e *sexo*.

Logo, o percentual total de variância explicada de *cálculo*, *marketing*, *finanças* e *economia* por *faltas*, *horas* e *sexo*, chamado de medida de redundância total, é igual a 57,09% (0,5612 + 0,0082 + 0, 0015 = 0,5709).

j)

```
      Source |       SS       df       MS              Number of obs =       30
-------------+------------------------------           F(  3,    26) =    12.42
       Model |  138.85037    3   46.2834567            Prob > F      =   0.0000
    Residual |  96.8766302  26   3.72602424            R-squared     =   0.5890
-------------+------------------------------           Adj R-squared =   0.5416
       Total |   235.727    29   8.12851725            Root MSE      =   1.9303

     cálculo |     Coef.    Std. Err.      t    P>|t|     [95% Conf. Interval]
-------------+----------------------------------------------------------------
      faltas | -.0528725   .0197942    -2.67   0.013    -.09356    -.012185
       horas |  .1450165   .0698315     2.08   0.048    .0014758    .2885573
        sexo | -.2478882   .746964     -0.33   0.743   -1.783295   1.287518
       _cons |  7.162276   1.256288     5.70   0.000    4.57994    9.744613


      Source |       SS       df       MS              Number of obs =       30
-------------+------------------------------           F(  3,    26) =    10.73
       Model |  185.548619   3   61.8495398            Prob > F      =   0.0001
    Residual |  149.918047  26   5.76607874            R-squared     =   0.5531
-------------+------------------------------           Adj R-squared =   0.5015
       Total |  335.466667  29   11.5678161            Root MSE      =   2.4013

   marketing |     Coef.    Std. Err.      t    P>|t|     [95% Conf. Interval]
-------------+----------------------------------------------------------------
      faltas | -.0766011   .0246238    -3.11   0.004    -.127216   -.0259862
       horas |  .1050058   .0868698     1.21   0.238    -.0735578    .2835693
        sexo | -.2382283   .9292169    -0.26   0.800    -2.148261   1.671804
       _cons |  7.310492   1.562811     4.68   0.000    4.098088    10.5229


      Source |       SS       df       MS              Number of obs =       30
-------------+------------------------------           F(  3,    26) =    12.00
       Model |  130.680378   3   43.560126             Prob > F      =   0.0000
    Residual |  94.3782885  26   3.62993417            R-squared     =   0.5807
-------------+------------------------------           Adj R-squared =   0.5323
       Total |  225.058666  29   7.76064367            Root MSE      =   1.9052

     finanças |     Coef.   Std. Err.      t    P>|t|     [95% Conf. Interval]
-------------+----------------------------------------------------------------
      faltas | -.0403499   .0195373    -2.07   0.049    -.0805093   -.0001904
       horas |  .1736731   .0689252     2.52   0.018    .0319953    .3153509
        sexo |  .1660716   .7372694     0.23   0.824    -1.349407   1.681551
       _cons |  6.277444   1.239983     5.06   0.000    3.728622    8.826265


      Source |       SS       df       MS              Number of obs =       30
-------------+------------------------------           F(  3,    26) =    11.08
       Model |  150.955438   3   50.3184794            Prob > F      =   0.0001
    Residual |  118.11823   26   4.54300883            R-squared     =   0.5610
-------------+------------------------------           Adj R-squared =   0.5104
       Total |  269.073668  29   9.27840234            Root MSE      =   2.1314

     economia |     Coef.   Std. Err.      t    P>|t|     [95% Conf. Interval]
-------------+----------------------------------------------------------------
      faltas | -.0735191   .0218568    -3.36   0.002    -.1184464   -.0285919
       horas |  .0794529   .0771082     1.03   0.312    -.0790453    .2379511
        sexo | -.4548528   .8247999    -0.55   0.586    -2.150253   1.240548
       _cons |  7.72626    1.387197     5.57   0.000    4.874836    10.57768
```

O valor do percentual total de variância explicada de *cálculo, marketing, finanças* e *economia* por *faltas, horas* e *sexo* também pode ser obtido pela média dos valores de R^2 das estimações dos quatro modelos de regressão múltipla, ou seja, $[(0,5890 + 0,5531 + 0,5807 + 0,5610) / 4] = 0,5709$.

2)

```
Linear combinations for canonical correlations      Number of obs =      100
-----------------------------------------------------------------------------
             |     Coef.   Std. Err.      t    P>|t|     [95% Conf. Interval]
-------------+---------------------------------------------------------------
u1           |
zfaturamento |    .51645   .1177733     4.39   0.000     .2827623    .7501378
    ztíquete |  .5757747   .1177733     4.89   0.000     .3420869    .8094624
-------------+---------------------------------------------------------------
v1           |
zatendimento |  .5043767   .1358491     3.71   0.000     .2348226    .7739309
  zsortimento|  .5587198   .1358491     4.11   0.000     .2891657     .828274
-------------+---------------------------------------------------------------
u2           |
zfaturamento | -1.254101   1.418389    -0.88   0.379    -4.068493    1.560291
    ztíquete |  1.227996   1.418389     0.87   0.389    -1.586396    4.042387
-------------+---------------------------------------------------------------
v2           |
zatendimento |  1.480903   1.636084     0.91   0.368    -1.765441    4.727248
  zsortimento| -1.461267   1.636084    -0.89   0.374    -4.707612    1.785077
-----------------------------------------------------------------------------
                                (Standard errors estimated conditionally)
Canonical correlations:
  0.7600   0.0966

-----------------------------------------------------------------------------
Tests of significance of all canonical correlations

                     Statistic      df1      df2           F    Prob>F
         Wilks' lambda   .418495        4      192    26.1986    0.0000 e
         Pillai's trace  .586898        4      194    20.1433    0.0000 a
Lawley-Hotelling trace  1.37663        4      190    32.6949    0.0000 a
     Roy's largest root   1.3672        2       97    66.3092    0.0000 u
-----------------------------------------------------------------------------
Test of significance of canonical correlations 1-2

                     Statistic      df1      df2           F    Prob>F
         Wilks' lambda   .418495        4      192    26.1986    0.0000 e
-----------------------------------------------------------------------------
Test of significance of canonical correlation 2

                     Statistic      df1      df2           F    Prob>F
         Wilks' lambda   .990662        1       97     0.9143    0.3413 e
-----------------------------------------------------------------------------
            e = exact, a = approximate, u = upper bound on F
```

a)   Não. As variáveis dependentes *faturamento* e *tíquete* são estatisticamente significantes, ao nível de significância de 5%, apenas para a formação da variável canônica u_1.

b)   Não. As variáveis explicativas *atendimento* e *sortimento* são estatisticamente significantes, ao nível de significância de 5%, apenas para a formação da variável canônica v_1.

c)   Não. Apenas a primeira correlação canônica é estatisticamente significante, ao nível de significância de 5%, ou seja, apenas uma única dimensão é necessária para que se descreva a relação existente entre as variáveis dependentes e as variáveis explicativas.

```
Canonical loadings for variable list 1

                 |      1         2
     ------------+------------------
     zfaturamento|   0.9054   -0.4245
         ztíquete|   0.9247    0.3808
     --------------------------------

Canonical loadings for variable list 2

                 |      1         2
     ------------+------------------
     zatendimento|   0.9341    0.3571
      zsortimento|   0.9466   -0.3224
     --------------------------------
```

d) Caso fossem estimados dois modelos independentes de regressão múltipla, aquele com a variável *tíquete* como dependente apresentaria um maior R^2, consideradas as variáveis *atendimento* e *sortimento* como explicativas.

e) Embora a variável *sortimento* apresente uma influência para a formação da variável canônica v_1 levemente superior, quando comparada à variável *atendimento*, ambas apresentam cargas canônicas bastante elevadas, o que representa um forte indício de que não serão excluídas dos modelos de regressão com as variáveis *faturamento* ou *tíquete* como dependentes, caso estes sejam estimados por meio do procedimento *Stepwise*.

f)

```
    ------------------------------------------------------------------------
        Source |       SS       df       MS              Number of obs =      100
    -------------+------------------------------            F(  2,     97) =    43.91
         Model |  47.0402371      2   23.5201185           Prob > F       =   0.0000
      Residual |   51.959761     97  .535667639            R-squared      =   0.4752
    -------------+------------------------------            Adj R-squared  =   0.4643
         Total |  98.9999981     99   .99999998            Root MSE       =   .73189

    ------------------------------------------------------------------------
    zfaturamento |     Coef.   Std. Err.      t    P>|t|     [95% Conf. Interval]
    -------------+----------------------------------------------------------
     zatendimento |  .2863057   .1150771     2.49   0.015     .0579096    .5147019
      zsortimento |  .4443973   .1150771     3.86   0.000     .2160011    .6727934
            _cons |  2.13e-09   .0731893     0.00   1.000    -.1452605    .1452605
    ------------------------------------------------------------------------


    ------------------------------------------------------------------------
        Source |       SS       df       MS              Number of obs =      100
    -------------+------------------------------            F(  2,     97) =    47.57
         Model |  49.0217761      2   24.5108881           Prob > F       =   0.0000
      Residual |  49.9782204     97  .515239385            R-squared      =   0.4952
    -------------+------------------------------            Adj R-squared  =   0.4848
         Total |  98.9999965     99  .999999965            Root MSE       =   .7178

    ------------------------------------------------------------------------
       ztíquete |     Coef.   Std. Err.      t    P>|t|     [95% Conf. Interval]
    -------------+----------------------------------------------------------
     zatendimento |  .4089281   .1128615     3.62   0.000     .1849294    .6329269
      zsortimento |  .3388537   .1128615     3.00   0.003     .1148549    .5628524
            _cons | -7.93e-09   .0717802    -0.00   1.000    -.1424638    .1424638
    ------------------------------------------------------------------------
```

Enquanto a percepção positiva sobre o sortimento da loja é mais significante para explicar o crescimento do faturamento anual do grupo supermercadista, a percepção positiva sobre a qualidade do atendimento no ponto de venda contribui mais significativamente para que seja incrementado o tíquete médio de cada compra.

Tabela A Distribuição *F* de *Snedecor*.

$$P(F_{cal} > F_c) = 0,10$$

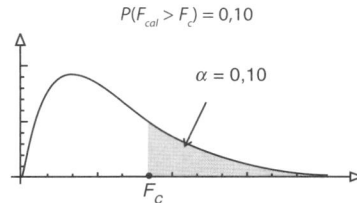

$\alpha = 0,10$

F_c

Valores críticos de distribuição *F* de *Snedecor*

v_2 denominador	Graus de liberdade no numerador (v_1)									
	1	**2**	**3**	**4**	**5**	**6**	**7**	**8**	**9**	**10**
1	39,86	49,50	53,59	55,83	57,24	58,20	58,91	59,44	59,86	60,19
2	8,53	9,00	9,16	9,24	9,29	9,33	9,35	9,37	9,38	9,39
3	5,54	5,46	5,39	5,34	5,31	5,28	5,27	5,25	5,24	5,23
4	4,54	4,32	4,19	4,11	4,05	4,01	3,98	3,95	3,94	3,92
5	4,06	3,78	3,62	3,52	3,45	3,40	3,37	3,34	3,32	3,30
6	3,78	3,46	3,29	3,18	3,11	3,05	3,01	2,98	2,96	2,94
7	3,59	3,26	3,07	2,96	2,88	2,83	2,78	2,75	2,72	2,70
8	3,46	3,11	2,92	2,81	2,73	2,67	2,62	2,59	2,56	2,54
9	3,36	3,01	2,81	2,69	2,61	2,55	2,51	2,47	2,44	2,42
10	3,29	2,92	2,73	2,61	2,52	2,46	2,41	2,38	2,35	2,32
11	3,23	2,86	2,66	2,54	2,45	2,39	2,34	2,30	2,27	2,25
12	3,18	2,81	2,61	2,48	2,39	2,33	2,28	2,24	2,21	2,19
13	3,14	2,76	2,56	2,43	2,35	2,28	2,23	2,20	2,16	2,14
14	3,10	2,73	2,52	2,39	2,31	2,24	2,19	2,15	2,12	2,10
15	3,07	2,70	2,49	2,36	2,27	2,21	2,16	2,12	2,09	2,06
16	3,05	2,67	2,46	2,33	2,24	2,18	2,13	2,09	2,06	2,03
17	3,03	2,64	2,44	2,31	2,22	2,15	2,10	2,06	2,03	2,00
18	3,01	2,62	2,42	2,29	2,20	2,13	2,08	2,04	2,00	1,98
19	2,99	2,61	2,40	2,27	2,18	2,11	2,06	2,02	1,98	1,96
20	2,97	2,59	2,38	2,25	2,16	2,09	2,04	2,00	1,96	1,94
21	2,96	2,57	2,36	2,23	2,14	2,08	2,02	1,98	1,95	1,92
22	2,95	2,56	2,35	2,22	2,13	2,06	2,01	1,97	1,93	1,90
23	2,94	2,55	2,34	2,21	2,11	2,05	1,99	1,95	1,92	1,89
24	2,93	2,54	2,33	2,19	2,10	2,04	1,98	1,94	1,91	1,88
25	2,92	2,53	2,32	2,18	2,09	2,02	1,97	1,93	1,89	1,87
26	2,91	2,52	2,31	2,17	2,08	2,01	1,96	1,92	1,88	1,86
27	2,90	2,51	2,30	2,17	2,07	2,00	1,95	1,91	1,87	1,85
28	2,89	2,50	2,29	2,16	2,06	2,00	1,94	1,90	1,87	1,84
29	2,89	2,50	2,28	2,15	2,06	1,99	1,93	1,89	1,86	1,83
30	2,88	2,49	2,28	2,14	2,05	1,98	1,93	1,88	1,85	1,82
35	2,85	2,46	2,25	2,11	2,02	1,95	1,90	1,85	1,82	1,79
40	2,84	2,44	2,23	2,09	2,00	1,93	1,87	1,83	1,79	1,76
45	2,82	2,42	2,21	2,07	1,98	1,91	1,85	1,81	1,77	1,74
50	2,81	2,41	2,20	2,06	1,97	1,90	1,84	1,80	1,76	1,73
100	2,76	2,36	2,14	2,00	1,91	1,83	1,78	1,73	1,69	1,66

(Continua)

Tabela A   Distribuição F de *Snedecor*. (*Continuação*)

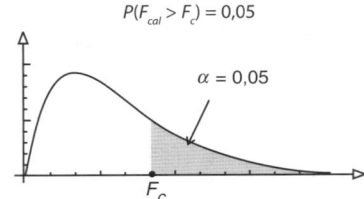

$P(F_{cal} > F_c) = 0,05$

$\alpha = 0,05$

F_c

Valores críticos de distribuição F de *Snedecor*

v_2 denominador	Graus de liberdade no numerador (v_1)									
	1	2	3	4	5	6	7	8	9	10
1	161,45	199,50	215,71	224,58	230,16	233,99	236,77	238,88	240,54	241,88
2	18,51	19,00	19,16	19,25	19,30	19,33	19,35	19,37	19,38	19,40
3	10,13	9,55	9,28	9,12	9,01	8,94	8,89	8,85	8,81	8,79
4	7,71	6,94	6,59	6,39	6,26	6,16	6,09	6,04	6,00	5,96
5	6,61	5,79	5,41	5,19	5,05	4,95	4,88	4,82	4,77	4,74
6	5,99	5,14	4,76	4,53	4,39	4,28	4,21	4,15	4,10	4,06
7	5,59	4,74	4,35	4,12	3,97	3,87	3,79	3,73	3,68	3,64
8	5,32	4,46	4,07	3,84	3,69	3,58	3,50	3,44	3,39	3,35
9	5,12	4,26	3,86	3,63	3,48	3,37	3,29	3,23	3,18	3,14
10	4,96	4,10	3,71	3,48	3,33	3,22	3,14	3,07	3,02	2,98
11	4,84	3,98	3,59	3,36	3,20	3,09	3,01	2,95	2,90	2,85
12	4,75	3,89	3,49	3,26	3,11	3,00	2,91	2,85	2,80	2,75
13	4,67	3,81	3,41	3,18	3,03	2,92	2,83	2,77	2,71	2,67
14	4,60	3,74	3,34	3,11	2,96	2,85	2,76	2,70	2,65	2,60
15	4,54	3,68	3,29	3,06	2,90	2,79	2,71	2,64	2,59	2,54
16	4,49	3,63	3,24	3,01	2,85	2,74	2,66	2,59	2,54	2,49
17	4,45	3,59	3,20	2,96	2,81	2,70	2,61	2,55	2,49	2,45
18	4,41	3,55	3,16	2,93	2,77	2,66	2,58	2,51	2,46	2,60
19	4,38	3,52	3,13	2,90	2,74	2,63	2,54	2,48	2,42	2,38
20	4,35	3,49	3,10	2,87	2,71	2,60	2,51	2,45	2,39	2,35
21	4,32	3,47	3,07	2,84	2,68	2,57	2,49	2,42	2,37	2,32
22	4,30	3,44	3,05	2,82	2,66	2,55	2,46	2,40	2,34	2,30
23	4,28	3,42	3,03	2,80	2,64	2,53	2,44	2,37	2,32	2,27
24	4,26	3,40	3,01	2,78	2,62	2,51	2,42	2,36	2,30	2,25
25	4,24	3,39	2,99	2,76	2,00	2,49	2,40	2,34	2,28	2,24
26	4,23	3,37	2,98	2,74	2,59	2,47	2,39	2,32	2,27	2,22
27	4,21	3,35	2,96	2,73	2,57	2,46	2,37	2,31	2,25	2,20
28	4,20	3,34	2,95	2,71	2,56	2,45	2,36	2,29	2,24	2,19
29	4,18	3,33	2,93	2,70	2,55	2,43	2,35	2,28	2,22	2,18
30	4,17	3,32	2,92	2,69	2,53	2,42	2,33	2,27	2,21	2,16
35	4,12	3,27	2,87	2,64	2,49	2,37	2,29	2,22	2,16	2,11
40	4,08	3,23	2,84	2,61	2,45	2,34	2,25	2,18	2,12	2,08
45	4,06	3,20	2,81	2,58	2,42	2,31	2,22	2,15	2,10	2,05
50	4,03	3,18	2,79	2,56	2,40	2,29	2,20	2,13	2,07	2,03
100	3,94	3,09	2,70	2,46	2,31	2,19	2,10	2,03	1,97	1,93

(*Continua*)

Tabela A   Distribuição *F* de *Snedecor*. (*Continuação*)

$$P(F_{cal} > F_c) = 0,025$$

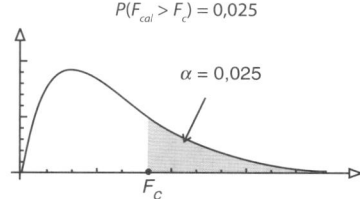

$\alpha = 0,025$

F_C

Valores críticos de distribuição *F* de *Snedecor*

v_2 denominador	Graus de liberdade no numerador (v_1)									
	1	**2**	**3**	**4**	**5**	**6**	**7**	**8**	**9**	**10**
1	647,8	799,5	864,2	899,6	921,8	937,1	948,2	956,7	963,3	963,3
2	38,51	39,00	39,17	39,25	39,30	39,33	39,36	39,37	39,39	39,40
3	17,44	16,04	15,44	15,10	14,88	14,73	14,62	14,54	14,47	14,42
4	12,22	10,65	9,98	9,60	9,36	9,20	9,07	8,98	8,90	3,84
5	10,01	8,43	7,76	7,39	7,15	6,98	6,85	6,76	6,68	6,62
6	8,81	7,26	6,60	6,23	5,99	5,82	5,70	5,60	5,52	5,46
7	8,07	6,54	5,89	5,52	5,29	5,12	4,99	4,90	4,82	4,76
8	7,57	6,06	5,42	5,05	4,82	4,65	4,53	4,43	4,36	4,30
9	7,21	5,71	5,08	4,72	4,48	4,32	4,20	4,10	4,03	3,96
10	6,94	5,46	4,83	4,47	4,24	4,07	3,95	3,85	3,78	3,72
11	6,72	5,26	4,63	4,28	4,04	3,88	3,76	3,66	3,59	3,53
12	6,55	5,10	4,47	4,12	3,89	3,73	3,61	3.51	3,44	3,37
13	6,41	4,97	4,35	4,00	3,77	3,60	3,48	3.39	3,31	3,25
14	6,30	4,86	4,24	3,89	3,66	3,50	3,38	3,29	3,21	3,15
15	6,20	4,77	4,15	3,80	3,58	3,41	3,29	3,20	3,12	3,06
16	6,12	4,69	4,08	3,73	3,50	3,34	3,22	3,12	3,05	2,99
17	6,04	4,62	4,01	3,66	3,44	3,28	3,16	3,06	2,98	2,92
18	5,98	4,56	3,95	3,61	3,38	3,22	3,10	3,01	2,93	2,87
19	5,92	4,51	3,90	3,56	3,33	3,17	3,05	2,96	2,88	2,82
20	5,87	4,46	3,86	3,51	3,29	3,13	3,01	2,91	2,84	2,77
21	5,83	4,42	3,82	3,48	3,25	3,09	2,97	2,87	2,80	2,73
22	5,79	4,38	3,78	3,44	3,22	3,05	2,93	2,84	2,76	2,70
23	5,75	4,35	3,75	3,41	3,18	3,02	2,90	2,81	2,73	2,67
24	5,72	4,32	3,72	3,38	3,15	2,99	2,87	2,78	2,70	2,64
25	5,69	4,29	3,69	3,35	3,13	2,97	2,85	2,75	2,68	2,61
26	5,66	4,27	3,67	3,33	3,10	2,94	2,82	2,73	2,65	2,59
27	5,63	4,24	3,65	3,31	3,08	2,92	2,80	2,71	2,63	2,57
28	5,61	4,22	3,63	3,29	3,06	2,90	2,78	2,69	2,61	2,55
29	5,59	4,20	3,61	3,27	3,04	2,88	2,76	2,67	2,59	2,53
30	5,57	4,18	3,59	3,25	3,03	2,87	2,75	2,65	2,57	2,51
40	5,42	4,05	3,46	3,13	2,90	2,74	2,62	2,53	2,45	2,39
60	5,29	3,93	3,34	3,01	2,79	2,63	2,51	2,41	2,33	2,27
120	5,15	3,80	3,23	2,89	2,67	2,52	2,39	2,30	2,22	2,16

(*Continua*)

Tabela A   Distribuição *F* de *Snedecor.* (*Continuação*)

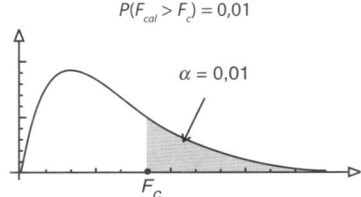

$P(F_{cal} > F_c) = 0,01$

$\alpha = 0,01$

Valores críticos de distribuição *F* de *Snedecor*

v_2 denominador	Graus de liberdade no numerador (v_1)									
	1	**2**	**3**	**4**	**5**	**6**	**7**	**8**	**9**	**10**
1	4052,2	4999,3	5403,5	5624,3	5764,0	5859,0	5928,3	5981,0	6022,4	6055,9
2	98,50	99,00	99,16	99,25	99,30	99,33	99,36	99,38	99,39	99,40
3	34,12	30,82	29,46	28,71	28,24	27,91	27,67	27,49	27,34	27,23
4	21,20	18,00	16,69	15,98	15,52	15,21	14,98	14,80	14,66	14,55
5	16,26	13,27	12,06	11,39	10,97	10,67	10,46	10,29	10,16	10,05
6	13,75	10,92	9,78	9,15	8,75	8,47	8,26	8,10	7,98	7,87
7	12,25	9,55	8,45	7,85	7,46	7,19	6,99	6,84	6,72	6,62
8	11,26	8,65	7,59	7,01	6,63	6,37	6,18	6,03	5,91	5,81
9	10,56	8,02	6,99	6,42	6,06	5,80	5,61	5,47	5,35	5,26
10	10,04	7,56	6,55	5,99	5,64	5,39	5,20	5,06	4,94	4,85
11	9,65	7,21	6,22	5,67	5,32	5,07	4,89	4,74	4,63	4,54
12	9,33	6,93	5,95	5,41	5,06	4,82	4,64	4,50	4,39	4,30
13	9,07	6,70	5,74	5,21	4,86	4,62	4,44	4,30	4,19	4,10
14	8,86	6,51	5,56	5,04	4,69	4,46	4,28	4,14	4,03	3,94
15	8,68	6,36	5,42	4,89	4,56	4,32	4,14	4,00	3,89	3,80
16	8,53	6,23	5,29	4,77	4,44	4,20	4,03	3,89	3,78	3,69
17	8,40	6,11	5,19	4,67	4,34	4,10	3,93	3,79	3,68	3,59
18	8,29	6,01	5,09	4,58	4,25	4,01	3,84	3,71	3,60	3,51
19	8,18	5,93	5,01	4,50	4,17	3,94	3,77	3,63	3,52	3,43
20	8,10	5,85	4,94	4,43	4,10	3,87	3,70	3,56	3,46	3,37
21	8,02	5,78	4,87	4,37	4,04	3,81	3,64	3,51	3,40	3,31
22	7,95	5,72	4,82	4,31	3,99	3,76	3,59	3,45	3,35	3,26
23	7,88	5,66	4,76	4,26	3,94	3,71	3,54	3,41	3,30	3,21
24	7,82	5,61	4,72	4,22	3,90	3,67	3,50	3,36	3,26	3,17
25	7,77	5,57	4,68	4,18	3,85	3,63	3,46	3,32	3,22	3,13
26	7,72	5,53	4,64	4,14	3,82	3,59	3,42	3,29	3,18	3,09
27	7,68	5,49	4,60	4,11	3,78	3,56	3,39	3,26	3,15	3,06
28	7,64	5,45	4,57	4,07	3,75	3,53	3,36	3,23	3,12	3,03
29	7,60	5,42	4,54	4,04	3,73	3,50	3,33	3,20	3,09	3,00
30	7,56	5,39	4,51	4,02	3,70	3,47	3,30	3,17	3,07	2,98
35	7,42	5,27	4,40	3,91	3,59	3,37	3,20	3,07	2,96	2,88
40	7,31	5,18	4,31	3,83	3,51	3,29	3,12	2,99	2,89	2,80
45	7,23	5,11	4,25	3,77	3,45	3,23	3,07	2,94	2,83	2,74
50	7,17	5,06	4,20	3,72	3,41	3,19	3,02	2,89	2,78	2,70
100	6,90	4,82	3,98	3,51	3,21	2,99	2,82	2,69	2,59	2,50

Tabela B   Distribuição *t* de *Student*.

$$P(T_{cal} > t_c) = \alpha$$

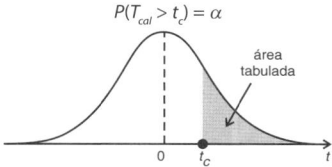

área
tabulada

Valores críticos da distribuição *t* de *Student*

Graus de liberdade	Probabilidade associada na cauda superior								
v	0,25	0,10	0,05	0,025	0,01	0,005	0,0025	0,001	0,0005
1	1,000	3,078	6,314	12,706	31,821	63,657	127,3	318,309	636,619
2	0,816	1,886	2,920	4,303	6,965	9,925	14,09	22,33	31,60
3	0,765	1,638	2,353	3,182	4,541	5,841	7,453	10,21	12,92
4	0,741	1,533	2,132	2,776	3,747	4,604	5,598	7,173	8,610
5	0,727	1,476	2,015	2,571	3,365	4,032	4,773	5,894	6,869
6	0,718	1,440	1,943	2,447	3,143	3,707	4,317	5,208	5,959
7	0,711	1,415	1,895	2,365	2,998	3,499	4,029	4,785	5,408
8	0,706	1,397	1,860	2,306	2,896	3,355	3,833	4,501	5,041
9	0,703	1,383	1,833	2,262	2,821	3,250	3,690	4,297	4,781
10	0,700	1,372	1,812	2,228	2,764	3,169	3,581	4,144	4,587
11	0,697	1,363	1,796	2,201	2,718	3,106	3,497	4,025	4,437
12	0,695	1,356	1,782	2,179	2,681	3,055	3,428	3,930	4,318
13	0,694	1,350	1,771	2,160	2,650	3,012	3,372	3,852	4,221
14	0,692	1,345	1,761	2,145	2,624	2,977	3,326	3,787	4,140
15	0,691	1,341	1,753	2,131	2,602	2,947	3,286	3,733	4,073
16	0,690	1,337	1,746	2,120	2,583	2,921	3,252	3,686	4,015
17	0,689	1,333	1,740	2,110	2,567	2,898	3,222	3,646	3,965
18	0,688	1,330	1,734	2,101	2,552	2,878	3,197	3,610	3,922
19	0,688	1,328	1,729	2,093	2,539	2,861	3,174	3,579	3,883
20	0,687	1,325	1,725	2,086	2,528	2,845	3,153	3,552	3,850
21	0,686	1,323	1,721	2,080	2,518	2,831	3,135	3,527	3,819
22	0,686	1,321	1,717	2,074	2,508	2,819	3,119	3,505	3,792
23	0,685	1,319	1,714	2,069	2,500	2,807	3,104	3,485	3,768
24	0,685	1,318	1,711	2,064	2,492	2,797	3,091	3,467	3,745
25	0,684	1,316	1,708	2,060	2,485	2,787	3,078	3,450	3,725
26	0,684	1,315	1,706	2,056	2,479	2,779	3,067	3,435	3,707
27	0,684	1,314	1,703	2,052	2,473	2,771	3,057	3,421	3,689
28	0,683	1,313	1,701	2,048	2,467	2,763	3,047	3,408	3,674
29	0,683	1,311	1,699	2,045	2,462	2,756	3,038	3,396	3,660
30	0,683	1,310	1,697	2,042	2,457	2,750	3,030	3,385	3,646
35	0,682	1,306	1,690	2,030	2,438	2,724	2,996	3,340	3,591
40	0,681	1,303	1,684	2,021	2,423	2,704	2,971	3,307	3.551
45	0,680	1,301	1,679	2,014	2,412	2,690	2,952	3,281	3,520
50	0,679	1,299	1,676	2,009	2,403	2,678	2,937	3,261	3,496
z	0,674	1,282	1,645	1,960	2,326	2,576	2,807	3,090	3,291

Tabela C   Distribuição de Durbin-Watson (*DW*).

modelos com intercepto
nível de significância $\alpha = 5\%$

n	k (número de parâmetros – Inclui intercepto)																	
	2		**3**		**4**		**5**		**6**		**7**		**8**		**9**		**10**	
	d_L	d_U	d_L	d_U	d_L	d_U	d_L	d_U	d_L	d_U	d_L	d_U	d_L	d_U	d_L	d_U	d_L	d_U
6	0,610	1,400	–	–	–	–	–	–	–	–	–	–	–	–	–	–	–	–
7	0,700	1,356	0,467	1,896	–	–	–	–	–	–	–	–	–	–	–	–	–	–
8	0,763	1,332	0,559	1,777	0,367	2,287	–	–	–	–	–	–	–	–	–	–	–	–
9	0,824	1,320	0,629	1,699	0,455	2,128	0,296	2,588			–	–	–	–	–	–	–	–
10	0,879	1,320	0,697	1,641	0,525	2,016	0,376	2,414	0,243	2,822	–	–	–	–	–	–	–	–
11	0,927	1,324	0,758	1,604	0,595	1,928	0,444	2,283	0,315	2,645	0,203	3,004	–	–	–	–	–	–
12	0,971	1,331	0,812	1,579	0,658	1,864	0,512	2,177	0,380	2,506	0,268	2,832	0,171	3,149	–	–	–	–
13	1,010	0,861	0,861	1,562	0,715	1,816	0,574	2,094	0,444	2,390	0,328	2,692	0,230	2,985	0,147	3,266	–	–
14	1,045	1,350	0,905	1,551	0,767	1,779	0,632	2,030	0,505	2,296	0,389	2,572	0,286	2,848	0,200	3,111	0,127	3,360
15	1,077	1,361	0,946	1,543	0,814	1,750	0,685	1,977	0,562	2,220	0,447	2,471	0,343	2,727	0,251	2,979	0,175	3,216
16	1,106	1,371	0,982	1,539	0,857	1,728	0,734	1,935	0,615	2,157	0,502	2,388	0,398	2,624	0,304	2,860	0,222	3,090
17	1,133	1,381	1,015	1,536	0,897	1,710	0,779	1,900	0,664	2,104	0,554	2,318	0,451	2,537	0,356	2,757	0,272	2,975
18	1,158	1,391	1,046	1,535	0,933	1,696	0,820	1,872	0,710	2,060	0,603	2,258	0,502	2,461	0,407	2,668	0,321	2,873
19	1,180	1,401	1,074	1,536	0,967	1,685	0,859	1,848	0,752	2,023	0,649	2,206	0,549	2,396	0,456	2,589	0,369	2,783
20	1,201	1,411	1,100	1,537	0,998	1,676	0,894	1,828	0,792	1,991	0,691	2,162	0,595	2,339	0,502	2,521	0,416	2,704
21	1,221	1,420	1,125	1,538	1,026	1,669	0,927	1,812	0,829	1,964	0,731	2,124	0,637	2,290	0,546	2,461	0,461	2,633
22	1,239	1,429	1,147	1,541	1,053	1,664	0,958	1,797	0,863	1,940	0,769	2,090	0,677	1,246	0,588	2,407	0,504	2,571
23	1,257	1,437	1,168	1,543	1,078	1,660	0,986	1,785	0,895	1,920	0,804	2,061	0,715	2,208	0,628	2,360	0,545	2,514
24	1,273	1,446	1,188	1,546	1,101	1,656	1,013	1,775	0,925	1,902	0,837	2,035	0,750	2,174	0,666	2,318	0,584	2,464
25	1,288	1,454	1,206	1,550	1,123	1,654	1,038	1,767	0,953	1,886	0,868	2,013	0,784	2,144	0,702	2,280	0,621	2,419
26	1,302	1,461	1,224	1,553	1,143	1,652	1,062	1,759	0,979	1,873	0,897	1,992	0,816	2,117	0,735	2,246	0,657	2,379
27	1,316	1,469	1,240	1,556	1,162	1,651	1,084	1,753	1,004	1,861	0,925	1,974	0,845	2,093	0,767	2,216	0,691	2,342
28	1,328	1,476	1,255	1,560	1,1181	1,650	1,104	1,747	1,028	1,850	0,951	1,959	0,874	2,071	0,798	2,188	0,723	2,309
29	1,341	1,483	1,270	1,563	1,198	1,650	1,124	1,743	1,050	1,841	0,975	1,944	0,900	2,052	0,826	2,164	0,753	2,278
30	1,352	1,489	1,284	1,567	1,214	1,650	1,143	1,739	1,071	1,833	0,998	1,931	0,926	2,034	0,854	2,141	0,782	2,251
31	1,363	1,496	1,297	1,570	1,229	1,650	1,160	1,735	1,090	1,825	1,020	1,920	0,950	2,018	0,879	2,120	0,810	2,226
32	1,373	1,502	1,309	1,574	1,244	1,650	1,177	1,732	1,109	1,819	1,041	1,909	0,972	2,004	0,904	2,102	0,836	2,203
33	1,383	1,508	1,321	1,577	1,258	1,651	1,193	1,730	1,127	1,813	1,061	1,900	0,994	1,991	0,927	20,85	0,861	2,181
34	1,393	1,514	1,333	1,580	1,271	1,652	1,208	1,728	1,144	1,808	1,079	1,891	1,015	1,978	0,950	2,069	0,885	2,162
35	1,402	1,519	1,343	1,584	1,283	1,653	1,222	1,726	1,160	1,803	1,097	1,884	1,034	1,967	0,971	2,054	0,908	2,144
36	1,411	1,525	1,354	1,587	1,295	1,654	1,236	1,724	1,175	1,799	1,114	1,876	1,053	1,957	0,991	2,041	0,930	2,127
37	1,419	1,530	1,364	1,590	1,307	1,655	1,249	1,723	1,190	1,795	1,131	1,870	1,071	1,948	1,011	2,029	0,951	2,112
38	1,427	1,535	1,373	1,594	1,318	1,656	1,261	1,722	1,204	1,792	1,146	1,864	1,088	1,939	1,029	2,017	0,970	2,098
39	1,435	1,540	1,382	1,597	1,328	1,658	1,273	1,722	1,218	1,789	1,161	1,859	1,104	1,932	1,047	2,007	0,990	2,085
40	1,442	1,544	1,391	1,600	1,338	1,659	1,285	1,721	1,230	1,786	1,175	1,854	1,120	1,924	1,064	1,997	1,008	2,072
45	1,475	1,566	1,430	1,615	1,383	1,666	1,336	1,720	1,287	1,776	1,238	1,835	1,189	1,895	1,139	1,958	1,089	2,022
50	1,503	1,585	1,462	1,628	1,421	1,674	1,378	1,721	1,335	1,771	1,291	1,822	1,246	1,875	1,201	1,930	1,156	1,986
55	1,528	1,601	1,490	1,641	1,452	1,611	1,414	1,724	1,374	1,768	1,334	1,814	1,294	1,861	1,253	1,909	1,212	1,959
60	1,549	1,616	1,514	1,652	1,480	1,689	1,444	1,727	1,408	1,767	1,372	1,808	1,335	1,850	1,298	1,894	1,260	1,939
65	1,567	1,629	1,536	1,662	1,503	1,696	1,471	1,731	1,438	1,767	1,404	1,805	1,170	1,843	1,336	1,882	1,301	1,923
70	1,583	1,641	1,554	1,672	1,525	1,703	1,494	1,735	1,464	1,768	1,433	1,802	1,401	1,838	1,369	1,874	1,337	1,910
75	1,598	1,652	1,571	1,680	1,543	1,709	1,515	1,739	1,487	1,770	1,458	1,801	1,428	1,834	1,399	1,867	1,369	1,901
80	1,611	1,662	1,586	1,688	1,560	1,715	1,534	1,743	1,507	1,772	1,480	1,801	1,453	1,831	1,425	1,861	1,397	1,893
85	1,624	1,671	1,600	1,696	1,575	1,721	1,550	1,747	1,525	1,774	1,500	1,801	1,474	1,829	1,448	1,857	1,422	1,886
90	1,635	1,679	1,612	1,703	1,589	1,726	1,566	1,751	1,542	1,776	1,518	1,801	1,494	1,827	1,469	1,854	1,445	1,881
95	1,645	1,687	1,623	1,709	1,602	1,732	1,579	1,755	1,557	1,778	1,535	1,802	1,512	1,827	1,489	1,852	1,465	1,877
100	1,654	1,694	1,634	1,715	1,613	1,736	1,592	1,758	1,571	1,780	1,550	1,803	1,528	1,827	1,489	1,852	1,465	1,877
150	1,720	1,747	1,706	1,760	1,693	1,774	1,679	1,788	1,665	1,802	1,651	1,817	1,637	1,832	1,622	1,846	1,608	1,862
200	1,758	1,779	1,748	1,789	1,738	1,799	1,728	1,809	1,718	1,820	1,707	1,831	1,697	1,841	1,686	1,852	1,675	1,863

Tabela D Distribuição qui-quadrado.

$P(\chi^2_{cal}$ com v graus de liberdade $> \chi^2_c) = \alpha$

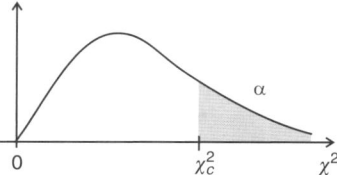

Valores críticos (unilaterais à direita) da distribuição qui-quadrado

Graus de liberdade v	0,99	0,975	0,95	0,9	0,1	0,05	0,025	0,01	0,005
1	0,000	0,001	0,004	0,016	2,706	3,841	5,024	6,635	7,879
2	0,020	0,051	0,103	0,211	4,605	5,991	7,378	9,210	10,597
3	0,115	0,216	0,352	0,584	6,251	7,815	9,348	11,345	12,838
4	0,297	0,484	0,711	1,064	7,779	9,488	11,143	13,277	14,860
5	0,554	0,831	1,145	1,610	9,236	11,070	12,832	15,086	16,750
6	0,872	1,237	1,635	2,204	10,645	12,592	14,449	16,812	18,548
7	1,239	1,690	2,167	2,833	12,017	14,067	16,013	18,475	20,278
8	1,647	2,180	2,733	3,490	13,362	15,507	17,535	20,090	21,955
9	2,088	2,700	3,325	4,168	14,684	16,919	19,023	21,666	23,589
10	2,558	3,247	3,940	4,865	15,987	18,307	20,483	23,209	25,188
11	3,053	3,816	4,575	5,578	17,275	19,675	21,920	24,725	26,757
12	3,571	4,404	5,226	6,304	18,549	21,026	23,337	26,217	28,300
13	4,107	5,009	5,892	7,041	19,812	22,362	24,736	27,688	29,819
14	4,660	5,629	6,571	7,790	21,064	23,685	26,119	29,141	31,319
15	5,229	6,262	7,261	8,547	22,307	24,996	27,488	30,578	32,801
16	5,812	6,908	7,962	9,312	23,542	26,296	28,845	32,000	34,267
17	6,408	7,564	8,672	10,085	24,769	27,587	30,191	33,409	35,718
18	7,015	8,231	9,390	10,865	25,989	28,869	31,526	34,805	37,156
19	7,633	8,907	10,117	11,651	27,204	30,144	32,852	36,191	38,582
20	8,260	9,591	10,851	12,443	28,412	31,410	34,170	37,566	39,997
21	8,897	10,283	11,591	13,240	29,615	32,671	35,479	38,932	41,401
22	9,542	10,982	12,338	14,041	30,813	33,924	36,781	40,289	42,796
23	10,196	11,689	13,091	14,848	32,007	35,172	38,076	41,638	44,181
24	10,856	12,401	13,848	15,659	33,196	36,415	39,364	42,980	45,558
25	11,524	13,120	14,611	16,473	34,382	37,652	40,646	44,314	46,928
26	12,198	13,844	15,379	17,292	35,563	38,885	41,923	45,642	48,290
27	12,878	14,573	16,151	18,114	36,741	40,113	43,195	46,963	49,645
28	13,565	15,308	16,928	18,939	37,916	41,337	44,461	48,278	50,994
29	14,256	16,047	17,708	19,768	39,087	42,557	45,722	49,588	52,335
30	14,953	16,791	18,493	20,599	40,256	43,773	46,979	50,892	53,672
31	15,655	17,539	19,281	21,434	41,422	44,985	48,232	52,191	55,002
32	16,362	18,291	20,072	22,271	42,585	46,194	49,480	53,486	56,328
33	17,073	19,047	20,867	23,110	43,745	47,400	50,725	54,775	57,648
34	17,789	19,806	21,664	23,952	44,903	48,602	51,966	56,061	58,964
35	18,509	20,569	22,465	24,797	46,059	49,802	53,203	57,342	60,275
36	19,233	21,336	23,269	25,643	47,212	50,998	54,437	58,619	61,581
37	19,960	22,106	24,075	26,492	48,363	52,192	55,668	59,893	62,883
38	20,691	22,878	24,884	27,343	49,513	53,384	56,895	61,162	64,181
39	21,426	23,654	25,695	28,196	50,660	54,572	58,120	62,428	65,475
40	22,164	24,433	26,509	29,051	51,805	55,758	59,342	63,691	66,766
41	22,906	25,215	27,326	29,907	52,949	56,942	60,561	64,950	68,053
42	23,650	25,999	28,144	30,765	54,090	58,124	61,777	66,206	69,336
43	24,398	26,785	28,965	31,625	55,230	59,304	62,990	67,459	70,616
44	25,148	27,575	29,787	32,487	56,369	60,481	64,201	68,710	71,892
45	25,901	28,366	30,612	33,350	57,505	61,656	65,410	69,957	73,166
46	26,657	29,160	31,439	34,215	58,641	62,830	66,616	71,201	74,437
47	27,416	29,956	32,268	35,081	59,774	64,001	67,821	72,443	75,704
48	28,177	30,754	33,098	35,949	60,907	65,171	69,023	73,683	76,969
49	28,941	31,555	33,930	36,818	62,038	66,339	70,222	74,919	78,231
50	29,707	32,357	34,764	37,689	63,167	67,505	71,420	76,154	79,490

Tabela E   Distribuição normal padrão.

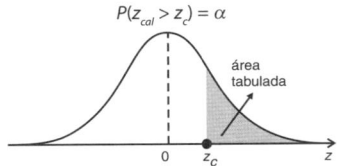

$$P(z_{cal} > z_c) = \alpha$$

Probabilidades associadas na cauda superior

z_c	0,00	0,01	0,02	0,03	0,04	0,05	0,06	0,07	0,08	0,09
					Segunda decimal de z_c					
0,0	0,5000	0,4960	0,4920	0,4880	0,4840	0,4801	0,4761	0,4721	0,4681	0,4641
0,1	0,4602	0,4562	0,4522	0,4483	0,4443	0,4404	0,4364	0,4325	0,4286	0,4247
0,2	0,4207	0,4168	0,4129	0,4090	0,4052	0,4013	0,3974	0,3936	0,3897	0,3859
0,3	0,3821	0,3783	0,3745	0,3707	0,3669	0,3632	0,3594	0,3557	0,3520	0,3483
0,4	0,3446	0,3409	0,3372	0,3336	0,3300	0,3264	0,3228	0,3192	0,3156	0,3121
0,5	0,3085	0,3050	0,3015	0,2981	0,2946	0,2912	0,2877	0,2842	0,2810	0,2776
0,6	0,2743	0,2709	0,2676	0,2643	0,2611	0,2578	0,2546	0,2514	0,2483	0,2451
0,7	0,2420	0,2389	0,2358	0,2327	0,2296	0,2266	0,2236	0,2206	0,2177	0,2148
0,8	0,2119	0,2090	0,2061	0,2033	0,2005	0,1977	0,1949	0,1922	0,1894	0,1867
0,9	0,1841	0,1814	0,1788	0,1762	0,1736	0,1711	0,1685	0,1660	0,1635	0,1611
1,0	0,1587	0,1562	0,1539	0,1515	0,1492	0,1469	0,1446	0,1423	0,1401	0,1379
1,1	0,1357	0,1335	0,1314	0,1292	0,1271	0,1251	0,1230	0,1210	0,1190	0,1170
1,2	0,1151	0,1131	0,1112	0,1093	0,1075	0,1056	0,1038	0,1020	0,1003	0,0985
1,3	0,0968	0,0951	0,0934	0,0918	0,0901	0,0885	0,0869	0,0853	0,0838	0,0823
1,4	0,0808	0,0793	0,0778	0,0764	0,0749	0,0735	0,0722	0,0708	0,0694	0,0681
1,5	0,0668	0,0655	0,0643	0,0630	0,0618	0,0606	0,0594	0,0582	0,0571	0,0559
1,6	0,0548	0,0537	0,0526	0,0516	0,0505	0,0495	0,0485	0,0475	0,0465	0,0455
1,7	0,0446	0,0436	0,0427	0,0418	0,0409	0,0401	0,0392	0,0384	0,0375	0,0367
1,8	0,0359	0,0352	0,0344	0,0336	0,0329	0,0322	0,0314	0,0307	0,0301	0,0294
1,9	0,0287	0,0281	0,0274	0,0268	0,0262	0,0256	0,0250	0,0244	0,0239	0,0233
2,0	0,0228	0,0222	0,0217	0,0212	0,0207	0,0202	0,0197	0,0192	0,0188	0,0183
2,1	0,0179	0,0174	0,0170	0,0166	0,0162	0,0158	0,0154	0,0150	0,0146	0,0143
2,2	0,0139	0,0136	0,0132	0,0129	0,0125	0,0122	0,0119	0,0116	0,0113	0,0110
2,3	0,0107	0,0104	0,0102	0,0099	0,0096	0,0094	0,0091	0,0089	0,0087	0,0084
2,4	0,0082	0,0080	0,0078	0,0075	0,0073	0,0071	0,0069	0,0068	0,0066	0,0064
2,5	0,0062	0,0060	0,0059	0,0057	0,0055	0,0054	0,0052	0,0051	0,0049	0,0048
2,6	0,0047	0,0045	0,0044	0,0043	0,0041	0,0040	0,0039	0,0038	0,0037	0,0036
2,7	0,0035	0,0034	0,0033	0,0032	0,0031	0,0030	0,0029	0,0028	0,0027	0,0026
2,8	0,0026	0,0025	0,0024	0,0023	0,0023	0,0022	0,0021	0,0021	0,0020	0,0019
2,9	0,0019	0,0018	0,0017	0,0017	0,0016	0,0016	0,0015	0,0015	0,0014	0,0014
3,0	0,0013	0,0013	0,0013	0,0012	0,0012	0,0011	0,0011	0,0011	0,0010	0,0010
3,1	0,0010	0,0009	0,0009	0,0009	0,008	0,0008	0,0008	0,0008	0,007	0,007
3,2	0,0007									
3,3	0,0005									
3,4	0,0003									
3,5	0,00023									
3,6	0,00016									
3,7	0,00011									
3,8	0,00007									
3,9	0,00005									
4,0	0,00003									

Tabela F$_1$ Distribuição binomial.

$$P[Y = k] = \binom{N}{k} p^k (1-p)^{N-K}$$

A vírgula decimal foi omitida. Todas as entradas devem ser lidas como ,nnn.

Para valores de $p \leq 0,5$ use a linha do topo para p e a coluna esquerda para k.

Para valores de $p > 0,5$ use a linha da base para p e a coluna direita para k.

N	k	0,01	0,05	0,10	0,15	0,20	0,25	0,30	1/3	0,40	0,45	0,50		
2	0	9801	9025	8100	7225	6400	5625	4900	4444	3600	3025	2500	2	2
	1	198	950	1800	2550	3200	3750	4200	4444	4800	4950	5000	1	
	2	1	25	100	225	400	625	900	1111	1600	2025	2500	0	
3	0	9703	8574	7290	6141	5120	4219	3430	2963	2160	1664	1250	3	3
	1	294	1354	2430	3251	3840	4219	4410	4444	4320	4084	3750	2	
	2	3	71	270	574	960	1406	1890	2222	2880	3341	3750	1	
	3	0	1	10	34	80	156	270	370	640	911	1250	0	
4	0	9606	8145	6561	5220	4096	3164	2401	1975	1296	915	625	4	4
	1	388	1715	2916	3685	4096	4219	4116	3951	3456	2995	2500	3	
	2	6	135	486	975	1536	2109	2646	2963	3456	3675	3750	2	
	3	0	5	36	115	256	469	756	988	1536	2005	2500	1	
	4	0	0	1	5	16	39	81	123	256	410	625	0	
5	0	9510	7738	5905	4437	3277	2373	1681	1317	778	503	312	5	5
	1	480	2036	3280	3915	4096	3955	3602	3292	2592	2059	1562	4	
	2	10	214	729	1382	2048	2637	3087	3292	3456	3369	3125	3	
	3	0	11	81	244	512	879	1323	1646	2304	2757	3125	2	
	4	0	0	4	22	64	146	283	412	768	1128	1562	1	
	5	0	0	0	1	3	10	24	41	102	185	312	0	
6	0	9415	7351	5314	3771	2621	1780	1176	878	467	277	156	6	6
	1	571	2321	3543	3993	3932	3560	3025	2634	1866	1359	938	5	
	2	14	305	984	1762	2458	2966	3241	3292	3110	2780	2344	4	
	3	0	21	146	415	819	1318	1852	2195	2765	3032	3125	3	
	4	0	1	12	55	154	330	595	823	1382	1861	2344	2	
	5	0	0	1	4	15	44	102	165	369	609	938	1	
	6	0	0	0	0	1	2	7	14	41	83	156	0	
7	0	9321	6983	4783	3206	2097	1335	824	585	280	152	78	7	7
	1	659	2573	3720	3960	3670	3115	2471	2048	1306	872	547	6	
	2	20	406	1240	2097	2753	3115	3177	3073	2613	2140	1641	5	
	3	0	36	230	617	1147	1730	2269	2561	2903	2918	2734	4	
	4	0	2	26	109	287	577	972	1280	1935	2388	2734	3	
	5	0	0	2	12	43	115	250	384	774	1172	1641	2	
	6	0	0	0	1	4	13	36	64	172	320	547	1	
	7	0	0	0	0	0	1	2	5	16	37	78	0	
		0,99	0,95	0,90	0,85	0,80	0,75	0,70	2/3	0,60	0,55	0,50	k	N

(Continua)

Tabela F₁   Distribuição binomial. (*Continuação*)

N	k	0,01	0,05	0,10	0,15	0,20	0,25	0,30	1/3	0,40	0,45	0,50		
8	0	9227	6634	4305	2725	1678	1001	576	390	168	84	39	8	8
	1	746	2793	3826	3847	3355	2670	1977	1561	896	548	312	7	
	2	26	515	1488	2376	2936	3115	2965	2731	2090	1569	1094	6	
	3	1	54	331	839	1468	2076	2541	2731	2787	2568	2188	5	
	4	0	4	46	185	459	865	1361	1707	2322	2627	2734	4	
	5	0	0	4	26	92	231	467	683	1239	1719	2188	3	
	6	0	0	0	2	11	38	100	171	413	703	1094	2	
	7	0	0	0	0	1	4	12	24	79	164	312	1	
	8	0	0	0	0	0	0	1	2	7	17	39	0	
9	0	9135	6302	3874	2316	1342	751	404	260	101	46	20	9	9
	1	830	2985	3874	3679	3020	2253	1556	1171	605	339	176	8	
	2	34	629	1722	2597	3020	3003	2668	2341	1612	1110	703	7	
	3	1	77	446	1069	1762	2336	2668	2731	2508	2119	1641	6	
	4	0	6	74	283	661	1168	1715	2048	2508	2600	2461	5	
	5	0	0	8	50	165	389	735	1024	1672	2128	2461	4	
	6	0	0	1	6	28	87	210	341	743	1160	1641	3	
	7	0	0	0	0	3	12	39	73	212	407	703	2	
	8	0	0	0	0	0	1	4	9	35	83	176	1	
	9	0	0	0	0	0	0	0	1	3	8	20	0	
10	0	9044	5987	3487	1969	1074	563	282	173	60	25	10	10	10
	1	914	3151	3874	3474	2684	1877	1211	867	403	207	98	9	
	2	42	746	1937	2759	3020	2816	2335	1951	1209	763	439	5	
	3	1	105	574	1298	2013	2503	2668	2601	2150	1665	1172	7	
	4	0	10	112	401	881	1460	2001	2276	2508	2384	2051	6	
	5	0	1	15	85	264	584	1029	1366	2007	2340	2461	5	
	6	0	0	1	12	55	162	368	569	1115	1596	2051	4	
	7	0	0	0	1	8	31	90	163	425	746	1172	3	
	8	0	0	0	0	1	4	14	30	106	229	439	2	
	9	0	0	0	0	0	0	1	3	16	42	98	1	
	10	0	0	0	0	0	0	0	0	1	3	10	0	
15	0	8601	4633	2059	874	352	134	47	23	5	1	0	15	15
	1	1303	3658	3432	2312	1319	668	305	171	47	16	5	14	
	2	92	1348	2669	2856	2309	1559	916	599	219	90	32	13	
	3	4	307	1285	2184	2501	2252	1700	1299	634	318	139	12	
	4	0	49	428	1156	1876	2252	2186	1948	1268	780	417	11	
	5	0	6	105	449	1032	1651	2061	2143	1859	1404	916	10	
	6	0	0	19	132	430	917	1472	1786	2066	1914	1527	9	
	7	0	0	3	30	138	393	811	1148	1771	2013	1964	8	
	8	0	0	0	5	35	131	348	574	1181	1647	1964	7	
	9	0	0	0	1	7	34	116	223	612	1048	1527	6	
	10	0	0	0	0	1	7	30	67	245	515	916	5	
	11	0	0	0	0	0	1	6	15	74	191	417	4	
	12	0	0	0	0	0	0	1	3	16	52	139	3	
	13	0	0	0	0	0	0	0	0	3	10	32	2	
	14	0	0	0	0	0	0	0	0	0	1	5	1	
	15	0	0	0	0	0	0	0	0	0	0	0	0	
		0,99	0,95	0,90	0,85	0,80	0,75	0,70	2/3	0,60	0,55	0,50	k	N

p

(Continua)

Tabela F₁   Distribuição binomial. (*Continuação*)

N	k	0,01	0,05	0,10	0,15	0,20	0,25	0,30	1/3	0,40	0,45	0,50		
20	0	8179	3585	1216	388	115	32	8	3	0	0	0	20	20
	1	1652	3774	2702	1368	576	211	68	30	5	1	0	19	
	2	159	1887	2852	2293	1369	669	278	143	31	8	2	18	
	3	10	596	1901	2428	2054	1339	716	429	123	40	11	17	
	4	0	133	898	1821	2182	1897	1304	911	350	139	46	16	
	5	0	22	319	1028	1746	2023	1789	1457	746	365	148	15	
	6	0	3	89	454	1091	1686	1916	1821	1244	746	370	14	
	7	0	0	20	160	545	1124	1643	1821	1659	1221	739	13	
	8	0	0	4	46	222	609	1144	1480	1797	1623	1201	12	
	9	0	0	1	11	74	271	654	987	1597	1771	1602	11	
	10	0	0	0	2	20	99	308	543	1171	1593	1762	10	
	11	0	0	0	0	5	30	120	247	710	1185	1602	9	
	12	0	0	0	0	1	8	39	92	355	727	1201	8	
	13	0	0	0	0	0	2	10	28	146	366	739	7	
	14	0	0	0	0	0	0	2	7	49	150	370	6	
	15	0	0	0	0	0	0	0	1	13	49	148	5	
	16	0	0	0	0	0	0	0	0	3	13	46	4	
	17	0	0	0	0	0	0	0	0	0	2	11	3	
	18	0	0	0	0	0	0	0	0	0	0	2	2	
	19	0	0	0	0	0	0	0	0	0	0	0	1	
	20	0	0	0	0	0	0	0	0	0	0	0	0	
25	0	7778	2774	718	172	38	8	1	0	0	0	0	25	25
	1	1964	3650	1994	759	236	63	14	5	0	0	0	24	
	2	238	2305	2659	1607	708	251	74	30	4	1	0	23	
	3	18	930	2265	2174	1358	641	243	114	19	4	1	22	
	4	1	269	1384	2110	1867	1175	572	313	71	18	4	21	
	5	0	60	646	1564	1960	1645	1030	658	199	63	16	20	
	6	0	10	239	920	1633	1828	1472	1096	442	172	53	19	
	7	0	1	72	441	1108	1654	1712	1487	800	381	143	18	
	8	0	0	18	175	623	1241	1651	1673	1200	701	322	17	
	9	0	0	4	58	294	781	1336	1580	1511	1084	609	16	
	10	0	0	1	16	118	417	916	1264	1612	1419	974	15	
	11	0	0	0	4	40	189	536	862	1465	1583	1328	14	
	12	0	0	0	1	12	74	268	503	1140	1511	1550	13	
	13	0	0	0	0	3	25	115	251	760	1236	1550	12	
	14	0	0	0	0	1	7	42	108	434	867	1328	11	
	15	0	0	0	0	0	2	13	40	212	520	974	10	
	16	0	0	0	0	0	0	4	12	88	266	609	9	
	17	0	0	0	0	0	0	1	3	31	115	322	8	
	18	0	0	0	0	0	0	0	1	9	42	143	7	
	19	0	0	0	0	0	0	0	0	2	13	53	6	
	20	0	0	0	0	0	0	0	0	0	3	16	5	
	21	0	0	0	0	0	0	0	0	0	1	4	4	
	22	0	0	0	0	0	0	0	0	0	0	1	3	
	23	0	0	0	0	0	0	0	0	0	0	0	2	
	24	0	0	0	0	0	0	0	0	0	0	0	1	
	25	0	0	0	0	0	0	0	0	0	0	0	0	
		0,99	0,95	0,90	0,85	0,80	0,75	0,70	2/3	0,60	0,55	0,50	k	N

p

(*Continua*)

Tabela F₁   Distribuição binomial. (*Continuação*)

N	k	0,01	0,05	0,10	0,15	0,20	0,25	0,30	1/3	0,40	0,45	0,50		
								p						
30	0	7397	2146	424	76	12	2	0	0	0	0	0	30	30
	1	2242	3389	1413	404	93	18	3	1	0	0	0	29	
	2	328	2586	2277	1034	337	86	18	6	0	0	0	28	
	3	31	1270	2361	1703	785	269	72	26	3	0	0	27	
	4	2	451	1771	2028	1325	604	208	89	12	2	0	26	
	5	0	124	1023	1861	1723	1047	464	232	41	8	1	25	
	6	0	27	474	1368	1795	1455	829	484	115	29	6	24	
	7	0	5	180	828	1538	1662	1219	829	263	81	19	23	
	8	0	1	58	420	1106	1593	1501	1192	505	191	55	22	
	9	0	0	16	181	676	1298	1573	1457	823	382	133	21	
	10	0	0	4	67	355	909	1416	1530	1152	656	280	20	
	11	0	0	1	22	161	551	1103	1391	1396	976	509	19	
	12	0	0	0	6	64	291	749	1101	1474	1265	805	18	
	13	0	0	0	1	22	134	444	762	1360	1433	1115	17	
	14	0	0	0	0	7	54	231	436	1101	1424	1354	16	
	15	0	0	0	0	2	19	106	247	783	1242	1445	15	
	16	0	0	0	0	0	6	42	116	489	953	1354	14	
	17	0	0	0	0	0	2	15	48	269	642	1115	13	
	18	0	0	0	0	0	0	5	17	129	379	805	12	
	19	0	0	0	0	0	0	1	5	54	196	509	11	
	20	0	0	0	0	0	0	0	1	20	88	280	10	
	21	0	0	0	0	0	0	0	0	6	34	133	9	
	22	0	0	0	0	0	0	0	0	1	12	55	8	
	23	0	0	0	0	0	0	0	0	0	3	19	7	
	24	0	0	0	0	0	0	0	0	0	1	6	6	
	25	0	0	0	0	0	0	0	0	0	0	1	5	
	26.	0	0	0	0	0	0	0	0	0	0	0	4	
	27	0	0	0	0	0	0	0	0	0	0	0	3	
	28	0	0	0	0	0	0	0	0	0	0	0	2	
	29	0	0	0	0	0	0	0	0	0	0	0	1	
	30	0	0	0	0	0	0	0	0	0	0	0	0	
		0,99	0,95	0,90	0,85	0,80	0,75	0,70	2/3	0,60	0,55	0,50	k	N

Tabela F₂   Distribuição binomial.

$$P(Y \leq k) = \sum_{i=0}^{k} \binom{N}{i} p^{i} (1-p)^{N-i}$$

Probabilidades unilaterais para o teste binomial quando $p = q = 1/2$

											k							
N	**0**	**1**	**2**	**3**	**4**	**5**	**6**	**7**	**8**	**9**	**10**	**11**	**12**	**13**	**14**	**15**	**16**	**17**
4	062	312	688	938	1,0													
5	031	188	500	812	969	1,0												
6	016	109	344	656	891	984	1,0											
7	008	062	227	500	773	938	992	1,0										
8	004	035	145	363	637	855	965	996	1,0									
9	002	020	090	254	500	746	910	980	998	1,0								
10	001	011	055	172	377	623	828	945	989	999	1,0							
11		006	033	113	274	500	726	887	967	994	999+	1,0						
12		003	019	073	194	387	613	806	927	981	997	999+	1,0					
13		002	011	046	133	291	500	709	867	954	989	998	999+	1,0				
14		001	006	029	090	212	395	605	788	910	971	994	999+	999+	1,0			
15			004	018	059	151	304	500	696	849	941	982	996	999+	999+	1,0		
16			002	011	038	105	227	402	598	773	895	962	989	998	999+	999+	1,0	
17			001	006	025	072	166	315	500	685	834	928	975	994	999	999+	999+	1,0
18			001	004	015	048	119	240	407	593	760	881	952	985	996	999	999+	999+
19				002	010	032	084	180	324	500	676	820	916	968	990	998	999+	999+
20				001	006	021	058	132	252	412	588	748	868	942	979	994	999	999+
21				001	004	013	039	095	192	332	500	668	808	905	961	987	996	999
22					002	008	026	067	143	262	416	584	738	857	933	974	992	998
23					001	005	017	047	105	202	339	500	661	798	895	953	983	995
24					001	003	011	032	076	154	271	419	581	729	846	924	968	989
25						002	007	022	054	115	212	345	500	655	788	885	946	978
26						001	005	014	038	084	163	279	423	577	721	837	916	962
27						001	003	010	026	061	124	221	351	500	649	779	876	939
28							002	006	018	044	092	172	286	425	575	714	828	908
29							001	004	012	031	068	132	229	356	500	644	771	868
30							001	003	008	021	049	100	181	292	428	572	708	819
31								002	005	015	035	075	141	237	360	500	640	763
32								001	004	010	025	055	108	189	298	430	570	702
33								001	002	007	018	040	081	148	243	364	500	636
34									001	005	012	029	061	115	196	304	432	568
35									001	003	008	020	045	088	155	250	368	500

Nota: Vírgulas decimais e valores menores do que 0,0005 foram omitidos.

Tabela G   Valores críticos de D_c no teste de
Kolmogorov-Smirnov tal que $P(D_{cal} > D_c) = \alpha$.

Tamanho da amostra (N)	Nível de significância α				
	0,20	0,15	0,10	0,05	0,01
1	0,900	0,925	0,950	0,975	0,995
2	0,684	0,726	0,776	0,842	0,929
3	0,565	0,597	0,642	0,708	0,828
4	0,494	0,525	0,564	0,624	0,733
5	0,446	0,474	0,510	0,565	0,669
6	0,410	0,436	0,470	0,521	0,618
7	0,381	0,405	0,438	0,486	0,577
8	0,358	0,381	0,411	0,457	0,543
9	0,339	0,360	0,388	0,432	0,514
10	0,322	0,342	0,368	0,410	0,490
11	0,307	0,326	0,352	0,391	0,468
12	0,295	0,313	0,338	0,375	0,450
13	0,284	0,302	0,325	0,361	0,433
14	0,274	0,292	0,314	0,349	0,418
15	0.266	0,283	0,304	0,338	0,404
16	0,258	0,274	0,295	0,328	0,392
17	0,250	0,266	0,286	0,318	0,381
18	0,244	0,259	0,278	0,309	0,371
19	0,237	0,252	0,272	0,301	0,363
20	0,231	0,246	0,264	0,294	0,356
25	0,21	0,22	0,24	0,27	0,32
30	0,19	0,20	0,22	0,24	0,29
35	0,18	0,19	0,21	0,23	0,27
Acima de 50	$\dfrac{1,07}{\sqrt{N}}$	$\dfrac{1,14}{\sqrt{N}}$	$\dfrac{1,22}{\sqrt{N}}$	$\dfrac{1,36}{\sqrt{N}}$	$\dfrac{1,63}{\sqrt{N}}$

Tabela H₁   Valores críticos da estatística W_c
de Shapiro-Wilk tal que $P(W_{cal} < W_c) = \alpha$.

Tamanho da amostra N	Nível de significância α								
	0,01	0,02	0,05	0,10	0,50	0,90	0,95	0,98	0,99
3	0,753	0,758	0,767	0,789	0,959	0,998	0,999	1,000	1,000
4	0,687	0,707	0,748	0,792	0,935	0,987	0,992	0,996	0,997
5	0,686	0,715	0,762	0,806	0,927	0,979	0,986	0,991	0,993
6	0,713	0,743	0,788	0,826	0,927	0,974	0,981	0,936	0,989
7	0,730	0,760	0,803	0,838	0,928	0,972	0,979	0,985	0,988
8	0,749	0,778	0,818	0,851	0,932	0,972	0,978	0,984	0,987
9	0,764	0,791	0,829	0,859	0,935	0,972	0,978	0,984	0,986
10	0,781	0,806	0,842	0,869	0,938	0,972	0,978	0,983	0,986
11	0,792	0,817	0,850	0,876	0,940	0,973	0,979	0,984	0,986
12	0,805	0,828	0,859	0,883	0,943	0,973	0,979	0,984	0,986
13	0,814	0,837	0,866	0,889	0,945	0,974	0,979	0,984	0,986
14	0,825	0,846	0,874	0,895	0,947	0,975	0,980	0,984	0,986
15	0,835	0,855	0,881	0,901	0,950	0,976	0,980	0,984	0,987
16	0,844	0,863	0,887	0,906	0,952	0,975	0,981	0,985	0,987
17	0,851	0,869	0,892	0,910	0,954	0,977	0,981	0,985	0,987
18	0,858	0,874	0,897	0,914	0,956	0,978	0,982	0,986	0,988
19	0,863	0,879	0,901	0,917	0,957	0,978	0,982	0,986	0,988
20	0,868	0,884	0,905	0,920	0,959	0,979	0,983	0,986	0,988
21	0,873	0,888	0,908	0,823	0,960	0,980	0,983	0,987	0,989
22	0,878	0,892	0,911	0,926	0,961	0,980	0,984	0,987	0,989
23	0,881	0,895	0,914	0,928	0,962	0,981	0,984	0,987	0,989
24	0,884	0,898	0,916	0,930	0,963	0,981	0,984	0,987	0,989
25	0,888	0,901	0,918	0,931	0,964	0,981	0,985	0,988	0,989
26	0,891	0,904	0,920	0,933	0,965	0,982	0,985	0,988	0,989
27	0,894	0,906	0,923	0,935	0,965	0,982	0,985	0,988	0,990
28	0,896	0,908	0,924	0,936	0,966	0,982	0,985	0,988	0,990
29	0,898	0,910	0,926	0,937	0,966	0,982	0,985	0,988	0,990
30	0,900	0,912	0,927	0,939	0,967	0,983	0,985	0,988	0,900

Tabela H₂   Coeficientes $a_{i,n}$ para o teste de
normalidade de Shapiro-Wilk.

i / n		2	3	4	5	6	7	8	9	10
1		0,7071	0,7071	0,6872	0,6646	0,6431	0,6233	0,6052	0,5888	0,5739
2			0,0000	0,1677	0,2413	0,2806	0,3031	0,3164	0,3244	0,3291
3					0,0000	0,0875	0,1401	0,1743	0,1976	0,2141
4							0,0000	0,0561	0,0947	0,1224
5									0,0000	0,0399

i / n	11	12	13	14	15	16	17	18	19	20
1	0,5601	0,5475	0,5359	0,5251	0,5150	0,5056	0,4968	0,4886	0,4808	0,4734
2	0,3315	0,3325	0,3325	0,3318	0,3306	0,3290	0,3273	0,3253	0,3232	0,3211
3	0,2260	0,2347	0,2412	0,2460	0,2495	0,2521	0,2540	0,2553	0,2561	0,2565
4	0,1429	0,1586	0,1707	0,1802	0,1878	0,1939	0,1988	0,2027	0,2059	0,2085
5	0,0695	0,0922	0,1099	0,1240	0,1353	0,1447	0,1524	0,1587	0,1641	0,1686
6	0,0000	0,0303	0,0539	0,0727	0,0880	0,1005	0,1109	0,1197	0,1271	0,1334
7			0,0000	0,0240	0,0433	0,0593	0,0725	0,0837	0,0932	0,1013
8					0,0000	0,0196	0,0359	0,0496	0,0612	0,0711
9							0,0000	0,0163	0,0303	0,0422
10									0,0000	0,0140

i / n	21	22	23	24	25	26	27	28	29	30
1	0,4643	0,4590	0,4542	0,4493	0,4450	0,4407	0,4366	0,4328	0,4291	0,4254
2	0,3185	0,3156	0,3126	0,3098	0,3069	0,3043	0,3018	0,2992	0,2968	0,2944
3	0,2578	0,2571	0,2563	0,2554	0,2543	0,2533	0,2522	0,2510	0,2499	0,2487
4	0,2119	0,2131	0,2139	0,2145	0,2148	0,2151	0,2152	0,2151	0,2150	0,2148
5	0,1736	0,1764	0,1787	0,1807	0,1822	0,1836	0,1848	0,1857	0,1864	0,1870
6	0,1399	0,1443	0,1480	0,1512	0,1539	0,1563	0,1584	0,1601	0,1616	0,1630
7	0,1092	0,1150	0,1201	0,1245	0,1283	0,1316	0,1346	0,1372	0,1395	0,1415
8	0,0804	0,0878	0,0941	0,0997	0,1046	0,1089	0,1128	0,1162	0,1192	0,1219
9	0,0530	0,0618	0,0696	0,0764	0,0823	0,0876	0,0923	0,0965	0,1002	0,1036
10	0,0263	0,0368	0,0459	0,0539	0,0610	0,0672	0,0728	0,0778	0,0822	0,0862
11	0,0000	0,0122	0,0228	0,0321	0,0403	0,0476	0,0540	0,0598	0,0650	0,0697
12			0,0000	0,0107	0,0200	0,0284	0,0358	0,0424	0,0483	0,0537
13					0,0000	0,0094	0,0178	0,0253	0,0320	0,0381
14							0,0000	0,0084	0,0159	0,0227
15									0,0000	0,0076

Tabela I   Teste de Wilcoxon.

$$P(S_p > S_c) = \alpha$$

Probabilidades unilaterais à direita para o teste de Wilcoxon

S_c	N												
	3	4	5	6	7	8	9	10	11	12	13	14	15
3	0,6250												
4	0,3750												
5	0,2500	0,5625											
6	0,1250	0,4375											
7		0,3125											
8		0,1875	0,5000										
9		0,1250	0,4063										
10		0,0625	0,3125										
11			0,2188	0,5000									
12			0,1563	0,4219									
13			0,0938	0,3438									
14			0,0625	0,2813	0,5313								
15			0,0313	0,2188	0,4688								
16				0,1563	0,4063								
17				0,1094	0,3438								
18				0,0781	0,2891	0,5273							
19				0,0469	0,2344	0,4727							
20				0,0313	0,1875	0,4219							
21				0,0156	0,1484	0,3711							
22					0,1094	0,3203							
23					0,0781	0,2734	0,5000						
24					0,0547	0,2305	0,4551						
25					0,0391	0,1914	0,4102						
26					0,0234	0,1563	0,3672						
27					0,0156	0,1250	0,3262						
28					0,0078	0,0977	0,2852	0,5000					
29						0,0742	0,2480	0,4609					
30						0,0547	0,2129	0,4229					
31						0,0391	0,1797	0,3848					
32						0,0273	0,1504	0,3477					
33						0,0195	0,1250	0,3125	0,5171				
34						0,0117	0,1016	0,2783	0,4829				
35						0,0078	0,0820	0,2461	0,4492				
36						0,0039	0,0645	0,2158	0,4155				
37							0,0488	0,1875	0,3823				
38							0,0371	0,1611	0,3501				
39							0,0273	0,1377	0,3188	0,5151			
40							0,0195	0,1162	0,2886	0,4849			
41							0,0137	0,0967	0,2598	0,4548			
42							0,0098	0,0801	0,2324	0,4250			
43							0,0059	0,0654	0,2065	0,3955			
44							0,0039	0,0527	0,1826	0,3667			
45							0,0020	0,0420	0,1602	0,3386			
46								0,0322	0,1392	0,3110	0,5000		
47								0,0244	0,1201	0,2847	0,4730		
48								0,0186	0,1030	0,2593	0,4463		
49								0,0137	0,0874	0,2349	0,4197		
50								0,0098	0,0737	0,2119	0,3934		
51								0,0068	0,0615	0,1902	0,3677		
52								0,0049	0,0508	0,1697	0,3424		
53								0,0029	0,0415	0,1506	0,3177	0,5000	
54								0,0020	0,0337	0,1331	0,2939	0,4758	
55								0,0010	0,0269	0,1167	0,2709	0,4516	
56									0,0210	0,1018	0,2487	0,4276	
57									0,0161	0,0881	0,2274	0,4039	
58									0,0122	0,0757	0,2072	0,3804	
59									0,0093	0,0647	0,1879	0,3574	
60									0,0068	0,0549	0,1698	0,3349	0,5110

(Continua)

Tabela I   Teste de Wilcoxon. (*Continuação*)

S_c	3	4	5	6	7	8	9	10	11	12	13	14	15
61									0,0049	0,0461	0,1527	0,3129	0,4890
62									0,0034	0,0386	0,1367	0,2915	0,4670
63									0,0024	0,0320	0,1219	0,2708	0,4452
64									0,0015	0,0261	0,1082	0,2508	0,4235
65									0,0010	0,0212	0,0955	0,2316	0,4020
66									0,0005	0,0171	0,0839	0,2131	0,3808
67										0,0134	0,0732	0,1955	0,3599
68										0,0105	0,0636	0,1788	0,3394
69										0,0081	0,0549	0,1629	0,3193
70										0,0061	0,0471	0,1479	0,2997
71										0,0046	0,0402	0,1338	0,2807
72										0,0034	0,0341	0,1206	0,2622
73										0,0024	0,0287	0,1083	0,2444
74										0,0017	0,0239	0,0969	0,2271
75										0,0012	0,0199	0,0863	0,2106
76										0,0007	0,0164	0,0765	0,1947
77										0,0005	0,0133	0,0676	0,1796
78										0,0002	0,0107	0,0594	0,1651
79											0,0085	0,0520	0,1514
80											0,0067	0,0453	0,1384
81											0,0052	0,0392	0,1262
82											0,0040	0,0338	0,1147
83											0,0031	0,0290	0,1039
84											0,0023	0,0247	0,0938
85											0,0017	0,0209	0,0844
86											0,0012	0,0176	0,0757
87											0,0009	0,0148	0,0677
88											0,0006	0,0123	0,0603
89											0,0004	0,0101	0,0535
90											0,0002	0,0083	0,0473
91											0,0001	0,0067	0,0416
92												0,0054	0,0365
93												0,0043	0,0319
94												0,0034	0,0277
95												0,0026	0,0240
96												0,0020	0,0206
97												0,0015	0,0177
98												0,0012	0,0151
99												0,0009	0,0128
100												0,0006	0,0108
101												0,0004	0,0090
102												0,0003	0,0075
103												0,0002	0,0062
104												0,0001	0,0051
105													0,0042
106													0,0034
107													0,0027
108													0,0021
109													0,0017
110													0,0013
111													0,0010
112													0,0008
113													0,0006
114													0,0004
115													0,0003
116													0,0002
117													0,0002
118													0,0001
119													0,0001
120													0,0000

Tabela J   Valores críticos de U_c no teste U
de Mann-Whitney tal que $P(U_{cal} < U_c) = \alpha$.

$P(U_{cal} < U_c) = 0,05$

$N_2 \backslash N_1$	3	4	5	6	7	8	9	10	11	12	13	14	15	16	17	18	19	20
3	0	0	1	2	2	3	4	4	5	5	6	7	7	8	9	9	10	11
4	0	1	2	3	4	5	6	7	8	9	10	11	12	14	15	16	17	18
5	1	2	4	5	6	8	9	11	12	13	15	16	18	19	20	22	23	25
6	2	3	5	7	8	10	12	14	16	17	19	21	23	25	26	28	30	32
7	2	4	6	8	11	13	15	17	19	21	24	26	28	30	33	35	37	39
8	3	5	8	10	13	15	18	20	23	26	28	31	33	36	39	41	44	47
9	4	6	9	12	15	18	21	24	27	30	33	36	39	42	45	48	51	54
10	4	7	11	14	17	20	24	27	31	34	37	41	44	48	51	55	58	62
11	5	8	12	16	19	23	27	31	34	38	42	46	50	54	57	61	65	69
12	5	9	13	17	21	26	30	34	38	42	47	51	55	60	64	68	72	77
13	6	10	15	19	24	28	33	37	42	47	51	56	61	65	70	75	80	84
14	7	11	16	21	26	31	36	41	46	51	56	61	66	71	77	82	87	92
15	7	12	18	23	28	33	39	44	50	55	61	66	72	77	83	88	94	100
16	8	14	19	25	30	36	42	48	54	60	65	71	77	83	89	95	101	107
17	9	15	20	26	33	39	45	51	57	64	70	77	83	89	96	102	109	115
18	9	16	22	28	35	41	48	55	61	68	75	82	88	95	102	109	116	123
19	10	17	23	30	37	44	51	58	65	72	80	87	94	101	109	116	123	130
20	11	18	25	32	39	47	54	62	69	77	84	92	100	107	115	123	130	138

$P(U_{cal} < U_c) = 0,025$

$N_2 \backslash N_1$	3	4	5	6	7	8	9	10	11	12	13	14	15	16	17	18	19	20
3	–	0	0	1	1	2	2	3	3	4	4	5	5	6	6	7	7	8
4	–	0	1	2	3	4	4	5	6	7	8	9	10	11	11	12	13	14
5	0	1	2	3	5	6	7	8	9	11	12	13	14	15	17	18	19	20
6	1	2	3	5	6	8	10	11	13	14	16	17	19	21	22	24	25	27
7	1	3	5	6	8	10	12	14	16	18	20	22	24	26	28	30	32	34
8	2	4	6	8	10	13	15	17	19	22	24	26	29	31	34	36	38	41
9	2	4	7	10	12	15	17	20	23	26	28	31	34	37	39	42	45	48
10	3	5	8	11	14	17	20	23	26	29	33	36	39	42	45	48	52	55
11	3	6	9	13	16	19	23	26	30	33	37	40	44	47	51	55	58	62
12	4	7	11	14	18	22	26	29	33	37	41	45	49	53	57	61	65	69
13	4	8	12	16	20	24	28	33	37	41	45	50	54	59	63	67	72	76
14	5	9	13	17	22	26	31	36	40	45	50	55	59	64	67	74	78	83
15	5	10	14	19	24	29	34	39	44	49	54	59	64	70	75	80	85	90
16	6	11	15	21	26	31	37	42	47	53	59	64	70	75	81	86	92	98
17	6	11	17	22	28	34	39	45	51	57	63	67	75	81	87	93	99	105
18	7	12	18	24	30	36	42	48	55	61	67	74	80	86	93	99	103	112
19	7	13	19	25	32	38	45	52	58	65	72	78	85	92	99	106	113	119
20	8	14	20	27	34	41	48	55	62	69	76	83	90	98	105	112	119	127

(*Continua*)

Tabela J   Valores críticos de U_c no teste U
de Mann-Whitney tal que $P(U_{cal} < U_c) = \alpha$. (*Continuação*)

$P(U_{cal} < U_c) = 0,01$

$N_2 \backslash N_1$	3	4	5	6	7	8	9	10	11	12	13	14	15	16	17	18	19	20
3	–	0	0	0	0	0	1	1	1	2	2	2	3	3	4	4	4	5
4	–	–	0	1	1	2	3	3	4	5	5	6	7	7	8	9	9	10
5	–	0	1	2	3	4	5	6	7	8	9	10	11	12	13	14	15	16
6	–	1	2	3	4	6	7	8	9	11	12	13	15	16	18	19	20	22
7	0	1	3	4	6	7	9	11	12	14	16	17	19	21	23	24	26	28
8	0	2	4	6	7	9	11	13	15	17	20	22	24	26	28	30	32	34
9	1	3	5	7	9	11	14	16	18	21	23	26	28	31	33	36	38	40
10	1	3	6	8	11	13	16	19	22	24	27	30	33	36	38	41	44	47
11	1	4	7	9	12	15	18	22	25	29	31	34	37	41	44	47	50	53
12	2	5	8	11	14	17	21	24	28	31	35	38	42	46	49	53	56	60
13	2	5	9	12	16	20	23	27	31	35	39	43	47	51	55	59	63	67
14	2	6	10	13	17	22	26	30	34	38	43	47	51	56	60	65	69	73
15	3	7	11	15	19	24	28	33	37	42	47	51	56	61	66	70	75	80
16	3	7	12	16	21	26	31	36	41	46	51	56	61	66	71	76	82	87
17	4	8	13	18	23	28	33	38	44	49	55	60	66	71	77	82	88	93
18	4	9	14	19	24	30	36	41	47	53	59	65	70	76	82	88	94	100
19	4	9	15	20	26	32	38	44	50	56	63	69	75	82	88	94	101	107
20	5	10	16	22	28	34	40	47	53	60	67	73	80	87	93	100	107	114

$P(U_{cal} < U_c) = 0,005$

$N_2 \backslash N_1$	3	4	5	6	7	8	9	10	11	12	13	14	15	16	17	18	19	20
3	–	0	0	0	0	0	0	0	0	1	1	1	2	2	2	2	3	3
4	–	–	0	0	0	1	1	2	2	3	3	4	5	5	6	6	7	8
5	–	–	0	1	1	2	3	4	5	6	7	7	8	9	10	11	12	13
6	–	0	1	2	3	4	5	6	7	9	10	11	12	13	15	16	17	18
7	–	0	1	3	4	6	7	9	10	12	13	15	16	18	19	21	22	24
8	–	1	2	4	6	7	9	11	13	15	17	18	20	22	24	26	28	30
9	0	1	3	5	7	9	11	13	16	18	20	22	24	27	29	31	33	36
10	0	2	4	6	9	11	13	16	18	21	24	26	29	31	34	37	39	42
11	0	2	5	7	10	13	16	18	21	24	27	30	33	36	39	42	45	48
12	1	3	6	9	12	15	18	21	24	27	31	34	37	41	44	47	51	54
13	1	3	7	10	13	17	20	24	27	31	34	38	42	45	49	53	56	60
14	1	4	7	11	15	18	22	26	30	34	38	42	46	50	54	58	63	67
15	2	5	8	12	16	20	24	29	33	37	42	46	51	55	60	64	69	73
16	2	5	9	13	18	22	27	31	36	41	45	50	55	60	65	70	74	79
17	2	6	10	15	19	24	29	34	39	44	49	54	60	65	70	75	81	86
18	2	6	11	16	21	26	31	37	42	47	53	58	64	70	75	81	87	92
19	3	7	12	17	22	28	33	39	45	51	56	63	69	74	81	87	93	99
20	3	8	13	18	24	30	36	42	48	54	60	67	73	79	86	92	99	105

Tabela K Valores críticos para o teste de Friedman tal que $P(F_{cal} > F_c) = \alpha$.

k	N	$\alpha \leq 0,10$	$\alpha \leq 0,05$	$\alpha \leq 0,01$
3	3	6,00	6,00	–
	4	6,00	6,50	8,00
	5	5,20	6,40	8,40
	6	5,33	7,00	9,00
	7	5,43	7,14	8,86
	8	5,25	6,25	9,00
	9	5,56	6,22	8,67
	10	5,00	6,20	9,60
	11	4,91	6,54	8,91
	12	5,17	6,17	8,67
	13	4,77	6,00	9,39
	∞	4,61	5,99	9,21
4	2	6,00	6,00	–
	3	6,60	7,40	8,60
	4	6,30	7,80	9,60
	5	6,36	7,80	9,96
	6	6,40	7,60	10,00
	7	6,26	7,80	10,37
	8	6,30	7,50	10,35
	∞	6,25	7,82	11,34
5	3	7,47	8,53	10,13
	4	7,60	8,80	11,00
	5	7,68	8,96	11,52
	∞	7,78	9,49	13,28

Tabela L Valores críticos para o teste de Kruskall-Wallis tal que $P(H_{cal} > H_c) = \alpha$.

Tamanhos das amostras			α				
n_1	n_2	n_3	0,10	0,05	0,01	0,005	0,001
2	2	2	4,25				
3	2	1	4,29				
3	2	2	4,71	4,71			
3	3	1	4,57	5,14			
3	3	2	4,56	5,36			
3	3	3	4,62	5,60	7,20	7,20	
4	2	1	4,50				
4	2	2	4,46	5,33			
4	3	1	4,06	5,21			
4	3	2	4,51	5,44	6,44	7,00	
4	3	3	4,71	5,73	6,75	7,32	8,02
4	4	1	4,17	4,97	6,67		
4	4	2	4,55	5,45	7,04	7,28	
4	4	3	4,55	5,60	7,14	7,59	8,32
4	4	4	4,65	5,69	7,66	8,00	8,65
5	2	1	4,20	5,00			
5	2	2	4,36	5,16	6,53		
5	3	1	4,02	4,96			
5	3	2	4,65	5,25	6,82	7,18	
5	3	3	4,53	5,65	7,08	7,51	8,24
5	4	1	3,99	4,99	6,95	7,36	
5	4	2	4,54	5,27	7,12	7,57	8,11
5	4	3	4,55	5,63	7,44	7,91	8,50
5	4	4	4,62	5,62	7,76	8,14	9,00
5	5	1	4,11	5,13	7,31	7,75	
5	5	2	4,62	5,34	7,27	8,13	8,68
5	5	3	4,54	5,71	7,54	8,24	9,06
5	5	4	4,53	5,64	7,77	8,37	9,32
5	5	5	4,56	5,78	7,98	8,72	9,68
Grandes amostras			4,61	5,99	9,21	10,60	13,82

Tabela M   Valores críticos da estatística C de Cochran tal que $P(C_{cal} > C_c) = \alpha$.

$\alpha = 5\%$

v/k	2	3	4	5	6	7	8	9	10	12	15	20	24	30	40	60	120
1	0,9985	0,9669	0,9065	0,8412	0,7808	0,7271	0,6798	0,6385	0,6020	0,5410	0,4709	0,3894	0,3434	0,2929	0,2370	0,1737	0,0998
2	0,9750	0,8709	0,7679	0,6838	0,6161	0,5612	0,5157	0,4775	0,4450	0,3924	0,3346	0,2705	0,2354	0,1980	0,1567	0,1131	0,0632
3	0,9392	0,7977	0,6841	0,5981	0,5321	0,4800	0,4377	0,4027	0,3733	0,3264	0,2758	0,2205	0,1907	0,1593	0,1259	0,0895	0,0495
4	0,9057	0,7457	0,6287	0,5441	0,4803	0,4307	0,3910	0,3584	0,3311	0,2880	0,2419	0,1921	0,1656	0,1377	0,1082	0,0765	0,0419
5	0,8772	0,7071	0,5895	0,5065	0,4447	0,3974	0,3595	0,3286	0,3029	0,2624	0,2195	0,1735	0,1493	0,1237	0,0968	0,0682	0,0371
6	0,8534	0,6771	0,5598	0,4783	0,4184	0,3726	0,3362	0,3067	0,2823	0,2439	0,2034	0,1602	0,1374	0,1137	0,0887	0,0623	0,0337
7	0,8332	0,6530	0,5365	0,4564	0,3980	0,3535	0,3185	0,2901	0,2666	0,2299	0,1911	0,1501	0,1286	0,1061	0,0827	0,0583	0,0312
8	0,8159	0,6333	0,5175	0,4387	0,3817	0,3384	0,3043	0,2768	0,2541	0,2187	0,1815	0,1422	0,1216	0,1002	0,0780	0,0552	0,0292
9	0,8010	0,6167	0,5017	0,4241	0,3682	0,3259	0,2926	0,2659	0,2439	0,2098	0,1736	0,1357	0,1160	0,0958	0,0745	0,0520	0,0279
10	0,7880	0,6025	0,4884	0,4118	0,3568	0,3154	0,2829	0,2568	0,2353	0,2020	0,1671	0,1303	0,1113	0,0921	0,0713	0,0497	0,0266
16	0,7341	0,5466	0,4366	0,3645	0,3135	0,2756	0,2462	0,2226	0,2032	0,1737	0,1429	0,1108	0,0942	0,0771	0,0595	0,0411	0,0218
36	0,6602	0,4748	0,3720	0,3066	0,2612	0,2278	0,2022	0,1820	0,1655	0,1403	0,1144	0,0879	0,0743	0,0604	0,0462	0,0316	0,0165
144	0,5813	0,4031	0,3093	0,2513	0,2119	0,1833	0,1616	0,1446	0,1308	0,1100	0,0889	0,0675	0,0567	0,0457	0,0347	0,0234	0,0120
∞	0,5000	0,3333	0,2500	0,2000	0,1667	0,1429	0,1250	0,1111	0,1000	0,0833	0,0667	0,0500	0,0417	0,0333	0,0250	0,0167	0,0083

$\alpha = 1\%$

v/k	2	3	4	5	6	7	8	9	10	12	15	20	24	30	40	60	120
1	0,9999	0,9933	0,9676	0,9279	0,8828	0,8376	0,7945	0,7544	0,7175	0,6528	0,5747	0,4799	0,4247	0,3632	0,2940	0,2151	0,1225
2	0,9950	0,9423	0,8643	0,7885	0,7218	0,6644	0,6152	0,5727	0,5358	0,4751	0,4069	0,3297	0,2821	0,2412	0,1915	0,1371	0,0759
3	0,9794	0,8831	0,7814	0,6957	0,6258	0,5685	0,5209	0,4810	0,4469	0,3919	0,3317	0,2654	0,2295	0,1913	0,1508	0,1069	0,0585
4	0,9586	0,8335	0,7212	0,6329	0,5635	0,5080	0,4627	0,4251	0,3934	0,3428	0,2882	0,2288	0,1970	0,1635	0,1281	0,0902	0,0489
5	0,9373	0,7933	0,6761	0,5875	0,5195	0,4659	0,4226	0,3870	0,3572	0,3099	0,2593	0,2048	0,1759	0,1454	0,1135	0,0796	0,0429
6	0,9172	0,7606	0,6410	0,5531	0,4866	0,4347	0,3932	0,3592	0,3308	0,2861	0,2386	0,1877	0,1608	0,1327	0,1033	0,0722	0,0387
7	0,8988	0,7335	0,6129	0,5259	0,4608	0,4105	0,3704	0,3378	0,3106	0,2680	0,2228	0,1748	0,1495	0,1232	0,0957	0,0668	0,0357
8	0,8823	0,7107	0,5897	0,5037	0,4401	0,3911	0,3522	0,3207	0,2945	0,2535	0,2104	0,1646	0,1406	0,1157	0,0898	0,0625	0,0334
9	0,8674	0,6912	0,5702	0,4854	0,4229	0,3751	0,3373	0,3067	0,2813	0,2419	0,2002	0,1567	0,1388	0,1100	0,0853	0,0594	0,0316
10	0,8539	0,6743	0,5536	0,4697	0,4084	0,3616	0,3248	0,2950	0,2704	0,2320	0,1918	0,1501	0,1283	0,1054	0,0816	0,0567	0,0302
16	0,7949	0,6059	0,4884	0,4094	0,3529	0,3105	0,2779	0,2514	0,2297	0,1961	0,1612	0,1248	0,1060	0,0867	0,0668	0,0461	0,0242
36	0,7067	0,5153	0,4057	0,3351	0,2858	0,2494	0,2214	0,1992	0,1811	0,1535	0,1251	0,0960	0,0810	0,0658	0,0503	0,0344	0,0178
144	0,6062	0,4230	0,3251	0,2644	0,2229	0,1929	0,1700	0,1521	0,1376	0,1157	0,0934	0,0709	0,0595	0,0480	0,0363	0,0245	0,0125
∞	0,5000	0,3333	0,2500	0,2000	0,1667	0,1429	0,1250	0,1111	0,1000	0,0833	0,0667	0,0500	0,0417	0,0333	0,0250	0,0167	0,0083

Tabela N   Valores críticos da estatística $F_{máx}$
de Hartley tal que $P(F_{máx,cal} > F_{máx,c}) = \alpha$.

$\alpha = 5\%$

v / k	2	3	4	5	6	7	8	9	10	11	12
2	39	87,5	142	202	266	333	403	475	550	626	704
3	15,4	27,8	39,2	50,7	62	72,9	83,5	93,9	104	114	124
4	9,6	15,5	20,6	25,2	29,5	33,6	37,5	41,1	44,6	48	51,4
5	7,15	10,8	13,7	16,3	18,7	20,8	22,9	24,7	26,5	28,2	29,9
6	5,82	8,38	10,4	12,1	13,7	15	16,3	17,5	18,6	19,7	20,7
7	4,99	6,94	8,44	9,7	10,8	11,8	12,7	13,5	14,3	15,1	15,8
8	4,43	6	7,18	8,12	9,03	9,78	10,5	11,1	11,7	12,2	12,7
9	4,03	5,34	6,31	7,11	7,8	8,41	8,95	9,45	9,91	10,3	10,7
10	3,72	4,85	5,67	6,34	6,92	7,42	7,87	8,28	8,66	9,01	9,34
12	3,28	4,16	4,79	5,3	5,72	6,09	6,42	6,72	7	7,25	7,48
15	2,86	3,54	4,01	4,37	4,68	4,95	5,19	5,4	5,59	5,77	5,93
20	2,46	2,95	3,29	3,54	3,76	3,94	4,1	4,24	4,37	4,49	4,59
30	2,07	2,4	2,61	2,78	2,91	3,02	3,12	3,21	3,29	3,36	3,39
60	1,67	1,85	1,96	2,04	2,11	2,17	2,22	2,26	2,3	2,33	2,36
∞	1	1	1	1	1	1	1	1	1	1	1

$\alpha = 1\%$

v / k	2	3	4	5	6	7	8	9	10	11	12
2	199	448	729	1036	1362	1705	2069	2432	2813	3204	3605
3	47,5	85	120	151	184	216	249	281	310	337	361
4	23,2	37	49	59	69	79	89	97	106	113	120
5	14,9	22	28	33	38	42	46	50	54	57	60
6	11,1	15,5	19,1	22	25	27	30	32	34	36	37
7	8,89	12,1	14,5	16,5	18,4	20	22	23	24	26	27
8	7,5	9,9	11,7	13,2	14,5	15,8	16,9	17,9	18,9	19,8	21
9	6,54	8,5	9,9	11,1	12,1	13,1	13,9	14,7	15,3	16	16,6
10	5,85	7,4	8,6	9,6	10,4	11,1	11,8	12,4	12,9	13,4	13,9
12	4,91	6,1	6,9	7,6	8,2	8,7	9,1	9,5	9,9	10,2	10,6
15	4,07	4,9	5,5	6	6,4	6,7	7,1	7,3	7,5	7,8	8
20	3,32	3,8	4,3	4,6	4,9	5,1	5,3	5,5	5,6	5,8	5,9
30	2,63	3	3,3	3,4	3,6	3,7	3,8	3,9	4	4,1	4,2
60	1,96	2,2	2,3	2,4	2,4	2,5	2,5	2,6	2,6	2,7	2,7
∞	1	1	1	1	1	1	1	1	1	1	1

REFERÊNCIAS

ACOCK, A. C. **A gentle introduction to Stata.** 4. ed. College Station: Stata Press, 2014.

ADKINS, L. C.; HILL, R. C. **Using Stata for principles of econometrics.** 4. ed. New York: John Wiley & Sons, 2011.

AGRESTI, A. **Categorical data analysis.** 3. ed. Hoboken: John Wiley & Sons, 2013.

AGUIRRE, A.; MACEDO, P. B. R. Estimativas de preços hedônicos para o mercado imobiliário de Belo Horizonte. *In:* **XVIII Encontro Brasileiro de Econometria**, 1996, Águas de Lindóia. Anais do Congresso.

AHN, S. C.; SCHMIDT, P. Efficient estimation of dynamic panel data models: alternative assumptions and simplified estimation. **Journal of Econometrics**, v. 76, n. 1-2, p. 309-321, 1997.

AITKIN, M.; CLAYTON, D. The fitting of exponential, Weibull and extreme value distributions to complex censored survival data using GLIM. **Journal of the Royal Statistical Society**, Series C, v. 29, n. 2, p. 156-163, 1980.

AKAIKE, H. Factor analysis and AIC. **Psychometrika**, v. 52, n. 3, p. 317-332, 1987.

ALBUQUERQUE, J. P. A.; FORTES, J. M. P.; FINAMORE, W. A. **Probabilidade, variáveis aleatórias e processos estocásticos.** Rio de Janeiro: Interciência, 2008.

ALCALDE, A.; FÁVERO, L. P.; TAKAMATSU, R. T. EBITDA margin in Brazilian companies: variance decomposition and hierarchical effects. **Contaduría y Administración**, v. 58, n. 2, p. 197-220, 2013.

AL-DAOUD, M. B.; ROBERTS, S. A. New methods for the initialisation of clusters. **Pattern Recognition Letters**, v. 17, n. 5, p. 451-455, 1996.

ALDENDERFER, M. S.; BLASHFIELD, R. K. Cluster analysis and archaeological classification. **American Antiquity**, v. 43, n. 3, p. 502-505, 1978.

ALDENDERFER, M. S.; BLASHFIELD, R. K. **Cluster analysis.** Thousand Oaks: Sage Publications, 1984.

ALDENDERFER, M. S.; BLASHFIELD, R. K. Computer programs for performing hierarchical cluster analysis. **Applied Psychological Measurement**, v. 2, n. 3, p. 403-411, 1978.

ALDRICH, J. H.; NELSON, F. D. **Linear probability, logit, and probit models.** Thousand Oaks: Sage Publications, 1984.

ALIAGA, F. M. Análisis de correspondencias: estudio bibliométrico sobre su uso en la investigación educativa. **Revista Electrónica de Investigación y Evaluación Educativa**, v. 5, n. 1_1, 1999.

ALLISON, P. D. **Fixed effects regression models.** London: Sage Publications, 2009.

ALPERT, M. I.; PETERSON, R. A. On the interpretation of canonical analysis. **Journal of Marketing Research**, v. 9, n. 2, p. 187-192, 1972.

AMEMIYA, T. Qualitative response models: a survey. **Journal of Economic Literature**, v. 19, n. 4, p. 1483-1536, 1981.

ANDERBERG, M. R. **Cluster analysis for applications.** New York: Academic Press, 1973.

ANDERSON, D. R.; SWEENEY, D. J.; WILLIAMS, T. A. **Estatística aplicada à administração e economia.** 3. ed. São Paulo: Thomson Pioneira, 2013.

ANDERSON, J. A. Logistic discrimination. *In:* KRISHNAIAH, P. R.; KANAL, L. N. (ed.). **Handbook of statistics.** Amsterdam: North Holland, p. 169-191, 1982.

ANDERSON, T. W.; HSIAO, C. Formulation and estimation of dynamic models using panel data. **Journal of Econometrics**, v. 18, n. 1, p. 47-82, 1982.

ARANHA, F.; ZAMBALDI, F. **Análise fatorial em administração.** São Paulo: Cengage Learing, 2008.

ARAÚJO, M. E.; FEITOSA, C. V. Análise de agrupamento da Ictiofauna Recifal do Brasil com base em dados secundários: uma avaliação crítica. **Tropical Oceanography**, v. 31, n. 2, p. 171-192, 2003.

ARELLANO, M. Computing robust standard errors for within-groups estimators. **Oxford Bulletin of Economics and Statistics**, v. 49, n. 4, p. 431-434, 1987.

ARELLANO, M. On the testing of correlated effects with panel data. **Journal of Econometrics**, v. 59, n. 1-2, p. 87-97, 1993.

ARELLANO, M. **Panel data econometrics:** advanced texts in econometrics. New York: Oxford University Press, 2003.

ARELLANO, M.; BOND, S. Some tests of specification for panel data: Monte Carlo evidence and an application to employment equations. **Review of Economic Studies**, v. 58, n. 2, p. 277-297, 1991.

ARELLANO, M.; BOVER, O. Another look at the instrumental variable estimation of error-components models. **Journal of Econometrics**, v. 68, n. 1, p. 29-51, 1995.

ARNHOLT, A. T.; EVANS, B. **BSDA:** basic statistics and data analysis. R package version 1.2.1, 2021.

ARIAS, R. M. **El análisis multivariante en la investigación científica.** Madrid: Editorial La Muralla, 1999.

ARTES, R. Aspectos estatísticos da análise fatorial de escalas de avaliação. **Revista de Psiquiatria Clínica**, v. 25, n. 5, p. 223-228, 1998.

ASHBY, D.; WEST, C. R.; AMES, D. The ordered logistic regression model in psychiatry: rising prevalence of dementia in old peoples homes. **Statistics in Medicine**, v. 8, p. 1317-1326, 1979.

ATKINSON, A. C. A method for discriminating between models. **Journal of the Royal Statistical Society**, Series B, v. 32, n. 3, p. 323-353, 1970.

AYÇAGUER, L. C. S.; UTRA, I. M. B. **Regresión logística.** Madrid: Editorial La Muralla, 2004.

AZEN, R.; WALKER, C. M. **Categorical data analysis for the behavioral and social sciences.** New York: Routledge, 2011.

BAILEY, K. D. Sociological classification and cluster analysis. **Quality and Quantity**, v. 17, n. 4, p. 251-268, 1983.

BAKER, B. O.; HARDYCK, C. D.; PETRINOVICH, L. F. Weak measurements vs. strong statistics: an empirical critique of S. S. Stevens' proscriptions on statistics. **Educational and Psychological Measurement**, v. 26, p. 291-309, 1966.

BAKKE, H. A.; LEITE, A. S. M.; SILVA, L. B. Estatística multivariada: aplicação da análise fatorial na engenharia de produção. **Revista Gestão Industrial**, v. 4, n. 4, p. 1-14, 2008.

BALAKRISHNAN, P. V.; COOPER, M. C.; JACOB, V. S.; LEWIS, P. A. A study of the classification capabilities of neural networks using unsupervised learning: a comparison with k-means clustering. **Psychometrika**, v. 59, n. 4, p. 509-525, 1994.

BALESTRA, P.; NERLOVE, M. Pooling cross section and time series data in the estimation of a dynamic model: the demand for natural gas. **Econometrica**, v. 34, n. 3, p. 585-612, 1966.

BALLINGER, G. A. Using generalized estimating equations for longitudinal data analysis. **Organizational Research Methods**, v. 7, n. 2, p. 127-150, 2004.

BALTAGI, B. H. **Econometric analysis of panel data.** 4. ed. New York: John Wiley & Sons, 2008.

BALTAGI, B. H.; GRIFFIN, J. M. Short and long run effects in pooled models. **International Economic Review**, v. 25, n. 3, p. 631-645, 1984.

BALTAGI, B. H.; WU, P. X. Unequally spaced panel data regressions with AR(1) disturbances. **Econometric Theory**, v. 15, n. 6, p. 814-823, 1999.

BANFIELD, J. D.; RAFTERY, A. E. Model-based gaussian and non-gaussian clustering. **Biometrics**, v. 49, n. 3, p. 803-821, 1993.

BARIONI JR., W. **Análise de correspondência na identificação dos fatores de risco associados à diarréia e à performance de leitões na fase de lactação.** Piracicaba. 97 f. Dissertação (Mestrado em Agronomia) – Escola Superior de Agricultura Luiz de Queiroz, Universidade de São Paulo, 1995.

BARNETT, V.; LEWIS, T. **Outliers in statistical data.** 3. ed. Chichester: John Wiley & Sons, 1994.

BARNIER, J.; BRIATTE, F.; LARMARANGE, J. **questionr:** functions to make surveys processing easier. R package version 0.7.5, 2021.

BARRADAS, J. M.; FONSECA, E. C.; SILVA, E. F.; PEREIRA, H. G. Identification and mapping of pollution indices using a multivariate statistical methodology. **Applied Geochemistry**, v. 7, n. 6, p. 563-572, 1992.

BARTHOLOMEW, D.; KNOTT, M.; MOUSTAKI, I. **Latent variable models and factor analysis:** a unified approach. 3. ed. New York: John Wiley & Sons, 2011.

BARTLETT, M. S. A note on the multiplying factors for various χ^2 approximations. **Journal of the Royal Statistical Society**, Series B, v. 16, n. 2, p. 296-298, 1954.

BARTLETT, M. S. Properties of sufficiency and statistical tests. **Proceedings of the Royal Society of London**, Series A, Mathematical and Physical Sciences, v. 160, n. 901, p. 268-282, 1937.

BARTLETT, M. S. The statistical significance of canonical correlations. **Biometrika**, v. 32, n. 1, p. 29-37, 1941.

BASTOS, D. B.; NAKAMURA, W. T. Determinantes da estrutura de capital das companhias abertas no Brasil, México e Chile no período 2001-2006. **Revista Contabilidade e Finanças**, v. 20, n. 50, p. 75-94, 2009.

BASTOS, R.; PINDADO, J. Trade credit during a financial crisis: a panel data analysis. **Journal of Business Research**, v. 66, n. 5, p. 614-620, 2013.

BATISTA, L. E.; ESCUDER, M. M. L.; PEREIRA, J. C. R. A cor da morte: causas de óbito segundo características de raça no Estado de São Paulo, 1999 a 2001. **Revista de Saúde Pública**, v. 38, n. 5, p. 630-636, 2004.

BAUM, C. F. **An introduction to modern econometrics using Stata.** College Station: Stata Press, 2006.

BAUM, C. F.; SCHAFFER, M. E.; STILLMAN, S. Using Stata for applied research: reviewing its capabilities. **Journal of Economic Surveys**, v. 25, n. 2, p. 380-394, 2011.

BAXTER, L. A.; FINCH, S. J.; LIPFERT, F. W.; YU, Q. Comparing estimates of the effects of air pollution on human mortality obtained using different regression methodologies. **Risk Analysis**, v. 17, n. 3, p. 273-278, 1997.

BAZELEY, P. **Qualitative data analysis:** practical strategies. London: Sage Publications, 2013.

BECK, N. From statistical nuisances to serious modeling: changing how we think about the analysis of time-series-cross-section data. **Political Analysis**, v. 15, n. 2, p. 97-100, 2007.

BECK, N. Time-series-cross-section-data: what have we learned in the past few years? **Annual Review of Political Science**, v. 4, n. 1, p. 271-293, 2001.

BECK, N.; KATZ, J. N. What to do (and not to do) with time-series cross-section data. **American Political Science Review**, v. 89, n. 3, p. 634-647, 1995.

BEGG, M. D.; PARIDES, M. K. Separation of individual-level and cluster-level covariate effects in regression analysis of correlated data. **Statistics in Medicine**, v. 22, n. 6, p. 2591-2602, 2003.

BEH, E. J. A comparative study of scores for correspondence analysis with ordered categories. **Biometrical Journal**, v. 40, n. 4, p. 413-429, 1998.

BEH, E. J. Correspondence analysis of ranked data. **Communication in Statistics – Theory and Methods**, v. 28, n. 7, p. 1511-1533, 1999.

BEH, E. J. Simple correspondence analysis: a bibliographic review. **International Statistical Review**, v. 72, n.2, p. 257-284, 2004.

BEH, E. J.; LOMBARDO, R. **Correspondence analysis:** theory, practice and new strategies. New York: John Wiley & Sons, 2014.

BEKAERT, G.; HARVEY, C. R. Research in emerging markets finance: looking to the future. **Emerging Markets Review**, v. 3, n. 4, p. 429-448, 2002.

BEKAERT, G.; HARVEY, C. R.; LUNDBLAD, C. Emerging equity markets and economic development. **Journal of Development Economics**, v. 66, n. 2, p. 465-504, 2001.

BEKMAN, O. R.; COSTA NETO, P. L. O. **Análise estatística da decisão.** 2. ed. São Paulo: Edgard Blücher, 2009.

BELFIORE, P. **Estatística aplicada a administração, contabilidade e economia com Excel® e SPSS®.** Rio de Janeiro: Campus Elsevier, 2015.

BELFIORE, P.; FÁVERO, L. P.; ANGELO, C. F. Análise multivariada para avaliação do comportamento de grupos supermercadistas brasileiros. **Administração em Diálogo**, n. 7, p. 53-75, 2005.

BELFIORE, P.; FÁVERO, L. P.; ANGELO, C. F. Análise multivariada para avaliação dos principais setores latino-americanos. **Revista de Administração FACES Journal**, v. 6, n. 1, p. 73-90, 2006.

BELFIORE, P.; FÁVERO, L. P.; ANGELO, C. F. Aplicação de técnicas multivariadas em empresas de operação logística no Brasil em função de indicadores econômico-financeiros. **Revista Eletrônica de Administração (REAd UFRGS)**, v. 12, n. 3, p. 1-15, 2006.

BELFIORE, P.; FÁVERO; L. P. **Pesquisa operacional:** para cursos de administração, contabilidade e economia. Rio de Janeiro: Campus Elsevier, 2012.

BELL, A.; JONES, K. **Explaining fixed effects: random effects modelling of time-series cross-sectional and panel data.** Disponível em: http://polmeth.wustl.edu/media/Paper/FixedversusRandom_1.pdf. Acesso em: 17 dez. 2012.

BENSMAIL, H.; CELEUX, G.; RAFTERY, A. E.; ROBERT, C. P. Inference in model-based cluster analysis. **Statistics and Computing**, v. 7, n. 1, p. 1-10, 1997.

BENZÉCRI, J. P. **Correspondence analysis handbook.** 2. ed. New York: Marcel Dekker, 1992.

BENZÉCRI, J. P. El análisis de correspondencias. **Les Cahiers de l' Analyse des Données**, v. 2, n. 2, p. 125-142, 1977.

BENZÉCRI, J. P. Sur le calcul des taux d'inertie dans l'analyse d'un questionnaire. **Les Cahiers de l'Analyse des Données**, v. 4, n. 3, p. 377-378, 1979.

BERENSON, M. L.; LEVINE, D. M. **Basic business statistics:** concepts and application. 6. ed. Upper Saddle River: Prentice Hall, 1996.

BERGH, D. D. Problems with repeated measures analysis: demonstration with a study of the diversification and performance relationship. **The Academy of Management Journal**, v. 38, n. 6, p 1692-1708, 1995.

BERKSON, J. Application of the logistic function to bioassay. **Journal of the American Statistical Association,** v. 39, n. 227, p. 357-365, 1944.

BEZERRA, F. A.; CORRAR, L. J. Utilização da análise fatorial na identificação dos principais indicadores para avaliação do desempenho financeiro: uma aplicação nas empresas de seguros. **Revista Contabilidade e Finanças**, v. 4, n. 42, p. 50-62, 2006.

BHARGAVA, A.; FRANZINI, L.; NARENDRANATHAN, W. Serial correlation and the fixed effects model. **Review of Economic Studies**, v. 49, n. 4, p. 533-549, 1982.

BHARGAVA, A.; SARGAN, J. D. Estimating dynamic random effects models from panel data covering short time periods. **Econometrica**, v. 51, n. 6, p. 1635-1659, 1983.

BILLOR, N.; HADI, A. S.; VELLEMAN, P. F. BACON: blocked adaptive computationally efficient outlier nominators. **Computational Statistics & Data Analysis**, v. 34, n. 3, p. 279-298, 2000.

BINDER, D. A. Bayesian cluster analysis. **Biometrika**, v. 65, n. 1, p. 31-38, 1978.

BIRCH, M. W. Maximum likelihood in three-way contingency tables. **Journal of the Royal Statistical Society**, Series B, v. 25, n. 1, p. 220-233, 1963.

BLACK, K. **Business statistics:** for contemporary decision making. 7. ed. New York: John Wiley & Sons, 2012.

BLAIR, E. Sampling issues in trade area maps drawn from shopping surveys. **Journal of Marketing**, v. 47, n. 1, p. 98-106, 1983.

BLASHFIELD, R. K.; ALDENDERFER. M. S. The literature on cluster analysis. **Multivariate Behavioral Research**, v. 13, n. 3, p. 271-295, 1978.

BLIESE, P. D.; PLOYHART, R. E. Growth modeling using random coefficient models: model building, testing, and illustrations. **Organizational Research Methods**, v. 5, n. 4, p. 362-387, 2002.

BLISS, C. I. The method of probits – a correction. **Science**, v. 79, n. 2053, p. 409-410, 1934b.

BLISS, C. I. The method of probits. **Science**, v. 79, n. 2037, p. 38-39, 1934a.

BLUNDELL, R.; BOND, S. Initial conditions and moment restrictions in dynamic panel data models. **Journal of Econometrics**, v. 87, n. 1, p. 115-143, 1998.

BLUNSDON, B.; REED, K. Social innovators or lagging behind: factors that influence manager's time use. **Women in Management Review**, v. 78, p. 544-561, 2005.

BOCK, H. H. On some significance tests in cluster analysis. **Journal of Classification**, v. 2, n. 1, p. 77-108, 1985.

BOCK, R. D. **Multivariate statistical methods in behavioral research.** New York: McGraw-Hill, 1975.

BOEHMKE, B.; GREENWELL, B. **Hands-on machine learning with R**. London: Chapman & Hall / CRC Press, 2019.

BOLFARINE, H.; BUSSAB, W. O. **Elementos de amostragem.** São Paulo: Edgard Blücher, 2005.

BOLFARINE, H.; SANDOVAL, M. C. **Introdução à inferência estatística.** Rio de Janeiro: Sociedade Brasileira de Matemática, 2001.

BONETT, D. G. Varying coefficient meta-analytic methods for alpha reliability. **Psychological Methods**, v. 15, n. 4, p. 368-385, 2010.

BORGATTA, E. F.; BOHRNSTEDT, G. W. Level of measurement: once over again. **Sociological Methods & Research**, v. 9, n. 2, p. 147-160, 1980.

BOROOAH, V. K. **Logit and probit.** Thousand Oaks: Sage Publications, 2001.

BOTELHO, D.; ZOUAIN, D. M. **Pesquisa quantitativa em administração.** São Paulo: Atlas, 2006.

BOTTAI, M.; ORSINI, N. A command for Laplace regression. **Stata Journal**, v. 13, n. 2, p. 302-314, 2013.

BOTTON, L.; BENGIO, Y. Convergence properties of the k-means algorithm. **Advances in Neural Information Processing Systems**, v. 7, p. 585-592, 1995.

BOUROCHE, J. M.; SAPORTA, G. **Análise de dados.** Rio de Janeiro: Zahar, 1982.

BOX, G. E. P.; COX, D. R. An analysis of transformations. **Journal of the Royal Statistical Society**, Series B, v. 26, n. 2, p. 211-252, 1964.

BOX-STEFFENSMEIER, J. M.; JONES, B. S. **Event history modeling:** a guide for social scientists. Cambridge: Cambridge University Press, 2004.

BRAND M. Fast low-rank modifications of the thin singular value decomposition. **Linear Algebra and its Applications**, v. 415, n. 1, p. 20-30, 2006.

BRAVAIS, A. Analyse mathematique sur les probabilites des erreurs de situation d'un point. **Memoires par Divers Savans**, v. 9, p. 255-332, 1846.

BREUSCH, T. S. Testing for autocorrelation in dynamic linear models. **Australian Economic Papers**, v. 17, n. 31, p. 334–355, 1978.

BREUSCH, T. S.; MIZON, G. E.; SCHMIDT, P. Efficient estimation using panel data. **Econometrica**, v. 57, n. 3, p. 695-700, 1989.

BREUSCH, T. S.; PAGAN, A. R. The Lagrange multiplier test and its application to model specification in econometrics. **The Review of Economic Studies**, v. 47, n. 1, p. 239-253, 1980.

BREUSCH, T. S.; WARD, M. B.; NGUYEN, H. T. M.; KOMPAS, T. On the fixed-effects vector decomposition. **Political Analysis**, v. 19, n. 2, p. 123-134, 2011.

BRITO, G. A. S.; ASSAF NETO, A. Modelo de risco para carteiras de créditos corporativos. **Revista de Administração (RAUSP)**, v. 43, n. 3, p. 263-274, 2008.

BROOKS, M. E.; KRISTENSEN, K.; VAN BENTHEM, K. J.; MAGNUSSON, A.; BERG, C. W.; NIELSEN, A.; SKAUG, H. J.; MÄCHLER, M.; BOLKER, B. M. glmmTMB balances speed and flexibility among packages for zero-inflated generalized linear mixed modeling. **The R Journal**, v. 9, n. 2, p. 378-400, 2017.

BROWN, M. B.; FORSYTHE, A. B. Robust tests for the equality of variances. **Journal of the American Statistical Association**, v. 69, n. 346, p. 364-367, 1974.

BRUNI, A. L. **Estatística aplicada à gestão empresarial.** 3. ed. São Paulo: Atlas, 2011.

BUCHINSKY, M. Recent advances in quantile regression models: a practical guideline for empirical research. **The Journal of Human Resources**, v. 33, n. 1, p. 88-126, 1998.

BUSSAB, W. O.; MIAZAKI, E. S.; ANDRADE, D. F. Introdução à análise de agrupamentos: *In:* **Simpósio Brasileiro de Probabilidade e Estatística**, 1990, São Paulo. Anais do Congresso.

BUSSAB, W. O.; MORETTIN, P. A. **Estatística básica.** 7. ed. São Paulo: Saraiva, 2011.

BUZAS, T. E.; FORNELL, C.; RHEE, B. D. Conditions under which canonical correlation and redundancy maximization produce identical results. **Biometrika**, v. 76, n. 3, p. 618-621, 1989.

CABRAL, N. A. C. A. **Investigação por inquérito.** Disponível em: http://www.amendes.uac.pt/monograf/tra06investgInq.pdf. Acesso em: 03 ago. 2015.

CÁCERES, R. C. A. **Análisis de la supervivencia:** regresión de Cox. Málaga: Ediciones Alfanova, 2013.

CALINSKI, T.; HARABASZ, J. A dendrite method for cluster analysis. **Communications in Statistics**, v. 3, n. 1, p. 1-27, 1974.

CAMERON, A. C.; TRIVEDI, P. K. Econometric models based on count data: comparisons and applications of some estimators and tests. **Journal of Applied Econometrics**, v. 1, n. 1, p. 29-53, 1986.

CAMERON, A. C.; TRIVEDI, P. K. **Microeconometrics using Stata.** Revised edition. College Station: Stata Press, 2009.

CAMERON, A. C.; TRIVEDI, P. K. **Regression analysis of count data.** 2. ed. Cambridge: Cambridge University Press, 2013.

CAMERON, A. C.; TRIVEDI, P. K. Regression-based tests for overdispersion in the Poisson model. **Journal of Econometrics**, v. 46, n. 3, p. 347-364, 1990.

CAMERON, A. C.; WINDMEIJER, F. A. G. An R-squared measure of goodness of fit for some common nonlinear regression models. **Journal of Econometrics**, v. 77, n. 2, p. 329-342, 1997.

CAMIZ, S.; GOMES, G. C. Joint correspondence analysis versus multiple correspondence analysis: a solution to an undetected problem. *In:* GIUSTI, A.; RITTER, G.; VICHI, M. (ed.). Classification and data mining. **Studies in classification, data analysis, and knowledge organization.** Berlin: Springer-Verlag, p. 11-18, 2013.

CAMPBELL, J. Y.; LO, A. W.; MACKINLAY, A. C. **The econometrics of financial markets.** Princeton: Princeton University Press, 1997.

CAMPBELL, N. A; TOMENSON, J. A. Canonical variate analysis for several sets of data. **Biometrics**, v. 39, n. 2, p. 425-435, 1983.

CAROLL, J. D.; GREEN, P. E.; SCHAFFER, C. M. Interpoint distance comparisons in correspondence analysis. **Journal of Marketing Research**, v. 23, n. 3, p. 271-280, 1986.

CARVALHO, H. **Análise multivariada de dados qualitativos:** utilização da análise de correspondências múltiplas com o SPSS. Lisboa: Edições Sílabo, 2008.

CATTELL, R. B. The scree test for the number of factors. **Multivariate Behavioral Research**, v. 1, n. 2, p. 245-276, 1966.

CATTELL, R. B.; BALCAR, K. R.; HORN, J. L.; NESSELROADE, J. R. Factor matching procedures: an improvement of the s index; with tables. **Educational and Psychological Measurement**, v. 29, n. 4, p. 781-792, 1969.

CELEUX, G.; GOVAERT, G. A classification EM algorithm for clustering and two stochastic versions. **Computational Statistics & Data Analysis**, v. 14, n. 3, p. 315-332, 1992.

CHAMBERLAIN, G. Analysis of covariance with qualitative data. **The Review of Economic Studies**, v. 47, n. 1, p. 225-238, 1980.

CHAMBLESS, L. E.; DOBSON, A.; PATTERSON, C. C.; RAINES, B. On the use of a logistic risk score in predicting risk of coronary heart disease. **Statistics in Medicine**, v. 9, p. 385-396, 1991.

CHANG, W. R. **Graphics cookbook**. Sebastopol, CA: O'Reilly Media, 2013.

CHAPPEL, W.; KIMENYI, M.; MAYER, W. A Poisson probability model of entry and market structure with an application to U.S. industries during 1972-77. **Southern Economic Journal**, v. 56, n. 4, p. 918-927, 1990.

CHARNET, R.; BONVINO, H.; FREIRE, C. A. L.; CHARNET, E. M. R. **Análise de modelos de regressão linear:** com aplicações. 2. ed. Campinas: Editora da UNICAMP, 2008.

CHATTERJEE, S.; JAMIESON, L.; WISEMAN, F. Identifying most influential observations in factor analysis. **Marketing Science**, v. 10, n. 2, p. 145-160, 1991.

CHEN, C. W. On some problems in canonical correlation analysis. **Biometrika**, v. 58, n. 2, p. 399-400, 1971.

CHEN, M. H.; IBRAHIM, J. G.; SHAO, Q. M. Maximum likelihood inference for the Cox regression model with applications to missing covariates. **Journal of Multivariate Analysis**, v. 100, n. 9, p. 2018-2030, 2009.

CHENG, R.; MILLIGAN, G. W. K-Means clustering methods with influence detection. **Educational and Psychological Measurement**, v. 56, n. 5, p. 833-838, 1996.

CHOLLET, F. **Deep learning with Python**. Manning Publications Co., 2018.

CHOW, G. C. Tests of equality between sets of coefficients in two linear regressions. **Econometrica**, v. 28, n. 3, p. 591-605, 1960.

CHRISTENSEN, R. **Log-linear models and logistic regression**. 2. ed. New York: Springer-Verlag, 1997.

CLEVELAND, W. S. **The elements of graphing data**. Monterey: Wadsworth, 1985.

CLEVES, M. A.; GOULD, W. W.; GUTIERREZ, R. G.; MARCHENKO, Y. V. **An introduction to survival analysis using Stata**. 3. ed. College Station: Stata Press, 2010.

CLIFF, N.; HAMBURGER, C. D. The study of sampling errors in factor analysis by means of artificial experiments. **Psychological Bulletin**, v. 68, n. 6, p. 430-445, 1967.

COCHRAN, W. G. **Sampling techniques**. 3. ed. New York: John Wiley & Sons, 1977.

COCHRAN, W. G. Some consequences when the assumptions for the analysis of variance are not satisfied. **Biometrics**, v. 3, n. 1, p. 22-38, 1947.

COCHRAN, W. G. The comparison of percentages in matched samples. **Biometrika**, v. 37, n. ¾, p. 256-266, 1950.

COCHRAN, W. G. The distribution of the largest of a set of estimated variances as a fraction of their total. **Annals of Eugenics**, v. 22, n. 11, p. 47-52, 1947.

COLLINGS, B.; MARGOLIN, B. Testing goodness of fit for the Poisson assumption when observations are not identically distributed. **Journal of the American Statistical Association**, v. 80, n. 390, p. 411-418, 1985.

COLOSIMO, E. A.; GIOLO, S. R. **Análise de sobrevivência aplicada.** São Paulo: Edgard Blücher, 2006.

CONAWAY, M. R. A random effects model for binary data. **Biometrics**, v. 46, n. 2, p. 317-328, 1990.

CONSUL, P. **Generalized Poisson distributions.** New York: Marcel Dekker, 1989.

CONSUL, P.; FAMOYE, F. Generalized Poisson regression model. **Communications in Statistics: Theory and Methods**, v. 21, n. 1, p. 89-109, 1992.

CONSUL, P.; JAIN, G. A generalization of the Poisson distribution. **Technometrics**, v. 15, n. 4, p. 791-799, 1973.

COOK, R. D. Influential observations in linear regression. **Journal of the American Statistical Association**, v. 74, p. 169-174, 1979.

COOPER, D. R.; SCHINDLER, P. S. **Métodos de pesquisa em administração.** 10. ed. Porto Alegre: Bookman, 2011.

COOPER, S. L. Random sampling by telephone: an improved method. **Journal of Marketing Research**, v. 1, n. 4, p. 45-48, 1964.

CORDEIRO, G. M. Improved likelihood ratio statistics for generalized linear models. **Journal of the Royal Statistical Society**, Series B, v. 45, n. 3, p. 404-413, 1983.

CORDEIRO, G. M. On the corrections to the likelihood ratio statistics. **Biometrika**, v. 74, n. 2, p. 265-274, 1987.

CORDEIRO, G. M.; DEMÉTRIO, C. G. B. **Modelos lineares generalizados.** Santa Maria: SEAGRO e RBRAS, 2007.

CORDEIRO, G. M.; McCULLAGH, P. Bias correction in generalized linear models. **Journal of the Royal Statistical Society**, Series B, v. 53, n. 3, p. 629-643, 1991.

CORDEIRO, G. M.; ORTEGA, E. M. M.; CUNHA, D. C. C. The exponentiated generalized class of distributions. **Journal of Data Science**, v. 11, p. 777-803, 2013.

CORDEIRO, G. M.; ORTEGA, E. M. M.; SILVA, G. O. The exponentiated generalized gamma distribution with application to lifetime data. **Journal of Statistical Computation and Simulation**, v. 81, n. 7, p. 827-842, 2011.

CORDEIRO, G. M.; PAULA, G. A. Improved likelihood ratio statistics for exponential family nonlinear models. **Biometrika**, v. 76, n. 1, p. 93-100, 1989.

CORNWELL, C.; RUPERT, P. Efficient estimation with panel data: an empirical comparison of instrumental variables estimators. **Journal of Applied Econometrics**, v. 3, n. 2, p. 149-155, 1988.

CORTINA, J. M. What is coefficient alpha? An examination of theory and applications. **Journal of Applied Psychology**, v. 78, n. 1, p. 98-104, 1993.

COSTA NETO, P. L. O. **Estatística.** 2. ed. São Paulo: Edgard Blücher, 2002.

COSTA, P. S.; SANTOS, N. C.; CUNHA, P.; COTTER, J.; SOUSA, N. The use of multiple correspondence analysis to explore associations between categories of qualitative variables in healthy ageing. **Journal of Aging Research**, v. 2013, 2013.

COVARSI, M. G. A. Técnicas de análisis factorial aplicadas al análisis de la información financiera: fundamentos, limitaciones, hallazgo y evidencia empírica española. **Revista Española de Financiación y Contabilidad**, v. 26, n. 86, p. 57-101, 1996.

COX, D. R. Regression models and life tables. **Journal of the Royal Statistical Society**, Series B, v. 34, n. 2, p. 187-220, 1972.

COX, D. R. Some remarks on overdispersion. **Biometrika**, v. 70, n. 1, p. 269-274, 1983.

COX, D. R.; OAKES, D. **Analysis of survival data.** London: Chapman and Hall / CRC, 1984.

COX, D. R.; SNELL, E. J. **Analysis of binary data.** 2. ed. London: Chapman & Hall, 1989.

COX, N. J. Speaking Stata: how to face lists with fortitude. **Stata Journal**, v. 2, n. 2, p. 202-222, 2002.

COX, N. J. Speaking Stata: how to repeat yourself without going mad. **Stata Journal**, v. 1, n. 1, p. 86-97, 2001.

COX, N. J. Speaking Stata: problems with lists. **Stata Journal**, v. 3, n. 2, p. 185-202, 2003.

COX, N. J. Speaking Stata: smoothing in various directions. **Stata Journal**, v. 5, n. 4, p. 574-593, 2005.

COX, N. J. Speaking Stata: the limits of sample skewness and kurtosis. **The Stata Journal**, v. 10, n. 3, p. 482-495, 2010.

COXON, A. P. M. **The User's guide to multidimensional scaling:** with special reference to the MDS (X library of computer programs). London: Heinemann Educational Books, 1982.

CRONBACH, L. J. Coefficient alpha and the internal structure of tests. **Psychometrika**, v. 16, n. 3, p. 297-334, 1951.

CROWTHER, M. J.; ABRAMS, K. R.; LAMBERT, P. C. Joint modeling of longitudinal and survival data. **Stata Journal**, v. 13, n. 1, p. 165–184, 2013.

CZEKANOWSKI, J. Coefficient of racial "likeness" und "durchschnittliche differenz". **Anthropologischer Anzeiger**, v. 9, n. 3/4, p. 227-249, 1932.

D'ENZA, A. I.; GREENACRE, M. J. Multiple correspondence analysis for the quantification and visualization of large categorical data sets. *In:* DI CIACCIO, A.; COLI, M.; IBANEZ, J. M. A. (ed.). Advanced statistical methods for the analysis of large data-sets. **Studies in theoretical and applied statistics.** Berlin: Springer-Verlag, p. 453-463, 2012.

DANSECO, E. R.; HOLDEN, E. W. Are there different types of homeless families? A typology of homeless families based on cluster analysis. **Family Relations**, v. 47, n. 2, p. 159-165, 1998.

DANTAS, C. A. B. **Probabilidade:** um curso introdutório. 3. ed. São Paulo: EDUSP, 2008.

DANTAS, R. A.; CORDEIRO, G. M. Uma nova metodologia para avaliação de imóveis utilizando modelos lineares generalizados. **Revista Brasileira de Estatística**, v. 49, n. 191, p. 27-46, 1988.

DAVIDSON, R; MACKINNON, J. G. **Estimation and inference in econometrics.** Oxford: Oxford University Press, 1993.

DAVIS, P. B. Conjoint measurement and the canonical analysis of contingency tables. **Sociological Methods & Research**, v. 5, n. 3, p. 347-365, 1977.

DAY, G. S.; HEELER, R. M. Using cluster analysis to improve marketing experiments. **Journal of Marketing Research**, v. 8, n. 3, p. 340-347, 1971.

DE IRALA, J.; FERNÁNDEZ-CREHUET, N. R.; SERRANCO, C. A. Intervalos de confianza anormalmente amplios en regresión logística: interpretación de resultados de programas estadísticos. **Revista Panamericana de Salud Pública**, v. 28, p. 235-243, 1997.

DE LEEUW, J. **Canonical analysis of categorical data.** Leiden: DSWO Press, 1984.

DE LEEUW, J.; MEIJER, E. (ed.). **Handbook of multilevel analysis.** New York: Springer, 2008.

DEADRICK, D. L.; BENNETT, N.; RUSSELL, C. J. Using hierarchical linear modeling to examine dynamic performance criteria over time. **Journal of Management**, v. 23, n. 6, p. 745-757, 1997.

DEAN, C.; LAWLESS, J. Tests for detecting overdispersion in Poisson regression models. **Journal of the American Statistical Association**, v. 84, n. 406, p. 467-472, 1989.

DEATON, A. Instruments, randomization, and learning about development. **Journal of Economic Literature**, v. 48, n. 2, p. 424-455, 2010.

DEB, P.; TRIVEDI, P. K. Maximum simulated likelihood estimation of a negative binomial regression model with multinomial endogenous treatment. **Stata Journal**, v. 6, n. 2, p. 246-255, 2006.

DEMIDENKO, E. **Mixed models:** theory and applications. New York: John Wiley & Sons, 2005.

DESMARAIS, B. A.; HARDEN, J. J. Testing for zero inflation in count models: bias correction for the Vuong test. **Stata Journal**, v. 13, n. 4, p. 810-835, 2013.

DEUS, J. E. R. **Escalamiento multidimensional.** Madrid: Editorial La Muralla, 2001.

DEVILLE, J. C.; SAPORTA, G. Correspondence analysis, with an extension towards nominal time series. **Journal of Econometrics**, v. 22, p. 169-189, 1983.

DEVORE, J. L. **Probabilidade e estatística para engenharia.** São Paulo: Thomson Pioneira, 2006.

DICE, L. R. Measures of the amount of ecologic association between species. **Ecology**, v. 26, n. 3, p. 297-302, 1945.

DIGBY, P. G. N.; KEMPTON, R. A. **Multivariate analysis of ecological communities.** London: Chapman & Hall / CRC Press, 1987.

DILLON, W. R.; GOLDSTEIN, M. **Multivariate analysis methods and applications.** New York: John Wiley & Sons, 1984.

DOBBIE, M. J.; WELSH, A. H. Modelling correlated zero-inflated count data. **Australian & New Zealand Journal of Statistics**, v. 43, n. 4, p. 431-444, 2001.

DOBSON, A. J. **An introduction to generalized linear models.** 2. ed. London: Chapman & Hall / CRC Press, 2001.

DORE, J. C.; OJASOO, T. Correspondence factor analysis of the publication patterns of 48 countries over the period 1981-1992. **Journal of the American Society for Information Science**, v. 47, p. 588-602, 1996.

DOUGHERTY, C. **Introduction to econometrics.** 4. ed. New York: Oxford University Press, 2011.

DOUTRIAUX, J.; CRENER, M. A. Which statistical technique should I use? A survey and marketing case study. **Managerial and Decision Economics**, v. 3, n. 2, p. 99-111, 1982.

DOWLE, M.; SRINIVASAN, A. **data.table:** extension of 'data.frame'. R package version 1.14.2, 2021.

DRAPER, D. Inference and hierarchical modeling in the social sciences. **Journal of Educational and Behavioral Statistics**, v. 20, n. 2, p. 115-147, 1995.

DRISCOLL, J. C.; KRAAY, A. C. Consistent covariance matrix estimation with spatially dependent panel data. **Review of Economics and Statistics**, v. 80, n. 4, p. 549-560, 1998.

DRIVER, H. E.; KROEBER, A. L. Quantitative expression of cultural relationships. **University of California Publications in American Archaeology and Ethnology**, v. 31, n. 4, p. 211-256, 1932.

DRUKKER, D. M. Testing for serial correlation in linear panel-data models. **Stata Journal**, v. 3, n. 2, p. 168-177, 2003.

DUNCAN, O. D. **Notes on social measurement:** historical and critical. New York: Russell Sage Foundation, 1984.

DUNLOP, D. D. Regression for longitudinal data: a bridge from least squares regression. **The American Statistician**, v. 48, n. 4, p. 299-303, 1994.

DURBIN, J.; WATSON, G. S. Testing for serial correlation in least squares regression: I. **Biometrika**, v. 37, n. ¾, p. 409-428, 1950.

DURBIN, J.; WATSON, G. S. Testing for serial correlation in least squares regression: II. **Biometrika**, v. 38, n. ½, p. 159-177, 1951.

DYKE, G. V.; PATTERSON, H. D. Analysis of factorial arrangements when the data are proportions. **Biometrics**, v. 8, n. 1, p. 1-12, 1952.

DZIUBAN, C. D.; SHIRKEY, E. C. When is a correlation matrix appropriate for factor analysis? Some decision rules. **Psychological Bulletin**, v. 81, n. 6, p. 358-361, 1974.

EMBRETSON, S. E.; HERSHBERGER, S. L. **The new rules of measurement.** Mahwah: Lawrence Erlbaum Associates, 1999.

ENGLE, R. F. Wald, likelihood ratio, and lagrange multiplier tests in econometrics. *In:* GRILICHES, Z.; INTRILIGATOR, M. D. (ed.). **Handbook of econometrics II.** Amsterdam: North Holland, p. 796-801, 1984.

EPLEY, D. R. U. S. real estate agent income and commercial / investment activities. **The Journal of Real Estate Research**, v. 21, n. 3, p. 221-244, 2001.

ESPINOZA, F. S.; HIRANO, A. S. As dimensões de avaliação dos atributos importantes na compra de condicionadores de ar: um estudo aplicado. **Revista de Administração Contemporânea (RAC)**, v. 7, n. 4, p. 97-117, 2003.

EVERITT, B. S.; LANDAU, S.; LEESE, M.; STAHL, D. **Cluster analysis.** 5. ed. Chichester: John Wiley & Sons, 2011.

FABRIGAR, L. R.; WEGENER, D. T.; MacCALLUM, R. C.; STRAHAN, E. J. Evaluating the use of exploratory factor analysis in psychological research. **Psychological Methods**, v. 4, n. 3, p. 272-299, 1999.

FAMOYE, F. Restricted generalized Poisson regression model. **Communications in Statistics: Theory and Methods**, v. 22, n. 5, p. 1335-1354, 1993.

FAMOYE, F.; SINGH, K. P. Zero-inflated generalized Poisson regression model with an application to domestic violence data. **Journal of Data Science**, v. 4, n. 1, p. 117-130, 2006.

FARNSTROM, F.; LEWIS, J.; ELKAN, C. Scalability for clustering algorithms revisited. **SIGKDD Explorations**, v. 2, n. 1, p. 51-57, 2000.

FÁVERO, L. P. **Análise de dados:** modelos de regressão com Excel®, Stata® e SPSS®. Rio de Janeiro: Campus Elsevier, 2015.

FÁVERO, L. P. Avaliação de atributos em imóveis residenciais: uma aplicação de modelos de correlação canônica em localidades de baixa renda. **Revista de Administração, Contabilidade e Economia**, v. 7, n. 1, p. 7-26, 2008.

FÁVERO, L. P. Dados em painel em contabilidade e finanças: teoria e aplicação. **Brazilian Business Review**, v. 10, n. 1, p. 131-156, 2013.

FÁVERO, L. P. **Modelagem hierárquica com medidas repetidas.** São Paulo. 202 f. Tese (Livre-Docência) – Faculdade de Economia, Administração e Contabilidade, Universidade de São Paulo, 2010.

FÁVERO, L. P. Modelos de precificação hedônica de imóveis residenciais na Região Metropolitana de São Paulo: uma abordagem sob as perspectivas da demanda e da oferta. **Estudos Econômicos**, v. 38, n. 1, p. 73-96, 2008.

FÁVERO, L. P. **O mercado imobiliário residencial da região metropolitana de São Paulo:** uma aplicação de modelos de comercialização hedônica de regressão e correlação canônica. São Paulo. 319 f. Tese (Doutorado em Administração) – Faculdade de Economia, Administração e Contabilidade, Universidade de São Paulo, 2005.

FÁVERO, L. P. Preços hedônicos no mercado imobiliário comercial de São Paulo: a abordagem da modelagem multinível com classificação cruzada. **Estudos Econômicos**, v. 41, n. 4, p. 777-810, 2011.

FÁVERO, L. P. Time, firm and country effects on performance: an analysis under the perspective of hierarchical modeling with repeated measures. **Brazilian Business Review**, v. 5, n. 3, p. 163-180, 2008.

FÁVERO, L. P. Urban amenities and dwelling house prices in Sao Paulo, Brazil: a hierarchical modelling approach. **Global Business and Economics Review**, v. 13, n. 2, p. 147-167, 2011.

FÁVERO, L. P.; ALMEIDA, J. E. F. O comportamento dos índices de ações em países emergentes: uma análise com dados em painel e modelos hierárquicos. **Revista Brasileira de Estatística**, v. 72, n. 235, p. 97-137, 2011.

FÁVERO, L. P.; ANGELO, C. F.; EUNNI, R. V. Impact of loyalty programs on customer retention: evidence from the retail apparel industry in Brazil. *In:* **International Academy of Linguistics, Behavioral and Social Sciences**, 2007, Washington. Anais do Congresso.

FÁVERO, L. P.; BELFIORE, P. **Análise de dados:** técnicas multivariadas exploratórias com SPSS® e Stata®. Rio de Janeiro: Campus Elsevier, 2015.

FÁVERO, L. P.; BELFIORE, P. Cash flow, earnings ratio and stock returns in emerging global regions: evidence from longitudinal data. **Global Economy and Finance Journal**, v. 4, n. 1, p. 32-43, 2011.

FÁVERO, L. P.; BELFIORE, P. **Data science for business and decision making.** Cambridge: Academic Press, 2019.

FÁVERO, L. P.; BELFIORE, P.; FOUTO, N. Escolha de meios de pagamento por populações de média e baixa renda: uma abordagem sob a perspectiva da análise fatorial e de correspondência. **Revista de Economia e Administração**, v. 5, n. 2, p. 184-200, 2006.

FÁVERO, L. P.; BELFIORE, P.; NÉLO, A. M. Formação de conglomerados no setor de lojas de departamento e eletrodomésticos no Brasil: uma aplicação de análise multivariada em indicadores econômico-financeiros. **Gestão & Regionalidade**, v. 23, n. 66, p. 6-16, 2007.

FÁVERO, L. P.; BELFIORE, P.; SANTOS, M. A. Overdisp: a Stata (and Mata) package for direct detection of overdispersion in Poisson and negative binomial regression models. **Statistics, Optimization & Information Computing**, v. 8, p. 773-789, 2020.

FÁVERO, L. P.; BELFIORE, P.; SILVA, F. L.; CHAN, B. L. **Análise de dados:** modelagem multivariada para tomada de decisões. Rio de Janeiro: Campus Elsevier, 2009.

FÁVERO, L. P.; BELFIORE, P.; SOUZA, R.; CORREA, H. L.; HADDAD, M. F. C. Count data regression analysis: concepts, overdispersion detection, zero-inflation identification, and applications with R. **Practical Assessment, Research, and Evaluation**, v. 26, p. 1-22, 2021.

FÁVERO, L. P.; BELFIORE, P.; TAKAMATSU, R. T.; SUZART, J. **Métodos quantitativos com Stata®.** Rio de Janeiro: Campus Elsevier, 2014.

FÁVERO, L. P.; CONFORTINI, D. Modelos multinível de coeficientes aleatórios e os efeitos firma, setor e tempo no mercado acionário brasileiro. **Pesquisa Operacional**, v. 30, n. 3, p. 703-727, 2010.

FÁVERO, L. P.; CONFORTINI, D. Qualitative assessment of stock prices listed on the São Paulo Stock Exchange: an approach from the perspective of homogeneity analysis. **Academia: Revista Latinoamericana de Administración**, v. 42, n. 1, p. 20-33, 2009.

FÁVERO, L. P.; HAIR JR., J. F.; SOUZA, R.; ALBERGARIA, M.; BRUGNI, T. V. Zero-inflated generalized linear mixed models: a better way to understand data relationships. **Mathematics**, v. 9, n. 10, p. 1-28, 2021.

FÁVERO, L. P.; MARTINS, G. A.; LIMA, G. A. S. F. Associação entre níveis de governança, indicadores contábeis e setor: uma análise sob as perspectivas da Anacor e da Homals. **Revista de Informação Contábil**, v. 1, n. 2, p. 1-17, 2007.

FÁVERO, L. P.; SANTOS, M. A.; SERRA, R. G. Cross-border branching in the Latin American banking sector. **International Journal of Bank Marketing**, v. 36, p. 496-528, 2018.

FÁVERO, L. P.; SOTELINO, F. B. Elasticities of stock prices in emerging markets. *In:* BATTEN, J. A.; SZILAGYI, P. G (ed.). **The impact of the global financial crisis on emerging financial markets.** Emerald Group Publishing Limited, 2011. (Contemporary Studies in Economic and Financial Analysis, v. 93, p. 473-493).

FÁVERO, L. P.; SERRA, R. G.; SANTOS, M. A.; BRUNALDI, E. Cross-classified multilevel determinants of firm's sales growth in Latin America. **International Journal of Emerging Markets**, v. 13, p. 902-924, 2018.

FEIGL, P.; ZELEN, M. Estimation of exponential survival probabilities with concomitant information. **Biometrics**, v. 21, n. 4, p. 826-838, 1965.

FENNER, M. **Machine learning with Python for everyone.** Leanpub., 2018.

FERRANDO, P. J. **Introducción al análisis factorial.** Barcelona: PPU, 1993.

FERRÃO, F.; REIS, E.; VICENTE, P. **Sondagens:** a amostragem como factor decisivo de qualidade. 2. ed. Lisboa: Edições Sílabo, 2001.

FERREIRA, J. M. **Análise de sobrevivência:** uma visão de risco comportamental na utilização de cartão de crédito. Recife. 73 f. Dissertação (Mestrado em Biometria) – Departamento de Estatística e Informática. Universidade Federal Rural de Pernambuco, 2007.

FERREIRA, S. C. R. **Análise multivariada sobre bases de dados criminais.** Coimbra. 81 f. Dissertação (Mestrado em Química Forense) – Faculdade de Ciências e Tecnologia da Universidade de Coimbra, 2012.

FIELDING, A. The role of the Hausman test and whether higher level effects should be treated as random or fixed. **Multilevel Modelling Newsletter**, v. 16, n. 2, p. 3-9, 2004.

FIENBERG, S. E. **Analysis of cross-classified categorical data.** New York: Springer-Verlag, 2007.

FIGUEIRA, A. P. C. Procedimento HOMALS: instrumentalidade no estudo das orientações metodológicas dos professores portugueses de língua estrangeira. *In:* **V SNIP** – Simpósio Nacional de Investigação em Psicologia, 2003, Lisboa. Anais do Congresso.

FIGUEIREDO FILHO, D. B.; SILVA JÚNIOR, J. A.; ROCHA, E. C. Classificando regimes políticos utilizando análise de conglomerados. **Opinião Pública**, v. 18, n. 1, p. 109-128, 2012.

FINNEY, D. J. **Probit analysis.** Cambridge: Cambridge University Press, 1952.

FINNEY, D. J.; STEVENS, W. L. A table for the calculation of working probits and weights in probit analysis. **Biometrika**, v. 35, n. 1/2, p. 191-201, 1948.

FIRPO, S. Efficient semiparametric estimation of quantile treatment effects. **Econometrica**, v. 75, n. 1, p. 259-276, 2007.

FISCHER, G. **Ornithologische monatsberichte.** Berlin: Jahrgang, 1936.

FLANNERY, M. J.; HANKINS, K. W. Estimating dynamic panel models in corporate finance. **Journal of Corporate Finance**, v. 19, n. 1, p. 1-19, 2013.

FLEISCHER, G. A. **Contingency table analysis for road safety studies.** New York: Springer, 2011.

FLEISHMAN, J. A. Types of political attitude structure: results of a cluster analysis. **The Public Opinion Quarterly**, v. 50, n. 3, p. 371-386, 1986.

FOUTO, N. M. M. D. **Determinação de uma função de preços hedônicos para computadores pessoais no Brasil.** São Paulo, 2004. 150 f. Dissertação (Mestrado em Administração) – Faculdade de Economia, Administração e Contabilidade, Universidade de São Paulo.

FOX, J.; WEISBERG, S.; PRICE, B. **car:** companion to applied regression. R package version 3.0-12, 2019.

FRALEY, C.; RAFTERY, A. E. Model-based clustering, discriminant analysis and density estimation. **Journal of the American Statistical Association**, v. 97, n. 458, p. 611-631, 2002.

FREES, E. W. Assessing cross-sectional correlation in panel data. **Journal of Econometrics**, v. 69, n. 2, p. 393-414, 1995.

FREES, E. W. **Longitudinal and panel data:** analysis and applications in the social sciences. Cambridge: Cambridge University Press, 2004.

FREI, F. **Introdução à análise de agrupamentos:** teoria e prática. São Paulo: Editora Unesp, 2006.

FREI, F.; LESSA, B. S.; NOGUEIRA, J. C. G.; ZOPELLO, R.; SILVA, S. R.; LESSA, V. A. M. Análise de agrupamentos para a classificação de pacientes submetidos à cirurgia bariátrica Fobi-Capella. **ABCD. Arquivos Brasileiros de Cirurgia Digestiva**, v. 26, n. 1, p. 33-38, 2013.

FREUND, J. E. **Estatística aplicada:** economia, administração e contabilidade. 11. ed. Porto Alegre: Bookman, 2006.

FRIEDMAN, M. A comparison of alternative tests of significance for the problem of m rankings. **The Annals of Mathematical Statistics**, v. 11, n. 1, p. 86-92, 1940.

FRIEDMAN, M. The use of ranks to avoid the assumption of normality implicit in the analysis of variance. **Journal of the American Statistical Association**, v. 32, n. 200, p. 675-701, 1937.

FRÖLICH, M.; MELLY, B. Estimation of quantile treatment effects with Stata. **Stata Journal**, v. 10, n. 3, p. 423-457, 2010.

FROME, E. L.; KURTNER, M. H.; BEAUCHAMP, J. J. Regression analysis of Poisson-distributed data. **Journal of the American Statistical Association**, v. 68, n. 344, p. 935-940, 1973.

FROOT, K. A. Consistent covariance matrix estimation with cross-sectional dependence and heteroskedasticity in financial data. **Journal of Financial and Quantitative Analysis**, v. 24, n. 3, p. 333-355, 1989.

FUMES G.; CORRENTE J. E. Modelos inflacionados de zeros: aplicações na análise de um questionário de frequência alimentar. **Revista Brasileira de Biometria**, v. 28, n. 1, p. 24-38, 2010.

GALANTUCCI, L. M.; DI GIOIA, E.; LAVECCHIA, F.; PERCOCO, G. Is principal component analysis an effective tool to predict face attractiveness? A contribution based on real 3D faces of highly selected attractive women, scanned with stereophotogrammetry. **Medical and Biological Engineering and Computing**, v. 52, n. 5, p. 475-489, 2014.

GALTON, F. **Natural inheritance.** 5. ed. New York: Macmillan and Company, 1894.

GARDINER, J. C.; LUO, Z.; ROMAN, L. A. Fixed effects, random effects and GEE: what are the differences? **Statistics in Medicine**, v. 28, n. 2, p. 221-239, 2009.

GARDNER, W.; MULVEY, E. P.; SHAW, E. C. Regression analyses of counts and rates: Poisson, overdispersed Poisson, and negative binomial models. **Psychological Bulletin**, v. 118, n. 3, p. 392-404, 1995.

GARSON, G. D. **Factor analysis.** Asheboro: Statistical Associates Publishers, 2013.

GARSON, G. D. **Logistic regression:** binary & multinomial. Asheboro: Statistical Associates Publishing, 2012.

GELMAN, A. Multilevel (hierarchical) modeling: what it can and cannot do. **Technometrics**, v. 48, n. 3, p. 432-435, 2006.

GERON, A. **Hands-on machine learning with Scikit-learn, Keras, and Tensorflow**: concepts, tools, and techniques to build intelligent systems. Sebastopol, CA: O'Reilly Media, 2017.

GESSNER, G.; MALHOTRA, N. K.; KAMAKURA, W. A.; ZMIJEWSKI, M. E. Estimating models with binary dependent variables: some theoretical and empirical observations. **Journal of Business Research**, v. 16, n. 1, p. 49-65, 1988.

GIFFINS, R. **Canonical analysis:** a review with applications in ecology. Berlin: Springer-Verlag, 1985.

GILBERT, G. K. Finley's tornado predictions. **American Meteorological Journal**, v. 1, p. 166-172, 1884.

GIMENO, S. G. A.; SOUZA, J. M. P. Utilização de estratificação e modelo de regressão logística na análise de dados de estudos caso-controle. **Revista de Saúde Pública**, v. 29, n. 4, p. 283-289, 1995.

GLASSER, G. L.; METZGER, G. D. Random-digit dialing as a method of telephone sampling. **Journal of Marketing Research**, v. 9, n. 1, p. 59-64, 1972.

GLASSER, M. Exponential survival with covariance. **Journal of the American Statistical Association**, v. 62, n. 318, p. 561-568, 1967.

GNECCO, G.; SANGUINETI, M. Accuracy of suboptimal solutions to kernel principal component analysis. **Computational Optimization and Applications**, v. 42, n. 2, p. 265-287, 2009.

GNEDENKO, B. V. **A teoria da probabilidade.** Rio de Janeiro: Ciência Moderna, 2008.

GODFREY, L. G. **Misspecification tests in econometrics.** Cambridge: Cambridge University Press, 1988.

GODFREY, L. G. Testing against general autoregressive and moving average error models when the regressors include lagged dependent variables. **Econometrica**, v. 46, n. 6, p. 1293–1301, 1978.

GOLDBERGER, A. S. Best linear unbiased prediction in the generalized linear regression model. **Journal of the American Statistical Association**, v. 57, n. 298, p. 369-375, 1962.

GOLDSTEIN, H. **Multilevel statistical models.** 4 ed. Chichester: John Wiley & Sons, 2011.

GORDON, A. D. A review of hierarchical classification. **Journal of the Royal Statistical Society**, Series A, v. 150, n. 2, p. 119-137, 1987.

GORSUCH, R. L. Common factor analysis versus component analysis: some well and little known facts. **Multivariate Behavioral Research**, v. 25, n. 1, p. 33-39, 1990.

GORSUCH, R. L. **Factor analysis.** 2. ed. Mahwah: Lawrence Erlbaum Associates, 1983.

GOULD, W.; PITBLADO, J.; POI, B. **Maximum likelihood estimation with Stata.** 4. ed. College Station: Stata Press, 2010.

GOURIEROUX, C.; MONFORT, A.; TROGNON, A. Pseudo maximum likelihood methods: applications to Poisson models. **Econometrica**, v. 52, n. 3, p. 701-72, 1984.

GOWER, J. C. A comparison of some methods of cluster analysis. **Biometrics**, v. 23, n. 4, p. 623-637, 1967.

GREENACRE, M. J. **Correspondence analysis in practice.** 2. ed. Boca Raton: Chapman & Hall / CRC Press, 2007.

GREENACRE, M. J. Correspondence analysis of multivariate categorical data by weighted least-squares. **Biometrika**, v. 75, n. 3, p. 457-467, 1988.

GREENACRE, M. J. Correspondence analysis of square asymmetric matrices. **Journal of the Royal Statistical Society**, Series C (Applied Statistics), v. 49, n. 3, p. 297-310, 2000.

GREENACRE, M. J. **La práctica del análisis de correspondencias.** Barcelona: Fundación BBVA, 2008.

GREENACRE, M. J. Singular value decomposition of matched matrices. **Journal of Applied Statistics**, v. 30, n. 10, p. 1101-1113, 2003.

GREENACRE, M. J. The Carroll-Green-Schaffer scaling in correspondence analysis: a theoretical and empirical appraisal. **Journal of Marketing Research**, v. 26, n. 3, p. 358-365, 1989.

GREENACRE, M. J. **Theory and applications of correspondence analysis.** London: Academic Press, 1984.

GREENACRE, M. J.; BLASIUS, J. **Correspondence analysis in the social sciences.** London: Academic Press, 1994.

GREENACRE, M. J.; BLASIUS, J. **Multiple correspondence analysis and related methods.** Boca Raton: Chapman & Hall / CRC Press, 2006.

GREENACRE, M. J.; HASTIE, T. The geometric interpretation of correspondence analysis. **Journal of the American Statistical Association**, v. 82, n. 398, p. 437-447, 1987.

GREENACRE, M. J.; PARDO, R. Subset correspondence analysis: visualization of selected response categories in a questionnaire survey. **Sociological Methods and Research**, v. 35, n. 2, p. 193-218, 2006.

GREENBERG, B. A.; GOLDSTUCKER, J. L.; BELLENGER, D. N. What techniques are used by marketing researchers in business? **Journal of Marketing**, v. 41, n. 2, p. 62-68, 1977.

GREENE, W. H. **Econometric analysis.** 7. ed. Harlow: Pearson, 2012.

GREENE, W. H. Fixed effects vector decomposition: a magical solution to the problem of time-invariant variables in fixed effects models? **Political Analysis**, v. 19, n. 2, p. 135-146, 2011.

GREENWELL, B. **vip**: variable importance plots. R package version 0.3.2, 2020.

GREENWOOD, M.; YULE, G. U. An inquiry into the nature of frequency distributions representative of multiple happenings with particular reference to the occurrence of multiple attacks of disease or of repeated accidents. **Journal of the Royal Statistical Society**, Series A, v. 83, n. 2, p. 255-279, 1920.

GROLEMUND, G. **Hands-on programming with R**: write your own functions and simulations. Sebastopol, CA: O'Reilly Media, 2014.

GROSS, J.; LIGGES, U. **nortest**: tests for normality. R package version 1.0-4, 2015.

GRUS, J. **Data science from scratch**: first principles with Python. Sebastopol, CA: O'Reilly Media, 2015.

GU, Y.; HOLE, A. R. Fitting the generalized multinomial logit model in Stata. **Stata Journal**, v. 13, n. 2, p. 382-397, 2013.

GUJARATI, D. N. **Econometria básica.** 5. ed. Porto Alegre: Bookman, 2011.

GUJARATI, D. N.; PORTER, D. C. **Econometria básica.** 5. ed. New York: McGraw-Hill, 2008.

GUPTA, P. L.; GUPTA, R. C.; TRIPATHI, R. C. Analysis of zero-adjusted count data. **Computational Statistics & Data Analysis**, v. 23, n. 2, p. 207-218, 1996.

GURMU, S. Generalized hurdle count data regressions models. **Economics Letters**, v. 58, n. 3, p. 263-268, 1998.

GURMU, S. Tests for detecting overdispersion in the positive Poisson regression model. **Journal of Business & Economic Statistics**, v. 9, n. 2, p. 215-222, 1991.

GURMU, S.; TRIVEDI, P. K. Excess zeros in count models for recreational trips. **Journal of Business & Economic Statistics**, v. 14, n. 4, p. 469-477, 1996.

GURMU, S.; TRIVEDI, P. K. Overdispersion tests for truncated Poisson regression models. **Journal of Econometrics**, n. 54, n. 1-3, p. 347-370, 1992.

GUTIERREZ, R. G. Parametric frailty and shared frailty survival models. **Stata Journal**, v. 2, n. 1, p. 22–44, 2002.

GUTTMAN, L. The quantification of a class of attributes: a theory and method of scale construction. *In:* **The prediction of personal adjustment**, P. HORST *et al.* (ed.). New York: Social Science Research Council, 1941.

GUTTMAN, L. What is not what in statistics. **The Statistician**, v. 26, n. 2, p. 81-107, 1977.

HABERMAN, S. J. The analysis of residuals in cross-classified tables. **Biometrics**, v. 29, n. 1, p. 205-220, 1973.

HABIB, F.; ETESAM, I.; GHODDUSIFAR, S. H.; MOHAJERI, N. Correspondence analysis: a new method for analyzing qualitative data in architecture. **Nexus Network Journal**, v. 14, n. 3, p. 517-538, 2012.

HADI, A. S. A modification of a method for the detection of outliers in multivariate samples. **Journal of the Royal Statistical Society**, Series B, v. 56, n. 2, p. 393-396, 1994.

HADI, A. S. Identifying multiple outliers in multivariate data. **Journal of the Royal Statistical Society**, Series B, v. 54, n. 3, p. 761-771, 1992.

HAIR JR., J. F.; FÁVERO, L. P. Multilevel modeling for longitudinal data: concepts and applications. **RAUSP Management Journal**, v. 54, p. 459-489, 2019.

HAIR JR., J. F.; BLACK, W. C.; BABIN, B. J.; ANDERSON, R. E.; TATHAM, R. L. **Análise multivariada de dados.** 6. ed. Porto Alegre: Bookman, 2009.

HALL, D. B. Zero-inflated Poisson and binomial regression with random effects: a case study. **Biometrics**, v. 56, p. 1030-1039, 2000.

HALVORSEN, R.; PALMQUIST, R. B. The interpretation of dummy variables in semilogarithmic equations. **The American Economic Review**, v. 70, n. 3, p. 474-475, 1980.

HAMANN, U. Merkmalsbestand und verwandtschaftsbeziehungen der Farinosae: ein beitrag zum system der monokotyledonen. **Willdenowia**, v. 2, n. 5, p. 639-768, 1961.

HAMILTON, L. C. **Statistics with Stata:** version 12. 8. ed. Belmont: Brooks/Cole Cengage Learning, 2013.

HANCK, C.; ARNOLD, M.; GERBER, A.; SCHMELZER, M. **Introduction to econometrics with R**. Department of Business Administration and Economics, University of Duisburg-Essen, Essen, Germany, 2020.

HARDIN, J. W.; HILBE, J. M. **Generalized estimating equations.** 2. ed. Boca Raton: Chapman & Hall / CRC Press, 2013.

HARDIN, J. W.; HILBE, J. M. **Generalized linear models and extensions.** 3. ed. College Station: Stata Press, 2012.

HÄRDLE, W. K.; SIMAR, L. **Applied multivariate statistical analysis.** 3. ed. Heidelberg: Springer, 2012.

HARDY, A. On the number of clusters. **Computational Statistics & Data Analysis**, v. 23, n. 1, p. 83-96, 1996.

HARDY, M. A. **Regression with dummy variables.** Thousand Oaks: Sage Publications, 1993.

HARMAN, H. H. **Modern factor analysis.** 3. ed. Chicago: University of Chicago Press, 1976.

HARTLEY, H.O. The use of range in analysis of variance. **Biometrika**, v. 37, n. 3-4, p. 271-280, 1950.

HARVEY, A. C. Estimating regression models with multiplicative heteroscedasticity. **Econometrica**, v. 44, n. 3, p. 461-465, 1976.

HASTIE, T.; TIBSHIRANI, R.; FRIEDMAN, J. **The elements of statistical learning**. 2. ed. New York: Springer, 2017.

HAUSMAN, J. A. Specification tests in econometrics. **Econometrica**, v. 46, n. 6, p. 1251-1271, 1978.

HAUSMAN, J. A.; HALL, B. H.; GRILICHES, Z. Econometric models for count data with na application to the patents-R & D relationship. **Econometrica**, v. 52, n. 4, p. 909-938, 1984.

HAUSMAN, J. A.; TAYLOR, W. E. Panel data and unobservable individual effects. **Econometrica**, v. 49, n. 6, p. 1377-1398, 1981.

HAYASHI, C.; SASAKI, M.; SUZUKI, T. **Data analysis for comparative social research:** international perspectives. Amsterdam: North Holland, 1992.

HEBBALI, A. **olsrr**: tools for building OLS regression models. R package version 0.5.3, 2020.

HECK, R. H.; THOMAS, S. L. **An introduction to multilevel modeling techniques.** 2 ed. New York: Routledge, 2009.

HECKMAN, J.; VYTLACIL, E. Instrumental variables methods for the correlated random coefficient model: estimating the average rate of return to schooling when the return is correlated with schooling. **The Journal of Human Resources**, v. 33, n. 4, p. 974-987, 1998.

HEIBRON, D. C. Zero-altered and other regression models for count data with added zeros. **Biometrical Journal**, v. 36, n. 5, p. 531-547, 1994.

HERBST, A. F. A Factor analysis approach to determining the relative endogeneity of trade credit. **The Journal of Finance**, v. 29, n. 4, p. 1087-1103, 1974.

HIGGS, N. T. Practical and innovative uses of correspondence analysis. **The Statistician**, v. 40, n. 2, p. 183-194, 1991.

HILBE, J. M. **Logistic regression models.** London: Chapman & Hall / CRC Press, 2009.

HILL, C.; GRIFFITHS, W.; JUDGE, G. **Econometria.** São Paulo: Saraiva, 2000.

HILL, P. W.; GOLDSTEIN, H. Multilevel modeling of educational data with cross-classification and missing identification for units. **Journal of Educational and Behavioral Statistics**, v. 23, n. 2, p. 117-128, 1998.

HILLIER, D.; PINDADO, J.; QUEIROZ, V.; TORRE, C. The impact of country-level corporate governance on research and development. **Journal of International Business Studies**, v. 42, n. 1, p. 76-98, 2011.

HINDE, J.; DEMETRIO, C. G. B. Overdispersion: models and estimation. **Computational Statistics and Data Analysis**, v. 27, n. 2, p. 151-170, 1998.

HIRSCHFELD, H. O. A connection between correlation and contingency. **Mathematical Proceedings of the Cambridge Philosophical Society**, v. 31, n. 4, p. 520–524, 1935.

HO, H. F.; HUNG, C. C. Marketing mix formulation for higher education: an integrated analysis employing analytic hierarchy process, cluster analysis and correspondence analysis. **International Journal of Educational Management**, v. 22, n. 4, p. 328-340, 2008.

HOAGLIN, D. C.; MOSTELLER, F.; TUKEY, J. W. **Understanding robust and exploratory data analysis.** New York: John Wiley & Sons, 2000.

HOECHLE, D. Robust standard errors for panel regressions with cross-sectional dependence. **Stata Journal**, v. 7, n. 3, p. 281-312, 2007.

HOFFMAN, D.; FRANKE, G. R. Correspondence analysis: graphical representation of categorical data in marketing research. **Journal of Marketing Research**, v. 23, n. 3, p. 213-227, 1986.

HOFMANN, D. A. An overview of the logic and rationale of hierarchical linear models. **Journal of Management**, v. 23, n. 6, p. 723-744, 1997.

HOLTZ-EAKIN, D.; NEWEY, W.; ROSEN, H. S. Estimating vector auto regressions with panel data. **Econometrica**, v. 56, n. 6, p. 1371-1395, 1988.

HOOVER, K. R.; DONOVAN, T. **The elements of social scientific thinking.** 11. ed. New York: Worth Publishers, 2014.

HOSMER, D. W.; LEMESHOW, S. Goodness-of-fit tests for the multiple logistic regression model. **Communications in Statistics: Theory and Methods**, v. 9, n. 10, p. 1043-1069, 1980.

HOSMER, D. W.; LEMESHOW, S.; MAY, S. **Applied survival analysis:** regression modeling of time to event data. 2. ed. Hoboken: John Wiley & Sons, 2008.

HOSMER, D. W.; LEMESHOW, S.; STURDIVANT, R. X. **Applied logistic regression.** 3. ed. New York: John Wiley & Sons, 2013.

HOSMER, D. W.; TABER, S.; LEMESHOW, S. The importance of assessing the fit of logistic regression models: a case study. **American Journal of Public Health**, v. 81, p. 1630-1635, 1991.

HOTELLING, H. Analysis of a complex of statistical variables into principal components. **Journal of Educational Psychology**, v. 24, n. 6, p. 417-441, 1933.

HOTELLING, H. Relations between two sets of variates. **Biometrika**, v. 28, n. 3/4, p. 321-377, 1936.

HOTELLING, H. The most predictable criterion. **Journal of Education Psychology**, v. 26, p. 139-142, 1935.

HOTHORN, T.; ZEILEIS, A.; FAREBROTHER, R. W.; CUMMINS, C. **lmtest:** testing linear regression models. R package version 0.9-39, 2021.

HOUGH, J. R. Business segment performance redux: a multilevel approach. **Strategic Management Journal**, v. 27, n. 1, p. 45-61, 2006.

HOX, J. J. **Multilevel analysis:** techniques and applications. 2. ed. New York: Routledge, 2010.

HOYOS, R. E.; SARAFIDIS, V. Testing for cross-sectional dependence in panel-data models. **Stata Journal**, v. 6, n. 4, p. 482-496, 2006.

HSIAO, C. **Analysis of panel data.** 2. ed. Cambridge: Cambridge University Press, 2003.

HU, F. B.; GOLDBERG, J.; HEDEKER, D.; FLAY, B. R.; PENTZ, M. A. Comparison of population-averaged and subject-specific approaches for analyzing repeated binary outcomes. **American Journal of Epidemiology**, v. 147, n. 7, p. 694-703, 1998.

HUBBARD, A. E.; AHERN, J.; FLEISCHER, N. L.; LAAN, M. V.; LIPPMAN, S. A.; JEWELL, N.; BRUCKNER, T.; SATARIANO, W. A. To GEE or not to GEE: comparing population average and mixed models for estimating the associations between neighborhood risk factors and health. **Epidemiology**, v. 21, n. 4, p. 467-474, 2010.

HUBER, P. J. The behavior of maximum likelihood estimates under nonstandard conditions. **Proceedings of the Fifth Berkeley Symposium on Mathematical Statistics and Probability**, v. 1, p. 221-233, 1967.

HUBERT, L.; ARABIE, P. Comparing partitions. **Journal of Classification**, v. 2, n. 1, p. 193-218, 1985.

HUSSON, F.; JOSSE, J.; LE, S.; MAZET, J. **FactoMineR:** multivariate exploratory data analysis and data mining. R package version 3.5.0, 2020.

HWANG, H.; DILLON, W. R.; TAKANE, Y. An extension of multiple correspondence analysis for identifying heterogeneous subgroups of respondents. **Psychometrika**, v. 71, n. 1, p. 161-171, 2006.

IEZZI, D. F. A method to measure the quality on teaching evaluation of the university system: the Italian case. **Social Indicators Research**, v. 73, p. 459-477, 2005.

IGNÁCIO, S. A. Importância da estatística para o processo de conhecimento e tomada de decisão. **Revista Paranaense de Desenvolvimento**, n.118, p. 175-192, 2010.

INTRILIGATOR, M. D.; BODKIN, R. G.; HSIAO, C. **Econometric models, techniques and applications.** 2. ed. Englewood Cliffs: Prentice Hall, 1996.

ISLAM, N. Growth empirics: a panel data approach. **The Quarterly Journal of Economics**, v. 110, n. 4, p. 1127-1170, 1995.

ISRAËLS, A. **Eigenvalue techniques for qualitative data.** Leiden: DSWO Press, 1987.

JACCARD, J. **Interaction effects in logistic regression.** Thousand Oaks: Sage Publications, 2001.

JACCARD, P. Distribution de la flore alpine dans le Bassin des Dranses et dans quelques régions voisines. **Bulletin de la Société Vaudoise des Sciences Naturelles**, v. 37, n. 140, p. 241-272, 1901.

JACCARD, P. Nouvelles recherches sur la distribution florale. **Bulletin de la Société Vaudoise des Sciences Naturelles**, v. 44, n. 163, p. 223-270, 1908.

JACKMAN, S. **pscl:** political science computational laboratory. R package version 1.5.5, 2020.

JAIN, A. K.; MURTY, M. N.; FLYNN, P. J. Data clustering: a review. **ACM Computing Surveys**, v. 31, n. 3, p. 264-323, 1999.

JAK, S.; OORT, F. J.; DOLAN, C. V. Using two-level factor analysis to test for cluster bias in ordinal data. **Multivariate Behavioral Research**, v. 49, n. 6, p. 544-553, 2014.

JANN, B. Making regression tables simplified. **Stata Journal**, v. 7, n. 2, p. 227-244, 2007.

JANSAKUL, N.; HINDE, J. P. Score tests for zero-inflated Poisson models. **Computational Statistics & Data Analysis**, v. 40, n. 1, p. 75-96, 2002.

JÉRÔME. P. **Multiple factor analysis by example using R.** London: Chapman & Hall / CRC Press, 2014.

JIMÉNEZ, E. G.; FLORES, J. G.; GÓMEZ, G. R. **Análisis factorial.** Madrid: Editorial La Muralla, 2000.

JOHNSON, D. E. **Applied multivariate methods for data analysts.** Pacific Grove: Duxbury Press, 1998.

JOHNSON, R. A.; WICHERN, D. W. **Applied multivariate statistical analysis.** 6. ed. Upper Saddle River: Pearson Education, 2007.

JOHNSON, S. C. Hierarchical clustering schemes. **Psychometrika**, v. 32, n. 3, p. 241-254, 1967.

JOHNSTON, J.; DINARDO, J. **Métodos econométricos.** 4. ed. Lisboa: McGraw-Hill, 2001.

JOLLIFFE, I. T.; JONES, B.; MORGAN, B. J. T. Identifying influential observations in hierarchical cluster analysis. **Journal of Applied Statistics**, v. 22, n. 1, p. 61-80, 1995.

JONES, A. M.; RICE, N.; D'UVA, T. B.; BALIA, S. **Applied health economics.** 2. ed. New York: Routledge, 2013.

JONES, D. C.; KALMI, P.; MÄKINEN, M. The productivity effects of stock option schemes: evidence from Finnish panel data. **Journal of Productivity Analysis**, v. 33, n. 1, p. 67-80, 2010.

JONES, K.; BULLEN, N. Contextual models of urban house prices: a comparison of fixed- and random-coefficient models developed by expansion. **Economic Geography**, v. 70, n. 3, p. 252-272, 1994.

JONES, M. R. Identifying critical factors that predict quality management program success: data mining analysis of Baldrige award data. **The Quality Management Journal**, v. 21, n. 3, p. 49-61, 2014.

JONES, R. H. Probability estimation using a multinomial logistic function. **Journal of Statistical and Computer Simulation**, v. 3, p. 315-329, 1975.

JONES, S. T.; BANNING, K. US elections and monthly stock market returns. **Journal of Economics and Finance**, v. 33, n. 3, p. 273-287, 2009.

JÖRESKOG, K. G. Some contributions to maximum likelihood factor analysis. **Psychometrika**, v. 32, n. 4, p. 443-482, 1967.

JOSHI, P. **Artificial intelligence with Python.** Packt Publishing Ltd., 2018.

KACHIGAN, S. **Statistical analysis:** an interdisciplinary introduction to univariate & multivariate methods. New York : Radius Press, 1986.

KAISER, H. F. A second generation little jiffy. **Psychometrika**, v. 35, n. 4, p. 401-415, 1970.

KAISER, H. F. An index of factorial simplicity. **Psychometrica**, v. 39, n. 1, p. 31-36, 1974.

KAISER, H. F. The varimax criterion for analytic rotation in factor analysis. **Psychometrika**, v. 23, n. 3, p. 187-200, 1958.

KAISER, H. F.; CAFFREY, J. Alpha factor analysis. **Psychometrika**, v. 30, n. 1, p. 1-14, 1965.

KALBFLEISCH, J. D.; PRENTICE, R. L. **The statistical analysis of failure time data.** 2. ed. New York: John Wiley & Sons, 2002.

KANUNGO, T.; MOUNT, D. M.; NETANYAHU, N. S.; PIATKO, C. D.; SILVERMAN, R.; WU, A. Y. The efficient k-means clustering algorithm: analysis and implementation. **IEEE Transactions on Pattern Analysis and Machine Intelligence**, v. 24, n. 7, p. 881-892, 2002.

KAPLAN, J. **fastDummies:** fast creation of dummy (binary) columns and rows from categorical variables. R package version 1.6.3, 2020.

KAPLAN, E. L.; MEIER, P. Nonparametric estimation from incomplete observations. **Journal of the American Statistical Association**, v. 53, n. 282, p. 457-481, 1958.

KASSAMBARA, A.; MUNDT, F. **factoextra:** extract and visualize the results of multivariate data analysis. R package version 1.0.7, 2020.

KAUFMAN, L.; ROUSSEEUW, P. J. **Finding groups in data:** an introduction to cluster analysis. Hoboken: John Wiley & Sons, 2005.

KAUFMAN, R. L. Comparing effects in dichotomous logistic regression: a variety of standardized coefficients. **Social Science Quarterly**, v. 77, p. 90-109, 1996.

KELLEHER, J. D.; NAMEE, B. M.; 'D'ARCY, A. **Machine learning for predictive analytics**. MIT Press, 2015.

KENNEDY, P. **A guide to econometrics.** 6. ed. Cambridge: MIT Press, 2008.

KIM, B.; PARK, C. Some remarks on testing goodness of fit for the Poisson assumption. **Communications in Statistics: Theory and Methods**, v. 21, n. 4, p. 979-995, 1992.

KIM, J. O.; MUELLER, C. W. **Factor analysis:** statistical methods and practical issues. Thousand Oaks: Sage Publications, 1978.

KIM, J. O.; MUELLER, C. W. **Introduction to factor analysis:** what it is and how to do it. Thousand Oaks: Sage Publications, 1978.

KINTIGH, K. W.; AMMERMAN, A. J. Heuristic approaches to spatial analysis in archaeology. **American Antiquity**, v. 47, n. 1, p. 31-63, 1982.

KLASTORIN, T. D. Assessing cluster analysis results. **Journal of Marketing Research**, v. 20, n. 1, p. 92-98, 1983.

KLATZKY, S. R.; HODGE, R. W. A canonical correlation analysis of occupational mobility. **Journal of the American Statistical Association**, v. 66, n. 333, p. 16-22, 1971.

KLEIN, J. P.; MOESCHBERGER, M. L. **Survival analysis:** techniques for censored and truncated data. 2. ed. New York: Springer, 2003.

KLEINBAUM, D. G.; KLEIN, M. **Logistic regression:** a self-learning text. 3. ed. New York: Springer, 2010.

KLEINBAUM, D. G.; KLEIN, M. **Survival analysis:** a self-learning text. 3. ed. New York: Springer-Verlag, 2012.

KLEINBAUM, D.; KUPPER, L.; NIZAM, A.; ROSENBERG, E.S. **Applied regression analysis and other multivariable methods.** 5. ed. Boston: Cengage Learning, 2014.

KMENTA, J. **Elementos de econometria.** São Paulo: Atlas, 1978.

KOENKER, R. Quantile regression for longitudinal data. **Journal of Multivariate Analysis**, v. 91, n. 1, p. 74-89, 2004.

KOENKER, R. **Quantile regression.** Cambridge: Cambridge University Press, 2005.

KOENKER, R.; BASSETT, G. Regression quantiles. **Econometrica**, v. 46, n. 1, p. 33-50, 1978.

KOHLER, U.; KREUTER, F. **Data analysis using Stata.** 3. ed. College Station: Stata Press, 2012.

KOLMOGOROV, A. Confidence limits for an unknown distribution function. **The Annals of Mathematical Statistics**, v. 12, n. 4, p. 461-463, 1941.

KOMSTA, L. **nortest:** outliers: tests for outliers. R package version 0.14, 2011.

KREFT, I.; DE LEEUW, J. **Introducing multilevel modeling.** London: Sage Publications, 1998.

KRISHNAKUMAR, J.; RONCHETTI, E. (ed.). **Panel data econometrics:** future directions. Amsterdam: North Holland, 2000.

KRUSKAL, J. B. Multidimensional scaling by optimizing goodness of fit to a nonmetric hypothesis. **Psychometrika**, v. 29, n. 1, p. 1-27, 1964.

KRUSKAL, J. B. Nonmetric multidimensional scaling: a numerical method . **Psychometrika**, v. 29, n. 2, p. 115-129, 1964.

KRUSKAL, W. H. A nonparametric test for the several sample problem. **The Annals of Mathematical Statistics**, v. 23, n. 4, p. 525-540, 1952.

KRUSKAL, W. H.; WALLIS, W. A. Use of ranks in one-criterion variance analysis. **Journal of the American Statistical Association**, v. 47, n. 260, p. 583-621, 1952.

KUHN, M. **caret**: classification and regression training. R package version 6.0-90, 2021.

KUTNER, M. H.; NACHTSHEIN, C. J.; NETER, J. **Applied linear regression models.** 4. ed. Chicago: Irwin, 2004.

LAIRD, N. M.; WARE, J. H. Random-effects models for longitudinal data. **Biometrics**, v. 38, n. 4, p. 963-974, 1982.

LAMBERT, D. Zero-inflated Poisson regression, with an application to defects in manufacturing. **Technometrics**, v. 34, n. 1, p. 1-14, 1992.

LAMBERT, P. C.; ROYSTON, P. Further development of flexible parametric models for survival analysis. **Stata Journal**, v. 9, n. 2, p. 265–290, 2009.

LAMBERT, Z.; DURAND, R. Some precautions in using canonical analysis. **Journal of Marketing Research**, v. 12, n. 4, p. 468-475, 1975.

LANCE, G. N.; WILLIAMS, W. T. A general theory of classificatory sorting strategies: 1. Hierarchical systems. **Computer Journal**, v. 9, n. 4, p. 373-380, 1967.

LANDAU, S.; EVERITT, B. S. **A handbook of statistical analyses using SPSS.** Boca Raton: Chapman & Hall / CRC Press, 2004.

LANE, W. R.; LOONEY, S. W.; WANSLEY, J. W. An application of the Cox proportional hazards model to bank failure. **Journal of Banking & Finance,** v. 10, n. 4, p. 511-531, 1986.

LANTZ, B. **Machine learning with R.** Packt Publishing Ltd., 2019.

LAWLESS, J. Regression methods for Poisson process data. **Journal of the American Statistical Association**, v. 82, n. 399, p. 808-815, 1987.

LAWLEY, D. N. Tests of significance in canonical analysis. **Biometrika**, v. 46, n. 1/2, p. 59-66, 1959.

LAWSON, D. M.; BROSSART, D. F. The association between current intergenerational family relationships and sibling structure. **Journal of Counseling and Development**, v. 82, n. 4, p. 472-482, 2004.

LE FOLL, Y.; BURTSCHY, B. Representations optimales des matrices imports-exports. **Revue de Statistique Appliquée**, v. 31, n. 3, p. 57-72, 1983.

LE ROUX, B.; ROUANET, H. **Geometric data analysis:** from correspondence analysis to structured data analysis. Dordrecht: Kluwer, 2004.

LE ROUX, B.; ROUANET, H. **Multiple correspondence analysis.** Thousand Oaks: Sage Publications, 2010.

LEBART, L.; PIRON, M.; MORINEAU, A. **Statistique exploratoire multidimensionnelle.** 3. ed. Paris: Dunod, 2000.

LEE, A. H.; WANG, K.; SCOTT, J. A.; YAU, K.; MCLACHLAN, G. J. Multi-level zero-inflated Poisson regression modelling of correlated count data with excess zeros. **Statistical Methods in Medical Research**, v. 15, n. 1, p. 47-61, 2006.

LEE, A. H.; WANG, K.; YAU, K. Analysis of zero-inflated Poisson data incorporating extent of exposure. **Biometrical Journal**, v. 43, n. 8, p. 963-975, 2001.

LEE, E. T.; WANG, J. W. **Statistical methods for survival data analysis.** 4. ed. Hoboken: John Wiley & Sons, 2013.

LEE, L. Specification test for Poisson regression models. **International Economic Review**, v. 27, n. 3, p. 689-706, 1986.

LEECH, N. L.; BARRETT, K. C.; MORGAN, G. A. **SPSS for intermediate statistics:** use and interpretation. 2. ed. Mahwah: Lawrence Erlbaum Associates, 2005.

LEVENE, H. Robust tests for the equality of variance. *In:* OLKIN, I. (ed.). **Contributions to probability and statistics.** Palo Alto: Stanford University Press, p. 278-292, 1960.

LEVINE, R. Financial development and economic growth: views and agenda. **Journal of Economic Literature**, v. 35, n. 2, p. 688-726, 1997.

LEVY, P. S.; LEMESHOW, S. **Sampling of populations:** methods and applications. 4. ed. New York: John Wiley & Sons, 2009.

LIANG, K. Y.; ZEGER, S. L. Longitudinal data analysis using generalized linear models. **Biometrika**, v. 73, n. 1, p. 13-22, 1986.

LIKERT, R. A technique for the measurement of attitudes. **Archives of Psychology**, v. 22, n. 140, p. 5-55, 1932.

LILLIEFORS, H. W. On the Kolmogorov-Smirnov test for normality with mean and variance unknown. **Journal of the American Statistical Association**, v. 62, n. 318, p. 399-402, 1967.

LINDLEY, D. Reconciliation of probability distributions. **Operations Research**, v. 31, n. 5, p. 866-880, 1983.

LINNEMAN, P. Some empirical results on the nature of hedonic price function for the urban housing market. **Journal of Urban Economics**, n. 8, p. 47-68, 1980.

LOMBARDO, R.; BEH, E. J.; D'AMBRA, L. Non-symmetric correspondence analysis with ordinal variables using orthogonal polynomials. **Computational Statistics & Data Analysis**, v. 52, p. 566-577, 2007.

LONG, J. A. **jtools**: analysis and presentation of social scientific data. R package version 2.1.4, 2021.

LONG, J. S.; FREESE, J. **Regression models for categorical dependent variables using Stata.** 2. ed. College Station: Stata Press, 2006.

LOPEZ, C. P. **Principal components, factor analysis, correspondence analysis and scaling:** examples with SPSS. CreateSpace Independent Publishing Platform, 2013.

LÓPEZ, M. J. R.; FIDALGO, J. L. **Análisis de supervivencia.** Madrid: Ed. La Muralla, 2000.

LORD, D.; PARK, P. Y. J. Investigating the effects of the fixed and varying dispersion parameters of Poisson-Gamma models on empirical Bayes estimates. **Accident Analysis & Prevention**, v. 40, n. 4, p. 1441-1457, 2008.

LU, Y.; THILL, J. C. Cross-scale analysis of cluster correspondence using different operational neighborhoods. **Journal of Geographical Systems**, v. 10, n. 3, p, 241-261, 2008.

LUCAS, A. **amap**: another multidimensional analysis package. R package version 0.8-18, 2019.

LÜDECKE, D.; BARTEL, A.; SCHWEMMER, C.; POWELL, C.; DJALOVSKI, A.; TITZ, J. **sjPlot**: data visualization for statistics in social science. R package version 2.8.9, 2021.

MacCALLUM, R. C.; WIDAMAN, K. F.; ZHANG, S.; HONG, S. Sample size in factor analysis. **Psychological Methods**, v. 4, n. 1, p. 84-99, 1999.

MACHIN, D.; CHEUNG, Y. B.; PARMAR, M. K. B. **Survival analysis:** a practical approach. 2. ed. Hoboken: John Wiley & Sons, 2006.

MADDALA, G. S. **Introdução à econometria**. 3. ed. Rio de Janeiro: LTC Editora, 2003.

MADDALA, G. S. **The econometrics for panel data.** Brookfield: Elgar, 1993.

MAECHLER, M.; ROUSSEEUW, P.; STRUYF, A.; HUBERT, M.; HORNIK, K. **cluster**: finding groups in data. R package version 2.1.2, 2021.

MAGALHÃES, M. N.; LIMA, C. P. **Noções de probabilidade e estatística.** 7. ed. São Paulo: EDUSP, 2013.

MAGNUSSON, A.; SKAUG, H.; NIELSEN, A.; BERG, C.; KRISTENSEN, K.; MAECHLER, M.; Van BENTHAM, K.; BOLKER, B. **glmmTMB:** generalized linear mixed models using template model builder. R package version 1.1.2.3, 2021.

MAKLES, A. Stata tip 110: how to get the optimal k-means cluster solution. **Stata Journal**, v. 12, n. 2, p. 347-351, 2012.

MALHOTRA, N. K. **Pesquisa de marketing:** uma orientação aplicada. 6. ed. Porto Alegre: Bookman, 2012.

MANGIAMELI, P. CHEN, S. K.; WEST, D. A comparison of SOM neural network and hierarchical clustering methods. **European Journal of Operational Research**, v. 93, n. 2, p. 402-417, 1996.

MANLY, B. F. J. **Statistics for environmental science and management.** 2. ed. London: Chapman and Hall / CRC Press, 2011.

MANLY, B. J. F. **Multivariate statistical methods.** 3. ed. London: Chapman and Hall, 2004.

MANN, H. B.; WHITNEY, D. R. On a test of whether one of two random variables is stochastically larger than the other. **The Annals of Mathematical Statistics**, v. 18, n. 1, p. 50-60, 1947.

MARCOULIDES, G. A.; HERSHBERGER, S. L. **Multivariate statistical methods:** a first course. New York: Psychology Press, 2014.

MARDIA, K. V.; KENT, J. T.; BIBBY, J. M. **Multivariate analysis.** 6. ed. London: Academic Press, 1997.

MAROCO, J. **Análise estatística com o SPSS Statistics.** 6. ed. Lisboa: Edições Sílabo, 2014.

MARQUARDT, D. W. An algorithm for least-squares estimation of nonlinear parameters. **Journal of the Society for Industrial and Applied Mathematics**, v. 11, n. 2, p. 431-441, 1963.

MARQUES, L. D. **Modelos dinâmicos com dados em painel:** revisão da literatura. Série *Working Papers* do Centro de Estudos Macroeconômicos e Previsão (CEMPRE) da Faculdade de Economia do Porto, Portugal, n. 100, 2000.

MARRIOTT, F. H. C. Practical problems in a method of cluster analysis. **Biometrics**, v. 27, n. 3, p. 501-514, 1971.

MARTÍN, J. M. Oportunidad relativa: reflexiones en torno a la traducción del término 'odds ratio'. **Gaceta Sanitaria**, v. 16, p. 37, 1990.

MARTINS, G. A.; DOMINGUES, O. **Estatística geral e aplicada.** 4. ed. São Paulo: Atlas, 2011.

MARTINS, M. S.; GALLI, O. C. A previsão de insolvência pelo modelo Cox: uma aplicação para a análise de risco de companhias abertas brasileiras. **Revista Eletrônica de Administração (REAd UFRGS)**, ed. 55, v. 13, n. 1, p. 1-18, 2007.

MASON, R. L.; YOUNG, J. C. Multivariate tools: principal component analysis. **Quality Progress**, v. 38, n. 2, p. 83-85, 2005.

MÁTYÁS, L.; SEVESTRE, P. (ed.). **The econometrics of panel data:** fundamentals and recent developments in theory and practice. 3. ed. New York: Springer, 2008.

MAZZAROL, T. W.; SOUTAR, G. N. Australian educational institutions' international markets: a correspondence analysis. **International Journal of Educational Management**, v. 22, n. 3, p. 229-238, 2008.

McCLAVE, J. T.; BENSON, P.G.; SINCICH, T. **Estatística para administração e economia.** São Paulo: Pearson Prentice Hall, 2009.

McCULLAGH, P. Quasi-likelihood functions. **Annals of Statistics**, v. 11, n. 1, p. 59-67, 1983.

McCULLAGH, P.; NELDER, J. A. **Generalized linear models.** 2 ed. London: Chapman & Hall, 1989.

McCULLOCH, C. E.; SEARLE, S. R.; NEUHAUS J. M. **Generalized, linear, and mixed models.** 2. ed. Hoboken: John Wiley & Sons, 2008.

McGAHAN, A. M.; PORTER, M. E. How much does industry matter, really? **Strategic Management Journal**, v. 18, n. S1, p. 15-30, 1997.

McGEE, D. L.; REED, D.; YANO, K. The results of logistic analyses when the variables are highly correlated. **American Journal of Epidemiology**, v. 37, p. 713-719, 1984.

McINTYRE, R. M.; BLASHFIELD, R. K. A nearest-centroid technique for evaluating the minimum-variance clustering procedure. **Multivariate Behavioral Research**, v. 15, p. 225-238, 1980.

McKINNEY, W. **Python for data analysis**: data wrangling with Pandas, NumPy, and IPython. 2. ed. Sebastopol, CA: O'Reilly Media, 2017.

McLAUGHLIN, S. D.; OTTO, L. B. Canonical correlation analysis in family research. **Journal of Marriage and the Family**, v. 43, n. 1, p. 7-16, 1981.

McNEMAR, Q. **Psychological statistics.** 4. ed. New York: John Wiley & Sons, 1969.

McNULTY, K. **Handbook of regression modeling in people analytics**: with examples in R and Python. New York: CRC Press, 2022.

MEDRI, W. **Análise exploratória de dados.** Disponível em: http://www.uel.br/pos/estatisticaeducacao/.../especializacao_estatistica.pdf. Acesso em: 03 ago. 2015.

MENARD, S. W. **Applied logistic regression analysis.** 2. ed. Thousand Oaks: Sage Publications, 2001.

MEYER, D.; DIMITRIADOU, E.; HORNIK, K.; WEINGESSEL, A.; LEISCH, F.; CHANG, C.-C.; LIN, C.-C. **e1071**: misc functions of the department of statistics, probability theory group. R package version 1.7-9, 2021.

MICHELL, J. Measurement scales and statistics: a clash of paradigms. **Psychological Bulletin**, v. 100, n. 3, p. 398-407, 1986.

MIGUEL, A.; PINDADO, J. Determinants of capital structure: new evidence from spanish panel data. **Journal of Corporate Finance**, v. 7, n. 1, p. 77-99, 2001.

MIGUEL, A.; PINDADO, J.; TORRE, C. Ownership structure and firm value: new evidence from Spain. **Strategic Management Journal**, v. 25, n. 12, p. 1199-1207, 2004.

MILES, M. B.; HUBERMAN, A. M.; SALDAŇA, J. **Qualitative data analysis:** a methods sourcebook. 3. ed. Thousand Oaks: Sage Publications, 2014.

MILLAR, R. B. **Maximum likelihood estimation and inference:** with examples in R, SAS and ADMB. New York: John Wiley & Sons, 2011.

MILLIGAN, G. W. A Montecarlo study of thirty internal criterion measures for cluster analysis. **Psychometrika**, v. 46, p. 325-342, 1981.

MILLIGAN, G. W. An examination of the effect of six types of error perturbation on fifteen clustering algorithms. **Psychometrika**, v. 45, n. 3, p. 325-342, 1980.

MILLIGAN, G. W.; COOPER, M. C. An examination of procedures for determining the number of clusters in a data set. **Psychometrika**, v. 50, p. 159-179, 1985.

MILLIGAN, G. W.; COOPER, M. C. Methodology review: clustering methods. **Applied Psychological Measurement**, v.11, n. 4, p. 329-354, 1987.

MILLS, T. C. **The econometric modelling of financial time series.** Cambridge University Press, 1993.

MIN, Y.; AGRESTI, A. Random effect models for repeated measures of zero-inflated count data. **Statistical Modelling**, v. 5, n. 1, p. 1-19, 2005.

MINGOTI, S. A. **Análise de dados através de métodos de estatística multivariada:** uma abordagem aplicada. Belo Horizonte: Editora UFMG, 2005.

MIRANDA, A.; RABE-HESKETH, S. Maximum likelihood estimation of endogenous switching and sample selection models for binary, ordinal, and count variables. **Stata Journal**, v. 6, n. 3, p. 285-308, 2006.

MISANGYI, V. F.; LEPINE, J. A.; ALGINA, J.; GOEDDEKE JR., F. The adequacy of repeated-measures regression for multilevel research. **Organizational Research Methods**, v. 9, n. 1, p. 5-28, 2006.

MITCHELL, M. N. **A visual guide to Stata graphics.** 3. ed. College Station: Stata Press, 2012.

MITCHELL, M. N. **Interpreting and visualizing regression models using Stata.** College Station: Stata Press, 2012.

MITTBÖCK, M.; SCHEMPER, M. Explained variation for logistic regression. **Statistics in Medicine**, v. 15, p. 1987-1997, 1996.

MOLINA, C. A. Predicting bank failures using a hazard model: the Venezuelan banking crisis. **Emerging Markets Review**, v. 3, n. 1, p. 31-50, 2002.

MONTGOMERY, D. C.; GOLDSMAN, D. M.; HINES, W. W.; BORROR, C. M. **Probabilidade e estatística na engenharia.** 4. ed. Rio de Janeiro: LTC Editora, 2006.

MONTGOMERY, D. C.; PECK, E. A.; VINING, G. G. **Introduction to linear regression analysis.** 5. ed. New Jersey: John Wiley & Sons, 2012.

MONTOYA, A. G. M. **Inferência e diagnóstico em modelos para dados de contagem com excesso de zeros.** Campinas. 95 f. Dissertação (Mestrado em Estatística) – Departamento de Estatística, Instituto de Matemática, Estatística e Computação Científica, Universidade Estadual de Campinas, 2009.

MOORE, D. S.; McCABE, G. P.; DUCKWORTH, W. M.; SCLOVE, S. L. **A prática da estatística empresarial:** como usar dados para tomar decisões. Rio de Janeiro: LTC Editora, 2006.

MOORE, D. S.; McCABE, G. P.; DUCKWORTH, W. M.; SCLOVE, S. L. **Estatística empresarial:** como usar dados para tomar decisões. Rio de Janeiro: LTC Editora, 2006.

MORETTIN, L. G. **Estatística básica:** inferência. São Paulo: Makron Books, 2000.

MORGAN, G. A.; LEECH, N. L.; GLOECKNER, G. W.; BARRETT, K. C. **SPSS for introductory statistics:** use and interpretation. 2. ed. Mahwah: Lawrence Erlbaum Associates, 2004.

MORGAN. B. J. T.; RAY, A. P. G. Non-uniqueness and inversions in cluster analysis. **Journal of the Royal Statistical Society**, Series C, v. 44, n. 1, p. 117-134, 1995.

MULAIK, S. A. Blurring the distinction between component analysis and common factor analysis. **Multivariate Behavioral Research**, v. 25, n. 1, p. 53-59, 1990.

MULAIK, S. A. **Foundations of factor analysis.** 2. ed. Boca Raton: Chapman & Hall / CRC Press, 2011.

MULAIK, S. A.; McDONALD, R. P. The effect of additional variables on factor indeterminacy in models with a single common factor. **Psychometrika**, v. 43, n. 2, p. 177-192, 1978.

MULLAHY, J. Specification and testing of some modified count data models. **Journal of Econometrics**, v. 33, n. 3, p. 341-365, 1986.

MULLER, K. E. Understanding canonical correlation through the general linear model and principal components. **The American Statistician**, v. 36, n. 4, p. 342-354, 1982.

MÜLLER, A.; GUIDO, S. **Introduction to machine learning with Python**. Sebastopol, CA: O'Reilly Media, 2016.

MÜLLER, K.; WICKHAM, H. **tibble**: simple data frames. R package version 3.1.6, 2021.

MUNDLAK, Y. On the pooling of time series and cross section data. **Econometrica**, v. 46, n. 1, p. 69-85, 1978.

NAITO, S. D. N. P. **Análise de correspondências generalizada.** Lisboa. 156 f. Dissertação (Mestrado em Bioestatística) – Faculdade de Ciências, Universidade de Lisboa, 2007.

NANCE, C. R.; DE LEEUW, J.; WEIGAND, P. C.; PRADO, K.; VERITY, D. S. **Correspondence analysis and West Mexico archaeology:** ceramics from the long-Glassow collection. Albuquerque: University of New Mexico Press, 2013.

NASCIMENTO, A.; ALMEIDA, R. M. V. R.; CASTILHO, S. R.; INFANTOSI, A. F. C. Análise de correspondência múltipla na avaliação de serviços de farmácia hospitalar no Brasil. **Cadernos de Saúde Pública**, v. 29, n. 6, p. 1161-1172, 2013.

NATIS, L. **Modelos lineares hierárquicos.** São Paulo. 77 f. Dissertação (Mestrado em Estatística) – Instituto de Matemática e Estatística, Universidade de São Paulo, 2007.

NAVARRO, A.; UTZET, F.; CAMINAL, J.; MARTIN, M. La distribución binomial negativa frente a la de Poisson en el análisis de fenómenos recurrentes. **Gaceta Sanitaria**, v. 15, n. 5, p. 447-452, 2001.

NAVIDI, W. **Probabilidade e estatística para ciências exatas.** Porto Alegre: Bookman, 2012.

NELDER, J. A. Inverse polynomials, a useful group of multi-factor response functions. **Biometrics**, v. 22, n. 1, p. 128-141, 1966.

NELDER, J. A.; WEDDERBURN, R. W. M. Generalized linear models. **Journal of the Royal Statistical Society**, Series A, v. 135, n. 3, p. 370-384, 1972.

NELSON, D. Some remarks on generalizations of the negative binomial and Poisson distributions. **Technometrics**, v. 17, n. 1, p. 135-136, 1975.

NERLOVE, M. **Essays in panel data econometrics.** Cambridge: Cambridge University Press, 2002.

NEUENSCHWANDER, B. E.; FLURY, B. D. Common canonical variates. **Biometrika**, v. 82, n. 3, p. 553-560, 1995.

NEUFELD, J. L. **Estatística aplicada à administração usando Excel.** São Paulo: Prentice Hall, 2003.

NEUHAUS J. M. Statistical methods for longitudinal and clustered designs with binary responses. **Statistical Methods in Medical Research**, v. 1, n. 3, p. 249-273, 1992.

NEUHAUS, J. M.; KALBFLEISCH, J. D. Between- and within-cluster covariate effects in the analysis of clustered data. **Biometrics**, v. 54, n. 2, p. 638-645, 1998.

NEUHAUS, J. M.; KALBFLEISCH, J. D.; HAUCK, W. W. A comparison of cluster-specific and population-averaged approaches for analyzing correlated binary data. **International Statistical Review**, v. 59, n. 1, p. 25-35, 1991.

NEWEY, W. K.; WEST, K. D. A simple, positive semi-definite, heteroskedasticity and autocorrelation consistent covariance matrix. **Econometrica**, v. 55, n. 3, p. 703-708, 1987.

NEUWIRTH, E. **RColorBrewer:** colorbrewer palettes. R package version 1.1-2, 2014.

NISHISATO, S. On quantifying different types of categorical data. **Psychometrika**, v. 58, n. 1, p. 617-629, 1993.

NORTON, E. C.; BIELER, G. S.; ENNETT, S. T.; ZARKIN, G. A. Analysis of prevention program effectiveness with clustered data using generalized estimating equations. **Journal of Consulting and Clinical Psychology**, v. 64, n. 5, p. 919-926, 1996.

NORUSIS, M. J. **IBM SPSS statistics 19 guide to data analysis.** Boston: Pearson, 2012.

NUNNALLY, J. C.; BERNSTEIN, I. H. **Psychometric theory.** 3. ed. New York: McGraw-Hill, 1994.

NWANGANGA, F.; CHAPPLE, M. **Practical machine learning in R.** New York: John Wiley & Sons, 2020.

O'ROURKE, D.; BLAIR, J. Improving random respondent selection in telephone surveys. **Journal of Marketing Research**, v. 20, n. 4, p. 428-432, 1983.

OCHIAI, A. Zoogeographic studies on the soleoid fishes found in Japan and its neighbouring regions [em japonês]. **Bulletin of the Japanese Society of Scientific Fisheries**, v. 22, n. 9, p. 522-525, 1957.

OLARIAGA, L. J.; HERNÁNDEZ, L. L. **Análisis de correspondencias.** Madrid: Editorial La Muralla, 2000.

OLIVEIRA, C. C. F. **Uma** priori **beta para distribuição binomial negativa.** Recife. 54 f. Dissertação (Mestrado em Biometria e Estatística Aplicada) – Departamento de Estatística e Informática, Universidade Federal Rural de Pernambuco, 2011.

OLIVEIRA, F. E. M. **Estatística e probabilidade.** 2. ed. São Paulo: Atlas, 2009.

OLIVEIRA, T. M. V. Amostragem não probabilística: adequação de situações para uso e limitações de amostras por conveniência, julgamento e quotas. **Administração On Line**, v. 2, n. 3, p. 1-16, 2001.

OLIVEIRA, P. F.; GUERRA, S.; MCDONNELL, R. **Ciência de dados com R**: introdução. Brasília: Editora IBPAD, 2018.

OLSHANSKY, S. J.; CARNES, B. A. Ever since Gompertz. **Demography**, v. 34, n. 1, p. 1-15, 1997.

ONEAL, J. R.; RUSSETT, B. Clear and clean: the fixed effects of the liberal peace. **International Organization**, v. 55, n. 2, p. 469-485, 2001.

OOMS, J. **jsonlite**: a simple and robust JSON parser and generator for R. R package version 1.7.2, 2020.

ORSINI, N.; BOTTAI, M. Logistic quantile regression in Stata. **Stata Journal**, v. 11, n. 3, p. 327-344, 2011.

ORTEGA, C. M.; CAYUELA, D. A. Regresión logística no condicionada y tamaño de muestra: una revisión bibliográfica. **Revista Española de Salud Pública**, v. 76, p. 85-93, 2002.

ORTEGA, E. M. M.; CORDEIRO, G. M.; CARRASCO, J. M. F. The log-generalized modified Weibull regression model. **Brazilian Journal of Probability and Statistics**, v. 25, n. 1, p. 64-89, 2011.

ORTEGA, E. M. M.; CORDEIRO, G. M.; KATTAN, M. W. The negative binomial-beta Weibull regression model to predict the cure of prostate cancer. **Journal of Applied Statistics**, v. 39, n. 6, p. 1191-1210, 2012.

OSWALD, F.; VIERS, V.; ROBIN, J.-M.; VILLEDIEU, P.; KENEDI, G. Introduction to econometrics with R. Syllabus, 2020. https://scpoecon.github.io/ScPoEconometrics/.

OU, H.; WEI, C.; DENG, Y.; GAO, N.; REN, Y. Principal component analysis to assess the efficiency and mechanism for enhanced coagulation of natural algae-laden water using a novel dual coagulant system. **Environmental Science and Pollution Research International**, v. 21, n. 3, p. 2122-2131, 2014.

PAGE, M. C.; BRAVER, S. L.; MACKINNON, D. P. **Levine's guide to SPSS for analysis of variance.** 2. ed. Mahwah: Lawrence Erlbaum Associates, 2003.

PALLANT, J. **SPSS survival manual:** a step by step guide to data analysis using SPSS. 4. ed. Berkshire: Open University Press, 2010.

PALMER, M. W. Putting things in even better order: the advantages of canonical correspondence analysis. **Ecology**, v. 74, n. 8, p. 2215-2230, 1993.

PAMPEL, F. C. **Logistic regression:** a primer. Thousand Oaks: Sage Publications, 2000.

PANEL DATA Econometrics in R: the plm package. Disponível em: http://cran.r-project.org/web/packages/plm/vignettes/plm.pdf.

PARDOE, I. **Applied regression modeling.** 2. ed. Hoboken: John Wiley & Sons, 2012.

PARZEN, E. On estimation of a probability density function and mode. **The Annals of Mathematical Statistics**, v. 33, n. 3, p. 1065-1076, 1962.

PAYNE, E. H.; GEBREGZIABHER, M.; HARDIN, J. W.; RAMAKRISHNAN, V.; EGEDE, L. E. An empirical approach to determine a threshold for assessing overdispersion in Poisson and negative binomial models for count data. **Communications in Statistics – Simulation and Computation**, v. 47, n. 6, p. 1722-1738, 2018.

PEARSON, K. Mathematical contributions to the theory of evolution. III. Regression, Heredity, and Panmixia. **Philosophical Transactions of the Royal Society of London**, v. 187, p. 253-318, 1896.

PEARSON, K. **The life, letters and labors of Francis Galton.** Cambridge: Cambridge University Press, 1930.

PEBESMA, E.; BIVAND, R.; COOK, I.; KEITT, T.; SUMNER, M.; LOVELACE, R.; WICKHAM, H.; OOMS, J.; RACINE, E. **sf:** simple features for R. R package version 1.0-4, 2017.

PEŇA, J. M.; LAZANO, J. A.; LARRAÑAGA, P. An empirical comparison of four initialisation methods for the k-means algorithm. **Pattern Recognition Letters**, v. 20, n. 10, p. 1027-1040, 1999.

PENDERGAST, J. F.; GANGE, S. J.; NEWTON, M. A.; LINDSTROM, M. J.; PALTA, M.; FISHER, M. R. A survey of methods for analyzing clustered binary response data. **International Statistical Review**, v. 64, n. 1, p. 89-118, 1996.

PERDUZZI, P.; CONCATO, J.; KEMPER, E.; HOLFORD, T. R.; FEISTEIN, A. R. A simulation study of the number of events per variable in logistic regression analysis. **Journal of Clinical Epidemiology**, v. 49, p. 1373-1379, 1996.

PEREIRA, H. C.; SOUSA, A. J. **Análise de dados para o tratamento de quadros multidimensionais.** Disponível em: http://biomonitor.ist.utl.pt/~ajsousa/AnalDadosTratQuadMult.html. Acesso em: 20 jan. 2015.

PEREIRA, J. C. R. **Análise de dados qualitativos:** estratégias metodológicas para as ciências da saúde, humanas e sociais. 3. ed. São Paulo: EDUSP, 2004.

PEREIRA, M. A.; VIDAL, T. L.; AMORIM, T. N.; FÁVERO, L. P. Decision process based on personal finance books: is there any direction to take? **Revista de Economia e Administração**, v. 9, n. 3, p. 407-425, 2010.

PERUMEAN-CHANEY, S. E.; MORGAN, C.; MCDOWALL, D.; ABAN, I. Zero-inflated and overdispersed: what's one to do? **Journal of Statistical Computation and Simulation**, v. 83, n. 9, p. 1671-1683, 2013.

PESARAN, M. H. General diagnostic tests for cross section dependence in panels. **Cambridge Working Papers in Economics**, n°. 0435, Faculty of Economics, University of Cambridge, 2004.

PESTANA, M. H.; GAGEIRO, J. N. **Análise de dados para ciências sociais:** a complementaridade do SPSS. 5. ed. Lisboa: Edições Sílabo, 2008.

PETERS, A.; HOTHORN, T. **ipred:** improved predictors. R package version 0.9-12, 2021.

PETERS, W. S. Cluster analysis in urban demography. **Social Forces**, v. 37, n. 1, p. 38-44, 1958.

PETERSEN, M. A. Estimating standard errors in finance panel data sets: comparing approaches. **The Review of Financial Studies**, v. 22, n. 1, p. 435-480, 2009.

PETERSON, B. G.; CARL, P. **PerformanceAnalytics:** econometric tools for performance and risk analysis. R package version 2.0.4, 2020.

PETO, R.; LEE, P. Weibull distributions for continuous-carcinogenesis experiments. **Biometrics**, v. 29, n. 3, p. 457–470, 1973.

PEUGH, J. L.; ENDERS, C. K. Using the SPSS mixed procedure to fit cross-sectional and longitudinal multilevel models. **Educational and Psychological Measurement**, v. 65, n. 5, p. 714-741, 2005.

PINDADO, J.; REQUEJO, I. Panel data: a methodology for model specification and testing. *In:* Paudyal, K. (ed.). **Wiley Encyclopedia of Management**, v. 4, p. 1-8, 2015.

PINDADO, J.; REQUEJO, I.; TORRE, C. Family control and investment-cash flow sensitivity: empirical evidence from the euro zone. **Journal of Corporate Finance**, v. 17, n. 5, p. 1389-1409, 2011.

PINDADO, J.; REQUEJO, I.; TORRE, C. Family control, expropriation, and investor protection: a panel data analysis of western european corporations. **Journal of Empirical Finance**, v. 27, n. C, p. 58-74, 2014.

PINDYCK, R. S.; RUBINFELD, D. L. **Econometria:** modelos e previsões. 4. ed. Rio de Janeiro: Campus Elsevier, 2004.

PIRES, P. J.; MARCHETTI, R. Z. O perfil dos usuários de caixa-automáticos em agências bancárias na cidade de Curitiba. **Revista de Administração Contemporânea (RAC)**, v. 1, n. 3, p. 57-76, 1997.

PLÜMPER, T.; TROEGER, V. E. Efficient estimation of time-invariant and rarely changing variables in finite sample panel analyses with unit fixed effects. **Political Analysis**, v. 15, n. 2, p. 124-139, 2007.

POHLERT, Y. **PMCMRplus**: calculate pairwise multiple comparisons of mean rank sums extended. R package version 1.9.3, 2021.

POLLARD, D. Strong consistency of k-means clustering. **The Annals of Statistics**, v. 9, n. 1, p. 135-140, 1981.

PREGIBON, D. Logistic regression diagnostics. **Annals of Statistics**, v. 9, p. 704-724, 1981.

PRESS, S. J. **Applied multivariate analysis:** using Bayesian and frequentist methods of inference. 2. ed. Mineola: Dover Science, 2005.

PROVOST, F.; FAWCETT, T. **Data science for business**: what you need to know about data mining and data-analytic thinking. Sebastopol, CA: O'Reilly Media, 2013.

PUNJ, G.; STEWART, D. W. Cluster analysis in marketing research: review and suggestions for application. **Journal of Marketing Research**, v. 20, n. 2. p. 134-148, 1983.

RABE-HESKETH, S.; EVERITT, B. **A handbook of statistical analyses using Stata.** 2. ed. Boca Raton: Chapman & Hall, 2000.

RABE-HESKETH, S.; SKRONDAL, A. **Multilevel and longitudinal modeling using Stata:** categorical responses, counts, and survival (Vol. II). 3. ed. College Station: Stata Press, 2012b.

RABE-HESKETH, S.; SKRONDAL, A. **Multilevel and longitudinal modeling using Stata:** continuous responses (Vol. I). 3. ed. College Station: Stata Press, 2012a.

RABE-HESKETH, S.; SKRONDAL, A.; PICKLES, A. Maximum likelihood estimation of limited and discrete dependent variable models with nested random effects. **Journal of Econometrics**, v. 128, n. 2, p. 301-323, 2005.

RABE-HESKETH, S.; SKRONDAL, A.; PICKLES, A. Reliable estimation of generalized linear mixed models using adaptive quadrature. **Stata Journal**, v. 2, n. 1, p. 1-21, 2002.

RAJAN, R. G.; ZINGALES, L. Financial dependence and growth. **American Economic Review**, v. 88, n. 3, p. 559-586, 1998.

RAMALHO, J. J. S. **Modelos de regressão para dados de contagem.** Lisboa. 110 f. Dissertação (Mestrado em Matemática Aplicada à Economia e à Gestão) – Instituto Superior de Economia e Gestão, Universidade Técnica de Lisboa, 1996.

RASCH, G. **Probabilistic models for some intelligence and attainment tests.** Copenhagen: Paedagogike Institut, 1960.

RASCHKA, S. **Python machine learning**. Packt Publishing Ltd., 2015.

RAUDENBUSH, S.; BRYK, A. **Hierarchical linear models:** applications and data analysis methods. 2 ed. Thousand Oaks: Sage Publications, 2002.

RAUDENBUSH, S.; BRYK, A.; CHEONG, Y. F.; CONGDON, R.; du TOIT, M. **HLM 6:** hierarchical linear and nonlinear modeling. Lincolnwood: Scientific Software International, Inc., 2004.

RAYKOV, T.; MARCOULIDES, G. A. **An introduction to applied multivariate analysis.** New York: Routledge, 2008.

REIS, E. **Estatística multivariada aplicada.** 2. ed. Lisboa: Edições Sílabo, 2001.

RENCHER, A. C. Interpretation of canonical discriminant functions, canonical variates and principal components. **The American Statistician**, v. 46, n. 3, p. 217-225, 1992.

RENCHER, A. C. **Methods of multivariate analysis.** 2. ed. New York: John Wiley & Sons, 2002.

RENCHER, A. C. On the use of correlations to interpret canonical functions. **Biometrika**, v. 75, n. 2, p. 363-365, 1988.

REVELLE, W. **psych**: procedures for psychological, psychometric, and personality research. R package version 2.1.9, 2021.

RICHERT, W.; COELHO, L. P. **Building machine learning systems with Python.** Packt Publishing Ltd., 2013.

RIGAU, J. G. Traducción del término 'odds ratio'. **Gaceta Sanitaria**, v. 16, p. 35, 1990.

RIPLEY, B. **MASS**. R package version 7.3-54, 2021.

RIPLEY, B. **nnet**: software for feed-forward neural networks with a single hidden layer, and for multinomial log-linear models. R package version 7.3-16, 2021.

RODRIGUES, M. C. P. Potencial de desenvolvimento dos municípios fluminenses: uma metodologia alternativa ao IQM, com base na análise fatorial exploratória e na análise de clusters. **Caderno de Pesquisas em Administração**, v. 9, n. 1, p. 75-89, 2002.

RODRIGUES, P. C.; LIMA, A. T. Analysis of an European union election using principal component analysis. **Statistical Papers**, v. 50, n. 4, p. 895-904, 2009.

ROGERS, D. J.; TANIMOTO, T. T. A computer program for classifying plants. **Science**, v. 132, n. 3434, p. 1115-1118, 1960.

ROGERS, W. Errors in hedonic modeling regressions: compound indicator variables and omitted variables. **The Appraisal Journal**, p. 208-213, abril 2000.

ROGERS, W. M.; SCHMITT, N.; MULLINS, M. E. Correction for unreliability of multifactor measures: comparison of alpha and parallel forms approaches. **Organizational Research Methods**, v. 5, n. 2, p. 184-199. 2002.

ROSS, G. J. S.; PREENCE, D. A. The negative binomial distribution. **The Statistician**, v. 34, n. 3, p. 323-335, 1985.

ROUBENS, M. Fuzzy clustering algorithms and their cluster validity. **European Journal of Operational Research**, v. 10, n. 3, p. 294-301, 1982.

ROUSSEEUW, P. J.; LEROY, A. M. **Robust regression and outlier detection.** New York: John Wiley & Sons, 1987.

ROYSTON, P. Explained variation for survival models. **Stata Journal**, v. 6, n. 1, p. 83–96, 2006.

ROYSTON, P.; LAMBERT, P. C. **Flexible parametric survival analysis using Stata:** beyond the Cox model. College Station: Stata Press, 2011.

ROYSTON, P.; PARMAR, M. K. B. Flexible parametric proportional-hazards and proportional-odds models for censored survival data, with application to prognostic modelling and estimation of treatment effects. **Statistics in Medicine**, v. 21, n. 15, p. 2175–2197, 2002.

RUMMEL, R. J. **Applied factor analysis**. Evanston: Northwestern University Press, 1970.

RUSSELL, P. F.; RAO, T. R. On habitat and association of species of Anopheline Larvae in South-eastern Madras. **Journal of the Malaria Institute of India**, v. 3, n. 1, p. 153-178, 1940.

RUTEMILLER, H. C.; BOWERS, D. A. Estimation in a heterocedastic regression model. **Journal of the American Statistical Association**, v. 63, p. 552-557, 1968.

SANTOS, M. A.; FÁVERO, L. P.; FOUTO, N. M. M. D.; BELFIORE, P. Determinants of credit access of small and medium enterprises in emerging economies: evidence from the World Bank enterprise surveys. **International Journal of Globalisation and Small Business**, v. 12, p. 266-298, 2021.

SAPORTA, G. **Probabilités, analyse des données et statistique.** Paris: Technip, 1990.

SARKADI, K. The consistency of the Shapiro-Francia test. **Biometrika**, v. 62, n. 2, p. 445-450, 1975.

SARTORIS NETO, A. **Estatística e introdução à econometria.** 2. ed. São Paulo: Saraiva, 2013.

SCHAFFER, M. E.; STILLMAN, S. **XTOVERID:** Stata module to calculate tests of overidentifying restrictions after xtreg, xtivreg, xtivreg2, xthtaylor. Disponível em: http://ideas.repec.org/c/boc/bocode/s456779.html. Acesso em: 21 fev. 2014.

SCHEFFÉ, H. A method for judging all contrasts in the analysis of variance. **Biometrika**, v. 40, n. 1/2, p. 87-104, 1953.

SCHMIDT, C. M. C. **Modelo de regressão de Poisson aplicado à área da saúde.** Ijúi. 98 f. Dissertação (Mestrado em Modelagem Matemática) – Universidade Regional do Noroeste do Estado do Rio Grande do Sul, 2003.

SCHOENFELD, D. Partial residuals for the proportional hazards regression model. **Biometrika**, v. 69, n. 1, p. 239–241, 1982.

SCOTT, A. J.; SYMONS, M. J. Clustering methods based on likelihood ratio criteria. **Biometrics**, v. 27, n. 2, p. 387-397, 1971.

SEARLE, S. R.; CASELLA, G.; McCULLOCH, C. E. **Variance components.** New York: John Wiley & Sons, 2006.

SERGIO, V. F. N. **Utilização das distribuições inflacionadas de zeros no monitoramento da qualidade do leite.** Juiz de Fora. 43 f. Monografia (Bacharelado em Estatística) – Departamento de Estatística, Universidade Federal de Juiz de Fora, 2012.

SERRA, R. G.; FÁVERO, L. P. Multiples' valuation: the selection of cross-border comparable firms. **Emerging Markets Finance and Trade**, v. 54, p. 1-20, 2017.

SHAFTO, M. G.; DEGANI, A.; KIRLIK, A. Canonical correlation analysis of data on human-automation interaction. *In:* **41st HFES** – Annual Meeting of the Human Factors and Ergonomics Society, 1997, Albuquerque. Anais do Congresso.

SHANNON, C. E. A Mathematical theory of communication. **Bell System Technical Journal**, v. 27, n. 3, p. 379-423, 1948.

SHAPIRO, S. S.; FRANCIA, R. S. An approximate analysis of variance test for normality. **Journal of the American Statistical Association**, v. 67, p. 215-216, 1972.

SHAPIRO, S. S.; WILK, M. B. An analysis of variance test for normality (complete samples). **Biometrika**, v. 52, p. 591-611, 1965.

SHARMA, S. **Applied multivariate techniques.** Hoboken: John Wiley & Sons, 1996.

SHAZMEEN, S. F.; BAIG, M. M. A.; PAWAR, M. R. Regression analysis and statistical approach on socio-economic data. **International Journal of Advanced Computer Research**, v. 3, n. 3, p. 347, 2013.

SHEU, C. F. Regression analysis of correlated binary outcomes. **Behavior Research Methods, Instruments & Computers**, v. 32, n. 2, p. 269-273, 2000.

SHI, J.; MALIK, J. Normalized cuts and image segmentation. **IEEE Transactions on Pattern Analysis and Machine Intelligence**, v. 22, n. 8, p. 888-905, 2000.

SHMUELI, G.; BRUCE, P. C.; YAHAV, I.; PATEL, N. R.; LICHTENDAHL, K. C. **Data mining for business analytics:** concepts, techniques, and applications in R. New York: John Wiley & Sons, 2018.

SHORT, J. C.; KETCHEN JR., D. J.; BENNETT, N.; du TOIT, M. An examination of firm, industry, and time effects on performance using random coefficients modeling. **Organizational Research Methods**, v. 9, n. 3, p. 259-284, 2006.

SHORT, J. C.; KETCHEN JR., D. J.; PALMER, T. B.; HULT, G. T. M. Firm, strategic group, and industry influences on performance. **Strategic Management Journal**, v. 28, n. 2, p. 147-167, 2007.

SIEGEL, S.; CASTELLAN JR., N. J. **Estatística não-paramétrica para ciências do comportamento.** 2. ed. Porto Alegre: Bookman, 2006.

SIEVERT, C.; PARMER, C.; HOCKING; T.; CHAMBERLAIN, S.; RAM, K.; CORVELLEC, M.; DESPOUY, P. **plotly**: create interactive web graphics via 'plotly.js'. R package version 4.10.0, 2021.

SIGNORELL, A.; AHO, K.; ALFONS, A.; ANDEREGG, N.; ARAGON, T.; ARACHCHIGE, C, et al. **DescTools**: tools for descriptive statistics. R package version 0.99.43, 2021.

SIMONSON, D. G.; STOWE, J. D.; WATSON, C. J. A canonical correlation analysis of commercial bank asset/liability structures. **The Journal of Financial and Quantitative Analysis**, v. 18, n. 1, p. 125-140, 1983.

SING, T.; SANDER, O.; BEERENWINKEL; N.; LENGAUER, T. **ROCR**: visualizing the performance of scoring classifiers. R package version 1.0-11, 2020.

SINGER, J. M.; ANDRADE, D. F. Regression models for the analysis of pretest/posttest data. **Biometrics**, v. 53, n. 2, p. 729-735, 1997.

SKRONDAL, A.; RABE-HESKETH, S. Latent variable modelling: a survey. **Scandinavian Journal of Statistics**, v. 34, n. 4, p. 712-745, 2007.

SKRONDAL, A.; RABE-HESKETH, S. Multilevel logistic regression for polytomous data and rankings. **Psychometrika**, v. 68, n. 2, p. 267-287, 2003.

SKRONDAL, A.; RABE-HESKETH, S. Prediction in multilevel generalized linear models. **Journal of the Royal Statistical Society**, Series A, v. 172, n. 3, p. 659-687, 2009.

SLOWIKOWSKI, K. **ggrepel**: automatically position non-overlapping text labels with 'ggplot2'. R package version 0.9.1, 2021.

SMIRNOV, N. V. Table for estimating the goodness of fit of empirical distributions. **The Annals of Mathematical Statistics**, v. 19, n. 2, p. 279-281, 1948.

SNEATH, P. H. A.; SOKAL, R. R. Numerical taxonomy. **Nature**, v. 193, p. 855-860, 1962.

SNIJDERS, T. A. B.; BOSKER, R. J. **Multilevel analysis:** an introduction to basic and advanced multilevel modeling. 2. ed. London: Sage Publications, 2011.

SNOOK, S. C.; GORSUCH, R. L. Principal component analysis versus common factor analysis: a Monte Carlo study. **Psychological Bulletin**, v. 106, n. 1, p. 148-154, 1989.

SOKAL, R. R.; MICHENER, C. D. A statistical method for evaluating systematic relationships. **The University of Kansas Science Bulletin**, v. 38, n. 22, p. 1409-1438, 1958.

SOKAL, R. R.; ROHLF, F. J. The comparison of dendrograms by objectives methods.**Taxon**, v. 11, n. 2, p. 33-40, 1962.

SOKAL, R. R.; SNEATH, P. H. A. **Principles of numerical taxonomy.** San Francisco: W.H. Freeman and Company, 1963.

SØRENSEN, T. J. A method of establishing groups of equal amplitude in plant sociology based on similarity of species content, and its application to analyses of the vegetation on Danish commons. **Royal Danish Academy of Sciences and Letters**, Biological Series, v. 5, p. 1-34, 1948.

SOTO, J. L. G.; MORERA, M. C. **Modelos jerárquicos lineales.** Madrid: Editorial La Muralla, 2005.

SPEARMAN, C. E. "General intelligence," objectively determined and measured. **The American Journal of Psychology**, v. 15, n. 2, p. 201-292, 1904.

SPIEGEL, M. R. ; SCHILLER, J. ; SRINIVASAN, R. A. **Probabilidade e estatística.** 3. ed. Porto Alegre: Bookman, 2013.

SPINU, V.; GROLEMUND, G.; WICKHAM, H. **Lubridate:** make dealing with dates a little easier. R package version 1.8.0, 2021.

STANTON, J. M. Galton, Pearson, and the peas: a brief history of linear regression for statistics instructors. **Journal of Statistics Education**, v. 9, n. 3, 2001. Disponível em: http://www.amstat.org/publications/jse/v9n3/stanton.html. Acesso em: 14 mar. 2014.

STATACORP. **Getting started with Stata for Windows:** version 11. College Station: Stata Press, 2009.

STATACORP. **Stata statistical software:** release 12. College Station: Stata Press, 2011.

STATACORP. **Stata statistical software:** release 13. College Station: Stata Press, 2013.

STATACORP. **Stata statistical software:** release 14. College Station: Stata Press, 2015.

STEELE, F. **Multilevel models for longitudinal data.** Centre of Multilevel Modelling, University of Bristol, 2017. Disponível em: https://www.bristol.ac.uk/media-library/sites/cmm/migrated/documents/longitudinal.pdf. Acesso em: 06 fev. 2023.

STEENBERGEN, M. R.; JONES, B. S. Modeling multilevel data structures. **American Journal of Political Science**, v. 46, n. 1, p. 218-237, 2002.

STEIN, C. E.; LOESCH, C. **Estatística descritiva e teoria das probabilidades.** 2.ed. Blumenau: EDIFURB, 2011.

STEIN, C. M. Estimation of the mean of a multivariate normal distribution. **The Annals of Statistics**, v. 9, n. 6, p. 1135-1151, 1981.

STEMMLER, M. **Person-centered methods:** configural frequency analysis (CFA) and other methods for the analysis of contingency tables. Erlangen: Springer, 2014.

STEPHAN, F. F. Stratification in representative sampling. **Journal of Marketing**, v. 6, n. 1, p. 38-46, 1941.

STEVENS, J. P. **Applied multivariate statistics for the social sciences.** 5. ed. New York: Routledge, 2009.

STEVENS, S. S. On the theory of scales of measurement. **Science**, v. 103, n. 2684, p. 677-680, 1946.

STEWART, D. K.; LOVE, W. A. A general canonical correlation index. **Psychological Bulletin**, v. 70, n. 3, p. 160-163, 1968.

STEWART, D. W. The application and misapplication of factor analysis in marketing research. **Journal of Marketing Research**, v. 18, n. 1. p. 51-62, 1981.

STOCK, J. H.; WATSON, M. W. **Econometria.** São Paulo: Pearson Education, 2004.

STOCK, J. H.; WATSON, M. W. Heteroskedasticity-robust standard errors for fixed effects panel data regression. **Econometrica**, v. 76, n. 1, p. 155-174, 2008.

STOCK, J. H; WATSON, M. W. **Introduction to econometrics.** 3. ed. Essex: Pearson, 2006.

STOWE, J. D.; WATSON, C. J.; ROBERTSON, T. D. Relationships between the two sides of the balance sheet: a canonical correlation analysis. **The Journal of Finance**, v. 35, n. 4, p. 973-980, 1980.

STREINER, D. L. Being inconsistent about consistency: when coefficient alpha does and doesn´t matter. **Journal of Personality Assessment**, v. 80, n. 3, p. 217-222, 2003.

STUKEL, T. A. Generalized logistic models. **Journal of the American Statistical Association**, v. 83, n. 402, p. 426-431, 1988.

SUDMAN, S. Efficient screening methods for the sampling of geographically clustered special populations. **Journal of Marketing Research**, v. 22, n. 20, p. 20-29, 1985.

SUDMAN, S.; SIRKEN, M. G.; COWAN, C. D. Sampling rare and elusive populations. **Science**, v. 240, n. 4855, p. 991-996, 1988.

SUROWIECKI, J. **The wisdom of crowds.** New York: Anchor Books, 2005.

SWETS, J. A. **Signal detection theory and ROC analysis in psychology and diagnostics:** collected papers. Mahwah: Lawrence Erlbaum Associates, 1996.

TABACHNICK, B. G.; FIDELL, L. S. **Using multivariate statistics.** New York: Allyn and Bacon, 2001.

TACQ, J. **Multivariate analysis techniques in social science research.** Thousand Oaks: Sage Publications, 1996.

TADANO, Y. S.; UGAYA, C. M. L.; FRANCO, A. T. Método de regressão de Poisson: metodologia para avaliação do impacto da poluição atmosférica na saúde populacional. **Ambiente & Sociedade**, v. XII, n. 2, p. 241-255, 2009.

TAKANE, Y.; YOUNG, F. W.; DE LEEUW, J. Nonmetric individual differences multidimensional scaling: an alternating least squares method with optimal scaling features. **Psychometrika**, v. 42, n. 1, p. 7-67, 1977.

TANG, W.; HE, H.; TU, X. M. **Applied categorical and count data analysis.** Boca Raton: Chapman & Hall / CRC Press, 2012.

TAPIA, J. A.; NIETO, F. J. Razón de posibilidades: una propuesta de traducción de la expresión odds ratio. **Salud Pública de México**, v. 35, p. 419-424, 1993.

TATE, W. F. **Research on schools, neighborhoods, and communities.** Plymouth: Rowman & Littlefield Publishers, Inc., 2012.

TEERAPABOLARN, K. Poisson approximation to the beta-negative binomial distribution. **International Journal of Contemporary Mathematical Sciences**, v. 3, n. 10, p. 457-461, 2008.

TENENHAUS, M; YOUNG, F. An analysis and synthesis of multiple correspondence analysis, optimal scaling, dual scaling, homogeneity analysis, and other methods for quantifying categorical multivariate data. **Psychometrika**, v. 50, n. 1, p. 91-119, 1985.

THOMAS, W.; COOK, R. D. Assessing influence on predictions from generalized linear models. **Technometrics**, v. 32, n. 1, p. 59-65, 1990.

THOMPSON, B. **Canonical correlation analysis:** uses and interpretation. Thousand Oaks: Sage Publications, 1984.

THURSTONE, L. L. **Multiple factor analysis:** a development and expansions of "The vectors of the mind". Chicago: University of Chicago Press, 1969.

THURSTONE, L. L. **The measurement of values.** Chicago: University of Chicago Press, 1959.

THURSTONE, L. L. **The vectors of the mind.** Chicago: University of Chicago Press, 1935.

THURSTONE, L. L.; THURSTONE, T. G. **Factorial studies of intelligence.** Chicago: University of Chicago Press, 1941.

TIMM, N. H. **Applied multivariate analysis.** New York: Springer-Verlag, 2002.

TOBIN, J. A general equilibrium approach to monetary theory. **Journal of Money, Credit and Banking**, v. 1, n. 1, p. 15-29, 1969.

TRAISSAC, P.; MARTIN-PREVEL Y. Alternatives to principal components analysis to derive asset-based indices to measure socio-economic position in low- and middle-income countries: the case for multiple correspondence analysis. **International Journal of Epidemiology**, v. 41, n. 4, p. 1207-1208, 2012.

TRIOLA, M. F. **Introdução à estatística:** atualização da tecnologia. 11. ed. Rio de Janeiro: LTC Editora, 2013.

TROLDAHL, V. C.; CARTER JR., R. E. Random selection of respondents within households in phone surveys. **Journal of Marketing Research**, v. 1, n. 2, p. 71-76, 1964.

TRYON, R. C. **Cluster analysis.** New York: McGraw-Hill, 1939.

TSIATIS, A. A. A note on a goodness-of-fit test for the logistic regression model. **Biometrika**, v. 67, p. 250-251, 1980.

TURKMAN, M. A. A.; SILVA, G. L. **Modelos lineares generalizados:** da teoria à prática. Lisboa: Edições SPE, 2000.

UCLA. **Statistical Consulting Group of the Institute for Digital Research and Education.** Disponível em: http://www.ats.ucla.edu/stat/stata/faq/casummary.htm. Acesso em: 05 fev. 2015.

UCLA. **Statistical Consulting Group of the Institute for Digital Research and Education.** Disponível em: http://www.ats.ucla.edu/stat/stata/output/stata_mlogit_output.htm. Acesso em: 22 set. 2013.

UCLA. **Statistical Consulting Group of the Institute for Digital Research and Education.** Disponível em: http://www.ats.ucla.edu/STAT/stata/seminars/stata_survival/default.htm. Acesso em: 13 nov. 2013.

UCLA. **Statistical Consulting Group of the Institute for Digital Research and Education.** Disponível em: http://www.ats.ucla.edu/stat/stata/webbooks/reg/chapter2/statareg2.htm. Acesso em: 02 set. 2013.

UCLA. **Statistical Consulting Group of the Institute for Digital Research and Education.** Disponível em: http://www.ats.ucla.edu/stat/stata/dae/canonical.htm. Acesso em: 15 dez. 2013.

VALENTIN, J. L. **Ecologia numérica:** uma introdução à análise multivariada de dados ecológicos. 2. ed. Rio de Janeiro: Interciência, 2012.

VAN AUKEN, H. E.; DORAN, B. M.; YOON, K. J. A financial comparison between Korean and US firms: a cross-balance sheet canonical correlation analysis. **Journal of Small Business Management**, v. 31, n. 3, p. 73-83, 1993.

VANCE, P. S.; FÁVERO, L. P.; LUPPE, M. R. Franquia empresarial: um estudo das características do relacionamento entre franqueadores e franqueados no Brasil. **Revista de Administração (RAUSP)**, v. 43, n. 1, p. 59-71, 2008.

VANDERPLAS, J. **Python data science handbook**: essential tools for working with data. Sebastopol, CA: O'Reilly Media, 2016.

VANNEMAN, R. The occupational composition of American classes: results from cluster analysis. **American Journal of Sociology**, v. 82, n. 4, p. 783-807, 1977.

VASCONCELLOS, M. A. S.; ALVES, D. (coord.). **Manual de econometria.** São Paulo: Atlas, 2000.

VELICER, W. F.; JACKSON, D. N. Component analysis versus common factor analysis: some issues in selecting an appropriate procedure. **Multivariate Behavioral Research**, v. 25, n. 1, p. 1-28, 1990.

VELLEMAN, P. F.; WILKINSON, L. Nominal, ordinal, interval, and ratio typologies are misleading. **The American Statistician**, v. 47, n. 1, p. 65-72, 1993.

VERBEEK, M. **A guide to modern econometrics.** 4. ed. West Sussex: John Wiley & Sons, 2012.

VERBEKE, G.; MOLENBERGHS, G. **Linear mixed models for longitudinal data.** New York: Springer-Verlag, 2000.

VERMUNT, J. K.; ANDERSON, C. J. Joint correspondence analysis (JCA) by maximum likelihood. **Methodology: European Journal of Research Methods for the Behavioral and Social Sciences**, v. 1, n. 1, p. 18-26, 2005.

VICINI, L.; SOUZA, A. M. **Análise multivariada da teoria à prática.** Santa Maria. 215 f. Monografia (Especialização em Estatística e Modelagem Quantitativa) – Centro de Ciências Naturais e Exatas, Universidade Federal de Santa Maria, 2005.

VIEIRA, S. **Estatística básica.** São Paulo, Cengage Learning, 2012.

VITTINGHOFF, E.; GLIDDEN, D. V.; SHIBOSKI, S. C.; McCULLOCH, C. E. **Regression methods in biostatistics:** linear, logistic, survival, and repeated measures models. 2. ed. New York: Springer-Verlag, 2012.

VUONG, Q. H. Likelihood ratio tests for model selection and non-nested hypotheses. **Econometrica**, v. 57, n. 2, p. 307-333, 1989.

WARD JR., J. H. Hierarchical grouping to optimize an objective function. **Journal of the American Statistical Association**, v. 58, n. 301, p. 236-244, 1963.

WATHIER, J. L.; DELL'AGLIO, D. D.; BANDEIRA, D. R. Análise fatorial do inventário de depressão infantil (CDI) em amostra de jovens brasileiros. **Avaliação Psicológica**, v. 7, n. 1, p. 75-84, 2008.

WATSON, I. Further processing of estimation results: basic programming with matrices. **Stata Journal**, v. 5, n. 1, p. 83-91, 2005.

WEBER, S. **bacon**: an effective way to detect outliers in multivariate data using Stata (and Mata). **Stata Journal**, v. 10, n. 3, p. 331-338, 2010.

WEDDERBURN, R. W. M. Quasi-likelihood functions, generalized linear models, and the Gauss-Newton method. **Biometrika**, v. 61, n. 3, p. 439-447, 1974.

WEISBERG, S. **Applied linear regression.** New York: John Wiley & Sons, 1985.

WELLER, S. C.; ROMNEY, A. K. **Metric scaling:** correspondence analysis. London: Sage, 1990.

WEN, C. H.; YEH, W. Y. Positioning of international air passenger carriers using multidimensional scaling and correspondence analysis. **Transportation Journal**, v. 49, n. 1, p. 7-23, 2010.

WERMUTH, N.; RÜSSMANN, H. Eigenanalysis of symmetrizable matrix products: a result with statistical applications. **Scandinavian Journal of Statistics**, v. 20, p. 361-367, 1993.

WEST, B. T.; WELCH, K. B.; GAŁECKI, A. T. **Linear mixed models:** a pratical guide using statistical software. 2. ed. Boca Raton: Chapman & Hall / CRC Press, 2015.

WHITE, H. A heteroskedasticity-consistent covariance matrix estimator and a direct test for heteroskedasticity. **Econometrica**, v. 48, n. 4, p. 817-838, 1980.

WHITE, H. Maximum likelihood estimation of misspecified models. **Econometrica**, v. 50, n. 1, p. 1-25, 1982.

WHITLARK, D. B.; SMITH, S. M. Using correspondence analysis to map relationships. **Marketing Research**, v. 13, n. 3, p. 22-27, 2001.

WICKHAM, H. **ggplot2**: elegant graphics for data analysis. New York: Springer, 2009.

WICKHAM, H. **httr**: tools for working with URLs and http. R package version 1.4.2, 2020.

WICKHAM, H. **Mastering shiny**: build interactive apps, reports, and dashboards powered by R. Sebastopol, CA: O'Reilly Media, 2021.

WICKHAM, H. **plyr**: tools for splitting, applying and combining data. R package version 1.8.6, 2020.

WICKHAM, H. **reshape2**: flexibly reshape data. R package version 1.4.4, 2020.

WICKHAM, H. **stringr**: simple, consistent wrappers for common string operations. R package version 1.4.0, 2019.

WICKHAM, H. **tidyverse**: easily install and load the 'tidyverse'. R package version 1.3.1, 2021.

WICKHAM, H.; GROLEMUND, G. **R for data science**: import, tidy, transform, visualize, and model data. Sebastopol, CA: O'Reilly Media, 2017.

WILCOXON, F. Individual comparisons by ranking methods. **Biometrics Bulletin**, v. 1, n. 6, p. 80-83, 1945.

WILCOXON, F. Probability tables for individual comparisons by ranking methods. **Biometrics**, v. 3, n. 3, p. 119-122, 1947.

WILLIAMS, R. Generalized ordered logit / partial proportional odds models for ordinal dependent variables. **Stata Journal**, v. 6, n. 1, p. 58-82, 2006.

WINKELMANN, R.; ZIMMERMANN, K. F. A new approach for modeling economic count data. **Economics Letters**, v. 37, n. 2, p. 139-143, 1991.

WOLFE, J. H. Comparative cluster analysis of patterns of vocational interest. **Multivariate Behavioral Research**, v. 13, n. 1, p. 33-44, 1978.

WOLFE, J. H. Pattern clustering by multivariate mixture analysis. **Multivariate Behavioral Research**, v. 5, n. 3, p. 329-350, 1970.

WONG, M. A.; LANE, T. A kth nearest neighbour clustering procedure. **Journal of the Royal Statistical Society**, Series B, v. 45, n. 3, p. 362-368, 1983.

WONNACOTT, T. H.; WONNACOTT, R. J. **Introductory statistics for business and economics.** 4. ed. New York: John Wiley & Sons, 1990.

WOOLDRIDGE, J. M. **Econometric analysis of cross section and panel data.** 2. ed. Cambridge: MIT Press, 2010.

WOOLDRIDGE, J. M. **Introductory econometrics:** a modern approach. 5. ed. Mason: Cengage Learning, 2012.

WOOLDRIDGE, J. M. Simple solutions to the initial conditions problem in dynamic, nonlinear panel data models with unobserved heterogeneity. **Journal of Applied Econometrics**, v. 20, n. 1, p. 39-54, 2005.

WULFF, J. N. Interpreting results from the multinomial logit: demonstrated by foreign market entry. **Organizational Research Methods**, v. 18, n. 2, p. 300-325, 2015.

XIE, F. C.; WEI, B. C.; LIN, J. G. Assessing influence for pharmaceutical data in zero-inflated generalized Poisson mixed models. **Statistics in Medicine**, v. 27, n. 18, p. 3656-3673, 2008.

XIE, M.; HE, B.; GOH, T. N. Zero-inflated Poisson model in statistical process control. **Computational Statistics & Data Analysis**, v. 38, n. 2, p. 191-201, 2001.

XIE, Y. **knitr**: a general-purpose package for dynamic report generation in R. R package version 1.36, 2021.

XUE, D.; DEDDENS, J. Overdispersed negative binomial regression models. **Communications in Statistics: Theory and Methods**, v. 21, n. 8, p. 2215-2226, 1992.

YANAI, H.; TAKANE, Y. Generalized constrained canonical correlation analysis. **Multivariate Behavioral Research**, v. 37, n. 2, p. 163-195, 2002.

YAU, K.; WANG, K.; LEE, A. Zero-inflated negative binomial mixed regression modeling of over-dispersed count data with extra zeros. **Biometrical Journal**, v. 45, n. 4, p. 437-452, 2003.

YAVAS, U.; SHEMWELL, D. J. Bank image: exposition and illustration of correspondence analysis. **International Journal of Bank Marketing**, v. 14, n. 1, p. 15-21, 1996.

YOUNG, F. Quantitative analysis of qualitative data. **Psychometrika**, v. 46, n. 4, p. 357-388, 1981.

YOUNG, G.; HOUSEHOLDER, A. S. Discussion of a set of points in terms of their mutual distances. **Psychometrika**, v. 3, n. 1, p. 19-22, 1938.

YULE, G. U. On the association of attributes in statistics: with illustrations from the material of the childhood society, etc. **Philosophical Transactions of the Royal Society of London**, v. 194, p. 257-319, 1900.

YULE, G. U.; KENDALL, M. G. **An introduction to the theory of statistics.** 14. ed. London: Charles Griffin, 1950.

ZEGER, S. L.; LIANG, K. Y.; ALBERT, P. S. Models for longitudinal data: a generalized estimating equation approach. **Biometrics**, v. 44, n. 4, p. 1049-1060, 1988.

ZEILEIS, A.; LUMLEY, T. **Sandwich:** robust covariance matrix estimators. R package version 3.0-1, 2021.

ZHANG, H.; LIU, Y.; LI, B. Notes on discrete compound Poisson model with applications to risk theory. **Insurance: Mathematics and Economics**, v. 59, p. 325-336, 2014.

ZHENG, X.; RABE-HESKETH, S. Estimating parameters of dichotomous and ordinal item response models using gllamm. **The Stata Journal**, v. 7, n. 3, p. 313-333, 2007.

ZHOU, W.; JING, B. Y. Tail probability approximations for Student's t-statistics. **Probability Theory and Related Fields**, v. 136, n. 4, p. 541-559, 2006.

ZHU, H. **kableExtra:** construct complex table with "kable" and pipe syntax. R package version 1.3.4, 2021.

ZIPPIN, C.; ARMITAGE, P. Use of concomitant variables and incomplete survival information in the estimation of an exponential survival parameter. **Biometrics**, v. 22, n. 4, p. 665-672, 1966.

ZORN, C. J. W. Generalized estimating equation models for correlated data: a review with applications. **American Journal of Political Science**, v. 45, n. 2, p. 470-490, 2001.

ZUBIN, J. A technique for measuring like-mindedness. **Journal of Abnormal and Social Psychology**, v. 33, n. 4, p. 508-516, 1938a.

ZUBIN, J. Socio-biological types and methods for their isolation. **Psychiatry: Journal for the Study of Interpersonal Processes**, v. 2, p. 237-247, 1938b.

ZUCCOLOTTO, P. Principal components of sample estimates: an approach through symbolic data. **Statistical Methods and Applications**, v. 16, n. 2, p. 173-192, 2007.

ZWILLING, M. L. Negative binomial regression. **The Mathematica Journal**, v. 15, p. 1-18, 2013.